铁路轨道用钢

——创新与实践

张福成　著

北　京
冶　金　工　业　出　版　社
2022

内容提要

本书主要介绍了作者科研团队30多年来耕耘在铁路轨道用钢方面的创新与实践成果。其创新之处在于：可用于制造铁路辙叉和钢轨的纳米孪晶奥氏体钢、纳米珠光体钢、超细贝氏体钢、超细马氏体钢等新钢种设计及其冶炼、铸造、轧制、锻造、焊接和热处理等冶金全流程技术方面的研究成果，其中，部分成果已在铁路线路上获得了很好的应用效果。同时，简略介绍了各类商业铁路轨道用钢的现状和进展。本书共分6篇32章，包括奥氏体钢篇、珠光体钢篇、贝氏体钢篇、马氏体钢篇、铁路轨道服役条件和用钢选择篇、材料计算科学在轨道用钢研究中的应用篇。

本书可供从事铁路轨道钢研究和生产的高等学校、科研院所、相关企业科研人员和工程技术人员参考。

图书在版编目(CIP)数据

铁路轨道用钢：创新与实践/张福成著.—北京：冶金工业出版社，2022.10

ISBN 978-7-5024-9278-6

Ⅰ.①铁…　Ⅱ.①张…　Ⅲ.①钢轨钢—研究　Ⅳ.①TG142.41

中国版本图书馆CIP数据核字(2022)第174700号

铁路轨道用钢——创新与实践

出版发行　冶金工业出版社　　**电　话**　(010)64027926
地　址　北京市东城区嵩祝院北巷39号　　**邮　编**　100009
网　址　www.mip1953.com　　**电子信箱**　service@mip1953.com

责任编辑　于昕蕾　美术编辑　彭子赫　版式设计　郑小利
责任校对　李　娜　责任印制　禹　蕊
北京捷迅佳彩印刷有限公司印刷
2022年10月第1版，2022年10月第1次印刷
710mm×1000mm　1/16；62.5印张；1222千字；979页
定价 360.00 元

投稿电话　**(010)64027932**　**投稿信箱**　**tougao@cnmip.com.cn**
营销中心电话　**(010)64044283**
冶金工业出版社天猫旗舰店　**yjgycbs.tmall.com**
（本书如有印装质量问题，本社营销中心负责退换）

序

近二十多年来，我国铁路飞速发展。至2021年底，全国铁路营业里程突破15万公里，约占世界的10%。其中，高铁超过4万公里，约占世界的70%。《新时代交通强国铁路先行规划纲要》明确：到2035年，全国铁路网运营里程达到20万公里左右，其中，高铁7万公里左右。铁路轨道将在祖国大地上构筑起钢筋铁骨。我国铁路现已形成高速度、大轴重、高密度并举的局面，同时，铁路线路不断延伸到高海拔、极寒冷、重腐蚀等严酷环境地区。这无疑对铁路轨道的使用性能提出了更高的要求，亟须提升铁路轨道用钢的硬度、强度、塑性、韧性，以及耐磨性、耐蚀性、耐低温和抗疲劳等综合性能，从而延长铁路轨道服役年限，并且保证铁路运输的安全。高速、重载轨道交通用钢是我国面向2035的新材料强国战略的先进基础材料之一，而铁路轨道用钢是高速、重载轨道交通用钢中最重要的组成部分。

铁路轨道主要由钢轨和辙叉组成，目前，国内钢轨每年需求量大约300万吨、出口量大约50万吨，国内辙叉每年需求量大约4万组、出口量大约1万组。因此，铁路轨道用钢已经是高品质结构钢家族中重要的组成部分，其重要性越来越凸显。

本书著者张福成教授30年来一直从事铁路轨道用钢基础科学及其冶金全流程技术方面的研究工作。20年前，他发明的高锰钢辙叉与高碳珠光体钢轨焊接用钢及相应焊接技术，解决了当时我国铁路发展中一项卡脖子技术难题，为后来我国实现高速、重载、跨区间无缝线路的技术跨越创造了条件。他们从基础研究出发，聚焦钢中界面科学问题，发现了铁路轨道用钢磨损和疲劳破坏的关键控制因素及提高性能的技术路径。发现了氮+碳促进奥氏体钢形变纳米孪晶的形成，铝显著降低高强度贝氏体钢的氢脆敏感性，增铬降锰提高珠光体的形核率，铝+硅细化珠光体和贝氏体组织等系列基础科学规律。在此基础上，发明了多项关键技术，包括：铁路轨道用纳米孪晶高锰奥氏体钢新钢种及其吹氮精炼和重稀土微合金化技术，高致密铸造和选择性锻造技术，高频冲击预硬化技术等；铁路轨道用超细贝氏体新钢种和在线控轧控冷和残余奥氏体控形、控量、控性技术，贝氏体快速相变和性能稳定控制技术等；铁路轨道用纳米珠光体新钢种和控轧控冷技术；铁路轨道用超细马氏体新钢种和残余内应力控制技术。

同时，该团队多项技术成果在铁路行业企业实现广泛的工业化应用。利用这些技术成果制造的纳米孪晶高锰钢辙叉平均使用寿命比原有技术提高 1 倍以上；制造的超细贝氏体辙叉寿命比原有技术提高 50%，通过大幅度延长铁路轨道的使用寿命，减少了铁路轨道用钢的使用量，践行了钢铁绿色发展的理念，技术成果产品广泛地应用在我国并出口美国、丹麦、澳大利亚、韩国等二十多个国家。

张福成教授科研团队取得的以上研究成果构成了本书的内容。同时，他有选择地少量收集、整理了国内外关于铁路轨道用钢方面的其他作者的最新研究成果作为补充，并简略介绍了各类商业用铁路轨道用钢的现状和进展。本书内容丰富，共 6 篇 32 章 120 余万字，包括：奥氏体钢篇、珠光体钢篇、贝氏体钢篇、马氏体钢篇、铁路轨道服役条件和用钢选择篇、材料计算科学在轨道用钢研究中的应用篇。

张福成教授的这部《铁路轨道用钢——创新与实践》著作是目前国内外这一领域少有的专著。该书是专门关于铁路轨道用钢及其冶金全流程技术方面的著作，可供从事铁路轨道用钢的研究人员和工程技术人员参考。它的出版对推动我国轨道用钢的高质量发展具有重要意义。

希望我们钢铁人共同努力，力争为国家淬炼钢筋铁骨、铸锻钢铁脊梁！

2022 年 6 月 6 日

前　言

铁路是国家战略性、先导性、关键性重大基础设施，是国民经济大动脉和综合交通运输骨干。近二十年来，我国铁路不断开拓创新，实现了从落后到领先，从“铁路线”到“铁路网”的华丽蜕变，形成了高速度、大轴重以及高密度并举的局面。特别是中国高铁，从“引进来”到“走出去”，从追赶他国到领跑世界，“四纵四横”提前组网，“八纵八横”加密成型。截至2021年底，我国铁路营业里程突破15万公里，其中高铁超过4万公里，约占世界的70%。到2035年，我国铁路网将达到20万公里，其中高铁7万公里。

铁路主要由钢轨和辙叉组成，它们都是由特种钢制造，统称为铁路轨道用钢。目前，我国钢产量占全球总产量的一半，其中钢轨每年国内需求量约为300万吨，出口约50万吨；辙叉每年国内需求量约为4万组，出口约1万组。在较长一段时期内，铁路轨道用钢的需求量仍会在高位徘徊。然而，随着铁路线路的不断延伸，高海拔、极寒冷、重腐蚀等严酷自然环境对铁路轨道用钢的硬度、强度、塑性、韧性、耐磨性、耐腐蚀性、耐低温性和抗疲劳性等性能提出更高的要求。

情系钢铁三十载，躬耕是乐写春秋。1985年，我开始从事高锰奥氏体钢的研究工作，1997年开始从事铁路轨道用钢及其冶金全流程技术方面的研究工作。在该研究领域主要完成了如下科研项目：国家杰出青年科学基金项目“高速铁路辙叉制造技术基础研究”，国家“十三五”重点研发项目“重载铁路用高耐磨高强韧性钢轨关键技术研究与应用-重载铁路耐磨钢轨钢的组织性能关系及损伤机理研究”，国家自然科学基金重点项目“快速相变纳米贝氏体钢设计、制备及应用中的关键问题”，国家自然科学基金面上项目“辙叉钢在滚动/滑动接触应力下白亮蚀层的形成、本质及作用”和“厚板和锻件用纯净高强度准贝氏体钢中氢扩散与氢脆机理”，以及“无碳化物贝氏体钢变形时微结构演变、成分和应变配分规律研究”，教育部“新世纪优秀人才”支持计划项目“长寿命提速/高速铁路辙叉制造关键技术”，国家中小企业创新基金项目“高锰钢辙叉与碳钢钢轨焊接材料模锻制造”，河北省发改委重大项目“高端装备与先进制造关键共性技术研发项目–重载铁路轨道用高强度钢生产线”，铁道部重点攻关项目“高锰钢辙叉与碳钢钢轨焊接的研究”，河北省首届杰出青年科学基金项目“高速铁路贝氏体钢辙叉及其宏微观力学研究”，河北省自然科学基金项目“奥氏体钢耐磨性能的纳米压痕参量的表征”和“高锰钢的热塑性及其再结晶行为”，以及几十项中铁山桥集团有限公司、中铁宝桥集团有限公司、中铁建株洲铁路道岔公司等企业委托项目。

通过完成这些项目，我首先发明了高锰钢辙叉与高碳珠光体钢轨焊接用钢，以及相应的焊接技术，破解了当时我国铁路发展中一项卡脖子技术难题，为后来我国实现高速、重载、跨区间无缝线路的技术跨越创造了条件。高锰钢辙叉与珠光体钢轨焊接实现铁路全线无缝后，铁路运输开始向高速、重载快速发展。“流动的中国”，充满了发展活力。然而，高速、重载铁路运输使铁路轨道服役条件严重恶化。为此，我带领团队接续开展了适于高速、重载铁路轨道使用的新钢种及其制造技术研究工作。首先，我们从基础研究出发，聚焦钢中界面科学问题，发现了铁路轨道用钢磨损和疲劳破坏的关键控制因素及提高性能的技术路径，还发现了氮+碳促进奥氏体钢形变纳米孪晶的形成，铝显著降低高强度贝氏体钢的氢脆敏感性，增铬降锰提高珠光体的形核率，铝+硅细化珠光体和贝氏体组织等系列基础科学规律。基于此，发明了系列铁路轨道用钢关键制造技术，包括：铁路轨道用纳米孪晶高锰奥氏体钢新钢种及其吹氮精炼和重稀土微合金化技术、高致密铸造和选择性锻造技术；高频冲击预硬化技术等；铁路轨道用超细贝氏体新钢种和在线控轧控冷技术，贝氏体快速相变和组织、性能稳定控制技术等；铁路轨道用纳米珠光体新钢种和控轧控冷技术；铁路轨道用低碳马氏体新钢种和残余内应力控制技术等。利用这些成果制造的纳米孪晶高锰钢辙叉平均使用寿命达到3亿吨，比原有技术制造的高锰钢辙叉使用寿命提高1倍以上；制造的超细贝氏体辙叉寿命达到3亿吨以上，比原有技术提高50%；制造的纳米珠光体钢轨强度达到1500MPa，伸长率达到10%以上，并获得美国发明专利。

我们在铁路轨道用钢研究领域取得的多项技术成果在铁路行业企业获得应用，并实现工业化生产，相关产品在国内得到广泛应用并出口美国、丹麦、澳大利亚、韩国等二十多个国家。这些技术成果不仅大幅提高了铁路轨道的使用寿命，还解决了传统铁路辙叉寿命短且离散的难题，为我国铁路快速发展提供了保障。这些成果分别于2020年获得国家技术发明二等奖“铁路轨道用高锰钢抗超高应力疲劳和磨损技术及应用”，2017年获得国家技术发明二等奖“超细贝氏体钢制造关键技术及应用”，2002年获得国家科技进步二等奖“耐磨奥氏体锰钢化学成分和热加工工艺优化”。并先后获得教育部技术发明一等奖“长寿命提速/高速铁路辙叉热加工关键技术”，河北省技术发明一等奖“铁路辙叉用高品质钢及其制造关键技术”，河北省技术发明一等奖“超高强度贝氏体耐磨钢及其热加工技术”。发表相关学术论文200多篇，其中，SCI检索论文130多篇、一区论文90多篇。研究生学位论文39篇，其中，博士学位论文15篇。获国家发明专利50项，美国发明专利1项。以上研究成果构成了本书的内容。

另外，由于我们研究团队在铁路轨道用钢方面取得了以上诸多成果，因此，有幸承担了国家“十四五”重点研发项目“川藏铁路用长寿化轨道用钢研制与应用-川藏铁路用长寿化新型辙叉钢研发及制备关键技术”，国家“十四五”重点研发项目青年项目“新一代抗低温耐腐蚀高强韧贝氏体轨道钢”。因此，我们研究团队将为世界最难建铁路做出贡献。

本书共6篇32章120余万字。包括奥氏体钢篇、珠光体钢篇、贝氏体钢篇、马氏体钢篇、铁路轨道服役条件和用钢选择篇、材料计算科学在轨道用钢研究中的应用篇。介绍了我们研究团队在铁路轨道用钢方面的创新成果：纳米孪晶奥氏体、纳米珠光体、超细贝氏体、低碳马氏体等轨道用新钢种设计和应用基础理论，以及其冶炼、铸造、轧制、锻造、焊接及热处理等关键技术和生产实践方面的研究成果，采用的研究手段包括几乎所有的材料分析测试手段和方法，同时，利用材料计算科学方法研究了这几类铁路轨道用钢基础理论和应用基础等方面的问题。因此，该书是关于铁路轨道用钢理论创新和实践应用方面的专著，可供从事铁路轨道钢研究和生产的高等学校、科研院所以及企业科研人员和工程技术人员参考。

本书引用了部分国内外公开发表和出版的铁路轨道用钢方面的研究论文和著作的结果和数据，对相关作者表示感谢！感谢国家和地方政府部门以及企业给予的经费资助！

真诚感谢恩师郑炀曾先生给予我36年的指导和教诲！在此书即将出版之际，郑先生因病不幸离世，谨以此书献给德高望重、知识渊博、为人和善的恩师！

感谢张明教授、钱立和教授、杨志南教授、吕博教授的大力支持和无私奉献！感谢张明博士、吕博博士、冯晓勇博士、康杰博士、李艳国博士、陈晨博士、龙晓燕博士、王明明博士、夏书乐博士、赵晓洁博士、周骞博士、王琳博士、李俊魁博士、马华博士、张瑞杰博士、胡白桃硕士、任向飞硕士、厚汝军硕士、郑春雷硕士、王鑫硕士、杨帅硕士、陈城硕士、曹栋硕士、但锐硕士、史晓波硕士、陈咪囡硕士、何亚荣硕士、刘硕硕士、张植茂硕士、崔晓娜硕士、汪飞硕士、杨晓五硕士、张春丽硕士、林芷青硕士、孙永海硕士、韩青阳硕士、尹东鑫硕士等参与完成这些科研项目！感谢李艳国、陈晨、王明明、冯晓勇、康杰、龙晓燕、袁素娟、赵梦霖、孙东云为书稿的组织和图片的整理所做的工作！感谢邯郸钢铁集团有限公司提供的珠光体钢轨生产和应用方面的资料！感谢金淼教授、许莹教授、肖俊华教授、李涛教授、赵定国教授的工作！特别感谢张贝奥、张倍可的参与！感谢所有支持我完成这些科研项目和撰写此书的人们！

“钢铁”过去是、现在是和将来还会是材料领域、制造行业的脊梁。如今，在“碳达峰、碳中和”目标的引领下，钢铁行业迎来了重要的战略机遇和重大挑战。推进钢铁行业低碳绿色发展，不仅是立足国情、建设美丽家园的现实考量，更是立足于应对全球气候变化做出中国贡献的大国担当。解决好钢铁行业绿色高质量发展问题，归根结底要靠科技进步。征途如虹，科技工作者重任在肩。我们关于铁路轨道用钢的研究成果，通过大幅度延长铁路轨道的使用寿命，减少了铁路轨道用钢的使用量。这些关键性技术在实践中的应用，是钢铁行业低碳发展的重要方向与有效措施，也是早日“碳达峰”的有效路径和实现“碳中和”的基础支撑。

风好正是扬帆时，策马扬鞭再奋蹄。希望我们钢铁人用钢铁意志，为祖国淬炼钢筋铁骨、铸锻钢铁脊梁！

2022年6月18日

目　　录

第1篇　奥氏体钢

引言 ………………………………………………………… 3

1　轨道用 C+Mn 变量高锰钢 ………………………………… 8

1.1　化学成分、组织和性能 ………………………………… 8
1.1.1　不同碳含量高锰钢 ………………………………… 9
1.1.2　不同锰含量高锰钢 ………………………………… 15
1.2　疲劳性能 ………………………………………………… 22
1.2.1　拉压疲劳性能 ……………………………………… 22
1.2.2　滚动接触疲劳性能 ………………………………… 44

2　轨道用 C+N 强化高锰钢 ………………………………… 51

2.1　化学成分、组织和性能 ………………………………… 51
2.2　耐磨性能 ………………………………………………… 60
2.3　疲劳性能 ………………………………………………… 70
2.4　耐蚀性能 ………………………………………………… 80
2.4.1　海水介质中耐蚀性能 ……………………………… 81
2.4.2　酸性介质中耐蚀性能 ……………………………… 86
2.4.3　碱性介质中耐蚀性能 ……………………………… 93

3　轨道用 N+Cr 强化高锰钢 ………………………………… 99

3.1　化学成分、组织和性能 ………………………………… 100
3.2　耐磨性能 ………………………………………………… 108
3.3　疲劳性能 ………………………………………………… 111
3.4　耐蚀性能 ………………………………………………… 120
3.5　氮含量调控 ……………………………………………… 125
3.5.1　冶炼增氮热力学 …………………………………… 125
3.5.2　冶炼增氮动力学 …………………………………… 128

3.5.3 凝固稳氮动力学 …… 133
3.5.4 增氮冶炼工艺 …… 135
3.6 热加工性能 …… 138

4 轨道用高锰钢的预硬化 …… 145

4.1 滚压预硬化 …… 145
4.1.1 预硬化工艺 …… 145
4.1.2 微观组织和力学性能 …… 146
4.1.3 疲劳性能 …… 153
4.2 爆炸预硬化 …… 161
4.2.1 预硬化工艺 …… 161
4.2.2 微观组织和力学性能 …… 162
4.2.3 预硬化机制 …… 168
4.2.4 预硬化对高锰钢的损伤 …… 172
4.3 高频冲击预硬化 …… 179
4.3.1 预硬化工艺 …… 179
4.3.2 预硬化机制 …… 183
4.3.3 变形高锰钢纳米化机制 …… 189
4.3.4 纳米晶高锰钢力学行为 …… 196
4.4 感应加热预硬化 …… 200
4.5 时效预硬化 …… 204

5 轨道用高锰钢超细结晶组织调控 …… 208

5.1 选择性热变形对高锰钢再结晶组织的影响 …… 208
5.2 高压脉冲电流对高锰钢凝固组织的影响 …… 219
5.3 高压脉冲电流对高锰钢再结晶组织的影响 …… 227
5.4 超高压力对高锰钢凝固组织的影响 …… 230

6 轨道用低碳 CrNiMnMo 奥氏体钢 …… 234

6.1 奥氏体-铁素体双相钢 …… 236
6.2 奥氏体单相钢 …… 239
6.3 奥氏体单相钢的组织和性能调控 …… 240

7 高锰钢辙叉的失效 …… 252

7.1 失效形式 …… 252

7.2 失效机理 …… 259
7.2.1 微观组织和力学性能 …… 259
7.2.2 高锰钢纳米晶化热力学 …… 278
7.2.3 水平裂纹形成机理 …… 282

8 奥氏体轨道钢的应用 …… 287

8.1 应用概况 …… 287
8.2 重载铁路上的应用 …… 292
8.2.1 高锰钢辙叉洁净冶炼工艺 …… 292
8.2.2 高锰钢辙叉增氮稳氮工艺 …… 310
8.2.3 高锰钢辙叉选择性锻造工艺 …… 313
8.2.4 高锰钢辙叉高频冲击预硬化工艺 …… 316
8.2.5 纳米孪晶高锰钢辙叉应用效果 …… 317
8.3 高速铁路上的应用 …… 322
8.3.1 高锰钢辙叉焊接技术条件 …… 322
8.3.2 高锰钢辙叉焊接用低碳 CrNiMnMo 钢轨制造技术 …… 325
8.3.3 高锰钢辙叉与高碳钢钢轨的焊接工艺 …… 329
8.3.4 高锰钢辙叉与高碳钢钢轨焊接接头的组织和性能 …… 333
8.3.5 焊接高锰钢辙叉应用效果 …… 338

第2篇 珠光体钢

引言 …… 347

1 轨道用纳米珠光体钢化学成分设计 …… 353

1.1 合金元素的作用 …… 353
1.1.1 碳的作用 …… 353
1.1.2 铬的作用 …… 357
1.1.3 硅的作用 …… 359
1.1.4 铝的作用 …… 361
1.1.5 锰的作用 …… 364
1.2 化学成分设计理论 …… 367
1.3 珠光体纳米化机制 …… 376

2 轨道用 80CrSiV 纳米珠光体钢 …… 381

2.1 轧制变形量 …… 383

2.2　终变形温度 …… 384
2.3　轧后冷却速度 …… 386
2.4　终冷温度 …… 389
2.5　离线热处理工艺 …… 392

3　轨道用90CrSiAl纳米珠光体钢 …… 395

3.1　轧后控冷工艺 …… 395
3.2　轧后欠速冷却工艺 …… 399

4　纳米珠光体钢轨组织和性能 …… 404

4.1　微观组织和力学性能 …… 404
4.2　变形行为 …… 411
4.3　耐磨性能 …… 415
4.4　疲劳性能 …… 423

5　高强度珠光体钢轨应用 …… 428

5.1　高速铁路用亚共析珠光体钢轨 …… 429
5.1.1　铸坯高洁净度控制 …… 431
5.1.2　铸坯高均质化控制 …… 434
5.1.3　高精度尺寸控制 …… 436
5.1.4　高平直度的控制 …… 441
5.1.5　轨底残余应力控制 …… 447
5.1.6　脱碳层控制 …… 453
5.1.7　力学性能优化 …… 457
5.2　重载铁路用过共析珠光体钢轨 …… 461

第3篇　贝氏体钢

引言 …… 465

1　轨道用超细贝氏体钢化学成分设计 …… 472

1.1　碳的作用 …… 472
1.1.1　对相变动力学的影响 …… 472
1.1.2　对微观组织的影响 …… 473
1.1.3　对力学性能的影响 …… 475
1.2　锰的作用 …… 475

1.2.1　对相变动力学的影响 …… 476
1.2.2　对微观组织的影响 …… 478
1.2.3　对力学性能的影响 …… 481
1.2.4　对疲劳性能的影响 …… 483
1.2.5　对耐磨性能的影响 …… 487
1.3　硅的作用 …… 490
1.3.1　对相变动力学的影响 …… 490
1.3.2　对微观组织的影响 …… 492
1.3.3　对力学性能的影响 …… 497
1.4　铝的作用 …… 499
1.4.1　对相变动力学的影响 …… 499
1.4.2　对微观组织的影响 …… 500
1.4.3　对力学性能的影响 …… 503
1.4.4　对氢脆性能的影响 …… 510
1.5　镍的作用 …… 513
1.5.1　对相变动力学的影响 …… 514
1.5.2　对微观组织的影响 …… 515
1.5.3　对力学性能的影响 …… 517
1.5.4　对疲劳性能的影响 …… 520
1.6　钒的作用 …… 529
1.6.1　对相变动力学的影响 …… 530
1.6.2　对微观组织的影响 …… 533
1.6.3　对力学性能的影响 …… 539
1.7　合金元素的交互作用 …… 540
1.7.1　对相变动力学的影响 …… 540
1.7.2　对组织和性能的影响 …… 542

2　轨道用超细贝氏体钢的组织和性能 …… 547

2.1　微观组织 …… 548
2.1.1　贝氏体转变动力学 …… 548
2.1.2　微观组织的多尺度表征 …… 550
2.2　残余奥氏体稳定性 …… 563
2.2.1　不同形貌残余奥氏体的稳定性 …… 563
2.2.2　应变速率对残余奥氏体稳定性的影响 …… 567
2.3　常规力学性能 …… 575

2.4　低温冲击韧性 …… 586
2.5　断裂吸收功 …… 593
2.6　疲劳性能 …… 599
2.6.1　拉压疲劳性能 …… 599
2.6.2　滚动接触疲劳性能 …… 606
2.7　耐蚀性能 …… 614
2.8　焊接性能 …… 625
2.8.1　铝热焊 …… 626
2.8.2　闪光焊 …… 632

3　轨道用超细贝氏体钢氢脆特性 …… 636

3.1　均质超细贝氏体钢的氢脆 …… 636
3.2　偏析超细贝氏体钢的氢脆 …… 646
3.3　变形超细贝氏体钢的氢脆 …… 649
3.4　氢致开裂行为 …… 654
3.5　氢对超细贝氏体钢疲劳性能的影响 …… 658

4　轨道用贝氏体钢成分偏析 …… 665

4.1　成分偏析特征 …… 665
4.2　微观组织和力学性能 …… 667
4.3　耐磨性能 …… 676
4.3.1　滚动磨损性能 …… 676
4.3.2　滑动磨损性能 …… 679
4.3.3　冲击磨损性能 …… 685
4.4　疲劳性能 …… 688

5　轨道用贝氏体钢热处理调控 …… 694

5.1　正火工艺调控 …… 694
5.2　回火工艺调控 …… 702
5.3　终变形温度的调控 …… 723

6　轨道用超细贝氏体钢形变热处理调控 …… 728

6.1　层错能调控形变热处理 …… 728
6.1.1　相变动力学 …… 729
6.1.2　微观组织 …… 731

6.1.3　力学行为 …… 735
6.2　第二相析出调控形变热处理 …… 743
6.2.1　相变动力学 …… 744
6.2.2　微观组织 …… 747

7　轨道用贝氏体钢的失效 …… 753

7.1　案例一 …… 753
7.2　案例二 …… 759

8　贝氏体轨道钢的应用 …… 765

8.1　超细贝氏体钢辙叉 …… 765
8.1.1　辙叉钢化学成分设计 …… 766
8.1.2　辙叉钢力学性能优化 …… 767
8.1.3　辙叉热处理生产线 …… 769
8.1.4　辙叉力学性能 …… 769
8.1.5　辙叉微观组织 …… 771
8.1.6　辙叉试用效果 …… 773
8.2　低碳贝氏体钢轨 …… 778

第4篇　马氏体钢

引言 …… 785

1　轨道用低碳马氏体钢化学成分设计 …… 786

1.1　化学成分 …… 786
1.2　热处理工艺 …… 788
1.2.1　力学性能 …… 788
1.2.2　微观组织 …… 791

2　轨道用22MnSi2CrMoNi马氏体钢 …… 794

2.1　微观组织和力学性能 …… 794
2.2　疲劳性能 …… 798
2.3　耐磨性能 …… 811

3　轨道用18Mn3Si2CrMo马氏体钢 …… 819

3.1　相变动力学 …… 819

3.2 微观组织和力学性能 …… 822
3.3 疲劳性能 …… 829

第5篇 铁路轨道服役条件和用钢选择

1 铁路轨道服役条件 …… 841
1.1 钢轨服役条件 …… 841
1.2 辙叉服役条件 …… 848
2 铁路轨道用钢选择 …… 856
2.1 钢轨钢选择 …… 856
2.2 辙叉钢选择 …… 859

第6篇 材料计算科学在轨道用钢研究中的应用

引言 …… 865
1 高锰钢辙叉与高碳钢钢轨闪光焊接有限元模拟 …… 866
1.1 模型构建 …… 866
1.2 焊接接头温度场 …… 868
1.3 保压时间对焊接接头温度场影响 …… 870
1.4 焊接材料长度对焊接接头温度场影响 …… 874
2 高锰钢辙叉服役特性有限元模拟 …… 876
2.1 拼装高锰钢辙叉服役特性 …… 876
2.1.1 模型构建 …… 876
2.1.2 应力应变场 …… 881
2.1.3 列车速度和轴重对应力场影响 …… 882
2.2 整铸高锰钢辙叉服役特性 …… 883
2.2.1 模型构建 …… 883
2.2.2 应力应变场 …… 884
2.2.3 列车速度和轴重对应力应变场影响 …… 887
3 高锰钢辙叉疲劳损伤有限元模拟 …… 894
3.1 多孔洞应力应变场 …… 894
3.2 三维孔洞应力应变场 …… 901

3.3 三维裂纹应力应变场 …… 907

4 高锰钢中位错与孪晶交互作用分子动力学模拟 …… 914

4.1 模型构建 …… 914
4.2 位错形成能 …… 916
4.3 位错运动行为 …… 920
4.4 位错与孪晶交互作用 …… 922

5 高锰钢中微量元素分布第一性原理模拟 …… 929

5.1 理论和方法 …… 929
5.2 氮在不同类型奥氏体晶界偏聚行为 …… 932
5.2.1 模型构建 …… 932
5.2.2 偏聚行为 …… 933
5.3 氮在奥氏体∑5(210) 晶界偏聚行为 …… 935
5.3.1 模型构建 …… 935
5.3.2 偏聚行为 …… 936
5.3.3 理论拉伸性能 …… 941
5.4 磷和硫在∑5(210) 奥氏体晶界偏聚行为 …… 943
5.4.1 模型构建 …… 943
5.4.2 偏聚行为 …… 944

6 贝氏体钢氢脆特性第一性原理模拟 …… 948

6.1 模型构建 …… 948
6.2 氢对电子结构的影响 …… 950
6.3 氢对几何结构的影响 …… 954

参考文献 …… 959

第1篇

奥氏体钢

引　言

自1882年英国工程师Robert Hadfield发明高锰钢以来，其作为铁路轨道中的关键部件——辙叉用钢得到了广泛应用。传统Hadfield高锰钢的化学成分（质量分数）为：C 1.0%~1.4%，Mn 10%~14%，经水韧处理后，其在室温条件下获得全奥氏体组织。高锰钢的这种成分和组织特点使其具有优异的塑韧性和加工硬化能力，从而使其在苛刻的冲击磨损条件下表现出优异的耐磨性能。高锰钢作为铁路轨道用钢，始于1894年铺设于美国纽约布鲁克林大西洋街铁路上的第一棵高锰钢铸造辙叉，因其优良的使用性能，后来在世界范围内得到广泛的应用。目前，世界很多国家都制定了高锰钢辙叉标准，各国制定的高锰钢辙叉化学成分和力学性能标准略有差别，然而与发明初期的化学成分和力学性能没有大的变化，如表1-0-1和表1-0-2所示。

表1-0-1　几个国家高锰钢辙叉的化学成分标准

国家		化学成分（质量分数）/%					Mn/C
		C	Mn	Si	P	S	
中国	TB	0.95~1.35	11.0~14.0	0.30~0.80	≤0.06	≤0.035	≥10
日本	JRS	0.90~1.20	11.0~14.0	0.30~0.80	≤0.05	≤0.035	≥10
美国	ASTM	1.00~1.40	≥10.0	—	≤0.10	≤0.05	—
法国	UIC	0.95~1.30	11.5~14.0	≤0.65	≤0.04	≤0.03	≥10
俄罗斯	ГОСТ	1.00~1.35	11.5~15.5	0.30~0.90	≤0.09	≤0.035	≥10
英国	BS	1.00~1.35	>10	<1.0	<0.12	<0.06	—

表1-0-2　几个国家高锰钢辙叉的力学性能标准

国家		力学性能					
		抗拉强度/MPa	伸长率/%	硬度（HB）	弯曲		A_k/kg·cm^{-2}
					角度/(°)	内侧半径/mm	
中国	TB	≥735	≥35	≤229	180	25	≥147
日本	JRS	≥735	≥35	170~223	180	25	—
美国	ASTM	—	—	—	150	25.4	—
法国	UIC	30mm×30mm试件，L=200mm，r=1.5mm U形切口，W=50kg，H=3000mm，支距=160mm，支点R=2mm，3次破坏					
俄罗斯	ГОСТ	≥637	—	—	—	—	—
英国	BS	—	—	≥229	—	—	—

近百年来，为了进一步提高高锰钢辙叉的使用寿命和满足其不同使用要求，人们对辙叉用高锰钢进行了大量的再合金化处理研究以及生产实践。

法国研制了一种铸造含钼高锰钢辙叉，它可以在不经过热处理的铸态条件下使用，这种高锰钢的化学成分（质量分数）为：C 0.7%～0.9%，Mn 13%～15%，Mo 1.0%～1.8%，Si ≤1.0%。通过降低碳含量和加入钼元素的方法，可有效减缓晶间碳化物的形成，同时避免碳化物析出，从而减少了产生脆化的概率。铸态含钼高锰钢的硬度适中，具有很好的强度和韧度，并且各项性能指标都高于水韧处理普通高锰钢。同时，含钼高锰钢的疲劳寿命与普通高锰钢相似，循环应变疲劳测试结果如图 1-0-1 所示。通过模拟列车车轮与轨道间摩擦产生的实际磨耗测定铸态含钼高锰钢和普通高锰钢的耐磨损性能，结果表明，含钼高锰钢具有更好的耐磨性，这应该与其较高的加工硬化能力有关。两种钢经过冷加工处理后硬度增加值与变形量的函数关系如图 1-0-2 所示，可见含钼高锰钢的加工硬化能力非常高。这种铸态含钼高锰钢辙叉首次在铁路线路和地铁轨道上试铺就取得了成功，从而为铸态含钼高锰钢辙叉开辟了整个欧洲和非洲市场。

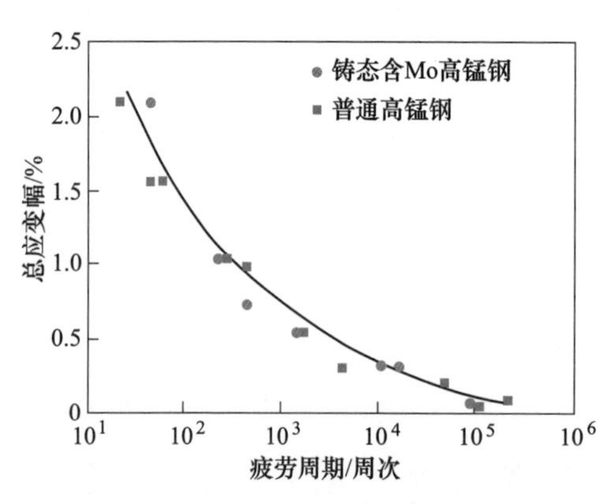

图 1-0-1　铸态含 Mo 高锰钢和水韧处理普通高锰钢的疲劳试验结果

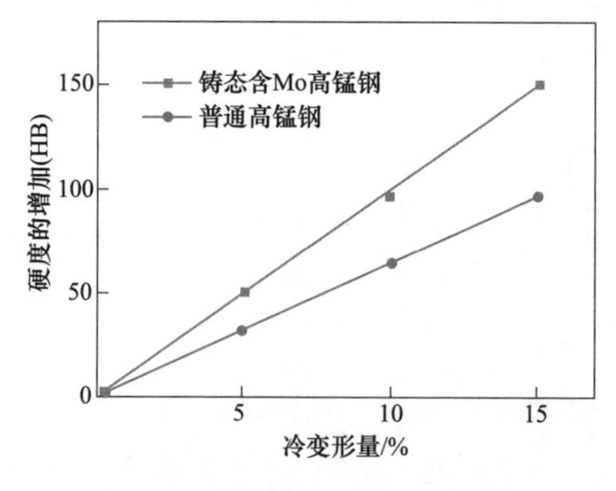

图 1-0-2　铸态含 Mo 高锰钢和普通高锰钢加工硬化特性对比

阿尔及利亚的材料科研工作者研究了钼合金化高锰钢和普通高锰钢的铸态组织和磨损性能。他们发现，钼元素改变了铸态组织中碳化物的形状、分布以及数量，并且随钼元素含量不同，组织状态也发生变化。热处理状态下的钼合金化高锰钢经表面硬化处理后，其硬化层深度明显大于普通高锰钢。

苏联材料科研工作者利用 0.02%～0.09%氮和 0.25%～1.0%铝对高锰钢进行再合金化处理，其水韧处理态和冷变形态的力学性能均明显增高，从而有效地提高了高锰钢辙叉的使用寿命。另外，他们还利用铬和铌对高锰钢进行再合金化并研制出 FeCrMnNbC 合金。当高锰钢中含有 0.08%～0.12%铌时，其力学性能大大提高，$\sigma_{0.2}=550\text{MPa}$，$K_{CV}=220\sim280\text{J/cm}^2$，$K_{CV\text{-}60}=200\sim220\text{J/cm}^2$，同时高锰钢的耐磨性得到大幅度提高，抗开裂敏感性和抗冷脆性提高 30%～50%。利用该成分高锰钢制造的铁路辙叉，其使用寿命为普通高锰钢辙叉的 2 倍，同时，铸造高锰钢辙叉的废品率大大降低。

美国也发明了一种新型铁路辙叉用高锰钢，其化学成分（质量分数）为：C 0.85%，Mn 14%，Si 0.6%，Cr 4%，Ni 3.6%，V 0.4%，它是在普通高锰钢基础上，利用铬、镍和钒对高锰钢进行再合金化处理，同时将钢中的碳含量降低到普通高锰钢以下的水平。这种高锰钢的屈服强度大于 525MPa，伸长率为 30%左右，其使用寿命相对于普通高锰钢辙叉有大幅度提高。然而，由于这种高锰钢中含有大量的贵重金属镍和钒，同时铬含量也较高，使高锰钢辙叉的制造成本提高许多，因此，推广应用受到了限制。另外，美国还发明一种利用镍、钒、钛微合金化的高锰钢，其各项力学性能都达到较高的水平，这种钢中含有一种尺寸很细的碳氮化合物，这种高锰钢辙叉的使用寿命比普通高锰钢辙叉增加 20%～70%。

加拿大开展了对辙叉用高锰钢进行钒再合金化处理的一系列研究工作，研究结果表明，高锰钢的硬度随着钒含量的增高而增加，而耐磨性能在钒含量（质量分数）为 2%时最佳，其耐磨性能可达到普通高锰钢的 5 倍，如图 1-0-3所示。几种辙叉用高锰钢的冲击压缩试验结果如图 1-0-4 所示，结果表明，0.8C-13Mn-2V 和 0.8C-13Mn-1V 高锰钢抵抗塑性流变的能力较强，普通高锰钢的变形量超过 0.8C-13Mn-2V 高锰钢大约 25%，0.8C-13Mn-1Mo 高锰钢显示出最弱的抵抗变形的能力。普通高锰钢和含 1%钼高锰钢的微观组织没有大的区别，这说明 1%钼元素加入低碳高锰钢中，对变形结果几乎不产生影响。

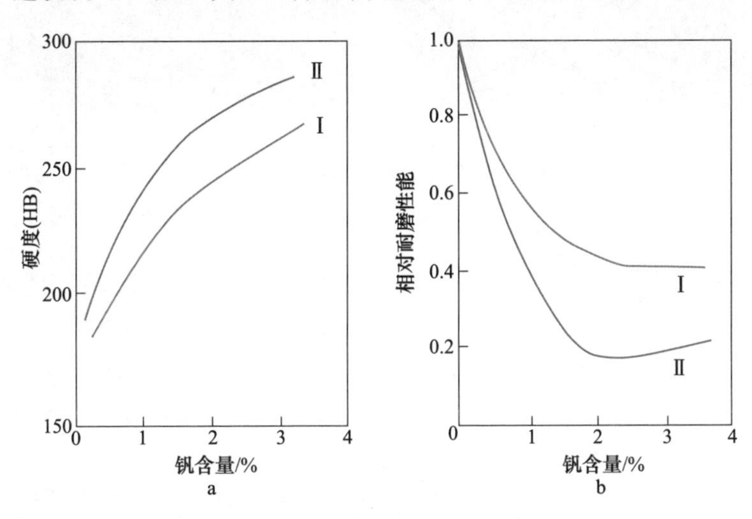

图 1-0-3　钒含量对高锰钢力学性能的影响

（Ⅰ为加热到 1100℃奥氏体化冷却到 950℃保温 6h 后固溶处理；Ⅱ为加热到 1050～1150℃固溶处理）

a—硬度；b—耐磨性

0.8C-13Mn-2V 和 0.8C-13Mn-1V 高锰钢经冷变形后，其内部微观组织结构中变形带数量明显较普通高锰钢少，又进一步说明这两种含钒高锰钢具有很高的抵抗塑性变形的能力，如图 1-0-5 所示。

此外，德国在高锰钢中加入 0.5%的钒，使高锰钢的屈服强度从 380MPa 提高到 425MPa。英国在高锰钢中加入 0.05%～0.2%的铝，提高了高锰钢的耐磨性，而对其韧性和塑性影响不大，利用这种高锰钢制造的铁路辙叉的使用寿命大幅提高。来自韩国、美国和俄罗斯的材料科研工作者对铝影响高锰钢力学性能的微观机理进行了研究，与普通高锰钢相比，含铝高锰钢孪晶形成的临界应力高，这些变形组织的变化是由铝元素影响钢层错能所决定的。铝元素可以显著提高高锰钢的屈服强度，当高锰钢中的铝含量为 1.5%时，拉伸断口中的一次大尺寸韧窝中还出现了大量的二次细小韧窝，这对于提高高锰钢的塑韧性无疑是有利的，然而随着钢中铝含量的提高，其对于抗拉强度和伸长率却有一定的损害作用。当高锰钢中的铝含量小于 1.5%时，其塑性变形机理为孪生，进一步提高铝含量时，高锰钢主要的塑性变形机理开始变为位错滑移。

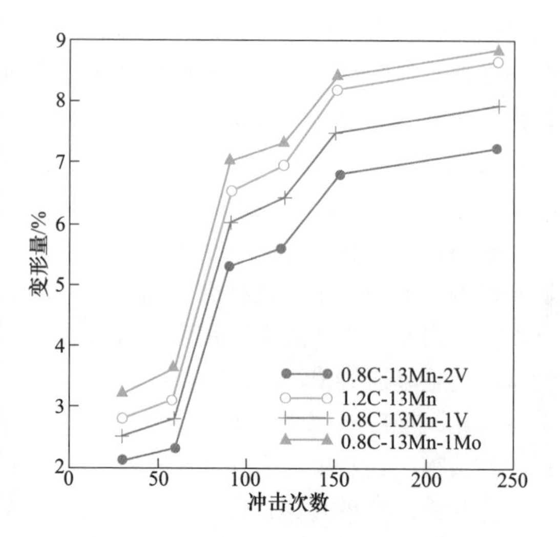

图 1-0-4　几种成分高锰钢压缩变形量与冲击次数的关系

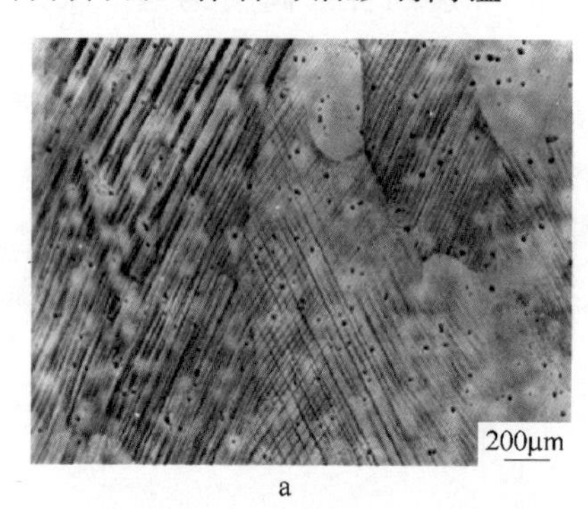

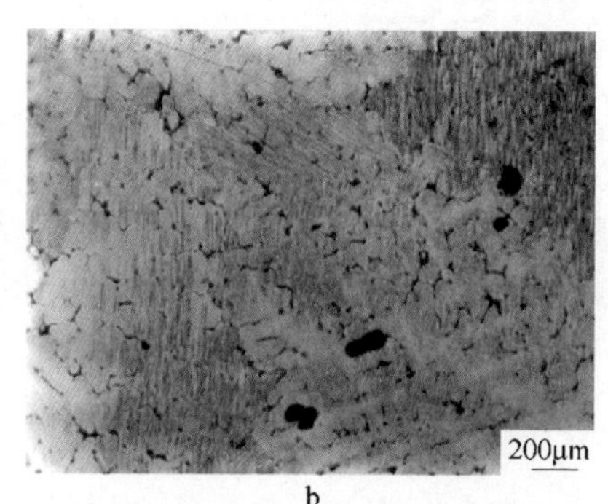

a　　　　b

图 1-0-5　不同合金元素含量高锰钢的变形组织

a—钼含量 1%；b—钒含量 2%

我国也开展了大量辙叉用高锰钢的研究与生产实践，向高锰钢中加入铜、铌、钒、钛等进行再合金化处理。加入铜的目的是为了提高高锰钢辙叉的自润滑性能，降低轮轨之间的摩擦力，从而提高高锰钢辙叉的使用寿命。加入微量合金元素铌、钒、钛的目的是为了细化奥氏体晶粒，提高高锰钢的强度，从而提高辙叉的使用性能。研究结果表明，ZGMn13Cu1Nb0.05 钢的奥氏体晶粒均匀细小，常规力学性能优异。对高锰钢进行 0.3%的钒合金化后，对其在不同时效温度下的组织和性能进行对比。随着时效温度的升高，钒的碳化物由球状逐渐向针状转变。当时效温度为 450℃时，析出的碳化钒尺寸为 10~100nm，这种析出物使高锰钢在该温度下获得了最佳的强塑韧性配合。

高锰钢辙叉在热处理时发生碳化物溶解，水韧处理后使辙叉得到单一奥氏体组织，从而提高其强韧性。因此，高锰钢的热处理过程又叫固溶强化处理。高锰钢的导热性能低、线膨胀系数大，且辙叉铸件本身铸造应力较大，在热处理过程中的温差又会造成较大的热应力，铸造应力与热应力的同时作用会导致裂纹的产生。因此，热处理过程中高锰钢辙叉的入炉温度与加热速度需要严格控制。此外，固溶处理的温度与保温时间也需进行把控，既要使碳化物充分溶解，又要让奥氏体的晶粒度适宜，尽可能使钢中成分以及晶粒大小均匀。普通高锰钢的固溶温度在 1050~1100℃最为适宜，此温度范围内碳化物能够充分溶解，可以促进成分均匀化。对于含有铬、钼、钒等合金元素的高锰钢，由于强碳化物难以溶解，固溶温度需要提高 30~50℃。在 1100℃下，奥氏体化完全，晶粒细小，力学性能较好。保温时间控制在让碳化物溶解完全，钢中成分均匀即可。保温结束后需对高锰钢辙叉进行快速水冷处理，避免组织中析出碳化物。否则辙叉温度降低析出碳化物后再水淬会致使辙叉出现裂纹。一般情况下，高锰钢辙叉固溶处理完成后，要保证辙叉温度在 960℃以上入水，因为在 900℃碳化物已经开始析出，且温度越低析出速度越快。水韧处理过程中，要保证水温低于 30℃，以满足热处理组织要求。

作者研究团队根据当前铁路轨道的实际使用需求，开发了多种铁路轨道用高锰钢和相应的制造工艺技术，具体内容将在下面的章节中进行详细介绍。

1　轨道用C+Mn变量高锰钢

铁路轨道中最早的辙叉用钢是高锰奥氏体钢，碳和锰是主要的添加元素，其对高锰钢的组织及性能具有显著影响。碳元素能够扩大奥氏体相区，高的碳含量能够保证在水韧处理至室温时得到单一奥氏体组织。与此同时，碳属于间隙固溶元素，固溶于奥氏体晶格中的碳会引起强烈的晶格畸变，使碳原子在位错压应力区富集，形成柯氏气团，碳原子与位错的交互作用阻碍位错的运动，形成固溶强化，从而提高高锰钢的力学性能。碳含量还会显著影响高锰钢的层错能，层错能变化会引起塑性变形机理的改变，进而影响其力学性能。锰是稳定奥氏体的主要元素，在钢中可扩大 γ 相区，并降低 M_s 点，使高锰钢在室温下保持奥氏体组织。锰的原子半径与铁元素接近，约为 1.29×10^{-8}cm，因此，其在高锰钢中形成的是置换固溶体，使基体得到强化，但因其与铁原子差别不大，故强化作用较小。锰含量在 14%以内时，随锰含量增加，强塑性提高，但在锰含量大于 12%时，铸造树枝晶发达，有粗晶和裂纹倾向。此外，高锰钢中主要成分的配合——锰碳比也会影响钢的性能，当锰/碳<8 时，高锰钢经常规热处理后，碳化物不能全部溶入奥氏体。因此，为保证单相奥氏体的组织状态，很多国家要求锰/碳>10。由于锰具有增加晶间结合力的作用，因此，高锰钢的强度及冲击韧性都会随着锰含量的升高而提高。

1.1　化学成分、组织和性能

为研究不同碳、锰含量对铁路轨道用高锰钢组织和性能影响，设计了 7 种不同碳、锰含量的高锰钢，其化学成分如表 1-1-1 所示，为避免铸造工艺及缺陷对微观组织及力学性能的影响，对七种试验钢进行了相同条件的锻造处理。

表 1-1-1　碳和锰变量高锰钢的化学成分　　(质量分数,%)

钢种	C	Mn	Si	P	S
80Mn11	0.79	11.0	0.39	0.001	0.002
100Mn11	1.00	11.4	0.41	0.001	0.003
120Mn11	1.15	11.1	0.41	0.001	0.002
130Mn11	1.28	10.5	0.46	0.001	0.002
120Mn7	1.19	7.4	0.43	0.001	0.005
120Mn15	1.17	14.7	0.41	0.001	0.003
120Mn19	1.14	19.1	0.39	0.001	0.006

1.1.1 不同碳含量高锰钢

经 1050℃ 固溶处理后，4 种不同碳含量高锰钢的微观组织，如图 1-1-1 所示，四种碳含量的高锰钢均为单相奥氏体组织，在奥氏体晶粒内有退火孪晶生成。使用 Image-Pro-Plus 软件对不同碳含量高锰钢的晶粒度进行了统计，其结果如表 1-1-2 所示。从晶粒度统计结果来看，在本研究的成分范围内，碳含量对高锰钢的晶粒度影响不大，处于同一晶粒级别。

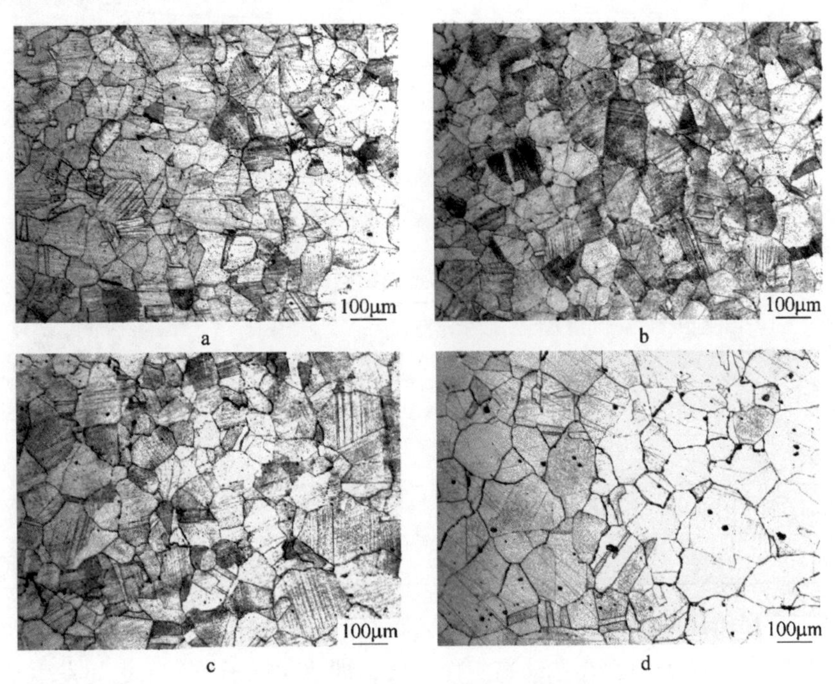

图 1-1-1 不同碳含量高锰钢的金相组织

a—80Mn11 钢；b—100Mn11 钢；c—120Mn11 钢；d—130Mn11 钢

表 1-1-2 不同碳含量锻态高锰钢的晶粒尺寸及晶粒级别

钢种	80Mn11	100Mn11	120Mn11	130Mn11
晶粒尺寸/μm	90.3	91.5	85.8	92.5
晶粒级别	4.0	4.0	4.0	4.0

图 1-1-2 和表 1-1-3 给出了不同碳含量高锰钢的拉伸性能测试结果，随着碳含量的升高，高锰钢的强度随之提高，抗拉强度分别比 80Mn11 钢提高了 36MPa、60MPa、148MPa，屈服强度比 80Mn11 钢提高了 25MPa、30MPa、48MPa。值得注意的是，随碳含量的升高，四种高锰钢的伸长率呈增高趋势，特别是 80Mn11 钢的伸长率明显低于其他三种碳含量的高锰钢。这说明，对于锻态

高锰钢而言，碳含量过低，不仅强度会降低，其塑性也会降低。

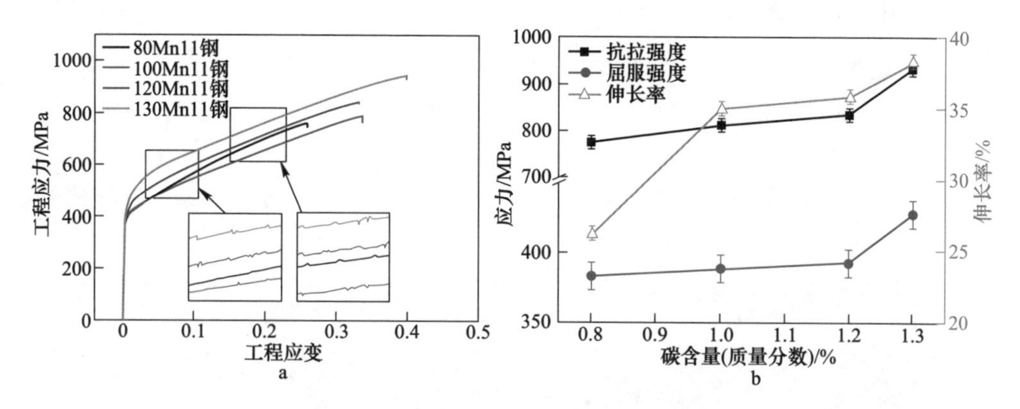

图 1-1-2　不同碳含量高锰钢的拉伸性能

a—工程应力-应变曲线；b—强度和塑性随碳含量变化规律

表 1-1-3　不同碳含量高锰钢的力学性能

钢种	抗拉强度 /MPa	屈服强度 /MPa	伸长率 /%	应变硬化指数	冲击韧性 /J·cm^{-2}	硬度 (HBW)
80Mn11	776	363	26.1	0.34	256	168
100Mn11	812	388	35.0	0.36	243	170
120Mn11	836	393	35.8	0.34	223	171
130Mn11	924	411	38.2	0.35	211	187

从工程应力应变曲线上能看到四种碳含量的高锰钢流变应力具有锯齿状波动现象，这说明四种钢中都存在动态应变时效，即溶质原子与位错之间发生了相互作用。从局部放大图可见，变形初期 80Mn11 钢几乎观察不到这种锯齿状，而 130Mn11 钢中已经有明显的锯齿，并且随着碳含量升高，锯齿状越明显。变形后期两种钢中都有这种锯齿，130Mn11 钢锯齿幅度大于 80Mn11 钢，这是由于碳含量升高增加了钢对位错的钉扎能力，这也是强度随碳含量升高的重要原因。

应变硬化指数 n 反映了钢抵抗均匀塑性变形的能力，是表征钢应变硬化行为的性能指标，通过拟合真应力-真应变曲线并利用 Ludwigson 关系 $\sigma = K_1\varepsilon^{n_1} + e^{K_2+n_2\varepsilon}$ 计算应变硬化指数，值得注意的是，高锰钢的应变硬化指数并未受到碳含量的影响，随碳含量的升高，应变硬化指数几乎不变。

图 1-1-3 所示为经拉伸变形 20%后拉伸试样标距内的金相组织，从图中可以看出，高锰钢晶粒沿拉伸方向发生变形，晶粒沿拉伸方向被拉长，晶粒内可观察到的滑移带随着碳含量的升高逐渐减少。

碳对高锰钢的力学性能有显著的影响，它作为溶质原子固溶于钢的基体中，

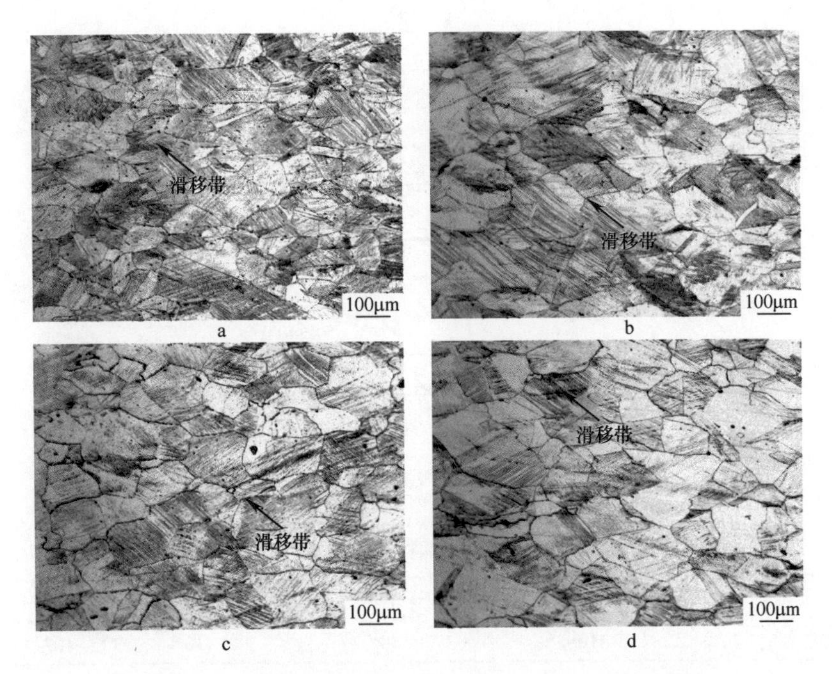

图 1-1-3 不同碳含量高锰钢拉伸变形 20%试样金相组织

a—80Mn11 钢；b—100Mn11 钢；c—120Mn11 钢；d—130Mn11 钢

形成的是间隙型固溶体，会引起强烈的晶格畸变，从而在基体中会产生弹性应力场，形成的弹性应力场与位错交互作用进而会增大位错运动的阻力。此外，碳作为溶质原子会与形成的应力场相互作用，在应力场附近聚集形成柯氏气团，进一步阻碍位错的运动，观察到的滑移带表现为随着碳含量的升高逐渐减少。由于位错被钉扎难以发生运动，所以，随着碳含量的升高高锰钢的强度随之提高。

应变硬化指数 n 主要与孪晶的形成和位错增殖有关，在低应变阶段，高锰钢的塑性变形以位错滑移为主要机制，当变形量超过形变孪晶产生的临界应变范围时，变形以位错滑移和孪生两种方式进行，因此，影响应变硬化指数的因素有孪晶的形成和位错密度。使用 XRD 方法测试了不同碳含量高锰钢拉伸变形 20%后标距内的位错密度，衍射图谱如图 1-1-4 所示，计算方法见式 1-1-1，计算结果见表 1-1-4。

$$\rho = 6\pi \frac{\varepsilon^2}{b^2} \tag{1-1-1}$$

式中 ρ ——位错密度；

ε ——微观应变；

b ——柏氏矢量。

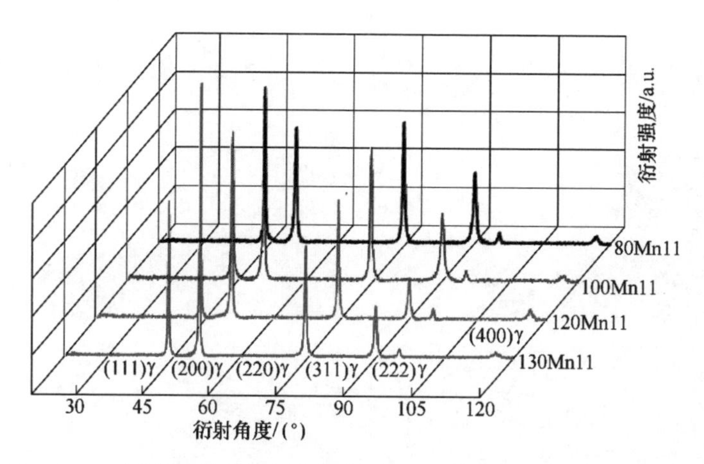

图 1-1-4 不同碳含量高锰钢拉伸变形 20%后标距内试样的 XRD 图谱

表 1-1-4 不同碳含量高锰钢拉伸变形 20%试样位错密度

钢种	80Mn11	100Mn11	120Mn11	130Mn11
位错密度/m^{-2}	2.52×10^{15}	3.08×10^{15}	3.93×10^{15}	4.79×10^{15}

从图 1-1-4 和表 1-1-4 可以看出，位错密度随碳含量的升高而增大。位错的增殖机制有多种，依据弗兰克-瑞德位错增殖机构（简称 F-R 源）的原理，设想在晶体的某一滑移面上的一段刃型位错，其两端被某种障碍所钉扎，当外加切应力满足一定条件时位错发生弯曲形成位错环，并且不断重复造成位错密度逐渐增加，碳固溶于晶体中形成的晶格畸变和碳、锰形成柯氏气团都能成为这种障碍。并且位错运动受阻时，会促进更多的位错源启动。由于晶界处的畸变能相对较大，碳原子易于在晶界偏聚，而偏聚于晶界的碳原子也会使位错密度升高，因此，在相同应变量下试样中的位错密度随着碳含量的增加而升高。

80Mn11 钢和 130Mn11 钢经拉伸变形应变量达到 0.2 时标距内试样的 TEM 照片，如图 1-1-5 所示，两种碳含量的高锰钢应变量达到 0.2 时基体中均出现大量

图 1-1-5 不同碳含量高锰钢拉伸变形 20%的 TEM 组织

a—80Mn11 钢；b—130Mn11 钢

的形变孪晶和位错。80Mn11 钢中大量细小的形变孪晶分布于基体中，位错分布在孪晶界或者孪晶内部，孪晶阻碍了位错的运动，从而提高了材料的强度。130Mn11 钢中同样存在大量的形变孪晶和位错，但 130Mn11 钢中相邻孪晶片层之间的距离更大，孪晶密度相比 80Mn11 钢较小。这说明变形初期高含量的碳原子对孪晶的形成是不利的，这是由于碳含量的升高提高了高锰钢的层错能。

由于碳含量的升高，阻碍了位错的滑移，并且提供位错源开动的条件，所以高锰钢中的位错密度随着碳含量的升高而升高；另外，由于碳含量的升高提高了高锰钢的层错能，不利于形变孪晶的产生。两方面因素的综合作用，导致其应变硬化指数并未随碳含量的变化而发生较大变化。

钢的应变硬化速率反映了在塑性变形过程中产生加工硬化效应的快慢，对实际工程应用具有重要的指导意义，如高锰钢辙叉在上道使用的前期由于加工硬化未进行完全，容易产生肥边等实际使用问题。提高材料的应变硬化速率，能使材料迅速发生加工硬化，达到理想的使用状态。

不同碳含量高锰钢的应变硬化速率曲线，如图 1-1-6 所示，高锰钢的应变硬化速率曲线都大致分为三个阶段：在变形初期，加工硬化速率急剧下降；当大于某一应变量后，应变硬化速率进入平台期或者略微有上升的趋势；在变形后期，应变硬化速率开始出现下降。对比两种不同碳含量高锰钢应变硬化速率曲线的第二阶段，发现 130Mn11 钢比碳含量较低的 80Mn11 钢进入应变硬化速率曲线第二阶段更晚，即需要更大的应变量才能进入第二阶段。在进入第二阶段的前期，130Mn11 钢的应变硬化速率比 80Mn11 钢低，随着应变量的增大，130Mn11 钢的加工硬化速率增大并超过 80Mn11 钢，并最终保持到试样断裂。

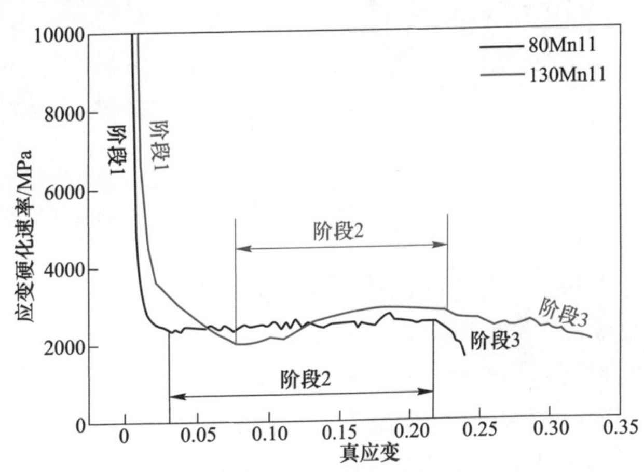

图 1-1-6 不同碳含量高锰钢应变硬化速率曲线

根据图 1-1-6 中应变硬化速率规律，选取含碳量最高和最低的 80Mn11 和 130Mn11 两种高锰钢进行拉伸变形，应变量分别达到 0.03 和 0.10，利用 EBSD 对变形后的试样进行观察，结果如图 1-1-7 所示。

两种成分的高锰钢经拉伸变形后，组织的变化明显不同。80Mn11 钢拉伸变

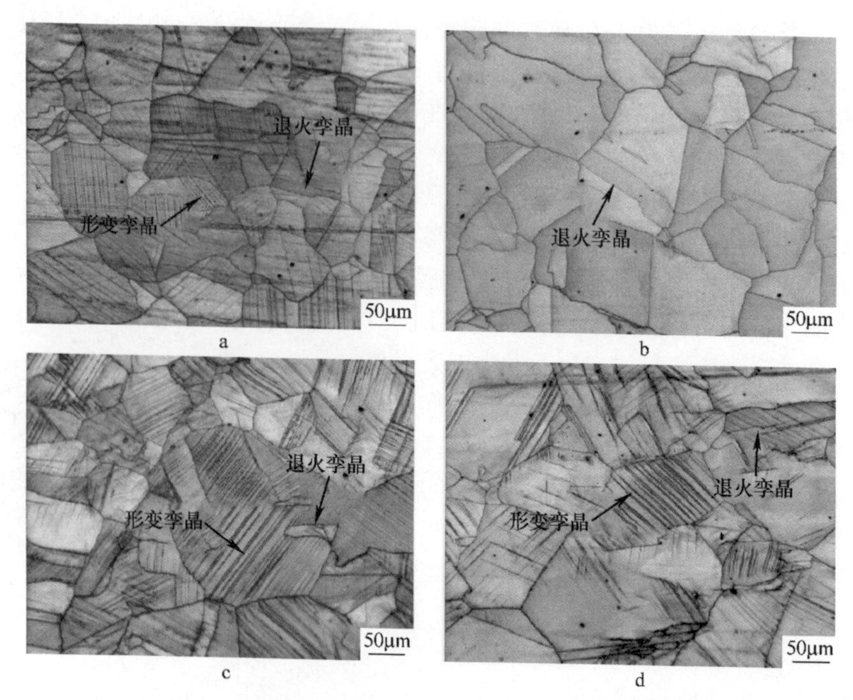

图 1-1-7　两种高锰钢经不同应变量变形后的 EBSD 组织

a—80Mn11 钢，0.03；b—130Mn11 钢，0.03；c—80Mn11 钢，0.10；d—130Mn11 钢，0.10

形应变量达到 0.03 后不仅存在一定量的退火孪晶，且出现了一定量的较细小的形变孪晶，130Mn11 钢拉伸变形 0.03 后只能观察到一定量的退火孪晶，基本上没有形变孪晶的形成；两种高锰钢拉伸变形 0.10 后均出现了一定量的形变孪晶，但 80Mn11 钢中形变孪晶的密度明显高于 130Mn11 钢。

当形变孪晶的数量累积到一定程度时，应变硬化速率曲线进入第二阶段，所以在应变量为 0.03 时，80Mn11 钢的加工硬化速率曲线已进入第二阶段。由此可知，在变形初期，随着碳含量的升高，高锰钢在变形过程中不易产生形变孪晶，从而不能达到很好的加工硬化效果，这就需要更大的变形量以产生足够的形变孪晶，故碳含量高的钢进入平台区所需应变量较大。孪晶对位错的阻碍作用是造成应变硬化第二阶段发生硬化的主要原因，故形变孪晶越多，加工硬化速率越大，所以在第二阶段的初期，80Mn11 钢的加工硬化速率大于 130Mn11 钢。而在拉伸变形后期，由于应变量增大，位错与碳原子之间的交互作用更加剧烈，随碳含量的升高，位错积累和塞积更加严重，在含碳量较高的钢中，更容易形成应力集中，更容易诱发孪晶形核，并且碳含量的升高能够阻碍孪晶长大，得到更加细小的孪晶。因此，130Mn11 钢在第二阶段后期加工硬化速率高于 80Mn11 钢，这也是 130Mn11 钢提高强度的同时塑性也得到提高的主要原因。

1.1.2　不同锰含量高锰钢

经 1050℃固溶处理后，四种不同锰含量高锰钢的微观组织，如图 1-1-8 所示，它们均为单相奥氏体组织。对四种不同锰含量高锰钢的晶粒度进行统计，结果如表 1-1-5 所示，四种高锰钢均处于同一晶粒等级，即同一热处理条件下锰对于高锰钢晶粒度的影响不大。

图 1-1-8　不同锰含量高锰钢的金相组织

a—120Mn8 钢；b—120Mn11 钢；c—120Mn15 钢；d—120Mn19 钢

表 1-1-5　不同锰含量锻态高锰钢的晶粒尺寸及晶粒级别

钢种	120Mn8	120Mn11	120Mn15	120Mn19
晶粒尺寸/μm	82.4	85.8	75.1	78.4
晶粒度级别	4.0	4.0	4.0	4.0

将四种不同锰含量的高锰钢分别加工成棒状拉伸试样，其工作段部分标距长度为 25mm，直径为 5mm。拉伸变形试验在 MTS 多功能拉伸试验机上进行，拉伸应变速率分别选取 $2\times10^{-5}s^{-1}$、$2\times10^{-4}s^{-1}$、$2\times10^{-3}s^{-1}$ 和 $2\times10^{-2}s^{-1}$，对四种钢的强塑性及应变速率敏感性进行测试。

图 1-1-9 给出了四种钢在不同拉伸应变速率下的工程应力-应变曲线，当拉伸应变速率相同时，高锰钢的强塑性随着锰含量的提高而同时提高，对于同一成分的高锰钢，其强塑性也随拉伸应变速率的提高而不断提高。有趣的是，在较低的

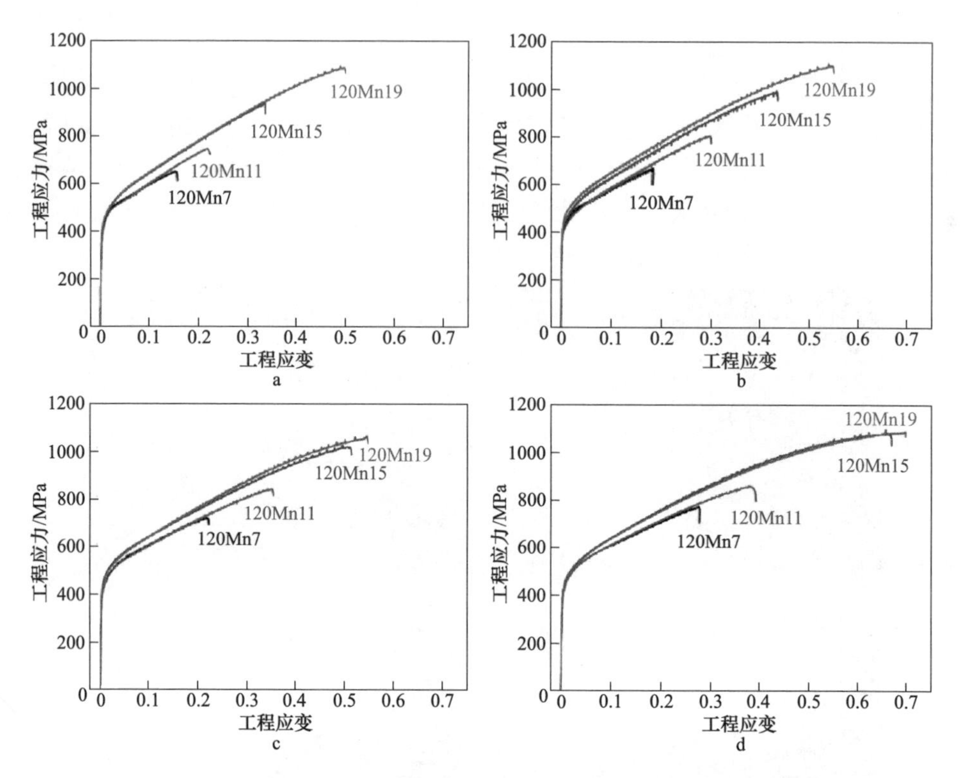

图 1-1-9　不同应变速率条件下不同锰含量高锰钢的工程应力-应变曲线

a—$2\times10^{-5}s^{-1}$；b—$2\times10^{-4}s^{-1}$；c—$2\times10^{-3}s^{-1}$；d—$2\times10^{-2}s^{-1}$

拉伸应变速率下，随着锰含量的提高，四种钢表现出了较为一致的强塑性梯度，如图 1-1-10 所示。然而，在较高拉伸应变速率下，四种钢的强塑性梯度变化明显不同，尤其是 120Mn15 钢和 120Mn19 钢。并且，在较高应变速率下，如 $2\times10^{-2}s^{-1}$时，120Mn15 钢和 120Mn19 钢强塑性已经非常接近。

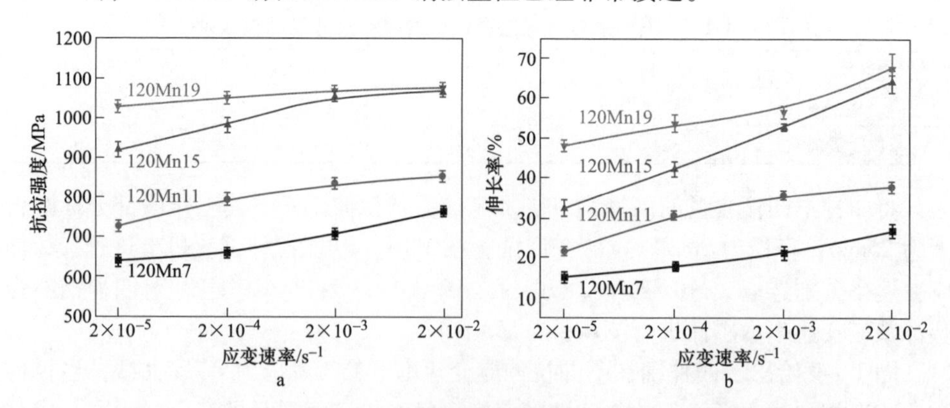

图 1-1-10　不同应变速率条件下不同锰含量高锰钢的拉伸性能变化规律

a—抗拉强度；b—伸长率

通过对拉伸试验结果进行统计可以发现，120Mn7 钢抗拉强度随应变速率增加呈现上 U 形，即强度提高幅度随应变速率提高而增大，而其余三种试验钢则呈现下 U 形，强度提高幅度随应变速率提高而减小，如图 1-1-10 所示。在塑性方面，120Mn7 钢和 120Mn11 钢随拉伸应变速率的变化规律与强度一致。然而，120Mn15 钢和 120Mn19 钢的伸长率随应变速率的提高却表现出上 U 形趋势，塑性提高幅度随应变速率提高而增大。结合 120Mn15 钢和 120Mn19 钢的强度变化结果不难发现，在较高应变速率下，虽然塑性指标提高较多，但强度指标却没有同步提高，这说明，在较高应变速率下，120Mn15 钢和 120Mn19 钢的加工硬化能力有所降低。

为进一步研究应变速率和锰含量对高锰钢拉伸变形行为的影响，计算了各试验钢在 $2\times10^{-5}s^{-1}$ 和 $2\times10^{-2}s^{-1}$ 下的应变硬化速率曲线，结果如图 1-1-11 所示。不同钢在不同应变速率下应变硬化速率的大小以及曲线形状上存在明显差异。随着锰含量的不断提高，钢的应变硬化速率呈现不断增大的趋势，并且应变硬化速率曲线由波动形态逐渐平顺。对于同种钢而言，高应变速率下钢的应变硬化速率更低且变化连续。在应变速率为 $2\times10^{-2}s^{-1}$ 下，120Mn15 钢和 120Mn19 钢表现出非常相近的加工硬化行为。由此可见，锰含量以及应变速率对高锰钢的加工硬化特性均会产生显著影响，但是当锰含量增大到 15%以上时，较高应变速率（$2\times10^{-2}s^{-1}$）下，高锰钢的应变硬化特性不再发生明显变化。连续且稳定变化的应变硬化速率是高锰钢获得优异强塑性的前提条件。从以上结果看，对用于辙叉的高锰奥氏体钢来讲，锰含量的上限含量（质量分数）大约为 15%。

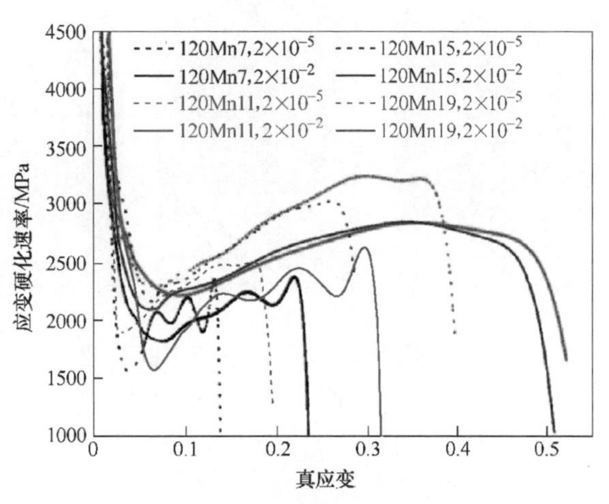

图 1-1-11 不同锰含量高锰钢在 $2\times10^{-5}s^{-1}$ 和 $2\times10^{-2}s^{-1}$ 下的应变硬化速率曲线

经单向拉伸变形后，四种钢的晶粒沿变形方向都有了不同程度的拉长，晶粒内部产生了大量的变形带，如图 1-1-12 所示。在相同的应变速率下，晶粒的拉长变形程度随着钢中锰含量的增加而不断增大，并且，对于同一种锰含量的高锰钢而言，应变速率越大，试样断后晶粒的拉长变形程度越大，这与图 1-1-10 给出的伸长率变化规律一致。

图 1-1-13 给出了不同锰含量高锰钢在不同应变速率下拉伸断后标距内的典型 TEM 组织，在不同化学成分和应变速率条件下，钢中产生形变孪晶的情况各不

图 1-1-12 不同锰含量高锰钢在不同应变速率下拉伸断裂后均匀变形段金相组织

a—120Mn7 钢，$2\times10^{-5}s^{-1}$；b—120Mn11 钢，$2\times10^{-5}s^{-1}$；c—120Mn15 钢，$2\times10^{-5}s^{-1}$；d—120Mn19 钢，$2\times10^{-5}s^{-1}$；e—120Mn7 钢，$2\times10^{-2}s^{-1}$；f—120Mn11 钢，$2\times10^{-2}s^{-1}$；g—120Mn15 钢，$2\times10^{-2}s^{-1}$；h—120Mn19 钢，$2\times10^{-2}s^{-1}$

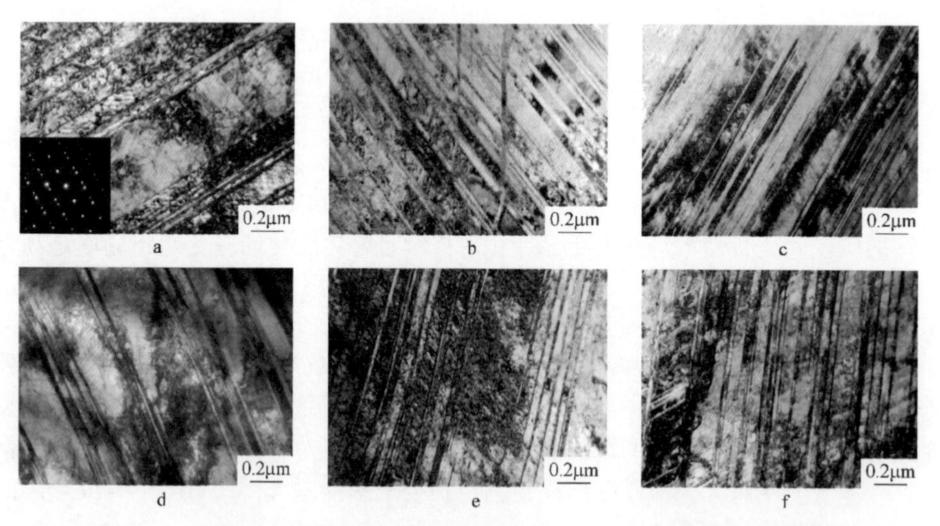

图 1-1-13 不同锰含量高锰钢在不同应变速率下拉伸变形断后标距内 TEM 组织

a—120Mn7 钢，$2\times10^{-5}s^{-1}$；b—120Mn15 钢，$2\times10^{-5}s^{-1}$；c—120Mn19 钢，$2\times10^{-5}s^{-1}$；d—120Mn7 钢，$2\times10^{-2}s^{-1}$；e—120Mn15 钢，$2\times10^{-2}s^{-1}$；f—120Mn19 钢，$2\times10^{-2}s^{-1}$

相同。当应变速率为 $2\times10^{-5}s^{-1}$时，随锰含量的增加，钢中产生形变孪晶的数量单调递增。提高应变速率至 $2\times10^{-2}s^{-1}$时，不同锰含量高锰钢中形变孪晶的数量按照 120Mn7 钢、120Mn11 钢和 120Mn15 钢的顺序逐渐递增，但当钢中锰含量进一步增大时，形变孪晶的数量没有进一步明显提升，见图 1-1-13f 中 120Mn19 钢。

不难得出，在较低的应变速率下，锰对钢中形变孪晶的产生影响更加明显，但随着应变速率的提高，锰的影响只体现在较低锰含量的钢中，如 120Mn7、120Mn11 和 120Mn15 钢，而对高锰含量的钢的影响不明显，如 120Mn15 和 120Mn19 钢。换而言之，应变速率对较低锰含量试验钢中形变孪晶的产生影响显著，对高锰含量钢影响不明显。对各钢拉伸断后形变孪晶的层片厚度和孪晶密度进行统计，结果如图 1-1-14 所示，在同一应变速率下，钢中形变孪晶的层片厚度随锰含量的增加而不断增大，形变孪晶的密度也呈现出增长的趋势；而对于同一锰含量的钢，应变速率的增大促进了形变孪晶层片的进一步细化，且形变孪晶的密度也不断增长。在较高应变速率 $2\times10^{-2}s^{-1}$下，120Mn15 钢和 120Mn19 钢的孪晶层片厚度和密度均没有明显差异。

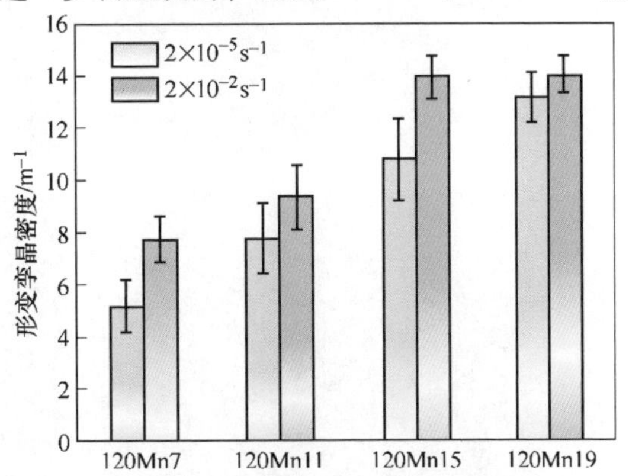

图 1-1-14　不同锰含量高锰钢在不同应变速率下拉伸变形断后标距内形变孪晶密度

图 1-1-15 给出了两种钢在应变速率为 $2\times10^{-5}s^{-1}$和 $2\times10^{-2}s^{-1}$下的拉伸断口形貌，随着钢中锰含量和应变速率的提高，钢拉伸断口中韧窝形貌所占比例均不断增大，断裂类型由沿晶断裂转变为沿晶和穿晶混合型断裂。在较低应变速率（$2\times10^{-5}s^{-1}$）下，120Mn7 钢呈现出冰糖状断口，为明显的沿晶断裂类型。随着锰含量的提高，断口表面开始出现韧窝形貌，断裂类型为穿晶和沿晶混合型。对于锰含量最高的 120Mn19 钢，沿晶断裂所占比例进一步减小。而在较高应变速率下（$2\times10^{-2}s^{-1}$），120Mn7 钢的断口仍为明显的冰糖状沿晶断裂，与较低应变速率下的断口形貌相近。在这个应变速率下，120Mn19 钢中的韧窝断口占据主导，穿晶断裂成为主要的断裂类型。

这说明锰含量和拉伸应变速率均会通过影响高锰钢的变形机制从而影响其断裂类型。通过对不同锰含量高锰钢不同应变速率下拉伸断口中沿晶裂纹的密度进行统计，如图 1-1-16 所示，在同一种钢中，随应变速率的增大，沿晶裂纹的密度不断降低，并且锰含量越高，沿晶裂纹的密度降低幅度越平缓。当应变速率为 $2\times10^{-2}s^{-1}$时，120Mn15 钢和 120Mn19 钢断口中的沿晶裂纹密度几乎相同，这一

图 1-1-15 不同锰含量高锰钢在不同拉伸应变速率下的拉伸断口形貌

a—120Mn7 钢，$2\times10^{-5}s^{-1}$；b—120Mn7 钢，$2\times10^{-2}s^{-1}$；

c—120Mn19 钢，$2\times10^{-5}s^{-1}$；d—120Mn19 钢，$2\times10^{-2}s^{-1}$

规律与图 1-1-14 试验钢中形变孪晶密度的规律相一致。

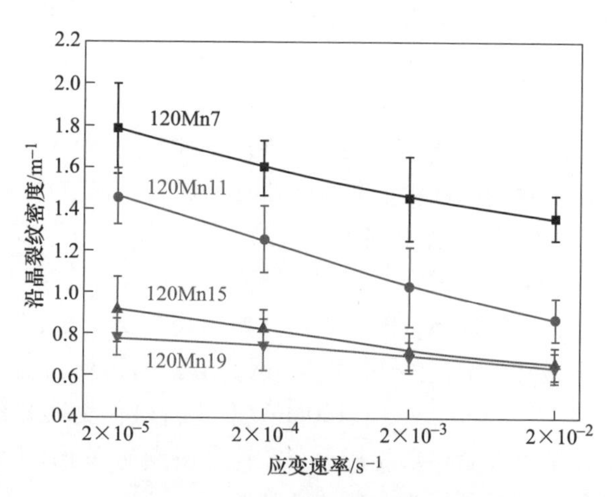

图 1-1-16 不同应变速率下不同锰含量高锰钢拉伸断口中沿晶裂纹的密度

位错滑移和孪生是高锰钢中两种最为主要的塑性变形方式，而位错与位错、孪晶、晶界以及固溶原子的交互作用最终导致了高锰钢的加工硬化效应，保证了高锰钢具有高的强塑韧性。本研究四种高锰钢的制备工艺一致，晶粒尺寸并不存在显著差别。因此，晶界因素不会对高锰钢强塑性产生明显影响，由于锰含量及应变速率的改变，高锰钢中位错、孪晶以及固溶原子的作用行为发生变化，这对高锰钢的塑性变形起到决定性作用。

锰含量对 TWIP 钢变形过程中的微观组织演变及变形行为具有重要影响，并且在不同的化学成分体系、试验条件和初始组织状态下，其作用效果也不尽相同。在本研究所选取的锰含量范围内，高锰钢的层错能随锰含量的增加而逐渐降低，从而有利于钢中形变孪晶的形成。在图 1-1-13 和图 1-1-14 所展示的断后形变孪晶的特征中，120Mn19 钢中形变孪晶的密度最大。除了层错能对形变孪晶形成的影响外，120Mn19 钢在变形后期承受了更大的应力和应变，见图 1-1-9，使 120Mn19 钢在变形过程中能够持续产生形变孪晶。

为研究拉伸变形过程中 C-Mn 原子对对钢加工硬化特性的影响，选择 120Mn7 钢和 120Mn19 钢拉伸断裂前 0.05～0.10 应变区间内的工程应力-应变曲线分析，以减少小变形时形变孪晶大量形成所带来的硬化效应。从图 1-1-17 中可以看出，120Mn7 钢和 120Mn19 钢的拉伸曲线均出现了明显的锯齿状波动，但锯齿的形状却明显不同。一般情况下，最常见的锯齿类型有三种，即 A、B、C 型。其中 A 类锯齿表现为应力的突然上升，达到峰值后又突然降低，B 类锯齿表现为曲线中的应力波动，而 C 类锯齿表现为应力的急剧降低而后上升。120Mn7 钢的拉伸应力-应变曲线中以 C 类及弱 A 类锯齿为主，而 120Mn19 钢的拉伸应力-应变曲线则以明显的 A 类锯齿为主。A 类锯齿被认为是 C-Mn 原子对与层错之间的交互作用引起的，C-Mn 原子对的增多以及更大的层错宽度会促进这类 DSA 效应的发生，而 C 类锯齿的产生则是自由的间隙碳原子钉扎位错及位错脱钉所引起的。在相同的变形条件下，钢中锰含量的提高会增加 C-Mn 原子对的数量，从而有利于 A 类锯齿的形成，而较低锰含量的钢中形成的 C-Mn 对数量较少，一部分碳以自由间隙原子的形成存在，从而使 120Mn7 钢的锯齿类型以 C 类或 C 类+弱 A 类的形式为主。在塑性变形过程中，A 类锯齿对钢的加工硬化具有更大的贡献。加之在变形过程中形成的更高密度的形变孪晶，较高锰含量的高锰钢获得了更高且波动较小的加工硬化速率，见图 1-1-11。在这样的加工硬化特性下，较高锰含量的高锰钢的塑性变形更加均匀，降低了应力、应变局域化发生的概率，使其拉伸变形过程可以保持到更高的应变量。

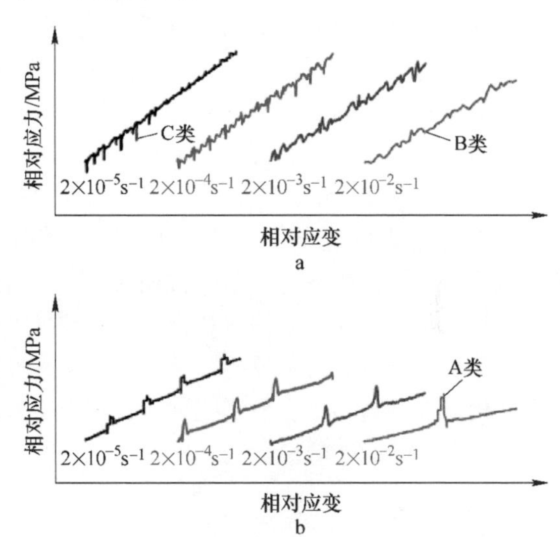

图 1-1-17 120Mn7 钢（a）和 120Mn19 钢（b）拉伸断裂前 0.05～0.10 应变范围内的工程应力-应变关系

应变速率会影响高锰钢在拉伸变形过程中的微观组织演变进而影响其强塑

性。应变速率的提高会促进粗晶高锰钢中形变孪晶的形成，这可能与高应变速率会提高样品内部的应力水平相关，形变孪晶的大量形成同时提高高锰钢的强塑性，表现出正的应变速率敏感性。在本研究所选择的四种钢和试验条件下，随着应变速率的增大，不论是在相同工程应变下还是断裂后，标距以内高锰钢中形变孪晶的数量均不断增加。在这样的变形微观组织状态下，高应变速率试样理应获得更高的应变硬化速率，但是从应变硬化速率来看，高应变速率下高锰钢的应变硬化速率却较低。这说明，在拉伸变形过程中，钢中位错的演变行为也不容忽视。随应变速率的增大，位错的移动速率也相应增大，在室温条件下自由间隙碳原子扩散速率不变的情况下，其对位错的钉扎作用减弱，从而降低了高应变速率下 C 类锯齿的出现概率，见图 1-1-17 中 120Mn7 钢。对于钢拉伸曲线中出现的 A 类锯齿，随应变速率的增大，A 类锯齿出现的频次也明显降低，但锯齿的应力波动幅度却有增大的趋势，见图 1-1-17 中 120Mn19 钢。即便如此，这种特性的 DSA 效应对于高锰钢的应变硬化影响程度也有所降低。然而，在较高应变速率下，高锰钢所获得的应变硬化特性，使其拉伸变形具有更好的持续性，可以将变形保持到更高的应变而不发生断裂。这说明，在高锰钢拉伸变形过程中，并不是应变硬化速率越高越好，而是要保持在一个适宜的、稳定的数值，这样才能保证高锰钢具有更高的强塑性。

1.2 疲劳性能

因为铁路轨道服役条件是承受循环载荷的作用，其失效形式主要是疲劳破坏，因此，要对铁路轨道用钢进行疲劳性能的研究。这里选取 80Mn11 钢和 130Mn11 钢进行低周疲劳性能测试，低周疲劳试样采用棒状试样，疲劳试样的标距选择 10mm，标距部分的直径为 5mm。低周疲劳试验在 MTS 万能液压伺服疲劳试验机上进行，采用应变控制，应变速率为 $4\times10^{-3}s^{-1}$，总应变幅分别采取 0.4×10^{-2}、0.6×10^{-2}、0.8×10^{-2}和 1.0×10^{-2}，判定疲劳失效的标准为试样断裂或最大拉应力降低为原值的 25%。同时，对一种 120Mn13 钢进行了滚动接触疲劳试验研究。

1.2.1 拉压疲劳性能

1.2.1.1 *循环应变疲劳行为*

不同应变幅下两种高锰钢峰值循环拉应力与循环周次之间的关系曲线，如图 1-1-18 所示，随着总应变幅的增大，两种碳含量的高锰钢的峰值拉应力增大，而疲劳寿命降低。在不同的总应变幅下，两种钢随循环周次所表现出的循环变形行为是一致的，即在较低、中等总应变幅下两种钢先发生循环硬化，然后发生循环软化，直至峰值拉应力达到稳定值后持续到断裂，而在较高总应变幅下先发生循

环硬化，随后循环软化直至断裂。对比同一应变幅下两种钢的峰值拉应力可知，130Mn11 钢的峰值拉应力均高于 80Mn11 钢。

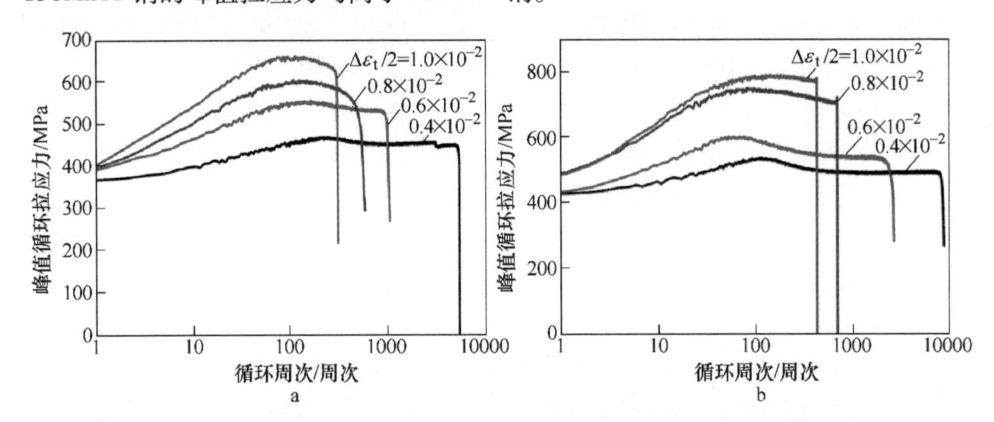

图 1-1-18 不同总应变幅下两种碳含量高锰钢峰值循环拉应力与循环周次之间的关系
a—80Mn11 钢；b—130Mn11 钢

表 1-1-6 为两种钢在不同应变幅下的疲劳寿命，在较低总应变幅下，80Mn11 钢的疲劳寿命显著低于 130Mn11 钢，两者相差接近 1 倍，而在较高应变幅下，两者的疲劳寿命相差不大，但是 80Mn11 钢的疲劳寿命仍较低。

表 1-1-6 两种高锰钢在不同应变幅下的疲劳寿命 （周次）

钢种	应变幅			
	0.4×10^{-2}	0.6×10^{-2}	0.8×10^{-2}	1.0×10^{-2}
80Mn11	5473	1074	604	319
130Mn11	9710	2897	738	456

循环硬化率和循环软化率是表征材料循环变形的重要指标，循环硬化率 CHR（cyclic hardening ratio）=（$\sigma_{max}-\sigma_1$）/σ_1，循环软化率 CSR（cyclic softening ratio）=（$\sigma_{max}-\sigma_{half}$）/$\sigma_{max}$，其中 σ_{max}、σ_1、σ_{half} 分别表示最大应力幅、第一周次的应力幅和半寿命周次的应力幅。图 1-1-19 所示为两种钢的循环硬化率和循环软化率随总应变幅的变化曲线。对于循环硬化率，各个总应变幅下 130Mn11 钢的循环硬化率均高于 80Mn11 钢，两种钢的循环硬化率均随

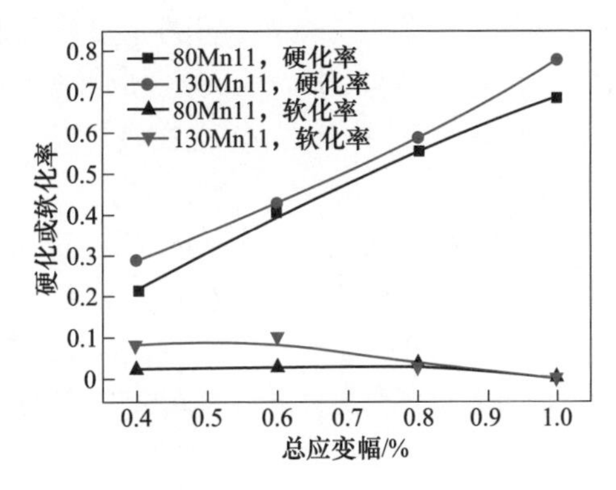

图 1-1-19 80Mn11 钢和 130Mn11 钢的循环硬化率和软化率随总应变幅的变化

总应变幅的增大而增大。对于循环软化率，当总应变幅 $\varepsilon_t/2 \leqslant 0.8\times10^{-2}$ 时，130Mn11 钢的循环软化率始终高于 80Mn11 钢，并且随着总应变幅的增大，循环软化率呈现减小的趋势，而 80Mn11 钢的循环软化率几乎不随总应变幅的变化而变化，当$\varepsilon_t/2>0.8\times10^{-2}$时，两种钢的循环软化率基本一致。

80Mn11 钢和 130Mn11 钢的总应变幅、塑性应变幅、弹性应变幅与应力反向次数之间的关系曲线如图 1-1-20 所示。两种钢的应变幅随应力反向次数变化的趋势一致：随着应力反向次数的增大，即总应变幅的减小，它们的塑性应变幅和弹性应变幅均呈减小趋势，塑性应变幅的减小幅度远大于弹性应变幅。塑性应变幅随总的应力反向次数的变化曲线与弹性应变幅随总应力反向次数的变化曲线相交于一点，将此点定义为过渡寿命。当循环周次低于过渡寿命时，塑性应变幅在循环变形过程中占据主导地位，钢的疲劳寿命由塑性控制；而当循环周次高于过渡寿命时，弹性应变幅在循环变形过程中占据主导地位，钢的疲劳寿命由强度决定。

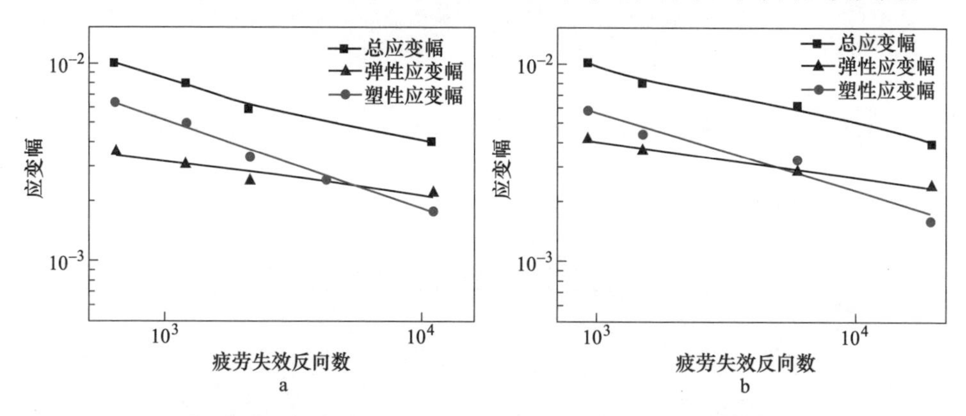

图 1-1-20 高锰钢的总应变幅、塑性应变幅、弹性应变幅与应力反向次数之间的关系

a—80Mn11 钢；b—130Mn11 钢

两种钢的弹性应变幅、塑性应变幅与总应变幅之间的关系曲线，如图 1-1-21 所示。随总应变幅的增大，弹性应变幅和塑性应变幅均增大，在各个总应变幅下，130Mn11 钢的弹性应变幅均大于 80Mn11 钢，而塑性应变幅始终小于 80Mn11 钢。

两种钢疲劳试验后标距内的金相组织照片，如图 1-1-22 所示，高锰钢晶粒内部出现了大量的滑移带，且随着总应变幅的增大，晶粒中的滑移带增多。当总应变幅较低时，只在部分晶粒内出现了滑移带，晶粒中的滑移带之间的间距较大，随着总应变幅的增大，大部分晶粒内都出现了滑移带，并且滑移带之间的间距减小。对比同一应变幅下两种钢的金相组织，可以得到无论在哪个应变幅下，130Mn11 钢中的变形带密度均大于 80Mn11 钢，并且在较高的总应变幅下，130Mn11 钢中发现了典型的交叉变形带，而在 80Mn11 钢中这种交叉变形带很少。

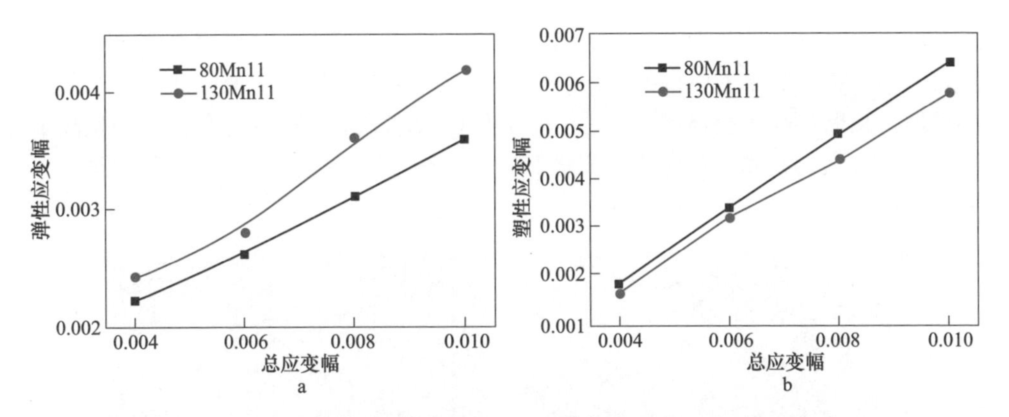

图 1-1-21 两种碳含量高锰钢的弹、塑性应变幅与总应变幅的关系

a—弹性应变幅；b—塑性应变幅

图 1-1-22 两种高锰钢在不同应变幅下循环变形后的金相组织

a—80Mn11 钢，总应变幅 0.4%；b—130Mn11 钢，总应变幅 0.4%；

c—80Mn11 钢，总应变幅 1.0%；d—130Mn11 钢，总应变幅 1.0%

碳元素可提高钢的层错能，而层错能越高位错越容易发生交滑移。由于 130Mn11 钢的层错能高于 80Mn11 钢，在 130Mn11 钢中更容易发生位错的交滑移，所以观察到的交叉变形带应该是位错交滑移产生的，而这种位错运动方式的差异或许是造成两种高锰钢低周疲劳性能差异的因素之一。

图1-1-23所示为两种高锰钢在总应变幅为0.4%时的断口形貌。从两种钢的断口低倍扫描形貌来看，两种钢的疲劳裂纹均萌生于试样的表面，并向试样的中心扩展。从断口高倍扫描照片来看，它们均能观察到疲劳辉纹的存在，并且随着碳含量的升高，在同一总应变幅下相邻疲劳辉纹之间的距离变小，这可能与碳元素的升高提高了材料的强度相关。

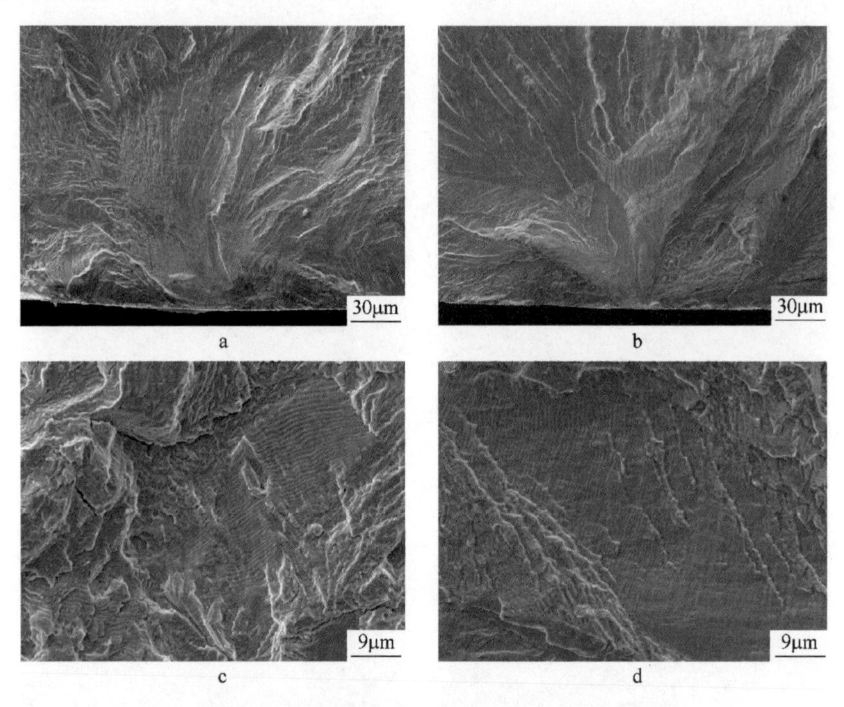

图1-1-23　高锰钢在应变幅为0.4%下的断口形貌

a，c—80Mn11钢；b，d—130Mn11钢

退火态金属在循环载荷作用下会表现为瞬时硬化，这和钢内部位错结构的变化相关，对于80Mn11钢和130Mn11钢，其基体中仅有少量的自由位错，在循环载荷作用下初始阶段表现出了循环硬化行为，这是由于在这个阶段的奥氏体基体中产生了大量位错，位错的相互缠结以及晶界对于位错运动的阻碍作用最终使高锰钢的拉伸峰值应力不断升高，并且最终达到最大值。这一阶段同样存在位错的回复过程，但是由于此阶段位错的增殖速率高于位错的回复速率，所以整体表现为硬化的过程。当钢在指定的应变幅下达到最大峰值应力后，疲劳过程则进入循环软化阶段。这一阶段高锰钢中高密度位错的长程运动使得位错之间发生了剧烈的相互作用，位错的回复速率开始大于位错的增殖速率，宏观表现为循环软化现象。在试样不失效的前提下，随着循环次数的增加，位错密度开始降低，位错的回复速率逐步下降，最终位错的增殖与回复达到动态平衡，高锰钢进入循环稳定

阶段。随着应变幅的增大，试样中形成的位错结构趋于稳定。

80Mn11 钢和 130Mn11 钢在不同应变幅下疲劳失效后试样的 TEM 组织照片，如图 1-1-24 所示，它们循环变形的亚结构主要为位错胞。对比同一应变幅下的两种钢的 TEM 组织可以看到，130Mn11 钢疲劳失效后基体中的位错密度显著高于 80Mn11 钢，这是造成 130Mn11 钢在各种应变幅下循环硬化率高于 80Mn11 钢的原因。随着应变幅的增大，微观结构逐渐由不完全的位错胞向完全的位错胞过渡，这种位错结构的形成是造成高锰钢循环硬化率随应变幅的增大而提高的原因。

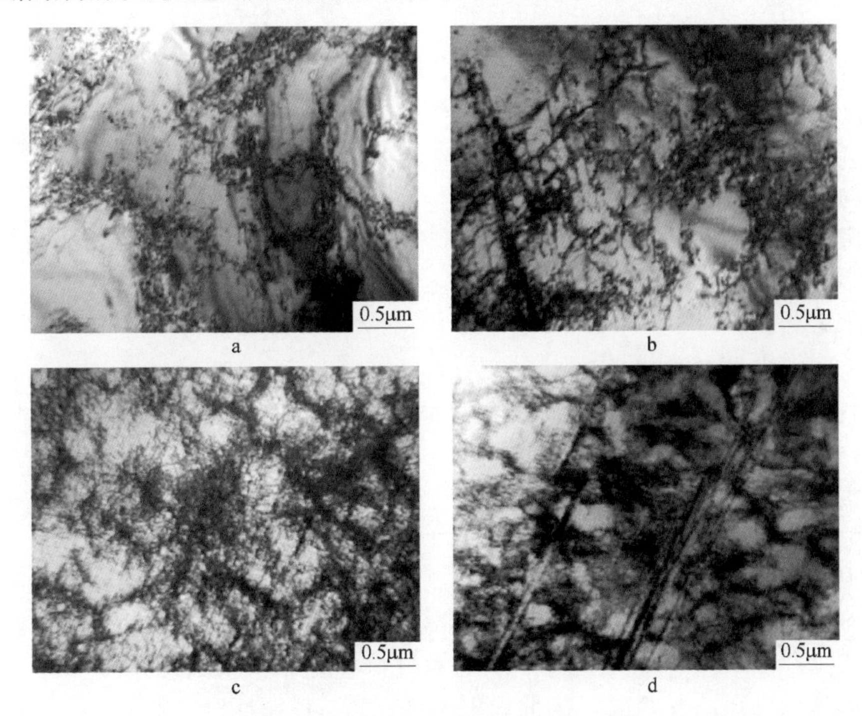

图 1-1-24　高锰钢在应变幅为 0.4%和 0.6%条件下断裂后 TEM 组织

a—80Mn11 钢，0.4%；b—80Mn11 钢，0.6%；c—130Mn11 钢，0.4%；d—130Mn11 钢，0.6%

从以上结果看，对于铁路轨道用 C+Mn 变量高锰钢来讲，当碳含量（质量分数）在 0.8%~1.3%范围内，碳含量的提高会同时提高高锰钢的强塑性及疲劳性能。而锰含量高于 15%后，对轨道寿命的影响不明显。

1.2.1.2　疲劳裂纹的二维扩展行为

为了进一步深入研究高锰钢的疲劳行为，以化学成分为 C 1.29%，Mn 12.3%轨道用铸态 130Mn12 高锰钢为研究对象，并将其加热到 1050℃保温 1h 后水韧处理，研究其疲劳裂纹在二维和三维方向上的扩展行为。在应力比 $R=0.1$ 和 0.6 条件下测试其疲劳裂纹扩展行为，结果如图 1-1-25 所示。在近门槛区 $\mathrm{d}a/\mathrm{d}N$ 随着 ΔK 的减少下降得很快。应力比为 0.1 和 0.6 时的疲劳裂纹扩展门槛值分别为 12.5MPa · $m^{1/2}$ 和 8.5MPa · $m^{1/2}$，表明应力比为0.1时的门槛值比应力比为0.6时的要高。在Paris区ΔK_{th}值相同的情况下，应力比为0.6的疲劳裂纹扩展速率比应力比为0.1的要高。根据Paris区裂纹扩展曲线的截距及斜率可求得c、m值，如表1-1-7所示。可见，应力比为0.6的m相比0.1的要小，说明在Paris区高锰钢应力比为0.6相比应力比为0.1时的裂纹扩展速率增长较慢。

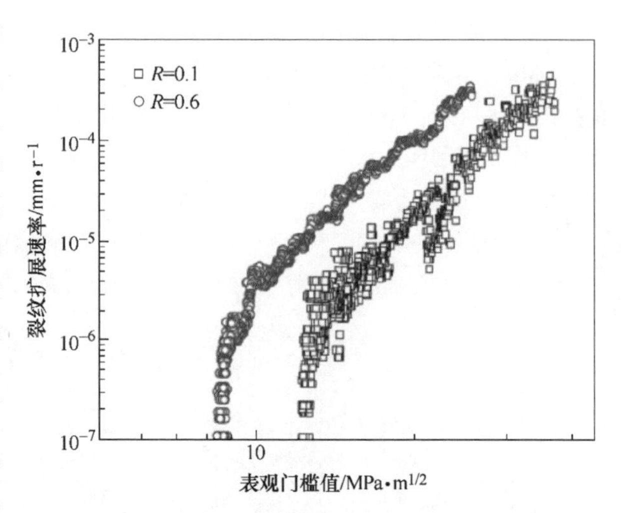

图1-1-25 铸态130Mn12高锰钢的疲劳裂纹扩展 da/dN-ΔK 关系

表1-1-7 不同应力比下铸态130Mn12高锰钢疲劳裂纹扩展的ΔK_{th}、c、m值

应力比 R	ΔK_{th}/MPa · $m^{-1/2}$	c	m
0.1	12.5	6.84×10^{-12}	4.95
0.6	8.5	2.9×10^{-9}	3.5

从以上结果可知，不同应力比下，高锰钢表现出不同的疲劳裂纹扩展行为。为了研究高锰钢中裂纹闭合现象，分别绘制了试样在不同应力比下近门槛区和Paris区的外加载荷（F）与裂纹张开位移（COD）关系曲线，如图1-1-26所示。根据柔度法可知，当F-COD的曲线上出现拐折，说明此时材料刚度发生变化，存在裂纹闭合现象。闭合载荷F_{cl}则定义为两条曲线的切线的交点。在应力比为0.1时的近门槛区和Paris区，随着载荷增加，曲线出现明显拐点，即在这两个区均存在裂纹闭合现象。而在应力比为0.6时，F-COD曲线在裂纹扩展的不同阶段都是直线，说明无论是在近门槛区还是在Paris区都没有出现裂纹闭合现象。

由于裂纹闭合的存在，裂纹尖端的表观驱动力减小。为了去除裂纹闭合的影响，引入了有效应力强度因子范围ΔK_{eff}，可以按如下公式计算得出：

$$\Delta K_{eff} = K_{max} - K_{cl} \quad (\text{当 } K_{cl} > K_{min} \text{ 时}) \tag{1-1-2}$$

式中 K_{max}——最大应力强度因子；

K_{cl}——闭合时的应力强度因子，可根据闭合载荷计算得出。

运用上述公式计算出有效应力强度因子范围绘制出应力比为0.1时的da/dN-ΔK_{eff}曲线，并与对应的da/dN-ΔK曲线及应力比为0.6时的da/dN-ΔK进行

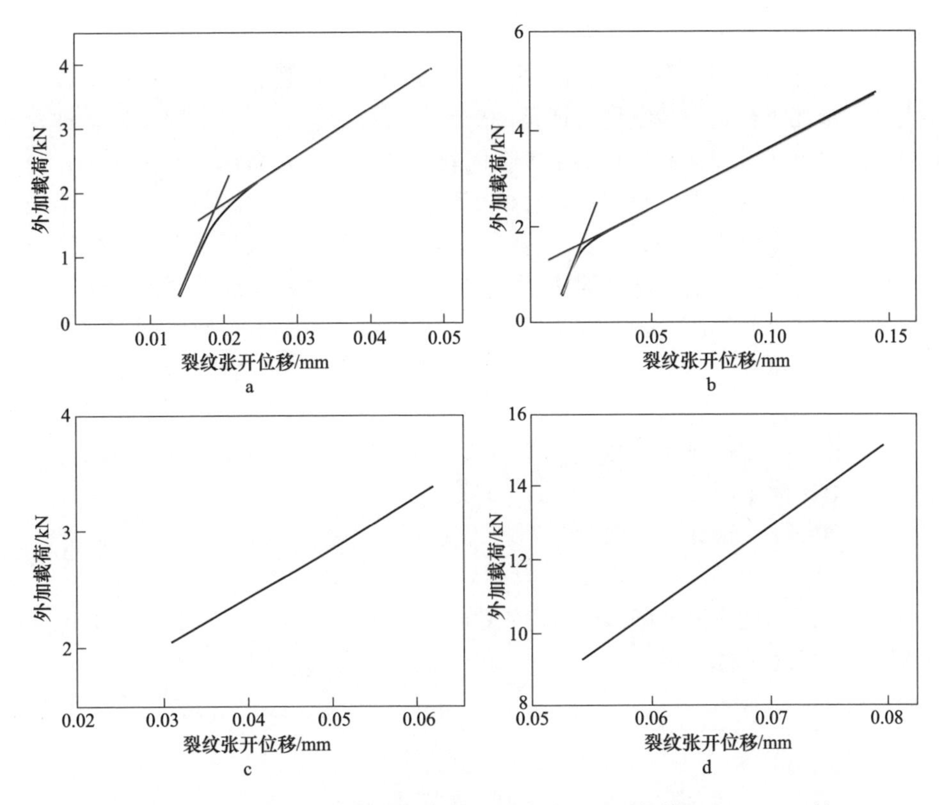

图 1-1-26 铸态 130Mn12 高锰钢在不同应力比下近门槛区和 Paris 区的外加载荷-裂纹张开位移关系

a—R=0.1，近门槛区；b—R=0.1，Paris 区；c—R=0.6，近门槛区；d—R=0.6，Paris 区

对比。图 1-1-27 为绘制疲劳裂纹扩展速率 da/dN-ΔK，ΔK_{eff}曲线，在应力比为 0.1 时，有效门槛值大大低于实际测量的表观门槛值；在应力比为 0.6 时，由于不存在闭合现象，其表观门槛值等于有效门槛值；除去裂纹闭合的影响后，R=0.1 的有效门槛值与 R=0.6 时的门槛值非常接近。以上分析进一步说明了低 R 时裂纹闭合降低对疲劳裂纹扩展速率行为

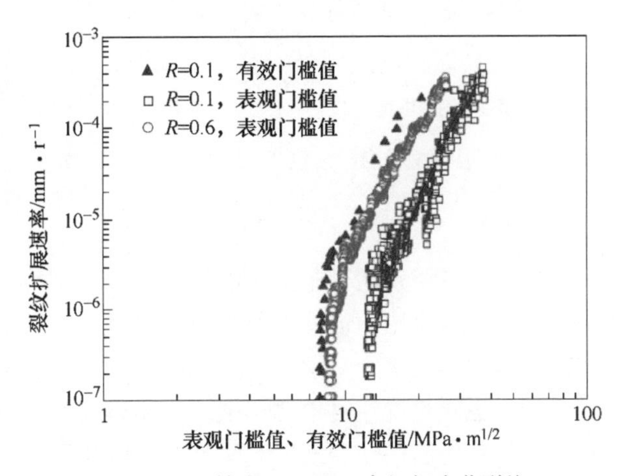

图 1-1-27 铸态 130Mn12 高锰钢疲劳裂纹扩展速率与表观门槛值及有效门槛值的关系

的影响。

导致铸态高锰钢中裂纹闭合的原因主要是塑性诱发裂纹闭合和粗糙度诱发裂纹闭合，塑性闭合是由裂纹尾区遗留的塑性变形导致的。一般情况下，弹性构件中的裂纹只有在零载荷或负载荷下才会闭合。但是，由于循环应力的作用，弹塑性材料的疲劳裂纹尖端存在一定尺寸的塑性区，疲劳裂纹在向前扩展的一个循环过程中，新断裂面周围的材料发生弹性变形恢复，而产生永久变形的塑性部分遗留下来。随着裂纹逐渐扩展，遗留下来的塑性变形区域在裂纹顶端的后部形成一个塑性包络区，产生压应力，在裂纹张开位移很小的情况下会导致裂纹面提前接触，如图 1-1-28 所示。应力比为 0.1 时，裂纹张开位移很小，容易产生塑性闭合。

一般说来，塑性区尺寸越大，塑性闭合程度越大。利用式 1-1-3 可以计算出应力比为 0.1 时不同 ΔK 值时试样的循环塑性区 r_C 尺寸：

$$r_C = \frac{1}{\pi}\left(\frac{\Delta K}{2\sigma_s}\right)^2 \tag{1-1-3}$$

可见循环塑性区尺寸随 ΔK 的变化曲线，如图 1-1-29 所示，塑性区的尺寸随着 ΔK 值增加而增加。

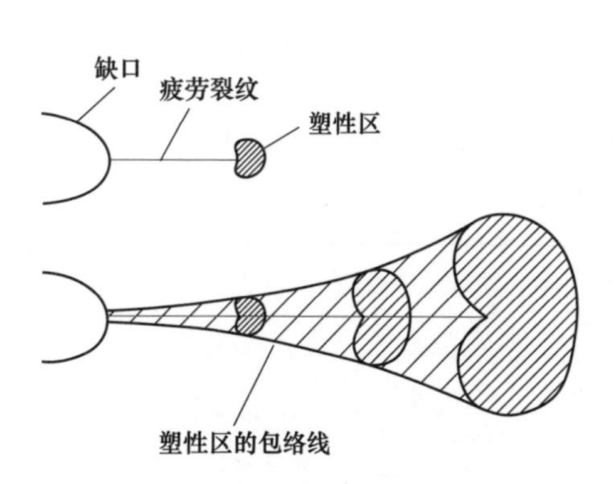

图 1-1-28　扩展裂纹周围塑性包络区示意图

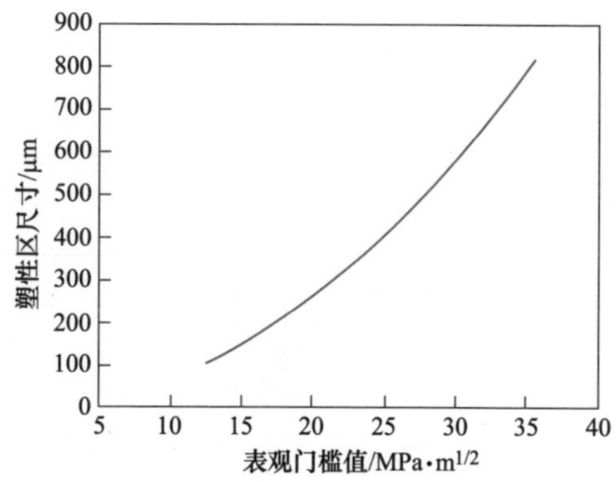

图 1-1-29　高锰钢循环塑性区尺寸随 ΔK 变化规律

裂纹面粗糙诱发闭合是由于裂纹扩展过程中裂纹路径发生偏折，相对两裂纹面曲曲折折并发生错位促使裂纹面提前接触，显微组织对裂纹扩展的一些影响可以用粗糙诱发裂纹闭合来解释。近门槛区低载荷水平下的疲劳裂纹扩展模式主要是单剪切，也就是说通过单滑移模式来实现裂纹扩展。在低 ΔK 水平下，这种近门槛区的扩展机制使断裂面形貌呈现高度锯齿形或小平面状，进而使得裂纹路径发生周期性偏折、裂纹断面凹凸不平，裂纹顶端前缘的永久塑性变形和从峰值应力卸载过程中的滑移不可逆性使得相对两个裂纹面的凹凸之间错位。对于大多数

金属材料来说，较低应力比下近门槛区最大裂纹张开位移很小。由此可知，在低应力比和近门槛区情况下，粗糙度诱发的裂纹闭合非常容易发生。高锰钢中粗大的奥氏体晶粒导致断裂面的凹凸不齐达到几十微米，增加裂纹面的粗糙程度，使得裂纹面更加容易相互接触。

为了研究裂纹面的粗糙程度，使用金相显微镜观察了裂纹扩展不同阶段的路径。图 1-1-30 为应力比为 0.1 时近门槛区和 Paris 区的裂纹路径，当裂纹扩展到晶界时，以穿晶或沿晶的方式进入紧邻晶粒并发生偏折，两个区域内裂纹都存在较多偏折；此外，还可以观察到裂纹分叉，如图中数字所示。裂纹扩展路径中的偏折和分叉不仅使裂纹总长度增加，消耗更多能量，同时也增加了裂纹面的粗糙度，进而提高粗糙度诱发裂纹闭合的程度。

a

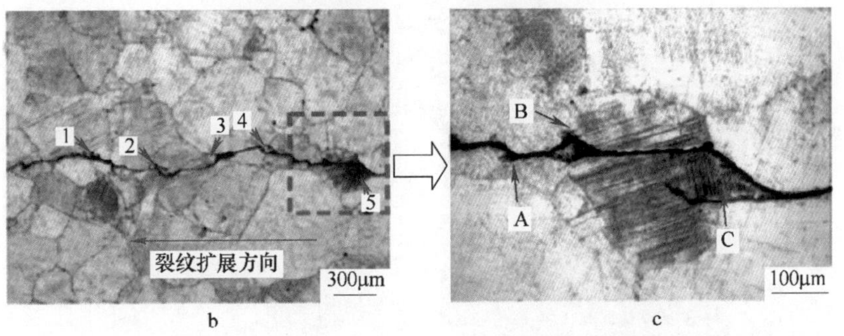

b　　c

图 1-1-30　铸态 130Mn12 高锰钢在应力比为 0.1 时裂纹扩展不同阶段的路径观察

a—近门槛区；b—Paris 区；c—Paris 区的局部放大图

另外，裂纹扩展过程中裂纹尖端出现塑性变形，所以在裂纹路径两侧可以观察到明显的滑移带，如图 1-1-30c（图 1-1-30b 中红色虚线区域内的局部放大图）中 A、B、C 所示。需要注意的是，与其他位置相比，C 处（两个分叉裂纹之间）的滑移带较多较密，并且整个路径当中类似情况很多，推测可能是由于分叉裂纹与主裂纹之间相互影响导致了较大的塑性变形。

由以上结果可得，应力比为 0.6 时的疲劳门槛值比应力比为 0.1 时的要小。低应力比时，试样在近门槛区和 Paris 区均存在明显的裂纹闭合现象，高应力比情况下，两个区域都未发现明显的裂纹闭合现象。去除裂纹闭合的影响，应力比为0.1时的有效门槛值与应力比为0.6时的门槛值非常相近，引发钢发生裂纹闭合的原因主要有塑性诱发的裂纹闭合和裂纹面粗糙诱发的裂纹闭合。铸造高锰钢本身的奥氏体晶粒非常粗大，具有促进裂纹闭合的正面作用。

1.2.1.3　疲劳裂纹的三维扩展行为

采用CT技术并结合VGstudioMax图像处理软件，可以实现材料内部缺陷和疲劳裂纹的三维可视化，从三维尺度上来研究材料内部的损伤发展。本研究利用这项技术研究轨道用铸态高锰钢疲劳裂纹的三维扩展行为。首先，通过同步辐射X射线CT扫描成像实验获得试样的断层切片图像；接着，将所得图像照片导入VGstudioMax进行堆叠重构，去噪声，根据高锰钢和空气的灰度值不同初步分离；最后，选取合适的阈值，结合软件中的三维区域生长、特征逻辑操作等运算，将孔洞、裂纹与基体分割开来。

从实际失效的铸态130Mn12高锰钢辙叉中切去一个含有疲劳裂纹的试样，未加载时该试样的图像重构结果如图1-1-31所示。由于摄像头能拍摄到的试样高度为620μm，而试样本身的横截面尺寸为400μm×400μm，所以重构出来的试样形状是长方体，裂纹沿着*oy*向扩展。图中所示的灰色部分为高锰钢基体，黄色部分为疲劳裂纹，红色部分为铸造微孔洞。为了更好地观察材料内部特征，图中隐去基体，真实裂纹形貌复杂，表面高低不平、非常粗糙，裂纹前缘曲折。材料内部还存在一定数量的铸造微孔洞，这些孔洞随机分布，大小不一，形态各异。因此，在以往针对孔洞的研究中，仅仅将孔洞简单等效为理想球体研究是不准确的。

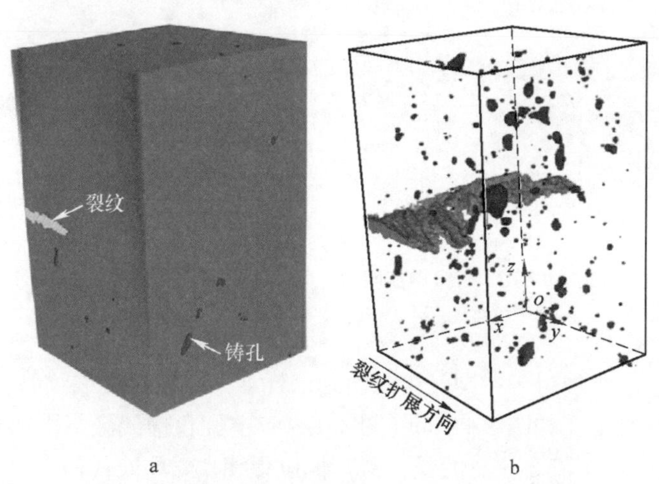

图1-1-31　含疲劳裂纹铸态130Mn12高锰钢的重构图像

a—含疲劳裂纹高锰钢试样；b—试样内部缺陷重构

这里CT扫描成像实验是在拉伸加载过程中进行的，主要分为三个载荷步，

沿 *oz* 向施加位移载荷，每步对应的加载位移为 0μm（也就是未加载时的原始状态疲劳裂纹）、5μm 和 13μm，裂纹沿着 *oy* 向扩展。获得未加载时（0μm）、第一次（5μm）及第二次（13μm）拉伸加载后试样的断层扫描图像，如图 1-1-32 所示，随着载荷的增加，孔洞形貌基本不变，裂纹逐渐张开。

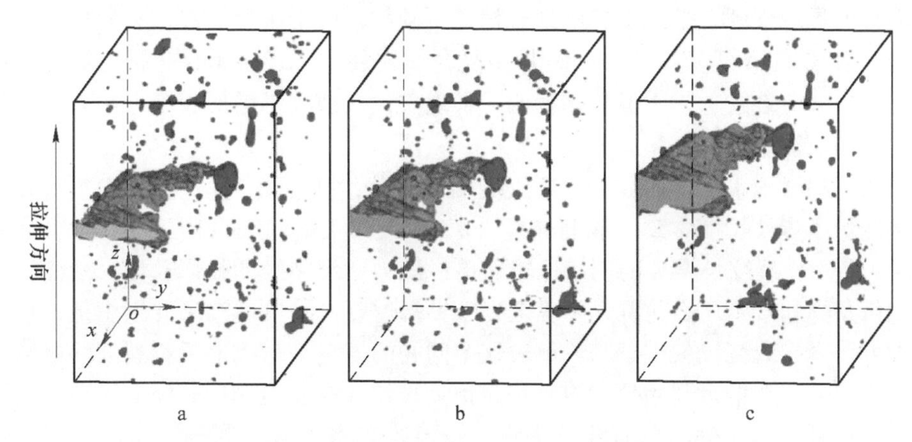

图 1-1-32　在三种加载状态下铸态 130Mn12 高锰钢中裂纹和孔洞

a—0μm；b—5μm；c—13μm

实际裂纹的扩展并不局限于上述某一种类型，往往是这几种类型的组合，如Ⅰ-Ⅱ、Ⅰ-Ⅲ型复合形式。图 1-1-33 为不同角度的原始状态裂纹形貌。最明显的

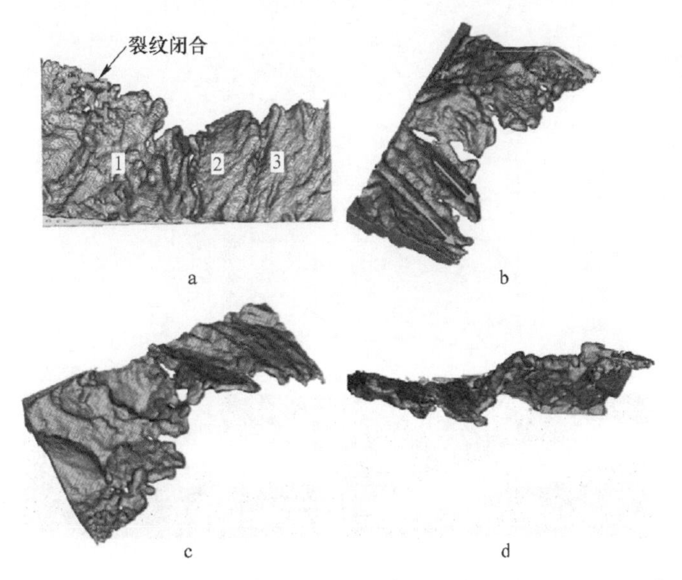

图 1-1-33　不同角度下铸态 130Mn12 高锰钢中原始状态裂纹形貌

a—俯视图；b—正视图；c—后视图；d—左视图

特征是，裂纹并非完整的一片，而是沿宽度方向分成三个部分（图示1、2、3），这三个部分位于不同的水平面并且互相重叠。由于高锰钢微观组织是单相的奥氏体且晶粒粗大，晶界和晶体学取向对裂纹扩展的影响是造成复杂裂纹扩展路径的主要原因。裂纹类型的判断取决于裂纹尖端部分。根据上述定义，在图1-1-33b中能够明显观察到，裂纹1尖端部分稍向下倾斜，属于Ⅰ型裂纹，有轻微的Ⅱ型特征，裂纹2、3部分则是Ⅰ-Ⅱ-Ⅲ型复合形式裂纹。裂纹闭合是指力循环的卸载过程中疲劳裂纹上、下面相接触的一种现象，从裂纹三维形貌来看则表现为裂纹表面的空洞区域。

为了在微观水平上研究局部裂纹尖端驱动力，基于CT技术和图像重构软件直接测量了裂纹长度（L）、偏折角度（θ）和裂纹尖端张开位移（$CTOD$）。如图1-1-34所示，裂纹长度L的测量比较简单，即为二维裂纹的投影长度。然而，测量偏折角θ和$CTOD$之前首先要确定裂纹尖端位置。如果裂纹呈Ⅱ型偏折，那么这种方法会导致裂纹尖端偏移。解决这个问题的方法是，找出所测裂纹的最后一截偏折部分，在偏折开始位置附近和距预测裂纹尖端位置10μm处上下裂纹面之间做两条直线，连接两条直线的中点，该连线与水平线之间的夹角即为偏折角θ，与裂纹面的交点即为裂纹尖端位置，见图中A点。确定了裂纹尖端位置之后，从A点出发做两条呈90°夹角的直线，该直线与上下裂纹面的交点为B和C，B、C之间的距离即为$CTOD$。

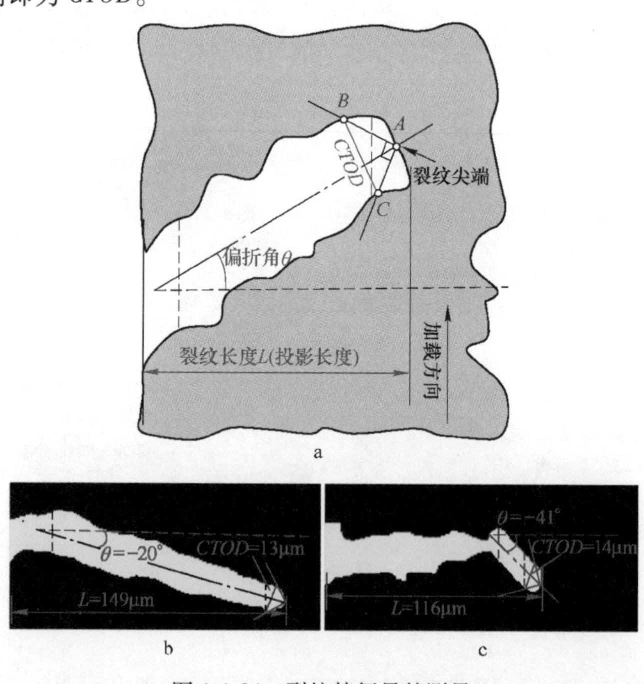

图1-1-34　裂纹特征量的测量

a—L、θ和$CTOD$测量方法示意图；b，c—切片502和503两个截面处典型的裂纹特征量的测量

为了验证上述方法是否能够测量不同特征的裂纹，举例说明。图 1-1-34b 中的裂纹形貌简单，$L=149\mu m$，$\theta=-20°$，$CTOD=13\mu m$；图 1-1-34c 中的裂纹发生偏折，找出最后一截偏折进行测量，$L=116\mu m$，$\theta=-41°$，$CTOD=14\mu m$。结果表明，上述测量 L、θ 和 $CTOD$ 的方法是可行的。

根据上述测量方法，沿着裂纹宽度 ox 方向，从一侧表面 zoy 开始每隔 5 张切片测量一次，每张切片的厚度对应一个画素的边长 0.74μm。针对图 1-1-32 中三种加载状态的裂纹进行测量，并以裂纹宽度即 ox 的长度为 X 轴，测量所得裂纹长度、偏折角和 $CTOD$ 值为 Y 轴作图，如图 1-1-35 所示。图中黑色实心圆代表原始状态（Dis0μm），蓝色空心正方体代表第一次加载 5μm 后的状态（Dis5μm），红色实心三角形代表第二次加载 13μm 后的状态（Dis13μm）。

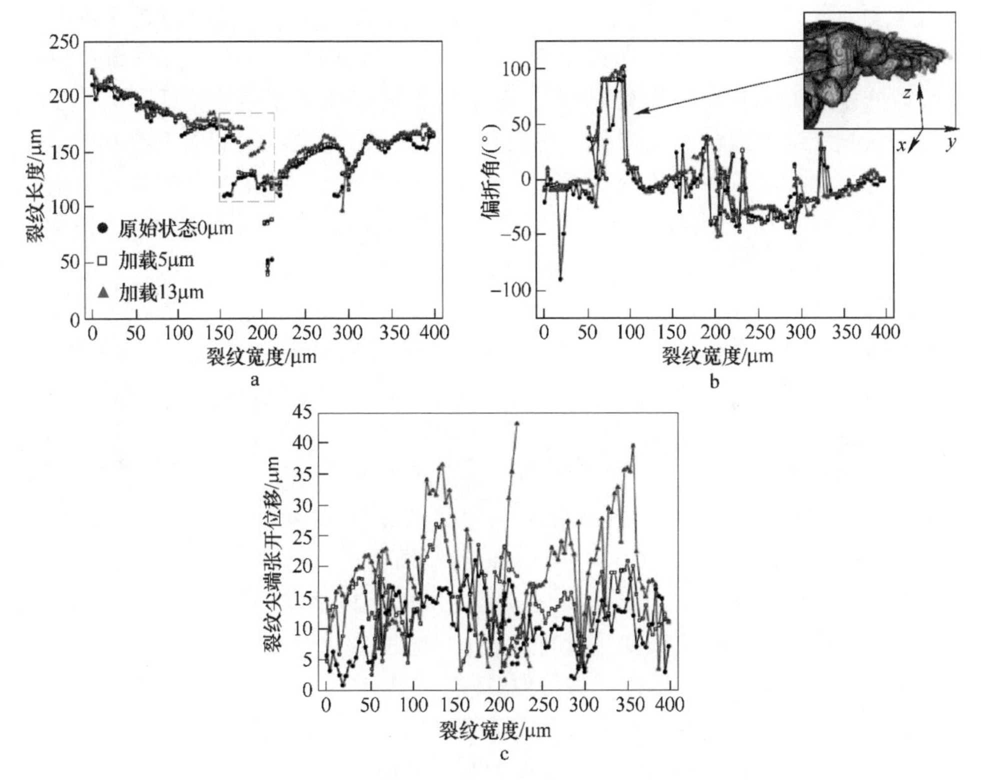

图 1-1-35 铸态 130Mn12 高锰钢疲劳裂纹测量结果

a—裂纹长度；b—偏折角；c—*CTOD*

原始状态的整片裂纹分成三个部分，与图 1-1-33 中三维裂纹形貌相符合，0~200μm 之间是裂纹 1，200~300μm 之间是裂纹 2，300~400μm 之间是裂纹 3。200μm 与 300μm 处分别为裂纹 1 和 2，裂纹 2 和 3 的连接重叠区域，裂纹长度与其他区域相比较短，扩展明显受到阻滞。从整体变化趋势来看，沿着裂纹宽度 ox

方向，从高锰钢表面到内部每个截面的裂纹长度都不同。随着载荷的增加，0~100μm、220~290μm 和 310~380μm 范围的裂纹前缘增长非常缓慢。而位于图中蓝框区域内 150~200μm 之间的裂纹前沿线第一次加载后变化不大，第二次加载后由两条曲线变为三条，并且该区域的裂纹长度增加了约 30μm，导致这种变化的原因可能是裂纹本身的特殊形貌和周围微观组织结构的结果。

裂纹扩展过程中会发生偏折，偏折裂纹与具有相同（投影）长度的直裂纹相比，有效应力强度因子要小得多。例如，当施加同样大小的远场循环载荷幅 K_{far}时，一个存在偏折的裂纹顶端比一条直的裂纹顶端承受较低的 K_{tip}，即曲折裂纹顶端比平直裂纹顶端受到较低的裂纹扩展驱动力，对裂纹扩展产生阻滞作用，裂纹路径的周期性变化会明显降低疲劳裂纹的扩展速率。图 1-1-35b 为裂纹尖端偏折角度随着载荷增加变化图，沿着裂纹宽度方向，每一处裂纹偏折角度都不同。在 60~100μm 的范围内曲线出现一个高峰，特别是加载后偏折角高达 90°，说明该处裂纹尖端几乎与加载方向（z）平行，属于纯Ⅱ型裂纹特征。图中给出了该区域的三维图像，可以观察到裂纹尖端几乎垂直于裂纹表面向上突起。整个宽度范围内，裂纹偏折角度或正或负，说明这些裂纹为Ⅰ-Ⅱ混合型裂纹，但从实际三维形貌上看，裂纹 1 是Ⅰ型，裂纹 2、3 是Ⅰ-Ⅱ-Ⅲ混合类型。这也证明了仅从二维表面观察裂纹有一定的局限性。

众所周知，裂纹尖端张开位移（*CTOD*）是断裂力学参量，并且跟 J 积分有一定的转换关系。在弹塑性断裂力学中，*CTOD* 正是裂纹尖端塑性变形的度量。随着载荷的增加，当 *CTOD* 达到一定临界值时，裂纹才会发生扩展。不同于其他断裂力学参量，*CTOD* 是几何参数，可以在二维裂纹图片上直接进行测量。测量结果如图 1-1-35c 所示，测得的 *CTOD* 各不相同，而且由于材料本身的不均匀性决定了不同截面处的 *CTOD* 扩展临界值也不同。随着载荷的增加，0~50μm、100~150μm、220~300μm 和 310~380μm 的范围内的 *CTOD* 呈逐渐增长的趋势，而且有些区域 *CTOD* 值增长幅度很大，第二次加载以后甚至高达 30~45μm。但是这些区域所对应的裂纹长度并没明显增加，说明裂纹前沿的这些位置 *CTOD* 临界值很大，高锰钢抵抗裂纹扩展的能力较强。

为了更进一步地研究局部裂纹扩展驱动力的变化，将位于 0~400μm（ox = 400μm）宽度范围内的裂纹，按照宽度为 0~130μm、130~260μm 和 260~400μm 分成三个部分，并且在每段区域寻找典型截面处的裂纹进行详细分析。在分析过程中，结合这些典型区段几个典型位置处裂纹所对应的二维截面图和三维形貌，详细分析各种参量的不同变化。

在 ox 上 15μm 位置，该处裂纹位于试样的次表面。如图 1-1-36 所示，原始状态裂纹形貌有偏折现象，裂纹尖端水平，稍微向下倾斜很小的角度，属于Ⅰ型裂纹，有一些Ⅱ型特征。未加载时的裂纹尖端形貌比较尖锐，*CTOD* 值为 2. 5μm。

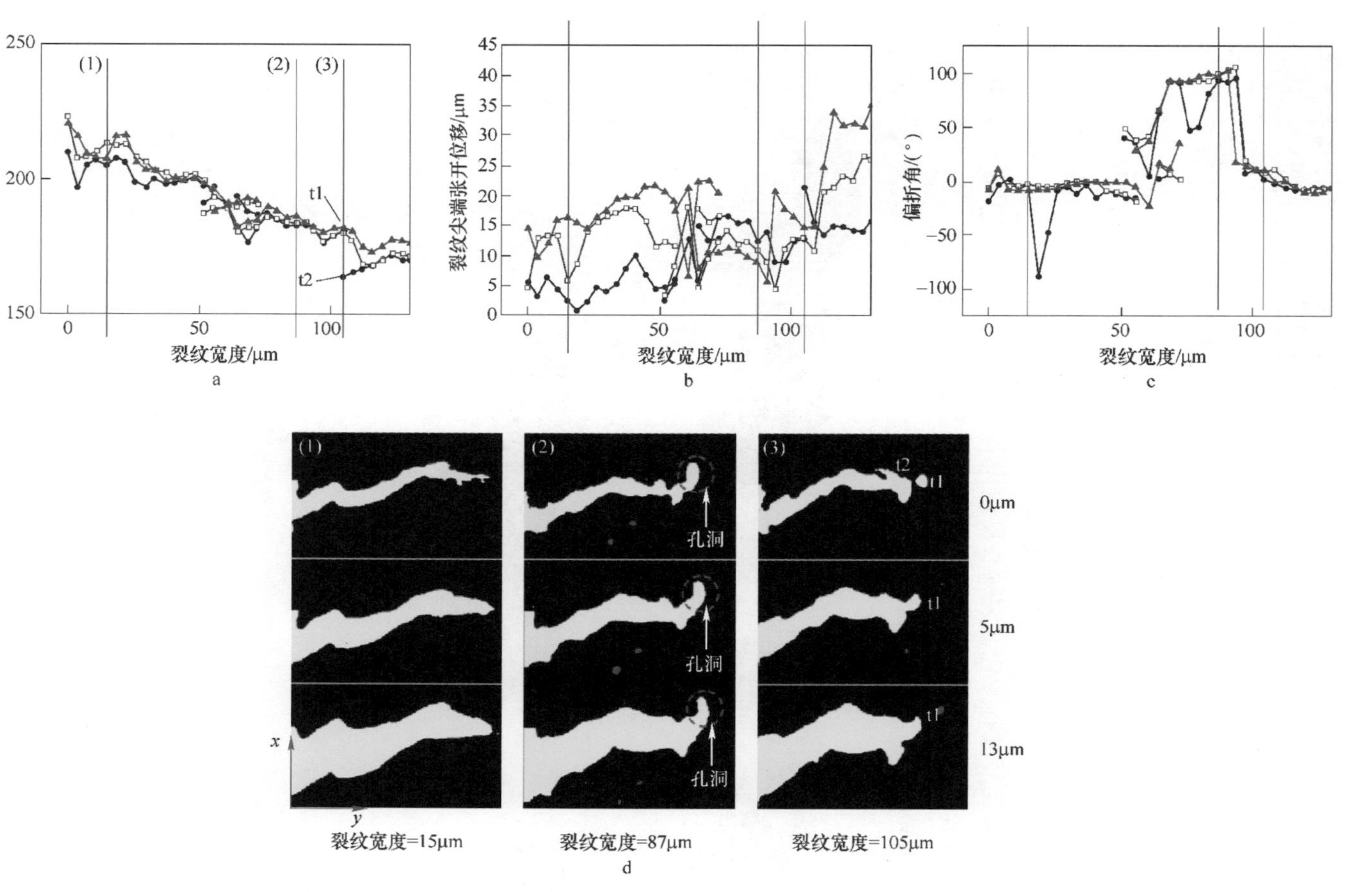

图 1-1-36 铸态 130Mn12 高锰钢中位于 0~130μm 的位置（1）、（2）和（3）所对应的二维裂纹形貌

a—裂纹长度；b—*CTOD*；c—偏折角；d—不同加载状态

随着载荷的增加，*CTOD* 逐渐变大，第二次加载以后 *CTOD* 增加至 17μm，裂纹长度、偏折角几乎不变。从截面裂纹形貌也可以看出，随着拉应力的增大裂纹逐渐张开，但可能是 *CTOD* 还未达到扩展临界值，所以裂纹并没有实质性的向前扩展，裂纹长度未发生明显变化。

在 *ox* 上 87μm 位置，该处二维截面裂纹形貌的特点是裂纹尖端向上发生偏折，远远偏离了扩展主平面，偏折角约 90°，与拉应力方向平行，呈Ⅱ型裂纹特征。为了便于观察，图 1-1-37 给出了 0~105μm 对应的三维裂纹形貌插图，该位置裂纹尖端之所以出现这么大的偏折，可能是在扩展过程中裂纹前缘与垂直主裂纹面（拉应力方向）的长形孔洞相连接的结果。随着载荷的增加，裂纹尖端形貌及张开位移几乎没有变化，裂纹长度也没有增加，推测原因是孔洞造成裂纹尖端钝化阻碍裂纹扩展，而且裂纹扩展与裂纹类型、偏折角度有关，平行于拉应力方向的（Ⅱ型）裂纹不易扩展。

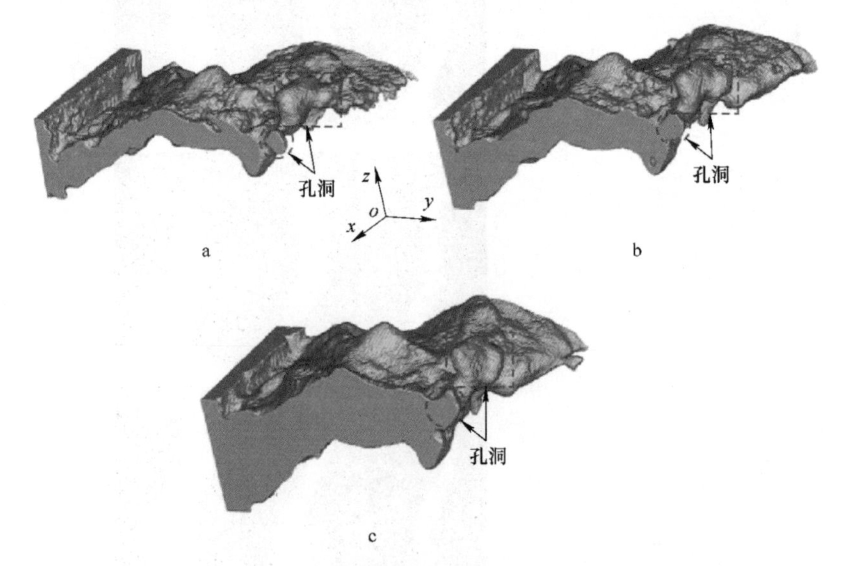

图 1-1-37　铸态 130Mn12 高锰钢中裂纹 0~105μm 对应的三维裂纹形貌

a—0μm；b—5μm；c—13μm

在 *ox* 上 105μm 位置，如图 1-1-36a 所示未加载时该处裂纹前缘曲线断开，对应于图 1-1-36d 二维截面上的裂纹形貌不连续，出现两个尖端 t1 和 t2。第一次拉伸加载以后，t2 扩展与 t1 连接，成为一条裂纹，裂纹尖端钝化。第二次加载后，虽然拉应力增大，*CTOD* 变化并不大。整个过程中，裂尖 1 对应的裂纹长度几乎没变，说明裂纹没有发生扩展。这种变化从三维尺度上来看，如图 1-1-37 所示，二维裂纹形貌的不连续是由于三维裂纹前缘有一个球形的凸出部分（红色圈线内），通过对其形态及所处位置的观察推测该球形凸出原本应该是一个球形铸孔，在裂纹扩展过程中与前缘连接，使得裂纹前缘出现小的凹陷。第一次加载后，凹陷处先扩展，表现为 t2 消失，只剩下 t1。在整个加载过程中，孔洞的特殊形态使得裂纹尖端钝化，尖端应力应变集中松弛，裂纹扩展驱动力减小，阻碍裂纹扩展。

在 *ox* 上 162μm 位置，该处裂纹的形貌特点同位置（3）类似，同样是未加载时裂纹断开不连续，存在一段未断裂的韧带区，出现两个裂纹尖端，但是造成这种现象的原因不同。位置（3）处是由于裂纹前缘与铸孔连接而形成的，而从图 1-1-38 的裂纹前缘形貌上看，位置（4）处的裂纹不连续是由于裂纹扩展过程中受到阻滞而形成的一个很深的凹陷。进一步观察该处裂纹的变化，原始状态 t1 的 *CTOD* 较大，约为 13μm。随着载荷的增加，t2 向前扩展与 t1 连接，t1 逐渐张开，对应的 *CTOD* 增至 24μm。在整个加载过程中，由于裂纹尖端张开位移没有达到扩展临界值，所以 t1 对应的裂纹并没有发生实质性的扩展。从图 1-1-39 的裂纹前缘形貌变化图中也可以观察到，从原始状态到第一次加载过程中，该凹陷处逐渐被填满（蓝色箭头标示），但其周围的裂纹前缘变化并不明显。

在 *ox* 上 176μm 位置，从图 1-1-38 中可以明显观察到，该处裂纹在未加载时有一个尖端 t1，*CTOD* 为 18μm。第一次拉伸加载后，*CTOD* 增加至 24μm，裂纹长度没有变化。第二次加载结束后，裂纹尖端变成了两个 t1 和 t2。并且 t1 对应的 *CTOD* 降至 6μm，对应的裂纹长度增加了约 20μm，偏折角从 6°增至 20°。结合图 1-1-38d 中的二维截面裂纹形貌和图 1-1-39 的三维裂纹前缘形貌分析，裂纹前方存在一个小型铸孔，该孔洞长约 10μm，未加载时与裂纹前缘相距很远，第一次加载以后还未能与裂纹前缘连接，然而第二次加载以后裂纹前缘朝着孔洞方向扩展，并在与孔洞相连形成新的裂纹尖端后继续扩展了一定距离，由此形成了 t1（图 1-1-39d 中的 B 处）；t2 则是因为周围裂纹前缘的侧向扩展（图 1-1-39d 中的 A 处）。

在 *ox* 上 195μm 位置，该处裂纹原始状态时的裂纹长度为 116μm，*CTOD* 为 13μm，偏折角度为−41°；第一次加载以后，*L*、*θ* 变化不大，*CTOD* 增至 20μm；第二次加载以后，裂纹长度增至 149μm，*CTOD* 减少到 11μm，偏折角度则变为 36°。从图 1-1-38d 中可以看出，原始状态的裂纹发生偏折，裂纹嘴水平，裂纹尖端向下偏折，第一次拉伸加载以后，裂纹尖端张开；第二次加载以后，裂纹发生扩展并且多了一次向上偏折，结果导致测得的三个参量都产生了变化。结合图 1-1-39d可知，此处裂纹的变化是由于周围裂纹向侧面扩展引起的（图中 C 标示）。以上介绍的三处典型位置位于 150~200μm 之间，该区域是整片裂纹扩展最快的地方。

图 1-1-40 中截面（7）*ox*=273μm 和位置（8）*ox*=353μm 两处裂纹分别属于 2 和 3 两个裂纹段。从图 1-1-39 可以看出，两个位置处的裂纹属于Ⅰ-Ⅱ型裂纹。而从之前观察到的裂纹三维形貌可知，裂纹 2 和 3 实际为Ⅰ-Ⅱ-Ⅲ复合型裂纹。这一点再次证明了同步辐射 X 射线 CT 技术展示出三维形貌的重要性和优越性。具体对各参量的变化进行分析，随着载荷的增加，*CTOD* 逐渐增大。裂纹(7)

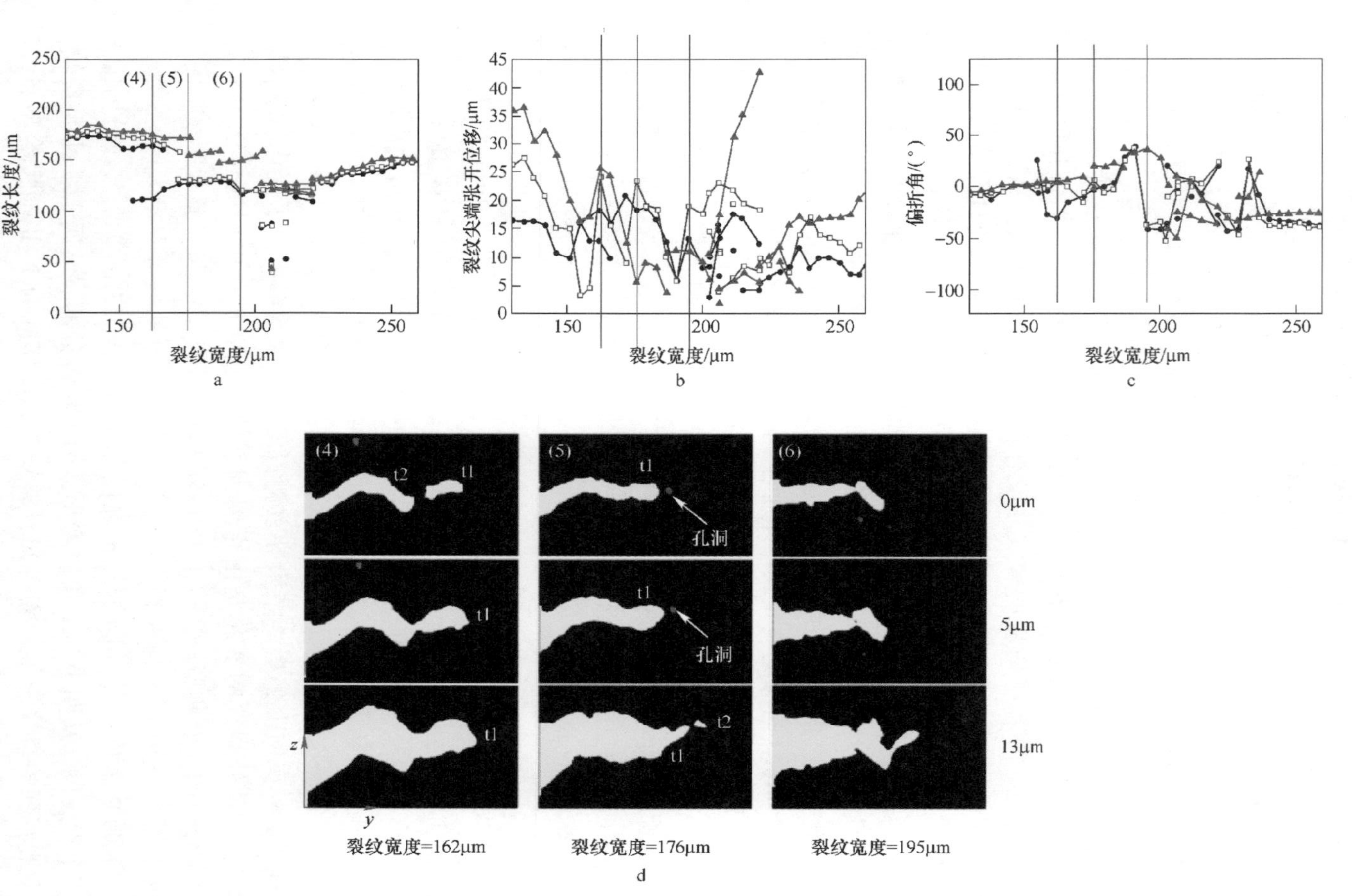

图 1-1-38　铸态 130Mn12 高锰钢中位于 130~260μm 的位置（4）、（5）和（6）所对应的二维裂纹形貌

a—裂纹长度；b—*CTOD*；c—偏折角；d—不同加载状态

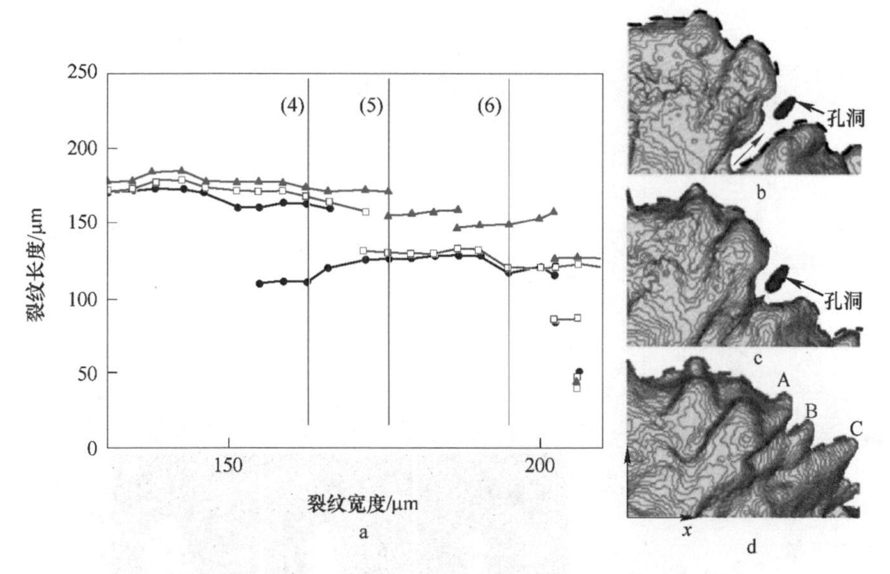

图 1-1-39 铸态 130Mn12 高锰钢中位于 130~210μm 的裂纹前缘形貌

a—裂纹长度；b—*CTOD* 为 0μm；c—*CTOD* 为 5μm；d—*CTOD* 为 13μm

的尖端张开位移从 10μm 增加到 25μm，裂纹（8）的尖端张开位移从 15μm 增加到 35μm，但是两处裂纹的长度和偏折角度几乎不变。*COD* 理论认为裂纹顶端的张开位移超过一定临界值时，裂纹即发生失稳扩展。由此可知，两处位置的裂纹尖端张开位移的扩展临界值很大，说明了Ⅰ-Ⅱ-Ⅲ混合型裂纹不易发生扩展，高锰钢本身抵抗裂纹扩展的能力很强。

为了验证 CT 实验所得图像数据的可信与准确性，对第二次加载 13μm 以后的“I-状” CT 试样表面进行金相观察。按照金相试样的制备方法对 CT 试样的表面进行处理，使用较细的砂纸将其表面打磨干净并进行抛光，为了不损坏试样采用手动抛光。抛光后，选用过饱和的苦味酸对其表面进行腐蚀。图 1-1-41 中即为“I-状”试样前、后两个表面的金相图片及其对应的 CT 数据图像。从图中可以明显的看出，裂纹的金相形貌与 CT 数据处理后的二维截面裂纹形貌基本吻合。由此可见，在误差允许的条件下，采用同步辐射 X 射线 CT 技术来研究裂纹的三维扩展行为是可行的，所得数据结果也是可靠的。

从上述对 CT 数据结果的分析可知，复杂的裂纹形貌使得局部裂纹扩展驱动力不同，在很大程度上影响着裂纹扩展行为。钢内部的微观组织结构不均匀（如晶界和晶体学取向等）是导致裂纹扩展路径发生偏折和扭转，并阻碍裂纹扩展的主要原因。为了更清晰地观察裂纹扩展路径与晶界的关系，对仔细磨光后的试样表面进行轻微腐蚀，采用 EBSD 技术对试样表面进行分析。图 1-1-42 为高锰钢 CT 试样表面金相图片与对应的 EBSD 图片，裂纹周围包含 7 个晶粒，裂纹在穿过 G2、G3 晶粒的边界时发生了偏折。

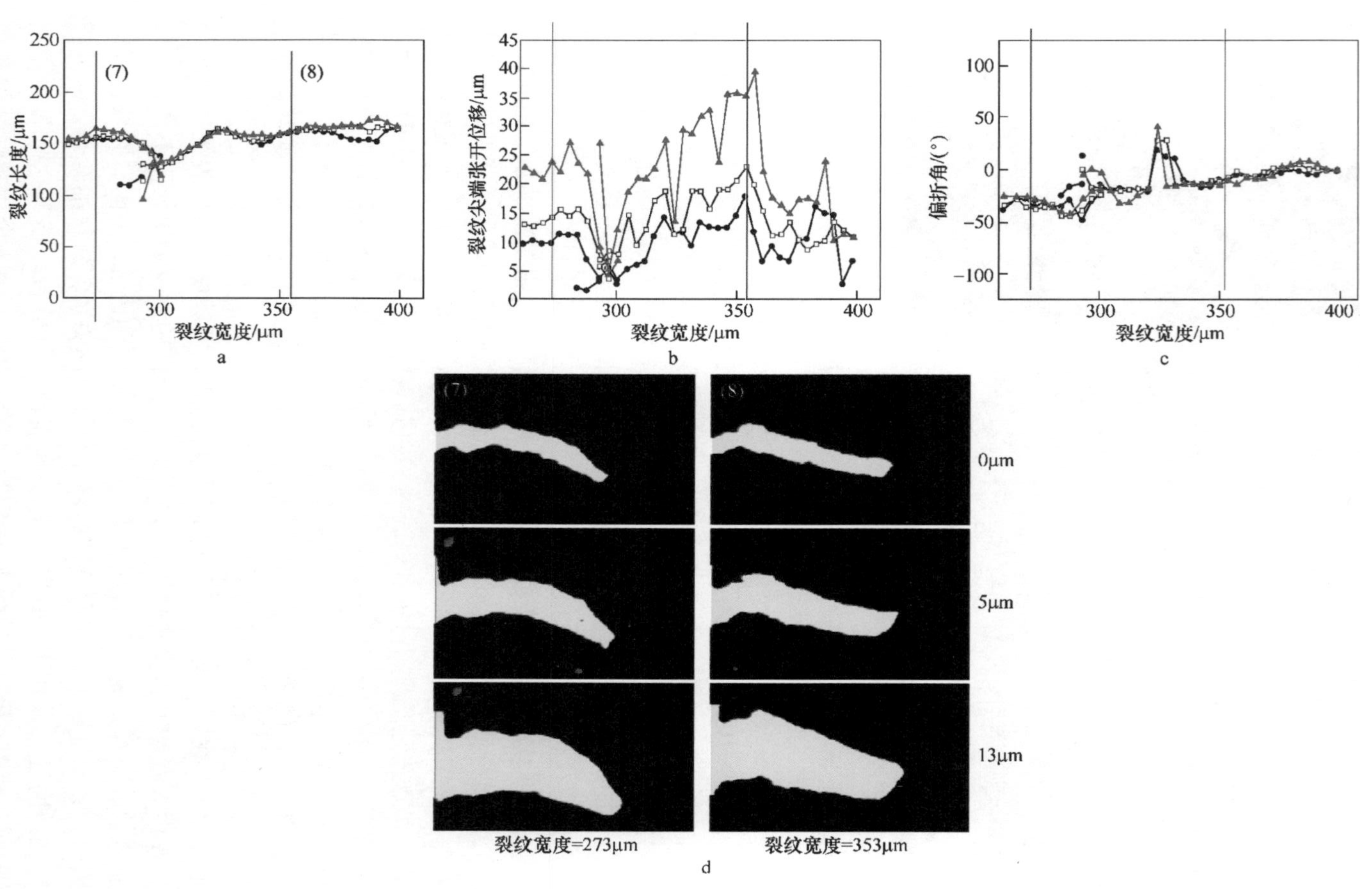

图 1-1-40　铸态 130Mn12 高锰钢中位于 260~400μm 区段的位置（7）和（8）所对应的二维裂纹形貌

a—裂纹长度；b—*CTOD*；c—偏折角；d—不同加载状态

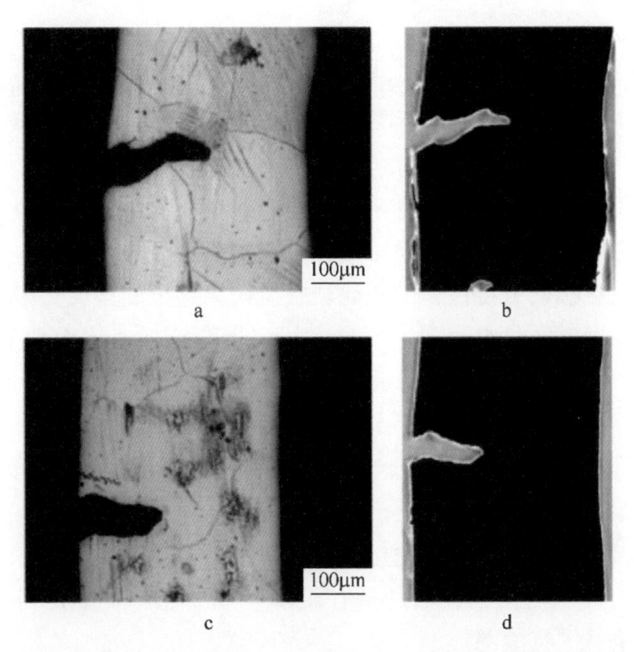

图 1-1-41　铸态 130Mn12 高锰钢 CT 试样表面金相图片与对应的 CT 所得切片图像

a，c—ox = 11μm 和 368μm 的金相图片；b，d—对应的切片 53 和切片 537

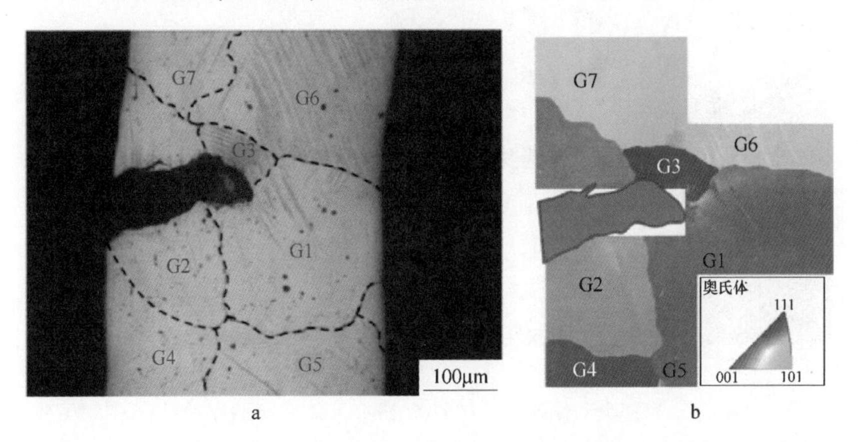

图 1-1-42　铸态 130Mn12 高锰钢 CT 试样表面金相图片与对应的 EBSD 图片

a—金相图片；b—EBSD 图片

由上述结果可知，高锰钢疲劳扩展裂纹前沿曲折，存在很多凹陷和凸出。在大多数截面处凸出（较长）裂纹没有发生明显扩展的情况下，某些凹处的裂纹显示出较快扩展。不同位置和形态的孔洞对裂纹扩展的影响也不同，平行于拉应力方向的长形孔洞和球形孔洞与裂纹前缘相连会造成裂纹尖端钝化，使得裂纹扩展受阻，而位于裂纹前方的孔洞会引导裂纹前缘向着孔洞的方向扩展。因此，提高轨道用高锰钢疲劳寿命的有效途径之一是，提高高锰钢的冶金和铸造质量，以尽量较少钢中夹渣、气孔、缩松等冶金和铸造缺陷，降低疲劳裂纹形成和扩展的概率。

1.2.2　滚动接触疲劳性能

高锰钢辙叉在服役过程中承受来自列车车轮的反复碾压，承受滚动接触应力作用，导致其主要失效形式之一是滚动接触疲劳剥落破坏。因此，十分有必要研究高锰钢的滚动接触疲劳特性，分析轮轨接触时高锰钢的疲劳失效机理。本研究以实际铸造高锰钢辙叉材料为研究对象，从一个铸造高锰钢辙叉上切取 12 个滚动接触疲劳试样进行试验。该高锰钢辙叉的化学成分（质量分数）为：C 1.2%，Mn 12.6%，其余为铁和少量杂质元素，试样经 1050℃保温 2h 后水韧处理。试验过程在自行设计的 TLP 型滚动接触疲劳试验机上进行，试验机如图 1-1-43a 所示。高锰钢的滚动接触疲劳试验条件为：法向接触应力为 1800MPa，转速为 1500r/min。图 1-1-43b 给出了滚动接触原理示意图，将高锰钢环状试样套在滚柱轴承的内部作为轴承内圈，载荷加载在轴承外圈的顶部，滚柱与高锰钢表面接触，在应力环境下进行滚动接触。

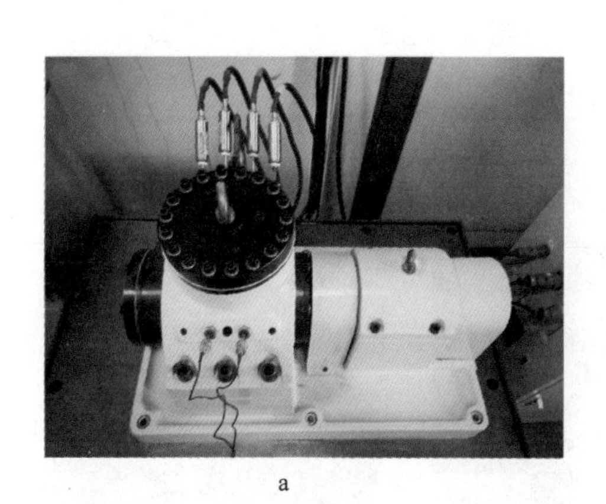
a

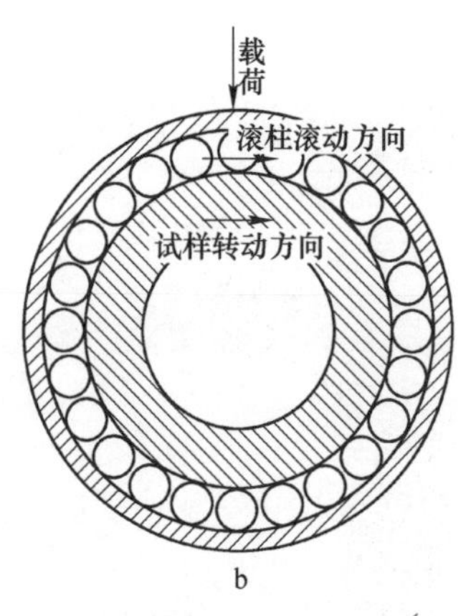

b

图 1-1-43　TLP 型滚动接触疲劳试验机（a）和滚动接触原理示意图（b）

在 1800MPa 应力作用下 12 个高锰钢试样的滚动接触疲劳寿命，如表 1-1-8 所示，可以看出疲劳寿命的离散性和分布区间都很大，折合成铁路行业广泛使用的评价高锰钢辙叉寿命的指标“过载量”，在 2~11Mt 范围，最短寿命和最长寿命之间相差 5 倍多，排除偶然性因素后得出在该载荷下高锰钢的滚动接触疲劳寿命约为 1.2×10^6 周次，过载量约为 5Mt。这种离散的滚动接触疲劳寿命结果与实际铸造高锰钢辙叉服役寿命情况十分相似，这主要是由各试样本身冶炼质量之间差别较大造成的。

表 1-1-8 1800MPa 应力下 12 个高锰钢试样的滚动接触疲劳寿命

试样	疲劳周次/周次	过载量/Mt	试验时间/h
1	2.70×10^6	11.3	30
2	1.53×10^6	6.4	17
3	0.72×10^6	3.0	8
4	1.26×10^6	5.3	14
5	1.35×10^6	5.6	15
6	0.81×10^6	3.4	9
7	0.45×10^6	1.9	5
8	1.26×10^6	5.3	14
9	0.99×10^6	4.1	11
10	1.80×10^6	7.5	20
11	1.44×10^6	6.0	16
12	0.54×10^6	2.3	6

为了进一步研究高锰钢滚动接触疲劳机理，利用一种自行设计的三辊式滚动接触疲劳试验机对铸态 120Mn12 高锰钢进行疲劳试验，这种滚动接触疲劳试验机的实物和其适用的高锰钢试样，如图 1-1-44 所示。原始铸态高锰钢试样表面光滑无缺陷，疲劳失效后表面出现大小不等的剥落坑，从最初失效的麻点剥落到严重失效的长条状大块剥落。在严重失效情况下，剥落坑呈现长条鱼鳞状剥落，且箭头方向为试样滚动方向。剥落坑贯穿整个滚柱与试样表面接触的区域，在载荷的作用下，线接触变成了长条形的面接触，故大剥落坑多呈现长条形。

a

b

图 1-1-44 三辊式滚动接触疲劳试验机和试样形状

a—滚动接触疲劳试验机；b—失效前后高锰钢试样

对不同疲劳载荷和不同周次下高锰钢试样的表层形貌进行观察，如图 1-1-45 所示，在同一载荷下，随着周次的增加，疲劳剥落坑迅速扩大。而在小载荷作用下，即使循环周次远大于大载荷下的循环周次，其剥落坑面积也相对较小。由此可见，在滚动接触疲劳过程中，载荷，即接触应力对疲劳剥落失效的影响远大于循环周次的影响。

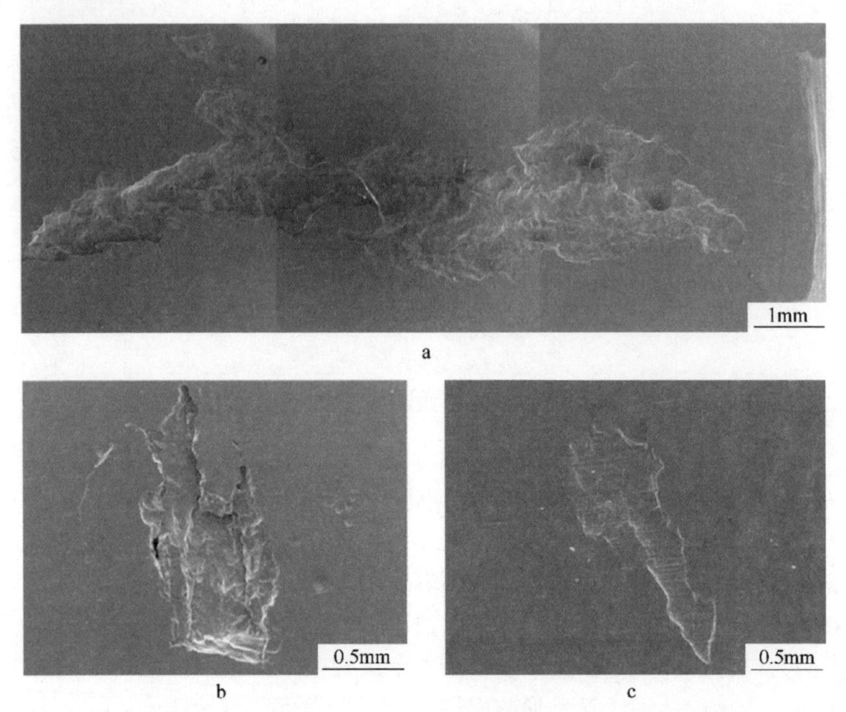

图 1-1-45　铸态 120Mn12 高锰钢在不同滚动接触试验条件下疲劳后表层剥落形貌
a—50kN，2×10^6周次；b—50kN，1×10^6 周次；c—30kN，3×10^6 周次

高锰钢滚动接触疲劳失效试样的金相组织，如图 1-1-46 所示。在滚动接触应力作用下，高锰钢试样表层的微观组织发生了明显变化。接触面表层发生了塑性变形，变形层深度约为 1mm，即图 1-1-46a 中深色的区域，晶界已经变得模糊不清，组织中存在大量变形带。图 1-1-46b 为滚动接触面最表层的金相组织，此处距实际接触面的距离小于 50μm，可以更清楚地看出变形带贯穿整个奥氏体晶粒，并终止于晶界，且晶粒发生了严重的扭曲变形。图 1-1-46c 为过渡层的金相组织，此处距表面约 0.5mm，晶粒内部的变形带已经远没有最表层密集，随着向基体过渡，变形带逐渐消失。图 1-1-46d 为高锰钢试样的基体，此处距最表层约 2mm，除了奥氏体组织外，还存在少量碳化物和铸造缺陷，这也是导致高锰钢滚动接触疲劳寿命离散性大的一个重要原因。实际服役高锰钢辙叉的表层塑性变形区深度约为 10mm，而在本试验中塑性变形层约为 1mm，远低于前者。这可能是由于本试验除了接触应力之外缺少冲击载荷的作用，并且在高锰钢疲劳剥落失效前没有达到足够的过载量。

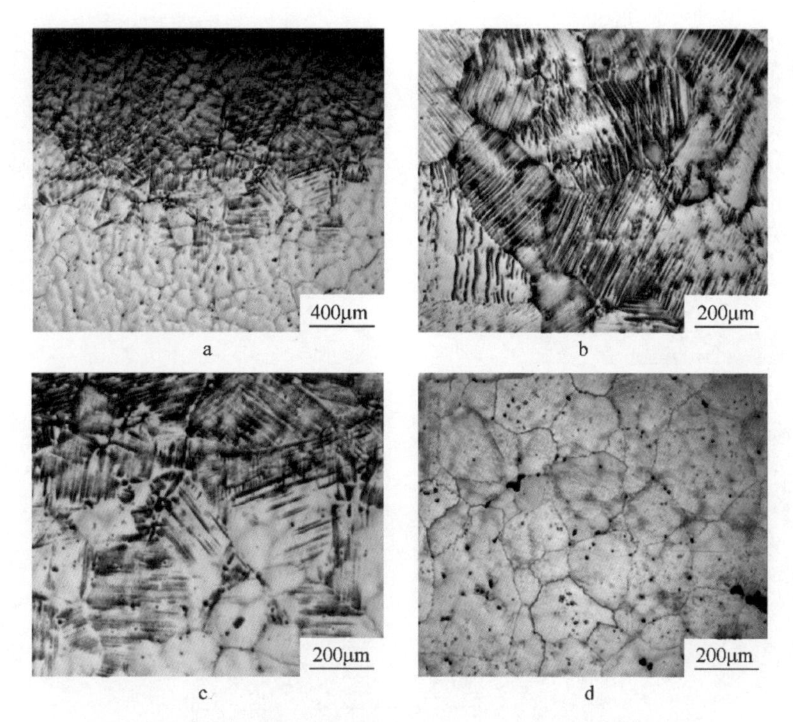

a b c d

图 1-1-46 滚动接触疲劳失效铸态 120Mn12 高锰钢的金相组织

a—表层剖面；b—接触表面；c—过渡层；d—基体

高锰钢疲劳试样的表面剥落坑微观形貌如图 1-1-47 所示。剥落坑面积约为 $1mm^2$，呈长条状，外部宏观形貌为多层次的片状剥落，微观形貌为多层次的鳞状坑，坑内有平行条纹及横向裂纹，长条形层片状剥落与转动方向垂直。从剖面形状可以看出，剥落坑底部裂纹纵横密布，相互交割，致使表面形成剥落，如图 1-1-48 所示。剥落坑底部裂纹的扩展方向与转动方向相反，多条裂纹近似平行地同时向试样内部扩展，并与试样表面呈约 45°角。裂纹深度约为 1mm，与表层塑性变形区域的深度接近。由于循环接触应力的反复作用导致试样表面产生塑性变形，当塑性变形积累超过钢的韧性极限时，便会产生裂纹。随着接触应力的持续作用，引起裂纹尖端塑性区部分累积损伤并形成显微空穴，这时裂纹与空穴间的区域受拉应力作用而变窄，最后导致两部分连接而相通，裂纹向前扩展。裂纹向基体扩展的同时，也会沿与表面平行的方向扩展，在特定位置产生次生裂纹向表面扩展，产生剥落坑。

由赫兹接触理论可知，在滚柱与环状高锰钢试样接触时，接触面附近高锰钢表面受三向压应力。压应力最大值出现在试样接触面上，并且随深度的增加而减小。在滚动接触条件下，宏观上的最大剪应力一般位于距表面 $y=0.786b$（b 为接触半轴长或半宽）处，因此，引起的裂纹也在此位置。根据 TLP 接触疲劳试

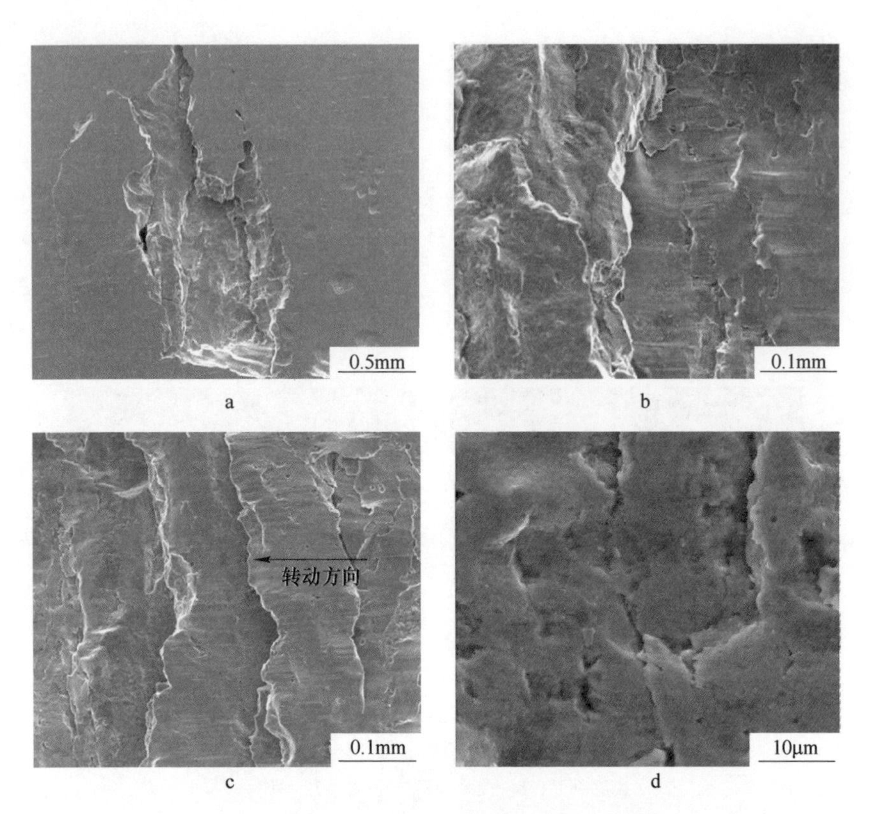

图 1-1-47　铸态 120Mn12 高锰钢滚动接触疲劳表面剥落坑微观形貌

a—整体形貌；b—底部形貌；c—中部形貌；d—底部放大

验机的载荷特性及其参数，计算出在 1800MPa 接触压应力作用下，接触面半宽约为 0.186mm，由此可得出最大剪应力位于接触面下方 0.15mm 处。本研究中所观察到的剥落坑深度大部分介于 0.1～0.2mm，裂纹在坑底处继续向深度方向扩展或者沿与表面近似平行的方向扩展。

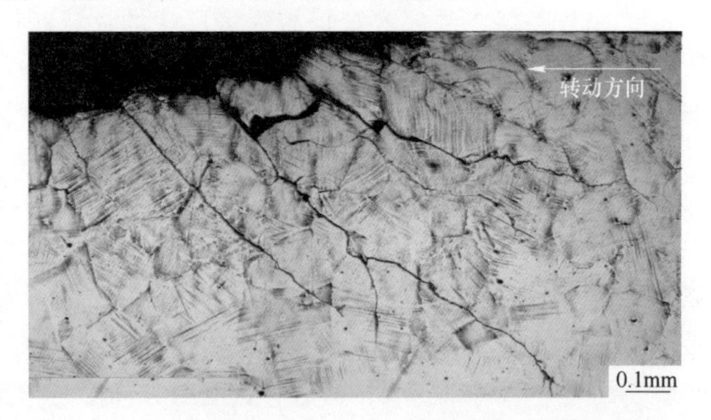

图 1-1-48　铸态 120Mn12 高锰钢滚动接触疲劳裂纹特征

不同试验条件下疲劳试样表层的硬度分布曲线如图 1-1-49 所示。在 1800MPa 载荷作用下，表层最大硬度（HV）约为 700，硬化层不足 2mm，硬度梯度非常大，硬化层深度远比实际辙叉的浅。在相同载荷作用下，硬化层深度随转动周次增加而不断增大，表层硬度最大值也随之增加，硬度梯度相对平缓。在小载荷作用下，虽然转动周次更长，但硬化层深度及表层硬度最大值也相对较小，硬度梯度更陡。这说明，在高锰钢滚动接触疲劳过程中，载荷对高锰钢表层硬化的影响远大于转动周次。

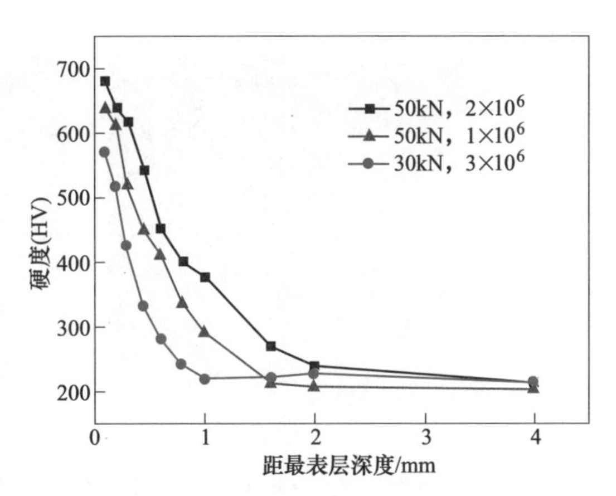

图 1-1-49　铸态 120Mn12 高锰钢滚动接触疲劳亚表层硬度分布

高锰钢疲劳试样硬化层如此之浅便产生了剥落失效，这类似于蛋壳效应，表面产生一薄层硬度很高的硬化层，与韧性好的基体缺少足够的连贯性，容易导致剥落进而失效。这种表层硬化特征与实际辙叉明显不同，实际辙叉的表层最大硬度（HV）为 550~600，且具有一定的硬化深度，硬度梯度较缓和，从而能够承受更强烈的车轮冲击。相比之下，高锰钢的滚动接触疲劳试验是在滚动接触压应力和部分摩擦力的作用下进行的，虽然 1800MPa 的接触压应力高于辙叉实际运行中所承受的接触压应力，但没有冲击应力作用，这决定了即使高锰钢已产生疲劳剥落失效，其硬化层也不会很深。高锰钢环状疲劳试样在较大的滚动接触压应力和摩擦力作用下，表层迅速产生硬化，此时最表面韧性会显著降低。在后续转动过程中由于表面的不平顺性会导致振动加剧，产生附加冲击载荷，但冲击载荷的作用更多的是加剧疲劳剥落和裂纹扩展而不是加深硬化程度，这也就是疲劳试样失效后硬化层很浅的一个重要原因。

图 1-1-50 所示为高锰钢试样在 1800MPa 应力载荷下转动 1.8×10^6 周次后表层不同深度的 TEM 组织，可见高锰钢的塑性变形区的微观组织结构发生了很大变化。由距最表层约 50μm 深度的 TEM 组织的明场像和暗场像可得，此处的亚

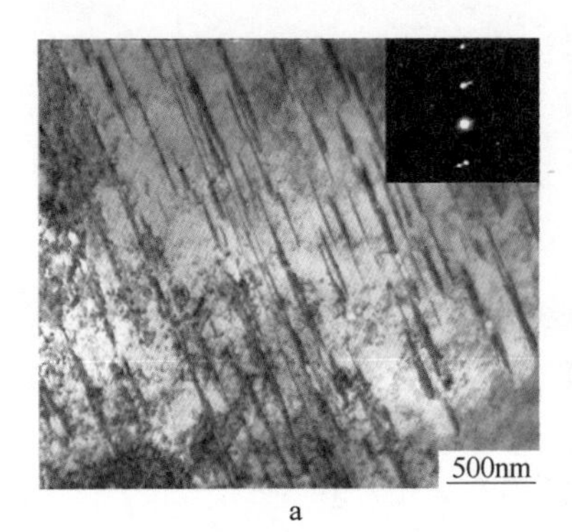

a

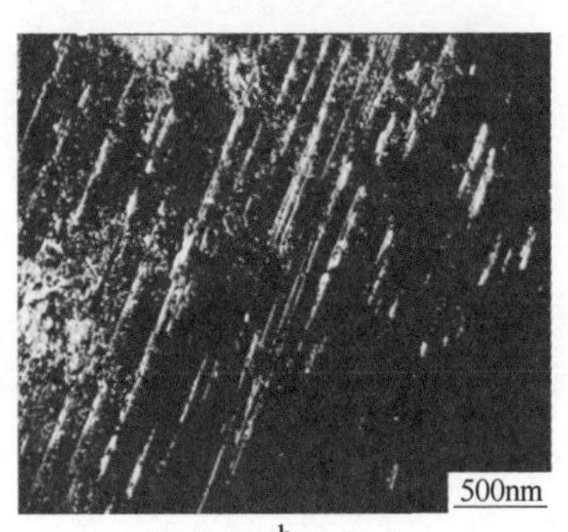

b

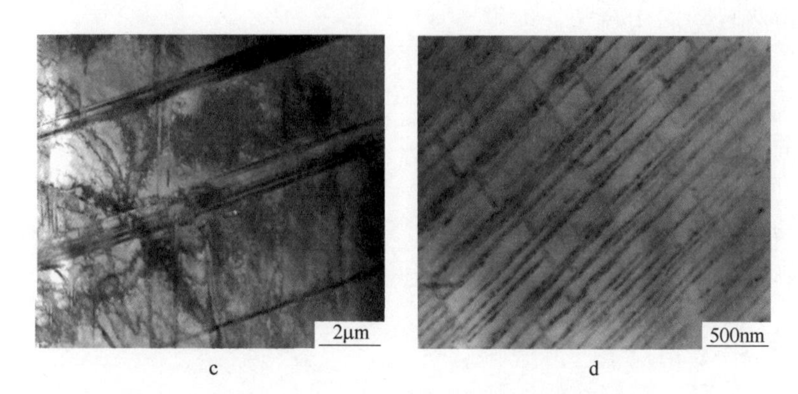

c　　d

图 1-1-50　铸态 120Mn12 高锰钢滚动接触疲劳试样亚表层不同深度处 TEM 组织（50kN，1.8×10^6 周次）

a，b—距最表层 50μm；c，d—距最表层 200μm

结构主要为大量形变孪晶，而在距最表层约 100μm 深度处则主要是层错和网格状位错。在塑性变形最严重的最表层主要为孪晶硬化，靠近基体塑性变形不严重部位则是层错和位错硬化。

2 轨道用C+N强化高锰钢

在铁基面心立方结构中，碳增强原子间键的共价特性，氮增强原子间键的金属特性。在单独含碳的高锰奥氏体钢中，碳与锰容易形成 C-Mn 原子对，其中的碳与钢中位错相互作用，增强钢的加工硬化能力；在单独含氮的奥氏体钢中，氮向铬偏聚，形成短程有序区，增强钢的强度和塑性，改善奥氏体钢的抗疲劳性能。然而，基于局部密度泛函理论的电子结构第一性原理计算发现，在面心立方结构的含 CrMn 奥氏体钢中，C+N 的共同作用要更倾向于与单独氮在铁基奥氏体合金中的作用相似，也是使自由电子的浓度增加，使电子的空间分布更均匀，最终造成原子的短程有序和奥氏体的稳定化，从而提高奥氏体钢的性能。因此，设计新型 C+N 强化高锰钢，研究其微观组织及力学性能，为这种类型高锰钢制造铁路辙叉提供理论基础。

2.1 化学成分、组织和性能

普通 120Mn12 高锰钢和新设计的 C+N 合金化 120Mn12CrN 高锰钢的化学成分，见表 1-2-1。普通高锰钢 120Mn12 的固溶处理工艺为 1050℃保温 1h，考虑到含铬高锰钢中碳化物的难溶性，将 120Mn12CrN 钢的固溶处理工艺调整为 1100℃保温 1h，水韧处理之后进行性能测试。

表 1-2-1 120Mn12 和 120Mn12CrN 高锰钢的化学成分 （质量分数,%）

钢种	C	Mn	Cr	N	Si	P	S
120Mn12	1.14	11.7	0.07	0.016	0.42	0.001	0.005
120Mn12CrN	1.10	11.6	2.14	0.052	0.42	0.001	0.005

图 1-2-1 给出了两种成分高锰钢在奥氏体化温度为 900℃、950℃、1000℃、1050℃、1100℃、1150℃和 1200℃保温 1h 时的晶粒尺寸和硬度大小，在相同的奥氏体化温度下，120Mn12CrN 钢的奥氏体晶粒尺寸均小于 120Mn12 钢。当奥氏体化温度为 900℃时，两种高锰钢的晶粒尺寸最小，120Mn12CrN 钢为 34μm，120Mn12 钢为 56μm。随着奥氏体化温度的升高，120Mn12 钢的晶粒粗化趋势非常迅速，当温度超过 1100℃后，其晶粒尺寸异常粗大。而 120Mn12CrN 钢的奥氏体晶粒尺寸随奥氏体化温度的变化则呈现出一种缓慢上升的线性规律，其晶粒尺寸的变化在试验温度内受奥氏体化温度的影响很小。在硬度方面，两种高锰钢的

硬度随着奥氏体化温度的升高呈现出缓慢降低的趋势，而在相同的奥氏体化温度下，120Mn12CrN钢的硬度大于120Mn12钢，120Mn12CrN钢经1100℃固溶处理后的硬度（HV）为252，120Mn12钢经1050℃固溶处理后的硬度（HV）为231。

钢的奥氏体晶粒尺寸随着奥氏体化温度的升高而不断增大，当奥氏体化温度高于某一特定温度后，晶粒尺寸会出现快速长大的现象。如图1-2-1中的120Mn12钢，当奥氏体化温度超过1100℃后，其晶粒尺寸长大速率明显加快。因此，很多研究中对高锰钢进行微合金化处理，利用细小析出物对晶界的钉扎作用细化高锰钢晶粒，而本研究中的120Mn12CrN钢也因氮和铬合金化处理使得其晶粒尺寸得到了明显的细化，但是在120Mn12CrN钢并没有发现大量可以钉扎晶界的析出物。因此，引起120Mn12CrN钢晶粒细化的原因有两个方面：一是氮加入高锰钢后促进了金属键合的短程有序，使局部范围内的合金元素分布更加均匀，从而提高了奥氏体的稳定性，此时晶界移动所需要的能量更高，晶界移动困难；二是铬、氮元素溶入固溶体中，阻碍晶界运动，尤其是当铬、氮偏聚于晶界时可降低晶界能，降低晶界移动的驱动力，使晶界不易移动。120Mn12CrN钢经1100℃奥氏体化处理后，其晶粒尺寸仅为51μm，而120Mn12钢经1050℃奥氏体化处理后晶粒尺寸达到100μm。从图1-2-1中两种高锰钢经不同温度固溶处理后的初始硬度看，晶粒尺寸的大小对高锰钢的初始硬度值影响并不大，因此，120Mn12CrN钢相对于120Mn12钢硬度的提高多是由铬和氮的固溶强化所引起的。

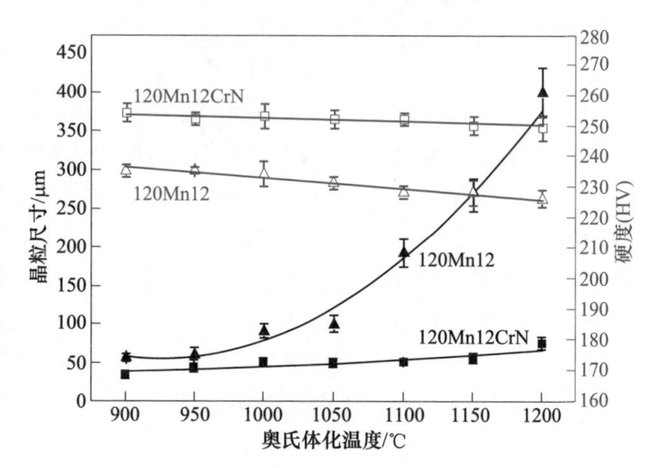

图1-2-1　两种高锰钢的晶粒尺寸和硬度随奥氏体化温度的变化规律

两种钢在不同拉伸速率下的工程应力-应变曲线，如图1-2-2所示，拉伸速率对于高锰钢的拉伸性能有着显著影响。结合表1-2-2的统计结果可以得出，两种高锰钢的抗拉强度和伸长率均随着应变速率的增快而增大，在屈服强度方面，它们的屈服强度随着拉伸速率的增快而降低。当拉伸速率相同时，120Mn12CrN钢的强度和伸长率都要高于120Mn12钢。在拉伸速率为$5\times10^{-2}s^{-1}$时，120Mn12CrN钢的抗拉强度达到了1062MPa，伸长率为44.5%，明显高于120Mn12钢的性能。

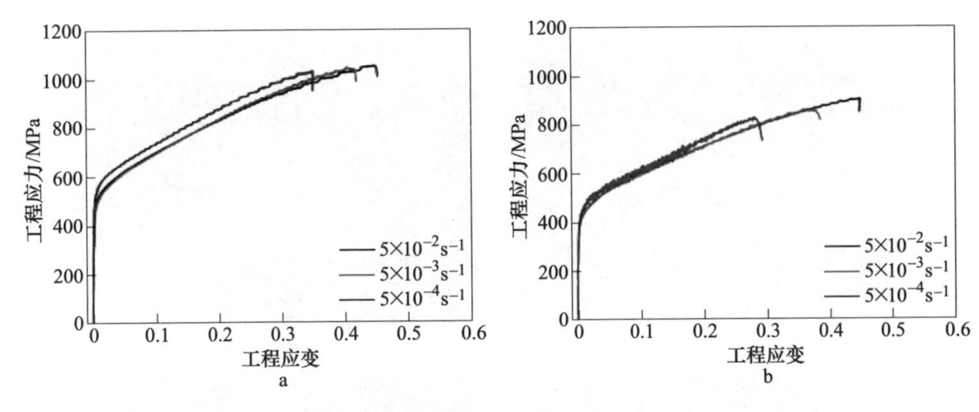

图 1-2-2　120Mn12CrN 钢（a）和 120Mn12 钢（b）在不同拉伸应变速率下的工程应力-应变曲线

表 1-2-2　高锰钢在不同拉伸速率下的拉伸性能

钢种	热处理工艺	应变速率/s^{-1}	抗拉强度/MPa	屈服强度/MPa	伸长率/%
120Mn12CrN	1100℃×1h 水淬	5×10^{-2}	1062 ± 13	476 ± 11	44.5 ± 1.1
		5×10^{-3}	1043 ± 9	478 ± 9	39.6 ± 0.8
		5×10^{-4}	1036 ± 8	518 ± 6	34.3 ± 1.0
120Mn12	1050℃×1h 水淬	5×10^{-2}	913 ± 10	387 ± 13	44.3 ± 0.9
		5×10^{-3}	861 ± 7	409 ± 11	37.6 ± 0.7
		5×10^{-4}	834 ± 9	417 ± 8	27.5 ± 0.8

然而，相对于拉伸速率为 $5\times10^{-4}s^{-1}$ 和 $5\times10^{-3}s^{-1}$ 条件下的测试结果，其抗拉强度仅增加了 2.4%和 1.8%，伸长率分别增加了 29.7%和 12.4%。对于 120Mn12 钢，其抗拉强度在拉伸速率为 $5\times10^{-2}s^{-1}$ 时为 913MPa，伸长率为 27.5%，抗拉强度较拉伸速率为 $5\times10^{-4}s^{-1}$ 和 $5\times10^{-3}s^{-1}$ 时分别提高了 8.7%和 5.7%，伸长率分别提高了 61.1%和 17.8%。也就是说，当增大拉伸应变速率时，120Mn12CrN 钢抗拉强度和伸长率的增大幅度均小于 120Mn12 钢，120Mn12CrN 钢在低应变速率下保证高强度高塑性的同时，对拉伸速率的敏感性更小。

当拉伸应变速率为 $5\times10^{-4}s^{-1}$ 时，120Mn12CrN 钢的断裂方式为穿晶和沿晶的混合型断裂，并且其中包含大量的细小韧窝，如图 1-2-3 所示，而 120Mn12 钢则主要为沿晶断裂，并且几乎观察不到韧窝的存在。随着拉伸应变速率的增大，120Mn12CrN 钢的断裂方式并没有表现出明显的变化，但是 120Mn12 钢的断裂方式有了明显的变化：当拉伸应变速率增大到 $5\times10^{-2}s^{-1}$ 时，120Mn12 钢的断裂方式变为穿晶断裂和沿晶断裂的混合型断裂，与此同时，断口中也出现了大量的细小韧窝。

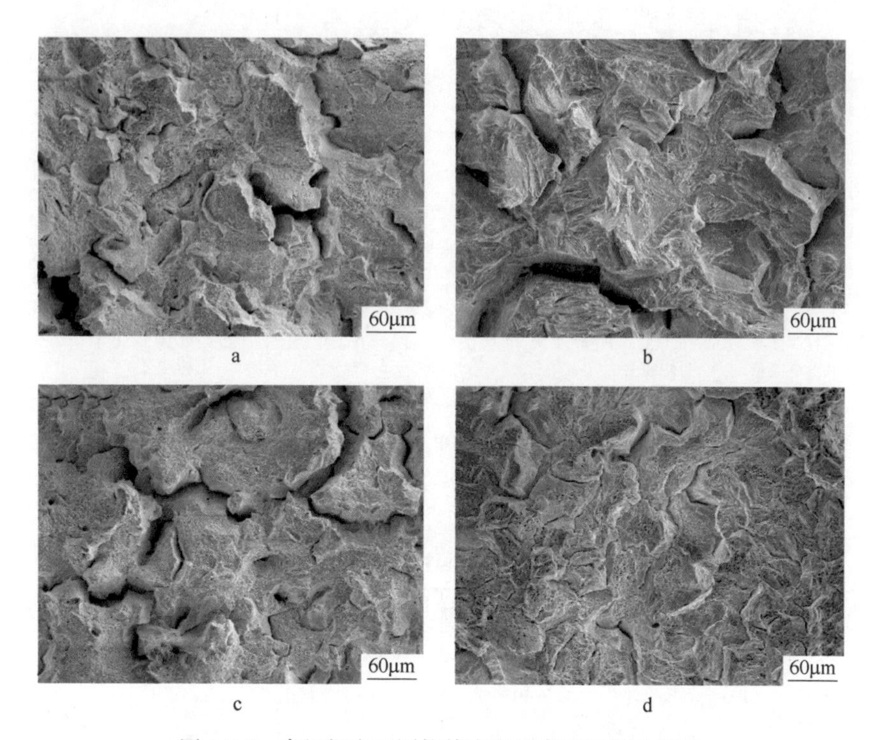

图 1-2-3　高锰钢在不同拉伸应变速率下的断口形貌

a—120Mn12CrN 钢，$5\times10^{-4}s^{-1}$；b—120Mn12 钢，$5\times10^{-4}s^{-1}$；c—120Mn12CrN 钢，$5\times10^{-2}s^{-1}$；d—120Mn12 钢，$5\times10^{-2}s^{-1}$

120Mn12 钢中表现出的这种拉伸断口形貌随应变速率的变化规律与拉伸过程中形变孪晶的密度密切相关。两种钢的拉伸断口形貌在一定程度上也说明，当提高拉伸应变速率时，120Mn12 钢拉伸变形行为的变化程度要大于 120Mn12CrN 钢，而这种变化正是由氮和铬合金化所引起的。

两种钢在不同拉伸应变速率下拉伸标距内的金相组织，如图 1-2-4 所示，120Mn12CrN 钢的奥氏体晶粒尺寸明显小于 120Mn12 钢，这个结果与图 1-2-1 的统计结果一致。两种钢在不同拉伸应变速率下组织的变化规律基本一致，均表现为奥氏体晶粒沿着拉伸变形方向均有不同程度的拉长，并且，经拉伸变形后，高锰钢晶粒内部存在着大量相互平行分布的变形带，这些变形带开始于晶界的一端并终止于另一端，部分晶粒内部的变形带出现相互交叉现象。当拉伸应变速率为 $5\times10^{-4}s^{-1}$时，由于晶粒取向的不同，位错和孪晶激活的程度不同而导致部分晶粒内部没有变形带出现。随着拉伸应变速率的增大，无变形带晶粒的数量减少，晶粒中变形带相互交叉的情况增多，并且这种现象多存在于尺寸相对较大的晶粒中。一般地，小尺寸奥氏体晶粒会抑制形变孪晶的产生，然而从图 1-2-4 显示的结果来看，在相同的拉伸应变速率下，120Mn12CrN 钢中变形带密度明显高于

120Mn12 钢。为了验证这种高的变形带是由高密度形变孪晶所引起的，对这两种钢在不同拉伸应变速率下的微观组织进行观察分析。

图 1-2-4　不同拉伸应变速率下高锰钢在拉伸标距内的金相组织

a—120Mn12CrN 钢，$5\times10^{-4}s^{-1}$；b—120Mn12 钢，$5\times10^{-4}s^{-1}$；c—120Mn12CrN 钢，$5\times10^{-2}s^{-1}$；d—120Mn12 钢，$5\times10^{-2}s^{-1}$

两种钢经不同拉伸应变速率的单向变形处理后，试样标距内微观组织的 TEM 观察结果，如图 1-2-5 所示。当拉伸应变速率为 $5\times10^{-4}s^{-1}$时，孪晶均为单向形变孪晶，但是，120Mn12CrN 钢的孪晶层片厚度和孪晶层片间距要明显小于 120Mn12 钢。通过对 10 个不同视场的孪晶尺寸进行统计可以得出，当拉伸应变速率为 $5\times10^{-4}s^{-1}$时，120Mn12CrN 钢的平均孪晶层片厚度为 45nm，平均孪晶间距为 63nm，而 120Mn12 钢的平均孪晶层片尺寸和平均孪晶间距分别为 98nm 和 96nm，如表1-2-3中统计结果所示。当拉伸应变速率增大至 $5\times10^{-2}s^{-1}$时，它们中形变孪晶的厚度进一步减小，相应的平均孪晶层片厚度和平均孪晶间距见表 1-2-3。然而，它们的孪晶厚度随应变速率提高而降低的幅度是不同的，并且在相同的拉伸变形条件下，120Mn12CrN 钢的孪晶层片厚度和孪晶间距都要小于 120Mn12 钢。孪晶层片厚度和孪晶间距的大小代表了高锰钢中形变孪晶密度的大小，这两个数值越小则表示钢中的孪晶密度越大。因此，提高拉伸应变速率，两种高锰钢中的形变孪晶密度均有所增大，而当拉伸应变速率相同时，120Mn12CrN 钢的形变孪晶密度要远大于 120Mn12 钢。

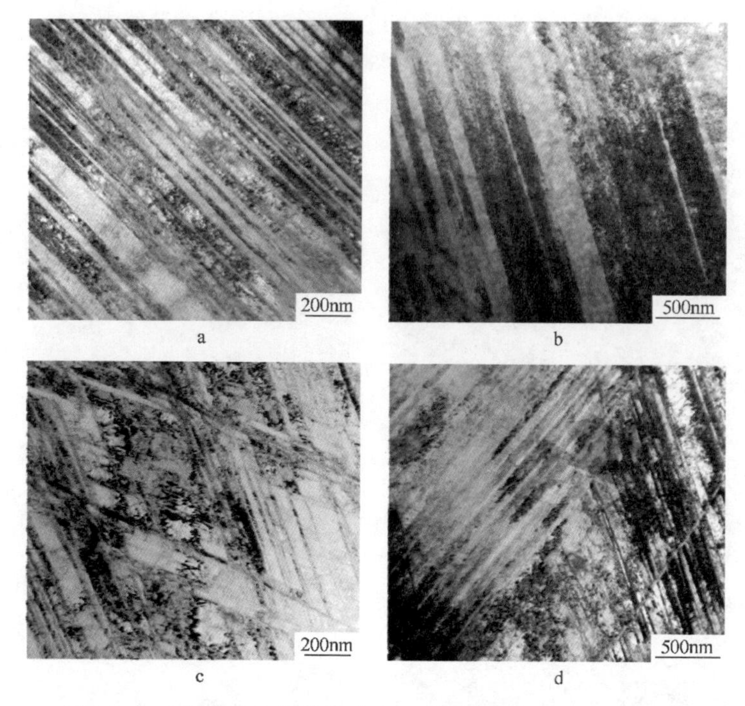

图 1-2-5　高锰钢在不同拉伸应变速率下试样标距内 TEM 组织

a—120Mn12CrN 钢，$5\times10^{-4}s^{-1}$；b—120Mn12 钢，$5\times10^{-4}s^{-1}$；c—120Mn12CrN 钢，$5\times10^{-2}s^{-1}$；d—120Mn12 钢，$5\times10^{-2}s^{-1}$

表 1-2-3　两种高锰钢在不同拉伸应变速率下的平均孪晶厚度和间距

钢种	拉伸应变速率/s^{-1}					
	5×10^{-4}		5×10^{-3}		5×10^{-2}	
	厚度/nm	间距/nm	厚度/nm	间距/nm	厚度/nm	间距/nm
120Mn12CrN	45 ± 8	63 ± 11	36 ± 6	49 ± 9	30 ± 5	39 ± 8
120Mn12	118 ± 14	96 ± 12	88 ± 9	76 ± 10	64 ± 6	59 ± 4

拉伸应变速率对粗晶高锰钢强塑性有较大的影响，随着拉伸应变速率的不断增大，形变孪晶的密度不断提高，孪晶界进一步细分奥氏体晶粒，并且对位错的运动起到了很强的阻碍作用，因此高锰钢的强塑性也就越好。对于 120Mn12CrN 钢而言，其单向拉伸变形行为随拉伸应变速率的变化幅度明显小于 120Mn12 钢，也就是说，由于 C+N 合金化处理，在所研究的三种拉伸应变速率条件下，120Mn12CrN 钢对于拉伸应变速率的敏感性降低。根据 Hall-Petch 关系，晶粒尺寸越小，钢的屈服强度也就越高。在单向拉伸变形过程中，当应变大小超过 0.2%后，高锰钢进入理论塑性变形阶段。当拉伸应变速率为 $5\times10^{-4}s^{-1}$时，因为 120Mn12CrN 钢较高的屈服强度，在相同的应变条件下，其晶粒内部的应力水平

要大于 120Mn12 钢，加之 120Mn12CrN 钢较低的层错能，使得其中的孪晶系统在很低的应变速率下也很容易被激活，形变孪晶的形核率提高。因此，在该拉伸应变速率下 120Mn12CrN 中得到的孪晶厚度和孪晶间距都远小于 120Mn12 钢，见图 1-2-5 和表 1-2-3，且前者的抗拉强度和伸长率都高于后者。当提高拉伸应变速率至 $5\times10^{-2}s^{-1}$ 时，120Mn12CrN 钢中形变孪晶厚度和孪晶间距分别减小 33.3%和 38.1%，而 120Mn12 钢中分别减少 47.0%和 38.5%，这说明，在孪晶尺寸和孪晶密度方面，120Mn12CrN 钢随拉伸应变速率提高而变化的程度小于 120Mn12 钢。然而，晶粒尺寸的大小对高锰钢在变形过程中的孪生行为有很重要的影响，为此需要对两种高锰钢在拉伸应变速率为 $5\times10^{-2}s^{-1}$ 下的应变硬化速率曲线进行分析。

根据两种钢的工程应力-应变曲线，绘制真应力-真应变曲线以及相应的应变硬化速率曲线。由于在三个不同的拉伸应变速率下钢的加工硬化行为非常相近，因此，这里只选取拉伸应变速率为 $5\times10^{-2}s^{-1}$ 时的曲线来进一步分析 C+N 合金化对高锰钢应变硬化速率的影响，如图 1-2-6 所示，120Mn12CrN 钢的流变应力和塑性都高于 120Mn12 钢。从它们的应变硬化速率看，当真应变在 0~0.06 时，应变硬化速率快速下降，但 120Mn12CrN 钢的下降速率更为缓慢。随着真应变的继续增大，应变硬化速率都有一个缓慢升高的过程，并且在相同的真应变下，120Mn12CrN 钢的应变硬化速率都要大于 120Mn12 钢，随后应变硬化速率均达到一个峰值，当进一步增大真应变时，应变硬化速率又缓慢下降直至断裂。值得注意的是，出现峰值应变硬化速率的位置对应于真应力-真应变曲线中刚刚产生锯齿的位置，120Mn12CrN 钢的拐点位置出现在真应变为 0.24 处，而 120Mn12 钢为 0.22。

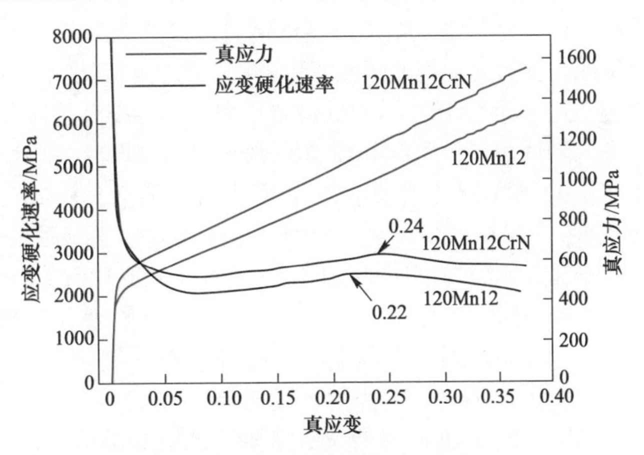

图 1-2-6 两种高锰钢在拉伸应变速率为 $5\times10^{-2}s^{-1}$ 时的应变硬化速率和相应的真应力与真应变的关系

晶粒尺寸大小对于奥氏体锰钢的孪生行为、应变硬化等有很大影响。在研究晶粒尺寸对高速变形高锰钢性能的影响中发现，细小的晶粒尺寸增大了晶界的总面积，在变形过程中晶界对于碳原子的扩散有加速作用，从而减弱了动态应变时效过程中位错与溶质原子的相互作用，缓解局部应力集中，可以在一定程度上增大高锰钢的塑性。与此同时，细小的晶粒抑制孪晶的产生，使得在变形过程中位错滑移成为变形的主要机制。变形初期位错密度迅速升高会使钢获得很高的应变硬化速率，变形后期孪生变形会受到很大程度的限制，滑移对于变形的贡献远大于孪晶，但是，此时滑移多发生在孪晶层片之间或者孪生区域，小尺寸晶粒中孪晶密度低，因此，滑移对硬化速率的贡献要小于大晶粒。如果不考虑钢的成分影响，120Mn12CrN 钢在拉伸变形初期的应变硬化速率应大于 120Mn12 钢，变形后期则应低于 120Mn12 钢。然而，在拉伸应变速率为 $5\times10^{-2}s^{-1}$时，120Mn12CrN 钢的应变硬化速率在整个拉伸过程中均大于 120Mn12 钢，见图 1-2-6，也就是说，C+N 合金化对于高锰钢拉伸变形行为的影响程度要大于晶粒尺寸。

层错能是影响高锰钢塑性变形机理的决定性因素。依据合金元素对层错能的关系，合金元素铬、氮加入高锰钢后可以降低其层错能，低的层错能有利于孪晶的生成，促进高锰钢的塑性变形过程，并提高高锰钢的应变硬化速率。从图 1-2-6 中应变速率为 $5\times10^{-2}s^{-1}$的试验结果来看，变形开始阶段 120Mn12CrN 钢应变硬化速率的降低速度较 120Mn12 钢缓慢，除了晶粒尺寸对滑移的贡献外，较低的层错能使 120Mn12CrN 钢中的孪晶更容易被激活，正如图 1-2-7 所示，当真应变为 0.05 时，120Mn12CrN 钢中已经产生了形变孪晶，而在 120Mn12 钢中并没有发现形变孪晶，晶粒内部还是以位错为主，120Mn12CrN 钢中孪晶的形成可以在一定程度上提高应变硬化速率，因此，其应变硬化速率曲线首先发生转折。变形后期当孪晶密度均达到一定程度时（拉伸变形后期峰值应变硬化速率出现的位置），动态应变时效又成为主要的硬化机制，120Mn12 钢的应变硬化速率首先发生下降，见图 1-2-6，而此时的低层错能优势使 120Mn12CrN 钢具有更高饱和值，如表 1-2-3 所示，因此，可以继续发生孪晶变形直到应变硬化速率曲线的峰值位置，对应真应变为 0.24，最终在塑性相当条件下 120Mn12CrN 钢的强度远大于 120Mn12 钢，如表 1-2-2 所示。

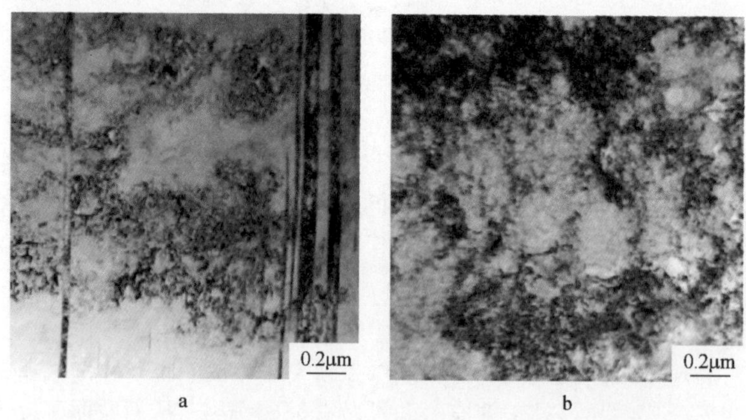

图 1-2-7 高锰钢在应变速率为 $5\times10^{-2}s^{-1}$和真应变为 0.05 时的 TEM 组织

a—120Mn12CrN 钢；b—120Mn12 钢

拉伸工程应力-应变曲线中锯齿的出现被认为是变形过程中动态应变时效的可视表征，较高的拉伸应变速率对位错的运动有促进作用，会减弱动态应变时效的强化作用，因此，曲线中的锯齿数量会随着拉伸应变速率的提高而减少，这与图 1-2-2 中两种钢应力-应变曲线表现出的规律是一致的。当拉伸应变速率为 $5\times10^{-4}s^{-1}$时，在变形初期锯齿数量是较多的，随着拉伸总应变的增大，相邻锯齿之间的应变量增大，动态应变时效效应减弱。对比两种钢在该应变速率下的拉伸曲线形态，120Mn12 钢在拉伸过程中的锯齿出现的频率最高，并且开始出现锯齿的总应变量较小。增大拉伸应变速率，拉伸曲线中的锯齿数量均大幅减少。这一现象主要与动态应变时效和形变孪晶对加工硬化贡献率的大小有关，高的拉伸应变速率有利于孪晶的形成，并且在高的应变速率下溶质原子的扩散相对低应变速率下更困难，位错与溶质原子之间相互作用所引起的动态应变时效作用较小，此时，高锰钢的硬化主要来源于形变孪晶。相反，低的应变速率为溶质原子的扩散提供了充足的时间，动态应变时效作用增强，对于加工硬化的贡献增大，因此，低应变速率下两种高锰钢拉伸曲线中的锯齿数量较多。当应变速率增大至 $5\times10^{-2}s^{-1}$时，仅仅在拉伸曲线的后半部分出现锯齿，见图 1-2-2，并且锯齿出现时的应变量几乎与拉伸过程中应变硬化速率曲线中出现拐点的位置重合，这说明当加工硬化效应主要来源于动态应变时效时，高锰钢的加工硬化速率将会有所降低。另外，Cr-N 原子团的结合力比 Mn-C 原子团更强，并且 120Mn12CrN 钢中更多的溶质原子可以强化拉伸变形后期的动态应变时效过程，较高的孪晶密度和增强的动态应变时效对于应变硬化速率的贡献，超过了晶粒尺寸对应变硬化速率的不利影响，因此，120Mn12CrN 钢的应变硬化速率在整个拉伸过程中均大于 120Mn12 钢。

应变速率对位错运动的影响可以改变试样的断裂形式和断口形貌。当应变速率较低时，位错运动较慢，位错与溶质原子作用，这种情况下溶质原子对位错的钉扎作用增强，位错由裂纹尖端发出后运动受到限制，容易引起应力集中，从而发生脆性断裂。应变速率提高后，位错的运动有一个加速作用，可以克服与溶质原子间的相互作用，裂纹尖端的应力集中得到释放从而发生韧性断裂，这一事实在图 1-2-3 中得到了很好的证明。值得注意的是，当拉伸应变速率为 $5\times10^{-4}s^{-1}$时，120Mn12CrN 钢的拉伸断口形貌不同于 120Mn12 钢，并且提高拉伸应变速率后，其断口形貌变化并不大，这一现象可以利用晶粒尺寸对于溶质原子扩散和动态应变时效的影响得到解释。在低的拉伸应变速率下，虽然溶质原子扩散充分，但是 120Mn12CrN 钢晶粒尺寸细小，晶界面积大，碳、氮原子的扩散通道增多，它们向晶界位置的偏聚同样加快，能够与运动位错发生相互作用的溶质原子减少，动态应变时效相对 120Mn12 钢减弱，图 1-2-2 中在较小的应变速率下 120Mn12CrN 钢的拉伸曲线中锯齿数量少于 120Mn12 钢，裂纹尖端发射的位错运动较容易，可以有效缓解应力集中，从而发生韧性断裂。在较高的拉伸应变速率下，溶质原子与位错作用不充分，但是氮合金化后原子间键的金属性增大，同时，铬、氮原子的存在强化了与位错之间的相互作用，其对动态应变时效的作用相对120Mn12钢增强，此时，位错运动加速对动态应变时效的削弱作用与铬、氮原子对动态应变时效的增强作用部分抵消，因此，拉伸断后的形貌变化不大。

120Mn12CrN钢在孪晶尺寸、孪晶密度上较小的差异以及晶粒尺寸、C+N合金化对动态应变时效作用的影响，导致了120Mn12CrN钢对拉伸应变速率较低的敏感性，钢的这一特性对于受剧烈冲击应力作用条件下的高锰钢辙叉的服役更加有利。

2.2　耐磨性能

高锰钢经过C+N合金化后，其强塑性得到明显的提升，初始硬度也得到一定提高，随着拉伸应变速率的变化，C+N合金化高锰钢并没有表现出如普通高锰钢一样的敏感性。C+N合金化促进了高锰钢中形变孪晶的产生，在相同的应变速率和应变量下，C+N合金化高锰钢较普通高锰钢获得了更加细小的孪晶厚度和孪晶间距，即获得了更大的孪晶密度，形变孪晶的产生提高了钢的加工硬化和均匀变形能力。这里对C+N合金化高锰钢和普通120Mn12高锰钢的磨损行为进行了对比研究。

利用MMU-5G圆盘式摩擦磨损试验机对两种钢在干滑动摩擦条件下的耐磨性进行测试，下摩擦副材料为高锰钢，其尺寸规格为3mm×ϕ43mm，上摩擦副材料为GCr15轴承钢，工作面尺寸为外径ϕ26mm，内径ϕ20mm，经淬火加低温回火处理后其硬度值约为780HV。研究中选用GCr15钢作为上摩擦副材料是因为，经淬火加低温回火后，GCr15钢具有非常稳定的力学性能，即使在较高温条件下也不会对试验材料的磨损性能产生影响。预磨试验结果表明，两种钢在载荷为500N时的磨损量较小，磨损表面光滑，而在载荷为1500N时磨损量较大，磨损表面粗糙，与载荷为500N时的磨损行为存在明显差异。因此，试验中磨损载荷分别选取500N、1000N和1500N，以研究两种钢在低、中、高三种试验条件下的加工硬化及磨损行为。试验过程中下摩擦副固定不动，上摩擦副以30m/min的转速旋转，上下摩擦副的作用原理图，如图1-2-8所示。

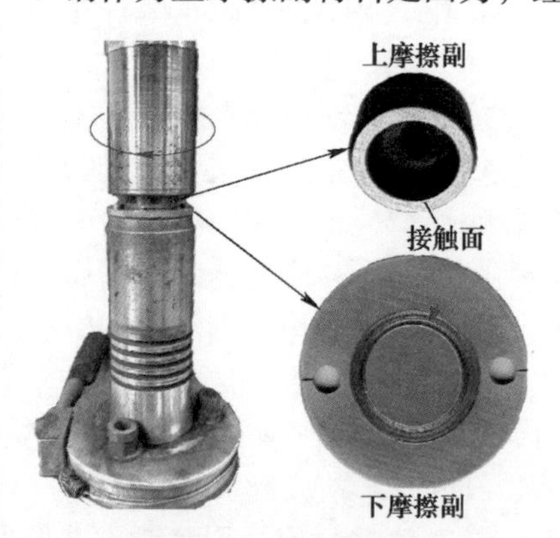

图1-2-8　耐磨试验中上、下摩擦副的接触效果图

120Mn12CrN钢和120Mn12钢在不同载荷作用下经过不同磨损时间后的累计失重变化曲线，如图1-2-9所示，随着载荷的增大和磨损时间的延长，两种钢的

磨损量均呈现出了不同程度的增长趋势。当磨损载荷为500N时，在磨损时间达到150min时的累计磨损量相差并不大，并且当磨损时间小于60min时，累计磨损失重增加速率相对较大，当磨损时间大于60min后，它们的磨损失重增加速率均有所减慢。提高磨损载荷至1000N时，当磨损时间小于60min时，累计磨损量相差也不大，但是随着时间的延长，120Mn12CrN钢的累计磨损量开始明显小于120Mn12钢。然而，对120Mn12钢而言，磨损载荷的提高使得其累计磨损量明显增加。从累计磨损量可以得出，在较低的磨损载荷条件下，两种钢的耐磨性能没有表现出明显差异，然而随着磨损载荷的增大，120Mn12CrN钢开始表现出更加优异的耐磨性能。也就是说，在磨损过程中，120Mn12钢随着磨损载荷的增大并没有表现出优异的耐磨性，而120Mn12CrN钢对于磨损载荷的增大却表现出更加优异的耐磨性。

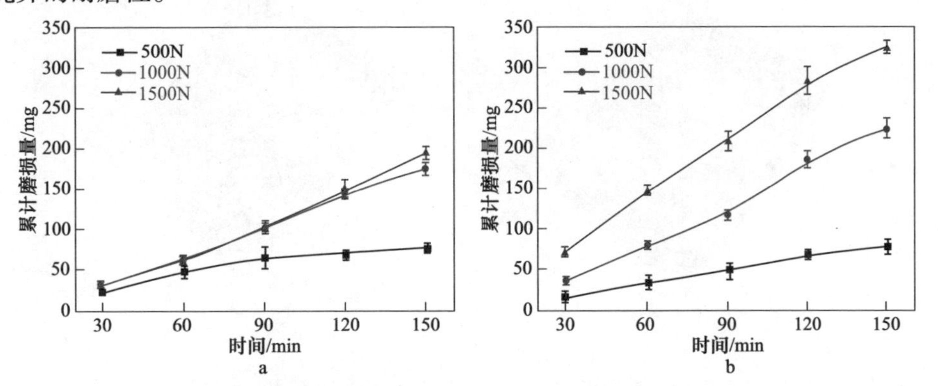

图1-2-9 高锰钢在不同载荷作用下经不同磨损时间后累计失重变化

a—120Mn12CrN钢；b—120Mn12钢

图1-2-10给出了两种钢经不同载荷下连续磨损150min后的局部3D形貌及相应的磨损表面平均粗糙度，其中，试样未磨损部分为参考基准面。从图中可以看出，随着磨损载荷的增大，钢的磨损深度不断加深。当磨损载荷为500N时，120Mn12CrN钢的最大磨损深度为113μm，120Mn12钢为130μm。提高磨损载荷到1000N，120Mn12CrN钢的最大磨损深度增大至171μm，较载荷500N时加深了51%，而120Mn12钢的最大磨损深度为216μm，较载荷500N时加深了66%，磨损程度开始明显大于120Mn12CrN钢。进一步增大磨损载荷到1500N时，120Mn12CrN钢的磨损深度并没有发生明显的变化，其最大磨损深度仅为184μm，而120Mn12钢的最大磨损深度却大幅增大至294μm，试样的磨损深度以及加深幅度与图1-2-9中给出的磨损时长为150min后的累计失重变化规律完全一致。

从磨损表面平均粗糙度结果可以看出，随磨损载荷的增大，两种钢磨损表面的平均粗糙度均不断增大，然而，120Mn12CrN钢的平均粗糙度始终小于120Mn12钢，这说明随着磨损载荷的增大，钢表面的破坏程度越来越严重，且

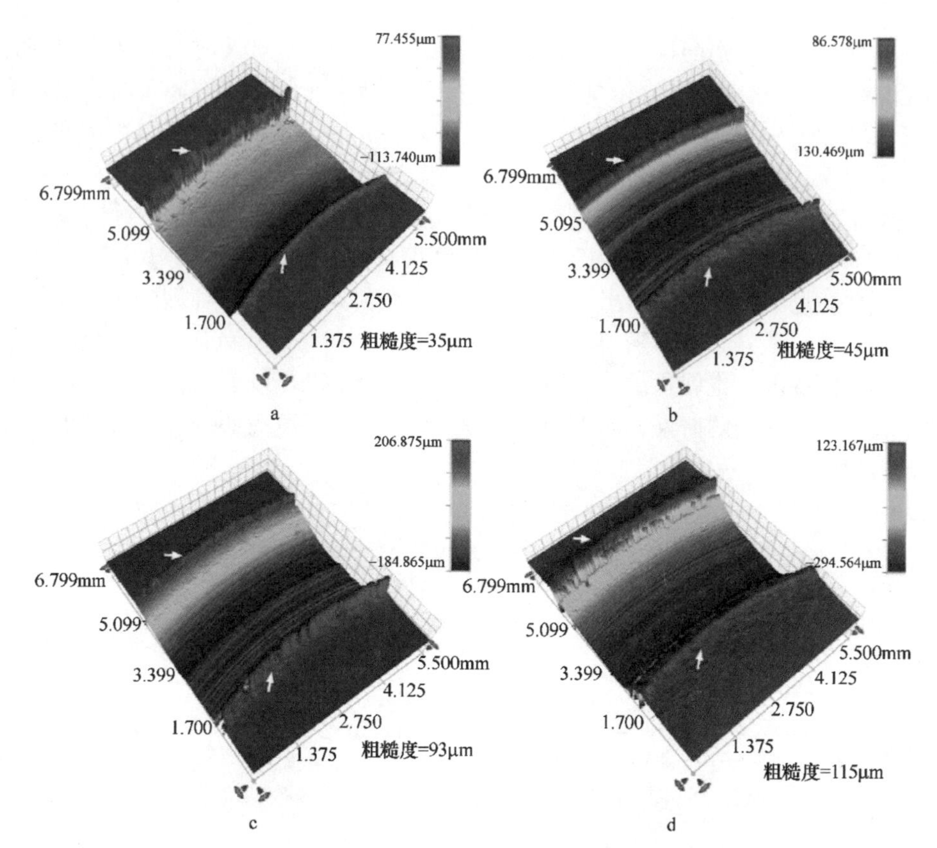

图 1-2-10　高锰钢在不同载荷下磨损 150min 后的 3D 形貌

a—120Mn12CrN 钢，500N；b—120Mn12 钢，500N；c—120Mn12CrN 钢，1500N；d—120Mn12 钢，1500N

120Mn12CrN 钢磨损表面的破损程度始终小于 120Mn12 钢。

图 1-2-10 中另外一个明显的磨损形貌是磨面两侧的凸起和塑性变形区，如图中箭头所示部分，这种形貌的产生是由上摩擦副接触试样时挤压及振动所造成的，凸起的高度以及塑性变形区可以在一定程度上反映磨损过程中的塑性变形情况以及磨损演变过程。然而，由于挤压磨损产生的凸起形貌在后续磨损过程中存在掉落的情况，因此这里只针对塑性变形区的宽度进行了分析。为定量表征试样磨损表面的磨损情况，利用光学轮廓仪数据处理软件测试图 1-2-10 中磨面两侧的塑性变形区宽度平均值，如表 1-2-4 所示。

表 1-2-4　高锰钢在不同载荷下磨损 150min 后磨面两侧塑性区变形宽度（mm）

钢种	载荷/N		
	500	1000	1500
120Mn12CrN	0. 35	1. 51	1. 64
120Mn12	0. 66	1. 58	2. 15

从表 1-2-4 中数据可以看出，随着磨损载荷的增大，磨面两侧塑性变形区的宽度均呈现增大的趋势，对比两种钢在相同磨损载荷作用下的凸起情况，当磨损载荷为 500N 时，120Mn12CrN 钢塑性变形区的宽度为 0.35mm，小于 120Mn12 钢的 0.66mm。提高磨损载荷至 1000N 时，120Mn12CrN 钢的塑性变形区宽度增大至 1.51mm，120Mn12 钢在此磨损载荷作用下的塑性变形区宽度与 120Mn12CrN 钢相近。当磨损载荷进一步增大至 1500N 时，120Mn12CrN 钢的塑性变形区宽度为 1.64mm，并没有大幅增加，但 120Mn12 钢塑性变形区的宽度增大至 2.15mm。根据以上试验结果可以得出，随着磨损载荷的增大，两种钢的塑性变形程度不断增大，但 120Mn12CrN 钢的塑性变形程度明显小于 120Mn12 钢。

两种钢在不同载荷下磨损 150min 后磨损截面的硬度分布曲线，如图 1-2-11 所示，随着磨损载荷的增大，磨损表面的硬度逐渐增大。当磨损载荷为 500N 时，120Mn12CrN 钢磨损表面的硬度（HV）较 120Mn12 钢低约 50，硬化层深度同样较 120Mn12 钢浅。当磨损载荷为 1500N 时，120Mn12CrN 钢的表面硬度（HV）增大至 495，高于 120Mn12 钢的表面硬度（HV）471，并且两者的硬化层深度也增大至 1.35mm。值得注意的是，在较大磨损载荷作用下，120Mn12CrN 钢磨损表面的硬度小于其亚表层的硬度，这是因为在高载荷作用下，试样表面由于摩擦作用而产生一定温升，高温条件加速了位错的回复过程，从而降低了磨损试样最表层的位错密度导致表面硬度的降低。

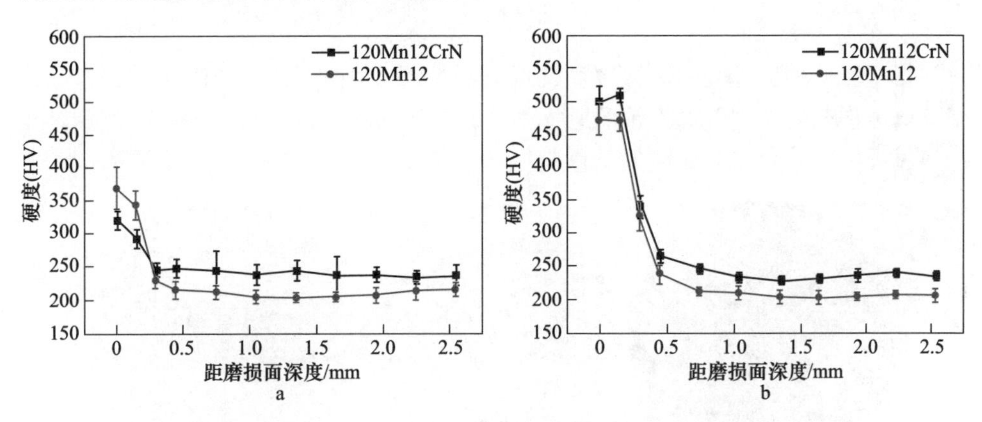

图 1-2-11　两种高锰钢经不同载荷下磨损 150min 后的截面硬度分布

a—500N；b—1500N

为了解两种钢在不同磨损载荷作用下磨损表面硬度的演变情况，对不同磨损载荷经历不同磨损时间后试样表面的硬度进行了测试，结果如图 1-2-12 所示。当磨损载荷为 500N 时，两种钢在前 90min 的硬度变化幅度较大，当磨损时间大于 90min 后，硬度变化趋于平缓。提高磨损载荷至 1000N 时，120Mn12CrN 钢的硬化速率明显提高，而 120Mn12 钢在前 90min 的磨损时间内其硬化速率较载荷为

500N时并没有太大变化，当磨损时间大于90min后，硬化速率相对有所增大，但两种钢均没有出现硬度缓慢上升的现象。当磨损载荷为1500N时，120Mn12CrN钢在磨损前60min的硬度变化幅度进一步增大，60min后硬度变化趋于平缓，而120Mn12钢在前120min的硬度变化趋势与载荷为1000N时相似，之后硬度的变化速率有所下降。由以上两种钢表面硬度的变化趋势可以看出，120Mn12CrN钢磨损表面硬度随磨损载荷的变化较120Mn12钢更加敏感，并且可以在高磨损载荷作用下实现快速硬化。

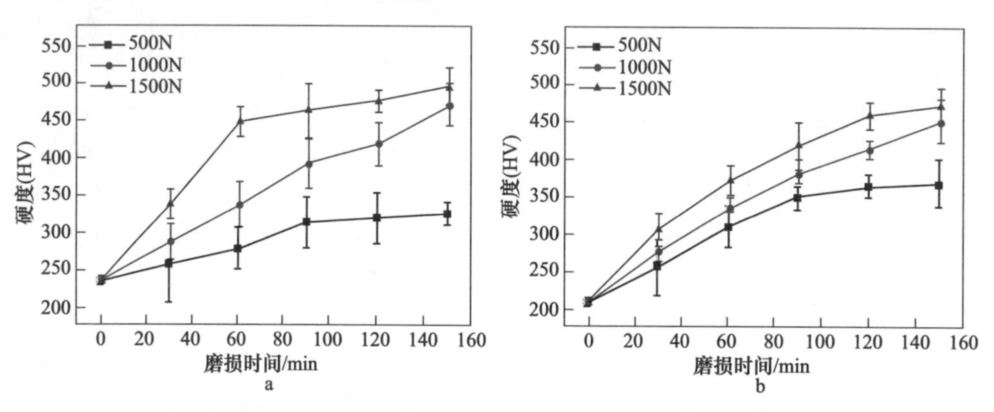

图1-2-12　高锰钢经不同载荷磨损不同时间后表面的硬度变化规律

a—120Mn12CrN钢；b—120Mn12钢

根据摩擦磨损过程中试样表面的温升与磨损表面的XRD图谱相结合，分析了不同磨损载荷作用下高锰钢的磨损程度，结果如图1-2-13和图1-2-14所示。在加热过程中，钢表面氧化膜的颜色变化与试样表面温度存在一定关联关系。

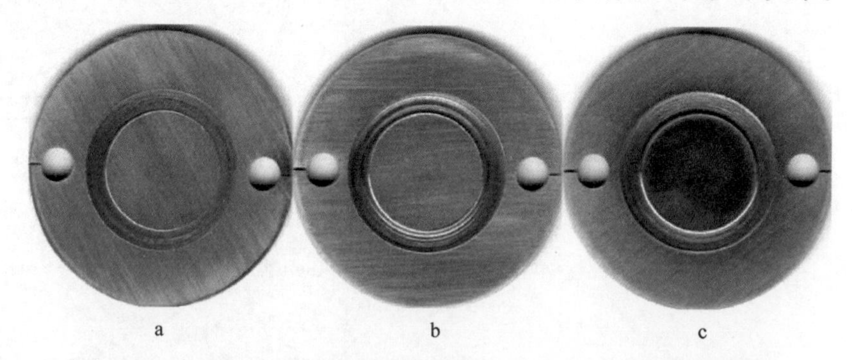

图1-2-13　120Mn12CrN钢在不同载荷下磨损150min后试样宏观形貌

a—500N；b—1000N；c—1500N

由图1-2-13可知，随着磨损载荷的增大，试样表面的温度逐渐升高，当磨损载荷为500N时，120Mn12CrN钢表面的颜色基本没有改变，因此在磨损过程中，其试样表面温度要小于 200℃。当磨损载荷增大到 1000N 时，试样表面的颜色发生变化，氧化膜的颜色呈现浅黄色，这种氧化膜颜色对应磨损过程中最高温度 200℃。当磨损载荷为 1500N 时，试样表面氧化膜的颜色呈深黄色，对应磨损过程中最高温度 240℃。由图 1-2-14 中 120Mn12CrN 钢在不同磨损载荷作用下试样磨损表面的 XRD 图谱可知，在磨损过程中，试样表面仅产生了少量的 FeO 和 Fe_2O_3，没有产生碳化物。图 1-2-13 和图 1-2-14 所示的结果说明，在选定的三个磨损载荷作用下，高锰钢表面并没有产生严重的氧化现象。

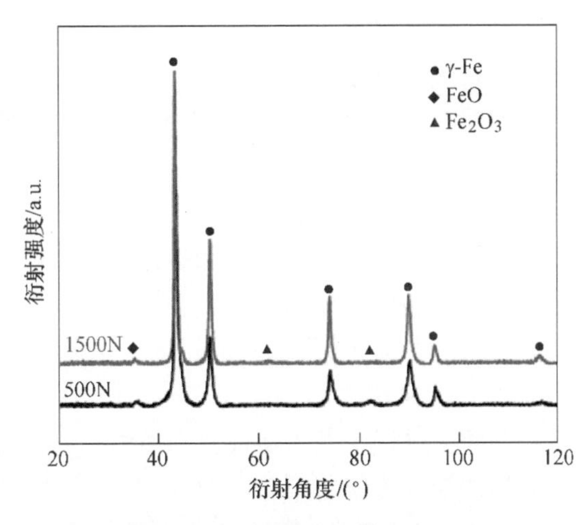

图 1-2-14　120Mn12CrN 钢在 500N 和 1500N 载荷下磨损 150min 后磨损表面的 XRD 图谱

为进一步了解两种高锰钢在不同载荷作用下的磨损机理，对磨损 150min 后试样的表面磨损形貌进行了观察。从图 1-2-15 可以看出，当磨损载荷为 500N 时，120Mn12CrN 钢的表面非常平滑，没有明显的磨损破坏，只有磨屑堆积产生

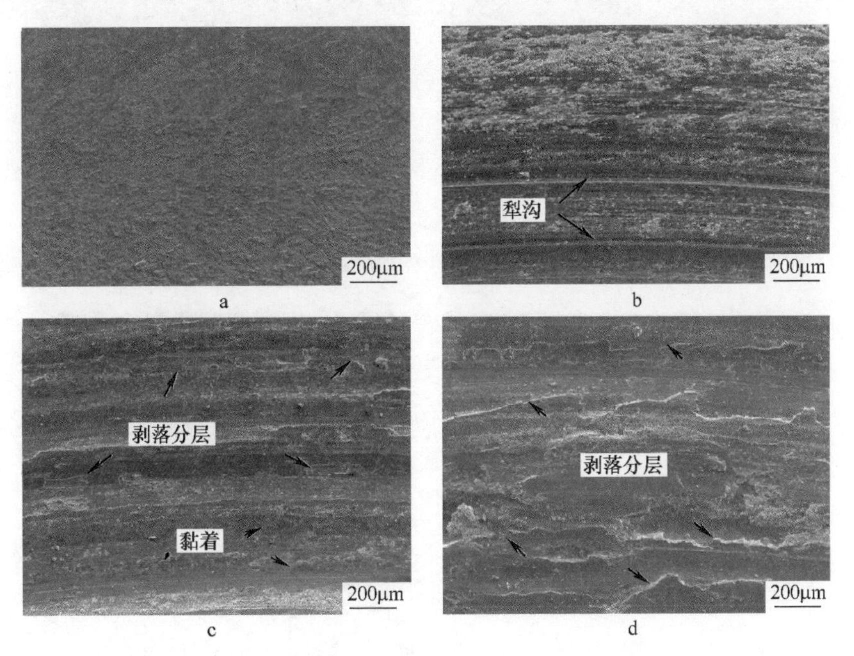

图 1-2-15　高锰钢在不同载荷下磨损 150min 后试样表面的 SEM 组织

a—120Mn12CrN 钢，500N；b—120Mn12 钢，500N；c—120Mn12CrN 钢，1500N；d—120Mn12 钢，1500N

的突起和少量的划痕；而120Mn12钢的磨损表面出现了明显的犁沟形貌和堆积的磨屑，发生磨粒磨损，这也在一定程度上反映了在该磨损载荷作用下120Mn12钢的表面塑性变形程度大于120Mn12CrN钢。磨损载荷提高至1000N时，试样表面的塑性变形程度明显加剧，120Mn12CrN钢的磨损表面出现了大量犁沟，并在局部区域产生了少量的剥落，而120Mn12钢表面的犁沟宽度增大，并在犁沟的两侧产生了较为严重的粘连和剥落分层，磨损载荷的增大加剧了磨损表面的塑性变形，并导致磨损机理的改变。磨损载荷进一步增大至1500N时，两种钢中均出现了严重的剥落分层，磨损机理变为黏着磨损，但是从剥落坑的尺寸看，120Mn12CrN钢明显小于120Mn12钢，表现出更好的耐磨性能。犁沟和剥落形貌是材料在磨损过程中发生塑性变形而引起的，通过对比磨损形貌不难发现，在三个不同的磨损载荷作用下，120Mn12CrN钢表面的塑性变形程度均小于120Mn12钢，这与表1-2-4中高锰钢磨面两侧塑性变形区宽度的结果是一致的。由此可见，当磨损载荷由小到大变化时，高锰钢的滑动摩擦机理由摩擦磨损逐渐变为黏着磨损，这也是造成高锰钢在高载荷作用下磨损表面粗糙度增大的原因。

图1-2-16给出了两种钢在载荷为1500N时磨损不同时间后磨损表面的金相组织，随着磨损时间的延长，两种高锰钢磨损表面的变形带数量逐渐增多，且奥氏体晶粒中变形带的分布逐渐均匀。但120Mn12CrN钢中变形带的数量多于

图1-2-16 高锰钢经1500N载荷下磨损不同时间后的表面金相组织

a—120Mn12CrN钢，30min；b—120Mn12钢，30min；c—120Mn12CrN钢，150min；d—120Mn12钢，150min

120Mn12 钢，尤其是当磨损时间大于 30min 时，这一结果也说明当磨损载荷为 1500N 时，120Mn12CrN 钢磨损表面的硬度随磨损载荷的升高幅度均大于 120Mn12 钢，即 120Mn12CrN 钢在高载荷下的加工硬化能力较高。

两种钢在不同载荷下磨损 150min 后亚表层的金相和相应的 EBSD 组织，如图 1-2-17 所示。随着磨损载荷的增大，高锰钢中变形带的深度逐渐增大。当磨损载荷为 500N 时，120Mn12CrN 钢中具有明显变形带的深度为 88μm，远小于 120Mn12 钢的 145μm。由相对应的 EBSD 图片可以看出，高锰钢经磨损后表现出的变形带就是形变孪晶。当磨损载荷为 1000N 和 1500N 时，120Mn12CrN 钢中的孪晶深度分别增加 69%和 126%，而 120Mn12 钢中的孪晶深度却只增加了 21%和 23%。由此可见，随着磨损载荷的增大，虽然 120Mn12CrN 钢中的塑性变形程度小于 120Mn12 钢，然而，其形变孪晶形成的能力却大于 120Mn12 钢。

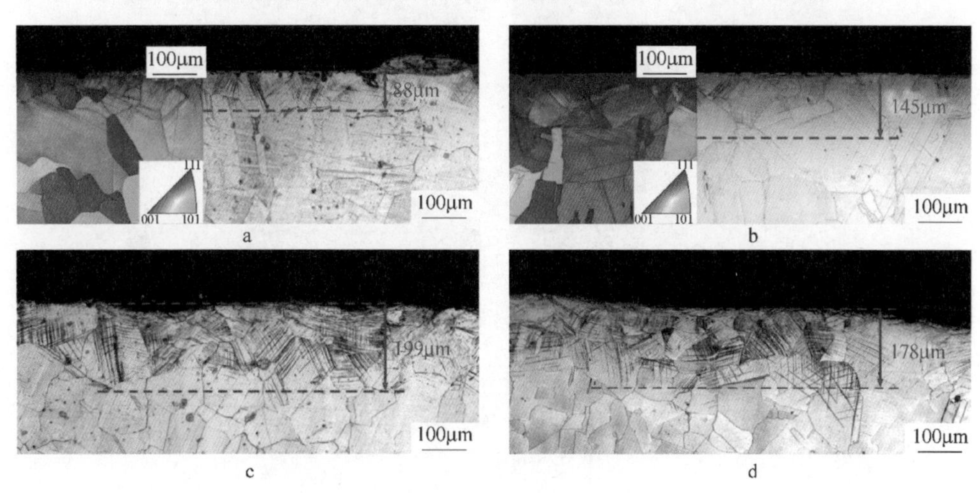

图 1-2-17　高锰钢在不同载荷下磨损 150min 后的截面金相及 EBSD 组织

a—120Mn12CrN 钢，500N；b—120Mn12 钢，500N；c—120Mn12CrN 钢，1500N；
d—120Mn12 钢，1500N

两种钢在不同载荷下磨损 120min 后磨损表面的 TEM 组织如图 1-2-18 所示，钢中均存在大量的缠结位错和形变孪晶，并且随着磨损载荷的增大，它们的孪晶层片厚度逐渐减小，孪晶密度逐渐增大。对 30 个随机观察到的 TEM 组织的孪晶密度进行统计，并计算平均孪晶密度，结果如表 1-2-5 所示。

表 1-2-5　两种高锰钢在不同载荷下磨损 120min 后磨损表面的平均孪晶密度

（m^{-1}）

钢种	载荷/N		
	500	1000	1500
120Mn12CrN	0.48×10^{7}	0.87×10^{7}	1.28×10^{7}
120Mn12	0.51×10^{7}	0.72×10^{7}	1.04×10^{7}

图 1-2-18　两种高锰钢在不同载荷下磨损 120min 后磨损表面的 TEM 组织
a—120Mn12CrN 钢，500N；b—120Mn12 钢，500N；c—120Mn12CrN 钢，1500N；
d—120Mn12 钢，1500N

当磨损载荷为 500N 时，两种钢中孪晶密度相差不大，均为 $0.5\times10^{7}m^{-1}$ 左右，当磨损载荷增大至 1000N 时，120Mn12CrN 钢的孪晶密度增大至 $0.87\times10^{7}m^{-1}$，增大幅度为 81%，而 120Mn12 钢的孪晶密度增大至 $0.72\times10^{7}m^{-1}$，增大幅度仅有 41%，远小于 120Mn12CrN 钢。当磨损载荷进一步增大至 1500N 时，120Mn12CrN 钢的孪晶密度较磨损载荷为 500N 时增大了 167%，而 120Mn12 钢仅增大了 104%。从孪晶密度的统计结果看，120Mn12CrN 钢中孪晶的产生对于磨损载荷的变化更加敏感，这对于提高高锰钢的耐磨性无疑是有利的。

磨损性能的好坏与钢的表面硬度有直接联系，对于高锰钢而言，由于其初始强度较低，磨损过程中高锰钢表层的加工硬化对其磨损性能有决定性作用。因此，高锰钢优异的磨损性能只有在较高的载荷作用下才能突显出来，然而，高锰钢合金化和预处理工艺的不同又会导致其加工硬化特性发生改变并影响其磨损行为。就本研究所涉及的两种高锰钢而言，在低磨损载荷 500N 作用下，120Mn12 钢的初始硬度较小，磨损初期很容易发生塑性变形，其孪晶层深度达到 145μm，如图 1-2-17b 所示。对于 C+N 合金化 120Mn12CrN 高锰钢而言，由铬、氮引起的固溶强化效应导致其初始强度较高，低的磨损载荷所引发的塑性变形程度小于 120Mn12 钢，图 1-2-17a 中更浅的孪晶层深度以及图 1-2-10a 中更窄的塑性变形区也证明了这一点，因此，其表面硬度变化较小。从表面硬度提升的速率来看，两种钢在磨损作用前 90min 的硬度提升较快，同时累计磨损失重量也增加较快，这一过程为磨损的第一阶段，即动态磨损阶段。当磨损时间大于 90min 后，钢的表面硬度趋于稳定，磨损失重的增加也趋于平稳，这一过程为磨损的第二阶段，即稳定磨损阶段。

当进一步增大磨损载荷至 1500N 时，120Mn12CrN 钢的孪晶层深度增大至 199μm，但是其累计磨损量和磨损深度较 1000N 时变化不大。对于 120Mn12 钢而言，孪晶层深度基本没有发生变化，而累计磨损量和磨损深度却大幅增加。从图 1-2-16 中给出的两种钢在载荷为 1500N 时经不同磨损时间后表面组织的变化可以看出，在磨损时间为 30min 时，120Mn12CrN 钢磨损表面已经产生了大量的形变孪晶，而 120Mn12 钢中只有在部分晶粒中产生了少量形变孪晶，并且，随着磨损时间的延长，120Mn12CrN 钢中的形变孪晶密度始终大于 120Mn12 钢，孪晶密度的快速增加会加速高锰钢的硬化过程。结合它们在该磨损载荷下的加工硬化情况，可以发现，120Mn12CrN 钢的表面硬度在磨损前 60min 快速增大，但是其累计磨损量却没有明显增大。这是因为，即使在高的磨损载荷作用下，120Mn12CrN 钢初期强度高的优势仍然没有使其产生过大的塑性变形，见表 1-2-4，其初始磨损破坏相对较小，但是更大的孪生倾向加上高的磨损载荷提高了 120Mn12CrN 钢的表面硬度和硬化层深度，这种情况下，试样表层的硬度会快速升高，硬度的升高又会进一步提高试样表面的耐磨性，因此，120Mn12CrN 钢经历了 60min 的动态磨损过程后便快速进入稳定磨损阶段，而 120Mn12 钢经过 120min 才逐渐进入稳定磨损阶段。依据黏着磨损机理，磨损过程中的塑性变形是导致材料磨损性能恶化的主要原因，而钢的强度直接影响其塑性变形程度，因此，在高磨损载荷条件下，120Mn12CrN 钢在磨损初期的快速硬化是导致其磨损性能优异的直接原因。

从两种钢在不同磨损载荷作用 120min 后试样磨损表面的微观组织来看，孪晶密度随磨损载荷的变化规律与试样磨损表面的硬度以及耐磨性随磨损载荷的变化规律是一致的。对于 TWIP 钢而言，形变孪晶对于提高材料的强塑性能具有非常重要的作用，基体位错滑移面和滑移方向与孪晶面的取向关系决定了孪晶对钢具有硬化（强度）和软化（塑性）两种作用。在低磨损载荷 500N 下，120Mn12CrN 钢的孪晶密度略小于 120Mn12 钢，但 120Mn12CrN 钢中更多的固溶原子增强了高锰钢中的固溶强化以及 DSA 效应，因此，在该载荷条件下，两种钢的耐磨性也没有表现出明显差异，但是随着磨损载荷的增大，120Mn12CrN 钢中的孪晶密度快速升高并超过 120Mn12 钢，120Mn12CrN 钢的表面硬度也快速升高，从而表现出更好的耐磨性。

综上可以看出，由于初始强度和加工硬化能力的差异，120Mn12CrN 钢在不同的磨损载荷和不同的磨损时间下，表现出了不同于 120Mn12 钢的加工硬化特性和磨损行为。在低磨损载荷 500N 条件下，由于初始强度较高，塑性变形程度低，120Mn12CrN 钢并没有获得很大的表面硬度和硬化层深度，但是其磨损行为却与 120Mn12 钢相似，经过 90min 的动态磨损阶段后进入稳定磨损阶段，且两者的累计磨损量也相差不多。提高磨损载荷至 1000N 时，高锰钢的塑性变形程度和硬化速率均增大，但是由于表面硬度和磨损载荷很难达到一种平衡状态，这两种钢在磨损载荷作用的 150min 内均处于动态磨损阶段，造成磨损表面的快速流失。当磨损载荷为 1500N 时，大的塑性变形和高的加工硬化能力使 120Mn12CrN 钢磨损表面的硬度快速提高，并在磨损载荷作用 60min 后进入稳定磨损阶段，而 120Mn12 钢则经历了长达 120min 的动态磨损阶段才进入稳定磨损阶段。动态磨损阶段的大幅缩短使 120Mn12CrN 钢在磨损载荷为 1500N 下表现出更优异的耐磨性。由以上结果也可以看出，磨损载荷和磨损时间的选择对于评价材料的磨损性能有非常大的影响。

2.3 疲劳性能

研究 C+N 合金化高锰钢和普通高锰钢的循环变形疲劳性能，通过对比它们在不同总应变幅下的组织特征、循环变形行为和疲劳寿命，研究 C+N 合金化处理对高锰钢疲劳性能和循环变形机理的影响。

两种钢在不同总应变幅下峰值循环拉应力随循环周次以及循环周次比失效寿命的变化曲线，如图 1-2-19 所示。随着总应变幅的增大，它们的峰值拉应力不断提高，循环寿命不断缩短。当总应变幅 $0.4\% \leqslant \varepsilon_t/2 \leqslant 0.6\%$ 时，循环变形行为均表现为首先发生循环硬化，当循环应力达到一定数值后，发生循环软化并进入循环稳定阶段，之后发生断裂失效。

当总应变幅 $0.8\% \leqslant \varepsilon_t/2 \leqslant 1.0\%$ 时，发生循环硬化后又经历循环软化直至断裂。在循环变形行为变化趋势上，两种钢是一致的，然而，在各个总应变幅下，120Mn12CrN 钢发生循环变形时的瞬时循环应力大于 120Mn12 钢，而最大循环应力和达到最大循环应力的周次却小于 120Mn12 钢，如表 1-2-6 所示。从不同总应变幅下的循环寿命看，120Mn12CrN 钢的疲劳寿命均要高于 120Mn12 钢，尤其是在总应变幅不小于 0.6% 时，120Mn12CrN 钢的疲劳寿命要远高于 120Mn12 钢。从宏观性能来看，120Mn12CrN 钢的强塑性均大于 120Mn12 钢，根据强度和塑性性能对疲劳寿命的决定作用，120Mn12CrN 钢无论在低应变幅还是在高应变幅下，疲劳寿命均大于 120Mn12 钢是必然的。

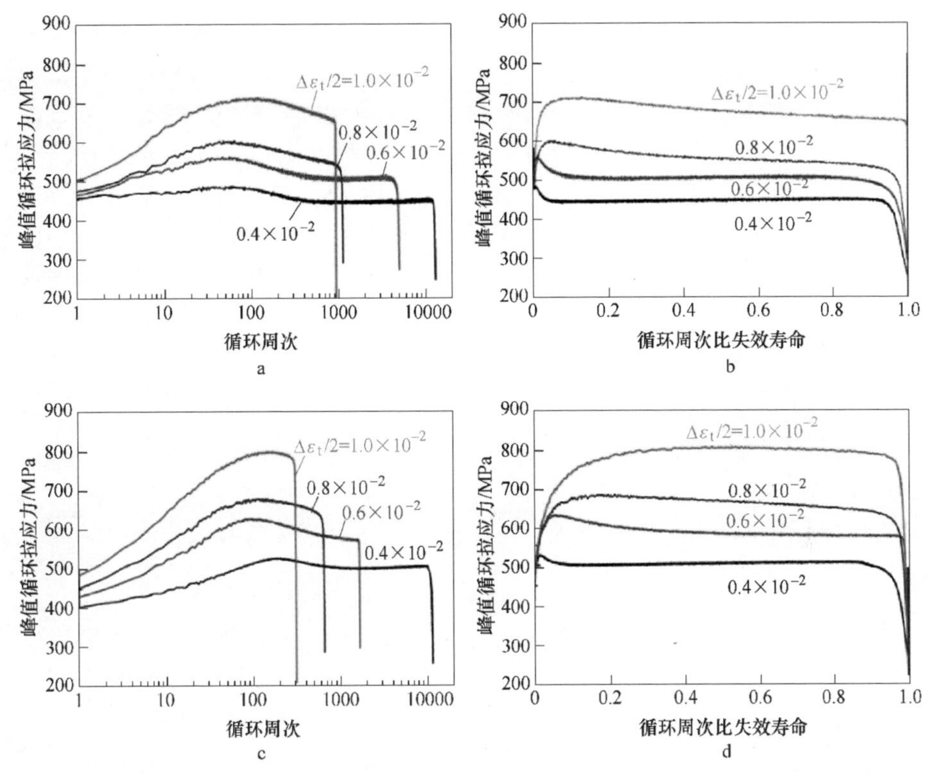

图 1-2-19　高锰钢峰值循环拉应力与不同疲劳参数之间的关系

a—120Mn12CrN 钢，峰值循环拉应力-循环周次；b—120Mn12CrN 钢，峰值循环拉应力-循环周次比失效寿命；c—120Mn12 钢，峰值循环拉应力-循环周次；d—120Mn12 钢，峰值循环拉应力-循环周次比失效寿命

表 1-2-6　两种高锰钢疲劳参数

总应变幅/%	120Mn12CrN 钢				120Mn12 钢			
	瞬时循环拉应力/MPa	最大循环拉应力/MPa	达到最大循环应力的周次/周次	疲劳寿命/周次	瞬时循环拉应力/MPa	最大循环拉应力/MPa	达到最大循环应力的周次/周次	疲劳寿命/周次
0.4	452	485	57	12864	403	526	183	11388
0.6	460	558	58	4978	430	627	115	1666
0.8	468	598	64	1120	452	678	120	654
1.0	496	709	118	926	484	798	142	311

两种钢的应变幅-疲劳寿命曲线，如图 1-2-20 所示，随着总应变幅的减小，钢的弹性应变幅和塑性应变幅均逐渐降低，但塑性应变幅的变化幅度明显大于弹性应变幅。应变幅-疲劳寿命曲线中，弹性应变幅随应力反向次数变化曲线与塑性应变幅随应力反向次数变化曲线的交点对应的寿命称为过渡寿命。交点左侧所对应的总应变幅中，塑性应变幅在循环加载时占主导地位，而在交点右侧，弹性应变幅占主导地位。对于 120Mn12CrN 钢，当总应变幅在 0.6%及以上时，塑性

应变幅占主导地位，而当总应变幅为0.4%时，塑性应变幅与弹性应变幅几乎处于同一水平。而对于120Mn12钢，当总应变幅介于0.8%和1.0%之间时，塑性应变幅占主导地位，总应变幅为0.6%时，塑性应变幅与弹性应变幅相当，而当总应变幅为0.4%时，弹性应变幅占主导地位。也就是说，在相同的总应变幅下，120Mn12CrN钢的塑性应变幅要大于120Mn12钢，在相同的试验条件下，120Mn12CrN钢似乎更多地处于低周疲劳的试验范畴内，然而，120Mn12CrN钢的疲劳寿命却比120Mn12钢长。它们在循环载荷作用下不同的组织演变导致的弹塑性应变幅的差异，或许是造成其疲劳行为和疲劳寿命不同的直接原因，这一部分将在下文中结合组织特征进行分析。

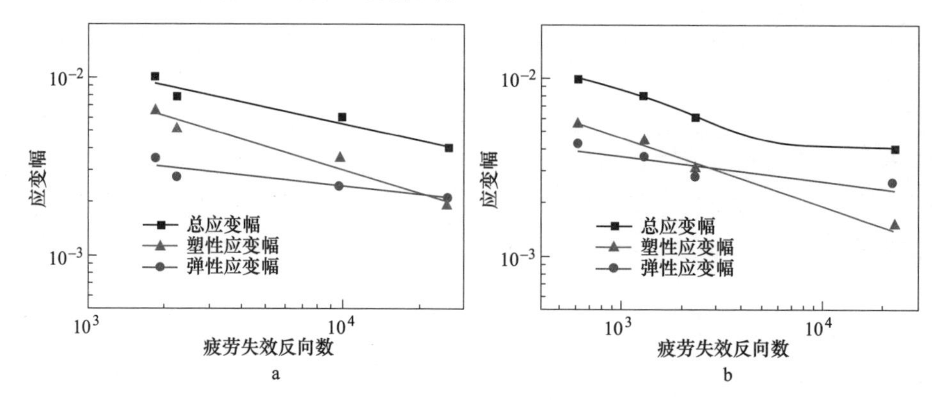

图1-2-20　高锰钢的应变幅和疲劳寿命关系

a—120Mn12CrN钢；b—120Mn12钢

两种钢在不同总应变幅下计算得到的循环硬化率和循环软化率，如图1-2-21所示，随着总应变幅的增大，循环硬化率逐渐增大，而循环软化率则呈现出降低的趋势。对比它们在相同总应变幅下的循环硬化率和循环软化率发现，120Mn12CrN钢的循环硬化率远小于120Mn12钢，而循环软化率稍大于120Mn12钢。当将同一种钢的循环硬化率和循环软化率随总应变幅的变化规律拟合成一条线性直线时，随着总应变幅的增大，120Mn12CrN钢的循环硬化率和循环软化率有与120Mn12钢不断

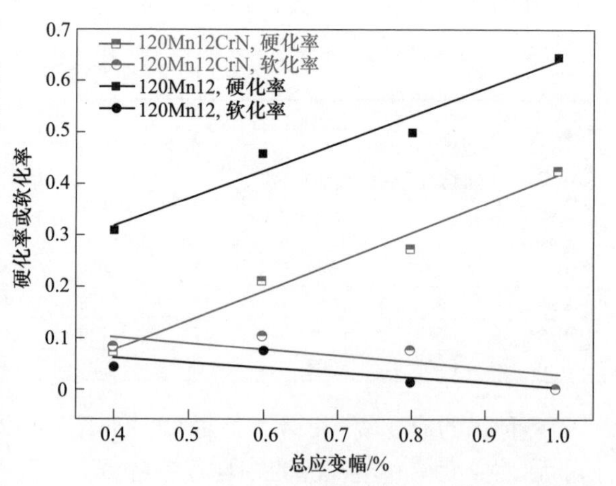

图1-2-21　高锰钢的循环硬化率和软化率随总应变幅的变化规律

接近的趋势。它们的循环硬化率和循环软化率之间的差异说明，在其奥氏体晶粒尺寸相差不大的前提下，循环变形过程中它们的微观组织演变是不同的，并且随着总应变幅的增大，其组织差异有减小的趋势。

两种钢疲劳试样的金相组织，如图 1-2-22 所示，高锰钢晶粒内部出现了大量的变形带，在较低的总应变幅下，晶粒内部以单向变形带为主，部分晶粒内部甚至没有形成明显的变形带。随着总应变幅的增大，晶粒内部的变形带出现交叉，变形带的密度也明显增大。基于多个不同视场下的金相组织，统计了变形带间距的平均值，结果如表 1-2-7 所示，在所选取的几个总应变幅下，120Mn12CrN 钢中变形带间距的平均值都大于 120Mn12 钢，也就是说，在相同的总应变幅下，120Mn12CrN 钢中变形带的密度要大于 120Mn12 钢，这一结果与 120Mn12CrN 钢在循环变形过程中表现出的最大循环应力小于 120Mn12 钢是一致的。不同总应变幅下两种钢变形带密度的差异是基体中微观精细组织的宏观表现，利用透射电子显微镜对不同总应变幅下钢的微观组织进行了观察分析，可以获得更多的信息。

图 1-2-22 高锰钢在不同总应变幅下循环变形疲劳失效后的金相组织

a—120Mn12CrN 钢，总应变幅 0.4%；b—120Mn12 钢，总应变幅 0.4%；
c—120Mn12CrN 钢，总应变幅 0.8%；d—120Mn12 钢，总应变幅 0.8%

表 1-2-7 不同总应变幅下高锰钢中变形带的平均间距 (μm)

钢种	总应变幅/%		
	0.4	0.6	0.8
120Mn12CrN	4.21	1.53	0.71
120Mn12	3.08	0.89	0.37

利用TEM对循环变形疲劳测试后120Mn12CrN钢的微观组织进行了深入分析，结果如图1-2-23所示。在0.4%低总应变幅下，120Mn12CrN钢的组织以平面滑移型位错为主，存在着富位错和贫位错条带，这些条带一直延伸到奥氏体晶界上，除此之外，还观察到位错束、位错阵列、滑移带交叉等典型的平面滑移位错组态。当总应变幅提高至0.6%时，120Mn12CrN钢中除了单向的平面位错条带外，滑移带交叉的现象明显增多，位错交叉滑移的行为不断加剧，局部区域还出现了位错缠结以及大量的层错，这些微观组织说明，位错的滑移方式变为平面滑移和波状滑移相混合的滑移方式。当总应变幅为0.8%时，虽然奥氏体基体中还存在部分平面滑移位错组态，但是，波状滑移型位错已经成为主要的位错组态，位错相互作用形成位错胞状结构，波状滑移成为120Mn12CrN钢在这个总应变幅下主要的滑移方式，与此同时，在该应变幅下，还观察到单向或交叉孪晶的存在，并且在孪晶之间的基体上也形成了迷宫型位错结构。在循环变形过程中，钢中位错的滑移类型以及形变孪晶的产生受到多个因素的影响，而这些微观组织状态又会直接影响钢的循环变形行为。

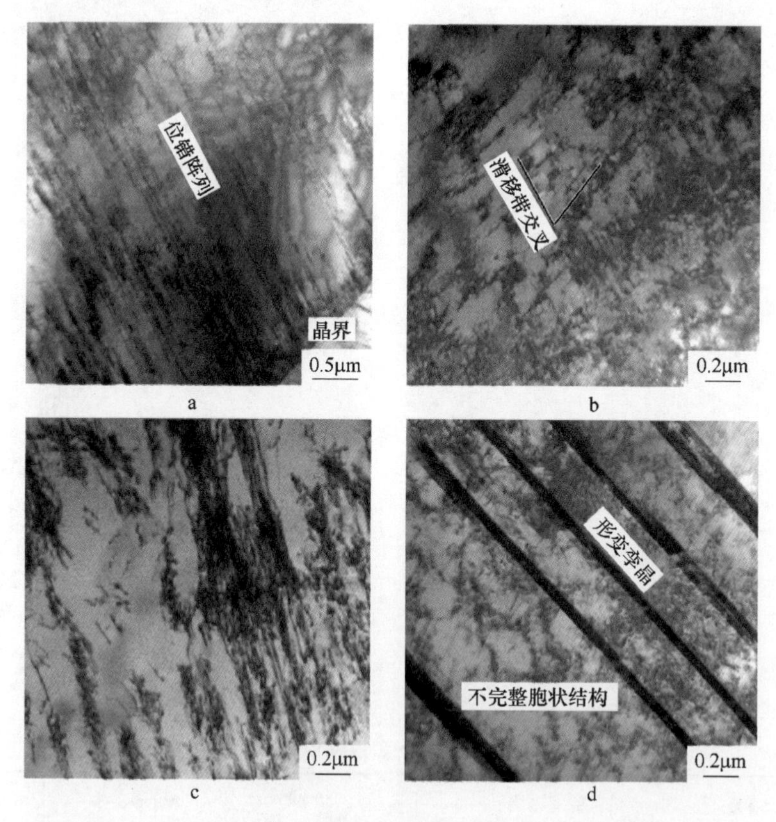

图1-2-23　120Mn12CrN钢在不同总应变幅下断裂后标距内的TEM组织

a—0.4%；b—0.6%；c，d—0.8%

普通高锰钢在循环变形过程中，位错的滑移方式通常以波状滑移进行。在以应变为控制方式的循环变形疲劳试验中，普通高锰钢即使在应变幅为 0.4%时，其位错的滑移方式也为波状滑移。120Mn12CrN 钢是在 120Mn12 钢基础上添加了氮和铬，而晶粒尺寸的差别在本研究中是可以忽略的，因此，循环变形中，120Mn12CrN 钢表现出完全不同的微观组织特征可以确定是由合金化引起的，也就是说，在中低总应变幅下，合金化抑制了 120Mn12CrN 钢中位错的交滑移行为。

钢中影响位错滑移方式的因素包括层错能（SFE）、原子对短程有序结构（SRO）、动态应变时效效应（DSA）等。一般而言，在低层错能金属材料中，相对较宽的层错宽度不利于交滑移的进行，从而使得位错的平面滑移占主导。氮元素被认为可以降低奥氏体锰钢中的层错能，铬也是降低层错能的合金元素，根据热力学计算两种钢的层错能可得，室温 20℃ 条件下，普通高锰钢的层错能为 $26.3mJ/m^2$，120Mn12CrN 钢的层错能为 $21.7mJ/m^2$。因此，120Mn12CrN 钢中较低的层错能是促进高锰钢平面滑移特性的一个有利因素。

原子对短程有序结构被认为是促进平面滑移的另一个因素。在面心立方金属中，短程有序“软化”了滑移面，是促进位错平面滑移的主要因素。当第一个位错滑过滑移面时，短程有序结构遭到破坏，这一过程需要更高的应力，但当随后的位错滑过该滑移面时，几乎不会使局部短程有序进一步降低，因此位错滑移需要的应力则降低很多，并将位错滑移限制到该滑移面上，促进平面滑移倾向。在 Fe-Mn-Cr-N 或 Fe-Ni-Cr-N 体系钢中，Cr-N 短程有序结构已经通过多种试验现象得以证实。120Mn12CrN 钢在成分设计时便考虑了 C+N 合金化可能引起的铬和氮短程有序结构对高锰钢组织及性能的影响，因此，在 120Mn12CrN 钢中，这种短程有序结构对于位错平面滑移也是有促进作用的。

动态应变时效效应是位错在运动过程中与固溶原子之间相互作用引起的，为保持施加到试样中的应变速率，必须提高流变应力从而使位错摆脱钉扎原子或进一步产生位错，滞后回线中的锯齿形状是变形过程中 DSA 效应的宏观表现。

两种钢的滞后回线以及局部区域的放大曲线显示了明显的锯齿形态，如图 1-2-24所示，这证明了在循环变形过程中高锰钢中 DSA 效应的存在。在 DSA 效应中，溶质原子对位错的钉扎和拖曳作用，使位错难以改变滑移面进行交滑移，因此，促进了位错的平面滑移特性。但是，它们都表现出很明显的 DSA 效应，尤其是在半寿命处的滞后回线中，它们的锯齿形貌并没有显著差别，因此，低的层错能、Cr-N 短程有序结构是造成 120Mn12CrN 钢表现出特殊平面滑移特性的主要原因。

在普通高锰钢中，由于其层错能较高，在循环变形过程中只观察到波状滑移型位错结构。然而对于层错能较低的钢而言，位错滑移类型则会随着总应变幅或应力幅的增大而发生变化，120Mn12CrN 钢就在不同的总应变幅下表现出不同类型的滑移模式。

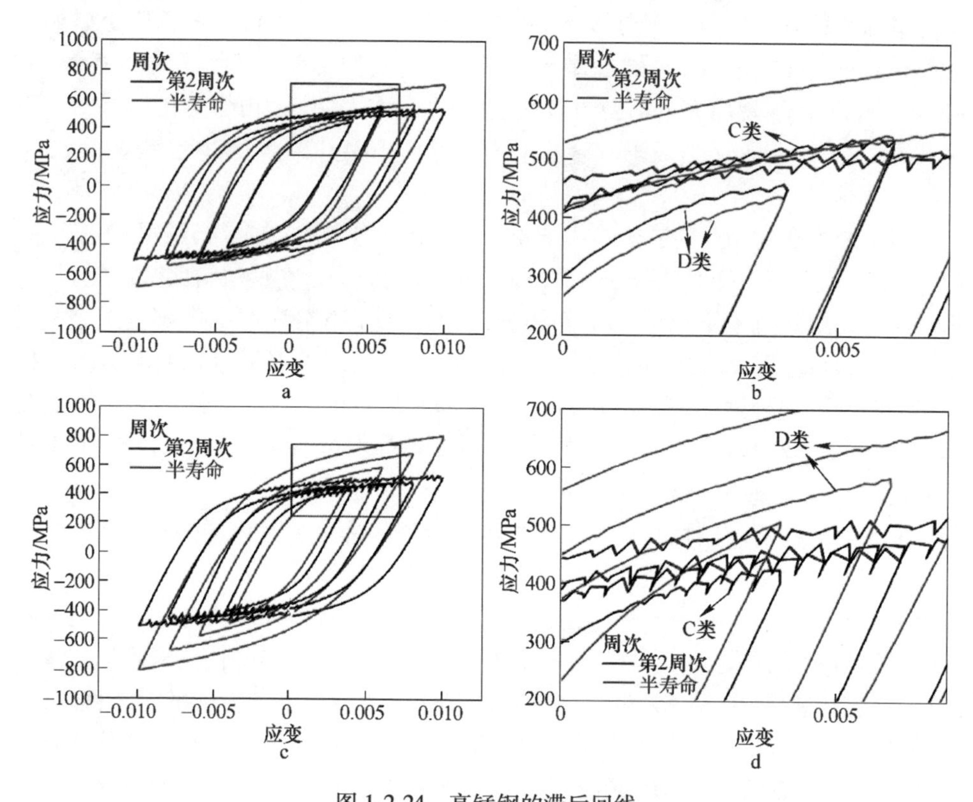

图 1-2-24　高锰钢的滞后回线

a—120Mn12CrN 钢；b—图 a 中蓝色方框内放大图；c—120Mn12 钢；d—图 c 中蓝色方框内放大图

螺位错的湮灭距离（y_s）决定了钢中交滑移的难易程度，低的螺位错湮灭距离使位错的交滑移更加困难，从而促进了平面滑移。螺位错的湮灭距离（y_s）可由下式计算得到：

$$y_s = \frac{Gb\sin\theta}{2\pi(\tau_0 - S\tau_a - \tau_i)} \tag{1-2-1}$$

式中　G——剪切模量，MPa；

b——柏氏矢量；

θ——初始滑移面与交滑移面的夹角，面心立方晶体取 70.5°；

τ_0——临界分切应力，MPa；

τ_a——施加的应力，MPa；

τ_i——内应力，MPa；

S——$(1\bar{1}1)[\bar{1}01]$ 位错与 $(11\bar{1})[\bar{1}01]$ 位错施密特因子的比值。

这里选取的几个总应变幅的循环变形条件下，G、b 和 τ_0 的变化可以忽略不计，因此，γ_s的数值由 τ_a和 τ_i决定。对高锰钢在不同总应变幅下的应力幅、内应力以及有效应力进行了计算，结果如图 1-2-25 所示。随着总应变幅的增大，120Mn12CrN 钢的应力幅和内应力均不断增大，即 τ_a和 τ_i的数值是不断增大的，

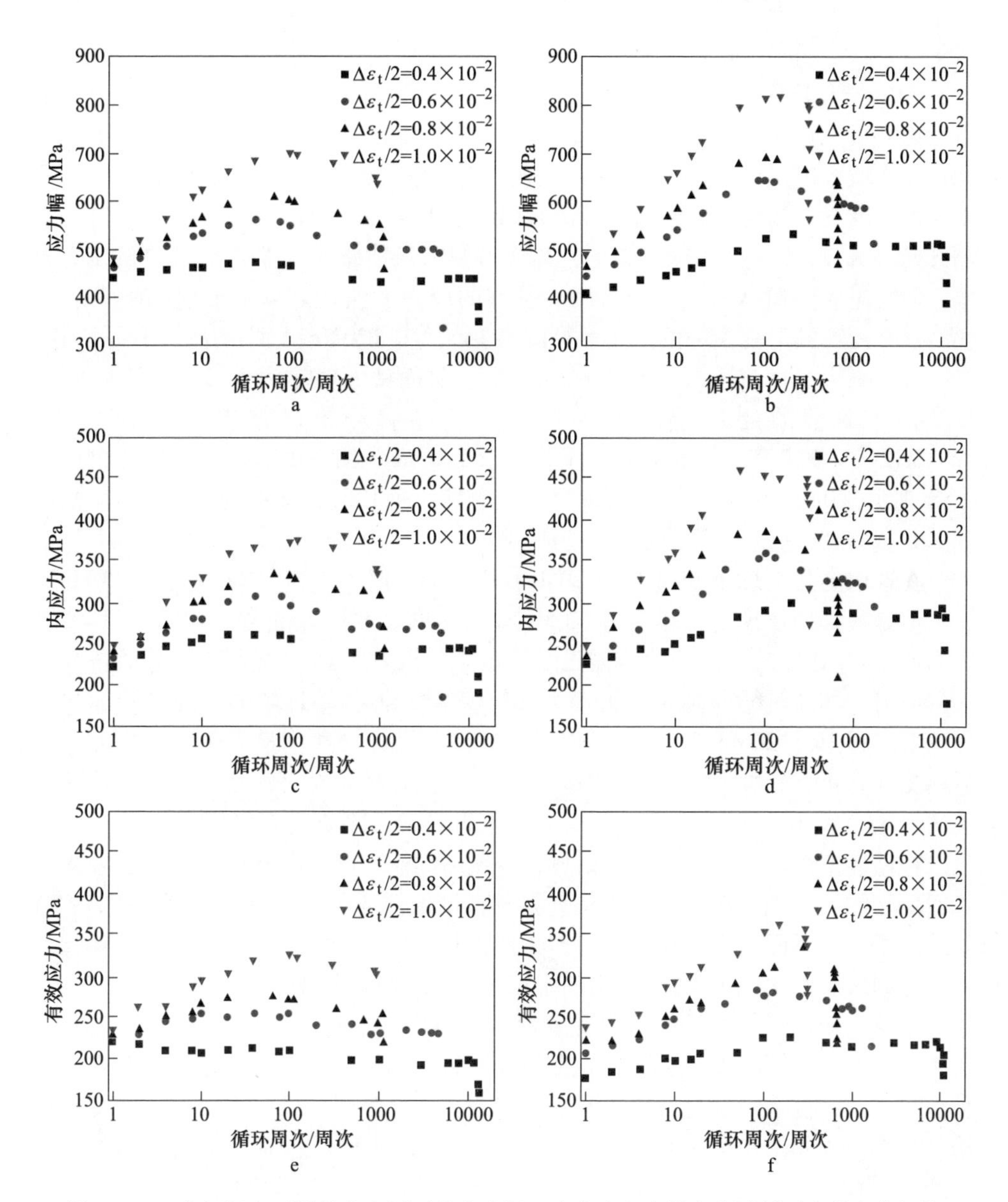

图 1-2-25　高锰钢在不同总应变幅下的应力幅、内应力和有效应力随循环次数变化规律

a，c，e—120Mn12CrN 钢；b，d，f—120Mn12 钢

因此，螺位错的湮灭距离不断增大，这种情况更有利于位错的波状滑移，因此在较高应变幅下，120Mn12CrN 钢的滑移方式开始向波状滑移转变。

在多晶体材料中，形变孪晶的形成存在一个临界应力（σ_T），其表达式如下：

$$\sigma_T = 6.14\frac{\gamma_{SF}}{b} \tag{1-2-2}$$

式中　γ_{SF}—— 层错能，mJ/m^2；

　　　b——柏氏矢量。

由此可见，高锰钢中孪晶形成的临界应力仅由层错能和柏氏矢量决定，因此，在本研究的试验条件下，不同总应变幅下孪晶形成的临界应力幅（σ_T）几乎不发生变化。当应变幅超过 120Mn12CrN 钢中孪晶形成的临界分切应力时，孪晶开始形成。在总应变幅 0.8%下，其应力幅已经能够满足孪晶形成的临界应力幅，而在总应变幅 $\Delta\varepsilon_t/2 \leqslant 0.6\%$时，施加的应力无法达到孪晶形成的临界应力幅，没有观察到形变孪晶的产生，见图 1-2-23。与 120Mn12 钢相比，铬和氮的加入一方面增大了面心立方结构的晶格常数，从而使 b 值增大，另一方面降低了 120Mn12CrN 钢的层错能，在相同的试验条件下，根据上述公式可得，120Mn12CrN 钢中孪晶形成的临界应力小于 120Mn12 钢，因此，当总应变幅达到 0.8%时，120Mn12CrN 中开始出现了形变孪晶，而 120Mn12 钢甚至当总应变幅达到 1.0%时都没有观察到形变孪晶的产生。

在选取的几个总应变幅下，120Mn12CrN 钢的瞬时循环拉应力大于 120Mn12 钢，但是最大循环拉应力却小于 120Mn12 钢，见表 1-2-6。首先，120Mn12CrN 钢经 C+N 合金处理后，由于固溶强化以及领先位错破坏 Cr-N 短程有序化时需要更大的应力，其瞬时循环拉应力大于 120Mn12 钢是很容易理解的，而在后续的循环变形过程中，120Mn12CrN 钢经历很短的循环周次便达到最大循环拉应力，之后便循环软化至断裂失效（$\Delta\varepsilon_t/2 \geqslant 0.8\%$）或循环软化至一稳定应力值直至断裂失效（$\Delta\varepsilon_t/2 \leqslant 0.6\%$），这一疲劳变形行为与 120Mn12 钢是不同的。

在循环塑性变形过程中，金属材料表现出的循环硬化和软化行为是由位错行为所决定的。首先，DSA 被认为是金属材料发生循环硬化行为的原因之一，DSA 效应除了在滞后回线中表现出锯齿形状外，其另外一个突出的特点是可以延长初始硬化周次。对比图 1-2-24 中第 2 周次滞后回线中两种钢的锯齿形状和表 1-2-6 中各个总应变幅下的初始硬化周次发现，在循环变形初期，120Mn12CrN 钢中的 DSA 效应被削弱了。这是因为，在变形初期铬、氮原子以短程有序结构存在，这种短程有序结构将限制自由溶质原子的偏聚，从而削弱位错与溶质原子的交互作用。其次，领先位错滑过 Cr-N 短程有序结构后，这种短程有序结构的完整程度受到一定破坏，当随后的位错再次滑过该区域时，其需要的应力会大幅降低。另外，120Mn12CrN 钢的平面滑移特性导致其在循环变形过程中位错以平面带状结构为主，这种位错结构减弱了位错间交互作用所引起的强化效应。从图 1-2-25 中

也可以看出，120Mn12CrN 钢中位错短程作用引起的有效应力以及位错长程运动作用所引起的内应力均小于 120Mn12 钢。位错平面滑移过程中较短的湮灭距离同时也加快了位错的回复，因此，Cr-N 短程有序、DSA 效应以及位错间交互作用的削弱，造成 120Mn12CrN 钢的最大循环拉应力和循环硬化率小于 120Mn12 钢，而循环软化率却大于 120Mn12 钢。

随着总应变幅的增大，Cr-N 短程有序结构的破坏程度增大，DSA 效应的削弱作用有所缓和，当总应变幅为 0.8%和 1.0%时，120Mn12CrN 钢起始循环周次滞后回线的锯齿形状与 120Mn12 钢接近，见图 1-2-24，加之位错形态逐渐由平面型位错到波状位错转变，120Mn12CrN 钢达到最大循环拉应力时所经历的周次与 120Mn12 钢更加接近，见表 1-2-6。在较高总应变幅下，位错形态的转变以及形变孪晶的产生也提高了 120Mn12CrN 钢的硬化能力，从而使其循环硬化率随着总应变幅的提高与 120Mn12 钢不断接近。

值得注意的是，在单向拉伸变形过程中，120Mn12CrN 钢的强度和塑性大于 120Mn12 钢，这与循环变形条件下 120Mn12CrN 钢的最大循环应力小于 120Mn12 钢是完全不同的。这是因为，虽然低应变下 120Mn12CrN 钢的组织特点不利于快速硬化，但是，随着应变的增加，120Mn12CrN 钢中短程有序结构遭到严重破坏，铬、氮原子得以偏聚到位错中心从而起到强化 DSA 效应的作用。同时，较低的层错能增大了 120Mn12CrN 钢形成形变孪晶的倾向，使 120Mn12CrN 钢在拉伸变形中获得了更加细小的孪晶尺寸和更高的孪晶密度。在相同的单向拉伸变形条件下，强化的 DSA 效应和高的孪晶密度同时提高了 120Mn12CrN 钢的强度和塑性性能。

在循环寿命方面，120Mn12CrN 钢在各个总应变幅下的循环寿命均大于 120Mn12 钢。一般而言，塑性应变幅的增大，可以促进位错的增殖和滑移，从而在高应变幅下获得更高的循环应力，但是这个过程也会加剧位错塞积缠结，导致局部应力集中而产生裂纹失效，从而缩短疲劳寿命。当施加相同的总应变幅时，120Mn12CrN 钢的塑性应变幅均大于 120Mn12 钢，但是最大应力幅却均小于 120Mn12 钢，疲劳寿命均高于 120Mn12 钢，造成这种现象的原因主要是由循环变形过程中组织演变所决定的。

在较低的总应变幅（$\Delta\varepsilon_t/2\leqslant0.6\%$）下，120Mn12CrN 钢中位错以平面滑移为主，相比于波状滑移型位错，平面滑移型位错增殖与运动的阻力小，循环变形抗力小，因此，更加有利于塑性变形的进行。同时，位错的平面滑移也增加了滑移的可逆性。而在较高总应变幅（$\Delta\varepsilon_t/2\geqslant0.8\%$）下，虽然 120Mn12CrN 钢中以波状型位错为主，但是其中也存在部分平面滑移型位错结构，这部分位错可以在一定程度上承担塑性应变。另外，在该总应变幅下，120Mn12CrN 钢中另外一个明显的组织特征就是形变孪晶，形变孪晶一方面与位错相互作用，减缓位错在界面的塞积，降低局部应力集中，另一方面，钢中形变孪晶的尺寸均在纳米级别，当这种尺寸的形变孪晶的长度方向与加载方向的夹角小于15°时，其微观区域的疲劳行为与加载历史无关，对于多晶体高锰钢而言，多取向奥氏体晶粒必将产生不同方向的形变孪晶，长度方向与加载方向夹角小于15°的这一部分形变孪晶大大减小了疲劳过程中的疲劳损伤积累。形变孪晶这两个方面的特性延长了120Mn12CrN钢在较高总应变幅下的疲劳寿命。因此，即使120Mn12CrN钢的塑性应变幅大于120Mn12钢，120Mn12CrN钢也可以获得更高的疲劳寿命。

经C+N强化高锰钢在循环变形下滑移类型发生明显改变，随着总应变幅的增大，位错滑移类型由平面滑移向波状滑移转变，并且在总应变幅为0.8%时，120Mn12CrN钢中开始产生形变孪晶。合金化及特殊的微观组织结构改变了120Mn12CrN钢的循环变形行为，并显著延长了疲劳寿命。

总的来说，根据以上C+N强化高锰钢的常规力学性能、耐磨性能、抗疲劳性能，可以看出，其各项性能指标均明显高于普通高锰钢，说明这种钢更适合于制造重载服役环境的铁路轨道用辙叉。

2.4　耐蚀性能

以120Mn13N高锰钢为研究对象，其具体化学成分（质量分数）是：C 1.25%，Mn 13.2%，N 0.05%，Si 0.55%，其余为铁和少量杂质。将铸态高锰钢随炉升温至1050℃，保温45min，然后进行水冷处理，得到水韧处理高锰钢。以水韧处理高锰钢为基础，利用轧制技术对其进行轧制变形，得到变形高锰钢。以水韧处理高锰钢为基础，对水韧处理高锰钢进行高速冲击处理，得到表面纳米晶化的纳米高锰钢。通过上述工艺制备三种具有不同晶粒尺寸和微观结构的C+N高锰钢，对比研究三种状态C+N高锰钢的耐腐蚀性能。

水韧处理高锰钢和变形高锰钢的金相组织照片，如图1-2-26所示，可以看到水韧处理高锰钢和变形高锰钢均为均匀单一的奥氏体组织，变形高锰钢表面的晶

a

b

图1-2-26　120Mn13N高锰钢金相组织照片

a—水韧高锰钢；b—变形高锰钢

粒得到细化，但晶粒尺寸仍然在微米级。图 1-2-27 为纳米高锰钢透射组织及表层晶粒尺寸分布图。由纳米高锰钢的明场像和衍射环可知，纳米高锰钢的表层仍然为奥氏体组织；由表层晶粒尺寸分布图可以看出晶粒尺寸从几纳米到几十纳米不等，平均晶粒尺寸为 20nm。

a

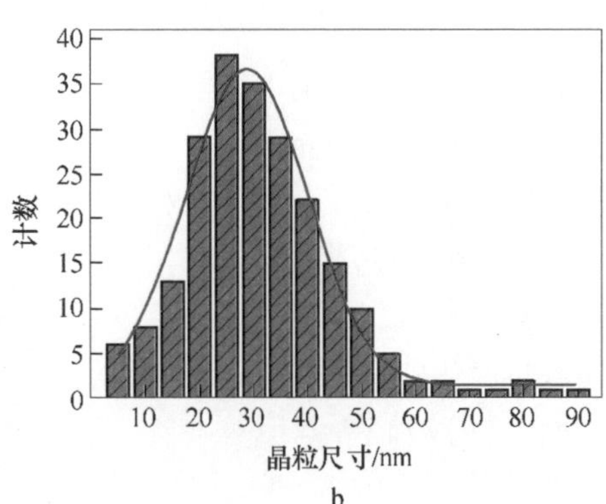

b

图 1-2-27　纳米晶 120Mn13N 高锰钢 TEM 组织（a）及其晶粒尺寸分布（b）

2.4.1　海水介质中耐蚀性能

三种状态高锰钢在海水介质中的极化曲线，如图 1-2-28 所示，通过 Tafel 直线外推法获得的电化学参数见表 1-2-8。在试验扫描范围内，三种状态高锰钢均处于活化状态，没有发生钝化，并且三种高锰钢的极化曲线形状、变化趋势相似，说明在海水中，三种状态高锰钢表面发生了相同的化学反应。纳米高锰钢的腐蚀电位相对于水韧处理高锰钢和变形高锰钢发生了正向移动。纳米高锰钢的腐蚀电位为-0.658V，而水韧处理高锰钢和变形高锰钢的腐蚀电位分别为-0.732V 和-0.794V，均小于纳米高锰钢的腐蚀电位。纳米高锰钢的腐蚀电流密度为 130μA/cm^2，水韧处理高锰钢和变形高锰钢的腐蚀电流密度分别为202μA/cm^{2}和154μA/cm^2，纳米高锰钢的腐蚀电流密度小于水韧处理高锰钢和变形高锰钢的腐蚀电流密度。腐蚀电流密度越小，腐蚀电位越正，钢的耐腐蚀性能越好。腐蚀电流密度是一个动力学上的参数，腐蚀电流密度越大腐蚀速率越大。但是，腐蚀电位仅是一个热力学上的参数，用来判断腐蚀的趋势和倾向，不能作为判定腐蚀速

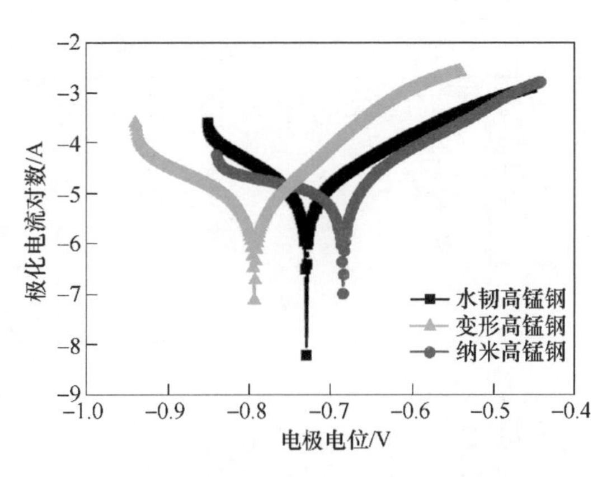

图 1-2-28　三种状态 120Mn13N 高锰钢在海水中的极化曲线

率的决定性因素。因此，在海水中纳米高锰钢的腐蚀速率最小，其耐蚀性较好。

表 1-2-8　三种状态高锰钢在海水中的极化曲线相对应的电化学参数

参数	水韧高锰钢	变形高锰钢	纳米高锰钢
腐蚀电位/V	-0.732	-0.794	-0.658
腐蚀电流密度/μA·cm^{-2}	202	154	130

纳米高锰钢在海水中电化学腐蚀的电极表面等效电路码为$R_0(QR_1)$；变形高锰钢和水韧处理高锰钢在海水中电化学腐蚀的电极表面等效电路码为$R_0(QR_1(LR_2))$，等效电路如图 1-2-29 所示，拟合参数见表 1-2-9。图 1-2-30 和图 1-2-31 分别为三种状态高锰钢在海水中电化学阻抗谱的 Nyquist 图和 Bode 图。

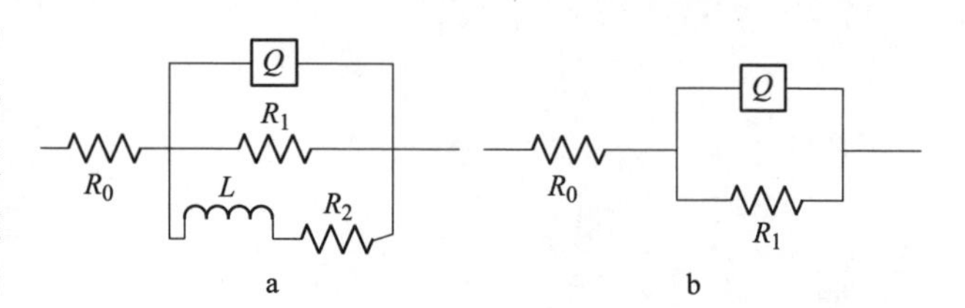

图 1-2-29　高锰钢电极表面腐蚀过程等效电路图

a—水韧高锰钢和变形高锰钢；b—纳米高锰钢

表 1-2-9　三种状态高锰钢在海水中测得的电化学阻抗谱拟合参数

参数	水韧高锰钢	变形高锰钢	纳米高锰钢
R_0/Ω·cm^2	18.9	17.1	18.8
L/H·cm^2	85	557	—
Q/F·cm^{-2}	4.99×10^{-5}	1.53×10^{-4}	8.59×10^{-4}
n	0.857	0.815	0.935
R_1/Ω·cm^2	351.1	419.6	1262
R_2/Ω·cm^2	119	177	—

由图 1-2-31 的频率-相位角曲线可以看到，曲线具有两个峰，说明水韧处理高锰钢和变形高锰钢的电化学阻抗谱具有两个时间常数，在图 1-2-30 所示的电化学阻抗谱 Nyquist 图中表现为第一象限的容抗弧和第四象限的感抗弧。第一象限的容抗弧呈现具有弥散效应的常相位角元件（Q），表征了多孔电极的特征，说明此频率段，不仅有高锰钢表面双电层的充放电过程，还

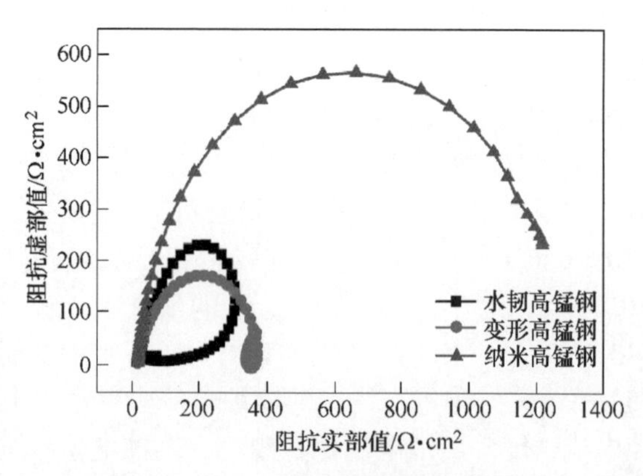

图 1-2-30　三种状态高锰钢在海水中的电化学阻抗谱（Nyquist 图）

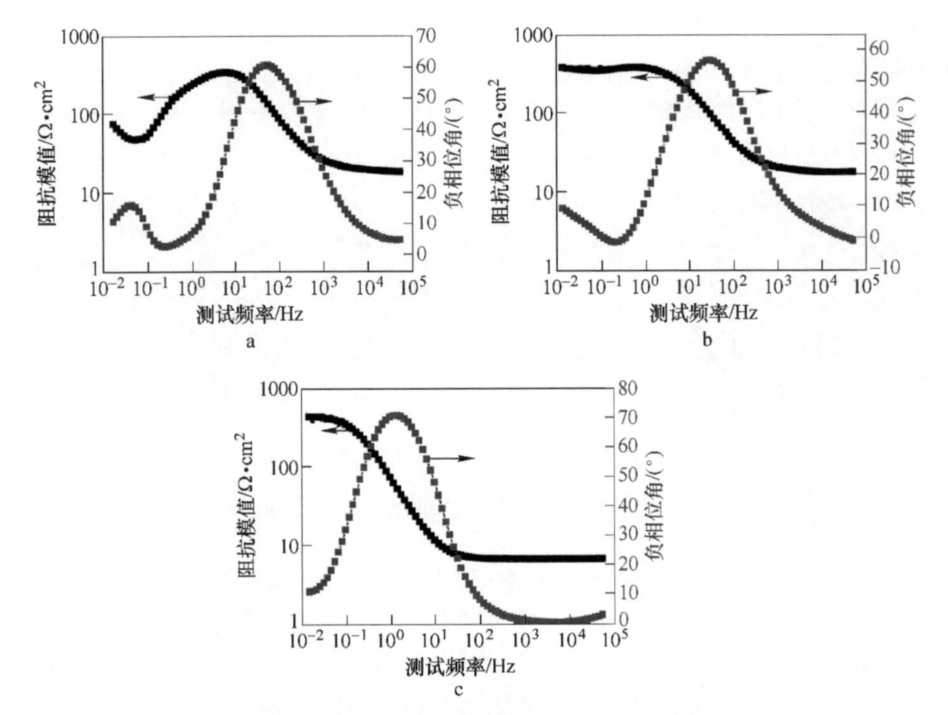

图 1-2-31　三种状态高锰钢在海水中测试得到电化学阻抗谱（Bode 图）

a—水韧高锰钢；b—变形高锰钢；c—纳米高锰钢

有表面基体腐蚀反应对电流密度产生的影响。第四象限的感抗弧则表明水韧处理高锰钢和变形高锰钢表面发生了点蚀，由此可以判定，此时水韧处理高锰钢和变形高锰钢表面处于点蚀诱导期，蚀坑内腐蚀反应和电位同时对法拉第电流密度产生影响，因此，此频率段为电极电位和电极表面覆盖率两个状态变量的弛豫过程，感抗值大小反映出点蚀发生的严重程度。

从纳米高锰钢频率-相位角曲线可以看到，曲线仅有一个峰，说明纳米高锰钢的电化学阻抗谱有一个时间常数，对应的 Nyquist 图表现为第一象限的容抗弧。这说明在此测试频率范围内，纳米高锰钢表面没有发生点蚀，而是在表面形成了完整的钝化膜，腐蚀过程完全由电化学反应过程控制。从表 1-2-9 所示的高锰钢电化学阻抗谱拟合参数值可以看到，纳米高锰钢不存在感抗值，即纳米高锰钢没有发生点蚀。变形高锰钢和水韧处理高锰钢的感抗值分别为 557H · cm^2 和 85H · cm^2，变形高锰钢的感抗值远大于水韧处理高锰钢的感抗值，说明变形高锰钢表面腐蚀反应更加不均匀且点蚀现象较严重。

图 1-2-32 为三种状态高锰钢在海水中电化学腐蚀后的表面形貌。水韧处理高锰钢腐蚀后的表面发生了严重的点蚀，点蚀坑均匀分布在水韧处理高锰钢的表面。腐蚀坑周围堆积了很多腐蚀产物，但腐蚀产物并没有覆盖点蚀坑；没有发生

点蚀的表面仍比较平滑。变形高锰钢腐蚀表面也发生了点蚀，大部分点蚀坑被腐蚀产物覆盖，形成凸起，没有腐蚀产物堆积的表面已经被腐蚀得粗糙不平。纳米高锰钢腐蚀后的表面形貌完全不同于水韧处理高锰钢和变形高锰钢，纳米高锰钢表面并没有发生点蚀，而是覆盖了一层致密的腐蚀物。

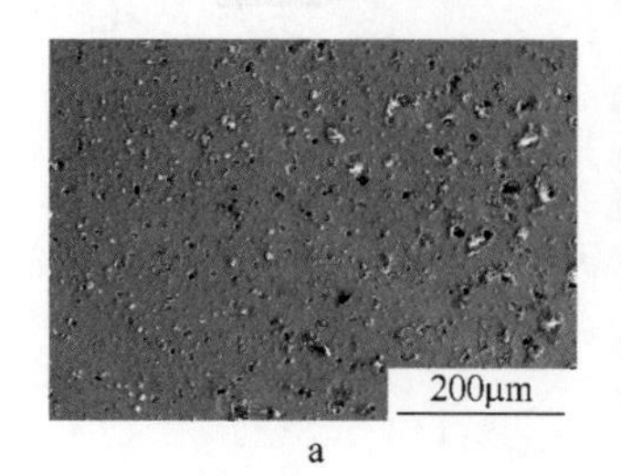

a

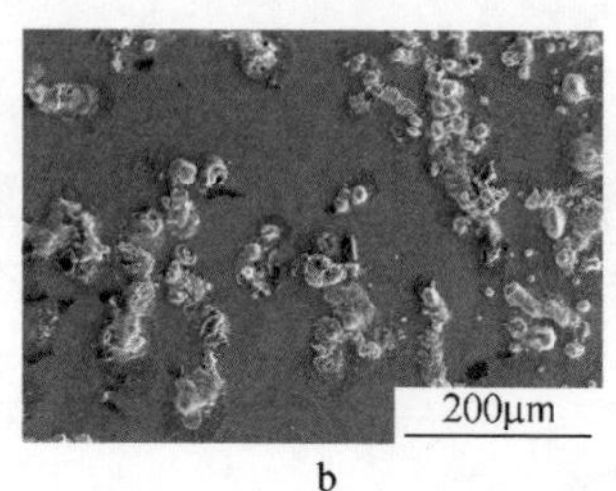

b

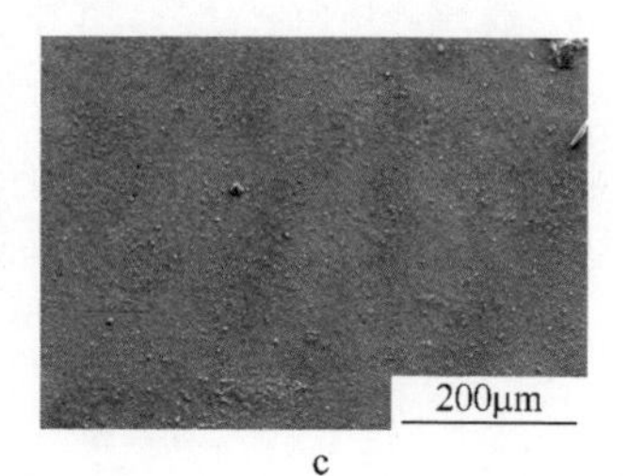

c

图 1-2-32　三种状态高锰钢腐蚀后的表面形貌
a—水韧高锰钢；b—变形高锰钢；c—纳米高锰钢

由三种状态高锰钢在海水中的极化曲线可知，它们发生了相同的化学反应，但三种高锰钢的腐蚀程度却不同。测试条件、相组成和试样表面粗糙度基本相同，造成三种高锰钢耐蚀性不同的最主要原因在于高锰钢表面晶粒尺寸不同。图1-2-26 和图 1-2-27 表明，纳米高锰钢表面晶粒尺寸在纳米级，而水韧处理高锰钢和变形高锰钢的表面晶粒尺寸在微米级。纳米高锰钢表面具有高密度晶界、空隙、位错等缺陷，其微观界面结构已不能仅看成一种缺陷，而是纳米高锰钢的主要组成，它对纳米高锰钢的性质起着重要作用。这些缺陷为纳米高锰钢表面电化学反应提供了更多的反应活性点，腐蚀产物更易在这些活性点生成。在纳米高锰钢晶界处，邻近的原子之间互相偏离，原子排列混乱，呈无序排列。相邻晶粒之间失配，晶界处原子密度明显降低，原子间距分布范围大。纳米高锰钢晶界处原子密度的降低和邻近原子排列的变化使其表面原子结合能不同于水韧处理高锰钢和变形高锰钢，这是形成更厚的腐蚀产物膜的关键。表面低密度的原子配位和晶粒尺寸的减小，供原子迁移的扩散通道密度增大，促进了钢表面腐蚀产物的形成。纳米高锰钢是通过高速重击处理得到的，因此纳米高锰钢表面发生了强烈的塑性变形，表面电子活性提高。电子活性的提高，使晶界处腐蚀产物与纳米层之间的黏附强度增强，纳米高锰钢表面形成的腐蚀产物对高锰钢表面更具有保护性。因此，纳米高锰钢晶界电阻远大于水韧处理高锰钢和变形高锰钢的晶界电阻。

高锰钢在海水中发生的主要电极反应如下：

阴极反应：
$$2H_2O+O_2+4e^- \rightleftharpoons 4OH^- \quad (1\text{-}2\text{-}3)$$

阳极反应：
$$M \rightleftharpoons M^{n+}+ne^- \quad (1\text{-}2\text{-}4)$$

$$M^{n+}+nH_2O \rightleftharpoons M(OH)_n+nH^+ \quad (1\text{-}2\text{-}5)$$

$$2M^{n+}+nH_2O \rightleftharpoons M_2O_n+2nH^{+}+2e^{-} \qquad (1\text{-}2\text{-}6)$$

从式 1-2-5 和式 1-2-6 可知，高锰钢在海水中腐蚀的产物主要为金属的氢氧化物和氧化物，除上述反应之外，还有如下反应：

$$M^{n+}+nCl^{-} \rightleftharpoons MCl_n \qquad (1\text{-}2\text{-}7)$$

在海水中高锰钢电极反应过程是在高锰钢/海水的界面进行的，该电极反应可由“静电离子团”模型解释。根据双电层理论，水分子覆盖了大部分高锰钢电极的表面，并且电极表面吸附的第一层水分子的偶极子基本是定向排列。高锰钢电极溶解生成的金属离子（M^{n+}），被水分子溶剂溶化后，聚集在高锰钢电极表面。氯离子（Cl^{-}）通过扩散、自然对流和电迁移向高锰钢电极表面移动，随着电极表面 Cl^{-} 数目的逐渐增多，聚集在高锰钢电极/海水界面内的 Cl^{-} 和水化 M^{n+} 相互之间距离减小，在库仑力的作用下，一个 Cl^{-} 和 n 个水化 M^{n+} 相互吸引，紧紧地靠在一起构成一个整体，称之为“静电离子团”，如图 1-2-33 所示。由“静电离子团”模型可知，一个 Cl^{-} 和 n 个水化 M^{n+} 相互吸引，作为一个整体存在于高锰钢电极/海水界面内。水化 M^{n+} 由于 Cl^{-} 的吸引而被束缚，因此，单位时间内，聚集在高锰钢电极表面并能自由活动的水化 M^{n+} 的数目相对减少，并且随着高锰钢电极表面 Cl^{-} 数目的增多，高锰钢电极表面能自由活动的水化 M^{n+} 的减少程度就越大。依据化学动力学汇集在高锰钢电极表面的水化 M^{n+} 数目的减少，促进了高锰钢电极的电化学溶解过程。

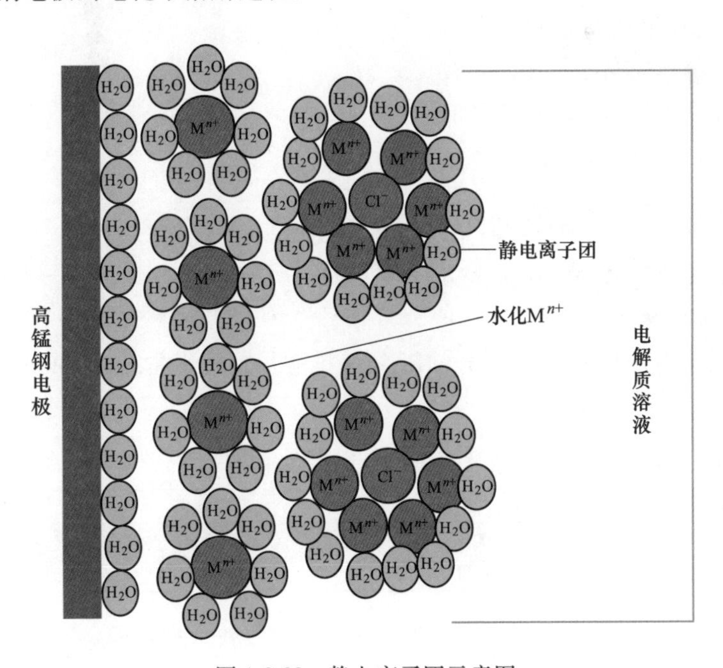

图 1-2-33　静电离子团示意图

电极过程总是发生在金属电极和电解质溶液互相接触的界面处，因此，电极过程动力学会有以下两种可能：第一种，电荷传递反应的过程较慢，整个电极过程的速度取决于这一步的速度，这时称电极过程受动力学步骤控制；第二种，电荷传递反应的速度较快，致使产物离开电极表面的速度较慢，整个电极过程的速度由传质过程控制。由式 1-2-5 和式 1-2-6 可知，高锰钢电极表面的腐蚀产物主要是金属的氢氧化物和氧化物，这些氢氧化物和氧化物覆盖在高锰钢的表面。在高锰钢基体表面生成的金属离子就要在浓度差推动力的作用下穿过氧化物和氢氧化物层，到达主体电解质溶液。

综上所述，在海水中高锰钢电极表面两种相反的作用同时存在，一种为金属阳离子穿过氧化物、氢氧化物膜的阳极溶解，以及 Cl^- 作为一种破坏性离子对氧化物膜和氢氧化物膜的破坏；另一种为高锰钢电极表面氧化物膜和氢氧化物膜不断形成。纳米高锰钢界面特点与水韧处理高锰钢和变形高锰钢界面特点不同，使得纳米高锰钢表面腐蚀产物形成速度快、分布均匀，并且腐蚀产物厚，同时腐蚀产物与基体具有更好的黏附强度，因此，在海水中纳米高锰钢表现出比水韧处理高锰钢和变形高锰钢更高的耐蚀性。

当腐蚀介质与高锰钢电极接触时，腐蚀介质中的离子在高锰钢电极表面积累，发生吸附。当高锰钢在海水中进行实验时，破坏性的 Cl^- 会大量地吸附在高锰钢电极表面，改变高锰钢的腐蚀行为，导致高锰钢表面氧化物和氢氧化物膜的破坏，高锰钢发生点蚀。

2.4.2　酸性介质中耐蚀性能

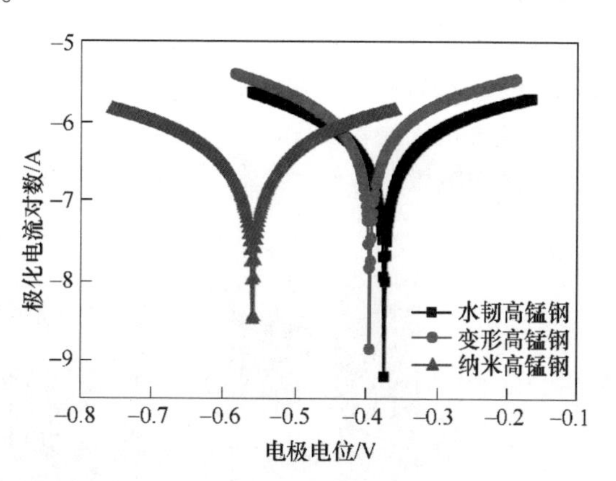

图 1-2-34　三种状态 120Mn13N 高锰钢在 pH 值为 4 的 $KHSO_4$ 溶液中的极化曲线

三种状态高锰钢在 pH 值为 4 的酸性 $KHSO_4$ 腐蚀介质中的极化曲线，如图 1-2-34 所示，利用 Tafel 直线外推法得到极化曲线对应的电化学参数，见表1-2-10。

表 1-2-10　三种状态高锰钢在 pH 值为 4 的 $KHSO_4$ 溶液中极化曲线对应的电化学参数

参数	水韧高锰钢	变形高锰钢	纳米高锰钢
腐蚀电压/V	−0. 374	−0. 395	−0. 560
腐蚀电流密度/$\mu A \cdot cm^{-2}$	1. 80	2. 25	1. 25

从图 1-2-34 可以看出，纳米高锰钢的腐蚀电位较水韧处理高锰钢和变形高锰钢的腐蚀电位明显地负向移动，腐蚀电位变小。从热力学角度看，纳米高锰钢腐

蚀稳定性减弱，腐蚀的倾向变大。在 pH 值为 4 的 $KHSO_4$ 溶液中，三种状态高锰钢的电化学极化曲线的形状相似，在扫描范围内均没有发生钝化，处于活性溶解状态。从表 1-2-10 中可以看到，三种状态高锰钢的腐蚀电流密度分别为 1.80μA/cm²、2.25μA/cm² 和 1.25μA/cm²，纳米高锰钢的腐蚀电流密度较水韧处理高锰钢和变形高锰钢略小。从动力学角度而言，纳米高锰钢的耐腐蚀性略优于水韧处理高锰钢和变形高锰钢。

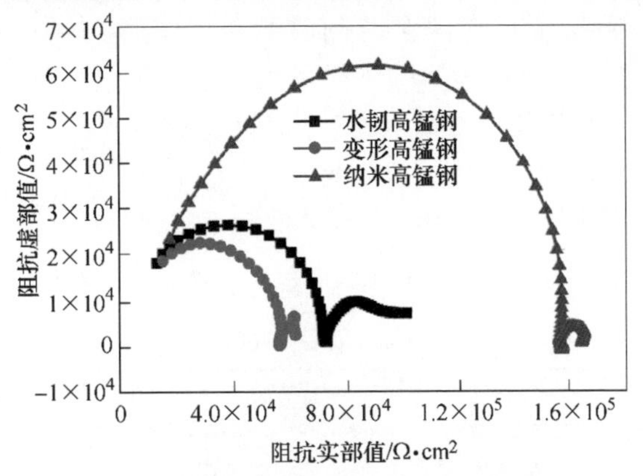

图 1-2-35 三种高锰钢在 pH 值为 4 的 $KHSO_4$ 溶液中的电化学阻抗谱（Nyquist 图）

图 1-2-35 和图 1-2-36 分别是三种状态高锰钢在 pH 值为 4 的 $KHSO_4$ 溶液中测得的电化学阻抗谱 Nyquist 图和 Bode 图。三种状态高锰钢在腐蚀过程的等效电路如图 1-2-37 所示，当 $n=1$ 时，常相位元件 Q 相当于电容 C，拟合参数值见表1-2-11。

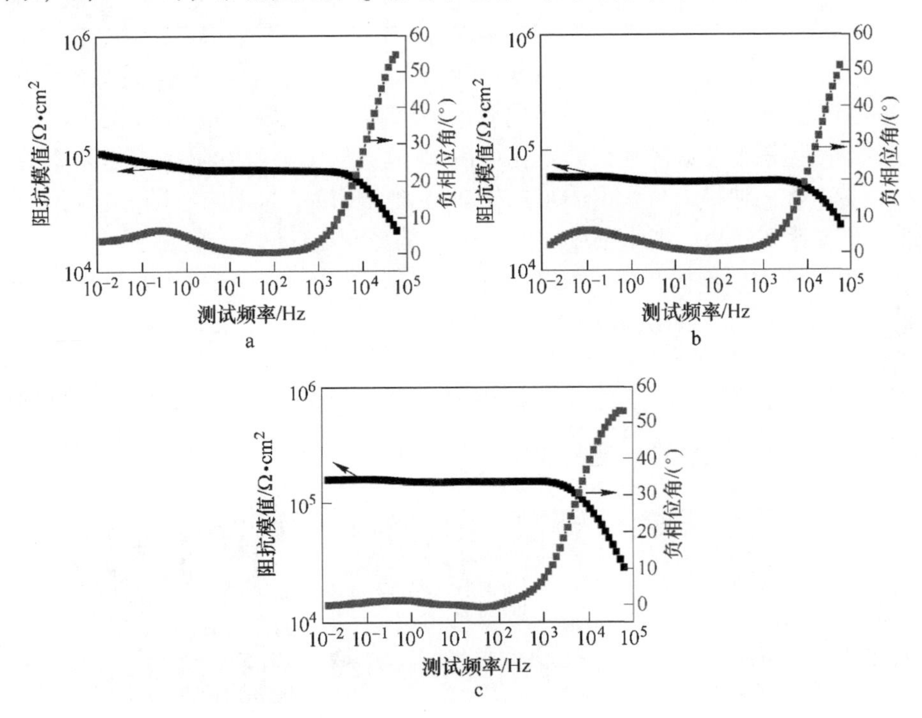

图 1-2-36 三种状态高锰钢在 pH 值为 4 的 $KHSO_4$ 溶液中电化学阻抗谱（Bode 图）

a—水韧高锰钢；b—变形高锰钢；c—纳米高锰钢

从图1-2-36频率-相位角的关系曲线可以看出，三种状态高锰钢的电化学阻抗谱均有两个时间常数，在图1-2-35中表现为第一象限的两个容抗弧。水韧处理高锰钢的容抗弧呈现具有弥散效应的常相位角元件（Q），表征了多孔电极的特征，说明此频率段，不仅有表面双电层的充放电过程，还有表面基体腐蚀反应对电流密度产生的影响。

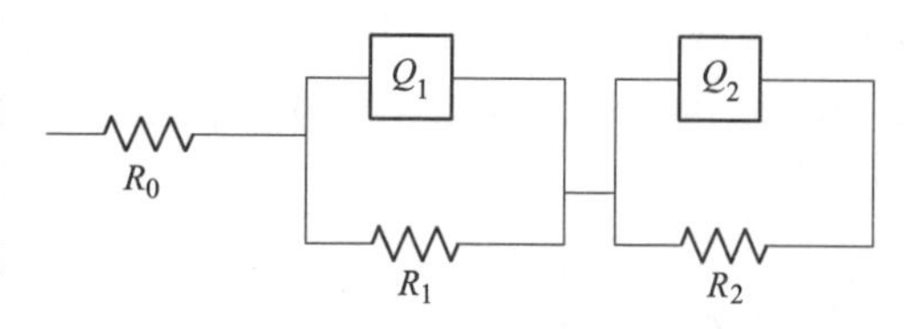

图1-2-37　在pH值为4的$KHSO_4$溶液中高锰钢电极表面腐蚀过程等效电路图

表1-2-11　三种状态高锰钢在pH值为4的$KHSO_4$溶液中电化学阻抗谱拟合参数

参数	水韧高锰钢	变形高锰钢	纳米高锰钢
$R_0/\Omega \cdot cm^2$	4652	5417	1.225×10^4
$Q_1/F \cdot cm^{-2}$	3.97×10^{-5}	1.32×10^{-4}	1.71×10^{-10}
n_1	0.66	1	1
$R_1/\Omega \cdot cm^2$	3.23×10^4	5.05×10^4	7786
$Q_2/F \cdot cm^{-2}$	5.86×10^{-10}	6.14×10^{-5}	4.07×10^{-4}
n_2	0.885	1	1
$R_2/\Omega \cdot cm^2$	6.75×10^4	8128	1.47×10^5
R_P	9.99×10^4	5.87×10^4	1.55×10^5

从表1-2-11可以看出，变形高锰钢和纳米高锰钢的n_1和n_2均为1，说明此时的常相位角元件Q_1和Q_2相当于电容。纳米高锰钢的极化电阻R_P值远远大于水韧处理高锰钢和变形高锰钢的极化电阻R_P值。从图1-2-36阻抗模与频率的关系可以看出，三种状态高锰钢的阻抗模在高频段持续一直增大，随后保持不变；在低频端，阻抗模再一次小幅度增大。这一现象与图1-2-35一致。

图1-2-38为三种状态高锰钢腐蚀后的表面形貌。在pH值为4的酸性$KHSO_4$溶液中，水韧处理高锰钢表面点蚀发生在局部，点蚀坑的密度很小，没有发生腐蚀的部分仍然保持平整光滑。变形高锰钢表面也发生了点蚀，相对于水韧处理高锰钢，点蚀坑密度略大，点蚀坑的周围堆积着腐蚀产物，没有发生点蚀的区域分散着腐蚀产物或部分区域保持平整。纳米高锰钢表面覆盖着一层分布均匀的腐蚀产物，没有发生点蚀。

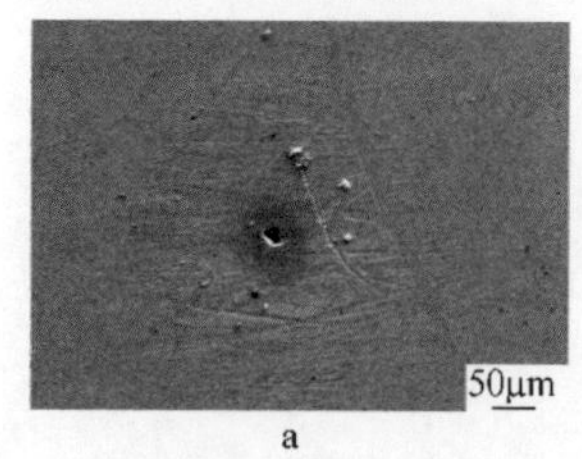

a

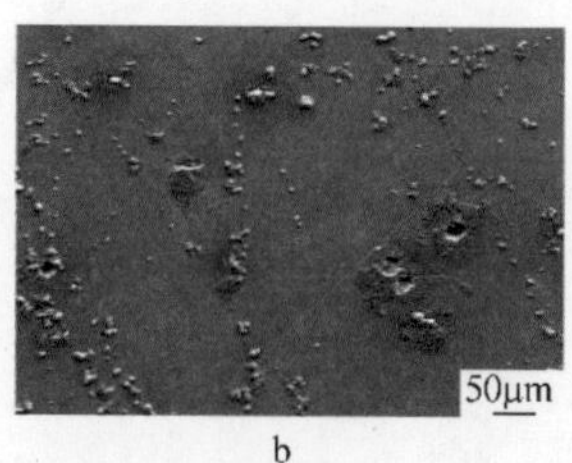

b

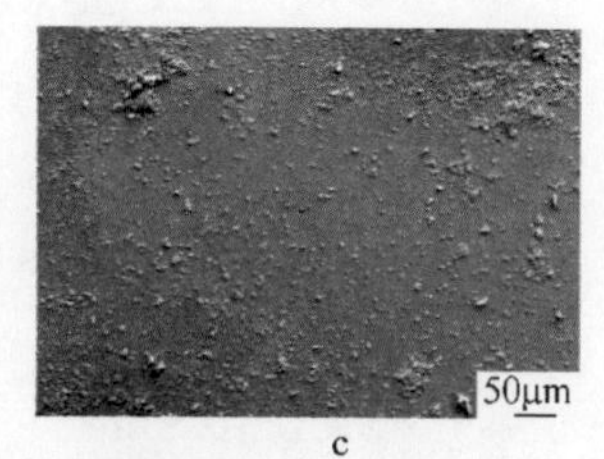

c

图1-2-38　三种状态高锰钢在pH值为4的$KHSO_4$溶液中腐蚀后表面形貌

a—水韧高锰钢；b—变形高锰钢；c—纳米高锰钢

图 1-2-39 为三种状态高锰钢在加入不同浓度 $KHSO_4$ 溶液的 3.5%（质量分数）NaCl 溶液中测得的电化学极化曲线。表 1-2-12 为三种状态高锰钢极化曲线对应的电化学参数。

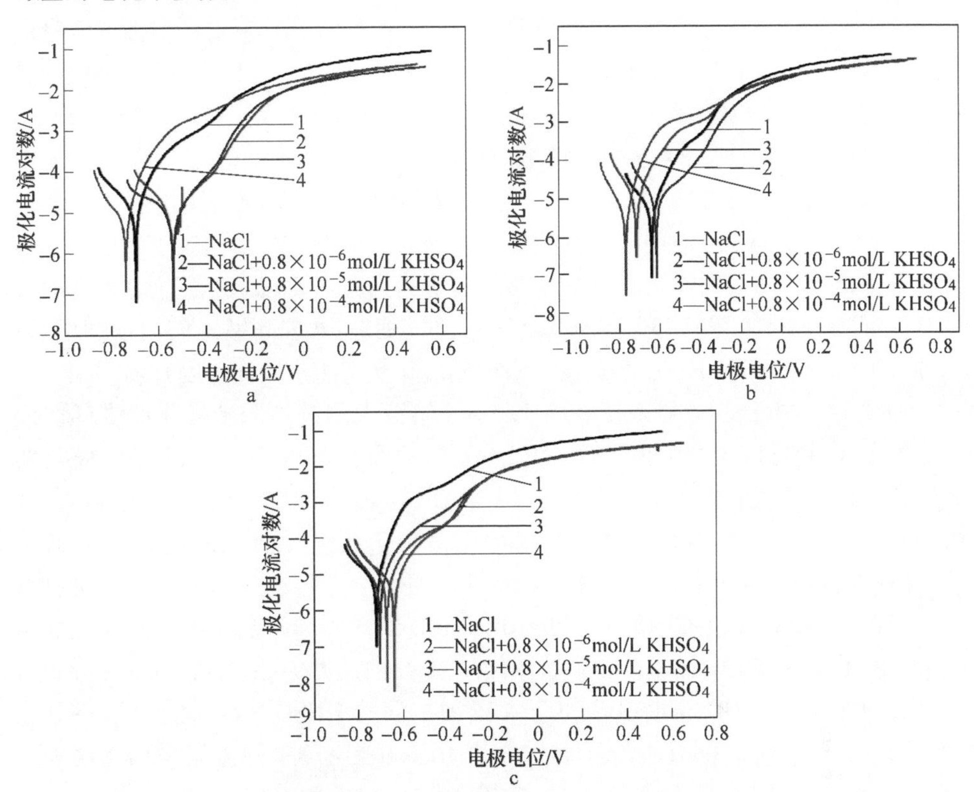

图 1-2-39　三种状态高锰钢在加入不同浓度 $KHSO_4$ 的 3.5%NaCl 溶液中的电化学极化曲线

a—水韧高锰钢；b—变形高锰钢；c—纳米高锰钢

表 1-2-12　三种状态高锰钢在含不同浓度 $KHSO_4$ 的 3.5%NaCl 溶液中极化曲线对应的电化学参数

腐蚀环境	水韧高锰钢		变形高锰钢		纳米高锰钢	
	腐蚀电压/V	腐蚀电流密度 /$\mu A \cdot cm^{-2}$	腐蚀电压/V	腐蚀电流密度 /$\mu A \cdot cm^{-2}$	腐蚀电压/V	腐蚀电流密度 /$\mu A \cdot cm^{-2}$
3.5%NaCl	−0.696	1.553×10^2	−0.634	0.3512×10^2	−0.732	4.478×10^2
3.5%NaCl+1×10^{-6}mol/L $KHSO_4$	−0.533	6.654	−0.699	9.557	−0.634	0.2630×10^2
3.5%NaCl+1×10^{-5}mol/L $KHSO_4$	−0.543	8.851	−0.607	1.064×10^2	−0.695	0.5252×10^2
3.5%NaCl+1×10^{-4}mol/L $KHSO_4$	−0.749	3.538×10^2	−0.760	2.106×10^2	−0.680	0.1856×10^2

如图 1-2-39a 所示，相比于 3.5%NaCl 溶液中的极化曲线（曲线 1），水韧处

理高锰钢在3.5%NaCl+1×10^{-6}mol/L $KHSO_4$ 和3.5%NaCl+1×10^{-5}mol/L $KHSO_4$ 溶液中的极化曲线（曲线2和3）向右下方移动，并且极化曲线2和3基本重合。这一现象在表1-2-12中的腐蚀电流密度也可看出，水韧处理高锰钢在3.5%NaCl+1×10^{-6}mol/L $KHSO_4$ 溶液和3.5%NaCl+1×10^{-5}mol/L $KHSO_4$ 溶液的腐蚀电流密度分别为6.654μA/cm^2 和8.851μA/cm^2，相差不大，与仅在3.5%NaCl溶液中的腐蚀电流密度1.553×10^2μA/cm^2 相差两个数量级，但是随着 $KHSO_4$ 浓度增大到1×10^{-4}mol/L，水韧处理高锰钢的腐蚀电流密度增大到3.538×10^2μA/cm^2，远大于水韧处理高锰钢在另外两种含 $KHSO_4$ 的NaCl溶液中的腐蚀电流密度。在 $KHSO_4$ 浓度为1×10^{-4}mol/L溶液中，水韧处理高锰钢的阳极极化曲线相对于其他三种溶液中的阳极极化曲线向左上方移动，结果表明：当向3.5%NaCl溶液中分别加入1×10^{-6}mol/L $KHSO_4$ 和1×10^{-5}mol/L $KHSO_4$ 时，水韧处理高锰钢的耐蚀性增强；当加入1×10^{-4}mol/L $KHSO_4$ 溶液后，水韧处理高锰钢的耐蚀性急剧减弱。

如图1-2-39b所示，相对于在3.5%NaCl溶液中测试的阳极极化曲线（曲线1），变形高锰钢在3.5%NaCl+1×10^{-6}mol/L $KHSO_4$ 溶液中测得的阳极极化曲线（曲线2）向右下方移动，而在3.5%NaCl+1×10^{-5}mol/L $KHSO_4$ 溶液和3.5%NaCl+1×10^{-4}mol/L $KHSO_4$ 溶液中测得的阳极极化曲线（曲线3和4），相对于3.5%NaCl溶液中的阳极极化曲线（曲线1）向左上方移动。从表1-2-12可以看出，当在3.5%NaCl溶液中加入了1×10^{-6}mol/L $KHSO_4$ 溶液后，变形高锰钢的腐蚀电流密度从0.3512×10^2μA/cm^2 急剧减小到9.557μA/cm^2。当在3.5%NaCl溶液中分别加入了1×10^{-5}mol/L $KHSO_4$ 和1×10^{-4}mol/L $KHSO_4$ 后，腐蚀电流密度急剧增大，分别达到1.064×10^2μA/cm^2 和2.106×10^2μA/cm^2。表明变形高锰钢在含1×10^{-6}mol/L $KHSO_4$ 溶液的3.5%NaCl溶液中耐蚀性有所提高，但随着加入 $KHSO_4$ 溶液浓度的增大，耐蚀性减弱。

相对于3.5%NaCl溶液的阳极极化曲线，纳米高锰钢在含 $KHSO_4$ 的NaCl溶液中的阳极极化曲线向右下方移动，即纳米高锰钢在含 $KHSO_4$ 的NaCl溶液中的耐蚀性提高，且均高于纳米高锰钢在3.5%NaCl溶液中的耐蚀性。从表1-2-12可以看出，纳米高锰钢在含不同浓度 $KHSO_4$ 的NaCl溶液中的腐蚀电流密度分别为0.2630×10^2μA/cm^2、0.5252×10^2μA/cm^2 和0.1856×10^2μA/cm^2，相差不大，但相对于3.5%NaCl溶液的腐蚀电流密度4.478×10^2μA/cm^2 小很多。这说明纳米高锰钢在加入了 $KHSO_4$ 溶液的NaCl溶液中耐蚀性增强了，但随着加入 $KHSO_4$ 浓度的提高，纳米高锰钢的耐蚀性没有发生很大的变化。

图1-2-40为三种状态高锰钢在含 $KHSO_4$ 的3.5%NaCl溶液中测得的电化学阻抗谱。水韧处理高锰钢在3.5%NaCl溶液、3.5%NaCl+1×10^{-5}mol/L $KHSO_4$ 溶液和3.5%NaCl+1×10^{-4}mol/L $KHSO_4$ 溶液中的电化学阻抗谱曲线变化趋势与图1-2-30中水韧处理高锰钢在海水中的阻抗谱曲线相似，等效电路图如图1-2-37所

示。水韧处理高锰钢在上述三种溶液中的电化学阻抗谱主要由第一象限的容抗弧和第四象限的感抗弧组成，出现在第四象限的感抗弧表明在以上三种溶液中，水韧处理高锰钢表面发生了点蚀。水韧处理高锰钢在 3.5% NaCl + 1×10^{-6} mol/L $KHSO_4$ 溶液测得的电化学阻抗谱曲线中，容抗弧没有完全形成，更没有感抗弧的产生，说明在整个测试频率范围内，水韧处理高锰钢在该溶液中没有发生点蚀。这表明水韧处理高锰钢在 3.5% NaCl+1×10^{-6} mol/L $KHSO_4$ 溶液中的耐蚀性能较 3.5%NaCl 溶液中的耐蚀性能提高。随着溶液中 $KHSO_4$ 浓度的提高，水韧处理高锰钢表面开始发生点蚀，耐蚀性开始下降，当加入 3.5%NaCl 溶液中的 $KHSO_4$ 溶液浓度为 1×10^{-4}mol/L 时，水韧处理高锰钢的耐蚀性比仅含 3.5%NaCl 溶液中的耐蚀性还低。

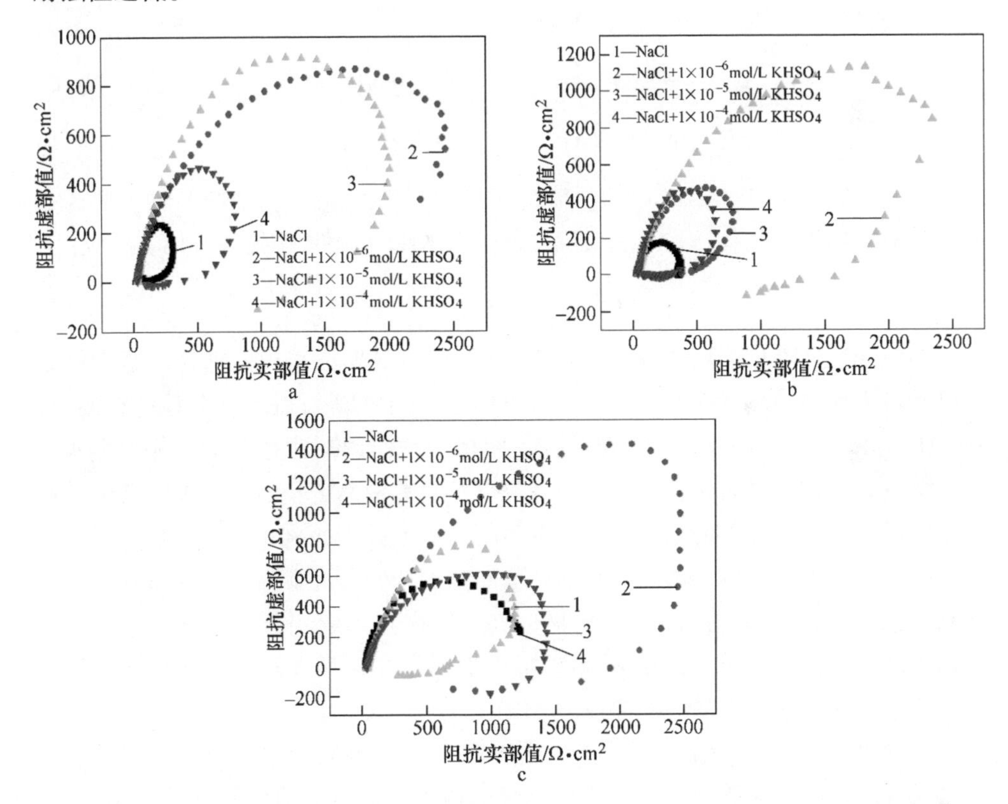

图 1-2-40 三种状态高锰钢在加入不同浓度 $KHSO_4$ 的 3.5%NaCl 溶液中的电化学阻抗谱

a—水韧高锰钢；b—变形高锰钢；c—纳米高锰钢

变形高锰钢在含不同浓度 $KHSO_4$ 的 3.5%NaCl 溶液中的电化学阻抗谱变化趋势与水韧处理高锰钢在相同溶液中的变化趋势相似，变形高锰钢在 3.5%NaCl+1×10^{-6}mol/L $KHSO_4$ 溶液中的电化学阻抗谱曲线有感抗弧的形成，说明变形高锰钢在此溶液中发生点蚀，但此时阻抗曲线半径远大于在 3.5%NaCl 溶液中测得的阻抗谱曲线半径，说明在3.5%NaCl溶液中加入较低浓度的$KHSO_4$溶液后，变形高锰钢的耐蚀性有所增强。随着$KHSO_4$溶液浓度的提高，变形高锰钢阻抗谱曲线的半径减小，说明变形高锰钢的耐蚀性随着$KHSO_4$溶液浓度的提高而降低。纳米高锰钢在3.5%NaCl溶液中的阻抗谱由容抗弧和感抗弧组成，说明在测试频率范围内，纳米高锰钢在3.5%NaCl溶液中发生了点蚀，而纳米高锰钢在含$KHSO_4$的3.5%NaCl溶液的阻抗谱曲线只有容抗弧，没有感抗弧的形成，说明纳米高锰钢在含$KHSO_4$的3.5%NaCl溶液中没有发生点蚀，与腐蚀形貌相同。

高锰钢在$KHSO_4$溶液中发生的主要电极反应如下：

阴极反应：
$$2H^{+}+2e^{-}\rightleftharpoons H_2 \tag{1-2-8}$$

阳极反应：
$$M\rightleftharpoons M^{n+}+ne^{-} \tag{1-2-9}$$

$$M^{n+}+nH_2O\rightleftharpoons M(OH)_n+nH^{+} \tag{1-2-10}$$

$$2M^{n+}+nH_2O\rightleftharpoons M_2O_n+2nH^{+}+2e^{-} \tag{1-2-11}$$

从式1-2-10和式1-2-11可知，高锰钢在$KHSO_4$溶液中腐蚀的产物主要为金属的氢氧化物和氧化物，除上述反应之外，在$KHSO_4$溶液中还会有如下反应：

$$2M^{n+}+nSO_4^{2-}\rightleftharpoons M_2(SO_4)_n \tag{1-2-12}$$

高锰钢在$KHSO_4$溶液中腐蚀的电极过程动力学理论与高锰钢在海水中腐蚀的电极过程动力学理论，不同点在于$KHSO_4$溶液中的破坏性离子为硫酸根离子。在$KHSO_4$溶液中高锰钢电极的表面有两种相反的作用同时存在，一种为金属阳离子穿过氧化物、氢氧化物膜的阳极溶解以及硫酸根离子作为一种破坏性离子对氧化物膜和氢氧化物膜的破坏；另一种为高锰钢电极表面氧化物膜和氢氧化物膜的不断形成。纳米高锰钢不同于水韧处理高锰钢和变形高锰钢的界面特点，使纳米高锰钢具有表面腐蚀产物（氧化物、氢氧化物）形成快且均匀并厚、与基体黏附强度高的特点，因此，在$KHSO_4$溶液中纳米高锰钢表现出比水韧处理高锰钢和变形高锰钢具有更高的耐蚀性。

高锰钢在$KHSO_4$溶液中的腐蚀，同样存在“静电离子团”模型以及纳米高锰钢尺寸对性能影响的理论，这些理论与高锰钢在海水介质中腐蚀的理论相同。高锰钢在含不同浓度$KHSO_4$溶液的3.5%NaCl溶液中时，NaCl溶液中带进了H^+和硫酸根离子，这时一部分Cl^-与硫酸根离子竞争吸附到金属表面发挥它的点蚀作用，另外，其余的Cl^-削弱H^+在金属表面的吸附，阻止金属表面的析氢反应。由于硫酸根离子与Cl^-的竞争吸附，使Cl^-在金属表面的吸附量减小，同时，硫酸根离子的加入，有些腐蚀产物会覆盖蚀孔，抑制腐蚀的进行，$KHSO_4$浓度较低时，高锰钢耐蚀性呈现升高的现象。但硫酸根离子仍然为一种破坏性离子，随着

$KHSO_4$ 溶液浓度的增大，吸附在高锰钢表面的硫酸根离子量提高，硫酸根离子的破坏性开始发挥作用，因此，试验过程中高锰钢的耐蚀性会随着加入 $KHSO_4$ 溶液浓度的提高而减弱。

2.4.3 碱性介质中耐蚀性能

在 pH 值为 10 的碱性 NaOH 溶液中，三种状态高锰钢的极化曲线如图 1-2-41 所示，利用 Tafel 直线外推法得到的极化曲线对应的电化学参数，见表 1-2-13。

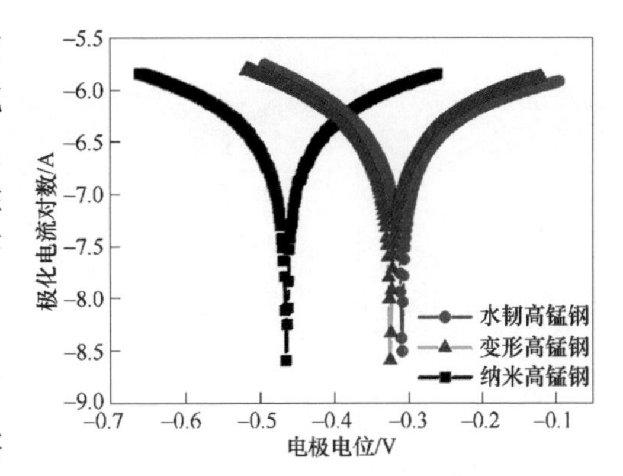

图 1-2-41 三种状态高锰钢在 pH 值为 10 的碱性 NaOH 溶液中的极化曲线

表 1-2-13 三种状态高锰钢在 pH 值为 10 的碱性 NaOH 溶液中极化曲线的电化学参数

参数	水韧高锰钢	变形高锰钢	纳米高锰钢
腐蚀电压/V	-0.309	-0.329	-0.464
腐蚀电流密度/$\mu A \cdot cm^{-2}$	1.87	1.29	1.06

从图 1-2-41 可以看出，纳米高锰钢的腐蚀电位较水韧处理高锰钢和变形高锰钢发生了明显的负向移动，腐蚀电位变小，从热力学角度看，腐蚀的稳定性减弱，腐蚀的倾向增强。三种状态高锰钢极化曲线的形状相似，即发生了相同的化学变化，在扫描范围内均没有发生钝化，处于活性溶解状态。纳米高锰钢的腐蚀电流密度为 $1.06\mu A/cm^2$，水韧处理高锰钢和变形高锰钢的腐蚀电流密度分别为 $1.87\mu A/cm^2$ 和 $1.29\mu A/cm^2$，纳米高锰钢的腐蚀电流密度小于后两者，从动力学角度看，纳米高锰钢表面的腐蚀速率小于后两者。

图 1-2-42 和图 1-2-43 分别是三种状态高锰钢在 pH 值为 10 的碱性 NaOH 溶液中测得的电化学阻抗谱 Nyquist 图和 Bode 图。三种状态高锰钢的等效电路相同，同图 1-2-37。等效电路拟合后电化学参数值见表 1-2-14。

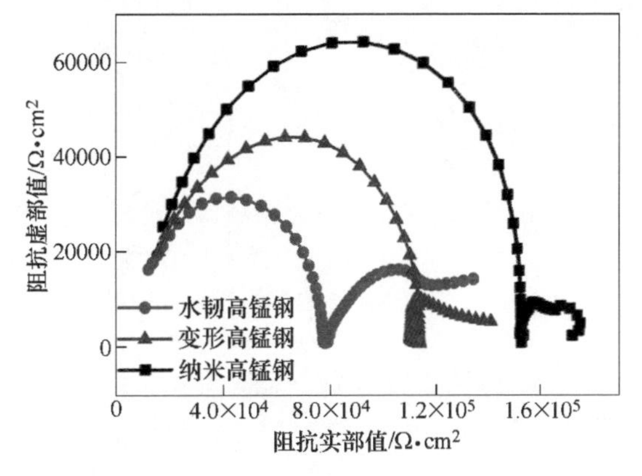

图 1-2-42 三种状态高锰钢在 pH 值为 10 的碱性 NaOH 溶液中电化学阻抗谱（Nyquist 图）

表 1-2-14　三种状态高锰钢在 pH 值为 10 的碱性 NaOH 溶液中电化学阻抗谱拟合参数值

参数	水韧高锰钢	变形高锰钢	纳米高锰钢
$R_0/\Omega\cdot cm^2$	2633	1.13×10^4	1.054×10^4
$Q_1/F\cdot cm^{-2}$	1.126×10^{-9}	2.858×10^{-10}	2.204×10^{-10}
n_1	0.836	0.943	0.942
$R_1/\Omega\cdot cm^2$	7.699×10^4	1.012×10^5	1.466×10^5
$Q_2/F\cdot cm^{-2}$	2.503×10^{-5}	9.56×10^{-5}	8.426×10^{-5}
n_2	0.711	0.945	0.997
$R_2/\Omega\cdot cm^2$	5.685×10^4	2.409×10^4	1.776×10^4
R_P	1.338×10^5	1.253×10^5	1.644×10^5

如图 1-2-43 所示，由三种状态高锰钢的频率和相位角的关系曲线可以看出，三种钢电化学阻抗谱均具有两个时间常数，这在图 1-2-42 中表现为第一象限的两个容抗弧。

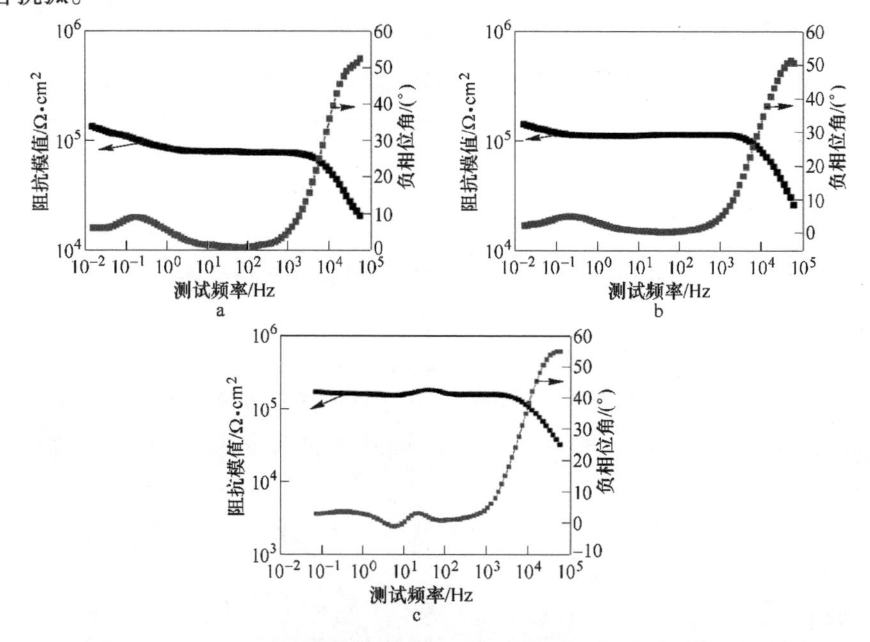

图 1-2-43　三种状态高锰钢在 pH 值为 10 的碱性 NaOH 溶液中测试得到电化学阻抗谱（Bode 图）

a—水韧高锰钢；b—变形高锰钢；c—纳米高锰钢

在 pH 值为 10 的碱性溶液中三种状态高锰钢的阻抗谱曲线，容抗弧呈现具有弥散效应的常相位角元件（Q），表征了多孔电极的特征，说明此频率段不仅有表面双电层的充放电过程，还有表面钢基体腐蚀反应对电流密度产生的影响。容抗弧在横轴上的截距、半圆直径的大小，代表相应材料阻抗的大小。从图 1-2-42 中可以看到，纳米高锰钢容抗弧在横轴截距最大，因此，纳米高锰钢在 pH 值为

10 的碱性 NaOH 溶液中耐蚀性最好，这与纳米高锰钢的极化阻抗 R_P 大于水韧处理高锰钢和变形高锰钢的结果一致。

图 1-2-44 为三种状态高锰钢试样在 pH 值为 10 的碱性 NaOH 溶液中腐蚀后的表面形貌。水韧处理高锰钢和变形高锰钢的表面发生了不均匀的腐蚀，发生腐蚀的部分有少量的蚀坑裸露在表面，其他蚀坑表面覆盖着大量的腐蚀产物，没有被腐蚀的部分仍然保持着平整光滑的状态。纳米高锰钢表面覆盖着一层腐蚀产物，表面也有少量的浅显的蚀坑，但蚀坑表面也覆盖有均匀的腐蚀产物。

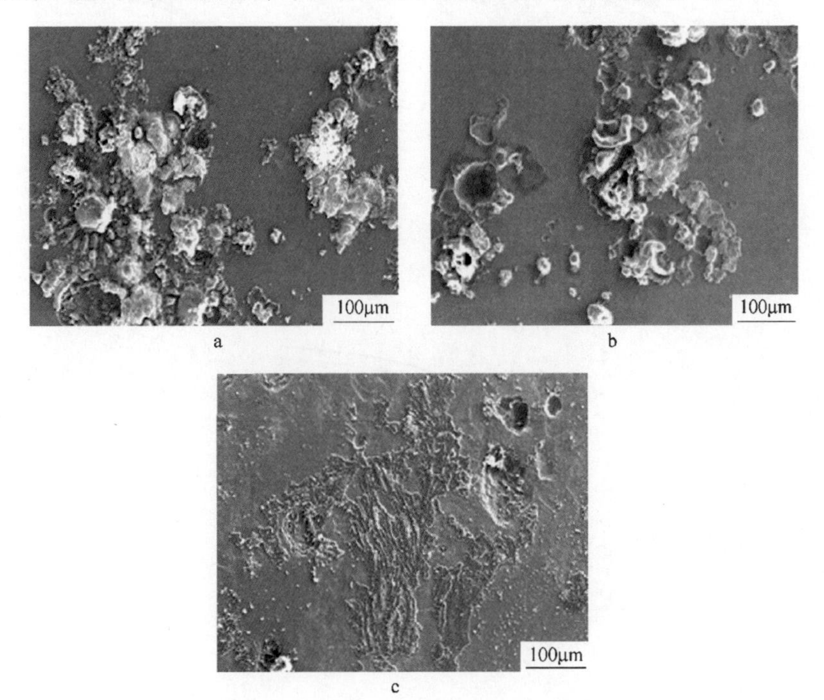

图 1-2-44　三种状态高锰钢在 pH 值为 10 的碱性 NaOH 溶液中腐蚀后的表面形貌
a—水韧高锰钢；b—变形高锰钢；c—纳米高锰钢

图 1-2-45 为三种状态高锰钢在含不同浓度 NaOH 的 3.5%（质量分数）NaCl 溶液中测得的电化学极化曲线，对应的电化学参数见表 1-2-15。水韧处理高锰钢极化曲线随着 NaOH 浓度的增大，阳极极化曲线分支逐渐向右下方移动。从表 1-2-15 中可以看出，随着 NaOH 浓度的增大，腐蚀电流密度逐渐减小，说明随着 NaOH 浓度的增大，水韧处理高锰钢的耐蚀性有所增强。变形高锰钢在含不同浓度 NaOH 的 3.5%NaCl 溶液中测得的极化曲线与水韧处理高锰钢极化曲线趋势相似，变形高锰钢在 3.5%NaCl 溶液中测试得到的腐蚀电流密度为 12.99μA/cm^2，随着 NaOH 浓度的增大，腐蚀电流密度逐渐减小，当加入 1×10^{-3}mol/L NaOH 溶液时，腐蚀电流密度减小到 3.990μA/cm^2，即变形高锰钢耐蚀性提高。纳米高锰钢极化曲线的阳极分支缠结在一起，看不到明显的变化，但是在加入 1×

10^{-3}mol/L NaOH 的 3.5%NaCl 溶液中，纳米高锰钢的腐蚀电位明显地负移，从热力学角度来看，3.5%NaCl 溶液中的 NaOH 浓度增大后纳米高锰钢的热力学稳定性减弱，腐蚀的倾向增大。随着加入 NaOH 溶液浓度的增大，纳米高锰钢腐蚀电流密度逐渐减小，从动力学角度来讲，纳米高锰钢的腐蚀速率随着加入 NaOH 溶液浓度的增大而减小。

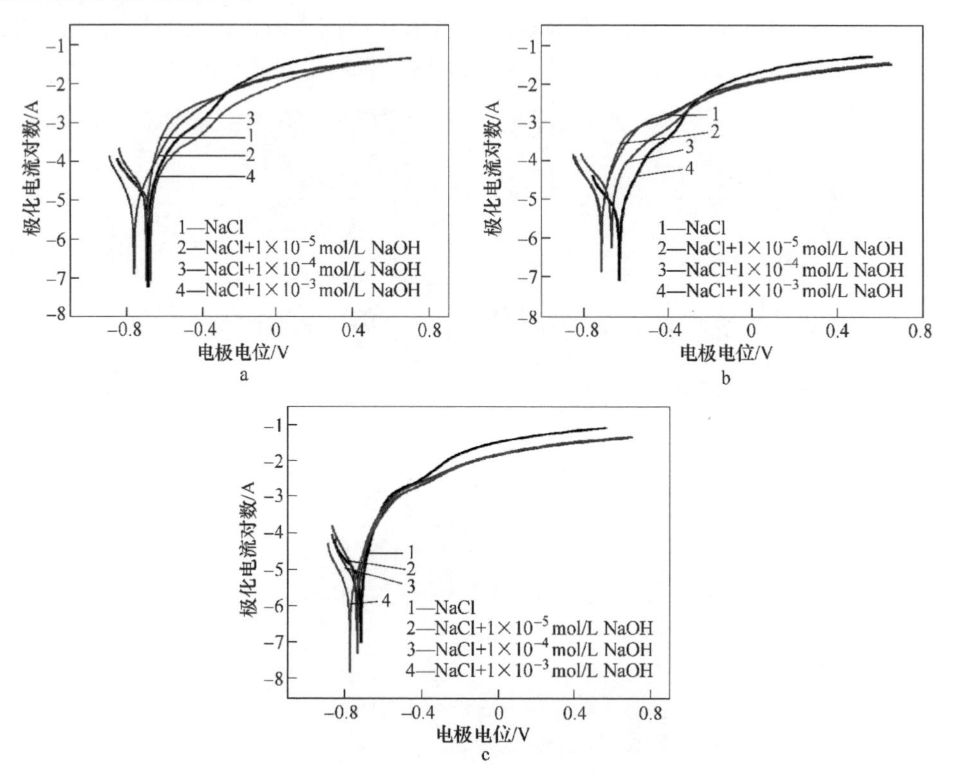

图 1-2-45　三种状态高锰钢在加入不同浓度 NaOH 的 3.5%NaCl 溶液中极化曲线

a—水韧高锰钢；b—变形高锰钢；c—纳米高锰钢

表 1-2-15　三种状态高锰钢在加入不同浓度 NaOH 的 3.5%NaCl 溶液中极化曲线对应的电化学参数

腐蚀环境	水韧高锰钢		变形高锰钢		纳米高锰钢	
	腐蚀电压/V	腐蚀电流密度 /μA·cm⁻²	腐蚀电压/V	腐蚀电流密度 /μA·cm⁻²	腐蚀电压/V	腐蚀电流密度 /μA·cm⁻²
3.5%NaCl	-0.696	12.99	-0.715	12.99	-0.732	11.72
3.5%NaCl+1×10^{-5}mol/L NaOH	-0.755	7.63	-0.725	7.88	-0.739	6.46
3.5%NaCl+1×10^{-4}mol/L NaOH	-0.699	7.46	-0.675	6.25	-0.744	5.04
3.5%NaCl+1×10^{-3}mol/L NaOH	-0.694	6.60	-0.634	3.99	-0.788	2.66

三种状态高锰钢在含不同浓度 NaOH 的 3.5%NaCl 溶液中测得的电化学阻抗谱，如图 1-2-46 所示，三种状态高锰钢在相同溶液中测得的曲线形状相似，均为收缩的圆弧，由第一象限的容抗弧和第四象限的感抗弧构成。有感抗弧的形成说明高锰钢在各浓度溶液中均发生了点蚀。水韧处理高锰钢阻抗谱的圆弧半径随着向 3.5%NaCl 溶液中加入 NaOH 浓度的增大而增大，即随着加入 3.5%NaCl 溶液中 NaOH 浓度的增大，水韧处理高锰钢耐蚀性增强。变形高锰钢和纳米高锰钢的阻抗谱与水韧处理高锰钢阻抗谱变化规律相似，说明两者耐蚀性也是随着加入 3.5%NaCl 溶液中 NaOH 浓度的增大而增强。不同点在于，纳米高锰钢阻抗谱横轴截距最大值接近 6000Ω · cm^2，而水韧处理高锰钢和变形高锰钢阻抗谱的横轴截距最大值仅分别为 3000Ω · cm^2 和 1600Ω · cm^2，远小于纳米高锰钢阻抗谱图横轴截距最大值。

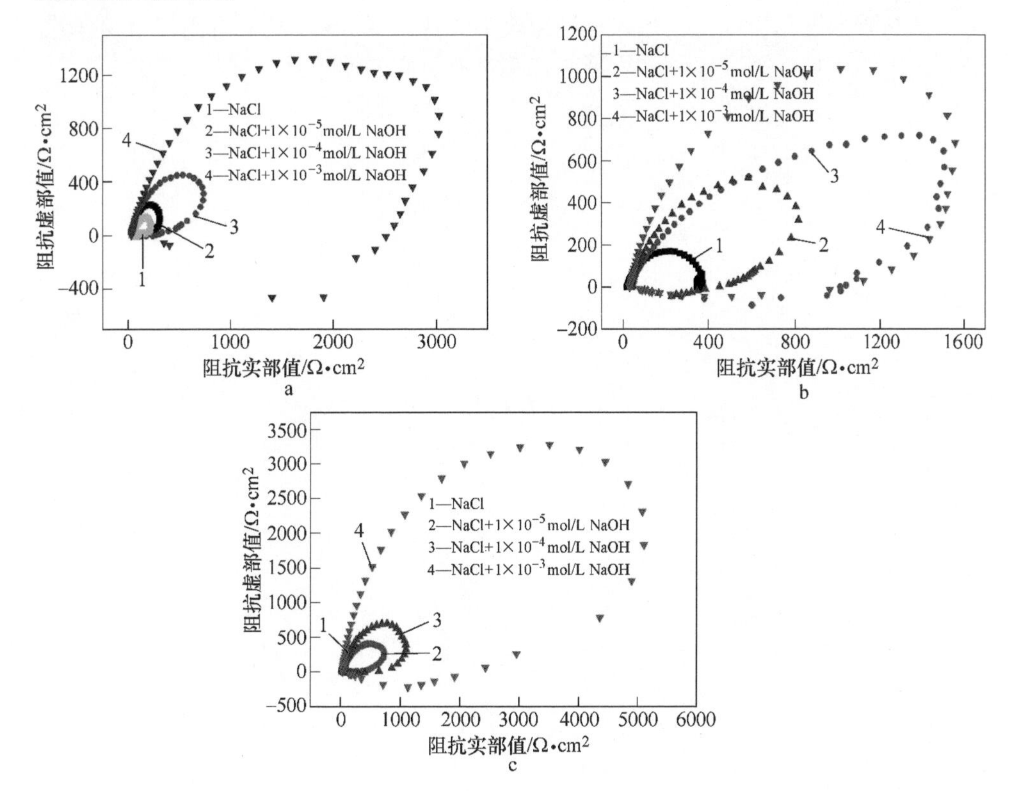

图 1-2-46　三种状态高锰钢在加入不同浓度 NaOH 的 3.5%NaCl 溶液中的电化学阻抗谱

a—水韧高锰钢；b—变形高锰钢；c—纳米高锰钢

高锰钢在 NaOH 溶液中发生的主要电极反应同式 1-2-3～式 1-2-6，高锰钢电极表面腐蚀产物主要为金属氢氧化物和氧化物。在 pH = 10 的 NaOH 溶液以及在加入不同浓度 NaOH 的 3.5%NaCl 溶液中，纳米高锰钢表面晶粒尺寸对性能的影响依然存在。当高锰钢在含不同浓度 NaOH 的 3.5%NaCl 溶液中时，Cl^-与 OH^-会发生竞争吸附，使吸附在高锰钢电极表面的 Cl^-量减小，随着加入的 NaOH 浓度的增大，吸附在高锰钢电极表面的 OH^-浓度增大，OH^-不会使高锰钢表面发生点蚀，但有利于高锰钢表面氧化物和氢氧化物的形成，从而，明显提高高锰钢的耐腐蚀性能。

在加入不同浓度 NaOH 的 3.5%NaCl 溶液中，高锰钢电极表面有两种相反的作用同时存在，一种为金属阳离子穿过氧化物、氢氧化物膜的阳极溶解以及 Cl^-作为一种破坏性离子对氧化物膜和氢氧化物膜的破坏；另一种为高锰钢电极表面氧化物膜和氢氧化物膜的不断形成以及 OH^-与 Cl^-的竞争吸附。纳米高锰钢不同于水韧处理高锰钢和变形高锰钢的界面特点，这种微观组织特征使纳米高锰钢快速形成均匀且厚的腐蚀产物（氧化物、氢氧化物），形成速度快，并且腐蚀产物与基体黏附强度高，因此，加入不同浓度 NaOH 的 3.5%NaCl 溶液中，纳米高锰钢表现出比水韧处理高锰钢和变形高锰钢具有更高的耐蚀性。

3 轨道用N+Cr强化高锰钢

第1篇第2章的研究表明，在传统的铁路轨道用高锰钢化学成分基础上，添加少量的氮和铬，会大幅度提高高锰钢的各项力学性能，更有利于高锰钢辙叉服役寿命的提高。那么，如果在高锰钢中加入更多的氮和铬，应该更有利于提高高锰钢辙叉的寿命。为此，本章对适合于铁路轨道用高氮高铬高锰钢开展研究。

对于高氮钢而言，其重点和难点在于如何稳定增加钢中的氮含量。为了增加氮在钢中的固溶度，需向钢中添加更多有利于氮溶解的元素，如锰、铬等；降低不利于氮溶解的元素含量，如碳。因此，在120Mn13钢基础上增锰、铬并降碳，可提高高锰钢中氮的固溶含量。在γ-Fe中，锰原子可置换晶格中的铁原子形成无限固溶体。研究表明，当锰含量（质量分数）大于18%以后，随着锰含量的增高，钢的层错能增加。此外，过高的锰含量会抑制塑性变形过程中形变孪晶的产生。因此，耐磨高锰钢中的锰含量（质量分数）通常控制在18%以下。铬作为碳化物形成元素，与碳的亲和力要高于锰，形成的铬碳化物稳定性更高，因此，很多含铬高锰钢的固溶处理温度均要高于120Mn13钢。当钢中存在一定含量的碳时，铬含量过高甚至无法通过高温固溶处理消除钢中的碳化物。因此，在成分设计时，要充分考虑碳和铬含量。图1-3-1所示为1100℃下C-Cr-Fe三元平衡相图，可为高锰钢中碳和铬的成分设计提供参考，可以看出，为保证高锰钢优异的加工硬化能力，碳含量（质量分数）一般要高于0.5%，铬含量（质量分数）应低于9.0%。当碳含量（质量分数）为0.6%时，钢中的铬含量（质量分数）应低于7.5%。

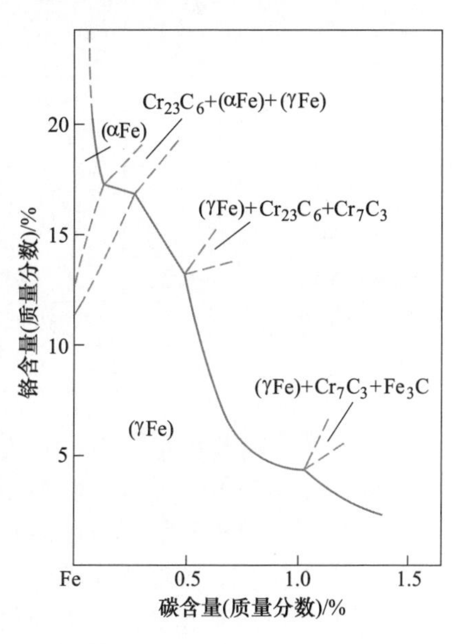

图1-3-1 1100℃下C-Cr-Fe三元平衡相图

3.1　化学成分、组织和性能

基于上述成分设计原则，设计了系列不同氮含量的高锰高铬高氮钢，对其微观组织及力学性能进行了研究，来优化N+Cr强化高锰钢的化学成分。N+Cr强化高锰钢和120Mn13钢的化学成分，如表1-3-1所示。根据氮在钢液中溶解度的计算式：

$$\lg w(\mathrm{N}) = 1/2\lg(p_{\mathrm{N_2}}/p^{\ominus}) - 188/T - 1.17 - [(3280/T - 0.75)(0.13w(\mathrm{N}) + 0.118w(\mathrm{C}) + 0.043w(\mathrm{Si}) - 0.024w(\mathrm{Mn}) + 3.2\times10^{-5}w^2(\mathrm{Mn}) - 0.048w(\mathrm{Cr}) + 3.5\times10^{-4}w^2(\mathrm{Cr}) + \delta_p^{\mathrm{N}}\lg\sqrt{p_{\mathrm{N_2}}/p^{\ominus}})] \tag{1-3-1}$$

式中　T——冶炼温度；

δ_p^{N}——氮分压对氮活度的修正系数，当 $p_{\mathrm{N_2}}/p^{\ominus}\geqslant 1$ 时，$\delta_p^{\mathrm{N}} = 0.06$；当 $p_{\mathrm{N_2}}/p^{\ominus} < 1$ 时，$\delta_p^{\mathrm{N}} = 0$。

表1-3-1　试验用钢的化学成分　　（质量分数,%）

钢种	C	N	Mn	Cr	S	P
60Mn18Cr7	0.59	—	18.1	6.7	0.001	0.011
60Mn18Cr7N0.1	0.58	0.14	18.4	6.8	0.002	0.012
60Mn18Cr7N0.2	0.56	0.18	18.6	7.0	0.002	0.010
60Mn18Cr7N0.3	0.54	0.28	18.0	6.7	0.001	0.011
70Mn18Cr7N0.1	0.68	0.11	18.2	6.8	0.001	0.013
70Mn18Cr7N0.2	0.68	0.20	18.5	6.8	0.002	0.013
80Mn18Cr7N0.2	0.78	0.17	18.1	6.8	0.020	0.010
120Mn13	1.20	—	12.8	—	0.010	0.020

钢液冶炼的温度为1600℃，$p_{\mathrm{N_2}} = 0.081\mathrm{MPa}$，$p^{\ominus} = 0.1\mathrm{MPa}$。利用式1-3-1可以计算出，对于含Mn（质量分数）18%和Cr（质量分数）7%的钢，当碳含量分别为0.8%和0.6%时，它所能溶解氮的最大值分别是0.16%和0.20%。按照该公式计算的结果，80Mn18Cr7N0.2和60Mn18Cr7N0.2钢是氮的饱和固溶体，而60Mn18Cr7N0.3钢是氮的过饱和固溶体。

表1-3-2所示为钢的常规力学性能，可见，不同碳和氮含量的N+Cr强化高锰钢的力学性能均优于120Mn13钢。随着钢中碳或氮含量的升高，高锰钢的强度增加，但冲击性能呈现降低的趋势。综合来看，60Mn18Cr7N0.2、60Mn18Cr7N0.3和70Mn18Cr7N0.2钢获得了更加优异的综合力学性能。因此，N+Cr强化高锰钢的成分（质量分数）设计中，在Mn 18%、Cr 7%基础上，碳的优选范围为0.6%~0.7%，氮的优选范围为0.2%~0.3%。

表 1-3-2 试验用钢的常规力学性能

钢种	屈服强度/MPa	抗拉强度/MPa	伸长率/%	冲击功/J
60Mn18Cr7	399	955	63	280
60Mn18Cr7N0.1	465	972	60	248
60Mn18Cr7N0.2	464	981	67	266
60Mn18Cr7N0.3	520	1003	58	221
70Mn18Cr7N0.1	471	988	53	189
70Mn18Cr7N0.2	530	1041	54	246
80Mn18Cr7N0.2	531	1056	60	212
120Mn13	394	851	33	211

120Mn13 钢经过真空熔炼获得，然后进行锻造，再经 1050℃保温 0.5h 后水淬处理，获得单相奥氏体组织。N+Cr 强化高锰钢是采用氮气氛条件熔炼，然后进行锻造，为了使钢中碳和氮的化合物完全溶解，其固溶处理温度和保温时间都比 120Mn13 钢高，采取 1100℃保温 2h 后水淬处理的方法，获得单相奥氏体组织，如图 1-3-2 所示。可以看出，两种含氮奥氏体高锰钢的金相组织都是单相奥氏体组织，奥氏体晶界比较平直，具有典型的再结晶奥氏体组织特征。同时，N+Cr 强化高锰钢的晶粒尺寸明显小于 120Mn13 钢的奥氏体晶粒尺寸。

图 1-3-2 高锰钢的固溶态金相组织

a—60Mn18Cr7N0.3 钢；b—80Mn18Cr7N0.2 钢

N+Cr 强化高锰钢和 120Mn13 钢拉伸的工程应力-工程应变曲线，以及利用 Ludwigson 公式对真应力-真应变进行拟合得到的曲线，如图 1-3-3 所示。同时，表 1-3-3 给出了试验钢的拉伸、硬度和冲击等常规力学性能测试结果，以及加工硬化指数分析结果。N+Cr 强化高锰钢的各项常规力学性能均高于 120Mn13 钢，尤其是 N+Cr 强化高锰钢的强度、硬度、塑性以及加工硬化指数都明显高于 120Mn13 钢，其中 60Mn18Cr7N0.3 钢的综合拉伸性能最好，但 3 种钢的室温冲击韧性基本相同，都达到很高的水平。

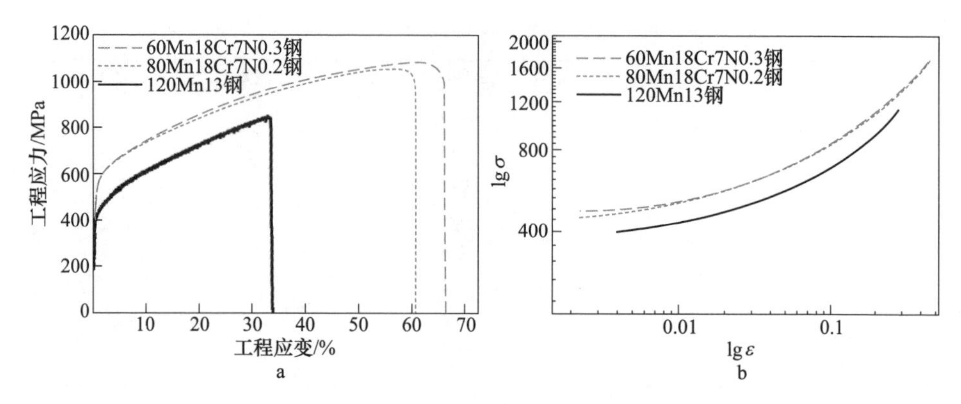

图 1-3-3　几种高锰钢的拉伸性能

a—工程应力-应变曲线；b—利用 Ludwigson 关系拟合的 lgσ-lgε 曲线

表 1-3-3　试验用钢的常规力学性能

钢种	抗拉强度/MPa	屈服强度/MPa	伸长率/%	断面收缩率/%	硬度（HV）	冲击韧性 a_{ku}/J·cm^{-2}	硬化指数 n_1
60Mn18Cr7N0. 3	1081	526	65. 6	58. 4	275	274	0. 47
80Mn18Cr7N0. 2	1056	531	59. 7	47. 5	260	265	0. 45
120Mn13	851	394	33. 2	20. 8	190	264	0. 37

N+Cr 强化高锰钢的强度和初始硬度较 120Mn13 钢高的原因是其中含有较多的锰，又加入大量的铬，从而提高了奥氏体钢的固溶强化能力，导致强度和硬度提高。同时，氮比碳更能增加钢中晶格畸变的程度，起到更好的固溶强化效果。另外，由图 1-3-2 可见，N+Cr 强化高锰钢的奥氏体晶粒尺寸明显小于 120Mn13 钢奥氏体晶粒尺寸，根据 Hall-Patch 公式，钢的强度与晶粒尺寸半径平方根成反比，因此，N + Cr 强化高锰钢具有更高的屈服强度。更加明显的是，60Mn18Cr7N0. 3 钢的伸长率和断面收缩率比 120Mn13 钢分别提高了 1 倍和 2 倍，这说明 N+Cr 强化高锰钢的塑性明显高于 120Mn13 钢。

对比 80Mn18Cr7N0. 2 钢和 60Mn18Cr7N0. 3 钢的塑性，可以看出，尽管两种钢的锰和铬含量相同，碳、氮含量之和也基本相同，但 60Mn18Cr7N0. 3 钢的伸长率和断面收缩率比 80Mn18Cr7N0. 2 钢分别提高了 10%和 23%。两种钢成分的差别是 60Mn18Cr7N0. 3 钢的碳/氮为 2、而 80Mn18Cr7N0. 2 钢的碳/氮为 4，这说明，钢中氮含量增加或碳氮质量比的降低可以明显提高高锰钢的塑性。另外，80Mn18Cr7N0. 2 钢和 60Mn18Cr7N0. 3 钢的原始硬度（HV）分别为 260 和 275，虽然 80Mn18Cr7N0. 2 钢的 C + N 含量（质量分数，0. 95%）略高于 60Mn18Cr7N0. 3 钢的 C+N 含量（质量分数，0. 88%），但由于 60Mn18Cr7N0. 3 钢是氮的过饱和固溶体，少量过饱和的氮使奥氏体的晶格产生少量附加的畸变，从而导致其硬度略有增高。

N+Cr 强化高锰钢和 120Mn13 钢的拉伸断口形貌，如图 1-3-4 所示，N+Cr 强化高锰钢具有较好的塑性。120Mn13 钢的宏观断口无明显颈缩，表面凹凸不平，呈颗粒状，微观断口显示为韧性沿晶断裂，有大量的沿晶二次裂纹，表面有滑移痕迹和微型韧窝；N+Cr 强化高锰钢的宏观断口为典型的杯锥状，缩颈比较明显，微观断口是细而浅的等轴韧窝，裂纹以微孔聚集型萌生和扩展，造成韧性断裂。

a

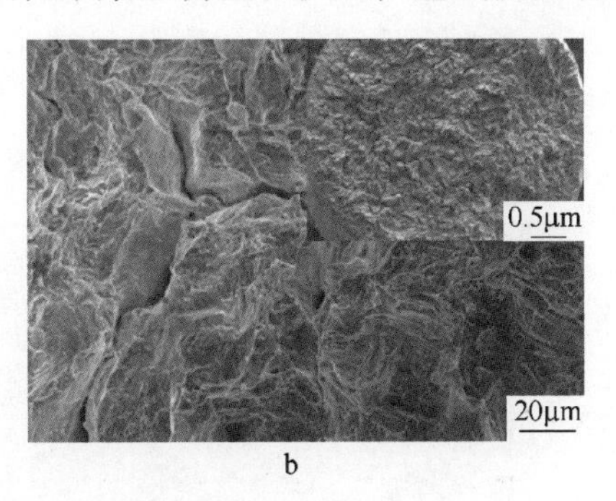

b

图 1-3-4 高锰钢的室温拉伸断口形貌

a—60Mn18Cr7N0. 3 钢；b—120Mn13 钢

层错能（*SFE*）是影响面心立方金属变形机理的一个重要因素，当奥氏体钢的层错能在 18~45mJ/m² 时，钢中就会产生形变孪晶；且当 *SFE*>30mJ/m² 时，孪晶会成为明显的特征结构。根据 Curtze 给出的层错能热力学计算公式如下：

$$\Delta G^{\gamma\to\varepsilon} = \sum_i \Delta G_i^{\gamma\to\varepsilon} + \sum_{ij} \chi_i \chi_j \Omega_{ij}^{\gamma\to\varepsilon} + \Delta G_{mg}^{\gamma\to\varepsilon} + \Delta G_{seg(int)}^{\gamma\to\varepsilon} \tag{1-3-2}$$

式中 $\Delta G^{\gamma\to\varepsilon}$ ——$\gamma\to\varepsilon$ 相变的摩尔吉布斯自由能；

χ ——纯合金元素的摩尔分数。

第一部分的式子代表纯的合金元素对吉布斯自由能变化的贡献，第二部分代表合金元素之间的相互作用对吉布斯自由能变化的影响，第三部分代表每一相（γ 或 ε）的磁性对摩尔吉布斯的贡献，第四部分考虑了间隙原子，也就是氮原子，对摩尔吉布斯自由能变化的贡献。再将式 1-3-2 得到的 $\gamma\to\varepsilon$ 相变的摩尔吉布斯自由能代入计算理想层错能的公式：

$$\gamma_{SFE} = 2\rho\Delta G^{\gamma\to\varepsilon} + 2\sigma \tag{1-3-3}$$

式中 ρ —— 沿 {111} 面的摩尔表面密度，为 2.94×10^{-5}mol/m²；

σ —— 单位面积的界面能。

在过渡金属中，σ 的取值范围在 5~15mJ/m²。对于 N+Cr 强化高锰钢，该值取 8mJ/m²；而对于 120Mn13 钢来说，取 15mJ/m² 更为合适。由式 1-3-2、式 1-3-3 计算可得，60Mn18Cr7N0. 3 钢、80Mn18Cr7N0. 2 钢和 120Mn13 钢在 25℃下的层错能分别为 33. 2mJ/m²、40. 6mJ/m² 和 46. 0mJ/m²，而在 60Mn18Cr7N0. 3 钢和 80Mn18Cr7N0. 2 钢中，氮对吉布斯自由能变化 $\Delta G_{seg(int)}^{\gamma\to\varepsilon}$ 的贡献分别为

−49.6J/mol和−29.1J/mol，说明氮是降低层错能的。N+Cr 强化高锰钢在氮和铬的共同作用下，其层错能较 120Mn13 钢低，而低的层错能促进了奥氏体钢中变形孪晶的形成。图 1-3-5 给出了 N+Cr 强化高锰钢和 120Mn13 钢拉伸试样的变形透射显微组织，两种钢的变形机制主要都是形变诱发孪生。不同的是，120Mn13 钢的孪晶带较宽，为 70～120nm，而 N+Cr 强化高锰钢的孪晶带较细，为 20～70nm，且多为交叉孪晶，且孪晶与孪晶之间存在大量的位错缠结，孪晶间的相互作用较强烈。正是由于氮导致 N+Cr 强化高锰钢在变形过程中产生大量的孪晶，因此对其总应变起到更大的贡献。

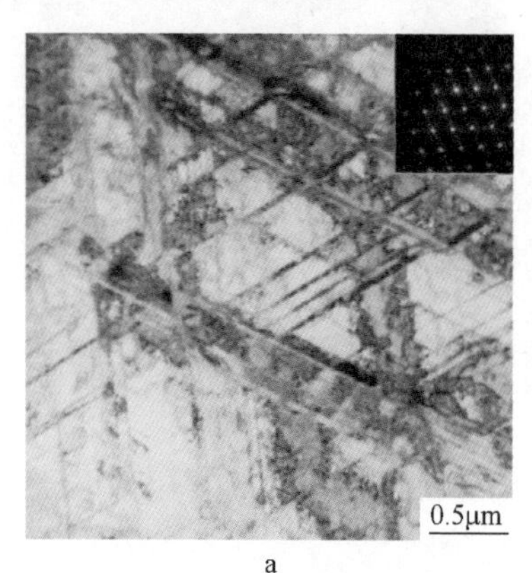

a

b

图 1-3-5　高锰钢室温拉伸断后的 TEM 组织
a—60Mn18Cr7N0.3 钢；b—120Mn13 钢

由图 1-3-5 还可以看出，N+Cr 强化高锰钢在拉伸变形过程中发生大量形变孪生甚至二次或多次孪生，使孪晶切割基体，起到了细化晶粒的作用，同样根据 Hall-Patch 公式可知，这种微观组织的细化是 N+Cr 强化高锰钢强度提高的另外一个原因。此外，形变孪晶间还产生了位错亚结构和位错胞状组织，这种高应变下的胞状位错，很可能伴随着 Lomer-Cotroll 固定位错的形成，能够有效增加进一步变形所需的位错，从而导致更高的应变硬化。

60Mn18Cr7N0.3 钢和 120Mn13 钢的冲击韧性与温度的关系曲线，如图 1-3-6 所示。根据韧脆转变温度为韧度值 0.5 高阶能对应的冲击温度的定义，60Mn18Cr7N0.3 钢和 120Mn13 钢的韧脆转变温度分别为 −135℃ 和 − 84℃。120Mn13 钢从

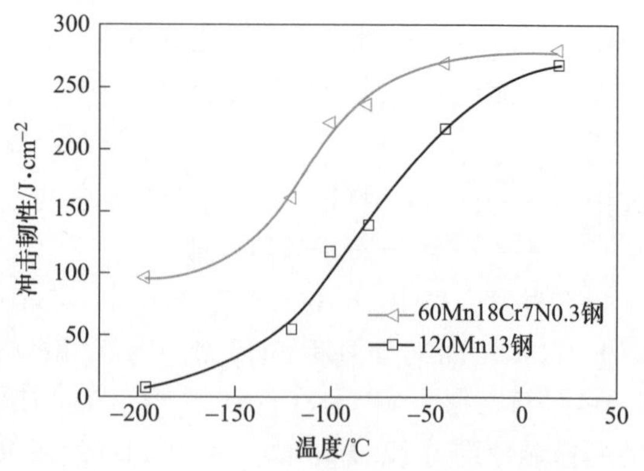

图 1-3-6　高锰钢的冲击韧性与温度的关系

−80℃后，冲击韧性明显下降，在−196℃时，冲击韧性只有 7J/cm^2，发生了明显的韧脆转变现象。而 60Mn18Cr7N0.3 钢虽然也发生了韧脆转变，但在−196℃时的冲击韧性仍有 97J/cm^2，韧性仍然很好，而且 60Mn18Cr7N0.3 钢在室温时的冲击韧性较 120Mn13 钢基本相当。

120Mn13 钢和 N+Cr 强化高锰钢都存在着韧脆转变现象，为了分析其低温断裂机制，图 1-3-7 给出了 120Mn13 钢和 60Mn18Cr7N0.3 钢在 20℃和−196℃下的冲击断口形貌。在 20℃下，120Mn13 钢的断口为均匀的大韧窝，呈现韧性断裂；在−196℃下，断口完全是脆性断裂，沿晶断裂表现得非常突出，呈冰糖状。而在 20℃下，60Mn18Cr7N0.3 钢的断口由抛物状的韧窝组成，在−196℃时的断口则是由一些平坦的解理刻面周围环绕着的扁平韧窝组成的，断裂形式以穿晶为主。为进一步分析 60Mn18Cr7N0.3 钢的断裂机理，图 1-3-8 给出了更微观的形貌。在 60Mn18Cr7N0.3 钢的脆性断裂面上可以观察到 3 组不同的滑移线，互呈 60°角左右，这些滑移线横贯多个平行的晶面，且高度集中于 {111} 密排面上，沿着断裂扁平刻面上的滑移线有微裂纹出现，这意味着 N+Cr 强化高锰钢低温下的脆断面可能是一种沿 {111} 面形成的平坦的结晶状断裂刻面。在图 1-3-9 给出的断口纵剖面的金相图上也可以看到这种细密的滑移线，是裂纹萌生的诱因，与裂纹沿滑移线滑出开裂的机制相符。而在断口形貌中还存在一些折线状台阶花样，这表明这种平坦的解理小刻面也可能是一种退火孪晶界断面，其本身也为 {111}

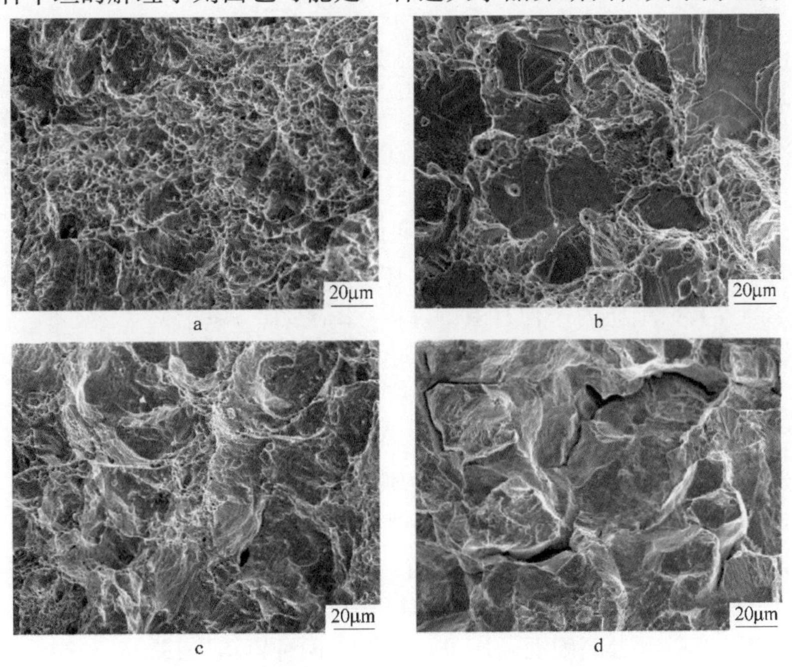

图 1-3-7 高锰钢在不同温度下冲击断口 SEM 形貌

a—60Mn18Cr7N0.3 钢，20℃；b—60Mn18Cr7N0.3 钢，−196℃；c—120Mn13 钢，20℃；d—120Mn13 钢，−196℃

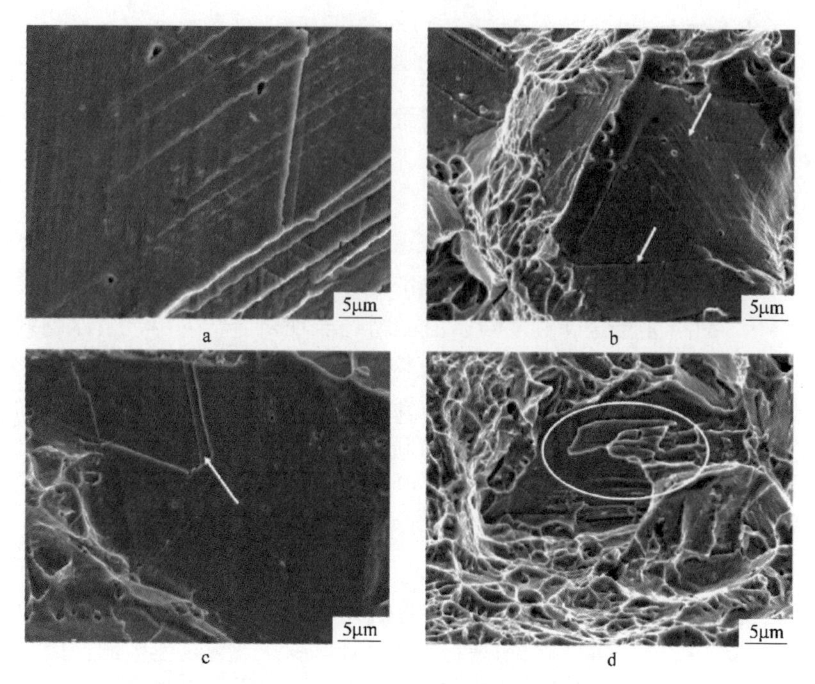

图 1-3-8　60Mn18Cr7N0.3 钢在-196℃下冲击断口 SEM 形貌
a—通过多晶的滑移线；b—微裂纹；c—沿｛111｝面的断面；d—舌状花样

面，在试样初始组织中也可以观察到这些退火孪晶。无论属于哪种脆断面，这些断裂面大多数都是平行于｛111｝面的，小的脆性裂纹会沿着一个晶粒内的｛111｝面或孪晶界扩展，在两种不同｛111｝面的交界处又会改变其扩展方向，而奥氏体晶粒和孪晶界又很难作为一种有效的障碍阻止裂纹扩展，最终钢发生脆断。除此之外，在一些区域还能观察到舌状花样。

图 1-3-9　60Mn18Cr7N0.3 钢在-196℃下冲击断口纵剖面金相组织

为了分析两种钢在断口附近的变形程度和范围，将试样纵向剖开，利用显微维氏硬度计测试了断口附近与 U 型缺口平行和垂直的两个方面的硬度分布，硬度分布结果如图 1-3-10 所示，从图中可以看出，60Mn18Cr7N0.3 钢在 U 型缺口附近的硬度（HV）最高，达到 500；120Mn13 钢在 U 型缺口附近和摆锤冲击处分别有两个最高突起处，最高硬度（HV）为 400，两种钢均比其固溶态的硬度高了 2 倍左右，这说明在 U 型缺口附近处发生了比较大的变形，即两种钢在-196℃下的加工硬化能力都比较高。随着距断口表面距离的增加，硬度均逐渐下降。但

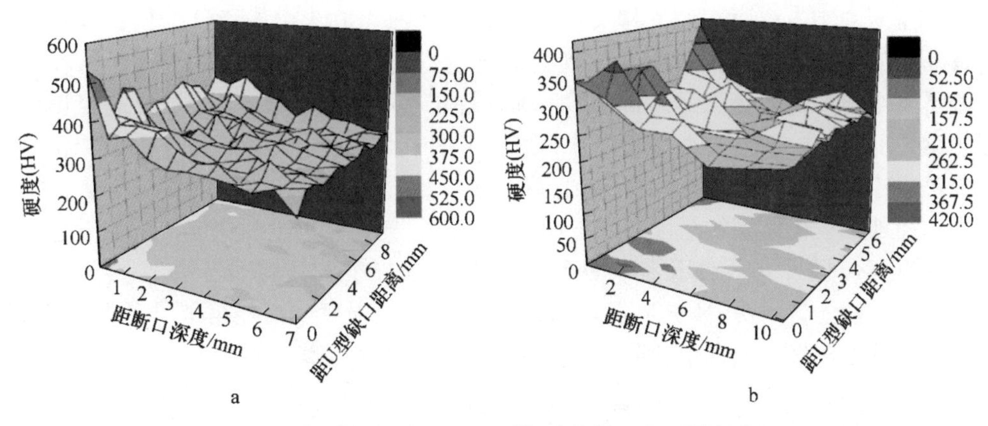

图 1-3-10 高锰钢在-196℃下的冲击断口表面硬度分布

a—60Mn18Cr7N0.3 钢；b—120Mn13 钢

60Mn18Cr7N0.3 钢的硬度变化只发生在一个很小的范围内，大约为 0.5mm，这说明试样只有 1/55 参与了低温冲击变形，变形范围很小。而 120Mn13 钢的硬度在大约 4mm 内才逐渐变化至平坦，这说明 120Mn13 钢的试样有 1/7 部分参与了冲击变形。虽然由于 60Mn18Cr7N0.3 钢和 120Mn13 钢的层错能都较低，在高速冲击载荷下变形主要以孪晶为主，但 60Mn18Cr7N0.3 钢的平面滑移效果使得塑性应变可逆性增强。故相比较而言，120Mn13 钢的孪晶较粗大，且塑性变形不均匀性更大，最终导致变形范围较大。

120Mn13 钢和 N+Cr 强化高锰钢在-196℃下的断口表面 XRD 分析，如图 1-3-11 所示，两种钢中均没有发现马氏体峰，说明两种钢在液氮温度的低温冲击过程中都未发生马氏体相变，因此，导致低温脆性的原因不是应变诱发马氏体相变。

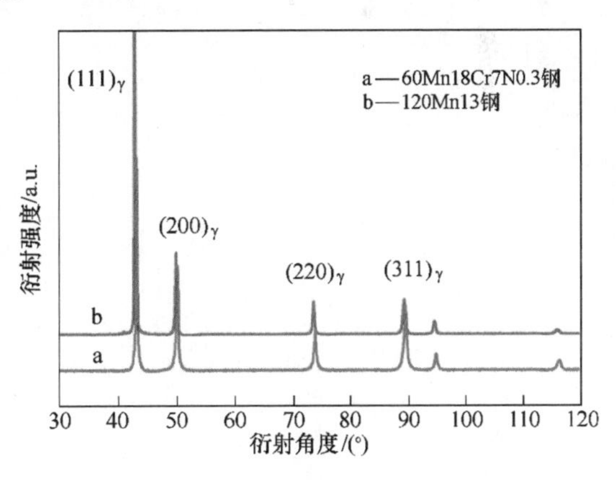

图 1-3-11 两种高锰钢经-196℃冲击断口表面的 XRD 图谱

在高氮奥氏体钢中，氮会引起原子的短程有序化和层错能的降低，随温度的下降，这种作用越来越强烈，在宏观上表现为剪切抗力大幅度增大，使得原来为韧性断裂的面心立方奥氏体钢产生了穿晶脆断。因此，N+Cr 强化高锰钢低温脆性转变的原因主要是高锰含量和氮引起的层错能降低。由于 60Mn18Cr7N0.3 钢的层错能较低，促使其在变形时孪晶和平面位错结构的滑移更加容易进行，大量的孪晶和孪晶界的存在会成为位错运动的阻碍，易产生应力集中；而平面滑移又促进了60Mn18Cr7N0.3钢的裂纹形核，降低了其断裂应力，二者共同作用，导致该钢发生脆断。虽然60Mn18Cr7N0.3钢在低温下发生了韧脆转变，但其-196℃下的韧性仍有97J/cm²，比大多数的高氮奥氏体钢在低温下的韧性要高，这一方面是由于钢中存在一定的氮，另一方面则很可能是由于在N+Cr的共同作用下，自由电子密度显著增加，原子间键的金属性增强，增加了奥氏体钢的塑性和冲击韧性。同时，奥氏体也更加稳定，低温下也不会发生变形诱发马氏体相变，最终使得其韧脆转变温度降低，并且要远低于120Mn13钢。这说明，N+Cr强化高锰钢在拥有高强度、高加工能力的基础上，低温韧性也较好，适合于制造寒冷高速重载条件下的铁路辙叉。

3.2　耐磨性能

为研究这种高锰高铬高氮钢的耐磨性能，利用销式摩擦磨损试验机，在32MPa磨损应力条件下进行耐磨性研究。N+Cr强化高锰钢和120Mn13钢在20℃和300℃下经摩擦磨损后失重量随时间的变化关系，如图1-3-12所示。钢在300℃高温条件下的失重量要远小于20℃下的失重量，并且两种状态下钢的磨损失重量与时间都呈一种线性关系，说明在高温条件下奥氏体高锰钢的耐磨性比较好。经过一段时间的磨损之后，120Mn13钢的磨损失重量要比N+Cr强化高锰钢多1倍以上，说明N+Cr强化高锰钢的耐磨性明显高于120Mn13钢的耐磨性。两种不同N+Cr强化高锰钢的耐磨性也有较明显的差别，60Mn18Cr7N0.3奥氏体钢的耐磨性能更好，尤其是在较长时间磨损后，两者差别逐渐增大。

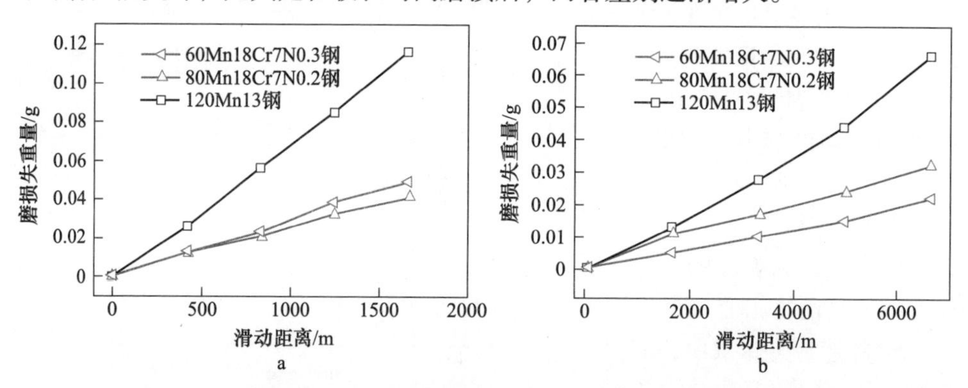

图1-3-12　几种高锰钢在不同温度下磨损失重量随滑动距离的变化规律

a—20℃；b—300℃

N+Cr强化高锰钢和120Mn13钢在20℃和300℃下，经过不同时间的摩擦磨损后磨痕中部亚表层显微硬度分布曲线，如图1-3-13所示，可以看出，三种钢经过磨损以后都产生了明显的加工硬化现象，但N+Cr强化高锰钢的加工硬化程度高于120Mn13钢，无论是最表层硬度还是硬化层深度都是如此。在20℃磨损条件下，两种N+Cr强化高锰钢的最表层硬度（HV）达到380，而120Mn13钢表层硬度（HV）达到340，硬化层深度都为1mm左右。在300℃磨损条件下，两种N+Cr强化高锰钢的最表层硬度（HV）达到580，硬化层深度为0.5mm左右；而120Mn13钢的表层硬度（HV）达到430，硬化层深度仅为0.1mm左右。

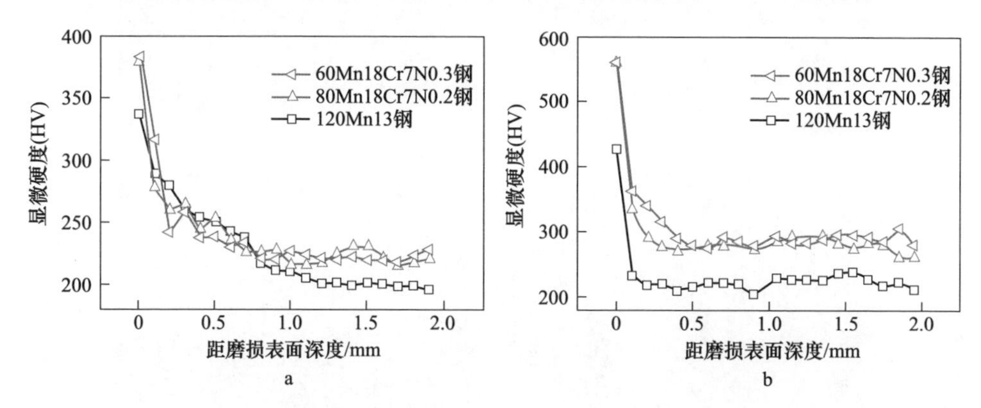

图1-3-13 几种高锰钢在不同温度下摩擦磨损不同时间后磨痕中部亚表层显微硬度分布
a—20℃；b—300℃

N+Cr强化高锰钢的耐磨性优于120Mn13钢，这与原子的短程有序和层错能有关。氮和铬在奥氏体结构中促进原子的短程有序，会有效抑制位错的交滑移，促使位错平面滑移，增强应变硬化效果，从而提高钢的耐磨性。低的层错能可以使钢中产生平面位错和形变孪晶亚结构以及强的应变硬化效果，从而使磨损亚表层的硬度大幅度增加。这也是新型N+Cr强化高锰钢耐磨性优于120Mn13钢的重要原因。在本书相关研究中，试样的端面接触应力为32MPa，属于高应力状态下的磨损，而其耐磨性仍优于120Mn13钢，说明在高应力状态下，新型N+Cr强化高锰钢具有良好强韧性的同时，耐磨性也很高，进一步说明这种钢是一种较理想的制造铁路辙叉的材料。

为了分析钢的磨损机理，图1-3-14给出了60Mn18Cr7N0.3钢和120Mn13钢在20℃和300℃下，经过1660m的磨损后典型的磨面形貌。由图1-3-14可见，两种钢在20℃下的磨损机制主要是磨粒磨损和塑性变形，在300℃下的磨损机制主要是黏着磨损。在20℃下，60Mn18Cr7N0.3钢和120Mn13钢的磨痕表面上能观察到很明显的黏着痕迹，这是由在磨损过程中高的局部接触应力导致钢表面上黏着点的破裂和剪切造成的，同时还能看到较浅的犁沟。在300℃磨损时，钢磨面上可以观察到小块氧化层，同时在氧化层内部或氧化层与基体的边界上存在着层状坑。

60Mn18Cr7N0.3钢和120Mn13钢在20℃和300℃下经过1660m磨损后的典型磨痕次表层的组织形貌，如图1-3-15所示。20℃时在60Mn18Cr7N0.3钢的最

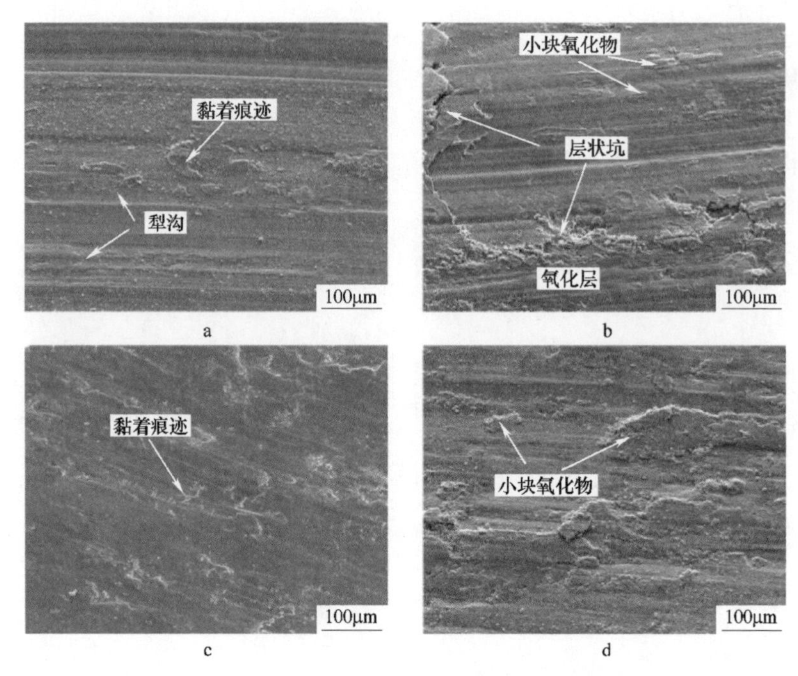

图 1-3-14　高锰钢经 1660m 磨损后的典型磨面形貌

a—60Mn18Cr7N0.3 钢，20℃；b—60Mn18Cr7N0.3 钢，300℃；c—120Mn13 钢，20℃；d—120Mn13 钢，300℃

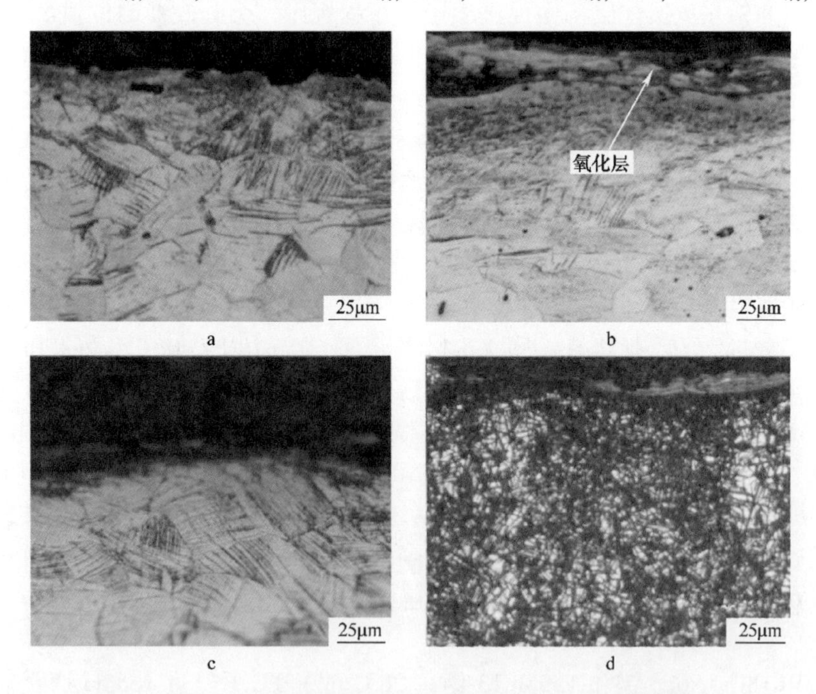

图 1-3-15　高锰钢在不同温度下纵剖面磨损表层的金相组织

a—60Mn18Cr7N0.3 钢，20℃；b—60Mn18Cr7N0.3 钢，300℃；c—120Mn13 钢，20℃；d—120Mn13 钢，300℃

表层上存在着明显的晶粒碎化现象，该碎化层的深度大概有 10μm，在次表层上有大量的滑移线出现，这说明钢在磨损过程中发生了严重的塑性变形，300℃时还可以在 60Mn18Cr7N0.3 钢的最表层观察到一层氧化层，其深度大概为 10μm。而在 120Mn13 钢中 20℃没有出现晶粒碎化现象，只能在钢的次表层观察到大量密集的滑移线，尤其是在高温下，塑性变形区域较大，深度大概为 0.5mm。磨痕次表层组织严重碎化和严重塑性变形也是造成 60Mn18Cr7N0.3 钢和 120Mn13 钢表层硬度提高的原因。

为了分析试样表面氧化物的成分，图 1-3-16 给出了 60Mn18Cr7N0.3 钢在 20℃和 300℃下磨痕表层的 XRD 分析，可以看到，20℃下磨痕表面还是以基体 γ-Fe 相为主，只有很少量的氧化物，而 300℃下的磨痕表面氧化物种类和数量明显比 20℃的多，氧化物相的峰值甚至都超过了铁基相，其中存在的少量 α-Fe 相则很可能是作为摩擦副的 GCr15 上的材料在滑动磨损过程中被转移到被磨试样的氧化表面上的。这说明钢中的 Cr 含量在高的环境温度（300℃）和摩擦热的试验条件下增加了摩擦氧化物与金属基体之间的黏着结合力，从而使基体底层有足够的强度来支撑氧化层，进而起到减缓钢磨损的作用，这也是高锰钢 300℃下的磨损失重量要小于 20℃的原因。应该指出的是，120Mn13 钢在 300℃有可能析出碳化物，但是根据 X 射线结果没有发现碳化物的存在，说明 120Mn13 钢在 300℃下的耐磨性没有碳化物颗粒的作用。

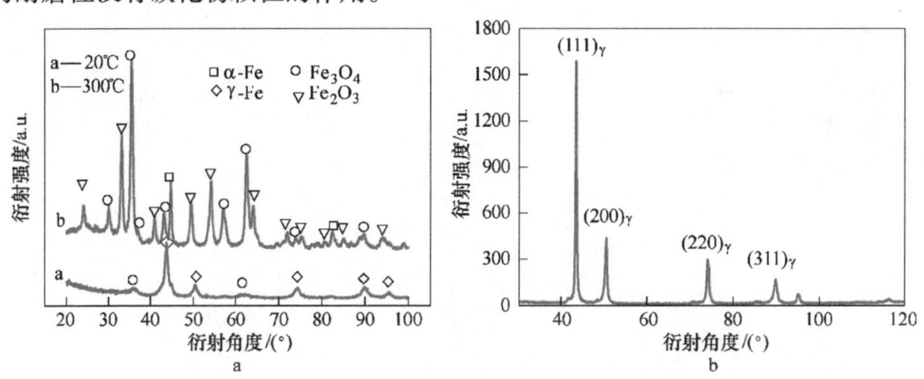

图 1-3-16 高锰钢磨损表面的 XRD 结果

a—60Mn18Cr7N0.3 钢，20℃和 300℃；b—120Mn13 钢，300℃

3.3 疲劳性能

对 60Mn18Cr7N0.3 钢分别进行拉压低周和三点弯曲高周疲劳试验，全面分析了 N+Cr 强化高锰钢在塑性应变和弹性应变控制下的循环变形行为和疲劳损伤机理。

在弹性应变控制的循环变形中，一般屈服强度高的钢，其疲劳强度也会表现出较高的值，从图 1-3-17 给出的两种钢的弯曲疲劳曲线也不难发现，N+Cr 强化高锰钢的疲劳强度明显高于 120Mn13 钢（分别为 817MPa 和 660MPa），并且在同等应力水平下，N+Cr 强化高锰钢的疲劳寿命要大于 120Mn13 钢。

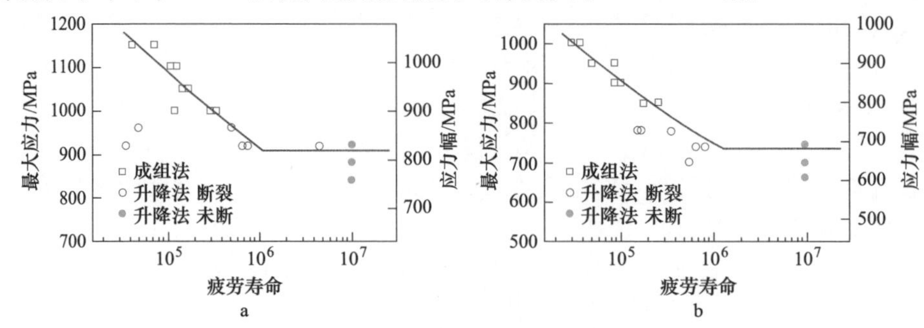

图 1-3-17　高锰钢的弯曲疲劳曲线

a—60Mn18Cr7N0. 3 钢；b—120Mn13 钢

两种钢在塑性应变控制下的循环硬化软化曲线，如图 1-3-18 所示，虽然它们在静态拉伸时都表现出较高的加工硬化指数，但在动态变形时却表现出相反的动态循环变形特性。N+Cr 强化高锰钢在几个循环周次内发生硬化然后直接软化至稳定阶段，120Mn13 钢则在较长阶段内持续硬化，然后再软化至稳定或断裂。N+Cr 强化高锰钢得益于其循环软化的特性，在所有总应变幅下的疲劳寿命比循环硬化特性的 120Mn13 钢均至少多一倍，且应变幅越高，循环软化的作用越明显，N+Cr 强化高锰钢寿命的增加幅度越大。

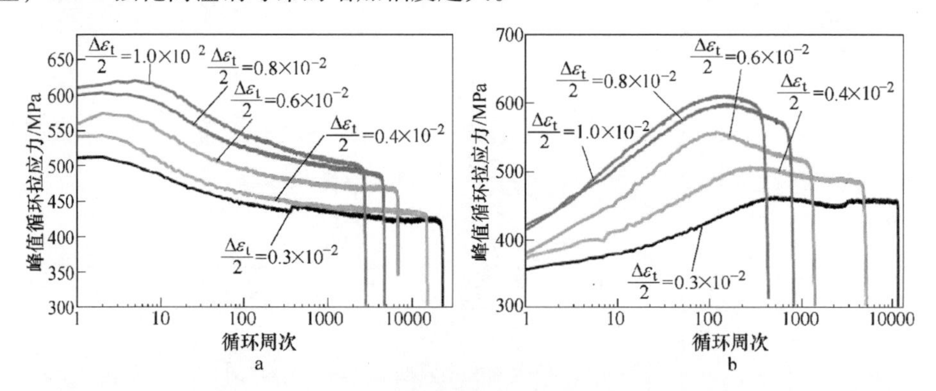

图 1-3-18　高锰钢的峰值拉应力随循环周次变化规律

a—60Mn18Cr7N0. 3 钢；b—120Mn13 钢

图 1-3-19 给出了两种钢在半寿命处循环稳定下的应力-应变曲线，并与单向静拉伸的应力-应变曲线进行了对比。N+Cr 强化高锰钢的循环应力明显低于其自身的静拉伸应力，120Mn13 钢则明显高于其自身的静拉伸应力，这个结果更充分地证明了 N+Cr 强化高锰钢和 120Mn13 钢各自的循环软化硬化特性。并且，虽然 N+Cr 强化高锰钢的静拉伸强度比 120Mn13 钢高很多，但同等应变下，N+Cr 强化高锰钢由于循环软化的特性，其半寿命处的应力较循环硬化特性的 120Mn13 钢

略低一些。

通过对比初始循环周次和半寿命处的滞后回线形状变化，发现 N+Cr 强化高锰钢和 120Mn13 钢的循环软化硬化特性在滞后回线上也有明显体现，见图1-3-20。随循环周次的增加，N+Cr 强化高锰钢的应力明显下降，塑性应变幅变化不明显，滞后回线形状的尖锐程度有所缓和。120Mn13 钢半寿命处的应力相较于初始循环则明显增加，塑性应变幅明显变小，滞后回线的形状由方形变尖锐。

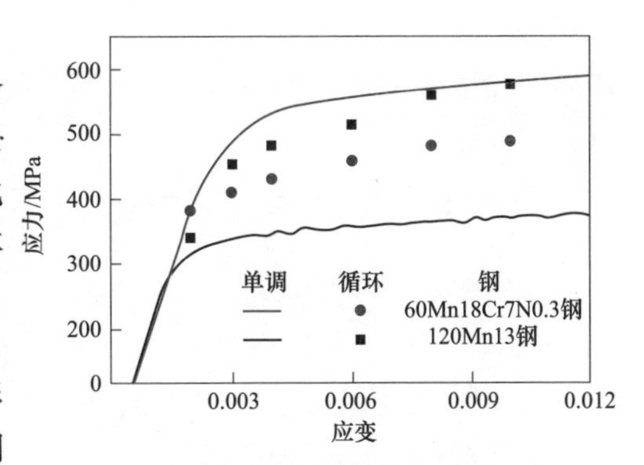

图 1-3-19 两种高锰钢的循环应力-应变曲线和单向静拉伸应力-应变曲线

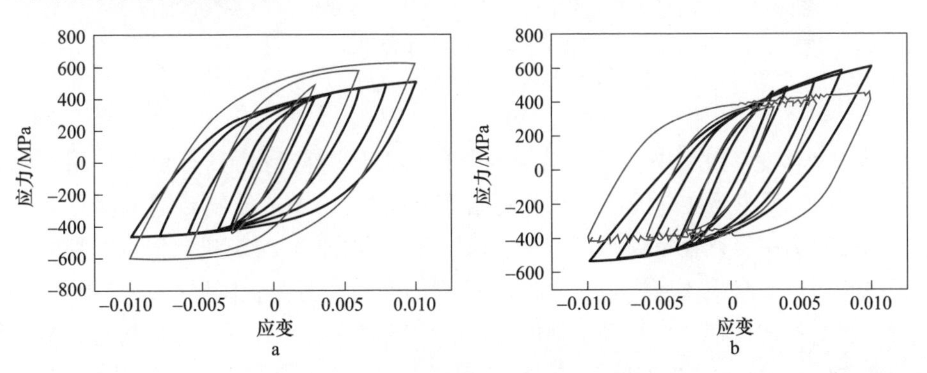

图 1-3-20 高锰钢的滞后回线形状图

（红线代表初始循环 2 周次时的滞后回线，黑线代表各自循环半寿命时的滞后回线）

a—60Mn18Cr7N0. 3 钢；b—120Mn13 钢

两种钢应力幅与塑性应变幅的关系，如图 1-3-21 所示，N+Cr 强化高锰钢的应力幅随塑性应变幅呈线性增加，120Mn13 钢则呈现双线性的情形，当塑性应变幅大于 0.2×10^{-2}时，曲线的斜率增大。图 1-3-22 给出了 N+Cr强化高锰钢和普通钢在总应变幅为0.3×10^{-2}时疲劳失效试样表面的金相组织。在低应变幅 0.3×10^{-2}下，N+Cr 强化高锰钢中不少晶粒上存在相互交叉的密集滑移带，说明即使在

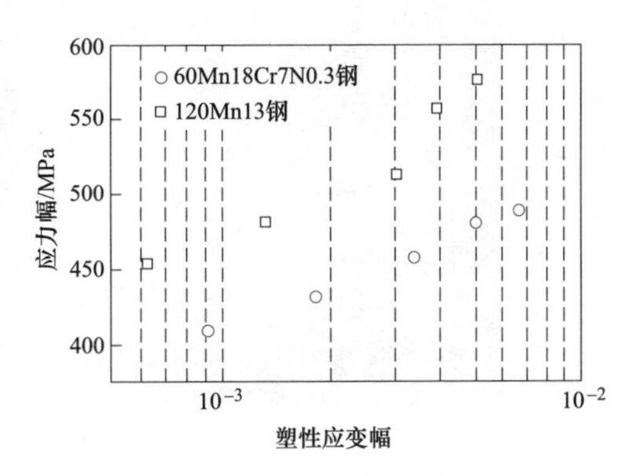

图 1-3-21 两种高锰钢半寿命处的应力幅与塑性应变幅的关系

低应变幅下，试样也不是以单滑移为主，而是存在很大比例的多滑移特性。120Mn13 钢的滑移带相对更宽，密集程度也有所下降，滑移带在表面造成的拓扑相也更为粗糙。

a

b

图 1-3-22　高锰钢在塑性应变控制疲劳下总应变幅为 0.3×10^{-2} 时断裂失效试样表面的金相组织

a—60Mn18Cr7N0.3 钢；b—120Mn13 钢

动态循环变形过程中，显微结构的变化对循环响应行为具有重要作用，如图 1-3-23 所示，无论是在高周还是在低周循环范围内，N+Cr 强化高锰钢都是以平面位错的排布为主，存在富位错区域和贫位错区域的条带，与宏观金相观察到的密集滑移线相对应。在最大应力为 1150MPa 控制的高周疲劳中，试样的条带相对较宽，且有二次滑移的存在，存在多滑移的特性。而应变控制疲劳下，条带相对较窄，且排布较均匀。随控制应变由弹性向塑性转化，富位错区域由以位错为主（1150MPa）向以层错为主（应变幅 0.3×10^{-2} 和 1.0×10^{-2}）转化。而 120Mn13 钢在应力或应变控制的变形条件下，均是由不完全或完全的位错胞组成的。

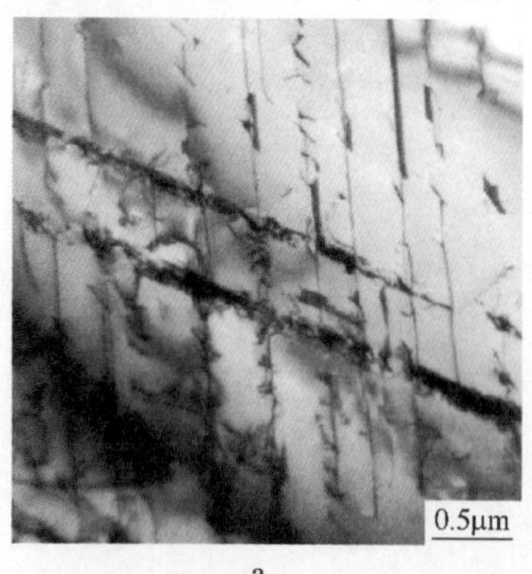

a

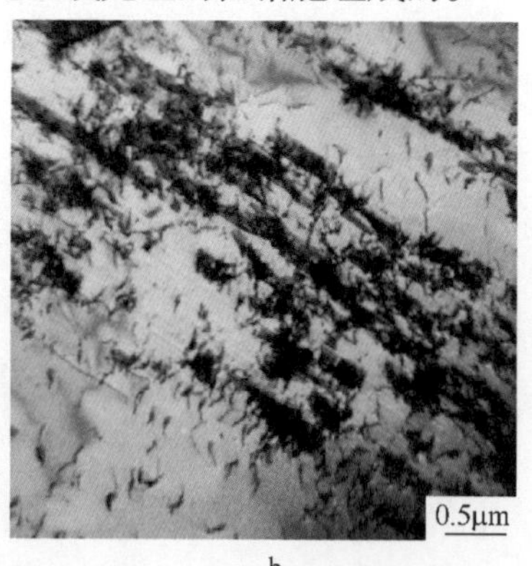

b

图 1-3-23　60Mn18Cr7N0.3 钢经动态循环变形失效后的 TEM 组织

a—应力控制疲劳最大应力 1150MPa 下经 71500 周次；b—应变控制疲劳最低应变幅 0.3×10^{-2} 下经 23180 周次

N+Cr 强化高锰钢在最高应变幅 1.0×10^{-2}下经不同周次的 TEM 组织，如图 1-3-24所示，平面滑移特点在高应变幅下十分明显。即使在循环 10 周次下，已有少量很细的位错带，且互成 60°角相互交叉。根据晶体学理论，{111} 面是奥氏体的滑移面，每个 {111} 面上的 3 个基矢间的角度是 60°，故这些位错是沿 {111} 面滑移的。当试样经 2825 周次最终断裂时，这些富位错条带明显变密。这些富位错带沿 {111} 面形成，而裂纹也常在这种塑性应变局域化的滑移带或滑移带交叉的地方产生。

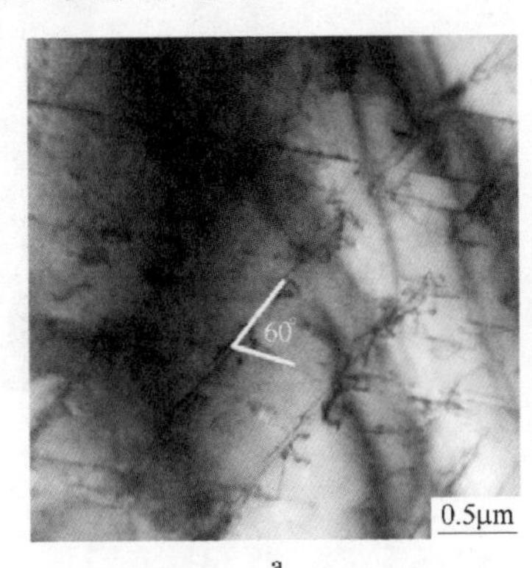

a　　　　b

图 1-3-24　60Mn18Cr7N0.3 钢在最高应变幅 1.0×10^{-2}下经不同循环周次后的 TEM 组织

a—10 周次；b—2825 周次失效

在塑性应变控制的动态变形下，N+Cr 强化高锰钢和 120Mn13 钢在最高总应变幅 1.0×10^{-2}下均存在短裂纹，如图 1-3-25 所示。在高应变幅下，N+Cr 强化高锰钢试样表面滑移带的密集程度明显增加，试样主要以多滑移为主，表面的短裂纹数量相对较多，分布密集，长度较短，形状多弯曲扭折；且这些短小密集的短裂纹多沿滑移带（绿色箭头）和晶界（红色箭头）萌生。对比之下，120Mn13 钢的短裂纹只有几个，但长度则大得多，形状较为平直，穿过 10 多个晶粒，呈很明显的穿晶特性。

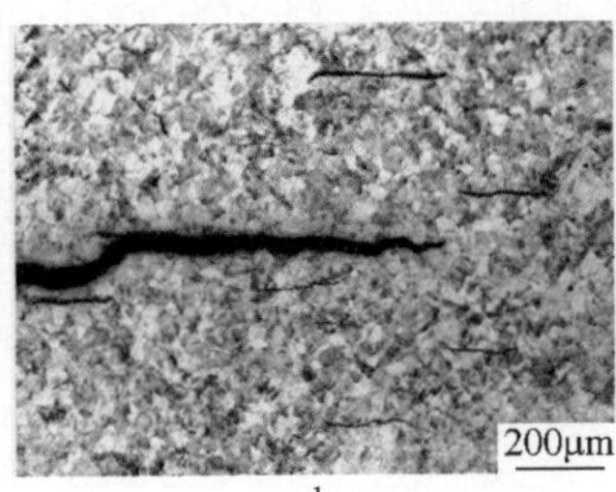

a　　　　b　　　　c

图 1-3-25　高锰钢在总应变幅 1.0×10^{-2}下主裂纹尖端的短裂纹分布特征

（红色箭头代表沿晶界萌生扩展的短裂纹，绿色箭头代表沿滑移带萌生扩展的短裂纹）

a，c—60Mn18Cr7N0.3 钢；b—120Mn13 钢

在弹性应变控制的疲劳中，N+Cr 强化高锰钢在最大应力为 1150MPa 下的疲劳失效试样裂纹扩展区的形貌，如图 1-3-26 所示。在动态应力加载下，一个晶粒内的位错在 {111} 面上滑移，随循环周次的增加，滑移带上携带的位错大量增加，使滑移面相互分离，形成挤出台阶。在循环应力加载下，裂纹在孪晶界处停止时会产生应力集中，当应力集中程度增大时，裂纹会沿晶粒的另一个方向扩展，最终形成“之”字形扩展。

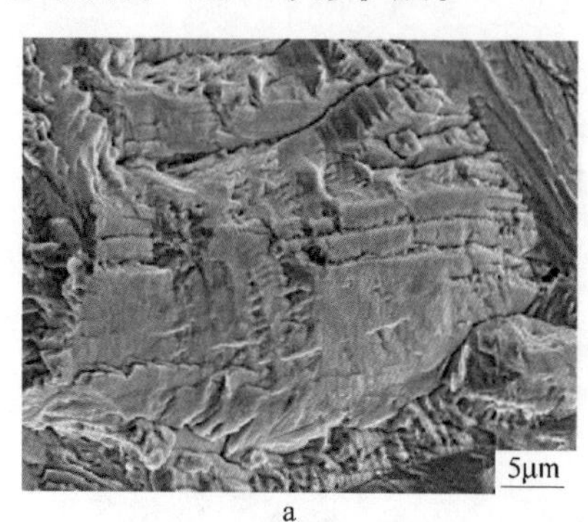

a

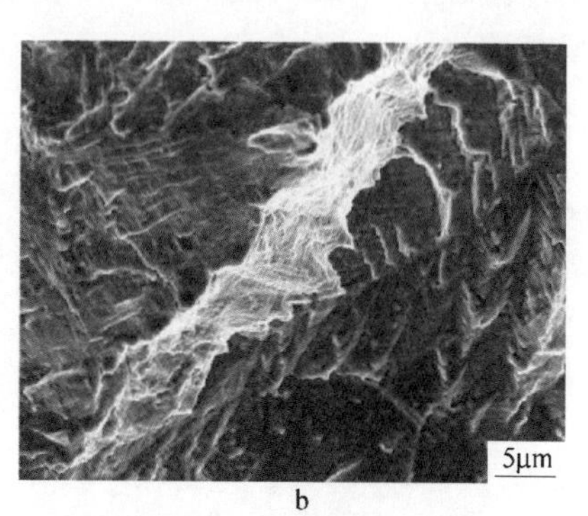

b

图 1-3-26 60Mn18Cr7N0. 3 钢在最大应力为 1150MPa 条件下疲劳失效试样的裂纹扩展区形貌
a—分层台阶；b—“之”字形扩展

在塑性应变控制的疲劳中，N+Cr 强化高锰钢主要是循环软化的，最大应力都是在最初的 10 个周次内就得到了，随后应力软化占据了主要的疲劳寿命。120Mn13 钢则表现出循环硬化特性，初始硬化至少 100 周次后才达到一个稳定平台或峰值应力。一般来说，奥氏体钢的循环硬化软化行为与层错能和原子之间的短程有序有关。经计算，N+Cr 强化高锰钢室温下的层错能较低（33. 2mJ/m^2），由于氮和铬的添加，短程有序效应也较强，位错的平面滑移特性较明显，最终使得 N+Cr 强化高锰钢在循环饱和阶段的位错形态和排布以较软的平面带状结构为主，故 N+Cr 强化高锰钢呈现循环软化的特性。这种特性对材料的循环塑性应变控制变形下疲劳应力的提升作用不大，但对循环变形的寿命却起到十分积极的延长作用。而 120Mn13 钢的层错能相对较高（46. 0mJ/m^2），位错仍以交滑移为主，C-Mn 原子对中的碳与位错间的短程反应使其在循环饱和阶段的位错形态主要以较硬的胞状结构为主，故 120Mn13 钢表现为循环硬化，这种特性对材料的循环强度提升具有积极作用。

循环软化系数可按下式计算得到：

$$\delta_S = \frac{\sigma_{peak} - \sigma_{sat}}{\sigma_{peak}} \times 100\% \tag{1-3-4}$$

式中 σ_{peak}——最大应力处的应力幅；

σ_{sat}——饱和稳定处的应力幅。

将 N+Cr 强化高锰钢的软化系数 δ_s 与其他含氮奥氏体不锈钢 CrNiN0. 44 和

316LN0.22 进行对比，由图 1-3-27 发现，随氮含量增加，所有应变幅下的循环软化系数总体呈增加趋势，这与氮促进疲劳过程中循环软化的认知相符。对于含氮奥氏体不锈钢来说，低应变幅时以单滑移为主，在增强的平面滑移效应下，局部变形会导致裂纹的过早萌生和扩展，致使应力下降过快，故 δ_s 先是升高。应变幅继续增加后，位错的滑移模式从单滑移转变成多滑移，塑性应变局域性集中得到缓解，位错也逐渐形成稳定的叶脉状或胞状结构，裂纹在萌生后失稳较慢，所以 δ_s 又呈下降趋势。而从宏观金相和微观透射观察中看出 N+Cr 强化高锰钢在低应变幅和高应变幅下的滑移模式都是以多滑移为主，滑移模式变化不大，其塑性应变的局域集中程度在所有的应变幅下都基本保持一致。因此，其软化系数并不随应变幅的增加而明显改变。

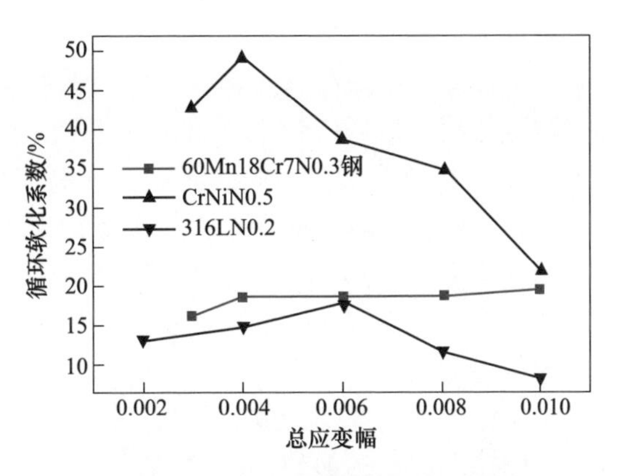

图 1-3-27 几种高锰钢循环软化系数与总应变幅的关系

从滞后回线上可以得到额外的关于循环应力源的信息，可以更好地分析钢的循环硬化软化行为的物理本质。图 1-3-28 给出了 N+Cr 强化高锰钢内应力和有效应力的演变，在最低应变幅下，内应力和有效应力几乎都是瞬时软化；在最高应变幅下，内应力和有效应力都先有一个轻微的上升，然后快速软化一个很长的阶段。在最低应变幅时，内应力和有效应力几乎是相同的。随着总应变幅增加，N+Cr 强化高锰钢的内应力增加幅度较大，而有效应力增加幅度很小。

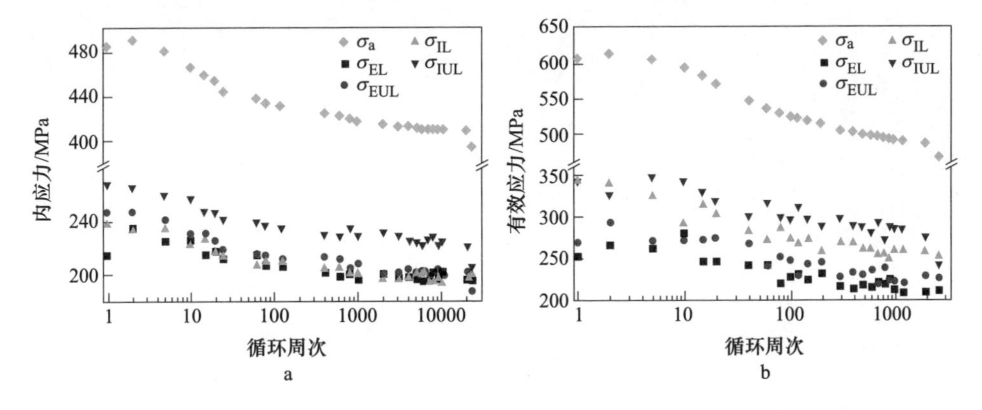

图 1-3-28 60Mn18Cr7N0.3 钢内应力和有效应力随循环周次的演变规律

a—内应力；b—有效应力

在其他含氮奥氏体钢中，氮与钼、铬、钨等置换原子有较强的亲附作用，容易与之形成原子的短程有序区，这种由于 N+Cr 的添加引起的短程有序效应造成的固溶强化使得最低应变幅下的初始有效应力较高，但在高应变幅下的有效应力并没有太大，说明 N+Cr 的硬化效应在高应变幅时不起作用。随循环周次的增加，这种短程有序区被破坏，氮原子重新分布，位错滑移抗力下降，在滞后回线上就表现为有效应力降低。从图 1-3-28 也能看出，N+Cr 强化高锰钢的有效应力无论是在最低应变幅还是最高应变幅下都有一个很长的软化阶段。随应变幅的增加，内应力增加，是由高应变幅下平面滑移带上的局部位错密度以及晶界附近钉扎的位错密度大量增加造成的。而 N+Cr 的添加不仅对有效应力有直接作用，对内应力随循环周次的演变也起到了间接作用；N+Cr 强化高锰钢中位错的平面滑移特性，增强了滑移的可逆性，使位错消失的速度大于其产生的速度，造成内应力随循环周次的增加也呈缓慢下降的趋势。

120Mn13 钢则是随循环变形的进行，其中的 C-Mn 原子对之中的碳原子与位错的作用会导致高密度的位错缠结，增加位错滑移的阻力并形成一种短程的内应力场，使有效应力随循环周次增加而增加。但在应变幅达到一定程度时，有效应力不再增加，从而在高应变幅下，内应力的贡献占主导地位。

滞后回线形状参数 V_H 定义为滞后回线的面积与包围该回线的平行四边形面积之比，可以用来表示单相材料循环应变局域化的开始。只要循环塑性应变开始局域化，V_H 就开始增加。从图 1-3-29 中可以看出，N+Cr 强化高锰钢在最低应变幅 0.3×10^{-2} 下，在初始循环周次 $N=10$ 左右时，V_H 达到第一个最低值，意味着疲劳寿命早期循环塑性应变局域化的开始；随循环塑性应变开始局域化，V_H 有小幅增加，在后续的演变过程中波动轻微，几乎不变。最高应变幅 1.0×10^{-2} 下，V_H 随循环周次的演变与最低应变幅 0.3×10^{-2} 的情况类似，且 V_H 只在循环周次初

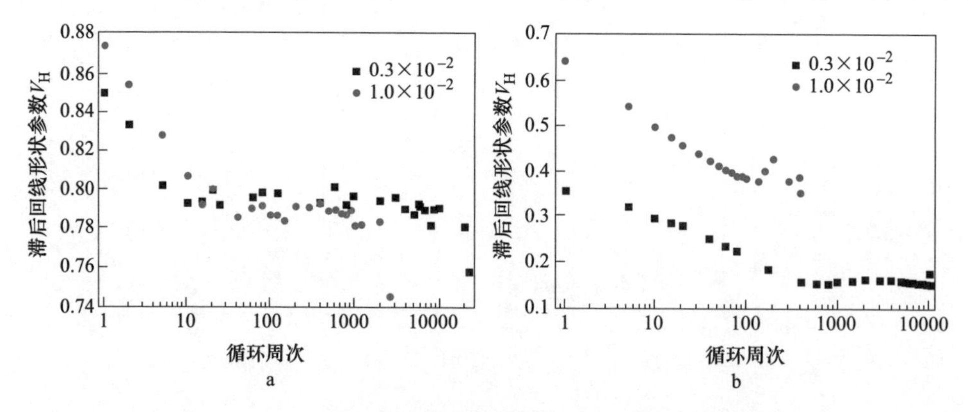

图 1-3-29 高锰钢的滞后回线形状参数 V_H 随循环周次的变化

a—60Mn18Cr7N0.3 钢；b—120Mn13 钢

始（N<10）急剧下降时有轻微差别，当达到第一个最低值后，在以后的循环周次下，V_H在两种应变幅下保持相当，且增加幅度很小。而 120Mn13 钢的 V_H在低应变幅 0.3×10^{-2}下大约 600 周次处获得最低值，随后轻微上升，在高应变幅 1.0×10^{-2}下大约 100 周次处获得最低值，随后急剧增加，在 200 周次处达到顶峰，然后又急剧下降。N+Cr 强化高锰钢滞后回线形状参数的变化规律与应力幅随塑性应变幅的变化相一致，即 N+Cr 强化高锰钢的应力幅随塑性应变幅呈单调线性，而 120Mn13 钢则为双线性，这表明 N+Cr 强化高锰钢在所有的应变幅下滑移模式没有大的改变，而 120Mn13 钢则随应变幅的增加，从单滑移模式向多滑移模式转变。

在最低应变幅 0.3×10^{-2}时，虽然两种钢的试样表面均无明显的小裂纹，但 120Mn13 钢中的滑移带明显粗糙，在表面造成的侵入挤出效应更强，更容易产生应力集中，裂纹更易萌生和扩展，最终使其疲劳寿命较 N+Cr 强化高锰钢低 2 倍左右。同时在低应变幅下，N+Cr 强化高锰钢和 120Mn13 钢的 V_H增加幅度都很小，表明二者循环塑性应变局域化程度在低应变幅时都较小，也是二者都拥有较长疲劳寿命的原因。N+Cr 强化高锰钢主要是由于在低应变幅下也有很大比例的多滑移特性，位错不会过分局域于某一滑移面上，循环塑性应变可以得到有效缓解，因此，这种低应变幅下塑性应变局域化的程度也较小。然而若是钢在较低应变幅时主要以单滑移为主，那么由于平面滑移造成的循环塑性应变就会产生强烈的局域化，造成裂纹在应变集中的滑移带上形核，疲劳寿命降低。

在高应变幅下，N+Cr 强化高锰钢中位错平面排布特性的优势更加明显，初始不均匀的滑移随着循环变形的进行被不断均匀化，循环塑性局域化也较小，这点从其 V_H的增加幅度也较小可以得到证实。但是高应变幅下 N+Cr 与位错或层错间的反应增强，位错滑移的距离减小，滑移带上携带的位错或晶界处堆积的位错密度大幅增加，应力集中程度增大，造成裂纹优先在滑移带和晶界上萌生。120Mn13 钢在高应变幅下虽然也以多滑移为主，但在循环变形过程中会形成高度缠结的位错胞/墙的组态，致使塑性应变的局域化程度明显增大（对应着 V_H的急剧增大），随着裂纹扩展的加剧，应力集中程度得以释放，因此，V_H又快速下降。

N+Cr 强化高锰钢的平面滑移特性虽然促进了裂纹在滑移带和晶界上的形核，但裂纹尖端存在的平面位错结构使其尖端的塑性区域变大，增加了裂纹扩展的抗力，这也就造成了 N+Cr 强化高锰钢的表面存在很多细小密集的短裂纹，这些短裂纹虽然降低了循环应力，但却对获得较高的疲劳寿命很有益处。以弹性应变控制的疲劳阶段，在最高应力 1150MPa 下，造成钢疲劳失效的裂纹的扩展路径较曲折，在应力集中的地方会沿另一滑移面扩展，降低了裂纹的扩展速率，且裂纹不易融合长大。因此，尽管在弹性应变控制疲劳中裂纹形核占主要寿命，但 N+Cr 这种对疲劳裂纹扩展的抑制作用在一定程度上也提高了高周疲劳寿命。

从试样表面及纵剖面的硬度测量可以知道钢的循环塑性应变局域性的程度，图 1-3-30 给出了两种高锰钢在塑性应变控制疲劳下硬度随应变幅的变化关系，同时在弹性应变控制疲劳下，最大应力为 1000MPa，裂纹一端附近达到的硬度最大值。相比于 120Mn13 钢，N+Cr 强化高锰钢由于循环软化的特性，随应变幅的增加，硬度增值较小。而二者在弹性应变控制疲劳下，裂纹附近一端的最高硬度可达各自的总应变幅为 0.6×10^{-2}时得到的平均硬度，这表明此处存在强烈的循环塑性应变局域性，与呈弹性应变的试样整体存在极大的应变不协调性，最终造成了疲劳的失效与断裂。

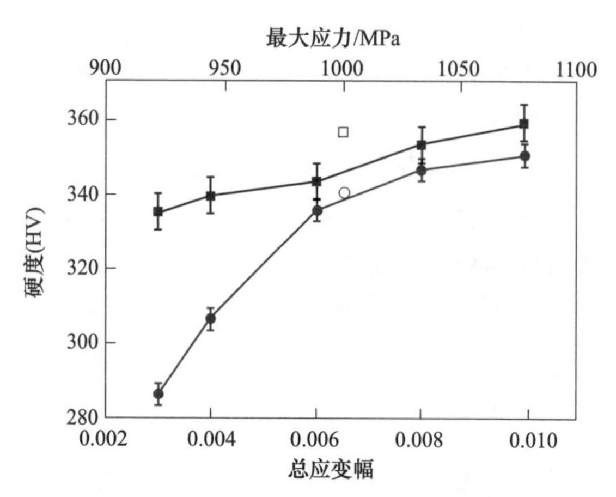

图 1-3-30　N+Cr 强化高锰钢（●○）和 120Mn13 钢（■□）在塑性应变（●■）及弹性应变控制疲劳（○□）下的硬度变化

3.4　耐蚀性能

未来铁路将逐渐向极端环境地区延伸，比如川藏铁路和沿海铁路等，这些地区的环境具有一定的腐蚀性，并主要是弱酸腐蚀，因此，要求铁路轨道用钢具有好的耐酸腐蚀的性能，为此，研究了这种高锰高铬高氮钢的耐腐蚀性能。通过在超纯水配置的 3.5%NaCl 溶液中加入适量 H_2SO_3 溶液，配制 pH 值为 5.0±0.2 的人工酸雨溶液，在实验室条件下测试 N + Cr 强化高锰钢和 120Mn13 钢在人工酸雨溶液中的耐蚀性及腐蚀磨损行为。

60Mn18Cr7N0.2 钢和 120Mn13 钢在人工酸雨中的开路电位（*OCP*）曲线，如图 1-3-31 所示。稳定后 60Mn18Cr7N0.2 钢的 *OCP* 为 - 0.497V，120Mn13 钢的 *OCP* 为-0.688V。*OCP* 反映了工作电极的腐蚀倾向性，其数值越大，腐蚀倾向越小。与 120Mn13 钢相比，60Mn18Cr7N0.2 钢在人工酸雨中的 *OCP* 更高，说明其腐蚀倾向更小。

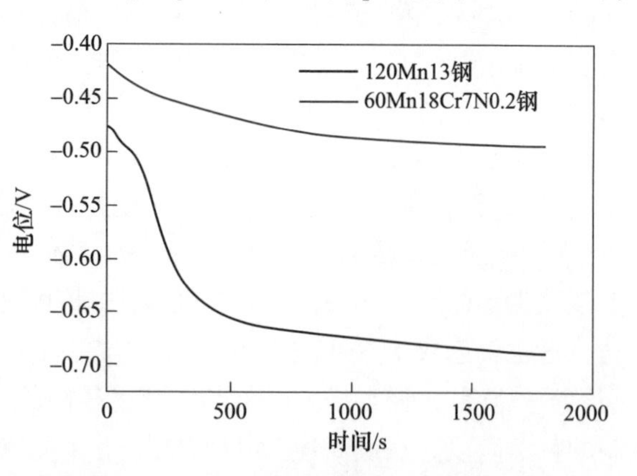

图 1-3-31　两种高锰钢的开路电位测试曲线

两种钢的动电位极化曲线，如图 1-3-32 所示，两种钢都没有出现明显的钝化特征，且形状相似，说明二者在腐蚀时发生的反应基本相同。根据 Tafel 曲线中的阴极斜率 β_a 和阳极斜率 β_c，使用塔菲尔外推法测定极化曲线的电化学参数，结果见表 1-3-4。其中 E_{corr} 为腐蚀电位，J_{corr} 为腐蚀电流密度。120Mn13 钢在人工酸雨中的腐蚀电位为-0.764V，腐蚀电流密度为 2.43×10^{-5} A/cm²。而 60Mn18Cr7N0.2 钢的腐蚀电位为-0.480V，腐蚀电流密度为 5.92×10^{-6} A/cm²。与 120Mn13 钢相比，60Mn18Cr7N0.2 钢的腐蚀电位较高，腐蚀倾向较小，此外其 J_{corr} 降低了一个数量级，表明腐蚀反应速率更小。在人工酸雨溶液中，60Mn18Cr7N0.2 钢的腐蚀速率（c_{rate}）约为 120Mn13 钢的 1/4，表明其具有更加优异的耐蚀性能。

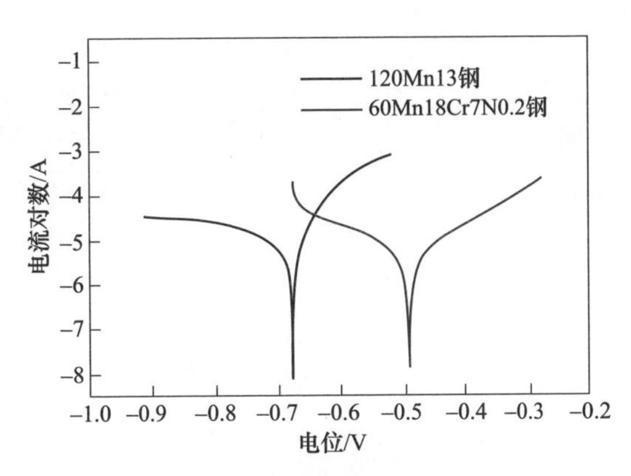

图 1-3-32 两种高锰钢在人工酸雨中的动电位极化曲线

表 1-3-4 两种高锰钢在人工酸雨中极化曲线的电化学参数

钢种	E_{corr}/V	J_{corr}/A·cm^{-2}	β_a/V·dec^{-1}	β_c/V·dec^{-1}	c_{rate}/mm·a^{-1}
120Mn13 钢	-0.6945	2.43×10^{-5}	0.167	0.333	0.079
60Mn18Cr7N0.2 钢	-0.4801	5.92×10^{-6}	0.131	0.202	0.019

两种高锰钢的电化学阻抗谱，如图 1-3-33 所示，据此可推测等效电路构成和各元件数值。在所测试的 $10^{-2}\sim10^{5}$Hz 范围内，它们的奈奎斯特图都近似呈现出电容式半圆弧。容抗弧半径的大小可以反映电荷转移的难易程度，容抗弧的半径越大，电子交换越难以进行。60Mn18Cr7N0.2 钢的容抗弧半径较大，即它对腐蚀反应的阻抗更大。在低频区，60Mn18Cr7N0.2 钢的阻抗模比 120Mn13 钢更大。两种高锰钢的相位角图形状类似，且只存在一个波峰，这表示在测量频率范围内仅为一个时间常数，证实了二者发生的反应相同。同时，它们在 $10^{-1}\sim10^{2}$Hz 范围内均呈现出较高的相位角，表明在此范围内有氧化膜生成。60Mn18Cr7N0.2 钢的氧化膜区域相位角更高，说明其氧化膜更加致密，有利于阻碍人工酸雨对于钢的腐蚀。

在 Ivium 软件中使用经典的三元等效电路拟合两种高锰钢的电化学参数，结果见表 1-3-5。它们的等效电路的电路描述码（CDC）相同，为 R_s（$Q_{CPE}R_p$），其中 R_s 为电解液电阻，且 60Mn18Cr7N0.2 钢和 120Mn13 钢的 R_s 相差不大，说明试验过程中的溶液较为稳定。60Mn18Cr7N0.2 钢的 R_p 为 3027Ω，为 120Mn13 钢

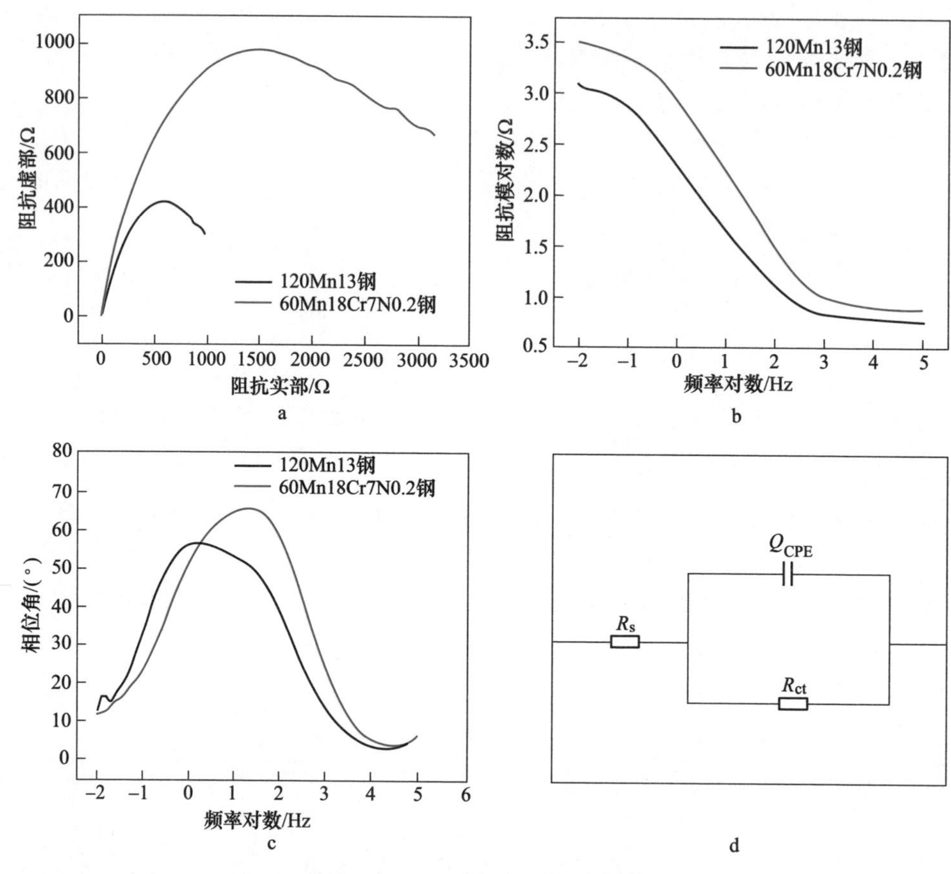

图 1-3-33　两种高锰钢的交流阻抗谱

a—奈奎斯特图；b—Bode-模图；c—Bode-相图；d—等效电路图

的2倍，说明该钢腐蚀反应更难进行。CPE用于描述钢与电解质界面处形成的双层，Q可以用来衡量电荷转移的速率，Q越大，电荷转移速率越快，腐蚀反应进行地也就越快。60Mn18Cr7N0.2钢的Q约为120Mn13钢的1/6，其电化学稳定性更好。CPE的指数n与钢表面粗糙度、微观结构、表面是否形成钝化膜及钝化膜的性质等多种因素有关。60Mn18Cr7N0.2钢和120Mn13钢的n分别为0.80和0.73，说明120Mn13钢与腐蚀性溶液接触面积较大，腐蚀较严重。

表 1-3-5　两种高锰钢的电化学阻抗谱电化学参数

钢种	$R_s/\Omega\cdot cm^{-2}$	$R_p/\Omega\cdot cm^{-2}$	$Q/F\cdot cm^{-2}$	n
120Mn13 钢	5.85	1495	12.30×10^{-4}	0.73
60Mn18Cr7N0.2 钢	7.95	3027	2.27×10^{-4}	0.80

图1-3-34为两种钢在人工酸雨中不同磨损载荷下的开路电位变化趋势，一旦

加载并开始滑动磨损后，它们的开路电位都急剧地负向移动，表明磨损使它们的腐蚀倾向变大。由于氧化膜的破坏和重建引起开路电位曲线的波动，在腐蚀磨损期间，机械破坏和电化学过程之间建立了新的平衡，即氧化膜的破坏和形成不断交替进行。因此，开路电位在快速负移后逐渐形成稳态。滑动停止后，钢暴露出来的磨损表面重新生成氧化膜，对基体有一定的保护作用，因此 *OCP* 有所回升。对于 120Mn13 钢，在 30N、60N 和 90N 载荷下磨损时的开路电位均约为-0.65V；而 60Mn18Cr7N0.2 钢在不同磨损载荷下滑动磨损时的开路电位从-0.60V 升高至-0.55V，逐渐正移，即随着载荷的增大，60Mn18Cr7N0.2 钢的腐蚀倾向有所减小。

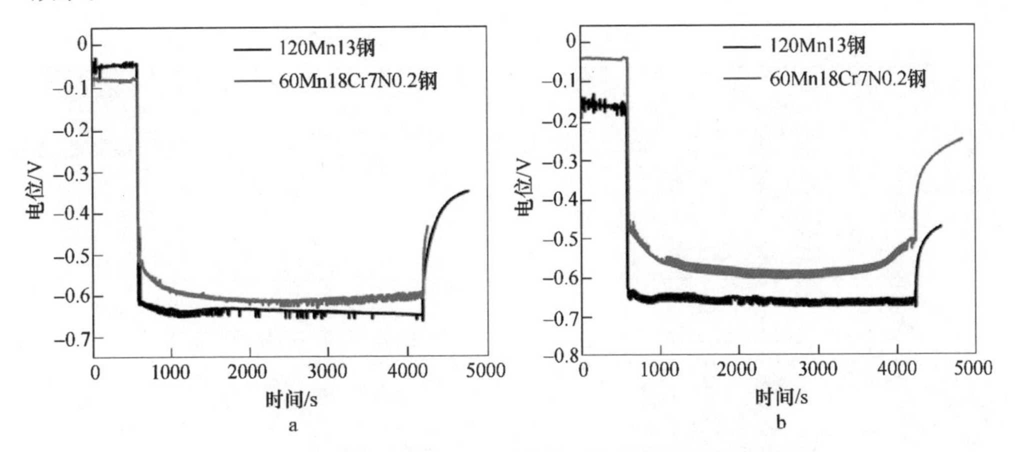

图 1-3-34 两种高锰钢在不同载荷下磨损的开路电位变化

a—30N；b—90N

为进一步研究两种高锰钢的腐蚀磨损行为，在人工酸雨中测定了钢在不同载荷下腐蚀磨损的动电位极化曲线，如图 1-3-35 所示。与静态腐蚀光滑的动电位极化曲线不同，腐蚀磨损下的电流存在大量的波动，这是由试样在往复摩擦力下处于不稳定状态和氧化膜的破坏与短暂重建导致的。

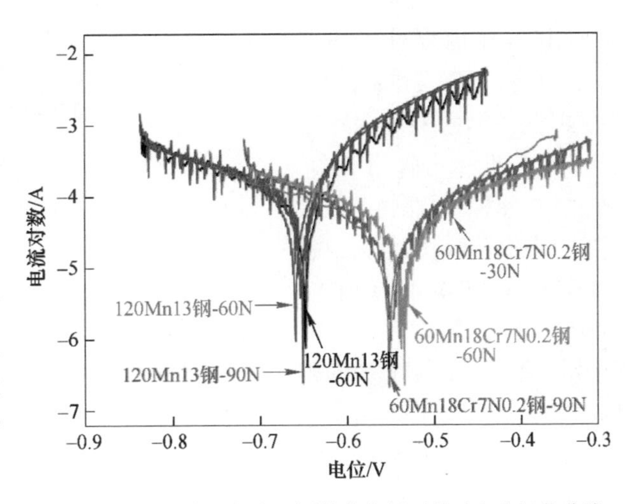

图 1-3-35 两种高锰钢在不同载荷磨损下的动电位极化曲线

使用 Ivium 软件对 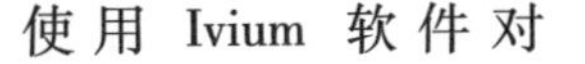

Tafel analysis 所得到的极化曲线进行拟合，结果见表 1-3-6 和表 1-3-7。随磨损载荷的增大，两种高锰钢的腐蚀倾向变大，表现为自腐蚀电位 E_{corr} 负移和极化电阻 R_p 阻值减小。与此同时，腐蚀电流密度 J_{corr} 不断增大，尤其是从 0 到 30N，其 J_{corr} 增幅最大，说明磨损显著降低了试验钢的耐腐蚀性能。图 1-3-36 为两种高锰钢在不同载荷下腐蚀磨损的腐蚀电流密度，随载荷增大，120Mn13 钢的 J_{corr} 迅速上升，而 60Mn18Cr7N0.2 钢的 J_{corr} 始终保持在较低水平，表现出优良的耐腐蚀磨损稳定性。在同等磨损载荷下，60Mn18Cr7N0.2 钢的极化电阻更高，而腐蚀电流密度更小，说明在相同的腐蚀磨损条件下，该钢的耐腐蚀性能显著优于 120Mn13 钢。

表 1-3-6　120Mn13 钢在人工酸雨中不同磨损载荷下极化曲线拟合参数

磨损载荷/N	E_{corr}/V	J_{corr}/A·cm^{-2}	R_p/Ω	β_a/V·dec^{-1}	β_c/V·dec^{-1}	c_{rate}/mm·a^{-1}
0	−0.688	2.379×10^{-5}	2325	0.183	0.575	0.078
30	−0.643	1.036×10^{-4}	370	0.124	0.306	0.339
60	−0.679	1.183×10^{-4}	351	0.146	0.221	0.387
90	−0.693	1.602×10^{-4}	266	0.150	0.284	0.524

表 1-3-7　60Mn18Cr7N0.2 钢在人工酸雨中不同磨损载荷下极化曲线拟合参数

磨损载荷/N	E_{corr}/V	J_{corr}/A·cm^{-2}	R_p/Ω	β_a/V·dec^{-1}	β_c/V·dec^{-1}	c_{rate}/mm·a^{-1}
0	−0.496	6.74×10^{-6}	5347	0.138	0.207	0.022
30	−0.489	4.52×10^{-5}	1173	0.190	0.445	0.148
60	−0.515	4.67×10^{-5}	1034	0.183	0.279	0.153
90	−0.542	5.04×10^{-5}	634	0.140	0.197	0.165

以试样未磨损处为基准面，两种高锰钢在不同载荷下磨损 1h 后的磨痕截面深度见图 1-3-37。随着载荷的增大，它们的腐蚀磨损沟都变得更宽更深，即随着载荷的增大，磨损加剧。与 120Mn13 钢相比，60Mn18Cr7N0.2 钢在相同载荷下的边缘塑性变形引起的堆积凸起更低、沟槽更窄更浅，这表明该钢具有更加优异的耐腐蚀磨损性能。

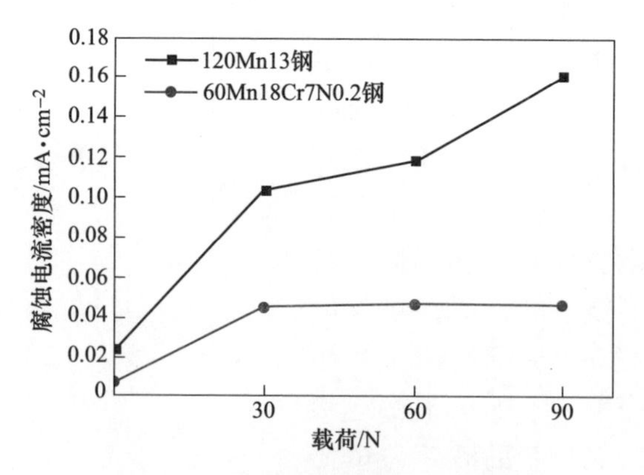

图 1-3-36　两种高锰钢在不同载荷下腐蚀磨损中的腐蚀电流密度

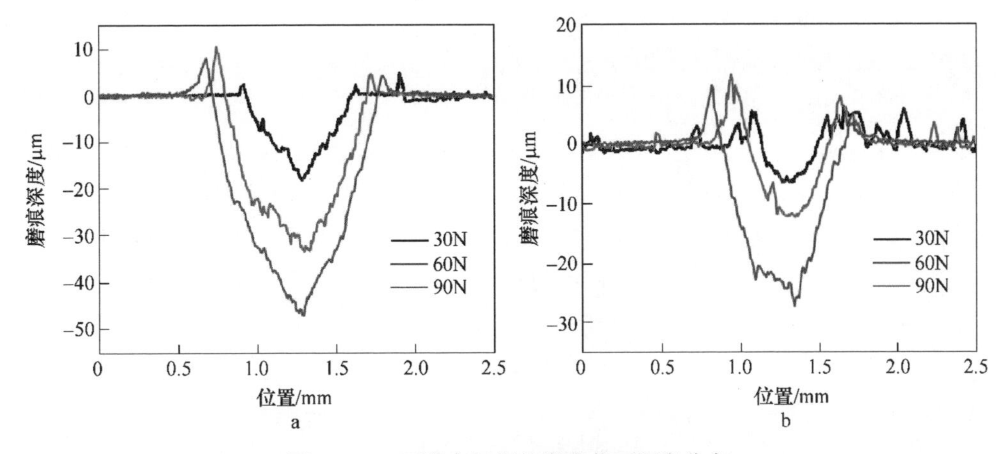

图 1-3-37 两种高锰钢的磨痕截面深度分布
a—120Mn13 钢；b—60Mn18Cr7N0.2 钢

3.5 氮含量调控

氮是 N+Cr 强化高锰钢的主要添加元素之一，由于氮为气体元素，其在冶炼过程中很难加入并溶解于钢水中。在铸造过程中，如果控制不当，也容易造成显微气孔缺陷。因此，冶炼和铸造过程中氮含量的稳定控制非常关键。在钢的冶炼和铸造过程中，控制压力、温度及化学成分能够实现氮含量及分布的调控。钢中氮的控制依赖于两方面：一是冶炼过程中氮的有效渗入，通过向钢水中底吹氮气或添加氮化合金增氮；二是凝固过程中氮的均匀分布，主要通过控制凝固速率或调控压力实现。冶炼与凝固过程中氮含量的有效控制，对后续热加工、微观组织及性能等具有重要的遗传影响，也是获得高品质 N+Cr 强化高锰钢的关键。

3.5.1 冶炼增氮热力学

通常状态下，氮在铁液中含量很小。在 1600℃、0.1MPa 下，氮在铁液中溶解度（质量分数）约为 0.042%，铁液中溶质氮直径小于 10^{-6}mm，以氮离子的形态存在。实际上氮溶解时铁的 d 电子层与氮的 p 电子层发生了作用，氮的价电子公有化，参与金属键的形成，氮与铁液中的碳相似，常用氮原子描述铁液中的氮含量。

钢中氮的溶解度受温度、压力和固溶体中各组元成分的影响，氮在纯铁液中的溶解度服从 Sievert 定律，然而，在铁合金溶液中，氮的溶解度受合金元素的影响很大。氮在几种铁铬合金中的溶解度，如图 1-3-38 所示，氮溶解度随铬含量提高而显著增大，但各温度范围内上升幅度不同，在奥氏体区的升幅更大。当 $w(\mathrm{Cr})>8.0\%$后，奥氏体相区氮的溶解度明显大于其他相区中氮的溶解度。

由氮在钢液中的溶解反应及质量作用定律可知其平衡常数为

$$K_N = \frac{a_N}{\sqrt{p_{N_2}}} = \frac{w(N) \cdot f_N}{\sqrt{p_{N_2}}} \tag{1-3-5}$$

式中　K_N—— 平衡常数；

a_N—— 氮在钢液中的活度；

p_{N2}—— 作用于氮与钢液反应界面上的压强；

f_N—— 氮元素的活度系数；

$w(N)$—— 氮在钢液中的质量分数。

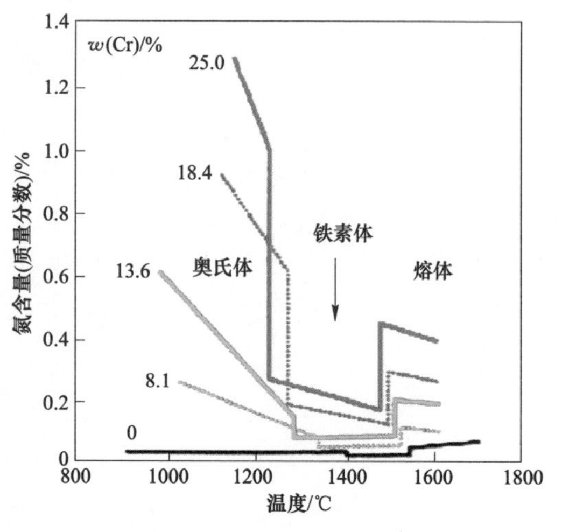

图 1-3-38　常压下不同铁铬合金中氮的溶解度与温度的关系

f_N是溶液中各组元组成的函数，因此当T、P_{N_2}为常数时，

$$\lg f_N = f(x_2, \cdots, x_n) = \sum_{i=2}^{n} e_N^i w(i) \tag{1-3-6}$$

将式1-3-6代入式1-3-5，能较好反映常压下稀溶液的吸氮规律，当压力大于0.1MPa或合金含量较高时，则发生明显的偏差。对公式进行修正，引入二阶相互作用系数对氮含量的影响，考虑到压力的影响，用F_N代替f_N，则

$$\lg F_N = f(x_2, \cdots, x_n) \lg\sqrt{p_{N_2}} \tag{1-3-7}$$

氮对自身活度系数也有影响，所以计算F_N时必须将氮对自身的影响因素考虑在内，通过回归分析得到了氮气压力对氮的相互作用系数δ_N^p，可用于计算高氮高锰钢的氮含量。高压条件下钢液饱和氮溶解度的热力学模型如下：

$$\lg w(N) = \lg\sqrt{p_{N_2}/p^{\ominus}} - \frac{188}{T} - 1.17 - \left(\frac{3280}{T} - 0.75\right) \cdot$$

$$\left(e_N^N w(N) + \sum_{j=2}^{n} e_N^j w(j) + \sum_{j=2}^{n} \gamma_N^j w^2(j) + \delta_N^p \cdot \lg\sqrt{p_{N_2}/p^{\ominus}}\right) \tag{1-3-8}$$

通过模型可以计算出不同温度、不同熔炼压力、不同合金组元下氮的溶解度，特别是提高压力可显著提高钢中氮含量。

钢中的合金元素浓度影响氮的溶解度，Fe-N-j系中N含量随合金元素j含量不同而变化，钒、铌、铬、钽、锰、钛、钼、钨等元素能增加氮溶解度，铜、镍、钴、碳、硅、锡等元素使氮溶解度降低。碳和氮都是间隙原子，在冶炼高氮高锰钢时，钢中碳含量一般在0.6%以上，碳对氮的溶解影响很大，引入碳对氮活度系数的修正系数δ_N^C。当压力较大时，氮分压对活度系数的影响与合金成分和压力有关。

对式 1-3-7 进行泰勒展开，可得

$$\lg F_{\mathrm{N}} = \sum_{i=2}^{n} e_{\mathrm{N}}^{i} w(i) + \sum_{i=2}^{n} \gamma_{\mathrm{N}}^{i} w^{2}(i) + \sum_{i+j=2}^{n} \rho_{\mathrm{N}}^{i+j} w(i) w(j) + (\delta_{\mathrm{N}}^{\mathrm{C}} - 1)$$
$$[e_{\mathrm{N}}^{\mathrm{C}} w(\mathrm{C}) + \gamma_{\mathrm{N}}^{\mathrm{C}} w^{2}(\mathrm{C})] + \delta_{\mathrm{N}}^{p} \sum_{i=2}^{n} E_{\mathrm{N}}^{i} w(i) \lg\sqrt{p_{\mathrm{N}_2}} \tag{1-3-9}$$

将 f_{N} 换成 F_{N}，可得

$$\lg w(\mathrm{N}) = \lg K_{\mathrm{N}} + \lg\sqrt{p_{\mathrm{N}_2}} - \lg F_{\mathrm{N}} \tag{1-3-10}$$

式 1-3-10 即为氮在高碳铁基合金溶液中的溶解度模型，当温度、合金成分、氮分压确定时，可对钢中氮的溶解度进行预测和计算。1600℃下铁基合金中不同元素与氮的相互作用系数如表 1-3-8 所示。

表 1-3-8　1600℃铁基合金中各元素与氮的相互作用系数

元素	e_{N}^{i}	γ_{N}^{i}	E_{N}^{i}
C	+0.125		
N	+0.130		
Si	+0.047		
Cr	−0.045	1.75×10^{-4}	7.3×10^{-4}
Mn	−0.020	1.60×10^{-5}	11.0×10^{-4}

高碳高氮铁基合金溶解体系中，各类原子间存在相互作用，高压下氮溶解度热力学存在偏离西华特定律的现象，各合金原子对氮原子溶解的影响机制，如图 1-3-39 所示。

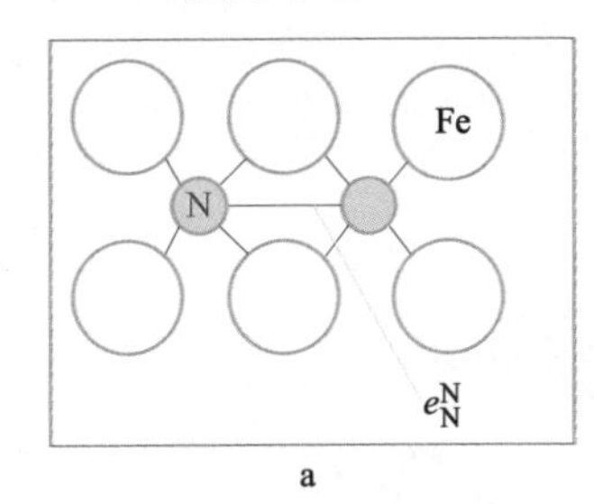

a

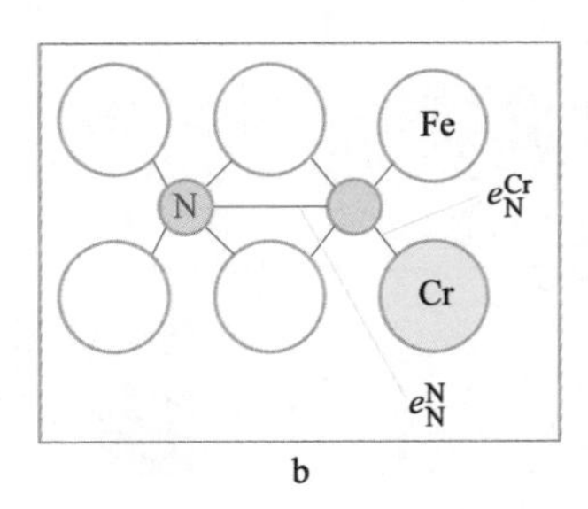

b

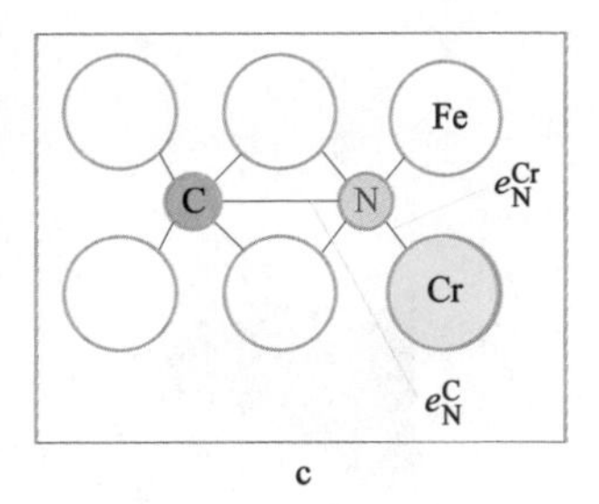

c

图 1-3-39　不同合金成分体系中氮原子的溶解度机制及原子间相互作用

a—铁-氮二元合金；b—铁-铬-氮三元合金；c—铁-铬-碳-氮四元合金

图 1-3-39a 为单个原子在铁原子晶格中的赋存状况，由于氮处于无限稀释状态，只与周围的铁原子存在相互作用。高氮溶解度下氮原子周围除有相邻的铁原子外，也存在临近氮原子，氮原子之间彼此相互影响和抑制，导致氮溶解度降低并偏离西华特定律的预测曲线，这种自身作用由自身活度作用系数 $e_{\mathrm{N}}^{\mathrm{N}}$ 来表示。图 1-3-39b 为铁-铬-氮三元合金的晶格，由于铬原子和氮原子之间有很强的吸引力，氮原子向铬原子偏移，有更多的空间给额外的氮原子，从而产生较高的氮溶解度，随氮溶解度的增加，氮原子对自身的强烈排斥作用增强，锰和铬的作用原

理相似。图1-3-39c为铁-铬-碳-氮四元合金的晶格，间隙原子碳占据了氮的间隙位置，对氮的溶解度产生一定影响，当碳含量不高时，这种影响不明显，但随碳含量增加，其不断挤占氮原子间隙位置，产生抑制作用。在高合金和高碳高氮浓度下，氮溶解度随氮气压力的变化与西华特定律出现偏差。

高压氮气氛下冶炼会提高高锰钢中氮的溶解度，扩大奥氏体相区。高压下凝固冷却时，利用FactSage软件对成分（质量分数）C 0.7%、Mn 18%、Cr 6.0%、Si 0.3%、N 0.18%、S<0.02%、P<0.02%、其余为Fe的N+Cr强化高锰钢进行计算，结果如图1-3-40和图1-3-41所示。分析表明，随着气相压力的增加，γ相区不断扩大，而液相向固相转变时析出气体的相区（gas+δ）则逐渐缩小。

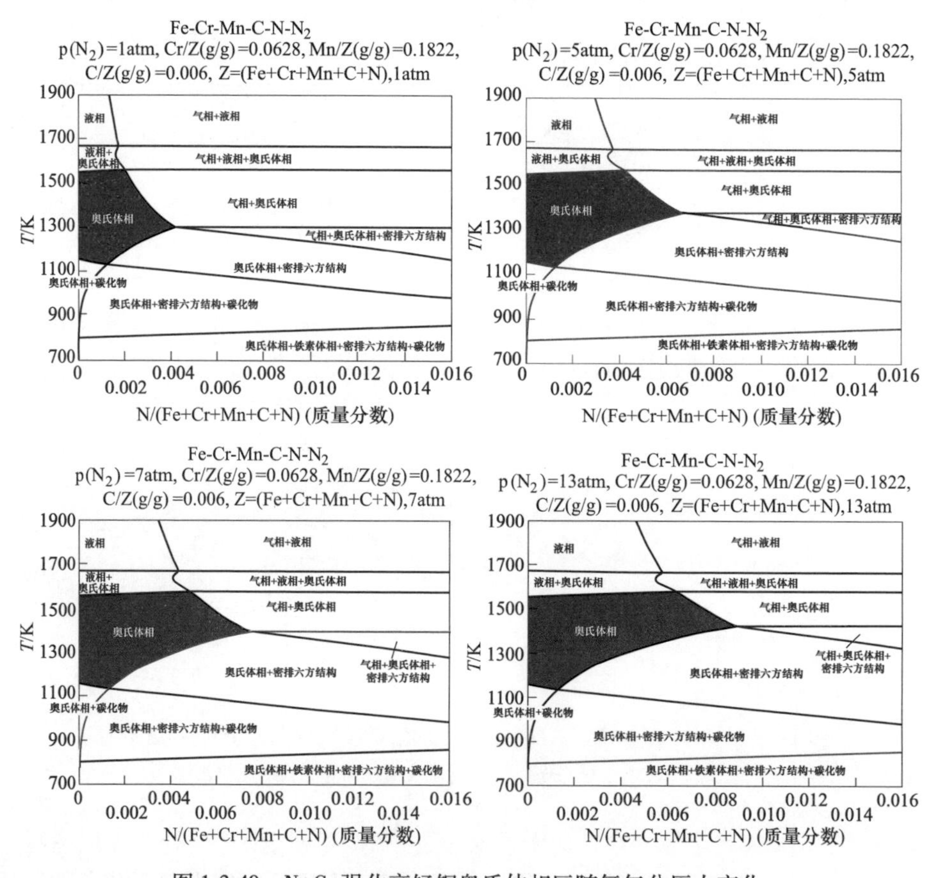

图1-3-40 N+Cr强化高锰钢奥氏体相区随氮气分压力变化

3.5.2 冶炼增氮动力学

在含氮高锰钢冶炼过程中，不仅有界面化学反应，还有氮的传质。钢液熔炼增氮动力学研究反应过程及传质规律，反应速率和传质速率决定着过程总速率。

气态氮在钢液中的溶解如下式：

$$\frac{1}{2}w(N_2) = w([N])$$

或 $$w(N) = w([N]) \tag{1-3-11}$$

氮进入钢液的动力学过程分为 3 个步骤（如图 1-3-42 所示）：（1）氮由气相向钢液表面的传质；（2）气液界面化学吸附反应；（3）氮原子在钢液内的传质。

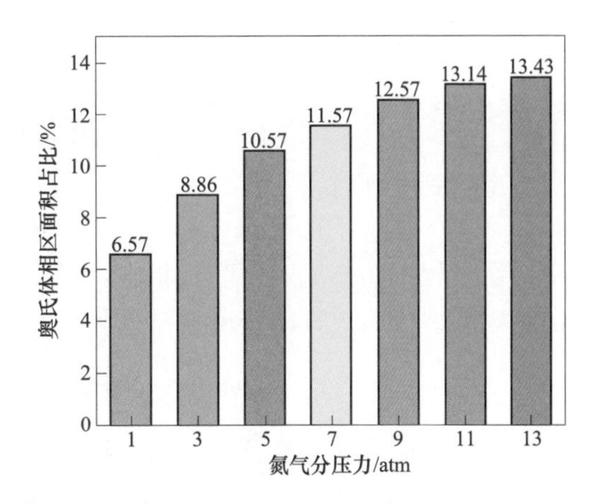

图 1-3-41 相图中奥氏体相区占比随氮气分压力变化图
（1atm = 101325Pa）

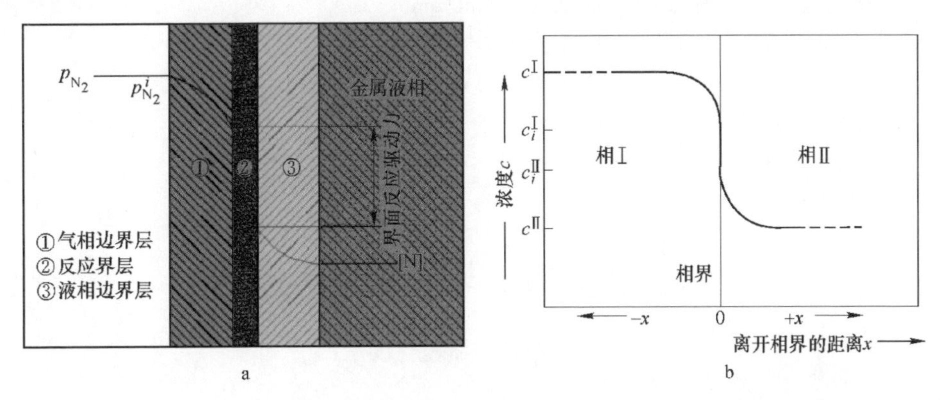

图 1-3-42 氮进入钢液动力学（a）及气液相界两侧浓度变化（b）过程示意图

从氮气向钢液中溶解传质的 3 个步骤可以看出，氮在钢液中的溶解包括两相中传质和相界面化学反应。过程总速率包括两种情况：一种情况是传质过程速率小于界面反应速率，传输到界面的物质能快速反应，界面反应接近或完全处于热力学平衡状态，这时相内传质速率决定过程总速率；另一种情况是传质过程速率大于界面反应速率，氮气能快速传递到相界面，并且反应后的溶解氮也能快速由反应界面传输到钢液内部，这时的过程总速率由界面反应速率决定。但是，当传质与界面反应的速率接近或处于同一数量级时，过程总速率不仅取决于传质过程速率，还受界面反应速率的影响。

气体由相Ⅰ（气相）向相Ⅱ（液相）传质过程中，浓度的变化分为 3 个步骤：在气相到液相的传质过程中，气体浓度由相Ⅰ内部的 c^{I} 降到了界面上的 c_i^{I}；在相界面上发生反应后，浓度由界面上的 c_i^{I} 变为 c_i^{II}；生成物由相界面向相Ⅱ内传质过程中，浓度由界面上的 c_i^{II} 降低到相Ⅱ内部浓度 c^{II}。气体从相Ⅰ到相Ⅱ的传质过程由两相中 c^{I} 和 c^{II} 的浓度差引起。

对于氮溶解的界面化学反应，宏观过程总反应速率为

$$v_c=-\frac{1}{A}\frac{\mathrm{d}n}{\mathrm{d}t}=v_+-v_-=k_+c_i^{\mathrm{I}}-k_-c_i^{\mathrm{II}} \quad (1\text{-}3\text{-}12)$$

当反应达到平衡时，

$$v_+/v_-=c_i^{*\mathrm{II}}/c_i^{*\mathrm{I}}=K \quad (1\text{-}3\text{-}13)$$

在传质过程中物质流密度与其相内及界面上物质的浓度差成正比，则物质由相Ⅰ向反应界面传质过程的物质流密度为

$$j_{\mathrm{I}}=\frac{1}{A}\frac{\mathrm{d}n}{\mathrm{d}t}=\beta^{\mathrm{I}}(c^{\mathrm{I}}-c_i^{\mathrm{I}}) \quad (1\text{-}3\text{-}14)$$

生成物由反应界面向相Ⅱ中传质过程的物质流密度为

$$j_{\mathrm{II}}=\frac{1}{A}\frac{\mathrm{d}n}{\mathrm{d}t}=\beta^{\mathrm{II}}(c_i^{\mathrm{II}}-c^{\mathrm{II}}) \quad (1\text{-}3\text{-}15)$$

式中　$c_i^{*\mathrm{I}}$，$c_i^{*\mathrm{II}}$——反应平衡浓度，mol/cm^3；

k_+——正反应速率常数；

k_-——逆反应速率常数；

β^{I}，β^{II}——两相中的传质系数，cm/s。

当反应过程达到稳定态时，$v_c=j_{\mathrm{I}}=j_{\mathrm{II}}$，消去未知的界面浓度 c_i^{I} 和 c_i^{II}，经换算可得

$$-\frac{1}{A}\frac{\mathrm{d}n}{\mathrm{d}t}\left(\frac{1}{\beta^{\mathrm{I}}}+\frac{1}{K\beta^{\mathrm{II}}}+\frac{1}{k_+}\right)=c^{\mathrm{I}}-c^{\mathrm{II}}/K \quad (1\text{-}3\text{-}16)$$

因 $-\frac{1}{A}\frac{\mathrm{d}n}{\mathrm{d}t}=v=j_{\mathrm{I}}=j_{\mathrm{II}}=v_c$，单位是 mol/(cm^3·s)，且 $-\frac{1}{A}\frac{\mathrm{d}n}{\mathrm{d}t}=-\frac{V_{\mathrm{I}}}{A}\frac{\mathrm{d}c^{\mathrm{I}}}{\mathrm{d}t}$，则过程总反应速率：

$$-\frac{\mathrm{d}c^{\mathrm{I}}}{\mathrm{d}t}=\frac{c^{\mathrm{I}}-c^{\mathrm{II}}/K}{\frac{1}{\beta^{\mathrm{I}}}\times\frac{V_{\mathrm{I}}}{A}+\frac{1}{K\beta^{\mathrm{II}}}\times\frac{V_{\mathrm{I}}}{A}+\frac{1}{k_+}\times\frac{V_{\mathrm{I}}}{A}} \quad (1\text{-}3\text{-}17)$$

$$-\frac{\mathrm{d}c^{\mathrm{I}}}{\mathrm{d}t}=\frac{c^{\mathrm{I}}-c^{\mathrm{II}}/K}{1/\bar{k}}=\bar{k}(c^{\mathrm{I}}-c^{\mathrm{II}}/K) \quad (1\text{-}3\text{-}18)$$

式中　$\bar{k}$——总反应的速率常数，$\frac{1}{\bar{k}}=\frac{1}{k_1}+\frac{1}{k_2}+\frac{1}{k_c}$；

V_{I}——Ⅰ相的体积，cm^3；

k_1，k_2，k_c——容量速率常数，$k_1=\beta^{\mathrm{I}}\times\frac{A}{V_{\mathrm{I}}}$，$k_2=\beta^{\mathrm{II}}K\times\frac{A}{V_{\mathrm{I}}}$，$k_c=k_+\times\frac{A}{V_{\mathrm{I}}}$。

据式 1-3-17 和式 1-3-18，$c^{\mathrm{I}}-c^{\mathrm{II}}/K$ 为总传质过程的驱动力，分母分别为 3 个环节反应速率常数的倒数，即为各环节呈现的阻力，3 个阻力之和为反应的总阻力，即 $1/\bar{k}$。通过比较各环节的反应速率常数就能判断出反应过程的速率范围或

限制性环节。通常高温钢水冶炼过程的限制性环节是传质，此时界面浓度等于平衡浓度 $c^{\mathrm{I}} = c^{*\mathrm{I}}$ ，称为传质限制或整个过程处于传质动力学范围内。

向高锰钢液中底吹弥散的氮气泡，可以强化氮的传质动力学，促进高压氮气氛下气泡上浮过程溶解行为。冶炼过程中底吹气体搅拌钢液时，高压下流场的 ANSYS 软件数值模拟和水模拟结果如图 1-3-43 和图 1-3-44 所示。由于高压的作用，数值模拟流场的漩涡中心下降，水模拟装置中气泡变得细小而均匀，形态稳定，细碎的气泡强化了气液间传质并有利于夹杂物去除。

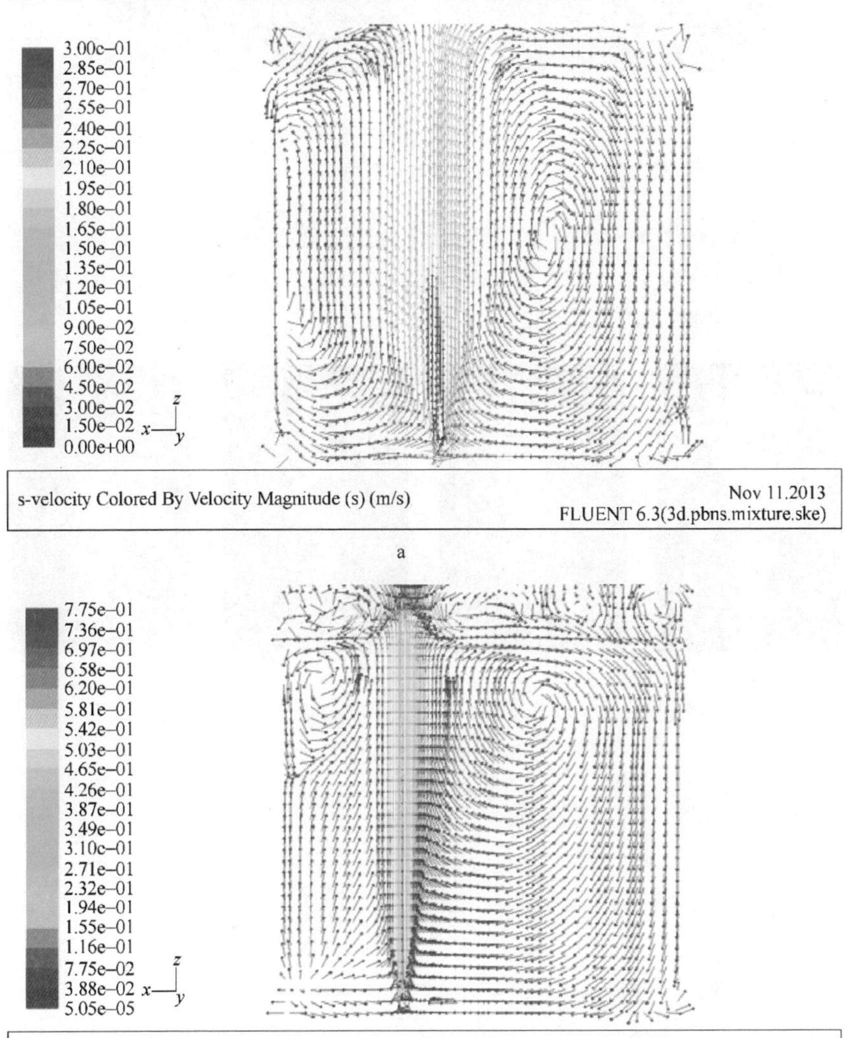

图 1-3-43 压力对流场漩涡的影响

a—0.1MPa；b—1.0MPa

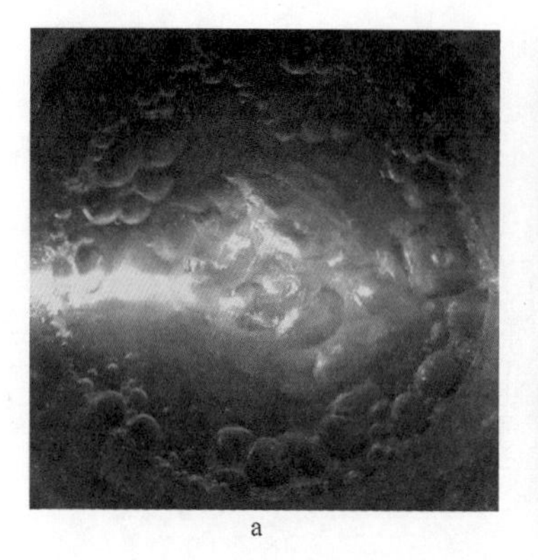
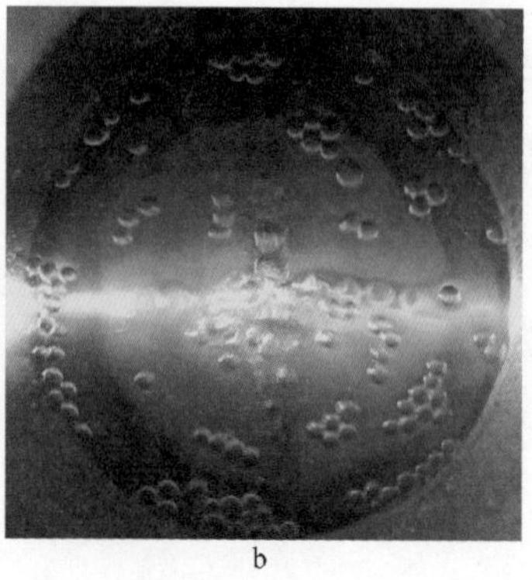

a　　　　b

图1-3-44　压力对气泡尺寸和数量的影响

a—0.1MPa；b—1.5MPa

由图1-3-45和图1-3-46中高压水模拟试验结果可得，随着容器气氛压力的增大，气泡破碎距离缩短5~10倍，液面波动幅度逐渐减小，压力控制在0.3~0.5MPa可显著降低液面的波动。

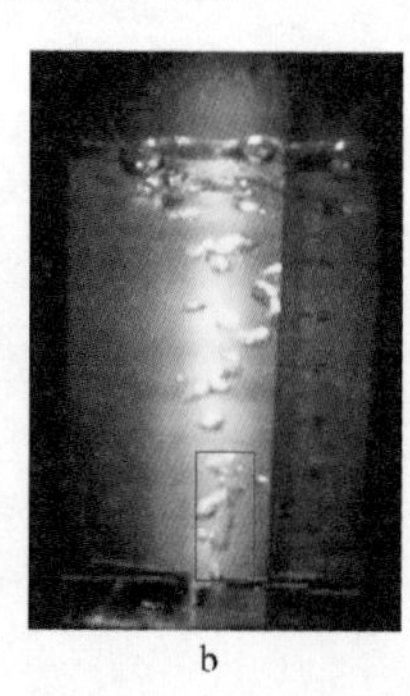

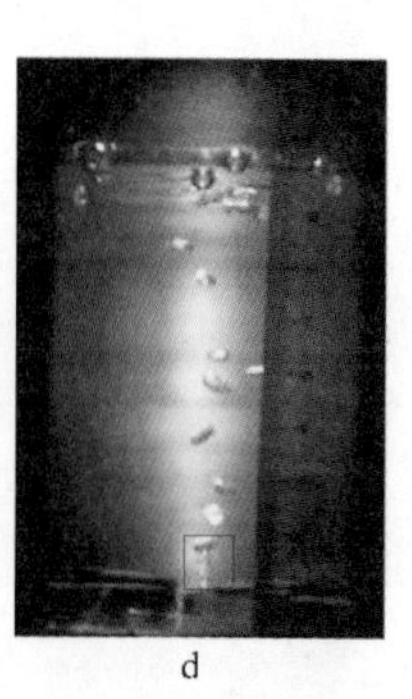

a　　　　b　　　　c　　　　d

图1-3-45　压力对气泡破碎距离和液面波动幅度的水模拟试验过程

a—0.1MPa；b—0.5MPa；c—1.5MPa；d—2.0MPa

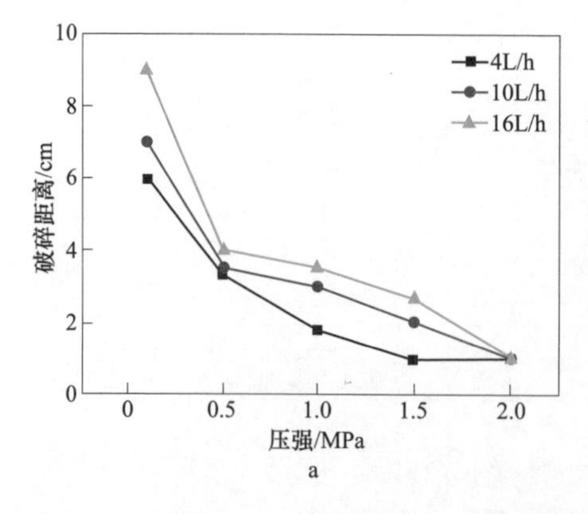

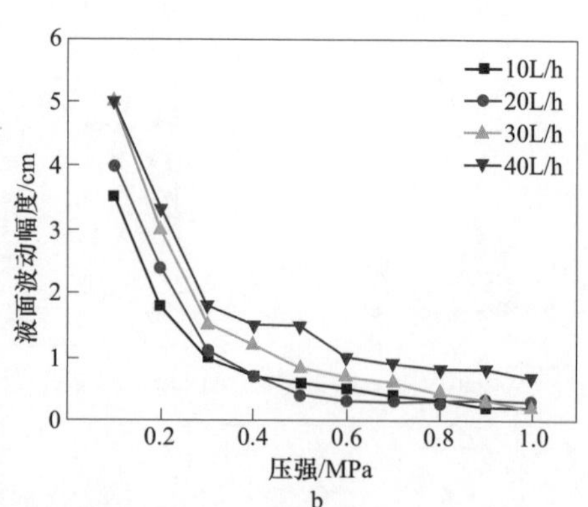

a　　　　b

图1-3-46　气泡破碎距离（a）和液面波动幅度（b）随气体压强变化规律

3.5.3 凝固稳氮动力学

N+Cr 强化高锰钢在凝固过程中溶质再分配，会出现氮偏析，并且容易在铸锭的凝固中心及附近部位出现氮显微气泡，影响铸锭质量。钢液凝固初期，纵横交错的树枝状结晶逐渐将未凝固的液相分割成若干封闭的凝固微区，阻碍钢液运动，凝固微区内残余液相中氮偏析富集。高温下凝固微区枝状晶的强度很小，凝固过程中氮富集达到临界形核压力时，初始气泡生成，气体把残留的钢液排出，并冲破树枝晶，逐渐长大成显微气泡。

凝固过程中氮的临界形核压力由下式计算：

$$0.5\lg p_{g} = e_{N}^{Cr}(\%Cr)_{eq} + r_{N}^{Cr}(\%Cr)_{eq}^{2} - \lg K_{N} + \lg w(N) + e_{N}^{N}w(N) \quad (1\text{-}3\text{-}19)$$

$$(\%Cr)_{eq} = \sum c_{N}^{X_i}(\%X_i) \quad (1\text{-}3\text{-}20)$$

式中 $r_{N}^{Cr}=3.5\times10^{-4}$；

$\lg K_{N}=-1.354$；

$(\%Cr)_{eq}$ ——Cr 当量浓度；

$c_{N}^{X_i}$ ——元素 X_i 的 Cr 当量系数；

e_{N}^{Cr} ——作用系数。

主要合金元素的作用系数和 Cr 当量系数如表 1-3-9 所示。

表 1-3-9 主要合金元素的作用系数和 Cr 当量系数

元素	Cr	Mn	Mo	Si	N
作用系数	-0.047	-0.020	-0.011	0.047	0.130
Cr 当量系数	1.000	0.426	0.234	-1	-2.70

形核后长大的显微气泡大小与环境压力、钢水静压力及气泡表面张力产生的压力密切相关。为抑制氮显微气泡，需满足以下条件：

$$p_{a} + p_{m} + p_{c} > p_{N_2} \quad (1\text{-}3\text{-}21)$$

式中 p_{a} ——冶炼过程中环境压力；

p_{m} ——钢水静压力，$p_{m}=\rho gh$；

p_{c} ——钢水表面张力产生的压力，$p_{c}=2\sigma/r$，σ 为钢液的表面张力，r 为气泡曲率半径；

p_{N_2} ——显微气泡形成压力。

气泡半径的大小与凝固微区的长度 L 和凝固率 θ 有关，如下式所示：

$$\theta = 1 - \left(\frac{2r}{L}\right)^{3} \quad (1\text{-}3\text{-}22)$$

表面张力所产生的压力为

$$p_{c} = \frac{2\sigma}{r} = \frac{4\sigma}{L\sqrt[3]{1-\theta}} \quad (1\text{-}3\text{-}23)$$

式1-3-23即为钢液凝固过程中显微气泡的形核长大动力学模型，可见，当钢种确定时，合金元素对氮气的生成无影响，而提高环境压力和减小凝固微区长度，可以保持氮的饱和溶解，有效抑制显微气泡的生成。环境压力越高，外界直接抑制力越大，显微气泡越难生成；凝固微区的长度越小，表面附加压力越大，气泡也越难生成长大。

试验研究表明，常规冶炼铸造的高氮钢铸锭中易出现氮偏析和显微气泡，图1-3-47为高氮钢钢锭不同位置氮含量分布曲线，整个截面区域的氮存在横纵向偏析。

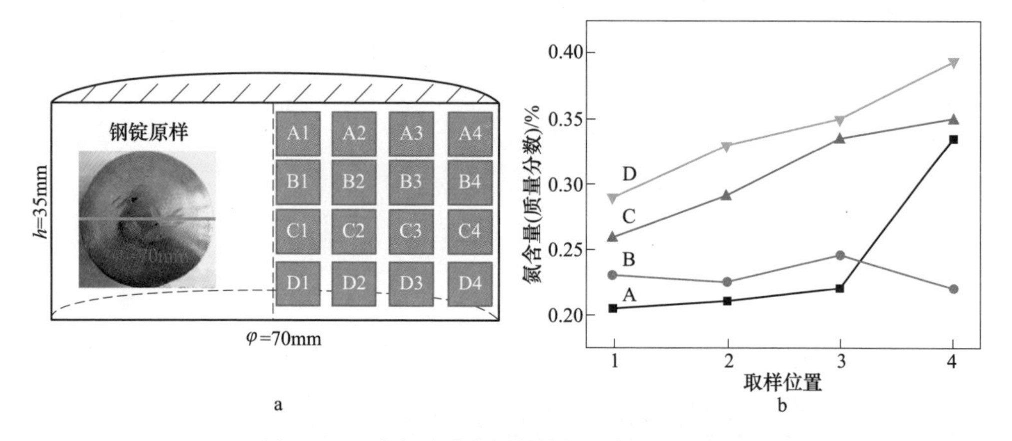

图1-3-47　常规冶炼高氮钢铸锭中存在的氮偏析

a—取样检测示意图；b—氮分布

高压激光选区熔化法（SLM）制备高氮钢工艺，是在高压气氛中激光照射粉体形成高温液态微熔池，氮气经微熔池表面渗入并在熔池中迁移溶解，激光扫描后熔体快速凝固成型材。微熔池在高能、微尺寸、超短时间内经历了熔炼和凝固过程，充分发挥了钢液高压气氛增氮和微区快速凝固的动力学优势。成形高氮钢试样的SEM面扫描分析结果，如图1-3-48所示，在试样的叠加层、扫描层截面氮元素分布均匀，未出现明显的元素偏析。

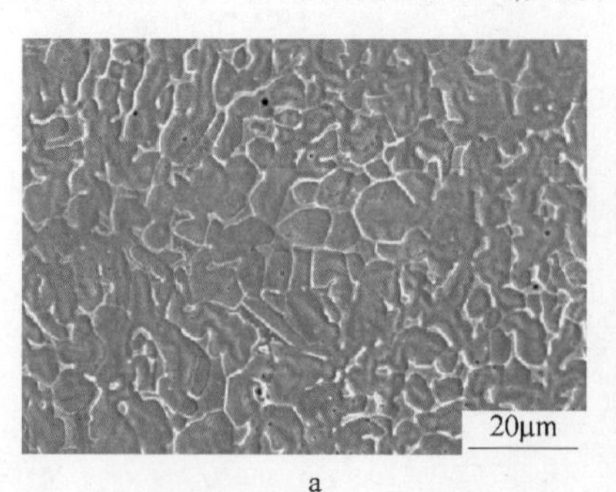

a

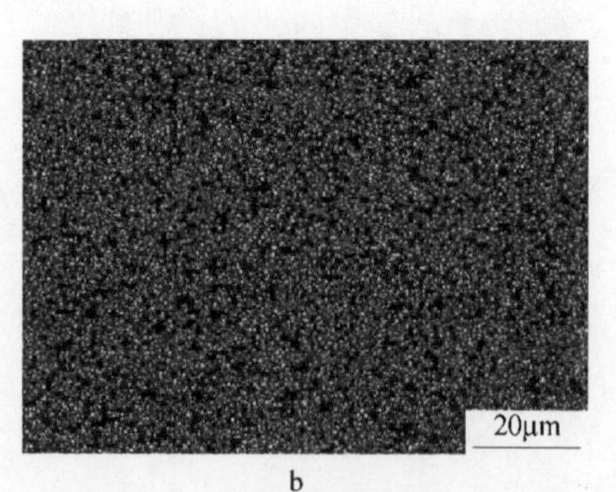

b

c

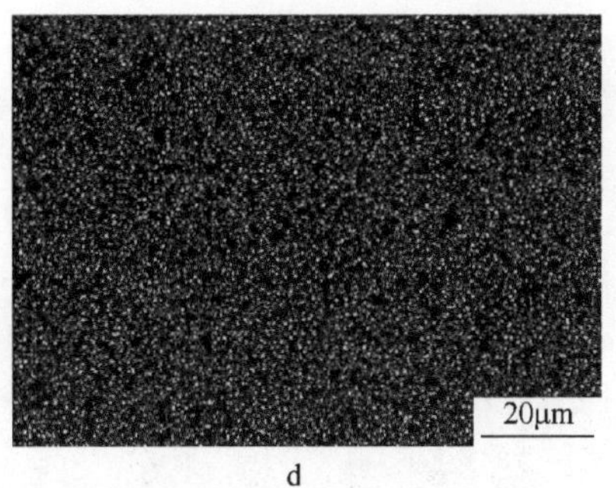

d

图 1-3-48　高氮钢试样的氮分布

a，c—截面扫描区域；b，d—截面氮分布

图 1-3-49 为高压激光选区熔化成型高氮钢试样氮分布示意图，圆柱截面 $\varphi=70$mm、$h=35$mm，共由 55.74 万个微熔池叠加。单个熔池内氮元素分布如图 1-3-49b所示，微米级的微熔池内氮元素分布均匀。因 SLM 工艺为单个微熔池叠加成单道熔道，再由单道熔道叠加成层，最后成体的成型方式，故成型块体内部整体氮分布非常均匀，更无氮显微气泡。因此，今后可考虑采用高压激光选区熔化法制备 N+Cr 强化高锰钢，不仅可以在高压下实现激光与微熔池协同增氮，而且具有快速凝固、一步成型的优势。

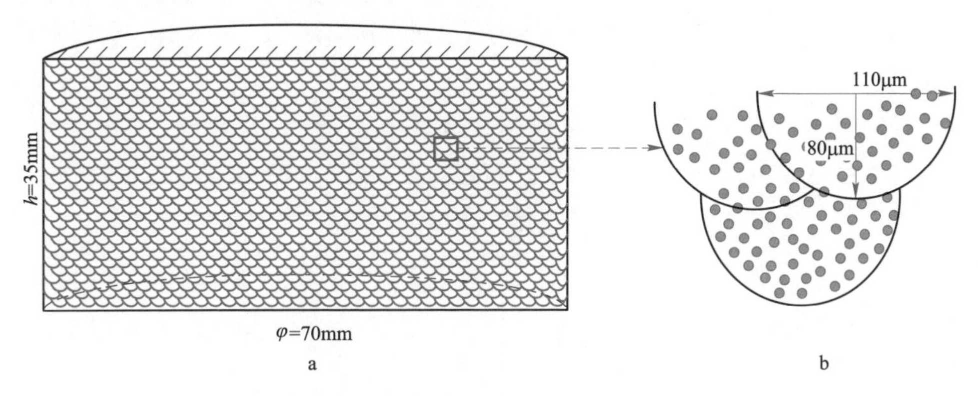

图 1-3-49　高压激光选区熔化成型高氮钢试样（a）及单个熔池（b）氮分布示意图

3.5.4　增氮冶炼工艺

轨道用 N+Cr 强化高锰钢的成分主要是在 120Mn13 钢基础上，降低碳含量，并向钢中添加更多的铬和锰，增加氮在高锰奥氏体钢中的溶解度，从而获得 N+Cr 强化高锰钢 60Mn18Cr7Nx。常压冶炼时，w(N) 在 0.1%~0.3%即 x 在 0.1~0.3；高压冶炼时，一般 w(N) 大于 0.3%，即 x 大于 0.3。在高压氮气氛条件下冶炼得到新型氮铬增强 60Mn18Cr7N0.3 钢。

常压条件下采用50kg级中频感应炉冶炼N+Cr强化高锰钢，并在氮气保护气氛下经电渣重熔得到铸锭，冶炼设备和铸锭形貌，如图1-3-50所示，从铸锭中心断面上取20个5mm×5mm×5mm的试样，测定铸锭中氮分布。

a

b

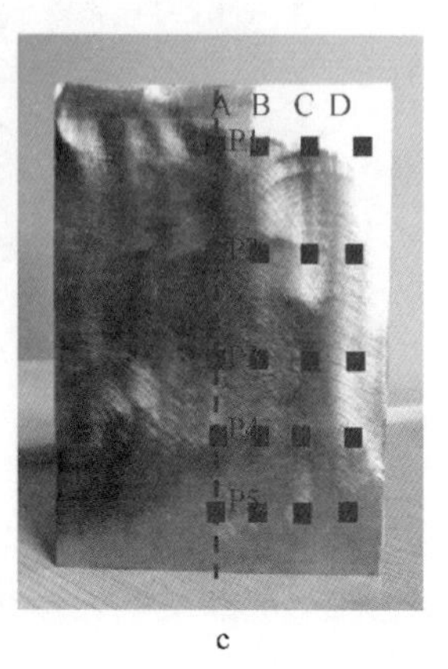

c

图1-3-50　高锰钢铸锭形貌及取样位置

a—中频感应炉冶炼；b—N+Cr强化高锰钢铸锭；c—铸锭中心断面及取样位置

常压下制备铸锭的氮含量及分布如图1-3-51所示。铸锭中氮在垂直方向上分布相对均匀，但在水平方向上分布不均匀，且氮含量差别较大。这主要是因为电渣重熔时钢液按照自下而上且从边缘到中心的顺序逐渐凝固，冷却速率较慢造成氮的偏析。

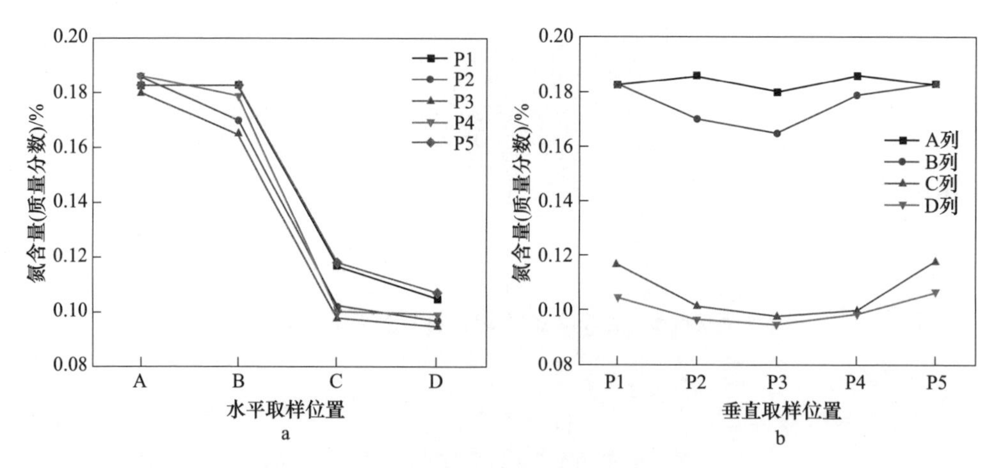

图1-3-51　常压下高氮高锰钢冶炼试样的氮含量

a—水平取样位置；b—垂直取样位置

为提高钢中的氮含量并改善铸锭的氮分布，可采用加压冶炼工艺制备N+Cr强化高锰钢。加压熔炼过程中，底吹氮气作为氮源，在高压条件下保持高的溶解度；固态氮化合金作为氮源，合金中氮在高温熔化后快速溶解到钢水中，增氮速率快。实验室内采用加压感应炉进行热态冶炼试验，冶炼设备和铸锭试样如图 1-3-52 所示。热态试验时，将原料装入加压感应炉内，密闭感应炉并抽真空，然后充入高纯氮气破空并多次洗炉。调节感应炉内气氛压力至高压状态，感应炉通电熔化原料并适时向高温钢液中加入氮化合金，获得合格高锰钢钢液，采用多功能压力调控器控制凝固压力，进一步加压凝固冷却得到高锰钢铸锭。

加压冶炼的 N+Cr 强化高锰钢铸锭质量好，表面和内部均无显微气孔，不同压力及氮化合金加入率下的 4 炉冶炼参数和氮含量，如表 1-3-10 所示。

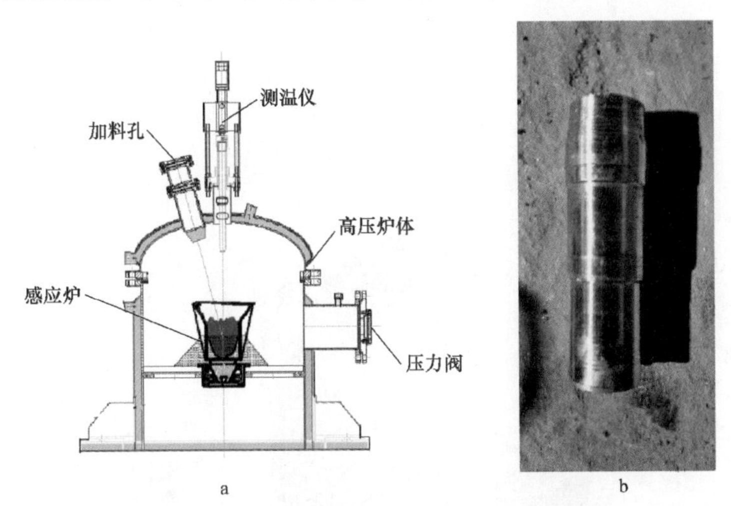

图 1-3-52　加压感应冶炼炉制备 N+Cr 强化高锰钢

a—加压感应冶炼炉；b—高锰钢铸锭

表 1-3-10　不同压力及氮化铬加入率下高锰钢中的氮含量

炉次	冶炼压力/atm①	浇铸压力/atm①	氮化铬加入率/%	氮含量（质量分数）/%
第 1 炉	6.5	12.0	0	0.28
第 2 炉	6.5	12.0	50	0.38
第 3 炉	6.0	13.0	75	0.47
第 4 炉	7.0	15.0	90	0.54

① 1atm＝101325Pa。

对第 4 炉氮含量（质量分数）为 0.54%的高锰钢取 20 个 5mm×5mm×5mm 试样（取样方法同图 1-3-50）进行氮含量分析，结果如图 1-3-53 所示。由图 1-3-53 可见，高压条件下制备的铸锭中心断面在水平和垂直方向上氮分布都比较均匀。

图 1-3-54 为常压和高压条件下冶炼的 N+Cr 强化高锰钢氮含量对比，可见高压有利于提高氮的溶解度，降低氮的宏观偏析，使氮在铸锭中分布更均匀。

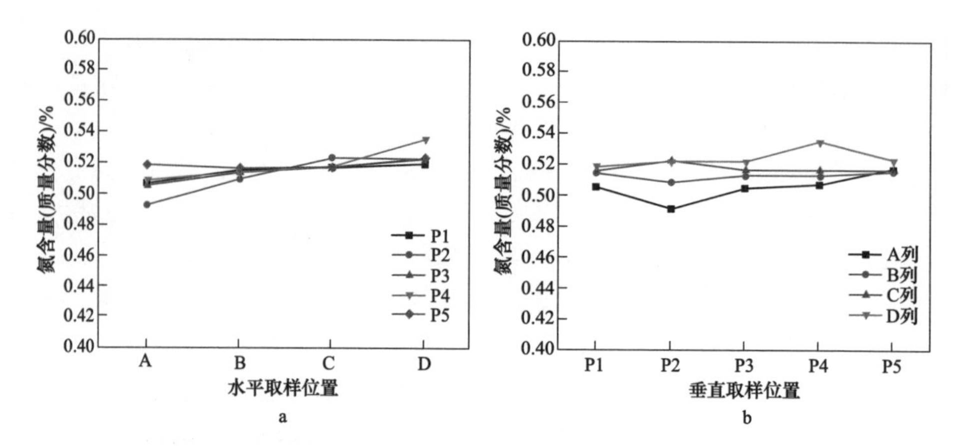

图 1-3-53　高压下高氮高锰钢冶炼试样的氮含量
a—水平取样位置；b—垂直取样位置

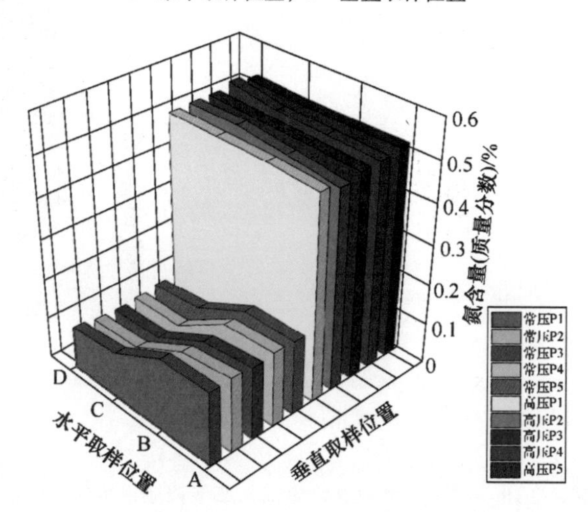

图 1-3-54　常压和高压条件下冶炼的 N+Cr 强化高锰钢氮含量对比

3.6　热加工性能

N+Cr 合金化高锰钢属于高合金钢，其热加工性能不会太好。以经过均匀化处理的铸造 120Mn13 钢和 60Mn18Cr7N0.2 钢为研究对象，利用 Gleeble 热压缩试验方法对两种高锰钢的热加工性能进行对比研究。

120Mn13 钢和 60Mn18Cr7N0.2 钢在不同变形条件下的流变应力曲线，如图 1-3-55 所示。随着压缩变形应变量的增加，流变应力迅速增加，流变曲线或缓慢达到峰值后开始下降并趋于稳定（动态再结晶型），或随着应变的增加继续缓慢上升（加工硬化型）。多数变形条件下 120Mn13 钢的流变应力曲线呈动态再结晶型，而 60Mn18Cr7N0.2 钢的流变应力曲线呈加工硬化型。

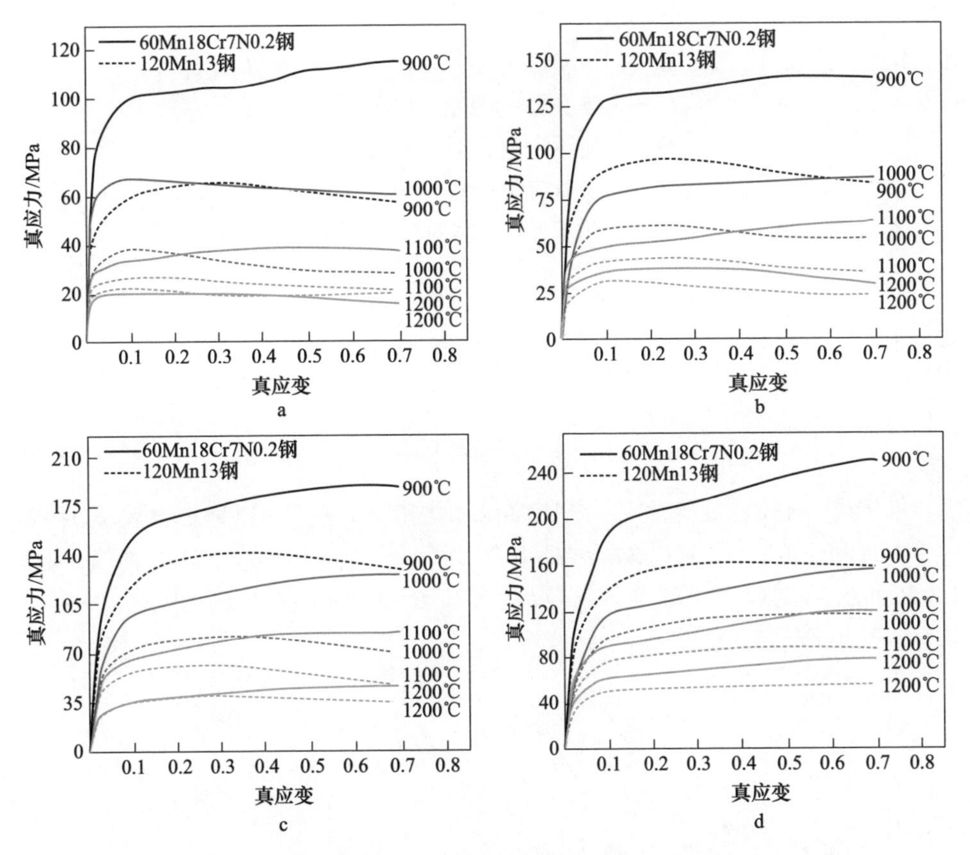

图 1-3-55 两种高锰钢在不同温度和不同应变速率下的流变应力曲线

a—$10^{-3}s^{-1}$；b—$10^{-2}s^{-1}$；c—$10^{-1}s^{-1}$；d—$1s^{-1}$

本构模型是高温变形过程中流变应力与其他热变形参数之间关系的数学表达式，能够反映流变应力与变形温度、应变速率和应变量等热变形参数的影响规律。近年来，研究人员针对不同材料和不同流变特性提出了很多本构模型，但 Arrhenius 模型仍是使用最多的，它可以准确地描述金属高变形温度和大应变速率下的塑性流动行为，Arrhenius 本构模型主要有 3 种表达式，即指数函数型、幂函数型和双曲正弦函数型，分别如式 1-3-24～式 1-3-26 所示。

$$\dot{\varepsilon} = A_1 \sigma^{n_1} \exp\left(-\frac{Q}{RT}\right) \quad (\alpha\sigma<0.8) \tag{1-3-24}$$

$$\dot{\varepsilon} = A_2 \exp(\beta\sigma) \exp\left(-\frac{Q}{RT}\right) \quad (\alpha\sigma>1.2) \tag{1-3-25}$$

$$\dot{\varepsilon} = A [\sinh(\alpha\sigma)]^n \exp\left(-\frac{Q}{RT}\right) \quad (\text{任意应力}) \tag{1-3-26}$$

式中 $\dot{\varepsilon}$——应变速率，s^{-1}；

T——热力学温度，K；

A，A_1，A_2，α，n，n_1，β——与温度无关的常数，其中 $\alpha=\beta/n_1$；

Q——热变形激活能，kJ/mol；

R——气体常数，8.314J/(mol·K)；

σ——峰值应力或特定应变下的应力，MPa。

对式 1-3-24～式 1-3-26 各自两端取自然对数并变形得到

$$\ln\dot{\varepsilon} = \ln A_1 + n_1\ln\sigma - \frac{Q}{RT} \tag{1-3-27}$$

$$\ln\dot{\varepsilon} = \ln A_2 + \beta\sigma - \frac{Q}{RT} \tag{1-3-28}$$

$$\ln\dot{\varepsilon} = \ln A + n\ln[\sinh(\alpha\sigma)] - \frac{Q}{RT} \tag{1-3-29}$$

为了确定 A、α、n 等常数，将 120Mn13 钢在 0.2 应变下的流变应力代入式 1-3-27、式 1-3-28 和式 1-3-29，通过数据线性拟合得到 $\ln\dot{\varepsilon}-\ln\sigma$ 和 $\ln\dot{\varepsilon}-\sigma$ 关系曲线，如图 1-3-56 所示，根据斜率的平均值求得 $n_1=6.7$，$\beta=0.084$，由此 $\alpha=0.012$。

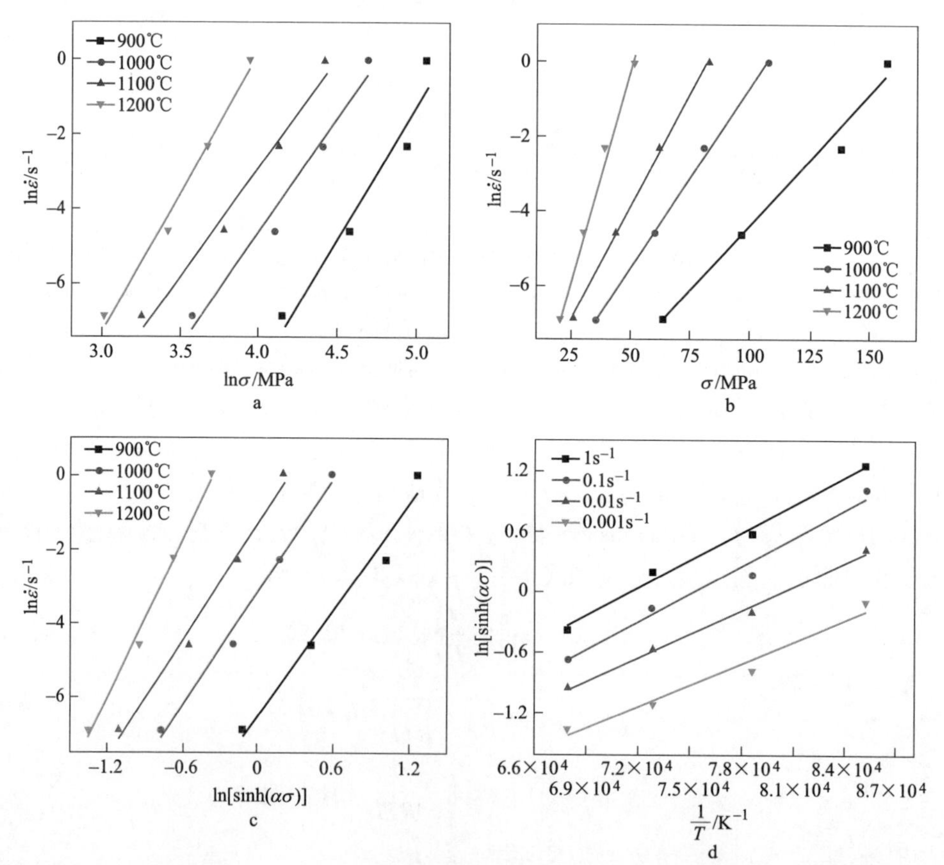

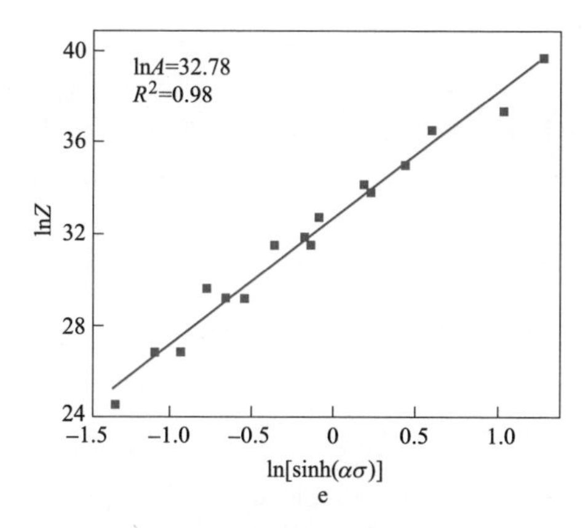

图 1-3-56 120Mn13 钢的应力-应变关系

a—$\ln\dot{\varepsilon}$ -$\ln\sigma$ 关系；b—$\ln\dot{\varepsilon}$ -σ 关系；c—$\ln\dot{\varepsilon}$ - ln[sinh(ασ)] 关系；

d— ln[sinh(ασ)] -$\frac{1}{T}$关系；e—lnZ- ln[sinh(ασ)] 关系

当温度 T 恒定时，对式 1-3-29 求偏导，变形可得到

$$\frac{1}{n} = \frac{\partial \ln[\sin(\alpha\sigma)]}{\partial \ln\dot{\varepsilon}}\bigg|_T \tag{1-3-30}$$

当应变速率 $\dot{\varepsilon}$ 恒定时，对式 1-3-29 求偏导并变形可得

$$Q = Rnk = Rn\frac{\partial \ln[\sin(\alpha\sigma)]}{\partial\left(\frac{1}{T}\right)}\Bigg|_{\dot{\varepsilon}} \tag{1-3-31}$$

将 α 值代入式 1-3-30 和式 1-3-31 并通过线性拟合得到 $\ln\dot{\varepsilon}$ - ln[sin(ασ)] 和 ln[sin(ασ)] -$\frac{1}{T}$关系曲线，如图 1-3-56 所示，根据拟合曲线斜率的平均值最终求得 n=5.6，Q=386kJ/mol。

温度 T 和应变速率 $\dot{\varepsilon}$ 对应力-应变关系的影响可以用 Zener-Holloman 参数表示，即

$$Z = \dot{\varepsilon}\exp\left(\frac{Q}{RT}\right) = A[\sinh(\alpha\sigma)^n] \tag{1-3-32}$$

对式 1-3-32 两边取自然对数可得

$$\ln Z = \ln A + n\ln[\sin(\alpha\sigma)] \tag{1-3-33}$$

将求得的 Q 代入式 1-3-32 即可获得不同参数下的 ln$Z$，根据数据绘制 ln$Z$-ln[sin(ασ)] 关系曲线，如图 1-3-56 所示，由拟合曲线的截距可得 $A = 1.72\times10^{14}$，最终 120Mn13 钢在 0.2 应变下的 Arrhenius 方程可表述为

$$\dot{\varepsilon} = 1.72 \times 10^{14} [\sinh(0.01254\sigma)]^{5.57} \exp\left(-\frac{385917}{RT}\right) \tag{1-3-34}$$

使用同样的计算方法可得到 60Mn18Cr7N0.2 钢在 0.2 应变下的 α、n、Q 和 A 分别为 0.014、5.5、535 和 9.43×10^{18}，因此其本构方程可表示为

$$\dot{\varepsilon} = 9.43 \times 10^{18} [\sinh(0.01403\sigma)]^{5.55} \exp\left(-\frac{534844}{RT}\right) \tag{1-3-35}$$

考虑到应变 ε 对本构关系的影响，对模型中的各个参数进行多项式拟合，进一步分析应变对流变应力的影响规律，用相同的计算方法求得 0.1、0.3、0.5 和 0.7 应变下的钢常数，发现应变量 ε 与四次多项式的良好相关性，结果如式 1-3-36 所示，拟合得到的系数见表 1-3-11 和表 1-3-12。

$$\begin{aligned} \alpha &= \alpha_0 + \alpha_1\varepsilon + \alpha_2\varepsilon^2 + \alpha_3\varepsilon^3 + \alpha_4\varepsilon^4 \\ n &= n_0 + n_1\varepsilon + n_2\varepsilon^2 + n_3\varepsilon^3 + n_4\varepsilon^4 \\ \ln A &= A_0 + A_1\varepsilon + A_2\varepsilon^2 + A_3\varepsilon^3 + A_4\varepsilon^4 \\ Q &= Q_0 + Q_1\varepsilon + Q_2\varepsilon^2 + Q_3\varepsilon^3 + Q_4\varepsilon^4 \end{aligned} \tag{1-3-36}$$

表 1-3-11　120Mn13 钢常数四次多项式系数

α	数值	n	数值	A	数值	Q	数值
α_0	0.016	n_0	1.74	A_0	3.9	Q_0	77.4
α_1	-0.0406	n_1	54.0	A_1	363	Q_1	3841
α_2	0.182	n_2	-254	A_2	-1560	Q_2	-16316
α_3	-0.334	n_3	453	A_3	2641	Q_3	27288
α_4	0.210	n_4	-274	A_4	-1546	Q_4	-15823

表 1-3-12　60Mn18Cr7N0.2 钢常数四次多项式系数

α	数值	n	数值	A	数值	Q	数值
α_0	0.017	n_0	6.0	A_0	48.3	Q_0	596
α_1	-0.025	n_1	-2.6	A_1	-1.8	Q_1	-77.0
α_2	0.045	n_2	2.5	A_2	-179	Q_2	-1975
α_3	-0.051	n_3	-7.3	A_3	418	Q_3	4740
α_4	0.029	n_4	6.4	A_4	-279	Q_4	-3179

两种高锰钢的热变形激活能拟合曲线，如图 1-3-57 所示，120Mn13 钢的热变形激活能在 320~390kJ/mol，远小于 60Mn18Cr7N0.2 钢的热变形激活能（430~570kJ/mol）。热变形激活能是热塑性变形过程中一个重要的力学参数，能够用来衡量钢塑性变形的难易程度。一般来说，激活能越高，钢的变形抗力越大，越难以进行热塑性变形。国内外很多学者对不同成分的奥氏体高锰钢的热变形激活能进行了报道，大多在 200~400kJ/mol。60Mn18Cr7N0.2 钢的热变形激活能高于一

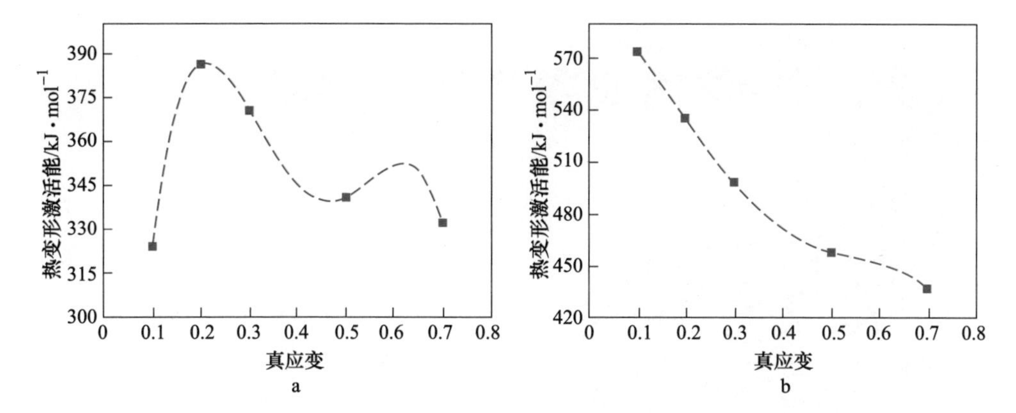

图 1-3-57 两种高锰钢在不同应变下的热变形激活能拟合曲线

a—120Mn13 钢；b—60Mn18Cr7N0.2 钢

般奥氏体高锰钢，这主要是由于其中加入了较多的固溶元素如铬、氮等，产生了较强的固溶强化作用，并且溶质原子的拖曳效应会阻碍位错滑移和晶界迁移，提高了钢的热变形激活能。随着变形量的增大，变形晶粒发生转动以及更多的滑移系被激活启动，热变形激活能随之下降。

热加工图是反映钢热加工性能优劣的图形，是制定热加工工艺的重要依据。为了描述钢成型过程中显微组织演变消耗的能量所占的比例，引入功率耗散因子 η，η 是一个无量纲的参数，它随应变速率和温度的变化便构成了功率耗散图。但是，并不是功率耗散因子越大，钢的热加工性能越好。因为失稳区域中功率耗散因子也可能很高，所以必须结合失稳图才能判定不同工艺对钢热加工性能的影响。基于动态材料模型的失稳判据有很多种，使用最为广泛的为 Prasad 判据和 Murty 判据。但是 Prasad 准则只适用于本构关系满足幂函数形式的合金钢，而 Murty 判据在其推导过程中没有涉及应变速率敏感因子是否为常数，因而对任意形式的应力应变速率曲线都适合，因此，这里选择了基于 Murty 判据的加工图来研究两种高锰钢的热加工性能。

耦合了功率耗散图和流变失稳图后的热加工图，如图 1-3-58 所示。图中灰色部分为失稳区域，红色部分为功率耗散因子 η 大于 0.3 的区域。两种钢的流变失稳区域有较大差别，120Mn13 钢在低温高应变速率区域具有小范围的流变失稳区，而 60Mn18Cr7N0.2 钢的失稳区域则是主要集中在此处。两种钢高功耗区域位置分布也有较大差别，120Mn13 钢的高功耗区域主要受应变速率的影响，分布在高应变速率和低应变速率条件下，而中等应变速率条件下的功率耗散因子最高仅为 0.25。60Mn18Cr7N0.2 钢的高功耗区域主要分布在高温区域，受温度影响明显。

结合两种高锰钢的热加工图可以发现，60Mn18Cr7N0.2 钢的热加工性能较

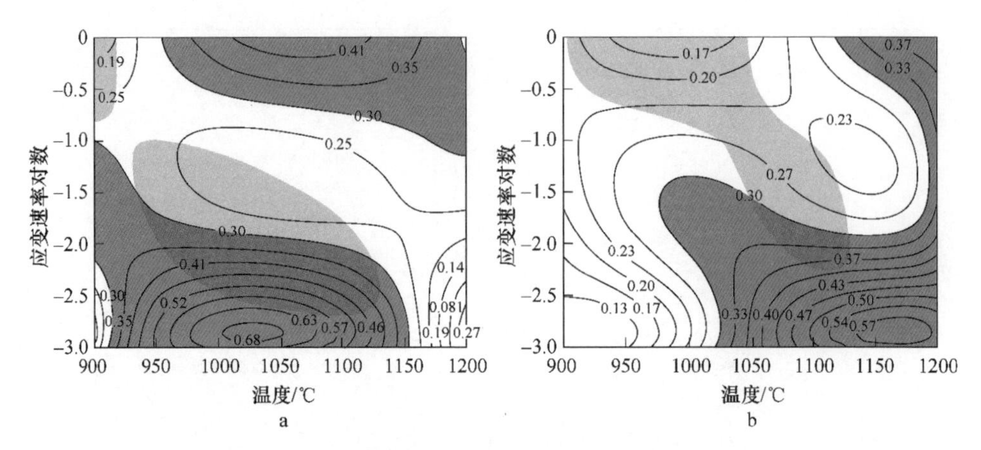

图 1-3-58　两种高锰钢在真应变为 0.2 时的热加工图

a—120Mn13 钢；b—60Mn18Cr7N0.2 钢

120Mn13 钢差，因此，在制造锻件时应注意锻造工艺的选择，锻造温度应尽量控制在 1000℃以上，并且采用慢应变速率进行变形。

4 轨道用高锰钢的预硬化

高锰钢经过水韧处理后，其基体硬度（HB）只有200左右，高锰钢辙叉在服役初期往往因为初始硬度太低，且没有产生足够的加工硬化，造成快速磨损，并产生“肥边”，严重影响其使用寿命。据测试，没有进行任何预硬化处理的高锰钢辙叉，在过载量达到500万吨以上时，其表面才能产生足够的加工硬化，达到稳定的硬化程度，而此时辙叉心轨的垂直磨耗量（高度降低值）往往达到2~3mm，这已经接近高锰钢辙叉心轨磨耗限量的一半。因此，为了延长高锰钢辙叉使用寿命，往往会对高锰钢辙叉进行预硬化处理，以提高高锰钢初始硬度和耐磨性。高锰钢预硬化工艺有滚压变形预硬化、爆炸变形预硬化、高频冲击变形预硬化等，最近还开发了快速加热变形预硬化和时效预硬化。

4.1 滚压预硬化

4.1.1 预硬化工艺

采用铁路轨道用普通120Mn13高锰钢为研究对象，其化学成分（质量分数）为C 1.2%，Mn 12.8%，余量为铁和少量杂质。将试验钢于1050℃保温1h奥氏体化后进行水淬处理，获得单相奥氏体组织。预制不同厚度试样，然后在室温进行滚压变形至12mm后，获得不同变形量，也就是不同滚压预硬化程度高锰钢试样。测试各变形量高锰钢的硬度，并观察其微观组织，同时，对几个典型变形量试样在$2\times10^{-4}s^{-1}$、$2\times10^{-3}s^{-1}$、$2\times10^{-2}s^{-1}$、$2\times10^{-1}s^{-1}$应变速率下进行拉伸变形试验。

高锰钢硬度与滚压变形量之间关系曲线结果，如图1-4-1所示，随着滚压变形量的增加，高锰钢的硬度几乎呈线性上升。但不同变形量区域内，硬度随着变形量的变化幅度不一致，硬度增加规律大致可以分为两个阶段：第一阶段滚压变形量小于30%的高锰钢快速硬化，硬度（HRC）由20增加至47，提高了27；第二阶段滚压变形量大于30%区域，变形量由30%增加到60%，

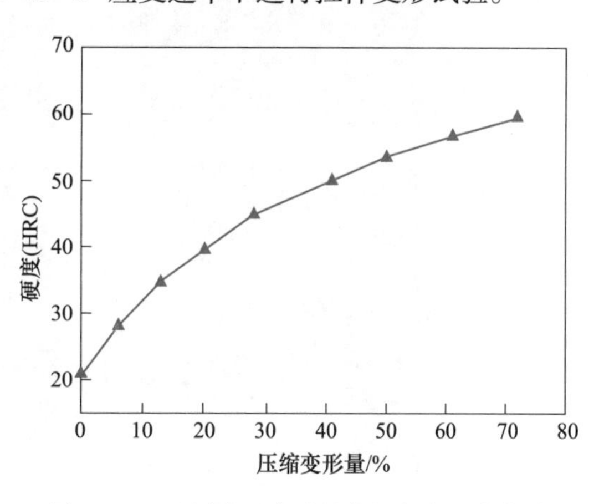

图1-4-1 不同滚压变形量高锰钢的硬度曲线

硬度（HRC）从47增加至56，仅提高了9，这个阶段硬度增加明显变慢。

4.1.2　微观组织和力学性能

为了观察滚压变形过程中试验钢的微观组织变化规律，对变形分别为10%、30%和50%试样进行EBSD观察，结果如图1-4-2所示，在小滚压变形量下部分有利取向的奥氏体晶粒中已经产生了平行分布、界面平直的形变孪晶，并且主要为单一取向孪晶。此时，变形晶粒的应变主要集中在奥氏体晶界以及变形孪晶等界面位置。当变形量增大至30%时，形变孪晶数量明显增多，大部分晶粒发生严重变形，此时在一些晶粒中已经产生了多重取向孪晶。晶界位置应变明显增大，同时晶内应变明显上升，应变分布逐渐均匀。变形量达到50%时，钢中各种界面发生严重弯曲，奥氏体晶界和晶内应变同时增大，但晶界位置应变始终高于晶内。

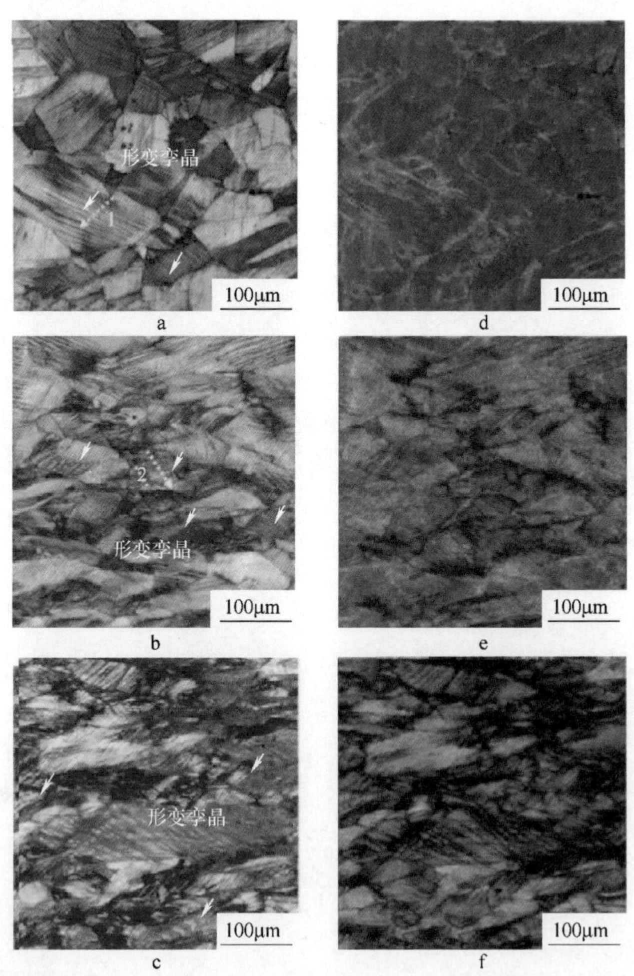

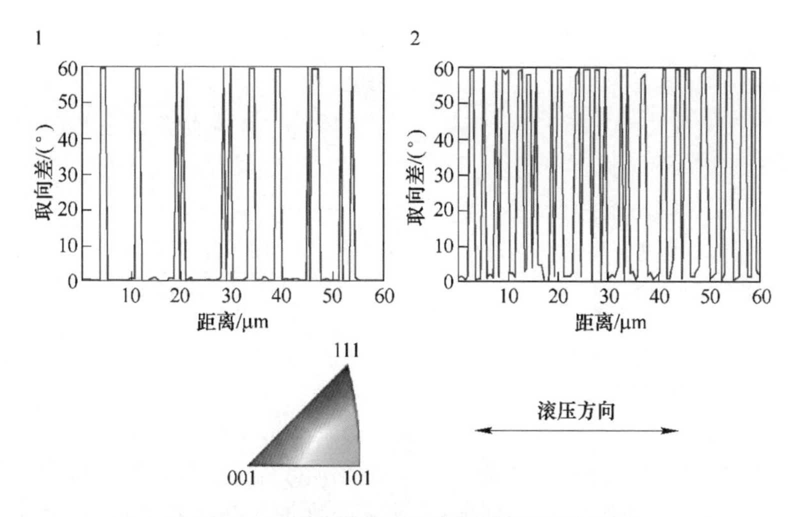

图 1-4-2 不同滚压变形量高锰钢的 EBSD 组织

a—10%试样反极图；b—30%试样反极图；c—50%试样反极图；d—10%试样局部取向差分布图

e—30%试样局部取向差分布图；f—30%试样局部取向差分布图

1—沿图 1-4-2a 黄色箭头 1 的点对点取向分布曲线；2—沿图 1-4-2b 黄色箭头 2 的点对点取向分布曲线

为了进一步量化孪晶数量的变化规律，对 10%、30%和 50%试样进行了 TEM 组织观察，结果如图 1-4-3 所示，在小滚压变形量下主要为互相平行的一次孪晶，随着滚压变形量增大，孪晶数量明显增多，并出现二次孪晶。同时，统计了各试样中的孪晶密度，结果如表 1-4-1 所示。滚压变形 30%之前，孪晶密度由 $0.9\times10^7m^{-1}$快速增加至 $7.3\times10^7m^{-1}$；当滚压变形增加至 50%时，其孪晶密度为 $6.6\times10^7m^{-1}$，相比于 30%变形试样，其孪晶密度反而有所减小，这表明在滚压变形 30%条件下孪晶密度已经达到饱和。

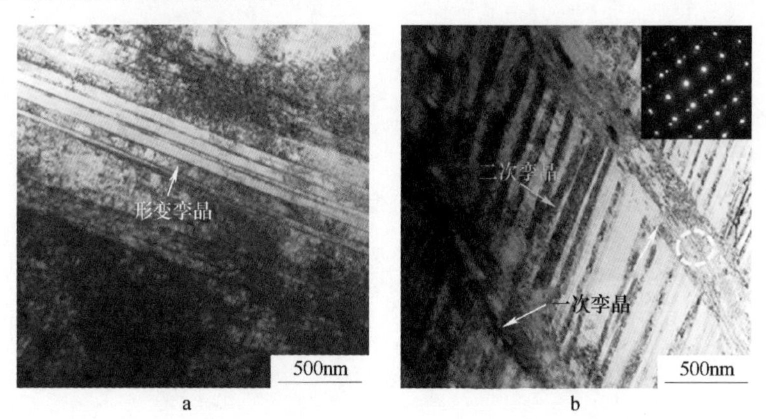

图 1-4-3 不同滚压变形量高锰钢 TEM 组织

a—10%；b—50%

滚压变形高锰钢 XRD 图谱表明，不同滚压变形量高锰钢依然为单相奥氏体钢。表 1-4-1 也给出了不同滚压变形量下高锰钢的位错密度变化，随着滚压变形量增加，位错密度由 $0.7\times10^{15}m^{-2}$增加至 $4.2\times10^{15}m^{-2}$。但是滚压变形 30%前后高锰钢位错密度增幅不同，在变形量 30%之前，位错密度增加 2.1 倍；当滚压变形量达到 50%时，位错密度较 30%增加 2.7 倍。

表 1-4-1　不同滚压变形量高锰钢孪晶密度和位错密度

滚压变形量/%	10	20	30	40	50
孪晶密度/m^{-1}	0.9×10^{7}		7.3×10^{7}		6.6×10^{7}
位错密度/m^{-2}	0.7×10^{15}	1.1×10^{15}	1.5×10^{15}	3.5×10^{15}	4.2×10^{15}

不同应变速率下滚压变形高锰钢工程应力-应变曲线，如图 1-4-4 所示，应变速率对高锰钢的拉伸性能有显著影响，并且在不同滚压变形量下表现出不同的规律。结合表 1-4-2 的统计结果，随着滚压变形量增加，高锰钢屈服强度和抗拉强度均单调增加，而伸长率单调降低。对比相同滚压变形量、不同应变速率下的拉伸性能可以看出，在任一滚压变形量下，应变速率的改变对高锰钢的屈服强度几乎不产生影响。然而，在较小滚压变形量时，抗拉强度和伸长率均随着应变速率的增大而增大，表现出了正应变速率敏感性。以变形量 10%为例，应变速率为 $2\times10^{-4}s^{-1}$

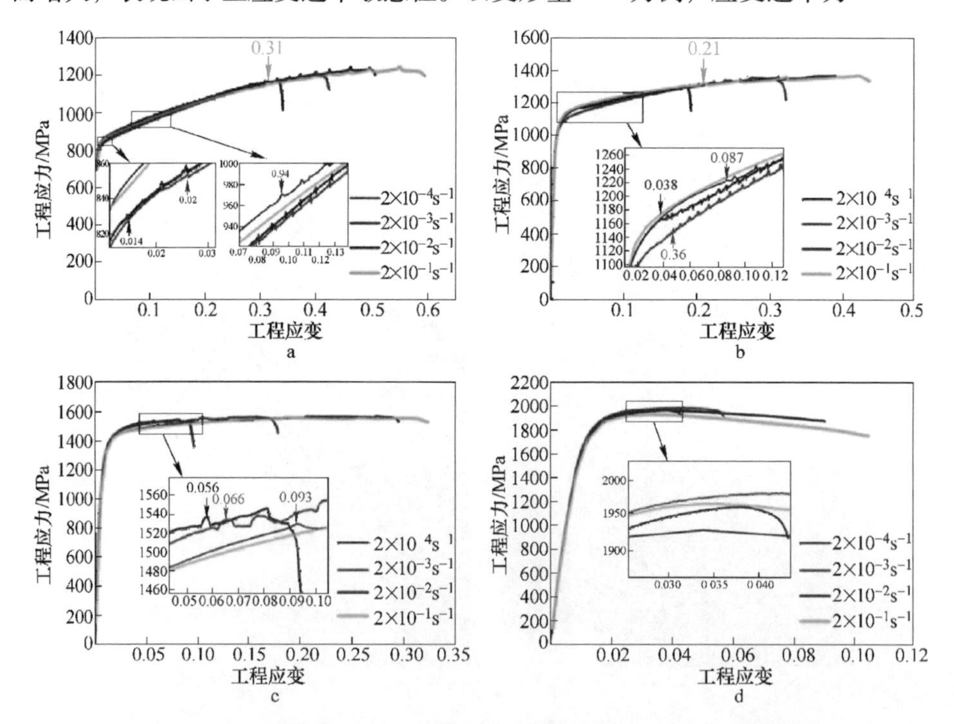

图 1-4-4　不同应变速率下不同滚压变形量高锰钢工程应力-应变曲线

a—10%；b—20%；c—30%；d—50%

时高锰钢抗拉强度为 1161MPa，伸长率为 34.7%，当应变速率增大至 $2\times10^{-1}s^{-1}$ 时，抗拉强度为 1250MPa，增幅 10%，伸长率为 60.3%。当滚压变形量超过 30% 时，抗拉强度的这种正应变速率敏感性基本消失，不同应变速率下，抗拉强度基本保持不变；有趣的是伸长率依然保持着正应变速率敏感性，随着应变速率提高，伸长率不断增大。

表 1-4-2　不同应变速率下不同滚压变形量高锰钢拉伸性能

滚压变形量/%	变形速率/s^{-1}	$\sigma_{0.2}$/MPa	σ_b/MPa	δ/%
10	2×10^{-4}	745	1161	34.7
	2×10^{-3}	747	1196	43.3
	2×10^{-2}	767	1238	50.1
	2×10^{-1}	784	1250	60.3
20	2×10^{-4}	925	1290	19.4
	2×10^{-3}	919	1350	32.8
	2×10^{-2}	926	1365	38.6
	2×10^{-1}	957	1369	43.1
30	2×10^{-4}	1204	1551	10.2
	2×10^{-3}	1206	1571	17.4
	2×10^{-2}	1201	1565	29.5
	2×10^{-1}	1200	1567	32.1
40	2×10^{-4}	1406	1759	3.6
	2×10^{-3}	1407	1727	6.2
	2×10^{-2}	1403	1731	7.8
	2×10^{-1}	1394	1702	11.8
50	2×10^{-4}	1571	1961	3.4
	2×10^{-3}	1625	1981	4.8
	2×10^{-2}	1598	1963	8.1
	2×10^{-1}	1575	1938	9.7

拉伸曲线上流变锯齿是典型的动态应变时效（DSA）特征，从图 1-4-4 局部放大所显示的曲线来看，滚压变形量和应变速率对高锰钢拉伸变形过程中动态应变时效效应有显著的影响。从滚压变形量对动态应变时效的影响来看，在低滚压变形量下，拉伸曲线均表现出明显的流变锯齿，当滚压变形量增大至 30%时，几乎观察不到规则的锯齿形状，当变形量超过 30%以后，流变锯齿基本消失，这表明滚压变形对高锰钢后续拉伸变形过程中的 DSA 有抑制作用。DSA 发生的临界应变（ε_c）是反映 DSA 的特征量，表征了 DSA 的起点。从局部放大图可以看到，随着应变速率的升高，动态应变时效的临界应变值也随之增大，这表明应变速率升高对产生 DSA 有抑制作用。

图1-4-5所示为10%、30%和50%高锰钢在不同应变速率下的拉伸断口形貌，选择本书相关研究的最慢应变速率$2\times10^{-4}s^{-1}$和最快应变速率$2\times10^{-1}s^{-1}$下的拉伸断口进行观察分析。应变速率为$2\times10^{-4}s^{-1}$时，10%试样拉伸断口表面有明显沿晶界的裂纹，晶内主要为解离小台阶，表现出河流花样形貌，从断裂形式上看为沿晶界断裂主导。随着滚压变形量的增大，30%试样断裂方式发生了变化，断口沿晶界裂纹减少，分布少量韧窝，断口大量的解理小台阶与解理平面使断口呈现出河流花样形貌。当滚压变形量达到50%时，断口沿晶界裂纹消失，呈现出大量微孔及韧窝，在部分位置呈现出河流花样，并出现了沿着大尺寸韧窝的裂纹，主要表现为微孔聚集型断裂。这表明在低应变速率下，随着滚压变形量增加，高锰钢的断裂方式由沿晶断裂向穿晶断裂转变。当应变速率提升至$2\times10^{-1}s^{-1}$时，10%、30%和50%拉伸断口均表现为高密度小韧窝的平整断面，断裂方式并没有表现出在低应变速率时的转变。

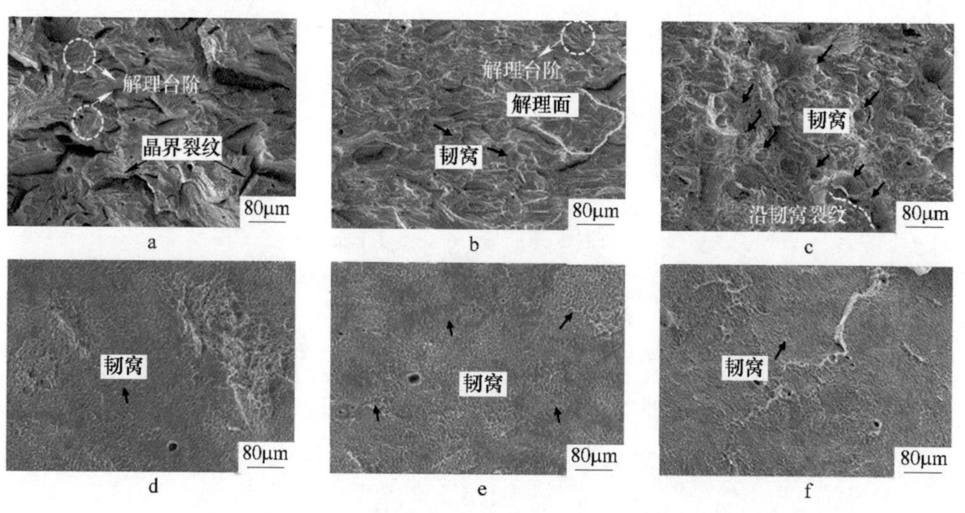

图1-4-5　不同滚压变形量高锰钢在不同应变速率下的拉伸试样断口形貌

a—10%-$2\times10^{-4}s^{-1}$；b—30%-$2\times10^{-4}s^{-1}$；c—50%-$2\times10^{-4}s^{-1}$；
d—10%-$2\times10^{-1}s^{-1}$；e—30%-$2\times10^{-1}s^{-1}$；f—50%-$2\times10^{-1}s^{-1}$

在高锰钢塑性变形过程中，晶界运动和晶粒旋转促进位错形核，并能有效阻碍位错运动而提高其强度，而位错与孪晶的相互作用决定了高锰钢优异的加工硬化能力。滚压变形初始阶段，由于晶界特殊的原子排布，位错首先在晶界处形核，晶界附近的应变始终高于晶内，见图1-4-2。随着滚压变形量不断增大，位错在晶界附近塞积所产生的应力超过孪生应力之后，便开始产生形变孪晶。孪晶的形成会阻碍位错滑移，使高锰钢得到快速强化。当滚压变形量增大至30%，几乎所有晶粒中均产生了大量孪晶，见图1-4-3，这显著缩短了位错运动的平均自由程，使高锰钢得到强化。此外，当滚压变形量由10%增大至30%，硬度

(HRC) 增加14，此时孪晶密度提升8倍，位错密度增加2.1倍，这说明在滚压变形30%之前，高锰钢的硬化机制为孪生和位错增殖，其中，孪晶硬化占主导作用。随着变形量进一步增大，位错密度进一步增高，孪晶与位错之间的交互作用增强并引起去孪晶效应，这可能是造成50%试样中孪晶数量少于30%的原因。在滚压变形量由30%增大到50%的过程中，孪晶数量出现少量减少，但位错密度持续增加，这表明在这个阶段位错强化是引起高锰钢硬度升高的主要机制。值得注意的是，在滚压变形量小于30%时，由孪晶的生成作为主导机制使高锰钢硬度（HRC）增加14；当滚压变形量介于30%～50%时，由位错强化带来的硬度（HRC）增加仅有4，这表明位错相互作用引起的强化效果低于孪晶-位错相互作用引起的强化效果。

高锰钢中原始组织状态和变形过程中的组织演变决定了高锰钢的拉伸变形行为及拉伸性能。随着高锰钢中位错密度和孪晶数量的增加，屈服强度和抗拉强度均不断提高，但伸长率随之降低，这主要是因为滚压变形过程中孪晶的形成分割了晶粒，发生动态 Hall-Petch 效应使其强度升高；另外，孪晶的形成抑制了位错运动，使位错滑移不能进一步进行从而导致其塑性损失。对于传统固溶处理高锰钢而言，其强塑性会随拉伸应变速率提升而不断提高，然而，不同滚压变形量的高锰钢却对应变速率表现出不同的应力应变响应。由此可见，在滚压变形过程中引入的高密度位错和形变孪晶是造成这种差异的主要因素。对不同滚压变形量高锰钢拉伸变形前后的孪晶和位错密度进行计算和统计，结果如图1-4-6所示，对于10%试样，随着应变速率增大，位错密度和孪晶密度同时增加。应变速率大于$2\times10^{-4}s^{-1}$时，10%试样位错密度的增幅较小，而孪晶数量却随着应变速率的增大明显升高，这主要是因为高应变速率增加了位错与晶界的相互作用促使孪晶数量升高，而变形过程中孪晶的生成有助于位错进一步滑移，从而获得高伸长率，增加的孪晶界面分割了晶粒，增加了位错运动的阻碍，使得其强度增加。因此，

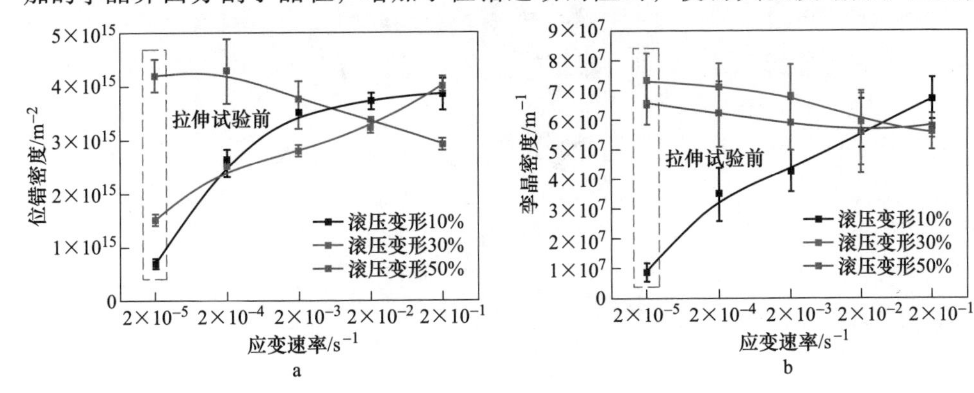

图1-4-6 高锰钢经10%、30%和50%变形后在不同应变速率拉伸断裂前后微观组织变化规律

a—位错密度；b—孪晶密度

10%试样的强度和伸长率均表现出正应变速率敏感性。

对于30%试样，其孪晶密度和位错密度分别为$7.3\times10^{7}m^{-1}$和$1.5\times10^{15}m^{-2}$，对比不同滚压变形量高锰钢拉伸变形后的孪晶数量和位错密度，孪晶数量已经达到饱和而位错密度尚未饱和。在后续拉伸变形过程中，30%试样的位错密度随着应变速率的增大而增加，而孪晶数量反而有少许减少，这表明在后续拉伸变形过程中位错运动为主要变形机制。应变速率的增加可以显著提升单位时间内可动位错的滑移速度，加剧位错-孪晶以及孪晶-孪晶的相互作用，去孪晶行为导致孪晶数量降低，而孪晶向基体的逆转变使在孪晶内部和孪晶界处集中的位错得到释放，同时也增加了位错运动的平均距离，因此，30%试样伸长率表现出正应变速率敏感性。

对于50%试样，其孪晶密度和位错密度分别为$6.6\times10^{7}m^{-1}$和$4.2\times10^{15}m^{-2}$，对比其他滚压变形量高锰钢，50%试样位错密度和孪晶数量均基本达到饱和。随着应变速率增加，试样孪晶密度仅有小幅度降低，而位错密度降低明显，这表明在后续拉伸变形过程中位错湮灭行为强于位错的增殖行为，并且随着应变速率增加越发明显，这也导致了拉伸曲线后期应力降低。位错湮灭引起的位错密度降低会降低局部应力集中，这有助于提高伸长率。虽然高密度的位错限制了位错进一步滑移，导致钢塑性严重损失，但是应变速率的提升增加了位错之间的交互作用，这有助于位错发生湮灭。

交滑移是位错发生湮灭的主要机制，而层错能则是导致位错发生交滑移的主要因素，这就要考虑到拉伸过程中温升的影响。应变速率提升带来的耗散加热是一个普遍现象，经测试，本试验条件最大应变速率下50%变形量试样温升可达130℃左右，温度增加会提高高锰钢层错能，从而促进位错进行交滑移，同样会加快位错的湮灭行为。在$2\times10^{-4}s^{-1}$速率下，高锰钢由25℃升至120℃伸长率仅增加4%，而对于因位错和孪晶饱和而塑性严重损失的50%试样来说，温升带来的塑性增加是不可忽略的。相比于10%和30%试样高应变速率促进孪晶形成和去孪晶行为带来的伸长率提升，温升带来的塑性增加显然不是其主导因素。

动态应变时效是C-Mn或C-空位团簇中碳原子在位错的应力场作用下重新定位且与运动的位错发生相互作用造成局部应力的增加和释放。因此，位错运动和碳原子的分布将会显著影响高锰钢的动态应变时效行为。滚压变形预硬化使高锰钢位错密度持续增加，随着位错密度的增大，位错在基体中的分布也逐渐均匀，以上两者均不利于动态应变时效的发生，因此随着滚压变形量的增加，DSA也逐渐消失。此外，动态应变时效的发生需要一定的应变积累，也就是说，在DSA发生前需要一个准备时间。Orowan等式定义了位错在障碍处的停留时间$t_w=\rho_m bL/\dot{\varepsilon}$，其中$\dot{\varepsilon}$为应变速率，$L$为位错平均自由程，$\rho_m$为位错密度，$b$为柏氏矢量。在相同滚压变形量下，$t_w$与应变速率呈反比而与位错密度呈正比关系，在相同滚压变形量下，随着应变速率增大，就需要更高的位错密度来提供足够的时间发生碳原子与位错反应，因此，临界应变值表现出随着应变速率增大而增大的现象。

研究结果证实，拉伸应变速率会显著影响水韧处理状态高锰钢在单轴拉伸变形过程中的断裂形式和断口形貌。在较低应变速率下，位错运动较慢，为裂纹的萌生和扩展提供了充足的时间，此时拉伸原始组织对拉伸断裂方式起决定性影响。一般经水韧处理后的高锰钢拉伸断裂方式为沿晶断裂，这主要是由晶界在塑性变形过程中的作用决定的。一方面晶界通过旋转和迁移协调变形，另一方面晶界阻碍位错运动易成为高应变累积区域，在滚压变形过程中也可以体现这一点。在拉伸变形过程中晶界位置应变始终高于晶内，成为易应变失稳的薄弱位置，在断裂时会优先形成裂纹，10%试样表现出沿晶断裂特征。随着滚压变形量增大至30%，晶粒内应变逐渐均匀化，此时孪晶数量达到饱和并形成一定数量的缠结位错，在后续拉伸过程中孪晶界面对位错运动的阻碍作用加强，这会促使裂纹在孪晶界处萌生和扩展，同时滚压变形过程中产生的位错缠结在拉伸过程中易成为应力集中点和裂纹源，因此，其断口呈现出穿晶断裂。当滚压变形量增大至50%，晶粒内部位错运动加强，位错密度基本达到饱和，缠结位错结构数量也随之增加，预先形成的缠结位错结构在后续拉伸变形过程中易造成应力应变集中从而形成大尺寸微孔。高应变速率对位错运动有加速作用，可以克服与溶质原子间的相互作用，有助于裂纹尖端的应力集中得到释放。同时高应变速率下位错运动的惯性效应会促进应变在晶界和晶内均匀化分布，抑制裂纹萌生并会造成韧窝的瞬间形核，这一过程与拉伸变形初始组织无关，因此，在高应变速率下拉伸断口均表现为多韧窝的穿晶断裂。

4.1.3 疲劳性能

为研究高锰钢经滚压预硬化处理后，在承受铁路轨道循环应变服役条件下的疲劳性能，选择滚压变形40%高锰钢与水韧处理原始状态高锰钢为研究对象，进行对比研究，分析高锰钢经滚压预硬化后的疲劳行为，为滚压预硬化高锰钢在铁路轨道应用提供指导。原始水韧处理状态和滚压变形预硬化两种高锰钢在不同总应变幅下应力幅与循环周次、应力幅与循环周次与失效寿命之间的关系曲线，如图1-4-7所示。随着总应变幅的增大，高锰钢的瞬时循环应力幅增大，疲劳寿命减小。对于水韧处理高锰钢，当总应变幅 $0.4\% \leqslant \frac{\Delta\varepsilon_t}{2} \leqslant 0.6\%$ 时，如前文所述，首先发生短暂的循环硬化，之后循环软化至一个稳定应力并一直持续到试样发生断裂失效，随着总应变幅的增大，循环稳定阶段在整个疲劳寿命中所占的比例减小。当总应变幅 $0.8\% \leqslant \frac{\Delta\varepsilon_t}{2} \leqslant 1.0\%$ 时，高锰钢同样首先发生循环硬化，之后发生连续的循环软化直至断裂。对于滚压变形预硬化高锰钢，在给出的 5 个总应变幅下，其循环变形行为几乎是一致的，高锰钢经过循环硬化后迅速达到一个饱和应力值并维持稳定直至断裂，循环硬化阶段的循环次数约占整个寿命的 5%，这一循环变形现象与水韧处理高锰钢是完全不同的。从相同总应变幅下两种状态高锰钢的寿命来看，在较低的总应变幅下$\left(\frac{\Delta\varepsilon_t}{2}\leqslant 0.6\%\right)$，滚压变形预硬化高锰钢的疲劳寿命要高于水韧处理高锰钢，而在较高的总应变幅下$\left(\frac{\Delta\varepsilon_t}{2}\geqslant 0.8\%\right)$，滚压变形预硬化高锰钢的疲劳寿命却低于水韧处理高锰钢。这是因为在较高的总应变幅下，高锰钢的塑性对其疲劳寿命起决定性作用，而在较低的总应变幅下，高锰钢的强度对其疲劳寿命起决定性作用，预硬化高锰钢的强度大于水韧处理状态，而伸长率却低于水韧处理状态。

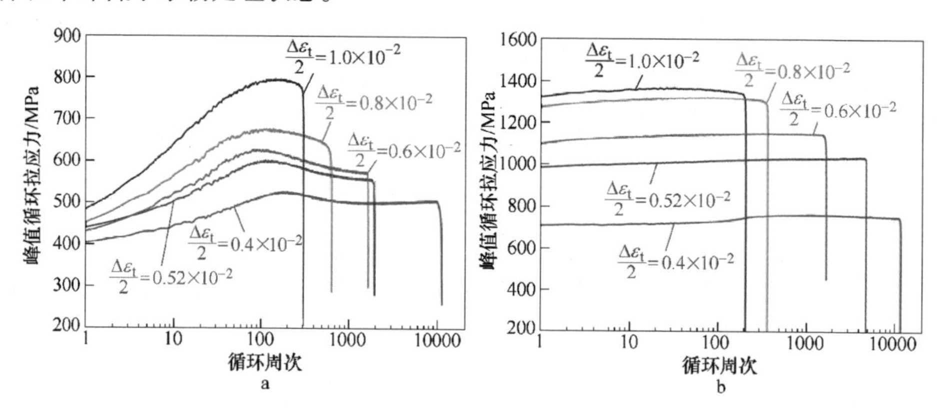

图 1-4-7　不同总应变幅下高锰钢的应力幅与循环周次之间的关系

a—水韧处理；b—滚压变形处理

根据循环硬化率和软化率计算公式，计算了水韧处理高锰钢和滚压变形预硬化高锰钢的循环硬化率和循环软化率，如图 1-4-8 所示。滚压变形预硬化高锰钢的循环硬化率远小于水韧处理高锰钢，而其循环软化率也小于水韧处理高锰钢。另外，滚压变形预硬化高锰钢的循环硬化率在所选取的几个应变幅下均高于软化率，并且随着总应变幅的变化处于一个比较稳定的状态。

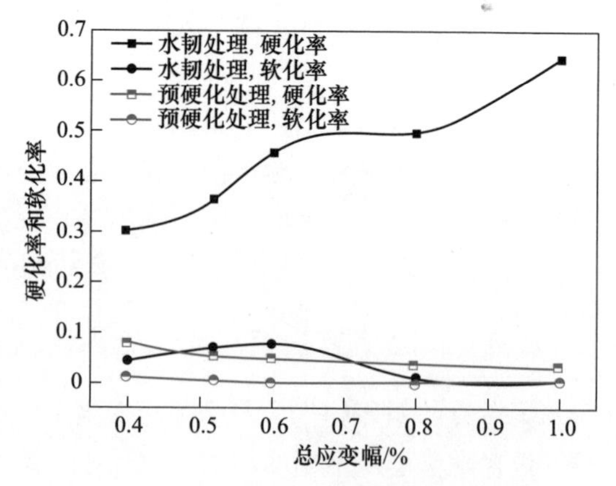

图 1-4-8　水韧处理和滚压变形处理高锰钢的循环硬化率和软化率

两种状态高锰钢的总应变幅、弹性应变幅、塑性应变幅与失效时总的应力反向次数之间的关系曲线，如图 1-4-9 所示，随着总的应力反向次数的增大（即总应变幅的减小），弹性应变幅和塑性应变幅均减小，但是塑性应变幅的减小程度远大于弹性应变幅。对于水韧处理高锰钢而言，其弹性应变幅随总的应力反向次数变化曲线与塑性应变幅曲线交于一点，而滚压变形预硬化高锰钢在所选取的几个总应变幅下，两条曲线没有相交，弹性应变幅始终大于塑性应变幅，并且弹性应变幅占据了总应变幅的绝大部分。

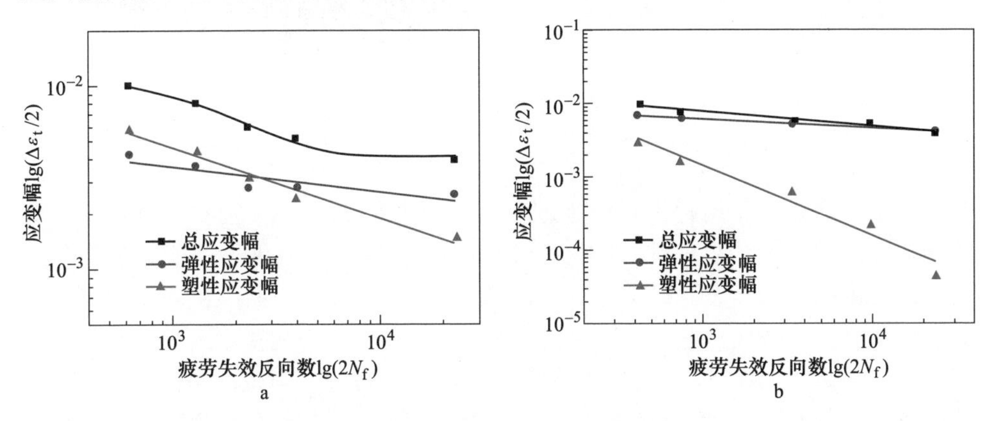

图 1-4-9　不同处理状态高锰钢总应变幅、弹性应变幅、塑性应变幅与应力反向次数之间的关系

a—水韧处理；b—滚压变形处理

两种状态高锰钢循环变形试验前的 EBSD 及 TEM 组织，如图 1-4-10 所示，水韧处理高锰钢为等轴状奥氏体晶粒，平均晶粒尺寸约为 100μm，其中包含部分退火孪晶，其经过 40%冷变形处理后，高锰钢的奥氏体晶粒沿滚压方向有了一定程度的拉长，并且在奥氏体晶粒内部存在大量的形变孪晶，大部分孪晶呈相互平行分布，少数孪晶发生相互交叉的情况。经水韧处理后，高锰钢的奥氏体基体中杂乱地分布着少量自由位错，而经过滚压变形 40%处理后，除了基体中产生的高密度形变孪晶外，在孪晶内部以及相邻孪晶之间产生了大量的位错，孪晶的生成阻碍了位错的运动，这是预硬化高锰钢强度提升的主要原因。

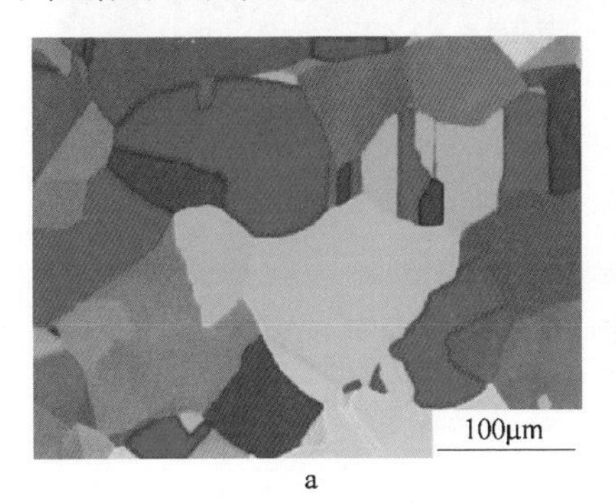

a

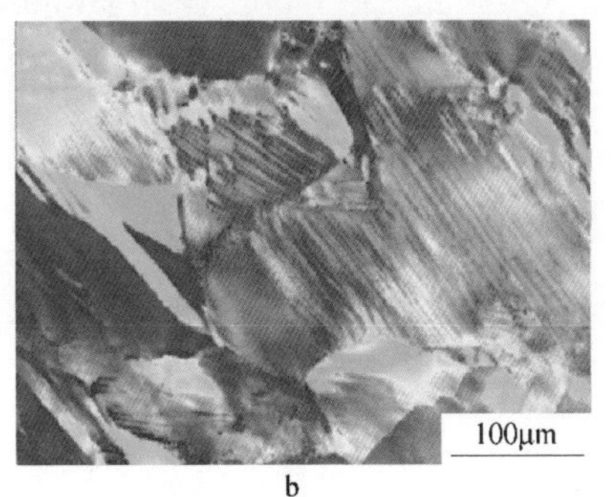

b

图 1-4-10 不同处理状态高锰钢的微观组织

a—水韧处理-EBSD；b—滚压变形处理-EBSD；c—水韧处理-TEM；d—滚压变形处理-TEM

图 1-4-11 给出了两种状态高锰钢在不同总应变幅下失效试样的金相组织，对于水韧处理高锰钢，其金相组织中出现了大量的滑移带，并且随着总应变幅的增大，滑移带的密度增大。提高总应变幅至 0.8%，几乎所有的晶粒内部均出现了大量的滑移带，并且出现了滑移带相互交叉的情况，这表明在较高应变幅的循环变形条件下，两个甚至三个滑移系被激活参与变形过程。高锰钢预先的滚压变形使得其中产生了大量的形变孪晶，在金相组织中无法清楚地分辨出如水韧处理高

图 1-4-11 不同总应变幅下高锰钢疲劳失效后的金相组织

a—水韧处理，总应变幅 0.4%；b—滚压变形，总应变幅 0.4%；
c—水韧处理，总应变幅 0.8%；d—滚压变形，总应变幅 0.8%

锰钢那么明显的滑移带，但是可以看出在孪晶之间存在少量滑移带，只是滑移带的数量和形态随应变幅的增大变化不显著。

为进一步观察疲劳失效试样的精细组织，对两种状态高锰钢的 TEM 组织进行观察，如图 1-4-12 所示。对于水韧处理高锰钢而言，前面章节已经介绍，在此不再重复。对于滚压变形预硬化高锰钢，经过不同应变幅的循环载荷作用后，其组织仍然为高密度孪晶和位错，孪晶结构没有发生明显的变化。在总应变幅为 0.4%时，孪晶内部或孪晶之间的位错没有形成如水韧处理高锰钢中的迷宫型位错结构或位错胞，但是孪晶内部的位错数量要高于孪晶之间基体中的位错数量。增大总应变幅，孪晶之间的位错开始形成少量胞状结构，位错胞结构的尺寸很小（约 100nm），该区域处于相邻孪晶之间，并且孪晶之间的间距相对较大。通过统计估算了滚压变形预硬化高锰钢循环载荷加载前后的孪晶密度，如表 1-4-3 所示，可以发现循环载荷作用前后形变孪晶的密度几乎没有发生变化，这证明滚压变形预硬化高锰钢在本书研究选取的几个应变幅下没有进一步产生形变孪晶。

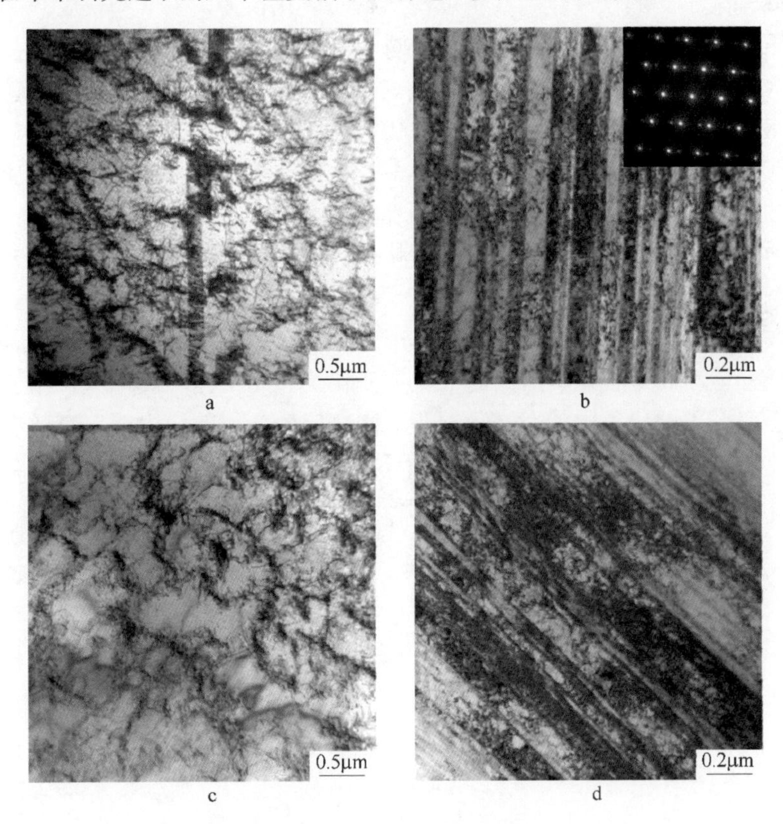

图 1-4-12 不同总应变幅下高锰钢疲劳失效后的 TEM 组织

a—水韧处理，总应变幅 0.4%；b—滚压变形，总应变幅 0.4%；

c—水韧处理，总应变幅 0.8%；d—滚压变形，总应变幅 0.8%

表 1-4-3 滚压变形高锰钢经循环载荷作用前后的孪晶密度

试样状态	应变幅 0.0%	应变幅 0.4%	应变幅 0.52%	应变幅 0.8%
孪晶密度/m^{-1}	1.047×10^7	1.045×10^7	1.050×10^7	1.046×10^7

滚压变形预硬化高锰钢在循环载荷加载前，其奥氏体基体中就存在大量的位错和孪晶结构。当高锰钢滚压变形的变形量达到一定程度时，单纯的位错滑移已经无法满足塑性变形的需要，因此随变形应力增大，孪晶产生。孪生作为一种塑性变形机制，可以改变晶体位向，使处于硬位向的滑移系转到软位向，从而有利于位错的进一步滑移。滚压变形过程伴随着孪晶的产生与位错的滑移行为，在这个过程中，高锰钢基体中的位错已经很难产生，大部分位错产生在孪晶之中。滚压变形增加了高锰钢的位错密度，其强度得以提高。但是滚压变形处理后，新生成的孪晶内部的位错并无法瞬间达到饱和值，当硬化后的高锰钢再次经受循环载荷的作用时，孪晶内部将进一步产生位错，位错密度增大，因此，在疲劳试验的初期阶段，滚压变形预硬化高锰钢表现出瞬时硬化行为。

滚压变形预硬化高锰钢经过初期的瞬时硬化后，在选取的所有应变幅下，其疲劳行为均进入稳定阶段直至失效断裂。从图 1-4-8 给出的两种状态高锰钢的循环硬化率和软化率来看，滚压变形预硬化高锰钢的循环软化率几乎为 0，并且没有随着应变幅的变化而变化，这与图 1-4-9 中给出的在疲劳过程中弹性应变幅占主导的结果是一致的。这说明，当滚压变形预硬化高锰钢进入循环稳定阶段时，位错的增殖和回复不仅仅处于一种平衡状态，位错的活动也被抑制到了一种不活跃的状态：由于大密度形变孪晶的存在，位错的平均自由程被大大降低。在各个总应变幅下，有效应力和内应力共同作用，最终决定了总应力幅的变化，也就是说位错长程运动和短程运动所引起的应力变化均参与了循环硬化和软化过程。

滚压变形预硬化不同状态高锰钢在不同总应变幅下的应力幅、有效应力和内应力变化曲线，如图 1-4-13 所示，在循环载荷作用下的内应力对于应力幅的贡献仍占主导作用，但是不同总应变幅下内应力几乎不随循环周次的增加发生变化，

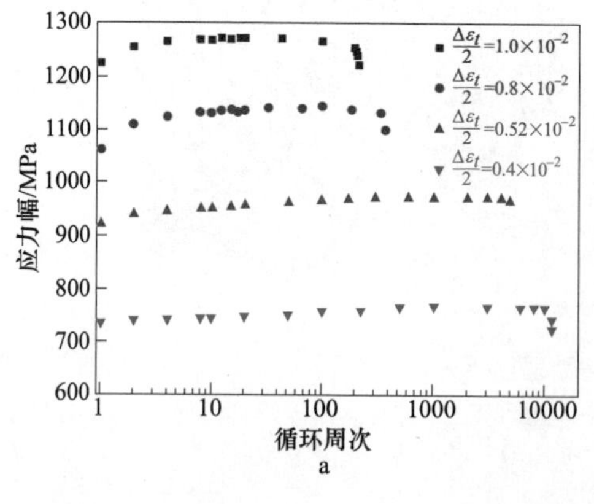

a

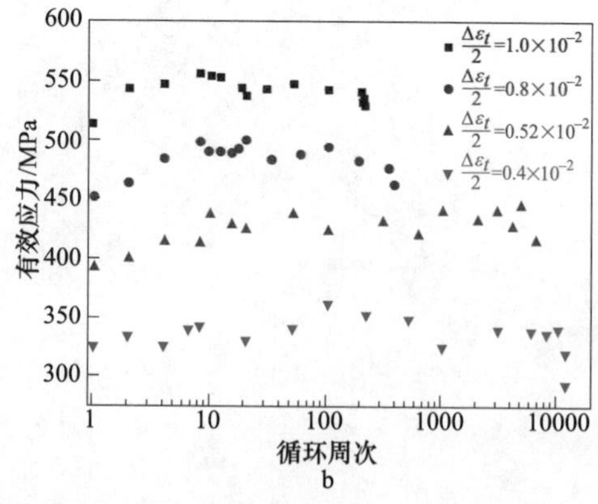

b

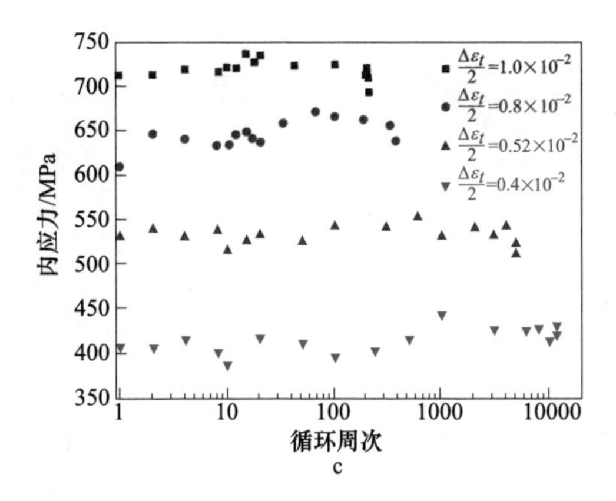

图 1-4-13　滚压变形高锰钢在不同总应变幅下的应力幅、有效应力和内应力随循环周次变化

a—应力幅随循环周次变化；b—有效应力随循环周次变化；c—内应力随循环周次变化

而有效应力则在初期阶段有一个明显的增大过程，也就是说，有效应力的增大是应力幅在循环加载初期阶段升高的主要原因。

由位错短程运动所引起的有效应力，在高锰钢中一般被认为是位错与 C-Mn 原子对相互作用所引起的，图 1-4-14 所示水韧处理状态高锰钢在不同总应变幅下滞后回线中表现出的锯齿状特征（箭头所示）也证明了这一观点。高锰钢经过滚压变形 40%处理后，其内部的孪晶结构分割晶粒，孪晶平均厚度约为 30nm，相邻孪晶间距平均为 40nm，孪晶将粗晶结构分割成了若干个小单元，孪晶结构的产生阻碍了位错的运动，位错在孪晶内部或相邻孪晶之间的运动可以看作短程运动，因此，位错与孪晶界相互作用所引起的应力当属于有效应力的范畴。值得注意的是，滚压变形预硬化高锰钢的滞后回线中并没有出现如水韧处理状态下的锯齿状曲线，说明经滚压处理后再施加循环载荷时，C-Mn 原子对与位错间的相互作用减弱，对于有效应力的贡献减小，这是因为塑性变形会促进钢中合金元素再分布，使得碳、锰原子的分布更加均匀，位错附近或位错中心 C-Mn 原子对数量相对减少，两者的相互作用减弱，对有效应力的贡献降低。在循环载荷作用的初始阶段，滚压变形预硬化高锰钢有效应力的升高过程主要是位错短程运动中位错与孪晶相互作用引起的。

滚压变形预硬化高锰钢在循环载荷作用下经历了初期的循环硬化后便进入了循环稳定状态，在这个过程中其循环软化率几乎为 0，并且弹性应变幅占据主导地位，见图 1-4-9。对比水韧处理高锰钢的循环变形行为可以得出：位错在长程运动中的相互作用是产生循环硬化和循环软化的主要原因，同时也是高锰钢产生塑性变形的根本原因。在高的总应变幅下，位错运动距离较大，其塑性应变占主导，而在较低总应变幅下，位错运动距离较小，其弹性应变占主导。滚压变形预

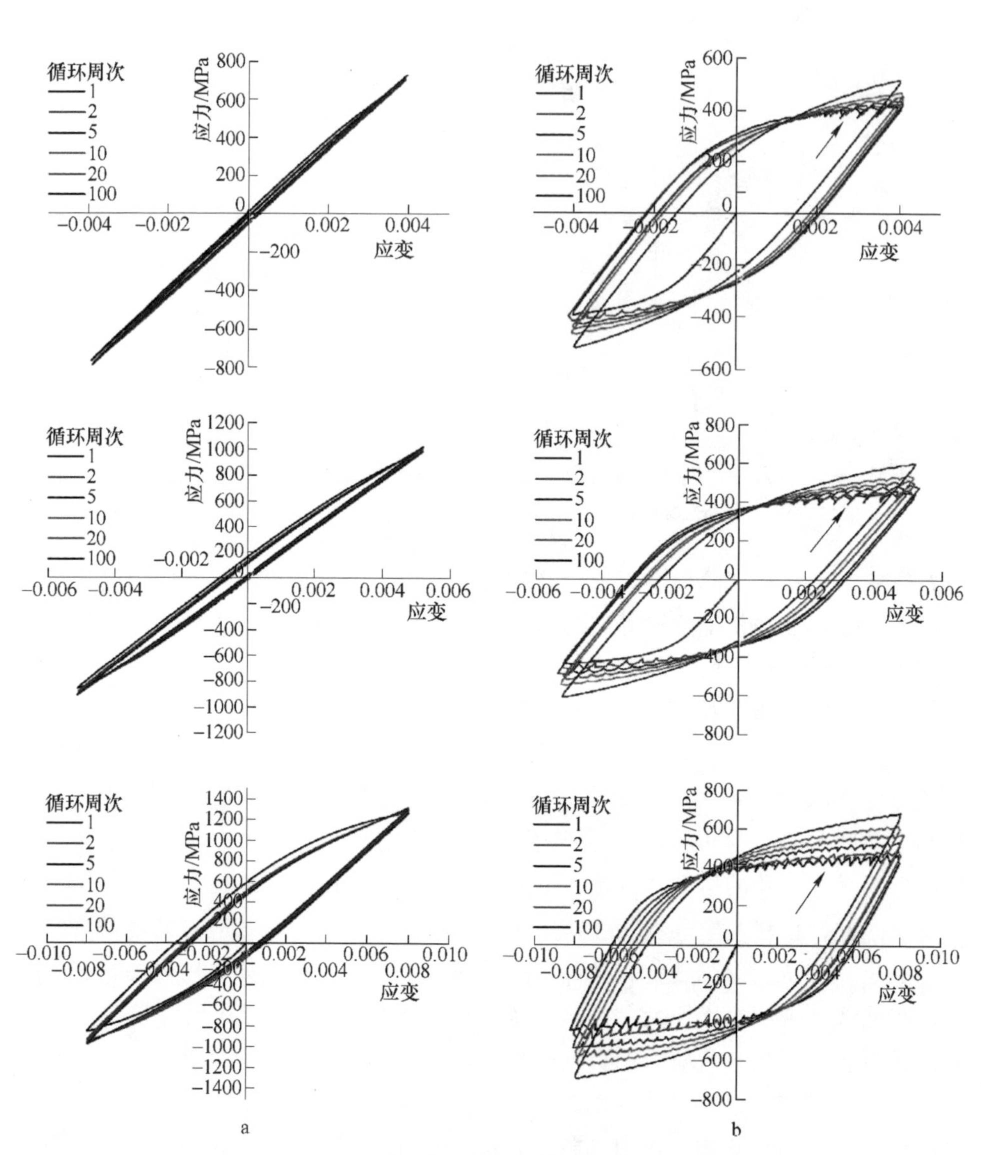

图 1-4-14　不同处理状态高锰钢在不同总应变幅下的滞后回线

a—滚压变形；b—水韧处理

硬化高锰钢在所研究的各个总应变幅下均以弹性应变幅为主是由于位错运动时在孪晶界处受阻，位错只能在有限的区域内进行短程运动。另外，在相同的总应变幅下，由于孪生机制产生了有利于位错增殖的软位向，孪晶内部位错的增殖速度要高于原始奥氏体基体，因此当经受循环载荷作用一定时间后，水韧处理高锰钢因位错增殖速度大大降低表现为循环软化，而滚压变形预硬化高锰钢则由于孪晶内部位错的进一步增殖和滑移表现出循环稳定行为。

4.2　爆炸预硬化

爆炸预硬化是利用直接敷贴在金属表面上的专用炸药爆炸产生的爆轰波猛烈冲击金属表面，使其内部产生强烈的冲击波，金属在巨大的冲击应力作用下，产生压缩塑性变形，从而使金属的硬度提高。爆炸硬化专用炸药主要有塑性板状炸药和橡胶板状炸药，均可用于高锰钢辙叉爆炸硬化，两种炸药对高锰钢的硬化效果差别不大，也可使用粉状炸药进行爆炸硬化处理。可应用于高锰钢爆炸硬化的塑性板状炸药品种，如表1-4-4所示。

表1-4-4　高锰钢爆炸硬化炸药的成分和性能

炸药名称	组合成分（质量分数）/%	爆速/$m \cdot s^{-1}$
Composition C-40	黑索金91，聚异丁烯2.1，马达油1.6，双癸二酸酯5.3	8000
可铸粉炸药	HMX80，环氧树脂8.6	8100
塑性板状炸药	黑索金80，环氧树脂、聚酯树脂乙二胺，二丁酯	6500
橡胶板状炸药	黑索金82，乳胶18	6400~6900
1871		6600~6800
8701		8428
BM-42-1		7000~7200
456-A		5900~6100
1135	黑索金、黏结剂	7000
EL-506A_2	泰安、橡胶、树脂	6500~7200
TSE-1005	泰安、氧化铜、黏结剂	5600~5900

爆炸预硬化处理时，如果爆炸冲击力太小，不足以获得理想的硬化效果。爆炸冲击力太大，高锰钢表面有可能出现微裂纹，其内部也会出现沿奥氏体晶界的微观裂纹，从而使高锰钢的韧性降低。通过控制爆炸强度可得到预期的硬化层深度，爆炸强度和持续时间都是影响硬化层深度的重要因素，同时也可以通过优化炸药层厚度和爆炸次数来控制爆炸效果。

4.2.1　预硬化工艺

采用铁路轨道用普通120Mn13高锰钢为研究对象，将试验钢于1050℃保温1h奥氏体化后进行水淬处理，获得单相奥氏体组织。利用厚度为3mm塑性片状炸药对高锰钢辙叉心轨小试样进行爆炸硬化模拟研究，小试样爆炸硬化试验参数和爆炸硬化效果，如表1-4-5所示，高锰钢试样经过3mm厚度炸药爆炸硬化一次后，表面下榻量平均为0.5mm，表面硬度（HB）平均提高95。经过两次爆炸以后，表面下榻量平均为1.1mm，表面硬度（HB）平均提高142。经过三次爆炸以后，表面下榻量为1.2mm，表面硬度（HB）提高163。高锰钢表面经过爆炸硬化处理后，硬度明显增加，并且随着爆炸次数的增多，表面硬度逐渐增加。但是随着高锰钢表面硬度的增加，表面脆性增大，从而使表面在后继的爆炸硬化过程中可能产生脆性裂纹，所以在高锰钢爆炸硬化过程中并非爆炸次数越多，获得的硬化效果越好。

表 1-4-5　高锰钢板状试样爆炸硬化参数及效果

爆炸次数	高度/mm		平均硬度（HB）		着色检验
	硬化前	硬化后	硬化前	硬化后	
2	54.9	53.9	226	362	无爆炸裂纹
2	55.1	53.9	214	369	无爆炸裂纹
3	54.7	53.4	245	408	微裂纹
2	54.7	53.6	239	376	无爆炸裂纹
1	55.1	54.4	229	320	无爆炸裂纹
1	54.8	54.5	223	323	无爆炸裂纹

4.2.2　微观组织和力学性能

高锰钢辙叉试样经 3mm 厚度炸药不同次数爆炸硬化后截面的硬度分布，如图 1-4-15 所示，高锰钢表面经过爆炸一次以后，硬化层深度达到 35mm 左右，当爆炸两次后，硬化层深度达到 50mm 左右，爆炸三次时，硬化层深度贯穿厚度为 55mm 的整个试样。由硬度分布曲线可知，经过不同次数爆炸硬化以后，高锰钢亚表层的硬度分布规律大致相同，表层以下 10mm 以内，随深度的增加，硬度降低速度较快，在 10~35mm 深度内，硬度变化较平缓，超过 35mm 深度以后，硬度又快速下降。

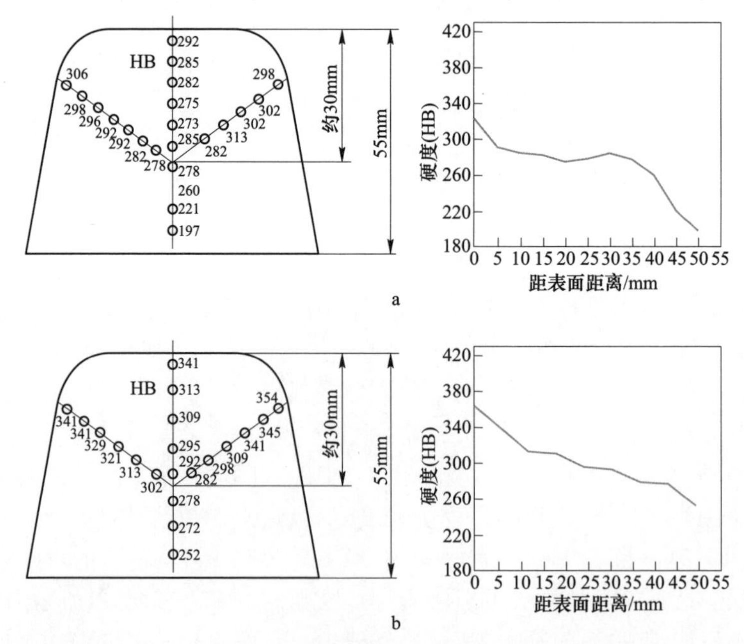

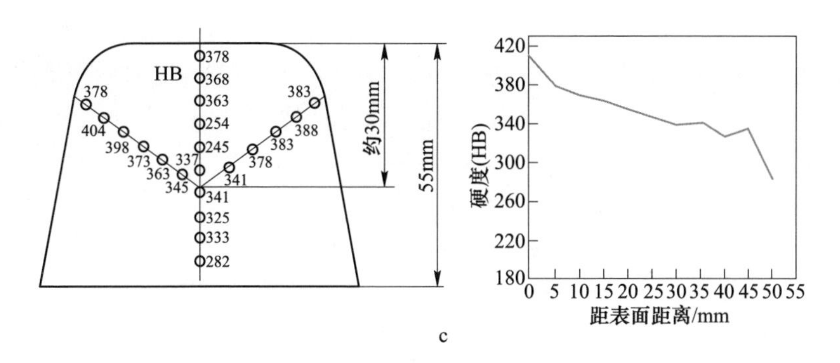

图 1-4-15　高锰钢辙叉心轨试样经不同次数爆炸后截面硬度分布

a—一次爆炸；b—二次爆炸；c—三次爆炸

在以上实验室研究结果的基础上，对实际高锰钢辙叉实施爆炸预硬化处理，炸药铺设须考虑辙叉不同部位工作条件的差异，并且强调硬化层与非硬化层应平缓过渡，避免梯度过大。具体方法是在辙叉不同部位铺设不同厚度的炸药，并且，为使硬化区与非硬化区平缓过渡，将塑性片状炸药边缘制成大约 30° 的角度，如图 1-4-16 所示。同时，两次爆炸的宽度方向两侧分别后移 2mm，长度方向分别后移 20mm。

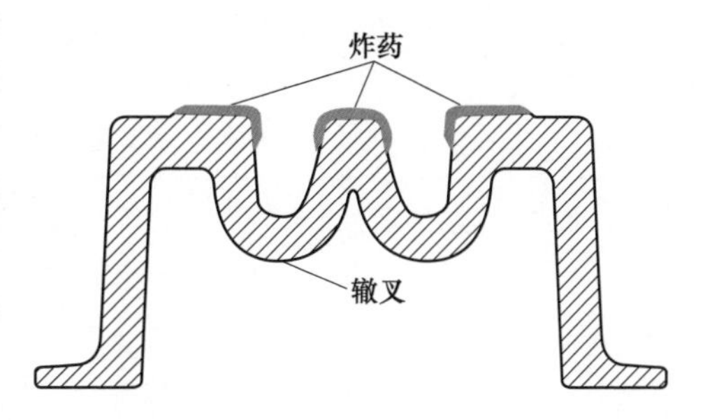

图 1-4-16　实际高锰钢辙叉心轨和翼轨爆炸硬化炸药设置位置

高锰钢辙叉爆炸硬化处理前要进行充分的固溶处理，以获得单相奥氏体组织。需爆炸硬化的高锰钢辙叉要求组织致密，尤其是叉心部位不能有微气孔和夹杂等铸造缺陷，否则爆炸硬化处理后，这些铸造微观缺陷就会显现出来，造成表面塌陷或者成为微观裂纹源，将严重影响辙叉的实际使用，甚至使辙叉报废。因此，从另一层意义上讲，爆炸硬化处理还是对高锰钢铸件质量的一个很好的检测。爆炸前将表面预先打磨抛光是很有必要的，这样可除去铸件黑皮中的夹砂和杂质，避免裂纹出现，同时还有利于炸药和工件表面密贴，能有效提高爆炸硬化效果。

为了获得最佳的爆炸预硬化效果，系统分析了不同爆炸工艺参数对高锰钢辙叉硬化效果的影响。首先辙叉经打磨抛光后，记录辙叉的尺寸及表面硬度。炸药的厚度分别选取 2mm、3mm 和 5mm，爆炸预硬化次数分别为 1 次、2 次和 3 次。炸药爆速为 7600m/s，用 6 号电雷管引爆。辙叉的工作表面分为两部分，即心轨和翼轨，这两部分都需要进行爆炸硬化处理。考虑到辙叉的实际使用情况，试验时炸药的设置方法如下：对于心轨，炸药铺设始于心轨理论尖端前叉心宽度为 20mm 处，铺设长度为 742mm，炸药宽度包含心轨两侧圆弧长度。对于爆炸 2 次以上的情况，第一次炸药铺设延伸至圆弧根部，再次起爆宽度尺寸在前一次爆炸硬化的基础上两侧分别后移 2mm，长度尺寸后移 20mm。对于两翼轨，长度方向一侧为直线，总长度为 770mm，另一侧为折线，长度分别为 318mm 和 452mm，炸药制成为一整体，只是中间有一个折点，两端均留有过渡段，非工作边侧炸药铺设至加工面边缘。高锰钢辙叉爆炸硬化处理炸药的设置情况，如图 1-4-17 所示，高锰钢辙叉爆炸工艺参数及其爆炸硬化后的外观效果，如表 1-4-6 所示。

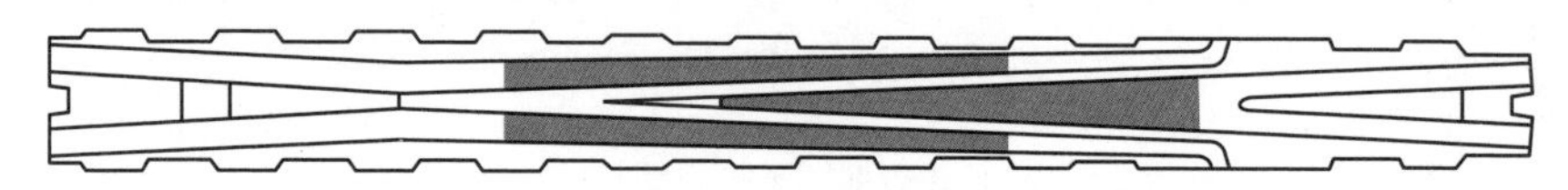

图 1-4-17　高锰钢辙叉爆炸硬化处理位置示意图

表 1-4-6　高锰钢辙叉爆炸硬化处理工艺及其相应效果

编号	炸药厚度/mm	爆炸次数	起爆间距/mm	表面下陷量/mm	外观效果
1	2	1	—	0.1~0.2	良好
2	3	1	—	0.3~0.4	良好
3	3	2	20	0.6~0.8	良好
4	3	3	20	1.0~1.2	表面粗糙
5	3	2	0	0.6~0.8	良好
6	5	1	—	0.5~0.7	表面有微裂纹
7	5	2	20	0.9~1.2	大量微裂纹

爆炸前铸造高锰钢辙叉水韧处理后的基体硬度（HV）为 228，爆炸硬化处理后辙叉表面硬度明显增加，同时获得较深的硬化层。铺设炸药厚度为 3mm，经不同爆炸次数硬化处理后高锰钢辙叉截面硬度分布，如图 1-4-18 所示，经过一次爆炸处理可以使表面硬度（HV）增加大约 100，硬化层深度约为 25mm；二次爆炸处理可使表面硬度（HV）增加大约 150，硬化层深度约为 35mm；爆炸三次表面硬度（HV）增加大约 175，硬化层深度约为 45mm。图 1-4-18 也给出了不同厚度炸药爆炸一次后高锰钢辙叉硬化层的硬度分布，相同爆炸次数条件下，随着炸药厚度的增大，其表面硬度和硬化层深度都明显增加。

高锰钢辙叉经 3mm 厚度炸药爆炸两次后，表层到内层硬度变化的同时，钢的屈服强度和冲击韧性也都随之相应变化，如图 1-4-19 所示。爆炸预硬化处理后，随着高锰钢辙叉表层硬度的提高，辙叉表层的强度明显提高，冲击韧性显著下降。当高锰钢表层硬度（HV）为 360 时，表层的屈服强度为 680MPa，这将大大提高材料的抗变形能力，而此时钢的冲击韧性下降到 60J/cm^{2}左右。

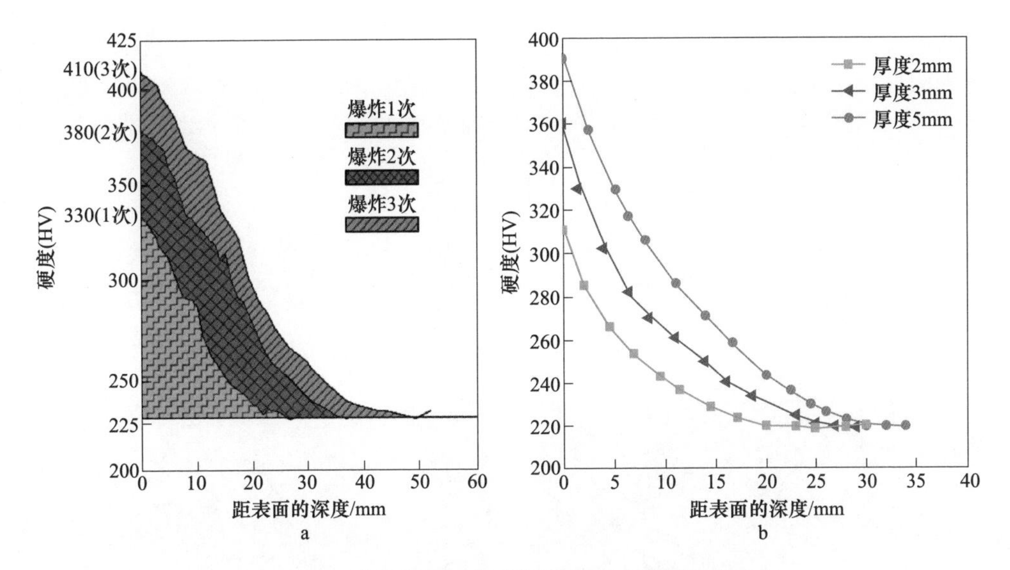

图 1-4-18 高锰钢辙叉爆炸硬化处理后截面硬度分布

a—不同爆炸次数；b—不同炸药厚度

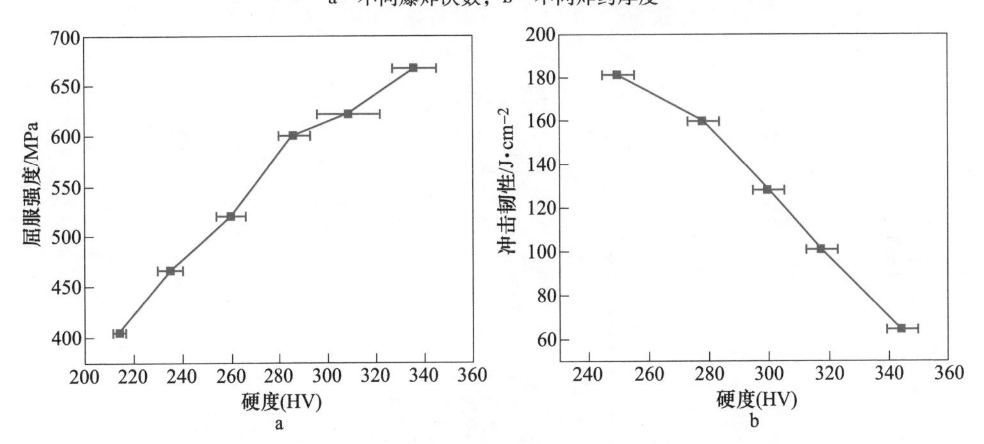

图 1-4-19 爆炸硬化高锰钢辙叉屈服强度、冲击韧性与硬度关系

a—屈服强度；b—冲击韧性

高锰钢辙叉爆炸硬化前的内部原始组织为均匀的单相奥氏体组织。经过厚度3mm 和 5mm 炸药爆炸硬化处理后表面硬化层的金相组织，如图 1-4-20 所示，没有经过爆炸硬化处理的高锰钢内部组织为纯净致密的奥氏体组织，爆炸硬化处理后，晶粒内出现大量的变形带，并且随着爆炸硬化次数的增加，晶粒内的变形带逐渐增多。经过 5mm 厚度炸药爆炸硬化处理后，辙叉表面奥氏体晶界处出现裂纹。尽管爆炸硬化处理后辙叉表面宏观上没有观察到大的塑性变形，但实际上其内部已经产生很大的塑性变形。经过厚度为 5mm、2 次爆炸处理的强变形辙叉表层中只有 fcc 结构的奥氏体相，未发现其他相的存在，说明尽管高锰钢经过爆炸

强变形处理也没有诱发马氏体转变，如图1-4-21所示，图中还给出了滚压变形高锰钢的分析结果。

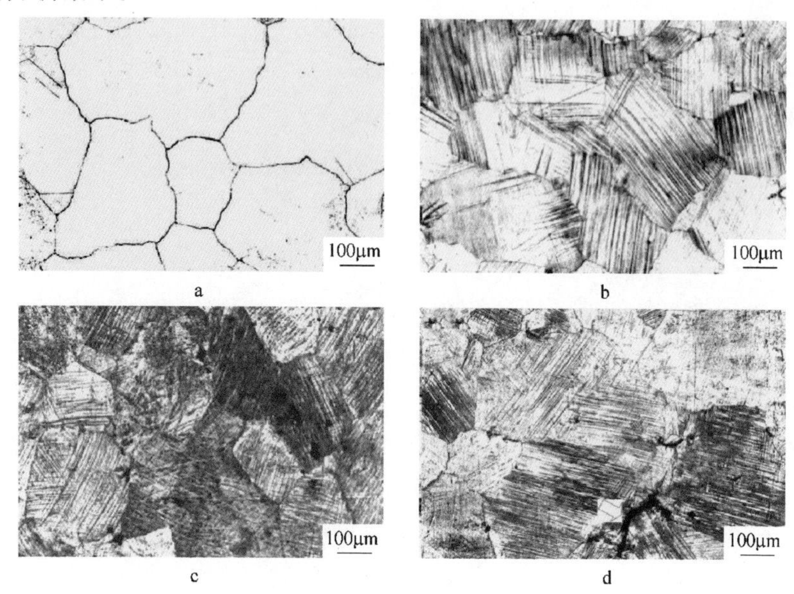

图1-4-20　高锰钢辙叉爆炸硬化层微观组织

a—未爆炸处理；b—3mm炸药爆炸1次；c—3mm炸药爆炸2次；d—5mm炸药爆炸1次

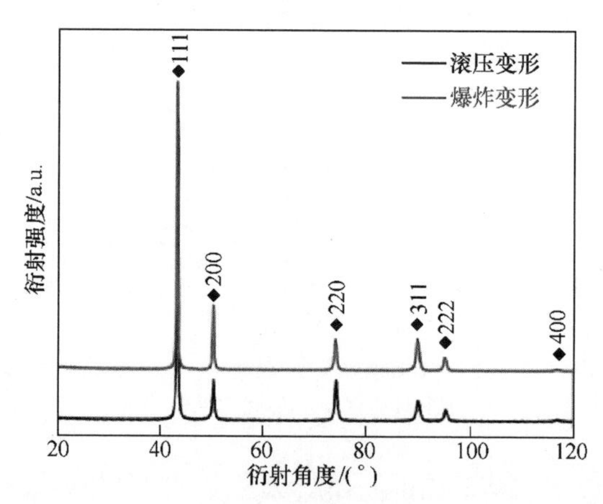

图1-4-21　高锰钢辙叉爆炸和滚压变形预硬化后的XRD图谱

由于高锰钢辙叉经厚度为2mm炸药爆炸硬化处理后硬化程度较低，效果不明显，故实际应用中没有被采用。而经厚度为5mm炸药爆炸硬化处理后，辙叉表面产生微裂纹，这将严重影响辙叉的使用寿命，尤其是铁路运输的安全，因此，在实际铁路线路上只选用了经厚度为3mm炸药爆炸硬化的高锰钢辙叉，经过不同爆炸次数硬化处理的高锰钢辙叉的实际使用情况如表1-4-7所示，爆炸硬化处理明显降低了高锰钢辙叉的初始磨耗量和变形下榻量，爆炸硬化处理一次后其性能提高得最明显，而爆炸两次和三次差别不大。经过两次以上爆炸硬化处理使辙叉的使用寿命超过了1.8亿吨，并且经过两次爆炸硬化处理的高锰钢辙叉比没有经过爆炸硬化处理的辙叉使用寿命提高了30%以上，而经过三次爆炸硬化处理的普通高锰钢辙叉仅比经过两次爆炸硬化处理的辙叉使用寿命提高了5%。

表1-4-7　高锰钢辙叉爆炸硬化处理后实际使用情况

爆炸次数	不同过载量时辙叉表面下榻量 h/mm			使用寿命/t
	1×10^7t	5×10^7t	8×10^7t	
0	2.3	3.5	4.5	1.3×10^8
1	1.1	2.3	3.1	1.6×10^8
2	0.9	1.8	2.8	1.8×10^8
3	0.8	1.6	2.7	1.9×10^8

高锰钢辙叉经三次爆炸硬化后表面硬度（HV）达到了400以上，其冲击韧性降低到30J/cm²以下，远远低于铁路行业对辙叉材料冲击韧度的要求。可见，高锰钢辙叉经过三次爆炸硬化处理后，将有由于其表面韧度的严重不足而产生硬化层脆性剥落的可能。因此，从实际使用安全角度考虑，确定爆炸两次为高锰钢辙叉实际生产爆炸次数。

关于炸药铺设结构设计，为了使硬化与非硬化过渡区高锰钢的硬度和组织结构平缓过渡，避免梯度过大，造成辙叉在使用过程中出现过渡区的压溃下榻现象，甚至在此处由于变形的强烈不协调而产生裂纹，将炸药的边缘加工成30°的角度，同时两次爆炸的炸药设置要错位20mm，从而获得爆炸硬化过渡区硬度较为平缓过渡的硬度分布。

高锰钢辙叉经过爆炸硬化处理以后，获得了较高的表面硬度和较深的硬化层，硬化层深度达到30mm以上，提高了高锰钢辙叉抵抗车轮的摩擦磨损能力，降低了使用过程中的初期磨损。同时，高锰钢辙叉爆炸硬化层强度大幅度提高，其表层屈服强度比基体提高大约65%，从而提高了材料的抗变形能力，在硬化层30mm深度范围内材料的强度都得以提高，并呈梯度缓慢降低，从而避免了辙叉表面受重载车轮冲击和碾压而产生的塑性变形下榻现象出现。同时，由于硬化层有较好的韧度，虽然辙叉表层材料的韧度低于辙叉材料最低韧度标准的要求，但由于其内层有高冲击韧度材料协调保证，所以能够满足实际使用要求，保证了心轨位置具有足够的抵抗高速车轮的强烈冲击作用，在使用中不会产生表层的脆性剥落现象。

另外，根据图1-4-19结果，可以得到爆炸变形硬化高锰钢不同深度硬化层屈服强度和冲击韧性的对应关系，从而得出形变强化高锰钢屈服强度与冲击韧性的关系，如图1-4-22所示，可以看出，高锰钢经过形变硬化后屈服强度与冲击韧性基本呈线性关系，并且屈服强度（$\sigma_{0.2}$）与冲击韧性（a_{KU}）之间满足数学关系式 1-4-1，这个结果可以作为形变硬化高锰钢强韧性之间的通识关系。

$$\sigma_{0.2} = 794 - 1.5a_{KU} \tag{1-4-1}$$

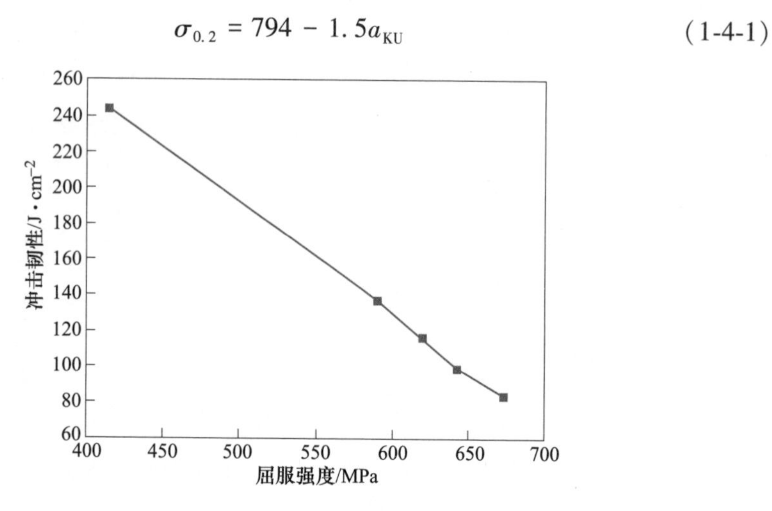

图 1-4-22 形变强化高锰钢屈服强度与冲击韧性之间的关系

高锰钢辙叉在使用过程中的失效形式包括初期的变形磨损、中期的摩擦磨损以及后期的疲劳磨损。材料的疲劳强度与抗拉强度之间呈线性正比关系，提高材料的强度是提高其抗疲劳性能最有效的方法，由于爆炸硬化大幅度提高了高锰钢辙叉亚表层的强度，因此，从这个角度讲，爆炸硬化也提高了高锰钢辙叉的疲劳寿命。

4.2.3 预硬化机制

爆炸过程中高锰钢与炸药之间的相互作用是非常复杂的，包括爆轰波、冲击波及其相互作用。从简单的一维考虑，爆破过程如图 1-4-23 所示。

假设图 1-4-23 为附着在金属上无限板条炸药中的一部分，炸药整个表面同时爆破，产生巨大的压力波，见图 1-4-23a。随着爆炸的蔓延，越来越多的爆炸产物累积在左面，导致压力波的振幅逐渐增加，而峰压保持常数不变，见图 1-4-23b 和 c。当爆炸波阵面作用到金属，两者将发生相互作用，从而使压力波转移到金属上，假设 $p_2>p_1$，根据炸药和高锰钢的压力与粒子速度曲线，采用阻抗匹配方法可以确定波的峰压。同时反射波传到爆炸产物内，当金属中冲击波遇到自由面，会对自由面加速，并以释放波的形式反射回来，见图 1-4-23e。这个反射波将作用到金属的背面（炸药与金属的界面），由于相互作用，产生压力变化，见图 1-4-23f，从而形成一个新的冲击波通过金属，见图 1-4-23g，随后，促使自由表面的速度增至 $2u_{p_2}$。由此进行下去便产生连续发射，$u_{p_1}>u_{p_2}>u_{p_3}$。当发生连续发射时，使得金属内的冲击波削弱。这种情形只是高锰钢辙叉在爆炸硬化过程中材

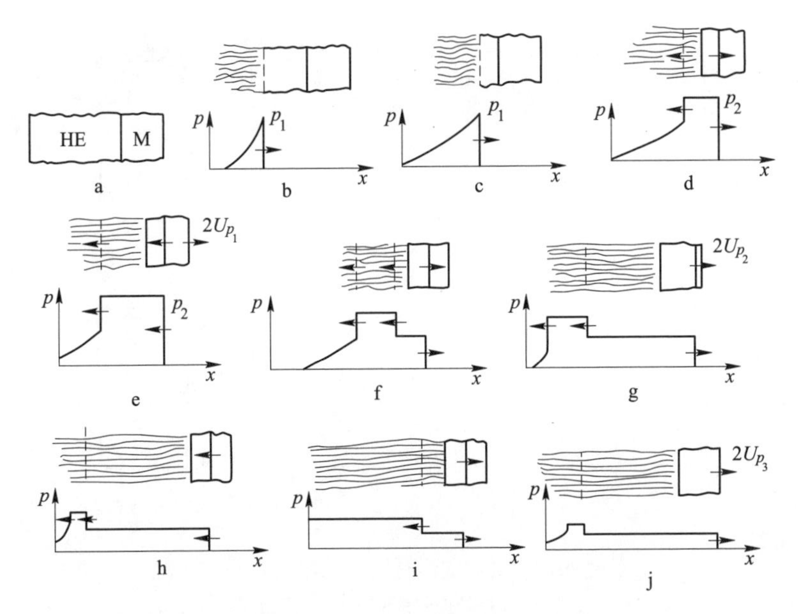

图 1-4-23 爆炸硬化过程中高锰钢与爆炸冲击波相互作用示意图

a—炸药起爆；b—爆炸压力波产生；c—爆炸压力波持续增大；d—反射波回传；e—释放波反射；f—反射波作用到金属表面；g—新冲击波形成；h～j—冲击波对金属表面持续作用

料与炸药相互作用的一种可能情况，根据 Chapman-Jouguet 压力、金属冲击阻抗、金属和炸药的厚度以及炸药和金属之间存在缝隙等，将会产生不同的波形。可以看出，这种过程十分特殊，因此，高锰钢在爆炸硬化过程中的变形行为也很特殊。

为分析高锰钢辙叉在爆炸变形条件下的变形机制，在实验室条件下对其进行深入研究。厚度为 3mm 的黑索金爆炸药可产生的最大压力和最大应变速率为 5～10GPa 和 10^5～$10^6 s^{-1}$。然而有趣的是，从前面实际高锰钢辙叉爆炸预硬化处理发现，辙叉表面变形很小。在实验室进行小试样爆炸变形试验时，情况也是如此，在如此大的压力和应变速率作用下，高锰钢只发生了很小的变形，如图 1-4-24 所示，经爆炸硬化处理后，试样在垂直于表面方向上的下陷仅有 1.62mm 左右。

高锰钢经爆炸变形预硬化后截面的硬度分布，如图 1-4-25 所示，在试样表层及以下产生了显著的加工硬化现象；在试样中产生一个深度约为 35mm，最大表层硬度（HRC）约为 39 的加工硬化层，随深度增加，硬度逐渐下降。值得注意的是，试样的加工硬化程度并不是线性减小的，而是分为快、慢两个阶段，在硬化层深度 10mm 处可以清晰地观察到一个转变区域，硬化层深度由表面增加至 10mm 时，硬度（HRC）快速地从 39 下降到 28，表现出强烈的应变硬化特征；随后，当硬化层深度继续增加至 35mm，硬度（HRC）缓慢下降至 18。这一现象可能受以下两个因素的影响：首先，爆炸硬化所产生的高压力持续的时间很短；其次，

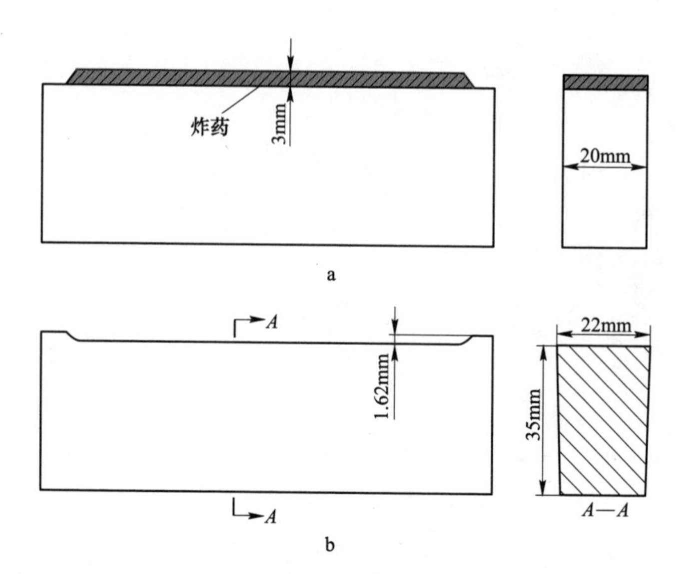

图 1-4-24　爆炸变形高锰钢试样截面示意图

a—爆炸处理前；b—爆炸处理后

当应变速率超过 10^2s^{-1}时，变形抗力随应变速率增大显著增大。这一趋势与高锰钢在磨料磨损、机械冲击和滚动接触变形过程中表现出的加工硬化特征相似。

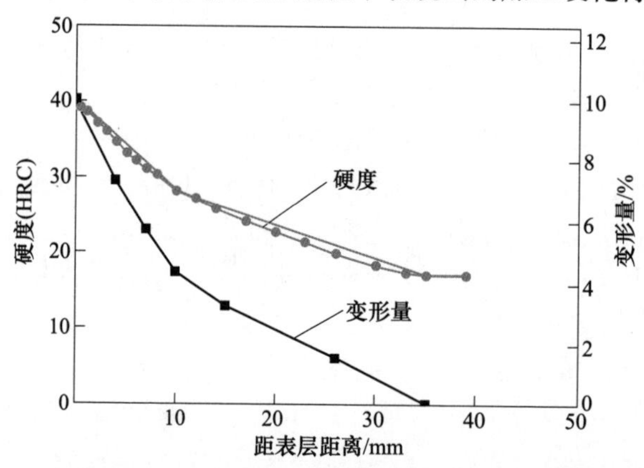

图 1-4-25　爆炸变形高锰钢距表层不同深度处的硬度和变形量变化曲线

高锰钢经爆炸变形预硬化后的全硬化层金相组织，如图 1-4-26 所示。在硬化层深度 0~10mm 范围内能够观察到大量变形带组织，并且变形带的密集程度随硬化层深度增加逐渐降低。在近表层的奥氏体晶粒内，能够观察到大量相互交叉的变形带。然而，在硬化层深度 10~35mm 范围内的奥氏体晶粒中，几乎观察不到变形带的存在。这种微观组织结构特征与硬化层的硬度分布是一致的，即含有变形带的区域具有较高的加工硬化程度。

图 1-4-26　高锰钢爆炸变形预硬化后的金相组织

爆炸变形预硬化高锰钢不同硬化层深度处的 TEM 组织，如图 1-4-27 所示。在硬化层深度为 10mm 处，形变孪晶开始出现，并且距表层越近，孪晶密度越大。在硬化层深度为 5mm 处，可以观察到密集、交错的形变孪晶组织。相互交错的孪晶周围包含更高密度的位错，说明在爆炸变形预硬化过程中位错和孪晶以一种相互竞争的方式形成。硬化层深度 15mm 处的微观组织主要由均匀分布在奥氏体晶粒中的位错和位错墙组成，这种位错结构与塞积、缠结的位错结构相比，对高锰钢的加工硬化贡献较小，并没有发现孪晶存在。

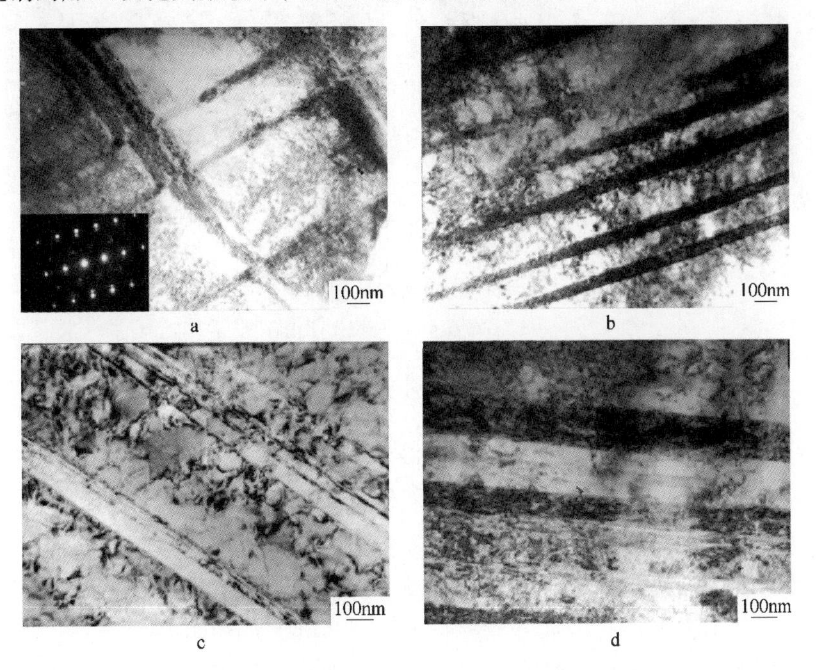

图 1-4-27　高锰钢爆炸变形预硬化后不同深度及静态压缩变形的 TEM 组织

a—5mm；b—10mm；c—15mm；d—静态压缩变形量 13%

对高锰钢静态压缩变形组织进行观察，发现当变形量超过 13%时，其微观组织结构中开始产生形变孪晶，并且随变形程度增加，孪晶密度增大。高锰钢在静态压缩变形过程中，形变孪晶开始产生的临界变形量约为 13%。而爆炸变形高锰钢在宏观应变仅为 4%时便开始产生孪晶，明显低于静态压缩开始产生孪晶的临界应变值。高锰钢在爆炸变形极高应变速率的作用下，孪生可能成为其主要变形机制。同时，其 TEM 组织表明，金相组织图中的变形带是细小形变孪晶的宏观表现。对于实际高锰钢辙叉来讲，同样爆炸变形后虽然仅有少量下陷，但硬度明显增加。

由于炸药直接敷在辙叉的表面，所以爆炸预硬化后，辙叉边缘的形状和尺寸略有变化。尽管冲击很强烈，但是没有产生大的宏观变形。巨大的爆炸冲击能通过内部晶粒的塑性变形逐渐被吸收，由于宏观变形受限制，冲击能必须通过高锰钢内部塑性变形的逐渐扩展才能完全被吸收。尽管肉眼观察不到明显的辙叉形状改变，但是辙叉内部却经历了较大的塑性变形。变形过程是通过每个晶粒在自身位置的变形来实现的，所以称其为“原位变形”，如图 1-4-28 所示。这种从表面向内部扩展的变形方式，很容易获得表面宏观变形量很小、内部变形深度很深的硬化结果。这种硬化技术使得辙叉表层硬度（HB）提高幅度达到 370，但硬化层却达到 35mm 以上的硬化效果。

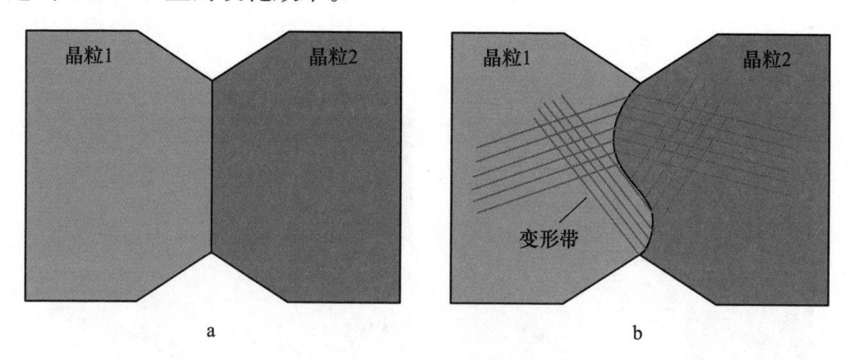

图 1-4-28　高锰钢辙叉心轨爆炸硬化原位变形示意图
a—爆炸硬化前；b—爆炸硬化后

4.2.4　预硬化对高锰钢的损伤

尽管爆炸预硬化明显提高了高锰钢辙叉的初始硬度，从而提高了辙叉的耐磨性，但是爆炸预硬化往往会大幅度增加高锰钢辙叉水平裂纹破坏的比例，这是为什么？为进一步研究爆炸变形硬化对高锰钢辙叉水平裂纹的影响，下面将对比研究爆炸变形和滚压变形高锰钢的组织和性能。设计两种不同的变形模式下，高锰钢试样在厚度方向的硬度分布非常相似的一组试样，如图 1-4-29 所示。高锰钢试样的表面硬度（HV）最高 450~510，随着距离表面深度的增加，硬度逐渐降低并在试样厚度方向的心部位置获得了最小值。

虽然两种不同的变形方式在高锰钢中获得了相近的硬度级别，但组织状态却存在明显差别，如图 1-4-30 所示。在滚压变形条件下，高锰钢的晶粒沿着滚压方向被明显拉长，并且在奥氏体晶粒内部产生了大量的形变孪晶。这些形变孪晶具有 60°/[111] 取向差特征，与∑3 退火孪晶界相似，并且大多数形变孪晶成束出现，单个孪晶层片厚度为 20~50nm。在

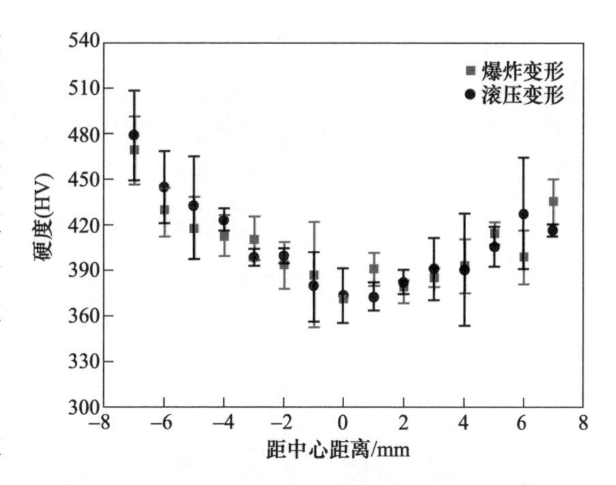

图 1-4-29　爆炸和滚压变形高锰钢的截面硬度分布

EBSD 图谱上，将新产生的形变孪晶扣除后统计∑3 退火孪晶界的取向差特征变化，结果显示，滚压变形高锰钢的取向差角分布在 60°峰值位置有一个非常明显

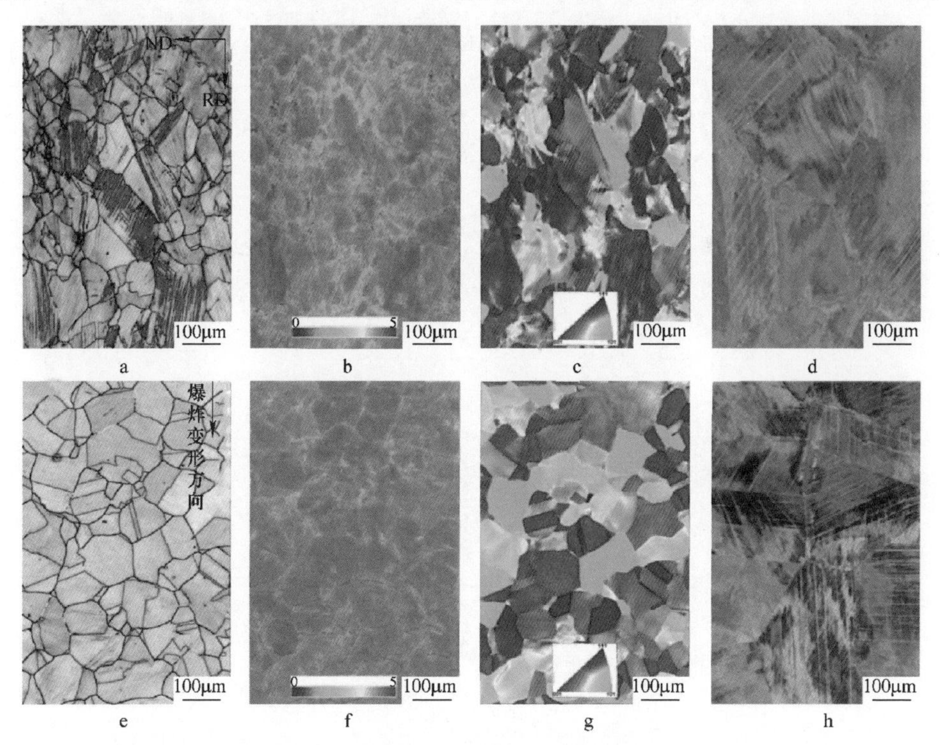

图 1-4-30　不同变形高锰钢的微观组织结构

（图 a、e 中黑线表示常规晶界，红线表示∑3 晶界，黄线表示∑9 晶界；图 d、h 显示形变孪晶）

a—滚压变形晶界特性；b—滚压变形局部取向差分布；c—滚压变形 IPF 图谱；d—滚压变形 AsB 图像；

e—爆炸变形晶界特性；f—爆炸变形局部取向差分布；g—爆炸变形 IPF 图谱；h—爆炸变形 AsB 图像

的降低，如图1-4-31所示，相应的取向差轴分布也由［111］向［110］偏离。另外，在取向差角39°峰值位置对应的Σ9界面在经过滚压变形后也消失了。图1-4-30所示的局部取向差分布显示，滚压变形高锰钢中的局部应变分布相对均匀，即使部分晶界附近的应变要略高于晶内。IPF图谱中晶粒内部逐渐变化的颜色表明在变形过程中高锰钢中的晶体发生了转动。

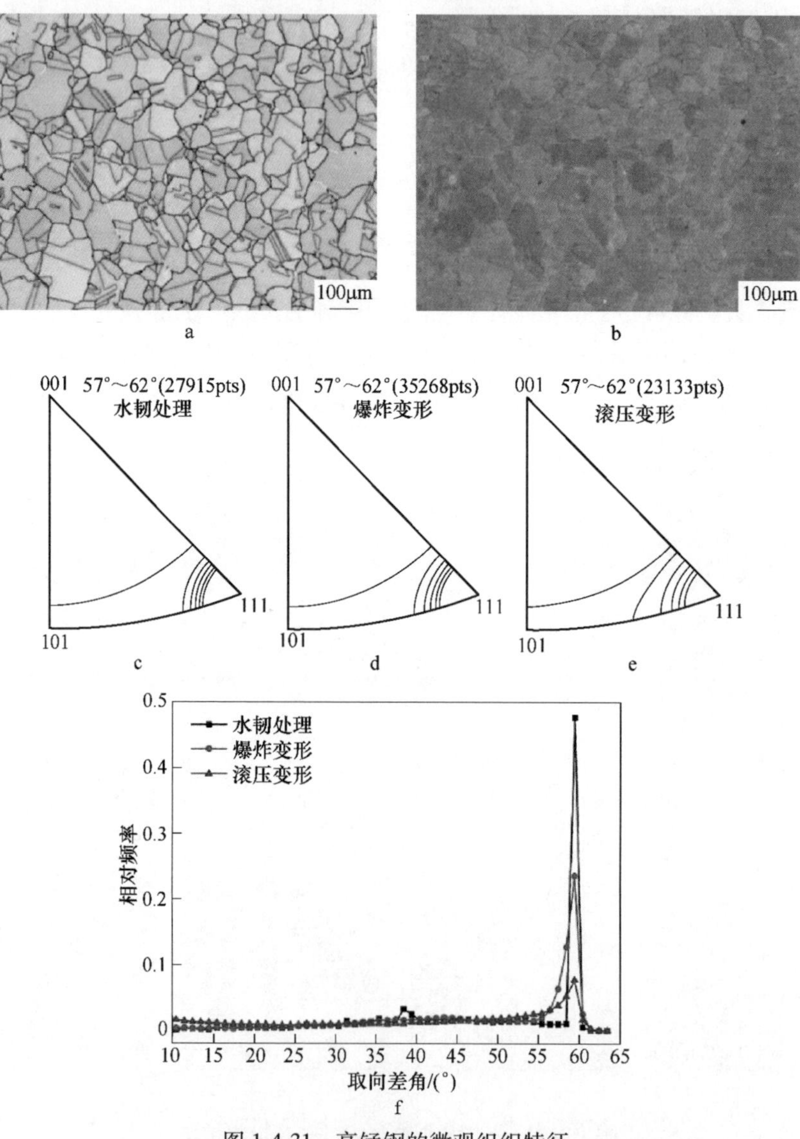

图1-4-31　高锰钢的微观组织特征

（图a中的黑线代表常规晶界，红线代表Σ3界面，黄线代表Σ9界面）

a—水韧处理高锰钢的界面特性；b—水韧处理高锰钢的局部取向差分布；

c～e—退火孪晶界标准投影图；f—界面取向差角分布

在爆炸变形高锰钢中，大多数的奥氏体晶体保持了原来的等轴状形态，AsB图像显示，在爆炸变形高锰钢中同样产生了大量的形变孪晶，但是这些孪晶多数以单个孪晶分布在奥氏体晶粒内部，而滚压变形高锰钢中形变孪晶成束分布，见图1-4-30。这种情况下，由于研究中EBSD检测步长（1μm）远大于单个孪晶的层片厚度（20~50nm），因此很难利用EBSD将爆炸变形高锰钢中的单个孪晶标定出来。

局部取向差分布图结果表明，爆炸变形高锰钢中应变主要集中于晶界附近，而晶内的应变分布较少，这与在滚压变形高锰钢中所观察到的应变分布是明显不同的。爆炸变形同样减少了取向差角为60°特征界面的数量，但是其变化幅度要小于滚压变形高锰钢。另外，从EBSD图像可以看出，经爆炸变形处理后，高锰钢中同样发生了晶体转动，只是其转动程度要小于滚压变形高锰钢。

变形方式的改变同样显著地改变了高锰钢的拉伸性能，如图1-4-32所示。爆炸变形高锰钢获得了较高的屈服强度，但是其抗拉强度和伸长率却远低于滚压变形高锰钢。这说明，爆炸变形高锰钢的均匀塑性变形能力要远低于滚压变形高锰钢。

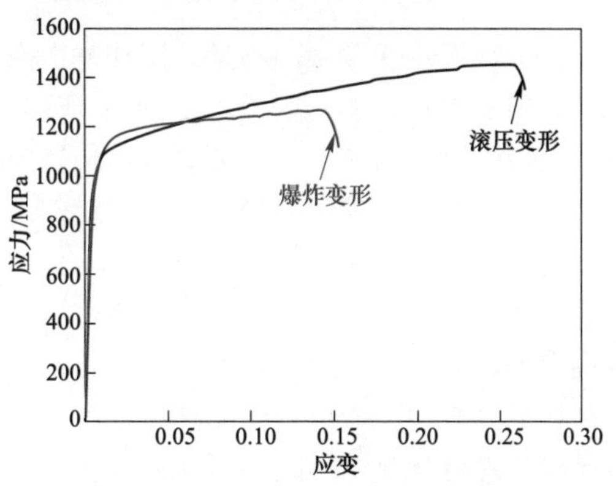

图1-4-32 爆炸和滚压变形高锰钢的工程应力-应变曲线

爆炸变形高锰钢的断口形貌表现为典型的沿晶脆性断裂，大部分裂纹沿晶界扩展，而滚压变形高锰钢的断口中却包含了大量韧窝和少量的沿晶裂纹，表现出混合型断裂模式，如图1-4-33所示。

一般地，在单向变形过程中，如拉伸变形和压缩变形，晶粒内部会发生不可逆的塑性变形。在滚压变形过程中，会有两种变形模式开动，即剪切变形和压缩变形。由于试样表面与轧辊的摩擦力最大，因此，剪切变形主要发生在试样表面，随着距离表面深度的增大，剪切应力逐渐减小，在试样心部位置，剪切应力基本可以忽略。因此，在滚压变形试样的心部位置主要经受压缩变形，并且，这个变形过程属于单向不可逆的变形。相反地，爆炸变形过程并非单向变形过程。在冲击载荷作用下，金属在冲击波的作用下产生初始变形，之后随着压力从试样表面到心部逐渐降低，金属内部又会产生一个膨胀波。在这个膨胀波的作用下，材料内部的变形又逐渐被释放。因此，爆炸冲击的作用过程更像是一个加载和释放的循环变形过程。在这种变形条件下，爆炸变形高锰钢的奥氏体晶粒中几乎无法观测到塑性变形，而是保持了水韧处理状态高锰钢中的等轴状形态。

a

b

图 1-4-33　不同变形高锰钢的拉伸断口形貌
a—滚压变形；b—爆炸变形

与常规塑性变形不同的是，爆炸冲击波变形特有的平面特性和超高应变速率会显著影响材料的组织特点。经典爆炸理论指出，金属在经受爆炸冲击波作用下，位错主要在波前产生，随着波前位置的不断移动，位错界面被落到后面。因此，在波前产生的塑性应变主要由位错的产生来承担，而不同于常规变形条件下的位错滑移。这也说明爆炸冲击波作用时，金属内部的位错滑移行为是不活跃的。这种变形模式在爆炸变形高锰钢中产生非常均匀的位错分布，而滚压变形高锰钢中位错缠结是普遍存在的。也就是说，在两种不同的变形条件下，位错的分布存在明显差别。在位错的滑移过程中，将不可避免地与界面发生相互作用，这将导致晶界特性（取向差角和轴）的改变。这种改变对于 CSL 界面尤其显著，在这个过程中 $\Sigma3$ 和 $\Sigma9$ 界面逐渐失去其共格特性并向常规晶界转变。冲击波变形过程中反复的特性减弱了爆炸变形高锰钢中的位错与界面的相互作用，因此，与滚压变形高锰钢相比，爆炸变形高锰钢中 CSL 界面的变化程度更小。爆炸变形高锰钢中不活跃的位错滑移也减小了变形过程中晶向的转动程度，见图 1-4-30。

塑性变形过程中，位错积累和相互作用是导致应力应变集中的主要原因。在常规塑性变形过程中，如滚压变形，位错滑移过程承担了大部分塑性应变。图 1-4-34 中所示的位错缠结则展示了晶内位错之间较为剧烈的相互作用。因此，在滚压变形高锰钢中，许多晶粒内部均存在明显的应变集中现象。然而，在爆炸变形高锰钢中，应变集中状态明显不同。爆炸变形过程中特殊的位错形成机理不仅降低了位错与 CSL 界面的相互作用强度，而且还减弱了位错之间的相互作用。因此，在爆炸变形高锰钢中几乎观察不到大范围存在的位错缠结。位错积累和位错相互作用的减弱，导致在爆炸硬化高锰钢晶粒内部的应变集中很少。

在所有的界面中，具有 60°/[111] 取向差特征的 $\Sigma3$ 退火孪晶界占到了最大比例（约 0.47），其次为具有 39°/[110] 取向差特征的 $\Sigma9$ 界面，约占 0.05，见图 1-4-31。其中，$\Sigma9$ 界面多出现在两条 $\Sigma3$ 退火孪晶界的交界处，由 $\Sigma3+\Sigma3=$

a

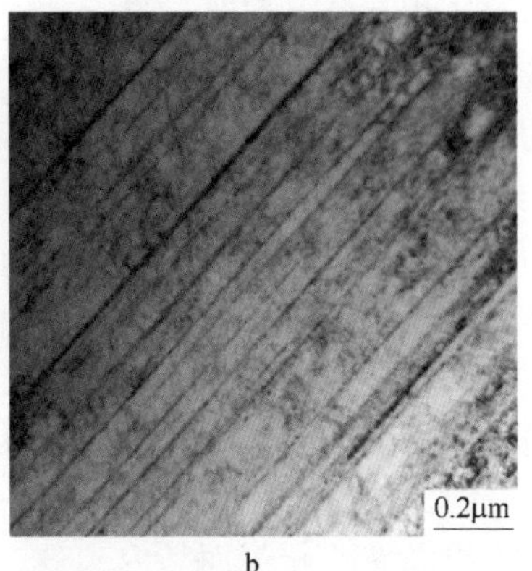

b

图 1-4-34 不同变形高锰钢的 TEM 组织

a—滚压变形；b—爆炸变形

Σ9 反应而来。局部取向差分布图谱中几乎没有表现出局部应变偏差，这说明固溶处理后，高锰钢的内部组织处于一种无应变状态，固溶处理高锰钢基体硬度（HV）为 230。

当爆炸冲击波在固体物质中传播时，不同的组织结构对于冲击波传播的阻抗不同，如不同的相组成或晶界等。对于单相奥氏体钢而言，冲击波在奥氏体晶粒内部传播所经受的阻抗相同，因此产生的位错分布会更加均匀。但是，当冲击波传播到晶界位置时，由于介质性质（原子排列顺序）的变化，阻抗发生改变，便会产生不同于晶内的受力状态。相对于晶内而言，晶界附近位错交互作用更加活跃，因此在晶界位置产生了明显大于晶内的应变分布。这与滚压变形初期应变集中于晶界位置的作用机理不同，滚压变形中晶界位置的应变集中主要是为了维持相邻不同取向晶粒之间的变形协调。在相近的硬化效果下，两种变形方式处理后高锰钢中的组织状态却差异明显，爆炸变形高锰钢晶界附近与晶内的应变差异性较滚压变形高锰钢更加严重，这种组织状态也必将对高锰钢的力学行为产生影响。

形变孪晶的形核和长大过程被认为是位错分解产生的不全位错在｛111｝面上滑移来完成的，这个不全位错是孪晶形成的晶胚。与此同时，位错交滑移和位错塞积所产生的应力集中是孪晶形核必要条件。在滚压变形高锰钢中，晶粒内部不均匀的位错分布也导致了一种不均匀的应力分布状态，这也意味着孪晶形核和长大的不均匀性。因此，在滚压变形高锰钢中出现了图 1-4-34 所示的束状孪晶。然而，爆炸变形高锰钢中的位错分布比较均匀，这说明在晶粒内部各处的应力分布状态也是相近的。另外，爆炸变形高锰钢中晶界附近不同的应力场加剧了晶界附近的位错活动，促进了这些晶界附近位错的分解和塞积。冲击波传播的特点使这些晶界位置成为等效的孪晶形核位置。这种情况下，爆炸变形高锰钢中产生了均匀分布并且相互分隔的形变孪晶。

尽管在两种变形高锰钢中获得了相似的硬度级别，但两种变形条件下高锰钢表现出的拉伸性能却存在很大差别。这种拉伸性能的差别可以利用不同变形条件下获得的组织特点进行解释。XRD 检测结果显示，两种高锰钢中均没有发生相变，见图 1-4-21。利用经典 Williamson-Hall 方法对高锰钢中的位错密度进行了计算，爆炸变形高锰钢为 $1.46\times10^{15}m^{-2}$，滚压变形高锰钢为 $1.78\times10^{15}m^{-2}$，这说明两种变形高锰钢中的位错密度是相近的。虽然位错密度相近，但爆炸变形高锰钢中晶界附近的应变集中现象说明，相比于晶内，其晶界附近的位错积累程度更高。也就是说，在爆炸变形高锰钢中晶界与晶内的硬度差异性要大于滚压变形高锰钢，呈现出晶界“硬”而晶内“软”的特性。在爆炸变形高锰钢中，晶界对于晶内起到一个硬保护壳的作用，塑性应变主要集中在晶界附近，如图 1-4-35 所示，当爆炸变形高锰钢拉伸变形量达 2%以后，晶内的应变集中仍然很少，说明在变形初期，晶界硬壳必须首先发生屈服才能使试样整体保持一定的塑性应变，这也就意味着一个高的屈服强度。

图 1-4-35　爆炸变形高锰钢不同拉伸变形量下的局部取向差分布

a—变形量 2%；b—变形量 8%

在滚压变形过程中，随着应变的逐渐增大，晶体不断发生转动。这个过程使晶体“硬”取向逐渐转向“软”取向，从而能够激活更多的滑移系参与塑性变形过程。由于爆炸变形过程中位错的滑移行为受到限制，爆炸变形高锰钢中晶体的转动程度要明显小于滚压变形高锰钢。也就是说，虽然经两种变形方式处理后高锰钢处于相同的硬度值级别，但是在后续的拉伸变形过程中，爆炸变形高锰钢中容易开动的滑移系数量要少于滚压变形高锰钢。在相近的应变量下，爆炸变形高锰钢基体中位错滑移对于塑性变形的贡献程度要远小于滚压变形高锰钢。

“硬”晶界与“软”晶内进一步产生不协调的塑性变形，导致当拉伸应变为8%时应变集中最大的位置仍然在晶界附近。因此，爆炸变形高锰钢中的晶界部分承担了更多的塑性应变。晶界位置的应变集中过程主要是通过晶界传输、吸收或重新发射位错来完成的，而晶界与位错的相互作用是导致晶界弱化的主要原因。爆炸变形高锰钢中晶界和晶内不协调的塑性变形使晶界承担了更多的塑性应变，如图1-4-36所示。最终，晶界成为爆炸变形高锰钢在拉伸变形过程中的薄弱位置，裂纹沿晶界萌生和扩展。爆炸变形高锰钢在拉伸变形时断裂发生的总应变要小于滚压变形高锰钢，因此，爆炸变形高锰钢中的抗拉强度和伸长率更低。

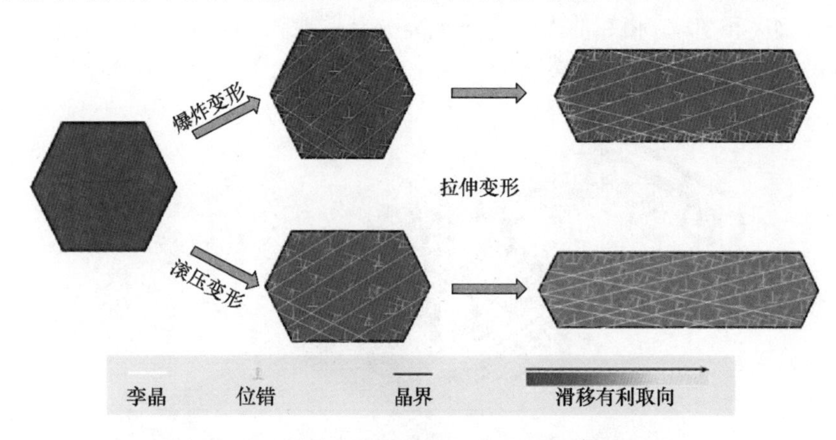

图1-4-36　爆炸变形高锰钢和滚压变形高锰钢组织特点以及在拉伸变形过程中组织变化示意图

如果铸造高锰钢辙叉中有气孔、缩松、夹渣等缺陷，它们都与钢的基体存在界面，这些界面在爆炸冲击波作用下，产生显著的应力集中，造成辙叉在服役过程中过早产生疲劳裂纹源，明显加速高锰钢辙叉的开裂，从而诱导产生水平裂纹。

4.3　高频冲击预硬化

高频冲击预硬化是一种新型的高锰钢辙叉表面预硬化方法，是利用高速运动的冲头反复冲击高锰钢表面，引起高锰钢表层产生具有梯度应变和梯度应变速率的剧烈塑性变形。随着冲头有规律的移动，能够使高锰钢被冲击表面不断重复的产生多方向的剧烈塑性变形，从而达到硬化的目的。高频冲击高锰钢辙叉预硬化技术工艺简单、生产安全、操作灵活、成本很低，且对辙叉的内在质量要求低，克服了爆炸变形预硬化的不足。

4.3.1　预硬化工艺

试验用高锰钢化学成分（质量分数）为：C 1.28%，Mn 13.5%，热处理工艺为加热到1050℃保温2h后水淬，获得单相奥氏体组织。

高频冲击预硬化试验在自制的专用高频冲击硬化设备上进行，实验室用高频冲击预硬化设备结构示意图，如图1-4-37所示。该设备以高压气体为动力，工作台可在两个相互垂直的轨道上运动，并且由两个电机带动，通过两个单片机分别控制两个电机，从而实现高频冲击预硬化装置可以在二维平面上以设定的轨迹运动，实现全自动动作。预硬化设备用排气量为1m²/min空气压缩机为动力，压缩空气的工作压力为0.3MPa，设备的冲击频率为20Hz、冲击能量为50J。预硬化高锰钢试样的温度分别选取为10℃、100℃、200℃和300℃，冲击时间分别选取5s、10s、20s和30s，相邻冲击点边缘距离分别选取为-1mm、0mm、1mm、3mm和5mm，如图1-4-38所示。高频冲击硬化后高锰钢试样在空气中冷却。

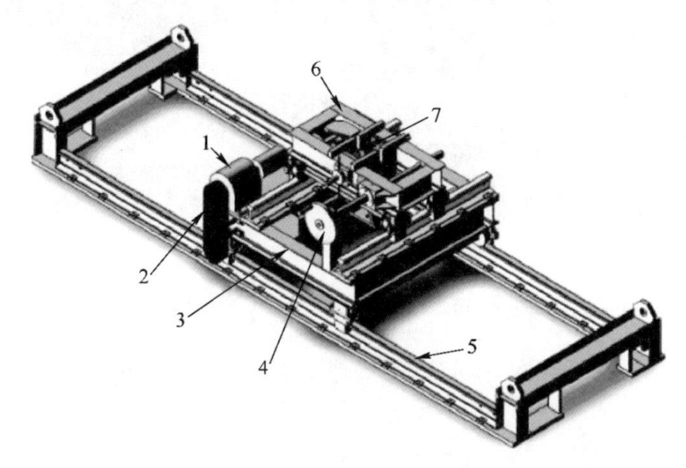

图1-4-37　实验室用高锰钢高频冲击硬化设备示意图

1—电机，为工作台运动提供动力；2—链传动，连接电机与工作台；3—下部工作台，可横向移动；
4—上部工作台纵向移动装置；5—下部工作台横向移动轨道；
6—上部工作台，可纵向移动；7—放置机械冲击设备位置

在通常情况的铁路线路上，高锰钢辙叉承受轴重为21t、运行速度为160km/h列车的车轮冲击，经测试可知，在此服役条件下，高锰钢辙叉工作表面达到充分加工硬化的程度是表面硬度（HRC）为50~55、硬化层深度（在辙叉截面方向硬度大于基体硬度（HRC）20的厚度）为10~15mm。因此，对于高锰钢辙叉而言，理想的预硬化效果应该是表面硬度（HRC）在50左右、硬化层深度大于10mm。

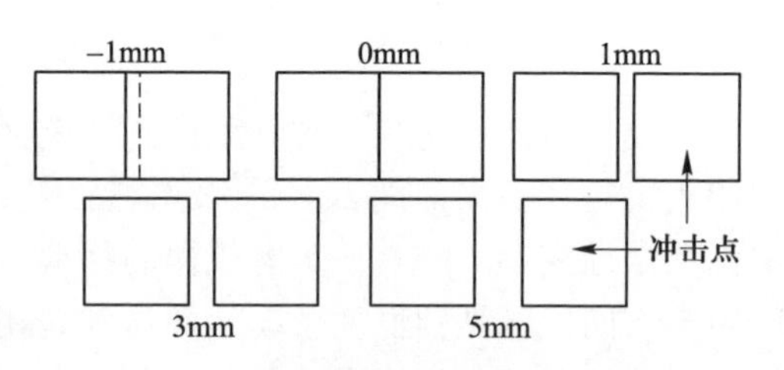

图1-4-38　高频冲击预硬化高锰钢试样冲击点边缘距离示意图

试验用普通高锰钢经水韧处理后的基体硬度（HRC）为 20，经高频冲击后发生加工硬化，试样表面硬度显著增加，获得一定深度的硬化层。高锰钢经过不同冲击时间处理后硬化层硬度分布曲线，如图 1-4-39 所示，冲击处理时间小于 10s 时，随着冲击处理时间增长，高锰钢试样硬化程度不断增加，冲击 10s 以后，高锰钢硬化程度达到饱和。因此，高锰钢每个点的最佳冲击硬化时间为 10s。

在室温冲击能量为 50J 时，高锰钢冲击硬化后表面硬度（HRC）为 58 左右，其硬化深度为 8mm，这个硬化程度适中，但存在表面硬度偏高、而深度偏浅的问题，为此采取加热冲击的办法，来适当降低表面硬度、增加硬化层深度。高锰钢在不同温度下，经过 50J 能量冲击 10s 后，试样截面硬度分布曲线，如图 1-4-40 所示。

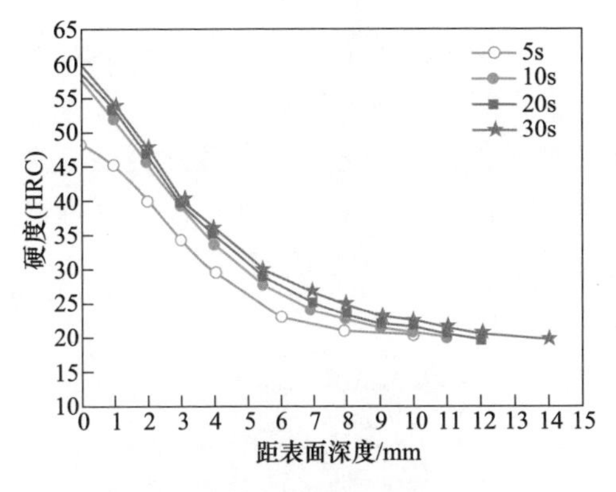

图 1-4-39　高锰钢经不同高频冲击处理时间后截面硬度分布

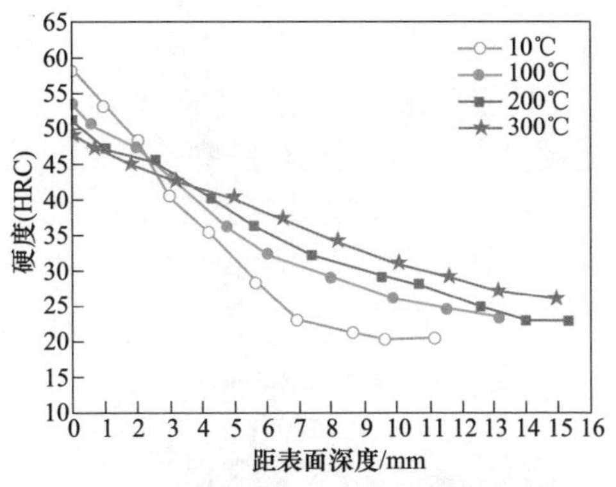

图 1-4-40　不同温度下高锰钢经 50J 能量高频冲击 10s 后截面硬度分布

随着温度的升高，高锰钢经过冲击硬化后表面硬度逐渐降低，硬度梯度逐渐减小，硬化层深度明显增加。加热以后硬化深度增加的原因是温度升高导致高锰钢的屈服强度降低，塑性变形能力增强，塑性变形深度随之加深。经测试可知，300℃时，高锰钢的屈服强度由室温的 385MPa 降低到 210MPa。经过 300℃冲击硬化后，高锰钢表面硬度（HRC）为 48，硬化层深度超过 15mm，达到一个最理想的硬化效果，确定选择的上限温度是 300℃。另外，铁路行业对经过水韧处理高锰钢辙叉再加热的上限控制温度是 300℃，超过这个温度，高锰钢中奥氏体晶界上将有碳化物析出，从而增加高锰钢辙叉脆性，影响高锰钢辙叉使用寿命。因此，确定 300℃为高频冲击预硬化的上限温度是合理的。

试验温度为 300℃时，硬化点边缘距离为-1mm、0mm、1mm、3mm 和 5mm 的高锰钢表面硬度分布情况，如图 1-4-41 所示。冲击硬化点之间硬度随其间距离增大而降低，当硬化点相互重叠时，中间位置的硬度叠加比较显著，使得中间硬度高于冲击点其他位置硬度。当距离为 5mm 时，过渡区域的硬度相互叠加不显著，降低量较大，最低硬度（HRC）仅为 35，这样会造成辙叉表面存在大量的软点，影响辙叉的使用效果。当两个硬化点之间距离为1～3mm时，其间最低硬度（HRC）为42左右，尽管这个区域的硬度比整体预硬化硬度（HRC）50低一些，但相差幅度较小。在使用过程中，这些区域被进一步加工硬化，并很快达到其他位置的硬度值，使高锰钢工作表面硬度分布均匀。因此，硬化点之间的距离选择3mm以下比较理想。

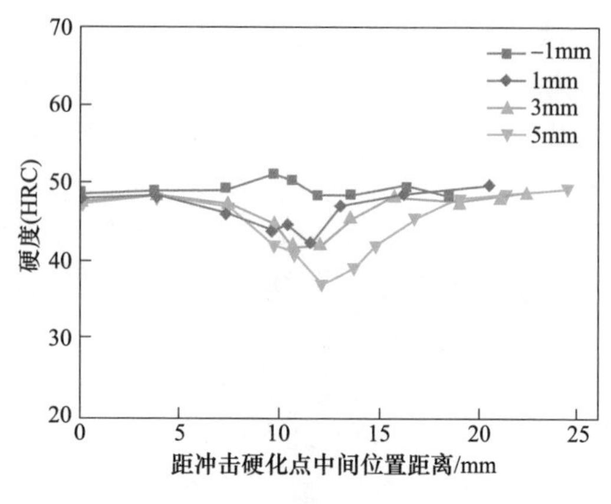

图1-4-41 高频冲击硬化点边距不同时高锰钢试样表面硬度分布

高锰钢试样在室温和300℃冲击硬化处理10s后硬化区域等硬度分布图，如图1-4-42所示，加工硬化区域呈半椭圆形，300℃冲击硬化处理试样的加工硬化区域明显大于室温冲击硬化处理试样，从300℃硬化区域边缘可以看出，为了获得一个等深度均匀过渡硬度分布，每个硬化点边缘的距离应该小于3mm。

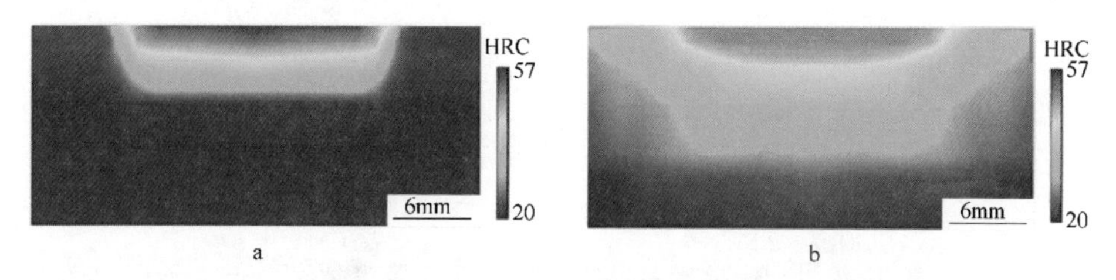

图1-4-42 不同温度条件下高频冲击硬化高锰钢亚表层等硬度图

a—室温；b—300℃

高锰钢在300℃下高频冲击处理作用10s后亚表层组织，如图1-4-43所示，

图1-4-43 高锰钢在300℃高频冲击10s后的微观组织

a—金相组织；b—TEM组织

高频冲击硬化后，组织内部产生大量的变形滑移带，说明冲击硬化使高锰钢产生明显的塑性变形。300℃冲击试样内部组织产生明显的变化，出现了一些位错胞状亚结构，是一种典型的变形金属的回复组织，这说明高锰钢在300℃高温冲击变形过程中硬化区内发生一些动态回复，使得位错密度降低，从而导致高锰钢冲击后整体尤其是表面的硬度较室温冲击硬化程度略有降低，得到符合高锰钢辙叉服役条件的理想硬化效果。

4.3.2 预硬化机制

为研究高频冲击预硬化对高锰钢微观组织和力学性能的影响规律，本书相关研究分别对高锰钢进行 1.2GPa、1.4GPa 和 1.6GPa 高频冲击载荷试验条件下，不同的高频冲击次数试验获得不同状态高锰钢进行深入研究。

经过不同高频冲击预硬化工艺处理的高锰钢，横截面沿着深度方向的显微硬度分布曲线，如图 1-4-44 所示，所有试样经过冲击预硬化处理之后都在表面产生较厚的形变硬化层。随着距表面深度的增加，形变硬化层可分为两个层次：硬度饱和层，这个深度范围内硬度基本保持恒定，厚度大约 2mm；硬度递减层，这个深度范围内硬度变化范围较大，并且随着深度的增加，硬度逐渐减小。对于同种冲击载荷的试样，表面硬度随着冲击次数的增加而增加，当冲击次数达到一定数值之后，表面硬度达到饱和值不再随着冲击次数增加而增加。这表明在给定的变形条件下，高锰钢存在着一个加工硬化程度的饱和值，它不再随着变形时间的增加而增加。同载荷的试样，其硬化层深度随着冲击次数的增加没有明显的变化，表明冲击次数对塑性变形区域的影响很小。在冲击次数相同的情况下，冲击载荷越高、试样的表面硬度越高。1.2GPa、1.4GPa 和 1.6GPa 三种试样的表面硬度（HV）饱和值分别在 620、670 和 780，硬度饱和层深度都在 1mm 左右。这说明硬度由冲击载荷大小决定，冲击载荷越大饱和硬度越大。

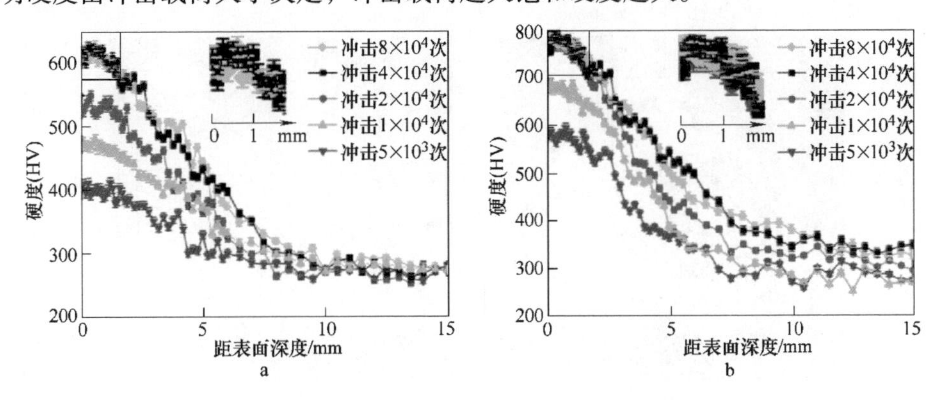

图 1-4-44　高锰钢经过不同冲击载荷处理之后截面硬度分布

（各图中放大部分对应着黑色方框区域）

a—1.2GPa；b—1.6GPa

未经冲击预硬化处理和三种高锰钢冲击 8×10^4 次后表层的 XRD 曲线，如图 1-4-45 所示，经过剧烈塑性变形高锰钢表面组织依然为单相奥氏体，这说明在变形过程中高锰钢没有相变的发生，然而，经过冲击预硬化处理的试样表面的衍射峰都有不同程度的宽化，并且随着冲击载荷的增加，衍射峰的宽化程度逐渐增加，这是由于冲击载荷增大引起了试样表面晶粒细化程度增大。

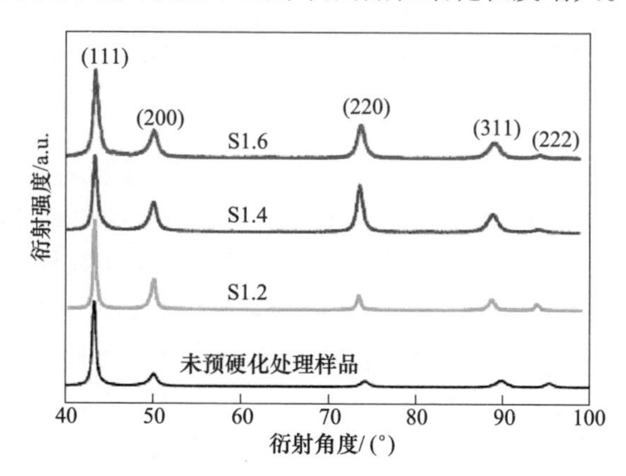

图 1-4-45　高锰钢经过不同冲击载荷冲击 8×10^4 次预硬化处理后表层 XRD 图谱

三种高锰钢冲击 8×10^4 次后表层的透射组织，如图 1-4-46 所示。结合相应的电子衍射花样可以看出，经过冲击处理的试样表面均产生了随机取向的等轴纳米晶，试样表面的晶粒完全纳米化。经过统计分析得到，1. 2GPa、1. 4GPa 和 1. 6GPa 试样表面的平均纳米晶尺寸分别为 56nm、44nm 和 25nm，这表明 1. 6GPa 试样的表面纳米化程度要高于其他两个冲击能量较低的试样。在冲击处理时间相同的条件下，冲击载荷越大（即应变速率越大），材料表面形成纳米晶的速率越快，其相应的晶粒细化程度越高。

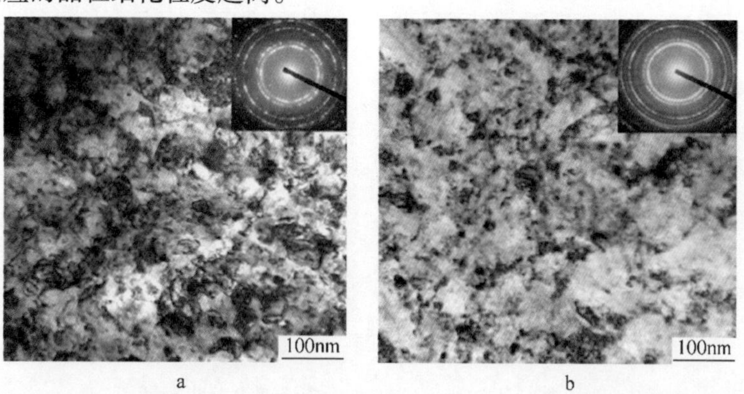

图 1-4-46　高锰钢经不同冲击载荷冲击 8×10^4 次预硬化处理后表层 TEM 组织

a—1. 2GPa；b—1. 6GPa

为了研究冲击过程中高锰钢表面组织的演变过程，对 1.6GPa 试样进行不同次数的冲击预硬化处理，并对其表面组织进行 TEM 观察，如图 1-4-47 所示。冲击预硬化初期，试样表面的晶粒内部亚结构主要是位错缠结以及尺寸较大的位错胞。晶粒内部也存在较少的贯穿晶粒的一次孪晶，孪晶的层片厚度比较大。这说明在冲击条件下，试样变形初期的组织变化以位错的产生和运动为主。在变形区的晶粒内，位错分布是很不均匀的，有些区域的位错密度非常高，而且排列没有方向性，相互缠结交织在一起形成位错胞状结构。位错胞尺寸较大且胞壁比较厚，形成了大量位错的缠结区，胞内位错密度很低。在晶粒内的某些区域内，也可以看到由高密度位错组成的位错墙。

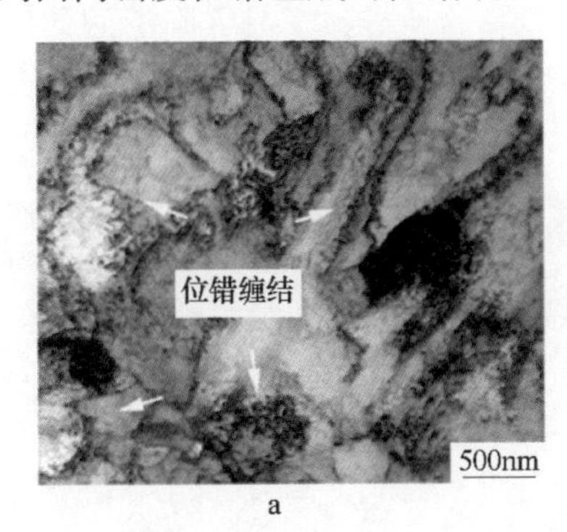

a

b

图 1-4-47 经不同高频冲击次数处理后高锰钢表面 TEM 组织

a—1×10^4 次；b—4×10^4 次

随着冲击次数的增加，试样表面的塑性应变增加，孪晶开始大量产生，并开始和位错一起协调钢的变形过程，当冲击次数达到 2×10^4 次时，出现大量的孪晶交割现象，即开始产生二次孪晶甚至三次孪晶。不同孪晶系相互交割时，将原始晶粒分割成二维的平行四边形网格，这些网格的尺寸范围从几十纳米到几百纳米不等。很明显，这些平行四边形的边界都是直的，并且其内部有大量的位错缠结，但是并没有位错胞产生。随着距表面距离的增加，孪晶层片的厚度逐渐增加，这说明产生孪晶层片的厚度随着应变量的积累越来越小，这种孪晶的存在形式将原始晶粒进行初步的分割，但没有新晶界的产生。

当冲击 4×10^4 次时，试样表面的晶粒已经有部分产生了纳米化。视场中还存在着条状的亚晶，虽然这些亚晶粒不是呈现等轴状的，但是可以从标尺看到它们至少在一维尺度上尺寸小于 100nm。这些条状的亚晶形状和孪晶交叉产生的平行四边形单元相似，这说明它们可能是由孪晶和位错相互作用得到的，并且在垂直亚晶的长度方向上有孪晶产生（红色箭头所示），这些孪晶将条状的孪晶进一步分割。对于中等层错能面心立方材料的塑性变形机理，是位错和孪晶相互协调作用的过程。在塑性变形过程中，位错不易形成足够密度的位错胞状结构，这导致位错和孪晶之间的相互作用在晶粒细化方面起着重要的作用。

经过冲击 8×10^4 次后高锰钢试样表面为等轴纳米晶粒，晶粒内部存在少量的位错但是却没有形变孪晶，这说明随着剧烈塑性变形的进行，大量的孪晶界消失了。对相邻的两个纳米尺寸的晶粒之间的晶界进行观察，发现晶界两侧的晶格还保持着一定的镜面对称关系，如图1-4-48所示。结合图1-4-48中平直部分的晶界区域（黑色方框）的傅里叶变换分析可知，这个晶界是由孪晶界与位错相互作用导致孪晶界的取向增大产生的，即在位错与孪晶界的相互作用下，孪晶界在形态上由“平直”产生“弯曲”，使孪晶界向常规大角度晶界转变。最终使平行四边形的结构转变为等轴的纳米晶。图1-4-48d是对图1-4-48c中白色方框部分的反傅里叶变换分析，可见晶界的弯曲是由单位位错在孪晶界上的堆积产生的，并且在孪晶界附近还有大量的位错缠结甚至层错，这就导致孪晶界附近的共格关系被破坏了，说明孪晶界向常规大角度晶界转变的过程，也是孪晶界的共格关系逐渐的转变为非共格关系的过程。

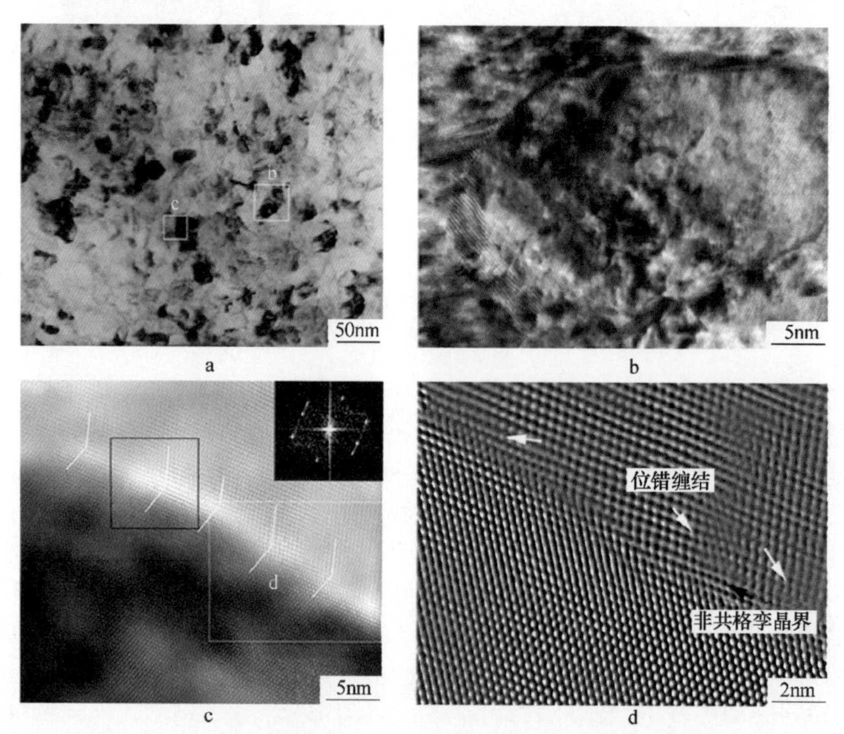

图1-4-48　高锰钢经高频冲击 8×10^4 次之后表面纳米晶TEM组织

a—等轴纳米晶；b—图a中区域“b”的大倍数观察；

c—图a中区域“c”的大倍数观察和其对应的黑色方框内的傅里叶变换图；

d—图c中区域“d”的反傅里叶变换

高锰钢经1.6GPa冲击 8×10^4 次距表面5μm以及距表面800μm深度的组织，如图1-4-49所示，试样最表层的晶粒已经完全纳米化，并且其形状为三维的等轴

纳米晶。可以很明显地发现，在视场内几乎没有孪晶。这说明在高锰钢的塑性变形过程中，形成的高密度孪晶随着纳米化的进行孪晶逐渐减少，出现了孪晶消失的现象。结合上面的组织观察，有理由相信这些消失的孪晶界都转变成了常规大角度晶界。晶粒在平行于试样表面的形貌多为接近等轴状的、尺寸在100nm左右的亚晶大角度晶粒，其中亚晶的边界由亚晶界和晶界组成；晶粒在垂直于试样表面的侧面形貌多为长条状，但是在宽度方向尺寸约为50nm，晶粒的长宽比范围为1~4。由此可知，在距表面800μm深度的晶粒的形状为“片状”。最表层和亚表层的组织差异是由应变速率和变形量不同造成的，由此证明应变速率越大，材料形成纳米晶的速率越快。由图1-4-49中拉长的衍射斑点可知，这种层片状的纳米晶结构存在织构现象，并且这些层状的纳米晶之间为小角度晶界。因为在冲击预硬化工艺塑性变形过程中，试样表层主要受到垂直于材料表面的冲击应力，所以推断这种层状纳米晶是由超细晶甚至是纳米晶塑性变形得到的。

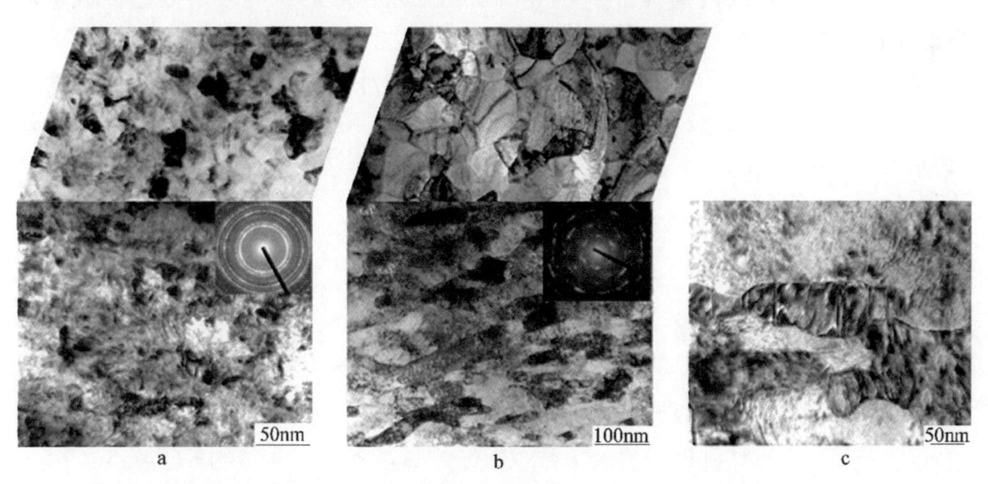

图1-4-49 高锰钢经1.6GPa载荷高频冲击8×10^4后亚表层TEM组织

a—距表面5μm横纵向组织形貌；b—距表面800μm横纵向组织形貌；c—图b纵向形貌的高倍观察

由图1-4-49高倍观察发现，在垂直于层状的纳米晶方向有孪晶（层片厚度小于80nm）产生，这种现象和图1-4-47的组织形态类似，只是其晶粒尺寸和受力方向不同。由此可以推断，随着塑性应变的进行，这些孪晶界会与位错相互作用逐渐失去共格特性，层片状的晶粒也会逐渐被分割成为等轴状，最终形成等轴纳米晶。这个孪晶产生并向常规大角度晶界转变的过程并没有涉及晶粒的旋转，只是单位位错在孪晶界的产生并且堆积破坏其共格特性造成的。同时，说明在利用冲击应力作用于高锰钢试样表面时，在应变速率为$2\times10^3s^{-1}$的条件下，经过长时间的高频冲击形变处理，可以在试样表层制备厘米厚度量级的纳米晶层。

将冲击变形的冲头与试样的接触过程抽象成球面与半无限平面的弹性接触过

程，因此基于赫兹弹性接触理论，就可以根据下式估算塑性变形区的深度：

$$\frac{h}{R}=3\left(\frac{2}{3}\right)^{1/4}\left(\frac{\rho v_b}{\bar{\rho}}\right)^{1/4} \tag{1-4-2}$$

式中 $\bar{\rho}$——接触应力大小；

R——球面半径；

ρ——球密度；

v_b——球的高频冲击速率。

可以看出，对塑性变形区深度影响最大的因素是球面半径，影响较小的因素为载荷、球密度和速度，而处理时间对塑性变形区的大小没有影响，因此随着冲击预硬化处理次数的增加，试样的塑性变形层深度变化不大，如图1-4-44所示。相对于现在比较常用的如喷丸、表面机械研磨等SPD工艺，冲击的球面半径较大，在相同撞击速度的前提下，冲击预硬化工艺造成的试样表层的塑性区也较深。因此，冲击变形具有制备厚层纳米晶的潜力。

根据图1-4-44所示的应变硬化曲线统计不同冲击工艺处理时载荷、应变速率、饱和硬度和达到饱和硬度的冲击次数之间的关系，如表1-4-8所示。分析饱和硬度和载荷之间的关系，发现不同冲击载荷使试样表面达到的饱和硬度存在以下关系：

$$\frac{\Delta \mathrm{HV}}{S-\sigma_s}=k \tag{1-4-3}$$

式中 ΔHV——硬度增量，即饱和硬度和高锰钢原始硬度（约HV220）的差值；

S——载荷；

σ_s——高锰钢原始屈服强度，约400MPa；

k——与高锰钢相关的常数，对于本试验条件，其值约等于4.5。

表1-4-8 不同冲击载荷、应变速率、饱和硬度和达到饱和硬度的冲击次数之间的关系

载荷/GPa	1.2	1.4	1.6
饱和硬度（HV）	615	670	780
应变速率/s^{-1}	1.0×10^3	1.5×10^3	2.0×10^3
达到饱和硬度的冲击次数	2.4×10^5	1.8×10^5	1.2×10^5

根据上述关系可以估算在其他载荷条件下，高锰钢能够达到的最大硬度，同时也说明塑性变形的载荷决定了试样应变硬化能够达到的最大硬度，冲击载荷越大，使表面达到的硬度越高。

分析各个载荷条件下应变速率和表面硬化速率之间的关系发现：

$$\frac{R_s}{R_H}=k' \tag{1-4-4}$$

式中 R_s ——应变速率；

R_H ——试样表面硬化速率；

k' ——与高锰钢相关的常数，约等于 2.4×10^5。

因为各载荷条件下，高锰钢硬化程度不同，所以用使高锰钢达到饱和硬度的冲击次数的倒数表示硬化速率。根据上述关系式 1-4-4 可以估算在其他应变速率条件下使高锰钢达到饱和硬度的硬化速率。上述关系式 1-4-4 也说明，塑性变形过程中，试样的应变速率决定了硬化速率，应变速率越高，硬化速率也越高。

4.3.3 变形高锰钢纳米化机制

根据以前的报道可知，塑性变形过程中高密度位错区和高密度孪晶能够阻滞滑移系启动和阻碍位错运动，这是造成钢加工硬化的主要原因。而在高锰钢 SPD 纳米化过程中，有大量新晶界的加入，晶界也是能够阻碍位错运动的因素之一，因此，晶界的密度也是影响高锰钢硬度的主要因素之一。统计了冲击载荷 1.6GPa 试样不同冲击次数处理后表面孪晶密度、位错密度、硬度和晶粒尺寸，如图 1-4-50 所示，分析不同塑性变形阶段组织状态对纳米化过程中应变硬化行为的影响。高锰钢在冲击处理 2×10^4 次时，表面硬度达到饱和，之后冲击处理时间延长，硬度基本保持不变。

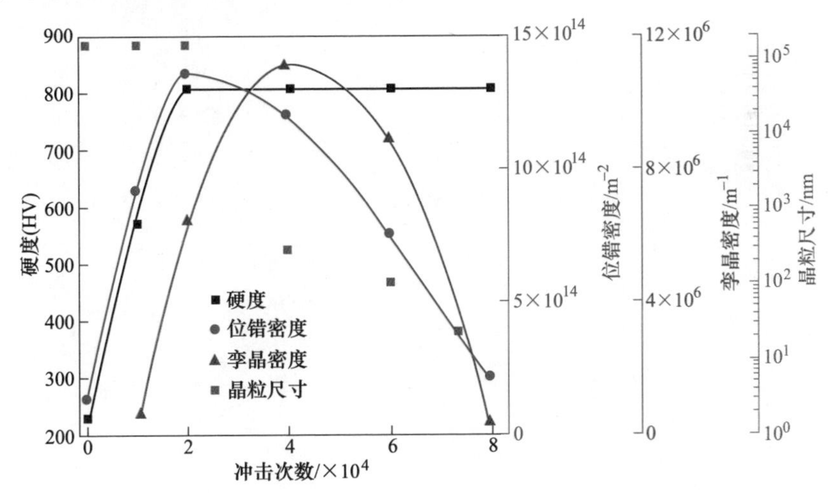

图 1-4-50 在 1.6GPa 应力下高频冲击不同次数
高锰钢内孪晶密度、位错密度、硬度和晶粒尺寸关系

高锰钢纳米化过程中的孪晶层片厚度 d_{twin}、位错密度 ρ_d、亚晶晶粒尺寸 d，都是随着塑性应变的积累在变化的。随着应变的积累，形成的孪晶层片厚度和亚晶晶粒尺寸逐渐减小，位错密度先减小后增加，这些参数都影响着钢内部组织阻碍位错的能力，从而影响硬度。根据 Hall-Petch 关系提出一个定量估算这三个因

素对硬度影响的公式：

$$H = H_0 + k\left[\left(\frac{1}{d_{\text{twin}}}\right)^{\frac{1}{2}} + \left(\frac{1}{d}\right)^{\frac{1}{2}}\right] + \alpha Gb\rho_{\text{d}}^{1/2} \quad (1\text{-}4\text{-}5)$$

式中　H_0，k，α——常数，其中 $\alpha=0.2\sim0.6$；

G——剪切模量；

b——柏氏矢量。

第二项 $k\left[\left(\frac{1}{d_{\text{twin}}}\right)^{\frac{1}{2}}+\left(\frac{1}{d}\right)^{\frac{1}{2}}\right]$ 中 d_{twin} 和 d 是位错运动的平均自由程，而第三项 $\alpha Gb\rho_{\text{d}}^{\frac{1}{2}}$ 是位错密度对硬度影响的经验公式（经典的 Taylor 公式）。计算过程中，剪切模量 G 取 79GPa，柏氏矢量取 0.26nm（面心立方金属（111）），滑移系对应的 α 取 0.6，d 为纵向和横向观察计算得到的平均亚晶晶粒尺寸。可以看到在参数 $H\text{-}\alpha Gb\rho_{\text{d}}^{\frac{1}{2}}$ 和 $\left(\frac{1}{d_{\text{twin}}}\right)^{\frac{1}{2}}+\left(\frac{1}{d}\right)^{\frac{1}{2}}$ 之间，在冲击变形的整个过程中都有良好的线性匹配关系，如图 1-4-51 所示。说明高锰钢在塑性变形纳米化过程中孪晶层片厚度、位错密度、亚晶晶粒尺寸共同决定了其硬度变化。由式 1-4-5 可以看出，孪晶在晶粒内形成能够有效减小位错运动的自由程，从而起到强化的作用。

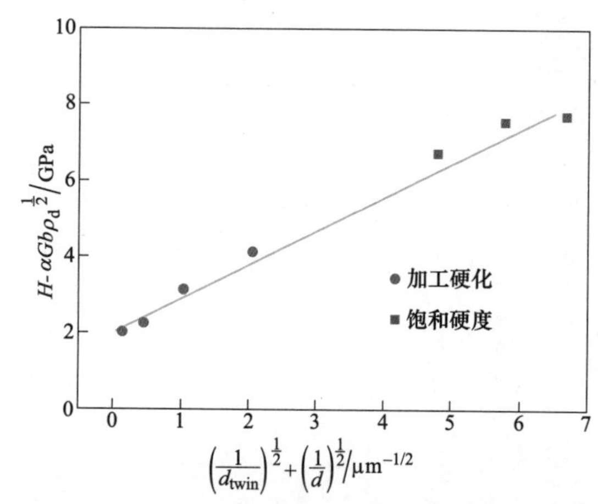

图 1-4-51　高频冲击不同时间变形高锰钢的 $H\text{-}\alpha Gb\rho_{\text{d}}^{\frac{1}{2}}$ 和 $\left(\frac{1}{d_{\text{twin}}}\right)^{\frac{1}{2}}+\left(\frac{1}{d}\right)^{\frac{1}{2}}$ 关系

（数据分别取自未处理试样以及 1×10^4 次、1.5×10^4 次、2×10^4 次、4×10^4 次、6×10^4 次、8×10^4 次高频冲击处理的试样表面）

由上文可知，在高锰钢表面硬度达到饱和之前，硬度主要是由位错密度和孪晶密度共同决定的，因为这个阶段没有新晶界的产生（没有晶粒的细化）。在高锰钢塑性变形过程中，当位错密度积累到一定程度之后，才开始产生形变孪晶。

这是因为孪晶是由堆垛层错产生的，而层错的产生与位错运动相关并需要消耗位错。孪晶产生初期，孪晶密度较小，消耗位错的速度小于因塑性变形而产生的位错速度，因此位错密度和孪晶密度同时增加。在随后的塑性变形过程中，新的层片间距小的孪晶继续在晶粒内部产生，高密度的孪晶界对位错运动起到很大程度的阻碍作用，从而由式 1-4-5 分析可知，硬度也会持续地增加。随着应变的积累，位错密度逐渐达到了晶粒内部能够存储的最大值，材料表面的硬度达到饱和。

为了研究位错和孪晶界之间的相互作用，对冲击处理 2×10^4 次高锰钢表面的孪晶界进行 HRTEM 观察，如图 1-4-52 所示，在孪晶界上产生了两种位错，弗兰克不全位错和单位位错。孪晶界是一种特殊的低能态共格晶界，作为一种典型的二维结构，它更加有利于位错的储存。在塑性变形过程中，对于具有面心立方结构的金属，位错的滑移面和孪晶界面均为｛111｝面。因此，在考虑位错与孪晶界之间的交互作用时，位错与孪晶界之间只存在以下两种相对关系：第一，位错平行于孪晶界运动；第二，位错沿一定角度倾斜于孪晶界运动。由于孪晶界的共格性，它可以阻碍倾斜于界面的位错运动。同时，由于孪晶界的共格结构，位错容易沿孪晶界滑移，但是也会受到两端晶界以及孪晶上缺陷的约束。随着塑性变形的进行，大量的位错在晶粒内产生并滑移，就会在孪晶界处堆积并与孪晶界发生可能的位错反应；位错的堆积也能够导致孪晶界附近的应力集中，从而使孪晶界产生台阶并在台阶两端产生位相差。图 1-4-52b 所示为在孪晶界上存在一条弗兰克不全位错，其柏氏矢量为 1/3[111]，并使孪晶界产生了台阶。这个弗兰克不全位错是塑性变形中通过位错反应产生的。图 1-4-52c 所示为在孪晶界上存在一条不可动的单位位错，其柏氏矢量为 1/2[$\bar{1}$10]，它具有额外的半个（$\bar{1}$11）平面并使孪晶界产生了一个原子层厚度的台阶。这个单位位错的柏氏矢量不在任意的｛111｝面上，判断其为不可动的单位位错。在孪晶界附近堆积有很多的位错，它们多为肖克莱不全位错。因此可以推断，当可动的肖克莱不全位错运动到孪晶

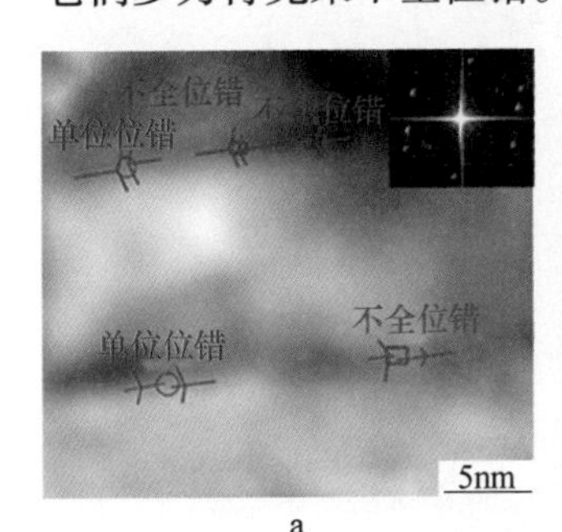

a

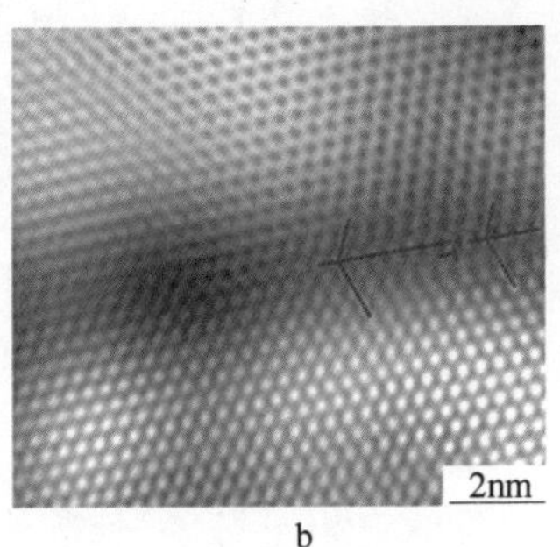

b

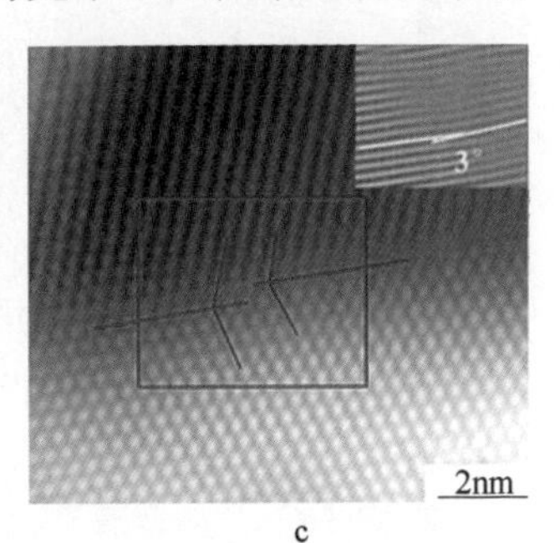

c

图 1-4-52 高频冲击预硬化处理 2×10^4 次高锰钢表面孪晶界的 HRTEM 组织
（直线代表孪晶界两侧的对称晶面）
a—孪晶形貌；b—孪晶界上弗兰克不全位错；c—孪晶界上的全位错

界上遇到弗兰克不可动位错时，就会产生不可动的单位位错。而当可动的肖克莱不全位错遇到不可动的单位位错时，就会在孪晶界处产生堆积，破坏孪晶界上原子排列的共格关系。

上述过程说明，共格孪晶界面不仅能够有效阻碍位错的运动，表现出类似于传统晶界的效果，同时孪晶界附近可提供丰富的位错存储空间。所以随着孪晶密度的增加，金属的流变应力逐渐增加，就为孪晶和位错的相互作用提供了足够的驱动力。这个过程中孪晶的产生、位错和孪晶的相互作用都是消耗位错的过程，从而导致位错密度的降低。值得注意的是，随着孪晶密度的增加，孪晶层片厚度是减小的。小的孪晶层片间距能够减小肖克莱不全位错在孪晶台阶或者孪晶与晶界的交叉处的形核和滑移的临界应力。因此，孪晶密度的增加进一步促进了位错和孪晶界之间的相互作用。大量的单位位错在孪晶界处产生，造成的位错积累能够改变孪晶界的共格性，使其向非共格的大角度晶界转变。这个过程是消耗孪晶界的过程，所以孪晶密度逐渐减小。

孪晶界向常规大角度晶界转变的过程从阻碍位错运动的角度上说，只是阻碍形式的转变，但是位错运动的平均自由程不变，式1-4-5中的$k\left[\left(\frac{1}{d_{\mathrm{twin}}}\right)^{\frac{1}{2}}+\left(\frac{1}{d}\right)^{\frac{1}{2}}\right]$变化不大。此外位错密度对硬度的影响范围为0.1～0.6Gpa($\alpha Gb\rho_{\mathrm{d}}^{\frac{1}{2}}$，其值根据位错密度最大值和最小值计算)，当试样的表面硬度达到饱和值时，位错密度对应变硬化的影响就相对很小了。由式1-4-5可知，这个阶段的表面硬度不会有太大的波动，因此，试样在被冲击2×10^4次之后硬度基本不变是位错、孪晶界和晶界密度动态平衡的结果。

基于上述的试验观察分析，可知弯曲的孪晶界是由孪晶界上不断产生固定位错并且与位错的堆积和相互作用产生的。这里提出了三步位错和孪晶作用机制，以分析两者相互作用导致孪晶界取向增大的过程。为了便于分析可能的位错反应，引入汤姆森双四面体分析可能造成上述试验现象的位错反应。首先假设图1-4-53中*ABC*面为基体和孪晶共用的（111）面，上方的四面体代表孪晶中的滑移系，下方的四面体代表基体中的滑移系。第一步反应是孪晶界上台阶的产生，即孪晶界上不可动弗兰克不全位错的产生。结合汤姆森四面体，给出可能产生不可动的弗兰克不全位错（*D*δ）的反应。

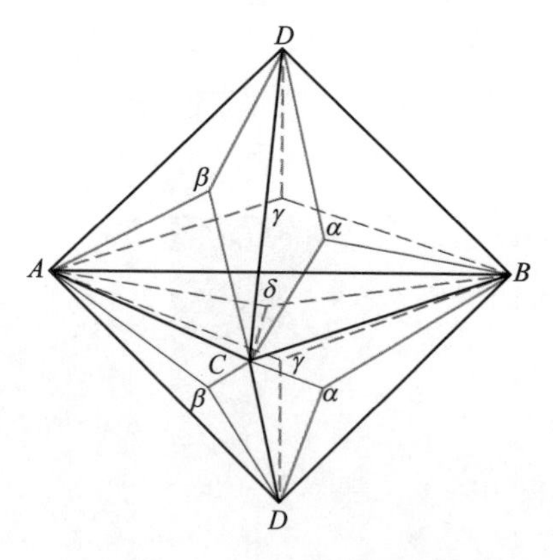

图1-4-53　Thompson双四面体示意图

在外部应力的作用下，孪晶层片中会产生某些单位位错，比如*DA*。当一个

60°扩展位错 DA 由 1 个 30°领先位错 βA、1 个 90°滞后位错 $D\beta$ 和其间的层错组成，在 ADB 滑移面上滑移，运动到孪晶界时将束集为 1 个单位位错。这个单位位错能够发生两种可能的位错反应：（1）分解成 1 个不全位错 $D\delta$ 和在孪晶界上滑移的位错 δA；（2）和沿着孪晶界方向运动的不全位错发生反应生成弗兰克不全位错 $D\delta$。这两个反应都会在孪晶界上产生一条不可动的弗兰克不全位错，并使孪晶界产生台阶。上述的两个反应方程为

$$DA = \delta A + D\delta \tag{1-4-6}$$

$$A\delta + DA = D\delta \tag{1-4-7}$$

第二步反应为弗兰克不全位错阻碍位错的运动。一方面它能够阻碍肖克莱不全位错沿着孪晶界滑动并与之发生反应产生更大的孪晶台阶，另一方面它能阻碍肖克莱不全位错倾斜于孪晶界运动，加剧孪晶界附近位错的堆积。值得注意的是，原始孪晶界的原子共格关系，会逐渐被位错堆积所破坏，使孪晶界向半共格界面转变。位错相互作用并使台阶增大发生如下反应：

$$B\delta + \delta D = BD \tag{1-4-8}$$

可以看到，产生的这个单位位错的柏氏矢量（在 $BD\delta$ 面上）不在任意一个 {111} 滑移面上，所以它也是不可动的，并且伴随着这个反应的发生，原来的孪晶界上的台阶长大为一个原子层厚度。

通过计算位错反应的能垒分析上述位错反应的可能性。能垒的计算公式借鉴文献中的方法。计算得到上述反应需要克服的能垒分别为$-2.5\hat{E}-5.2\tilde{E}$、$2.4\hat{E}$ 和$-2.4\hat{E}$。其中，

$$\hat{E} = \frac{Ga^2}{72\pi(1-\nu)}\ln\frac{\sqrt{2}\,d}{a} \tag{1-4-9}$$

$$\tilde{E} = \frac{Ga^2}{72\pi(1-\nu)} \tag{1-4-10}$$

式中 G——剪切模量；

ν——泊松比；

d——原子尺寸；

a——晶格常数。

可以看出，式 1-4-6 和式 1-4-8 的能垒为负，说明在外力的作用下这两个反应能够自发进行，并且是剧烈塑性变形过程中最可能发生的位错反应。

第三步反应为孪晶界上产生固定位错的增加造成位错在孪晶界上的滑移、塞积、增殖，使孪晶界失去共格性，并且使台阶两端的孪晶界产生微取向差。在塑性变形过程中，试样一直处在高位错密度的状态，这就导致晶粒内部一直存在局部应力。当外力激活位错运动时，它们就会向孪晶界滑移。孪晶界上存在的不可动位错会与不同 {111} 面的位错发生反应和相互缠结，这就阻碍了位错的运动

使孪晶界附近产生位错堆积。另外，以前的试验和数值模拟方面都有研究表明，孪晶界上的不可动位错在外力的作用下能够作为位错源发射位错，促进位错的增殖，这就加剧了孪晶界上位错的堆积和缠绕，破坏孪晶界的共格关系，并且产生大量的应力集中，从而使孪晶界上台阶两侧的 {111} 面不再平行，而是出现了接近 3°的取向差，见图 1-4-52c。

根据上述实验观察和分析阐述可知，位错和孪晶界相互作用导致共格孪晶界向非共格大角度晶界转变的过程，这个晶粒细化机理的示意图，如图 1-4-54 所示，在外部应力的作用下，一条扩展位错沿着与孪晶界相邻的 {111} 面向孪晶界滑移，在滑移的过程中它的运动由两个肖克莱不全位错的运动来完成，它们位于同一滑移面上，彼此同号并且柏氏矢量 b_1 和 b_2 夹角为 60°，当运动到孪晶界时发生束集成为全位错，这条全位错能够与沿孪晶界滑移的肖克莱不全位错（柏氏矢量 b_t）发生反应生成柏氏矢量为 b_f 的弗兰克不全位错。如上所述，这条弗兰克不全位错是不可动的，并且能够在孪晶界上产生台阶。在随后的剧烈塑性变

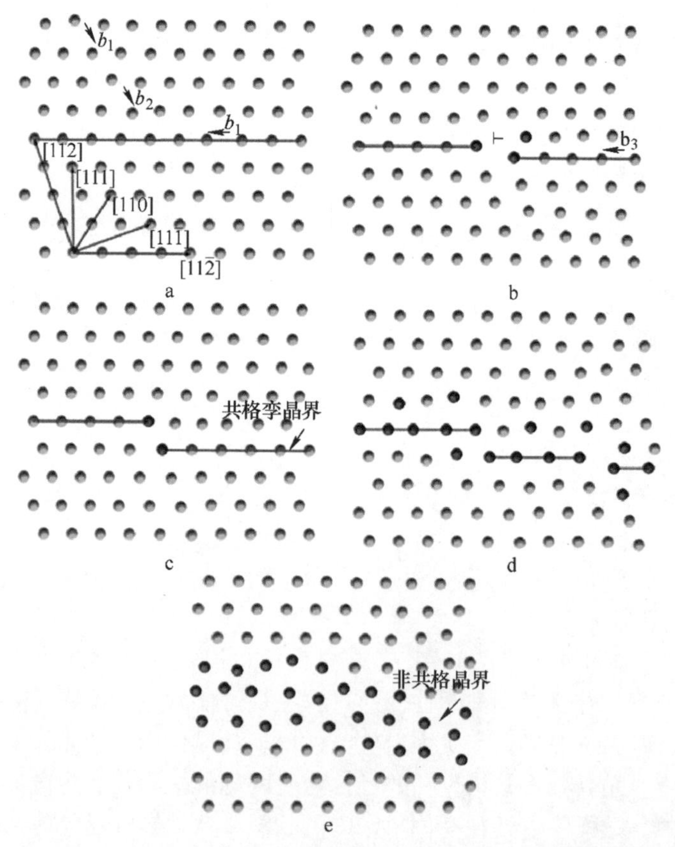

图 1-4-54　位错和孪晶界相互作用导致共格孪晶界转变成非共格大角度晶界过程模型
（黑色直线表示孪晶界；红色球表示非共格晶界）

形条件下，这条弗兰克不全位错可能与任一相邻的｛111｝滑移面上的肖克莱不全位错（b_3）反应，形成不可动的单位位错，并在孪晶界处生成一个原子层厚度的台阶，见图 1-4-54c。孪晶界上固定位错的产生能够使共格孪晶界向半共格界面转变。随着剧烈塑性变形的进行，孪晶界上产生的固定位错逐渐增加，而更多的孪晶台阶的产生也会造成孪晶界的“弯曲”；另外，位错在孪晶界上的滑移、塞积、增殖，使孪晶界附近的原子逐渐失去共格性，见图 1-4-54d。孪晶界虽然是作为二维结构存在的，但是如果上述的位错和孪晶界的相互作用过程反复进行，就会造成孪晶界向三维结构的转变，最终使孪晶界发展为非共格的大角度晶界，见图 1-4-54e。

对于中低甚至低层错能金属来说，在剧烈塑性变形过程中，形变孪晶的形核尺寸相对较小，并且形成的孪晶层片多为贯穿晶粒，孪晶在金属变形过程中很容易被晶界和位错钉扎，不容易实现形变孪晶的回复过程。中低甚至低层错能金属塑性变形过程中，位错不易形成足够密度的胞状结构，这就导致位错和孪晶之间的相互作用是中低甚至低层错能金属晶粒细化的主要机理。因此，这里论述的高锰钢孪晶界和位错相互作用导致晶粒细化的过程，对剧烈塑性变形条件下其他中低和低层错能金属纳米化进程具有参考价值。

通过对每个高频冲击载荷状态下不同冲击次数的高锰钢表面进行 TEM 观察，估算出各个应变速率条件下能够使试样表面产生纳米晶的冲击次数与对应的应变速率之间的关系，并拟合成曲线，如图 1-4-55 所示。可以看出，在高锰钢试样表面得到纳米晶时，所用的应变速率与冲击次数之间呈非线性关系。剧烈塑性变形条件下的纳米晶制备过程，存在一个应变速率的临界值，当塑性应变速率超过临界值时才能在试样表面制备纳米晶，并且试样的应变速率越大，纳米晶化速率越快。根据拟合的曲线可知，对于高锰钢而言，使其表面制备纳米晶的临界应变速率约为 $3\times10^2 s^{-1}$。

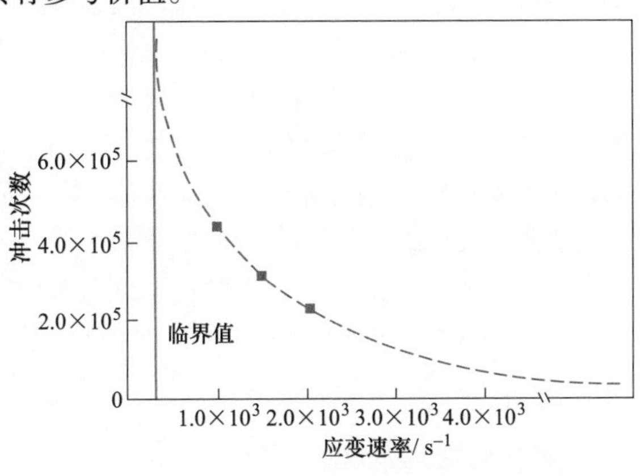

图 1-4-55　获得 100nm 尺寸高锰钢晶粒时应变速率与高频冲击次数的关系

由此，可将随高频冲击处理时间变化的应变硬化和组织细化行为建立模型，如图 1-4-56 所示。

高锰钢强塑性变形纳米化的过程主要分为两个阶段：

第一阶段以高锰钢的应变硬化为主。塑性变形初期，组织内部产生了大量的

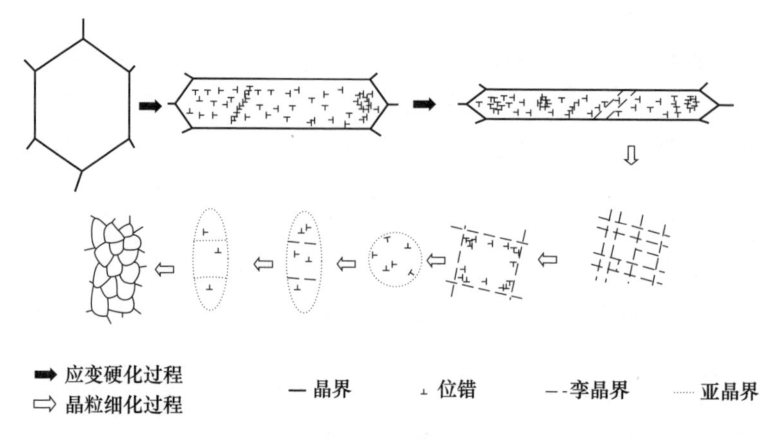

图 1-4-56　剧烈塑性变形条件下高锰钢纳米晶化和加工硬化行为示意图

位错（包括位错缠结和位错墙）但没有孪晶的产生，这是因为对于 fcc 结构的金属，其内部有很多滑移系统并且很容易被激活，位错滑移是高锰钢塑性变形的主要方式；随着塑性变形的加剧，组织内部产生了变形孪晶，这时候孪生和位错滑移是塑性变形的主要方式，这一阶段是高锰钢组织内部位错和孪晶密度积累的过程，没有明显的位错和孪晶之间的相互作用。

第二阶段主要为晶粒细化阶段，因为在高锰钢塑性变形纳米化的过程中，位错不易形成足够密度的胞状结构，因此，孪晶之间的相互作用以及孪晶和位错之间的相互作用对组织细化起到了关键作用。在剧烈塑性变形条件下，孪晶交叉是普遍的现象，交叉的形变孪晶能够将微米级的原始晶粒分割成尺寸为纳米级的平行四边形的单元。在随后的变形过程中，随着位错和孪晶界的相互作用，共格的孪晶界逐渐向非共格的大角度晶界转变，这个平行四边形单元最终会转变成亚晶大角度晶粒。

4.3.4　纳米晶高锰钢力学行为

经过上述对高锰钢不同高频冲击次数试样的表层组织观察，可以将纳米晶试样表面的梯度组织分为三个层次，依次为：纳米晶层，0~800μm；过渡组织层，800~2000μm，包括亚微米级的胞状结构和晶粒、微米级的胞状结构和晶粒；粗晶组织层，2000μm 以下，产生塑性变形但尺寸基本不变的晶粒。由上述组织观察统计出平均晶粒/晶胞尺寸与距试样表面距离的关系曲线，如图 1-4-57 所示，根据试样硬度以及晶粒尺寸分布趋势，将试样逐层进行拉伸试验，即将纳米晶试样和塑性变形试样逐层切取 800μm 厚度，制备出 600μm 厚度的板状拉伸试样进行拉伸试验。

制备的四种位置试样的拉伸性能，如图 1-4-58 和表 1-4-9 所示。可以看出，

在硬度相同的情况下，纳米晶试样的伸长率要优于塑性变形试样，虽然其抗拉强度和屈服强度要比塑性变形试样稍小一些。纳米晶表层和亚表层拥有同样的硬度，但是表层试样拥有更高强度的同时没有损失伸长率。研究表明，塑性变形钢的性能主要受组织的细化程度、硬度以及残余应力的影响。然而，残余应力只影响材料拉伸变形的初始阶段即对材料的弹性模量有影响，而组织细化以及硬度的提高能够显著影响材料的拉伸以及屈服强度。所以，这里纳米晶良好的伸长率可能是由组织的细化造成的，即纳米晶组织有利于其塑性的提高。

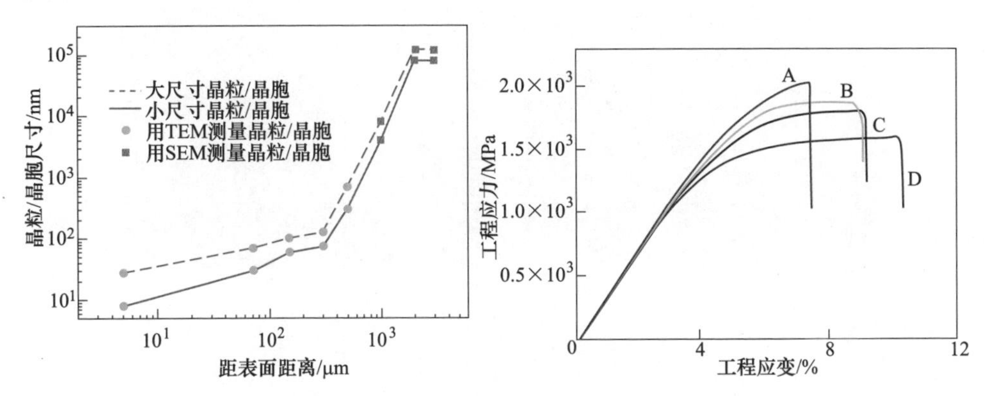

图 1-4-57 高频冲击高锰钢表面纳米晶平均晶粒/晶胞尺寸和距表面距离的关系

图 1-4-58 纳米晶高锰钢的拉伸应力-应变曲线（A—强塑性变形粗晶；B—纳米晶；C—纳米晶亚表层；D—塑性变形亚表层）

表 1-4-9 高频冲击变形高锰钢的拉伸性能

样品	晶粒尺寸/μm	抗拉强度/MPa	屈服强度/MPa	伸长率/%
A	120	2017	1496	2. 4
B	0. 02～0. 1	1903	1401	4. 1
C	0. 1～1	1811	1321	4. 3
D	120	1605	1147	6. 1

高频冲击高锰钢拉伸试样断裂表面的 SEM 组织，如图 1-4-59 所示。由低倍的图像可以看出，纳米晶试样断裂的表面比较平整，断裂的方向与试样长度方向垂直。高倍的 SEM 图像显示，断裂的表面都是细小的韧窝，并且韧窝的尺寸约为原始纳米晶尺寸的 4～7 倍，同时，纳米晶试样表面有很多细小的裂纹，说明纳米晶试样在塑性变形过程中，先产生微孔洞，然后微孔聚集相连产生微裂纹，最后微裂纹逐渐生长，导致试样的断裂，整个过程中有多条微裂纹同时生成。而对于塑性变形试样，其断口的主要特征为穿晶断裂，没有微裂纹以及颈缩的产生。

根据两种试样的真应力-应变曲线可以计算得到各个试样的应变硬化指数，纳米晶和强变形粗晶试样的加工硬化指数分别为 0. 29 和 0. 25，纳米晶试样的应变硬化指数要高于塑性变形试样的应变硬化指数。以前的研究表明，在低应变速

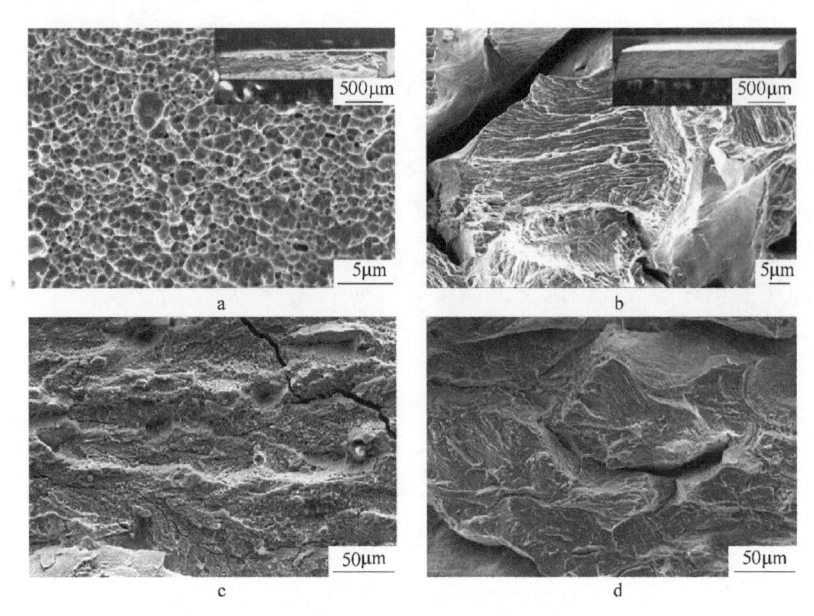

图 1-4-59　高频冲击变形高锰钢拉伸断口 SEM 形貌

a，c—纳米晶表层；b，d—塑性变形表层

率的试验条件下，纳米晶材料的主要塑性变形机理为晶界协调变形。然而，晶界的协调变形对其应变硬化指数造成的影响不大，而此处纳米晶金属的应变硬化能力要高于塑性变形试样，说明除了晶界的协调变形，在纳米晶变形过程中可能还有位错滑移和形变孪晶的参与，从而使拉伸之后试样的硬度增加。

利用纳米压痕测试了高锰钢试样拉伸前后硬度变化，纳米晶试样拉伸前后的硬度分别为 7.52GPa 和 8.03GPa，强变形粗晶试样拉伸前后的硬度分别为 7.43GPa 和 7.76GPa。纳米晶试样和塑性变形试样在拉伸变形之后都产生了应变硬化现象，纳米晶试样的硬化率为6.7%，高于塑性变形试样的硬化率4.4%，符合上面的应变硬化指数计算结果。硬度测试的结果也说明，在纳米材料的变形过程中，除了晶界协调变形，还有其他机理参与，比如位错滑移或者形变孪晶或者二者之间相互作用等。

通过对薄的纳米晶试样变形前后的原位以及非原位观察发现：在室温下甚至在低温环境下，纳米晶材料在其变形过程中都存在着晶粒长大的现象，晶粒长大是由于晶界的迁移和晶粒的旋转致使亚晶的聚集导致的。根据 H-P 关系，变形过程中晶粒的长大会造成材料的形变软化，从而导致试样产生颈缩影响其拉伸塑性。然而本书的相关研究试验观察并没有发现这些现象，反而是观察到纳米晶高锰钢的塑性要优于强变形粗晶试样。同时对拉伸后试样标距之内的表面进行纳米压痕试验，结果表明拉伸变形之后纳米晶试样的硬度提高了。这种“反 H-P 关系”的试验结果说明纳米晶高锰钢的变形过程中有其他形变机理的参与。通过对拉伸变形前后表层试样的 XRD 分析和 TEM 观察，统计拉伸变形前后试样的位错密度和孪晶密度变化，结果如表 1-4-10 所示。

表 1-4-10　高频冲击变形高锰钢拉伸前后的位错密度和孪晶密度

试样	纳米晶拉伸前	纳米晶拉伸后	变形粗晶拉伸前	变形粗晶拉伸后
位错密度/m^{-2}	2.2×10^{14}	7.5×10^{14}	9.2×10^{14}	10.9×10^{14}
孪晶密度/m^{-1}	0.2×10^{6}	1.1×10^{6}	8.7×10^{6}	9.6×10^{6}

由表 1-4-10 可知，纳米晶高锰钢在拉伸前后位错密度和孪晶密度的增长远大于强塑性变形试样，这可以很好地解释纳米晶试样的塑性优于强塑性变形试样。同时还说明，在塑性变形过程中，纳米晶内还会继续产生位错和孪晶。位错的滑移和孪生，以及二者之间的相互作用能够有效提高纳米晶高锰钢的力学性能。

对拉伸变形后纳米晶高锰钢进行 TEM 观察，发现其中存在两种主要的变形机制，而这两种变形机制是由晶粒尺寸主导的，当晶粒尺寸大于 50nm 时，晶粒的内部能够同时存在位错和孪晶。图 1-4-60 所示为晶粒尺寸为 60nm 的晶粒内部亚结构，其选取衍射花样和组织形态（白线表示孪晶界两侧的对称晶面）充分说明了晶粒内部存在孪晶，并且在孪晶界的两侧还有位错的存在。这就说明当晶粒尺寸大于 50nm 时，纳米晶的变形机理主要是晶界的协调运动、位错运动和孪晶的产生。

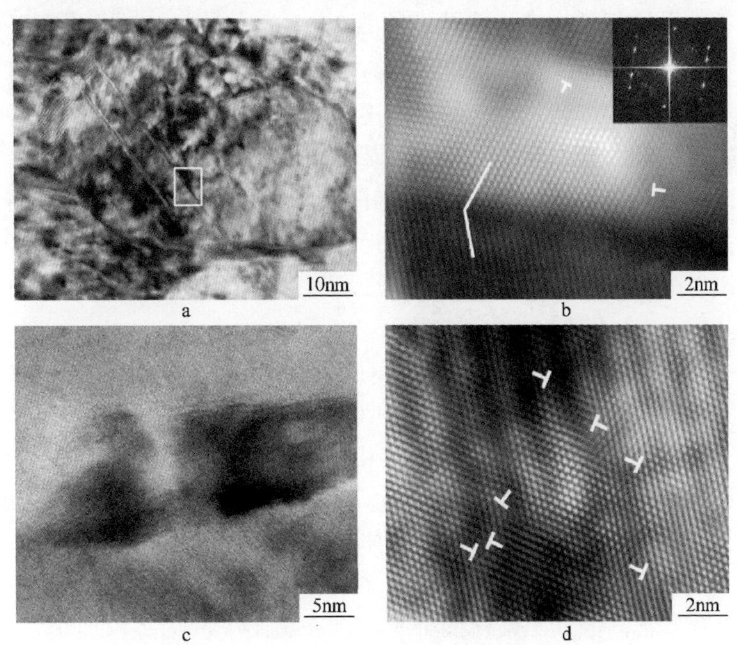

图 1-4-60　纳米晶高锰钢微观组织结构

a—晶粒尺寸为 60nm-TEM；b—晶粒尺寸为 60nm-HRTEM；
c—晶粒尺寸为 30nm-TEM；d—晶粒尺寸为 30nm-HRTEM

图1-4-60同时给出了尺寸为30nm高锰钢晶粒内部的微观结构，其晶粒内部只存在位错，并没有发现形变孪晶。这就说明，当纳米晶粒尺寸较小时，纳米晶的变形机制主要是晶界的变形协调和位错运动。在纳米晶的塑性变形过程中，随着晶粒尺寸的增大，晶粒内部能够存储的位错密度逐渐增加，从而为孪晶的形成奠定基础。在剧烈塑性变形制备纳米晶过程中，不可避免地存在不平衡晶界，在拉伸变形过程中，不全位错易从不平衡态的晶界处扩散，可能是形成孪晶的主要原因。

结合上述对纳米晶高锰钢塑性变形机理的分析，提出纳米晶变形过程中韧窝形成过程模型，如图1-4-61所示。由于不同的晶粒内部存在密度不同的亚结构，尺寸较大的晶粒内部存在较多的位错，屈服会首先在尺寸较大的晶粒中发生。纳米晶晶粒尺寸差异较大，晶粒之间的变形过程存在不协调性。

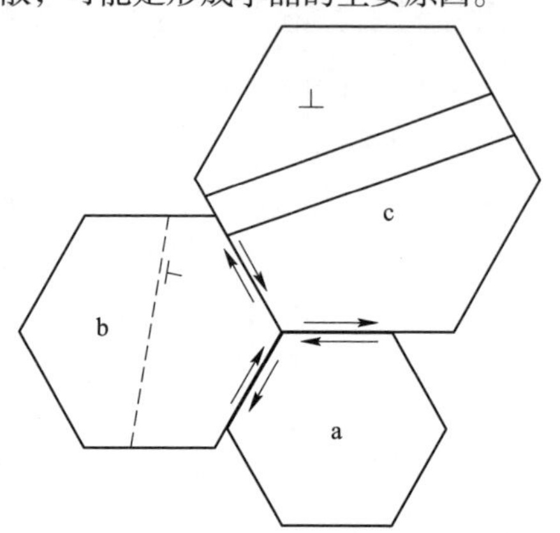

图1-4-61　塑性变形过程中纳米晶粒变形示意图

对于同一个晶粒，晶粒内的位错产生和运动与晶界的滑移也会出现不协调，从而导致在晶粒尺寸差异大的两个相邻晶粒的晶界或者晶界的三叉处产生微孔，如图1-4-61所示。由于试样内部晶粒之间的约束是三维的，所以在试样内部更容易产生微孔。随着变形的进行，微孔的数量逐渐增多，微孔逐渐聚集长大并形成微裂纹。随后微裂纹长大并相互连接，直到某一条微裂纹贯穿试样导致断裂。值得注意的是，微孔以及微裂纹的扩展过程能够使径向失稳裂纹的扩展被推迟，试样的三轴应力状态被保持从而使试样能够承担更大的应变，纳米晶拉伸过程中能够产生应变硬化以维持一定的塑性变形从而提高塑性。

4.4　感应加热预硬化

众所周知，高锰钢的微观组织为典型的面心立方结构奥氏体，高锰钢为弱磁性钢。对常规高锰钢进行磁性测试，其相对磁导率介于1.003与1.03之间，远低于其他常规磁性材料，如变压器钢片7500，镍铁合金60000，退火铸铁620。基于此，通常情况下不会对其进行感应加热处理。然而，弱磁性高锰钢并非无法进行感应加热处理，只是加热速度较慢。本书创新利用高锰钢低热导率、高线膨胀系数，以及非常高的加工硬化能力等特性，提出了利用感应加热处理高锰钢，实现高锰钢表层预硬化。

采用铁路轨道用普通120Mn13高锰钢为研究对象，将试验钢于1050℃保温1h奥氏体化后进行水淬处理，获得单相奥氏体组织。首先，利用Ansys软件对典

型成分高锰钢进行感应加热模拟，具体物理参数如表1-4-11和表1-4-12所示，利用感应加热快速加热6s到550℃，然后保温3s后的温度场模拟结果，如图1-4-62所示，试样中心位置温度略低于周围温度，从表层向下，温度呈现逐渐降低的趋势。

表1-4-11 高锰钢的常规物理参数

弹性模量/GPa	泊松比	密度/kg · m^{-3}	相对磁导率
207	0.265	7909	1.003~1.03

表1-4-12 不同温度下高锰钢的物理参数

温度/℃	线膨胀系数/℃$^{-1}$	比热容 c/J · (g · K)$^{-1}$	热导率 λ/W · (m · K)$^{-1}$	电阻率/Ω · cm
25~50	1.823×10^{-5}	0.521	16.144	6.39×10^{-5}
50~100	1.831×10^{-5}	0.552	17.313	6.80×10^{-5}
100~150	1.993×10^{-5}	0.574	18.259	7.23×10^{-5}
150~200	2.129×10^{-5}	0.584	18.762	7.67×10^{-5}
200~250	2.258×10^{-5}	0.605	19.496	8.08×10^{-5}
250~300	2.416×10^{-5}	0.621	19.816	8.48×10^{-5}
300~350	2.431×10^{-5}	0.627	20.188	8.86×10^{-5}
350~400	2.478×10^{-5}	0.630	20.337	9.21×10^{-5}
400~450	2.488×10^{-5}	0.633	20.799	9.52×10^{-5}
450~500	2.475×10^{-5}	0.637	21.245	9.81×10^{-5}
500~550	2.475×10^{-5}	0.618	21.296	1.01×10^{-5}
550~600	2.472×10^{-5}	0.604	21.277	1.03×10^{-5}

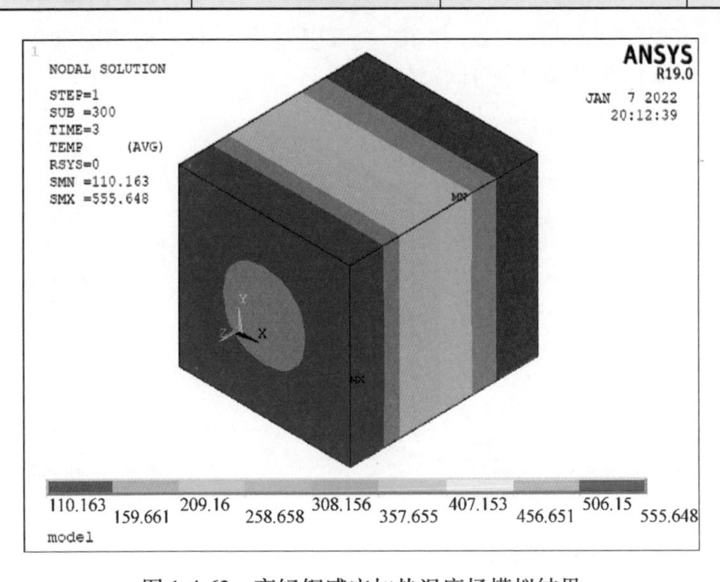

图1-4-62 高锰钢感应加热温度场模拟结果

高锰钢经快速加热至400℃和500℃，分别保温3s、10s、15s、60s，水冷至室温后试样截面的硬度分布，如图1-4-63所示。当进行400℃感应加热时，随着保温时间的增加，钢的显微硬度分布变化较小，表面硬度随保温时间增加呈现逐渐增加的趋势，当保温时间达到15s时，表面硬度（HV）达到290，但整体硬化层深度较浅，小于2mm。而温度升高至500℃时，表面硬度随时间的变化规律与400℃试样的变化规律相同，最高硬度（HV）达到325，且在亚表层出现硬度较高现象。快速加热至500℃工艺处理后，高锰钢的硬化层深度大于18mm，达到高锰钢辙叉预硬化所需深度要求，且整体硬度呈缓慢降低趋势。

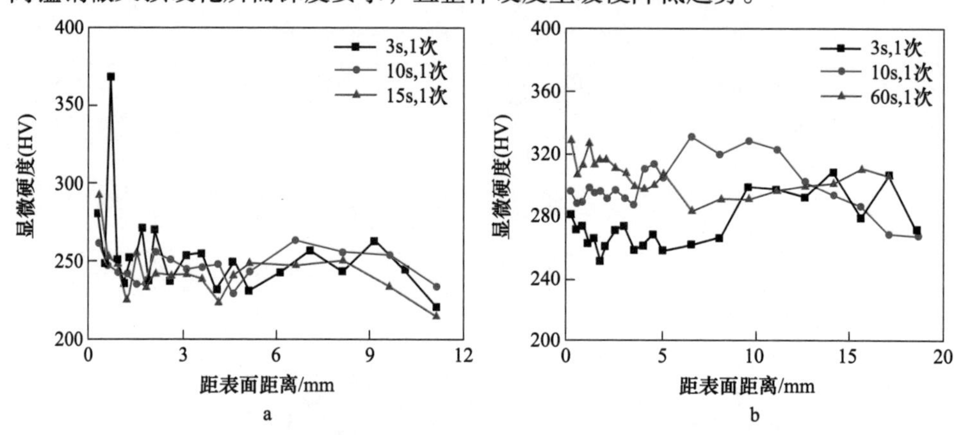

图1-4-63　高锰钢在不同温度感应热处理后截面硬度分布

a—400℃；b—500℃

感应加热循环周次对高锰钢预硬化效果的影响规律，如图1-4-64所示，选择加热温度为500℃，保温时间3s和10s。可以看出，增加加热循环周次，会提高预硬化效果，循环周次为2次时效果最佳。

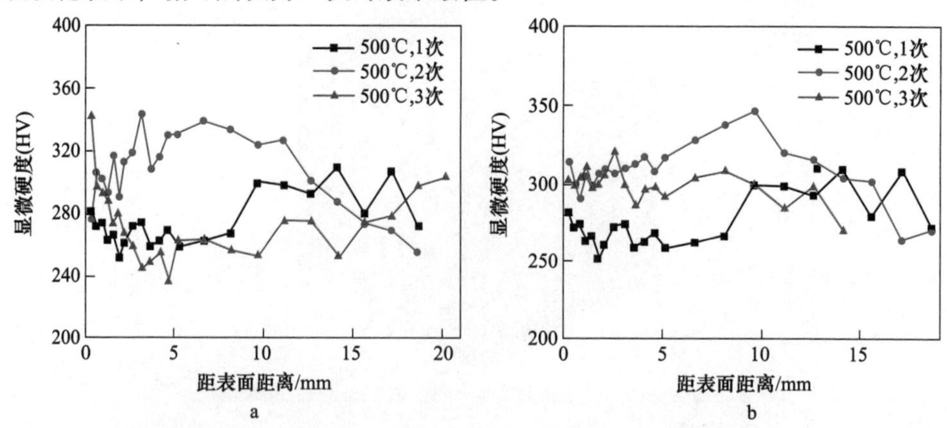

图1-4-64　高锰钢经不同感应加热时间处理后截面硬度分布

a—3s；b—10s

由于高锰钢中高的碳含量和锰含量，当热处理温度超过 300℃时，组织中极易析出碳化物。图 1-4-65 给出了高锰钢经加热至 500℃保温 3s 和 15s 后表层的金相组织图，可以看出，由于感应加热快速热处理时间非常短，组织中无碳化物析出，因此，可以排除析出碳化物导致高锰钢硬化的机制，也可以消除碳化物析出恶化高锰钢韧性的担忧。

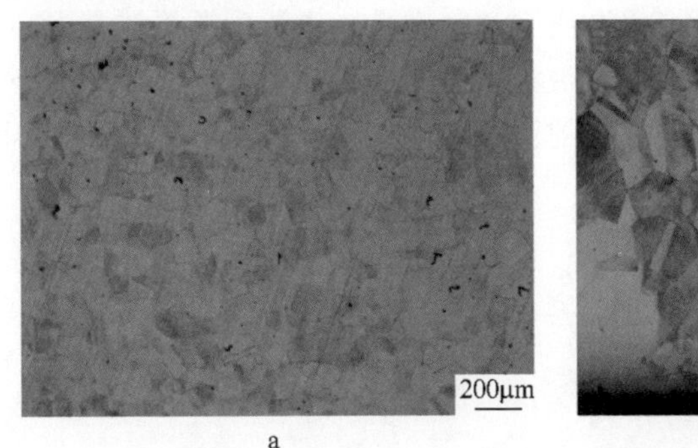

a

b

图 1-4-65　感应加热高锰钢至 500℃保温不同时间处理后的金相组织

a—3s；b—15s

利用 FIB 对不同硬化区域进行定位取样，取样位置分别对应 HV300 硬化层和 HV250 硬化层，进行透射电镜表征，结果如图 1-4-66 所示，硬化层区域内的位错密度明显高于基体组织，且硬度越高位错密度越高。同时，在 HV300 硬化层组织内还观察到了形变孪晶。这表明利用感应加热处理高锰钢，其硬化机制主要为位错强化并伴有孪晶强化。

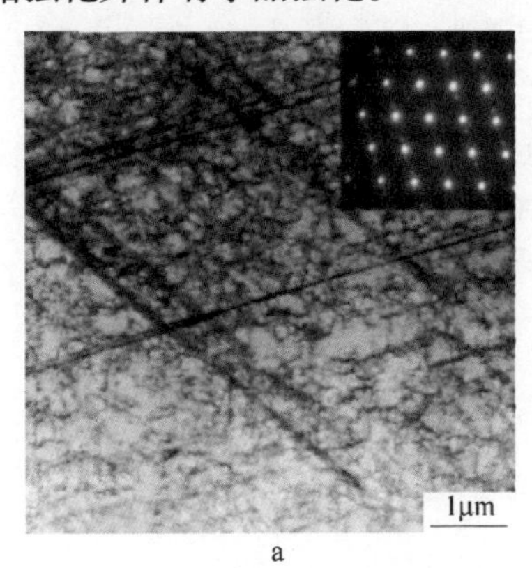

a

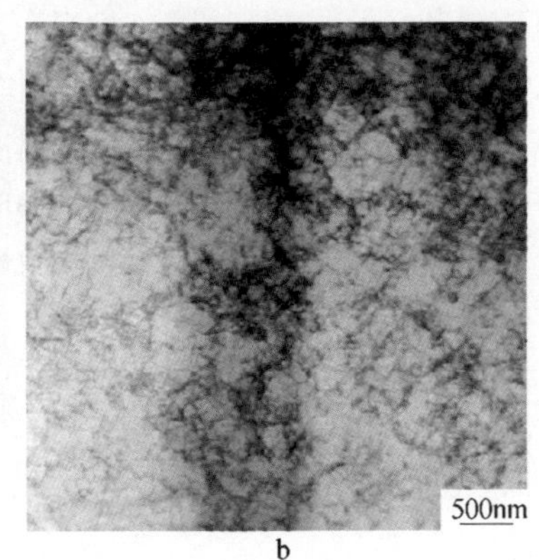

b

图 1-4-66　感应加热高锰钢不同硬化层的 TEM 组织

a—HV300 硬化层；b—HV250 硬化层

高锰钢自身低的热导率、高的线膨胀系数以及非常高的加工硬化能力等特性，是其能够在感应热处理下在钢表层形成硬化层的主要原因。在感应加热过程中，由于高锰钢热导率低，其表层和亚表层，尤其是与基体之间容易形成较大的温度差，因此在工件内部容易产生较大的热应力。结合高锰钢高的线膨胀系数导致不同位置的膨胀量不同，从而在工件内部产生应变梯度。高锰钢自身高的应变硬化特性，使其在较小的应力作用下，便能产生较为明显的硬化效果。

高锰钢的感应预硬化处理，不仅适用于铁路辙叉，也适用于不同形状的高锰钢制工件。在感应加热过程、短时保温过程以及后期冷却过程中，同时伴随着热应力所导致的位错增殖，以及高温导致的位错湮灭过程，因此整体硬化过程极其复杂。加热速度、温度、保温时间，甚至冷却速度，都会对预硬化效果产生影响。合理严格控制感应加热预硬化工艺，是保证硬化效果的关键，也是值得下一步重点研究的方向。同时，利用其他快速热处理方式（如利用火焰快速加热），是否也可达到类似效果，同样值得考虑。

4.5　时效预硬化

高锰钢经固溶和水韧处理后在室温下获得单相奥氏体组织，然而，在受热条件下高锰钢具有明显的析出碳化物而引起组织和性能变化的倾向，使高锰钢的硬度提高，也就是产生时效硬化效应。因此，可以通过控制加热时效工艺进而适当提高高锰钢的硬度，达到时效预硬化的目的。

采用铁路轨道用普通120Mn13高锰钢为研究对象，将试验钢于1050℃保温1h奥氏体化后进行水淬处理，获得单相奥氏体组织。表1-4-13和图1-4-67为不同时效处理状态下普通高锰钢的力学性能数据及力学性能变化曲线，水韧处理后的高锰钢具有良好的强塑韧性，对高锰钢进行300℃保温5h和20h的时效处理后，抗拉强度与伸长率和断面收缩率变化不大，冲击韧性略有下降，硬度略有提升。350℃时效10h时，高锰钢的抗拉强度和冲击韧性明显下降，硬度继续上升，伸长率和断面收缩率变化不大。当在400℃时效10h时，高锰钢的各项力学性能发生了显著的变化，抗拉强度、冲击韧性、伸长率和断面收缩率急剧下降，同时，硬度明显提高。

表1-4-13　不同时效工艺处理后高锰钢的力学性能

工艺	抗拉强度/MPa	伸长率/%	断面收缩率/%	冲击韧性/J·cm^{-2}	硬度（HV）
未时效	840	35.8	22.9	320	231
300℃×5h	873	39.6	23.6	296	238
300℃×20h	864	35.2	23.2	297	241
350℃×10h	822	38.3	24.3	275	268
400℃×10h	687	4.6	2.9	50	309

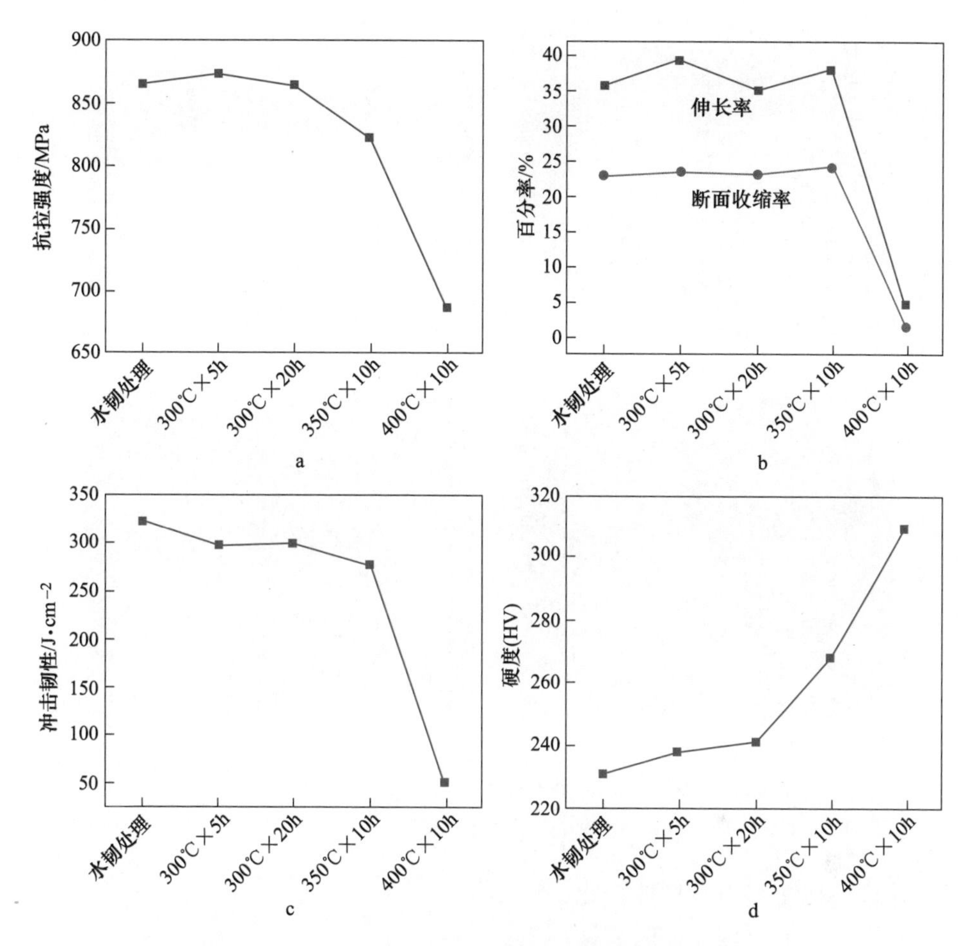

图 1-4-67　不同时效处理工艺状态高锰钢的各项力学性能

a—抗拉强度；b—伸长率和断面收缩率；c—冲击韧性；d—硬度

图 1-4-68 为不同时效工艺处理后高锰钢的金相组织。经 300℃保温 5h 和 20h 时效处理后，高锰钢中几乎没有碳化物析出，不会影响高锰钢的力学性能；当 350℃时效 10h 后，高锰钢中析出很少量的碳化物，高锰钢硬度（HV）有近 40 的提高，而其他力学性能几乎没有变化。当 400℃时效 10h 后，高锰钢奥氏体晶粒内部已经充满了针状碳化物，这与宏观上高锰钢力学性能的恶化是一致的。碳化物属于硬脆相，碳化物的大量析出改变了高锰钢奥氏体组织下特有的优异塑韧性，使得高锰钢的硬度有更明显的提高，但塑韧性大幅降低。

对 300℃时效 5h 和 20h 以及 350℃时效 10h 的样品分别进行 X 射线衍射分析，如图 1-4-69 所示，可以发现此时高锰钢仍然为奥氏体组织，即使有碳化物，也不容易检测出来，从金相显微图像中也可以发现，此时碳化物的数量很少，说明此时高锰钢虽然有析出，但是数量很少，不足以影响高锰钢的力学性能，这也

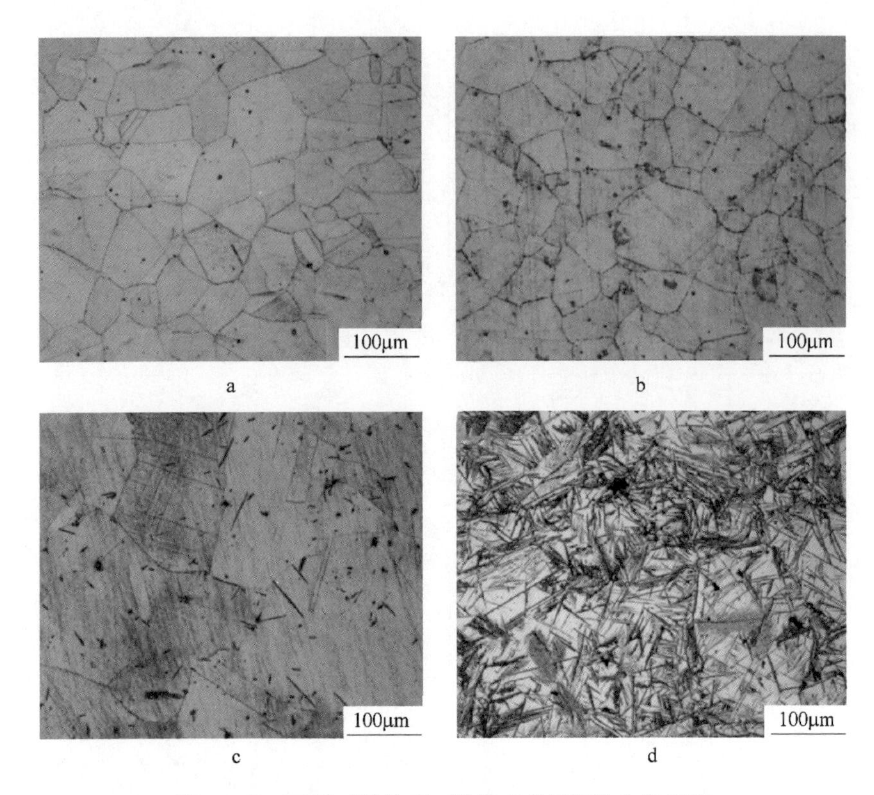

图 1-4-68　不同时效处理工艺状态高锰钢的金相组织

a—300℃×5h；b—300℃×20h；c—350℃×10h；d—400℃×10h

是这种状态高锰钢力学性能变化不大的一个主要原因。此时高锰钢脱溶析出的是过渡的亚稳相，处于脱溶前期，还没有析出稳定的针状碳化物。对于 400℃ 时效 10h 的 X 射线衍射，可以发现，除了奥氏体峰之外，又多出了两个小峰，经过分析可知是渗碳体的衍射峰，这说明 400℃ 长时间时效处理已经有大量的碳化物析出。图 1-4-70 为水韧处理后的高锰钢经过 400℃ 时效 10h 后的微观组织形貌，可以发现此时高锰钢的组织为奥氏体基体加针状碳化物，针状碳化物沿晶界对称分布，在时效过程中，碳原子在晶界偏聚，碳化物晶核优先在晶界形成，继而由晶界向晶内生长，

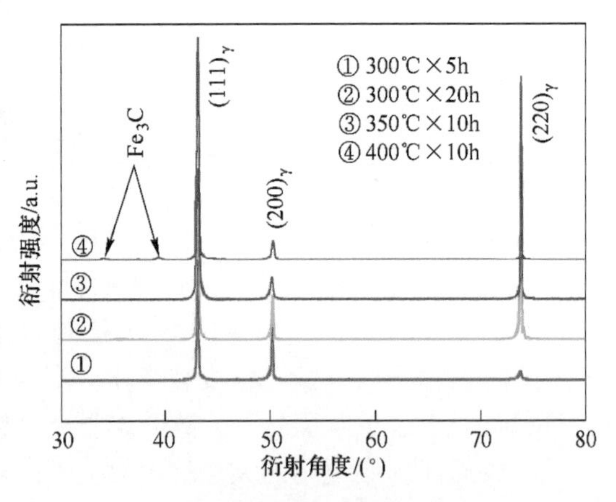

图 1-4-69　不同时效处理工艺状态高锰钢的 XRD 图谱

所以形成的碳化物沿晶界两侧对称分布，并具有一定的方向性，这说明它是沿奥氏体的某些晶面析出的，碳化物沿一定晶面生长可以减小形核时的界面能并减少了碳的扩散距离，因为形成块状碳化物需要更充分的扩散过程，这在400℃相对较低的温度是比较困难的。在二维平面上观察到碳化物是针状的，在三维空间上碳化物应该是层片状的，层片间距为2～3μm。针状碳化物并不是完全连续的，微观上是断续的杆状或棒状。

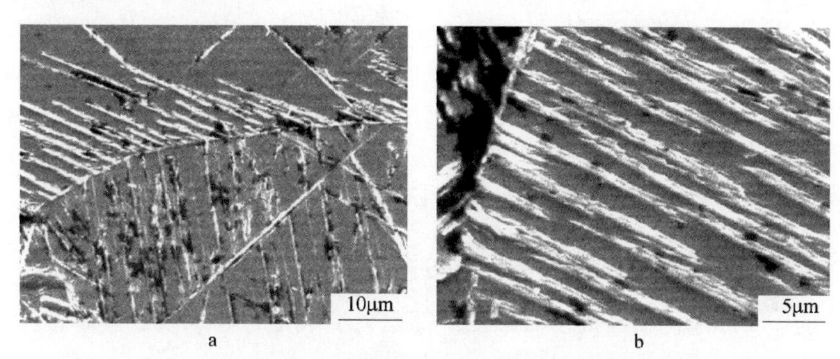

图1-4-70　高锰钢400℃时效10h的SEM组织
a—低倍；b—高倍

高锰钢在400℃以下的温度长时间时效时，处于脱溶分解前期，为亚稳过渡相析出，对高锰钢力学性能的影响较小。因此，350℃是高锰钢辙叉时效预硬化处理的最佳温度，不仅可以适当提高高锰钢的硬度，还可以获得较佳的综合力学性能。

5　轨道用高锰钢超细结晶组织调控

众所周知，钢的组织细化后，往往可以同时提高其强度、塑性和韧性等综合性能，因此为细化钢的组织，研究人员一直在不断探索，开展了大量的研究工作。细化钢的组织至少包括细化凝固组织和细化再结晶组织两个方面。当前细化钢的组织的工艺方法较多，比如：通过热变形进行再结晶细化，利用电场、磁场、应力场等外场细化凝固组织或者再结晶组织，等等。

5.1　选择性热变形对高锰钢再结晶组织的影响

此前，实际应用的高锰钢辙叉几乎都是铸造成型，经水韧处理后直接使用。这种制造工艺造成辙叉的组织粗大，且存在缩松、气孔和夹杂物等缺陷，严重影响高锰钢辙叉的服役性能和寿命，尤其是造成辙叉寿命的不稳定和不一致。为解决这一难题，本书作者研究团队开发了选择性锻造热变形技术制造高锰钢辙叉，使高锰钢辙叉服役条件恶劣区域的组织明显细化，孔洞类缺陷消除，各项力学性能大幅提高。消除铸态组织并改善内部缺陷是锻造热变形生产的重要目的，锻造热变形对高锰钢辙叉内部组织和缺陷的影响主要体现在以下几个方面：（1）细化晶粒。在热锻变形过程中，当高锰钢达到一定的变形程度后，铸态的粗晶、树枝状结构会被碎化，通过动态再结晶、静态再结晶等过程，形成再结晶等轴细晶组织，如图1-5-1所示，从而有效改善工件的力学性能。但也应注意，锻件最终晶粒度的大小与锻造热变形的变形量和变形温度相关。通常变形量大，终锻温度低时可得到较为细小的晶粒组织。如终锻温度较高，晶粒会有较为明显的长大趋向；如变形程度在临界变形量附近，则易引起晶粒的异常长大。（2）降低偏析。

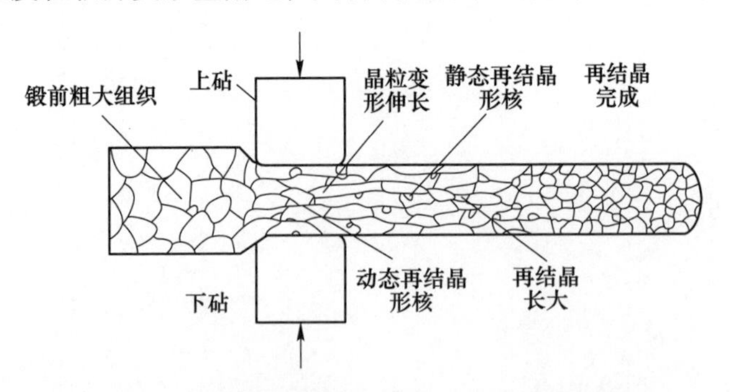

图1-5-1　钢在锻造热变形过程中的组织变化示意图

在高温扩散、热变形和再结晶的共同作用下，高锰钢内部组织中的微观偏析可基本消除。当锻件的变形量足够大时，随着金属的长程流动，可有效降低高锰钢内部的宏观偏析。（3）形成纤维组织。高锰钢中各类夹杂在变形过程中被破碎弥散，并沿着主变形方向重新分布，从低倍试样上能明显地看到条纹状的分布，通常把这一现象称为"纤维组织"或者金属流线。纤维组织的形成使高锰钢锻件的力学性能具有一定的方向性，这对某些力学性能具有方向性要求的工件十分有利。

尤其是锻造热变形可以焊合孔洞类缺陷，高锰钢辙叉铸件中孔洞类缺陷主要有疏松、缩孔、微裂纹、微空隙等。当锻造热变形的变形量足够大时即可改善和消除疏松缺陷，而对于缩孔、微裂纹、微空隙等缺陷，其消除需满足以下条件：首先孔洞的内表面没有被氧化，且不含夹杂物；其次，需要孔洞局部具有较大的变形量，确保孔洞能够闭合，且接触表面具有足够的压应力；第三，有足够高的变形温度，通过锻造热变形可使孔洞逐步减小，直至完全焊合。对于微裂纹、微空隙等微观缺陷，由于其尺度小，通常情况下只要能形成足够高的压应力状态即可焊合。而对于尺寸较大的宏观孔洞，则需要较大的变形量，首先使孔洞变形至内壁面相互贴合，这一过程称为孔洞的闭合阶段；然后在压应力及高温扩散作用下使孔洞内壁面焊合为一体，称为焊合阶段，如图 1-5-2 所示。同时，还可以破碎夹杂物，高锰钢中的夹杂物，如氧化物、硫化物、氮化物及硅酸盐等，其力学性能与金属基体差距很大，当其颗粒较大、分布集中时会对工件的力学性能，尤其是疲劳性能产生严重的影响。在足够大的压下量下，夹杂物会被破碎成为更加细小的颗粒，并随着变形的流动作用而被更加均匀地分布到基体中。

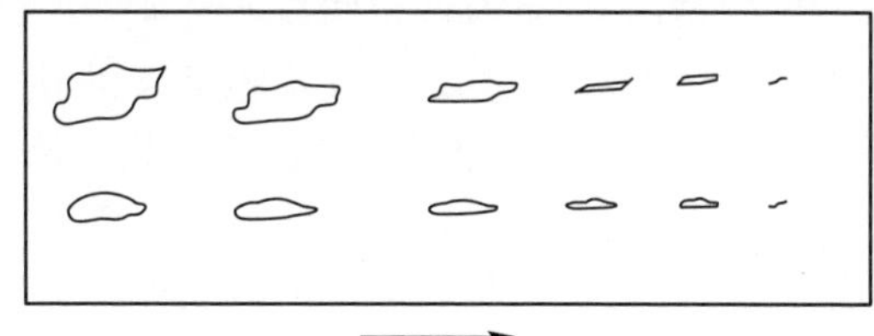

图 1-5-2 钢中孔洞类缺陷在热变形过程中焊合示意图

随着铁路向重载、高速方向发展，对高锰钢辙叉提出了更高的要求，迫切需要开发具有更高综合性能的产品。由于高锰钢辙叉形状较为复杂，尤其是整铸和拼装高锰钢辙叉，目前国内外均是通过铸造后机加工的方法进行生产。近年来国内外在高锰钢辙叉材料、铸造工艺等方面进行了大量的研究工作，高锰钢辙叉产品性能有了一定提高，但由于受铸造制坯工艺的限制，进一步大幅度提高高锰钢辙叉产品性能的空间已十分有限。对于相同的原材料，锻件的力学性能通常远高于铸件，将锻造热变形工艺引入高锰钢辙叉的生产，可以显著提高高锰钢辙叉产品的综合力学性能。

高锰钢辙叉按其结构形式可分为整铸式高锰钢辙叉、拼装式高锰钢辙叉和镶嵌式高锰钢辙叉。其中，拼装式高锰钢辙叉在形状特征上具有一定的代表性。

图1-5-3为现有某型号的拼装高锰钢辙叉结构简图，高锰钢辙叉长约3460mm、高192mm、最宽处约240mm，零件质量约540kg。高锰钢辙叉行车面包括一段心轨和两段翼轨，两者间有凹槽，以便车轮通过。侧面有间隔分布的凸台，以便与钢轨安装组合。背面为箱型结构，起到支撑和减重的作用。

图1-5-3　典型拼装高锰钢辙叉结构示意图

a—行车面；b—背面

高锰钢辙叉零件采用锻造热变形的方式进行制坯时，属于典型的长轴类锻件，该锻件在形状上有两个明显的特征：

其一，截面形状复杂。高锰钢辙叉的几个典型截面，如图1-5-4所示。典型截面形状近似“工”字形断面，部分截面处肋板窄高，如图1-5-4b和d的截面，高宽比均明显大于2，不利于金属填充成型。对于这类形状的锻件，需在终锻前增加预锻工步，以确保终锻成型时肋板角部的填充。

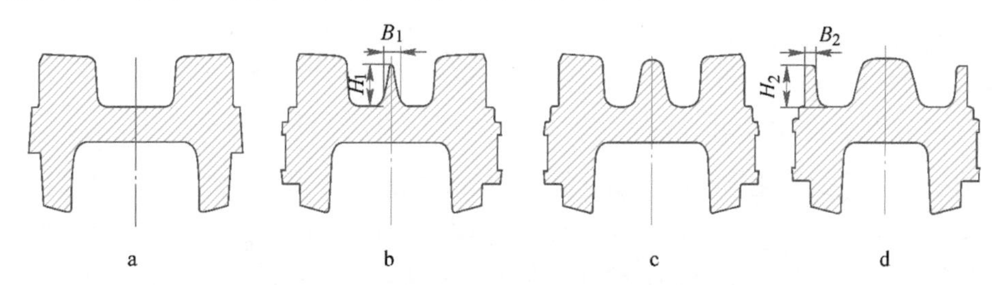

图1-5-4　高锰钢辙叉的典型截面形状

a—无心轨截面；b—含心轨尖端截面；c—含窄心轨截面；d—含宽心轨截面

其二，沿长度方向的截面积变化较大。高锰钢辙叉沿长度方向的截面积分布，如图1-5-5所示。最大截面积约33000mm^2，最小截面积15000mm^2，两者相差一倍多。

由高锰钢辙叉零件的形状特征可知，由于截面积沿轴向分布差距较大，在锻造热变形过程中需要制坯，即通过拔长、滚挤等预制坯工步，使坯料体积沿轴线达到一个较合理的分布状态。同时，由于部分截面形状较为复杂，制坯后应首先进行预锻，再进行终锻。由上述分析可知，当采用整锻工艺时，高锰钢辙叉锻件的锻造热变形工艺流程为坯料准备、拔长、滚挤、预锻、终锻、切边，如图1-5-6所示。

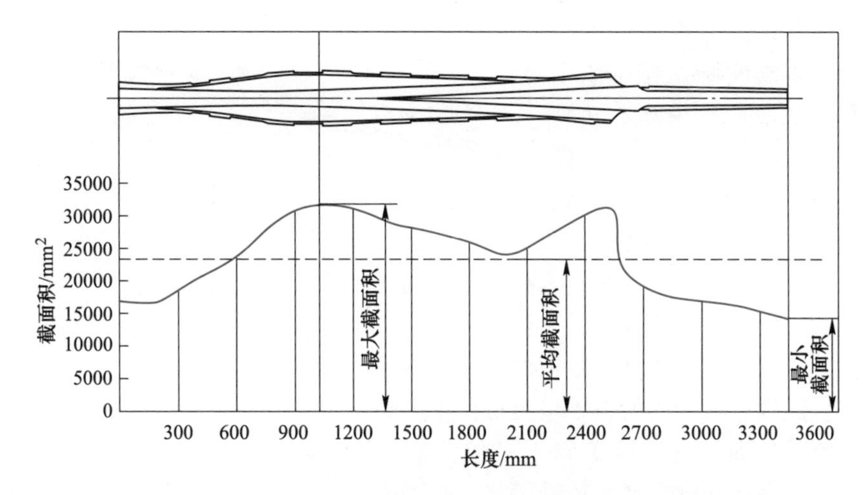

图 1-5-5 高锰钢辙叉的截面积分布图

采用整锻工艺进行高锰钢辙叉生产具有以下优势：可以采用钢锭、连铸坯或棒料作为原材料进行生产，原材料的获取较为容易，且成本较低。整支高锰钢辙叉的各个部分均可获得较大的变形量，可有效消除高锰钢辙叉内部的疏松、孔洞、微裂纹等缺陷，并破碎弥散夹杂。如在制坯阶段给以较大的拔长变形，则可沿轴线方向形成纤维组织，形成全纤维高锰钢辙叉，有利于进一步提高高锰钢辙叉的力学性能，尤其是疲劳性能。

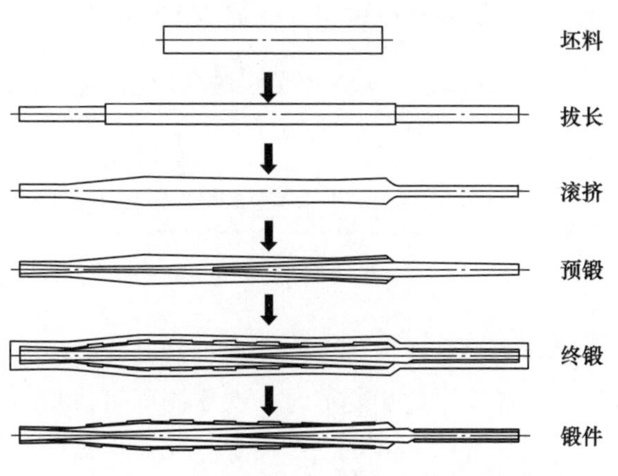

图 1-5-6 高锰钢辙叉整锻工艺过程示意图

采用整锻工艺进行高锰钢辙叉生产的不利之处在于：生产工艺流程长，工艺难度大。对成型设备规格的要求高，至少需要万吨级以上的大型模锻设备才能满足拼装式高锰钢辙叉零件的整锻生产要求。由于大型模锻设备，无论是机械式的热模锻压力机，或是液压模锻压力机，其自身制坯能力均较弱，因此，整锻高锰钢辙叉需要配备专门的制坯设备，如辊锻机等。

由此可见，采用整锻工艺可以获得高质量的高锰钢辙叉零件，但其工艺难度大、流程长，生产成本将会明显高于现有的铸造工艺。另外，设备的投入也十分巨大。

尽管高锰钢辙叉零件的长度较长，但在实际工作中承受冲击载荷的部位集中在心轨尖部及对应的翼轨部位，如图1-5-7中的中间区域。长期的实际应用也表明，高锰钢辙叉零件损伤失效也集中在这一区域，高锰钢辙叉其他部位在实际应用中失效的概率很小。因此，通过锻造热变形这一局部区域，使这一区域金属内部的组织状态得到改善提高，即可大幅提高高锰钢辙叉的使用性能。

图1-5-7　高锰钢辙叉主要的失效区域
（中间紫色部分）

选择性锻造热变形的指导思想是仅对高锰钢辙叉主要失效区域行车面处的心轨和翼轨部分进行锻造热变形，其他区域保持原状态。该方法的具体工艺路线为：首先按高锰钢辙叉现有铸造工艺方法制造高锰钢辙叉坯料，铸造时对需锻造热变形部位适当增加锻造热变形余量；而后对这一局部区域进行锻造热变形，最终形成铸锻复合高锰钢辙叉，如图1-5-8所示。

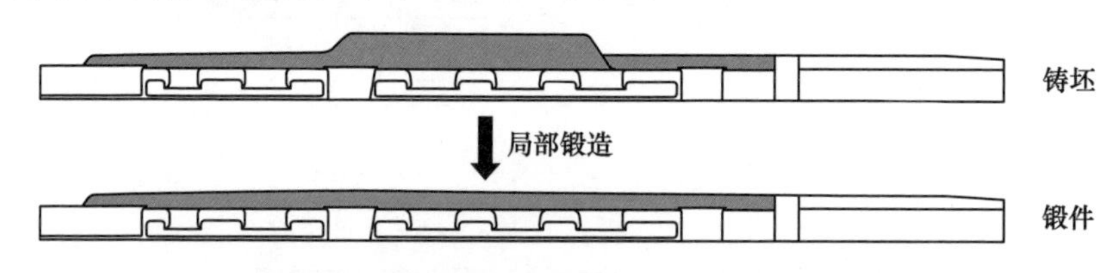

图1-5-8　高锰钢辙叉铸锻复合工艺过程示意图

采用铸锻复合工艺生产高锰钢辙叉具有以下几个方面的优势：（1）工艺流程短，选择性锻造热变形时一次压制即可成型。（2）无需大型模锻设备，一般中型模锻设备就可满足生产需要，无需单独配备制坯设备。（3）由于是局部成型，模具的费用投入也较低。

采用铸锻复合工艺生产高锰钢辙叉的不利之处在于：由于是局部变形，受周边区域的影响，与整锻高锰钢辙叉工艺相比其可实现的最大变形量相对较小，仅有局部材料的组织和性能得到了改善。

由上述分析可知，采用铸锻复合工艺可使高锰钢辙叉的关键承载部位的组织性能得到明显改善，大幅提高现有高锰钢辙叉产品的综合性能；与整锻高锰钢辙叉相比具有技术难度小、生产成本低、设备投入少、可实施强等优点，是一种较为理想的高锰钢辙叉生产方法。

高锰钢辙叉选择性锻造热变形可采用自由锻、胎膜锻或模锻等多种工艺方案。无论采用哪种工艺方案，锻造热变形过程中金属内部质点的流动方向均服从最小阻力定律，即沿流动阻力最小的方向进行流动。对于高锰钢辙叉选择性锻造热变形而言，在变形过程中心轨和两个翼轨的变形是相互独立、互不关联的。由

于心轨和翼轨的形状呈现长条形，锻造热变形过程中大部分区域的金属质点近似在轴线的垂直面内流动，心轨和翼轨端部金属则存在较明显的轴向流动，如图1-5-9所示。由于是选择性锻造热变形，受不变形区（刚性区）金属的影响，心轨和翼轨底部金属的变形量较小，而轨顶金属的变形量较大。

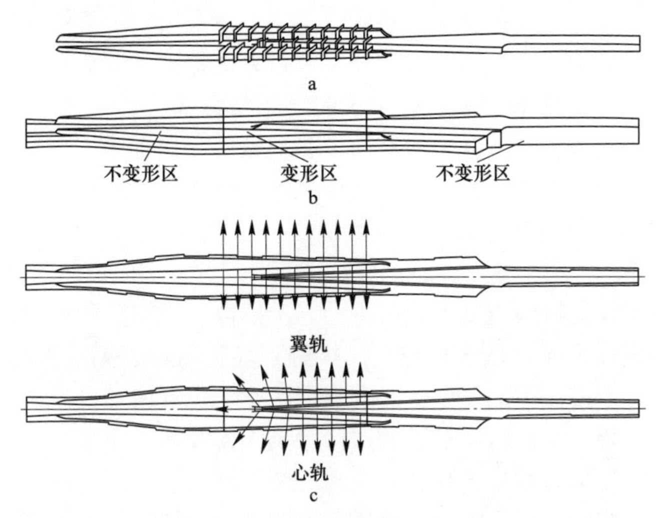

图1-5-9　高锰钢辙叉选择性锻造热变形时的金属流动特征

a—变形平面；b—锻件形状；c—变形方向

局部自由锻成型工艺较为简单，易于实现，不需要专门的工辅具，成型力也较小，可以在较小的设备上完成锻造热变形工作，但截面畸变较为严重。某典型截面经过局部自由锻变形后的形状如图1-5-10所示，变形形貌存在以下特征：存在较大的宽展现象，尤其是高锰钢辙叉下部支撑面处宽展量较大。中间腹板的中部呈现下榻，从而使上侧的翼轨和下侧的支撑板均发生了向内倾斜。由于腹板中部下榻，因此上部心轨的变形量相对翼轨偏小。另外，由于腹板下榻，腹板底面处于拉应力状态，使高锰钢有较强的热裂趋向，这种应力状态对抑制裂纹的产生和扩展十分不利。

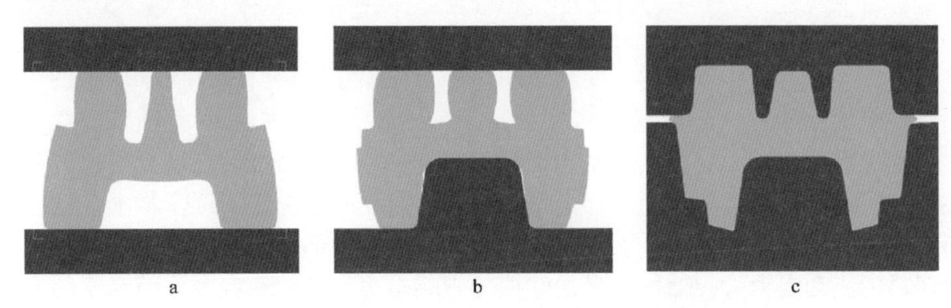

图1-5-10　高锰钢辙叉不同工艺方法变形后的典型截面形貌

a—局部自由锻；b—局部胎膜锻；c—局部模锻

采用胎膜锻的方法进行高锰钢辙叉选择性锻造热变形成型时，由于腹板处得到了胎膜的支撑，可以避免其下榻变形带来的诸多不利因素，成型后典型截面的形貌有以下特征：截面存在宽展，高锰钢辙叉中部腹板处的宽展较为明显。心轨和翼轨处呈现较明显的鼓肚现象，心轨和翼轨间的间隙明显减小。中间腹板的两侧呈现下榻，在相同的压下量下翼轨的变形量小于心轨。尽管胎模锻后截面畸变现象有明显改善，但仍需预留较大的加工余量方能保证后期机加工出合格的高锰钢辙叉产品。当采用局部模锻成型工艺时，典型截面变形后的形状如图 1-5-10c 所示。由于受模具的限制，变形后截面形状规整，且接近于零件的截面形状，有利于减少后期的机加工量。采用模锻液压机等带有顶出装置的模锻设备进行生产时，上、下模的拔模斜度可以取 3°或者更小，这样可进一步实现“近净”成型，提高材料利用率。

高锰钢辙叉局部模锻成型过程可分为三个阶段：镦粗阶段、填充阶段和成型阶段，如图 1-5-11 所示。从坯料与上模接触到坯料与模膛侧壁接触为镦粗阶段，这一阶段坯料在上模压力的作用下高度逐渐减小，宽度增加，是典型的方形截面坯料镦粗变形过程。从坯料与模膛侧壁接触到上模膛填充完毕，这一阶段坯料在模具的作用下，变形区逐步下移，心轨和翼轨下部金属的高度进一步减小，宽度增加，逐渐充满模膛。填充阶段完成后，上模继续少许下行以压制到位，此时坯料沿两侧上、下模具间的缝隙有少许流出。

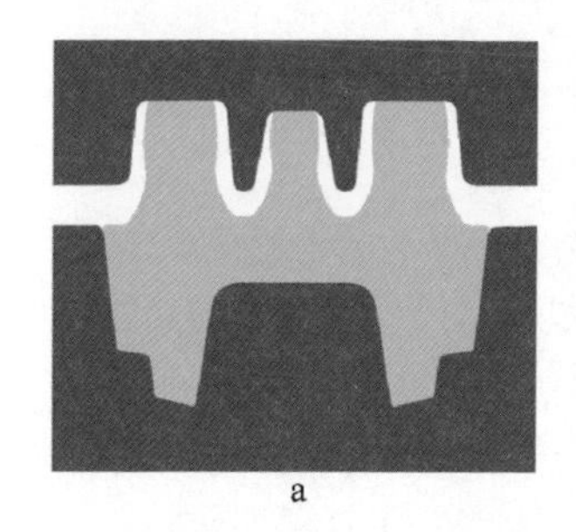
a

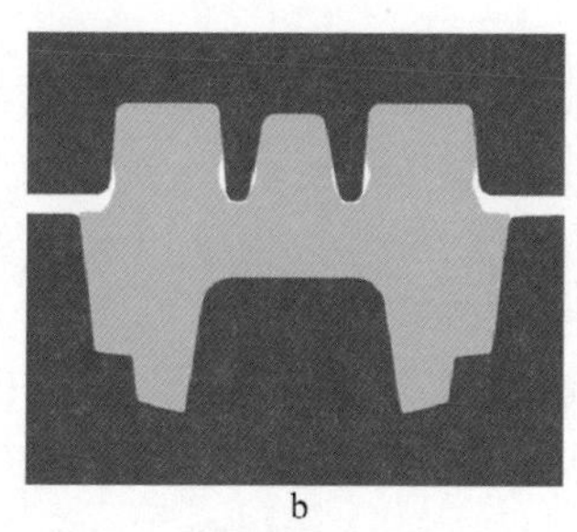
b

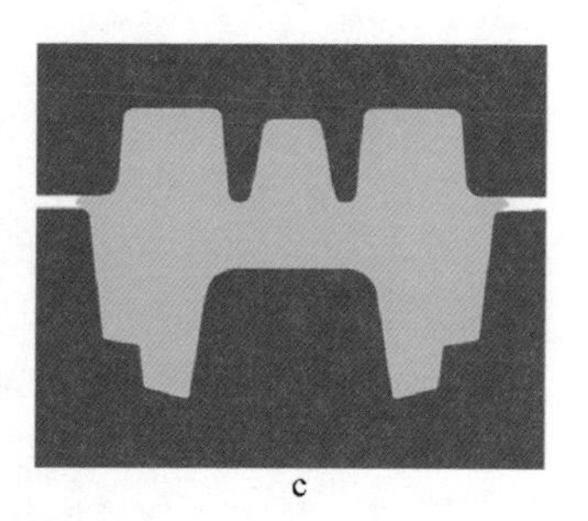
c

图 1-5-11　高锰钢辙叉局部模锻成型过程示意图

a—镦粗阶段；b—填充阶段；c—成型阶段

在这三个阶段中成型力的变化有明显的不同。在镦粗阶段，由于坯料的流动不受模具的影响，且心轨和翼轨均为长条形，在上模的作用下坯料呈现宽展变形，其变形阻力较小，因此成型力也相对较小，且增加缓慢。在填充阶段，随着坯料与模具的接触面积不断增加，模具对坯料流动的限制作用逐步增强。同时坯料与模具间的换热作用也显著提高，坯料与模具接触部位的温度显著下降，这部分坯料的流动阻力大幅增加，另加摩擦的影响也逐步增加，在多方面因素的影响下，模锻成型力呈现快速增长的趋势。在成型阶段，由于模膛已经填充完毕，模具下行将迫使中部金属横向流出到分模面，此时上、下模分模面间距较小，流动

阻力巨大，成型力会呈现急剧增长的趋势。局部模锻成型过程中成型力的变化趋势，如图 1-5-12 所示。显然，局部模锻成型载荷远大于局部自由锻工艺。

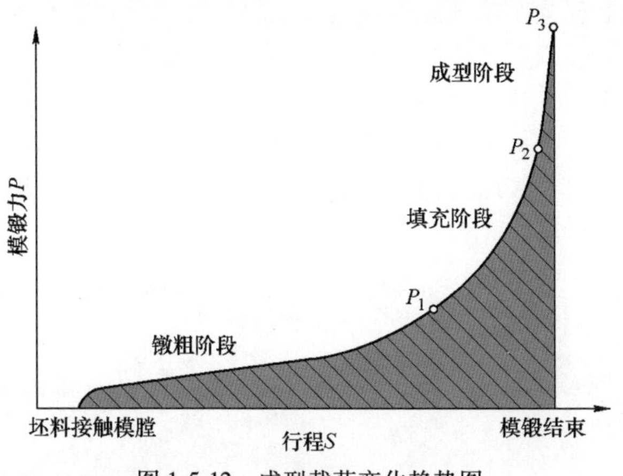

图 1-5-12　成型载荷变化趋势图

采用局部模锻工艺成型后，心轨和翼轨的变形特征基本一致，典型截面内依照金属的变形特点可分为 4 个区域，如图 1-5-13 所示。高锰钢辙叉底部为不变形区（刚性区)，这一区域金属基本没有流动。心轨和翼轨的中间部位存在大变形区，大变形区近似呈 X 形。大变形区和底部刚性区之间为小变形区，变形量由上到下逐步减小。在心轨和翼轨两侧中上部各存在两个小变形区，变形量由内到外逐步减小。在心轨和翼轨的顶部均存在变形死区，该区域的变形量相对较小。由于受到模具的挤压作用，截面各部分包括刚性区和死区均处于三向压应力状态，如图 1-5-14 所示。这种应力状态对于高锰钢这类热裂倾向很大的锻造热变形成型是十分有利的，可有效抑制裂纹的生成和扩展。

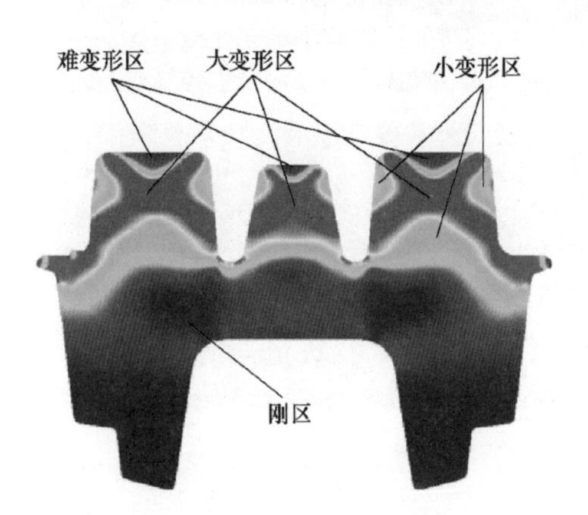

图 1-5-13　高锰钢辙叉变形分布特征示意图

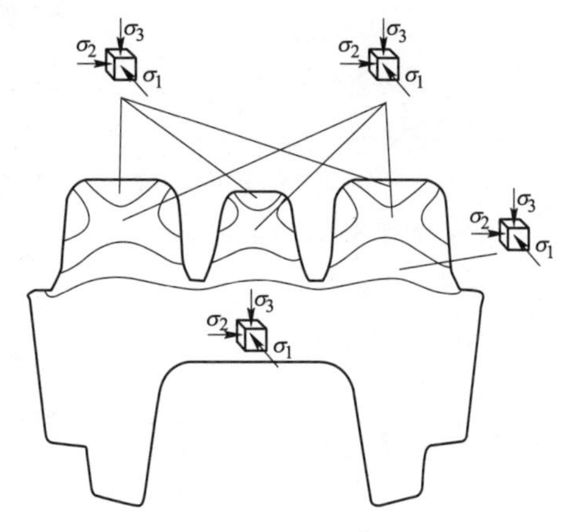

图 1-5-14　高锰钢辙叉应力状态分布特征示意图

在以上理论分析和模拟设计的基础上，对高锰钢辙叉进行选择性锻造热变形加工。在高锰钢辙叉实际服役过程中，受力环境最为恶劣的区间为心轨和翼轨跨越段的位置，因此提高了该区间的使用性能，也就会提高辙叉的服役寿命。利用铸造方法对辙叉心轨断面宽度20~70mm范围内的心轨以及两侧相应的翼轨部分进行加高，高出正常工作面15~50mm。为保证热加工过程中加高部分与工作面之间变形过渡的均匀性，尤其是保证获得金属变形流线完整，设计高出部分与工作面采用斜坡平缓过渡，斜坡角度不高于50°。辙叉铸坯结构示意图及铸造辙叉实际照片，如图1-5-15所示。

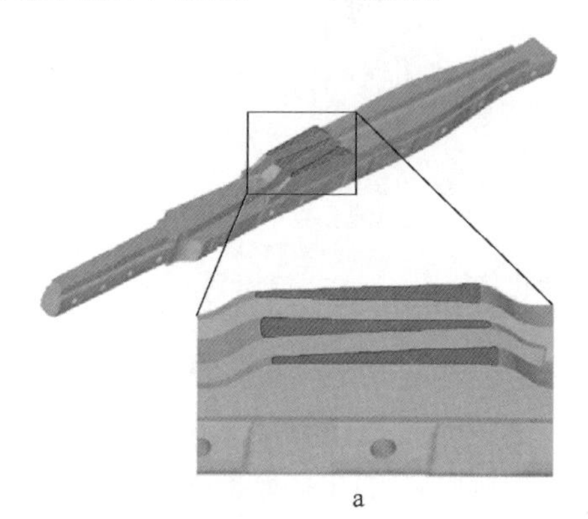

a

b

图1-5-15 高锰钢辙叉选择性锻造热变形铸坯和辙叉实物

a—辙叉铸坯结构示意图；b—辙叉铸坯实物

铸造完成后，将辙叉随炉缓慢加热至1100℃，保温3~5h后对辙叉加高部位进行锻造热变形处理，将加高部分锻压至与工作面平齐，终锻温度大于900℃。锻造热变形完成后，将辙叉重新放入1100℃的热处理炉中进行保温，保温时间5~30min，之后取出进行水韧处理。

经选择性锻造热变形处理后高锰钢辙叉的整体表面状态，如图1-5-16所示。

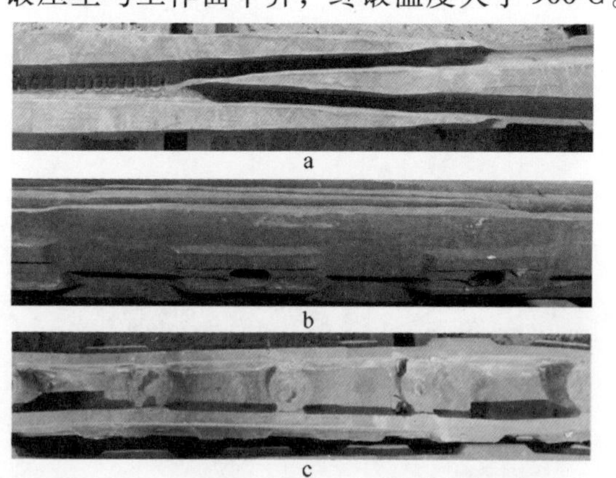

图1-5-16 选择性锻造热变形高锰钢辙叉

a—正面；b—侧面；c—底面

辙叉的心轨与翼轨变形表面未发现裂纹，辙叉翼轨和心轨向两侧略微鼓起。心轨、翼轨和内槽无明显的下陷或凸起。辙叉变形区侧面的变形区与未变形区过渡段平缓，无明显凸台及裂纹缺陷。辙叉变形区域底部完好，无裂纹。

选择性锻造热变形并保温 7min 固溶处理后水韧高锰钢辙叉的翼轨宏观组织，如图 1-5-17 所示。未变形区晶粒异常粗大，而变形区域的组织细小均匀，仅在翼轨顶部及两侧约 5mm 范围内保留了一些粗大的晶粒。翼轨未变形区的组织为毫米级的奥氏体晶粒，如图 1-5-18a 所示。变形区域的心部为均匀细小的再结晶晶粒，不存在粗大晶粒，发生了较为充分的再结晶，如图 1-5-18b 所示。

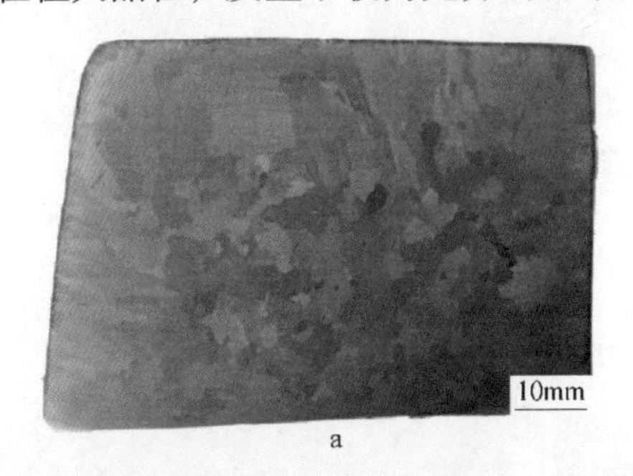

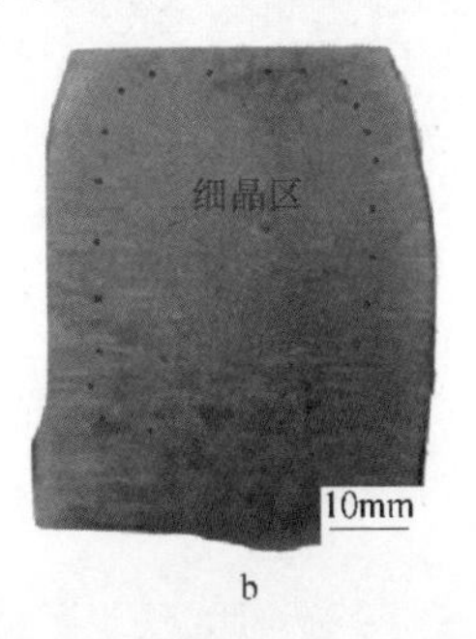

图 1-5-17　选择性锻造热变形并固溶处理 7min 后高锰钢辙叉翼轨不同位置宏观组织

a—未变形区；b—变形区

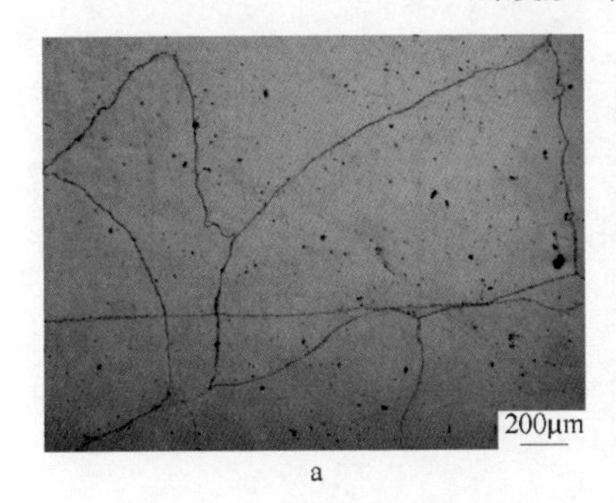

图 1-5-18　选择性锻造热变形并固溶处理 7min 辙叉翼轨不同位置的金相组织

a—未变形区，水韧态；b—变形区，变形心部

选择性锻造热变形并保温 25min 固溶处理后水韧高锰钢辙叉翼轨的组织，如图 1-5-19 所示。同样地，未变形区域为粗大的奥氏体晶粒，而变形区域则在工作面以下 40mm 深度范围内形成了均匀细小的晶粒，并且翼轨顶部和两侧均未发现粗大晶粒。

对选择性锻造热变形并保温 25min 固溶处理后水韧高锰钢辙叉翼轨的微观组织进行观察，可以看到，辙叉未变形区奥氏体晶粒粗大，如图 1-5-20 所示。而变形区翼轨顶部和心部的微观组织基本一致，奥氏体晶粒均匀细小，但其晶粒尺寸要大于保温 7min 固溶处理高锰钢辙叉变形区内部的晶粒。这是因为，高锰钢辙叉在锻造热变形后于 1100℃保温 25min 固溶处理，虽然能保证再结晶更充分，但也会导致晶粒进一步长大，表 1-5-1 给出了选择性锻造热变形高锰钢不同区域的晶粒尺寸。

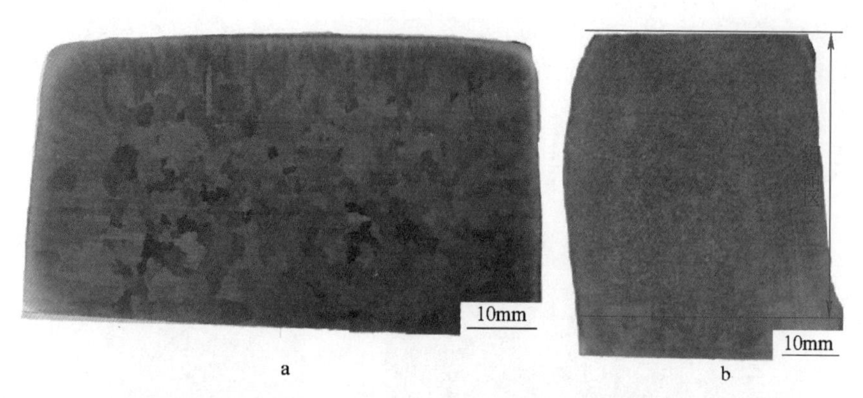

图 1-5-19　选择性锻造热变形并固溶处理 25min 高锰钢辙叉翼轨不同位置的宏观组织

a—未变形区；b—变形区

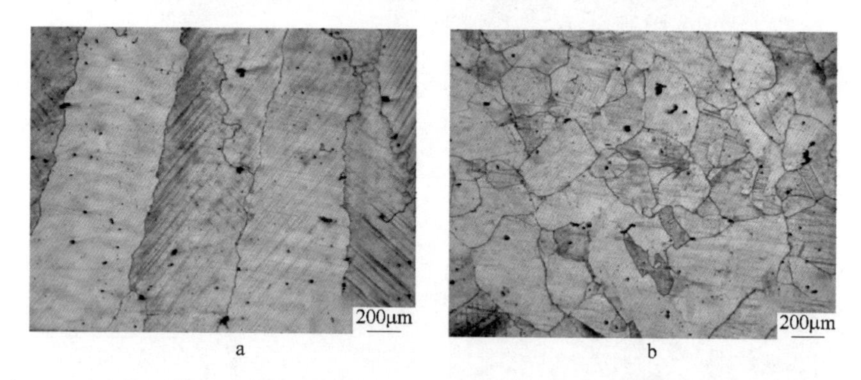

图 1-5-20　选择性锻造热变形并固溶处理 25min 后高锰钢辙叉翼轨不同位置的金相组织

a—未变形区，水韧态；b—变形区，变形顶部

表 1-5-1　选择性锻造热变形高锰钢辙叉的晶粒尺寸和晶粒度等级

热变形后保温时间/min	取样位置	晶粒尺寸/μm	晶粒度等级
7	基体	>500	<00
	顶部	236	1.5
	心部	112	3.5
25	基体	>500	<00
	顶部	227	1.5
	心部	218	1.5

对选择性锻造热变形高锰钢辙叉不同区域的力学性能进行测试，结果见表 1-5-2。可以看出，选择性锻造热变形大幅度提高了高锰钢辙叉各项力学性能。选择性锻造热变形后保温 7min 固溶处理的高锰钢辙叉，其变形区域的顶部和心部性能基本一致，顶部的抗拉强度达到 986MPa，比基体强度提高 34.1%，塑性提

高 46.8%。锻后保温 25min 固溶处理辙叉顶部的抗拉强度达到 934MPa，与基体强度相比，提高幅度为 33.8%，同时塑性提高 44.3%。

表 1-5-2 选择性锻造热变形高锰钢辙叉不同区域的力学性能测试结果

热变形后保温时间/min	取样位置	屈服强度/MPa	抗拉强度/MPa	伸长率/%	冲击韧性/J·cm^{-2}	硬度（HB）
7	基体	411	735	34.8	328	222
	顶部	479	986	51.1	305	263
	心部	462	972	48.2	303	239
25	基体	442	698	32.5	345	240
	顶部	441	934	46.9	368	241
	心部	455	924	46.7	313	239

整体来看，选择性锻造热变形后保温 7min 固溶处理辙叉的常规性能最优，力学性能提高幅度最大。这是因为，辙叉经热变形后保温 7min，其晶粒细化程度更大，故其性能提高幅度更明显。而锻后保温 25min 固溶处理辙叉虽然再结晶更充分，但其晶粒尺寸较大，使其力学性能的提高幅度有所降低。

5.2 高压脉冲电流对高锰钢凝固组织的影响

近年来，冶金领域出现了一种新的改善金属凝固质量方法：将脉冲电流应用于金属液的凝固过程，以细化凝固组织，改善力学性能，其良好效果倍受人们关注。随着研究的不断深入，脉冲电流处理很可能成为一种新兴的、发展潜力巨大的凝固组织控制方法。利用自行研制的脉冲放电装置和高温坩埚炉对熔融态 120Mn13Mo2 高锰钢进行脉冲放电处理，脉冲电流放电设备连接示意图，如图 1-5-21 所示。通过调整脉冲电流密度、脉冲宽度、放电温度等参数，获得细化高锰钢凝固组织的最佳脉冲放电参数。

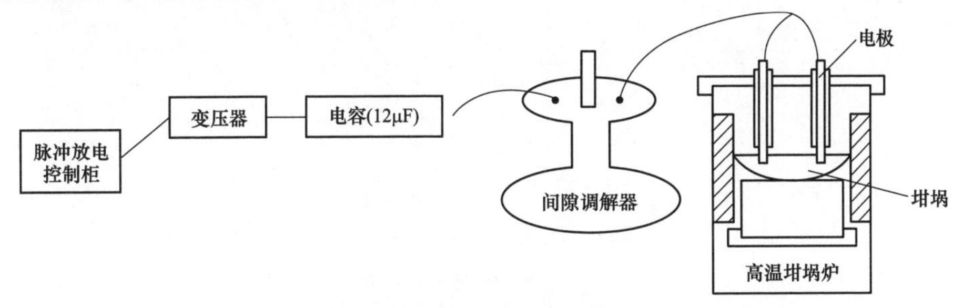

图 1-5-21 高压脉冲电流放电设备连接示意图

采用 TDS-3012 数字磷光示波器测试放电过程各种参数，图 1-5-22 给出了各脉冲参数的脉冲波形图，通过式 1-5-1 可以计算出不同脉宽、放电电压下的电流密度：

$$I_e = \frac{U_e\delta}{F} \tag{1-5-1}$$

式中　I_e——电流密度；

U_e——波形电压峰值；

δ——示波器转换器系数；

F——试样截面积。

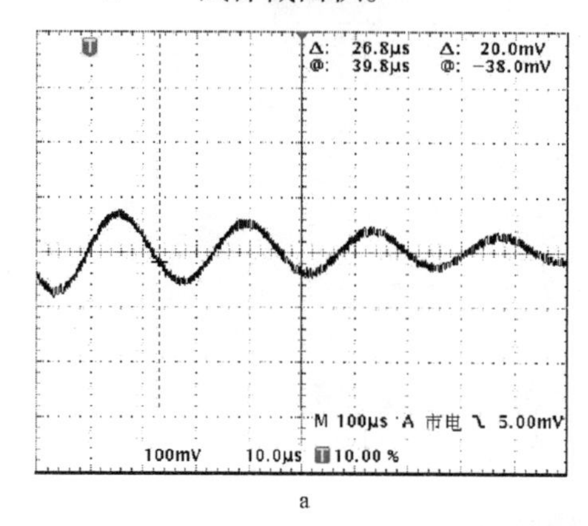

a

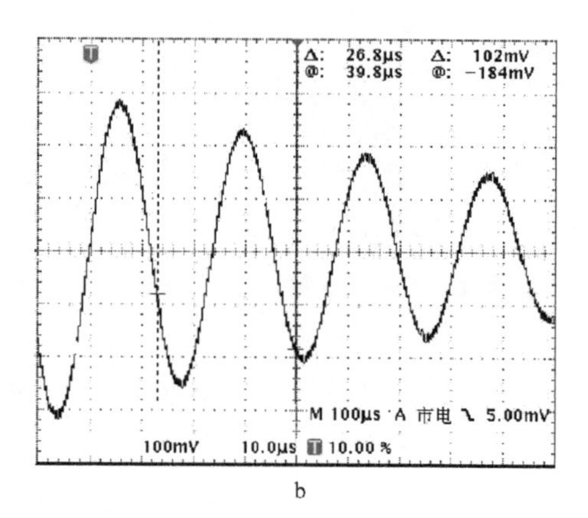

b

图 1-5-22　高锰钢高压脉冲放电波形

a—5kV；b—20kV

δ=57. 33kA/V，试样截面积 F=110mm²。通过计算可得不同参数下的脉冲电流密度，见表 1-5-3。

表 1-5-3　高锰钢高压脉冲放电处理试验参数

序号	脉宽/μs	放电电压/kV	电流密度/A · mm^{-2}
1	10	10	1. 5×10^2
2	10	20	3. 1×10^2
3	10	30	4. 7×10^2
4	24	20	5. 2×10^2
5	100	20	4. 6×10^2

由 DSC 分析可知，试验用 120Mn13Mo2 高锰钢的熔点为 1392℃，凝固点为 1321℃。由于凝固组织细化效果与电脉冲放电温度有关，凝固过程中放电开始温度过低会影响凝固组织细化效果，并使凝固组织不均匀；而如果在凝固开始之前纯液态状态下开始放电很容易产生钢液飞溅现象，造成危险。因此，该结果的测定可以帮助有效利用脉冲电流能量，保证在金属凝固过程中施加脉冲电流。

图 1-5-23 为在脉宽 10μs、电流密度分别为 1. 5×10^{2}A/mm^2、3. 1×10^{2}A/mm^2、4. 7×10^{2}A/mm^2 与未施加脉冲的高锰钢凝固组织，经过脉冲电流处理后的试样晶

粒细化趋势明显，并且大都有树枝晶碎化及规则排列的现象。通过图 1-5-24 可以看出晶粒尺寸随脉冲电流密度的变化趋势：相同脉宽下，随着脉冲电流密度的增大，晶粒尺寸减小，并且晶粒呈现出规则排列的趋势。

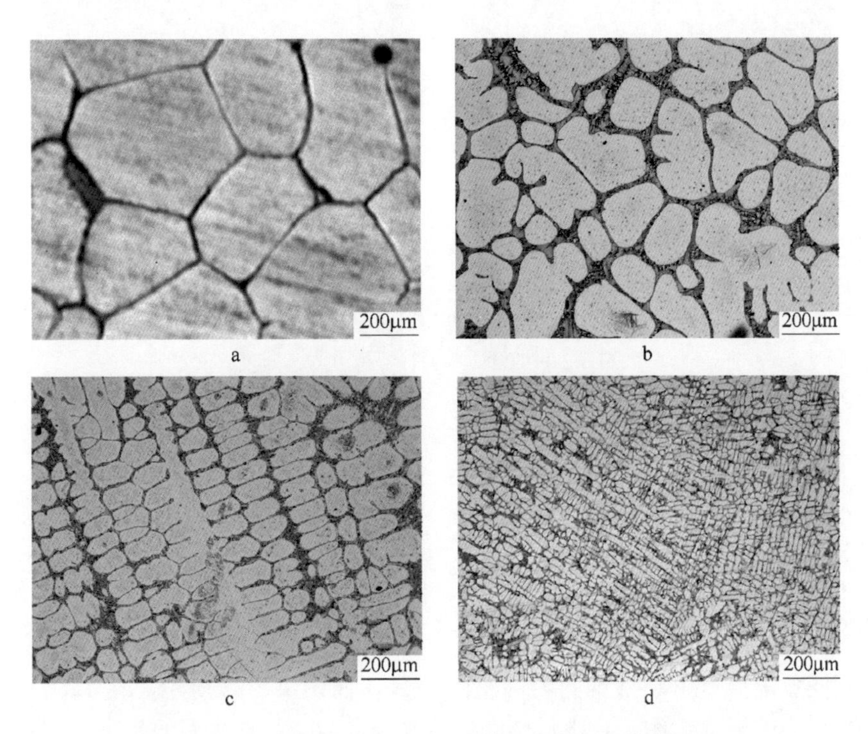

图 1-5-23　相同脉宽不同电流密度下高锰钢的凝固组织

a—0A/mm²；b—1. 5×10² A/mm²；c—3. 1×10² A/mm²；d—4. 7×10² A/mm²

相同电流密度不同脉宽条件下高锰钢的凝固组织照片，如图 1-5-25 所示。晶粒细化效果与脉冲宽度有很大关系，电流密度相同情况下，电流脉宽越小，凝固组织的细化效果就越明显。电流脉宽较小时，凝固组织随脉冲电流密度的增加越来越细；当脉冲宽度过大时，虽然电流密度很大，但是细化效果并不明显。因此，采用小脉宽大电流密度放电是获得超细晶组织的必要条件。

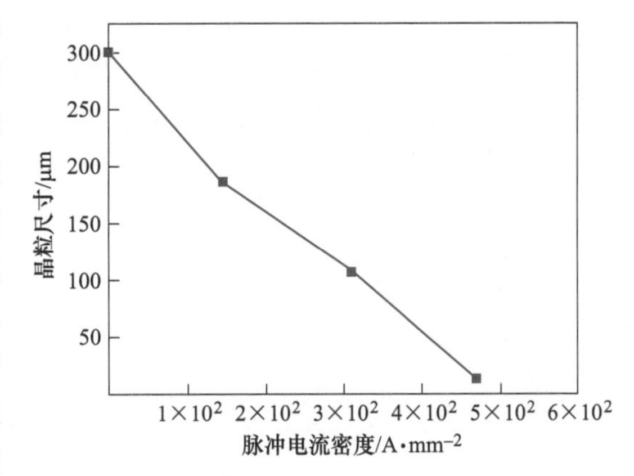

图 1-5-24　高锰钢凝固组织晶粒尺寸与脉冲电流密度之间的关系

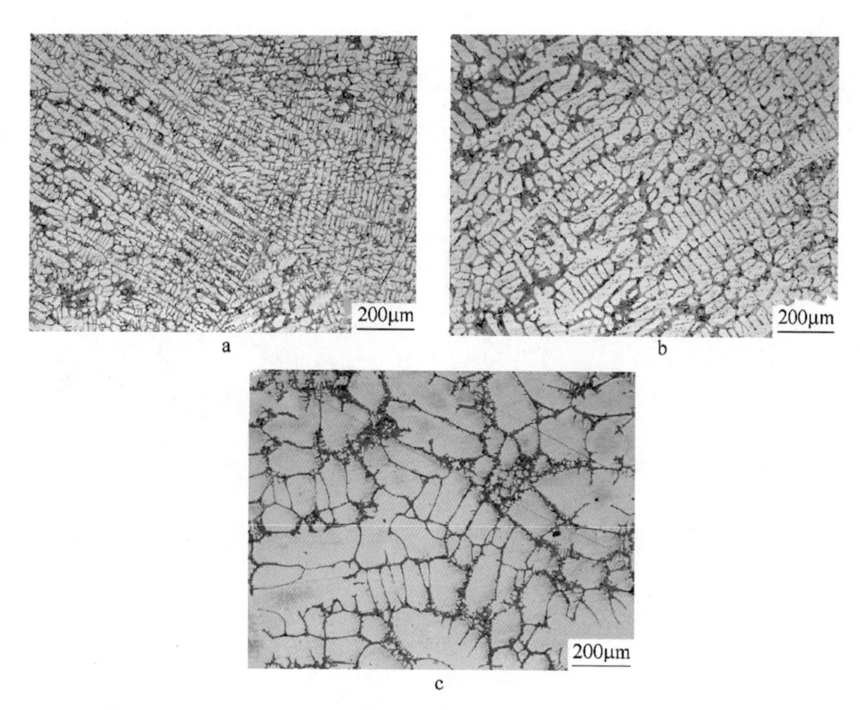

图 1-5-25 4.7×10^2 A/mm^2 电流密度不同脉宽下高锰钢的凝固组织金相照片

a—10μs；b—24μs；c—100μs

不同放电温度下高锰钢的凝固组织照片，如图 1-5-26 所示。在 1280℃时开始放电得到的凝固组织，在少量结晶形核并长大后，晶粒之间的剩余液相在脉冲电流作用下同时形核，获得超细晶组织。在 1240℃时开始放电得到的凝固组织，基体中存在大量形核并长大的粗大晶粒，同时，剩余液相在脉冲电流作用下得到的凝固组织明显细化。因此，要想获得均匀的超细晶组织，脉冲放电开始温度的控制至关重要，在凝固点以下 20℃左右开始放电可以获得最佳的凝固组织。

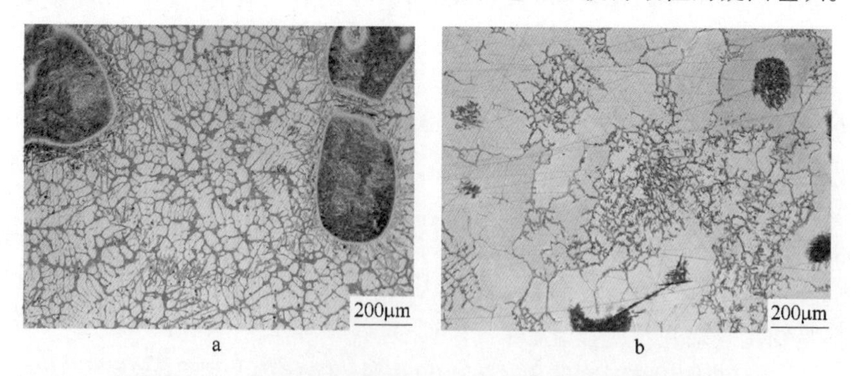

图 1-5-26 高锰钢在液-固两相区脉冲放电处理后的金相组织

a—4.7×10^2 A/mm^2（1280℃开始放电）；b—3.1×10^2 A/mm^2（1240℃开始放电）

对高锰钢经脉宽为10μs、电流密度为$4.7\times10^{2}A/mm^{2}$的脉冲电流处理后的凝固组织进一步观察，图1-5-27为凝固组织的SEM照片，凝固组织基体为奥氏体相，晶界处为含钼复合碳化物和γ固熔体组成的混合体。奥氏体相被细化到8μm左右，晶界相呈羽毛状组织形态。利用Kevex-sigma level4型能谱仪对高锰钢凝固组织的晶粒及晶界进行成分分析，如图1-5-28所示，可见Mo主要分布在晶界上。

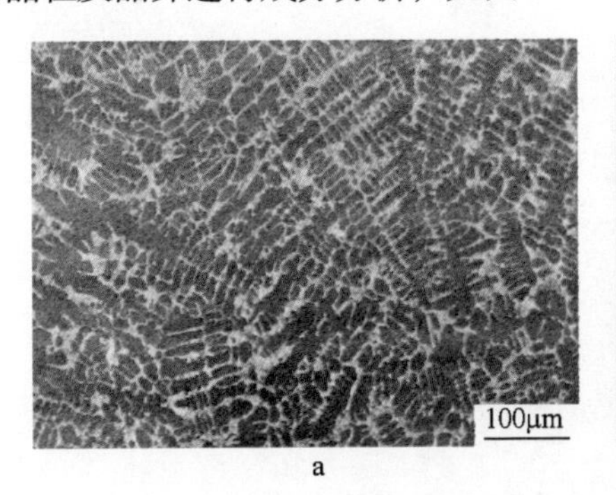

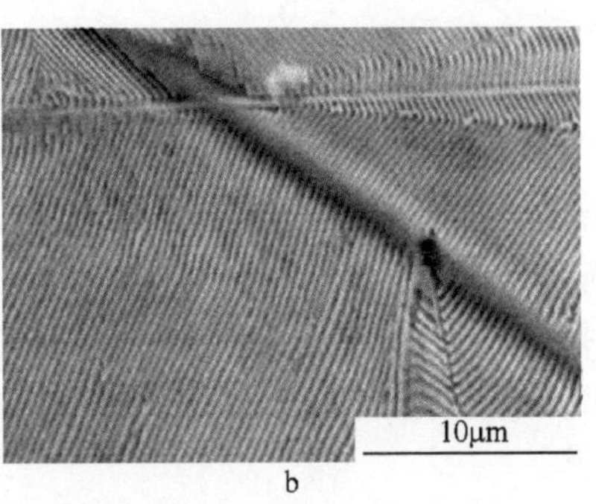

图1-5-27　脉冲处理高锰钢凝固后的SEM组织

a—基体；b—晶界

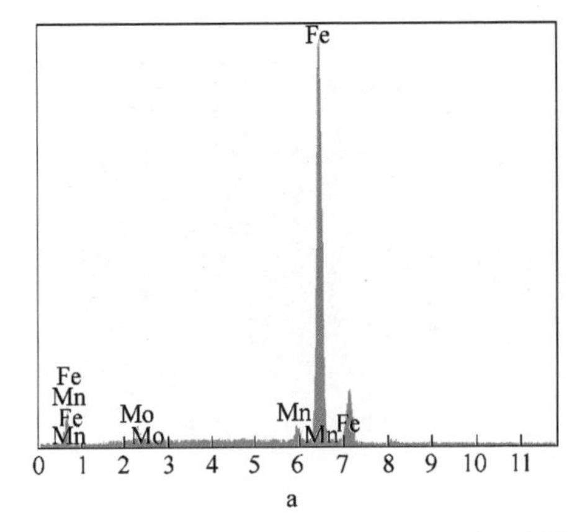

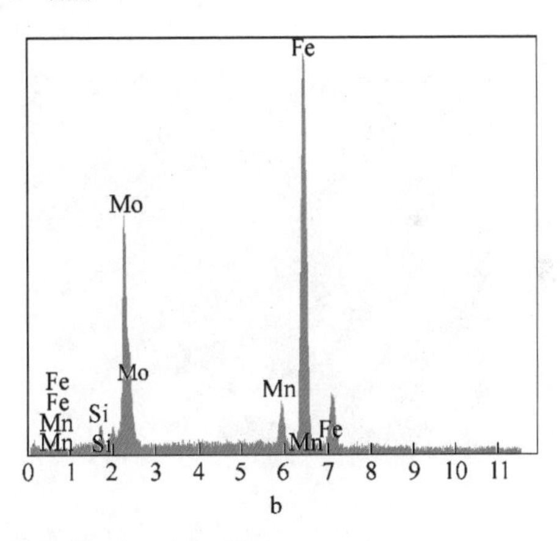

图1-5-28　高锰钢凝固组织的EDS分析结果

a—基体；b—晶界

图1-5-29是不同脉冲电流密度处理后与未施加脉冲电流的高锰钢组织XRD图谱对比结果，可以看出，脉冲电流处理与未经脉冲电流处理的高锰钢凝固组织中相组成没有发生变化，均为奥氏体和M_6C碳化物双相组织，并且以奥氏体为主。同时，脉冲电流密度由上到下依次增加，最上面的曲线是未施加脉冲的高锰钢XRD图谱。经过脉冲电流处理后，高锰钢凝固组织中的奥氏体和M_6C碳化物的峰位发生明显移位，并且脉冲电流处理使凝固组织中的奥氏体和碳化物的相对含量发生了变化，随着脉冲电流密度的增加，M_6C相的相对含量逐渐降低。发生

这种情况的原因有三：（1）由于外加脉冲电流改变了合金元素在合金中的分布状态，抑制了合金元素的微观偏聚；（2）脉冲电流有很强的电磁搅拌效应，使熔体化学成分均匀化，并且随着电流密度的增大，这种效应也越来越明显；（3）脉冲电流可增加过冷度，当脉冲电流密度足够大时，熔体可不需要过冷度直接形核，可在合金元素发生偏聚之前，均匀形核并凝固。

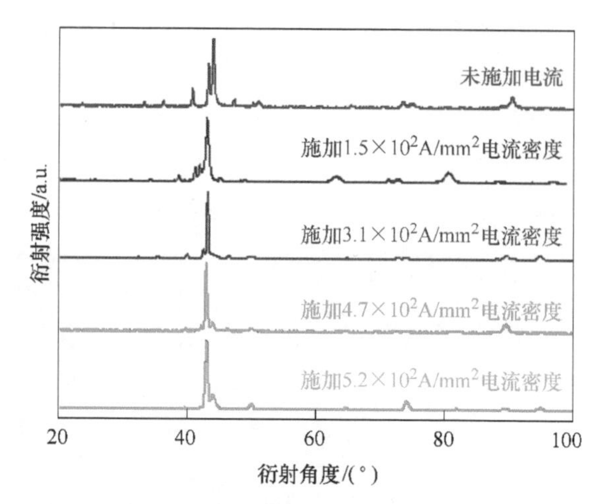

图 1-5-29　高锰钢脉冲处理前后的 XRD 图谱对比

利用透射电子显微镜对脉冲处理后高锰钢凝固组织中的晶界和晶内进行观察，如图 1-5-30 所示，可见，晶界处的碳化物呈鱼骨型结构，而晶内为单相奥氏体组织。

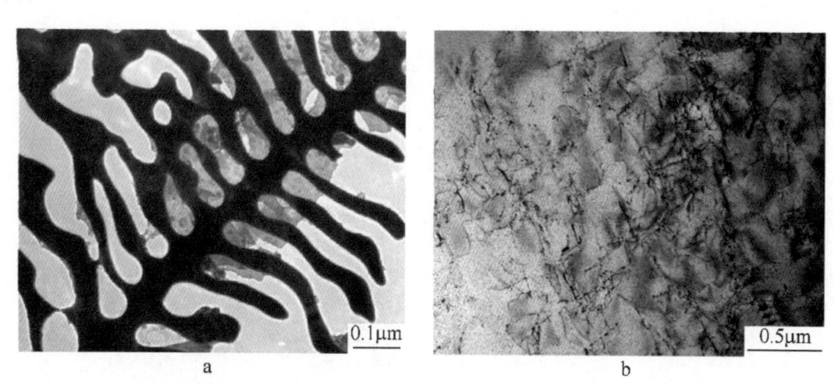

图 1-5-30　脉冲电流处理后高锰钢凝固组织的 TEM 组织

a—晶界；b—晶内

目前关于脉冲电流细化金属凝固组织的理论主要有三种。

（1）切变理论，Nakada 提出：

$$\mathrm{d}p = BJ\mathrm{d}L \tag{1-5-2}$$

式中　B——垂直于电流线的磁通密度；

J——电流密度；

p——压力；

L——沿电流线的距离。

从式 1-5-2 可以得知，当脉冲电流通过熔体金属时，脉冲电流产生的瞬态磁

压力随着脉冲电流密度 J 的增大而增大。当液体金属通过的脉冲电流密度达到一定值时，其瞬态磁压强已远大于熔体内部的动力压强，液体合金将反复被压缩，并使液体合金在垂直于电流方向做往复运动。同时，在试样不同部位的 B 和 J 是不同的，造成了一个压力梯度，形成局部流速差，最后产生切变，促使结晶的枝晶碎化成等轴晶，从而细化了合金的凝固组织，并会使凝固组织晶粒规则排列。此理论在试验中得到了证实，但磁压理论在低电流密度下表现得比较明显，在高电流密度下电磁压缩效应主要表现为晶粒的规则排列，此理论适用于凝固开始后，如图 1-5-31 所示，可见枝晶明显碎化成等轴晶，并且晶粒大小不等。

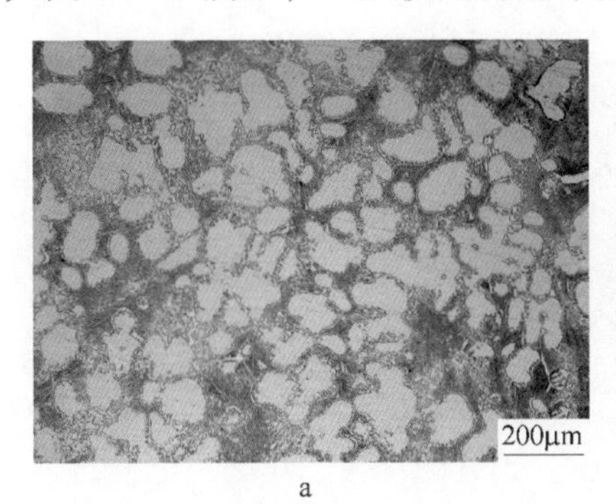

a

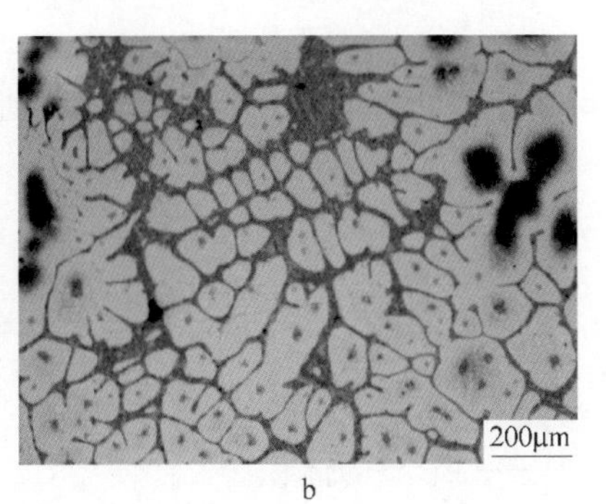

b

图 1-5-31　高锰钢在低电流密度作用下的凝固组织

a—1.0×10^2 A/mm^2；b—1.5×10^2 A/mm^2

（2）冲击波理论。脉冲电流的一个显著特点就是其突变性，作用时间非常短，大概为数十微秒到数百微秒。当高充电电压产生的高密度脉冲电流瞬间通过导电熔体时，将引起大量电子的快速定向漂移，形成强大的冲击波。当冲击波足够大时，就完全有可能摧毁凝固过程中已经开始长大的树枝晶，产生更多形核核心，从而达到细化凝固组织的目的，但目前关于脉冲电流冲击波的理论研究还远远不够。

（3）直接形核理论。根据经典热力学理论，形成新相的形核率 μ 为：

$$\mu = A\exp\left(-\frac{\Delta G}{kT}\right) \tag{1-5-3}$$

式中　A——常数；

ΔG——最大形核自由能；

k——玻耳兹曼常量；

T——温度。

当有外场作用时，体系的热力学势垒和温度等因素将发生变化，从而影响相变过程的形核率。假定由于电脉冲的作用而使形核热力学势垒改变 ΔG_e，温度改变 ΔT_e，此时 μ_e 为：

$$\mu_{e} = A\exp\left[-\frac{\Delta G + \Delta G_{e}}{k(T + \Delta T_{e})}\right] \tag{1-5-4}$$

在形核阶段，核所占体积与基体体积相比是一个小量，考虑到金属材料具有高的热导率，可以忽略由脉冲引起的材料内部不均，ΔT_{e} 与电流密度 I 的关系为：

$$\Delta T_{e} = I^{2}\tau(\sigma_{2}\rho c)^{-1} \tag{1-5-5}$$

式中　σ_2——母相电导率；

ρ——密度；

c——比热；

τ——通电时间，其中，$0\leqslant\tau\leqslant\tau_{p}$，$\tau_{p}$ 为脉冲时间宽度。

此外，由于脉冲电流作用而改变的形核热力学势垒为：

$$\Delta G_{e} = K_{1}I^{2}\xi V \tag{1-5-6}$$

式中　K_1——与材料相关的常数；

ξ——常数，$\xi=\dfrac{\sigma_{1}-\sigma_{2}}{\sigma_{1}+2\sigma_{2}}$；

σ_1——核的电导率；

V——形核的体积。

将式 1-5-5、式 1-5-6 代入式 1-5-4 中得：

$$\mu_{e} = A\exp\left\{-\frac{\Delta G + K_{1}I^{2}\xi V}{k[T + I^{2}\tau(\sigma_{2}\rho c)_{e}^{-1}]}\right\} \tag{1-5-7}$$

对于电脉冲，式 1-5-7 是有电流通过时的形核率，在两个脉冲的间隙里，形核率仍然服从式 1-5-3。

按照金属的凝固理论，熔体的形核必须在一定的过冷度下进行。过冷度用来抵消形核界面能的影响，形核势垒与过冷度满足一定的关系，当有脉冲电流时熔体可以在不需要过冷的状态下直接结晶。可见，当脉冲电流密度超过 I_0 这一临界值时，可以在没有过冷度的情况下直接结晶，通过增大脉冲电流密度可以得到超细晶组织。

$$\Delta T = (\Delta G + K_{1}I^{2}\xi V)T_{m}c^{-1} \tag{1-5-8}$$

式中　ΔT——熔体过冷度；

T_m——合金熔点温度。

可见，当 $\Delta G=-K_{1}I^{2}\xi V$ 时，过冷度 $\Delta T=0$，即当电流密度满足：

$$I_{0} = \sqrt{\frac{\Delta G}{-K_{1}\xi V}} \quad (\xi < 0) \tag{1-5-9}$$

结合试验分析可以确定脉冲电流细化金属凝固组织的机理：脉冲电流诱发形核，即金属熔体由于通入脉冲电流，其作为一种能量提供给液体金属，相当于降低了金属的形核能，使本来不具备形核条件的液体金属原子团满足了形核条件。

因此，当脉冲电流密度足够大时，液体许多区域会同时形核，从而细化了金属的凝固组织。这类似于上述的直接形核理论，上述理论的不足是，形核势垒的变化与脉冲电流的频率（脉冲宽度）无关，并且无法解释晶粒规则排列的问题。依照脉冲电流诱发形核理论，脉冲电流对合金熔体作用的过程可分为两个阶段。第一阶段，即脉冲诱发形核阶段，适当脉宽的脉冲电流增加过冷度，提供形核必需的能量，从而增加形核率，且形核率随脉冲电流密度的增加而提高。当脉冲电流密度超过临界值时，可不需要过冷度直接形核。第二阶段，当形核完成并开始长大时，脉冲电磁压缩效应开始出现，其瞬态磁压强远大于熔体内部的动力压强，液体合金将反复被压缩，并使液体合金在垂直于电流方向做往复运动。同时，在试样不同部位的 B 和 J 是不同的，由此造成了一个压力梯度，形成局部流速差，最后产生切变，促使结晶的枝晶碎化成等轴晶，从而进一步细化了合金的凝固组织，且会使凝固组织晶粒按照垂直于磁压的方向规则排列。

正是由于这种脉冲电流的诱发形核作用，使得液态金属同时出现大量的晶核且同时长大，从而获得均匀细小的等轴晶。当高锰钢凝固以后通一脉冲电流时，即在高锰钢凝固时的液-固两相区进行脉冲放电，在少量结晶形核并长大后的晶粒之间，剩余液相在脉冲电流的作用下同时形核，获得超细晶组织，并存在明显的规则排列现象。

5.3 高压脉冲电流对高锰钢再结晶组织的影响

高压脉冲电流处理技术是一种快速非平衡处理方法，已成功应用于金属电塑性、疲劳性能改善、裂纹愈合等方面。脉冲电流处理能够有效改善组织结构、延长钢的疲劳寿命。采用脉冲电流处理对服役后期疲劳发生之前的高锰钢辙叉进行处理，以改善其组织及性能，达到延长辙叉服役寿命的目的。

脉冲电流处理试样取自实际铁路主干线上服役后期的高锰钢辙叉，取样位置为辙叉表面。试样为板状，尺寸为 30mm×5mm×1.5mm。在室温下对高锰钢辙叉试样进行脉冲电流处理，采用 TDS-3012 数字磷光示波器记录试验过程中电流值，采用 K 型热电偶测量试样在处理过程中温度的变化，每个试样连续放电 5 次，脉冲电流频率 5×10^3 Hz，其他试验参数见表 1-5-4。

表 1-5-4 变形高锰钢脉冲电流处理参数

试样编号	1	2	3
放电电压/kV	20	25	30
峰值电流密度/kA · mm^{-2}	3.67	4.59	5.51

根据电磁学理论，当有交变电流通过金属导体时，电流将聚集于金属导体的表面，可以通过公式 1-5-10 计算电流的透入深度：

$$\delta = \sqrt{\frac{\rho_e}{\pi \mu f}} \tag{1-5-10}$$

式中　ρ_e——高锰钢的电阻率；

f——脉冲频率；

μ——高锰钢的磁导率。

通过计算得出脉冲电流频率5×10^3Hz时电流透入深度为5.7mm，远大于试样尺寸，在本次试验中可以忽略集肤效应。高锰钢辙叉服役后期的影响范围为表面到10mm深之内区域。由公式1-5-10可知，电流的透入深度反比于脉冲频率，降低脉冲频率可达到辙叉所需要的处理厚度，因此，可在能量充足的情况下通过降低电流频率达到预期深度。

服役后期高锰钢辙叉亚表层组织及经过不同密度脉冲电流处理后试样的显微组织，如图1-5-32所示。脉冲电流处理后，高锰钢中发生再结晶，再结晶晶粒尺寸远小于处理前晶粒尺寸，且晶界形状不规整。随着脉冲电流密度的增大，组织状态由部分再结晶到完全再结晶，最后再结晶晶粒长大。图1-5-33为处理前后高锰钢试样的TEM组织，可以看出处理前高锰钢辙叉为高密度位错和形变孪晶，处理后的微观组织恢复到初始未服役前高锰钢基体状态。

图1-5-32　经不同脉冲电流密度处理后变形高锰钢试样的金相组织

a—未处理；b—3.67kA/mm²；c—4.59kA/mm²；d—5.51kA/mm²

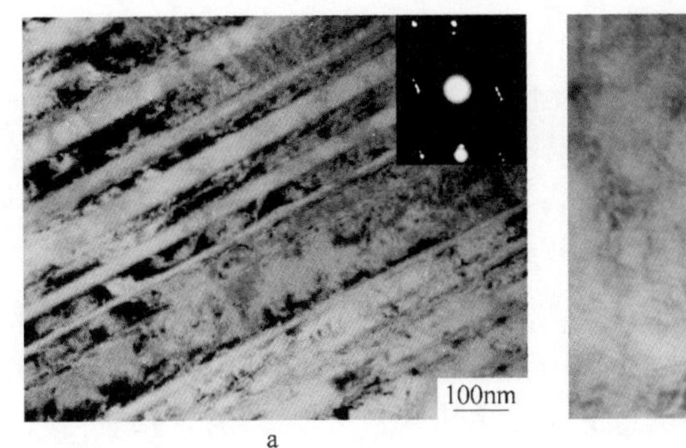

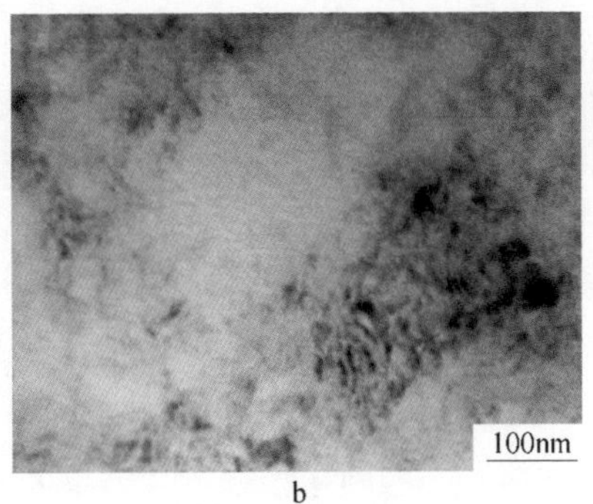

图 1-5-33 脉冲电流处理前后高锰钢试样 TEM 组织

a—脉冲电流处理前；b—脉冲电流处理后

脉冲处理过程中峰值电流密度与测得最高温度、处理后显微硬度及平均晶粒尺寸之间的关系，如图 1-5-34 所示。高锰钢试样最高温度随脉冲电流密度增大而升高，显微硬度和平均晶粒尺寸均随峰值电流密度的增加而降低。峰值电流密度为 4.59kA/mm^{2}时，显微硬度（HV）降低至 229，平均晶粒尺寸为 29.3μm，再

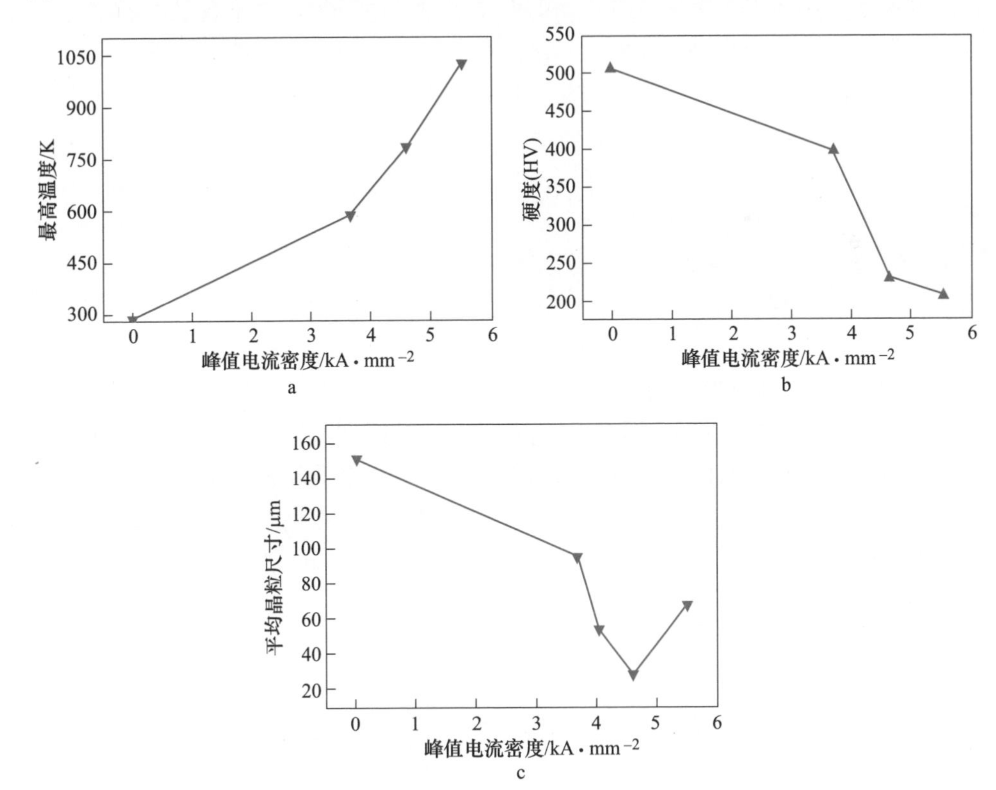

图 1-5-34 变形高锰钢试样的最高温度、显微硬度、平均晶粒尺寸与峰值脉冲电流密度关系

a—最高温度；b—显微硬度；c—平均晶粒尺寸

结晶晶粒最细，该处理过程中试样的最高温度为513℃。继续增加脉冲峰值电流密度至5.51kA/mm²，硬度继续降低，但再结晶晶粒明显长大，平均晶粒尺寸为68.9μm，但晶粒尺寸仍然远小于原始晶粒尺寸（100~200μm）。

对高锰钢试样进行常规退火处理获得再结晶温度范围为550~700℃，但是由于高锰钢辙叉在温度超过300℃后会析出大量碳化物，这会导致高锰钢脆化而降低辙叉的服役寿命，因此，对高锰钢辙叉进行超过300℃的常规退火处理是不允许的。而经过高密度脉冲电流处理后，由于处理时间很短，没有碳化物析出，且可以使服役后期的高锰钢辙叉在较低的温度下快速发生再结晶，组织得到显著细化。脉冲电流引起试样温度快速升高是发生再结晶的一个首要因素，脉冲电流处理的加热速度能够达到10^6~10^7K/s，使试样在瞬间达到很高温度。

脉冲电流对再结晶有显著的促进作用，且促进作用随脉冲电流密度的增加而提高。首先主要体现在对位错运动的促进作用上。根据再结晶理论，再结晶形核过程中位错的滑移和攀移起着非常重要的作用，服役后期的高锰钢辙叉组织内部存在高密度位错和形变孪晶，位错的运动能力对再结晶形核将发生很大的影响。脉冲电流处理过程中，大量瞬时移动的电子形成的电子风对位错有显著的推动作用，使得位错的运动能力大大提高，从而很大程度上提高了再结晶的形核率。其次，脉冲电流能够显著提高原子的振动频率，提高再结晶形核速率方程中的指前因子K，再结晶形核速率方程可以表示为：

$$N = K\mathrm{e}^{-Q/kT} \cdot \mathrm{e}^{-W/kT} \qquad (1\text{-}5\text{-}11)$$

式中　K——指前因子；

Q——扩散激活能；

T——绝对温度；

k——玻耳兹曼常量；

W——临界晶核形成功。

K与原子的振动频率成正比，因此使得再结晶形核速率得到提高。同时，脉冲电流作用下，原子的扩散能力得到提高，原子扩散激活能Q降低，进一步提高再结晶的形核速率。经过脉冲电流处理过后，高锰钢试样完全再结晶，晶粒明显得到细化，细化组织不仅可以抑制晶界开裂产生裂纹，也可以抑制裂纹的扩展，从而提高辙叉的疲劳寿命。

5.4　超高压力对高锰钢凝固组织的影响

为了研究在超高压力条件下液态高锰钢的凝固行为，本研究初探了在6GPa压力条件下高锰钢的凝固组织。试验在六面顶压力设备上进行，如图1-5-35a所示。试验用高锰钢为普通120Mn13钢，高锰钢试样尺寸为ϕ6mm×3.3mm，试样安装示意图如图1-5-35b所示。高锰钢试样经2min加热至713℃并保温5min，然

后经2.5min加热至1200℃并保温2.5min，最后经1min加热至1600℃保温15min，使高锰钢熔化，然后快速冷却，约0.5min冷却至室温，工艺曲线如图1-5-36所示。

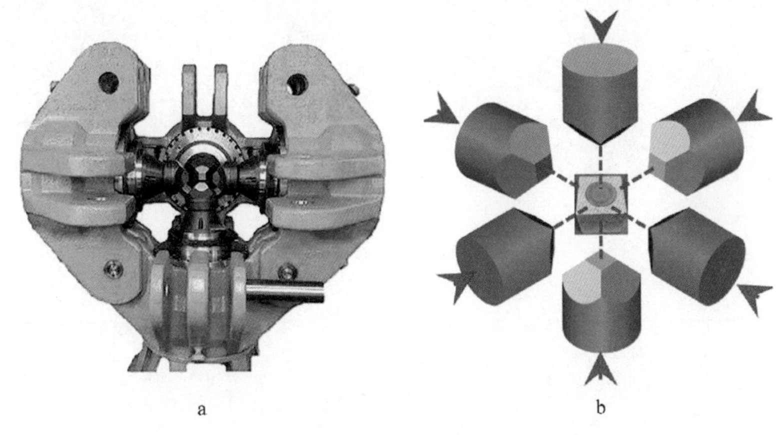

图1-5-35 超高压装置

a—六面顶压力设备；b—试样安装示意图

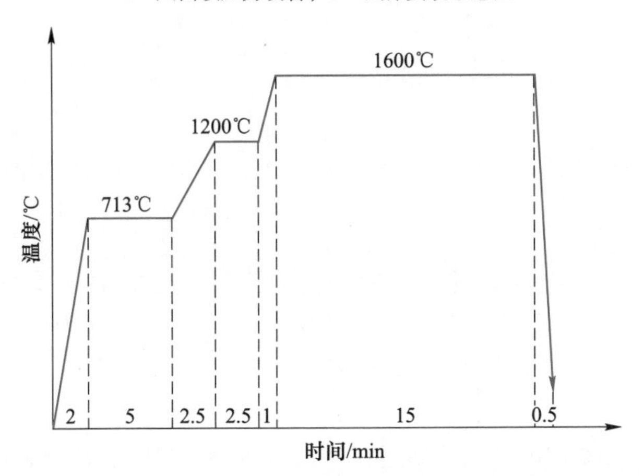

图1-5-36 超高压力状态下高锰钢试样的加热及冷却曲线

常压和超高压力条件下高锰钢的凝固组织，如图1-5-37所示。常压条件下，高锰钢的凝固组织较为粗大，而在超高压条件下，高锰钢的凝固组织明显碎化，相邻枝晶间出现不连续但排列规则的现象，其枝晶尺寸细化至30μm以下。

图1-5-38为超高压力状态下高锰钢凝固组织经固溶处理前后的XRD图谱。超高压力条件下，高锰钢的凝固组织中存在奥氏体和碳化物两相，奥氏体相的（111）晶面所对应的峰值强度异常，这说明，在超高压力状态下，高锰钢的凝固组织更倾向于沿某一特定的取向生长。经固溶处理后，高锰钢的XRD图谱恢复至常规多晶各向异性的状态。

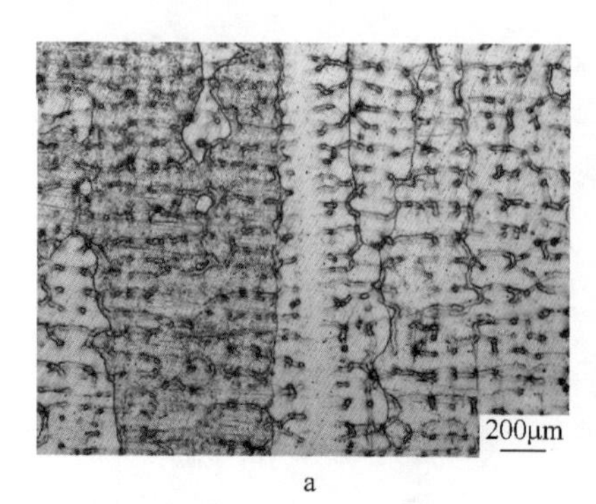

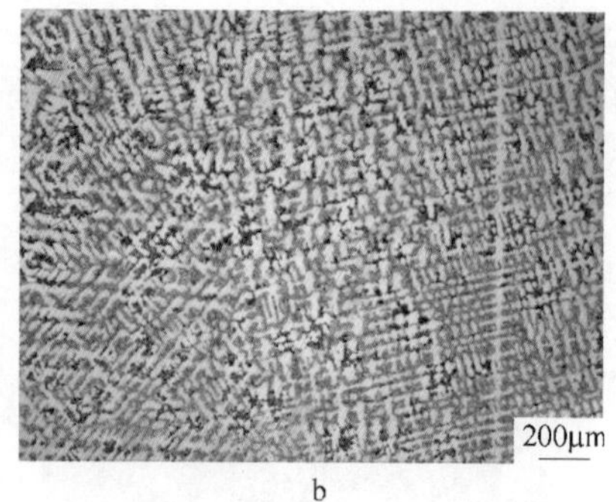

a　　b

图 1-5-37　不同状态下高锰钢试样的凝固组织

a—常压；b—超高压

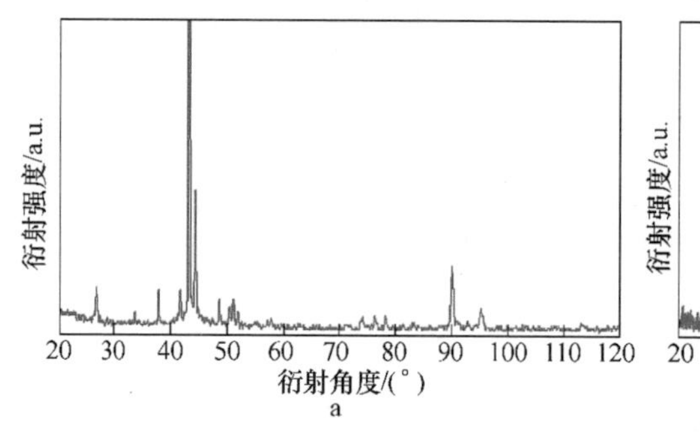

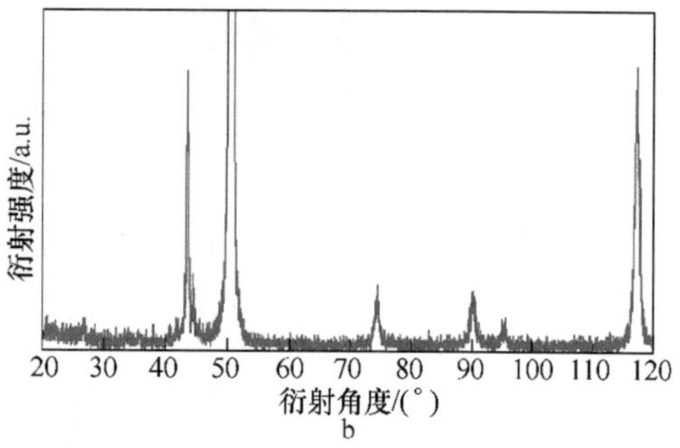

图 1-5-38　超高压力状态下高锰钢凝固组织固溶处理前后的 XRD 图谱

a—固溶处理前；b—1050℃固溶处理后

在常压作用下，金属凝固主要受熔体温度影响，此时压力对凝固动力学和热力学参数产生的影响可忽略。然而，在超高压力条件下，压力变成一个不可忽略的因素。压力可通过影响凝固动力学参数、热力学参数，从而改变凝固组织的演变机制。

高压作用会对熔体中原子的运动产生重要影响，从而改变熔体的黏度，通常压力 p 与熔体黏度 η 之间满足如下关系：

$$\eta = \eta_0 \exp \frac{E + pVn}{kT} \tag{1-5-12}$$

式中　η_0——常压下黏度系数，

E——黏滞流变激活能；

V——熔体体积；

k——玻耳兹曼常量；

T——绝对温度；

n——物质的量；

p——作用在熔体上的压力。

式 1-5-12 表明，熔体的黏度系数随压力升高而增加，使得金属原子的自由行程受到限制。

将描述液-气的克拉珀龙方程引入高压作用下的固-液转变过程，可以得到：

$$\frac{dT_m}{dp} = T_m \frac{\Delta V}{\Delta H} \qquad (1\text{-}5\text{-}13)$$

式中　T_m——物质的熔点；

ΔV——熔化时体积的变化；

ΔH——热焓，压力改变时该值的变化可以忽略。

由此可见，熔点随压力的变化受固液相变体积变化的影响。当熔化过程为膨胀反应时，熔点随压力增加而升高；当熔化过程为压缩反应时，熔点随压力增加而降低。高压作用下，溶质扩散系数可以描述为：

$$D = RT\delta^{-1}\eta_0^{-1}\exp\left(-\frac{pV_0}{RT}\right) \qquad (1\text{-}5\text{-}14)$$

式中　R——气体常数；

δ——原子自由行程长度；

V_0——液相初始体积。

式 1-5-14 表明，溶质扩散系数受原子自由行程长度和压力的影响，在增加压力时，原子自由行程长度将减小，两者都将使溶质扩散系数减小，即高压抑制溶质原子扩散。

另外，根据压力对晶粒形核的影响，熔化时为膨胀反应的合金在凝固过程中，形核率会随压力的增加而不断增大；而对于晶粒长大的过程，一方面增加压力导致原子间距减小，另一方面压力增加抑制原子扩散，故压力增大会抑制晶粒长大。因此，从高压条件下金属凝固机理可知，高压具有促进形核、减小扩散系数及抑制晶粒长大等优点，增加压力又可使高锰钢熔点升高，凝固组织实现了整体热力学过冷，最终实现凝固组织的细化。

6　轨道用低碳CrNiMnMo奥氏体钢

传统的高碳钢轨和高锰钢辙叉的连接通常采用在轨腰夹鱼尾板并且用螺栓固紧的方法，钢轨和辙叉连接处存在一个缝隙，这种有缝连接存在的问题是当列车通过连接处时，会产生一定的振动和噪声，因此，不适合列车高速行驶。随着列车运行速度的提高，要求铁路无缝，其中涉及钢轨之间及钢轨和辙叉间的焊接。钢轨之间的焊接属于同质材料焊接，通过铝热焊或闪光焊方法容易实现。而高锰钢辙叉和碳钢钢轨的焊接属于异质材料焊接，直接焊接难以同时满足两种钢对焊后冷速的要求。然而，实现高锰钢辙叉与钢轨的焊接，才能真正实现铁路全线无缝，这样不仅可以提高列车通过道岔时容许通过速度，降低机车车辆的损害，减少辙叉的维修，同时可以提高辙叉的安全性和使用寿命。

高碳钢轨钢由于碳含量较高，在焊接热循环的作用下，热影响区会产生马氏体淬硬组织，从而增大冷裂敏感倾向。从高碳钢轨钢的CCT曲线就可以看出这种倾向，如图1-6-1a所示。对此常采用焊前预热，焊后缓冷的措施来解决。而高锰钢重新加热到300~900℃温度区间时，随着温度的升高和高温停留时间的延长，在亚稳奥氏体化组织中的碳会以碳化物的形式析出，尤其在550~700℃区间内，碳化物析出尤为严重，会在奥氏体晶界形成网状碳化物，并在热应力的作用下形成热裂纹，图1-6-1b中高锰钢TTT曲线可以表明这个情况。为此，一般采用减少焊接热输入量，缩短高温停留时间来限制碳化物的析出，所以常采用水中施焊或焊后急冷等方式，但这只能减轻碳化物的析出程度，而不能彻底解决碳化物析出的问题。因而，高锰钢辙叉与碳钢钢轨焊接问题是一个技术难题，多年前吸引了世界众多国家的科技人员和实际生产技术人员广泛研究。

几个主要国家报道的高锰钢辙叉焊接材料化学成分，见表1-6-1。从该表中所列的各国采用的高锰钢辙叉与碳钢钢轨焊接材料成分可以得出结论，低碳奥氏体铬镍钢或者低碳奥氏体–铁素体（少量）铬镍钢是高锰钢辙叉焊接材料主要选择。也就是说，在Schaffler-diagram中，铬当量和镍当量保证具有完全奥氏体组织或者奥氏体和少量铁素体组织的低碳钢，可以作为高锰钢辙叉与碳钢钢轨焊接材料的选择。然而，经过大量的生产实践发现，焊接材料的设计不仅考虑钢的微观组织和力学性能，还要重点考虑物理性能和高温力学性能，这是因为这些因素对实际焊接高锰钢辙叉产品的质量和成品率有着重要的影响。

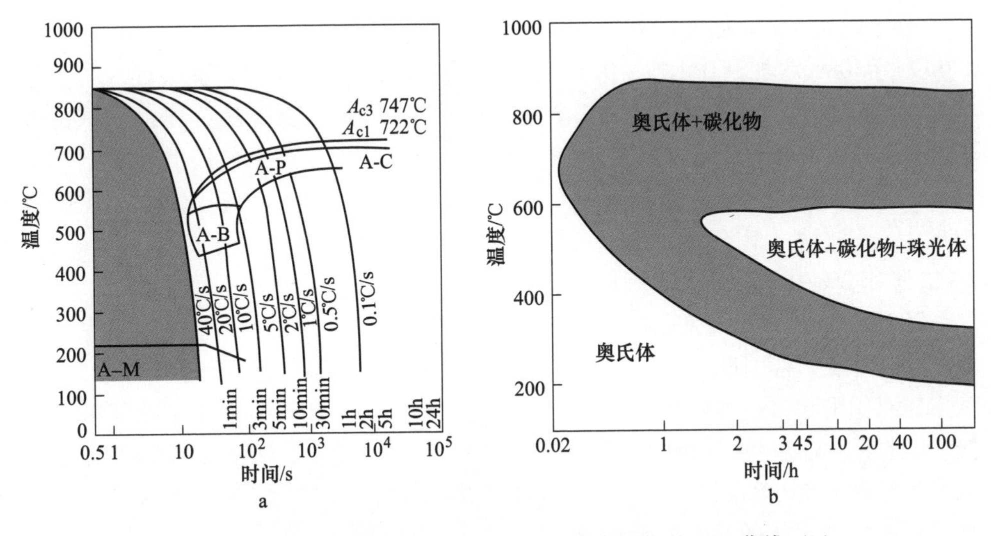

图 1-6-1　高碳钢轨钢的 CCT 曲线（a）和高锰钢的 TTT 曲线（b）

表 1-6-1　几个国家报道的高锰钢辙叉与高碳钢钢轨焊接材料

工艺	国家	材料	规格	备注
闪光焊接	奥地利	0Cr18Ni9Ti/Nb	钢轨形状	已应用
	中国	低碳 CrNiMnMo	钢轨形状	已应用
	乌克兰	0Cr14Ni9	钢轨形状	未应用
	日本	0Cr18Ni9	钢轨形状	未应用
	意大利	C 0.4%~0.6%，Mn 12%~15%，Mo 1.5%~2.5%，Ni 3%~15%或 C<0.2%，Mn 12%~15%，Cr 22%~30%，Ni 9%~25%	钢轨形状	未应用
电弧焊接	中国	Mn-Cr-Ni 和 Cr-Ni-Mo 焊条	焊条	未应用
	日本	低氢型焊条	焊条	未应用
摩擦焊	奥地利	没有公布	钢轨形状	未应用
铝热焊	奥地利	低碳奥氏体钢，C<0.1%，Cr 当量 8%~25%，Ni 当量 13%~35%	粉末焊料	未应用
电子束焊	德国	C<0.05%，Ni 75%~80%，Mn 1%，Cr 5%~15%，Fe<8%	钢轨形状	未应用

奥氏体钢在焊接过程中有一个共同的特点，容易产生热裂纹，也叫做液化裂纹，它使焊接接头的力学性能强烈衰减，甚至报废。因此，要严格控制其发生。液化裂纹是由奥氏体晶界处磷、硫低熔点共晶物所致。研究表明，焊接时单相奥氏体钢如 1Cr18Ni9Ti 钢要比奥氏体-铁素体双相钢产生热裂纹的倾向大得多，这是因为铁素体比奥氏体有更高的吸收磷和硫原子的能力，从而可以降低焊接时产生液化裂纹的倾向。但铁素体的含量不能太高，因为如果在焊缝中形成大量铁素体，势必弱化焊接接头的力学性能。因此，铁素体含量在 10%~20%为好。

通常认为，碳是引起奥氏体钢焊接热裂纹的主要元素，当碳的质量分数从0.06%~0.08%增加到0.12%~0.14%时，热裂纹倾向显著增加；如果碳的质量分数继续增高到0.18%~0.20%，热裂倾向就更大。因此，对于奥氏体钢，总是力求降低焊缝中的碳含量，以保证足够的抗裂性能。因此，各国使用的高锰钢辙叉与碳钢钢轨焊接材料都是碳含量（质量分数）在0.1%以下的奥氏体钢。在焊缝中加入适量的锰、钼金属元素，可提高抗热裂性，加入量（质量分数）为6%~7%的锰或2%~5%的钼效果最理想。

20世纪末至21世纪初，本书作者研究团队承担碳钢钢轨和高锰钢辙叉焊接技术攻关，开发了我国自主知识产权的焊接高锰钢辙叉专用低碳CrNiMnMo奥氏体-铁素体双相钢和相应的闪光焊接工艺，实现了碳钢钢轨和高锰钢辙叉的高质量焊接。随着铁路运输环境和要求的发展，在此基础上又开发了焊接高锰钢辙叉专用低碳CrNiMnMo单相奥氏体钢，进一步提高了焊接高锰钢辙叉的性能和成品率。

焊接材料设计的基本原则是：

第一，组织为奥氏体或奥氏体-铁素体双相组织，并保证在焊接热循环过程中组织稳定，从高温到室温，直到-60℃都是稳定的组织。

第二，有足够的阻碍碳扩散的元素，因为高锰钢辙叉和高碳钢钢轨中的碳质量分数都很高，避免焊接时因碳的扩散造成热影响区内奥氏体的稳定性降低，产生马氏体组织。

第三，导热率要低，避免焊接过程中传热太快；热膨胀系数应与高锰钢接近，将焊接热应力集中于钢轨钢焊接接头；熔点介于高锰钢和钢轨钢之间。

第四，具有合适的强度、高的韧性、硬度（HB）小于200，并且具有较好的耐磨性和抗疲劳性能。

第五，高的高温强度和抗热裂性能。

6.1 奥氏体-铁素体双相钢

根据以上高锰钢辙叉焊接材料设计原则，设计出多种低碳CrNiMnMo的高合金钢，其中部分钢的化学成分见表1-6-2。几种钢的力学性能、物理性能和高温力学性能分别见表1-6-3~表1-6-5。

表1-6-2 低碳CrNiMnMo钢的化学成分 （质量分数,%）

钢种编号	C	Cr	Ni	Mn	Mo	Si	P	S
1	0.07	18.8	8.6	5.6	2.3	0.45	0.011	0.012
2	0.08	19.0	6.3	6.0	2.0	0.34	0.020	0.011
3	0.07	18.9	10.2	—	1.6	0.44	0.015	0.022
4	0.07	16.5	16.5	—	2.3	0.45	0.011	0.013
5	0.07	18.5	18.5	—	—	0.45	0.011	0.012

表 1-6-3 低碳 CrNiMnMo 钢的常规力学性能

钢种编号	抗拉强度/MPa	屈服强度/MPa	伸长率/%	硬度（HB）	冲击韧性/J·cm^{-2}
1	644	371	56	165	332
2	653	398	58	171	320
3	591	310	53	143	340
4	650	300	43	157	215
5	657	324	52	152	298

表 1-6-4 低碳 CrNiMnMo 钢的物理性能

钢种编号	弹性模量/GPa	热膨胀系数/℃$^{-1}$	导热系数/W·(m·℃)$^{-1}$
1	200	18.6×10^{-6}	13.1
2	200	19.2×10^{-6}	12.8
3	200	15.9×10^{-6}	13.5
4	195	16.5×10^{-6}	14.1
5	190	18.3×10^{-6}	14.5

表 1-6-5 低碳 CrNiMnMo 钢在 1100℃时的强塑性

钢种编号	抗拉强度/MPa	断面收缩率/%
1	37	53
2	38	55
3	28	58
4	55	39
5	47	41

经过对以上钢种的各项力学性能、物理性能和高温性能的对比和筛选，最后确定 0Cr19Ni6Mn5Mo2 奥氏体-铁素体双相钢为高锰钢辙叉和高碳钢钢轨的焊接材料，其化学成分见表 1-6-6。

表 1-6-6 0Cr19Ni6Mn5Mo2 钢焊接材料的化学成分（质量分数,%）

C	Cr	Ni	Mn	Mo	Si	P	S
0.06~0.08	18.0~20.0	5.0~7.0	4.0~6.0	1.8~2.5	0.3~0.8	<0.03	<0.03

高锰钢辙叉焊接材料的形状端面为工字型的标准钢轨形状，由于这种钢的高温强度较高，无法用大规模钢轨生产的工艺进行轧制生产，只能采用锻造工艺生产加工，因此，早期的焊接材料主要采用模锻工艺进行制造。

为了探索是否可以直接使用铸造状态 0Cr19Ni6Mn5Mo2 钢作为焊接材料，对比研究了铸造和不同锻造比 0Cr19Ni6Mn5Mo2 的力学性能，结果见表 1-6-7。可以看出，铸造状态 0Cr19Ni6Mn5Mo2 钢的强度和塑性很低，因此，铸造状态焊接材料是不可取的，必须使用锻造状态钢；并且该钢在锻造比为 3 以上时，可以获得较好的综合力学性能。

表 1-6-7　锻造比对 0Cr19Ni6Mn5Mo2 钢性能的影响

锻造比	抗拉强度/MPa	伸长率/%	断面收缩率/%	冲击韧性/J·cm^{-2}
0（铸态）	440	20	20	210
1	484	23	28	229
2	548	33	32	291
3	629	45	59	304
4	655	52	71	328
5	661	56	77	330

0Cr19Ni6Mn5Mo2 钢的热塑性较差，见表 1-6-8，在实际模锻生产时，锻件极易产生裂纹，成品率很低，生产成本大大增加。因此，为了克服高锰钢辙叉焊接材料在实际生产中的技术难题，进一步开发了一种新的高锰钢辙叉焊接材料制造方法，这部分内容将在第 1 篇第 8 章进行重点介绍。对于低碳 CrNiMnMo 奥氏体钢的锻造，始锻温度一般在 1150～1180℃。温度过高，晶粒长大严重，而且会出现过量的铁素体组织。这种钢高温塑性差，变形抗力较大，应选较大的锻造设备，开始锻造时，以较小的变形量冲击。由于不能用热处理细化晶粒，故应达到适当的锻造比，变形要均匀。为避免再结晶晶粒粗大，终锻时变形量应避开 7.5%～20%的临界变形范围，终锻温度不能低于 900℃，锻后空冷或水冷。

表 1-6-8　0Cr19Ni6Mn5Mo2 钢的高温塑性

试样编号	拉伸温度/℃	断面收缩率/%	伸长率/%
1	1350	0	0
2	1300	76	59
3	1260	64	51
4	1230	69	54
5	1200	70	53
6	1100	56	42
7	1000	47	35
8	900	32	26

为消除在锻造变形和冷却过程中析出碳化物、提高钢的塑性、消除锻造加工硬化，需对锻造工件进行固溶处理。将锻件加热至 1050～1100℃，使析出的碳化物全部溶入奥氏体中，然后水淬处理。不同处理温度试样的抗拉强度和冲击韧性试验结果如图 1-6-2 所示。随着处理温度的升高，抗拉强度降低，而冲击韧性升高。

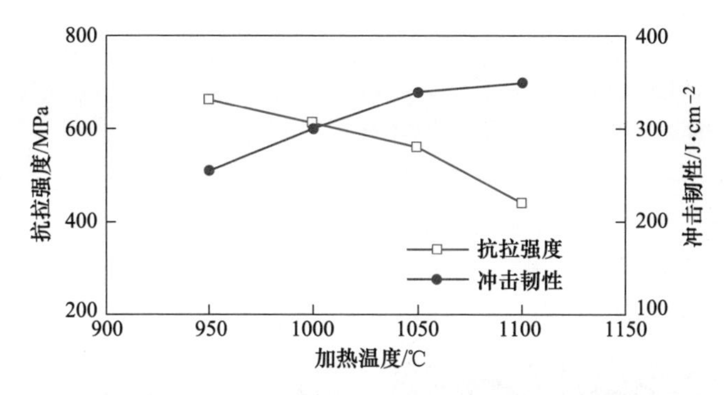

图 1-6-2 固溶处理温度对 0Cr19Ni6Mn5Mo2 钢力学性能的影响

经锻造和 1050℃ 固溶处理后，0Cr19Ni6Mn5Mo2 钢中包含奥氏体和铁素体两相，其中奥氏体相含量占比约 80%，铁素体相含量占比约 20%，其微观组织如图 1-6-3 所示；对硬度、强度、塑性和韧性进行了测试，结果见表 1-6-9。可见在该处理工艺下，0Cr19Ni6Mn5Mo2 钢获得了较好的强塑韧性配合。

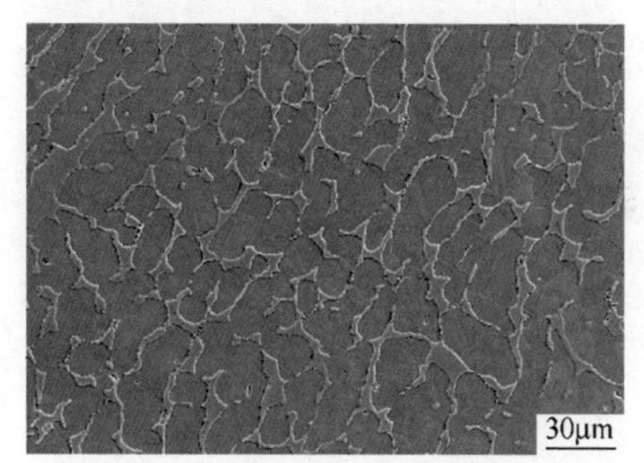

图 1-6-3 0Cr19Ni6Mn5Mo2 钢固溶处理后的 SEM 组织

表 1-6-9 0Cr19Ni6Mn5Mo2 钢的力学性能

抗拉强度/MPa	屈服强度/MPa	伸长率/%	断面收缩率/%	冲击韧性/J · cm^{-2}	硬度（HBW）
668	409	54.6	70.7	329	175

6.2 奥氏体单相钢

为进一步提升焊接材料热加工性能，以及焊接高锰钢辙叉的力学性能和成品率，对焊接材料的化学成分、微观组织及制造工艺进行了优化改进。优化后的焊接材料为 1Cr17Ni10Mn5Mo2 钢，化学成分见表 1-6-10。与上述 0Cr19Ni6Mn5Mo2 钢相比，其成分体系没有改变，只是降低了钢中铁素体形成元素 Cr 含量，提高了奥氏体形成元素 Ni 含量，同时，适当提高了钢中的碳含量，以使其最终组织为单相奥氏体相。

表 1-6-10 1Cr17Ni10Mn5Mo2 钢的化学成分 （质量分数,%）

C	Cr	Mn	Ni	Mo	Si	P	S
0.08~0.12	16.0~19.0	4.0~6.0	9.0~11.0	1.5~2.5	<0.3	<0.02	<0.02

1Cr17Ni10Mn5Mo2 钢采用电炉+AOD+LF 炉冶炼，浇铸成钢锭后进行均匀化退火以消除成分偏析，之后经锻造、车削加工成挤压锭。为实现焊接材料的快速成型，采用高速热挤压的方式生产焊接材料。热挤压前利用感应加热方式将挤压锭快速加热至 1070~1150℃，待挤压锭内外均温后进行快速挤压变形，焊接材料的形状尺寸可利用挤压模具进行限制。挤压完成后，焊接材料空冷或水冷。挤压后焊接材料的外形和微观组织，如图 1-6-4 所示，其组织为单相奥氏体，平均晶粒尺寸约为 25μm。

a

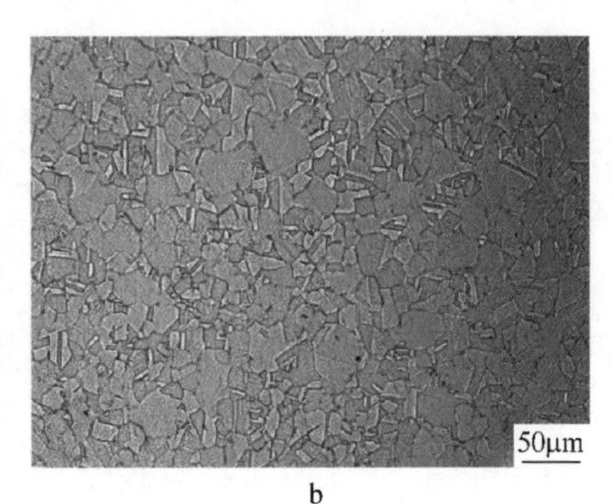

b

图 1-6-4　热挤压焊接材料（a）及其微观组织照片（b）

1Cr17Ni10Mn5Mo2 钢的常规力学性能，见表 1-6-11。在保持抗拉强度 670MPa 的情况下，其伸长率和冲击韧性高达 66%和 391J/cm^2，完全符合焊接材料的力学性能要求。

表 1-6-11　1Cr17Ni10Mn5Mo2 钢的常规力学性能

屈服强度/MPa	抗拉强度/MPa	伸长率/%	冲击韧性/J · cm^{-2}	硬度（HBW）
294	670	66	391	177

6.3　奥氏体单相钢的组织和性能调控

基于层错能调控钢的组织和性能的思想，系统研究了低碳 CrNiMnMo 奥氏体轨道钢在不同热加工变形工艺条件下组织和性能的变化情况。因为这种钢是用于高锰钢辙叉和高碳钢钢轨闪光焊接，在闪光焊接过程中，焊接接头经历了复杂的热力过程，其不同位置经历的变形和温度不同，导致各个位置的组织和性能有差异。低碳奥氏体钢的化学成分见表 1-6-10。其中，添加一定量的锰是为了提高奥氏体的稳定性，同时，锰的添加能够降低钢的层错能，利于在变形过程中获得较多的孪晶。

基于层错能和对应变形机制之间的关系，选择低碳 CrNiMnMo 钢的热加工工艺为：（1）在 1050℃奥氏体化 1h 后水淬，记为 WQ 工艺；（2）1050℃轧制变形，记为 HR 工艺；（3）室温轧制变形，记为 CR 工艺；（4）1050℃和 600℃轧

制变形 50%和 30%后水淬，记为 AR 工艺；（5）1050℃、500℃和室温分别轧制变形 50%、30%和 20%后进行水淬，记为 AT 工艺。最后，所有变形试样均在 170℃保温 1h 回火。

低碳 CrNiMnMo 奥氏体钢的力学性能主要取决于变形过程中不同塑性机制之间的相互竞争，这一过程与其对应的层错能（SFE）密切相关。随着 SFE 的降低，奥氏体钢塑变机制从位错滑移向孪晶变形、马氏体相变转变。通过热轧细化奥氏体晶粒之后，可以在奥氏体对应的位错滑移和孪晶变形的层错能区间依次变形，分别引入高密度位错和孪晶，通过这两种强化机制的耦合以改善钢的力学性能。

利用 CR 工艺试样退火前和退火后的 XRD 衍射图谱计算获得了本研究用低碳 CrNiMnMo 奥氏体钢在室温条件下的层错能。图 1-6-5 为 CR 和 AR 工艺试样分别在室温和 300℃下轧制变形与退火态试样的 XRD 衍射图谱，根据经验公式计算得出其室温和 300℃条件下对应的层错能分别为 22. 3mJ/m^2 和 50. 2mJ/m^2。

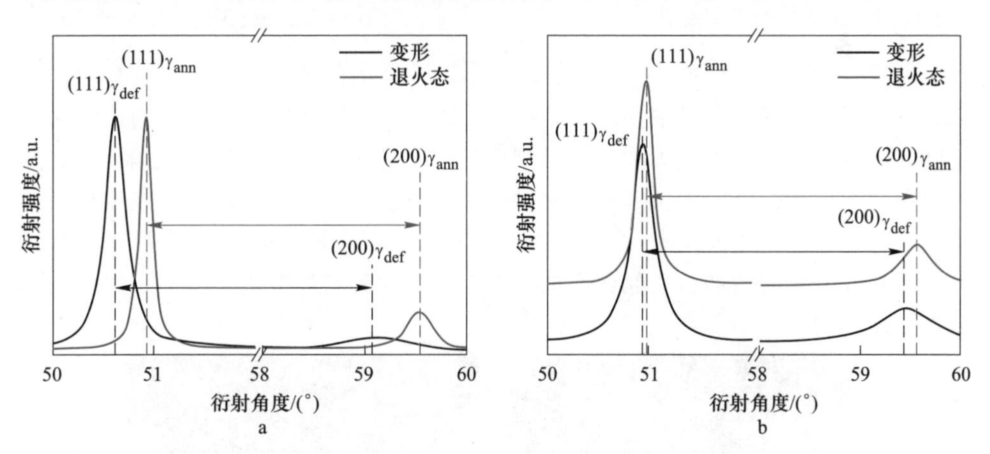

图 1-6-5　低碳 CrNiMnMo 奥氏体钢室温（a）和 300℃（b）变形和退火态的 XRD 图谱

观察奥氏体钢室温轧制变形后的透射微观组织，对计算的层错能结果进行验证。CR 工艺试样的透射微观组织，如图 1-6-6 所示，表明冷轧过程中生成了大量的孪晶和高密度位错。该结果表明，利用 XRD 衍射图谱计算的层错能结果较为准确。

建立变形温度→γ_{SFE}→变形机制之间的关系，从而确定了基于层错能调控的形变热处理工艺，如图 1-6-7 所示，其中 HR 工艺用于细化母相奥氏体晶粒。AT 工艺分别在位错滑移和孪晶变形对应的层错能区间进行变形，目的是为了在低碳 CrNiMnMo 奥氏体钢基体中引入高密度可动位错和高密度孪晶。细化奥氏体晶粒能够通过细晶强化提高其强度，而高密度位错能够通过林位错强化提高其强度，孪晶通过与位错的交互作用能够提供优异的强塑性结合。探讨细晶强化、位错强化和孪晶强化机制耦合后对钢力学性能的影响。

图1-6-6　低碳CrNiMnMo奥氏体钢CR工艺处理后的TEM组织

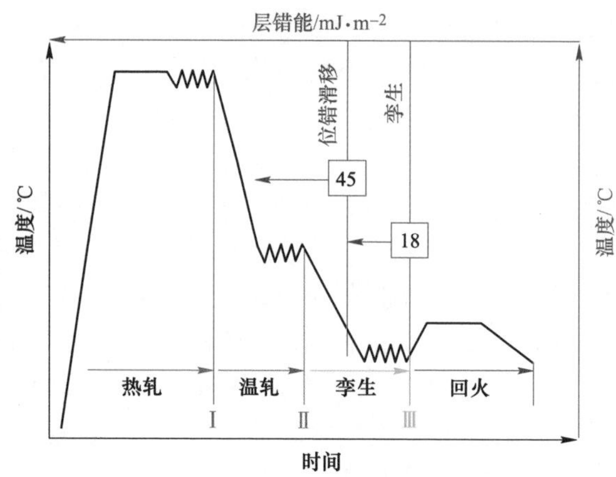

图1-6-7　低碳CrNiMnMo奥氏体钢的热加工工艺流程图

低碳CrNiMnMo奥氏体钢经过不同变形量冷轧后的TEM组织，如图1-6-8所示，冷轧变形后钢内组织主要由孪晶和位错组成，表明在以孪晶变形为主的层错能区间内变形，不仅形成了大量的机械孪晶，而且还产生了大量的位错；并且随着变形量的增加，钢中的位错密度明显增加，位错的分布更加均匀。在变形量较小的试样中，位错主要分布于孪晶之间，位错的交互作用和缠结形成了位错墙，但是随着变形量的增加，孪晶界面增多，对位错的分割效果更加明显，因此位错分布更加均匀。

a

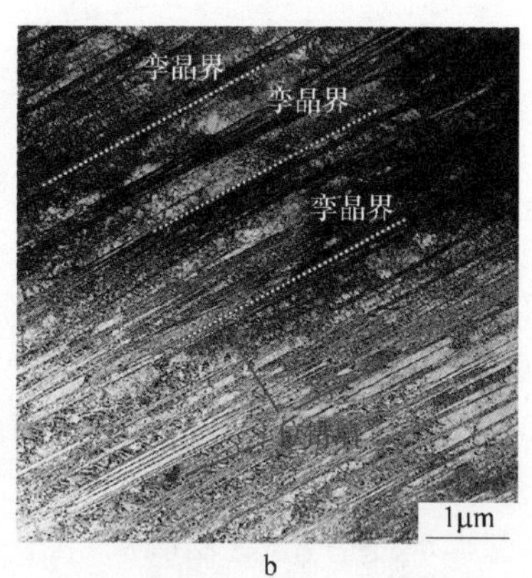

b

图1-6-8　低碳CrNiMnMo奥氏体钢（CR工艺试样）冷轧后TEM组织
a—20%；b—50%

经统计，变形20%、30%和50% CR工艺试样中孪晶间距分别为1.74μm、0.71μm和0.22μm。统计结果显示，随着变形量的增加，钢中的孪晶间距逐渐减小。变形量增加后，全位错分解出的层错更多，而层错可以作为孪晶的形核点。

孪晶形核点增多，孪晶的数量随之增加。孪晶界面也可以作为孪晶的形核点，从而促进后期变形过程中孪晶的形成，进而减少孪晶间距。同时，随着变形量的增加，孪晶系开动增多，变形分切应力与晶面的夹角减小，促进孪晶形核的分切应力随之增加，因此，形成了更多孪晶。但是 CR 工艺试样经不同变形量轧制后，其对应的组织中只有一重孪晶。

CR 工艺试样的拉伸试验结果，如图 1-6-9 所示。统计显示，变形 20%、30% 和 50% CR 工艺试样的屈服强度分别为 1000MPa、1150MPa 和 1420MPa，抗拉强度分别为 1150MPa、1270MPa 和 1510MPa，伸长率分别为 15.2%、9.6% 和 5.1%。表明随着变形量的增加，CR 工艺试样的屈服强度和抗拉强度随之增加，但是伸长率逐渐降低。屈服强度的增加主要是因为随着变形量的增加，钢中的位错密度和孪晶间距及密度增加，从而导致位错强化和孪晶强化作用增强。

抗拉强度的增加主要源于位错和孪晶的交互作用增强。同时，孪晶间距降低后，孪晶间距之间位错滑移的可动距离降低，进而导致位错滑移的贡献降低。变形量增加后，孪晶的饱和度增加，即拉伸过程中的 TWIP 效应贡献降低，两种作用耦合导致塑性随着降低。因此，为获得更好的强塑性结合，在 AT 工艺中的冷轧变形量选择为变形 20%。

图 1-6-10 显示了层错能调控各工艺钢的 XRD 图谱，结果表明，所有样品均为面心立方结构，即使中温变形试样也没有产生 bcc 结构相。同时，WQ、HR、AR 和 AT 工艺试样中的位错密度分别为 $4.9\times10^{14}\ m^{-2}$、$6.2\times10^{14}\ m^{-2}$、$1.2\times10^{15}\ m^{-2}$ 和 $1.6\times10^{15}\ m^{-2}$。这表明，随着变形量的增加，钢中位错密度逐渐增加，而且 AT 工艺试样具有最高的位错密度。与 HR 工艺试样相比，AR 工艺试样在温变形位错密度增加了近一倍，表明在中温区间变形能够显著提高钢的位错密度。

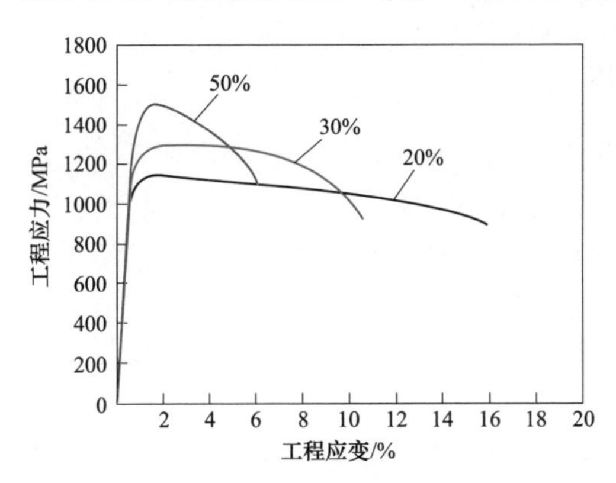

图 1-6-9 低碳 CrNiMnMo 奥氏体钢不同变形量 CR 工艺试样的拉伸试验结果

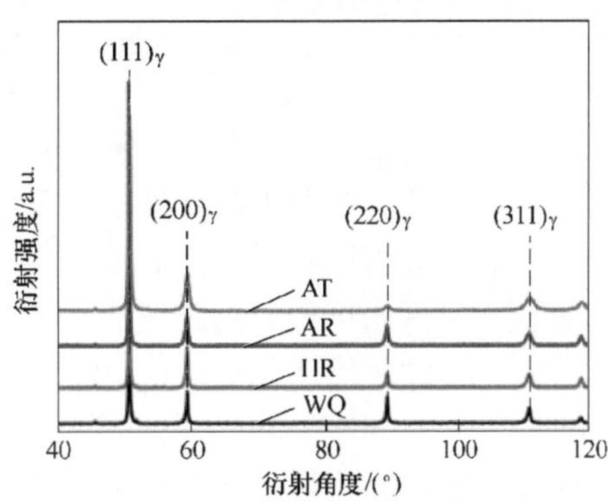

图 1-6-10 不同工艺处理低碳 CrNiMnMo 奥氏体钢的 XRD 图谱

各种层错能调控工艺下对应试样的 EBSD 组织，如图 1-6-11 所示，随着变形进行，奥氏体钢的母相奥氏体晶粒沿轧制方向拉长，从而使其晶粒在变形方向上逐渐细化。WQ 工艺试样的 IPF 图显示淬火过程中有少量的退火孪晶生成，WQ 工艺试样中的退火形态分为两种，分别为贯穿整个晶粒的典型退火孪晶和终止于晶内的不完整退火孪晶。

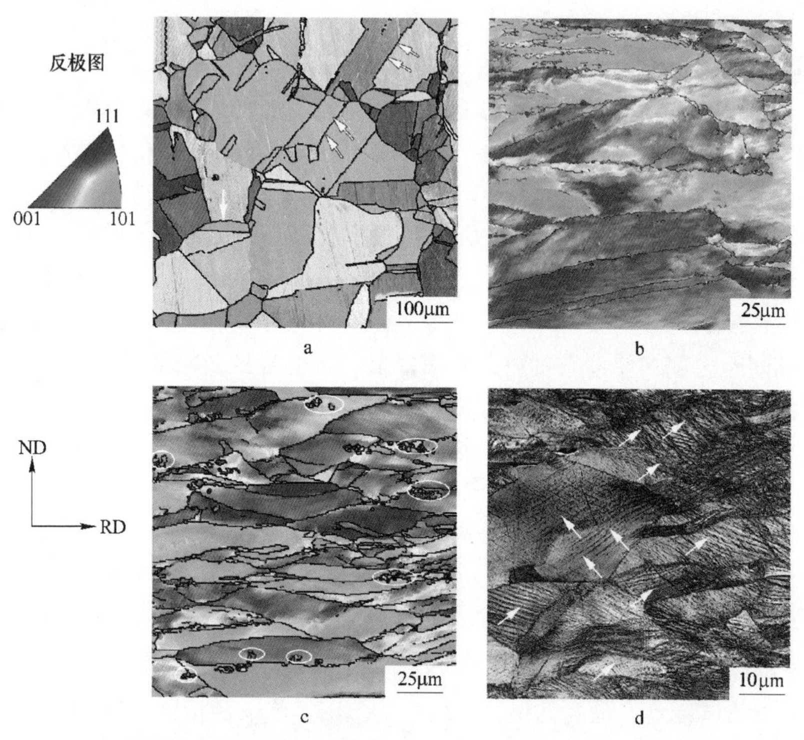

图 1-6-11　低碳 CrNiMnMo 奥氏体钢变形过程中 EBSD 组织
（箭头和圆圈用来标记孪晶界和再结晶晶粒，RD 和 ND 分别表示轧制方向和垂直于轧制方向）
a—WQ；b—HR；c—AR；d—AT

HR 工艺试样的 IPF 图显示在相同的晶粒内表现出不同的取向，这是因为热轧变形时对应的变形机制为母相奥氏体晶粒旋转或者晶界迁移，进而产生滑移带或剪切带，并将原始奥氏体晶粒分割。AR 工艺试样的 IPF 图显示由少量的小晶粒沿变形后原始母相奥氏体晶界分布，而这些新形成晶粒的晶粒显著小于前一道次变形试样的奥氏体晶粒，这表明该试样在温变形过程中发生了动态再结晶，进而使其晶粒得到进一步细化。图 1-6-11d 为 AT 工艺试样的 IPF 图，其结果显示了大量机械孪晶均匀分布于晶粒内部。这些孪晶与 WQ 工艺试样中的退火孪晶截然不同，因为 AT 工艺试样中的孪晶间距明显小于 WQ 工艺试样，而且其含量明显增多。普通变形后形成的孪晶在晶粒内分布是不均匀的，而且由于多晶材料的晶粒取向存在差异，进而导致变形时在不同晶粒内的分切应力不同，使得不同晶

粒的孪晶密度和分布产生明显差异。但是基于层错能调控试样，即 AT 工艺试样的孪晶分布结果表明，(111)、(001) 和 (101) 三种不同取向的晶粒内部均形成了孪晶，而且其分布相对均匀。

不同层错能调控工艺下钢的取向差角分布结果，如图 1-6-12 所示，其中，“Correlated”“Uncorrelated” 和 “Random” 表示取向差角的结果分别是通过使用扫描中相邻计数点、相邻随机点和完全随机点计算的。

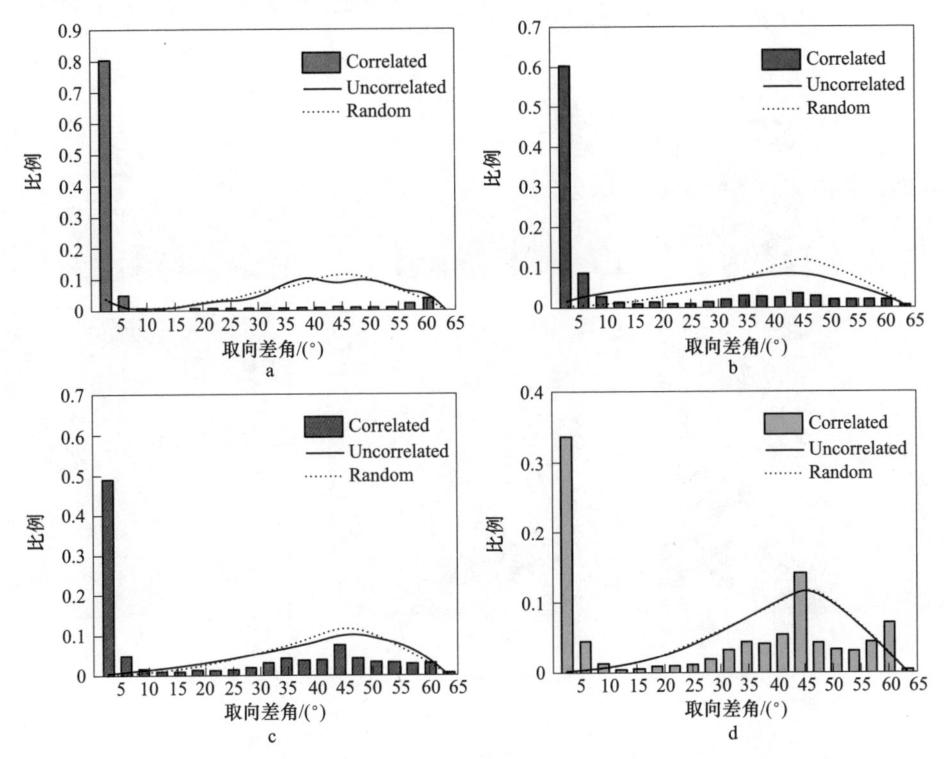

图 1-6-12 低碳 CrNiMnMo 奥氏体钢变形过程中试样的取向差角分布

a—WQ；b—HR；c—AR；d—AT

Correlated 统计结果显示，取向差角约为 2°的晶界占比最大，而且随着变形的增加，取向差角约为 2°的晶界占比逐渐降低。同时，在 AT 工艺试样中，取向差分布结果显示出了从低角度晶界（<5°）向高角度晶界（HAGBs，>15°）的转变，表明晶粒尺寸在 AT 工艺过程中逐渐细化。AT 工艺试样的统计结果显示，45°和 60°取向差角明显增加，表明试样中生成了大量 Σ23b 和 Σ3 形变孪晶，这与 AT 工艺试样的 IPF 图结果一致。此外，在基于层错能调控的热加工工艺过程中，“Uncorrelated” 和 “Random” 统计的取向差角结果之间的差异呈现先增大后减小的趋势。结果表明，由于滑移带、再结晶晶界和孪晶界对母相奥氏体的分割逐渐细化，使各向异性的差异逐渐减小。

各种层错能调控工艺下钢的 TEM 组织，如图 1-6-13 所示，WQ 工艺试样显示组织中有少量的位错，晶粒内部分布相对均匀，应该是由原始变形过程中引入。HR 工艺试样显示组织中有大量的滑移带，结果与 EBSD 结果相同。AR 工艺试样显示位错胞被细化，而且沿轧制方向拉长。此外，AR 工艺试样中还存在大量的层错，AT 工艺试样中生成了四重机械孪晶结构。

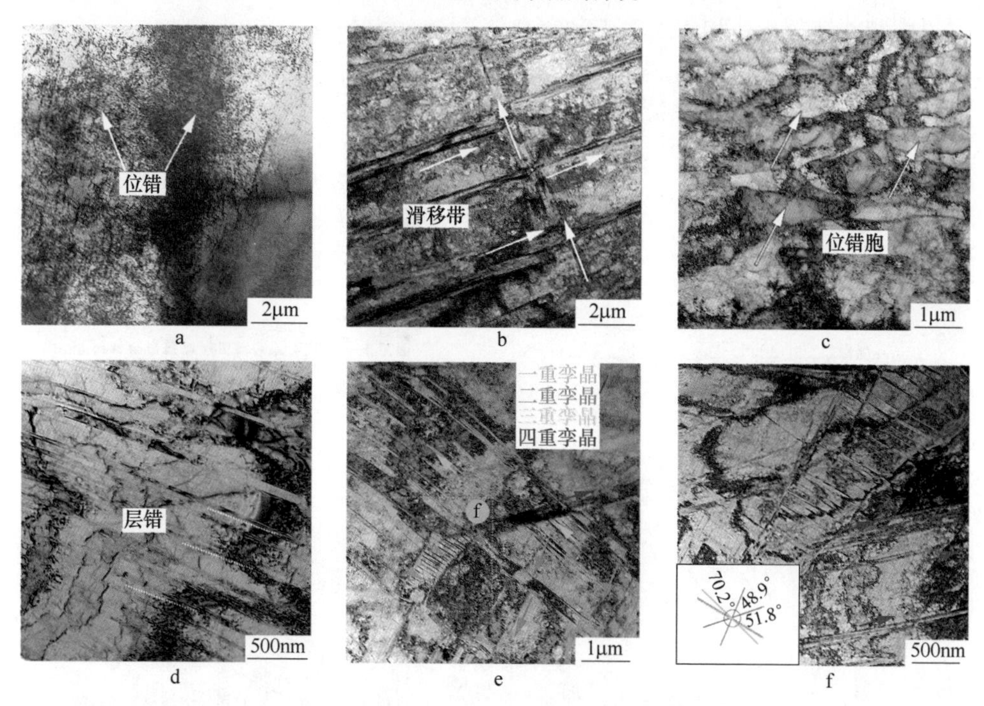

图 1-6-13　低碳 CrNiMnMo 奥氏体钢变形过程中的 TEM 组织

a—WQ；b—HR；c，d—AR；e，f—AT

一般情况下，形变孪晶的形核及其随后的生长由晶界主导。变形过程中，晶界首先变形以承载外界加载的应力，进而引发晶界的旋转以及全位错从晶界向晶内的迁移，引发全位错分解和不全位错、层错的形成，如图 1-6-14 所示。变形时位错与晶界交互作用显著，界面处发生大量的位错解离，从而生成了孪晶的形核点，即层错。同时基于孪晶的位错形核理论，层错可作为形变孪晶的形核点，当施加应力达到孪晶生长的临界应力时，孪晶从晶界向晶内生长，直至与晶界或者孪晶碰撞而停止。这种情况孪晶形核点单一，而且孪晶的形成受到加载外力与晶面的夹角影响，此刻形成的孪晶多为一重孪晶或二重孪晶。然而 AT 工艺试样中生成了四重孪晶，显然其中的高阶四重孪晶还存在其他的生成机制。

研究中温区间低碳 CrNiMnMo 奥氏体钢变形的 TEM 组织，如图 1-6-15 所示。层错能对应的位错滑移温度区间的变形试样的组织显示，组织中形成了大量的位

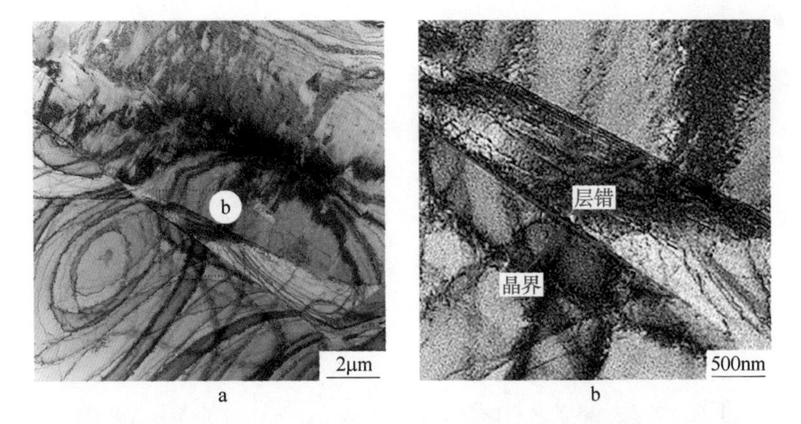

图 1-6-14 低碳 CrNiMnMo 奥氏体钢晶界处位错（a）和层错（b）的分布

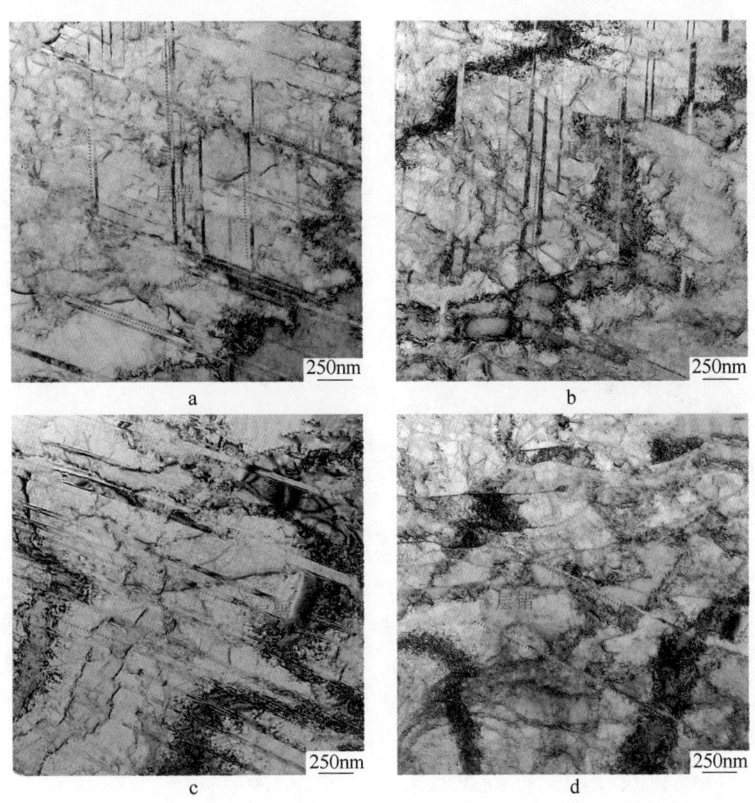

图 1-6-15 低碳 CrNiMnMo 奥氏体钢在中温区间变形的 TEM 组织

a—300℃；b—400℃；c—500℃；d—600℃

错，而且随着变形温度的降低，位错胞壁的含量显著增多。组织中还生成了大量的层错，随着温度的降低，层错数量增加。值得注意的是，在 300℃ 和 400℃ 的变形试样中，还发现了不同取向的层错，其夹角约为 60°。晶界和温变形过程中形成的层错，均可以促进加工过程中孪晶的形成。层错的不同取向，促进了高阶多重孪晶的形成。

层错能调控各种工艺下，钢的工程应力-应变曲线如图 1-6-16 所示，力学性能统计结果见表 1-6-12。屈服强度是固溶强化、晶界强化、位错强化和孪晶强化的累积贡献。基于 Taylor 强化机制，位错密度对屈服强度的贡献用公式 1-6-1 表示。

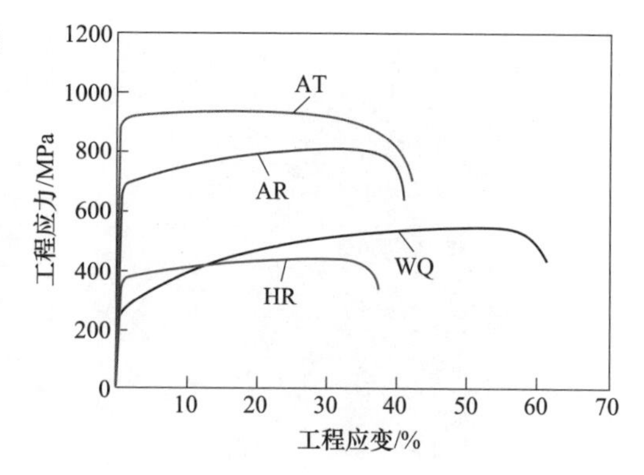

图 1-6-16　不同工艺低碳 CrNiMnMo 奥氏体钢的工程应力-应变关系

表 1-6-12　低碳 CrNiMnMo 奥氏体钢的力学性能

加热工艺	WQ	HR	AR	AT	CR
屈服强度/MPa	235	364	797	869	1094
抗拉强度/MPa	545	433	868	916	1142
伸长率/%	61	37	40	42	15
冲击韧性/J·cm^{-2}	156	84	107	117	76

$$\sigma = M\alpha\mu b\sqrt{\rho_D} \quad (1\text{-}6\text{-}1)$$

式中　ρ_D——位错密度；

M——泰勒系数，取 2.9；

α——经验常数，取 0.23；

μ——剪切模量，取 75GPa；

b——柏氏矢量，取 0.254nm。

计算结果显示，位错强化对 AT 工艺试样的贡献值为 601.6MPa。AT 工艺试样在室温下的变形机制以孪生机制为主，位错与孪晶的交互作用，也能提供一定的强度。分析了 AT 工艺试样中的孪晶分布及其间距，结果如图 1-6-17 所示。孪晶统计结果显示，AT 工艺试样中一重、二重、三重和四重孪晶的间距分别为 67.4nm、291.6nm、443.2nm 和 148.2nm，其平均孪晶厚度大于 15nm，因此，AT 工艺试样中的位错与孪晶界的相互作用主要由强化机制主导。

变形孪晶强化对屈服强度的贡献可以通过式 1-6-2 计算：

$$\sigma_t = \frac{M\beta Gb}{L} \quad (1\text{-}6\text{-}2)$$

式中　β——常数；

G——剪切模量；

b——柏氏矢量；

L——位错平均自由程。

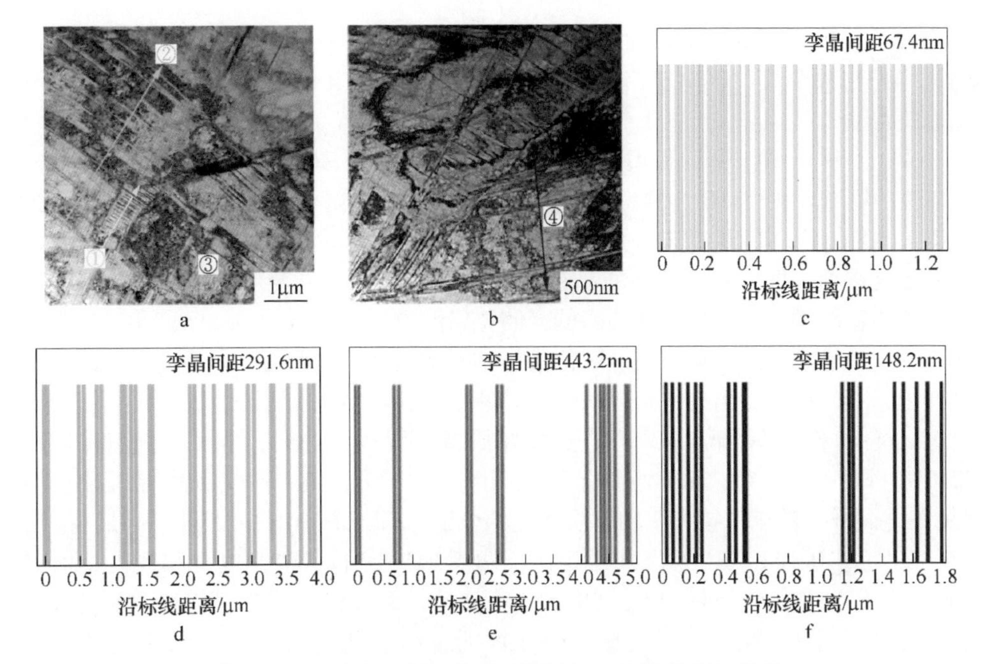

图 1-6-17　低碳 CrNiMnMo 奥氏体钢 AT 试样的孪晶结构

a，b—TEM 组织；c—一重孪晶间距分布；d—二重孪晶间距分布；
e—三重孪晶间距分布；f—四重孪晶间距分布

位错平均自由程 L 与平均孪晶间距 t 有关，可用式 1-6-3 中表示：

$$\frac{1}{L}=\frac{1}{d}+\frac{1}{t} \tag{1-6-3}$$

式中　d——晶粒尺寸；

　　　t——退火试样的平均孪晶间距。

经计算，孪晶强化对屈服强度的贡献 207.5MPa，结合位错强化贡献 601.6MPa，孪晶和位错强化的贡献值达到 809.1MPa，此外，结合固溶强化和晶界强化，这与试验的测定结果 869MPa 大致吻合。

WQ、HR、AR 和 AT 工艺试样的抗拉强度分别为 545MPa、433MPa、868MPa 和 916MPa。层错能调控工艺各阶段试样对应的抗拉强度值基本呈逐渐增大趋势。但是 HR 工艺试样的抗拉强度值与 WQ 工艺相比有一定程度降低。这是因为，热轧以后 HR 工艺试样的晶粒沿轧制方向被拉长，同时该试样中变形方向的厚度降低，导致拉伸过程中位错运动沿该试样的变形方向被限制，主要沿着轧制方向运动，进而通过细晶强化使其屈服强度得到提高。因为变形的缘故，HR 工艺试样的位错密度高于 WQ 工艺试样。因此，与 WQ 工艺试样相比，HR 工艺试样拉伸过程中沿着轧制方向的位错运动增强，导致该方向的位错交互作用增强，位错缠结的概率和倾向性增加；同时，意味着应力集中和裂纹萌生的概率增加，导致其强度降低。值得注意的是，AT 工艺试样的强度与其他单一强化机制的试样相比都要高，表明层错能调控的热加工工艺使其屈服强度和抗拉强度得到显著提高。

WQ、HR、AR、AT 和 CR 工艺试样的总伸长率分别为 60.7%、36.5%、19.8%、42.0%和 15.1%。其中，HR、AR 和 CR 工艺试样的伸长率逐渐降低，这是因为 HR、AR 和 CR 工艺试样随着变形量的增加和变形温度的降低，对应试样的位错密度逐渐增加，而且试样的晶粒沿轧制方向拉长，沿变形方向细化。如上所述，位错密度增加和晶粒尺寸的降低，使位错沿单一方向运动的空间减小，进而沿轧制方向的运动增加，从而增加了位错缠结和应力集中的程度。特别是在 CR 工艺试样中，不仅有晶界阻碍位错运动，大量的孪晶界也会强烈阻碍位错运动，因此其对应试样的伸长率最低。AT 工艺试样在保持高强度的同时，伸长率仍然保持了 42.0%。同时，AT 工艺试样与细晶强化 HR 工艺试样，细晶强化和位错强化耦合 AR 工艺试样，甚至位错强化和孪晶强化耦合工艺 CR 试样相比，其伸长率最高。

AT 工艺试样和 CR 工艺试样相比，两者均保持了高密度位错和孪晶，但是 AT 工艺试样伸长率为 42.0%，CR 工艺试样伸长率仅为 15.1%，前者的伸长率比后者提高了约 2.8 倍。通过对比两个试样的组织发现，AT 工艺试样具有四重孪晶，但是 CR 工艺试样仅为一重孪晶，即使增大变形量到 50%，CR 工艺试样中的孪晶仍然为一重孪晶。据此判定，AT 工艺试样和 CR 工艺试样伸长率的差异主要由孪晶的影响。拉伸过程中，位错在应力场作用下脱钉运动，然后与孪晶界产生交互作用。但是，由于 CR 工艺试样中的孪晶仅为一重孪晶，因此当位错运动到界面处无法运动之后，转而沿孪晶界运动，即在孪晶之间滑移。此刻位错的运动方向受到空间限制，在二维方向上运动，位错缠结和应力集中程度增加，进而导致其塑性降低。而在 AT 工艺试样中，由于多重孪晶的存在，位错运动受到不同晶界和多种取向孪晶界的阻碍，促使位错在孪晶界分割的不同区域内分布更加均匀，防止了因位错缠结而引起的应力集中。

为进一步提高钢的强度和塑性，研究了中温区间内变形温度对钢组织和性能的影响。首先分析中温区间变形温度对其组织的影响，结果如图 1-6-18 所示。TEM 组织演变表明，随着变形温度的降低，组织中的孪晶间距显著减小，孪晶密度逐渐增加。同时，图 1-6-15 表明，温度降低后钢中层错的数量和取向均增加。基于孪晶的位错形核理论，层错能提高了孪晶的形核点，从而促进孪晶的形成和数量的增加。热变形过程中的剪切带对试样的取向发生了变化，在后续的处理工艺中，使转移到孪晶形成不同滑移面上的分切应力增多，获得更多的孪晶。与 CR 工艺试样相比，中温变形试样中的孪晶重数明显较高，形成了高阶多重孪晶。各试样组织中的孪晶分布由热轧过程中的滑移带隔离，不同的滑移带隔离区间的孪晶取向也存在差异，进一步增加了孪晶取向的多样性。

AT 工艺处理试样对应的工程应力-应变曲线，如图 1-6-19 所示。300℃、400℃和 500℃的变形试样，对应的屈服强度分别为 970MPa、923MPa 和 894MPa，抗拉强度

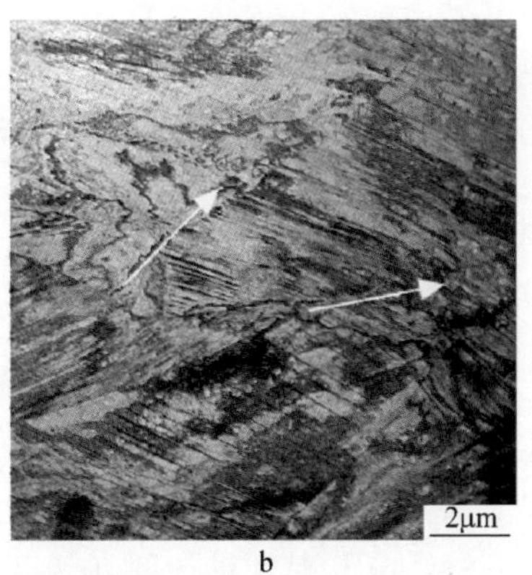

图 1-6-18 低碳 CrNiMnMo 奥氏体钢在不同温度变形后（AT 工艺）的 TEM 组织
（箭头标注滑移带）
a—300℃；b—500℃

分别为 960MPa、954MPa 和 902MPa，伸长率分别为 24.7%、32.2% 和 37.8%。

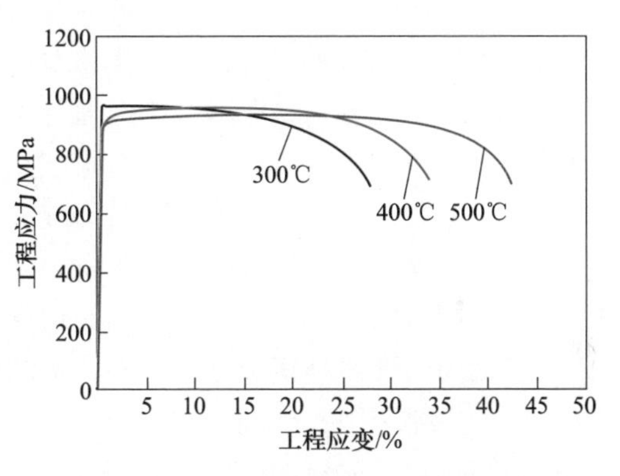

图 1-6-19 AT 工艺处理低碳 CrNiMnMo 奥氏体钢在不同温度变形后拉伸工程应力-应变的关系

随着变形温度的降低，屈服强度和抗拉强度增加，但是伸长率有所降低。屈服强度的增加是因为降温后，与位错滑移/孪生变形的临界温度接近，位错运动增强，其对应的位错密度随之增高，与孪晶产生的交互作用增强，位错强化和孪晶强化共同作用使其强度获得提高。不同变形温度对应试样的加工硬化程度很小，因此，其抗拉强度相对较低。位错密度增加，孪晶数量和孪晶重数增大，两者交互作用增强，即拉伸过程中的加工硬化能力随之增强，应获得较大的加工硬化及抗拉强度。但是各试样的抗拉强度几乎与屈服强度一致。基于层错能调控的形变热处理工艺使试样获得了足够多的孪晶，孪晶界面在与位错的交互作用过程中，可作为位错的存储空间，位错存储到孪晶界面，降低了两者的交互作用。值得注意的是，300℃、400℃、500℃变形试样的屈服强度和抗拉强度差异较小，但是其伸长率存在较大的差异。钢的室温变形机制为孪晶变形，但是在中温变形工艺中，生成了足够多的孪晶，导致在后期拉伸过程中生成的孪晶减少，即 TWIP 效应的作用降低。

7　高锰钢辙叉的失效

多年前，国外对高锰钢辙叉失效分析工作以苏联和联邦德国居多，其次是美国、日本、英国、澳大利亚等国。研究认为，辙叉磨耗的发生与发展过程是一种疲劳过程。高锰钢辙叉损坏的最普遍原因是工作表面接触疲劳而引起的横向裂纹和断裂。另外，苏联对磨损失效高锰钢辙叉的研究结果表明，晶界破坏是叉心的主要磨耗因素。在肯定辙叉疲劳磨损性质的研究方面，有人做了一些有益的工作，主要从接触表面的形状、尺寸及铸造工艺上进行理论分析与计算，并在不同运行条件下进行了比较，从而分析高锰钢辙叉的失效机理。此外，许多研究都在高锰钢辙叉失效形式上肯定了接触疲劳是引起剥落的主要原因。日本对高锰钢辙叉的研究工作也比较重视，他们在实验室条件下，研究了高锰钢的磨耗特性，并分析了不同化学成分高锰钢辙叉的磨耗与运输线路的关系，还从经济上说明了进行辙叉失效分析的必要性，并在铸造工艺上提出了一些改进的措施方案。

近些年，国内外关于高锰钢辙叉失效的研究报道较少。国内现有的公开报道之一是从高锰钢辙叉断裂组织角度出发，认为磷共晶是引起高锰钢辙叉疲劳断裂的主要影响因素之一；也曾有人提出高锰钢辙叉疲劳失效的原因是腐蚀疲劳。

从以上国内外对高锰钢辙叉失效分析结果来看，滚动接触疲劳是引起高锰钢辙叉失效的主要原因，已经达到共识，但它应该有一个前提条件，即高锰钢辙叉结构的不断优化、材质的净化、大吨位货车的开通以及养护工作的完善等。在此条件下，高锰钢辙叉表面疲劳破损才能成为其失效的主要形式；否则，高锰钢辙叉还没有达到其疲劳寿命就会因工作表面早期产生严重塑性变形或因内部缺陷而大块剥落，提前失效下道。

7.1　失效形式

高锰钢辙叉在使用过程中的失效形式主要有两种，其一是正常失效；其二是非正常失效。高锰钢辙叉正常失效的标志通常是以高锰钢辙叉工作表面由磨损、变形和疲劳等造成的下陷量来表征，但各个国家对这个下陷量没有明确的标准，铁路系统都是根据辙叉的实际使用状况以及其对列车运行平稳度的承受能力给出相应要求。通常它与辙叉上运行的列车速度有关，火车运行速度越高，该下限量值要求越小。非正常失效是指由于高锰钢辙叉制造质量原因，造成在使用过程中产生断裂或者在使用初期出现工作表面大块剥落等。

我国铁路辙叉失效的标志为：（1）辙叉心轨宽40mm断面处垂直磨耗：50kg/m及以下钢轨，在正线上超过6mm，到发线上超过8mm，其他站线上超过10mm。60kg/m及以上钢轨，在容许速度大于120km/h的正线上超过6mm，其他站线上超过8mm，到发线上超过10mm，其他站线上超过11mm。（2）可动心轨宽40mm断面及可动心轨宽20mm断面对应的翼轨垂直磨耗超过6mm。俄罗斯对520例实际应用辙叉进行失效数据的统计分析，这些在铁路主线上辙叉的服役时间不少于2年，过载量不少于1.4亿吨。这些高锰钢辙叉中，40%~60%辙叉是接触疲劳失效，疲劳剥落导致切向压力增大，并且破坏了辙叉的正常工作，而20%~30%的辙叉是过度磨损而报废。同时，发现当高锰钢辙叉磨损下陷深度超过7mm以后，过度磨损使车轮对辙叉的动压增大188~480kN，这时辙叉失效的现象就会频繁发生，因此规定高锰钢辙叉磨损下陷量达到7mm就需报废下道。美国铁路系统认为，当辙叉垂直磨耗量达到10mm时，就应该进行补焊修复或者报废。

1989年我国对202组高锰钢辙叉的使用情况进行了统计，只发现15例是因磨耗超限而下道，仅占所调查总数的7%，其余均属于剥落和断裂提前破损情形，统计结果见表1-7-1。

表1-7-1　1989年我国50kg/m 12号高锰钢辙叉失效情况统计

损伤部位	失效形式	占比/%
跟端700mm以内	轨头水平裂纹、螺栓孔裂纹、剥落	20
心轨10~70mm断面	剥落、压塌、起皮、水平裂纹	41
趾端700mm以内	水平裂纹、垂直裂纹、螺栓孔裂纹、剥落	19
咽喉至理论尖端	裂纹、剥落	7
其他部位	裂纹、剥落	13

从高锰钢辙叉失效情况可以看出，属于磨损失效的情况约占总数的50%，而且发生磨损的部位集中在心轨宽10~70mm范围内；其中，70%以上发生在心轨宽20~50mm范围，所以这段范围是高锰钢辙叉失效的重点区域。

1992年我国对全路12个铁路局254个工务段、2个桥工段、8个临管段高锰钢辙叉的使用失效情况进行了大范围系统的调查，调查中把肉眼可见裂纹的辙叉判为“失效辙叉”，“累计过载总重”是以高锰钢辙叉铺设之日起至第一次发现失效时间止所通过列车的质量计算。本次共调查高锰钢辙叉98959棵，发现失效辙叉为12703棵，失效率为12.8%。失效类别及其占比见表1-7-2。可以看出，当年我国生产的高锰钢辙叉的失效大部分是由于裂纹造成的非正常失效，由此可见，当时我国的高锰钢辙叉生产技术水平较低，辙叉质量较差，致使高锰钢辙叉的平均寿命（过载量）仅为0.8亿吨左右。

表 1-7-2 1992 年我国高锰钢辙叉失效情况统计

失效位置	失效形式	辙叉数量/棵	占比/%
辙叉心轨	垂直裂纹	314	6.4
	纵向水平裂纹	3197	25.2
	垂直磨耗	969	7.6
	剥落掉块	1361	14.6
辙叉翼轨	垂直裂纹	772	6.1
	纵向水平裂纹	1261	9.9
	垂直磨耗	367	2.9
辙叉趾	轨头及下颚部裂纹	1563	13.3
辙叉跟	浇铸断面斜水平裂纹	746	3.9
	剥落掉块	520	4.1
底板裂纹		214	1.7
螺栓孔裂纹		394	3.1
其　他		23	0.2

2004 年 9 月，我国铁路技术人员对高锰钢辙叉实际使用情况又进行了一次统计研究，对京广线上的运行情况进行了调查，调查了 31 组辙叉的使用情况，辙叉主要失效缺陷表现为心轨宽 20mm~50mm 断面间轨顶面龟裂、剥落、掉块。从心轨的失效程度看，下行辙叉普遍比上行辙叉要严重，心轨出现严重的疲劳剥落掉块，个别出现跟端端头顶面揭盖现象，如图 1-7-1 所示。普通高锰钢辙叉和微合金化高锰钢辙叉运行一年情况统计结果见表 1-7-3。这种高锰钢辙叉在京广线运量（使用寿命）情况为：上行运量 1 亿吨左右、下行运量 1.2 亿吨左右。

a

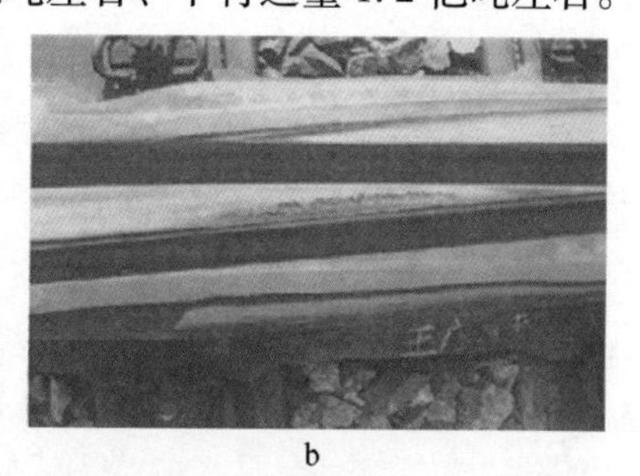
b

图 1-7-1 高锰钢辙叉在实际运行中心轨剥落掉块状态
a—下行辙叉；b—上行辙叉

表 1-7-3 普通和微合金化的高锰钢辙叉运行一年状况对比

辙叉类型	辙叉数量/棵	心轨良好/%	心轨轻微剥落掉块/%	心轨剥落掉块严重/%	心轨焊修/%
普通高锰钢辙叉	25	24	32	20	12
微合金化高锰钢辙叉	6	50	0	17	33

近年来，我国铁路辙叉生产企业和科研单位做了大量研究和实际生产技术创新工作，使我国生产的高锰钢辙叉使用寿命有了明显提高。2006 年通过对 158 棵 60kg/m 12 号高锰钢辙叉的使用情况进行统计，重点统计了心轨宽 20～50mm 范围的剥落和运量情况，得到了如图 1-7-2 所示的分布曲线。高锰钢辙叉心轨在正常磨耗情况下，总运量与垂直磨耗量间的关系如图 1-7-3 所示。

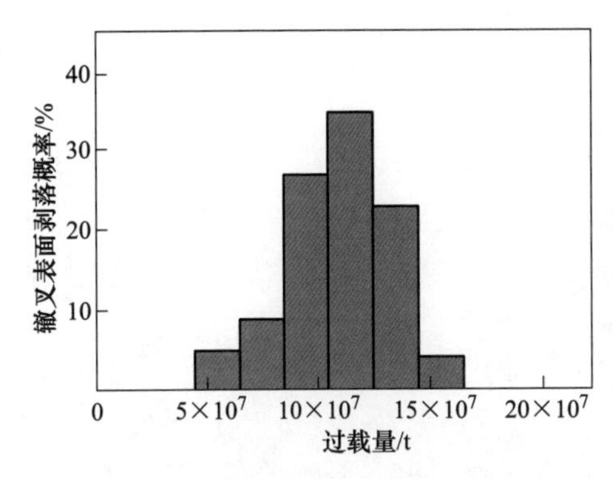

图 1-7-2　高锰钢辙叉宏观剥落概率与过载量关系

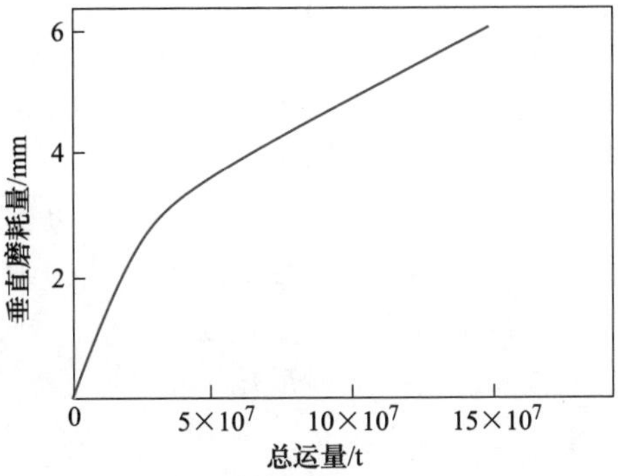

图 1-7-3　高锰钢辙叉心轨垂直磨耗量与总运量关系

目前，欧美发达国家生产的高锰钢辙叉在铁路正线使用时，心轨垂直磨耗的极限尺寸为 6mm 所对应的运量达 2 亿吨左右，此前，这也是我国铁路运输部门一直希望的指标。由图 1-7-2 和图 1-7-3 可知，当时，我国高锰钢辙叉发生剥落概率最大的过载量约 1. 2 亿吨，距 2 亿吨还有较大差距。

2007 年我国对铺设后产生宏观裂纹的非正常失效高锰钢辙叉也进行过大规模统计，对某一批 60kg/m 12 型高锰钢辙叉出现裂纹情况统计，见表 1-7-4。高锰钢辙叉是细长形铸件，以型号为 60kg/m 12 型辙叉为例，长、宽、高分别为 5927mm、440mm、179mm，壁厚 22mm，铸件从一端浇铸，轨面全部下冷铁，浇铸温度为 1480～1510℃，水韧处理温度为 1020～1080℃，保温 2h。理论上认为，辙叉裂纹主要是产生弱断面引起，如截面尺寸过小，或有夹杂、缩孔、气孔和碳化物析出等铸造缺陷。

表 1-7-4　高锰钢辙叉出现裂纹情况统计

序号	裂纹部位	数量/棵	使用寿命/月
1	跟趾端 600mm	4	4
2	心轨宽 50mm 至理论尖端	3	8
3	耳板	10	6
4	轨头横	2	2

跟趾端 600mm 处轨面横裂纹，该种裂纹较多。从线路使用看，辙叉跟端、

趾端分别用鱼尾板固定，跟趾端600mm处强度低时极易开裂。跟趾端600mm处是辙叉结构过渡处，由于结构复杂，在工艺设计时使用冷铁，以实现顺序凝固。

心轨宽50mm至理论尖端区域是辙叉的有害空间，使用过程中承受车轮巨大冲击和摩擦作用，叉尖极易出现剥落和水平裂纹。要提高该部位强度，设计厚度应增加到50~60mm。然而，厚大部位易出现缩孔和气孔。造型采用白云砂，主要成分为碳酸钙和碳酸镁，发气量大，由于浇铸时轮缘槽朝下，槽中的型砂三面被钢液包围，因此，气体易侵入铸件。从上面分析可推断出，心宽50mm至理论尖端较厚，易产生缩孔、缩松和气孔等缺陷。

轨头横裂纹：奥氏体晶粒粗大。因为轨头处较厚，且是浇口位置，过热时间长。高锰钢导热系数比碳钢低，仅为碳钢的1/3，散热较差，钢液凝固缓慢，柱状晶粗大，很容易生成长条柱状晶，使钢的塑性、冲击韧度大幅下降，脆性增加。因此，晶粒粗大是该处断裂的主要原因。

耳板裂纹：高锰钢耳板细长，面积较大，使出现缺陷的可能性增加。现浇铸位置是辙叉耳板朝上，倾斜浇铸，因此夹杂物易聚集在上方，使耳板处存在夹杂。耳板焊补多，但高锰钢在焊补时会出现碳化物析出，造成脆性增加。

以上都是对高锰钢辙叉失效几十年情况的宏观统计，为了进一步研究高锰钢辙叉的失效机理，对高锰钢辙叉服役后从初期到失效全过程进行跟踪勘测和分析。图1-7-4给出了高锰钢辙叉在使用过程中不同阶段工作表面的宏观形貌以及辙叉工作表面局部断面形状测绘结果，从总体情况来讲，高锰钢辙叉的失效形式

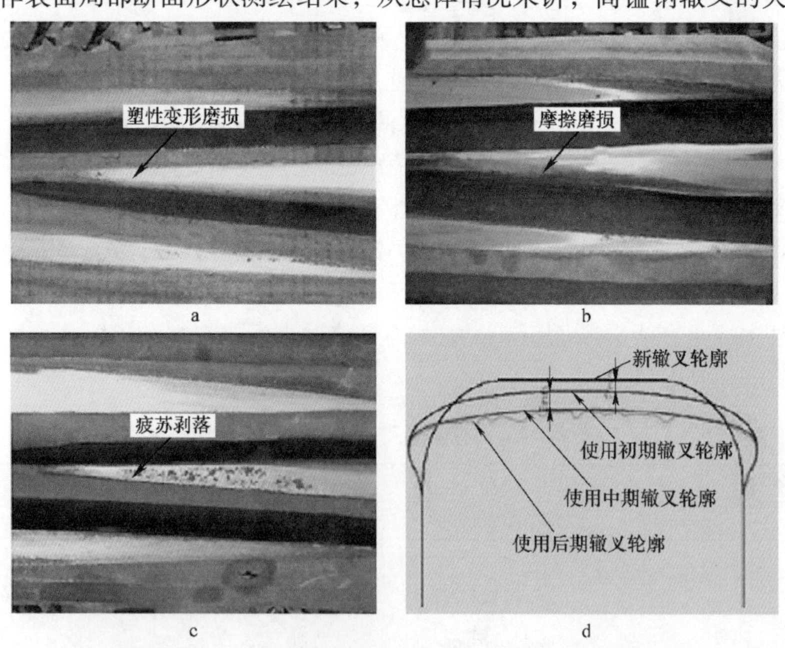

图1-7-4　高锰钢辙叉使用不同阶段的表面宏观形貌

a—塑性变形；b—摩擦磨损；c—疲劳剥落；d—断面形状演变示意图

是磨损和压溃变形以及疲劳剥落掉块。从开始使用到失效报废，辙叉表面材料的流失可明显地分为三个阶段。

第一阶段是使用初期，过载量为0.05亿~0.1亿吨，高锰钢辙叉表面的加工硬化能力没有得到有效发挥，辙叉表面硬度（HV）随着过载量的增加不断增大，从220逐渐增加到500，辙叉表面由于受到高速、重载列车车轮的反复冲击和碾压而产生压溃塑性变形，同时伴有磨损，此阶段高锰钢辙叉的失效形式为工作表面的压溃塑性变形，并且塑性变形引起辙叉表面的下陷量为2~3mm，称该阶段为“变形磨损”阶段。该阶段使高锰钢辙叉使用寿命损失40%左右，但仅完成高锰钢辙叉应有贡献的5%左右份额。

第二阶段是使用中期，高锰钢辙叉表面产生有效的加工硬化，表面硬度（HV）达到550以上，并且在随后的使用过程中辙叉表面硬度基本保持不变。说明对于平均轴重为21t、行驶速度为160km/h的列车，可使高锰钢辙叉产生最大的加工硬化程度是辙叉表面硬度（HV）达到550。此时辙叉进入正常服役阶段，该阶段辙叉主要表现为表面磨损，并且在此阶段辙叉磨耗下陷量大约为2mm，其过载量在0.1亿~1.2亿吨范围内，称该阶段为“摩擦磨损”阶段。该阶段也使高锰钢辙叉的使用寿命损失40%左右，但完成高锰钢辙叉应有贡献的80%以上份额。

第三阶段是使用后期，过载量达到1.2亿吨以后，此时辙叉表面首先出现麻点，然后出现疲劳剥落，疲劳剥落层的深度为2~3mm。辙叉一旦产生疲劳剥落，其区域迅速扩大，辙叉很快失效，称该阶段为“疲劳剥落”阶段。

由此可见，高锰钢辙叉在使用过程中，经历塑性变形磨损、摩擦磨损和疲劳剥落三个阶段。

如果高锰钢辙叉表面不产生疲劳剥落现象，高锰钢辙叉的使用寿命会更长。对于正常失效高锰钢辙叉，可以认为是磨损和疲劳致使其最终失效。然而，高锰钢辙叉的疲劳很复杂，与许多因素有关。因为辙叉不同部位受力状态不同，一般情况下，疲劳剥落主要发生在心轨工作表面上，翼轨主要是塑性变形和磨损，很少发生疲劳剥落现象。图1-7-5给出了高锰钢辙叉心轨在列车行走不同方向（顺向和逆向）时疲劳剥落情况的示意图。

对158棵60kg/m 12号高锰钢辙叉疲劳剥落层深度进行了统计，表1-7-5给出了顺向和逆向高锰钢辙叉心轨宽20~50mm范围内的疲劳磨损剥落区情况，重点测试了心轨宽20mm断面、30mm断面、40mm断面和50mm断面的疲劳特征。可以看出，20mm断面疲劳剥落较重，这是因为心轨宽20mm断面为承载条件下的变截面点；并且从心轨宽30~35mm断面，剥落坑深度有增加的趋势，在心轨40mm和50mm断面疲劳剥落逐渐减少。心轨宽20~25mm及30~35mm范围的剥落坑分布较多，深度也较大。对比顺向和逆向辙叉可以看出，逆向辙叉的疲劳剥

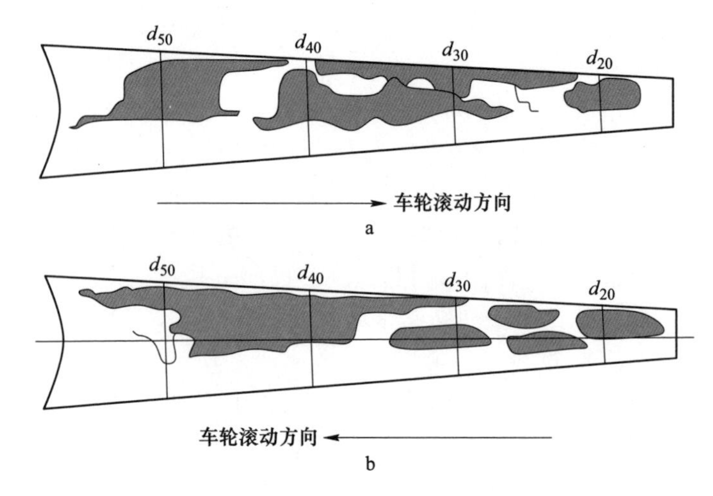

图1-7-5　高锰钢辙叉心轨疲劳剥落示意图

a—顺向；b—逆向

落深度较深，而且疲劳剥落面积较大，因此，逆向辙叉在服役过程中承受车轮较大的冲击载荷作用较严重。

表1-7-5　顺向和逆向60kg/m 12号高锰钢辙叉心轨剥落坑深度　　（mm）

心轨宽度	20	30	40	50
剥落深度（顺向）	1.82	1.88	1.22	0.66
剥落深度（逆向）	2.11	1.95	1.38	0.75

由大量的实际测试可知，剥落坑为层片状，深度一般在1.0~2.5mm范围内。逆向心轨宽20mm处，剥落最严重，剥落坑深达2.0mm以上；从心轨宽30~50mm范围内剥落坑深度逐渐减小，但在心轨宽45mm以上时，表面剥落情况较少，踏面较完整。以心轨对称中心线为界，靠车轮轮缘一侧的剥落明显较另一侧严重。剥落与辙叉顺逆方向有关，顺行辙叉车轮由心轨向翼轨过渡，故造成对翼轨的冲击，引起表面变形和磨损，右翼轨磨耗严重并有剥落；逆行辙叉则车轮冲击心轨较严重。

高锰钢辙叉剥落的外部宏观形貌为多层次的层片状剥落，亚表层内存在与踏面平行的裂纹群，分布在辙叉踏面以下1.5~3mm深度范围内，如图1-7-6所示。剥落的微观形貌为多层次的鳞状坑，坑内有平行条纹及横向裂纹。此外，还有横向长条形层片状剥落、踏面未剥落部分有多边形裂纹。鳞状坑及坑内平行裂纹是冲击载荷作用的结果，而踏面多边形裂纹则是平行裂纹在硬化层中的发展所致。长条形层片状剥落实质上是裂纹发展形成悬臂梁式剥落的结果，此时裂纹的侧壁上有塑性欠佳的韧窝形貌。辙叉心轨的磨耗

还与车轮踏面形状有关，心轨靠近轮缘的运行侧，其剥落程度及亚表层裂纹分布情况均比非运行侧严重。

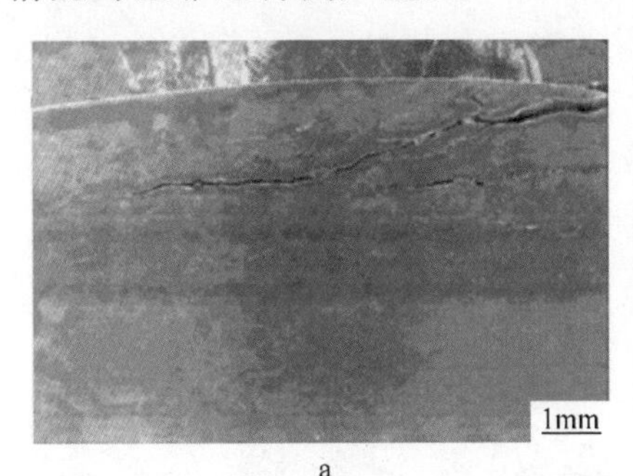

a

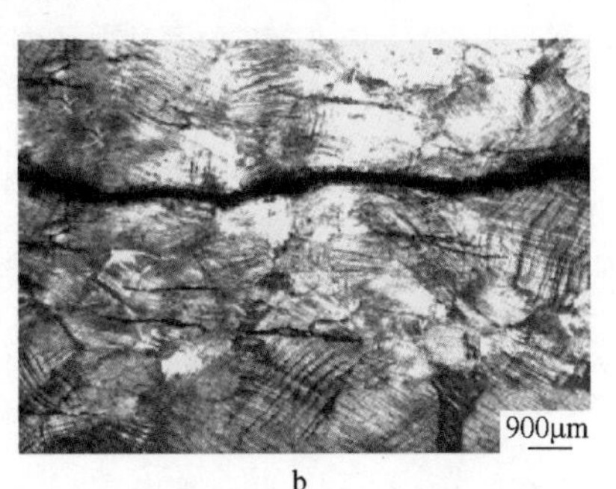

b

图 1-7-6 高锰钢辙叉亚表层疲劳裂纹

a—亚表层裂纹分布和形态；b—亚表层微观裂纹

7.2 失效机理

7.2.1 微观组织和力学性能

（1）非正常失效高锰钢辙叉的失效机理。以一棵失效辙叉进行案例分析，高锰钢辙叉短期服役后，其过载量刚刚达到 500 万吨左右，心轨和翼轨工作表面产生大量的脆性裂纹，然后整个辙叉出现宏观裂纹现象，很快导致辙叉失效。这棵辙叉的化学成分（质量分数）为：C 1.16%，Mn 12.4%，Si 0.6%，P 0.052%，S 0.036%。其常规力学性能为：屈服强度 365MPa、抗拉强度 763MPa、伸长率 31%、断面收缩率 27%、冲击韧性 196J/cm^2、硬度（HB）225。可以看出，该高锰钢辙叉的化学成分和力学性能均满足有关标准要求。亚表层硬化层硬度分布，如图 1-7-7 所示，该辙叉服役失效后加工硬化程度很低，表层最高硬度（HV）仅为 360，远低于通常服役高锰钢辙叉的表层硬度，为 550。

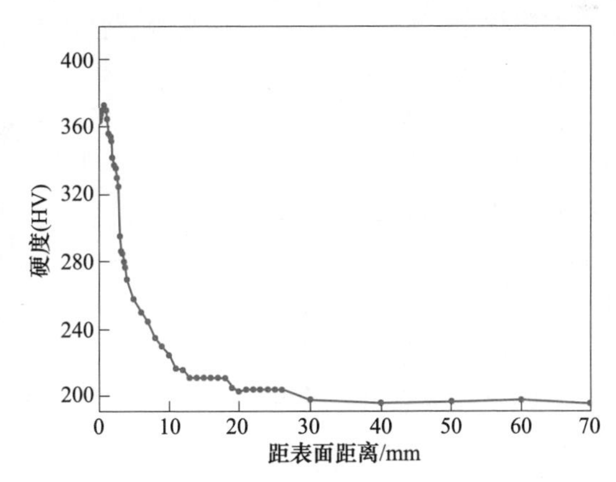

图 1-7-7 失效高锰钢辙叉亚表层加工硬化曲线

图 1-7-8 给出了该钢的基体组织和工作表层组织，其基体组织为单相奥氏体组织，但晶界和晶内不纯净，其中存在大量的微观夹杂和气孔，没有疲劳裂纹产生。辙叉表面不纯净的晶界和其中的夹杂、气孔等成为裂纹的萌生地，形成裂

纹。裂纹沿着奥氏体晶界扩展，形成脆性裂纹，在列车车轮的强烈冲击下，裂纹扩展形成大量的表面剥落，最后失效。这棵辙叉失效的原因是其冶金和铸造质量差造成的，因此，要想使高锰钢辙叉使用寿命长，其冶炼和铸造质量好是前提和保障。

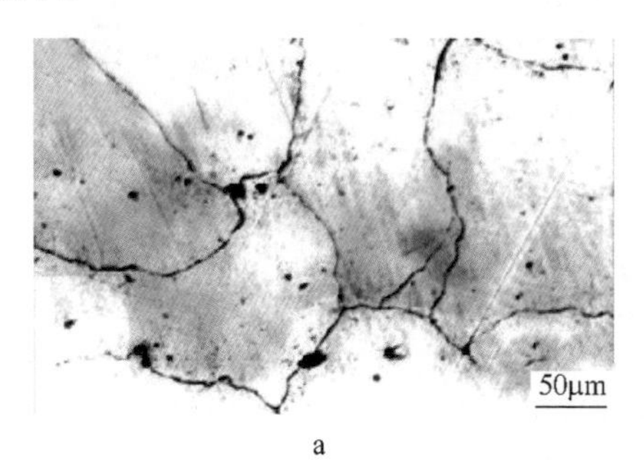

a

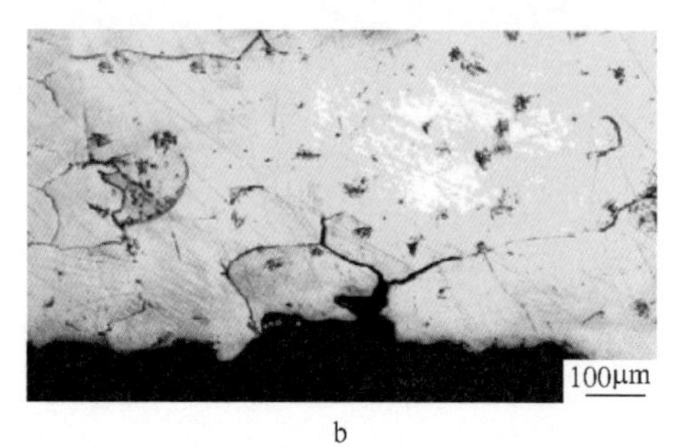

b

图 1-7-8　失效高锰钢辙叉心轨的金相组织

a—基体；b—工作表面

（2）对于正常失效情况，重点分析疲劳剥落问题。首先从力学分析入手，研究其机理问题。从轮轨相互作用关系上研究轮轨的接触几何与接触应力，以分析轮轨的摩擦磨损情况。当车轮辗压钢轮时，依 Hertz 理论计算，轮与轨之间的接触压应力很大，对新车轮和新钢轨来讲最大可达 1300～1500MPa，远超过高锰钢的屈服极限，由于塑性变形的不断积累，踏面上形成了硬化层。如果荷载 $\sigma_{max}<\sigma_s$，塑性变形到一定程度就停止了，有时也称这种不再塑性变形的稳定状态为安定状态；但如果 $\sigma_{max}>4\sigma_s$ 材料就会出现剪切破坏，车轮反复碾压一定次数后，表层金属就与母材脱离，产生鳞状剥落。

高锰钢辙叉亚表层中疲劳裂纹形成于内部，然后平行扩展到一定程度，一般沿与踏面呈 20°～30°的锐角向表面扩展，如图 1-7-9 所示。当裂纹扩展至距表面很近时，使材料的有效承载截面减小，同时裂纹的尖端也造成更复杂的应力状态，出现垂直方向的弯曲应力，使裂纹尖端向上发展，最终导致断裂。终断断口面一般比较陡，与踏面相垂直。

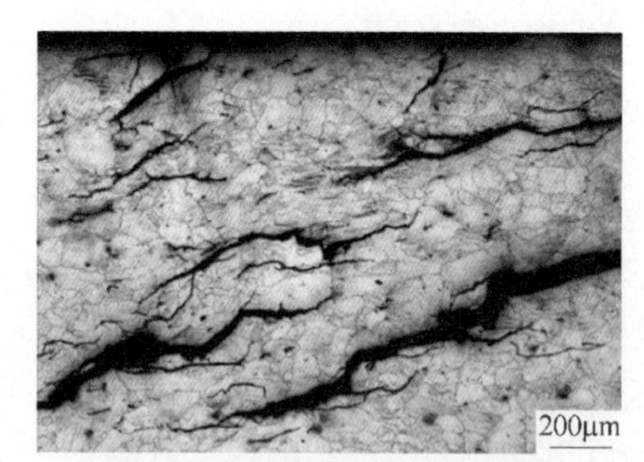

图 1-7-9　失效高锰钢辙叉心轨的亚表层疲劳裂纹形貌

选取平行于辙叉表面的疲劳裂纹，对其进行 SEM 扫描和对应的取向分布 EBSD 分析，如图 1-7-10 所示。可见，高锰钢辙叉在该部位的平均晶粒尺寸约为 100μm，并且在晶粒内部存在着大量的塑性变形特征，如滑移带、变形孪晶等。疲劳裂纹在试样中的扩展路径与晶粒取向和

晶界无关。裂纹的扩展方式既有穿晶又有沿晶，并且分布在随机取向的晶粒上面。

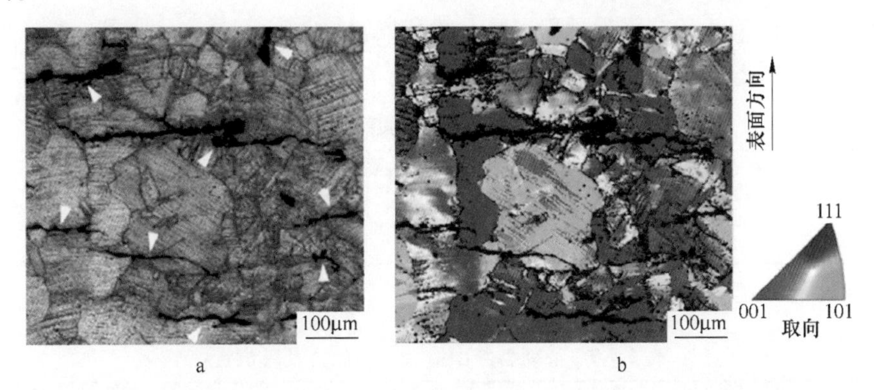

图 1-7-10 失效高锰钢辙叉疲劳裂纹的扫描照片（a）和对应的取向分布图（b）

辙叉心轨的剥落起源，不仅有列车正常运行所受滚动接触载荷所致，还有冲击因素的影响，因为辙叉在服役过程中承受车轮巨大的冲击载荷，说明冲击疲劳也是辙叉表面磨损失效的重要原因。这种磨损与载荷和承载次数均密切相关，裂纹的扩展是一种渐进的过程，载荷条件比较复杂，既有滚动接触，也有冲击因素，普通钢轨的剥落破坏是典型的接触疲劳所致，但辙叉的受力状态比钢轨更复杂，往往具有多种附加作用力，反映到辙叉的损坏特征上，也就具有了复合性质。一般地，辙叉主要承载形式有滚动接触、振动和冲击等，所以辙叉工作表面的剥落是一种复合性质的表面疲劳破坏。

车轮通过逆行辙叉由翼轨咽喉滚向心轨时，车轮便逐渐离开翼轨工作边向心轨工作面接近。由于车轮为一锥体，使其与翼轨接触的滚动圆周逐渐减小，车轮便逐渐下降。而车轮滚至心轨上，心轨有向辙叉跟端的上升纵坡，使车轮升高逐渐恢复原运行面，这就是列车车轮通过辙叉时，载荷从翼轨向心轨转移的过程。顺向时，过程相反，如图 1-7-11 所示。因此，车轮通过辙叉犹如通过钢轨接头一样，出现了垂直不平顺的运行条件。

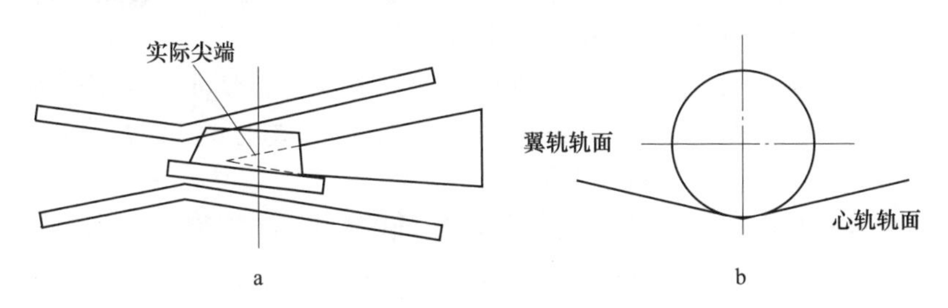

图 1-7-11 车轮在辙叉上的不平顺运行示意图

a—俯视图；b—侧视图

由车轮垂直静载荷在翼轨和心轨上的分配情况，研究辙叉在心轨宽30~50mm纵向范围内的轮载静态转移规律，当轴重20t、轮重10t时，得到表1-7-6的结果。高锰钢辙叉在服役过程中的心轨和翼轨最大剪应力及其位置分布，见表1-7-7和表1-7-8。

表1-7-6　高锰钢辙叉载面静载荷分配表

心轨宽30mm		心轨宽40mm		心轨宽50mm	
p_n	p_w	p_n	p_w	p_n	p_w
44kN	56kN	72kN	28kN	100kN	0kN

注：p_n 为心轨上的载荷，p_w 为翼轨上的载荷。

表1-7-7　心轨各断面最大剪切应力及其位置

心轨宽度/mm	最大剪应力/MPa	最大剪应力位置/mm
30	595	1.3
40	609	1.8
50	614	2.1
70	413	2.9

表1-7-8　心轨宽20~40mm范围翼轨与车轮接触参数

心轨宽度/mm	轮轨接触半宽/mm	最大剪应力/MPa	位置/mm
20	6.2	257	4.9
30	4.6	191	3.6
40	3.3	135	2.3

由于宏观上的τ_{max}在滚动接触条件下，一般位于亚表层距表面$y=0.786b$（b为接触半轴长或半宽）处，所以引起的裂纹也就在此位置。由于材料承受交变载荷，τ_{max}是脉动循环变化，所以每一应力点都可能产生小裂纹，也可能使这些小裂纹发生连接，所以，形成的裂纹就位于踏面以下的亚表层。

由于轮轨接触在实际工况下，必然伴随着一定的滑动比例，而且宏观上最大切应力以及由轮轨间摩擦所造成的切应力方向都是平行踏面的，裂纹是在切应力下产生的，所以就形成平行于踏面的裂纹形态。

滑动因素造成了表面摩擦力的增值，引入了切向力。切向力对τ_{max}的影响则是使τ_{max}位置上移和数值增大，这样由τ_{max}所引起的裂纹也就随着τ_{max}的上移而向踏面移动，使近踏面处的裂纹长度较长。

疲劳裂纹扩展的动力，主要是车轮沿轨面滚动时的摩擦力。如果没有摩擦力，只有接触压应力，那么即使表层以下存在裂纹，表层金属的三向压应力状态也会阻止其进一步扩展，甚至压合微裂纹。摩擦力的作用，一是使表层内的τ_{max}增值并产生新裂纹；二是造成表面的拉应力状态，使裂纹易于向表面扩展。摩擦力主要是轮轨间的相对滑动，即使是纯滚动也必然要有轮轨间的黏着摩擦来传递牵引力，所以摩擦力的存在是必然的。

车体振动与冲击对裂纹的形成和扩展也有重要影响，振动和冲击等附加载荷，一方面使材料新生裂纹，另一方面使已有裂纹呈失稳扩展状态，其后果是造成裂纹的快速发展，并使裂纹形成多次分支。

辙叉截面上裂纹的多层次性还与不同裂纹的发展和相遇有关，在心轨横截面或纵截面上均观察到裂纹的分支发展形态。如果垂直于这些分支裂纹进行截面观察时，自然就造成了裂纹多层次的现象，除了一条主裂纹分支造成截面观察的多层次以外，还有一种可能就是不同位置起源的主裂纹或它们的 2 次、3 次等分支裂纹，沿纵向或横向扩展，造成交叉存在，沿着它们共存的截面进行观察时，就出现了多层次裂纹的特征。

可见，疲劳裂纹的发展主要取决于辙叉本身的服役条件，如滑动因素造成了表面的摩擦力以及拉应力状态，冲击等附加载荷加速裂纹的失稳扩展，也造成了裂纹的多次分支，截面观察时就具有多层次性。而扩展路径上的夹杂物、孔洞等缺陷则加速裂纹的扩展过程，尤其在近踏面处，各种附加载荷的综合作用更加速了裂纹的失稳扩展与分支，因此，在近踏面处分支裂纹形态较多。

一般地，亚表层的裂纹扩展是多向的，且总趋势是向踏面延伸。当亚表层的多向扩展裂纹到达表面以后，就形成了踏面的多边形裂纹。这种表面多边形裂纹发展到一定程度就发生了断裂，造成一个与母材分离的剥落片，形成一个剥落坑。由于裂纹主要沿平行于踏面方向扩展，其剥落也具有层次性，即一层一层地剥落，形成层片状特征。

剥落坑的形成，使其附近的应力状态发生很大变化，即由原来不利于裂纹扩展的三向不等压应力状态，变成了二向不等压应力状态，承载能力下降。尤其是剥落坑底部和棱角都相当于缺口，缺口的存在引起缺口处的应力集中，应力集中造成更“硬”性的三向不等拉伸应力状态和增大缺口处局部应变速率，这就使缺口处易处于脆性状态，不利于塑性变形的进一步发展，而容易造成裂纹的生成和扩展。

此外，剥落坑的形成，又造成轮轨接触表面的“不平顺”性，车轮在这些部位上滚动，就会造成附加冲击力，这种附加冲击力甚至可超过静载的 3~4 倍。因此，一旦高锰钢辙叉表面出现疲劳裂纹，造成了踏面大面积多层次快速剥落，从而导致心轨失效。

进一步地对一棵正常失效高锰钢辙叉疲劳亚表层微观组织和力学性能进行分析。图 1-7-12 给出了成分为 120Mn13 高锰钢辙叉失效后工作表面亚表层的硬度分布曲线，高锰钢辙叉表面产生明显的加工硬化，表层硬度（HV）达到 500，硬化层深度为 8~10mm，亚表层最大硬度处也就是高锰钢辙叉产生最大加工硬化程度的位置，在距表面1.5～2.0mm深度处，而不是在辙叉最表层。表层硬度（HV）为500，比亚表层硬度最高值低40左右。

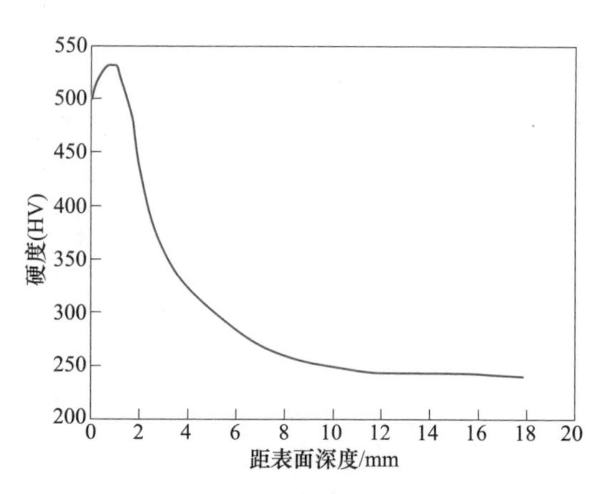

图1-7-12　高锰钢辙叉工作面亚表层硬度分布

为了解释这一现象，对高锰钢试样进行压缩变形，然后对变形试样进行低温回火，测试回火前后高锰钢试样的硬度变化情况，如图1-7-13所示。当压缩变形量为20%～25%时，高锰钢的硬度值随回火温度升高先降低，当温度超过250℃时硬度值又开始升高。当变形量大于25%后，高锰钢的硬度值随回火温度变化则呈现先降低后升高再降低的趋势，回火温度200℃和300℃为两个临界温度，这与变形高锰钢中位错的回复及碳化物的析出和长大有关。当高锰钢经过25%变形量的压缩变形后，其硬度（HV）达到545，相当于平均轴重为20t、行驶速度为160km/h的列车，致使高锰钢辙叉表面达到最大的加工硬化程度。金属在强烈变形条件下，其中一部分应变能转变成热能，导致局域金属的瞬时温升。实际上，辙叉在高速重载车轮的碾压条件下，表层瞬间会产生一定的温升，这个温升使变形高锰钢组织在应变诱导条件下发生回复甚至再结晶现象，从而使高锰钢辙叉表层硬度降低。

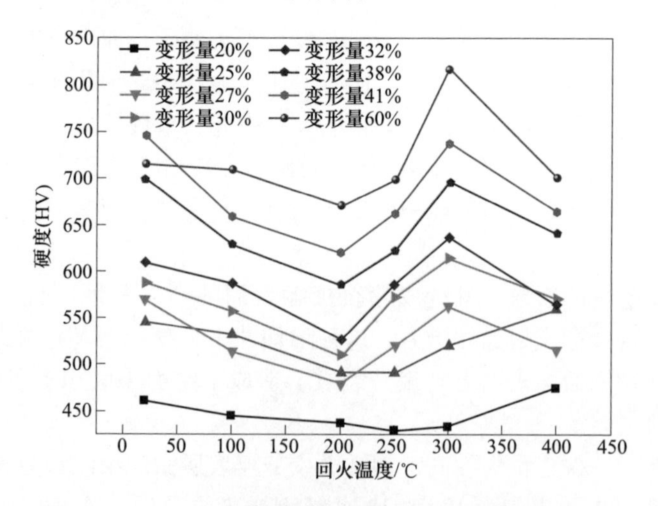

图1-7-13　变形硬化高锰钢硬度与回火温度的关系

这棵失效高锰钢辙叉从基体到磨损表面的金相组织，如图1-7-14所示。高锰

钢辙叉表面亚表层内发生了塑性变形，变形层深度大约为10mm，变形组织主要以存在大量变形滑移带为表征，变形带贯穿整个奥氏体晶粒，但终止于晶界。从奥氏体晶粒变形特点看，整个10mm深的变形层表现出三种特征，从而可以把辙叉表面变形层分为三个区域。其一是严重变形区域，奥氏体晶粒内部滑移带纵横交错，晶粒严重变形，晶界已经变得不清晰，该区域距辙叉表层0.3mm深度以内；其二是交滑移区域，奥氏体晶粒内部具有多向交叉滑移带的变形层，该区域为辙叉距表面深度0.3～3mm；其三是单滑移区域，奥氏体晶粒内部主要为单向滑移带，而且随着距高锰钢辙叉表面距离的增大，滑移带数量逐渐减少，该区域距辙叉表层深度3～10mm。这说明辙叉表面的变形最大，并且在变形较大的区域，奥氏体晶内多滑移系启动，在变形较小的区域，奥氏体晶内主要是单滑移系启动。

图1-7-14　失效高锰钢辙叉从基体到磨损表面的金相组织

大量研究发现，当钢铁材料经过强烈的机械变形后，如摩擦、滚压等，表面形成白亮层组织。失效高锰钢辙叉也是承受反复滚压应力的作用，其变形表层与亚表层也产生白亮层组织，如图1-7-15所示。经历这种服役条件的珠光体钢轨，亚表层总是伴有白亮蚀层的产生，但高锰钢表层中的白亮层与珠光体钢轨的形态有所不同。高锰钢辙叉磨损表层的白亮层为在表层呈断续的薄层，在亚表层呈块状，并且这些块状与表面有一定的方向性，分布在距表面几百微米的亚表层内。进一步观察分析发现，高锰钢辙叉磨损表面亚表层中，各个晶粒经过腐蚀后的成像衬度差别较大，其中一些晶粒呈现白亮色。对各个晶粒进行硬度测试发现，白

a

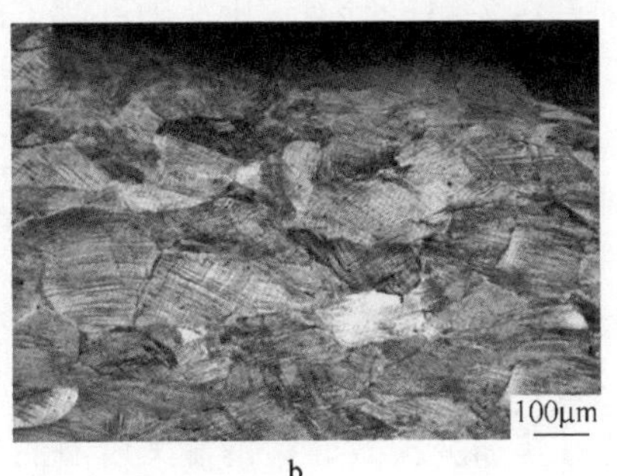

b

图1-7-15　失效高锰钢辙叉表面白亮层组织

a—表层白亮层；b—亚表层白亮晶粒

亮色晶粒的硬度比黑色晶粒的硬度高5%~10%，而钢轨磨损表层的白亮层主要分布在钢轨磨损表层。

选取一条相对独立的疲劳裂纹进行应变场分析，如图1-7-16所示。图1-7-16中的应变大小由颜色深浅代表：红色代表大应变，白色代表小应变。在疲劳裂纹两侧和尖端存在着应变释放区域。在高锰钢辙叉服役过程中，其表层会受到循环的交变载荷作用，使辙叉表层发生塑性变形并在某些区域发生应力集中，从而产生疲劳裂纹。疲劳裂纹在扩展过程中，会在其尖端产生一个塑性应变场。在循环交变载荷的作用下，裂纹尖端不断受到拉压作用力，造成位错的产生和滑移，并且在塑性应变区域内产生堆积。当位错堆积达到一定程度时，其造成的局部应力就会导致微孔的产生，从而释放应力。疲劳裂纹的扩展过程就是裂纹尖端与微孔相连并穿过应力释放区域的过程。当裂纹停止扩展时，会在裂纹尖端产生钝化现象，因此，会在裂纹尖端和周围形成应变释放区域。这就说明，疲劳裂纹扩展的过程是一个应变释放的过程。

a

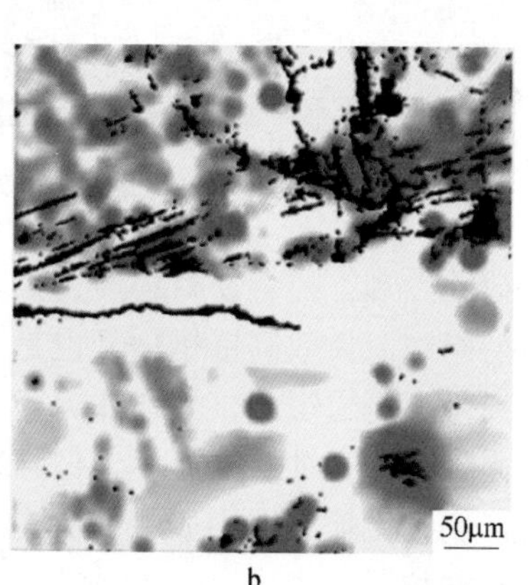

b

图1-7-16　失效高锰钢辙叉疲劳裂纹的金相照片（a）和对应的应变场分布图（b）

对裂纹尖端进行纳米压痕硬度测试的点分布，测试得到的硬度分布结果，如图1-7-17所示。裂纹尖端的硬度分布并不均匀，在裂纹尖端半径大约为500μm的区域内，其硬度低于其他区域的硬度。在裂纹两侧50μm的区域内，其硬度低于其他区域的硬度。这个结果也能够很好地说明裂纹扩展过程是一个应变释放的过程。裂纹周围的弹性模量分布情况，如图1-7-18所示，在塑性变形过程中，虽然在疲劳裂纹周围产生了不同程度的应变，但是疲劳裂纹周围的弹性模量分布均匀。这说明钢的弹性模量与应变程度无关，只与钢的成分有关。

进一步研究失效高锰钢辙叉表面的白亮组织，如图1-7-19所示。各不同晶粒内部剖面存在滑移带和孪晶，但是不同晶粒的滑移带方向、滑移带数量都存在着差异，并且有孪晶存在。其中，晶粒1、2内几乎没有发现滑移带，晶粒3滑移带很少并且都是以单滑移为主，晶粒4滑移带很多，甚至存在交滑移。同时，注

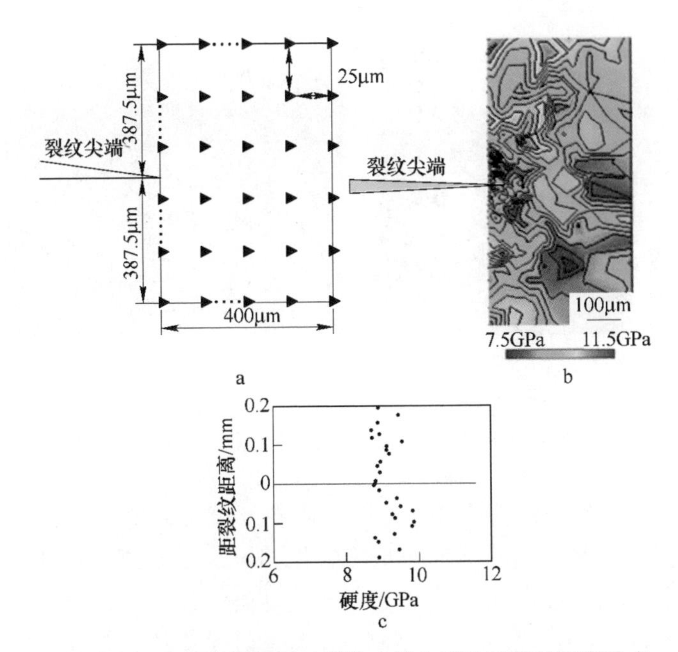

图 1-7-17 失效高锰钢辙叉裂纹尖端和裂纹两侧的硬度分布

a—测试位置示意图；b—与图 a 对应的硬度分布结果；c—垂直于疲劳裂纹扩展方向的硬度分布

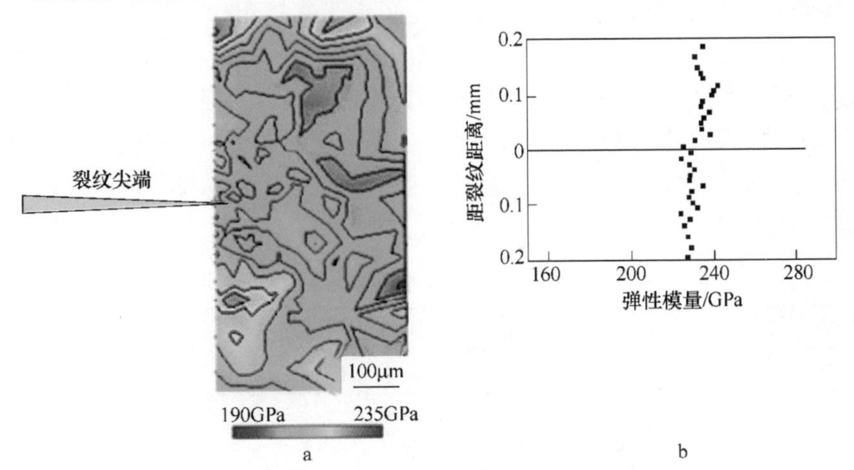

图 1-7-18 失效高锰钢辙叉裂纹周围的弹性模量分布

a—与图 1-7-17a 对应的弹性模量分布；b—垂直于裂纹扩展方向的弹性模量分布

意到以上四种晶粒在金相显微镜的衬度上明显不同，呈现白色、黑色两种。大量实验观察表明，高锰钢辙叉表层及其亚表层在硝酸酒精腐蚀之后呈现白色晶粒（如晶粒 1、2）的现象很普遍，这种组织称为“白亮块”。不同晶粒的场发射扫描照片如图 1-7-19b 所示，图中的 2、3、4 三种晶粒分别对应图 1-7-19a 的 2、3、4 三种晶粒，可以进一步清晰地看到三种晶粒滑移带的多少及方向不同。

a

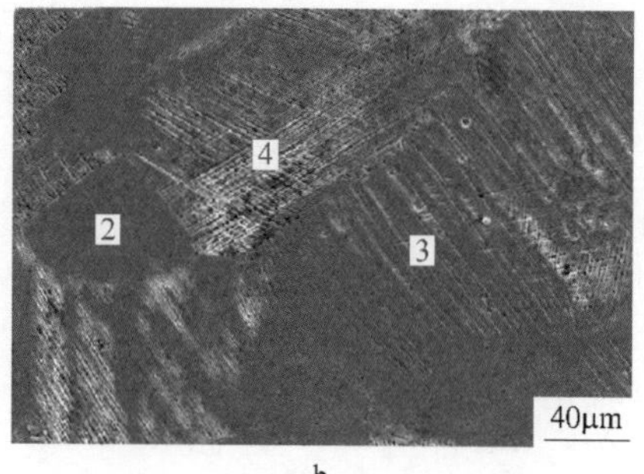

b

图 1-7-19　失效高锰钢辙叉的表面组织

a—金相显微镜下衬度不同的四种晶粒；b—场发射扫描下衬度不同的三种晶粒

对图 1-7-19 中的四种晶粒分别进行显微硬度试验，每个晶粒测试 5 个硬度点，测试的平均硬度值见表 1-7-9。可以看出，小“白亮块”的硬度基本上和高锰钢基体的硬度是一致的，而其他晶粒的硬度普遍较高，这是由于高锰钢表面产生形变硬化造成的。很多晶粒的硬度测试结果都证实了这一现象，这是因为高锰钢辙叉在服役过程中，表面受到车轮滚压的载荷作用，产生大量滑移带及形变孪晶。形变孪晶之间的相互交割，部分细化了辙叉表层组织，产生了一些细小晶粒。早期形成的细小晶粒，如果处于有利的晶体学取向，当受到车轮滚压时，会产生变形带而硬化，腐蚀后的组织在光学显微镜下呈现为黑色小晶粒。后期形成的细小晶粒，或者由于晶体学取向不利的关系，或者由于滚压时间积累不足，还未受到强烈变形和硬化，在光学显微镜下呈现为白色，其硬度与未经强烈变形的基体硬度接近。

表 1-7-9　失效高锰钢辙叉四种晶粒的显微硬度检测结果

测试晶粒	晶粒 1	晶粒 2	晶粒 3	晶粒 4	基体晶粒
硬度（HV）	245	590	575	560	220

由表 1-7-9 还可以看出，大“白亮块”（如晶粒 2）的硬度要比黑色晶粒（如晶粒 4）的硬度值高。为了进一步证实这种大“白亮块”硬度偏高的现象不是偶然，在高锰钢辙叉表面任意选取一个区域测试一个 8×8 的显微硬度矩阵，相邻硬度测试点之间的距离为 230μm。高锰钢表面的硬度点分布如图 1-7-20 所示，对图中所有的硬度点按“白亮块”、普通深色硬化晶粒、晶界三类进行统计。高锰钢表面的“白亮块”硬度值普遍高于存在滑移带的深色晶粒的硬度值，而晶界的硬度介于两者之间。试样对腐蚀液的敏感程度，在很大程度上依赖于试样中滑移带的多少，产生滑移带越多，越易于腐蚀而呈现为黑色，产生滑移带越少，越不易于腐蚀而呈现为白色，就形成了“白亮块”。据分析，辙叉在服役过

程中经过反复碾压，其表层晶粒出现大量变形，产生大量位错运动，而晶体位错的滑移变形对晶体学取向非常敏感，它依赖于Schmid因子，即依赖于滑移面上沿某个滑移方向的分解切应力的大小。Schmid因子的大小，决定着晶粒沿某个滑移面上某个滑移方向开始滑移的难易程度，也就是晶粒内部位错移动的难易程度。

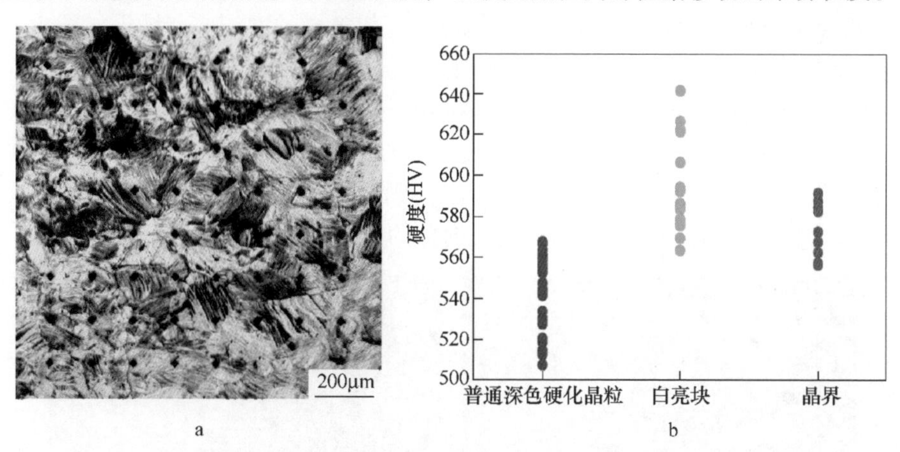

图1-7-20　失效高锰钢辙叉表层硬度点阵金相图（a）及其硬度数据的统计分析（b）

图1-7-21是对同一晶粒内滑移带的不同角度（相差90°）的三维金相分析，对于晶粒内存在的滑移带，主要是呈黑白相间的条带状分布的，黑色的条带能够清晰地看到位错滑移路径。由此可以得出同一晶粒单滑移条件下的位错组态示意图，对于辙叉用高锰钢多晶奥氏体而言，只有当某些晶粒的特定取向有利于滑移时，如图1-7-21b中α、β面，位错才能开动，滑移变形才能进行，从而晶粒取向易于变形（位错易于移动）而呈现黑色；而对于与α、β面垂直的γ面，不利

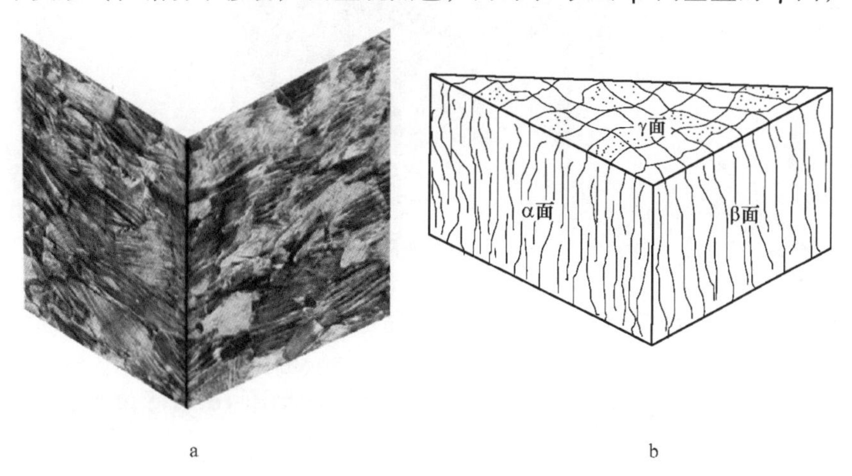

图1-7-21　失效高锰钢辙叉表面同一晶粒在相差90°位面的滑移带金相组织（a）和一个晶粒单滑移条件下的位错组态示意图（b）

于位错的运动，所以呈现为白色。由于各晶粒之间甚至同一晶粒内部变形程度不同导致硬度的差异，在服役过程中同等应力的作用下，就会导致晶粒的变形不协调现象。当这种变形不协调产生的应力大于晶界屈服强度的时候，长时间应力反复作用下就会在晶界处萌生裂纹。

对高锰钢辙叉基体和表面上同一晶粒内部的显微硬度测试点结果如图 1-7-22 所示。高锰钢基体试样中同一晶粒内部的硬度点基本相同，不存在太大范围的波动。与基体的数据相比，由图中深色晶粒和白亮块可以看出辙叉表层处，即使是同一晶粒内其硬度点的波动很大。硬度（HV）的测量都是在 500g 载荷下加载 10s 进行的，并且都是在距高锰钢辙叉同一表面层深度，可以认为造成这种硬度差异的原因应该与塑性变形过程中晶粒内部的亚结构变化有关。

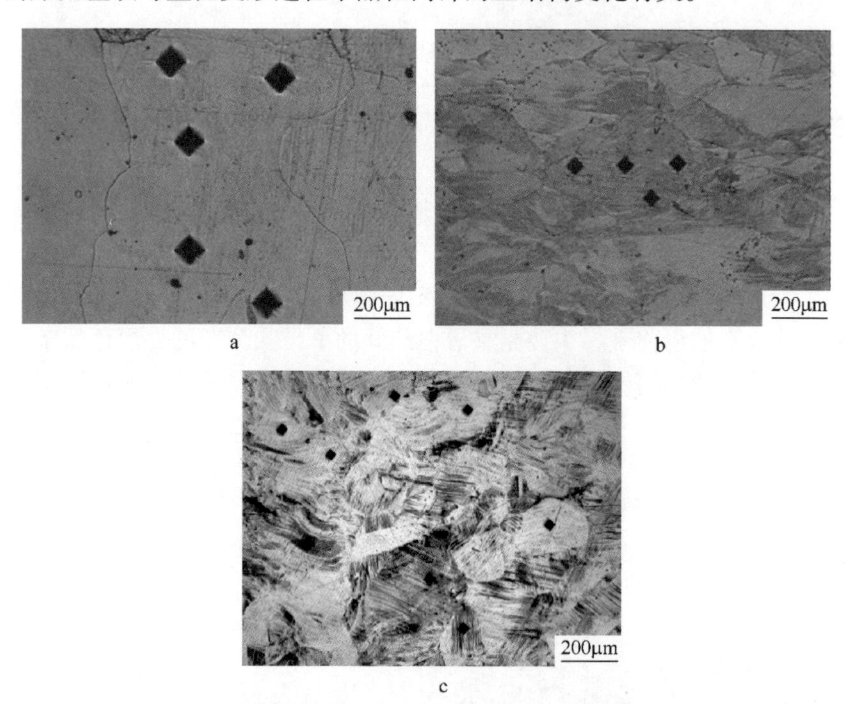

图 1-7-22　失效高锰钢辙叉中一个晶粒内部的显微硬度测试点分布

a—基体一个晶粒内；b—辙叉表面黑色晶粒内；c—辙叉表面白色晶粒内

高锰钢辙叉表面 3500μm×2200μm 范围 EBSD 扫描的逐点取向分析组织，如图 1-7-23 所示。采用全欧拉角法重构出晶粒的取向成像面分布图，该法用红绿蓝分别表示三个欧拉角，从而重构出取向图。当取向不同时能很清楚地反映晶体的晶粒取向，可以看出晶界之间角度小于 2°的晶界占据大部分的比例。高锰钢是奥氏体钢，平均的晶粒尺寸在 150μm 左右，晶粒之间属于大角度晶界，出现这种结果说明晶粒中存在亚晶。

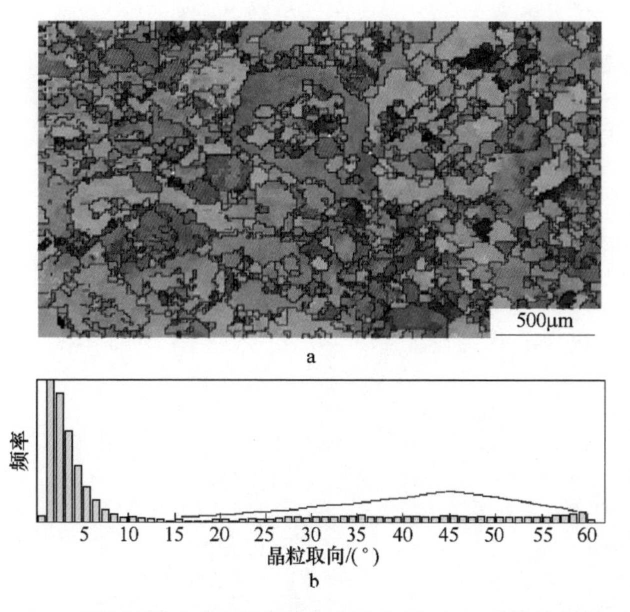

图 1-7-23 高锰钢辙叉表面晶粒的逐点取向图（a）及统计结果（b）

在高锰钢辙叉服役过程中，表层的塑性变形必然伴随位错的运动和孪晶的产生。由于晶界阻碍位错的运动，就会使位错在晶粒内部堆积，形成了位错胞状结构，异号位错反应消失，同号位错重组产生小角度晶界的亚晶界。另外，形变孪晶的相互交割也会形成小角度晶界的亚晶界。对位于同一晶粒内部新形成而没有长大的亚晶，由于是不同的取向，变形程度不一致，致使同一晶粒内部的不同位置表现为不同的硬度。同一晶粒内部的这种硬度差异，使变形过程中同一晶粒内部不同位置产生不协调变形，会促使高锰钢服役过程中裂纹的产生。

高锰钢是一种具有加工硬化能力的材料，因此，它对变形历史有记忆效应，所以利用它的这一特性，可以借助纳米压痕技术研究其裂纹尖端应力场分布。高锰钢辙叉疲劳裂纹尖端微观硬度分布测试结果，如图 1-7-24 所示。与裂纹扩展方向呈 0°、30°、45°和 60°角度的方向，裂纹尖端附近区域的硬度值较低，并且在 45°方向这个低硬度区域最大。而与裂纹扩展方向呈 90°的方向，微观硬度都较高。同时，裂纹尖端低硬度区金属的弹性模量也较低。

图 1-7-25 为失效高锰钢辙叉亚表层的 TEM 组织形貌，它显示了高锰钢辙叉表面白亮层内部的微观组织结构。可见，在距辙叉表面 10mm 处，内部组织仍然为含位错的奥氏体相，高密度缠结位错分布于奥氏体晶界以及晶内，并呈胞状分布，说明此时高锰钢的变形还是单纯通过位错滑移来实现的。距离辙叉表面 1mm 处的内部微观组织结构发生了明显的变化，其中产生大量的形变孪晶，但孪晶呈平行单向排列，并且此孪晶界垂直于奥氏体的（111）方向，孪晶间为高密度位错。在外力作用下，因位错开动所需的临界分切应力小而首先在（111）面产生

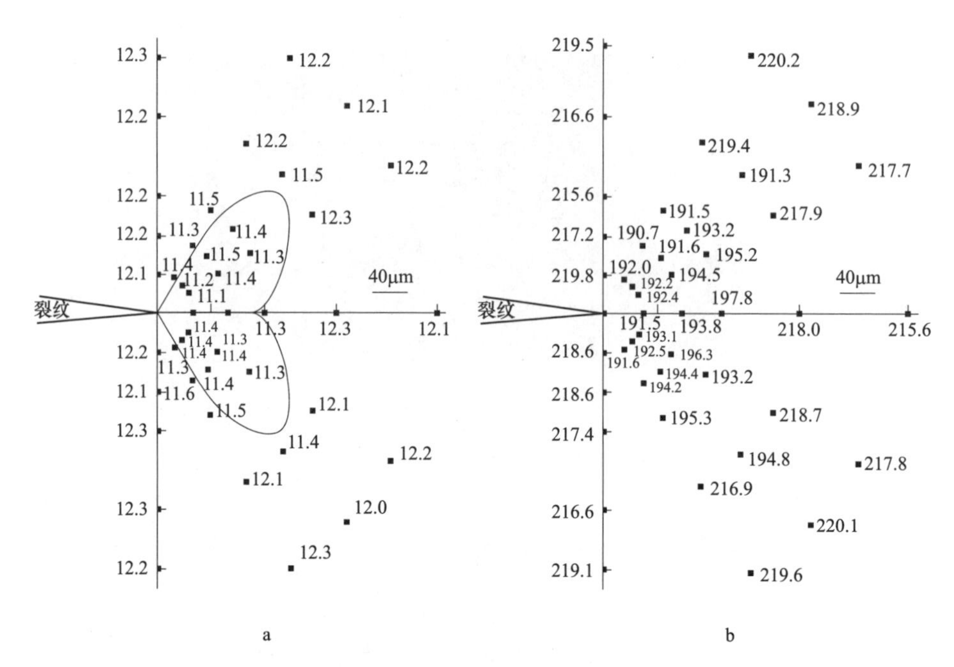

图 1-7-24　失效高锰钢辙叉疲劳裂纹尖端微观硬度（a）和弹性模量（b）

滑移，由于高锰钢的层错能很低限制了位错的交滑移，使变形受阻，产生应力集中；当应力集中达到一定程度后，使内部应力达到发生形变孪晶所需的临界分切应力时，便产生孪晶，孪晶调整了晶面的位相，使一些原本无法启动的滑移系得以启动，从而使塑性变形得以继续。

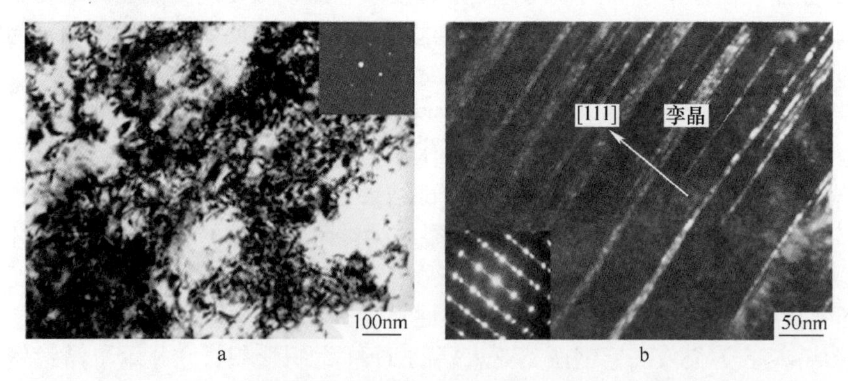

图 1-7-25　失效高锰钢辙叉距磨损表面不同深度的 TEM 组织

a—10mm；b—1mm

失效高锰钢辙叉距磨损表面 30μm、100μm 和 200μm 深处的 TEM 组织，如图 1-7-26 所示。可以发现 200μm 深度处微观组织是由一些纳米尺度的亚晶和原始晶粒混合构成的，亚晶粒的尺寸从几纳米到几百纳米。图 1-7-26c 和 d 分别对

应于磨损表面以下约 100μm 和 30μm 深处的微观组织，可以看出纳米晶粒的尺寸随深度的减小而减小。

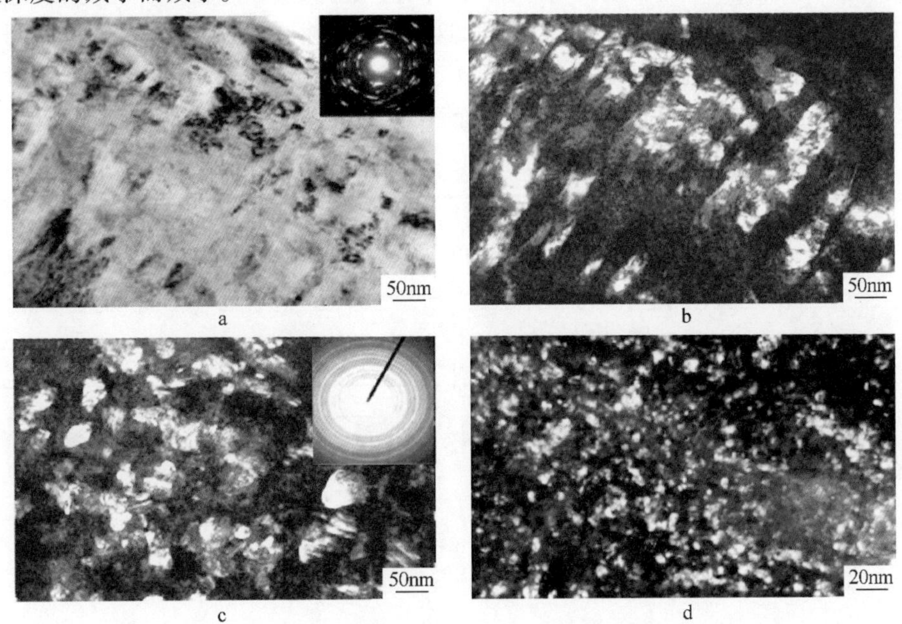

图 1-7-26　失效高锰钢辙叉亚表层不同深度位置的 TEM 组织

a，b—200μm；c—100μm；d—30μm

失效高锰钢辙叉中距表面 100μm 和 10mm 深处试样的 XRD 图谱如图 1-7-27 所示。磨损表层试样的 Bragg 衍射线明显宽化，这主要是由于晶粒细化，或者是原子级晶格畸变的增加所致。根据 Scherrer-Wilson 方程，由衍射线宽化来计算出距磨损表面 100μm 处的晶粒尺寸已经减小到 20～30nm，这与 TEM 观察结果一致。

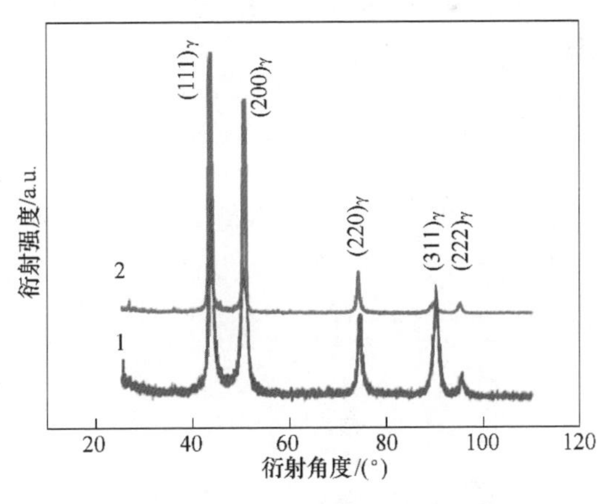

图 1-7-27　失效高锰钢辙叉距磨损表面不同深处的 XRD 图谱

1—100μm；2—10mm

失效高锰钢辙叉磨损表面和基体的 Mössbauer 谱分析结果见表 1-7-10 和图 1-7-28。高锰钢辙叉的磨损表面和基体的 Mössbauer 谱都是一个无磁单峰，其对应的均是单相奥氏体组织，表面和基体的超细结构略有不同，在失效辙叉钢表面发生纳米晶化反应以后，碳原子包围的铁原子分数从 62. 9%增加到

67.9%；相反，因为周围间隙位置存在碳原子，使得产生四极劈裂的铁原子分数由 37.1%降低到 32.1%。由此可以说明，高锰钢辙叉服役过程中一些碳原子会通过非常短距离的扩散，形成局部偏聚。这种扩散的根源是由于 SPD 引起的再结晶，再结晶过程通常伴随着原子的扩散。然而，再结晶过程是由于低温条件下 SPD 产生的应变能诱发的，所以原子不能在长距离内扩散。

表 1-7-10　失效高锰钢辙叉磨损表面和基体的 Mössbauer 谱参数

取样位置	A/%	I_s/mm · s^{-1}	Q_s/ mm · s^{-1}	H_e/T
表面	67.9	−0.083	0	0
	32.1	−0.026	0.639	0
基体	62.9	−0.059	0	0
	37.1	−0.016	0.657	0

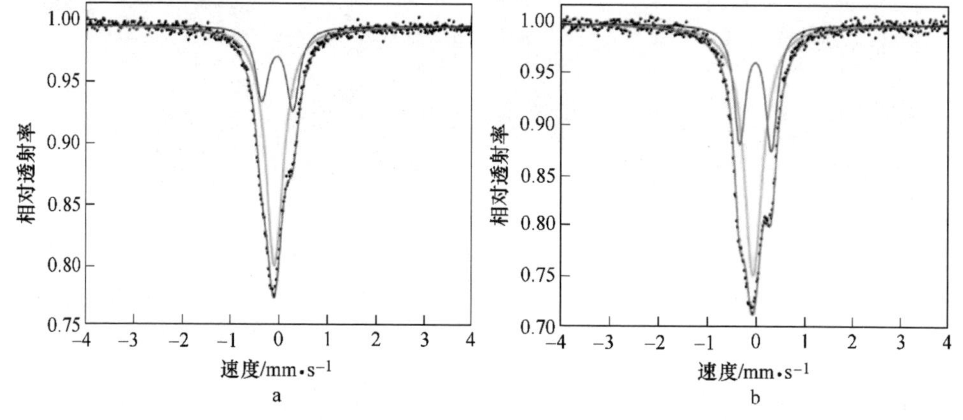

图 1-7-28　失效高锰钢辙叉磨损表面（a）和基体（b）的 Mössbauer 谱

图 1-7-29 为失效高锰钢辙叉基体以及距表面 10μm 处纳米晶层的纳米划痕形貌。从纳米划痕总体形貌看，在相同载荷条件下（例如 1000μN 和 2000μN），辙

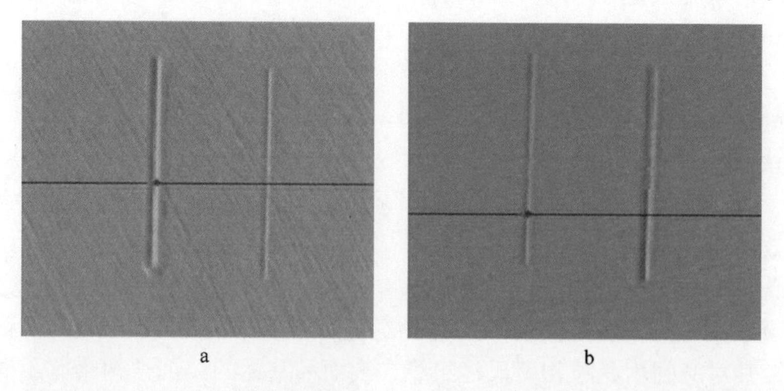

图 1-7-29　失效高锰钢辙叉基体（a）和表层纳米晶层（b）的划痕形貌

叉表层纳米层和基体没有明显的差异。然而，纳米层划痕的宽度和深度明显小于基体，见表1-7-11。

表1-7-11 失效高锰钢辙叉基体和表层纳米晶层的纳米划痕参数

位置	载荷/μN	划痕宽度/nm	划痕深度/nm	划痕长度/nm	平均粗糙度/nm
基体	1000	0.49	15.7	488	4.37
	2000	0.68	35.7	685	7.73
表层	1000	0.39	16.4	391	3.36
	2000	0.39	36.5	392	11.52

经过对大量的划痕尺寸统计，载荷在1000μN时，表层纳米层的划痕宽度和深度分别为0.39nm和16.4nm，而基体的划痕宽度和深度分别为0.49nm和15.7nm。纳米层的摩擦系数平均为1.8，明显小于基体的平均摩擦系数2.2，两者相差约20%。由此表明，高锰钢辙叉表层纳米晶层的形成，提高了辙叉的耐磨性，如图1-7-30所示。

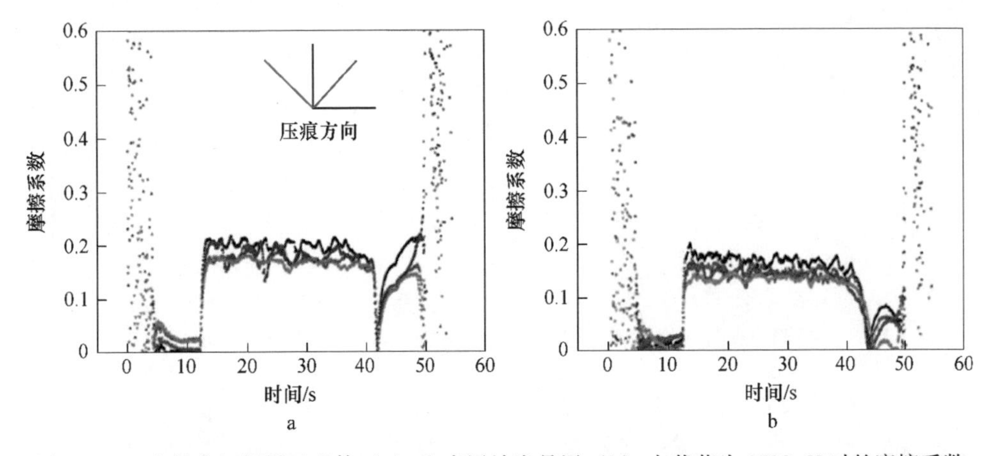

图1-7-30 失效高锰钢辙叉基体（a）和表层纳米晶层（b）在载荷为1000μN时的摩擦系数

失效高锰钢辙叉表层纳米压痕形貌和加载曲线如图1-7-31所示。在压痕加载载荷为2000μN时，压痕的图像清晰，边缘轮廓平直，而压痕载荷为1000μN和1500μN时，压痕图像效果较差，压痕边缘轮廓不完整，说明在加载载荷为2000μN时测试的结果合理可靠。因此，在纳米压痕研究中选取的压痕载荷为2000μN，并且对高锰钢辙叉疲劳亚表层进行系统的研究。纳米硬度测试发现，失效高锰钢辙叉亚表层的微观硬度分布规律与宏观硬度分布规律基本相同，如图1-7-32所示，其微观弹性模量的变化趋势与微观硬度相同，在距表层2mm深度位置出现一个峰值，说明失效高锰钢亚表层的微观弹性模量与微观硬度成正比。

高锰钢辙叉在承受滚动接触应力载荷条件下，亚表层发生大量的塑性变形，其中产生大量的空位和位错等缺陷，破坏了金属内部的连续性，应该使其弹性模

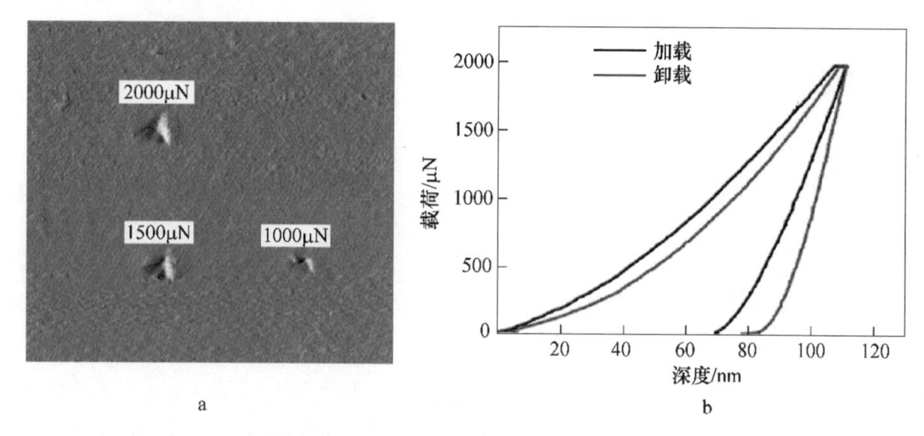

图 1-7-31 失效高锰钢辙叉表层纳米压痕形貌（a）和加载曲线（b）

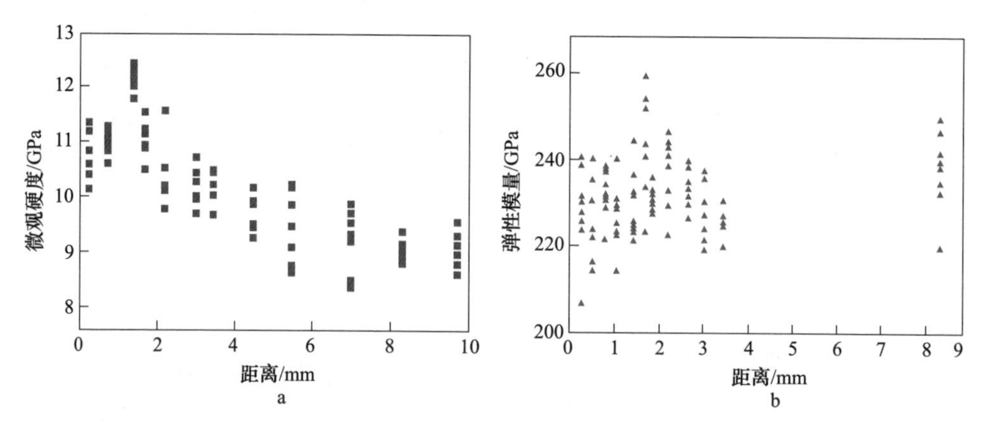

图 1-7-32 失效高锰钢辙叉亚表层微观硬度（a）和弹性模量分布（b）

量明显降低。然而，实际测试表明高锰钢辙叉接近疲劳和产生疲劳裂纹后，亚表层疲劳裂纹形成区域，微观弹性模量与常规分析结果不一致。距亚表层 1.5~2mm 深度变形量最大的位置，微观弹性模量反而增高，表明此时高锰钢辙叉亚表层中的空位和位错等缺陷数量大幅度减少。从高锰钢辙叉疲劳裂纹处的 TEM 分析可知，其内部为高密度位错（见图 1-7-33），表明高锰钢辙叉接近疲劳损坏前后，其中的位错密度没有减少，那么可以推断此时高锰钢辙叉亚表层弹性模量增高的原因是其中空位密度大幅度降低造成的。

实际上，作为点缺陷空位移动所需的驱动力比作为线缺陷的位错低，因此，空位在较低的外加能量条件下就可以消失。有研究表明，对于变形纯铁在 500K 时，其中的变形空位基本消失，而位错密度基本不变。高锰钢辙叉在承受平均时速为 160km/h、轴重为 21t 的火车车轮所产生滚动接触应力作用条件下，产生疲劳裂纹的位置承受着最大的剪切应力；经计算可知，其值为 476MPa，这种高的剪切应力造成金属内部晶格之间的摩擦，应变能一部分转化为热能，这种瞬间产

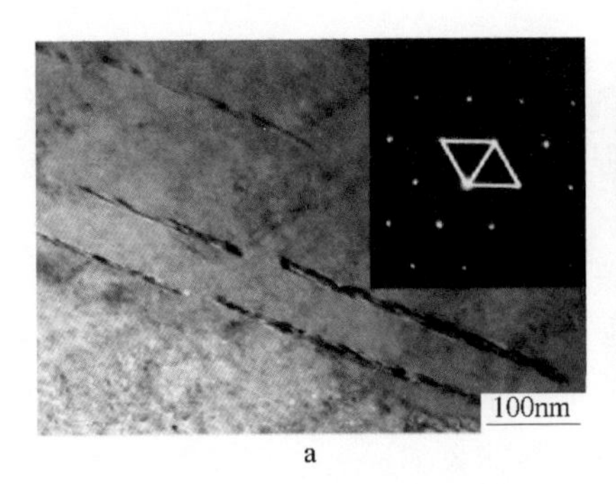

a

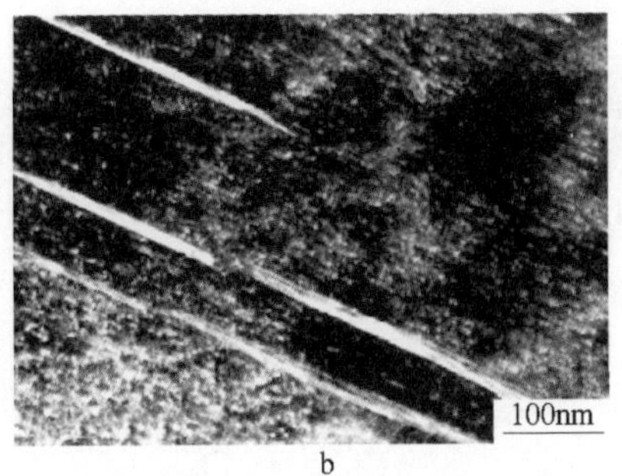

b

图 1-7-33　失效高锰钢辙叉亚表层最大剪应力处的 TEM 组织
a—明场像；b—暗场像

生的温度升高在金属内部局部区域形成一种绝热效应，从而使高锰钢辙叉受强烈剪切变形的区域产生一定的温升。这表明金属微观弹性模量只与点缺陷空位密切相关，金属疲劳裂纹的形成与空位密切相关。高锰钢辙叉在滚动接触应力作用下，亚表层空位和位错数量不断增多；同时，其中的变形能不断增高，当变形能积累到一定程度时，在变形温升和应变能的作用下，高锰钢的变形组织发生初期动态回复，大量空位消失，个别区域空位通过扩散发生聚集，形成“Vacancy-Cluster/Group”，进而成为微空洞，大量的微空洞连接便成为裂纹源。

由以上分析可知，高锰钢辙叉在滚动接触应力作用下，疲劳裂纹的形成是由于空位的合并和聚集形成的，可以想象如果金属在变形过程中不易形成空位，也就不易出现空位合并和聚集的现象，其疲劳寿命一定较高。那么，具有空位形成能高的金属应该具有较高的抗疲劳能力。

根据 Brooks 理论，金属的空位形成能为：

$$E_v = 4\pi R^3\gamma/(1 + \gamma/2GR) \tag{1-7-1}$$

式中　R——金属原子的半径；

γ——表面能；

G——切变模量。

从式 1-7-1 可以看出，金属空位形成能与金属本身原子半径之间具有强烈的正比关系，表明金属原子直径越大，其空位形成的难度就越大。因此，原子直径较大的金属应该具有较好的抗疲劳性能。对于多元合金，假如是 AB 二元合金，其空位形成能 $E_v(AB)=C_AE_v(A)+C_BE_v(B)$，式中 C_A、C_B分别为合金中 A 原子和 B 原子所占合金的原子百分数。可以看出，利用大原子直径的金属对铁进行合金化处理，得到的合金应该具有较高的空位形成能，也就应该具有较好的抗疲劳性能。实际上，Cannara 已经发现重原子材料具有较低摩擦系数，因此可以推断，利用原子直径较大的重原子对合金进行合金化处理，其抗疲劳性能和耐磨性能应该较高。

7.2.2　高锰钢纳米晶化热力学

为了进一步研究高锰钢辙叉服役过程中表面晶粒的细化机制，对其表层纳米晶化的热动力学进行分析。利用 Miedema 等人的热力学模型，计算二元合金的形成焓，本研究将高锰钢简化成 Fe-Mn 二元合金。固熔体的形成焓表示为：

$$\Delta H_s = \Delta H_{chem} + \Delta H_{elast} + \Delta H_{str} \tag{1-7-2}$$

式中　ΔH_{chem}——引起两个不同原子互溶的化学贡献；

ΔH_{elast}——引起两个不同原子互溶的弹性贡献；

ΔH_{str}——引起两个不同原子互溶的结构贡献。

由于溶质和溶剂的原子价和晶体结构的不同，可能使得原子尺寸配合不当。与前两项相比，结构贡献作用较小，可以忽略，式 1-7-2 可以表示为：

$$\Delta H_s = \Delta H_{elast} = \Delta H_{es} + \Delta H_{eV} \tag{1-7-3}$$

式中　ΔH_{es}——不同原子在晶格内部溶解的畸变能；

ΔH_{eV}——不同原子在晶格边界溶解的畸变能。

另外，化学贡献可以表示成：

$$\Delta H_{chem} = \frac{2f_{AB}^{S}(X_A V_A^{2/3} + X_B V_B^{2/3})}{n_A^{-1/3} + n_B^{-1/3}} \times [-p(\Delta\varphi)^2 + Q(\Delta n^{1/3})^2] \tag{1-7-4}$$

式中　X_A——原子浓度；

V_A——室温摩尔体积；

f_{AB}^{S}——原子 A 被原子 B 包围程度的结构参数；

p——Miedema 模型的经验系数；

Q——电负性；

$\Delta\varphi$——电子密度。

结构参数可以表示为：

$$f_{AB}^{S} = X_A^S X_B^S \tag{1-7-5}$$

表面浓度可以表示为：

$$X_A^S = \frac{X_A V_A^{2/3}}{X_A V_A^{2/3} + X_B V_B^{2/3}} \tag{1-7-6}$$

考虑到非晶的形成，形成焓表示成：

$$\Delta H^a = \Delta H_{chem}^a + X_A \Delta H_A^a + X_B \Delta H_B^a \tag{1-7-7}$$

$$\Delta H_A^a = 3.5T_{m,A} \tag{1-7-8}$$

式中　ΔH^a——非晶形成焓；

ΔH_{chem}^a——两个不同原子混合的化学贡献；

ΔH_A^a——元素 A 的形成焓；

ΔH_B^a——元素 B 的形成焓；

$T_{m,A}$——熔点。

结构参数可以表示为：

$$f_{AB}^{a}=X_A^sX_B^s[1+5(X_A^sX_B^s)^2] \tag{1-7-9}$$

从而，化学贡献表示成：

$$\Delta H_{chem}^{a}=\frac{2f_{AB}^{a}(X_AV_A^{2/3}+X_BV_B^{2/3})}{n_A^{-1/3}+n_B^{-1/3}}\times[-p(\Delta\varphi)+Q(\Delta n^{1/3})^2] \tag{1-7-10}$$

高锰钢表面轮轨接触应力作用下，塑性应变必然引起超熵产生 δ_XP，可以表示成形核力 X 和流量 J 的积分关系，公式如下：

$$\delta_XP=\int dV(\Delta X\Delta J) \tag{1-7-11}$$

式中　X——热动力学力；

J——热动力学流量；

V——体积。

“超熵产生”是一种普适发展判据，其可以描述成：

$$\begin{aligned}&\delta_XP=0(\text{临界状态})\\&\delta_XP>0(\text{渐进稳定状态})\\&\delta_XP<0(\text{不稳定状态})\end{aligned} \tag{1-7-12}$$

化学梯度 $-\nabla(\mu_i/T)$，温度梯度 $\nabla(1/T)$，外力 M_iF_i/T 可以看成是广义力。热流 j_q，物流 j_i 和反应速率都看成是流态。相关的参数可以通过式 1-7-13 获得：

$$X=\frac{\Delta H_m\Delta T}{T_2^2} \tag{1-7-13}$$

$$J=\rho nV \tag{1-7-14}$$

式中　ΔH_m——晶粒细化焓；

ΔT——高锰钢辙叉在服役过程中的表面温度增加值；

T_2——高锰钢辙叉服役后表面的真实温度；

ρ——密度；

n——形核速率；

V——临界形核体积。

不考虑扩散的形核速率可以表示为：

$$n=A\exp\left(\frac{-\Delta G^*}{kT}\right)=A\exp\left[\frac{-16\pi\sigma^3}{3(\Delta H_m\Delta T)^2k(T_1-\Delta T)}\right] \tag{1-7-15}$$

式中　ΔG^*——激活能；

k——玻耳兹曼常量；

A——形核速率因子；

σ——界面张力。

令 $\delta_X P=0$，从而有：

$$\Delta X\Delta J = 0 \tag{1-7-16}$$

高锰钢辙叉服役过程中接触应力对温度的改变式直接估算为：

$$\Delta T = \frac{2}{3}T_1 \tag{1-7-17}$$

式中 T_1——环境温度，这里假设为300K。

非平衡状态下，粗晶的纳米晶化和非晶晶化过程或者粗晶—纳米晶—非晶的转变过程可以认为是一种固态相变过程，遵循典型的过冷液体晶化的热动力学理论。热动力学参数焓变 ΔH，熵变 ΔS，吉布斯自由能差 ΔG，根据 Kirchhoff 方程可以估算为：

$$\Delta H^{\mathrm{sn}} = \Delta H_{\mathrm{m}}^{\mathrm{sn}} + \int_{T_1}^{T_2}(C_p^{\mathrm{n}} - C_p^{\mathrm{s}})\mathrm{d}T = \Delta H_{\mathrm{m}}^{\mathrm{sn}} + \int_{T_1}^{T_2}\Delta C_p^{\mathrm{st}}\mathrm{d}T \tag{1-7-18}$$

$$\Delta H^{\mathrm{sa}} = \Delta H_{\mathrm{m}}^{\mathrm{sa}} + \int_{T_1}^{T_2}(C_p^{\mathrm{a}} - C_p^{\mathrm{s}})\mathrm{d}T = \Delta H_{\mathrm{m}}^{\mathrm{sn}} + \int_{T_1}^{T_2}\Delta C_p^{\mathrm{sa}}\mathrm{d}T \tag{1-7-19}$$

$$\Delta S^{\mathrm{sn}} = \frac{\Delta H_{\mathrm{m}}^{\mathrm{sn}}}{T_2} - \int_{T_1}^{T_2}\frac{\Delta C_p^{\mathrm{sn}}}{T}\mathrm{d}T \tag{1-7-20}$$

$$\Delta S^{\mathrm{sa}} = \frac{\Delta H_{\mathrm{m}}^{\mathrm{sa}}}{T_2} - \int_{T_1}^{T_2}\frac{\Delta C_p^{\mathrm{sa}}}{T}\mathrm{d}T \tag{1-7-21}$$

$$\Delta G^{\mathrm{sn}} = \Delta H^{\mathrm{sn}} - T_2\Delta S^{\mathrm{sn}} \tag{1-7-22}$$

$$\Delta G^{\mathrm{sa}} = \Delta H^{\mathrm{sa}} - T_2\Delta S^{\mathrm{sa}} \tag{1-7-23}$$

令 $\Delta C_p^{\mathrm{sn}}=\Delta H_{\mathrm{m}}^{\mathrm{sn}}/T$，$\Delta C_p^{\mathrm{sa}}=\Delta H_{\mathrm{m}}^{\mathrm{sa}}/T$ 为常数，因为 $(\partial H/\partial T)_p=C_p$。

式中 ΔH^{sn}——非平衡状态下从粗晶向纳米晶转变的焓变；

ΔH^{sa}——非平衡状态下从粗晶向非晶转变的焓变；

ΔS^{sa}——非平衡状态下从粗晶向非晶转变的熵变；

ΔG^{sn}——非平衡状态下从粗晶向纳米晶转变吉布斯自由能差；

ΔG^{sa}——非平衡状态下从粗晶向非晶转变吉布斯自由能差；

$\Delta H_{\mathrm{m}}^{\mathrm{sn}}$——平衡状态下粗晶向纳米晶的焓变；

$\Delta H_{\mathrm{m}}^{\mathrm{sa}}$——平衡状态下粗晶向非晶转变的焓变；

C_p^{s}——粗晶的摩尔热容；

C_p^{n}——纳米晶的摩尔热容；

C_p^{a}——非晶的摩尔热容；

T_1——试样表面机械处理前的温度；

T_2——试样表面机械处理后的温度。

晶粒细化的过程中，由于不同的原子已经溶解在晶格内，根据式1-7-3，形成焓可以表示成：

$$\Delta H_{\mathrm{m}}^{\mathrm{sn}} = \Delta H_{\mathrm{eV}} = \frac{3r_{\mathrm{b}}V_{\mathrm{S}}}{d} \tag{1-7-24}$$

式中　r_{b}——大角晶界能；

V_{S}——合金的摩尔体积；

d——晶粒尺寸。

Miedema 模型的参数见表 1-7-12。在热动力学计算中，高锰钢简化成 $Fe_{86}Mn_{14}$ 合金，$V_{\mathrm{S}}=7.1\mathrm{cm^3/mol}$。

表 1-7-12　Miedema 模型的参数

元素	n/cm^{-1}	Φ/V	T_{m}/K	P/kJ·(V²·cm)⁻²	Q/kJ·cm	r_{b}/J·m⁻²	V_{S}/cm³·mol⁻¹	$V^{2/3}$/cm²
Fe	1.77	4.93	1808.5	14.1	132.54	0.55	7.10	3.70
Mn	1.66	4.45	1517				7.35	3.78

根据上面提出的热动力学理论进行计算，粗晶到纳米晶转变的吉布斯自由能差总是大于零的正值，这意味着这种转变不可能自发形成，必须有外界作用才可以发生，例如，通过强塑性变形增加系统的能量。高锰钢辙叉在服役过程中，由于表面承受重载车轮的滚压和冲击作用，使得结构中的缺陷密度大幅度地增加，从而增加了系统的内能。随着高锰钢辙叉过载量的增加，结构中的缺陷密度逐渐增加，系统的内能逐渐累积，只有内能增加到某个极限值，晶粒细化和纳米晶化转变才能最终发生。吉布斯自由能差与晶粒尺寸的关系，如图 1-7-34 所示。

图 1-7-35 给出了高锰钢辙叉由粗晶转变纳米晶的吉布斯自由能差与晶粒尺寸和表面温升的关系，它在服役过程表面温升越小，由粗晶转变到纳米晶的吉布斯自由能差值越小，说明高锰钢辙叉在服役过程中表面温升越低越容易形成纳米晶。纳米晶尺寸越小，粗晶到纳米晶转变的吉布斯自由能差值就越大，一方面说明粗晶转变的纳米晶的晶粒尺寸越小，需要提供的外加能量也就越大；另一方面

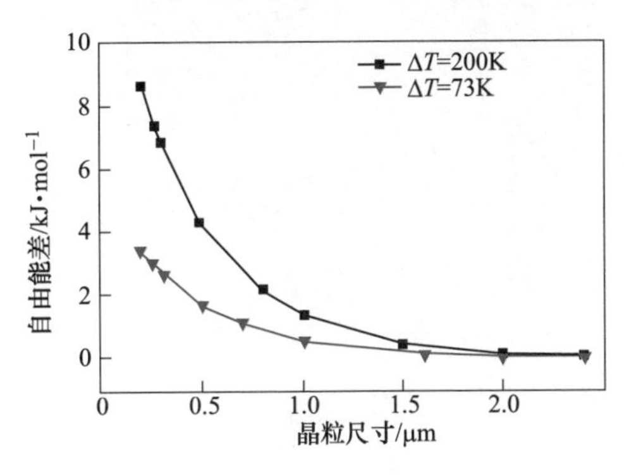

图 1-7-34　高锰钢辙叉由粗晶向纳米晶转变的吉布斯自由能差与晶粒尺寸的关系

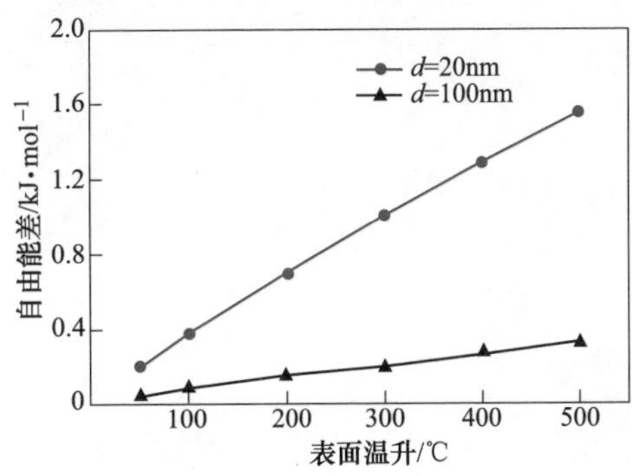

图 1-7-35　高锰钢辙叉由粗晶向纳米晶转变的吉布斯自由能差与晶粒尺寸和表面温升的关系

说明随着内能的逐渐累积，粗晶向纳米晶转变是一个逐渐细化的过程，也就是粗晶到细晶再到纳米晶的过程。

7.2.3　水平裂纹形成机理

从高锰钢辙叉失效形式来看，无论是多年以前还是近些年来，辙叉心轨水平裂纹失效都是一种比例最高、导致辙叉寿命最短的失效形式，可以说，它是高锰钢辙叉失效中最严重的形式，下面用具体案例对这种失效机理进行分析。对同一工段失效下道的两棵高锰钢辙叉进行分析，伤损类型均为心轨水平裂纹，两棵辙叉分别记为1号辙叉和2号辙叉，过载量分别为1.0亿吨和1.1亿吨。

图1-7-36给出了两棵辙叉心轨30mm断面整体的组织状态。可以看到1号和2号辙叉心轨均由表层柱状晶和中心粗大的等轴晶组成。对1号和2号辙叉基体进行了金相组织观察，如图1-7-37所示，两棵辙叉在晶粒较小的区域晶粒度级别均小于0级，其他粗晶区或柱状晶区则小于00级，组织非常不均匀。

a

b

图1-7-36　1号辙叉（a）和2号辙叉（b）心轨纵截面酸浸后的宏观组织照片

a

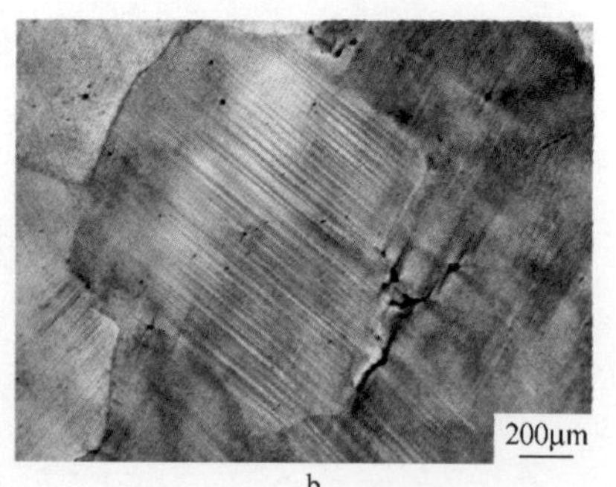

b

图1-7-37　1号辙叉（a）和2号辙叉（b）心轨的金相组织

对两棵辙叉心轨20mm和30mm断面表层剥落处取样，观察表层附近裂纹，如图1-7-38所示。可见，1号辙叉裂纹主要是以大尺寸的缩松缺陷为裂纹源向四

周扩散，裂纹最大深度达到7.8mm，基体裂纹与表层萌生的裂纹贯通，从而出现剥落掉块。2号辙叉心轨裂纹程度较轻微，但裂纹纵向深度更深，裂纹最大深度在距表面10mm处。

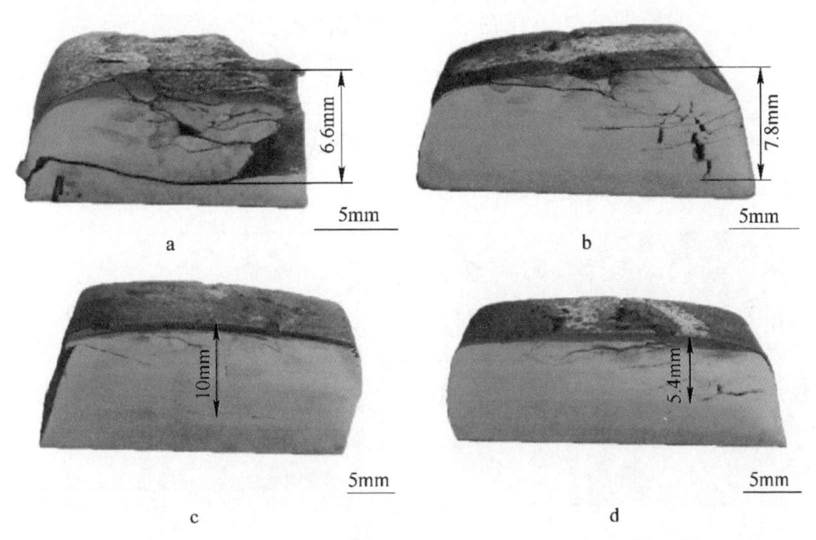

图1-7-38　1号辙叉（a，b）和2号辙叉（c，d）的心轨水平裂纹的宏观照片

两棵高锰钢辙叉心轨裂纹高倍SEM照片，如图1-7-39所示。可以看出，1号辙叉心轨裂纹分为两种类型，第一类是以缩松以及夹杂等缺陷为裂纹源扩散的裂

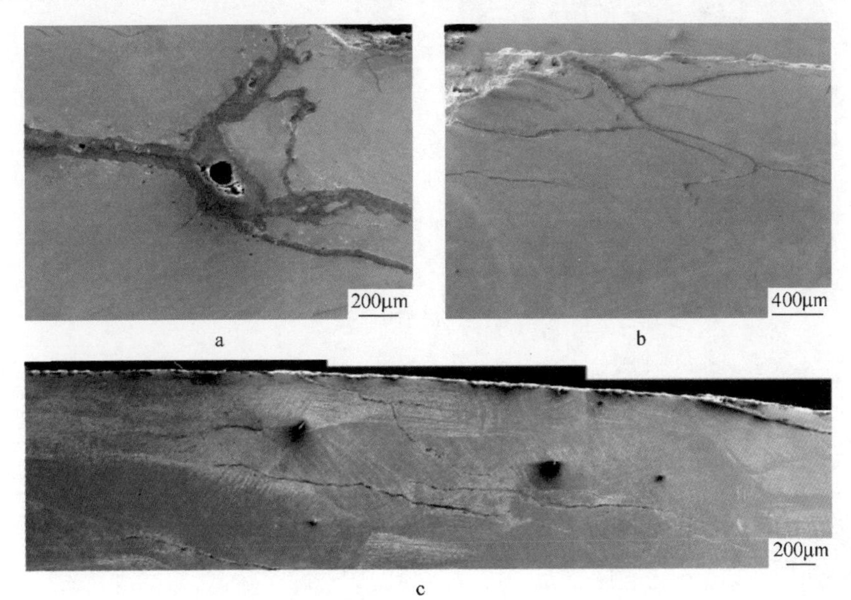

图1-7-39　1号（a，b）和2号（c）高锰钢辙叉心轨水平裂纹的微观形貌

纹，第二种为表面疲劳裂纹。2号辙叉除了有上述两种裂纹类型外，还存在大量条状缩松引起的裂纹。

两棵失效高锰钢辙叉心轨缺陷的形貌和成分，如图1-7-40所示。1号辙叉心轨内部除了上述缩松缺陷外还存在非金属夹杂物，主要为铁锰氧化物。对图中孔洞类缺陷进行了EDS能谱分析，发现其成分同样为铁锰氧化物，推测为氧化物脱离基体遗留的凹坑。在2号辙叉心轨中除了有大的孔洞类的缩松以及非金属夹杂外还存在长条状的缩松缺陷，该处的EDS检测结果显示为常规的高锰钢成分，因此该缺陷并非由外界夹杂引起。

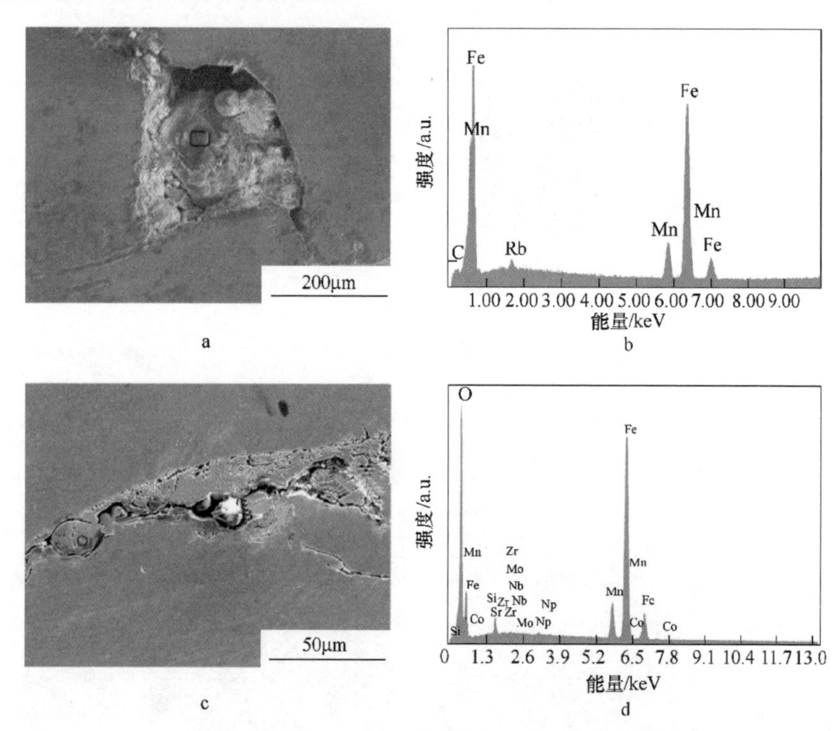

图1-7-40　1号（a，b）和2号（c，d）高锰钢辙叉心轨横截面夹杂物扫描图片及EDS能谱分析结果

对两棵失效高锰钢辙叉距离心轨表面1mm、2mm和3mm深度处的铸造缺陷进行了统计，结果见表1-7-13。可以看出，在距表面1mm和2mm深度的位置，1号辙叉缺陷面积要大于2号辙叉，在3mm深度处1号和2号辙叉基本相同。

表1-7-13　失效高锰钢辙叉心轨亚表层缺陷面积占比　（%）

辙叉编号	1mm深位置	2mm深位置	3mm深位置
1	0.43	0.48	0.22
2	0.31	0.43	0.23

为了更进一步分析辙叉剥落掉块的原因，对辙叉翼轨基体部分进行了常规力学性能测试，结果见表 1-7-14，两棵失效辙叉屈服强度基本相同，但 2 号辙叉强塑性及冲击韧性均高于 1 号辙叉。对 1 号和 2 号辙叉基体进行了低周疲劳试验，应变幅分别为 0.4×10^{-2}、0.6×10^{-2}和 0.8×10^{-2}，结果见表 1-7-15。在低应变幅 0.4×10^{-2}下，1 号辙叉的综合疲劳寿命略高于 2 号辙叉，但是在 0.6×10^{-2}和 0.8×10^{-2}下，2 号辙叉的综合寿命要明显高于 1 号辙叉。

表 1-7-14　两棵失效高锰钢辙叉基体的常规力学性能测试结果

辙叉编号	抗拉强度/MPa	屈服强度/MPa	伸长率/%	冲击功/J
1	567	362	21	238
2	671	374	34	255

表 1-7-15　两棵失效高锰钢辙叉基体的低周疲劳寿命结果

辙叉编号	应变幅	疲劳寿命/周次		应变幅	疲劳寿命/周次		应变幅	疲劳寿命/周次	
		检测值	平均寿命		检测值	平均寿命		检测值	平均寿命
1	0.4×10^{-2}	2009	2662	0.6×10^{-2}	405	562	0.8×10^{-2}	331	248
		1247			350			136	
		5135			775			292	
		2256			721			232	
2		3856	2405		1304	1970		19	443
		1024			1763			587	
		3962			2245			734	
		779			2566			435	

高锰钢辙叉基体拉伸断口形貌，如图 1-7-41 所示。在 1 号辙叉基体的拉伸断口中有大量缩松缺陷分布，而在 2 号辙叉中并没有发现类似的缩松缺陷，这种大面积的缩松缺陷严重破坏了材料的连续性和致密性，大大减小了试样的有效承载面积，在外力的作用下易在缩松处形成局部应力集中，使高锰钢快速在缺陷处萌生裂纹而断裂失效，从而造成了 1 号辙叉基体强塑韧性均明显低于 2 号辙叉基体。

从辙叉功能上看，辙叉心轨是车轮通过时的有害空间，对叉尖造成巨大冲击和挤压，叉尖极易出现剥落和水平裂纹。从铸件设计上看，要提高该部位强度，设计厚度可达 50~60mm；但从铸造上看，厚大部位易出现缩孔和气孔。造型采用白云砂，主要成分为碳酸钙和碳酸镁，发气量大，由于浇铸时轮缘槽朝下，槽中的型砂三面被钢液包围，因此，气体易侵入铸件，铸造缺陷的存在造成心轨连续性和强度降低，在强冲击条件下发生开裂，从而导致高锰钢辙叉的水平裂纹。

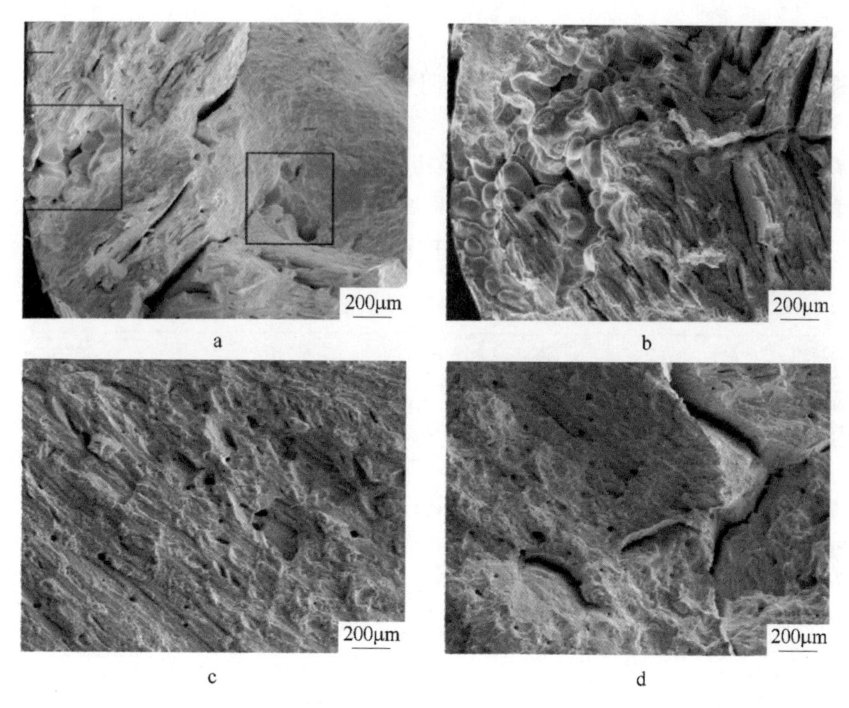

图 1-7-41　1 号辙叉（a，b）和 2 号辙叉（c，d）拉伸断口扫描图片

通过对高锰钢辙叉失效分析可知，为了提高高锰钢辙叉的使用寿命，首先要提高高锰钢辙叉的冶金质量，降低其中夹杂物的数量，改善夹杂物的分布和形状，同时净化和强化奥氏体晶界，从而减少疲劳裂纹形成和扩展的机会。利用洁净高锰钢辙叉冶炼、铸造制造技术可以达到这个效果。另外，应提高高锰钢辙叉的初始硬度和加工硬化能力，以提高其抗变形能力。利用加工硬化能力较高的奥氏体高锰钢制作辙叉是一种有效提高高锰钢辙叉使用寿命的措施，例如通过 N 对高锰钢进行再合金化处理，使高锰钢的加工硬化能力得以大幅度的提高，可使高锰钢辙叉的使用寿命提高 30%以上；或者通过大幅度降低高锰钢中磷和硫的含量，以改善高锰钢的可锻性能，制造锻造高锰钢，可使高锰钢的屈服强度从 380MPa 左右提高到 450MPa 以上，大大提高高锰钢辙叉抗高速、重载列车车轮的冲击和碾压而发生变形的能力；也可以采用预硬化方法处理高锰钢辙叉的工作表面，使其具有高的初始硬度，可有效地提高高锰钢辙叉的使用寿命。另外，通过提高高锰钢辙叉心轨和翼轨的表面质量和光洁度，以保证轮轨间的平顺性，也可以适当提高高锰钢辙叉的使用寿命。

8 奥氏体轨道钢的应用

8.1 应用概况

客运高速化、货运重载化，是当今世界铁路发展的趋势。我国的高速、重载铁路发展最为迅猛，列车速度已由 80km/h 提高到 350km/h，轴重已由 20t 提高到 30t，轨道由 25m 一个接头到全线无缝，单条铁路年运量已突破世界 2.5 亿吨极限，达到 5 亿吨以上，铁路也从温热地区延伸到寒冷地区。铁路轨道主要由钢轨和辙叉组成，辙叉的作用是使列车变轨并转弯，在此过程中车轮会对辙叉造成强烈冲击和剧烈摩擦，其服役条件最恶劣，如图 1-8-1 所示。

a

b

图 1-8-1 高速和重载铁路上的高锰钢辙叉
a—高速铁路；b—重载铁路

120 多年来，铁路辙叉主要由高锰钢制造，传统高锰钢辙叉均以铸态使用，寿命离散度大。当前，高速和重载列车车轮对辙叉的瞬时作用应力最高达到 2GPa、表层瞬时温升达到 800℃。甚至有报道称，铁路辙叉在服役过程中受到的表面压应力高达 5.4GPa，水平方向受到应力达 2.5GPa。如此极端的应力条件致使辙叉的疲劳破坏机制转变为应变主导的低周疲劳，同时黏着磨损加剧，加快了辙叉的破坏速度。因此，提高铁路辙叉的服役性能，使其能够承受不断恶化的服役条件，是铁路运输安全、高效的有效保证。

多年来，本书作者团队一直围绕铁路轨道用高锰奥氏体钢开展持续攻关，从冶金全流程视角，已成功发明多个辙叉用高锰奥氏体钢新品种，高锰钢洁净化冶金、选择性锻造和形变热处理以及高频冲击预硬化等高品质辙叉用高锰奥氏体钢制造集成技术，实现了辙叉用高锰奥氏体钢性能的全面提升；发明了高锰钢辙叉和高碳钢钢轨异质焊接专用奥氏体钢，以及其闪光焊接等系统技术，提高了高锰奥氏体钢轨道的服役性能，下面就各项具体应用技术内容做简单介绍。

在奥氏体轨道钢新成分设计方面，研究发现高锰钢中 C+N 和 N+Cr 协同作用可提高孪晶形成能力，并显著细化孪晶；同时 Cr+Y 协同强化奥氏体晶界，这些效果共同作用改变了高锰钢的微观变形机制，显著提高了高锰钢的各项力学性能，如图 1-8-2 所示，其具体内容参见第 1 篇第 2 章和第 3 章的内容。基于此，开发了高性能 C+N 强化和 N+Cr 强化辙叉用高锰钢。

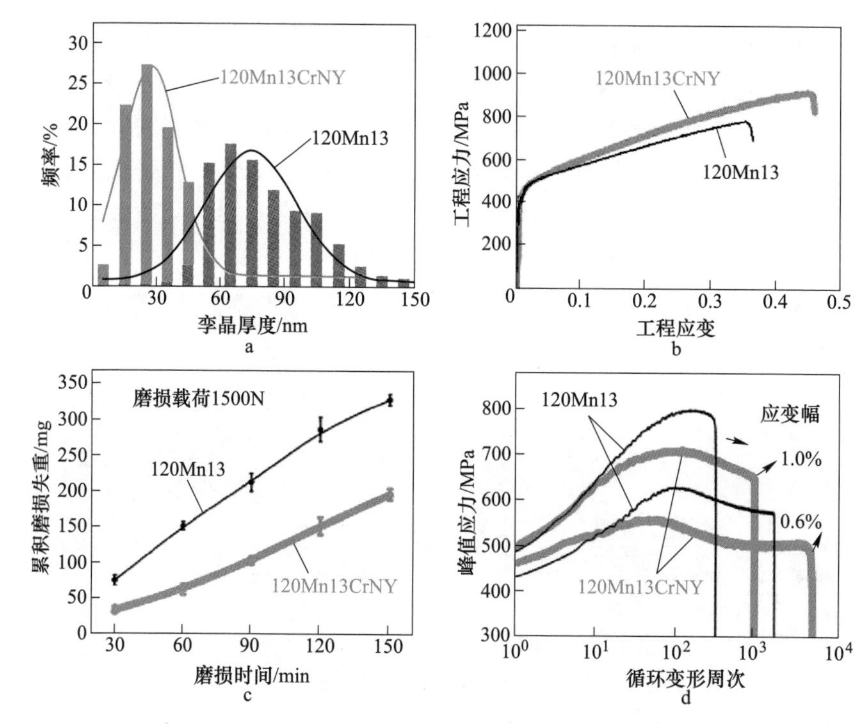

图 1-8-2　新型高锰奥氏体钢辙叉合金化技术

a—孪晶尺寸；b—强塑性；c—耐磨性能；d—低周疲劳性能

在高锰奥氏体钢洁净化冶金技术方面，发现氮和钇相互作用可产生稳氮增钇效果，为此，开发了专用复合重稀土钇合金丝以及吹氮和喂钇合金丝协同洁净化精炼技术。通过控制钇合金丝熔化位置和加入量、匹配［N］溶解量和 N_2 流量，实现［N］的稳定固溶，可控制在 0. 04%~0. 05%(质量分数)，同时稀土钇元素的收得率提高 50%。通过该技术，实现高锰钢中夹杂物含量减少 60%以上的效果，进一步使高锰钢的疲劳强度提高 10%以上，如图 1-8-3 所示。同时，通过高锰钢铸造技术的创新，包括酯硬化造型、冷却制度、氧化镁涂料等优化和改进，可进一步将铸造高锰钢辙叉中的缩松和夹渣铸造缺陷分别减少 50%和 70%。

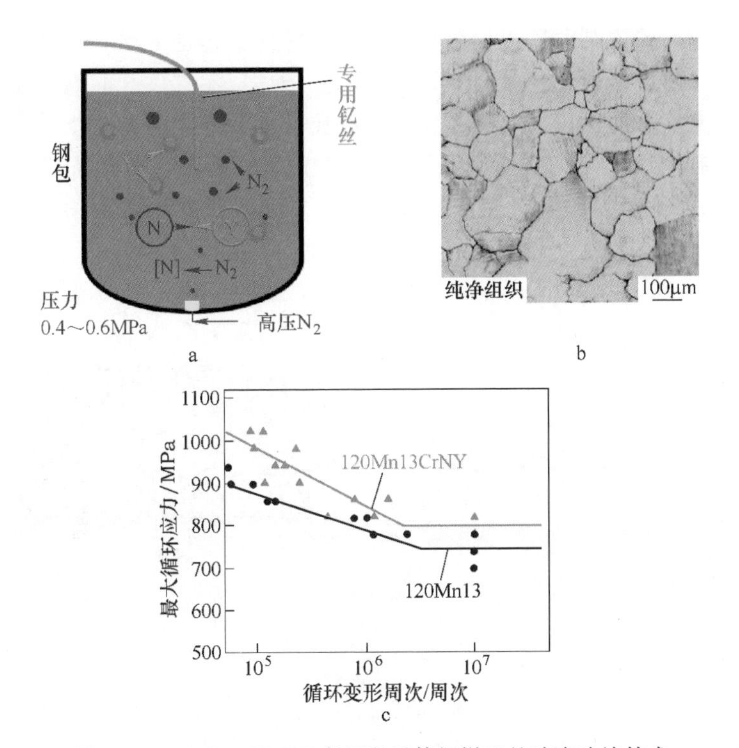

图 1-8-3　120Mn13CrNY 高锰奥氏体钢辙叉的洁净冶炼技术

a—钢液净化微合金化原理示意图；b—铸造组织；c—高周疲劳强度

在选择性锻造和形变热处理协同技术方面，研究发现对高锰钢在1100℃以上进行30%以上的热加工，可实现钢内部微孔缺陷冶金焊合，如图 1-8-4 所示。基于该结果，针对高锰钢辙叉服役最恶劣区域，即心轨和翼轨跨越区轨顶部的铸坯

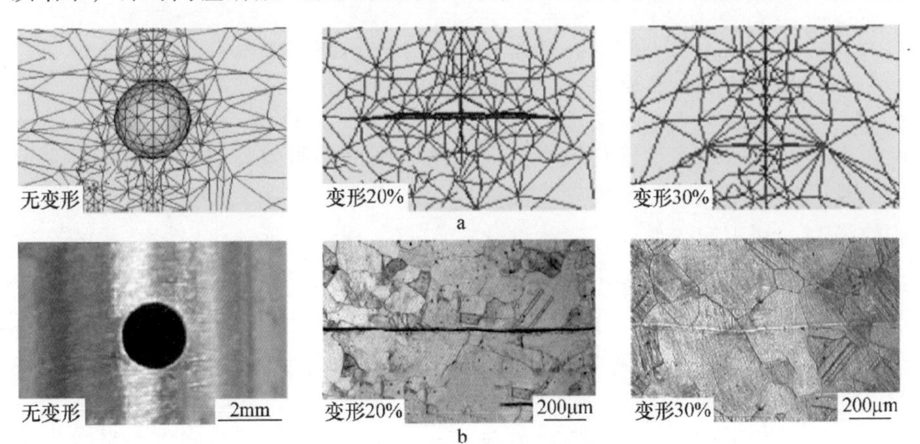

图 1-8-4　高锰钢中孔洞缺陷在热变形中的焊合过程

a—有限元模拟缺陷焊合过程；b—实际焊合过程

新结构，实施局部控制锻造成型热加工，实现该区域铸造缩松和气孔缺陷的有效焊合。同时，通过锻造加工温度、变形量以及锻后保温温度和时间，调控动态再结晶与静态再结晶行为，控制晶粒尺寸，将奥氏体晶粒尺寸减小 5 倍以上，晶粒度约从 0 级细化到 3 级，使高锰钢的耐磨性和疲劳寿命分别提高 20%和 50%以上，如图 1-8-5 所示。关于选择性锻造详细内容可参看第 1 篇第 5 章的内容。

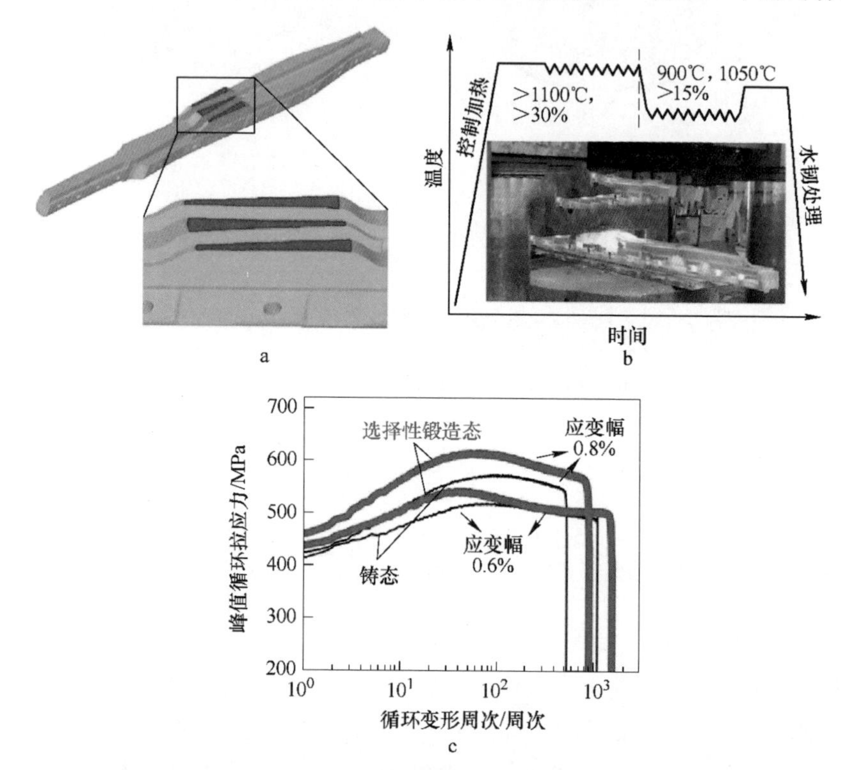

图 1-8-5 高锰奥氏体钢辙叉选择性锻造技术

a—辙叉铸坯新结构；b—选择性锻造和形变热处理工艺；c—低周疲劳性能

在高锰钢高频冲击预硬化技术方面，基于高锰钢对微观变形行为的特有记忆效应，及其微观变形机制受控于奥氏体层错能大小，建立了高锰钢微观变形层错能调控模型。利用双阶变温控制预硬化，实现了高锰钢预硬化层微结构的有效控制，获得超高密度可动位错和纳米孪晶混合结构。高锰钢硬化层深度达 15mm、表面硬度（HRC）达 50，如图 1-8-6 所示，具体相关内容可参考第 1 篇第 4 章。与爆炸硬化辙叉相比，高频冲击硬化高锰钢辙叉表面强度和塑性分别提高 25%和 70%，疲劳寿命提高 300%以上。

在高锰钢辙叉与钢轨异质焊接方面，针对这一曾经限制我国高速铁路全线无缝的瓶颈技术难题，发明了难焊高锰钢辙叉焊接专用低碳 CrNiMnMo 奥氏体钢及其短钢轨近终成型技术。提出了引入过渡材料解决辙叉-钢轨异材焊后要求冷速

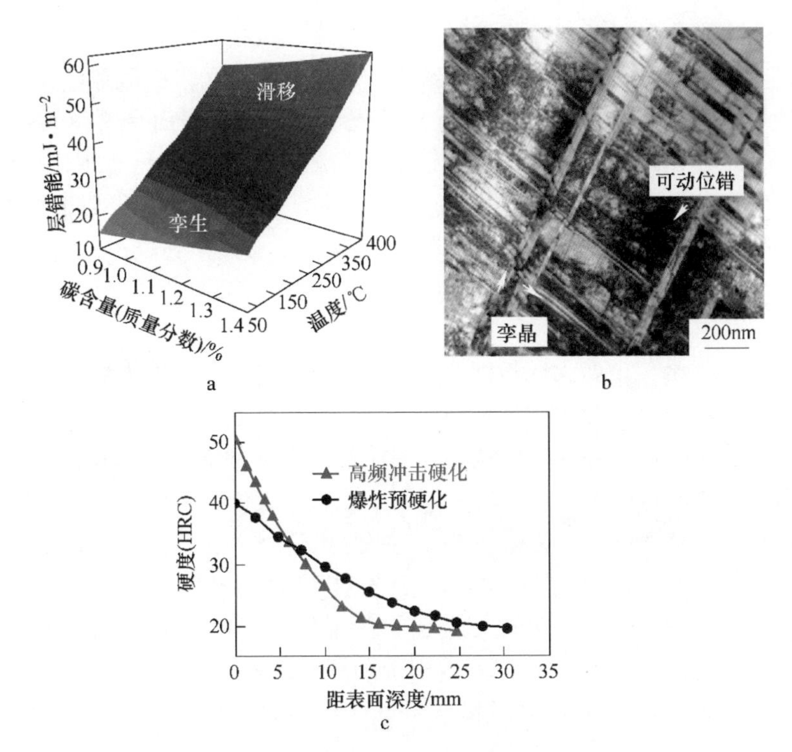

图 1-8-6 高锰奥氏体钢辙叉高频冲击预硬化技术

a—层错能调控模型；b—硬化后的微观组织；c—硬度分布

迥异问题的思路，开发组织稳定、热导率小、热裂敏感性低、高温屈服强度高的低碳 CrNiMnMo 奥氏体钢为过渡材料，并发明其短钢轨一次热挤压近终成型技术，实现了高锰钢辙叉与高碳钢钢轨的高质量焊接，如图 1-8-7 所示；打破了国外技术垄断，提高了辙叉的稳固性，显著降低车轮对辙叉作用的应力水平，并大幅度提高辙叉使用寿命。具体内容参看第 1 篇的第 6 章及第 8 章的 8.3 节。

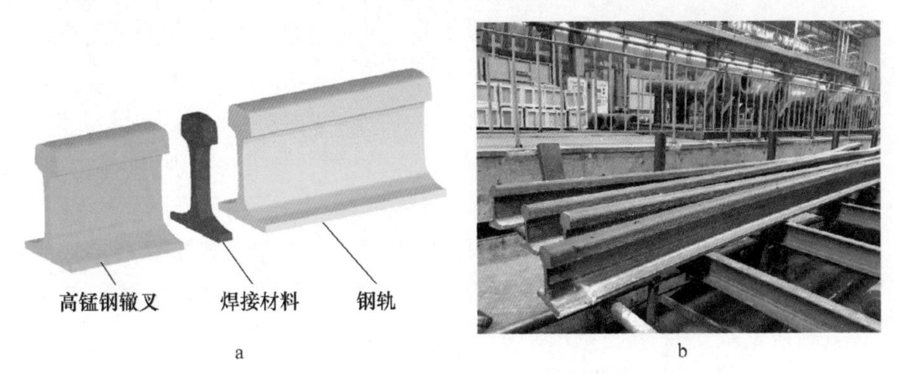

图 1-8-7 高锰奥氏体钢辙叉焊接技术

a—辙叉与钢轨焊接结构；b—挤压近终成型奥氏体钢焊接材料

以上是本书作者团队在高锰钢及辙叉制造中相关技术的归纳和总结，这些技术在工业生产前均进行了系统的实际线路小规模试用和严格的跟踪监测，均获得很好的使用效果，在此基础上，进行规模化工业生产。下面主要以重载铁路用C+N和N+Cr强化高锰钢辙叉选择性锻造、高频冲击预硬化和洁净化冶炼技术，以及提速、高速铁路用高锰钢辙叉焊接技术为例，对实际上铁路线路使用后的测试和相关研究内容进行详细介绍和回顾。

8.2　重载铁路上的应用

目前大秦铁路（山西大同至河北秦皇岛煤运铁路）、朔黄铁路（山西朔州至河北黄骅煤运铁路）是我国重载铁路的代表，年运量最大，服役条件最苛刻，比如，大秦铁路年运量达到5.7亿吨。本书作者团队研究技术制造的重载铁路高锰钢辙叉最早就是在这两条铁路上首先应用。在做了大量轨道用高锰钢实验室试验研究基础上，对洁净冶炼、铸造技术、选择性锻造技术、高频冲击预硬化技术高锰钢辙叉进行工业化生产试验。为此，首先对32棵洁净铸造高锰钢辙叉进行选择性锻造加工，辙叉用高锰钢的成分是C+N强化120Mn13CrNY高锰钢，辙叉编号分别为001~032。其中001~008号用于朔黄重载铁路，而001~005号为水韧热处理状态，006~008号为原始铸态；009~032号辙叉用于大秦重载铁路。

8.2.1　高锰钢辙叉洁净冶炼工艺

高锰钢冶炼是铁路高锰钢产品生产的重要工艺环节，钢水的品质在很大程度上决定了最终产品的质量。钢中的气孔、夹杂物等内部缺陷均与钢水冶炼的质量密切相关。辙叉用高锰钢采用电弧炉进行冶炼，其冶炼周期适中，开炉和停炉可控，便于工序协调和组织生产。随着冶炼技术的发展，偏心底吹电弧炉、炉外精炼炉（AOD、VOD、LF等）和电渣冶炼炉等冶炼设备和相关工艺不断成熟，钢中有害气体O和H，以及有害杂质S和P元素得到更加有效控制，为钢中稀土元素的添加和含氮钢的冶炼提供了有利的条件，从而为新一代高品质轨道用高锰钢冶炼提供了大量的技术支持。

8.2.1.1　*冶炼用原材料*

高锰钢冶炼主要原料包括金属原料、造渣材料、氧化剂、脱氧剂、增碳剂，以及炉用耐火材料和电极等。

金属原料是电炉冶炼高锰钢最基本的原材料，其质量和稳定性对冶炼工艺过程的控制有着重要的影响，从而影响高锰钢产品的质量。主要金属原料包括废钢、合金料等。废钢是高锰钢冶炼的主要原料，占金属原料总量的70%~80%，包括返回料、回收废钢、铸件浇冒口、废铸件、浇余、废屑等。对废钢的一般要求如下：（1）废钢表面洁净度低以及其中的杂物会降低其导电性，增加能耗，

增加钢气体含量，影响电炉冶炼操作。因此，废钢应该干燥且表面清洁，泥沙、炉渣、耐火材料等杂物少。（2）废钢中的部分有色金属在电炉冶炼过程不能被氧化去除，严重影响钢产品的质量。因此，铅、锡、砷、锌、铜等有色金属含量要满足高锰钢产品的成分要求。另外，铅、锌等易挥发的金属会对电炉内耐火材料造成严重的危害。（3）废钢化学成分波动及杂质元素对电炉冶炼造成较大的困难。因此，废钢的成分波动应尽可能小，其中 S、P 含量不宜过高。（4）废钢尺寸不宜过大，且大中小料需要配合加入，不可含有密封容器、易燃、易爆、有毒的物品。

高锰钢作为高合金钢，需要加入大量的锰铁合金。根据冶炼钢种的化学成分和质量要求，还需要加入铬合金元素。冶炼过程中需加入硅铁、铝硅、铬铁、硅钙以及稀土改性剂等合金元素，对钢液进行脱氧和成分调整。针对含氮高锰钢，可通过向钢液中加入氮化铬铁或者氮化锰铁增加钢中氮含量。为了避免钢液中的氮损失，氮化铬/锰铁一般是在电炉冶炼还原期加入钢液。但是，氮化铬/锰铁中磷含量较高，电炉还原期不具备脱磷的条件。因此，在钢包或 LF 炉精炼过程中，采用底吹氮气对钢液增氮，并实现合金化是最经济有效的手段。

高锰钢冶炼工艺对合金材料一般要求减少铁合金的加入量以缩短合金熔化时间，减少熔池温度损失，提高合金收得率。因此，合金元素含量高，有利于冶炼操作顺利进行。由于合金加入量大，要求合金中杂质元素、夹杂物、气体含量少，否则对钢液成分有较大的负面影响。另外，合金中的元素含量要保持稳定，合金块要保持干燥，避免增加钢液中氢含量，粒度适中便于快速熔化。高锰钢冶炼所需锰铁合金的成分含量及粒度要求见表 1-8-1。

表 1-8-1　锰铁合金成分含量及粒度要求

类别	化学成分（质量分数）/%					粒度/目	
	Mn	C	Si	P	S	1	2
中碳锰铁	≥75.0	≤2.0	≤2.5	≤0.20	≤0.03	50~150	20~50
高碳锰铁	≥65.0	≤7.0	≤3.5	≤0.13	≤0.03		

生铁主要用于提高炉料中的配碳量，根据所炼钢种的要求，生铁的配入量一般为 10%~25%，一般不超过 30%。电炉冶炼对生铁中 S、P 杂质含量要求较高，一般要求 S、P 含量均应小于 0.05%。

炼钢即炼渣，炉渣结构对钢中杂质元素 S、P 的去除、夹杂物和气体的去除和控制有重要的影响。造渣材料对冶炼过程中时间和能耗的控制和钢产品的品质具有直接影响。目前，碱性电弧炉冶炼的造渣材料主要有石灰、石灰石、石英砂、萤石、废弃耐火砖块等材料。

石灰是碱性炉渣的主要造渣材料，由石灰石经过沸腾焙烧形成密度小、气孔半径小、气孔面积大的活性石灰。电炉冶炼对石灰的要求较高，尤其是石灰极易受潮而粉化，冶炼过程中水分被电弧电离释放出氢并进入钢液中，从而降低钢的品质。因此，石灰在运输、储存和保管时，要保持干燥。石灰的生烧率过大，造渣量减小，炉渣温度降低，增加热能损失和能耗。冶金石灰的等级、成分等特性要求见表1-8-2。

表1-8-2　冶金石灰等级、成分、特性（YB/T 042—2004）

类别	等级	化学成分（质量分数）/%					灼减（质量分数）/%	活性度（4mol/mL，39~41℃，10min）
		CaO	CaO+MgO	MgO	SiO_2	S		
普通冶金石灰	特级	≥ 92.0	—	<5	≤1.5	≤0.020	≤2	≥360
	一级	≥ 90.0			≤2.5	≤0.030	≤4	≥320
	二级	≥ 85.0			≤3.5	≤0.050	≤7	≥260
	三级	≥ 80.0			≤5.0	≤0.100	≤9	≥200
镁质冶金石灰	特级	—	≥ 93.0	≥ 5	≤ 1.5	≤ 0.025	≤ 2	≥ 360
	一级		≥ 91.0		≤ 2.5	≤ 0.050	≤ 4	≥ 280
	二级		≥ 86.0		≤ 3.5	≤ 0.100	≤ 6	≥ 230
	三级		≥ 81.0		≤ 5.0	≤ 0.200	≤ 8	≥ 200

石灰石的主要成分是$CaCO_3$，冶炼过程中分解释放CO_2气体，有利于搅拌熔池，从而有效去除钢液中气体和夹杂物；而且石灰石不易吸水，易于运输和储存，且硫含量普遍较低，用于造渣材料具有一定的优势。但石灰石分解时吸热，延迟熔渣形成时间并在一定程度上增加电耗。石灰石中含有一定量的SiO_2，会降低炉渣碱度，对脱硫和脱磷不利。石灰石分解产生的CO_2具有一定的氧化性，在还原期不宜使用。一般在熔化期结束的时候使用半烧状态的石灰石，一定程度上减少电耗。

萤石主要来自萤石矿，其主要成分是CaF_2。萤石的主要作用是作为助熔剂改善熔渣的流动性，且不改变熔渣的碱度，有利于化渣。萤石具有较强的侵蚀性，会侵蚀炉衬，用量过多会降低炉衬的寿命。纯CaF_2熔点为1418℃，沸点为2510℃。但一般萤石矿物中含有SiO_2、Fe_2O_3等物相，其熔化温度大约为1200℃，密度为3.0~3.25g/cm^3。萤石成分要求一般为：$w(CaF_2)>85\%$，$w(SiO_2)<5\%$，$w(CaO)<5\%$，$w(S)<0.1\%$，$w(H_2O)<0.5\%$。

耐火黏土火砖块主要是电炉和钢包中废弃的内衬耐火材料，主要成分是SiO_2(55%~70%)、Al_2O_3(27%~35%)、Fe_2O_3(1.3%~2.2%)，主要作用是改善炉渣流动性，尤其是对MgO含量较高的熔渣的稀释作用优于萤石。火砖块成本低，使用方便。但其中SiO_2、Al_2O_3含量较高，在改善熔渣流动性的同时会降低炉渣碱度，降低炉渣脱S、P的效果。

石英砂是酸性电炉炼钢时的主要造渣材料，主要成分是 SiO_2，在碱性炉主要用于调整渣中成分，尤其是在还原期造还原渣时用于调整中性渣成分。碱性炉中过量使用石英砂或滞留时间较长时，会造成渣线严重侵蚀。一般要求石英砂中的二氧化硅含量应大于95%，FeO 含量小于0.5%，粒度一般为1~3mm。硅石主要成分同样为 SiO_2，一般含量在90%以上，FeO 含量小于0.5%，尺寸一般为15~50mm。石英砂和硅石中的水分含量应小于0.5%，使用前应保持干燥，并进行长时间的烘烤。

铁矿石是电炉炼钢氧化期使用的一种重要氧化剂，主要用于调整炉内气氛，造高氧化性的熔渣，主要成分是 Fe_2O_3（赤铁矿）或 Fe_3O_4（磁铁矿）。一般要求氧化铁含量高，S、P 含量低，密度大、杂质较少。铁矿石中的 SiO_2 含量过高会降低熔渣的碱度，不利于脱磷，侵蚀碱性炉衬，降低炉衬的寿命。因此，电炉用铁矿石一般要求 $w(Fe) \geqslant 55\%$，$w(SiO_2) < 8\%$，$w(S) < 0.1\%$，$w(P) < 0.1\%$，$w(H_2O) < 0.5\%$，块度以30~80mm为好。使用前应在800℃以上烘烤至少4h，去除吸附的结晶水，防止钢液增氢和减少热量损失。同时，煅烧后有利于提高矿石中铁的品位。

氧化铁皮是钢铁产品在轧制、锻造、机械加工等生产过程中的副产物，又称为“铁磷”，主要成分为 Fe_3O_4。其中 Fe 含量相对于铁矿石较高，用于在电炉熔化末期和氧化初期造氧化渣，脱磷效果较好，是一种理想的脱磷剂。氧化铁皮的成分一般为 $w(Fe) \geqslant 70\%$，$w(SiO_2) < 3\%$，$w(S) < 0.04\%$，$w(P) < 0.05\%$，$w(H_2O) < 0.5\%$。氧化铁皮易回收、成本低，是一种较为理想的氧化剂。但氧化铁皮疏松、多孔，一般密度较低，不易于加入电炉钢液熔池中。另外，氧化铁皮易黏附油污，吸收水分，使用前须烘烤干燥，使水分和油污充分挥发后再入炉使用。

氧气是炼钢过程中重要的氧化剂。随着现代制氧技术的发展，氧气的纯度和成本控制水平逐步提高，氧气在钢铁工业中得到了广泛的应用。在熔化期吹氧可强化熔炼，大大缩短冶炼时间，从而可以降低能耗。氧化期吹氧较矿石氧化成本低，且氧气溶解于钢液中有利于强化脱除钢液中气体和非金属夹杂物，有利于缩短氧化期时间，减少能耗，提高钢液质量。对氧气的要求是：纯度高，氧含量大于99%，H_2O 含量小于0.2%，压强0.8~1.2MPa。

电炉冶炼高锰钢脱氧剂包括锰铁、硅铁、铝以及硅锰、硅钙、硅铝钡等复合脱氧剂。要求脱氧剂中的脱氧元素含量高，有害杂质元素含量低，块度及粒度适合，且使用前须经烘烤。硅铁粉是一种价格较为便宜的优质脱氧剂。由于硅铁粉的密度稍大，当渣况不良时，可能会存在与钢液直接接触的现象，对钢液的纯净度产生影响。常用的有含 Si 75%和含 Si 45%的两种。硅铁粉的使用粒度一般小于1mm，水分含量小于0.5%，使用前需在100~150℃干燥至少8h。硅钙粉也是一种优质脱氧剂，并且还具有一定的脱硫效果。在炼钢温度下，硅会不断溶解于钢液中，钙可以与氧和硫不断地反应，从而提高脱硫能力。

电炉冶炼氧化期结束时，钢液中的碳含量不满足成品要求需要添加增碳剂对钢液进行增碳，主要增碳剂有焦炭粉、电极粉和木炭粉。

焦炭粉是由冶金焦破碎加工制成，价格低廉，货源充足，使用广泛。但需注意，焦炭粉中的成分及含量。合格的焦炭粉中 $w(C) \geqslant 80\%$，$w(灰分) \leqslant 15\%$，$w(S) \leqslant 0.1\%$，$w(H_2O) \leqslant 0.5\%$。电极粉是由旧电极或者碎电极块制成，碳含量高，硫含量低，灰分少，密度大，增碳效果好，是理想的增碳剂，要求如下：$w(C) \geqslant 95\%$，$w(灰分) \leqslant 2\%$，$w(S) \leqslant 0.1\%$，$w(H_2O) \leqslant 0.5\%$。木炭粉密度小，砂分少，含硫量低。但是在用于钢液增碳时收得率较低且价格较贵，目前使用已较少。

8.2.1.2 洁净高锰钢冶炼化学反应

电炉炼钢是钢铁冶金的重要组成部分，炼钢过程是一个复杂的物理化学反应的过程。炼钢的基本理论是高锰钢电炉冶炼的基础，本质上是氧化和还原反应过程。冶炼过程中，一方面，钢液中的碳、硅、锰等元素被钢液中的氧所氧化，形成氧化物并进入炉渣中，钢中过剩的氧通过加入合金元素进行脱除。另一方面，钢液中的P、S等杂质元素也需要通过氧化还原反应脱除，并形成相应的化合物进入炉渣中。因此，电炉炼钢过程中炉渣的性质是炼钢全过程的重要基础，碳、硅、锰等元素的氧化、氧化脱磷、还原脱硫、合金化脱氧等化学反应过程的控制是电炉炼钢的关键基础。

电炉渣是电炉冶炼的重要基础，主要来源是加入的造渣材料、炼钢过程中氧化反应的产物以及少量炉衬侵蚀产物。按照冶炼方法和电炉炉衬耐火材料的特性，炉渣可分碱性渣和酸性渣。根据其化学性质，氧化物可归纳为以下三类：碱性氧化物，主要是 CaO、MnO、MgO、FeO 等；酸性氧化物，主要是 SiO_2、P_2O_5、TiO_2、V_2O_5 等；中性氧化物，主要是 Al_2O_3、Fe_2O_3、Cr_2O_3 等。炉渣的碱度是炉渣最重要的特性，一般采用渣中碱性氧化物和酸性氧化物的比例表示：$R=\frac{w(CaO)}{w(SiO_2)}$。当 $R<1$ 时称为酸性渣，$R=1$ 为中性渣，$R>1$ 时为碱性渣。炉渣中氧化物的碱性由强到弱的顺序为：$CaO>MnO>FeO>MgO>CaF_2>Fe_2O_3>Al_2O_3>TiO_2>SiO_2>P_2O_5$。炉渣的氧化性体现在炉渣的氧化能力，主要受渣中 FeO 和 MnO 含量的影响，采用渣中 FeO 的活度 $\alpha_{(FeO)}$ 表示炉渣氧化能力。炉渣的熔化性温度一般要求低于冶炼钢种熔点 50~200℃。由于炉渣是由多种化合物构成的体系，其熔化温度受其中组分的影响，一般根据冶金热力学原理和经验数据确定炉渣的熔化性温度。

炉渣的黏度是炉渣的重要物理性质之一，对钢中主要元素的扩散、渣钢间化

学反应、钢液中气体逸出、熔池内的热量传递、铁氧化损失以及炉衬寿命均有很大的影响，主要影响因素有炉渣的成分和温度等。

脱碳是电炉氧化期的主要化学反应之一，反应放出大量的热和气体，主要作用是升温、搅拌熔池、均匀成分和温度。因此，可增加钢-渣界面接触面积从而加速渣钢界面化学反应进行，去除钢液中的非金属夹杂和有害气体。脱碳反应可以采用吹入氧气或加入铁矿石提供氧源。

为了加强钢渣反应，去除钢中的气体和夹杂物，一般要求电炉氧化期有一定量的脱碳。因此，配料时钢中含碳量应包括氧化脱碳量。氧化期的脱碳量一般控制在0.2%~0.6%。高锰钢氧化法操作一般控制在0.3%~0.4%。但是，当原料较差，如水分和杂质元素较多导致钢液中的气体和夹杂物含量较多时，应适当增加氧化期的脱碳量。脱碳反应速率是氧化期脱气、脱磷、去除夹杂物的关键因素，应保持熔池活跃沸腾，同时避免过度沸腾导致吸气量大；而且脱碳速率过快，如大于0.05%/min时，将导致钢液溢出和喷溅。一般脱碳速率应控制在0.008~0.015%/min，保证脱碳反应的效果和生产安全。

硅锰是钢中的主要合金元素，尤其是高锰钢中主要合金元素是以硅、锰为主，锰含量较高。因此，硅、锰等元素在冶炼过程中的氧化和还原规律对高锰钢的冶炼尤为重要。

硅的氧化和还原：钢液中的硅极易被氧化，在电炉氧化法冶炼过程中，炉料中的硅在熔化期和氧化期中几乎全部被氧化形成 SiO_2 并进入渣中。渣中的 SiO_2 在还原期部分被还原，以硅元素进入钢液中。熔化期和氧化期通过吹氧或加入铁矿石提高炉渣的氧化性，钢液中的硅与钢中溶解的氧和碳，以及炉渣中的FeO发生直接或间接氧化还原反应。反应方程式如下：

$$[Si] + 2[O] = (SiO_2), \quad \Delta G = -541939 + 202.81T\,(J/mol)$$

$$[Si] + 2(FeO) = (SiO_2) + 2[Fe], \quad \Delta G = -299942 + 98.05T\,(J/mol)$$

$$[Si] + O_2 = (SiO_2)$$

$$[Si] + 2(FeO) + 2(CaO) = (Ca_2SiO_4) + 2[Fe]$$

$$2[C] + (SiO_2) = [Si] + 2CO$$

上述反应表明，硅的氧化还原反应受温度、炉渣成分、金属液成分和炉气氧分压的影响。温度低有利于硅的氧化。降低炉渣中 SiO_2 的含量，增加CaO、FeO的含量则有利于硅的氧化。炉渣氧化能力越强、钢液中硅含量越高、炉气氧分压越高，越有利于硅的氧化。

锰的氧化和还原：高锰钢中锰是最主要的合金元素，了解锰的氧化和还原对其冶炼操作影响很大。锰的氧化和还原反应式如下：

$$[Mn] + [O] = (MnO), \quad \Delta G = -244300 + 107.6T\,(J/mol)$$

$$[Mn] + [FeO] = (MnO) + [Fe]$$

$$2[Mn] + O_2 \xlongequal{} 2(MnO)$$
$$[C] + (MnO) \xlongequal{} [Mn] + CO$$

影响锰氧化与还原的因素包括温度、炉渣组成以及钢液成分和炉气氧分压。温度低有利于锰的氧化。炉渣碱度大，（MnO）的活度高，（MnO）以游离态存在；如果活度太高，大于 1，则不利于锰的氧化；炉渣氧化性越强、炉气氧分压越高，越有利于锰的氧化。高锰钢冶炼大多采用碱性炉冶炼，当脱碳反应激烈时，炉渣中的（FeO）含量减少，温度升高，使钢液中锰含量回升，也就产生了锰的还原。锰是高锰钢的主要合金元素，在冶炼过程中应控制钢中残余的锰含量，以降低金属锰铁的消耗。另外，残余锰在冶炼过程中还具有其他作用：(1) 在氧化冶炼初期，（MnO）的存在可以帮助化渣，并减轻初期渣中 SiO_2 对炉衬的侵蚀。(2) 残余锰的存在可以防止钢液的过氧化，避免钢液中氧含量增多，可以提高脱氧合金的收得率，降低钢中夹杂物的含量。(3) 可作为钢液温度高低的判断标志，炉温高有利于（MnO）的还原，残余锰含量高。

磷在钢中与铁形成磷化铁，稳定性高于碳化铁。因此，在钢液内磷通常以 $[Fe_2P]$ 或 $[Fe_3P]$ 的形式存在。磷在钢液内溶解度极大，但是磷的部分化合物则溶解较少，例如：P_2O_5、$4CaO \cdot P_2O_5$、Ca_3P_2 等。钢液的脱磷主要分为氧化脱磷和还原脱磷两种。

氧化脱磷是一种常规的脱磷方法，在炼钢过程中，钢液中的 [P] 与炉渣中的（FeO）或者钢液内游离的 [O] 相结合，生成 P_2O_5，进入渣中，与（CaO）生成较为稳定的化合物，随炉渣扒出，达到脱磷的目的。其反应式可表述为：

$$2[P] + 5(FeO) + 4(CaO) \xlongequal{} (Ca_4P_2O_9) + 5[Fe]$$

影响脱磷的速率和效果的因素有冶炼温度、炉渣碱度与氧化性、炉渣黏度和渣量等。反应物浓度高，要求炉渣中（CaO）、（FeO）浓度高，即要求炉渣具有高碱度、高氧化性。生成物浓度低，则要求大渣量，最好边造新渣边放旧渣。由于脱磷反应是在钢—渣界面进行，因此，要求扩散传质要快，为加快扩散，则要求在保证炉渣黏度较低的情况下，获取更高的碱度。脱磷反应为放热反应，炉温低有利于脱磷反应的进行。

(1) 冶炼温度。磷的氧化是典型的放热反应，因此较低的炉温有利于脱磷反应的正向进行，但是过低的温度会导致传质减慢，从而影响反应的速率。熔化期和氧化初期炉温都较低，是脱磷反应最有利的时机，必须抓紧时机进行脱磷操作，早造渣，早脱磷。

(2) 炉渣碱度与氧化性。从脱磷反应式可知，要保证良好的脱磷效果，必须使炉渣中（FeO）、（CaO）有一定的浓度，即要求炉渣具有较高的碱度和氧化性。氧化性较低，影响磷的氧化过程，碱度较低，磷无法及时排除，易发生回磷。

（3）炉渣黏度。脱磷反应是在炉渣-钢相界面进行的，如图 1-8-8 所示。炉渣的黏度过大，则会导致传质速率的降低。在炼钢高温条件下，化学反应速度快，随着反应的进行，向钢渣界面处（CaO）和（FeO）的传质将成为反应的限制性因素，保持合适的炉渣黏度，不影响（CaO）和（FeO）的扩散成为反应的关键问题。

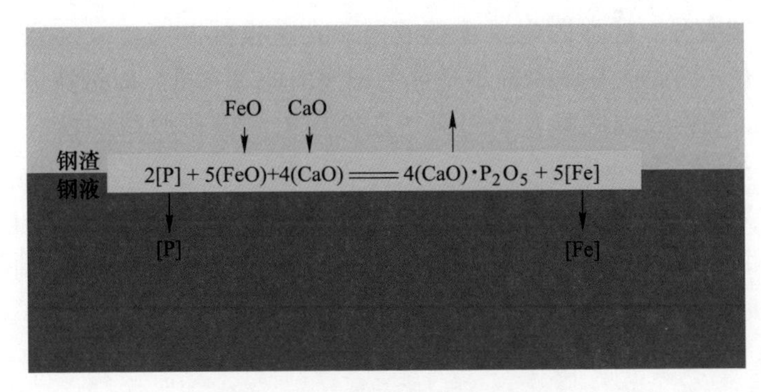

图 1-8-8　钢渣界面传质示意图

（4）渣量。随着脱磷反应的不断进行，会不断生成（$4CaO \cdot P_2O_5$）或（$3CaO \cdot P_2O_5$），富集在渣内，如果不及时排除，会抑制反应的正向进行。因此，炉渣量越大，渣系所能承载的磷也就越多。但电弧炉冶炼操作时，由于受炉膛体积所限，不能无限增大渣量；且渣层过厚，也不利于氧化、升温。所以，氧化期渣量一般控制在 3%左右。为满足脱磷大渣量的要求，一般采用流渣（扒渣）法，即边造新渣边流旧渣，以达到良好的脱磷效果。

由于脱磷反应是可逆反应，在低温和强氧化性条件下，反应会向脱磷方向进行；在高温和还原条件下，反应朝逆方向进行，炉渣中的磷自炉渣重新返回钢液。因此，要保证钢液脱磷效果，必须尽量避免回磷。为避免钢液回磷应做到：还原操作前或氧化期末，应扒除所有［P］高的氧化性渣，重造新渣；提高脱氧合金化前炉渣碱度；出钢后向钢包渣面加一定量石灰，增加炉渣碱度；尽可能采取钢包脱氧，而不采取炉内脱氧；选用低磷合金；钢包中加入稀土改性剂并吹氩精炼。

还原脱磷主要是利用强还原性条件，利用电石、硅钙粉等强还原性物质，使炉内 $p_{O_2}<1\times10^{-7}$MPa，满足还原脱磷的基本要求，从而将［P］还原到-3 价，以 Ca_3P_2 的形式排除。通常主要反应式为：

$$3[Ca] + 2[P] = Ca_3P_2,\ \Delta G = -305990 + 107.60T$$

影响还原脱磷的因素主要有：

（1）喷吹参数。通过喷吹设备将脱磷剂吹入钢液内，通过气体的不断搅拌可以增大脱磷剂与磷之间的接触面积，可以极大地加快脱磷的速率；但不当的操作也可能会使钢液沸腾，造成部分裸露于空气中，影响还原性。

（2）喷吹温度。Ca 的沸点为 1484℃，在炼钢温度下为气态，因此直接添加 Ca 不仅会造成大量的浪费也会存在安全隐患，通常是以合金形式添加，例如 SiCa 合金、SiCaBa 合金和 CaC_2 等，喷吹的温度会对合金的熔化以及钙的利用产生极大影响，从而间接影响脱磷的效果。

（3）钢液成分。还原脱磷要求钢液内氧含量极低，钙与氧的亲和力要高于和磷的亲和力，因此应在脱磷前尽量降低钢液内的氧含量，对钢液进行预脱氧。

此外，如果钢液内的碳含量过高，在使用电石进行脱磷的情况下，会抑制 CaC_2 的分解过程；如果碳含量过低，则会使 CaC_2 分解过快，造成电石的浪费。

脱硫的实质是利用一些金属元素或者化合物与硫结合成稳定的硫化物，如 CaS、MnS、MgS 等。由于这些硫化物在钢液中的溶解度很低，因此可以保证硫不断地由钢液扩散进入炉渣。具体反应步骤如下：

$$2[S] + 4(CaO) + [Si] = 2(CaS) + (Ca_2SiO_4)$$

$$[S] + SiCa = (CaS) + [Si]$$

$$[Mn] + [S] = (MnS)$$

一个合适的热力学和动力学条件，可以使脱硫反应顺利进行。影响脱硫反应的主要因素是炉渣碱度、氧化铁含量、温度、炉渣含硫量、渣量、金属成分及成渣速度、搅拌等，具体分析如下：

（1）炉渣成分。由于钙和硫的亲和力最大，所以加石灰造流动性良好的碱性渣是炼钢过程最简单有效的方式。提高石灰的加入量即增加炉渣碱度和渣中（CaO）的浓度和活度，可以促进脱硫反应顺利进行。MnO 在渣中也起到一定脱硫作用，同时也能促进硫从钢液向炉渣的扩散。

（2）温度。脱硫反应是吸热反应，提高温度有利于促进反应的进行，有利于改善钢液和钢渣的流动性；同时加速石灰化渣，强化熔池沸腾和搅拌。因此，在还原期时，考虑到合金化和反应的进行，在氧化末期炉温要在1600℃以上，保证温度的合适。

（3）渣量。增加渣量，以使钢液的硫容量增大，有利于脱硫反应的进行。为了有利于脱硫，还原后期渣量应控制在 4% 左右。如果钢液硫含量高（>0.06%），还可适当增加渣量。由于还原期的特殊性，还原期炉渣脱硫效果好，为避免钢液裸露、吸气、氧化以及降温，一般不采用换渣进行脱硫操作。

（4）脱氧。脱氧元素都与硫均有较强的亲和力，因此都具有一定的脱硫能力。主要表现在以下两个方面：一是脱氧元素可以降低（FeO）的浓度，促进脱硫反应的进行；二是碳、硅、锰、铝等脱氧元素可提高［FeS］向钢液界面的传质速度，且与硫形成不溶于钢液的硫化物，使钢中的硫含量降低。

此外，成渣时间、钢-渣接触面积对脱硫都有直接影响。快速造渣，加强钢-

渣搅拌，能加速脱硫反应的进行。如电弧炉冶炼生产中，出钢时采用钢渣混出的方法，由于钢液和炉渣的强烈搅拌，钢-渣界面扩大，脱硫条件显著改善，可以充分发挥高碱度、低（FeO）、流动性良好的还原渣潜在的脱硫能力。

脱氧过程的化学反应式如下：

$$Me + Fe = MeO + Fe$$

式中，Me 表示脱氧元素。目前常用的脱氧元素脱氧能力由小到大的排列顺序为：Cr、Mn、C、Si、Al、Mg、Ca。冶炼高锰钢常用的脱氧剂为锰、碳、硅、铝以及含其中几种元素的复合脱氧剂，如锰铁、硅锰、硅钙、硅铝钡等。而稀土作为变质剂也可起到脱氧作用。

根据脱氧剂加入方法和脱氧机理不同，脱氧方法主要分为沉淀脱氧、扩散脱氧和真空脱氧三类。沉淀脱氧是炼钢中应用最广泛的脱氧方法。通过向钢液中加入脱氧剂，与溶于钢中的氧结合生成稳定的氧化物，上浮与钢液分离，进入渣相中，从而达到降低钢液内氧含量的目的。这种方法脱氧速度快，但脱氧产物易留在钢中，使钢液内非金属夹杂物含量升高，降低钢的质量。扩散脱氧是利用粉状或者粒度较小的脱磷剂，由于密度较低，会浮在钢渣界面处，在钢液面发生脱氧反应，从而达到钢液脱氧的目的。这种方法的主要优点是脱氧产物不会进入钢液，避免被脱氧产物污染的潜在可能，钢液品质较好；缺点是脱氧速度慢，反应时间较长。

8.2.1.3 洁净高锰钢冶炼工艺

电炉冶炼过程中炉衬受到炉渣侵蚀、高温熔蚀以及炉料的机械撞击，受不同程度的侵蚀与损坏，尤其是在渣线附近侵蚀较为严重。因此每炉钢冶炼完成后应当对炉衬进行修补，即为补炉。碱性电弧炉的补炉材料一般用镁砂、白云石、沥青等。补炉材料可分为干补和湿补，其中干补是以沥青、焦油为结合剂，镁砂为补炉料；湿补是以水玻璃（$Na_2SiO_4 \cdot yH_2O$）、卤水（$MgCl_2 \cdot xH_2O$）为结合剂，用水与镁砂混合。一般采用人工补炉或喷补机进行喷补。补炉应遵照快补、热补、薄补的原则。快补是指出完钢后趁渣线呈黏性软化状态立即进行补炉，以利于补炉材料黏结。热补是指利用出钢后炉体余热，使补炉材料迅速烧结。薄补利于烧结，每次投入的补炉材料厚度以 20~30mm 为宜。大修后的新炉衬内含有沥青、焦油等，需要进行烘炉去除其中的挥发物后再投入使用，剩下的固体炭成为炉衬耐火材料的骨架，使炉衬具有足够的强度和耐火度。

配料是根据钢种化学成分和冶炼工艺的要求，合理使用原材料、返回废钢、造渣材料、合金元素，以减少材料的消耗、缩短冶炼时间为目的，确定炉料的化学成分及其配比，保证和控制电炉冶炼过程的正常运行。根据冶炼方法的不同，冶炼方法分为氧化法、返回吹氧法和不氧化法，不同方法的配料有所不同，下面介绍配料计算方法。

（1）确定出钢量：

$$出钢量 = 产量 + 注余量 + 汤道量 + 中注管钢量$$

$$产量 = 标准钢锭(钢坯)单重 \times 支数 \times 相对密度系数$$

$$汤道量 = 标准汤道单重 \times 根数 \times 相对密度系数$$

$$中注管钢量 = 标准中注管单重 \times 根数 \times 相对密度系数$$

注余量是浇铸帽口充填后的剩余钢水量，一般为出钢量的0.5%~1.5%。对于容量小、浇铸盘数多、生产小锭时，取上限值；反之，取下限值。

（2）计算炉料装入量：

$$装入量 = \frac{出钢量 - 矿石进入钢液的纯铁量 - 铁合金加入量}{综合回收率}$$

$$矿石进入钢液的纯铁量 = 每吨钢加矿量 \times 钢液量 \times 矿石含铁量 \times 收得率$$

$$铁合金加入量 = \frac{出钢量 \times (控制成分 - 炉内含量)}{铁合金成分 \times 收得率}$$

综合回收率是根据炉料中各元素的烧损总量确定的，元素烧损越大，该元素配比越高，则炉料的综合回收率越低，一般为94%~98%。

（3）各类炉料的配入量：

$$各种炉料配入量 = 装入量 \times 各种炉料配比$$

氧化法冶炼时，为确保氧化期有足够的脱碳量，通常用大量的生铁配碳。生铁的配入量可用下式计算：

$$生铁加入量 = \frac{装入量 \times (配碳量 - 废钢碳含量)}{生铁平均碳含量 - 废钢碳含量}$$

生铁中S、P含量较高，有时配碳也可用电极块代替，其加入量按下式计算：

$$电极块加入量 = \frac{废钢配料质量 \times 增碳量}{电极碳含量 \times 收得率}$$

电炉装料制度对冶炼熔化期的时间、合金元素收得率、炉衬寿命以及能耗和电极消耗有着重要的影响。合理的布料可以改善炉料的导电传热性能，同时防止塌料折断电极，利于起弧、稳定电流和减轻弧光对炉盖的辐射损伤。

装料前炉底应先铺部分的渣料，提前造渣，有利于早期脱磷，减少钢液的吸气和加速升温。一般炉料由大、中、小料组成，其中，小块料占15%~20%、中料占40%~50%、大块料占40%左右。小料总量的一半装在电炉的底部，在小料上部的中心区装入大块料和难熔料，在大料之间填充中小块料，中块料装在大料上面及四周。最上部装入余下的小块料，以便通电后电弧稳定且很快穿井埋入炉料中，减轻电弧对炉盖的辐射。配碳用的电极块尺寸应在50~100mm，装在炉料底部。增碳生铁应装在大料或者难熔料的周围，生铁的熔化能加速炉料的熔化。在炉料中配入的铁合金应装在靠近炉坡处，以减少烧损。

电炉从通电开始到炉料全部熔清的时期为熔化期，约占冶炼周期的50%，耗

电量约占总电耗的2/3。熔化期整体时间长，耗电量大，必须尽量减少热损失，使炉料最大限度地吸收热量，实现快速熔化。熔化期的主要任务是将炉料熔化并初步形成熔渣，以便稳定电弧，防止吸气和提前脱磷、脱硫。

熔化期的操作大致可分为起弧、穿井、电极上升、熔化末期等四个阶段。起弧阶段的电弧裸露，电流不稳定，应该采用较小功率供电，防止电弧热辐射损坏炉衬。穿井阶段电极深入废钢内部，可采用最大功率供电，提高电弧热效率，尽快熔化废钢。随着废钢熔化，熔池液面上升，电极随之上升，同样可采用最大功率供电，使废钢快速熔化。熔化末期，大部分废钢熔化，电弧裸露，热效率降低，应该采用小功率供电，避免电弧热辐射损坏炉衬。

炉料熔清后，取样分析钢液化学成分，为氧化期脱碳、脱磷和扒渣量提供参考依据。当钢液温度达到1500℃以上时，如氧化期脱磷任务重，可扒除大部分氧化渣，并重新造渣。

电炉冶炼过程中炉料熔清到扒完氧化渣的时期为氧化期，氧化期的主要任务有：氧化钢液中的磷、去除气体和夹杂物、调整钢液碳含量、使钢液达到目标钢种要求的温度。一般要求氧化期末P含量（质量分数）0.015%~0.010%，N含量（质量分数）0.004%~0.01%，H含量（质量分数）小于3.5×10^{-4}%，C含量（质量分数）低于成品规格下限0.03%~0.10%。一般电炉钢氧化末期钢液温度要求高于出钢温度10~20℃。高锰钢由于在还原期需要加入大量的锰铁合金，导致熔池降温，氧化末期温度一般在1560℃以上，根据所需加入锰铁合金的量进行适当调整。

氧化期的操作主要是通过加入矿石或吹入氧气对钢液进行氧化操作，造高氧化性炉渣，进行脱碳和脱磷，是电炉氧化法冶炼中最重要的时期。脱碳反应是氧化期最重要的化学反应，产生大量的CO气泡，对熔池产生强烈的搅拌，均匀成分和温度，增大渣钢界面接触面积，为渣钢界面化学反应创造了有利的动力学条件。CO气泡是脱除钢液中气体、夹杂物的重要手段。根据脱磷反应的基本原理，要求炉渣具有高氧化性、高碱度和良好的流动性，并保证较大的渣量，通过流渣、换新渣，在氧化初期熔池温度较低时快速脱磷。

按照电炉冶炼过程中氧的来源，氧化法可分为矿石氧化、吹氧氧化和综合氧化，一般采用综合氧化法进行氧化操作。

矿石氧化法是在炉内加入适量的铁矿石，在渣中转变为FeO，渣钢间存在化学反应（FeO）═[Fe]+[O]，其中，[O]通过扩散进入钢液，并与钢液中碳发生剧烈反应。一般要求铁矿石加入温度不低于1550℃，否则会造成FeO聚积，导致喷溅。钢中Si、Mn含量不宜过高，否则钢中溶解氧不能与碳发生剧烈反应，熔池动力学条件不足。一般炉渣碱度维持在$R=1.8\sim2.0$时，炉渣的氧化性最强，且炉渣具有较好的流动性，有利于CO气泡逸出。熔池沸腾后，进行流渣或换渣操作，炉渣碱度控制在$R=2\sim3$，(FeO)含量控制在12%~20%，渣量控制在3%~4%。

吹氧氧化法是通过用氧枪或吹氧管直接向炉内熔池中吹氧进行氧化反应。吹氧氧化法的效率较高，可使熔池温度快速升高，改善钢渣流动性。直接吹入的高压氧气泡可以搅拌熔池，脱碳反应速率快，缩短氧化期，降低电耗，对钢液中的有害气体和夹杂物的去除有促进作用。但是，吹氧氧化法升温速率过快，温度过高，脱磷反应的条件较差。

因此，一般采用综合氧化法结合矿石法和吹氧法进行氧化操作。一般电炉氧化期脱碳速度应控制在0.08~0.12%/min，保证熔池反应具有良好的动力学条件。脱碳量应大于0.30%，保证钢中磷、气体和夹杂物的有效脱除。对于质量要求较高的钢种，氧化期脱碳量应大于0.40%。不同氧化法脱碳速率和熔池反应特点见表1-8-3。

表1-8-3　不同氧化法脱碳速率和熔池反应特点

脱碳方法	脱碳速度/%·min^{-1}	特　点
吹氧法	≥0.03	吹氧提高钢液温度，钢液温度升高快，脱碳速度较快，脱碳过程较短
矿石法	0.007~0.012	加矿石降低钢液温度，钢液温度升高慢，脱碳速度较慢，脱碳过程较长
吹氧-矿石法	0.01~0.02	脱碳速度介于吹氧法与矿石法之间

当氧化期末碳含量过高时，则需要重新氧化操作；当氧化期末碳含量过低时，则需要进行增碳。因此，电炉配料时的配碳是十分重要，应该尽量避免碳含量不足或过高。当钢液温度、化学成分满足钢种要求后，停止氧化操作，造稀薄渣，保持自然沸腾状态，促使钢液中的氧含量降低，促进钢液中气体去除，使夹杂物充分上浮。最后，进行扒渣处理后进入电炉冶炼还原期。

电炉冶炼过程中氧化末期扒渣完成到出钢的时期为还原期。还原期的主要任务有脱氧、脱硫、调整钢液化学成分和温度。根据钢种要求，一般钢液的氧含量降至$(20\sim30)\times10^{-4}\%$，尽可能降低钢中的夹杂物和硫含量，使钢液的化学成分满足出钢要求。

还原期的主要操作包括通过合理的合金脱氧制度，最大限度地脱除钢中的氧，并将脱氧产物排除钢液外。电弧炉冶炼常用的脱氧方法有：沉淀脱氧、扩散脱氧，常采用沉淀脱氧和扩散脱氧相结合的综合脱氧法。一般先采用锰铁、硅铁、硅锰等合金进行沉淀预脱氧，再采用金属铝进行终脱氧。常用的扩散脱氧剂有硅钙粉、硅铝钡粉、碳粉、碳化硅粉等加至钢渣液面进行扩散脱氧。钢中主要合金元素脱氧能力见表1-8-4。可见，金属铝的脱氧能力最强，可作为终脱氧剂使用。

表 1-8-4　高锰钢中各元素脱氧能力（1600℃）

脱氧元素含量/%	Mn	C	Si	Al
钢中平衡［O］/%	1000×10^{-4}	200×10^{-4}	170×10^{-4}	17×10^{-4}

由表 1-8-4 可见，钢中 Mn 的脱氧能力较弱。1350~1650℃锰氧化学反应热力学平衡图如图 1-8-9 所示，在 1600℃时，当钢中 Mn 含量（质量分数）为 12%时，钢液中平衡氧含量约为 50×10^{-4}%；当温度降低至 1550℃时，平衡氧含量为 35×10^{-4}%。因此，高锰钢中的平衡氧含量较低。也在钢液中产生大量的 MnO 夹杂物，影响钢液的品质。所以，在加入锰铁之前，钢液要进行预脱氧。

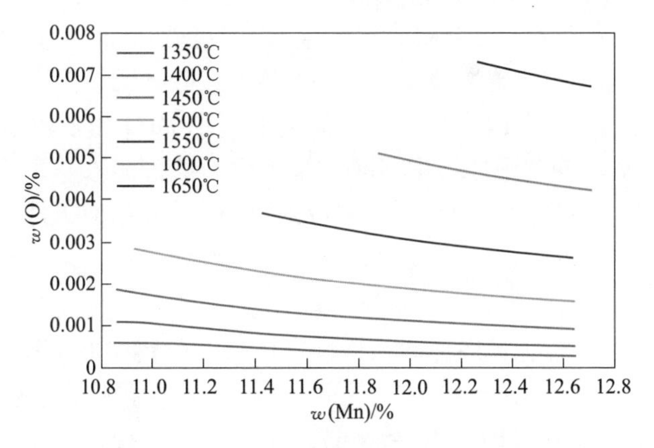

图 1-8-9　Mn-O 化学反应热力学平衡关系

还原期的另一个主要操作是脱硫，应保证还原渣的高碱度，渣中 FeO 含量不大于 0.5%，并保持钢液和炉渣处于较高的温度，具有较好流动状态。碱性电炉的主要渣系有白渣和电石渣。白渣的碱度较高（$R=3.0$ 左右），CaO 含量约为 60%，易发泡，冷却后呈白色。电石渣中含有一定量的 CaC_2，较白渣具有较强的脱氧能力。

还原期是钢液成分控制的重要时期，主要通过合金化对钢液成分进行调控。合金化过程的重点是提高合金元素的收得率，减少合金料的烧损，降低生产成本。一般不易氧化、熔点高或加入量多的合金在熔炼前期已经加入炉内。Al 作为终脱氧合金，应在出钢前 10min 加入。铬与氧亲和力较强，对于含铬高锰钢，通常在还原期末加入炉内或出钢时以铬铁的形式加入钢包内，保证铬的收得率。

出钢是电炉冶炼最后的工序，出钢时钢液成分和温度应满足钢种控制规定的要求。出钢温度要高于钢种熔点 120~150℃。一般应考虑钢包温降 50~70℃，浇铸过热度 80~120℃。电炉还原期的白渣与钢液分离性较高，出钢前（FeO）含量小于 0.5%时，可以采用钢渣混出进行出钢操作，增大渣钢接触界面，提高还原渣脱硫效率。

高锰钢一般用于生产大型铸件，达到服役寿命的产品可作为优良的金属原料，采用返回法通过电炉重新冶炼。返回法要求废钢干燥、洁净、少锈、无油，其平均碳含量小于0.20%、磷含量小于0.03%。根据原料的品质和生产钢种的要求，可采用返回氧化法或不氧化法对返回料进行冶炼。一般配料中含有60%～80%返回料、15%～30%低磷碳钢和5%～10%低磷锰铁。电炉冶炼过程中，电极向钢液中增碳，原料中的碳应按照钢种要求的下限计算进行配加。锰含量应按照钢种要求中限或下限配加，还原期或精炼过程再进行调整。

不氧化法冶炼时，钢中的磷不能通过氧化脱除，且合金和造渣料还会有部分增磷。因此，要求原料中磷含量要低于钢种要求。装料时在炉底和炉坡处配1%～2%的石灰和石灰石，石灰石分解产生 CO_2 气泡可提供一定的氧化气氛，并对钢液熔池产生搅拌，改善熔池反应动力学条件，弥补无氧化期搅拌的缺点。

返回法冶炼的熔化期内，锰铁大量氧化使渣中 MnO 含量较高。炉料完全熔化后，先加入 3kg/t 炭粉还原渣中 MnO，造弱电石渣，加入 2.5～3.5kg/t 钢的碳化硅粉或硅铁粉，控制 FeO+MnO 含量不大于1.5%。在白渣条件下出钢，终脱氧加铝量为0.8kg/t 钢左右。

8.2.1.4 洁净高锰钢的炉外精炼

炼钢过程中，通过钢包底部吹入惰性气体是去除钢中非金属夹杂物最有效、最经济的技术。一般采用惰性气体氩气进行钢包底吹气操作，氧化物夹杂可减少20%以上，大型（大于20μm）夹杂物的去除效果非常明显。钢包底部吹气孔的位置、尺寸以及吹气流量需要根据钢包的形状、尺寸及钢液的量进行优化设计，提高吹气的搅拌效果，提高夹杂物去除效率。同时，钢包底吹气应该避免吹气量过大而导致钢液表面的渣层波动剧烈，从而使钢液暴露于空气中，造成钢液吸气，产生钢液的二次污染。图1-8-10为钢包底吹气的数值模拟效果，双孔底吹气经工艺优化后，可实现均匀的搅拌，同时减轻钢渣液面波动。底吹气过程中钢液中夹杂物的去除效果如图1-8-11所示。可见，通过合理的底吹气体可去除钢液中大部分夹杂物。因此，钢包底吹氩气可净化钢液，改善高锰钢铸件的质量。同时，气泡在钢液中的搅动，使钢液温度均匀化。由于钢包吹气的温度损失，因此要求出钢温度应有相应的补偿。

针对含氮高锰钢，钢包底吹氮气是一种最经济和有效的增氮方式。在高温条件下向钢液中吹氮达到一定的时间后，钢液中的氮含量可达到饱和状态。氮在钢液中的溶解度随温度降低而减小，当钢液温度下降时，钢中溶解的氮以微小气泡的形式析出，且优先在耐火材料壁面和夹杂物表面形核析出，吸附钢液中的夹杂物并上浮，从而提升钢中夹杂物的去除效率。因此，吹氮增氮法在增加钢中氮含量的同时，对夹杂物的去除有一定的促进作用。

稀土元素具有独特的电子结构，所以在钢液中的化学活性极强，对钢中氧、

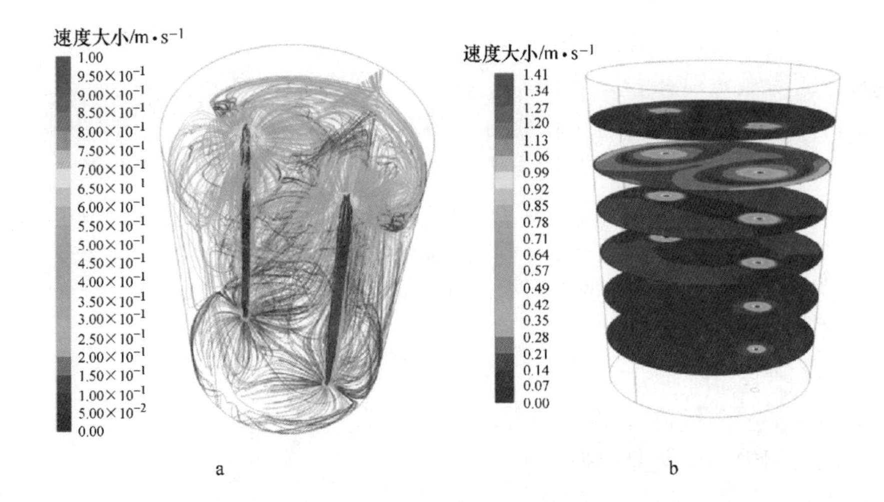

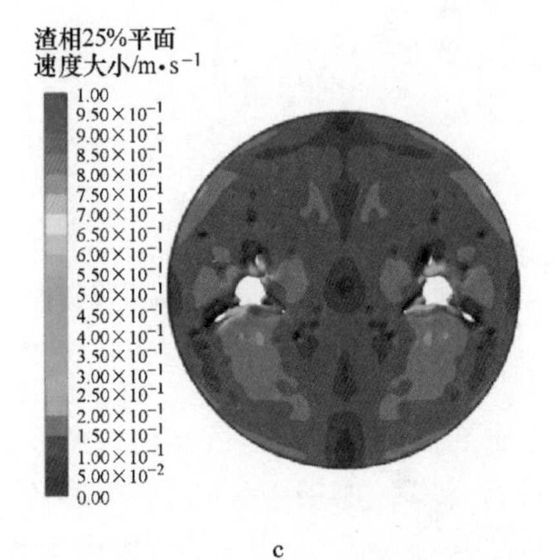

图 1-8-10　钢包底吹气过程中钢液流场和钢渣液面波动

a—钢包流场流线图；b—钢包流场速度云图；c—钢渣液面波动

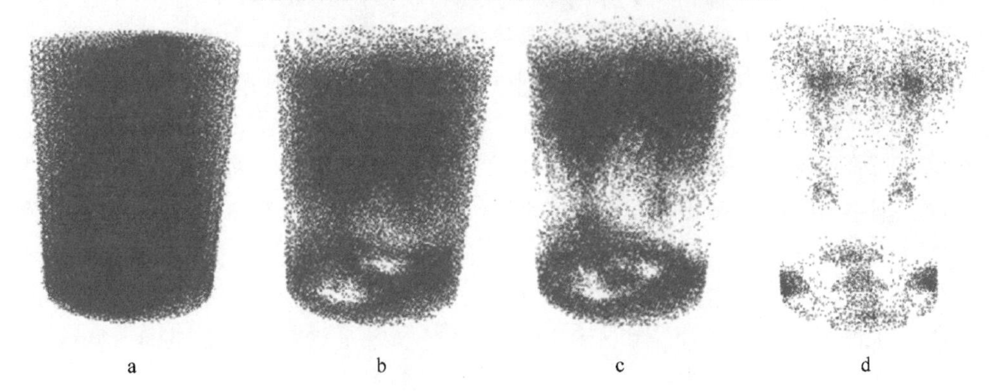

图 1-8-11　高锰钢包底吹气过程中夹杂物的去除效果

a—0min；b—2min；c—4min；d—8min

硫和氢等杂质元素有很强的亲和力和吸附作用，是强烈的脱氧剂和脱硫剂。高锰钢中常用的稀土元素有 Ce、Y 等。一般在铝终脱氧后以稀土合金的形式加入钢液中，可以充分发挥稀土的脱硫能力，改善夹杂物形态的能力。加入稀土合金前，要求渣中（MnO+FeO）含量小于1.5%，保证炉渣具有较低的氧化性，炉渣碱度控制在2.0~3.0，稳定提升稀土元素的收得率。在钢液中加入稀土合金后，采用底吹氩气搅拌将更有利于发挥稀土的脱氧、脱硫和夹杂物改性的效果。

图1-8-12为高锰钢钢液凝固过程中非金属夹杂物的析出情况。由图可知，在1600℃条件下，Al_2O_3 最先在钢液中析出，它是铝脱氧钢中不可避免的一种脆性夹杂物，易在高锰钢表面引起应力集中而产生裂纹；当温度降低至1300℃时，高锰钢中含量较高的 Mn，与钢中 S 生成的 MnS 夹杂物开始析出。由于模铸降温速率慢，且高锰钢中 Mn 含量极高，MnS 夹杂物容易长大，影响高锰钢辙叉的服役性能。

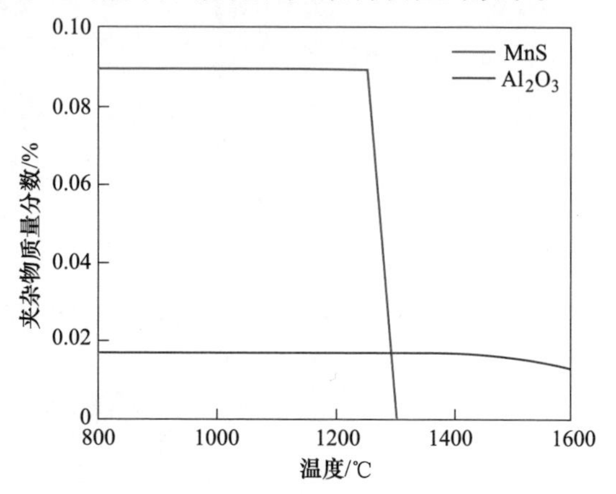

图1-8-12　不同温度高锰钢中夹杂物的析出规律

稀土是夹杂物的有效变质剂，钇（Y）是目前较为经济的一种稀土元素。按照典型高锰钢的化学成分进行计算，如钢中 $w(S)=0.033\%$，$w(Al)=0.024\%$，$w(O)=0.008\%$时，稀土 Y 加入量对高锰钢中夹杂物析出的影响如图1-8-13所示。由图1-8-13a可知，在1600℃条件下，未添加稀土时钢中只有 Al_2O_3 生成。添加稀土 Y 后，由于稀土 Y 元素与氧结合能力较强，钢中大尺寸的 Al_2O_3 脆性夹杂物转变为尺寸较小的稀土夹杂物，形状多为球状或椭球状，从而改善钢材的塑性、强度、韧性等力学性能。当 Y 含量达到0.03%时，钢中 Al_2O_3 夹杂物全部消失，随着 Y 含量继续增加，钢中 S 开始参与反应生成 Y_2S_3。由图1-8-13b可知，在1200℃条件下，未添加稀土时钢中有 Al_2O_3 和 MnS 生成。随着稀土 Y 含量的增加，钢中 Al_2O_3 和 MnS 的含量逐渐降低，当 Y 含量为0.03%和0.09%时，钢中 Al_2O_3 和 MnS 夹杂物分别消失，随着 Y 含量的继续增加，钢中 Y_2S_3 开始向 YS 转化。由图1-8-13c可知，在800℃条件下，未添加稀土时钢中有 Al_2O_3 和 MnS 生成，随着 Y 含量的增加，MnS 含量开始降低，当 Y 含量为0.07%时，MnS 在钢中含量可以忽略，大大减轻了 MnS 夹杂物的影响。

高锰钢中添加适量的稀土元素后，不仅对高锰钢中 Al_2O_3 有较好的改性效果，而且对 MnS 也有一定的改性效果，从而改善钢的性能，进一步提升高锰钢

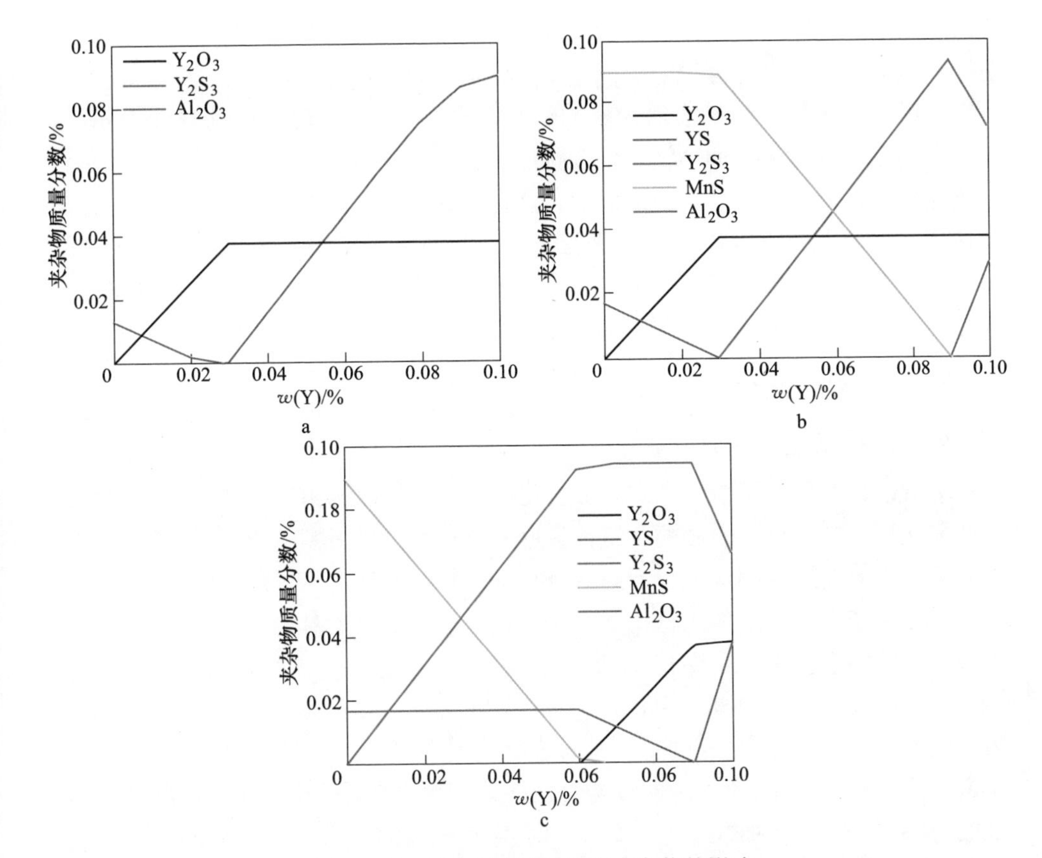

图 1-8-13　Y 含量对高锰钢中夹杂物的影响

a—1600；b—1200℃；c—800℃

的服役性能。但是，钢液中的化学反应通常不能达到完全反应平衡状态，钢中 Y 不能与 S、Al、O 充分发生化学反应。在生产过程中可以通过底吹气体搅拌，提升化学反应动力学条件，增强稀土 Y 的改性效果。在钢的凝固过程中，由于凝固速率较快，同样不能达到化学反应完全平衡状态，从而降低了稀土改性夹杂物的效果。因此，一般采用工业试验的方式，以理论计算和工业试验为基础，适当提高钢中稀土的添加量，保证稀土改性夹杂物效果。

随着电炉偏心炉底出钢技术的发展，实现了无渣出钢。传统电弧炉的还原期脱硫和合金化过程逐步转为在 LF 精炼炉内进行，充分发挥了电弧炉熔化和氧化操作的优势和 LF 精炼炉造还原渣进行脱硫和合金化的优点，大大提高了生产效率。

与传统电弧炉相比，偏心炉底出钢可在炉内保留上一炉次大部分的钢渣，有利于下一步炉料的熔化和脱磷，提高生产率。出钢时电炉倾动角度小，可降低耐火材料消耗。钢液垂直下降，缩短了在空气中的暴露时间，减少了钢液的温降和二次氧化。偏心炉底出钢提高了钢液的纯净度，减少了夹杂物的含量，提高了钢液脱硫效率，并能防止钢液的回磷。电炉出钢后，合金化及精炼过程在精炼炉内进行。因此，电炉和精炼炉的生产效率得到了很大的提升。

但是，高锰钢冶炼需添加大量的锰铁合金，而 LF 精炼炉的加热能力不足，无法在精炼炉内对大量的锰铁合金进行加热和熔化。但是，普通的合金料预热技术不足以将锰铁加热到足够高的温度，这在一定程度上限制了偏心炉底出钢技术的应用。采用中频感应炉对锰铁进行预熔后再兑入精炼炉，可大大提高生产效率。中频感应炉内预熔锰铁合金时，可采用还原法脱磷降低锰铁中的磷含量，从而减少高锰钢中的 P 含量，提升高锰钢的品质。

8.2.2　高锰钢辙叉增氮稳氮工艺

8.2.2.1　高锰钢冶炼过程增氮

大规模生产中，不能在电炉冶炼氧化期加入易扩散逸出的气体元素氮，在返回吹氧法冶炼中，搭配使用的含氮合金返回料中氮的收得率也较低，一般为30%左右。通常氮在还原期加入，当向钢液吹氮气时，虽然也能增加含氮量，但收得率较低且不稳定。通常加入氮化铬、氮化锰，其收得率相对较为稳定。生产中影响收得率的因素较多，主要有：（1）氮化合金含氮量低（如1%左右）时，氮在钢中收得率高，可达98%；氮化合金含氮量高（如6%~7%）时，则氮在钢中收得率较低。（2）钢液温度过高，氮的溶解度大大降低并容易大量挥发，收得率急剧下降。（3）钢中锰、铬含量高时，能增加氮在钢中的溶解度，也会提高氮的收得率。因此，在加入氮化合金前，尽量保证钢液中有足够的铬和锰，对稳定和提高氮的收得率有利。（4）钢中氧含量高时，氮易被扩散带出，因此，一般在脱氧较好情况下加入氮。

相较于电炉冶炼钢水增氮，在高氮高锰钢的工业生产中 LF 炉钢包精炼增氮更有优势。钢水 LF 精炼过程中，底吹氮气和添加氮化合金是主要的方法，两种方法增加钢中氮含量的过程机理，如图 1-8-14 所示。钢包底吹氮气时，气泡与钢水发生气-液界面渗氮反应；添加氮化合金时，合金块体与钢水发生固-液界面氮的传质反应。

为提高钢水有效增氮量和氮的收得率，需要注意优化冶炼工艺操作条件，主要包括：

（1）钢包底吹氮气搅拌增氮工艺。优化钢包底吹增氮流场结构，控制氮气底吹流量和底吹强度，保证钢水中氮的总量；控制底吹时间，调整强搅和弱搅比例，强搅配合底吹弱搅实现合金成分均匀化；合理调整氮气与氩气底吹比例，保证钢水中氮的有效量。

（2）冶炼过程中添加氮化合金增氮工艺。控制氮化合金加入量；控制氮化合金加入块度配比；控制氮化合金加入时机。

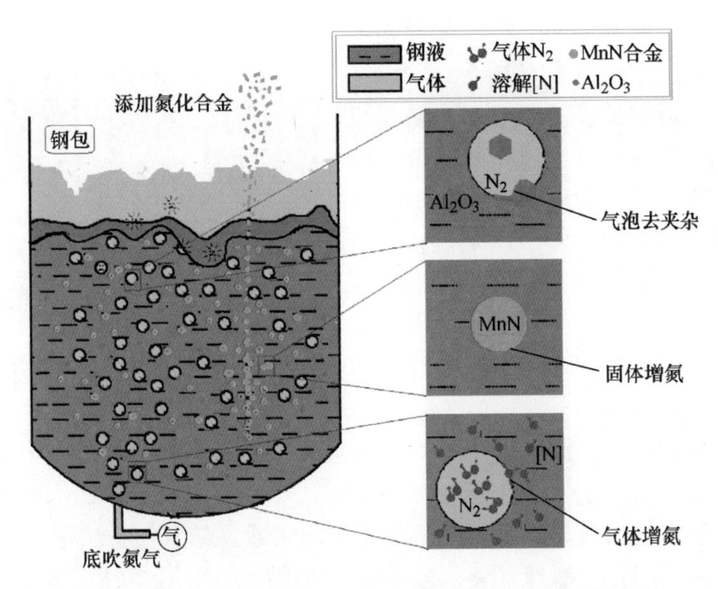

图 1-8-14　LF 炉钢包底吹氮气与添加氮化合金冶炼示意图

含氮高锰钢的实际冶炼中，在 LF 炉底吹去气去夹杂后，进行钢水底吹氮气合金化简单易行，可提高钢水氮的饱和溶解度。一般控制底吹氮气弱搅强度在 0.7～1.2L/(min·t)，压力控制在 0.3～0.4MPa，以液面波动但不裸露钢液面为原则，保持底吹时间为 10～15min。

8.2.2.2　高锰钢铸造过程稳氮

钢水凝固铸造工艺分连铸和模铸两类，如图 1-8-15 所示。它们的钢水凝固结晶器材质不同，连铸水冷铜结晶器凝固速度非常快，而砂箱模铸冷却速度较慢。

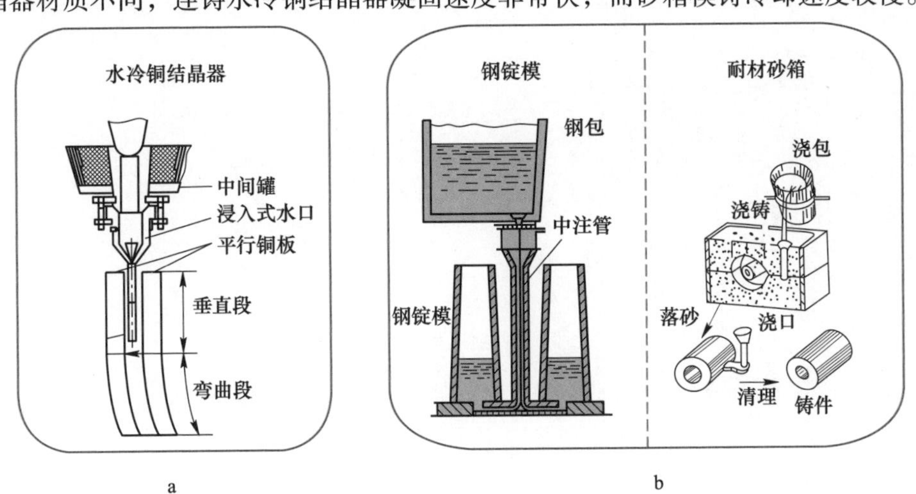

图 1-8-15　钢水凝固的连铸工艺（a）和模铸工艺（b）

含氮高锰钢液凝固时，枝晶间存在低熔点物质和不能作为自发形核的高熔点杂质，这些部位凝固最迟。由于氮是易偏析元素，在凝固过程中氮在这些凝固最迟的部位富集析出，并开始形核生成气泡，长大到一定程度后上浮。随温度降低，钢液黏度升高，当钢液黏附力大于浮力时，或树枝晶将气泡包围后，气泡很难排出而留在钢锭中形成显微气泡。钢中氮显微气泡形貌，如图1-8-16所示。

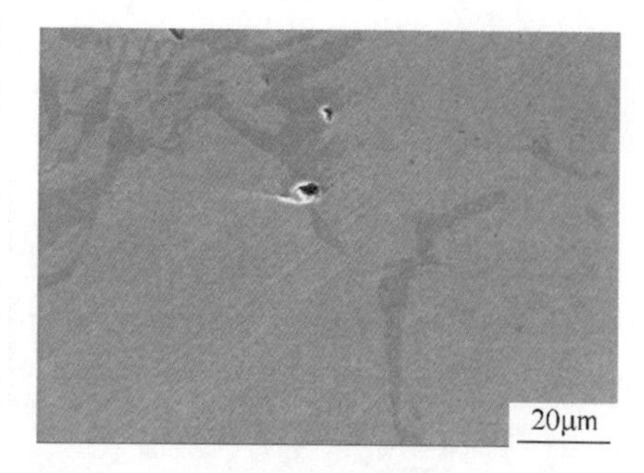

图1-8-16 铸锭内氮的显微气泡微观形貌

钢水在钢锭模内浇铸比砂模浇铸冷却速度快，可以在凝固区间抑制钢水中氮析出生成显微气泡。而采用砂箱浇铸，由于耐火材料的保温性强，导致钢水冷却速率较慢，钢水凝固时易产生氮的偏析，进而生成显微气泡造成显微气孔缺陷，后续锻造加工过程可能出现微裂纹，影响工件质量。因此，砂模浇铸时需加快钢水快速凝固以抑制氮逸出，方法如图1-8-17所示，主要包括：

（1）调控冷铁降温。在浇铸前将一定质量分数（一般控制在10%以内）、不同大小块度的冷铁布置于浇铸砂模内，调控冷铁在砂箱中的分布部位，增加钢液冷却速率，细小的冷钢在钢液中也会形成形核中心，增加铸件等轴晶比例。

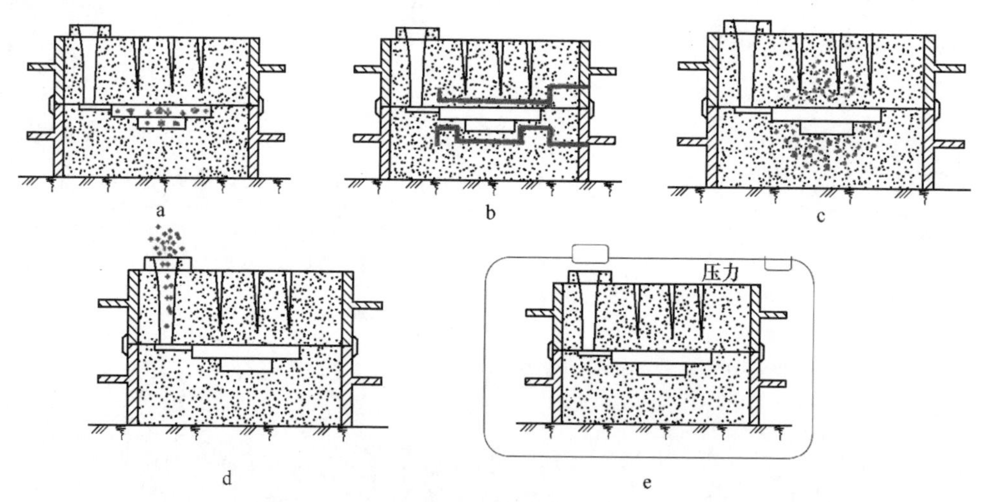

图1-8-17 分段可控的快速凝固冷却方法示意图

a—调控冷铁降温；b—强化砂箱结构导热；c—优化型砂；d—低过热度浇铸；e—高压冶金

（2）强化砂箱结构导热。采用砂箱抽风管道内一端充入冷空气，另一端强力抽风的方式，提升砂箱散热速度；不影响抽风前提下，砂箱的空风管中铺设或单独铺设水冷铜管强化换热。

（3）优化型砂导热系数。一般高锰钢生产厂家使用的铸造砂为普通硅砂或石英砂，导热系数较低（1.38~1.4W/(m·K)），不利于铸件的快速凝固，采用导热系数更高的锆英砂或镁砂（3.39~4.19W/(m·K)），可加快钢液热量传递。改进并确定更合适的型砂材质，进一步优化砂型结构设计，实现钢水向外快速导热和高效凝固。

（4）低过热度浇铸。在不产生浇铸不足缺陷及堵塞浇铸口等问题条件下，采取尽量低的浇铸温度，一般过热度为20~40℃。采用低过热度钢水浇铸，减小偏析，组织更均匀。

（5）高压冶金调控氮的溶解度。采用高压砂箱和高压钢包炉生产含氮高锰钢，利用高压气氛提高氮的溶解度，增加钢水中氮含量；同时在高压下凝固，抑制氮逸出形成偏析或显微气孔。

8.2.3　高锰钢辙叉选择性锻造工艺

为了实现选择性锻造加工处理，将铸造高锰钢辙叉的心轨宽20~60mm，以及对应的翼轨段，也就是服役条件最严重的区域，铸造时加高。其中，002号辙叉加高20mm，加高后辙叉全高为215mm，其余辙叉加高30mm，加高后辙叉全高225mm，如图1-8-18所示。生产中高锰钢辙叉加热工艺规范，如图1-8-19所示。利用2500t压力机对加高的高锰钢辙叉部分进行热变形锻造处理，使加高部分与加工面平齐则完成设计变形量。压力机压头工作面尺寸为350mm×800mm的方坯，8棵高锰钢辙叉具体处理工艺，见表1-8-5。将001、005、006号高锰钢辙叉处理后，对其中3棵辙叉进行实验室解剖试验，测试性能、分析组织结构，剩余5棵高锰钢辙叉经加工处理后上道试验，选择性锻造高锰钢辙叉如图1-8-20所示。

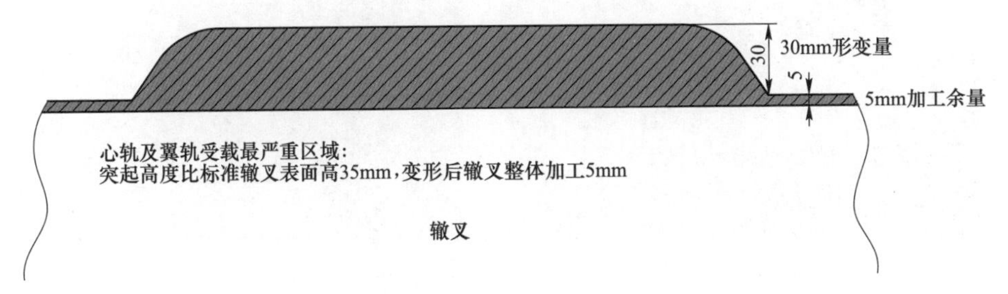

图1-8-18　洁净铸造高锰钢辙叉选择性锻造区域结构示意图

图1-8-21为解剖001号高锰钢辙叉由选择性锻造区域表面到心部的金相组织，表1-8-6为相应深度的晶粒尺寸和晶粒度统计表。随着距辙叉表面距离的增大，高锰钢奥氏体晶粒基本上呈增大趋势。距表面5mm位置晶粒平均截距为98.4μm，晶粒度为3.5级；距表面10mm位置平均截距为58.6μm，晶粒度为5.0级；距表面15mm位置晶粒平均截距为117.1μm，晶粒度为3.0级；距表面

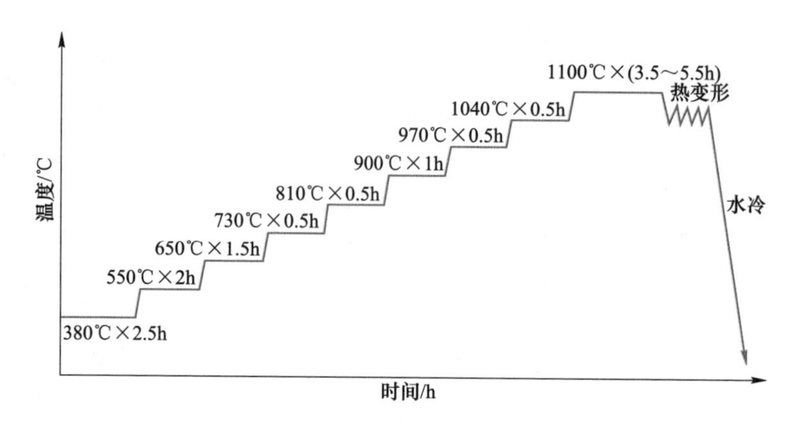

图 1-8-19　高锰钢辙叉选择性锻造时实际加热工艺示意图

表 1-8-5　00×系列高锰钢辙叉选择性锻造工艺参数

辙叉编号	锻造前状态	压下量/mm	终变形温度/℃	变形用时/min	保温时间/min	备注
001	固溶处理	30	1010	1.3	0	解剖
002		20	1020	1	0	未硬化
003		30	1030	1.5	0	冲击硬化
004		30	1040	1.5	12	爆炸硬化
005		30	1050	1.1	7	解剖
006	原始铸态	30	980	1.9	25	解剖
007		30	970	1.5	0	未硬化
008		30	980	1.7	0	冲击硬化

a

b

图 1-8-20　选择性锻造高锰钢辙叉加工过程（a）及产品（b）

20mm 位置的晶粒大小与距表面 15mm 位置相差不大，晶粒平均截距为 111.4μm，晶粒度为 3.0 级；距表面 25mm 位置晶粒平均截距为 197μm，晶粒度为 1.5 级；距表面 30mm 位置晶粒平均截距为 133μm，晶粒度为 2.5 级；距表面 35mm 位置晶粒平均截距为 229μm，晶粒度为 1.0 级；距表面 40mm 位置晶粒大小与距表面 35mm 时的晶粒大小相似，晶粒平均截距为 219μm，晶粒度为 1.0 级。

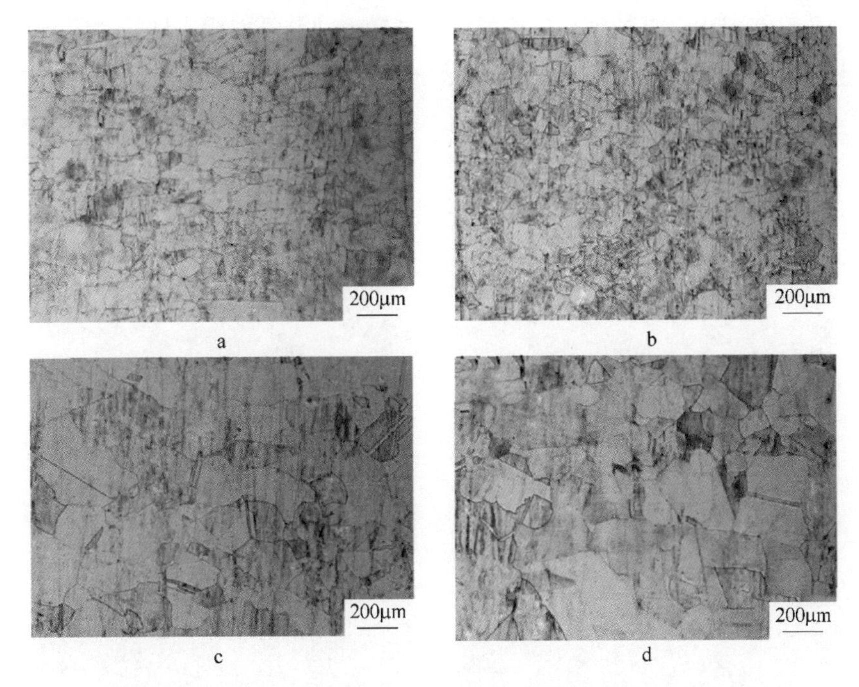

图 1-8-21 固溶处理状态高锰钢辙叉选择性锻造表层至内层金相组织

a—距表面 5mm；b—距表面 10mm；c—距表面 20mm；d—距表面 30mm

表 1-8-6 选择性锻造高锰钢辙叉从表面到心部晶粒度统计表

距表面深度/mm	5	10	15	20	25	30	35	40
晶粒平均截距/μm	98.4	58.6	117.1	111.4	197	133	229	219
晶粒度/级	3.5	5.0	3.0	3.0	1.5	2.5	1.0	1.0

选择性锻造高锰钢辙叉距离表层 5mm 和 20mm 位置的力学性能，见表 1-8-7，可以看出，5mm 处试样的屈服强度、抗拉强度、伸长率和冲击功均高于 20mm 处试样，同时，各项性能均明显高于普通铸态高锰钢辙叉的力学性能。

表 1-8-7 选择性锻造高锰钢辙叉距表面不同距离位置的力学性能

距表面距离/mm	屈服强度/MPa	抗拉强度/MPa	伸长率/%	冲击功/J
5	395	915	47.7	256
20	395	856	39.6	252

同时，为对比原始铸态和水韧处理状态高锰钢经选择性锻造后组织和性能对比，给出了 006 号原始铸态高锰钢辙叉解剖分析结果。图 1-8-22 为原始铸态高锰钢辙叉心轨表面到心部金相组织，表 1-8-8 为晶粒尺寸和晶粒度统计表。同样地，表层晶粒最为细小，随距表面深度的增大，晶粒尺寸呈增大趋势，接近下表面时

晶粒尺寸略有减小。总的来讲，原始铸态高锰钢的晶粒度比水韧处理铸态粗大。

图 1-8-22　原始铸态高锰钢辙叉选择性锻造表面至内层的金相组织
a—距表面 5mm；b—距表面 10mm；c—距表面 20mm；d—距表面 35mm

表 1-8-8　选择性锻造高锰钢辙叉由表面到心部晶粒度统计表

距表面距离/mm	5	10	15	20	25	30	35	40
晶粒平均截距/μm	105	127	161	163	148	146	125	131
晶粒度/级	3. 0	2. 5	2. 0	2. 0	2. 0	2. 0	2. 5	2. 5

原始铸态高锰钢辙叉距离表层 5mm 以及 20mm 位置的力学性能，见表 1-8-9。5mm 处试样的屈服强度、冲击功均高于 20mm 处试样，5mm 处组织的伸长率、抗拉强度略低于 20mm 处的组织。与原始水韧处理高锰钢辙叉相比，铸态高锰钢辙叉的抗拉强度较低。

表 1-8-9　原始铸态高锰钢辙叉选择性锻造后距表面不同距离位置的力学性能

距表面距离/mm	屈服强度/MPa	抗拉强度/MPa	伸长率/%	冲击功/J
5	394	897	34. 2	290
20	395	838	38. 4	279

8. 2. 4　高锰钢辙叉高频冲击预硬化工艺

本书作者研究团队发明的高锰钢辙叉高频冲击预硬化设备示意图，如图 1-8-23

所示，利用该设备对003号、008号高锰钢辙叉进行表面冲击预硬化处理。高频冲击硬化工艺为：分别在300℃和室温冲击高锰钢辙叉表面，图1-8-24为高频冲击预硬化两棵高锰钢辙叉照片及其表面硬度，可以看出，高锰钢辙叉经过高频冲击预硬化处理后表面硬度（HB）从200提高到350左右。

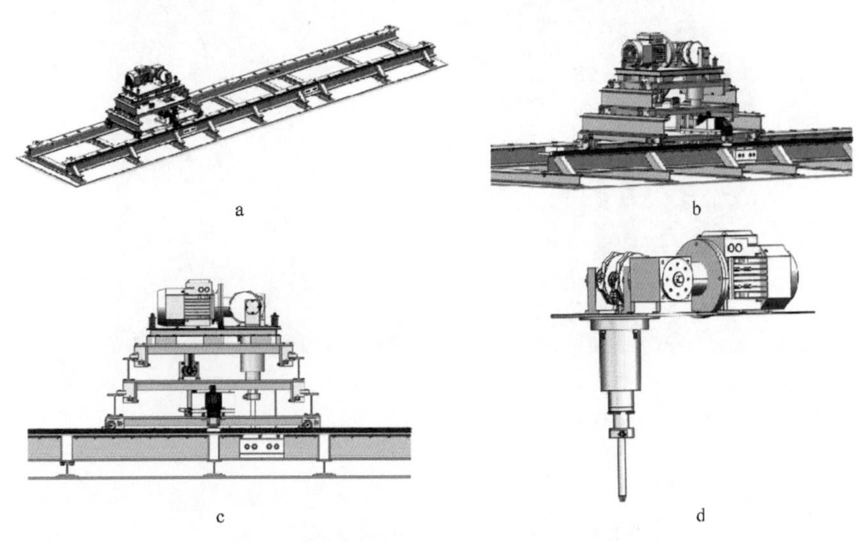

图1-8-23　高锰钢辙叉高频冲击预硬化设备示意图

a，b，c—冲击设备整体结构；d—冲击撞针

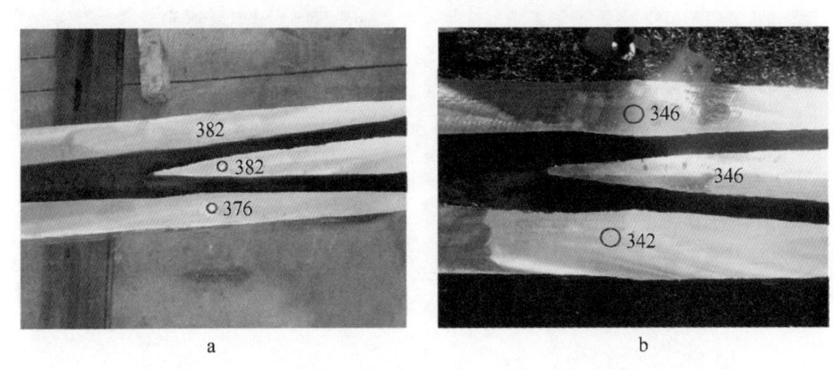

图1-8-24　高频冲击预硬化高锰钢辙叉加工后表面硬度（HB）

a—003号高锰钢辙叉；b—008号高锰钢辙叉

8.2.5　纳米孪晶高锰钢辙叉应用效果

将洁净、选择性锻造及冲击预硬化工艺制造的拼装洁净高锰钢辙叉上道使用，并跟踪检验其使用性能。重点测试高锰钢辙叉在使用过程中表面硬度、磨耗、变形，以及疲劳和水平裂纹情况，并记录各个阶段的过载量和辙叉的最终使用寿命。以008号高锰钢辙叉为例用图片形式展示其使用不同时期的状态变化情

况，如图1-8-25～图1-8-29所示，该辙叉铺设于我国朔黄重载铁路线上的定州东站。

a　　　　　　　　　　b

图1-8-25　008号高锰钢辙叉全貌（a）和上线6天时的状态（b）

008号辙叉上线使用6天时，现场观察结果，车轮对非工作翼轨侧面有磨损，推断为线性不佳所致，如图1-8-25b所示。高锰钢辙叉理论尖端对应翼轨硬度（HB）为420，心轨70mm断面处硬度（HB）为410，对应翼轨硬度（HB）为530。

a　　　　　　　　　　b

图1-8-26　008号高锰钢辙叉上线运行30天（a）和45天（b）时状态

008号辙叉上线使用一个月后，辙叉光带正常，心轨28mm断面处心轨和翼轨磨耗均为1mm左右，如图1-8-26所示。上线使用一个月后对未硬化辙叉、冲击硬化辙叉以及爆炸硬化辙叉的心轨28mm断面的磨耗数据进行了对比，发现未硬化辙叉的磨耗为2～3mm，而高频冲击预硬化的初期磨耗较小，仅约为1mm，与爆炸预硬化的高锰钢辙叉相当。

008号辙叉使用2.5（75天）个月时，心轨和翼轨表面光滑，无点蚀、剥落，如图1-8-27a所示。心轨28mm断面磨耗为2.5mm，对应翼轨为2.2mm。使用 5 个月零 18 天（168 天）时，心轨和翼轨光带正常，没有发现任何表面破坏，心轨 20mm 断面位置的表面硬度（HB）为 500，对应心轨表面硬度（HB）为 550，如图 1-8-27b 所示。

a

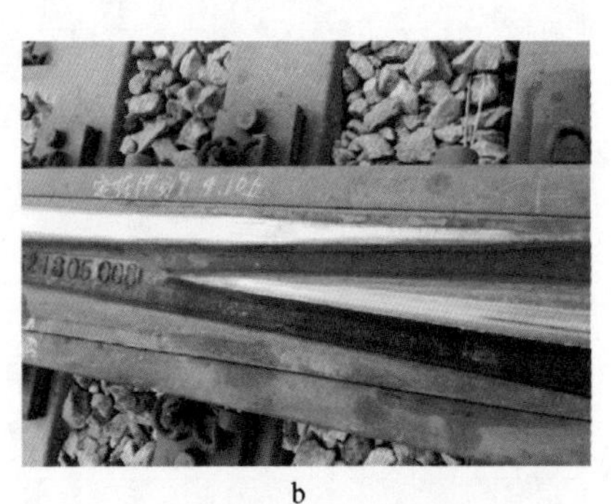

b

图 1-8-27　008 号高锰钢辙叉上线运行 75 天（a）和 168 天（b）时状态

008 号辙叉使用 6 个月零 2 天（182 天），心轨和翼轨光带正常，没有发现任何表面破坏，心轨和翼轨光带正常，但在心轨和翼轨过渡区域的翼轨表面发现少量剥落掉块，并且在咽喉位置的翼轨表面出现小尺寸龟裂。使用 8 个月零 2 天（245 天），心轨无破坏，心轨和翼轨过渡区域的翼轨表面剥落尺寸有所增大，并出现龟裂现象。此时，心轨 20mm 断面磨耗 5mm，对应翼轨磨耗 5mm，如图 1-8-28所示。该辙叉使用 10 个月（300 天）时的状态，如图 1-8-29 所示。

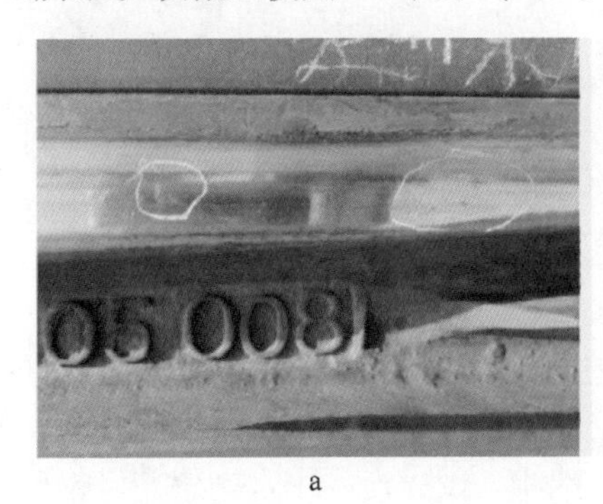

a

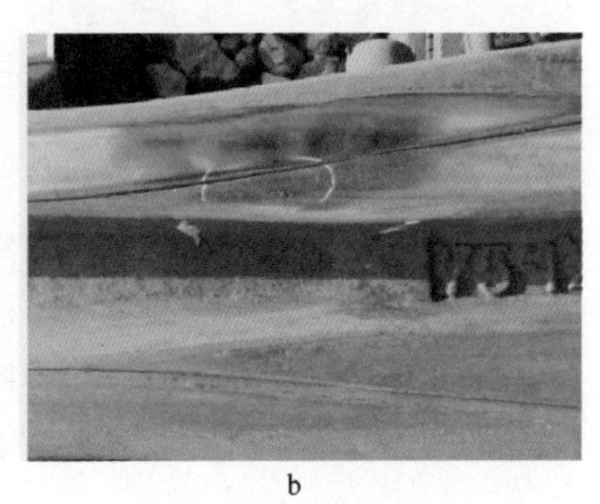

b

图 1-8-28　008 号高锰钢辙叉上线运行 182 天（a）和 245 天（b）时状态

008 号高锰钢辙叉，铸态条件下进行形变热处理，选择性锻造变形压下量 30mm，锻造变形后未回炉保温，然后高频冲击硬化，服役于定州东 1 号岔位，顺向，最终服役 320 天，通过总重约 3. 1 亿吨，下线原因为翼轨伤损。

当初，洁净、选择性锻造和冲击预硬化 C+N 强化高锰钢辙叉分别在大秦和朔黄线上进行了两个批次试用，表 1-8-10 给出了在大秦和朔黄重载铁路线上试用期间部分辙叉的使用情况，平均使用寿命为 3 亿吨，比以前普通整铸高锰钢辙叉平均寿命 1 亿吨，提高了 2 倍。

表 1-8-10　在大秦和朔黄重载铁路线上服役的部分高锰钢辙叉使用情况对比

线路	制造技术	服役状态	通过总重/亿吨	下线原因
朔黄	C+N 强化，选择性锻造，爆炸硬化	顺向	3.0	线路大修
朔黄	C+N 强化，选择性锻造，冲击硬化	逆向	3.1	钢轨掉块
朔黄	C+N 强化，选择性锻造，冲击硬化	逆向	3.2	疲劳剥落
朔黄	C+N 强化，选择性锻造，冲击硬化	逆向	3.3	磨损超限
朔黄	普通整铸 ZGMn13，爆炸硬化	逆向	1.0	水平裂纹
大秦	C+N 强化，选择性锻造，冲击硬化	顺向	2.9	线路大修
大秦	C+N 强化，选择性锻造，冲击硬化	逆向	3.1	线路大修
大秦	普通整铸 ZGMn13，爆炸硬化	顺向	1.1	水平裂纹
大秦	普通整铸 ZGMn13	顺向	0.6	水平裂纹
大秦	N+Cr 强化，选择性锻造	逆向	2.1	服役中
大秦	N+Cr 强化，选择性锻造	逆向	2.5	服役中

图 1-8-29　008 号高锰钢辙叉上线运行 300 天时状态

正是由于这种高锰钢辙叉使用寿命大幅度提高，尤其是消除了辙叉水平裂纹的痼疾，获得非常优异的实际使用效果，中铁高新工业股份有限公司组织铁路系统轨道专家对本成果进行了鉴定，并给出如下鉴定评价：选择性锻造和形变热处理是一种提高材料力学性能的复合工艺，它是将形变强化与热处理强化有机结合起来的金属材料强化方式之一，这种方法能够得到一般单独压力工艺和热处理所达不到的高强度与高塑性、高韧性的良好结合。高锰钢辙叉选择性锻造和形变热处理强化技术主要技术要点体现在以下几个方面：

（1）高温形变热处理相对于普通淬火，可将抗拉强度提高 10%～30%，塑性提高 40%～50%，显著改善高锰钢的综合力学性能；试验产品中水韧态高锰钢经形变后，回炉保温 7min 再次进行水韧处理后，辙叉的变形顶部和心部性能基本一致，顶部的抗拉强度达到 986MPa，比辙叉基体强度提高 34.1%，塑性提高 46.8%。

（2）高锰钢辙叉选择性锻造和形变热处理技术能够显著细化高锰钢组织、焊合高锰钢辙叉微观缩松、缩孔、气孔，经形变热处理技术处理的高锰钢平均晶粒尺寸为 235.9μm，变形心部组织均匀细小，晶粒尺寸达到 112.1μm，晶粒度为 3.5 级，以此改善高锰钢辙叉易损部位的力学性能、组织结构，提高其抗冲击、抗磨削能力、抗疲劳性能。

（3）通过晶粒细化以及焊合内部铸造缺陷可以大幅降低易损区域出现非正

常下道的概率，基本彻底消除高锰钢心轨水平裂纹缺陷，可以大幅度提高高锰钢辙叉使用寿命的稳定性。

这项成果完成了我国首批选择性锻造和形变热处理重载线路新型高锰钢拼装辙叉的试验任务，填补了我国在高锰钢辙叉锻造技术的应用空白。产品在大秦和朔黄重载铁路线路得到很好的应用，经过现场试用，高锰钢辙叉的运行状况得到了客户的首肯。用户反映，高锰钢辙叉叉心部分应用了选择性锻造加形变热处理强化技术后，具有表面硬度高，耐磨性强，产品结构稳定、安全可靠等优点。同普通的整铸高锰钢辙叉相比，通过总重大幅度提高，降低了站段线路保养维修工作量。另外，也减少了铸造产品的大量生产，进一步减少铸造行业对环境所带来的影响。这项成果社会效益和经济效益显著，整体技术达到国际领先水平。

这项成果的设计理念、研发冶炼、铸造和选择性锻造以及形变热处理集成的系统技术，对促进我国铁路高锰钢辙叉强化技术发展具有重要的现实意义。大幅提升高锰钢辙叉易损区域晶粒的细化程度以及致密性，提高高锰钢的力学性能，降低易损区域的伤损概率，进一步提高高锰钢辙叉的使用寿命。

目前，中国市场有近 1 万组的固定型辙叉存量，正线辙叉存量近 7 万余组，国际市场存量更大（特别是北美地区对此类辙叉需求量大，年需求量约 5000 余组），因此该技术具有广泛的推广前景。由现在的重载线路为主，扩展到国内时速 160km/h 及以上铁路干线、地铁线路和其他轨道交通线路，同时逐渐打开国际市场，提高中国技术在世界上的影响力。

本书作者团队多次线路考察获取的其他信息：（1）朔黄铁路线货运列车的冲击作用会使高锰钢辙叉表面快速硬化，经过预先爆炸硬化处理的高锰钢辙叉，在冲击最大的翼轨和心轨位置，服役 1 天后硬度（HB）便可以达到 480，服役一周以后，主要冲击位置的硬度（HB）已经稳定在 550 左右。（2）对于水平裂纹的形成问题有了进一步了解，根据现场观察，高锰钢辙叉心轨产生水平裂纹的位置，恰好位于心轨表面金属变形最大的位置（即压溃层或肥边层）与基体的交界线处，如此一来，水平裂纹上方的硬度必然因塑性变形而远大于下方基体的硬度，这是其中一种水平裂纹的产生原因。

基于各铁路站辙叉运行情况，对高锰钢辙叉与贝氏体钢辙叉进行对比分析：

（1）伤损形式。贝氏体钢辙叉下道原因都是核伤下道，高锰钢辙叉下道原因是心轨或者翼轨垂磨、疲劳，以及拼装钢轨疲劳剥落。

（2）现场维护保养工作量。初始磨耗高锰钢辙叉相对于贝氏体钢辙叉大，都需进行打磨处理，但高锰钢辙叉在经过 3~4 次打磨后，进入稳定期，打磨频次很低；而贝氏体钢辙叉后期的打磨频次要远大于高锰钢辙叉。

（3）现场更换分析。高锰钢辙叉相对于贝氏体钢辙叉质量大，现场更换难度大。

(4) 硬度情况。高锰钢辙叉初始硬度（HB）为200左右，上道3天后顶面硬度（HB）可达到450~550，冲击较大部位硬度（HB）可达到600左右；贝氏体钢硬度（HB）在360~430范围内，冲击硬化后可达450~480。

8.3　高速铁路上的应用

提速和高速铁路要求必须实现全线无缝，这就要求钢轨和钢轨焊接，钢轨和高锰钢辙叉也要焊接到一起。高锰钢辙叉与钢轨焊接在国内外还是一项新技术，没有相应标准。如果直接套用钢轨焊接标准或者高锰钢辙叉标准显然不合理，因为钢轨的强度比高锰钢要高得多，而高锰钢的冲击韧性比钢轨又高得多。如果取高锰钢的韧性和钢轨钢的强度作为标准，焊接接头将永远不可能达到标准。另外，高锰钢辙叉为铸造产品，内部总存在一定数量的缺陷，再加上本身强度又低，疲劳强度比钢轨也要低一些。

欧洲对高锰钢辙叉与钢轨焊接接头的力学性能要求是静弯负荷90t时，挠度18mm不断裂。以上简单的标准规定经过实践验证是合理的，因为欧洲的高锰钢焊接辙叉产品已经批量用于铁路多年，并取得了良好的效果。

8.3.1　高锰钢辙叉焊接技术条件

本书作者团队联合铁路行业企业制定了高锰钢辙叉与钢轨焊接接头暂行技术条件。技术条件要求，供焊接用钢轨的化学成分、力学性能、低倍组织等应符合TB/T 2344及相关标准的规定。对钢轨母材质量有疑义时，应予复验。同一钢厂生产、不同交货批次的相同钢种钢轨应视为同种钢轨。供焊接用高锰钢辙叉的化学成分、力学性能、低倍组织等应符合Q/SQ 49—98及相关标准的规定，焊接材料采用低碳CrNiMnMo奥氏体-铁素体钢或者奥氏体钢。

高锰钢辙叉焊接接头力学性能应达到的指标，见表1-8-11。焊接接头硬度（HB）要求，高锰钢部位不大于229，焊接材料部位不大于210，钢轨部位不小于母材的90%，软点不小于母材的80%。整轨静弯要求，焊接接头静弯试验载荷不小于980kN（100t），变形挠度不小于20mm，不断裂。整轨疲劳寿命要求，载荷比$r=0.2$，疲劳载荷$P_{min}/P_{max}=6t/30t=0.2$，循环周次$2\times10^6$周次，不断裂。整轨探伤检验要求，应符合GB 3323—16.1.1I级质量要求，不得有裂纹、未熔合、未焊透和条状夹渣等不良缺陷。

表1-8-11　高锰钢辙叉焊接接头的力学性能

部位	屈服强度/MPa	伸长率/%	冲击韧性/J·cm^{-2}
轨头	≥550	≥12	≥110
轨腰	≥550	≥12	≥110
轨底	≥550	≥12	≥110

焊接接头不得有过烧组织，高锰钢与焊接材料焊接一侧熔合区内不得有碳化物析出，热影响区内金相组织应符合 TB/T 447 要求。钢轨与焊接材料一侧熔合区及热影响区的金相组织为细珠光体和少量铁素体，不得有马氏体组织出现。

焊接接头外观检查要求，用肉眼或放大镜检查，不得有裂纹、过烧、未焊透、气孔及夹渣等不良缺陷。焊接接头应符合下列规定：高锰钢辙叉顶面允许凸出钢轨顶面公差范围为 0~0.8mm，不得低于钢轨顶面。高锰钢辙叉侧向工作边允许凸出钢轨侧向工作边 0~0.8mm，不得凹进钢轨侧向工作边。焊接接头纵向应平顺，不允许横向打磨。

焊接接头在轨底上表面焊缝两侧各 150mm 范围内，及轨两侧轨底角边缘各 35mm 的范围内应打磨平整。表面粗糙度 $R_a \leqslant 12.5\mu m$，焊缝两侧各 400mm 范围内不得有明显压痕、碰痕、划伤等，焊接接头不得有电击伤。

同时，对有关检测方法进行了规定。静弯试验：压头圆弧半径为（300±5）mm，宽度 75mm，如图 1-8-30 所示。压头硬度（HRC）为 50~55，表面粗糙度 $R_a \leqslant 6.3\mu m$，支座圆弧半径（100±5）mm，支距 1000mm。试件长度 L=1300mm，载荷点位于两焊缝中间部位，承受集中载荷。每 3 根试件为 1 组，进行轨头受压静弯试验。静弯试验时，应详细记录载荷挠度曲线。

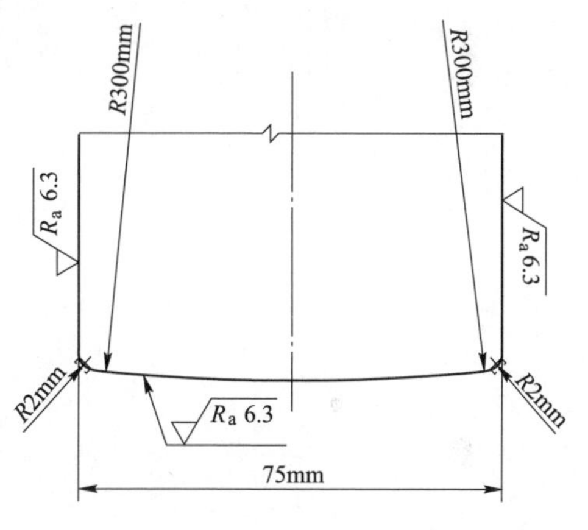

图 1-8-30 静弯压头示意图

疲劳试验：焊接接头疲劳试验参照 TB 1354 有关规定进行。试件置于疲劳试验机支距为 1000mm 的支座上，轨头受压，载荷点位于两焊缝中心，承受疲劳载荷，每 3 根为 1 组。

焊缝外观检验：用肉眼或放大镜逐根检查。

金相组织检查：焊接接头金相检验，参照 GB/T 13298 规定进行。焊缝热影响区及母材的金相分别按轨头、轨腰及轨底部位选取。金相组织检验试样利用冲击试样制作。

焊接接头硬度检验：纵向硬度分布检验，自焊接材料中心部位向两侧各 85mm 处切取包括焊缝、焊接材料在内的 170mm 长钢轨作为硬度试件，如图 1-8-31所示。

焊接接头拉伸及冲击试件取样位置，如图 1-8-32 所示。焊接接头拉伸试样尺寸加工及试验方法参照 GB 228 及 GB 6397 规定进行。冲击试样尺寸及试验方法参照 GB 2106 规定进行。

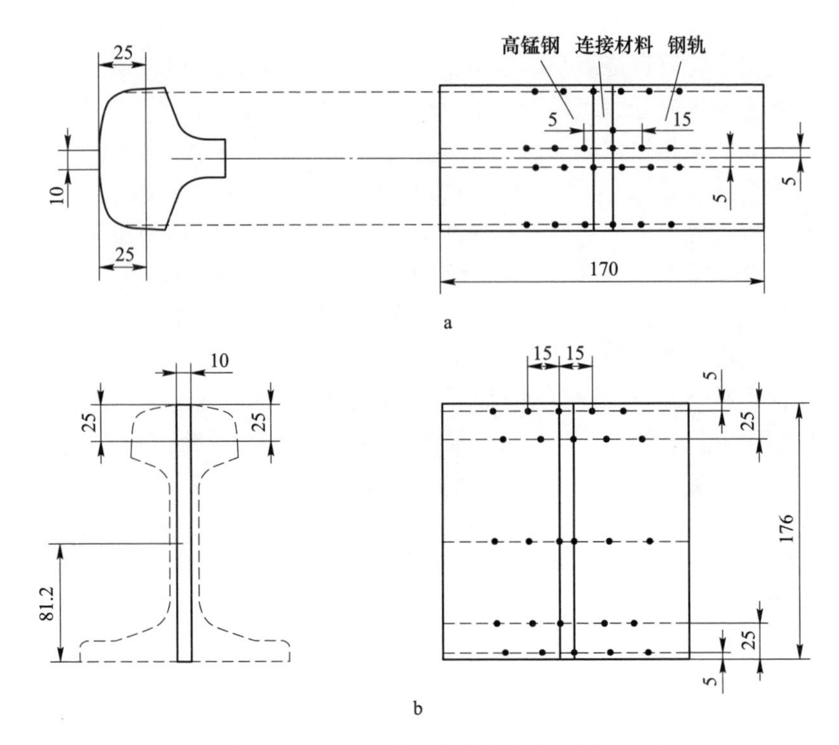

图 1-8-31　高锰钢辙叉焊接接头硬度检验位置图（单位：mm）

a—轨头表面纵向硬度分布检验位置；b—断面硬度分布检验位置

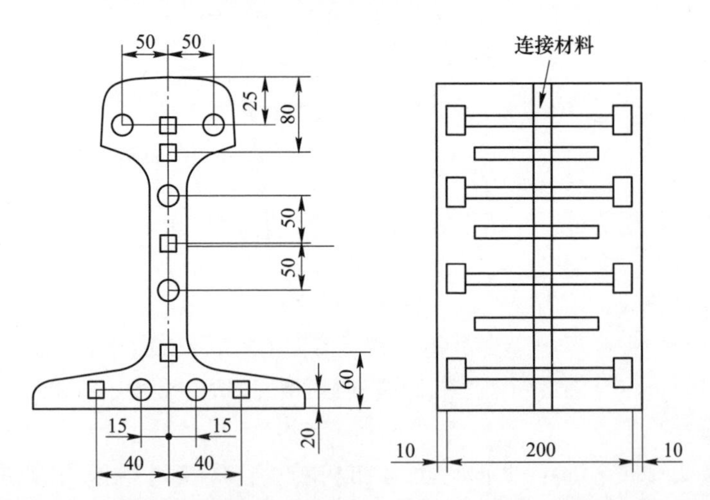

图 1-8-32　高锰钢辙叉焊接接头拉伸及冲击试件取样位置示意图（单位：mm）

焊接高锰钢辙叉的验收规则，有下列情况之一时应进行检验：（1）钢轨焊接试生产时；（2）采用新轨型、新钢种及调整工艺参数时；（3）周期性生产检验结果不合格时。形式检验项目包括静弯、疲劳、抗拉、冲击、硬度、金相、射线探伤、外观检验。

每焊接400个接头后进行周期性生产检验，检验合格后即可继续生产。周期性检验项目包括静弯、硬度、射线探伤、外观检验，对周期性检验出现的不合格项点应予复验，第一次复验，对不合格项点加倍取样复验，经检验合格，方可投入生产。若有1项或1项以上不合格应再复验，第二次复验，对不合格项点加倍取样复验，经检验合格，方可投入生产。焊接高锰钢辙叉的出厂检查，焊接辙叉出厂前应逐根进行外观检查，周期性生产检验及出厂检验结果应分别填写试验记录。

8.3.2 高锰钢辙叉焊接用低碳 CrNiMnMo 钢轨制造技术

如第1篇第6章所述，高锰钢辙叉与碳钢钢轨进行闪光焊接时需要中间焊接材料，以完成异质难焊钢的高质量焊接。在中间焊接材料的制造中，除了考虑成分及性能外，其外形轮廓须与钢轨外形一致，从而使闪光焊接中相互接触的端面产生均匀温升，最终在顶锻阶段形成较为一致的塑性变形层。因此，需要制备具有钢轨外形轮廓的焊接用低碳 CrNiMnMo 钢。随着制造技术的发展，低碳 CrNiMnMo 钢轨的制备经历了模锻成型、锻造T型钢坯+机加工成型和热挤压快速成型三个技术发展阶段，其产品质量稳定性和成材率也不断提高。

高锰钢辙叉焊接材料的端面轮廓为标准钢轨形状，由于这种钢的合金元素含量高，造成高温强度高且热塑性较差，因此，焊接材料无法采用常规的钢轨轧制制造工艺进行生产，而只能采用锻造工艺生产加工。在早期的焊接材料生产中，主要采用模锻成型技术制造焊接材料短轨。锻造模具选用单型槽的整体式锤锻模，锤锻模由上下模块组成，型槽是工作部分，其一半由上模做出，另一半由下模做出，上下模用键定位，并用燕尾和楔铁分别安装在上锤头和下砧座上。模块的右前侧设有检验角，为减少上下模之间的错移，在模块上设置平衡错移力的锁扣装置，终锻模膛的尺寸和形状按热锻件图制造。

热锻件尺寸按式1-8-1计算：

$$L_t = L(1 + \alpha t) \tag{1-8-1}$$

式中 L_t——终锻温度时的锻件尺寸，mm；

L——冷态时锻件的尺寸，mm；

α——材料线膨胀系数，℃$^{-1}$；

t——终锻温度，℃。

模锻的终锻温度一般取为900℃，低碳 CrNiMnMo 钢的 α 取值为 20.0×10^{-6}℃$^{-1}$。因此，热锻件尺寸即终锻模膛尺寸为：$H\approx180$mm，$B=153$mm，$b\approx75$mm，$c\approx17$mm。零件截面为工字形，预锻模膛设计为圆滑的工字形截面。预锻模膛的宽度比终锻模膛的宽度小2mm，为178mm，其他尺寸和终锻模膛一致。该零件的截面面积是76cm^2，全长320mm，计算成品件的质量为20kg，坯料质量为32kg。形状复杂系数为S3级，材质系数为M2级，精度等级为普通级，模锻斜度为7°。模锻模具及模锻件形状尺寸，如图1-8-33和图1-8-34所示。

图1-8-33　高锰钢辙叉焊接用钢轨模锻模具

在锻锤吨位选择上，对于圆形锻件：

$$G_0 = (1 - 0.005D)(1.1 + 2/D)^2 (0.75 + 0.001D^2) D\sigma \qquad (1\text{-}8\text{-}2)$$

式中　G_0——锻锤吨位，kg；

D——锻件直径，cm；

σ——锻件在终锻温度时的变形抗力，MPa。

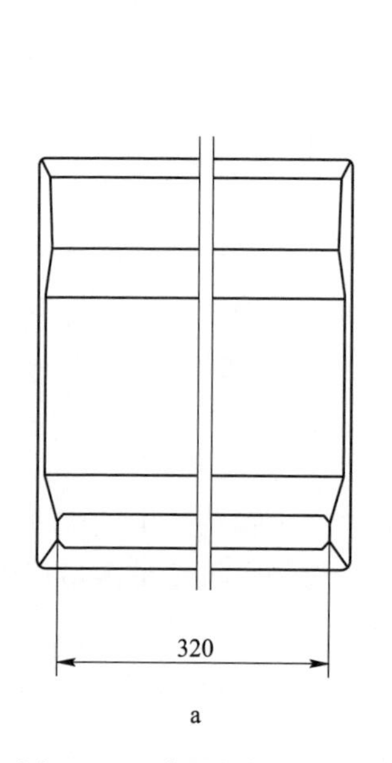

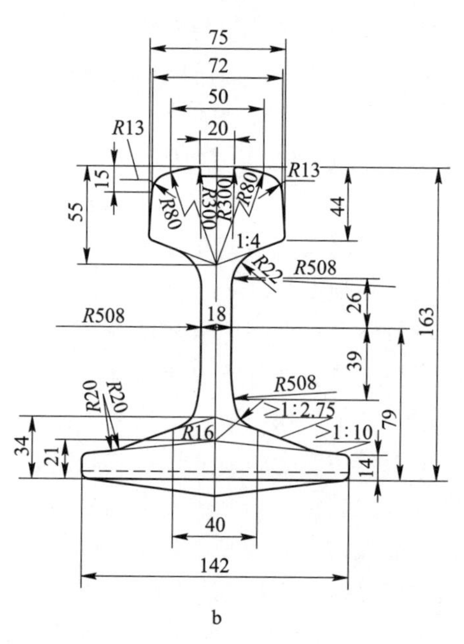

图1-8-34　高锰钢辙叉焊接用钢轨模锻件形状（a）和尺寸（b）（单位：mm）

对于非圆形锻件：

$$G = G_0[1 + 0.1(L/B)/2] \qquad (1\text{-}8\text{-}3)$$

式中　G——锻锤吨位，kg；

L——锻件水平投影面上的最大长度，cm；

B——锻件投影面积A除以L所得的平均宽度，cm。

计算G_0时，式中的D用相当直径D_e代替，$D_e = 1.13B/2$，$\sigma = 75\text{MPa}$，$B = 17.6 \times 50 = 880\text{cm}^2$，$L = 32\text{cm}$。经计算$G = 4161\text{kg}$。因此，采用锻锤吨位为5t即可满足锻造需求。

由于低碳 CrNiMnMo 钢的热塑性差，在实际模锻生产时，锻件极易产生裂纹而报废，成品率很低，生产成本大大增加。

为了克服高锰钢辙叉焊接材料实际生产中的技术难题，进一步开发了一种新的高锰钢辙叉焊接材料制造方法——锻造 T 型钢坯和机加工成型。这种成型制造方法主要分为以下几个步骤实现：（1）利用中频感应炉熔炼钢锭；（2）将钢锭进行电渣重熔；（3）将钢锭开坯成断面为接近钢轨断面尺寸的 T 字型钢坯；（4）将焊接材料经过 1000~1100℃ 固溶处理，得到奥氏体和铁素体双相组织，其中铁素体组织占 10%~20%；（5）利用机械加工的方法将钢坯加工成断面为工字型钢轨尺寸的短钢轨。利用这种方法生产的高锰钢辙叉与碳钢钢轨焊接材料的成品率几乎为 100%，然而，由于 T 字型钢坯加工成钢轨时的加工余量大，造成非常大的材料损耗，其生产成本依然较高。

随着我国制造技术的发展和生产装备的升级，借助现代技术和装备优势，进一步提高低碳 CrNiMnMo 钢轨的成材率，稳定产品质量并降低生产成本，为此本书作者团队继续开展了研发工作，开发了热挤压快速近终成型工艺制造低碳 CrNiMnMo 钢轨技术，首先设计挤压模具，并控制挤压温度和变形工艺，利用大型热挤压机将棒状坯料直接挤压成型为特定截面尺寸的短轨，大幅提高生产效率并降低生产成本，同时，提高了钢轨的质量。

为保证焊接材料具有较高的变形比，设计了直径为 363mm、长度为 65mm 的实心棒材作为热挤压坯料，将该坯料挤压为图 1-8-35 所示的轨道截面形状时，其挤压比可达到 10 以上。

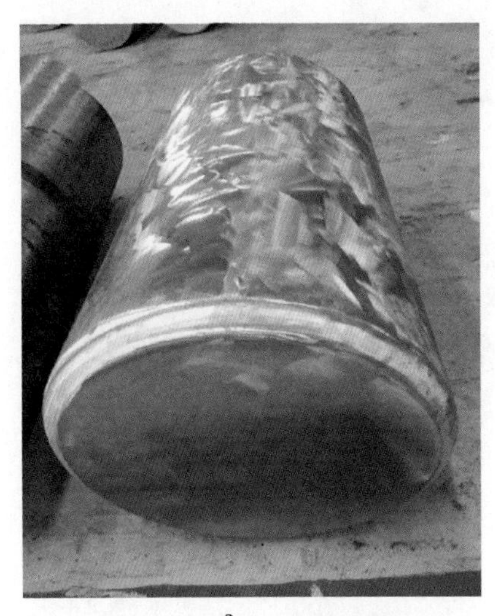

a

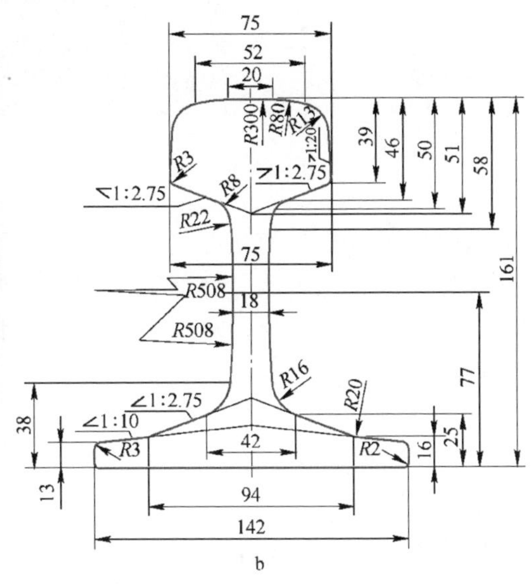

b

图 1-8-35　低碳 CrNiMnMo 钢热挤压坯料（a）和焊接材料截面示意图（b）（单位：mm）

挤压模具要求具有优异的高温强度、耐磨性及热疲劳性能，因此，选用 H13

热作模具钢制造挤压模具。挤压模具厚度为38mm，其结构设计及实物如图1-8-36所示，模具送料口位置有倒角设计，以便坯料顺利进入模具。

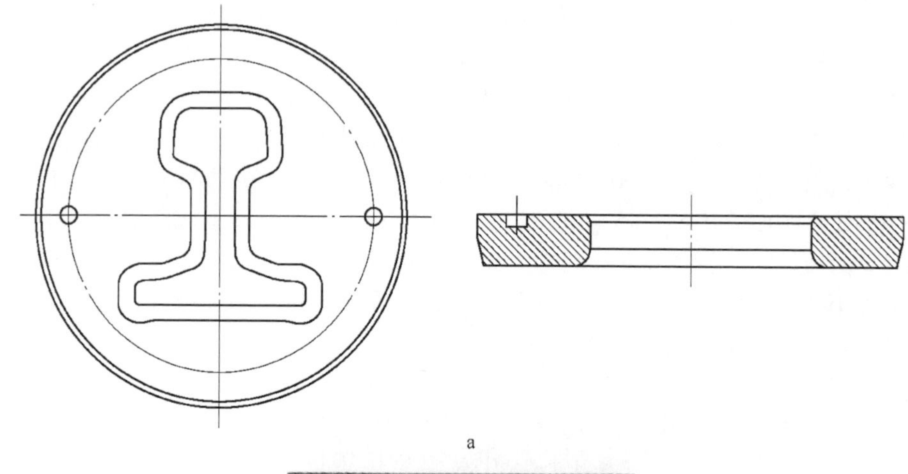

a

b

图1-8-36　热挤压模具结构设计（a）及实物图（b）

由于挤压成型时模具受力较大，为保证热挤压过程中模具的稳固性，需要在模具后侧设置挤压模具支撑（见图1-8-37），起到支撑挤压模的作用。模具支撑的内部孔型尺寸略大于挤压模孔型，从而使成型后的焊接材料顺利通过挤压模。挤压模支撑模具同样采用H13钢制造，其厚度为53mm。

图1-8-37　挤压模支撑模具

棒状坯料挤压前需进行高温加热，为提高加热效率，采用感应加热方法，感应加热设备如图1-8-38所示。具体加热工艺为：四段加热。一段表层加热至1150℃，将坯料取出在大气环境下静置均温，待心部颜色与表层

一致后，进行二段加热，重复以上步骤直至完成四段均温加热。最后再次将坯料放置于感应炉内将温度快速升高至1100℃后出炉，利用传送设备将坯料输送至挤压设备，途中经高压水除鳞去除表面氧化皮并铺洒润滑玻璃粉后进行热挤压操作。

挤压设备选用63MN卧式热挤压机组，如图1-8-39所示，挤压筒直径为375mm，挤压前首先将挤压筒预热至200℃，挤压过程中挤压力为59MN。焊接材料的挤压工艺是：进入挤压筒的棒状坯料温度约为1080℃，挤压速度控制为186mm/s，挤压完成后钢轨的出模温度为1080~1100℃，快速大变形导致温度较挤压前略有上升。钢轨出模后空冷，以完成钢的再结晶过程。焊接材料的挤压抗力约为200MPa，压余厚度为30mm。技术关键之一，是要控制挤压温度不能太高，否则挤压后焊接材料的再结晶组织粗大，焊接材料性能降低。挤压完成后利用热锯将压余料锯断，图1-8-40所示为热挤压成型后的低碳CrNiMnMo钢轨。热挤压成型完成后，低碳CrNiMnMo钢轨直接进行空冷处理。待温度降至室温后，利用酸洗（$HF+HNO_3$）溶液将钢轨表面的玻璃粉去除，以便进行后续的加工、切割操作。

图1-8-38　加热原材料专用感应加热炉

图1-8-39　63MN卧式热挤压机组

8.3.3　高锰钢辙叉与高碳钢钢轨的焊接工艺

我国的这项高锰钢辙叉焊接技术是由本书作者团队研制成功的。利用闪光焊接工艺方法实现高锰钢辙叉与高碳钢轨的焊接，焊接工艺参数是根据高锰钢、高碳钢、焊接材料的物理性能特点，以及大量的实际试验确定的，见表1-8-12。高锰钢辙叉为洁净C+N强化120Mn13CrNY高锰钢辙叉，焊接材料是低碳CrNiMnMo奥氏体-铁素体双相钢或者奥氏体单相钢，其断面形状为标准60kg/m钢轨形状。焊接时先把碳钢钢轨焊接断面预热到300~400℃，然后将其与焊接材料进行对焊，焊接后将接头加热到880~920℃进行去应力退火处理。切留30~

a

b

图 1-8-40 经热挤压成型后的低碳 CrNiMnMo 钢轨产品
a—热态；b—冷态

50mm 焊接材料，再将焊接材料与高锰钢辙叉焊接，高锰钢辙叉焊接接头焊后控制快速冷却。高锰钢辙叉闪光对焊的焊接循环曲线，如图 1-8-41 所示。

表 1-8-12 高锰钢辙叉与高碳钢钢轨闪光焊接参数

焊接接头	预热阶段		闪光阶段	顶锻阶段		后热阶段	
	预热电流 /kA	预热次数 /次	闪光速度 /mm · s^{-1}	顶锻力 /MPa	顶锻速度 /mm · s^{-1}	压力 /MPa	加热时间 /s
钢轨+焊接材料	64	6	2.9	77	66	50	25
焊接材料+高锰钢	65	8	2.6	90	50	50	30

在焊接过程中分别将高锰钢辙叉、碳钢钢轨及焊接材料的焊接表面加工见新金属，然后进行闪光焊接。高锰钢辙叉闪光焊接的四个过程（见图 1-8-42），即预热、闪光、顶锻和后热。

焊接过程中，首先确定的是高锰钢辙叉与碳钢钢轨闪光焊接时，焊接材料的最佳长度，为此测试了焊接材料长度不同时，焊接接头静弯和疲劳性能的变化情况；发现焊接材料的长度对焊接接头的静弯强度和疲劳强度的影响很大，它们之间的关系如图 1-8-43 所示。由图可见，焊接材料的长度为 10mm 左右时焊接接头性能最佳。

对于高碳钢与焊接材料焊缝未进行正火处理的一组焊接钢轨，当静弯加载至 784kN 左右时，焊接接头发生开裂，开裂位置在碳钢与介质结合面处。而高碳钢

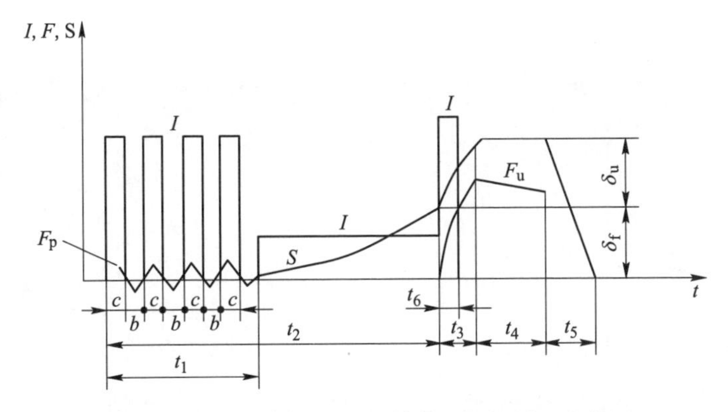

图 1-8-41　连续闪光对焊的焊接电和热循环示意图

t_1—预热时间；t_2—闪光时间；t_3—顶锻时间；t_4—维持时间；t_5—复位时间；t_6—有电流顶锻时间；F_p—预热压力；F_u—顶锻压力；I—电流；S—动夹钳位移；δ_f—闪光留量；δ_u—顶锻留量

a　b　c　d

图 1-8-42　高锰钢辙叉闪光焊接过程

a—预热；b—闪光；c—顶锻；d—后热

与焊接材料焊缝进行正火处理的一组焊接钢轨静弯挠度为 18mm 时，加载载荷为 1050kN 左右，试件取下后用差色法检查接头表面，未发现裂纹，并且经正火处理的焊接接头的抗拉强度明显高于未经正火处理的接头。图 1-8-44 给出了去应力正火处理时间与焊接接头性能之间的关系，采用中频感应加热退火为高锰钢辙叉

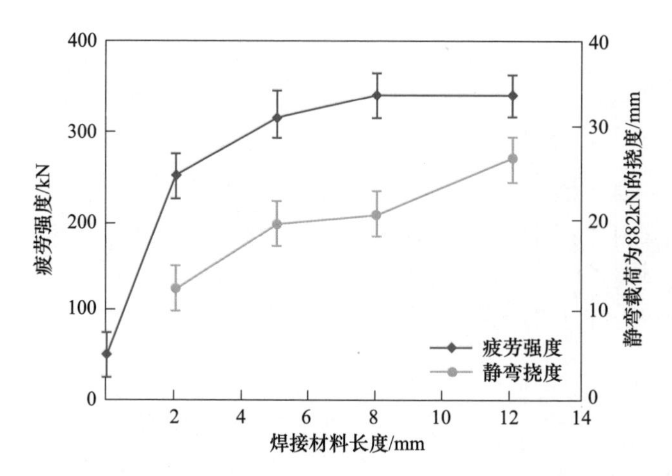

图 1-8-43　高锰钢辙叉焊接接头疲劳强度、静弯挠度与焊接材料长度之间的关系

焊接接头的热处理工艺，其加热温度为900℃，加热保温时间对接头的静弯强度和疲劳强度的影响很大，从图可以看出，900℃正火保温 10min 处理效果最佳。专用感应加热处理设备，如图 1-8-45 所示。

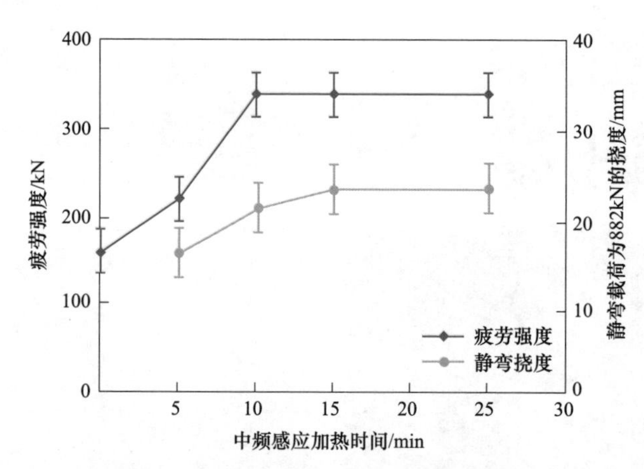

图 1-8-44　加热保温时间对高锰钢焊接接头静弯挠度和疲劳强度的影响

焊接接头的残余应力不仅大大降低其疲劳强度，而且降低其抗拉强度和韧性。由于所选焊接材料的导热系数、热膨胀系数等物理参数与高锰钢十分相近，而与高碳钢相差很大，且焊接材料在焊接热循环过程中一直是奥氏体组织状态。在焊接材料与高碳钢闪光焊接时，一方面由于两者胀缩相差很大，另一方面焊接材料在整个热循环过程中无相变发生，而高碳钢在冷却过程中，在 700～500℃范围内经历一个奥氏体向珠光体的转变过程。因此，焊接接头的残余内应力很大，且都存在拉应力区域，尤其是轨腰在焊缝处的残余应力分布状态为拉应力，如图

a

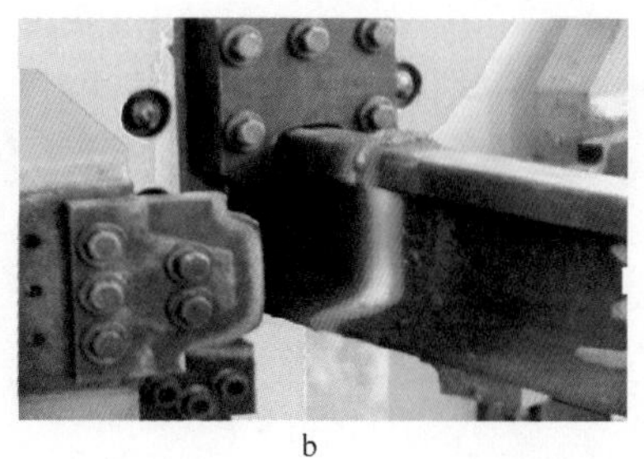
b

图 1-8-45 高锰钢辙叉焊接接头中频感应加热退火装置（a）和焊后推凸装置（b）

1-8-46 所示。若将接头加热到 900℃保温 10min，无论是高碳钢还是焊接材料，其屈服强度已下降到很低的水平，此时接头中的残余应力足以使材料发生屈服，从而消除其中的残余应力。

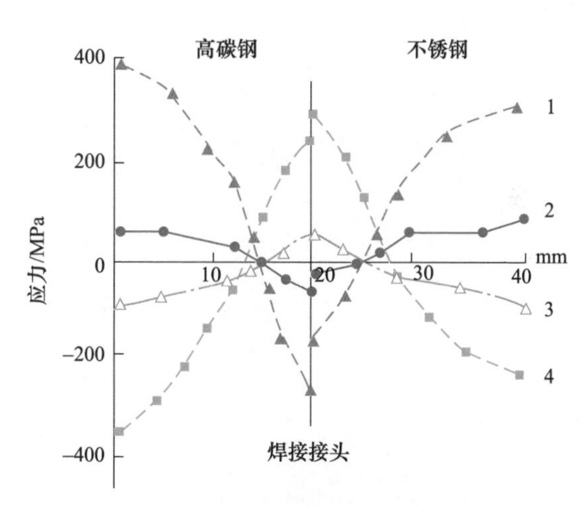

图 1-8-46 高碳钢轨与焊接材料焊接接头的残余应力分布

1—轨头正火处理前；2—轨头正火处理后；3—轨腰正火处理前；4—轨腰正火处理后

高锰钢辙叉与焊接材料进行闪光焊接时，由于两种材料的物理参数基本相近，而且在整个焊接热循环过程中，两者都始终无相变发生，接头中不仅因胀缩引起的热应力较小，而且无相变热应力。因此，焊后尽快经历快速冷却处理，焊接接头的残余应力也较小，从而可以满足高锰钢在焊接过程中要求“冷焊”的条件。

8.3.4 高锰钢辙叉与高碳钢钢轨焊接接头的组织和性能

中铁山桥集团有限公司采用低碳 CrNiMnMo 钢作为焊接材料，利用闪光焊接技术焊接高锰钢辙叉，高锰钢辙叉与碳钢钢轨焊接接头常规力学性能结果见表 1-8-13。拉伸、冲击试件分别在轨头、轨腰和轨底不同部位切取，每种试件均取 5 个以上，其具体取样位置和测试条件按铁道部相应标准 TB/T 1632—91 进行，如图 1-8-47 所示。整轨静弯和疲劳力学性能抽样检查结果，见表 1-8-14 和表 1-8-15。静弯试验条件：1m 支距，轨头向下，焊缝居中，承受集中载荷，试验装置如图 1-8-48 所示。疲劳试验条件：载荷比 $R=0.2$，载荷为 49/245kN。

表 1-8-13　高锰钢辙叉与高碳钢轨焊接接头常规力学性能

取样位置	抗拉强度 σ_b/MPa	冲击韧性 a_k/J·cm^{-2}
轨头	589（535）	A/25，B/88，C/233，D/136，E/246
轨腰	621（527）	A/22，B/40，C/254，D/188，E/235
轨底	652（551）	A/20，B/54，C/230，D/139，E/253

注：括号中的数值是碳钢钢轨与焊接材料焊接接头未经正火处理试样的抗拉强度值，A、B、C、D、E 分别代表冲击试样的开口位置是碳钢热影响区、碳钢焊缝、焊接材料、高锰钢焊缝和高锰钢热影响区。

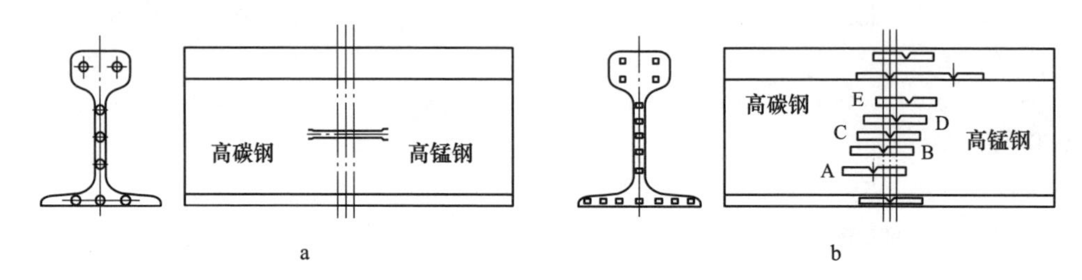

图 1-8-47　高锰钢辙叉焊接接头拉伸试样（a）和冲击试样（b）的取样位置示意图

表 1-8-14　高锰钢辙叉与高碳钢轨焊接接头的静弯试验测试结果

试样编号	载荷/kN	挠度/mm	结果	备注
1	1096	28	在 Mn 钢侧热影响区内，破裂	合格
2	1050	25	在 Mn 钢侧热影响区内，破裂	合格
3	1108	35	在 Mn 钢侧热影响区内，破裂	合格
4	1078	37	在 Mn 钢侧热影响区内，破裂	合格
5	1130	36	在 Mn 钢侧热影响区内有微裂纹，未断	合格
6	1165	45	在 Mn 钢侧热影响区内有微裂纹，未断	合格
7	1170	41	在 Mn 钢侧热影响区内有微裂纹，未断	合格
8	1266	56	在 Mn 钢侧热影响区内，破裂	合格

表 1-8-15　高锰钢辙叉与高碳钢轨焊接接头的疲劳试验测试结果

试验条件	试验结果	备注
载荷 25t/5t，跨距 $L=1.0$m，载荷比 $R=0.2$，经过 200 万次不折断	疲劳次数 202 万次，未断	合格
	疲劳次数 201 万次，未断	合格
	疲劳次数 202 万次，未断	合格
载荷 30t/6t，跨距 $L=1.0$m，载荷比 $R=0.2$，经过 200 万次不折断	疲劳次数 205 万次，未断	合格
	疲劳次数 201 万次，未断	合格
	疲劳次数 202 万次，未断	合格

高碳钢钢轨热影响区的冲击韧性仅为 25J/cm^2、22J/cm^2 和 20J/cm^2，然而它

也高于高碳钢钢轨基体的冲击韧性 20J/cm²，焊接接头各处的抗拉强度均高于 550MPa。静弯载荷都在 1000kN 以上，挠度最小为 25mm。在 30t/6t 载荷条件下，疲劳循环达 2×10^6 周次时，焊接接头仍无裂纹出现。因此，高锰钢辙叉与高碳钢轨焊接接头各种性能都达到较高水平，完全满足实际使用要求。采用的焊接材料为奥氏体-铁素体双相钢，在锻后空冷状态其强度和加工硬化能力都较高，强度为 650MPa，加工硬化指数为 0.318。因此，尽管高锰钢辙叉与高碳钢焊接接头中间有一段长为 8~10mm 的这种焊接材料，也不会出现局部过早磨损现象。

a

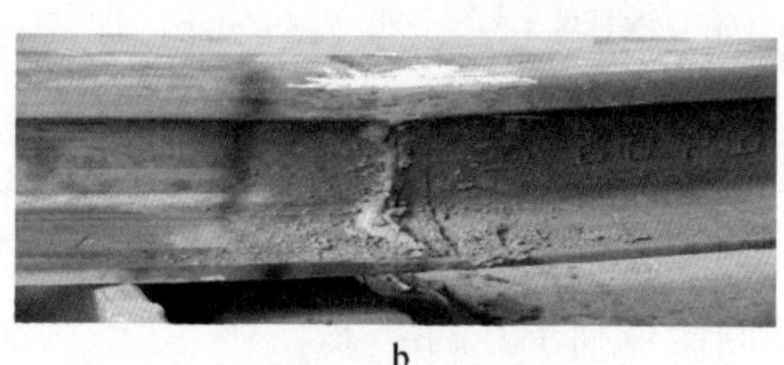

b

图 1-8-48　JW-300 型钢轨静弯标准试验机（a）和静弯后的焊接接头（b）

高锰钢辙叉与高碳钢轨经过连续闪光焊接以后，高锰钢辙叉焊接接头金相组织，如图 1-8-49 所示。可见高锰钢热影响区内从焊缝到距焊缝 20mm 的区域组织差别很大，焊缝位置是一条黑色的条带，宽度为 0.2~0.5mm，该区为闪光焊接时的熔化区。紧接着是宽度为 3~4mm 的细晶区，该区域奥氏体晶粒非常细小，平均晶粒尺寸为 50~150μm，该层组织为奥氏体再结晶组织；因为闪光焊接过程存在顶锻阶段，此时，焊接接头中高温区域产生大量的塑性变形，这部分变形奥氏体处于高温，在随后的冷却过程中发生再结晶现象。从该区域组织特征可以看出，奥氏体晶粒尺寸随着距焊缝距离的增大而逐渐增大。然后是一个混晶区，接

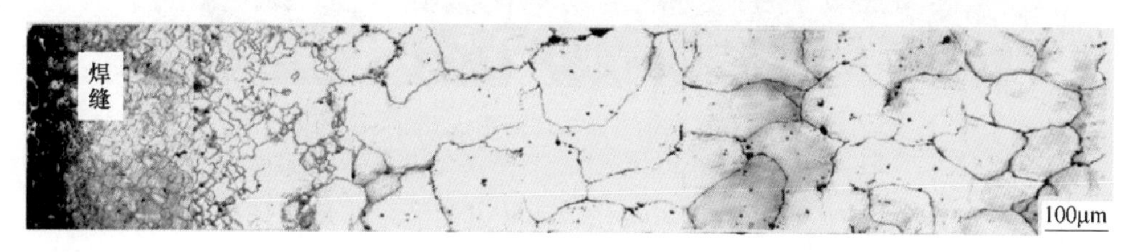

图 1-8-49　高锰钢辙叉焊接接头热影响区的金相组织

着是一个粗晶区，该区奥氏体晶粒异常粗大，这个区域温度为1150~1250℃。然后是奥氏体晶界上有碳化物析出的区域，其奥氏体晶粒与基体奥氏体晶粒尺寸相当，该区距焊缝8~15mm之间，温度为600~900℃。从高锰钢辙叉闪光焊接接头焊后各区域冷却曲线可知，高锰钢辙叉闪光焊接后，距离焊缝8~15mm区域在500~800℃温度区间保持时间最长，如图1-8-50所示。这个温度范围恰好是高锰钢析出碳化物的最敏感温度区域。因此，大量试验数据表明，在高锰钢与高碳钢闪光焊接试验时，焊接接头的拉伸性能试样通常都是在高锰钢侧距焊缝10mm左右的位置拉断。为此，在高锰钢辙叉与碳钢钢轨闪光焊接的实际生产过程中，为了避免高锰钢热影响区碳化物的析出，焊后高锰钢热影响区采取风冷或者喷水冷却，缩短该区域在高锰钢碳化物析出敏感温度区间的停留时间，使问题得到很好的解决。

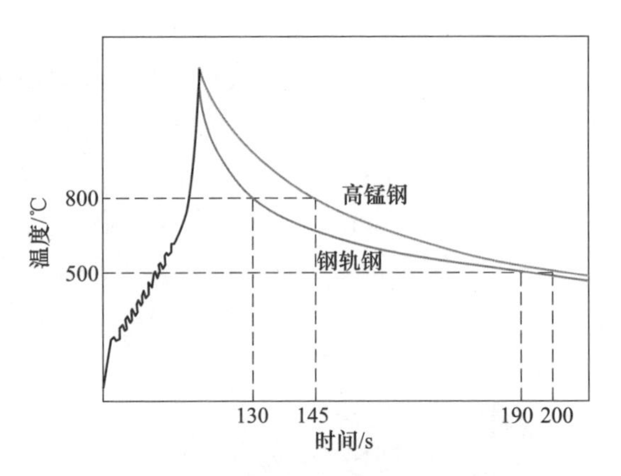

图1-8-50　高锰钢辙叉和高碳钢钢轨焊接接头的焊后连续冷却曲线

高碳钢熔合区及热影响区均为均匀细小的珠光体组织，但在闪光焊接顶锻变形区内组织更加细小，无马氏体产生。因为焊后钢轨与焊接材料接头加热到900℃并保温10min，它可使焊接接头的高碳钢的热影响区重新奥氏体化，空冷后获得细密的正火组织，从而消除了其中粗大的焊接组织，如图1-8-51所示。

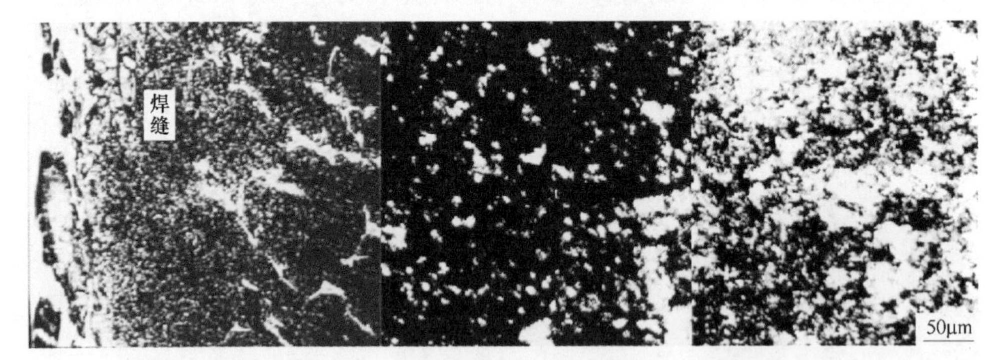

图1-8-51　U71Mn碳钢钢轨焊接接头热影响区的金相组织

中铁宝桥集团有限公司利用本书作者团队发明的单相奥氏体焊接材料，制造出了高锰钢辙叉焊接产品，全面测试了高碳钢钢轨与高锰钢辙叉焊接接头常规力学性能和弯曲疲劳性能。利用闪光焊接实现了高锰钢辙叉、焊接材料及钢轨焊

接，对高锰钢辙叉焊缝的力学性能进行测试，力学性能测试结果见表 1-8-16，可以看出，焊接接头的强度和韧性均远高于使用要求。

表 1-8-16 高锰钢辙叉与高碳钢轨焊接接头的常规力学性能

取样位置	伸长率/%	屈服强度/MPa	抗拉强度/MPa	冲击功/J		
				焊缝焊材	高锰钢热影响区	高碳钢热影响区
轨头	13.4	364	612	216	180	58

高锰钢辙叉与高碳钢轨焊接接头疲劳试验采取的检测方法是：加载方式按照 BS EN 14587—3：2012《Railway applications-Track-Flash butt welding of rails-Part3：Welding in association with crossing construction》的技术要求。评定方法说明：检测依据 TB/T 1632.1—2014《钢轨焊接　第一部分：通用技术条件》和设计要求中 BS EN 14587—3：2012 执行。

疲劳试验中载荷频率 5Hz ± 0.5Hz，载荷比 $r=0.1$，支距 $L=1.0$m，压头距离 $W=150$mm，支座的曲线半径为 100mm，上压头的曲线半径为 420mm，如图1-8-52所示。轨底应力幅 130MPa，荷载循环次数 500 万次，根据要求试验中测量了轨底动应力。按“Annex D，Fatigue test method for flash butt welds”技术要求，试验采用终点法（Past-the-post test method），三根试件均不得破坏，如有一根试件破坏则该组试验结果跳出终点（run-out），即试验失败。

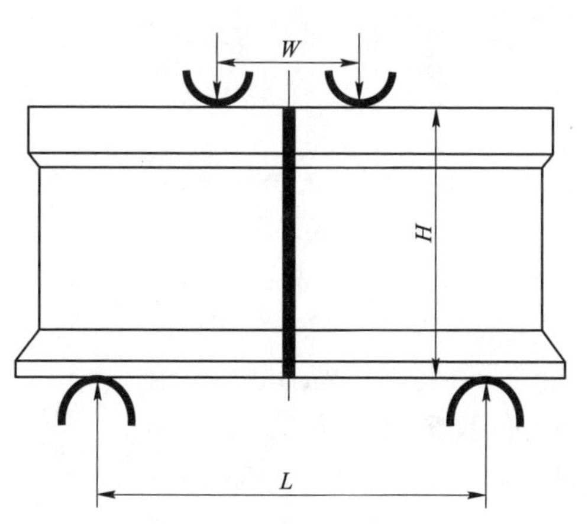

图 1-8-52 高锰钢辙叉与高碳钢钢轨焊接接头疲劳试验示意图

疲劳试验过程中轨底动应变测量曲线，如图 1-8-53 所示，疲劳试验系统和动应变测量系统的准确性经过国家计量部门的技术标定，试验系统的荷载、应力校正曲线，如图 1-8-54 所示。在进行试验应力校正时，$E=210$GPa，应变灵敏系数取 2.0，应变计阻值为 120Ω、敏感栅长度为 5mm，应变测量时采用半桥单臂惠斯通电桥电路。校准时采用与疲劳试验相同的正弦循环力对钢轨施加荷载，校正频率与疲劳试验所用频率相同。

疲劳试验循环次数及加载方式符合相关规范的技术要求，疲劳试验荷载依据应力上限、应力下限确定。轨底应力幅为 130MPa，换算为轨底动应变，峰值 $\varepsilon_{max}=688\mu\varepsilon$、谷值 $\varepsilon_{min}=68.8\mu\varepsilon$；依据要求实测应变值相对误差不大于 2%。该

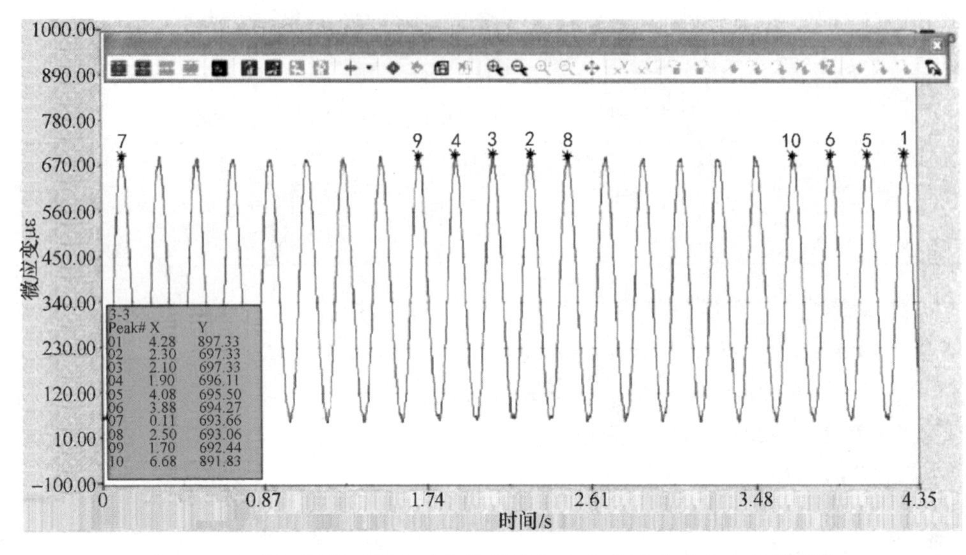

图 1-8-53　高锰钢辙叉与高碳钢轨焊接接头疲劳试验动应变变化规律

组 3 个试样均经历了 5×10^6 次疲劳试验未见异常，试验现场如图 1-8-55 所示。因此，高碳钢轨与高锰钢辙叉闪光焊接（单相奥氏体钢新焊接材料）弯曲疲劳性能达到《钢轨焊接　第一部分：通用技术条件》（TB/T 1632.1—2014）及疲劳试验设计说明要求，检验合格。

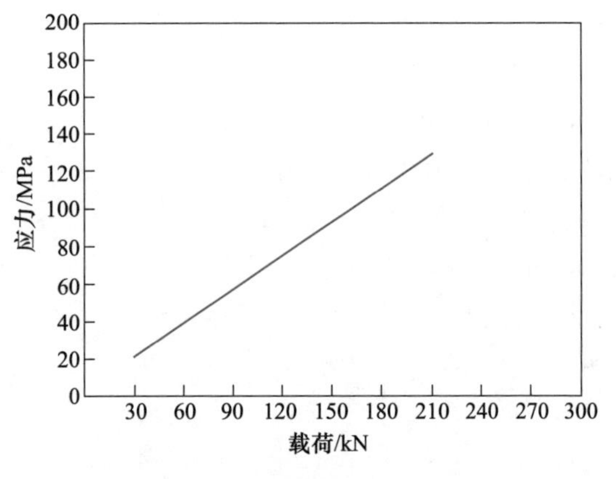

图 1-8-54　高锰钢辙叉与高碳钢轨焊接接头疲劳试验应力-荷载关系

当初高锰钢和钢轨焊接辙叉实际上道跟踪测试试验分为两个阶段，第一阶段，制造两根焊接高锰钢钢轨与碳钢钢轨上道试验运行，焊接轨中，高锰钢轨长为 700mm，其余为 60kg/m 钢轨，焊接后全长 6.25m，两端钻出道头孔与线路连接。第二阶段，将高锰钢辙叉与钢轨焊接，并上道铺设，形成无缝线路，并测试焊接高锰钢辙叉的动力特性。

8.3.5　焊接高锰钢辙叉应用效果

试验短轨于 2001 年 10 月铺设到山海关工务段荒地站的到发线上，铺设时采用两种方案同时实施，将一根焊接接头放置在两根枕木中间，另一根放置在枕木

上。运行初期，曾在焊接接头处加设二孔鱼尾板，运行一个月后，将鱼尾板拆掉。该站通过货车速度较低，但年通过运量在8000万吨以上。到2002年7月，因线路改造将其拆除，共运行1年9个月，通过运量1.5亿吨。经观测，没有发现裂纹等问题，轨顶面也没有压溃、低塌等现象。

图 1-8-55 焊接高锰钢辙叉疲劳试验现场照片

2002年9月，中铁山桥集团有限公司开始了高锰钢辙叉与钢轨焊接的试生产，并加强了该产品的全面质量控制，确保了工序质量。在焊接前，重点控制待焊部位的尺寸及外观质量，对铸造缺陷进行严格控制，要求待焊部位50mm范围内不得有裂纹、冷隔和夹砂等缺陷，待焊断面不得有气孔、砂眼、裂纹和冷隔等缺陷。

2002年10月，中铁山桥集团生产的高锰钢与钢轨焊接辙叉铺设在北京铁路局衡水工务段，到2003年8月，经过11个月的运营后，对该组辙叉焊缝动应力、焊缝趾跟端接头和辙叉心轨20mm断面岔枕振动加速度等综合动力进行了测试，并与另外一组未焊接钢轨的冻结接头高锰钢辙叉（逆向）进行了对比，被测辙叉如图1-8-56所示。

a

b

图 1-8-56 焊接高锰钢辙叉（a）和普通冻结高锰钢辙叉（b）

高锰钢辙叉与钢轨焊接接头测试内容有：（1）辙叉趾端焊缝处轨底的动应力；（2）辙叉趾端焊接接头后第一根岔枕的振动加速度；（3）辙叉心轨20mm断面岔枕的垂向振动加速度，如图1-8-57所示；（4）辙叉跟端焊缝处轨底的动应力；（5）辙叉跟端焊接接头后第一根岔枕的振动加速度；（6）趾端焊接接头轨面不平顺值；（7）跟端焊接接头轨面不平顺值，如图1-8-58所示；（8）焊缝处硬度值。

高锰钢辙叉冻结接头测试内容有：（1）辙叉趾端冻结接头后第一根岔枕的

a　　　　b

图 1-8-57　焊接高锰钢辙叉趾端（a）和心轨 20mm 断面（b）位置应力和加速度测试布线图

a　　　　b

图 1-8-58　焊接高锰钢辙叉跟端应力和加速度测试
布线图（a）和焊接接头轨面不平顺测量图（b）

振动加速度；（2）辙叉心轨 20mm 断面岔枕的垂向振动加速度；（3）辙叉跟端冻结接头后第一根岔枕的振动加速度，如图 1-8-59 所示。

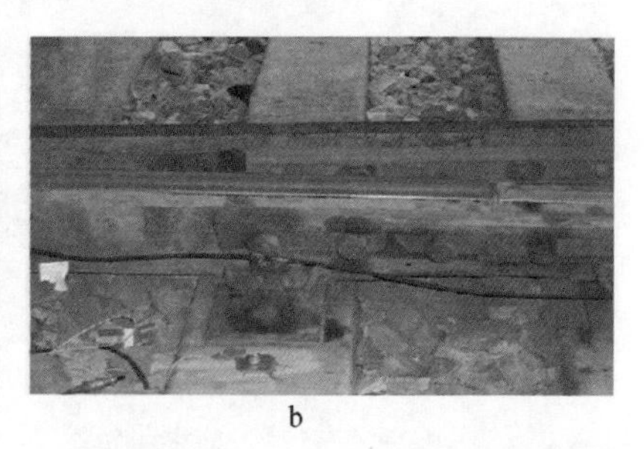

a　　　　b

图 1-8-59　趾端冻结接头后岔枕（a）和跟端冻结接头后岔枕（b）的加速度测试布线图

表 1-8-17 和表 1-8-18 分别是货车和客车通过两种辙叉在趾端接头的振动加速度测试结果，在高锰钢与钢轨焊接辙叉上，随速度的提高，振动加速度略有增大，但明显小于未焊接辙叉。在 65～70km/h 速度范围内，焊接辙叉接头处振动加速度比未焊接辙叉大幅度减少，对于机车减少 69. 2%、对于车辆减少 71. 5%。在客车通过时，焊接辙叉接头处振动加速度比未焊接辙叉也大幅度减少，对于机车减少 58. 9%、对于车辆减少 38. 6%。

表 1-8-17　货车通过高锰钢辙叉趾端接头后岔枕的振动加速度

速度/km·h⁻¹	项目	振动加速度		连接形式
		机车	车辆	
45~50	平均值	2.7g	2.7g	焊接
	最大值	3.8g	4.3g	
50~55	平均值	3.6g	3.3g	
	最大值	5.8g	6.3g	
65~70	平均值	5.3g	4.0g	
	最大值	9.0g	12.1g	
65~70	平均值	17.2g	14.0g	冻结
	最大值	19.8g	18.4g	

注：1g=9.8m/s^2。

表 1-8-18　客车通过高锰钢辙叉趾端接头后岔枕的振动加速度

速度/km·h⁻¹	项目	振动加速度		连接形式
		机车	车辆	
110~135	平均值	7.6g	8.6g	焊接
	最大值	11.1g	11.1g	
110~135	平均值	18.5g	14.0g	冻结
	最大值	27.7g	18.2g	

因此，高锰钢辙叉与钢轨焊接趾端接头焊接大大降低了轮轨的动力作用，降低范围为38.6%~71.5%。辙叉接头动力作用的降低，同时也降低了道床的振动，从而减少了接头处的养护维修工作量。

表1-8-19和表1-8-20分别是货车和客车通过两种辙叉在跟端接头的振动加速度测试结果，在高锰钢与钢轨焊接辙叉上，随速度的提高，振动加速度略有增大，但数值明显小于未焊接辙叉。在65~70km/h速度范围内，焊接辙叉接头处

表 1-8-19　货车通过高锰钢辙叉跟端接头后岔枕的振动加速度

速度/km·h⁻¹	项目	振动加速度		连接形式
		机车	车辆	
45~50	平均值	3.3g	3.2g	焊接
	最大值	4.1g	4.6g	
50~55	平均值	3.2g	3.1g	
	最大值	4.0g	4.1g	
65~70	平均值	4.3g	3.3g	
	最大值	11.3g	6.9g	
65~70	平均值	11.7g	12.9g	冻结
	最大值	14.7g	15.9g	

表 1-8-20　客车通过高锰钢辙叉跟端接头后岔枕的振动加速度

速度/km·h⁻¹	项目	振动加速度		连接形式
		机车	车辆	
110~135	平均值	9.2g	7.3g	焊接
	最大值	12.2g	8.6g	
110~135	平均值	15.7g	8.9g	未焊接
	最大值	19.5g	12.4g	

振动加速度比未焊接辙叉大幅度减少，对于机车减少 61.9%、对于车辆减少 74.4%。在客车通过时，焊接辙叉接头处振动加速度比未焊接辙叉也大幅度减少，对于机车减少 41.4%、对于车辆减少 18.0%。

由此可见，与趾端接头加速度的测试结果一致，焊接高锰钢辙叉大大降低了跟端接头轮轨的动力作用，最低降低 18.0%，最高降低 74.4%。

表 1-8-21 和表 1-8-22 分别是货车和客车通过两种辙叉在心轨 20mm 处岔枕的振动加速度测试结果。由表可知，焊接辙叉心轨 20mm 岔枕处振动加速度比未焊接辙叉降幅达 18%，心轨处振动加速度的降低，有助于延长高锰钢辙叉的使用寿命。

表 1-8-21　货车通过高锰钢辙叉心轨 20mm 断面岔枕的振动加速度

速度/km·h⁻¹	项目	振动加速度		连接形式
		机车	车辆	
45~50	平均值	4.0g	2.8g	焊接
	最大值	5.8g	5.0g	
50~55	平均值	3.6g	3.7g	
	最大值	5.6g	6.2g	
65~70	平均值	3.8g	4.0g	
	最大值	6.8g	9.8g	
65~70	平均值	6.0g	4.9g	冻结
	最大值	10.2g	10.2g	

表 1-8-22　客车通过高锰钢辙叉心轨 20mm 断面岔枕的振动加速度

速度/km·h⁻¹	项目	振动加速度		连接形式
		机车	车辆	
110~135	平均值	8.2g	11.3g	焊接
	最大值	12.6g	16.6g	
110~135	平均值	11.8g	14.8g	冻结
	最大值	15.6g	25.3g	

表 1-8-23 和表 1-8-24 分别是焊接高锰钢辙叉在趾、跟端焊缝处轨底的动应力。跟端焊缝处轨底应力的最大值为 164. 6MPa，趾端最大值为 98. 7MPa，均小于焊接材料容许应力，满足强度要求。经分析，趾端焊缝位于岔枕边缘，而跟端焊缝位于岔枕中间，所以应力较大。因此，建议在实际应用过程中，尽量将高锰钢辙叉焊缝位置布置在岔枕边缘，以提高焊接高锰钢辙叉的安全性。

表 1-8-23　高锰钢辙叉趾端焊接材料处的轨底动应力

速度范围/$km \cdot h^{-1}$	项目	轨底动应力/MPa		备注
		机车	车辆	
45~50	平均值	63. 6	50. 6	焊接
	最大值	76. 3	66. 5	
50~55	平均值	45. 4	41. 5	
	最大值	78. 5	76. 1	
65~70	平均值	70. 2	56. 0	
	最大值	98. 7	93. 4	
110~135	平均值	69. 3	47. 0	客车
	最大值	88. 2	73. 4	

表 1-8-24　高锰钢辙叉跟端焊接材料处的轨底动应力

速度范围/$km \cdot h^{-1}$	项目	轨底动应力/MPa		备注
		机车	车辆	
45~50	平均值	92. 7	70. 5	货车
	最大值	115. 6	89. 6	
50~55	平均值	117. 8	81. 6	
	最大值	157. 0	92. 2	
65~70	平均值	102. 0	69. 9	
	最大值	151. 0	143. 3	
110~135	平均值	99. 8	78. 6	客车
	最大值	164. 6	99. 4	

图 1-8-60 是焊接高锰钢辙叉和未焊接辙叉轨面不平顺值大小，高锰钢辙叉一侧不平顺值降低值较大，而焊缝处凹陷很小。未焊接辙叉接头虽然采取了冻结措施，但中间钢轨片由于不能有效固定，所以如同轨缝依然存在，致使车轮对接头处的动力作用没有改善。由此可以看出，焊接高锰钢辙叉能降低辙叉与钢轨接头的动力冲击作用。

由于高锰钢辙叉与高碳钢轨焊接取得了成功，原铁道部组织铁路系统专家对

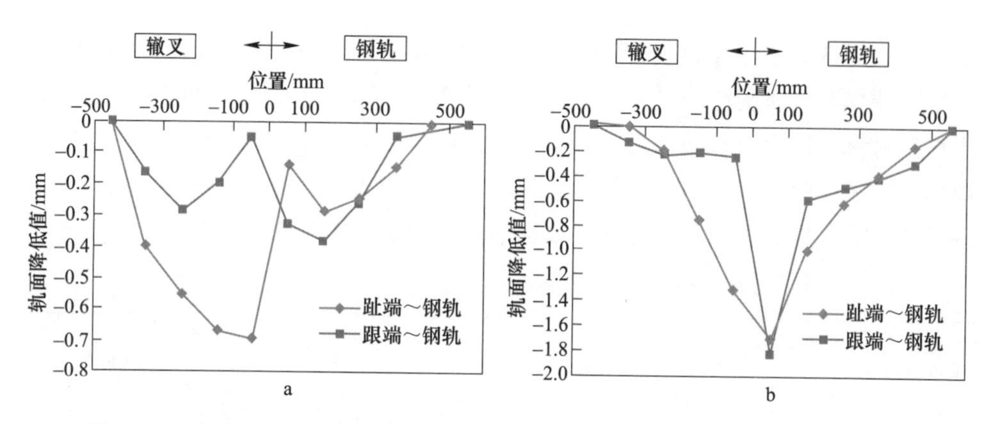

图 1-8-60 焊接高锰钢辙叉（a）和冻结高锰钢辙叉（b）接头处的轨面不平顺值

这一成果进行鉴定，并给出如下鉴定评价：

高锰钢辙叉与高碳钢轨的焊接是跨区间无缝线路和高速道岔的关键技术之一，世界上仅被奥地利、法国等少数发达国家掌握和垄断。2000年铁道部科技司将“高锰钢辙叉与钢轨的闪光接触焊接技术研究”列入部控科研计划（2000G008），完全依靠国内力量研究突破这项技术。燕山大学和中铁山桥集团有限公司合作成功地攻克了焊接材料、焊接工艺、检验标准及动力测试等项技术关键，取得了高锰钢辙叉与钢轨焊接技术的重大突破。课题组提供的各项鉴定资料齐全，各项检测数据翔实、有效，符合科技成果鉴定要求。

课题组研制的焊接材料，具有良好的力学性能和焊接工艺性能，是我国具有自主知识产权的新型异金属焊接过渡材料。

课题组编制的“高锰钢辙叉与钢轨焊接暂行技术条件（企业标准）”，主要指标已达到或超过国外同类技术标准，能满足我国铁路运输的需要。

课题组开发的高锰钢辙叉与钢轨的闪光接触焊接工艺合理，力学性能、静弯、疲劳、金相及探伤等各项检测结果表明，焊接接头的性能全部符合企业标准的规定。

高锰钢焊接辙叉经北京局和上海局上道运营考核，现场检测，焊接接头无压溃、低塌、裂纹等现象，轨顶面平顺，表明焊接接头性能良好，能够满足运行需要。同时辙叉趾、跟端及辙叉心轨处的岔枕振动加速度明显降低，有利于减少接头病害和养护维修工作量，延长辙叉的使用寿命。

综上所述，这项科技成果的完成填补了国内空白，总体技术水平达到国际先进水平。高锰钢焊接辙叉研制成功，为实现我国高速、重载跨区间无缝线路的技术跨越创造了条件。

第 2 篇

珠光体钢

引　言

由于具有全珠光体组织的高碳珠光体钢轨钢具有适当的强度，延展性和耐磨性，因此高碳珠光体钢成为钢轨用钢最主要的钢种。同时，用于制造拼装铁路辙叉的翼轨，比如，贝氏体钢拼装辙叉、高锰钢拼装辙叉，都是高强度珠光体钢轨。

自从珠光体钢轨钢问世至今，人们对珠光体钢轨钢的研究从未止步，主要集中在提高钢轨钢的碳含量，优化合金元素种类、含量和改进热处理工艺等方面，目标是进一步细化珠光体钢轨钢的珠光体片间距，提升其强度、硬度和耐磨性。目前，国内成熟的并且常用的珠光体钢轨钢品种主要有 U71Mn、U75V 和 PG4 等，其硬度（HRC）在 32~44 之间，抗拉强度在 880~1400MPa 之间。抗拉强度能够满足 1400MPa，并且广泛使用的珠光体钢轨钢仅有 PG4 钢轨，其使用寿命能够比 U75V 在线热处理钢轨提高一倍以上。

珠光体钢轨钢按其化学成分，可分为碳素钢轨、低合金钢轨和微合金钢轨；按照交货状态可以分为热轧钢轨与热处理钢轨。珠光体钢轨热处理的方式可分为在线热处理与离线热处理，离线热处理钢轨是在钢轨轧制并且进行冷却之后再进行热处理的方式，而运用轧制时的热量进行热处理加工的方式即为在线热处理钢轨。以热处理钢轨中化学成分的差异进行区分的热处理钢轨可分为碳素热处理钢轨、低合金热处理钢轨和微合金热处理钢轨。在钢轨的轨头部位按照标准取样测试其抗拉强度，按照抗拉强度的级别可将钢轨进行分类，具体为：

（1）普通碳素珠光体钢轨钢。美国、俄罗斯、日本、欧洲和国内普通钢轨的化学成分和力学性能，见表 2-0-1。日本普通钢轨的碳含量最低，相应的抗拉强度也低。美国 1996 年修改标准后，将普通钢轨的抗拉强度等级由原来的 880MPa 级提高至 960MPa 级，并要求轨顶踏面的硬度（HB）大于 300，这与美国铁路轴重大、要求钢轨具有高的抗拉强度和耐磨性能有关。日本和欧洲一些国家仍生产和使用抗拉强度为 680~780MPa 的碳素钢轨，主要在于这类钢轨的碳含量低，塑韧性好，可应用在耐磨性能无需很高要求的运营线路上。目前国内大量使用的普通和微合金钢轨主要有四个钢种，即抗拉强度为 780MPa 级的 U74、880MPa 级的 U71Mn、980MPa 级的 U75V 和 BNbRE。经过多年的使用和不断完善研发，980MPa 级 PD3 钢轨的综合性能明显好于 780~880MPa 级的 U74 和 U71Mn 钢轨，普遍被铁路用户所接受并正在繁忙干线上大力推广应用。

表 2-0-1　国内外普通碳素珠光体钢轨和微合金珠光体钢轨的化学成分和常规力学性能

国别	钢种	化学成分（质量分数）/%						力学性能		
		C	Si	Mn	S	P	其他	σ_b /MPa	δ /%	硬度 (HB)
美国	AREA	0.72~0.82	0.10~0.60	0.60~1.25	≤0.037	≤0.035	Cr≤0.050	≥960	≥9	≥300
俄罗斯	M76	0.71~0.82	0.18~0.40	0.75~1.05	≤0.045	≤0.035	—	≥900	≥4	—
日本	JIS60	0.63~0.75	0.15~0.30	0.70~1.10	<0.025	≤0.030	—	≥800	≥8	—
欧洲	EN260	0.62~0.80	0.15~0.58	0.70~1.20	<0.025	≤0.025	—	≥880	≥10	260~300
	EN260Mn	0.55~0.75	0.15~0.60	1.30~1.70	<0.025	≤0.025	—	≥880	≥10	260~300
中国	U74	0.67~0.80	0.13~0.28	0.70~1.00	≤0.030	≤0.030	—	≥780	≥10	—
	U71Mn	0.65~0.77	0.15~0.35	1.00~1.40	≤0.030	≤0.030	—	≥880	≥10	—
	U75V	0.70~0.80	0.50~0.70	0.70~1.05	≤0.030	≤0.030	V0.04~0.08	≥980	≥9	280~320
	BNbRE	0.70~0.82	0.60~0.90	1.00~1.30	≤0.030	≤0.030	Nb0.02~0.05	≥980	≥9	280~320

注：σ_b为抗拉强度；δ为伸长率；HB为布氏硬度。

（2）合金珠光体钢轨钢。在钢中加入少量的硅、锰、铬、钼和钒等合金元素以固溶强化基体，并可使CCT曲线向右移动，推迟珠光体、贝氏体区相变，从而使珠光体钢在相同的冷却速度下，在更低温度区间发生珠光体相变，获得更大的相变驱动力。这意味着在相同冷速下可获得片间距更加细小的珠光体组织，从而提高抗拉强度。欧洲几种代表性的1080MPa等级合金钢轨钢的化学成分和力学性能，见表2-0-2。与碳素和微合金钢轨相比，合金钢轨的铬含量（质量分数）明显提升，在0.7%~1.3%范围内。

表 2-0-2　欧洲典型合金珠光体钢轨钢的化学成分和常规力学性能

国别	钢种	化学成分（质量分数）/%						力学性能		
		C	Mn	Cr	V	Si	P	S	σ_b/MPa	δ/%
德国	Cr轨	0.65~0.80	0.80~1.30	0.70~1.20	—	0.30~0.90	<0.030	<0.020	1080	9.0
	Cr-V轨	0.55~0.75	0.80~1.30	0.80~1.30	<0.3	≤0.70	<0.030	<0.020	1080	9.0
英国	Cr-Mn轨	0.68~0.78	1.10~1.40	1.10~1.30	—	≤0.35	<0.030	<0.020	1080	11.0
欧洲标准	320Cr	0.60~0.80	0.80~1.20	0.80~1.20	<0.18	0.50~1.10	<0.020	<0.025	1080	9.0

（3）热处理钢轨钢。俄罗斯是使用热处理钢轨最多的国家，主要加工方法是将钢轨在炉内重新加热至820~850℃，然后在空气中冷却至轨头表面温度达到790~820℃，再浸入油槽中快冷淬火，随后在450℃炉内回火2h。目前在俄罗斯生产的钢轨中，热处理钢轨已占其钢轨总产量的55%，并且所有重型钢轨要求全部经热处理后使用。日本的DHH钢轨的化学成分是在碳素热处理钢轨NHH的基础上提高了硅、锰含量，并添加了少量的铬，这种成分的钢种适合用压缩空气淬火。日本JFE钢铁公司通过控轧控冷技术成功开发了重载铁路用高耐磨性和抗滚

动接触疲劳性的超级珠光体轨钢（SP3 工艺），其表层硬度（HRC）高于 43，并且在距表层 25mm 内的硬度（HRC）不低于 37，其成品已经广泛使用在北美重载铁路线，且实际使用结果表明其耐磨性比硬度（HB）390 级热处理钢轨钢的耐磨性提高 10%左右。更值得关注的是，JFE 钢铁公司的专利 EP2 工艺技术，该专利指出，通过合金化和控轧控冷技术得到了高耐磨性、耐疲劳性能的新型珠光体钢轨，其距轨头 25mm 以内的珠光体片间距在 40~150nm 之间，硬度（HRC）在 39~48 之间，该专利钢轨的轨头硬度更高。进入 20 世纪 80 年代后，西欧各国也相继开发了热处理钢轨，并对钢轨的在线热处理技术进行了大量的研究。美国热处理钢轨钢的化学成分与普碳钢轨钢相同，热处理后要求强度和硬度（HB）分别达到 1200~1300MPa、341~388。

我国钢轨热处理技术的研究始于 20 世纪 60 年代中期，在 80 年代中发展速度较快。1985 年以后开始研制用压缩空气作为冷却介质生产热处理钢轨。目前铁路部门主要要求对 U74、U71Mn 钢轨进行热处理，其强度可达到 1080MPa 以上，有的热处理生产线也对 PD3 和 BNbRE 钢轨进行热处理；现主要生产 U75V 微合金热处理钢轨，其强度达到 1200MPa 以上，改用喷风冷却淬火，可使淬火质量稳定。国内外典型热处理钢轨钢的化学成分和力学性能，见表 2-0-3。

珠光体钢轨钢的组织特征对其滚动接触疲劳性能和耐磨性能有很大的影响，提升碳含量、细化珠光体片间距在提升珠光体钢轨钢强度的同时，可大幅度提高其抗滚动接触疲劳性能和耐磨性能，因此过共析珠光体钢轨钢的研发也逐渐引起关注。在过共析珠光体钢轨钢中，碳含量的增加可以保证距轨面一定深度范围内仍具有较高的硬度和细片状珠光体组织，进一步避免钢轨在滚动接触疲劳和磨损过程中裂纹的形成与扩展，即提高了其抗滚动接触疲劳和磨损性能。渗碳体的厚度和体积分数的增加，使得过共析钢轨钢在磨损后仍有较多的硬质渗碳体相堆积在接触面，稳定过共析钢轨钢的耐磨性能。但是，过共析珠光体钢的缺点在于，其碳含量的增加导致珠光体钢的塑性、韧性有所降低，因此，若希望将过共析珠光体钢应用于钢轨，需要通过连续精轧来细化原始奥氏体晶粒，并且轧后快速冷却细化珠光体团尺寸，弥补因碳含量增加而带来的塑韧性的损失。

在国内，国家重点研发计划项目——重载铁路用高耐磨高强韧性钢轨关键技术研究与应用，将高强度耐磨过共析钢轨关键技术作为研究的一项关键内容，旨在实现珠光体钢轨钢的抗拉强度不小于 1330MPa，伸长率不小于 8%，轨头踏面硬度（HRC）在 42~48 之间，并能够满足年运量不小于 5 亿吨的线路服役需求。攀钢研制的 PG5（U95Cr）过共析珠光体钢，其碳含量（质量分数）在 0.91%~0.95%之间，经热处理后轨头硬度（HB）高达 390~450，是目前国内碳含量最高的珠光体钢轨钢。该过共析珠光体钢轨已在大秦线等重载铁路线进行铺设，表现出了良好的耐磨性能和抗接触疲劳性能。

表 2-0-3　国内外典型热处理钢轨钢的化学成分和常规力学性能

国家	钢种	化学成分（质量分数）/%								力学性能		
		C	Mn	Si	P	S	Cr	Nb	V	σ_b/MPa	δ/%	硬度（HB）
俄罗斯	M76	0.71~0.82	0.75~1.05	0.18~0.40	<0.035	<0.045	—	—	—	1200	—	341~388
日本	NHH	0.70~0.82	0.70~1.10	0.15~0.30	≤0.030	≤0.025	—	—	—	≥1180	≥12	311~388
日本	NS Ⅱ	0.70~0.82	0.60~1.00	0.70~1.00	≤0.030	≤0.025	0.30~0.70	≤0.020	—	≥1225	≥12	350~405
日本	DHH370	0.72~0.82	0.80~1.20	0.10~0.65	≤0.030	≤0.020	≤0.25	—	—	1293	15	350~388
日本	SP3	0.81	0.55	0.55	0.014	0.005	—	—	—	1409	—	410~430
日本	EP2196552	0.75~0.85	0.30~0.80	0.50~0.70	<0.02	<0.008	0.5~1.3	N 0.003~0.006	0.012~0.100	—	—	380~480
日本	AHH	0.72~0.82	0.80~1.10	0.40~0.60	≤0.030	≤0.020	0.40~0.60	V0.04~0.07	—	1225	>10	350~405
日本	THH340	0.72~0.82	0.70~1.10	0.10~0.55	≤0.030	≤0.020	<0.20	<0.03	—	1210	13.4	321~375
日本	HH370	0.72~0.82	0.80~1.20	0.10~0.65	≤0.030	≤0.020	<0.25	<0.03	—	≥1135	≥8	HS49~56
德国	UIC60	0.788	0.829	0.225	<0.015	<0.025	—	—	—	1250	11.1	360
英国	Hi-Life370	0.72~0.82	0.80~1.10	0.10~0.60	<0.030	<0.020	—	—	—	1220~1310	9~14	370
法国	碳素热处理钢轨	0.72~0.82	1.00~1.25	0.10~0.50	<0.025	<0.020	—	—	—	>1175	>11	351~388
法国	微合金热处理钢轨	0.72~0.82	1.00~1.25	0.10~0.50	<0.025	<0.020	0.14~0.30	—	—	>1200	>11	360~388
法国	低合金热处理钢轨	0.72~0.82	0.80~1.10	0.40~0.80	<0.025	<0.020	0.40~0.60	—	—	1300	>12	370~410
美国	低合金热处理钢轨	0.8	1.2	—	0.0061	0.0024	(Si+Cr+Mo+V) 1.38			1448	—	431
中国	U74	0.67~0.80	0.70~1.00	0.13~0.28	<0.030	<0.030	—	—	—	>1080	>10	320~388
中国	U71Mn	0.65~0.77	1.00~1.40	0.15~0.35	<0.030	<0.030	—	—	—	>1080	>10	320~388
中国	PD2	0.74~0.82	0.70~1.00	0.15~0.35	<0.030	<0.030	—	—	—	>1175	>11	331~401
中国	PD3（U75V）	0.70~0.80	0.70~1.05	0.50~0.70	<0.030	<0.020	—	—	0.04~0.08	>1200	>11	341~388
中国	PG4	0.72~0.82	0.70~1.05	0.50~0.80	≤0.0025	≤0.0025	0.30~0.50	—	0.04~0.12	>1280	>11	370~420
中国	PG5（U95Cr）	0.91~0.95	0.94~0.99	0.47~0.51	0.01~0.014	0.004~0.007	0.22~0.23	—	≤0.12	≥1300	≥8	390~450

在国外，日本JFE钢铁公司在2010年成功开发出一种重载铁路用高耐磨性和抗滚动接触疲劳性、碳质量分数（0.81%）略高于共析点的过共析超级珠光体钢轨钢（商品名为SP3，Super Pearlite 3），当时，号称具有世界上最高级别的耐磨性。这种钢轨钢的化学成分（质量分数）是：C 0.81%，Mn 0.55%，Si 0.55%，并添加适量的铬和钒。其制造工艺是：对热轧后钢轨进行欠速淬火（SQ，Slack-quenching）处理，将奥氏体状态的钢轨用压缩空气或喷雾冷却，其冷却速度比一般的急冷水淬低，因而可以细化珠光体组织。SP3钢轨的抗拉强度达到1400MPa，伸长率为14%，断面收缩率为37%。

除上述有代表性过共析高强度珠光体钢轨外，过共析钢轨成分设计、生产工艺研究已有诸多的专利成果。比如，中国专利CN105051220A公布了一种高碳珠光体钢轨钢的制备方法，该专利所述的珠光体钢碳含量（质量分数）在0.7%~0.9%之间。设定钢轨的终轧温度不低于900℃，从不低于700℃温度加速冷却至500℃，再次加热到530~580℃之间并保温20~100s，随后以2℃/s的冷速冷却到450℃以下。经该工艺制备的高强度珠光体钢轨的强度达1450MPa，踏面硬度（HB）在430以上。还有中国专利CN113373371A公布了一种添加稀土和镍元素的超高耐磨性过共析珠光体钢轨钢，其碳含量（质量分数）为0.90%~1.00%。该专利所述钢轨热轧后直接进入在线热处理生产线进行四阶段加速冷却，前两个阶段冷却速度控制在6~7℃/s，后两个阶段冷却速度控制在2~7℃/s，钢轨出在线热处理机组时轨头温度控制在540~560℃。经该工艺制备的含稀土和镍元素的过共析珠光体钢轨的抗拉强度不小于1330MPa，踏面硬度（HB）为400~430。专利CN107043894A公布了一种延展性和冲击韧性优异的珠光体钢轨及其制备技术，其碳含量（质量分数）在0.85%以上，并且合金元素满足$10w(\mathrm{C})+2w(\mathrm{Si})+w(\mathrm{Cr})\leqslant 17.8\%$，将热轧后珠光体钢轨进行分段加速冷却。经该专利制备的珠光体钢轨总伸长率在6%以上，室温冲击韧性在$20\mathrm{J/cm^2}$以上。

美国专利US8721807B2公布的过共析珠光体钢轨，其碳含量（质量分数）达到0.86%~1.00%，为获得细片状珠光体组织，专利中规定了钢轨冷却过程中不同时刻的温度，如以较快速度冷却时，冷却0s、20s和110s时的温度分别为750℃、610℃和500℃；以较慢冷速冷却时，冷却到0s、20s和110s时的温度分别为775℃、670℃和550℃。在上述冷速范围内加速冷却后，该专利所述珠光体钢轨的轨头0~25mm范围内的硬度（HB）达到370~410。与专利US8721807B2相比，美国专利US8747576B2公布的过共析珠光体钢的碳含量（质量分数）高达0.85%~1.40%，并且钒/钛比值满足$5\leqslant w([\mathrm{V}])/w([\mathrm{Ti}])\leqslant 20$，利用热轧诱导钛、钒析出物抑制奥氏体晶粒长大来提高珠光体钢的塑性。根据钒/钛比值调整珠光体钢轨的轧制温度并进行加速冷却，获得的过共析珠光体钢轨的伸长率可以达到13%，优于传统热处理钢轨的伸长率。美国专利US10196781B2公布的过共析钢轨，碳含量（质量分数）为0.86%~1.05%，除硅、锰、铬常添加元素外，还添加了0.3%~0.5%的铜（质量分数）。通过加速冷却处理后，该专利中所述的含铜过共析珠光体钢轨不仅获得了1300MPa的高强度，还具有较优异的耐蚀性能。此外，美国还开发了另一种新型过共析珠光体钢轨，其化学成分（质量分数）是：C 0.8%、Mn 1.2%、(Si+Cr+V+Mo) 1.38%，采用控轧控冷技术制造，其抗拉强度达到1450MPa，伸长率为13%，硬度（HB）达到431。

过共析珠光体钢轨钢是高强度、高耐磨性、高抗滚动接触疲劳性能珠光体钢的发展方向之一，然而，其生产制造技术难度较大，主要技术难点之一在于：如何在提高珠光体钢轨钢碳含量的同时，有效避免先共析渗碳体析出，进而既保证了珠光体钢轨的硬度、强度及耐磨性，又能使其具有适宜的塑性，避免服役过程中产生脆断。

从以上介绍情况看，珠光体钢轨综合性能的提升主要包括合金化和热处理两个方向，并且相对于合金强化而言，热处理有着明显优势。一是热处理后钢轨的成分及组织更加均匀、细化，强度和塑韧性均有所提升；合金强化往往会使得钢轨的塑韧性降低，同时，钢轨的成本会提高。二是在焊接性上，热处理钢轨要明显强于合金强化钢轨。三是热处理钢轨可以进行全长淬火或端部淬火，更容易满足客户的需求。

1 轨道用纳米珠光体钢化学成分设计

1.1 合金元素的作用

目前，常规珠光体钢轨钢的成分由碳素钢轨钢到现在应用最为广泛的合金钢轨钢，其合金化元素从简单的碳、锰到碳、锰、钒、铬，并且合金总含量也逐渐增多，在商用珠光体钢轨钢合金化中，很少将硅作为合金化元素，更没有将铝作为合金化元素。合金化是实现珠光体片间距超细化并获得高强度、高硬度和高耐磨性的必要手段，那么，纳米珠光体钢轨钢的性能会怎么样，是否会成为未来珠光体钢轨钢的发展方向？因此，研究各合金元素和热加工工艺对珠光体片间距和珠光体钢性能的影响，对轨道用超高强度纳米珠光体钢具有重要意义。

1.1.1 碳的作用

碳是珠光体钢轨钢中最重要的合金元素，珠光体钢中的碳含量越高，珠光体钢组织中渗碳体含量也越高。当碳含量达到钢的共析成分时，奥氏体能够转变为完全珠光体，无先共析铁素体或先共析网状渗碳体。珠光体钢中的层片状组织，片间距越细小，珠光体钢的硬度和强度就越高。当钢中的碳含量（质量分数）大于0.77%时，奥氏体在冷却过程中会先在原奥氏体晶界处析出二次渗碳体，降低珠光体钢的塑性、韧性和其他使用性能。但适当的冷却速度和合金化能够抑制先共析渗碳体析出，获得纳米珠光体钢，因此，珠光体钢轨钢中合理的碳含量是获得高强度、高硬度的必要条件。

表2-1-1给出了具有不同碳含量的珠光体钢成分，其碳含量（质量分数）分别为1.04%、0.88%和0.79%，分别命名为100Cr2、90CrSi和80CrV珠光体钢。由于100Cr2珠光体钢的碳含量（质量分数）较高，达到1.04%，因此将该成分珠光体钢的终变形温度提升到1050℃。变形后试样在850~550℃之间的冷却速度控制在45~90℃/min之间，从而获得相同变形量下，经不同冷却速度处理的珠光体钢。图2-1-1为100Cr2钢经60℃/min冷却处理后的SEM组织，可以看出，珠光体片间距较细小，组织中存在宽度达316nm的网状先共析渗碳体，并且在其他冷速处理后的SEM组织中也发现了先共析渗碳体。

表 2-1-1　不同碳含量珠光体钢的化学成分　　（质量分数,%）

钢种	C	Cr	Si	Mn	V
100Cr2	1.04	1.56	0.23	0.23	—
90CrSi	0.88	1.40	0.97	0.02	—
80CrV	0.79	1.48	0.17	0.23	0.059

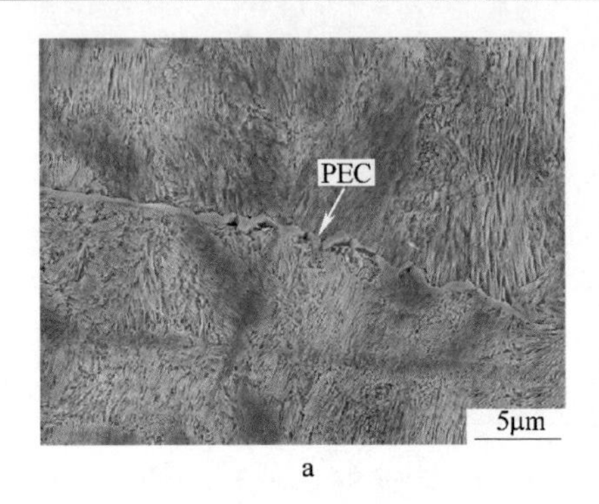

a

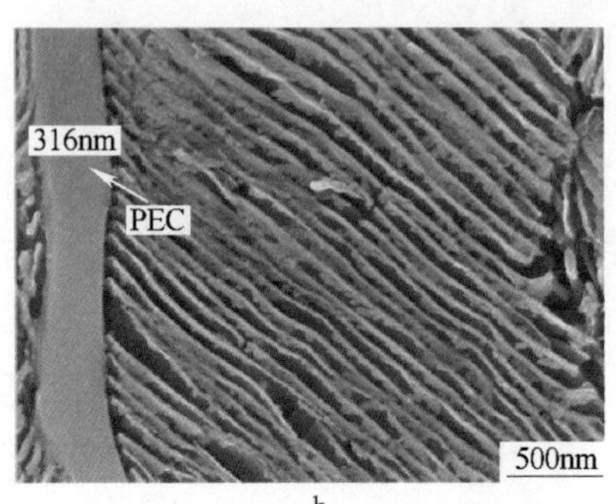

b

图 2-1-1　100Cr2 钢经 60℃/min 处理后的 SEM 组织（PEC，先共析渗碳体）
a—低倍宏观组织形貌；b—高倍微观组织

利用式 2-1-1 和式 2-1-2 对经不同冷速处理后的 100Cr2 钢珠光体片间距进行计算，见表 2-1-2。对比不同冷速处理后的 100Cr2 钢珠光体片间距和其硬度值可以看出，100Cr2 钢经 45℃/min 处理后即可获得片间距为 117nm 的细片状珠光体组织，且硬度（HRC）达到 47.5；而当冷速从 60℃/min 增加到 90℃/min，硬度（HRC）从 48.8 增加到 50.8，但其珠光体片间距均在 90nm 左右，不再有明显降低。

$$ISP_r = \frac{\pi d_c}{nM} \tag{2-1-1}$$

$$ISP = \frac{ISP_r}{2} \tag{2-1-2}$$

式中　ISP_r——随机测量的珠光体片间距平均值，nm；
M——放大倍数；
d_c——所测圆形区域直径，nm；
n——圆形测量区域内渗碳体片的截点数，个；
ISP——实际珠光体片间距，nm。

表 2-1-2　100Cr2 钢经不同冷速处理后的珠光体片间距和硬度

冷却速度/℃·min^{-1}	45	60	75	90
珠光体片间距/nm	117	99	97	94
硬度（HRC）	47.5	48.8	49.3	50.8

100Cr2 钢中碳含量较高，是保证其获得纳米级珠光体和具有较高硬度的必要条件之一，但高碳含量在保证其高硬度的同时，导致组织中网状先共析渗碳体生成，不能满足全珠光体钢轨钢的设计要求。

与 100Cr2 钢相比，90CrSi 钢的碳含量（质量分数）降低到 0.88%。将 90CrSi 钢经 1200℃×5min 奥氏体化处理后，分别在 1100℃ 和 950℃ 变形 33% 和 25%，实现总变形量为 50%。随后控制变形后试样在 850～550℃ 之间的冷却速度，获得不同冷却速度处理后的珠光体钢。图 2-1-2 为 90CrSi 钢经冷速为 60℃/min和 100℃/min 处理后的 SEM 组织。从冷速为 60℃/min 处理后试样的 SEM 组织中可以看出，虽然其组织主要以片状珠光体组织为主，但从其低倍 SEM 组织中仍可发现在晶界处析出的先共析渗碳体。增加冷却速度可以抑制先共析铁素体或先共析渗碳体的生成，实现珠光体伪共析转变，获得全珠光体组织。但当冷却速度增加到 100℃/min 后，90CrSi 钢 SEM 组织中仍发现有先共析渗碳体析出，如图 2-1-2b 所示。

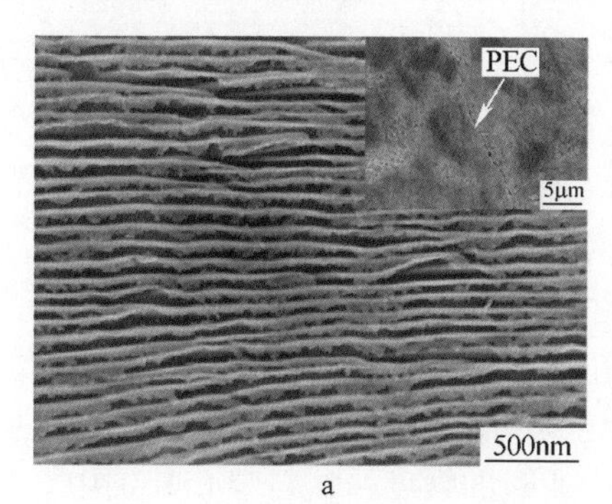

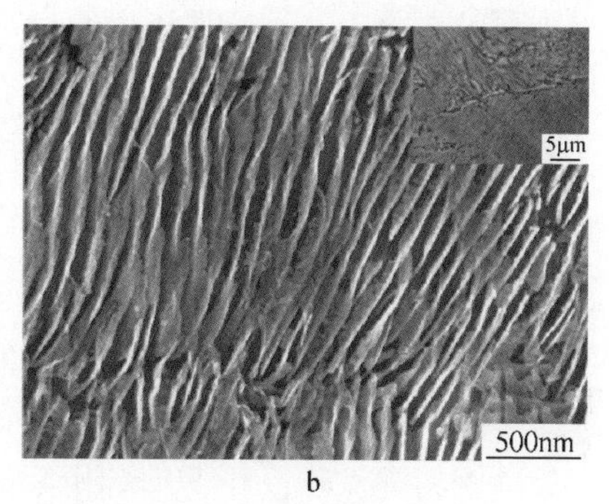

图 2-1-2　90CrSi 钢经不同工艺处理后的 SEM 组织

a—终变形温度 950℃，冷却速度 60℃/min；b—终变形温度 1000℃，冷却速度 100℃/min

珠光体钢的硬度和强度均决定于珠光体片间距，因此，从表 2-1-3 中 90CrSi 钢的力学性能可以看出，随着珠光体片间距的减小，90CrSi 钢的硬度和抗拉强度均呈现逐渐升高的趋势。例如，随着冷速从 60℃/min 增加到100℃/min，90CrSi 钢的硬度（HRC）和抗拉强度分别从 46.4 和 1562MPa 增加到 47.9 和 1619MPa。

表 2-1-3　终变形温度为 950℃的 90CrSi 钢在不同冷速处理后珠光体片间距和力学性能

冷却速度 /℃·min^{-1}	珠光体片间距/nm	硬度（HRC）	抗拉强度 /MPa	伸长率/%	断面收缩率 /%	冲击韧性 /J·cm^{-2}
60	142	46.4	1562	14.1	17.3	3.3
80	122	46.9	1596	13.6	20.1	—
100	102	47.9	1619	12.2	17.7	4.4

虽然经过变形和加速冷却可以细化 90CrSi 钢的珠光体片间距，提升其强度和硬度，但在原奥氏体晶界处仍存在先共析渗碳体。进一步提升 90CrSi 钢的终变形温度、冷却起始温度和冷却速度，如将终变形温度提升至 1000℃，冷却起始温度提升到 950℃，冷却速度提升到 120℃/min，期望在抑制先共析渗碳体析出的前提下，进一步细化珠光体片间距。图 2-1-2b 为提升终变形温度和冷速后 90CrSi 钢轨钢组织的 SEM 组织，对应的珠光体片间距和性能，见表 2-1-4。提升终变形温度及冷却速度后，90CrSi 钢的珠光体片间距细化到 108nm，虽没有类似于 100Cr2 钢中粗大的网状渗碳体，但组织中仍存在部分先共析渗碳体。

表 2-1-4　终变形温度为 1000℃的 90CrSi 和 80CrV 钢的珠光体片间距和力学性能

钢种	冷却速度 /℃ · min^{-1}	珠光体片间距 /nm	硬度 (HRC)	抗拉强度 /MPa	伸长率 /%	断面收缩率 /%
90CrSi	120	108	48.2	1623	10.3	6.9
80CrV	60	130	47.4	1671	11.9	10.8
	100	108	50.6	1694	11.9	4.6

与 100Cr2 和 90CrSi 钢相比，80CrV 钢的碳含量（质量分数）降到 0.79%，该钢经 1100℃×33%～1000℃×25%变形，并经 60℃/min 和 100℃/min 冷却速度处理后的 SEM 组织，如图 2-1-3 所示，对应的珠光体片间距和力学性能，见表 2-1-4。可以看出，虽然降低珠光体钢碳含量的同时，提升了冷却速度，由于钢中碳、铬总含量仍较高，因此并未完全抑制先共析渗碳体的生成，在组织中仍可以观察到先共析渗碳体。但对比 80CrV 钢与 90CrSi 钢的性能可以发现，即使低冷速下 80CrV 钢的强度也高于 90CrSi 钢高冷速时的强度，这与 80CrV 钢中 0.059% 的钒（质量分数）有关，钒的加入提高了珠光体钢的硬度。

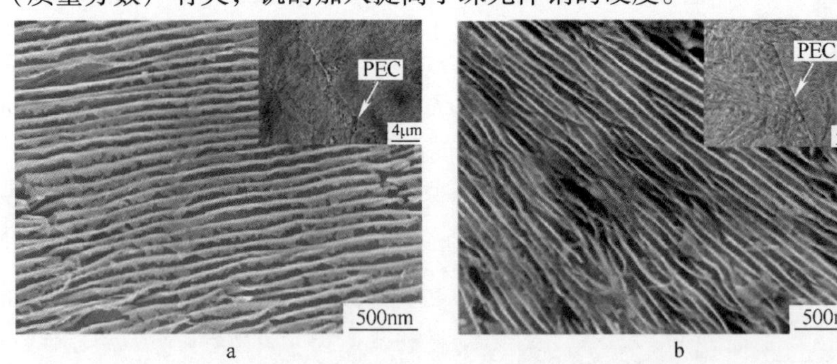

图 2-1-3　终变形温度为 1000℃的 80CrV 钢在不同冷速处理后的 SEM 组织

a—冷却速度为 60℃/min；b—冷却速度为 100℃/min

对比三种不同碳含量珠光体钢可以看出，高碳含量能够保证珠光体钢在 60℃/min 的低冷速下便可以获得高硬度、高强度，但单独降低碳含量或提升终

轧温度或增加冷却速度，均不能完全抑制先共析渗碳体的析出。因此，只有通过调整珠光体钢中其他合金元素的种类、含量，尤其是强碳化物形成元素和限制碳化物形成元素的含量，并合理调控热加工工艺参数，才有希望抑制高碳珠光体钢中先共析渗碳体析出，从而获得纳米级超高强度珠光体钢轨钢。

1.1.2　铬的作用

铬可使钢的连续冷却转变曲线右移，推迟奥氏体向珠光体的转变，即在冷却速度不变的情况下，降低珠光体转变开始温度，增加了珠光体转变的过冷度。铬具有固溶强化的作用，能够提高钢的强度和硬度。珠光体转变时，铬在铁素体和渗碳体间通过扩散进行再分配，减慢了珠光体长大速度，防止珠光体片间距粗化。因此，随着铬含量的增加，珠光体片层厚度得到细化，从而使相界面增多，抗塑性变形能力增强，钢的强度、硬度提升。将表 2-1-5 中两种不同铬含量高碳珠光体钢制备成 ϕ8mm×12mm 压缩试样，利用 Gleeble 3800 试验机对其模拟轧后欠速冷却热处理，冷却速度测试范围为 30~120℃/min。图 2-1-4 为两种珠光体钢在冷速为 80℃/min 下的 OM 组织，图 2-1-5 为两种珠光体钢在 120℃/min 冷速下获得的全珠光体 SEM 组织。

表 2-1-5　不同铬含量珠光体钢的化学成分　　（质量分数,%）

钢种	C	Cr	Al	Si	Mn
90CrSiAl-6	0.90	1.51	0.86	0.86	0.01
90CrSiAl-7	0.88	1.26	0.82	0.90	0.01

a

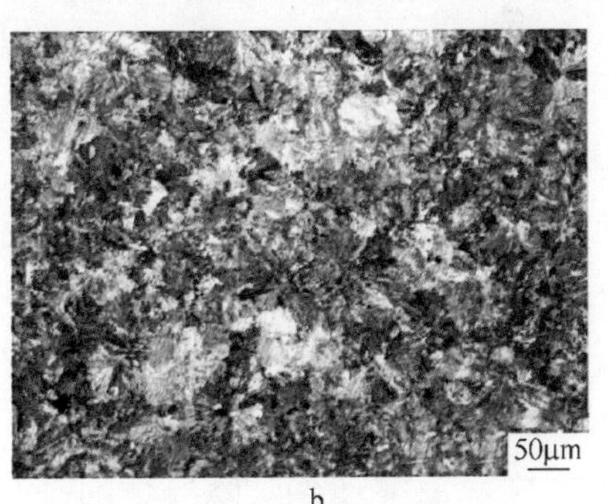

b

图 2-1-4　不同铬含量珠光体钢在冷速为 80℃/min 下的 OM 组织

a—90CrSiAl-6 钢；b—90CrSiAl-7 钢

两种钢模拟轧后欠速冷却处理的珠光体片间距和其力学性能，见表 2-1-6。随着冷却速度的增加，珠光体钢的抗拉强度与硬度也随之升高，伸长率与断面收缩率略有升高，而冲击韧性基本保持不变。在相同冷速下，90CrSiAl-6 钢比 90CrSiAl-7 钢的强度和硬度略高，但较为接近。冷速在 40℃/min 以上时，

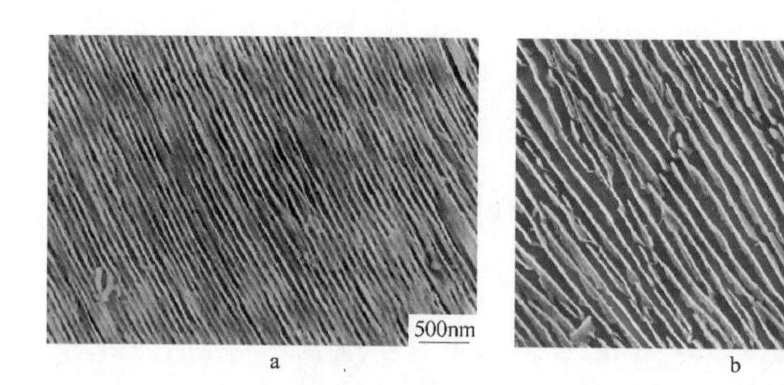

图2-1-5 不同铬含量珠光体钢在冷速为120℃/min下的SEM组织
a—90CrSiAl-6钢；b—90CrSiAl-7钢

90CrSiAl-6钢抗拉强度保持在1300MPa级以上，伸长率保持在10%以上，并且抗拉强度随冷却速度增加呈明显升高趋势；当冷却速度为100℃/min时，其抗拉强度达到1670MPa。但在研究的冷速范围内，两种钢的冲击韧性仅在6~8J/cm^{2}范围内。

表2-1-6 不同铬含量珠光体钢模拟欠速冷却处理后的力学性能与珠光体片间距

钢种	冷速 /℃·min^{-1}	硬度 (HRC)	抗拉强度 /MPa	伸长率 /%	断面收缩率 /%	冲击韧性 /J·cm^{-2}	珠光体片间距 /nm
90CrSiAl-6	30	38.4	1389	10.3	13.0	7.6	142
	40	41.4	1480	10.0	17.2	7.6	128
	50	42.1	1487	10.8	15.9	5.7	119
	60	44.1	1575	11.0	22.7	7.8	96
	80	45.5	1614	11.2	19.3	5.1	93
	100	46.6	1670	11.8	24.6	6.3	86
90CrSiAl-7	40	41.6	1475	8.0	13.2	7.2	131
	60	43.9	1563	9.0	25.6	6.1	102
	100	45.4	1664	8.7	20.5	6.6	93

图2-1-6分析了两种钢的珠光体片间距随冷却速度的变化趋势，图2-1-7给出了它们在不同冷速范围内的珠光体SEM组织。珠光体的片间距随着冷却速度的升高而减小，且在相同冷速下，90CrSiAl-6钢比90CrSiAl-7钢片间距更细，90CrSiAl-6钢经60℃/min冷却后，珠光体片间距已经小于100nm；在100℃/min冷速时，其珠光体片间距细化到86nm。

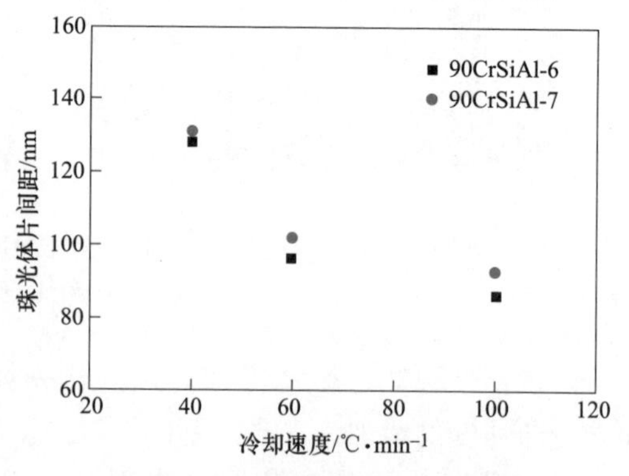

图2-1-6 不同铬含量珠光体钢的珠光体片间距随冷却速度的变化

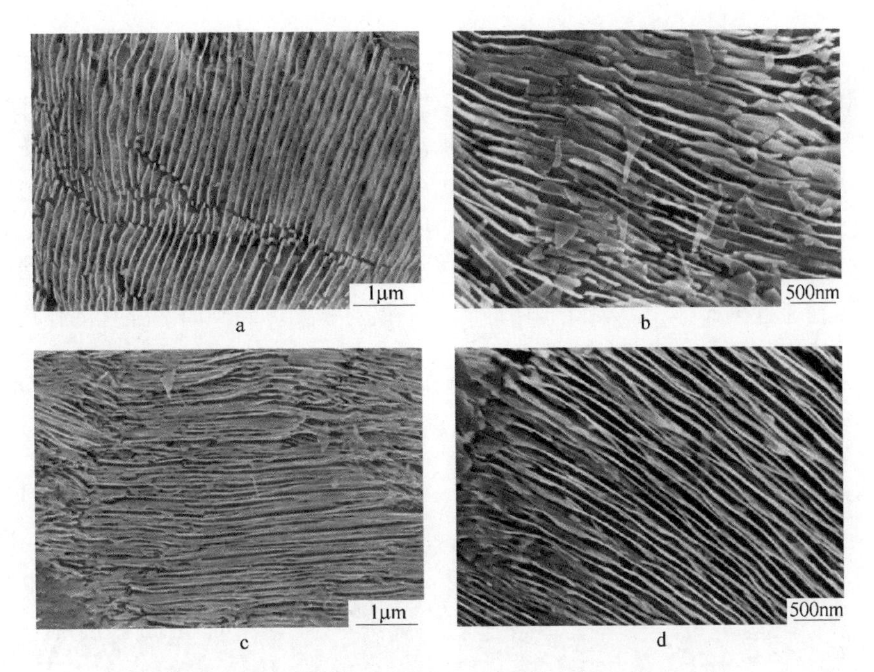

图 2-1-7 不同铬含量珠光体钢在不同冷速下的 SEM 组织

a—90CrSiAl-6 钢，冷速 40℃/min；b—90CrSiAl-7 钢，冷速 40℃/min；
c—90CrSiAl-6 钢，冷速 100℃/min；d—90CrSiAl-7 钢，冷速 100℃/min

1.1.3 硅的作用

硅作为珠光体钢的合金元素之一，能够以固溶方式强化珠光体钢中的铁素体相，提高珠光体钢的强度。同时，硅含量的增加会降低先共析渗碳体的形核驱动力，使得形核位置大大减少，抑制先共析网状渗碳体组织的析出；并且渗碳体的增厚速率是受硅的分布所控制的，硅为非碳化物形成元素，当硅被排斥到碳化物与基体界面时便会富集，从而阻止碳原子从基体扩散到碳化物中，阻碍渗碳体的进一步长大，渗碳体生长动力学的限制因素之一便是硅从碳化物转移的速率。因此，硅元素对珠光体片间距的细化起到了重要的作用。然而，目前很少有用硅作为珠光体钢轨钢合金化元素的研究和实际应用的报道。

为有效抑制先共析渗碳体的生成，获得纳米珠光体组织，设计了不同硅含量的珠光体钢。在 80CrV 钢的基础上，将硅含量（质量分数）从 0.17%增加到 0.80%，成为 80CrSiV 高硅珠光体钢，成分见表 2-1-7。

表 2-1-7 不同硅含量珠光体钢轨钢的化学成分 （质量分数，%）

钢种	C	Si	Mn	Cr	V
80CrV	0.79	0.17	0.23	1.48	0.059
80CrSiV	0.79	0.80	0.34	0.90	0.057

80CrV 和 80CrSiV 钢经 1100℃×33%～1000℃×25%变形，并分别经 60℃/min 和 100℃/min 冷却速度处理后的 SEM 组织，如图 2-1-8 所示。即使经过较小冷速处理，80CrSiV 钢组织中仍未析出先共析渗碳体，而 80CrV 钢在两种冷速下的组织中均存在先共析渗碳体。80CrV、80CrSiV 两种钢中除硅含量的明显不同外，其主要区别还在于硅/铬比值，80CrV 钢中的硅/铬比值为 0.11，而 80CrSiV 钢中硅/铬比值高达 0.89。硅属于非碳化物形成元素，先共析渗碳体的形成需将硅元素排斥到邻近奥氏体中。因此，增硅降铬不仅对铁素体起到固溶强化的作用，还能够有效抑制先共析渗碳体的析出。

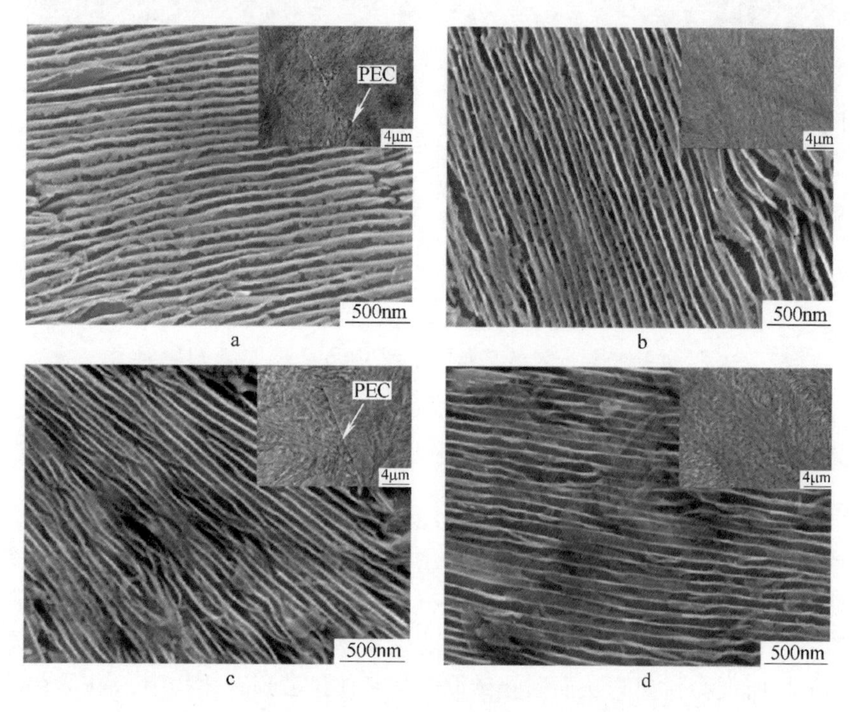

图 2-1-8　不同硅含量珠光体钢经不同冷速处理后的 SEM 组织

a—80CrV 钢，冷速 60℃/min；b—80CrSiV 钢，冷速 60℃/min；
c—80CrV 钢，冷速 100℃/min；d—80CrSiV 钢，冷速 100℃/min

80CrV 和 80CrSiV 钢经不同冷速处理后珠光体片间距和力学性能结果，见表 2-1-8。相同冷速下两种钢的珠光体片间距较为接近，如 80CrV 钢在两种冷速下的片间距分别为 130nm 和 108nm，而 80CrSiV 钢的片间距分别为 135nm 和 109nm。两种钢的力学性能也较为接近，如冷速为 60℃/min 时，两种珠光体钢的硬度（HRC）均为 47 左右，而 100℃/min 时的硬度（HRC）均为 50 左右。与 80CrV 钢相比，增硅降铬既可以达到高铬珠光体钢的强度和硬度，还可以有效抑制先共析渗碳体的生成，是高强度珠光体钢成分设计的新思路。

表 2-1-8　不同冷速下 80CrV 和 80CrSiV 钢的珠光体片间距和力学性能

钢种	冷却速度/℃·min^{-1}	珠光体片间距/nm	硬度（HRC）	抗拉强度/MPa	伸长率/%	断面收缩率/%
80CrV	60	130	47.4	1671	10.9	10.8
	100	108	50.6	1694	10.9	4.6
80CrSiV	60	135	47.3	1613	12.4	8.1
	100	109	50.2	1676	10.1	4.2

1.1.4　铝的作用

目前，还没有用铝作为珠光体钢轨钢合金化元素的商业钢轨产品，有关试验研究的报道也非常少。铝作为珠光体钢的合金元素，可以提高钢由奥氏体向珠光体转变的驱动力，使珠光体的形核位置增加，同时铝作为非碳化物形成元素，在珠光体晶核长大过程中，通过元素再分配过程减慢珠光体长大速度，从而细化珠光体的片间距；并且在过共析钢中，铝和硅的作用相同，可以有效抑制先共析网状碳化物析出，防止网状碳化物析出恶化珠光体钢的断裂韧性。为此，设计了五种不同铝含量的珠光体钢轨钢，其成分见表 2-1-9。

表 2-1-9　不同铝含量珠光体钢轨钢的化学成分　（质量分数,%）

钢种	C	Cr	Si	Al	Mn
90CrSiAl-1	0.88	1.45	0.83	0.30	0.17
90CrSiAl-3	0.88	1.48	0.83	0.50	0.08
90CrSiAl-4	0.88	1.49	0.85	0.66	0.06
90CrSiAl-5	0.89	1.49	0.86	0.75	0.04
90CrSiAl-6	0.90	1.51	0.86	0.86	0.01

利用 Gleeble 3800 试验机对上述五种含铝珠光体钢模拟轧后欠速冷却处理，控制珠光体转变温度范围（850～550℃）的冷却速度在 80～120℃/min 内。90CrSiAl-1 和 90CrSiAl-6 含铝珠光体钢的 OM 组织，如图 2-1-9 所示，通过控制珠光体转变区域的冷却速度，获得了完全珠光体组织，并且对其他三种含铝珠光体钢试样进行金相组织观察，可以确定，在整个冷却速度范围内，上述含铝珠光体钢均得到了完全珠光体组织，没有贝氏体或马氏体组织生成。这主要在于铝的添加具有提高珠光体钢 A_1 共析转变温度的作用，可以使珠光体相变移向高温区，加速珠光体转变，扩大了得到完全珠光体的冷却速度范围。与含铝珠光体钢相比，90CrSi 和 90CrSiMn-0 珠光体钢的硅含量（质量分数）分别高达 0.97% 和 1.34%，且铬含量略低于含铝钢中的铬含量，见表 2-1-1 和表 2-1-10。对 90CrSi 和 90CrSiMn-0 的研究中发现，即使冷却速度达到 100℃/min 时，其组织中仍存在

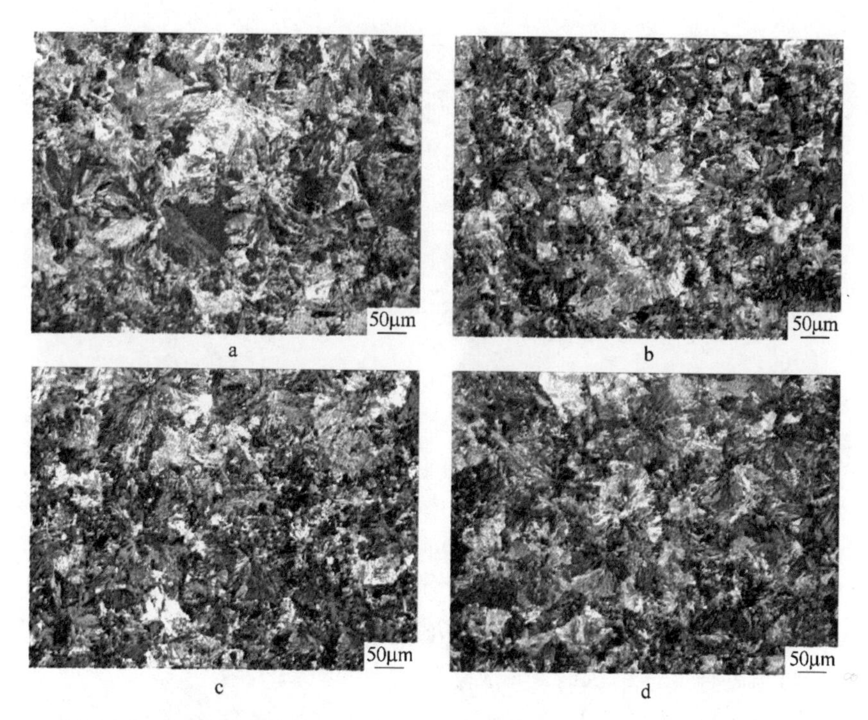

图 2-1-9　90CrSiAl-1 和 90CrSiAl-6 钢模拟轧后欠速冷却处理后的 OM 组织
a—90CrSiAl-1 钢，冷速 80℃/min；b—90CrSiAl-6 钢，冷速 80℃/min；
c—90CrSiAl-1 钢，冷速 120℃/min；d—90CrSiAl-6 钢，冷速 120℃/min

先共析渗碳体。但在 90CrSiAl-1 含铝珠光体钢中，仅添加 0.3%的铝（质量分数）就可以有效抑制渗碳体析出。不难看出，虽然硅、铝均有抑制碳化物析出的作用，但铝对碳化物析出的抑制作用更加强烈。

含铝珠光体钢的珠光体片间距随着冷却速度以及铝含量的变化曲线，如图 2-1-10所示。由式 2-1-1、式 2-1-2 统计计算了各珠光体钢的珠光体的片间距，珠光体的片间距随着冷却速度的增加而变细，在 80～120℃/min 冷速范围内，各珠光体钢的珠光体片间距依次分别为：137～108nm、102～90nm、95～85nm、87～81nm、86～80nm。90CrSiAl-3 钢在 100～120℃/min 冷速范围内，90CrSiAl-4～90CrSiAl-6 钢在 80～120℃/min 冷速范围内，其珠光体片间距均达到了 100nm 以下。在相同冷速下，90CrSiAl-1 钢的珠光体片间距最为粗大，90CrSiAl-6 钢的片间距最为细小，说明随着铝含量的增加，含铝钢的珠光体片间距逐渐减小，证明铝能够有效细化珠光体片间距。由图 2-1-10 中曲线的斜率可以看出，珠光体钢铝含量越低，珠光体片间距对冷却速度越为敏感；冷却速度越低，珠光体片间距则对铝含量越敏感。图 2-1-11 为含铝珠光体钢在 120℃/min 冷速下获得的完全珠光体的 SEM 组织，无先共析渗碳体析出。

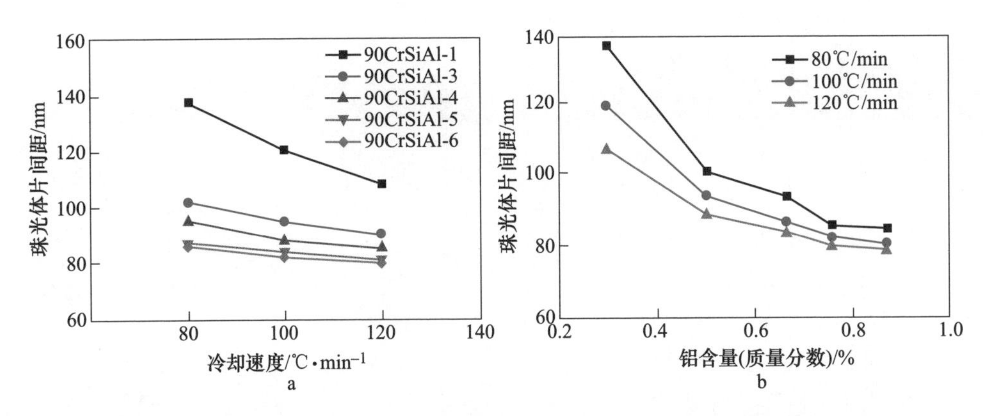

图 2-1-10　含铝珠光体钢的珠光体片间距随冷却速度（a）和铝含量（b）的变化

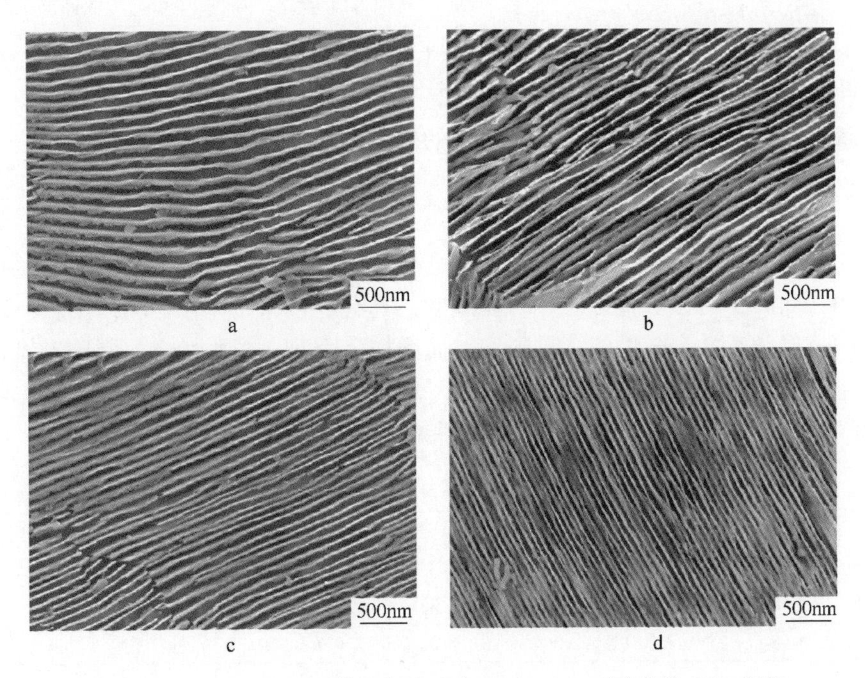

图 2-1-11　四种含铝珠光体钢在冷速为 120℃/min 下珠光体 SEM 组织

a—90CrSiAl-1 钢；b—90CrSiAl-3 钢；c—90CrSiAl-5 钢；d—90CrSiAl-6 钢

含铝珠光体钢经 Gleeble 3800 试验机模拟变形欠速冷却处理后的硬度分布，如图 2-1-12 所示。各含铝珠光体钢的硬度随着冷却速度的增加而升高，各含铝珠光体钢的硬度（HRC）均高于 44，并且冷速越大其硬度差别越明显。90CrSiAl-6 钢的硬度（HRC）最高，在 120℃/min 的冷速下达到了 47. 8，超过了日本 SP3 珠光体钢轨轨头的表面硬度。对比上述含铝钢合金含量和硬度得出，在各冷速下，上述含铝钢的铝/锰比值逐渐升高，且其硬度值也逐渐升高。可见，增加铝含量、降低锰含量，可以提升珠光体钢的硬度。

从上述试验结果可以看出，铝的添加能够有效抑制高碳珠光体钢中碳化物析出，并且能够显著细化珠光体片间距，提高珠光体钢的硬度。珠光体钢铝含量越低，珠光体片间距对冷却速度的敏感性越强；冷却速度越低，珠光体片间距对铝含量则越敏感。通过对含铝钢和其他无铝钢对比，可以发现，当高碳含铝珠光体钢的硅、铝成分满足 0.65%≤w(Si)≤0.95%，0.25%≤w(Al)≤0.90%，且 1.30%≤w(Si)+w(Al)≤1.70%时，结合轧后快速冷却处理工艺既可以有效抑制高碳含铝珠光体钢先共析渗碳体析出，还可以细化珠光体片间距，提高珠光体钢的强度和硬度。

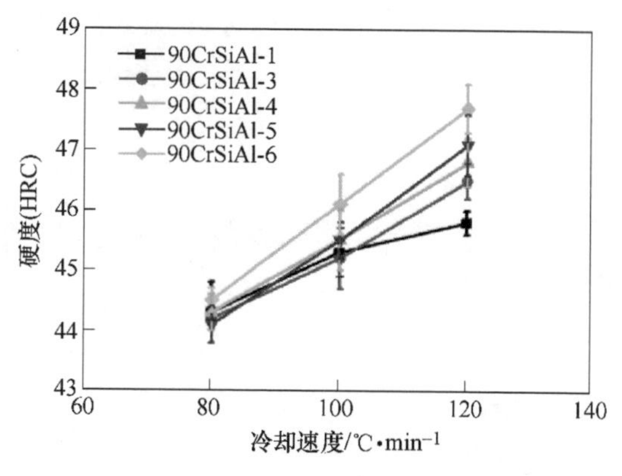

图 2-1-12　含铝珠光体钢硬度随冷却速度的变化

1.1.5　锰的作用

锰是珠光体钢轨钢合金化最常用的合金元素，具有促进钢中奥氏体晶粒长大的作用；同时，可以降低珠光体转变温度，具有延缓珠光体转变的作用。但珠光体钢的过热敏感性会随着锰含量的增加而增加，因此，需要严格控制珠光体钢的锰含量和奥氏体化温度。为了研究锰含量对珠光体钢组织和性能的影响，以表 2-1-10中不同锰含量的珠光体钢为研究对象进行分析。

表 2-1-10　不同锰含量珠光体钢化学成分　　（质量分数,%）

钢种	C	Si	Mn	Cr
90CrSiMn-0	0.92	1.34	0.01	1.36
90CrSiMn-4	0.93	1.33	0.39	1.35
90CrSiMn-8	0.92	1.31	0.79	1.33

将 90CrSiMn-0、90CrSiMn-4 和 90CrSiMn-8 钢经 1200℃×5min 奥氏体化处理后，分别在 1100℃和 950℃变形 33%和 25%。随后控制试样在 850~550℃之间的冷却速度，获得相同变形量下，经不同冷却速度处理后的珠光体钢，再对其组织和性能进行对比分析。图 2-1-13 为两种不同锰含量珠光体钢在终变形温度为 950℃，冷速为 60℃/min 和 100℃/min 时的 SEM 组织，不同锰含量珠光体钢组织中均有先共析渗碳体析出。

三种不同锰含量珠光体钢的珠光体片间距随着冷却速度变化的曲线，如图 2-1-14 所示。相同冷速下三种钢的珠光体片间距较为接近，如经冷速为 60℃/min

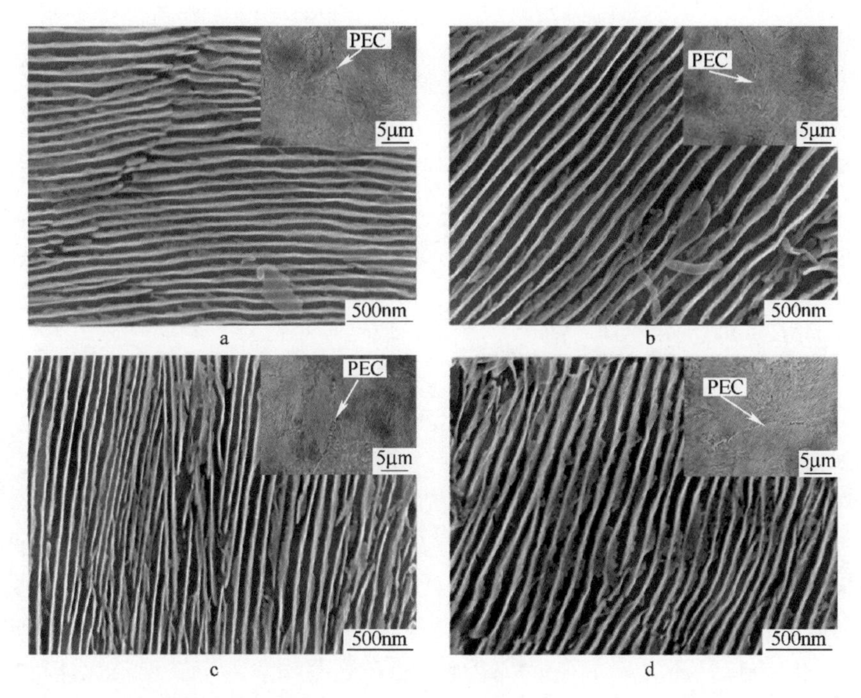

图 2-1-13　两种珠光体钢终变形温度为 950℃时冷却速度为 60℃/min 和 100℃/min 的 SEM 组织

a—90CrSiMn-0 钢，冷速 60℃/min；b—90CrSiMn-8 钢，冷速 60℃/min；

c—90CrSiMn-0 钢，冷速 100℃/min；d—90CrSiMn-8 钢，冷速 100℃/min

冷却后得到的珠光体片间距均在 140~152nm 之间。珠光体片间距随着冷却速度的提高均呈现逐渐减小的趋势，冷却速度从 60℃/min 提高到 80℃/min 后，其珠光体片间距减小约 15%；说明冷却速度越大，珠光体转变温度越低，相变过程中的驱动力越大，珠光体形核速率增加。其次，珠光体相变属于扩散型相变，珠光体转变温度降低的同时减慢了合金元素的扩散速度，抑制了珠光体片的长大速度，得到较细的珠光体片间距。对三种不同锰含量珠光体钢的抗拉强度分析，可以看出，相同冷速下三种钢的抗拉强度虽然较为接近，但珠光体钢的抗拉强度随着锰含量的增加呈现略微上升的趋势，如图 2-1-15 所示。

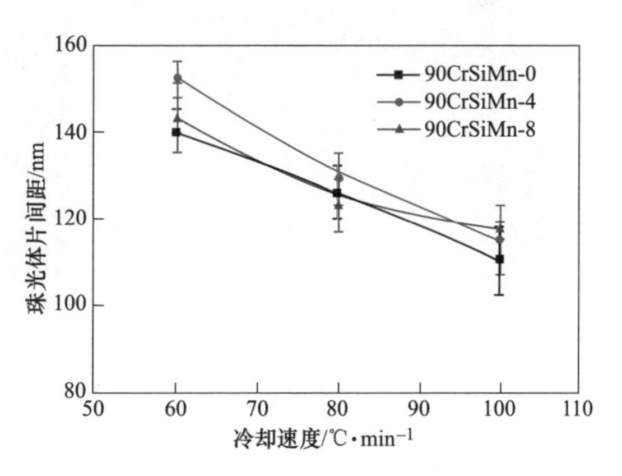

图 2-1-14　不同锰含量珠光体钢的珠光体片间距随着冷却速度的变化

终变形温度为 1000℃、冷速为 120℃/min 条件下，90CrSiMn-0 和 90CrSiMn-8 珠光体钢组织的 SEM 组织，如图 2-1-16 所示；对应的珠光体片间距和硬度，见表 2-1-11。可以看出，三种珠光体钢在提升终轧温度和冷速后，珠光体片间距均在 100nm 左右，其硬度（HRC）可达 49~51。锰含量较高的珠光体钢的硬度（HRC）达 51，主要原因在于，锰元素可以显著提升过冷奥氏体稳定性，推迟珠光体和贝氏体转变区，提升钢的淬透性。冷却速度过快时，部分过冷奥氏体在冷却过程中转变成珠光体，未转变的过冷奥氏体在继续冷却过程中通过贝氏体或马氏体转变区域，产生贝氏体/马氏体混合组织，并且锰也属于强碳化物形成元素，易导致先共析渗碳体生成。因此，在 90CrSiMn-4 和 90CrSiMn-8 珠光体钢中不仅存在少量先共析渗碳体，还在其金相照片中发现马氏体/贝氏体组织，如图 2-1-17 所示；这也是两者硬度（HRC）能达到 50 高硬度的原因之一。

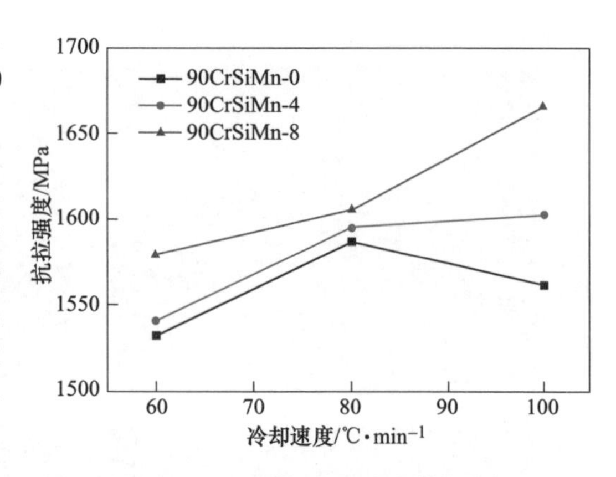

图 2-1-15　不同锰含量珠光体钢抗拉强度与冷却速度的关系

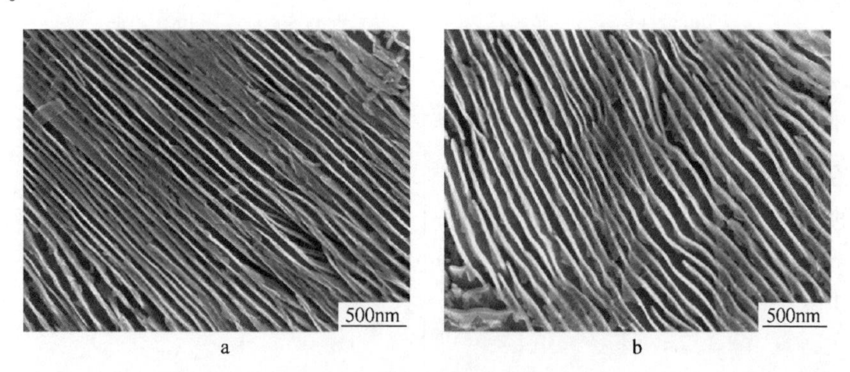

图 2-1-16　两种珠光体钢在变形温度为 1000℃、冷却速度为 120℃/min 条件下的 SEM 组织
a—90CrSiMn-0 钢；b—90CrSiMn-8 钢

表 2-1-11　终变形温度为 1000℃、冷速为 120℃/min 下三种钢的珠光体片间距和力学性能

钢种	珠光体片间距/nm	硬度（HRC）	抗拉强度/MPa	伸长率/%	断面收缩率/%
90CrSiMn-0	106	49.8	1651	9.4	9.2
90CrSiMn-4	107	49.7	1710	10.5	10.9
90CrSiMn-8	102	51.0	1741	11.7	7.9

a

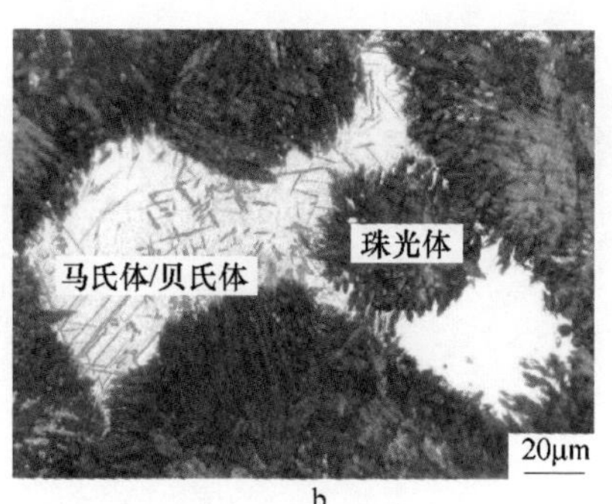

b

图 2-1-17 不同锰含量珠光体钢终变形温度为 1000℃、冷速为 120℃/min 条件下的 OM 组织
a—90CrSiMn-4 钢；b—90CrSiMn-8 钢

综上所述可以看出，对于高碳含锰珠光体钢，锰的添加可以保证在相同冷速下获得更高的强度和硬度，但过高的锰含量容易导致珠光体钢在加速冷却过程中生成大量高硬度的马氏体/贝氏体混合组织。

1.2 化学成分设计理论

轨道用高强度纳米珠光体钢的硬度随着珠光体片层间距的减少和珠光体中渗碳体含量的增加而增加，因此，目前对珠光体钢的研究开发主要集中在通过合金化和热处理工艺细化珠光体片层间距，提高珠光体钢轨的强度和硬度。

合金元素种类和含量对珠光体钢共析转变温度、600℃时转变时间和珠光体片间距的影响关系，如图 2-1-18 所示。合金元素铝、钴、硅、铬和钼可以提升珠光体钢的共析转变温度，并且合金元素铝的作用最为强烈。珠光体钢的共析温度越高，相同转变温度下能够获得的相变驱动力越大，从而可以达到细化珠光体片间距的目的。少量合金元素铝、钴的加入可以适当缩短珠光体转变时间，但其他合金元素的加入均会延长其转变时间。合金元素硅、锰、铬、钼和铝均可起到细化珠光体片间距的作用，并且铬和钼的作用相对较强。但是，国内外珠光体轨道钢合金化均以高锰为主，并加以钒微合金化，而铬含量很少或无添加。对比图 2-1-18中合金元素铬、锰对珠光体片间距的影响还可以看出，铬细化珠光体片间距的作用更加强烈，因此，可以通过增加铬含量、降低锰含量，达到细化珠光体片间距的目的，从而提高珠光体钢的强度和硬度。但是，合金元素锰、铬可大幅度提升钢轨的淬透性，它们的含量过高，会使钢轨在冷却过程中生成部分具有高硬度的贝氏体或者马氏体，在钢轨使用过程中易形成局部应力集中，降低钢轨的磨损和疲劳性能，因此，珠光体钢轨钢中的合金元素含量不能过高。

根据上述碳、铬、硅和锰对珠光体钢组织和性能的影响，为了探索纳米珠光体钢轨钢的设计原理，设计了两种锰、铬含量不同，但合金元素总量相同的

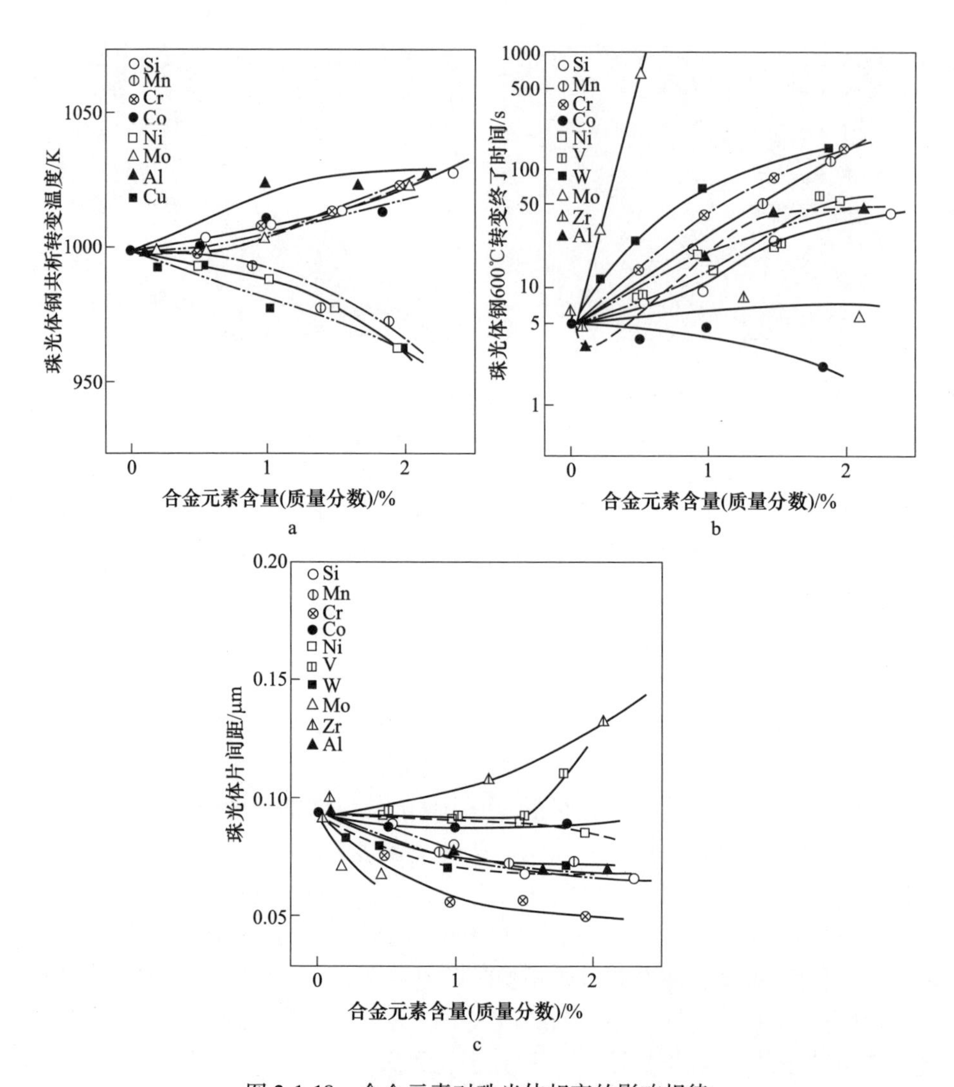

图 2-1-18 合金元素对珠光体相变的影响规律

a—对珠光体共析转变温度的影响；b—对珠光体在600℃转变终了时间的影响；c—对珠光体片间距的影响

80CrSiMnV 和 80MnSiCrV 钢，其化学成分，见表 2-1-12。两种珠光体钢中硅含量（质量分数）均较高且较接近，分别为 0.80%和 0.75%，两者明显的不同在于 80MnSiCrV 钢中锰和铬含量（质量分数）分别为 0.88%和 0.43%，锰/铬比相对较高，约为 2.05；而 80CrSiMnV 珠光体钢中锰和铬含量（质量分数）分别为 0.34%和 0.90%，其锰/铬比相对较低，约为 0.38。因此，在相同热变形和冷却速度条件下，通过对锰/铬比值相差较大的珠光体钢组织和性能进行对比，得出锰/铬比值对珠光体钢组织和性能的影响。

表 2-1-12　不同铬、锰含量珠光体钢的化学成分　（质量分数,%）

钢种	C	Mn	Cr	Si	V
80CrSiMnV	0.79	0.34	0.90	0.80	0.057
80MnSiCrV	0.83	0.88	0.43	0.75	0.077

图 2-1-19 为 80CrSiMnV 和 80MnSiCrV 钢经 1100℃ ×40% ~ 950℃ ×40% 变形，并在 60℃/min 和 120℃/min 两种冷却速度下冷却处理后的 SEM 组织，两种珠光体钢在两种冷速下均可以得到全珠光体组织。但当冷却速度提高到 150℃/min 后，80CrSiMnV 钢轨钢组织中出现贝氏体组织，如图 2-1-20 所示。在珠光体钢使用过程中，贝氏体或者马氏体组织与珠光体变形不协同，易形成应力集中，成为裂纹源。因此，在珠光体钢制备过程中应避免过高的冷却速度，以防止贝氏体或者马氏体组织生成。

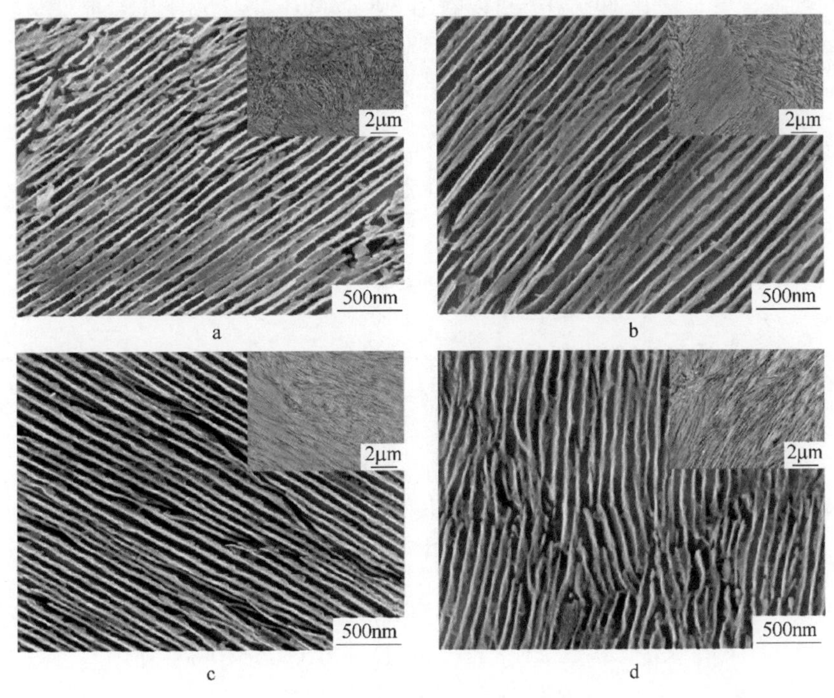

图 2-1-19　80CrSiMnV 和 80MnSiCrV 钢经不同冷速处理后的 SEM 组织
a—80CrSiMnV 钢，冷速 60℃/min；b—80MnSiCrV 钢，冷速 60℃/min；
c—80CrSiMnV 钢，冷速 120℃/min；d—80MnSiCrV 钢，冷速 120℃/min

对上述两种珠光体钢经不同冷却速度处理后的珠光体片间距进行统计分析，结果如图 2-1-21 所示。随着冷却速度从 30℃/min 增加到 120℃/min，80MnSiCrV 钢的片间距从 153nm 减小到 113nm，细化程度约为 26%；而 80CrSiMnV 钢片间距从 145nm 减小到 97nm，细化程度更大，约为 33%。可以看出，在相同冷却速度下，80CrSiMnV钢的片间距均比80MnSiCrV钢片间距细小。从两种钢珠光体片间距随冷速变化的拟合曲线可以看出，在变形和冷却工艺下，80MnSiCrV钢和80CrSiMnV钢珠光体片间距与冷却速度之间满足式2-1-3和式2-1-4，而不同冷速下珠光体片间距相对于冷速为30℃/min试样片间距的细化程度则分别满足式2-1-5和式2-1-6。式2-1-5和式2-1-6中的斜率越大，代表珠光体钢随冷却速度增加而细化的程度越大，因此，将其斜率看成珠光体钢对冷却速度的敏感程度，对比两者斜率可以看出80CrSiMnV钢珠光体片间距对冷却速度更加敏感。

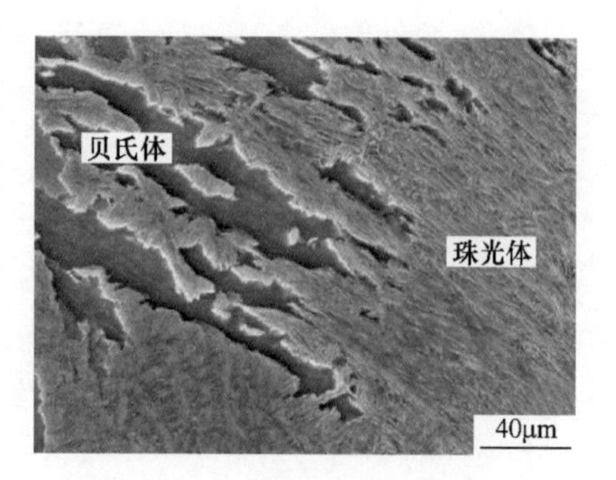

图2-1-20　80CrSiMnV钢轨钢经150℃/min处理后的SEM组织

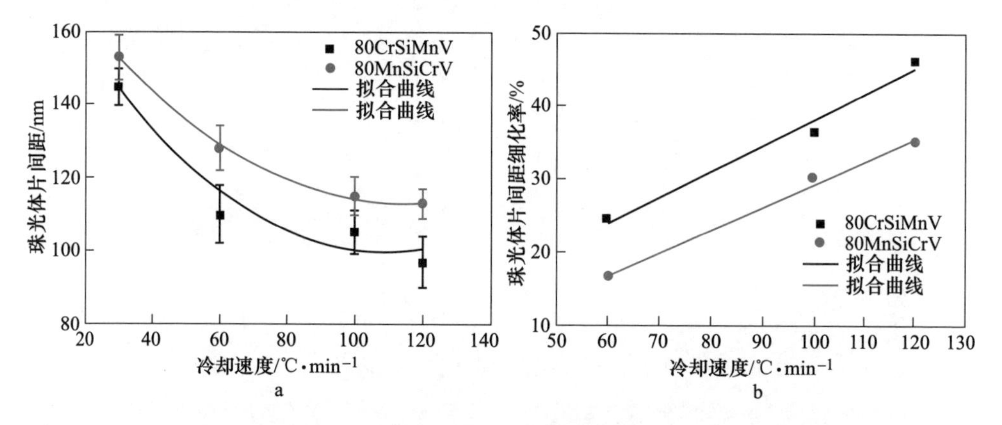

图2-1-21　80CrSiMnV和80MnSiCrV钢珠光体片间距和珠光体片间距细化率随冷却速度的变化
a—珠光体片间距随冷却速度的变化；b—珠光体片间距细化率随冷却速度的变化

$$ISP = 187.25 - 1.33(CR) + 0.0060(CR)^2 \tag{2-1-3}$$

$$ISP = 185.25 - 1.65(CR) + 0.0078(CR)^2 \tag{2-1-4}$$

$$RR = -2.20 + 0.31(CR) \tag{2-1-5}$$

$$RR = 2.50 + 0.35(CR) \tag{2-1-6}$$

式中　ISP——珠光体片间距，nm；

RR——不同冷速下珠光体片间距相对于30℃/min冷却时珠光体片间距的细化程度，%；

CR——冷却速度，℃/min。

两种钢中珠光体片间距分布规律的统计结果，如图2-1-22所示。它们组织中的珠光体片间距分布情况均呈正态分布，对比相同冷速下它们组织中珠光体片间

距的分布曲线可以发现，80MnSiCrV 钢中的片间距尺寸分布范围较大，如冷却速度为 60℃/min 时，珠光体片间距主要分布在 80~180nm 之间；而 80CrSiMnV 钢中珠光体片间距尺寸分布比较集中，冷却速度为 60℃/min 时，珠光体片间距主要分布在 80~130nm 之间。

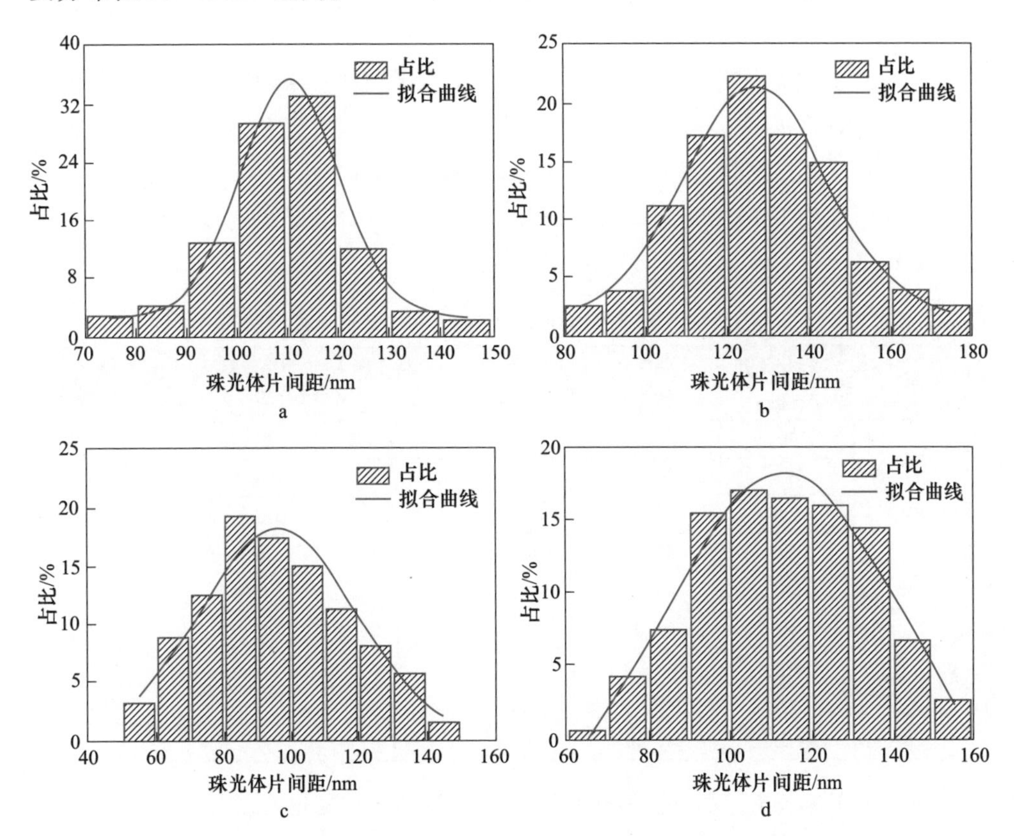

图 2-1-22　80CrSiMnV 和 80MnSiCrV 钢珠光体片间距分布规律

a—80CrSiMnV 钢，冷速 60℃/min；b—80MnSiCrV 钢，冷速 60℃/min；
c—80CrSiMnV 钢，冷速 120℃/min；d—80MnSiCrV 钢，冷速 120℃/min

相同冷却速度下 80CrSiMnV 钢的珠光体片间距均比 80MnSiCrV 钢细小的主要原因是，80CrSiMnV 钢中降低了锰含量，提高了铬含量，降低了两者的比值，显著提高了珠光体钢的 A_{c1} 和 A_{ccm} 温度。80MnSiCrV 钢的 A_{c1} 和 A_{ccm} 温度分别为 733℃ 和 758℃；80CrSiMnV 钢的 A_{c1} 和 A_{ccm} 温度分别为 752℃ 和 778℃，均比 80MnSiCrV 钢提升约 20℃。而由式 2-1-7 可以看出，钢的共析转变温度越高，珠光体相变过程中的自由能越大，其形核率越大，从而细化了珠光体组织。因此，从上述试验结果可以看出，降锰增铬，即降低两者比值可以有效细化珠光体组织。

$$\Delta G = \Delta H \times \Delta T/T_E = \Delta H \times (T_E - T)/T_E = \Delta H \times (1 - T/T_E) \quad (2\text{-}1\text{-}7)$$

式中　ΔG——奥氏体向珠光体转变过程中的驱动力，J；

ΔH——相变过程中的焓变，J/mol；

ΔT——珠光体转变过程中的过冷度，$\Delta T=T_E-T$,℃；

T_E——珠光体钢的共析转变温度,℃；

T——珠光体相变温度,℃。

拉伸试验结果表明，80CrSiMnV 钢的抗拉强度和伸长率均明显高于同冷速下 80MnSiCrV 钢的抗拉强度和伸长率，并且随着冷却速度从 30℃/min 增加到 120℃/min，80CrSiMnV 钢的硬度（HRC）从 45.1 增加到 49.5，抗拉强度从 1503MPa 增加到 1716MPa，满足高强度、高硬度珠光体钢轨钢的设计要求，结果见表 2-1-13。

表 2-1-13　80CrSiMnV 和 80MnSiCrV 钢经不同冷却速度处理后的力学性能

钢种	冷却速度 /℃·min^{-1}	硬度 (HRC)	抗拉强度 /MPa	伸长率 /%	断面收缩率 /%	渗碳体厚度 /nm
80CrSiMnV	30	45.1	1503	9.0	27.7	17.2
	60	46.3	1556	7.2	22.6	13.0
	100	47.0	1577	9.5	26.3	12.7
	120	49.3	1716	9.09	29.7	11.5
	150	49.5	1729	9.2	12.4	—
80MnSiCrV	30	44.0	1417	9.2	11.0	19.0
	60	44.9	1450	8.5	13.0	15.9
	100	45.3	1500	8.0	16.0	14.3
	120	47.4	1646	7.5	6.6	14.1

根据 Hall-Petch 公式，钢中珠光体片间距越细，其硬度和抗拉强度越高。从两者拉伸断口位置处的 TEM 组织可以看出，80MnSiCrV 钢的片间距明显比 80CrSiMnV 钢的片间距粗大，并且透射照片中的裂纹比较平直，铁素体相没有明显的变形，如图 2-1-23 所示。而从 80CrSiMnV 钢断口处的透射照片可以看出，裂纹与渗碳体存在一定角度，并且铁素体和渗碳体均发生较明显变形。对经 120℃/min 冷却速度处理后的 80CrSiMnV 钢拉伸断口处的微观组织进行观察，如图 2-1-24 所示。可以看出，局部铁素体与渗碳体相因变形发生扭折，如图 2-1-24a 中的红色圆圈标注区，从其局部组织放大照片则可以发现渗碳体的弯曲与断裂。

从渗碳体厚度计算公式 2-1-8 可以看出，渗碳体厚度与珠光体片间距和珠光体钢中碳含量成正比，与组织中珠光体的体积分数成反比。可以计算出两种珠光体钢中渗碳体相的平均厚度，其结果见表 2-1-13。相同冷却速度下，80CrSiMnV 钢组织中渗碳体厚度较 80MnSiCrV 钢组织中渗碳体的厚度略小。虽然渗碳体属于

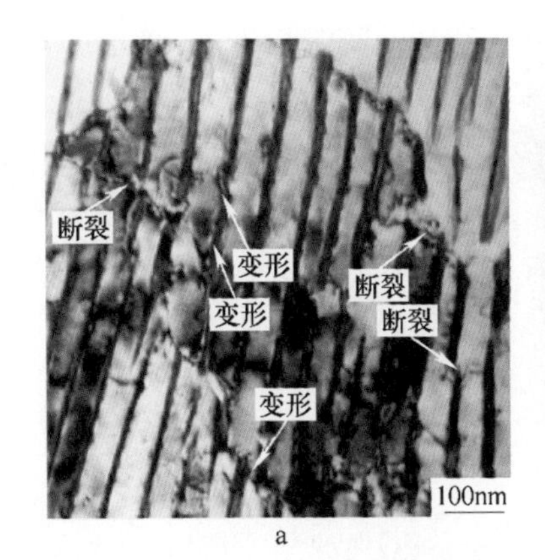

a

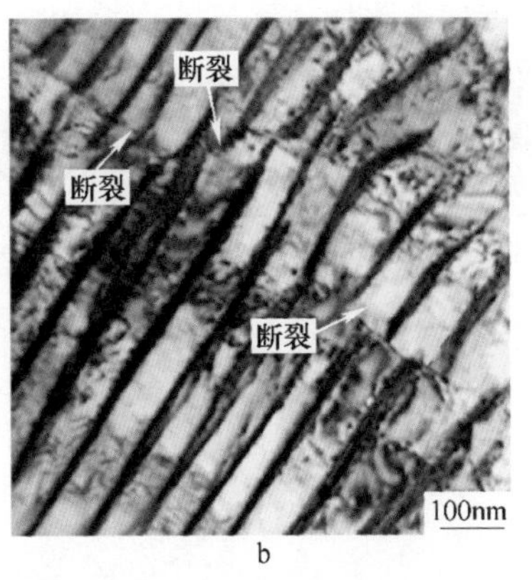

b

图 2-1-23 两种珠光体钢拉伸断口处的 TEM 组织

a—80CrSiMnV 钢，冷速 60℃/min；b—80MnSiCrV 钢，冷速 60℃/min

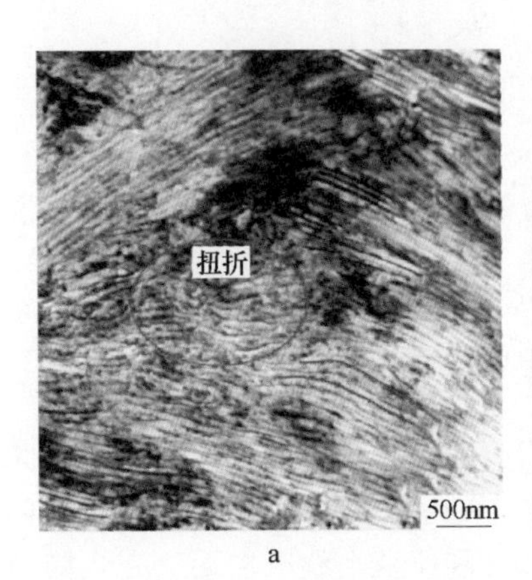

a

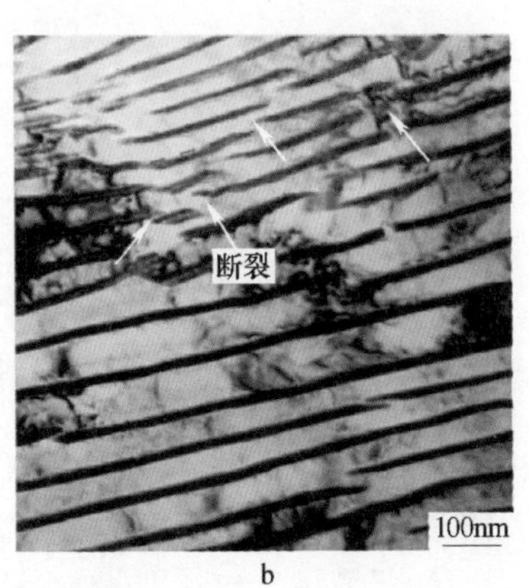

b

图 2-1-24 80CrSiMnV 钢在 120℃/min 冷速下处理后拉伸断口处的 TEM 组织

a—低倍组织形态；b—渗碳体断裂形态

脆性相，但片状渗碳体越细，渗碳体能够承受的变形越大，保证具有较细渗碳体相的 80CrSiMnV 钢具有较高的伸长率。

$$t_{C} = 0.15(ISP)[C]/V_{P} \tag{2-1-8}$$

式中 t_C——渗碳体厚度，nm；

ISP——珠光体片间距，nm；

[C]——碳的质量分数，%；

V_P——组织中珠光体的体积分数，%。

为了对比 80CrSiMnV 钢与文献中高碳珠光体钢的性能，图 2-1-25 统计了文献中关于珠光体钢强度与珠光体片间距的试验结果，并与 80CrSiMnV 钢试验结果进行了对比。从图 2-1-25 中的对比结果可以看出，随着珠光体片间距的增大，珠光体钢的强度逐渐降低，并且绝大多数珠光体钢的片间距均大于 100nm，其强度则小于 1200MPa。对文献中珠光体钢的化学成分分析可以看出，常规珠光体钢主要以锰、硅合金化，而合金元素铬含量很少或者没有。而在本试验中，80CrSiMnV 钢的珠光体片间距能够达到 100nm 以下，抗拉强度能达到 1500MPa，明显优于文献中高碳珠光体钢的性能。因此，可以看出，高碳、高铬新型 80CrSiMnV 珠光体钢在控制变形和冷却工艺处理后，能够获得较常规珠光体钢更细的珠光体片间距和更高的抗拉强度。

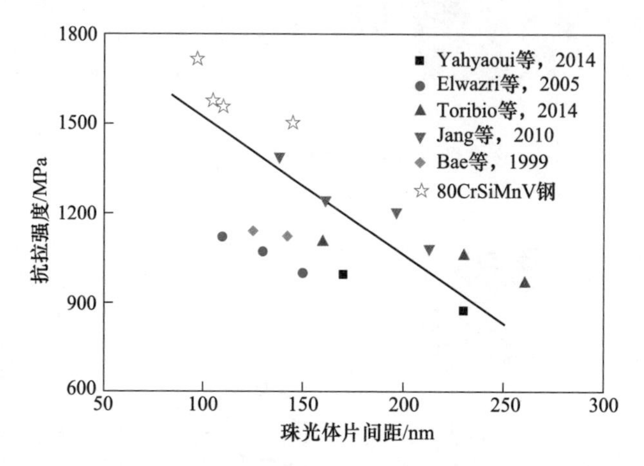

图 2-1-25　不同成分珠光体钢的抗拉强度与珠光体片间距的关系

加快变形后珠光体钢的冷却速度可以有效细化珠光体片间距，从而提高珠光体钢的强度和硬度。但是，由于不含铝的 100Cr2、90CrSi 和 80CrV 珠光体钢中过高的碳和合金元素含量，导致即使提高冷速和终变形温度也无法完全抑制先共析渗碳体的析出，造成组织中沿晶界析出连续或者断续的先共析渗碳体。对于不含铝的碳含量（质量分数）0.8%系列珠光体钢，通过降低合金中碳和合金总量，并且增大硅/铬比值、降低锰/铬比值，在控制冷速和硅合金化的共同作用下抑制了先共析渗碳体的析出，获得具有高强度、高硬度的全珠光体钢。

图 2-1-26 为合金元素含量对珠光体共析点碳含量的影响，可以看出，单种合金含量（质量分数）低于 4.0%时，随着合金含量的增加，共析点碳含量均呈逐渐降低的趋势；并且对比珠光体钢中常加入的合金元素硅、铬和锰可以发现，当单种合金元素含量（质量分数）低于 4.0%时，硅、铬和锰对降低共析点碳含量的作用依次减弱。对合金元素硅、铬和锰的定量分析可以看出，添加 1.0%的硅或铬（质量分数）对珠光体钢共析点碳含量的影响，相当于添加的锰含量（质量分数）分别为 2.0%和 1.8%时对珠光体共析点的影响。

与此相同，从图 2-1-18 合金元素对珠光体转变时间的影响也可以得出，添加 1.0%的硅、铬（质量分数）导致珠光体转变时间的延长程度，相当于添加的锰

含量（质量分数）分别为0.67%或者1.53%所引起的珠光体转变时间的延长。而从图2-1-26中合金元素对珠光体片间距的影响可以得出，添加1.0%的硅、铬（质量分数）导致珠光体片间距的细化程度，相当于锰含量（质量分数）的添加为0.9%或者2.5%所引起的珠光体片间距细化。通过上述分析，可以将合金元素硅、锰和铬对珠光体相变的影响转化为锰当量{Mn}对珠光体相变的影响，式2-1-9~式2-1-11分别为锰当量对降低共析点碳含量*CEP*、延长珠光体转变时间*FTT*和细化珠光体片间距*ISP*的影响。

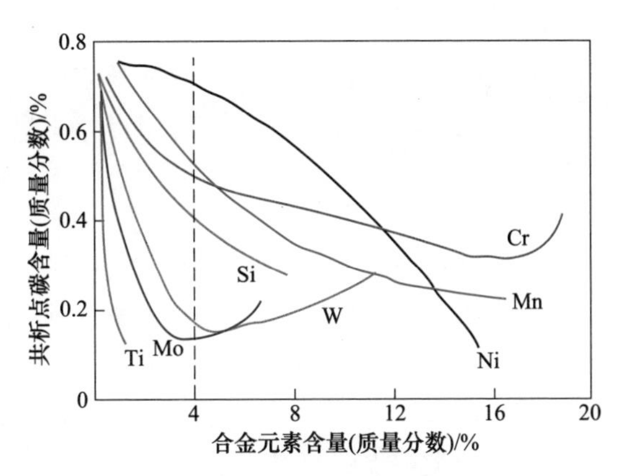

图2-1-26　合金元素含量对钢的共析点碳含量的影响

CEP：　$\{Mn\} = [Mn] + 2.00[Si] + 1.80[Cr]$　(2-1-9)

FTT：　$\{Mn\} = [Mn] + 0.67[Si] + 1.53[Cr]$　(2-1-10)

ISP：　$\{Mn\} = [Mn] + 0.91[Si] + 2.50[Cr]$　(2-1-11)

式中　*CEP*——共析点碳含量（质量分数），%；
FTT——珠光体转变时间，s；
ISP——珠光体片间距，nm；
{Mn}——锰当量（质量分数），%；
[Mn]，[Si]，[Cr]——合金元素锰、硅和铬的质量分数，%。

利用式2-1-9~式2-1-11计算的珠光体钢中合金元素的锰当量结果，见表2-1-14。在不显著降低共析点碳含量和延长珠光体转变时间，以及能够达到细化珠光体片间距的前提下，可以得到上述锰当量公式的临界条件，见式2-1-12~式2-1-14。在满足式2-1-12~式2-1-14的条件下，控制变形后850~550℃的冷却速

表2-1-14　珠光体钢中合金元素的锰当量计算结果　（质量分数，%）

钢种	Si	Mn	Cr	{Mn}		
				CEP/%	*FTT*/s	*ISP*/nm
100Cr2	0.23	0.23	1.56	3.50	2.77	4.34
90CrSi	0.97	0.02	1.40	4.48	2.81	4.40
90CrSi-1	1.34	0.01	1.36	5.14	2.99	4.63
90CrSi-2	1.33	0.39	1.35	5.48	3.35	4.98
90CrSiMn	1.31	0.79	1.33	5.80	3.70	5.31
80CrV	0.17	0.23	1.48	3.23	2.61	4.08
80CrSiV	0.80	0.34	0.90	3.56	2.25	3.32
80MnSiCrV	0.75	0.88	0.43	3.35	2.11	2.73

度在 60~120℃/min 之间，且从 550℃ 到室温的冷却速度为 7℃/min，在 0.75%≤w（C）≤0.8%，w(V)≤0.09%的珠光体钢中可以获得全珠光体组织。

CEP：　[Mn] + 2.00[Si] + 1.80[Cr] ≤ 3.6　(2-1-12)

FTT：　[Mn] + 0.67[Si] + 1.53[Cr] ≤ 2.3　(2-1-13)

ISP：　[Mn] + 0.91[Si] + 2.50[Cr] ≥ 2.8　(2-1-14)

根据上述珠光体钢合金成分设计理论，可优化纳米珠光体钢轨钢的化学成分。比如：一种超高强度含铝珠光体钢轨钢 90CrSiAl 的成分设计范围（质量分数），即 C 0.83%~0.93%，Cr 1.0%~1.5%，Si 0.7%~0.9%，Al 0.6%~0.8%，1.30%≤(Si+Al)≤1.70%，Mn ≤0.2%。另外一种超高强度含硅珠光体钢轨钢 80CrSiV 的成分设计范围，即 C 0.78%~0.82%，Cr 0.8%~1.2%，Si 0.7%~0.9%，Mn 0.3%~0.5%，V 0.05%~0.08%。这两种钢将在后面的章节中深入研究。

1.3　珠光体纳米化机制

珠光体组织细化的途径主要有两个，其一是增加铁素体或渗碳体的形核率，其二是减小铁素体和渗碳体的长大速度。为研究珠光体组织细化机理，设计了六种不同铝含量的珠光体钢轨钢，其成分见表 2-1-15。对六种珠光体钢在 590℃ 进行等温处理，统计珠光体转变量为 20%的平均形核数，以最大尺寸的珠光体团为计算标准，统计结果见表 2-1-16。对比这六种珠光体钢的珠光体团形核数目可以看出，随着铝/锰比值增大，其形核数目依次增多，90CrSiAl-6 钢的形核数目最多。因此，铝含量增加、锰含量降低有利于珠光体团的形核。

表 2-1-15　不同铝含量珠光体钢轨钢的化学成分　（质量分数,%）

钢种	C	Mn	Si	Cr	Al
90CrSiAl-1	0.88	0.17	0.83	1.45	0.3
90CrSiAl-2	0.91	0.23	0.87	1.52	0.74
90CrSiAl-3	0.88	0.08	0.83	1.48	0.5
90CrSiAl-4	0.88	0.06	0.85	1.49	0.66
90CrSiAl-5	0.89	0.04	0.86	1.49	0.75
90CrSiAl-6	0.90	0.01	0.86	1.51	0.86

表 2-1-16　含铝珠光体钢在 590℃等温得到珠光体转变量为 20%的珠光体平均形核数

钢种	90CrSiAl-1	90CrSiAl-2	90CrSiAl-3	90CrSiAl-4	90CrSiAl-5	90CrSiAl-6
Al/Mn 比值	1.8	3.2	6.3	11.0	18.8	86.0
等温时间/s	16	16	13	11	10	9
形核数/个 · mm^{-2}	91	97	115	195	222	241

图 2-1-27 为珠光体钢的珠光体团形核位置的 SEM 组织，白色区域为珠光体组织，黑色基体为马氏体组织。可以看出，珠光体团形核位置在晶界处较多，这是由晶界的两个特性决定的。（1）原子在晶界上排列不规则使得晶界处于比晶

粒内部较高的能量状态，也就是所说的晶界能，钢发生相变的条件之一便是能量起伏条件，而晶界能恰好可以提供能量起伏。珠光体形核时，晶界处的界面能释放出来，为相变提供驱动力，从而降低了晶界处相变的形核功，有利于晶核生成。（2）晶界上存在较多的空位、位错等缺陷，空位促进相变形核有两种方式，第一种是释放缺陷存在的能量以便供给形核驱动力，第二种是加速合金元素原子的扩散配分过程。而位错促进形核，则可以通过很多种方式。其中，位错能够通过空位群凝聚而构成，促进形核，位错线可以为新相提供形核位置，新相形核时需要的能量可通过位错线的消失补充能量，作为相变驱动力，以降低新相的形核功。但是，位错在新相形核时依然存在，它转而依附在新相界面上，补偿了错配，在半共格界面中占据了一定的位置，界面能有了一定的降低，形核功下降。新相形核的另一个条件便是满足成分条件，在位错线上，溶质原子容易偏聚，从而形成柯氏气团，溶质的成分含量得到提高，此时，形核所需的成分条件得到满足，晶核容易形成；位错可作为溶质原子扩散的通道，使得扩散容易进行，扩散激活能得到降低，形核速度提升。新相能够将扩展位错中的层错部分作为形核胚，促进形核。因此，晶核易于在钢的原奥氏体晶界上形成。

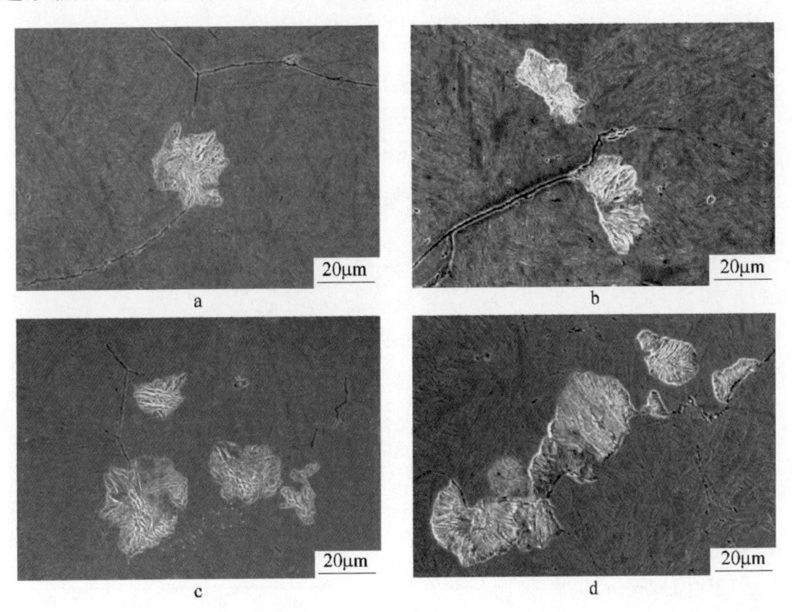

图 2-1-27　几种珠光体钢在 590℃ 等温得到珠光体转变量为 20%的 SEM 组织

a—90CrSiAl-2 钢；b—90CrSiAl-4 钢；c—90CrSiAl-5 钢；d—90CrSiAl-6 钢

利用 JMatPro 软件计算可以获得六种珠光体钢的相变点 A_1 温度和奥氏体在 590℃转变为珠光体组织的自由能差，结果见表 2-1-17。将 90CrSiAl-2 珠光体钢与 90CrSiAl-5 珠光体钢进行比较，其铝含量相同，90CrSiAl-5 珠光体钢的锰含量较低，A_1 点上升。将 90CrSiAl-3～90CrSiAl-6 珠光体钢进行比较，其铝含量逐渐增高，A_1 点随之增加；并且铝含量增加锰含量降低，即铝/锰比值越大，珠光体转变自由能差越大。自由能差的增大会对珠光体的片间距产生影响，珠光体的最小片间距与转变自由能的关系表达式如下：

$$ISP^{\min} = \frac{2\gamma_{\alpha\theta} T_E}{\Delta H \Delta T} \quad (2\text{-}1\text{-}15)$$

式中 $ISP^{\min}$——珠光体最小片间距，nm；

$\gamma_{\alpha\theta}$——转变时的界面能，J/mm²；

T_E——珠光体转变平衡温度，℃；

ΔH——珠光体转变的焓变，J/mol；

ΔT——过冷度，℃。

对式 2-1-15 进行改写得：

$$ISP^{\min} = \frac{2\gamma_{\alpha\theta}}{\Delta G} \quad (2\text{-}1\text{-}16)$$

式中 ΔG——吉布斯自由能差，J/mol。

由式 2-1-16 可知，吉布斯自由能差 ΔG 提高，会减小珠光体最小片间距。因此，提高铝含量、降低锰含量，会细化珠光体片间距。

表 2-1-17　六种珠光体钢在 590℃等温时珠光体转变驱动力 ΔG 和相变点 A_1

钢种	90CrSiAl-1	90CrSiAl-2	90CrSiAl-3	90CrSiAl-4	90CrSiAl-5	90CrSiAl-6
ΔG/J · mol^{-1}	−913	−914	−916	−917	−919	−922
A_1/℃	758	764	767	770	773	781

因此，增加铝含量、降低锰含量可以增大珠光体的驱动力，促进形核，细化珠光体片间距。为了表示铝、锰对珠光体片间距的影响，以铝/锰比值来表示。图 2-1-28 给出了 90CrSiAl-1 ~ 90CrSiAl-6 钢的珠光体片间距随铝/锰比值的变化趋势，各珠光体钢的冷速均为 100℃/min。随着铝/锰比值的增加，珠光体片间距逐渐变细；但当铝/锰比值继续增大时，珠光体片间距趋于稳定。

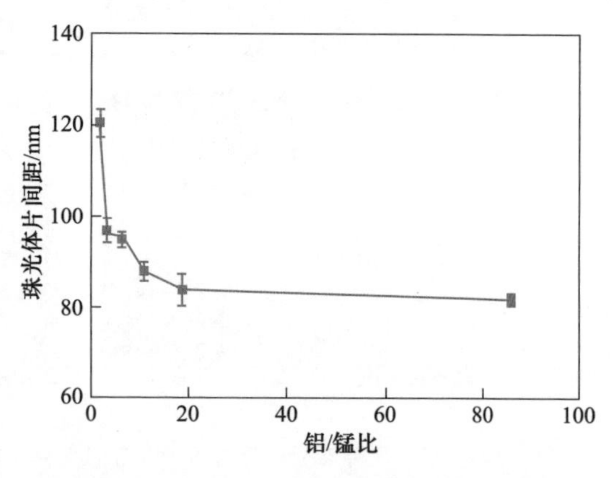

图 2-1-28　六种珠光体钢在 100℃/min 冷速下的珠光体片间距随铝/锰比值的变化趋势

为了研究合金元素在贝氏体铁素体和残余奥氏体相中的分布情况，利用三维原子探针（3D-APT）研究了 90CrSiAl-1 纳米珠光体钢的微观成分分布规律，如图 2-1-29 所示。90CrSiAl-1 钢珠光体组织中的渗碳体/铁素体片层界面的溶质原子

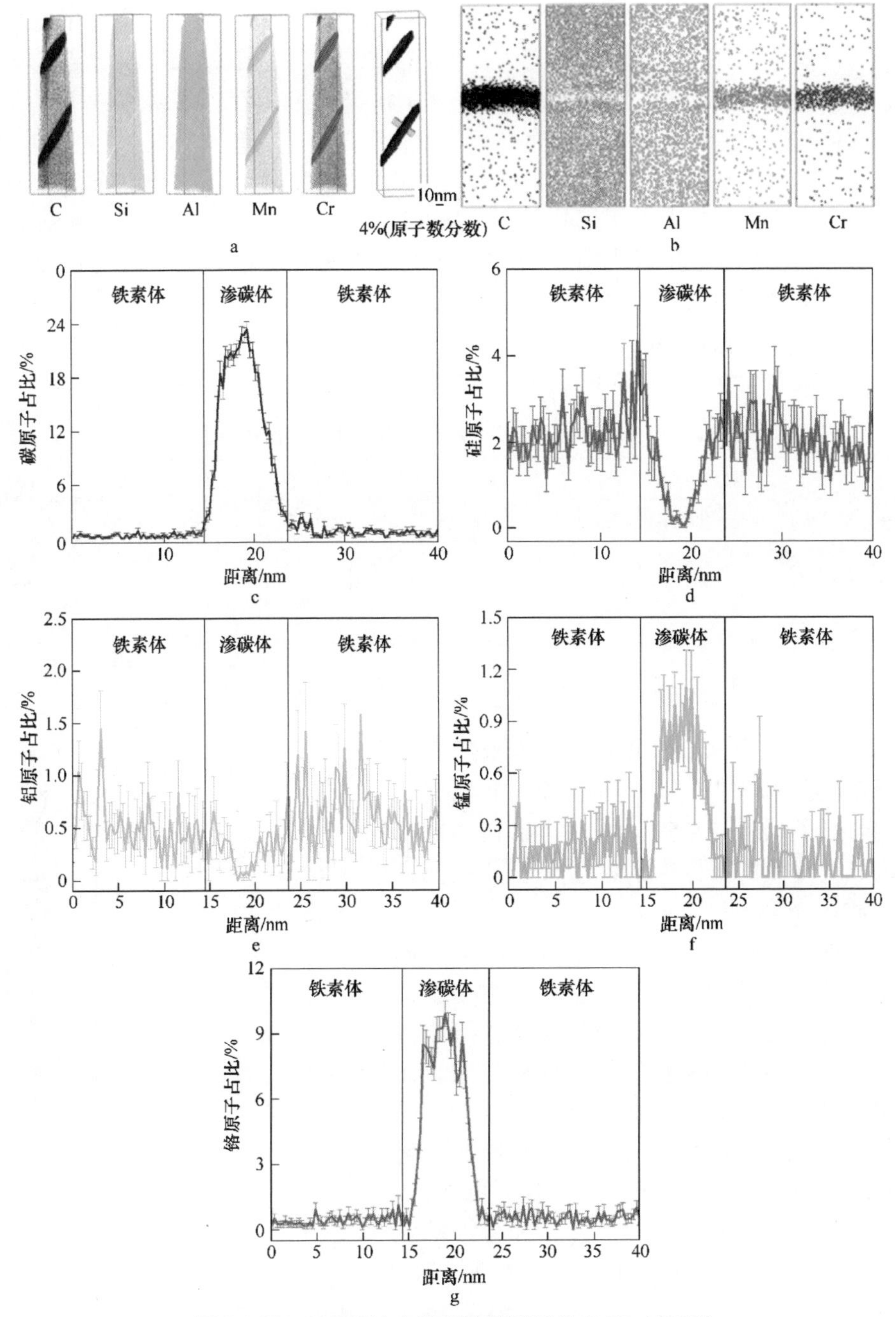

图 2-1-29 90CrSiAl-1 钢的溶质原子分布 3D-APT 图

a—4%碳含量（原子数分数）等浓度面内的各元素原子分布图；b—选区内各元素原子分布图；
c—碳原子浓度梯度分布图；d—硅原子浓度梯度分布图；e—铝原子浓度梯度分布图；
f—锰原子浓度梯度分布图；g—铬原子浓度梯度分布图

的浓度分布见表2-1-18。以配分比 κ_i 表示各合金元素在铁素体和渗碳体中浓度的比值，从而定量计算元素的配分行为，$\kappa_i = C_i^{渗碳体}/C_i^{\alpha\text{-Fe}}$，$i$ 代表锰、硅、铬和铝元素，$\kappa_{Mn}=5.33$，$\kappa_{Cr}=16.73$，$\kappa_{Al}=0.33$，$\kappa_{Si}=0.26$，可以看出，锰和铬主要存在于渗碳体片层中，而铝和硅主要存在于铁素体片层中。在珠光体长大过程中，合金元素在铁素体相与渗碳体相中的配分发生在较低过饱和的温度下，此时，长大速率由合金元素的扩散速率控制；在较高的过饱和度下，合金元素停止配分，珠光体长大速率由碳的扩散控制。在珠光体相变过程中，锰和铬为碳化物形成元素，在铁素体相生长过程中，会被排斥到渗碳体形成区域。而铝和硅为非碳化物形成元素，在渗碳体相生长过程中，会被排斥到铁素体相中。因此，元素的配分过程会减缓整个珠光体组织的长大，从而细化珠光体组织。

表2-1-18　90CrSiAl-1珠光体钢的渗碳体/铁素体片层界面的溶质原子浓度分布

成分		C	Si	Mn	Cr	Al	Fe
平均成分	含量（原子数分数）/%	3.92	1.58	0.17	1.49	0.59	92.23
渗碳体相	含量（质量分数）/%	5.32	0.35	0.76	9.22	0.11	84.25
	含量（原子数分数）/%	20.46	0.57	0.64	8.20	0.19	69.76
铁素体相	含量（质量分数）/%	0.11	1.11	0.14	0.46	0.28	97.96
	含量（原子数分数）/%	0.48	2.17	0.14	0.49	0.57	96.12

图2-1-30为90CrSiAl-1珠光体钢的溶质原子在铁素体相中的分布图，表2-1-19给出了其中各原子的平均浓度。可以看出在纯铁素体区域，碳在铁素体中的含量接近其平衡含量（质量分数）0.0008%。

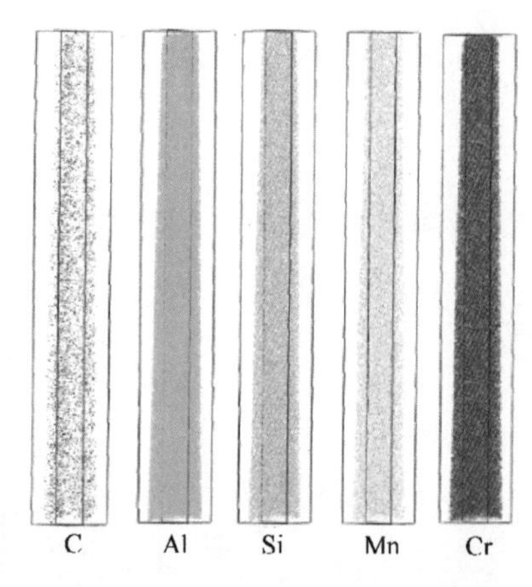

图2-1-30　90CrSiAl-1钢中铁素体区域的溶质原子分布3D-APT图

通过以上关于铁路轨道用珠光体钢的创新化学成分设计和试验结果来看，铬是制造超高强度珠光体钢轨钢的理想元素，铬比锰有优势。然而，铬是强碳化物形成元素，在高碳钢中铬易于促进碳化物的形成，甚至诱发共析碳化物的析出，为了避免铬导致碳化物析出，钢中应该加入阻碍碳化物形成元素，即硅或者铝。因此，合理设计铬和硅、铝含量，可以制造出超高强度纳米珠光体钢轨钢。

表2-1-19　90CrSiAl-1钢珠光体组织中铁素体区域的溶质原子平均浓度

成　分		C	Si	Mn	Cr	Al	Fe
铁素体	含量（质量分数）/%	0.0027	1.13	0.12	0.43	0.26	98.06
	含量（原子数分数）/%	0.0149	2.20	0.12	0.45	0.53	96.32

2 轨道用80CrSiV纳米珠光体钢

在钢的成分确定的前提下，获得超高强度纳米珠光体钢轨钢的主要手段是，控制珠光体钢轨钢的加热、粗轧、精轧和随后的冷却过程，也就是，控制热变形和冷却工艺。在珠光体相变过程中，珠光体首先在原奥氏体晶界处形核，而变形过程改变了奥氏体晶粒形态或者细化了奥氏体晶粒尺寸，从而增加了晶界面积，提高了珠光体形核率。大量研究指出，奥氏体区变形使钢的动态连续冷却转变曲线向左上方移动，即珠光体和贝氏体转变起始时间缩短，转变开始温度提升，并且使动态连续冷却转变曲线中的珠光体转变区域增大。

通过热力学计算可以得到珠光体最小片间距的可能值，见式2-1-15，可以看出，钢在冷却过程中过冷度 ΔT 越大，珠光体能达到的最小片间距越小。而降低珠光体转变温度可以有效增加珠光体相变过冷度，细化其片间距。从图 2-2-1 可以看出，在高温奥氏体冷却过程中，冷却速度越大，珠光体相变温度区间越趋向于低温区间，这使珠光体相变获得较大的驱动力，如图 2-2-1 中的 ΔT_1，从而细化珠光体片间距，获得较高的强度和硬度。冷却速度越小，珠光体转变温度区间则越趋向于高温区间，此时过冷度较小，如图 2-2-1 中的 ΔT_2，获得的珠光体片间距越粗大，对应的强度及硬度则越低。加快冷却速度可以使珠光体在较低的温度生成，有效提高奥氏体向珠光体转变的过冷度 ΔT。因此，在快冷条件下可以明显细化珠光体片间距。

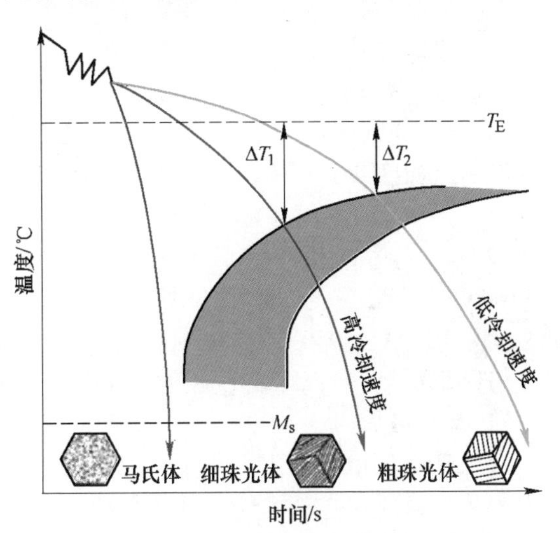

图 2-2-1 珠光体钢轨钢轧后冷速对过冷度和珠光体片间距的影响示意图

T_E—共析转变温度；ΔT_1，ΔT_2—过冷度

根据本篇第 1. 2 节关于超高强度纳米珠光体钢轨钢化学成分理论设计获得的结果，设计以 80CrSiV 超高强度纳米珠光体钢轨钢为研究对象，化学成分见表 2-2-1。由于不同的变形和冷却工艺对珠光体钢组织和性能的影响较大，重点通过

Gleeble 3800 热模拟试验机研究不同变形和冷却工艺，得到 80CrSiV 钢组织和性能的影响机理；模拟实际钢轨的生产工艺，研究实际钢轨轧制冷却工艺对 80CrSiV 纳米珠光体钢组织和力学性能的影响，为超高强度纳米珠光体钢轨实际生产提供理论参考。

表 2-2-1　80CrSiV 纳米珠光体钢的化学成分　（质量分数,%）

钢种	C	Si	Mn	Cr	V
80CrSiV	0.79	0.80	0.34	0.90	0.057

本章通过改变变形量、终变形温度、变形后的冷却速度和终冷温度等参数，研究热变形和冷却工艺对珠光体钢组织和力学性能的影响，主要试验工艺条件如下：

（1）珠光体钢初始变形温度为 1100℃、选取变形量分别为 33% 和 43%，终变形温度为 1000℃、选取变形量分别为 25% 和 35%。随后珠光体钢以 100℃/min 的冷却速度冷却到 550℃，从而研究变形量对 80CrSiV 钢的组织和性能的影响，如图 2-2-2 所示的（1）区域。

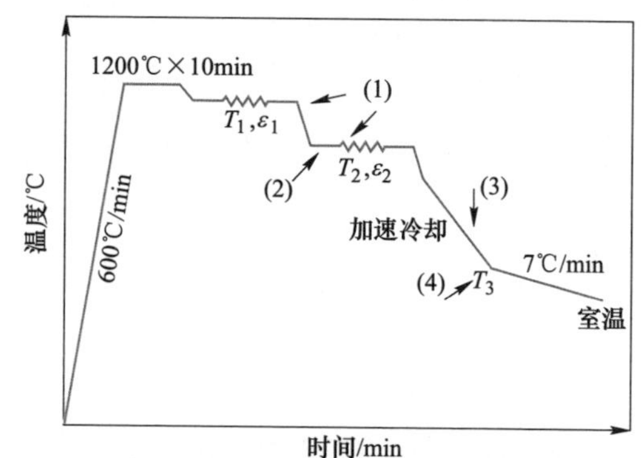

图 2-2-2　80CrSiV 钢变形和冷却工艺示意图

（2）珠光体钢初始变形工艺为 1100℃，变形量为 33%，终变形温度为 1000℃、950℃和 900℃，变形量为 25%，随后以 100℃/min 的冷却速度冷却到 550℃，研究终变形温度对 80CrSiV 钢的组织和性能的影响，如图 2-2-2 所示的（2）区域。

（3）初始变形工艺为 1100℃、变形量为 33%，终变形工艺为 1000℃、变形量为 25%，研究 850~550℃区间内冷却速度对 80CrSiV 钢组织和性能的影响，如图 2-2-2 所示的（3）区域。该温度区间内冷却速度选定 30℃/min、60℃/min、80℃/min、100℃/min 和 120℃/min。

（4）变形工艺与工艺（3）相同，选定初始变形工艺为 1100℃、变形量为 33%，终变形工艺为 1000℃、变形量为 25%，控制终冷温度为 650℃、600℃和 550℃，研究终冷温度对 80CrSiV 珠光体钢的组织和性能的影响，如图 2-2-2 所示的（4）区域。

在实际钢轨轧制过程中，轧制后的钢轨运送到冷床的过程中往往需要空冷 2.5min 左右，图 2-2-3 给出了波兰高强度 RB390 钢轨（60 轨）实际生产中的 CCT 曲线，可以看出，空冷 2.5min 后的温度为 650~760℃。因此，根据图 2-2-3 所示的 60 轨空冷冷速，确定本研究针对 80CrSiV 纳米珠光体钢轨的试验条件，具体参数见表 2-2-2，给出了模拟钢轨生产过程中钢轨表层和心部冷却速度、冷却时间、空冷时间等。其中，2. 5min为模拟钢轨轧后运送至冷却设备所需时间，650℃和760℃分别是空冷2. 5min后钢轨表层和心部的温度，是否再次加热到850℃代表钢轨在加速冷却前是否需要再次重新加热。

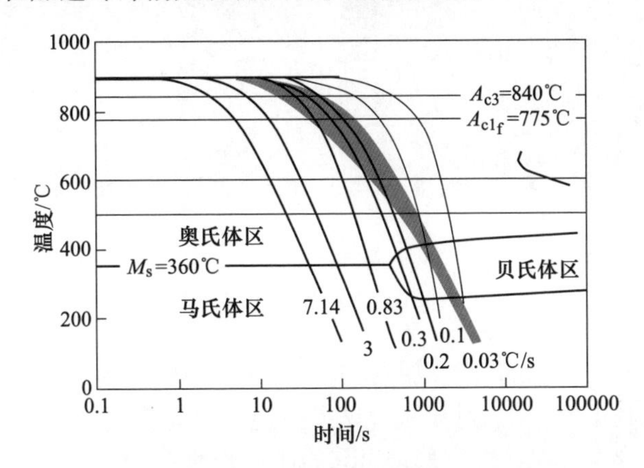

图2-2-3 欧洲高强度RB390钢轨CCT曲线
（图中阴影部分为空冷时的温度范围）

表2-2-2 80CrSiV钢模拟实际钢轨在900℃终变形条件下的冷却工艺参数

位置	空冷后温度/℃	是否再次加热	冷却速度/℃·min^{-1}	终冷温度/℃	空冷时间/min	空冷后温度/℃	冷却速度/℃·min^{-1}	终冷温度/℃
钢轨表层	650	否	80	550	1	536	80	386
轨头心部	760		60	685		662	60	550
钢轨表层	650	是	80	550		536	80	467
轨头心部	760		60	685		602	60	550

2.1 轧制变形量

为研究高温变形量对珠光体钢组织和性能的影响，调整80CrSiV钢高温变形量，对其不同变形量处理后的组织和性能进行对比。冷速为100℃/min时，不同变形量下珠光体钢的SEM组织，如图2-2-4所示。可以看到80CrSiV钢经不同变形量处理后，所得到的组织中没有先共析渗碳体生成，均为全珠光体。从表2-2-3给出的珠光体片间距可以看出，三种不同变形工艺处理后的80CrSiV钢珠光体片间距相差较小，分别为99nm、86nm和92nm。

80CrSiV钢经不同工艺变形后，以100℃/min速度冷却处理后的力学性能，见表2-2-3。变形温度在1000~1100℃之间时，不同变形量下珠光体钢的硬度和强度相当，即在较高温度下，变形量对珠光体钢的硬度和抗拉强度影响较小。但在变形量

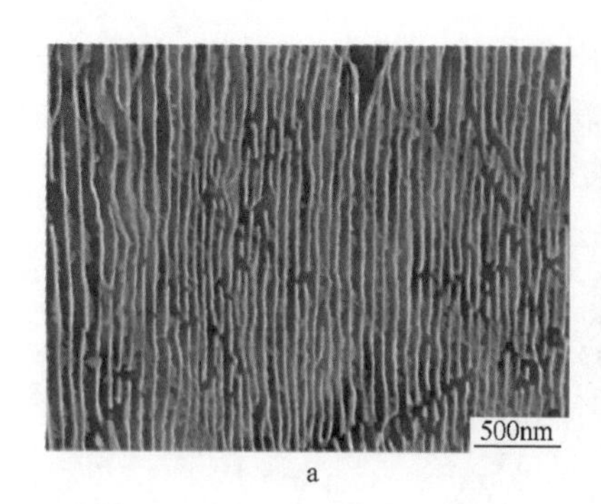

a

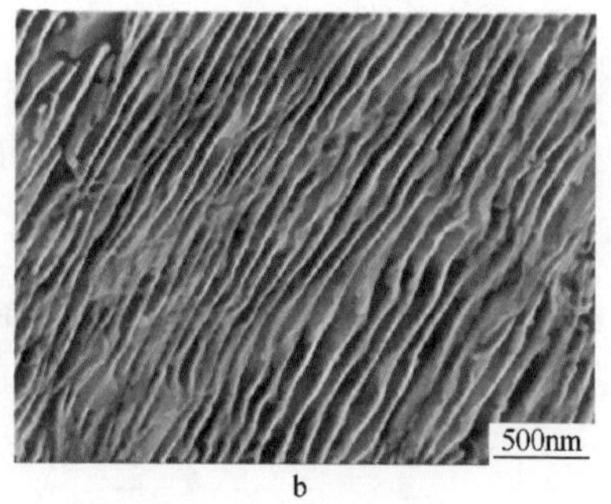

b

图 2-2-4　80CrSiV 钢经不同变形工艺处理后的 SEM 组织
a—1100℃×33%～1000℃×25%；b—1100℃×43%～1000℃×25%

较大的条件下，珠光体钢的伸长率达到 14. 3%和 12. 8%，明显高于低变形量处理后的珠光体钢的伸长率 9. 1%。对比试验结果发现，增大第二次变形量所引起的伸长率的增加幅度，比增加第一次变形量引起的伸长率的增加幅度更大。增加高温变形可以有效细化原奥氏体晶粒，提高珠光体的形核位置，细化珠光体团尺寸和提高珠光体钢的塑性。但是，在较高的温度变形后，奥氏体晶粒的长大速度要高于低温下奥氏体晶粒的长大速度，因此，增加第二次变形量后，珠光体钢的伸长率增加幅度要大于因第一次变形量增加而引起的伸长率的增加幅度。

表 2-2-3　80CrSiV 钢经不同变形工艺处理后的力学性能和珠光体片间距

初始变形量 /%	二次变形量 /%	硬度（HRC）	抗拉强度 /MPa	伸长率 /%	断面收缩率 /%	珠光体片间距 /nm
33	25	49. 3	1686	9. 1	22. 1	99
33	35	49. 1	1666	14. 3	23. 6	86
43	25	49. 0	1647	12. 8	24. 1	92

注：初始变形温度为 1100℃，第二次变形温度为 1000℃。

因此，从上述试验结果可以看出，增大 80CrSiV 钢的高温变形量，并未明显细化珠光体片间距和提高珠光体钢的强度和硬度，但高温变形量的增加会导致奥氏体晶粒细化和珠光体团尺寸的减小，可以有效提高 80CrSiV 钢的伸长率。

2. 2　终变形温度

为了研究终变形温度对 80CrSiV 钢组织和性能的影响，设定 80CrSiV 钢的初始变形温度为 1100℃，变形量为 33%；终变形温度分别为 1000℃、950℃ 和 900℃，变形量为 25%，总变形量为 50%。随后以相同的冷却速度进行加速冷却处理，并对所制备的 80CrSiV 钢的组织和性能进行对比。

80CrSiV 钢经三种不同终变形温度处理后的 SEM 照片，如图 2-2-5 所示；同时，给出了 80CrSiV 钢珠光体片间距随终变形温度的变化曲线。从三种不同变形

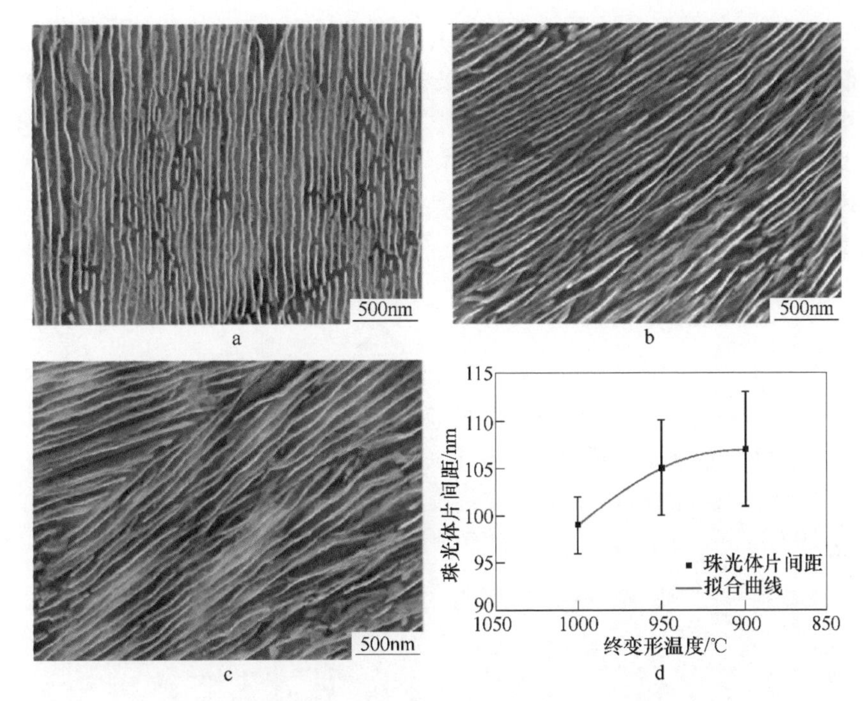

图2-2-5 80CrSiV钢经不同终变形温度处理后的SEM组织和珠光体片间距的变化

a—终变形温度1000℃；b—终变形温度950℃；

c—终变形温度900℃；d—珠光体片间距随终变形温度的变化

温度处理后的80CrSiV钢SEM组织中可以看出，三种终变形温度下所获得的组织均为全珠光体组织，无先共析渗碳体生成。对图2-2-5d给出的珠光体片间距随终变形温度的变化曲线分析发现，随着终变形温度的降低，珠光体片间距虽然呈现逐渐粗化的现象，但其数值均在99~107nm之间，属于纳米级别。因此，综合对比高温变形量和终变形温度对80CrSiV钢珠光体片间距的影响可以发现，在终变形温度较高时，变形量和变形温度对80CrSiV钢珠光体片间距、硬度和抗拉强度的影响均较小。

对比80CrSiV钢经不同终变形温度处理，并以100℃/min速度冷却后的性能也可以发现，随着终变形温度的降低，珠光体钢的强度仅是从1686MPa降低到1623MPa，伸长率从10%增加到13%，虽然其强度呈现略微下降，但伸长率呈现逐渐升高的趋势，见表2-2-4。

表2-2-4 80CrSiV钢经不同终变形温度处理后的力学性能

终变形温度/℃	硬度（HRC）	抗拉强度/MPa	伸长率/%	断面收缩率/%
1000	49.3	1686	10.1	22.1
950	48.7	1632	12.0	27.2
900	48.6	1623	13.1	17.5

因此，从变形温度对 80CrSiV 钢组织和性能的对比分析可知，随着变形温度的降低，80CrSiV 钢的强度虽然略微降低，而塑性呈现略微升高的趋势，但变化幅度均较小，可以说明 80CrSiV 钢的组织和力学性能均对变形温度的敏感性较低。综合变形量与终变形温度对 80CrSiV 钢组织和性能的影响可以看出，该钢允许的热加工温度区间较大。值得说明的是，为避免先共析渗碳体的生成，应避免珠光体钢终变形温度过低。

2.3　轧后冷却速度

80CrSiV 钢经 30℃/min、80℃/min 和 120℃/min 处理后的 SEM 组织和珠光体片间距随冷却速度的变化曲线，如图 2-2-6 所示。在冷却速度为 30℃/min 时，钢的组织中存在部分先共析渗碳体，而冷速为 80℃/min 和 120℃/min 时，则为全珠光体组织。这说明 80CrSiV 钢在终变形温度为 950～1000℃ 之间，冷却速度在 60～120℃/min 之间，均可以获得不含先共析渗碳体的全珠光体组织。

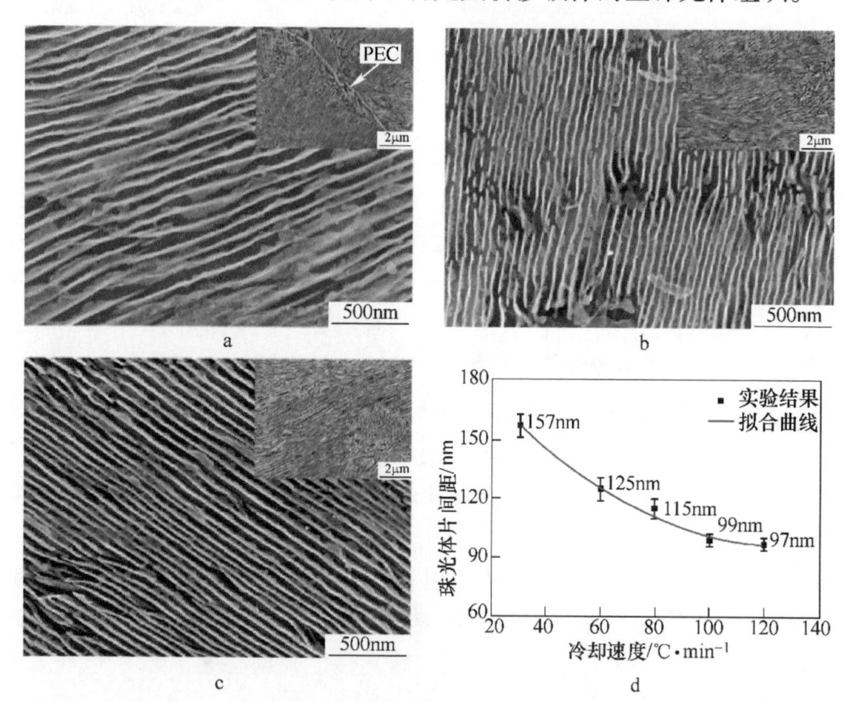

图 2-2-6　80CrSiV 珠光体钢经不同冷速处理后的 SEM 组织和珠光体片间距变化

a—冷却速度 30℃/min；b—冷却速度 80℃/min；c—冷却速度 120℃/min；
d—珠光体片间距随冷却速度的变化

亚共析或过共析钢平衡转变时，随着温度的降低，在过冷奥氏体中首先析出先共析铁素体或者先共析渗碳体，而当温度降到共析点温度时，未转变的奥氏体转变成珠光体。根据 Hultgren 外推法可以知道，高温奥氏体以较大的冷速冷却到 A_{c3} 和 A_{cm} 延长线包围的 α 和 γ 的两相区时，过冷奥氏体以伪共析转变的形式生成全珠光体，因此，80CrSiV 钢在冷速为 60～120℃/min 之间没有先共析渗碳体的生成。从图 2-2-6d 给出的珠光体片间距随冷却速度的变化曲线，可以看出随着冷却速度从 30℃/min 增加到 120℃/min，珠光体片间距从 157nm 减小到 97nm，细化程度为 38%。但是，冷却速度为 100℃/min 和 120℃/min 时，珠光体片间距基本保持不变，即 80CrSiV 钢珠光体片间距在该种试验条件下达到其临界值。对珠光体片间距随冷却速度的变化曲线进行拟合后发现，片间距与冷却速度呈现二次函数关系，见式 2-2-1。

$$ISP = 200 - 1.64(CR) + 0.00636(CR)^2 \tag{2-2-1}$$

式中 ISP——珠光体片间距，nm；

CR——冷却速度，℃/min。

表 2-2-5 给出了 80CrSiV 钢经不同冷却速度处理后的常规力学性能，随着冷却速度从 30℃/min 增加到 120℃/min，珠光体钢的硬度（HRC）从 43.8 增加到 50.3，而抗拉强度也从 1413MPa 增加到 1751MPa。但冷速为 30～80℃/min 时，钢的伸长率较为接近，而冷速在 100～120℃/min 时，其伸长率呈现明显降低的趋势。

表 2-2-5 80CrSiV 珠光体钢经不同冷却速度处理后的力学性能

冷却速度/℃·min^{-1}	硬度（HRC）	抗拉强度/MPa	伸长率/%	断面收缩率/%
30	43.8	1413	12.1	24.1
60	46.2	1560	11.8	28.5
80	47.0	1575	12.7	29.7
100	49.3	1686	9.1	22.1
120	50.3	1751	8.9	16.6

冷速分别为 30℃/min 和 120℃/min 时，80CrSiV 钢拉伸试样断口处的 TEM 组织，如图 2-2-7 所示，冷速增大使得珠光体钢的片间距明显细化。从两个 TEM 组织中均发现由变形引起的渗碳体断裂（白色箭头所指处），且断裂的渗碳体沿剪切带方向发生偏移，并且 30℃/min 的冷却工艺试样中还存在因拉伸变形而引起的渗碳体碎片。

试验钢组织中的珠光体是由铁素体板条和渗碳体片交替组成。在拉伸过程中，作为软相的铁素体首先发生塑性变形，并伴随位错的增殖、滑移，以及高密度位错在铁素体与渗碳体界面堆积。在珠光体片间距较大的试样中，铁素体相较厚，位错更加容易滑移并聚集，导致局部应力集中，产生较大的塑性变形而断裂，因此，珠光体片间距较大的试样其抗拉强度较低。在片间距较细的珠光体中，从铁素体中生成的位错分布更加均匀，不易因局部位错塞积而导致应力集

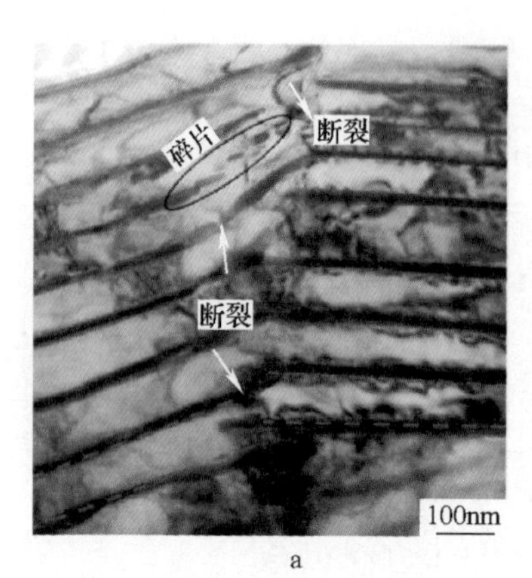

a

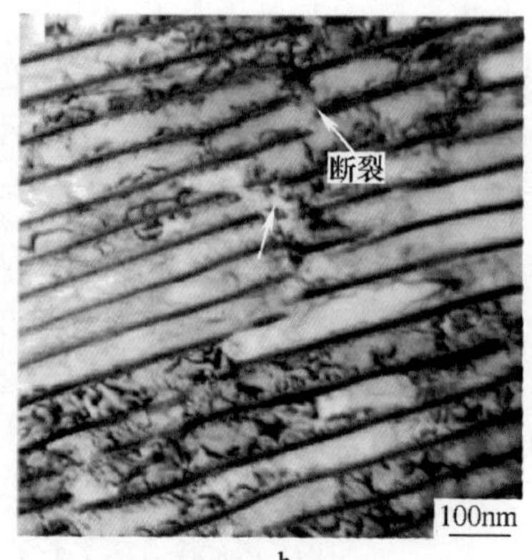

b

图 2-2-7　不同冷速 80CrSiV 钢拉伸试样断口处的 TEM 组织
a—冷速 30℃/min；b—冷速 120℃/min

中，只可能在局部比平均珠光体片间距大的位置处形成应力集中，因此，其抗拉强度较高。

由于铁素体和渗碳体的膨胀系数不同，致使过冷奥氏体向珠光体转变过程中产生弹性应变而形成残余应力；并且随着珠光体片间距的缩小，残余应力增加，在残余应力的作用下导致铁素体产生微变形，使铁素体在相邻的两个渗碳体界面产生两个应变区。珠光体片间距较大时，两个应变区相互作用较小，铁素体加工硬化没达到饱和。当珠光体片间距较细小时，两个应变区相互叠加，铁素体的加工硬化易达到饱和，从而导致裂纹容易在铁素体与渗碳体界面产生。因此，冷却速度从 100℃/min 增加到 120℃/min 时，其强度和硬度并没有明显增加，而伸长率却降低。这说明单纯细化珠光体片间距会降低其塑性，而只有在珠光体片间距细化的同时渗碳体片也随之细化才会使其塑性增加，即对于强度、塑性的提高存在一个最优的珠光体片间距和与之对应的渗碳体与铁素体厚度比值。

图 2-2-8 为 80CrSiV 钢经冷速为 30℃/min、80℃/min 和 120℃/min 处理后，拉伸试样断口腐蚀前后的形貌。可以看出，冷速为 30℃/min 时的拉伸断口主要为韧窝；随着冷速的增加断口中出现河流花样的解理断裂，而在冷速为 120℃/min时，拉伸断口主要为解理断裂，并且解理面扩展区域较大，还存在较多的二次裂纹。图 2-2-8b 和 d 为拉伸断口经 4%硝酸酒精溶液腐蚀后的组织，分析腐蚀后的韧窝可以发现，其韧窝内的珠光体组织比较混乱，没有明显的方向性。而对于解理断裂面，由于一个珠光体团内的铁素体与渗碳体方向基本相同，从腐蚀后的解理面中可以看到解理面的扩展方向与珠光体团的长大方向相同，并且裂纹的扩展方向在解理面的边缘发生变向。

随着冷速的增加，80CrSiV 钢的珠光体片间距得到细化，并且满足式 2-2-1 关系。随着珠光体片间距的细化，钢的强度和硬度明显增加；而当冷速达到

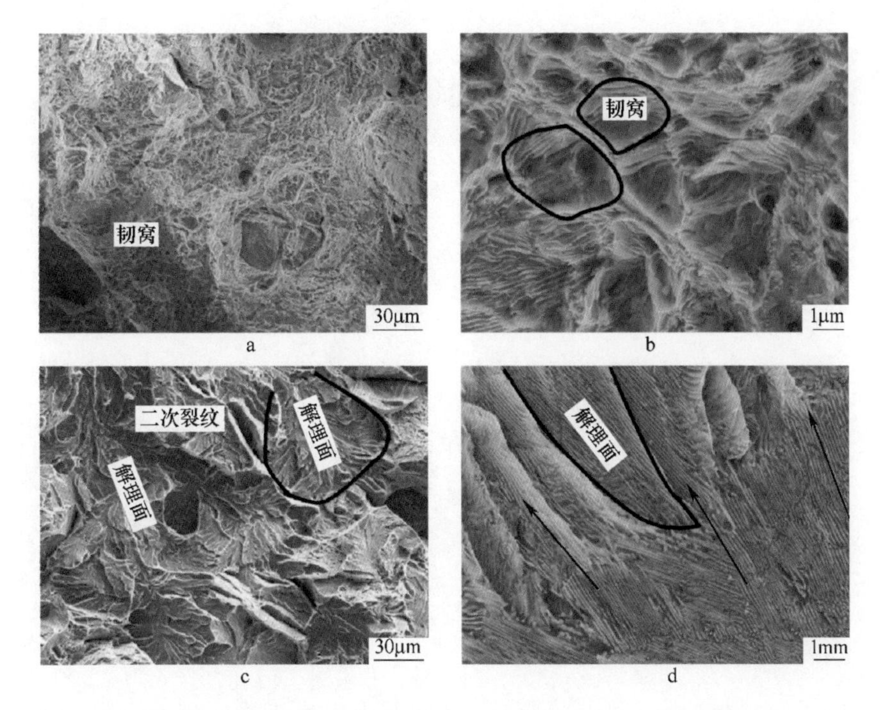

图 2-2-8　80CrSiV 钢不同冷速处理后拉伸试样断口形貌和经 4%硝酸酒精腐蚀后的 SEM 组织
a—冷速 30℃/min；b—冷速 30℃/min，腐蚀；c—冷速 120℃/min；d—冷速 120℃/min，腐蚀

100℃/min 后珠光体片间距基本达到最小尺寸，此时，强度和硬度缓慢增加而伸长率却降低，且断口形貌以解理断裂为主。对比高温变形量、变形温度和冷速对珠光体钢组织和性能的影响可以看出，珠光体钢的组织和性能对冷却速度的敏感性要高于对高温变形量和变形温度的敏感性。

2.4　终冷温度

为研究终冷温度对 80CrSiV 钢组织和性能的影响，对钢进行 1000℃×25%变形，并控制 80CrSiV 钢分别以 60℃/min 和 100℃/min 的冷却速度冷却到 550℃、600℃和 650℃，研究变形后不同终冷温度对其组织和性能的影响。图 2-2-9 为钢在冷却速度约为 100℃/min 条件下，经不同终冷温度处理后的 SEM 组织，其中图 2-2-9d 给出了 80CrSiV 钢经不同工艺处理后珠光体片间距随终冷温度的变化曲线。

80CrSiV 钢经不同终冷温度和冷速处理后均获得了全珠光体组织，并且在相同的冷却速度下，珠光体钢的终冷温度越低，得到的珠光体片间距越细小。在两种冷速下，该钢珠光体片间距与终冷温度之间分别满足式 2-2-2 和式 2-2-3。在冷速为 60℃/min 时，式 2-2-2 的斜率较小，为 0.16；而冷速为 100℃/min 时，

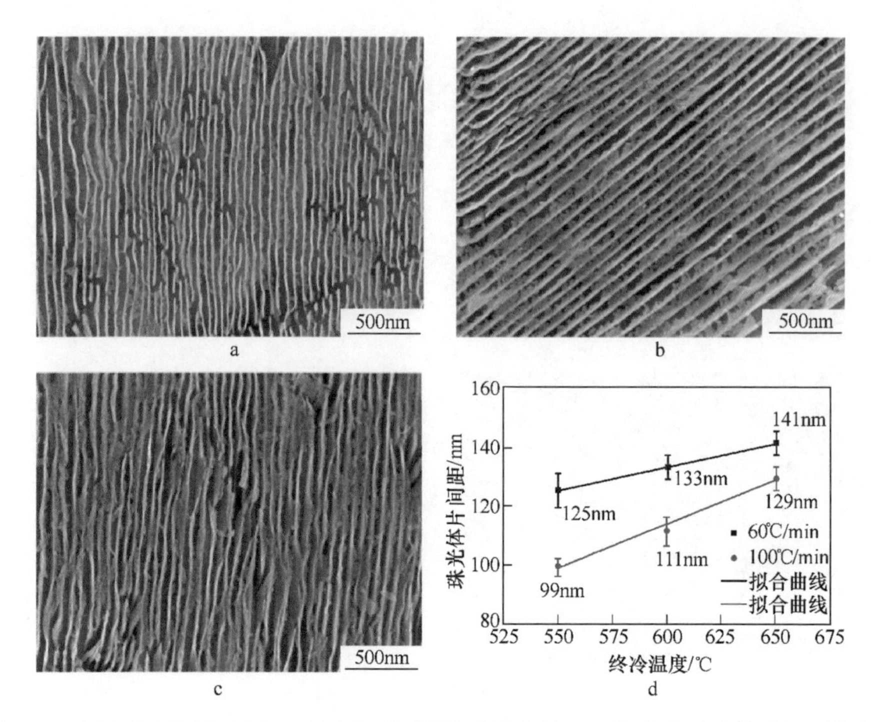

图 2-2-9　80CrSiV 钢经 100℃/min 冷却到不同终冷温度的 SEM 组织和珠光体片间距的变化

a—终冷温度 550℃；b—终冷温度 600℃；c—终冷温度 650℃；d—珠光体片间距随终冷温度的变化

式 2-2-3 的斜率达到 0.30。同样以斜率代表该钢的珠光体片间距对终冷温度的敏感程度，可以看出冷速越大，终冷温度对珠光体片间距的影响越大。珠光体片间距随着转变温度的降低而减小，主要是由于转变温度越低，过冷度 ΔT 越大，珠光体片间距越小，见式 2-1-15。转变温度的降低导致原子扩散能力降低，扩散距离减小，从而细化珠光体片间距。冷却速度较大时，试样冷却过程中从开始转变温度到冷却结束温度区间停留时间较少，珠光体长大过程受到约束。而在慢冷速下，该部分停留时间较长，为珠光体的长大、宽化提供时间，因此出现式 2-2-2 和式 2-2-3 中不同的结果。

60℃/min：　$$ISP = 37.00 + 0.16(FCT) \tag{2-2-2}$$

100℃/min：　$$ISP = -67.00 + 0.30(FCT) \tag{2-2-3}$$

式中　ISP——珠光体片间距，nm；

　　FCT——终冷温度，℃。

80CrSiV 钢经不同终冷温度后的抗拉强度、伸长率等常规力学性能结果，见表 2-2-6，可以看出，在相同的冷速下 80CrSiV 珠光体钢的抗拉强度随终冷温度的升高逐渐降低，如终冷温度为 550℃时，冷速为 60℃/min 和 100℃/min 时试样的抗拉强度分别为 1560MPa 和 1686MPa，明显高于终冷温度为 650℃时珠光体钢的抗拉强度，即 1394MPa 和 1455MPa。在两种冷却速度下，随着钢的终冷温度从 550℃升高到 650℃，其两种冷速下的硬度（HRC）从 46.2 和 49.3 分别降低到 43.7 和 45.1。随着终冷温度升高，钢的强度和硬度明显降低，这主要在于随着终冷温度从 550℃升高到 650℃，其珠光体片间距明显粗化。例如，冷速为 60℃/min 时，其珠光体片间距从 125nm 增加到 141nm；而冷速为 100℃/min 时，其珠光体片间距从 99nm 增加到 129nm。

表 2-2-6　80CrSiV 钢经不同冷速和不同终冷温度处理后的力学性能

冷却速度/℃ · min^{-1}	终冷温度/℃	硬度（HRC）	抗拉强度/MPa	伸长率/%	断面收缩率/%
60	550	46.2	1560	11.8	28.5
100		49.3	1686	10.1	22.1
60	600	45.3	1508	11.4	25.2
100		47.7	1602	10.3	26.0
60	650	43.7	1394	13.3	30.5
100		45.1	1455	12.5	27.9

冷速为 100℃/min，终冷温度分别为 550℃和 650℃时，80CrSiV 钢拉伸试样断口处的 TEM 组织，如图 2-2-10 所示。随着终冷温度的提高，珠光体片间距呈现明显的粗化，试样断口处均出现大量位错，并且存在断裂的渗碳体。终冷温度为 550℃时，80CrSiV 试样断口处的 TEM 照片中同时给出对应的暗场像，可以看到，断裂后的渗碳体排列比较平直，未发生明显的弯折，与图 2-2-7 中冷速为 120℃/min 的断裂特征相同。终冷温度为 650℃时，从断口处的 TEM 组织中可以发现，不仅有断裂的渗碳体，还存在渗碳体与铁素体的弯曲变形区，即在拉伸变形过程中渗碳体与铁素体的协调变形能力更强，使珠光体钢能够承受更大的变形，获得较高的伸长率。该结论与表 2-2-6 的结果相符合，即 80CrSiV 钢在终冷温度为 650℃时的伸长率高于其他两种终冷温度下试样的伸长率。

冷速为 100℃/min 时 80CrSiV 钢经不同终冷温度处理后的拉伸试样断口形貌，如图 2-2-11 所示。不同终冷温度下的断口形貌中均以河流花样的解理断裂为主，由于相邻的珠光体团界面共享相同取向的铁素体，导致裂纹更容易沿着珠光体团界面扩展，因此，解理面总是包括几个珠光体团。不同试样的断口形貌中均存在较多的二次裂纹，尤其以终冷温度为 650℃时试样的拉伸断口形貌中最多。在相似的解理断裂下，二次裂纹的增加，增大了裂纹扩展面积，保证其可以获得更高的伸长率。

综上所述，在相同的冷却速度下，随着钢终冷温度的降低，其珠光体片间距逐渐细化，对应钢的强度和硬度逐渐升高；并且冷却速度越大，终冷温度对珠光体片间距和力学性能的影响越大。

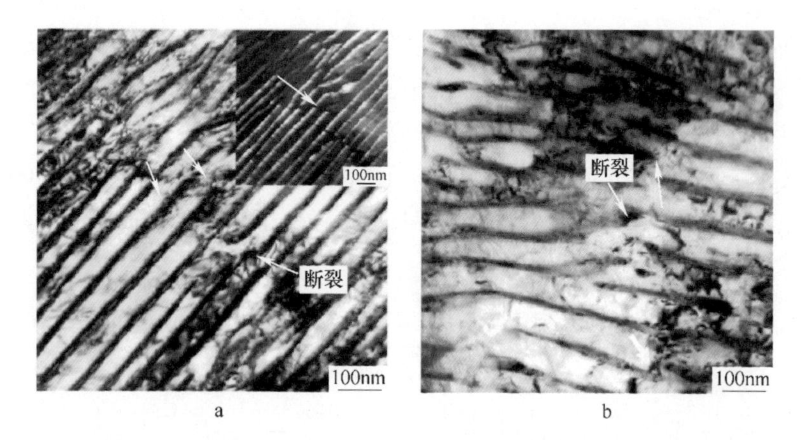

图 2-2-10　不同终冷温度 80CrSiV 钢拉伸试样拉伸断口处的 TEM 组织
a—终冷温度 550℃；b—终冷温度 650℃

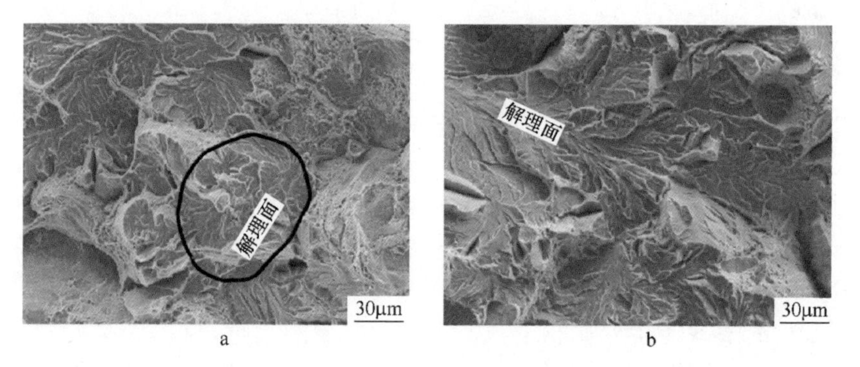

图 2-2-11　不同终冷温度 80CrSiV 钢热处理后的拉伸试样断口形貌
a—终冷温度 550℃；b—终冷温度 650℃

2.5　离线热处理工艺

为了准确模拟实际钢轨轧后空冷 2.5min 后再次加热对 80CrSiV 钢组织和性能的影响，按照表 2-2-2 中所述的工艺对钢进行变形、加热和冷却处理，其 SEM 组织如图 2-2-12 所示，常规力学性能见表 2-2-7。对比图 2-2-12 中钢的 SEM 组织可以看出，模拟钢轨表层空冷 2.5min 后，试样再次被加热至 850℃并加速冷却后，组织中出现部分球状碳化物，而其他模拟工艺处理后的 SEM 组织中均未发现球状碳化物或者先共析网状碳化物，为全珠光体组织。

从表 2-2-7 中的 80CrSiV 钢常规力学性能和珠光体片间距结果看出，在不重新加热到 850℃的情况下，模拟珠光体钢轨表层不再次加热试样的珠光体片间距达到 113nm，抗拉强度可以达到 1698MPa；对应的轨头心部试样的珠光体片间距略大，为 142nm，抗拉强度为 1592MPa。而模拟珠光体钢轨空冷 2.5min，再次被加热到 850℃并进行加速冷却处理后，钢轨表层试样的珠光体片间距虽然达到

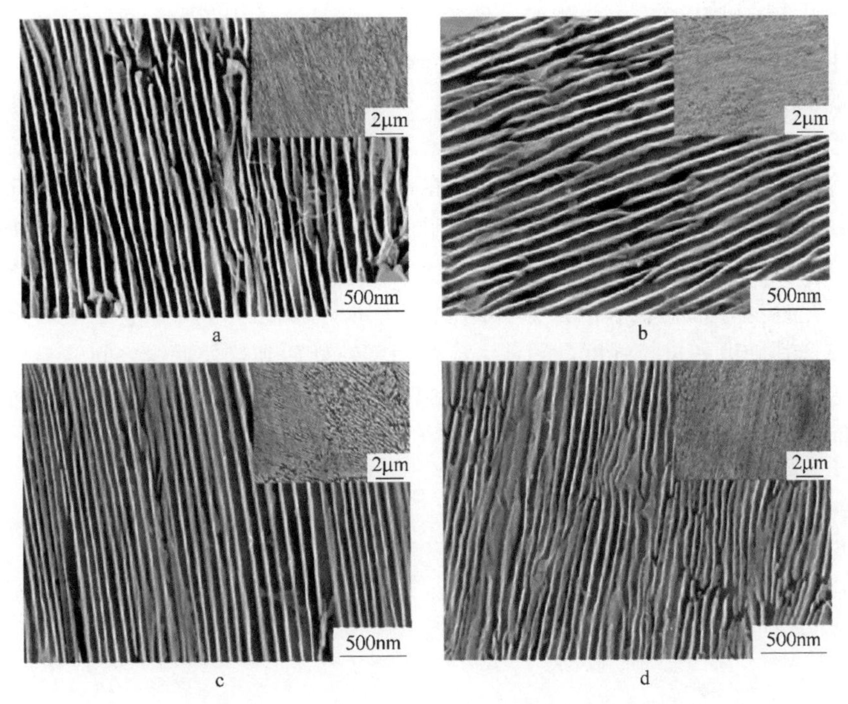

图 2-2-12　80CrSiV 钢经不同工艺处理后的 SEM 组织

a—钢轨表层空冷后不再次加热；b—轨头心部空冷后不再次加热；

c—钢轨表层空冷后再次加热；d—轨头心部空冷后再次加热

138nm，但其抗拉强度仅为 1296MPa，对应的轨头心部试样的珠光体片间距却达到了 118nm，其抗拉强度达到了 1611MPa，远高于模拟钢轨表层再次加热并冷却处理的试样强度。

表 2-2-7　80CrSiV 钢经再次加热处理后的力学性能

位置	是否再加热到 850℃	硬度（HRC）	抗拉强度 /MPa	伸长率 /%	断面收缩率 /%	珠光体片间距 /nm
钢轨表层	否	48. 1	1698	11. 6	29. 2	113
轨头心部		45. 7	1592	12. 5	23. 9	142
钢轨表层	是	43. 0	1296	13. 7	33. 7	138
轨头心部		45. 6	1611	12. 2	26. 3	118

80CrSiV 钢经再次加热到 850℃ 并加速冷却处理后，其强度、硬度偏低的主要原因在于，轧后空冷 2. 5min 后表层温度为 650℃，低于钢的 A_{ccm} 温度（778℃），导致部分过冷奥氏体转变为片状珠光体。而再次快速加热并伴随冷却

的过程与循环球化退火工艺相似，导致部分片状珠光体因再次加热和冷却发生球化，生成球状碳化物。球化后的珠光体钢硬度和强度均较低，因此，即使试样组织中的部分珠光体片间距达到了138nm，但获得较低的抗拉强度和硬度。

综上所述，在合理控制80CrSiV纳米珠光体钢变形温度、变形量、冷却速度和终冷温度后，可以获得具有超高强度的全纳米珠光体组织。但是，在实际轧制和冷却过程中，若轧后钢轨运送到冷却装置的空冷时间较长，容易导致钢轨轨头冷却速度过慢，生成的珠光体片间距较大，从而使其强度和硬度降低。钢轨再次加热工艺容易导致钢轨表层渗碳体组织发生部分球化，得到非全片状珠光体组织，降低其硬度和抗拉强度。因此，应缩短钢轨轧后到热处理线之间的空冷时间和避免实施再次加热工艺或再次加热前的温度应不低于其A_{ccm}温度，并且加热保持时间一定要尽量短。

3 轨道用90CrSiAl纳米珠光体钢

根据本篇第 1、2 章关于超高强度珠光体钢化学成分理论设计结果，设计一类轨道用 90CrSiAl 超高强度纳米珠光体钢，其化学成分（质量分数）范围为，C 0.83%~0.93%；Mn≤0.20%；Si 0.65%~0.95%；Cr 1.00%~1.50%；Al 0.25%~0.90%；1.3%≤(Si+Al)≤1.7%。本章对上述 90CrSiAl 成分设计范围内的 8 种高碳含铝纳米珠光体钢进行研究，研究轧后欠速冷却处理对 90CrSiAl 超高强纳米珠光体钢组织与性能的影响，具体化学成分见表 2-3-1。对于 90CrSiAl-1 到 90CrSiAl-6 六种珠光体钢，其铝、锰含量差别较大，90CrSiAl-1 钢的铝含量最低，90CrSiAl-2 钢与 90CrSiAl-5 钢相比，其铝含量相同，90CrSiAl-2 钢的 Mn 含量比 90CrSiAl-5 钢高；而对于 90CrSiAl-3 到 90CrSiAl-6 四种钢，其锰含量相同，铝含量以钢的序号逐渐增加。90CrSiAl-1 到 90CrSiAl-6 六种钢，其铝含量与锰含量的比值也以钢的序号逐渐增加。对于 90CrSiAl-6、90CrSiAl-7、90CrSiAl-8 三种钢，90CrSiAl-6 钢的铬含量较 90CrSiAl-7 钢高，90CrSiAl-7 钢的硅含量比 90CrSiAl-8 钢高。

表 2-3-1 试验用 90CrSiAl 纳米珠光体钢的化学成分（质量分数,%）

钢种	C	Cr	Al	Si	Mn	Al/Mn 比值
90CrSiAl-1	0.88	1.45	0.30	0.83	0.17	2
90CrSiAl-2	0.91	1.51	0.74	0.87	0.23	3
90CrSiAl-3	0.88	1.48	0.50	0.83	0.08	6
90CrSiAl-4	0.88	1.49	0.66	0.85	0.06	10
90CrSiAl-5	0.89	1.49	0.75	0.86	0.04	20
90CrSiAl-6	0.90	1.51	0.86	0.86	0.01	86
90CrSiAl-7	0.88	1.26	0.82	0.90	0.01	80
90CrSiAl-8	0.92	1.20	0.81	0.69	0.02	40

3.1 轧后控冷工艺

为了对比铬、硅、铝和锰对 90CrSiAl 钢性能的影响，选取了 90CrSiAl-2、90CrSiAl-5、90CrSiAl-6、90CrSiAl-7、90CrSiAl-8 珠光体钢进行大试样的性能对比。采用模拟热处理炉对试样进行连续冷却处理，由于模拟热处理炉不能将试样进行变形，因此需要在模拟炉控冷试验中选取合适的奥氏体化温度和保温时间，获得与在 Gleeble 3800 试验机上小试样经过两次轧制之后得到的相似的晶粒度。

在确定奥氏体化温度和时间试验中，选取 90CrSiAl-6 钢进行试验。图 2-3-1

为 Gleeble 小试样轧后水淬与直接 920℃ 和 960℃ 等温 1h 水淬的原始晶粒组织。表 2-3-2 为三种工艺下的晶粒尺寸，可以看出，奥氏体化温度为 920℃ 和 960℃ 时的晶粒度相近，但均比 Gleeble 轧后水淬的晶粒度稍大。

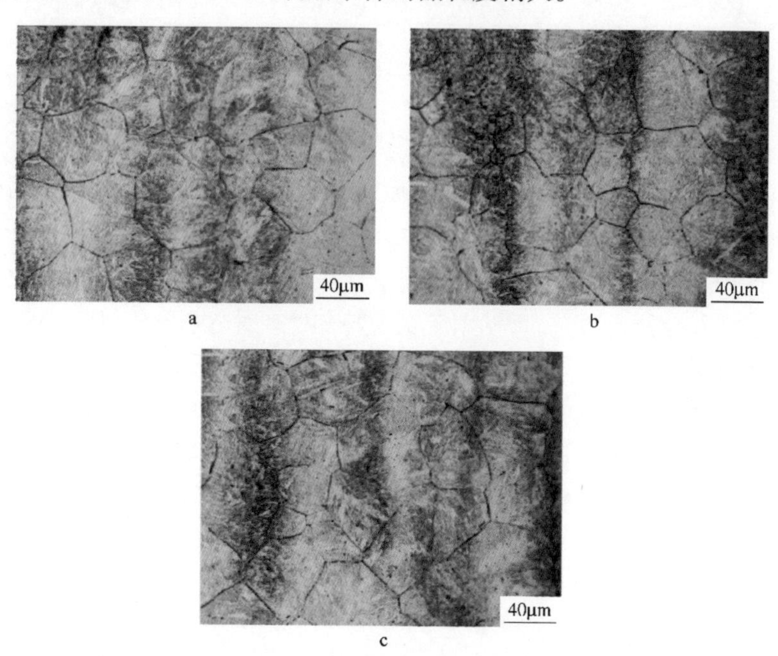

图 2-3-1　90CrSiAl-6 钢的原始奥氏体晶界金相组织

a—模拟轧后水淬；b—920℃×1h 水淬；c—960℃×1h 水淬

表 2-3-2　90CrSiAl-6 钢不同热处理工艺下的平均晶粒尺寸

工艺	模拟轧后水淬	920℃×1h 水淬	960℃×1h 水淬
晶粒尺寸/μm	38	42	43

90CrSiAl-6 钢在 920℃ 和 960℃ 奥氏体化后直接水淬的 SEM 组织，如图 2-3-2 所示。从该图看出，920℃ 奥氏体化后还有未溶的碳化物颗粒，而 960℃ 奥氏体化

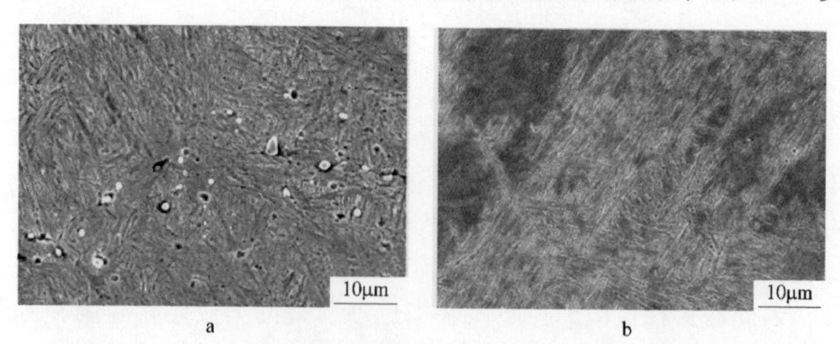

图 2-3-2　90CrSiAl-6 钢在不同温度奥氏体化后淬火的 SEM 组织

a—920℃ 奥氏体化；b—960℃ 奥氏体化

后碳化物已完全溶解。因此，在无未溶碳化物，并且晶粒尺寸与 Gleeble 3800 轧后晶粒尺寸相似的条件下，选择 960℃奥氏体化。

图 2-3-3 为 90CrSiAl-2、90CrSiAl-5、90CrSiAl-7、90CrSiAl-8 钢经过 960℃奥氏体化水淬处理后的 OM 组织，对图中原始奥氏体晶粒尺寸进行统计，其结果见表 2-3-3。可以看出，这四种钢在 960℃奥氏体化后碳化物全部溶解，且其晶粒尺寸与模拟轧后水淬晶粒尺寸相似。对比这四种钢的晶粒尺寸发现，90CrSiAl-2 钢的晶粒尺寸较粗，这是因为该钢的锰含量较高，而锰元素具有促进奥氏体晶粒长大的作用。

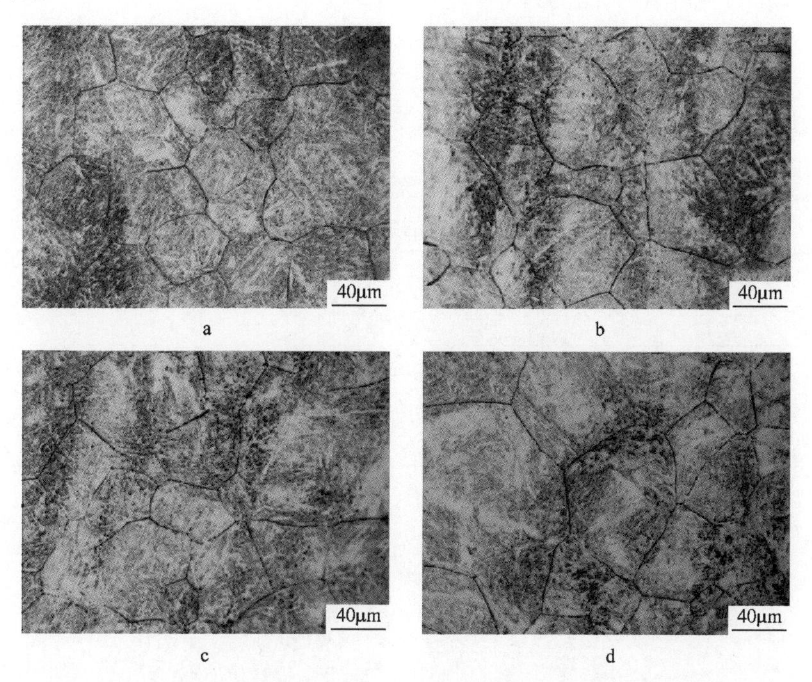

图 2-3-3　四种珠光体钢经 960℃奥氏体化并水淬后的原始奥氏体晶粒 OM 组织

a—90CrSiAl-2 钢；b—90CrSiAl-5 钢；c—90CrSiAl-7 钢；d—90CrSiAl-8 钢

表 2-3-3　四种珠光体钢的晶粒尺寸

钢　种	90CrSiAl-2	90CrSiAl-5	90CrSiAl-7	90CrSiAl-8
Gleeble 轧后晶粒尺寸/μm	55	48	44	45
960℃×1h 水淬后晶粒尺寸/μm	57	49	45	46

五种珠光体钢经 100℃/min 冷速处理后的拉伸应力应变曲线，如图 2-3-4 所示。为了清楚显示 90CrSiAl-2、90CrSiAl-5、90CrSiAl-6、90CrSiAl-7、90CrSiAl-8 五种钢的拉伸性能，将 90CrSiAl-5、90CrSiAl-6、90CrSiAl-7、90CrSiAl-8 珠光体钢的应变值依次增加 0.005、0.010、0.015 和 0.020。表 2-3-4 为各珠光体钢的力

学性能与珠光体片间距结果。图2-3-5为珠光体钢在100℃/min冷速下的珠光体SEM组织。可以看出，在相同冷速下，90CrSiAl-6钢的硬度、强度、断面收缩率是最高的，这主要是因为其具有较细的珠光体片间距；在碳含量基本相同的条件下，珠光体片间距越细，珠光体钢的硬度、强度和塑性越高。在模拟热处理炉控制冷却试验中，虽然钢的晶粒度与

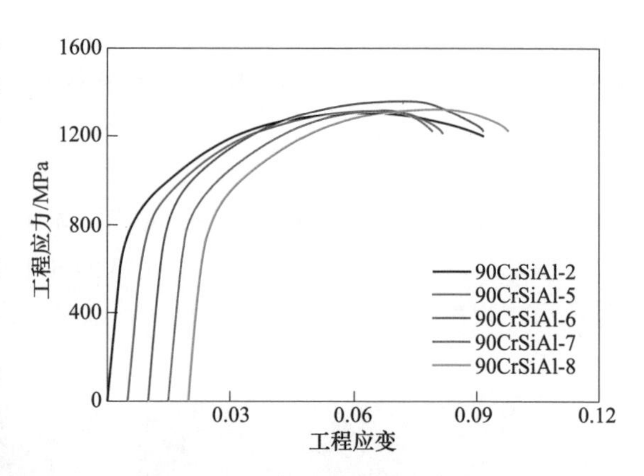

图2-3-4　五种珠光体钢经100℃/min冷却处理后的应力-应变曲线

表2-3-4　五种珠光体钢的力学性能与珠光体片间距

钢种	硬度(HRC)	抗拉强度/MPa	屈服强度/MPa	伸长率/%	断面收缩率/%	冲击韧性/J·cm^{-2}	珠光体片间距/nm
90CrSiAl-2	37.0	1301	793	7.2	21.1	9.2	136
90CrSiAl-5	37.6	1309	832	6.5	21.5	9.0	131
90CrSiAl-6	39.1	1338	850	7.3	22.2	8.9	116
90CrSiAl-7	38.1	1306	823	6.0	19.9	9.3	125
90CrSiAl-8	38.4	1322	829	6.9	20.7	8.8	128

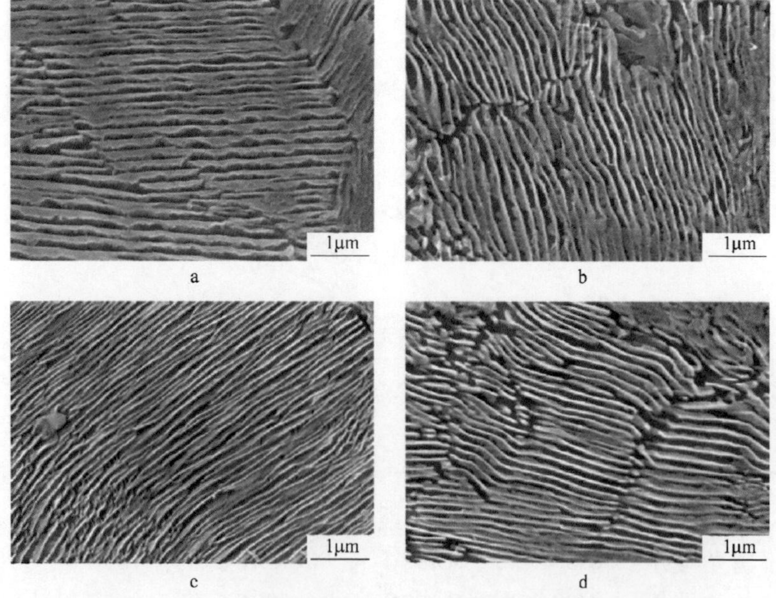

图2-3-5　四种珠光体钢在100℃/min冷速下的珠光体SEM组织

a—90CrSiAl-2钢；b—90CrSiAl-5钢；c—90CrSiAl-6钢；d—90CrSiAl-8钢

Gleeble 3800 压缩后试样的晶粒度相似，但压缩后试样的微结构发生了变化，如位错等缺陷增多，会促进珠光体形核，使珠光体钢的强度、硬度升高，因此模拟炉处理后大试样的硬度比 Gleeble 3800 小试样模拟的硬度低。

90CrSiAl-2、90CrSiAl-5、90CrSiAl-6、90CrSiAl-7 珠光体钢的拉伸断口 SEM 组织，如图 2-3-6 所示。每种珠光体钢的拉伸断口平齐，且试样边缘没有剪切唇，但各珠光体钢的拉伸断口形貌中均有明显的撕裂棱和河流花样，因此断裂类型为脆性解理断裂。其中，河流花样产生的原因为裂纹形成后需要跨过若干相互平行的而且位于不同高度的解理面。

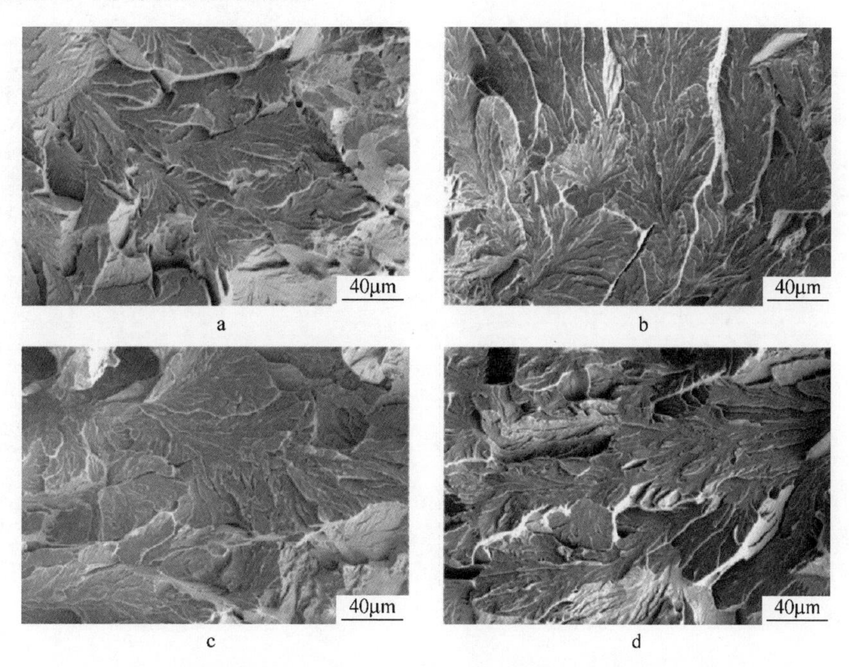

图 2-3-6 四种珠光体钢的拉伸断口 SEM 组织

a—90CrSiAl-2 钢；b—90CrSiAl-5 钢；c—90CrSiAl-6 钢；d—90CrSiAl-7 钢

3.2 轧后欠速冷却工艺

90CrSiAl-6、90CrSiAl-7、90CrSiAl-8 珠光体钢大试样模拟轧后欠速冷却热处理后的力学性能和珠光体片间距，见表 2-3-5，随着冷却速度的增加，各珠光体钢的抗拉强度与硬度也随之升高，伸长率与断面收缩率略有升高。90CrSiAl-6 珠光体钢在冷速为 40℃/min 以上时，抗拉强度保持在 1400MPa 以上，伸长率随着冷却速度加快略有升高，保持在 10%以上；冲击韧性在 6~8J/cm^2。90CrSiAl-7 与 90CrSiAl-8 钢分别测试了 40℃/min、60℃/min、100℃/min 冷速下的力学性能，由表 2-3-5 可以看出，在相同冷速下，90CrSiAl-7 钢比 90CrSiAl-8 钢的强度与硬度要高，90CrSiAl-6 比 90CrSiAl-7、90CrSiAl-8 钢的硬度与强度高，在 100℃/min 的冷速下，90CrSiAl-6 钢的硬度（HRC）为 46.6，强度为 1670MPa，超过了我国现有的 PG4 和 PG5 高强度珠光体钢轨钢的强度。

表 2-3-5　三种钢的力学性能和珠光体片间距

钢种	冷却速度 /℃·min⁻¹	硬度 (HRC)	抗拉强度 /MPa	伸长率 /%	断面收缩率 /%	冲击韧性 /J·cm⁻²	珠光体片间距/nm
90CrSiAl-6	30	38.4	1389	10.3	13.0	7.6	142
	40	41.4	1480	10.0	17.2	7.6	128
	50	42.1	1487	10.8	15.9	5.7	119
	60	44.1	1575	11.0	22.7	7.8	96
	80	45.5	1614	11.2	19.3	5.1	93
	100	46.6	1670	11.8	24.6	6.3	86
90CrSiAl-7	40	41.6	1475	8.0	13.2	7.2	131
	60	43.9	1563	9.0	25.6	6.1	102
	100	45.4	1664	8.7	20.5	6.6	93
90CrSiAl-8	40	39.2	1349	12.0	10.2	7.0	136
	60	41.4	1425	13.3	13.1	6.3	107
	100	44.6	1525	12.8	21.0	8.2	92

图 2-3-7 分析了 90CrSiAl-6、90CrSiAl-7、90CrSiAl-8 钢的珠光体片间距随冷却速度的变化趋势，90CrSiAl-6、90CrSiAl-7、90CrSiAl-8 珠光体钢在不同冷速范围内的珠光体 SEM 组织，如图 2-3-8 所示。珠光体片间距随着冷却速度的升高而减小，且在相同冷速下，90CrSiAl-6 珠光体钢的片间距最小。90CrSiAl-7、90CrSiAl-8 两种钢在冷速为 60℃/min 以下时，珠光体片间距均在 100nm 以上；而 90CrSiAl-6 钢在 60℃/min 冷速时，珠光体片间距低于 100nm，并且经 100℃/min 冷却处理后，珠光体片间距细化到 86nm。

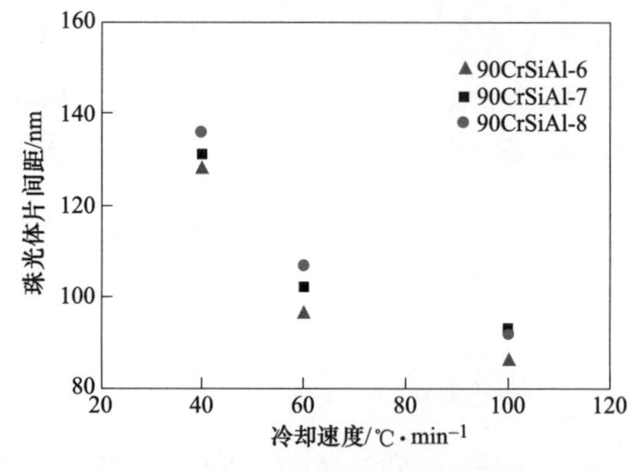

图 2-3-7　三种钢的珠光体片间距随冷却速度变化关系

90CrSiAl-6 钢经 40℃/min 和 100℃/min 冷却处理后的完全珠光体 TEM 组织，如图 2-3-9 所示。在较小的冷速下，珠光体中渗碳体呈连续状，与铁素体条交替

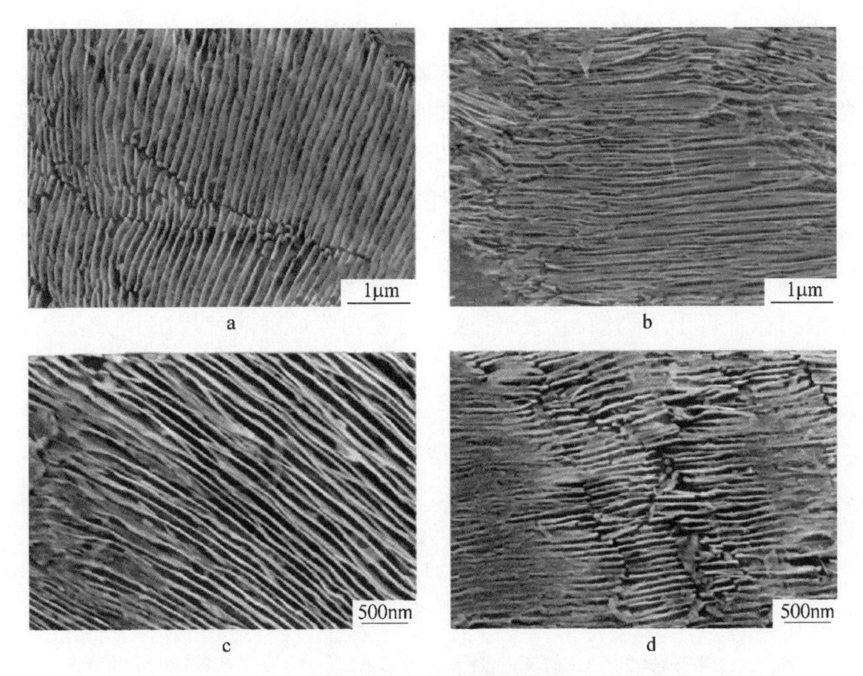

图 2-3-8 不同冷速下三种珠光体钢的 SEM 组织

a—90CrSiAl-6 钢，冷速 40℃/min；b—90CrSiAl-6 钢，冷速 100℃/min；
c—90CrSiAl-7 钢，冷速 100℃/min；d—90CrSiAl-8 钢，冷速 100℃/min

平行排列。冷速增大后，渗碳体片呈断续状。此外，在较小冷却速度下，过冷度较小，碳原子扩散较为充分，渗碳体生长较为规整；当冷速加快时，形核驱动力增加，渗碳体相生长到一定程度便会受到阻碍，停止生长，形成断续的椭圆状或短片状。

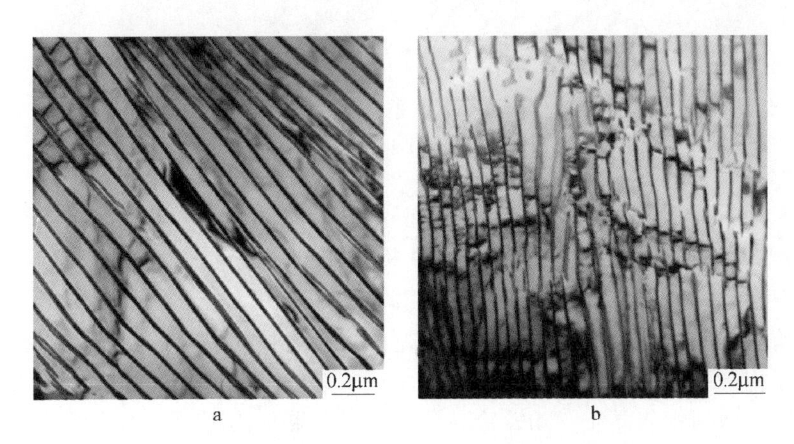

图 2-3-9 不同冷速下 90CrSiAl-6 钢的 TEM 组织

a—冷速 40℃/min；b—冷速 100℃/min

经 40℃/min 和 100℃/min 冷速下处理的 90CrSiAl-6 珠光体钢，其拉伸变形后的 TEM 组织如图 2-3-10 所示。珠光体钢在拉伸变形后，铁素体相中的位错增多。冷却速度为 40℃/min 试样的珠光体片层较粗，出现片层渗碳体断裂的现象，并且渗碳体片层两边出现了明显的位错剪切带，而渗碳体便是被剪切带产生的切应力所剪断。冷却速度为 100℃/min 试样的珠光体片层较细，并未出现渗碳体断裂，而是出现波纹状的扭折。显然，珠光体片层间距的细化改善了珠光体的协调变形能力。在拉伸过程中，应变增加时，位错在铁素体与渗碳体界面处产生，并随之增殖。在平行于或稍倾斜于拉伸应力的珠光体片层处，若在剪切应力平面处有可动的铁素体滑移面，则会形成位错剪切带。在珠光体片层间距较粗的珠光体中，铁素体中滑移面较长，易在铁素体与渗碳体界面处产生位错塞积，而渗碳体中很难进行交滑移，因此剪切带会穿过渗碳体，使渗碳体断裂，断裂的片层渗碳体连接在一起形成微裂纹，微裂纹扩展，最终导致整个珠光体断裂。而在片层较细的珠光体中，可供位错塞积的滑移面较短，位错塞积应力集中程度小而分散，能产生剪切带的区域比较少，在拉伸断裂之前，较细的珠光体能取得较大的塑性变形量。因此，钢的珠光体片间距减小，塑性提高。

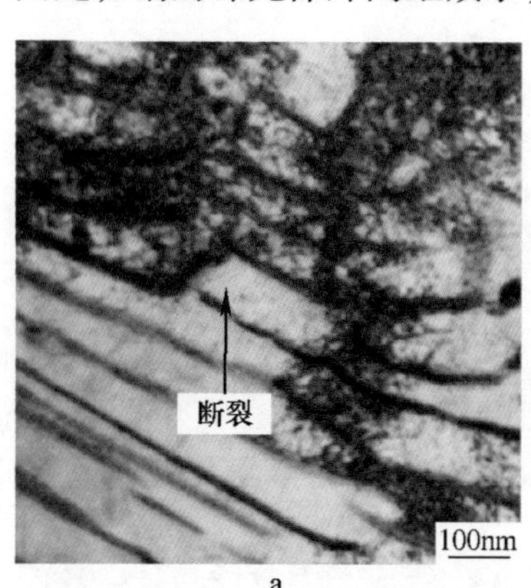

a

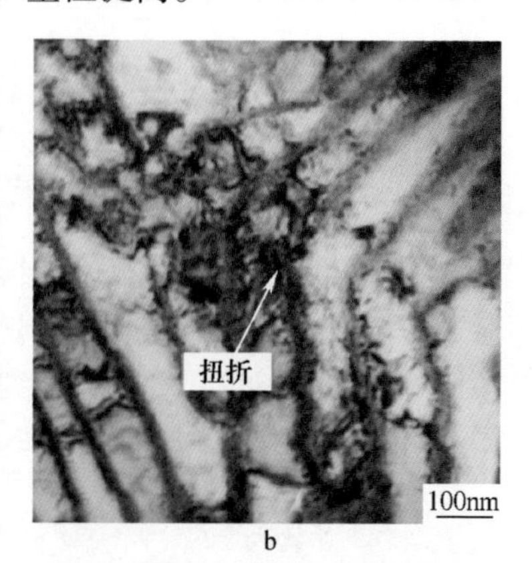

b

图 2-3-10　不同冷速下 90CrSiAl-6 钢拉伸变形后珠光体组织 TEM 组织

a—冷速 40℃/min；b—冷速 100℃/min

90CrSiAl-6 钢在 40℃/min、60℃/min 和 100℃/min 冷速下的拉伸断口形貌 SEM 组织，如图 2-3-11 所示。在冷速为 40℃/min 和 60℃/min 时，拉伸断口有明显的撕裂棱和河流花样，为解理断裂类型。试样在拉伸过程中，产生塑性变形，位错运动受到阻碍，相互靠近形成位错塞积；当剪切应力进一步增大时，塞积处的位错互相挤紧聚合，楔形裂纹便由此生成。裂纹首先在同一晶粒内长大，然后穿过晶界扩展到相邻晶粒。随着冷却速度增大，断口出现了小而浅的韧窝，局部区域发生了塑性变形，但宏观上仍为脆性断裂。

铁路轨道用含铝珠光体钢轨钢是一种全新的化学成分设计思路，铝不仅可以

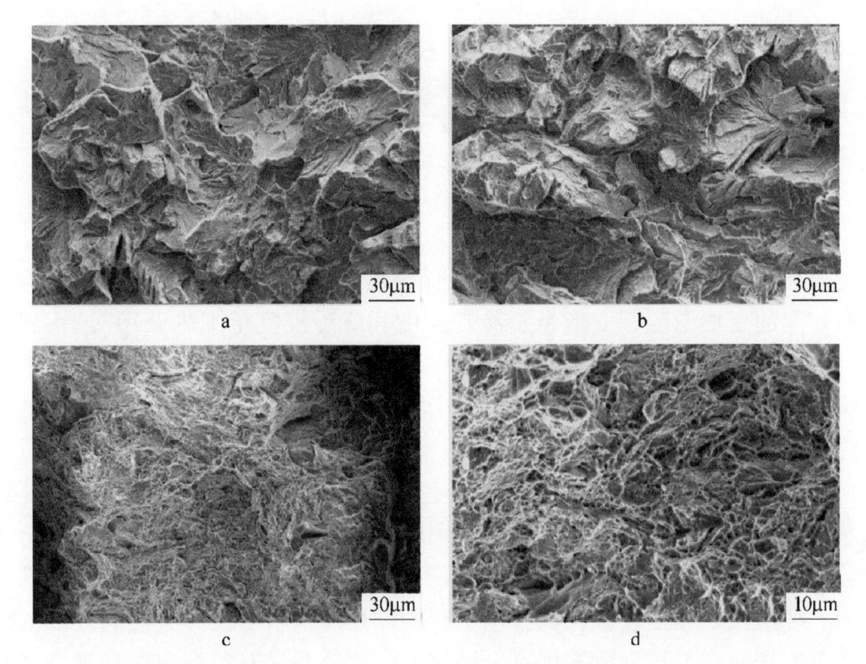

图 2-3-11 不同冷速下 90CrSiAl-6 钢拉伸试样断口形貌 SEM 组织

a—冷速 40℃/min；b—冷速 60℃/min；c，d—冷速 100℃/min

有效地阻碍珠光体钢中共析碳化物的形成，而且可以细化珠光体中渗碳体的厚度，从而获得纳米珠光体组织。同时，借鉴含铝贝氏体钢的研究结果，含铝高强度珠光体钢轨钢还具有较高的抗氢脆能力，降低超高强度钢轨氢致断裂的危险。另外，钢中加入铝，还可以提高钢的耐腐蚀性能。因此，含铝珠光体钢轨钢是一种有发展前途的新型超高强度珠光体钢轨钢。

4　纳米珠光体钢轨组织和性能

由上述试验结果可以证实，通过控制珠光体钢变形和冷却工艺，80CrSiV 钢能够在较宽的变形温度、变形量、冷却速度和终冷温度范围内获得具有高强度、高硬度的纳米珠光体钢。若实现 80CrSiV 钢轨的工业生产，还需对其进行中试试验，研究其类实际钢轨轧制和冷却过程中组织和性能的变化规律，为钢轨的实际生产提供技术支撑。

目前，钢轨的生产主要以在线热处理技术为主。钢轨在线热处理技术是钢轨经轧制成型后，无需再次加热，而是利用轧后钢轨自身较高的温度直接进行欠速淬火、等温淬火或空冷淬火等热处理工艺，实现钢轨轨头的硬化层为微细珠光体组织的一种钢轨处理工艺。经该技术生产的珠光体钢轨不仅具有经离线热处理钢轨所具有的高硬度、长寿命等优点，还可以保证轨头足够深度内的高硬度和高强度，同时，减少能耗，实现低碳绿色发展。

经终轧后的钢轨仍具有全断面奥氏体状态，将其以特定的输送速度连续送入控冷装置中，使钢轨以恒定的冷却速度进行冷却。在此过程中，终轧温度、轧后进入冷却装置的时间、冷却介质、冷却速度和终冷温度等因素均对珠光体钢的组织、性能和使用寿命产生较大的影响。

为研究在线热处理工艺对 80CrSiV 钢轨组织和性能的影响，利用中型控轧控冷设备对大尺寸 80CrSiV 钢轨轨头截面的在线热处理技术进行研究，通过对其组织和性能的对比分析，为最终生产提供技术支持。

4.1　微观组织和力学性能

根据本篇第 2 章实验室条件下 80CrSiV 钢热变形和冷却处理工艺结果，利用中型 ϕ750mm×550mm 高强度二辊热轧试验机和组合式冷却实验机组，对 80CrSiV 钢轨进行中试试验，如图 2-4-1 所示。试验过程中的实测温度、时间参数，见表 2-4-1。模拟 60 型钢轨的轨头尺寸，确定研究用类钢轨（钢轨轨头）的试样最终截面尺寸为 80mm×50mm，参考钢轨组织和性能检测标准进行取样分析。

选取六种轧制工艺试验制备超高强度珠光体钢轨，其中工艺 P1 是模拟钢轨轧制后直接空冷处理工艺；P2 是模拟钢轨经轧制后空冷至冷却装置，随后进行一次加速冷却处理的工艺；P3 是模拟钢轨轧制后直接进行加速冷却工艺；P4～P6 是模拟不同终轧温度、两次加速冷却工艺和最终冷却温度对钢组织和性能的

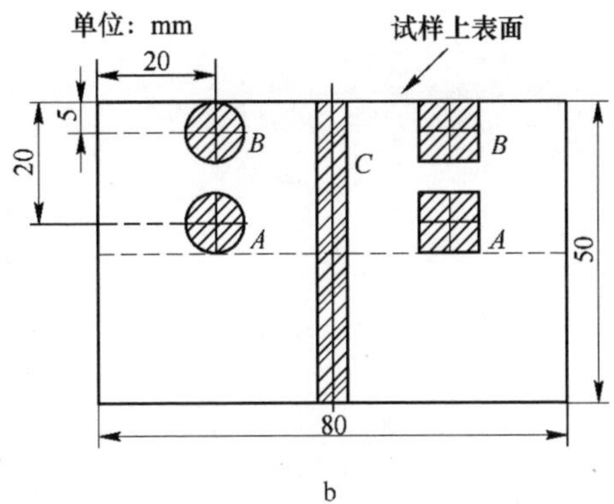

a　　　　　　　　b

图 2-4-1　ϕ750mm×550mm 高强度二辊热轧机和组合式冷却机组（a）和试样取样位置示意图（b）

A—距表层 20mm 位置处测试位置；*B*—距表层 5mm 位置处测试位置；*C*—硬度和组织测试位置

影响工艺。对应工艺下获得的珠光体钢分别命名为 P1 工艺～P6 工艺珠光体钢。在图 2-4-1 中的取样位置示意图中，*A* 处拉伸和冲击试样的中心距轧制试样表层 20mm，与钢轨检测标准相同；*B* 处试样的中心位置仅距轧制试样表层 5mm，研究珠光体钢表层区域的力学性能；*C* 处为硬度、珠光体片间距检测区域，得到珠光体钢硬度、珠光体片间距与距试样表层之间的关系。

表 2-4-1　超高强纳米 80CrSiV 钢轨轧制工艺参数

工艺	IRT /℃	FRT /℃	TAC /min	TAAC /℃	FCR /℃·min^{-1}	TAFC /℃	TAC /min	TAAC /℃	SCR /℃·min^{-1}	TSC /min	FCT /℃
P1	1057	940	AC								
P2	1030	900	2.5	782	82.6	534	AC				
P3	1057	964	0.17	955	95	454	AC				
P4	1050	915	2.5	802	76	574	1	670	80	2	530
P5	1065	924	2.5	788	92	539	1	626	90	2	446
P6	1086	852	2.5	739	77	526	1	539	112	2	316

注：IRT 为初始轧制温度，FRT 为终轧温度，TAC 为空冷时间，TAAC 为空冷后温度，FCR 为第一次加速冷却速度，TAFC 为第一次加速冷却后温度，SCR 为第二次加速冷却速度，TSC 为第二次加速冷却时间，FCT 为加速冷却后的终冷温度。

对经不同轧制工艺处理后钢轨的组织和力学性能进行测试，图 2-4-2 为经不同工艺处理后 80CrSiV 钢距表面不同位置处珠光体片间距和硬度的变化曲线。轧后空冷处理的 P1 工艺钢轨最小片间距为 273nm，且随着距表面距离的增加，珠光体片间距呈现明显增大的趋势，其中距表面 25mm 处珠光体片间距达到 338nm。这主要由于随着距表面距离的增加，珠光体钢的冷却速度明显降低，珠

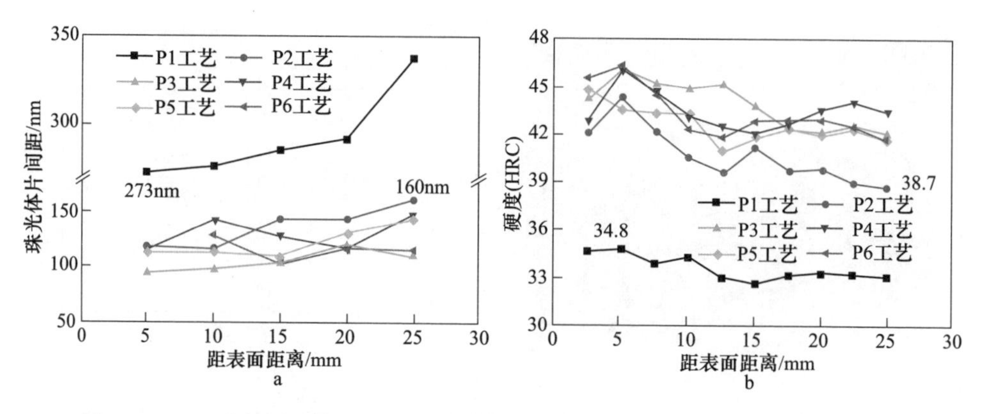

图 2-4-2　经不同工艺处理的 80CrSiV 钢轨距表面不同位置处珠光体片间距和硬度
a—珠光体片间距；b—硬度（HRC）

光体钢的冷却速度越慢，过冷奥氏体向珠光体转变时的过冷度越小，珠光体片间距越大。从实际测得的冷却速度可以发现，空冷过程中试样表面从 940℃ 冷却到 665℃ 过程中的冷却速度仅为 38.1℃/min，而 650～500℃ 之间的冷却速度仅为 13.6℃/min，明显比其他五种工艺下珠光体钢表层的冷却速度小，如图 2-4-3 所示。由于空冷试样中仅获得了较大的珠光体片间距，因此，从图 2-4-2b 中可以明显看到空冷处理后 P1 工艺珠光体钢轨的最大硬度（HRC）仅为 34.8，并且随着距表面距离的增加，其硬度也逐渐降低。

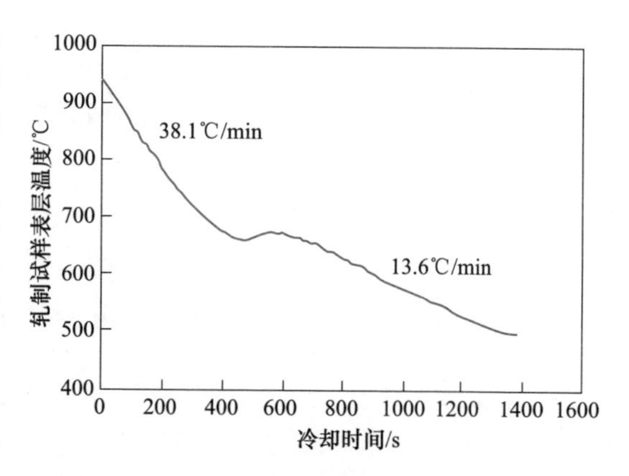

图 2-4-3　80CrSiV 钢轨轧后空冷过程中轨面的冷却速度

轧后进行一次加速冷却的 P2 和 P3 工艺钢轨的珠光体片间距明显减小，硬度明显增加，两者最小珠光体片间距分别达到 115nm 和 95nm，最高硬度（HRC）则分别达到 44.3 和 46.0。两者不同之处在于，P3 工艺钢轨经较高温度轧制后迅速进行了加速冷却处理，减小了其高温区停留时间，并且 P3 工艺钢轨加速冷却的终冷温度为 454℃，低于 P2 工艺钢轨的终冷温度。从实验室小试样试验结果中已经得出，终冷温度越低，能够获得的珠光体片间距越细，其硬度则相应越高。P4～P6 工艺钢轨的珠光体片间距随距表面距离的增加出现先增加后降低的趋势，其硬度也在距表面 15～20mm 处升高，随后又下降。其原因主要是 P4～P6 工艺钢轨在冷却过程中进行了两次加速冷却，第一次冷却后停留 1min，保证了距表面一定深度内的过冷奥氏体全部转变为珠光体；再次加速过程中，加快了珠光体钢心部的冷却速度，使心部珠光体片间距减小、硬度升高。值得注意的是，P6 工艺珠光体钢的终轧温度较低，仅为 852℃，并且空冷 2.5min 后的温度仅为 739℃，从而导致表层中未转变的过冷奥氏体在后续加速冷却过程中转变成贝氏体/马氏体混合组织，如图 2-4-4 所示。该工艺的珠光体钢表层中贝氏体含量要明显多于距表面 5mm 处组织中贝氏体含量。

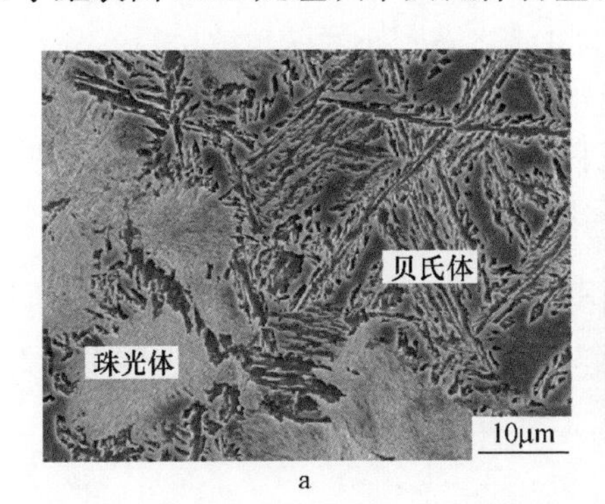

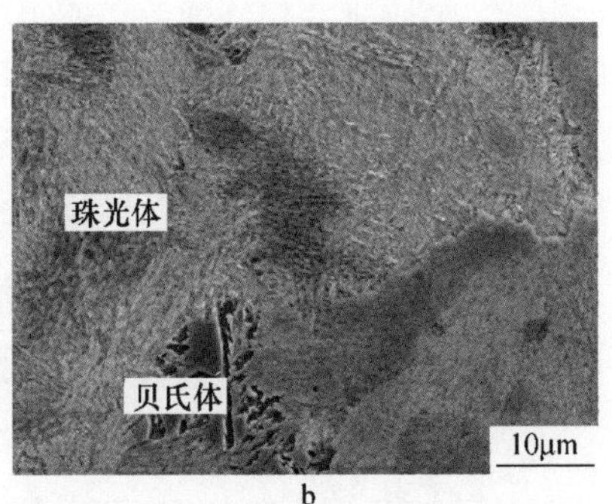

图 2-4-4　经 P6 工艺轧制 80CrSiV 钢轨不同位置处的 SEM 组织

a—表层；b—距表面 5mm

不同轧制工艺珠光体钢轨在距表面 5mm 和 20mm 处试样的工程应力-应变曲线，如图 2-4-5 所示。得到各工艺钢轨的拉伸性能和加工硬化指数，结果见表 2-4-2和表 2-4-3。轧后空冷的 P1 工艺钢轨具有最大的珠光体片间距和最小的硬度，因此从拉伸曲线和其结果可以看出 P1 工艺钢轨两个位置处试样均具有最低的抗拉强度，分别为 1172MPa 和 1181MPa。而经一次加速冷却后的 P2 和 P3 工艺钢轨的抗拉强度明显升高，两者在距表面 5mm 处试样的抗拉强度分别为

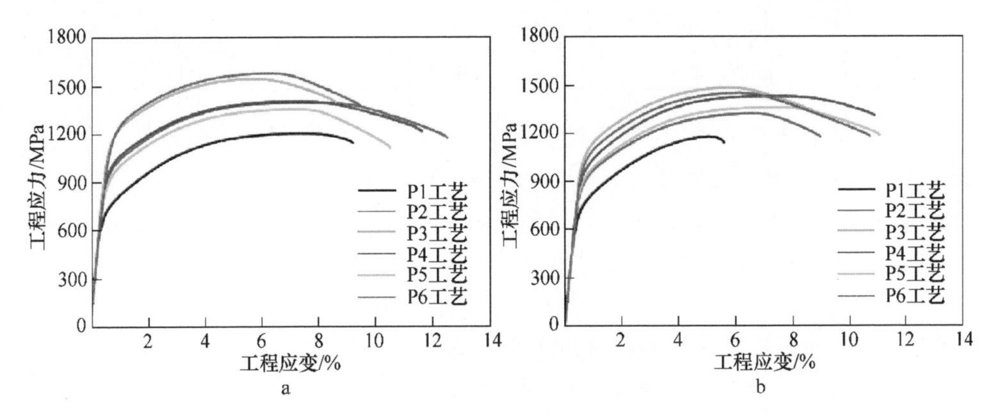

图 2-4-5　不同轧制工艺 80CrSiV 钢轨不同位置试样工程应力-应变曲线

a—距表面 5mm；b—距表面 20mm

1397MPa 和 1537MPa，而距表面 20mm 处试样的抗拉强度分别为 1263MPa 和 1444MPa，说明加速冷却可以明显提高珠光体钢表层乃至心部的抗拉强度。对比两者的抗拉强度可以说明，缩小轧后空冷时间和降低终冷温度可以有效减少试样高温停留时间和降低珠光体转变温度，获得具有较高强度的珠光体钢轨。对于 P4 和 P5 工艺钢轨，由于轧后经过了 2.5min 空冷处理，因此，距表面 5mm 处试样的抗拉强度与 P2 工艺钢轨距表面 5mm 位置的抗拉强度相当，但 P4 和 P5 工艺钢轨经历了二次加速冷却处理后，使得距表面 20mm 处试样的抗拉强度分别达到 1405MPa 和 1308MPa，明显高于 P2 工艺钢轨的抗拉强度值 1263MPa。由于 P6 工艺钢轨距表面 5mm 位置为珠光体与贝氏体的混合组织，因此，其抗拉强度略高于其他五种工艺钢轨在该位置处的抗拉强度。

表 2-4-2　不同轧制工艺 80CrSiV 钢轨距表面 5mm 位置试样的常规力学性能

工艺	屈服强度/MPa	抗拉强度/MPa	伸长率/%	断面收缩率/%	冲击韧性/J · cm^{-2}	屈强比	硬化指数
P1	718	1172	11.4	19.1	5.1	0.61	0.216
P2	995	1397	12.5	32.7	6.3	0.71	0.166
P3	1196	1537	9.5	20.2	4.9	0.78	0.141
P4	989	1398	12.6	31.3	5.1	0.71	0.161
P5	952	1375	10.1	32.4	5.0	0.69	0.171
P6	1158	1555	11.9	34.3	4.9	0.74	0.150

表 2-4-3　不同轧制工艺 80CrSiV 钢轨距表面 20mm 位置试样的常规力学性能

工艺	屈服强度/MPa	抗拉强度/MPa	伸长率/%	断面收缩率/%	冲击韧性/J · cm^{-2}	屈强比	硬化指数
P1	757	1181	5.9	12.2	5.7	0.64	0.234
P2	852	1263	9.7	27.4	7.2	0.67	0.186
P3	1059	1444	8.8	25.0	4.7	0.73	0.164
P4	966	1405	11.7	27.6	5.1	0.69	0.176
P5	931	1378	11.6	28.5	5.2	0.68	0.200
P6	1065	1462	10.7	38.5	5.0	0.73	0.168

表 2-4-2 和表 2-4-3 给出了六种工艺轧制后距表面不同距离处珠光体钢轨屈服强度、抗拉强度、屈强比以及加工硬化指数。同时，图 2-4-6 给出了屈服强度和抗拉强度随珠光体片间距平方根倒数的变化曲线，以及屈强比和加工硬化指数随珠光体片间距平方根倒数的变化曲线。

对于同一种珠光体钢，其屈服强度和硬度与珠光体片间距之间符合 Hall-Petch 关系，而抗拉强度则不符合该关系，并且抗拉强度会在某一临界珠光体片间距时达到最大，由图 2-4-6 拟合的曲线可以看出，80CrSiV 钢轨的屈服强度和抗拉强度均与珠光体片间距呈 Hall-Petch 关系，见式 2-4-1 和式 2-4-2。以式 2-4-1 和式 2-4-2 的斜率代表珠光体钢屈服强度和抗拉强度对珠光体片间距的敏感程度，

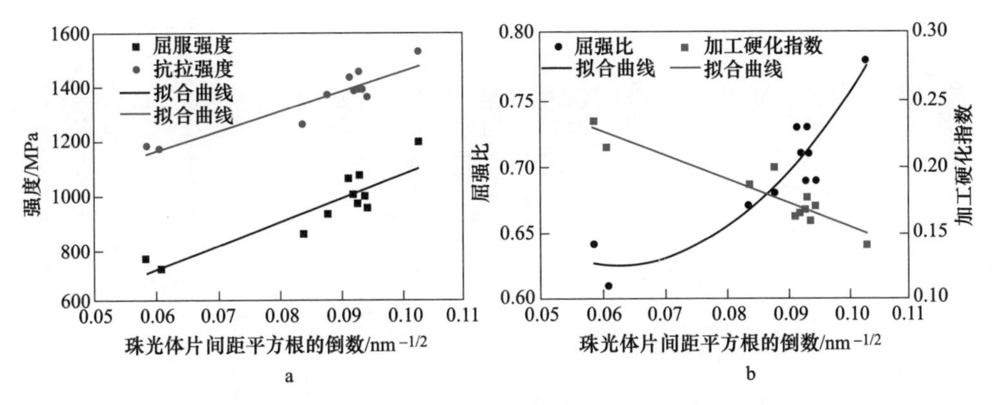

图 2-4-6　80CrSiV 珠光体钢轨钢性能与珠光体片间距关系

a—屈服强度和抗拉强度随珠光体片间距平方根倒数的变化；

b—屈强比和硬化指数随珠光体片间距平方根倒数的变化

屈服强度对珠光体片间距的敏感程度要大于抗拉强度对珠光体片间距的敏感程度。因此，屈强比与珠光体片间距的平方根倒数之间并未成直线增加趋势，而是符合式 2-4-3。珠光体钢的加工硬化指数随着珠光体片间距的平方根倒数的增加而呈现逐渐减小的趋势，即珠光体片间距越大，其加工硬化指数越小。

$$YS = 182.03 + 8930.18\,(ISP)^{-1/2} \tag{2-4-1}$$

$$UTS = 707.00 + 7621.08\,(ISP)^{-1/2} \tag{2-4-2}$$

$$YR = 1.00 - 11.85\,(ISP)^{-1/2} + 94.46\,[\,(ISP)^{-1/2}\,]^2 \tag{2-4-3}$$

$$n = 0.33 - 1.79\,(ISP)^{-1/2} \tag{2-4-4}$$

式中　YS——屈服强度，MPa；

ISP——珠光体片间距，nm；

UTS——极限抗拉强度，MPa；

n——加工硬化指数。

为研究珠光体钢的加工硬化行为，通过拉伸数据和式 2-4-5 对珠光体钢的瞬时加工硬化指数进行了计算，图 2-4-7 分别给出了不同工艺轧制珠光体钢轨的瞬时加工硬化随真应变的关系曲线。钢的瞬时加工硬化指数 n_i 可表示为：

$$n_i = \frac{\mathrm{d}(\ln\sigma_{\mathrm{T}})}{\mathrm{d}(\ln\varepsilon_{\mathrm{T}})} \tag{2-4-5}$$

式中　n_i——瞬时加工硬化指数；

σ_{T}——真应力，MPa，$\sigma_{\mathrm{T}} = \sigma(1+\varepsilon)$；

ε_{T}——真应变，$\varepsilon_{\mathrm{T}} = \ln(1+\varepsilon)$；

σ——工程应力，MPa；

ε——工程应变。

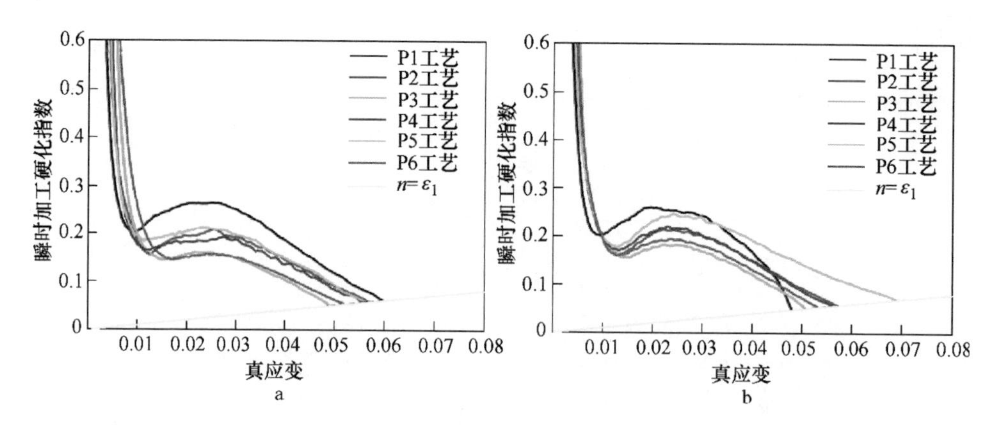

图 2-4-7　80CrSiV 珠光体钢轨不同位置试样瞬时硬化指数随真应变的变化曲线

a—距表面 5mm；b—距表面 20mm

从图 2-4-7 瞬时加工硬化指数随真应变的关系曲线结果中也可以看出，珠光体片间距较大的钢具有较大的瞬时加工硬化指数，说明珠光体钢的加工硬化能力与珠光体片间距有关。此外，珠光体钢的加工硬化行为还受到渗碳体体积分数和渗碳体形貌的影响，渗碳体相的体积分数直接决定了珠光体组织中铁素体与渗碳体界面的数量，影响位错密度。

由式 2-1-8 可以看出，组织中渗碳体的厚度由珠光体片间距、碳含量和珠光体所占百分比决定，但在本研究中，材料同为 80CrSiV 珠光体钢，不同工艺轧制珠光体钢中的碳含量仍保持相同。因此，渗碳体厚度与铁素体相的厚度分别占珠光体片间距的 15%和 85%，即铁素体相的厚度随珠光体片间距增加而增加的幅度更大。作为软相的铁素体在珠光体变形过程发生位错增殖与位错滑移，并在铁素体与渗碳体界面发生偏聚。铁素体相厚度越大，位错的增殖和滑移的能力越强，位错堆积更容易，从而产生更高的加工硬化指数。

从珠光体钢轨的力学性能结果可以看出，虽然经特定工艺处理后的珠光体钢轨的抗拉强度可以达到 1500MPa，但所有工艺轧制珠光体钢的冲击韧性均较低，仅在 5J/cm^2 左右。图 2-4-8 对 P1、P3 和 P5 工艺钢轨距表面 5mm 处试样的冲击断口形貌进行了分析，不同强度级别珠光体钢的冲击断口形貌均表现出较典型的解理断裂，并且从图 2-4-8 的局部图可以看出，解理面存在若干解理台阶。解理裂纹萌生以位错或者孪生为基础，金属材料在塑性变形受阻时，在其剧烈塑性变形区域产生较大的局部应力集中，当该应力超过其强度后，材料通过萌生微裂纹的方式释放应力。在珠光体钢中，铁素体相首先发生塑性变形，引发位错的增殖、滑移和位错在铁素体与渗碳体界面堆积，形成较大的应力聚集区。当位错塞积产生的局部应力达到珠光体钢断裂强度时，在位错滑移面下方最大张应力平面上形成微裂纹，在外加载荷作用下引起裂纹扩展并断裂。图 2-4-8d 为图 2-4-8b

中白框内解理台阶的局部放大图，其形成机理在于两个不在同一平面上的解理裂纹通过与主解理面相垂直的二次解理面相互汇合而形成。

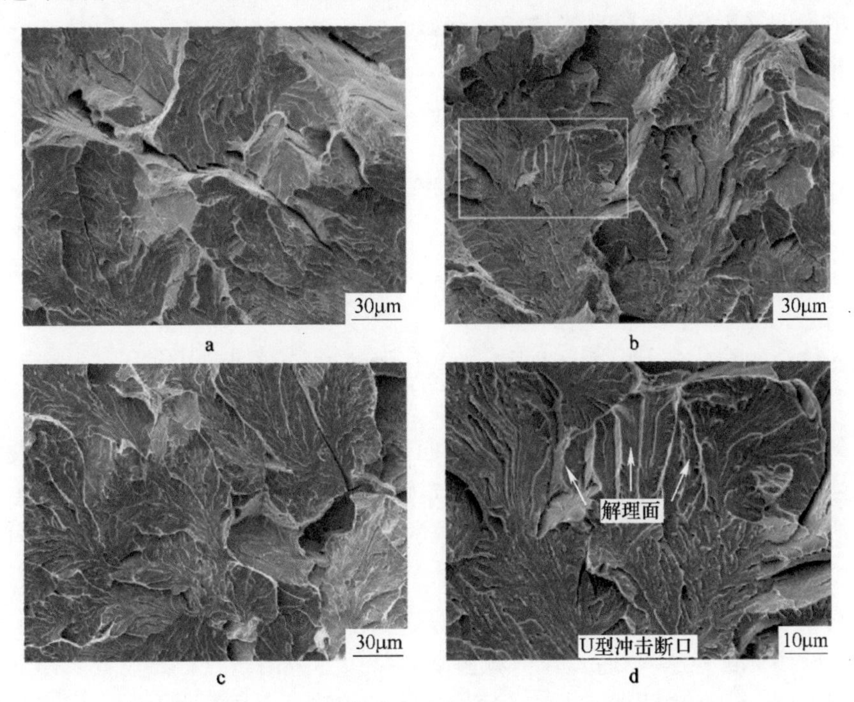

图 2-4-8 三种工艺轧制 80CrSiV 纳米珠光体钢轨距表面 5mm 处试样的冲击断口形貌
a—P1 工艺；b—P3 工艺；c—P5 工艺；d—图 b 中框选位置的放大图

4.2 变形行为

利用 MTI 拉伸台和 SU5000 扫描电镜观察珠光体钢在拉伸过程中的组织演化过程，从而得到珠光体钢在拉伸过程中的微观组织形变、断裂模型。以珠光体片间距较大的 P1 工艺轧制珠光体钢轨为研究对象，其中一组试样以恒定速率拉伸直至断裂，另一组试样为拉伸过程研究，在扫描电镜下原位拉伸试验，观察在变形过程中珠光体组织变化情况，其中观察点选定为弹性阶段、屈服点附近、抗拉强度附近和断裂后。

图 2-4-9 为直接拉断和原位拉伸试样的工程应力-应变曲线，需要说明的是，由于试样拉伸过程中是在扫描电镜内部完成，无法加引伸计，因此，该图中的工程应力-应变曲线与真实应力-应变曲线存在一定偏差。为便于对组织演变进行观测，间隔停顿时间较长，使拉伸曲线呈现应力松弛，导致在特定点终止拉伸后的应力出现略微下降的趋势。

图 2-4-10 为原位拉伸过程中同一位置在不同拉伸阶段的 SEM 组织，其编号

对应图2-4-9中拉伸曲线上各标注位置，从a到g，其中a为原始状态。依据图2-4-10d中的珠光体组织特征，将该区域内组织细分为A～D四个区域，其中A区域的渗碳体片与拉伸方向垂直、B区域渗碳体片与拉伸方向平行、C区域渗碳体片与拉伸方向呈锐角、而D区域的渗碳体片则与试样表面接近平行。对拉伸过程中不同形态的珠光体组织演化进行分析，B区域与拉伸平行的渗碳体片发生剪切断裂并形成碎片，随后形成与拉伸方向呈45°角左右的剪切裂纹，并且裂纹两侧的渗碳体发生错位。与拉伸方向呈一定锐角的C区域则主要是以裂纹为主，未出现明显的渗碳体碎化现象，与D区域的断裂方式相似。垂直于拉伸方向的A区域中，渗碳体未发生断裂。

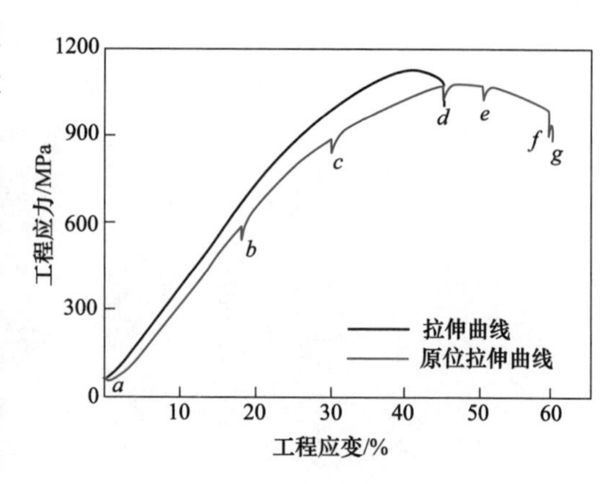

图2-4-9　P1工艺轧制80CrSiV珠光体钢原位拉伸过程中的工程应力-应变曲线

同一试样另一位置的组织变化过程，如图2-4-11所示，对应图2-4-9中拉伸曲线上标注的位置从a到e。A区域渗碳体与拉伸方向垂直，白色直线标记为渗碳体的方向，白色虚线标记了一个完整的渗碳体片，白色箭头位置处标注了与该渗碳体片相邻位置处的渗碳体断裂情况。

对比各阶段渗碳体变化可以看出，垂直于拉伸方向的A区域虽然没有发生渗碳体断裂或者形成剪切裂纹，但在应力作用下，铁素体与渗碳体发生弯曲，如图2-4-11e所示。从虚线所对应的渗碳体片左侧可以看出，在白色箭头位置处逐渐有渗碳体断裂，并且裂纹宽度随应变量的增加而逐渐变宽。珠光体组织中的剪切带平行于$\{110\}_{\alpha}$，但与渗碳体的任一滑移面均不平行，因此，可以说明这种剪切断裂是由于位错在铁素体内增殖并在两相的界面堆积，引起局部应力集中并导致的渗碳体断裂。

有研究对珠光体片间距分别为90nm和400nm珠光体钢的变形、断裂过程进行分析，其结果显示，在细片状珠光体中，铁素体与渗碳体均发生均匀变形与断裂，但在粗片状珠光体钢中，其应变分布不均匀，变形仅发生在局部滑移带中。原位扫描和EBSD结果表明，在较小的应变时，变形主要发生在具有较小错配角（<5°）的珠光体团内部，且具有粗/细片状珠光体钢的变形与断裂机制相似，其主要原因在于错配角较小的珠光体团内部存在较大的位错源，在较小的应变下便产生较多的位错，形成局部位错堆积，引起珠光体钢的变形与断裂。片状珠光体断裂一般分为四个阶段：（1）位错在铁素体与渗碳体界面堆积；（2）单个微

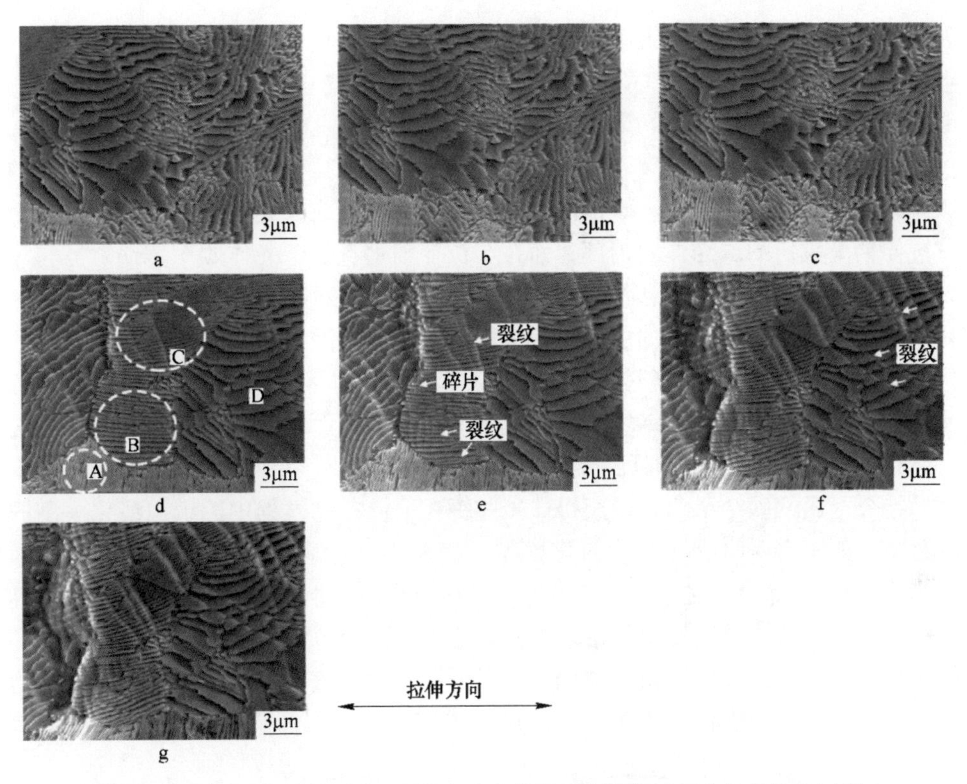

图 2-4-10　P1 工艺轧制 80CrSiV 纳米珠光体钢原位拉伸过程中组织演化过程 1

a—原始状态，对应图 2-4-9 中的 *a* 点；b~g—对应图 2-4-9 中的 *b*~*g* 点

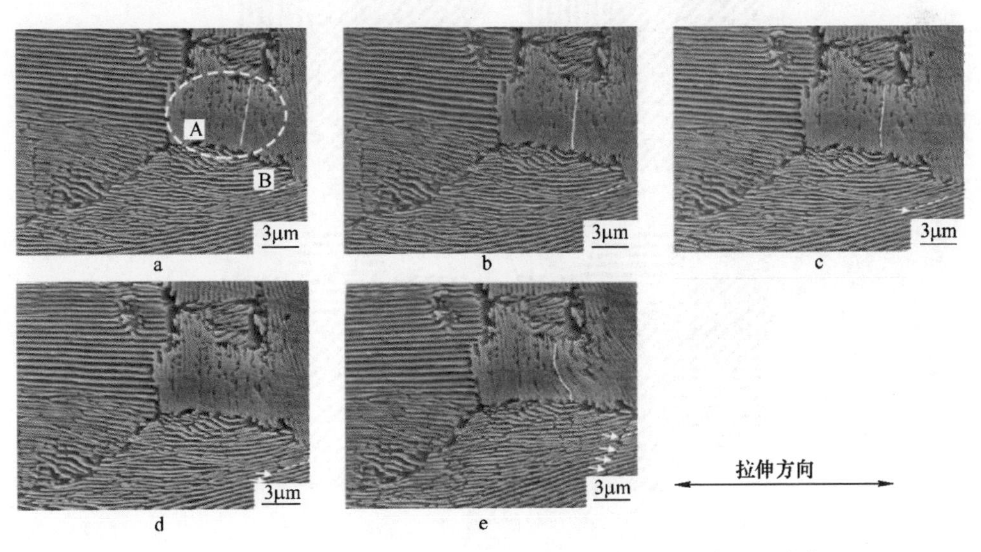

图 2-4-11　P1 工艺轧制 80CrSiV 纳米珠光体钢原位拉伸过程中组织演化过程 2

a—原始态，对应图 2-4-9 中的 *a* 点；b~e—对应图 2-4-9 中的 *b*~*e* 点

裂纹形核；（3）裂纹均匀形核；（4）裂纹的扩展与断裂。剪切带和裂纹的形成与珠光体片间距的取向无关系，而与最大剪应力的方向有关，并且认为微裂纹的形核与扩展方式总是与剪切带方向吻合。

剪切带、渗碳体的断裂和微裂纹均在珠光体片与拉伸轴平行或呈一定锐角的珠光体团中形成与扩展。渗碳体的断裂和剪切带的生成首先发生在珠光体片间距与拉伸轴呈锐角的珠光体团内部；而在与拉伸轴垂直的珠光体团中，铁素体与渗碳体均以弯曲的形式发生塑性变形，并未形成明显的剪切带和微裂纹。剪切带、裂纹更易在与拉伸轴平行的珠光体团中形成的主要原因是，平行于拉伸轴方向的珠光体片中，铁素体和渗碳体受到的剪应力较大，铁素体更容易发生位错增殖、滑移，在两相界面形成位错堆积，造成局部应力增加而导致渗碳体断裂，并且同一珠光体团内断裂的渗碳体形成剪切带。

结合上述试验结果，可以获得珠光体钢在原位拉伸过程中的组织演化模型的示意图，如图 2-4-12 所示。为简化模型，该图中的渗碳体片分别与拉伸方向平行、垂直和呈 45°角。在较小的应变时，位错首先在铁素体内增殖、滑移，并且在铁素体与渗碳体界面发生位错堆积，而这种位错增殖、滑移和堆积过程在珠光体片与拉伸轴平行或呈锐角的珠光体片中更易发生；随着应变量的增加，该类型珠光体团内的剪切带数量明显增多，并且其方向与拉伸轴角度接近于 45°；在剪

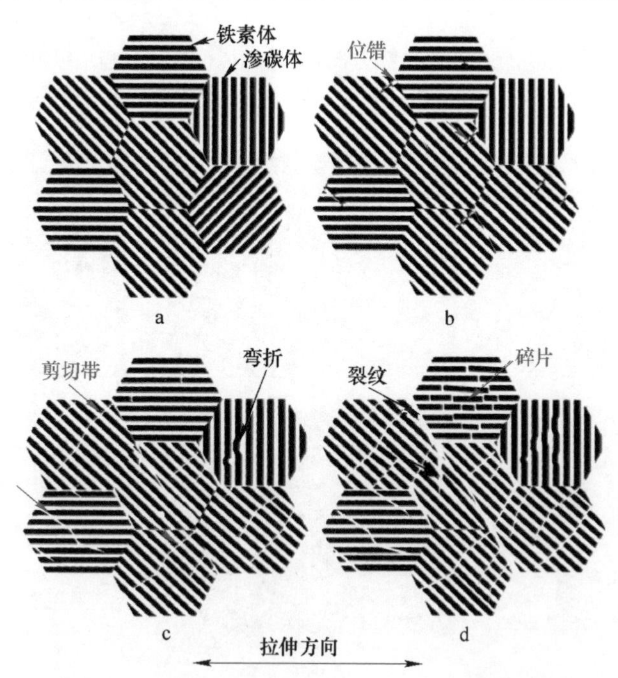

图 2-4-12　珠光体钢拉伸变形过程中的组织演化模型

a—第一阶段；b—第二阶段；c—第三阶段；d—第四阶段

切带扩展到一定程度时，剪切带穿过的渗碳体发生偏移，形成剪切裂纹，并且沿着剪切带方向发生扩展，最终导致珠光体钢断裂。

4.3 耐磨性能

选取抗拉强度分别为 1172MPa、1375MPa 和 1573MPa 的 P1、P5 和 P3 工艺钢轨作为磨损试验研究对象，分别切取其距表面 5mm 处的试样进行磨损性能和磨损过程中组织演化的研究。P3 工艺钢轨在载荷为 100N 条件下，经过 60min、120min 和 180min 磨损后的磨面三维形貌和磨损纵截面的深度变化曲线，如图 2-4-13所示。不同试样的磨损表面均有不同深度和不同数量的犁沟，磨损表面边缘出现不同程度的凸起，并且在磨损时间为 180min 时，磨损边缘凸起较为明显。这主要是由于磨损过程中，磨损接触面组织沿磨损切向方向变形，并在边缘形成堆积所致。从图 2-4-13d 的磨损纵截面深度变化曲线可以看出，随着磨损时间从 60min 延长到 180min，磨损纵截面深度逐渐增大的同时曲线更加平滑，即磨损表面更加平滑。磨损 120min 和 180min 试样纵截面深度分别比磨损 60min 试样增加了 40%和 108%，可见珠光体钢轨的磨损深度（磨损量）将随着磨损时间的延长而增加。

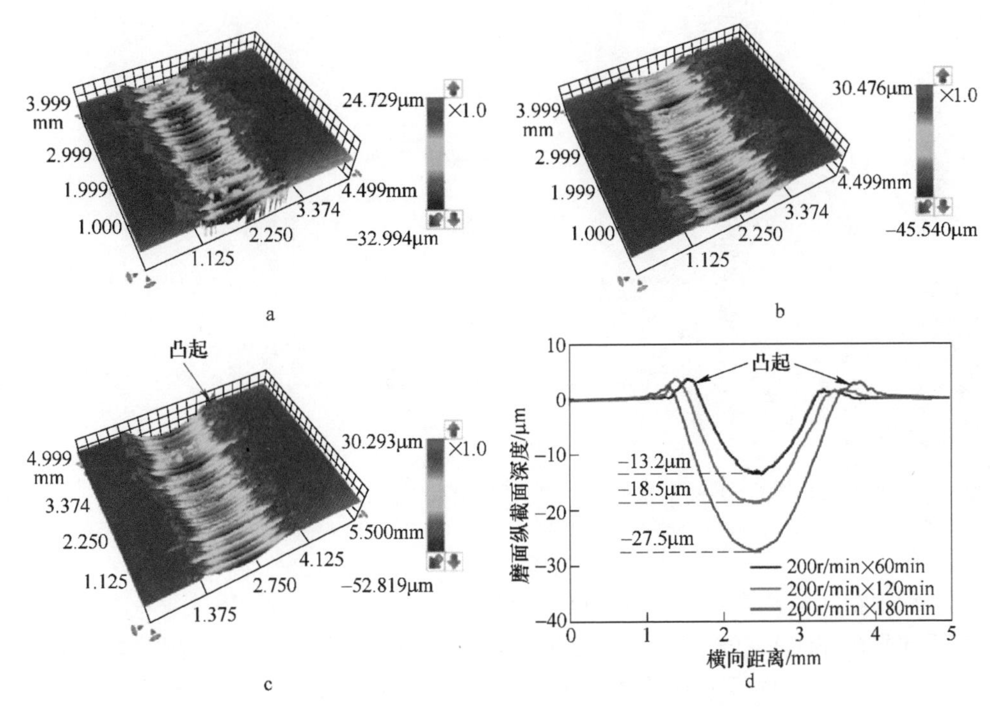

图 2-4-13 P3 工艺轧制 80CrSiV 钢经 200r/min 磨损不同时间后磨面三维形貌

a—磨损时间 60min；b—磨损时间 120min；c—磨损时间 180min；d—磨面纵截面深度变化

载荷为100N条件下，P3工艺钢轨经不同转速磨损相同周次后的磨面三维形貌和对应的纵截面深度变化，如图2-4-14所示。与图2-4-13中200r/min磨损180min后的磨面形貌对比可以看出，经相同周次磨损后，随着磨损转速的增加，珠光体钢磨损表面更加光滑。对P3工艺钢轨经不同转速磨损后的磨损纵截面深度对比可以发现，经400r/min磨损90min后的纵截面深度仅为28.0μm，与经200r/min磨损180min后的纵截面深度（27.5μm）相当；当转速提高到600r/min时，经过60min磨损后的纵截面深度达到167.9μm，比经200r/min和400r/min磨损相同周次后的试样纵截面深度增加了5倍。P3工艺钢轨的磨损深度并未随着磨损转速的增加而呈线性增加，在转速为200r/min和400r/min时，两者的磨损程度相当，但当转速达到600r/min后，相同磨损周次下磨损加剧，磨损纵截面深度成倍增加。

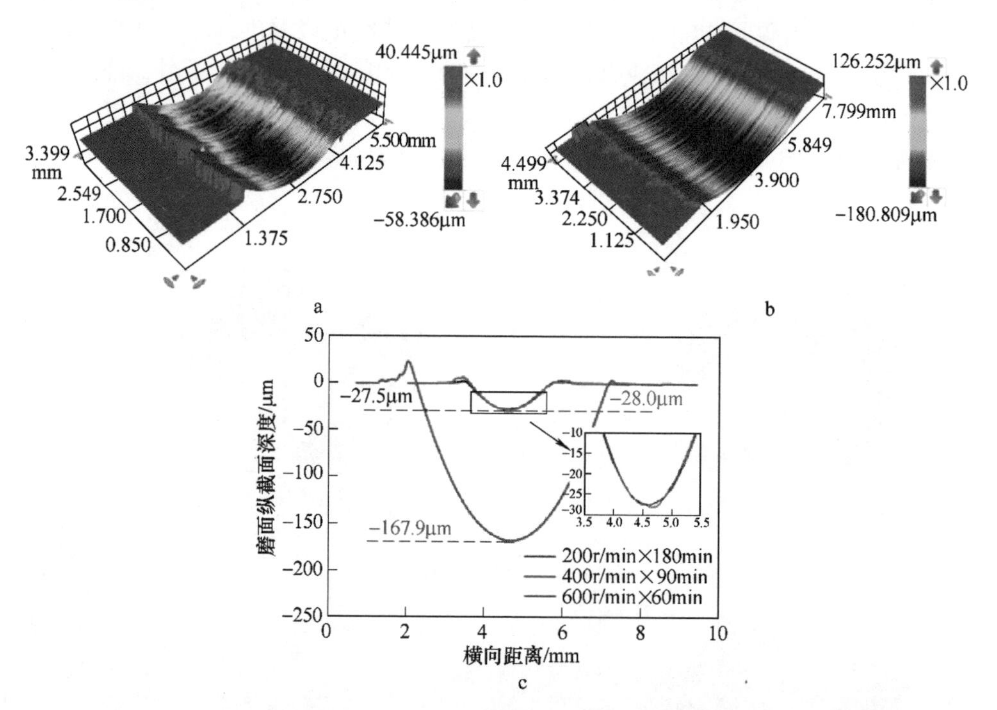

图2-4-14　P3工艺轧制80CrSiV钢在不同转速下磨损相同周次后磨面三维形貌

a—400r/min×90min；b—600r/min×60min；c—磨面纵截面深度变化

利用相同测试方法，图2-4-15和图2-4-16给出了P1和P5工艺钢轨试样，在不同磨损条件下的磨损截面深度变化曲线。两种不同强度的珠光体钢试样在转速为200r/min条件下，随着磨损时间的增加，磨损纵截面深度逐渐增大，但相同磨损条件下的纵截面深度均大于P3工艺钢轨的深度；并且从P1工艺钢轨试样的磨损纵截面深度变化可以看出，在转速为200r/min时，当磨损时间从60min

延长至180min时，其磨损纵截面深度的增加值高达136%，高于P3和P5工艺钢轨在相同磨损工艺下纵截面深度的增加幅度。

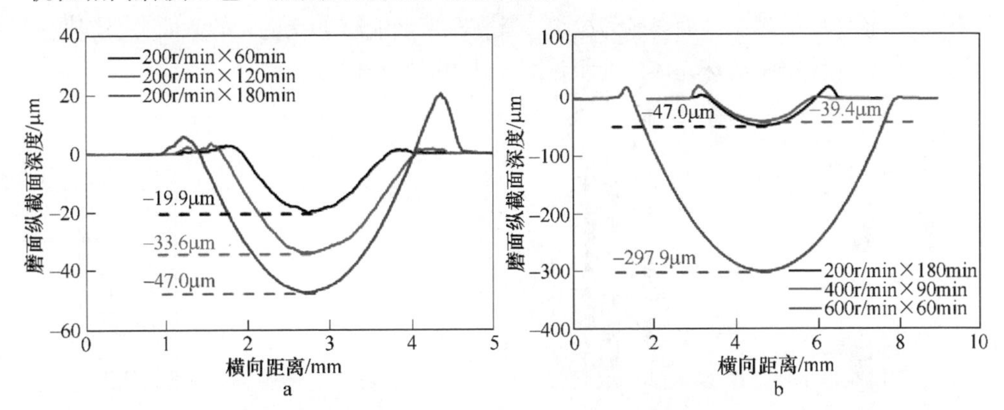

图2-4-15　P1工艺轧制80CrSiV珠光体钢轨试样在不同磨损条件下的磨面纵截面深度变化

a—相同转速下不同磨损时间；b—不同转速磨损相同周次

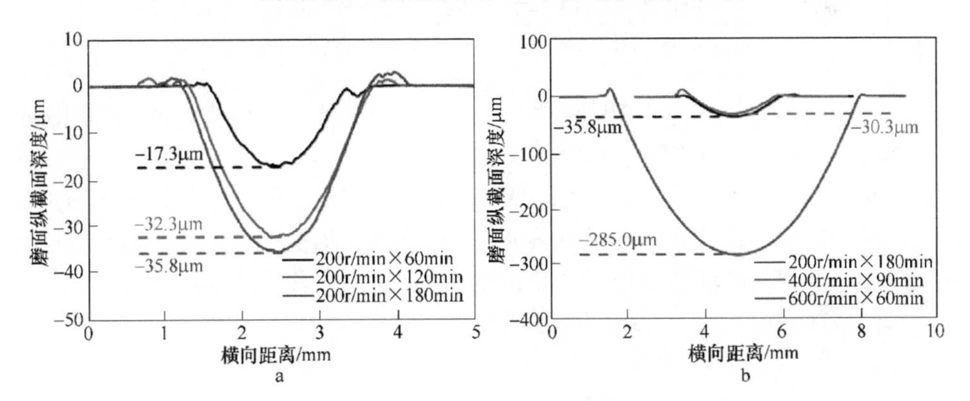

图2-4-16　P5工艺轧制80CrSiV钢轨试样在不同磨损条件下的磨面纵截面深度变化

a—相同转速下不同磨损时间；b—不同转速磨损相同周次

对不同工艺轧制珠光体钢经不同转速下磨损相同周次后，其纵截面深度分析可以看出，P1和P5工艺钢轨试样的磨损规律与P3工艺钢轨试样的磨损规律相同，即经200r/min和400r/min条件下磨损相同周次后，同一种珠光体钢轨试样的纵截面深度较为接近，但均明显小于其经600r/min磨损相同周次后试样对应的纵截面深度。

对经三种工艺轧制获得的不同强度级别的珠光体钢轨，在不同磨损条件下的磨损纵截面面积进行统计分析，结果如图2-4-17所示。随着珠光体钢强度、硬度的升高，珠光体钢磨损纵截面面积越小，即耐磨性越好。珠光体的硬度与其珠光体片间距符合Hall-Petch关系，因此在具有较细珠光体片间距的珠光体钢不仅表现出较高的强度和硬度，而且还使其具有更加优异的耐磨性能。珠光体片间距越细，由铁素体变形而增殖并滑移到铁素体与渗碳体界面处的位错分布越均匀，不易形成局部应力集中，因此减缓了磨损过程中微裂纹的形成。通过式2-1-8可以看出，珠光体片间距越细，其组织中的渗碳体厚度越小。而渗碳体越细，其在断裂前能够承受更大的弯曲乃至塑性变形，导致珠光体钢中的珠光体片间距越细，其耐磨性越优异。

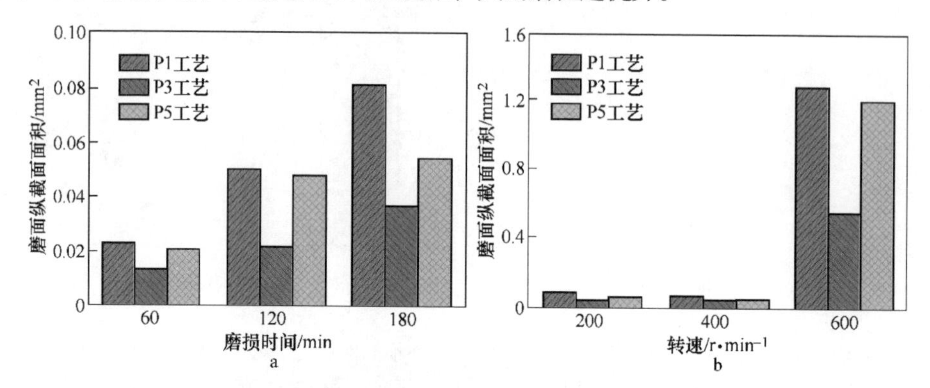

图2-4-17　三种工艺轧制80CrSiV珠光体钢在不同磨损条件下的磨损纵截面面积

a—磨损纵截面面积随磨损时间变化；b—磨损纵截面面积随转速变化

三种不同强度的珠光体钢轨试样在不同磨损条件下，摩擦系数随磨损周次的变化曲线，如图2-4-18所示。摩擦系数的变化过程可以分为三个阶段，第一阶段为磨损初期，三种钢的摩擦系数均较低并且随着磨损周次的增加呈现缓慢增加的趋势；第二阶段为摩擦系数剧烈增加阶段，即当磨损周次达到一定数值后，摩擦系数随着磨损周次的增加呈现明显增加的趋势；第三阶段为磨损稳定阶段，此阶段试样的摩擦系数仅在一定范围内波动。

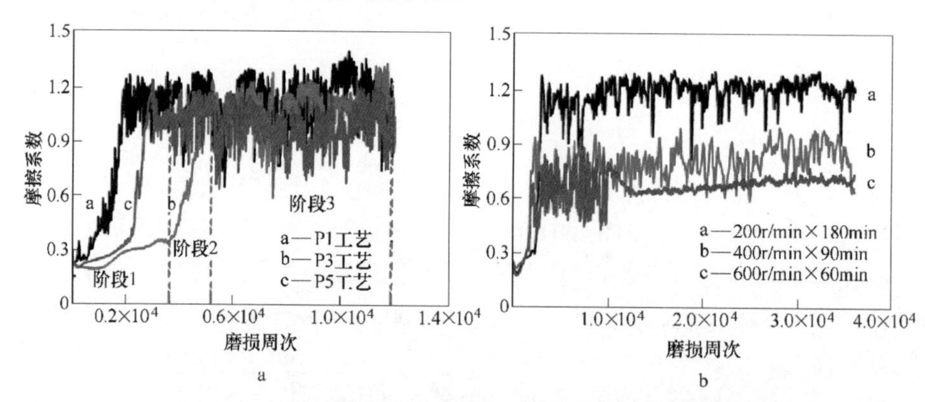

图2-4-18　80CrSiV纳米珠光体钢摩擦系数随磨损周次的变化

a—P1、P3和P5工艺轧制钢轨在200r/min×60min磨损过程中的摩擦系数；

b—P3工艺轧制钢轨在不同转速和磨损时间下的摩擦系数

对比三种钢在该条件下的摩擦系数可以看出，珠光体钢的强度、硬度越低，

摩擦系数第一阶段维持的周次越短。例如，当磨损周次分别达到500周次、3600周次和2200周次后，三种钢的摩擦系数才呈现明显增加的趋势。珠光体钢的屈服强度较低，相同磨损条件下其表层更易于出现磨损、剥落，造成试样表面损伤，导致摩擦系数的快速增加。结合三者磨损深度、磨面截面积和摩擦系数的变化曲线可以看出，磨损程度随着珠光体钢强度的增加而降低，且珠光体钢强度越低，其初始磨损第一、二阶段越短，即磨损初期就会发生较明显磨损。而P3工艺钢轨在相同磨损周次、不同转速条件下，在磨损稳定阶段，摩擦系数随试样转速增加呈现逐渐减小的趋势，并且试样的摩擦系数在转速为600r/min时的波动幅度明显降低。通过不同转速下试样表面形貌可以看出，P3工艺钢轨试样经600r/min×60min磨损后的表面较其他试样表面平滑，因此，其摩擦系数较小且随磨损周次波动的幅度较小。

不同强度级别珠光体钢的磨损量均随着磨损时间的延长而增加，但相同强度级别珠光体钢在转速为200r/min和400r/min磨损相同周次后的纵截面面积不仅较为接近，还明显小于转速为600r/min条件下的纵截面面积。因此，对耐磨性较好的1500MPa级珠光体钢轨在不同磨损条件下组织演化进行分析，研究不同转速下的磨损机理。

P3工艺钢轨试样经200r/min磨损60min、120min和180min后表面形貌的SEM组织，如图2-4-19所示。不同磨损时间后，试样磨损表面均以堆积的氧化

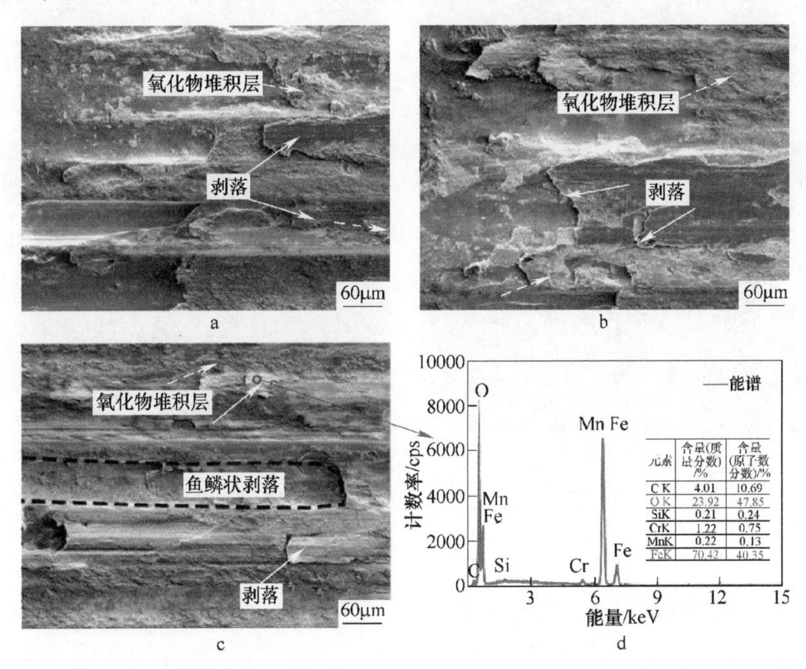

元素	含量(质量分数)/%	含量(原子数分数)/%
C K	4.01	10.69
O K	23.92	47.85
SiK	0.21	0.24
CrK	1.22	0.75
MnK	0.22	0.13
FeK	70.42	40.35

图2-4-19 P3工艺轧制80CrSiV珠光体钢轨经200r/min磨损不同时间后磨面形貌SEM组织

a—磨损时间60min；b—磨损时间120min；c—磨损时间180min；d—图c中红色标记区的EDS结果

物和剥落层为主，磨损机理主要以黏着磨损为主。磨损表面的氧化物主要是Fe_3O_4和Fe_2O_3，氧化物的生成可以减小摩擦副之间的摩擦系数，有效减缓磨损。从图2-4-19d中能谱分析结果也可以看出，在磨损表面的白色区域，其氧原子和铁原子的占比分别为47.8%和40.4%，可以证实该部分为Fe_3O_4和Fe_2O_3混合物。在磨损过程中，局部基体在较大摩擦力的作用下会沿磨损方向整体剥落，形成鱼鳞状磨损表面形貌。

对经不同磨损条件的P3工艺钢轨试样的纵截面进行抛光、腐蚀，随后进行组织观察。图2-4-20为经200r/min条件磨损不同时间后的纵截面SEM组织。在转速为200r/min时，经不同时间磨损后的纵截面组织均沿磨损方向发生不同程度的变形，当磨损时间分别为60min、120min和180min时，试样变形层的厚度分别为29.9μm、28.7μm和27.6μm，变形层的厚度变化较小，并随着磨损时间的延长呈减小的趋势。

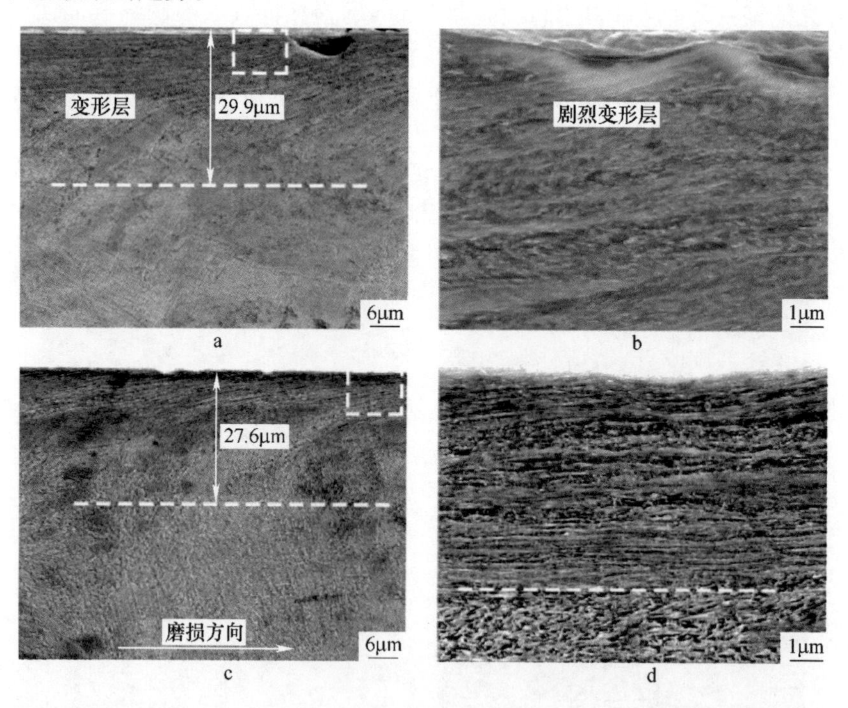

图2-4-20　P3工艺轧制80CrSiV珠光体钢轨经200r/min磨损不同时间后的纵截面SEM组织
a，b—磨损时间60min；c，d—磨损时间180min；b，d—分别对应图a、c内方框区放大图

磨损时间较短时，试样接触面积较小，对应的接触应力和摩擦力均较大，因此，高应力引起的变形层厚度也较大。从局部高倍SEM组织分析可以看出，经不同磨损时间后，P3工艺钢轨亚表层中均出现明显变形层，典型的层片状珠光体形态已经消失，且在渗碳体断裂和碎化的同时，沿着磨损的切向呈纤维状排

列。片状渗碳体在变形过程中发生断裂、碎化，与此同时也会与铁素体相互融合，碎化的渗碳体颗粒细小且弥散分布在其严重变形层中。在磨损过程中，珠光体钢表层因形变而发生加工硬化，提高了其耐磨性，渗碳体变形、碎化且与磨损表面平行排列可以增大高硬度渗碳体与摩擦副的接触面积，从而进一步提高钢的耐磨性能。

P1 和 P5 工艺轧制 80CrSiV 珠光体钢轨在该条件下磨损纵截面 SEM 组织，如图 2-4-21 所示。对于强度级别为 1100MPa 的钢轨磨损纵截面的变形层厚度为 45.2μm，强度级别为 1300MPa 的钢轨磨损纵截面变形层的厚度为 31.4μm，说明珠光体钢的强度越低，其磨损后的变形层厚度越大。P1 和 P5 工艺钢轨的磨损亚表层均存在了严重变形层，并且强度较低的 P1 工艺钢轨的剧烈变形层厚度较大。从表 2-4-2 给出的珠光体钢力学性能可知，三种工艺珠光体钢距表面 5mm 处试样的屈服强度分别为 718MPa、1196MPa 和 952MPa。在相同载荷下，珠光体钢屈服强度越低，越容易发生变形，产生较大的变形层。

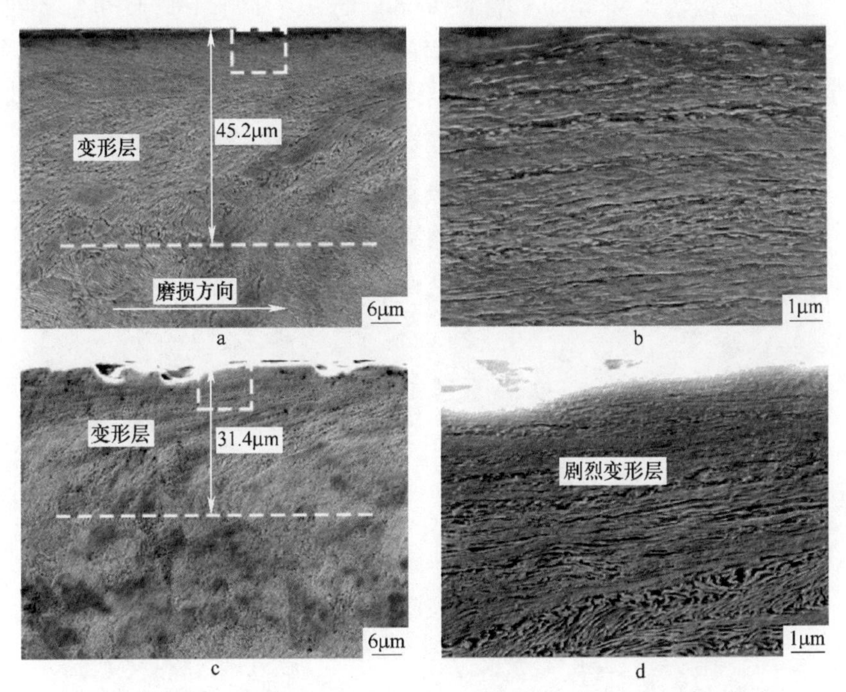

图 2-4-21　P1 和 P5 工艺轧制 80CrSiV 钢轨经 200r/min 磨损 180min 后的磨损纵截面 SEM 组织
a，b—P1 工艺；c，d—P5 工艺；b，d—分别对应图 a、c 内方框区放大图

图 2-4-22 为 P3 工艺钢轨试样经 400r/min 磨损 90min 和 600r/min 磨损 60min 后的表面形貌，在转速较高的磨损条件下，钢轨的磨损表面除了氧化物堆积外，还有较大面积的平滑区。还可以观察到，在局部的严重磨损区域内，基体沿磨损

方向严重变形且形成大量的裂纹，在其边缘存在较多的压溃碎片，由此可以证明，珠光体钢轨试样在转速为600r/min时磨损更为剧烈。

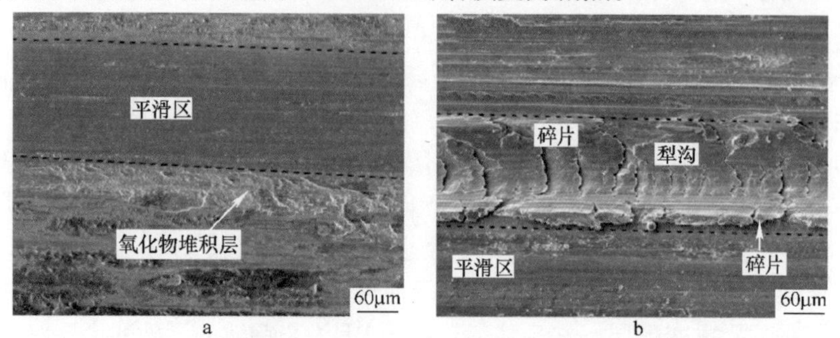

图2-4-22 P3工艺轧制80CrSiV珠光体钢在不同转速下磨损相同周次后的磨面形貌
a—400r/min×90min；b—600r/min×60min

对P3工艺钢轨经400r/min磨损90min后的纵截面组织进行分析，结果如图2-4-23所示。经400r/min磨损90min试样的磨损纵截面中不仅包含厚度为35μm的变形层，且在变形层的最表层有厚度约为10μm的球化层，球化层中碳化物颗

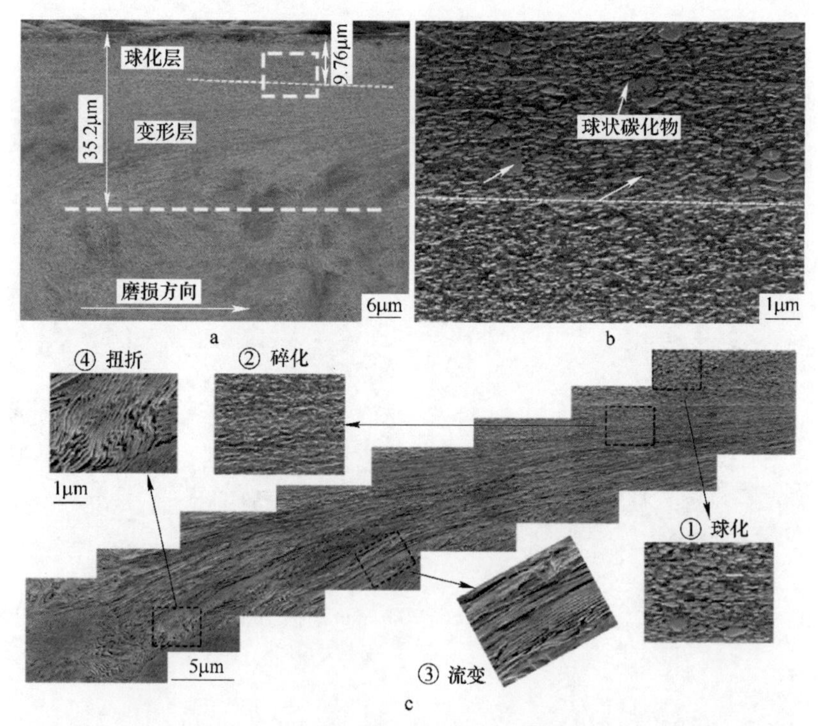

图2-4-23 P3工艺轧制80CrSiV珠光体钢轨经400r/min×90min磨损后的纵截面组织
a—整体组织形态；b—图a中白框区域放大；c—变形流变组织形态

粒较大，并且球状碳化物的平均直径可达 0.38μm 左右，而与球化层相邻区域中的渗碳体颗粒细小且分布均匀。进一步对该条件下磨损纵截面不同深度处的组织分析，可以看出磨损表面为球化层，其中包含少量尺寸较大的球状碳化物，如图 2-4-23c 中①区域；与其相邻的是严重变形层，其中渗碳体发生碎化，并且与磨损切向方向平行，如图 2-4-23c 中②区域；随着距表面深度的增加，未断裂的渗碳体受摩擦力的作用而沿磨损切向方向发生倾转，如图 2-4-23c 中③区域；而对于受剪切力影响较小的部分，也可以明显看到渗碳体发生弯折，如图 2-4-23c 中的④区域。因此，可以推测珠光体钢在磨损过程中组织演化可以分为四个阶段，即珠光体弯折、转向、碎化和球化。

珠光体钢在磨损或者轧制变形过程中，层片状珠光体均会因变形而发生弯折、转向、碎化或者沿着变形方向流变。在磨损过程中，表层珠光体组织发生较大的塑性变形，该区域内渗碳体发生断裂、碎化的同时在珠光体组织中储存较大的形变储能，形变储能的增加降低了渗碳体的热稳定性。铁素体的变形促进了位错在铁素体中的增殖与滑移，并且在铁素体与渗碳体界面聚集，形成局部较大的应变区。位错的增加为碳原子的扩散提供通道，促进了碳原子的扩散。在磨损过程中，摩擦副之间处于干摩擦，且摩擦系数为 0.6~1.2，导致摩擦副接触面的温度升高，在应力、形变和温度的共同作用下导致珠光体钢组织中的渗碳体断裂和球化，甚至纳米化。

4.4 疲劳性能

选取强度分别为 1172MPa、1375MPa 和 1573MPa 的 P1、P5 和 P3 工艺钢轨作为试验研究对象，进行低周疲劳研究。试样中总应变幅分别选用 5.2×10^{-3}、6.0×10^{-3}、7.0×10^{-3}、8.0×10^{-3} 和 1.0×10^{-2}，三种不同强度级别珠光体钢在不同总应变幅下的循环应力幅响应曲线，如图 2-4-24 所示。从图中可以看出，循环开

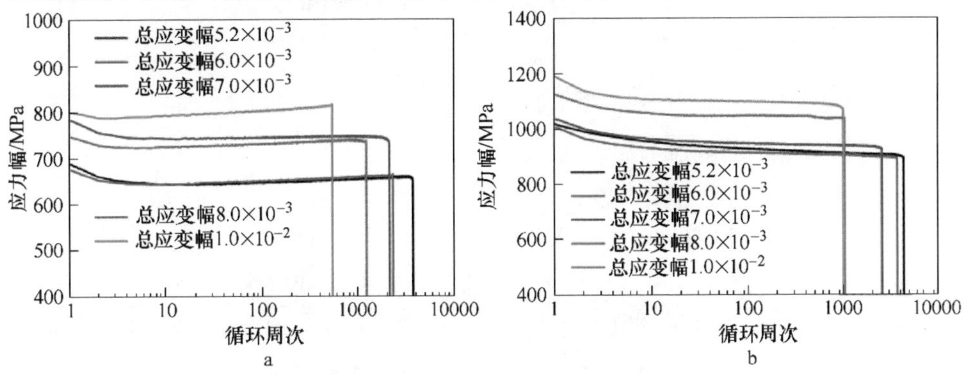

图 2-4-24 不同总应变幅下 80CrSiV 珠光体钢轨钢循环应力幅与循环周次之间的关系

a—P1 工艺；b—P3 工艺

始时，三种珠光体钢均出现瞬时循环软化行为，但低强度 P1 工艺钢轨的循环应力幅瞬时降低后，循环应力幅又呈现逐渐升高的趋势，即出现循环硬化，直至试样失效，并且总应变幅越大，瞬间软化趋势越小，而软化后的循环硬化行为越明显。高强度 P3 和 P5 工艺钢轨在所有总应变幅下均出现瞬时软化后，循环应力幅不再随循环次数的增加而升高，而是循环应力幅逐渐减小，即出现循环软化，直至试样失效。图 2-4-25 为三种不同强度级别珠光体钢在不同总应变幅下循环周次统计结果，可以看出，随着总应变幅的增加，三种珠光体钢的循环寿命均逐渐减小，高强度纳米级 P3 工艺钢轨试样具有较高的循环寿命。

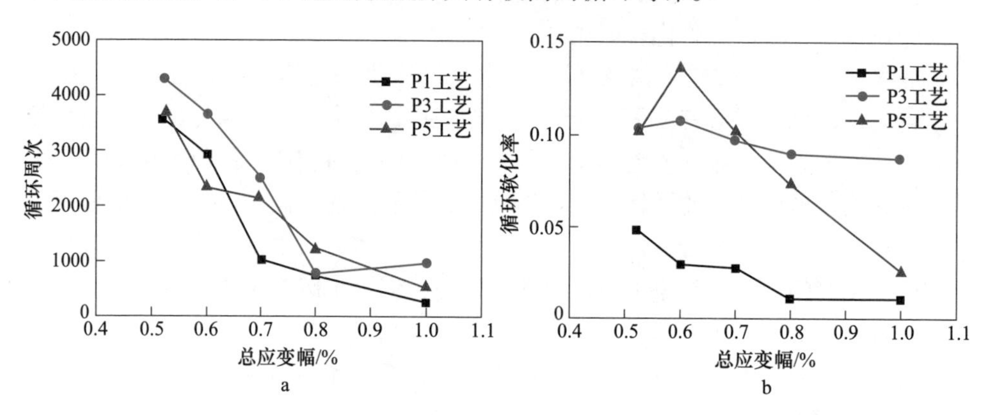

图 2-4-25　三种工艺轧制 80CrSiV 珠光体钢循环周次（a）
和循环软化率（b）随总应变幅的变化

通过循环硬化率（*HR*）和软化率（*SR*）可以说明三种不同强度级别珠光体钢在循环变形过程中的循环硬化和循环软化程度，利用式 2-4-6 和式 2-4-7 可计算三种珠光体钢在各总应变幅下的循环硬化率和循环软化率。

$$HR = \frac{\sigma_{\mathrm{Max}} - \sigma_1}{\sigma_1} \tag{2-4-6}$$

$$SR = \frac{\sigma_{\mathrm{Max}} - \sigma_{\mathrm{Nf/2}}}{\sigma_{\mathrm{Max}}} \tag{2-4-7}$$

式中　σ_1——第一周的应力幅，MPa；

σ_{Max}——最大应力幅，MPa；

$\sigma_{\mathrm{Nf/2}}$——半寿命时的应力幅，MPa。

利用式 2-4-6 计算发现，只有 P1 工艺钢轨在总应变幅为 1.0×10^{-2} 时的硬化率为 1.98，而其他条件下的硬化率均为 0。因此，图 2-4-25 同时给出了三种钢不同总应变幅下的软化率。P1 工艺钢轨的珠光体片间距最大、强度最低，不同总应变幅下的循环软化率也均小于其他两种钢的循环软化率。高强度纳米级 P3 工艺钢轨的珠光体片间距最小、强度最高，不同总应变幅下的软化率均较高，并且

不同总应变幅下软化率的变化幅度较小。

钢的循环硬化、循环软化行为与钢的初始状态有关，退火态的钢往往表现为循环硬化，经加工硬化的钢往往是循环软化。当材料的 $\sigma_b/\sigma_s>1.4$ 时，表现为循环硬化；$\sigma_b/\sigma_s<1.2$ 时，则表现为循环软化；σ_b/σ_s 比值在 1.2～1.4 之间时，材料的循环硬化/软化倾向不定。三种不同强度钢 σ_b/σ_s 比值分别为 1.63、1.29 和 1.44，其加工硬化/软化行为与上述规律一致。珠光体的循环应力-应变行为主要取决于初始可动位错密度和位错增殖速率，未经加工硬化处理的珠光体钢中，铁素体相的初始位错密度低，为 $10^{13}m^{-2}$ 数量级，并且珠光体片间距越大，对应的初始位错密度越低。渗碳体与铁素体具有不同的弹性模量，在循环加载过程中，渗碳体与铁素体间弹性不协调应力的存在是界面位错源激活的主要原因。对于低强度的 P1 工艺钢轨，其微观组织珠光体片间距大，易在较低的应力下便产生大量可动位错，可动位错间的强烈交互作用使位错运动受阻。总应变幅越大，这种阻碍运动越强烈，因此 P1 工艺钢轨循环应力响应曲线中出现循环应力随循环次数逐渐升高的现象，并且总应变幅越大，循环应力幅升高越明显。粗片间距珠光体钢中位错密度的快速增殖，也造成了位错更易在渗碳体和铁素体界面堆积，引起应力集中，最终形成裂纹源。因此，具有粗片间距珠光体钢的寿命也略低。由 P3 工艺制备的高强度纳米珠光体钢，其屈服强度高达 1196MPa、珠光体片间距为 95nm，纳米级片间距限制了可动滑移系的数目，高屈服强度使可动位错的产生需要更高的应力，削弱了可动位错与其他位错间的交互作用，因此，在其循环应力响应曲线中没有发现循环应力增加的趋势。位错的滑移距离较小，不易形成位错聚集。珠光体钢的循环硬化取决于位错胞的形成，因而低强度级别的珠光体钢中出现峰值应力随着循环次数的增加而增大的现象。

疲劳损伤主要由塑性应变导致，高屈服强度意味着在给定总应变幅下弹性应变占比大，单个循环周次内产生的疲劳损伤少。在弹性应变幅大于塑性应变幅情况下，疲劳寿命与屈服强度呈正相关。为研究循环加载过程中强度或塑性对珠光体钢疲劳寿命的影响，图 2-4-26 给出了应变幅与疲劳失效反向数的关系曲线。低强度珠光体钢弹性应变幅与塑性应变幅拟合线相交，交点为过渡寿命。在过渡寿命左侧，即在低周范围内，塑性应变幅占主导作用，钢的寿命由塑性决定；而在过渡寿命右侧，即在高周范围内，弹性应变幅占主导作用，钢的寿命由屈服强度决定。从强度较高的珠光体钢的应变与寿命关系拟合曲线可以看出，其弹性应变幅与塑性应变幅拟合线没有相交，并且弹性应变幅明显高于塑性应变幅，说明高强度珠光体钢的寿命主要由屈服强度决定。

图 2-4-27 分别为低强度 P1 工艺和高强度 P3 工艺钢轨试样在应变幅为 6.0×10^{-3} 条件下疲劳断口形貌。疲劳裂纹形成后，在拉压循环作用下断口形貌呈高亮现象，并且高亮区域较为平滑，图 2-4-27 中红色箭头标注区。两种钢轨试样的瞬断区均为解理断裂，即疲劳裂纹形成后，主裂纹快速扩展至试样失效。

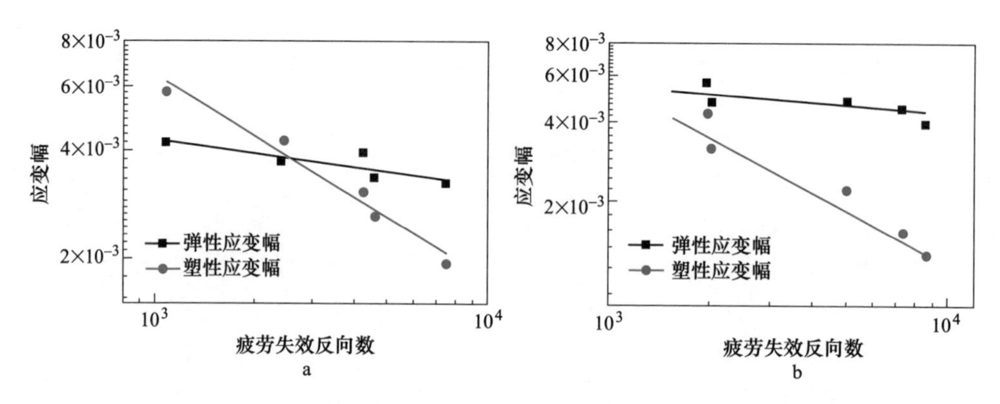

图 2-4-26　80CrSiV 珠光体钢轨钢应变幅与疲劳失效反向数的关系

a—P1 工艺；b—P3 工艺

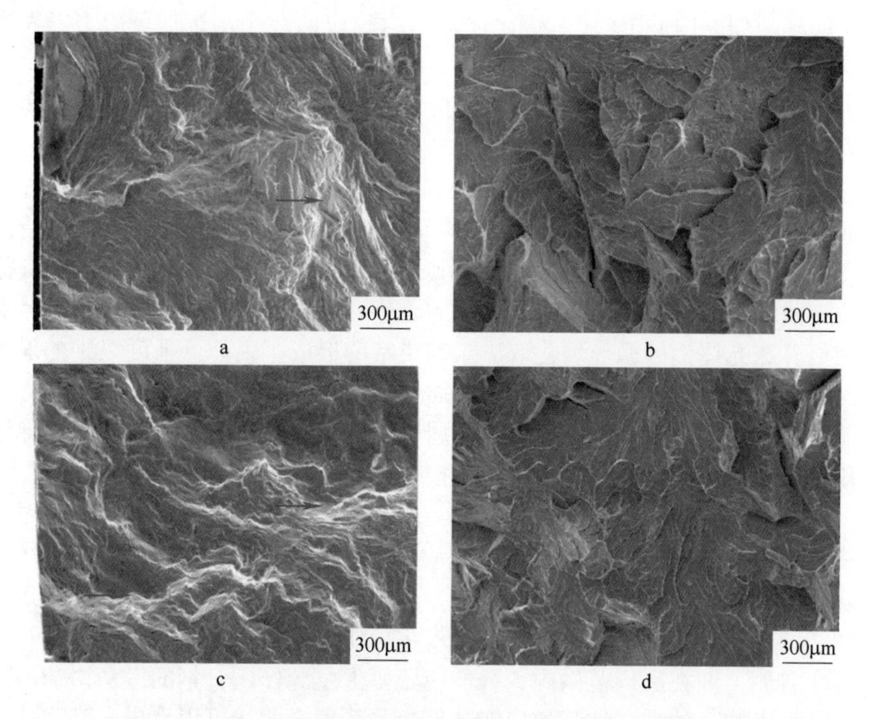

图 2-4-27　80CrSiV 珠光体钢在应变幅为 6.0×10^{-3} 时的断口形貌

a—P1 工艺钢轨疲劳源；b—P1 工艺钢轨疲劳瞬断区；c—P3 工艺钢轨疲劳源；d—P3 工艺钢轨疲劳瞬断区

三种不同强度级别钢轨疲劳裂纹扩展速率与应力场强度因子关系曲线，如图 2-4-28 所示。强度较高的 P3 工艺和 P5 工艺钢轨试样的疲劳裂纹扩展速率曲线斜率相当，并且高于强度较低的 P1 工艺钢轨试样的曲线斜率。在较低的应力场强度因子时，强度最高的钢轨试样裂纹扩展速率最大，P5 工艺钢轨试样的裂纹扩

展速率最小；在高应力场强度因子时，P1 工艺和 P5 工艺钢轨试样的强度因子趋于一致，但 P3 工艺制备的高强度纳米级钢轨试样的裂纹扩展速率值最大。

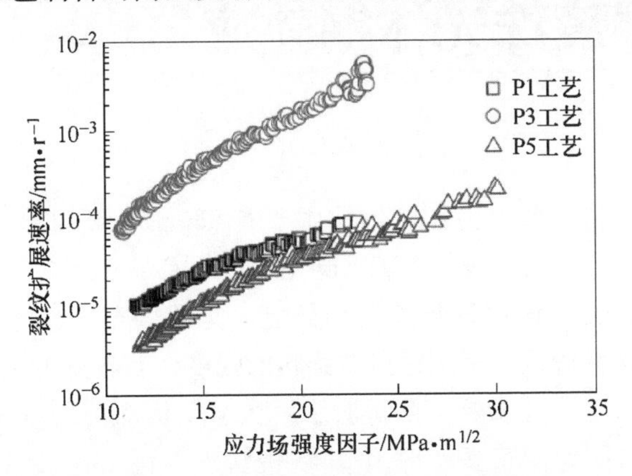

图 2-4-28　不同轧制工艺 80CrSiV 珠光体钢轨疲劳裂纹扩展速率与应力场强度因子的关系

疲劳裂纹扩展速率基本上可以分为三个扩展区，并且稳定扩展区的疲劳裂纹扩展速率 da/dN 与应力场强度因子 ΔK 符合 Paris 经验公式：$\frac{da}{dN}=C(\Delta K)^m$，但三种轧制工艺钢轨的裂纹扩展速率与应力场强度因子关系曲线只有第二个裂纹扩展区，即裂纹在珠光体钢中形成后将快速扩展至失效。对图 2-4-28 所示曲线进行多项式拟合，分别得到三种不同强度级别珠光体钢的 C 和 m 值，见表 2-4-4。可以看到强度较高的 P3 和 P5 工艺钢轨的 K_{IC} 和 m 值相对较高，而 C 值却较低。m 值越大，直线斜率越大，表明珠光体钢的裂纹扩展速率越快，裂纹扩展速率对应力场强度因子的变化越敏感。

表 2-4-4　不同轧制工艺 80CrSiV 纳米珠光体钢的 K_{IC}、C 和 m 值

工艺	K_{IC}/MPa · m$^{1/2}$	C	m
P1	43.6	3.31×10^{-9}	3.27
P3	45.9	6.46×10^{-10}	4.92
P5	46.9	9.93×10^{-11}	4.28

5　高强度珠光体钢轨应用

目前，我国铁路线路上使用的钢轨主要有 880MPa 级的 U71Mn，980MPa 级的 U75V 和 1180~1280MPa 级的重载铁路用 U77MnCr、PG4 等高强耐磨钢轨。

U71Mn 钢轨是由鞍山钢铁集团公司研制，是我国至今使用时间最长的碳素钢轨。该钢中碳含量较低，采用锰提高钢轨的强度，有较好的韧性、塑性和焊接性。钢中锰容易引起微观偏析，重新加热后在锰偏析部位出现高碳马氏体组织。因此，鞍山钢铁集团公司曾多次对 U71Mn 钢轨中的锰含量进行调整。为适应不同的运输条件，在优化 U71Mn 钢轨化学成分的基础上，形成了高速铁路用 U71MnG、钢轨热处理用 U71MnC 和高原铁路用低碳 U71Mn 钢轨。U71MnG 钢轨（G 代表高速铁路）是专用于高速铁路，其化学成分与欧洲高速铁路使用的 UIC900A（欧洲标准为 EN260 或 R260）相近。U71MnG 钢轨是在 U71Mn 钢轨化学成分的基础上，降低了钢中碳含量，调整锰含量，并降低有害元素磷、硫含量等而设计的，其性能满足高速铁路用钢轨的标准。为满足钢轨热处理需要，对 U71MnC（C 代表淬火轨）热处理钢轨的化学成分进行调整，采用碳、锰的上限含量成分。低碳 U71Mn 钢轨是为满足青藏铁路地理、气候等特殊环境设计的钢轨。U71Mn 钢轨的力学性能试验表明，碳含量为中、下限的 U71Mn 钢轨的冲击韧性、断裂韧性 K_{IC} 明显高于碳含量为上限的 U71Mn 钢轨冲击韧性和断裂韧性，并且中、下限碳含量的 U71Mn 钢轨冷脆敏感性低，在-60℃的温度下仍能保持较高的塑性，断后伸长率平均值也达到了 11%。为此，青藏铁路采用低碳 U71Mn 钢轨，并以附加技术条件的形式予以实施。

U75V 钢轨是由攀钢集团有限公司于 20 世纪 90 年代研制，2003 年之前称为 PD3，为攀钢第三代钢轨，2003 年纳入铁道行业标准后改为 U75V。与 U71Mn 钢轨相比，U75V 钢轨的碳、硅含量相对较高，锰含量较低，并专门添加了细化组织的合金元素钒，U75V 钢轨热轧后的强度达到 980MPa。目前，U75V 钢轨已逐渐成为我国铁路的主型钢轨钢种。针对现场反映 U75V 钢轨耐磨、难焊、易断问题，1998 年调整了 U75V 钢轨的化学成分，降低了钢中的碳、硅、钒含量，调整后的 U75V 钢轨韧性、塑性明显提高，焊接性能改善，耐磨性有所下降。经在繁忙干线和重载铁路的多年使用情况发现，调整化学成分后的 U75V 钢轨性能良好，但在小半径曲线上使用时耐磨性有所不足。U75V 钢轨在客运专线上使用时，因其硬度偏高，与车轮磨合困难，在打磨不及时或按钢轨原始廓形打磨情况下，容易在轨面出现滚动接触疲劳伤损。为优化 U75VG 钢轨性能，在 U75V 钢轨的基础上，减少碳含量的波动范围和钢中有害元素磷、硫等含量，并对钢轨断后伸长率等指标提出了更高要求。

U77MnCr 钢轨是由中国铁道科学研究院和鞍山钢铁集团公司合作研发的高强耐磨钢轨。U77MnCr 钢轨采用铬合金化，钢中铬含量（质量分数）为 0.25%～0.40%，热轧钢轨强度不小于 980MPa，断后伸长率不小于 10%。热处理后轨头顶面硬度（HB）不小于 370，抗拉强度不小于 1280MPa，断后伸长率不小于 12%，焊接性能良好。大秦等重载铁路使用情况显示，U77MnCr 钢轨的综合性能较好。

U76CrRE 是由包头钢铁（集团）有限责任公司研制，为高强耐磨钢轨。采用铬合金化并进行稀土处理，钢中的铬含量（质量分数）为 0.25%～0.35%，稀土加入量（质量分数）约 0.02%，热轧钢轨强度为 1080MPa，断后伸长率不小于 9%。

随着铁路运输事业的快速发展，列车速度不断提高、轴重不断加大。钢轨作为铁路的重要部件，其质量的优劣直接影响列车的安全和平稳运行，因此，随着列车载重和高速铁路技术的发展，铁路部门对钢轨的力学性能、冶金质量、外观质量等提出新的更高要求。

5.1　高速铁路用亚共析珠光体钢轨

近年来，邯郸钢铁集团有限责任公司（邯钢）开始生产钢轨产品，凭借其一流的装备和管理，该公司成为了铁路轨道用钢制造行业的新秀，高速铁路钢轨的生产制造业务占比逐年增大。

邯钢的珠光体钢轨轧钢工艺过程包括原料准备、加热、轧制、冷却、矫直和后续精整等工序。钢轨铸坯加热到 1150～1280℃后出炉，经高压水除鳞后在第 1 架开坯机（BD1）上往复轧制 5～9 道次，在第 2 架开坯机（BD2）上往复轧制 3～5 道次，轧制出万能轧机所需要的中间坯。开坯轧件通过横移台架移钢至可逆式万能连轧机组（U1EU2），并往复轧制 3 个轧程，最后再经万能精轧机（Uf）精轧一道次轧出成品，成品热钢轨最大长度 108m。邯钢的全万能轧机系统，如图 2-5-1 所示。终轧钢轨经热打印和热锯切尾、取样后，以预弯方式上冷床冷却至室温；同时，预留余热淬火生产线。冷却后的钢轨翻立进入平、立复合辊式矫直机矫直。

图 2-5-1　邯钢全万能轧机系统

为保证成品表面质量，轧件在进入可逆式万能连轧机组（U1EU2）前和进入万能精轧机（Uf）前，需用高压水清除轧件表面的次生氧化铁皮。

钢轨矫直后，经横移台架和辊道输送至钢轨检测中心，进行钢轨平直度检测、断面尺寸检测、涡流探伤、超声波探伤，端部平直度不合格的钢轨再用双向压力矫直机补矫，而超声波探伤不合格的钢轨需二次探伤。25m 定尺钢轨送往短尺检查台，经检查、标记后收集入库。经检查需再加工的钢轨，由吊车送至中间库或再加工上料台架进行处理。100m 长定尺钢轨，锯钻加工后直接由辊道输送到长尺轨收集台架收集入库，或直接装车外运。经检查不合格的长尺轨可通过辊道返回进入 25m 锯钻加工线处理。邯钢生产的百米钢轨产品，如图 2-5-2 所示。

图 2-5-2 邯钢生产的百米长钢轨产品

邯钢钢轨生产的整个流程包括：铁水预处理→转炉冶炼→LF 精炼→RH 精炼→大方坯连铸→钢坯加热→高压水除鳞→开坯机 BD1 轧制→开坯机 BD2 轧制→万能可逆轧制→精轧→钢轨打印→热锯切头→（余热淬火→）冷床冷却→矫直→钢轨检测→锯钻加工→收集入库。

高速铁路对钢轨的质量要求不仅包括钢轨的力学性能，还包括钢轨的冶金质量、外观质量等。钢轨的耐磨性主要取决于钢轨的硬度和抗拉强度。钢轨硬度越高，耐磨性能越好，而提高钢轨的抗拉强度有利于抵抗行车过程中的轨头塑性变形能力。钢轨的磨损与其强度、韧塑性都有关。钢轨的强度高能提升钢轨抵抗塑性变形的能力，韧塑性好能提高钢轨塑性变形和断裂过程中吸收的能量，降低裂纹的扩展速率，从而减少钢轨的疲劳损伤。因此，对高速铁路而言，需要保证钢轨良好的强度和韧性的结合。钢轨的冶金质量包括钢轨中非金属夹杂物状况、成分组织均匀性、钢中的氢、氮、氧的含量等。钢轨的冶炼质量直接影响到钢轨的断裂韧性，如钢轨中非金属夹杂物超标、氢致白点等问题，这些是造成钢轨断轨的常见危险因素。化学成分波动会导致钢轨力学性能波动，同时对焊接性能也造成不利影响。提高冶炼水平，减少成分波动和偏析，提高钢轨内部质量，对改善钢轨的使用性能是至关重要的。同时，钢轨的外观质量，如钢轨的尺寸精度、平直度、扭曲和表面质量等，对行车平稳、钢轨使用安全性、可焊性等都具有重要影响。在钢轨的生产过程中，影响外观质量的工序很多，包括加热、轧制、矫直等，是一系列工序和因素综合影响的结果。

5.1.1 铸坯高洁净度控制

金属材料的加工性能、疲劳性能和韧性等主要决定于材料中非金属夹杂物的性质、尺寸和数量；当非金属夹杂物的尺寸小于 1μm 且其数量少到彼此间距大于 10μm 时，它们将不会对材料的宏观性能产生影响。夹杂物也是引起钢轨疲劳断裂的主要原因之一。研究表明，铝脱氧钢轨内存在的 Al_2O_3、硅酸盐和硫化物等夹杂，其中以链状形式存在的 Al_2O_3 夹杂对钢轨的疲劳寿命危害最大。Al_2O_3 夹杂硬而脆，与基体的热变形能力差异大，在钢轨热轧变形时，大块的 Al_2O_3 夹杂破碎成小块的带尖锐棱角的夹杂，并呈链状分布，这些坚硬且形状不规则的 Al_2O_3 夹杂能将基体划伤，并在夹杂周围产生应力集中场或与基体脱开形成孔洞，成为疲劳源。在钢轨承受周期应力作用下，Al_2O_3 夹杂便成为疲劳裂纹起点。钢轨中夹杂物链条越长，链中 Al_2O_3 颗粒越多、间距越小，对钢轨疲劳性能的危害就越大，而易变形的硫化物和硅酸盐夹杂引起的裂纹就比较少。

20 世纪 70 年代德国联邦铁路局通过使用高强度钢轨和有效的润滑技术，使钢轨磨损得到控制，但疲劳断裂明显增多。为找出断裂原因，钢轨生产厂家在已铺设约 10 年的线路上截取了大量的钢轨试样，并对试样进行超声检验和金相研究，该研究结果明确了链状 Al_2O_3 夹杂是引起疲劳断裂的主要原因。美国、俄罗斯、日本和国内鞍钢的研究也得出相同的结论。因此，严格控制钢轨铸坯的内在冶金质量是提高钢轨疲劳寿命的重要途径之一，目前控制钢轨铸坯内夹杂物的主要途径有塑性化处理、钙化处理和稀土处理。

（1）对夹杂物进行塑性化处理。降低夹杂物熔点可有效增加其塑性变形能力，细化夹杂物尺寸，同时还可以消除应力集中，夹杂物的塑性与其组成的关系，如图 2-5-3 所示。

根据夹杂物与钢的基体在 900~1100℃ 时相对黏性的大小将三元系划分为四个区域。在富含 SiO_2 一侧，区域①为不变形的均相夹杂物；区域④为两相区，其中一相不能变形。在富含 CaO、Al_2O_3 的一侧，即区域②中的夹杂物具有很强结晶能力，因而也是不能变形的；区域③为可变形的夹杂物区域。

钢轨生产时对夹杂物采用塑性化处理可有效改善夹杂物的特性。采用 Si-Mn 脱氧，经 LF 精炼处理、真空精炼后，铸坯的总氧（T. O）含量不小于 18（$1.8\times10^{-4}\%$），酸溶铝（Als）含量（质量分数）控制在（$40\times10^{-4}\%\sim70\times10^{-4}\%$）。塑性化处理前后铸坯中硅酸盐类夹杂物在 $CaO-SiO_2-Al_2O_3$ 三元系相图分布，如图 2-5-4 所示。塑性化后铸坯试样中的非金属夹杂物与塑性化工艺优化前相比，大部分位于该塑性成分区内，少部分位于塑性成分区边缘附近。铸坯中非金属夹杂物绝大多数为硅酸盐类夹杂物，主要组分为 SiO_2、Al_2O_3、MnO、CaO、MgO，还含极少量 TiO_2。夹杂物形貌以球状为主，尺寸很小，绝大多数在 2~10μm 之间。

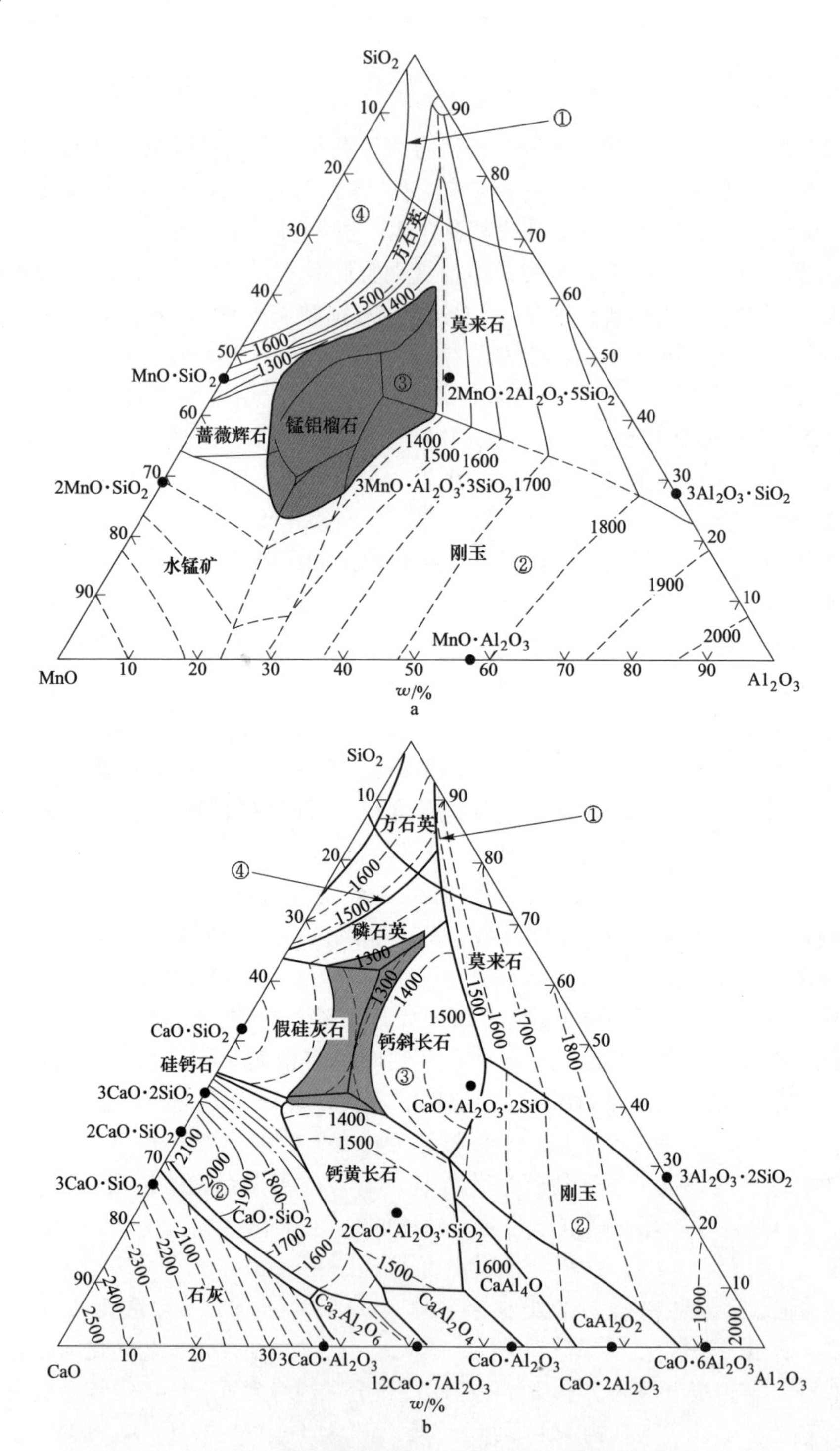

图 2-5-3　钢轨铸坯中的夹杂物与其塑性的关系

a—MnO-SiO_2-Al_2O_3 系；b—CaO-SiO_2-Al_2O_3 系

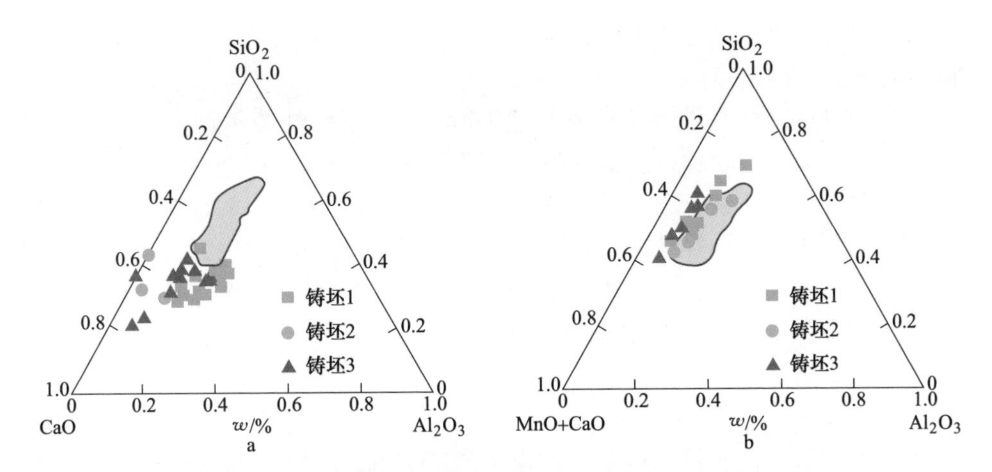

图 2-5-4　塑性化处理前后钢轨铸坯中夹杂物三元系相图的分布

a—处理前；b—处理后

（2）对钢液进行钙处理，减少氧化物含量并改变夹杂物形态。对钢液进行钙处理，控制钢中 $w[\mathrm{Ca}]/w[\mathrm{T.O}]\geqslant 2$ 才能保证夹杂物形成球状氧化物，有利于球状氧化物上浮去除。向钢水中加入钙，不仅使钢中氧含量急剧降低，并且随加钙含量增加，钢中夹杂物数量减少、尺寸变小，使钢的相对洁净度提高。钙处理后，铸坯中夹杂物形态产生了较大的变化，由枝晶状、扇形状转变为点、球状，钢轨轨面上夹杂物的分布较为弥散，夹杂物条数少且总长度短，与未处理钢轨夹杂物的分布形态有较大的差异。未处理钢轨轨面的夹杂物不仅集中，而且条数多，夹杂物总长度长。钙处理后的硫化物夹杂不再是单纯的（Mn，Fe）S，而是复杂的氧硫化物。这种氧硫化物组成复杂，组成中 Mn 含量大幅度降低。这种复杂的氧硫化物无需硫的偏析即可形成，在铸坯中分布散、熔点高，因而在轧制过程中不易变形，轧制后呈弥散分布、长度短。

（3）对钢液进行稀土处理，改变硫化物夹杂形态。稀土元素位于元素周期表中的ⅢA 族，原子序数 57～71。稀土元素的性质都很类似，熔点低、沸点高、密度大，与氧、硫等元素有很大的亲和力。稀土元素在钢中具有脱氧、脱硫、净化钢液和变质夹杂物的作用。加入适量的稀土后，稀土元素与钢液中的硫在钢液凝固过程生成稀土氧硫化物，如 Re_2O_2S，它们呈细小而分散的球状夹杂物，这种球状夹杂物在热加工时不会变形，消除了硫化锰的有害作用。为了充分控制硫化物的形态，钢中稀土元素与硫含量之比 $w[\mathrm{Re}]/w[\mathrm{S}]$ 应大于 3。有学者在 U71Mn 中添加不同含量稀土元素，研究了稀土元素对高速铁路钢轨钢的硫化物形貌的影响，结果表明，随着稀土元素加入量的增加，高速铁路钢轨钢中的硫化物夹杂形态逐渐由细长条状、纺锤形向球形转变。当稀土元素加入量大于 0.04% 时，硫化物夹杂以球形、椭球形和纺锤形三种形态存在于高速铁路钢轨钢中，而细长条状硫化物夹杂则基本消失，这表明稀土处理基本完成了夹杂物变质的冶金功能。

氢对钢轨的力学性能和服役寿命危害巨大，它对钢轨的不良影响主要表现在：氢脆、白点和点状偏析。钢中的氢主要来源于原材料中水分解的氢。石灰、铁矿石、氧化铁皮、铁合金等原材料潮湿、烘烤不良，废钢中的铁锈，铁水中溶解的氢，氧气中的水分等是钢中氢的主要来源。石灰的吸水性很强，其加入量对钢的含氢量影响较大。新砌炉衬、补炉料、未烘干的钢包和温度比较低的钢锭模也都含有水分。耐火材料中的油类、沥青中含氢8%~9%，在炼钢的高温下裂解，部分氢将溶于钢中。另外，出钢过程中钢流吸气等原因，也将增加钢中的氢含量。

钢轨钢中氢含量的控制可以通过以下措施实现：（1）控制原材料的水分。钢液中氢的含量主要取决于原材料带入的水分和大气中的水分，当钢包内材料水分带入量小于0.045kg/t时，对应钢中氢的质量分数小于$2.5\times10^{-4}\%$。（2）控制转炉终点的碳含量。转炉生产高碳钢过程中，如果采用低碳出钢工艺，出钢时便要加入大量增碳剂，从而导致钢水大量增氢。如果采用高碳出钢工艺生产高速铁路钢轨钢，使出钢钢液碳含量（质量分数）达到0.50%以上，将可大大减少增碳剂用量，显著减少钢水氢含量。（3）改善真空脱氢工艺和堆垛缓冷。为了避免钢轨中形成白点，除冶炼时合金和耐火材料充分烘干和对钢液进行真空处理脱氢（钢液氢含量（质量分数）不大于0.0002%）外，还必须将连铸坯进行堆垛缓冷除氢，高强度低合金钢轨和热处理钢轨的连铸坯需采用缓冷坑或保温罩缓冷除氢，以控制钢中氢含量（质量分数）不大于0.0001%。

5.1.2　铸坯高均质化控制

连铸关键技术主要是控制钢轨钢连铸坯合金元素偏析和获得适当的凝固组织，目前连铸坯内存在三种类型的元素偏析：宏观偏析（一般为中心偏析）、半宏观偏析（V形偏析）和枝晶间微观偏析。为了保证铸坯的质量，普遍的观点是必须尽力减轻宏观偏析，而微观偏析不可避免。

大量实践证明，钢轨钢使用状态的最佳组织为珠光体组织，国标GB/T 2585—2007《铁路用热轧钢轨》和铁标TB/T 3276—2011《高速铁路用钢轨》中明确规定“钢轨的显微组织应为珠光体，允许有少量沿晶界分布的铁素体，不得有马氏体、贝氏体和沿晶界分布的网状渗碳体”。20世纪90年代，我国从西班牙、加拿大进口的钢轨发生严重质量问题，核心就是轨腰部位出现了脆性高碳马氏体。采用电子探针和SEM能谱仪分析表明，轨腰中心线部位存在严重的铬、锰、钼和钒等合金元素偏析。高含量的合金元素偏析导致钢轨钢CCT曲线右移，在正常生产时未考虑中心化学成分偏析的影响就很容易导致马氏体的形成。轨腰中心线部

位偏析对应的就是大方坯的中心偏析，所以，必须严格控制钢轨钢连铸大方坯的中心偏析，达到避免出现马氏体和贝氏体组织的目的。

在尽力减轻中心偏析的前提下，V 形偏析可以得到有效控制。V 形偏析经常出现在铸坯纵剖面上的中心等轴晶区，这种偏析是由于凝固过程中固液两相区内钢水的流动引起的，偏析的液化钢水通过两相区内的“通道”流下，在临近最后凝固的时候，液化钢水在“通道”中形成 V 形偏析，有时又把这种偏析称为点状偏析或半宏观偏析。钢轨钢连铸坯存在 V 形偏析，可能造成轨头部位合金元素偏析，进而恶化该部位的组织，导致钢轨抗疲劳性能的下降。V 形偏析均发生在等轴晶区，而在柱状晶区看不到 V 形偏析。等轴晶带越宽，V 形偏析带也越宽，发生钢液流动的区域越宽。V 形偏析是由存在于铸坯断面的中心部位凝固收缩流动引起负压发生，周边树枝晶间的液化钢水被吸入中心侧，故 V 形偏析在铸坯断面较宽的范围内形成。国外对板坯连铸的研究表明，钢液补充凝固收缩均发生在等轴晶区内，等轴晶晶界处的钢液沿拉坯方向向铸坯中心部位流动，形成细长的偏析线。由于等轴晶密集排列，钢液在流动过程中受到其他等轴晶的阻挡，偏析线发展到一定长度后就会停止，汇聚到中心部位的溶质元素较少，不会造成很严重的偏析。在采取低过热度浇铸、降低二冷比水量和采用凝固末端轻压下时，基本可消除 V 形偏析。对于钢轨钢大方坯，必须严格控制中心偏析程度，主要方法包括低过热度浇铸、结晶器电磁搅拌、凝固末端电磁搅拌和动态轻压下的应用，此外还有低拉速和合理的二冷强度控制。在此前提下，利用现有的铸机条件，优化二冷配水，充分利用凝固末端动态轻压下的功能，争取在改善中心偏析的同时，有效控制甚至消除 V 形偏析的发生，这应该是可行的一种方法。

连铸坯的组织由外向内包括表层激冷细小等轴晶区、中间柱状晶区和中心等轴晶区。表层等轴晶区很薄甚至可忽略不计，连铸工艺变化主要对柱状晶区和中心等轴晶区组织有重要影响，连铸坯的组织与元素偏析、内部缺陷有一定的共生关系。连铸坯等轴晶率提高有利于降低铸坯的中心偏析、中心疏松和中心缩孔，对最终成品的内部质量有益。从组织控制的角度分析，钢轨钢组织追求珠光体片层间距小，珠光体团块细小，组织均匀细小有利于提高钢轨的韧性。由此希望热轧前的铸态组织均匀细小，钢轨钢连铸坯等轴晶组织正是与此要求相适应，高的等轴晶率有利于提高热轧成品钢轨的韧性。另外，等轴晶区在形成过程中容易形成 V 形偏析，但是，通过适当的控制措施，可以减轻甚至消除等轴晶区内 V 形偏析造成的负面影响。

柱状晶区处于铸坯中间部位，晶体生长方向大体平行，随着凝固过程的继续，未凝固钢水向铸坯中心区集中且合金元素浓度越来越高，有助于中心偏析的形成。此外，柱状晶一般较粗大，容易在柱状晶间产生裂纹，即形成铸坯的中间裂纹。

5.1.3 高精度尺寸控制

高速铁路对钢轨的尺寸精度提出了更高的要求，对钢轨尺寸允许偏差要求见表2-5-1。钢轨尺寸精度直接影响钢轨的可焊性、行车安全与舒适度等方面。

表2-5-1 高速铁路钢轨尺寸允许偏差

项　　目	允许偏差/mm	项　　目	允许偏差/mm
钢轨高度（*H*）	±0.6	轨底宽度（*WF*）	±1.0
轨头宽度（*WH*）	±0.5	轨底边缘厚度（*TF*）	+0.75~0.5
轨冠饱满度（*C*）	+0.6~0.3	轨底凹入	≤0.3
断面不对称（A_s）	±1.2	端面斜度（垂直、水平方向）	≤0.6
接头夹板安装面斜度（*IF*）	±0.5	螺栓孔直径	±0.7
接头夹板安装面高度（*HF*）	+0.6~0.5	螺栓孔位置	±0.7
轨腰厚度（*WT*）	+1.0~0.5	长度（环境温度20℃）	±30

从20世纪60年代开始，轧制钢轨的万能轧机得到迅速发展，我国第一条钢轨万能轧制生产线在鞍钢投产，万能轧机生产钢轨的方法是把经过开坯机轧制的具有初步轨形的轧件在万能粗轧机和轧边机上进行中轧，最后通过万能精轧机组轧出成品。万能法钢轨生产工艺中最后三个轧制道次为：万能UR轧制→轧边EF轧制→成品UF轧制。万能UR系采用一对水平辊和一对立辊组成孔型，水平辊轧制钢轨腰部，一侧立辊带有孔型，用来轧制钢轨头部，称为头侧立辊，另一侧立辊为平辊，用来轧制钢轨的底部（腿部），称为底侧立辊；轧边EF系采用两平辊构成孔型，主要是对轨底高度及轨头宽度方向上进行加工；成品UF轧制系采用一对水平辊和轨底侧立辊组成半万能孔型，水平辊轧制腰部并形成热轧制标识，底侧立辊用于轧制钢轨底部厚度。

热轧钢轨长达百米，尺寸控制一直是钢轨生产的关键和难点，常见的问题包括：

（1）钢轨轨高存在“高点”的现象。由于钢轨在万能轧制时是张力轧制，咬入和甩尾时存在张力变化，影响钢轨轨高的突变。最大轨高波动达到0.8mm，通常情况波动范围0.4~0.8mm，不能满足高速钢轨平直度的要求。

（2）通长尺寸波动。由于钢轨通长的温度差异，钢轨通长尺寸存在波动，即使取样检查合格，但由于通长尺寸波动过大，而取样只能在尾部，仍会导致批量不合格品的产生。因此，必须有效控制钢轨通长尺寸波动，减少钢轨出现“尾合头不合”的情况。

（3）轧辊温度造成的辊缝差异。开轧调整时（轧辊温度较低）与连续轧制时（轧辊温度较高）辊缝实际压下量存在区别，开轧时调整尺寸合格后，如保持轧制参数不变而进行连续生产，轨高、底宽等尺寸仍会存在超标的可能，需对轧制参数进行反复调整。

（4）非辊缝类尺寸缺少调整方法。由于钢轨对称度、腹腔、轨冠饱满度等尺寸并不与辊缝值简单对应，因此，针对非辊缝类尺寸问题缺少明确的控制调整方法，出现问题后无法有效快速地解决。

（5）矫直对尺寸产生影响。矫直工序对钢轨轨高、对称度等尺寸具有重要影响。在钢轨矫直前后存在矫直前的钢轨检查合格，矫直后检查不合格的情况，因此，需要分析矫直工序对钢轨外形尺寸产生的影响，并据此制定合理的轧后尺寸内控标准。

针对上述五种钢轨尺寸问题，提高高速钢轨尺寸精度的工艺措施主要有：降低通长尺寸波动、开轧时进行辊缝补偿、调整孔型及轧制参数并通过矫直变形研究制定轧制红检尺寸控制标准。

当前钢轨在精轧阶段普遍采用“3+1”万能轧机机组模式进行轧制，即钢轨经过万能轧机 U1、轧边机 E、万能轧机 U2 组成的连轧机组进行往复连轧，最后由万能轧机 UF 进行终轧，钢轨通长尺寸均匀性主要受连轧机组堆拉关系以及轧件温度均匀性影响，因此主要通过以下三种方式控制钢轨的通长尺寸均匀性。

（1）应用万能连轧微张力控制系统。万能连轧机组的堆拉关系可以通过机架间张力进行控制，微张力控制的工艺原理是在相邻的两个机架之间实现无张力轧制，通过上游和下游机架的速度级联关系自动修正速度，保持金属秒流量相等。实质上是在上游轧机主传动控制上增加张力外环，由微张力给定值与检测值形成的偏差，与比例增益相乘形成微张力控制的比例速度校正量。偏差值与增益常数形成速度校正因子，传递给控制环节，形成自整定的速度校正，调节上游机架的速度，实现微张力控制。

（2）坯料头尾差异化加热。钢轨轧制时，轧制头部到尾部温度逐渐降低，通过在坯料加热阶段控制头尾加热温差，对钢轨轧制过程中头尾温差进行补偿，并将头尾低温区切除，有效地将钢轨通长温度偏差控制在 30℃ 以内，基本消除了温差对钢轨通长尺寸均匀性的影响。

（3）定长切除头尾尺寸超差。由于轧机弹跳、端部不规则变形、矫直盲区等因素，钢轨轧后头尾存在一定长度范围的尺寸超差。因此，采用“头部定位+切尾”模式，保证进入矫直机的钢轨长度波动不大于 0. 5m；矫直后，通过锯钻机床与各锯钻线机床进行定长切头，将头部尺寸超差部分切除；通过调整坯料规格，控制切尾长度，将尾部尺寸波动区切除。

经过对大量的轧后尺寸数据分析发现，轧制参数不变的情况下，开轧时钢轨的轨高比连续轧制时轨高要大，轨头宽度比连续轧制时也大，其他尺寸无明显变化。分析表明，开轧与连续轧制的主要区别因素为轧辊温度，开轧时轧辊温度较低。随着轧制数量增加，连续过钢时轧辊整体温度上升，导致辊缝实际值比开轧时略小，最终反映在与辊缝直接相关的轨高、头宽等尺寸上。根据这一规律，在每次开轧前两支钢轨时对万能轧机辊缝人工进行补偿，待连续轧制轧辊温度上升后，逐步减小补偿值。

通过优化 UF 孔型，调整腹高参数，解决了 UF 轧制量小、轧制后期腹腔尺寸偏小的问题。使用轮廓外形样板和轨廓仪对钢轨廓形进行检查，并与标准廓形比对，根据比对结果，优化万能立辊孔型，可以解决轨冠饱满度超差问题。通过规范万能区轧制线、轧边机轴向的调整方法，可以解决钢轨对称度偏差及轨头踏面缺肉问题。

矫直工序是对钢轨尺寸产生影响的最后一个环节，矫直压下会使轨头踏面、轨底和腹腔产生轻微的形变，由于国家标准对钢轨尺寸要求十分严格，因此必须对此形变进行精确测量和控制，并反馈与轧制工序进行相应的红检尺寸控制，才能得到尺寸合格的钢轨。

通过对不同钢种、不同轨型采用不同压下量进行矫直实验，并对钢轨的头中尾分别进行取样测量和廓形检查，精确检查各因素对钢轨尺寸产生的影响。实验结果发现，矫直对不同轨型形变量无明显差异，对同一种轨型的形变量随热处理状态和矫直压下量不同有较为明显的差异。据此，对矫直压下量参数进行了工艺优化，并固化不同轨型、钢种的压下量，同时根据热处理状态的不同，重新对红检尺寸控制范围进行优化，制作红检内控样板，减少了矫直产生的尺寸不合格产品。

邯郸钢铁公司为此开发了新的轧制工艺方案：万能机组使用万能 UR2 有限参与轧制方案和全万能轧制方案。随着高铁技术快速发展，铁路对钢轨高度波动要求越来越高，钢轨焊接对轨高的要求越来越严格，钢轨高点不得超过 0. 25mm。而钢轨轧制采用的万能轧制生产工艺无法有效满足这一需求，造成大量废品，一旦上线严重影响行车安全。目前，钢轨轨高问题产生的原因主要包括：

（1）UR 孔轧制后，轨头高度方向得到初步控制，但在万能 UR、轧边 EF、成品 UF 轧制时在机架间形成连轧关系，连轧张力的波动导致辊缝开口位置金属充满状态变化，对应的轨头高度方向尺寸产生波动。钢轨全长 105m 左右，轧制周期约 10min，精轧单道次轧制时间 30s，钢轨头尾在轧制时温度不同，而轨头中心在最后两道次（轧边 EF、成品 UF）对应辊缝开口位置，因温度差异造成金属充满状态变化，对应的轨头高度方向尺寸产生波动。由于以上原因，万能法轧制的钢轨高度方向会存在一定的波动，有时会出现局部的高点或低点缺陷。

（2）钢轨轨高波动主要来源是连轧时张力波动，而张力波动受轧制温度、孔型结构、接触状态、轧制压力、咬入与抛尾状态等因素影响，万能轧机有限参与的钢轨生产工艺，是在连轧机组末架使用万能 UR2 有限参与生产。此万能 UR2 是在不破坏原有孔型各部分变形系数的原则下进行设计的，实现对钢轨高度有效控制。

钢轨只有一个对称轴，属于异型断面型钢，轧制过程中存在较大的不均匀变形。孔型设计时要结合钢轨断面具体划分，充分考虑各部分的接触状态、速度差异、塑性变形特征、咬入及轧制过程的超前与滞后程度、轧制前后的几何特性等因素。在万能 UR2 孔型设计时将钢轨断面分为轨头、轨腰、轨底三个既相互关联又相互独立的部分，按各部分在轧制过程中不产生金属转移，即各部分体积不变的原则设计。

UR2 孔型轨头部分由 4 段圆弧构成，压下量过大造成钢轨高度及轨距角过渡圆弧充满状态波动，压下量过小则不能对轨头形成有效加工。经过多次实验，万能 UR2 头侧立辊采用 2~4mm 小压下量可满足设计要求。轨腰压缩系数是在避免轨头、轨腰和轨底金属相互转移流动的原则下设计的，同时，保证后续轧制标识有效实现，最终设计万能 UR2 轨腰压缩系数为 8%~11%。根据轨腰压缩变形情况可以设计出万能 UR2 轨腰和轨底延伸系数为 1.04~1.10。轨底压下量是根据钢轨各部分延伸平衡和腿部变形相关参数确定的，可以近似按开口孔腿部变形原则来设计，不当的压下会造成钢轨轧后弯曲或轨底宽度波动，多次实践后设计万能 UR2 底侧立辊压下量为 0.7~1.5mm。成品 UF 与前面轧机分离实现脱头轧制，这种有限参与的钢轨生产工艺可以提供成品 UF 前来料的轨高稳定。经成品 UF 轧制后，钢轨高度的突变可以控制在 0.25mm 以内。

目前热轧高速铁路钢轨主要使用的布置形式是万能轧制法，其成品孔型由 1 个立辊、2 个水平辊组成，孔型图如图 2-5-5 所示。在万能孔型中，压力主要是对轨头、轨底进行压缩，整个截面均匀变化，有效提高了高速铁路钢轨的尺寸精度和形状精度。但最大的问题是轨头开口是自由展宽，轨头形状不能保证。实验表明，一旦调整轨腰压下量或者来料腰厚有波动时，将对轨高尺寸和轨头踏面形状产生明显影响。万能孔型不是一个严格意义上的精轧孔型，只是一个半万能孔型，它只有与万能成品前孔型相结合才能起到提高高速铁路钢轨尺寸精度的作用。

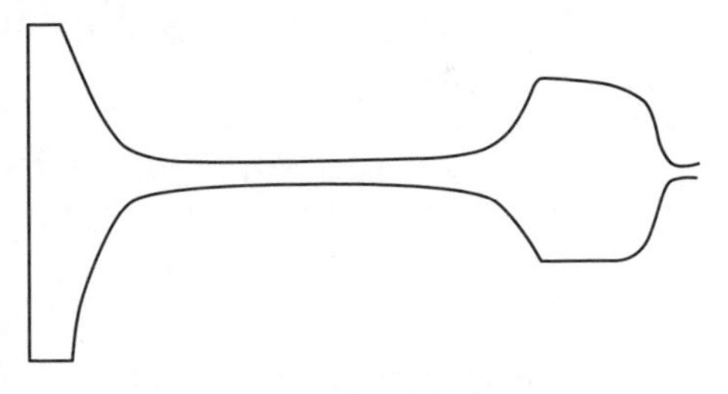

图 2-5-5 珠光体钢轨万能轧制孔型

新设计的全万能成品孔型由上、下两个水平辊和左、右两个立辊组成，如图 2-5-6 所示。水平辊轧制高速铁路钢轨腰部方向，立辊对高速铁路钢轨的轨底和轨头踏面同时进行轧制成型，轨头方向使用带轨头踏面曲线的浅槽立辊。与二辊孔型和半万能成品孔型相比，在踏面处没有辊缝开口，可充分对高速铁路钢轨轨头踏面进行压缩，提高踏面尺寸精度和平直度，并确保轨高。在保证轨高和轨头圆弧精度方面，全万能成品孔型比半万能成品孔型有其特有的优势。

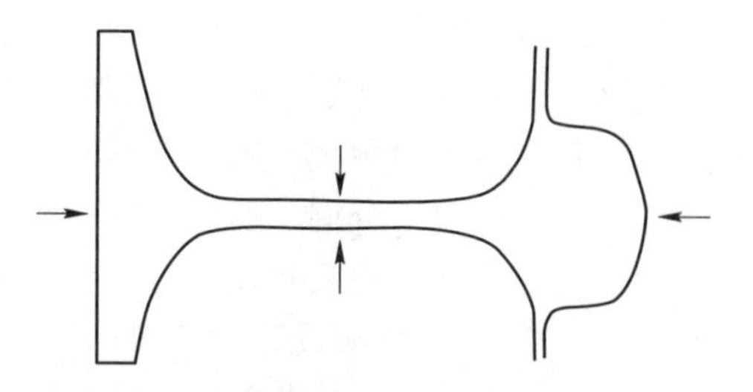

图 2-5-6　珠光体钢轨全万能轧制孔型

全万能孔型的设计思路是：（1）依据坯料尺寸和钢轨断面尺寸、偏差，参照总轧制道次数和孔型设计经验，确定各道次孔型的形状，设计万能轧机 U1、U2、轧边机 E 和全万能成品孔型形状尺寸。（2）对万能轧机 U1、U2、轧边机 E 连轧后三道次和 UF 全万能轧制过程进行热力耦合数值模拟分析，研究钢轨万能轧制过程中金属的流动规律、温度场、应力和应变的分布特点，计算在轧制过程中的轧制温度、轧制力、能耗等力能参数。对该全万能孔型进行修正和优化，并对优化后的孔型再模拟再优化，直至得到可以满足变形精度要求的全万能孔型，完成孔型优化分析计算。（3）根据前述结果进行全万能孔型轧辊的加工制造，并根据生产安排确定出试轧生产计划，实现高速铁路钢轨生产线全万能孔型轧制系统试轧生产，并对产品的尺寸精度进行检测、分析和总结。（4）在对试轧产品结果分析的基础上，对该全万能孔型进行进一步加工修正和优化，直至得到可以满足批量稳定生产的变形精度要求的全万能孔型。

由于以上改进轧制工艺制度、优化轧制孔型，钢轨的尺寸控制精度持续提升。表 2-5-2 是邯钢生产的高速铁路 U71MnG 钢轨几何精度抽检结果，可以看出，抽样检查结果全部合格。

表 2-5-2　邯钢生产的 U71MnG 钢轨的几何精度检验结果

试样	断面尺寸及允许偏差/mm										是否合格
	钢轨高	钢轨高偏差	轨头宽	轨头宽偏差	轨腰厚	轨腰厚偏差	轨底宽	轨底宽偏差	轨底边厚	轨底边厚偏差	
1	175.8	−0.20	72.7	−0.30	16.5	+0.05	150.4	+0.48	12.0	+0.02	是
2	175.9	−0.10	72.7	−0.28	16.3	−0.20	150.4	+0.40	11.7	−0.22	是
3	176.3	+0.30	72.8	−0.20	17.0	+0.54	149.6	−0.38	12.3	+0.34	是
4	175.7	−0.30	72.5	−0.42	16.7	+0.25	150.2	+0.20	11.8	−0.20	是
5	175.8	−0.20	72.7	−0.30	16.5	+0.03	150.1	+0.14	11.6	−0.32	是
6	175.7	−0.30	72.6	−0.38	16.3	−0.18	150.6	+0.60	11.7	−0.28	是
7	175.7	−0.30	72.6	−0.40	16.4	−0.01	150.4	+0.48	11.9	−0.10	是
8	175.6	−0.40	72.7	−0.30	16.6	+0.15	150.2	+0.24	12.1	+0.14	是
9	175.8	−0.20	72.7	−0.30	16.6	+0.14	150.3	+0.36	11.7	−0.22	是
10	175.6	−0.32	72.8	−0.14	16.8	+0.30	150.5	+0.50	11.8	−0.12	是
TB/T 3276—2011 要求	176.0	±0.60	73.0	±0.50	16.5	+1.0/−0.5	150.0	±1.00	12.0	+0.75/−0.5	

5.1.4 高平直度的控制

平直度是衡量高速铁路钢轨实物质量的主要指标之一。平直度对列车运行速度、安全性及舒适性具有重要影响。在列车巨大的冲击力下，钢轨的一个微小错位不平顺，有可能引发钢轨、车轮、车轴的断裂，导致恶性脱轨事故。因此，为保证列车运行的安全，各国高速铁路技术标准对高速铁路钢轨平直度和扭曲偏差提出了十分严格的要求。TB/T 3276—2011《高速铁路用钢轨》标准中对高速铁路钢轨平直度和扭曲的要求见表 2-5-3。与普通线路用高速铁路钢轨相比，高速铁路用高速铁路钢轨的平直度指标在内容上更为全面，包括轨端、轨身、小腰的平直度及全长弯曲，也包括轨端和全长扭曲等，并且其指标量值更为严格。

表 2-5-3　TB/T 3276—2011《高速铁路用钢轨》关于高速铁路钢轨平直度和扭曲的要求

部位	项目	公差
轨端 0~2m 部位	垂直方向（向上）①②	0~1m：≤0.3mm/1m 0~2m：≤0.4mm/2m
	垂直方向（向下）④	≤0.2mm/2m
	水平方向①②	0~1m：≤0.4mm/1m 0~2m：≤0.6mm/2m
距轨端 1~3m 部位	垂直方向	1~3m：≤0.3mm/2m
	水平方向	1~3m：≤0.6mm/2m
轨身③	垂直方向	≤0.3mm/3m， ≤0.2mm/1m
	水平方向	≤0.5mm/2m
钢轨全长	上弯曲和下弯曲	≤10mm⑤
	侧弯曲	弯曲半径 *R*>1500m
	扭曲⑥⑦	如图 2-5-7 所示

① 钢轨平直度测量示意图如图 2-5-7 所示，其中 *L* 为测量尺长，*d*、*e* 为允许公差。

② 垂直方向平直度测量位置在轨头踏面中心，水平方向平直度测量位置在轨头侧面圆弧以下 5~10mm 处。

③ 轨身为除去轨端 0~2m 外的其他部分。

④ 出现低头部分的长度（*F*）不应小于 0.6m。

⑤ 钢轨正立在检测台上时，端部的上翘不应超过 10mm。

⑥ 当钢轨轨头向上立在检测台上能看见明显的扭曲时，用塞尺测量钢轨端部轨底面与检测台面的间隙，不应超过 2.5mm。

⑦ 钢轨端部和距端部 1m 的横断面之间的相对扭曲不应超过 0.45mm。以钢轨端断面为测量基准，用特制量规（扭曲尺，长 1m）对轨底下表面的触点进行测量，触点中心与轨底边缘的距离为 10mm，触点接触表面面积为 150~250mm^2，如图 2-5-8 所示。

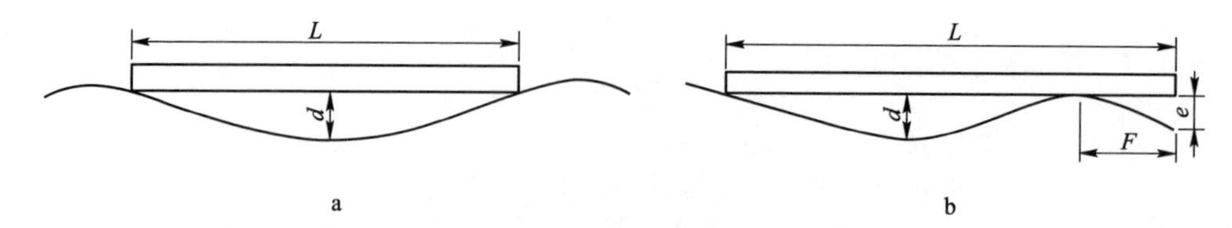

图 2-5-7　高速铁路钢轨平直度测量示意图（$e \geqslant 0$，$F \geqslant 0.6$m）

a—轨身；b—轨端

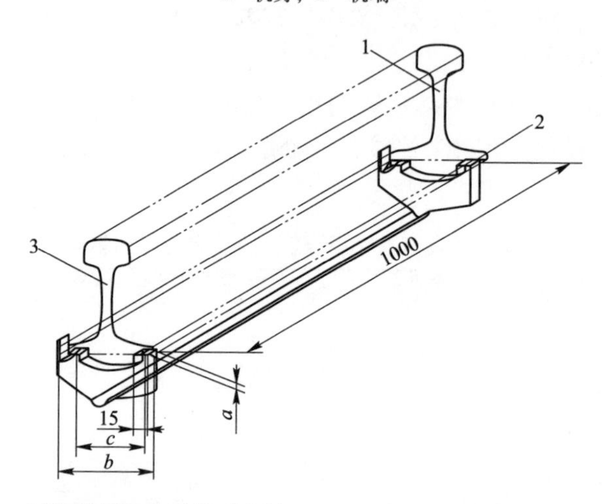

图 2-5-8　钢轨端部扭曲测量示意图（$a \leqslant 0.45$mm，$b = 150$mm，$c = 130$mm）

1—距离钢轨端面 1m 的横断面；2—量规（扭曲尺）；3—轨端横断面

矫直是通过对高速铁路钢轨进行多次弹塑性弯曲变形，达到消除原始曲率的目的。辊式矫直机完成高速铁路钢轨的一次矫直过程要经过多次反复弹塑性弯曲变形，冷却后高速铁路钢轨的原始曲率通常是不均匀的，且大小和方向均可能不一致，通过各辊的反复弯曲，逐步缩小高速铁路钢轨残余曲率的变化范围。矫直机前几个矫直辊主要作用是缩小残余曲率的差值。最初几个矫直辊实施大压下量，可以迅速缩小原始曲率的不均匀性，使高速铁路钢轨的曲率趋于一致。后面几个矫直辊的主要作用是减小趋于均匀的残余曲率，最终达到平直。

矫直过程可分成两阶段，即反向弯曲阶段和弹性恢复阶段。在反向弯曲阶段，钢轨受到外力和外力矩作用，产生弹塑性变形。在弹性恢复阶段，钢轨受存储在自身内的弹性变形能的作用下，力图恢复到原来的平衡状态。钢轨除发生可回复的弹性变形外，还将产生不可回复的塑性变形。因此，若卸载后残留的塑性变形值和钢轨的初始弯曲变形量相当，且方向相反，则弯曲钢轨即可被矫直。由上述分析可知，钢轨反弯挠曲是由弹复挠曲和残余挠曲相加组成的，故可以得到它们三者之间的挠度关系：

$$\delta_w = \delta_f + \delta_c \tag{2-5-1}$$

式中 δ_w——反弯挠曲度，mm；

δ_f——弹复挠曲度，mm；

δ_c——残余挠曲度，mm。

当钢轨的反弯挠曲度等于弹复挠曲度时，钢轨矫直后的残余挠曲度为零，即可消除残余曲率。

钢轨矫直通常有三种工艺：压力矫直工艺、辊式矫直工艺和拉伸矫直工艺。压力矫直工艺速度低，仅用于对钢轨进行端部的补充矫直。钢轨常规矫直主要采用辊式矫直工艺，在辊式矫直中又分为大变形量矫直与小变形量矫直，采用大变形量矫直钢轨可以用较少的矫直辊对钢轨进行矫直，但往往使钢轨的残余应力较大；用小变形量矫直，则需要较多的矫直辊，但钢轨的残余应力较小。拉伸矫直是在钢轨两端施加大于被矫钢轨钢屈服强度的拉力，钢轨在拉力作用下，沿其长度方向发生变形。

（1）压力矫直技术。压力矫直技术是用活动压头对钢轨施加压力，使安放在两个固定支点间的钢轨弯曲，从而实现平直度缺陷的矫正。由于该项技术生产率低、操作复杂，在长尺钢轨全长矫直工艺中鲜有使用，但相对于百米定尺钢轨修正端部平直度缺陷效果显著，被广泛作为长尺钢轨轨端补充矫直技术使用。

（2）平立复合矫直技术。平立复合矫直技术通常在水平和垂直方向上各有一台矫直机，钢轨先后通过水平和垂直方向上的矫直机，从而实现钢轨四个方向的矫直压下，进一步提升了钢轨的平直度指标。该项技术目前在国内外钢轨生产企业中广泛应用。

（3）拉伸矫直技术。拉伸矫直技术是在钢轨两端施加拉力，使钢轨的应力超过屈服点，将原始长度的不同纵向纤维拉伸到与实际长度相等，只要钢轨的拉伸率超过0.25%，则无论残余拉伸量多大，钢轨在水平和垂直两个方向上均能达到平直度的指标要求。由于该项技术所需设备十分复杂且操作困难，生产企业中应用较少。

矫直作为钢轨生产的最后一道变形工艺，直接决定钢轨的平直度、尺寸精度和残余应力，对钢轨使用寿命和行车安全有重要影响，因此，钢轨生产厂都对钢轨矫直技术越来越重视。

影响钢轨平直度状态的主要因素是矫直机的基本参数、矫直工艺参数和矫前状态。矫直机的基本参数包括：矫直辊径、矫直辊距、矫直辊数和矫直辊身长度。设备安装后，上述参数就已经基本确定，因此，需要制定适应设备和产品的生产工艺，即确定钢轨矫前状态和平立式复合矫直机的核心控制工艺。影响矫直工艺的主要因素有：（1）矫前原始弯曲度；（2）矫直压下量；（3）钢轨材料特性；（4）钢轨的矫直温度等。通过控制这些影响钢轨矫后平直度的因素，可以使钢轨获得良好的平直度，满足高速铁路钢轨标准的要求。

钢轨矫前弯曲度直接影响矫后的平直度。在同等变形条件下，钢轨矫前弯曲度越大，矫后的平直度越差。钢轨矫前弯曲度越大，反弯变形量越大，需施加的矫直力越大，能耗也大，钢轨断面尺寸畸变越大，残余应力也越大。此外，矫前钢轨的弯曲度波动大，则矫直工况稳定性差；反之，矫前钢轨弯曲度波动小，矫直过程稳定性好，矫直效果好。由于钢轨矫前弯曲度在很大程度上影响成品钢轨的平直度，因此，要重点研究降低钢轨矫前弯曲度的措施，提高钢轨的平直度。

高速铁路钢轨轧制后在冷床上自然冷却至室温，由于钢轨断面形状不对称，轨底相比轨头冷却速度较快，冷却到室温时整个钢轨将向轨头弯曲，这个弯曲度就是钢轨矫前弯曲度。针对钢轨冷却过程中自然弯曲的问题，行业内普遍采用的方法是：测定钢轨在没有经过预弯冷却后的弯曲曲线，然后施加等值向轨底的弯曲，实现钢轨的矫直；但是由于钢轨冷却后的弯曲程度受温度材质、规格、冷床摩擦系数、冷却速率、预弯曲线形式等诸多因素影响，控制难度较大，冷却后钢轨极易形成“W”形弯曲，无法满足高速钢轨对平直度的要求。结合现场实际，根据高速钢轨初始温度、冷却速度、步距和环境温度等相关的预弯参数，开发了百米钢轨双弧反向预弯工艺，主要包括预弯曲线参数和预弯车使用方案设定。

钢轨预弯分为直线段和弯曲段两部分，如图 2-5-9 所示。由于钢轨直线段与弯曲段比例需要考虑轧件在冷床上运动过程中与动（静）梁点接触后是否产生反向回弹，经过大量实验及高温状态的钢轨特性分析，将直线段与弯曲段比例设为 0.6~1.5，反弯总高与反弯的温度和产品断面有关。

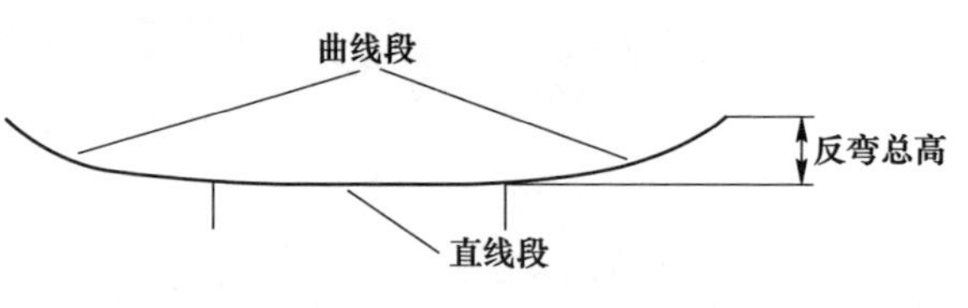

图 2-5-9　钢轨反向预弯曲线示意图

生产实践证明，随着温度的降低，反弯总高减小，生产中控制反弯时温度为 750~820℃，此时反弯总高设为 1.5~2.8m 较为合理。弯曲段斜率变化率是指弯曲段曲线二阶导数，其设置与钢轨位置有关，接近两侧的位置取较大的变化率，接近中部的位置取较小的变化率，通过整理可得公式：

$$dy'' = -(R^2 - x^2)^{-1/2} - x^2(R^2 - x^2)^{-3/2} \tag{2-5-2}$$

式中　dy''——斜率变化率；

R——弯曲段圆弧曲率半径，m；

x——曲线位置坐标，m。

根据预弯曲线参数，预弯车在弯曲段以等间距设置对钢轨进行反向弯曲，在直线段以等间距设置进行等距等速移动。百米钢轨双弧反向预弯工艺中的直线段位于钢轨中部，弯曲段为 2 个，分别位于直线段的两侧，每个弯曲段包括弯曲一段和弯曲二段，弯曲一段一端与直线段一端相切，另一端与弯曲二段相切，如图 2-5-10 所示。弯曲一段斜率变化率设定为 0.4%~0.6%，弯曲二段斜率变化率设定为 0.6%～0.8%。钢轨直线段长度为 40～60m，每个弯曲段长度为 20～30m，弯曲一段曲率半径设定为 180～250m，弯曲二段曲率半径设定为 120～170m。弯曲段相邻的预弯车之间的距离为 1.6m 或 3.2m，在直线段相邻预弯车之间的距离为 3.2m 或 4.8m，预弯小车使用总量为 42～50 组，预弯小车行程函数为：

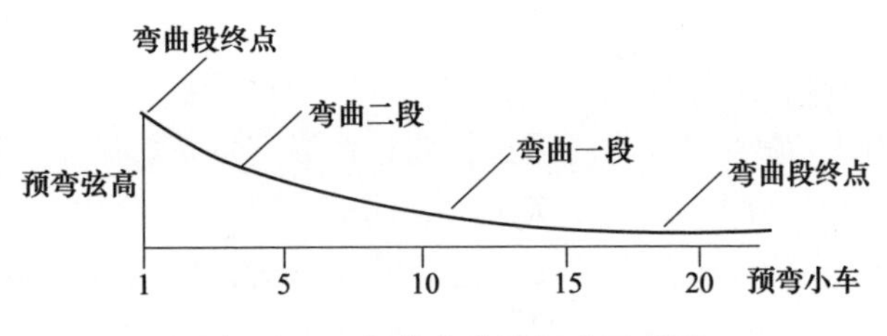

图 2-5-10 钢轨弯曲段组成示意图

$$f(x) = 93.87 + 2.57x + 2.957x^2 + 0.1222x^3 + (0.68 + 0.0004t)x + 0.5kx \tag{2-5-3}$$

式中 $f(x)$——预弯小车行程，m；

x——小车序号；

t——反弯温度，℃；

k——钢轨断面系数。

钢轨冷却反向预弯过程中，使得终冷后钢轨的残余变形接近水平，百米钢轨冷却后弯曲最大弦高控制在 40～60mm，大幅提高钢轨平直度；同时翻转后向上微翘，为后续成功矫直出百米平直度合格的钢轨奠定了基础，有着显著的实用价值。

在保证钢轨矫前平直基础上，需要制定合理的矫直工艺，以保证矫后钢轨平直度和扭曲。矫直钢轨时，水平主动辊 R2、R4 的主要作用是使钢轨发生大的塑性变形，使百米钢轨在全长上形成统一的弯曲率。其中，R2 的变形大于 R4 的变形。而 R6、R8 的主要作用使对 R2、R4 辊的变形进一步调整，R6、R8 的变形量相对 R2、R4 的变形量较小。所以，钢轨在矫直时是在 R2、R4 大压下量作用下，使之发生尽可能大塑性变形后，再经过施加小变形量的 R6、R8 调整钢轨平直度，因此确定主动辊 R6、R8 的最佳压下参数也是比较重要的。在矫直工艺压下参数设定中，应重点研究 R2、R4、R6、R8 压下参数与矫后钢轨平直度的关系，同时也要考虑 4 个主动辊相互之间的匹配。钢轨矫直后平直度主要与其在矫直过程中 4 个主动矫直辊的相互匹配有关。

通过上述理论分析，参照国内几家钢轨生产厂制定的矫直工艺参数，同时结合平立复合矫直机的特点，制定见表 2-5-4 中的钢轨矫直工艺。

表 2-5-4 高速铁路钢轨矫直工艺参数

项目	矫直机水平辊压下量/mm					矫直机立辊压下量/mm			
	R2	R4	R6	R8	R9	R2	R4	R6	R8
范围	15～25	8～15	4～7	2～4	0	10～14	7～12	0.5～4	-2～2

后续还需根据钢轨平直度和残余应力的大小和分布状态，调整和优化相关工艺参数，主要优化工艺参数包括：矫直机矫直辊施加压力、矫直压下量、矫前弯曲度、矫直温度等。通过控制这些影响钢轨矫后平直度和残余应力的因素，可以获得良好的平直度，满足国家标准和铁道部标准的要求。

在优化过程中主要考虑：首先，对钢轨型号、钢轨成分、外形尺寸、轧制速度等参数进行分析。其次，调整压下量，确保矫直后钢轨平直度，测量真实压下量并取残余应力试样；最后根据测试的残余应力值来确定出最优的真实压下量，通过钢轨复合矫直工艺优化试验，拟定立式矫直机和水平矫直机各压下辊的轧制力和合理压下量的分配比例。通过控制系统对各压下辊进行精确控制，严格控制矫直压下量以确保钢轨获得高平直度，同时又保证钢轨残余应力尽可能保持在较低水平，进而实现钢轨矫直安全性。

经过矫直后的钢轨在端部仍会存在矫直盲区（端部弯曲无法矫直）或平直度超标。钢轨平直度差会导致轨道平顺性降低，给高速列车带来很大危害，无法保证行车的安全性。因此，还必须采用双向液压矫直机或压力矫直机进行端部补充矫直。在进行补矫过程中，主要考虑：压点和支点的确定和调整、矫直行程和矫直载荷、最大矫直行程。但应注意的是，双向液压矫直不能对钢轨通长平直度进行补充矫直。而平立复合辊矫后钢轨端部平直度合格率的提高，不仅能大大减轻双向液压补矫的工作量，提高生产效率，而且能更有效地保证成品钢轨的平直度。

邯钢基于以上高速铁路钢轨矫直技术提升和工艺优化，钢轨平直度控制水平得到大幅度提升。表2-5-5为邯钢生产的高速铁路钢轨平直度抽检结果，从抽样检查结果可以看出，钢轨的平直度全部合格。

表2-5-5　邯钢生产的U71MnG钢轨平直度抽检结果（轨型60N）　（mm/m）

<table>
<tr><th rowspan="2">试样</th><th colspan="4">距轨端0~2m部位</th><th colspan="2">距轨端1~3m部位</th><th rowspan="2">是否合格</th></tr>
<tr><th>1m垂直</th><th>2m垂直</th><th>1m水平</th><th>2m水平</th><th>2m垂直</th><th>2m水平</th></tr>
<tr><td>1</td><td>0.2</td><td>0.2</td><td>0.2</td><td>0.3</td><td>0.1</td><td>0.3</td><td>是</td></tr>
<tr><td>2</td><td>0.2</td><td>0.2</td><td>0.2</td><td>0.3</td><td>0.1</td><td>0.3</td><td>是</td></tr>
<tr><td>3</td><td>0.2</td><td>0.2</td><td>0.2</td><td>0.3</td><td>0.1</td><td>0.3</td><td>是</td></tr>
<tr><td>4</td><td>0.1</td><td>0.2</td><td>0.2</td><td>0.3</td><td>0.1</td><td>0.3</td><td>是</td></tr>
<tr><td>5</td><td>0.1</td><td>0.2</td><td>0.2</td><td>0.3</td><td>0.2</td><td>0.3</td><td>是</td></tr>
<tr><td rowspan="2">TB/T 3276—2011要求</td><td rowspan="2">0.3mm/1m（上）</td><td>0.4mm/2m（上）</td><td rowspan="2">0.4mm/1m</td><td rowspan="2">0.6mm/2m</td><td rowspan="2">0.3mm/2m</td><td rowspan="2">0.6mm/2m</td><td rowspan="2"></td></tr>
<tr><td>-0.2mm/2m（下）</td></tr>
</table>

5.1.5 轨底残余应力控制

钢轨轨底残余应力是一个影响行车安全和使用寿命的重要性能指标。钢轨在生产和使用过程中均会产生残余应力，过高的残余应力影响着钢轨使用过程的稳定性、耐磨性、抗疲劳强度和抗断裂性能，甚至导致钢轨的折断，对行车安全构成巨大的潜在威胁。铁路标准 TB/T 2344—2012《43kg/m~75kg/m 钢轨订货技术条件》和 TB/T 3276—2011《高速铁路用钢轨》对轨底残余应力做出限制，标准中明确提出了轨底处纵向残余应力不应大于 250MPa 的指标要求。因此，降低钢轨残余应力是保障行车安全的重要研究课题。

研究表明，钢轨的轨头和轨底存在纵向拉伸残余应力，轨腰存在纵向压缩残余应力。行车过程中的钢轨受力和残余应力叠加，会造成裂纹的萌生和扩展。车轮经过轨头处受到压应力与残余应力可以相互减轻，残余应力对轨头的影响较小。轨底处受到拉应力的作用，与残余拉应力相互作用，加大了轨底残余应力的危害性。因此，铁路标准对轨底残余应力做出重要规定。

钢轨中的残余应力属于弹性应力。钢轨在经过轧制、预弯、冷却和矫直等环节，都会产生不均匀变形，导致残余应力的产生。残余应力按形成原因可分三个部分：组织应力、热应力和形变应力。

(1) 组织应力。金属材料发生组织转变时，因比容改变将产生组织应力。珠光体钢轨在热轧和热处理过程中，在正常情况下仅发生珠光体组织转变，因此，组织应力基本可以忽略不计。

(2) 热应力。钢轨在冷却时，钢轨内温度分布和变化不均匀，由于温度不均匀变化引起各部位不均匀的收缩而产生残余应力。

(3) 形变应力。由于钢轨断面是非对称的，轧制、预弯和矫直对钢轨各部位施加的变形也是不均匀的，形成了形变应力。

残余应力是一种内应力。常见的残余应力测量方法有轨腰锯切法、应变测量法、裂纹捕捉法等，这些检测方法均为有损检测。此外，还可以采用无损检测方法来测量钢轨残余应力，但采用无损检测法需要专门的检测仪器或校准仪，因测量精度不够或测量钢轨适用性不强而未被大量采用。TB/T 2344—2012《43kg/m~75kg/m 钢轨订货技术条件》采用的是应变测量法。

由胡克定律知，当材料弹性模量 E 为已知值时，若能测得应变值，就能相应地求得正应力值。

$$\sigma = E\varepsilon \tag{2-5-4}$$

式中 σ——正应力，MPa；

ε——正应变；

E——弹性模量，MPa。

应变测量法是将应变的变化，转换成电压的变化，然后把电压的改变量再反转换为欲测定的应变。应变量转换为电压量是由电阻应变片和惠登斯电桥实现，对电压量进行标定，通过静态电阻应变仪实现反转换为应变量。

残余应力的评定方法为：首先把电阻应变片贴在轨底表面，如图 2-5-11 所示；然后将贴有应变片的部分与钢轨逐渐切割分离，用释放的应变值来评定原始残余应力。所用的电阻应变片应为封闭型，长 3mm，灵敏度因子优于±1%。为了测定如图2-5-11 所示位置的纵向应变，应将应变片粘贴到轨底表面，粘贴应变片的轨底表面的处理和应变片使用方法均应符合应变片制造者的建议，应变片应贴在 1m 长样轨的中心，在样轨的中心贴片区，锯切 20mm 厚的样块，如图 2-5-12 所示。

影响钢轨轨底残余应力的因素很多，钢轨残余应力的增大主要来自钢轨的矫直过程，为降低钢轨残余应力应重点从涉及矫直工序的工艺进行优化。

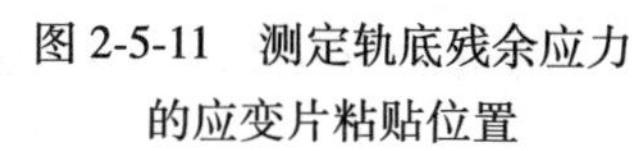

图 2-5-11　测定轨底残余应力的应变片粘贴位置

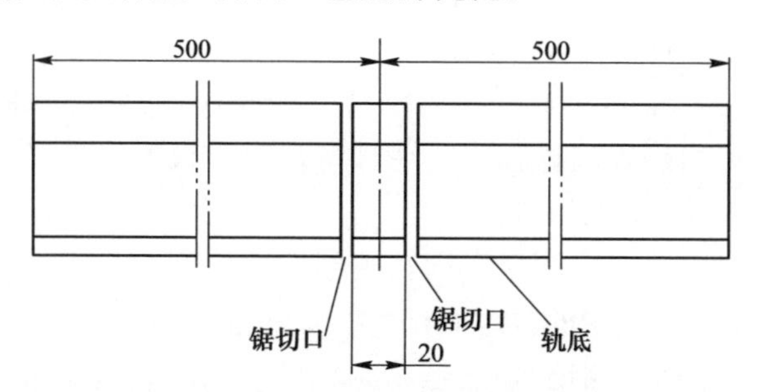

图 2-5-12　测定轨底残余应力锯切部位（单位：mm）

（1）优化钢轨预弯曲线。钢轨矫直前的弯曲度越大，矫直过程中钢轨变形量也越大，导致矫直后的残余应力也越大。为降低钢轨在矫直过程的不均匀变形，需要采用合理的预弯曲线，减小矫前钢轨弯曲度，进而减轻矫直过程钢轨的变形量。

（2）优化矫直工艺。矫直是一个非常复杂的、高度非线性的变形过程，涉及变量多，为此，采用数值模拟软件对钢轨矫直过程，分析各个矫直辊压下量对轨底残余应力的影响。

通过数值模拟分析，以平立复合辊式矫直机矫直 60N 规格 U75VG 钢轨为研究对象，建立矫直模型，如图 2-5-13 所示。在保证计算精度的前提下，对钢轨断面进行简化，主要将轨头、轨腰、轨底处的圆弧用小段直线代替，钢轨长度定为

6500mm。平立复合矫直机组水平辊由 9 个辊 H1～H9 组成，其中 H2、H4、H6、H8 为压下辊，矫直辊直径为 1100mm；立辊由 7 个辊 V1～V7 组成，其中 V2、V4、V6 为压下辊。矫直辊直径为 700mm，矫直速度取 1.5m/s。矫直辊在矫直过程中弹性压扁量很小，为了节省计算时间，将矫直辊简化成刚性辊，选择解析刚体材料模型。

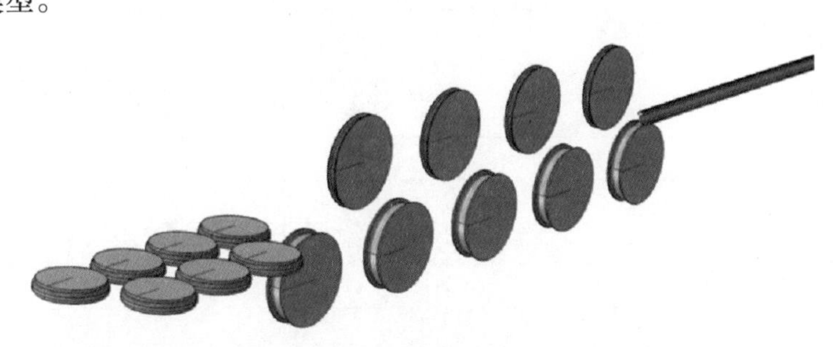

图 2-5-13　钢轨矫直模型示意图

对钢轨在矫直过程进行数值模拟，可变量有 4 个水平辊压下量和 3 个立辊压下量，见表 2-5-6，可以看出，变量较多。为了科学合理安排实验，采用正交实验设计。通过正交设计，共形成 50 个矫直方案。对 50 个矫直模拟方案经过前处理、计算和后处理，得出每组方案的矫后轨底残余应力，其结果见表 2-5-7。

表 2-5-6　钢轨矫直正交实验设计水平与因素

试验方案	H2 辊压下量/mm	H4 辊压下量/mm	H6 辊压下量/mm	H8 辊压下量/mm	V2 辊压下量/mm	V4 辊压下量/mm	V6 辊压下量/mm
1	18	8	5	0	8	8	1
2	20	10	6	1	10	9	2
3	22	12	7	2	12	10	3
4	24	14	8	3	14	11	4
5	26	16	9	4	16	12	5

表 2-5-7　钢轨矫直正交实验模拟结果

试验方案	矫后轨底残余应力/MPa	试验方案	矫后轨底残余应力/MPa
1	79.8	8	308.7
2	104.7	9	311.4
3	186.2	10	325.0
4	184.6	11	202.3
5	261.8	12	176.7
6	245.3	13	105.0
7	295.4	14	110.6

续表 2-5-7

试验方案	矫后轨底残余应力/MPa	试验方案	矫后轨底残余应力/MPa
15	211.4	33	223.3
16	221.2	34	235.2
17	295.4	35	238.7
18	262.1	36	223.6
19	284.8	37	207.2
20	274.0	38	199.5
21	167.3	39	253.3
22	165.2	40	252.6
23	255.5	41	98.0
24	236.9	42	107.8
25	198.1	43	150.5
26	209.3	44	140.3
27	245.0	45	234.5
28	231.7	46	225.4
29	274.0	47	232.4
30	204.6	48	211.0
31	141.4	49	237.2
32	132.6	50	274.0

模拟结果采用直观法分析。对每个因素各水平对应的试验结果，相加求和，记为 K_i，求其平均值，记为 $\overline{K}_i$，求极差，确定因素的影响主次，具体结果见表 2-5-8。

表 2-5-8　钢轨矫直正交实验模拟结果分析

因素	H2	H4	H6	H8	V2	V4	V6
K_1	2303	1725	1575	1973	2200	1997	1950
K_2	2143	1991	1828	2095	2054	2234	2103
K_3	2187	2108	2269	2004	2332	2170	2202
K_4	2107	2413	2488	2314	1966	2187	2238
K_5	1911	2413	2690	2265	2099	2062	2158
$\overline{K}_1$	230.3	172.5	157.5	197.3	220.0	199.7	195.0
$\overline{K}_2$	214.3	199.1	182.8	209.5	205.4	223.4	210.3
$\overline{K}_3$	218.7	210.8	226.9	200.4	233.2	217.0	220.2
$\overline{K}_4$	210.7	241.3	248.8	231.4	196.6	218.7	223.8
$\overline{K}_5$	191.1	241.3	269.0	226.5	209.9	206.2	215.8
极大值	230.3	241.3	269.0	231.4	233.2	223.4	223.8
极小值	191.1	172.5	157.5	197.3	196.6	199.7	195.0
极差 R	39.2	68.8	111.5	34.1	36.6	23.7	28.8

极差 R 是一个反映因素对结果影响大小的量。根据极差值可以看出，对轨底残余应力影响显著的是水平矫直辊。水平辊 H6 对轨底残余应力的影响最为显著，轨底残余应力随着水平辊 H6 压下量的增加而增大，不同的水平设置波动幅度可达 110MPa；其次是水平矫直辊 H4，波动幅度达 68MPa；水平辊 H2 与轨底残余应力呈弱负相关；水平辊 H8 和立辊 V2、V4、V6 辊压下量同轨底残余应力极差值较小，对轨底残余应力的影响有限。钢轨矫直模拟正交实验因素、水平和 $\overline{K}_i$ 的关系如图 2-5-14 所示。

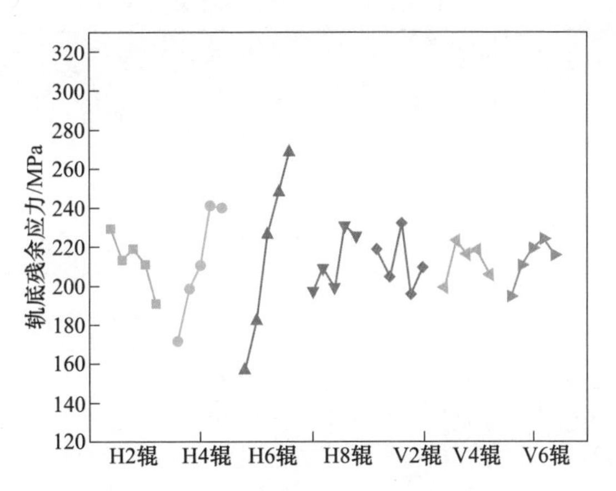

图 2-5-14　钢轨矫直模拟正交实验因素、水平和 $\overline{K}_i$ 的关系

通过数值模拟分析得知，水平辊 H6 和 H4 对轨底残余应力影响最为显著且呈正相关关系，水平辊 H2 与轨底残余应力呈负相关，水平辊 H8 和立辊对轨底残余应力影响有限。为了验证该规律的有效性，进行了现场测量验证试验。

水平矫直辊以矫直规程 20mm→10mm→7mm→3mm 为基准，重点研究水平辊压下量对残余应力的影响规律，矫直过程保持 4 个水平辊中的 3 个辊压下量不变，仅改变其中一个辊的压下量，具体矫直方案见表 2-5-9~表 2-5-12。试验共取 12 个试样，均在矫后钢轨尾部切除 3m 后取样。经过打磨擦洗→贴应变片→防水处理→连接应变测量仪→锯切钢轨→测量应变等工序，测量轨底残余应力。

表 2-5-9　仅改变水平辊 H2 压下量的矫直方案和轨底残余应力

矫直方案	H2 辊压下量 /mm	H4 辊压下量 /mm	H6 辊压下量 /mm	H8 辊压下量 /mm	V2 辊压下量 /mm	V4 辊压下量 /mm	V6 辊压下量 /mm	轨底残余应力 /MPa
1	18	10	7	3	16	8	3	202.0
2	20	10	7	3	16	8	3	194.3
3	22	10	7	3	16	8	3	193.2

表 2-5-10　仅改变水平辊 H4 压下量的矫直方案和轨底残余应力

矫直方案	H2 辊压下量 /mm	H4 辊压下量 /mm	H6 辊压下量 /mm	H8 辊压下量 /mm	V2 辊压下量 /mm	V4 辊压下量 /mm	V6 辊压下量 /mm	轨底残余应力 /MPa
1	20	9	7	3	16	8	3	178.6
2	20	10	7	3	16	8	3	194.3
3	20	11	7	3	16	8	3	206.1

表 2-5-11 仅改变水平辊 H6 压下量的矫直方案和轨底残余应力

矫直方案	H2 辊压下量/mm	H4 辊压下量/mm	H6 辊压下量/mm	H8 辊压下量/mm	V2 辊压下量/mm	V4 辊压下量/mm	V6 辊压下量/mm	轨底残余应力/MPa
1	20	10	6	3	16	8	3	180.7
2	20	10	7	3	16	8	3	194.3
3	20	10	8	3	16	8	3	200.8

表 2-5-12 仅改变水平辊 H8 压下量的矫直方案和轨底残余应力

矫直方案	H2 辊压下量/mm	H4 辊压下量/mm	H6 辊压下量/mm	H8 辊压下量/mm	V2 辊压下量/mm	V4 辊压下量/mm	V6 辊压下量/mm	轨底残余应力/MPa
1	20	10	7	2	16	8	3	187.1
2	20	10	7	3	16	8	3	194.3
3	20	10	7	4	16	8	3	179.0

对上述测量结果的变化趋势进行绘图，与数值模拟结果进行对比，如图 2-5-15所示。数值模拟结果表明，轨底残余应力随水平辊 H4 和 H6 压下量增加而增大，随水平辊 H2 压下量增加而减小。现场实施测量表明，轨底残余应力随水平辊 H2 压下量增大而减小，随水平辊 H4、H6 压下量增加而增加，但与模拟结果水平辊 H6 影响最大不同，实测中水平辊 H4 影响更为显著，水平辊 H8 压下量与残余应力关系较为复杂。

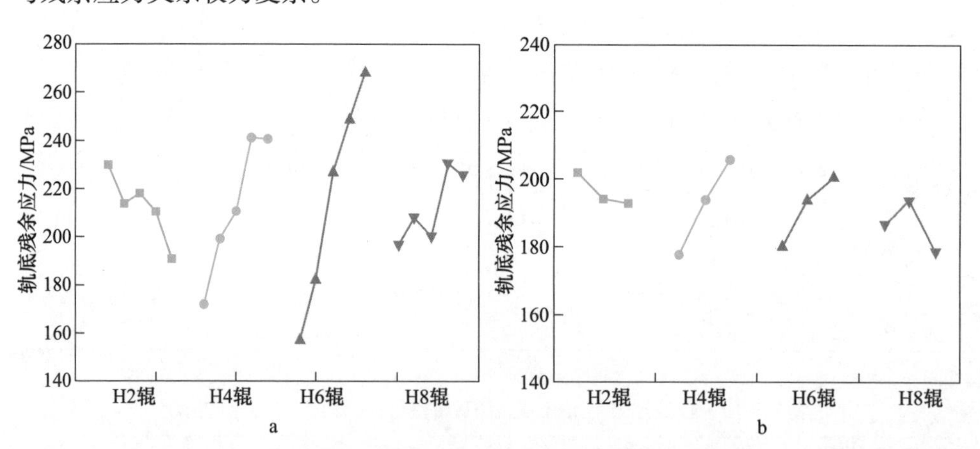

图 2-5-15 水平辊矫直压下量与轨底残余应力变化趋势的关系

a—数值模拟结果；b—现场实际测量结果

数值模拟结果和现场测量结果均表明，水平辊 H4 和 H6 压下量是影响轨底残余应力增加最显著的因素，且轨底残余应力随水平辊 H4 和 H6 压下量增加而

增大。因此，优化矫直工艺重点对象是水平辊 H4 和 H6 压下量。结合矫直生产实际，应控制水平辊 H4 压下量范围 8.0～16mm，水平辊 H6 压下量范围 4.0～8.5mm；同时在保证钢轨矫后平直度的前提下，水平辊 H4 和 H6 压下量应尽量选用较小值。

5.1.6　脱碳层控制

脱碳层是热轧钢轨订货的重要指标之一，铁道部发布的 43～75kg/m 热轧钢轨的质量指标规定，钢轨头部脱碳层的深度不得大于 0.5mm，高速钢轨内控要求脱碳层厚度控制在 0.3mm 以下。高速铁路钢轨钢由于碳含量较高，高速铁路钢轨铸坯在加热过程中容易出现氧化和脱碳的现象，并且在轧制时也具有脱碳倾向，脱碳会使高速铁路钢轨钢的强度、硬度和耐磨性降低。高速铁路钢轨钢的脱碳主要发生在铸坯加热过程中，且同时伴随着氧化发生，是一个较为复杂的过程。钢轨的脱碳与很多因素有关，其中加热时间、加热温度以及炉内气氛对钢轨脱碳影响较大，因此，研究铸坯的加热制度以及在线防脱碳涂料的喷涂非常重要。

脱碳是钢表层的碳原子在高温条件下发生扩散而迁移至表面的过程，并与脱碳性气体（如 O_2、CO_2、H_2、H_2O、SO_2）发生化学反应，进而导致钢的表层在一定范围内碳原子散失的现象。常见的脱碳反应如下：

$$CO_2 + C_\gamma - Fe \longrightarrow 2CO \tag{2-5-5}$$

$$O_2 + C_\gamma - Fe \longrightarrow CO_2 \tag{2-5-6}$$

$$H_2O + C_\gamma - Fe \longrightarrow CO + H_2 \tag{2-5-7}$$

$$2H_2 + C_\gamma - Fe \longrightarrow CH_4 \tag{2-5-8}$$

钢坯加热时，钢的表面氧化主要包括氧向钢中扩散形成氧化铁皮和钢中的碳向外扩散形成脱碳。氧化与脱碳是同时发生的一个过程，前者是铁与氧反应形成氧化铁皮，并使其不断增厚；后者则是脱碳过程，即碳由钢内部向表层扩散及在钢表层与脱碳气体反应，两者结合成含碳气体使钢的表层碳含量减少。脱碳只有在碳的扩散速度大于铁的扩散速度时才能发生。当氧化速度很大时，脱碳现象就不明显，钢表面只是形成很厚的氧化铁皮。所以氧化作用强烈时钢发生氧化，氧化作用相对较弱时则形成脱碳。

在较高温度下钢的氧化和脱碳同时进行。即使在钢的表面形成了一层氧化膜，但由于高温下氧化膜的组织结构比较疏松，碳元素还会与炉气中的气体反应，即脱碳还是不断地进行。随着加热温度的提高和加热时间的延长，脱碳层深度不断加大。

为了研究加热温度与加热时间对高速铁路钢轨钢脱碳层的影响规律，在实验室箱式电阻炉中模拟钢轨加热过程，对不同加热工艺的试样进行金相组织观察，测量其脱碳层深度，从而掌握加热温度和加热时间对脱碳层厚度的影响程度。为此，试验材料选用转炉冶炼的U75VG钢轨连铸坯，连铸坯断面尺寸为380mm×280mm。在380mm×280mmm的矩形连铸坯上用线切割法截取30mm×25mm×10mm的试样，保证试样的表面不存在脱碳现象。将试样放在箱式电阻炉中分别加热到850℃、950℃、1050℃、1150℃、1200℃和1250℃，每个温度下分别进行15min、25min、35min和45min的不同时间保温，试样出炉后空冷至室温。

试样检验方法：对出炉空冷至室温的试样采用4%硝酸酒精侵蚀后，按照GB 224—2008《钢的脱碳层深度测定法》中的金相法对脱碳层进行评定。脱碳层深度的评定是在100倍的显微视场内按照最深的一个均匀脱碳区随机地进行5次测量，取其平均值作为该试样脱碳层深度的数值。

图2-5-16为保温时间为45min后，U75VG钢轨钢在四个典型加热温度（850℃、1050℃、1150℃和1250℃）下的脱碳情况，图2-5-17为脱碳层深度随着温度的变化规律。从图2-5-16中脱碳层组织形貌可以看出，在850℃以上加热时，高速铁路U75VG钢轨钢表面存在着全脱碳层和半脱碳层，它们合起来构成了高速铁路钢轨钢的表面脱碳层组织。随着加热温度的增加，全脱碳深度和半脱碳层深度均有所增加，不同加热温度下全脱碳层深度介于0.12～0.25mm，而半脱碳层深度介于0.3～1.25mm，即半脱碳层深度的变化要远高于全脱碳层。也就是说，高速铁路钢轨钢脱碳层深度的增加主要体现在半脱碳层深度的增加。

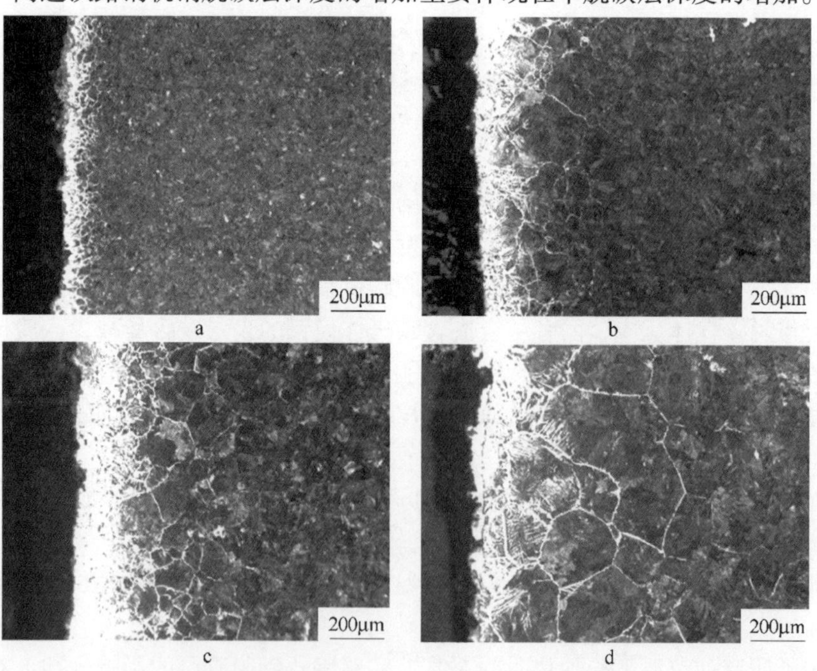

图2-5-16　U75VG钢轨钢在不同加热温度下保温45min时的脱碳层组织形貌（100×）
a—加热温度850℃；b—加热温度1050℃；c—加热温度1150℃；d—加热温度1250℃

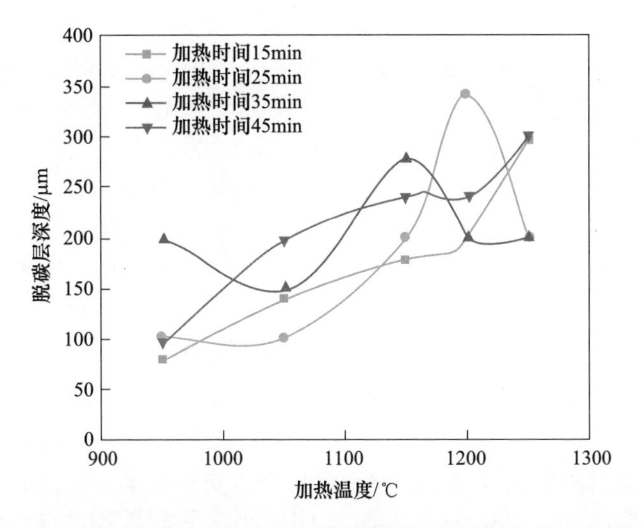

图 2-5-17 U75VG 钢轨钢在相同加热时间时脱碳层深度随加热温度的变化规律

从图 2-5-17 可以看出，加热温度在 950℃以下时脱碳层深度对保温时间不敏感，950~1050℃脱碳层深度随保温时间略有变化，1050~1150℃区间的脱碳层随加热温度逐步增加；保温时间的影响开始明显，1150~1200℃区间保温时间的影响进一步增强，脱碳增速明显，1200~1250℃脱碳层深度随温度和保温时间大幅度增加。因此，为有效控制高速铁路钢轨钢脱碳层深度，钢坯表面 1200℃的加热温度和 35min 的保温时间是重要界限。高速铁路钢轨钢 U75VG 的脱碳层深度随保温时间的变化规律，如图 2-5-18 所示。可以看出，在加热温度一定时，U75VG 钢轨钢的脱碳层深度随保温时间的延长而增加。在加热温

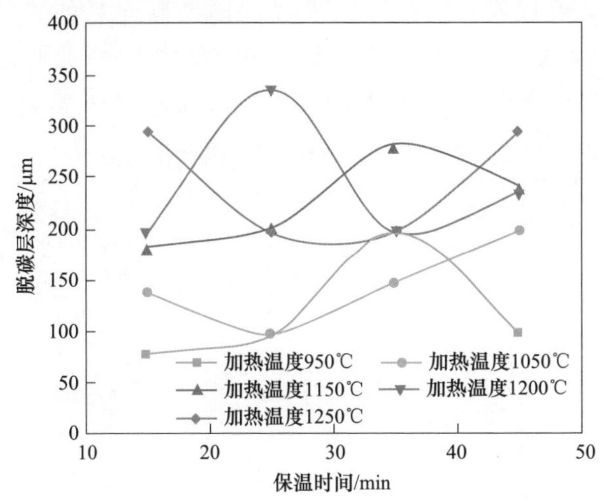

图 2-5-18 U75VG 钢轨钢在相同加热温度时脱碳层深度随保温时间变化规律

度大于 1050℃时，保温时间越长脱碳层越深，并且在（1150±50）℃时，保温时间的敏感性最强。当加热温度上升至 1200~1250℃后，保温时间对铸坯脱碳层厚度的影响不大。

为防止高速铁路钢轨表面脱碳，使用专用涂料在线喷涂技术对钢轨表面进行保护。首先，涂层的化学性质要稳定，并且在使用过程中不能与所保护的基体发生化学反应，因此，涂层必须选择耐高温、化学性质稳定的氧化物作为材料；其次，要求涂层在高温下黏度要大，涂层黏度太小容易从基体表面流淌而失去保护作用；第三，涂层的导热能力要强，不能影响铸坯的加热过程；第四，加热完成后涂层应较容易从基体表面剥落下来，所以涂层材料与基体材料的线膨胀系数要有一定差距，有利于涂层的剥落；最后，涂料在使用过程中不得释放出有毒性或腐蚀性的气体。

对钢轨脱碳层深度统计发现，钢轨合格批次脱碳层厚度偏标准上限，不合格批次的脱碳层厚度集中在 0.6~0.8mm 之间，严重影响了钢轨的性能合格率。为此，可对铸坯喷涂防脱碳涂料来改善其脱碳不合格的情况。将防脱碳涂料涂在高速铁路钢轨铸坯表面，待轧制完毕后对钢轨进行取样分析其脱碳层厚度。

先用电力搅拌机将涂料搅拌均匀，再用气压喷壶将涂料均匀地喷涂到铸坯表面，将脱碳检验部分覆盖，具体为轨头一面全部进行喷涂，轨头相邻两个侧面喷涂 50~60mm，涂层厚度控制在 0.2~0.3mm，涂料喷涂前用吹扫装置将铸坯表面黏附的氧化铁皮清理干净。试验共装炉 7 根 U75VG 铸坯，按照前 2 根喷涂、相邻 1 根不喷涂、再喷涂 3 根、最后 1 根不喷涂的装炉顺序装炉，待加热轧制完毕后对试验铸坯进行取样。

分别在实验铸坯 AB 两头各取 1 个脱碳试样，进行脱碳层厚度的对比分析，结果见表 2-5-13。可以看出，铸坯 A 头喷涂防脱碳涂料的脱碳层厚度在 0~0.08mm 之间，铸坯脱碳层厚度小于 0.3mm 的占比为 100%，而铸坯 A 头未喷涂防护涂料的脱碳层厚度在 0.27~0.5mm 之间，对比效果明显。另外，铸坯 B 头

表 2-5-13　U75VG 铸坯脱碳层厚度对比

试样编号	脱碳层厚度/mm	
	A 头	B 头
1	0，0.05（有涂层）	0.42，0.52
2	0，0（有涂层）	0.42，0.45
3	0.5，0.46（无涂层）	0.44，0.40
4	0.1，0.08（有涂层）	0.51，0.53
5	0，0（有涂层）	0.44，0.55
6	0，0（有涂层）	0.45，0.48
7	0.27，0.44（无涂层）	0.40，0.50

均未喷涂防护涂料，铸坯脱碳层厚度在0.4~0.55mm之间。结果表明，该防脱碳涂料对于U75VG钢轨钢的防脱碳效果非常明显，在实验条件下可将铸坯脱碳层厚度控制在0.3mm以下。

为了更好地体现防脱碳涂料对于铸坯脱碳层厚度的影响，将现场加热工艺进行统计，包括铸坯在加热炉内的加热时间、加热温度和残氧量，具体数据见表2-5-14。试验铸坯在炉内的加热温度、加热时间均在控制计划要求范围内，但残氧量波动较大（控制计划要求残氧量在5%以下），对铸坯脱碳层厚度有一定的影响。结果表明，由于U75VG碳含量高，在加热过程中易造成脱碳现象，所以在线喷涂技术的应用可大幅度提高铸坯的脱碳层合格率，并且将脱碳层厚度控制在0.3mm以下，达到了内控要求。

表2-5-14 U75VG钢轨钢加热工艺和残余氧含量

试样编号	加热温度/℃	均热温度/℃	预热时间/h	加热时间/h	均热时间/h	残氧量/%
0	1217	1211	1.25	1.40	0.58	0.01~7.61
1			1.30	1.30	0.85	
2			1.36	1.27	0.92	
3			1.30	1.25	0.95	
4	1240	1230	1.40	1.50	0.52	0.01~5.90
5			1.40	1.70	1.30	
6			1.20	2.10	0.57	

为分析涂料对钢轨组织的影响，在喷涂涂料的钢轨上取样，其抛光腐蚀后的OM照片如图2-5-19所示。可以看出，喷涂涂料的铸坯表面组织为珠光体组织，未出现异常组织，说明涂料在加热过程中不会对钢轨表面组织产生影响。

从钢材的脱碳与加热温度、加热时间的关系可知，钢轨铸坯的脱碳层深度随加热温度和加热时间的增加而增大，脱碳速度也随加热温度的升高而明显加快。加热温度在1150~1200℃之间时，保温时间超过45min，高速铁路钢轨铸坯脱碳层厚度显著增加。在线防脱碳涂料喷涂技术的应用，显著降低了钢轨铸坯的脱碳层厚度，当涂层厚度在0.2mm以上时，可将铸坯脱碳层厚度降低到0.3mm以下，符合内控标准要求。

5.1.7 力学性能优化

钢轨硬度对钢轨使用寿命和行车安全具有重要作用。减小硬度波动有利于钢轨磨耗均匀一致，有利于改善轮轨匹配关系，延长钢轨使用寿命。热轧钢轨的硬度性能主要由成分组成决定，可通过窄成分控制技术实现钢轨窄硬度波动。

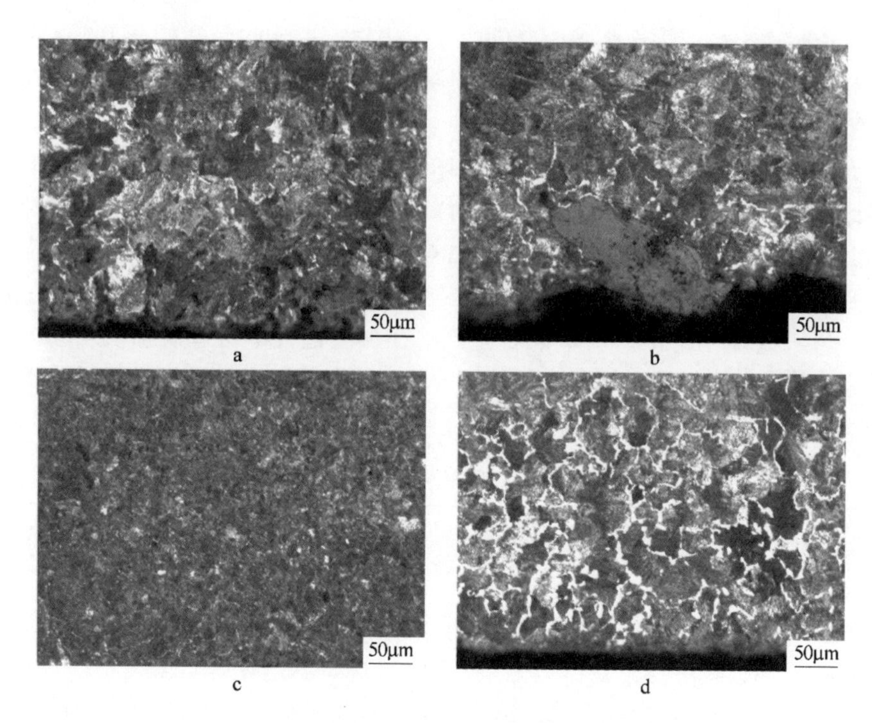

图 2-5-19　喷涂涂料钢轨脱碳试样的金相组织
a—1 号；b—2 号；c—3 号；d—4 号

TB/T 3276—2011《高速铁路用钢轨》规定，钢轨轨头顶面中心线上的表面硬度值应符合表 2-5-15 的要求。

表 2-5-15　两种典型牌号钢轨硬度的标准要求

钢轨牌号	轨头顶面中心线硬度（HBW）
U71Mn/U71MnG	260～300
U75V/U75VG	280～320

对典型牌号钢种化学成分与硬度整理分析，通过数学分析软件进行拟合，得出钢轨硬度与各种元素函数关系见式 2-5-9。

$$硬度(HBW) = w(C)\% \times 10000 \times 2.2 + w(Si)\% \times 10000 \times 1 + w(Mn)\% \times 10000 \times 0.8 + w(V)\% \times 10000 \times 1.8 \tag{2-5-9}$$

根据钢轨硬度与其成分公式可以看出，C 含量每提高 0.01%，硬度（HBW）提高 2.2；Si 含量每提高 0.01%，硬度（HBW）提高 1；Mn 含量每提高 0.01%，硬度（HBW）提高 0.8；V 含量每提高 0.01%，硬度（HBW）提高 1.8。化学成分与硬度之间的关系公式对降低硬度波动有重要参考意义，以此为依据，制定了

两种典型高速铁路钢轨窄成分控制范围，见表 2-5-16。

表 2-5-16 典型珠光体钢轨钢化学成分 （质量分数，%）

钢轨牌号	化学成分					
	C	Si	Mn	P	S	V
U71Mn	0.65~0.76	0.15~0.58	0.70~1.20	≤0.030	≤0.025	—
U75V	0.71~0.80	0.50~0.80	0.75~1.05	≤0.030	≤0.025	0.04~0.12
U71MnG	0.65~0.75	0.15~0.58	0.70~1.20	≤0.025	≤0.025	≤0.030
U75VG	0.71~0.80	0.50~0.70	0.75~1.05	≤0.025	≤0.025	0.04~0.08

在铁路标准对化学成分要求范围内，结合硬度与成分的公式和成本，对各个钢种的化学成分进行了内控优化，明确各元素控制范围。

在明确各钢种的各元素内控范围的基础上，对各化学成分波动进行了工艺上的控制，具体包括：（1）稳定转炉铁水和废钢装入量，提高炼钢工操作水平和高拉碳水平，吹炼过程动态调整枪位和氧压，提高钢水终点控制一倒“双命中”，杜绝补吹，减少钢水氧化性，稳定合金吸收率，确保出钢过程不下渣、不卷渣。（2）依据转炉吹炼不同碳氧反应阶段，调整造渣辅料投入时机和投入量，做到初渣早化、过程渣化好、终渣化透。（3）红包出钢，确保钢包低吹压力正常条件下，出钢过程进行脱氧合金化，保证低吹时间使合金和碳粉全部熔化，确保 LF 精炼进站成分准确。

邯钢通过采取以上高速铁路钢轨的高洁净度冶金技术、高均质化凝固技术、窄成分控制技术、残余应力控制技术以及表面防脱碳技术等创新技术，获得了强度、硬度和塑性等各项力学性能优异、满足高速铁路使用的 U71MnG 和 U75VG 钢轨，如图 2-5-20 所示。图 2-5-20 给出了 100 多棵 U71MnG 钢轨试件抗拉强度、表面硬度和伸长率等力学性能统计结果，可以看出，钢轨的各项力学性能指标较高，并且波动很小，一致性很高。其中，U71MnG 钢轨踏面硬度（HBW）在 278~287 范围，符合标准要求的 260~300，且差值控制 9 以内，波动范围很小，对提升钢轨磨耗均匀提供了保障。

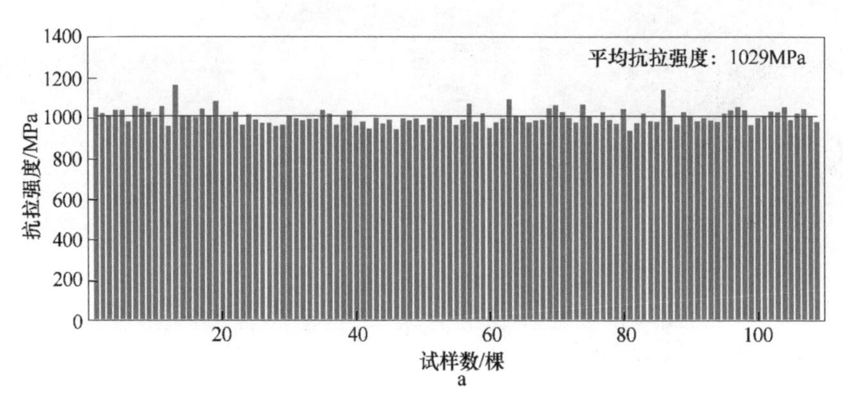

a

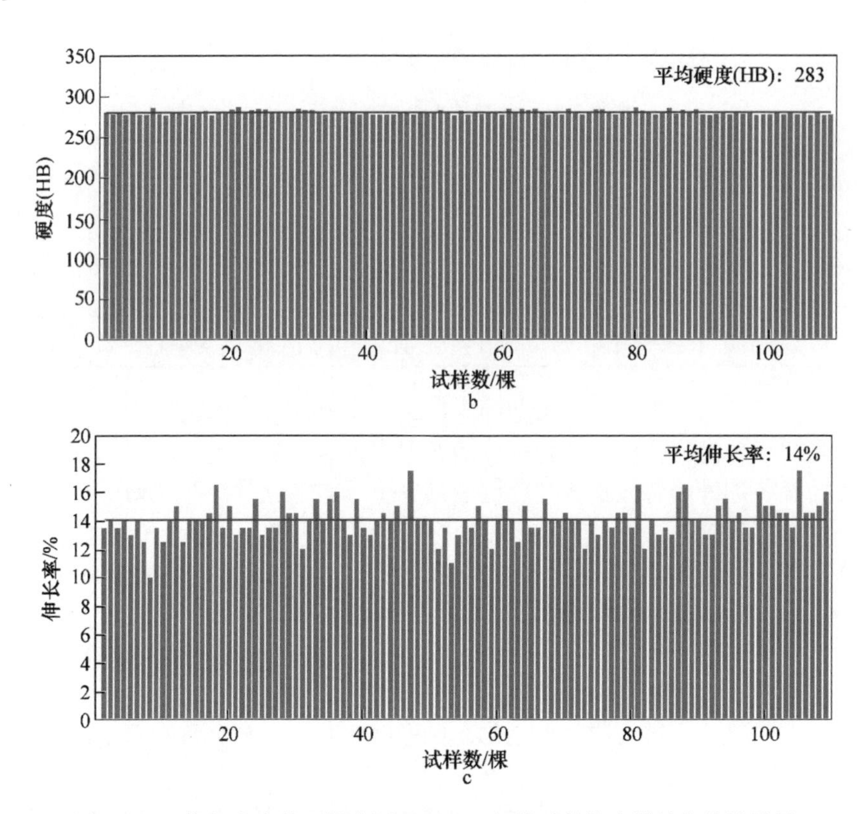

图 2-5-20　邯钢生产的百棵实际 U71MnG 钢轨试件的力学性能统计结果

a—抗拉强度；b—硬度（HB）；c—伸长率

由于邯钢生产的钢轨不仅各项力学性能很好，而且性能稳定可控，因此，近年来，邯钢生产的珠光体钢轨不仅大量出口，而且大量应用在我国 160km/h 提速铁路和 250km/h、350km/h 高速铁路线上，获得了很好的使用效果。钢轨在实际线路上的应用情况，如图 2-5-21 所示。

图 2-5-21　邯钢生产的高速铁路亚共析珠光体钢轨在实际铁路线路上的应用

a—350km/h 鲁南高速铁路上使用的 U71MnG 钢轨；b—250km/h 太郑（太原—郑州）高速铁路线上使用的 U71MnG 钢轨；c—160km/h 京沪（北京—上海）提速铁路线上使用的 U75VG 钢轨

5.2 重载铁路用过共析珠光体钢轨

重载铁路要求钢轨具有高的强度、硬度和优异的耐磨性能，过共析珠光体钢轨是理想的选择。目前，我国商业化的过共析珠光体钢轨是代号为 PG4 的钢轨，它是由中国铁道科学研究院和攀钢集团有限公司近年合作研发的，为高强耐磨钢轨。采用铬、钒合金化，钢中铬含量（质量分数）为 0.30%～0.50%，钒含量（质量分数）为 0.08%～0.12%，热轧钢轨强度为 1080MPa，断后伸长率不小于 8%，热处理后轨头顶面硬度（HB）不小于 370，抗拉强度不小于 1300MPa。

过共析珠光体钢轨的实际生产流程和一些关键技术路径与高速铁路用亚共析珠光体钢轨相近，因此，不再重复介绍。

2005 年，我国开始将 PG4 钢轨在实际铁路正线上试用，考察 PG4 钢轨实际使用情况。当时，北京、太原、上海和郑州铁路局使用 PG4 钢轨的情况表明，未采用润滑的合肥工务段管内的钢轨磨耗速率较大，并且使用不久就出现磨耗，基本按同一磨耗速率进行，没有剥离，采用固体润滑的太原局石太线半径为 300～400m 的曲线，在 5000 万吨/km 通过总重以前钢轨基本无侧磨和剥离，5000 万吨/km 通过总重以后钢轨的侧磨以 0.02mm/百万吨的速度增加，钢轨基本无剥离；然而，在大下坡曲线区段的钢轨磨耗较大，同时，由于钢轨磨耗后轨距加宽、轮轨关系恶化、固体润滑效果变差等原因使钢轨的磨耗加剧。在半径为 301m 的曲线区段，采用车载喷脂，5000 万吨/km 以前钢轨基本无侧磨，但因润滑过多，影响了钢轨的实际使用。

由于 PG4 热处理钢轨硬度高、耐磨性能好，在使用初期钢轨磨耗少。钢轨的磨耗主要出现在曲线的圆缓或缓圆部位，当钢轨磨耗到一定程度后，侧磨加快。采用正确的固体润滑方法，可使钢轨的侧磨得到有效控制，而且钢轨不会出现剥离掉块。其综合使用性能良好，耐磨性能明显优于 U75V 热处理钢轨，适合在重载铁路钢轨磨耗严重的小半径曲线上使用。后来，经大秦等重载铁路使用，耐磨性能优良。PG4 钢轨含有较高的铬、钒合金，抗擦伤能力较差，容易在擦伤部位形成脆性较大的高碳马氏体组织。在大秦线曲线段通过总重 4 亿吨的 PG4 钢轨轨面典型损伤形貌，如图 2-5-22 所示。

近几年，攀钢集团有限公司依托国家重点研发计划项目“高耐磨高强韧性钢轨关键技术研究及应用”，成功研制 PG5（U95Cr）过共析珠光体钢，其碳含量（质量分数）在 0.91%～0.95%之间，经热处理后轨头硬度（HB）高达 390～450，是目前国内碳含量最高的商用珠光体钢轨钢。该过共析珠光体钢轨已在大秦铁路重车线试铺，并已经通过 4 亿吨运量，表现出了良好的耐磨性能和抗接触疲劳性能。

日本 JFE 钢铁公司开发的重载铁路用高耐磨性和抗滚动接触疲劳性、碳质量

a

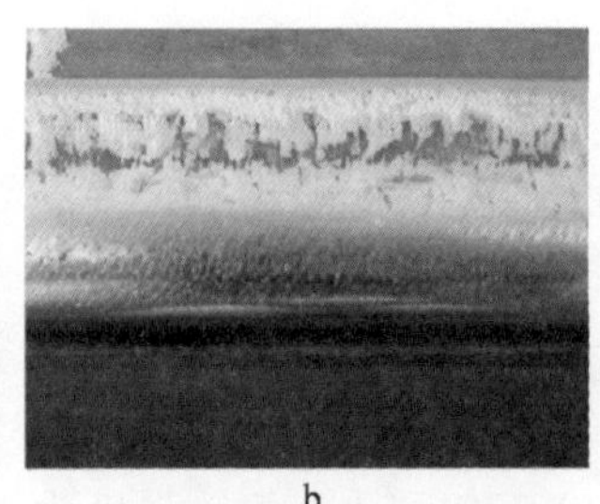
b

c

图 2-5-22　通过总重 4 亿吨时 PG4 钢轨轨面伤损
a—直线左股；b—缓圆上股；c—缓圆下股

分数（0.81%）略高于共析点的过共析超级珠光体钢轨钢 SP3，当时号称具有世界上最高级别的耐磨性。通过对热轧后钢轨进行欠速淬火热处理工艺，将奥氏体状态的钢轨用压缩空气或喷雾冷却，其冷却速度比一般的急冷水淬低，因而在细化珠光体组织的同时避免了马氏体/贝氏体生成，SP3 钢轨的抗拉强度达到 1400MPa。该钢种已在北美重载铁路线应用，使用效果显示，SP3 过共析钢轨比传统热处理钢轨的耐磨性提高 10%左右，并且未在轨头上观测到脱皮或掉皮现象，抗疲劳性能优异。

第 3 篇

贝氏体钢

引 言

贝氏体钢是指在使用状态下具有贝氏体组织的钢种，工业上常通过热处理和热加工后连续冷却或者等温获得贝氏体组织。贝氏体钢具有良好的综合力学性能，与珠光体钢和马氏体钢相比，该钢种同时具有高强度和良好的韧性，并展现出优良的抗接触疲劳和耐磨性能，使它成为制作新型高速铁路用轨道的理想材料之一。

关于铁路轨道用贝氏体钢的研究，大多数国家的研究主要是为提高轨道使用寿命并满足重载的要求，因此，研究的目标是为得到强韧性及耐磨性大于珠光体钢轨或者高锰钢整铸辙叉的贝氏体钢，要求贝氏体钢具有高的抗冲击变形能力及良好的耐磨性能。为达到这样的目标，各国的研究人员采用两种方式：一是合金化，以 Mn、Mo、Si、Cr、Ni 为主要合金化元素，有的添加 B、V 等微量元素，以提高强韧性并希望在空冷下得到以贝氏体为主的组织。二是经热处理后得到贝氏体组织。大量的研究发现，贝氏体钢的碳含量在 0.2%~0.4%之间比较适合用于制造铁路轨道。国外在贝氏体钢轨道的成分设计上选用了 Mo 系或 Mo-B 系合金，以 Mo 或 Mo-B 为基本成分，添加其他合金元素，这种成分设计的优点是有利于在空冷下得到贝氏体组织，工艺简单。通过合金化，空冷下获得贝氏体组织的思路成为目前贝氏体钢轨道材料研究的主流。从试验结果看，各国所研究的试验用钢经空冷后均获得了较满意的组织及性能。但是，若想得到完全的下贝氏体组织，还是很不容易的。除非采用等温淬火，但实际生产中采用等温淬火并不容易实现。实际上，空冷所获得的贝氏体组织，大都为混合组织或无碳化物贝氏体（包括贝氏体铁素体+板条间残余奥氏体膜以及粒状贝氏体）组织。

最早英国的铁路轨道用贝氏体钢的碳含量为 0.1%左右，英国偏重于提高钢的冲击韧性。Yates 的研究认为珠光体钢轨已经几乎发展到极限，为此，他研发了一种低碳无碳化物贝氏体钢，其贝氏体铁素体板条的层间距达 0.8μm，经过轧制后具有良好的成型性。与传统的珠光体钢相比，贝氏体钢的抗接触疲劳性能显著提高。轮轨疲劳试验结果显示，传统珠光体钢在 22 万周次时出现裂纹，而新型贝氏体钢直到 100 万周次试验停止也没有出现裂纹。20 世纪 80 年代，英国首先研制出 Titan 贝氏体钢辙叉，并成功铺设在客货混运干线及伦敦地铁 JUBILEE 线上，至 1998 年累计铺设了 1000 多组贝氏体钢辙叉。Titan 贝氏体钢被认为是由粒状贝氏体组成，其铸态组织细小，呈针状，贝氏体铁素体板条间存在块状第二相。英国 Bhadeshia 教授根据他多年对贝氏体钢的研究成就和对贝氏体相变理论的卓越贡献，发明了一种抗磨损和滚动接触疲劳无碳化物贝氏体钢轨技术，这个专利技术包括热轧成型技术以及贝氏体钢辙叉的化学成分，其化学成分（质量分数）为：C 0.05%~0.50%、Si/Al 1.0%~3.0%、Mn 0.5%~2.5%、Cr 0.25%~2.5%、Ni 0%~3.0%、S 0%~0.025%、W 0%~1.0%、Mo 0%~1.0%、Cu 0%~3.0%、Ti 0%~0.1%、V 0%~0.5%、B 0%~0.05%，其余为Fe和少量的夹杂。其热处理工艺是，首先将其奥氏体化处理，然后以1~10℃/s的冷却速度快速冷却到500~300℃，再在空气中自然冷却，获得无碳化物贝氏体组织，并建议贝氏体钢中残余奥氏体以薄膜形态存在为好，因为薄膜状态残余奥氏体具有极高的热稳定性和力学稳定性，块状残余奥氏体易于转化为高碳马氏体，对贝氏体钢轨道的断裂韧性有不利影响。

美国的Mo-B系贝氏体钢，在铸态下的抗拉强度为1500MPa左右，伸长率约5%，表面硬度（HB）为450。美国研究的铁路轨道用贝氏体钢趋于高强度、高硬度，以提高耐磨性，使之满足重载铁路的要求。美国俄勒冈研究院利用真空熔炼法制备了9种不同碳含量的Mo-B贝氏体钢，加入少量的Ti和Al与N结合，抑制形成影响钢淬硬性的氮化物，9种Mo-B贝氏体钢的成分，见表3-0-1。与珠光体钢轨对比研究其磨损试验，含碳含量0.2%的8号钢的耐磨性最好，其硬度（HV）为433，组织为无碳化物贝氏体+下贝氏体。1995年起，美国铁路协会与美国俄勒冈研究院合作进行贝氏体钢的研究，开发了J7、J9贝氏体轨道钢，滚动与滑动试验表明J9贝氏体辙叉钢的耐磨损性明显好于高锰钢。他们开发的J6型贝氏体钢热轧后强度达1440MPa，伸长率约为15%，断面收缩率约为44%，室温冲击韧性为80J/cm^2，综合性能优于热处理珠光体钢轨。美国还公布另外两种轨道用贝氏体钢，其化学成分（质量分数）为：C 0.15%~0.20%、Mn 1.00%~1.80%、Si 1.00%~1.60%、Cr 1.50%~2.50%、Ni 2.50%~3.50%、Mo 0.40%~0.70%、B 0.0005%~0.0025%，其余是Fe。以及C 0.28%、Mn 1.03%、Si 1.49%、Cr 2.14%、Mo 0.33%、B 0.003%、P 0.019%、S 0.012%，其余是Fe。

表3-0-1 美国俄勒冈研究院9种贝氏体钢的化学组成 （质量分数,%）

C	Mn	Cr	Mo	B	Si	Ti	P	S
0.09	1.01	—	0.50	0.0029	0.21	0.030	<0.005	<0.01
0.21	1.99	—	0.50	0.0026	0.22	0.024	<0.005	<0.01
0.30	1.49	—	0.50	0.0027	0.21	0.025	<0.005	<0.01
0.09	1.53	0.95	0.49	0.0028	0.21	0.028	<0.005	<0.01
0.19	0.98	0.95	0.49	0.0028	0.20	0.024	<0.005	<0.01
0.29	1.98	1.02	0.50	0.0030	0.21	0.030	<0.005	<0.01
0.09	2.01	1.96	0.50	0.0029	0.24	0.028	<0.005	<0.01
0.19	1.52	2.00	0.50	0.0025	0.22	0.030	<0.005	<0.01
0.29	1.20	1.98	0.50	0.0030	0.23	0.027	<0.005	<0.01

德国贝氏体钢辙叉选用Mo系合金体系，其碳含量（质量分数）较高，为

0.4%左右，并且 Mo 含量较高，超过了公认的有效量 0.5%。实际上，Mo 含量超过 0.2%就能起到明显推迟珠光体转变的作用，在 0.5%时效果最好，超过 0.6%以后推迟作用基本不再有显著的提高。可能是考虑到实际生产中 B 含量不易控制，德国的研究人员在实验室研究中没有添加 B 元素，因此，希望通过提高 Mo 含量来保证空冷下获得贝氏体组织，故而其 Mo 的添加量达到了 0.8%。这种贝氏体钢辙叉经 350℃、6h 或 24h 的退火处理，以防止氢脆并降低内部应力。该辙叉钢抗拉强度、屈服强度、硬度和可焊性匹配良好，抗拉强度为 1350~1550MPa，伸长率为 12%~16%。该钢制造的辙叉用于德国重载线路具有良好的耐磨性，使得寿命比原辙叉延长 1 倍。自 2000 年起，1400MPa 贝氏体钢被批准用于辙叉的制造，实践证明同等载荷条件下其寿命延长了 1 倍，适用于无砟轨道和有砟轨道，减少了养护维修费用。

加拿大研究人员公布了一种铁路轨道用超低碳贝氏体钢，其成分（质量分数）为：C 0.07%~0.15%，Si<0.5%，Mn 0.5%~1.2%，Cr 1.2%~2.0%，Ni 2.5%~3.5%，Mo 0.4%~0.7%，Cu 0%~3.0%，Ti<0.05%，V<0.13%，Al<0.045%，P<0.015%，S<0.015%。这种钢在热处理后，抗拉强度为 950~1300MPa，屈服强度为 750~915MPa，V 形缺口冲击韧性不小于 $20J/cm^2$，延伸率不小于 10%，硬度（HB）在 290~420。还有一种用于制造铁路辙叉心轨的贝氏体铸钢，其成分（质量分数）为：C 0.15%~0.20%，Mn 1.0%~1.8%、Si 1.0%~1.6%、Cr 1.5%~2.5%、Ni 2.3%~2.5%、Mo 0.4%~0.7%、B 0.0025%~0.005%。这种钢具有较高的耐磨性，可以延长辙叉的使用寿命。

捷克 Trinec 钢厂针对中碳贝氏体钢做了大量研究，以 1400MPa 贝氏体钢添加 Cr 作为试验钢。该贝氏体钢初始硬度（HB）为 429，与珠光体钢相比抗动载荷能力更高。捷克辙叉制造商 DT Vyhybkarna mostarna 与 Trinec 钢厂合作设计了一种新型贝氏体钢 Lo_8CrNiMo，参与发展计划“铸造辙叉用贝氏体钢”并在捷克铁路持续试验。Lo_8CrNiMo 成分（质量分数）为 C 0.12%，Si 0.49%，Mn 0.89%，Cr 1.94%，Mo 0.53%，Ni 2.83%等。

日本研制的贝氏体钢轨 C 含量在 0.20%~0.55%，抗拉强度为 810~1430MPa。1400MPa 级别贝氏体钢轨的抗磨损性能与 1300MPa 级别的珠光体钢轨基本相同，但韧性得到很大提高。经过合金化以及适当的热处理得到的贝氏体钢被认为是理想的重载铁路钢轨材料，表 3-0-2 为研制的贝氏体钢的化学组成，其硬度（HB）在 370~423 之间。新日本钢铁公司开发的贝氏体钢成功地应用于辙叉、尖轨和翼轨。

俄罗斯对中碳贝氏体钢轨钢进行了研究，其主要成分见表 3-0-3。其采用 C-Mn-Si-Cr系合金，辅以少量 Mo、V 元素。Pavlov 等研究后认为，对表 3-0-3 中成分的贝氏体钢轨钢，通过正火处理可明显提高强度，而通过回火处理可改善塑性和韧性，并建议最优回火温度范围为 350~370℃。经优化热处理后，典型性能

表 3-0-2　日本研制的轨道用贝氏体钢的化学组成　（质量分数,%）

C	Si	Mn	Cr	V	Mo	Nb	B	P	S
0.28	0.30	1.21	1.65	0.10	—	—	—	0.013	0.009
0.31	0.31	1.32	1.32	—	0.26	—	—	0.013	0.008
0.29	0.55	1.10	2.21	—	—	0.04	—	0.010	0.006
0.34	0.32	0.70	2.51	—	—	—	0.0015	0.011	0.007

水平见表 3-0-4。以 C 含量（质量分数）0.32%的 E1 贝氏体钢为例，轧态钢轨经 870℃正火和 350℃回火处理适当时间后，可获得贝氏体/马氏体组织，奥氏体晶粒为 8～9 级，抗拉强度 1300MPa，伸长率 14%，室温冲击吸收能量 83J，表现出较好的强韧塑性匹配。但截至目前，未见该贝氏体钢轨试用情况的公开报道。

表 3-0-3　俄罗斯贝氏体型钢轨钢的化学成分　（质量分数,%）

牌号	C	Mn	Si	Cr	Mo	V	N
E1	0.40	1.60	1.30	1.20	0.20	0.11	0.018
E2	0.32	1.48	1.21	1.00	0.20	0.13	0.012

表 3-0-4　俄罗斯贝氏体型钢轨钢的力学性能

牌号	热处理工艺	$R_{p0.2}$/MPa	R_m/MPa	A/%	Z/%	KU_2(20℃)/J	KU_2(-60℃)/J
E1	热轧态 870℃	1130	1420	5	13	64	17
E1	正火+350℃回火	1340	1660	12	41	65	28
E2	热轧态 870℃	890	1290	15	25	37	17
E2	正火+350℃回火	1050	1300	14	35	83	25

印度学者 Singh 等采用 C-Mn-Si-Cr-Mo 系合金，添加 V 和 B 研制了典型的贝氏体钢轨钢，见表 3-0-5，并轧制了定尺为 13m 的钢轨，生产中采取轧后在冷床上自然冷却 1h 后堆垛 5 层缓冷的工艺。分析表明，钢轨包含上贝氏体和下贝氏体的混合组织，但通过调整成分和工艺参数，可获得以下贝氏体为主的显微组织，相应钢轨具有更为优越的综合性能匹配。钢轨强度水平约 1200MPa，室温冲击吸收能量 KV_2小于 20J，从强韧性匹配角度看，仍然有较大提升空间。此外，磨损试验表明，相对于常规 880MPa 级珠光体型钢轨，随着接触应力的增加，尽管贝氏体钢轨钢的磨损速率相当，但其塑性变形能力稍弱。

表 3-0-5　印度贝氏体型钢轨钢的化学成分　（质量分数,%）

C	Mn	Si	Cr	Mo	V	N
0.44	0.70	0.94	1.02	0.74	0.15	0.0022
0.37	0.70	0.88	0.98	0.79	0.14	0.0020

此外，法国、澳大利亚等亦相继进行了贝氏体型钢轨的研发工作，并取得了良好结果。

我国在贝氏体钢辙叉方面的研究已开展了几十年。清华大学方鸿生先生课题组首先发明的铁道辙叉专用超高韧可焊接空冷贝氏体钢，它是以Mn、Si为主要合金元素，辅以Cr、Ni、Mo等元素，经奥氏体化后空冷即可到贝氏体/马氏体复相组织，基础化学成分（质量分数）为：C 0.10%~0.65%、Si ≤2.65%、Mn 0.5%~3.2%、Cr 0.2%~2.8%、Ni ≤3.5%、Mo ≤2.0%、其余是Fe。另一项研究成果“新一代高性能新型合金钢新材料”的化学成分（质量分数）为：C 0.25%~0.4%、Si 1.0%~2.5%、Mn 1.0%~2.5%、Cr 1.0%~2.0%、Mo 0.3%~0.8%、Ni 0.3%~1.0%，以及微量的Re、B、V、Ti，其余为Fe，这种贝氏体钢也是专用于制造铁路辙叉的材料。最早是宝鸡桥梁厂（现称中铁宝桥集团有限公司）与清华大学合作开发贝氏体钢辙叉，并于1998年研制了具有良好低温冲击韧性的新型Si-Mn系贝氏体辙叉钢，该钢的硬度（HRC）为45，抗拉强度大于1500MPa，为我国贝氏体钢辙叉的研究和应用奠定了基础。北京特冶工贸有限公司张绵胜高工等发明了一种电渣熔铸贝氏体钢辙叉用材料，其主要合金元素是Si、Mn、Cr、Mo、Ni，辅以微量元素V和Nb的辙叉心轨用贝氏体钢。清华大学与北京特冶工贸有限公司、中国铁道科学研究院和包钢联合开发全贝氏体钢组合道岔，并于2008年开始在全路推广使用，获得很好的使用效果。

多年前，西华大学栾道成教授研制和开发出了系列铁路辙叉用贝氏体钢，这种贝氏体钢的化学成分（质量分数）为：C 0.2%~0.5%，Si 1.0%~3.0%，Mn 1.0%~3.0%，Mo 0.2%~1.0%，Cr 0.5%~2.0%，Ni 0.2%~1.0%，Re 0.01%~0.1%，以及V、Ti中一种或者两种合金元素，此种钢正火后的组织为贝氏体铁素体和残余奥氏体双相组织，其抗拉强度为1240~1346MPa，冲击韧性为76~94J/cm^2，伸长率为17%~20%，硬度（HRC）为41~45。这种低合金贝氏体钢辙叉具有高强度和硬度，同时韧性也很好，具有良好的综合力学性能，能够满足辙叉心轨强度高、韧性好、易焊接等要求。他们与四川蓝星公司合作，并制造出大量的贝氏体钢辙叉产品，获得广泛的应用，并得到很好的应用效果。

铁道部科学研究院（现称中国铁道科学研究院集团有限公司）与浙江贝尔集团合作研制了贝氏体钢叉心拼装辙叉，强度达到1230MPa以上，硬度（HRC）38~42，并且具有良好的韧性（常温冲击韧性大于70J/cm^2）。经上道试铺结果表明，其寿命较高锰钢整铸辙叉有较大的提高。开发的60kg/m钢轨1号单开道岔组合辙叉于2001年通过了铁道部科技成果鉴定，并在北京、上海、南昌等铁路局铺设使用。中国铁道科学研究院的周清跃教授课题组对贝氏体钢轨进行了长期研究，取得了丰硕的成就，他们研发的轨道用贝氏体钢的化学成分以C、Mn、Si、Mo、Cr元素为主，经过空冷+回火处理后得到空冷贝氏体组织，组织类型以无碳化物贝氏体为主，并经大量使用后发现，在相同通过总重下，贝氏体钢道岔尖轨的磨耗、剥离掉块等伤损均少于珠光体钢尖轨，总体使用寿命约为珠光体钢尖轨的 2 倍以上，通过使用充分证明了贝氏体钢道岔尖轨具有良好的抗剥离掉块、抗磨耗等性能。

2012 年初，清华大学贝氏体钢研究团队工作调动进入北京交通大学。同年，北京交通大学与包钢、铁科院和北京特冶等联合进行重载铁路曲线段用 75kg/m 贝氏体钢轨研制，并开发出 U20Mn2SiCrMo 贝氏体钢轨。该钢轨经轧制后空冷，即可获得贝氏体+马氏体+少量残余奥氏体的复合组织。基于合理的成分设计，其在轧后空冷的过程中，可避免先共析铁素体和珠光体组织生成，且先形成的贝氏体组织起到分割原奥氏体晶粒的作用，从而获得细化的显微组织，提高综合力学性能。此外，由于适量 Si 元素的存在可在一定程度上抑制碳化物析出，使部分残余奥氏体能以膜状存在于贝氏体铁素体之间，从而有利于钢轨的塑性和韧性。经统计，钢轨中马氏体含量为 30%~60%，残余奥氏体含量小于 15%。残余奥氏体经回火之后具有良好的力学稳定性和热稳定性。经轧后空冷，并进行回火处理后，该钢轨的抗拉强度 R_m 为 1280~1400MPa，伸长率 $A \geqslant 12\%$，室温冲击吸收能量 KU_2 为 75~150J，踏面硬度（HBW）360~430，-20℃ 断裂韧性 $K_{IC} >$ $50\text{MPa} \cdot \text{m}^{1/2}$，表现出良好的综合力学性能。

2013~2017 年，U20Mn2SiCrMo 重载铁路用 75kg/m 贝氏体钢轨开始在中南通道和大秦线试铺，表现出良好的耐磨性和容纳裂纹能力。由于该钢轨以 Mn、Si、Cr 为主要合金元素，仅辅以少量贵重元素 Ni 和 Mo，且经简单轧后空冷和回火后即可获得良好的强韧塑性匹配、耐磨性以及容纳裂纹能力，因此，该系列贝氏体钢轨为一种潜力巨大的钢轨材料。以其相关工作为基础，国际上首个关于贝氏体钢轨的暂行技术条件 TJ/GW 117—2013《U20Mn2SiCrNiMo 贝氏体钢轨暂行技术条件》得到了制定。

鞍钢较早地开发出了代号为 U22SiMn 贝氏体钢轨钢，具体成分（质量分数）为：C 0.28%，Si 1.8%，Mn 1.9%，Cr 0.6%。这种成分贝氏体钢轨经过控轧控冷和合理的回火处理，其抗拉强度可达 1300MPa 以上，屈服强度可达 1100MPa 以上，伸长率可达 13%以上，断面收缩率可达 40%以上，并且具有很高的断裂韧性，这种贝氏体钢轨在我国部分地区获得很好的使用效果。

本书作者带领的科研团队，通过对铁路线路上实际使用下道的正常失效和非正常失效贝氏体钢轨道进行失效分析，发现氢和氢脆对贝氏体钢轨道失效，以及贝氏体钢抗滚动接触疲劳都起到重要的作用，氢脆是贝氏体钢轨道非正常失效的主要原因之一。实际上，关于贝氏体钢氢脆问题，甚至作为铁路辙叉用贝氏体钢的氢脆问题早已有人注意和研究过，并在生产中也得到重视。然而，氢脆包括两种形式：其一是，当钢中氢含量较高时，锻件或轧材内产生了“白点”，从而引起的脆性。此时，钢的韧性和塑性均很低，即在高应变速率和低应变速率下均显现出脆性。其二是，钢中的氢含量较低，但超过某一极限值（不产生氢脆的极限氢含量）时，钢中不至于产生"白点"，但钢的延迟断裂性能明显降低，此时钢的强度、硬度和韧性都较好，但钢的断面收缩率和伸长率很低，也就是，在高应变速率下不呈现出脆性，只有在低应变速率下才显现出脆性。目前，关于铁路轨道用贝氏体钢的研究和生产中，人们已经深刻重视了第一种氢脆，而忽略了第二种氢脆的存在，导致一直无法克服贝氏体钢轨道过早产生表面脆性剥落，甚至极其个别轨道产生整体脆性断裂的现象。另外，关于轨道用贝氏体钢的制造标准中也没有钢的塑性指标的要求，没有对贝氏体钢塑性指标进行限定。因此，建议在制定铁路轨道用贝氏体钢技术条件中，应该根据实际情况对贝氏体钢断面收缩率和伸长率进行限定。本书作者对轨道用贝氏体钢的研究发现，轨道用贝氏体钢在伸长率大于10%、断面收缩率大于40%的情况下，才可以安全使用。

本书作者科研团队研究表明，对应用于制造铁路轨道的中低碳低合金无碳化物贝氏体钢，不产生上述第二类氢脆的极限氢含量（质量分数）为（0.6~0.7）$\times 10^{-4}$%，也就是说，当钢中氢含量超过这个量值时，贝氏体钢会产生氢脆现象；利用这种贝氏体钢制造的轨道在服役过程中，就会出现过早的表面脆性剥落，甚至发生轨道整体断裂的恶劣结果。生产贝氏体钢轨道时，可以考虑控制其中的氢含量在0.6$\times 10^{-4}$%以下。因此，要求制造铁路轨道的贝氏体钢应该采用精炼技术冶炼，以降低其中的氢含量，如果熔炼后贝氏体钢中氢含量超过这个极限值，热变形后应该采用合理的去氢热处理技术予以消除。

目前国内外使用的用于制造铁路轨道的贝氏体钢都是Mn-Si-Cr-Mo-Ni或者Mn-Si-Cr-Mo-Ni-B系合金。本书作者科研团队研究发现，Al可有效降低贝氏体钢的氢脆敏感性能，从而提高贝氏体钢的延迟断裂性能。因此，利用Al代替或者部分代替Si的贝氏体钢将是一个很好的研究方向，利用含Al的贝氏体钢制造铁路辙叉也将是更安全的。为此，本书作者研究团队发明了铁路轨道专用含铝贝氏体钢，开展Al代替Si的贝氏体钢的研究，将铝用于促进贝氏体相变，代替硅的作用。其具体化学成分（质量分数）为：C 0.2%~0.4%，Mn 1.0%~2.0%，Al 0.5%~1.5%，Ni 0.1%~1.0%，Cr 0.5%~2.0%，Si 0.5%~1.0%，S<0.03%，P<0.03%，其余为Fe，这种含铝的贝氏体钢具有很低的氢脆敏感性。开发了一种贝氏体钢控制冷却热处理工艺，即三段冷却工艺，在450℃以上温度冷却速度为50~80℃/min，在450~300℃之间温度冷却速度为1.5~2.5℃/min，300℃以下温度在空气中自然冷却。

1　轨道用超细贝氏体钢化学成分设计

轨道用贝氏体钢往往含有多种合金元素，每种元素的含量都影响着贝氏体相变的过程，包括孕育期时长、转变时长、转变温度，同时，影响贝氏体钢的微观组织结构和力学性能。本章将系统阐述一些主要化学元素对轨道用贝氏体钢的影响。

1.1　碳的作用

1.1.1　对相变动力学的影响

碳是辙叉用贝氏体钢中重要的元素之一。在具体化学成分（质量分数）为：Mn 1.6%、Si 1.5%、Cr 1.1%、Mo 0.4%、Ni 0.4%、Al 0.5%的基础上，分析不同碳含量对试验钢相变动力学的影响。利用 JMatPro 软件计算 TTT（过冷奥氏体等温转变）曲线，结果如图 3-1-1 所示。根据模拟计算结果，统计 M_s（马氏体相

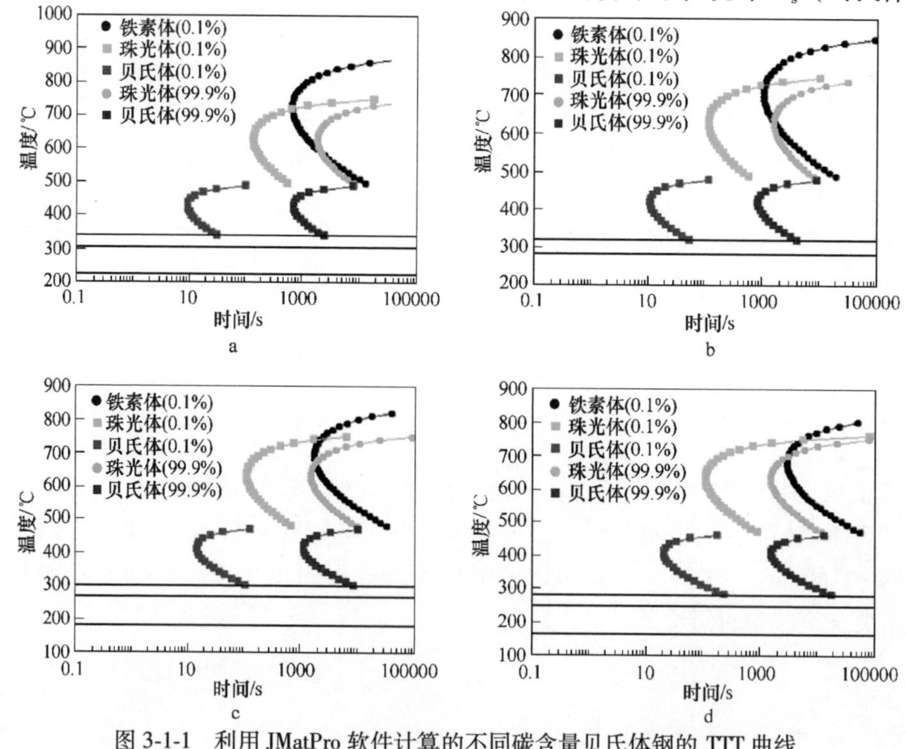

图 3-1-1　利用 JMatPro 软件计算的不同碳含量贝氏体钢的 TTT 曲线

a—0.20%；b—0.25%；c—0.30%；d—0.35%

变起始温度）、B_s（贝氏体相变起始温度）与在 M_s+10℃进行贝氏体等温转变时的孕育期和转变总时间，如表 3-1-1 所示。随着碳含量的增加，试验钢的 M_s 点降低。碳有增加奥氏体稳定性的作用，减少其与铁素体之间的自由能差，所以需要更大的过冷度来提供驱动力，进而造成 M_s 降低。在碳钢和各类合金钢中，B_s 和碳含量之间没有直接关系，而 M_s 和碳含量之间存在着反比关系。因此，增加碳含量可以扩大 B_s 和 M_s 之间的温度差，即扩大贝氏体转变温度区间。

从图 3-1-1 和表 3-1-1 中可以看出，随着碳含量的增加，等温转变的“C 曲线”右移，而且“鼻尖”温度下移，在 M_s+10℃时孕育期和相变总时间均增加，这与贝氏体相变机理相关。贝氏体相变往往发生在贫碳区，形成贝氏体铁素体后，碳原子会从贝氏体铁素体中排出，这表明碳原子的扩散是影响贝氏体相变的主要因素。碳在贝氏体铁素体中的溶解度很低，而在奥氏体中的溶解度较高，它会减慢过冷奥氏体中原子扩散的速率，导致贝氏体转变的孕育期延长。随着钢中碳含量的增加，贝氏体形成过程中所需扩散的碳原子数量增加，从而导致贝氏体相变速率减慢，等温转变的“C 曲线”右移，而且“鼻尖”温度下移。贝氏体转变本身是不完全的，在过冷奥氏体向贝氏体转变的过程中，多余的碳会被转移到奥氏体中。当奥氏体中的碳浓度达到一定时，贝氏体转变停止，残余奥氏体因富碳而变得更加稳定，碳含量的增加使得过冷奥氏体强度提高，使贝氏体转变程度降低。

表 3-1-1　不同碳含量轨道用贝氏体相变动力学参数

碳含量(质量分数)/%	M_s/℃	B_s/℃	贝氏体相变区间/℃	孕育期/s	转变时间/s
0.20	339	497	158	21	2300
0.25	320	489	169	40	3600
0.30	301	481	180	65	8100
0.35	283	473	190	101	10000

1.1.2　对微观组织的影响

轨道用超细贝氏体钢组织是由贝氏体铁素体和残余奥氏体组成的。研究表明，贝氏体铁素体作为主要组成相，贝氏体板条厚度（t/nm）与相变驱动力（$\Delta G^{\gamma\to\alpha}$）、绝对温度（$T_r$）以及奥氏体强度（$\sigma_y^\gamma$）之间呈非线性关系，如图 3-1-2 所示。奥氏体强度作为主要的影响因素，与贝氏体板条尺寸的相关性最大。由公式 3-1-1 可知，影响过冷奥氏体强度的主要因素为等温温度、碳含量以及氮含量。碳含量的增加和等温

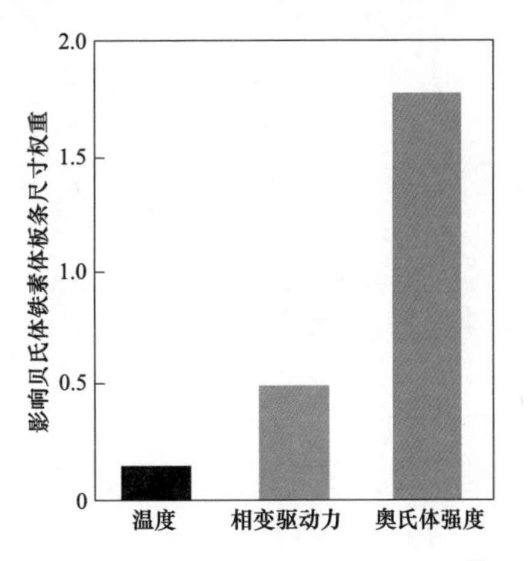

图 3-1-2　温度、相变驱动力和奥氏体强度对贝氏体铁素体板条厚度的影响

温度的降低，均能够增大过冷奥氏体的强度，从而有利于贝氏体板条尺寸的减小。

$$\sigma_y^{\gamma}(\mathrm{MPa}) = 15.4 \times (1 - 0.26 \times 10^{-2}T_r + 0.47 \times 10^{-5}T_r^2 - 0.326 \times 10^{-8}T_r^3) \times (4.4 + 23w_C + 1.3w_{Si} + 0.24w_{Cr} + 0.94w_{Mo} + 32w_N) \quad (3\text{-}1\text{-}1)$$

式中　T_r——等温温度，K；

w_C，w_{Cr}，…——各合金元素的质量分数。

以几种轨道用超细贝氏体钢为研究对象，具体成分见表3-1-2。统计了这几种贝氏体钢的贝氏体铁素体板条厚度，见表3-1-3。几种钢的热处理工艺均为M_s+10℃等温淬火，统计方法如图3-1-3所示，测量值记为L，根据经验公式$L=\pi t/2$，则真实值$t=2L/\pi$。由此可见，随碳含量的增加贝氏体铁素体板条厚度是降低的。但受温度、相变驱动力和其他合金元素的影响，贝氏体铁素体尺寸与碳含量的关系是非线性的。

表3-1-2　几种轨道用超细贝氏体钢化学成分　（质量分数,%）

钢种	C	Al	Mn	Si	Cr	Ni	Mo
24MnSiCrNiMoAl	0.24	0.65	1.76	1.44	1.48	0.75	0.39
27Mn2SiCrNiMoAl	0.27	0.62	1.90	1.27	1.21	0.44	0.49
34MnSiCrNiMoAl	0.34	0.71	1.52	1.48	1.15	0.93	0.40
46MnSiCrNiMoAl	0.46	0.58	1.61	1.55	1.26	0.32	0.40

表3-1-3　不同碳含量轨道用贝氏体钢中贝氏体铁素体（BF）板条厚度

钢种	24MnSiCrNiMoAl	27Mn2SiCrNiMoAl	34MnSiCrNiMoAl	46MnSiCrNiMoAl
t_{BF}/nm	195	135	120	79

贝氏体组织中较高的位错密度对各项性能具有重要的影响，一般认为钢中位错密度主要由贝氏体转变温度决定的，因为温度影响着母相奥氏体和产物贝氏体铁素体的强度。根据实验数据得到位错密度与温度的经验关系，其温度范围在473~942K之间，通过进一步地归纳总结和增加数据点，将位错密度和温度的公式修正为：

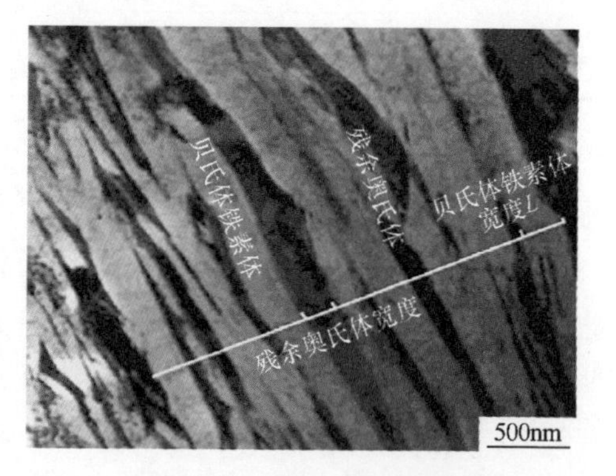

图3-1-3　统计贝氏体铁素体微观组织厚度的示意图

$$\lg\rho_d = 10.292 + \frac{5770}{T} - \frac{10^6}{T^2} \quad (3\text{-}1\text{-}2)$$

式中　ρ_d——位错密度，m^{-2}；

T——开尔文温度，K。

随着转变温度的降低，贝氏体钢中位错密度增加。通过研究碳含量对相变动

力学的影响，可以推断增加碳含量可降低贝氏体相变温度，从而在贝氏体组织中获得高密度的位错。

在轨道用贝氏体钢中，由于添加硅和铝等抑制碳化物形成元素，所以在相变过程中会有稳定的奥氏体保留，形成残余奥氏体。影响残余奥氏体形态、含量、尺寸的因素较多，比如原始奥氏体尺寸、贝氏体相变温度以及分段热处理工艺等。一般来说，随着碳含量降低，贝氏体转变的温度升高，容易造成块状残余奥氏体体积分数的提高。

1.1.3　对力学性能的影响

图 3-1-4 总结了影响贝氏体钢强度的因素及其贡献程度，在所有的溶质原子中，铁的固溶强化效应最强，其次就是碳，接下来依次为锰、铬、硅、镍、钼。同时在传统贝氏体钢中，对贝氏体钢强度的影响主要来源于组织中板条的相界面面积，占 30%的贡献量，说明组织越细贝氏体钢的强度越高；其次则是位错密度，高的位错密度会提高钢的强度。

汇总分析文献中碳含量与冲击韧性关系，如图 3-1-5 所示。结果表明，贝氏体钢的冲击韧性随碳含量的增加逐渐降低，钢中碳含量直接影响贝氏体钢的韧性。此外，由该图可见，在相同碳含量下，韧性分布范围很广，比如在碳含量 0.3%时韧性在 30~150J/cm^{2}范围变化。针对轨道用贝氏体钢，除碳含量和其他合金元素影响外，还主要受热处理工艺调控和微观组织的影响，该部分研究在第 3 篇第 5 章中阐述。

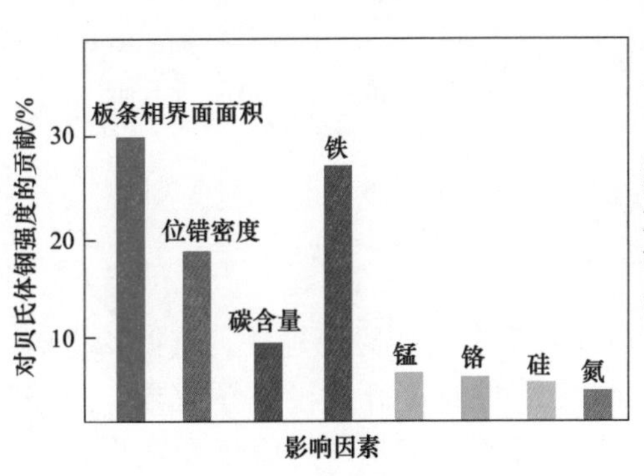

图 3-1-4　贝氏体钢中各因素对强度的贡献度

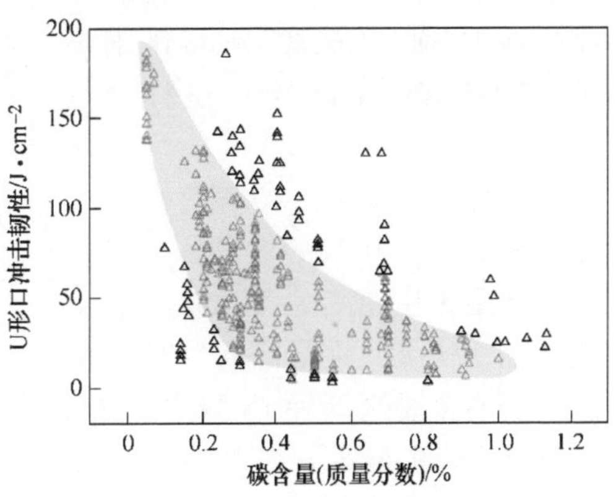

图 3-1-5　贝氏体钢中碳含量与U 形口冲击韧性的关系

1.2　锰的作用

设计不同锰含量的四种轨道用贝氏体钢，锰含量（质量分数）分别为 0、

1.8%、2.3%和3.2%，试验所用钢的具体成分，见表3-1-4。贝氏体钢采用等温转变和连续冷却转变工艺，利用OM、XRD、TEM和EBSD研究不同热处理转变后贝氏体钢的组织和力学性能。四种钢等温热处理工艺为：930℃奥氏体化45min后，M_s+10℃等温转变；连续冷却工艺为930℃奥氏体化45min后，(M_s+10℃)~(M_s-20℃)连续冷却转变，它们分别为：(400~370)℃×1h，(360~330)℃×1h，(325~295)℃×2h，(300~270)℃×2h。所有钢经贝氏体转变后进行320℃回火1h处理。

表3-1-4 不同锰含量的贝氏体钢化学成分 （质量分数,%）

钢种	C	Si	Mn	Cr	Ni	Mo	Al
26SiCrNiMoAl	0.26	1.6	—	1.9	0.4	0.3	0.6
24MnSiCrNiMoAl	0.24	1.4	1.8	1.5	0.8	0.4	0.7
27Mn2SiCrNiMoAl	0.27	1.7	2.3	1.9	0.4	0.4	0.7
27Mn3SiCrNiMoAl	0.27	1.7	3.2	1.9	0.4	0.4	0.7

1.2.1 对相变动力学的影响

几种贝氏体钢经930℃奥氏体化下的淬透性曲线，如图3-1-6所示。26SiCrNiMoAl钢的硬度值急剧下降，当距淬火端距离大于40mm时，钢的硬度降低至最低值。而对于27Mn2SiCrNiMoAl钢和27Mn3SiCrNiMoAl钢，试样几乎完全淬透。

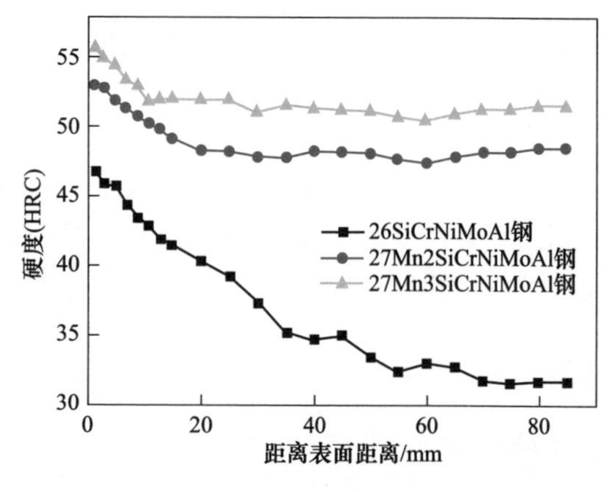

图3-1-6 几种贝氏体钢经930℃奥氏体化后的淬透性曲线

几种贝氏体钢的M_s温度测试曲线和在M_s+10℃的等温转变曲线，如图3-1-7所示。随着锰含量的增加，M_s温度明显降低，贝氏体在M_s+10℃等温转变时间延长。值得一提的是，在不含锰的26SiCrNiMoAl钢中，在400℃等温转变几乎没有孕育期。对于24MnSiCrNiMoAl钢，在360℃等温转变经过了短暂孕育期，然后爆发式形核长大，最后缓慢转变。27Mn2SiCrNiMoAl钢与24MnSiCrNiMoAl钢具有相同的组织转变过程，从图中得到整个过程经历5519s，孕育期仅占2%；对于27Mn3SiCrNiMoAl钢，在300℃等温转变时，贝氏体转变需要6521s，孕育期2024s，占总时长的31%。在低碳含锰钢中，锰含量（质量分数）从2.3%提高到3.2%，贝氏体转变的孕育期明显延长。

锰在贝氏体相变中具有特殊分配的规则，其在铁素体和奥氏体相中含量几乎

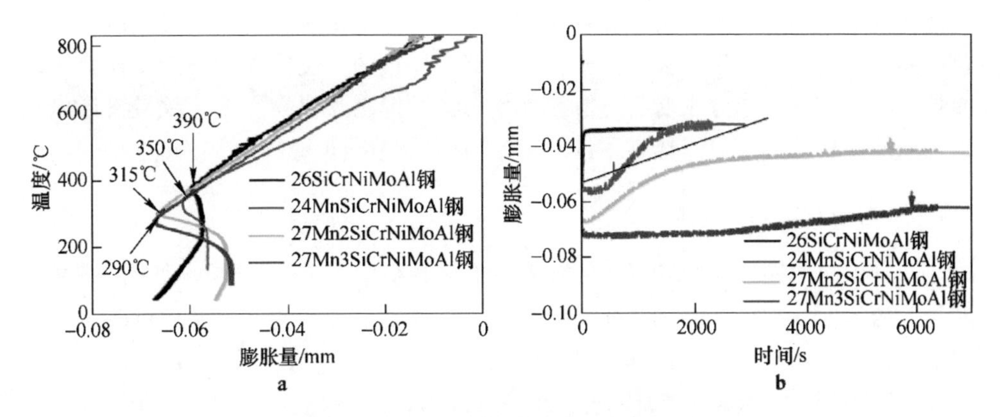

图 3-1-7 几种贝氏体钢的相变膨胀曲线

a—M_s 温度测试曲线；b—M_s+10℃等温转变膨胀曲线

一致，但在铁素体/奥氏体相界处出现较高的溶解度，锰在相界处的钉扎形成溶质拖曳效应，进而显著地延迟铁素体的长大。另外，锰富集在相界处降低了碳在奥氏体中的自由度和活度，从而降低了碳的扩散，引起相变缓慢，与溶质拖曳效应相似。另外，合金元素硅能够提高碳在奥氏体中的自由度和活度，在其他元素几乎相等的条件下，铁-碳-硅-锰系的贝氏体转变要比铁-碳-硅系的缓慢，这是由于硅和锰之间有相互作用，硅能够促进锰在界面处的富集，降低铁素体的形核速率。所以当锰含量（质量分数）从 2.3%提高到 3.2%时，无论是孕育期还是转变时间都比较长。

在贝氏体相变过程中，贝氏体铁素体中的碳会扩散到周围的奥氏体中，随着未转变奥氏体中碳含量的增加，马氏体相变温度也降低，这样在连续冷却过程中贝氏体相变一直在动态马氏体相变温度以上进行，如图 3-1-8 中 300~270℃ 连续冷却膨胀曲线所示。由图 3-1-8 可见，27Mn3SiCrNiMoAl 钢在达到贝氏体转变温度时，出现短暂的孕育期。随后在 299~288℃温度区间会发生爆发式形核长大，在膨胀曲线上呈现快速膨胀的趋势。最后，贝氏体铁素体进入缓慢长大阶段，在膨胀曲线上体现为膨胀量较小。整个贝

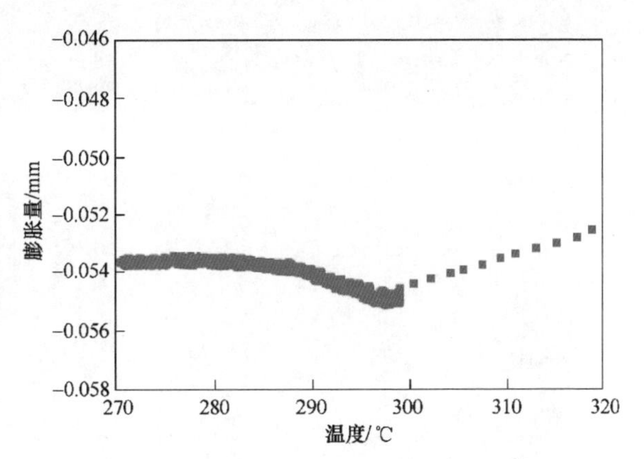

图 3-1-8 27Mn3SiCrNiMoAl 钢 300~270℃ 连续冷却转变的相变曲线

氏体转变过程可描述为：贝氏体铁素体优先在晶界上快速形核，其形成后向周围奥氏体中排碳，碳原子的长程扩散使其富集于周边的奥氏体中，贝氏体铁素体缓慢长大，同时由于成分中含有硅和铝元素可有效抑制碳化物形成，故最终形成无碳化物的亚稳状态的贝氏体铁素体+残余奥氏体（BF+RA）两相组织。

1.2.2 对微观组织的影响

四种贝氏体钢经 M_s+10℃等温转变后的金相组织和TEM组织，如图3-1-9和图3-1-10所示。26SiCrNiMoAl贝氏体钢经等温转变后的组织并不是典型的下贝氏体组织，尤其在TEM组织中可以观察到大块的铁素体存在，这与其淬透性较差有关。24MnSiCrNiMoAl贝氏体钢经360℃等温转变后宏观上呈针状贝氏体形态，TEM观察到的组织为典型的无碳化物贝氏体，由平行的贝氏体铁素体板条和分布其间的残余奥氏体组成。27Mn2SiCrNiMoAl和27Mn3SiCrNiMoAl贝氏体钢经等温淬火后的组织与24MnSiCrNiMoAl贝氏体钢相似，由片状的贝氏体铁素体和薄膜状的残余奥氏体组成。并且在等温工艺下，随着锰含量的增加，贝氏体铁素体板条厚度从195nm降到120nm，降低了38%。

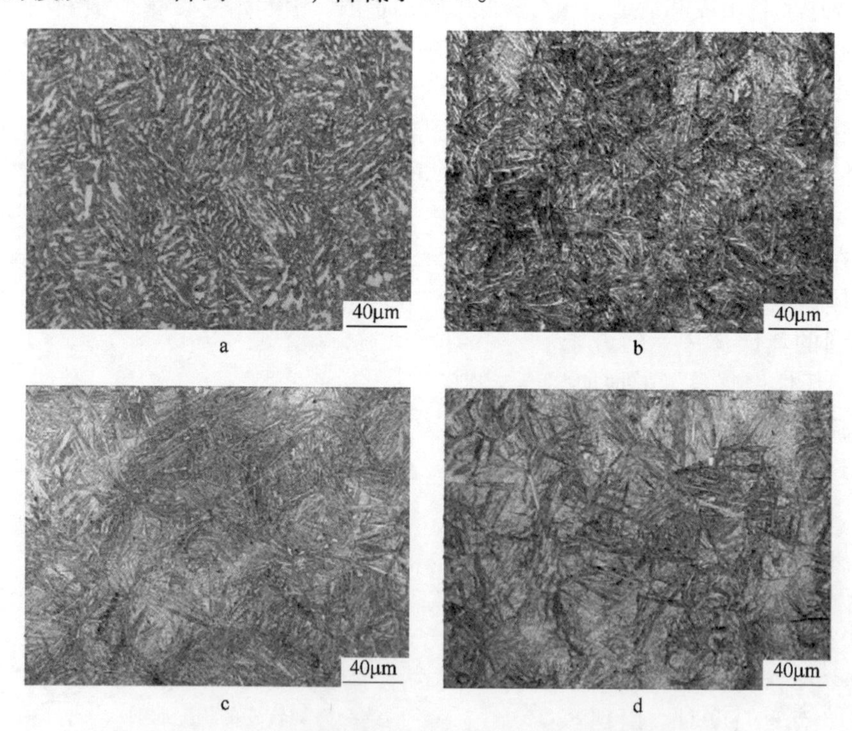

图3-1-9 贝氏体钢经等温相变处理后的金相组织

a—26SiCrNiMoAl钢，400℃；b—24MnSiCrNiMoAl钢，360℃；
c—27Mn2SiCrNiMoAl钢，325℃；d—27Mn3SiCrNiMoAl钢，300℃

图 3-1-10 贝氏体钢经等温相变处理后的 TEM 组织

a—26SiCrNiMoAl 钢，400℃；b—24MnSiCrNiMoAl 钢，360℃；
c—27Mn2SiCrNiMoAl 钢，325℃；d—27Mn3SiCrNiMoAl 钢，300℃

对四种贝氏体钢进行连续冷却转变处理，SEM 和 TEM 组织分别如图 3-1-11 和图 3-1-12 所示。26SiCrNiMoAl 钢经 400~370℃连续冷却转变后的组织，含有少量的板条状贝氏体铁素体和大量的块状铁素体，这与其淬透性较差有直接关系。锰含量（质量分数）为 1.8%、2.3%和 3.2%的贝氏体钢经连续冷却转变后的组织相似，均由板条状贝氏体铁素体和薄膜状残余奥氏体两相组成。表3-1-5为对四种贝氏体钢的二维形态的定量分析结果。在相同成分下，连续冷却工艺获得的微观组织尺寸小于一阶等温相变得到的组织的尺寸。在该工艺下，随着锰含量的增加，贝氏体铁素体板条厚度从 182nm 降到 105nm，降低了 42%。这是由于锰元素能够稳定奥氏体相，降低 M_s 点温度，使贝氏体相变发生在较低的温度区间，过冷奥氏体强度增加，阻碍贝氏体铁素体长大，从而细化组织。

表 3-1-5 贝氏体钢经不同热处理转变后贝氏体铁素体尺寸和残余奥氏体含量

参数	26SiCrNiMoAl		24MnSiCrNiMoAl		27Mn2SiCrNiMoAl		27Mn3SiCrNiMoAl	
	400℃	400~360℃	360℃	360~330℃	325℃	325~295℃	300℃	300~270℃
t_{BF}/nm	—	—	195	182	135	115	120	105
V_{RA}(体积分数)/%	5.8	6.5	9.8	7.8	16.1	7.1	10.2	6.3

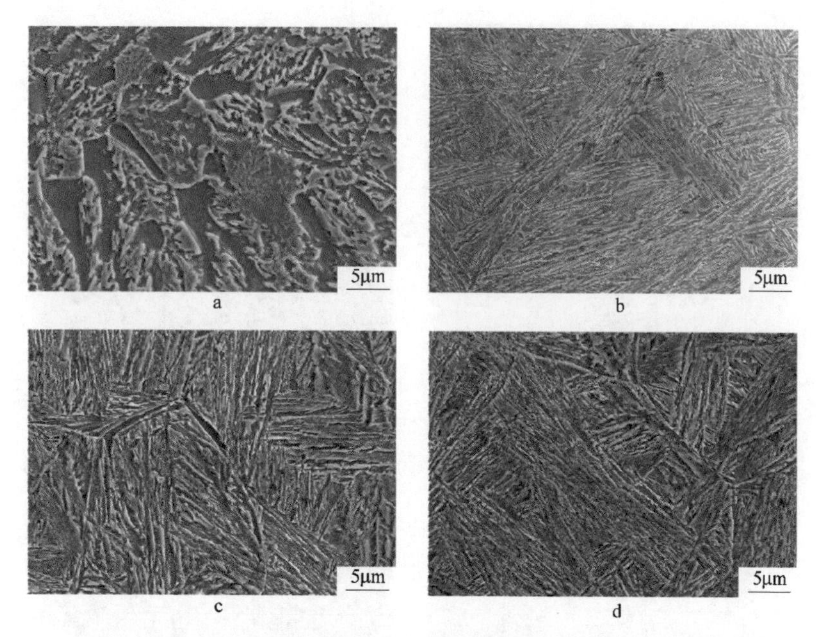

图 3-1-11　贝氏体钢经连续冷却转变后的 SEM 组织
a—26SiCrNiMoAl 钢，400~370℃；b—24MnSiCrNiMoAl 钢，360~330℃；
c—27Mn2SiCrNiMoAl 钢，325~295℃；d—27Mn3SiCrNiMoAl 钢，300~270℃

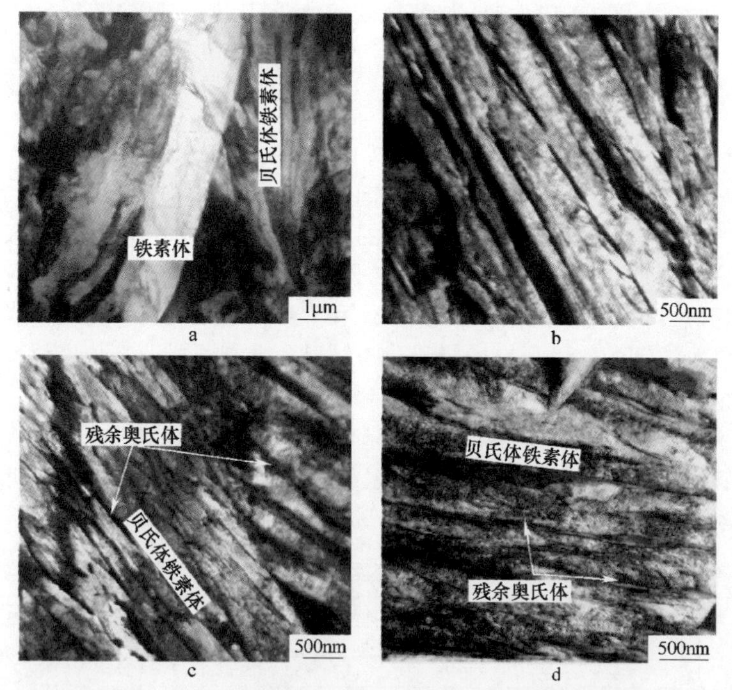

图 3-1-12　贝氏体钢经连续冷却转变后的 TEM 组织
a—26SiCrNiMoAl 钢，400~370℃；b—24MnSiCrNiMoAl 钢，360~330℃；
c—27Mn2SiCrNiMoAl 钢，325~295℃；d—27Mn3SiCrNiMoAl 钢，300~270℃

四种轨道用贝氏体钢经等温转变和连续转变后组织的 XRD 图谱，如图 3-1-13 所示，不同锰含量的贝氏体钢在不同热处理转变后只有铁素体和残余奥氏体两相。由表 3-1-5 可知，随着锰含量的增加，奥氏体体积分数呈现先增加后降低的趋势。钢中锰含量会直接影响相变温度，贝氏体相变温度降低会提高转变驱动力，促进贝氏体相变。然而随转变温度降低，贝氏体铁素体的二次形核点增加，在转变过程中由于在一个晶粒内取向增加使贝氏体长大受阻，在一定程度上会抑制贝氏体相变，以上两方面均能够影响残余奥氏体体积分数。对同一种钢，连续冷却转变获得的残余奥氏体含量较少，这是由于连续冷却过程是动态增加相变驱动力的过程，有利于促进相变。

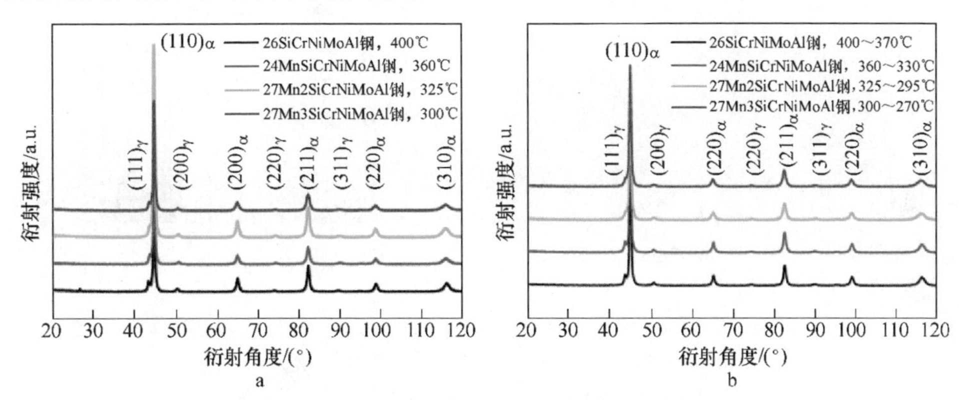

图 3-1-13　贝氏体钢经不同热处理工艺转变后的 XRD 图谱

a—等温转变；b—连续冷却转变

对连续冷却转变后组织的取向分布图和铁素体板条束之间的错配角分布进行分析，如图 3-1-14 所示。发现 26SiCrNiMoAl 钢铁素体板条束间的错配角分布比较离散，在小于 10°、30°、45°和 60°附近均有分布，这是由于组织中存在多种形态的贝氏体组织；对于 24MnSiCrNiMoAl、27Mn2SiCrNiMoAl 和 27Mn3SiCrNiMoAl 钢，铁素体板条束间的大角度错配角所占比例较大，呈现下贝氏体的特征，并且 27Mn2SiCrNiMoAl 钢经连续冷却转变后大角度错配角分布最多。下贝氏体相变时由于转变温度较低，相变驱动力大所造成的塑性变形较大，贝氏体束主要以没有孪晶关系的 N-W 位相关系为主，故形成随机分布的大角度晶界的概率较大。同时，贝氏体相变与变体的选择有关系，在温度较低的区域相变时，产生的变体较多，产生较多的形核点，进一步地影响微观贝氏体组织的形态。而在三种锰含量贝氏体钢中也产生不完全相同的错配角分布，除了与温度有关外，可能与锰含量也有关系，有待进一步研究。

1.2.3　对力学性能的影响

贝氏体钢经两种热处理转变后的力学性能，见表 3-1-6。图 3-1-15 所示为锰

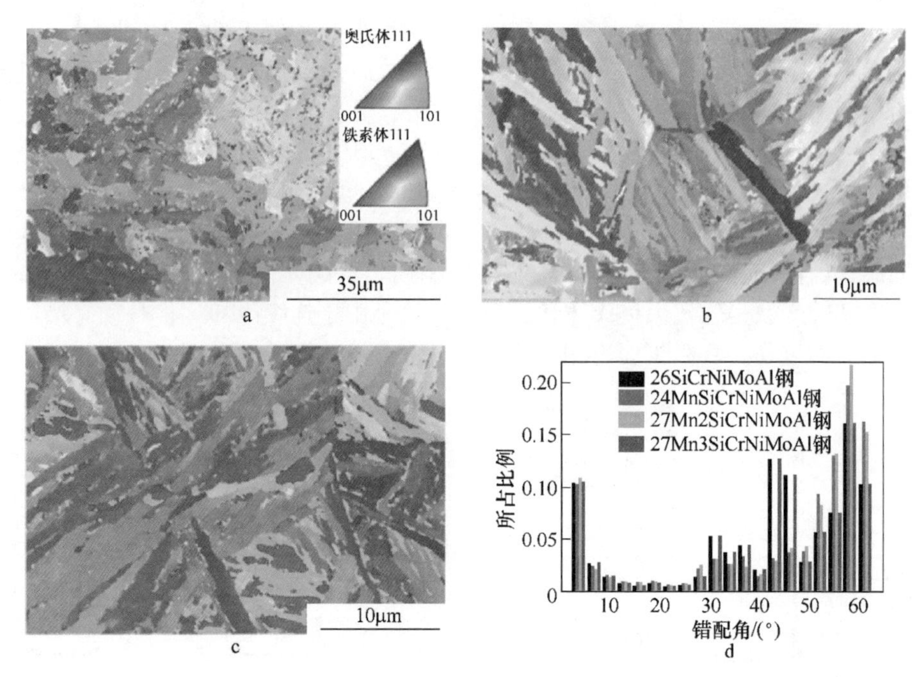

图 3-1-14 贝氏体钢经连续冷却工艺转变后取向分布图和错配角的分布

a—26SiCrNiMoAl 钢，400～370℃；b—24MnSiCrNiMoAl 钢，360～330℃；

c—27Mn2SiCrNiMoAl 钢，325～295℃；d—错配角分布图

含量对等温转变贝氏体钢抗拉强度和伸长率的影响曲线，随着锰含量的提高，屈服强度和抗拉强度均有提高，而伸长率降低，尤其是锰含量（质量分数）从0提高到2.3%，各项性能指标变化比较明显，硬度提高了22%；锰含量（质量分数）从2.3%提高到3.2%，各项性能指标变化较小。对于同一种钢，连续冷却转变得到的组织相比等温转变具有更高的强度。当锰含量（质量分数）为2.3%时，贝氏体钢具有较好的强塑性综合性能。

表 3-1-6 轨道用贝氏体钢经不同工艺热处理后的常规力学性能

性能指标	26SiCrNiMoAl		24MnSiCrNiMoAl		27Mn2SiCrNiMoAl		27Mn3SiCrNiMoAl	
	400℃	400～360℃	360℃	360～330℃	325℃	325～295℃	300℃	300～270℃
屈服强度/MPa	780	784	916	930	918	1133	1252	1230
抗拉强度/MPa	1084	1150	1370	1400	1505	1540	1547	1611
总伸长率/%	19.9	18.3	16.0	16.0	16.9	14.7	13.2	13.0
均匀伸长率/%	13.3	12.6	6.2	5.4	8.9	4.7	5.4	3.8
硬度（HRC）	36.9	36.8	40.2	42.4	44.3	45.2	46.6	47.1

试验证明，贝氏体钢成分中加入合金元素锰，显著降低了 M_s 温度；同时，使贝氏体转变温度降低，细化贝氏体板条，提高强度。另外，锰的加入起到固溶

强化的作用，锰原子周围形成晶格畸变的应力场，该应力场和位错应力场产生交互作用，使位错运动受阻从而提高钢的强度。但是锰的加入对贝氏体转变有延迟作用，在贝氏体转变过程中，锰会在相界处聚集，特别是当钢中同时加入硅时，会加剧锰的偏聚，从而对相界迁移起到拖曳作用，因此推迟了贝氏体相变的进行。

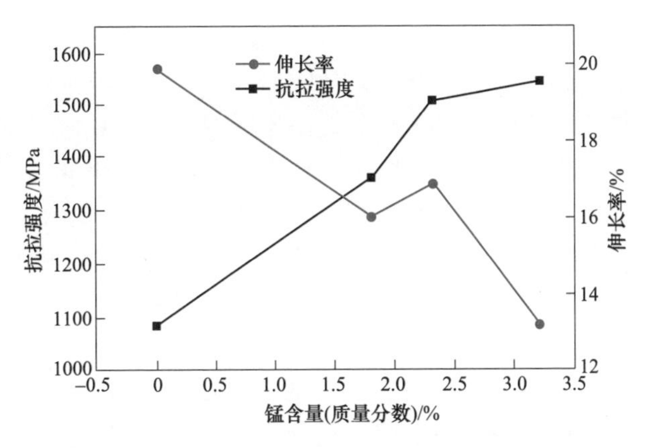

图 3-1-15 锰含量对贝氏体钢抗拉强度和伸长率的影响

1.2.4 对疲劳性能的影响

经连续冷却转变得到贝氏体钢的循环硬化/软化曲线，如图 3-1-16 所示。在

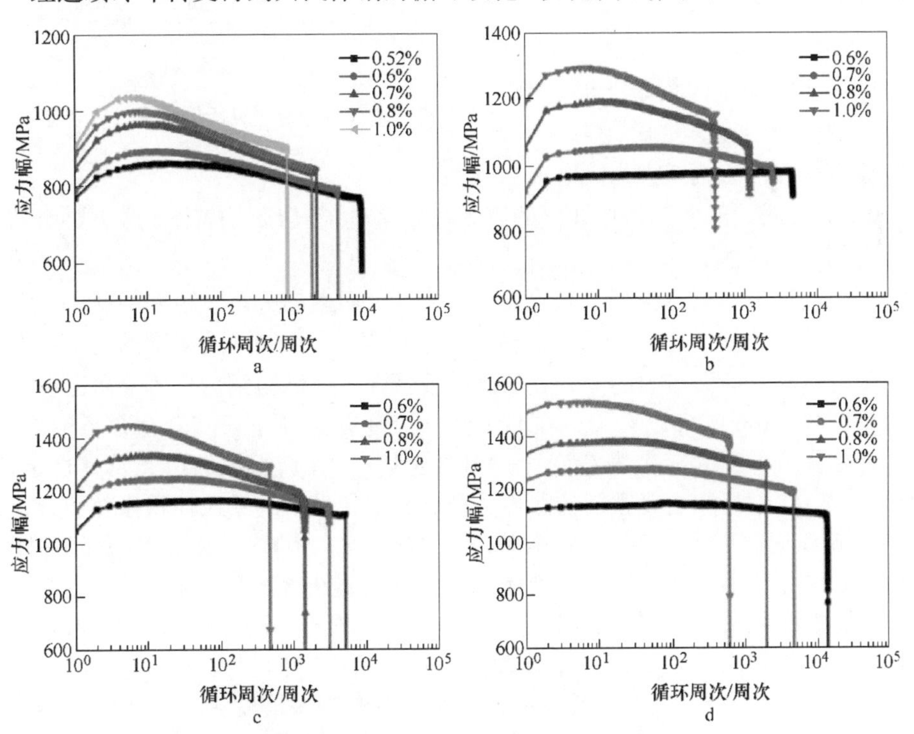

图 3-1-16 连续冷却处理得到贝氏体钢在拉压疲劳下应力幅随循环周次的演变曲线

a—26SiCrNiMoAl 钢，400~370℃；b—24MnSiCrNiMoAl 钢，360~330℃；

c—27Mn2SiCrNiMoAl 钢，325~295℃；d—27Mn3SiCrNiMoAl 钢，300~270℃

总应变幅控制条件下，26SiCrNiMoAl钢经过了初始循环硬化，随后循环软化最后断裂。24MnSiCrNiMoAl和27Mn2SiCrNiMoAl钢在初始阶段循环硬化，但在后期循环软化时不同总应变幅反映出不同规律。在总应变幅较低（0.6%）时，组织达到应力饱和，然后断裂；在总应变幅达到1.0%时，没有出现应力饱和，而是直接循环软化直至疲劳断裂。27Mn3SiCrNiMoAl钢在0.6%总应变幅下硬化现象不明显，在高的应变条件下，经历了循环硬化随后循环软化直至断裂。随着总应变幅的增加，材料的硬化能力增加。

经连续冷却转变获得贝氏体钢在低周疲劳过程中的总应变幅与寿命的关系，如图3-1-17所示。随着总应变幅的增加，钢的疲劳寿命降低；在总应变幅较低（0.6%和0.7%）时，27Mn3SiCrNiMoAl钢的疲劳寿命最长，24MnSiCrNiMoAl和27Mn2SiCrNiMoAl钢次之，26SiCrNiMoAl钢最短，这是因为细的贝氏体铁素体板条能够提高钢的疲劳强度，进而提高钢的疲劳寿命。在总应变幅较大（1.0%）时，26SiCrNiMoAl钢的疲劳寿命超过了其他三种钢，这主要归功于其具有较高的塑性。

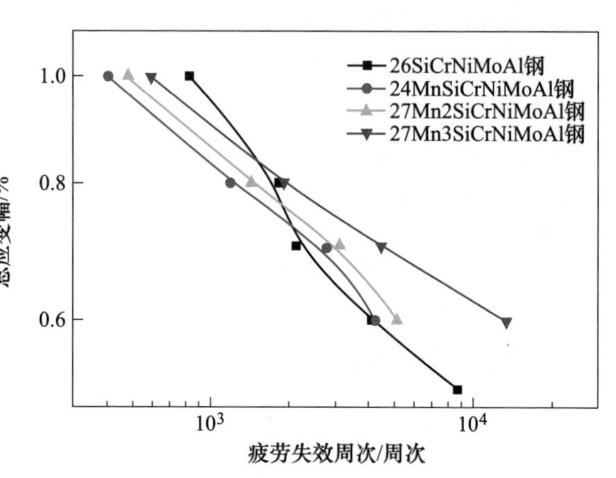

图3-1-17　连续冷却转变贝氏体钢在低周疲劳过程中总应变幅与寿命关系

利用文献中的疲劳模型，获得疲劳应力与反向数的关系，结果如图3-1-18所示，随着锰含量的增加，疲劳抗力提高。这与表3-1-6中贝氏体钢的高强度有关系，强度越高，疲劳抗力越大，在较高的疲劳强度下试验钢的疲劳寿命也较长。

由图3-1-18b中可以看出，在同一塑性应变幅条件下，随着锰含量的增加，疲劳寿命降低。引起疲劳寿命变化的因素包括：（1）组织的形态及其稳定性，26SiCrNiMoAl钢组织由复杂的仿晶界异型铁素体和少量的贝氏体铁素体组成，组织中的界面面积较小，24MnSiCrNiMoAl、27Mn2SiCrNiMoAl和27Mn3SiCrNiMoAl钢的组织均为典型无碳化物下贝氏体，是由贝氏体铁素体和残余奥氏体两相组织组成，前者的贝氏体铁素体尺寸较厚，所以界面面积要小于后者，27Mn3SiCrNiMoAl钢体积自由能较高，依据热力学原理，细化的组织有向粗大的平衡组织演化趋势，即不稳定性增加。（2）低周疲劳寿命主要受塑性应变控制，较低的伸长率和较低的均匀伸长率均会导致钢疲劳寿命降低，从表3-1-6中可以看出，27Mn3SiCrNiMoAl钢相比26SiCrNiMoAl钢，无论是伸长率还是均匀伸长率都明显较低，因此26SiCrNiMoAl钢在塑性应变幅下表现出高的疲劳寿命。

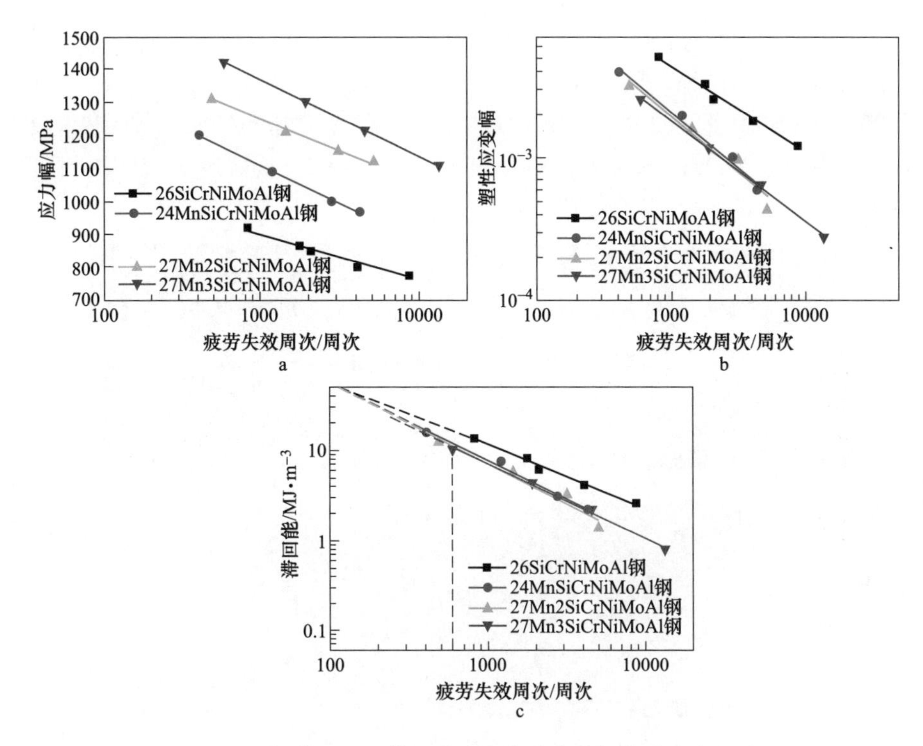

图 3-1-18 轨道用贝氏体钢的半寿命处参数与疲劳寿命的关系

a—应力幅；b—塑性应变幅；c—滞回能

通过贝氏体钢疲劳寿命与滞回能的关系，结合表 3-1-7 可知，W_0 增加，β 会降低，两者之间的变化相反，对疲劳性能也展现出相反的影响。W_0 增加意味着曲线在 Y 轴截距增加，增加了疲劳损伤容限，对疲劳起积极作用。β 的降低，也就是增加了曲线的斜度，即减弱了缓减疲劳损伤的能力，对疲劳性能具有不利的影响。27Mn2SiCrNiMoAl 钢的 W_0 是 26SiCrMoNiAl 钢的 W_0 的 2 倍，对应的 β 值相对降低了 20%；27Mn2SiCrNiMoAl 钢的 W_0 相比 27Mn3SiCrNiMoAl 钢的 W_0 提高了 24%，对应的 β 值相对仅仅降低了 3%。所以从四种不同 Mn 含量钢的损伤滞回能可以得出 27Mn2SiCrNiMoAl 钢（即 Mn 含量（质量分数）为 2. 3%）具有相对较优异的疲劳性能。

表 3-1-7 贝氏体钢的低周疲劳性能参数

参数	26SiCrNiMoAl 钢	24MnSiCrNiMoAl 钢	27Mn2SiCrNiMoAl 钢	27Mn3SiCrNiMoAl 钢
σ_f'	1585	2089	2069	2501
b	−0. 0741	−0. 0927	−0. 0668	−0. 0795
ε_f'	0. 4428	0. 8440	0. 8148	0. 4022
c	−0. 6072	−0. 7891	−0. 7927	−0. 7098
W_0	1522	2682	3088	2486
β	1. 42	1. 18	1. 14	1. 18

贝氏体钢在总应变幅为0.8%控制下裂纹萌生和扩展区形貌，如图3-1-19所示。裂纹均萌生于试样表面，因为钢断口表面具有严重的压溃现象。图3-1-20所示为26SiCrNiMoAl钢和27Mn2SiCrNiMoAl钢0.8%应变幅下疲劳失效后断口纵剖面的SEM组织，在两种试样侧边均发现多处的小裂纹，断裂处应力集中造成裂纹的连接和扩展，最终导致试样失效。

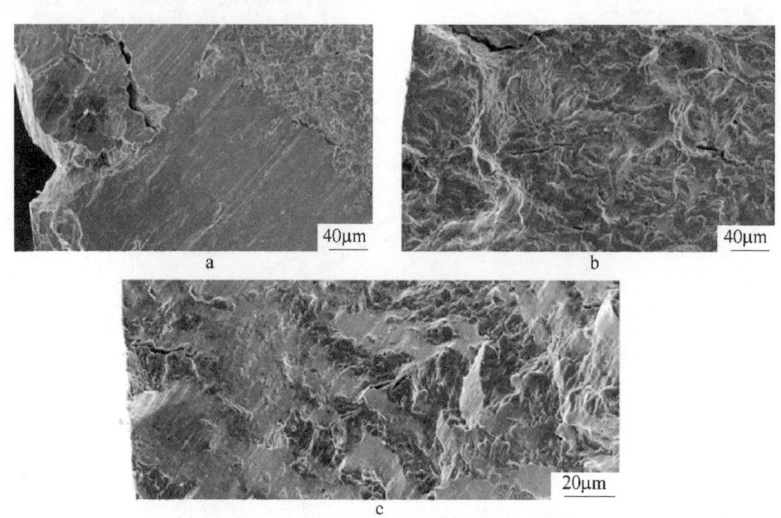

图3-1-19　总应变幅为0.8%时贝氏体钢裂纹萌生及扩展区的SEM组织

a—26SiCrNiMoAl钢；b—27Mn2SiCrNiMoAl钢；c—27Mn3SiCrNiMoAl钢

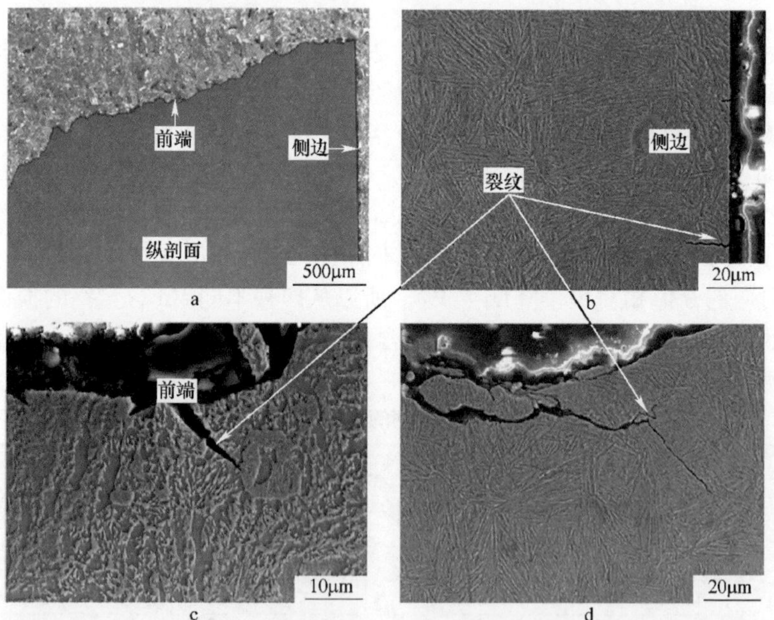

图3-1-20　贝氏体钢在0.8%应变幅下疲劳失效后断口纵剖面的SEM组织

a—定义表面；b—侧面裂纹；c—26SiCrNiMoAl钢正面；d—27Mn2SiCrNiMoAl钢正面

根据裂纹的形貌观察，建立疲劳裂纹扩展模型，如图 3-1-21 所示。裂纹容易在表面、晶界甚至缺陷处萌生，然后沿着最大剪切应力平面扩展（约 45°），裂纹遇到障碍物时，将无法沿着初始裂纹的扩展方向。对于两种形态的贝氏体钢，裂纹均在表面萌生。26SiCrNiMoAl 钢裂纹扩展过程中遇到铁素体晶界则停止扩展，然后裂纹沿着垂直于应力的方向接着扩展。27Mn2SiCrNiMoAl 钢裂纹扩展遇到贝氏体铁素体/残余奥氏体相界和晶界时受阻，裂纹尖端会出现连续钝化和再锐化产生的疲劳条带。最终当裂纹尖端应力强度因子超过了临界应力强度因子，则裂纹失稳快速扩展。无论是韧性材料还是脆性材料，在疲劳断裂前均不会有明显的变形预兆，它是长期累计损伤过程中，经裂纹萌生和缓慢亚稳扩展到临界尺寸时才突然发生的，是一种潜在的突发性疲劳断裂。

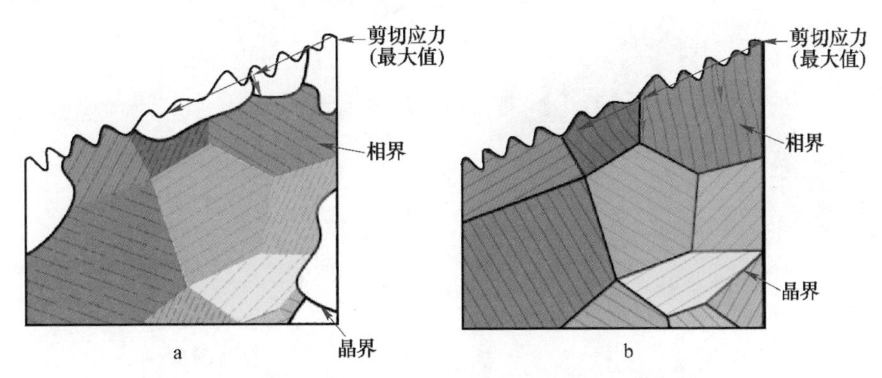

图 3-1-21 两种贝氏体钢低周疲劳裂纹扩展示意图

a—26SiCrNiMoAl 钢；b—27Mn2SiCrNiMoAl 钢

1.2.5 对耐磨性能的影响

为了表征试验钢的磨损性能，选择无锰的 26SiCrNiMoAl 钢和锰含量（质量分数）2.3%的 27Mn2SiCrNiMoAl 钢作为对比，热处理工艺均为等温转变工艺，通过环块磨损试验探究在同一条件下两种试验钢的磨损性能。

26SiCrNiMoAl 钢经磨损后的三维形貌照片，如图 3-1-22 所示。随着磨损时间的增加，磨痕变深变宽，磨损量增大。此外，由该图可见，磨损表面的边缘出现不同程度的突起，并且在磨损时间为 180min 时的突起较为明显。这主要是由于磨损过程中，磨损接触面组织沿磨损切向方向变形，并在边缘堆积造成。由磨面纵截面深度变化曲线可以看出，随着磨损时间从 60min 延长到 180min，磨痕深度突然增大，这可能是由于磨损表面大面积剥落造成的。

27Mn2SiCrNiMoAl 钢磨损后的三维形貌及磨痕深度，如图 3-1-23 所示。随着磨损时间从 30min 增加 180min，磨痕变深变宽，磨损量增大。磨损量的增加基本与时间呈现线性关系。

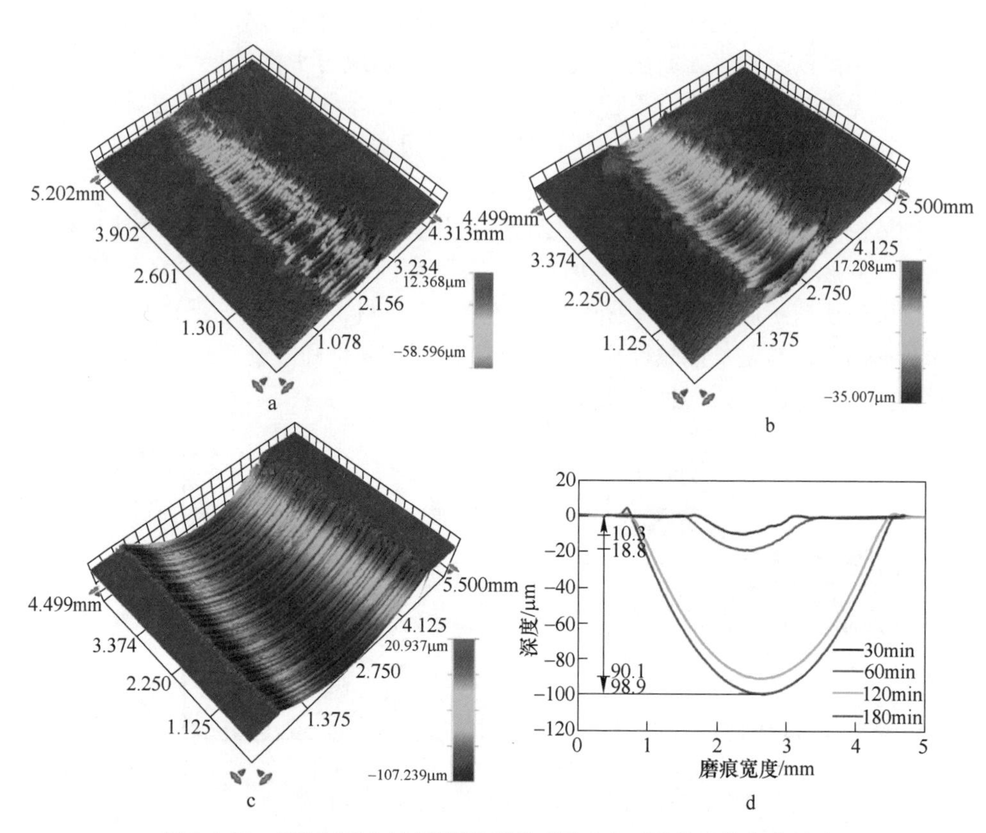

图 3-1-22 26SiCrNiMoAl 钢磨损不同时间后表面形貌及其磨痕尺寸

a—30min；b—60min；c—120min；d—磨痕尺寸

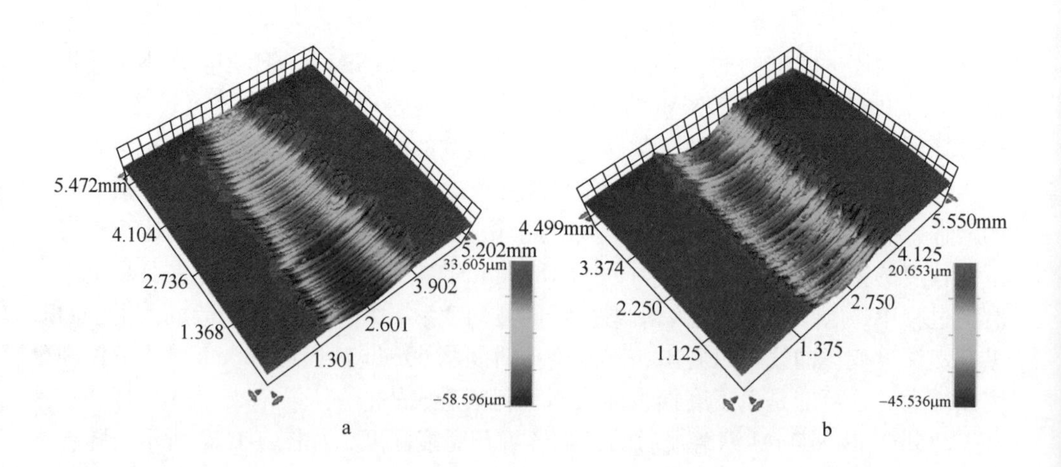

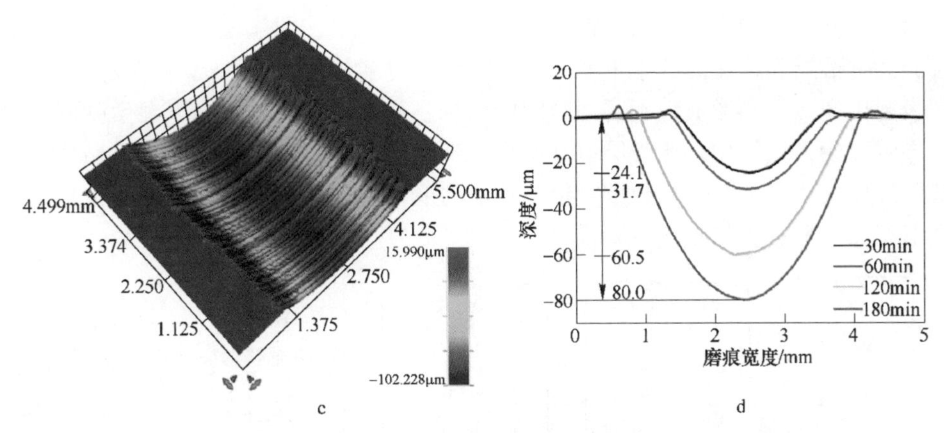

图 3-1-23 27Mn2SiCrNiMoAl 钢磨损不同时间后表面形貌及其磨痕尺寸

a—30min；b—60min；c—120min；d—磨痕尺寸

两种贝氏体钢环块磨损磨痕深度与磨损时间的关系，如图 3-1-24 所示。含锰贝氏体钢的耐磨性能较好，这得益于其优异的力学性能。此外，含锰贝氏体钢失重量与磨损时间呈线性关系，这说明其耐磨性能稳定，受到磨损过程中的应变硬化、温度升高，磨损裂纹产生、磨块剥落等问题的影响较小。

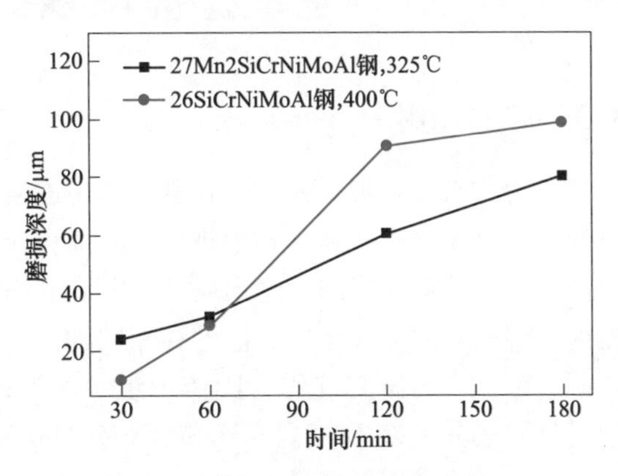

图 3-1-24 两种贝氏体钢磨损深度与磨损时间的关系

两种贝氏体钢磨损 180min 后的纵剖面形态观察，如图 3-1-25 所示。经磨损后试样沿着磨损方

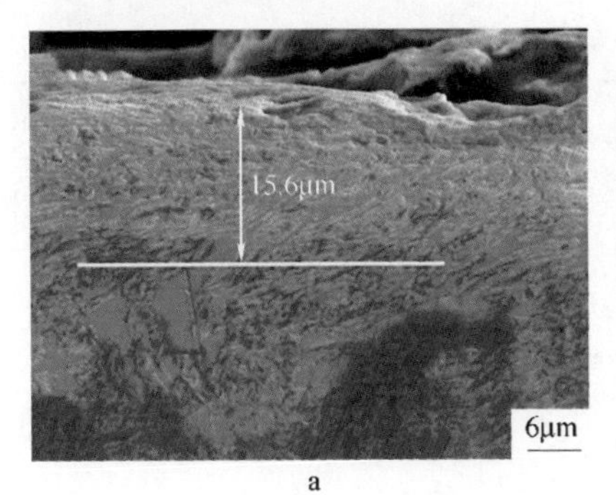

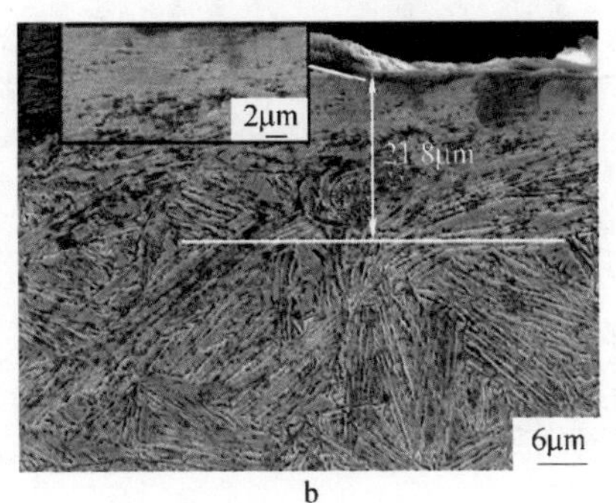

图 3-1-25 两种贝氏体钢在磨损 180min 后的纵剖面形貌

a—26SiCrNiMoAl 钢；b—27Mn2SiCrNiMoAl 钢

向出现不同程度的变形，两种钢的变形层均分为三层，即最表层的碎片层、亚表层的大变形层和最底部的微量变形层。在磨损的初始阶段即磨损时间较短时，试样表层出现微量变形。随着磨损时间的增加，变形层在应力作用下发生剧烈变形而导致原始组织细化，亚表层也开始发生形变。在应力反复作用下，最初变形层被挤压成碎片层，亚表层则重复最初表层的变形阶段，变形层的最底层也出现变形形态，变形过程如图3-1-26所示。

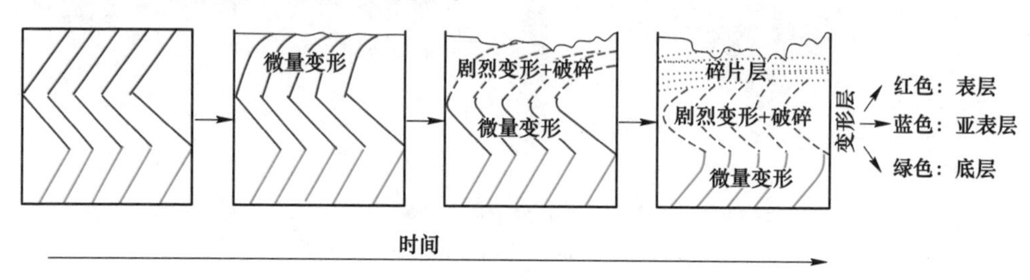

图3-1-26　贝氏体钢的磨损变形过程示意图

1.3　硅的作用

硅为非碳化物形成元素，在碳化物中的溶解度相比其他元素更低，碳化物析出的过程是需要将硅从母相中排出，然而贝氏体相变温度较低，溶质原子扩散速度慢，因此，硅元素起到延迟碳化物析出的作用。伴随着贝氏体铁素体的形成，碳配分到相邻的奥氏体中，硅的存在同样制约着奥氏体中碳化物的析出，形成富碳的奥氏体。为研究硅对贝氏体钢组织和性能的影响，设计两种轨道用贝氏体钢，具体成分见表3-1-8。34MnSiCrNiMoAl无碳化物贝氏体钢（简称“含硅钢”）为新设计的轨道用超细贝氏体钢，34MnCrNiMo有碳化物贝氏体钢（简称“不含硅钢”）为对比钢，其中不含硅。对两种钢进行930℃奥氏体化后分别在320℃和395℃、350℃和415℃进行等温转变，最后进行320℃保温1h回火处理。

表3-1-8　不同硅+铝含量贝氏体钢的化学成分　（质量分数，%）

钢种	C	Si	Mn	Cr	Ni	Mo	Al
34MnSiCrNiMoAl （无碳化物贝氏体钢）	0.34	1.48	1.52	1.15	0.93	0.40	0.71
34MnCrNiMo （有碳化物贝氏体钢）	0.34	0.01	1.61	1.24	0.96	0.45	0.04

1.3.1　对相变动力学的影响

两种钢在贝氏体相变温区的TTT曲线，如图3-1-27所示。不含硅的有碳化物贝氏体钢的M_s点为340℃，含硅的无碳化物贝氏体钢的M_s点温度为310℃，后

者较前者降低了30℃。在无碳化物贝氏体钢中，硅能够有效地降低 M_s 点温度，而铝能够提高 M_s 点温度。本研究设计成分中，硅对降低 M_s 点温度作用较大。

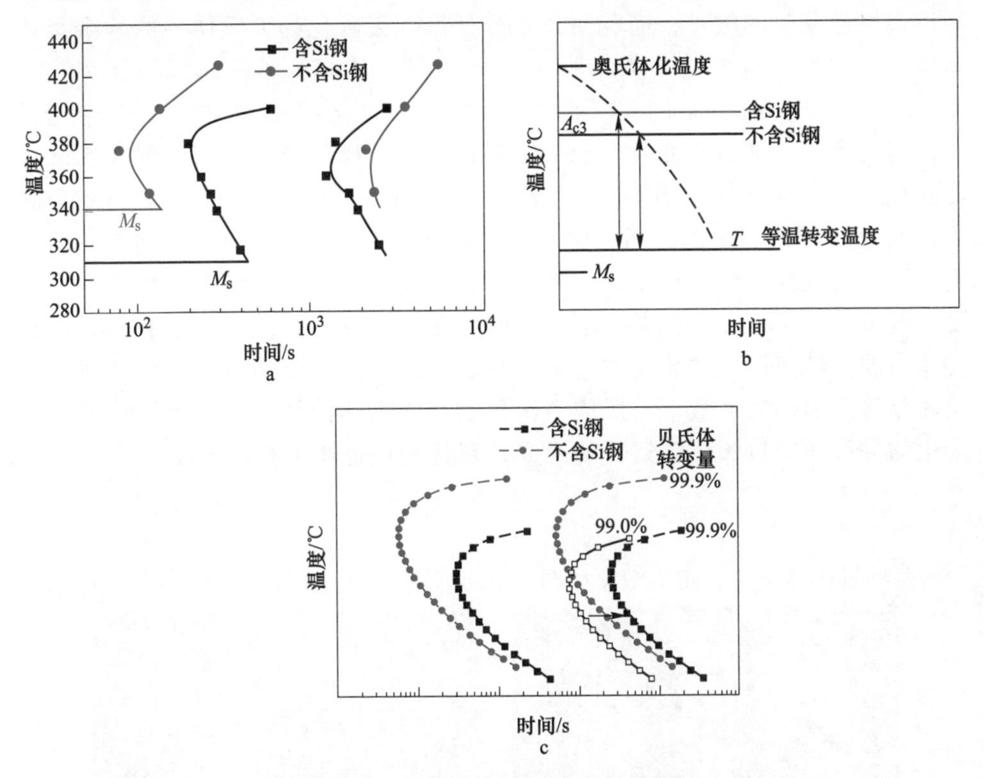

图 3-1-27 两种贝氏体钢相变动力学曲线

a—部分 TTT 曲线；b—过冷度曲线；c—JMatPro 软件模拟 TTT 曲线

含硅无碳化物贝氏体钢具有较长的孕育期，这是由于合金元素中加入硅会推迟贝氏体转变。因为中温转变温度较低，且硅降低碳在奥氏体中的扩散速度，使贝氏体铁素体形核时所需的贫碳区难以形成，贝氏体相变孕育期延长。另外，硅抑制碳的扩散提高奥氏体强度，使得贝氏体铁素体形核时的切变阻力增加，导致曲线向右下移。然而，无碳化物贝氏体相变具有较短的转变时间，这与相变驱动力和转变量有一定的关系。此外，有碳化物和无碳化物贝氏体钢的 A_{c3} 温度分别为760℃和806℃，后者具有相对较高的 $T_E(A_{c3})$ 温度。在同一贝氏体等温转变温度下，无碳化物贝氏体从 T_E 到等温温度（T）的温度差 ΔT_C 较大，如图3-1-27b所示；说明无碳化物贝氏体钢具有较高的相变驱动力，可缩短无碳化物贝氏体的转变时间。

若残余奥氏体中的碳含量低于 T'_0 曲线给定值，贝氏体转变依靠亚单元小片的无扩散生长就会发生。对于有碳化物贝氏体，碳化物从铁素体中析出使得残余奥氏体中的碳含量要低于无碳化物贝氏体中的碳含量，前者贝氏体转变更为完全，如图 3-1-27c 所示。残余奥氏体含量很少，这样使得有碳化物贝氏体转变时间较长，而利用公式计算得到无碳化物贝氏体中的残余奥氏体体积分数为 10%，贝氏体转变不完全。根据 JMatPro 软件模拟得到 99. 9% 和 90. 0%贝氏体转变量的 TTT 曲线，如果无碳化物贝氏体中没有残余奥氏体，转变完全，那么转变时间会长于有碳化物贝氏体转变时间；但在实际中无碳化物下贝氏体转变量为 90. 0%，有碳化物下贝氏体转变几乎为完全转变，前者转变 90. 0%的时间相比有碳化物下贝氏体完全相变的时间要短，与实际测试的规律一致。对于碳化物的形成机制，面心立方结构的奥氏体内可溶解较多碳原子，在相同条件下，碳原子在铁素体内扩散速度显著高于在奥氏体内的扩散速度，碳化物在过饱和铁素体内析出的驱动力大于相应成分奥氏体分解的驱动力，故下贝氏体中碳化物在铁素体内析出。因此，伴随着有碳化物贝氏体中贝氏体铁素体的形成，碳化物在也在不断地形成。

1. 3. 2 对微观组织的影响

两种贝氏体钢的金相组织，如图 3-1-28 所示。含硅的无碳化物下贝氏体包含

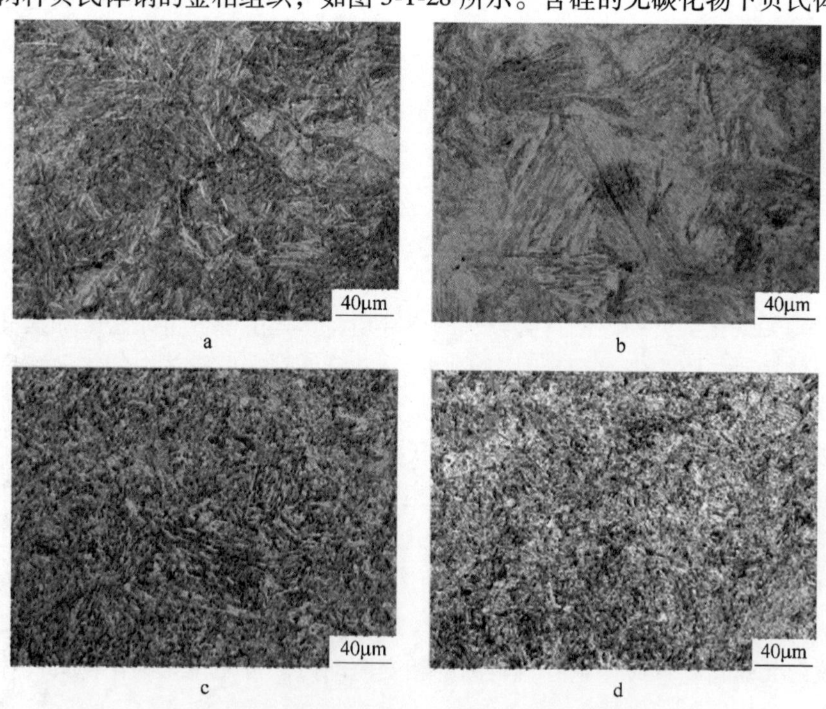

图 3-1-28 两种贝氏体钢经等温转变后的金相组织

a—无碳化物下贝氏体（320℃）；b—无碳化物上贝氏体（395℃）；
c—有碳化物下贝氏体（350℃）；d—有碳化物上贝氏体（415℃）

明显的针状贝氏体铁素体，而无碳化物上贝氏体呈羽毛状，不含硅的有碳化物贝氏体的下贝氏体有贝氏体铁素体板条但并不明显，并且在高温下未观察到羽毛状的贝氏体。图 3-1-29 所示为两种贝氏体钢经等温转变后的 SEM 组织，含硅无碳化物贝氏体组织是由贝氏体铁素体和残余奥氏体组成，无碳化物下贝氏体组织较无碳化物上贝氏体组织细，且在后者中观察到有块状的残余奥氏体。有碳化物下贝氏体中贝氏体铁素体束呈一定的取向，且碳化物分布在贝氏体铁素体上，有碳化物上贝氏体的形态呈羽毛状。

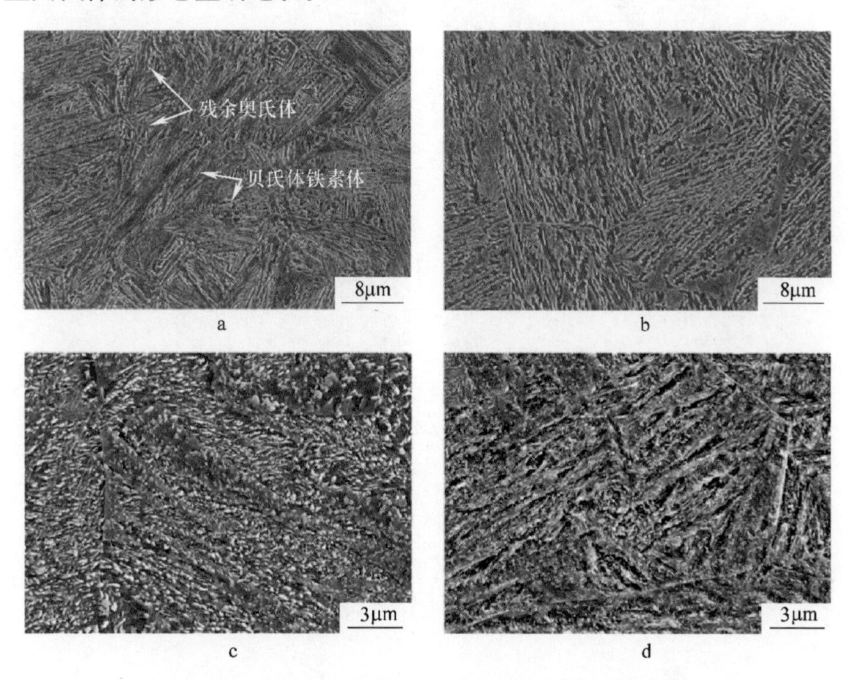

图 3-1-29 两种贝氏体钢经等温转变后的 SEM 组织
a—无碳化物下贝氏体（320℃）；b—无碳化物上贝氏体（395℃）；
c—有碳化物下贝氏体（350℃）；d—有碳化物上贝氏体（415℃）

两种贝氏体钢的 TEM 组织，如图 3-1-30 所示。含硅无碳化物贝氏体钢在 320℃等温转变后的下贝氏体组织由平行的板条状贝氏体铁素体和薄膜或者片状残余奥氏体两相组成，贝氏体铁素体板条平均厚度为（133±18）nm；395℃转变得到的上贝氏体组织由贝氏体铁素体板条和块状的残余奥氏体组成，未观察到碳化物的析出。从不含硅的有碳化物下贝氏体组织的明场和暗场像中可以看出，碳化物在贝氏体铁素体板条内部析出，一部分碳化物与板条的主轴方向呈 52°，也有与板条平行分布的，贝氏体铁素体板条平均尺寸为 314nm 左右。415℃转变形成上贝氏体，碳化物在贝氏体铁素体之间析出，碳化物的析出方向与贝氏体铁素体的板条方向平行。两种贝氏体钢在 M_s+10℃转变得到的下贝氏体组织，前者贝

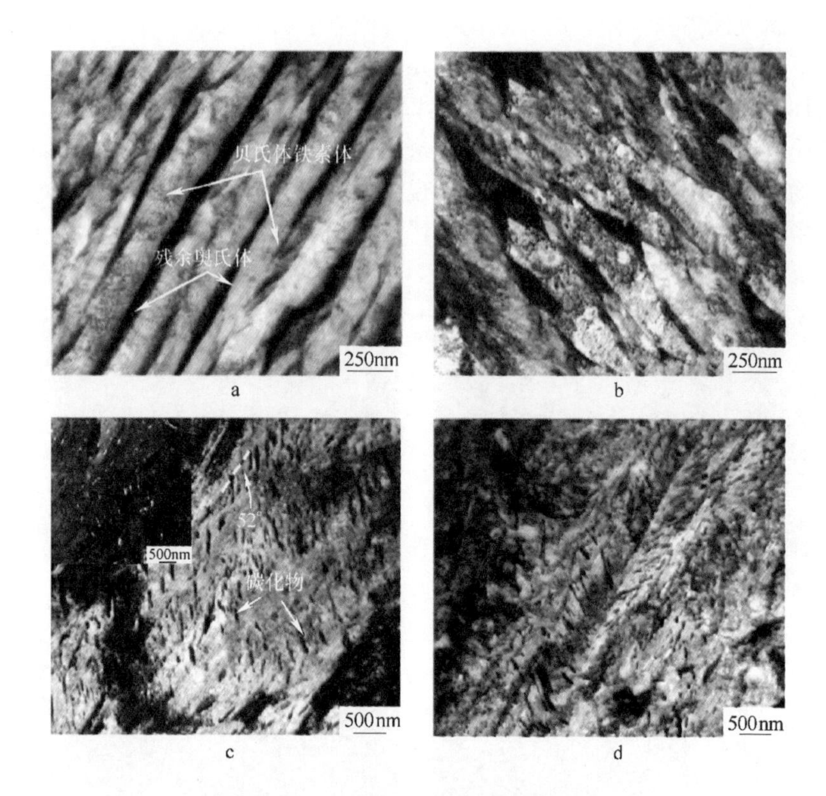

图 3-1-30　两种贝氏体钢的 TEM 组织

a—无碳化物下贝氏体（320℃）；b—无碳化物上贝氏体（395℃）；
c—有碳化物下贝氏体（350℃）；d—有碳化物上贝氏体（415℃）

氏体铁素体板条较细。

从 XRD 图谱中观察可以发现，有碳化物贝氏体钢经热处理转变后几乎没有残余奥氏体峰，但在 39.8°附近观察到碳化物峰，如图 3-1-31 所示。另外，在 EBSD 图中看到有碳化物下贝氏体组织存在微量的残余奥氏体，如图 3-1-32 所示。利用公式计算无碳化物贝氏体钢经 320℃和 395℃等温转变后的残余奥氏体体积分数分别为 9.9%和 11.1%。表 3-1-9 为有碳化物和无碳化物贝氏体的组织参数，无碳化物下贝氏体组织不仅具有较细的贝氏体铁素体板条，还具有较高的位错密度，而有碳化物下贝氏体铁素体板条较厚，位错密度较低。无碳化物贝氏体钢成分中加入了硅，硅为抑制碳化物析出元素，阻碍了碳的扩散，两者能够抑制碳化物析出，使大量的碳原子分布在残余奥氏体中。不添加硅的有碳化物贝氏体中，形成碳化物使得碳聚集在一起，同时也造成碳分布严重不均匀。加入硅降低了贝氏体转变温度，温度越低得到的贝氏体板条越细，这使得无碳化物的下贝氏体板条较细。

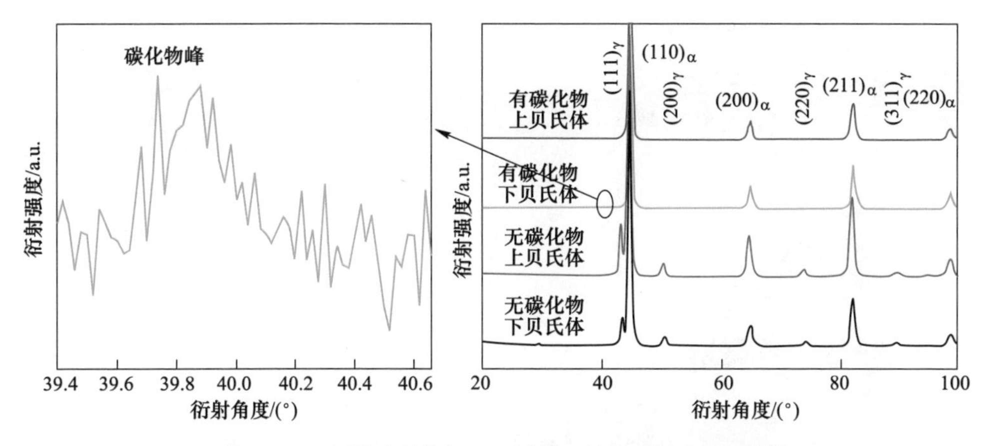

图 3-1-31 两种贝氏体钢经不同等温淬火后的 XRD 图谱

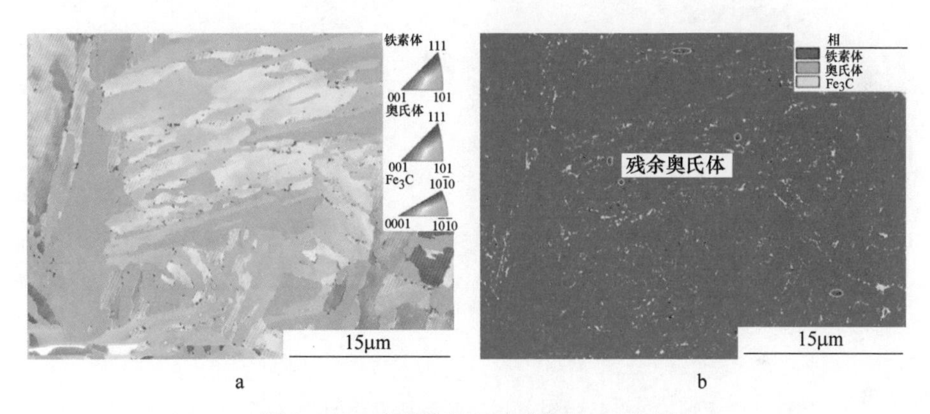

图 3-1-32 有碳化物下贝氏体的 EBSD 图

a—取向图；b—相分布图

表 3-1-9 两种贝氏体钢的组织参数

组织参数	无碳化物贝氏体		有碳化物贝氏体	
	320℃	395℃	350℃	415℃
贝氏体铁素体板条厚度/nm	133	—	314	—
位错密度/m^{-2}	4.6×10^{15}	—	3.3×10^{15}	—
残余奥氏体体积分数/%	9.9	11.1	—	—

两种贝氏体钢的下贝氏体组织中的碳原子分布，如图 3-1-33 所示，并统计了碳原子百分含量，见表 3-1-10。碳在铁素体与残余奥氏体、铁素体与碳化物中有一个宽的浓度分布，从图 3-1-33 中可以看出，随着相变的进行，钢中形成富碳区和贫碳区，碳原子浓度超过平均浓度的富碳区（区域 R1）为奥氏体，其平均碳含量（原子数分数）为 $(6.69\pm0.283)\%$，碳原子浓度低于平均浓度的贫碳

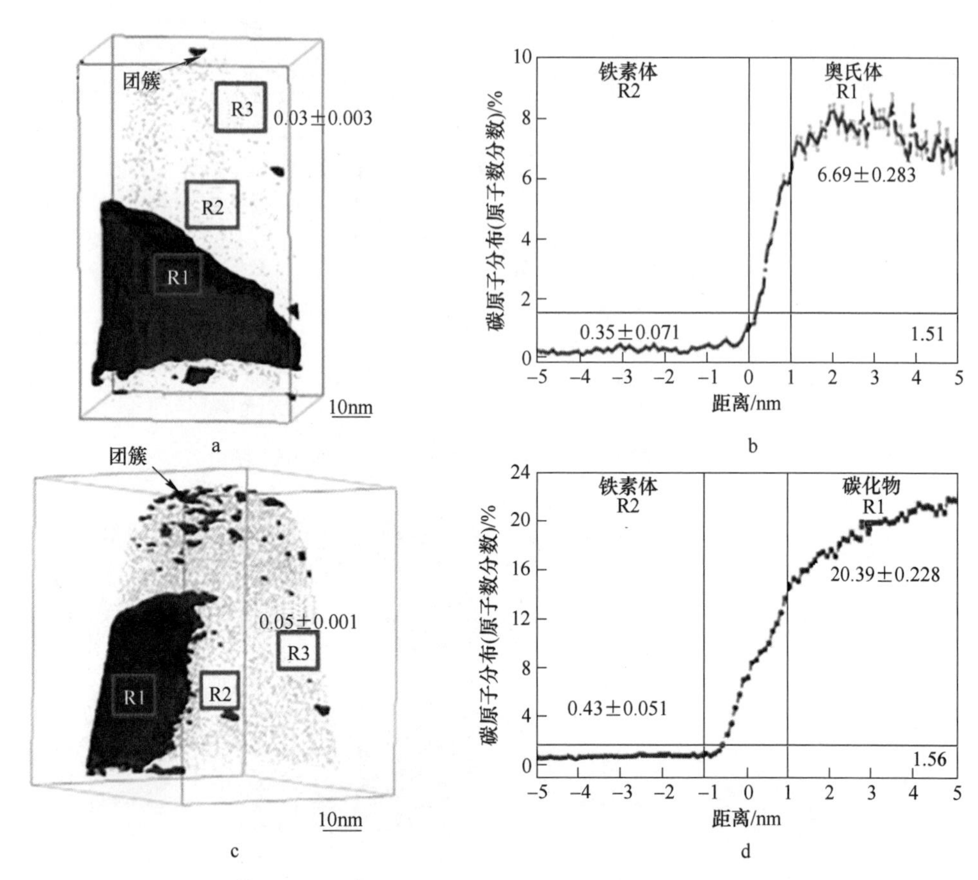

图 3-1-33　两种贝氏体钢下贝氏体组织（原子数分数）中的 2%C 等浓度面及碳原子分布图

a，b—无碳化物下贝氏体；c，d—有碳化物下贝氏体

区（区域 R2）为贝氏体铁素体，其平均碳含量（原子数分数）为（0.35±0.071)%。同样，在有碳化物贝氏体钢中，碳原子浓度低于平均浓度的贫碳区（区域 R2）为贝氏体铁素体，形成的碳化物（区域 R1）中碳浓度（质量分数）为（20.39±0.228)%（在 Fe_3C 中碳原子浓度在 24%），其浓度远远高于贝氏体铁素体。另外，在远离残余奥氏体（碳化物)/铁素体过渡区的贝氏体铁素体区（区域 R3）发现多处碳浓度远远低于其平衡浓度的区域。从试验结果得出，在无碳化物贝氏体中，大量的碳原子分布在亚稳态的残余奥氏体中。而在有碳化物的下贝氏体中，大量的碳则分布在稳定的碳化物中。目前的研究认为，碳在贝氏体铁素体中以过饱和的形式存在。对于本研究贝氏体钢中出现的低于平衡浓度的碳分布区域，是由于钢中含碳量（原子数分数）较低，仅有 1.5%，在贝氏体铁素体上存在着残余奥氏体或者碳化物的同时，也存在着诸多碳的团簇，这些均占有大量的碳原子，剩余的少量碳原子在远离残余奥氏体或者碳化物的区域多数

以过饱和形式存在，在一些严重的贫碳区出现低于铁素体中的平衡浓度的区域。

表 3-1-10　两种贝氏体钢不同相中碳原子浓度分布

（原子数分数，%）

无碳化物下贝氏体钢			有碳化物下贝氏体钢		
残余奥氏体	过渡区	基体	碳化物	过渡区	基体
6.69±0.283	0.35±0.071	0.03±0.003	20.39±0.228	0.43±0.051	0.05±0.001

1.3.3　对力学性能的影响

有碳化物和无碳化物贝氏体钢的常规力学性能测试结果，见表 3-1-11，两者的下贝氏体组织具有几乎相等的屈服强度，但无碳化物贝氏体钢的抗拉强度、伸长率和冲击韧性高于有碳化物贝氏体，尤其是冲击韧性，前者是后者的 2 倍。两种贝氏体钢在等温转变条件下，屈服强度差别较小，这是由于：在无碳化物贝氏体钢中，贝氏体铁素体具有较高的可移动位错，随着位错密度的增加，屈服强度提高；另外，根据 Hall-Petch 公式，晶粒尺寸减小会起到细晶强化效果，对于无碳化物贝氏体组织，其贝氏体铁素体板条较细，仅有 133nm，能够有效地提高屈服强度。此外，硅可以固溶到贝氏体铁素体中，起到明显的固溶强化作用。在有碳化物贝氏体钢中，碳化物作为钢中不可变形的质点，可以起到沉淀强化作用。因此，以上几个方面的综合因素缩小了两种贝氏体钢组织之间屈服强度的差异。

表 3-1-11　两种贝氏体钢的常规力学性能测试结果

力学性能	无碳化物贝氏体钢		有碳化物贝氏体钢	
	320℃	395℃	350℃	415℃
屈服强度/MPa	1080	1032	1033	1002
抗拉强度/MPa	1498	1495	1390	1356
总伸长率/%	16.0	17.3	12.5	11.5
均匀伸长率/%	4.3	—	4.1	—
冲击韧性/$J \cdot cm^{-2}$	109	70	60	38
硬度（HRC）	46.0	44.4	43.6	43.0

金属组织越不均匀，则初始塑性变形的不同时性就越显著。当宏观上塑性变形量还不大的时候，个别晶粒或晶粒局部区域的塑性变形量可能已经达到极限值。由于塑性耗竭，加上变形不均匀产生较大的内应力，就有可能在这些晶粒中形成裂纹，从而导致钢的早期断裂。有碳化物贝氏体钢中容易在碳化物处应力集中，协调变形能力差，造成塑性较低。另外，面心立方晶格阻力低，位错容易运动，塑性会优于体心立方，无碳化物贝氏体钢的下贝氏体组织中含有体积分数约 10%的奥氏体，而有碳化物贝氏体钢的组织中几乎没有残余奥氏体，所以前者具

有较高的塑性。无碳化物贝氏体钢的组织中因有约 10%的残余奥氏体在变形过程中会发生一定的 TRIP 效应，从而提高钢的塑性。

相比有碳化物贝氏体钢组织，无碳化物贝氏体钢具有较高的硬度，洛氏硬度表征钢的塑性变形抗力和应变硬化能力，无碳化物贝氏体钢中残余奥氏体应变诱发马氏体相变有利于提高硬化能力。此外，硅引起的固溶强化是导致无碳化物贝氏体钢硬度较高的重要因素。

从表 3-1-11 中可以看出，无碳化物贝氏体钢的冲击韧性比有碳化物贝氏体钢提高了将近 1 倍。图 3-1-34 为贝氏体钢经示波冲击得到的冲击载荷和冲击能力与位移之间的关系，表 3-1-12 同时给出了其裂纹起裂功和扩展功的试验结果。可以看出，两种贝氏体钢在冲击试验过程中，裂纹起裂功均占主导，分别占 62%和 64%。一般来说，起裂功占主导的钢，说明在断裂前有显著的塑性变形，而裂纹扩展功占主导的钢，说明其裂纹扩展速率很慢。含硅的贝氏体钢裂纹扩展功是不含硅贝氏体钢的 2 倍，这是因为对于含硅的无碳化物贝氏体钢中存在残余奥氏体，残余奥氏体应变诱发马氏体相变影响着试样中的应力分布，对裂纹扩展有着重要的影响。

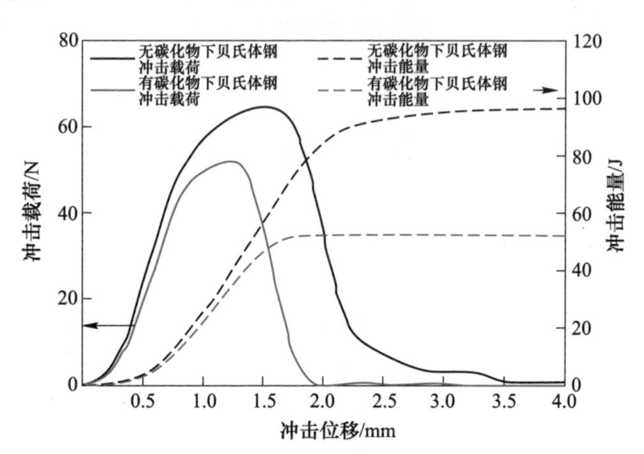

图 3-1-34　两种贝氏体钢示波冲击载荷和冲击能量随冲击位移的演变曲线

表 3-1-12　两种贝氏体钢示波冲击试验结果

钢种	起裂功 E_i/J	扩展功 E_p/J	全功 E_t/J
含硅无碳化物下贝氏体钢	60.0	36.5	96.7
不含硅有碳化物下贝氏体钢	33.5	18.7	52.2

图 3-1-35 所示为不含硅贝氏体钢与含硅贝氏体钢裂纹扩展途径示意图。残余奥氏体相平行分布于贝氏体铁素体之间，在遭到变形时会发生马氏体相变，引起微观体积膨胀，能够释放应力，钝化裂纹尖端，借此降低裂纹的扩展速率，阻碍裂纹的扩展。另外，含硅贝氏体组织较细，造成在裂纹扩展过程中的途径更加曲折，需消耗更多的能量，延缓裂纹扩展。而含硅贝氏体钢的碳化物则可作为裂纹源，并且在应力作用下，碳化物与贝氏体铁素体的界面首先分离，产生微裂纹，促进裂纹扩展。碳化物越多，碳化物之间的间距越小，裂纹就越容易连通扩展。最终，无碳化物贝氏体钢的组织表现出较高的冲击韧性。

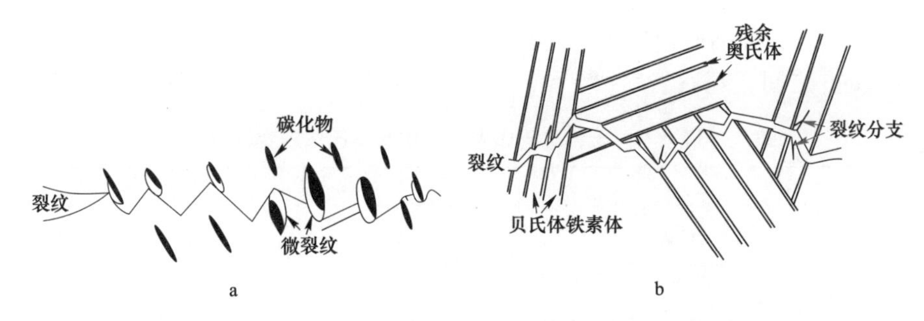

图 3-1-35　两种贝氏体钢裂纹扩展途径示意图

a—不含硅贝氏体钢；b—含硅贝氏体钢

1.4　铝的作用

硅加入钢中可以有效地抑制脆性碳化物的析出，并且有助于提高残余奥氏体的稳定性。然而，高的硅含量不利于材料的表面涂覆，影响结构材料在工业生产中的应用。铝具有与硅元素相似的作用，可以有效抑制钢中渗碳体析出，此外，铝还可以加速贝氏体的转变。因此，设计用铝替代部分硅制备低碳无碳化物贝氏体钢。本研究设计的不同铝含量贝氏体钢成分，见表 3-1-13。根据钢中铝的质量分数，依次称为 28Mn2Si2CrNiMo 钢、28Mn2Si1CrNiMoAl 和 28Mn2SiCrNiMoAl 钢。

表 3-1-13　不同铝含量贝氏体钢的化学成分　　（质量分数，%）

钢种	C	Al	Si	Mn	Cr	Ni	Mo
28Mn2Si2CrNiMo	0.28	0.02	1.71	2.04	1.64	0.36	0.36
28Mn2Si1CrNiMoAl	0.28	0.62	1.28	1.97	1.63	0.33	0.24
28Mn2SiCrNiMoAl	0.28	1.19	0.67	1.96	1.62	0.34	0.23

1.4.1　对相变动力学的影响

利用 JMatPro 软件计算得到 28Mn2Si2CrNiMo 钢和 28Mn2Si1CrNiMoAl 钢贝氏体转变区的 TTT 曲线，如图 3-1-36 所示。两种钢的 B_s 温度和 M_s 温度统计结果，

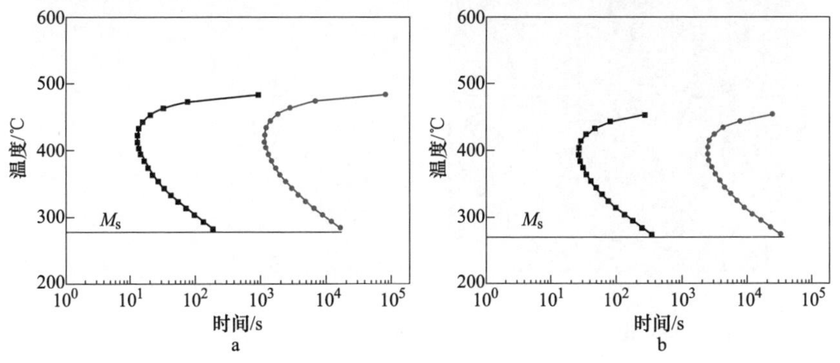

图 3-1-36　两种铝含量贝氏体钢的等温转变曲线

a—28Mn2Si2CrNiMo 钢；b—28Mn2Si1CrNiMoAl 钢

见表 3-1-14。三种钢均经 920℃完全奥氏体化后进行 320℃等温淬火，保温时间在 84~420min 之间，随后空冷到室温。具体的热处理工艺，见表 3-1-15。

表 3-1-14　不同含铝贝氏体中贝氏体和马氏体转变开始温度　（℃）

钢种	B_s	M_s
28Mn2Si2CrNiMo	457	272
28Mn2Si1CrNiMoAl	463	273
28Mn2SiCrNiMoAl	486	283

表 3-1-15　不同铝含量贝氏体钢的热处理工艺

钢种	奥氏体化	等温温度/℃	保温时间/min
28Mn2Si2CrNiMo	920℃ 保温 30min	320	144、200、300、420
28Mn2Si1CrNiMoAl			120、180、300、420
28Mn2SiCrNiMoAl			84、120、180、300、420

1.4.2　对微观组织的影响

三种贝氏体钢经 320℃保温 420min 等温淬火后的微观组织，如图 3-1-37 所示。两种等温淬火处理钢的微观组织相似，均存在两种明显不同的区域：一种是黑色

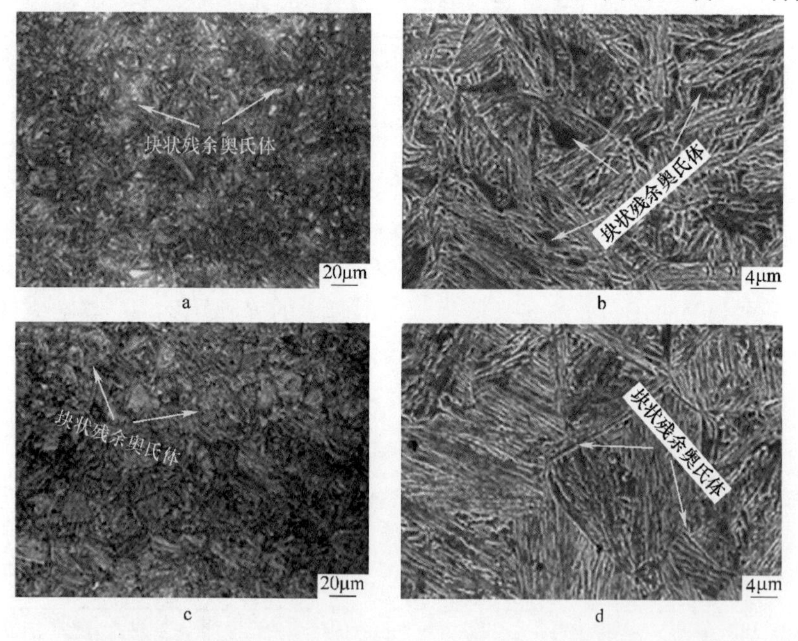

图 3-1-37　不同铝含量贝氏体钢经 320℃保温 420min 等温淬火处理后的金相组织和 SEM 组织
a，b—28Mn2Si2CrNiMo 钢；c，d—28Mn2SiCrNiMoAl 钢

区域，主要为针状贝氏体铁素体束；另一种为白色区域，为主要分布于贝氏体铁素体束间的块状残余奥氏体。通过比较可以发现，随着铝含量的增加，块状残余奥氏体的尺寸和含量均呈下降趋势，贝氏体含量呈增加的趋势。通过 SEM 微观形态可以清楚地看出，随着铝含量的增加，块状残余奥氏体的尺寸逐渐降低，在高铝含量情况下（即 28Mn2SiCrNiMoAl 钢），微观组织中的残余奥氏体主要以薄膜状存在于贝氏体铁素体板条之间，很少观察到大块状残余奥氏体的存在。

统计得到了三种贝氏体钢中块状残余奥氏体的面积分数，如图 3-1-38 所示。随着钢中铝含量的增加，块状残余奥氏体的面积分数明显降低，尤其是大块状残余奥氏体。由于金相自身分辨率的局限性，所以图像处理软件只能识别出金相图像上尺寸大约为 0. 4μm 以上的块状残余奥氏体。

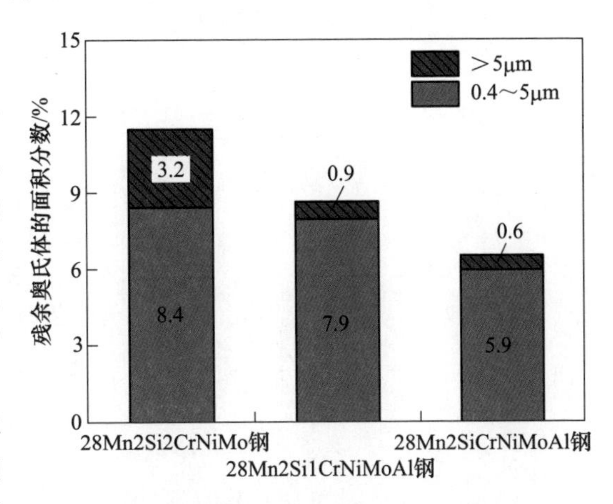

图 3-1-38　不同铝含量贝氏体钢经 320℃保温 420min 等温淬火后金相组织中块状残余奥氏体的面积分数

图 3-1-39 所示为三种贝氏体钢经 320℃保温 420min 后的 TEM 组织，贝氏体束亚结构主要由细小的板条状贝氏体铁素体和位于这些板条之间的薄膜状残余奥氏体组成。通过比较发现，随着钢中铝含量的增加，贝氏体铁素板条的宽度呈明显减小的趋势。通过线截距法，对 TEM 图片中贝氏体铁素体板条的宽度进行统计分析，并通过公式得出 28Mn2Si2CrNiMo、28Mn2Si1CrNiMoAl 和 28Mn2SiCrNiMoAl 钢经 320℃保温 420min 后贝氏体铁素体板条的平均宽度分别为 250nm、164nm 和 126nm。这进一步表明，随着铝含量的增加，贝氏体铁素体板条宽度明显减小。此外，在三种组织中均可以观察到大量位错存在，但并没有发现碳化物。

a

b

c

图 3-1-39　不同铝含量贝氏体钢经 320℃保温 420min 等温淬火处理后的 TEM 组织

a—28Mn2Si2CrNiMo 钢；b—28Mn2Si1CrNiMoAl 钢；c—28Mn2SiCrNiMoAl 钢

XRD 分析结果表明，不同铝含量贝氏体钢等温淬火处理后的微观组织中只有体心立方和面心立方结构两种相，并没有碳化物的衍射峰存在。随着铝含量的增加，试样中残余奥氏体的含量呈下降趋势，其中 28Mn2Si1CrNiMoAl 钢和 28Mn2SiCrNiMoAl 钢中的残余奥氏体含量比较接近，如图 3-1-40 所示。然而，随着铝含量的增加，试样中残余奥氏体中的碳含量表现出与残余奥氏体含量相反的规律，即随着铝含量的增加残余奥氏体中的碳含量显著增加。

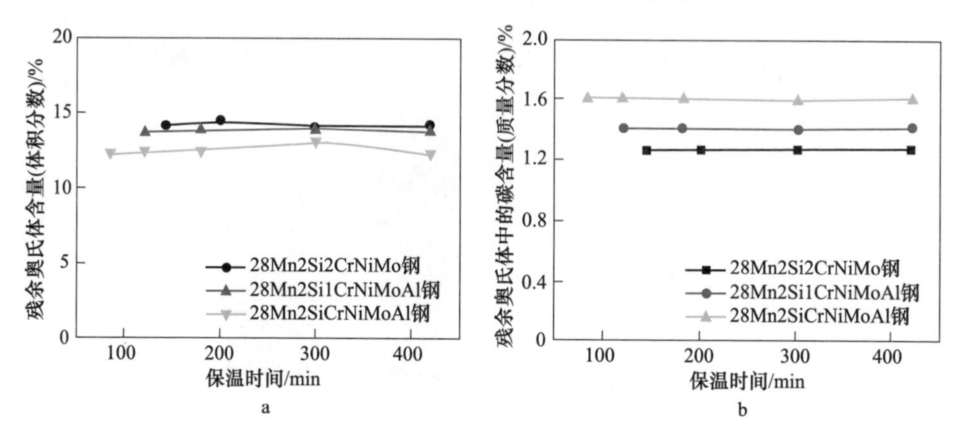

图 3-1-40　不同铝含量贝氏体钢经 320℃保温不同时间等温转变后的微观组织构成
a—残余奥氏体含量；b—残余奥氏体中的碳含量

在贝氏体相变区等温过程中，贝氏体转变通过铁素体板条无扩散相变的方式进行，而且只有当奥氏体中的碳含量低于 T_0' 曲线的理论值时这种转变才能够进行。在贝氏体转变过程中，贝氏体中过饱和的碳会配分到其附近未分解的奥氏体中，这个过程将增加奥氏体中的碳含量，从而起到增加奥氏体稳定性的作用，有助于更多的奥氏体保留到室温成为残余奥氏体。然而，随着贝氏体转变的进行，更多的碳被排入到未转变奥氏体中，当奥氏体中的碳含量接近 T_0' 曲线的理论值时，贝氏体转变将停止。T_0' 曲线是切变相变时相同化学成分的奥氏体和铁素体自由能相等时温度随碳含量变化的曲线。由 Thermo-calc 软件计算发现，铝的加入可使 T_0' 曲线向右移动。当等温温度相同时，铝的添加将增加贝氏体转变驱动力，从而起到增大贝氏体形核率和细化贝氏体板条的作用。所以，贝氏体铁素体板条宽度随着铝含量的增加逐渐减小，同时，这些细小的贝氏体铁素体板条均匀地分布在组织中，把大块状残余奥氏体分割成了尺寸较小的块状或薄膜状，从而消除了微观组织中大量的块状残余奥氏体。此外，T_0' 曲线的提高还将增加贝氏体的转变量和残余奥氏体中的最大碳含量，从而起到降低奥氏体含量和增加奥氏体稳定性的作用，这导致室温微观组织中只有稳定性较好的小块状或薄膜状残余奥氏体存在。因此，随着铝含量的增加，试样中残余奥氏体的尺寸和含量呈下降的趋势。

1.4.3 对力学性能的影响

三种不同铝含量贝氏体钢经320℃保温不同时间后的常规拉伸力学性能如图3-1-41所示，表3-1-16给出了拉伸性能数据结果。可见，随着保温时间的变化，三种钢的屈服强度、抗拉强度和总伸长率几乎保持不变，这主要是由三种钢的微观组织随保温时间的增加未发生明显变化造成的。但随着铝含量的增加，屈服强度呈增加的趋势，而抗拉强度和总伸长率却表现出下降的趋势。

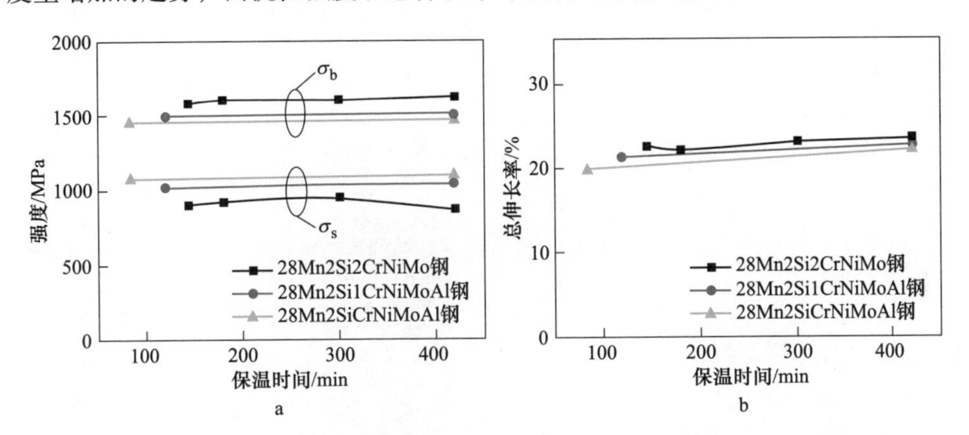

图3-1-41 不同铝含量贝氏体钢经320℃保温不同时间等温相变后的力学性能

a—屈服强度和抗拉强度；b—总伸长率

表3-1-16 不同铝含量贝氏体钢经320℃保温420min等温转变后的拉伸性能

钢种	屈服强度/MPa	抗拉强度/MPa	总伸长率/%	均匀伸长率/%	颈缩后伸长率/%
28Mn2Si2CrNiMo	914	1604	22.9	11.0	11.9
28Mn2Si1CrNiMoAl	1032	1480	21.6	8.9	12.7
28Mn2SiCrNiMoAl	1090	1456	20.8	6.5	14.3

三种贝氏体钢经320℃保温420min等温淬火处理后的工程应力-工程应变曲线，如图3-1-42所示。为了研究它们的加工硬化行为，利用拉伸数据和有关公式对其加工硬化指数进行了计算，可以得到它们的加工硬化指数与真应变的关系曲线，如图3-1-43所示。图3-1-43中的直线代表拉伸失稳的判据，也就是说当均匀真应变等于加工硬化指数时（$\varepsilon_u=n$），拉伸试样会出现颈缩。从曲线图3-1-43和表3-1-16中数据可以看出，随着铝含量的增加，试样的加工硬化指数和均匀伸长率均呈下降的趋势。然而，随着铝含量的增加，试样的颈缩后伸长率呈增加的趋势。

三种贝氏体钢不同拉伸应变量下试样中残余奥氏体含量的变化曲线，如图3-1-44所示。在拉伸变形的初始阶段，当应变量从0增加到0.05时，28Mn2Si2CrNiMo

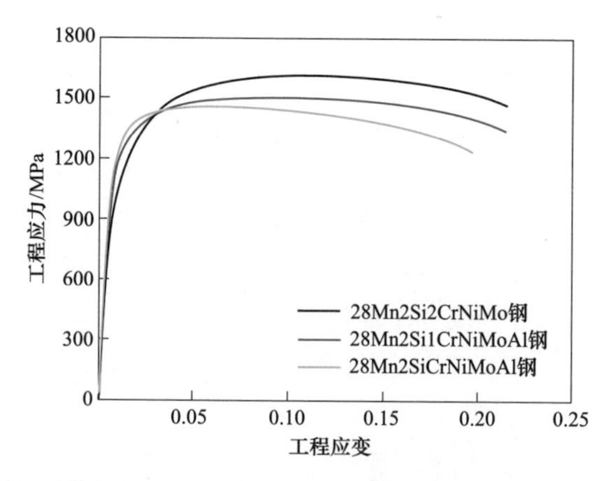

图 3-1-42　三种贝氏体钢经 320℃保温 420min 等温相变后的工程应力-工程应变曲线

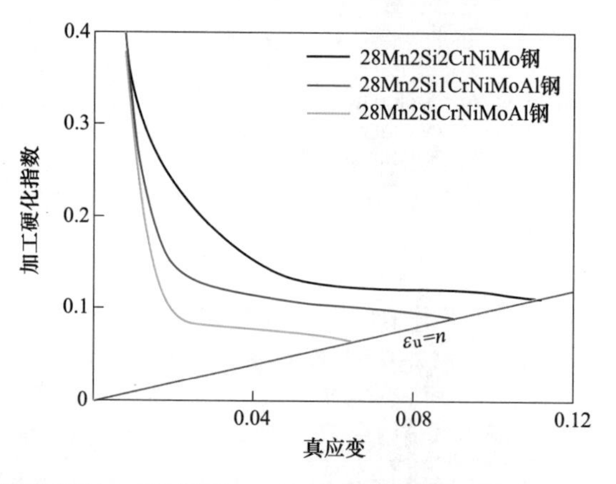

图 3-1-43　三种贝氏体钢经 320℃保温 420min 等温相变后的加工硬化指数与真应变的关系

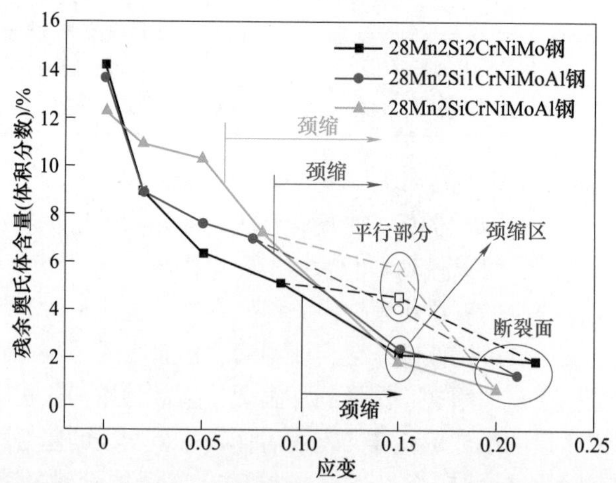

图 3-1-44　不同铝含量贝氏体钢经 320℃保温 420min 后在不同应变量下残余奥氏体含量的变化

（“颈缩区”“平行部分”和“断裂面”分别代表残余奥氏体的测量位置）

钢中残余奥氏体含量从14.2%下降到了6.3%，减少量达56%；28Mn2Si1CrNiMoAl钢中残余奥氏体含量从13.8%下降到了7.6%，减少量为45%；28Mn2SiCrNiMoAl钢中残余奥氏体的含量从12.4%下降到了10.4%，减少量仅为16%。这表明在拉伸变形的初期阶段，随着铝含量的降低，残余奥氏体含量下降的程度显著增加。随着应变量的进一步增加，钢中残余奥氏体的含量进一步降低。当应变量增加到0.15时，28Mn2Si2CrNiMo钢、28Mn2Si1CrNiMoAl钢和28Mn2SiCrNiMoAl钢拉伸试样颈缩区残余奥氏体含量下降的程度分别为30%、38%和69%。相比之下，随着铝含量的降低，试样中残余奥氏体含量的下降程度明显降低，表现出与拉伸变形初期阶段相反的变化规律。这表明，铝含量较低的钢（28Mn2Si2CrNiMo钢）中含有较多稳定性较差的残余奥氏体，这些残余奥氏体在小应变的情况下就发生了马氏体相变，而铝含量较高的钢（28Mn2SiCrNiMoAl钢）中的残余奥氏体具有较高的稳定性，在较大应变的情况下才发生马氏体相变。

两种贝氏体钢拉伸试样断口的SEM形貌，如图3-1-45所示，拉伸断口均由大量的韧窝和撕裂棱构成，以韧性断裂为主。随着铝含量的增加，韧窝尺寸逐渐变大、变深，撕裂棱的尺寸也逐渐增大。表明随着铝含量的增加，钢的断口表现出更明显的韧性特征。拉伸试样断口表面的韧窝大小与拉伸试样颈缩程度之间存在一定的关系，韧窝的尺寸越大、越深，拉伸试样的颈缩程度越大，从而对总伸长率的增加起到的贡献就越大。所以，铝含量较高的钢具有较高的颈缩后伸长率。

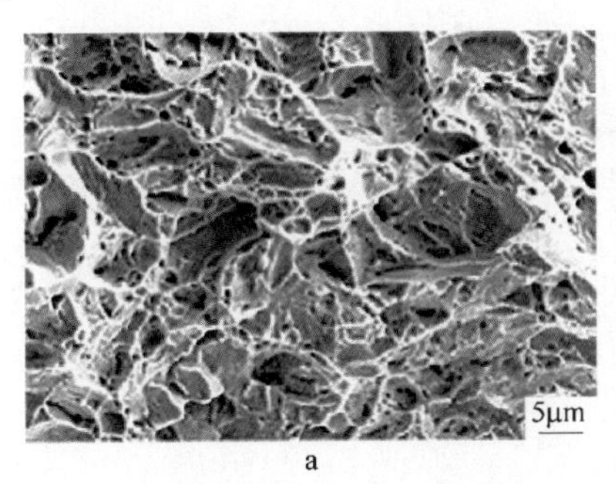

a

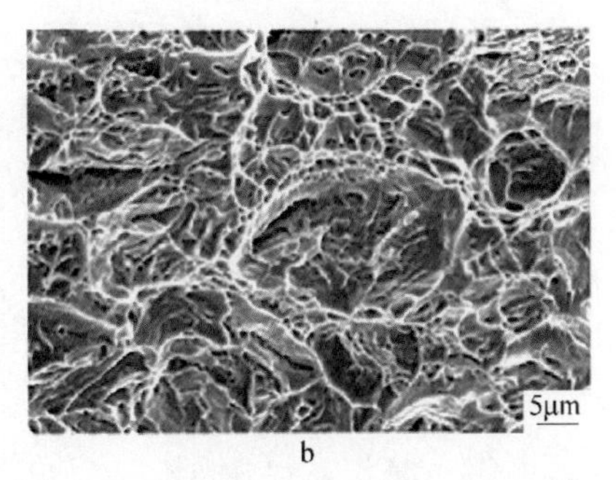

b

图3-1-45 不同铝含量贝氏体钢经320℃保温420min等温相变后拉伸试样断口的SEM组织
a—28Mn2Si2CrNiMo钢；b—28Mn2Si1CrNiMoAl钢

上述结果表明，三种不同铝含量的钢在320℃经过不同保温时间处理后的微观组织均由贝氏体铁素体板条和残余奥氏体组成，其中残余奥氏体分为块状和薄膜状。随着铝含量的增加，试样微观组织中块状残余奥氏体的尺寸和含量逐渐减小，变成以小块状和薄膜状残余奥氏体为主。例如，28Mn2Si2CrNiMo钢等温淬火试样的微观组织中存在大量的大块状残余奥氏体，然而，28Mn2SiCrNiMoAl钢等温淬火试样中的残余奥氏体大部分为薄膜状和小块状，很少发现大块状残余奥氏体的存在。

一般情况下，大块状残余奥氏体中的碳含量较少，同时贝氏体铁素体板条对块状残余奥氏体的束缚也较小，因此，尺寸较大的块状残余奥氏体具有较低的稳定性。然而，小块状或薄膜状残余奥氏体中的碳含量较高，而且贝氏体铁素体板条对其束缚也较强烈，因此小块状或薄膜状残余奥氏体具有较好的稳定性。在小应变的情况下，这些稳定性较差的大块状残余奥氏体较易发生马氏体相变，而稳定性较好的小块状或薄膜状残余奥氏体不容易发生马氏体相变，只有在较大应变的情况下它才能转变成马氏体。所以，在拉伸变形的初期阶段，28Mn2Si2CrNiMo钢等温淬火试样中较多的残余奥氏体发生了马氏体相变，表现出更加强烈的相变诱发塑性效应，使其具有快速增加的应变硬化行为，推迟了局部塑性变形和颈缩的产生，从而对强度和均匀伸长率的增加起到了明显的促进作用。

随着应变量的增加，28Mn2Si2CrNiMo 钢等温淬火试样中存在的小块状或薄膜状的残余奥氏体也开始逐步发生马氏体相变，使其在后续高应变水平的变形过程中仍能保持较高的加工硬化行为，增加钢的抗拉强度和均匀伸长率。然而，28Mn2SiCrNiMoAl 钢等温淬火试样中的残余奥氏体大部分以薄膜状存在，在小应变的情况下，稳定性较好的薄膜状残余奥氏体基本不发生马氏体相变。因此，在拉伸变形的初期阶段不能提供足够的相变诱发塑性效应，表现出较低的加工硬化行为，具有较低的抗拉强度。但由于残余奥氏体自身的韧性特点，具有较大的塑性变形潜能，因而颈缩之后仍具有较高的断后伸长率。所以，随着铝含量的增加，试样的抗拉强度和均匀伸长率均呈下降的趋势。

此外，随着铝含量的增加，贝氏体铁素体板条宽度明显细化。根据 Hall-Petch 关系式可以知道，细化晶粒或细化组织均可增加钢的屈服强度。这主要是因为贝氏体铁素体板条相当于有效晶粒，大量细化的贝氏体铁素体板条为阻碍位错移动提供了更多的界面；同时，细化的板条减小了位错运动的平均自由程，加速了位错在贝氏体铁素体板条界面处堆积。因此，随着铝含量的增加，试样的屈服强度逐渐增加。

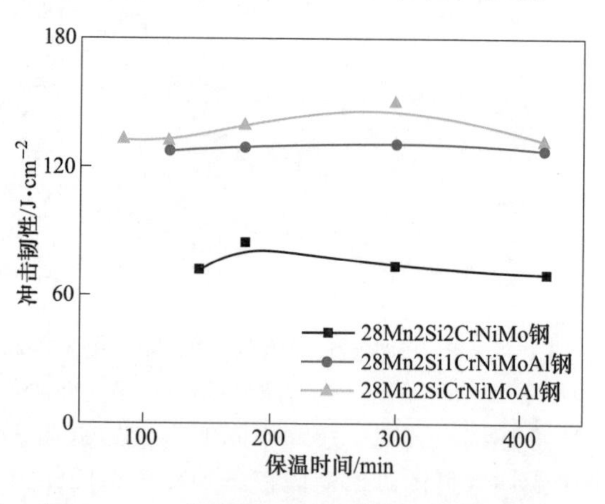

图 3-1-46　不同铝含量贝氏体钢经 320℃保温不同时间等温相变后的冲击韧性

图 3-1-46 为三种含铝贝氏体钢经 320℃保温不同时间与其冲击韧性的关系，随着保温时间的增加，三种钢的冲击韧性基本保持不变。因此，可以得到 28Mn2Si2CrNiMo 钢、28Mn2Si1CrNiMoAl 钢和 28Mn2SiCrNiMoAl 钢经

320℃保温不同时间等温淬火处理后的平均冲击韧性分别约为 80J/cm²、120J/cm²和 140J/cm²。28Mn2SiCrNiMoAl 钢的平均冲击韧性略微高于 28Mn2Si1CrNiMoAl 钢的平均冲击韧性，但是显著高于 28Mn2Si2CrNiMo 钢的平均冲击韧性。整体而言，随着铝含量的增加，试样的冲击韧性表现出增加的规律。另外，值得注意的是，随着铝含量的增加，钢的冲击韧性并没有表现出与总伸长率相同的变化规律，而是表现出与其完全相反的变化规律。

28Mn2Si2CrNiMo 钢和 28Mn2SiCrNiMoAl 钢经 320℃保温 420min 等温淬火处理后试样冲击断口的 SEM 形貌，如图 3-1-47 所示。28Mn2Si2CrNiMo 钢的断裂面比较平坦，由大量的浅韧窝、少量的准解离面和少量的撕裂棱构成，这表明 28Mn2Si2CrNiMo 钢的断裂是一种脆性和韧性断裂并存的混合模式。28Mn2SiCrNiMoAl 钢的断裂面比较粗糙，主要由韧窝和撕裂棱构成，并在韧窝底部存在因剧烈塑性变形而留下的撕裂痕迹，这表明 28Mn2SiCrNiMoAl 钢的断裂以韧性断裂为主。28Mn2SiCrNiMoAl 钢的韧窝尺寸较大且较深，韧窝底部塑性变形痕迹更明显，表现出更加韧性的特点；主要是由于 28Mn2SiCrNiMoAl 钢中存在较多稳定性较好的小块状或薄膜状残余奥氏体，在冲击载荷加载过程中，这些韧性的残余奥氏体不容易发生马氏体相变，能够产生较大程度的塑性变形，从而导致 28Mn2SiCrNiMoAl 钢的断裂面产生较大和较深的韧窝。

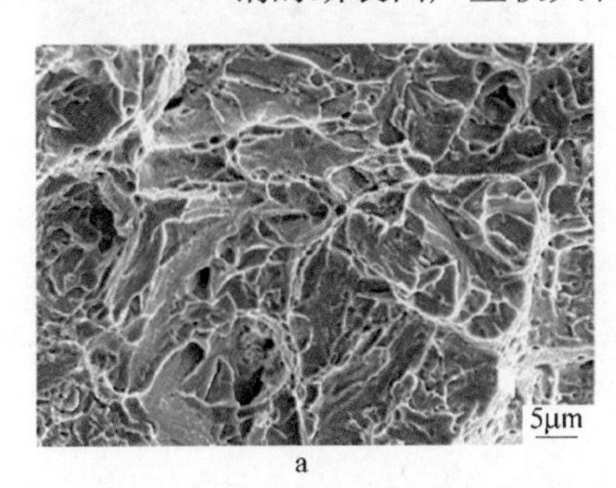

a

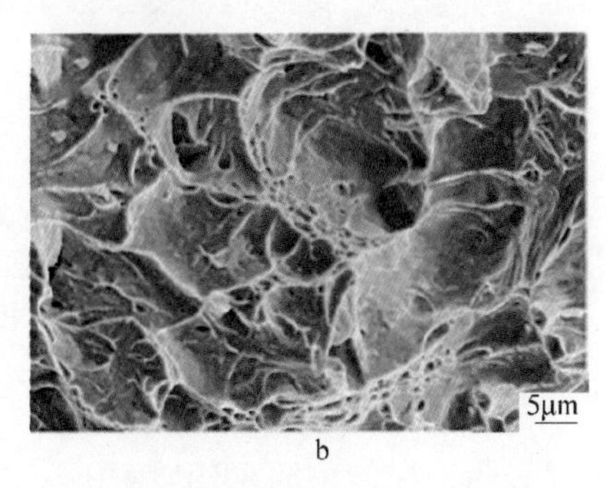

b

图 3-1-47 贝氏体钢经 320℃保温 420min 等温相变后冲击断口的 SEM 形貌
a—28Mn2Si2CrNiMo 钢；b—28Mn2SiCrNiMoAl 钢

同样，由于残余奥氏体自身的韧性特点，在受到冲击时，28Mn2SiCrNiMoAl 钢中分布于断裂路径两侧靠近裂纹尖端，且未转变的薄膜状残余奥氏体能够发生足够的塑性变形，从而钝化了裂纹传播，增加了裂纹扩展功，最终在韧窝底部残留了大量因剧烈塑性变形而产生的痕迹，起到了增加钢的冲击韧性的作用。

图 3-1-48 为 28Mn2Si2CrNiMo 钢和 28Mn2SiCrNiMoAl 钢经 320℃保温 420min 等温淬火处理后冲击试样断口纵截面二次裂纹的 SEM 形貌，两种钢冲击试样的二次裂纹均穿过贝氏体和奥氏体区域。在裂纹扩展过程中，裂纹尖端的塑性变形会诱发残余奥氏体发生马氏体相变，这样部分发生相变的马氏体与未发生相变的

残余奥氏体一起构成了马氏体和奥氏体混合组织，称为 M/A 岛（马氏体/奥氏体岛）。由于 28Mn2Si2CrNiMo 钢等温淬火试样中存在大量块状残余奥氏体，在变形过程中形成了较多的块状马氏体或 M/A 岛，所以裂纹大多数情况下通过破坏 M/A 岛（空心箭头）或分开 M/A 岛与贝氏体铁素体之间的界面（线性箭头）向前扩展，少数情况下穿过贝氏体束传播。穿过 M/A 岛的裂纹路径比较平直，与断裂面的准解理断裂一致，显示出明显的脆性断裂特点。然而，28Mn2SiCrNiMoAl 钢微观组织中的残余奥氏体主要以薄膜状存在，在变形过程中形成的块状马氏体或 M/A 岛较少，所以裂纹大多数情况下穿过贝氏体束（实心箭头）或沿着 MA 岛与贝氏体的结合面向前扩展。穿过贝氏体束的裂纹路径比较曲折，两侧的裂纹面上存在许多细小的锯齿，与断裂面韧窝底部的塑性变形痕迹相同。主要是由贝氏体铁素体板条和残余奥氏体薄膜在剧烈塑性变形作用下所产生的，显示出明显的韧性断裂特点。

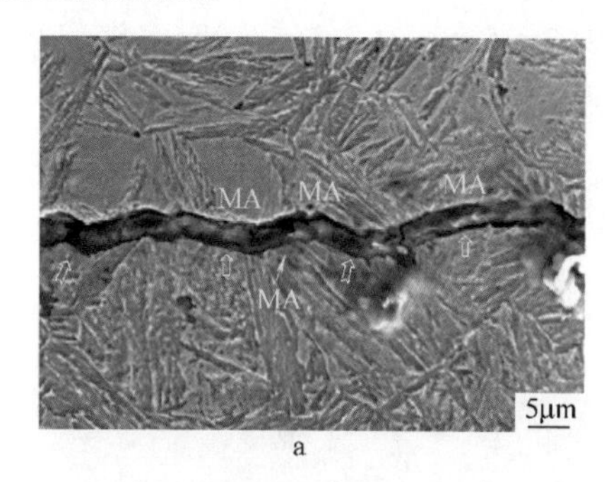

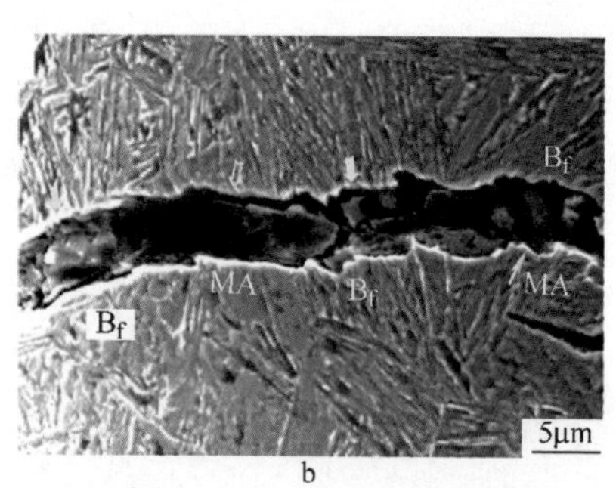

图 3-1-48 贝氏体钢经 320℃保温 420min 后冲击试样断口下方二次裂纹的 SEM 形貌
（M/A 代表马氏体/奥氏体岛，B_f 代表贝氏体铁素体束；空心箭头代表断裂的 M/A 岛，实心箭头代表断裂的贝氏体铁素体束，线性箭头代表分开的 M/A 岛与贝氏体铁素体束之间的界面）
a—28Mn2Si2CrNiMo 钢；b—28Mn2SiCrNiMoAl 钢

研究表明，在传统的 TRIP 钢中，随着残余奥氏体含量的增加，抗拉强度和总伸长率逐渐增加，同时韧性也会增加。贝氏体钢中韧性的残余奥氏体薄膜可以钝化裂纹或因为发生马氏体相变而产生相变诱发塑性效应，从而起到增加钢韧性的作用。然而，通过对比 28Mn2Si2CrNiMo 钢、28Mn2Si1CrNiMoAl 钢和 28Mn2SiCrNiMoAl 钢发现，随着残余奥氏体含量的增加，低碳无碳化物贝氏体钢的抗拉强度和总伸长率逐渐增加，但冲击韧性表现出下降的趋势，这表明残余奥氏体对无碳化物贝氏体钢的拉伸塑性和冲击韧性产生不一致性的影响，其原因可能是测试冲击韧性的缺口试样的断裂机制和光滑试样的拉伸变形机制不同。在冲击过程中，冲击韧性由缺口前方的塑性变形、裂纹萌生和裂纹扩展三个过程所吸收的能量决定。然而，在拉伸过程中，拉伸变形主要取决于光滑试样的塑性应变。由于两种试样的受力状态不同，在变形过程中的应力-应变状态也不相同。

根据图 3-1-48 中冲击试样的断口形貌和二次裂纹路径剖面图，可以初步推断，由于 28Mn2Si2CrNiMo 钢中存在大量的块状残余奥氏体，在冲击试验的初期阶段，当缺口前端产生塑性变形后，稳定性较差的块状残余奥氏体将首先发生马氏体相变，这种现象与拉伸变形初期阶段残余奥氏体发生马氏体相变的过程相似。然而，缺口冲击试样和光滑拉伸试样具有不同的变形机制，主要区别在于裂纹萌生和扩展过程是缺口试样断裂过程的两个最重要组成部分，而且这两个过程在光滑试样拉伸的变形过程不是很明显。

在冲击试验的初期阶段，缺口前端的残余奥氏体向马氏体转变过程将产生相变诱发塑性效应，从而吸收了大量的变形能，起到了增加冲击韧性的作用。然而，初期变形阶段新产生的相变马氏体（或 M/A 岛）的尺寸较大、未经回火且具有较高的碳含量，表现出明显的脆性特征。因此，M/A 岛本身或 M/A 岛与贝氏体束的界面容易萌生裂纹，而一旦出现裂纹萌生，这些 M/A 岛或 M/A 岛与贝氏体束的界面将成为裂纹快速扩展的通道，从而起到显著降低冲击韧性的作用。相比之下，28Mn2Si1CrNiMoAl 钢和 28Mn2SiCrNiMoAl 钢等温淬火试样中的残余奥氏体主要为小块状或薄膜状。这些残余奥氏体具有较高的稳定性，在变形过程中不容易发生马氏体相变，即使发生马氏体相变，也需要在较大应变水平下。大量未转变的小块状或薄膜状残余奥氏体可能会通过推迟裂纹萌生和钝化裂纹扩展，起到持续增加冲击韧性的作用。然而，缺口前方总有一部分残余奥氏体会发生马氏体相变，但是这些新产生的相变马氏体尺寸较小，不可能立刻萌生裂纹或者引起裂纹快速扩展。综上结果表明，随着铝含量的降低，残余奥氏体的尺寸和含量均逐渐增加，其冲击韧性也随之下降。

本研究对试验结果只是进行了初步分析，关于应变诱发马氏体相变对低碳无碳化物贝氏体钢拉伸延性和冲击韧性的不一致性影响，还需要更深入的研究。例如，可以使用定量力学模型对相变诱发塑性效应和新相对性能所产生的正反两方面影响进行研究。一般来说，增加残余奥氏体的含量，可以增加钢的相变诱发塑性效应，进而起到同时增加钢的延性和韧性的作用。然而，由于不同尺寸范围和形状的残余奥氏体的稳定性和受力情况均不同，更深入地了解残余奥氏体相变的临界尺寸与外加应力的关系和在三轴应力作用下残余奥氏体的相变机制是十分必要的。对于给定的显微组织，如果存在一定尺寸范围的残余奥氏体，同时，也存在大块状、小块状或薄膜状残余奥氏体，稳定性较差的大块、小块状残余奥氏体有助于使钢持续保持高的加工硬化率，起到增加抗拉强度和均匀伸长率的作用，而稳定性高的薄膜状或微小块状残余奥氏体则有助于增加冲击韧性。因此，在实际应用中，通过适当添加铝元素和调整热处理工艺来控制微观组织中残余奥氏体的含量、形状、尺寸及其尺寸分布范围，可以达到改善钢的拉伸性能和冲击韧性相匹配的目的。

1.4.4 对氢脆性能的影响

为了研究铝对轨道用贝氏体钢抗氢脆性能的影响，以四种不同铝含量贝氏体钢为研究对象，采用塑性损失的指标——氢脆敏感性来判定它们的抗氢脆性能。通过拉伸断裂或者压缩断裂后，试样断面收缩率或者伸长率的变化，如公式3-1-3和公式 3-1-4 所示，可以计算材料的脆化指数。

$$\eta_{HE} = [(\varphi_0 - \varphi_H)/\varphi_0] \times 100\% \tag{3-1-3}$$

$$\eta_{HE} = [(\delta_0 - \delta_H)/\delta_0] \times 100\% \tag{3-1-4}$$

式中 φ_0——未充氢试样在惰性气体中的断面收缩率；

φ_H——充氢试样在惰性气体中的断面收缩率，或者是未充氢试样在氢环境中的断面收缩率；

δ_0——未充氢试样在惰性气体中的伸长率；

δ_H——充氢试样在惰性气体中的伸长率，或者是未充氢试样在氢环境中的伸长率；

η_{HE}——脆化指数。

表 3-1-17 给出了四种不同铝含量贝氏体钢的化学成分，将四种材料进行如下工艺处理获得无碳化物贝氏体组织：920℃奥氏体化保温 0.5h 并空冷，最后在350℃回火 1.5h，组织中各相含量见表 3-1-18。可以看出随着铝含量的增加，组织中的残余奥氏体含量增加，马氏体含量减少。同时，残余奥氏体中均固溶了大量的碳原子，显著提高了残余奥氏体的稳定性。对 32Mn2Cr2NiMoAl 钢，残余奥氏体中的碳含量显著高于另外三种贝氏体钢。

表 3-1-17 不同铝含量贝氏体钢的化学成分 （质量分数,%）

钢种	C	Al	Si	Mn	Cr	Ni	Mo
28Mn2Si2CrNiMo	0.28	0.02	1.71	1.76	1.71	0.39	0.35
30Mn2SiCr2NiMoAl	0.30	0.19	1.55	1.78	1.73	0.41	0.35
31Mn2SiCr2NiMoAl	0.31	0.75	1.02	1.83	1.75	0.40	0.34
32Mn2Cr2NiMoAl	0.32	1.31	0.48	1.82	1.77	0.40	0.35

表 3-1-18 不同铝含量贝氏体钢各相的含量及残余奥氏体中的碳含量

钢种	残余奥氏体含量（体积分数）/%	贝氏体铁素体含量（体积分数）/%	马氏体含量（体积分数）/%	残余奥氏体中碳含量（质量分数）/%
28Mn2Si2CrNiMo	6.3	78.6	15.1	1.33
30Mn2SiCr2NiMoAl	6.8	77.6	15.6	1.27
31Mn2SiCr2NiMoAl	7.5	78.1	14.4	1.30
32Mn2Cr2NiMoAl	9.8	80.1	10.1	1.55

四种贝氏体钢的断面收缩率及脆化指数随充氢时间的关系曲线，如图 3-1-49 所示，随着充氢时间的增加，贝氏体钢的断面收缩率均降低，脆化指数增加。尤其明显的是，随着铝含量的增加，贝氏体钢的断面收缩率增加，而脆化指数降低。这表明铝对贝氏体钢的氢脆有很强的抑制作用，并且随着钢中铝含量的增加及硅含量的减少，贝氏体钢的氢脆敏感性大幅度的降低。

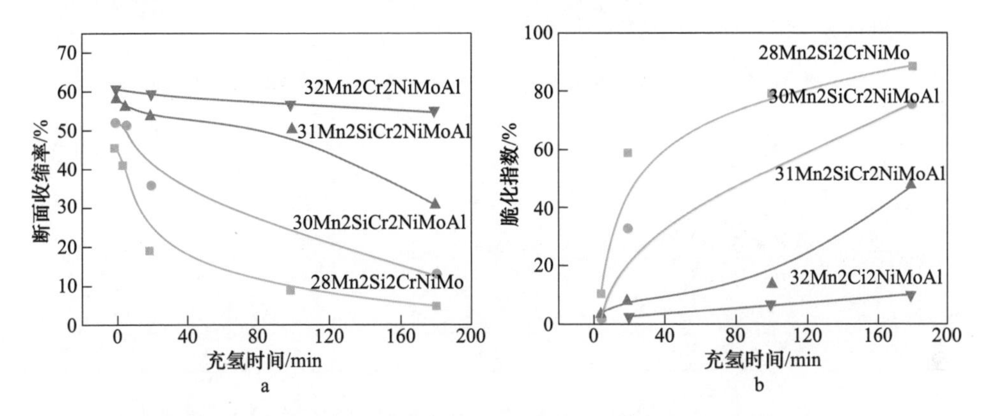

图 3-1-49 不同铝含量贝氏体钢的氢脆指标随充氢时间的变化

a—断面收缩率 φ；b—脆化指数 η（应变速率为 $5.6\times10^{-5}s^{-1}$）

利用 Materials Studio 中的 CASTEP 软件计算了氢在体心和面心铁晶胞的结合能及氢的扩散势垒大小。同时，用铝或硅替代立方体顶点处的铁原子，研究合金元素对氢脆的影响。氢原子进入立方结构铁的四面体间隙位置，从四面体间隙位置 1 通过临近的八面体间隙位置，再跃迁到另一四面体间隙位置 2，此过程引起系统能量的变化 ΔG，即为氢的扩散势垒，如图 3-1-50 所示。

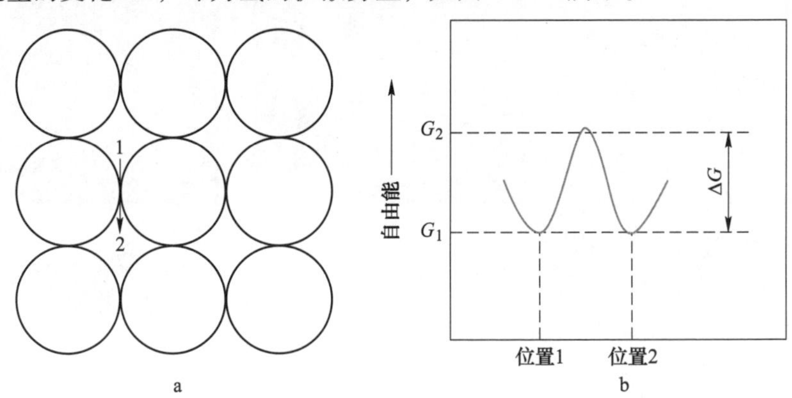

图 3-1-50 间隙氢原子跃迁过程（a）及能量变化（b）示意图

贝氏体钢中晶胞的结合能以及氢的扩散势垒计算结果见表 3-1-19。对于纯铁晶胞，氢原子降低晶胞结合能，且对面心结构的 γ-Fe 结合能的降低幅度 Δ(%)

略低于对体心立方结构 α-Fe 的降低幅度。同时，氢在面心立方结构中的扩散势垒要明显高于体心立方结构。计算结果证明氢在奥氏体中的扩散更为困难，同时对晶胞结合能的降低幅度更小。表 3-1-19 中还给出了氢原子在铁铝和铁硅晶胞中的扩散势垒计算结果，说明加入铝或硅后，均增加了氢的扩散势垒，降低了氢原子的扩散能力。另外，在含铝晶胞中氢原子比在含硅晶胞中的扩散更加困难，也为降低贝氏体钢的氢脆敏感性做出了重要贡献。

表 3-1-19　贝氏体钢中晶胞的结合能以及氢的扩散势垒计算结果

相	参数	Fe_{24}	$Fe_{24}H$	$Fe_{23}Al$	$Fe_{23}AlH$	$Fe_{23}Si$	$Fe_{23}SiH$
α-Fe	E_b 或 $E_b(H)$/eV	8.9954	8.7536	8.8054	8.5992	8.8992	8.6468
	Δ^*/%	—	2.69	—	2.34	—	2.84
	扩散势垒 ΔG/eV	—	0.75	—	1.19	—	0.93
γ-Fe	E_b 或 $E_b(H)$/eV	8.9779	8.7688	8.8058	8.5888	8.8992	8.6688
	Δ/%	—	2.33	—	2.46	—	2.59
	扩散势垒 ΔG/eV	—	1.06	—	1.36	—	1.28

* 结合能降低 $\Delta=\frac{E_b-E_b(H)}{E_b}\times100\%$；$E_b$ 为不含氢的 Fe 晶胞的结合能，$E_b(H)$ 为含氢的 Fe 晶胞的结合能。

氢原子进入钢中后，也会对钢的微观塑性变形机制产生影响。对上述 32Mn2Cr2NiMoAl 贝氏体钢进行预制微裂纹，并在透射电镜下，与微裂纹扩展方向约成 90°的方向上施加一个很小的拉力，观察充氢前后裂纹尖端的微观组织的变化情况，如图 3-1-51 所示。可以看出充氢之前，预制裂纹尖端发射了位错 i 和 ii，静止一定时间之后，位错 i 和 ii 并没有发生变化，也没有新位错发射。但是充完氢之后位错 i 和 ii 继续运动，并有新位错 iii 出现。这一观察结果说明氢促进了位错的发射和运动，从而对贝氏体钢的微观变形机制产生了一定的影响。

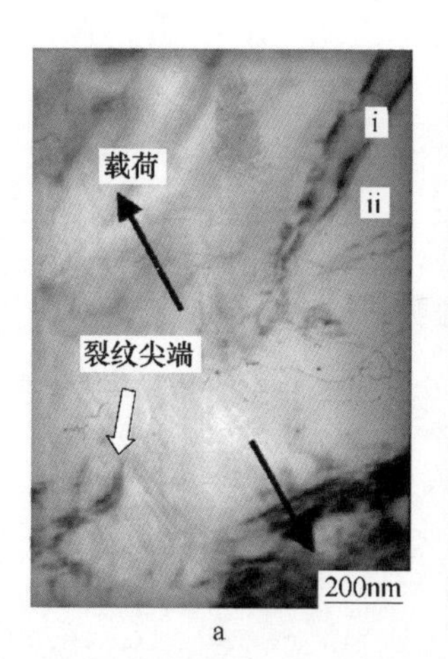

a

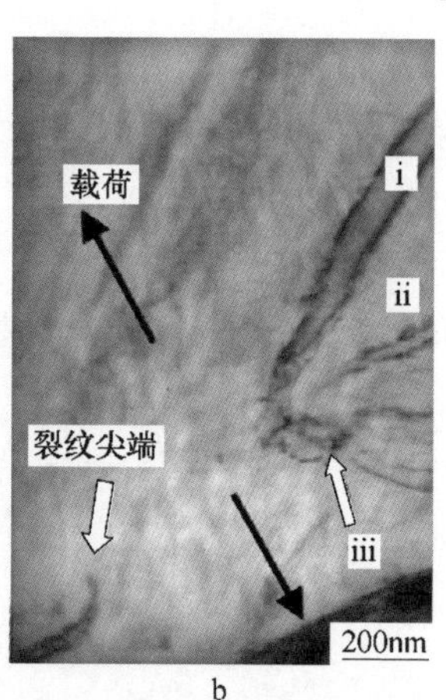

b

图 3-1-51　透射电镜下观察 32Mn2Cr2NiMoAl 贝氏体钢在充氢前后位错的变化情况
（i，ii 和 iii 表示位错）
a—充氢前；b—充氢后

钢的氢致滞后开裂（也称为氢致滞后断裂、氢致延迟断裂等）是由氢原子

引起的，当氢浓度大于临界值后就会引起氢致裂纹的形核、扩展，直至滞后断裂。延迟断裂是钢在静载荷作用下经过一段时间后发生突然脆性破坏的现象，由于滞后开裂应力或应力强度因子低于抗拉强度或者断裂韧性 K_{IC}，因此引发的是低应力脆断。如果把氢原子消除，则氢致裂纹不再形核，正在扩展的裂纹则将停止。由于氢致滞后开裂是由氢原子引起的，因此，这一过程也是可逆的。氢致滞后开裂在低速率变形或者静载荷下体现比较明显。氢致滞后开裂的表征参数包含氢致滞后开裂临界应力 σ_c、断裂时间、氢致滞后开裂门槛应力强度因子 K_{IH}以及裂纹扩展速率 da/dt 等。对于高强度钢，强度越高，钢的滞后开裂敏感性越高。通常采用强度因子门槛值 K_{IH}和恒载荷法（将光滑拉伸试样置于一定温度的环境介质中，并施以恒定拉伸载荷测定试样发生断裂的时间）来表征滞后开裂性能。

通常在慢速率拉伸试验机上进行氢致滞后开裂实验，所选取的试验应力范围为屈服强度 $\sigma_{0.2}$的 80%~100%。贝氏体钢的滞后开裂性能如图 3-1-52 所示。含铝贝氏体钢的滞后开裂应力占比大于不含铝的贝氏体钢，滞后开裂应力占比由 96%提高到 97.5%以上，铝改善了贝氏体钢的滞后开裂性能，大幅度提高了贝氏体钢抗氢脆能力，降低了氢脆敏感性能。

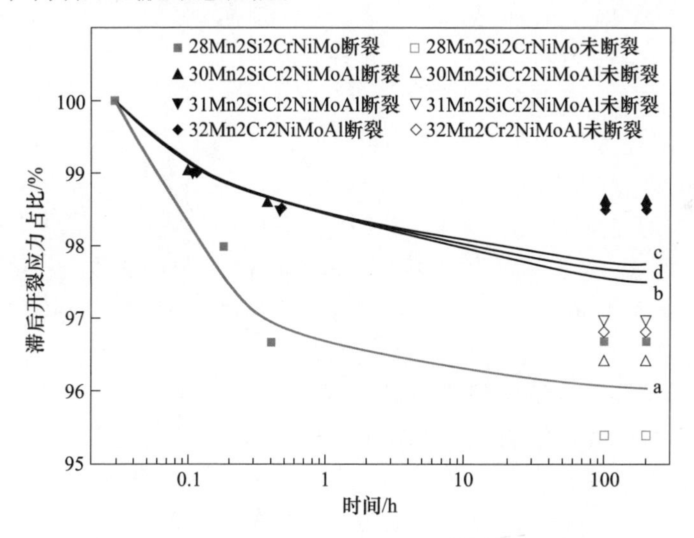

图 3-1-52　不同铝含量贝氏体钢的氢致滞后开裂性能

a—28Mn2Si2CrNiMo 钢；b—30Mn2SiCr2NiMoAl 钢；c—31Mn2SiCr2NiMoAl 钢；d—32MnCr2NiMoAl 钢

1.5　镍的作用

镍可以使贝氏体钢获得较好的强度和韧性，但为了节约成本，镍含量不宜太高。因此设计两种不同镍含量铁路轨道用超细贝氏体钢，以对比镍含量对组织和性能的影响，具体化学成分见表 3-1-20。

表 3-1-20　不同镍含量贝氏体钢的化学成分　　（质量分数，%）

钢种	C	Si	Mn	Cr	Ni	Mo	Al
34MnSiCrNiMoAl	0.34	1.52	1.48	1.15	0.71	0.40	0.93
46MnSiCrNiMoAl	0.46	1.55	1.61	1.26	0.32	0.40	0.58
46MnSiCrNi1MoAl	0.46	1.55	1.59	1.24	0.81	0.40	0.62

1.5.1　对相变动力学的影响

利用相变仪测试得到46MnSiCrNiMoAl和46MnSiCrNi1MoAl钢的A_{c1}和A_{c3}点分别为766℃、816℃和753℃、795℃。利用Gleeble3500热模拟试验机分别测量了两种钢的等温转变曲线（TTT曲线）及其M_s点，如图3-1-53所示。根据特征温度点和TTT曲线，确定两种钢的热处理工艺为：在930℃等温45min进行奥氏体化，然后在盐浴炉中进行贝氏体等温转变。46MnSiCrNiMoAl钢的贝氏体等温转变温度分别为285℃、350℃和370℃，等温时间为2h；46MnSiCrNi1MoAl钢的贝氏体等温转变温度为270℃、350℃和370℃，等温时间为2h。最后均在320℃等温1h进行回火处理。

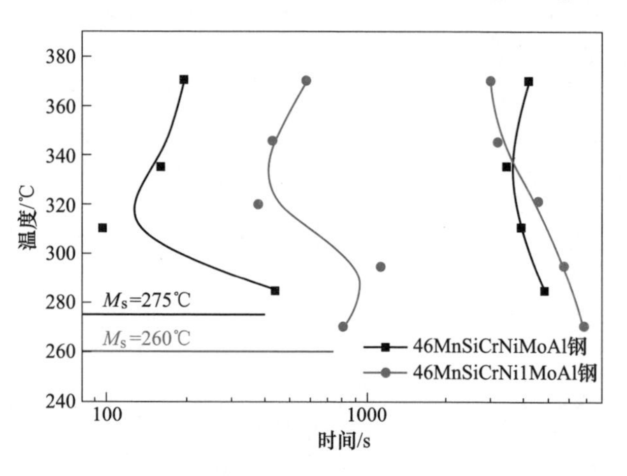

图 3-1-53　两种镍含量贝氏体钢的TTT曲线

通过热模拟试验测试得到46MnSiCrNiMoAl和46MnSiCrNi1MoAl钢的TTT曲线，如图3-1-53所示。随镍含量的增加，贝氏体转变等温曲线向右移动，孕育期变长。两种钢的相变驱动力曲线随温度变化的关系如图3-1-54所示，镍含量稍多一点的46MnSiCrNi1MoAl钢的相变驱动力较46MnSiCrNiMoAl钢要稍小一些。镍作为扩大奥氏体相区的元素，可稳定奥氏体，同时降低了A_{c1}和A_{c3}温度，使转变时的过冷度减小，进而使相变所需的驱动力减小，延长了贝氏体的转变孕育期。同时在转变过程中，镍可与相界面相互反应，产生溶质拖曳作用，抑制贝氏体铁素体板条的长大，降低板条的长大速率。Soliman等人曾在钢中加入2%的镍，使贝氏体的相变得到抑制，通过特殊的等温工艺获得了超细的贝氏体组织，钢的力学性能得到改善。46MnSiCrNi1MoAl钢在270℃等温的贝氏体孕育期较短，可能是由于其等温温度十分接近M_s点，相变驱动力较大造成的。

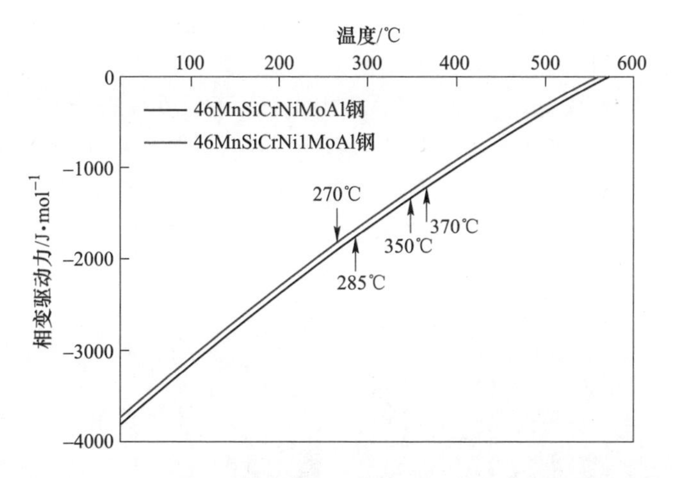

图 3-1-54　两种镍含量贝氏体钢的相变驱动力随温度的变化规律

1.5.2　对微观组织的影响

图 3-1-55 和图 3-1-56 分别给出了 46MnSiCrNiMoAl 和 46MnSiCrNi1MoAl 钢在不同贝氏体等温转变温度下的 SEM 和 TEM 组织，两种钢的组织变化规律相似。

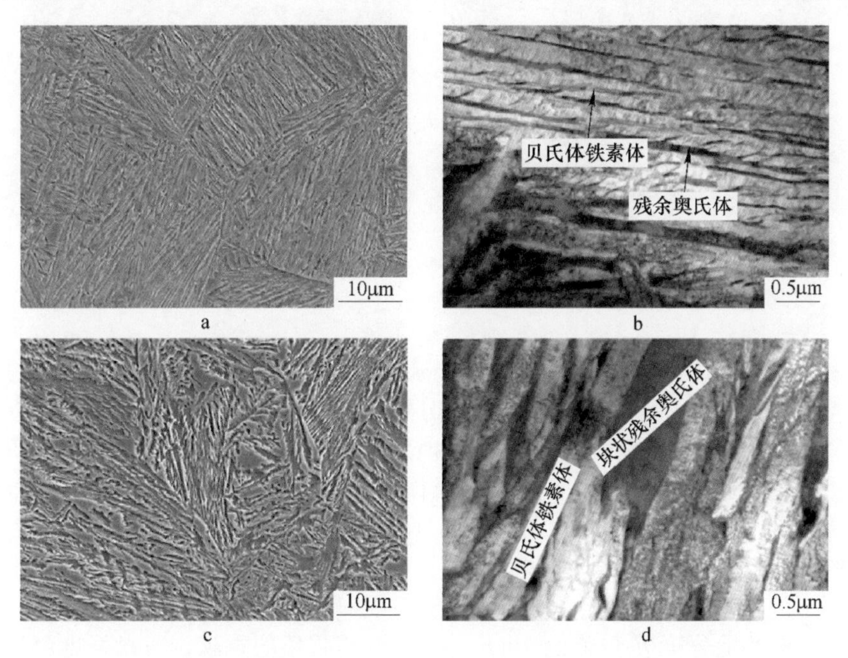

图 3-1-55　46MnSiCrNiMoAl 钢经不同温度等温转变后的 SEM 和 TEM 组织

a，b—285℃；c，d—370℃

由SEM微观组织图可以看出，两种钢的组织中只包含贝氏体铁素体束和细条状或块状的残余奥氏体两相，为无碳化物贝氏体组织。随等温温度的增加，组织逐渐变粗，铁素体/奥氏体相界面从平直变得粗糙不平。由TEM组织可以看出，贝氏体铁素体主要呈板条状，残余奥氏体多呈薄膜状或条状与铁素体板条平行或呈一定角度，同时组织中也可能存在块状残余奥氏体。在低温等温时，残余奥氏体呈细小的薄膜状，与铁素体呈一定角度，随等温温度升高，残余奥氏体呈条状，尺寸明显增大。

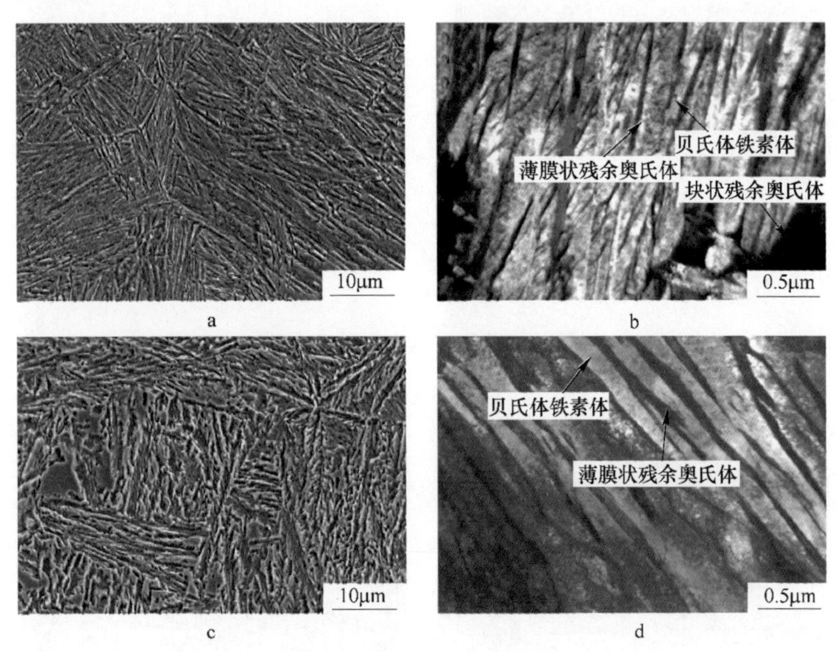

图3-1-56　46MnSiCrNi1MoAl钢经不同温度等温转变后的SEM和TEM组织

a，b—270℃；c，d—370℃

无碳化物贝氏体的组织参数包括：残余奥氏体的体积分数以及其中的碳含量，同时包含块状残余奥氏体所占的分数；贝氏体铁素体相包括由小角度晶界（5°~15°）分隔的单独板条的宽度和由大角晶界分隔的贝氏体束或板条束的尺寸。利用X射线测量得到了残余奥氏体的体积分数（V_γ）并由此计算得到其中的碳含量（C_γ），利用SEM图片统计了块状残余奥氏体的分数（$V_{\gamma b}$）和贝氏体束的长度（$L_{\alpha b}$），贝氏体铁素体板条宽度（$t_{\alpha b}$）和残余奥氏体薄膜/板条（$t_{\gamma f}$）的尺寸，将这些组织特征列于表3-1-21中。

为了更好地分析板条宽度和贝氏体束尺寸对强度的贡献，假设强度由位错滑移控制，则需考虑贝氏体中可动滑移系的取向分布。75%的滑移系与板条轴成55°，剩下的则与板条轴向平行。位错滑移会通过板条，也就意味着流变由板条宽度控制，但是同时板条的长度也就是贝氏体束尺寸，也会对流变产生一定的贡

表 3-1-21 两种贝氏体钢经不同贝氏体等温转变处理后的组织特征参数

钢种	等温温度/℃	V_{γ}（体积分数）/%	C_{γ}（质量分数）/%	$V_{\gamma b}$/%	$t_{\gamma f}$/nm	$t_{\alpha b}$/nm	$L_{\alpha b}$/μm	M
46SiMnCrNiMoAl	285	9.9	0.99	3.5	38.3	79	14	0.35
	350	18.1	0.85	4.0	92.8	122	23	0.54
	370	16.5	0.89	5.2	65.4	123	20	0.52
46SiMnCrNi1MoAl	270	7.3	1.28	2.1	40.2	76	154	0.34
	350	17.2	0.83	3.5	96.6	120	22	0.78
	370	15.8	0.88	4.2	75.5	122	21	0.79

注：M 为与板条束尺寸和板条宽度相关的平均滑移带长度的几何参数，由公式 3-1-6 计算。

献。强度与板条宽度和贝氏体束尺寸的关系可用式 3-1-5 表示：

$$\sigma = (\sigma_0 + \sigma_{ss} + \sigma_{cem}) + k^m M^{-1} \tag{3-1-5}$$

式中 M——与板条束尺寸和板条宽度相关的平均滑移带长度的几何参数。

M 可用公式 3-1-6 来表示：

$$M = \frac{2\left\{t\ln\tan\left[\frac{\arccos\left(\frac{t}{L}\right)}{2} + \frac{\pi}{4}\right] + \frac{\pi}{2L} - L\arccos\left(\frac{t}{L}\right)\right\}}{\pi} \tag{3-1-6}$$

计算出不同等温温度下的 M 值，同样列于表 3-1-21 中。从该表中可以看出，两种钢的组织特征参数随等温温度的变化规律是相似的，在 350℃进行贝氏体等温转变后，残余奥氏体的体积分数达到最高，残余奥氏体中的碳含量最低，薄膜状/条状残余奥氏体的厚度尺寸最大。由于无碳化物贝氏体为不完全相变，随等温温度的提高，相变驱动力下降，贝氏体转变量理应降低。而在 370℃等温转变后，贝氏体转变量反而增多，这很可能是由于在此温度下碳的扩散系数较大，可在贝氏体铁素体形成后迅速扩散至周围的残余奥氏体中，造成板条向外延长大，吞并一部分的残余奥氏体，从而使残余奥氏体量又略有减少。随等温温度增加，块状残余奥氏体的体积分数有轻微增加，但在三种贝氏体等温转变温度下的差别不大，其在各自的总的残余奥氏体体积分数中所占比重也都较小，因此块状残余奥氏体对两种贝氏体钢性能差异的贡献可忽略不计。贝氏体铁素体板条的宽度和板条束的尺寸也随贝氏体等温转变温度的增加而增大，在 350℃等温时几乎都达到一个峰值。相对应地，M 值也增大，对应着屈服强度减小，与试验结果相对应。但当等温温度继续增加到 370℃时，M 值几乎没有变化，但试验结果的屈服强度却相对变化较大。

1.5.3 对力学性能的影响

46MnSiCrNiMoAl 和 46MnSiCrNi1MoAl 钢的常规力学性能，见表 3-1-22。两种

钢的性能变化规律相似，随贝氏体等温转变温度的增加，抗拉强度降低，总的伸长率和均匀伸长率均增加，韧性逐渐降低。350℃等温试样的屈服强度均为最低，加工硬化指数最大。46MnSiCrNiMoAl钢在285℃等温的试样抗拉强度和伸长率较低,但屈服强度较高，而46MnSiCrNi1MoAl钢在270℃等温的试样虽然屈服强度较低，但抗拉强度和伸长率较高，相比较而言，具有低温贝氏体组织的46MnSiCrNi1MoAl钢的性能更优。

表3-1-22　两种贝氏体钢经不同温度等温转变后的力学性能

钢种	热处理工艺	σ_b /MPa	σ_s /MPa	δ_t /%	δ_u /%	Ψ/%	a_{KU} /J·cm^{-2}	硬度(HRC)	n
46SiMnCrNiMoAl	285℃×2h	1695	1306	10.5	4.9	45.8	61.6	49.5	0.11
	350℃×2h	1553	818	18.8	15.7	28.2	56.9	43.5	0.22
	370℃×2h	1635	883	16.2	15.5	15.2	37.4	47.0	0.21
46SiMnCrNi1MoAl	270℃×2h	1842	1122	15.4	7.7	49.6	64.9	50.2	0.14
	350℃×2h	1556	862	19.2	15.5	32.8	60.6	43.2	0.19
	370℃×2h	1537	1014	20.4	18.2	31.0	45.1	44.6	0.16

通过图3-1-57所示的两种贝氏体钢的工程应力-应变曲线可看出，它们在各自的低温等温温度处理后拉伸试样颈缩明显，而在350℃以上等温时，均匀变形阶段较长，几乎没有颈缩，试样呈缓慢的加工硬化状态。

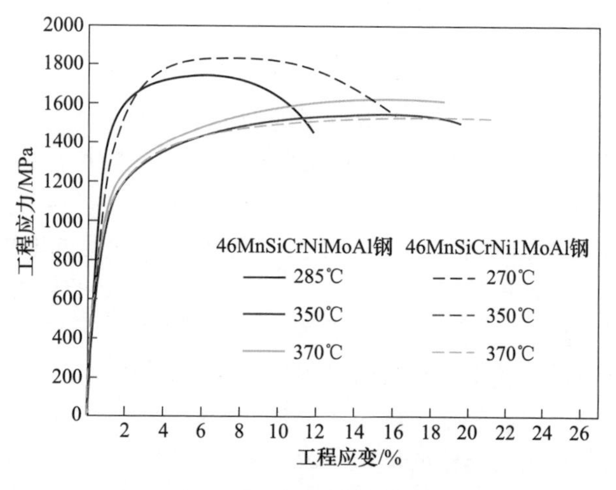

图3-1-57　两种贝氏体钢经不同温度等温转变后的工程应力-应变关系

两种贝氏体钢均在低温等温下获得无碳化物下贝氏体，并具有最细的贝氏体铁素体板条厚度和残余奥氏体薄膜厚度，对应着其最高的强度；而同时含有最高碳含量的残余奥氏体稳定性最高，韧性也最佳。相对低温贝氏体等温转变试样，350℃和370℃等温试样中的组织尺寸都明显变大，残余奥氏体体积分数也相对较多，造成其强度和韧性均下降。贝氏体组织的尺寸与不同等温温度下晶体的各向异性有关。研究表明，在贝氏体转变时，会产生局部变体，以适应奥氏体到贝氏体转变产生的应变。当贝氏体转变温度较高时，原奥氏体强度降低，贝氏体转变驱动力较小，使得发生变体的选择较小，也就是上贝氏体具有的贝氏体铁素体间的变体较少，造成铁素体之间的角度也较小，故其小角错配所占比重应较大。由于其变体的选择造成在形核位置上具有优先变体的形成，而贝氏体束的尺寸受其形核位置的影响很大，因此，由于这种择优变体的选择，造成350℃和370℃等温转变得到粗大的上贝氏体束尺寸。

当这种选择弱化的时候，更多的贝氏体铁素体变体在原奥晶界上形成，会使贝氏体束的宽度减小。影响变体选择的因素主要有相变驱动力和相变应变的自调整，可通过提高碳含量或降低相变温度以获得较大的驱动力。相变驱动力增加后，铁素体变体之间的形核激活能之间的差距较小，更多的变体可以形核。当奥氏体和铁素体中的塑性调整变得困难时，形成不同变体的相变应变的自调整也会增强。也就是当温度降低时，可形成一个包含6个变体的贝氏体块的贝氏体束。即使是在相变的早期阶段存在相似的变体选择，但自调整仍然会造成在一个组内形成不同贝氏体铁素体变体。随等温温度降到270℃，驱动力增大，自调整增强，变体的选择增强，具有多种不同变体的贝氏体铁素体束之间的角度变大，也就造成了在50°~60°处的错配角所占比例增大，同时贝氏体束的尺寸也得以减小。

等温温度小于等于350℃时，随等温温度的增加，板条尺寸和板条束尺寸均增加，导致屈服强度下降。然而，当温度继续增加时，350℃的试样和370℃的试样的贝氏体铁素体板条尺寸、板条束尺寸和M值几乎是相似的，因此两者的屈服强度的不同不是由于铁素体组织造成的。

文献中认为，350℃为残余奥氏体稳定化的最佳温度，同时，可在350℃获得最优的性能匹配。然而在本研究中，相比370℃等温试样，350℃等温试样的屈服强度最低，可以说是达到了性能的低谷。在350℃等温时，残余奥氏体体积分数最高，残余奥氏体中的碳含量最低，薄膜状的残余奥氏体的尺寸更粗大，这些都使屈服强度降低。然而，由于薄膜状的残余奥氏体的尺寸分布更为弥散，跨度较大，使其在拉伸变形的过程中可持续地发生应变诱发马氏体相变，同时配合着其相对粗大的贝氏体铁素体板条，从而获得了最高的加工硬化指数和加工硬化速率，最终得到较高的抗拉强度、较好的总伸长率以及均匀伸长率。

相对地，低温等温试样中的贝氏体铁素体板条尺寸分布、贝氏体束尺寸分布和残余奥氏体薄膜尺寸分布均在较小的尺寸范围内，使得其强度虽然很高，但加工硬化指数相对较低，均匀伸长率和总伸长率相差较大。而370℃等温下，碳的扩散系数开始增大，可在贝氏体铁素体形成后迅速扩散至周围的残余奥氏体中，造成板条向外延长大，吞并一部分的残余奥氏体，从而使残余奥氏体量又略有减少，残余奥氏体中的碳含量略有提高，最终使其屈服强度又略有上升。

此外，贝氏体铁素体组织形态不同对韧性有重要的影响，当铁素体与铁素体之间的错配角是大角度时能够使裂纹转向，阻止裂纹在此方向扩展，从而使钢的韧性提高。经270℃等温得到的无碳化物下贝氏体中大角度错配角所占比例较大，可有效地阻碍裂纹扩展，使其韧性有明显的提高。

1.5.4　对疲劳性能的影响

在铁路辙叉的实际服役过程中，贝氏体钢要承受很大的循环塑性变形。有学者在中碳合金钢中通过热处理工艺处理得到了强度相同但相组分不同的组织，通过对其进行循环加载发现，无碳化物贝氏体组织由于其稳定的残余奥氏体具有较高的抗疲劳裂纹起裂值。在TRIP钢的循环应变变形过程中，循环硬化/软化行为不一定与应变诱发马氏体相变有关，而是主要与亚结构的演变、残余奥氏体的尺寸及其周围相的应变分布有关。研究认为，低碳无碳化物贝氏体组织中初始存在的高密度位错的演变是造成其初始循环硬化之后循环软化行为的主要因素。

本研究采用34MnSiCrNiMoAl和46MnSiCrNi1MoAl钢，为了获得不同形态的贝氏体，两种钢的奥氏体化温度均采用930℃，34MnSiCrNiMoAl钢分别经320℃等温1h和395℃等温2h转变获得无碳化物下贝氏体和上贝氏体；46MnSiCrNi1MoAl钢则分别经270℃等温2h和370℃等温2h获得无碳化物下贝氏体和无碳化物上贝氏体；最后均进行320℃保温1h回火处理。

由于46MnSiCrNi1MoAl钢经270℃和370℃贝氏体等温转变后的组织已经给出，所以，这里只给出了34MnSiCrNiMoAl钢经320℃等温和395℃等温转变得到的SEM和TEM组织，如图3-1-58所示。经320℃等温得到的下贝氏体束呈针状，组织短而细小，贝氏体铁素体板条的平均厚度大约为128nm，残余奥氏体多呈薄

图3-1-58　34MnSiCrNiMoAl钢经不同温度等温转变后的SEM和TEM组织

a，b—320℃；c，d—395℃

膜状，平行分布于贝氏体铁素体板条间或呈“分枝”状分布于贝氏体铁素体板条之中。经395℃等温得到的上贝氏体束呈羽毛状，组织长而粗大，贝氏体铁素体板条的平均厚度大约为155nm，残余奥氏体呈薄膜或块状分布在贝氏体铁素体之间。

不同的组织形貌特征对应着不同的力学性能，表3-1-23给出了34MnSiCrNiMoAl和46MnSiCrNi1MoAl钢的常规力学性能。低温等温的无碳化物下贝氏体组织的强度和韧性均优于各自的高温等温得到的无碳化物上贝氏体组织，碳含量较高的46MnSiCrNi1MoAl钢的270℃等温试样的强度最高，但韧性较低；随等温温度增加至370℃，强度明显下降，其强度级别与34MnSiCrNiMoAl钢的320℃等温的相差不多。34MnSiCrNiMoAl钢经两种等温温度处理后在抗拉强度、屈服强度、伸长率和加工硬化能力上均相差不大，只有320℃等温试样的韧性较395℃等温的要高很多。从组织特征来看，各相的体积分数大致相当，性能的差别主要是由不同的组织形态、尺寸以及其中的碳含量决定的。贝氏体铁素体板条越细，强度越高，但韧性也相对下降。从TEM观察也可看出，34MnSiCrNiMoAl钢的395℃等温试样中贝氏体铁素体中的位错密度明显较320℃等温的要小，板条尺寸也更为粗大，其屈服强度应比320℃等温试样的屈服强度要小很多，但实际情况却是其只比320℃等温的试样稍低一点，这可能是由于在拉伸的早期阶段就有块状残余奥氏体转变成脆硬的马氏体，从而提高了其屈服强度。经320℃等温获得的无碳化物下贝氏体中较细的贝氏体铁素体板条和薄膜状的残余奥氏体相匹配，使其获得了较优的强韧性配合。

表3-1-23 两种贝氏体钢的力学性能

钢种	热处理工艺	抗拉强度/MPa	屈服强度/MPa	断后伸长率/%	均匀伸长率/%	断面收缩率/%	冲击韧性/$J \cdot cm^{-2}$	硬度(HRC)	加工硬化指数(n)
34MnSiCrNiMoAl	320℃×1h	1498	1100	16.0	8.9	54.5	109.0	46.0	0.11
	395℃×2h	1495	1032	17.3	12.5	45.5	70.0	44.0	0.12
46SiMnCrNi1MoAl	270℃×2h	1842	1122	15.4	7.7	49.6	64.9	50.2	0.14
	370℃×2h	1537	1014	20.4	18.2	31.0	45.1	44.6	0.16

两种贝氏体钢的应力幅随循环周次的变化关系，如图3-1-59所示，两种钢表现出了相似的循环应力演变规律。在较低的总应变幅下，均可观察到明显的初始循环硬化，之后循环稳定阶段占据了疲劳寿命的主要部分。随总应变幅增加，循环硬化程度增大，之后则是不同程度的循环软化，直至试样失效断裂。

为了更清晰地认识疲劳过程中的循环硬化和软化行为，分别计算各自总应变幅下的循环硬化速率($(\sigma_{max}-\sigma_1)/\sigma_1$)和循环软化速率($(\sigma_{max}-\sigma_{Nf/2})/\sigma_{Nf/2}$)，如图3-1-60所示。$\sigma_{max}$、$\sigma_1$和$\sigma_{Nf/2}$分别代表最大应力幅、第1周次和半寿命处的应力幅。图3-1-60中给出了34MnSiCrNiMoAl和46MnSiCrNi1MoAl钢的应力幅随半

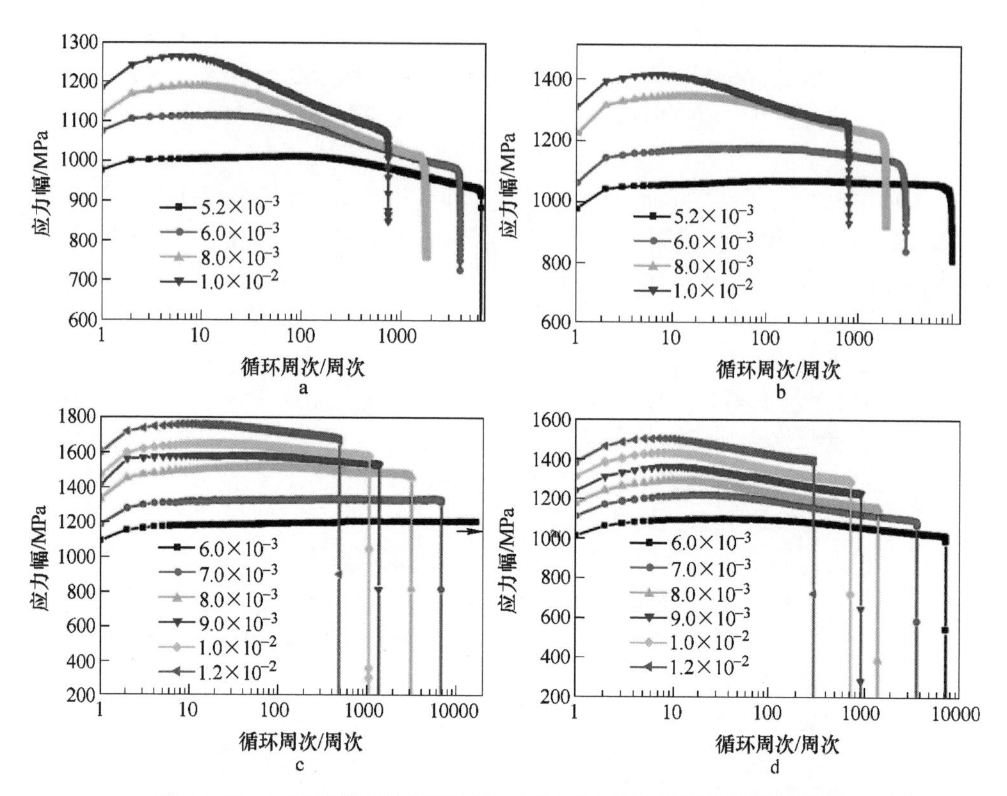

图 3-1-59　贝氏体钢在拉压循环载荷下应力幅随循环周次的变化规律

a—34MnSiCrNiMoAl 钢，320℃等温转变；b—34MnSiCrNiMoAl 钢，395℃等温转变；

c—46MnSiCrNi1MoAl 钢，270℃等温转变；d—46MnSiCrNi1MoAl 钢，370℃等温转变

寿命处的塑性应变幅的变化关系，可以得出以下循环应力响应行为：在总应变幅不大于 8.0×10^{-3}时，随总应变幅的增加，初始的循环硬化能力增强，循环软化速率也增加。当处于高的总应变幅时（$>8.0\times10^{-3}$），循环硬化速率增加变缓，甚至下降，循环软化速率则均呈下降趋势。然而，高温等温试样的循环硬化程度均要低于低温等温试样，而循环软化的速率则相反。这表明随等温温度降低，循环硬化能力下降，循环软化程度增强。对最低强度级别的 395℃等温试样来说，其循环软化速率相对于其循环硬化速率十分低，而对强度最高的 270℃等温试样来说，其循环硬化速率相对于其循环软化速率十分低。随塑性应变幅的增加，应力幅呈上升趋势，强度级别最高的 270℃等温试样的应力幅最大。

一般材料的疲劳寿命可通过循环应力或循环塑性应变来预测，循环应力与寿命之间的关系可由 Basquin 关系式 3-1-7 表示：

$$\frac{\Delta\sigma}{2} = \sigma_f' (2N_f)^b \qquad (3\text{-}1\text{-}7)$$

式中　$\Delta\sigma$——应力幅，MPa；

σ_f'——疲劳强度系数，MPa；

N_f——疲劳寿命，周次；

b——疲劳强度指数。

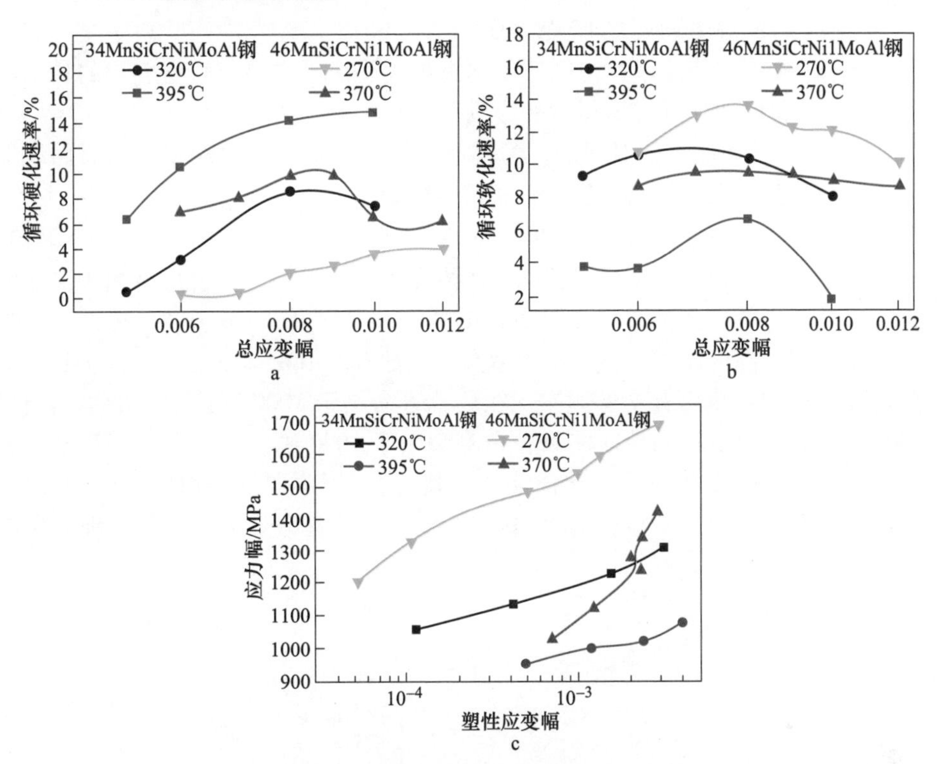

图 3-1-60 两种贝氏体钢的疲劳寿命分析结果

a—循环硬化速率随总应变幅的变化；b—循环软化速率随总应变幅的变化；

c—半寿命处的应力幅随塑性应变幅的变化

塑性应变幅随循环断裂周次的变化关系可用 Coffin-Manson 关系式 3-1-8 表示：

$$\frac{\Delta\varepsilon_p}{2} = \varepsilon_f' \left(2N_f\right)^c \tag{3-1-8}$$

式中 $\Delta\varepsilon_p$——塑性应变幅；

ε_f'——疲劳塑性系数；

N_f——疲劳寿命，周次；

c——疲劳塑性指数。

然而，Coffin-Manson 公式基于累积塑性应变，Basquin 公式则主要是基于循环应力幅，在评价疲劳寿命时都存在一定的局限性。张哲峰教授课题组以能量为损伤的主要参量，提出了疲劳损伤滞回能模型，该模型主要考虑的是循环变形过程中滞回能为材料损伤输入的塑性功，定义有效转化的疲劳损伤参量可表达为：

$$D = 1/N_f = (W_a/W_0)^{\beta} \tag{3-1-9}$$

式中　D——疲劳损伤参量；

W_0——疲劳损伤容限，为材料的本征疲劳韧度，主要与强度和塑性（即材料的静力韧度）有关，MJ/m^3；

β——疲劳损伤速率，与循环硬化指数成反比，主要与塑性变形的均匀性和可逆性（亦即微观变形机制）相关；

W_a——第 i 周次下的滞回能，为方便计算，取半寿命处稳定的滞后回线能量（W_s）进行计算，公式可简化为：

$$W_s = W_0 N_f^{-1/\beta} \tag{3-1-10}$$

利用公式计算得到的两种贝氏体钢半寿命处的应力幅、塑性应变幅和滞回能随疲劳失效寿命的变化关系，如图 3-1-61 所示。根据 Basquin 公式，等温温度越低，强度级别越高的试样，疲劳抗力越高；根据 Coffin-Manson 公式，同种钢不同等温温度试样的曲线均有交叉倾向，在疲劳寿命小于 1000 周次内，随等温温度的增加，低温等温试样的性能略好；在寿命大于 1000 周次时，低温等温试样又略差。综合考虑强度和塑性（滞回能），对比同种钢不同等温温度得到的试样，各自曲线的交叉点十分明显，均以 1000 周次的疲劳寿命处为分界点；随等温温

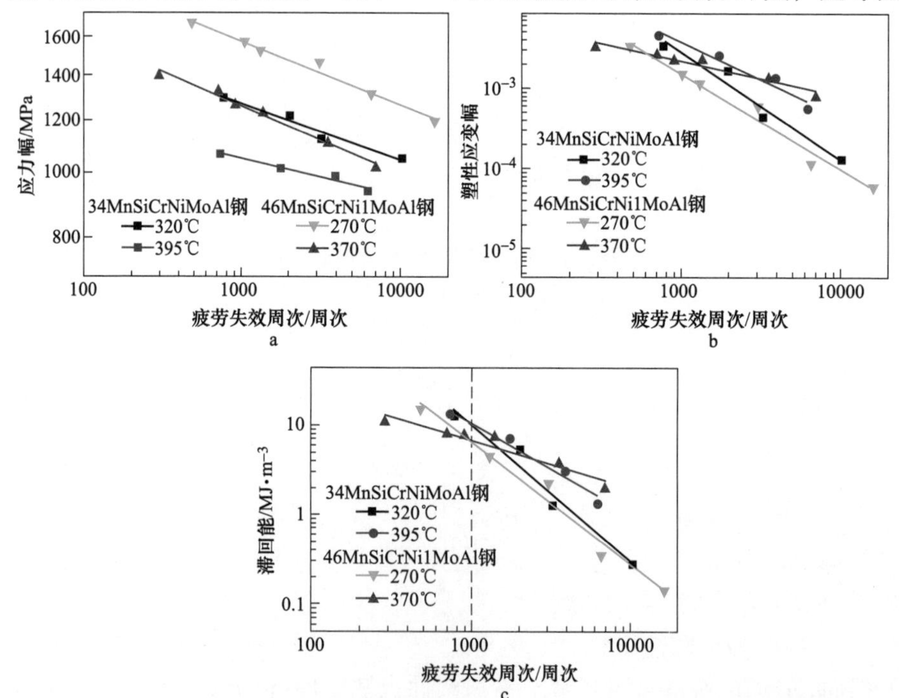

图 3-1-61　贝氏体钢的半寿命处的低周疲劳数据随失效寿命的变化规律

a—应力幅；b—塑性应变幅；c—滞回能

度降低，强度增加，试样的疲劳性能在小于1000周次的疲劳区域内增加，而在大于1000周次的疲劳区域内降低。

表3-1-24给出了根据滞后能疲劳寿命预测模型计算出来的 W_0 和 β 参数。可以看出，随等温温度降低，W_0 值增加，β 值降低。W_0 和 β 参数相反的变化对疲劳性能的影响也是相反的。W_0 增加，可增大图3-1-61c中曲线在 Y 轴的截距，这也就意味着增强了疲劳损伤容限，对疲劳性能起到积极的作用。而随等温温度降低，β 值降低，也就是增大了曲线的斜度，即减弱了缓解疲劳损伤的能力，对疲劳性能不利。

表3-1-24 贝氏体钢的滞回能疲劳寿命预测模型的参数值

钢种	等温温度/℃	W_0	β
34MnSiCrNiMoAl	320	3888248	0.65
	395	13802	0.96
46MnSiCrNi1MoAl	270	75429	0.74
	370	271	1.87

为分析疲劳变形过程中相组成对原子配分规律的影响，对34MnSiCrNiMoAl钢的等温试样进行分析。利用X射线衍射仪给出的34MnSiCrNiMoAl钢在总应变幅 5.2×10^{-3} 和 8.0×10^{-3} 下试样的衍射谱图，得到在循环变形过程中残余奥氏体体积分数的变化，如图3-1-62所示。320℃等温和395℃等温的试样不仅在未变形时残余奥氏体的体积分数相差不多，经循环变形后其发生应变诱发马氏体的量也大致相当。在循环周次 $N>10$ 内，残余奥氏体分数急剧下降，之后随循环变形的继续进行，变化相对平缓。

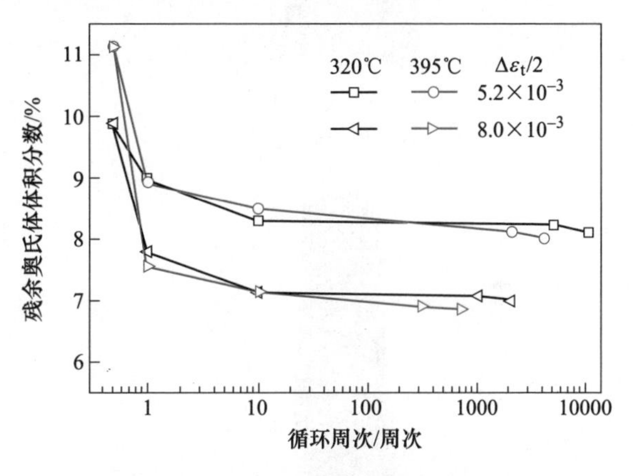

图3-1-62 34MnSiCrNiMoAl钢在循环变形过程中残余奥氏体体积分数的变化

34MnSiCrNiMoAl钢经320℃等温的试样、未经变形和经395℃等温的试样，在未经变形和在总应变幅为 5.2×10^{-3} 下经历循环变形后，碳及置换原子在贝氏体铁素体和残余奥氏体两相中三维空间的原子分布及其浓度谱，如图3-1-63所示。该图中富碳区域中的碳浓度大于初始的平均碳浓度（原子数分数）1.51%，代表的是残余奥氏体相，贫碳区域中的碳浓度（原子数分数）小于1%，代表的是贝氏体铁素体相。

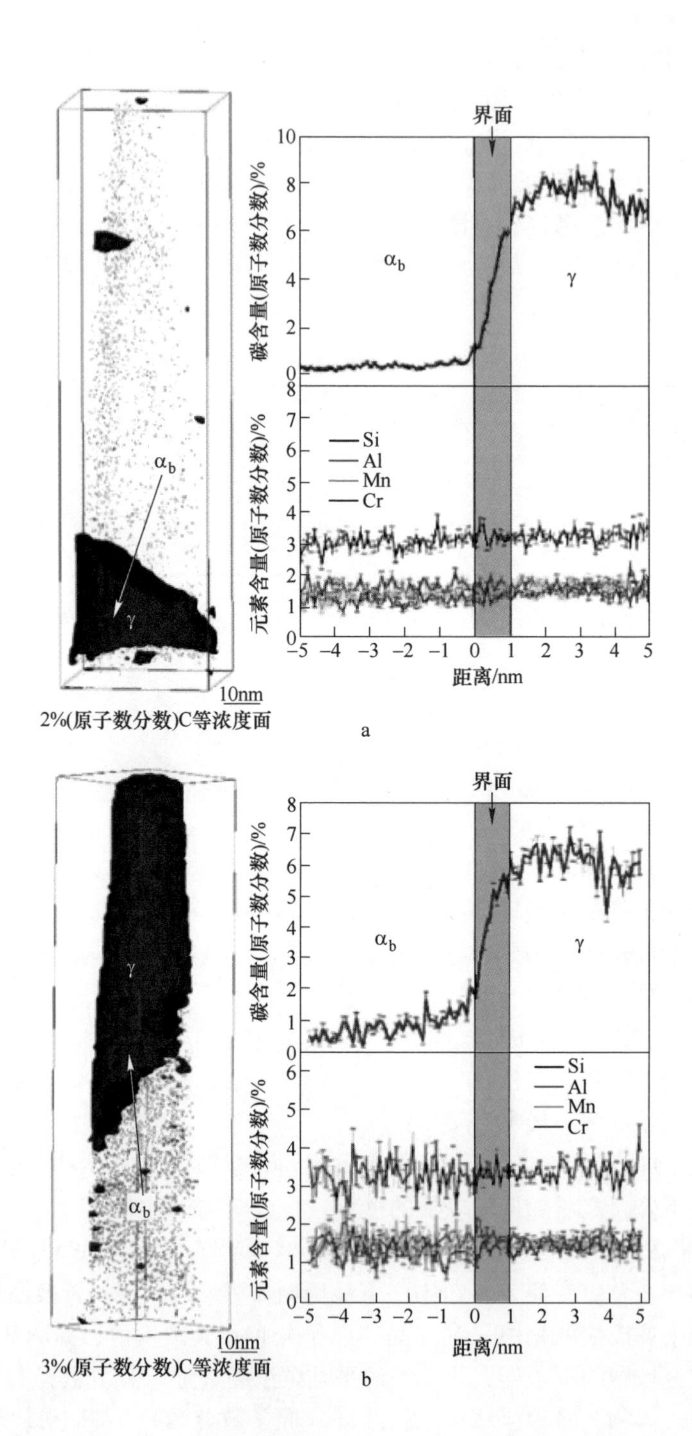
界面
10
8
6
4
2
0
碳含量(原子数分数)/%
α_b
γ
8
7
6
5
4
3
2
1
0
元素含量(原子数分数)/%
Si
Al
Mn
Cr
−5 −4 −3 −2 −1 0 1 2 3 4 5
距离/nm
α_b
γ
10nm
2%(原子数分数)C等浓度面
a
界面
碳含量(原子数分数)/%
α_b
γ
元素含量(原子数分数)/%
Si
Al
Mn
Cr
−5 −4 −3 −2 −1 0 1 2 3 4 5
距离/nm
γ
α_b
10nm
3%(原子数分数)C等浓度面
b

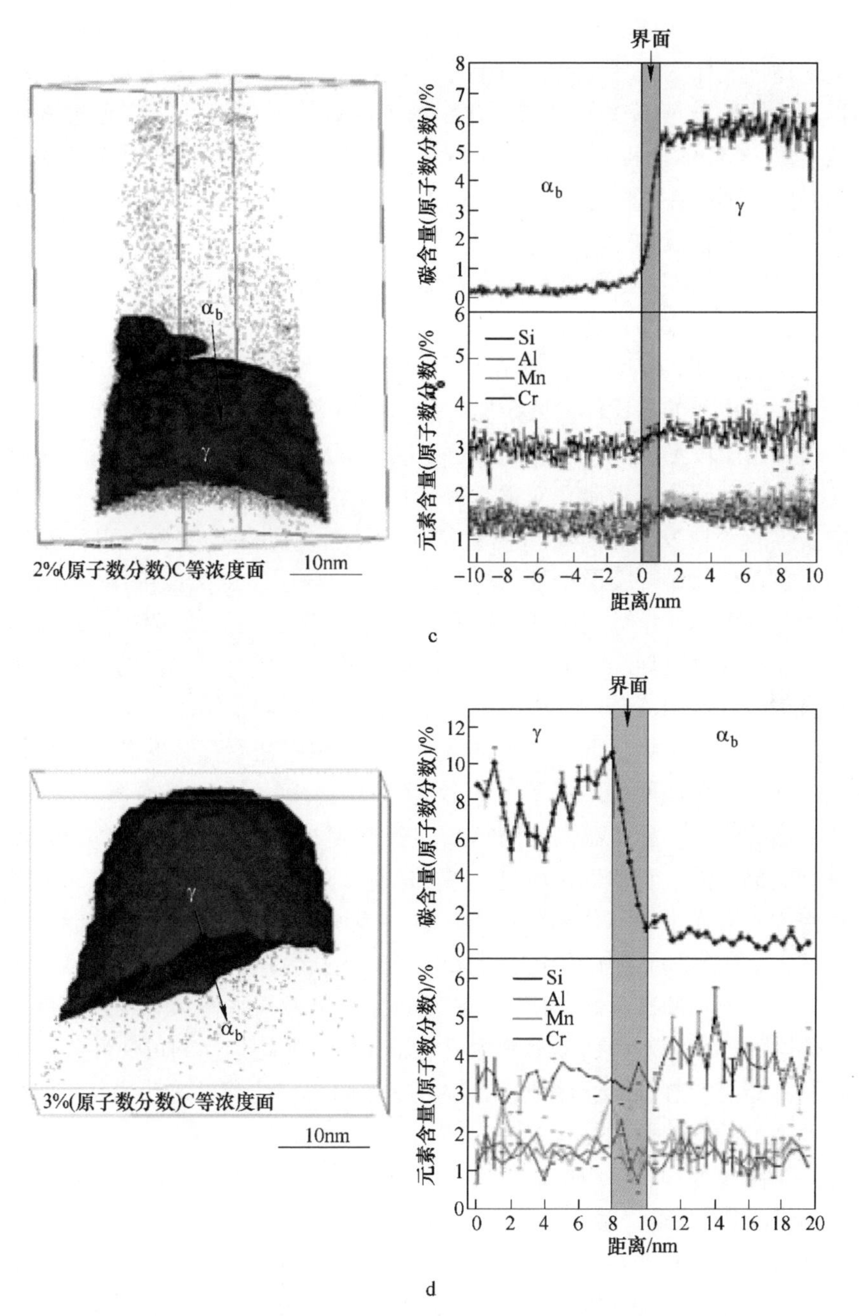

图 3-1-63　34MnSiCrNiMoAl 钢中合金元素原子在贝氏体铁素体和残余奥氏体中的三维分布

a—320℃等温转变，未变形；b—320℃等温转变，总应变幅为 5.2×10^{-3} 下循环变形；

c—395℃等温转变，未变形；d—395℃等温转变，总应变幅为 5.2×10^{-3} 下循环变形

可以看出，置换原子在贝氏体铁素体相和残余奥氏体两相区不存在配分，这与无碳化物贝氏体的切变相变机制相符，而循环变形前后置换原子在两相中以及两相界面处的配分情形也并没有变化，这说明置换原子对循环变形过程没有影响。铁素体-奥氏体的相界面均在1~2nm范围内，无论是在未变形前和循环变形后，相界面处不存在碳的累积，只是作为碳的扩散通道，同时也不存在置换原子的累积。贝氏体铁素体/残余奥氏体界面处是相对贫碳的，而相界面处本就是应力集中的地方，故相对于富碳的残余奥氏体中心部位，马氏体更易在相界面处形成，疲劳裂纹也更容易在此萌生。

另外，从图3-1-62可知，随循环变形的进行，残余奥氏体体积分数降低对应着应变诱发生成新的马氏体。残余奥氏体随循环周次变化意味着马氏体主要在循环变形的初始阶段形成，在随后的循环周次中形成量很少。这表明应变诱发马氏体相变只对循环硬化做贡献，对循环稳定/软化行为的作用很小。一般在疲劳裂纹尖端发生应变诱发马氏体相变可造成塑性弛豫，使裂纹闭合，对疲劳性能有利。相反，在初始循环变形早期阶段过早形成的马氏体虽然能够增强疲劳应力，但马氏体与贝氏体铁素体之间的塑性变形协调性较低，很可能会损害疲劳寿命。

贝氏体相变时会伴随较大的局部的塑性弛豫，这会造成大量的位错产生。在多相高强钢中，低周疲劳过程中的循环软化行为主要与位错的产生、湮没和再分布有关。也有研究认为，低碳无碳化物贝氏体组织中初始存在的高密度位错的演变是造成其初始循环硬化之后循环软化行为的主要因素。疲劳损伤容限 W_0 代表了调整缺陷的能力，随等温温度的降低，相变驱动力增大，铁素体的板条厚度更细，可有效提高强度和塑性，对提高 W_0 有益。同时，由于板条细化大量增加的相界面密度，增强了调节位错的能力，进一步增加了 W_0，对疲劳性能有益。低温等温试样中初始的高密度位错也是其循环硬化指数较低的原因，而贝氏体铁素体中较高的过饱和的碳含量，使得组织不稳定，易偏离平衡状态，从而使其循环软化系数增加。而疲劳损伤速率 β 主要与塑性变形的均匀性和可逆性（亦即微观变形机制）相关。在无碳化物钢中，塑性变形的均匀性和可逆性主要与贝氏体铁素体和残余奥氏体的两相配合有关。

随等温温度提高，组织中的位错密度降低，铁素体中的碳含量也降低，减少了Cottrell气团的形成，增加了位错滑移的可逆性；并且铁素体板条的尺寸和残余奥氏体薄膜的尺寸随等温温度的提高均增大，当塑性变形在残余奥氏体中先发生的时候，相邻的铁素体可以很快地承担部分塑性变形，减少了相界面间的应力集中，降低了裂纹的萌生概率，增加了两者之间的塑性协调性，从而增强了 β 值，对疲劳性能有益。

低周疲劳条件下，疲劳裂纹扩展阶段占据了主要的循环变形过程。图3-1-64给出了34MnSiCrNiMoAl钢经320℃等温和395℃等温试样在总应变幅为 8.0×10^{-3}

下经疲劳失效后的主裂纹和小裂纹形貌。320℃等温试样的小裂纹沿着相界以较大的角度偏转，且在扩展一段较短的距离后即停止。而395℃等温试样的小裂纹相对较长，沿着贝氏体束扩展的方向也较为平直。贝氏体束的尺寸可控制疲劳裂纹的偏转。从SEM观察可知，320℃等温试样的贝氏体束较为细小且短，具有较强的各向异性。不同取向的贝氏体束可增加有效晶粒尺寸，从而降低疲劳裂纹扩展速率，延长疲劳寿命。相反，395℃等温试样的贝氏体束尺寸更为粗大，小裂纹的偏转角度相对会低一些。另外，疲劳裂纹容易在粗大的贝氏体铁素体亚单元和变形早期生成的马氏体间的相界上萌生，这也会降低395℃等温试样的疲劳寿命。

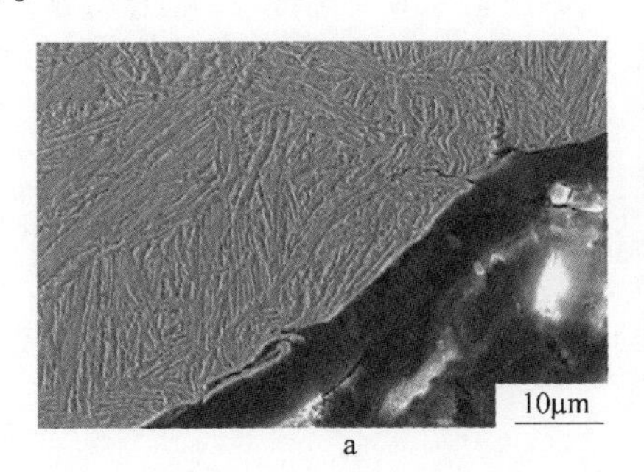

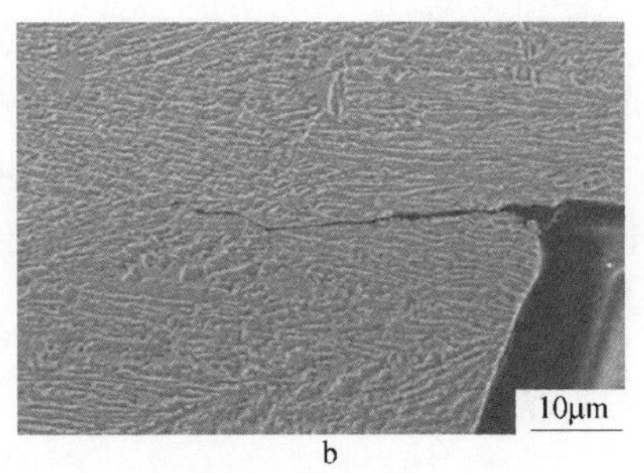

图3-1-64　34MnSiCrNiMoAl钢经不同温度等温转变后在总应变幅为8×10^{-3}失效后主裂纹和小裂纹形貌

a—320℃；b—395℃

1.6　钒的作用

V作为一种常见的元素，是强烈的碳氮化物形成元素，细小的VC或V(C，N)析出相主要是在奥氏体转变为铁素体期间，或者是奥氏体/铁素体等温期间形成的，其含量与温度密切相关。V(C，N)与铁素体的晶格错配度较低，V(C，N)可作为针状铁素体的优先形核位点，促进晶内铁素体转变，并可有效细化铁素体晶粒。因此，含V析出相在钢中能够起到沉淀强化和细晶强化的双重作用。早期研究认为，若钢中钒增加0.10%(质量分数)并全部进行沉淀强化，可使钢的强度增加250~300MPa；钒添加0.06%（质量分数）的钢中存在的细小VC颗粒可使钢的屈服强度和抗拉强度分别提高60MPa和95MPa，同时不损失韧性和延性。

本节以V微合金化中碳贝氏体钢为研究对象，具体化学成分见表3-1-25。通过在钢中引入细小的VC和VN颗粒以优化贝氏体钢的组织和性能。40MnSiCrMoAlV钢的相变特征点A_{c1}为731℃，A_{c3}为864℃。基于此，设计了试验钢的高温双阶等温热处理工艺，所有试样预热处理为在1050℃均匀化退火3h并油淬至室温。双阶高温+贝氏体相变热处工艺：将试样升温到950℃保温30min

后，快速降温到890℃、870℃、860℃、848℃保温30min以析出不同量的VC颗粒；随后，在320℃盐浴炉中等温2h，进行贝氏体相变。

表3-1-25　含钒贝氏体钢的化学成分　　（质量分数，%）

钢种	C	Mn	Si	Cr	Ni	Mo	V	N
40MnSiCrMoAlV钢	0.40	1.53	1.53	1.09	—	0.31	0.15	—
44MnSiCrNiMoAlVN钢	0.44	1.09	1.35	0.88	0.53	0.17	0.09	0.018

44MnSiCrNiMoAlVN钢的预热处理工艺为1200℃奥氏体化处理1h后，以10℃/s冷却到950℃进行热轧并等温1h后水淬到室温，该工艺目的是控制VN析出，进而对比研究热轧态有VN析出和非热轧态无VN析出对贝氏体相变的影响。贝氏体等温转变工艺为：以10℃/s速率升至870℃进行奥氏体化，保温10min，然后以30℃/s速率降至300℃进行贝氏体等温相变。另外，将试验钢奥氏体化处理后降温到300℃进行不同变形量压缩后等温，压缩变形速率为0.1s^{-1}，之后继续等温至转变完成。

1.6.1　对相变动力学的影响

利用Thermo-Calc软件析出模块模拟计算40MnSiCrMoAlV钢中的V在第二阶高温条件下，等温过程中的析出和固溶含量随奥氏体化温度的演变规律，如图3-1-65所示。随着奥氏体化温度的升高，基体中V的溶解量越来越多，当温度达到970℃附近，VC全部固溶到奥氏体基体中，如图3-1-65a所示。从图3-1-65b可以看出，随着等温时间的增加，VC质量分数整体呈现先快速增加而后逐渐趋于平缓的规律，所有工艺保温30min后VC质量分数变化趋于平稳；等温温度由800℃逐渐升高到890℃，析出VC质量分数逐渐减小，在890℃保温30min时，析出的VC质量分数与其他工艺相比较小。

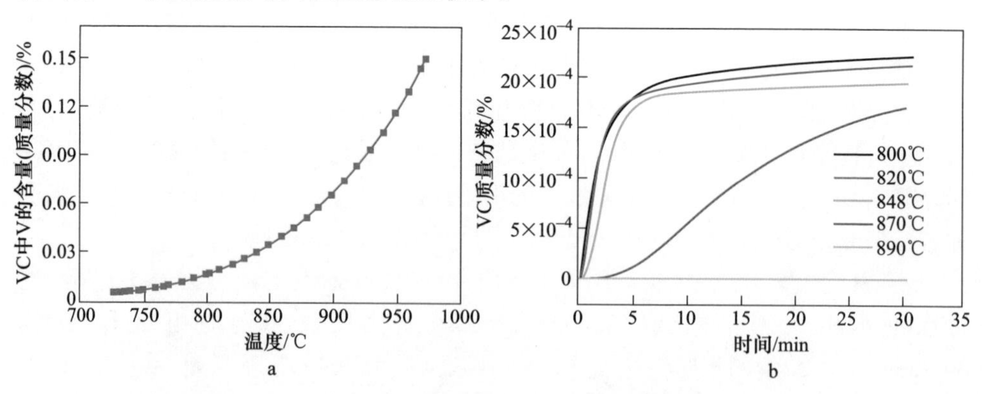

图3-1-65　40MnSiCrMoAlV钢热模拟计算

a—VC中V的含量；b—VC质量分数随等温时间的变化

图 3-1-66 为利用 Thermo-Calc 软件计算得到的 44MnSiCrNiMoAlVN 钢中各析出相的热力学计算结果，从图中可以看出，MN 析出相的固溶温度较高，在 1150℃以上。

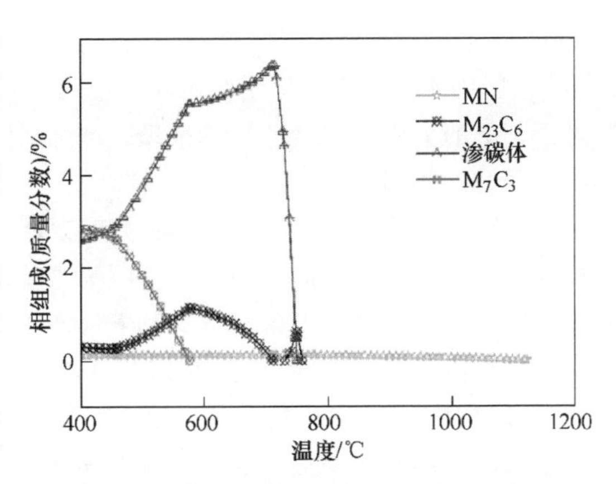

图 3-1-66　44MnSiCrNiMoAlVN 钢中析出相的热力学计算结果

利用膨胀仪实验测试 40MnSiCrMoAlV 钢不同温度热处理工艺下的贝氏体相变动力学曲线，如图 3-1-67 所示。图 3-1-67b 为图 3-1-67a 中不同热处理工艺下时间-膨胀曲线的黑色圆圈部分的放大图，即 950℃ 高温等温段降到低温段保温过程中不同奥氏体化温度下的膨胀量变化。随等温温度由 890℃ 降低到 848℃，试样的膨胀量逐渐增加，由 0.800μm 增加到 1.146μm，这是由于 VC 析出数量越来越多造成的。图 3-1-67c 为经不同高温等温工艺后在 320℃ 下的贝氏体等温转变曲线。贝氏体转变经过约 30s 短暂的孕育期，相变完成时间均在

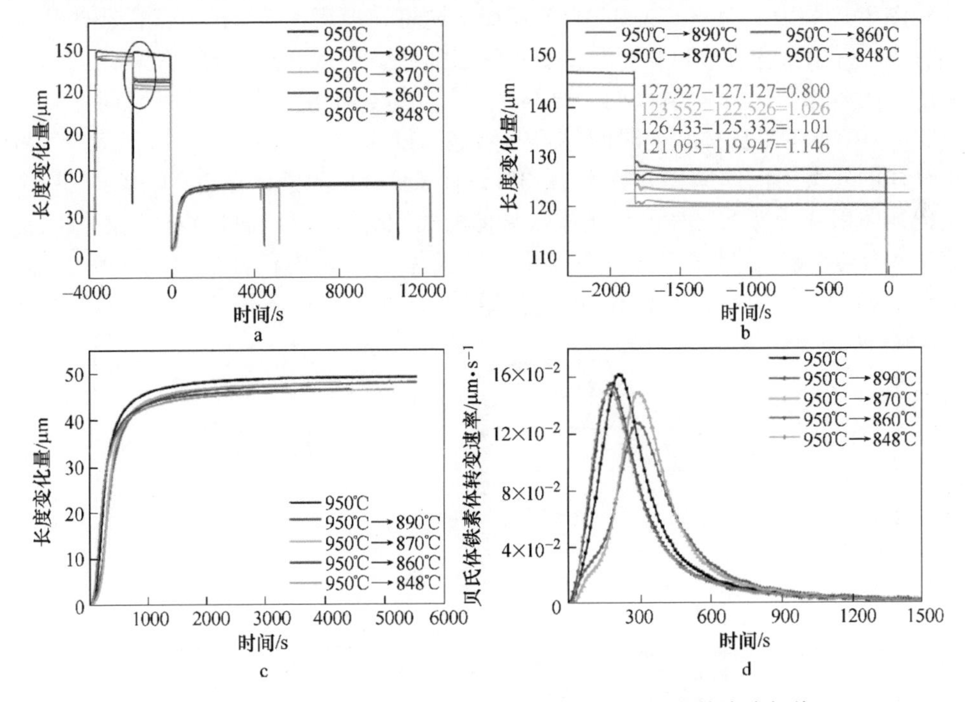

图 3-1-67　40MnSiCrMoAlV 钢在不同热处理工艺下的热膨胀规律

a—时间-膨胀关系；b—第二阶高温条件下时间-膨胀关系；

c—贝氏体相变等温曲线；d—贝氏体铁素体转变速率

1h 以内。贝氏体相变过程的膨胀量可以近似代表贝氏体铁素体的体积变化。图 3-1-67d 为 40MnSiCrMoAlV 钢在不同高温双阶等温工艺下的贝氏体转变速率曲线，几种工艺下的贝氏体转变速率均呈现先增加后降低的趋势，但峰值转变速率各不相同。950℃→890℃工艺和 950℃→870℃工艺与 950℃直接等温工艺相比，最高峰向右移动，贝氏体相变时间增加；950℃→860℃工艺和 950℃→848℃工艺的最高峰向左移动，相变时间减少。这表明第二阶段高温等温温度对贝氏体相变产生明显的影响，第二阶段温度较低有利于加速相变，反之则降低贝氏体相变速率。

第二阶段等温温度对贝氏体相变的影响可能与碳的偏聚有关。对于 950℃→890℃工艺和 950℃→870℃工艺，第二阶段等温温度属于完全奥氏体化温度区，没有生成铁素体的驱动力。这两种工艺析出的 VC 粒子数量少，尤其 890℃等温条件下的 VC 颗粒很少，对加速贝氏体相变速率效果不明显。此外，固溶在基体中的 V 在高温下会降低 C 在奥氏体中的扩散速度，从而使贝氏体转变速度降低；并且 V 为强碳化物形成元素，容易形成原子团，造成 C 原子迁移困难，进一步降低贝氏体转变速率。950℃→860℃工艺和 950℃→848℃工艺的第二阶段温度处于两相区温度，加速贝氏体相变的原因较为复杂，在 1.6.2 节中含 V 析出对微观组织影响部分进行详细讨论。

图 3-1-68 为 44MnSiCrNiMoAlVN 钢经常规热处理后无 VN 析出试样和热轧等温有 VN 析出试样在 300℃等温转变的膨胀曲线。可以看出，有 VN 析出的试验钢的贝氏体相变过程的孕育期明显缩短，较无 VN 析出试样的孕育时间缩短约 58%，但整体的贝氏体相变时间缩短不明显，仅为 16%。在 300℃等温无 VN 析出试样的残余奥氏体体积分数为 12.3%，有 VN 析出的试样在 300℃等温后残余奥氏体体积分数为 11.8%。贝氏体铁素体的体积分数（f）通过残余奥氏体的最终体积分数和膨胀曲线综合计算得出。贝氏体铁素体体积分数增加速率由 $df/dt=(1-f)(1+\lambda f)k$ 得出，图 3-1-68b 给出了贝氏体铁素体体积分数随时间的变化

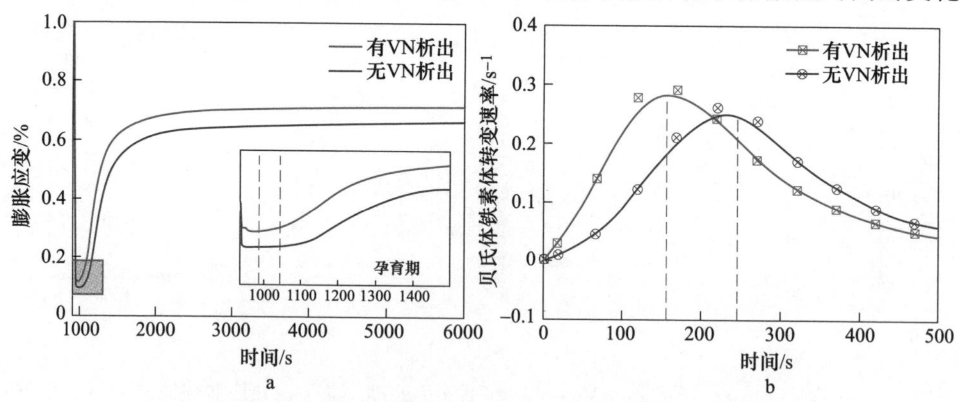

图 3-1-68　44MnSiCrNiMoAlVN 钢有无 VN 析出对贝氏体相变的影响

a—等温热膨胀曲线；b—贝氏体铁素体转变速率随时间变化曲线

率曲线，即贝氏体铁素体转变速率曲线，可以看出有 VN 析出试样和无 VN 析出试样的贝氏体铁素体体积分数增加速率均随等温时间的延长而先增大后减小。与无 VN 析出试样相比，有 VN 析出试样的前期转变过程中贝氏体铁素体体积分数增加速率较高，后期转变过程中其增加速率则相对较低，有 VN 析出试样贝氏体铁素体体积分数增加速率达到最高值所需的时间比无 VN 析出的试样短。这说明，VN 的存在不仅使钢具有较高的贝氏体形成率，而且使未转化的过冷奥氏体更容易向贝氏体铁素体转变。

VN 析出相与贝氏体铁素体之间具有较低错配度，仅为 1.8%，两者具有高共格度和较低的界面能。VN 相的热膨胀系数比周围的奥氏体小，相变过程中 VN 析出相周围形成一定的应力-应变场，引起的畸变为后续形核提供激活能，诱发进一步形核。因此，通过设计析出 VN 可提高贝氏体钢中铁素体形核率，一定程度上可缩短中碳贝氏体钢的相变孕育期和相变时间。

1.6.2 对微观组织的影响

将 40MnSiCrMoAlV 钢经几种不同热处理转变后的试样进行组织观察，图 3-1-69所示。不同等温转变得到的组织均由贝氏体铁素体和残余奥氏体组成，整

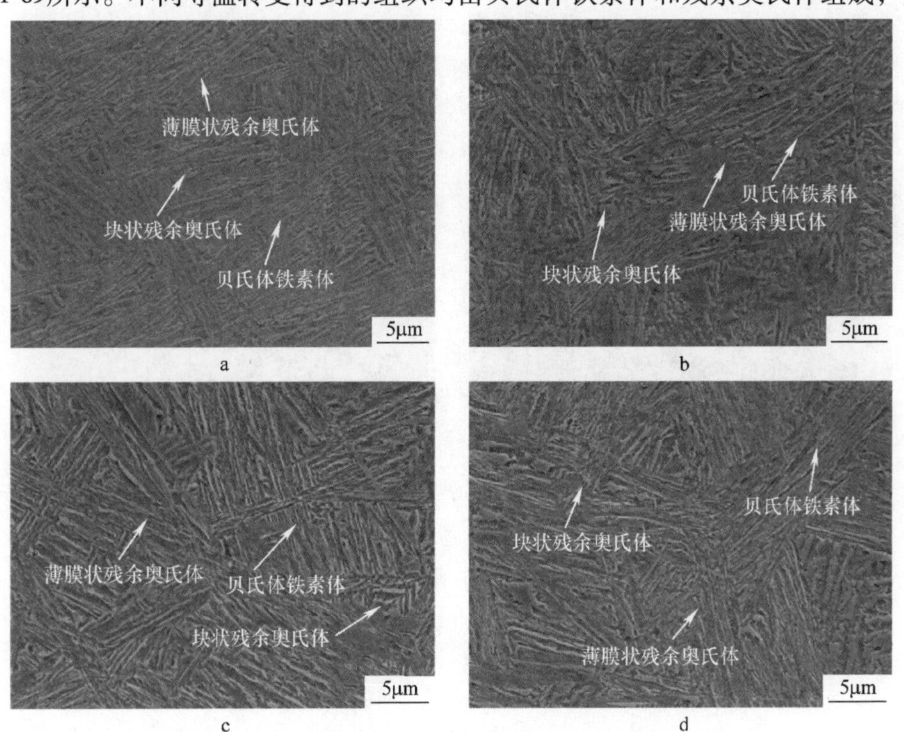

图 3-1-69 40MnSiCrMoAlV 钢经不同等温工艺处理后的 SEM 组织

a—950℃；b—950℃→890℃；c—950℃→860℃；d—950℃→848℃

个基体为贝氏体板条，贝氏体板条不同位向处分布着薄膜状和块状残余奥氏体。从图3-1-69a和b可以看出，贝氏体铁素体板条多数贯穿整个晶粒，分布比较规则。在图3-1-69c和d中，贝氏体铁素体板条分布方向变得复杂，贯穿整个晶粒的贝氏体铁素体板条变少，这可以说明贝氏体铁素体的形核点增加，同一方向的贝氏体铁素体板条可能源于不同的形核点，相变速度加快。

对于950℃→860℃工艺和950℃→848℃工艺两种工艺来说，在组织中没有观察到铁素体形成，因此，贝氏体铁素体形成动力学的加速不是由于铁素体/奥氏体界面的产生。但是这种工艺的温度区间有形成铁素体的驱动力，因此可以推断，碳向奥氏体晶界偏聚导致其附近碳成分的波动，碳的波动可以导致在第二阶段高温期间形成稳定的铁素体核，可增加贝氏体铁素体形核密度。同时，这两种工艺的试样中析出数量较多的VC粒子，VC粒子增加从而带来相界面的增加，提供了更多的优先形核位置，在双重因素的作用下导致贝氏体相变加速。

进一步对950℃→870℃和950℃→848℃工艺下的微观组织进行扫描能谱分析，发现存在碳化物析出，如图3-1-70所示，在扫描中初步发现存在V的析出粒子。为了进一步观察微观组织形貌以及确定V的析出物的数量和形态，进行TEM表征，结果如图3-1-71所示。可以看出三种工艺得到的组织均由板条状贝氏体铁素体（亮白色）和薄膜状残余奥氏体（暗灰色）组成。贝氏体铁素体之间相互平行，薄膜状残余奥氏体主要分布在板条状贝氏体铁素体之间，板条状贝氏体铁素体上存在大量位错。图3-1-71b、d和f为三种工艺中加大放大倍数下的TEM组织，三种工艺中均发现黑色菱形、椭球形碳化物，尺寸大约为30nm；为确定碳化物的类型，对950℃→848℃试样中进行STEM-EDS分析，可初步确定析出物为VC。

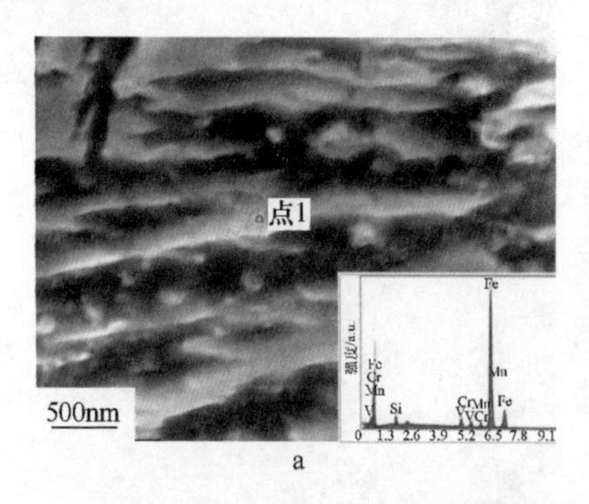

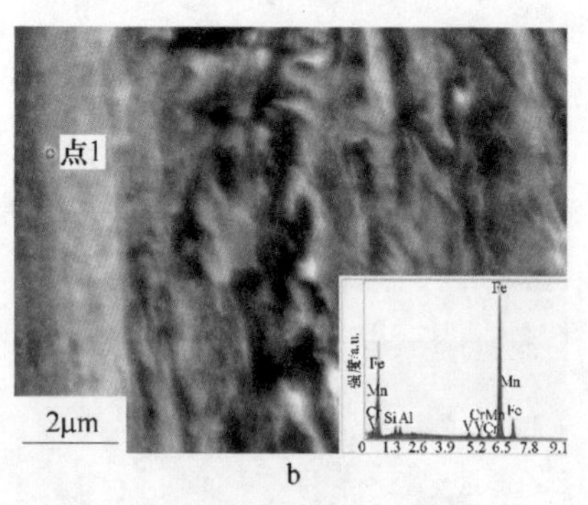

图3-1-70　40MnSiCrMoAlV钢经不同等温工艺处理后的EDS分析结果

a—950℃→870℃；b—950℃→848℃

图3-1-72为40MnSiCrMoAlV钢经不同热处理工艺后的STEM能谱分析结果，随等温温度由950℃降低到848℃，含V析出相越来越多，这与Thermo-Calc模拟

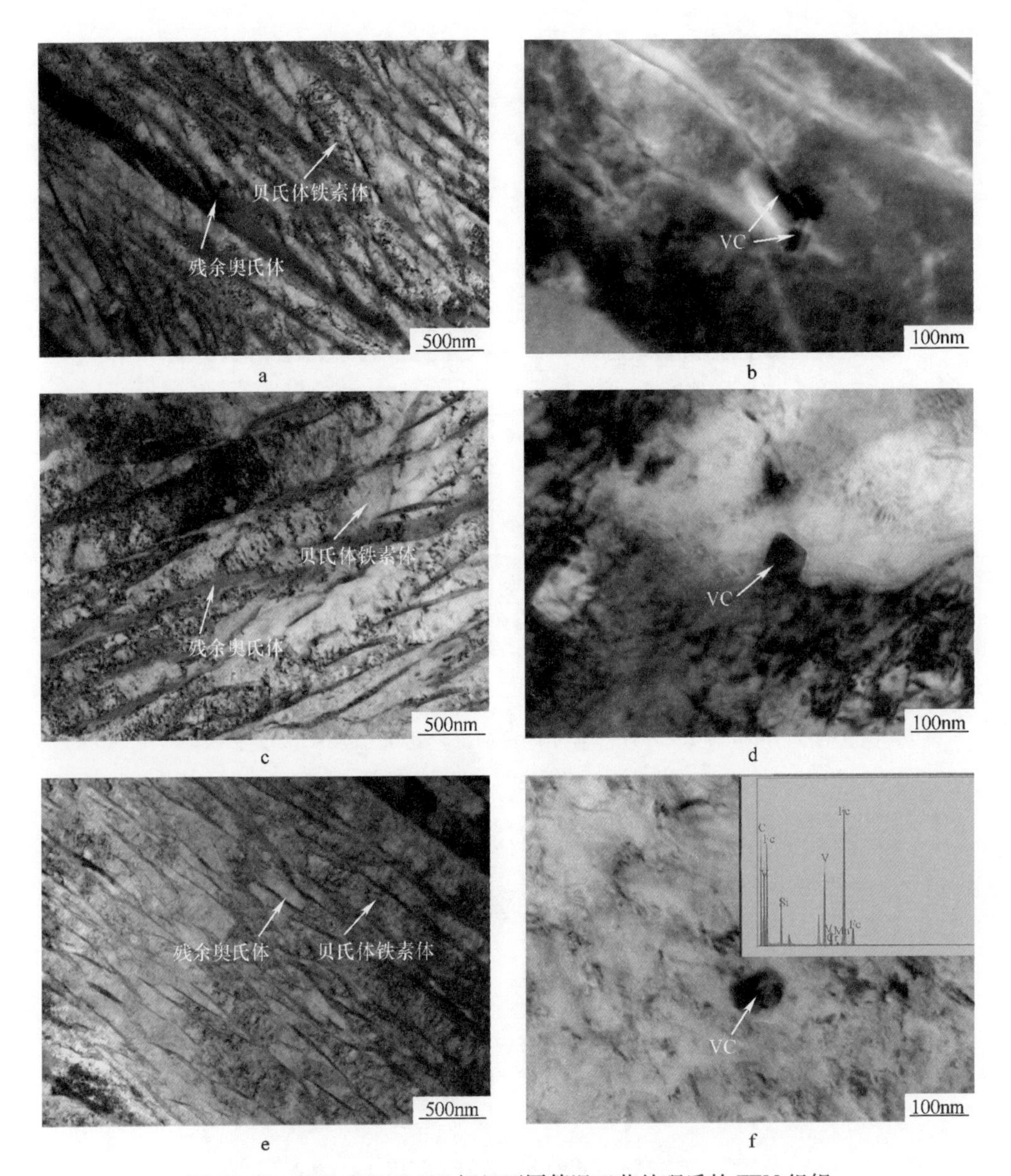

图 3-1-71　40MnSiCrMoAlV 钢经不同等温工艺处理后的 TEM 组织

a，b—950℃；c，d—950℃→870℃；e，f—950℃→848℃

结果相符合。图 3-1-72d 为 950℃ 工艺下试样放大倍数下的 TEM 面扫微观组织，可以观察到 C 元素和 V 元素聚集，确定析出物为富 C 富 V 的粒子。图3-1-73为 950℃→848℃工艺下试样的高倍数 TEM 组织，图 3-1-73b 为图 3-1-73a 的高分辨图片，通过傅里叶变换得到衍射斑点，与标准 VC 颗粒的 PDF 卡片对比，确定该衍射斑点为 VC，即析出的碳化物为 VC。

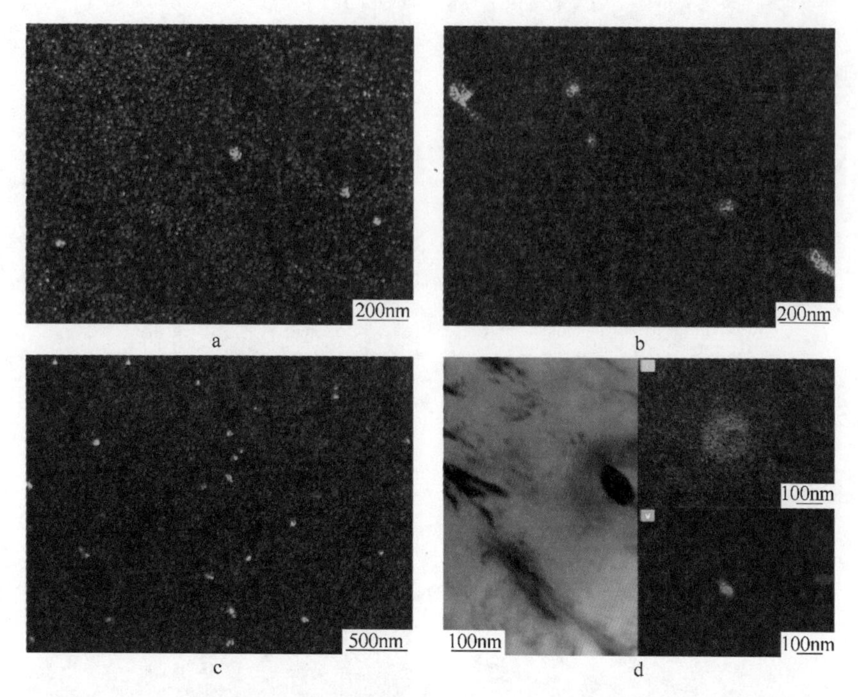

图 3-1-72　40MnSiCrMoAlV 钢经不同等温工艺处理后的 STEM 面扫微观组织

a，d—950℃；b—950℃→870℃；c—950℃→848℃

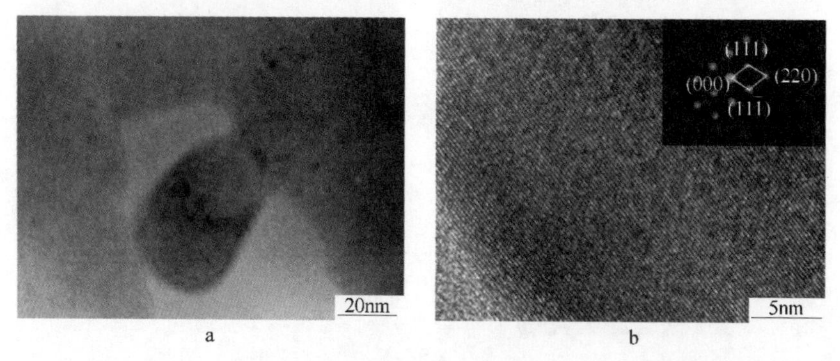

图 3-1-73　950℃→848℃工艺处理后试样的高倍数 TEM 组织（a）和 VC 颗粒高分辨组织（b）

40MnSiCrMoAlV 钢经不同热处理工艺下的 XRD 图谱，如图 3-1-74 所示，组织中的残余奥氏体体积分数列于表 3-1-26。随等温温度由 950℃降低到 848℃，残余奥氏体体积分数先升高后降低。由于 950℃等温时 V 大量固溶到基体中，VC 钉扎晶界作用不明显，奥氏体向贝氏体铁素体转变容易，贝氏体铁素体长大的可能性增加，导致残余奥氏体体积分数较低。当温度降低时，VC 颗粒析出开始增加，使得过冷奥氏体中的碳含量减少，奥氏体变得不稳定，容易转变为贝氏体铁

素体。但同时细小的析出粒子多，钉扎晶界作用变强，过冷奥氏体向贝氏体铁素体转变困难。两者相互竞争下，后者起到主要作用，导致残余奥氏体体积分数增加。当高温第二阶温度继续降低时，析出大量的 VC 颗粒使得奥氏体中的碳含量继续降低，前者起到主要作用，奥氏体容易向贝氏体铁素体转变，导致残余奥氏体体积分数降低。

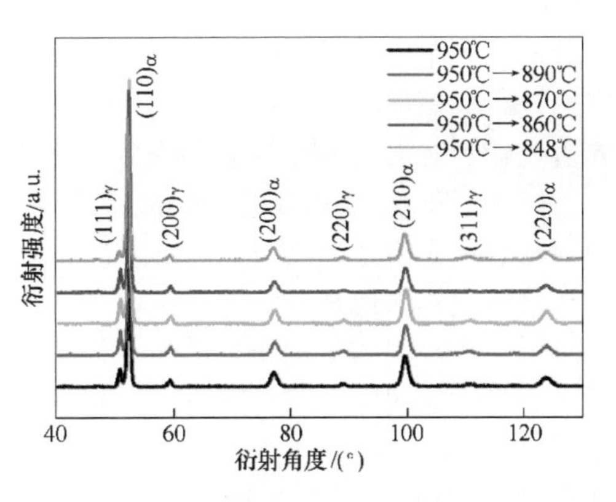

图 3-1-74 40MnSiCrMoAlV 钢经不同等温工艺处理后的 XRD 谱图

表 3-1-26 40MnSiCrMoAlV 钢经不同等温工艺处理后的残余奥氏体体积分数

等温温度/℃	950	890	870	860	848
V_{RA}/%	13.2	18.6	15.1	14.9	13.8

40MnSiCrMoAlV 钢经不同热处理工艺处理后试样的取向图和错配角分布，如图 3-1-75 所示。950℃→848℃工艺下的试样中小于 5°的错配角所占的比例较大，

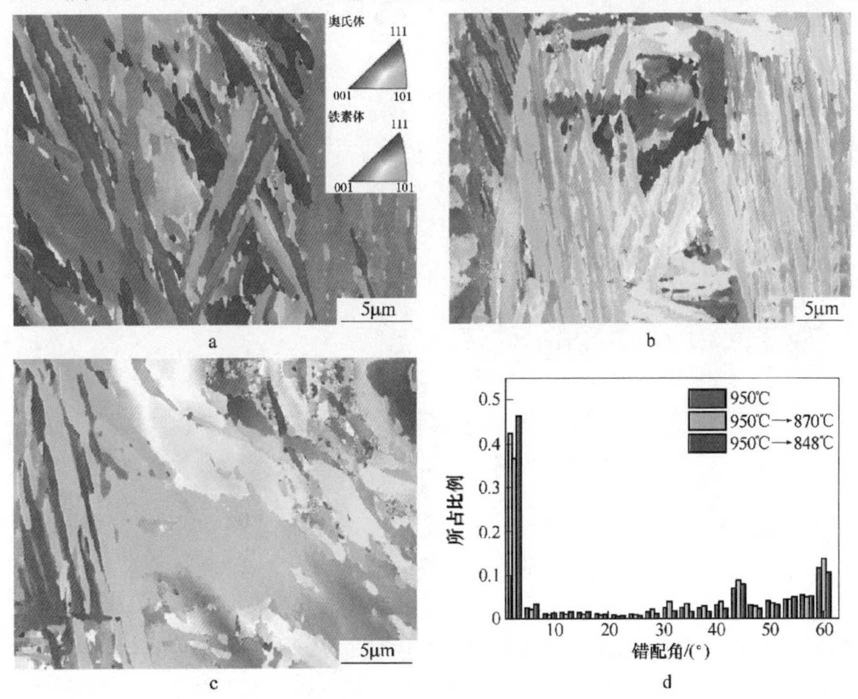

图 3-1-75 40MnSiCrMoAlV 钢经不同等温工艺处理后取向图和错配角分布图

a—950℃；b—950℃→870℃；c—950℃→848℃；d—错配角占比分布图

这种取向差角度非常小的小角度晶界被视为存在于晶粒内部的亚结构，有利于强度的提高。与950℃→848℃试样不同，950℃→870℃工艺下的试验钢中小角度晶界占比较少、大角度晶界占比较多。

图3-1-76为44MnSiCrNiMoAlVN钢在不同热处理工艺后的组织。无热轧等温处理与热轧等温处理贝氏体组织形态无明显差别，组织主要由板条状贝氏体铁素体与薄膜及块体残余奥氏体组成。高倍扫描电镜下观察热轧等温处理后钢的组织中有形态不规则的析出颗粒存在，在颗粒附近有贝氏体板条生成，如图3-1-76c所示。将颗粒周围区域局部放大，观察到析出颗粒尺寸约为100nm，对其进行能谱分析，如图3-1-76d所示，能谱证明该颗粒为VN析出相。因此，中碳钢热轧后在950℃等温1h后有VN第二相析出，而无热轧等温处理钢中未观察到VN析出相。

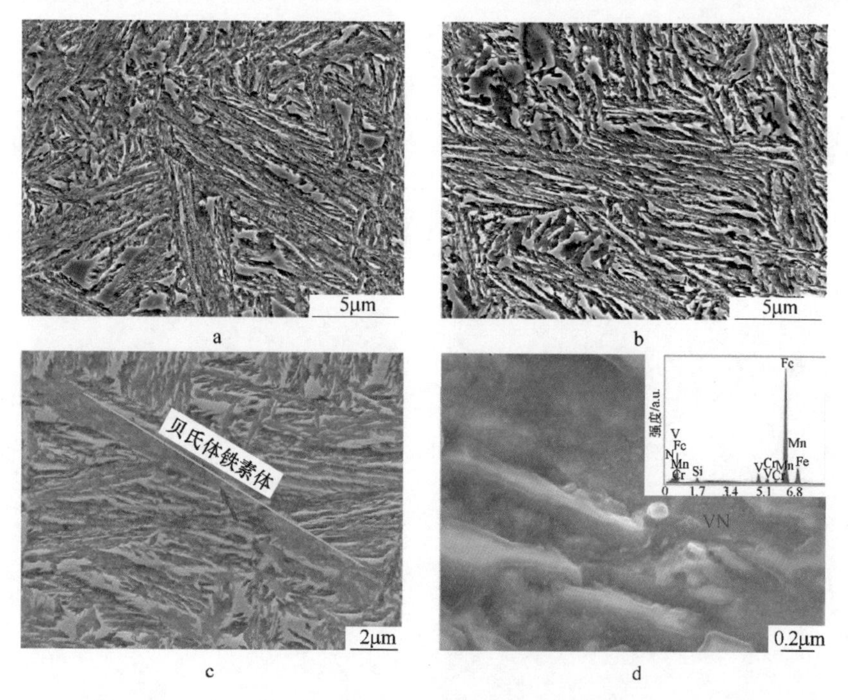

图3-1-76　44MnSiCrNiMoAlVN钢经300℃等温后的SEM微观组织

a—无热轧处理；b，c，d—热轧等温处理

为进一步观察析出相的微观形态，采用TEM对VN观察分析，组织中除了粗大析出相，还有尺寸更为细小的VN弥散析出存在，尺寸为10nm左右，如图3-1-77所示；通过衍射斑点分析可以得出尺寸约100nm面心立方VN析出相，如图3-1-77b所示；与体心立方结构贝氏体铁素体取向关系为$[011]_{Fe}//[001]_{VN}$，如图3-1-77c所示。利用公式计算两者的错配度，同时已知VN的晶格常数$a=0.4139$nm，贝氏体铁素体晶格常数$a=0.2866$nm，如图3-1-77d所示；计算得到VN析出相与铁素体两相错配度很小，在$[011]_{Fe}$和$[001]_{VN}$晶向上仅为1.8%，并

且通过高分辨图片及衍射斑点分析认为，两相之间具有一定的共格关系。

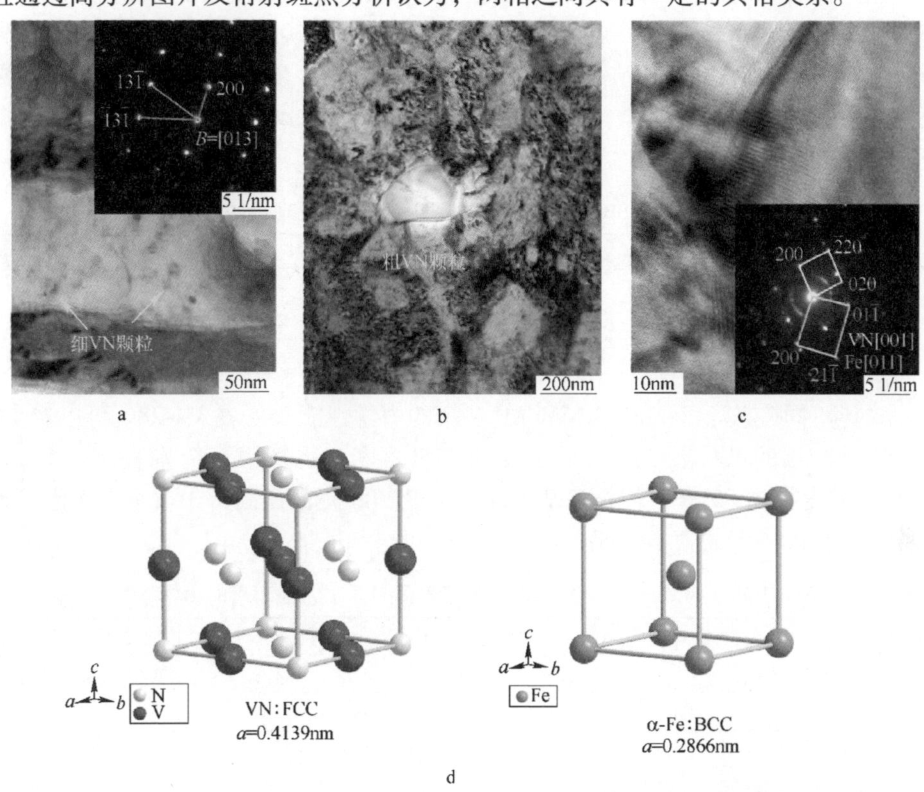

图 3-1-77 44MnSiCrNiMoAlVN 钢经 300℃等温后的 TEM 微观组织

a，b—VN 析出相的 TEM 形貌；c—高分辨形貌；d—VN 与铁素体晶胞参数图

1.6.3 对力学性能的影响

图 3-1-78 为 40MnSiCrMoAlV 钢在经过不同热处理工艺处理后的工程应力-应变关系。所有试样的拉伸曲线均无明显屈服点，初始应变硬化速率较高，力学性能结果见表 3-1-27。950℃→870℃工艺下试验钢的冲击韧性最高，达到 72J/cm^2，这与其组织中大角晶界的占比较高有关。贝氏体之间的大角度晶界能够阻碍裂纹扩展或者改变裂纹扩展方向，有利于韧性的提高，因此，950℃→870℃工艺下钢

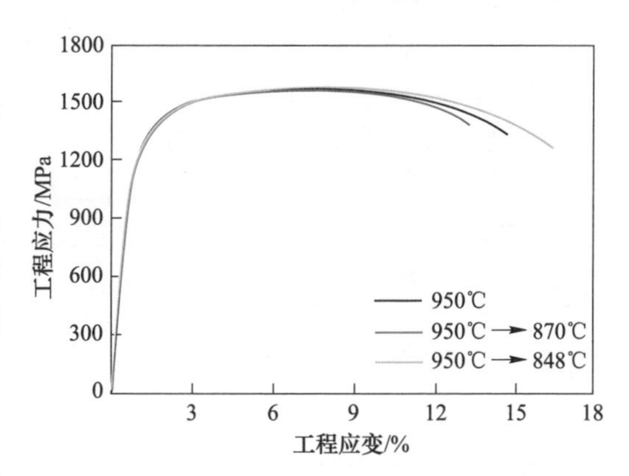

图 3-1-78 40MnSiCrMoAlV 钢经不同等温工艺处理后的工程应力-应变关系

表现出高的冲击韧性。950℃→848℃工艺下钢的抗拉强度和屈服强度分别为1579MPa和1108MPa，伸长率为15.9%，冲击韧性为50J/cm^2，硬度（HRC）为46.5。与950℃→870℃引入少量VC工艺相比，强度、硬度和伸长率有微量的提高，冲击韧性降低。综合来看，引入一定量的VC，对试验钢综合力学性能的提高是有利的。

表3-1-27　40MnSiCrMoAlV钢经不同等温工艺处理后的力学性能

等温温度	σ_b/MPa	$\sigma_{0.2}$/MPa	δ/%	δ_{gt}/%	a_{KU}/J·cm^{-2}	硬度（HRC）
950℃	1575	1103	14.1	6.9	58	45.8
950℃→870℃	1562	1081	12.6	6.6	72	45.6
950℃→848℃	1579	1108	15.9	7.5	50	46.5

对比不同工艺下44MnSiCrNiMoAlVN钢的力学性能，见表3-1-28。可以看出，含VN析出相的试样较无VN析出相的屈服强度和抗拉强度分别提高3.8%和4.6%，硬度提高5.1%，伸长率基本保持不变。因此，控制析出VN可优化无碳化物超细贝氏体钢的力学性能。

表3-1-28　44MnSiCrNiMoAlVN钢经不同等温工艺处理后的力学性能

试样	$\sigma_{0.2}$/MPa	σ_b/MPa	δ/%	硬度（HRC）
无VN析出试样	1117	1433	11.9	44.5±0.2
含VN析出试样	1160	1499	11.8	46.8±0.5

1.7　合金元素的交互作用

为了研究多元素复合添加对贝氏体钢组织和性能的影响，设计了五种铁路轨道用超细贝氏体钢，化学成分见表3-1-29。首先，通过DIL402C测定五种贝体钢加热过程中的膨胀曲线，通过切线法测得其A_{c3}温度；随后利用Gleeble3800热模拟试验机测定其M_s温度以及贝氏体钢在M_s+10℃等温过程中的贝氏体相变动力学，进而通过上述结果确定热处理工艺。

表3-1-29　超细贝氏体钢的化学成分　（质量分数,%）

钢种	C	Mn	Si	Cr	Ni	Mo	Al
29MnSiCrNiMo	0.29	1.54	1.44	1.40	0.69	0.41	—
30MnSi2CrNiMo	0.30	1.62	2.23	1.20	0.41	0.39	—
29MnSiCrNiMoAl	0.29	1.62	1.09	1.16	0.41	0.39	0.83
29MnCrNiMoAl2	0.29	1.62	—	1.20	0.41	0.38	1.77
29Mn2Cr2Al2	0.29	2.06	—	1.75	—	—	1.84

1.7.1　对相变动力学的影响

试样在加热过程中先后通过A_{c1}和A_{c3}温度，对于亚共析钢，A_{c3}温度对其热处

理工艺的制定更为重要，因此图 3-1-79 中仅标定了五种贝氏体钢的 A_{c3}温度。合金元素镍、锰的加入可以使 A_{c3}温度明显降低，而硅、铬、钼和铝的加入可以有效提升 A_{c3} 温度。因此，相对于 29MnSiCrNiMo 贝氏体钢，30MnSi2CrNiMo、29MnSiCrNiMoAl 和 29MnCrNiMoAl2 钢的 A_{c3}温度的增加主要在于合金元素硅和铝的加入；对于 29Mn2Cr2Al2 贝氏体钢，锰的增加抵消了镍含量降低对 A_{c3}温度的影响，其 A_{c3}温度的增加则主要缘于铝的大量加入。

亚共析钢在不完全奥氏体化条件下淬火，组织中会保留部分铁素体，硬度必然会有所降低。但奥氏体化温度过高会导致晶粒异常长大，进而降低其冲击韧性。因此，在上述试验结果的基础上，保证 29MnSiCrNiMo、30MnSi2CrNiMo 和 29MnSiCrNiMoAl 贝氏体钢完全奥氏体化，而 29MnCrNiMoAl2、29Mn2Cr2Al2 贝氏体钢部分奥氏体化，选定奥氏体化温度为 930℃。五种贝氏体钢均加热到 930℃并且保温 10min，随后以 30℃/s 的冷速快速冷却至室温，测试 M_s 温度，如图 3-1-79所示。

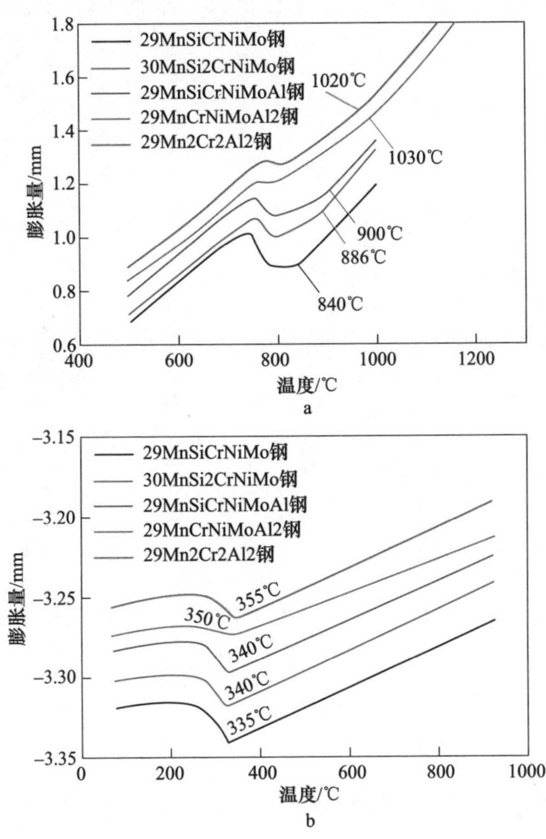

图 3-1-79 五种贝氏体钢的膨胀曲线

a—DIL402C 测得加热过程中的膨胀曲线；b—Gleeble3800 测得冷却过程中的膨胀曲线

五种贝氏体钢均经等温淬火+回火工艺进行处理，其中等温淬火温度为 M_s+10℃，回火工艺为 320℃×1h，见表 3-1-30。根据图 3-1-80 所示的贝氏体钢等温转变曲线及等温过程中贝氏体相变速率曲线，确定五种贝氏体钢的等温时间均为1h。值得注意的是，图 3-1-80 中五种贝氏体钢等温转变过程中的孕育期均较短，并且随着铝含量的增加，29MnSiCrNiMoAl、29MnCrNiMoAl2 和 29Mn2Cr2Al2 贝氏体钢的孕育期也逐渐缩短。此外，五种贝氏体钢等温过程中的贝氏体相变速率均呈现先增大后减小的趋势，且不含铝的 29MnSiCrNiMo 和 30MnSi2CrNiMo 贝氏体钢相变达到最大速率用时较为接近，分别为 315s 及 335s，而三种含铝贝氏体钢相变达到最大速率时用时则较短，分别为 246s、35s 和 75s。由于铝的加入可以增大过冷奥氏体向贝氏体转变的驱动力，使“C 曲线”向左上方移动，缩短贝氏体相变时间。

表 3-1-30　五种贝氏体钢 M_s 温度和等温淬火工艺

钢种	M_s/℃	等温淬火工艺
29MnSiCrNiMo	335	345℃×1h
30MnSi2CrNiMo	340	350℃×1h
29MnSiCrNiMoAl	340	350℃×1h
29MnCrNiMoAl2	350	360℃×1h
29Mn2Cr2Al2	355	365℃×1h

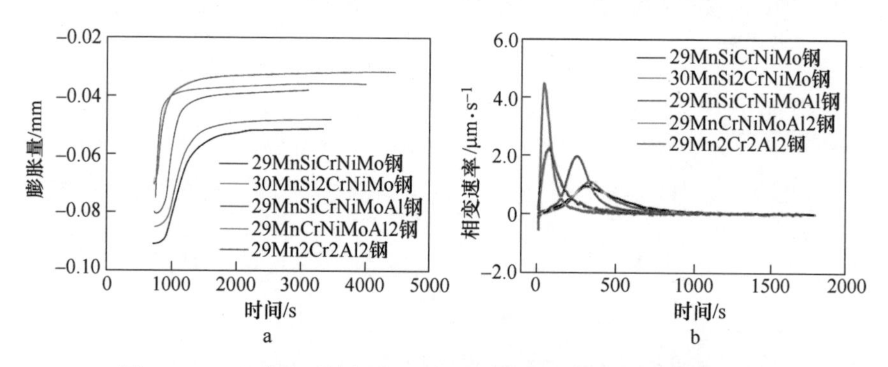

图 3-1-80　五种贝氏体钢在 M_s+10℃等温转变过程中的膨胀曲线

a—膨胀曲线；b—相变速率

1.7.2　对组织和性能的影响

五种贝氏体钢经 930℃奥氏体化后再经 M_s+10℃等温淬火和 320℃×1h 回火后的 SEM 微观组织，如图 3-1-81 所示。29MnSiCrNiMo 和 29MnSiCrNiMoAl 的组织以贝氏体组织为主，并且含有薄膜状及块状残余奥氏体；但后两种铝含量较高的

贝氏体钢组织中除贝氏体、残余奥氏体外，也残留部分未溶铁素体。

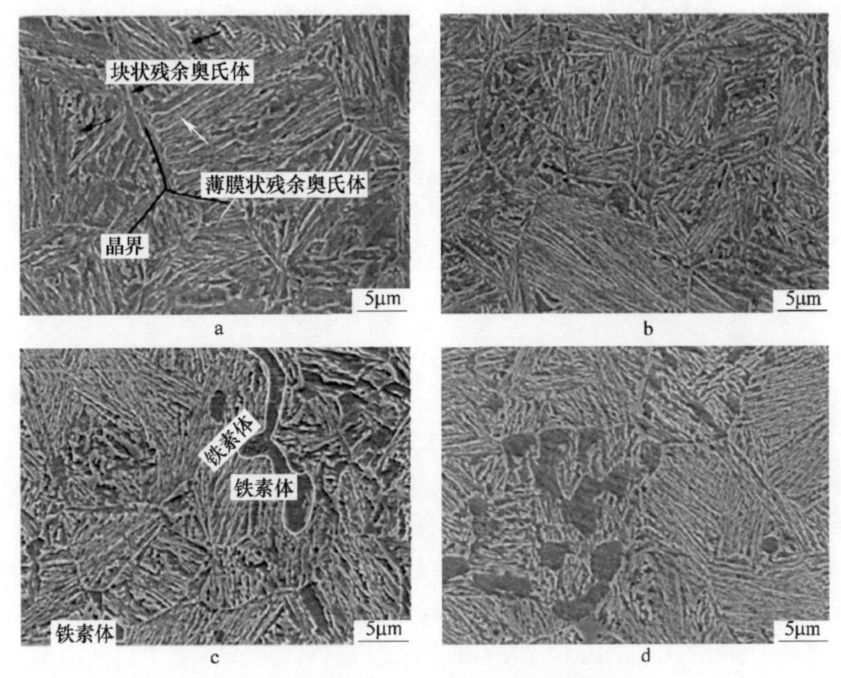

图 3-1-81　四种贝氏体钢的 SEM 微观组织

a—29MnSiCrNiMo 钢；b—29MnSiCrNiMoAl 钢；c—29MnCrNiMoAl2 钢；d—29Mn2Cr2Al2 钢

五种贝氏体钢经等温淬火+回火处理后，其 XRD 图谱中残余奥氏体的衍射峰均较为明显，如图 3-1-82 所示。通过公式计算，可得到经等温淬火+回火处理后

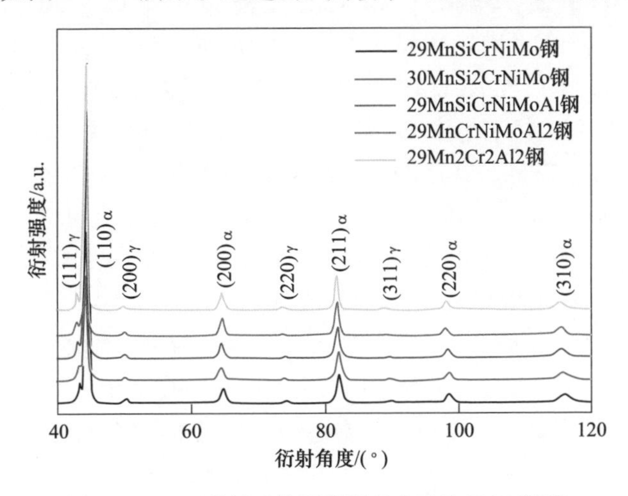

图 3-1-82　五种贝氏体钢等温相变后的 XRD 谱图

五种贝氏体钢中的残余奥氏体含量以及残余奥氏体中的碳含量，其结果见表3-1-31。可以看出29MnSiCrNiMo、30MnSi2CrNiMo、29MnSiCrNiMoAl和29MnCrNiMoAl2氏体钢中残余奥氏体含量（体积分数）相当，在8%~9%之间；而29Mn2Cr2Al2贝氏体钢中的残余奥氏体含量相对较高，为11.2%。

表3-1-31 贝氏体钢中残余奥氏体体积分数（V_γ）及残余奥氏体中的碳含量（C_γ）

参数	29MnSiCrNiMo	30MnSi2CrNiMo	29MnSiCrNiMoAl	29MnCrNiMoAl2	29Mn2Cr2Al2
V_γ/%	8.4	9.0	8.2	8.5	11.2
C_γ（质量分数）/%	0.85	0.87	1.03	1.29	1.22

此外，从表3-1-31还可以看出，29MnCrNiMoAl2及29Mn2Cr2Al2钢中残余奥氏体中的碳含量明显高于前三者的组织中残余奥氏体中的碳含量，其主要原因在于前三种贝氏体钢经完全奥氏体化后，奥氏体中的碳含量为自身的平均碳含量；而29MnCrNiMoAl2及29Mn2Cr2Al2贝氏体钢未完全奥氏体化，奥氏体化过程中既存在碳含量较高的奥氏体，也存在部分碳含量较低的块状铁素体，从而使奥氏体中的碳含量高于钢的平均碳含量。在相变过程中，块状铁素体中的碳含量不变，而贝氏体生成过程中的碳逐渐向未转变奥氏体中富集，进一步提升了组织中残余奥氏体中的碳含量。因此，在含有块状铁素体的贝氏体钢中，残余奥氏体中的碳含量高于前三种贝氏体钢中残余奥氏体的碳含量。

图3-1-83给出了五种贝氏体轨钢的工程应力-应变曲线，以及瞬时加工硬化指数随真应变的变化曲线，对应的常规力学性能见表3-1-32。五种贝氏体钢的应力随着应变增加而达到其抗拉强度后，并未立即降低，而是随应变增加而继续保持较高的强度水平。对五种等温贝氏体钢的性能对比可以发现，29MnSiCrNiMo、30MnSi2CrNiMo和29MnSiCrNiMoAl贝氏体钢的抗拉强度能够达到1425~1548MPa，而29MnCrNiMoAl2和29Mn2Cr2Al2贝氏体钢的抗拉强度较低，仅为1216MPa及1253MPa。但不同贝氏体钢的伸长率较为接近，均为17%左右。此外，值得注意的是，29MnSiCrNiMo、30MnSi2CrNiMo和29MnSiCrNiMoAl贝氏体钢的均匀伸长率在6%~10%之间；而29MnCrNiMoAl2和29Mn2Cr2Al2贝氏体钢的均匀伸长率在5%~6%之间，低于前三种贝氏体钢的均匀伸长率。同时，前三种无块状铁素体的贝氏体钢的加工硬化指数在0.13~0.19之间，也高于后两种含块状铁素体的贝氏体钢。因此，从组织结构可以推测，组织中块状铁素体在弱化贝氏体钢强度、硬度的同时，也降低了其加工硬化能力以及抵抗均匀塑性变形的能力。

随着真应变的增加，所有试样的瞬时加工硬化指数均明显下降。当真应变小于0.01时，五种贝氏体钢的瞬时加工硬化指数较为接近；当真应变超过0.01后，五种贝氏体钢的瞬时加工硬化指数则相差较大。对比可以看出，含有块状铁素体相的29MnCrNiMoAl2及29Mn2Cr2Al2贝氏体钢的瞬时加工硬化指数明显小

于前三种贝氏体钢的瞬时加工硬化指数。此外，随真应变增加，五种贝氏体钢均出现加工硬化平台，且 29MnCrNiMoAl2 及 29Mn2Cr2Al2 贝氏体钢仅在真应变仅达到 0.025 时即出现加工硬化平台。

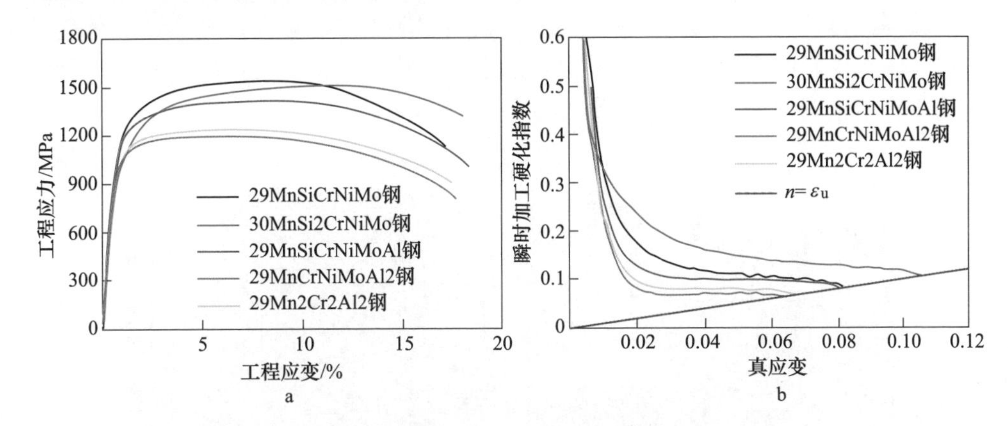

图 3-1-83 五种贝氏体钢的力学性能

a—工程应力-应变的关系；b—瞬时加工硬化指数随真应变的变化

表 3-1-32 五种贝氏体钢等温相变处理后的常规力学性能

钢种	硬度（HRC）	屈服强度/MPa	抗拉强度/MPa	伸长率/%	面缩率/%	屈强比	均匀伸长率/%	加工硬化指数（n）
29MnSiCrNiMo	46.3	1102	1548	17.6	20.6	0.71	7.96	0.15
30MnSi2CrNiMo	45.0	951	1520	17.2	14.5	0.63	9.78	0.19
29MnSiCrNiMoAl	43.3	1052	1425	17.5	21.7	0.74	6.66	0.13
29MnCrNiMoAl2	40.4	990	1216	16.6	23.1	0.81	5.46	0.10
29Mn2Cr2Al2	40.1	994	1253	16.9	21.8	0.79	5.69	0.11

瞬时加工硬化指数随真应变的变化曲线与曲线 $n=\varepsilon_u$ 的交点为试样在拉伸过程中发生颈缩时对应的真应变，该交点的真应变越小，则钢越容易发生颈缩，进而导致试样断裂。对贝氏体钢试样发生颈缩时的真应变分析可以发现，五种贝氏体钢出现缩颈时的真应变相差较大，29MnSiCrNiMo 及 29MnSiCrNiMoAl 贝氏体钢缩颈时的真应变较为接近，为 0.082；30MnSi2CrNiMo 贝氏体钢缩颈时的真应变最大，为 0.106；而 29MnCrNiMoAl2 及 29Mn2Cr2Al2 贝氏体钢缩颈时的真应变较小，约为 0.064。

在贝氏体钢中，残余奥氏体以薄膜状或者块状形式存在，而薄膜状残余奥氏体中的碳含量较块状残余奥氏体中的碳含量高，稳定性较强。在拉伸变形过程中，裂纹尖端产生较大的应力集中，促使块状残余奥氏体发生 TRIP 效应，持续向马氏体转变。残余奥氏体向马氏体转变的过程中吸收裂纹扩展能量，进而在钝化裂纹扩展的前提下，保证了钢在较高的应变条件下还能够维持较高的加工硬化指数。而对于块状残余奥氏体，其稳定性较差，裂纹尖端的块状残余奥氏体转变成高碳马氏体，大量的马氏体生成后导致其周围形成大的应变，并且难以有效实现与周围基体间的应力配分，导致裂纹易沿着块状奥氏体界面扩展，进而形成较多的垂直于主裂纹的二次裂纹，如图 3-1-84 所示。

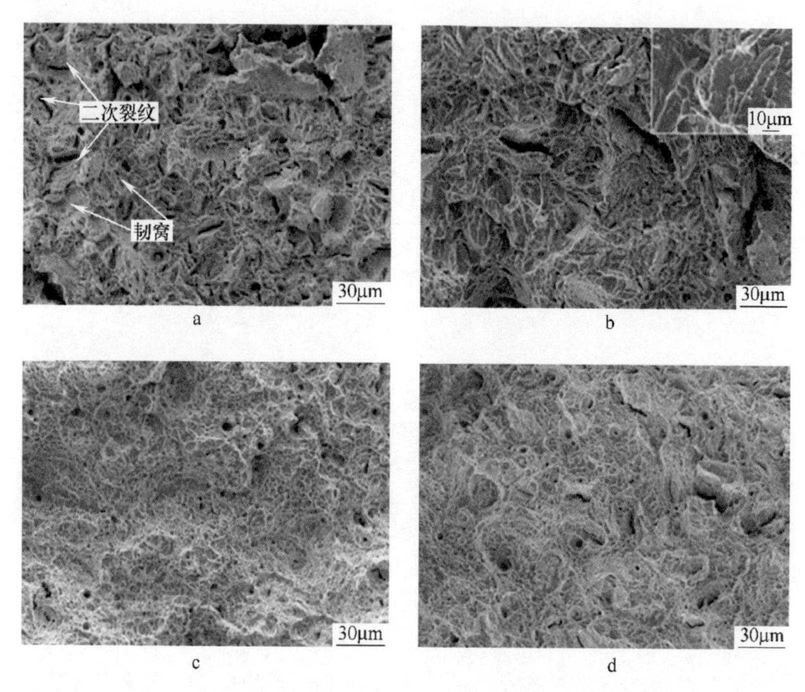

图 3-1-84　贝氏体钢等温相变处理后的拉伸断口形貌

a—29MnSiCrNiMo 钢；b—30MnSi2CrNiMo 钢；c—29MnCrNiMoAl2 钢；d—29Mn2Cr2Al2 钢

此外，除图 3-1-84b 中所示的 30MnSi2CrNiMo 贝氏体钢试样拉伸断口外，其他四种贝氏体钢拉伸断口主要以韧窝、二次裂纹为主，其中二次裂纹边缘以撕裂形式扩展，且断口形貌中较大的韧窝边缘则围绕一些小韧窝；并且从 29MnCrNiMoAl2 与 29Mn2Cr2Al2 贝氏体钢拉伸断口形貌可以看出，二者断口中的韧窝尺寸更加细小。对 30MnSi2CrNiMo 贝氏体钢拉伸断口分析可以看出，其断口形貌则以准解理断裂为主，存在大量的准解理小刻面以及撕裂棱，处于解理断裂与韧窝断裂之间，如图 3-1-84b 以及其中的局部放大图所示。虽然几种贝氏体钢的断口形貌差别较大，但从表 3-1-32 的伸长率结果可以看出，几种贝氏体钢的伸长率相当，均在 16%~18%之间。

2　轨道用超细贝氏体钢的组织和性能

通过改变钢中锰、铬、硅、铝等元素的含量，设计了多种可用于制造铁路轨道的中低碳超细贝氏体钢，基于相变工艺进行微观组织和力学性能调控，利用OM、SEM、TEM、EBSD、XRD等先进技术手段对微观结构单元进行了多尺度表征，重点对其高的强韧化匹配、优异的耐磨性、耐腐蚀和抗疲劳性能机理进行了解析，对其较好的可焊性也进行了简单介绍。与现有文献报道的新型钢种研究成果相比，本书作者团队获得的中低碳超细贝氏体钢表现出了强度和塑性匹配更为良好的综合力学性能，如图3-2-1所示。

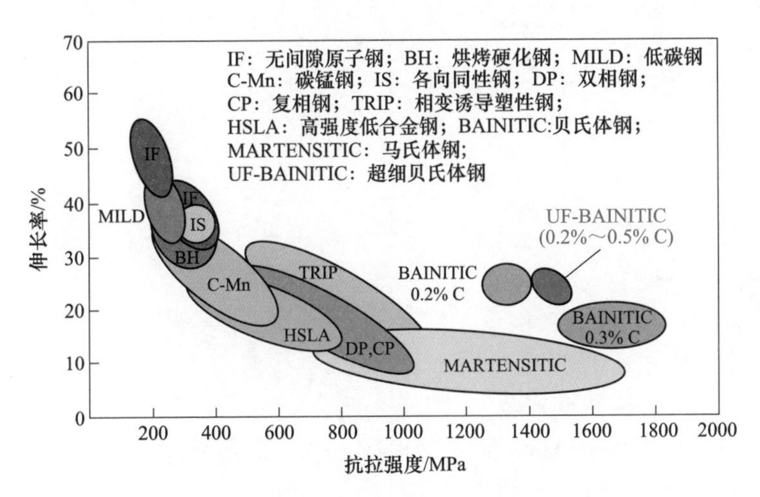

图3-2-1　中低碳超细无碳化物贝氏体钢与其他相近成分高强钢的抗拉强度和伸长率的对比

本章所涉及的超细贝氏体钢的化学成分见表3-2-1，下面将分别对这些贝氏体钢开展相关研究。根据贝氏体相变特点，微观组织的调控工艺主要涉及两种，即贝氏体转变温度和贝氏体转变时间，其中贝氏体转变温度的热处理工艺控制涉及一阶贝氏体等温转变、二阶贝氏体等温转变和变温连续冷却转变。针对不同成分的超细贝氏体钢，对其力学性能、疲劳性能、抗断裂能力、耐蚀性能以及可焊接性进行研究，阐明微观组织对各项性能的影响机理，最终确定出超细贝氏体钢的最优热处理工艺方案。

表 3-2-1　铁路轨道用超细贝氏体钢的化学成分　（质量分数,%）

钢种	C	Al	Mn	Si	Cr	Ni	Mo	W
34MnSiCrNiMoAl	0.34	0.71	1.52	1.48	1.15	0.93	0.40	—
30MnSi2CrNiMo	0.30	—	1.62	2.23	1.20	0.41	0.39	—
30Mn2SiCrNiMoAl	0.30	0.98	2.17	1.12	1.19	0.23	0.24	—
30MnSiCrNiMoAl	0.30	0.48	1.58	1.44	1.13	0.45	0.40	—
29MnSiCrNiMoAl	0.29	0.83	1.62	1.09	1.16	0.41	0.39	—
29MnCrNiMoAl2	0.29	1.77	1.62	0.11	1.20	0.41	0.38	—
29MnSiCrNiMo	0.29	—	1.54	1.44	1.40	0.69	0.41	—
29Mn2Cr2Al2	0.29	1.84	2.06	0.03	1.75	0.03	0.02	—
28Mn2SiCrNiMoAl	0.28	1.19	1.96	0.67	1.62	0.34	0.23	—
27Mn2SiCrNiMoAl	0.27	0.62	1.90	1.27	1.21	0.44	0.49	—
24MnSi2CrNiMo	0.24	—	1.68	2.12	1.20	0.56	0.41	—
24MnSiCrNiMoAl	0.24	0.65	1.76	1.44	1.48	0.75	0.39	—
26Mn2Si2Cr2NiWAl	0.26	1.34	1.74	1.83	1.62	0.41	—	1.0
49MnSiCrNiMoAl	0.49	0.57	1.62	1.60	1.28	0.34	0.39	—
35MnSiCrNiMoAl	0.35	0.76	1.52	1.48	1.15	0.93	0.40	—

2.1　微观组织

2.1.1　贝氏体转变动力学

微观组织结构与贝氏体相变特性息息相关，其相关的调控工艺需从贝氏体相变动力学入手。贝氏体一般为中温区转变产物，图 3-2-2 为 34MnSiCrNiMoAl 超细贝氏体钢在中温的 TTT 曲线，贝氏体转变温区为 310~425℃。380℃附近贝氏体等温转变时具有最短的孕育期，随着转变量的增加，鼻尖温度有降低趋势，这是由于在较高温度等温转变时，随着贝氏体的转变，未转变奥氏体的含碳量增加，使得未转变奥氏体的 M_s 点降低，贝氏体转变的鼻尖温度也随之降低。按照贝氏体转变温度的高低，可将鼻尖温度以上转变得到的贝氏体组织称为上贝氏体，鼻尖温度以下转变得到的贝氏体组织称为下贝氏体，将 M_s+10℃温度以下等温以及连续冷却转变得到的贝氏体组织定义为低温超细贝氏体。

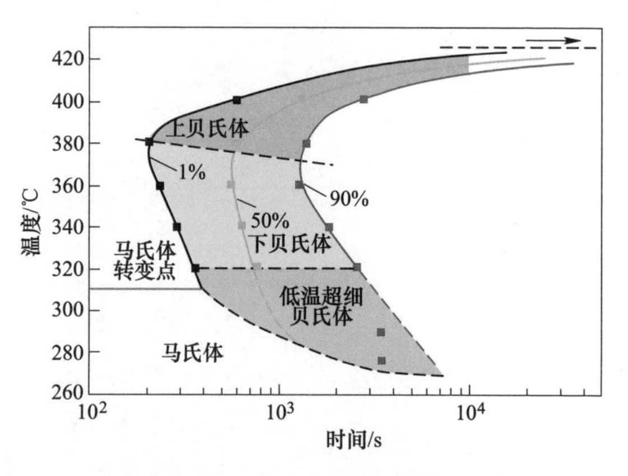

图 3-2-2　34MnSiCrNiMoAl 钢贝氏体相变区的 TTT 曲线

利用高温金相显微镜和相变膨胀仪可以更好地探究贝氏体转变的过程细节。

图 3-2-3 给出了 34MnSiCrNiMoAl 钢在 395℃和 320℃的贝氏体等温转变过程，得到的组织分别为无碳化物上贝氏体和低温超细贝氏体。利用热膨胀仪测量得到的无碳化物上贝氏体和下贝氏体的孕育期分别为 385s 和 70s，比与其对应的高温金相观察到的 105s 和 60s 要长很多。这主要是由于膨胀仪为宏观测量试样的整体变化，而高温金相则是微观试样表面的观察，在刚有一个或几个贝氏体铁素体片条形成时，不足以引起膨胀仪的明显变化；且试样从高温降到低温时，试样表面最先达到相变温度。此外，奥氏体向贝氏体转变为体积膨胀的过程，自由表面更易于相变的进行，因此造成膨胀仪测得的贝氏体初始转变的时间较高温金相观察到的要滞后一些。而 395℃等温下的孕育期较高温金相观察到的长很多，320℃等温下的孕育期却与高温金相观察到的相差不多，这表明上贝氏体相变引起的应变较下贝氏体的要小，宏观膨胀的累积应变量比下贝氏体需更长的等温时间以获得更多的上贝氏体转变量。在等温时间分别达到 47min 和 34min 时，无碳化物上贝氏体和下贝氏体均获得充分的转变，对应各自时间下的高温金相得到的试样表面也基本全被贝氏体组织所覆盖。这表明在 395℃等温和 320℃等温 60min 即可使试验用钢获得转变较充分的无碳化物上贝氏体和下贝氏体。从图 3-2-3b 给出的 320℃等温 1min 的高温金相图片中可看出，无碳化物下贝氏体中贝氏体铁素体不仅在原奥氏体晶界上形核，在晶内也有形核。

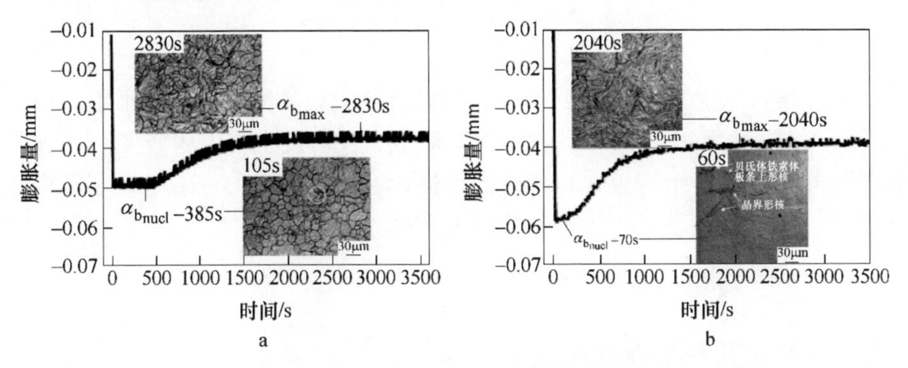

图 3-2-3　34MnSiCrNiMoAl 钢在不同温度等温转变过程中膨胀量变化和贝氏体相变的原位观察

（$\alpha_{b_{nucl}}$代表贝氏体铁素体开始生长的时间，即孕育期；$\alpha_{b_{max}}$代表贝氏体转变最大量所需时间；

图 a 高温金相图片中的白色圆圈为初生的贝氏体铁素体）

a—395℃；b—320℃

320～290℃低温连续冷却转变过程中的膨胀曲线和在冷却过程中不同温度下观察得到的原位高温金相组织，如图 3-2-4 所示。变温冷却得到的超细贝氏体相变主要经历短暂孕育、爆发形核和缓慢长大三个阶段。319℃之前没有贝氏体铁素体产生，孕育期时长在 144s，说明贝氏体形核之前具备扩散相变的特征。贝氏体转变开始于 319℃，随后经过 996s 的快速转变，温度降到 310℃时组织中已形成大量贝氏体铁素体，表面浮凸明显，故贝氏体相变拥有快速切变形核特性；从

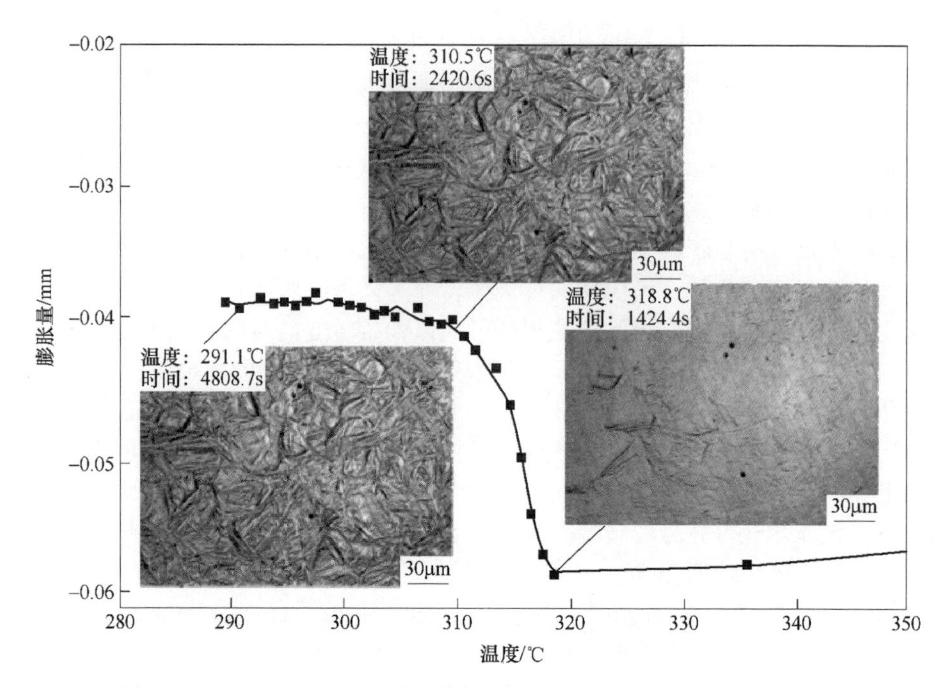

图 3-2-4　34MnSiCrNiMoAl 贝氏体钢在 320~290℃连续冷却转变过程中膨胀量变化及原位高温金相组织

310℃降到 290℃温度区间，贝氏体铁素体缓慢长大，膨胀曲线变化很小。在此温度区间连续转变过程中一直在发生贝氏体转变，没有发生马氏体转变。这表明在低温连续冷却条件下组织中未转变奥氏体的动态 M_s' 点降低的速度比温度降低的速度更快，从而保证了贝氏体转变的持续进行。

2.1.2　微观组织的多尺度表征

2.1.2.1　OM 和 XRD 表征

贝氏体钢在不同的等温温度下可获得不同形貌的贝氏体组织，图 3-2-5 给出了 34MnSiCrNiMoAl 钢经不同温度进行贝氏体转变后的 OM 微观组织。奥氏体化处理工艺均为 930℃×1h，等温时间均为 2h。根据图 3-2-2 可知，300℃等温转变是在低于 M_s 温度转变，首先会生成一定量马氏体，继而发生贝氏体转变，最后有一部分未转变的奥氏体被保留下来，成为残余奥氏体，所以组织由马氏体、贝氏体铁素体和残余奥氏体组成。320℃等温转变是在 M_s 点以上较低温度进行，组织由较细的针状贝氏体和薄膜状的残余奥氏体组成。360℃等温转变后的组织也由针状贝氏体和残余奥氏体组成，但是贝氏体铁素体组织比 320℃等温转变得到的组织较粗，残余奥氏体呈片状形态。在 395℃等温转变 2h 时，贝氏体束更为粗大，呈羽毛状。

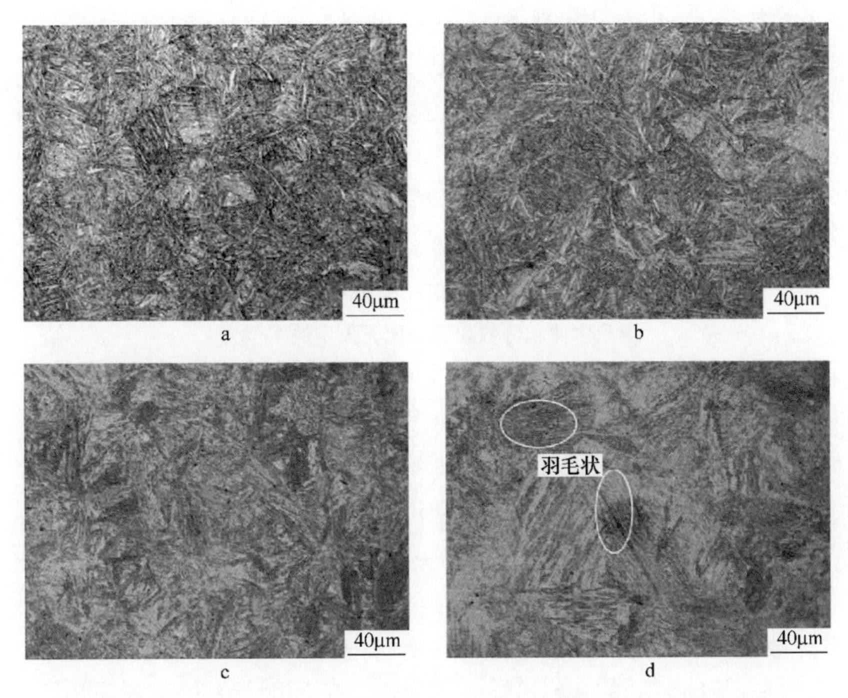

图 3-2-5 34MnSiCrNiMoAl 贝氏体钢经不同热处理工艺处理后的金相组织

a—300℃；b—320℃；c—360℃；d—395℃

34MnSiCrNiMoAl 贝氏体钢在不同热处理后的 X 射线图谱，如图 3-2-6 所示，图谱中只有体心立方和面心立方两种晶体的衍射峰，无碳化物峰，说明 34MnSiCrNiMoAl 钢经不同热处理工艺转变的组织均为无碳化物贝氏体组织。图中 CC 代表连续冷却转变，TIH 代表双阶等温转变，连续冷却转变是从 320℃ 以

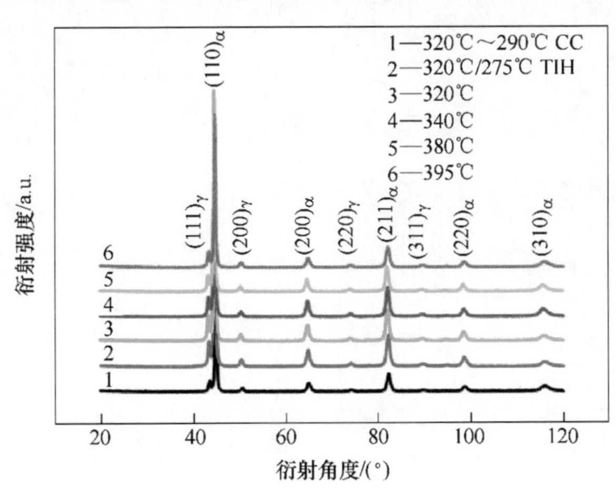

图 3-2-6 34MnSiCrNiMoAl 贝氏体钢经不同工艺热处理后的 XRD 图谱

不同的冷却速度在 1h 内冷却到 290℃或者 275℃，即 320～275℃和 320～290℃，双阶等温转变是首先在 320℃等温 20min 然后分别在 290℃和 275℃等温转变 40min，即 320℃/275℃和 320℃/290℃。依据公式计算得到不同热处理工艺后残余奥氏体的体积分数（V_{RA}）和碳在残余奥氏体中的含量（C_{RA}），结果见表 3-2-2。在各个温度等温转变完全时，得到的残余奥氏体体积分数在 9.9%到 12.0%之间，变化较小。

表 3-2-2　34MnSiCrNiMoAl 贝氏体钢经不同工艺热处理后的残余奥氏体体积分数和残余奥氏体中的 C 含量

热处理工艺	等温转变/℃							变温转变/℃			
	315	320	340	360	380	388	395	320～275	320/275	320～290	320/290
V_{RA}/%	10.4	9.9	10.3	11.9	12.0	11.5	11.1	11.5	10.3	10.0	10.9
C_{RA}（质量分数）/%	1.10	1.12	1.09	1.10	1.06	1.02	1.02	1.12	1.19	1.16	1.11

贝氏体相变具有不完全特性，在同一温度进行等温转变时，微观组织中的各相体积分数随不同等温时间而发生改变。图 3-2-7 为 28Mn2SiCrNiMoAl 钢在 320℃经不同保温时间后的金相组织。试验用钢在 320℃经 8min 保温后空冷到室温得到的微观组织中只有少量贝氏体铁素体（黑色针状）存在，这些针状贝氏体型铁素体呈一定角度聚集在一起，称为贝氏体铁素体束，其余的相则为大量的

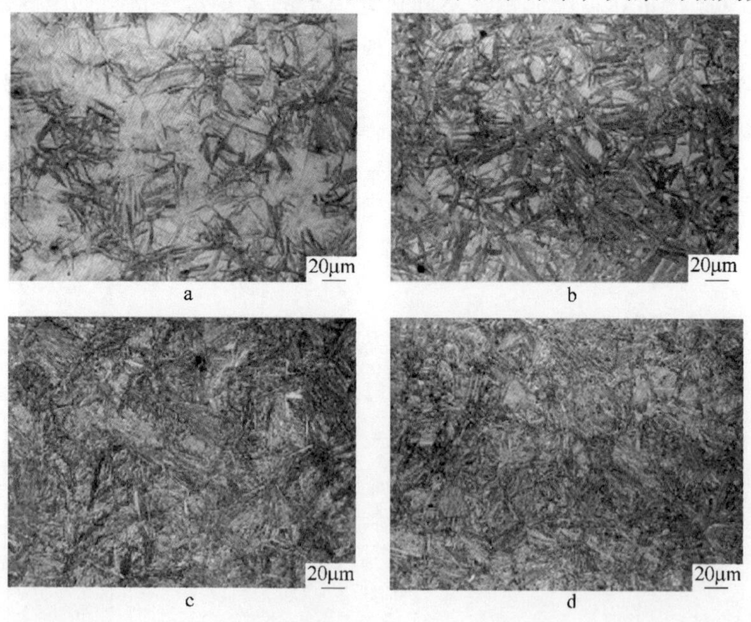

图 3-2-7　28Mn2SiCrNiMoAl 钢经 320℃保温不同时间等温淬火处理后的金相组织

a—8min；b—15min；c—84min；d—420min

马氏体（灰色）和极少量的残余奥氏体（浅色）。随等温时间继续增加，针状贝氏体铁素体的体积分数逐渐增加，马氏体体积分数相应减少。当等温时间达到84min后，黑色的针状贝氏体铁素体束几乎布满了整个金相图片，只有少量浅色块状残余奥氏体均匀分布在贝氏体铁素体束之间，此时的微观组织主要由贝氏体型铁素体和残余奥氏体两相构成。此外，由于在等温淬火后空冷到室温的过程中，可能有一小部分剩余奥氏体转变成了马氏体，因此，微观组织中还可能存在少量马氏体。但是，与前两者的体积分数相比，马氏体占比很小，可忽略不计。随着等温时间的进一步增加，微观组织基本保持不变，表明28Mn2SiCrNiMoAl钢经320℃保温84min等温淬火处理后，贝氏体转变基本完成。

为了明确组织中残余奥氏体以及其中的碳含量随等温温度和保温时间的变化规律，利用XRD对不同等温淬火状态下残余奥氏体的体积分数以及其中的碳含量进行了定量分析，如图3-2-8所示。当等温温度为320℃时，随等温时间从30min增加到84min的过程中，残余奥氏体的体积分数从6.7%增加到了12.3%，表现出急剧增加的趋势。随等温时间的继续增加，残余奥氏体的体积分数在达到12.5%后，变化趋势平缓。这主要是由于保温时间达到84min之后，随等温时间的延长贝氏体转变不再继续，从而导致残余奥氏体的体积分数随着保温时间的增加不再发生变化。随等温温度从300℃增加到350℃，组织中的残余奥氏体体积分数亦随之增加，这主要与贝氏体的相变驱动力随等温温度的增加而降低有关。

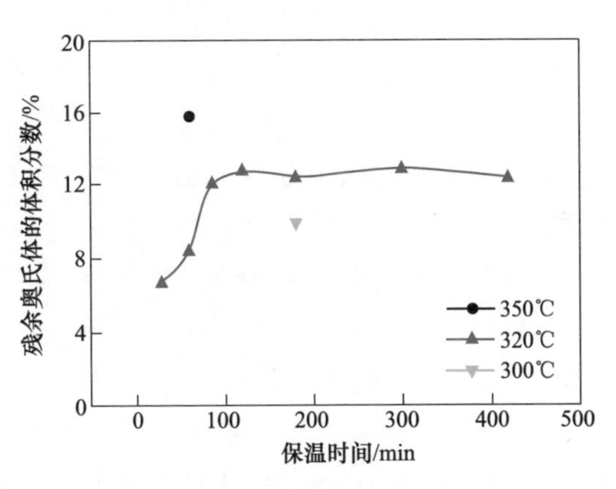

图3-2-8 28Mn2SiCrNiMoAl钢在不同等温温度下经不同等温时间淬火处理后残余奥氏体的体积分数

由图3-2-9可以看出，当等温温度为320℃时，随等温时间的增加，残余奥氏体中的碳含量表现出与残余奥氏体体积分数相似的变化规律：当等温时间从30min增加到84min时，残余奥氏体中的碳含量从1.3%增加到了1.6%，随等温时间的继续增加，残余奥氏体中的碳含量基本保持不变。随着贝氏体转变的进行，大量的碳被转移到贝氏体铁素体周围的母相奥氏体中，增加了这些奥氏体的碳含量，当冷却到室温时，碳含量较高的奥氏体被保留了下来。因此，随着等温时间的增加，残余奥氏体中的碳含量呈增加的趋势。随等温时间的继续增加，贝氏体转变基本完成，碳元素的再配分过程也随之结束。因此，残留到室温的奥氏体中的碳含量基本保持不变。对于三种等温温度下的试样而言，320℃等温淬火试样中残余奥氏体的碳含量最高，350℃等温淬火试样中残余奥氏体的碳含量最低，300℃等温淬火试样中残余奥氏体的碳含量则位于前两者之间。这可能是由于在较低的等温温度下贝氏体转变量较高，因此转移到奥氏体中的碳含量就较高。但如果等温温度太低，贝氏体转变过程中碳原子的扩散能力下降，从而引起残余奥氏体中的碳含量再次降低。

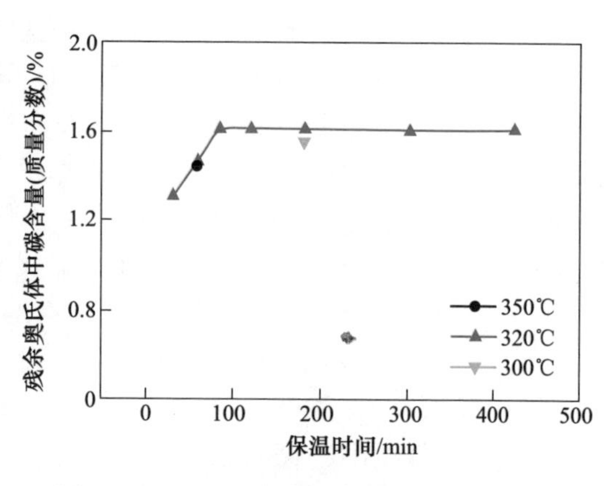

图 3-2-9　28Mn2SiCrNiMoAl 钢在不同温度下经不同保温时间等温淬火处理后残余奥氏体中的碳含量

从图 3-2-7 可知，在同一等温温度不同等温时间下获得的微观组织中通常会包含贝氏体、马氏体和残余奥氏体，尽管在普通黑白金相中可以利用腐蚀颜色的深浅来鉴别贝氏体和马氏体，但这种方法并不严谨。相反，若能找到合适的腐蚀剂，则可以利用彩色金相法对贝氏体钢微观组织中的各相进行有效区分。将 26Mn2Si2Cr2NiWAl 贝氏体钢进行 930℃保温 30min 的奥氏体化处理后，分别以七种不同方式进行处理：空冷，水冷，淬火到 320℃的盐浴中分别保温 1h、2h、5h、17h 和 48h。其中，空冷正火试样得到完全的贝氏体组织，水淬试样得到完全的马氏体组织。采用两种不同的彩色金相腐蚀剂进行对比试验，所用的 Lepera 试剂是偏重亚硫酸钠溶液和苦味酸溶液的混合液，其组成为 10g/L 的偏重亚硫酸钠的水溶液与 40g/L 的苦味酸乙醇溶液按 1∶1 混合；硫代硫酸钠和苦味酸的混合试剂为 1%硫代硫酸钠溶液和 4%苦味酸溶液的混合试剂。首先用 2%的硝酸酒精对试样进行预腐蚀，然后再用彩色金相腐蚀剂进行腐蚀。

水淬试样组织相对简单只含有马氏体+残余奥氏体，因此以该试样的金相照片为对比照片确定出临界腐蚀时间为 10s。图 3-2-10a 为水淬试样经 Lepera 试剂及硫代硫酸钠和苦味酸的混合试剂腐蚀后的金相照片，图中白色部分是马氏体相和残余奥氏体相，图 3-2-10b 中棕色部分是马氏体相。

26Mn2Si2Cr2NiWAl 贝氏体钢等温淬火和正火试样经过 Lepera 试剂及硫代硫酸钠和苦味酸的混合试剂腐蚀后的金相组织，如图 3-2-11 和图 3-2-12 所示。图 3-2-11 中，棕色部分为贝氏体铁素体相，白色部分是马氏体相和残余奥氏体相。图 3-2-12 中蓝色部分是贝氏体铁素体相，棕色部分是马氏体相，白色部分为残余奥氏体相。可以看出，320℃等温淬火和正火试样大多为多相组织，即贝氏体、马氏体和残余奥氏体。随等温时间的增加，棕色区域的贝氏体铁素体

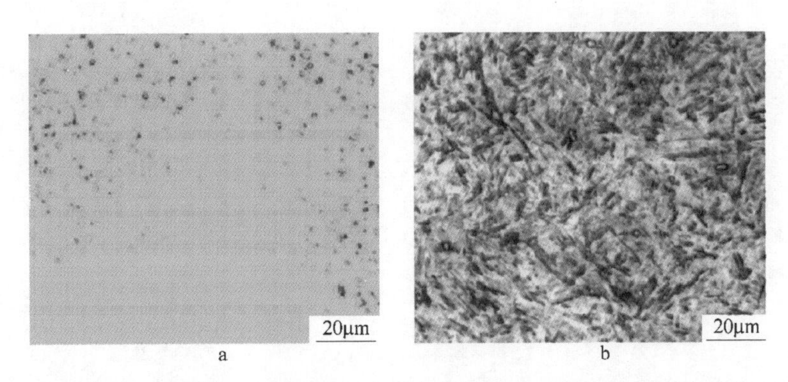

图 3-2-10 不同腐蚀剂腐蚀后的水淬 26Mn2Si2Cr2NiWAl 贝氏体钢组织

a—Lepera 试剂；b—硫代硫酸钠和苦味酸的混合试剂

所占的面积逐渐增大。硫代硫酸钠和苦味酸的混合试剂腐蚀的效果不太理想。贝氏体铁素体的颜色虽然都是蓝色，但是颜色的深浅有区别，这与试验钢的腐蚀时间有关。

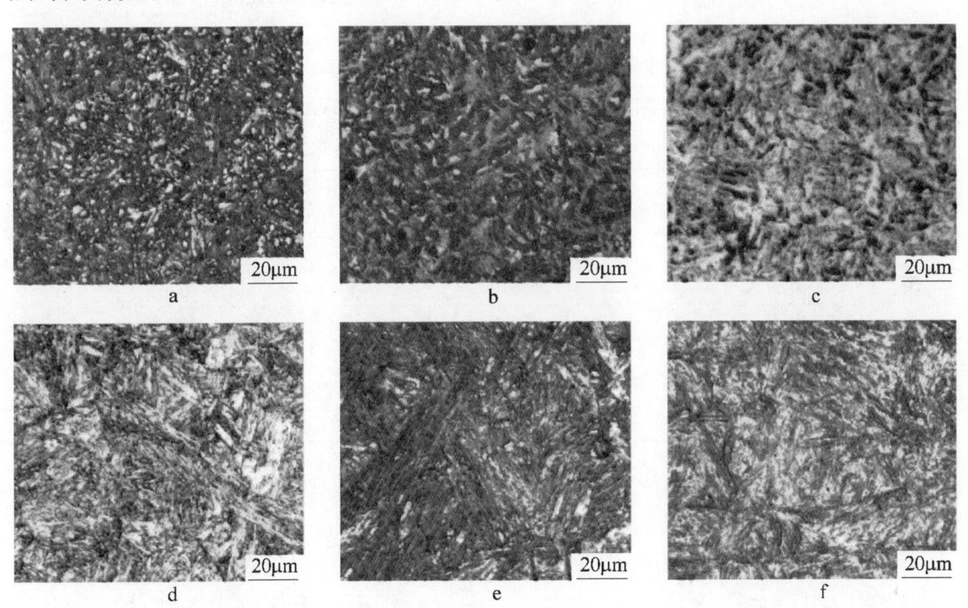

图 3-2-11 等温淬火和正火 26Mn2Si2Cr2NiWAl 贝氏体钢经 Lepera 试剂腐蚀后的金相组织

a—等温 1h；b—等温 2h；c—等温 5h；d—等温 17h；e—等温 48h；f—正火

通过二值法对不同试样的金相照片进行分析、计算，得出贝氏体铁素体组织的体积分数，结果见表 3-2-3。由此表可知，利用两种腐蚀剂表征的彩色金相组织中贝氏体铁素体体积分数的计算结果基本相同，表明这两种腐蚀方法均可在多相组织中较为准确地鉴别出贝氏体铁素体。

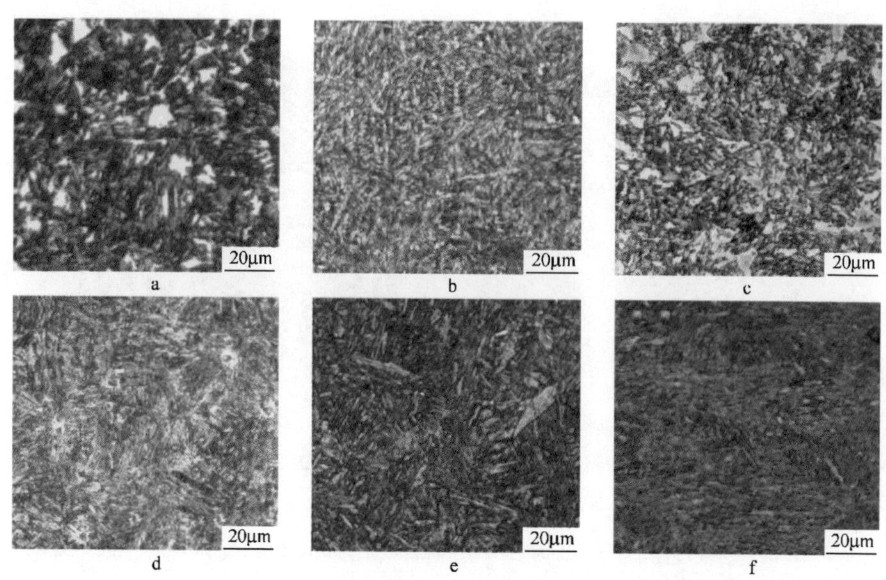

图 3-2-12　等温淬火和正火 26Mn2Si2Cr2NiWAl 贝氏体钢经硫代硫酸钠和苦味酸溶液腐蚀后的金相组织

a—等温 1h；b—等温 2h；c—等温 5h；d—等温 17h；e—等温 48h；f—正火

表 3-2-3　等温淬火和正火 26Mn2Si2Cr2NiWAl 贝氏体钢经不同试剂腐蚀后的贝氏体铁素体体积分数　(%)

热处理工艺	贝氏体铁素体体积分数	
	Lepera 试剂	硫代硫酸钠和苦味酸的混合试剂
320℃等温 1h	48.9	49.1
320℃等温 2h	66.2	65.4
320℃等温 5h	77.6	75.6
320℃等温 17h	82.2	90.1
320℃等温 48h	90.1	93.3
正火	87.5	89.3

表 3-2-4 为通过彩色金相和 XRD 衍射图谱（见图 3-2-13）计算得到的 320℃等温 1h 的 26Mn2Si2Cr2NiWAl 贝氏体钢中各相的体积分数。由此表可知，两种腐蚀方法和 XRD 计算得到的各相含量基本吻合，这说明利用彩色金相法表征贝氏体钢微观组织，并结合 XRD 测试方法，定量计算出贝氏体钢中各相的体积分数是切实可行的。

表 3-2-4　320℃等温 1h 后 26Mn2Si2Cr2NiWAl 贝氏体钢中各相的体积分数(%)

相	贝氏体铁素体	马氏体	残余奥氏体
Lepera 试剂	48.9	41.5	9.5
硫代硫酸钠+苦味酸的混合试剂	49.1	41.0	9.8
XRD	90.3		9.7

2.1.2.2 EBSD 表征

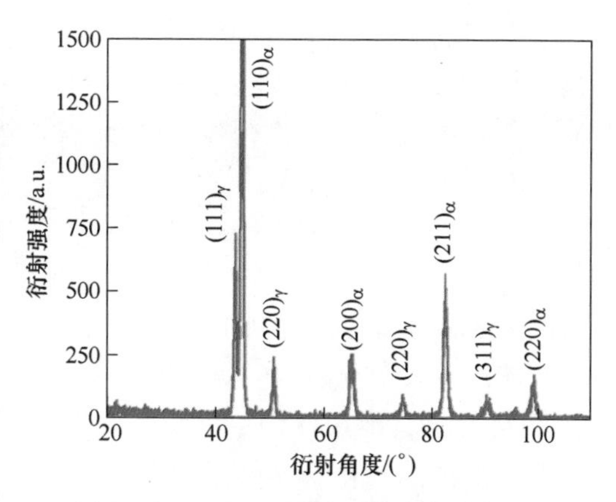

图 3-2-13 26Mn2Si2Cr2NiWAl 贝氏体钢经 320℃等温 1h 处理后 XRD 图谱

传统贝氏体钢可通过碳化物的析出位置来区分上、下贝氏体，无碳化物贝氏体钢由于添加了抑制碳化物析出的元素硅和/或铝，造成其组织中没有碳化物，故上、下贝氏体的区分需根据贝氏体相界面错配角分布来决定。图 3-2-14 给出了利用 EBSD 技术得到等温转变、变温转变工艺的贝氏体相界面错配角分布，以此确定了在 34MnSiCrNiMoAl 钢中获得上贝氏体、下贝氏体的温度区间和相应的热处理工艺。通过对错配角统计后发现，对于 388℃等温得到的组织，小错配角（<10°）所占比例较大，而大角度错配角（60°）所占比例较小，说明其为上贝氏体组织。试样经 380℃等温转变后错配角为 60°所占比例较大，错配

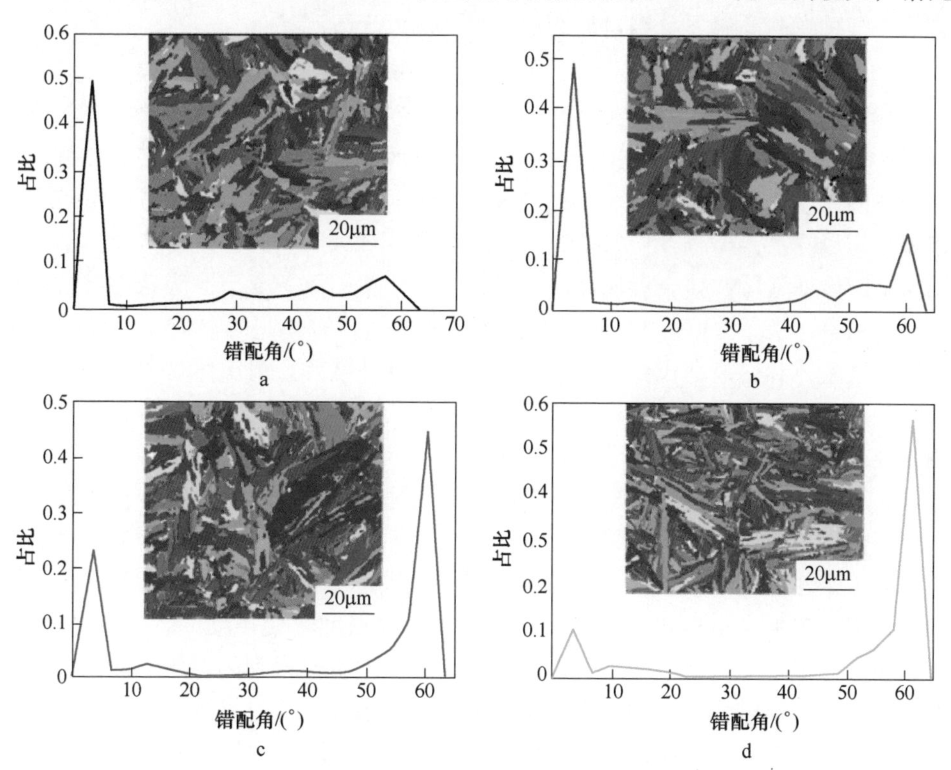

图 3-2-14 34MnSiCrNiMoAl 钢经不同热处理工艺处理后获得贝氏体组织的错配角分布图

a—395℃；b—388℃；c—380℃；d—320~290℃连续冷却转变

角小于10°所占比例较小。并且，观察320~290℃连续冷却转变后的错配角分布发现，其大角度错配角比例所占最多，说明两者均具有下贝氏体形态。将不同热处理工艺得到的大于50°和小于20°的错配角比例绘制成图3-2-15所示的柱状图，连接线的交点定义为获得34MnSiCrNiMoAl钢上贝氏体、下贝氏体组织的分界点，即385℃，这与通过TTT曲线测得的鼻尖温度相同（见图3-2-2）。

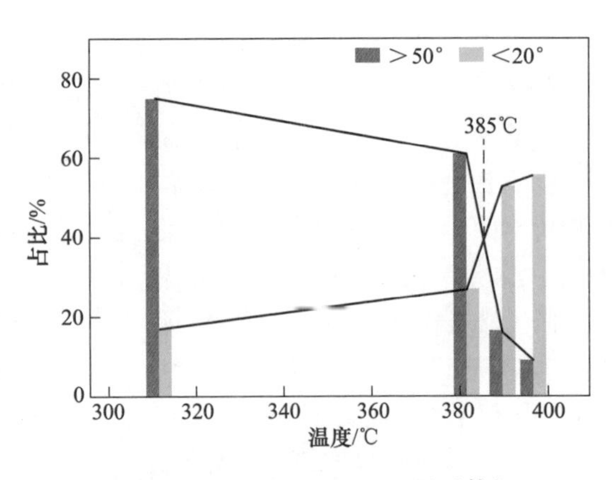

图3-2-15　34MnSiCrNiMoAl贝氏体钢错配角的柱状分布图

同为下贝氏体组织的情况下，380℃等温转变时，小角度错配角所占比例较320~290℃连续转变得到的组织多；这是由于380℃转变温度较高，转变时先形成下贝氏体组织，伴随着转变的发生，剩余奥氏体中的碳含量增加使其鼻尖温度降低，继续在此高温下等温可能会形成少量上贝氏体。

2.1.2.3　TEM表征

利用金相和EBSD观察到的贝氏体组织更多地表现为贝氏体束，并不能对贝氏体铁素体进行精准的结构观察，而贝氏体钢的高强度则主要取决于贝氏体铁素体板条的厚度。利用TEM对34MnSiCrNiMoAl钢经不同热处理后的微观组织进行了观察，如图3-2-16所示。300℃、320℃和320~290℃连续冷却转变得到的组织均由贝氏体铁素体和残余奥氏体两相组成，残余奥氏体主要呈薄膜状平行分布在贝氏体铁素体板条之间。395℃等温转变得到的组织则由呈短杆状、链状排列的贝氏体铁素体和残余奥氏体组成，并且发现存在块状残余奥氏体。

利用Image-pro plus图像分析软件对贝氏体组织的尺寸进行统计和分析。利用直线截取法测量贝氏体铁素体板条厚度（t_{BF}）和残余奥氏体厚度（t_{RA}）进行统计，315~380℃区间等温转变和变温转变后的组织中贝氏体铁素体板条厚度和残余奥氏体薄膜厚度统计结果，如图3-2-17所示。随着等温温度的升高，贝氏体铁素体板条厚度随之增加。双阶等温得到的贝氏体铁素体板条相比320℃等温得到的要细。根据文献可知，其组织是由两个等温温度转变得到的，呈双峰分布，所以双阶等温转变后组织的平均尺寸小于较高温度阶段得到的组织。同时，可以看出，连续冷却转变得到的贝氏体组织最细。残余奥氏体也出现相似的规律，但在不同的相变温度区间残余奥氏体却呈现出不同的形态（见图3-2-16），其中包含超细薄膜状残余奥氏体、片状残余奥氏体和块状残余奥氏体。根据T_0曲线得知，贝氏体转变为不完全转变，当等温转变温度较高时，只有少量贝氏体得到转

图 3-2-16 34MnSiCrNiMoAl 贝氏体钢经不同热处理工艺转变后的 TEM 微观组织

a—300℃；b—320℃；c—395℃；d—320~290℃连续冷却转变

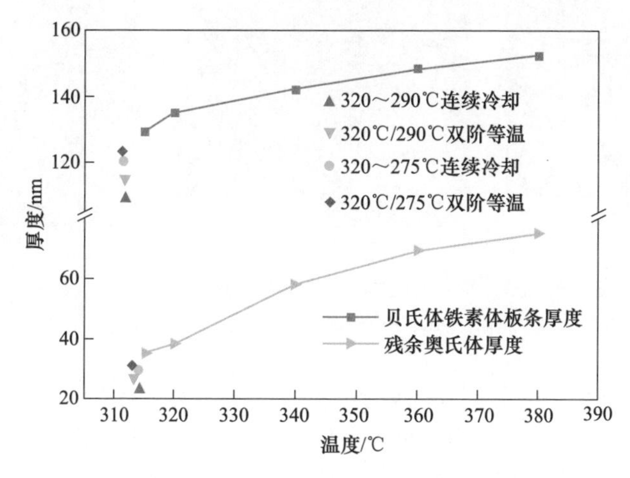

图 3-2-17 34MnSiCrNiMoAl 贝氏体钢经不同工艺热处理变后

贝氏体铁素体板条和残余奥氏体薄膜厚度与温度的关系

变，残留下较多块状奥氏体。当等温转变温度较低时（但高于 M_s 点），贝氏体转变量会增加，块状奥氏体消失，而形成薄膜状残余奥氏体。同时，降低温度，可以提高相变驱动力，阻止板条之间合并，使得贝氏体铁素体板条较细。

2.1.2.4 原位ETEM表征

TEM能够从纳米尺度表征贝氏体相变产物的形态，为了更加直观地研究贝氏体铁素体相变过程，本研究采用球差环境透射电子显微镜（ETEM）原位观察贝氏体相变过程中纳米尺度精细微观结构的演变，定量测试了贝氏体铁素体板条径向和横向长大速率。研究选用44MnSiCrNiMoAlVN钢为研究对象，具体化学成分见第3篇第1章1.6节，高温原位ETEM观察贝氏体相变的工艺流程为：以10℃/s加热到900℃保温，随后以30℃/s降温到305℃等温，原位观察贝氏体相变过程。

原位透射观察发现44MnSiCrNiMoAlVN钢降温到305℃等温时晶粒内部迅速生成两条宽度约为190nm的贝氏体铁素体板条，孕育期较短，孕育过程和相变过程有位错移动，如图3-2-18所示。继续等温，试样中其他位置出现贝氏体铁素体胚，如图3-2-18b和c中的2、3位置，可以明显看到贝氏体铁素体胚尺寸为200nm×(50~100)nm，形状为四边形长条，其内部均含有较高密度的位错。先驱贝氏体铁素体形核位置多为晶粒内部缺陷位置，后续形成的贝氏体铁素体多在相界面，甚至在两个贝氏体铁素体板条之间的奥氏体中也出现贝氏体铁素体形核现象。

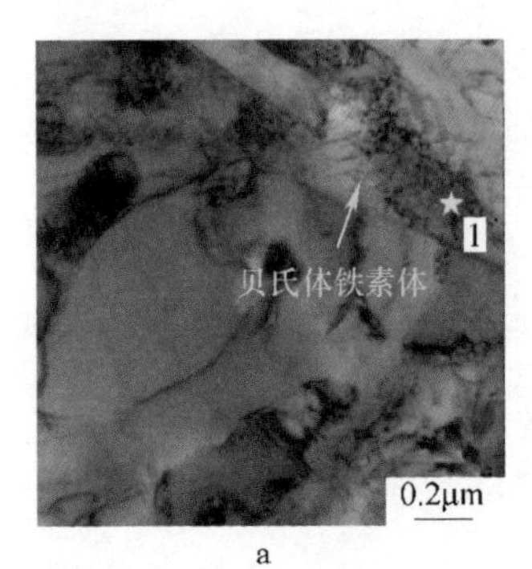

a

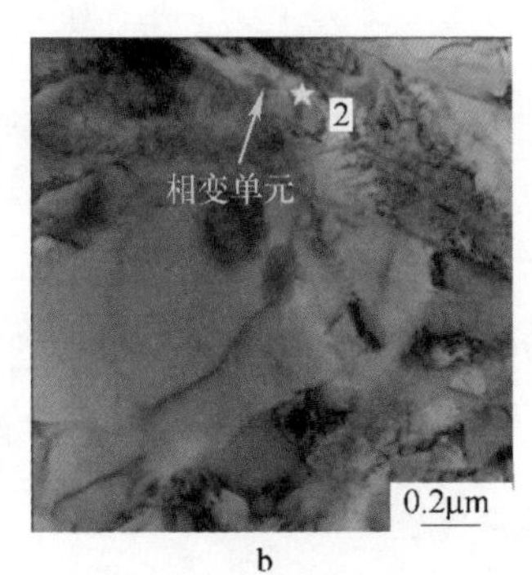

b

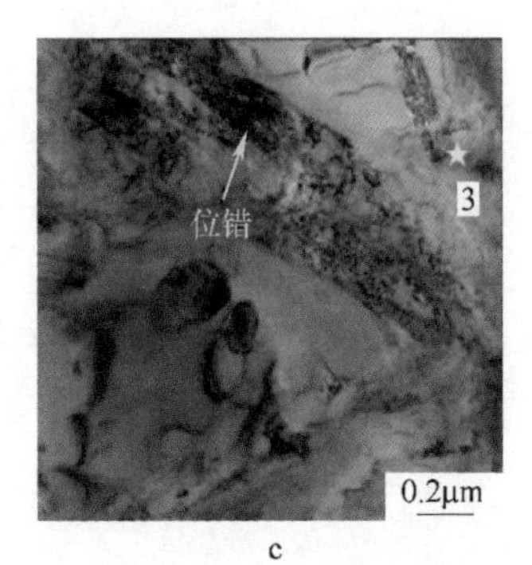

c

图3-2-18 44MnSiCrNiMoAlVN钢贝氏体铁素体晶粒内部形核和长大过程原位ETEM观察
a—相对时间0s；b—相对时间12s；c—相对时间90s

图3-2-19为两条贝氏体铁素体板条径向和横向长大过程。通过ETEM原位观察发现，在贝氏体长大过程中，贝氏体铁素体板条在径向快速增长，横向长大速率相对较慢，也就是横向长大速率低。同一形核点形成的两条贝氏体铁素体板条之间有42.8°的夹角。形成的贝氏体铁素体在径向迅速伸长后，基本保持不变，但横向方向会继续长大。观察其横向长大过程，发现贝氏体板条两侧同时向外长大，贝氏体横向移动不是完全平行的，同时在横向长大过程中可明显观察到相界面处有高密度位错存在，且有位错伴随相界面移动。

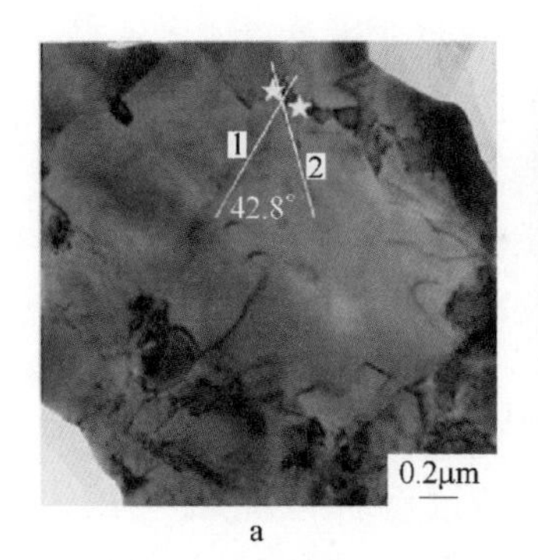

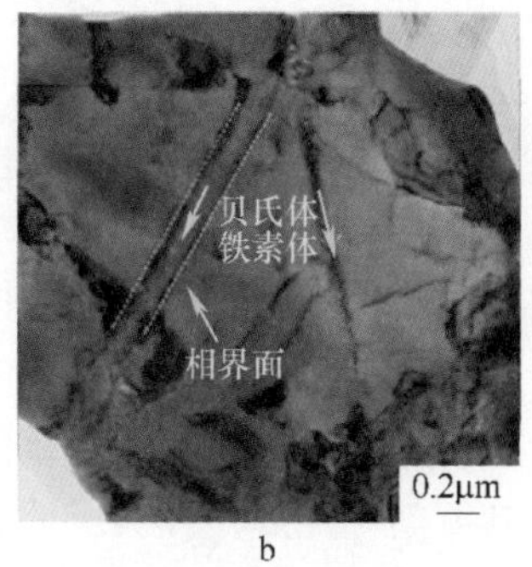

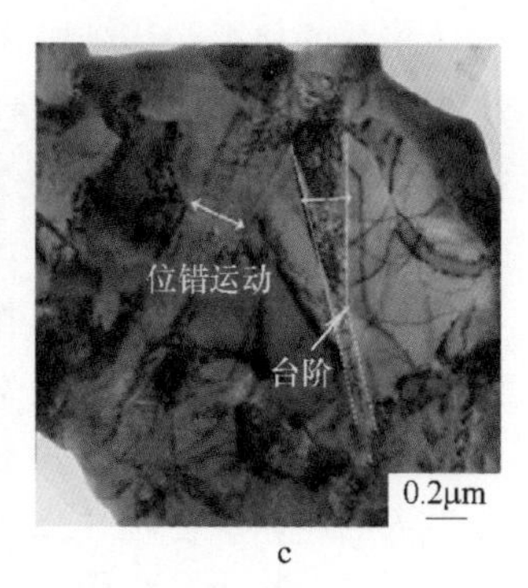

图 3-2-19　44MnSiCrNiMoAlVN 钢贝氏体铁素体长大过程原位 ETEM 观察

a—相对时间 0s；b—相对时间 12s；c—相对时间 62s

利用原位 ETEM 量化贝氏体铁素体长大速率是贝氏体相变研究很有意义的内容，除了直观准确得到贝氏体铁素体板条径向生长速率，其横向长大过程的研究也有趣。因此，原位定量测试了贝氏体铁素体板条的径向和横向长大速率，如图 3-2-20 所示。贝氏体铁素体径向长大速率约为 0. 14μm/s，而横向长大速率约为 1. 7nm/s，前者约是后者的 82 倍，表明贝氏体铁素体径向长大速率远高于横向长大速率。

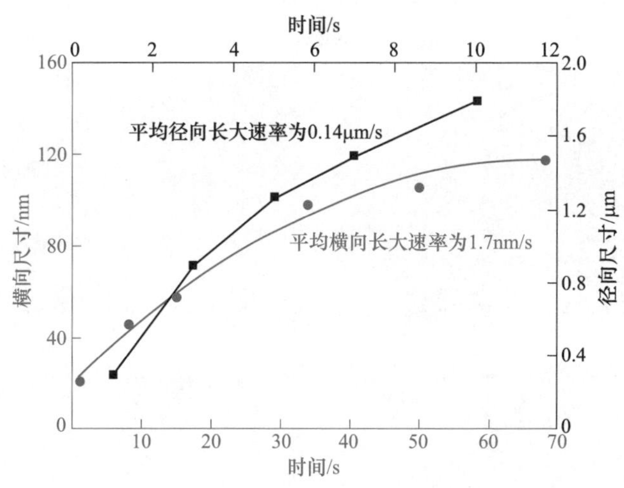

图 3-2-20　贝氏体铁素体径向和横向长大速率

贝氏体铁素体形成伴随位错移动、板条两侧同时推移且不完全平行现象（见图 3-2-19c），原始过冷奥氏体相中存在位错、亚晶等缺陷，溶质原子倾向于扩散到缺陷区域，以减少自由能。因此，在其他区域溶质浓度降低，一旦形成溶质贫瘠区，周围贝氏体铁素体单元以缺陷面为剪切面进行横向长大。同时，相变过程中不同位置相界面处的原始奥氏体相中溶质浓度和应力应变场的变化，贝氏体铁素体板条的横向长大速率不同，从而导致了贝氏体铁素体板条上常常存在台阶。贝氏体铁素体径向长大尺寸主要受晶粒尺寸和已形成贝氏体铁素体的晶粒分割尺寸约束，贝氏体铁素体板条径向长大是通过原来的亚单元尖端形成新的不稳定亚单元，而在侧面形成亚单元的数量则较少，等温保持足够的时间时，这些不稳定亚单元可以继续生长和合并，当贝氏体铁素体亚单元碰到原始奥氏体晶界及贝氏体铁素体相界面后其长大受阻。

贝氏体铁素体径向长大速率远高于横向长大速率的原因之一是：贝氏体铁素体尖端的应力应变场要高于其侧面。此外，在贝氏体相变过程中，相邻的贝氏体铁素体横向长大过程中，伴随着排碳过程，排出的碳会富集在板条之间，随着碳原子的不断富集，奥氏体的强度也会增加，进一步降低贝氏体铁素体的横向长大，试验数据也证实了这一点（见图3-2-20）。此外，横向长大前期的速率相对较快，后期出现降低的趋势。

图3-2-21为贝氏体铁素体在初始贝氏体边界形核和长大过程原位ETEM观察。贝氏体等温相变过程中，随着贝氏体铁素体长大，相互之间会出现碰撞，较薄的板条束受到粗大的板条束冲撞时，碰撞的结果就是造成粗大的贝氏体铁素体生长受阻，较薄的板条束在受碰撞区域内的基元发生相对滑移和偏转，碰撞过程同样遭到奥氏体组织的抵抗，产生应力应变，而引入位错，在相邻奥氏体相中应变诱发形核，并继续长大，形成交叉形态的贝氏体组织，如图3-2-21a、b所示。

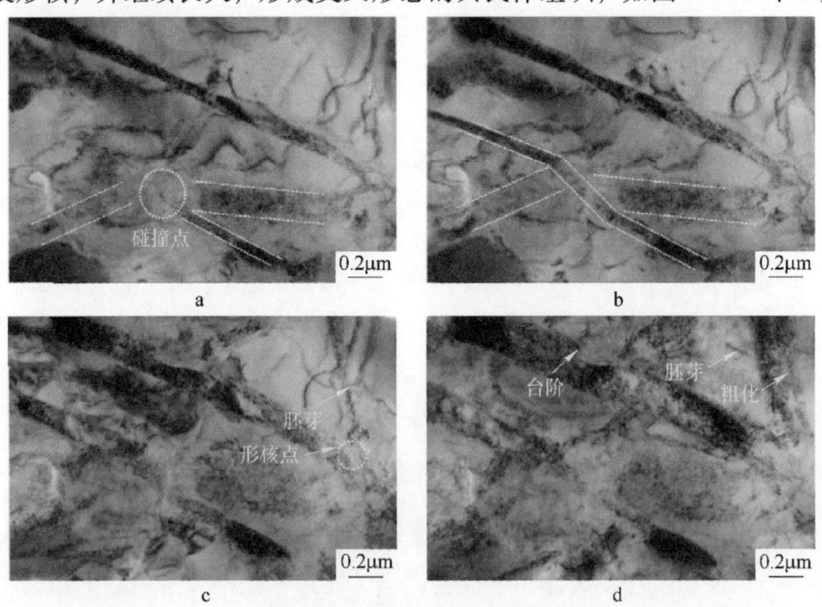

图3-2-21　44MnSiCrNiMoAlVN钢贝氏体铁素体在初始贝氏体边界形核和长大过程原位ETEM观察

a—相对时间0s；b—相对时间26s；c—相对时间48s；d—相对时间135s

在切变长大过程中，随着贝氏体铁素体板条的粗化，相变所伴随的应力应变急剧增高，由此引起的切变阻力若高于贝氏体相变驱动力，则贝氏体相变停滞。此时，在先形成的贝氏体亚单元附近，应力集中区域会形成新的贝氏体晶核，继续等温过程会在先形成贝氏体铁素体的周围有新诱发形核现象，如图 3-2-21c、d 所示。形核消耗部分应变能，获得额外相变驱动力，邻近贝氏体铁素体的长大合并，导致贝氏体组织的进一步粗化。

在贝氏体组织中有明显的贝氏体铁素体相界面存在，随着等温时间延长，受邻近贝氏体铁素体和奥氏体的相互作用相界面可能发生一定的弯曲，且在长大过程中有尺寸约为 10nm 的超细亚单元生成，如图 3-2-22 所示。对其横向长大圆圈区域位置进行衍射斑点分析可知，该区域以贝氏体铁素体为主。在贝氏体铁素体横向长大过程中，除了位错有一定的移动以外，还会有孪晶亚结构生成，如图 3-2-22c 所示，该图为 3-2-22b 虚线方框的局部放大图。此孪晶产生于贝氏体铁素体均匀切变共格纵向长大，因受周围奥氏体的限制而发生孪生协调形变，形成孪晶，图 3-2-22c 还表明孪晶方向平行于贝氏体铁素体相界面移动方向，说明此处贝氏体铁素体横向长大以切变机制方式进行。

a

b

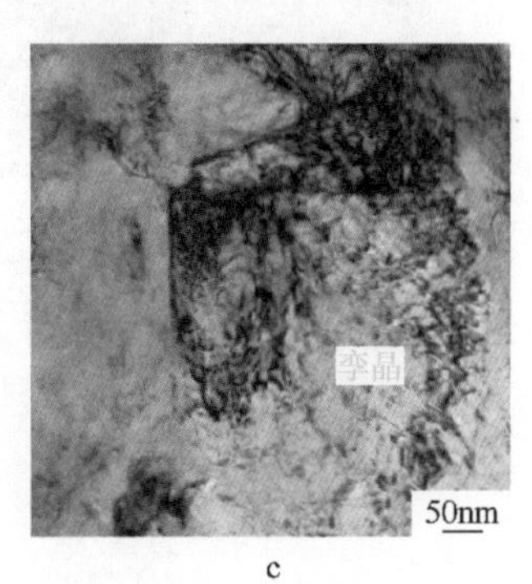

c

图 3-2-22　44MnSiCrNiMoAlVN 钢贝氏体铁素体亚结构变化过程原位 ETEM 观察

a—相对时间 0s；b，c—相对时间 36s

原位 ETEM 观察贝氏体相变过程表明，贝氏体铁素体形核位置多为晶粒内部缺陷处，形核及长大过程中均伴随位错运动，形核胚一般为 200nm×50nm 的四边形亚结构。等温过程早期形成的贝氏体铁素体单元，相当于切变核心，后续激发相邻区域形成二次贝氏体铁素体单元，借助具有共格或者半共格属性的惯习面上已存在的可滑移缺陷队列式协调推进，继而实现贝氏体铁素体板条的横向长大。

2.2　残余奥氏体稳定性

2.2.1　不同形貌残余奥氏体的稳定性

超细贝氏体钢通常由贝氏体铁素体和残余奥氏体两相构成，残余奥氏体作为亚稳相，可在塑性变形过程中发生应力/应变诱发马氏体相变，导致三相共存，因此，研究塑性变形过程中这三相如何协调变形对揭示超细贝氏体钢的强韧化机理具有重要作用。单调拉伸过程中不同形貌的残余奥氏体发生变形的顺序可通过TEM观察得到，如图3-2-23所示。贝氏体钢为27Mn2SiCrNiMoAl钢，热处理工艺为930℃奥氏体化后，在325℃盐浴等温转变2h以获得无碳化物超细贝氏体组织。从图3-2-23中可以看出，应变为1.0%时，块状残余奥氏体优先转变成马氏体，在片状或者薄膜状奥氏体中没有观察到马氏体。随着应变的继续增加，片状残余奥氏体开始发生相变。在应变达到16.7%时，纳米级的薄膜状残余奥氏体发生了马氏体转变。残余奥氏体应变诱发后得到的马氏体均为孪晶马氏体。

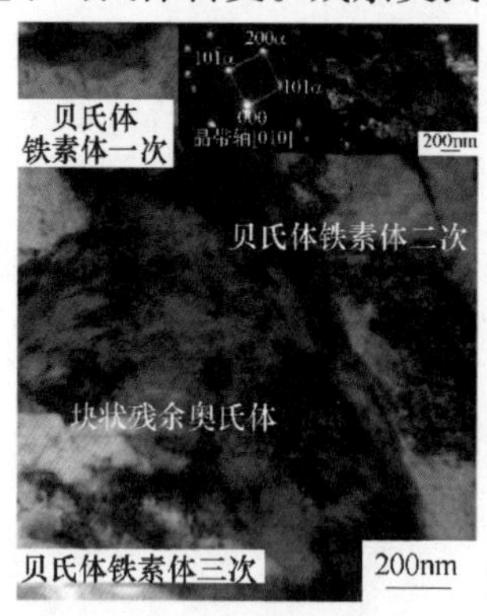

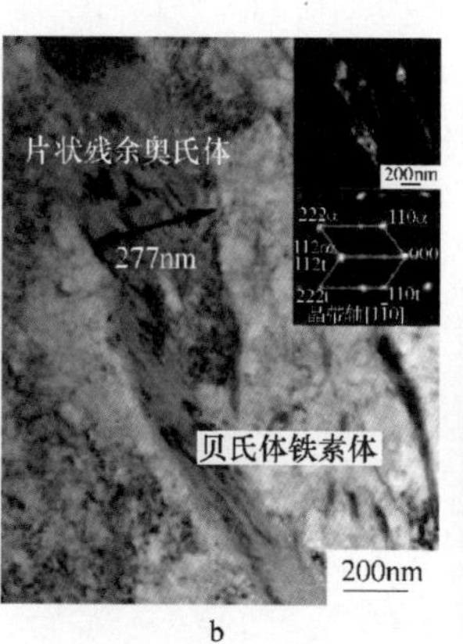

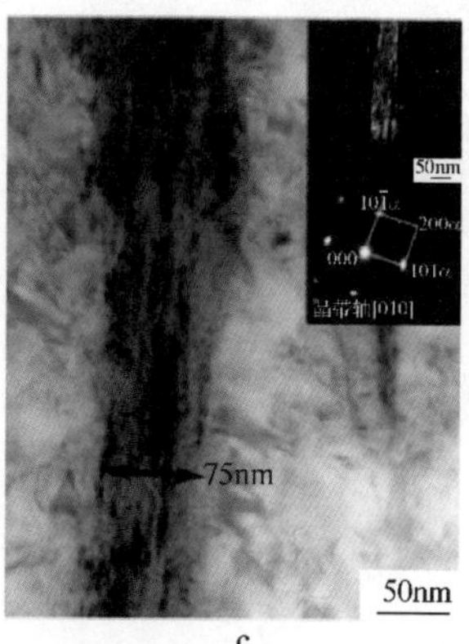

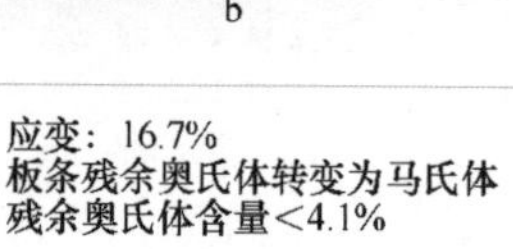

图3-2-23　27Mn2SiCrNiMoAl钢在单调拉伸过程中的TEM微观组织演变

a—变形1.0%；b—变形3.0%；c—变形16.7%

块状奥氏体被三种不同取向的板条束包围，在二维平面上呈现出三角区域，在1%应变量时，组织中残余奥氏体转变了2.9%，这部分转变的残余奥氏体为块状残余奥氏体。随着应变达到3%，片状（尺寸范围100~300nm）的残余奥氏体发生相变，该形态的残余奥氏体是贝氏体铁素体二次分割的结果，相比第一次三角区分割的奥氏体具有更高的碳含量，力学稳定性也相对较高。在应变为16.7%时，纳米级的残余奥氏体发生了马氏体转变，薄膜状的残余奥氏体在同一贝氏体束内亚单元之间分布，除了其本身存在较高的碳含量以外，也与周围的铁素体存在更好的塑性协调性。因此，力学稳定性最高，在较高的应变下才观察到其诱发变成马氏体。

相比片状和薄膜状的残余奥氏体，块状残余奥氏体的强度较低、稳定性较差，即使未达到钢的平均屈服强度，也会发生应力诱发马氏体相变。分析原因如下：首先块状残余奥氏体的碳含量低于薄膜状和片状残余奥氏体中的碳含量，从而降低了其中碳原子的固溶强化效应。其次，块状残余奥氏体的平均厚度高于其他两种形态，根据 Hall-Petch 公式，晶粒尺寸越大，强度越低。因此，大尺寸的块状残余奥氏体更容易引起应力集中和变形，降低块状残余奥氏体的强度。第三，残余应力引起的静水压力会影响残余奥氏体的稳定性，较高的静水压力可以抑制伴随体积膨胀的奥氏体转变为马氏体。静水压力与残余奥氏体晶粒尺寸密切相关，较大的奥氏体晶粒导致其静水压力较小，从而降低稳定性。最终这三种因素共同造成了块状残余奥氏体表现出最低的稳定性。相反，具有最高力学稳定性的薄膜状残余奥氏体除了碳含量高、尺寸细小这些特点以外，环绕在薄膜状残余奥氏体周围的贝氏体铁素体像晶界一样中断马氏体剪切转变，进一步增加了薄膜状残余奥氏体向马氏体转变的阻力。

为了进一步观察贝氏体铁素体和残余奥氏体在拉伸变形时的演变规律，采用 EBSD 技术半定量地研究了两相的形态变化，晶体材料的应变可以用 *KAM*（Kernel Average Misorientation）很好地表征出来。在图 3-2-24 中可以明显地观察到，工程应变为 3.0%时，*KAM* 值明显增高，块状残余奥氏体已发生严重变形。

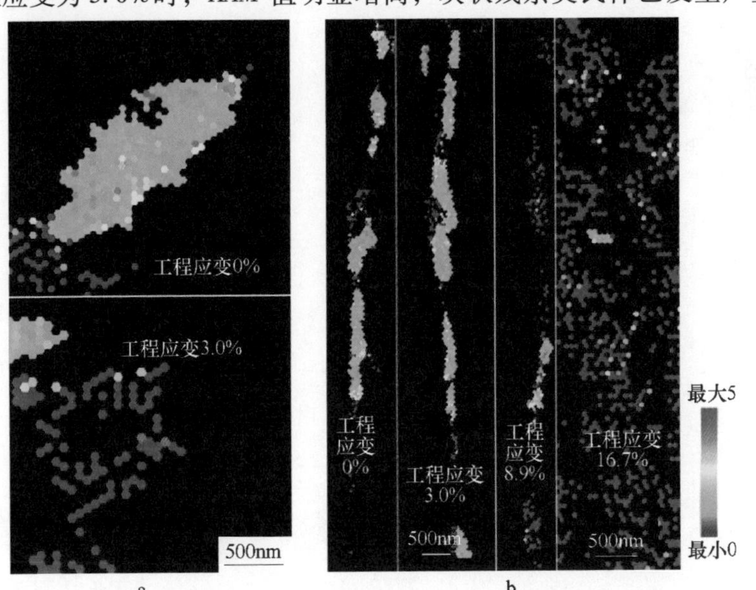

图 3-2-24　27Mn2SiCrNiMoAl 贝氏体钢在拉伸变形过程中残余奥氏体与 *KAM* 值的关系

a—块状残余奥氏体；b—片状残余奥氏体

片状残余奥氏体则在应变大于1.0%后才发生相变，相变具有连续和持续性，同时，可以看出片状残余奥氏体相逐渐减少，*KAM*值逐渐增加，在16.7%的应变量时，片状残余奥氏体相的形态变化明显，变形严重。

贝氏体铁素体区域在拉伸过程中的演变，如图3-2-25所示。在变形（工程应变）达到8.9%时，均没有看到明显的变形，在大变形即断裂后才发生明显的变形，并且其变形程度远低于残余奥氏体。

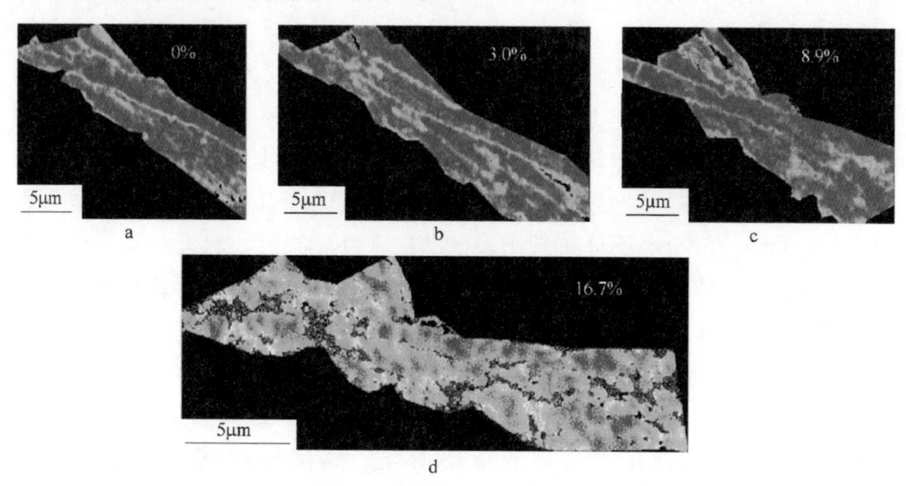

图3-2-25　27Mn2SiCrNiMoAl贝氏体钢在拉伸变形过程中贝氏体铁素体与*KAM*值的关系
a—无变形；b—工程应变3%；c—工程应变8.9%；d—工程应变16.7%

块状、薄膜状残余奥氏体和贝氏体铁素体的*KAM*值与应变的量化关系，如图3-2-26所示。块状残余奥氏体的*KAM*值从未变形的1.5增加到工程应变3%时的4，单位应变量所引起的*KAM*增加量为（4-1.5）/3=0.83。对于平行排列于贝氏体铁素体板条之间的片状残余奥氏体，在应变小于3.0%时，其*KAM*值增加较小，从未变形的2.2增加到工程应变3%时的2.3，在随后的硬化阶段发生明显的变形，从应变量3%时的2.3增加到工程应变8.9%时的4.1，硬化阶段单位应变量所引起的*KAM*增加量为(4.1-2.3)/(8.9-3.0)=0.15，整个拉伸阶段单位应变量所引起的*KAM*增加量为（4.6-2.2)/16.7=0.14，均明显低于块状残余奥氏体的0.83。这是因为片状残

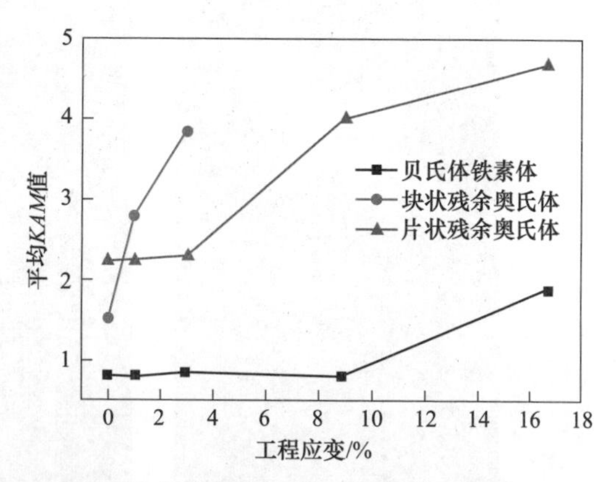

图3-2-26　定量分析块状、片状残余奥氏体和贝氏体铁素体的*KAM*值和工程应变之间的关系

余奥氏体相较块状残余奥氏体中的碳含量更高，强度更高，不易变形。贝氏体铁素体相在工程应变8.9%以前的阶段变形较小，在工程应变为8.9%~16.7%的阶段变形量较大。*KAM*值从8.9%时的0.5增加到了16.7%时的2。单位应变量所引起的*KAM*增加值为（2−0.5）/（16.7−3）=0.19，整个拉伸变形阶段单位应变量所引起的*KAM*增加值为（2−0.5）/16.7=0.09。并且，贝氏体铁素体相的*KAM*值整体小于残余奥氏体相，这是由于贝氏体铁素体强度更高，变形总是先从作为软相的奥氏体上发生，较多的应变由残余奥氏体承担。

贝氏体铁素体形核过程中会先有最佳的变体选择，先形成的贝氏体铁素体在长大过程中伴随着向周围未转变奥氏体排碳的过程，后形成的贝氏体具有较高的碳含量，所以在贝氏体铁素体板条之间也存在碳含量的区别，进而微区的硬度也存在差异。块状的奥氏体可作为一个单独的小晶粒，相界为贝氏体铁素体，发生马氏体相变后则形成以贝氏体铁素体为边界、软奥氏体-硬马氏体的结构（M-初生），这种模型类似于原始晶粒中大部分贝氏体铁素体板条和片状残余奥氏体形态，如图3-2-27所示。在硬化阶段，板条贝氏体铁素之间的残余奥氏体一直在起积极作用，伴随着应变的进行呈现持续转变成马氏体的趋势，最后形成更小间距的贝氏体铁素体-“软”奥氏体-硬马氏体-“软”奥氏体循环的结构（M-二次），相当于形成片间距更小的铁素体/奥氏体相的组织，从而进行持续的连续变形。而组织中存在的纳米级薄膜状残余奥氏体，其形成后是十分稳定的，加上本身间距很小，已经是“硬软硬”相结合的结构，只有发生大变形时才会有马氏体相变形成（M-三次）。

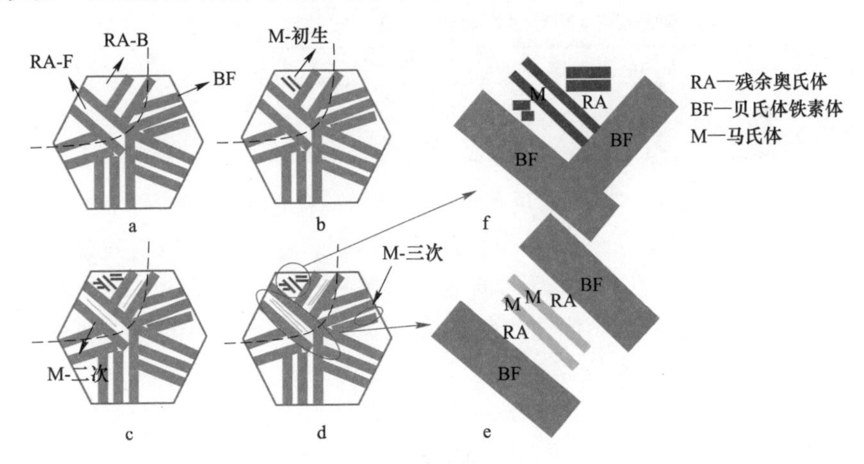

图3-2-27　超细贝氏体钢拉伸变形过程中各相协调变形示意图

a—未变形；b—工程应变1.0%；c—工程应变3%；d—工程应变8.9%~16.7%；e，f—局部放大图

2.2.2　应变速率对残余奥氏体稳定性的影响

通常情况下，高应变速率可提高钢的强度，但降低塑性，低应变速率则反之。图3-2-28给出了49MnSiCrNiMoAl超细贝氏体钢在拉伸速率0.2mm/min和

2mm/min 时的工程应力-工程应变曲线，拉伸性能参数见表3-2-5。该钢的热处理工艺为930℃奥氏体化45min，淬火到350℃盐浴等温2h空冷，最后在320℃保温1h空冷，获得无碳化物超细贝氏体组织。从图3-2-28中可以看出，0.2mm/min 和 2mm/min 的拉伸曲线在弹性阶段基本重合，即拉伸速率对弹性阶段影响较小，从屈服阶段两条曲线开始分离。从表3-2-5可以看出，随应变速率降低，49MnSiCrNiMoAl 超细贝氏体钢的拉伸强度和塑性均同时提升。0.2mm/min 拉伸时屈服强度比 2mm/min 高 52MPa，抗拉强度高 30MPa，伸长率高4.5%，均匀伸长率高2%。分析认为，当拉伸速率较低时钢中的应力应变有足够的时间在各个晶粒及两相之间协调，使得钢不易产生应力应变集中，提高了钢的强度。同时，由于在低应变速率时残余奥氏体相可以更加充分地发生马氏体相变，因此，伸长率也明显提高。

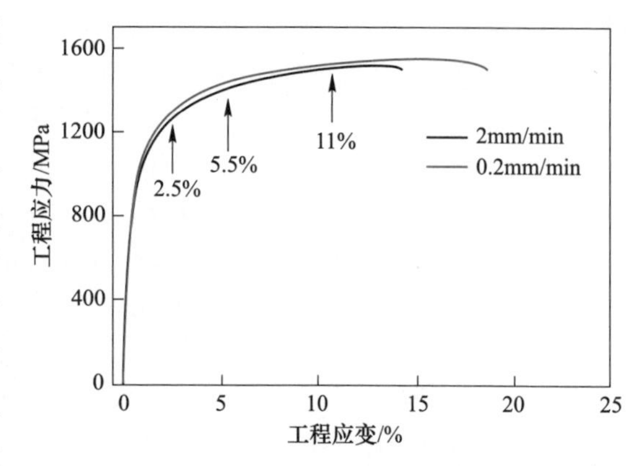

图3-2-28　49MnSiCrNiMoAl 贝氏体钢在不同拉伸速率下的工程应力-工程应变的关系

表3-2-5　49MnSiCrNiMoAl 贝氏体钢在不同拉伸速率下的力学性能

拉伸速度/mm · min^{-1}	σ_b/MPa	σ_s/MPa	δ_t/%	δ_u/%
0.2	1546	961	18.2	15.1
2	1516	909	13.7	13.1

为了进一步研究应变速率对贝氏体钢中残余奥氏体力学稳定性的影响，需对0.2mm/min 和 2mm/min 拉伸试样中残余奥氏体相含量（V_γ）以及残余奥氏体相中碳含量（C_γ）在不同应变量下的演变规律进行分析，如图3-2-29所示。随应变量的增加，钢中残余奥氏体相含量均降低。2mm/min 拉伸试样中残余奥氏体含量从未变形时的18.6%降至应变量11%时的9.5%，相对于未变形时减少比例为49%。0.2mm/min 拉伸试样中残余奥氏体含量从未变形时的18.6%降至应变量11%时的8.0%，相对于未变形时减少比例为57%。0.2mm/min 拉伸试样在整个拉伸过程结束后残余奥氏体含量减少的百分比大于2mm/min 拉伸试样。这是因为以0.2mm/min 拉伸时，应力/应变有充足的时间在贝氏体铁素体相和残余奥氏体相之间协调而均匀分布，残余奥氏体相能够获得更多的能量发生马氏体相变。而2mm/min 拉伸时由于拉伸速率较快，保持时间较短，应力应变分布不均匀，只有相对较少一部分残余奥氏体相能获得足够的能量而发生马氏体相变。残余奥氏体相中的碳含量随应变量的变化很小，始终在0.5%的范围内波动，这表

明拉伸过程中发生的应变诱发马氏体相变不伴随碳原子的重新分布。可见，在变形过程中由于周围环境、晶体取向、形貌以及尺寸等的影响，并不是只有碳含量低的残余奥氏体首先发生马氏体相变，一些碳含量高的残余奥氏体相也会同时或先于碳含量低的残余奥氏体相发生相变。

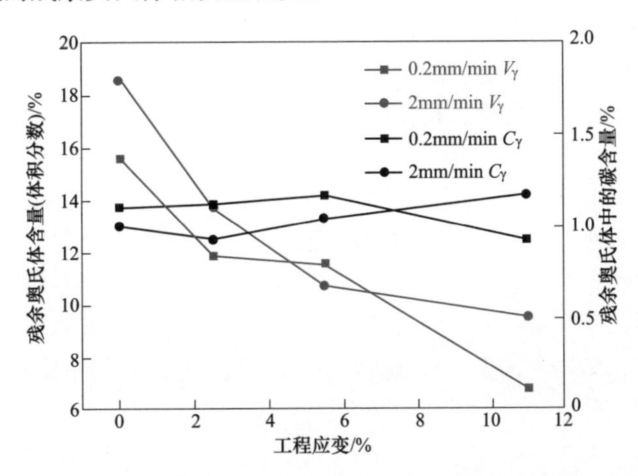

图 3-2-29　49MnSiCrNiMoAl 贝氏体钢以 0. 2mm/min 和 2mm/min 速率拉伸后残余奥氏体含量以及其中碳含量随应变量的变化规律

为了研究不同拉伸速率对残余奥氏体相转变动力学的影响，利用下式计算了每个拉伸阶段单位应变量所引起的残余奥氏体相的减少量。

$$R = (V_\gamma^n - V_\gamma^{n-1})/(V_\gamma^{n-1} \cdot \sigma)$$

式中　R——残余奥氏体相在不同拉伸阶段的减少速率；

V_γ^n，V_γ^{n-1}——第 n 次和第 $n-1$ 次停止拉伸时的残余奥氏体含量；

σ——第 n 次与第 $n-1$ 次停止拉伸时的应变量之差。

49MnSiCrNiMoAl 贝氏体钢以 0. 2mm/min 和 2mm/min 速率拉伸变形后残余奥氏体随应变量的变化速率计算结果如图 3-2-30 所示，2mm/min 拉伸试样中残余奥氏体含量的降低速率越来越慢，而 0. 2mm/min 拉伸试样中残余奥氏体含量降低速率在 2. 5%～5. 5%之间有所放缓，而在 5. 5%～11%之间有明显提升。以 2mm/min 拉伸的试样，在拉伸速率不变的情况下，随着应变量的增加，钢中的残

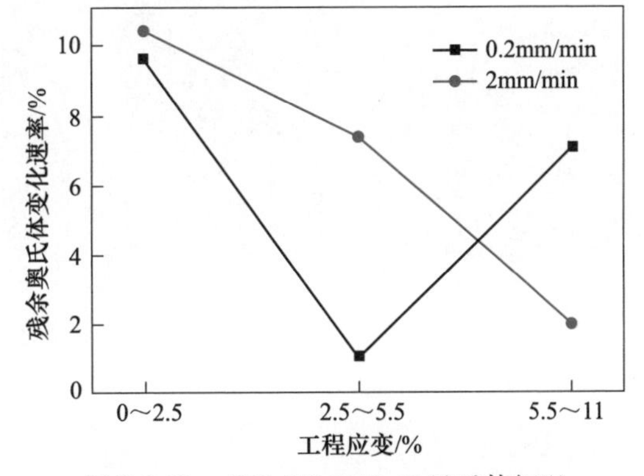

图 3-2-30　49MnSiCrNiMoAl 贝氏体钢以 0. 2mm/min 和 2mm/min 速率拉伸变形后残余奥氏体随应变量的变化速率

余奥氏体分数降低，剩余未发生马氏体相变的残余奥氏体具有更好的稳定性，使得下降速率逐渐放缓。而以0.2mm/min拉伸的试样，0%～2.5%和2.5%～5.5%具有基本相同的变形量，但是由于2.5%～5.5%应变量区间内的残余奥氏体更加稳定，所以其含量的下降速率放缓，而在5.5%～11%之间由于应变量较大，加载时间较长相较于2.5%～5.5%阶段增长了37.5s，残余奥氏体相变受加载时间影响较大，应力/应变有充足的时间从贝氏体铁素体相传递到残余奥氏体相中，使单位应变量所发生的马氏体相变更充分，造成残余奥氏体的应变诱发马氏体相变速率增加。

49MnSiCrNiMoAl超细贝氏体钢以2mm/min的速率拉伸时在不同拉伸应变量下的相分布，如图3-2-31所示。残余奥氏体相有两种存在方式：薄膜状残余奥氏体和块状残余奥氏体。块状残余奥氏体相的稳定性较低，在真应变达到0.025时大部分块状残余奥氏体发生马氏体转变。而薄膜状残余奥氏体相的稳定性较高，在真应变达到0.104时依然有部分保留下来。残余奥氏体相整体含量随拉伸变形量的增加逐渐降低。

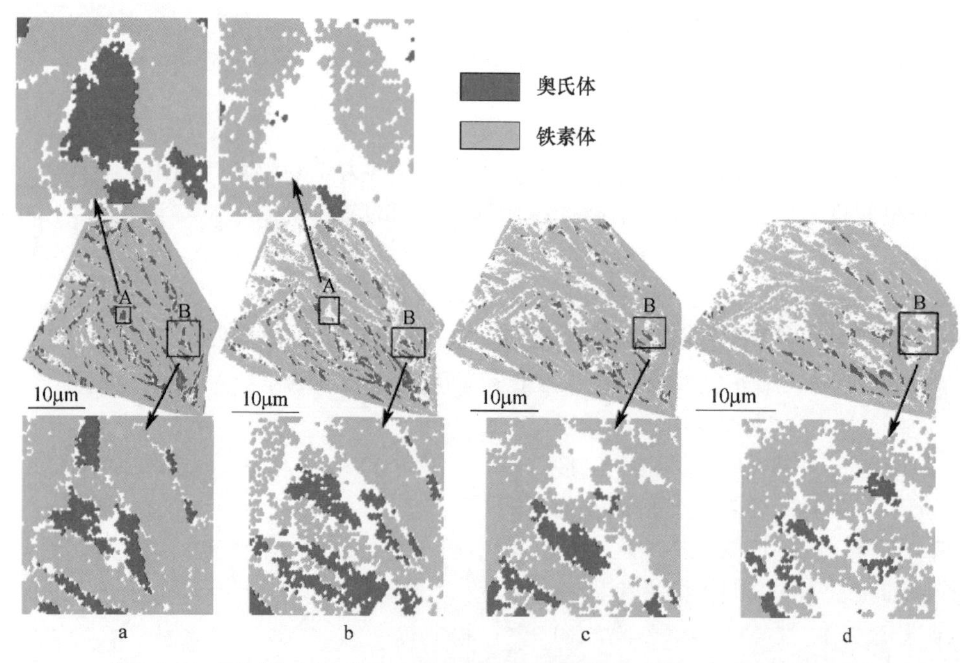

图3-2-31　不同应变量下49MnSiCrNiMoAl贝氏体钢中同一位置的相分布图

a—0；b—0.025；c—0.054；d—0.104

图3-2-32的统计结果显示残余奥氏体相含量的变化分为两个阶段：第一阶段（S1）随着真应变从0增加到0.054时，残余奥氏体相含量从7.5%迅速下降至3.0%。第二阶段（S2）真应变超过0.054时，残余奥氏体含量从3.0%缓慢

降低至 2.2%，消失的残余奥氏体发生了应变诱发相变转化为马氏体。残余奥氏体的力学稳定性与图 3-2-23 所示的残余奥氏体在拉伸过程中的演变规律相对应，其受碳含量、形状、尺寸以及周围环境的影响。

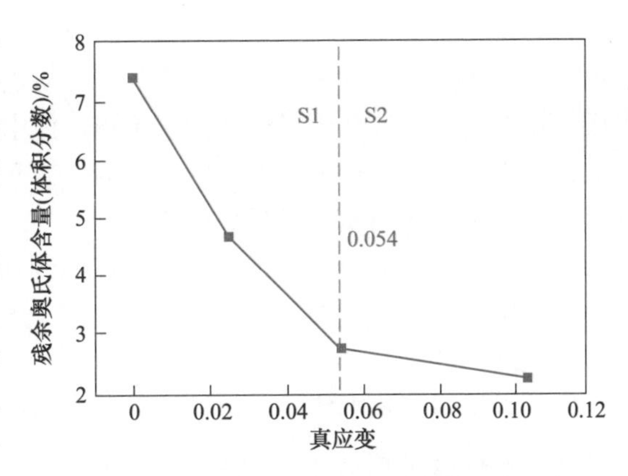

图 3-2-32　49MnSiCrNiMoAl 贝氏体钢中残余奥氏体相含量随应变量的变化规律

滑移系的启动通常遵循施密特定律，施密特因子越大越容易发生滑移。因此，施密特因子可以反映应力/应变在各相之间的传递能力。图 3-2-33 为不同应变量下 49MnSiCrNiMoAl 超细贝氏体钢的施密特因子分布图，其中残余奥氏体相的滑移系为 {111}<110>，贝氏体铁素体相的滑移系为 {110}<111>、{211}<111>、{321}<111>。不同的施密特因子值用颜色梯度表示。残余奥氏体相的施密特因子值较高且均匀分布，均在 0.5 左右。贝氏体铁素体相的施密特因子值分布不均

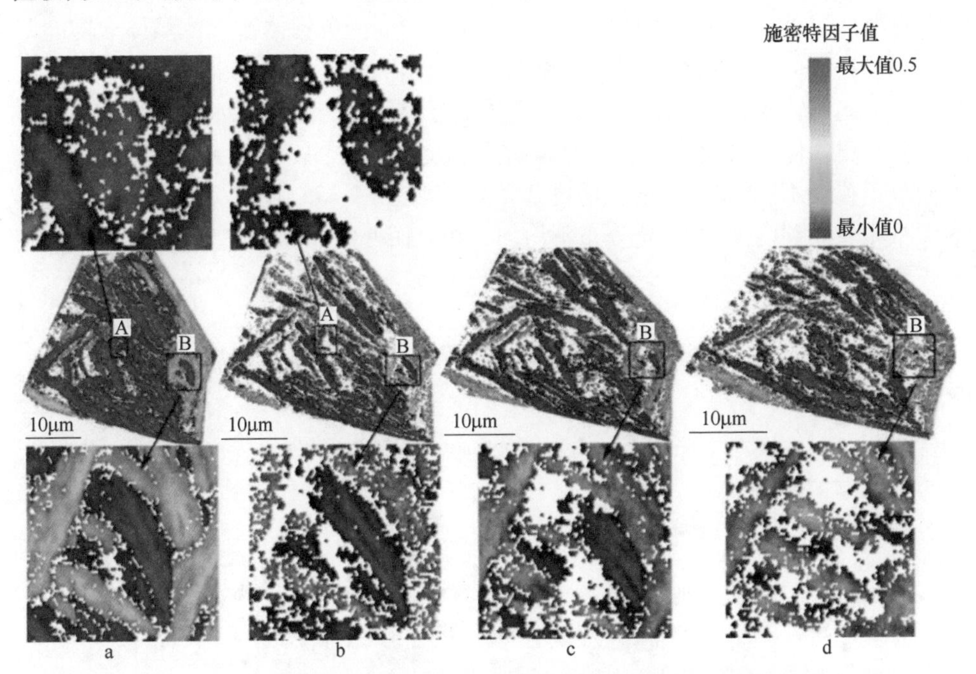

图 3-2-33　不同应变量下 49MnSiCrNiMoAl 贝氏体钢同一位置的施密特因子分布图
（残余奥氏体相的滑移系为 {111}<110>，贝氏体铁素体相的滑移系为 {110}<111>、{211}<111>、{321}<111>）
a—0；b—0.025；c—0.054；d—0.104

匀，在0.2~0.5之间均有分布。位置A处的残余奥氏体被周围具有高施密特因子值的贝氏体铁素体包围，应力/应变更容易通过滑移传递到残余奥氏体相内。贝氏体铁素体内的位错可以传递到残余奥氏体中并被吸收，这种位错传输既保证了贝氏体铁素体处于较软状态，同时也强化了残余奥氏体。因此，残余奥氏体中含有大量的位错从而发生TRIP效应。

从图3-2-33a、b可以看出，当真应变达到0.025时，位置A处的残余奥氏体相消失。位置B处残余奥氏体相的施密特因子值较高，但是其周围被一层施密特因子值较低（约为0.2）的贝氏体铁素体相包围，而且在整个拉伸过程中这部分贝氏体铁素体相的施密特因子值虽然有所增加但仍然处于较低的范围，说明这部分贝氏体铁素体的取向一直不利于滑移系的启动，应力应变也就很难通过这部分贝氏体铁素体传递到其包裹着的残余奥氏体内。从图3-2-33可以看出，相比于A处的残余奥氏体而言，B处的残余奥氏体在整个拉伸过程中发生相变的速度很慢，当应变量达到0.104时仍然有少部分残余奥氏体保留下来，说明施密特因子值较低的贝氏体铁素体相对拉伸变形过程中应力应变的传递起到一定的阻碍作用，使得包围在内部的残余奥氏体相受到更小的应力作用从而保留了下来。从图3-2-33d的区域放大图可以看出，B处的残余奥氏体在应变量达到11%时仍然有部分存留。可见，残余奥氏体向马氏体的转变受周围贝氏体铁素体晶体取向的影响，周围铁素体相的施密特因子值越大，残余奥氏体越容易转变为马氏体，周围铁素体的施密特因子值越小，残余奥氏体越不容易转变为马氏体。

残余奥氏体和贝氏体铁素体的*KAM*值分布分别如图3-2-34和图3-2-35所示，不同颜色代表不同的*KAM*值。从图3-2-34a和图3-2-35a中可以看出，在未变形时，从相界面到内部的*KAM*分布不均匀，相界面处的*KAM*值较高，内部的*KAM*

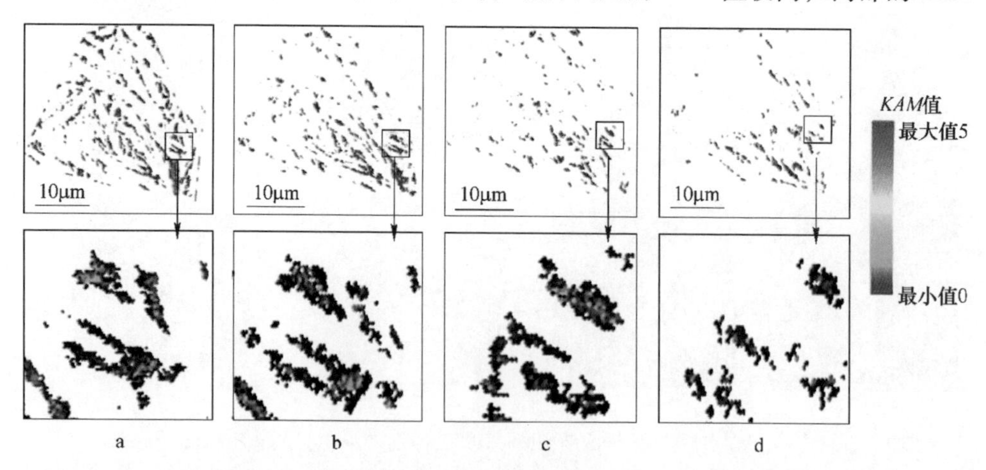

图3-2-34　不同应变量下49MnSiCrNiMoAl贝氏体钢观察区域内奥氏体相的*KAM*值分布图

a—0；b—0.025；c—0.054；d—0.104

值较低，说明未变形时相界处存在一定的应变。这是由于贝氏体相变的切变特性以及相变引起的体积膨胀造成的应变。随着宏观应变的增大，残余奥氏体和贝氏体铁素体内部的 *KAM* 值增大。残余奥氏体内部的 *KAM* 值分布相对比较均匀，如图 3-2-34 中的方框区域所示，而贝氏体铁素体内部的 *KAM* 值分布不均匀，在内部存在一些应变明显大于其他位置的区域；且随着变形量的增加，贝氏体铁素体的应变集中区域增多，如图 3-2-35 中的红色椭圆区域。由于碳在体心立方结构的贝氏体铁素体中溶解度低，过饱和的碳原子在贝氏体铁素体内以碳团簇的形式存在，这些碳团簇更多地存在于位错处。这些碳团簇可以钉扎位错，有效地阻碍位错的滑移，从而在变形过程中碳团簇周围易发生应变集中。在随后的拉伸过程中可以发现在这些应变集中区域出现很多不能识别的点，这是因为在这些区域位错密度集中、变形严重，降低了该区域的分辨率。

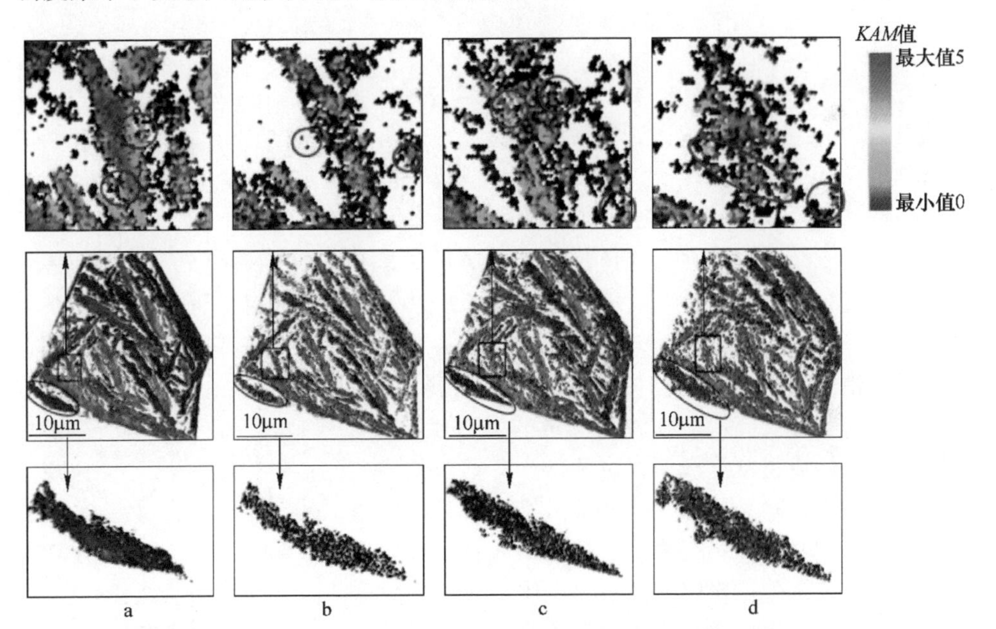

图 3-2-35　不同应变量下 49MnSiCrNiMoAl 贝氏体钢观察区域内铁素体相的 *KAM* 值分布图

a—0；b—0. 025；c—0. 054；d—0. 104

图 3-2-36 给出了各相的 *KAM* 值和几何必需位错密度的演变规律。从图 3-2-36a 中可以看出，在真应变 0～0. 025 的范围内贝氏体铁素体的 *KAM* 平均值随应变量的增加而快速增大，说明在拉伸初期贝氏体铁素体相发生明显变形。但是在真应变达到 0. 025～0. 054 的范围内时贝氏体铁素体的 *KAM* 平均值的增长速率相较于 0～0. 025 范围明显降低。试样在 0～0. 025 的真应变范围内贝氏体铁素体发生了明显的加工硬化，说明真应变 0～0. 025 阶段由于位错增殖产生了加工硬化，使得贝氏体铁素体的后续变形能力降低。

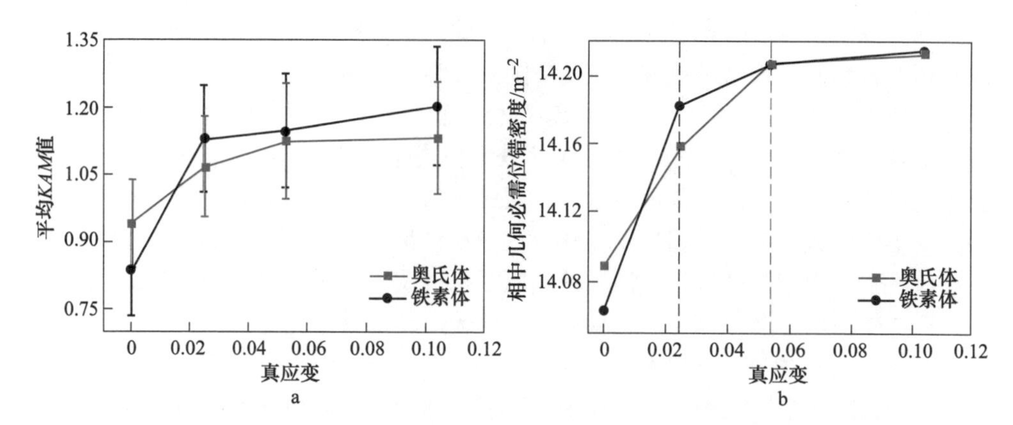

图 3-2-36　残余奥氏体和贝氏体铁素体的 *KAM* 值随应变量的变化规律（a）以及其中几何必需位错密度对数值随应变量的变化规律（b）

与贝氏体铁素体不同的是，残余奥氏体的 *KAM* 平均值在 0～0. 054 范围内均表现出较为一致的增长速率，随后趋于稳定，如图 3-2-36a 所示。从图 3-2-36b 中可以看出在 0～0. 054 的应变范围内，残余奥氏体相的位错密度增长较快，当真应变超过 0. 054 以后其位错密度增长速率显著降低。

面心立方结构的残余奥氏体比体心立方的贝氏体铁素体拥有更多的滑移系，从而使其具有更强的塑性变形能力。同时，残余奥氏体内部也具有更强的存储位错能力。一方面，残余奥氏体自身变形增殖了大量位错；另一方面，残余奥氏体也会吸收相邻贝氏体铁素体内的位错，从而使其内部位错密度在 0～0. 054 范围内保持较高的增长速率。随着变形量的进一步增加，残余奥氏体的 *KAM* 值相对比较稳定，位错密度增长速率也降低。

结合图 3-2-32 可以看出，当真应变达到 0. 104 时，残余奥氏体含量已经非常低。前期的应变硬化过程降低了残余奥氏体的变形能力。同时，真应变在 0. 054 之前，拥有较高位错密度的残余奥氏体的体积分数迅速减少，转变为马氏体，从宏观上降低了整体残余奥氏体内的位错密度。据此认为，这可能也是残余奥氏体的位错密度增长速率比贝氏体铁素体低的原因。

在变形过程中，两相的强度、晶体取向以及相邻相的协调变形都会引起应变在两相中的不均匀分布。为了分析在变形过程中残余奥氏体和贝氏体铁素体分别承担应变量的演变规律，计算了各相的 *KAM* 值比例，即：$f(\mathrm{RA})\% = \dfrac{KAM_{\mathrm{RA}}}{KAM_{\mathrm{RA}} + KAM_{\mathrm{BF}}} \times 100\%$，其中 KAM_{RA} 为残余奥氏体的 *KAM* 值，KAM_{BF} 为贝氏体铁素体的 *KAM* 值。残余奥氏体和贝氏体铁素体各自的 *KAM* 值比例随应变量的演变规律，如图 3-2-37 所示。需要说明的是 *KAM* 值比例并不代表各相承担应变量的绝对值，但是其值的变化能够反映各相自身承担应变量的演变规律。

从图 3-2-37 可以看出，在未变形时，残余奥氏体的 *KAM* 值比例较高，这是因为在热处理等温转变过程中，奥氏体向贝氏体铁素体的转变伴随体积膨胀，使得周围的软相残余奥氏体受力发生变形所致。整体来看，残余奥氏体的 *KAM* 比例随应变的增加而逐渐降低，而贝氏体铁素体的 *KAM* 比例随应变的增加而逐渐升高。残余奥氏体 *KAM* 比例逐渐降低的主要原因为：（1）残余奥氏体在变形过程中可以吸收贝氏体铁素体相内的位错，同时其自身塑性变形也会产生大量位错，从而使残余奥氏体内位错密度快速升高，强化了残余奥氏体，也因此降低了残余奥氏体的变形能力；（2）由于残余奥氏体内位错密度增加速度快，促使其发生应变诱发马氏体转变，形成的高强度马氏体相进一步强化了整个奥氏体相区，从而进一步降低了残余奥氏体的变形能力。当残余奥氏体变形能力逐渐降低时，组织内形成的马氏体为高强度脆性相，变形能力更弱。此时贝氏体铁素体作为贝氏体组织的主体相，必然要承担起更大的应变量。同时残余奥氏体不断吸收贝氏体铁素体中的位错，且可以更好地协调贝氏体铁素体的位向，使之更容易变形，从而导致贝氏体铁素体的 *KAM* 比例逐渐升高。这一结果也表明了在变形过程中残余奥氏体在初始变形阶段对整体变形贡献较大，但随变形量增大，其贡献逐渐降低，而组织中的主导相贝氏体铁素体则在残余奥氏体的协调作用下逐渐承担更多的应变。

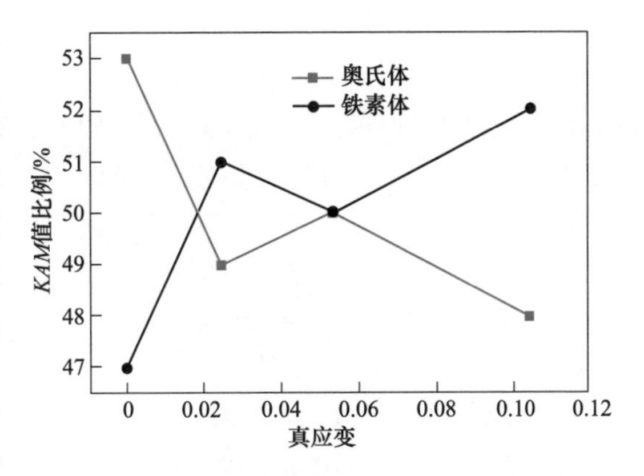

图 3-2-37 49MnSiCrNiMoAl 贝氏体钢中残余奥氏体相和贝氏体铁素体相的 *KAM* 值比例随应变量的变化规律

2.3 常规力学性能

超细贝氏体钢经不同的热处理工艺后获得的常规力学性能主要包括强度、塑性、韧性和硬度，如何对其进行综合评估仍是当下的一大难题。在特定成分的贝氏体钢中，通过对综合力学性能的分析，结合组织表征可确定出最优的热处理工艺。图 3-2-38 为 27Mn2SiCrNiMoAl 钢分别经空冷、空冷+回火和 320℃ 盐浴等温不同时间下的冲击韧性值。空冷未经回火试样的冲击韧性最低，为 64J/cm^2；而空冷+2h 回火后，冲击韧性增加到约 99J/cm^2。在 320℃ 等温转变 30min 后获得的韧性与空冷试样的韧性几乎相同。当等温时间从 30min 增加到 84min 时，冲击韧性从 63J/cm^{2}增加到 132J/cm^2，等温时间为 300min 时，韧性高达 152J/cm^2。为进一步确定最佳的热处理工艺，选取 27Mn2SiCrNiMoAl 钢中韧性较高的空冷+回火试样与320℃等温淬火保温不同时间处理后的拉伸性能进行对比，如图3-2-39所示，空冷+回火试样虽然具有较高的屈服强度和抗拉强度，但伸长率较低。对于等温淬火试样，强度稍低，但伸长率较高。当保温时间从30min增加到84min时，抗拉强度从1486MPa降低到1437MPa，屈服强度基本不变，而伸长率从17.1%增加到19.8%。27Mn2SiCrNiMoAl钢在空冷或320℃短时等温淬火处理后，获得的组织主要是贝氏体、马氏体、贝氏体铁素体板条间薄膜状的残余奥氏体。当等温淬火保温时间增加，并达到足够长时，所获得的组织主要是贝氏体铁素体和薄膜状残余奥氏体，组织中含有少量或不含马氏体。从图3-2-38和图3-2-39可知，增加等温淬火时间能够明显提高韧性和伸长率，同时强度只是轻微降低。在320℃等温84min以上时，获得的冲击韧性为132~152J/cm²、断后伸长率不小于19%、拉伸强度在1400MPa以上。

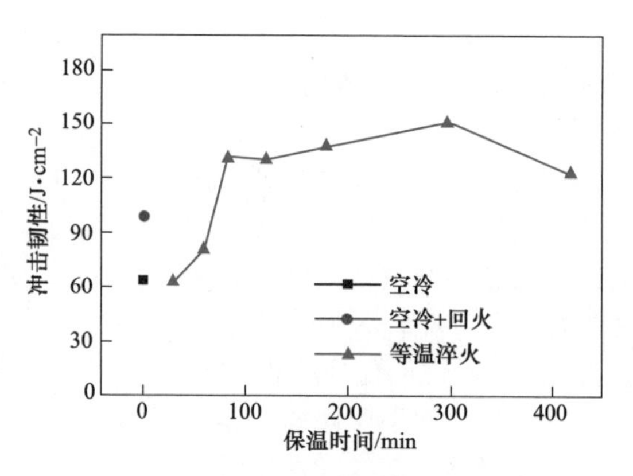

图3-2-38　27Mn2SiCrNiMoAl贝氏体钢经不同工艺热处理后的冲击韧性

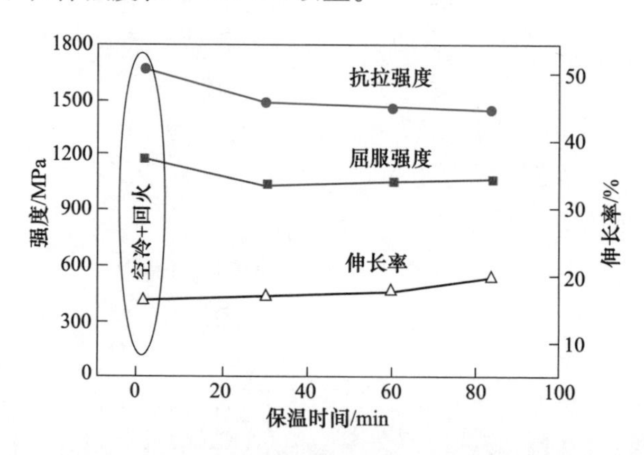

图3-2-39　27Mn2SiCrNiMoAl贝氏体钢经不同工艺热处理后的强度和伸长率

28Mn2SiCrNiMoAl钢在不同等温淬火状态下的力学性能曲线，如图3-2-40所示。可以看出，对于在320℃保温不同时间的试样而言，随着保温时间的增加，屈服强度、抗拉强度和总伸长率表现出不同的变化规律。当保温时间从30min增加到84min时，抗拉强度从约1486MPa轻微下降到约1437MPa；而总伸长率却表现出相反的变化规律，从17.1%增加到了约20.8%；相对于前两者的变化程度，屈服强度基本不变。随着保温时间从84min继续增加到420min的过程中，屈服强

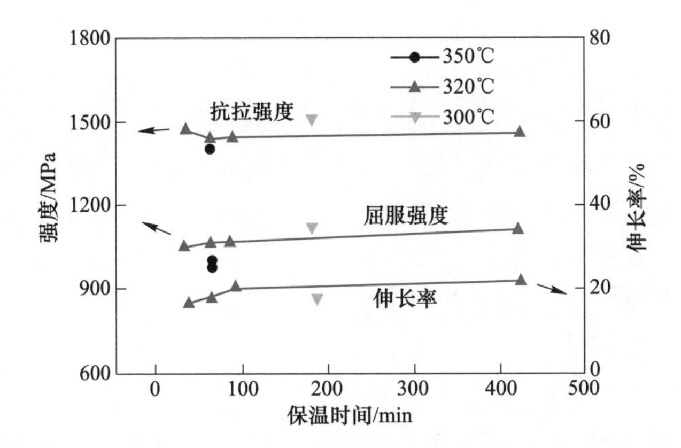

图 3-2-40　28Mn2SiCrNiMoAl 钢经不同工艺热处理后的力学性能

度（1074MPa）、抗拉强度（1450MPa）和总伸长率（22%）均没有发生明显的变化。对于三种等温温度下的试样（300℃、320℃和 350℃）而言，随着等温淬火温度的降低，屈服强度从 970MPa 增加到了 1129MPa，抗拉强度从 1400MPa 增加到了 1516MPa，而总伸长率则从 25%下降到了 18%，降低程度十分明显。

从图 3-2-7 可知，28Mn2SiCrNiMoAl 钢在 320℃等温不同时间获得的组织中各项比例不同。当等温时间较短时，微观组织由大量的马氏体、少量的贝氏体铁素体和少量的残余奥氏体组成。由于这些马氏体未经过回火，表现出明显的脆性特征。这些马氏体相强化了基体，从而对低碳无碳化物贝氏体钢强度的增加做出了贡献。然而，这些马氏体使钢的脆性增加，降低了钢的冲击韧性和总伸长率。所以，当保温时间较短时，钢的冲击韧性和总伸长率均较低。随着等温时间的增加，贝氏体铁素体的转变量逐渐增加，同时，有更多的碳被转移到其周围尚未转变的奥氏体中，导致这些奥氏体中的碳含量增加，从而使其变得更加稳定。因此，在冷却到室温的过程中，较多未转变的奥氏体被保留下来形成残余奥氏体，从而降低马氏体的含量。此时，室温下的微观组织由大量细小的板条状贝氏体铁素体、薄膜状残余奥氏体和较少的马氏体构成。因此，在较长保温时间情况下，马氏体含量的降低会引起抗拉强度降低，但对冲击韧性和总伸长率的增加是十分有利的。同时，微观组织中存在大量细小的贝氏体铁素体板条状，这些贝氏体铁素体板条相当于“亚晶粒”，而它们之间的界面相当于“亚晶界”，从而为位错运动提供了更多的障碍，起到了增加贝氏体钢强度的作用。另外，这些韧性的贝氏体铁素体板条均匀地分布在组织中，使钢在塑性变形过程中应变分布更加均匀，减少应力集中，从而对贝氏体钢的韧性和伸长率的增加起到促进作用。在拉伸加载过程中，微观组织中的残余奥氏体将发生马氏体相变，这些新形成的马氏体相具有较高的硬度，提高了钢的局部强度，抑制变形的继续进行，导致接下来的变形向未发生马氏体相变的较软的残余奥氏体位置转移。随着拉伸载荷的增加，这种变形过程将重复进行，使试验钢保持持续高的加工硬化率，推迟局部塑性变形和颈缩的产生，最终趋于同时提高钢的强度和伸长率。对于缺口冲击试样，在变形过程中，残余奥氏体发生马氏体相变产生的相变诱发塑性效应将消耗大量的能量，起到了增加钢冲击韧性的作用。因此，28Mn2SiCrNiMoAl 钢在较长的保温时间下表现出更加优良的综合力学性能。随着保温时间的继续增加，贝氏体铁素体和残余奥氏体的含量基本不再发生变化，这也是贝氏体钢的力学性能不再发生明显变化的原因。

当贝氏体转变较为完全时，不同等温淬火温度对贝氏体钢力学性能的影响更大。图 3-2-41 为 27Mn2SiCrNiMoAl 钢分别经 310℃、330℃和 350℃贝氏体等温转变后得到的力学性能。随着等温温度的降低，强度持续下降，而冲击韧性则呈现为先增加后降低。因此，结合强度和韧性指标，330℃等温淬火后，钢具有最佳的强韧性。

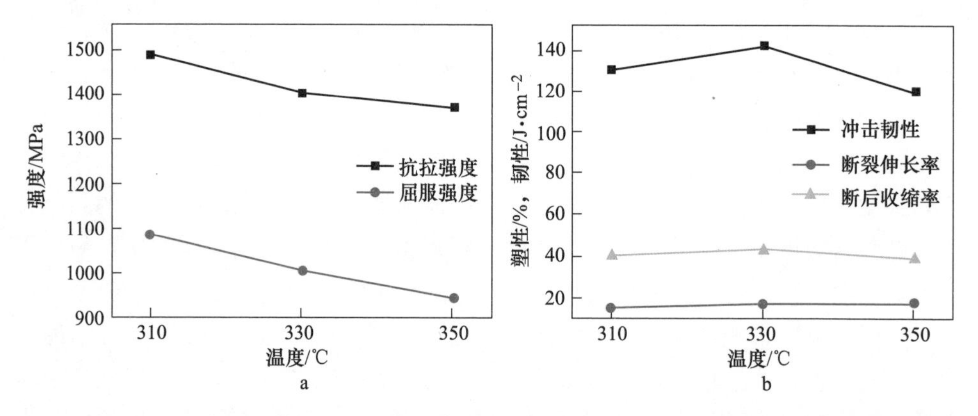

图 3-2-41　27Mn2SiCrNiMoAl 贝氏体钢经不同温度等温淬火处理后的力学性能

a—强度；b—韧性和塑性

表 3-2-6 为几种铁路轨道用超细贝氏体钢经不同热处理工艺后的力学性能，以 30MnSiCrNiMoAl 钢经不同工艺热处理后的力学性能对比为例来进行说明。一阶等温转变后，抗拉强度与等温温度呈明显的反比关系，随着等温温度从 320℃提高到 360℃，抗拉强度从 1499MPa 降低到 1371MPa，降低 10%左右。伸长率、断面收缩率和冲击韧性都随等温温度的升高，呈先增加后降低的趋势，且最高值出现在 330~340℃，即 M_s 点附近。相对一阶等温转变，双阶等温转变得到的抗拉强度较低，韧性较高。而对比 M_s 点以上一阶等温转变，连续冷却转变的超细贝氏体组织不仅具有相当的塑性，还拥有更高的屈服强度和冲击韧性，其中屈服强度提高了 114~188MPa，冲击韧性提高了 12~37J/cm^2。在其他钢中出现同样的规律，即降低转变温度有利于提高钢的综合力学性能。

表 3-2-6 几种轨道用贝氏体钢经不同工艺热处理后的力学性能

热处理工艺		伸长率/%	断面收缩率/%	屈服强度/MPa	抗拉强度/MPa	冲击韧性/J·cm^{-2}	硬度(HRC)
30MnSiCrNiMoAl 钢							
油冷		10.1	50.1	1389	1743	89	48
空冷		10.3	53.0	1274	1591	117	46
等温工艺	320℃等温	15.4	52.6	1071	1499	120	45
	330℃等温	17.2	56.9	1086	1493	130	45
	340℃等温	17.2	54.3	1073	1487	143	44
	350℃等温	17.0	53.8	1012	1405	134	43
	360℃等温	16.5	55.8	1057	1371	118	42
345~315℃连续冷却		16.8	57.1	1200	1416	155	45
345℃/315℃双阶等温		16.9	58.3	1049	1405	154	44
24MnSi2CrNiMo 钢							
320℃等温		16.7	38.8	992	1445	135	
340℃等温		18.7	37.2	929	1408	99	
27Mn2SiCrNiMoAl 钢							
310℃等温		18.7	40.0	1100	1478	141	
330℃等温		19.1	41.2	1008	1400	130	
350℃等温		19.8	39.2	960	1360	120	
30Mn2SiCrNiMoAl 钢							
320℃等温		18.1	40.4	1050	1410	131	
340℃等温		19.0	41.4	1015	1393	146	
360℃等温		21.8	38.9	912	1323	107	

为进一步认识超细贝氏体钢的组织和性能特点，表 3-2-7 给出了 34MnSiCrNiMoAl 钢经不同热处理工艺处理后的力学性能。等温温度从 300℃增加至 380℃时，抗拉强度先从 1616MPa 降到 1453MPa，降低了 14%，屈服强度也逐渐降低。随等温温度继续增加，抗拉强度和屈服强度又有小幅度的提高。冲击韧性则随温度升高呈先升高后降低的趋势，在 315℃附近达到最大值，伸长率和断面收缩率则在 380℃达到最大值。320~290℃连续冷却转变（CC）和 320/290℃双阶转变（TIH）得到组织相比，320~275℃连续冷却转变（CC）和 320℃/275℃双阶等温转变（TIH）得到的组织不仅具有较高的强度，而且具有较高的塑性和韧性；两种连续冷却转变得到试样的强度和韧性均优于相对应的双阶等温转变。连续冷却和双阶等温转变得到的贝氏体组织均具有较高的冲击韧性、抗拉强度和硬度，同时连续冷却转变得到的贝氏体组织具有较高的屈服强度，尤其 320~290℃连续冷却得到的贝氏体组织其屈服强度达到 1230MPa。图 3-2-42 为三种典型热处理工艺后贝氏体钢的工程应力应变曲线，从图中可以看出随着温度的

提高，均匀伸长率增加。

表 3-2-7　34MnSiCrNiMoAl 贝氏体钢经不同工艺热处理后的力学性能

热处理工艺	δ/%	Φ/%	σ_s/MPa	σ_b/MPa	a_{KU} /J·cm^{-2}	硬度 (HRC)	备注
320~275℃连续冷却	14.0	55.7	1170	1538	123	46.4	超细贝氏体
320℃/275℃双阶等温	14.8	54.8	1118	1530	120	46.4	
320~290℃连续冷却	16.4	56.9	1230	1546	125	46.5	
320℃/290℃双阶等温	16.8	57.8	1118	1541	124	45.7	
310℃×1h	15.4	56.1	1113	1549	112	47.2	
315℃×1h	16.3	56.0	1084	1526	115	46.7	
320℃×1h	16.0	54.5	1080	1498	109	46.0	
340℃×1h	17.9	53.4	1005	1465	92	44.0	无碳化物下贝氏体
360℃×1h	17.9	45.6	921	1454	90	41.5	
380℃×1h	19.0	59.9	905	1453	88	42.0	
388℃×2h	17.4	44.6	1034	1480	74	43.5	无碳化物上贝氏体
395℃×2h	17.3	45.5	1032	1495	70	44.4	
405℃×2h	16.5	44.5	1033	1482	66	43.5	

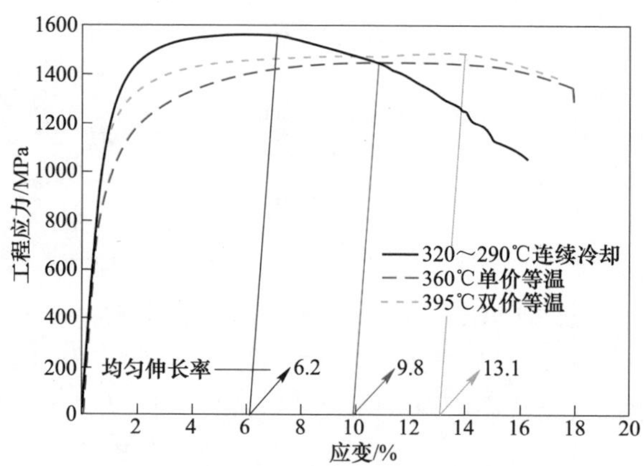

图 3-2-42　34MnSiCrNiMoAl 贝氏体钢经不同工艺热处理后的工程应力-应变关系

34MnSiCrNiMoAl 钢经不同热处理转变后的综合力学性能，如图 3-2-43 所示。$U_1=[1/2(\sigma_s+\sigma_b)\delta]$，代表静态韧度，是钢的强度和塑性的综合指标；$U_2=[1/2(\sigma_s+\sigma_b)a_{KU}]$，定义为钢的强度和韧性的综合指标。分析发现，随着转变温度从 315℃提高到 405℃，反映钢的韧性和强度的指标呈降低的趋势，尤其在上贝氏体温度区间出现拐点，降低速度较快。而反映钢的强度和塑性的指标的曲线变化较小，仅有 6%的差别，表明在同种钢中得到不同形态的贝氏体组织在拉伸试验过程中所吸收的能量相近，320~290℃连续转变得到塑性、韧性与强度的综合性能最优的钢。

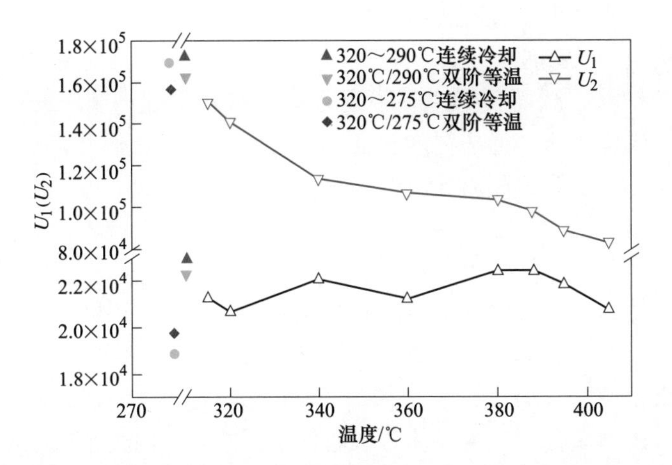

图 3-2-43 34MnSiCrNiMoAl 贝氏体钢经不同工艺热处理后的综合力学性能

根据上述 34MnSiCrNiMoAl 钢经不同热处理工艺得到无碳化物上贝氏体和下贝氏组织，结合表 3-2-7 中的结果，做出 34MnSiCrNiMoAl 钢不同形态的贝氏体组织的抗拉强度和冲击韧性的分布区域，如图 3-2-44 所示。在 385℃ 以上转变得到的贝氏体为由链状的贝氏体铁素体和小块状的残余奥氏体组成的上贝氏体，这种组织具有较高的抗拉强度和较低冲击韧性。在 320～385℃ 温度区间等温转变得到的贝氏体组织为下贝氏体组织，组织是由贝氏体铁素体板条和呈片状的残余奥氏体组成，力学性能表现为具有较低的抗拉强度和较高冲击韧性。在 320℃ 以下转变得到的下贝氏体组织由很细的贝氏体铁素体和薄膜状的残余奥氏体组成，具有很高的抗拉强度和冲击韧性，我们将具有这种优异性能的组织定义为超细贝氏体。

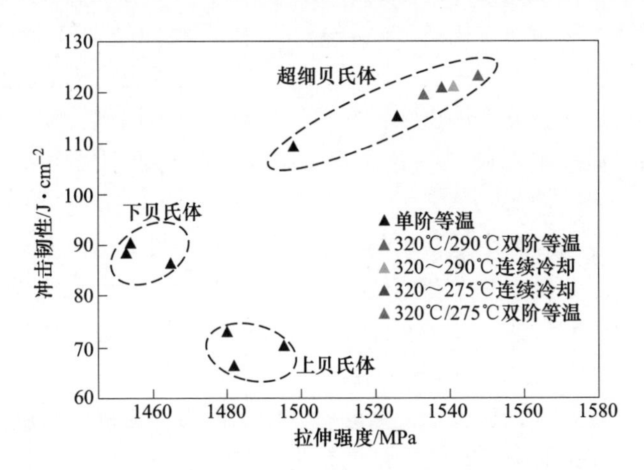

图 3-2-44 34MnSiCrNiMoAl 贝氏体钢经不同工艺热处理后抗拉强度和冲击韧性的分布区域图

在贝氏体铁素体形成过程中渗碳体还没有析出时，贝氏体铁素体板条之间仍为原始奥氏体组织，碳原子不断向奥氏体中富集，钢中加入足够的硅和铝元素阻止了碳原子的扩散，从而使渗碳体不能形成，所以得到的组织是无碳化物贝氏体。对于上贝氏体组织，形成温度较高，在此温度转变有利于碳原子的扩散，使得贝氏体铁素体中碳含量相对比较低，所以组织强度较低。对于下贝氏体和超细贝氏体组织，转变温度较低，相变驱动力较小，碳原子扩散较慢，贝氏体铁素体中碳含量较高，所以组织强度较高。

超细贝氏体、下贝氏体和上贝氏体组织的错配角分布不同，这与贝氏体转变的晶体学有关，上贝氏体是自原奥氏体晶界向内生长的，贝氏体铁素体与奥氏体之间的取向大多遵循 $\{011\}_{\alpha} \parallel \{111\}_{\gamma}$ 和 $\langle 111\rangle_{\alpha} \parallel \langle 011\rangle_{\gamma}$；而对于下贝氏体组织，与母相奥氏体保持一定的晶体学取向关系，但其取向关系较为复杂，既存在与上贝氏体相同的晶体学关系又存在多种晶体学关系。诸多研究表明，贝氏体相变的发生与变体有关，其主要是为了适应相变产生的塑性变形，利用 FIB、EBSD 等手段研究发现贝氏体在奥氏体晶界处形核的本质，表明在原始奥氏体晶界处形核的贝氏体变体选择与贝氏体相变温度有关。转变温度较低时，其变体选择较多，多个变体的选择意味着其具有较多的形核点。贝氏体钢中不同变体之间的错配角根据晶体学关系主要存在于小于 10°和 50°~60°两种角度，这也就解释了不同形成温度贝氏体铁素体错配角的分布差别。对于 320℃连续冷却转变得到的贝氏体组织，转变温度较低，原奥氏体强度较高，贝氏体转变驱动力较大，所以变体选择较多，从晶体学角度来讲，得到大错配角所占比例较大；反之，388℃较高温度等温转变得到的小错配角所占比例较大。贝氏体组织形态不同对性能有重要的影响，当铁素体/铁素体之间的错配角是大角度时能够使裂纹转向，阻止裂纹在此方向扩展，从而使得钢的韧性提高。下贝氏体和超细贝氏体铁素体/铁素体组织之间大角度错配角所占比例较大，可有效地阻碍裂纹扩展，使其韧性有明显的提高，尤其是低温贝氏体组织错配角的大角度所占比例较大，其冲击韧性相比上贝氏体组织提高了将近 80%，比较高温度下形成的下贝氏体组织提高 42% 左右。

强塑积、静力韧度虽然是常用的评估材料强韧性的指标，但不能表征材料的综合力学性能。因此提出一个新的模型，如图 3-2-45 所示。二维坐标轴的四个方向设置为不同的性能参数，其中，伸长率反映钢的塑性，是评估金属成型加工的重要指标；冲击韧性反映钢的韧性，代表着钢抵抗裂纹扩展的能力；洛氏硬度是压入法测得的试验数据，它表征金属的应变硬化能力，与抗拉强度有着密切的联系；屈服强度表征钢对微量塑性变形的抗力，是工程材料的重要指标；我们定义这四个数值点围成四边形的面积最大者为综合性能最优者，以此定性评价贝氏体钢在不同工艺下的性能。通过计算所得钢经不同热处理转变后的综合性能发现，

连续冷却转变得到的超细组织同样具有最佳的综合性能，较其他热处理工艺得到的综合性能高出14%~49%，一阶等温转变时，综合性能随温度的提高而有先增加后降低的趋势，在M_s+5℃时表现出最好的综合性能；双阶等温转变较一阶等温转变综合性能高出4%~26%，空冷转变得到的组织综合性能比M_s点以下等温转变得到的性能要好，油冷则得到最差的综合性能。

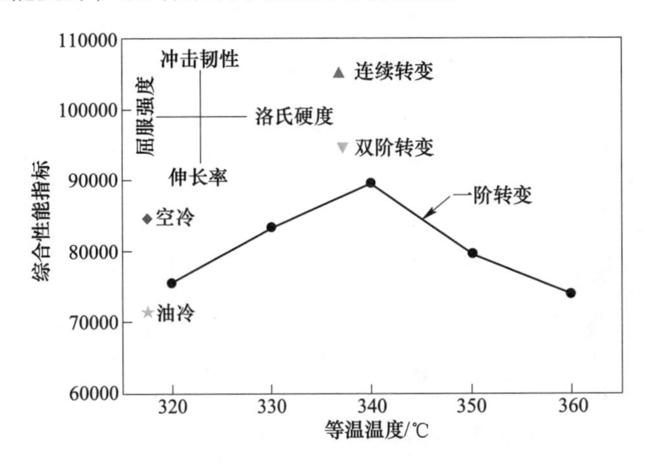

图 3-2-45　30MnSiCrNiMoAl 钢经不同工艺热处理后的综合力学性能

此外，加工硬化指数（n）是评定金属材料加工硬化性能最重要的指标，n值反映钢拉伸过程中在均匀塑性变形阶段应变硬化能力。利用 Hollomon 公式计算加工硬化指数n值，不同热处理条件下 34MnSiCrNiMoAl 钢的n值计算结果，见表3-2-8，320~290℃连续冷却转变具有最小的n值，这是由于在低温条件下转变贝氏体组织中具有较高的位错密度，由 Bailey-Hirsch 公式可知较高的位错密度使得钢具有较高的屈服强度，同时具有较高的屈强比；而上贝氏体组织是在较高温度区间转变得到的，位错密度相对较低，所以395℃等温转变的贝氏体钢具有最大的n值。

表 3-2-8　34MnSiCrNiMoAl 贝氏体钢经不同工艺热处理后的加工硬化指数和屈强比

热处理工艺	320℃	360℃	395℃	320~290℃
加工硬化指数n	0.106	0.113	0.119	0.096
屈强比	0.72	0.63	0.69	0.80

贝氏体铁素体板条厚度对贝氏体钢的力学性能有着重要的影响，图3-2-46为贝氏体板条厚度和残余奥氏体的厚度与钢的抗拉强度和冲击韧性的关系图，随着贝氏体铁素体板条厚度和残余奥氏体厚度的增加，钢的抗拉强度和冲击韧性随之降低。不同的残余奥氏体形态和厚度展现出不同的力学稳定性，当残余奥氏体板条厚度较小时，其碳含量相对较高，若残余奥氏体呈块状，则其碳含量较低，前

者表现出较高的力学稳定性，后者的力学稳定性较差。超细贝氏体组织中残余奥氏体呈薄膜状存在，并且其中的碳含量较高，具有较高的力学稳定性，可以减轻应力集中和阻碍裂纹萌生与扩展，所以具有较高的冲击韧性。在下贝氏体中随着残余奥氏体尺寸的增加，冲击韧性呈降低趋势，而上贝氏体组织的残余奥氏体呈块状形式存在，稳定性较差，所以在冲击过程中容易形成裂纹。

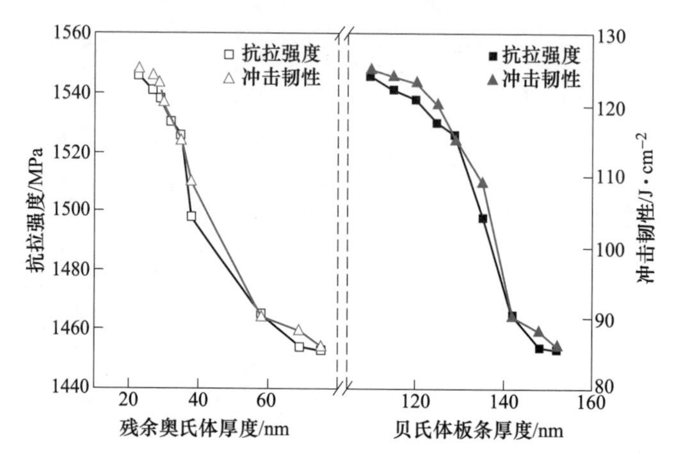

图 3-2-46　34MnSiCrNiMoAl 钢中贝氏体铁素体板条厚度和残余奥氏体厚度与抗拉强度和冲击韧性的关系

微观组织中存在的残余奥氏体作为软相，其体积分数的增加会造成钢的强度降低。图 3-2-47 为超细贝氏体钢经不同热处理后残余奥氏体体积分数与抗拉强度的关系，可以看出，随着残余奥氏体体积分数的增加，抗拉强度变化规律不是一致的，但有降低的趋势。虽然从之前拉伸的过程研究中发现（见图 3-2-29），残

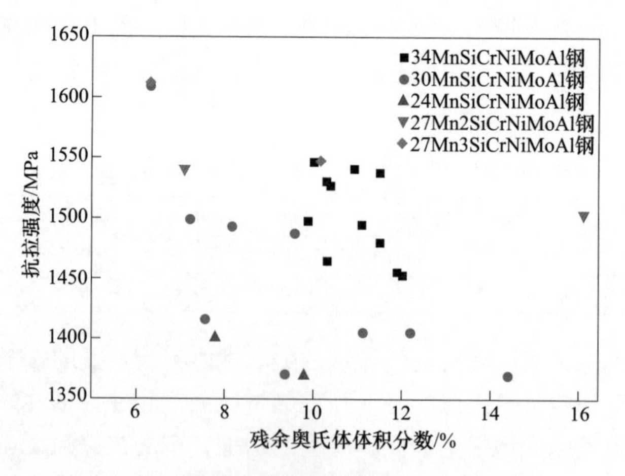

图 3-2-47　超细贝氏体钢抗拉强度与残余奥氏体体积分数的关系

余奥氏体在拉伸过程中发生应变诱发马氏体相变，这部分马氏体是高碳马氏体，在提高强度方面表现出积极的作用，然而其向马氏体相变的过程是一个循序渐进的过程，在达到最大应力时只有部分奥氏体发生相变可有效增加强度。残余奥氏体体积分数与抗拉强度之间没有绝对规律，这是因为影响钢的强度的因素有很多，如固溶强化、位错强化以及贝氏体铁素体板条的尺寸效应等。

超细贝氏体钢经不同热处理工艺后残余奥氏体体积分数与伸长率的关系，如图 3-2-48 所示。随着残余奥氏体体积分数的增加，伸长率升高或者持平，但其变化规律并不是绝对的，如图用虚线标出的数据点。面心立方结构材料晶格阻力较低，位错容易运动，会提高材料的塑性，所以残余奥氏体体积分数的增加在一定程度上会提高塑性。另外，残余奥氏体在室温拉伸时转变成马氏体，新形成的高强度孪晶马氏体使发生变形的部位发生相变强化，导致变形部位强度超过未变形部位，从而抑制局部变形的继续，之后变形开始转移至未发生马氏体相变的位置，导致奥氏体-马氏体相变向后变形部位转移。所以，在整个拉伸过程中由变形诱发的残余奥氏体-马氏体转变在不同部位交替出现，不断发生局部变形—相变强化—变形转移的过程，避免了变形在某一部位持续扩大进而导致颈缩，从而提高钢的伸长率。马氏体相变也可使应力松弛，推迟裂纹产生。在一定范围的载荷下，TRIP 效应可以起到抑制微裂纹形成的作用，从而增加贝氏体钢的塑性。

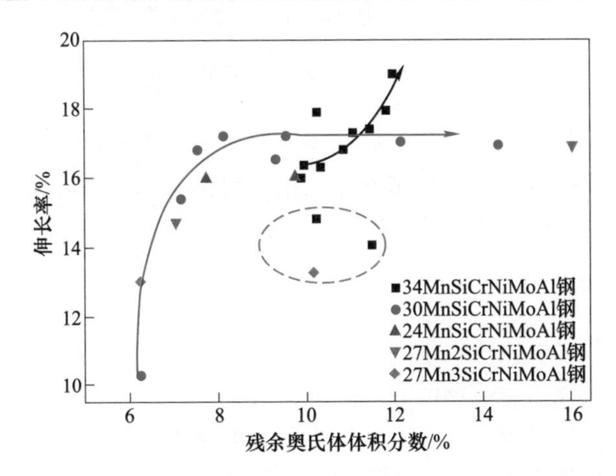

图 3-2-48 超细贝氏体钢伸长率与残余奥氏体体积分数的关系

超细贝氏体钢经不同热处理工艺后残余奥氏体体积分数与冲击韧性的关系，如图 3-2-49 所示。与几乎没有残余奥氏体的贝氏体钢相比，残余奥氏体体积分数大于 6%的贝氏体钢的冲击韧性大幅度增加。其原因有以下两种：一是残余奥氏体以片状/薄膜状的形式存在于贝氏体铁素体之间，在冲击过程中发生马氏体相变而造成体积膨胀，缓和裂纹尖端的应力集中、钝化裂纹尖端，借此降低裂纹的扩展速率，甚至可对裂纹的进一步扩展形成阻碍，使微裂纹终止于贝氏体亚单元间的残余奥氏体处，该效应称为阻碍裂纹扩展效应。二是残余奥氏体使钢中贝氏体组织的亚单元及超亚单元细化并增多，这样在裂纹扩展过程中，途径将更加曲折，从而消耗更多的能量，最终使钢的冲击韧性大幅度提高。但从整体来看，随着残余奥氏体体积分数从 6%增加到 16%，冲击韧性无明显的变化规律，或者说在每种钢中冲击韧性具有各自的变化规律。这主要是受多方面因素的影响，比如贝氏体铁素体作为主相其本身的取向关系、贝氏体铁素体与奥氏体的取向关系、残余奥氏体的形态和尺寸及其碳含量等上述原因，以及相互之间的关系还需要进一步研究。

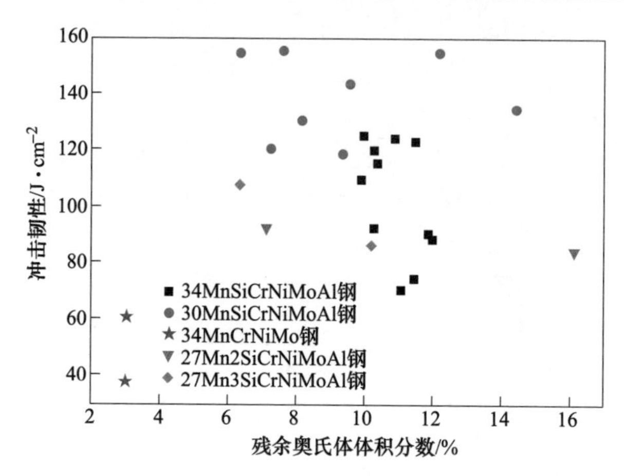

图 3-2-49　超细贝氏体钢冲击韧性与残余奥氏体体积分数的关系

综上所述，贝氏体相变工艺对贝氏体钢的微观组织和力学性能均有重要的影响，通过降低转变温度、连续控制冷却、控制转变时间手段可以获得具有优异综合性能的超细贝氏体钢。

2.4　低温冲击韧性

近些年来，我国铁路线路逐渐向极寒冷地区延伸，环境温度最低可达-50℃左右，为了扩大贝氏体轨道钢的使用范围，有必要对铁路轨道用贝氏体钢的低温冲击韧性进行研究。这里以几种无碳化物超细贝氏体钢为研究对象，研究超细贝氏体钢在不同低温温度下的低温冲击韧性。几种超细贝氏体钢的冲击韧性随测试温度的变化曲线，如图 3-2-50 所示，其具体数值见表 3-2-9，每种贝氏体钢低温冲击韧性相对于室温冲击韧性的降低幅度也列入了表 3-2-9 中。除 30MnSi2CrNiMo 贝氏体钢外，其他四种贝氏体钢的冲击韧性高达 120~190J/cm^2。随着测试温度的降低，贝氏体钢的冲击韧性均呈明显下降趋势，但降低幅度以 30MnSi2CrNiMo 贝氏体钢的最大，如在测试温度为-20℃时，30MnSi2CrNiMo 贝氏体钢的冲击韧性降低了 47.6%；而在测试温度为-40℃时，其冲击韧性降低幅度高达 63.1%。

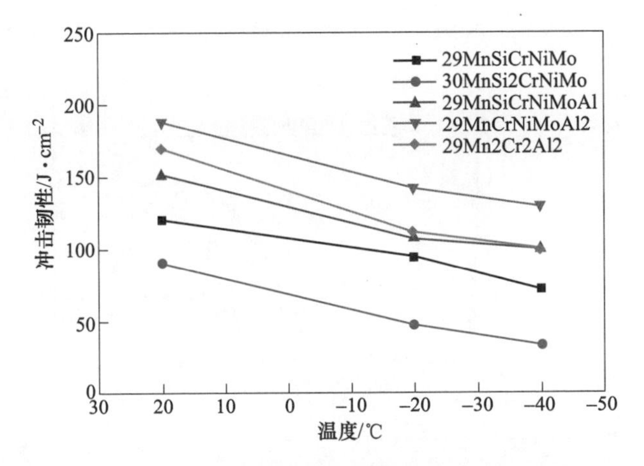

图 3-2-50 超细贝氏体钢冲击韧性随温度的变化规律

表 3-2-9 超细贝氏体钢在不同温度下的冲击韧性

钢种	IT(20℃)/J · cm^{-2}	−20℃时		−40℃时	
		IT/J · cm^{-2}	R/%	IT/J · cm^{-2}	R/%
29MnSiCrNiMo	120	94	21.7	73	39.8
30MnSi2CrNiMo	90	47	47.6	33	63.1
29MnSiCrNiMoAl	150	107	29.0	100	33.6
29MnCrNiMoAl2	188	141	24.8	129	31.2
29Mn2Cr2Al2	169	111	34.3	99	41.5

注：IT 为冲击韧性；R 为不同温度下的冲击韧性相对于 20℃时冲击韧性的降低幅度。

29Mn2SiCrNiMo、29Mn2SiCrNiMoAl 及 29Mn2Cr2Al2 贝氏体钢在不同温度冲击时的力、能量随冲击位移的变化曲线，如图 3-2-51 所示，其中小图为冲击位移在 0~2.5mm 范围内的局部放大。在力-位移曲线中，最大力值为形成裂纹需要的

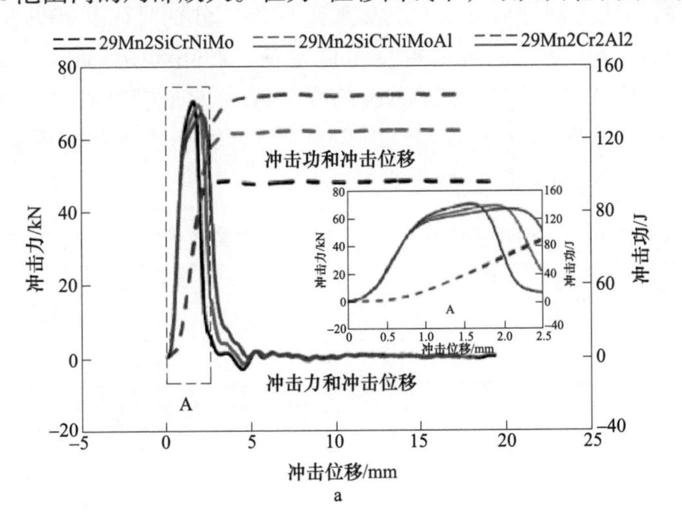

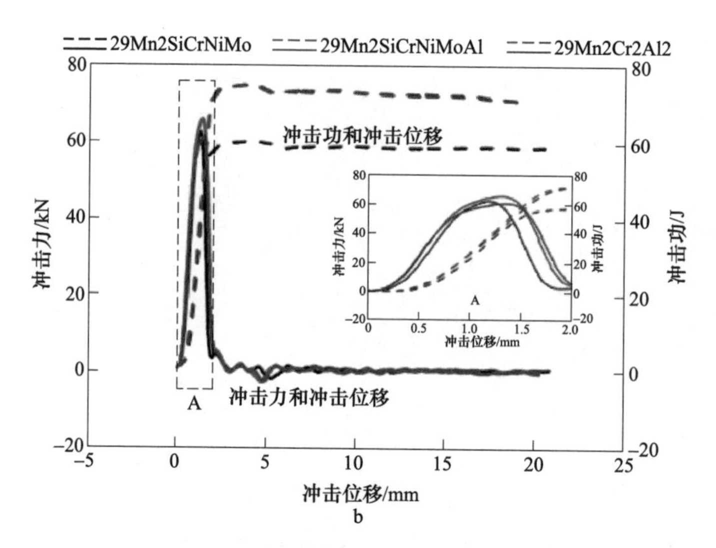

图 3-2-51 29Mn2SiCrNiMo、29Mn2SiCrNiMoAl 和 29Mn2Cr2Al2 贝氏体钢在不同温度下冲击过程中力和冲击功随冲击位移的变化规律

a—室温（20℃）；b—低温（-40℃）

最大力，而其与位移所围面积为裂纹形成功。力达到最大值后，随着位移的增加，力逐渐减小，此部分力与位移所围成的面积为裂纹扩展功。贝氏体钢的室温冲击、低温冲击时的最大力相差不大，但低温冲击时，其最大力对应的位移均向左侧移动，即低温条件下试样经过更小的变形便开始形成裂纹。

对不同贝氏体钢冲击过程中的裂纹形成功及裂纹扩展功进行了统计，结果见表 3-2-10，对比可以发现，随着冲击温度的降低，试样的裂纹形成功及裂纹扩展功均呈现降低的趋势，其中以等温淬火处理的 30MnSi2CrNiMo 贝氏体钢最为显著，表明该钢的冲击韧性对温度更为敏感。此外，分别对比五种贝氏体钢不同温度下裂纹形成功及扩展功的降低幅度可以发现，29MnSiCrNiMo、30MnSi2CrNiMo 及 29MnSiCrNiMoAl 贝氏体钢裂纹形成功降低幅度大于裂纹扩展功的降低幅度，而 29MnCrNiMoAl2 及 29Mn2Cr2Al2 贝氏体钢的裂纹形成功的降低幅度小于其各自的裂纹扩展功的降低幅度，如图 3-2-52 所示。

表 3-2-10 超细贝氏体钢在不同温度下的裂纹形成功与裂纹扩展功 (J)

温度/℃	29MnSiCrNiMo		30MnSi2CrNiMo		29MnSiCrNiMoAl		29MnCrNiMoAl2		29Mn2Cr2Al2	
	WCF	*WCP*	*WCF*	*WCP*	*WCF*	*WCP*	*WCF*	*WCP*	*WCF*	*WCP*
20	65.7	30.6	45.2	23.5	79.1	40.3	90.4	58.1	85.8	48.6
-20	46.2	27.2	20.8	16.5	54.6	29.5	76.5	33.5	56.1	29.9
-40	32.8	23.5	13.4	12.6	50.2	28.0	72.9	28.4	49.3	27.6

注：*WCF* 为裂纹形成功；*WCP* 为裂纹扩展功。

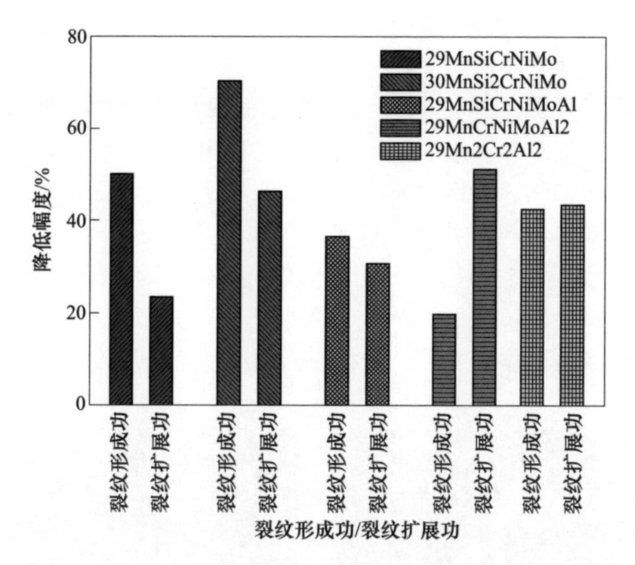

图 3-2-52 超细贝氏体钢在-40℃时裂纹形成功及扩展功相对于室温（20℃）时的降低幅度

冲击过程中，裂纹尖端的亚微米级薄膜状残余奥氏体可以转变成马氏体，吸收大量的塑性变形能，并且这种因相变引起的塑性能量损失可以达到正常因塑性变形引起能量损失的 5 倍，因此残余奥氏体向马氏体相变过程可以有效钝化裂纹尖端。对于稳定性较高的纳米级残余奥氏体，其存在也可以抑制微裂纹的形成及扩展。29MnCrNiMoAl2 及 29Mn2Cr2Al2 贝氏体钢与其前三种贝氏体钢的不同在于，其组织中既存在等温过程中生成的薄膜状贝氏体铁素体与残余奥氏体，又存在奥氏体化过程中未分解的块状铁素体。在含有块状铁素体+贝氏体组织的贝氏体钢变形过程中，块状铁素体首先发生塑性变形，随后贝氏体发生变形，并且该种贝氏体钢能够承受较大的变形而不产生裂纹，如图 3-2-51 中 29Mn2Cr2Al2 贝氏体钢最大冲击力对应的冲击位移最大。块状铁素体变形的过程中势必引起位错的增殖、滑移与堆积，而这种位错堆积可以有效抑制裂纹尖端，阻止其扩展，导致裂纹扩展方向发生变化。因此，块状铁素体可以在一定程度上吸收冲击过程中的能量，抑制裂纹的形成及扩展，进而提升其冲击韧性，使含有块状铁素体+贝氏体组织的贝氏体钢表现出更高的冲击性能。

30MnSi2CrNiMo 贝氏体钢含有较高的合金元素硅，其含量（质量分数）高达 2.23%，硅降低了贝氏体钢中渗碳体形核的驱动力，进而促进了贝氏体铁素体沿长度方向的持续长大。在冲击裂纹形成与扩展过程中，最小裂纹扩展单元与贝氏体铁素体长度相关，因此，具有较长贝氏体铁素体的 30MnSi2CrNiMo 贝氏体钢单个裂纹扩展长度较大，裂纹扩展的阻力较小，因此冲击韧性较差。

图3-2-53给出了29MnSiCrNiMo、29MnSiCrNiMoAl和29Mn2Cr2Al2贝氏体钢试样在不同温度条件下冲击后试样的断口形貌，可以看出室温冲击断口形貌中以准解理断裂为主，且存在少量韧窝；而-40℃时冲击后试样的断口形貌中主要以准解理断裂为主，但单个解理面面积较小，并且由多个小解理面共同围成具有一定取向的解理面，如图3-2-53d中椭圆标注区。对于29Mn2Cr2Al2贝氏体钢，室温冲击后试样的断口形貌中单个解理面面积大于29MnSiCrNiMo贝氏体钢断口中的单个解理面面积，同时也明显大于低温29MnSiCrNiMo、29MnSiCrNiMoAl钢低温冲击后试样断口中的解离面。断口形貌中单个解理面面积越小，表明贝氏体钢在冲击过程中形成的微裂纹越多，而相邻微裂纹的汇合导致试样断裂，即表现出较低的韧性。

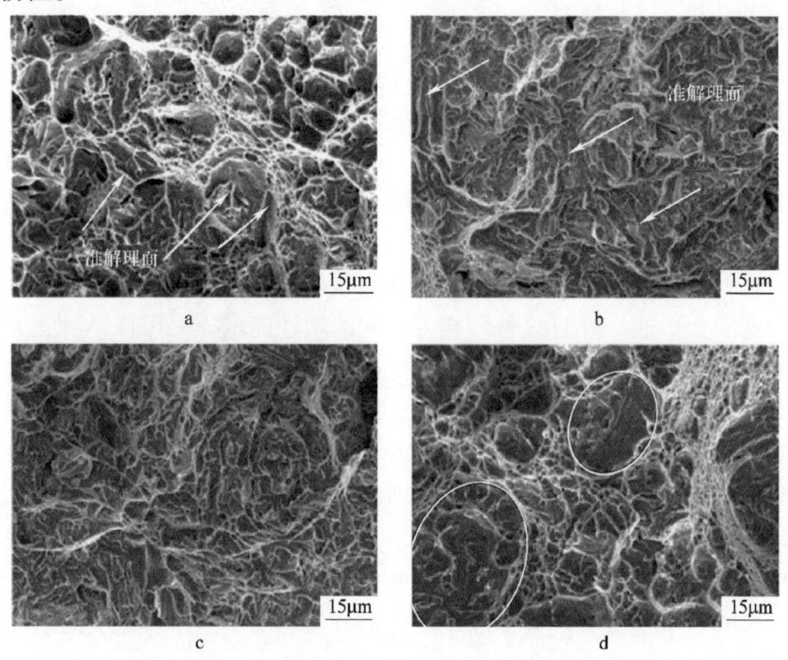

图3-2-53　不同温度下几种超细贝氏体钢的冲击断口形貌

a—29MnSiCrNiMo钢，20℃；b—29MnSiCrNiMo钢，-40℃；
c—29MnSiCrNiMoAl钢，-40℃；d—29Mn2Cr2Al2钢，20℃

为进一步对比研究铁路轨道用超细贝氏体钢的U型缺口和V型缺口的低温韧性，这里以35MnSiCrNiMoAl贝氏体钢为研究对象开展研究，钢的具体化学成分见表3-2-1。钢的热处理工艺为：加热到930℃保温3h后首先在油中冷却5min，之后分别进行空冷和等温淬火处理，等温温度分别为380℃、330℃、320℃，以及320~290℃连续冷却处理，等温时间均为1h。最后回火处理，工艺为320℃保温3h。

35MnSiCrNiMoAl贝氏体钢的冲击性能数据，见表3-2-11，可以看出，不同工艺处理后，贝氏体钢的低温冲击韧性以及V型缺口冲击韧性随着贝氏体铁素体板条尺寸的降低而增加。结果表明，组织细化使韧性提高。然而，当贝氏体铁素体板条厚度增大到208nm时，V型缺口试样冲击功急剧下降。几种工艺制备的贝氏体钢中，320~290℃连续冷却转变试样的低温冲击韧性以及V型缺口冲击韧性优于其他等温工艺，同时，该工艺下贝氏体铁素体板条厚度最小，为168nm，残余奥氏体体积分数最低，仅为9.2%。在低温连续冷却条件下，碳扩散速度低、过冷奥氏体强度高，因而获得了厚度薄、且跨尺度分布的贝氏体铁素体板条和亚稳残余奥氏体薄膜组织。330℃和320℃等温后，试验钢的冲击韧性相当。而380℃等温后钢的冲击韧性最差，这与其转变温度高，贝氏体相变驱动力小，扩散速率快，导致相变产生的贝氏体铁素体板条较厚有关。

表3-2-11 35MnSiCrNiMoAl贝氏体钢经不同工艺热处理下的组织参数和冲击韧性值

组织和性能指标	空冷	380℃×1h	330℃×1h	320℃×1h	(320~290℃)×1h
室温U型口冲击功/J	99	74	100	101	95
室温V型口冲击功/J		31	67	70	74
-40℃U型口冲击功/J		48	57	67	76
贝氏体铁素体板条厚度/nm	204	208	187	175	168
残余奥氏体体积分数/%	14.0	16.2	13.0	11.3	9.2

35MnSiCrNiMoAl贝氏体钢低温冲击韧性与残余奥氏体体积分数之间的关系，如图3-2-54所示。可以看出，钢的低温U型缺口冲击功随着残余奥氏体体积分数的增加几乎直线下降。320~290℃连续冷却转变试样的低温韧性最高，残余奥氏体含量最少。这可能与残余奥氏体在钢中的体积分数、分布及形貌有关。以薄膜状存在于贝氏体铁素体板条间的残余奥氏体，可以缓解应力集中，阻止裂纹源的产生和扩展。在低温冲击过程中，需要吸收更多的能量，展示出较好的低温冲击韧性。然而，较高体积分数的残余奥氏体在低温状态下更容易转变为马氏体。在低温条件下，一旦残余奥氏体转变为马氏体，在它周围将产生微裂纹。这些微裂纹将造成低温冲击韧性明显降低。35MnSiCrNiMoAl贝氏体钢经低温连续冷却贝氏体相变后，不仅获得

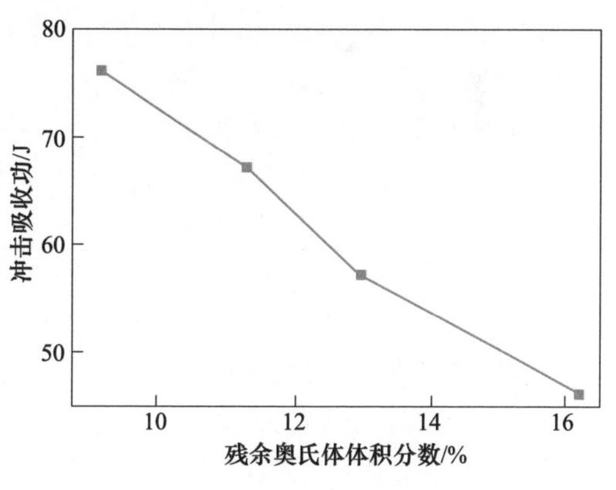

图3-2-54 35MnSiCrNiMoAl贝氏体钢低温冲击功与残余奥氏体体积分数的关系

了高强度和高韧性，而且低温韧性也得以大大改善。因此，适合于制造极寒高速重载条件下的铁路辙叉。

轨道用贝氏体钢的低温韧性与晶粒尺寸关系密切，从表3-2-11可知，组织中贝氏体铁素体板条厚度越小，低温冲击韧性越高。板条晶界可以阻止裂纹的扩展，钢中板条晶界面积的增加，可以使杂质原子在板条晶界的集中效应下降，避免产生穿晶脆性断裂。同时，晶界前塞积的位错数减少也有利于降低应力集中，使贝氏体钢的低温冲击韧性得到改善。

晶粒细化是低温韧性得以改善的重要原因，贝氏体钢中贝氏体铁素体板条厚度与韧脆转变温度的关系，可以用派奇方程描述：

$$\beta t_k = \ln B - \ln C - \ln d^{-1/2} \tag{3-2-1}$$

式中　β——常数，与钢的强度有关；

C——裂纹扩展阻力的度量；

t_k——温度，℃；

B——常数；

d——贝氏体铁素体板条平均厚度，nm。

减小亚晶和胞状结构尺寸也能提高材料的低温韧性，式3-2-1和屈服强度的霍尔-派奇关系十分类似，因此，可以把晶粒大小和韧脆转变温度之间的线性关系看作是霍尔-派奇公式在评定材料韧脆转变方面的应用。另外，间隙溶质元素溶入铁素体基体中，偏聚于位错线附近，阻碍位错运动，致使钢的韧脆转变温度提高。35MnSiCrNiMoAl贝氏体钢的Ni含量（质量分数）为0.93%，钢中加入置换型溶质元素Ni不仅可以减小低温时位错运动的摩擦阻力，还增加层错能，因此，可提高钢的低温韧性。

不同等温淬火温度热处理35MnSiCrNiMoAl贝氏体钢的U型缺口与V型缺口冲击吸收功对比，如图3-2-55所示。经320～290℃连续冷却转变后，U型缺口试样冲击吸收功比330℃和320℃等温试样稍低，但V型缺口试样冲击吸收功最高。此外，320～290℃连续冷却转变试样的U型缺口与V型缺口冲击吸收功之间的差值最小，为21J，而320℃等温试样的差值为31J，330℃等温试样的差值为33J，380℃等温试样的差值为43J。随着转变温度的升高，35MnSiCrNiMoAl贝氏体钢韧性越来越差，U型缺口与V型缺口冲击吸收功之间的差值也越来越大。众所周知，V型缺口比U型缺口冲击试样具有更高的应

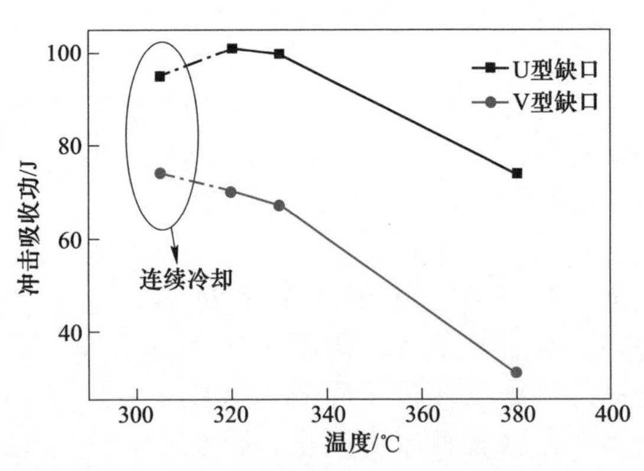

图3-2-55　35MnSiCrNiMoAl贝氏体钢经不同工艺热处理后U型缺口与V型缺口冲击吸收功对比

力集中效应，且V型缺口比U型缺口冲击试样在断裂前形成的裂纹更加尖锐。因此，试验结果表明320~290℃连续冷却转变试样对尖锐裂纹的萌生和扩展有较低的敏感性，这预示着经该工艺处理后，材料具有优良的抗疲劳性能。

2.5 断裂吸收功

以28Mn2SiCrNiMoAl钢为研究对象，通过热膨胀仪测试其 B_s 和 M_s 分别为486℃和283℃。选取350℃作为等温淬火温度是因为在该温度等温淬火后试样的微观组织中存在尺寸分布范围较宽的块状残余奥氏体，适于研究不同加载速率下块状残余奥氏体的转变情况。断裂吸收功分别采用U型缺口和预制裂纹两种类型的三点弯曲试样在100kN-MTS伺服液压疲劳试验机上进行测试，三点弯曲测试采用试验机横梁位移控制，加载速率分别为0.01mm/s、0.1mm/s、1mm/s、5mm/s和10mm/s。

通过裂纹萌生点可以确定三点弯曲变形过程中的裂纹萌生功和裂纹扩展功，然而，真正的裂纹萌生点很难确定，它并不一定与载荷-位移曲线上的最大载荷点相对应。采用柔度变化率的方法来确定试样在三点弯曲测试过程中的裂纹萌生点，如图3-2-56所示。

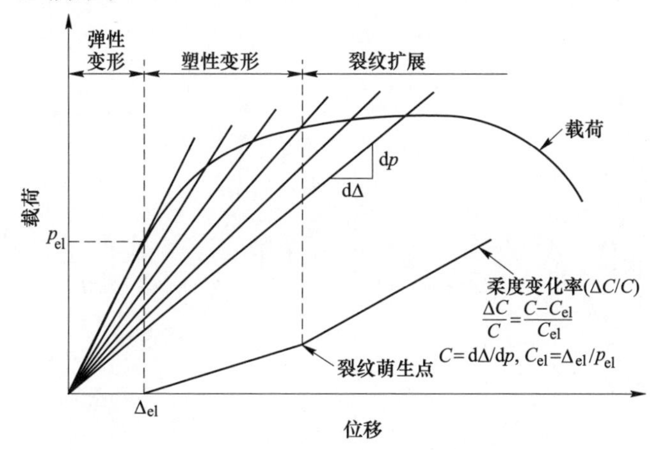

图3-2-56 柔度变化率法确定裂纹萌生点示意图

通过图3-2-56可以确定柔度变化率 $\Delta C/C$ 的定义：

$$\frac{\Delta C}{C}=\frac{C-C_{el}}{C_{el}} \tag{3-2-2}$$

式中 C——载荷-位移曲线上任意一点处的柔度，$C=\mathrm{d}\Delta/\mathrm{d}p$；

C_{el}——弹性线段的柔度，$C_{el}=\Delta_{el}/p_{el}$；

p_{el}——屈服点；

Δ_{el}——达到屈服点 p_{el} 时的载荷线位移。

根据上述方法可以得到柔度变化率-位移曲线，将该曲线上出现的柔度变化率发生突然转折点定义为裂纹萌生点。因此，根据试样在不同加载速率下的载荷-位移曲线，对从加载开始到裂纹萌生点和从裂纹萌生点到失效之间载荷-位移曲线下面的面积，进行积分可以得到试样的裂纹萌生功和裂纹扩展功，然后根据前两者之和可以得到试样的总断裂吸收功。

两种类型试样在不同加载速率下典型的载荷-位移曲线，如图 3-2-57 所示，随着加载速率的增加，U 型缺口试样和预制裂纹试样的载荷-位移曲线下面的面积均呈增加的趋势，表明在较高加载速率下的断裂过程中消耗了较多的能量。此外，还可以看出，在各加载速率下，两种类型试样最大载荷之后的载荷-位移曲线均出现了载荷的跳动现象，可以理解为：在最大载荷之后的三点弯曲变形过程中，试样已经产生了裂纹，而马氏体相变主要发生在裂纹尖端附近剧烈的塑性变形区内。这些新形成的脆性马氏体具有较小的裂纹抗力，促使裂纹快速向前扩展，当到达未发生转变的奥氏体区时裂纹扩展就会停止。随着载荷的增大，裂纹尖端的残余奥氏体继续发生马氏体相变，引起裂纹的进一步扩展，随着三点弯曲试验的进行，上述过程将重复出现直至试样断裂失效，导致载荷-位移曲线上的载荷出现跳动现象。

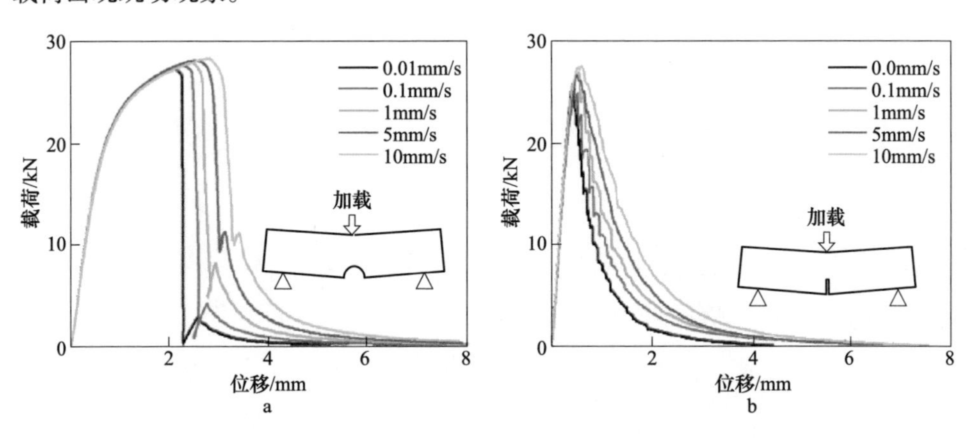

图 3-2-57　28Mn2SiCrNiMoAl 钢两种类型试样在不同加载速率下的载荷-位移关系

a—U 型缺口试样；b—预制裂纹试样

通过柔度变化率的方法可以确定出试样在三点弯曲变形过程中的裂纹萌生点，利用这种方法对两种类型试样在不同加载速率下的裂纹萌生点进行了确定；结果表明，两种类型试样在不同加载速率下的裂纹萌生点均位于载荷-位移曲线上的最大载荷处，图 3-2-58 给出了两种类型试样在 10mm/s 加载速率下的载荷-位移关系和柔度变化率曲线，可以看出裂纹萌生点所在的位置，即最大载荷处。

因此，分别从加载开始到最大载荷处和从最大载荷处到失效对载荷-位移曲

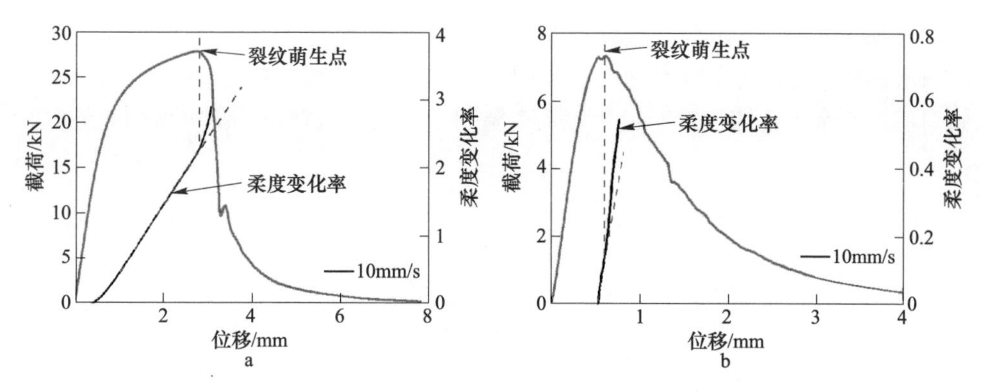

图 3-2-58 28Mn2SiCrNiMoAl 钢两种类型试样在 10mm/s 加载速率下的载荷-位移关系和柔度变化率

a—U 型缺口试样；b—预制裂纹试样

线下面的面积进行积分，可以得到对应的裂纹萌生功和裂纹扩展功。总的吸收功为载荷-位移曲线下面的总面积，通过裂纹萌生功和裂纹扩展功相加可以得到。用于计算断裂吸收功（E）的积分公式如下：

$$E = \int_x^s F\mathrm{d}s \tag{3-2-3}$$

式中 F——载荷，kN；

s——位移，mm。

通过式 3-2-3 计算得到两种类型试样分别在不同加载速率下的平均裂纹萌生功、裂纹扩展功和总吸收功，如图 3-2-59 所示。可以看出，对于 U 型缺口试样，随着加载速率的增加，裂纹萌生功、裂纹扩展功和总吸收功均呈现明显增加的趋势。对于预制裂纹试样，随着加载速率的增加，尽管裂纹萌生功的增加量非常微小，几乎保持不变，但是裂纹扩展功和总吸收功均呈现出增加的趋势。

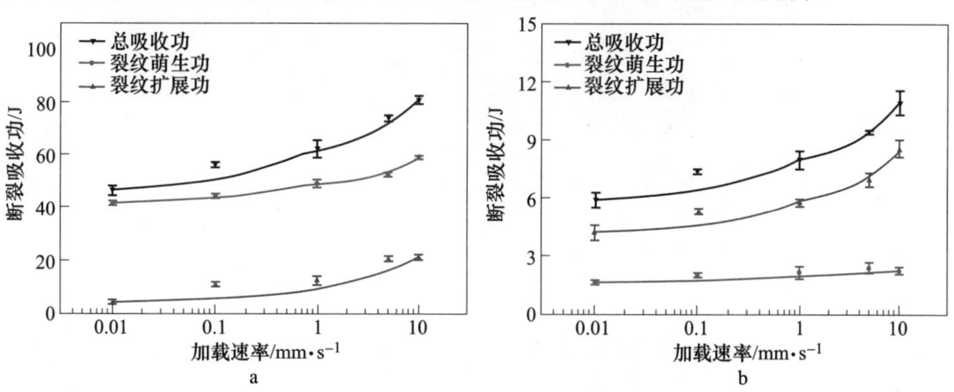

图 3-2-59 28Mn2SiCrNiMoAl 钢两种类型试样在不同加载速率下的断裂吸收功

a—U 型缺口试样；b—预制裂纹试样

28Mn2SiCrNiMoAl 钢 U 型缺口试样在不同加载速率下均下压 2mm 位移时，缺口底部残余奥氏体的转变量曲线如图 3-2-60 所示。随着加载速率的增加，试样缺口底部残余奥氏体的转变量从 65%下降到了 47%，表现出逐渐降低的趋势。

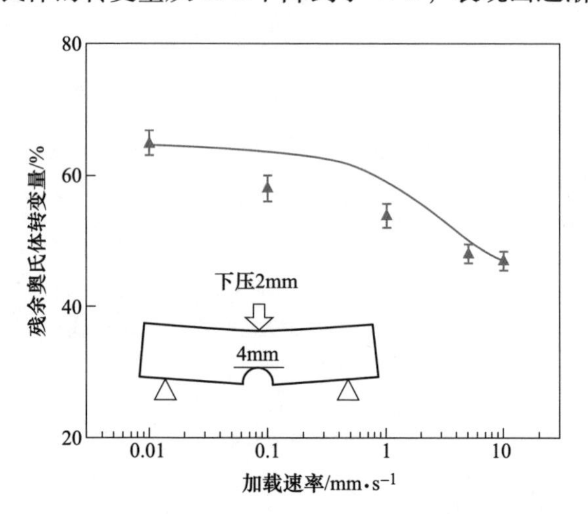

图 3-2-60 28Mn2SiCrNiMoAl 钢 U 型缺口试样在不同加载速率下均下压 2mm 位移时缺口底部残余奥氏体的转变量

此外，利用 XRD 对 U 型缺口试样分别在 0. 01mm/s 和 10mm/s 两种加载速率下失效后距离断裂面不同位置处的残余奥氏体转变量进行了定量分析，结果如图 3-2-61 所示。类似地，随着加载速率的增加，失效试样中残余奥氏体的转变量同样呈下降的趋势。高加载速率下试样中较少的残余奥氏体发生了马氏相变，一个

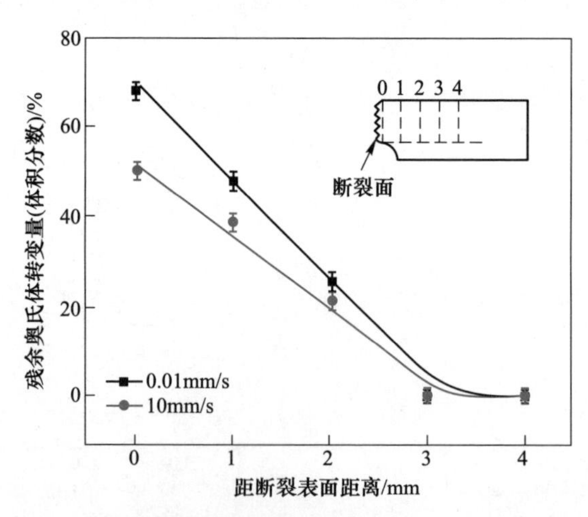

图 3-2-61 28Mn2SiCrNiMoAl 钢 U 型缺口试样在 0. 01mm/s 和 10mm/s 两种加载速率下失效后距离断裂面不同位置处残余奥氏体的转变量

主要原因可能是：在高加载速率下的试样由于快速变形产生了较高的绝热温度，起到了减小残余奥氏体发生马氏体相变的化学驱动力的作用，从而增加了残余奥氏体的稳定性，因此需要增加机械驱动力才能使残余奥氏体继续发生马氏体相变，即残余奥氏体发生更大程度的塑性变形之后才能转变成马氏体。另外，应变诱发马氏体相变的形核点主要位于剪切带的交叉点处，然而在高的加载速率下，快速加载产生的较高温度起到了增加层错能的作用，从而抑制了剪切带的形成，降低了马氏体的形核点。所以，随着加载速率的增加，残余奥氏体转变量呈现出减小的趋势。

在断裂吸收功测试过程中，不同的加载速率可能会引起试样产生不同程度的塑性变形，进而可能对残余奥氏体的转变量产生不同的影响。为了检测这种可能性，利用 DIC 技术对 U 型缺口试样分别在 0.01mm/s 和 10mm/s 两种加载速率下的应变分布进行了测定。图 3-2-62 给出了 U 型缺口试样在两种加载速率下均下

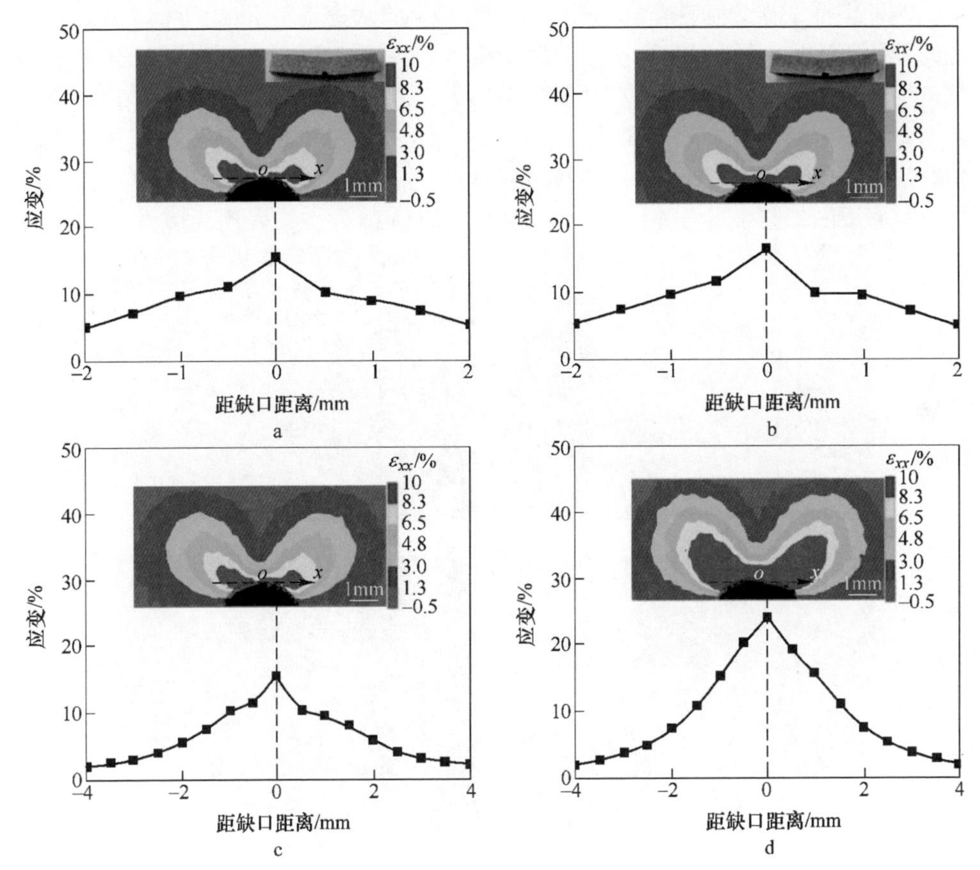

图 3-2-62 28Mn2SiCrNiMoAl 钢 U 型缺口试样在两种加载速率下压下不同位移量缺口底部（x 轴）应变分布

a—0.01mm/s，下压量为 2mm；b—10mm/s，下压量为 2mm；
c—0.01mm/s，载荷为 27kN；d—10mm/s，载荷为 28kN

压2mm位移量时沿缺口底部虚线方向（x轴）的应变分布。缺口附近的应变等高线位于对应曲线的上方，在高、低两种加载速率下U型缺口试样的应变量和等高线数值分布是十分相似的。然而，当U型缺口试样下压量为2mm时，高加载速率下残余奥氏体的转变量小于低加载速率下残余奥氏体的转变量，这表明应变量不是引起高加载速率下残余奥氏体转变量较小的主要原因。图3-2-62给出了U型缺口试样在两种加载速率下达到最大载荷时（此时裂纹开始萌生）沿缺口底部虚线方向（x轴）的应变分布。可以看出，在最大载荷时，高加载速率下的应变量明显高于低加载速率下的应变量；然而，距离缺口不同位置处的残余奥氏体转变量在两种加载速率下却表现出截然相反的结果，即高加载速率下残余奥氏体的转变量小于低加载速率下残余奥氏体的转变量，这种结果再次表明高加载速率下较少的奥氏体转变量不是由应变量不同引起的。

两种类型试样分别在0.01mm/s和10mm/s加载速率下失效，断口裂纹萌生区的SEM组织，如图3-2-63所示。对于U型缺口试样而言，两种加载速率下的断口均主要由大量的韧窝和少量的准解理面组成，主要表现为韧性断裂的方式；高加载速率下断裂面上的韧窝尺寸较大、较深，这可能是由于在高加载速率下较少的残余奥氏体转变成了马氏体的缘故。对于预制裂纹试样而言，在高、低两种加载速率下断口形貌十分相似，均主要以准解理面为主，表现为脆性断裂的方

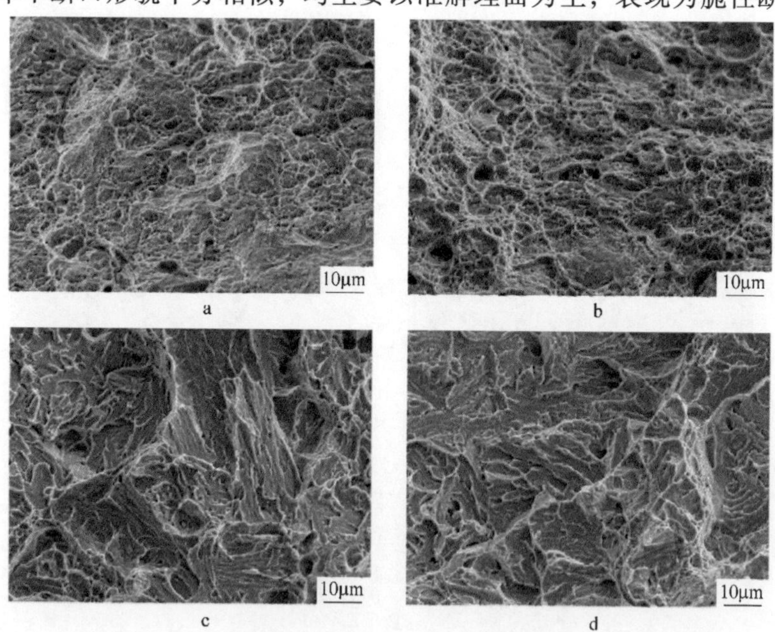

图3-2-63　28Mn2SiCrNiMoAl钢两种类型试样在高、低两种加载速率下失效后断口裂纹萌生区的SEM组织

a—U型缺口试样，0.01mm/s；b—U型缺口试样，10mm/s；
c—预制裂纹试样，0.01mm/s；d—预制裂纹试样，10mm/s

式；其原因是在预制疲劳裂纹的过程中，稳定性较差的块状残余奥氏体已经转变成了马氏体，这些脆性的马氏体对裂纹萌生起到了相似的促进作用。

本研究表明，对于U型缺口试样而言，随着加载速率的降低，缺口底部较多的残余奥氏体转变成了马氏体。根据文献报道可知，残余奥氏体发生马氏体相变产生的相变诱发塑性效应有助于增加钢的断裂吸收功。然而，低碳无碳化物贝氏体钢在低加载速率下并没有显示出断裂吸收功的增加。可以理解为：在加载变形过程中，块状残余奥氏体转变成的马氏体或马氏体/奥氏体岛（MA岛）含有较高的碳含量，且未经过回火，因此表现出明显的脆性特征，具有较低的裂纹阻抗，趋向于促进裂纹萌生。与高加载速率相比，试样在低加载速率下具有较低的裂纹萌生功。这些脆性的块状马氏体或MA岛有利于裂纹穿过，从而起到了加速裂纹扩展的作用。与高加载速率相比，试样在低加载速率下表现出较低的裂纹扩展功，这可能是随着加载速率的降低U型缺口试样的总断裂吸收功显著降低的原因。相比之下，对于预制疲劳裂纹试样而言，在之前预制疲劳裂纹的过程中，预制裂纹尖端的块状残余奥氏体已经转变成了马氏体或MA岛，这些已经形成的脆性块状马氏体或MA岛可能对高、低加载速率下的裂纹萌生起到了相似的促进作用，因此，试样在高、低加载速率下表现出相似的裂纹萌生功。预制疲劳裂纹试样的裂纹扩展过程与U型缺口试样的裂纹扩展过程相似，低加载速率下较多的脆性块状马氏体或MA岛加速了裂纹扩展，导致其具有较低的裂纹扩展功。因此，随着加载速率的降低，预制裂纹试样的总断裂吸收功逐渐降低。

2.6　疲劳性能

2.6.1　拉压疲劳性能

在铁路轨道的实际服役过程中，机车通过铁路轨道时，由于牵引和制动以及轮与轨间横向和纵向运动而产生大面积的阻力，铁路轨道将受到巨大的反复的车轮冲击载荷，铁路轨道表面会发生以塑性应变为主导的低周疲劳变形。通过360℃等温、395℃等温和320～290℃连续冷却转变工艺在34MnSiCrNiMoAl钢中分别得到了无碳化物下贝氏体、上贝氏体和超细贝氏体组织。图3-2-64给出了34MnSiCrNiMoAl钢经不同热处理后的循环硬化/软化曲线。从图中可以看出，在所有的总应变幅下，初始阶段循环硬化，但在后期循环软化时，不

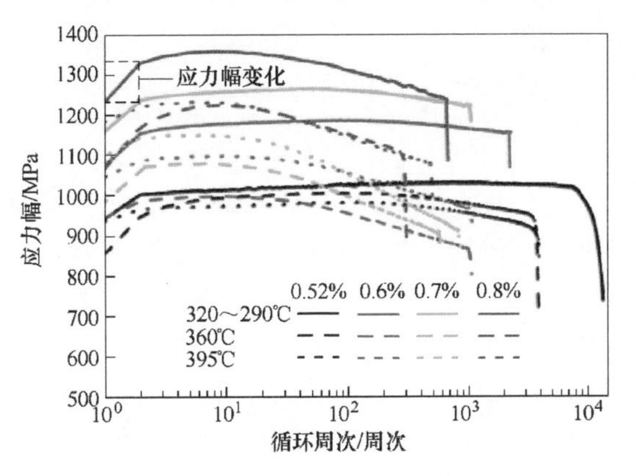

图3-2-64　三种组织状态34MnSiCrNiMoAl钢在不同总应变幅下的循环硬化/软化曲线

同总应变幅反映出不同规律。在总应变幅较低时，应力幅达到饱和直至断裂。在总应变幅达到0.8%时，直接发生循环软化直至疲劳断裂。在总应变幅较低时，循环软化速率比较小。随应变幅增加，软化速率增大。

图3-2-65为30MnSiCrNiMoAl钢经340℃等温转变和连续冷却转变工艺试样的应力幅随循环周次的演变曲线，在应变幅为0.6%和0.8%时，循环硬化/软化行为的演变规律与34MnSiCrNiMoAl钢相似。图3-2-66是28Mn2SiCrNiMoAl钢经300℃和350℃等温转变后的应力幅随疲劳循环周次的演变曲线，同样呈现出与34MnSiCrNiMoAl钢相似的循环硬化/软化规律。相比之下，28Mn2SiCrNiMoAl钢在各总应变幅下，300℃等温试样的应力幅总是高于350℃等温试样的，这主要是由于低温等温获得的超细贝氏体组织具有较高屈服强度的缘故。图3-2-67为34MnSiCrNiMoAl钢经连续冷却转变得到的超细贝氏体组织在第一周次、第二周次和半寿命处的滞后回线。从滞后回线的形状可以看出，当循环周次为2周次时，形状变得尖锐，应力增加，意味着循环软化；当循环周次为半寿命处时，形状变宽，应力不变或降低，意味着循环稳定或循环软化。

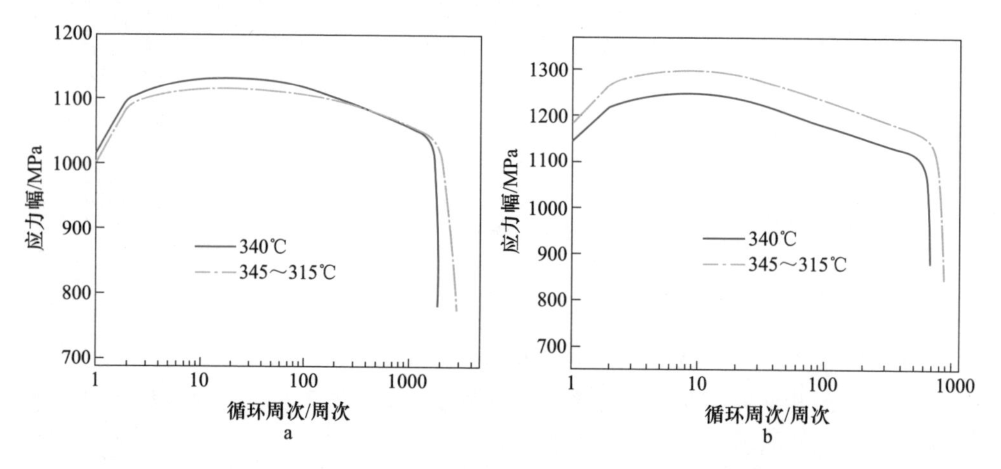

图3-2-65　30MnSiCrNiMoAl钢不同应变幅下两种组织状态试样的循环曲线
a—循环硬化曲线，应变幅为0.6%；b—循环软化曲线，应变幅为0.8%

为了更清晰地认识钢在疲劳过程中的循环硬化和软化行为，分别计算34MnSiCrNiMoAl钢的不同贝氏体组织在各自总应变幅下的初始硬化速率，见表3-2-12。随总应变幅的增加，硬化速率呈现升高的趋势。在同一总应变幅下，超细贝氏体相比无碳化物上贝氏体具有更高的硬化速率，这与硬化阶段不稳定的残余奥氏体发生应变诱发马氏体相变有关。原始超细贝氏体组织中存在大量可移动的位错，在循环变形时开始，可移动位错被缠结而形成固定位错，引起组织硬化。此外，在循环的第一周次，位错发生增殖，也会造成硬化。无碳化物上贝氏体中虽然块状残余奥氏体容易发生马氏体相变，如图3-2-68所示，在经循环变形

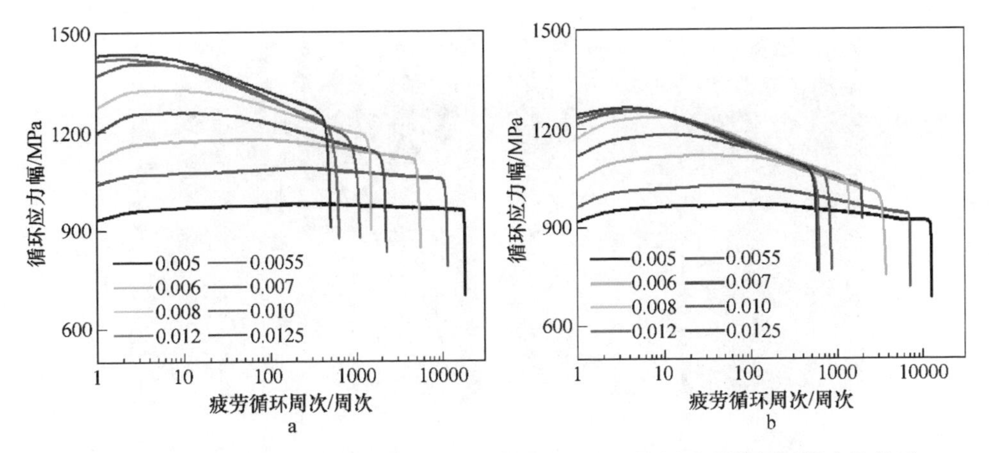

图 3-2-66 28Mn2SiCrNiMoAl 钢在各总应变幅下的循环应力幅-疲劳循环周次的关系

a—300℃等温；b—350℃等温

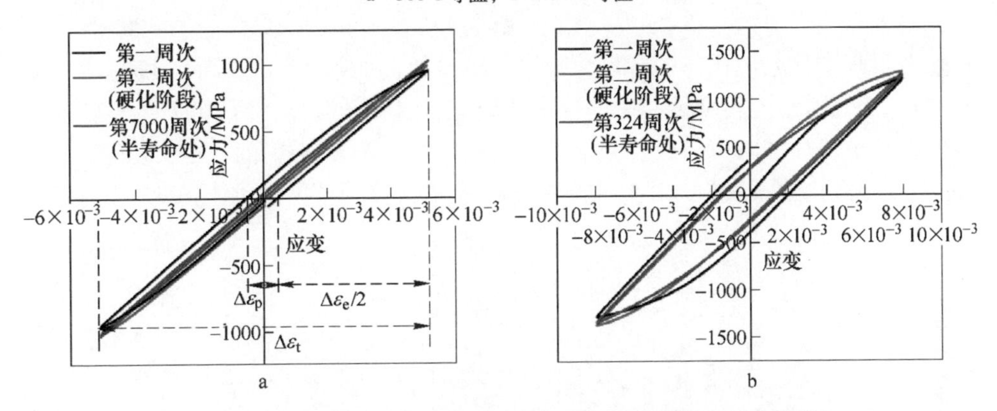

图 3-2-67 34MnSiCrNiMoAl 钢经 320~290℃连续转变工艺得到的超细贝氏体组织在不同总应变幅下的滞后回线

a—0.52%；b—0.8%

后在奥氏体中观察到孪晶马氏体，但初始组织中存在的位错密度相对较低，对循环硬化速率的贡献远小于超细贝氏体组织中的孪晶马氏体。

表 3-2-12 34MnSiCrNiMoAl 钢在不同低周疲劳循环应变条件下的循环硬化速率

应变幅/%	初始硬化速率	
	320~290℃连续冷却	395℃等温
0.52	60	31
0.60	82	36
0.70	86	42
0.80	96	47

为了明确残余奥氏体在疲劳变形行为中的作用，对 28Mn2SiCrNiMoAl 钢在循

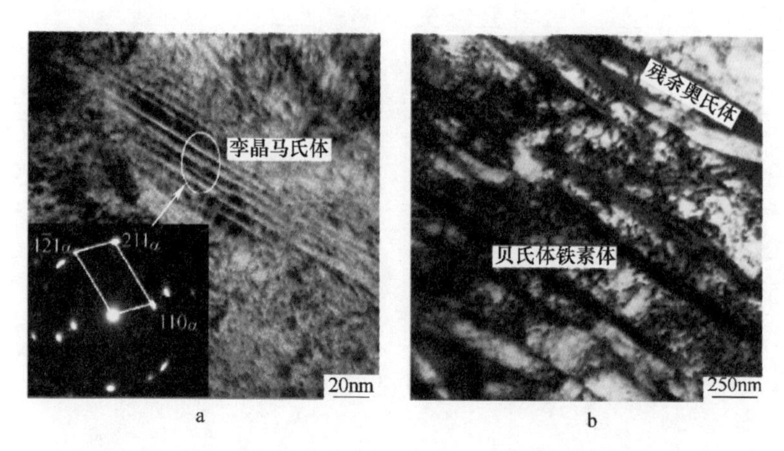

图 3-2-68　无碳化物贝氏体 34MnSiCrNiMoAl 钢经 0.80%总应变幅低周疲劳后的 TEM 微观组织
a—孪晶马氏体；b—贝氏体铁素体中的高密度位错

环疲劳过程中残余奥氏体的含量演变进行了分析，如图 3-2-69 所示。随总应变幅的增加，350℃等温转变试样中的残余奥氏体含量降低明显，而 300℃等温转变试样中残余奥氏体的减少量极其微小。与 300℃等温淬火钢相比，在各总应变幅下 350℃等温淬火钢疲劳失效试样中较多的残余奥氏体发生了马氏体相变。

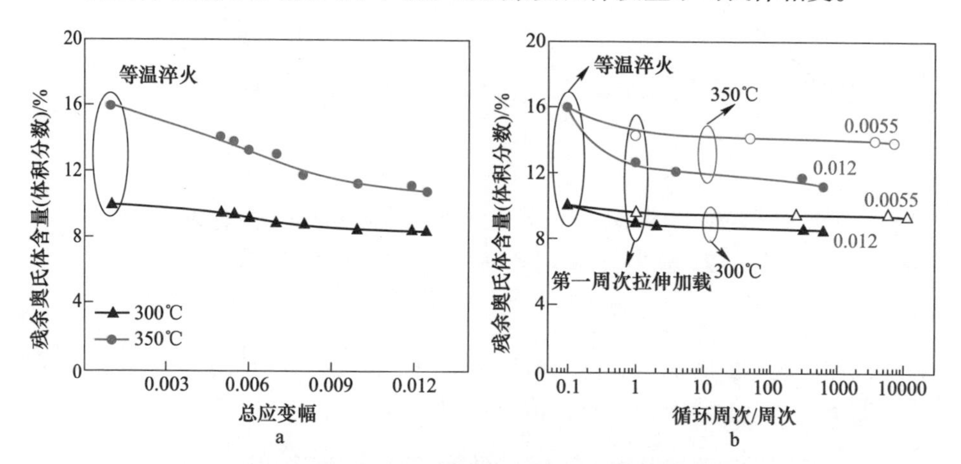

图 3-2-69　28Mn2SiCrNiMoAl 贝氏体钢经 300℃和 350℃等温转变后在循环变形过程中残余奥氏体含量变化规律
a—不同总应变幅；b—不同循环周次

对于 350℃等温转变试样来说，在 0.012 总应变幅下、经第一周拉伸加载后，疲劳试样中较多的残余奥氏体转变成了马氏体（下降量为 3.3%）；随后继续加载、直至失效的整个循环变形过程中残余奥氏体向马氏体的转变量很少（下降量为 1.5%）。在 0.0055 总应变幅下，经第一周次拉伸加载后，只有很少量的残余

奥氏体转变成了马氏体（下降量约为 1.7%）；随着循环周次继续增加，残余奥氏体含量基本保持不变。对于 300℃ 等温转变试样来说，在 0.012 总应变幅下，经第一周次拉伸加载后，试样中残余奥氏体含量只有轻微下降，随后的循环变形过程中残余奥氏体的含量基本保持不变。然而，在 0.0055 总应变幅下的整个循环变形过程中，残余奥氏体含量基本没有发生变化。由此表明，在高、低总应变幅下，两种工艺等温转变试样中的马氏体相变主要发生在循环变形的第一周次拉伸加载部分，在随后循环到疲劳失效的整个过程中，钢中的马氏体相变量极其微小，尤其是 300℃ 等温试样中几乎可以忽略残余奥氏体产生的马氏体相变。

34MnSiCrNiMoAl 钢经不同热处理工艺处理后残余奥氏体的转变量随总应变幅的变化规律如图 3-2-70 所示。其中，$\Delta V_{RA} = V_{RA(循环变形后)} - V_{RA(初始值)}$，从图中可以看出，上贝氏体中残余奥氏体转变量较多。研究发现随着温度的降低，组织中的位错密度升高，所以相比上贝氏体，超细贝氏体中具有较高密度的位错，导致后者循环能力增加。应变硬化和位错运动在变形过程中同时进行，超细贝氏体钢展现出更高的硬化率，表明位错的运动对钢的硬化影响更大，而循环软化往往与组织偏移平衡状态的程度有关系。

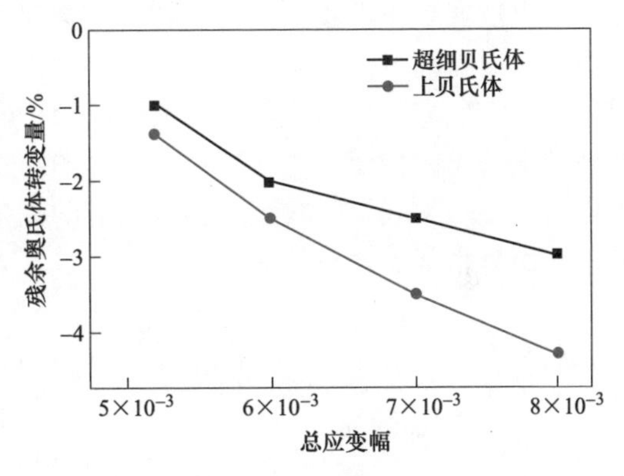

图 3-2-70 34MnSiCrNiMoAl 钢经不同工艺热处理后残余奥氏体转变量随总应变幅的变化规律

图 3-2-71 为 34MnSiCrNiMoAl 钢三种工艺处理后塑性应变幅与应力关系，应变幅较大时，不同热处理状态下贝氏体组织均无法达到应力饱和的状态，因此选

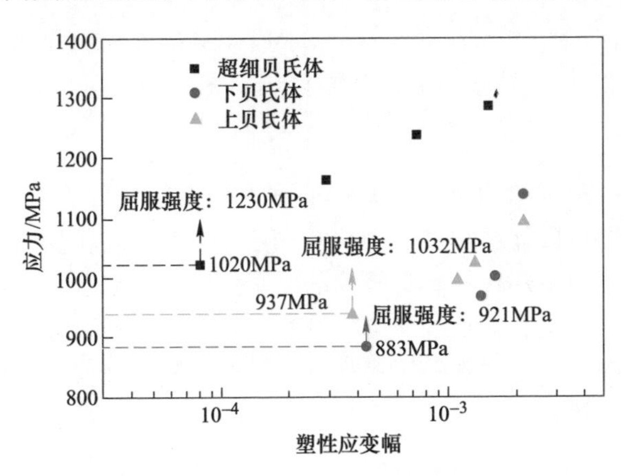

图 3-2-71 34MnSiCrNiMoAl 钢经不同工艺热处理后循环应力与塑性应变幅的关系

取了半寿命的应力。尽管所有的组织在循环变形过程中在最初的硬化之后都表现出软化现象，但是从图3-2-71中可以看出，在320~290℃连续冷却转变所形成的超细贝氏体组织疲劳应力最高，这也与此状态试样在常规力学性能中拥有最高的抗拉强度和屈服强度的表现是一致的。

三种组织状态34MnSiCrNiMoAl钢总应变幅与其反向数的关系，如图3-2-72所示。在同一总应变幅下，超细贝氏体具有最长的疲劳寿命，尤其是在较低的应变幅下，组织形态影响着疲劳行为。对于超细贝氏体钢，其具有最细的贝氏体铁素体板条，在提高强度的同时阻碍裂纹扩展；另外，其大角度错配角所占的比例较高，也能够阻止裂纹的扩展，提高了钢的疲劳寿命。对于上贝氏体组织来说，在同一总应变幅下，其疲劳寿命高于360℃等温淬火得到的下贝氏体组织，其原因是395℃等温转变得到的上贝氏体组织中存在较大含量的小块状残余奥氏体，容易发生马氏体转变，块状残余奥氏体的塑性变形和向马氏体的转变过程，可以钝化裂纹尖端和减少吸收裂纹扩展所需的能量，能够在一定程度上延缓裂纹的扩展，从而提高钢的疲劳寿命。

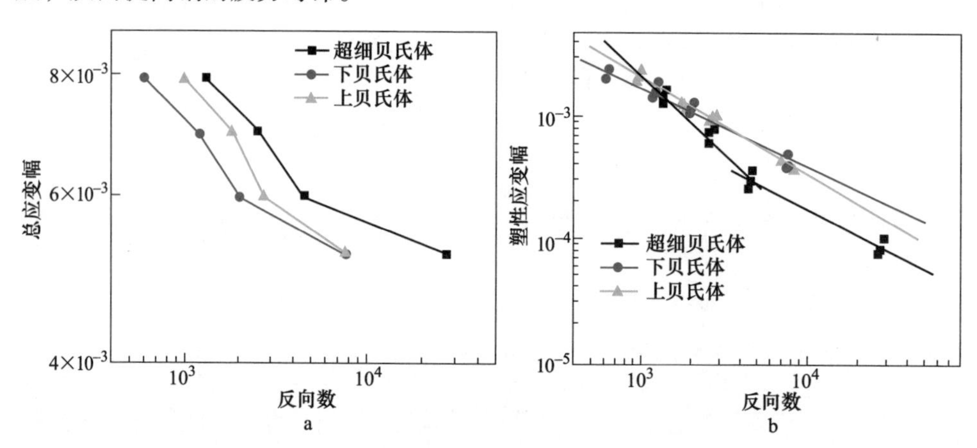

图3-2-72　三种组织状态34MnSiCrNiMoAl贝氏体钢总应变幅和塑性应变幅随反向数的变化规律

a—总应变幅；b—塑性应变幅

34MnSiCrNiMoAl钢在0.6%和0.8%两种总应变幅条件下，345~315℃连续冷却转变得到的超细贝氏体组织疲劳寿命均高于340℃等温转变后的组织，分析其原因认为是由于连续冷却转变具有较高的屈服强度。研究表明，高的屈服强度在低的循环应力条件下具有较长的疲劳裂纹起始寿命，造成其总寿命较长，所以在机械和结构设计中往往优先选择屈服强度较高的材料。当应变幅增加时，塑性应变所占比例较大。研究表明贝氏体钢具备越高的韧性时，疲劳寿命往往越长。连续冷却转变得到的组织不仅具有较高屈服强度而且冲击韧性达到155J/cm^2，所以连续冷却转变工艺获得的组织具有较高的低周疲劳性能。

根据柯分曼森公式 $\Delta\varepsilon_{p/2}=\varepsilon_f'(2N_f)^c$（式中，$\Delta\varepsilon_{p/2}$ 为塑性应变幅，$2N_f$ 为失效循环数，ε_f' 为疲劳塑性系数，c 为疲劳塑性指数）与寿命拟合得到不同热处理状态下贝氏体钢塑性应变幅与反向数的双对数曲线，如图 3-2-72 所示。在超细贝氏体组织中发现双线性关系，此现象在诸多钢中已经有报道，主要是由于断裂机理和滑移系统的变化导致的。在塑性应变幅条件下，尤其是塑性应变幅小于 1.5×10^{-3}时，320~290℃连续转变得到的超细贝氏体组织疲劳寿命相对较短，而在总应变幅条件下，超细贝氏体具有最好的疲劳寿命。造成塑性应变下疲劳寿命差的原因主要是：在较低转变温度下，贝氏体铁素体组织中碳含量较高，远超过平衡溶解度；超细贝氏体具有较细的组织，贝氏体铁素体平均厚度达到 110nm，细化的组织界面面积较大，体积自由能高，依据热力学原理，贝氏体铁素体有向粗大的平衡组织演化的自发趋势，导致超细贝氏体组织稳定性较差；在低周疲劳中塑性应变幅起主导作用，超细贝氏体的薄膜状残余奥氏体中碳含量较高，贝氏体铁素体中较高的位错密度加强了钢的屈服强度，但牺牲了部分塑性，造成较硬的低温贝氏体铁素体和残余奥氏体之间的变形协调能力较差，应力容易集中，易萌生裂纹。所以 320~290℃连续转变得到的超细贝氏体组织在塑性应变幅控制下其疲劳寿命较短。同时试验结果表明，不同应变控制下钢的疲劳寿命受不同因素影响，同一总应变幅条件下的低周疲劳寿命受钢的强度影响，强度越高，低周疲劳寿命越长；同一塑性应变幅条件下的低周疲劳寿命受钢的组织稳定性和塑性影响，组织越稳定塑性越高，组织的低周疲劳寿命越长。

试样发生疲劳断裂时经历三个阶段，裂纹的萌生、裂纹扩展以及最后的断裂。图 3-2-73 为两种组织状态贝氏体钢在总应变幅为 0.8%下裂纹萌生和扩展区的形貌。可以看出，疲劳裂纹都起源于试样表面。320~290℃连续转变得到的超细贝氏体钢中存在较窄的韧性疲劳条带和微裂纹，疲劳裂纹扩展相对较慢，且由于试样承受反复拉压，断口存在较为平坦的小平面；在 395℃等温转变得到的上贝氏体断口中，能观察到从表面一直向里延伸的较大的主裂纹，裂纹平均宽度达到 120nm。在晶粒内部，裂纹沿着贝氏体铁素体板条扩展，遇到错配角不同的贝氏体铁素体会改变方向。从组织上分析，超细贝氏体组织的大的错配角所占比例

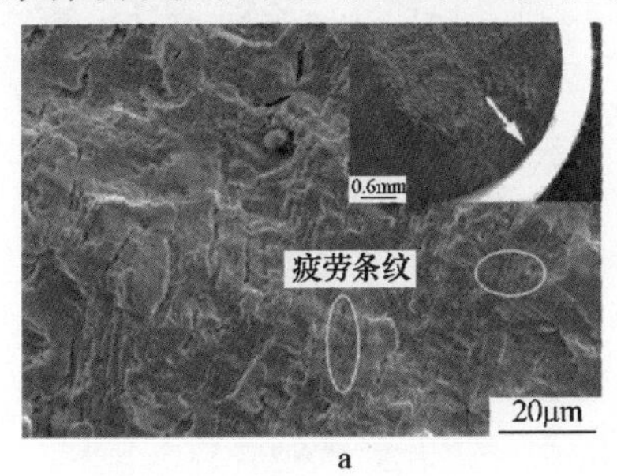

a

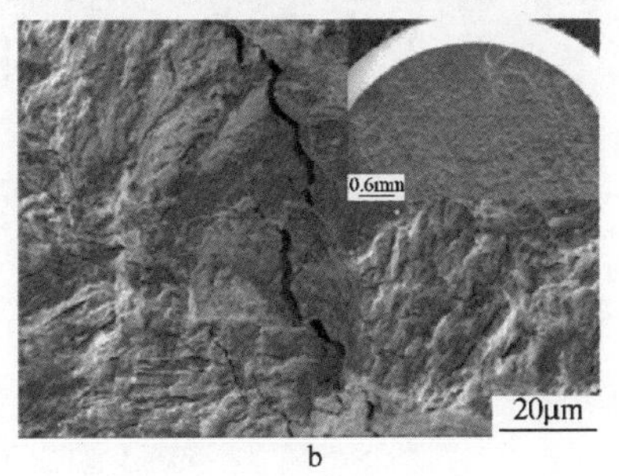

b

图 3-2-73　两种组织状态 34MnSiCrNiMoAl 贝氏体钢在 0.8%总应变幅下的疲劳试样断口形貌
a—超细贝氏体；b—上贝氏体

较大，可有效阻挡裂纹，使扩展裂纹被迫发生转向，从而提高钢的疲劳寿命。而对于395℃等温转变得到的上贝氏体组织，铁素体/铁素体之间的错配角小角度所占比例较大，不能有效地阻碍裂纹传播，从而使贝氏体组织疲劳寿命降低。

2.6.2　滚动接触疲劳性能

对于铁路轨道用钢来讲，其服役条件是典型的滚动接触应力作用，主要失效形式是滚动接触疲劳破坏，因此，对轨道用贝氏体钢进行滚动接触疲劳性能研究。以30Mn2SiCrNiMoAl铁路轨道用贝氏体钢为研究对象，其热处理工艺为：在920℃保温40min后，放入350℃盐中分别保温30min和100min，空冷到室温，再在350℃保温90min回火处理，得到各相含量不同的贝氏体钢试样。热处理后钢的微观组织为贝氏体铁素体、残余奥氏体和极少量马氏体，两种热处理工艺的贝氏体钢的力学性能见表3-2-13。

表3-2-13　30Mn2SiCrNiMoAl超细贝氏体钢的力学性能

热处理工艺	σ_b/MPa	$\sigma_{0.2}$/MPa	δ/%	Φ/%	a_{ku}/J·cm^{-2}	硬度（HV）
350℃×30min	1365	1225	17.8	60.5	144	425
350℃×100min	1320	1234	15.1	59.0	151	412

轨道用超细贝氏体钢的显微组织，如图3-2-74所示。两种热处理工艺处理后

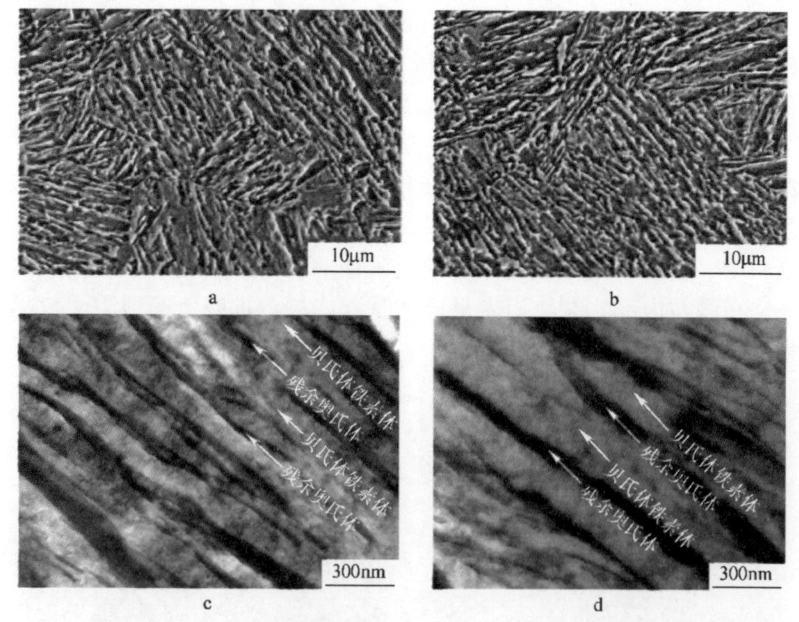

图3-2-74　不同热处理工艺超细贝氏体钢的微观组织
a—SEM照片，350℃×30min；b—SEM照片，350℃×100min；c—TEM照片，350℃×30min；d—TEM照片，350℃×100min

所得组织均为典型的无碳化物贝氏体组织，在贝氏体铁素体板条之间为薄膜状残余奥氏体，贝氏体铁素体板条厚度为100~200nm，而残余奥氏体薄膜厚度为十几至几十纳米，组织较为均匀细小，并且350℃盐浴等温30min的贝氏体铁素体板条以及薄膜状残余奥氏体较350℃盐浴等温100min的细小。

滚动接触疲劳磨损试验在TLP型线式滚动接触疲劳磨损试验机上进行，滚动接触部分示意图，如图3-2-75所示。3个轴水平布置，由主动轴1带动2个从动轴转动，由试样一端施加载荷，让3个试样水平方向紧密接触，试样为试验用钢，试样1和试样3尺寸相同，试样2的尺寸略小。利用加速度传感器采集试样1的振动信息，对试样1进行疲劳磨损试验后的分析。试验环境为室温，无润滑，施加载荷为12kN，主动轴1转速为800r/min，从动轴2转速为910r/min，从动轴3转速为796r/min，试样1和试样2之间的滑差率约为0.5%，试样3和试样2之间的滑差率接近为0%。利用公式3-2-4计算最大赫兹接触应力：

$$\sigma_{\max} = \sqrt{\frac{P}{\pi L} \times \frac{\frac{1}{R_1} + \frac{1}{R_2}}{\frac{1 - \nu_1^2}{E_1} + \frac{1 - \nu_2^2}{E_2}}} \tag{3-2-4}$$

式中 P——加载载荷，kN；

R_1——试样1的半径，$R_1 = D_1/2 = 40\text{mm}$；

R_2——试样2的半径，$R_2 = D_2/2 = 35\text{mm}$；

L——试样接触长度，$L = 8\text{mm}$；

E——材料弹性模量，$E_1 = E_2 = 206\text{GPa}$；

ν_1——试样1的泊松比；

ν_2——试样2的泊松比，$\nu_1 = \nu_2 = 0.3$。

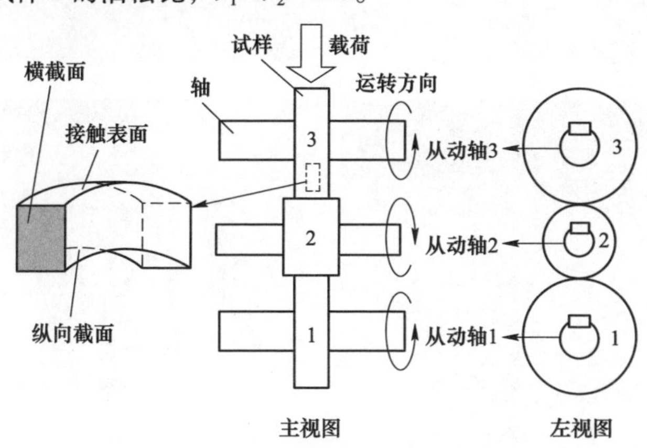

图3-2-75 滚动接触疲劳试验原理示意图

经过计算，当载荷$P = 12\text{kN}$时，最大赫兹接触应力$\sigma_{\max} = 1.7\text{GPa}$。滚动接触

疲劳磨损试验的参数及试样状态见表 3-2-14。

表 3-2-14　不同热处理工艺下超细贝氏体钢滚动接触疲劳磨损后的试样表面状态

热处理工艺	滚动周次/周次	试样表面状态
350℃×30min	1.0×10^6	平滑
	5.0×10^6	微裂纹
	8.0×10^6	微裂纹，剥落
350℃×100min	1.0×10^5	平滑
	1.0×10^6	微裂纹
	5.0×10^6	裂纹，剥落
	8.0×10^6	裂纹，剥落

将进行不同周次滚动接触疲劳磨损试验的试样纵截面组织进行 SEM 观察，如图 3-2-76 所示。350℃盐浴等温 100min 热处理后的无碳化物贝氏体钢经过滚动周次 1.0×10^5周次后，试样表层的截面组织都发生了严重的塑性变形，其变形方向沿着滚动方向。表层组织呈现与表面近似平行的特征，从试样表层向内层变形程度依次减小，变形层的深度约 10μm，表层并无裂纹和剥落产生。随着滚动周次的增加，试样的截面组织存在着明显的差别。当滚动周次为 1.0×10^6 周次时，

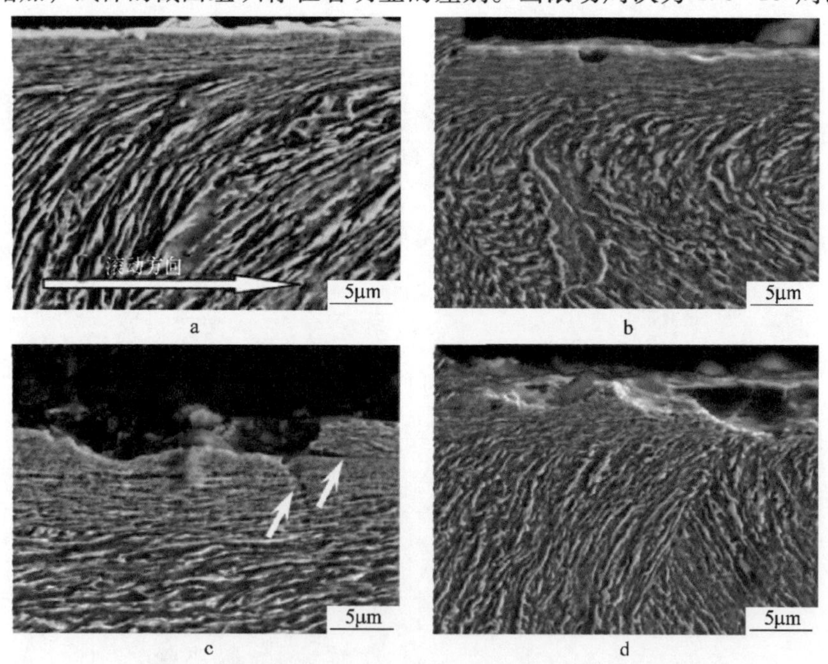

图 3-2-76　350℃等温 100min 处理的 30Mn2SiCrNiMoAl 贝氏体钢经不同滚动周次后的纵截面组织

a—1.0×10^5周次；b—1.0×10^6周次；c—5.0×10^6周次；d—8.0×10^6周次

试样表层产生裂纹但没有剥落。当滚动周次超过 5×10^6 周次后，表面出现较多剥落。当滚动周次为 8.0×10^6 周次时，发生较为严重的剥落，仅剩余变形层，呈现疲劳磨损现象。

当试样经过350℃盐浴等温30min处理后，当滚动周次达到 5.0×10^6 周次时，试样表面仅有较少的微小裂纹，如图3-2-77所示，表面变形层较薄。当滚动周次达到 8.0×10^6 周次时，试样表面仅有微小剥落出现。由图3-2-78所示的振动曲线可见，试样经过350℃盐浴等温100min处理后，当滚动周次达到 8.0×10^6 周次时，振动幅度明显升高，而经过350℃盐浴等温30min处理后的试样振动幅度还是比较小。可见，试样经过350℃盐浴等温30min处理后要比经过350℃盐浴等温100min处理后的滚动接触疲劳磨损性能更加优异。

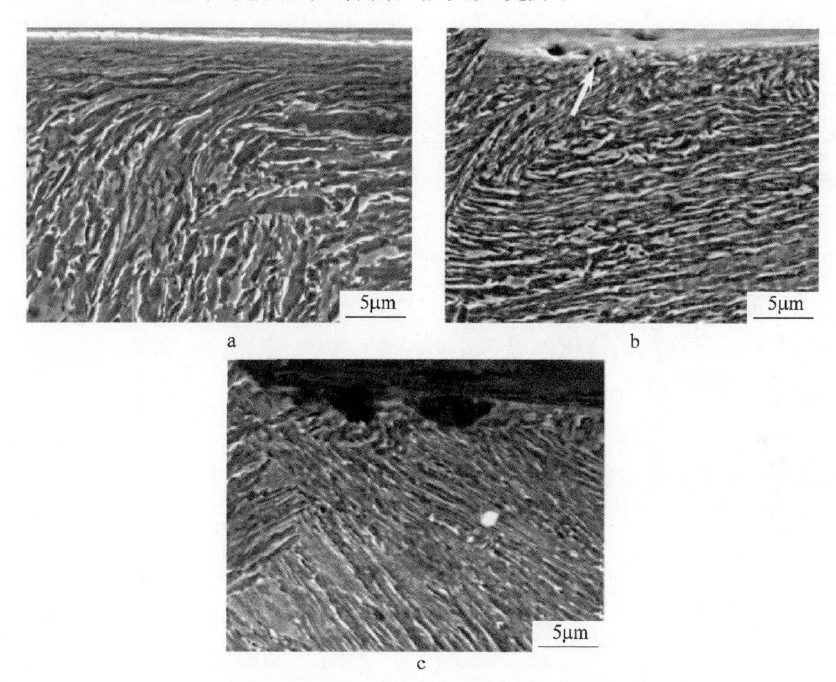

图3-2-77　350℃盐浴等温30min处理的30Mn2SiCrNiMoAl贝氏体钢经不同滚动周次后的纵截面组织

a—1.0×10^6 周次；b—5.0×10^6 周次；c—8.0×10^6 周次

图3-2-79为不同热处理工艺处理后贝氏体钢的破坏率与滚动周次的关系曲线。由图可见，经过相同滚动周次后，350℃盐浴等温30min处理后超细贝氏体钢的破坏率较低。贝氏体钢在表层形成变形层，并在试样表面产生微小裂纹，从而导致麻点剥落，疲劳裂纹沿着变形层扩展，形成片状剥落，或是穿过变形层扩展，试样表面变形层的形成能有效地阻止裂纹向下继续扩展，从而提高了贝氏体钢滚动接触疲劳磨损性能。此外，试样表面硬度随着滚动周次的增加而升高，如

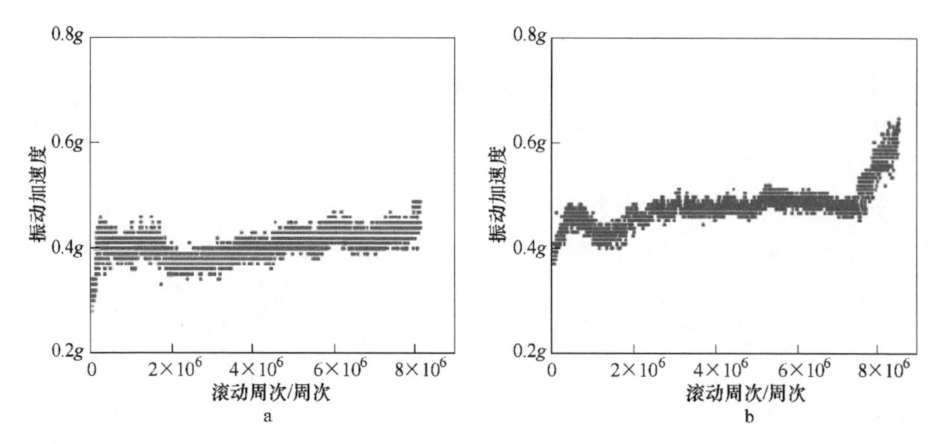

图 3-2-78　两种热处理工艺 30Mn2SiCrNiMoAl 贝氏体钢在滚动 8.0×10^6 周次后的振动曲线

a—350℃×30min；b—350℃×100min

图 3-2-80 所示。这表明表层组织应变硬化提高，难以发生塑性变形，进而约束试样的塑性变形范围，使试样的破坏仅仅发生于表层。经过相同滚动周次后，350℃盐浴等温 30min 试样的硬度比等温 100min 试样的硬度要高。而在滚动初期，350℃盐浴等温 30min 试样的硬度随滚动周次的变化率比等温 100min 试样的大，这说明在滚动初期，350℃盐浴等温 30min 试样很快就达到了很高的硬度。

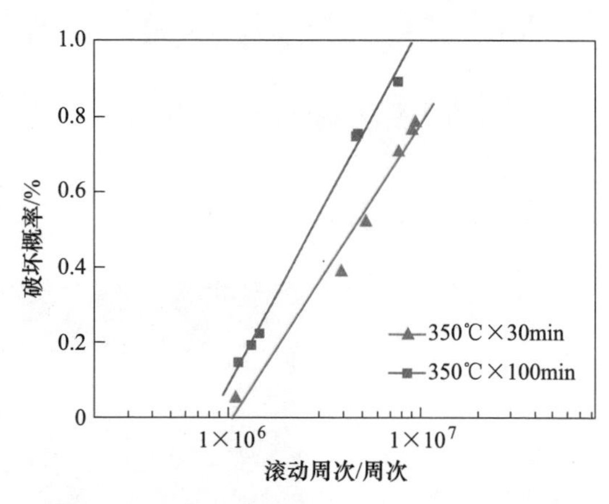

图 3-2-79　两种工艺超细贝氏体钢试样的 P-N 曲线

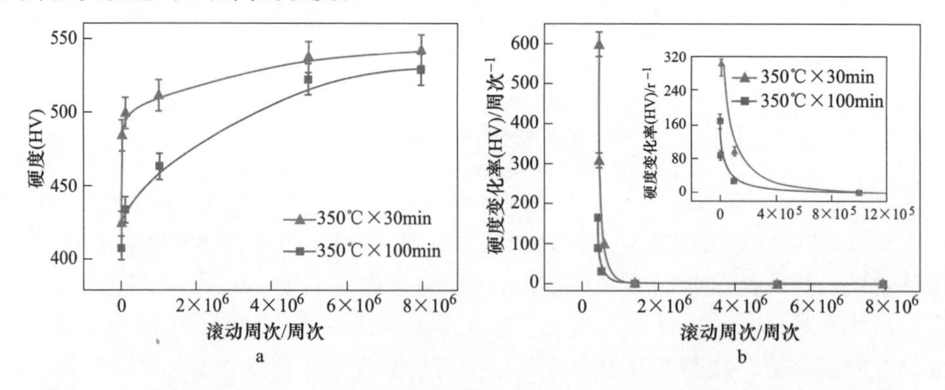

图 3-2-80　两种热处理工艺 30Mn2SiCrNiMoAl 贝氏体钢经不同滚动周次后的表面硬度

a—硬度值；b—硬度变化率

贝氏体钢经过滚动接触疲劳磨损后的表面形貌如图 3-2-81 所示。当滚动周次达到 1.0×10^6周次时，350℃盐浴等温 100min 处理后试样表面有少量剥落，表面比较粗糙，而 350℃盐浴等温 30min 处理后试样表面基本平整，有许多微小的浅层剥落。当滚动周次达到 5.0×10^6周次时，350℃盐浴等温 100min 处理后试样表面有大量剥落和麻点凹坑，试样表面比较粗糙，而 350℃盐浴等温 30min 处理后试样表面有许多微小的浅层剥落，表面较粗糙。试样经过滚动接触疲劳磨损试验后，其滚动接触疲劳磨损表面的粗糙度，如图 3-2-82 所示。可以看出，随着试样滚动周次的增加，表面粗糙度增加。当滚动周次达到 8.0×10^6周次时，表面粗糙度最大。但是，350℃盐浴等温 30min 处理后试样要优于 350℃盐浴等温 100min 处理后试样。

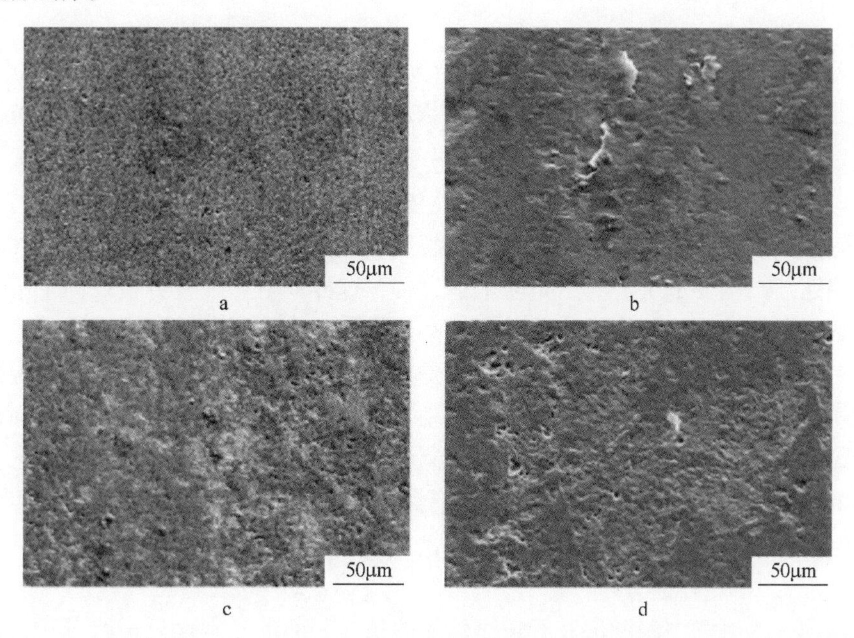

图 3-2-81　两种热处理工艺 30Mn2SiCrNiMoAl 贝氏体钢经不同滚动周次后试样的表面形貌

a—350℃×30min，1.0×10^6周次；b—350℃×100min，1.0×10^6周次；
c—350℃×30min，5.0×10^6周次；d—350℃×100min，5.0×10^6周次

贝氏体钢具有较好的滚动接触疲劳磨损性能，即使在远超过抗拉强度的较高应力下，其滚动接触疲劳及磨损性能也较为优异。贝氏体钢之所以具有这样高的滚动接触疲劳磨损性能，与其显微组织和力学性能有着重要的联系。贝氏体钢具有较高的强度和塑性，良好的强韧性配合，以及拥有较多的阻止裂纹扩展的相界面，从而使其滚动接触疲劳磨损性能较好。另外，由图 3-2-74 可以看出，经过 350℃盐浴等温 30min 处理后试样的显微组织中的贝氏体铁素体板条以及薄膜状残余奥氏体更细小，此外显微组织中无大块状残余奥氏体，这也使之比经过

350℃盐浴等温100min处理后试样的滚动接触疲劳磨损性能更优异。

超细贝氏体钢在滚动初期，形成平行于表面的变形层，如图3-2-76和图3-2-77所示。随后在试样表层形成严重塑性变形层，并在表面产生微小裂纹，从而导致麻点剥落，变形层有效地阻止了裂纹向下扩展。随着滚动周次的增加，在剥落坑边缘处，疲劳裂纹沿着变形层扩展，形成片状剥落，或是穿过变形层扩展。随着滚动周次的继续增加，表面的变形层部分剥落，疲劳裂纹继续沿着变形层或是穿过变形层扩展，当表面的严重塑性变形层绝大部分剥落后，表面仅剩余平行于表面的变形层以及一些麻点剥落坑和疲劳裂纹。随着滚动周次的继续增加，在试样亚表层继续产生变形层。然后重复上述过程，这样就阻止了疲劳裂纹向下继续扩展，从而提高了贝氏体钢滚动接触疲劳磨损性能。超细贝氏体钢所产生的疲劳裂纹是沿着表层组织扩展，而不是垂直或是以较大角度向纵深方向扩展，这导致滚动接触疲劳磨损产生的剥落较浅，使滚动接触疲劳磨损性能提高。试样表面硬度随着滚动周次的增加而升高，这样也就制约了硬化层深度不会有较大的变化（见图3-2-80），从而约束了试样的塑性变形深度，使试样的疲劳破坏仅仅发生于表层。但是，变形层硬度较高而且脆性较大，是诱发疲劳裂纹的主要根源，这也是需要考虑的一个因素。

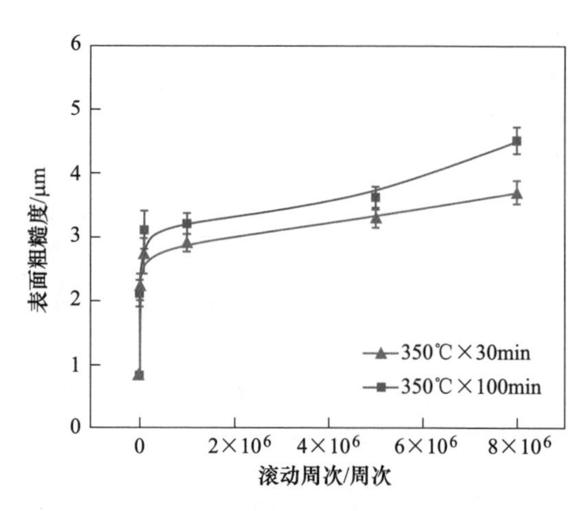

图3-2-82　两种热处理工艺30Mn2SiCrNiMoAl贝氏体钢经不同滚动周次后试样的表面粗糙度

利用扫描电镜中的能谱对经过试验后的试样表面的元素含量进行分析，如图3-2-83所示。可以看出，随着滚动周次的增加，表面的小原子铝和硅的含量有增加的趋势。这是由于试样在滚动接触疲劳磨损过程中，表面发生塑性变形，产生大量的位错和空位，加之试样表面会有一定的温升，以至于试样次表层的小原子元素向表面偏聚，小原子元素与位错的耦合作用提高了表面的力学性能。此外，试样表面铝含量的增加有利于残余奥氏体向马氏体的转变，而硅含量的增加有利于提高钢的回火抗力，这些都有利于提高滚动接触疲劳磨损性能。

滚动接触疲劳过程中贝氏体钢中残余奥氏体的各相参数变化如图3-2-84所示。350℃盐浴等温100min处理后试样基体中残余奥氏体的体积分数为11.8%，而350℃盐浴等温30min处理后试样基体中残余奥氏体的体积分数为18.9%。结合上面的研究结果可以看出，经过350℃盐浴等温30min热处理工艺，即含较多

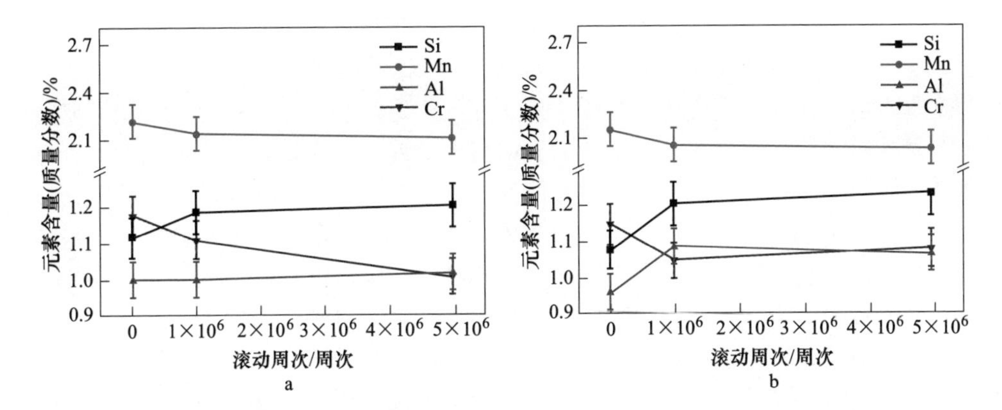

图 3-2-83 两种热处理工艺 30Mn2SiCrNiMoAl 贝氏体钢表面元素含量随滚动周次的变化

a—350℃×30min；b—350℃×100min

残余奥氏体的试样展现出较好的滚动接触疲劳磨损性能，残余奥氏体对改善钢的力学和疲劳性能起到促进作用。贝氏体钢中存在一定量的韧性相残余奥氏体，能保证试样表面保持良好的接触，表层承受的载荷较为均匀地分布在接触表面上，这样接触应力的峰值较小，使滚动接触疲劳磨损性能增加。

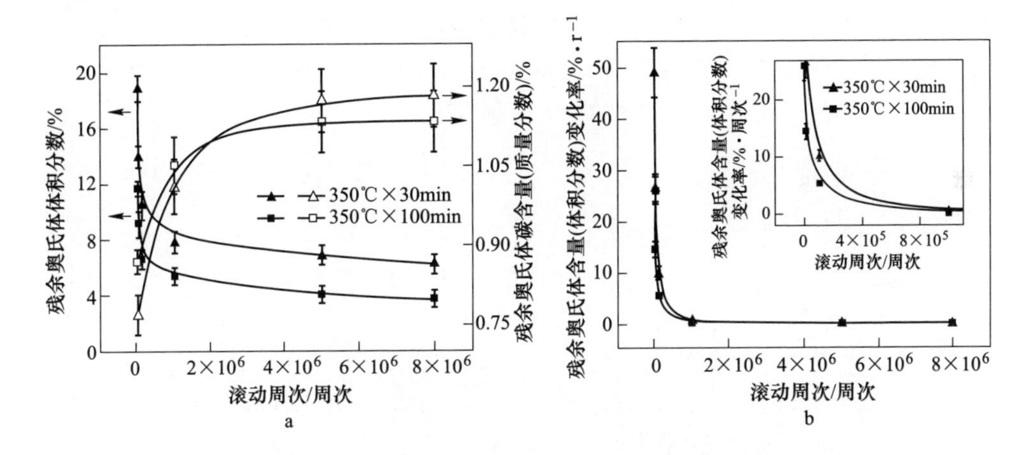

图 3-2-84 两种热处理工艺 30Mn2SiCrNiMoAl 贝氏体钢表面残余奥氏体变化规律

a—残余奥氏体含量和其中碳含量随滚动周次的变化；

b—残余奥氏体含量变化率随滚动周次的变化

具有一定力学稳定性的残余奥氏体对贝氏体钢的疲劳性能是有促进作用的，可以利用残余奥氏体含量与其中碳含量乘积的大小作为表征残余奥氏体的力学稳定性的参数 λ。通过计算可知，350℃盐浴等温 30min 处理后试样的 λ 计算值为 $18.9\%\times0.77=14.55$，大于 350℃盐浴等温 100min 处理后试样的 λ 值 $11.8\%\times$

0.87=10.27，可见经过350℃盐浴等温30min处理后试样的残余奥氏体稳定性大于350℃盐浴等温100min处理后的试样。经过不同滚动周次后，试样表面的残余奥氏体体积分数会发生变化，其变化规律如图3-2-84所示。由图可以看出，随着滚动周次的增加，两种热处理工艺的试样表面的残余奥氏体含量逐渐减少，而残余奥氏体中碳含量逐渐增加。经过相同滚动周次后，350℃×30min热处理工艺试样比350℃×100min热处理工艺试样的表面残余奥氏体含量多，并趋于一个稳定值。在滚动初始阶段，残余奥氏体转变速率较快，随着滚动周次的增加，超细贝氏体钢中残余奥氏体转变速率趋于零。残余奥氏体含量的减少，说明表面残余奥氏体在滚动接触疲劳磨损过程中转变成了马氏体。随着滚动周次的增加，残余奥氏体转变成马氏体的含量增多，因此造成超细贝氏体钢表层硬度升高，使滚动接触疲劳磨损性能得到提升。当疲劳裂纹尖端遇到韧性相残余奥氏体时，一定量的残余奥氏体在应力应变作用下发生相变，转变成马氏体，松弛了裂纹尖端的集中应力，从而使接触疲劳磨损性能得到进一步改善。

铁路轨道用超细贝氏体钢的滚动接触疲劳磨损失效形式为浅层剥落，试样表面产生严重的塑性变形层，变形层有效地阻碍了疲劳裂纹向深处扩展。经过滚动试验后，贝氏体钢表层的硬度显著升高，350℃盐浴等温30min后试样比等温100min处理试样的硬度高，较高的表面硬度以及铝和硅合金元素在表面发生再分配，这些都有利于无碳化物贝氏体钢的滚动接触疲劳磨损性能的提高。残余奥氏体转变为马氏体能够有效提高接触表面硬度，因而残余奥氏体含量较高的无碳化物贝氏体钢具有更好的滚动接触疲劳磨损性能。

2.7　耐蚀性能

如果高强度、高塑性贝氏体铁路轨道钢能在自然环境中具有较高的耐腐蚀性能，就能在一定程度上提升贝氏体轨道钢的使用寿命，扩大贝氏体轨道钢的应用范围。为探究轨道用贝氏体钢的腐蚀行为，尤其是加入铝后贝氏体钢的耐腐蚀性能。以两种中碳低合金贝氏体钢作为研究对象，其化学成分见表3-2-15，可以看出，两种钢一个是高硅含量、但没有铝，另一个是高铝含量、但没有硅。两种贝氏体钢经930℃保温45min，随后在345℃等温淬火1h并空冷至室温，最后再进行320℃回火1h处理，获得具有10%残余奥氏体（体积分数）的无碳化物贝氏体组织。

表3-2-15　两种贝氏体钢的化学成分　（质量分数,%）

钢种	C	Si	Mn	Cr	Ni	Mo	Al
30MnSi2CrNiMo	0.30	2.23	1.62	1.20	0.41	0.39	—
30MnCrNiMoAl2	0.29	0.11	1.62	1.20	0.41	0.38	1.77

图3-2-85为热处理后两种贝氏体钢的金相组织，在30MnSi2CrNiMo组织中，暗色针状区域为针状贝氏体，颜色较浅的组织为转变不完全的残余奥氏体和空冷

得到的马氏体。30MnCrNiMoAl2 钢组织中含有针叶状贝氏体铁素体，并且组织均匀细小，这是因为铝具有细化贝氏体组织的作用。但是，由于该钢中铝含量较高，在前期研究结果中已发现组织中含有先共析铁素体。

a

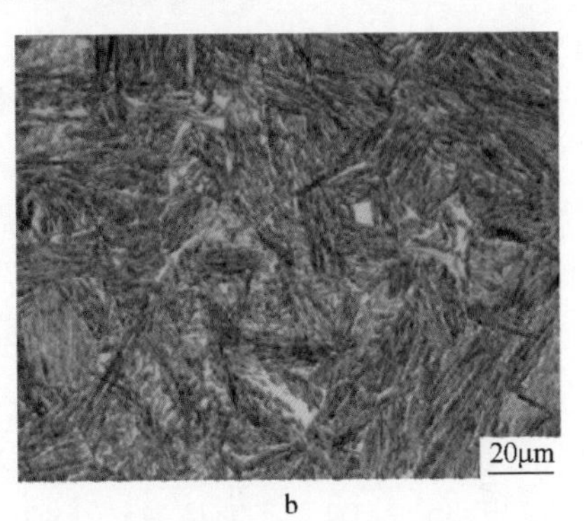

b

图 3-2-85 贝氏体钢的金相组织

a—30MnSi2CrNiMo 钢；b—30MnCrNiMoAl2 钢

两种贝氏体钢的力学性能见表 3-2-16，30MnSi2CrNiMo 钢的硬度（HRC）和抗拉强度分别为 45.2 和 1520MPa，均高于 30MnCrNiMoAl2 钢的硬度（HRC）和抗拉强度（42.1 和 1354MPa）。铝能够细化贝氏体组织，使贝氏体钢获得较高的强度与塑性配合，但铝含量过高时，贝氏体钢中低硬度先共析铁素体尺寸大、含量多，造成含铝贝氏体钢的强度、硬度降低。

表 3-2-16 贝氏体钢的力学性能

钢种	屈服强度/MPa	抗拉强度/MPa	伸长率/%	断面收缩率/%	硬度（HRC）
30MnSi2CrNiMo	965	1520	17.2	14.6	45.2
30MnCrNiMoAl2	998	1354	17.9	20.6	42.1

为模拟海洋大气环境对轨道用贝氏体钢的腐蚀行为，以 3.5% NaCl 溶液（质量分数）作为盐雾介质对两种贝氏体钢进行加速腐蚀，经不同加速腐蚀时间处理后的失重统计结果，如图 3-2-86 所示。从图中可以看出，两种钢在模拟海洋大气环境下的失重趋势是大致相同的，均随着腐蚀时间的延长，单位面积失重量逐渐增大。在早期阶段（≤72h），两种

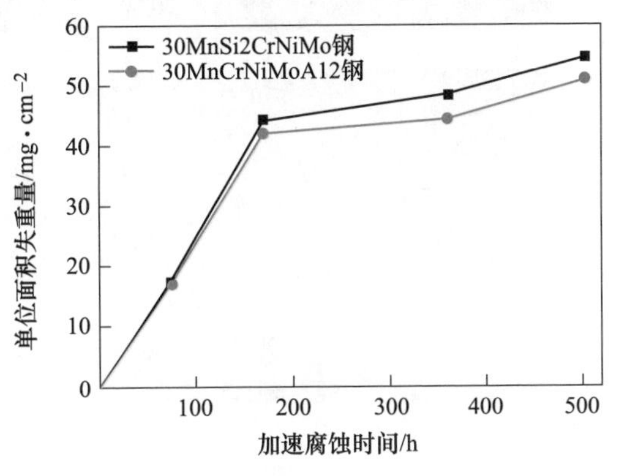

图 3-2-86 贝氏体钢单位面积失重量随盐雾加速腐蚀时间的变化关系

贝氏体钢单位面积失重量没有明显差别。但在加速腐蚀168h后，30MnCrNiMoAl2钢的单位面积失重量明显小于30MnSi2CrNiMo钢的单位面积失重量。这说明，含铝无碳化物贝氏体钢比不含铝无碳化物贝氏体钢具有更优异的耐氯化钠溶液腐蚀性。

对经盐雾腐蚀后的两种贝氏体钢试样进行除锈，观察到试样表面呈灰黑色，无光泽，表面粗糙，并且试样表面个别点或微小区域会有点蚀现象出现。两种贝氏体钢经盐雾腐蚀后的表面形貌如图3-2-87所示。由图可见，盐雾腐蚀后的超细贝氏体钢表面点蚀坑数量较多，并且有晶间腐蚀特点。点蚀对部件实际应用中的破坏性和隐患性很大，不但容易引起金属的穿孔破坏，还会促进晶间腐蚀、剥蚀、应力腐蚀、腐蚀疲劳的发生。这些点蚀坑的形成是由于溶液中的Cl^-易吸附在金属的表面缺陷处，并和试样表面的阳离子结合，形成可溶性氯化物，从而在试样表层生成孔蚀核。孔蚀核继续生长，最后发展成宏观可见腐蚀孔。腐蚀孔一旦形成，孔内金属表面处于活性溶解状态，孔外金属处于钝化状态，腐蚀孔内外构成了活化-钝化局部腐蚀电池，腐蚀进一步加剧，向着蚀孔的重力方向或横向腐蚀，从而出现更大的点蚀坑。晶间腐蚀是由于在晶间有不同相存在，在贝氏体钢中残存的奥氏体和马氏体使晶粒和晶界间出现电化学性质不均匀的情况，导致晶界腐蚀严重，腐蚀向横纵向延伸扩展，使基体遭受进一步的破坏。

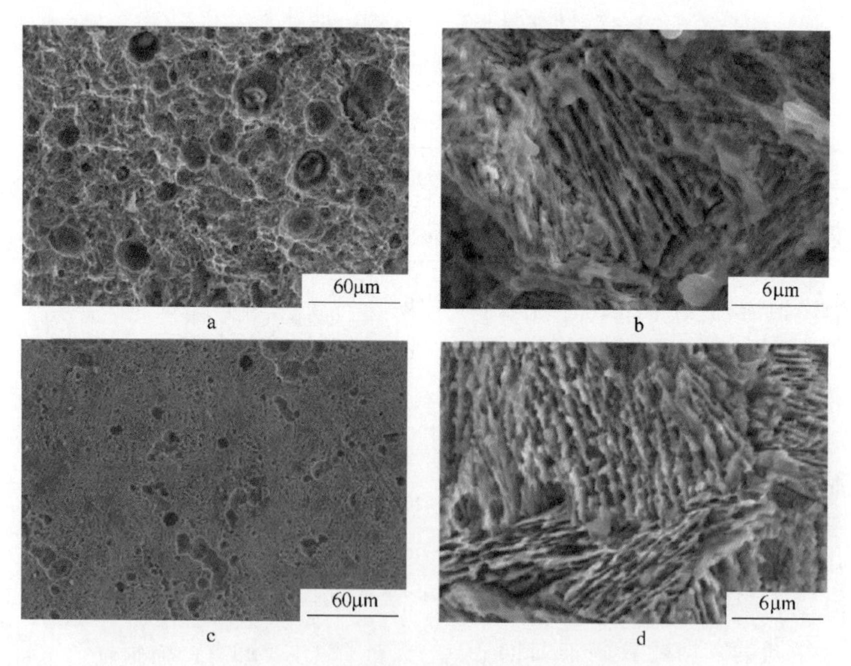

图3-2-87　贝氏体钢盐雾腐蚀后的表面形貌

a，b—30MnSi2CrNiMo钢；c，d—30MnCrNiMoAl2钢

从图 3-2-88 中可以看出，30MnSi2CrNiMo 钢腐蚀形貌的点蚀坑深而大，并且数量多，而在 30MnCrNiMoAl2 钢腐蚀形貌中，只在局部区域出现较大的点蚀坑，腐蚀孔的数量较少。30MnSi2CrNiMo 腐蚀表面起伏不平，没有明显的贝氏体形貌，腐蚀坑分布于整个表面，并且在部分腐蚀坑中有明显的杂质颗粒沉积；30MnCrNiMoAl2 的腐蚀表面较为平整，有明显的贝氏体组织，其表面只分布有少量较小的腐蚀坑，并且腐蚀坑的深度较浅，没有杂质沉积的腐蚀坑。从试样表面的腐蚀坑尺寸、数量和分布情况可以得出，30MnCrNiMoAl2 钢的耐蚀性明显优于 30MnSi2CrNiMo 钢的耐蚀性。从高倍 SEM 照片中可以看出，只在 30MnSi2CrNiMo 钢腐蚀形貌照片的中间位置有贝氏体组织特征，四周均为腐蚀坑的交界，说明试样表面腐蚀程度深，而且还有杂质物质沉积在晶界间，破坏了原有的贝氏体组织。但 30MnCrNiMoAl2 钢腐蚀形貌中存在明显的贝氏体组织特征，其腐蚀程度较轻，而且层状结构间隙较小，在其晶界间没有杂质沉积，表明 30MnCrNiMoAl2 钢的抗腐蚀性能明显优于 30MnSi2CrNiMo 钢。

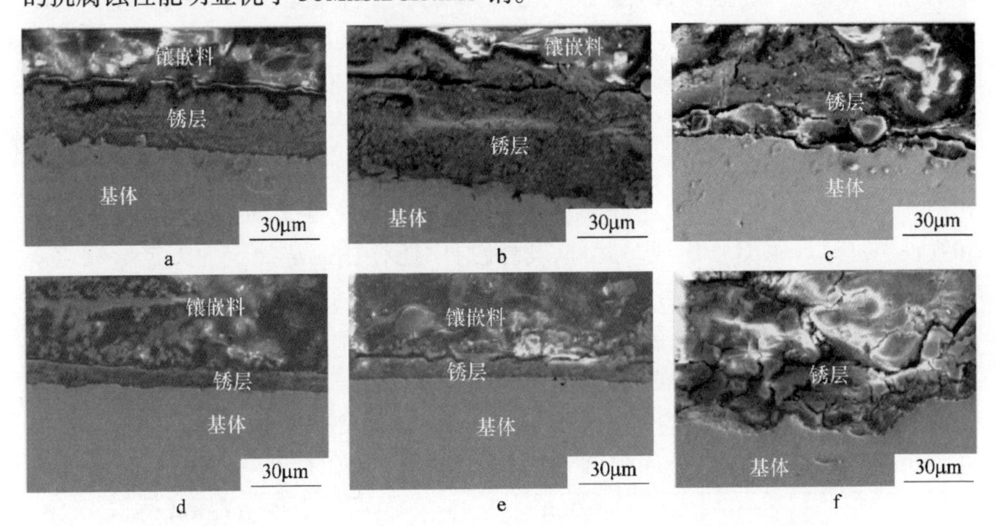

图 3-2-88 贝氏体钢盐雾加速腐蚀后的腐蚀层横截面 SEM 组织

a—30MnSi2CrNiMo 钢腐蚀 72h；b—30MnSi2CrNiMo 钢腐蚀 168h；c—30MnSi2CrNiMo 钢腐蚀 360h；d—30MnCrNiMoAl2 钢腐蚀 72h；e—30MnCrNiMoAl2 钢腐蚀 168h；f—30MnCrNiMoAl2 钢腐蚀 360h

腐蚀表面的贝氏体组织沿不同方向延伸，在小区域内可以观测到明显的贝氏体组织，而腐蚀表面正是由这些小区域交错排布组成的，并且在这些交错的小区域间有少量的杂质分散在其间，这说明贝氏体钢的腐蚀是在相间进行的，不同相之间构成腐蚀微电池，然后向横向或纵向腐蚀，形成层状腐蚀，而在杂质周围形成点蚀，以杂质点为中心向横纵向腐蚀，形成腐蚀坑。

针对图 3-2-88 中两种贝氏体钢分别加速腐蚀 72h、168h 和 360h 后的横截面 SEM 照片，对应的腐蚀层厚度随时间变化曲线如图 3-2-89 所示。随着加速腐蚀时间的增加，30MnSi2CrNiMo 钢的腐蚀层平均厚度显著增加，从 26μm（72h）增至 38μm（168h）。但 30MnCrNiMoAl2 钢的腐蚀层平均厚度变化较小，只从 6μm（72h）增至 7μm（168h），明显小于 30MnSi2CrNiMo 钢的腐蚀层厚度增加幅度。这主要在于，30MnCrNiMoAl2 钢试样表面腐蚀层更致密、裂纹更少，致密的腐蚀层减缓了溶液中的氯离子向基体渗透速率，使得 30MnCrNiMoAl2 钢的腐蚀速率比 30MnSi2CrNiMo 钢的腐蚀速率明显降低。此外，硅元素会导致氧化物腐蚀层疏松，降低腐蚀层与钢基体的附着力，因此，从图 3-2-88 中可明显看出 30MnSi2CrNiMo 钢在经历长时间盐雾腐蚀后，腐蚀层出现裂纹，且有易剥落的块状物产生，而 30MnCrNiMoAl2 钢腐蚀层裂纹较细小。

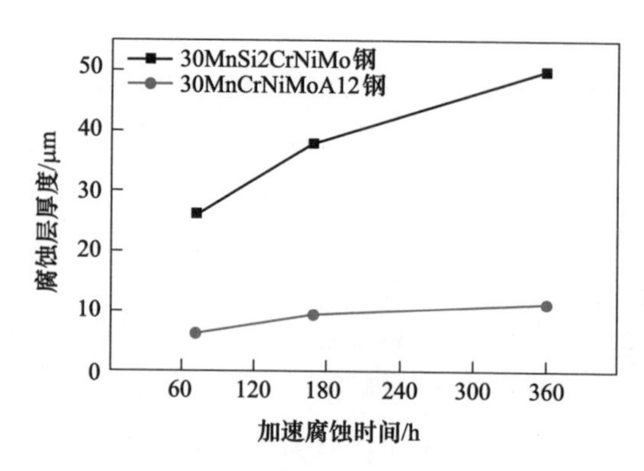

图 3-2-89　贝氏体钢腐蚀层厚度随盐雾加速腐蚀时间的变化规律

两种贝氏体钢腐蚀层的 XRD 谱图，如图 3-2-90 所示，它们的腐蚀层的组成相似，均由磁铁矿（Fe_3O_4）和针铁矿（α-FeOOH）、正方针铁矿（β-FeOOH）和纤铁矿（γ-FeOOH）组成。此外，腐蚀层中还存在无法确定的无定形氧化产物，这些无定形氧化产物可能是细小的微晶氧化物或氢氧化物。随着腐蚀时间的延长，腐蚀层中 γ-FeOOH 含量降低，而 α-FeOOH 和 β-FeOOH 含量则逐渐增加。对比两种贝氏体钢在盐雾腐蚀 24h 的 XRD 结果发现，30MnCrNiMoAl2 钢腐蚀层中 α-FeOOH 和 β-FeOOH 的含量高于 30MnSi2CrNiMo 钢腐蚀层中对应的含量，但经 168h 腐蚀后，30MnCrNiMoAl2 腐蚀层中的 β-FeOOH 和 γ-FeOOH 含量低于

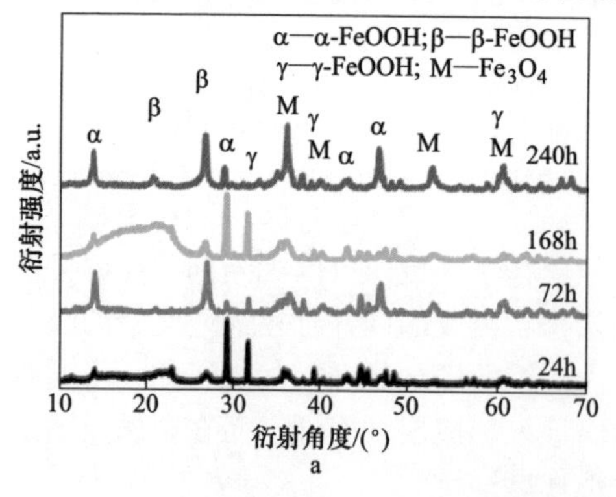

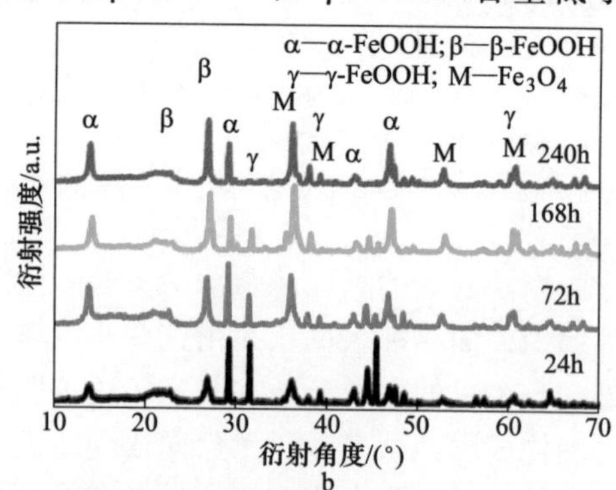

图 3-2-90　贝氏体钢加速腐蚀不同时间后的腐蚀层 XRD 谱图

a—30MnSi2CrNiMo 钢；b—30MnCrNiMoAl2 钢

30MnSi2CrNiMo 钢腐蚀层中对应含量。这说明 30MnSi2CrNiMo 钢在腐蚀过程中，腐蚀层中 γ-FeOOH 的转化速率比在 30MnCrNiMoAl2 钢腐蚀层中转化速率慢。根据 Smith 和 Oh 研究发现，钢的早期腐蚀产物主要是多孔云母状结构 γ-FeOOH，随着时间的延长，腐蚀层产物会逐渐向具有紧凑结构 α-FeOOH 转变。加速腐蚀 240h 时，30MnSi2CrNiMo 钢腐蚀层中 α-FeOOH 和 β-FeOOH 含量比值相对于 30MnCrNiMoAl2 钢腐蚀层更高，说明硅对于长纤维状结构 β-FeOOH 的生成有促进作用，导致腐蚀层膨化、疏松，进而导致与基体附着性降低。伴随着腐蚀时间的增长，γ-FeOOH 会逐渐转化为 Fe_3O_4和 α-FeOOH，并在氯离子或其他卤素离子存在的环境中，转变为隧道结构的 β-FeOOH。

带腐蚀层的两种贝氏体钢在 3.5% NaCl（质量分数）溶液介质中的极化曲线，如图 3-2-91 所示，相应的电化学参数见表 3-2-17。从极化曲线可以来看，随着盐雾加速腐蚀时间的延长，两种贝氏体钢的腐蚀电位逐渐向正向移动，且腐蚀电流密度降低。一般来说，在模拟海洋大气腐蚀的环境下，钢的氧化还原反应是受扩散控制的过程，并伴有氧阴极去极化反应的发生。化学反应式如下：

阳极反应：
$$Fe \longrightarrow Fe^{2+}+2e^-, Fe^{2+} \longrightarrow Fe^{3+}+e^- \quad (3\text{-}2\text{-}5)$$

阴极反应：
$$O_2+2H_2O+4e^- \longrightarrow 4OH^- \quad (3\text{-}2\text{-}6)$$

总反应：
$$Fe^{2+}+Fe^{3+}+Cl^-+OH^- \longrightarrow FeOCl+HCl \quad (3\text{-}2\text{-}7)$$

$$FeOCl \longrightarrow \beta\text{-}FeOOH \quad (3\text{-}2\text{-}8)$$

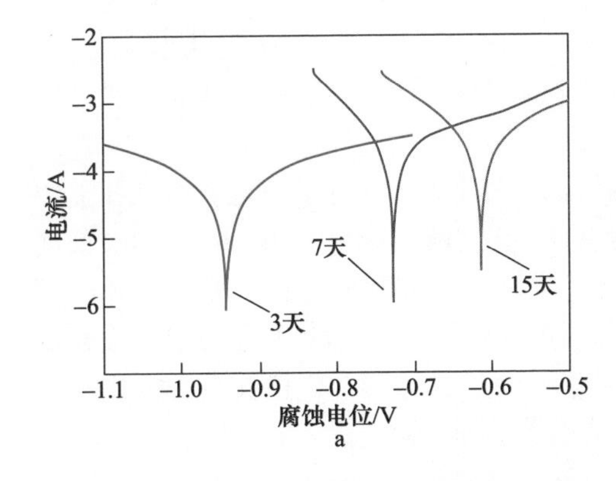

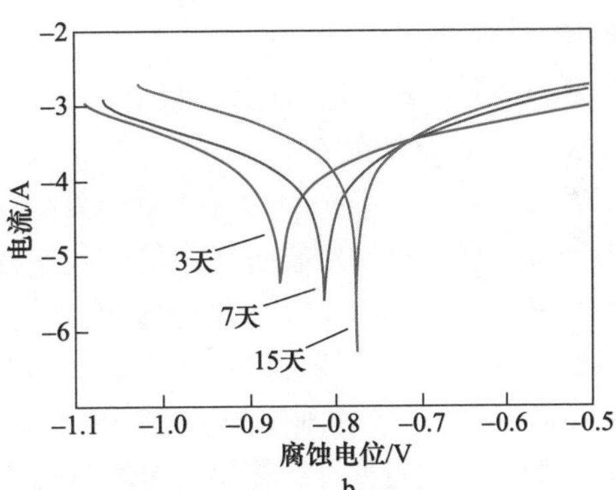

图 3-2-91　带腐蚀层的贝氏体钢在盐雾加速腐蚀过程中的极化曲线

a—30MnSi2CrNiMo 钢；b—30MnCrNiMoAl2 钢

表 3-2-17　带腐蚀层的贝氏体钢经盐雾腐蚀不同时间后的极化曲线参数

钢种	腐蚀时间 /h	阳极极化斜率/V · dec^{-1}	阴极极化斜率/V · dec^{-1}	腐蚀电位 /V	腐蚀电流密度 /A · cm^{-2}
30MnSi2CrNiMo	72	4.337	-4.302	-0.94	34.25×10^{-5}
	168	3.616	-3.705	-0.73	27.40×10^{-5}
	360	3.546	-3.577	-0.61	13.80×10^{-5}

续表 3-2-17

钢种	腐蚀时间/h	阳极极化斜率/V·dec^{-1}	阴极极化斜率/V·dec^{-1}	腐蚀电位/V	腐蚀电流密度/A·cm^{-2}
30MnCrNiMoAl2	72	3.988	-3.960	-0.64	31.11×10^{-5}
	168	3.914	-3.990	-0.61	14.51×10^{-5}
	360	3.587	-3.655	-0.58	6.71×10^{-5}

腐蚀初期，腐蚀层氧化产物主要由 β-FeOOH 和 γ-FeOOH 组成。但 β-FeOOH 和 γ-FeOOH 具有还原性，不能稳定存在。随着反应的进行，两者会逐渐转化成结构稳定的 α-FeOOH，对钢起到保护作用。值得一提的是，相同加速腐蚀时间下，30MnCrNiMoAl2 钢比 30MnSi2CrNiMo 钢具有更高的腐蚀电位和更小的腐蚀电流密度。利用 Tafel 直线外推法得到腐蚀电流密度结果见表 3-2-17，在腐蚀 360h 后，两种钢腐蚀电流密度相差最为明显，分别为 $6.71\times10^{-5}A/cm^2$ 和 $13.80\times10^{-5}A/cm^2$，30MnCrNiMoAl2 钢的腐蚀电流密度比 30MnSi2CrNiMo 钢的腐蚀电流密度低 51%。上述电化学分析结果表明，含铝超细贝氏体钢产生的腐蚀层对贝氏体钢在含氯离子腐蚀环境中起到较好的保护作用。这主要在于铝参与到腐蚀层中非晶氧化物薄膜的形成，使以 α-FeOOH 为主的腐蚀层更稳定、更致密。相关研究也证明了铝能有效降低合金钢在海水介质中的腐蚀速率。腐蚀产物中非晶态复合型氧化物（$Fe-Al^{3+}-O$）的形成，增加了电化学极化电阻，并抑制了有破坏性作用的氯离子的渗透。综上所述，30MnCrNiMoAl2 的抗腐蚀性能明显优于 30MnSi2CrNiMo，这表明铝可以提升超细贝氏体钢的抗腐蚀性能，铝是耐蚀贝氏体钢的有效添加元素之一。

在未加入 3.5% NaCl（质量分数）溶液的条件下，对贝氏体钢进行线性往复摩擦磨损实验。摩擦磨损过程中设定载荷为 10N，线性滑动速率为 4mm/s，划痕长度为 2mm，实验时间为 5h。两种贝氏体钢在干燥环境下的纵向坐标、摩擦力和摩擦系数随时间变化曲线分别如图 3-2-92 和图 3-2-93 所示。将划痕体积和划痕表面积输入 UMT Viewer 软件附带的磨损速率计算器，计算贝氏体钢在线性往复磨损试验下的年磨损率，两种贝氏体钢在干燥环境下的摩擦磨损参数，见表 3-2-18。

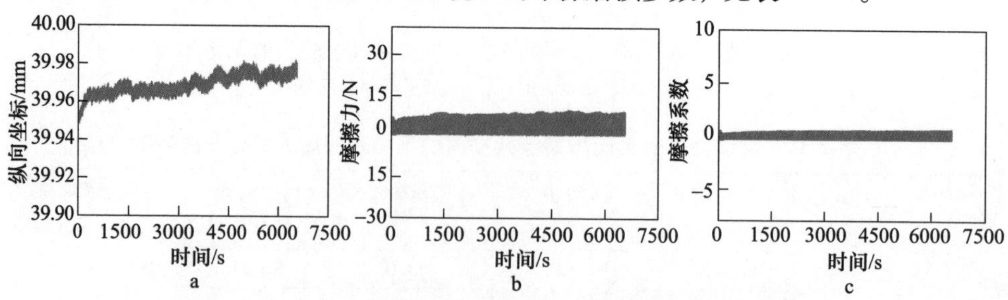

图 3-2-92 30MnSi2CrNiMo 钢在干燥环境下的磨损参数随时间变化规律

a—纵向坐标；b—摩擦力；c—摩擦系数

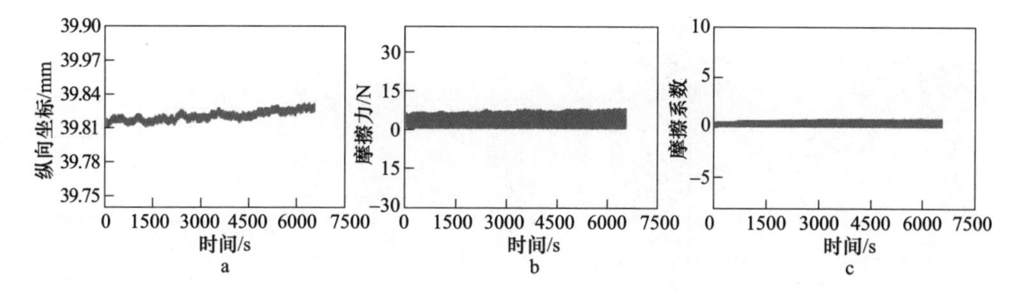

图 3-2-93 30MnCrNiMoAl2 钢在干燥环境下磨损参数随时间变化规律

a—纵向坐标；b—摩擦力；c—摩擦系数

表 3-2-18 贝氏体钢在干燥环境下的摩擦磨损参数

钢种	磨损深度/mm	摩擦力/N	摩擦系数	划痕的体积/mm^3	划痕的表面积/mm^2	年平均磨损速率/$mm\cdot a^{-1}$
30MnSi2CrNiMo	0.01178	3.313	0.281	0.00851	1.1292	13.20
30MnCrNiMoAl2	0.002215	2.461	0.232	0.000646	0.4459	2.54

对比两种贝氏体钢纵向坐标随时间变化曲线可以看出，随着磨损时间增长，纵向坐标逐渐增大，说明划痕逐渐加深。但是 30MnSi2CrNiMo 钢曲线的波动比 30MnCrNiMoAl2 钢曲线更加明显，曲线波动是因为在材料摩擦的过程中，金属表面生热，导致磨面发生氧化，形成氧化膜；随着时间增长，氧化膜受到应力作用，发生破裂，以磨屑形式从钢基体表面剥落，使划痕表面更加凹凸不平，从而导致纵向坐标存在更加剧烈的波动。由此可以得出，30MnSi2CrNiMo 钢的表面氧化膜剥落程度比 30MnCrNiMoAl2 钢的更加剧烈。30MnSi2CrNiMo 的摩擦力和摩擦系数均大于 30MnCrNiMoAl2，这也是由于 30MnSi2CrNiMo 具有更加凹凸不平的粗糙表面造成的。从磨损速率来看，30MnSi2CrNiMo 年平均磨损速率达到 13.20mm/a，远远大于 30MnCrNiMoAl2 的 2.54mm/a，这说明 30MnCrNiMoAl2 比 30MnSi2CrNiMo 具有更好的耐磨性能。

图 3-2-94 为两种钢磨屑的 EDS 能谱分析。结果显示，磨屑中氧、铁的含量占比高，并且含有少量的铬、锰等其他合金元素，这说明磨屑主要以金属氧化物为主；这是因为在摩擦过程中产生热量，使得贝氏体钢与摩擦副的接触面迅速升温，磨损区发生氧化并形成氧化层，因此磨损主要是以氧化磨损为主。从两种贝氏体钢磨屑所含的各元素原子百分比可以看出，除硅和铝之外，其他元素的原子百分比较为接近，可以说明 30MnSi2CrNiMo 钢磨屑中硅的氧化物较多，而 30MnCrNiMoAl2 钢磨屑中铝的氧化物较多。

在无磨损条件下对两种贝氏体钢进行电化学极化曲线测试，探究贝氏体钢的纯电化学腐蚀特征。图 3-2-95 和图 3-2-96 分别为两种贝氏体钢在 3.5% NaCl（质

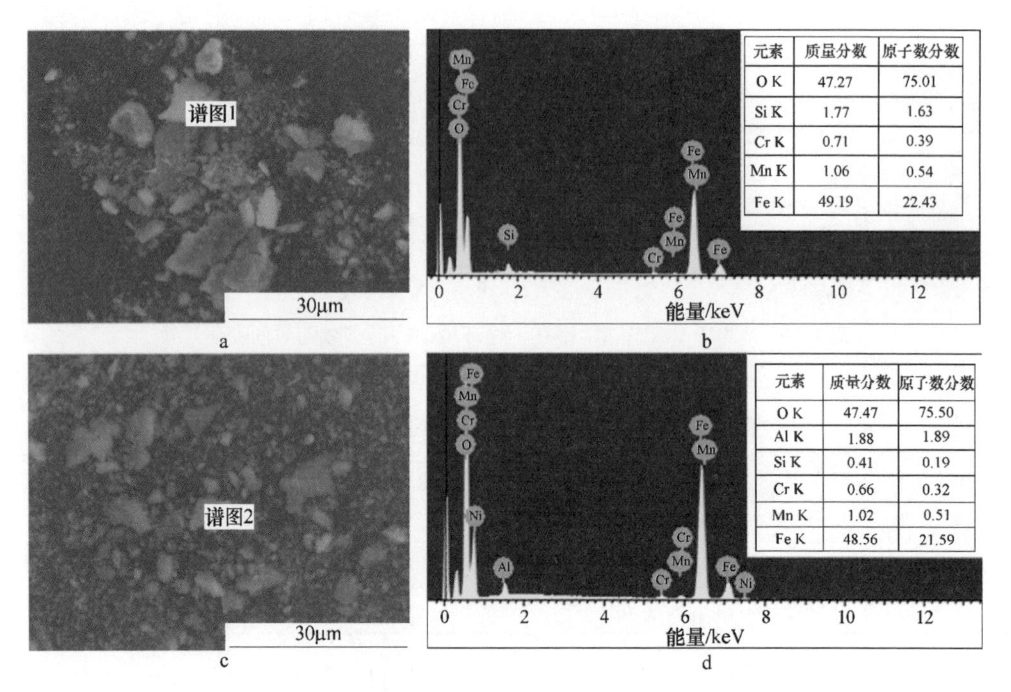

元素	质量分数	原子数分数
O K	47.27	75.01
Si K	1.77	1.63
Cr K	0.71	0.39
Mn K	1.06	0.54
Fe K	49.19	22.43

元素	质量分数	原子数分数
O K	47.47	75.50
Al K	1.88	1.89
Si K	0.41	0.19
Cr K	0.66	0.32
Mn K	1.02	0.51
Fe K	48.56	21.59

图 3-2-94　贝氏体钢磨屑 SEM 照片和磨屑 EDS 能谱分析

a，b—30MnSi2CrNiMo 钢；c，d—30MnCrNiMoAl2 钢

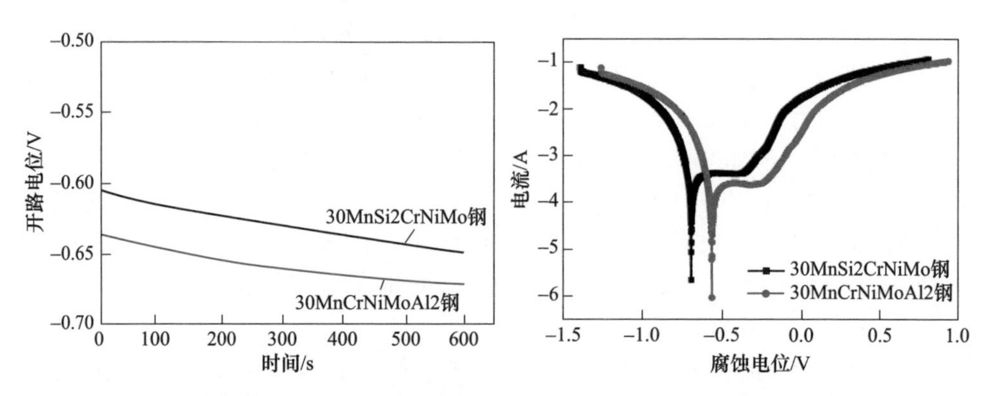

图 3-2-95　贝氏体钢在 3.5% NaCl（质量分数）溶液中的开路电位（OCP）曲线

图 3-2-96　贝氏体钢在 3.5% NaCl（质量分数）溶液中的极化曲线

量分数）溶液中的开路电位随时间变化曲线和极化曲线，对应的电化学参数见表 3-2-19。金属材料在特定介质中发生电化学腐蚀时，对极化曲线应用 Tafel 直线外推得到的腐蚀电流密度与该金属材料在该介质中的腐蚀速率成正相关，即腐蚀电流密度越小，该金属材料在特定腐蚀介质中耐腐蚀性越强。而腐蚀电位主要从热力学的角度分析电化学反应发生的趋势，自腐蚀电位越负，代表阴阳两极电势差越大，对应着金属材料发生电化学腐蚀的可能性越大。

表 3-2-19 贝氏体钢的极化曲线参数

钢种	阳极极化斜率/V · dec^{-1}	阴极极化斜率/V · dec^{-1}	腐蚀电位/V	腐蚀电流密度/A · cm^{-2}	年平均腐蚀速率/mm · a^{-1}
30MnSi2CrNiMo	0.556	-0.0442	-0.70	9.77×10^{-5}	0.827
30MnCrNiMoAl2	0.369	-0.0643	-0.64	7.52×10^{-5}	0.461

从极化曲线图 3-2-96 可知，在无摩擦磨损前提下，处在 3.5% NaCl（质量分数）溶液介质环境中的 30MnSi2CrNiMo 钢的腐蚀电位比 30MnCrNiMoAl2 钢的负值大，但是相差并不大，这说明从热力学的角度来看，30MnCrNiMoAl2 钢更加稳定。两种钢的阳极极化曲线区域出现明显的电流密度平台，说明贝氏体钢在电化学腐蚀反应初期会有轻微的钝化现象。阳极塔菲尔斜率较阴极的小，说明贝氏体钢在电化学腐蚀反应初期受到阴极溶解氧的扩散步骤控制。30MnCrNiMoAl2 钢的腐蚀电流密度比 30MnSi2CrNiMo 钢的数值小，表明 30MnCrNiMoAl2 钢在 3.5% NaCl（质量分数）溶液介质中的耐蚀性要优于 30MnSi2CrNiMo 钢的耐蚀性。这主要因为，30MnCrNiMoAl2 钢中的铝，极易发生氧化反应，形成大量的 Al^{3+}，Al^{3+}和溶液中的 OH^-发生反应，形成含铝的氢氧化物并附着于试样表面，促使钢发生钝化，从而提高了含铝超细贝氏体钢的耐腐蚀性。

在 3.5% NaCl（质量分数）溶液介质中对两种贝氏体钢进行线性往复磨损测试，施加载荷为 10N，摩擦速率为 4mm/s，磨损时间为 5h。在磨损过程中测量贝氏体钢的极化曲线。两种贝氏体钢在磨损过程中纵向坐标、摩擦力和摩擦系数随时间变化曲线如图 3-2-97 和图 3-2-98 所示，相关参数见表 3-2-20。可以看出，两种钢在 3.5% NaCl（质量分数）溶液介质中的磨损深度、摩擦力、摩擦系数和磨损速率均比干燥条件下的更大，腐蚀速率加快，贝氏体钢磨损更加严重。然而，30MnCrNiMoAl2 钢在 3.5% NaCl（质量分数）溶液中的磨损速率依然比 30MnSi2CrNiMo 钢的磨损速率小。

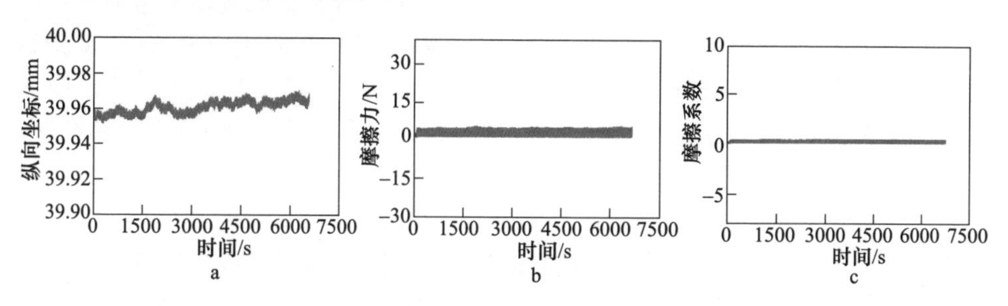

图 3-2-97 30MnSi2CrNiMo 在 3.5% NaCl（质量分数）溶液介质中磨损参数随时间变化规律

a—纵向坐标；b—摩擦力；c—摩擦系数

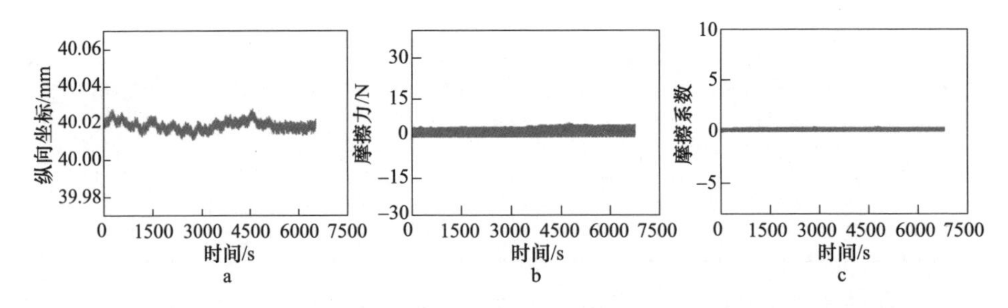

图 3-2-98　30MnCrNiMoAl2 钢在 3.5% NaCl（质量分数）溶液介质中磨损参数随时间变化规律

a—纵向坐标；b—摩擦力；c—摩擦系数

表 3-2-20　贝氏体钢在 3.5% NaCl（质量分数）溶液介质中的摩擦磨损结果

钢种	磨损深度/mm	摩擦力/N	摩擦系数	划痕的体积/mm^3	划痕的表面积/mm^2	年平均磨损速率/$mm \cdot a^{-1}$
30MnSi2CrNiMo	0.0366	4.411	0.5056	0.0508	2.2291	39.91
30MnCrNiMoAl2	0.02454	4.327	0.4294	0.0270	1.7441	27.07

图 3-2-99 为两种贝氏体钢在腐蚀磨损条件下的电化学极化曲线，相关参数见表 3-2-21。与无载荷条件下的电化学极化曲线对比发现，两种钢在磨损条件下的自腐蚀电位向负向移动，说明磨损加快了电化学腐蚀进程。两种钢对应的腐蚀电流密度也都有所增大，尤其是 30MnSi2CrNiMo 钢的腐蚀电流密度呈明显增加趋势，由 9.77×10^{-5} A/cm^2增大到 63×10^{-5} A/cm^2。这主要在于磨损过程破坏了对基体具有保护作用的氧化层，导致金属基体与溶液直接接触而使金属快速腐蚀，并且从表 3-2-17 可以推测摩擦磨损对 30MnSi2CrNiMo 钢腐蚀层的破坏程度比对 30MnCrNiMoAl2 钢腐蚀层的破坏程度更加严重。这是因为 30MnSi2CrNiMo 钢的腐蚀层疏松，在 3.5% NaCl（质量分数）溶液中极易剥落，而 30MnCrNiMoAl2 含铝钢腐蚀层紧密，不易剥落。

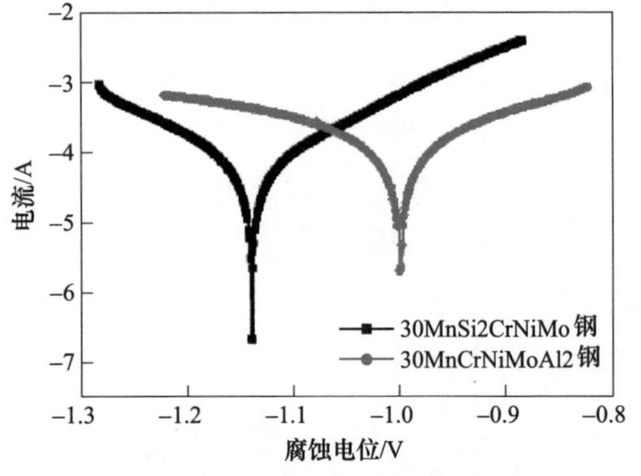

图 3-2-99　两种贝氏体钢在腐蚀磨损条件下的电化学极化曲线

表 3-2-21　贝氏体钢在腐蚀磨损条件下的极化曲线参数

钢种	阳极极化斜率/$V \cdot dec^{-1}$	阴极极化斜率/$V \cdot dec^{-1}$	腐蚀电位/V	腐蚀电流密度/$A \cdot cm^{-2}$	年平均腐蚀速率/$mm \cdot a^{-1}$
30MnSi2CrNiMo	4.279	−4.160	−1.14	63×10^{-5}	4.614
30MnCrNiMoAl2	4.124	−4.154	−1.02	11.1×10^{-5}	0.814

金属材料的腐蚀磨损是一种复杂的过程，是结合了电化学腐蚀和摩擦磨损两种形式的破坏行为。这两种形式共同作用于金属材料表面，相互促进，加速对材料的破坏。对上述各种实验条件下的腐蚀磨损速率进行统计，见表 3-2-22。两种贝氏体钢的电化学腐蚀速率明显小于摩擦磨损速率，即贝氏体钢的磨损消耗远大于电化学腐蚀的消耗。另外，在摩擦磨损和电化学腐蚀共同作用下，两种贝氏体钢的摩擦磨损速率占总损失速率的 89.7%和 97.5%，说明机械磨损在腐蚀磨损中占据主导作用。为了探究电化学腐蚀和摩擦磨损协同作用的影响，对总损失速率、磨损速率和电化学腐蚀速率的变化率分别进行计算，得出 30MnSi2CrNiMo 钢的腐蚀磨损总损失速率较纯磨损速率和纯电化学腐蚀速率之和增加了 2.2 倍，30MnCrNiMoAl2 钢的腐蚀磨损总损失速率较纯磨损速率和纯电化学腐蚀速率之和增加了 8.3 倍，这表明虽然 30MnCrNiMoAl2 的纯腐蚀或纯磨损速率比 30MnSi2CrNiMo 小，但 30MnCrNiMoAl2 对机械磨损和电化学腐蚀协同作用的敏感性更高。从摩擦磨损方面来看，腐蚀磨损条件下磨损引起 30MnCrNiMoAl2 钢的磨损速率较纯磨损引起的磨损速率增长了 9.6 倍，远远高于 30MnSi2CrNiMo 的 2.0 倍，可见导致 30MnCrNiMoAl2 总腐蚀磨损率升高的主要因素是机械磨损。从电化学腐蚀角度来看，腐蚀磨损条件下电化学引起 30MnSi2CrNiMo 钢的电化学腐蚀速率较纯电化学腐蚀速率增加了 4.6 倍，远大于 30MnCrNiMoAl2 的 0.8 倍，可见机械磨损对 30MnSi2CrNiMo 电化学腐蚀的促进作用更加显著。这主要因为不含铝的氧化膜疏松易剥落，使得钢基体更易暴露于 NaCl 溶液之中，增加了 30MnSi2CrNiMo 钢基体与溶液的接触面积，加快了电化学腐蚀反应。

表 3-2-22　两种贝氏体钢在不同条件下的腐蚀速率、磨损速率、腐蚀磨损速率的相互关系

钢种	T_0	C_0	R_0	T_w	C_w	R_w	T_w/R_w	$(R_w-R_0)/R_0$	$(T_w-T_0)/T_0$	$(C_w-C_0)/C_0$
30MnSi2CrNiMo	13.2	0.8	14.0	39.9	4.6	44.5	0.897	2.2	2.0	4.6
30MnCrNiMoAl2	2.5	0.5	3.0	27.1	0.8	27.8	0.975	8.3	9.6	0.8

注：T_0为纯磨损速率；C_0为纯电化学腐蚀速率；T_w为腐蚀磨损共同作用下的磨损速率；C_w为腐蚀磨损共同作用下的电化学腐蚀速率；$R_0=T_0+C_0$，为单因素作用下的腐蚀磨损速率之和；$R_w=T_w+C_w$，为共同作用下的腐蚀磨损速率之和。

2.8　焊接性能

当今铁路已实现全线无缝，这必然涉及钢轨与钢轨，以及钢轨与辙叉之间的焊接，对于新型铁路轨道用贝氏体钢应该具有良好的焊接性能。为此，开展轨道用贝氏体钢焊接性能研究。试验用钢为 30MnSiCrNiMoAl 贝氏体钢、U75V 珠光体钢和 U71Mn 珠光体钢，三种钢的化学成分见表 3-2-23。其中，30MnSiCrNiMoAl 贝氏体钢和 U75V 珠光体钢进行铝热焊研究，30MnSiCrNiMoAl 贝氏体钢和 U71Mn 珠光体钢进行闪光焊接研究。30MnSiCrNiMoAl 贝氏体钢的热处理工艺为：930℃

奥氏体化保温 30min，淬火到 340℃盐浴保温 1h 后空冷至室温，最后进行回火处理，即 320℃保温 1h。三种钢的力学性能，见表 3-2-24。

表 3-2-23　三种试验用钢的化学成分　（质量分数,%）

钢　种	C	Mn	Cr	Mo	Si	Ni	Al	V
30MnSiCrNiMoAl 贝氏体钢	0.30	1.58	1.13	0.40	1.44	0.45	0.48	—
U75V 珠光体钢	0.71	0.86	—	—	0.68	—	—	0.08
U71Mn 珠光体钢	0.74	1.38	—	—	0.29	—	—	—

表 3-2-24　三种试验用钢的力学性能

钢　种	抗拉强度/MPa	断面收缩率/%	冲击韧性/J·cm^{-2}	硬度（HRC）
30MnSiCrNiMoAl 贝氏体钢	1487	54.3	114.4	44.0
U75V 珠光体钢	1209	20.5	13.3	37.5
U71Mn 珠光体钢	985	23.8	15.6	30.4

2.8.1　铝热焊

利用 AR892 红外测温仪，测定了 60kg/m 钢轨铝热焊热影响区不同位置的温度变化曲线，给出 Gleeble-3500 模拟钢轨铝热焊热循环曲线，如图 3-2-100 所示，由图中的热循环曲线进行 30MnSiCrNiMoAl 贝氏体钢与 U75V 钢铝热焊热循环模拟。图 3-2-100 中距焊缝 20mm、35mm、45mm、50mm、80mm 的热循环峰值温度分别为 1200℃、900℃、800℃、700℃、500℃，这五个温度分别对应热影响区中的过热区、正火区、部分相变区、高温回火区和中温回火区。完成铝热焊热循环模拟后，参照实际铁路钢轨铝热焊施工条件制定焊后正火工艺：将焊接试样以 100℃/min 的速率重新加热至 850℃和 900℃两种正火温度，然后，以 100℃/min 的速率冷却至 400℃，再以 10℃/min 速率冷却至 300℃，最后空冷至室温。

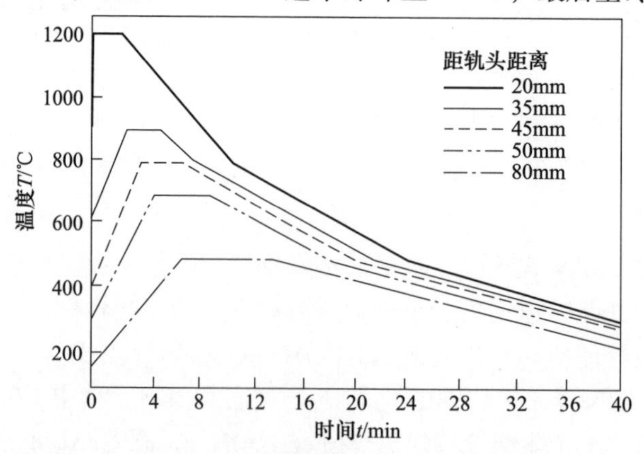

图 3-2-100　模拟钢轨铝热焊热循环曲线

在 Gleeble-3500 热模拟结果基础上，对 30MnSiCrNiMoAl 贝氏体钢辙叉和 U75V 钢轨进行实际铝热焊接，采用法国 QPCJ 铝热焊工艺，具体参数为：氧气-丙烷预热，氧气压力 0.49MPa，丙烷压力 0.07MPa，预热时间 5min，钢液浇铸后 5.5min 拆模，6.5min 推瘤，推瘤后对焊接接头进行打磨处理。待焊接接头冷却至 300℃以下后，对其进行焊后正火处理，具体工艺为：利用多喷嘴火焰正火加热器将焊接接头加热至 900℃以上（焊缝两侧各加热 100mm，加热时间 7～8min），随后利用两台鼓风机进行加速冷却（冷却时间 5～6min），待正火区冷至 400℃时，停止鼓风并加盖保温罩使其缓冷至 300℃，最后空冷至室温。对正火和未正火的焊接接头分别进行硬度和拉伸试验测试，观察性能变化情况。

30MnSiCrNiMoAl 贝氏体钢模拟铝热焊热影响区力学性能，见表 3-2-25，可以看出，铝热焊热影响区各位置冲击韧性均较母材大幅下降，其中 45mm 处的部分相变区的冲击韧性降至最低 27J/cm^2，并且硬度分布波动较大，20mm 处的过热区硬度（HRC）最高为 51.5，50mm 处的高温回火区硬度最低为 32.1，相差近 20；不同热影响区的抗拉强度变化也截然不同，过热区和正火区对应的强度较母材有明显升高，而部分相变区和高温回火区对应的强度值较母材有明显降低。

表 3-2-25　贝氏体钢模拟铝热焊热影响区的力学性能

距焊缝距离/mm	抗拉强度/MPa	冲击韧性/J·cm^{-2}	硬度（HRC）
20（过热区）	1689	48	51.5
35（正火区）	1639	74	51.0
45（部分相变区）	1126	27	41.6
50（高温回火区）	1043	78	32.1
80（中温回火区）	1365	72	43.7

30MnSiCrNiMoAl 贝氏体钢铝热焊热影响区金相组织，如图 3-2-101 所示，等温淬火后的贝氏体辙叉钢母材，组织为聚集成束的细小的针状贝氏体，基本呈平行状排列，尺寸分布比较均匀。高温回火区组织中的针状贝氏体组织已经分解，同时可以观察到模糊的原始奥氏体晶界。焊缝在经历该温度的回火后，母材中贝氏体铁素体板条间的残余奥氏体已经分解为弥散碳化物和铁素体，同时铁素体板条也发生了长大，因此丧失了贝氏体钢的优异性能。部分相变区组织是加热温度处于 A_{c1} 和 A_{c3} 之间，发生了部分奥氏体转变，使得晶粒尺寸有较大差别，在随后的缓慢冷却过程，单个晶粒中出现了贝氏体束和块状多边形铁素体组成的混合组织。正火区和过热区组织，以马氏体为主，这是由于热循环温度超过 A_{c3}，发生了比较完全的奥氏体转变，而冷却时冷速较快，使得奥氏体直接转变为马氏体。在 1200℃对应的组织中，可以看到晶粒发生了明显的粗化，这是由于加热温度过高，导致奥氏体过热长大造成的。

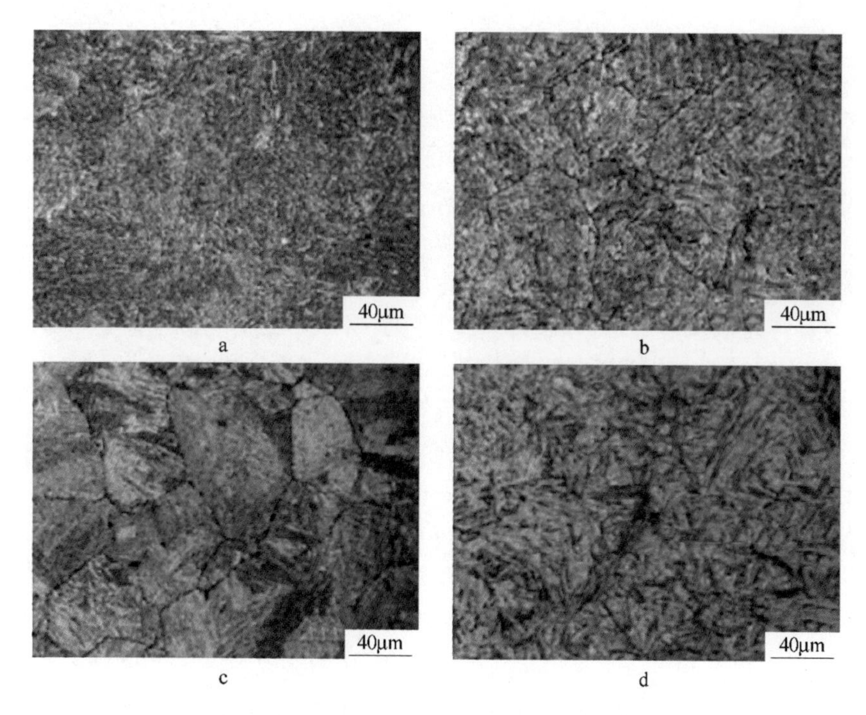

图 3-2-101　贝氏体钢铝热焊热影响区金相组织

a—母材；b—高温回火区；c—部分相变区；d—过热区

图 3-2-102 为贝氏体辙叉钢模拟铝热焊热影响区的 TEM 微观组织，可以看出，800℃的部分相变区存在贝氏体铁素体条与残余奥氏体相互平行分布的组织形貌，同时还存在宽化的铁素体板条，这是由于加热过程中发生了部分奥氏体转变，在随后的冷却过程中这部分奥氏体会转变为新的贝氏体组织，而未发生奥氏体转变的部分，铁素体板条将会发生宽化，因此导致组织不均匀。奥氏体晶界处不再是平直的界面，而是析出了细小的碳化物。这是由于在未发生奥氏体转变的组织中，碳含量较低的铁素体板条并未溶解，但碳含量较高的残余奥氏体薄膜分解形成细小的碳化物并聚集在于晶界处，该细小碳化物的存在，成为变形中的起裂源，明显降低钢的冲击韧性。正火区和过热区组织中典型的板条马氏体组织，且在马氏体板条内存在较高密度的位错。

贝氏体辙叉钢模拟铝热焊热影响区经过 850℃、900℃两种温度正火后，得到的冲击韧性和硬度结果，如图 3-2-103 所示，经两个温度正火处理后，热影响区各位置冲击韧性较未正火状态均有明显增加。其中 900℃正火后，45mm 处的部分相变区冲击韧性从未正火前的 $27J/cm^2$ 升高至 $104J/cm^2$，改善效果最为明显。正火后焊接热影响区硬度分布均匀性也得到明显改善。900℃正火后，20mm 处的过热区硬度（HRC）从最高值 51.5 降至 46.6，而 50mm 处的高温回火区硬

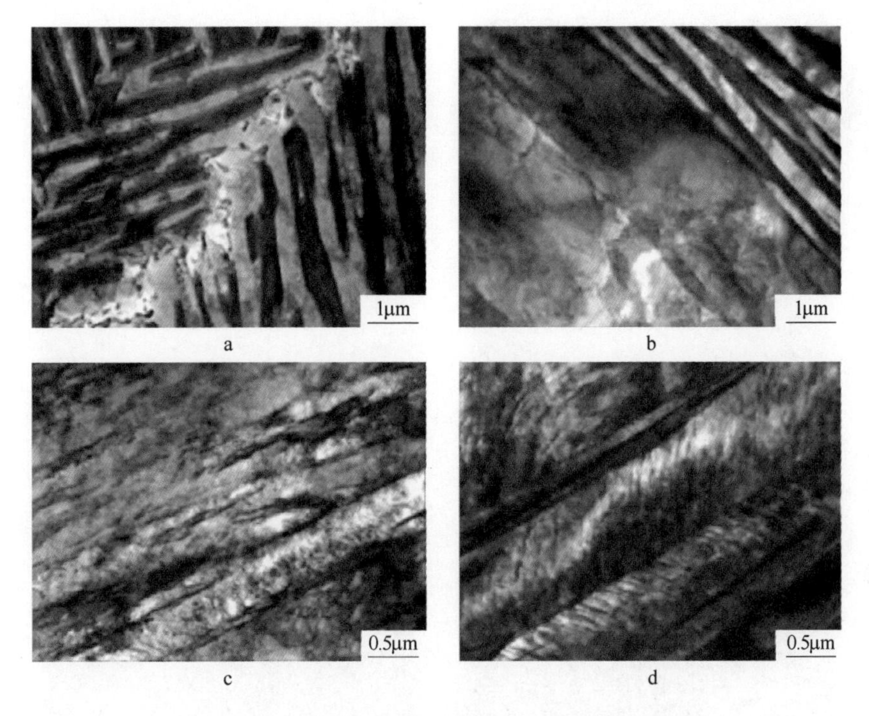

图 3-2-102 贝氏体钢铝热焊热影响区 TEM 微观组织

a—奥氏体晶界；b—部分相变区；c—正火区；d—过热区

度（HRC）从最低值 32.1 升至 40.2，极大改善了热影响区硬度分布均匀性。同时，可以看出，900℃正火对热影响区性能提高程度明显优于 850℃正火处理。

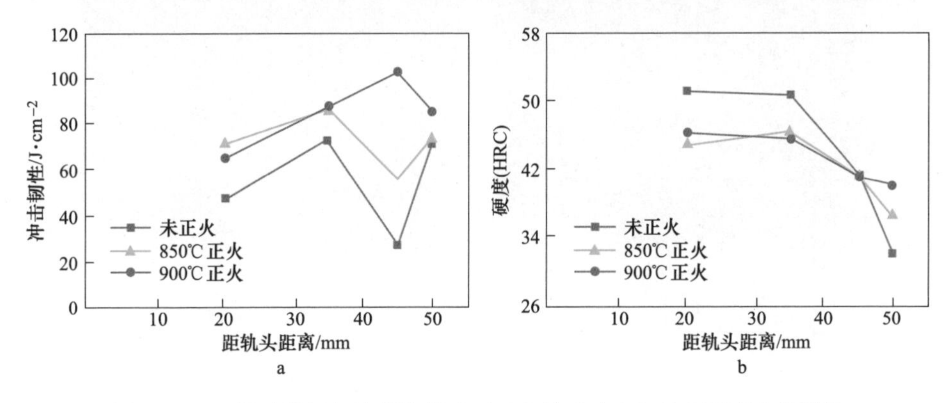

图 3-2-103 贝氏体钢铝热焊热影响区正火前后冲击韧性和硬度变化规律

a—冲击韧性；b—硬度

铝热焊热影响区经过 900℃正火处理前后的抗拉强度，如图 3-2-104 所示，虚线表示贝氏体钢母材抗拉强度。经正火处理后正火区和过热区的强度下降，而部分相变区和高温回火区强度上升，均接近母材的强度水平，可见900℃正火可明显改善铝热焊热影响区的强度均匀性。

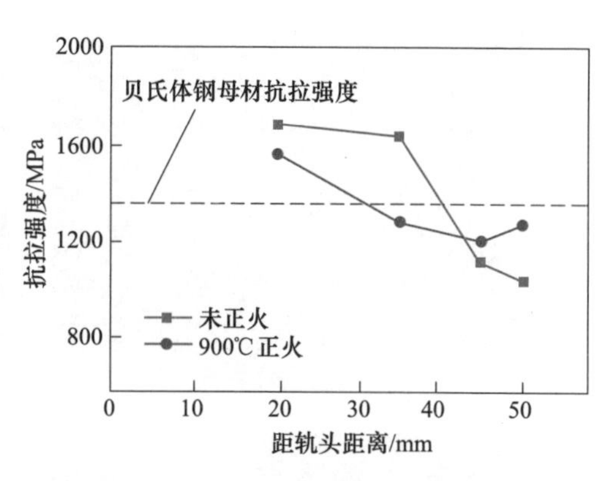

图3-2-104　贝氏体钢模拟铝热焊热影响区正火前后的抗拉强度变化规律

贝氏体钢铝热焊热影响区经过900℃正火后的金相组织，如图3-2-105所示，可以看出，焊接热影响区900℃正火处理后，组织均以细密的贝氏体板条束为主，同时包括部分块状残余奥氏体和马氏体，过热区、正火区为贝氏体板条束，并且其尺寸比其他区域略显粗大。

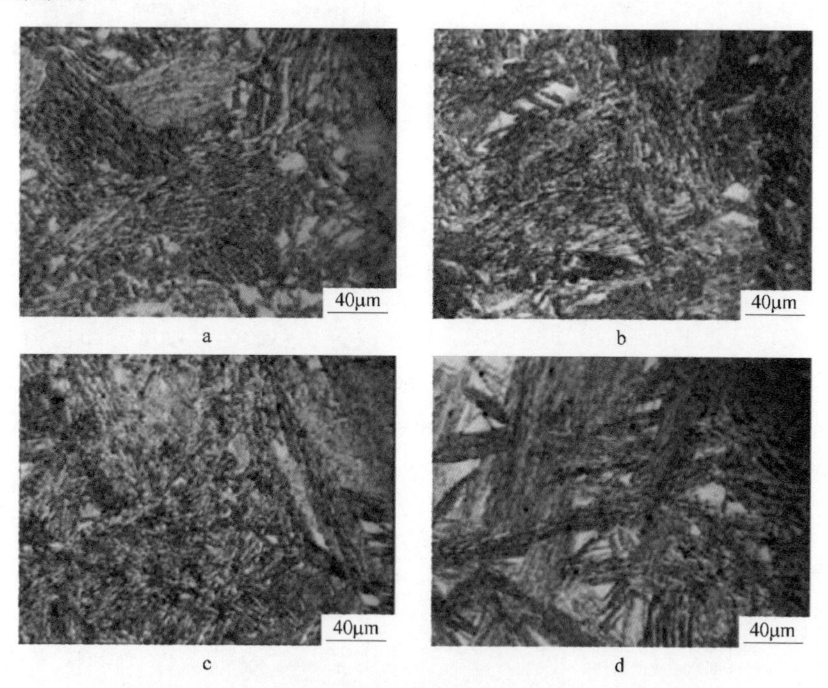

图3-2-105　贝氏体钢铝热焊热影响区900℃正火后的金相组织

a—高温回火区；b—部分相变区；c—正火区；d—过热区

高温回火区和部分相变区900℃正火后的透射微观组织，如图3-2-106所示。热影响区在正火后转变成为由贝氏体铁素体和残余奥氏体组成的双相组织，但残余奥氏体薄膜已不再是原始的等温淬火组织中的长条状，而是呈断续状分布。同时存在块状的马氏体/奥氏体两相组成的小岛，这是由于正火过程中奥氏体化时间较短，奥氏体化完成后碳原子来不及扩散，在随后的连续冷却过程中，碳含量

较高的奥氏体则未发生贝氏体转变，或者部分发生了马氏体转变后随奥氏体共同冷却保留至室温。

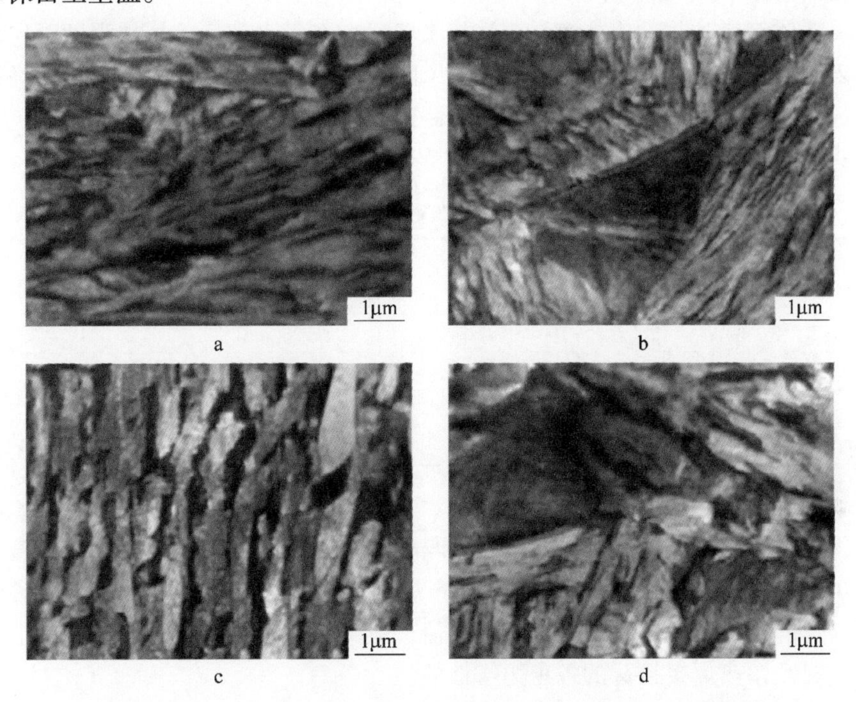

图 3-2-106　贝氏体钢铝热焊热影响区 900℃正火后的 TEM 组织

a—高温回火区的贝氏体；b—高温回火区的马氏体；c—部分相变区的贝氏体；d—部分相变区的马氏体

根据热模拟的热影响区试验结果，进行了贝氏体钢辙叉和 U75V 钢轨的实际铝热焊接，焊后进行 900℃火焰加热正火处理，对焊后正火和未正火的接头分别进行了洛氏硬度试验，结果如图 3-2-107 所示。未经正火处理的焊缝硬度（HRC）仅为 32，同时在焊缝两侧都存在一个明显的软化区，U75V 一侧约 25mm，

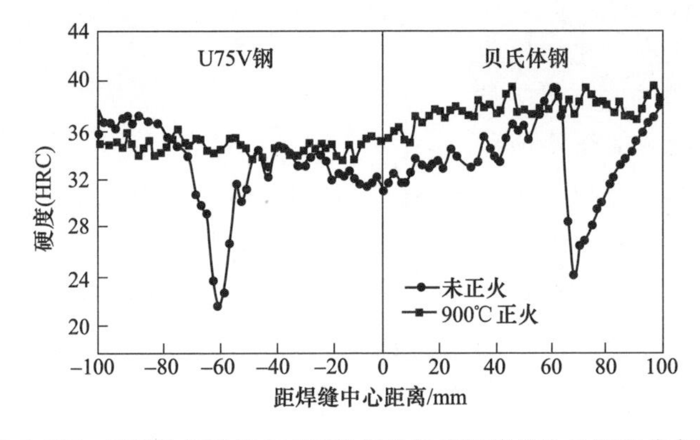

图 3-2-107　贝氏体钢辙叉与 U75V 钢轨铝热焊接接头的硬度分布曲线

贝氏体钢一侧约40mm。焊接接头经过900℃正火处理后，焊缝处的硬度（HRC）提高至约35，同时焊缝两侧的软化区硬度也恢复至接近母材的水平。

贝氏体钢辙叉与珠光体钢轨焊接接头各区域在正火前后的抗拉强度对比，见表3-2-26。经正火处理后，焊接接头各个区域的强度均较未正火时明显提高，其中贝氏体钢辙叉一侧软化区断裂位置为距焊缝中心60~70mm，与最低硬度重合，经正火后，该区域强度提高了200MPa以上，提升最为明显。

表3-2-26　贝氏体钢辙叉与U75V钢轨铝热焊接接头的抗拉强度

试样取样位置	距焊缝中心距离/mm	抗拉强度/MPa	
		未正火	900℃正火
U75V钢一侧	-100~-60	926	1030
U75V钢一侧	-60~-20	945	1042
焊缝	-20~20	932	994
贝氏体钢辙叉一侧	20~60	1047	1119
贝氏体钢辙叉一侧	60~100	914	1143

综上结果分析认为，贝氏体钢辙叉与U75V钢轨进行铝热焊后，对铝热焊接接头进行900℃正火处理，可以明显提高焊接接头各部位的抗拉强度，同时能明显提高焊缝及热影响区、软化区的硬度值，避免了接头处不均匀磨耗的产生，可以有效提高铝热焊接接头的各项力学性能。

2.8.2　闪光焊

采用Gleeble 3500热模拟试验机进行焊接模拟试验，如图3-2-108所示。30MnSiCrNiMoAl贝氏体辙叉钢与U71Mn钢轨钢顶锻变形热力模拟试验时，加热速度选取50℃/s，此加热速度与正常的辙叉与钢轨焊接时的加热速度相当。加热峰值温度选择为1350℃，顶锻压力分别选取10MPa、20MPa、30MPa、40MPa和50MPa。根据Gleeble 3500热模拟试验结果，在实验室小型闪光对焊机上进行焊接试验，试样尺寸为200mm×30mm×30mm。焊后对焊接接头进行正火处理，奥氏体化处理工艺为920℃保温时间10min。

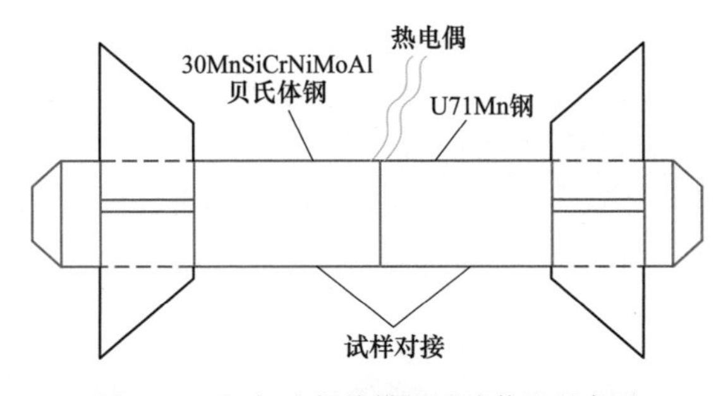

图3-2-108　闪光焊接模拟试验装置示意图

贝氏体钢与U71Mn珠光体钢在各顶锻压力条件下闪光焊接试样的抗拉强度，见表3-2-27。焊缝的抗拉强度随着顶锻压力的增大而增大，在顶锻压力为30MPa时焊缝抗拉强度最大；当顶锻压力超过该值之后，焊缝抗拉强度开始降低，顶锻

压力为10MPa时焊缝抗拉强度最低。形成这种规律是因为当顶锻压力过小时，焊接接头不能形成很好的冶金结合，因此焊缝抗拉强度较低。而顶锻压力过大时，如当顶锻压力为50MPa时，由于顶锻压力过大造成试样热影响区严重变形，无法形成有效焊接接头。

表3-2-27 贝氏体钢与U71Mn钢热模拟焊接接头的抗拉强度

顶锻压力/MPa	焊缝抗拉强度/MPa	拉断位置
10	730	焊缝
20	912	焊缝
30	954	根部
40	874	焊缝
50		焊缝

闪光焊接时热影响区温度变化规律，如图3-2-109所示。距离焊缝24mm位置，其温度约为700℃，属于钢的两相区温度范围。贝氏体辙叉钢与U71Mn钢轨钢闪光对焊时最佳顶锻压力为30MPa，其焊接接头热影响区处于奥氏体和珠光体两相区温度范围最长时间的位置是距焊缝20~30mm处，此位置是引起钢性能降低的位置。

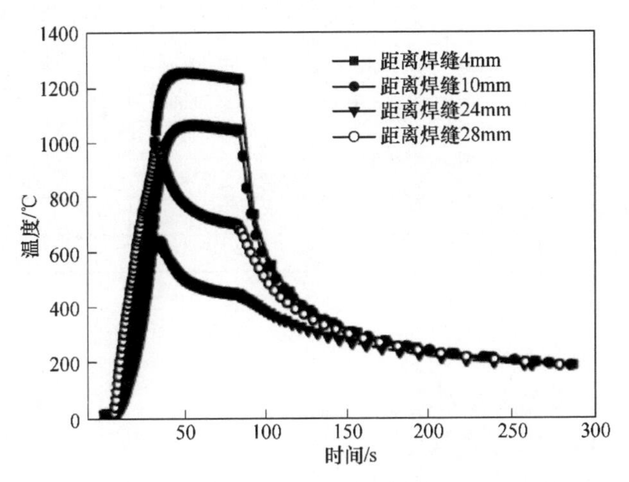

图3-2-109 闪光焊接贝氏体钢接头热影响区温度场分布

根据Gleeble 3500热模拟试验所得到的顶锻压力试验结果，在小型闪光对焊机上进行焊接试验。表3-2-28给出了小试样闪光焊焊接接头拉伸试验结果，经正火与未正火焊接接头的抗拉强度和塑性稍有差别，但断裂位置明显不同。未经正火处理试样的抗拉强度较低，且断裂在焊缝。正火处理之后，试样断裂于拉伸试样中钢轨侧，这表明正火之后焊缝处的抗拉性能有了明显的改善。表3-2-28中的数据较好地反映了贝氏体钢和钢轨钢闪光对焊接头的力学性能，接头强度接近母材，证明了利用贝氏体辙叉钢与 U71Mn 钢轨钢直接焊接是可行的，并且性能达到了铁道部 TB/T 1632. 2—2005 标准。

表 3-2-28　小试样闪光对焊焊接接头拉伸试验结果

试样	抗拉强度/MPa	断后伸长率/%	断面收缩率/%	断裂位置
未正火处理接头	1090	4. 6	7. 8	焊缝
正火处理接头	1069	5. 3	22. 6	钢轨钢
U71Mn 钢	985	6. 6	8. 0	
30MnSiCrNiMoAl 贝氏体钢	1130	16. 5	56. 1	

从表 3-2-29 中可以看出，经过焊后热处理的焊缝的冲击韧性为 14J/cm^2，远高于 U71Mn 钢轨钢基体的 8J/cm^2，达到了铁道部 TB/T 1632. 2—2005 标准。尽管热影响区距焊缝 20~30mm，在闪光焊接过程中处于奥氏体和珠光体两相区的时间最长，但其韧性没有下降。

表 3-2-29　贝氏体钢与珠光体钢小试样闪光对焊焊接接头冲击试验结果

试　样	U 型口开口位置	冲击韧性/J · cm^{-2}
未正火处理接头	U71Mn 钢 HAZ 距离焊缝 25mm	11
	焊缝	8
	贝氏体钢 HAZ 距离焊缝 25mm	44
正火处理接头	U71Mn 钢 HAZ 距离焊缝 25mm	8
	焊缝	14
	贝氏体钢 HAZ 距离焊缝 25mm	79
U71Mn 钢		8
30MnSiCrNiMoAl 贝氏体钢		76

贝氏体辙叉钢与 U71Mn 钢轨钢闪光对焊接头硬度分布，如图 3-2-110 所示，可以看出 U71Mn 钢轨钢与 30MnSiCrNiMoAl 贝氏体辙叉钢闪光对焊焊接接头硬度分布比较平顺。根据铁道部标准 TB/T 1632. 2—2005，焊接接头的硬度应大于母材硬度的 90%，焊缝处最低硬度（HRC）为 27，为母材中硬度较低的 U71Mn 钢平均硬度（29）的 93%，符合铁道部标准要求。

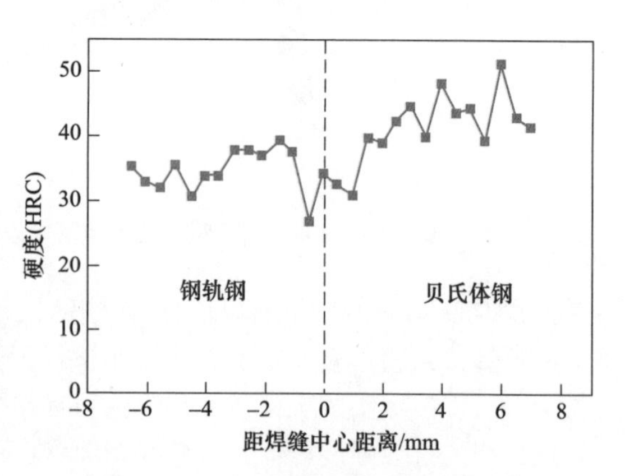

图 3-2-110　正火处理后贝氏体钢辙叉与高碳钢钢轨焊接接头硬度分布

30MnSiCrNiMoAl 贝氏体辙叉钢与 U71Mn 钢轨钢闪光焊焊接接头的金相组织，如图 3-2-111 所示。U71Mn 钢轨钢熔合区及 HAZ 热影响区均为细小的珠光体，无马氏体，贝氏体辙叉钢熔合区及热影响区组织主要为贝氏体。热处理后的焊缝组织明显细化，这是因为焊后焊接接头经过 920℃ 正火热处理后，组织重新奥氏体化，空冷后获得细密的正火组织，消除了其中粗大的焊接组织。

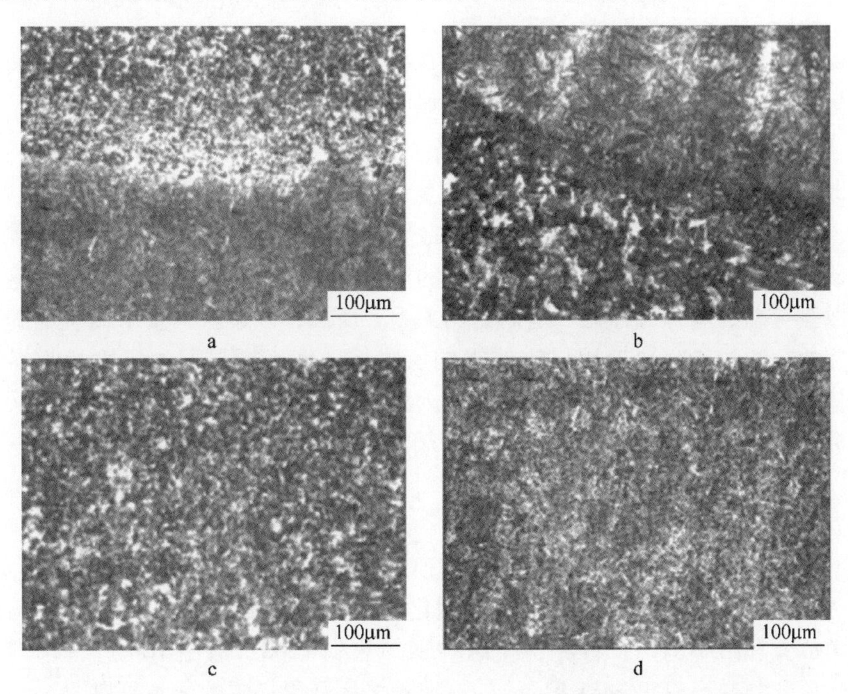

图 3-2-111　30MnSiCrNiMoAl 贝氏体钢与 U71Mn 钢焊接接头的金相组织

a—正火热处理后焊缝；b—正火热处理前焊缝；c—正火热处理后 U71Mn 钢 HAZ 区域；d—正火热处理后贝氏体 HAZ 区域

综上所述，30MnSiCrNiMoAl 贝氏体辙叉钢与 U71Mn 钢轨钢进行闪光焊后，对焊接接头进行 920℃ 正火处理，可明显提高接头各部位的抗拉强度，改善韧塑性。

3　轨道用超细贝氏体钢氢脆特性

钢中的氢是在冶炼、加工、制造以及使用过程中进入金属的。当钢中的氢聚合为氢分子、造成应力集中、超过钢的强度极限时，就会在钢的内部形成细小的裂纹（又称为白点），导致钢在内部残余应力或外加应力作用下发生脆化甚至开裂，即氢脆。氢脆包含内部氢脆和环境氢脆两种，但是这两种氢脆无本质差别。另外，钢中的氢分为可扩散氢和不可扩散氢两种，只有可扩散氢能使金属发生氢脆现象。本章研究的钢中氢含量均为总的氢含量，由于在相同的状态下，钢中的可扩散氢与总的氢含量存在一定的比例关系，所以，以总氢含量来衡量氢脆特性是合理的。通过研究轨道用贝氏体钢的氢脆敏感性来探寻发生氢脆的临界氢含量，从而为制定合理的生产工艺提供基础数据，同时也为制定贝氏体钢辙叉技术条件标准提供依据。

3.1　均质超细贝氏体钢的氢脆

下面以两种成分轨道用贝氏体钢为研究对象进行对比研究。分别是含 Al-W 和含 Al-Mo 贝氏体钢。两种实验用钢的化学成分，见表 3-3-1。为了保证两种钢的化学成分和组织均匀，首先，将两种钢加热到 1200℃保温 10h 进行均匀化处理，然后轧制变形成 40mm×40mm 的试样，之后开展相应的试验研究。

表 3-3-1　试验用贝氏体钢的化学成分　　（质量分数,%）

钢种	C	Mn	Si	Cr	Ni	W	Mo	Al	S	P
26MnSiCrNiWAl	0.26	1.74	1.83	1.62	0.41	1.0	—	0.34	0.010	0.015
29Mn2SiCrNiMoAl	0.29	2.27	1.65	1.49	0.36	—	0.30	0.27	0.017	0.026

将未经去氢退火的试样进行原始氢含量（质量分数）检测，结果表明 26MnSiCrNiWAl 贝氏体钢的原始氢含量为 1.2×10^{-4}%，29Mn2SiCrNiMoAl 贝氏体钢的原始氢含量为 1.6×10^{-4}%。将经过去氢退火处理的试样进行检测，结果表明 26MnSiCrNiWAl 贝氏体钢的氢含量为 0.5×10^{-4}%，29Mn2SiCrNiMoAl 贝氏体钢的氢含量为 0.4×10^{-4}%。经过 350℃保温 6h 去氢退火工艺处理后，贝氏体钢去氢效果显著。随后，对去氢退火试样进行充氢试验，得到一系列不同氢含量的试样。对充氢试样进行静态拉伸实验，分析钢中产生白点的临界氢含量。白点产生的判定标准为：纵向断裂面上呈现边缘清晰，具有白色光泽的圆形或椭圆形斑点；或者横向低倍抛光的试样，具有发纹状和锯齿状的小裂纹。

用于充氢和电镀实验的钢为轨道用26MnSiCrNiWAl和29Mn2SiCrNiMoAl两种贝氏体钢，对未充氢的试样进行不同时间的电镀镉，电镀时间分别为5min、20min、40min，随后在190℃的烘箱中进行烘烤处理10h，对烘烤后合格试样进行氢含量检测，如图3-3-1所示。由图可见，电镀过程中氢的引入量比较明显，试样中的氢含量近似与时间的平方根成正比。两种试验用贝氏体钢经过相同时间的电镀后，氢的引入量相差不大。把试样的镀层去除后，检测试样中的残余氢含量（质量分数）分别为：26MnSiCrNiWAl钢 $0.4\times10^{-4}\%$；29Mn2SiCrNiMoAl钢 $0.5\times10^{-4}\%$。可见，电镀过程中向试样中引入的氢绝大部分都存在于表面镀层中，只有极少部分扩散到试样基体内。

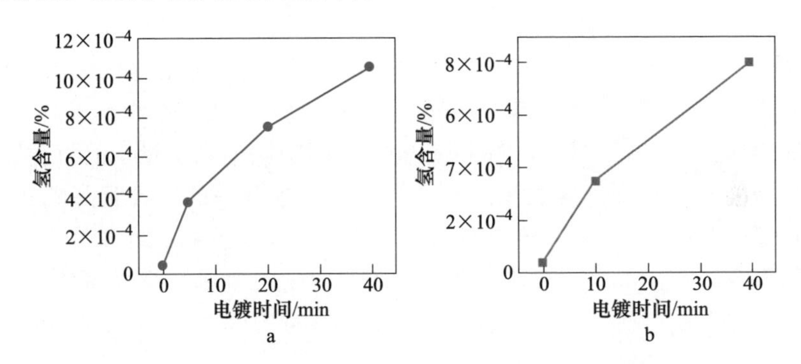

图3-3-1 两种贝氏体钢氢含量（质量分数）与电镀时间的关系

a—26MnSiCrNiWAl钢；b—29Mn2SiCrNiMoAl钢

下面对电镀过程中钢中氢含量的引入规律进行研究。电镀工艺采用致密酸性电镀镉工艺，当电流密度较小时（例如，5~15mA/cm²），则镀层是致密的；当电流密度较高时（例如，60~80mA/cm²），则镀层是疏松的，此时有利于氢的逸出，同时也会在镀层上产生氢鼓泡等缺陷。致密镀镉工艺能有效防止氢的逸出，试样电镀5min，即可得到0.005mm厚的镀层，此镀层已具有防止氢扩散逸出的作用。

在探索了电镀过程中钢中氢含量的引入规律之后，分别进行了不同充氢时间的充氢试验：5min、20min、60min、100min和180min。对试样进行电镀5min后，在190℃的烘箱中进行烘烤处理10h，去掉镀层后检测残余氢含量，如图3-3-2所示。由图可见，这两种贝氏体钢在吸氢特性上无太大差别，经过相同的充氢时间后，两种试验用钢的残

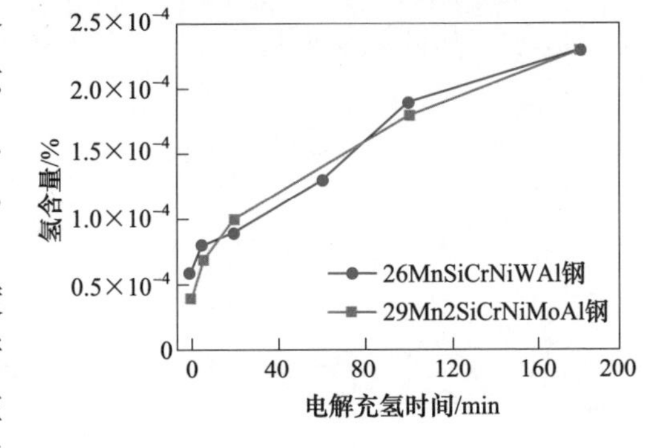

图3-3-2 两种贝氏体钢氢含量（质量分数）与电解充氢时间的关系

余氢含量基本相同，仅相差 $0.1\times10^{-4}\%$左右，这是由于两种贝氏体钢的化学成分、热处理工艺相同、组织结构相近导致的。

通常采用塑性损失的指标-氢脆敏感性来判定材料的氢脆性能。试样断裂后，通过断面收缩率或者伸长率的变化，即可算出试验钢的脆化指数，表达式为：

$$\eta=[(\varphi_0-\varphi_H)/\varphi_0]\times100\% \tag{3-3-1}$$

$$\eta=[(\delta_0-\delta_H)/\delta_0]\times100\% \tag{3-3-2}$$

式中　φ_0——未充氢试样的断面收缩率；

φ_H——充氢试样的断面收缩率；

δ_0——未充氢试样的伸长率；

δ_H——充氢试样的伸长率；

η——脆化指数，η 值越高，钢的氢脆越严重，氢脆敏感性就越高。

氢对钢塑性指标的影响规律是一样的，但是氢断面收缩率指标 φ 的影响比伸长率 δ 的影响更为敏感，因此，本研究选用 φ 的变化率来衡量钢的氢脆敏感性。随着氢含量的减少，钢的氢脆敏感性持续降低；当钢中的氢含量降到一定程度时，拉伸速率对钢的脆化指数的影响已经消失，钢的氢脆敏感性降为零，表明钢中已经没有氢致脆化现象，将这一氢含量定义为钢的无氢脆临界氢含量。因此，可以通过脆化指数对应变速率的变化率与氢含量的关系曲线求得无氢脆临界氢含量。

采用光滑圆柱试样慢速率拉伸的试验方法表征贝氏体钢的氢脆敏感性，静态拉伸实验采用三种不同的应变速率，分别为 $5.6\times10^{-5}s^{-1}$、$2.8\times10^{-4}s^{-1}$和 $1.7\times10^{-3}s^{-1}$，对应的拉伸速度分别为 0.1mm/min、0.5mm/min 和 3mm/min。两种贝氏体钢相同拉伸速率、不同氢含量的工程应力-工程应变曲线，如图 3-3-3 所示；两种钢在相同氢含量但不同拉伸速率的工程应力-工程应变曲线，如图 3-3-4 和图 3-3-5 所示。由图可知，随着钢中氢含量的增加，钢断裂时的应变量降低，断裂所需的时间减少。钢中的氢含量增加对塑性指标中的伸长率有着重要的影响，显著地降低了钢的伸长率，同时降低了强塑积。钢中氢含量的变化对抗拉强度 σ_b 和弹性模量没有太大影响。

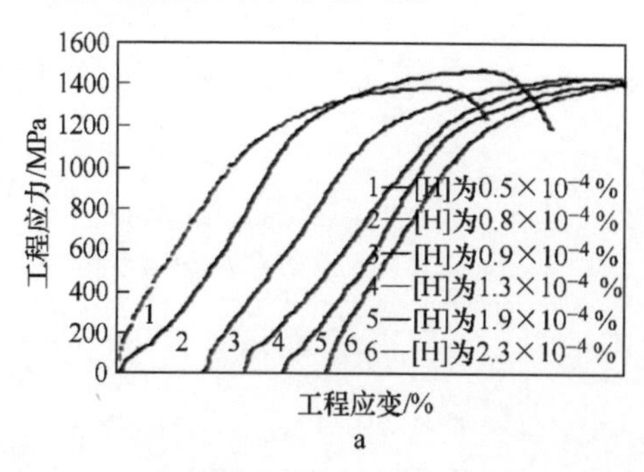

a

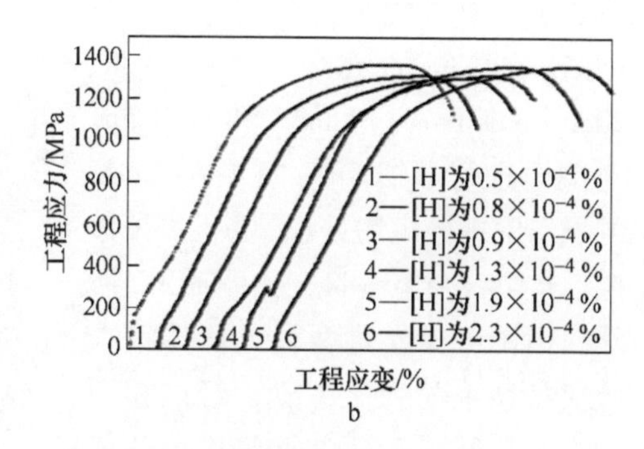

b

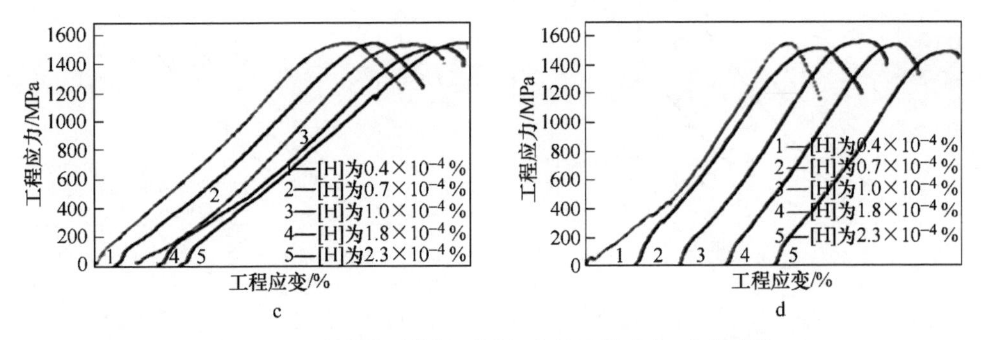

图 3-3-3 两种贝氏体钢不同氢含量下的应力-应变曲线

a—26MnSiCrNiWAl 钢，拉伸速度 0. 1mm/min；b—26MnSiCrNiWAl 钢，拉伸速度 3mm/min；
c—29Mn2SiCrNiMoAl 钢，拉伸速度 0. 1mm/min；d—29Mn2SiCrNiMoAl 钢，拉伸速度 3mm/min

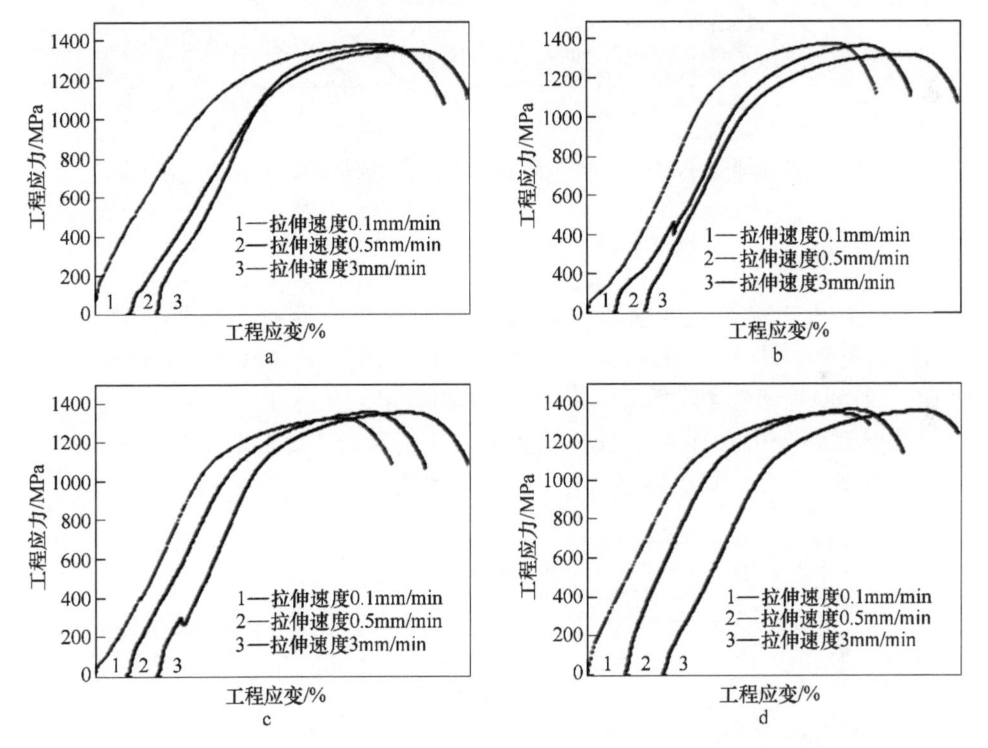

图 3-3-4 26MnSiCrNiWAl 钢在不同氢含量和不同拉伸速度下的应力-应变曲线

a—氢含量为 $0.5\times10^{-4}\%$；b—氢含量为 $0.8\times10^{-4}\%$；c—氢含量为 $1.3\times10^{-4}\%$；d—氢含量为 $2.3\times10^{-4}\%$

由图 3-3-4 还可以看出，随着拉伸速度的减小，贝氏体钢的抗拉强度 σ_b 变化幅度不大，但断裂时的工程应力有增加的趋势，真实断裂应力减小。随着拉伸速度的减小，钢的强塑积减小，即断裂时所需的塑性功减小。

拉伸速度和氢含量对两种贝氏体钢的断面收缩率的影响规律，如图 3-3-6 所

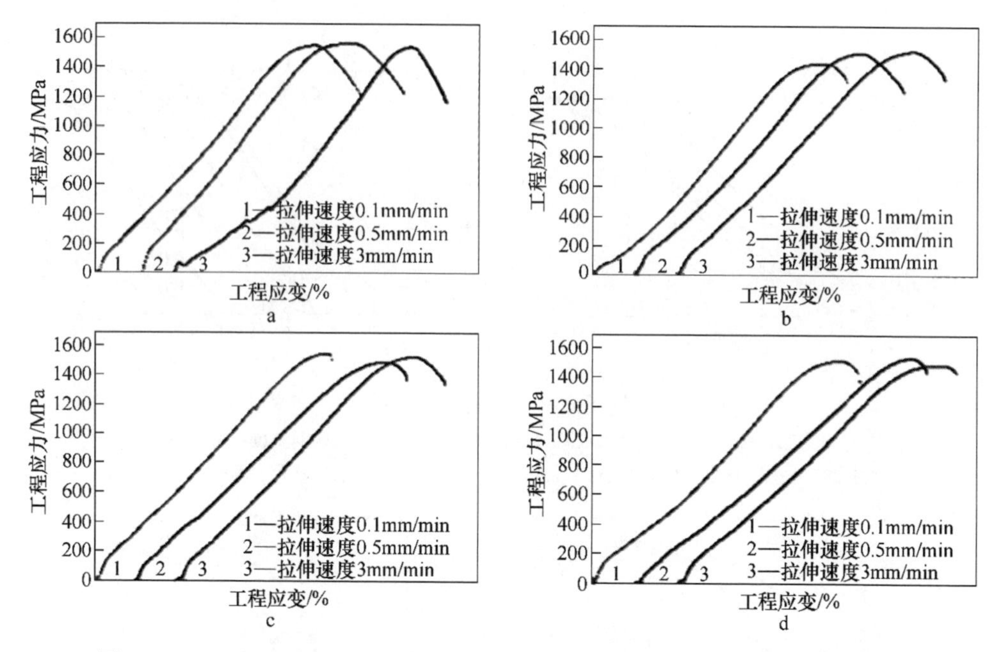

图 3-3-5　29Mn2SiCrNiMoAl 钢在不同氢含量和不同拉伸速度下的应力-应变曲线

a—氢含量为 $0.4\times10^{-4}\%$；b—氢含量为 $1.0\times10^{-4}\%$；

c—氢含量为 $1.8\times10^{-4}\%$；d—氢含量为 $2.3\times10^{-4}\%$

示。可以看出，随着拉伸速度的增加，两种钢的断面收缩率均增加，并且 26MnSiCrNiWAl 贝氏体钢断面收缩率对拉伸速率的变化更加敏感。随着氢含量的增加，断面收缩率急剧降低，但是 26MnSiCrNiWAl 贝氏体钢的断面收缩率下降幅度要小于 29Mn2SiCrNiMoAl 贝氏体钢。可以初步推断，29Mn2SiCrNiMoAl 贝氏体钢比 26MnSiCrNiWAl 贝氏体钢具有更高的氢敏感性。

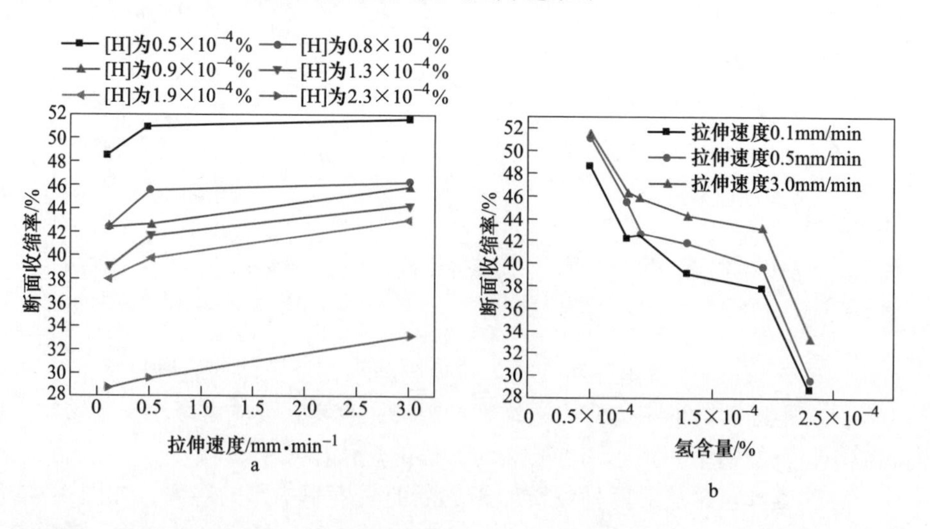

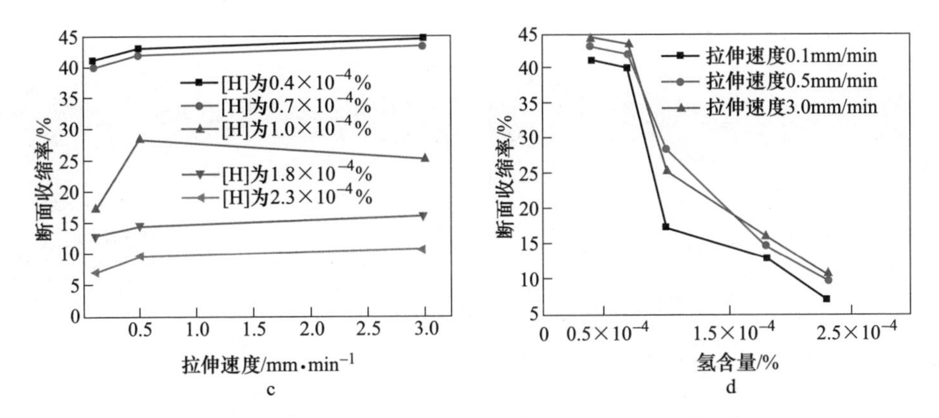

图 3-3-6 两种贝氏体钢断面收缩率与拉伸速度、氢含量（质量分数）的关系

a，b—26MnSiCrNiWAl 钢；c，d—29Mn2SiCrNiMoAl 钢

利用公式分别计算出 26MnSiCrNiWAl 和 29Mn2SiCrNiMoAl 两种贝氏体轨道钢的脆化指数，并且得到脆化指数随氢含量以及拉伸速度变化的关系曲线，如图 3-3-7 和图 3-3-8 所示。可以看出，两种钢的脆化指数均随着氢含量的增加而升高，但是 26MnSiCrNiWAl 贝氏体钢的脆化指数上升幅度小于 29Mn2SiCrNiMoAl 贝氏体钢。比较同一氢含量下的脆化指数，29Mn2SiCrNiMoAl 贝氏体钢比 26MnSiCrNiWAl 贝氏体钢具有更高的氢敏感性。

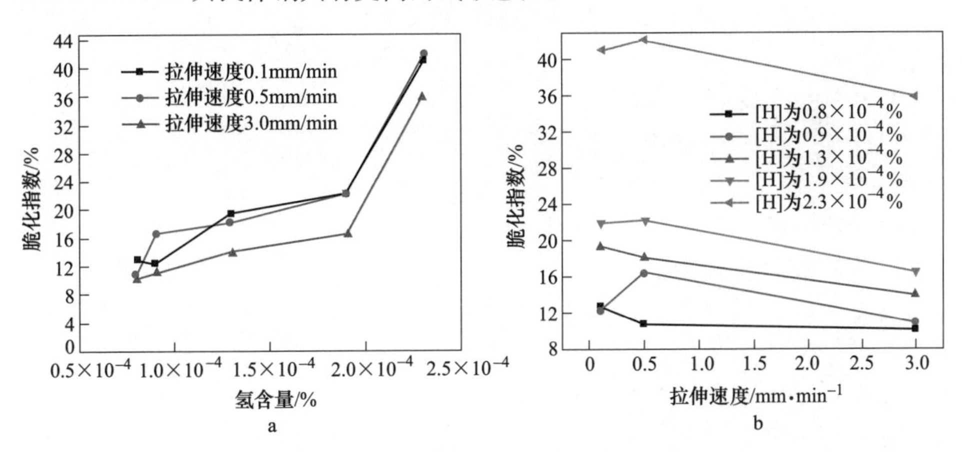

图 3-3-7 26MnSiCrNiWAl 贝氏体钢脆化指数随着氢含量（质量分数）和拉伸速度的变化规律

a—氢含量；b—拉伸速度

随着拉伸速度的增加，两种贝氏体钢的脆化指数均有降低的趋势，拉伸速率变化越大，脆化指数降低的趋势越明显。对于 29Mn2SiCrNiMoAl 贝氏体钢，随着氢含量的减少，不同拉伸速度的曲线趋向相交于横坐标轴的一点，如图 3-3-7a 和图 3-3-8a 所示。这表明当钢的氢含量低于某一值时，不会再发生氢脆现象。同

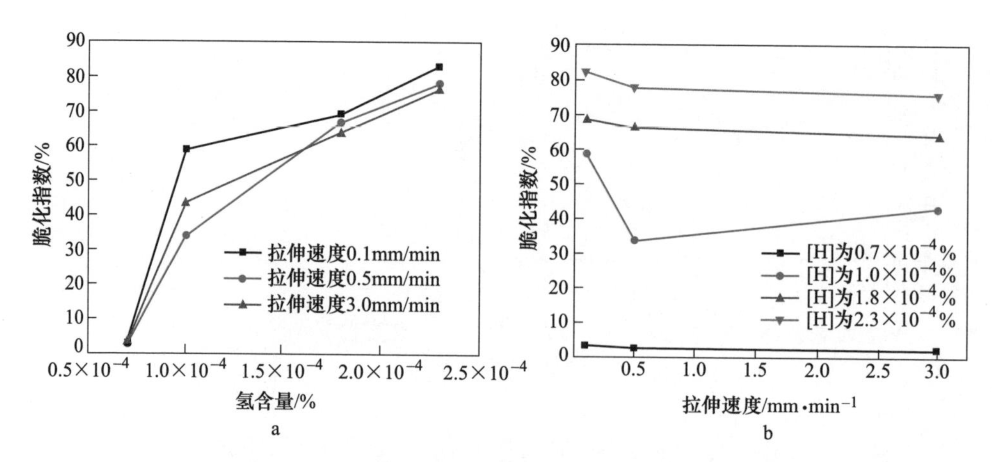

图 3-3-8　29Mn2SiCrNiMoAl 贝氏体钢脆化指数随着氢含量（质量分数）和拉伸速度变化规律
a—氢含量；b—拉伸速度

时，拉伸速度也不会再对脆化指数产生明显影响。

由以上结果可知，当拉伸速度一定时，随着氢含量的增加，钢断面收缩率明显下降，脆化指数显著增高；当氢含量一定时，随着拉伸速度的增加，钢的断面收缩率上升，脆化指数降低。这表明随着氢含量的降低，氢对脆性断裂的促进作用在逐渐减少。由此可以推断，当氢含量低于某一阈值时，钢的断面收缩率不再受拉伸速度的影响，即无氢致脆化现象，此时的氢含量就认为是氢脆的临界氢含量。

将图 3-3-7 和图 3-3-8 中的曲线拟合成直线，计算脆化指数对拉伸速度的变化率即斜率（$d\eta/d\varepsilon$）。通过分析 $d\eta/d\varepsilon$-氢含量的关系曲线就能够外推得到氢脆的临界氢含量，这种测试方法通过了生产实践的检验。对试验数据进行回归处理，选取图 3-3-9 中的三个点，对曲线进行二次曲线拟合，就可以得到两条曲线的拟合公式。

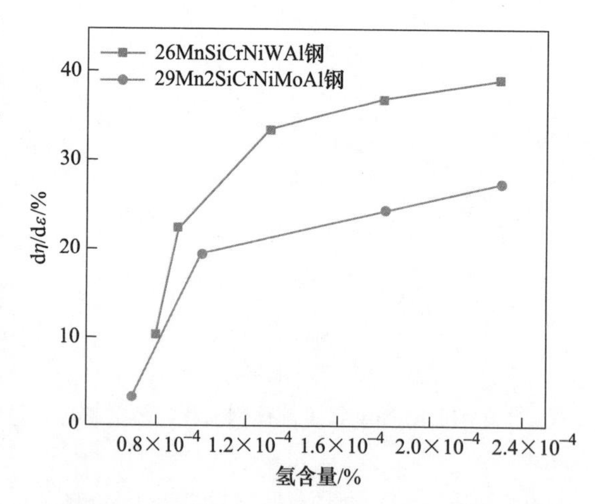

图 3-3-9　两种贝氏体钢 $d\eta/d\varepsilon$-[H] 的关系

对于 26MnSiCrNiWAl 贝氏体钢的拟合公式为：

$$d\eta/d\varepsilon = -161.68 + 298.6[H] - 104.6[H]^2 \tag{3-3-3}$$

式中　[H] ——氢含量。

当 $d\eta/d\varepsilon=0$ 时，应变速率对钢脆化指数不再有影响，认为此时的氢含量就是不发生氢脆的临界氢含量。计算得［H］$\approx 0.7\times10^{-4}\%$，26MnSiCrNiWAl 贝氏体钢不发生氢脆的临界氢含量约为 $0.7\times10^{-4}\%$。

对于 29Mn2SiCrNiMoAl 贝氏体钢的拟合公式为：

$$d\eta/d\varepsilon = -21.05 + 41.04[H] - 8.70[H]^2 \tag{3-3-4}$$

当 $d\eta/d\varepsilon=0$ 时，计算得［H］$\approx 0.6\times10^{-4}\%$，即 29Mn2SiCrNiMoAl 贝氏体钢不发生氢脆的临界氢含量约为 $0.6\times10^{-4}\%$。

断面收缩率是对氢最敏感的指标，因此，在分析过程中，使用断面收缩率表征不同氢含量、不同应变速率下的氢脆敏感性，能够反映出钢在形变过程中氢的传输、偏聚、进而导致的试验钢局部脆化的微观本质。本节计算出来的不发生氢脆临界氢含量指的是钢中总的氢含量，此方法已经包括了由于局部氢的富集造成的脆化现象。

无碳化物贝氏体钢优良的强韧性与其成分和微观组织结构有关，含硅贝氏体钢奥氏体化后空冷时，在奥氏体晶粒内先析出一定量的无碳化物贝氏体，该贝氏体分割原有奥氏体晶粒，从而使组织得到细化。另外，由于添加了非碳化物形成元素硅，可在贝氏体相变时或者回火时抑制碳化物的析出，使贝氏体铁素体周围的奥氏体成为富碳奥氏体，并使之稳定地保留到室温，形成薄膜状的残余奥氏体。薄膜状残余奥氏体不仅可以消除组织中碳化物的危害，还可以细化微观组织，并且稳定的残余奥氏体可以增加钢的强韧性。此外，硅元素的加入，提高了钢的第一类回火脆性出现的温度，改善了贝氏体钢抗延迟断裂性能和疲劳性能。26MnSiCrNiWAl 钢和 29Mn2SiCrNiMoAl 钢未充氢时的金相组织，如图 3-3-10 所示。由图可见，26MnSiCrNiWAl 钢比 29Mn2SiCrNiMoAl 钢的组织细小。

a

b

图 3-3-10　未充氢的两种贝氏体钢的金相组织

a—26MnSiCrNiWAl 钢；b—29Mn2SiCrNiMoAl 钢

对两种贝氏体钢的断口形貌进行分析，结果如图 3-3-11 所示。未充氢时两种钢的断口都呈现韧窝形貌，韧窝深而密集。宏观形貌有明显的颈缩现象，属于韧性断裂。当氢含量（质量分数）为 $2.3\times10^{-4}\%$时，试样的断口呈现准解理形貌，伴有少量的撕裂棱和沿晶断裂特征。此外，还观察到许多的二次裂纹沿着晶界扩展的迹象。与未充氢试样对比，充氢含量（质量分数）大于 $1.8\times10^{-4}\%$时，试样断口没有明显的杯状纤维区，也无颈缩现象，表现为脆性断裂；并且断裂面与拉应力方向成45°。由此推断，当氢含量达到一定程度时，会使钢由韧性断裂转为脆性断裂。

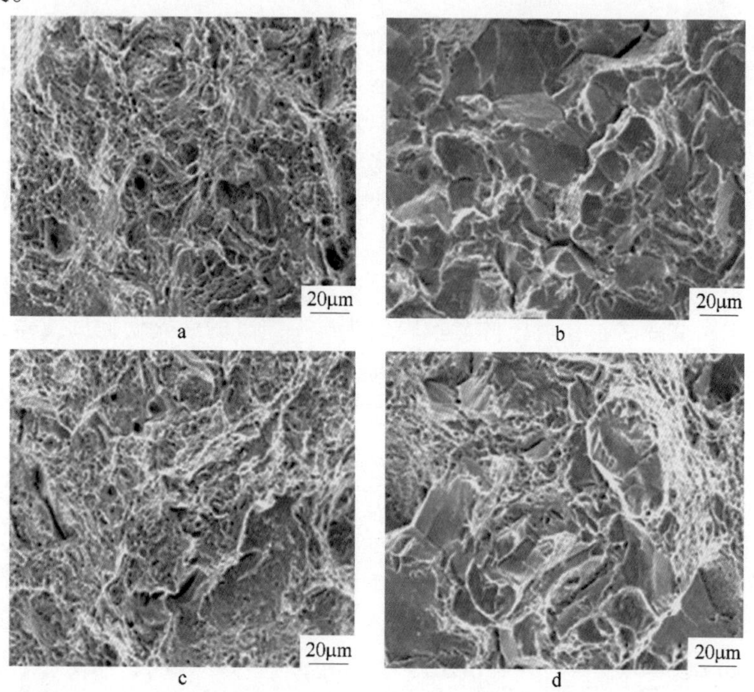

图 3-3-11　两种贝氏体钢的拉伸断口形貌（拉伸速度为 0.1mm/min）

a—29Mn2SiCrNiMoAl 钢未充氢；b—29Mn2SiCrNiMoAl 钢氢含量（质量分数）$2.3\times10^{-4}\%$；c—26MnSiCrNiWAl 钢未充氢；d—26MnSiCrNiWAl 钢氢含量（质量分数）$2.3\times10^{-4}\%$

对两种钢进行 TEM 微观组织分析，如图 3-3-12 所示。26MnSiCrNiWAl 钢的贝氏体板条由许多细小的亚板条组成，亚板条内存在更为细小的亚结构，亚结构与亚板条之间由残余奥氏体薄膜隔开，宽度约为 30nm。29Mn2SiCrNiMoAl 钢的残余奥氏体薄膜厚度约为 20nm，小于 26MnSiCrNiWAl 贝氏体钢。

26MnSiCrNiWAl 钢和 29Mn2SiCrNiMoAl 钢的 XRD 图谱，如图 3-3-13 所示；图中只有 α-Fe 和 γ-Fe 的衍射峰，无碳化物的衍射峰，说明试验钢均为无碳化物贝氏体钢。

通过 XRD 衍射曲线计算得到 29Mn2SiCrNiMoAl 和 26MnSiCrNiWAl 钢的残余奥氏体含量分别 7.9%和 8.7%。氢在 γ-Fe 中的溶解度大于在 α-Fe 中的溶解度。

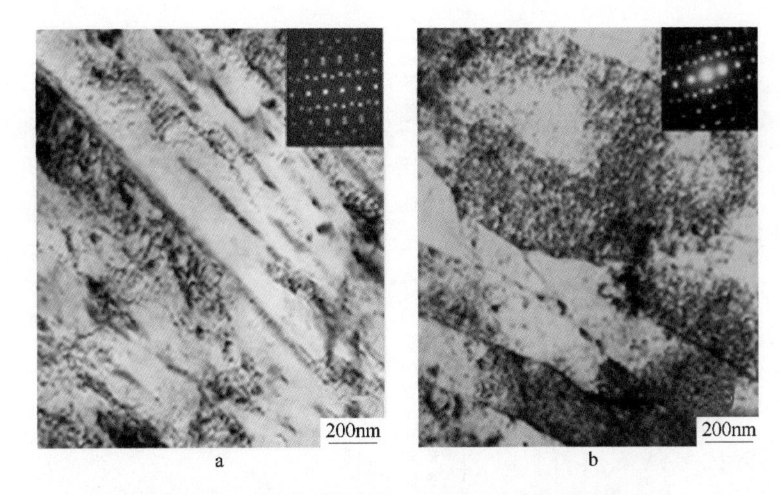

图 3-3-12　两种未充氢贝氏体钢的 TEM 微观组织

a—26MnSiCrNiWAl 钢；b—29Mn2SiCrNiMoAl 钢

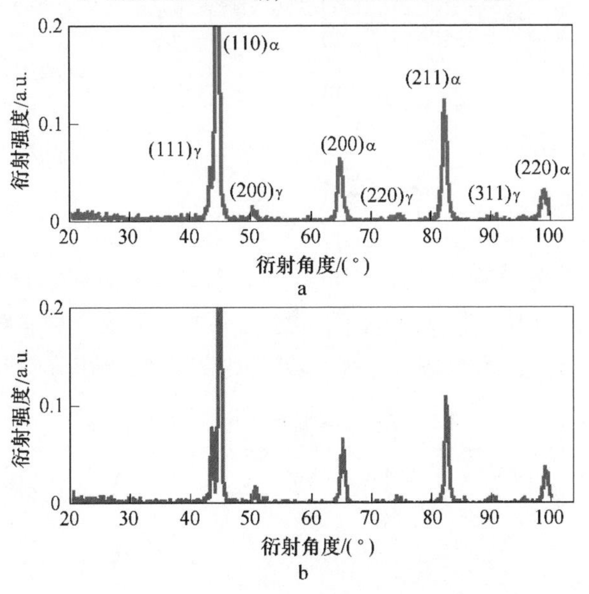

图 3-3-13　两种贝氏体钢 XRD 图谱

a—26MnSiCrNiWAl 钢；b—29Mn2SiCrNiMoAl 钢

因此，残余奥氏体能固溶较多的氢，同时氢在 γ-Fe 中的扩散系数小，所以残余奥氏体能够阻碍氢的扩散，减缓氢在局部富集的程度，从而降低钢的氢脆敏感性。此外，26MnSiCrNiWAl 钢的贝氏体板条更为细小，增加了均匀弥散分布的相界面，使捕获氢的陷阱增加，从而降低了氢的扩散系数，阻碍氢的聚集，推迟氢脆的发生。因此，26MnSiCrNiWAl 贝氏体钢比 29Mn2SiCrNiMoAl 贝氏体钢有更低的氢脆敏感性。

3.2　偏析超细贝氏体钢的氢脆

合金中各组成元素在结晶时分布不均匀的现象称为偏析，对钢的性能有很大的影响。贝氏体钢辙叉是由大尺寸铸坯经锻造后制造的，合金元素（质量分数）总量较多，一般为5%以上。凝固过程中由于元素扩散、温度分布不均等因素的影响，会使贝氏体钢辙叉产生明显的化学成分偏析现象，造成贝氏体钢辙叉不同区域的氢脆敏感性具有显著差别，会严重影响辙叉的使用寿命和安全。

以实际制造铁路辙叉用的大尺寸贝氏体铸锭为研究对象，系统研究了钢锭的正偏析区域和平均成分区域的氢脆特性。取样位置为：（1）平均成分区（零偏析区）一般位于锭身高度的1/3处、距钢锭中心1/2半径位置，在此区域切取试样，命名为1号试样；（2）最大正偏析区一般位于钢锭的上部中心位置，试样在此切取，命名为2号试样，如图3-3-14所示。两个试样的化学成分检测结果，见表3-3-2。可以看出，同一铸锭不同位置成分差别较大，在正偏析区不仅碳含量高，而且各种合金元素含量也较高，较零偏析区增加幅度为5%~15%。

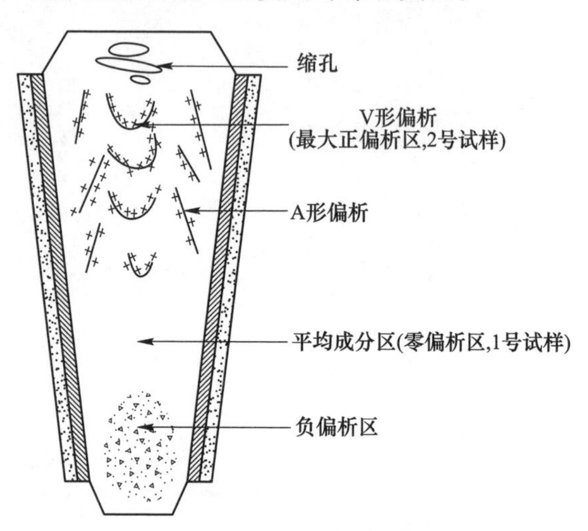

图3-3-14　贝氏体铸锭纵断面的宏观结构示意图

表3-3-2　贝氏体铸锭两个位置的化学成分　　（质量分数,%）

试样	C	Mn	Si	Cr	Ni	W	Mo	Al
1号	0.31	1.92	1.01	1.22	0.28	0.22	0.26	0.78
2号	0.36	2.19	1.31	1.28	0.31	0.27	0.30	0.83

利用JMatPro软件计算两种成分钢的CCT曲线和TTT曲线，结果如图3-3-15所示。可以看出，两种试样的铁素体和珠光体相变特征基本相同，但贝氏体和马氏体相变温度和冷却速度发生明显变化。连续冷却过程中1号试样和2号试样获得贝氏体相的最短时间分别为60s和200s，M_s温度分别为287℃和246℃。这说明，在连续冷却过程中，1号试样更容易获得贝氏体组织。等温转变过程中，1号试样和2号试样的贝氏体相变“鼻尖”温度分别为420℃和380℃，说明在相同的冷却条件下，2号试样的贝氏体等温组织会更细小。

对充氢时间分别为0min、20min、100min和240min的1号、2号试样进行静

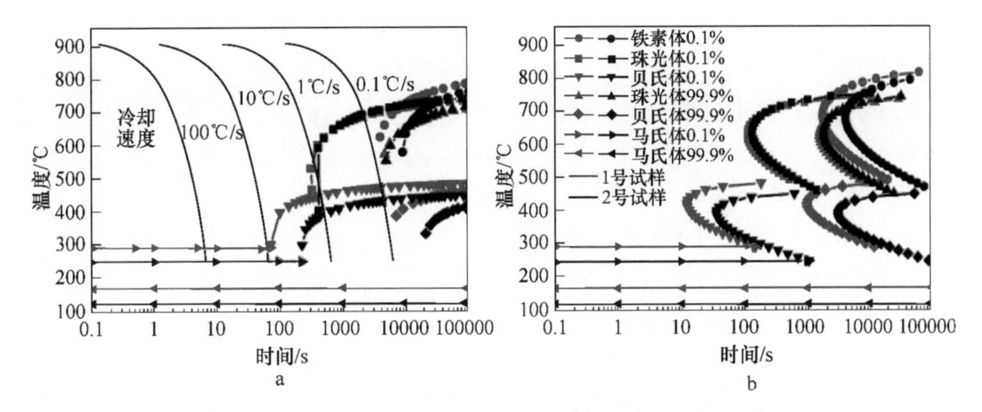

图 3-3-15 贝氏体钢 1 号和 2 号试样的相变动力学曲线

a—CCT 曲线；b—TTT 曲线

态拉伸实验，应变速率设定分别为 $2.0\times10^{-3}s^{-1}$ 和 $6.7\times10^{-6}s^{-1}$，对应的拉伸速率为 3mm/min 和 0.01mm/min。1 号试样和 2 号试样的断面收缩率和脆化指数在两种应变速率下随充氢时间的变化曲线，如图 3-3-16 所示。可以看出，随着充氢时间的增加，两个试样的断面收缩率均急剧下降，脆化指数明显升高。但是两个试样的氢脆特性仍存在着明显差异。对于 2 号试样，当充氢时间达到 100min 时，其断面收缩率几乎为零，相对的脆化指数接近最大值，后续随着充氢时间的增加，其脆化指数基本维持不变。1 号试样在充氢 240min 后脆化指数才达到 40% 左右，这说明 1 号试样的氢脆敏感性明显低于 2 号试样。也就是说，贝氏体钢辙叉铸坯钢锭中正偏析区的氢脆敏感性明显高于平均成分区域。

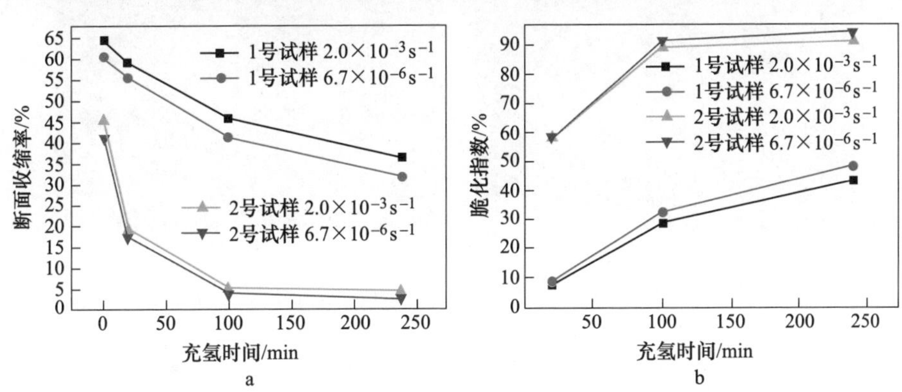

图 3-3-16 贝氏体钢 1 号和 2 号试样的氢脆特征在不同应变速率下随充氢时间的变化关系

a—断面收缩率；b—脆化指数

同样，通过分析 $d\eta/d\varepsilon$-［H］的关系曲线（见图 3-3-17），得到氢脆的临界氢含量。对于 1 号试样和 2 号试样计算过程分别如下：

$$d\eta/d\varepsilon = -0.00067t^2 + 0.28495t - 1.57091 \quad (3\text{-}3\text{-}5)$$

$$d\eta/d\varepsilon = -0.00032t^2 + 0.15122t - 0.11701 \quad (3\text{-}3\text{-}6)$$

当 $d\eta/d\varepsilon = 0$ 时，式 3-4-5 中 $t = 5.6\text{min}$，式 3-4-6 中 $t = 0.8\text{min}$。计算结果表明，2 号试样不产生氢脆的极限充氢时间是 0.8min，而 1 号试样不产生氢脆的极限充氢时间是 5.6min，是 2 号试样的 7 倍。这进一步说明，铸锭成分正偏析区的氢脆敏感性要明显高于平均成分区域的氢脆敏感性。

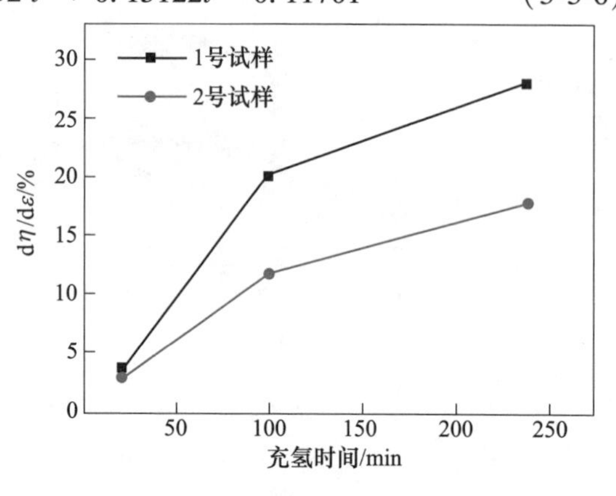

图 3-3-17　两种贝氏体钢的脆化指数对应变速率的变化率（$d\eta/d\varepsilon$）随充氢时间的变化规律

图 3-3-18 所示为 1 号和 2 号试样的金相组织，两个试样的显微组织均为针状组织，但是 2 号试样的组织比 1 号试样细小，这与前面关于两种钢 TTT 曲线的论述相一致。此外，通过 X 射线衍射分析计算出两种试样中的残余奥氏体含量（体积分数）分别为 7.8%和 9.4%，残余奥氏体中的碳含量（质量分数）分别为 1.3%和 1.1%。如前所述，1 号试样的贝氏体转变速度较快，因此，可以推断 2 号试样中的马氏体含量大于 1 号试样中的马氏体含量。

a

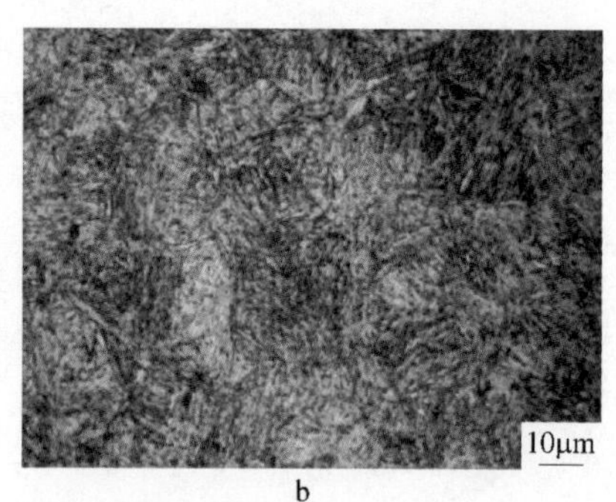

b

图 3-3-18　两种贝氏体钢试样的金相组织

a—1 号试样；b—2 号试样

两个试样的常规力学性能，见表 3-3-3。可以看出，它们的性能有很大差别，特别是强度和韧性。1 号试样的韧性是 2 号试样的 2.5 倍，而 2 号试样的强度是 1 号试样的 1.5 倍。虽然两个试样中残余奥氏体含量相当，但是由于贝氏体转变速度的差别，导致试样中贝氏体和马氏体相对含量不同，从而造成两个试样的力学性能差距较大。

表 3-3-3　贝氏体钢 1 号和 2 号试样的常规力学性能

试样	硬度（HRC）	σ_b/MPa	σ_s/MPa	δ/%	Φ/%	a_{KU}/J·cm^{-2}
1 号	45.5	1239	968	13.5	64.2	153
2 号	49.2	1778	1462	8.6	45.2	61

对两个试样充氢前后的断口形貌进行分析（见图 3-3-19），可以看出充氢前 1 号试样断口中存在大面积的剪切带，内部断口呈现韧窝形貌；2 号试样断口剪切区域较小，且其中韧窝较少，这也间接地说明了 1 号试样的塑性和韧性较好。相同充氢时间以后，两种钢断口的剪切带面积大大减少，几乎消失，断口部位呈现解理断裂，说明两种钢都发生氢脆断裂。经过相同的充氢时间处理后，2 号试样的韧性和塑性明显低于 1 号试样，这说明钢锭中正偏析区的氢脆敏感性明显高于平均成分区域。

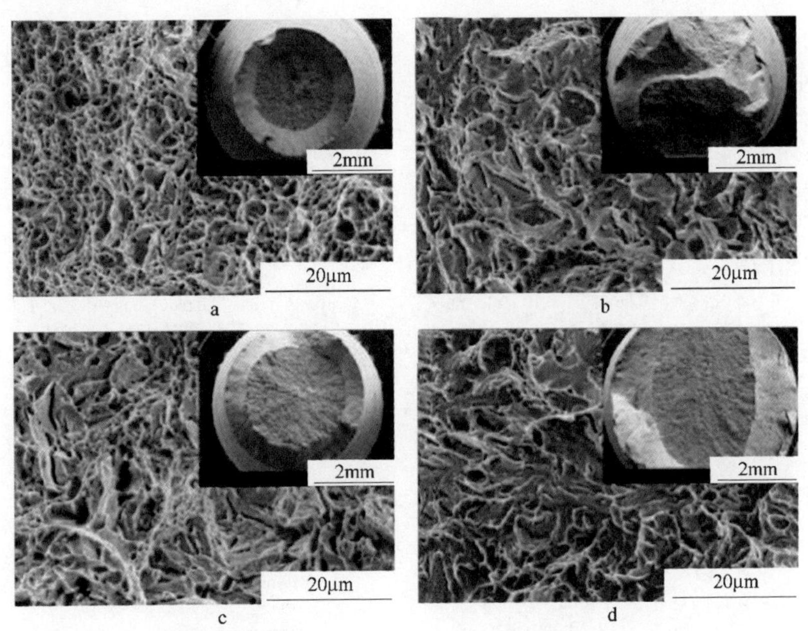

图 3-3-19　两个贝氏体钢试样充氢前后断口形貌

a—1 号试样充氢前；b—1 号试样充氢后；c—2 号试样充氢前；d—2 号试样充氢后

3.3　变形超细贝氏体钢的氢脆

贝氏体钢轨和辙叉在服役过程中经过列车车轮的碾压，不可避免地产生变形，这改变了贝氏体钢的显微组织，从而改变了钢的力学性能和氢脆敏感性。下面通过轧制变形来模拟辙叉在服役过程中受到车轮对其表层冲击碾压所产生的冷变形过程，通过金相、TEM、XRD 研究了未变形、变形 10%和变形 30%三种状态下贝氏体钢的组织形态，并对其强度及塑性进行了分析。以 30MnSiCrNiMoAl

轨道用超细贝氏体钢为研究对象，将这种贝氏体钢分别进行0%、10%和30%的冷轧制变形，利用充氢试验和慢拉伸试验对三种变形量下的超细贝氏体钢的氢脆特性进行研究。

轨道用贝氏体钢经轧制变形后，韧性残余奥氏体转变为脆性马氏体，因而其对氢脆更加敏感。图3-3-20给出了30MnSiCrNiMoAl贝氏体钢经0%、10%和30%变形后在不同充氢时间下的慢拉伸应力应变曲线。由图可以看出，充氢时间对该钢的强度影响不大，但是随着充氢时间的延长，该贝氏体轨道钢的伸长率逐渐减小。特别是经过轧制变形后的试样，当充氢60min后，伸长率不足2%，这就是氢致钢脆化的现象。此外，对比三种变形量下的应力应变曲线，可以明显看出经30%变形的贝氏体钢对氢更为敏感，充氢10min时伸长率就衰减了50%，可见轧制变形对贝氏体钢的氢脆敏感性影响非常大。

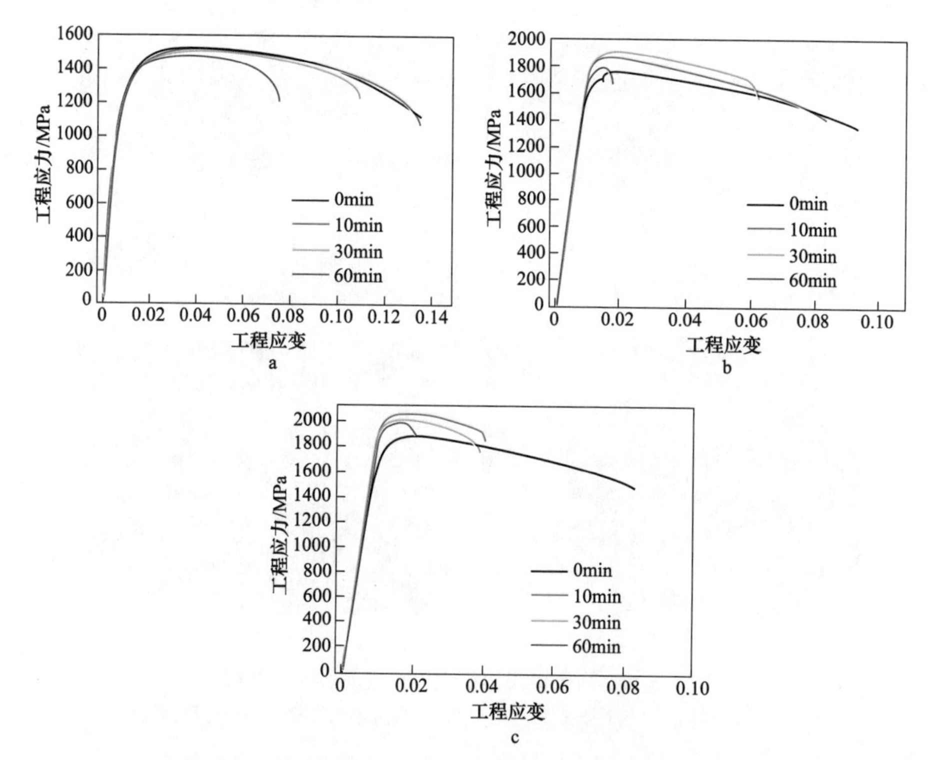

图3-3-20　不同变形程度30MnSiCrNiMoAl贝氏体钢充氢不同时间后慢拉伸工程应力-应变曲线

a—变形0%；b—变形10%；c—变形30%

图3-3-21所示为变形30MnSiCrNiMoAl钢在0.01mm/min的拉伸速度下充氢不同时间后伸长率和断面收缩率的变化曲线。与常规拉伸一样，随变形量的增加，伸长率和断面收缩率都逐渐减小。特别是变形30%的30MnSiCrNiMoAl钢，对氢更为敏感，充氢10min后伸长率衰减了50%。断面收缩率随充氢时间的变化

趋势与伸长率的类似，变形30%的30MnSiCrNiMoAl钢在充氢10min后，断面收缩率降低了70%，而未经变形的30MnSiCrNiMoAl钢在充氢60min后，断面收缩率依然高于27%，这说明冷轧变形使30MnSiCrNiMoAl钢氢脆敏感性增加。

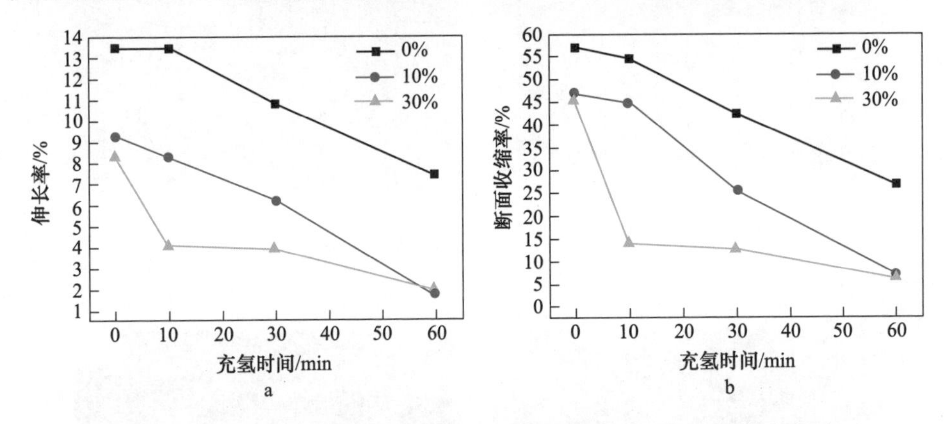

图3-3-21 变形30MnSiCrNiMoAl贝氏体钢在0.01mm/min拉伸速度下塑性指标与充氢时间的关系

a—伸长率；b—断面收缩率

脆化指数η是衡量氢脆严重程度的指标，脆化指数η越高，钢的氢脆敏感性就越高。从图3-3-22中可以清楚地看出，随着充氢时间的延长，氢脆敏感性逐渐增高，而且随变形量的增大，30MnSiCrNiMoAl钢氢脆的敏感程度逐渐增大。

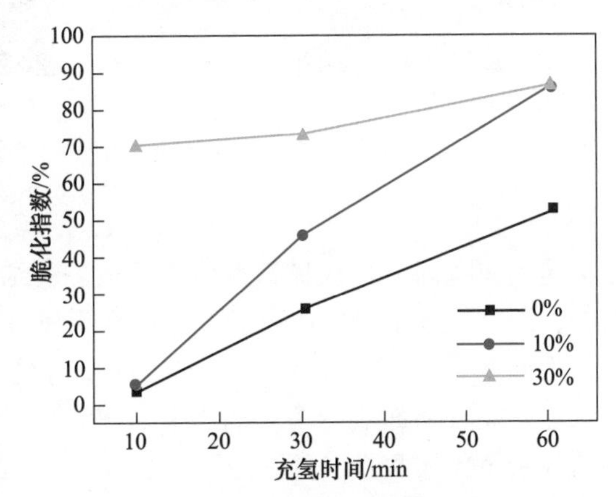

图3-3-22 变形30MnSiCrNiMoAl钢在0.01mm/min的拉伸速度下脆化指数与充氢时间的关系

30MnSiCrNiMoAl钢变形10%和30%后的金相组织，如图3-3-23所示。随着变形量的增加，组织逐渐被拉长，轧制方向逐渐明显。图3-3-24所示为变形10%和30%后的贝氏体钢透射组织观察，30MnSiCrNiMoAl钢未变形时，贝氏体板条与残余奥氏体薄膜呈层片状交替分布，贝氏体板条宽度约为200nm，残余奥氏体薄膜宽度约为90nm，组织中无碳化物存在，是典型的无碳化物贝氏体组织。经10%冷轧变形后，贝氏体钢的组织仍呈板条状，但无论是贝氏体铁素体板条还是残余奥氏体薄膜的厚度都明显变小了。此外，位错密度明显增多，这是钢经变形后强度增加的主要原因之一。当冷轧变

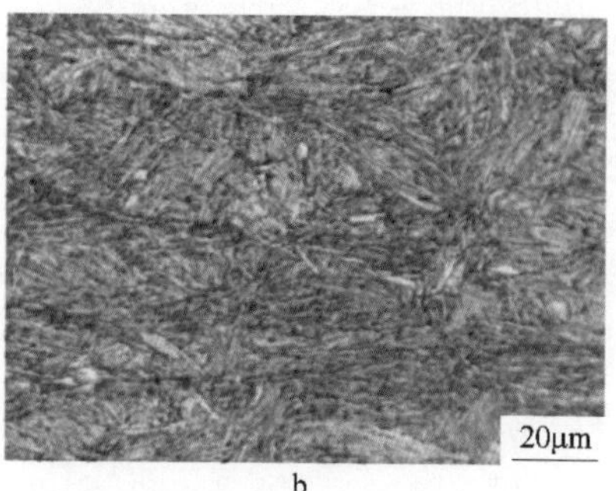

图 3-3-23　变形 30MnSiCrNiMoAl 贝氏体钢的金相组织
a—变形 10%；b—变形 30%

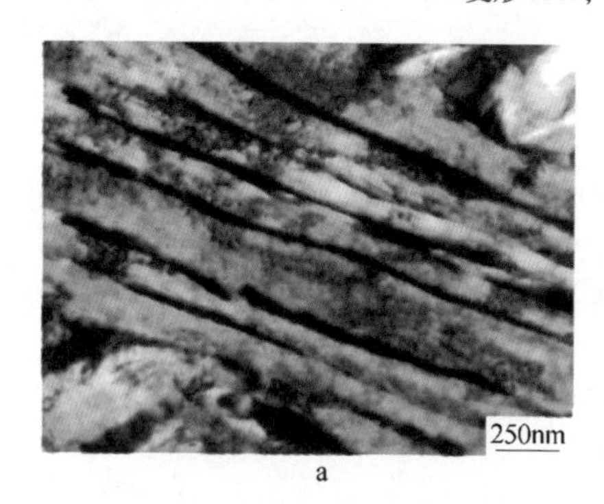

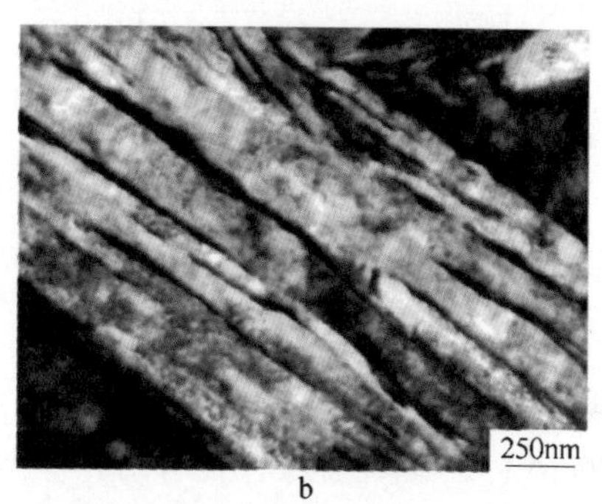

图 3-3-24　变形 30MnSiCrNiMoAl 贝氏体钢的 TEM 组织
a—变形 10%；b—变形 30%

形量达到 30%时，贝氏体铁素体板条进一步细化，并且部分残余奥氏体薄膜已经断裂，断裂的残余奥氏体已经发生应变诱发马氏体，同时位错密度进一步增大。

不同变形量 30MnSiCrNiMoAl 钢的 X 射线衍射谱，如图 3-3-25 所示，谱线中只有体心立方和面心立方两种晶体结构的衍射峰。未经变形的 30MnSiCrNiMoAl 钢的残余奥氏体含量（体积分数）为 7.3%，经 10%变形后残余奥氏体含量（体积分数）降到 4.0%，经 30%的变形量后残余奥氏体几乎全部转变成马氏体。奥氏体是韧性组织，经轧制变形后转变为马氏体组织，硬度和强度会明显增加，韧塑性下降。此外，轧制变形使体心立方结构的衍射峰的相对强度发生了变化，随变形量的增加，$(200)_{\alpha}$ 衍射峰强度逐渐下降，$(211)_{\alpha}$ 衍射峰强度逐渐升高，可见轧制过程中发生了择优取向。随着充氢时间的延长，氢脆敏感性逐渐增高。同时，随变形量的增大，30MnSiCrNiMoAl 钢对氢的敏感程度逐渐增大。这主要是因为钢在轧制变形过程中发生了应变诱发马氏体相变，残余奥氏体相减少，而对氢敏感的马氏体相增多，所以氢脆敏感性增强。

三种状态 30MnSiCrNiMoAl 钢的常规力学性能，见表 3-3-4。轧制变形后，

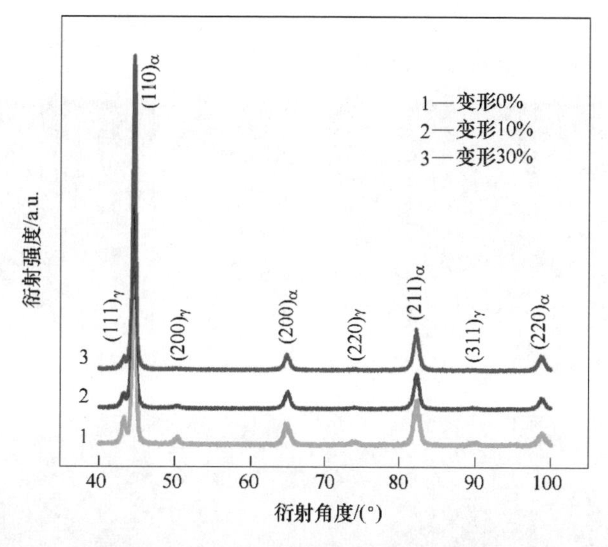

图 3-3-25 30MnSiCrNiMoAl 贝氏体钢在不同变形量下的 X 射线衍射谱

30MnSiCrNiMoAl 钢的硬度和强度明显增大，且随着变形量的增加，屈强比也逐渐增大，变形 30%后，屈强比达到了 0.92。前面提到经轧制变形后残余奥氏体转变为马氏体，所以强度明显增加，而且由于变形后组织内部位错密度增大，阻碍了位错进一步运动，导致屈服强度明显增加，但是伸长率和断面收缩率随变形量的增加而逐渐减小。这是因为钢在变形过程中产生了点阵畸变，从而导致其强度、硬度升高，塑性降低。

表 3-3-4 30MnSiCrNiMoAl 贝氏体钢的常规力学性能

变形量/%	硬度（HRC）	$\sigma_{0.2}$/MPa	σ_b/MPa	$\sigma_{0.2}/\sigma_b$	δ/%	φ/%
0	46	1180	1504	0.78	14.33	61.44
10	51	1605	1807	0.89	10.14	51.17
30	52	1716	1869	0.92	9.00	50.14

不同状态变形贝氏体钢充氢后的拉伸断口，如图 3-3-26 所示。未变形、未充氢的试样具有明显的颈缩现象，中心纤维区为等轴韧窝，韧窝细小密集，呈现明显的韧性断裂特征。经 10%变形后不充氢的试样，宏观形貌也有一定的颈缩现象，中心纤维区的韧窝减少且出现许多沿晶界扩展的二次裂纹。初步推断，这是由于轧制变形导致位错钉扎在晶界处，拉伸过程中晶界处应力集中从而产生微裂纹，但是微裂纹不易扩展而聚集造成的。从经 10%变形后充氢 30min 和 60min 的拉伸断口形貌可以看出，随着氢含量的增加，颈缩和剪切唇逐渐消失，中心韧窝和二次裂纹逐渐减少，这是因为氢促进了裂纹的扩展过程，一旦裂纹萌生会沿晶界迅速扩展，导致断裂失效。图 3-3-26 中能看到明显的分层现象，这是由于轧制

过程中，各晶面发生择优取向，各个晶面间的结合力减弱，导致分层断裂。可见，轨道用贝氏体钢变形后的氢脆敏感性更高。

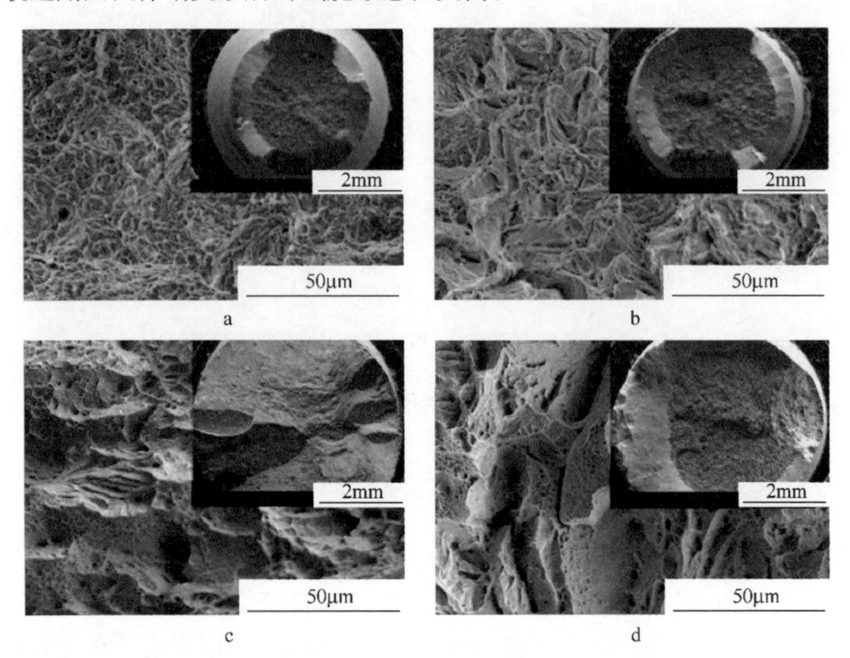

图3-3-26　不同状态30MnSiCrNiMoAl贝氏体钢的拉伸断口形貌

a—未变形，未充氢；b—变形10%，未充氢；c—变形10%，充氢60min；d—变形30%，充氢30min

3.4　氢致开裂行为

TEM原位观察是研究氢致开裂的最直观有效的手段之一。通过自制恒位移试样架，利用TEM原位观察的方法对轨道用贝氏体钢中氢对位错的发射、运动以及氢对裂纹扩展的机理进行了探究。

试验采用了一套特殊的自制装置——恒位移试样架，将制好的透射试样固定在试样架中，通过旋转螺钉来施加应力使其产生微裂纹，并保证微裂纹在薄区内。将试样放置24h以排除应力的影响，保证是氢对裂纹的作用。放入透射电镜中拍下裂纹的初始状态，1h后观察裂纹与初始状态的差异，如果裂纹未发生改变，说明排除了应力的影响。将试样从透射电镜中取出进行阴极电解充氢，电解液为氢氧化钠溶液，充氢5s后，放入电镜中观察位错及裂纹的变化。再将试样取出放入氢氧化钠溶液中充氢5s，放入电镜中继续观察位错的运动及裂纹的扩展情况。

利用TEM原位观察发现，加载时裂纹尖端会首先发射出位错，如果保持恒载荷，就会出现一个无位错区（DFZ），位错反塞积于无位错区的尾部。对于无位错区的形成，裂尖发出一组位错后，作用在距裂纹尖端为r的位错A上的力除了裂尖应力场、位错像力及晶格摩擦力外，还有其他位错对位错 A 的互作用力，对所有其他位错求和，如图 3-3-27 所示。平衡时 $\sum F = 0$，从而有：

$$\frac{K}{\sqrt{2\pi r}} - \frac{\mu b}{4\pi r} - \tau_{\mathrm{f}} - \sum\left[\frac{\mu b}{2\pi(x_i - r)}\right]\left(\frac{x_i}{r}\right)^{1/2} = 0 \tag{3-3-7}$$

可以认为位错是连续分布的，位错密度为 $f(x)$，在 x 和 $x + \mathrm{d}x$ 间的位错数是 $f(x)\mathrm{d}x$，用积分代替求和，略去二阶小量第二项，则：

$$\frac{K}{\sqrt{2\pi r}} - \int\left[\frac{\mu b}{2\pi(x - r)}\right]\left(\frac{x_i}{r}\right)^{1/2} f(x)\mathrm{d}x = \tau_{\mathrm{f}} \tag{3-3-8}$$

式 3-3-8 的解 $f(x)$，如图 3-3-27 所示，$f(x)$ 和裂纹延长线（x 轴）有 c 与 d 两个交点，说明在裂纹尖端前的 oc 之间位错密度 $f(x) = 0$，即 oc 区间没有位错，称为无位错区。位错位于裂尖前端的 cd 区，$f(x) \neq 0$，它即为塑性区，$x \geqslant d$，$f(x) = 0$，则该区域为弹性区。实际上位错是离散分布的，$f(x)\mathrm{d}x$ 是 $\mathrm{d}x$ 内的位错数。由图 3-3-27 可知，在 c 点处的 $f(x)$ 最大，位错最密，离裂尖越远，$f(x)$ 越小，位错越来越稀疏，即位错反塞积在无位错区的尾端。

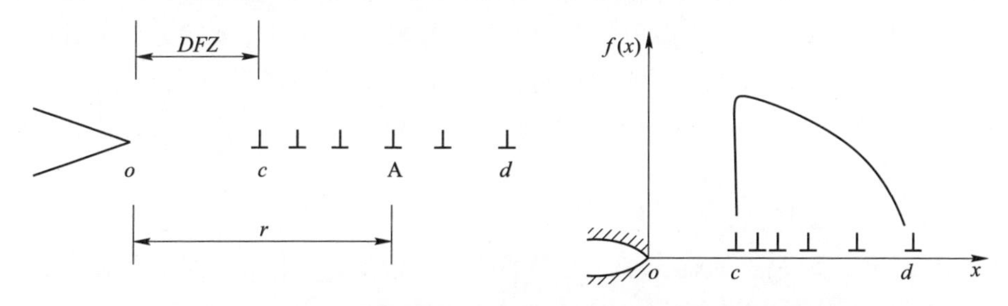

图 3-3-27　钢中裂纹尖端前的位错分布示意图（oc 为无位错区）

图 3-3-28 呈现了氢促进位错发射和运动的过程，试样弛豫 24h 后，贝氏体铁素体内裂尖 A 前方已经形成一组稳定的位错形貌。C 区出现一个无位错区，位错反塞积于其周围。充氢 5s 后，B 位置又出现一组新的位错，由于该组位错反塞积在裂尖前端，它必然是从裂尖 A 发射出来的，这就说明氢可以在低应力下使裂尖发射位错，即氢促进了位错的发射。此外，在无位错区 C 位置的右侧出现一组位错，根据图中的参照基准及裂尖扩展的方向可以推断出，该位错是从 B 位置滑移过来的，说明氢可以促进位错的运动。再充氢 5s 后可以看出，裂尖 A 发射出位错后并不钝化，裂尖仍然很尖锐，位错进一步向右运动，无位错区 C 区域已有部分移出视场，进一步证明了氢促进位错运动。

目前关于微裂纹形核的位错理论主要有三种：一种是位错塞积理论，即位错塞积在某障碍处就会产生应力集中，当塞积群前方某处的应力集中达到原子键合力时，就会产生纳米微裂纹的形核。第二种是位错反应理论，即通过 Cottrell 位

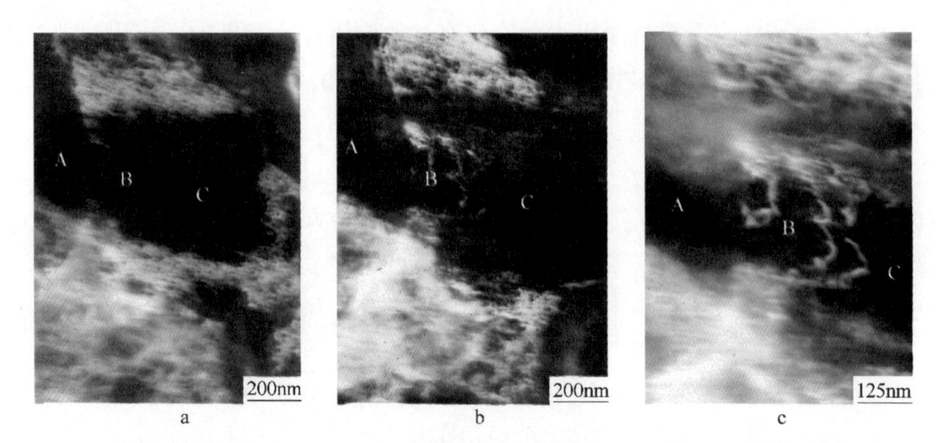

图 3-3-28　30MnSiCrNiMoAl 贝氏体钢中氢促进位错发射、增殖和运动的过程

a—弛豫 24h 后；b—充氢 5s 后；c—再次充氢 5s 后

错反应可以形成微裂纹。第三种是无位错区中形成微裂纹，即无位错区中存在两个应力峰值，一个处在已经钝化的裂纹尖端，另一个应力峰在无位错区内。由于无位错区是一个弹性区，其应力集中的大小不受限制，仅和外加应力、相对摩擦应力及裂尖钝化程度有关。因此，这两个应力峰值是有可能超过原子键合力的，进而导致纳米级微裂纹在无位错区中或原裂纹顶端形核，下面分析微裂纹在无位错区中形核的过程。

图 3-3-29 是试样经 24h 弛豫后微裂纹的形态，B 位置位错组态已经稳定，C 为无位错区。充氢 5s 后，微裂纹 A 在 B 位置处又发射出一组位错，且裂尖并没有钝化，仍然很尖锐。无位错区 C 位置出现一个新的微裂纹，这说明氢可以促进微裂纹的形核。再次充氢 5s 后，无位错区 C 位置中的微裂纹基本移出视场，而微裂纹 A 并没有发生钝化，反而明显地伸长变尖，说明氢可以促进微裂纹的扩展。

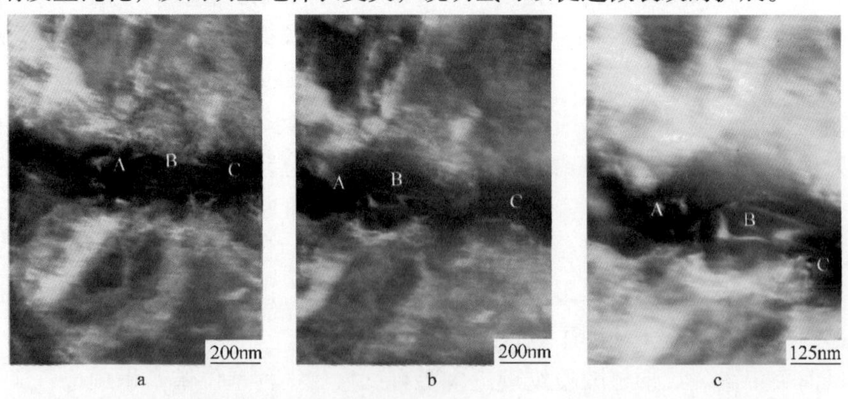

图 3-3-29　30MnSiCrNiMoAl 贝氏体钢中氢促进微裂纹的形核、扩展过程

a—弛豫 24h 后；b—充氢 5s 后；c—再次充氢 5s 后

图 3-3-30 示出了氢促进微裂纹的连接过程，试样经 24h 弛豫后，微裂纹的形态和位错组态均已稳定，视野中有三条微裂纹，可以明显看出，微裂纹 B 和 C 距离非常近，而裂纹 A 与裂纹 B 和 C 相距一段距离。当试样充氢 5s 后，微裂纹 B 和 C 都没有钝化成空洞而是相互连接成一条长裂纹，而裂纹 A 与长裂纹 B、C 间的距离也因裂纹的扩展而逐渐减小。可以推测出微裂纹 A 会继续扩展并最终与主裂纹 B、C 结合，氢可以促进微裂纹的连接与扩展。

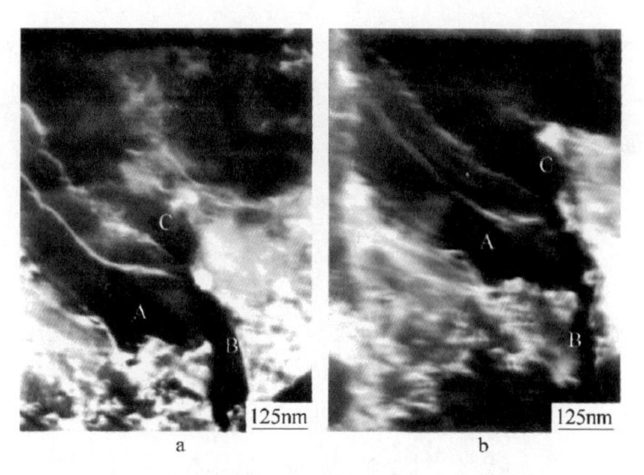

图 3-3-30 30MnSiCrNiMoAl 贝氏体钢中氢促进微裂纹的连接过程

a—弛豫 24h 后；b—充氢 5s 后

钢的韧性断裂和脆性断裂与微裂纹形核后的运动有着极大的关联，一般认为对于韧性材料，通过周围位错的运动，微裂纹形核后会钝化成空洞，在外应力作用下通过微裂纹的相互连接，在宏观上表现出韧窝断口。对于脆性材料，纳米级微裂纹形核后并不钝化为空洞，而是通过裂纹的连接进行解理扩展，从而获得脆性断口。因此，评判钢韧脆的关键在于无位错区中形成的纳米尺寸的微裂纹是钝化成空洞还是脆性扩展。很明显，本研究证明了轨道用贝氏体钢中的微裂纹在充氢后并没有钝化成空洞，而是进行扩展连接，说明其断裂方式为脆性断裂。

通过以上试验研究，总结出轨道用贝氏体钢中氢对位错及微裂纹的影响过程，如图 3-3-31 所示。在氢的作用下，裂尖会发射位错，促进位错不断地增殖和运动，当氢促进位错发射、运动超过临界值时，纳米微裂纹就会在无位错区中开

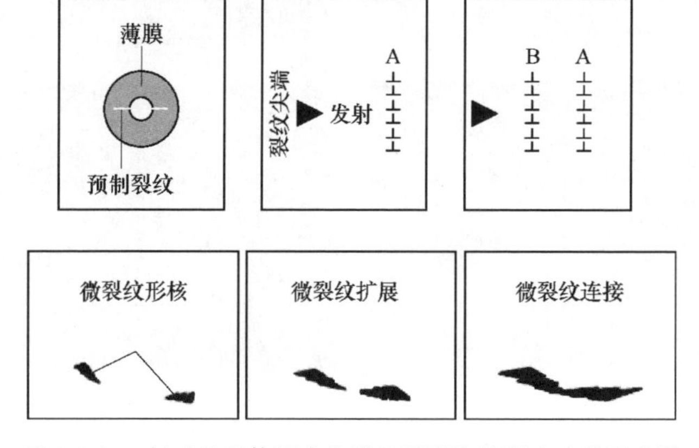

图 3-3-31 氢对贝氏体钢中位错及微裂纹的影响过程示意图

始形核。在氢的作用下，无位错区中的纳米级微裂纹并不钝化成空洞，而是不断扩展伸长，最终通过其他微裂纹的形核或微裂纹之间的相互连接而导致氢致脆性裂纹扩展。

3.5　氢对超细贝氏体钢疲劳性能的影响

试验用超细贝氏体钢是中低碳 30Mn2SiCrNiMoWAl 钢，具体成分（质量分数）为：C 0.3%、Mn 2.2%、Si 1.1%、Al 1.0%、Cr 1.2%、Ni 0.23%、Mo 0.24%、W 0.22%。热处理工艺为：将钢加热到 920℃保温 40min 进行奥氏体化，然后空冷至室温；再加热到 350℃保温 100min 进行回火处理并空冷到室温。热处理后钢的组织为贝氏体、残余奥氏体和少量马氏体，其中残余奥氏体体积分数为 11.8%。采用阴极电解充氢的方法对超细贝氏体钢进行充氢处理，电解液为 0.5mol/L 的 H_2SO_4+200mg/L 的 Na_3AsO_3的混合溶液，充氢电流密度为 10mA/cm^2，充氢时间为 180min。超细贝氏体钢试样充完氢并进行均匀化处理后，在试样表层至 3mm 深度范围内，平均氢含量（质量分数）约为 2.4×10^{-4}%。将未充氢与充氢贝氏体钢进行滚动接触疲劳试验。滚动接触疲劳试验是在自制的 TLP 接触疲劳试验机上进行，试验条件为：线接触式，试样外径 80mm，对滚试样外径 70mm，试验机转速为 1000r/min，径向载荷为 50kN，轴向载荷为 30kN，计算机自动监测、记录振动和载荷。

将贝氏体钢经过不同滚动接触疲劳周次的试样进行解剖分析，利用 SEM 观察滚动接触疲劳试样横向和纵向截面形貌，如图 3-3-32 所示。横截面的组织在垂

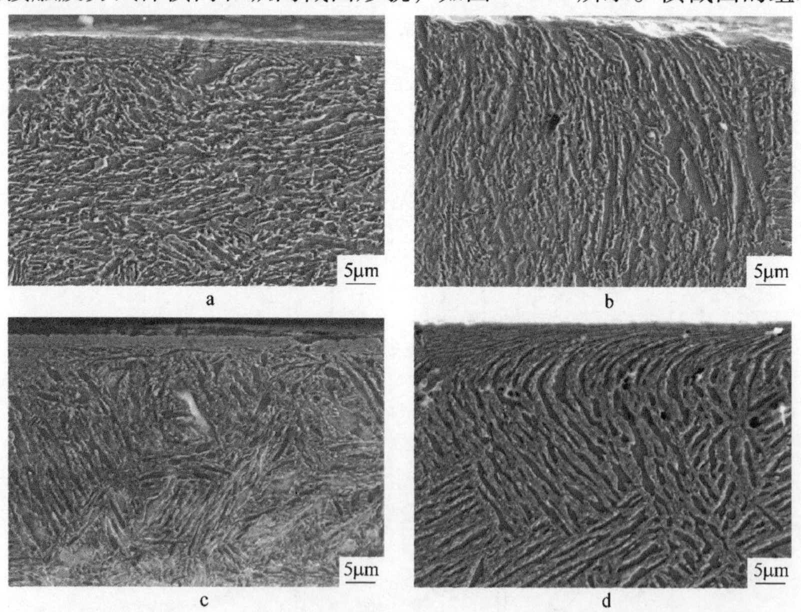

图 3-3-32　30Mn2SiCrNiMoWAl 贝氏体钢滚动接触疲劳试样的横向和纵向截面 SEM 形貌
a—未充氢试样横截面；b—未充氢试样纵截面；c—充氢试样横截面；d—充氢试样纵截面

直于表面的牵引力和剪切应力作用下发生变形细化，变形方向为垂直截面向里，并形成变形层；纵截面组织是平行于表面的牵引力使得组织变形，组织的变形方向与转动方向相同，表层组织细化。可以看出，充氢与未充氢试样的组织差别不大。

同时，对滚动接触疲劳试验时机器的振动进行测量，得到试验时充氢与未充氢疲劳试样的振动曲线和寿命周次。试验周次越多，即转动时间越长，振动的幅度也会随着时间的增加而增大，振动越大表明试样表面破坏程度越大。未充氢试样转动到3000min以后振动开始增大，而充氢试样运转1500min时开始大幅度振动，说明滚动接触疲劳试样表面出现了麻点和剥落，充氢贝氏体钢的滚动接触疲劳性能明显低于未充氢试样。

未充氢和充氢贝氏体钢试样经不同滚动周次试验后的表面形貌，如图3-3-33所示。未充氢试样滚动在1×10^{6}周次时表层的微裂纹和凹坑很少，到4.6×10^{6}周次后表面凹坑出现较多，表面呈现疲劳破坏现象。充氢试样滚动1×10^{6}周次时表层已经出现凹坑现象，到1.1×10^{6}周次后表面凹坑出现较多，表面呈现疲劳破坏现象。同时，可以看出，未充氢与充氢贝氏体钢试样接触表面磨损程度相近，但是与相同转动周次的未充氢试样的接触表面相比，充氢试样的接触表面的麻点和凹坑较多，疲劳破坏较严重。进一步说明，充氢使轨道用超细贝氏体钢的滚动接触疲劳性能大幅度降低。

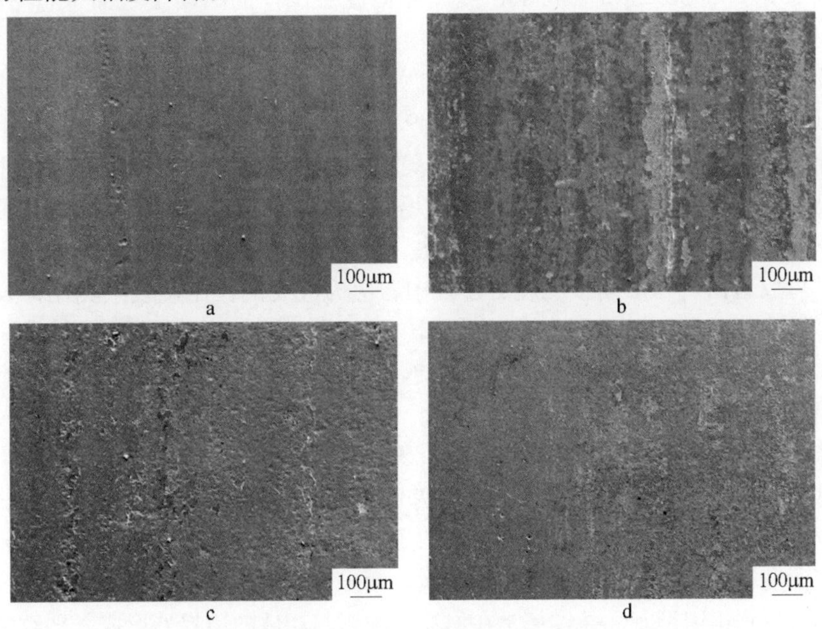

图3-3-33　30Mn2SiCrNiMoWAl贝氏体钢滚动接触疲劳试样的表面形貌

a，b—未充氢试样滚动接触疲劳1.0×10^{6}周次和4.6×10^{6}周次表面形貌；

c，d—充氢试样滚动接触疲劳1.0×10^{6}周次和1.1×10^{6}周次表面形貌

通过硬度检测分析了贝氏体钢试样在不同滚动周次时，试样表层应变硬化情况。随着滚动周次的提高，贝氏体钢疲劳试样的加工硬化程度不断增高，从接触表面到基体的显微硬度分布情况，如图 3-3-34 所示。可以看出，试验后亚表层的硬度升高，硬化层的深度大约为 100μm，随着距表面距离的增加，硬度下降。

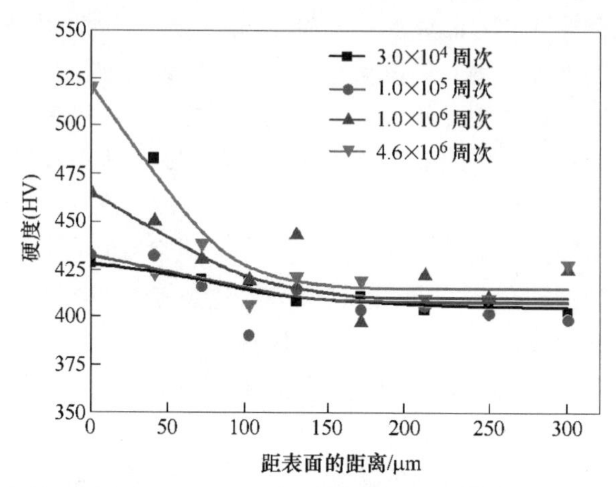

图 3-3-34　未充氢 30Mn2SiCrNiMoWAl 贝氏体钢不同滚动周次下试样截面的硬度分布

对未充氢 30Mn2SiCrNiMoWAl 贝氏体钢疲劳试样的滚动接触面进行 XRD 分析，可以得出滚动接触疲劳试验滚动周次对钢表层组成相的影响，计算得到在滚动周次分别为 3.0×10^4周次、1.0×10^5周次、1.0×10^6周次和 4.6×10^6周次时，试样表面残余奥氏体体积分数分别对应为 9.2%、6.7%、5.4%和 4.1%。而钢基体的残余奥氏体体积分数为 11.8%。残余奥氏体减少说明在滚动接触应力作用下发生相变转变形成马氏体，随着马氏体的增多，表层硬度升高。根据接触表面残余奥氏体体积分数对应的滚动接触疲劳周次，可以得出它们的关系曲线，如图 3-3-35 所示。可以看出，在滚动接触疲劳过程中，应力应变的作用使残余奥氏体发生转变，并且在试验初始阶段，残余奥氏体转变较快，当较多的残余奥氏体发生转变后，剩下的小部分残余奥氏体转变越来越困难，随着滚动周次的增加，残余奥氏体含量趋于一个定值。

未充氢与充氢 30Mn2SiCrNiMoWAl 贝氏体钢滚动接触疲劳试样疲劳破坏后的亚表层截面组织，如图 3-3-36 所示，两者疲劳裂纹形态存在明显的差异，充氢试样中的裂纹大多是垂直向试样内部，也有倾斜于表面呈一定角度的裂纹，裂纹路径都比较直、深度较大，表明试样的脆性比较大。而未充氢贝氏体钢疲劳试样的表面出现大量的涡流状组织形态，裂纹都是在涡流状组织与基体的边界处形成，裂纹的尺寸比较小。贝氏体钢在充氢后进行滚动接触疲劳试验非常容易形成裂纹，并迅速扩展到亚表层，明显降低贝氏体钢的疲劳寿命；并且贝氏体钢充氢之后，氢抑制了变形组织的低温再结晶，使该纳米晶组织及表面纳米晶层减少或消失。

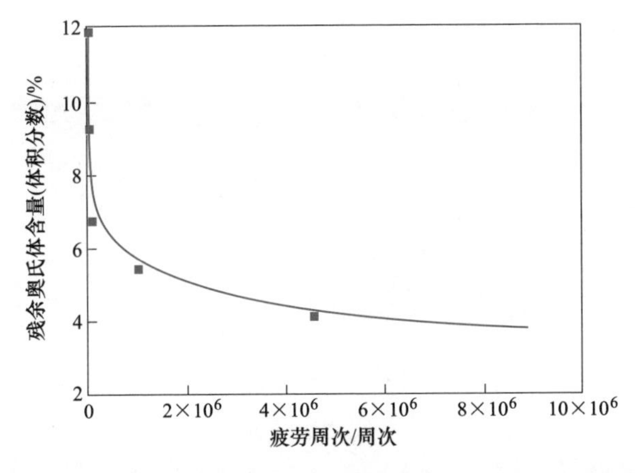

图 3-3-35 30Mn2SiCrNiMoWAl 钢滚动接触表面残余奥氏体含量与滚动周次的关系

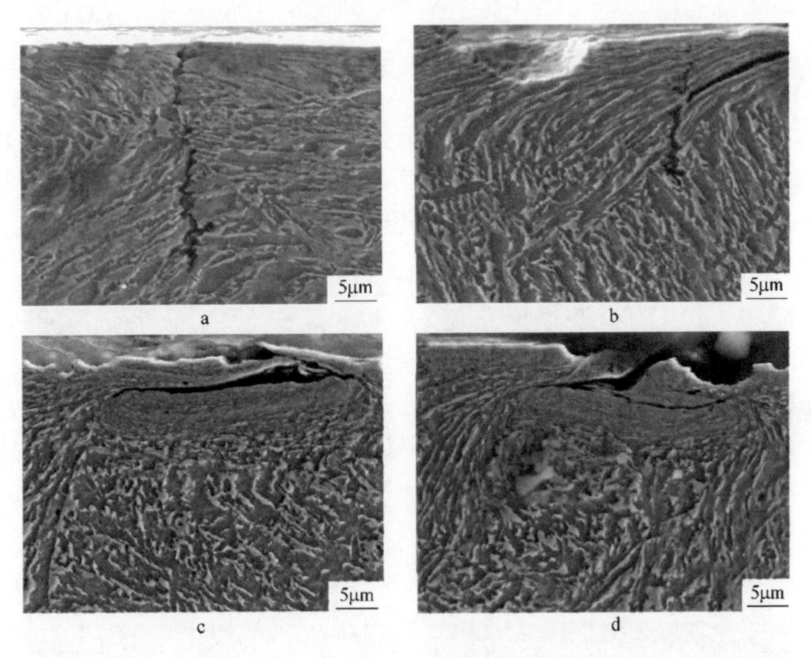

图 3-3-36 充氢与未充氢 30Mn2SiCrNiMoWAl 贝氏体钢疲劳试样截面疲劳裂纹形貌

a，b—充氢贝氏体钢滚动 1.1×10^{6}周次；c，d—未充氢贝氏体钢滚动 4.6×10^{6}周次

对充氢和未充氢 30Mn2SiCrNiMoWAl 贝氏体钢滚动接触疲劳试验后试样的截面硬度分布情况进行测试，结果如图 3-3-37 所示。充氢贝氏体钢滚动接触疲劳试样亚表层同样也形成了硬化层，并且在相同滚动周次条件下，充氢贝氏体钢试样的加工硬化程度明显高于未充氢贝氏体钢。对这两个试样的接触表面进行了XRD 测试，得到了滚动接触疲劳的表面残余奥氏体体积分数，发现充氢和未充氢贝氏体钢试样滚动经过相同 1.0×10^{6}周次试验后表层的残余奥氏体体积分数分

别为 2.8%和 5.4%，贝氏体钢基体残余奥氏体体积分数为 11.8%，充氢后的滚动接触疲劳试样的滚动接触面中的残余奥氏体比相同周次下未充氢试样的残奥含量少，这说明氢能促进贝氏体钢局部塑性变形，致使表层的应变量加大，应变诱发残余奥氏体转变为马氏体。表面脆性相增多，滚动接触后表面更易于疲劳破坏，从表面萌生的微裂纹也越来越多，最终会加速试样的疲劳失效。

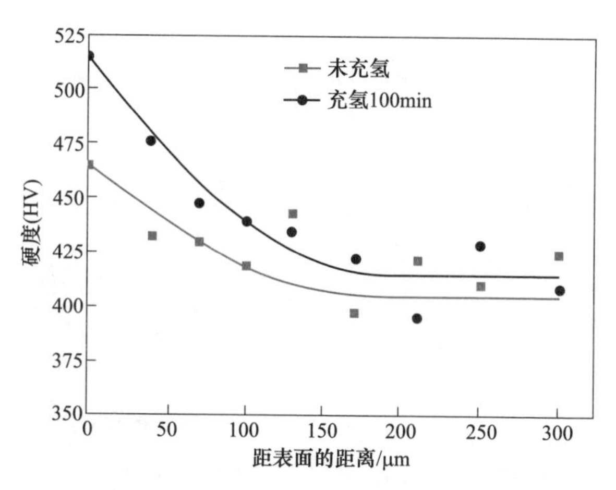

图 3-3-37　充氢与未充氢 30Mn2SiCrNiMoWAl 贝氏体钢在滚动 1.0×10^6 周次后的截面硬度分布

为进一步研究未充氢与充氢滚动接触疲劳失效 30Mn2SiCrNiMoWAl 贝氏体钢疲劳剥落坑的形成机制，对未充氢贝氏体钢试样疲劳剥落坑形成的过程进行研究，观察在不同滚动周次时疲劳裂纹形成和扩展的过程。无碳化物超细贝氏体钢经过不同滚动周次试样的纵截面显微组织，如图 3-3-38 所示，可以看出，贝氏体

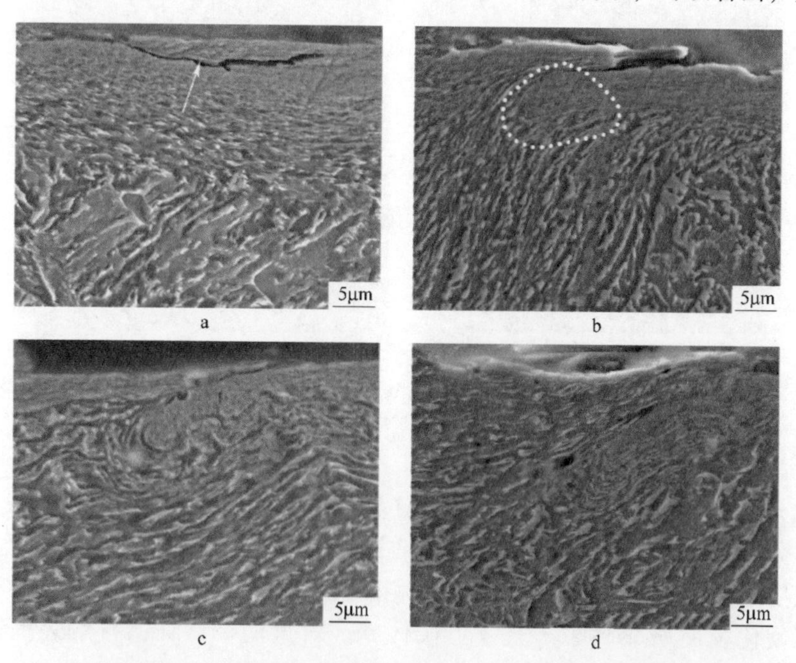

图 3-3-38　未充氢 30Mn2SiCrNiMoWAl 贝氏体钢经过不同滚动周次后疲劳试样截面形貌

a—3.2×10^4 周次；b—1.1×10^5 周次；c—1.1×10^6 周次；d—7.6×10^6 周次

钢经过滚动接触 3.2×10^4周次后，在表面形成一层几微米厚的硝酸酒精不能腐蚀的薄层，这种在光学显微镜下不能被观测到的无组织层，通常叫做白亮层(WEC/WEL)。在试样最表层取样进行 TEM 观察，发现试样表层是一层纳米晶层，如图 3-3-39 所示。

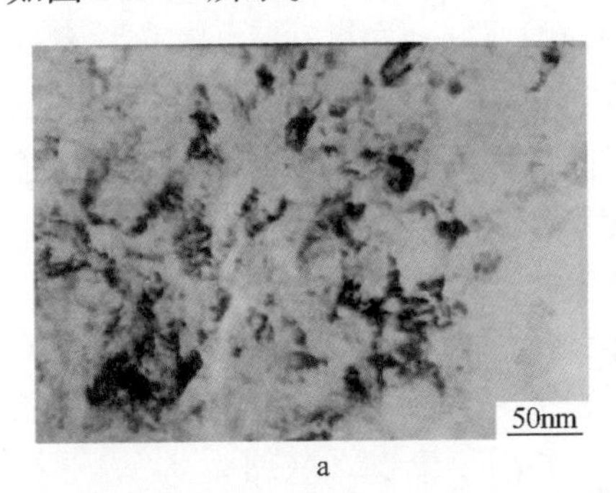

a

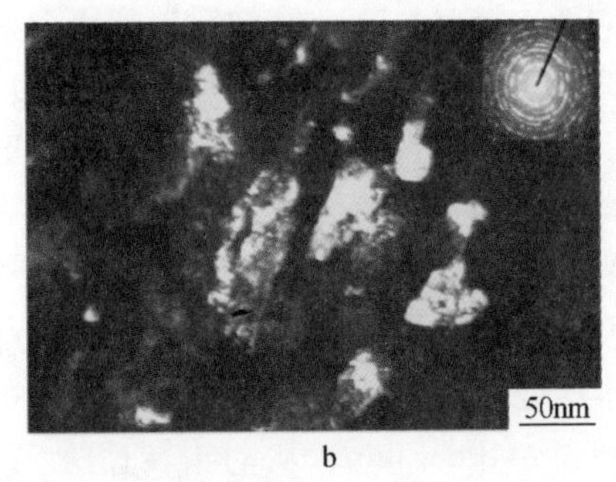

b

图 3-3-39 未充氢 30Mn2SiCrNiMoWAl 贝氏体钢滚动接触疲劳试样表面涡流状组织微观结构
a—明场像；b—暗场像及选区衍射

未充氢 30Mn2SiCrNiMoWAl 贝氏体钢滚动接触疲劳试样表面以下形成变形带，纳米晶层及变形层厚度约 10μm，在表面纳米晶层中存在裂纹，如图 3-3-38a 中的白色箭头所示。裂纹在纳米晶层中扩展，并未向下延伸到变形层中，致使形成了试样表层凹坑剥落，可见表层的纳米晶层有效地阻止了裂纹向下扩展。当滚动周次达到 1.1×10^5周次时，随着表层纳米晶层的剥落，残余的纳米晶层及变形层厚度减小，在表面剥落坑处产生裂纹，裂纹依然沿着表面扩展，但裂纹前沿已开始向下扩展，并出现了涡流状的组织，如图 3-3-38b 中的白色虚线所示，纳米晶层的边缘，也已有斜向下扩展的趋势。当滚动周次达到 1.1×10^6周次时，纳米晶层和变形层区分不是很明显，裂纹斜向下扩展，纳米晶层也随着裂纹而斜向下扩展，裂纹和纳米晶层与试样表面夹角为 40°~45°，并且纳米晶层前沿的涡流状组织更为明显。当滚动周次达到 7.6×10^6周次时，裂纹和纳米晶层与表面夹角依然为 40°~45°，纳米晶层前沿的涡流状组织增大。这种组织不是由于白亮层被破碎后，变形层被挤出到白亮层之上形成的。在该形成机制下，被挤压到变形层之下的白亮层基本都破碎，而且是同时存在两条或是多条裂纹，由图 3-3-38 可以明显看出不属于这种情况。同时，这种组织也不是白亮层及裂纹基体中夹杂物引起的，并且组织观察发现裂纹在白亮层内部扩展或者形成蝴蝶状裂纹。因此，本研究观察到的这种斜向下扩展的纳米晶层组织，是在超细贝氏体钢中的一种新型的由动态变形引起的独特的形貌组织，这种组织有别于一些在高碳钢中所发现的形貌。

由图 3-3-38 也可以观察到，裂纹一般产生于表面剥落坑处，扩展的方向和纳米晶层延伸的方向大致和剪切的方向相一致。因此，认为裂纹是在剪切力作用下形成的，但是也可认为单纯的剪应力不足以使高硬度钢的裂纹向深度方向扩展，还应该存在合理的拉应力，才能使裂纹斜向下扩展。这种斜向下扩展的裂纹形成之后，裂纹下表面的纳米晶层随之产生，这是由于应力导致了裂纹的闭合效应，促进塑性变形，从而导致裂纹面的纳米晶层的产生。高碳钢的纳米晶层形成的原因是动态再结晶，在一定的滑差率下，表面能达到动态再结晶的温度；然而，在较小的滑差率下，不可能达到相变的温度，也不具备发生动态再结晶所需的充足时间，从而认为只能是在应力和低温长时间的作用下发生的，即发生低温连续动态再结晶。还可以观察到，纳米晶层只在裂纹的下表面（靠近基体一侧）产生，而在裂纹的上表面（靠近表面一侧）不产生，这在轴承钢的滚动接触疲劳试样中也有类似发现。计算结果表明，纳米晶层产生在应力较大的特定位置。通过实测，本研究采用的滚动接触疲劳试验机的滑差率约为0.5%（对辊疲劳设备的主动轮转速为800r/min，从动轮转速为796r/min），摩擦系数约为0.3，运行过程中的试样表面温度约为200℃。因此，认为该实验条件下不可能发生动态再结晶。但是，在摩擦力和垂直应力的综合作用下，裂纹表面产生摩擦；在循环载荷作用下，裂纹表面发生变形及产生一定的温升；在摩擦温升和累积应变共同作用下，裂纹表面的组织发生低温连续动态再结晶，从而产生纳米晶涡流状组织。

对于充氢30Mn2SiCrNiMoWAl贝氏体钢来讲，其滚动接触疲劳寿命较短，在滚动周次为1.0×10^6周次时，试样就开始产生剥落掉块。此外，由于其表层产生较多的应变诱发马氏体，其表面硬度较高，具有较强的抵抗滚动接触应力的能力，表面变形程度较小，不易形成变形纳米晶层。同时，由于其疲劳裂纹大部分都是垂直于疲劳试样表面，疲劳裂纹形成后不能发生因裂纹面摩擦产生热而诱导低温连续动态再结晶，也就不会形成涡流状组织形态。

4 轨道用贝氏体钢成分偏析

钢液凝固过程中，溶质元素在液相和固相中的溶解度差异导致钢发生微观偏析，先凝固的枝晶中溶质元素浓度较低，而后凝固的组织中则含有较高浓度的溶质，这样就造成枝晶偏析，最后凝固的组织中会出现较大宏观的偏析。微观偏析以及宏观偏析往往同时存在，偏析是钢液在凝固过程中固有的现象，无法完全避免，只能减轻偏析。轨道用贝氏体钢在连铸轧制成型过程中，虽然经过变形以及热处理等可以减轻偏析，但是其偏析特征依然存在；并且经过变形后，合金元素富集的偏析区域呈条带状分布。由于成分偏析和变形流线与其相邻基体的显微组织不同，所以其力学性能也不同，在外力作用下，容易导致基体与偏析区域交界处发生应变不协调，从而降低轨道用钢的塑韧性。

4.1 成分偏析特征

轨道用贝氏体钢中往往含有多种合金元素，而且合金元素含量较高，其中碳、锰、铬、钼等合金元素，发生偏析的倾向较大，也是发生偏析的主要元素。合金元素锰在钢中的扩散系数低，进而形成贫锰区和富锰区，同时锰还会降低碳原子的活性，抑制碳原子的扩散。因此，在富锰区也会导致碳含量增加，加重偏析。轨道用贝氏体钢在热处理过程中，钢中合金元素分布不均最终使局部显微组织发生改变，从而影响随后冷却过程中的相变热力学与动力学行为，使得显微组织不均匀，最终导致轨道用贝氏体钢力学性能的不稳定。

既然钢中的偏析在凝固过程中无法避免，在后期的加工过程中也无法完全消除，那么就需要对钢中的偏析程度进行评判，从而确定钢中偏析与组织和性能之间的定性以及定量关系。我国对成分偏析和变形流线有不同的评定标准，如评定低碳、中碳钢中带状组织的标准有 GB/T 13299—1991《钢中显微组织评定方法》，根据钢中碳含量不同，可分为 3 个系列、6 个级别。但是该国家标准进行偏析评定需要对比标准图谱，人为因素较多。也有国家标准 GB/T 37793—2019《钢坯枝晶偏析的定量分析方法》，该标准通过电子探针分析仪可以定量评定钢坯中的枝晶偏析程度，公式如下：

$$SR_x = C_{\max}/C_{\min} \tag{3-4-1}$$

式中 SR_x——累计频率 X 下的偏析比；

$C_{\max}$——元素含量最大值；

$C_{\min}$——元素含量最小值。

标准 ASTM E 1268—2001 详细介绍了对不同位置微观组织中的条带进行等级评价的方法，并介绍了利用体视学方法对显微组织的带状或是方向性程度的定量描述。结合图像分析软件可以方便地测出相应的表征参数。从条带平均宽度 SB，条带间距 λ，各向异指数 AI 等方面对偏析程度进行定量评价。

条带的平均带宽由式 3-4-2 计算：

$$SB_{\perp} = \frac{1}{\overline{N}_{L\perp}} \tag{3-4-2}$$

条带间距 λ 由式 3-4-3 计算：

$$\lambda_{\perp} = \frac{1 - V_{v}}{\overline{N}_{L\perp}} \tag{3-4-3}$$

各向异指数由式 3-4-4 计算：

$$AI = \frac{\overline{N}_{L\perp}}{\overline{N}_{L\parallel}} \tag{3-4-4}$$

式中　$\overline{N}_{L\perp}$——垂直于形变方向单位长度测试线所截取的特征物数目平均值；

$\overline{N}_{L\parallel}$——平行于形变方向单位长度测试线所截取的特征物数目的平均值；

V_{v}——条带所占的体积分数，通过图像处理软件从平行于轧制方向的低倍图片中统计得到。

对于取向随机，没有条带的微观组织，$AI=1$。条带的方向程度越大，AI 值越大。

以 21Mn2SiCrNiMo 贝氏体钢轨为研究对象，其具体化学成分（质量分数）为：C 0.21%、Mn 2.29%、Cr 0.92%、Si 0.90%、Ni 0.62%、Mo 0.37%，其余为少量杂质和铁。利用 ASTM E 1268—2001 标准对所用贝氏体钢轨轨头进行偏析程度评定。钢轨经过热轧成型之后空冷，再进行回火处理得到空冷贝氏体。实际生产工艺包括冶炼→连铸→再加热→轧制→回火。具体工艺如下：首先，将连铸坯均热到 1250~1300℃保温 1~1.5h；然后，连铸坯开坯轧制采用孔型粗轧机，开轧温度为 1150~1200℃，钢轨轧制开轧温度为 950~1000℃，终轧温度为 850~900℃；最后进行回火，室温钢轨经矫直后回火，回火工艺为 250~350℃保温 5~10h 后空冷。

贝氏体钢轨轨头截面成分偏析和变形流线的分布，如图 3-4-1 所示；成分偏析和变形流线的各项偏析等级指标，见表 3-4-1。平均带宽 $SB_{\perp}$ 表征了成分偏析和变形流线的平均宽度，严重偏析试样的条带较宽；相反，轻微偏析试样的条带较窄。平均条带间距 $\lambda_{\perp}$ 表征了两条成分偏析和变形流线之间的距离，严重偏析试样的 $\lambda_{\perp}$ 值最小，这就意味着严重偏析试样中有更多的成分偏析和变形流线；轻微偏析试样的 $\lambda_{\perp}$ 值最大，说明轻微偏析试样中的成分偏析和变形流线数量最少。三个部位条带的各向异性指数 AI 都很大，说明轨头中的成分偏析和变形流

线的方向性程度很高。严重偏析试样中成分偏析和变形流线占比最高，轻微偏析试样中的成分偏析和变形流线占比最低。

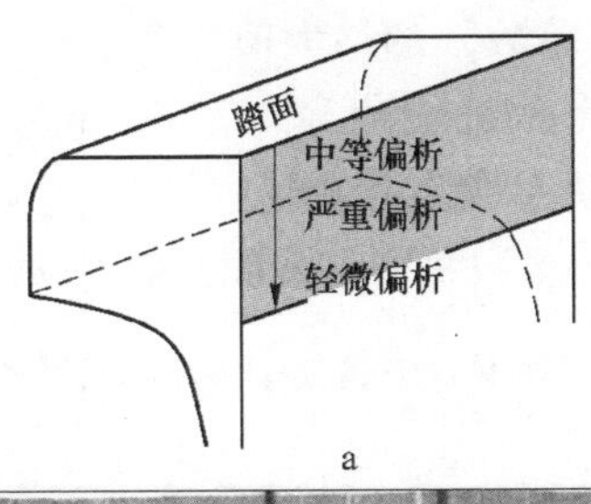

a

b

图 3-4-1 21Mn2SiCrNiMo 贝氏体钢轨显微组织以及成分偏析和变形流线在轨头纵截面的分布
a—钢轨轨头示意图；b—偏析在轨头纵截面的分布

表 3-4-1 贝氏体钢轨轨头不同部位的偏析程度评价

偏析参数	严重偏析	中等偏析	轻微偏析
条带的平均带宽 $SB_{\perp}$/mm	0.18	0.16	0.08
条带间距 $\lambda_{\perp}$/mm	0.24	0.47	1.46
各向异性指数 AI	6.55	5.92	6.26
成分偏析体积分数 V_v/%	20	10	5

4.2 微观组织和力学性能

21Mn2SiCrNiMo 贝氏体钢轨中出现的带状偏析区中主要是碳、锰、铬等合金元素的偏聚，对成分偏析和变形流线进行能谱分析，如图 3-4-2 所示。如图 3-4-2a

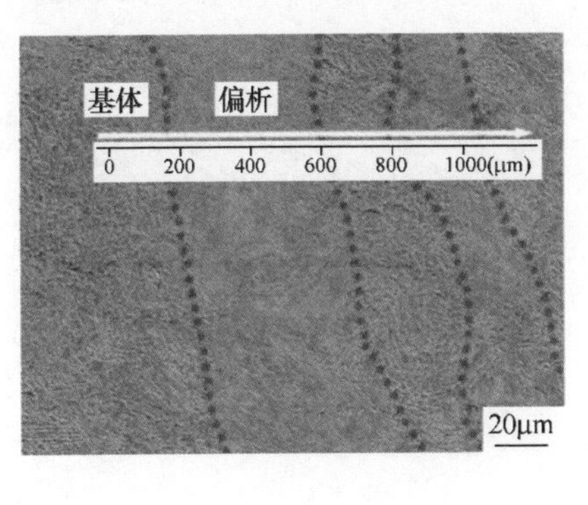

a

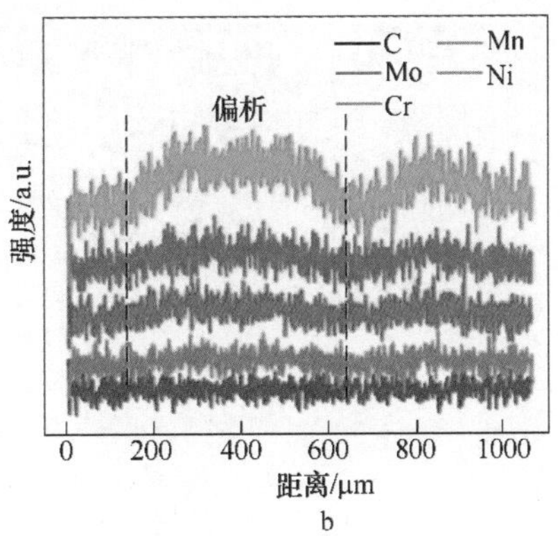

b

图 3-4-2 21Mn2SiCrNiMo 贝氏体钢轨钢中偏析区分析（a）及其元素含量的 EDS 分析（b）

中箭头所示进行能谱分析，成分偏析和变形流线区锰、铬、镍出现正偏析，锰偏析最严重，其余合金元素成分波动较小。通过能谱分析基体和偏析区域的化学成分含量，见表3-4-2。锰含量（质量分数）的最大值为2.53%，最小值为1.62%，偏析率为1.5；铬含量（质量分数）的最大值为1.34%，最小值为0.81%，偏析率为1.6；镍含量（质量分数）的最大值为0.68%，最小值为0.51%，偏析率为1.4。局部合金元素含量的不同必然会导致相变点不同，最终导致显微组织不同。

表3-4-2　21Mn2SiCrNiMo贝氏体钢轨基体和偏析区的成分EDS分析

（质量分数,%）

元素	Si	Mo	Cr	Mn	Ni
基体	0.87	0.31	0.81	1.62	0.51
偏析区域	0.95	0.35	1.34	2.53	0.68

21Mn2SiCrNiMo贝氏体钢轨中这些元素的偏聚，会促使TTT曲线右移，推迟高温转变，降低B_s点，使得偏析区在更大冷速范围形成贝氏体，并促进细化的贝氏体组织的形成，如图3-4-3和图3-4-4所示。钢轨基体组织由贝氏体+马氏体+残余奥氏体多相组织构成，而偏析区的显微组织也是由贝氏体+马氏体+残余奥氏体多相组织构成，但是各相组织的含量和形态不同。

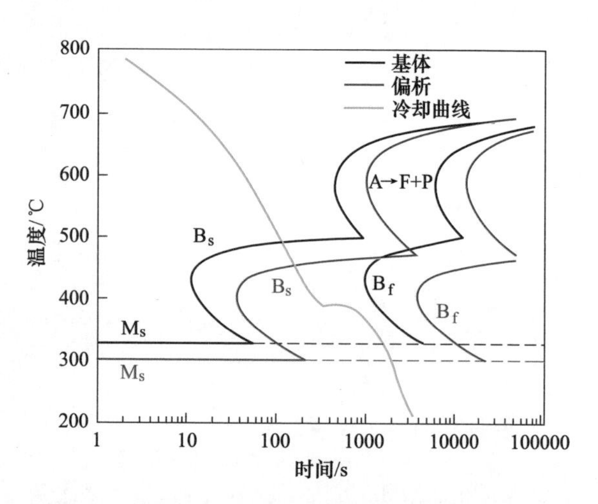

图3-4-3　21Mn2SiCrNiMo贝氏体钢轨钢的TTT曲线

a

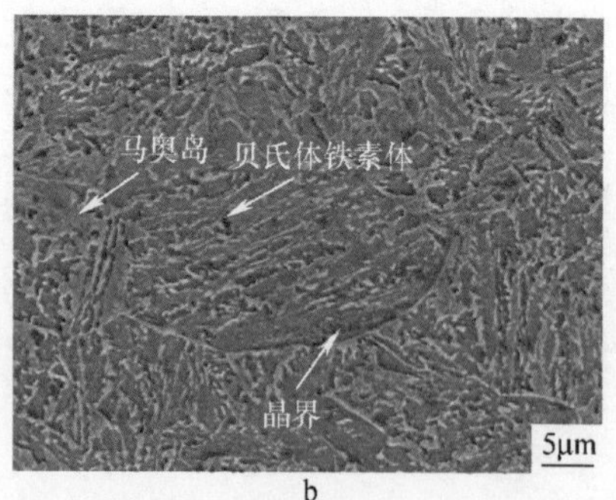

b

图3-4-4　21Mn2SiCrNiMo贝氏体钢轨钢的显微组织

a—偏析区域；b—基体

钢的力学性能是由成分和显微组织决定的，当钢的偏析区与基体由于合金元素含量导致显微组织存在差异时，其力学性能必然有所不同。21Mn2SiCrNiMo 贝氏体钢轨的偏析区域由于合金元素偏聚以及组织细化，其性能不同于基体，如图 3-4-5 所示。贝氏体钢轨轨头显微组织更为细小的偏析区硬度（HV）为 496，而基体为 412。严重偏析区与轻微偏析区的拉伸以及冲击性能，见表 3-4-3，由于带状组织和基体组织差异较大，引起其力学性能差异也较大。严重偏析区的强度要高于轻微偏析区，但是塑韧性低于轻微偏析区，而宏观洛氏硬度基本一致。在外力作用时，在偏析区边界会产生较大应力集中，容易在此处界面开裂，因而钢的塑韧性会降低，显示出各向异性，严重影响钢的使用寿命。

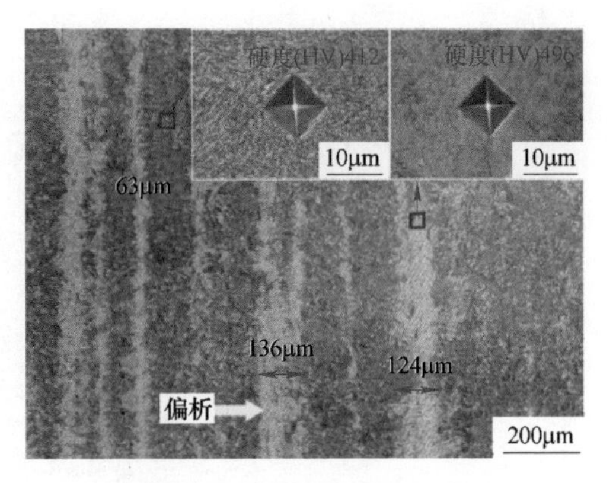

图 3-4-5　21Mn2SiCrNiMo 贝氏体钢轨钢偏析区的硬度（HV）

表 3-4-3　21Mn2SiCrNiMo 贝氏体钢轨钢的力学性能

取样位置	屈服强度 /MPa	抗拉强度 /MPa	伸长率 /%	面缩率 /%	冲击韧性 A_{KU}/J	硬度 (HRC)
严重偏析区	1190±20	1378±21	12. 8±0. 6	39. 2±0. 8	83±4	42±1
轻微偏析区	1121±17	1323±15	14. 6±0. 5	42. 1±0. 6	91±3	42±1

钢中的偏析区不仅对常规力学性能产生影响，对钢的焊接性也会有一定的影响。钢中合金元素含量越高，钢的焊接接头热影响区的淬硬倾向越高，裂纹产生的概率越大，对钢的焊接性能影响越严重。所以当钢中存在偏析时，就意味着碳当量的增加，冷却时较易产生较多硬脆的中低温组织，其强度高但是塑韧性差。因此，轨道用贝氏体钢的偏析会增加焊接接头热影响区的淬硬倾向。

钢的偏析程度对其力学性能有一定的影响，而由偏析引起的显微组织的各相异性对钢的性能也有一定的影响，即受力方向与成分偏析和变形流线呈不同角度时，其力学性能不同。为确定成分偏析和变形流线与拉伸性能的相关性，对轨道用贝氏体钢轨不同偏析角度进行了拉伸测试，拉伸试样取样位置示意图和拉伸曲线，如图 3-4-6 所示，可以看出，拉伸方向与成分偏析带的夹角对材料的拉伸性能产生显著的影响。抗拉强度和伸长率随夹角的增大而减小。夹角为 0°时，试样的抗拉强度是 1370MPa，伸长率为 14. 3%；夹角为 45°时，试样的抗拉强度是 1306MPa，伸长率为 12. 1%；夹角为 90°时，试样的抗拉强度是 1250MPa，伸长率为 10. 6%。

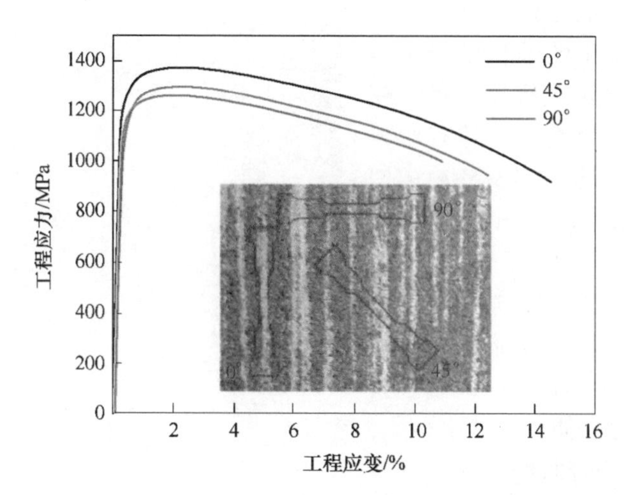

图 3-4-6　拉伸方向与成分偏析和变形流线成不同角度的
21Mn2SiCrNiMo 钢的拉伸工程应力-应变曲线

拉伸方向与成分偏析和变形流线成不同角度的拉伸试样断口及断口纵截面，如图 3-4-7 所示。由于较软的基体比成分偏析和变形流线区更容易发生塑性变形，使不同区域组织的塑性变形不能协调进行，拉伸断口呈现韧性断裂特征，断口表面有大量韧窝。0°夹角时，断口不仅有大量的韧窝，还有许多二次裂纹产生，二次裂纹可以吸收大量的能量从而提高材料的强塑性；夹角为 45°时，成分偏析和变形流线断裂形成较平整的平面，在基体处形成少量二次裂纹；夹角为 90°时，断口凹凸不平，成分偏析和变形流线处的断口整齐且无明显的塑性变形，说明成分偏析和变形流线在此受力状态下有利于裂纹的扩展，从而降低钢的强塑性。

成分偏析和变形流线的存在，导致材料的各向异性，在拉伸过程中的受力方向不同，使局部应变分布不均匀，从而影响了贝氏体钢的力学性能。采用原位拉伸试验、结合数字分析技术测量了含有成分偏析和变形流线试样的全场应变分布，观察偏析对应变分布的影响。图 3-4-8 显示了平均应变为 0%、2%、6%的 von Mises 应变分布。

贝氏体钢的基体在拉伸过程中，基体的整体 von Mises 应变分布比较均匀，应变首先在贝氏体板条处产生。随着平均应变的进一步增大，贝氏体板条区域的应变也随之变大，如图 3-4-8 中椭圆所示位置，但在马奥岛（M/A 岛）区域，只有很小的应变产生，如图 3-4-8 中方框所示。拉伸方向与偏析带呈 0°的试样在拉伸过程中的 von Mises 应变分布如图 3-4-8d ~ f 所示。在拉伸过程中，在较长的贝氏体板条束处的 von Mises 应变较为集中。组织较细小的偏析区域的应变分布比组织粗大的基体区域更均匀。沿拉伸方向分布的成分偏析和变形流线可以容纳高的局部应力而不产生损伤，为拉伸性能的提高做出贡献。

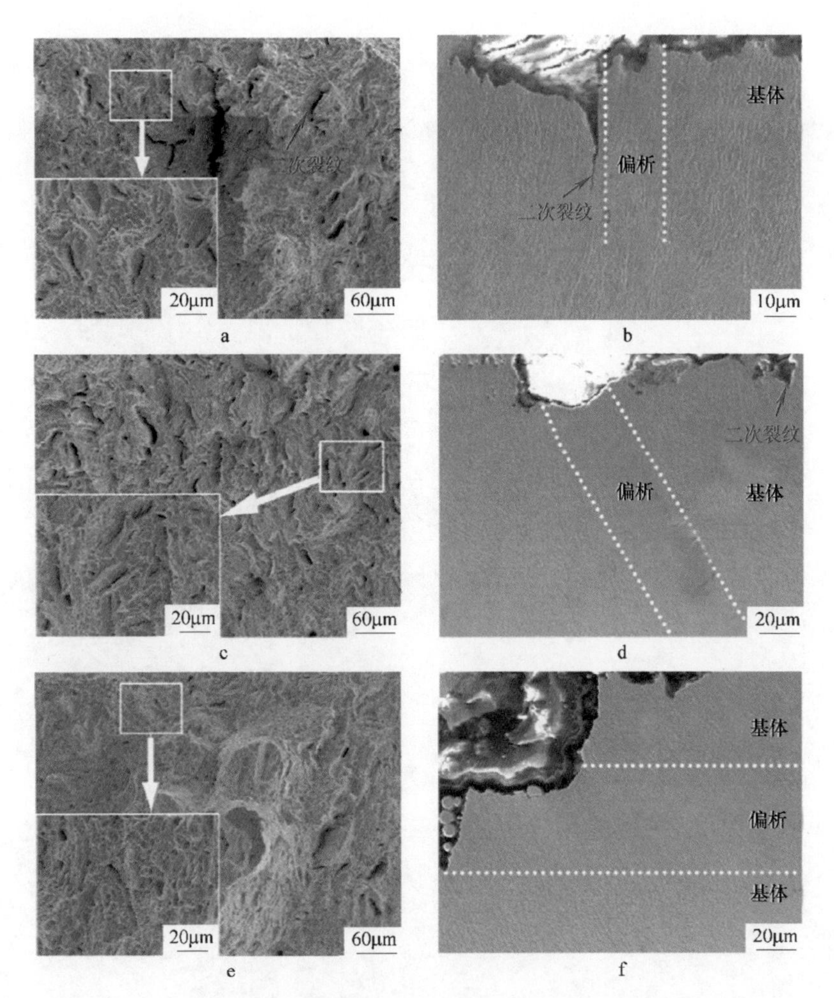

图 3-4-7　拉伸方向与成分偏析和变形流线成不同角度的 21Mn2SiCrNiMo 贝氏体钢轨钢在不同平均应变下的拉伸断口形貌

a—0°，拉伸断口；b—0°，断口纵截面；c—45°，拉伸断口；d—45°，断口纵截面；e—90°，拉伸断口；f—90°，断口纵截面

拉伸方向与偏析带呈 45°的试样在拉伸过程中的 von Mises 应变分布如图3-4-8 g~i 所示。观察区域内的应变幅和应变密度随平均应变的增大而变大，基体与偏析区域的应变差别也逐渐显现出来，von Mises 应变主要集中在贝氏体板条处，基体区域的整体应变比偏析区域的应变大。

拉伸方向与偏析带呈 90°的试样在拉伸过程中的 von Mises 应变分布如图3-4-8 j~l 所示，由图可见，基体比偏析区域的 von Mises 应变大，von Mises 应变的最大值都集中在基体中的贝氏体板条处，而偏析中整体的应变幅度较小，偏析中的贝氏体板条处应变值较高（见图 3-4-8l）。在夹角为 90°时，基体与偏析区域的应变

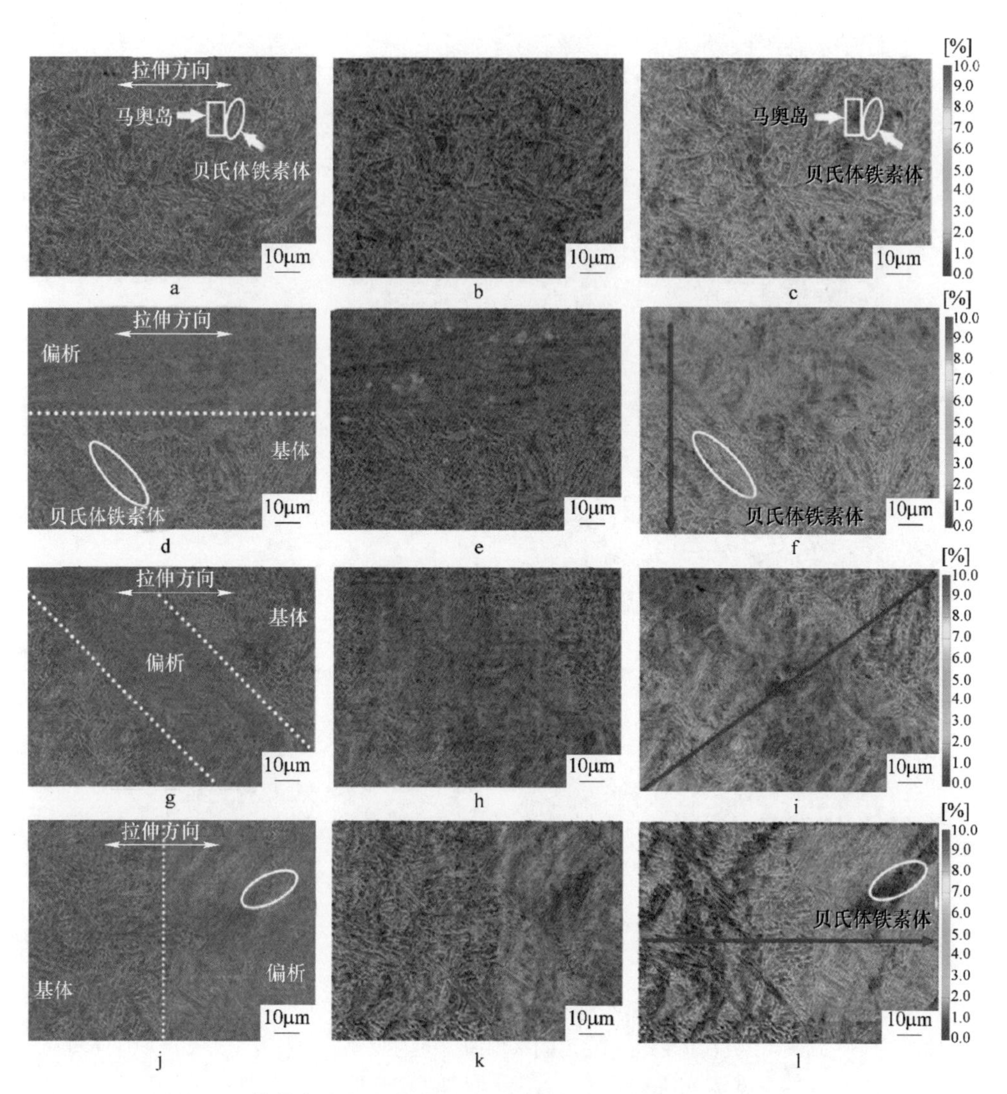

图 3-4-8　拉伸方向与成分偏析和变形流线成不同角度 21Mn2SiCrNiMo 贝氏体钢轨钢在不同应变下的全场应变分布

a—基体，应变 0%；b—基体，应变 2%；c—基体，应变 6%；d—偏析 0°，应变 0%；e—偏析 0°，应变 2%；f—偏析 0°，应变 6%；g—偏析 45°，应变 0%；h—偏析 45°，应变 2%；i—偏析 45°，应变 6%；j—偏析 90°，应变 0%；k—偏析 90°，应变 2%；l—偏析 90°，应变 6%

梯度最大（见图 3-4-8l），在拉伸过程中更容易萌生裂纹，由此导致夹角 90°试样的抗拉强度和伸长率最低。21Mn2SiCrNiMo 贝氏体钢轨钢在 6%平均应变下，沿图 3-4-8f、i、l 中红箭头的局部 von Mises 应变的分布曲线，如图 3-4-9 所示，基体区域的应变要高于偏析区域的应变。加载方向与成分偏析和变形流线呈 90°时，局部 von Mises 应变最高，基体与偏析区域的应变梯度最大。

通过上述原位拉伸测试，发现拉伸方向与成分偏析和变形流线成不同角度时，应变分布不均，而且当角度为90°时，成分偏析和变形流线对应变分布影响最大。为了分析偏析组织在拉伸方向与成分偏析和变形流线呈90°时的演变行为，利用EBSD方法进行进一步表征。基体和偏析区域的不同变形行为通过准原位EBSD进行对比，如图3-4-10所示。显微组织随拉伸应变的增加被拉长，不同显微组织的取向发生不同程

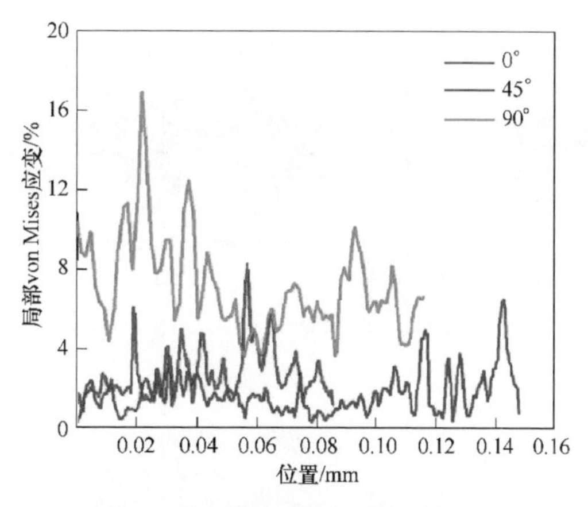

图3-4-9 21Mn2SiCrNiMo贝氏体钢轨钢在6%平均应变下局部von Mises应变的分布
（随图3-4-8f、i、l中的红箭头从末端到头部的位置而变化）

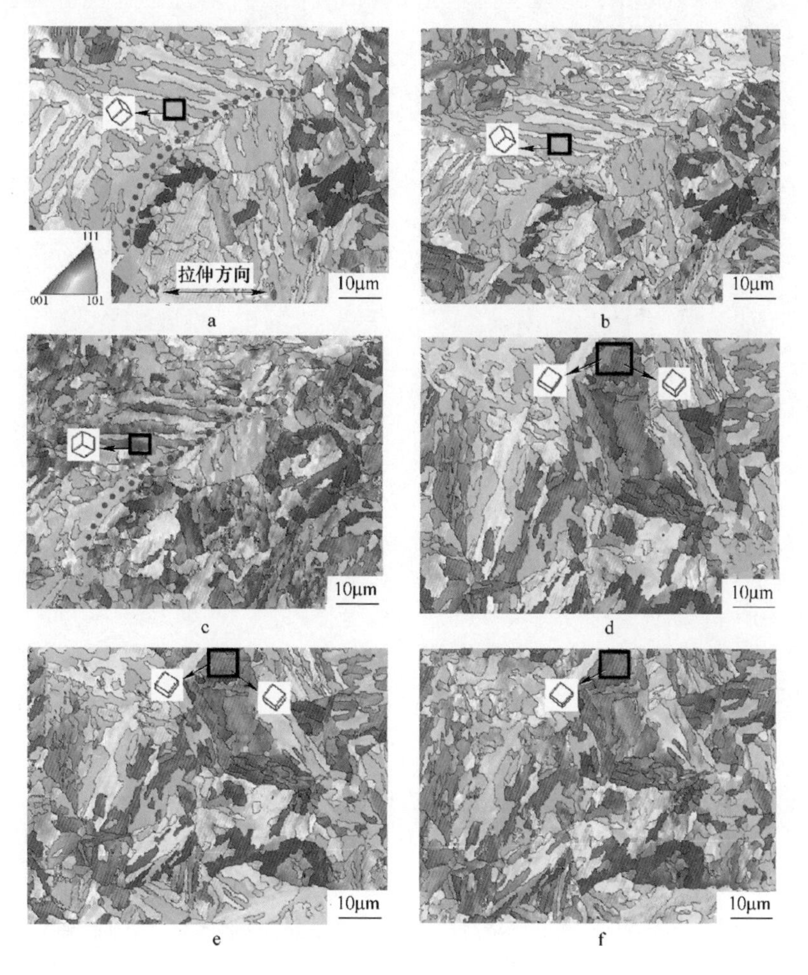

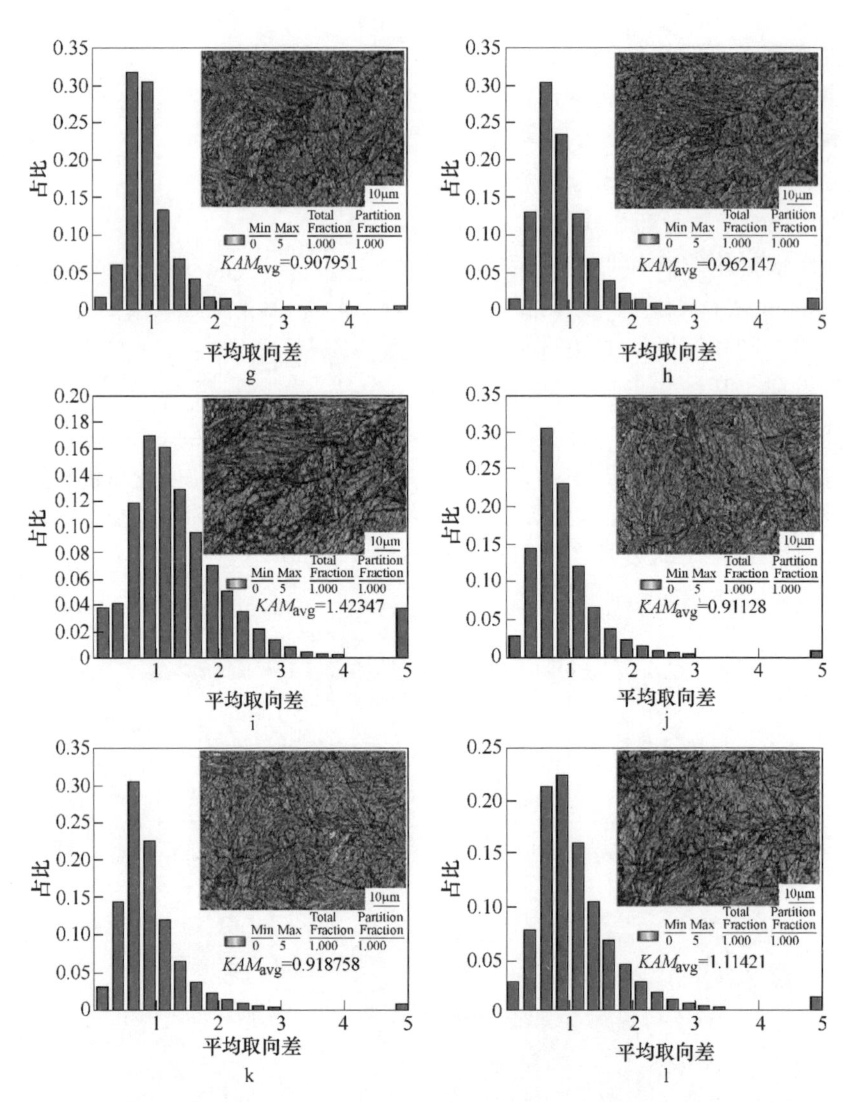

图 3-4-10　21Mn2SiCrNiMo 贝氏体钢轨钢基体和偏析区在不同应变下的 IPF 和 KAM 图

a—IPF 图，基体，应变 0%；b—IPF 图，基体，应变 2%；c—IPF 图，基体，应变 6%；
d—IPF 图，偏析，应变 0%；e—IPF 图，偏析，应变 2%；f—IPF 图，偏析，应变 6%；
g—KAM 图，基体，应变 0%；h—KAM 图，基体，应变 2%；i—KAM 图，基体，应变 6%；
j—KAM 图，偏析，应变 0%；k—KAM 图，偏析，应变 2%；l—KAM 图，偏析，应变 6%

度的偏转。在 0%应变时，从反极图（IPF）中可以发现基体组织与偏析带组织的晶粒取向随机分布。在 2%应变时，晶粒取向发生轻微的转动。在 6%应变下，基体中的晶粒发生显著的转动，基体区域方框标记处的晶粒逐渐向（111）旋转，而偏析区域只有少量组织发生轻微旋转。随着拉伸应变的增大，基体区域的贝氏体束发生旋转、弯曲和延伸，这些变形有利于提高材料的塑性。而偏析区域的组

织、晶粒只发生轻微的旋转，图中方框标记处两个不同取向的组织逐渐旋转成同一个取向。基体的晶粒偏转要比偏析区域偏转得严重，这也说明了基体比偏析更容易发生变形。基体与偏析区域的晶粒内平均取向差 *KAM* 值能够反映局部区域所需的几何位错密度，*KAM* 值越高，表示位错密度越高。应变主要集中在贝氏体板条中。此外，由于偏析区域含有马氏体，所以原始偏析区域的 *KAM* 平均值（KAM_{avg}）比基体的高。*KAM* 平均值随着拉伸应变的增加逐渐变大。在 6%应变下，贝氏体钢轨钢基体的平均 *KAM* 为 1.42，偏析的平均 *KAM* 为 1.11。这说明在拉伸过程中基体比偏析区域产生了更多的位错，使两者之间产生较大的应变梯度。

为进一步研究贝氏体钢轨成分偏析和变形流线对其变形行为的影响，进行了原位疲劳试验，基体的原位疲劳 EBSD 数据，如图 3-4-11 所示。从反极图可以发现，在疲劳过程中晶粒的取向发生明显变化，图中方框所标区域的晶粒取向（111）从 0 周次到 300 周次没有发生改变。然而，疲劳周次由 0 周次增加到 300 周次时，椭圆所标区域的晶粒由红色变成蓝色，说明晶粒取向由（001）向（111）方向偏转，而晶粒取向为（111）的晶粒在变行过程中不容易发生偏转。从平均取向差 KAM 图可以发现，贝氏体钢轨钢中的应变主要集中在贝氏体板条边界处，基体区域的应变随疲劳周次的增加而变大，在 300 周次时有明显的塑形变形累积。

偏析区域的原位疲劳 EBSD 数据，也如图 3-4-11 所示。由图中的 IPF 图可以发现，偏析区域的组织在原位疲劳试验过程中并未发生明显的晶粒偏转，只有矩形方框中局部区域的晶粒在疲劳过程中发生明显的偏转，由绿色（101）向蓝色（111）偏转。从 KAM 图中可以发现，疲劳周次从 0 周次增加到 300 周次时，偏析区域的应变明显变大，由于偏析区域的组织比基体组织细小，故偏析区域的应变分布比基体的应变分布均匀。因此，带有偏析带的贝氏体钢在疲劳过程中，

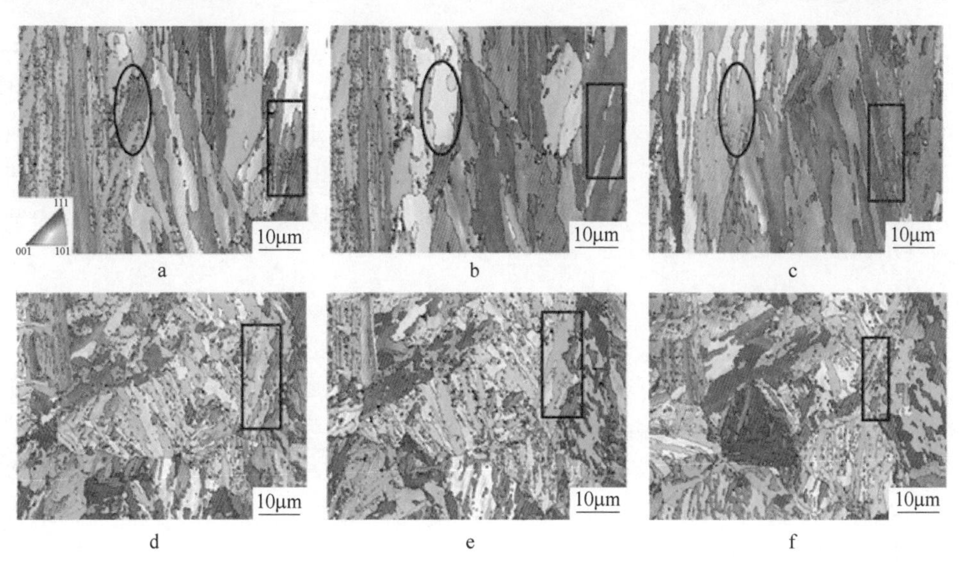

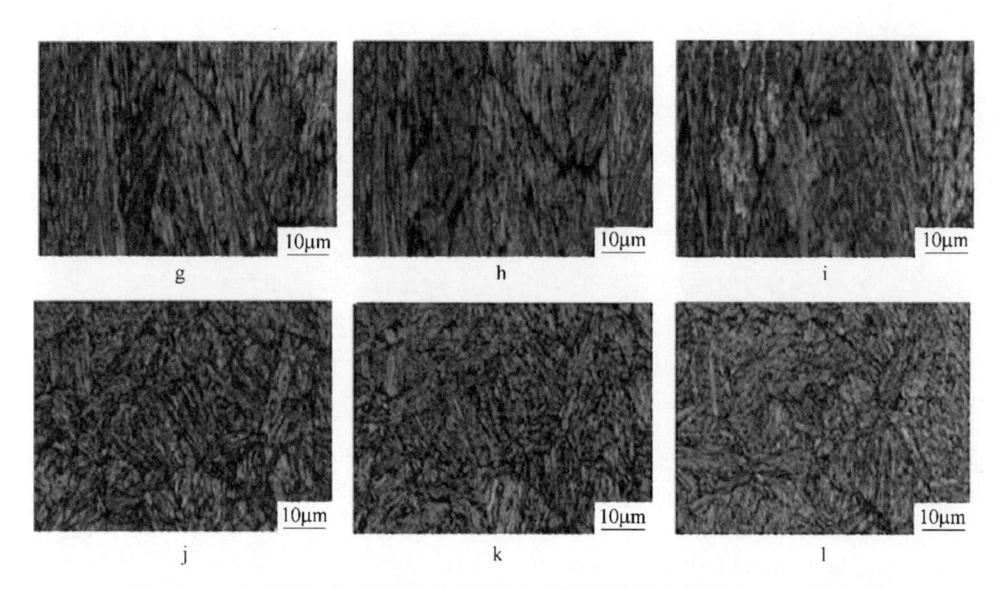

图 3-4-11 贝氏体钢轨钢基体和偏析区在不同疲劳周次下的 IPF 和 KAM 图
a—IPF 图，基体，0 周次；b—IPF 图，基体，50 周次；c—IPF 图，基体，300 周次；
d—IPF 图，偏析，0 周次；e—IPF 图，偏析，50 周次；f—IPF 图，偏析，300 周次；
g—KAM 图，基体，0 周次；h—KAM 图，基体，50 周次；i—KAM 图，基体，300 周次；
j—KAM 图，偏析，0 周次；k—KAM 图，偏析，50 周次；l—KAM 图，偏析，300 周次

基体与成分偏析和变形流线区域的应变梯度较大，应变在易变形的基体区域集中，从而促进疲劳裂纹的萌生。

4.3 耐磨性能

重载铁路比普通铁路承受更大的轴重，对钢轨的性能要求更加严苛。列车行驶速度和轴重的提升给钢轨带来更多的失效问题，失效以磨损和疲劳为主。其中，贝氏体钢轨最突出的问题是直线段轨头的磨损，其曲线段的侧磨尤为严重。当贝氏体钢中存在偏析时，会导致钢的塑韧性降低，也会对磨损产生影响。本研究包含轨道用贝氏体钢在实际服役过程中承受的滚动磨损、滑动磨损以及冲击磨损三方面情况。

4.3.1 滚动磨损性能

钢轨在服役过程中，车轮在滚动的过程中常常伴随着打滑，因此，钢轨存在滚滑现象。实验室利用双盘摩擦磨损试验机模拟钢轨受到的滚滑情况，设定上试样转速为 180r/min，下试样转速为 200r/min，滑差率为 10%，试验过程中的接触应力始终保持在（1340±5）MPa。从距踏面 10mm 处和 25mm 处分别取严重偏析和轻微偏析的圆盘试样。

严重和轻微偏析区域的试样在不同滚动周次下的失重，如图3-4-12所示。由该图可知，失重量随着滚动周次的增加而增加，轻微偏析试样失重始终高于严重偏析试样的失重。当滚动磨损达到2.0×10^5周次时，失重曲线出现明显的拐点，在此之后，失重速率降低，说明磨损失重逐渐减少。但受偏析程度的影响，轻微偏析试样的失重始终略高于严重偏析试样，说明偏析的存在提高了贝氏体钢轨钢的耐磨性，即偏析能够减缓贝氏体钢轨的滚动磨损。

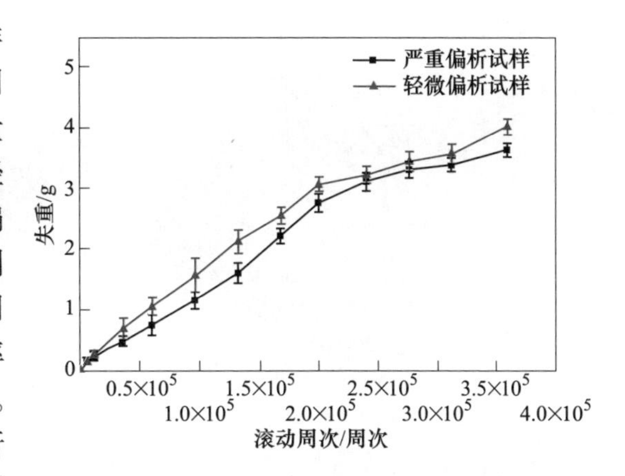

图3-4-12　21Mn2SiCrNiMo贝氏体钢轨钢中严重偏析和轻微偏析区在不同滚动周次下的失重曲线

试样的滚动磨损表面粗糙度随滚动周次的变化曲线，如图3-4-13所示。经过滚动磨损试验后，试样表面粗糙度有明显变化。一般情况下滚动磨损试样表面的粗糙越大，试样磨损越严重。原始试样表面粗糙度为30μm，滚动磨损表面的粗糙度随滚动周次的增加而变大，在2.0×10^5周次时达到峰值。随着滚动周次增加，试样表面硬度也随之增高，磨损有所减缓，在3.6×10^5周次时粗糙度有所降低。轻微偏析试样的表面粗糙度始终高于严重偏析试样的粗糙度，说明轻微偏析试样的磨损程度比严重偏析试样的严重，与失重曲线相符合。

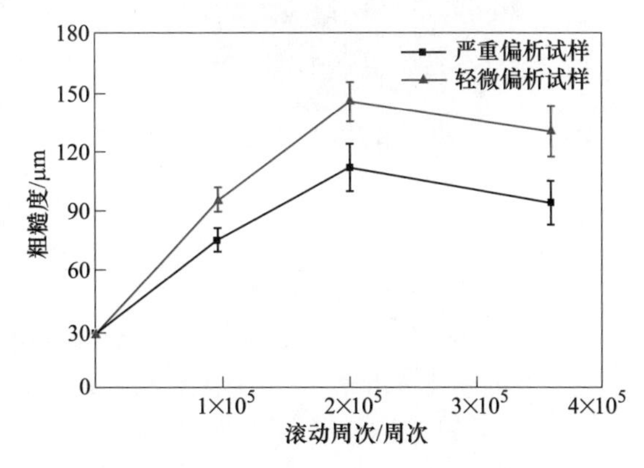

图3-4-13　21Mn2SiCrNiMo贝氏体钢轨钢在不同滚动周次下的表面粗糙度

贝氏体钢轨钢滚动磨损表面的三维形貌，如图3-4-14所示。可以明显看出，试样表面的磨损情况，明显的压痕和磨屑使试样的表面粗糙度增加。在相同滚动周次时，严重偏析试样的粗糙度始终小于轻微偏析试样。

经过滚动磨损后试样的表面SEM组织，如图3-4-15所示。磨损表面存在粗糙的沟槽和堆积的塑性变形以及剥落的区域，试样表面呈现典型的疲劳磨损特征。在滚动1.0×10^5周次时，试样表面磨损严重，有大量磨屑残留，凹凸不平。

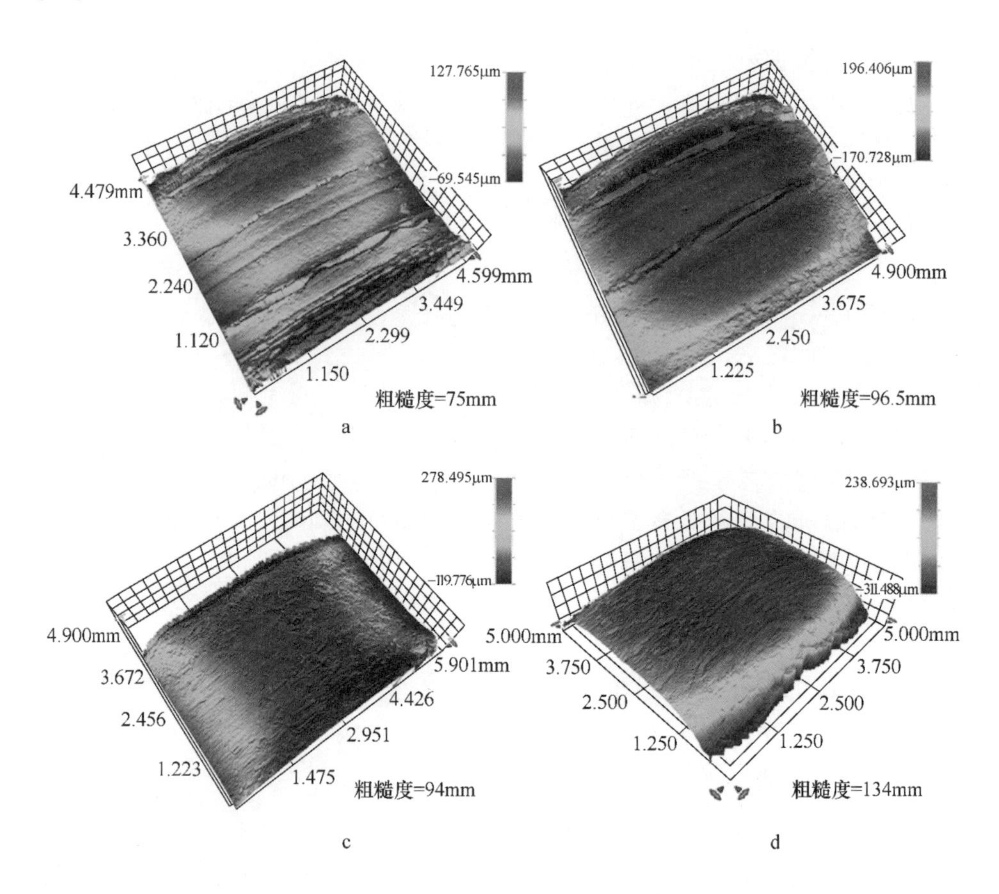

图 3-4-14　21Mn2SiCrNiMo 贝氏体钢轨钢在不同滚动周次下的表面三维形貌

a—1.0×10^5 周次，严重偏析试样；b—1.0×10^5 周次，轻微偏析试样；
c—3.6×10^5 周次，严重偏析试样；d—3.6×10^5 周次，轻微偏析试样

在滚动 2.0×10^5 周次时，试样表面变粗糙，并且开始出现疲劳裂纹；严重偏析试样的表面出现较大的疲劳裂纹，有少量麻点剥落和由于疲劳失效造成的剥落，而轻微偏析试样的表面粗糙，有很多轻微的疲劳裂纹，磨损痕迹比较严重。当滚动周次到达 3.6×10^5 周次时，严重偏析试样的表面较光滑，疲劳裂纹严重。轻微偏析试样的表面较粗糙，有很多小剥落坑和轻微的疲劳裂纹。虽然严重偏析试样的疲劳裂纹比轻微偏析试样更多，但其磨损程度较轻。

对滚动磨损试样的截面硬度分布进行测定，结果如图 3-4-16 所示。表层的硬度最高，在相同载荷不同周次试验后，试样纵向硬度分布由表面向内部递减，距表面深度较深的材料未产生塑性变形。滚动周次越高，试样磨损表面硬度越高，变形层较厚。随着滚动周次的增加，试样表面硬度逐渐变大，变形层逐渐加深。在滚动磨损初期，试样表面初始硬度低，抗磨损能力较差，失重量随滚动周次增

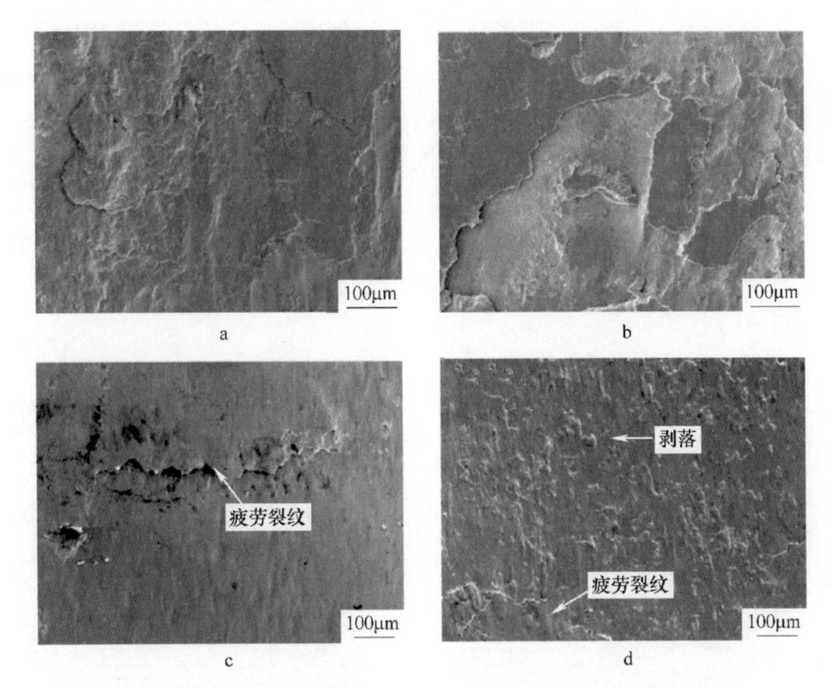

图 3-4-15 21Mn2SiCrNiMo 贝氏体钢轨钢滚动磨损表面形貌

a—1.0×10^5 周次，严重偏析试样；b—1.0×10^5 周次，轻微偏析试样；
c—3.6×10^5 周次，严重偏析试样；d—3.6×10^5 周次，轻微偏析试样

加而增加。随着滚动周次的增加，试样表面形成的塑性变形层增厚，使试样表面硬度提高，提高了耐磨性，所以试样的失重速率在 2.0×10^5 周次后减缓。

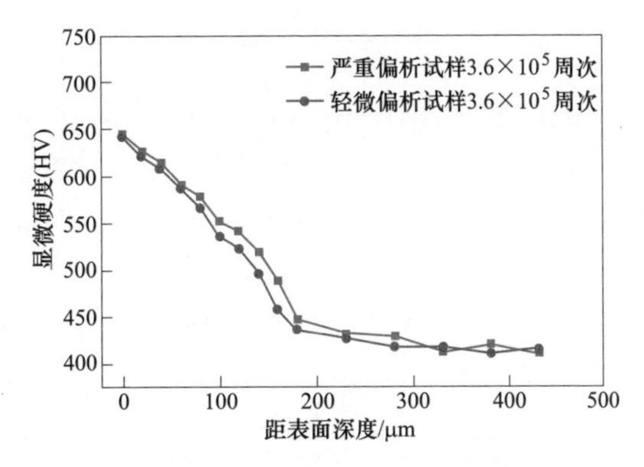

图 3-4-16 21Mn2SiCrNiMo 贝氏体钢轨钢滚动接触疲劳磨损后的截面硬度分布

由于严重偏析试样中存在大量硬度高于基体的成分偏析和变形流线，因此其表面被磨损流失的材料较少，严重偏析试样的表面粗糙度小于轻微偏析试样，使严重偏析试样的耐磨性优于轻微偏析试样，所以严重偏析试样的失重量始终低于轻微偏析试样的失重量。因此，具有较高硬度的成分偏析和变形流线组织的存在可以在一定程度上改善钢轨的耐磨性能。

4.3.2 滑动磨损性能

列车在经过曲线铁路段时，存在晃车和侧向打滑现象，此时轨道用贝氏体钢

轨发生横向滑动磨损，并且侧磨损比较严重。分析认为，其主要原因除了受力和工况之外，贝氏体钢的显微组织也是其影响因素之一，尤其是成分偏析和变形流线组织的各向异性。既然贝氏体钢的偏析程度对钢轨的磨损有一定的影响，那么也有必要考虑偏析组织的各向异性对磨损的影响。

在实验室中利用圆盘式摩擦磨损试验机（MMU-5G），对钢轨钢在干滑动摩擦磨损条件下的耐磨性进行测试，磨损方向与成分偏析带方向呈 0°、45°和 90°，模拟钢轨在纵向、斜向、横向三个方向的滑动。摩擦磨损实验原理和取样方式，如图 3-4-17 所示。

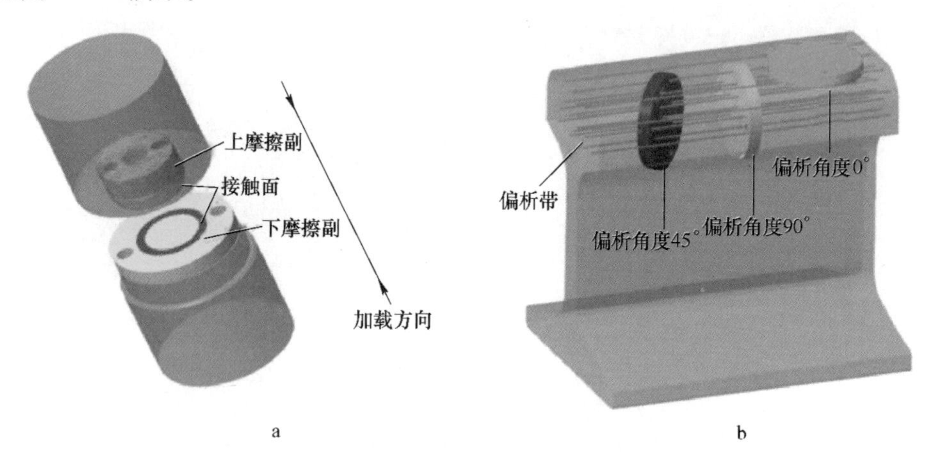

图 3-4-17　MMU-5G 圆盘式摩擦磨损试验示意图
a—摩擦磨损试验原理；b—试样切取位置

贝氏体钢轨钢在不同载荷作用下磨损失重变化曲线，如图 3-4-18 所示。随着磨损时间的增加以及载荷的增大，不同位置钢轨钢的磨损量均出现了不同程度的增加趋势；在 700N 载荷作用下，三种偏析角度的磨损量的差别较为显著，且在偏析角度为 90°时，磨损失重速率显著增大，磨损量较大，而在偏析角度为 45°时磨损量最少，表现出最优的耐磨性。

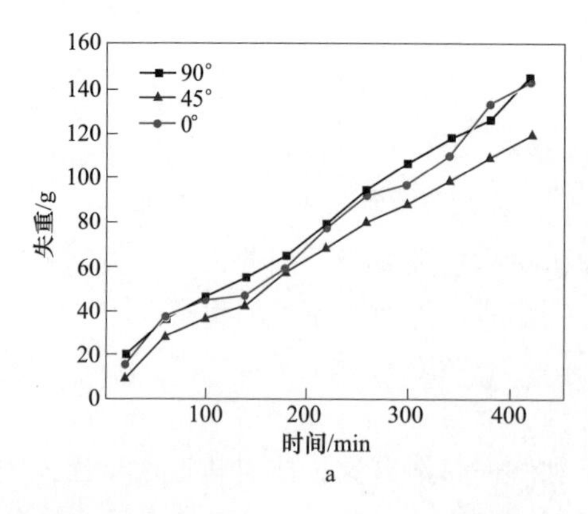

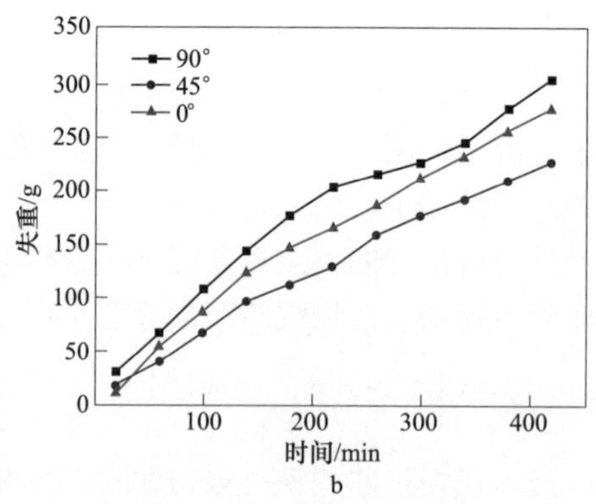

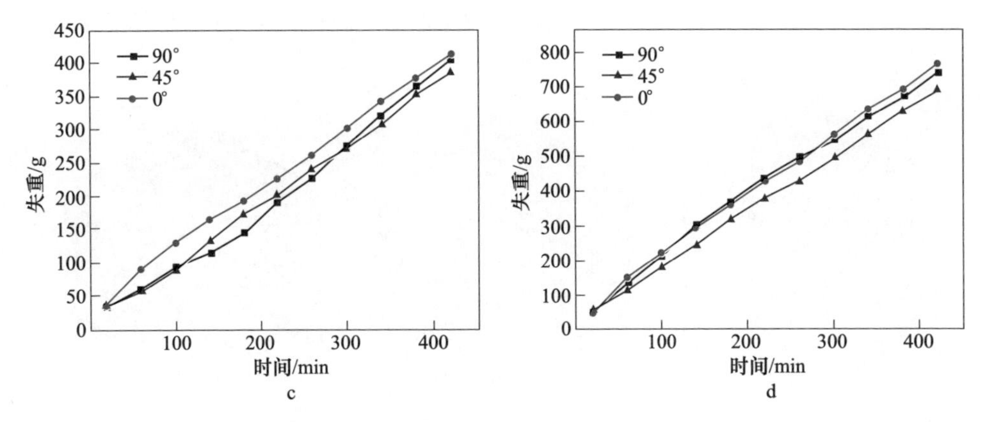

图 3-4-18　21Mn2SiCrNiMo 贝氏体钢轨钢不同偏析角度试样在不同载荷作用下的磨损总失重量

a—载荷 400N；b—载荷 700N；c—载荷 1000N；d—载荷 1500N

贝氏体钢轨钢不同偏析角度经不同载荷作用下磨损420min 后的纵截面硬度分布，如图 3-4-19 所示。距离表层最近处的硬度值最高，并且随着向心部靠近，硬度值逐渐降低。随着磨损载荷增大，亚表层的峰值硬度值越高。在1500N 载荷下，偏析角度为90°时的亚表层峰值硬度最高，在 45° 时亚表层峰值硬度最低。

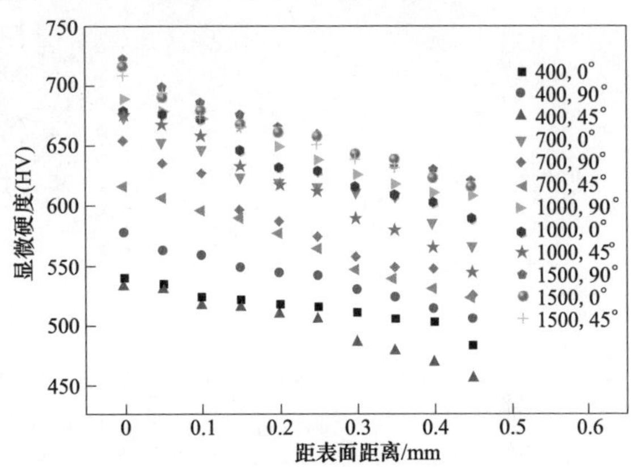

图 3-4-19　21Mn2SiCrNiMo 贝氏体钢轨钢在不同载荷作用下、不同偏析角度磨损420min 后纵截面的硬度分布

不同磨损载荷下三种偏析角度的表面磨损形貌以及侧面显微组织，如图3-4-20所示。每个试样的上面为磨损面，左面为磨损亚表层横截面，右面为磨损亚表层纵截面。在其扫描照片中可以发现，不同磨损时间后，试样磨损表面存在平行于滑动方向的犁沟和少量由碎屑引起微切削和分层。在 400N 载荷作用下，其磨损机制主要是黏着磨损和磨粒磨损。对磨损表面的白色氧化层进行了能谱观察，如图 3-4-21 所示，得到主要元素为铁元素与氧元素，说明该氧化层以铁的氧化物为主。氧化物的生成可以减小试样与摩擦副之间的摩擦系数，进而有效减缓磨损。此外，在磨损过程中，局部基体也会在较大摩擦力的作用下沿磨损方向整体剥落，形成鱼鳞状纹理。观察其亚表层组织，从图 3-4-20 中可以看出在 400N 载荷下，三种不同偏析角度下亚表

层均出现了明显的塑性变形层。随着载荷的增加，磨损表面产生了大面积的剥离，并且有大量的微裂纹产生。

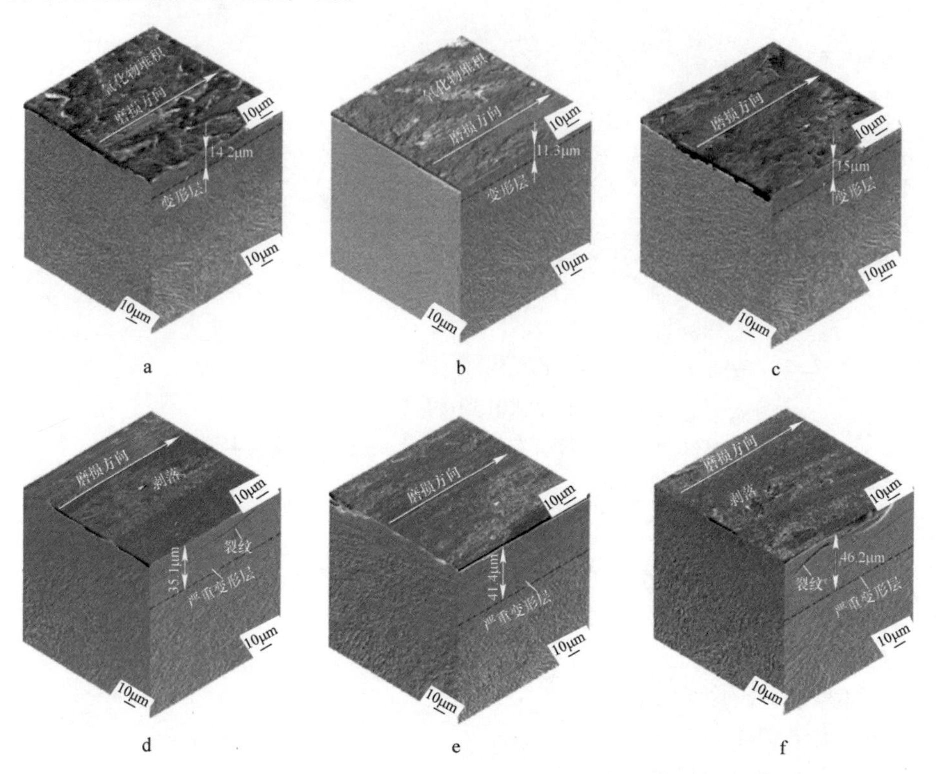

图 3-4-20　21Mn2SiCrNiMo 贝氏体钢轨钢在不同载荷作用下不同偏析角度磨损 420min 后的磨损形貌

a—400N，0°；b—400N，45°；c—400N，90°；d—1500N，0°；e—1500N，45°；f—1500N，90°

经 700N 载荷磨损后贝氏体组织发生严重塑性变形，且距离表层较近的区域由于摩擦热和塑性变形的原因，形成了黏着磨损和少量氧化磨损。当载荷增加到 1000N 时，磨损表面温度持续升高，高温氧化较明显，试样表面大部分被氧化层覆盖，此时主要以氧化磨损为主。在磨损亚表层纵截面可以观察到有明显的块状剥落现象，形成了半圆坑，这也是由于高温摩擦热的作用。同时，在塑性变形区组织已经完全演变为纤维状。当载荷增加到 1500N 时，纵截面的严重变形层区域增大，塑性剪切变形加深，裂纹在亚表层近似于平行方向扩展。

对磨损试样表面进行 XRD 试验，以观察在不同磨损状态下，磨损前后试样表面的微观结构是否发生了变化，图 3-4-21b 为磨损后样品的磨损表面 XRD 图谱。相对于原始试样的 XRD 图谱，随着载荷的增大，磨损试样表面 XRD 图谱中出现了除 γ 及 α 之外的 Fe_2O_3 以及 Fe_3O_4 氧化物的衍射峰。可见，在高载荷下，由于温升作用，会导致磨损氧化物的产生。

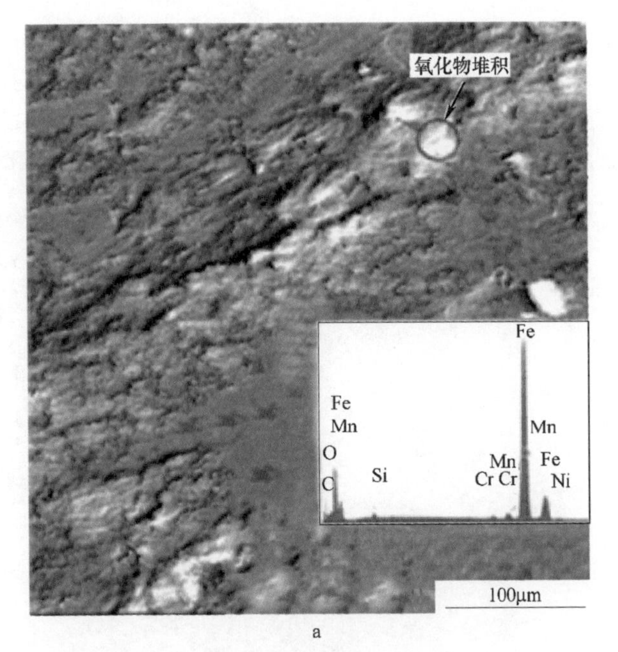

a

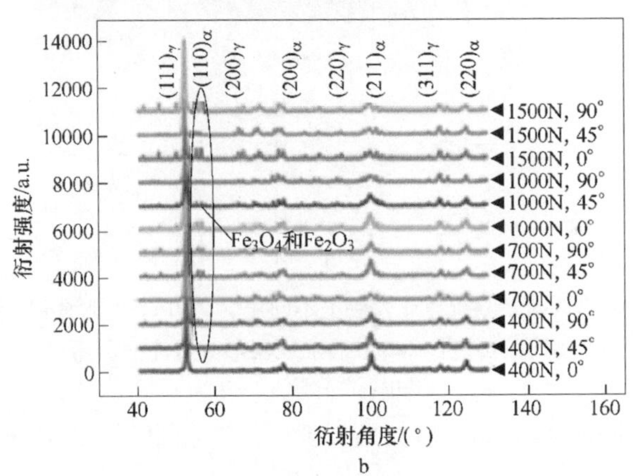

b

图 3-4-21　21Mn2SiCrNiMo 贝氏体钢轨钢在载荷 400N 条件下磨损 420min 后磨损表面表征
a—形貌、能谱；b—XRD 图谱

对 1000N 载荷作用下的贝氏体钢轨钢磨损纵截面的亚表层做线扫描能谱分析，结果如图 3-4-22 所示。可以看出在成分偏析和变形流线处锰的曲线有明显的波动，铬的曲线也有轻微波动，可以说明贝氏体钢轨钢成分偏析和变形流线是由锰和部分铬引起的。成分偏析和变形流线平行排列时出现在亚表层的下方，且由于成分偏析和变形流线与基体交替分布，所以在亚表层处为基体组织，此时块状剥离现象和凹坑较明显。成分偏析和变形流线与亚表层呈 45°情况下，可以看出基体处的亚表层出现剥落掉块，在成分偏析和变形流线处的亚表层组织较平整。成分偏析和变形流线与亚表层呈 90°时，同样在基体处的亚表层出现凹坑，在成分偏析和变形流线处的亚表层组织较平整。这是因为成分偏析和变形流线处多为锰元素，并且成分偏析和变形流线处的硬度（HV）较基体平均高出 100 左右，硬度值高的地方磨损失重较少，亚表层组织较均匀。而硬度值低的地方磨损失重较高，从而导致磨损表面磨损不均匀，出现剥离掉块的现象。

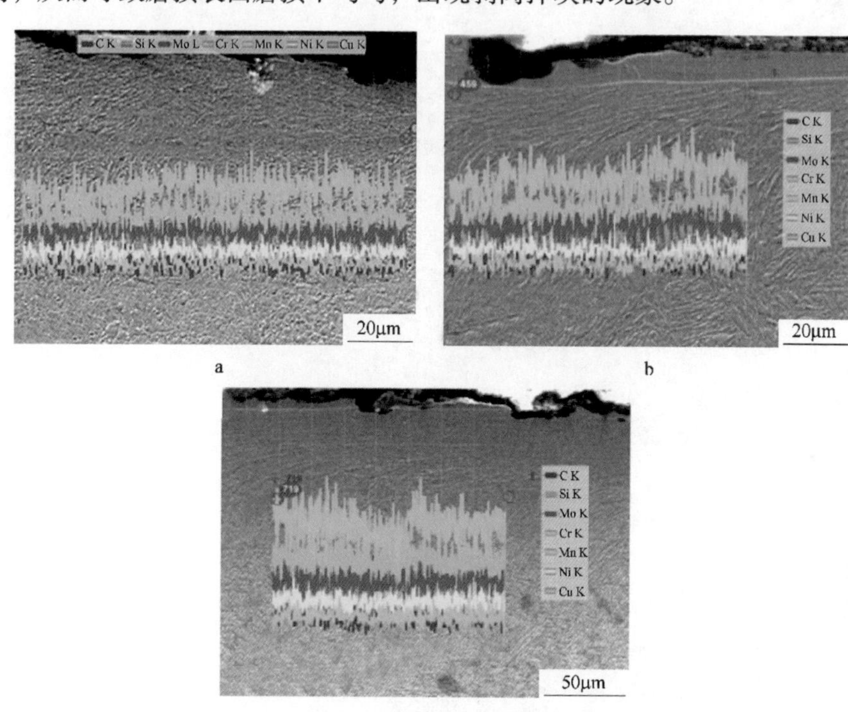

图 3-4-22 成分偏析与亚表层呈不同角度 21Mn2SiCrNiMo 贝氏体钢轨钢磨损 420min 后亚表层形貌和能谱分析

a—0°；b—45°；c—90°

贝氏体钢轨钢磨损 420min 后的磨损亚表层金相组织，如图 3-4-23 所示。磨

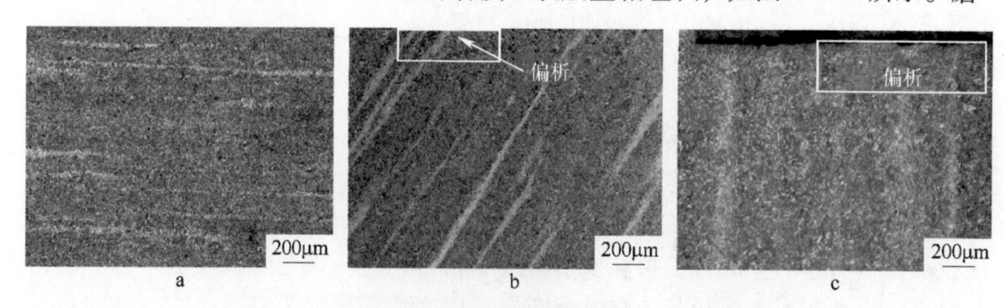

图 3-4-23 磨损表层与偏析呈不同角度的 21Mn2SiCrNiMo 贝氏体钢轨钢磨损 420min 后的亚表层金相组织

a—0°；b—45°；c—90°

损后的亚表层成分偏析和变形流线处有明显的沿着磨损方向的偏移。对于磨损亚表层与偏析角度呈0°的试样，成分偏析和变形流线正好在亚表层处出现，由于成分偏析和变形流线处硬度高，导致磨损失重较少。成分偏析和变形流线在亚表层下方时，基体比成分偏析和变形流线硬度低导致磨损失重较高。磨损亚表层与偏析角度呈45°时，其成分偏析和变形流线截面比垂直截面宽，所以45°试样表现出最好的耐磨性。

因此，由以上分析可知，贝氏体钢轨轨头的耐磨性与不同角度的成分偏析和变形流线密切相关。其中，磨损亚表层与成分偏析和变形流线呈90°时，试样的磨损量最大，符合铁路实际运行过程中存在的晃车现象；在45°时成分偏析和变形流线由于是倾斜排列，导致在磨损亚表层上的成分偏析和变形流线截面较宽，硬度较高的区域多，磨损失重率最小，表现出最好的耐磨性。

4.3.3 冲击磨损性能

钢轨尤其是辙叉在实际服役过程中往往承受着不同程度的冲击，由于反复碰撞而导致的冲击磨损对钢轨以及辙叉的损伤十分严重。因此，下面研究不同冲击能量对不同偏析角度的贝氏体钢轨钢冲击磨损性能的影响。

利用冲击磨损试验机对钢轨钢的耐磨性能进行测试，研究贝氏体钢轨钢不同偏析方向、不同冲击能量对磨损性能的影响，三种试验钢的偏析方向分别为冲击试样表面与成分偏析和变形流线呈0°、45°和90°。

不同冲击功作用下，不同偏析角度贝氏体钢轨钢磨损6h后的体积损失量，如图3-4-24所示，对比三种偏析程度试样可以看出，偏析45°试样磨损体积最多。对于不同冲击功下不同偏析位置的贝氏体钢轨钢磨损6h后的平均粗糙度来说，偏析45°试样磨损后粗糙度最大。

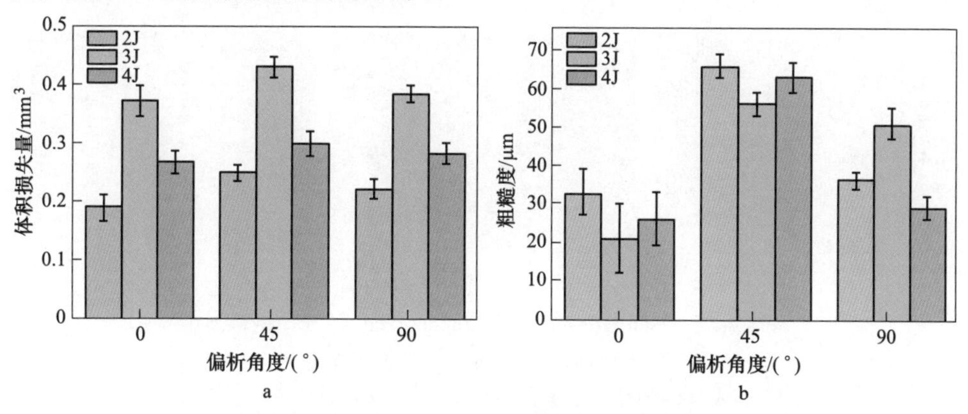

图3-4-24 不同偏析程度的21Mn2SiCrNiMo贝氏体钢轨钢在不同冲击功下磨损6h后的失效分析

a—体积损失量；b—平均粗糙度

不同冲击功作用下，不同偏析程度贝氏体钢轨钢磨损6h后的截面硬度分布曲线，如图3-4-25所示。距离磨损亚表层最近的位置硬度较高，并且随着冲击功增加，硬度也增大。随着向试样内部距离增大，硬度值逐渐降低。

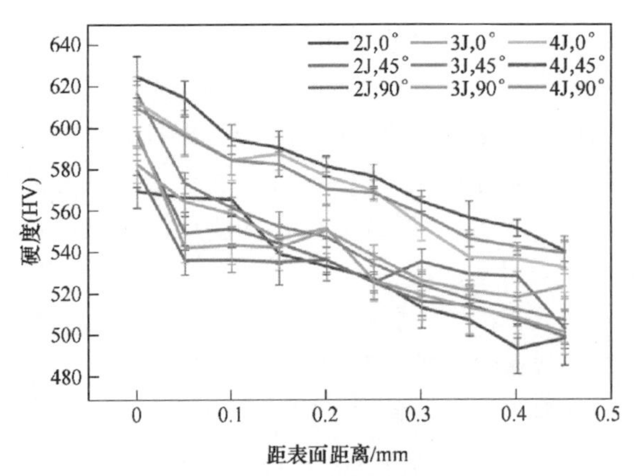

图3-4-25 不同偏析程度的21Mn2SiCrNiMo贝氏体钢轨钢在不同冲击功下磨损6h后的截面硬度分布

冲击磨损后贝氏体钢轨钢磨损试样表面形貌，如图3-4-26所示。可以看出在冲击功2J的反复冲击下，不同偏析程度的钢轨钢在磨损6h后试样的磨面上有很多层状剥落，由于冲击功较小，剥落和凹坑都较浅。冲击功4J下，由于冲击能量的增大，剥落坑明显增多并且深度加大，试样磨面上产生大块剥落，并且一些磨屑黏附在试样表面，在后续的冲击中造成了磨粒磨损和黏着磨损。不同偏析角度对冲击磨损的影响在表面形貌上没有明显区别。

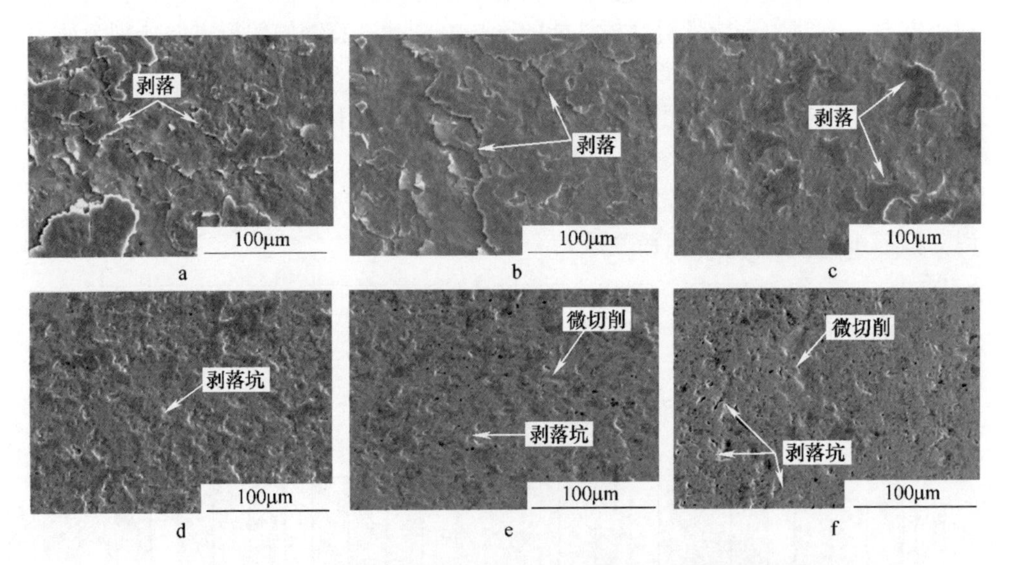

图3-4-26 不同偏析程度的21Mn2SiCrNiMo贝氏体钢轨钢在不同冲击功下磨损6h后的磨损表面形貌

a，b，c—冲击功2J下，偏析角度0°、45°、90°试样；

d，e，f—冲击功4J下，偏析角度0°、45°、90°试样

不同偏析程度的贝氏体钢轨钢在冲击功2J载荷作用下磨损6h后的磨损纵截

面形貌图，如图 3-4-27 所示。试验钢在冲击磨损下磨损纵截面亚表层微观组织表现出明显的不同程度变形，且大致沿磨损方向平行排列，剧烈的塑性变形使贝氏体铁素体拉长成纤维状，在亚表层处可以观察到有沿着成分偏析和变形流线方向出现的凹坑和剥落，这是由于钢轨钢中成分偏析和变形流线比基体处硬度值偏高而使脆性增加导致的。

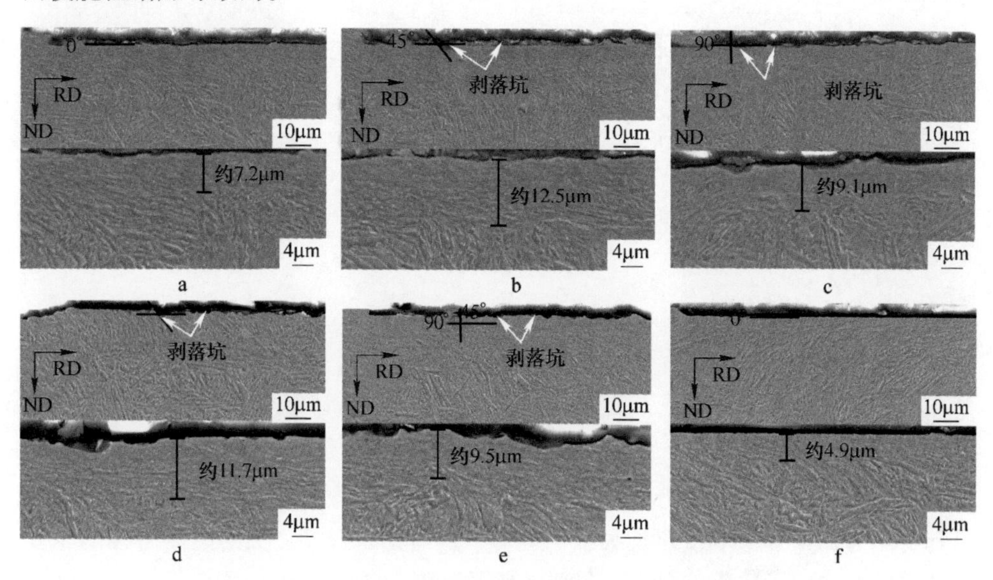

图 3-4-27　不同偏析程度的 21Mn2SiCrNiMo 贝氏体钢轨钢在不同冲击功下磨损 6h 后的纵截面形貌

a—2J，0°；b—2J，45°；c—2J，90°；d—4J，0°；e—4J，45°；f—4J，90°

在 4J 冲击功载荷作用下，塑性变形尺寸明显变小。在磨损亚表层与成分偏析和变形流线呈 45°时凹坑最大，这是因为偏析角度为 45°时，成分偏析和变形流线截面尺寸最宽，成分偏析和变形流线脆性较大，导致凹坑尺寸增大。

对不同状态冲击磨损试样表面进行 XRD 测试，如图 3-4-28 所示，随着冲击功载荷的增加，在 4J 冲击载荷作用下，磨损试样表面出现了 Fe_2O_3 以及 Fe_3O_4 氧化物的衍射峰。可见，在高冲击载荷下，由于温升作用，磨损会导致氧化物的产生，从而使磨损加剧，并且随着磨损冲击功的增加，试样表面残余奥氏体含量逐渐减少。

由此可见，贝氏体钢轨钢在进行冲击磨损试验时，磨损机理主要由黏着磨损、磨粒磨损以及氧化磨损组成，其中在低冲击载荷下主要为磨粒磨损，在高载荷下主要为磨粒磨损和黏着磨损。随着冲击载荷的增加，磨损亚表层表面的凹坑和剥落变大，并且在磨损亚表层与成分偏析和变形流线呈 45°时，凹坑尺寸最大。45°的成分偏析和变形流线由于是倾斜排列，导致在磨损亚表层上的成分偏析和

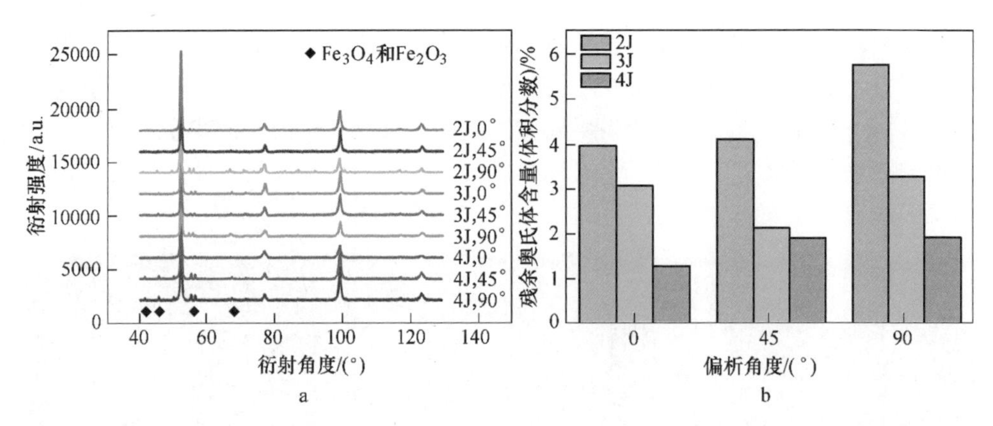

图 3-4-28　不同冲击下不同偏析程度 21Mn2SiCrNiMo 贝氏体钢轨钢磨损 6h 后磨损表面相组成
a—XRD 分析；b—残余奥氏体含量

变形流线截面较宽，硬度较高的区域较脆，韧性低，磨损失重较严重。

4.4　疲劳性能

高速和重载铁路使钢轨和辙叉所承受的应力增大，使磨损、疲劳等失效问题比较突出，而滚动接触疲劳（RCF）逐渐成为钢轨和辙叉的主要失效形式，降低了其使用寿命，并影响铁路长久平稳运行，这对钢轨或者辙叉的耐疲劳性能以及耐磨损性能提出了更高的要求。贝氏体钢的显微组织以及成分的均匀性对钢轨的服役寿命有很大的影响，因此，贝氏体钢中的成分偏析和变形流线对滚动接触疲劳的影响有必要进行深入的研究。

实际生产的贝氏体钢轨钢的化学成分以及热处理工艺如前所述，滚动接触疲劳试验是在自制的 MM-200 型屏显式摩擦磨损试验机上进行，用两个相同试样互相作为对磨试样，滑差率为 10%。设定赫兹接触应力为 1340MPa，试验过程中的接触应力始终保持在（1340±5）MPa。滚动接触疲劳磨损试验机原理和试样尺寸，如图 3-4-29 所示。

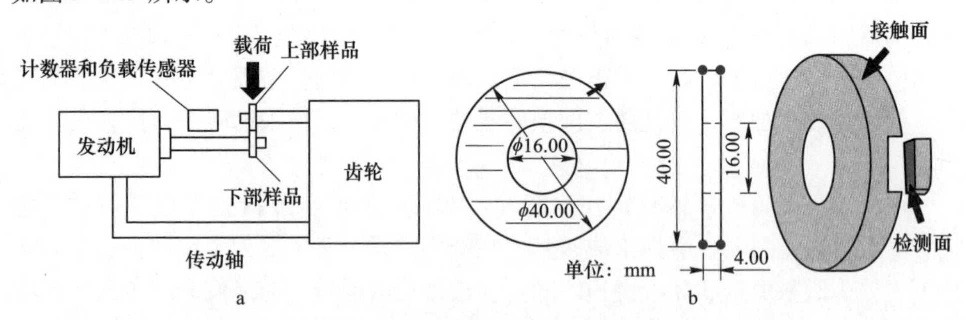

图 3-4-29　滚动接触疲劳试验条件
a—疲劳磨损试验机原理图；b—疲劳试样形状和尺寸

经过不同滚动周次的试样沿滚动方向的纵截面组织，如图 3-4-30 所示。经过不同试验周次试样的接触面产生不同程度的塑性变形，近表面的偏析带接近平行于表面，变形程度由表面向深处逐渐减小，两试样间的法向应力和剪切应力导致塑性变形层的形成。经过 1.0×10^5 周次转动后，试样表面磨损严重，塑性变形层较浅，严重偏析试样的塑性变形层（约 192μm）比轻微偏析试样（约 172μm）略厚。经过 2.0×10^5 周次转动后，试样表面硬度有所提高，耐磨性增强，塑性变形累积到达极限开始萌生裂纹。在 3.6×10^5 周次时，试样表面硬度进一步提高，塑性变形层厚度增大，裂纹数量和长度都增加。值得注意的是，裂纹大多从试样表面的偏析带与基体的过渡区处萌生并沿着偏析带向深层扩展。

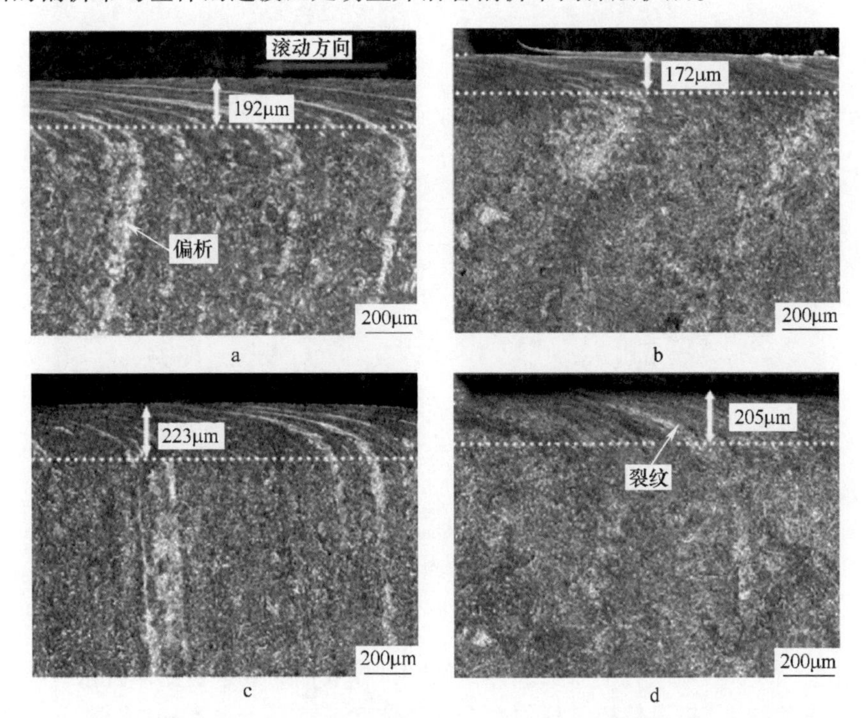

图 3-4-30 21Mn2SiCrNiMo 贝氏体钢轨钢经过不同滚动疲劳周次试验后的纵截面组织
a—1×10^5 周次，严重偏析区域；b—1×10^5 周次，轻微偏析区域；
c—3.6×10^5 周次，严重偏析试样；d—3.6×10^5 周次，轻微偏析试样

贝氏体钢轨钢滚动接触疲劳磨损试样截面的裂纹扩展情况，如图 3-4-30 所示。显微组织都沿滚动方向变形并细化，在法向载荷与切向牵引力的作用，试样中最初的裂纹在表层应力集中处萌生，方向大多与表面成 15°夹角，然后沿直线向深处扩展。滚动疲劳试验 2.0×10^5 周次后，裂纹的萌生扩展与偏析带密切相关，裂纹容易在试样表层的偏析带边缘萌生并沿偏析带向深处扩展。偏析严重的试样裂纹数量较多，并且裂纹长度较长，表层的偏析带处易发生剥落。偏析轻微

的试样有少量较短的疲劳裂纹，沿直线向基体深处扩展。在滚动疲劳试验 3.6×10^5 周次时裂纹扩展缓慢，严重偏析试样的裂纹长度远大于轻微偏析试样的长度，在局部放大图中发现有很多微孔，这有利于裂纹的相互连接与扩展。另外，在轻微偏析试样裂纹的末端发现树枝状裂纹。裂纹长度随滚动周次的变化，如图 3-4-31 所示，严重偏析试样的裂纹长度始终高于轻微偏析试样。

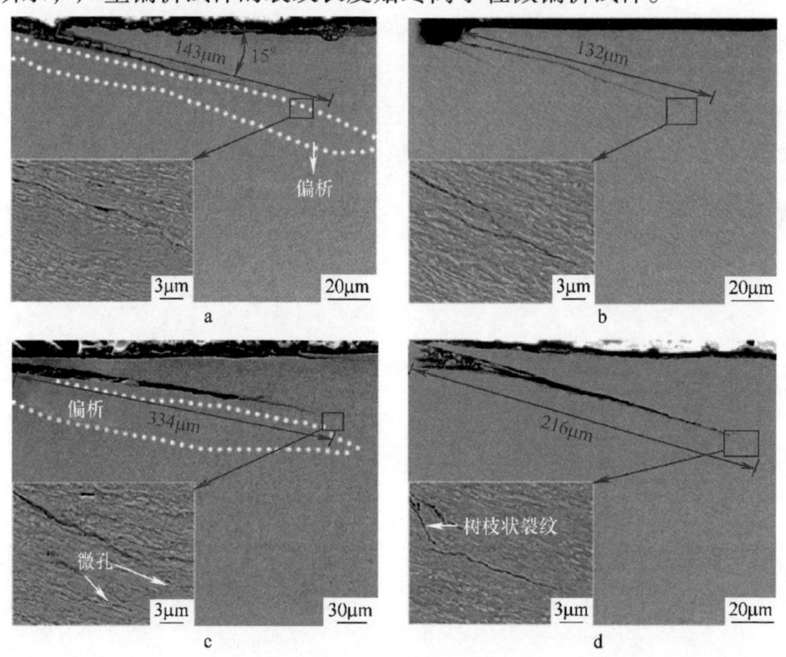

图 3-4-31　21Mn2SiCrNiMo 贝氏体钢轨钢滚动疲劳裂纹形貌

a—1×10^5 周次，严重偏析试样；b—1×10^5 周次，轻微偏析试样；

c—3.6×10^5 周次，严重偏析试样；d—3.6×10^5 周次，轻微偏析试样

经过不同滚动周次转动后贝氏体钢轨钢试样表面的残余奥氏体含量（体积分数），见表 3-4-4。轻微偏析试样中残余奥氏体含量略高于严重偏析试样，随着滚动周次的增加，试样表面残余奥氏体含量降低，尤其开始滚动疲劳试验 1.0×10^5 周次以前，残余奥氏体含量变化最大，裂纹尖端正前方的薄膜状残余奥氏体在循环载荷的作用下转变成马氏体，通过变形引起的局部硬化和裂纹闭合效应减缓裂纹的扩展，并改变了裂纹扩展路径。块状残余奥氏体或马氏体/奥氏体岛为裂纹提供扩展路径，能够加速裂纹的扩展。轻微偏析试样中的残余奥氏体含量较多，而严重偏析试样中的成分偏析和变形流线由马氏体或马氏体/奥氏体岛组成，有利于裂纹的扩展。

从滚动接触疲劳试验后的严重偏析处试样表层取样，利用 TEM 观察其组织变化，如图 3-4-32 所示。试样表层原始组织是空冷得到的贝氏体+马氏体+残余

奥氏体的复相组织，贝氏体板条没有统一的取向。滚动疲劳试验 1.0×10^5 周次后，试样表面产生塑性变形，贝氏体板条变细并有一定的取向。贝氏体板条内部形成大量位错和位错缠结，并开始形成亚晶界分割贝氏体板条，使板条细化。当滚动周次增加到 3.6×10^5 时，塑性变形更加严重，板条状贝氏体不再明显，贝氏体板条被分割成细小的随机取向的等轴晶粒，形成纳米晶组织。滚动周次越高，塑性变形层越严重，晶粒越细化，导致试样硬度的提高。

表 3-4-4　21Mn2SiCrNiMo 贝氏体钢轨钢中不同偏析区试样经不同滚动周次后的残余奥氏体含量

滚动周次		0	1.0×10^5	2.0×10^5	3.6×10^5
残余奥氏体含量（体积分数）/%	严重偏析试样	5.3	3.3	3.1	2.9
	轻微偏析试样	7.5	3.6	3.0	2.9

图 3-4-32　21Mn2SiCrNiMo 贝氏体钢轨钢经不同周次滚动疲劳试验后试样表层 TEM 组织
a—0 周次；b—1×10^5 周次；c—3.6×10^5 周次

由于贝氏体钢中的偏析使各相的强度差异较大，在相同应力作用下，各相产生的应变程度也不一样，因此，对贝氏体钢轨钢进行 5%的轧制变形，以此来模拟表征滚动接触疲劳试验初期（未疲劳磨损前）试样表层的形变情况，再利用 EBSD 技术，分析各相的应变情况，如图 3-4-33 和图 3-4-34 所示。由 IPF 图可知，偏析区域组织比基体组织更细小，变形前后晶粒取向随机分布，5%的变形量未改变晶粒取向。通过平均取向差（KAM）图来区分马氏体和贝氏体相变过程中应力的不同。未变形基体应变值小，只有在贝氏体铁素体边缘有较小的应变。然而，未变形偏析区域应变值大，经过 5%变形试样中产生了较大应变，且应变分布不均匀。成分偏析和变形流线硬度较高且不易变形，所以经过 5%变形

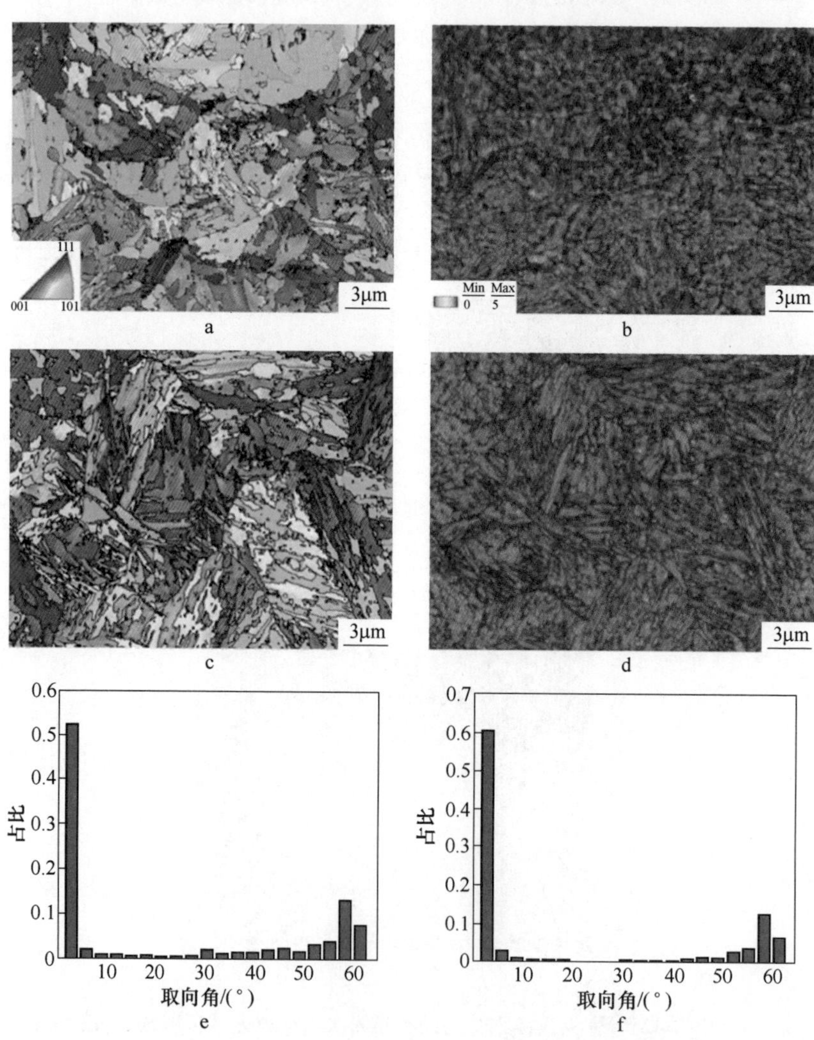

图 3-4-33　未变形 21Mn2SiCrNiMo 贝氏体钢轨钢 EBSD 分析结果

a—基体 IPF 图；b—基体 KAM 图；c—偏析区域 IPF 图；d—偏析区域 KAM 图；
e—基体取向角；f—偏析区域取向角

后产生的应变值较小。而贝氏体基体硬度小易变形，产生的应变值较大。因此，由于成分偏析和变形流线的存在造成应变分配不均匀，循环载荷下塑性变形不断累积，在成分偏析和变形流线与基体的过渡区易产生裂纹，使钢轨的疲劳寿命降低。由以上分析可见，钢轨中的偏析带对疲劳性能有很大的危害。

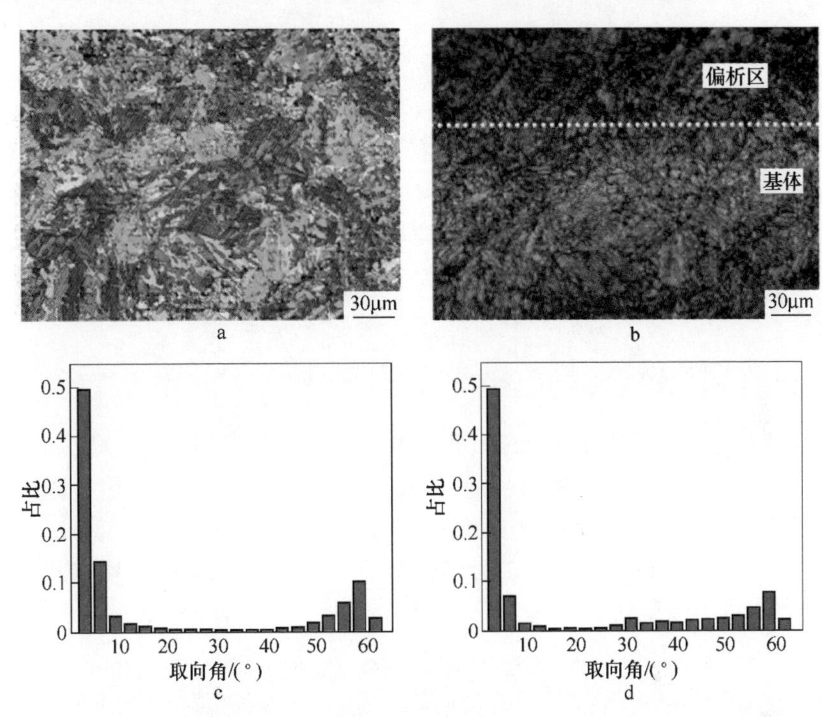

图 3-4-34　21Mn2SiCrNiMo 贝氏体钢轨钢经 5%变形后的 EBSD 分析结果

a—IPF 图；b—KAM 图；c—基体变形 5%取向角；d—偏析区域变形 5%取向角

5　轨道用贝氏体钢热处理调控

目前，我国贝氏体钢轨生产制造比较有影响的企业是鞍山钢铁集团有限公司（简称鞍钢）和包头钢铁集团有限责任公司（简称包钢），这两家企业不仅生产贝氏体钢轨的装备和技术力量雄厚，而且研发力量较强，在低碳贝氏体钢轨钢方面开展了大量的研究工作，取得了丰硕的成果。本章重点介绍这两个钢铁企业关于贝氏体钢轨钢方面的研究成果，这将对轨道用贝氏体钢生产具有重要的指导意义。

5.1　正火工艺调控

包钢对高强韧 U20Mn2SiCrNiMo 贝氏体钢轨热处理工艺进行优化，该研究结合贝氏体钢轨的热处理生产实践，为贝氏体钢轨钢的实际应用提供了数据支撑。该钢轨钢的具体化学成分（质量分数）为：C 0.020%、Si 1.1%、Mn 2.0%、Cr 1.1%、Ni 0.45%、Mo 0.35%。正火热处理工艺见表 3-5-1。研究用试样为 0.5m 长的 60kg/m 贝氏体钢轨。

表 3-5-1　U20Mn2SiCrNiMo 贝氏体钢轨的正火热处理工艺

工艺	正火热处理工艺参数
1	900℃保温 1.5h 空冷至室温，再加热至 300℃保温 4h 空冷
2	870℃保温 1.5h 空冷至 300℃保温 4h 空冷
3	900℃保温 1.5h 空冷至 300℃保温 4h 空冷
4	930℃保温 1.5h 空冷至 300℃保温 4h 空冷

U20Mn2SiCrNiMo 贝氏体钢轨热轧态和热处理后的力学性能，见表 3-5-2。从该表中可以看出，正火+回火工艺钢轨的强度和踏面硬度略有提高，冲击吸收功基本保持不变，但伸长率有大幅度提高。相比热轧态的钢轨，工艺 2~4 等温处理后的试样抗拉强度基本保持不变，屈服强度、踏面硬度略有降低，但断后伸长率和冲击吸收功有大幅度的提高，这表明优化的热处理工艺可以同时提高 U20Mn2SiCrNiMo 贝氏体钢轨塑性和韧性。同时，经工艺 2~4 处理后的钢冲击吸收功随着正火温度的升高而有所降低，踏面硬度呈现增加的趋势。前者韧性降低与奥氏体晶粒长大有关，后者硬度增加是由合金元素高温下充分固溶、淬透性提高造成的。比较工艺 1、3 可知，正火温度、保温时间相同的情况下，工艺 3 既可以缩短热处理时间，又可以提高贝氏体钢轨的冲击韧性，同时强度、硬度和断

面伸长率仅略有降低。因此，等温优化后的热处理工艺连续性强、时间缩短，尤其是 870℃保温 1.5h 空冷至 300℃保温 4h 空冷工艺，表现出最高的韧性，该工艺同时可以满足钢轨在线淬火、焊后热处理的工艺要求。

表 3-5-2 不同正火工艺处理 U20Mn2SiCrNiMo 贝氏体钢轨的力学性能

工艺	$R_{p0.2}$/MPa	R_m/MPa	A/%	KU_2/J	硬度（HBW）
热轧态	1080	1310	9.5	60	390
工艺 1	1102	1396	16.0	57	402
工艺 2	1029	1309	17.0	89	376
工艺 3	1050	1316	17.0	83	382
工艺 4	1035	1299	17.0	80	392
标准要求（TJ/GW 117—2013）	≥1000	≥1280	≥12.0	≥70	360~430

U20Mn2SiCrNiMo 贝氏体钢轨经不同热处理工艺处理后的金相组织，如图 3-5-1所示。传统的正火+回火处理后钢轨的显微组织细化，这是由于正火空冷至

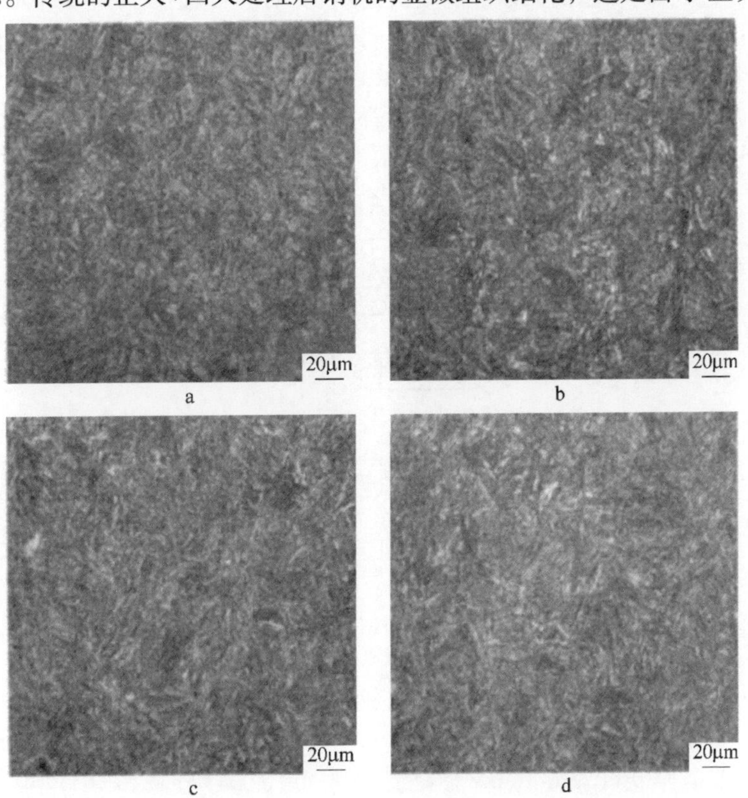

图 3-5-1 不同正火工艺处理 U20Mn2SiCrNiMo 贝氏体钢轨的金相组织

a—工艺 1；b—工艺 2；c—工艺 3；d—工艺 4

室温过程中，不仅发生贝氏体相变，还发生马氏体相变。显微组织中同时存在贝氏体板条和马氏体板条，最终导致贝氏体板条变细，工艺 1 处理的贝氏体钢轨也展现出高的强度和硬度。工艺 2~4 为正火（870~930℃）空冷至 300℃等温，经等温处理贝氏体钢轨的显微组织中板条特征明显，且含有少量的铁素体，正火温度降低，奥氏体均匀化程度也降低，正火空冷后的铁素体含量就相对增多。对于工艺 2，正火温度较低，奥氏体晶粒较小，且显微组织中含有少量的铁素体，所以该工艺下贝氏体钢轨的冲击吸收功最高。

鞍钢基于无碳化物贝氏体钢轨钢生产过程中矫直、回火和在线热处理 3 种工艺，采用不同工艺组合工业试制不同热处理工艺贝氏体钢轨，从微观组织表征、力学性能指标的断裂韧性等角度系统研究了典型生产工艺对无碳化物贝氏体钢轨组织和力学性能的影响。

无碳化物贝氏体钢轨的化学成分，见表 3-5-3；主要生产流程，如图 3-5-2 所示。可以看出，通过 3 种典型的钢轨生产工艺，即矫直、回火与在线热处理，工业试制了 5 种不同状态的无碳化物贝氏体钢轨。其中，热轧态钢轨空冷后的样品标记为 HR 钢轨；HR 钢轨经过矫直后，标记为 HR+RS 钢轨；对 HR+RS 钢轨进行回火，回火温度约为 300℃，记为 HR+RS+T 钢轨；热轧态钢轨在空冷过程中进行喷风加速冷却，即在线热处理，再进行矫直，记为 Q+RS 钢轨；对 Q+RS 钢轨进行回火，记为 Q+RS+T 钢轨。

表 3-5-3　无碳化物贝氏体钢轨的化学成分　（质量分数,%）

C	Si	Mn	Cr	V	Mo	Nb	P	S
0. 19~0. 29	1. 40~1. 50	1. 60~2. 30	0. 40~1. 00	≤0. 12	0. 15~0. 60	≤0. 05	≤0. 022	≤0. 015

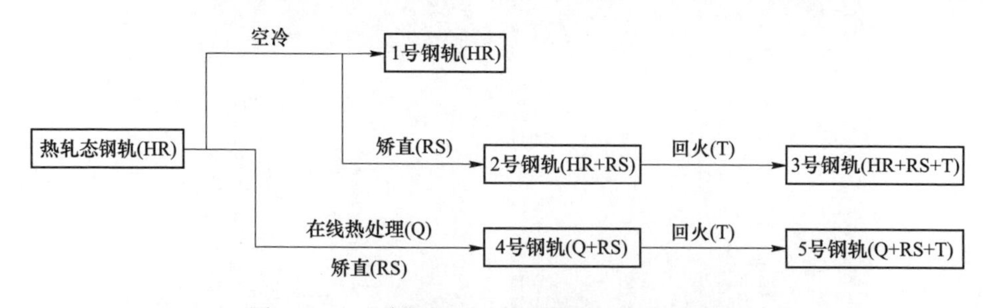

图 3-5-2　无碳化物贝氏体钢轨的主要生产流程

选取 HR+RS+T 钢轨与 Q+RS+T 钢轨作为重点研究对象，基于 SEM 组织，如图 3-5-3 所示。HR+RS+T 钢轨与 Q+RS+T 钢轨微观组织具有相似的典型特征，即薄膜状残余奥氏体（RA）位于贝氏体铁素体（BF）板条间，而较粗大的块状残余奥氏体多分布于原奥氏体晶界处；Q+RS+T 钢轨的 BF 板条长度较 HR+RS+T 钢轨短，BF 板条的厚度更薄且更为致密，均说明在线热处理可细化贝氏体组织。

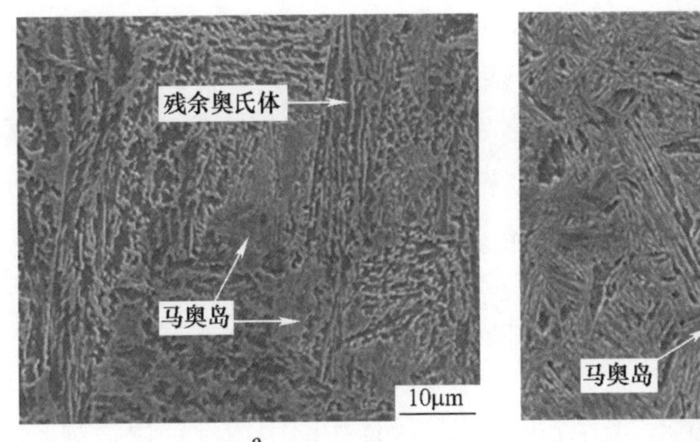

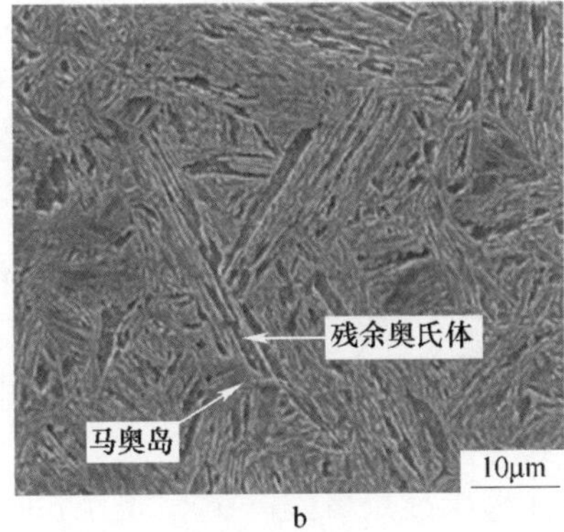

图 3-5-3 不同工艺处理的无碳化物贝氏体钢轨 SEM 组织

a—HR+RS+T 钢轨；b—Q+RS+T 钢轨

为研究无碳化物贝氏体钢轨相组成，HR+RS+T 钢轨与 Q+RS+T 钢轨的 TEM 组织，如图 3-5-4 所示。不同生产工艺下的贝氏体钢轨均存在两种残余奥氏体形

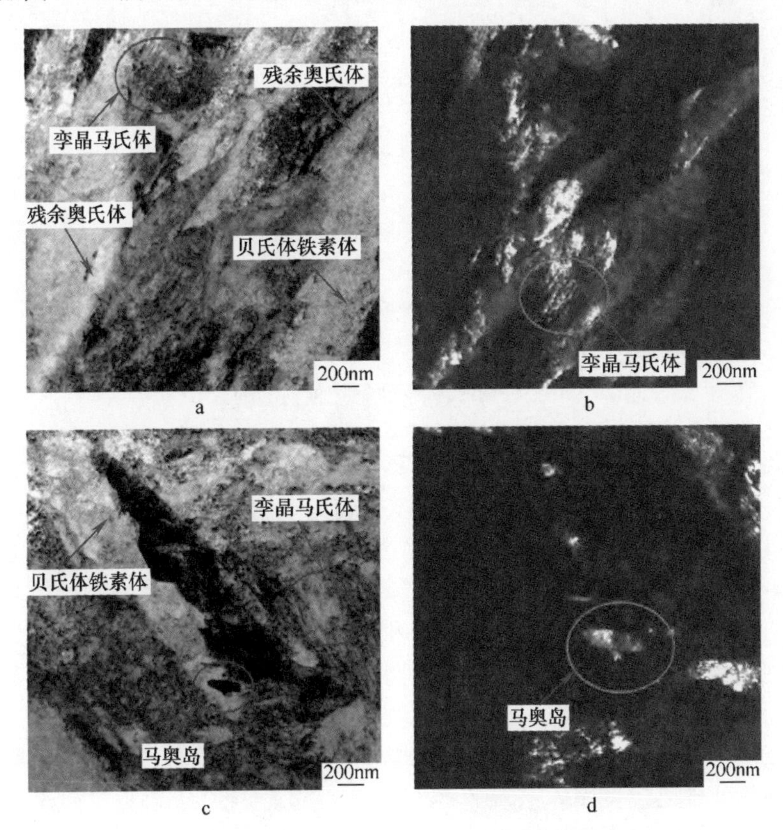

图 3-5-4 不同工艺处理的无碳化物贝氏体钢轨 TEM 组织

a—HR+RS+T 钢轨明场；b—HR+RS+T 钢轨暗场；c—Q+RS+T 钢轨明场；d—Q+RS+T 钢轨暗场

貌，即薄膜状 RA 与块状 RA；在 HR+RS+T 钢轨与 Q+RS+T 钢轨中均发现有少量的孪晶马氏体组织。对 5 种工艺处理后钢轨的贝氏体铁素体板条厚度进行统计计算，得到均值，见表 3-5-4。由于在线热处理冷却速度较快，细化了贝氏体铁素体板条；而低温回火对贝氏体铁素体板条的细化影响较小。

表 3-5-4　不同热处理工艺贝氏体钢轨贝氏体铁素体板条厚度均值　（μm）

热处理工艺	HR	HR+RS	HR+RS+T	Q+RS	Q+RS+T
BF 板条厚度均值	0.86	0.70	0.69	0.51	0.54

为了评价残余奥氏体在不同热处理工艺贝氏体组织中的稳定性，对无碳化物贝氏体钢进行 3%拉伸变形，其中，HR 钢轨拉伸前后的 XRD 衍射谱对比，如图 3-5-5 所示。可以看出，HR 钢轨残余奥氏体的衍射峰强度拉伸后明显降低，即发生了残余奥氏体相转变。

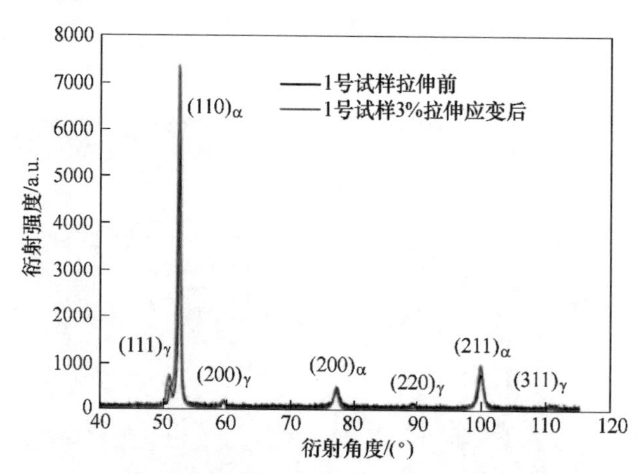

图 3-5-5　HR 工艺贝氏体钢轨钢拉伸前后的 XRD 衍射谱

由此计算了不同热处理工艺贝氏体钢轨拉伸前后的残余奥氏体体积分数，结果如图 3-5-6 所示。用未转变残余奥氏体在初始残余奥氏体含量中的占比，来评价残余奥氏体在不同贝氏体组织中的稳定性，记作稳定性因子（α）。对比 HR 钢轨与 HR+RS 钢轨，说明矫直可使部分残余奥氏体发生应力诱发马氏体相变，同时矫直前后进行拉伸应变残余奥氏体的变化量差别大，表明矫直可提高无碳化物贝氏体钢轨残余奥氏体的稳定性；并且回火可进一步提高残余奥氏体稳定性，而在线热处理对残余奥氏体稳定性的影响较小。

踏面硬度是重载铁路钢轨的重要力学性能指标，对钢轨的耐磨性具有重要影响。不同热处理工艺贝氏体钢轨的踏面硬度，见表 3-5-5。矫直、回火和在线热处理均有助于提高踏面硬度，其中在线热处理提高的作用最大，矫直与回火促使不稳定奥氏体发生马氏体转变，稳定微观组织结构，也可少量提高硬度。

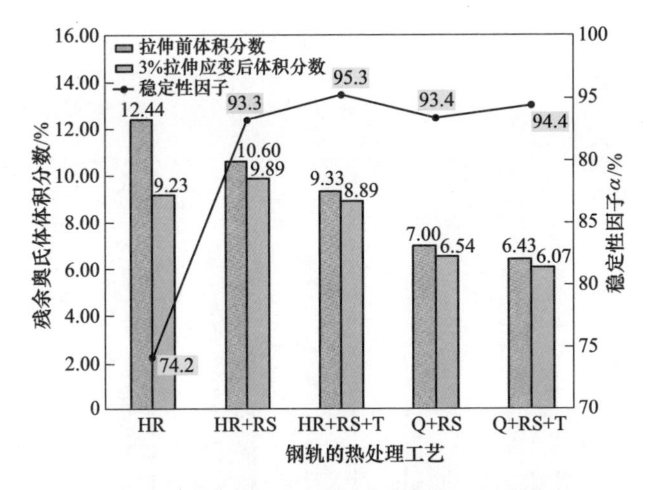

图 3-5-6 不同热处理工艺贝氏体钢轨拉伸前后残余奥氏体体积分数及稳定性因子的变化

表 3-5-5 不同热处理工艺贝氏体钢轨的踏面硬度

热处理工艺	HR	HR+RS	HR+RS+T	Q+RS	Q+RS+T
硬度(HBW)	370	382	401	444	442

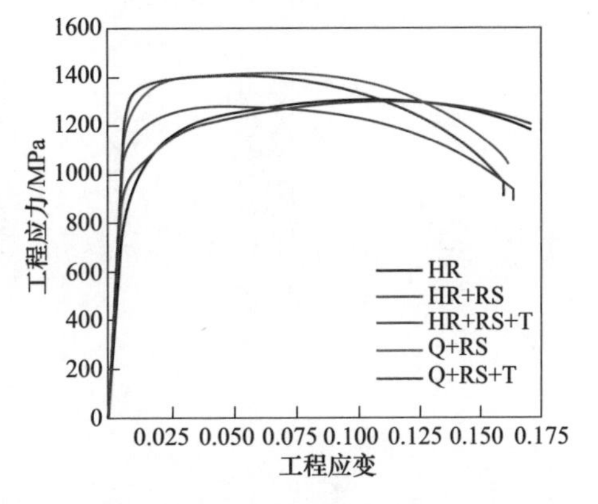

图 3-5-7 不同热处理工艺贝氏体钢轨的拉伸工程应力-应变关系

不同热处理工艺贝氏体钢轨的工程应力-应变曲线，如图 3-5-7 所示。它们在弹性阶段基本重合，矫直与热处理不改变弹性模量，其屈服强度、抗拉强度、断后伸长率及加工硬化系数，如图 3-5-8 所示。可以看出，热轧态下 HR 钢轨、HR+RS 钢轨与 HR+RS+T钢轨具有相近的抗拉强度等级（1280~1290MPa），而在线热处理后 Q+RS 钢轨与 Q+RS+T 钢轨具有更高的抗拉强度等级（1410~1420MPa），说明无碳化物贝氏体钢轨的抗拉强度与冷却速度关系较大，在线热处理不仅能提高屈服强度，更能提高抗拉强度，是 3 种生产工艺中唯一能够提高抗拉强度的工艺；不同热处理工艺贝氏体钢轨的屈服强度各不相同，说明屈服强度受生产工艺的影响较大。HR 钢轨屈服强度较低（746MPa），但断后伸长率较高（18.0%），因为 HR 钢轨未经历矫直存在较多的不稳定残余奥氏体，残余奥氏体含量越多，屈服强度越低，断后伸长率则越高。因此，矫直对钢轨的屈服强度和断后伸长率有较大影响，但对抗拉强度的影响较小。回火可明显提高钢轨的屈服强度，但对抗拉强度的影响很小。无碳化物贝氏体钢轨的屈服强度与残余奥氏体的稳定性密切相关。由于回火提高了无碳化物贝氏体组织的稳定性，相当于提高了残余奥氏体发生相变的门槛值，从而提高了屈服强度。

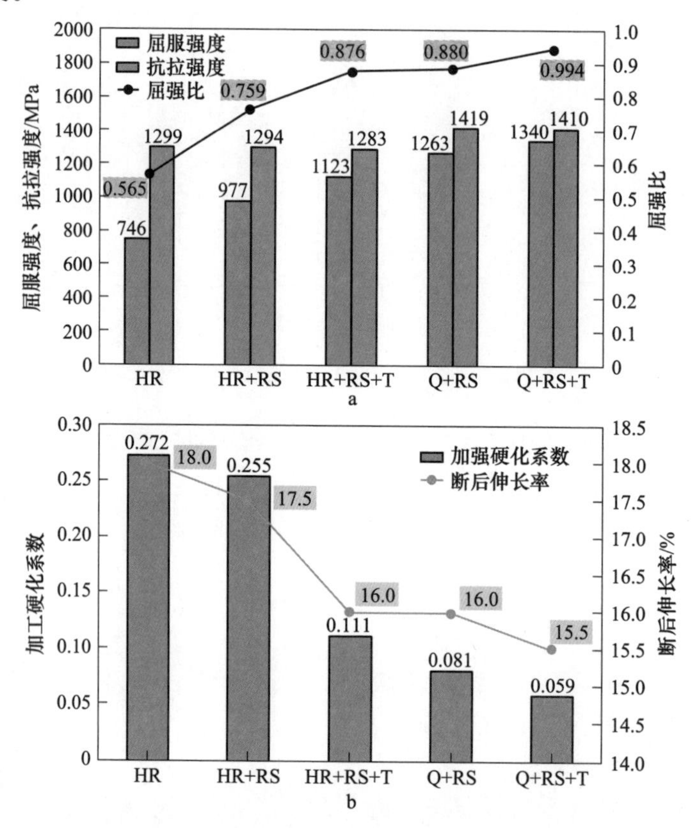

图 3-5-8　不同热处理工艺贝氏体钢轨的拉伸性能指标对比

a—强度和屈强比；b—加工硬化系数和伸长率

加工硬化指数和断后伸长率随着残余奥氏体体积分数的降低而降低，这是因为残余奥氏体在无碳化物贝氏体钢轨变形中会发生 TRIP 效应，提高了无碳化物贝氏体钢的延展性与加工硬化能力，而 3 种生产工艺均可提高残余奥氏体的稳定性，从而减弱了残余奥氏体的 TRIP 效应。

选取热轧态 HR+RS+T 钢轨与在线热处理态 Q+RS+T 钢轨为研究对象，对钢轨不同部位残余应力进行测量，结果见表3-5-6。两种钢轨的轨底中心残余应力相近，表明在相同矫直和回火工艺下，在线热处理对轨底中心残余应力的影响不大。根据《1380MPa 级贝氏体钢轨暂行技术条件》规定，贝氏体钢轨轨底中心的最大残余应力不大于 330MPa。根据容许应力［σ］相关计算，最终得出的结果认为，钢轨使用容许应力的增加远远大于残余应力的增加，因此，钢轨强度的安全储备是足够的。

表 3-5-6 HR+RS+T 与 Q+RS+T 工艺贝氏体钢轨残余应力测试对比 (MPa)

热处理工艺	轨头中心	轨腰中心	轨底中心
HR+RS+T	234	-187	312
Q+RS+T	296	-244	328

测试不同热处理工艺贝氏体钢轨轨头、轨腰与轨底的室温冲击功，结果见表3-5-7，相比于HR+RS钢轨，矫直前的HR钢轨具有更高的冲击功，这与HR钢轨具有更高体积分数的残余奥氏体有关。比较HR+RS钢轨与HR+RS+T钢轨、Q+RS钢轨与Q+RS+T钢轨可知，回火能够明显提升钢轨的冲击功。比较HR+RS+T钢轨与Q+RS+T钢轨，可以看到在线热处理能够明显提高冲击功。

表 3-5-7 不同热处理工艺贝氏体钢轨的冲击功 (J)

钢轨位置	热处理工艺				
	HR	HR+RS	HR+RS+T	Q+RS	Q+RS+T
轨头	58	51	69	80	104
轨腰	64	55	71	85	102
轨底	72	64	91	82	108

选取1280MPa与1380MPa强度等级无碳化物贝氏体钢轨为研究对象，即HR+RS+T工艺钢轨与Q+RS+T工艺钢轨，进行15组断裂韧性测试，试验结果如图3-5-9所示。HR+RS+T工艺钢轨在-20℃的断裂韧性平均值均大于49.7MPa·m$^{1/2}$，单个最小值均大于48.1MPa·m$^{1/2}$；Q+RS+T工艺钢轨在-20℃的断裂韧性平均值均大于75.9MPa·m$^{1/2}$，单个最小值均大于70.1MPa·m$^{1/2}$；可见在线热处理可显著提高无碳化物贝氏体钢轨的断裂韧性。

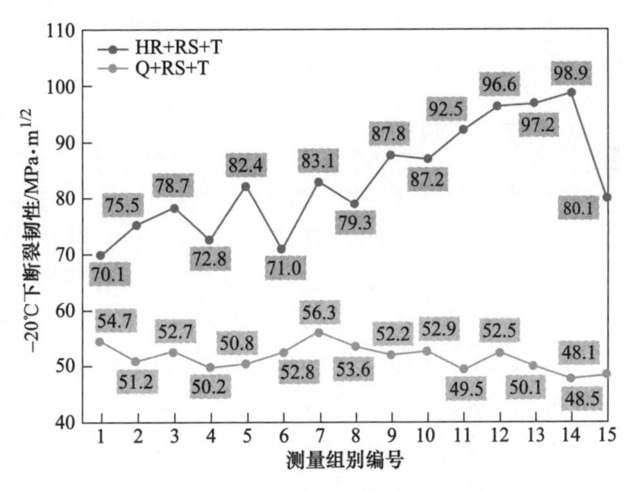

图 3-5-9 HR+RS+T 和 Q+RS+T 工艺贝氏体钢轨在-20℃下的断裂韧性

对这两种工艺钢轨进行疲劳裂纹扩展速率（da/dN）试验，通过拟合扩展速率方程计算给定不同应力强度因子ΔK下的da/dN，结果见表3-5-8。裂纹扩展速率与钢轨强度等级正相关，Q+RS+T 工艺钢轨的强度等级更高，其裂纹扩展速率更快。Q+RS+T 工艺钢轨的疲劳裂纹扩展速率明显高于 HR+RS+T 工艺钢轨，可知在线热处理在提高无碳化物贝氏体钢轨强度等级的同时，也会加快裂纹扩展速率。虽然在线热处理加快了裂纹扩展速率，加速了裂纹的发展过程，但是也提高了断裂韧性，从而增大了钢轨抵抗疲劳断裂的能力，保证了钢轨服役的安全性。

表 3-5-8　贝氏体钢轨疲劳裂纹扩展速率

热处理工艺	强度等级/MPa	不同 ΔK 下的 da/dN/m · Gc^{-1}	
		ΔK=10MPa · $m^{1/2}$	ΔK=13.5MPa · $m^{1/2}$
HR+RS+T	1280	7.15	21.3
Q+RS+T	1380	12.2	32.9

对于我国贝氏体钢轨的研发，需要根据不同的线路应用需求（耐磨、抗接触疲劳或抗冲击），有针对性地调控生产工艺参数与化学成分，从而得到更适用于线路环境特征的贝氏体钢轨性能指标。耐磨性能主要与贝氏体钢轨钢的微观组织与硬度有关，抗接触疲劳性能则主要与其强韧性有关。因此，为了兼顾无碳化物贝氏体钢轨的耐磨性与抗接触疲劳性能，需在提高屈服强度与抗拉强度的同时，提升加工硬化能力与塑性。在微观组织与生产工艺优化方面，具体可优化的思路为：(1) 通过成分设计，适当增加残余奥氏体体积分数；(2) 通过优化矫直及回火工艺，提高残余奥氏体的稳定性；(3) 通过优化在线热处理工艺，细化贝氏体铁素体板条厚度，提高强韧性。

5.2　回火工艺调控

在贝氏体相变过程中，贝氏体铁素体的形成会发生由于变形引起的局部塑性弛豫，造成残余应力和高密度位错，这可以通过回火来释放。随回火温度的升高和保温时间的延长，奥氏体也会转变成贝氏体，后续的冷却过程中也可转变成马氏体，因此残余奥氏体含量减少。薄膜状的残余奥氏体由于其尺寸效应和其中高的碳含量，具有高的力学稳定性。低碳无碳化物贝氏体钢在 450℃ 进行长时间的回火处理后发现，回火的早期阶段只析出少量的渗碳体，但由于渗碳体的析出会使局部贫碳而使其奥氏体不稳定，从而导致其在冷却过程中生成未回火的马氏体和较多的渗碳体。现在主要目的是研究不同回火温度和保温时间对轨道用贝氏体钢的微观组织及力学性能的影响。

首先以包钢 75kg/m 在线热处理态贝氏体钢轨为研究对象，在实验室进行了系统的高温回火试验，并对不同回火工艺下钢轨的常规力学性能、断裂韧性(-20℃)、疲劳裂纹扩展速率、残余应力、显微组织进行了对比分析。75kg/m 在线热处理态贝氏体钢轨具体化学成分（质量分数）为：C 0.10%~0.25%、Si 0.5%~1.5%、Mn 1.4%~2.5%、(Cr+Ni+Mo) 1.5%~2.0%；其力学性能见表

3-5-9。试验用的贝氏体钢轨中碳含量（质量分数）为 0.10%~0.25%，加入适量的硅、锰、铬、镍、钼等合金元素。试验采用高温回火工艺，设定温度分别为 400℃、450℃、500℃、550℃，保温时间 24h，并增加 280℃作为对比温度。

表 3-5-9 在线热处理贝氏体钢轨的力学性能

$R_{p0.2}$/MPa	R_m/MPa	A/%	KU_2/J	硬度(HBW)	残余应力/MPa
1230~1290	1380~1420	10~12	80~100	410~430	350~430

不同回火温度工艺处理后试验钢的力学性能，如图 3-5-10 所示。随着回火温度的增加，钢轨强度、踏面硬度降低，屈强比小幅度降低，但屈强比基本保持在 0.83~0.92 之间；伸长率、面缩率线性小幅度升高，伸长率可达 19.5%，面缩可达 63%，此时钢轨具有较高的伸长率。

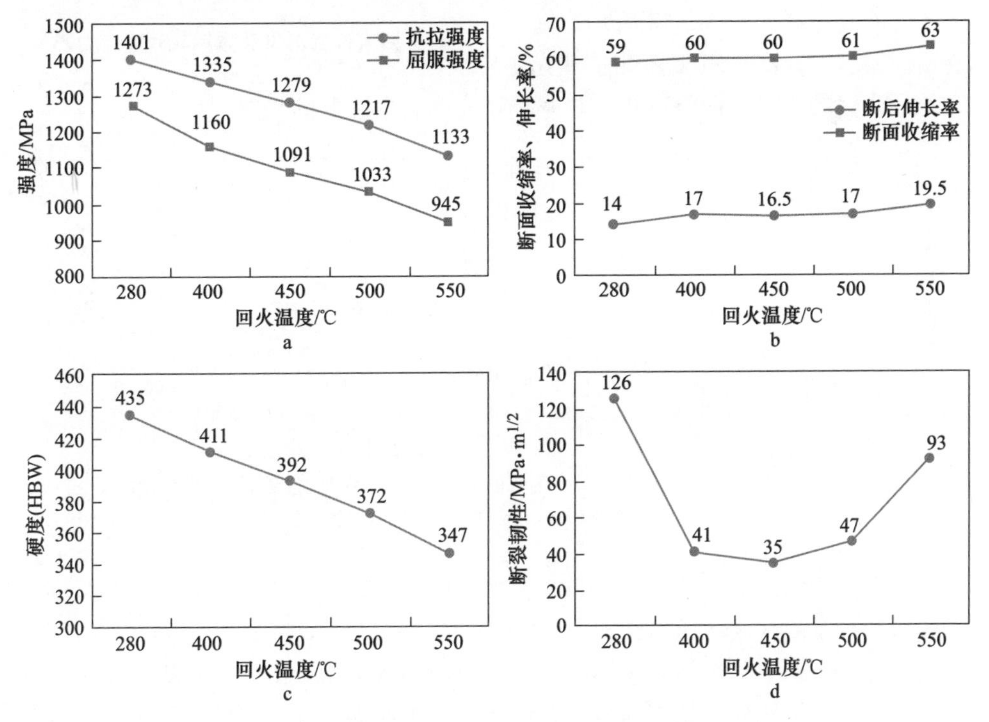

图 3-5-10 回火温度对贝氏体钢轨常规力学性能的影响

a—强度；b—塑性；c—硬度；d—断裂韧性

在线热处理贝氏体钢轨由于热应力、组织应力和矫直应力的存在，从而使钢轨在宏观上表现出较大的残余拉应力。图 3-5-11 为不同回火温度钢轨残余应力的变化，随着回火温度从 280℃提高到 550℃，钢轨残余应力随回火温度的提高呈下降趋势。当回火温度为 550℃时，钢轨的残余应力值下降至 39MPa，表明高温回火可有效地降低钢轨的残余应力。当回火温度高于 400℃时，钢轨残余应力降低到 214MPa，可以满足不大于 250MPa 目标要求，从而降低因轮轨作用力和钢轨残余应力相互作用而引起的核伤发生概率。

钢轨生产制造过程中，表面和内部不可避免地会产生宏观或微观的缺陷，这些缺陷在服役过程中，会因轮轨作用而产生裂纹并可能导致钢轨断裂。因此，钢轨断裂韧性、疲劳裂纹扩展速率指标对其服役性能有着重要的影响。在线热处理贝氏体钢轨不同回火温度后断裂韧性和疲劳裂纹扩展速率性能变化，如图 3-5-12 所示。随着回火温度的升高，断裂韧性呈现先降低后升高的趋势，而裂纹扩展速率呈现先升高后降低的趋势。

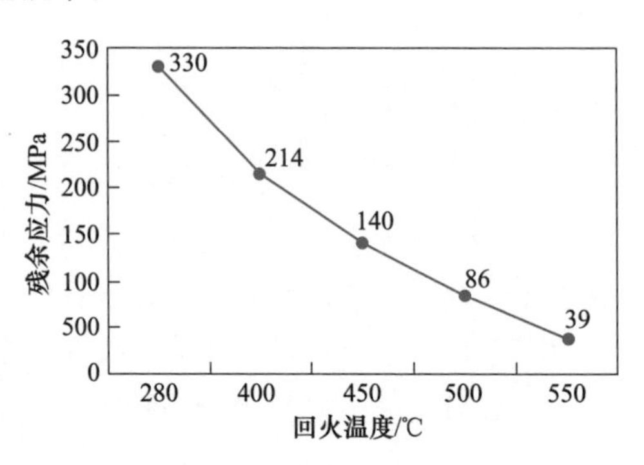

图 3-5-11　回火温度对贝氏体钢轨残余应力影响

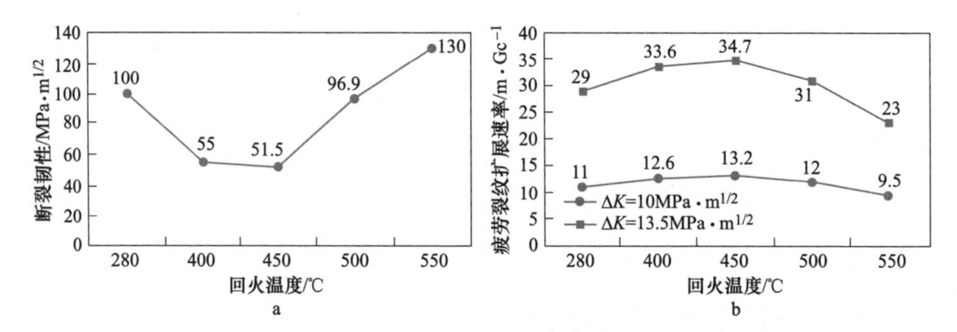

图 3-5-12　回火温度对贝氏体钢轨断裂韧性及疲劳裂纹扩展速率的影响

a—断裂韧性；b—疲劳裂纹扩展速率

不同温度回火的钢轨 TEM 组织，如图 3-5-13 所示。试验钢由贝氏体、回火马氏体和少量的残余奥氏体组成，随着回火温度从 280℃提高到 550℃，贝氏体、马氏体复相组织中马氏体发生回火转变，部分的碳化物析出，导致组织固溶强化效应消失，且贝氏体、铁素体板条持续粗化，因此钢轨强度、硬度降低，且高的回火温度会因碳化物的粗化而使屈强比降低。当钢轨回火温度超过 450℃时，贝氏体、铁素体板条厚度增加，位错密度降低，并伴有碳化物析出、聚集、长大。由于钢轨中的位错密度、残余应力会随着回火温度的升高进一步降低，贝氏体、铁素体中析出的弥散细小的碳化物能更有效地钉扎住位错，且马氏体的高温回火处理会使韧性进一步增加，从而体现在回火温度高于 450℃时，冲击功、断裂韧性增加和疲劳裂纹扩展速率的降低。这说明该成分贝氏体钢轨回火脆性温度区间为 400~450℃。

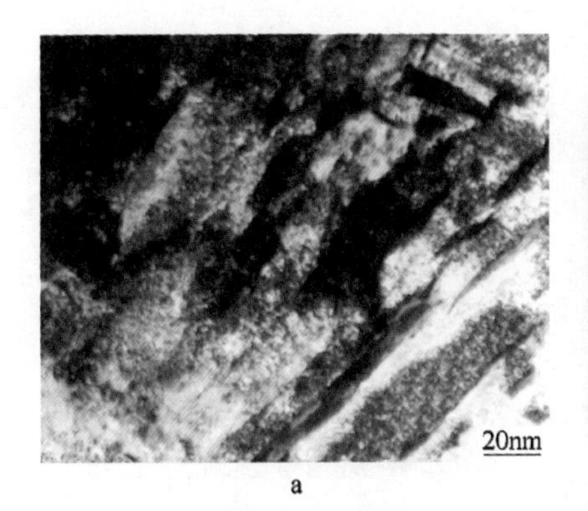

a

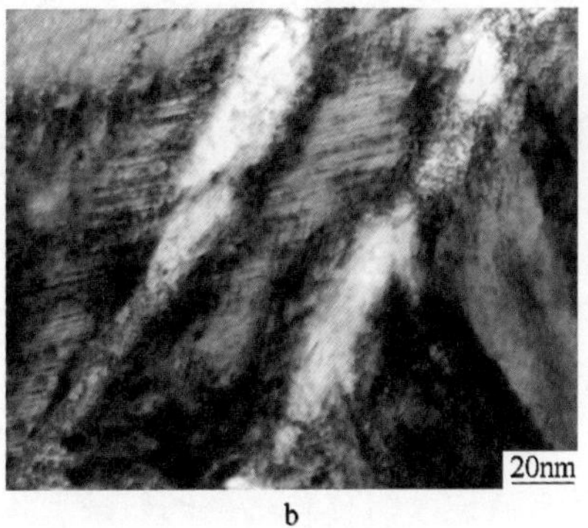

b

图 3-5-13 U22SiMn 贝氏体钢轨经 350℃回火后的 TEM 组织
a—板条贝氏体铁素体形态；b—M/A 岛形态

鞍钢以热轧 U22SiMn 贝氏体钢为研究对象，具体成分为（质量分数）：C 0.28%，Si 1.8%，Mn 1.9%，Cr 0.6%。研究钢轨钢在 250~550℃不同温度回火后微观组织和力学性能的演变规律，贝氏体钢轨经不同温度回火处理后的力学性能，见表 3-5-10，随着回火温度的提高，钢轨的屈服强度和抗拉强度略有降低，但能分别保持在 925MPa 和 1210MPa 以上。回火温度在 350℃以上时，塑性有明显的改善。同时，回火温度对冲击韧性和断裂韧性影响较大。与热轧态钢轨相比，350℃回火时，钢轨的冲击韧性为 81J，相比热轧态提高了 42%，而在 400℃和 450℃较高温度回火后试样韧性展现出急剧降低的趋势。断裂韧性的变化规律与冲击韧性相似，350℃以下回火，K_{IC}均在 52.9MPa · $m^{1/2}$以上，400℃回火后发生明显降低。这说明该成分贝氏体钢轨回火脆性温度区间也在 400~450℃。

表 3-5-10 U22SiMn 贝氏体钢轨经不同温度回火处理后的力学性能

回火温度/℃	$R_{p0.2}$/MPa	R_m/MPa	A/%	Z/%	A_{KU}/J	-20℃时 K_{IC}/MPa · $m^{1/2}$
未回火	950	1310	12.0	18.0	57	—
250	985	1300	11.5	20.0	80	54.8
350	1090	1240	17.0	40.0	81	52.9
400	1030	1210	17.0	36.5	49	32.0
450	925	1210	14.0	34.5	25	28.0
550	985	1240	13.0	40.0	—	—

力学性能由钢的组织决定，为了研究不同回火温度条件下 U22SiMn 贝氏体钢显微组织的变化，选取 350℃和 450℃的回火试样，通过透射电镜对钢的显微组织进行观察，结果如图 3-5-13 和图 3-5-14 所示。可以看出，350℃回火试样的显微组织主要由不同尺度的马奥岛、板条贝氏铁素体、残余奥氏体和极少量铁素体组成；450℃回火试样的显微组织中贝氏铁素体板条上有明显的碳化物析出。

为进一步分析残余奥氏体对试验钢的力学性能影响，测定不同回火温度的钢未变形和施加3%变形两种条件下的残余奥氏体含量，结果见表3-5-11。回火温度的变化引起了残余奥氏体含量的变化，热轧态时残余奥氏体很不稳定，发生3%的变形时会引起41.2%以上的残余奥氏体发生转变。250℃回火时，残余奥氏体转变的比例有所减少，约有27.7%的残余奥氏体发生了转变，350℃回火时基本实现残余奥氏体稳定化。随着回火温度继续升高，残余奥氏体的含量趋于稳定，但残余奥氏体的稳定性明显降低。

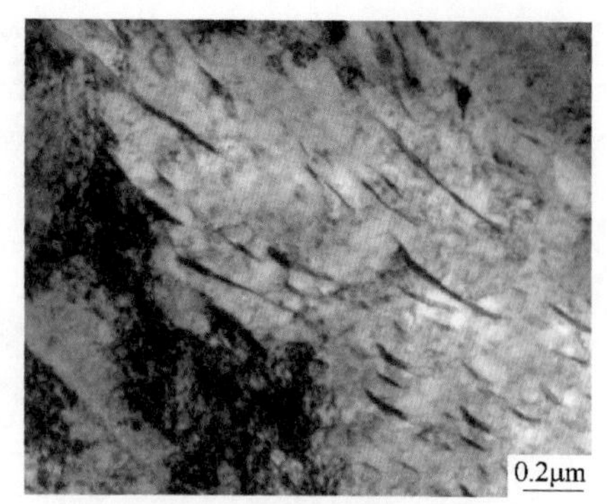

图3-5-14　U22SiMn贝氏体钢轨经450℃回火后的TEM组织

表3-5-11　不同温度回火U22SiMn贝氏体钢轨3%预变形前后残余奥氏体含量及其转变率

回火温度/℃	残余奥氏体含量体积分数/%		残余奥氏体转变率/%
	未变形	3%变形	
未回火	19.4	11.4	41.2
250	17.7	12.8	27.7
350	14.6	13.2	9.6
450	13.8	8.2	40.6
550	4.5	2.2	51.1

结合表3-5-10和表3-5-11可以看出，当采用低温回火时，回火温度从250℃提高至350℃时，钢轨中残余奥氏体的含量有所降低，钢中残余奥氏体的稳定性逐渐提高，350℃时最稳定，此时力学性能尤其是冲击韧性、断裂韧性得到最大程度的提高。回火温度进一步提高至450℃，残余奥氏体中碳饱和达到一定程度时，开始析出碳化物，残余奥氏体中的碳含量开始下降，稳定性下降，温度进一步提高会使碳化物聚集长大，引起贝氏体钢轨冲击韧性及断裂韧性的逐渐下降。

实际生产中不可避免地会发生特殊情况，若一次回火处理后未达到工艺要求，那么未达到工艺要求的钢轨是否能够挽救，二次回火处理的钢轨性能能否达到技术指标的要求。为研究上述问题，对试验钢轨性能进行两次回火工艺调控。

包钢对热轧U20Mn2SiCrNiMo贝氏体钢轨进行回火工艺调控，采用两次回火工艺并与一次回火工艺进行对比研究，分析了回火工艺对热轧U20Mn2SiCrNiMo贝氏体钢轨组织和性能的影响规律。

以U20Mn2SiCrNiMo贝氏体钢轨为研究对象，选用长度为1m的热轧钢轨进行回火试验，试验用75kg/m钢轨的轨底宽150mm、轨高192mm。一次回火工艺为：320℃保温4h空冷；两次回火工艺为：320℃保温4h空冷+320℃保温4h空

冷。由于钢轨为非对称截面，不同位置的冷速不同、铸坯质量及轧制压缩比不同，导致钢轨轨头、轨腰、轨底的组织和性能存在一定差异，而钢轨服役时主要考验轨头的综合性能。因此，本研究选取轨头处的试样进行对比分析。

对 U20Mn2SiCrNiMo 贝氏体钢轨热轧态、一次回火、两次回火后，轨头踏面下 15mm 处横截面的显微组织进行表征，如图 3-5-15 所示。钢轨热轧态显微组织以板条贝氏体和低碳马氏体为主，室温组织中还有 8%左右的残余奥氏体。和热轧态的组织相比，回火后钢轨的显微组织形貌基本没有改变，以板条贝氏体和回火马氏体为主。

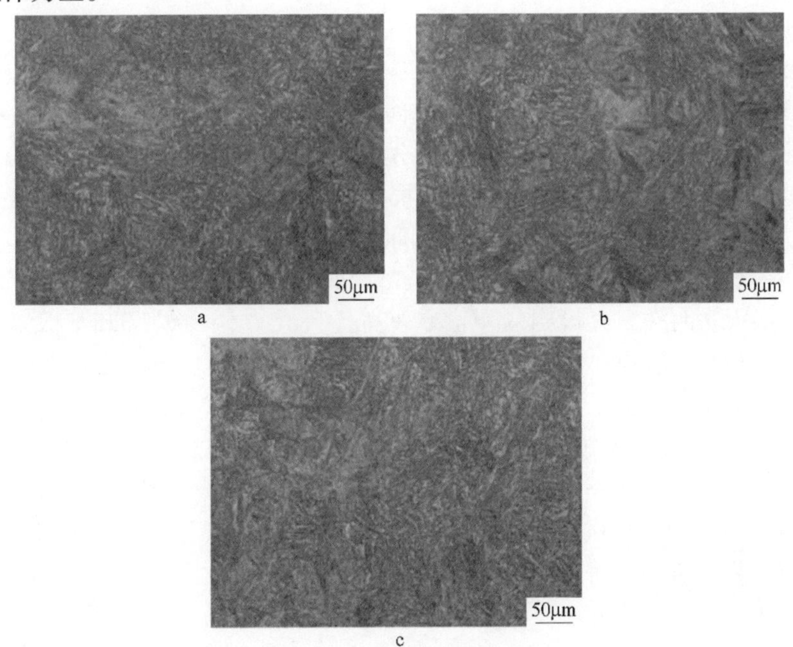

图 3-5-15 不同回火工艺热处理 U20Mn2SiCrNiMo 贝氏体钢轨的金相组织
a—热轧；b—320℃保温 4h 一次回火；c—320℃保温 4h 空冷+320℃保温 4h 空冷两次回火

U20Mn2SiCrNiMo 贝氏体钢轨热轧态、一次回火、两次回火后的轨头力学性能，见表 3-5-12。和热轧态力学性能相比，经一次回火后，试验钢的强度、硬度

表 3-5-12 回火对 U20Mn2SiCrNiMo 贝氏体钢轨力学性能的影响

热处理工艺	$R_{p0.2}$ /MPa	R_m /MPa	A /%	Z /%	K_{U2} /J	硬度 (HBW)	轨底残余应力/MPa
热轧，终轧 930~980℃，空冷	1240	1344	10.0	38.0	68	420	+290
一次回火，320℃×4h，空冷	1245	1364	13.5	54.0	96	430	+240
两次回火，320℃×4h，空冷	1242	1393	15.0	60.0	98	417	+180
TJ/GW 117—2013	≥1000	≥1280	≥12.0	≥35	≥70	360~430	≤+330

略有升高，塑性、韧性显著提升。对比二次回火和一次回火对试验钢热轧态力学性能的影响，二次回火后，试验钢塑性指标进一步改善，而屈服强度和踏面硬度略有降低。整体来看，一次回火和二次回火工艺后钢轨钢的力学性能指标满足TJ/GW 117—2013 中技术条件。

不同工艺处理后轨底纵向残余应力值，见表 3-5-12，均为拉应力。热轧后钢轨底的纵向残余应力值最大，钢轨经一次回火后轨底残余应力略有降低；和热轧态残余应力相比，经两次回火后，轨底残余应力大幅降低，降为 180MPa。综合回火工艺对力学性能的影响，热轧态 U20Mn2SiCrNiMo 贝氏体钢轨的最佳回火工艺为：320℃保温 4h 空冷+320℃保温 4h 空冷。

鞍钢利用规格为 60AT 的热轧 U22SiMn 贝氏体钢轨，开展热处理工艺研究，见表 3-5-13。对 325℃保温 4h 空冷一次回火和两次回火、325℃保温 10h 空冷一次回火和两次回火的试验钢轨性能进行分析，结果见表 3-5-14。可以看出，与热轧矫直态钢轨相比，钢轨在低温回火时抗拉强度基本保持不变，屈服强度有一定提升，尤其轨腰和轨底提升显著，断后伸长率和断面收缩率有大幅提升。325℃保温 4h 一次回火和两次回火得到的伸长率均偏低且数值基本一致，而 325℃保温 10h 一次回火和两次回火得到的伸长率较高且数值基本一致。325℃保温 10h 一次回火与 325℃保温 4h 两次回火相比，贝氏体钢轨全断面（轨头圆角、轨头 1/2 中心、轨头中心、轨腰、轨底）伸长率提高了 1.5%~2.5%，断面收缩率增加了 9.5%~20%。由此可以说明，回火保温 4h 条件下试图增加回火次数来提高伸长率的效果不明显，只有适当增加回火保温时间才能提高伸长率。而回火保温 10h 明显提高了伸长率，一次回火即可达到要求。与轨头中心相比，轨头圆角及轨头 1/2 中心更接近钢轨表面。因此，上述回火制度下该部位强度及伸长率均较好。在整个横断面的强度分布上，轨头部位的强度与伸长率最高，轨腰最低，轨底与轨头相当。回火前后相比，该钢的强度略有降低，约降低 20MPa，回火后轨头的平均强度在 1330MPa。

表 3-5-13　热轧 U22SiMn 贝氏体钢轨回火工艺参数

回火温度/℃	保温时间/h	回火次数/次
325	4	1
		2
325	10	1
		2

鞍钢以热轧 60kg/m 贝氏体钢轨为研究对象，研究矫直前后回火的贝氏体钢轨微观组织、残余奥氏体含量与稳定性以及拉伸性能等，为获得综合性能稳定的热轧贝氏体提供工艺借鉴。钢轨钢的化学成分（质量分数）为：C 0.30%，Si 1.50%，（Mn+Cr+Mo）3.0%，P≤0.020%，S≤0.015。轧制成型后的 60kg/m 贝

表 3-5-14　不同回火时间、次数处理后热轧 U22SiMn 贝氏体钢轨的力学性能

矫正钢轨回火制度	R_m/MPa					$R_{p0.2}$/MPa					A/%					Z/%				
	轨头圆角	轨头1/2中心	轨头中心	轨腰	轨底	轨头圆角	轨头1/2中心	轨头中心	轨腰	轨底	轨头圆角	轨头1/2中心	轨头中心	轨腰	轨底	轨头圆角	轨头1/2中心	轨头中心	轨腰	轨底
热轧矫直态	1320	1320	1300	1240	1270	1120	1080	1080	890	985	8.0	9.0	10.0	7.5	12.0	21.5	15.5	18.0	6.0	25.0
325℃回火4h，一次	1350	1340	1270	1210	1310	1150	1180	1050	995	1160	13.5	12.5	12.0	13.5	13.0	48.0	49.5	37.5	43.5	47.5
325℃回火4h，两次	1325	1330	1280	1230	1300	1130	1190	1065	1005	1140	13.0	13.0	12.5	13.5	13.0	47.5	39.0	42.5	43.5	45.5
325℃回火10h，一次	1320	1330	1270	1220	1300	1160	1150	1040	1010	1150	15.0	14.5	14.5	13.5	15.5	57.0	59.0	56.0	57.5	58.0
325℃回火10h，两次	1325	1335	1285	1225	1310	1170	1175	1060	1000	1160	15.5	14.5	14.0	15.0	15.5	60.0	59.5	58.0	55.0	57.5

氏体钢轨，分别进行矫直前回火和矫直后回火工艺处理。试验分别选取两根钢轨，矫直前回火试样编号为A，矫直后回火试样编号为B。

矫直前回火和矫直后回火贝氏体钢轨的微观组织，如图3-5-16所示，矫直前后回火试样的金相组织均由板条贝氏体+M/A岛组成。TEM观察发现，矫直前回火试样的组织由无碳化物板条贝氏体、少量M/A岛及微量马氏体组成，未见残余奥氏体；矫直后回火试样的组织由无碳化物板条贝氏体、板条间分布着的残余奥氏体薄膜、少量M/A岛和微量回火马氏体组成。

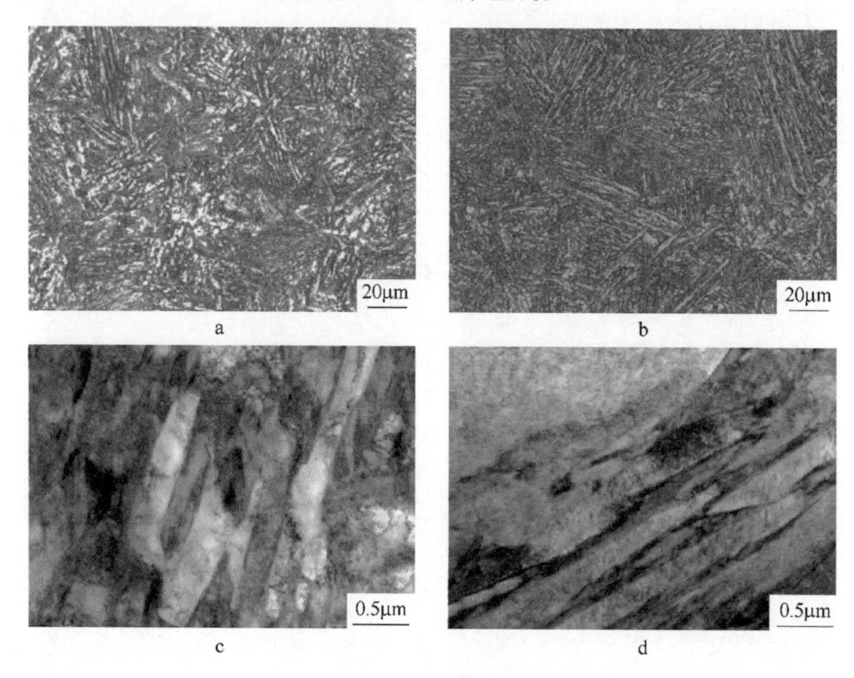

图3-5-16　U22SiMn贝氏体钢轨矫直前后回火的组织
a—矫直前的回火金相组织；b—矫直后的回火金相组织
c—矫直前的回火TEM组织；d—矫直后的回火TEM组织

在回火工艺相同情况下，利用磁性法分别对矫直、矫直后回火，回火、回火后矫直以及不矫直、不回火钢轨进行残余奥氏体含量测试，结果见表3-5-15。与不矫直、不回火钢轨相比，矫直后残余奥氏体含量下降7.3%，矫直后回火残余奥氏体含量又下降了2.9%，而直接回火试样残余奥氏体含量下降13.9%，回火后矫直残余奥氏体含量又下降了1.1%。可见贝氏体钢轨矫直前回火和矫直后回火对组织中残余奥氏体影响很大，热轧贝氏体钢轨直接矫直会使一部分残余奥氏体发生TRIP效应。热轧贝氏体钢轨矫直后回火，残余奥氏体含量比未矫直回火降低了10.2%，比矫直前回火降低了4.8%，获得的残余奥氏体力学稳定性提高。因此，从组织组成来看，热轧贝氏体钢轨的后续工序顺序应该采用矫直后回火工艺。

表 3-5-15　不同工艺状态 U22SiMn 贝氏体钢轨中的残余奥氏体含量及其转化率

工艺状态	残余奥氏体含量（体积分数）/%	残余奥氏体转变（体积分数）/%
矫直	15.3	7.3
矫直后回火	12.4	2.9
回火	8.7	13.9
回火后矫直	7.6	1.1
不矫直、不回火	22.6	—

在钢轨的 15m、30m、45m、60m 和 75m 处分别选取试样 A 和试样 B 进行拉伸试验，同时也对钢轨进行全长拉伸性能稳定性检验，见表 3-5-16。试验钢轨全长拉伸性能稳定性良好，试样 B 强塑性明显高于试样 A。分析认为：一是试样 B 经过矫直后回火，残余奥氏体力学性稳定性和热稳定性强，在拉伸过程中能够有效控制 TRIP 效应发生，提高强塑性，同时残余奥氏体易产生塑变，在承受外加载荷的过程中可以吸收能量，对裂纹的扩展起到阻碍作用从而提高塑性。二是由于矫直后回火和矫直前回火得到的组织形态和组织构成不同，试样 B 中回火马氏体能够与贝氏体形成很好地组织配合，在拉伸过程中不割裂基体；试样 A 中存在微量马氏体且并未发现残余奥氏体，在拉伸过程中，因缺少提供塑性的残余奥氏体，导致试样拉伸性能较差，强塑性不高。因此，矫直后回火工艺获得的贝氏体钢轨组织性能优于矫直前回火工艺。

表 3-5-16　U22SiMn 贝氏体钢轨不同位置矫直前后回火拉伸性能

钢轨试样	取样位置	屈服强度 $\sigma_{0.2}$/MPa	抗拉强度 σ_b/MPa	伸长率 A/%	断面收缩率 ψ/%
A	15m 处	1053	1209	15.0	46
	30m 处	1062	1221	14.0	45
	45m 处	1071	1214	15.0	45
	60m 处	1065	1206	16.0	47
	75m 处	1060	1215	15.5	46
	平均值	1062	1213	15.0	46
B	15m 处	1211	1347	14.5	55
	30m 处	1216	1363	15.0	57
	45m 处	1180	1352	14.0	51
	60m 处	1194	1343	13.5	54
	75m 处	1202	1357	14.5	54
	平均值	1200	1352	14.0	54

选用 24MnSi2CrNiMo、30Mn2SiCrNiMoAl 和 46MnSiCrNi1MoAl 三种轨道用超细贝氏体钢为研究对象，具体成分见表 3-2-1 和表 3-1-2，进一步研究回火温度对不同化学成分和组织状态轨道用贝氏体钢微观组织和力学性能的影响。将三种贝氏体钢完全奥氏体化后，等温淬火 2h 以获得无碳化物下贝氏体，最后在 240~450℃温度范围内进行 1h 的回火处理。同时，选择 24MnSi2CrNiMo 和 30Mn2SiCrNiMoAl 钢，通过冷变形工艺研究 280℃、320℃和 340℃回火后的微观组织和力学性能。

46MnSiCrNi1MoAl 钢经 270℃ 贝氏体等温转变后分别经 240℃、320℃ 和 450℃ 回火后的金相组织，如图 3-5-17 所示。贝氏体束主要呈针状，随回火温度的增加，贝氏体束的形貌变化不大。对不同回火温度下试样的 TEM 组织进行分析，如图 3-5-18 所示。240℃、320℃和400℃回火试样的基体组织为贝氏体铁素

图 3-5-17　46MnSiCrNi1MoAl 钢经不同温度回火后金相组织

a—回火温度 240℃；b—回火温度 450℃

图 3-5-18　46MnSiCrNi1MoAl 钢经不同温度回火后的 TEM 组织

a—回火温度 240℃；b—回火温度 320℃；c—回火温度 400℃；d—回火温度 450℃

体板条和残余奥氏体，残余奥氏体平行于或呈一定角度分布于贝氏体铁素体板条之间。在回火温度为320℃时，根据衍射花样，组织中存在未转变完的块状残余奥氏体。当回火温度为400℃时，组织中并未观察到碳化物的析出。当回火温度继续增加到450℃时，可以看出基体中存在着较细小的碳化物，尺寸为（25±5）nm，从其析出的位置可以推断这些碳化物既有在板条界面处薄膜状的残余奥氏体分解得到的，也有从贝氏体铁素体中析出的。

在贝氏体铁素体内析出的ε-碳化物与基体的位向关系，与在回火马氏体中的取向关系类似。利用 APT 研究超细贝氏体在回火过程中原子的再分布时发现，在达到完全平衡的相变前，板条界面处的残余奥氏体会在回火过程中分解，而渗碳体则会通过准平衡机制从过饱和的贝氏体铁素体中或在贝氏体铁素体-残余奥氏体界面上析出，钢中的硅则会在回火过程迅速被排斥到周围的相中，可抑制ε-碳化物向渗碳体转变，从而延迟了渗碳体的形核和长大。

46MnSiCrNi1MoAl 钢的贝氏体铁素体板条厚度随回火温度的变化关系，如图 3-5-19 所示。图中 t_{BF0} 为不回火试样的贝氏体铁素体的板条厚度。可以看出，当回火温度从 240℃增加到 320℃时，板条尺寸变化不大。当回火温度达到 360℃时，板条尺寸有轻微的粗化，但仍维持在 100nm 以下。而当回火温度继续升高到 450℃时，贝氏体铁素体板条有较明显的粗化，板条厚度增加至 120nm。因此可以看出，46MnSiCrNi1MoAl 钢在较低温度回火时（<360℃）组织对回火不敏感，当回火温度继续增加后，组织对回火的敏感性增加。

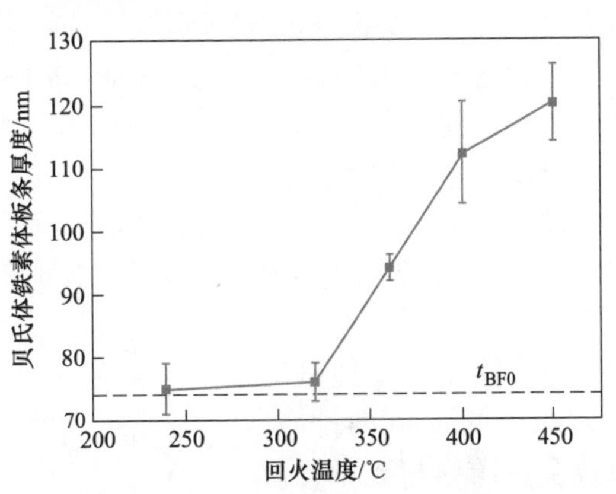

图 3-5-19　46MnSiCrNi1MoAl 钢中贝氏体铁素体板条厚度随回火温度的变化规律

无碳化物超细贝氏体由于添加了高的硅含量，碳化物的析出被抑制，其相变机制一般被认为是与马氏体类似的切变机制。为不完全相变，当残余奥氏体中的碳含量达到 T_0' 曲线时，转变即会停止。在回火过程中，碳会继续从贝氏体铁素体向残余奥氏体中配分，贝氏体铁素体板条也会发生缓慢的宽化，这意味着贝氏体铁素体的宽化程度与碳的活度，也就是扩散系数有关。利用 Wells 等人提出的奥氏体中碳的扩散系数与温度的关系公式 $D_C^\gamma=0.12\times e^{-32,000/RT}$（$R$ 为气体常数，T 为实际温度）得到的计算结果表明，当回火温度在 400℃之前时，碳的扩散系数变化十分平缓；当温度超过 400℃后，碳的扩散系数会急剧增加。因此，钢经

450℃回火后，组织中细小的渗碳体和明显宽化的贝氏体铁素体板条，必定与在此温度下高的碳的扩散系数有关。

图 3-5-20 给出了 46MnSiCrNi1MoAl 钢中残余奥氏体含量及其中的碳含量随回火温度的变化关系曲线，其中：$V_{\gamma0}$ 和 $C_{\gamma0}$ 分别代表未回火试样的残余奥氏体体积分数及其中的碳含量。从图中可以看出，与未回火试样相比，试样经回火后，残余奥氏体含量呈不同程度的降低。在回火温度低于 400℃时，残余奥氏体的体积分数与回火温度呈单调增加的关系。在回火温度增加至 400℃后，残余奥氏体体积分数略有下降。残余奥氏体中的碳含量在回火温度为 320℃时达到一个峰值，回火温度继续增加之后，呈缓慢下降的趋势。

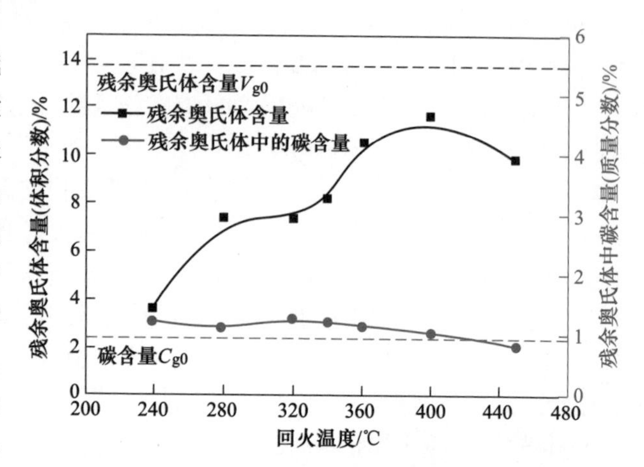

图 3-5-20　46MnSiCrNi1MoAl 钢中的残余奥氏体含量及其中的碳含量随回火温度的变化规律

回火除了可以使贝氏体组织中的位错再排布，对残余奥氏体相当于再次进行等温转变。根据 JMatPro 软件，利用未回火试样中残余奥氏体的平均碳含量，计算得到了残余奥氏体在不同的回火温度下转变成贝氏体的相变驱动力，如图3-5-21所示。随回火温度的增加，残余奥氏体的相变驱动力逐渐降低。当回火温度超过 400℃后，碳的扩散系数会急剧增加，薄膜状的残余奥氏体由于其中的高碳含量，与向贝氏体转变相比，会优先分解成碳化物，最终使得残余奥氏体的体积分数减少，残余奥氏体中的碳含量也

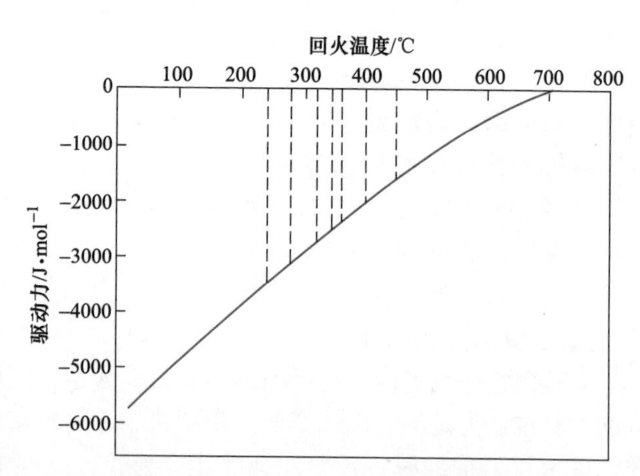

图 3-5-21　46MnSiCrNi1MoAl 钢经 270℃等温转变后残余奥氏体向贝氏体转变的相变驱动力随回火温度的变化关系

下降。而在回火温度低于400℃时，碳的扩散系数都较小，残余奥氏体以向贝氏体转变为主，故随温度的增加，残余奥氏体向贝氏体转变的驱动力减小，最终使得回火后残余奥氏体的含量随回火温度的增加而增加，经回火后残余奥氏体中的平均碳含量也均要高于未回火的钢。

图3-5-22所示为46MnSiCrNi1MoAl钢分别经240℃、320℃和450℃回火后的EBSD分析。在所有的回火温度下，其组织中的体心立方结构束间的错配角分布以大角度错配角分布为主，与下贝氏体的错配角分布特征相吻合。下贝氏体相变时由于转变温度较低，相变驱动力大，所造成的塑性变形较大，贝氏体束主要以

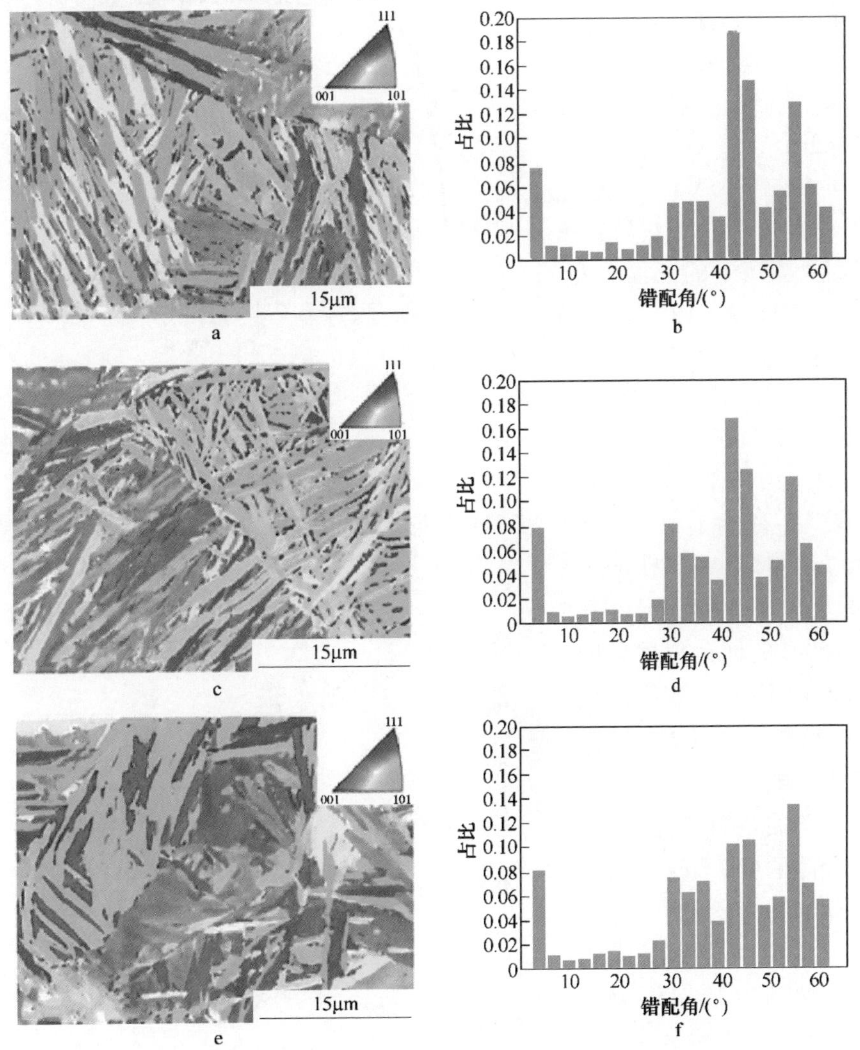

图3-5-22 46MnSiCrNi1MoAl钢经不同温度回火的取向图和错配角分布图

a，b—回火温度240℃；c，d—回火温度320℃；e，f—回火温度450℃

没有孪晶关系的 K-S/N-W 关系为主，故形成随机分布的大角晶界的概率较大。240℃回火和320℃回火后试样中贝氏体束的错配角分布比例类似，都是在40°~50°和55°错配角度处存在尖峰，但320℃回火试样的40°~50°错配角所占分数轻微地下降。当回火温度增加到450℃时，55°错配角所占分数未变，而40°~50°错配角所占分数明显减小，30°~40°错配角所占分数增大，这可能是由于在回火过程中残余奥氏体分解成碳化物，贝氏体铁素体板条合并，最终造成贝氏体束中大角晶界的分布更为随机。这也说明了试验用钢中贝氏体束的40°~50°错配角是不稳定的，尤其是当回火温度较高时，其在组织中所占分数会明显降低。

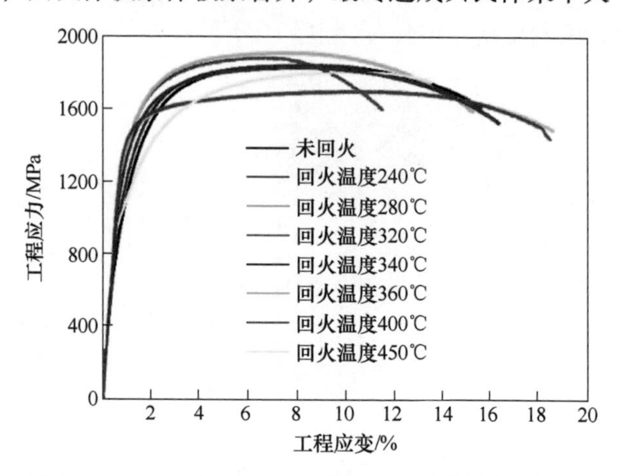

图 3-5-23　46MnSiCrNi1MoAl 钢经 270℃等温转变后在不同回火温度下的工程应力-工程应变关系

46MnSiCrNi1MoAl 钢经过270℃贝氏体等温转变后，在不同回火温度下的工程应力-工程应变曲线，如图 3-5-23 所示。在240℃和280℃低温回火时，试样具有较高的强度，在中温360℃和400℃回火，试样具有较高的伸长率。

图 3-5-24 给出了 46MnSiCrNi1MoAl 钢的硬度随回火温度的变化关系，其中 H_0 代表了未回火试样的平均硬度。可以看出，在240~450℃的回火温度区间内，硬度(HRC)数值的变化区间较窄，约在2的范围内变化。随回火温度的增加，试样的硬度先轻微下降，随后在450℃时硬度又有小幅的上升。图 3-5-25 给出了抗拉强度、屈服强度以及屈强比随回火温度的变化关系，其中 σ_{b0}、σ_{s0} 和 σ_{s0}/σ_{b0} 分别代表了未回火试样的抗拉强度、屈服

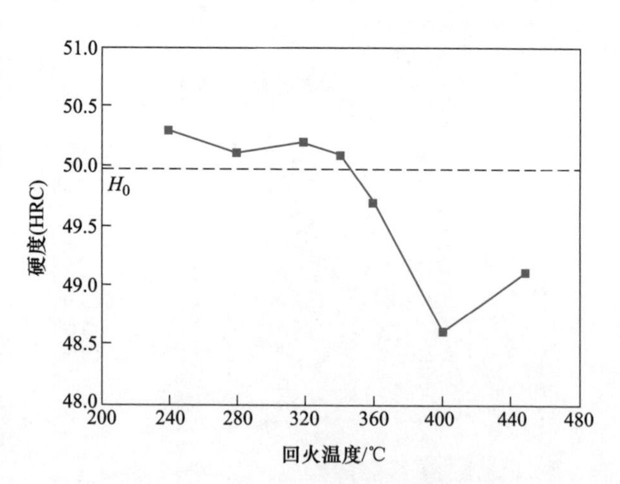

图 3-5-24　46MnSiCrNi1MoAl 钢的硬度随回火温度的变化规律

（H_0 代表未回火试样的平均硬度）

强度和屈强比。随回火温度的增加，抗拉强度的变化与硬度的变化相似，都是先降低后升高。而屈服强度的变化趋势与抗拉强度大致呈相反趋势；在 320℃ 回火时，屈服强度出现了一个低谷值，在 400℃时达到了一个波峰，屈强比随回火温度的演变规律与屈服强度相类似。

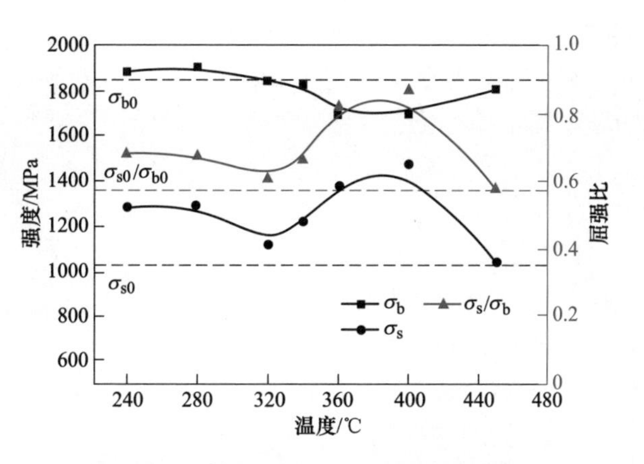

图 3-5-25　46MnSiCrNi1MoAl 钢的抗拉强度、屈服强度以及屈强比随回火温度的变化规律

46MnSiCrNi1MoAl 钢的总伸长率（δ_t）和均匀伸长率（δ_u）随回火温度的变化关系如图 3-5-26 所示，δ_{t0} 和 δ_{u0} 代表未回火试样的总伸长率和均匀伸长率。可以看出，回火温度在 400℃之前时，总伸长率逐渐增大，之后则急剧下降，而均匀伸长率则随着回火温度的提高逐渐增大。

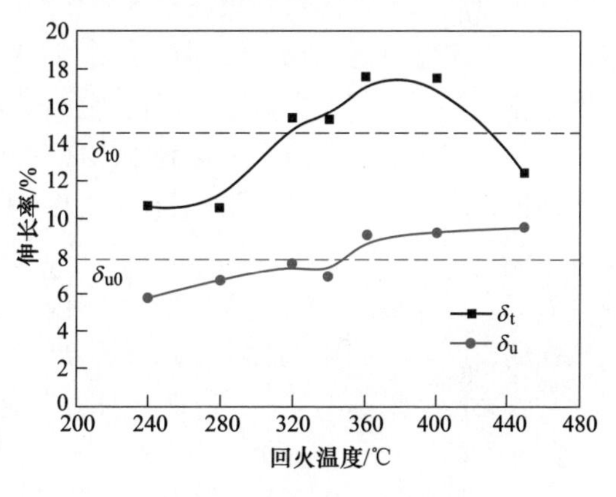

图 3-5-26　46MnSiCrNi1MoAl 钢的总伸长率和均匀伸长率随回火温度的变化规律

结合拉伸性能和组织分析可知，240℃回火试样的高强度主要来源于其较细的板条尺寸和残余奥氏体在回火过程中转变成的较高碳含量的贝氏体铁素体，但是由于作为软相的残余奥氏体体积分数极低，最终损害了钢的塑性。320℃回火试样具有高的抗拉强度和较好的塑性，但屈服强度反而较低。虽然在此温度下一部分的残余奥氏体也转变成了贝氏体铁素体，但间隙原子碳从铁素体中迁移到相邻的奥氏体中，对可动位错的钉扎减少，位错发生回复，密度下降，从而造成屈服强度降低。同时，回火后残余奥氏体中的碳含量较高，意味着其较稳定，在小应变时很难发生应力诱发马氏体相变，对屈服强度也没有太大贡献，但回火后保留的残余奥氏体可以使基体获得较好的塑性。当回火温度继续增加到 360℃时，抗拉强度降低，屈服强度增大，伸长率也达到峰值。残余奥氏体中碳含量较低，其稳定性下降。对 360℃ 回火试样进行 3%的拉伸变形，取标距内的

试样进行 TEM 观察，如图 3-5-27 所示，从组织中可以观察到马氏体的存在。这表明 360℃ 回火试样屈服强度的提升很可能是由于小应变时某些不稳定的残余奥氏体发生了应力诱发马氏体相变，补偿了由于位错回复所造成的屈服强度的下降。同时试样中并没有碳化物的析出，而 XRD 测量得到的残余奥氏体晶格中的碳含量下降，表明在此温度下随着碳的扩散能力变强，碳会与空位相结合形成碳的团簇，增加了位错滑移的阻力，从而起到强化基体的作用。

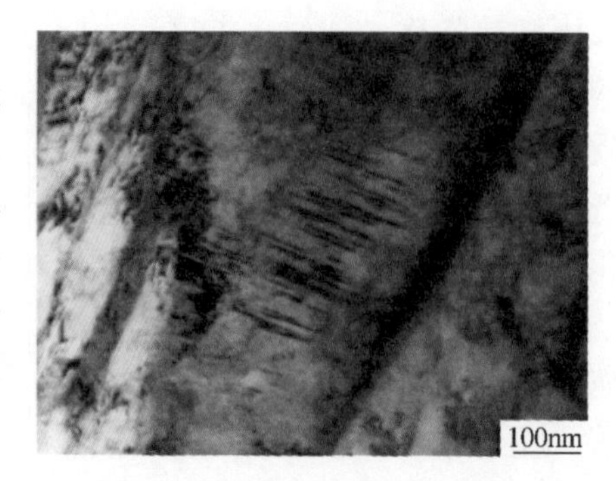

图 3-5-27　46MnSiCrNi1MoAl 钢经 360℃ 回火和 3%拉伸变形后 TEM 组织

400℃ 回火时，虽然在 TEM 观察中并未发现碳化物，但由于在此温度下碳的扩散系数较高，很可能会有极少量的碳化物析出，从而保证了其较高的强度。一些研究者的工作也表明在回火温度达到 400℃ 时，残余奥氏体热稳定性下降，块状奥氏体会发生分解，生成不稳定的碳化物或渗碳体。细小弥散分布的碳化物可与位错相互作用，细化组织，提高钢的屈服强度。而相对较多的不稳定的残余奥氏体则很可能在拉伸变形过程中持续发生 TRIP 效应提高塑性，马氏体相变的发生可以推迟在拉伸过程中塑性失稳的发生，从而使得均匀伸长率和总伸长率均提高。当回火温度达到 450℃ 时，贝氏体铁素体板条发生明显的宽化现象，降低了屈服强度，而在贝氏体铁素体板条界面处从组织中分解或析出的碳化物颗粒也保证了其较高的抗拉强度和硬度，但也明显降低了总伸长率。

图 3-5-28 给出了 46MnSiCrNi1MoAl 钢的冲击韧性随回火温度的变化曲线，其中 a_{ku0} 代表未回火试样的冲击韧性。可以看出，试样的冲击韧性随回火温度升高的演变规律呈波峰状，在低温 240℃ 回火和高温 450℃ 回火达到最低值，在 340℃ 回火达到最高的韧性。320℃ 回火试样的组织中残余奥氏体的碳含量最高，其力学稳定性最高，可增加延迟裂纹抗力，降低第二阶段的裂纹扩展速率，从而提高韧性。240℃ 回火试样的韧性损害则主要是由于残余奥氏体发生了较多的转变，且转变成的较高碳含量的未回火贝氏体铁素体也会损害韧性。450℃ 回火试样中由于其贝氏体铁素体板条的明显宽化和析出碳化物最终使得韧性很低。400℃ 回火试样虽然具有较优异的拉伸性能，但其韧性突然降低，这与其较明显宽化的贝氏体铁素体板条尺寸（>100nm）以及其中可能析出的碳化物有关。贝氏体束及其板条界面可阻止裂纹或使其扩展方向发生改变，从而对韧性起到重要影响。抗裂纹扩展的能力与其束的尺寸和板条尺寸有关，细的贝氏体束或板条尺寸提供了更多的界面，从而提高韧性；相反块状形貌的贝氏体束会有高的应力集中，促进

裂纹形成和断裂的发生。此外，碳化物会作为位错滑移的障碍，提供潜在的断裂路径，裂纹可在碳化物-基体的界面上开裂，形成裂纹源。

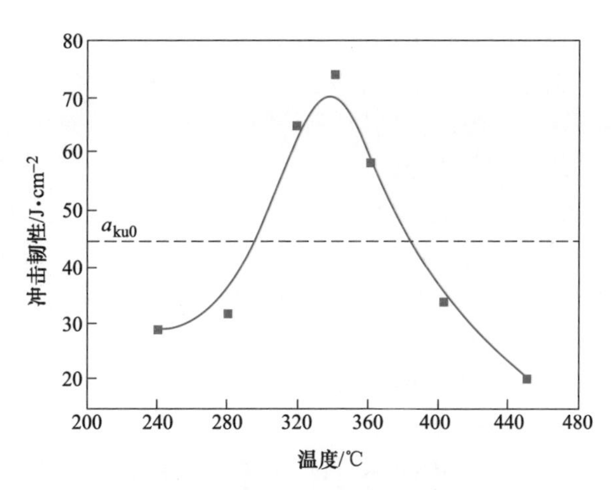

图 3-5-28 46MnSiCrNi1MoAl 钢的冲击韧性随回火温度的变化规律

（a_{ku0}代表未回火试样的冲击韧性）

46MnSiCrNi1MoAl 钢经240℃、320℃和 450℃回火后试样的冲击断口形貌，如图 3-5-29 所示。可以看出，240℃和 320℃回火试样的断口表面均以准解理断裂为主，既包含一些小的平坦刻面，也在包围刻面的撕裂棱上布满了细小的韧窝，而 320℃回火试样的断口表面平坦刻面稍小一些，韧窝较 240℃回火试样也更致密，对应着其较好的韧性，450℃回火试样断口表面几乎没有撕裂棱，都是较平坦的刻面，呈明显的脆性断裂，对应着其较低的韧性。

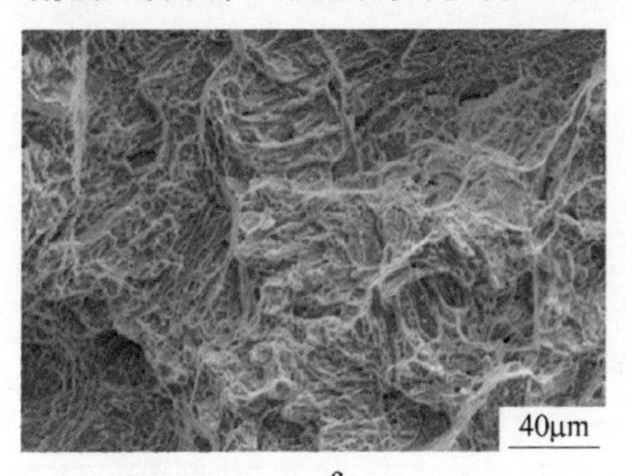

a

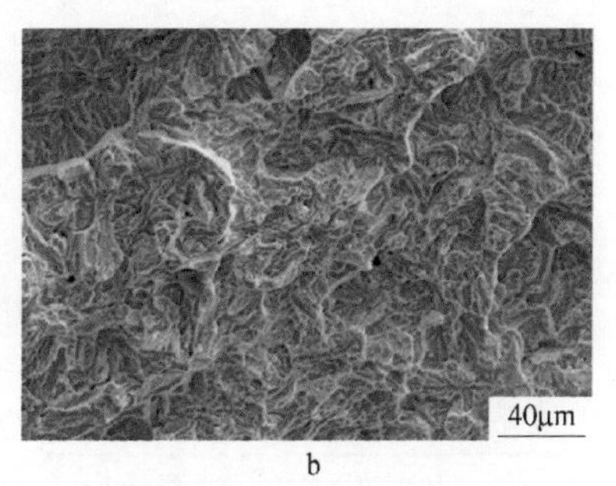

b

图 3-5-29 46MnSiCrNi1MoAl 钢经不同温度回火后的冲击断口形貌

a—回火温度 240℃；b—回火温度 450℃

对比性能可以看出，与未回火试样相比，经回火后试样除了屈服强度和屈强比均增大，硬度、抗拉强度和伸长率的变化是非单调性的。在所有的回火温度中，340℃回火试样在保持了一定塑性的基础上，具有最优的强韧性配合，320℃回火和 360℃回火的试样次之，两者在保持较高强度和韧性的基础上，呈现不同的屈强比。屈强比代表钢可继续加工硬化的能力或容量。当材料所使用的工况需要承受较大的塑性变性时，屈强比低的钢优先适用；当钢所使用的工况要求质量较轻、节约材料时，屈强比高的材料优先适用。因此，回火温度的不同造成了试验钢屈强比的不同，为其多样的用途提供了工艺支持。

以 30Mn2SiCrNiMoAl 和 24MnSi2CrNiMo 钢为研究对象，将钢完全奥氏体化后空冷至室温，然后分别进行 280℃、320℃和 360℃保温 1h 回火处理。图 3-5-30 给出了经过不同温度处理后两种超细贝氏体钢在拉伸变形过程中的工程应力-应变曲线，其具体力学性能指标，见表 3-5-17，随着回火温度的升高，钢的屈服强度先提高后降低。金属材料的屈服过程主要是位错运动的启动过程。回火过程中，碳原子发生再分配，在回火温度低于某一临界值时，即仅出现碳原子的偏聚而没有出现碳化物的析出，钢中的铝和硅也抑制了碳化物的析出。偏聚于位错的碳原子能钉扎住位错，所以屈服强度有所上升。而随着回火温度的升高，贝氏体铁素体内部的位错密度逐渐降低。因此，使得试验钢的强度呈现降低趋势。除此之外，钢的塑性在 360℃回火处理后降低幅度较大，而整体冲击韧性略有升高。对于 30Mn2SiCrNiMoAl 贝氏体钢，其在 320℃回火处理后的韧性提高幅度最大。综上分析强度、塑性和韧性指标，可以看出 320℃为两种钢的最佳回火温度。

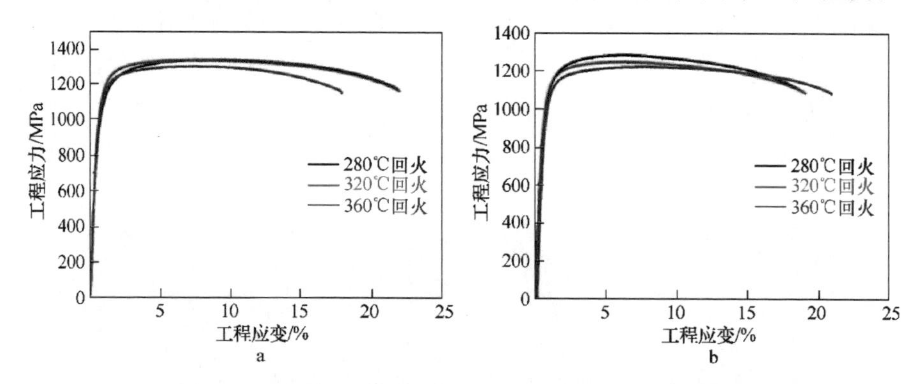

图 3-5-30　两种无碳化物超细贝氏体钢的应力-应变曲线

a—24MnSi2CrNiMo 钢；b—30Mn2SiCrNiMoAl 钢

表 3-5-17　两种无碳化物超细贝氏体钢不同温度回火处理后的力学性能

钢种	回火温度/℃	σ_s/MPa	σ_b/MPa	δ/%	Φ/%	a_{KU}/J · cm^{-2}
24MnSi2CrNiMo	280	982	1340	21.2	38.5	149
	320	1049	1333	21.4	39.0	148
	360	1040	1297	17.3	39.9	155
30Mn2SiCrNiMoAl	280	961	1278	18.2	41.1	137
	320	999	1244	18.7	42.8	189
	360	963	1199	20.5	42.4	153

在回火过程中残余奥氏体会发生转变，从图 3-5-31 可以看出，24MnSi2CrNiMo 贝氏体钢经过回火处理后，残余奥氏体含量明显减少，随着回火温度从 280℃提高到 360℃，残余奥氏体含量从 14.2%降低到 11.7%，说明在回火过程中钢中的残余奥氏体发生了相变。在贝氏体相变过程中，碳原子逐渐从新形成的贝氏体铁素体扩散进入未转变的奥氏体中，使其更加稳定，最终稳定保留至室温。在回火

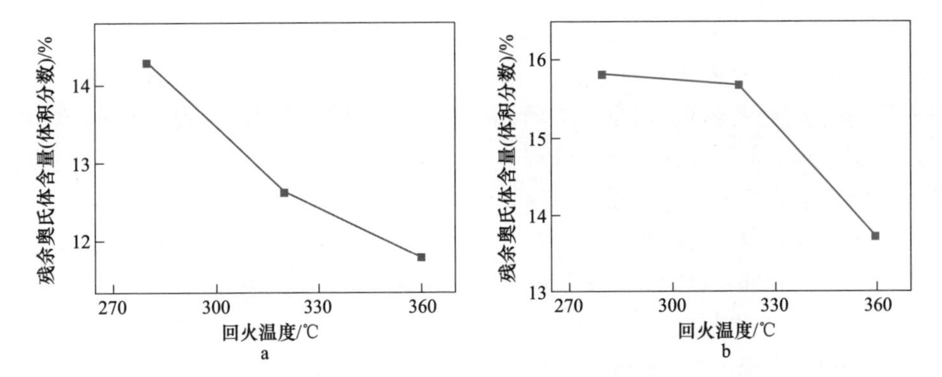

图 3-5-31 两种贝氏体钢在不同回火温度后的残余奥氏体含量

a—24MnSi2CrNiMo 钢；b—30Mn2SiCrNiMoAl 钢

过程中，由于回火温度高于未转变的高碳残余奥氏体的 M_s 转变温度，因此，其可以继续转变为贝氏体铁素体。而对于 30Mn2SiCrNiMoAl 钢，其变化规律与 24MnSi2CrNiMo 贝氏体钢一致。

为了研究回火温度对残余奥氏体稳定性的影响，对回火处理后的贝氏体钢进行冷轧变形，分别为 20% 和 40%。图 3-5-32 和图 3-5-33 给出了不同正火处理后，

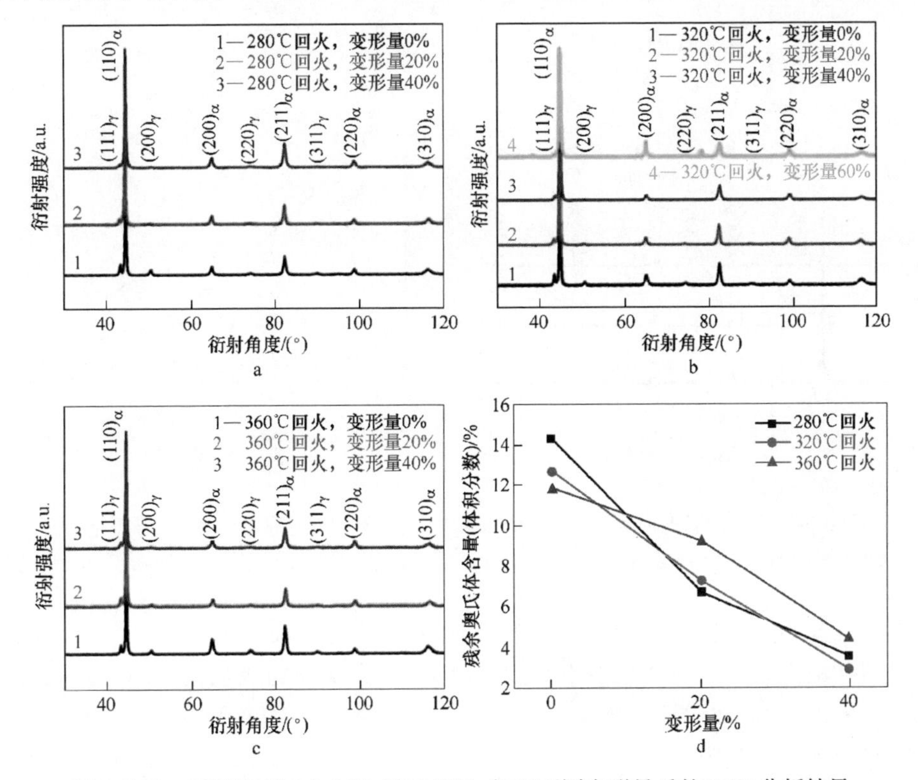

图 3-5-32 不同温度回火 24MnSi2CrNiMo 钢经不同变形量后的 XRD 分析结果

a—回火温度 280℃；b—回火温度 320℃；c—回火温度 360℃；d—残余奥氏体含量随变形量的变化规律

在不同温度回火处理的24MnSi2CrNiMo和30Mn2SiCrNiMoAl钢试样经不同变形量轧制处理后的XRD图谱。对于这三个回火温度，XRD图谱中的奥氏体峰强度随变形量的增加逐渐降低，依据XRD计算得出不同变形量下残余奥氏体的体积分数。首先，残余奥氏体含量均逐渐降低，但是不同温度回火处理后残余奥氏体含量降低的速率明显不同。从曲线上可以看出，对于24MnSi2CrNiMo钢，280℃回火工艺曲线的斜率最大，说明残余奥氏体含量降低速率最快，而360℃回火工艺则降低最慢；30Mn2SiCrNiMoAl钢320℃回火工艺曲线斜率最大，280℃回火和360℃回火工艺曲线斜率相当。

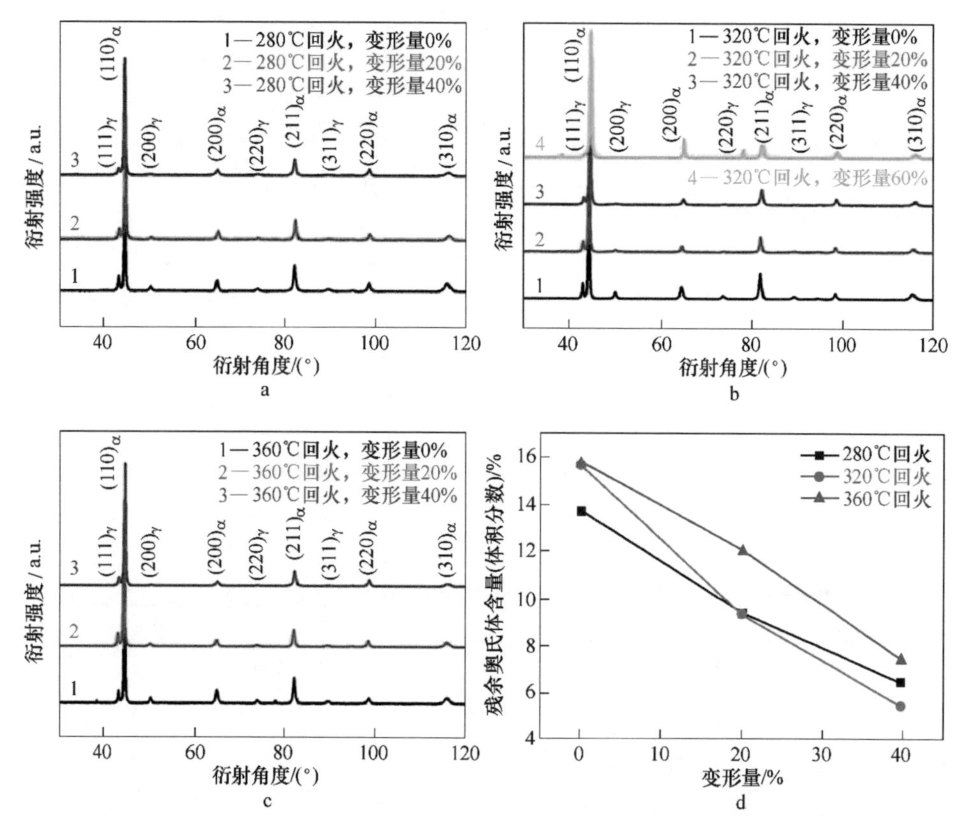

图3-5-33　不同温度回火30Mn2SiCrNiMoAl钢经不同变形量后的XRD分析结果

a—回火温度280℃；b—回火温度320℃；c—回火温度360℃；d—残余奥氏体含量随变形量的变化规律

将残余奥氏体含量的降低速率换算成残余奥氏体减小比例，如图3-5-34所示。两种钢在20%和40%的变形量下，360℃回火试样的残余奥氏体含量的减小比例均为最小值，说明经过较高温度回火处理组织中的残余奥氏体具有相对更高的力学稳定性。24MnSi2CrNiMo钢在20%变形量下，280℃回火工艺减小比例最大，在40%变形量下，320℃回火工艺略高于280℃回火工艺；30Mn2SiCrNiMoAl

钢在 20%和 40%变形量下 320℃回火工艺减少比例均最大。

贝氏体钢中残余奥氏体中的碳含量是影响其稳定性的关键因素，在回火过程中，贝氏体铁素体中的碳原子可以进一步扩散至残余奥氏体中，使其更加富碳，稳定性也进一步提高，而碳的扩散速率随着温度的提高而提高，因此，在更高温度回火处理后，残余奥氏体中更加富碳，其稳定性更高。通过计算可知，经过 360℃回火处理后，24MnSi2CrNiMo 钢的残余奥氏体中的碳含量（质量分数）为 0.86%，明显高于更低温度回火处理试样，280℃试样为 0.76%，320℃试样为 0.84%。综合对比 24MnSi2CrNiMo 钢和 30Mn2SiCrNiMoAl 钢的变形情况，可以发现，在相同变形量下，24MnSi2CrNiMo 钢中残余奥氏体的减小比例要高于 30Mn2SiCrNiMoAl 钢，这说明 30Mn2SiCrNiMoAl 贝氏体钢中的残余奥氏体具有较高的力学稳定性。研究认为，铝元素可以提高贝氏体中奥氏体的层错能，进而抑制奥氏体向马氏体的转变，而这一特殊作用是硅元素所不具备的。

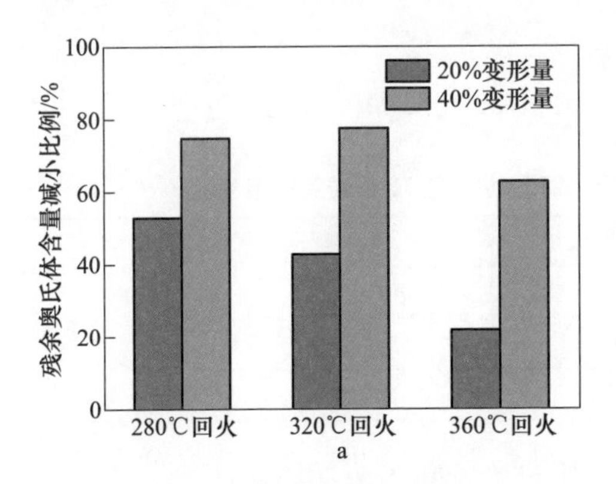

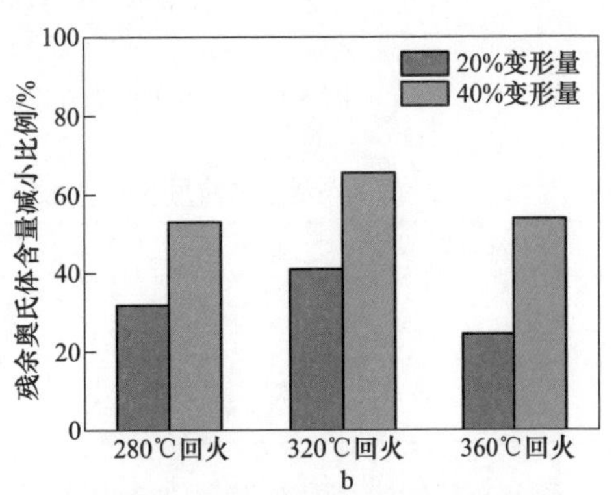

图 3-5-34　两种钢在不同温度回火工艺处理后不同变形量下残余奥氏体含量的减少比例

a—24MnSi2CrNiMo 钢；b—30Mn2SiCrNiMoAl 钢

根据 24MnSi2CrNiMo 钢和 30Mn2SiCrNiMoAl 钢的对比研究，经过更高温度 360℃回火处理后，贝氏体铁素体中的碳可以充分地扩散进入残余奥氏体中，使得残余奥氏体表现出较高的稳定性。在相同的回火温度下，30Mn2SiCrNiMoAl 钢中的残余奥氏体具有较高的力学稳定性。

5.3　终变形温度的调控

为合理制定 SiMnMo 系无碳化物贝氏体钢的生产工艺，鞍钢利用 Gleeble-3800 热模拟试验机，在真空条件下开展了变形温度对贝氏体钢组织和性能影响的热模拟试验，研究了变形温度对其组织和硬度的影响规律。

以一种中碳 SiMnMo 系贝氏体钢为研究对象，主要化学成分见表 3-5-18。按图 3-5-35 中工艺制度进行变形试验，分别设定不同的冷速进行 CCT 曲线测试。

θ_1、θ_2、θ_3、θ_4 分别为在终变形温度 1000℃、900℃、800℃的三种条件下 4 次变形时的温度，具体数值见表 3-5-19。

表 3-5-18 试验用 SiMnMo 贝氏体钢的化学成分 （质量分数,%）

C	Si+Mn	Mo	Nb+V+Ti
0.28	3.41	0.25	0.10

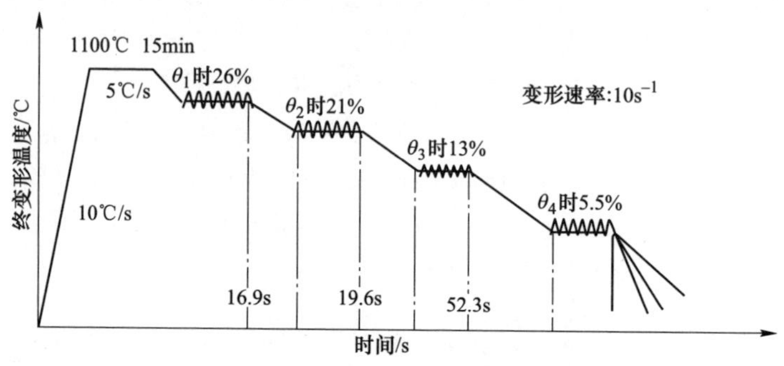

图 3-5-35 贝氏体钢动态 CCT 曲线测试的加热冷却工艺

表 3-5-19 试验用 SiMnMo 贝氏体钢的动态 CCT 曲线变形温度 （℃）

试样编号	θ_1	θ_2	θ_3	θ_4
1	1065	1055	1040	1000
2	965	955	940	900
3	890	870	840	800

由此绘制贝氏体钢终变形温度分别为 1000℃、900℃、800℃的三条动态 CCT 曲线，如图 3-5-36 所示。终变形温度及变形后冷却速度对贝氏体钢的组织和性能有显著的影响，终变形温度越低，先共析铁素体析出曲线越向左移，即先共析铁素体越容易析出。当变形后冷却速小于 1.5℃/s 时，终变形温度越低，贝氏体开始转变温度越低。

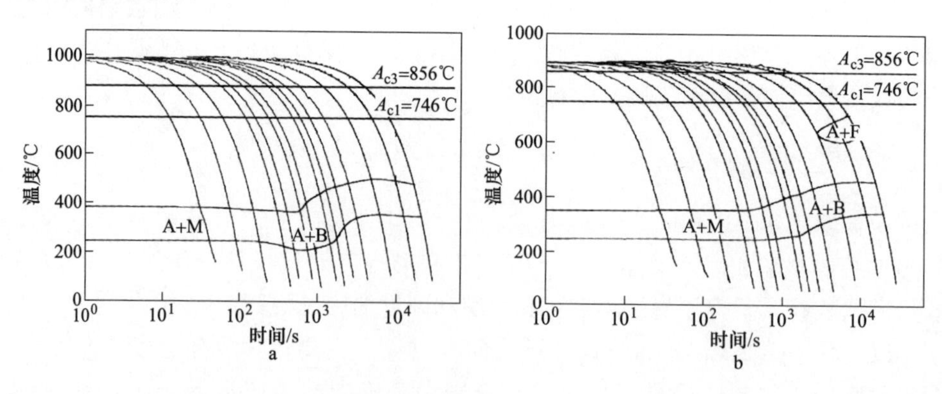

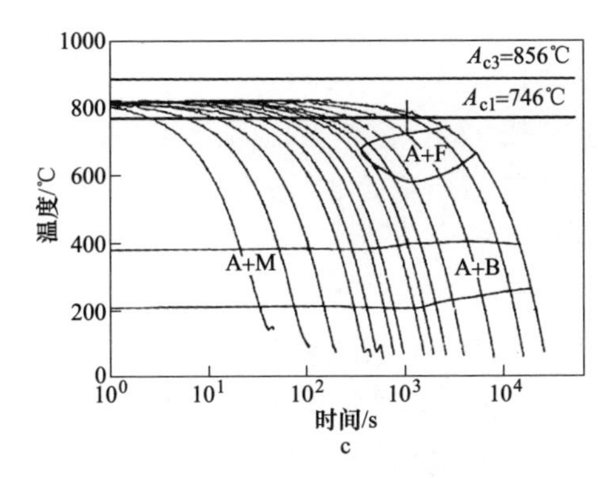

图 3-5-36　不同终变形温度下 SiMnMo 无碳化物贝氏体钢动态 CCT 曲线

a—终变形温度 1000℃；b—终变形温度 900℃；c—终变形温度 800℃

在终变形温度 1000℃、900℃、800℃的三种条件下，不同冷却速度时无碳化物贝氏体钢的显微组织，如图 3-5-37 所示。终变形温度 1000℃时，冷却速度在

图 3-5-37　不同终变形温度和冷却速度条件下 SiMnMo 无碳化物贝氏体钢的金相组织

a—1000℃，0.03℃/s；b—1000℃，1.5℃/s；c—900℃，0.03℃/s

d—900℃，1.5℃/s；e—800℃，0.03℃/s；f—800℃，1.5℃/s

0. 03~1. 50℃/s 内所得组织为无碳化物贝氏体，即使冷却速度为 0. 03℃/s 时也无先共析铁素体析出；冷却速度大于 2℃/s 时出现下贝氏体组织，冷却速度越快，下贝氏体越多；冷却速度 20℃/s 时，以下贝氏体为主，存在少量马氏体。终变形温度 900℃时，冷却速度在 0. 2~1. 5℃/s 内为无碳化物贝氏体；冷却速度小于0. 2℃/s 时，有先共析铁素体析出；冷却速度大于 2℃/s，出现下贝氏体；冷却速度为 20℃/s，以下贝氏体为主，存在部分马氏体。终变形温度 800℃时，冷却速度小于 0. 5℃/s 时试样存在先共析铁素体；冷却速度大于 1. 5℃/s 时，出现下贝氏体；冷却速度 20℃/s 时，组织仍以下贝氏体为主。这表明贝氏体钢在过冷奥氏体冷却过程中以贝氏体转变为主，无珠光体转变，这是由于钢中钼和锰能够有效推迟珠光体转变，而对贝氏体转变几乎没有影响，且能使珠光体和贝氏体的“C 曲线”分离。

选取不同终变形温度，在 0. 2℃/s 同一冷速下对比研究其 TEM 组织，如图 3-5-38 所示。三种试样均以位错密度较高的贝氏体铁素体和片状残余奥氏体薄膜和少量块状残余奥氏体相为主，未见明显碳化物；终变形温度 800℃下的试样，存在一定量的多边形铁素体。三种试样的贝氏体铁素体板条厚度及块状奥氏体相尺寸各不相同，变形温度越低，组织中板条铁素体越多，其板条厚度越小，块状奥氏体相所占比例越少。

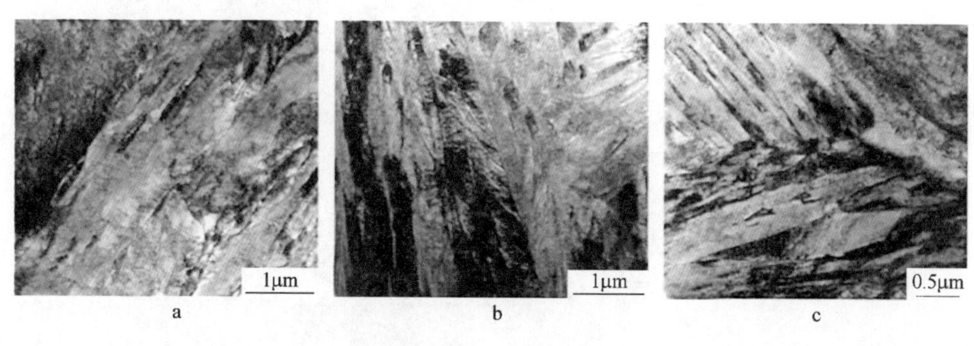

图 3-5-38 SiMnMo 无碳化物贝氏体钢在不同终变形温度和 0. 2℃/s 冷却速度下的 TEM 组织
a—1000℃；b—900℃；c—800℃

结合图 3-5-36 所示动态 CCT 曲线可以看出，随变形温度降低，贝氏体钢的先共析铁素体析出曲线左移，即变形温度越低，越容易析出先共析铁素体。终变形温度 1000℃时，变形均在奥氏体再结晶区进行，变形后奥氏体晶粒较粗大，晶界面积较少，奥氏体向铁素体转变的吉布斯自由能差变小，铁素体形核动力不足，因此不能发生铁素体相变。当终变形温度降到 900℃时，低温变形使奥氏体中位错密度增大，新相可以借助由位错产生的弹性能在位错上优先形核。同时，晶界上界面能高的区域变形多。也就是说，被变形的晶粒与相邻的晶粒之间产生的不均匀滑移使得变形前比较光滑的晶界面变得不光滑，结果在奥氏体晶界上形成大量的突缘，这些突缘具有高的界面能。因此，奥氏体晶界处也能够发生铁素

体形核相变。当终变形温度继续降低到800℃时，变形是在低于奥氏体再结晶温度下进行的，在晶粒内部生成了变形带，这些变形带也是具有高位错密度的区域，为新相在奥氏体晶内形核提供了优先形核位置，使铁素体不仅在晶界，而且在晶内的形变带上开始形核，增加了奥氏体向铁素体转变时的形核位置。所以，当冷却条件相同时，随着终变形温度的降低，钢中铁素体含量增多，即奥氏体变形温度越低，越容易析出先共析铁素体。

贝氏体钢在三种变形温度、不同冷却速度下的维氏硬度，如图3-5-39所示。尽管终变形温度不同，但是，冷却速度小于1.5℃/s时，随冷却速度的加快，形成的无碳化物贝氏体组织均越来越细小，因此，硬度均明显提高。冷却速度大于1.5℃/s后，终变形800℃试样的硬度不再提高，反而有所降低，这主要与冷却速度大于1.5℃/s、终变形800℃的贝氏体转变温度区较宽，形成的组织较粗大有关。冷却速度达4℃/s后，三种终变形温度试样的硬度相近，主要是因为冷却速度达4℃/s后，不同终变形温度试样组织中的下贝氏体含量均明显增多，因此，硬度值相近。冷却速度小于4℃/s时，在相同冷却速度条件下，终变形800℃试样的硬度最高，而终变形900℃和1000℃时的硬度较低且两者相近。这主要是因为冷却速度小于4℃/s时，终变形800℃的无碳化物贝氏体转变温度最低，转变温度区间最小，贝氏体组织长大的温度范围最窄，钢中形成的贝氏铁素体板条所占比例最多，板条厚度最小，因此，硬度值最高。而终变形900℃和1000℃时，无碳化物贝氏体转变温度相近且均较高，钢中贝氏铁素体板条所占比例和板条厚度均大于终变形800℃的试样，所以两者的硬度值相近且均较低。

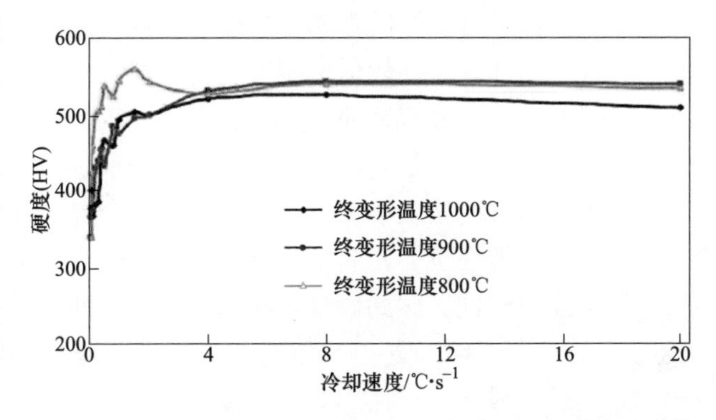

图3-5-39 不同变形条件下SiMnMo无碳化物贝氏体钢的硬度

综上可知，在冷却速度小于1.5℃/s的空冷状态下对SiMnMo系无碳化物贝氏体钢进行热加工时，需要尽量降低变形温度，以得到细小均匀的贝氏铁素体板条组织，并提高钢的强度、硬度和韧塑性，获得最佳的使用性能。应用上述成分和工艺生产的无碳化物贝氏体钢，由于其高耐磨性，使用寿命至少是普通珠光体钢的2倍以上，目前在铁路工程结构耐磨构件和铁路运输耐冲击构件的制造等方面均得到广泛应用。

6　轨道用超细贝氏体钢形变热处理调控

超细贝氏体具有良好的强塑性配合，因此受到越来越多的关注。超细贝氏体即低温贝氏体，通常是在较低的温度进行常规等温淬火处理后得到。尽管低碳钢和/或中碳钢的 M_s 点比高碳钢的 M_s 点高，仍可以通过奥氏体等温变形工艺在低碳钢和/或中碳钢中获得超细贝氏体。同时有研究结果表明，奥氏体等温变形工艺可以显著提高其抗拉强度，但是该工艺使残余奥氏体在变形过程中的协调变形能力降低，因而塑性也会相应地降低。为此，研究人员提出了一些策略以同时提高材料的强度和塑性，比如调整块状残余奥氏体的数量、大小、形态和取向。然而，块状残余奥氏体很难完全消除，进而很难获得理想的全贝氏体板条和薄膜残余奥氏体组织。因此，上述的这些方法只能减轻，而难以根除块状残余奥氏体对钢的力学性能的不利影响。

对于贝氏体相变除了通常的调整化学成分外，在贝氏体相变前对过冷奥氏体进行形变热处理，也会对贝氏体相变产生显著的影响。形变热处理对马氏体相变影响的研究已经相对成熟，普遍认为预应变能够加速马氏体的初期转变，但会减少马氏体的最终转变量。而形变热处理对贝氏体相变作用的研究仍在探索中，不同的预变形温度和变形量及后期等温温度对贝氏体相变的影响差别较大。大量研究发现，在贝氏体相变温度下，对过冷奥氏体预变形可缩短贝氏体相变的孕育期，完成相变所需时间比未变形相变时间明显缩短。奥氏体预变形会影响贝氏体组织，变形后原始奥氏体晶粒破碎，会产生大量位错和亚晶界等缺陷，贝氏体板条形态也会产生变化。

在贝氏体钢形变热处理工艺设计方面，本章提出了一种新的策略，试图在块状残余奥氏体中引入纳米孪晶来进一步改善贝氏体钢的力学性能。这是因为纳米孪晶能够通过位错和孪晶界之间的交互作用，同时具有软化和硬化作用，进而调整其力学性能。然而，如何在块状残余奥氏体中引入纳米孪晶，进而调控材料的性能是具有挑战性的。

6.1　层错能调控形变热处理

面心立方金属的变形机制与其对应的层错能密切相关，而层错能直接决定了金属经受变形时发生的变形机制，如位错滑动、形变孪晶或马氏体转变。与此同时，据研究报道，形变孪晶一般在层错能 18~45mJ/m^2 之间的钢中形成。如果层

错能影响因素，如化学成分、奥氏体的晶粒度和温度等得到适当的控制，进而确保块状残余奥氏体对应的层错能在 18~45mJ/m^2 之间，然后在以形变孪晶机制为主导的层错能范围内进行变形，就可以在块状残余奥氏体中引入孪晶。

本节基于层错能调控的策略，在过冷奥氏体和残余奥氏体对应的位错滑移和形变孪晶机制主导的层错能范围内依次进行变形，在中碳钢中获得了超细贝氏体组织，并重点分析了该热加工工艺下的组织演变及其对力学性能的影响，同时简要讨论了孪晶残余奥氏体中的马氏体快速以及多级转变、纳米孪晶与位错的交互作用，以及可动位错滑移对力学性能的影响。

以化学成分为（质量分数）：C 0.49%，Mn 1.82%，Si 1.55%，Cr 1.20%，Al 0.69%，Mo 0.20%的 49Mn2SiCrMoAl 钢为研究对象，将钢在 1150℃ 均一化处理 1.5h，然后锻造成直径为 45mm 的棒料，锻造后的棒料沿长度方向被切割成尺寸为 60mm×30mm×10mm 的板材用于变形和热处理研究。

层错能调控热加工工艺是为了获得超细贝氏体和具有孪晶组织的残余奥氏体，因此，同时制备了另外两种试样进行对比分析。（1）命名为 AT 试样的热加工工艺：950℃ 奥氏体化 30min 后，迅速冷却到 500℃，之后在该温度进行第一道次轧制变形，变形量为 30%。然后立即将试样在 240℃ 盐浴炉中等温淬火 3.5h，随后在该温度进行第二道次轧制变形，即孪晶变形，变形量约为 5%，最后将试样空冷至室温。（2）命名为 AR 试样的热加工工艺：AR 试样的制备过程与 AT 试样相似，但是没有第二道变形。通过工艺（1）和（2）的对比，进而分析孪晶组织对力学性能的影响。（3）命名为 CIQ 试样的热加工工艺：在 950℃ 奥氏体化 30min 后，在 265℃ 等温 1.8h 以获得与 AT 试样相同的残余奥氏体含量，然后空冷至室温。奥氏体晶格参数利用 Nelson-Riley 方法测定，而残余奥氏体中的碳含量利用公式 3-6-1 计算：

$$a_\gamma = 3.5780 + 0.33x_{C} + 0.00095x_{Mn} + 0.0006x_{Cr} + 0.0056x_{Al} + 0.0031x_{Mo} \tag{3-6-1}$$

式中　a_γ——利用 Nelson-Riley 方法测定的奥氏体晶格参数；

　　　x_i——元素 i 对应的质量分数。

6.1.1　相变动力学

试验用 49Mn2SiCrMoAl 钢温轧前后的 M_s 点及其对应的等温曲线，如图 3-6-1 所示。奥氏体等温变形前后的 M_s 点分别为 255℃ 和 225℃，对比结果表明轧制后钢的 M_s 点降低了 30℃。奥氏体等温变形能够增加奥氏体的位错密度，从而显著提高奥氏体的力学稳定性。因此，发生马氏体相变的时候需要更大的相变驱动力，即 M_s 点更低。同时，CIQ 和 AT 试样中贝氏体完全转变时间分别约为 6h 和

15h，AT 试样完全转变等温时间的增加是因为奥氏体等温变形过程中引入了大量的位错密度，进而提高了过冷奥氏体的强度。

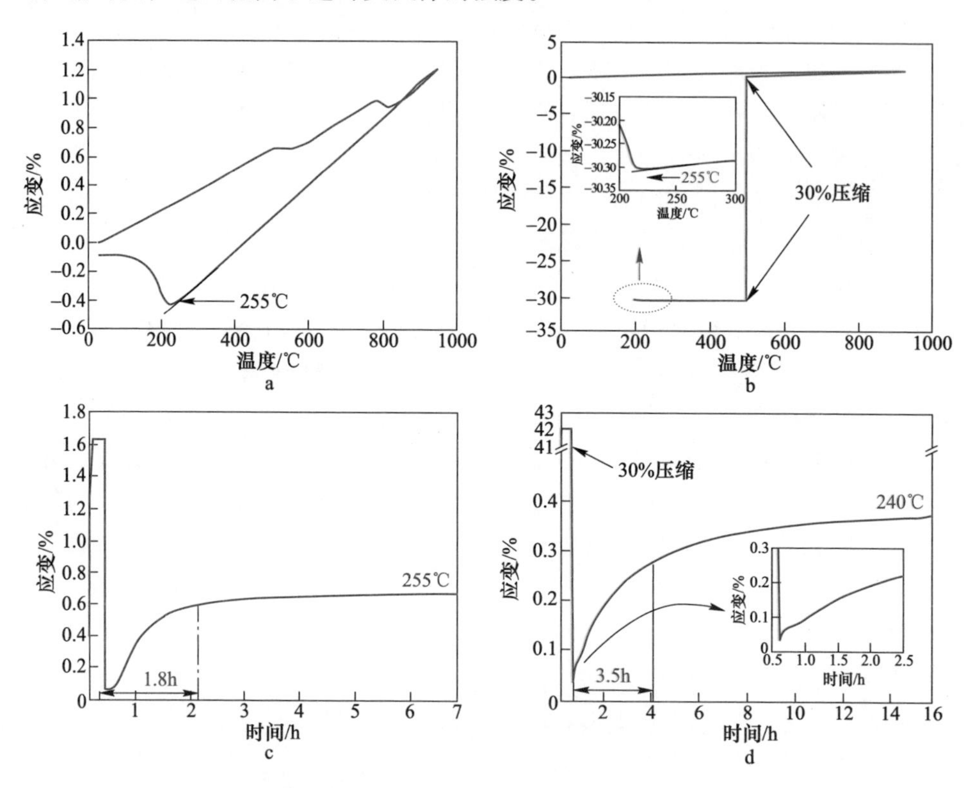

图 3-6-1 49Mn2SiCrMoAl 钢 M_s 相变点和贝氏体转变动力学曲线

a—CIQ 试样的 M_s 点；b—AT 试样的 M_s 点；

c—CIQ 试样的贝氏体相变动力学曲线；d—AT 试样的贝氏体相变动力学曲线

同时，计算了 49Mn2SiCrMoAl 钢的层错能，过冷奥氏体和/或残余奥氏体中的碳含量及其对应的层错能会随着等温时间的延长而改变。AT 试样不同等温阶段的 XRD 衍射图谱如图 3-6-2 所示，利用 XRD 衍射图谱计算了不同等温阶段中残余奥氏体的碳含量，然后根据残余奥氏体中的碳含量，进一步计算出了不同等温阶段的残余奥氏体对应的层错能。过冷奥氏体等温变形之前在 500℃时的层错能为 88.6mJ/m^2，对应的变形机制以位错滑移为主。同时，等温 3.5h 后，未完全转变奥氏体的层错能为 41.4mJ/m^2，对应的变形机制以形变孪晶为主，由此建立了等温时间→层错能→变形机制之间的关系。AT 试样的热加工工艺对应的组织演变过程，如图 3-6-2d 所示，分别在以位错滑移和形变孪晶为主导的层错能区间内变形，第一次和第二次变形的目的是为了分别在过冷奥氏体中引入高密度位错和在残余奥氏体中引入机械孪晶。

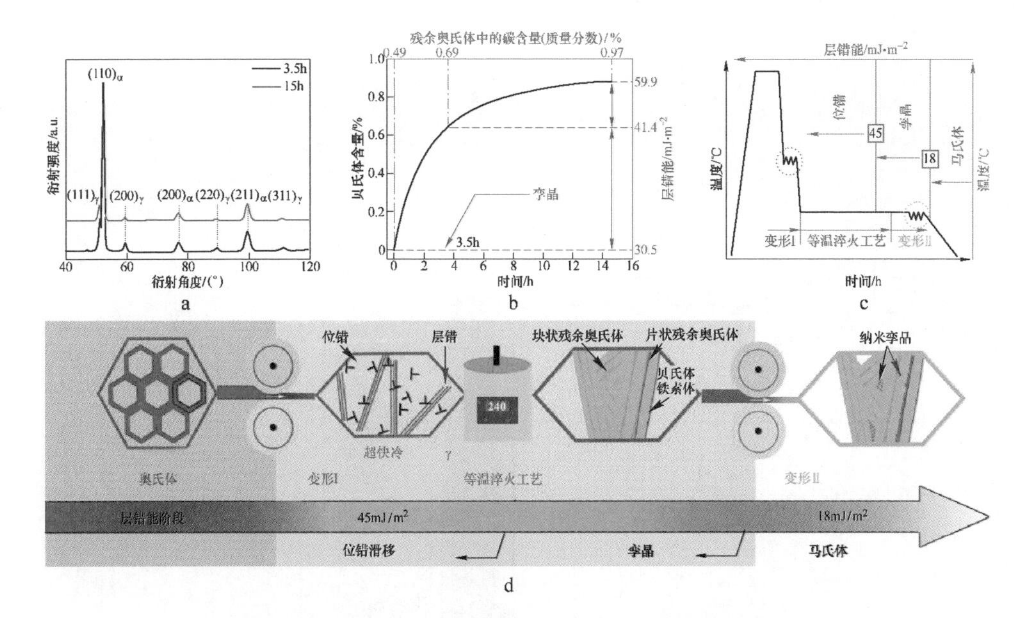

图 3-6-2 49Mn2SiCrMoAl 钢 AT 试样的工艺流程示意图

a—AT 试样在不同保温时间内的 X 射线衍射图谱；
b—残余奥氏体的碳浓度及其对应的层错能随等温时间的变化；
c—基于层错能调控的热处理工艺；d—热处理工艺过程中 AT 试样的微观组织演变

6.1.2 微观组织

不同处理工艺试样的 XRD 和碳原子三维空间分布结果，如图 3-6-3 所示。根据衍射结果计算了残余奥氏体的体积分数，结果显示 CIQ、AR 和 AT 试样的残余奥氏体体积分数分别为（24.7±2.8)%、(25.1±2.4)%和（23.6±2.4)%，结果表明孪晶变形工艺过程中仅有少量残余奥氏体转变为马氏体，这个结果证明了层错能计算结果的合理性。

同时，计算得到 CIQ 和 AT 试样中的残余奥氏体/贝氏体铁素体的位错密度分别为 $6.41\times10^{15}m^{-2}/7.26\times10^{15}m^{-2}$和 $1.21\times10^{16}m^{-2}/1.26\times10^{16}m^{-2}$，结果表明 AT 试样的热加工工艺显著增加了试样中的位错密度。同时，CIQ 和 AT 试样 XRD 衍射图谱对比结果显示 $\gamma_{(111)}$衍射峰角度发生了明显的偏移，表明 CIQ 和 AT 试样的残余奥氏体中碳含量存在明显差异。根据 XRD 衍射图谱，对残余奥氏体中的平均碳含量进行了计算，结果显示 CIQ 试样和 AT 试样的残余奥氏体中平均碳含量（质量分数）分别为（1.43±0.22)%和（0.69±0.14)%。

利用三维原子探针技术分析贝氏体铁素体中的碳原子分布，结果如图 3-6-3c 和 d 所示，给出了 CIQ 和 AT 试样中贝氏体铁素体板条中的 2%、4%、6%和 8%等原子面的碳元素（原子数分数）分布。由数据统计结果可见，CIQ 和 AT 试样

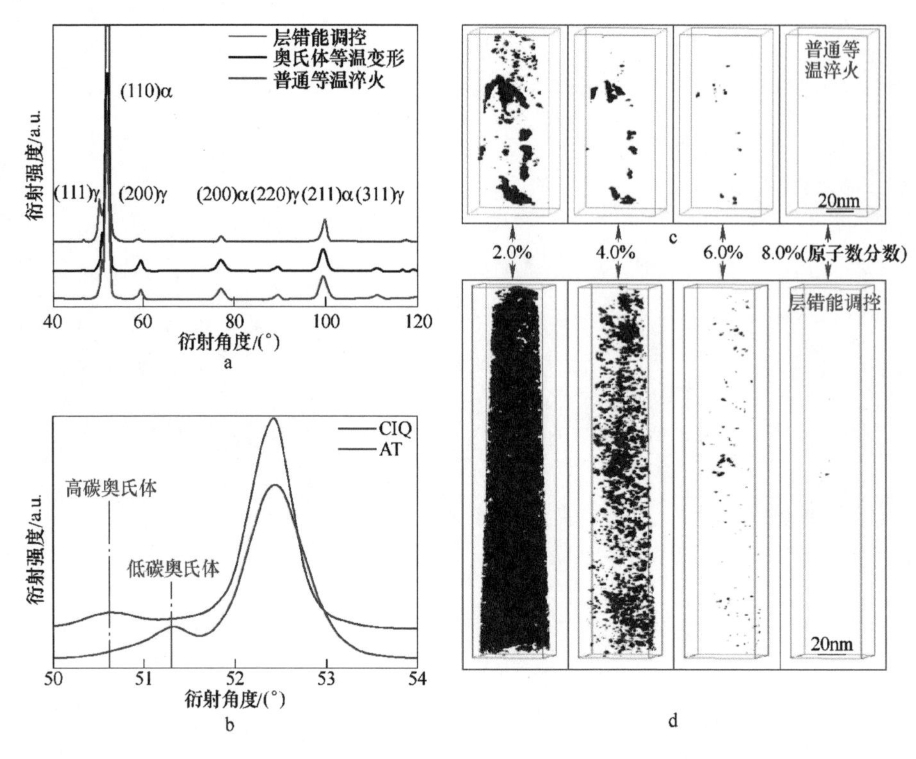

图 3-6-3　49Mn2SiCrMoAl 钢 XRD 衍射图谱和碳原子分布

a—AT、AR 和 CIQ 工艺试样 XRD 图谱；b—AT 和 CIQ 试样中 $\gamma_{(111)}$ 衍射峰位显著偏移；c，d—CIQ 和 AT 试样中贝氏体铁素体的 2%~8%等浓度表面的 3D-APT 碳原子图

中贝氏体铁素体板条中的平均碳含量（质量分数）分别为 0.04%和 0.1%，表明 CIQ 和 AT 试样中残余奥氏体和贝氏体铁素体板条中的碳含量存在较大的差异。这是因为奥氏体等温变形过程中引入了大量的位错，而这些位错对碳原子有很强的吸附能力，进而阻碍甚至限制了等温过程中贝氏体板条中的过饱和碳原子向邻近残余奥氏体中的扩散。

图 3-6-4a~c 分别为 CIQ、AR 和 AT 试样的 SEM 组织，结果显示其组织由贝氏体和少量的奥氏体/马氏体岛组成，但是不同试样中奥氏体/马氏体岛的尺寸和形态存在较大差异。利用 EBSD 技术分析 CIQ、AR 和 AT 试样的相分布，结果如图 3-6-4d~f 所示，同时对试样中残余奥氏体的尺寸进行了统计，表明 CIQ、AR 和 AT 试样中残余奥氏体的平均尺寸分别为 2.52μm、1.47μm 和 1.08μm。这一结果显示，块状残余奥氏体的尺寸在经过温轧和/或低温变形后显著降低。同时，CIQ、AR 和 AT 试样中尺寸小于 1μm 的块状残余奥氏体的分数分别为 32.6%、34.4%和 59.8%，表明 AT 试样中的残余奥氏体尺寸更小，而且尺寸小于 1μm 的块状残余奥氏体体积分数更高。

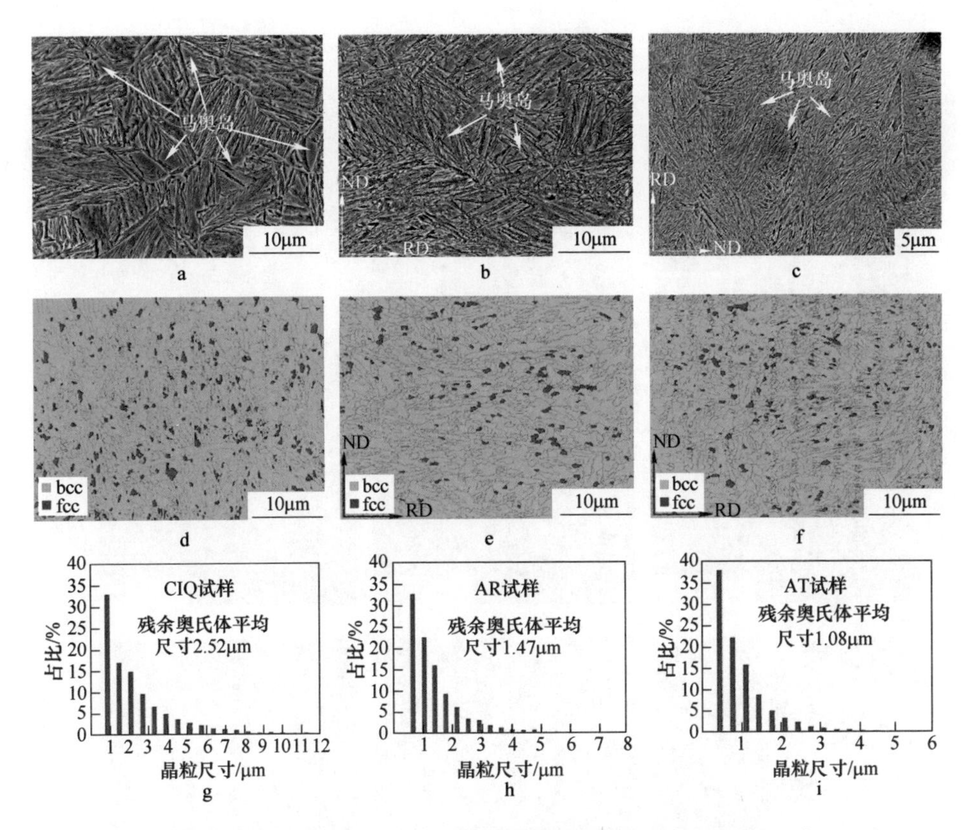

图 3-6-4 49Mn2SiCrMoAl 钢原始状态试样的 SEM 和 EBSD 组织

a，b，c—AT、AR 和 CIQ 试样的 SEM 组织，其中箭头表示马奥岛；

d，e，f—AT、AR 和 CIQ 试样的 EBSD 相图分布

（其中 RD、ND 分别表示轧制方向和普通方向）；g，h，i—AT、AR 和 CIQ 试样残余奥氏体尺寸分布

CIQ 和 AT 试样的 TEM 组织，如图 3-6-5 所示，CIQ 和 AT 试样的 TEM 组织显示两种工艺制备试样的组织主要由贝氏体铁素体和残余奥氏体构成，且其组织内无碳化物形成，即 CIQ 和 AT 工艺处理后为无碳化物贝氏体钢。CIQ 和 AT 试样的贝氏体板条的平均厚度（t）通过在垂直于板条长度方向上的平均线性截距 L_T 测量，然后根据 $L_T=\pi t/2$ 进行体视学校正后计算，结果显示 CIQ 和 AT 试样对应的贝氏体铁素体/残余奥氏体薄膜的 t 值分别为（136±25）nm/（28±11）nm 和（86±22）nm/（24±9）nm。同时，CIQ 和 AT 试样中的块状残余奥氏体分别如图 3-6-5c 和 d~f 所示，CIQ 试样中的块状残余奥氏体被贝氏体铁素体板条包围，形态呈三角形，而 AT 试样中的块状残余奥氏体形态呈椭圆形。同时，AT 试样中的块状组织的暗场相图显示由贝氏体铁素体板条和孪晶残余奥氏体交替排列组成。因此，将 AT 试样中的块状残余奥氏体标记为特殊残余奥氏体。此外，AT 样品的薄膜状和普通块状残余奥氏体中也发现了变形孪晶，如图 3-6-5g~i 所示。通过 281 次测

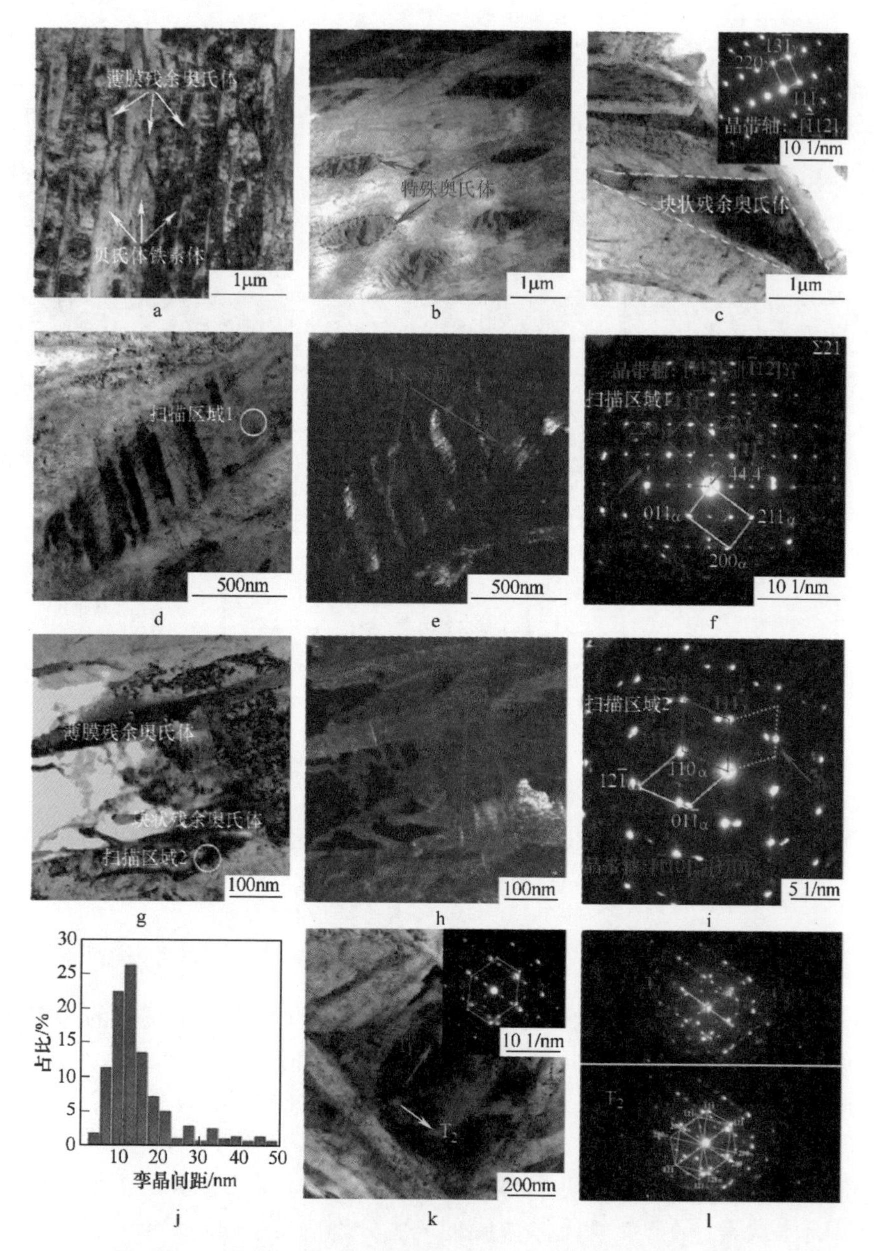

图 3-6-5　49Mn2SiCrMoAl 钢拉伸前 CIQ 和 AT 试样的 TEM 组织

a—CIQ 试样中贝氏体铁素体和薄膜残余奥氏体；b—AT 试样中超细贝氏体铁素体板条和特殊形态残余奥氏体；c—CIQ 试样中块状残余奥氏体，插图为其对应的选区电子衍射图谱；d，e，f—AT 试样中块状残余奥氏体中的孪晶分布；g，h，i—AT 试样薄膜残余奥氏体中的孪晶分布；j—AT 试样中孪晶尺寸分布；k，l—AT 试样中孪晶马氏体和对应的衍射斑

量，统计了 AT 试样中形变孪晶的平均厚度 L_{twin}，其中，87.5%的孪晶间距小于 20nm，如图 3-6-5j 所示。此外，AT 试样中还存在少量的孪晶马氏体，同一区域

内孪晶马氏体存在两种取向（T_1 和 T_2），如图 3-6-5k 和 l 所示。

一般来说，孪晶的形核和长大是一个晶界主导的过程，如晶界的迁移，位错与晶界的交互作用过程中不全位错发射和层错的形成，作为孪晶形核点来促进孪晶的生成。因此，室温变形工艺过程中约 5%的变形难以促进晶界主导的变形孪晶的形成，同时试样中的大量孪晶表明其存在其他的孪晶形成机制。为了研究 AT 试样中孪晶的形成机制，分析 AR 试样的微观结构，结果如图 3-6-6 所示，图 3-6-6a 和 b 中的特殊块状残余奥氏体由贝氏体铁素体和残余奥氏体交替排列组成。此外，图 3-6-6c～e 显示，AR 试样的 TEM 微观组织中的特殊块状残余奥氏体存在大量层错。这种组织在稳定奥氏体钢和亚稳奥氏体钢的 500℃变形工艺制备的试样中也能够观察到。由于缺陷辅助孪晶形核是基于层错形核，500℃变形过程中位错分解产生的单层或多层层错可作为孪晶形核点，进而促进后续室温变形工艺过程中形变孪晶的形成。

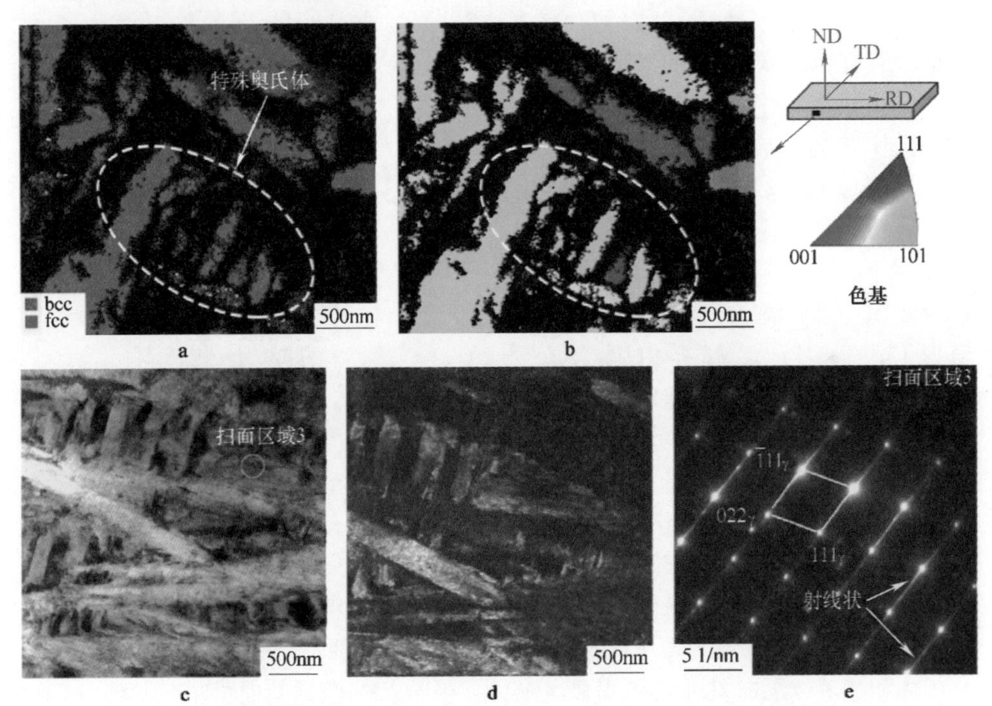

图 3-6-6　49Mn2SiCrMoAl 钢 AR 试样的 EBSD 和 TEM 组织

a，b—特殊形态块状残余奥氏体的 EBSD 测试结果中的相图和 IPF 图；

c，d，e—特殊形态残余奥氏体的 TEM 组织显示其含有大量层错

6.1.3　力学行为

49Mn2SiCrMoAl 钢 CIQ、AR 和 AT 试样的工程应力-应变曲线，如图 3-6-7 所

示。其中，CIQ 试样的屈服强度（*YS*）为 1185MPa，极限抗拉强度（*UTS*）为 1887MPa，总伸长率（*TE*）为 14.3%。相比之下，AR 试样的屈服强度为 965MPa，抗拉强度为 2160MPa，伸长率为 6.3%，其力学性能与常规工艺处理获得的无碳化物贝氏体钢的性能相似，具有较高的抗拉强度，但延展性有限。CIQ 和 AR 试样的力学性能对比结果表明，500℃变形工艺可以显著提高试样的极限抗拉强度，但会降低其伸长率。经该工艺处理获得的贝氏体钢中存在大量硬而脆的微米级马氏体，拉伸过程中初始马氏体以及由奥氏体转变生成的马氏体与基体的协调变形能力较差，相变引起的应变累积易引起裂纹的萌生和扩展。AT 试样拉伸结果显示，其 *YS* 值为 1054MPa，*UTS* 值为 2403MPa，*TE* 值为 15.7%。与 AR 试样相比，AT 试样经室温变形工艺处理后强度和塑性得到进一步提高，表明 500℃变形和室温变形工艺的耦合对 49Mn2SiCrMoAl 钢的性能产生了积极的影响。图 3-6-7b 为 AT 试样的力学性能与其他高强度高塑性金属材料的对比结果，可以看出，AT 试样的 *UTS* 值可与超细贝氏体、温轧贝氏体甚至马氏体相媲美，同时其伸长率明显高于具有相同 *UTS* 值的其他材料。此外，具有理想的强度和延展性的 AT 试样与 D&P 钢和化学晶界钢相当。

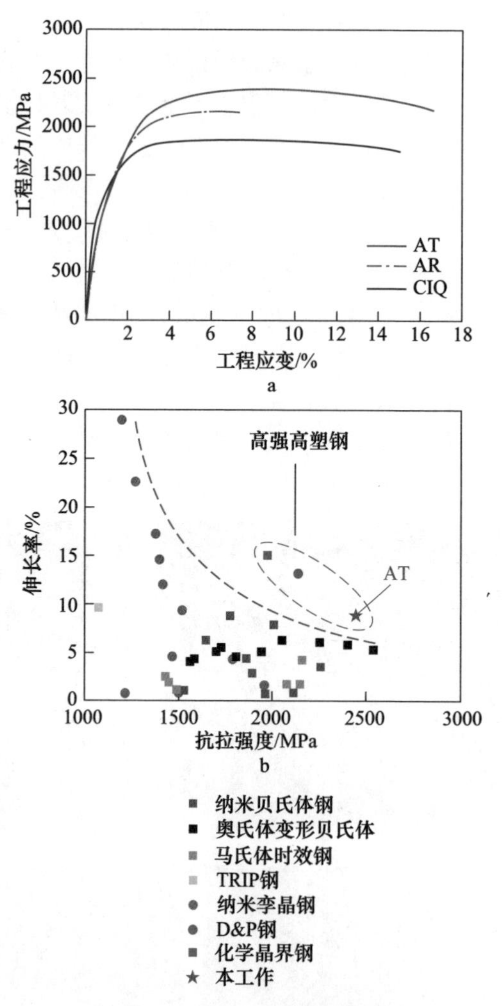

图 3-6-7　49Mn2SiCrMoAl 钢拉伸试验结果（a）和 AT 试样与其他高强度高塑性钢性能的对比结果（b）

同时，研究了 500℃变形工艺参数中的变形温度和变形量对力学性能的影响，结果如图 3-6-8 所示。从 400~600℃温度区间变形 30%和 50%的拉伸实验结果看出，随着变形温度的降低，对应试样的抗拉强度增强，伸长率降低。在相同变形温度条件下，变形量越大，其对应的强度越高。此外，所有的拉伸试验均表现出低屈服强度和高抗拉强度的结果。

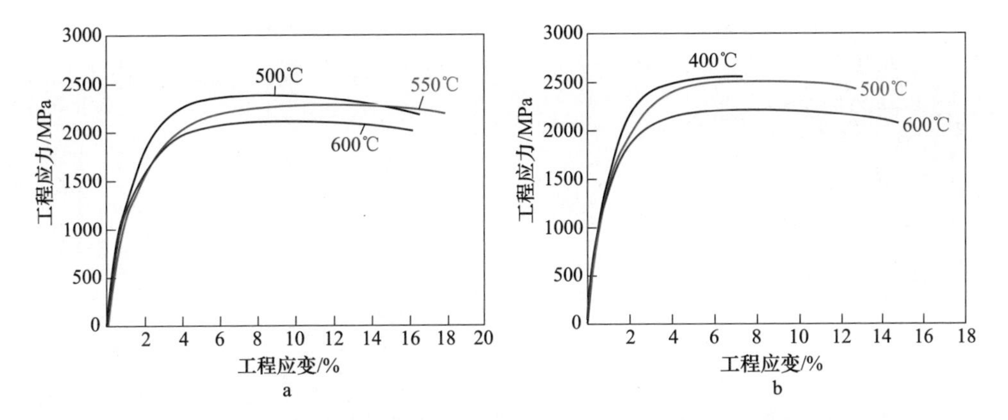

图 3-6-8 49Mn2SiCrMoAl 钢 500℃变形工艺参数对 AT 试样的拉伸性能的影响

a—变形 30%；b—变形 50%

49Mn2SiCrMoAl 钢 CIQ 和 AT 试样的真实应变-应力曲线和加工硬化速率 $\theta=\mathrm{d}\sigma/\mathrm{d}\varepsilon$曲线，如图 3-6-9 所示。AT 试样的真应力-应变曲线显示了其渐进屈服的拉伸行为，即强度在拉伸过程中逐渐增高，最终导致 2.4GPa 的极限抗拉强度。CIQ 和 AT 试样的加工硬化曲线表明在应变在 0.6%～8.0%之间，AT 试样的加工硬化速率显著高于 CIQ 试样。

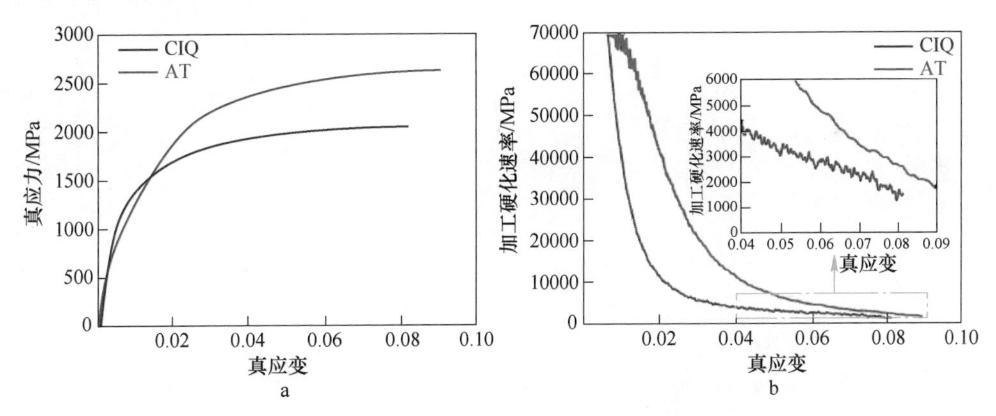

图 3-6-9 49Mn2SiCrMoAl 钢 CIQ 和 AT 试样的力学性能

a—真应力-应变的关系；b—加工硬化速率

为了研究 CIQ 和 AT 试样的加工硬化能力差异的原因，分析了两种试样不同工程应变下对应的残余奥氏体体积分数，结果如图 3-6-10 所示。用 CIQ 和 AT 试样不同应变下对应的 XRD 衍射图谱，计算了残余奥氏体体积分数随应变的演变过程，如图 3-6-10c 所示；结果显示 CIQ 和 AT 试样中的残余奥氏体体积分数在拉伸之前和拉伸之后近乎相同，但在应变 0.6%～8.0%之间，AT 试样中转化为马氏体的残余奥氏体分数比 CIQ 试样的更多。在相同应变条件下，AT 试样中形成了更多体积分数的马氏体，从而导致 AT 试样中残余奥氏体的加速马氏体相变过程以及高的加工硬化速率。

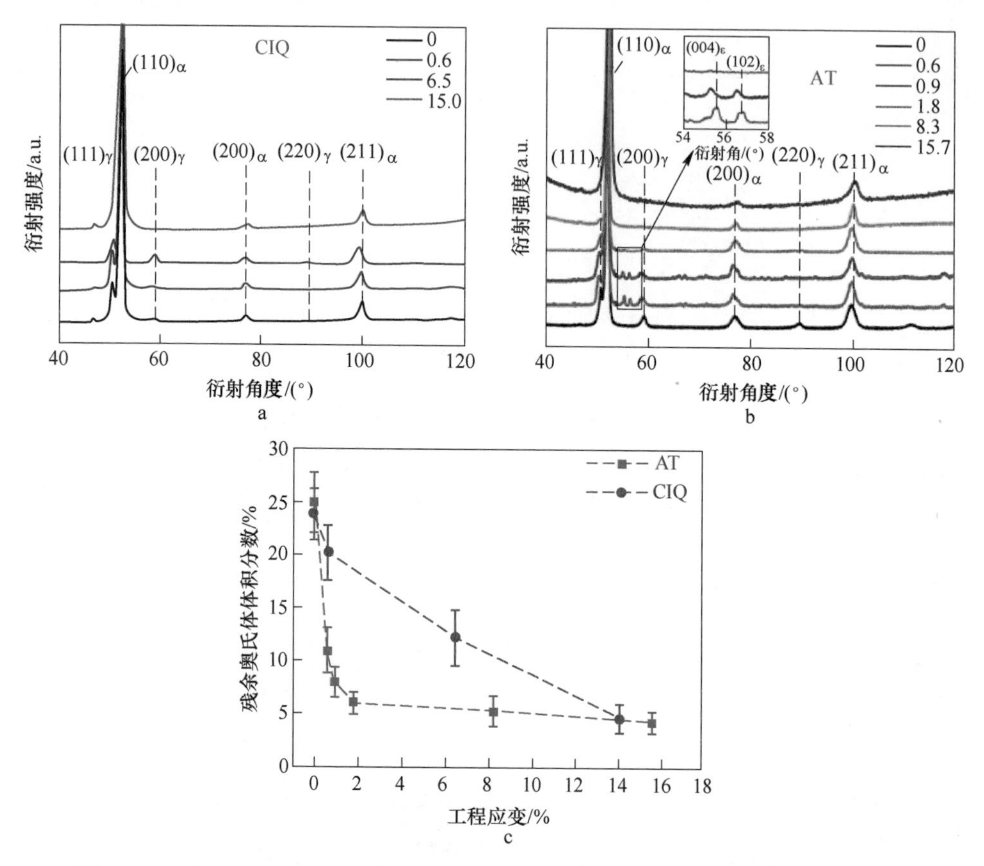

图 3-6-10　49Mn2SiCrMoAl 钢 CIQ 和 AT 试样不同应变条件下的 XRD 图谱（a，b）及其在不同应变条件下残余奥氏体体积分数（c）

AT 试样中残余奥氏体的加速马氏体相变可归因于以下两个方面：

（1）AT 试样中残余奥氏体具有较低的力学稳定性。众所周知，层错和孪晶界有助于马氏体形核，进而降低残余奥氏体的力学稳定性。同时，CIQ 和 AT 试样的重合点阵（CSL）晶界分布的对比结果表明（见图 3-6-11），AT 试样中的高能 Σ 值晶界的体积分数更高。众所周知，低 ΣCSL 晶界的共格原子比例高于高 ΣCSL 晶界的原子比例，从而降低低 ΣCSL 界面的自由体积。这意味着 AT 试样中的界面比 CIQ 样品中的晶界更不稳定。

（2）AT 试样中残余奥氏体具有较低的化学稳定性。如前所述，AT 试样中的高密度位错可以显著延迟甚至阻止碳原子从贝氏体铁素体配分到相邻的残余奥氏

体，从而降低残余奥氏体中碳浓度，进而降低残余奥氏体的力学稳定性。

高密度的位错能够提高残余奥氏体的稳定性，在连续应变或应力累积条件下延缓残余奥氏体的分解。AT 试样中，层错和/或孪晶界形核和碳分配诱导的不稳定性与高密度位错诱导的稳定性三因素耦合导致了残余奥氏体的加速马氏体相变过程。因此，加速马氏体相变诱发的应变硬化与其他强化机制相结合，如孪晶界强化、位错强化和细晶强化，将 AT 样品的 *UTS* 值提高到 2.4GPa 以上。

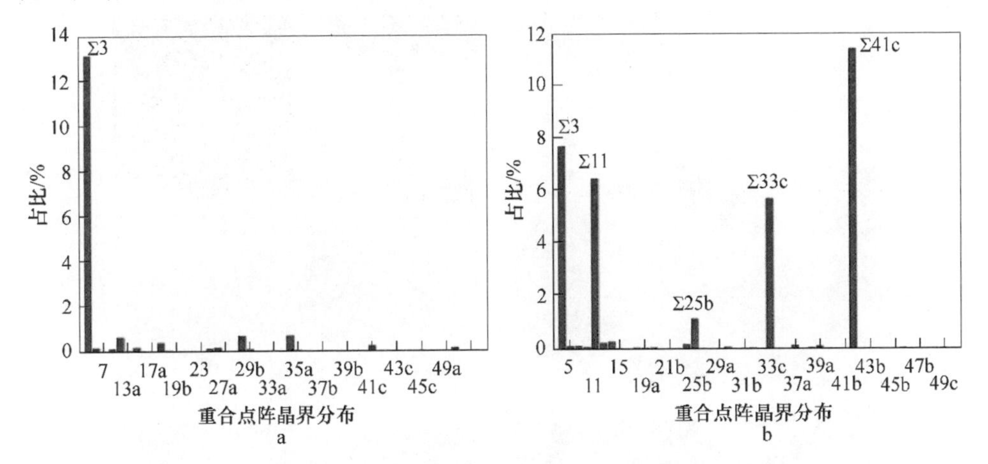

图 3-6-11　49Mn2SiCrMoAl 钢 CIQ 和 AT 试样中 CSL 重合点阵晶界的分布

a—CIQ 试样；b—AT 试样

贝氏体钢中残余奥氏体的 TRIP 效应可以显著改善其塑性，同时，残余奥氏体的 $\gamma\rightarrow\varepsilon\rightarrow\alpha$ 多级转变能够提高变形过程中的应力应变相容性，从而抑制应变和应力局部累积，进而有效地延缓裂纹的萌生和扩展，提高钢的损伤容限。因此，尽管马氏体加速转变过程产生了高的加工硬化能力，进而导致高强度，但没有牺牲塑性。

49Mn2SiCrMoAl 钢 CIQ 和 AT 试样中马氏体相变的显微组织演变过程，如图 3-6-12 所示。图 3-6-12a 和 d 分别显示了 CIQ 和 AT 试样的弯曲贝氏体铁素体界面。研究表明，贝氏体铁素体和薄膜残余奥氏体组成的贝氏体板条束在应力应变条件下的旋转、弯曲和延伸均可以提高延展性。有趣的是，CIQ 试样中的块状和薄膜残余奥氏体通过 $\gamma\rightarrow\alpha'$ 转变过程直接转化为马氏体。然而，AT 试样中的亚稳态残余奥氏体经历了多级 $\gamma\rightarrow\varepsilon\rightarrow\alpha'$ 转变过程，该观测结果与 XRD 的测试结果一致。AT 试样中亚稳态残余奥氏体的 $\gamma\rightarrow\varepsilon\rightarrow\alpha'$ 多级转换过程把块状残余奥氏体进一步分割，降低了块状残余奥氏体的尺寸。同时，残余奥氏体的晶粒尺寸可以显著影响马氏体相变过程。在晶粒尺寸约为 300nm 的残余奥氏体中，马氏体转变主要由应力而不是应变控制，这意味着残余奥氏体只有达到马氏体相变的临界应力才会发生相变，即在达到临界应力之前，应力在晶粒内会发生累积，从而导致残余奥氏体晶粒内良好的应力应变兼容性，提高了材料的损伤容限。此外，随着晶粒尺寸减小到纳米级时，其对应的变形机制为晶界主导变形。晶界与位错的交互作用受到尺寸效应的影响，晶界上的动态位错存储和释放过程会引发软化行为，从而导致残余奥氏体即使经历更大的应力和应变累积，也不会发生相变，而其动态的位错存储和释放会强化与贝氏体铁素体界面的位错交互作用，引起应力应变的配分，降低两相界面的应力集中程度而延缓裂纹的萌生和扩展。

从拉伸试验结果可知，AT 试样与 AR 试样相比具有更良好的塑性。图 3-6-13

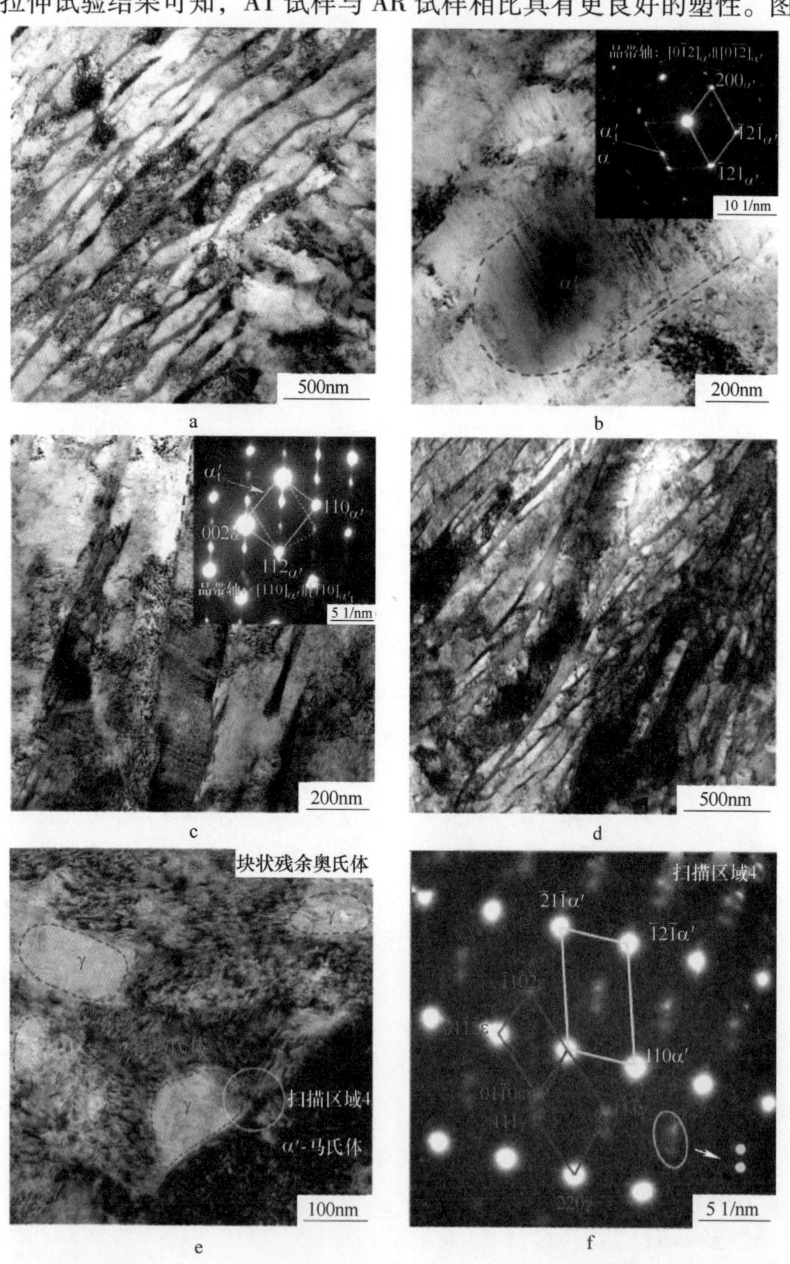

g

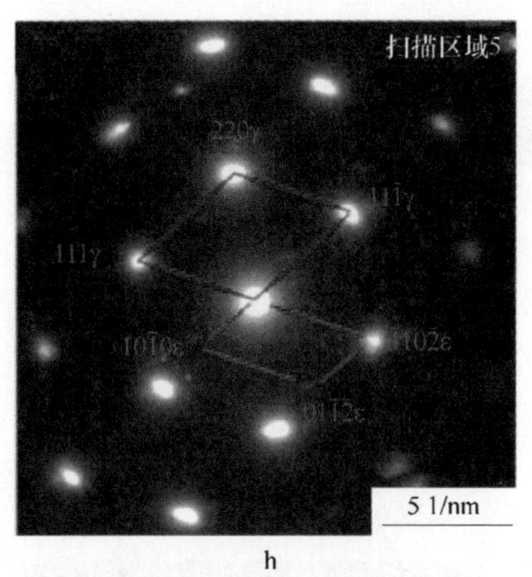

h

图 3-6-12 49Mn2SiCrMoAl 钢 CIQ 和 AT 试样拉伸过程中的 TEM 组织演变

a—CIQ 试样中贝氏体板条束拉伸后的弯曲界面；b，c—块状和薄膜状残余奥氏体的马氏体 γ→α′转变；d—AT 试样中贝氏体板条束拉伸后的弯曲界面；e，f，g，h—应变为 1.8%时 AT 试样中块状和薄膜状残余奥氏体的 γ→ε→α′多级马氏体转变

所示为不同拉伸阶段 AT 试样中特殊形态残余奥氏体的组织演变，应变为 0.92%时，AT 试样中的位错由于受到孪晶界的阻碍，导致位错在孪晶面之间运动，从而引起纳米孪晶和相邻贝氏体板条之间的界面显示出明显的弯曲，这导致纳米孪晶和相邻贝氏体板条之间的界面的高剪切应变/应力累积。应变为 8.3%时，孪晶组织中的应变/应力积累程度进一步增加，同时位错滑动的驱动应力也随之增加，这能够引起位错通过交滑进入或穿过孪晶面以减少剪切应变累积，这一过程中孪晶与位错的交互作用会导致孪晶行为。随着应变的进一步增加，纳米孪晶结构经历大塑性变形以防止裂纹的萌生和扩展，最终纳米孪晶和贝氏体板条的交替排列组织在连续应变下被破坏，如图 3-6-13c 所示；断口处组织显示甚至有贝氏体板

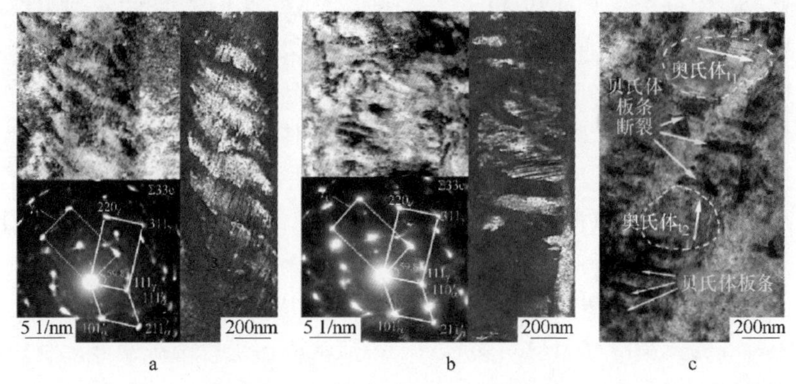

a b c

图 3-6-13 49Mn2SiCrMoAl 钢 AT 试样拉伸过程中不同应变下的纳米孪晶组织演变

（白色箭头标注为纳米孪晶，黄色箭头标注为贝氏体板条）

a—0.92%；b—8.3%；c—15.7%

条的断裂，这意味着临界断裂应力很大，即纳米孪晶组织具有较高的应力应变相容性和损伤容纳极限。

与CIQ和AR试样相比，AT试样虽然具有很高的抗拉强度，但是其屈服强度较低。根据机械应力场中可动位错运动原理，AT试样的低屈服强度导致位错滑动临界驱动力较低。因此，应力集中而诱发裂纹萌生的概率也随之降低。这是因为在拉伸过程中，位错在较小的应力时便可以发生运动，而不会因位错运动而引起应力集中。因此，马氏体中的可动位错滑动可以提高AT试样的损伤容限，延缓微裂纹的萌生和扩展。同时，可动和不可动位错之间的相互作用促进了位错胞的形成，如图3-6-14所示。随着应变/应力的增加，位错胞沿拉伸方向被拉长，以减轻剪切应变累积。

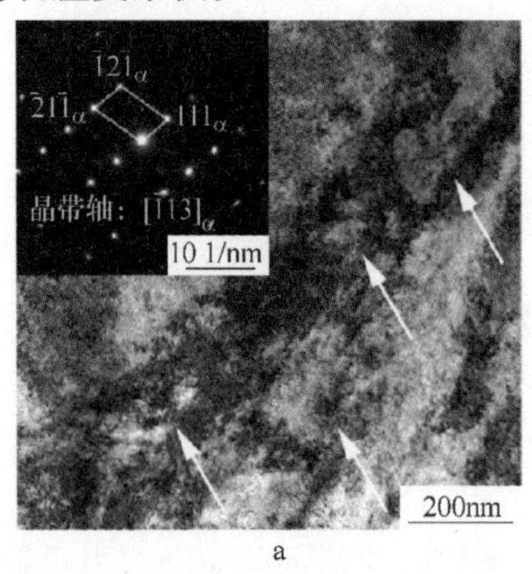

a

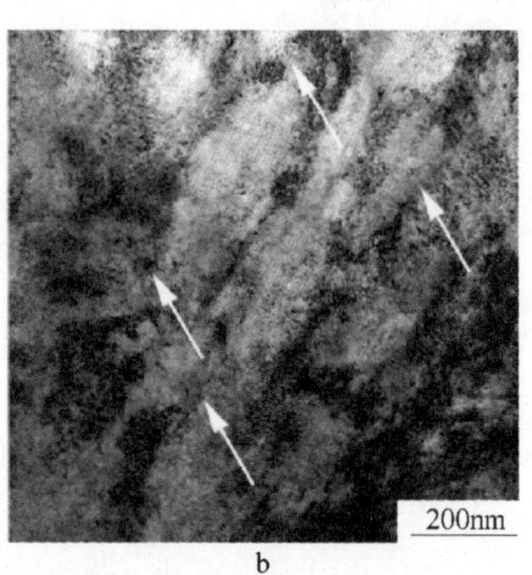

b

图3-6-14 49Mn2SiCrMoAl钢AT试样不同应变下的位错结构
a—原始试态；b—8.3%应变

图3-6-15为49Mn2SiCrMoAl钢试样的拉伸断口组织。通过观察两种试样断口处的组织，对比分析了CIQ和AT试样的断裂模式，CIQ试样的宏观组织中显示出明显的韧窝组织，但是放大后观察到了韧窝网络和准解理面，表明CIQ试样的断裂模式是解理断裂和韧性断裂的混合断裂模式。

同时，AT试样的宏观和微观组织中仅观察到韧窝和韧窝网络，表明AT试样的断裂机制为韧性断裂。此外，与CIQ试样相比，AT试样的韧窝和韧窝网络更小、更密集，表明AT试样具有更好的塑性，断口组织分析结果与拉伸结果一致。

以上展示了层错能调控热加工工艺在中碳贝氏体钢中的应用效果，该工艺使钢获得了优异的强度和塑性组合，也就是说，对中碳贝氏体钢在过冷奥氏体和残余奥氏体对应的位错滑移和孪晶变形的层错能范围内进行两次变形，制备出的无碳化物超细贝氏体钢由高密度位错贝氏体铁素体板条和含有纳米孪晶的亚稳残余奥氏体构成，具有这种组织的超细贝氏体钢表现出十分优异的综合力学性能。尽管目前这种工艺在轨道用贝氏体钢的实际生产中比较难实现，但由于它获得的贝

氏体钢具有超高性能，因此，它可以作为铁路轨道用贝氏体钢制造技术的一个储备，未来设备条件达到后会有十分广阔的应用前景。

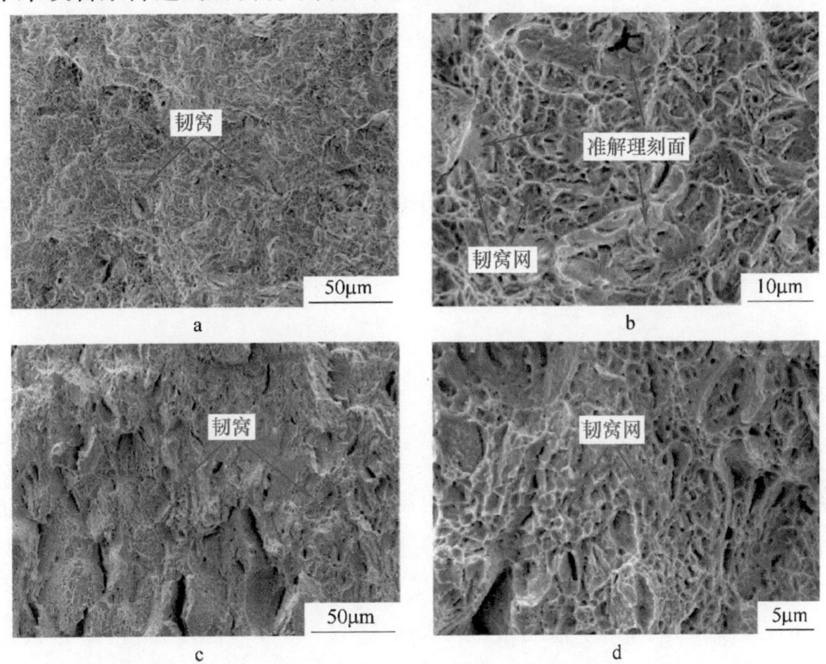

图 3-6-15　49Mn2SiCrMoAl 钢 CIQ 和 AT 试样的拉伸断口形貌

a，b—CIQ 试样（普通等温淬火）宏观和微观断口组织分别显示了韧窝和准解理面；

c，d—AT 试样（层错能调控）宏观和微观断口组织仅显示了韧窝和韧窝网络

6.2　第二相析出调控形变热处理

以化学成分为（质量分数）：C 0.44%、Mn 1.09%、Si 1.35%、Cr 0.88%、Ni 0.53%、Mo 0.17%、V 0.09%、N 0.018%的 44MnSiCrNiMoAlVN 钢为研究对象，研究含第二相氮化钒析出过冷奥氏体在 300℃变形对其贝氏体相变的影响。钒和氮含量设计依据为：根据钒、氮在奥氏体中固溶度积公式 3-6-2 和理想质量配比公式 3-6-3 和式 3-6-4，能够计算某一温度下钒和氮的质量分数对氮化钒第二相析出体积分数理论值的影响规律。

$$\lg([V]\cdot[N]) = -8700/T + 3.63 \tag{3-6-2}$$

$$[w(V) - [V]]/[w(N) - [N]] = 51/14 \tag{3-6-3}$$

$$f_{VN} = [w(V) - [V]] + [w(N) - [N]]\cdot d_a/d_{VN} \tag{3-6-4}$$

式中　[V]——固溶到基体中的 V 含量（质量分数），%；

[N]——固溶到基体中的 N 含量（质量分数），%；

$w(V)$——试验钢中 V 的质量分数，%；

w(N)——试验钢中N的质量分数,%；

d_a——基体的密度，g/cm^3；

d_{VN}——VN的密度，g/cm^3；

f_{VN}——析出相VN体积分数,%。

首先对试验钢进行热轧处理，工艺为：1200℃固溶处理1h，以10℃/s冷却到950℃，进行热轧并等温1h后水淬到室温，热轧后等温处理能够使钢中形成弥散分布的氮化钒析出相。随后，对试验钢相变前的过冷奥氏体进行形变热处理，工艺为：10℃/s速率升温至870℃进行奥氏体化，保温10min，然后以30℃/s速率降温至300℃(M_s+15℃)，并进行不同变形量的压缩变形，随后等温完成贝氏体转变。

6.2.1　相变动力学

对含氮化钒析出相的44MnSiCrNiMoAlVN钢进行300℃形变热处理，变形量分别为5%、15%和25%，随后等温完成贝氏体相变，膨胀曲线如图3-6-16所示；可以看出，形变热处理后贝氏体相变孕育期大幅度缩短，并在短时间内体积迅速膨胀，初步推断热变形使贝氏体前期形核长大阶段呈现爆发式转变。形变热处理后的试样在等温30s内膨胀量约占整体膨胀量的70%，而未形变热处理的试样在开始膨胀后30s内膨胀量仅占整体膨胀量的3%左右。这说明形变热处理后，试样短时间内就能完成大部分的贝氏体转变，并且最大的转变速率也在变形后快速出现。虽然后期膨胀速率降低，贝氏体长大速率减慢，但整体贝氏体转变时间呈减少的趋势。因此，对过冷奥氏体进行形变热处理能够促进贝氏体相变，且5%小变形量的形变热处理对贝氏体相变促进效果最显著。

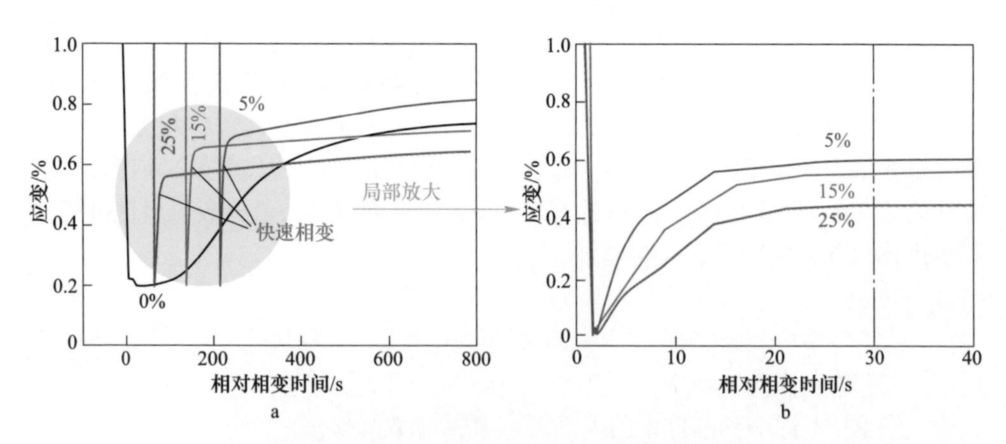

图3-6-16　44MnSiCrNiMoAlVN钢在300℃经不同变形量处理后的膨胀曲线

a—完整的膨胀曲线；b—局部放大图

在过冷奥氏体区间进行预变形产生的畸变能为贝氏体铁素体的形核和长大提供驱动力。然而，形变热处理引起的畸变能对贝氏体相变的影响程度及其所占比例未知。由于形变热处理后状态不稳定，不能直接测量等温转变前的储存能，因此，对贝氏体转变后的试样分别进行5%、15%、25%变形量的压缩变形，再进行储存能的测量。采用DSC设备分别对未变形、室温压缩变形及300℃压缩变形钢进行热效应分析。测试参数为10℃/min升温至550℃，循环两次升温。图3-6-17给出了44MnSiCrNiMoAlVN钢在不同变形条件处理后的热效应，发现在升温过程中试样均有热量释放，发生了回复。

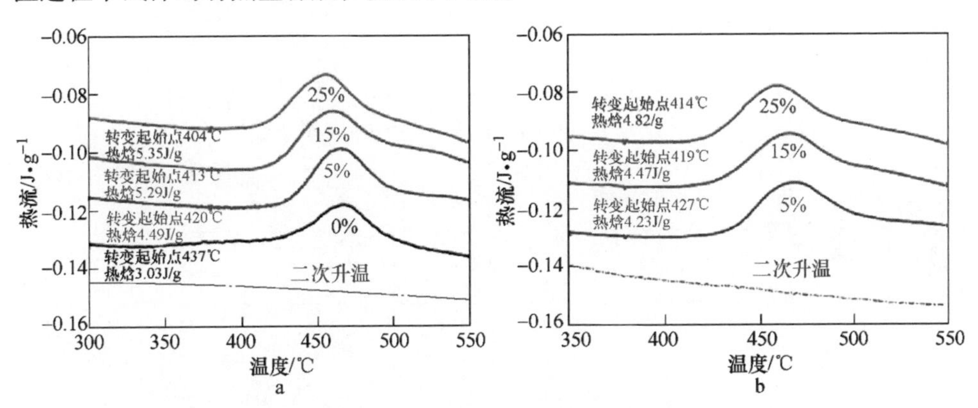

图3-6-17 不同变形状态44MnSiCrNiMoAlVN贝氏体钢在不同温度下的热效应变化规律
a—室温（25℃）；b—300℃

室温下变形试样的热效应分析如图3-6-17a所示，第一次升温过程中，未变形的试样在437℃出现放热峰，松弛热效应释放热焓值为3.03J/g。5%变形试样在420℃出现放热峰，释放热焓值为4.49J/g。15%变形试样在413℃出现放热峰，释放热焓值为5.29J/g。25%变形试样在404℃出现放热峰，释放热焓值为5.35J/g。通过未变形试样中释放的热焓值可以推断，在5%、15%、25%变形量下变形导致产生的畸变储存能分别约为1.46J/g、2.26J/g、2.32J/g。说明随着变形量增加，回复温度降低，释放热焓值增加。对试样进行二次升温过程中则未观察到放热峰。对300℃压缩变形试样进行热效应分析，如图3-6-17b所示。第一次升温过程中，300℃压缩变形5%变形试样在427℃出现放热峰，松弛热效应释放热焓值为4.23J/g。15%变形量的试样在419℃出现放热峰，释放热焓值为4.47J/g。25%变形试样在414℃出现放热峰，释放热焓值为4.82J/g。对应5%、15%、25%变形量下变形导致产生的畸变储存能分别约为1.20J/g、1.44J/g、1.79J/g，分别占总储存能的28%、32%、37%。对比室温压缩变形和300℃压缩变形，发现随着变形温度的升高，回复温度升高，释放的热焓值降低。

44MnSiCrNiMoAlVN钢在塑性变形过程中，产生晶体缺陷，进而储存相当数量的畸变能。形变热处理后试样中产生的畸变能在储存能中占有一定的比例，为贝氏体相变提供了驱动力。形变热处理后试样在升温过程中出现放热峰，主要是由于升温过程中，缺陷减少和位错重排，储存畸变能逐渐释放。对比室温和300℃热焓值和回复温度随着变形量的变化规律，如图3-6-18所示。室温压缩变形下热量释放值较高，主要由于300℃等温温度会使得部分位错缺陷消失，从而使得畸变储存能降低；随着压缩变形量的增加，畸变储存能增大，但增幅不明显。同时回复所需温度降低，主要是钢内部储存能量越高，使得回复驱动力越大，越容易向稳定态转变。

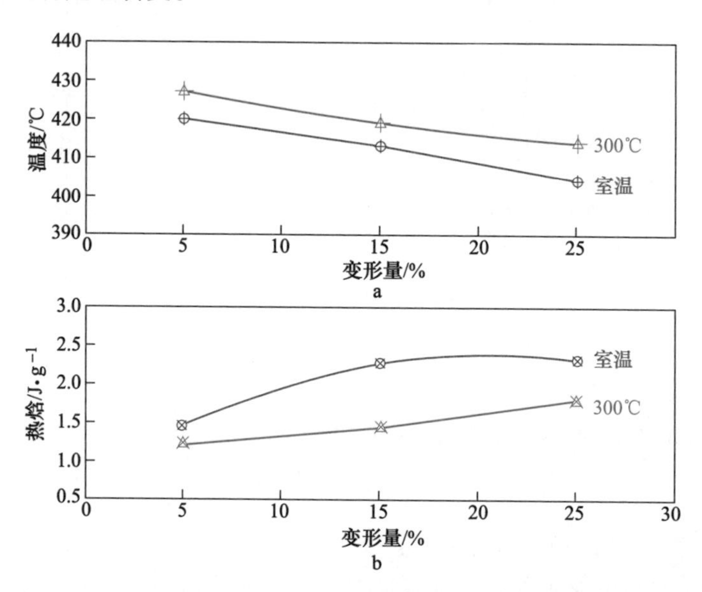

图3-6-18　44MnSiCrNiMoAlVN回复温度（a）和钢热焓值（b）随着变形量的变化规律

钒、氮微合金化44MnSiCrNiMoAlVN钢通过热轧等温处理可以析出多种尺寸的氮化钒第二相，氮化钒析出对贝氏体板条厚度影响不明显。通过相变动力学和微观结构分析，44MnSiCrNiMoAlVN贝氏体钢中析出氮化钒第二相与贝氏体铁素体错配度较低，可作为贝氏体铁素体的异质形核点，缩短贝氏体相变孕育期。同时，氮化钒相的热膨胀系数小于周围的基体，奥氏体化后降温至等温温度时，由于热膨胀系数的差异导致收缩量的差异，从而引入应力场，产生的畸变能可为后续形核提供激活能，进一步诱发形核。

形变热处理后，试样中产生位错等缺陷，储存大量的畸变能，为贝氏体形核及长大提供一部分驱动力，有助于前期贝氏体束长大，明显促进等温开始阶段的贝氏体相变，在较短时间内出现转变最大速率。随着变形量的增加，位错等缺陷密度增大，畸变储能增加，提供给贝氏体形核的能量增多。但是切变长大机制导致相变过程中贝氏体铁素体遇到位错而阻碍长大，高密度位错使得相变阻碍界面

增多，继而不利于后期贝氏体的继续转变。因此，小变形量的形变热处理对贝氏体相变促进作用更显著。与未变形的试样相比，大变形量的形变热处理会影响贝氏体的转变量，一是先形成的贝氏体铁素体和缺陷等界面的约束，二是过冷奥氏体的力学稳定性随变形量的增加而增强，从而降低了贝氏体铁素体的最终体积分数。

6.2.2 微观组织

图3-6-19为44MnSiCrNiMoAlVN钢在300℃经不同变形量形变热处理后的SEM组织。贝氏体组织由贝氏体铁素体和残余奥氏体两相组成。贝氏体铁素体相有两种类型：较长较细的板条和较短的板条。随着变形量的增加，短小的贝氏体铁素体增加。对比未形变热处理和形变热处理试样的TEM组织，如图3-6-20所示，可以看出，形变热处理使贝氏体铁素体板条厚度和薄膜状残余奥氏体厚度均减小，并且随着变形量的增加，块状残余奥氏体数量减少。

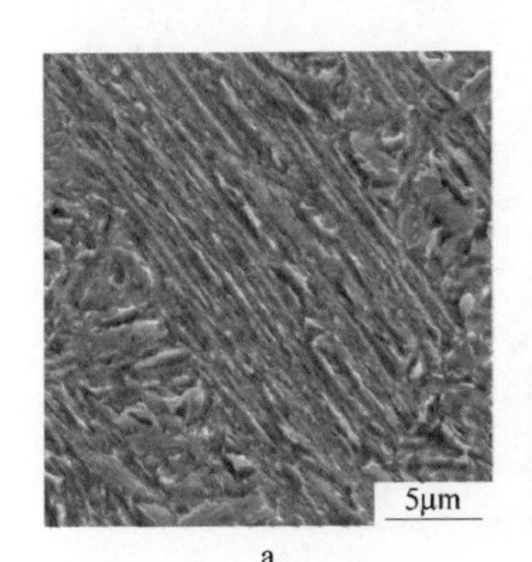

a

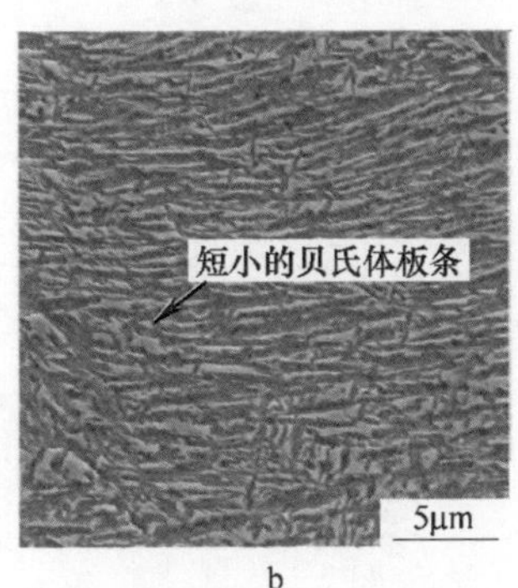

b

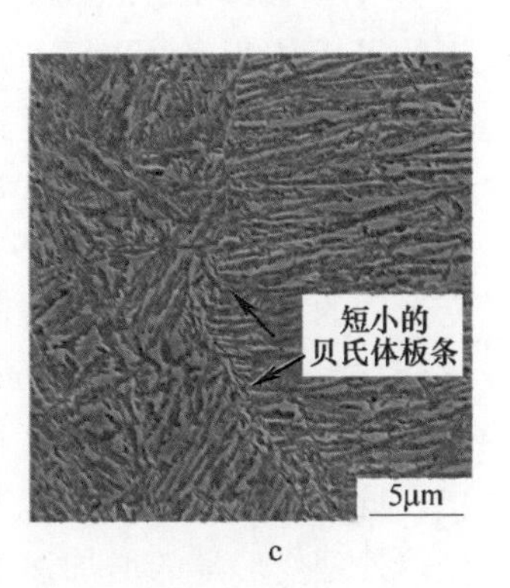

c

图3-6-19 44MnSiCrNiMoAlVN钢在300℃经不同变形量形变热处理后的SEM组织

a—5%；b—15%；c—25%

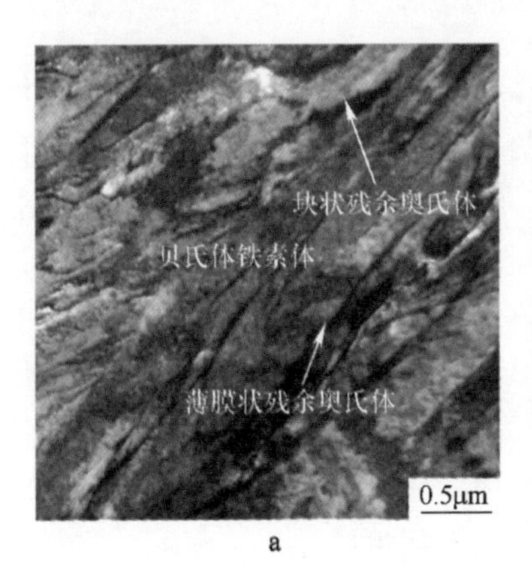

a

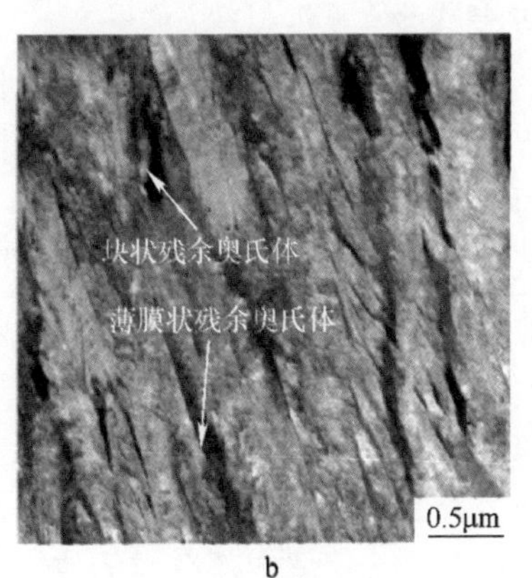

b

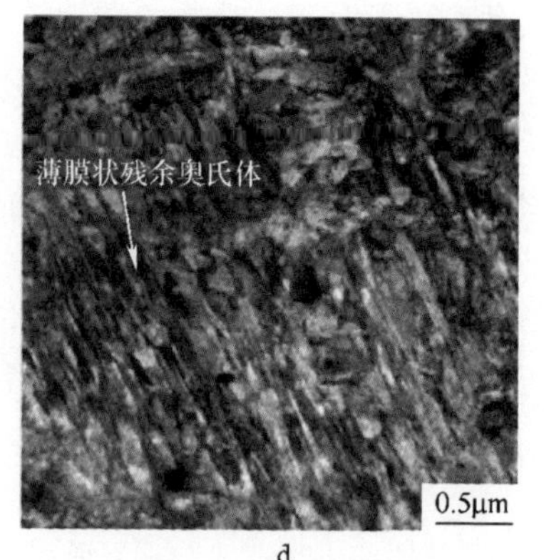

c　　　　　　　　　　d

图 3-6-20　44MnSiCrNiMoAlVN 钢在 300℃ 经不同变形量形变热处理后的 TEM 组织
a—0%；b—5%；c—15%；d—25%

统计不同变形量形变热处理后 44MnSiCrNiMoAlVN 钢的贝氏体板条厚度分布，如图 3-6-21 所示。通过计算贝氏体板条的真实厚度 t，得出 0%、5%、15% 和 25% 变形后的贝氏体板条真实厚度分别为 95. 5nm、89. 1nm、80. 4nm 和 52. 8nm。可以看出，贝氏体板条厚度随着形变热处理变形量的增加逐渐细化。

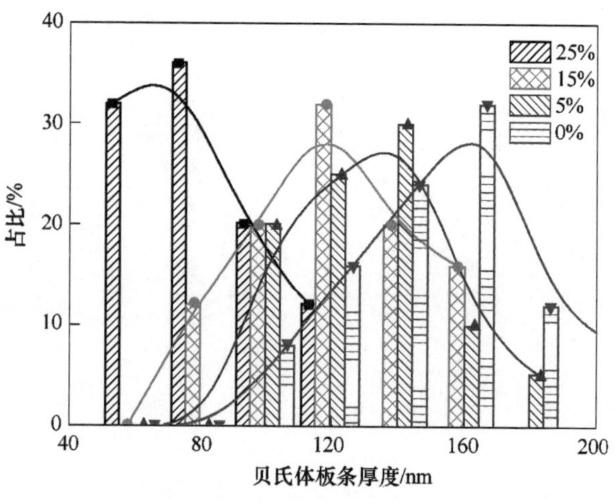

图 3-6-21　44MnSiCrNiMoAlVN 钢在 300℃ 经不同变形量形变热处理后的贝氏体板条表观厚度分布

通过 XRD 结果计算形变热处理后 44MnSiCrNiMoAlVN 钢中残余奥氏体体积分数和贝氏体铁素体中的位错密度，得到残余奥氏体体积分数和位错密度随变形量的变化规律，如图 3-6-22 所示。与未变形试样相比，变形后试样的残余奥氏体体积分数随着变形量的增加先减少后增高。值得注意的是，变形后试样存在加速成核和抑制生长之间的竞争，导致存在临界变形量，此变形量下残余奥氏体的体积分数最低。形变热处理后试样的贝氏体铁素体中的位错密度均比未形变热处理试样要高，随着变形量的增加，贝氏体铁素体中的位错密度逐渐增加。贝氏体铁素体中的位错，很大部分是继承了变形奥氏体中的位错，另外一部分是为了协调相变应变而产生的位错。变形量越大，过冷奥氏体内位错密度越高，贝氏体铁素体内部继承的位错密度也就越高。

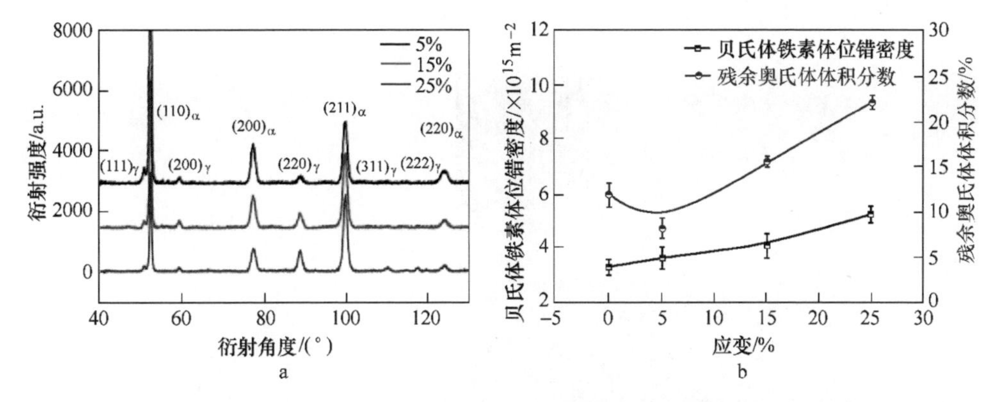

图 3-6-22 44MnSiCrNiMoAlVN 钢在 300℃经不同变形量形变热处理后的微观结构变化规律

a—XRD 图谱；b—残余奥氏体含量和位错密度随变形量的变化规律

利用 EBSD 技术获得极图可以表征贝氏体组织之间的取向关系。对变形量为25%形变热处理钢的取向关系进行分析，贝氏体组织中残余奥氏体相｛111｝晶面和贝氏体铁素体相｛110｝晶面的极图，残余奥氏体相<110>、<112>晶向和贝氏体铁素体相<111>、<110>晶向的极图，如图 3-6-23 所示。取某一晶粒内部贝氏体组织进行分析，标记绿色为贝氏体铁素体相，红色为残余奥氏体相。由图可知，残余奥氏体相｛111｝晶面极图和贝氏体铁素体相｛110｝晶面极图有重合现象，且残余奥氏体相<110>晶向极图和贝氏体铁素体相<111>晶向极图有重合现象，也就是说 $\{111\}_{\gamma}//\{110\}_{\alpha}$，$<110>_{\gamma}//<111>_{\alpha}$，证明残余奥氏体与贝氏体铁素体存在 K-S 关系。同时分析残余奥氏体相<112>晶向极图和贝氏体铁素体相<110>晶向极图也有重合现象，也就是说 $\{111\}_{\gamma}//\{110\}_{\alpha}$，$<112>_{\gamma}//<110>_{\alpha}$，残余奥氏体与贝氏体铁素体还存在 N-W 关系。形变热处理后贝氏体组织中两相存在 K-S 取向关系，位错移动可越过相界面，加大位错的相互作用。在未变形试样中，一个奥氏体晶粒中可存在所有 N-W 取向关系，N-W 关系有 12 种不同取向。25%变形的形变热处理使得某个奥氏体晶粒中只存在 9 种不同取向，因此，形变热处理可减少贝氏体取向数量。

研究钢在变形过程中位错密度对其组织及性能影响均有重要意义,位错分为统计存储位错和几何必需位错，前者不会引起晶体变化，后者会引起晶体曲率变化，协调变形。利用 EBSD 对形变热处理后钢中几何必需位错进行分析，如图3-6-24所示。由图可知，随着应变量的增加，几何必需位错分布图中绿色和黄色增加，表明几何必需位错密度增加。观察几何必需位错密度对数随着变形量变化规律（见图 3-6-24d）可知，贝氏体组织中几何必需位错密度的对数随着变形量的增加而增加，主要是由于贝氏体中位错增殖，一定程度上会造成位错缠结，从而使得几何必需位错密度对数增加。

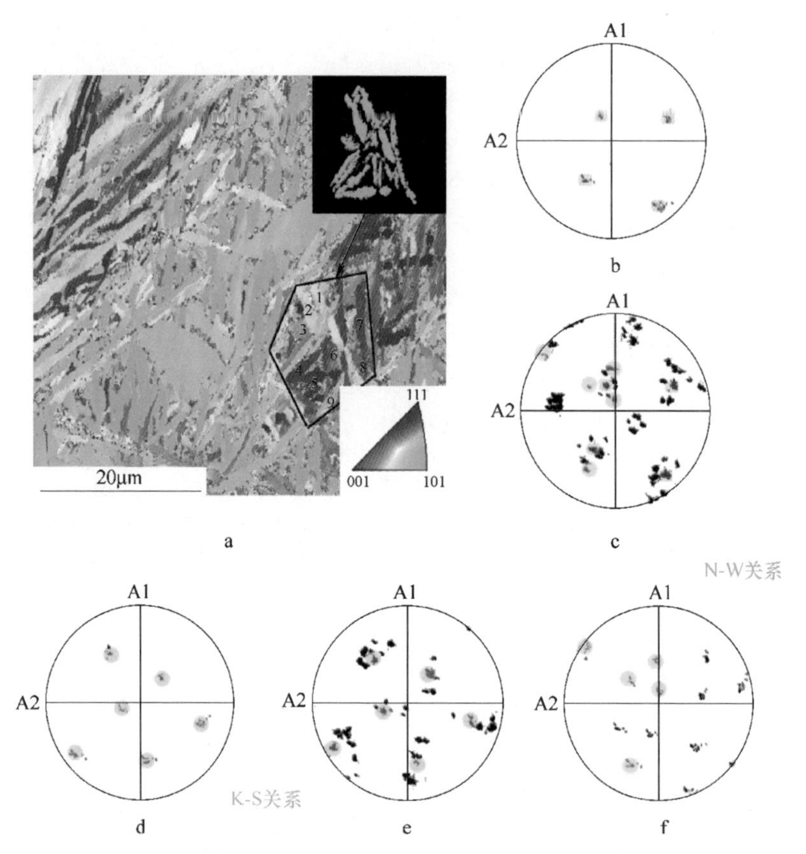

图 3-6-23　44MnSiCrNiMoAlVN 钢在 300℃经 25%形变热处理后的 EBSD 分析

a—反极图；b—$\{111\}_\gamma$ 极图；c—$\{110\}_\alpha$ 极图；d—$<110>_\gamma$ 极图；e—$<111>_\alpha$ 极图；f—$<112>_\gamma$ 极图

低温变形后贝氏体铁素体板条会以细长板条及短板条两种形态存在，如图 3-6-25所示，同时，发现较多的贝氏体铁素体板条交叉。贝氏体相变初期由于不同位置形核的贝氏体铁素体板条生长方向也各不相同，长大过程中不同形核方向的贝氏体板条单元会出现碰撞，产生应力应变，引入位错等缺陷，进而在相界面另一侧诱发贝氏体铁素体形核和长大，最后形成交叉形态的贝氏体板条组织，如图 3-6-25b 所示。形变热处理能够导致贝氏体板条组织细化，一方面是使形核点增多，包括位错、亚晶界等缺陷；另一方面，形变热处理会增加奥氏体的强度，母相奥氏体的变形强化增加了贝氏体转变的剪切效应阻力，从而减小了形成相贝氏体铁素体的临界形核尺寸，因此，细化了贝氏体铁素体板条。随着形变热处理变形量的增大，亚晶界及缺陷增多，可提供的有效形核点也增多，变形使得奥氏体强度进一步提高，导致贝氏体铁素体的厚度随着变形量的增加而减小。晶粒内部较多的形核点也导致块状残余奥氏体细化，如图 3-6-25c 所示。在 25%变形形

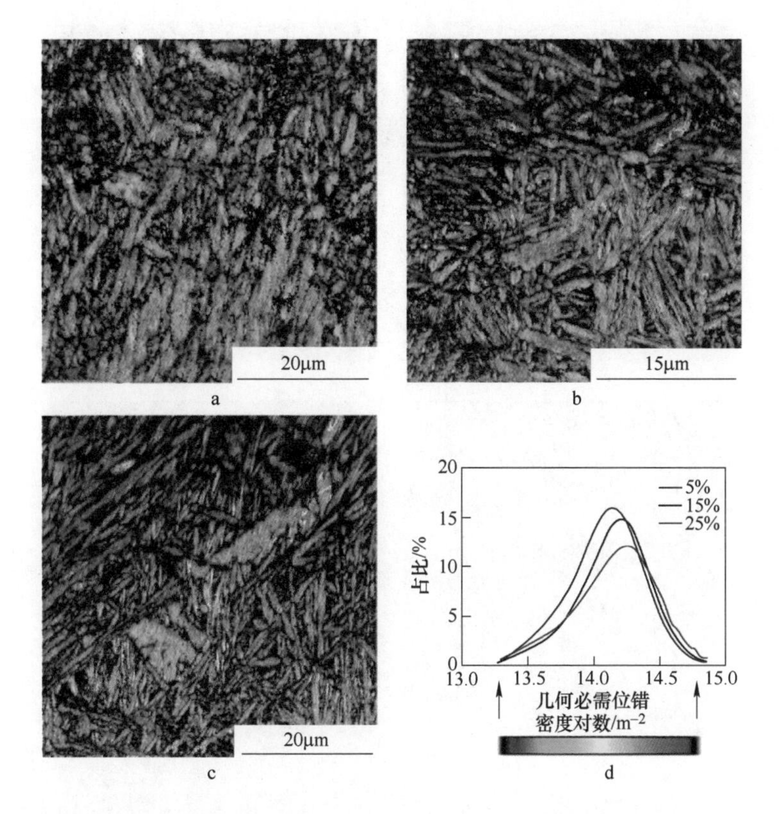

图 3-6-24 44MnSiCrNiMoAlVN 钢在 300℃经不同变形量形变热处理后的几何必需位错分析
a—5%；b—15%；c—25%；d—几何必需位错密度对数随着变形量变化规律

变热处理后钢的等温贝氏体组织中存在孪晶，孪晶附近有大量的位错储存，如图3-6-25d所示；对其进行衍射斑点分析，发现孪晶为奥氏体形变孪晶。

无形变和形变热处理下贝氏体相变示意图，如图 3-6-26 所示，可以看出，形变热处理是加速贝氏体相变和改善组织的有效方法。对 44MnSiCrNiMoAlVN 贝氏体钢进行热轧等温处理，能够使钢中产生大量弥散分布的氮化钒第二相。与无形变热处理的试样相比，首先高温形变热处理后产生的氮化钒第二相可增加贝氏体铁素体的形核点，之后在 300℃进行低温形变热处理，奥氏体晶粒中会产生大量的位错、亚晶界等缺陷，进一步增加形核点，同时产生更多的畸变储存能，均有利于贝氏体铁素体的形核和生长。300℃形变热处理后形成的高密度位错，使相变阻碍界面增多，切变长大机制导致相变过程中界面遇到位错而阻碍贝氏体长大，导致贝氏体铁素体板条短小。在 15%和 25%变形量的形变热处理下，残余奥氏体的体积分数增加主要是由于过冷奥氏体力学稳定性的影响。形变热处理后，薄膜状残余奥氏体的体积分数增高，块状残余奥氏体尺寸变小，这是由于形核点增多，且每个奥氏体晶粒内部取向数量减小。

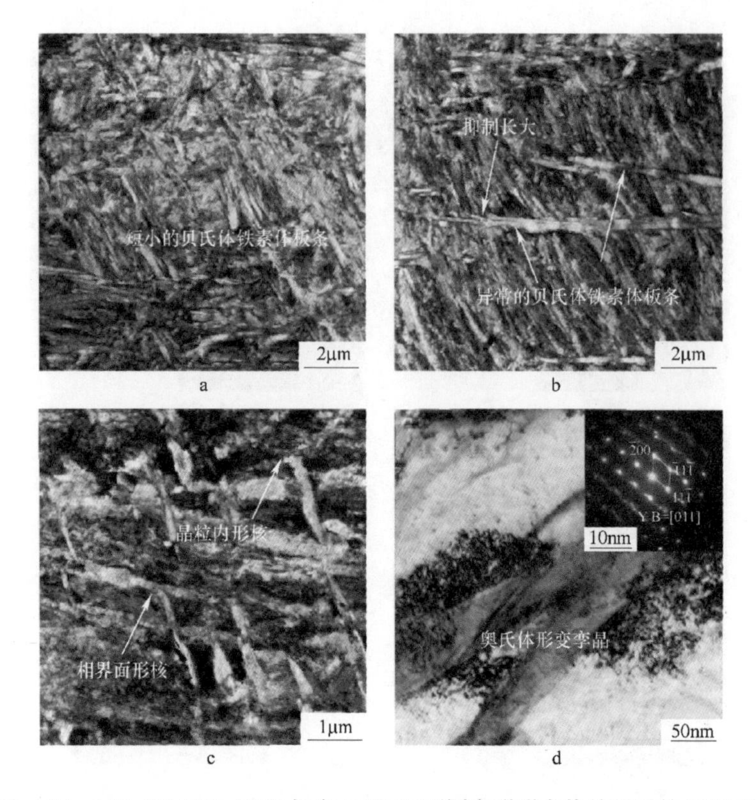

图 3-6-25　44MnSiCrNiMoAlVN 钢在 300℃经不同变形形变热处理后的 TEM 组织

a，b—15%；c，d—25%

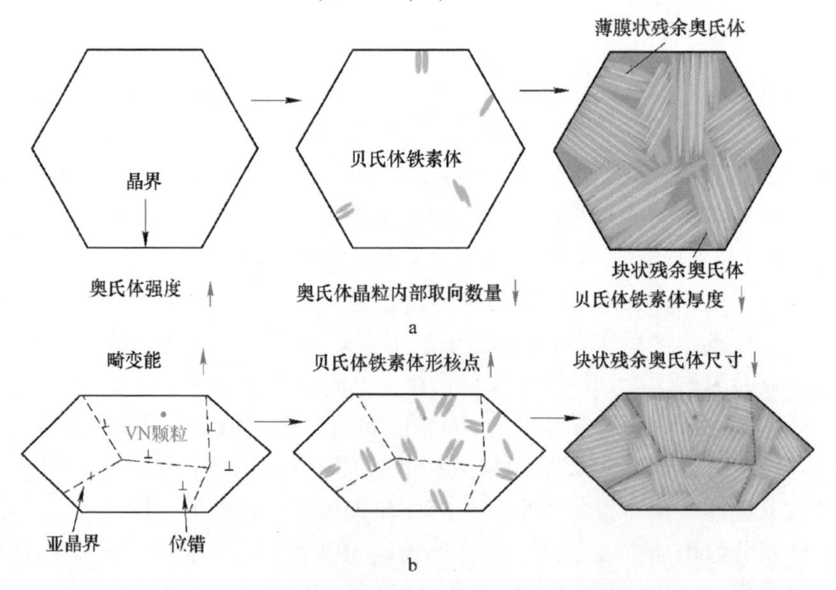

图 3-6-26　含第二相 VN 析出 44MnSiCrNiMoAlVN 贝氏体钢相变过程示意图

a—无形变热处理；b—300℃形变热处理

7 轨道用贝氏体钢的失效

贝氏体钢组合辙叉是当前主要使用的辙叉类型之一，其主要伤损类型为翼轨、心轨的垂向磨耗、压溃、折断和剥离掉块，以及轨道刚度突变位置病害等，特别是心轨在20~50mm宽断面范围内出现的剥离掉块、裂纹等病害，直接影响辙叉的使用寿命，而贝氏体钢心轨本身的特性则直接影响着心轨剥离掉块的产生。为分析轨道用贝氏体钢在实际铁路线路上使用后的失效情况，这里以实际案例的形式进行分析，以两个非正常失效的贝氏体钢辙叉作为重点分析对象，也就是以使用寿命较短的两个贝氏体钢辙叉作为案例进行研究。

7.1 案例一

下面分析一棵从铁路线路上早期失效的贝氏体钢辙叉，该失效辙叉的化学成分见表3-7-1。此外，这棵贝氏体钢辙叉中的H和O含量都比较高，分别为$1.2\times10^{-4}\%$和$18\times10^{-4}\%$。

表3-7-1 失效贝氏体钢辙叉的化学成分 （质量分数,%）

C	Mn	Mo	Cr	Si	Ni	P	S
0.29	2.33	0.35	1.45	1.62	0.32	0.023	0.015

失效贝氏体钢辙叉工作表面的宏观形貌，如图3-7-1所示。可以看出，贝氏体钢辙叉心轨的失效形式是轻微磨损和脆性裂纹及疲劳剥落掉块。由于辙叉受到车轮的冲击、挤压及静摩擦力的作用，在车轮与辙叉接触处会发生微小塑性变形，经过微小的变形不断的积累以后，就形成了压溃变形。根据实际测绘失效辙叉叉心的截面，给出了失效辙叉轨头横断面示意图，如图3-7-2a所示。从失效辙叉的横断面可以更加清楚地看到，贝氏体钢辙叉产生了压溃变形和少量的磨损，压溃变形和磨损都发生在车轮的外侧，而车轮内侧变形以及磨损较小。可见，车轮外侧对辙叉施加的载荷较大，变形较为严重，此辙

图3-7-1 失效贝氏体钢辙叉表面的宏观形貌

叉部位易先失效。此外，根据贝氏体钢辙叉使用前后断面面积的变化可知，贝氏体钢辙叉磨损失重较少。

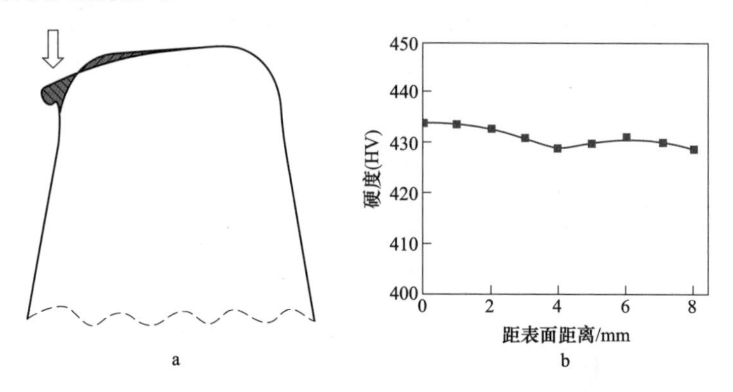

图 3-7-2 失效贝氏体钢辙叉轨头横断面示意图（a）和截面硬度分布（b）

贝氏体辙叉钢失效后截面的硬度分布，如图 3-7-2b 所示。可以看出，贝氏体钢辙叉的硬度较高，基体硬度（HV）达到 430，从表层到内层硬度几乎没有变化，无加工硬化现象。正是由于贝氏体钢辙叉的高硬度致使其耐磨性提高，压溃变形较小。

贝氏体钢辙叉基体组织，如图 3-7-3 所示；其显微组织为针状无碳化物贝氏体，贝氏体板条细小，组织细密，其组织符合铁道部关于辙叉的组织标准要求。从贝氏体钢辙叉失效后的亚表层组织可见，其工作表层、亚表层组织与基体组织区别明显，呈现为平行的变形带状组织，并且其金属变形带的流向沿辙叉横向分布。辙叉在车轮的反复挤压下发生变形，形成平行于表面的带状组织，此带状组织硬度稍高于基体，为脆硬相，接触疲劳裂纹易于在此处生成并扩展，从而引起剥落，导致辙叉的失效。

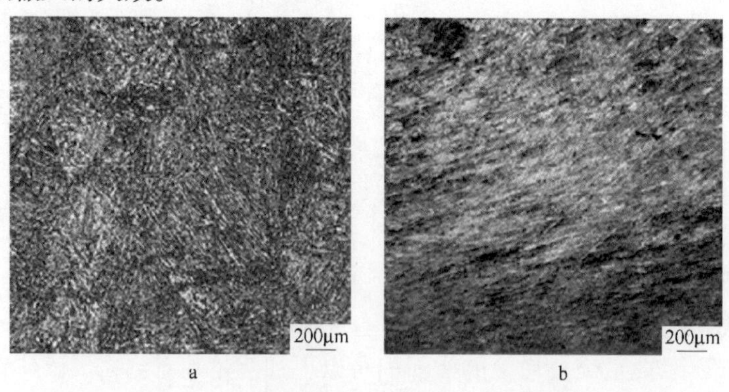

图 3-7-3 失效贝氏体钢辙叉的金相组织
a—基体；b—亚表层

利用 SEM 分析表层裂纹形貌，如图 3-7-4 所示。贝氏体钢辙叉工作面比较平直，没有严重的犁沟、褶皱等现象，说明辙叉在服役过程中磨损较轻微，这是贝氏体钢辙叉具有良好耐磨性的体现。但是表面存在许多的剥落以及裂纹，亚表层也存在许多平行于表面的裂纹。部分裂纹起源于表面，近似沿着带状组织向内部扩展，属于脆性裂纹，此类裂纹是由于滚动接触疲劳而产生的。图 3-7-4b 中箭头所指裂纹源于亚表层内部，并有多条微裂纹连接一起的趋势，经过观察分析认为，此类裂纹的形成是辙叉钢本身的原因：首先，由于氢含量的影响，当轮轨循环反复挤压辙叉时，构件温度和内部压力增高，会导致氢原子相互间结合成氢分子，产生巨大的应力，从而沿着带状组织形成一条微裂纹，而后微裂纹汇聚，导致裂纹扩展造成表面剥落；其次，由于表面产生的脆硬相的带状组织，使软硬相之间应力集中较大，裂纹易于在此处萌生。

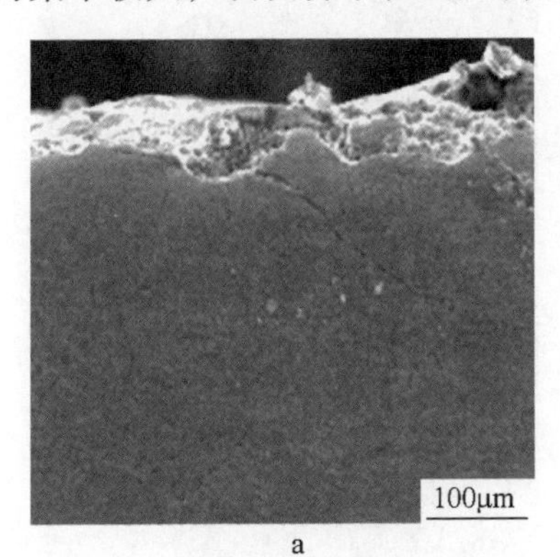

a

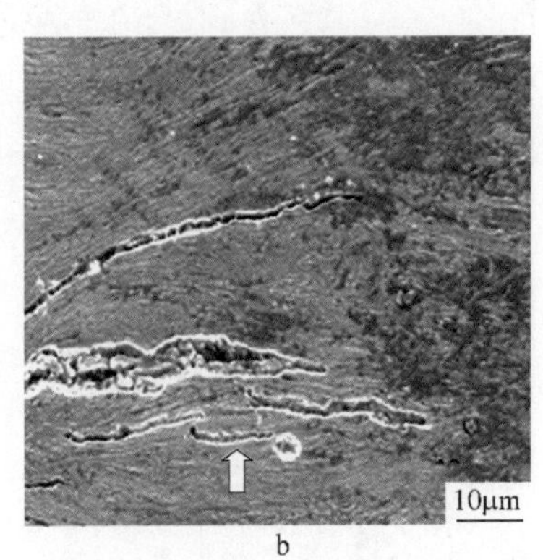

b

图 3-7-4　失效贝氏体钢辙叉 SEM 组织

a—表层裂纹；b—亚表层裂纹

截取贝氏体辙叉基体部位进行力学性能试验，得到贝氏体钢辙叉的常规力学性能，见表 3-7-2。根据铁路部门下发的“运基线路 2005（230）号文——合金钢心轨组合辙叉技术条件（暂行）”中的规定：抗拉强度 $\sigma_b \geqslant 1240$MPa，冲击韧性 $a_k(20℃) \geqslant 70J/cm^2$，$a_k(-40℃) \geqslant 35J/cm^2$，硬度（HRC）为 35~40，可见辙叉的常规力学性能满足铁道部有关辙叉的性能标准要求，但是其表征塑性指标的断面收缩率和伸长率以及冲击韧性的数值刚刚满足要求。这说明尽管其力学性能达到标准，但是其塑韧性指标较差，存在导致辙叉提前失效的风险，所以应该对这两个性能指标再加以严格要求。

表 3-7-2　失效贝氏体钢辙叉的力学性能

$\sigma_{0.2}$/MPa	σ_b/MPa	δ/%	Φ/%	a_{KU}/J·cm^{-2}
1370	1430	7	23	83

辙叉工作表面微观组织分析结果，如图 3-7-5 所示。结果表明，贝氏体钢辙叉工作表层为非晶组织，这与大部分的研究结果相同。亚表层为纳米晶组织，并且亚表层组织纳米化的程度很高，有些区域纳米晶平均晶粒尺寸仅为 5nm 左右，纳米晶晶粒尺寸由表面向基体逐渐增大。辙叉的过渡层组织也发生了很大的变化，表现为没有边界的铁素体组织。而基体为板条边界明显的贝氏体铁素体和残余奥氏体薄膜组织，为典型的无碳化物贝氏体组织。表层非晶组织的形成，有利于减少磨损失重，能够改善耐磨性能。

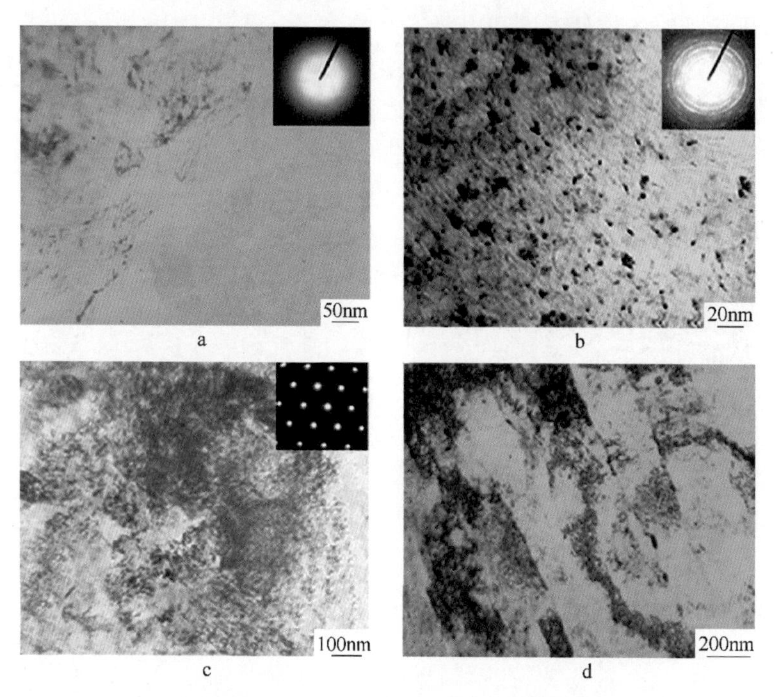

图 3-7-5 失效贝氏体钢辙叉的 TEM 组织

a—表层非晶组织；b—亚表层纳米晶组织；c—过渡层混晶组织；d—基体贝氏体

通过组织观察分析得到从基体无碳化物贝氏体到表层纳米晶的演变过程：贝氏体辙叉钢在经受车轮的反复碾压后，基体晶粒被压扁，基体组织转变为平行于表面的带状组织，并且晶粒发生碎化，板条状的贝氏体铁素体转变为无边界的铁素体；随着循环载荷作用时间的延长，无边界的铁素体继续碎化，形成了尺度较大的纳米晶；在车轮与辙叉的反复磨损、碰撞冲击的过程中，大尺度的纳米晶继续碎化，形成尺度极小的纳米晶，即亚表层发生了纳米化反应；在辙叉表面迅速升温以及急剧降温的过程中，表层的纳米晶转变成了非晶。

虽然表层非晶以及纳米晶的生成有利于改善耐磨性能，但是由于平行的带状组织的存在以及基体中较高氢含量的影响，仍然使辙叉易产生脆性裂纹，从而使辙叉

提前失效。但是，贝氏体钢具有很高的强度、较好的韧性，同时具有较高的硬度。因此，在使用过程中，辙叉工作表面塑性变形很小，表面磨损也较少。这表明贝氏体钢是一种优良的制作铁路辙叉的材料，因此，近年来，在铁路线路上贝氏体钢辙叉的数量逐年增加。然而，贝氏体钢是一种具有氢脆敏感性的高强钢，当其中的氢含量超过钢产生氢脆的临界氢含量值时，就存在脆断的安全隐患。

第3篇第3章研究表明，轨道用贝氏体钢不发生无氢脆的临界氢含量仅为 $0.6\times10^{-4}\%$，本研究使用的失效贝氏体钢辙叉基体中的氢含量约为 $1.2\times10^{-4}\%$，而在表面处，由于环境中的氢也进入材料中，所以辙叉中的氢含量已经远远超出该钢的临界氢含量。因此，该辙叉的塑韧性较低，表现为其断后伸长率仅为7%，断面收缩率仅为23%，冲击韧性为 $83J/cm^2$，见表3-7-2，导致辙叉工作表层、亚表层存在许多平行的脆性裂纹。这正是这种成分和处理工艺的贝氏体钢辙叉在使用过程中出现脆性断裂的原因，也是这个贝氏体钢辙叉提前失效的主要原因。此外，氢在轮轨钢疲劳失效过程中也起到很重要的作用，当钢受到循环作用力后，钢中温度和内部压力增高，会导致氢原子相互间结合成氢分子，使形成的气孔周围产生巨大的应力集中导致材料失效，最后会形成一种形似硬币状的裂纹。轮轨钢在生产时就应该严格控制氢在钢中的含量，以降低钢的氢脆敏感性。

利用 Mössbauer 研究该失效贝氏体钢辙叉在滚动接触疲劳失效过程中的超精细组织结构以及表层的相含量的微量变化。贝氏体钢辙叉表层和基体的 Mössbauer 谱分析结果，见表3-7-3，贝氏体钢辙叉表层和基体的 Mössbauer 谱都为两套六线谱，其对应的都是两种内磁场值的贝氏体铁素体相，从 Mössbauer 谱参数来看，表层和基体的超细结构没有大的差别，残余奥氏体的含量变化不大。不含合金元素原子的类 α-Fe 相以及含合金元素原子的铁素体相的相对含量产生了一定的变化，辙叉服役后亚表面类 α-Fe 相分数增加，而含合金元素原子的铁素体相分数减少，这说明辙叉在服役过程中或者是在表面组织纳米化演变过程中，可能发生了微量的合金元素原子的聚集现象。

表3-7-3　失效贝氏体钢辙叉的 Mössbauer 谱参数

取样位置	相	相含量 $A/\%$	同质异能移位 $I_s/mm\cdot s^{-1}$	四极劈裂值 $Q_s/mm\cdot s^{-1}$	超精细内磁场值 H_e/T
表层	残余奥氏体	3.5	-0.169	1.623	0
	类 α-Fe	41.1	-0.167	0	33.28
	合金贝氏体	55.3	-0.154	0	30.57
基体	残余奥氏体	3.8	0.016	1.605	0
	类 α-Fe	38.6	0.008	0	33.30
	合金贝氏体	57.7	0.022	0	30.63

通过纳米压痕和划痕试验分析失效辙叉表层与基体的微观力学性能。载荷分别选取0.5N、1N、2N和3N，在不同载荷条件下，贝氏体钢辙叉表层和基体的纳米

划痕形貌基本相同，如图3-7-6所示。当载荷小于0.5N时，划痕深度较浅，几乎很难区分和表层机械抛光划痕的区别，边缘没有明显的凸起现象。随着试验载荷的增大，纳米划痕的宽度和深度增大，但是划痕边缘的塑性变形凸起也逐渐增大。考虑到观测的便利性和准确性，采用载荷为1N的试验力进行辙叉的微观力学性能分析。经过30个划痕数值统计发现，辙叉表面纳米晶层的平均划痕宽度（1.11μm）和平均深度（19.1nm）较基体平均宽度（1.24μm）和平均深度（22.7nm）分别小12%和19%。这说明，辙叉表面纳米晶层的形成提高了辙叉耐磨损的能力。

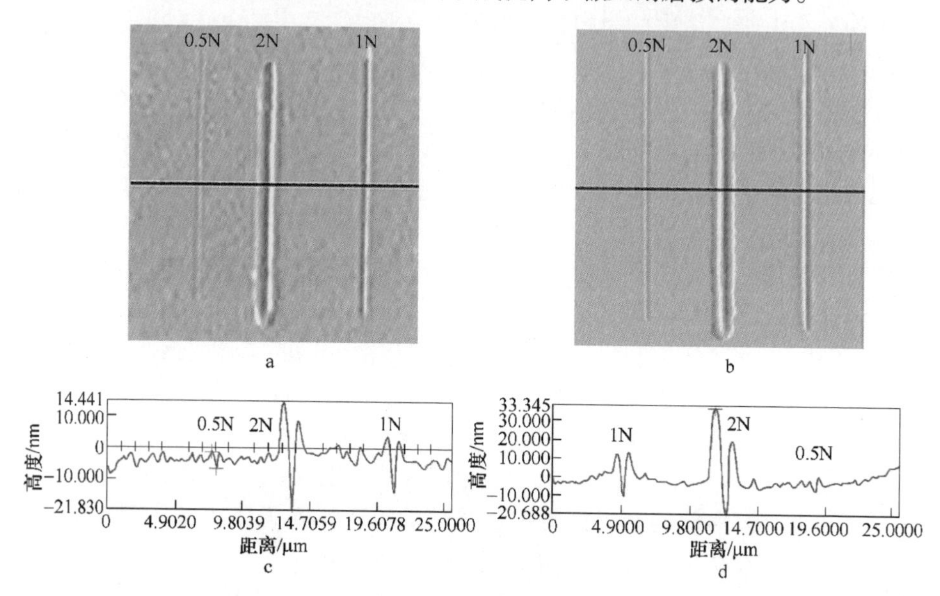

图3-7-6　失效贝氏体钢辙叉纳米划痕形貌及其轮廓

a，c—表层；b，d—基体

贝氏体钢辙叉的表层与基体在不同载荷下的摩擦系数曲线，如图3-7-7所示。

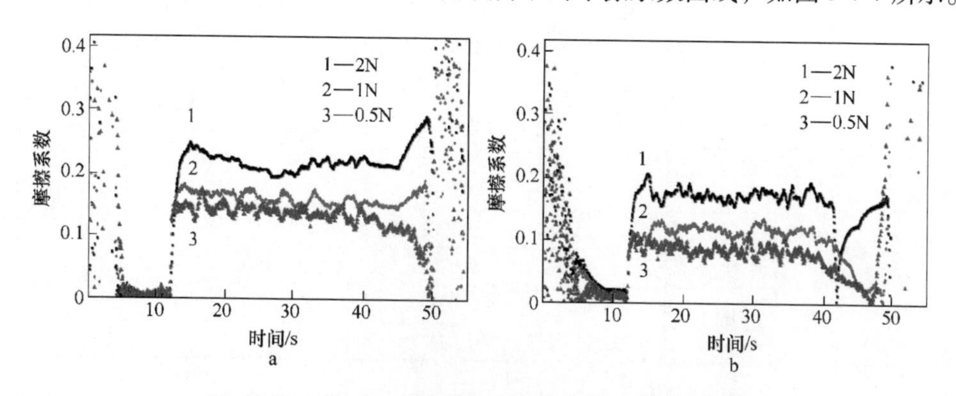

图3-7-7　失效贝氏体钢辙叉在不同载荷下的摩擦系数

a—表层；b—基体

由图可见，随着载荷的增大，钢的摩擦系数也随之增大。在相同的载荷下，表层纳米晶层的摩擦系数明显大于基体的摩擦系数，两者的摩擦系数相差大约20%。

表3-7-4给出了贝氏体钢辙叉表层和基体的纳米压痕试验结果，综合分析不同载荷下测试结果，贝氏体钢辙叉表层纳米晶层的微观硬度高于辙叉基体的微观硬度，并且表层纳米晶层和基体的弹性性能差别也较大，表层纳米晶层的杨氏模量比基体降低大约20%。

表3-7-4 失效贝氏体钢辙叉纳米压痕试验结果

取样位置	载荷/N	杨氏模量/GPa	硬度/GPa
表层	1	177	7.9
	3	182	7.8
基体	1	214	6.9
	3	216	6.5

7.2 案例二

这个案例中的贝氏体钢辙叉是陇海线郑州局管内某车站铺设的贝氏体钢组合辙叉，逆向进岔，服役时间约为6个月，由于心轨在25~50mm宽断面范围内出现较严重剥落掉块而更换下道，如图3-7-8所示。贝氏体钢辙叉通过运量约为5×10^{7}t，显著低于同岔位以往贝氏体组合辙叉的通过量，以及中国铁路总公司企业标准《合金钢组合辙叉》（Q/CR 595—2017）要求的使用寿命应大于或等于2×10^{8}t，属于过早非正常失效。对这个过早非正常失效下道的贝氏体钢辙叉心轨进行了解剖分析，以便阐明失效破坏机制，分析过早失效原因。该贝氏体钢辙叉成分为MnSiCrNiMo贝氏体钢。取样切割为6小段，从左向右分别标记为1号~6号，如图3-7-9所示。

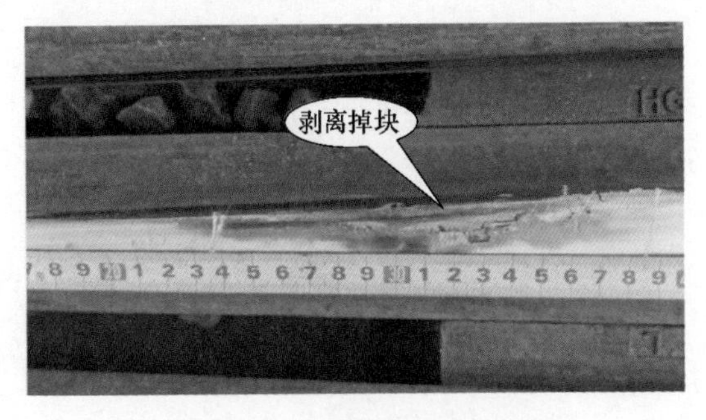

图3-7-8 贝氏体钢辙叉心轨过早非正常失效宏观形貌

经检测，该失效辙叉心轨在材料化学成分，宏观缺陷包括低倍组织、一般疏松、中心疏松、偏析，非金属夹杂物等级，硬度、拉伸和冲击等力学性能，晶粒度等方面，均满足中国铁路总公司企业标准《合金钢组合辙叉》（Q/CR 595—2017）要求，主要检测数据结果分别见表3-7-5和表3-7-6。因此，无需再针对基础指标进行表征，需从微观角度进一步分析失效机制。

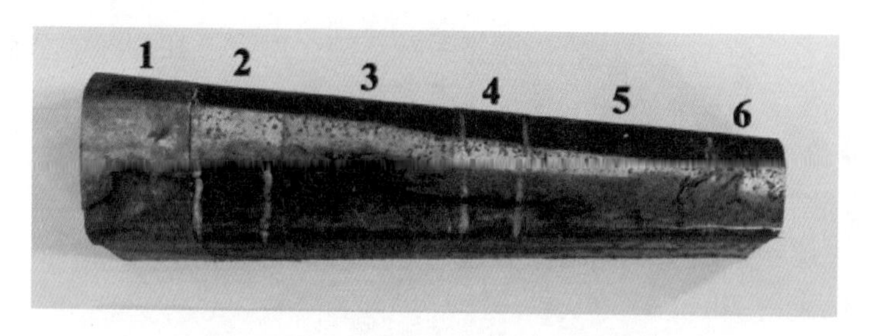

图 3-7-9　失效贝氏体钢辙叉心轨试件

表 3-7-5　失效贝氏体钢辙叉心轨氧、氮、氢含量　（质量分数,%）

元素	O	N	H
检测值	15×10^{-4}	61×10^{-4}	0.6×10^{-4}
标准值	$\leqslant20\times10^{-4}$	$\leqslant80\times10^{-4}$	$\leqslant1\times10^{-4}$

表 3-7-6　失效贝氏体辙叉钢的拉伸和冲击性能

性能	R_m/MPa	A/%	Z/%	冲击吸收能量 K_{U2}/J		取样位置
				常温	-40℃	
检测值	1351	18	49	77/69/73	58/55/48	轨顶面向下25mm
	1344	16.5	52			
标准值	≥1280	≥12	≥40	≥60	≥30	—

对6段心轨试件进行宏观观察，可见1号~5号试件的中部，贝氏体钢辙叉表面存在明显剥落掉块，在5号、6号试件表面可见大量疲劳微裂纹。在5号试件表面可见剥落掉块与疲劳微裂纹交接区域，说明5号和6号试样中的疲劳微裂纹可视为剥落掉块的前一阶段。因此，重点针对1号试样和6号试样开展微观分析。

对1号心轨试样截面，选取四个位置进行硬度测试，具体位置和硬度结果，如图3-7-10所示。Ⅰ位置有较为明显的肥边，存在较为明显的硬化层，深度约6mm；Ⅱ位置为已经剥落掉块位置下方，表层高硬度区域已经剥落，所以无明显硬化；Ⅲ位置表层硬化程度最高，表层硬度（HV）达到538，但硬化深度较浅，仅为4mm。Ⅲ位置裂纹继续扩展，也将引起剥落掉块，如Ⅱ位置；Ⅳ位置为轮轨接触非频繁区，受列车车轮作用弱，仅有轻微硬化。根据Ⅱ和Ⅲ位置的硬度分布，可判断该辙叉在使用初期，表层形成了一层厚度仅为4~6mm的薄硬脆层，产生了“服役脆性”。

利用6号试样，对失效辙叉表层和基体组织进行表征。图3-7-11为扫描电镜下的观察结果，可以看出表层为明显的变形组织，存在大量块状的M/A岛，同时在M/A岛与基体界面位置存在孔洞、微裂纹。辙叉心轨基体组织为粒状贝氏体和板条状贝氏体组成的复合贝氏体组织，且组织存在大量的块状组织。通过透射电镜对基体组织进行观察，如图3-7-12所示，可以看出基体组织为无碳化物贝

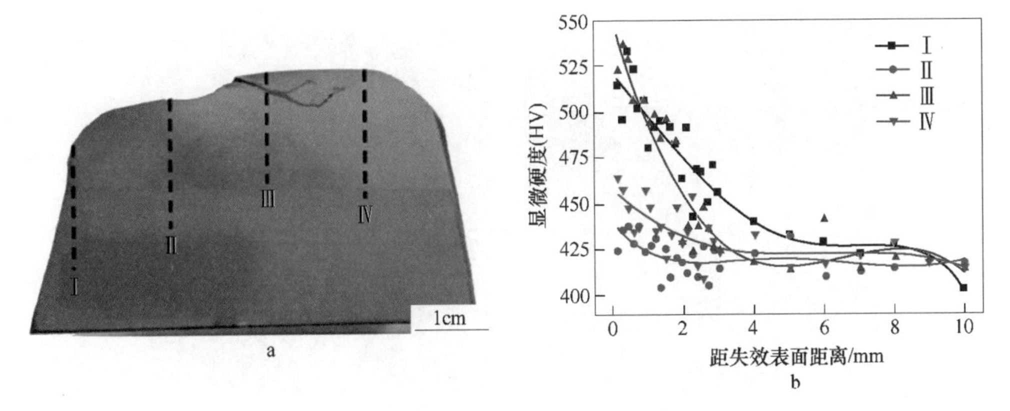

图 3-7-10 失效贝氏体钢辙叉心轨亚表层硬度分布

a—硬度检测位置；b—硬度检测结果

氏体，组织中还存在薄膜状残余奥氏体和块状残余奥氏体，因此，可以判断在扫描电镜下观察到的块状组织主要为块状残余奥氏体。另外，在组织中也可观察到少量的孪晶马氏体。块状残余奥氏体的稳定性低，在服役过程中极易转变为脆性马氏体，从而增加材料脆性。

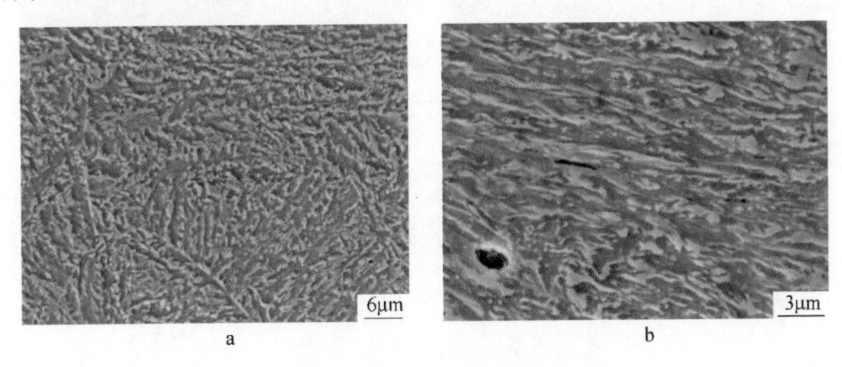

图 3-7-11 失效贝氏体钢辙叉心轨截面 SEM 组织

a—表层；b—基体

对 1 号心轨试样距表层 10mm 内的组织进行观察，可发现大量粗大的 TiN 或钛的复合夹杂物，如图 3-7-13 所示。经过统计，这些夹杂物 2~6μm 长，在夹杂物和基体之间可见明显孔洞，有些已扩展为微小裂纹。根据检测结果显示，钢中的钛含量（质量分数）为 0.011%，氮含量（质量分数）为 0.0061%，这种粗大尺寸的 TiN 颗粒既不能阻止奥氏体晶粒长大，也起不到沉淀强化作用，相反会降低上述作用。同时这类大尺寸的 TiN 夹杂物硬度高、脆性大，带有尖锐的棱角，对钢的疲劳性能影响巨大。在粒度相同条件下，TiN 夹杂物对疲劳性能的影响远超氧化物类夹杂。

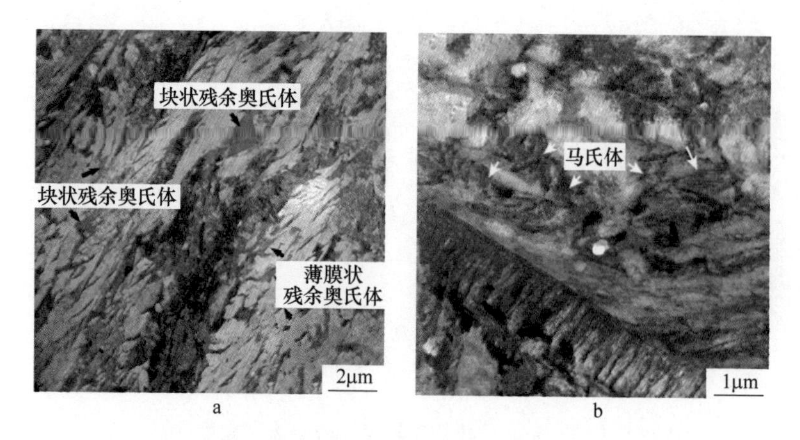

图 3-7-12　失效贝氏体钢辙叉心轨 TEM 微观组织

a—不同形态的残余奥氏体；b—孪晶马氏体

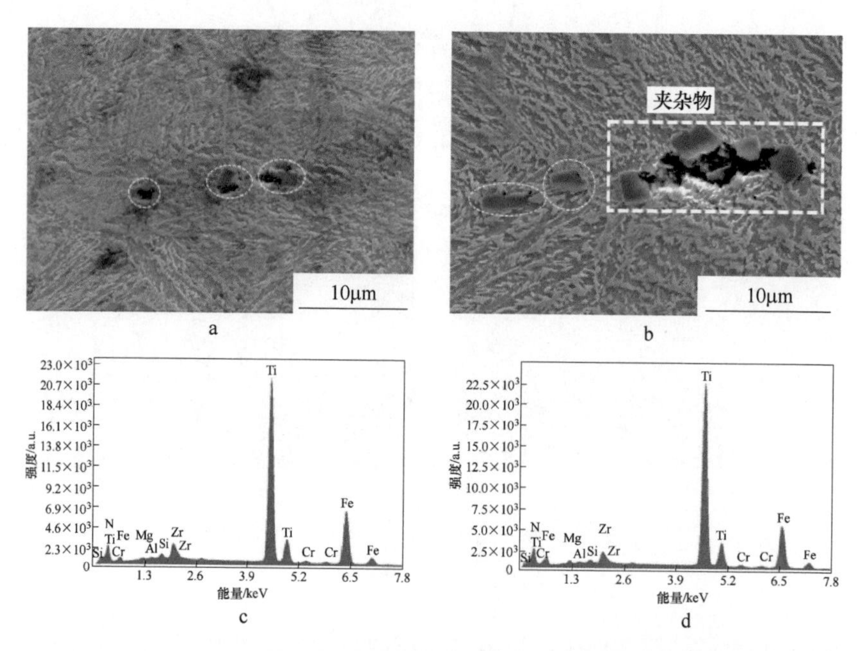

图 3-7-13　失效贝氏体钢辙叉心轨表层 10mm 内的夹杂物

a，b—夹杂物形貌；c，d—夹杂物 EDS 分析

对失效贝氏体钢辙叉表层至基体的残余奥氏体含量进行 XRD 定量分析，从 1 号试样平行于硬度测试Ⅲ位置，由表层向基体逐层测试，结果如图 3-7-14 所示。贝氏体钢辙叉基体中残余奥氏体体积分数为 20. 1%，表层仅为 8. 8%。残余奥氏体转变层深度约为 4mm，与图 3-7-10 硬度测试结果一致，这说明失效贝氏体钢辙叉表层硬脆层的形成主要源于这些残余奥氏体向马氏体的转变。

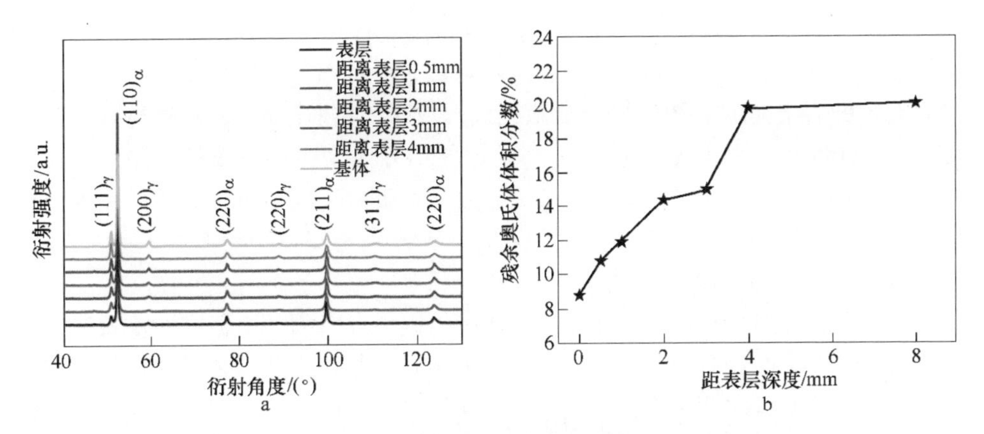

图 3-7-14 失效贝氏体钢辙叉心轨亚表层 XRD 图谱（a）及残余奥氏体含量随深度的变化规律（b）

选取 6 号心轨试样，观察表层脆性疲劳微裂纹，分析裂纹形核和扩展路径。图 3-7-15 为 6 号试样左侧较宽断面的裂纹宏观形貌，从左向右可见 3 条主裂纹，与心轨表面角度在 10°~25°之间。最右侧主裂纹在向左下方扩展过程中存在多次分叉。可以看出，在扩展路径两侧，分布大量的块状 M/A 岛，这表明这些 M/A 岛与基体界面为脆性疲劳微裂纹的快速扩展路径。

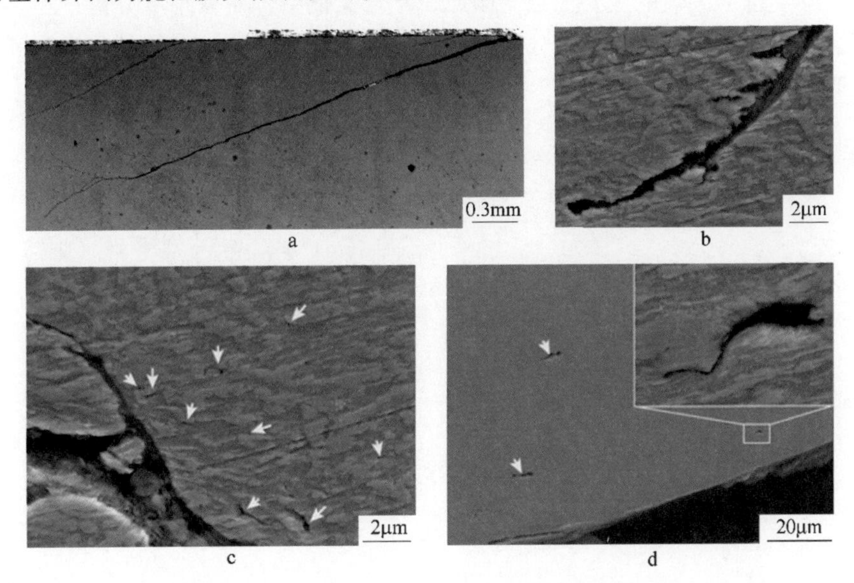

图 3-7-15 失效贝氏体钢辙叉心轨截面裂纹形貌

a—表层裂纹宏观形貌；b—表层裂纹尖端；c—分散式裂纹；d—M/A 岛与基体界面处裂纹

在对微裂纹进行观察时，还发现在微裂纹周围存在大量的更为微小的裂纹，这些裂纹大部分位于块状 M/A 岛与基体界面，也有微裂纹形成于夹杂物与基体界面位置。这些微裂纹为疲劳裂纹源，可以说明疲劳裂纹的形核位置，从图3-7-15d中的右上角放大图还可看出微裂纹形成后，沿着块状 M/A 岛与基体相界面扩展。这进一步说明块状 M/A 岛与基体的相界面为主要裂纹扩展路径。在试样中也可见与主裂纹尚未交汇的较长微裂纹，在失效贝氏体钢辙叉表层，也可见较多的类似孔洞或微裂纹，这些微孔也以在 M/A 岛与基体的界面位置存在为主，也有的在夹杂物/基体界面位置。

结合上述检测结果，可判断该贝氏体钢组织中存在大量不稳定的块状残余奥氏体是心轨过早失效的一个重要原因。在辙叉心轨服役初期，表层的块状残余奥氏体较快转变为脆性马氏体，形成一层较薄的硬化壳层。由于高强度脆性马氏体与基体变形不协调，在界面位置容易产生应力集中，形成微裂纹，成为裂纹源。一方面可扩展形成大尺寸微裂纹，另一方面可作为裂纹快速扩展路径，加速裂纹扩展，引起表层硬化壳破裂，导致剥落掉块。因此，要从贝氏体钢辙叉组织控制角度，控制贝氏体组织形态，尤其是消除块状残余奥氏体。

此外，该贝氏体钢中存在较多的带尖锐棱角的 TiN 及钛类复合夹杂物，在界面位置极易产生微裂纹，成为有效疲劳裂纹源。这类夹杂物与含较多不稳定块状残余奥氏体的基体组织共同作用，极易形成疲劳裂纹，并快速扩展，是该贝氏体钢辙叉发生过早失效的主要原因。因此，从辙叉钢冶金质量角度分析，不仅要控制较大尺寸夹杂物的数量和尺寸，也要控制细小的夹杂物，尤其是 TiN 等带尖锐棱角的夹杂物。

8　贝氏体轨道钢的应用

贝氏体钢因其具有高的强度、适当的韧度，并且表现出优异的抗接触疲劳和耐磨性能，使其成为制作铁路轨道用钢的新型理想材料，它适合制造钢轨，也适合制造辙叉。

8.1　超细贝氏体钢辙叉

我国开展贝氏体钢辙叉研究始于20世纪90年代初，随后，在辙叉用贝氏体钢种和制造技术方面都得到快速发展，到现在为止，国内已经有大量辙叉使用了贝氏体钢制造。然而，多年的使用情况表明贝氏体钢辙叉的服役寿命不稳定，质量高的辙叉寿命（过载量）可达到3亿吨，甚至更高，而质量低的仅有几千万吨。这主要是由于热处理工艺对贝氏体钢的性能影响显著。贝氏体相变处于马氏体转变与珠光体转变区间之间，属于非平衡的中温相变，随着转变温度和时间的变化，贝氏体铁素体板条的长大速率、碳原子的配分、残余奥氏体的体积分数、形态和尺寸，以及稳定性都有变化，最终显著影响贝氏体钢的性能。因此，如果贝氏体钢辙叉的热处理工艺出现波动，会导致辙叉的性能不稳定，最终影响其服役寿命。

本书作者研究团队多年来一直致力于长寿命轨道用贝氏体钢的研发工作，成功地研发出含铝超细贝氏体钢辙叉心轨用钢。2011年，中国铁路总公司委托中国中铁股份有限公司牵头，协同燕山大学、中铁山桥集团和中铁宝桥集团等单位成立“中国中铁贝氏体钢辙叉技术创新联盟”，目标是推动贝氏体钢辙叉产业升级，提升我国贝氏体钢辙叉的核心竞争力。中铁山桥集团有限公司和中铁宝桥集团有限公司分别利用本书作者研究团队的研究成果——辙叉用中低碳含铝无碳化物超细贝氏体钢及其制造关键技术，制造出1500MPa和1300MPa强度级别贝氏体钢辙叉，经过多年的使用跟踪情况表明，超细贝氏体钢辙叉平均过载量分别达到3.6亿吨和3.2亿吨，且服役寿命稳定。

本书作者研究团队探索贝氏体形成温度区间越窄其性能越稳定的科学规律，同时，发现了贝氏体钢随着贝氏体板条的细化其各项力学性能均提高，以及贝氏体板条厚度随形成温度降低、铝+硅的含量增加而减小的规律，如图3-8-1所示，从而建立了适合于辙叉用无碳化物超细贝氏体钢化学成分设计和微结构调控的理论。在此基础上，发明了含铝贝氏体钢种及其低温连续贝氏体相变热处理技术。

经轧制或者锻造成型，奥氏体化后以大于 80℃/min 的速度冷到 M_s+15℃温度，继续以 1℃/min 的速度冷到（M_s－100w（C））℃温度，随后空冷到室温，最后经 320℃回火后空冷到室温，如图 3-8-2 所示。

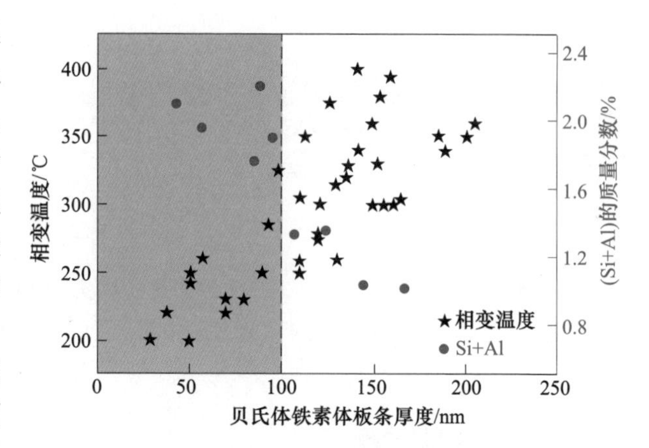

图 3-8-1　贝氏体铁素体板条厚度、B_s 温度和铝+硅含量的关系

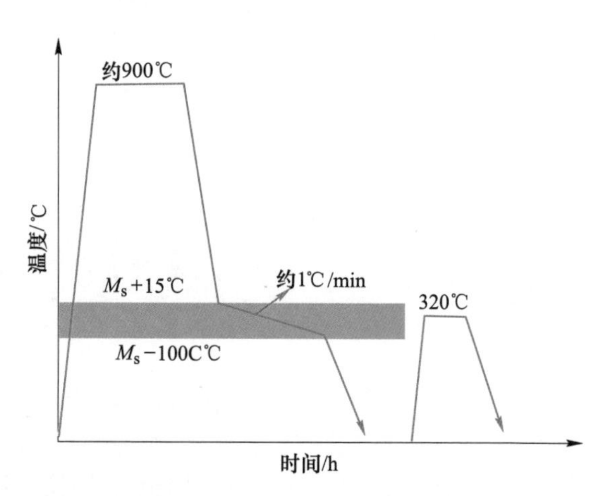

图 3-8-2　超细贝氏体钢辙叉热处理工艺示意图

将这种超细贝氏体钢轧制或者锻造成矩形断面坯料，进行贝氏体相变热处理，然后机械加工成特定楔形心轨。心轨尖端与超级珠光体钢翼轨之间用间隔铁分开，间隔铁外端面与翼轨的轨腰侧壁形状贴合，内端面与心轨密贴，通过螺栓将翼轨、间隔铁和贝氏体钢心轨连接固定在一起。两个高强度珠光体钢轨对称分布在贝氏体钢心轨的尾部两侧两个翼轨之间，通过螺栓将它们连接在一起，形成“燕尾”式结构，如图 3-8-3 所示。

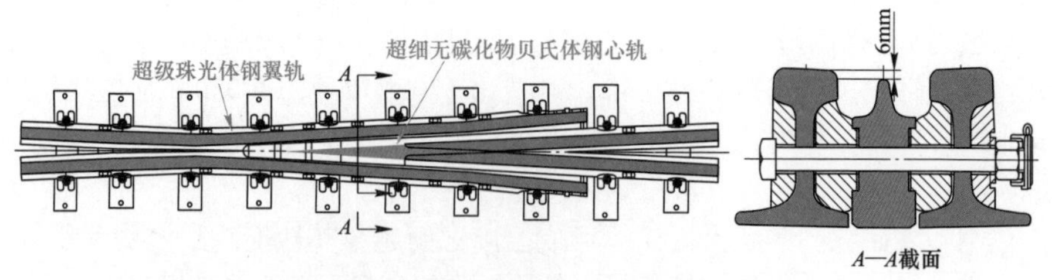

图 3-8-3　超细贝氏体钢辙叉结构示意图

8.1.1　辙叉钢化学成分设计

设计两种超细贝氏体钢辙叉的化学成分，分别用于制造 1300MPa 级别和

1500MPa 级别贝氏体钢辙叉，成分控制范围见表 3-8-1；可以看出，这是一类中低碳含量、含铝贝氏体钢，不同于国内外其他贝氏体钢辙叉成分体系。

表 3-8-1　两种强度级别辙叉用超细贝氏体钢的化学成分控制范围

强度	化学成分（质量分数）/%								
	C	Mn	Si	Ni	Cr	Mo	Al	S	P
1300MPa 级	0.27~0.31	1.5~1.8	1.2~1.4	0.3~0.4	1.1~1.3	0.3~0.4	0.4~0.6	≤0.01	≤0.01
1500MPa 级	0.32~0.36	1.5~1.8	1.4~1.6	0.8~1.1	1.1~1.3	0.3~0.4	0.6~0.8	≤0.01	≤0.01

8.1.2　辙叉钢力学性能优化

以利用工业化 80t 冶炼炉生产出的 1300MPa 和 1500MPa 强度级别辙叉用贝氏体钢为研究对象，钢的具体化学成分见表 3-8-2。在实验室对贝氏体钢经不同热处理工艺处理后的力学性能和微观组织进行系统分析。热处理工艺：将钢加热到 930℃保温 30min 进行奥氏体化，然后分别进行空冷、油冷，以及不同温度等温或连续冷却贝氏体淬火处理，对比各种工艺下贝氏体钢力学性能情况，两种强度级别贝氏体钢的常规力学性能分别见表 3-8-3 和表 3-8-4。

表 3-8-2　辙叉用超细贝氏体钢的化学成分

强度	化学成分（质量分数）/%								
	C	Mn	Si	Cr	Ni	Mo	Al	S	P
1300MPa 级	0.30	1.58	1.44	1.13	0.45	0.40	0.48	0.004	0.0049
1500MPa 级	0.34	1.52	1.48	1.15	0.93	0.40	0.71	0.003	0.0058

表 3-8-3　1300MPa 级超细贝氏体钢经不同工艺处理后的力学性能

处理工艺	δ/%	φ/%	σ_s/MPa	σ_b/MPa	a_{KU}(室温)/J·cm^{-2}	a_{KU}(−40℃)/J·cm^{-2}	硬度(HRC)
油冷	10.1	50.1	1389	1743	89	—	48
空冷	10.3	53.0	1274	1591	117	—	46
320℃等温	15.4	52.6	1071	1499	120	—	45
330℃等温	17.2	56.9	1086	1493	130	—	45
340℃等温	17.2	54.3	1073	1487	143	96	44
350℃等温	17.0	53.8	1012	1405	134	95	43
360℃等温	16.5	55.8	1057	1371	118	88	42
345℃/315℃连续冷却	16.8	57.1	1200	1416	155	99	45
345℃/315℃等温	16.9	58.3	1049	1405	154	90	44

表 3-8-4　1500MPa 级超细贝氏体钢经不同工艺处理后的力学性能

处理工艺	δ/%	φ/%	σ_s/MPa	σ_b/MPa	a_{KU}(室温)/J·cm^{-2}	a_{KU}(−40℃)/J·cm^{-2}	硬度(HRC)
油冷	11.0	37.3	1577	1933	67	—	53.0
空冷	10.3	53.2	1578	1888	68	—	52.0
280℃等温	14.6	45.8	1185	1679	85	—	48.2
300℃等温	15.2	44.6	1096	1616	100	—	47.0

续表 3-8-4

处理工艺	δ/%	φ/%	σ_s/MPa	σ_b/MPa	a_{KU}(室温)/J·cm^{-2}	a_{KU}(−40℃)/J·cm^{-2}	硬度(HRC)
305℃等温	16.8	54.7	1160	1589	109	82	47.6
310℃等温	15.4	56.1	1113	1549	112	90	47.2
315℃等温	16.3	56.0	1084	1526	115	93	46.7
320℃等温	16.0	54.5	1080	1498	109	67	46.0
340℃等温	17.9	53.4	1005	1465	92	—	44.0
365℃等温	17.9	45.6	921	1454	90	—	41.5
380℃等温	19.0	59.9	905	1453	88	—	42.0
388℃等温	17.4	44.6	1034	1480	74	—	43.5
395℃等温	17.3	45.5	1032	1495	70	—	44.4
330~280℃连续冷却	16.4	56.3	1074	1466	142	95	46.0
310~260℃连续冷却	16.5	50.0	1190	1640	114	85	48.0
310~260℃连续冷却	16.5	52.5	1100	1590	121	85	47.3
320~275℃连续冷却	14.0	55.7	1170	1538	123	—	46.4
320℃/275℃等温	14.8	54.8	1118	1530	120	—	46.4
320~290℃连续冷却	16.4	56.9	1230	1546	125	—	46.5
320℃/290℃等温	16.8	57.8	1118	1541	124	—	45.7
395~320℃连续冷却	17.9	56.7	961	1349	—	—	40.8
395℃/320℃等温	18.8	56.7	988	1332	—	—	41.5
412-375℃连续冷却	15.4	51.3	—	1399	—	—	43.5

同时，测试了大尺寸贝氏体钢轧材的横向力学性能，其中包括正火钢的横向力学性能和等温淬火钢的横向力学性能。正火热处理工艺为930℃奥氏体化保温35min后空冷到室温，然后320℃回火1h；等温热处理工艺为930℃奥氏体化保温35min后，经280℃、300℃、320℃、340℃和360℃不同温度等温1h，然后320℃回火2h。其力学性能结果见表3-8-5和表3-8-6。

表 3-8-5　正火处理贝氏体钢的横向力学性能

强度	δ/%	φ/%	σ_s/MPa	σ_b/MPa	a_{KU}/J·cm^{-2}	硬度(HRC)
1300MPa级	12.6	32.5	1128	1485	67	45.6
1500MPa级	10.3	23.4	1568	1911	61	53.5

表 3-8-6　等温淬火贝氏体钢的横向力学性能

1300MPa级	盐浴温度/℃	300	320	340	360
	硬度（HRC）	—	45.3	44.0	42.0
	a_{KU}/J·cm^{-2}	—	53	51	47
1500MPa级	盐浴温度/℃	280	300	320	340
	硬度（HRC）	45.0	44.0	44.3	42.2
	a_{KU}/J·cm^{-2}	75	76	84	97

根据以上结果可以看出，1300MPa 级别贝氏体钢的最佳等温淬火温度为 340℃，1500MPa 级别贝氏体钢的最佳等温淬火温度为 320℃，这个结果符合其 M_s 温度计算结果，在这一温度等温淬火处理后钢的综合力学性能优异。在此基础上，设计实际贝氏体钢铁路辙叉热处理技术和相关生产线。

8.1.3 辙叉热处理生产线

经过大量的实验室试验和小批量工业生产性试验研究，确定贝氏体钢辙叉热处理工艺为：首先在 650~670℃保温不少于 10h，然后快速升温到 920~950℃保温，均温后以 50~100℃/min 冷却速度快速冷却到 380~450℃，再在 300~350℃保温 20~40min 后空冷到室温，最后再加热到 300~350℃保温 60~120min 后空冷处理。实现这个热处理生产流程，可选择以下三个方案，如图 3-8-4 所示。

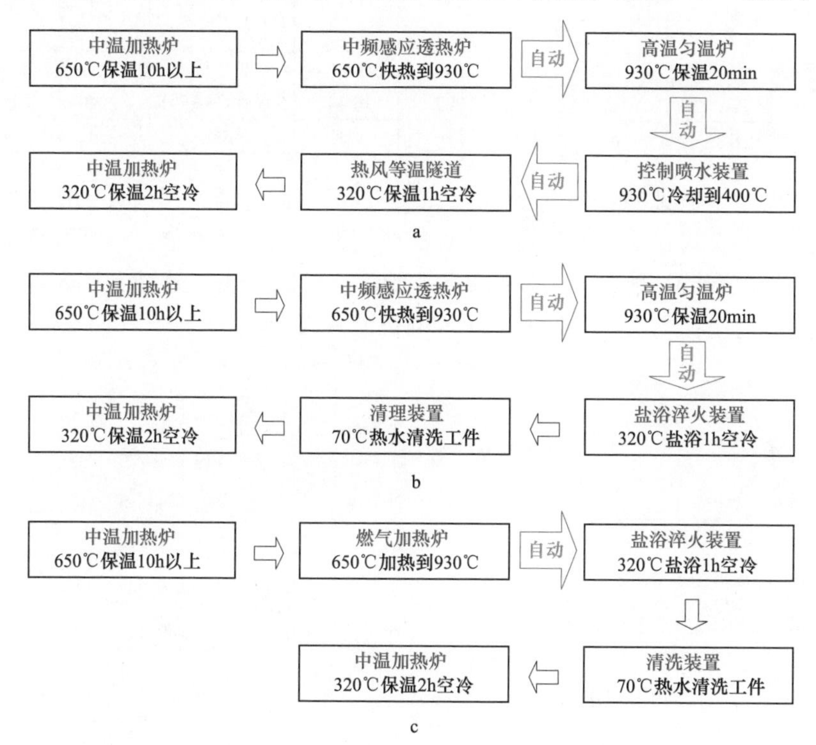

图 3-8-4 超细贝氏体钢辙叉热处理生产线框图

a—方案一：去氢快热热风等温淬火；b—方案二：去氢快热盐浴等温淬火；c—方案三：去氢盐浴等温淬火

8.1.4 辙叉力学性能

利用图 3-8-4 中的生产方案一制造的实际贝氏体钢辙叉的各项力学性能指标，见表 3-8-7。分别测试了贝氏体钢辙叉坯料表层、心部不同位置的力学性能，可以看出，实际贝氏体钢辙叉在各位置的各项力学性能指标都十分优异。

表 3-8-7　超细贝氏体钢辙叉的力学性能

强度	位置	δ/%	φ/%	σ_s/MPa	σ_b/MPa	a_{KU}/J·cm^{-2}	硬度（HRC）	备注
1300MPa级	中心（1）	10.1	23.6	1073	1364	56	43.6	横向
	边缘（1）	13.3	33.5	1062	1321	52	43.0	横向
	中心（1）	14.9	33.2	960	1302	125	43.0	纵向
	边缘（1）	22.4	37.3	1024	1354	130	43.5	纵向
	中心（2）	15.4	37.5	903	1246	95/43（横向）	40.0	纵向
	边缘（2）	18.0	34.5	980	1287	100/53（横向）	42.3	纵向
1500MPa级	中心（1）	12.4	35.4	1126	1430	77	44.1	横向
	边缘（1）	13.7	37.6	1125	1418	75	42.0	横向
	中心（1）	12.6	38.5	1162	1347	107	43.0	纵向
	边缘（1）	16.5	42.5	1187	1397	124	43.0	纵向
	中心（2）	17.7	37.8	987	1410	112	43.0	纵向
	边缘（2）	15.6	32.5	1056	1411	99	45.5	纵向
	中心（3）	22.1	38.8	969	1315	90/78（横向）	41.5	纵向
	边缘（3）	17.2	37.2	982	1314	93/81（横向）	40.5	纵向
	边缘（4）	8.8	29	—	1413	104	42.5	纵向

疲劳失效是辙叉的一种主要失效形式，这里测试了两种超细贝氏体钢辙叉的疲劳性能，并且对比测试了国内其他贝氏体钢辙叉的疲劳性能，包括高周疲劳性能和滚动接触疲劳性能，结果如图 3-8-5 所示；可以看出，这种含铝超细贝氏体钢辙叉均具有更高的疲劳强度和更优异的抗疲劳性能。

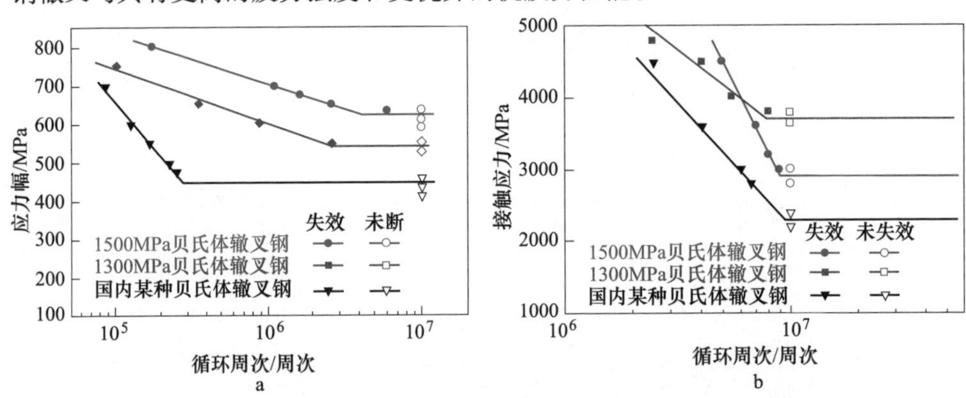

图 3-8-5　辙叉用超细贝氏体钢的疲劳性能

a—高周疲劳性能；b—滚动接触疲劳性能

断裂韧性是表征钢抵抗脆性破坏的韧性参数，其数值越高，抵抗脆断能力越高。测试了两种含铝超细贝氏体钢辙叉心轨、铸造高锰钢辙叉，以及现在国内其他贝氏体钢辙叉的断裂韧性，结果见表 3-8-8。对比发现含铝超细贝氏体钢辙叉心轨用钢具有更高的断裂韧性，因此，可以保障其具有更高的服役寿命。同时，

也可以发现，不同工艺处理后，其断裂韧性差别较大，进一步说明了贝氏体钢辙叉热处理工艺控制的重要性。

表 3-8-8 不同辙叉钢种断裂韧性对比 （MPa · $m^{1/2}$）

辙叉钢	铸造高锰钢	锻造高锰钢	其他贝氏体钢 1	其他贝氏体钢 2
断裂韧性	83	94	58	74
辙叉钢	1300MPa 级贝氏体钢		1500MPa 级贝氏体钢	
断裂韧性	45（较低）	104（较好）	50（较差）	114（较好）

8.1.5 辙叉微观组织

1300MPa 级别贝氏体钢辙叉经不同工艺处理后的金相组织和透射组织，如图 3-8-6 和图 3-8-7 所示。可以看出，在高的转变温度下，有少量的碳化物析出，在低温下转变获得的组织中无碳化物析出；同时，贝氏体铁素体板条中的位错密度较高，且板条的平均宽度更加细小，平均值达到 130nm，近 40%的板条宽度在 100nm 以下，贝氏体铁素体板条的细化可以显著地提高其强度和韧性。不同工艺处理后组织中的残余奥氏体含量见表 3-8-9，残余奥氏体的含量及其稳定性均对贝氏体钢的性能有显著影响。

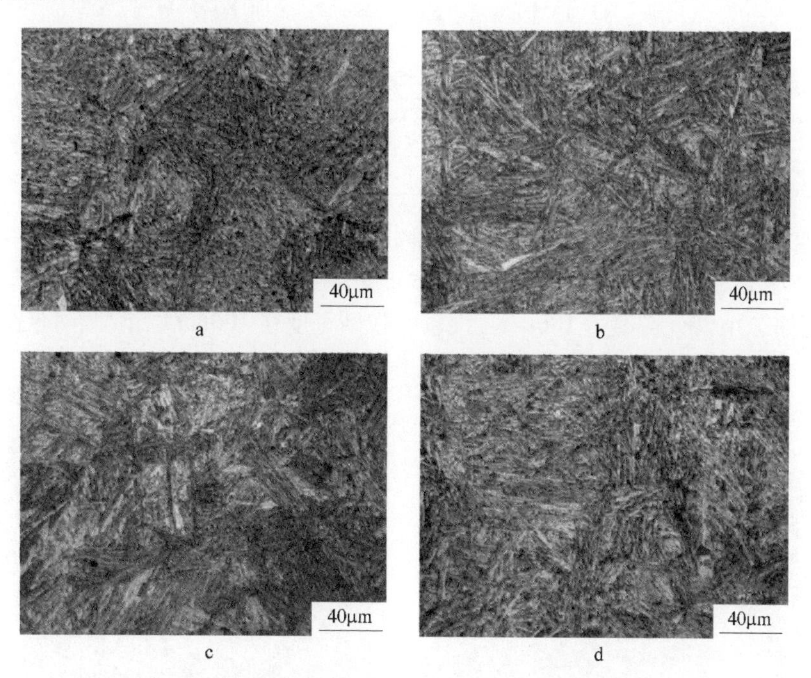

图 3-8-6 1300MPa 级贝氏体钢辙叉经不同工艺热处理后的金相组织

a—油冷；b—空冷；c—340℃等温淬火；d—345～315℃连续冷却

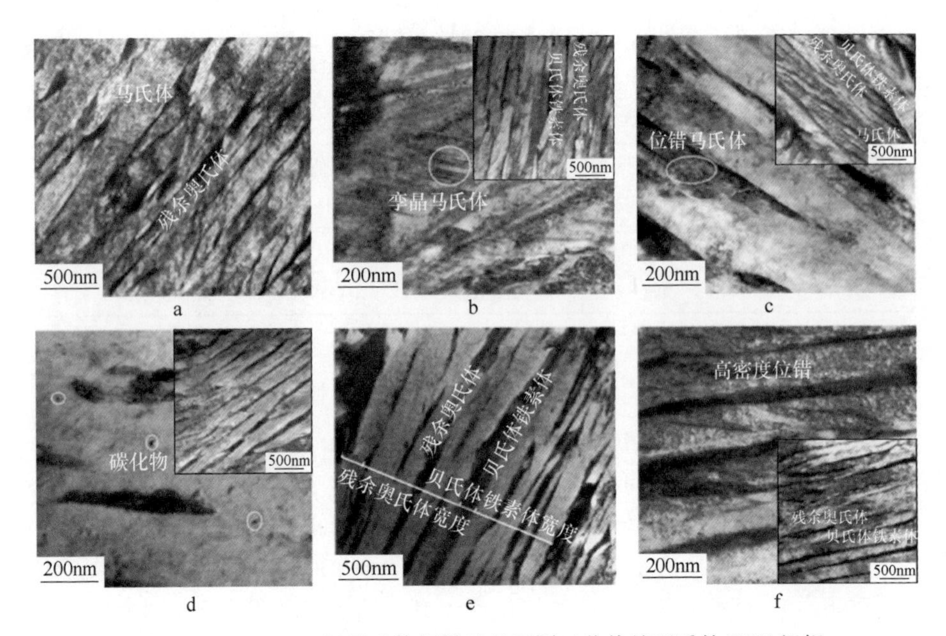

图 3-8-7　1300MPa 级贝氏体钢辙叉经不同工艺热处理后的 TEM 组织

a—油淬；b—空冷；c—320℃等温淬火；d—360℃等温淬火；

e—345℃/315℃双阶等温淬火；f—345～315℃连续冷却

表 3-8-9　1300MPa 级贝氏体钢辙叉经不同工艺热处理后的残余奥氏体含量（体积分数）

工艺	320℃	330℃	340℃	350℃	360℃	345～315℃	345℃/315℃	空冷	油淬
V_γ/%	7.2	8.2	9.6	11.1	14.4	7.6	12.2	6.3	2.3

1500MPa 级别贝氏体钢辙叉经不同工艺处理后的金相组织和透射组织，如图 3-8-8 和图 3-8-9 所示。贝氏体铁素体板条中的位错密度较高，且板条的平均宽度更加细小，平均值达 100nm，大量的板条宽度在 100nm 以下。不同工艺热处理后组织中的残余奥氏体含量见表 3-8-10。

a

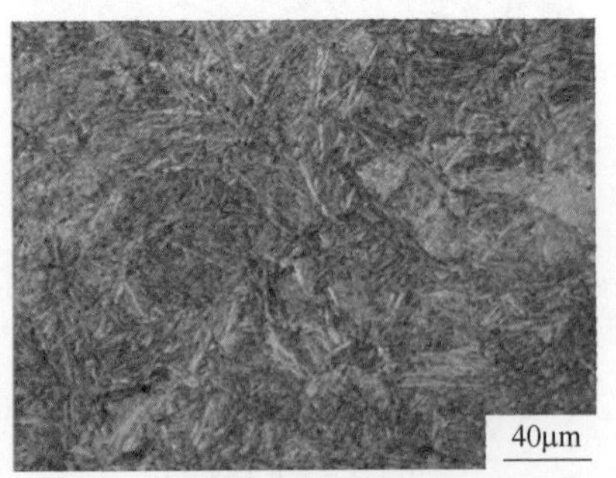

b

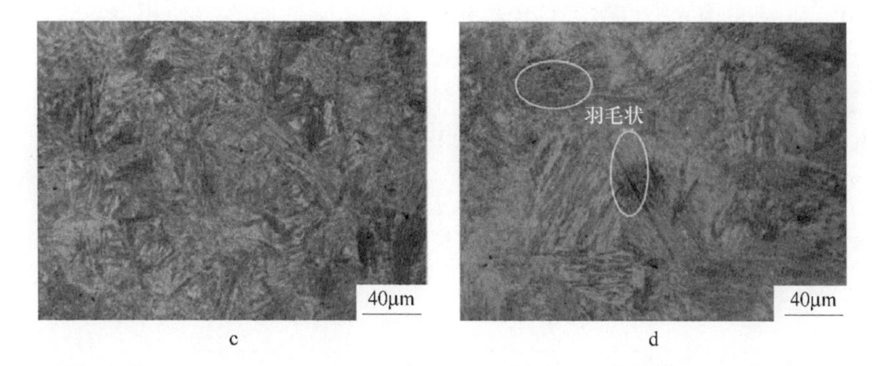

图 3-8-8 1500MPa 级贝氏体钢辙叉经不同温度等温淬火处理后的金相组织

a—300℃；b—320℃；c—360℃；d—395℃

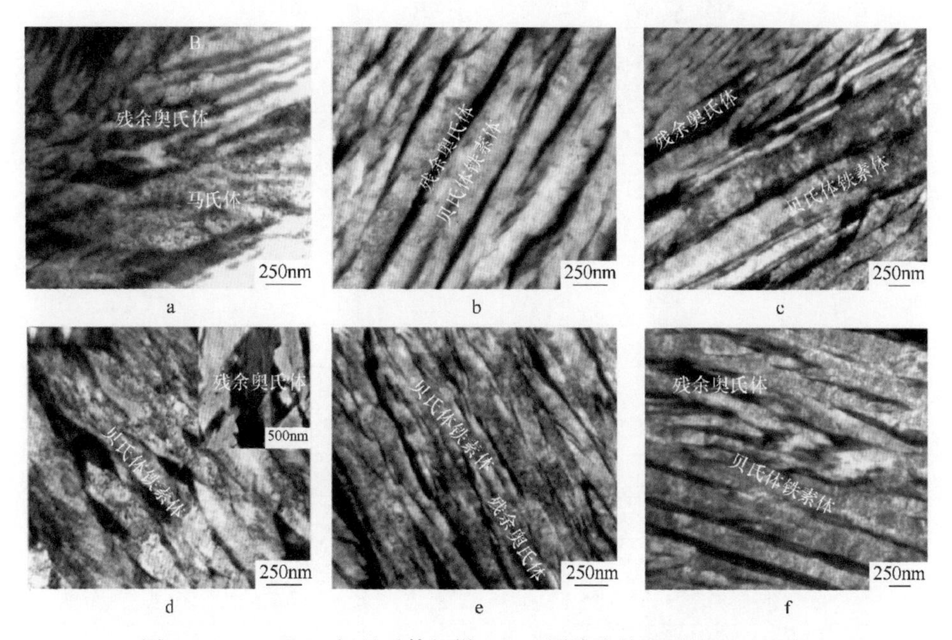

图 3-8-9 1500MPa 级贝氏体钢辙叉经不同淬火处理后的 TEM 组织

a—300℃；b—320℃；c—360℃；d—395℃；e—320℃/290℃双阶等温；f—320～290℃连续冷却

表 3-8-10 1500MPa 级贝氏体钢辙叉经不同工艺热处理后残余奥氏体含量（体积分数）

工艺	320℃	340℃	360℃	380℃	395℃	320～275℃	320℃/275℃	320～290℃	320℃/290℃
V_γ/%	9.9	10.3	11.9	12.0	11.1	11.5	10.3	10.0	10.9

8.1.6 辙叉试用效果

从2012年开始中铁宝桥集团有限公司和中铁山桥集团有限公司分别对

1300MPa 和 1500MPa 强度级别贝氏体钢辙叉的实际铁路线路使用情况进行跟踪测试。中铁宝桥集团有限公司分别对 2012 年 4 月 26 日在宝鸡阳平站上线使用的上行逆向 1300MPa 级超细贝氏体钢辙叉，以及 2012 年 5 月 21 日在洛阳首阳山站上线使用的下行顺向 1300MPa 级超细贝氏体钢辙叉，进行跟踪测试，测试结果见表 3-8-11 和表 3-8-12。

表 3-8-11　1300MPa 级超细贝氏体钢辙叉线路跟踪测试表（宝鸡阳平站）　（mm）

心轨/翼轨	20mm	30mm	40mm	50mm	调查日期
高差	8.1	7.7	5.4	5.3	2012 年 5 月 2 日
左翼轨（直）	—	3.1	4.3	—	
右翼轨	—	—	—	—	
高差	8.6	7.2	6.0	5.4	2012 年 6 月 4 日
左翼轨（直）	2.4	3.2	4.6	—	
右翼轨	—	—	—	—	
高差	8.6	7.6	6.3	5.6	2012 年 7 月 6 日
左翼轨（直）	2.4	3.5	5.2	—	
右翼轨	—	—	—	—	
高差	8.0	7.4	6.2	5.6	2012 年 8 月 21 日
左翼轨（直）	2.7	3.9	5.4	—	
右翼轨	—	—	—	—	

表 3-8-12　1300MPa 级超细贝氏体钢辙叉线路跟踪测试表（洛阳首阳山站）　（mm）

心轨/翼轨	20mm	30mm	40mm	50mm	调查日期
高差	7.5	6.3	5.4	4.5	2012 年 9 月 2 日
左翼轨	1.6	3.1	6.3	—	
右翼轨（直）	3.1	3.9	6.3	—	
高差	6.9	5.6	4.7	4.4	2012 年 9 月 19 日
左翼轨	3.0	3.5	5.5	—	
右翼轨（直）	5.0	4.5	6.0	—	

陇海线洛阳地区上行线年过载量 1.45 亿吨，下行线年过载量 1.1 亿吨。心轨-翼轨相对高差值的测量是从翼轨最高点（钢轨中心）至心轨最高点的距离。由于心轨 20~50mm 断面对应翼轨最高点未被车轮碾压（通过计算或现场照片可得出），故每次测量的心轨-翼轨相对高差值的变化量可近似理解为心轨的磨耗量。心轨-翼轨相对高差值分三种情况进行统计：第 1 种，某一断面最近一次的测量值与出厂时测量值的差值；第 2 种，某一断面最近一次测量值与第一次测量

值的差值；第 3 种，某一断面的历次测量数据最大值与最小值的差值。

以多次贝氏体钢辙叉现场测量数据为依据，对贝氏体钢辙叉的磨耗状况予以分析。贝氏体钢辙叉在出厂时的数据为平台组装，无载荷的状态测量而得出，而辙叉经列车碾压后的实际状态会发生较大变化。心轨磨耗量是通过心轨-翼轨的相对高差间接计算得出，因此，运用上述 3 种方法进行统计。

对于宝鸡阳平站 5 号岔位，如不考虑测量误差，每次测量数据（心轨-翼轨的相对高差值，翼轨的磨耗值）基本符合规律，洛阳首阳山站的两组辙叉由于数据较少，规律性相对宝鸡阳平站的一组要稍差一些。翼轨的磨耗量通过多次的测量，可掌握磨耗量与辙叉上道运营时间和通过总重的关系，掌握翼轨磨耗量的发展趋势，如图 3-8-10 所示，从图中可看出这种趋势是比较接近实际状况的。心轨的实际磨耗量现场无法准确测量，最准确的测量方法是：该辙叉下道后将其返回工厂，拆解后在平台上对其进行测量，然后将各断面测量值与心轨出厂数值进行比较；随着运营时间、通过总重的不断增加，通过多次测量，其发展趋势可基本确定。

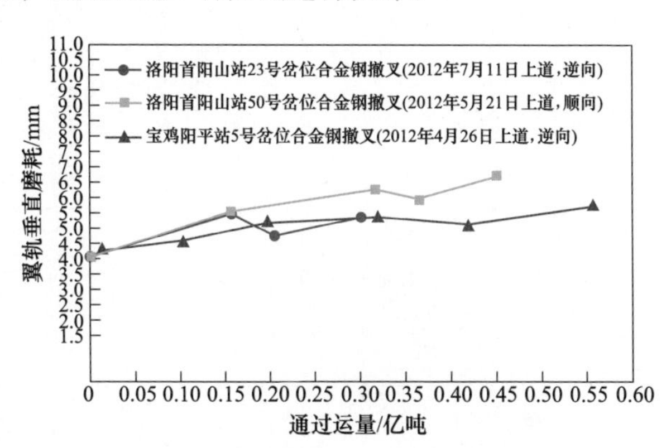

图 3-8-10 1300MPa 贝氏体钢辙叉 40mm 断面翼轨垂直磨耗趋势图

运用上述 3 种方法得出的心轨磨耗量均有一定的局限性。第 1 种：出厂时的状态与实际运营下的状态发生较大变化——将洛阳首阳山站 50 号岔位首次测量值与出厂值的比较可得出。第 2 种：第一次与最后一次测量值的准确性；第一次测量时该辙叉上道运营时间长短等因素直接影响心轨磨耗量的准确性。第 3 种：3 种方法中较为接近准确值的数据。但最小值不是首次的测量值，与实际状况不符，故心轨的磨耗量只是一种近似的数值。即使随着测量数据的增多，心轨磨耗状况的趋势会更加清晰，但磨耗量大小的准确值依然无法准确得出。贝氏体钢辙叉上道后的初期磨耗阶段对心轨、翼轨的磨耗较大，如无法准确测量首次磨耗值就无法得出心轨准确磨耗值。但是随着测量数据的增多，心轨、翼轨磨耗状况的发展趋势会更加清晰、准确，它可以帮助判断产品的质量状况，通过对测量数据的分析可以为今后产品的改进、优化提供有价值的参考。

中铁山桥集团有限公司也对部分 1500MPa 贝氏体钢辙叉实际使用情况进行了现场跟踪测试，其中，3 棵超细贝氏体钢辙叉铺设位置位于辽阳首山站，此站场为客货混用铁路，3棵辙叉铺设的岔位分别为：12-04-01号辙叉位于9号岔位、12-04-02号辙叉位于13号岔位、12-04-03号辙叉位于8号岔位。根据现场了解，贝氏体钢辙叉的打磨周期一般为10~15天。

主要对贝氏体钢辙叉进行了以下几方面的跟踪：一是贝氏体钢辙叉使用后在不同阶段不同断面的表面磨损下降值，二是观察贝氏体钢辙叉每阶段表面使用及损伤情况，三是统计辙叉过载总量。根据辽阳工务段技术科提供的资料，2013年1~12月在8号、9号和13号岔位的过载总量为1.3亿吨。对3棵贝氏体钢辙叉进行表面下沉量的测量，表面持续下降数据表分别见表3-8-13~表3-8-15。

表3-8-13 12-04-01号1500MPa级超细贝氏体钢辙叉表面下降值跟踪测试表(mm)

测量时间	20mm断面降低值			30mm断面降低值			50mm断面降低值		
	左翼轨(h_1)	右翼轨(h_2)	心轨(h)	左翼轨(h_1)	右翼轨(h_2)	心轨(h)	左翼轨(h_1)	右翼轨(h_2)	心轨(h)
出厂前	2.3	2.2	8.2	2.3	2.3	7.5	2.0	2.0	6.5
2012年7月29日	2.5	3.0	8.3	3.0	3.0	7.5	2.0	2.0	6.5
2012年11月21日	3.0	3.2	8.5	3.2	3.1	7.6	2.0	2.0	6.5
2013年3月14日	3.0	3.5	10.0	3.5	4.0	10.5	2.5	2.5	8.0
2013年6月5日	3.0	3.8	10.5	3.5	4.5	11.0	2.5	2.5	8.4
2013月10月18日	3.2	4.5	11	4.0	5.0	11.5	2.5	2.5	9.0
2014年4月18日	3.5	6.0	11	4.5	8.0	11.5	3.5	3.5	9.0
2014月8月8日	4.0	7.0	12	5.0	8.0	11.5	3.5	3.5	9.5
累计下降	1.7	5.2	3.8	2.7	5.7	4.0	1.5	1.5	3.0

表3-8-14 12-04-02号1500MPa级超细贝氏体钢辙叉表面下降值跟踪测试表 (mm)

测量时间	20mm断面降低值			30mm断面降低值			50mm断面降低值		
	左翼轨(h_1)	右翼轨(h_2)	心轨(h)	左翼轨(h_1)	右翼轨(h_2)	心轨(h)	左翼轨(h_1)	右翼轨(h_2)	心轨(h)
出厂前	2.0	2.0	8.0	2.0	2.0	7.0	2.0	2.0	6.3
2012年7月29日	2.2	2.1	8.0	2.2	2.1	7.1	2.0	2.0	6.3
2012年11月21日	2.4	2.3	8.1	2.4	2.3	7.3	2.0	2.0	6.4
2013年3月14日	3.0	2.5	10.0	2.5	3.5	9.5	2.5	2.0	8.0
2013年6月5日	3.0	3.5	10.5	2.5	4.0	10.0	2.5	2.8	8.6
2013年10月18日	3.2	3.6	11.0	3.0	4.5	10.5	2.5	3.0	9.0
2014年4月18日	3.2	5.0	11.0	3.0	7.0	11.0	2.5	4.0	9.5
2014年8月8日	3.2	5.0	11.0	3.0	7.0	11.0	2.5	4.0	12.0
累计下降	1.2	3.0	3.0	1.0	5.0	4.0	0.5	2.0	5.7

表 3-8-15　12-04-03 号 1500MPa 级超细贝氏体钢辙叉表面下降值跟踪测试表　（mm）

测量时间	20mm 断面降低值			30mm 断面降低值			50mm 断面降低值		
	左翼轨（h_1）	右翼轨（h_2）	心轨（h）	左翼轨（h_1）	右翼轨（h_2）	心轨（h）	左翼轨（h_1）	右翼轨（h_2）	心轨（h）
出厂前	2.0	2.5	8.0	2.0	2.0	7.5	2.3	2.0	7.0
2012 年 7 月 29 日	2.0	2.5	8.0	2.0	2.5	7.5	2.3	2.0	7.0
2012 年 11 月 21 日	2.6	2.5	8.6	2.5	2.8	7.6	2.3	2.0	7.0
2013 年 3 月 14 日	2.6	3.5	10.5	3.0	4.0	10.5	2.5	2.0	7.5
2013 年 10 月 18 日	3.0	4.0	11.5	3.5	4.5	11.0	3.0	2.5	8.5
2014 年 4 月 18 日	3.0	5.0	11.5	4.5	6.5	12.0	3.0	4.5	9.5
2014 年 8 月 8 日	3.0	5.0	11.5	4.5	7.0	12.0	3.0	4.5	9.5
累计下降	1.0	2.5	4.5	2.5	5.0	4.5	0.7	2.5	2.5

1500MPa 超细贝氏体钢辙叉使用 35 个月时的表面情况，分别如图 3-8-11～图 3-8-13 所示。从图中可以看出，辙叉使用过程中主要磨损的区域为 20～40mm 断面翼轨部位，未见严重磨损、掉块等现象，整体运行良好。

图 3-8-11　12-04-01 号 1500MPa 级超细贝氏体钢辙叉表面使用情况

目前，这种超细贝氏体钢辙叉在实际线路已经广泛应用，1300MPa 强度级别超细贝氏体钢辙叉平均使用寿命（过载量）为 3.2 亿吨，1500MPa 强度级别超细贝氏体钢辙叉平均使用寿命（过载量）为 3.5 亿吨。

图3-8-12　12-04-02号1500MPa级超细贝氏体钢辙叉表面使用状况

图3-8-13　12-04-03号1500MPa级超细贝氏体钢辙叉表面使用情况

8.2　低碳贝氏体钢轨

我国开展贝氏体钢轨的研究近20年，经过不断创新，已经陆续开发出60kg/m和75kg/m贝氏体钢轨，其中60kg/m贝氏体钢轨首次在国内铁路运营干线上进行了试铺。对鞍钢生产的贝氏体钢轨组织性能和应用情况进行系统研究，在试制的钢轨中，任选1炉进行成分检测，测得60kg/m贝氏体钢轨化学成分及其范围，见表3-8-16。

表 3-8-16 60kg/m 规格贝氏体钢轨化学成分 （质量分数,%）

C	Si	P	S	Cr+Mo+Mn	V+Nb	Fe
0. 1~0. 3	1. 0~2. 0	≤0. 020	≤0. 015	3. 0	适量	其余

60kg/m 贝氏体钢轨的试制生产工艺：大方坯连铸→步进炉加热→高压水除鳞→开坯→粗轧→二次高压水除鳞→万能轧制→热打印→热锯切→热预弯→冷床缓冷→平立复合矫直→平直度检测→涡流表面探伤→超声波探伤→横移分钢→在线检查→四面压力矫直→锯钻组合机床加工→收集、入库。通过对编号为 1 号、2 号和 3 号的 3 炉钢轨钢进行脱碳稳定性分析和非金属夹杂物级别评定，发现它们均满足铁道行业和国家相关标准要求。

对 3 炉钢轨进行金相组织观察（见图 3-8-14），各试样组织稳定、分布均匀，为无碳化物贝氏体+少量块状铁素体，说明 60kg/m 贝氏体钢轨组织稳定性较好。对 1 号试样进行 TEM 组织观察（见图 3-8-15），60kg/m 贝氏体钢轨组织为无碳化物板条贝氏体+板条铁素体+少量残余奥氏体+M/A 组织。无碳化物板条贝氏体体积分数达 85%以上，符合贝氏体钢轨基体组织要求。

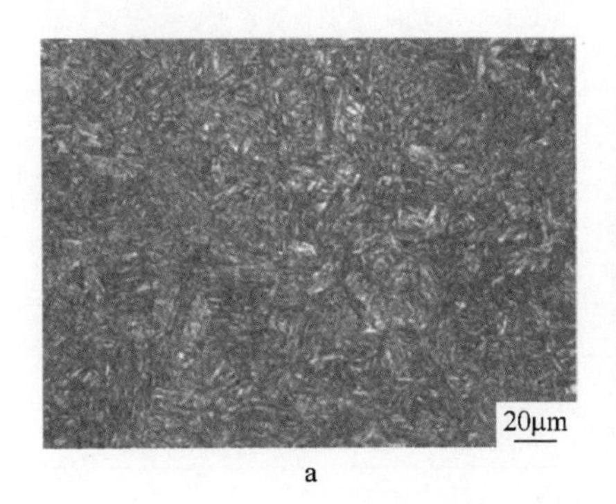

a

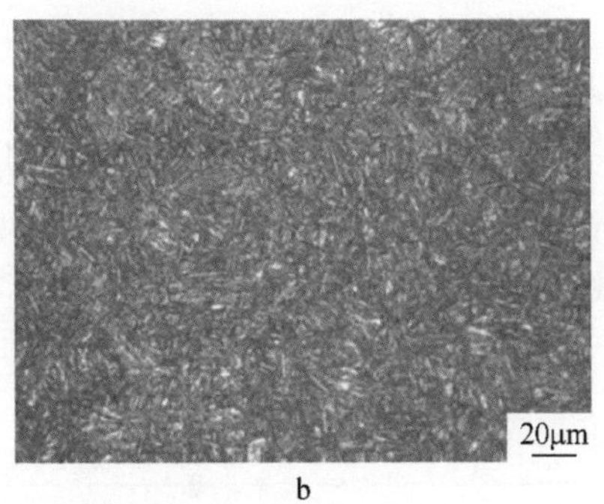

b

图 3-8-14 60kg/m 贝氏体钢轨钢金相组织
a—2 号试样；b—3 号试样

按照标准 TB/T 2344—2012 的取样要求，对 60kg/m 贝氏体钢轨母材常规性能和特殊性能取样检验，常规性能包括轨头踏面硬度和拉伸性能，特殊性能包括残余应力、断裂韧性、裂纹扩展速率和试样疲劳寿命，检验结果分别见表 3-8-17~表 3-8-19。从表中可以发现：贝氏体钢轨踏面硬度和拉伸性能稳定且达到了较高水平，断后伸长率达到了 12. 5%以上；残余应力、疲劳裂纹扩展速率良好，尤其是-20℃断裂韧性指标达到了较高水平，表现出了优异的强韧性匹配和塑性性能，符合技术要求。

a　　　　　　　　b

图 3-8-15　1号贝氏体钢轨钢 TEM 组织

a—板条贝氏体和残余奥氏体形态；b—马奥岛和铁素体形态

表 3-8-17　60kg/m 贝氏体钢轨轨头的踏面硬度（HBW）

项目	硬度										硬度平均值
测试值	385	384	386	385	384	385	384	386	386	385	385
标准要求	360~430										

表 3-8-18　60kg/m 贝氏体钢轨钢的拉伸性能

项目	取样位置	屈服强度/MPa	抗拉强度/MPa	断后伸长率/%	断面收缩率/%
测试值	轨头 1/2 中心	1160	1300	13.0	50.0
	轨头 1/2 中心	1150	1300	12.5	52.0
	轨头中心	1110	1280	13.0	43.0
	轨腰	1140	1260	12.5	50.5
	轨底中心	1170	1320	12.5	52.0
标准要求	轨头抗拉强度 ≥1250mPa				

表 3-8-19　60kg/m 贝氏体钢轨钢的其他力学性能

项目	轨底残余应力/MPa	K_{IC}(-20℃)/MPa·$m^{1/2}$		不同应力强度因子范围下裂纹扩展速率/m·Gc^{-1}		疲劳寿命/万次
		单个最小值	平均值	ΔK=10.0MPa·$m^{1/2}$	ΔK=13.5MPa·$m^{1/2}$	
测试值	295.8	47.2	51.9	10.6	22.2	500
标准要求	≤330	≥35	≥40	≤15	≤50	500

60kg/m 贝氏体钢轨完成了闪光焊试验，并在焊后进行焊接接头落锤和静弯试验。在落锤高度为 3.1m、2 次锤击不断的焊接接头质量要求下（标准 TB/T 1632.2—2014），受检的 25 个焊接接头试件连续试验合格，静弯试验受检的 15 个焊接接头连续试验合格，轨头受压试验载荷达到 2300kN 不断，轨头受拉试验

载荷达到2000kN不断，且在弯曲疲劳最小载荷为95kN和最大载荷为470kN、支距为1m的疲劳试验条件下受检焊接接头试件的疲劳寿命达到200万次不断。上述试验表明贝氏体钢轨落锤试验、静弯试验性能优异。

按照标准TB/T 1632.1—2014，对60kg/m贝氏体钢轨的焊接接头进行拉伸性能、冲击性能、硬度和金相组织检验。其中，硬度检验主要包括焊接接头踏面硬度检验和纵断面硬度检验，拉伸和冲击性能检验结果见表3-8-20，踏面硬度和纵断面硬度检验结果见表3-8-21，其分布如图3-8-16所示，金相组织检验如图3-8-17所示。

表3-8-20　60kg/m贝氏体钢轨焊接接头的拉伸性能

项目	R_m平均值/MPa	$R_{P0.2}$平均值/MPa	A平均值/%	冲击吸收功平均值A_{KU}/J
测试值	1255	1004	7.1	35.9
标准要求	≥1080	≥800	≥6.0	≥30.0

表3-8-21　60kg/m贝氏体钢轨焊接接头的硬度

项目		母材硬度平均值H_P	接头硬度平均值H_J	软点硬度平均值H_{J1}	H_J/H_P	H_{J1}/H_P	软化区宽度w/mm	
							左	右
测试值	纵断面硬度（HRC）	40.0	38.2	35.0	0.95	0.88	13	15
	踏面硬度（HBW）	388.5	355.0	331.0	0.91	0.85	—	—
标准要求		$1.10H_P \geqslant H_J \geqslant 0.85H_P$，$H_{J1} \geqslant 0.8H_P$，$w \leqslant 20$						

由焊接试验结果可以发现，贝氏体钢轨焊接接头拉伸性能稳定性良好，强塑性匹配良好，室温冲击吸收功较高。从硬度分布可以看出，贝氏体钢轨闪光焊接接头硬度符合TB/T 1632.2—2014相关要求。从金相组织可以发现，贝氏体钢轨闪光焊接接头组织为无碳化物贝氏体+极少量块状铁素体，符合金相组织要求。

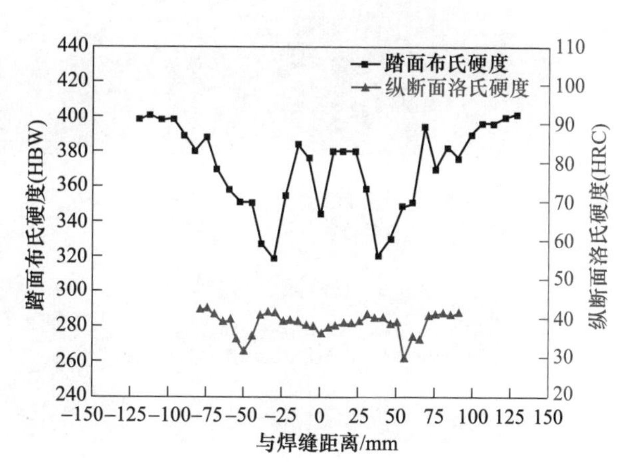

图3-8-16　60kg/m贝氏体钢轨焊接接头硬度分布

将60kg/m贝氏体钢轨铺设于沈局沈山线曲线上股（无缝线路），试铺近48个月，铺设线路总长为1.66km，过载总重近6亿吨；铺设于哈尔滨西王孙上行线曲线段，服役13个月，铺设于滨绥线国境段K496缓圆上股曲线段服役42个月。

60kg/m 贝氏体钢轨经哈局齐齐哈尔工务机械厂加工成辙叉翼轨达 6000 余根并铺设应用，过载总重达 3 亿吨。贝氏体钢轨服役时的表面情况，如图 3-8-18 所示。经过跟踪分析发现，60kg/m 贝氏体钢轨在试铺中展现出优异的耐磨性能和抗剥离掉块能力，在相同曲线上使用寿命比珠光体热处理钢轨提高 1 倍以上；由 60kg/m 贝氏体钢轨加工成的辙叉翼轨也同样展现出优异的耐磨性能和抗剥离掉块能力，综合使用性能优良；加工成的 AT 尖轨耐磨性能突出，使用寿命比 U75V 材质尖轨提高 3~4 倍。由此可见，60kg/m 贝氏体钢轨在使用中展现出高强、高韧、高耐磨的性能特点，综合应用性能良好，更适合在重载铁路上铺设应用。

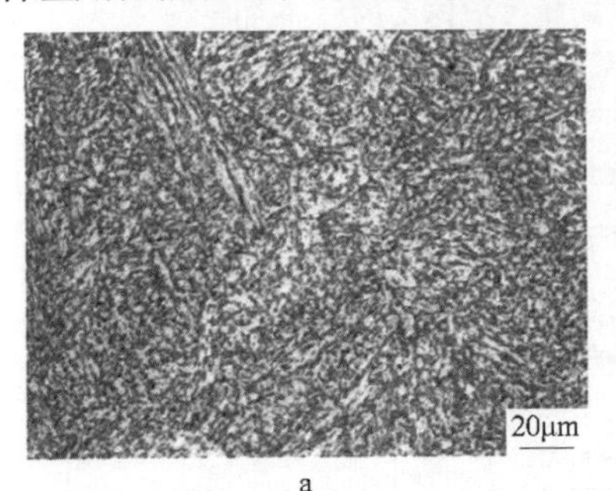

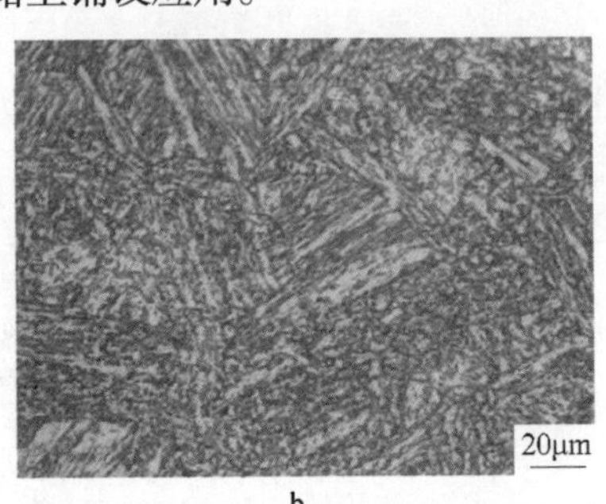

图 3-8-17　60kg/m 贝氏体钢轨焊接接头金相组织

a—轨头；b—轨腰

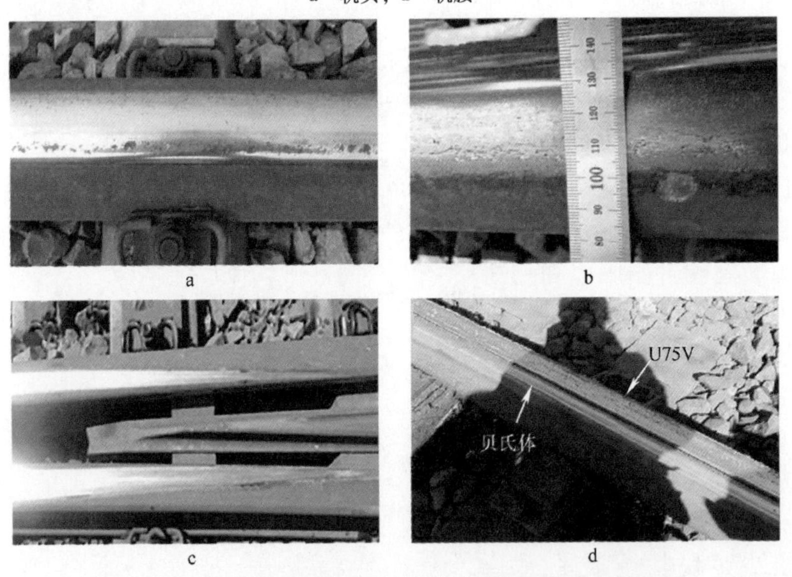

图 3-8-18　不同铁路线路上使用的贝氏体钢轨的表面情况

a—哈尔滨西王孙上行线曲线段（服役 13 个月，表面光洁无剥离掉块）；

b—滨绥线国境段 K496 缓圆上股曲线段（服役 42 个月，表面光洁无剥离掉块）；

c—贝氏体钢辙叉翼轨（服役 36 个月，表面光洁，磨损仅约 3mm）；

d—贝氏体尖轨与 U75V 尖轨对比（服役寿命提高 1.75 倍）

第 4 篇

马氏体钢

引　言

目前，可用作铁路轨道的钢种主要有传统高锰钢、中低碳贝氏体钢及高碳珠光体钢。传统高锰钢用作铁路辙叉由来已久，它的性价比较高，在铁路辙叉用钢领域中具有不可替代的作用。然而，高锰钢辙叉的生产方式主要为铸造，不可避免地会产生较多铸造缺陷，进而影响使用寿命。贝氏体钢用作铁路钢轨和辙叉用钢始于20世纪90年代，是一种新型铁路轨道用钢。然而，贝氏体轨道钢的生产工艺通常采用空冷，造成性能不稳定；如果采用盐浴处理工艺，可实现工艺稳定，然而盐浴处理工艺复杂、难以实现，影响了贝氏体轨道钢的实际使用效果。高碳珠光体轨道钢是目前用量最大的钢轨钢，几乎占钢轨的100%，它也用于制造辙叉，主要用于拼装铁路辙叉用钢，常见用于制造贝氏体钢和高锰钢拼装组合辙叉的翼轨以及可动心轨辙叉的心轨、翼轨以及尖轨。由此可见，几种铁路轨道用钢在性能、成分及生产工艺方面均各有优势，但同时存在各自的不足。有人认为，由于马氏体时效钢具有优异的综合力学性能，因此，可用于制造高端铁路辙叉。但是，由于马氏体时效钢含有大量的镍、钴等贵重合金元素，成本太高，因此，在实际应用一直未实现。20世纪末，英国钢联研究开发了轨头硬度（HB）达445的低碳马氏体钢轨钢，并申请了专利，尽管该钢种的耐磨性能与珠光体型热处理钢轨相似，但韧性比珠光体型热处理钢轨高很多。

由于马氏体钢具有热处理工艺简单，性能稳定，成本较低的优势，因此，期望制造出以板条马氏体为主要组织的铁路轨道用新钢种，并使其力学性能达到马氏体时效钢的水平。然而，到目前为止，用马氏体钢制造铁路轨道还没有实际应用的成功范例。曾经有人利用低碳马氏体钢制造拼装辙叉2组，在朔黄重载铁路线上肃宁北站进行试用，逆向行驶，两棵辙叉在使用一个月左右时就开始在心轨薄弱断面出现剥离掉块的现象，之后陆续有剥离掉块产生，最终线路检测工队探伤作业时发现该辙叉心轨变截面部位出现核伤，被判重伤，然后下道，分别通过总重仅0.77亿吨和0.81亿吨。使用效果不理想，远不如高锰钢辙叉和贝氏体钢辙叉的使用寿命，从此，再没有低碳马氏体钢辙叉的进一步试用。

1　轨道用低碳马氏体钢化学成分设计

低碳低合金马氏体钢具有优异的强韧匹配，因此，受到人们的广泛关注。低碳马氏体钢是指碳含量（质量分数）低于0.25%，经直接淬火处理后可获得不少于80%（体积分数）低碳马氏体组织的钢。低碳马氏体钢以板条马氏体组织为主，马氏体板条内部存在高密度位错，板条间存在一定量的残余奥氏体薄膜。近年来，人们通过合金化与强韧化机理的综合运用，研制了许多强韧配合与马氏体时效钢相当的低碳马氏体钢种，希望这类成本低廉、工艺简单、综合性能优异的低碳低合金马氏体钢可以在铁路轨道获得广泛应用。

1.1　化学成分

马氏体钢具有较高的强度，但马氏体钢的塑韧性较差。可通过改变马氏体钢化学成分的方法来改善其塑韧性，如在钢中加入Mo、Ni及Si等元素，可在一定程度上提高马氏体钢的塑性、韧性、耐磨性及抗疲劳性能等。根据马氏体钢中合金元素含量的不同，可将其分为低合金马氏体、中合金马氏体及高合金马氏体钢三种。当马氏体钢中合金元素的含量（质量分数）低于5%时，称为低合金马氏体钢。该钢具有性能优异、成本低廉的优点，目前广受研究者青睐。低合金马氏体钢的热处理工艺也较简单，经淬火+回火处理后即可获得优异的强塑韧性组合。通过调节回火温度，可获得不同的回火组织，进一步改善马氏体钢的性能。

马氏体钢中主要的合金元素有碳、硅、锰、铬、镍、钼等。碳的含量主要影响钢的强度、塑韧性、焊接性能、耐大气腐蚀性能、冷脆性等性能。随着碳含量的增加，钢的屈服强度、抗拉强度呈升高趋势，其塑性、韧性呈降低趋势。当钢中碳含量（质量分数）大于0.23%时，钢的焊接性能会显著降低，且碳含量过高会显著降低钢的耐腐蚀性能。同时，碳含量增加可增大钢的冷脆性。Si不仅可作为钢中的还原剂、脱氧剂，从合金化角度来讲，Si含量的增加可显著提高钢的屈服强度、抗拉强度、弹性极限等。在低碳马氏体钢中，Si含量（质量分数）在1.6%左右时，可显著提高回火马氏体脆性的温度范围，使钢可以在较高温度下长时间回火，促进钢中的碳在马氏体和残余奥氏体中重新配分，有效推迟回火等温过程中碳化物的析出。同时，调整马氏体的畸变晶格，从而降低了马氏体中固溶碳含量和内应力。然而，Si含量过高会降低钢的可焊性。Mn在一定程度上提高钢的强度和硬度，改善钢的耐磨性，提高钢的淬透性。随着Mn含量的提

高，钢的抗腐蚀能力、可焊性均降低。Cr 可显著提高钢的强度、硬度，但会降低其塑韧性。同时，Cr 对提高钢的抗氧化性、耐腐蚀性有显著效果。Ni 一方面可提高钢的屈服强度、抗拉强度，另一方面又可使其保持优异的塑性、韧性。Ni 可显著提高钢的耐腐蚀性、耐热性。Mo 有利于钢的晶粒细化，提高钢的力学性能和热强性能，使钢在高温下仍能保持优异的抗蠕变能力。同时，Mo 也可提高钢的淬透性。

基于合金元素强化机理及其在低合金钢中的作用，设计了一系列适合于铁路轨道使用的低碳高硅马氏体钢，其详细化学成分见表 4-1-1。同时，制备了标准的 1400MPa 级 00Ni18Co9Mo4Ti 马氏体时效钢做对比研究。通过对比 18MnSi2CrNi、18MnSi2CrMo、18MnSi2CrMoNi、22MnSi2Cr、22MnSi2CrMo 和 22MnSi2CrMoNi 六种低碳高硅马氏体钢，经相同淬火+回火工艺后的力学性能及微观组织，分析不同合金元素含量对低碳高硅马氏体钢力学性能的影响。同时，在 18MnSi2CrNi、18MnSi2CrMo 和 18MnSi2CrMoNi 钢中选出一种性能最为优异的钢种，在 22MnSi2Cr、22MnSi2CrMo 和 22MnSi2CrMoNi 钢中选出一种性能最为优异的钢种。之后，将选出的两种低碳高硅马氏体钢进行微观组织及力学性能的对比，选出一种综合力学性能最优异的低碳高硅马氏体钢与 00Ni18Co9Mo4Ti 马氏体时效钢的微观组织、常规力学性能、疲劳性能及磨损性能进行对比研究，进而为有效抑制钢中裂纹扩展、提高试验钢的疲劳寿命及磨损性能提供理论依据，详细内容将在第 4 篇第 2 章介绍。

表 4-1-1　试验用低碳高硅马氏体钢及马氏体时效钢化学成分　　（质量分数,%）

钢种	C	Mn	Si	Cr	Ni	Mo	Co	Ti
18MnSi2CrNi	0.18	1.1	1.5	0.8	0.24	—	—	—
18MnSi2CrMo	0.18	1.1	1.8	0.7	—	0.19	—	—
18MnSi2CrMoNi	0.18	1.1	1.8	0.7	0.20	0.19		
22MnSi2Cr	0.22	1.1	1.8	0.7	—	—	—	—
22MnSi2CrMo	0.22	1.1	1.8	0.7	—	0.19	—	—
22MnSi2CrMoNi	0.21	1.1	1.8	0.7	0.14	0.19	—	—
18Mn3Si2CrMo	0.18	2.9	1.7	0.8	0.09	0.26	—	—
18Mn3Si2CrMoNi	0.18	2.9	1.7	0.8	0.59	0.26	—	—
00Ni18Co9Mo4Ti	<0.001	—	—	—	17.5	4.32	8.4	0.18

将 18Mn3Si2CrMo 和 18Mn3Si2CrMoNi 两种试验钢在 M_s 温度以下不同温度进行等温处理，获得具有不同体积分数的马氏体、贝氏体及残余奥氏体的多相组织。研究 M_s 温度以下不同温度等温处理对 18Mn3Si2CrMo 钢和 18Mn3Si2CrMoNi 钢组织与性能的影响，总结相含量与试验钢力学性能之间的关系。同时，对 M_s 温度以下不同温度等温处理的 18Mn3Si2CrMoNi 钢进行循环变形试验研究，对该

钢的循环变形行为及疲劳损伤机理进行分析，并对该试验钢的疲劳寿命进行预测，得到具有最优疲劳寿命的相组成，详细内容将在第4篇第3章介绍。

1.2 热处理工艺

1.2.1 力学性能

首先研究18MnSi2CrNi、18MnSi2CrMo、18MnSi2CrMoNi、22MnSi2Cr、22MnSi2CrMo和22MnSi2CrMoNi六种低碳马氏体钢热处理后的力学性能，结果见表4-1-2；可以看出，六种钢经淬火回火后的抗拉强度较回火前的抗拉强度略有降低，但冲击韧性得到大幅度提升。钢经350℃×1h回火后的综合力学性能明显优于未经回火的钢的综合力学性能。图4-1-1为六种钢经900℃×1h奥氏体化淬火后再经350℃×1h回火处理的强度及冲击韧性，经相同热处理工艺处理后，18MnSi2CrNi、18MnSi2CrMo及18MnSi2CrMoNi钢的屈服强度、抗拉强度十分接近，但冲击韧性差别较大。18MnSi2CrMo钢的冲击韧性比18MnSi2CrNi钢提升约14%，而18MnSi2CrMoNi钢的冲击韧性比18MnSi2CrMo钢提升约22%。因此，可以看出，在碳含量（质量分数）0.18%的钢中，同时含有镍和钼的18MnSi2CrMoNi钢具有最优的综合力学性能。

表4-1-2 低碳高硅马氏体钢经淬火回火后的常规力学性能

钢种	热处理工艺	硬度（HRC）	屈服强度/MPa	抗拉强度/MPa	断面收缩率/%	伸长率/%	冲击韧性/J·cm^{-2}
18MnSi2CrNi	淬火	47.6	1186	1452	57.6	13.6	62
	淬火+回火	46.2	1182	1438	58.1	14.5	87
18MnSi2CrMo	淬火	47.5	1181	1466	58.3	15.4	81
	淬火+回火	46.1	1179	1430	58.3	16.1	99
18MnSi2CrMoNi	淬火	47.3	1154	1473	56.1	14.4	113
	淬火+回火	46.4	1195	1438	59.2	13.7	121
22MnSi2Cr	淬火	49.0	1241	1567	51.0	12.9	49
	淬火+回火	46.7	1267	1505	56.0	13.0	67
22MnSi2CrMo	淬火	50.4	1232	1571	60.2	13.6	88
	淬火+回火	48.4	1275	1518	58.1	13.4	117
22MnSi2CrMoNi	淬火	49.0	1268	1570	59.0	13.8	97
	淬火+回火	48.6	1245	1528	62.3	13.8	117

18MnSi2CrNi和18MnSi2CrMo两种钢的区别在于合金元素钼、镍含量不同，18MnSi2CrNi钢中镍含量（质量分数）为0.24%，无钼，而18MnSi2CrMo钢中钼含量（质量分数）为0.19%，无镍。在马氏体钢中，钼可细化晶粒，提高马氏体钢的回火稳定性，进而提高马氏钢的韧性。同时，钼也可抑制碳化物的析出，

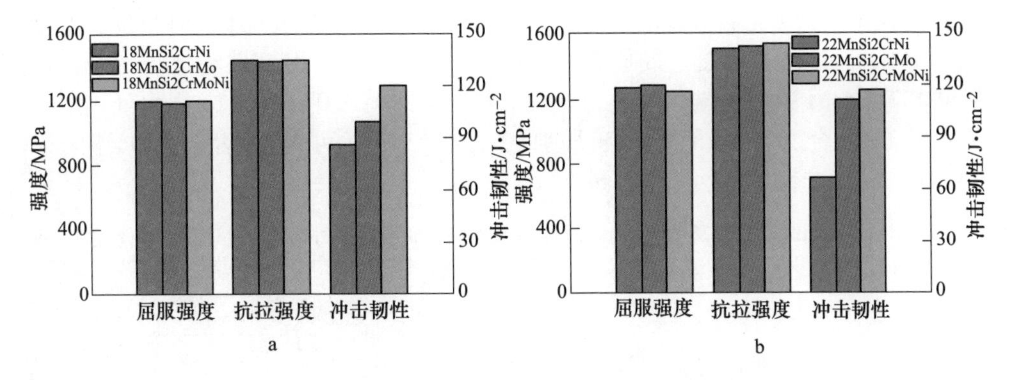

图 4-1-1 经 900℃×1h 水淬、再 350℃×1h 回火后马氏体钢的强度和冲击韧性
a—18MnSi2CrNi 钢、18MnSi2CrMo 钢和 18MnSi2CrMoNi 钢；
b—22MnSi2Cr 钢、22MnSi2CrMo 钢和 22MnSi2CrMoNi 钢

使得马氏体钢经高温回火处理后仍可保持较高韧性。对于同时加入钼、镍的 18MnSi2CrMoNi 钢来说，镍与钼同时存在有利于材料韧性进一步增加。同时，钼与铬、锰等合金元素共存时可降低其他合金元素导致的回火脆性，镍与钼相互作用不仅可以为提高钢的强度做贡献，而且可以使钢的韧性保持在较高水平。硅可显著推迟回火过程中碳化物的析出，使钢在 350℃×1h 回火后仍具有优异的韧性。

经相同热处理工艺处理后，碳含量（质量分数）0.22%三种钢的屈服强度、抗拉强度也均十分接近，但冲击韧性差别较大。22MnSi2CrMo 钢的冲击韧性比 22MnSi2Cr 钢提升约 69%，而 22MnSi2CrMoNi 钢的冲击韧性比 22MnSi2CrMo 钢提升约 5%。因此，可以看出，在碳含量（质量分数）0.22% 的三种钢中，22MnSi2CrMoNi 钢具有最优的强韧性配合。通过对不同热处理工艺处理后六种试验钢的力学性能进行对比，结果见表 4-1-2，可以看出，少量的合金元素钼和镍的加入，对低碳高硅马氏体钢的硬度、强度和塑性影响不大，但明显地提高了钢的韧性。最后根据钢的性能对比，选择综合力学性能最为优异的 18MnSi2CrMoNi 和 22MnSi2CrMoNi 两种钢进行深入研究，重点研究经不同回火温度及保温时间处理后的低碳高硅马氏体钢的常规力学性能和微观组织。

试验选取回火温度分别为 320℃、350℃和 380℃，保温时间分别为 1h、3h、5h 和 10h。经不同回火工艺处理后的 18MnSi2CrMoNi 钢和 22MnSi2CrMoNi 钢的常规力学性能，见表 4-1-3。可以看出，两种钢的最佳回火温度均在 300~350℃之间。对于 18MnSi2CrMoNi 钢来说，除 380℃保温 10h 回火外，该钢经不同工艺回火后的抗拉强度均在 1400MPa 以上，屈服强度均在 1170MPa 以上。回火温度从 320℃升高到 380℃保温 1h，钢的抗拉强度及屈服强度、断面收缩率、硬度（HB）和伸长率均有不同程度的降低，但冲击韧性大幅度增加。回火温度 320℃保温时间从 1h 增加到 5h 时，抗拉强度及屈服强度均有小幅度降低，冲击韧性降低约 18.1%；回火温度 350℃时保温时间从 1h 延长到 10h，钢的抗拉强度、屈服

强度值变化不大，但冲击韧性降低 24%。回火温度为 380℃时保温时间从 1h 增加到 10h，钢的抗拉强度、屈服强度均降低约 6%，而冲击韧性降低约 13%。对 18MnSi2CrMoNi 钢的力学性能进行分析，发现该钢经 320℃保温 1h 回火处理后具有最优的综合力学性能，其屈服强度、抗拉强度可分别达到 1203MPa 和 1477MPa，冲击韧性可达 122J/cm^2。

表 4-1-3　18MnSi2CrMoNi 和 22MnSi2CrMoNi 钢经不同温度、时间回火处理后的力学性能

钢种	回火工艺 /℃×h	硬度 (HRC)	屈服强度 /MPa	抗拉强度 /MPa	断面收缩率/%	伸长率 /%	冲击韧性 /J·cm^{-2}
18MnSi2CrMoNi	320×1	46.5	1203	1477	60.6	14.7	122
	320×3	45.8	1176	1451	61.7	15.2	115
	320×5	46.1	1195	1449	58.3	15.6	100
	350×1	46.4	1195	1438	59.2	13.7	121
	350×5	44.7	1183	1435	59.8	14.1	98
	350×10	44.5	1190	1423	61.0	14.5	92
	380×1	44.4	1184	1425	56.6	14.0	78
	380×10	42.5	1120	1336	62.4	13.8	67
22MnSi2CrMoNi	320×1	48.3	1261	1548	60.5	13.2	120
	320×3	47.6	1261	1535	57.8	13.8	106
	320×5	48.3	1263	1525	59.6	14.7	100
	350×1	48.6	1245	1528	62.3	13.4	117
	350×5	44.7	1269	1507	62.6	13.3	94
	350×10	45.8	1297	1495	58.6	13.8	82
	380×1	46.1	1313	1519	60.8	11.3	95
	380×10	44.7	1239	1410	63.2	15.5	73

对于 22MnSi2CrMoNi 钢来说，除 350℃和 380℃保温 10h 回火工艺外，经不同工艺回火后的抗拉强度均高于 1500MPa，屈服强度均高于 1240MPa。保温时间为 1h，回火温度从 320℃升高到 380℃时，抗拉强度略有降低，而屈服强度略有升高，冲击韧性降低 20%以上，断面收缩率、硬度（HB）和伸长率均有小幅度降低。回火温度 320℃、保温时间从 1h 增加到 5h 时，抗拉强度有小幅度降低，而屈服强度略有升高，冲击韧性降低 17.2%，断面收缩率、硬度（HB）和伸长率均有小幅度降低。回火温度 350℃、保温时间从 1h 增加到 10h 时，其抗拉强度略有降低，屈服强度小幅度增加，冲击韧性降低约 30%。回火温度 380℃、保温时间从 1h 增加到 10h 时，抗拉强度降低约 7%，屈服强度降低约 6%，冲击韧性降低约 23%。经对 22MnSi2CrMoNi 钢的力学性能进行分析，发现该钢经 320℃保温 1h 回火处理后具有最优的综合力学性能，其屈服强度、抗拉强度可分别达到 1261MPa 和 1548MPa，冲击韧性达 120J/cm^2。两种钢经不同热处理工艺处理后的工程应力-应变曲线，如图 4-1-2 所示。通过对比 18MnSi2CrMoNi 钢和 22MnSi2CrMoNi 钢

的力学性能，发现两种钢经相同工艺处理后，22MnSi2CrMoNi 钢具有更高的强度、塑性和韧性。因此，根据钢的力学性能检测结果，选取 22MnSi2CrMoNi 钢进行深入研究。

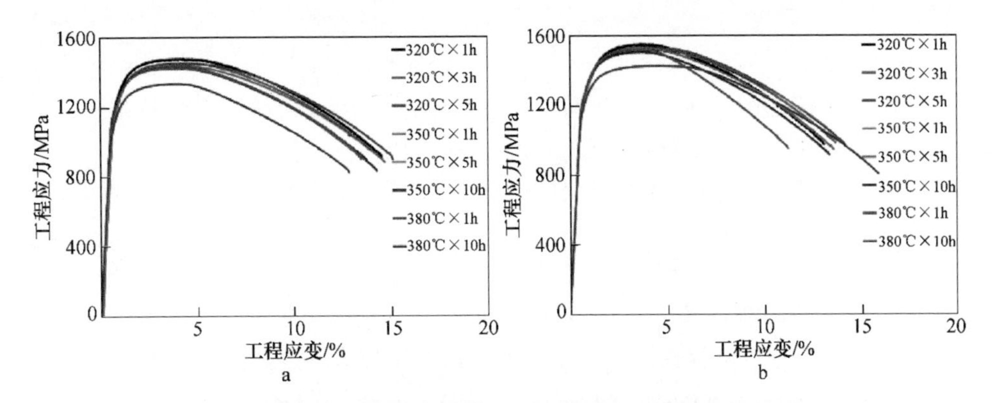

图 4-1-2 经不同工艺处理后马氏体钢的工程应力-应变曲线

a—18MnSi2CrMoNi 钢；b—22MnSi2CrMoNi 钢

1.2.2 微观组织

18MnSi2CrMoNi 钢经 900℃ 奥氏体化 1h 后水淬，然后分别在不同温度保温、不同时间回火后的 SEM 组织，如图 4-1-3 所示。可以看出，经 320℃×1h 回火处

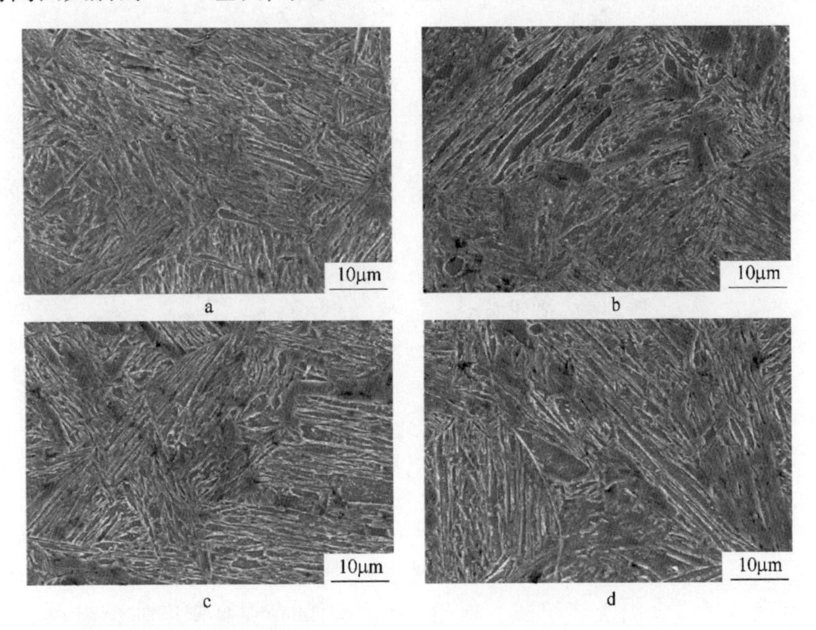

图 4-1-3 18MnSi2CrMoNi 钢 900℃ 奥氏体化淬火后再经不同回火工艺处理后的 SEM 组织

a—320℃×1h；b—320℃×5h；c—380℃×1h；d—380℃×10h

理后的板条马氏体组织为回火马氏体组织，且组织细小，同时存在少量弥散分布的碳化物。随着回火温度的升高，经380℃×1h回火处理后的板条马氏体组织内部原子活动能力不断增加，过饱态的马氏体组织中析出的碳化物增加，钢的硬度降低。

当18MnSi2CrMoNi钢经350℃×10h和380℃×10h长时间回火后，组织中出现铁素体组织，这是由于板条马氏体中过饱和的碳元素已经基本完全析出，α-Fe晶格常数恢复正常值，组织由过饱和态的板条马氏体转变为铁素体。

22MnSi2CrMoNi钢经900℃奥氏体化1h后水淬，然后分别在不同温度回火处理不同时间后的SEM组织，如图4-1-4所示。可以看出，22MnSi2CrMoNi钢的组织演变与18MnSi2CrMoNi钢相似。经320℃×1h回火处理后的板条马氏体组织较细小，且当钢经350℃×10h和380℃×10h回火后，组织中出现铁素体组织，铁素体组织的出现会导致试验钢强度、硬度及冲击韧性的大幅度降低。

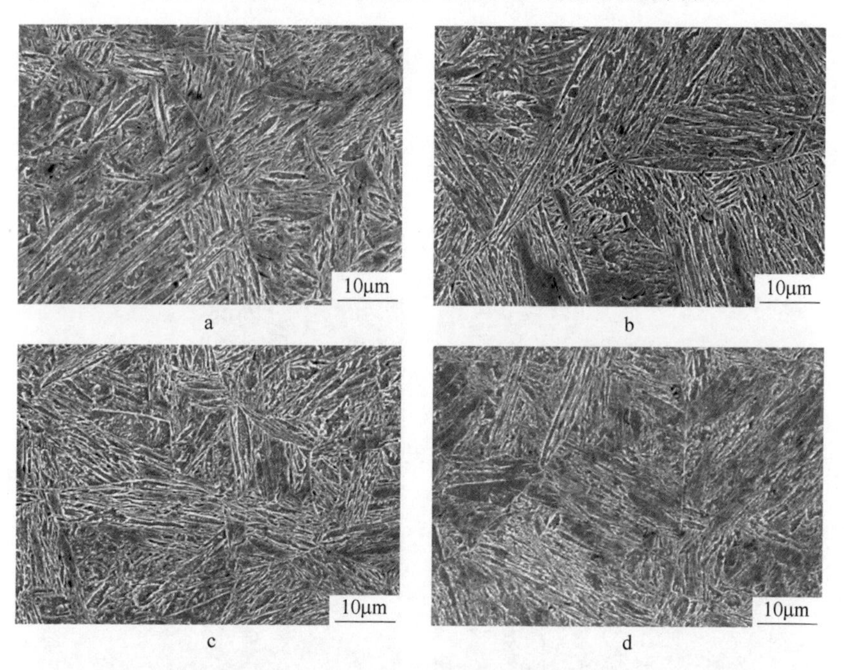

图4-1-4　22MnSi2CrMoNi钢900℃奥氏体化淬火后再经不同回火工艺处理后的SEM组织
a—320℃×1h；b—320℃×5h；c—380℃×1h；d—380℃×10h

两种钢900℃奥氏体化后经320℃×1h回火处理后马氏体钢的TEM组织，如图4-1-5所示。可以看出，两种钢的微观组织均由板条马氏体及与板条马氏体相间分布的薄膜状残余奥氏体组成，板条马氏体内部存在高密度的位错和少量弥散分布的碳化物，两种钢的马氏体板条厚度均在200nm左右，并且两种钢经相同淬火+回火工艺处理后的微观组织相似，但22MnSi2CrMoNi钢的力学性能明显优于

18MnSi2CrMoNi 钢。因此，在第 4 篇第 3 章中从试验设计的六种钢里选取 22MnSi2CrMoNi 钢与马氏体时效钢进行微观组织、常规力学性能、疲劳性能及磨损性能的对比研究。

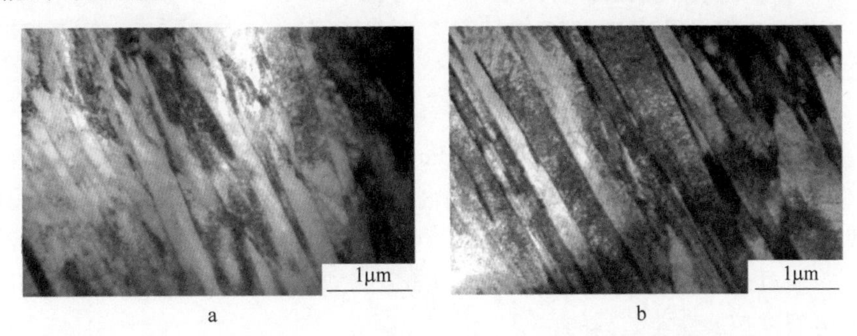

图 4-1-5　900℃奥氏体化淬火再经 320℃保温 1h 回火后马氏体钢的 TEM 组织

a—18MnSi2CrMoNi 钢；b—22MnSi2CrMoNi 钢

2　轨道用22MnSi2CrMoNi马氏体钢

鉴于欧洲铁路轨道专家认为 1400MPa 级马氏体时效钢是制造铁路轨道的最好钢种，这里对 22MnSi2CrMoNi 低碳高硅马氏体钢与 00Ni18Co9Mo4Ti 马氏体时效钢两种钢的组织和性能进行对比研究；同时，对两种钢的疲劳裂纹扩展行为进行研究，通过对疲劳裂纹扩展门槛值及 Paris 区裂纹扩展速率的对比，分析了两种钢疲劳裂纹扩展性能差异的主要原因。

2.1　微观组织和力学性能

试验用两种钢的具体成分见表 4-1-1，它们的热处理工艺分别为：对于 22MnSi2CrMoNi 钢进行 900℃×1h 奥氏体化后水淬，在 320℃分别保温 1h、3h 和 5h 回火处理，或在 350℃和 380℃保温 1h 回火处理。对于 00Ni18Co9Mo4Ti 马氏体时效钢进行 860℃×0.5h 固溶处理后，进行 480℃×4h 的时效处理。图 4-2-1 给出了两种钢的工程应力-应变曲线。

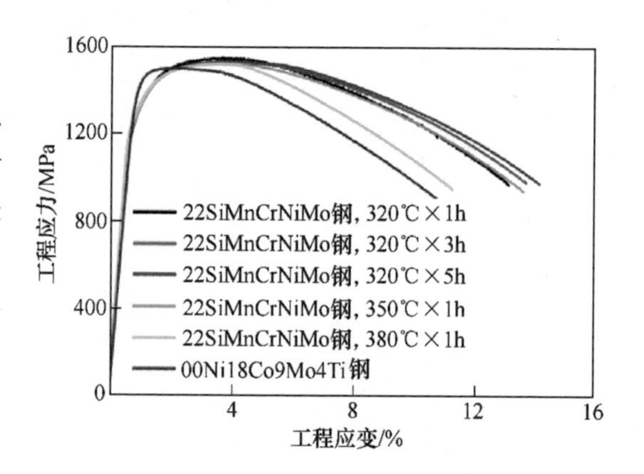

图 4-2-1　不同工艺处理后马氏体钢的工程应力-应变曲线

22MnSi2CrMoNi 钢经不同淬火和回火工艺处理后的常规力学性能，见表 4-1-3，该钢经 320℃×1h 回火处理后具有最优的综合力学性能。表 4-2-1 给出了 00Ni18Co9Mo4Ti 钢热处理后的常规力学性能，为了对比，同时也给出了 22MnSi2CrMoNi 钢的最佳性能。可以看出，22MnSi2CrMoNi 钢的综合力学性能已达到 00Ni18Co9Mo4Ti 钢的水平，甚至在某些方面已经超越了 00Ni18Co9Mo4Ti 钢。

表 4-2-1　00Ni18Co9Mo4Ti 钢和 22MnSi2CrMoNi 钢的常规力学性能

钢种	热处理工艺/℃×h	硬度（HRC）	屈服强度/MPa	抗拉强度/MPa	断面收缩率/%	伸长率/%	冲击韧性/$J \cdot cm^{-2}$
00Ni18Co9Mo4Ti	860×0.5，480×4	44.9	1426	1496	64.5	11.6	105
22MnSi2CrMoNi	900×1，320×1	48.6	1245	1528	62.3	13.8	117

两种钢经不同热处理工艺处理后的金相组织和透射组织，如图 4-2-2 和图 4-2-3 所示。可以看出，22MnSi2CrMoNi 钢随回火温度的升高或者回火保温时间的延长，马氏体板条束逐渐粗化，而 00Ni18Co9Mo4Ti 钢的金相组织为板条马氏体组织。

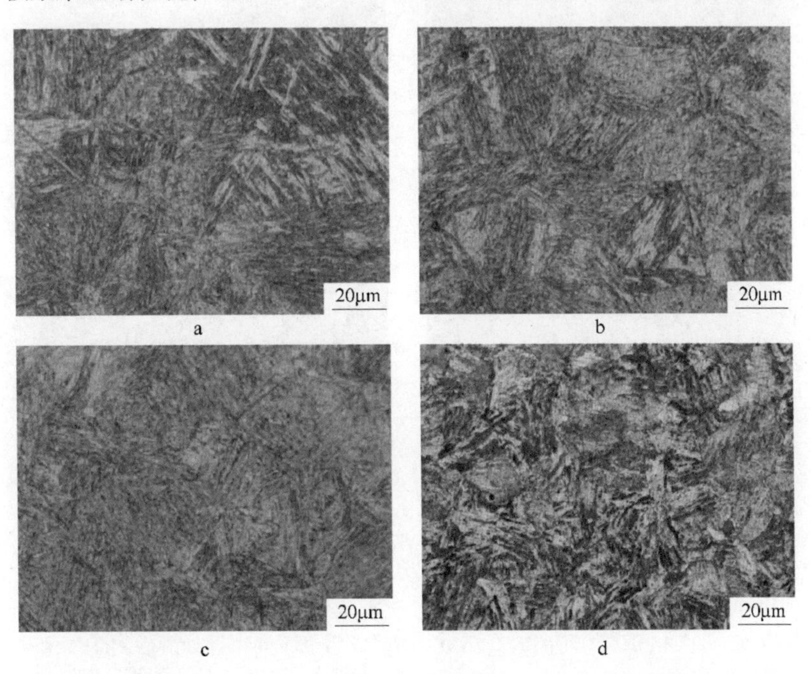

图 4-2-2 22MnSi2CrMoNi 和 00Ni18Co9Mo4Ti 钢经不同工艺处理后的金相组织
a—22MnSi2CrMoNi 钢 320℃×1h 回火处理；b—22MnSi2CrMoNi 钢 320℃×5h 回火处理；
c—22MnSi2CrMoNi 钢 380℃×1h 回火处理；d—00Ni18Co9Mo4Ti 钢
860℃×0. 5h 固溶处理后再经 480℃×4h 时效处理

22MnSi2CrMoNi 钢在不同工艺下的 TEM 组织主要由板条马氏体、残余奥氏体薄膜和碳化物组成，板条马氏体内部存在着高密度位错，马氏体板条束与残余奥氏体薄膜相间排列，碳化物弥散分布在马氏体板条束上。在此组织状态下，22MnSi2CrMoNi 钢的抗拉强度、伸长率和韧性都达到了较高水平。随着回火时间的延长，马氏体板条宽度增加，约为 500nm，部分残余奥氏体薄膜分解消失，碳化物数量增加且发生明显的粗化现象。随着回火温度的进一步升高，马氏体板条宽度增加到 500~700nm，大量粗大的 ε-碳化物弥散分布在马氏体板条束上。这是由于随着回火温度的升高或者回火保温时间的延长，马氏体板条束回复更加充分，碳得到充分扩散并重新分布，部分残余奥氏体薄膜分解，板条边界逐渐消失，亚结构粗化，位错密度降低，碳化物数量增加并发生粗化现象。图 4-2-3d 显示了 00Ni18Co9Mo4Ti 钢的透射组织，其马氏体板条宽度约为 250nm，马氏体组织内部存在高密度的位错，大量纳米级球形、棒状或针状析出相 Ni_3(Mo, Ti)

均匀弥散地分布在板条马氏体中。

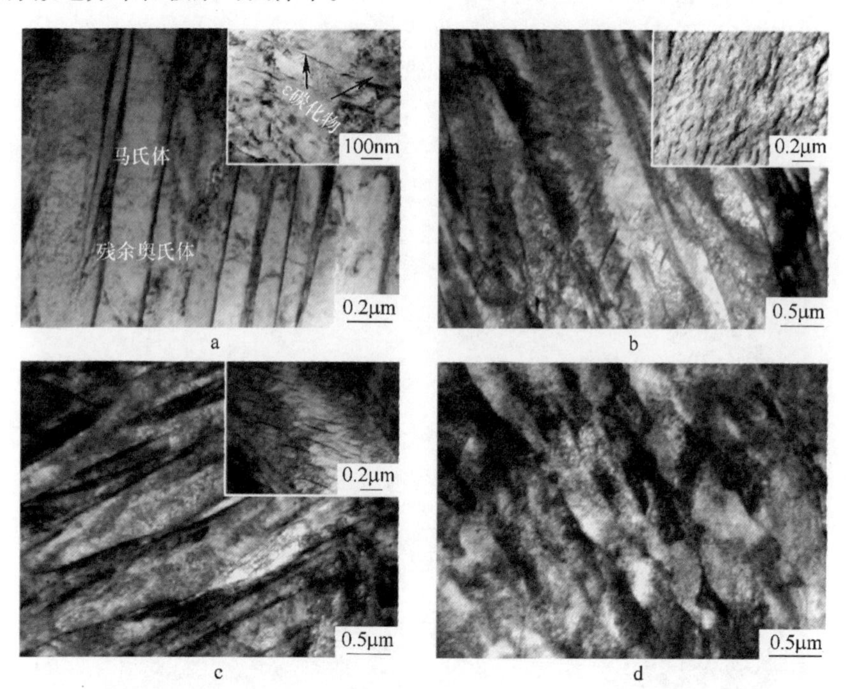

图 4-2-3　22MnSi2CrMoNi 和 00Ni18Co9Mo4Ti 钢经不同工艺处理后的 TEM 组织
a—22MnSi2CrMoNi 钢经 320℃×1h 回火处理；b—22MnSi2CrMoNi 钢经 320℃×5h 回火处理；
c—22MnSi2CrMoNi 钢经 380℃×1h 回火处理；d—00Ni18Co9Mo4Ti 钢 860℃×0.5h
固溶处理后再经 480℃×4h 时效处理

图 4-2-4 是 22MnSi2CrMoNi 钢中密排六方点阵（hcp）ε-过渡型碳化物的明场像和暗场像，在马氏体基体中显示为短片状形态，长度方向尺寸在 100nm 左右，碳化物的类型被图 4-2-4b 中小图的电子衍射花样证实。由该小图可确定该碳化物是 ε-碳化物，不是渗碳体（Fe_3C），它的析出降低了晶格畸变，这对钢的延韧性提高有积极作用。

22MnSi2CrMoNi 钢具有优越的综合力学性能，与其化学成分和精细的组织结构是密不可分的。从化学成分角度分析：钢中碳含量（质量分数）在 0.22%，既能利用碳的固溶强化作用获得超高强度，又能避免组织中出现较多的孪晶亚结构，有利于韧性的提高和淬火裂纹的减少。钢中硅含量（质量分数）达到 1.8%，由于硅是非碳化物形成元素，可有效推迟碳化物的形成，从而把马氏体回火脆性温度范围移向较高温度，并使钢中的碳在马氏体和残余奥氏体中重新配分，马氏体中的碳固溶量降低，减少了马氏体的晶格畸变，降低了内应力。钢中的硅、锰、镍和钼元素的置换固溶也产生有效的强化作用，与碳原子的固溶强化

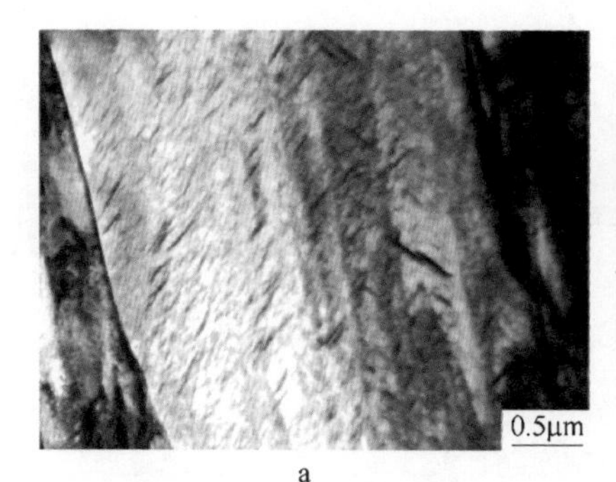

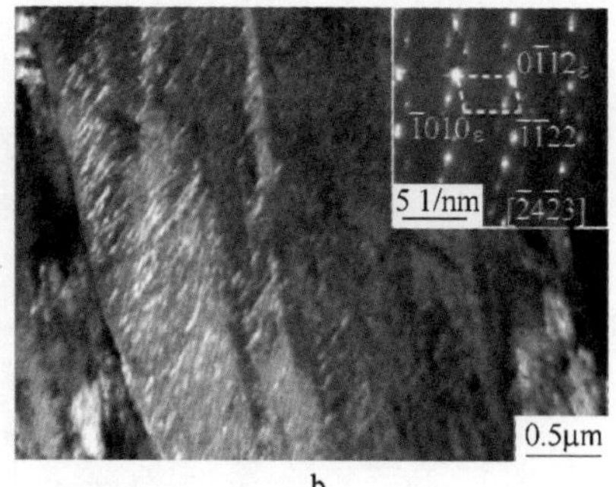

a　　　　　　　　b

图 4-2-4　22MnSi2CrMoNi 钢经 900℃×1h 奥氏体化淬火、320℃×1h 回火处理后 ε-碳化物的 TEM 组织

a—明场像；b—暗场像（插图为 SAED 花样）

相比，这种强化作用对韧性的损害较低，有利于钢强韧性的提高。钢中含有锰、铬、镍等合金化元素，通过与硅含量合理调配，使板条马氏体间的残余奥氏体薄膜中富含碳、锰、铬、镍等元素，从而使残余奥氏体薄膜足够稳定。

从组织结构角度分析：22MnSi2CrMoNi 钢在不同工艺下显微组织主要由板条马氏体、残余奥氏体薄膜及 ε-碳化物组成，板条马氏体内部存在的高密度位错是 22MnSi2CrMoNi 钢具有优异强韧配合性能的基础；在板条马氏体基体上弥散分布的 ε-碳化物进一步提高了 22MnSi2CrMoNi 钢的强度，在马氏体板条束之间均匀分布的高碳薄膜状残余奥氏体有利于防止裂纹的萌生和缓解裂纹的扩展。

22MnSi2CrMoNi 钢在回火过程中的组织变化主要为板条马氏体和位错亚结构的回复、残余奥氏体的分解及 ε-碳化物数量增加和粗化。在回火过程中，位错不断发生迁移、重新组合或消失，使位错密度降低，宏观表现为抗拉强度随着回火温度的升高和时间的延长呈降低趋势。由于碳原子容易在位错塞积处偏聚，随着回火温度的升高和时间的延长，弥散、细小的碳化物容易在位错缠结处析出。在拉伸变形过程中，这些析出的碳化物可有效钉扎位错，降低可动位错的数量。因此，位错源的开动需要更大的应力，宏观表现为屈服强度随着回火温度的升高和时间的延长呈上升趋势。在回火过程中，未出现 ε-碳化物向 Fe_3C 的转化，这是由于 22MnSi2CrMoNi 钢中 Si 含量较高，抑制了 ε-碳化物向 Fe_3C 的转化，但随着温度升高和时间延长，ε-碳化物发生粗化现象，这导致了钢的冲击韧性不断降低。稳定的薄膜状残余奥氏体存在于板条马氏体之间，对裂纹的传播起到阻碍作用，有利于钢韧性的提升。22MnSi2CrMoNi 钢经 320℃×1h 回火后具有最佳的力学性能，这是马氏体板条中存在的高密度位错、残余奥氏体薄膜，以及细小 ε-碳化物的弥散分布协同作用的结果。

22MnSi2CrMoNi 钢经不同工艺回火后的 XRD 图谱，如图 4-2-5 所示，谱线中存在铁素体和奥氏体的衍射峰，无碳化物峰。这是因为钢中 ε-碳化物数量较少，碳化物衍射峰强度太低而未被检测出。在马氏体相变过程中会产生高密度的位错，高的位错密度是钢具有高强度的一个重要基础。众所周知，板条马氏体内部的位错密度在 $10^{14} \sim 10^{15}\,m^{-2}$ 之间，因此，在研究马氏体钢力学性能的过程中，位错密度应该是被评估的关键性因素之一。

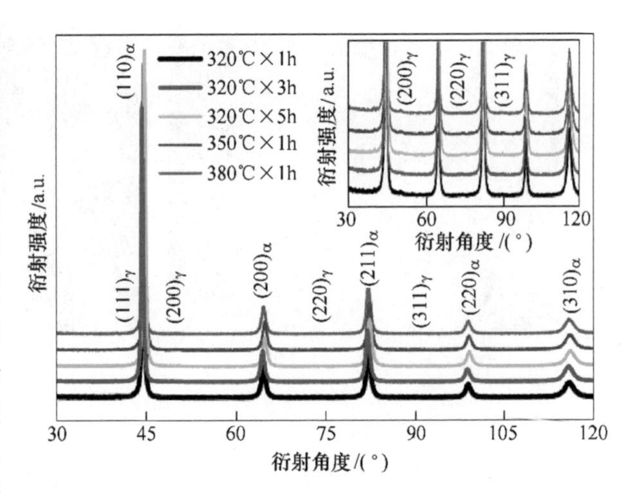

图 4-2-5　22MnSi2CrMoNi 钢经不同工艺回火处理后的 XRD 图谱

通过对 XRD 图谱的分析可推导出试样内部的微观应变，利用 Williamson-Hall 公式：

$$\rho = 14.4\varepsilon^2/b^2 \tag{4-2-1}$$

式中　ρ——位错密度，m^{-2}；

ε——微观应变；

b——布拉格矢量。

可计算出 22MnSi2CrMoNi 钢经不同工艺处理后的位错密度，见表 4-2-2，钢经不同工艺处理后试样的位错密度均在同一数量级 $10^{15}\,m^{-2}$，并且发现 22MnSi2CrMoNi 钢经 320℃×1h 回火后具有最高的位错密度。保温时间为 1h，回火温度由 320℃上升到 380℃时，位错密度呈降低趋势。回火温度为 320℃，回火时间由 1h 增加到 5h 时，位错密度也呈降低趋势。

表 4-2-2　22MnSi2CrMoNi 钢经不同工艺回火处理后的位错密度

回火工艺/℃×h	320×1	320×3	320×5	350×1	380×1
位错密度/m^{-2}	2.91×10^{15}	2.68×10^{15}	2.62×10^{15}	2.82×10^{15}	2.59×10^{15}

2.2　疲劳性能

钢在循环载荷作用下，当其局部所承受的应力超过屈服极限时，此区域就会逐渐发生塑性应变，进而形成疲劳裂纹。低周疲劳损伤是工程构件在实际服役过程中会遇到的最常见的失效方式之一。因此，在钢的设计时通常都要考虑其疲劳性能的优劣，以预测和防止循环载荷下的失效行为。

由于 22MnSi2CrMoNi 钢中 Si 含量较高，抑制了 ε-碳化物向 Fe_3C 的转化，同时板条间的薄膜状残余奥氏体有利于裂纹钝化、分叉或转向，使得 22MnSi2CrMoNi 钢具有非常优异的强韧配合及断裂韧性和抗裂纹扩展性能，与高合金 00Ni18Co9Mo4Ti 钢的性能相当，而其合金成本却远低于马氏体时效钢。因此，对 22MnSi2CrMoNi 低碳马氏体钢的疲劳性能进行了测试，并从循环变形行为、疲劳寿命预测、微观组织演变、疲劳裂纹萌生及扩展行为四个方面与 00Ni18Co9Mo4Ti 钢进行对比，进而了解两种钢在循环变形中的优劣及其微观组织的变化规律。

在低周疲劳试验的循环加载过程中，钢会发生循环硬化及循环软化现象。循环硬化是指钢在循环变形过程中变形抗力不断上升的现象，循环软化则是指钢在循环变形过程中变形抗力不断降低的现象。22MnSi2CrMoNi 钢经 900℃×1h 奥氏体化淬火、再经不同回火工艺处理后的应力幅随循环周次的变化曲线，如图 4-2-6 所示，

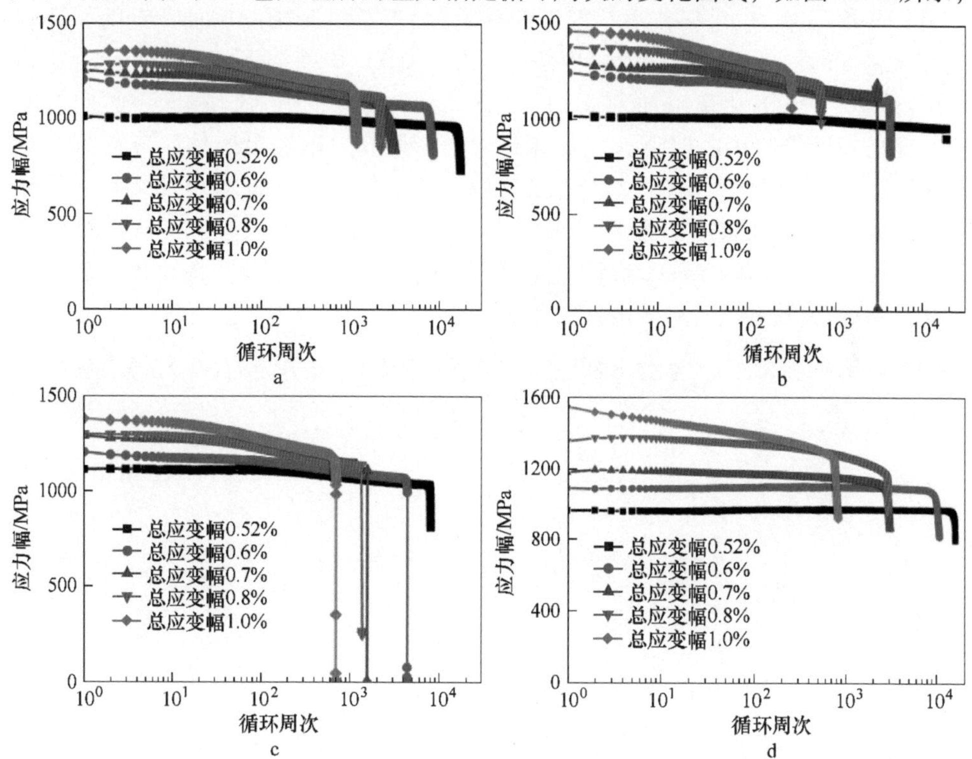

图 4-2-6 经不同工艺处理 22MnSi2CrMoNi 和 00Ni18Co9Mo4Ti 钢应力幅随循环周次变化曲线

a—22MnSi2CrMoNi 钢经 320℃×1h 回火处理；b—22MnSi2CrMoNi 钢经 350℃×1h 回火处理；
c—22MnSi2CrMoNi 钢经 380℃×1h 回火处理；d—00Ni18Co9Mo4Ti 钢经 860℃×0. 5h
固溶处理后再经 480℃×4h 时效处理

22MnSi2CrMoNi 钢在0.52%~1.0%总应变幅范围内，无明显的循环硬化现象。试样发生瞬时软化后经历较长时间的循环稳定阶段，直至产生微裂纹发生疲劳失效。回火温度相同时，随着总应变幅的增加，钢的循环稳定周次不断减少。随着等温温度的升高，钢在相同总应变幅的循环稳定周次不断减少。钢的循环软化率公式为：

$$SR = \frac{\sigma_1 - \sigma_{Hf/2}}{\sigma_1} \qquad (4\text{-}2\text{-}2)$$

式中 SR——循环软化率；

σ_1——第一周循环变形对应的应力幅，MPa；

$\sigma_{Hf/2}$——半寿命处对应的应力幅，MPa。

利用式4-2-2可计算钢的循环软化率。钢经不同热处理工艺处理后在不同总应变幅下的疲劳寿命及循环软化率结果，见表4-2-3。当22MnSi2CrMoNi 钢奥氏体化淬火再经320℃×1h 回火处理后，在0.52%总应变幅下，钢的疲劳寿命为17611周次，循环软化率较小，仅为0.046。随着总应变幅的增加，钢的循环软化率大幅度增加，疲劳寿命大幅度降低。在1.0%总应变幅下，钢的疲劳寿命为1187周次，循环软化率增加到0.115。随着回火温度的升高，在同一总应变幅下，钢的疲劳寿命不断降低，循环软化率不断升高。钢经奥氏体化淬火再进行380℃×1h 回火处理后，在0.52%总应变幅下，疲劳寿命降低为7932周次，循环软化率为0.064。随着总应变幅的增加，在1.0%总应变幅下，疲劳寿命仅为689周次，循环软化率增加到0.125。这说明22MnSi2CrMoNi 钢奥氏体化淬火后再经320℃×1h 回火处理具有最优的疲劳寿命。

表4-2-3 22MnSi2CrMoNi 钢经不同工艺处理后在不同总应变幅下的疲劳寿命及循环软化率

回火工艺 /℃×h	总应变幅									
	0.52%		0.6%		0.7%		0.8%		1.0%	
	疲劳寿命 /周次	循环软化率	疲劳寿命 /周次	循环软化率	疲劳寿命 /周次	循环软化率	疲劳寿命 /周次	循环软化率	疲劳寿命 /周次	循环软化率
320×1	17611	0.046	8590	0.091	3122	0.095	2202	0.110	1187	0.115
350×1	18768	0.052	4336	0.112	3059	0.117	689	0.120	321	0.120
380×1	7932	0.064	4304	0.106	1533	0.118	1356	0.122	689	0.125

钢循环软化主要取决于其微观组织偏离平衡态的程度，偏离平衡态的程度越小，钢的抗循环软化能力越强。22MnSi2CrMoNi 钢经320℃×1h 回火后的马氏体板条宽度约为200nm，同时存在一定量的残余奥氏体薄膜，组织中少量的ε-碳化物弥散分布在马氏体板条束中。而当回火温度升高到380℃时，马氏体板条宽度增加到了500~700nm，大量粗大的ε-碳化物弥散分布在马氏体板条束中。回火

温度越高，粗大的马氏体板条及 ε-碳化物在低周疲劳试样中更容易偏离平衡态。马氏体组织的循环软化主要是其内部位错钉扎状态的改变引起的，在不断的拉-压变形过程中，板条马氏体内部钉扎位错不断减少，同时，产生新的未经钉扎的位错，降低了形变所需的内应力，导致钢发生循环软化。随着总应变幅增加，22MnSi2CrMoNi 钢的循环软化速率大幅度增加，这表明总应变幅越大，22MnSi2CrMoNi 钢的微观组织偏离平衡态的程度也越大。在拉-压疲劳过程中，钢会很快产生疲劳裂纹，且疲劳裂纹扩展速率随着总应变幅的增大而增加。因此，22MnSi2CrMoNi 钢的疲劳寿命随着总应变幅的增加大幅度降低。

22MnSi2CrMoNi 钢经不同工艺热处理后的总应力幅、塑性应变幅及应力幅随疲劳失效反向数的变化规律，如图 4-2-7 所示。在较低总应变幅下，22MnSi2CrMoNi 钢经 350℃×1h 回火处理试样的疲劳寿命略高于经 320℃×1h 回火处理后试样的疲劳寿命，而经 380℃×1h 回火处理后试样的疲劳寿命最短。随着总应变幅的升高，钢的疲劳寿命不断降低，经 350℃×1h 回火处理后试样的疲劳

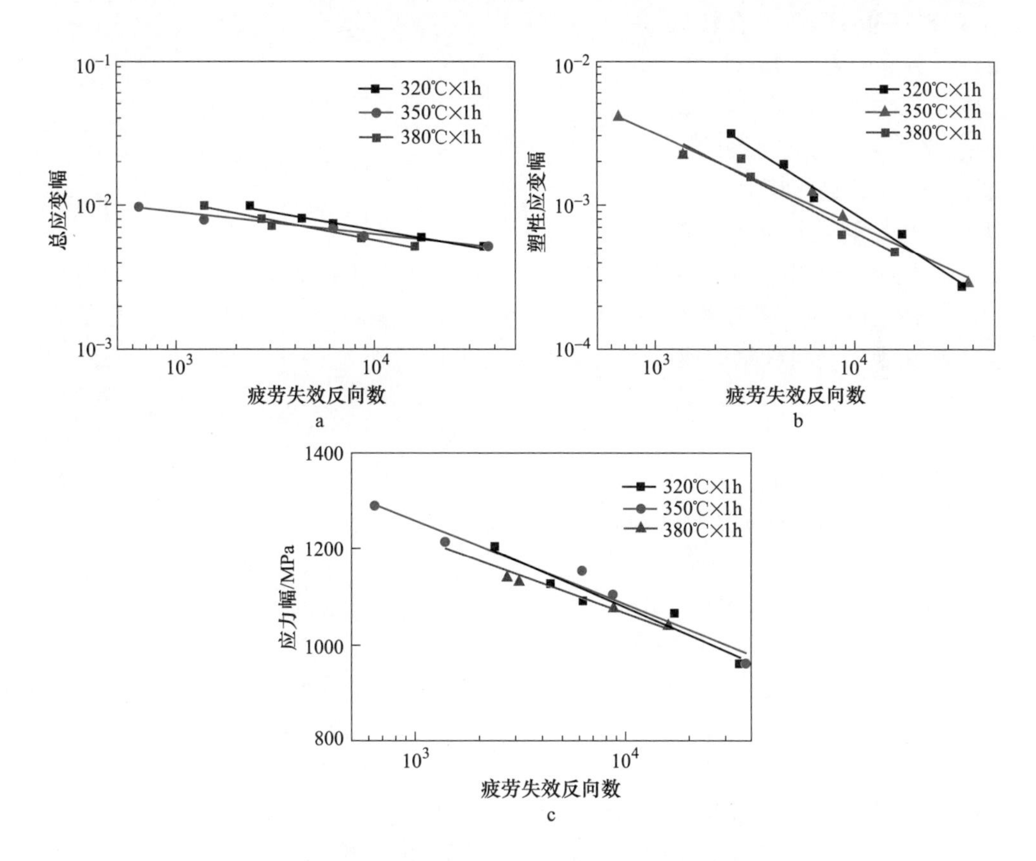

图 4-2-7 不同工艺回火处理后 22MnSi2CrMoNi 钢的总应力幅（a）、塑性应变幅（b）和应力幅（c）随疲劳失效反向数变化规律

寿命降低幅度最大；在较高总应变幅下，320℃×1h 回火处理后钢的疲劳寿命最长，经 380℃×1h 回火处理钢的疲劳寿命次之，经 350℃×1h 回火处理钢的疲劳寿命最短。

图 4-2-7 中，在较高应力幅下，22MnSi2CrMoNi 钢经 320℃×1h 回火处理后的疲劳寿命明显高于其他回火温度下钢的疲劳寿命，此时，其抗软化能力最强；但随着应力幅的降低，经不同温度回火处理后钢的疲劳寿命的差距逐渐减小，经 350℃×1h 回火处理的钢具有最高的应力级别和抗软化能力。

两种钢的疲劳裂纹扩展速率，如图 4-2-8 所示，应力强度因子 ΔK 与疲劳裂纹扩展速率 da/dN 在双对数坐标系中近似呈线性关系。在相同的应力强度因子 ΔK 下，00Ni18Co9Mo4Ti 钢具有较低的疲劳裂纹扩展速率。22MnSi2CrMoNi 钢经不同回火温度处理后的疲劳裂纹扩展行为不同，经 320℃×1h 回火后的疲劳裂纹扩展速率最低。这是因为经 320℃×1h 回火后试样组织内部的 ε-碳化物最少，且弥散分布在板条马氏体基体上，而经 320℃×5h 回火和 380℃×1h 回火后试样中 ε-碳化物发生了长大和粗化现象。两种钢的疲劳裂纹扩展行为可用传统的 Paris 模型表示，见公式 4-2-3。

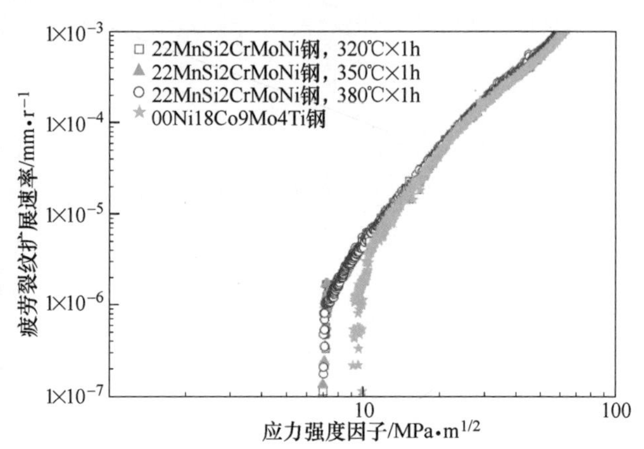

图 4-2-8　经不同工艺处理后两种钢的疲劳裂纹扩展速率

$$da/dN = C \cdot \Delta K^m \tag{4-2-3}$$

式中　a——裂纹深度或宽度，mm；

N——应力循环次数，周次；

C——常数；

ΔK——应力强度因子，$MPa \cdot m^{1/2}$；

m—— 常数，与钢的裂纹扩展速率相关。

两种钢的断裂韧性、疲劳裂纹扩展门槛值及疲劳裂纹扩展的 C、m 值，见表 4-2-4。m 值代表 da/dN-ΔK 曲线 Paris 区曲线的陡峭程度，m 值越大，曲线越陡峭，裂纹扩展速率增长就越快，钢的抗裂纹扩展能力就越差。由表 4-2-4 可见，00Ni18Co9Mo4Ti 钢的断裂韧性优于 22MnSi2CrMoNi 钢，同时 00Ni18Co9Mo4Ti 钢具有较小的 m 值及较高的疲劳裂纹扩展门槛值，可见 00Ni18Co9Mo4Ti 钢的断裂韧性及抗疲劳裂纹扩展性能均优于 22MnSi2CrMoNi 钢。

表 4-2-4 两种钢的断裂韧性（K_{IC}）、疲劳裂纹扩展门槛值（ΔK_{th}）和疲劳裂纹扩展的 C、m 值

钢种	热处理工艺/℃×h	K_{IC}/MPa · $m^{1/2}$	ΔK_{th}/MPa · $m^{1/2}$	C	m
22MnSi2CrMoNi	320×1 回火	94.8	7.1	3.7×10^{-9}	3.16
	350×1 回火	107.6	7.0	2.2×10^{-9}	3.35
	380×1 回火	94.4	7.1	2.1×10^{-9}	3.65
00Ni18Co9Mo4Ti	860 淬火、480×4 时效	117.7	9.8	7.2×10^{-9}	2.90

马氏体钢的断裂韧性主要受其微观组织的亚结构类型、碳化物的类型与数量、残余奥氏体的形态及分布的影响。马氏体钢中孪晶亚结构的存在显著降低其断裂韧性，这是因为孪晶亚结构可阻碍位错运动，而且它们易成为裂纹的核心。因此，避免孪晶亚结构形成与减少它们的数量均可提高马氏体断裂韧性。碳化物间距也显著影响钢的断裂韧性，细小弥散的碳化物可以提高材料基体解理开裂应力，进而提高其断裂韧性，粗大分布不均的碳化物加速裂纹的萌生与扩展。马氏体钢中的薄膜状残余奥氏体可使裂纹钝化、分叉和转向，进而改善其断裂韧性。

22MnSi2CrMoNi 钢的组织主要由板条马氏体、残余奥氏体薄膜及 ε-碳化物组成，板条马氏体内部存在高密度的位错，马氏体板条与残余奥氏体薄膜呈相间排列，ε-碳化物弥散分布在马氏体板条上。显然 22MnSi2CrMoNi 钢具备了高断裂韧性的组织特征，这是该钢具有较高断裂韧性的原因。22MnSi2CrMoNi 钢经 900℃奥氏体化淬火，320℃回火 1h 后的组织内部位错密度最高，马氏体板条间存在一定量的残余奥氏体薄膜，ε-碳化物呈短片状、长度方向尺寸在 100nm 左右。当回火温度升高时，组织内部位错密度降低，马氏体板条间的残余奥氏体薄膜分解直至消失，ε-碳化物粗化、长度方向尺寸增加，因此，随着回火温度的升高，22MnSi2CrMoNi 钢的断裂韧性呈降低趋势。

22MnSi2CrMoNi 钢具有较好的抗裂纹扩展性能，主要取决于其微观组织结构。22MnSi2CrMoNi 钢中的碳、钼、镍、硅和锰等合金元素协同作用，不仅降低了钢的回火脆性，显著推迟了回火过程中碳化物的析出，而且在提高钢基体强度的同时，又使其塑韧性保持在较高水平。由于 22MnSi2CrMoNi 钢的基体强度较高，在变形过程中，不利于局部区域塑性变形的产生，进而抑制疲劳裂纹萌生，导致裂纹的形成周期延长。同时，由于 22MnSi2CrMoNi 钢具有较好的塑韧性，因此，变形应力相同时，钢在断裂前可承受的塑性变形能力较大。这种塑性变形的产生可重新分配裂纹尖端应力，削减应力峰，继而抑制疲劳裂纹的扩展。同时，塑性还与均匀分布在板条马氏体间的薄膜状残余奥氏体有关，薄膜状残余奥氏体的存在可有效抑制疲劳裂纹的萌生、缓解疲劳裂纹的扩展。

对比不同回火工艺下 22MnSi2CrMoNi 钢的低周疲劳性能结果可知，900℃×1h 奥氏体化淬火再 320℃×1h 回火处理钢具有最优的疲劳性能，因此，选取这种工艺处理的马氏体钢与00Ni18Co9Mo4Ti马氏体时效钢进行低周疲劳性能对比。

不同总应变幅下两种钢的循环应力-应变曲线，如图4-2-6所示。在较低总应变幅下，00Ni18Co9Mo4Ti钢低周疲劳寿命较长，而在较高总应变幅下，22MnSi2CrMoNi钢低周疲劳寿命较长。两种钢的循环变形行为十分相似，两者的疲劳寿命均随着总应变幅的增加呈现降低的趋势；在较低总应变幅下，试样均经历较长时间的循环稳定阶段后发生失效行为。循环稳定阶段主要发生微观组织的演化，随着循环变形的进行，原有的位错结构逐渐向低能量的胞状位错结构转变。两种钢经历循环稳定阶段后均发生快速软化失效，此阶段裂纹开始萌生并扩展，最终致使钢疲劳失效。随着总应变幅的增加，两种钢的循环稳定阶段均降低，循环软化率上升。

22MnSi2CrMoNi和00Ni18Co9Mo4Ti钢均不存在显著的循环硬化行为，然而其循环软化程度十分显著且随总应变幅的增加不断上升。循环软化速率可由式4-2-2来计算，经计算两种钢的循环软化率，如图4-2-9所示。可以看出，两种钢的循环软化率随着应变范围的增加均呈上升趋势。00Ni18Co9Mo4Ti钢在总应变幅小于0.6%时不存在循环软化现象，当总应变幅在0.6%~1.0%之间时，循环软化率呈直线上升趋势。由于00Ni18Co9Mo4Ti钢的屈服强度为1426MPa，22MnSi2CrMoNi钢的屈服强度为1261MPa，因此，22MnSi2CrMoNi钢在较低总应变幅下的抗软化能力要低于00Ni18Co9Mo4Ti钢，但这种差距随着总应变幅的增加逐渐消失。

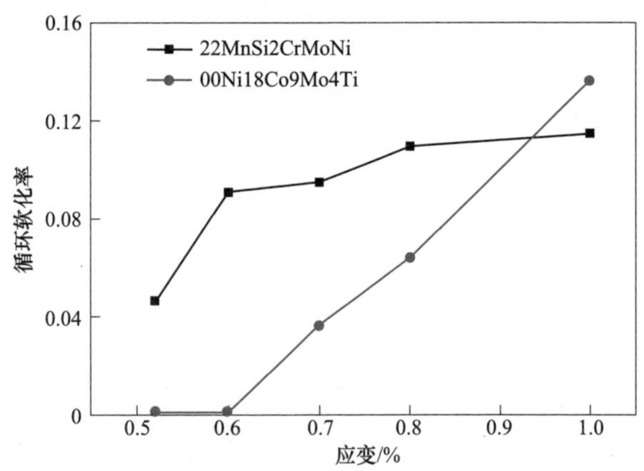

图4-2-9 两种钢的循环软化率与应变范围关系曲线

两种钢的塑性应变幅、弹性应变幅、总应变幅随疲劳失效反向数的变化曲线，如图4-2-10所示。22MnSi2CrMoNi钢的低周疲劳寿命随应变的增大而逐渐降低，同时塑性应变幅和弹性应变幅在1000周次时交于一点。此时对应的循环周次是22MnSi2CrMoNi钢的过渡疲劳寿命N_T，N_T的大小主要受钢本身的强度和塑性控制。由图4-2-10看出，它们的过渡疲劳寿命分别为1000周次和1183周次。

目前，人们通常利用循环应力和循环塑性应变来预测钢的疲劳寿命，循环应力和疲劳寿命两者间的关系可用Basquin公式表示：

$$\frac{\Delta\sigma}{2} = \sigma_f' \, (2N_f)^b \tag{4-2-4}$$

式中 $\Delta\sigma$——应力幅，MPa；

σ_f'——疲劳强度系数，MPa；

N_f——疲劳寿命，周次；

b—— 疲劳强度指数。

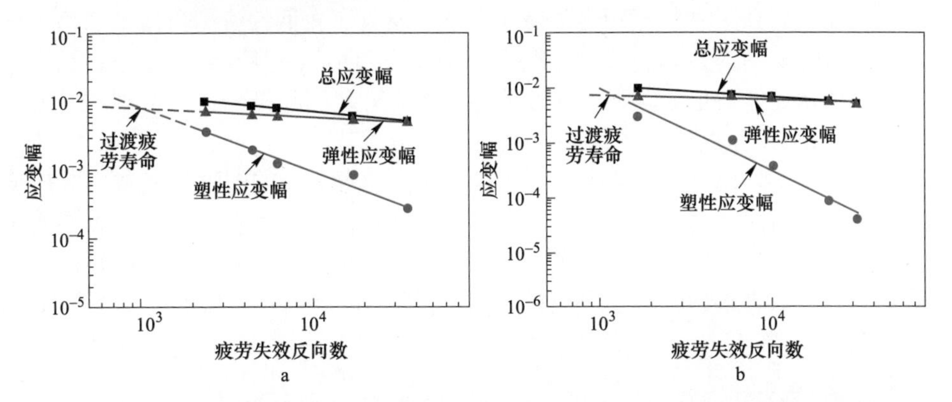

图 4-2-10 两种钢塑性应变幅、弹性应变幅和总应变幅随疲劳失效反向数的变化曲线

a—22MnSi2CrMoNi 钢淬火后 320℃×1h 回火；b—00Ni18Co9Mo4Ti 钢淬火时效

塑性应变幅与循环断裂周次的变化关系可以用 Coffin-Manson 关系式表示：

$$\frac{\Delta\varepsilon_p}{2} = \varepsilon_f'(2N_f)^c \tag{4-2-5}$$

式中 $\Delta\varepsilon_p$——塑性应变幅；

ε_f'——疲劳延性系数；

N_f——疲劳寿命，周次；

c——疲劳强度指数。

滞回能与疲劳寿命之间关系可用疲劳损伤滞回能模型来表述，公式为：

$$W_s = W_0 \cdot N_f^{-1/\beta} \tag{4-2-6}$$

式中 W_s——半寿命处稳定的滞后回线能量，MJ/m^3；

W_0——疲劳损伤容限，MJ/m^3；

N_f——疲劳寿命，周次；

β——疲劳损伤速率。

W_0 主要与钢的强度和塑性有关（静力韧度）；β 与循环硬化指数成反比，主要与塑性变形的均匀性和可逆性有关。经计算得到两种钢低周疲劳试验的性能参数值，见表 4-2-5。

表 4-2-5 两种钢低周疲劳试验的性能参数

钢种	σ_f'/MPa	b	ε_f'	c	W_0/MJ · m^{-3}	β
22MnSi2CrMoNi	2114	-0.74	4	-0.92	361	2.93
00Ni18Co9Mo4Ti	3437	-0.12	213	-1.49	488	2.73

通过对比发现，两种钢疲劳寿命的差异主要是在以塑性应变控制为主导的疲劳范围内，如图 4-2-10 所示。在相同塑性应变幅下，22MnSi2CrMoNi 钢的疲劳寿命高于 00Ni18Co9Mo4Ti 钢。22MnSi2CrMoNi 钢具有较低的 W_0 和较高的 β 值。W_0 值越低，曲线所在 Y 轴的截距也就越小，表明钢具有较低的疲劳损伤容限值，这对钢的疲劳性能的提升起到消极作用。β 值越大，曲线的斜度也就越小，钢本身缓解疲劳损伤的能力也就越强，对疲劳性能的提升起到积极的作用。因此，尽管两种钢各有优劣，但它们的低周疲劳性能均十分优异。

利用式 4-2-4~式 4-2-6 可计算得到两种钢在半寿命处的塑性应变幅、总应变幅、应力幅和滞回能随疲劳失效反向数的变化曲线，如图 4-2-11 所示。在相同塑性应变幅下，22MnSi2CrMoNi 钢的低周疲劳寿命明显优于 00Ni18Co9Mo4Ti 钢。低周疲劳主要取决于钢的塑性应变幅，因此，22MnSi2CrMoNi 钢具有更好的低周疲劳性能。

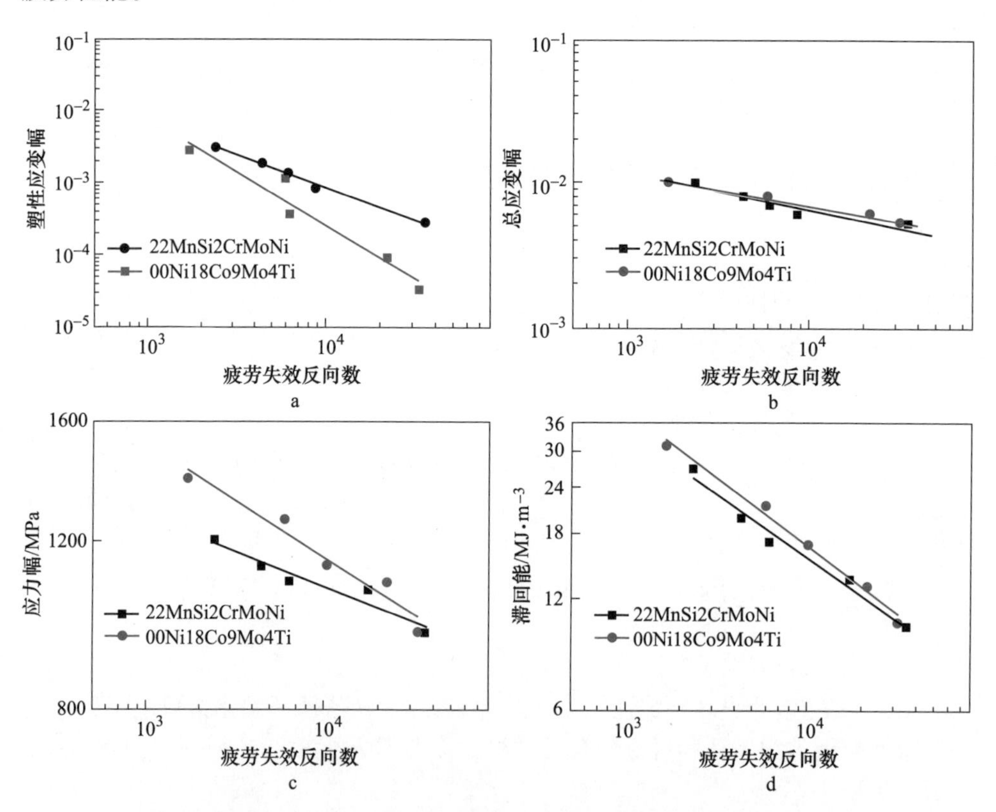

图 4-2-11　两种钢在半寿命处塑性应变幅（a）、总应变幅（b）、应力幅（c）和滞回能（d）随疲劳失效反向数的变化曲线

在相同总应变幅下，两种钢的疲劳寿命非常相近。在较低的总应变幅下，00Ni18Co9Mo4Ti 钢的疲劳寿命高于 22MnSi2CrMoNi 钢；在较高总应变幅下，

22MnSi2CrMoNi 钢的疲劳寿命略高于 00Ni18Co9Mo4Ti 钢。产生这种现象的原因是，在低总应变幅下，钢承受的应力级别较低，其疲劳寿命主要取决于本身的屈服强度，高的屈服强度意味着在给定的总应变幅下，弹性应变所占的比例比较大，而塑性应变对疲劳断裂行为的影响较大。因此，总应变幅较低时，屈服强度越高，疲劳寿命越长。由于 00Ni18Co9Mo4Ti 钢具有较高的屈服强度，所以它在总应变幅较低时具有较长的疲劳寿命。当总应变幅较高时，塑性应变所占的比例较大。因此，钢的韧性越高，疲劳寿命越长。22MnSi2CrMoNi 钢具有较高的冲击韧性，因此，22MnSi2CrMoNi 钢在总应变幅较高时具有较长的疲劳寿命。但随着应力幅的降低，两种钢的差距逐渐减小，00Ni18Co9Mo4Ti 钢的抗软化优势逐渐消失，两种钢的疲劳寿命趋于相近，这主要是由于 00Ni18Co9Mo4Ti 马氏体时效钢具有较高的屈服强度。一般认为，屈服强度由位错运动时所受到的阻力决定，屈服强度越高，对位错运动的阻力越大。因此，可以推断，在相同的应力幅值下，具有较高屈服强度的钢能够产生较小量的滑移位错。人们普遍认为疲劳损伤主要是由位错的不可逆运动引起的，因此，减小滑移位错的密度将减少不可逆滑移位错的数量，从而抑制疲劳损伤。图 4-2-11d 为滞回能随疲劳失效反向数的变化曲线，在相同滞回能条件下，00Ni18Co9Mo4Ti 钢的疲劳寿命高于 22MnSi2CrMoNi 钢，但两种钢的曲线非常接近，且滞回能越低，两种钢的疲劳寿命越接近。由此可见，分析角度不同，两种试验钢的疲劳寿命优劣也不同。

从位错受力角度分析，循环变形过程中每周次的峰值应力（σ_p）可以分解为两种不同的作用于位错上的有效应力分量（σ^*）和内应力分量（σ_i），即：

$$\sigma_p = \sigma^* + \sigma_i \tag{4-2-7}$$

式中 σ_p——峰值应力，MPa；

σ^*——有效应力，由碳、氮等间隙原子气团对位错的钉扎作用形成的短程应力，MPa；

σ_i——内应力，位错与其他位错及亚晶界之间存在的长程交互作用，MPa。

利用 Handifield-Dickson 方法可计算得到钢在循环变形过程中的内应力和有效应力。不同总应变幅下两种钢的内应力、有效应力随循环周次的演变，如图 4-2-12所示。22MnSi2CrMoNi 钢在 0.52%总应变幅下，随着循环周次增加，内应力和有效应力呈稳定趋势。也就是说，随着循环周次的增加，应力变化不大。当总应变幅大于 0.6%时，22MnSi2CrMoNi 钢的有效应力和内应力均随着循环变形周次的增加呈降低趋势。00Ni18Co9Mo4Ti 钢在 0.52%总应变幅下，当循环周次小于 10^4时，内应力和有效应力一直处于稳定状态；当循环周次大于 10^4时，内应力和有效应力均呈下降趋势。在总应变幅大于 0.6%时，材料的内应力和有效应力均随着循环变形周次的增加呈降低趋势。

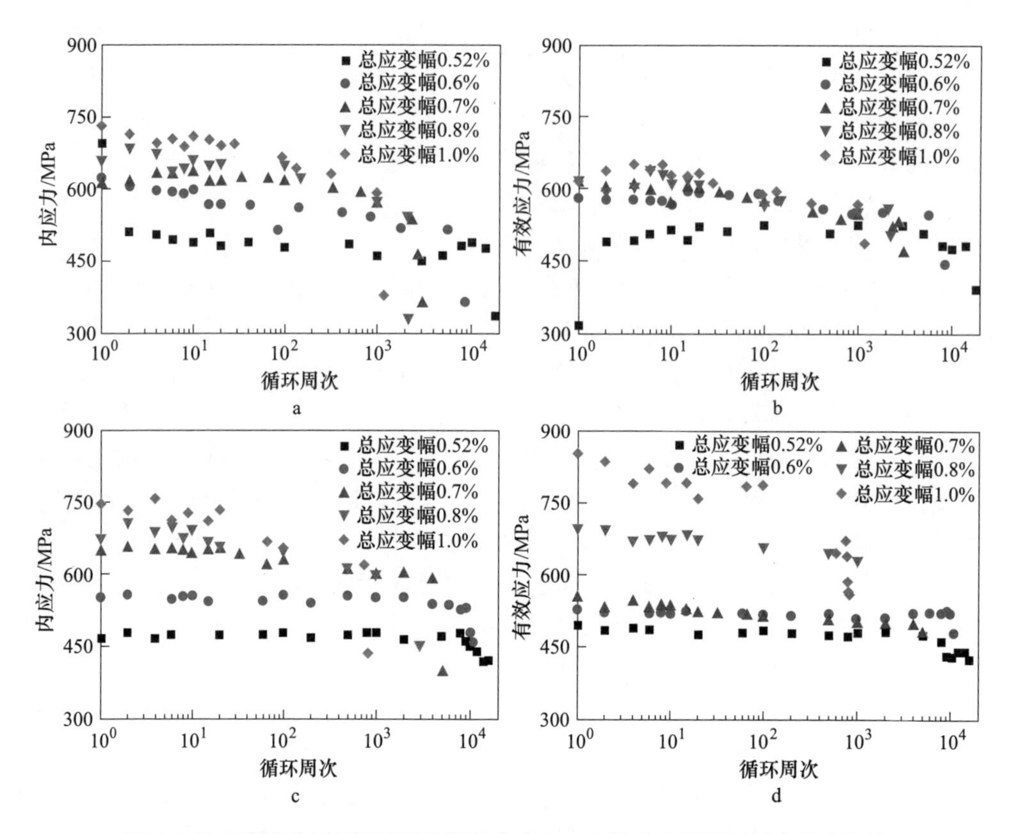

图 4-2-12　不同总应变幅下两种钢的内应力、有效应力随循环周次演变规律

a—22MnSi2CrMoNi 钢的内应力；b—22MnSi2CrMoNi 钢的有效应力；

c—00Ni18Co9Mo4Ti 钢的内应力；d—00Ni18Co9Mo4Ti 钢的有效应力

22MnSi2CrMoNi 钢在循环变形过程中，铁素体相内部的位错不断增殖，产生大量可动位错。同时，由于试验钢本身具有较高的位错密度，达 $2.91\times10^{15}\text{m}^{-2}$，导致位错与位错间不断相互作用，形成大量的位错缠结和不可动位错，此时也会出现位错的湮灭，即异号位错相遇并相互抵消。当总应变幅较小时，塑性变形小，位错密度的增殖与湮灭相抵消，位错与位错、其他点缺陷及晶界等长程交互作用保持稳定，内应力也保持稳定。间隙原子气团对位错的钉扎作用形成的短程应力也保持稳定。当总应变幅大于 0.6%时，塑性变形提供的能量会使马氏体板条回复、位错密度降低，从而造成内应力和有效应力的降低，钢表现为循环软化。对于 00Ni18Co9Mo4Ti 钢，其屈服强度高于 22MnSi2CrMoNi 钢。因此，00Ni18Co9Mo4Ti 钢具有更好的抵抗塑性变形的能力，循环软化现象出现推迟，在总应变幅大于 0.6%时，试样的内应力和有效应力均随着循环周次的增加而降低。

两种钢在 1.0%总应变幅下循环变形失效后的位错组态照片，如图 4-2-13 所示。两种钢的板条马氏体区域均产生了由位错大量聚集在一起而形成的位错胞，

位错胞状结构的形成和发展，是运动的位错在滑移中部分抵消以及自由滑移距离增加的过程。位错胞状组织是一种低能量状态的表现，它的出现有利于塑性变形容量的增加，即钢表现出循环软化特性。

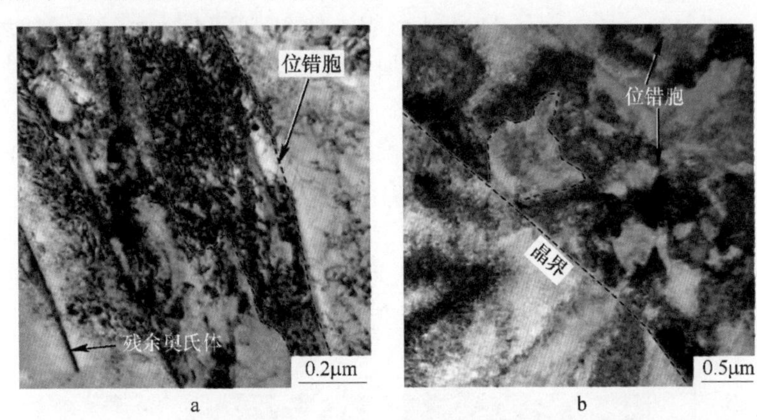

图 4-2-13 两种钢经 1.0%总应变幅循环变形失效后的位错组态
a—22MnSi2CrMoNi 钢；b—00Ni18Co9Mo4Ti 钢

22MnSi2CrMoNi 钢具有较好的疲劳性能的原因主要有以下三点：（1）在循环变形初始阶段，基体中发生小的塑性变形，高稳定性的薄膜状残余奥氏体不会发生转变。随着循环变形的继续进行，薄膜状残余奥氏体向马氏体转变，可有效钝化裂纹尖端。（2）22MnSi2CrMoNi 钢具有较高的屈服强度，循环变形过程中能够产生的滑移位错较少，进而抑制钢的疲劳损伤；随着循环变形过程的继续进行，位错发生滑移和攀移，并且位错密度增加，导致大量位错堆积在滑移面和板条马氏体之间，这些位错缠结连接在一起，构成了位错壁；当位错壁首尾相连时就会形成位错胞，钢表现为循环软化。（3）少量弥散分布在马氏体板条束上的 ε-碳化物，在一程度上可有效地阻碍位错的移动。

对于 00Ni18Co9Mo4Ti 钢而言，其较高的屈服强度以及马氏体板条间的薄膜状残余奥氏体和基体中存在的共格 Ni_3(Mo，Ti）析出相，均可有效降低其疲劳裂纹扩展速率。此外，在较低总应变幅下，晶界产生的位错较少，钢发生短暂且轻微的循环硬化，这是因为位错增殖导致位错之间和位错与析出相之间产生交互作用，阻碍了位错的进一步运动。位错运动受阻后，滑移位错发生交滑移和攀移，在疲劳的正向和反向过程中，相反符号的位错很容易相互抵消，使得位错之间和位错与析出相之间产生的交互作用达到平衡。因此，在较长一段时间内试样表现为循环稳定，直至试样表面出现裂纹，发生快速软化失效现象。在较高总应变幅下，试样在第一周循环变形过程中就会产生大量的位错缠结，随着循环变形试验的继续进行，滑移位错发生交滑移和攀移，位错密度降低，进而发生连续循环软化。

低周疲劳试样断口形貌主要由疲劳裂纹源区、裂纹稳定扩展区及失稳瞬断区三部分组成。部分试样在疲劳过程中最大拉应力值降低为原值的25%时未发生断裂，不存在失稳瞬断区。因此，这里只对疲劳断口形貌的疲劳裂纹源和裂纹稳定扩展区进行分析。

两种钢疲劳裂纹萌生源区的SEM形貌，如图4-2-14所示，它们的疲劳裂纹均萌生于试样表面。疲劳裂纹通常在金属表面的应力集中处萌生，如机加工刀痕处、试样表面夹杂物或者脆性晶粒边界等处。然而，由图4-2-14中并未发现试样表面存在微孔或者夹杂物。因此，可以确定，疲劳裂纹萌生于试样表面的驻留滑移带。22MnSi2CrMoNi钢断口形貌呈现出河流花样，萌生裂纹的扩展面与加载方向成90°，且随着总应变幅的增加，主裂纹越来越明显，次生裂纹越来越多。对于00Ni18Co9Mo4Ti钢而言，断口形貌未呈现出河流花样。在0.52%总应变幅下，主裂纹细小且次生裂纹较少。随着总应变幅的增加，在1.0%总应变幅下主裂纹宽度增加，且存在一定的次生裂纹。

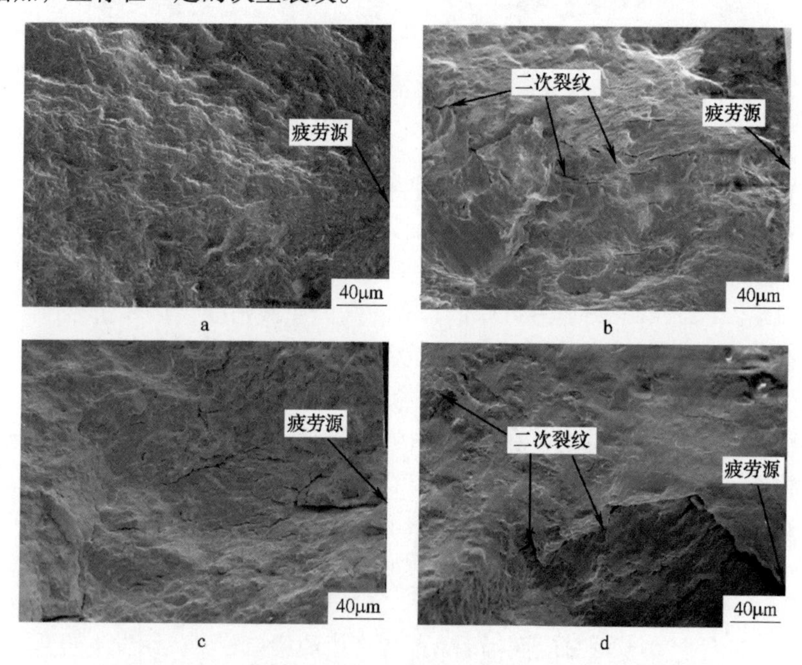

图4-2-14　两种钢在不同应变幅下裂纹源区的SEM形貌

a—22MnSi2CrMoNi钢，总应变幅0.52%；b—22MnSi2CrMoNi钢，总应变幅1.0%；
c—00Ni18Co9Mo4Ti钢，总应变幅0.52%；d—00Ni18Co9Mo4Ti钢，总应变幅1.0%

从两种钢疲劳裂纹稳定扩展区的微观形貌可以看出，疲劳裂纹扩展区的一个重要特征是，断口表面可观察到明显的疲劳辉纹，疲劳辉纹的方向垂直于裂纹扩展方向，且疲劳辉纹的形态与试样的微观组织及裂纹扩展速率均相关。

22MnSi2CrMoNi钢在0.52%总应变幅下的疲劳辉纹较短小且不连续，二次裂

纹的数量也较多。随着总应变幅增加至 1.0%时，试样的疲劳辉纹间距增加，这表明此时试样疲劳裂纹扩展的速率逐渐增大。00Ni18Co9Mo4Ti 钢在不同总应变幅下，疲劳辉纹的变化规律与 22MnSi2CrMoNi 钢基本一致。疲劳裂纹在扩展过程中是按照裂尖滑移锐化-钝化模型进行的，即在循环拉压应力作用下，交变滑移面上的滑移反复张开闭合致使裂尖不断锐化、钝化向前扩展。对于 22MnSi2CrMoNi 低碳马氏体钢来说，板条间的残余奥氏体薄膜可使裂纹分叉、转向或钝化，消耗裂纹扩展的能量，进而提高疲劳裂纹扩展的阻力。对于 00Ni18Co9Mo4Ti 马氏体时效钢而言，在马氏体板条间存在一定薄膜状残余奥氏体，它们的作用，不论是以相变诱发塑性，还是使裂纹分叉、转向或钝化，均会阻碍疲劳裂纹的扩展。因此，两种钢均有较好的阻碍疲劳裂纹扩展的性能。

2.3 耐磨性能

对 22MnSi2CrMoNi 钢与 00Ni18Co9Mo4Ti 马氏体时效钢的磨损性能进行对比研究。22MnSi2CrMoNi 钢经 900℃×1h 奥氏体化淬火，再经 320℃×1h 回火处理，而 00Ni18Co9Mo4Ti 马氏体时效钢经 860℃×0.5h 固溶处理后，再进行 480℃×4h 的时效处理。磨损试验试样的尺寸，如图 4-2-15 所示。利用 MMU-5G 磨损试验机对试样进行磨损试验，设定载荷分别为 300N、500N、800N 和 1000N。

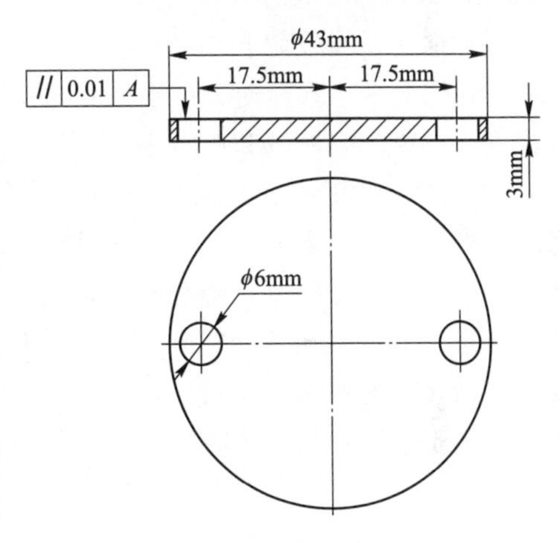

图 4-2-15 磨损试验试样尺寸图

两种钢在不同载荷下的总失重量随着磨损时间的变化曲线，如图 4-2-16 所示。在试验过程中，以 20min 为一个磨损阶段，每分钟的平均失重量记为平均磨损失重速率：

$$\overline{\omega} = \omega_i/20 \tag{4-2-8}$$

式中 $\overline{\omega}$——平均磨损失重速率，mg/min；

ω_i——第 i 个阶段的失重量，mg。

由图 4-2-16 可以看出，当磨损载荷一定时，两种钢的磨损总失重量均随着磨损时间的增加而不断上升，且载荷越大，磨损失重量也越大。当磨损时间为 20min 时，两种钢在相同载荷下的总磨损失重量几乎相等，但随着磨损时间的继续增加，两种钢的磨损失重量差异越来越显著。在相同磨损载荷下，随着磨损时间的增加，22MnSi2CrMoNi 钢的总磨损失重量明显高于 00Ni18Co9Mo4Ti 钢，说

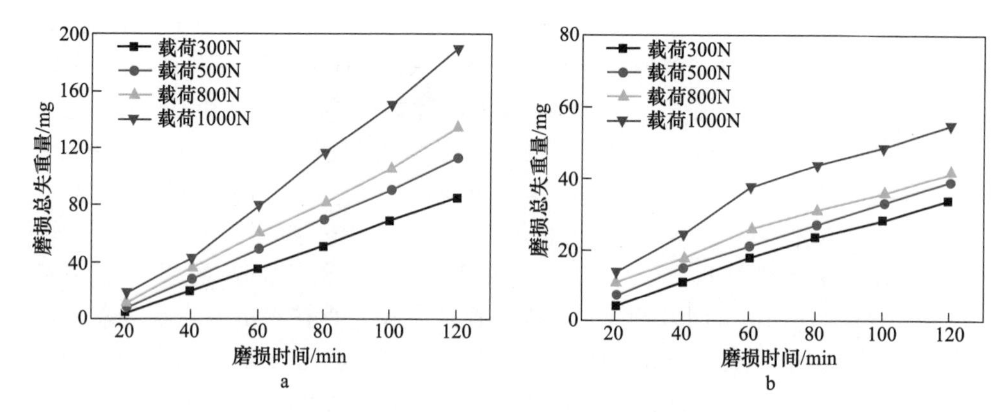

图 4-2-16 两种钢在不同载荷下磨损总失重量随磨损时间的变化曲线

a—22MnSi2CrMoNi 钢；b—00Ni18Co9Mo4Ti 钢

明 22MnSi2CrMoNi 钢的耐磨性低于 00Ni18Co9Mo4Ti 钢。

两种钢在不同载荷下的平均失重速率随着磨损时间的变化规律，如图 4-2-17 所示，它们的平均磨损速失重率随时间变化呈现出不同的变化规律。在相同载荷磨损下，00Ni18Co9Mo4Ti 钢平均磨损失重速率要比 22MnSi2CrMoNi 钢小，00Ni18Co9Mo4Ti 钢的抗磨损能力强。当磨损载荷小于 800N 时，22MnSi2CrMoNi 钢的平均磨损失重速率可以分为三个阶段：在第一阶段（磨损时间在 40min 内），试样的平均磨损失重速率随磨损时间的增加而上升；在第二阶段（磨损时间为 40~80min）试样的平均磨损失重速率随磨损时间的增加保持不变；在第三阶段（磨损时间为 80min 以上）试样的平均磨损失重速率随磨损时间的增加继续上升。当磨损载荷为 1000N 时，22MnSi2CrMoNi 钢的平均磨损失重速率同样可以分为三个阶段，但第一阶段的磨损时间在 60min 以内，第二阶段的磨损时间为 60~

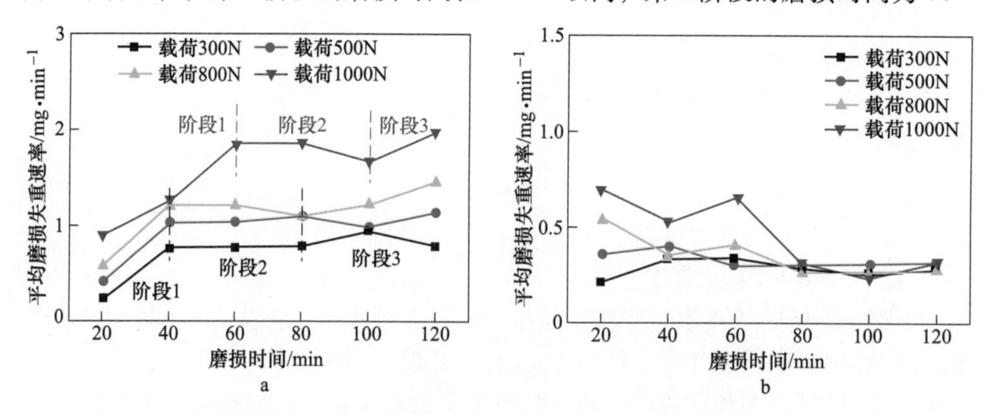

图 4-2-17 两种钢在不同磨损载荷下的平均磨损失重速率随磨损时间变化曲线

a—22MnSi2CrMoNi 钢；b—00Ni18Co9Mo4Ti 钢

100min 之间，第三阶段的磨损时间为 100min 以上。对于 00Ni18Co9Mo4Ti 钢来说，当磨损载荷小于 500N 时，钢的平均磨损失重速率随着磨损时间的增加呈先上升后降低的趋势。当磨损载荷大于 500N 时，钢的平均磨损失重速率随着磨损时间的增加呈不断降低趋势。通过对比发现，两种钢的磨损失重速率存在较大差别，表明两种钢的磨损机理存在一定差别。

两种钢在不同载荷下的磨损表面形貌，如图 4-2-18 所示。当磨损载荷为 300N 时，22MnSi2CrMoNi 钢试样磨损表面主要以磨粒磨损为主，犁沟形貌明显，在一些位置处可观察到剥落现象。磨损载荷为 500N 时，磨损现象更加明显。磨损载荷为 800N 时，磨损表面出现明显的凹坑。磨损载荷增加到 1000N 时，试样磨损表面除磨粒磨损外，还伴随黏着磨损，存在明显由黏着磨损引起的黑色区域和犁沟，剥落现象十分明显。在不同载荷下，00Ni18Co9Mo4Ti 钢均以黏着磨损为主，且随着磨损载荷的增加，黏着磨损现象逐渐加重。当磨损载荷为 300N 时，试样磨损表面存在明显的犁沟及表面吸附物。磨损载荷为 500N 时，试样磨损表面出现微裂纹；磨损载荷为 800N 时，试样磨损表面裂纹不断扩展。磨损载荷为 1000N 时，试样磨损表面出现疲劳裂纹，且存在大量由黏着磨损引起的凹坑。

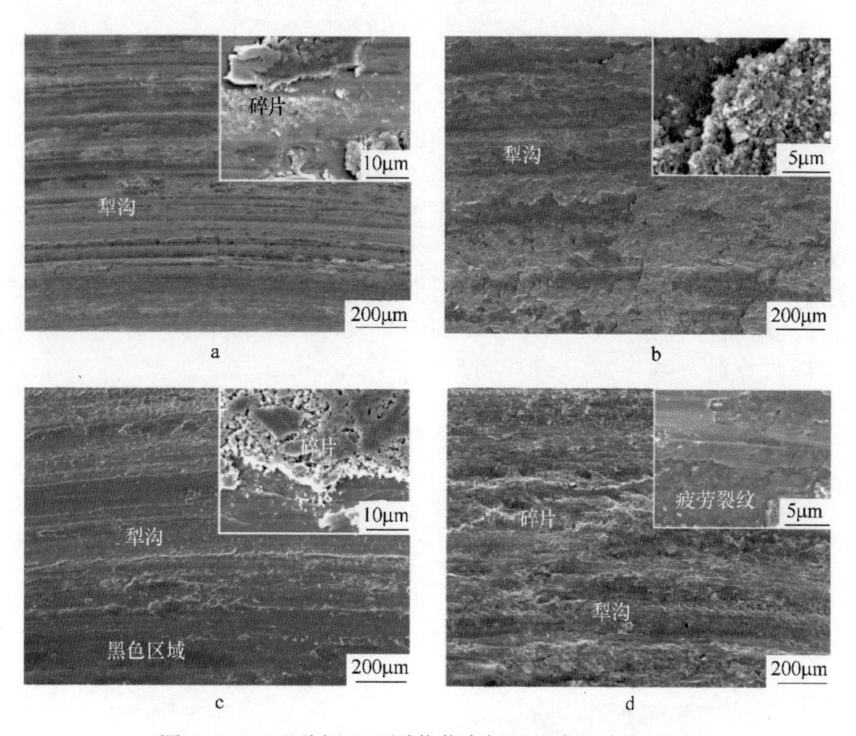

图 4-2-18 两种钢经不同载荷磨损后的磨损表面形貌

a—22MnSi2CrMoNi 钢，载荷 300N；b—00Ni18Co9Mo4Ti 钢，载荷 300N；
c—22MnSi2CrMoNi 钢，载荷 1000N；d—00Ni18Co9Mo4Ti 钢，载荷 1000N

两种钢经 300N 磨损后的磨损表面形貌及 EDS 分析，如图 4-2-19 所示。选区 1 为正常磨面，选区 2 为剥落坑处，选区 3 为磨屑黏着处，可以看出只有选区 3 处存在大量氧元素，表明 22MnSi2CrMoNi 钢在磨损过程中磨面黏着的氧化物较少，如图 4-2-19a 所示。而 00Ni18Co9Mo4Ti 马氏体时效钢在正常磨面（选区 1）和磨屑黏着处（选区 2）均有大量的氧元素存在，表明磨损过程中磨面黏着的金属氧化物较多，如图 4-2-19b 所示。

项目	成分(质量分数)/%					
	C	O	Si	Cr	Mn	Fe
选区1	1.43	2.01	0.55	—	0.91	95.10
选区2	1.17	1.84	0.68	0.62	0.89	94.80
选区3	3.76	20.53	1.33	0.57	0.84	72.98

a

项目	成分(质量分数)/%				
	C	O	Fe	Ni	Mo
选区1	6.18	36.57	53.28	3.97	—
选区2	2.31	16.46	64.19	15.07	1.97

b

图 4-2-19 两种钢经 300N 载荷磨损后的磨损表面形貌及 EDS 分析
a—22MnSi2CrMoNi 钢；b—00Ni18Co9Mo4Ti 钢

两种钢在不同载荷磨损后硬度沿亚表层的分布，如图 4-2-20 所示。22MnSi2CrMoNi 钢经 300N、500N、800N 和 1000N 磨损后的亚表层峰值硬度（HV）分别为 532、603、588 和 543，表明表层组织均发生了加工硬化。经 500N 载荷磨损后试验钢的亚表层硬度最高，1000N 载荷磨损下试验钢的表层硬度比 500N 和 800N 磨损后表层硬度低，这与其磨损机理相关。00Ni18Co9Mo4Ti 钢的表层硬度随着距表面距离的增加逐渐降低，磨损载荷的大小影响表层硬度分布，硬化层的深度随着磨损载荷的增加而不断加大。经 300N、500N、800N 和 1000N 磨损后亚表层的峰值硬度（HV）分别为 474、503、508 和 519。

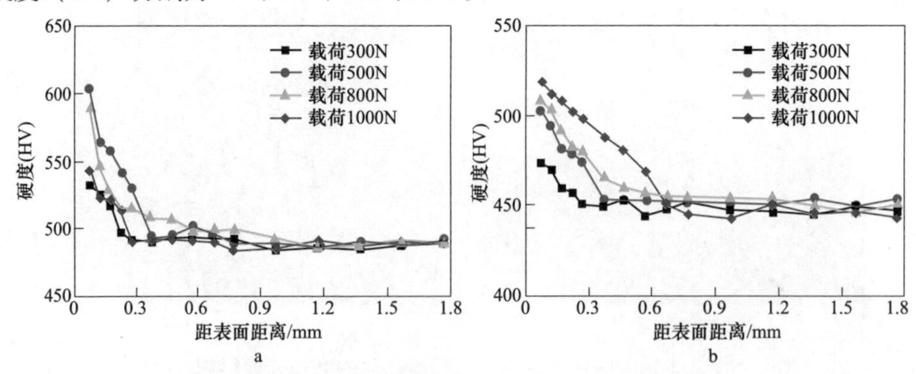

图 4-2-20 两种钢经不同载荷磨损后亚表层硬度随距表面距离的变化曲线
a—22MnSi2CrMoNi 钢；b—00Ni18Co9Mo4Ti 钢

两种钢在磨损过程中磨损表面温升测试结果，如图 4-2-21 所示。在一个磨损阶段内，经 300N 磨损后温升最小，磨损 20min 后，表面温升仅在 80℃左右。随着磨损载荷的增加，温升不断提高。当磨损载荷增加到 1000N 时，磨损 20min 后表面温度达 275℃，即磨损载荷越大，在一个磨损期限内的温升也越大。

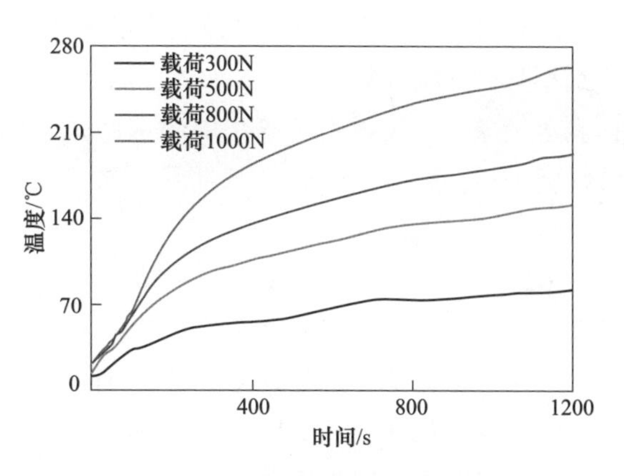

图 4-2-21　在不同载荷磨损过程中两种钢磨面温度随磨损时间的变化曲线

22MnSi2CrMoNi 钢经不同载荷磨损后的磨损亚表层 SEM 照片，如图 4-2-22a 和 c 所示，变形层的深度随着磨损载荷的增加不断增大。磨损载荷为 300N 时，变形层深度仅为 13.7μm；磨损载荷增加到 500N 时，变形层深度为 17.4μm；随着磨损载荷的继续增加，800N 磨损时是20.3μm，1000N 时是

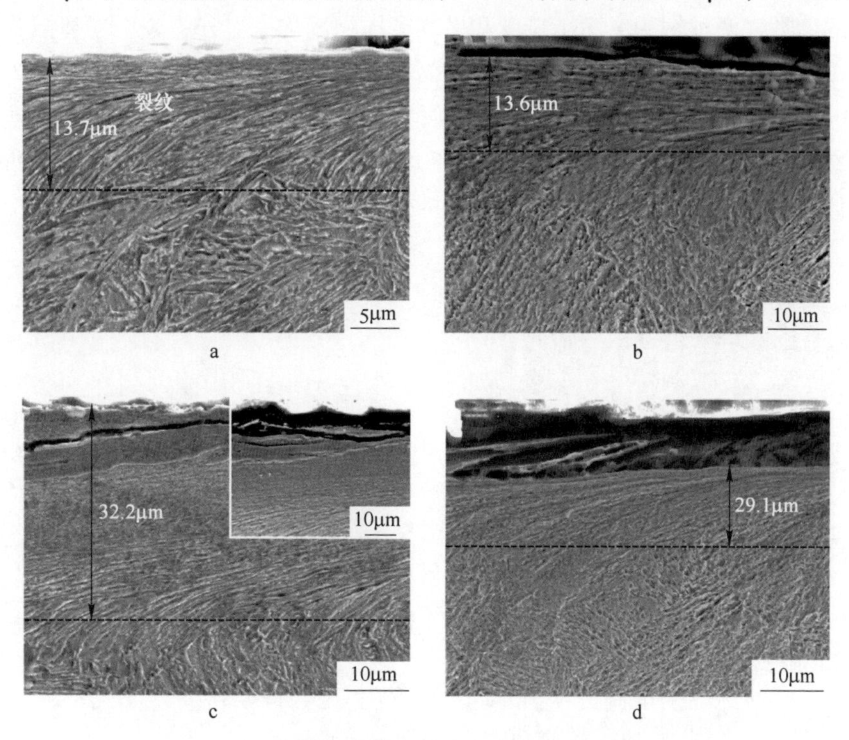

图 4-2-22　两种钢经不同载荷磨损后的磨损亚表层 SEM 组织

a—22MnSi2CrMoNi 钢，载荷 300N；b—00Ni18Co9Mo4Ti 钢，载荷 300N；
c—22MnSi2CrMoNi 钢，载荷 1000N；d—00Ni18Co9Mo4Ti 钢，载荷 1000N

32.2μm。在300N磨损时，试样表面出现微裂纹，出现马氏体组织碎化现象，形成细小马氏体块。随着磨损载荷的增加，裂纹增大，且向试样内部延伸，出现表面剥落现象，马氏体组织碎化层的深度也不断加大。00Ni18Co9Mo4Ti钢经不同载荷磨损后的磨损亚表层SEM照片，如图4-2-22b和d所示，变形层的深度随着磨损载荷的增加而增加，300N时为13.6μm，500N时为21.5μm，800N时为25.1μm，1000N时为29.1μm。在300N磨损时，试样表面未出现剥落现象。随着磨损载荷增加，剥落现象越来越明显。

利用三维光学表面轮廓仪观察了两种钢经800N载荷磨损后磨面的二维及三维磨痕形貌，如图4-2-23所示，可看出22MnSi2CrMoNi钢磨面犁沟明显，氧化吸附较少，且磨损深度明显大于00Ni18Co9Mo4Ti钢，而00Ni18Co9Mo4Ti钢的磨面吸附有许多氧化物。

由三维形貌信息可得到两种钢的磨面平均粗糙度和平均磨损深度，见表4-2-6。22MnSi2CrMoNi钢经300N磨损后的磨面粗糙度和平均磨损深度分别为55.6μm和34.4μm，而00Ni18Co9Mo4Ti钢分别仅为9.7μm和4.2μm。随着磨损载荷的增加，两种钢的磨面粗糙度和平均磨损深度均呈上升趋势。当磨损载荷增加到1000N时，22MnSi2CrMoNi钢的磨面粗糙度和平均磨损深度分别为122.8μm和70.4μm，而00Ni18Co9Mo4Ti钢仅分别为40.2μm和13.0μm。在相同磨损载荷下，22MnSi2CrMoNi钢的磨面粗糙度和平均磨损深度均明显高于00Ni18Co9Mo4Ti马氏体时效钢，即其耐磨性明显低于00Ni18Co9Mo4Ti钢。

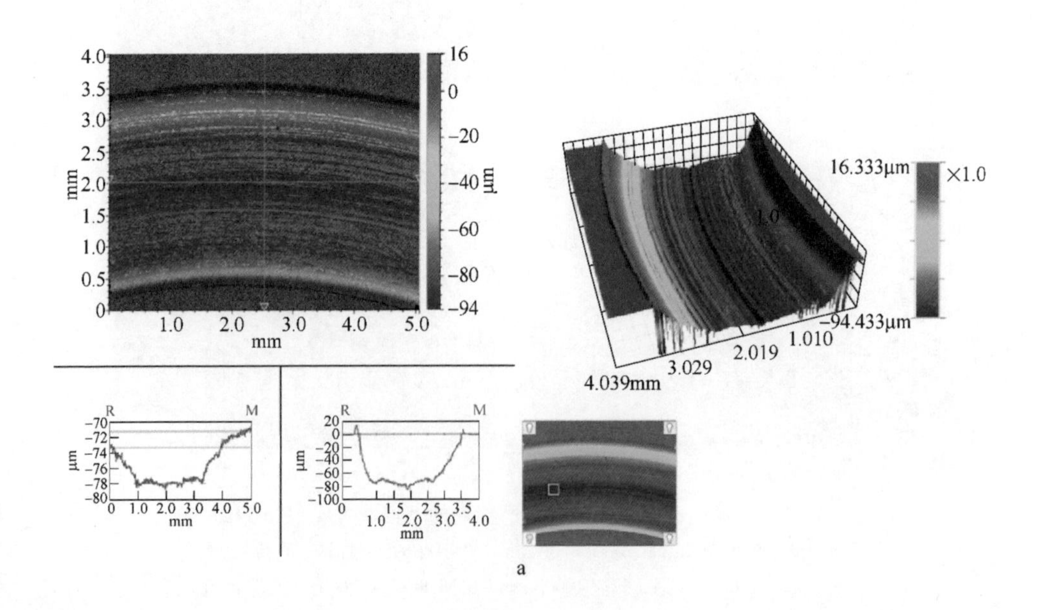

a

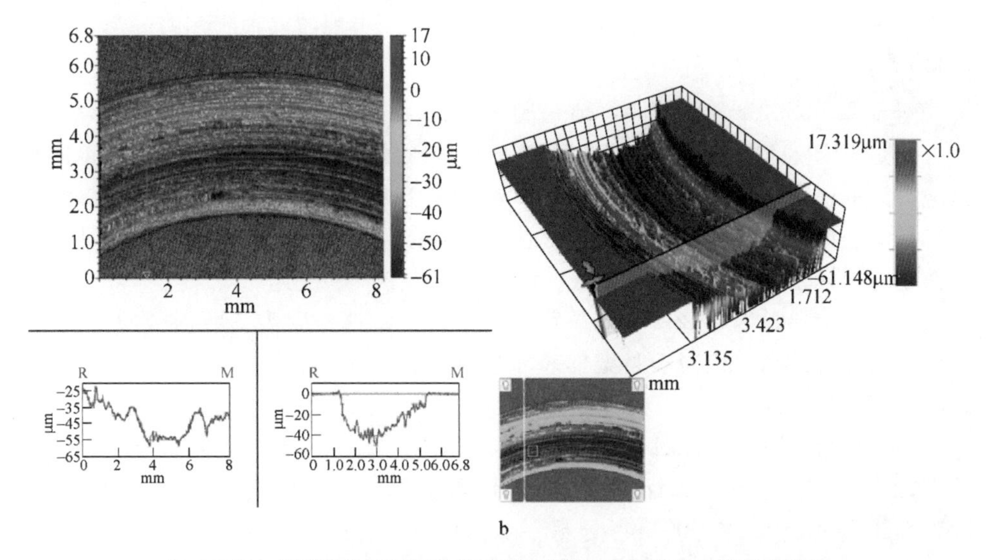

图 4-2-23　两种钢经 800N 载荷磨损后磨面的二维及三维形貌图像

a—22MnSi2CrMoNi 钢；b—00Ni18Co9Mo4Ti 钢

表 4-2-6　两种钢经不同载荷磨损后磨面的平均粗糙度和平均磨损深度

载荷/N	22MnSi2CrMoNi 钢		00Ni18Co9Mo4Ti 钢	
	粗糙度/μm	深度/μm	粗糙度/μm	深度/μm
300	55.6	34.4	9.7	4.2
500	67.3	37.4	26.5	5.4
800	74.0	53.1	35.0	7.6
1000	122.8	70.4	40.2	13.0

钢铁材料的磨损机制依赖于它们的硬度，硬度较高时易发生磨粒磨损，硬度较低时易发生黏着磨损。钢的硬度值不同，其磨损行为也存在很大不同，磨损速率与钢的硬度成反比。而 00Ni18Co9Mo4Ti 钢的磨损速率明显低于 22MnSi2CrMoNi 钢。在磨损过程中，22MnSi2CrMoNi 钢的平均磨损速率随时间的变化大致可以分为三个阶段，而 00Ni18Co9Mo4Ti 钢的平均磨损速率随着磨损时间的增加而不断降低。这是由于两种钢的磨损机理存在很大不同。22MnSi2CrMoNi 钢试样磨损表面主要以磨粒磨损为主，犁沟形貌明显，而 00Ni18Co9Mo4Ti 钢以黏着磨损为主，同时伴随氧化磨损。由于 00Ni18Co9Mo4Ti 钢中含有大量的 Ni 和 Co 等耐腐蚀的元素，这些元素极易与环境中的氧反应，形成氧化物膜。在磨损过程中，由于试样磨损表面存在温升，两个接触表面可以产生不同的氧化物，如 Fe_2O_3、Fe_3O_4、FeO 等。摩擦表面形成的这些氧化物相当于固体润滑剂，可有效地防止两个磨损表面形成直接接触。因此，磨损载荷大于 500N 时，00Ni18Co9Mo4Ti 钢磨损表面

产生了大量氧化物，减少对试样的磨损，导致平均磨损速率随磨损时间的增加呈降低趋势。

对于22MnSi2CrMoNi钢，随着试验的进行，试样的平均磨损速率趋于稳定，一方面是由于随着磨损的进行，上下试样的接触面积增大，使得单位面积上的接触应力降低；另一方面是磨损过程中试样硬度上升。随着磨损时间的继续增加，试样平均磨损速率再次呈上升趋势，是由于经稳定磨损后，试样表面被破坏，上摩擦副与试样之间的运动间隙增大，磨面温升增加，磨损速率急剧上升。当磨损载荷增加到1000N时，每一个阶段都出现了延迟，这是因为当磨损载荷增大时，试样表面温升过高，相当于对试样表面进行回火，导致表层组织位错密度减少，硬度下降，耐磨性降低。

磨损载荷不同，试样对变形引起的加工硬化效应和摩擦热以及变形热带来的回火软化影响不同，从而导致亚表层硬度的分布呈现不同特征。对于22MnSi2CrMoNi钢，在300N磨损下，表层组织发生剧烈塑性变形，导致亚表层位错密度增大，此时亚表层的加工硬化效应大于摩擦热效应对亚表层硬度的影响，表现为表层的硬度增高。随着载荷增加，加工硬化效应与热效应均增强，但加工硬化效应始终大于热效应产生的回火软化，因此，仍表现为表层硬度提高。当磨损载荷增大到一定程度时，加工硬化效应上升幅度小于热效应产生的回火软化，使得在500N磨损下表层硬度最高，经1000N磨损后表层峰值硬度小于经800N和500N磨损后的表层硬度。对于00Ni18Co9Mo4Ti钢，表层硬度随着磨损载荷增加不断上升，这是由于磨损过程中产生的温升导致钢表面吸附大量氧化物，减小亚表层温升，致使加工硬化效应与热效应差值不断加大造成的。

从以上研究结果可以看出，通过化学成分优化和微观组织调控，可以制备出综合力学性能媲美马氏体时效钢的低碳高硅钢，这种低碳高硅马氏体钢有望成为比较理想的铁路轨道用钢。

3 轨道用18Mn3Si2CrMo马氏体钢

在过去几十年中，人们致力于研究具有多相组织（即铁素体、奥氏体、马氏体或贝氏体中的至少两种不同组分）的先进高强度钢（AHSS），这种钢充分发挥各相组织的自身特点，同时各相组织的缺点由其他组织进行削弱或者消除。例如：淬火-配分工艺（Q&P）得到了具有马氏体和富碳残余奥氏体组织的钢，大大提升了材料的塑性和韧性。贝氏体淬火-配分工艺（BQ-P）可将细小的无碳化物贝氏体组织引入到基体组织中，进而提高材料的力学性能，等等。将奥氏体化后的钢置于马氏体转变温度（M_s）以下进行短时等温处理引入高强度相——低温超细贝氏体，与传统的淬火后进行回火的组织相比，低温超细贝氏体的引入显著地提高了钢的韧性。与传统的 M_s 温度以上等温获得的贝氏体相比，这种组织具有更高的冲击韧性和拉伸性能。钢在 M_s 温度以下等温处理生成贝氏体组织的原理是：当试验钢完全奥氏体化后直接淬火至 M_s 温度与马氏体转变终止温度（M_f）之间某一温度时，马氏体转变即刻停止，由于生成的马氏体组织为过饱和态，导致碳元素由过饱和马氏体向未转变奥氏体进行扩散，未转变的奥氏体富碳后其 M_s' 降低，当 M_s' 温度降低至等温温度以下后，再继续等温过程中会发生贝氏体相变，这种低温贝氏体组织有利于钢强度与韧性的提升。

因此，希望通过引入低温超细贝氏体组织提高低碳高硅 18Mn3Si2CrMo 马氏体钢的强度及韧性，得到具有最优综合力学性能的相组成。这里以这种低碳高硅马氏体钢为研究对象，将钢在 M_s 点以下不同温度进行等温淬火，获得具有不同体积分数的马氏体、贝氏体及残余奥氏体的多相组织，并对其力学性能进行了分析，得到相含量变化与力学性能之间的关系。

3.1 相变动力学

试验用 18Mn3Si2CrMo 钢的化学成分，见表 4-3-1，其 M_s 点温度为 353℃。热处理工艺设计为：在 900℃奥氏体化保温 1h，然后，一部分试样分别直接淬火到温度为 330℃、290℃、245℃和 205℃的盐浴炉中，保温 2h 后空冷；另一部分试样直接水淬至室温，相当于在 25℃等温处理。

钢在 M_s 以下不同温度等温的膨胀量-温度曲线和膨胀量-时间曲线，如图 4-3-1所示。在淬火冷却到 M_s 以下的过程中观察到膨胀量-温度曲线中可见较大膨胀量，这是由于在该过程中发生了马氏体相变。然而，将样品停止冷却时，体

表 4-3-1　低碳高硅马氏体钢的化学成分　　（质量分数,%）

钢种	C	Mn	Si	Cr	Mo	Ni
18Mn3Si2CrMo	0.18	2.9	1.7	0.8	0.26	0.09
18Mn3Si2CrMoNi	0.18	2.9	1.7	0.8	0.26	0.59

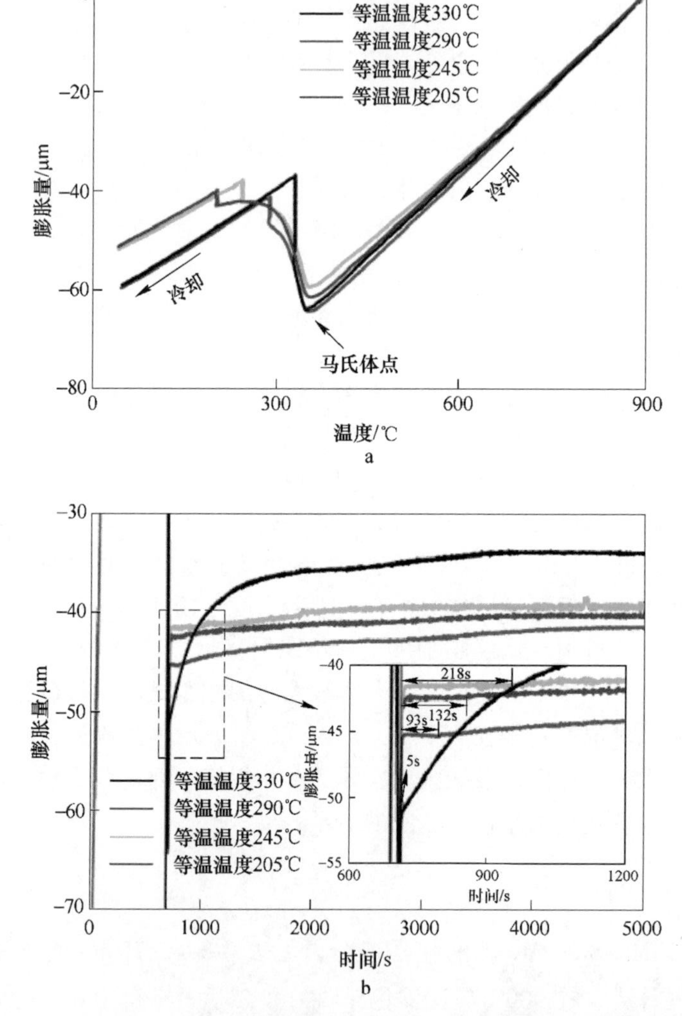

图 4-3-1　18Mn3Si2CrMo 钢在 M_s 以下不同温度等温处理的膨胀曲线

a—膨胀量-温度曲线；b—膨胀量-时间曲线

积膨胀短时停止，经过一段时间后体积继续膨胀。钢等温过程中均发生与体积膨胀相关的转变，且等温温度越高，后续膨胀量越大。与之相对应的膨胀量-时间曲线中，可以看到钢均在经历一个较短的孕育期后出现等温膨胀，并且等温温度

不同，孕育期的时间长短也不同，具体孕育期时间，见表 4-3-2，在 245℃进行等温时，孕育期时间最长为 218s；在 330℃进行等温时，孕育期仅为 5s。

表 4-3-2　18Mn3Si2CrMo 钢在 M_s 温度以下不同温度等温时贝氏体相变的孕育期

等温温度/℃	330	290	245	205
孕育期/s	5	93	218	132

钢铁材料在 M_s 温度以下冷却时，马氏体的形成量只取决于温度而与时间无关。然而，本试验中，当钢在 M_s 温度以下等温时，却发生了与体积膨胀相关的转变，且等温温度越高，后续膨胀量越大，这表明在等温过程中发生了贝氏体相变。在等温过程中，碳原子由先形成的马氏体组织向未转变的奥氏体中配分，使得未转变奥氏体富碳，由公式 4-3-1 可以计算未转变奥氏体的 M_s' 温度。

$$M_s' = 500 - 300C_\gamma - 17Ni_\gamma - 22Cr_\gamma - 11Mo_\gamma - 33Mn_\gamma - 11Si_\gamma \quad (4\text{-}3\text{-}1)$$

式中　M_s'——未转变奥氏体的马氏体转变温度,℃；

M_γ——未转变奥氏体中合金元素 M 的质量分数，M 代表 C、Ni、Cr、Mo、Mn 和 Si,%。

由式 4-3-1 可知，未转变奥氏体富碳后其 M_s' 温度会降低，在等温过程中，未转变奥氏体的 M_s' 温度降到了等温温度以下。因此，在继续等温过程中，未转变奥氏体发生贝氏体相变，形成贝氏体组织。M_s 温度以下等温过程中贝氏体组织形成示意图，如图 4-3-2 所示。

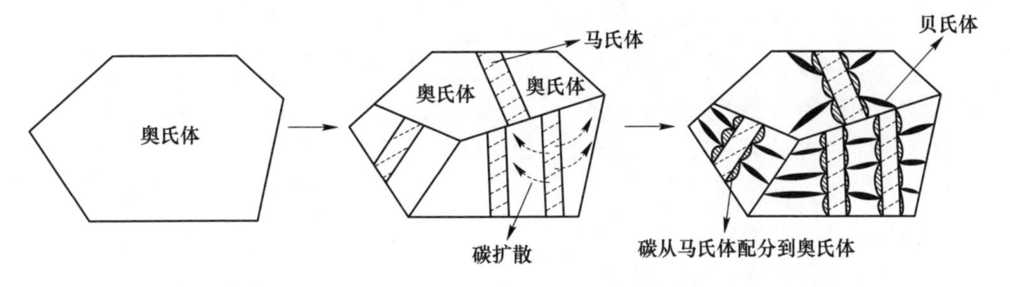

图 4-3-2　18Mn3Si2CrMo 钢 M_s 温度以下等温过程中组织演变示意图

等温温度越高，先形成的马氏体量越少，未转变的奥氏体量越多，在等温过程中形成的贝氏体量就越多，其后续膨胀量也就越大。同时，等温温度不同，后续形成的贝氏体组织中碳含量也就不同。等温温度越高，过饱和态的马氏体量越少，由过饱和态的马氏体配分至未转变奥氏体的碳含量越少，未转变奥氏体增碳后平均碳含量相对较低。因此，等温温度越高，后续生成的贝氏体组织碳含量越低，在本研究试验条件下，330℃等温时形成的贝氏体组织碳含量最低，205℃等温时形成的贝氏体组织碳含量最高。在等温 2h 后的降温阶段并未出现体积的二次膨胀，这说明等温 2h 后，剩余的未转变残余奥氏体已足够稳定不再发生相变。

在 M_s 温度以下进行等温时，贝氏体相变的孕育期均较短，见表 4-3-2。先形成的马氏体会加速未转变奥氏体向贝氏体组织的转变，一方面是因为增加了先形成的马氏体和未转变残余奥氏体之间的界面，为贝氏体铁素体提供了更多形核点；另一方面是马氏体组织的形成向未转变的残余奥氏体组织中引入塑性和弹性应变，残余奥氏体中的位错为贝氏体相变提供新的形核点，从而促进贝氏体转变。钢中硅含量（质量分数）为 1.7%，在等温淬火过程中高硅含量会促进碳原子从先形成的马氏体向周围的未转变奥氏体扩散，增加了未转变奥氏体中的碳含量，降低其 M_s' 温度，并影响随后贝氏体相变。在 205℃进行等温时，先形成的马氏体量较多，由马氏体相变引入未转变奥氏体中的位错较多，贝氏体转变形核点较多，但此时碳原子从过饱和马氏体向未转变奥氏体的扩散系数低。随着等温温度的升高，先形成的马氏体量逐渐减小，由马氏体相变引入未转变奥氏体中的位错减少，贝氏体转变形核点也不断较少，但碳原子从过饱和马氏体向未转变奥氏体的扩散系数不断升高。因此，三者相互影响，使得钢在 245℃ 等温时具有较长的孕育期。

3.2　微观组织和力学性能

18Mn3Si2CrMo 钢经 M_s 温度以下不同温度等温处理后的 XRD 图谱，如图 4-3-3 所示。从相变曲线图 4-3-1 中可看出，冷却过程中未出现膨胀现象，表明钢的残余奥氏体在该冷速下不再发生相变。因此，钢中各相含量可通过如下方法计算得到，首先利用式 4-3-2 计算得出马氏体体积分数，之后根据 XRD 图谱可计算得到钢中的残余奥氏体体积分数，进而得到贝氏体组织的体积分数。通过对 XRD 图谱的分析可推导出钢中微观应变值，利用 Williamson-Hall 公式 4-2-1 计算出 bcc 转变产物（马氏体及贝氏体）内部的位错密度。经过计算得到钢经不同温度等温后各相的体积分数、位错密度及残余奥氏体中碳含量，具体数据见表 4-3-3。

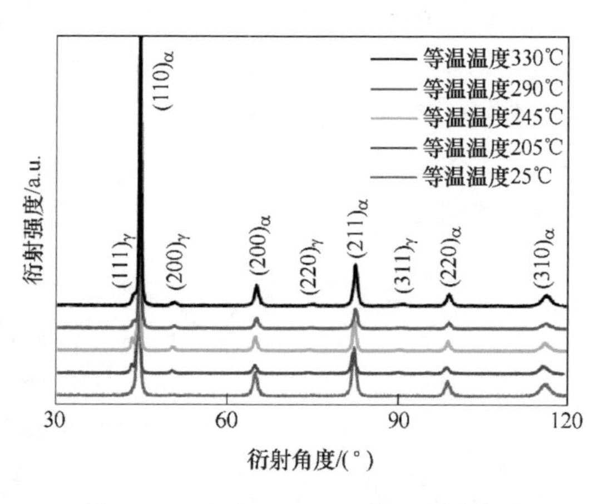

图 4-3-3　18Mn3Si2CrMo 钢经不同等温淬火工艺处理后的 XRD 图谱

$$V_M = 1 - e^{-1.1\times10^{-2}(M_s - T_q)} \quad (4\text{-}3\text{-}2)$$

式中　V_M——T_q 温度时马氏体转变量，%；

M_s——马氏体转变温度，℃；

T_q——等温温度，℃。

表 4-3-3 18Mn3Si2CrMo 钢经不同等温淬火工艺处理后的各相体积分数、位错密度和残余奥氏体碳含量

等温温度/℃	残奥总量 V_{γ}(体积分数)/%	薄膜残奥 $V_{\gamma f}$(体积分数)/%	块状残奥 $V_{\gamma b}$(体积分数)/%	马氏体 V_{M}(体积分数)/%	贝氏体 V_{B}(体积分数)/%	铁素体内位错密度/m^{-2}	残余奥氏体含碳量 C_{γ}(质量分数)/%
330	13.2	9.5	3.7	22.4	64.4	2.0×10^{15}	0.72
290	9.5	6.0	3.5	49.9	40.6	3.0×10^{15}	0.88
245	6.3	3.5	2.8	69.5	24.2	3.2×10^{15}	0.90
205	3.5	2.2	1.3	80.4	16.1	4.0×10^{15}	0.95
25	<1	—	—	>99	0	4.5×10^{15}	—

由图 4-3-3 可以看出，18Mn3Si2CrMo 钢经不同温度等温处理后，组织由体心立方 bcc 相和面心立方 fcc 相组成。等温温度越高，残余奥氏体峰强度越高，这意味着残余奥氏体的体积分数随着转变温度升高而增加。从表 4-3-3 对比薄膜状和块状残余奥氏体的数量（均为体积分数），等温温度为 330℃时，残余奥氏体含量为 13.2%，其中，块状残余奥氏体含量比薄膜状残余奥氏体多 5.8%，马氏体含量为 22.4%，贝氏体含量为 64.4%，残余奥氏体中的碳含量（质量分数）为 0.72%，铁素体内位错密度为 $2.0\times10^{15}m^{-2}$。随着等温温度不断降低，在等温温度为 205℃时，残余奥氏体含量（均为体积分数）降为 3.5%（块状残余奥氏体含量与薄膜状残余奥氏体含量几乎相等），马氏体含量增加到 80.4%，贝氏体含量降低为 16.1%，残余奥氏体中的碳含量（质量分数）升高至 0.95%，铁素体内位错密度升至 $4.0\times10^{15}m^{-2}$。

另外，随着等温温度的降低，块状残余奥氏体的含量逐渐减少，位错密度不断升高。一方面是由于等温温度越低转变的马氏体量越多，且对马氏体回火作用越弱，这导致位错密度的升高；另一方面由于等温温度低，由未转变奥氏体转变成的贝氏体组织也同样具有高的位错密度，这些因素均导致铁素体内部的位错密度升高。

18Mn3Si2CrMo 钢由奥氏体化温度冷却到 M_s 以下不同温度等温的 SEM 组织，如图 4-3-4 所示，钢经不同温度等温处理后的组织主要为贝氏体/马氏体复相组织。该组织包含贝氏体束（包括贝氏体铁素体和残余奥氏体）、马氏体板条及分布在马氏体板条之间的残余奥氏体，这种多尺度的复相组织有利于钢强度和韧塑性的改善。在 330℃进行等温时，基体主要是贝氏体组织。随着等温温度降低，马氏体含量逐渐增多，在 25℃等温（室温水淬）时马氏体体积分数大于 99%。

18Mn3Si2CrMo 钢经不同温度等温处理后的 TEM 组织，如图 4-3-5 所示。试样经等温淬火后，bcc 板条（贝氏体+马氏体）形态，残余奥氏体的尺寸、形态均存在明显区别。经 330℃等温处理后，钢的 bcc 板条较粗大，块状残余奥氏体数目最多，且分布不均匀。经 205℃等温处理后钢的 bcc 板条规则细小，薄膜状

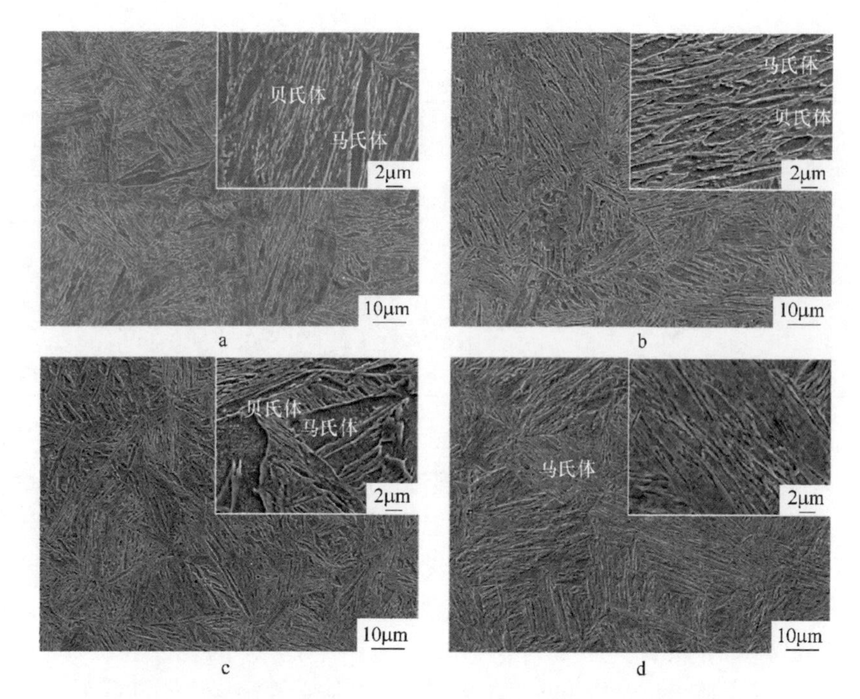

图 4-3-4　18Mn3Si2CrMo 钢经不同等温温度淬火处理后的 SEM 组织

a—330℃×2h；b—245℃×2h；c—205℃×2h；d—25℃（室温水淬）

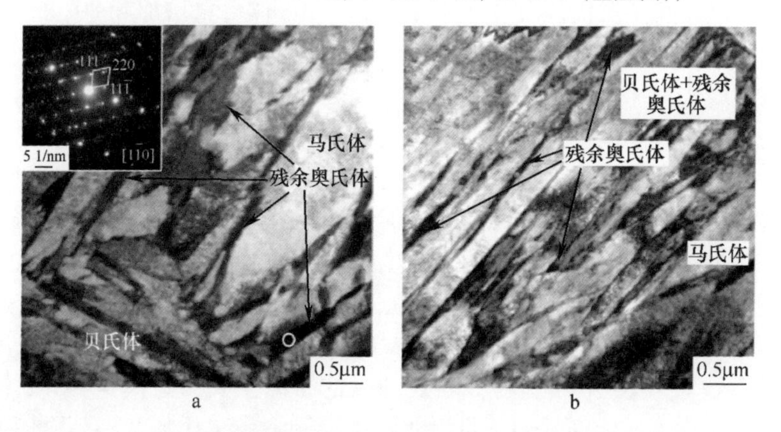

图 4-3-5　18Mn3Si2CrMo 钢不同温度等温处理后的 TEM 组织

a—330℃×2h；b—205℃×2h

残余奥氏体数目较多，尺寸细小，形态规则。图 4-3-6 为钢经不同温度等温处理后的板条组织厚度分布图和板条厚度分布拟合曲线。通过统计得出 330℃、290℃、245℃、205℃和 25℃等温时平均板条厚度分别为（386±15）nm、（359±13）nm、（298±13）nm、（276±11）nm 和（316±13）nm。330℃等温处理后 bcc 板条厚度主要集中于 200~500nm 之间，随着等温温度的降低，板条宽度拟合曲线逐

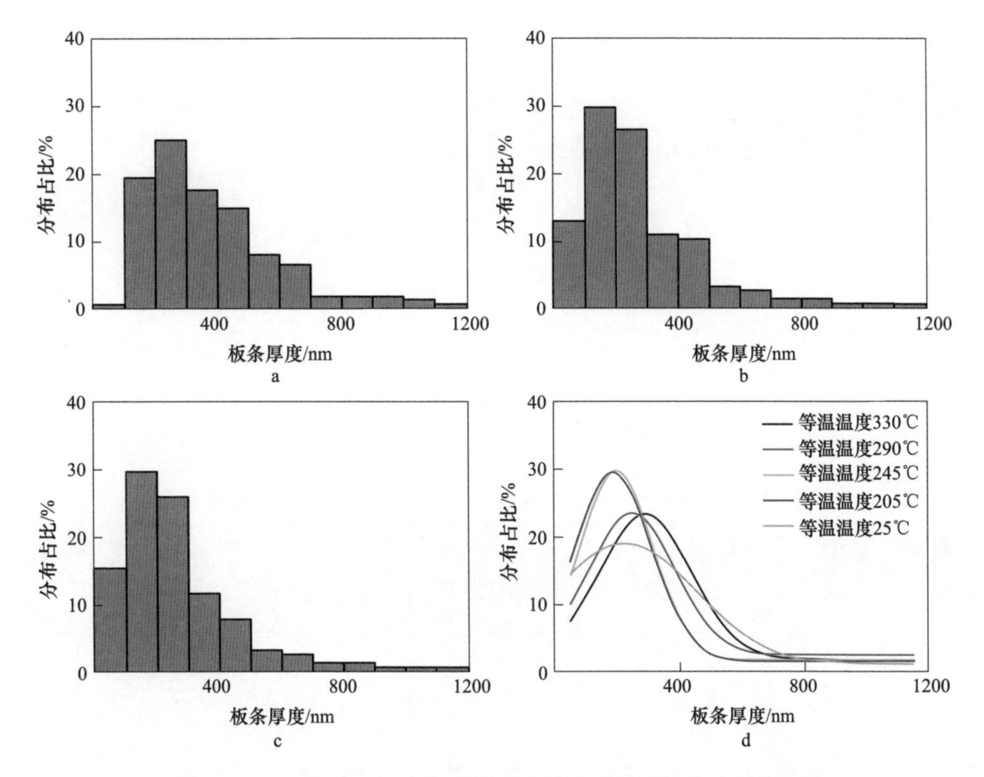

图 4-3-6 18Mn3Si2CrMo 钢不同工艺处理后贝氏体和马氏体板条厚度分布图和板条厚度分布拟合曲线

a—330℃×2h；b—245℃×2h；c—205℃×2h；d—板条厚度分布拟合曲线

渐左移；在 205℃等温处理后，bcc 板条厚度在纳米级（< 100nm）的约占 15.4%，板条厚度主要集中于 100~400nm 之间。经 25℃等温（室温水淬）处理后，bcc 板条厚度在纳米级（<100nm）的约占 11.5%，板条厚度主要集中于 100~400nm 之间。这些马氏体及贝氏体板条尺度的变化是由相变条件不同而造成的。

18Mn3Si2CrMo 钢在 205~330℃进行等温时，首先发生马氏体相变，之后发生贝氏体相变，形成的组织为贝氏体+马氏体的混合组织。钢在 205℃进行等温时，过冷度较大，贝氏体板条形核驱动力大，导致在较低温度时贝氏体板条平均尺寸要小一些。随着等温温度升高，剩余残余奥氏体的含量也就越高，同时，块状残余奥氏体含量也就越多。

18Mn3Si2CrMo 钢经不同工艺处理后试样的工程应力-应变曲线，如图 4-3-7 所示。与之相对应的常规力学性能，见表 4-3-4。钢经 330℃等温处理后屈服强度为 865MPa，抗拉强度为 1456MPa，均匀伸长率和总伸长率均较高，分别为 9.5%和 16.8%，加工硬化指较高，但冲击韧性较差，仅为 79J/cm^2。随着等温温度降低，钢的强度和韧性不断增加，均匀伸长率和总伸长率均降低，而加工硬化指数不断降低。

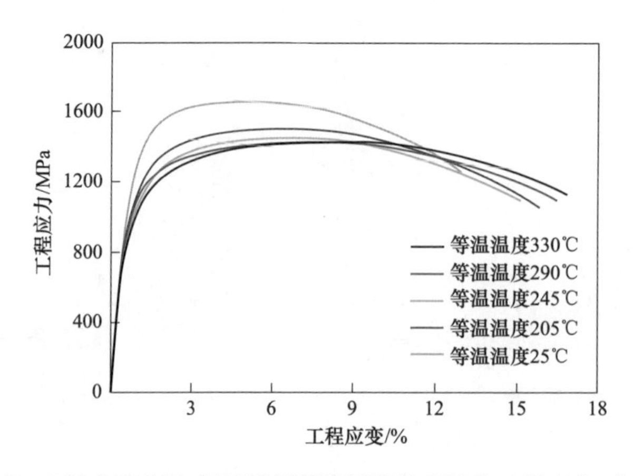

图 4-3-7　18Mn3Si2CrMo 钢经不同等温温度处理后的工程应力-应变曲线

表 4-3-4　18Mn3Si2CrMo 钢经不同等温温度处理后的力学性能

等温温度/℃	硬度(HRC)	屈服强度/MPa	抗拉强度/MPa	断面收缩率/%	均匀伸长率/%	总伸长率/%	冲击韧性/J·cm^{-2}	强塑积/MPa·%	硬化指数 n
330	43.6	865	1453	48.4	9.5	16.8	79	24410	0.194
290	44.3	890	1446	48.5	8.8	16.1	96	23281	0.184
245	44.4	906	1465	46.4	7.2	15.0	119	21975	0.183
205	45.5	944	1512	54.4	7.2	15.4	119	23285	0.175
25	47.8	1125	1649	45.7	5.5	12.4	112	20448	0.164

钢的强塑积是指其在静拉伸时单位体积材料断裂前所吸收的功，是强度与塑性的综合指标。综合表 4-3-4 中的性能可以看出，在 205℃ 等温时，钢的综合力学性能（强度、韧性和塑性）为最佳，其较高的强度值一方面来自马氏体中合金元素的固溶强化作用，另一方面来自较高碳固溶量的贝氏体组织。随着等温温度的升高，钢的强度逐渐降低，一方面是由于马氏体体积分数减少，同时是马氏体脱碳软化；另一方面是高温下形成的贝氏体组织碳固溶量降低，从而降低钢的强度。钢的伸长率主要取决于钢中残余奥氏体的稳定性，当等温温度为 330℃ 时，残余奥氏体的形态不同，其稳定性存在一定差异，使得残余奥氏体在拉伸过程中能持续转变，从而保持了残余奥氏体的加工硬化能力，最终获得较高的塑性。钢的冲击韧性主要与残余奥氏体组织的含量和形态有关，由表 4-3-4 可以看出，较多的残余奥氏体并不能保证钢具有高的冲击韧性，还与其形态有密切的关系。前面提到残余奥氏体相有两种形态：薄膜状和块状，两种形态的残余奥氏体展现出不同的稳定性，如果适当稳定的残余奥氏体在裂纹尖端发生 TRIP 效应，则有利于钢韧性的提升；如果大块的残余奥氏体（高碳含量）在 TRIP 效应中形成高碳的马氏体，则不利于韧性的提升。另外，马氏体板条和贝氏体组织在裂纹传播和扩展过程中均起到重要作用。

钢经 205℃ 等温处理韧性较好有两方面原因，一方面是铁素体板条尺寸较细，有利于阻止裂纹扩展提升韧性；另一方面是因为适当稳定的残余奥氏体在裂纹尖端发生 TRIP 效应，提升了钢的韧性。同时，块状残余奥氏体含量较少，减小了因较大尺寸不稳定残余奥氏体在冲击试验过程中易转变为脆性马氏体的不利影响。钢的加工硬化指数（n）是评定金属材料加工硬化性能最重要的指标，n 值反应钢拉伸过程中在均匀塑性变形阶段应变硬化能力。利用 Hollomon 公式计算加工硬化指数 n 值，可以看出，随着等温温度的降低，加工硬化指数呈降低趋势。25℃等温处理（室温水淬）后具有最小的 n 值，这与其较高的屈服强度和位错密度有关。

示波冲击试验能够较好地描述钢在冲击断裂过程中各阶段的能量分布，进而反映出钢的断裂特征和韧脆特性，钢经不同工艺处理后冲击试样的载荷-能量-位移曲线，如图 4-3-8 所示。该图中，载荷从 0 增加到最大值后开始降低，表明此时已经开始产生裂纹。与之相对的经不同热处理工艺处理后冲击试样的能量值，见表 4-3-5。其中屈服能量 E_y 代表屈服力对应的能量，最大力能量 E_m 代表最大力对应的能量，不稳定裂纹扩展起始能量 E_u 代表不稳定裂纹扩展起始力对应的能量，不稳定裂纹扩展终止能量 E_t 代表不稳定裂纹扩展终止力对应的能量，裂纹扩展能 E_p（$E_p = E_t - E_i$，E_i 为裂纹萌生对应的能量，$E_i = E_m$，E_p 是裂纹扩展对应的能量）。可以看出，钢经 330℃等温处理后的各能量值均为最低值，表明此时钢的抗裂纹萌生和裂纹扩展能力最差。随着等温温度的降低，各能量值均呈升高趋势，在 205℃等温处理后 E_m 和 E_p 值分别达到 49. 1J 和 36. 4J。当钢经 25℃等温（室温水淬）后，E_m 值升高 1. 6，E_p 值降低 5. 3。E_p 值降低的主要原因是 E_t 值降低。

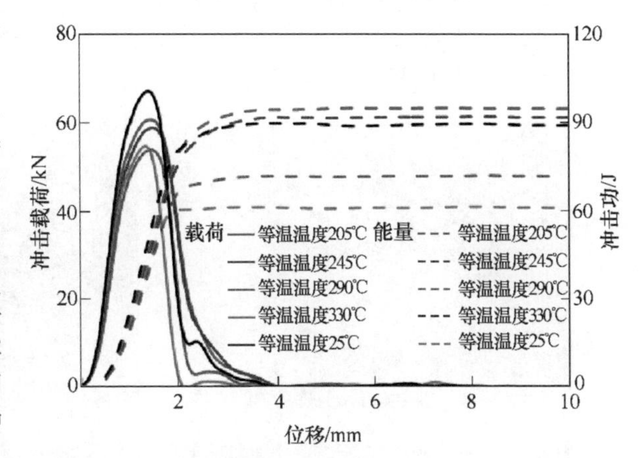

图 4-3-8 18Mn3Si2CrMo 钢经不同等温温度淬火处理后冲击载荷-能量-位移曲线

表 4-3-5 18Mn3Si2CrMo 钢经不同工艺处理后冲击试样的试验结果

等温温度/℃	屈服能量 E_y/J	最大力能量 $E_m(E_i)$/J	不稳定裂纹扩展起始能量 E_u/J	不稳定裂纹扩展终止能量 E_t/J	裂纹扩展能 E_p/J
330	15. 1	38. 6	52. 9	60. 3	21. 7
290	16. 3	42. 2	60. 9	68. 4	26. 2
245	17. 1	49. 2	73. 6	81. 6	32. 4
205	17. 4	49. 1	77. 2	85. 5	36. 4
25	19. 1	50. 7	72. 8	81. 8	31. 1

18Mn3Si2CrMo钢经不同热处理工艺处理后的冲击断口形貌，如图4-3-9所示。当钢经330℃等温处理后冲击断口表面几乎不存在韧窝，由大量解理面和少量撕裂棱组成，断口表面呈现出典型的脆性断裂特征。随着等温温度的降低，韧窝逐渐增多，解理面不断减少，在205℃等温处理后的冲击断口表面由大量的韧窝及少量撕裂棱组成，断口表面呈韧性断裂。经25℃等温（室温水淬）处理后的冲击断口表面同样由大量韧窝组成，但也存在少量解理面。随着等温温度的升高，钢的断裂方式发生了转变，冲击韧性大幅度降低，这种转变一方面是因为等温温度越高，bcc板条尺寸平均宽度越大，在一定程度上加速了裂纹扩展；另一方面是块状残余奥氏体含量越高，较大量的块状残余奥氏体在冲击试验过程中迅速转变为脆性马氏体，不利于裂纹尖端钝化。

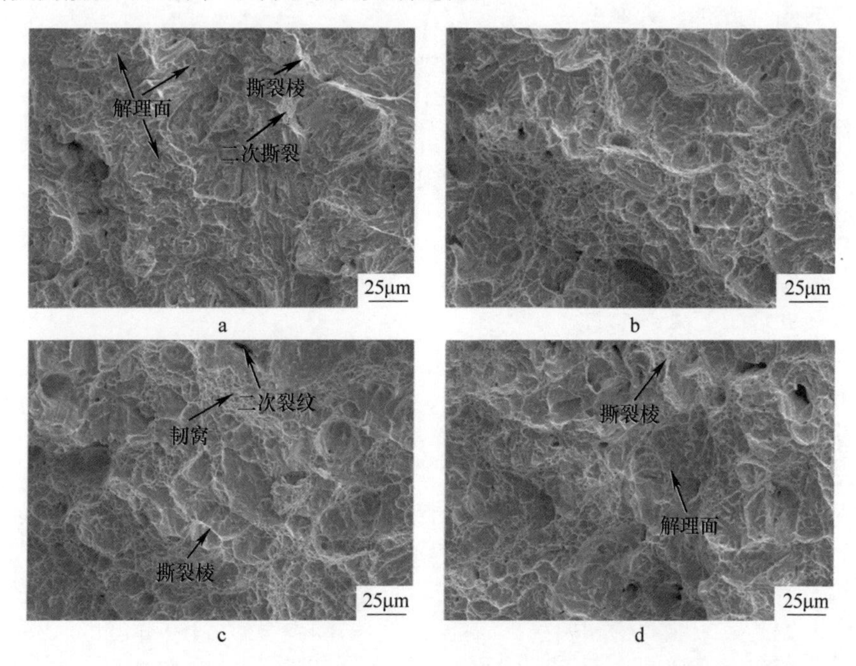

图4-3-9　18Mn3Si2CrMo钢经不同等温温度淬火处理后的冲击断口形貌

a—330℃×2h；b—245℃×2h；c—205℃×2h；d—25℃（室温水淬）

18Mn3Si2CrMo钢中各相体积分数变化对其性能的影响，如图4-3-10所示。其中，图4-3-10a为马氏体体积分数对钢冲击韧性及强塑积的影响，可以看出，随着马氏体体积分数的增加，18Mn3Si2CrMo钢的冲击韧性呈先升高后降低的趋势，在马氏体体积分数为80%左右时，钢的冲击韧性达到最大值。钢的强塑积呈先降低后升高再降低的趋势，这是由于随着马氏体体积分数的增加，钢的强度上升而塑性降低。综合强度、塑性和韧性三种指标，发现钢在马氏体体积分数为80%左右时，钢的综合力学性能为最优，这与低碳马氏体组织本身具有良好的强韧配合有很大的关系。图 4-3-10b 和 c 分别为贝氏体体积分数和残余奥氏体体积分数对钢冲击韧性及强塑积的影响。可以看出，随着贝氏体体积分数的增加，钢的冲击韧性呈先升高后降低的趋势，强塑积呈先升高后降低再升高的趋势。在贝氏体体积分数为 16%左右时，钢的综合力学性能为最优。在残余奥氏体体积分数为 4%左右时，钢的综合力学性能为最优。

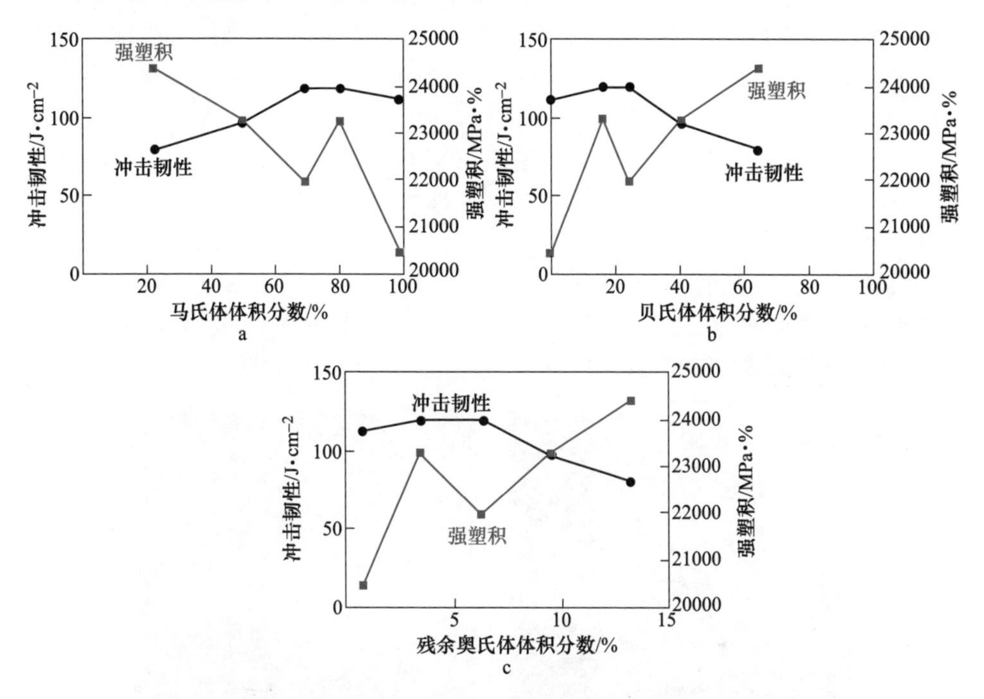

图 4-3-10 18Mn3Si2CrMo 钢各相体积分数对其性能的影响规律
a—马氏体体积分数；b—贝氏体体积分数；c—残余奥氏体体积分数

马氏体相的增加有利于 18Mn3Si2CrMo 钢强度的增加，但不利于其塑性；残余奥氏体和贝氏体相与马氏体相的作用恰好相反。综合强度、塑性和韧性三种指标，发现当马氏体相体积分数为 80%左右、贝氏体相体积分数为 16%左右、残余奥氏体相体积分数在 4%左右时，18Mn3Si2CrMo 钢具有最优的综合力学性能，多相组织有利于提高 18Mn3Si2CrMo 钢的塑韧性。

3.3 疲劳性能

以 18Mn3Si2CrMoNi 钢为研究对象，其化学成分见表 4-3-1，其 M_s 点温度是 338℃。研究其疲劳性能设计的热处理工艺为：经 900℃奥氏体化 1h 后分别直接等温淬火到温度为 315℃、275℃、230℃和 190℃的盐浴炉中，保温 2h 后取出空冷。在 MTS 万能液压伺服试验机上对钢进行循环变形试验，总应变幅（$\Delta\varepsilon_t/2$）

分别为 5.0×10^{-3}、6.5×10^{-3}、8.0×10^{-3} 和 1.0×10^{-2}，试验完成后，可得到钢在不同总应变幅下的循环稳定周次及半寿命对应的周次。随后选取 5.0×10^{-3} 和 1.0×10^{-2} 总应变幅进行过程研究，当循环周次达到1周次、在最大应力值、半寿命循环周次时停止试验，选取试样标距内部分进行后续的试验观察。

18Mn3Si2CrMoNi 钢完全奥氏体化后经 M_s 温度以下不同温度等温处理后，可得到具有不同体积分数的贝氏体、马氏体及残余奥氏体的混合组织。各相组织含量、bcc 板条尺寸及试验钢力学性能均随等温温度的变化呈现一定的规律，与 18Mn3Si2CrMo 钢变化规律相同。

18Mn3Si2CrMoNi 钢经不同热处理工艺处理后的典型 TEM 组织及衍射斑点，如图 4-3-11 所示。可以看出，钢经 190℃等温淬火后得到的 bcc 转变产物呈板条形态，基体内部存在两种形态的残余奥氏体组织，即薄膜状残余奥氏体及块状残余奥氏体。经统计得出 18Mn3Si2CrMoNi 钢经 315℃、275℃、230℃和 190℃等温处理后 bcc 转变产物的平均板条厚度分别为（380±53）nm、（363±48）nm、（295±48）nm 和（257±46）nm。

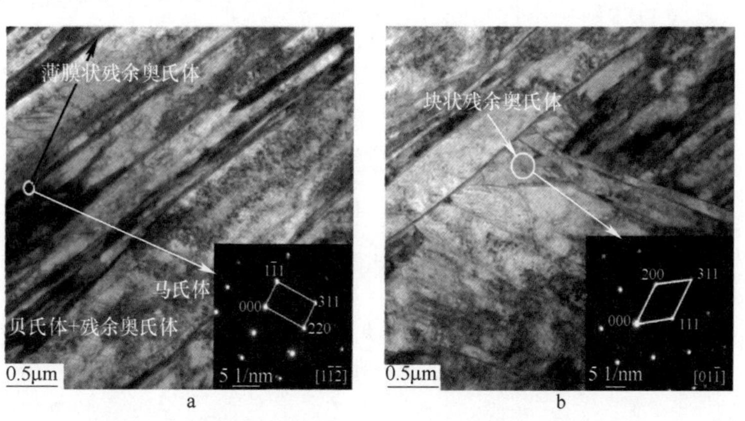

图 4-3-11　18Mn3Si2CrMoNi 钢经 900℃奥氏体化在 190℃等温淬火处理的 TEM 组织及衍射斑点

a—薄膜状残余奥氏体形态及其衍射斑点；b—块状残余奥氏体形态及其衍射斑点

钢经不同工艺处理后不同相的体积分数和力学性能随等温温度的变化规律，如图 4-3-12 所示。可以看出，钢经 315℃等温处理后，马氏体、贝氏体、薄膜状及块状残余奥氏体体积分数分别为 64.3%、22.4%、9.4%和 3.7%。随着等温温度的降低，马氏体不断增加，贝氏体不断减少，薄膜状及块状残余奥氏体含量均呈降低趋势。当等温温度为 190℃时，马氏体、贝氏体、薄膜状及块状残余奥氏体体积分数分别为 15.3%、80.4%、2.3%和 2.0%。由此可见，随着等温温度的降低，总体上组织中残余奥氏体含量降低，而块状残余奥氏体含量比重增加。钢经 315℃等温处理后屈服强度为 863MPa，抗拉强度为 1441MPa，均匀伸长率和总伸长率均较高，分别为 7.1%和 16.2%，然而冲击韧性较低，仅为 77J/cm²。随着等温温度的降低，钢的强度和韧性不断提高，均匀伸长率和总伸长率均不断降低。

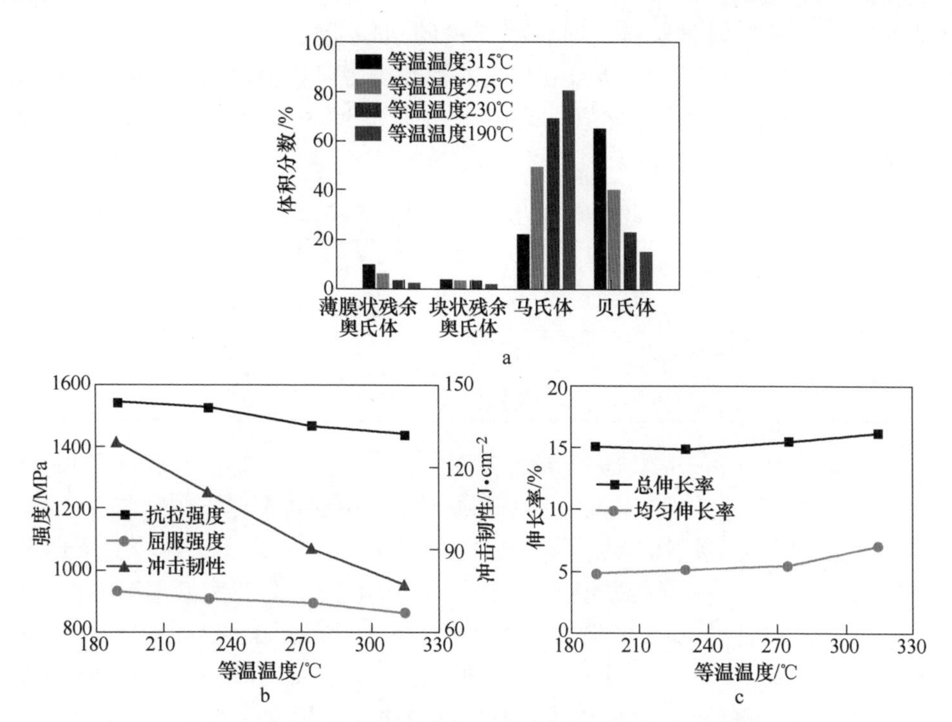

图 4-3-12　18Mn3Si2CrMoNi 钢经不同工艺处理后不同相的体积分数和力学性能随温度的变化规律

a—相的体积分数；b—强度和冲击韧性；c—伸长率

18Mn3Si2CrMoNi 钢经 M_s 温度以下不同温度等温淬火处理后，在不同总应变幅下进行拉压循环应力-应变疲劳试验。经不同温度等温淬火处理后，钢的循环应力响应行为存在相似的特征，在各总应变幅下，随着循环周次的增加，均首先表现为循环硬化，随着循环周次的继续增加，应力幅保持平衡，表现为循环稳定。循环周次进一步增加，应力幅不断减小，表现为循环软化直至试样失效。即经不同温度等温淬火处理后，18Mn3Si2CrMoNi 钢的循环应力-应变曲线均经历了循环硬化、稳定和软化及断裂失效四个阶段。在低总应变幅下，试样经循环硬化阶段后，经历一个较长的循环稳定阶段，然后缓慢循环软化直至试样失效。随着总应变幅的增加，循环硬化阶段后的循环稳定阶段逐渐变短。在总应变幅为 1.0%时，循环稳定阶段最短。随着总应变幅的增加，经不同温度等温淬火后钢达到最大循环应力所对应的循环周次呈逐渐降低的趋势。经 190℃ 等温处理后，在各总应变幅下的循环饱和阶段的循环总周次均高于其他等温温度相同应变幅下的循环饱和阶段周次。

通过分析钢循环变形过程中的微观组织演变行为，可以得到18Mn3Si2CrMoNi钢经不同温度等温淬火处理后的塑性应力门槛值（σ_{th}）及应变硬化值（$\Delta\sigma_{hard}$），见表4-3-6。经不同温度等温处理以后，钢的塑性应力门槛值非常相近，均在540~550MPa之间。经190℃等温处理后的塑性应力门槛值最高，且在总应变幅为0.5%和1.0%时的应变硬化值（$\Delta\sigma_{hard}$）分别为360MPa和752MPa，均高于其他等温温度试样在相同总应变幅下的应变硬化值。

表4-3-6　18Mn3Si2CrMoNi钢塑性应力门槛值和在0.5%和1.0%应变幅下应变硬化值

等温温度/℃		315	275	230	190
σ_{th}/MPa		546	540	544	550
$\Delta\sigma_{hard}$/MPa	总应变幅0.5%	324	335	322	360
	总应变幅1.0%	671	680	702	752

图4-3-13为18Mn3Si2CrMoNi钢经不同温度等温淬火处理后在循环变形过程中残余奥氏体体积分数的变化量。钢循环变形过程中的残余奥氏体转变主要发生在第一个循环周次，等温温度相同时，总应变幅越大，残余奥氏体转变量越多。在相同总应变幅下，随着等温温度的降低，残余奥氏体的转变量逐渐减小。其中，薄膜状残余奥氏体比较稳定，而块状的残余奥氏体在循环过程中易发生马氏体相变。由图4-3-12可知，经315℃等温处理后，钢内部有较多大块状残余奥氏体，随着等温温度的降低，块状残余奥氏体量很少。因此，当总应变幅为定值时，等温温度越低，残余奥氏体转变量越小。图4-3-14为18Mn3Si2CrMoNi钢经315℃和190℃等温淬火处理后，在循环变形过程中不同循环周次对应的位错密度。

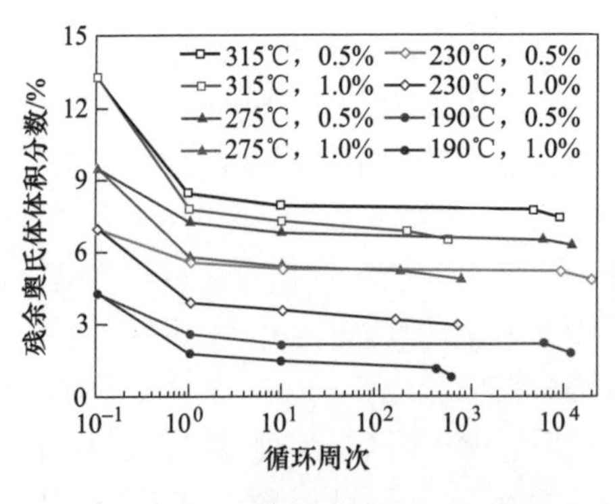

图4-3-13　18Mn3Si2CrMoNi钢在循环变形过程中残余奥氏体体积分数的变化规律

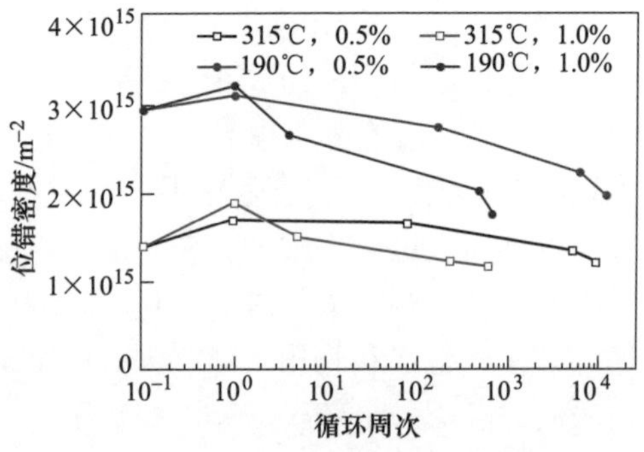

图4-3-14　18Mn3Si2CrMoNi钢经315℃和190℃等温淬火处理后在循环变形过程中初始态、第一周、最大应力值、半寿命及断裂等不同循环周次对应的位错密度

可以看出，经第一个循环周次变形后钢内部的位错密度呈上升趋势，随着循环的继续进行，最大应力值、半寿命循环周次及断裂处对应的 bcc 结构内部的位错密度均呈降低趋势。

循环变形过程中残余奥氏体含量及位错密度的变化，不足以引起钢高的应变硬化行为，钢内部可动位错密度的变化导致了在塑性变形过程中作用于位错上的有效应力增加。在第一循环周次的拉伸加载过程中，塑性变形导致可动位错发生缠结，使得可动位错密度大幅度降低，它是第一循环周次应变硬化行为的主要原因。

在相同总应变幅下，钢的等温温度越低，bcc 结构内部位错密度越高，第一循环周次拉伸加载卸载变形后，总位错密度上升，引起更多的可动位错缠结在一起，可动位错密度降低越明显，位错有效应力增加越显著。在等温温度为 190℃时，位错有效应力较大。因此，在相同总应变幅下，经 190℃等温处理后试样的应变硬化值高于其他等温温度试样在相同总应变幅下的应变硬化值。

循环硬化率（*HR*）和软化率（*SR*）可以表征钢在循环变形过程中的循环硬化和软化程度。循环硬化率与软化率的计算公式分别为：

$$HR = \frac{\sigma_{\mathrm{Max}} - \sigma_1}{\sigma_1} \tag{4-3-3}$$

式中 *HR*——循环硬化率；

σ_1——循环变形过程中第一循环周次的应力幅，MPa；

σ_{Max}——循环变形过程中最大应力幅，MPa。

$$SR = \frac{\sigma_{\mathrm{Max}} - \sigma_{\mathrm{Hf/2}}}{\sigma_{\mathrm{Max}}} \tag{4-3-4}$$

式中 *SR*——循环软化率；

$\sigma_{\mathrm{Hf/2}}$——循环变形过程中半寿命处对应的应力幅，MPa。

经计算得到 18Mn3Si2CrMoNi 钢经不同温度等温淬火处理后的循环硬化率与循环软化率，如图 4-3-15 所示。钢经不同温度等温处理后的循环硬化率随着总应变幅的增加均呈先升高后降低的趋势，在总应变幅为 0.65%附近时，各等温温度处理后钢的循环硬化率均取得最大值；当总应变幅范围在 0.5%~1.0%之间时，随着等温温度的降低，钢的循环硬化率呈降低趋势，而钢的循环软化率随总应变幅的增加呈上升趋势，并且 275℃等温处理钢的循环软化率最大，190℃等温处理钢的循环软化率最小。

在各总应变幅下，经不同温度等温处理的 18Mn3Si2CrMoNi 钢表现出了不同的循环应力响应。这与钢中残余奥氏体的稳定性、位错状态及循环变形过程中的微观组织演变均存在很大关系，具有较低位错密度的钢在初始阶段的循环硬化行为主要是由位错的增殖与位错间的相互作用引起的；而对于具有较高位错密度的

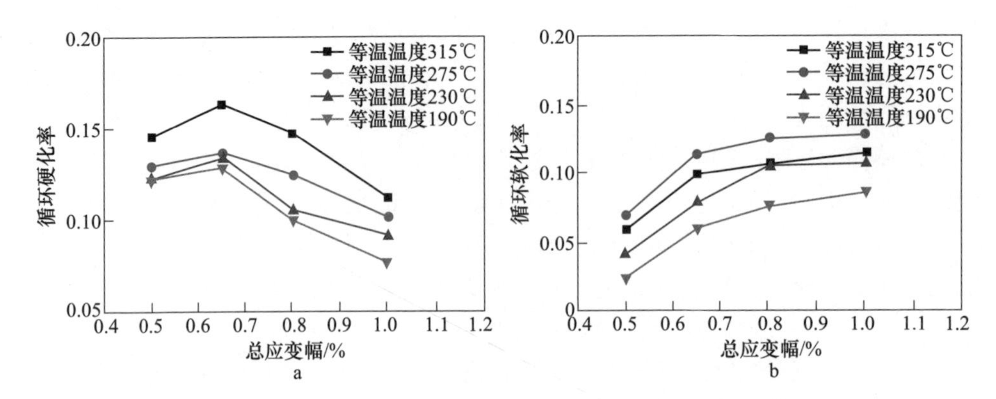

图 4-3-15　18Mn3Si2CrMoNi 钢经不同温度等温淬火处理后的循环硬化率和循环软化率与总应变幅的关系

a—循环硬化率；b—循环软化率

钢，初始阶段的循环硬化行为是由于循环变形过程中位错间的相互作用，导致形成大量的位错缠结及不可动位错，使可动位错密度大幅度的降低，进而产生循环硬化行为。等温形成的马氏体和低温贝氏体组织中的位错密度均达到 $10^{15}m^{-2}$，在循环变形过程中，可动位错密度的降低导致了初始阶段的循环硬化行为，随着循环变形的进行，累积的塑性应变会促使位错进行多滑移和交滑移，导致位错密度降低。当位错湮没与形成低能量位错亚结构引起的应力幅降低大于位错缠结和可移动位错密度降低引起的应力幅增加就会发生循环软化。

随着总应变幅的增加，残余奥氏体的转变量呈上升趋势，有利于钢的循环硬化行为，同时，位错密度降低幅度的增加，不利于循环硬化行为；可动位错密度降低幅度增加，又有利于循环硬化行为，然而，应变幅越高，第一循环周次应变硬化程度越明显，不利于循环硬化。这几种因素相互作用导致在总应变幅为 0. 65%附近时钢的循环硬化率取得最大值，随着等温温度的降低，钢第一循环周次应变硬化行为越明显，经 190℃等温处理钢的应变硬化程度明显低于其他等温温度的钢，因此钢的循环硬化率随着等温温度的降低呈降低趋势。

与循环硬化相比，循环软化往往通过降低钢抵抗应力的能力，使其产生较大的塑性变形，从而使钢产生累积损伤，对钢的服役寿命产生不利影响。因此，在相同应力幅下，275℃等温处理钢的服役寿命最低，190℃等温处理钢的服役寿命最高。

钢的过渡疲劳寿命（N_T）是反映其低周疲劳性能的重要指标，影响钢 N_T大小的因素主要为钢的强度与塑性。根据 Coffin 对 N_T的定义，得到 18Mn3Si2CrMoNi 钢经不同温度等温淬火处理后的过渡疲劳寿命，如图 4-3-16 所示，钢经 315℃、275℃、230℃和 190℃等温淬火处理后的过渡疲劳寿命分别为 501 周次、830 周次、750 周次和 687 周次。屈服强度的增加或伸长率的降低可降低钢的过渡疲劳

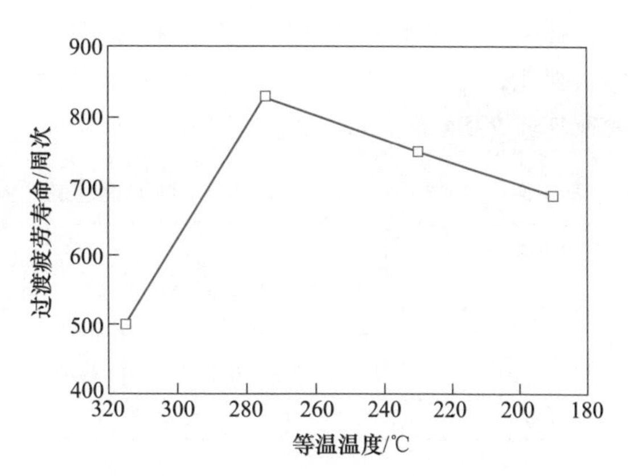

图 4-3-16 18Mn3Si2CrMoNi 钢经不同温度等温淬火处理后的过渡疲劳寿命

寿命。由图 4-3-12 可知，钢经 315℃等温处理后具有较高伸长率和较低的屈服强度，随着等温温度由 315℃降低到 190℃，钢的屈服强度不断升高，伸长率不断降低。因此，钢的过渡疲劳寿命应随等温温度的降低呈降低趋势。然而经 315℃等温处理钢的过渡疲劳寿命却低于经 275℃等温处理钢的过渡疲劳寿命，因为拉伸试验获得的屈服强度与伸长率反映的是钢在承受轴向拉伸载荷下的特性，而低周疲劳是钢在循环应力和应变作用下的特性，因此，两者的性能结果并不会完全一致，还与钢本身的微观结构存在很大关系。经 315℃等温处理钢的内部含有大块状残余奥氏体和薄膜状残余奥氏体，两种形态的残余奥氏体的稳定性存在一定差异，大块状残余奥氏体在循环变形过程中优先发生转变，第一循环周次变形后，大部分块状残余奥氏体发生了转变，在随后的循环变形过程中，残余奥氏体转变量很少，裂纹一旦产生，新形成的马氏体可以为快速裂纹扩展提供路径，加速钢的失效。而在拉伸过程中，钢的伸长率主要取决于钢中残余奥氏体的稳定性。当等温温度为 315℃时，残余奥氏体的形态不同，其稳定性存在一定差异，使得残余奥氏体在拉伸过程中能持续转变，从而保持了残余奥氏体的加工硬化能力，最终使得钢具有高的塑性。

采用三种方法对钢的疲劳寿命进行预测，钢的疲劳寿命一般可通过循环应力及循环塑性应变进行预测，循环应力与疲劳寿命之间的关系可用 Basquin 公式，而塑性应变幅与循环断裂周次的变化关系可以用 Coffin-Manson 关系式来表示。将 Basquin 公式和 Coffin-Manson 关系式联系起来，以总应变描述损伤，具体公式可表示为：

$$\frac{\Delta\varepsilon}{2} = \sigma_f'(2N_f)^b + \varepsilon_f'(2N_f)^c \tag{4-3-5}$$

滞回能与疲劳寿命之间关系可用疲劳损伤滞回能模型式 4-2-6 来表述。经计算得到 18Mn3Si2CrMoNi 钢经不同温度等温淬火处理后的低周疲劳性能参数值，见表 4-3-7。可以看出，随着等温温度的降低，疲劳强度指数的绝对值、疲劳强度系数、疲劳塑性指数的绝对值和疲劳塑性系数均呈上升趋势。而钢的疲劳损伤容限和疲劳损伤速率与钢的等温温度的关系规律性不强，275℃等温处理钢具有最高的疲劳损伤容限和最低的疲劳损伤速率，230℃等温处理钢具有最低的疲劳损伤容限和最低的疲劳损伤速率，表明这两个等温处理钢具有较好的低周疲劳寿命。因此，当采用疲劳损伤滞回能模型来表征 18Mn3Si2CrMoNi 钢的疲劳寿命时，发现其经 275℃和 230℃等温处理后的疲劳性能最佳。

表 4-3-7　18Mn3Si2CrMoNi 钢经不同温度等温淬火处理后的低周疲劳试验的性能参数

等温温度/℃	σ_f'/MPa	b	ε_f'	c	W_0/MJ · m^{-3}	β
315	2045	-0.0782	0.6797	-0.7412	258.1	2.7552
275	2100	-0.0815	1.0632	-0.7584	341.9	2.5945
230	2233	-0.0829	1.0001	-0.7639	234.1	3.0030
190	2476	-0.0923	2.1742	-0.8872	294.9	2.7638

18Mn3Si2CrMoNi 钢经不同温度等温淬火处理后的总应变幅、塑性应变幅、应力幅以及滞回能随疲劳失效反向数的变化曲线，如图 4-3-17 所示，图中的塑性应变幅、应力幅和滞回能均为利用半寿命处的滞后回线所求得的数值。在较低总应变幅下，钢经 230℃等温处理后具有最长的疲劳寿命，经 315℃等温处理后疲劳寿命最短。当总应变幅增加到 1.0%时，315℃等温处理钢疲劳寿命仍为最短，但 275℃等温钢的疲劳寿命最长。在相同塑性应变幅下，275℃等温处理钢具有最

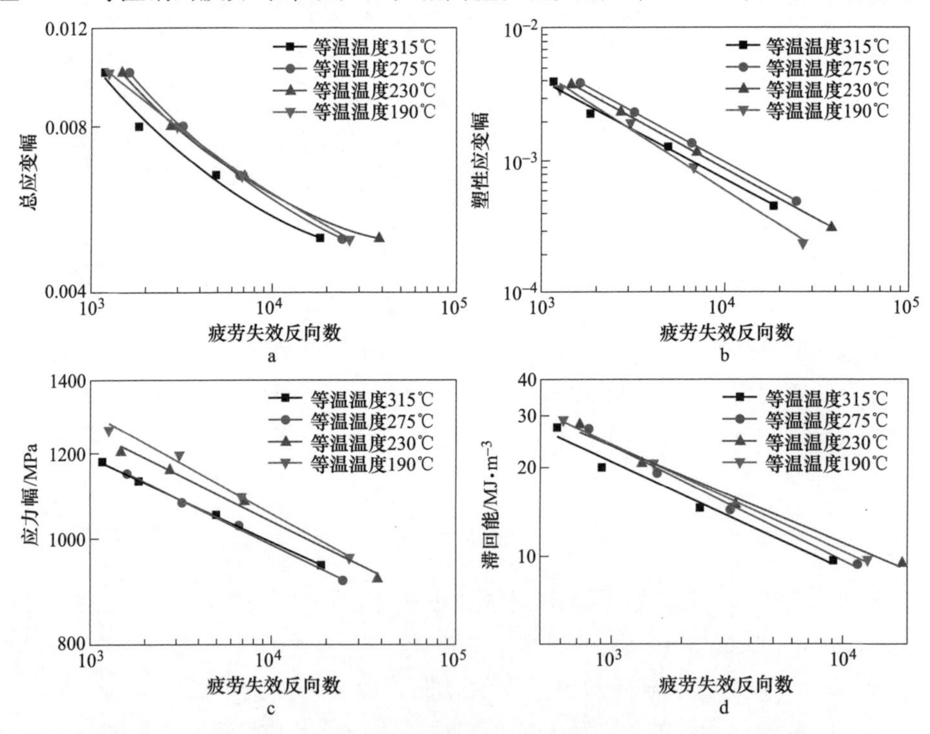

图 4-3-17　18Mn3Si2CrMoNi 钢经不同温度等温处理后半寿命处的总应变幅（a）、塑性应变幅（b）、应力幅（c）和滞回能（d）随疲劳失效反向数的变化曲线

长的低周疲劳寿命。在较低塑性应变幅下，190℃等温处理钢的低周疲劳寿命最短；在较高塑性应变幅下，315℃等温处理钢的低周疲劳寿命最短。在相同应力幅下，190℃等温处理钢的低周疲劳寿命最长，275℃等温钢的疲劳寿命最短。这与图 4-3-15 反映的循环软化速率表现一致。滞回能较低时，230℃等温处理钢具有最长的疲劳寿命，随着滞回能的增加，275℃等温钢的疲劳寿命逐渐超越 230℃等温处理的疲劳寿命。在相同滞回能下，315℃等温处理钢的疲劳寿命最短。

图 4-3-18 为不同总应变幅下各相含量对钢低周疲劳寿命的影响，在 1.0%和 0.5%总应变幅下，马氏体体积分数的增加先有利于疲劳寿命的增加，之后不利于疲劳寿命的增加；在 0.65%和 0.8%总应变幅下，马氏体体积分数的增加有利于疲劳寿命的增加。贝氏体体积分数和残余奥氏体体积分数的增加先有利于疲劳寿命的增加，之后不利于疲劳寿命的增加，而在 0.65%和 0.8%总应变幅下，贝氏体体积分数和残余奥氏体体积分数的增加不利于疲劳寿命的增加。在较低总应变幅下，钢组织（体积分数）为 69.5%V_M+23.5%V_B+7.0%V_γ（230℃等温处理）

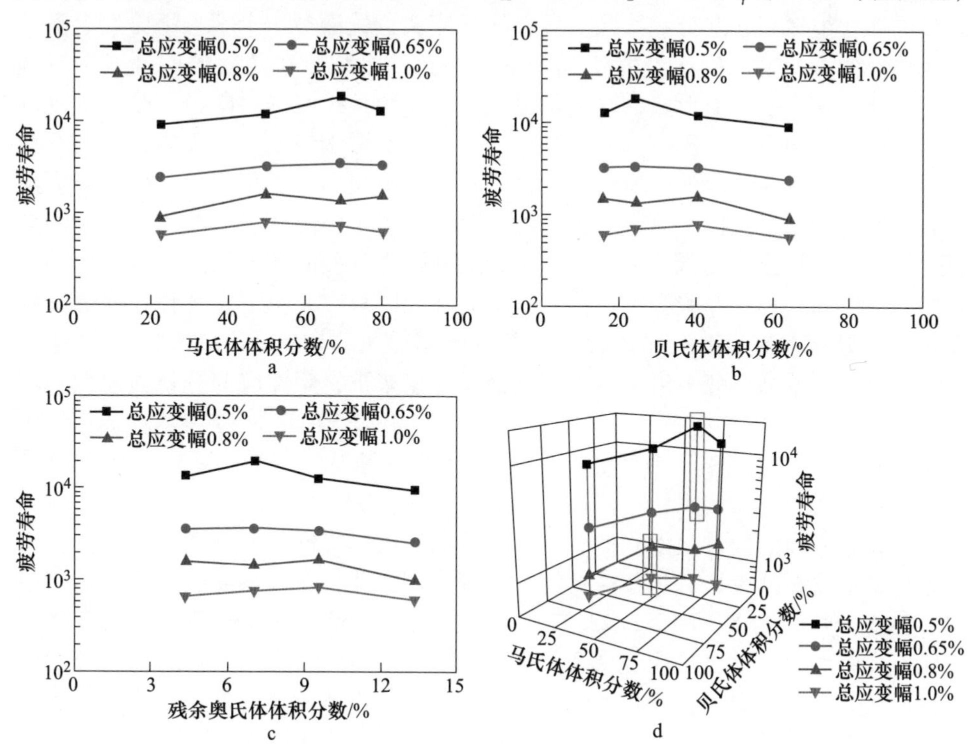

图 4-3-18　不同总应变幅下 18Mn3Si2CrMoNi 钢疲劳寿命随各相含量对钢低周疲劳寿命的影响
a—疲劳寿命随马氏体体积分数 V_M 的变化曲线；b—疲劳寿命随贝氏体体积分数 V_B 的变化曲线；
c—疲劳寿命随残余奥氏体体积分数 V_γ 的变化曲线；d—马氏体体积分数 V_M+贝氏体体积分数 V_B 对疲劳寿命的综合影响规律

时具有最优的低周疲劳寿命；在较高总应变幅下，钢组织（体积分数）为49.9% V_M+40.6% V_B+9.5% V_γ（275℃等温处理）时具有最优的低周疲劳寿命。通过对组织分析发现，对钢的总疲劳寿命起主要作用的是高强韧性的低碳马氏体组织含量和残余奥氏体的形态，其次是高强韧贝氏体组织含量和总残余奥氏体含量。

将钢由奥氏体化温度直接淬火到315℃、275℃、230℃和190℃不同温度的盐浴炉中进行等温淬火，板条马氏体将优先从原奥氏体晶粒中形成，对原奥氏体晶粒进行分割，部分未转变的奥氏体在随后等温过程中形成高碳低温贝氏体组织，同时贝氏体组织的板条获得细化。18Mn3Si2CrMoNi钢中硅含量较高，在贝氏体相变时可抑制碳化物的析出，在贝氏体铁素体周围的奥氏体成为富碳奥氏体，并可稳定地保留到室温。在原奥氏体晶界、贝氏体和马氏体的板条间形成一定量的薄膜状和块状两种形态残余奥氏体。

18Mn3Si2CrMoNi钢经不同温度等温淬火处理后的组织由马氏体、贝氏体及残余奥氏体三相构成，相对于残余奥氏体来说，马氏体与贝氏体均为硬相。因此，低周疲劳试验过程中应变主要集中于残余奥氏体相。经315℃等温处理后残余奥氏体含量最多，配分到残余奥氏体相的应变也就最多。由于大部分残余奥氏体在循环变形的第一周次就发生相变形成马氏体组织，在随后的循环变形过程中，裂纹一旦形成，新形成的马氏体可以为快速裂纹扩展提供路径。随着等温温度的降低，钢中残余奥氏体含量不断减少，循环变形诱导发生马氏体相变也逐渐减少，有利于疲劳性能的提升。马氏体与贝氏体组织均为硬相组织，随着等温温度的降低，硬相组织体积分数增加，配分到硬相组织的应变也不断增加，钢的屈服强度呈上升趋势。在低总应变幅下，钢的疲劳失效反向数的周次强烈地依赖于其屈服强度的大小，屈服强度越高，意味着在相同总应变幅下，其弹性应变幅越大。由于塑性应变分量对导致疲劳失效的贡献最大，因此，在给定的总应变幅下，屈服强度越高，疲劳寿命越长。在高总应变幅下，塑性应变分量占总应变幅的比重增加，通常具有较高韧性的钢会获得较高的应变寿命。对于18Mn3Si2CrMoNi钢而言，在低总应变幅下，随着等温温度的降低，屈服强度升高，有利于疲劳寿命的延长；然而等温温度越低，配分到硬相组织的应变也就越多，对疲劳寿命的提升是不利的；而随着等温温度的降低，循环变形诱导发生马氏体相变也逐渐减少，有利于疲劳性能的提升。因此，在较低总应变幅下，钢组织（体积分数）为69.5% V_M+23.5% V_B+7.0% V_γ（230℃等温处理）时具有最优的低周疲劳寿命。在高总应变幅下，随着等温温度的降低，钢的冲击韧性升高，有利于疲劳寿命的提升，并且循环变形诱导发生马氏体相变也逐渐减少，也有利于疲劳性能的提升。因此，在较高总应变幅下，试验钢组织（体积分数）为49.9% V_M+40.6% V_B+9.5% V_γ（275℃等温处理）时具有最优的低周疲劳寿命。

从以上研究结果可以看出，通过化学成分优化和微观组织调控，可以制备出综合力学性能优异的，包括马氏体、贝氏体、奥氏体复相组织的低碳高硅钢，这种低碳高硅复相钢有望成为比较理想的铁路轨道用钢。

第 5 篇

铁路轨道服役条件和用钢选择

1 铁路轨道服役条件

铁路轨道包括钢轨和辙叉，它们的服役状态类似，但辙叉服役条件比钢轨恶劣得多，因此，在用钢选择上也有不同。

1.1 钢轨服役条件

钢轨的服役状态主要是承受列车车轮的反复滚压，其承载强度和钢轨的状态主要取决于以下载荷参数：列车轴的垂向静载荷、列车轴载荷总和与列车运行速度。附加了动态增量的静轴载荷水平，原则上来说决定了钢轨所需的强度。累计的吨位是衡量钢轨质量状态退化的标准，表征着钢轨是否需要维修或更新。钢轨承受的动载荷也起到重要的作用，它取决于列车速度、横向和垂向钢轨几何。表5-1-1 给出了作用于钢轨上的轴载荷。钢轨每年的过载量是指在一条特定线路上的轨道交通的密度或容量，通常世界上规定在某一特定线路上平均每年通过列车的过载量的上限是2.5亿吨。然而，目前我国大秦重载线上每年通过列车过载量达到5亿吨以上，已经超过世界极限过载量的一倍。

表 5-1-1 几种类型车辆单轴负荷和轴的数量

车辆类型	轴的数量	空载/kN	加载/kN
电车	4	50	70
轻轨	4	80	100
客车	4	100	120
机动客车	4	150	170
机车	4 或 6	215	
货车	2	120	225
重载列车	2	120	250~350

可根据列车每天通过的过载量，将钢轨线路分成不同的等级。并可用下式计算每天通过过载量：

$$T_f = T_p \frac{v}{100} + T_g \frac{p_c}{18D} \tag{5-1-1}$$

式中 T_p——每天客车过载量，t；

T_g——每天货车过载量，t；

v——最大速度，km/h；

D——车轮的最大直径，m；

p_c——直径为 D 的车轮最大轴载荷，t。

由式 5-1-1 计算，根据每天通过的列车量，按照国际标准划分的铁路轨道等级分类如下：

一等级铁路：$T_f>40000t$

二等级铁路：$20000t<T_f<40000t$

三等级铁路：$10000t<T_f<20000t$

四等级铁路：$T_f<10000t$

列车运行速度是造成轨道服役条件差异的最主要因素之一，表 5-1-2 给出了不同类型列车运行速度的汇总。由列车负荷引起的作用在钢轨上的力相当大，并且具有突发性，同时，伴有快速的波动起伏。可以从三个角度考虑此载荷：从上而下的垂向载荷，钢轨横向的水平方向载荷，平行于钢轨的水平方向载荷。一般分布在两条钢轨上的载荷是不均匀的，并且很难对其定量分析。根据载荷的本质，载荷可以按如下分类：（1）准静态载荷，由车身自重和弯道、道岔及侧风中的离心力和中心力的载荷决定。（2）动载荷，由三方面决定：1）由道砟底座及构件的不同特性和沉降引起的钢轨不规则性；2）在焊接处、关节、道岔等地方的不连续性；3）垂向缺陷，例如车轮扁平、自然振动、蛇形运动等。除此之外，温度对钢轨的影响会引起相当大的纵向拉伸或压缩应力，这种情况会造成钢轨的不稳定性，甚至会有弯折的危险。

表 5-1-2　不同类型线路上列车运行最大速度　（km/h）

线路类型	客车运行最大速度	货车运行最大速度
分支线路		30~40
第二线路	80~120	60~80
主线路	160~200	100~120
提速路	200~250	
高速路	300~400	

钢轨在服役过程中承受重载荷列车车轮的滚压，使其承受车轮的多种力的作用，其中主要有垂向力、横向力、纵向力。同时，由于环境温度变化还会引起钢轨的热胀冷缩，使其承受所调温度力。由这些力引起钢轨底部的中心应力和钢轨轨头相应各种应力。

（1）钢轨垂向力。钢轨垂向力即轨道上自上而下的垂向车轮总载荷，由式 5-1-2 中几个方面构成：

$$Q_{tot} = (Q_{stat} + Q_{centr} + Q_{wind}) + Q_{dyn} \tag{5-1-2}$$

式中 Q_{stat}——静轴载荷一半的静车轮载荷，在直的水平钢轨上测量；

Q_{centr}——在弯道外侧轨道上车轮载荷的离心力，与非补偿性的离心力相关；

Q_{wind}——由于侧风产生的力；

Q_{dyn}——动车轮载荷，主要来自：簧载质量 0~20Hz，非簧载质量 20~125Hz，起皱、焊接、车轮扁平 0~2000Hz。

（2）钢轨横向力。钢轨横向力即横向车轮总载荷，就是施加在外轨道车轮上的水平横向总载荷：

$$Y_{tot} = (Y_{flange} + Y_{centr} + Y_{wind}) + Y_{dyn} \tag{5-1-3}$$

式中 Y_{flange}——在弯道上对抗外轨道产生的横向力；

Y_{centr}——由于非补偿性而产生的横向力；

Y_{wind}——由于侧风产生的横向力；

Y_{dyn}——动横向力组分，在直道上有明显的不规则摆动现象。

如果假设 Y_{centr} 和 Y_{wind} 完全作用在外轨道上，则必须考虑每对车轮的平衡问题：

$$Y_{emax} = G\frac{h_d}{s} + H_w \tag{5-1-4}$$

式中 G——列车每个轮对重量；

s——轨道宽度；

H_w——横向风力；

h_d——两轨之间高度差。

然而，实际状况要复杂得多，可以存在多对轮副，车辆也可能在一个弯道上不同的位置以及车轮与轨道之间存在附着力。因此，要想很可靠地预测总的横向力是不可能的。但实际上，当前的测量技术已经可以测得轨道上总的垂向力和水平力了。

钢轨上总的横向力 H 大约等于力 Y 乘以一个动力放大系数：

$$H = K\left(G\frac{h_d}{s} + H_w\right) \tag{5-1-5}$$

式中 K——放大系数。

要抵抗施加在车轮上的总横向力，必须借助阻止道砟床上的枕木横向位移的抗力及钢轨框架的水平刚度（5%~10%）。在水平方向钢轨的抗力是有极限的，高的横向力会引起枕木在道碴床中移动，并且很可能是永久的变形。

（3）钢轨纵向力。钢轨中的水平纵向力产生的原因有：温度力，将其作为静载荷考虑；加速和刹车；由轨道焊接引起的收缩应力；轨道蠕变。

温度力。轨道长度上的变化与温度变化密切相关，它们之间的关系可以表示成：

$$\Delta l = \alpha l \Delta T \tag{5-1-6}$$

式中　α——轨道钢的线膨胀系数；

ΔT——温度的变化（定义是 $\Delta T=T_{actual}-T_{initial}$）；

l——原始轨道长度。

这种情况不会发生在固定的轨道上，因为这样的轨道包含一个能够提供轴向位移的纵向抗力，这个抗力是由轨道和枕木之间以及枕木和道砟床之间的摩擦力产生的。

（4）钢轨蠕变。钢轨蠕变现象与运行方向上的渐变位移有关，这种位移可以发生在与枕木相关的轨道上，也可以发生在轨道与道砟床相关的枕木上。在列车双向运行的单个钢轨上，蠕变较少。蠕变的不利之处，在于增加钢轨上的力，会导致钢轨接头处间隙太大或太小。由于施加在轨道上的水平弯曲力矩，非均匀的钢轨蠕变会导致枕木的失稳，而枕木的位移会干扰道砟床上钢轨的稳定性。

在靠近车轮的钢轨其弯曲波动运动中可以找到钢轨发生蠕变的原因，由于车轮载荷的作用，会使轨底延伸增加，从而使钢轨靠近车轮的部位向前稍微移动，因为此点上的剪切抗力是小于加载部位的。随着车轮载荷的移动，在车轮载荷后面的钢轨部分因为轨底伸长部位也会向前稍微移动，从而引起钢轨蠕变。为有效解决该问题，可采用有足够夹紧力的固定装置和有足够剪切抗力的道砟来减少蠕变的发生。

如前所述，轨道受垂向、纵向和横向三个方向的载荷，这些载荷会引起各种各样的应力：垂向应变载荷引起弯曲应力，温度对弯曲钢轨主要引起正应力，在加工过程中矫直会引起残余应力，轨头中的接触应力，还有高频冲击载荷引起的冲击应力，等等。

（5）钢轨底部中心应力。对钢轨底部中心进行重复加载时会发生疲劳断裂，分析出部分原因是在此点存在高的拉应力。这些静态正应力和动态弯曲应力共同作用决定了钢轨的强度，这些应力受发生在钢轨底部中心的垂直车轮载荷影响，而钢轨上的横向载荷或是垂向车轮载荷的离心力对钢轨强度没有影响。

一种常见的做法是考虑一个速度系数或动力放大系数，来计算静载系统或者是一个单轮载荷的强度或疲劳强度。由于车轮和钢轨之间的动态相互影响，运行速度对载荷的影响非常复杂。就载荷的本质而言，进行疲劳强度计算也会更正确一些。

现在已经提出了几个用于估计轨道动应力的简单公式，因为并没有充分考虑到钢轨的几何形状和钢轨与车轮的力学性能，所以这些公式只是对实际情况的一个粗略近似计算。由欧洲铁路公司认可的经 Eisenmamm 发展的经验计算公式，是基于如下的数据和假设：这项经验技术的测量显示钢轨底部的应力，从静态角度出发有一个正态分布，平均值与运行速度 V 无关，采用 Zimmermann 的纵向梁计算可以达到足够的准确度，标准偏差取决于运行速度 V 和钢轨的状态。

根据 Eisemann 理论，可以计算出在钢轨轨脚中心的最大动态弯曲拉应力 σ_{max}，其值为

$$\sigma_{max} = K\sigma_{mean} \tag{5-1-7}$$

式中 K——动态扩大因数。

K 的大小可由下式计算：

$$K = 1 + t\varphi \quad v < 60\text{km/h} \tag{5-1-8}$$

$$K = 1 + t\varphi[1 + (V - 60)/140] \quad 60 \leqslant v \leqslant 200\text{km/h} \tag{5-1-9}$$

式中 t——依赖于置信区间的标准偏差的倍增因数，其值对于钢轨为 3；

φ——依赖于轨道质量的因数，其值对于新钢轨为 0.1，对于服役中的钢轨为 0.2，对于接近失效的钢轨为 0.3。

例如：预先假定钢轨状态质量一般，$v=200\text{km/h}$，$\varphi=0.2$，$t=3$，计算得到 $K=2.2$。因此根据 Zimmermann，计算增加了 120%。

根据 Eisenmamm 理论，在钢轨底部中心的最大预期动态弯曲拉应力为

$$\sigma_{max} = K\sigma_{mean} \tag{5-1-10}$$

σ_{mean} 为钢轨弯曲应力的平均值，其大小可由下式计算：

$$\sigma_{mean} = \frac{QL}{4W_{yf}} \tag{5-1-11}$$

式中 K——动力放大系数；

Q——有效车轮载荷，N；

L——特征长度，m；

W_{yf}——断面系数，与钢轨底部有关，m^3。

车轮有效载荷 Q 等于车轮正载荷，考虑到弯道上由于超高不足量或过量引起的车轮载荷的增加，再乘以系数 1.2。

钢轨弯曲应力的平均值可表示为：

$$\sigma_{mean} = \frac{Q}{A}\frac{A\sqrt[4]{l}}{4W_{yf}} \cdot \sqrt[4]{\frac{4Ea}{k_d}} \tag{5-1-12}$$

式中 Q——有效车轮载荷，kN；

A——钢轨横截面积，m^2；

$l=l_y$——转动惯量，m^4；

W_{yf}——与钢轨底部有关的断面系数，m^3；

E——钢的弹性模量，N/m^2；

a——枕木长度，m；

k_d——离散支架的弹簧常数，N/m。

（6）钢轨轨头应力。钢轨与车轮之间的集中载荷导致在钢轨踏面分布剪切

应力，如图 5-1-1 所示，在某一深度存在最大的剪切应力会导致钢轨踏面处产生疲劳断裂。在车轮重载或者车轮直径相对较小的情况下，接触问题是最严重的。根据 Hertz 理论，两个曲面弹性体之间的接触区域，例如车轮和钢轨踏面，一般是椭球体并且接触应力的分布呈半椭球体。Eisenmann 发明了一种简单的用于车轮和钢轨接触问题的计算方法，它基于如下考虑：测量已经证明了，对于直径 60～120cm 的车轮，一个简单的二元计算已经足够准确了。在数学方程中，接触问题的所有曲线半径都被假定为无穷大，除了车轮曲线的半径。这样接触区域就变成了矩形，并且接触应力的分布也呈半椭圆形的圆柱体形状，如图 5-1-2 所示。

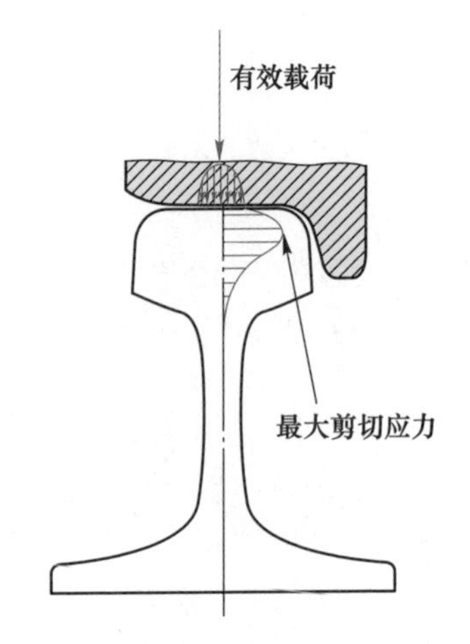

图 5-1-1　钢轨踏面处的剪切应力分布

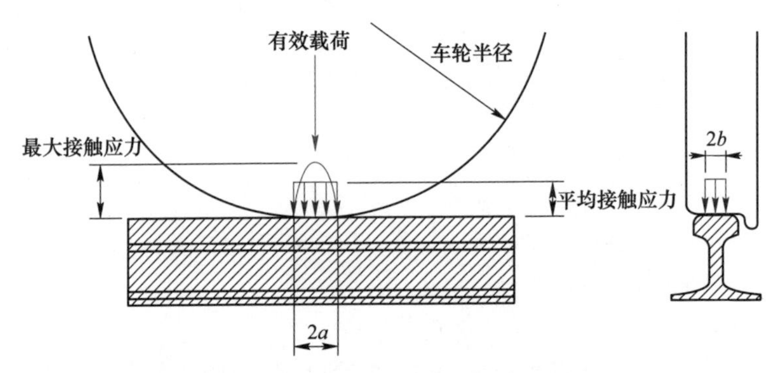

图 5-1-2　根据 Eisenmann 理论假定的车轮与钢轨之间的接触应力分布

对于接触应力计算，可以按照 Hertz 接触理论进行，Hertz 理论有几个假设：固体材料是均匀、各向同性、完全弹性的；接触表面是理想光滑的，无摩擦阻力，接触体间无润滑剂；两物体的接触面的尺寸与物体接触处的曲率半径相比甚小；压力、位移服从弹性半空间理论。近似地，可以将车轮踏面与钢轨顶面的接触看作是满足 Hertz 理论的接触，可以按 Hertz 理论求解。

如果车轮在宽度为 $2b$ 的接触区域分布不均匀，平均接触应力可以表示为

$$\sigma_{\text{mean}} = \sqrt{\frac{\pi E}{64(1-\nu^2)}\frac{Q}{rb}} \tag{5-1-13}$$

式中　Q——有效车轮载荷，kN；

r——车轮半径，mm；

$2b$——车轮与钢轨接触区域的宽度；

E——弹性模量；

ν —— 泊松比。

将 $E=210.000\mathrm{N/mm^2}$、$\nu=0.3$、$b=6\mathrm{mm}$ 代入式 5-1-13，得到：

$$\sigma_{\mathrm{mean}} = 1374\sqrt{\frac{Q}{r}} \tag{5-1-14}$$

式中，Q 的单位是 kN；r 的单位是 mm；σ_{mean}的单位是 $\mathrm{N/m^2}$。

采用 Boussinesq 半空间方法可以大略估计钢轨轨头的应力状态。由于弹性理论并不能很好地适用于所有的情况，根据式 5-1-13 可以应用于计算平均接触应力，决定允许的车轮载荷或是车轮半径的钢轨轨头的最大剪切应力可以估算为

$$\tau_{\max} = 0.3\sigma_{\mathrm{mean}} \tag{5-1-15}$$

最大剪切应力横穿整个钢轨。在纵向上，剪切应力随弯曲应力的产生而下降。在式 5-1-14 的条件下，最大剪切应力可以表示为

$$\tau_{\max} = 412\sqrt{\frac{Q}{r}} \tag{5-1-16}$$

式中，Q 的单位是 kN；r 的单位是 mm；$\tau_{\max}$的单位是 $\mathrm{N/mm^2}$。

例如：$Q=100\mathrm{kN}$，$r=400\mathrm{mm}$，结果是 $\tau_{\max}=206\mathrm{N/mm^2}$。从式 5-1-16 可知，剪切应力不与载荷成比例。剪切应力取决于车轮的半径，而不取决于钢轨弯曲刚度或是钢轨状态。因为应力状态的特点是很局部的，所以计算的应力并不包括增值系数。除此之外，车轮与钢轨接触区域的位置不断变化。这种简单的计算模型可以用于计算发生在钢轨轨头深度为 4~6mm 的最大剪切应力，钢轨表面出现剥落损伤缺陷。

在润滑状态下的铁路转弯线路上，通常用椭圆接触应力分布计算，最大应力位于靠近运行表面 2~4mm 深度处，几乎比上面计算结果（4~6mm）距表面减少了 50%。

基于 Mises 屈服原则，钢轨中允许的剪切应力可以表示成：

$$\bar{\tau} = \frac{\bar{\sigma}}{\sqrt{3}} \tag{5-1-17}$$

式中　$\bar{\tau}$——允许拉应力。

考虑到载荷的疲劳本质，根据试验，轨道钢的允许拉应力应该调整为钢轨钢抗拉强度的 50%：

$$\bar{\tau} \approx 0.5\sigma_{\mathrm{t}} \tag{5-1-18}$$

对于允许的剪切应力，从式 5-1-16 和式 5-1-18 得到允许的有效车轮载荷：

$$Q = 4.9 \times 10^{-7} r\sigma_{\mathrm{t}}^{2} \tag{5-1-19}$$

式中，r 的单位是 mm；σ_{t}的单位是 $\mathrm{N/mm^2}$；Q 的单位是 kN。

1.2 辙叉服役条件

辙叉的服役条件与钢轨类似，但比钢轨复杂得多。因为列车通过辙叉时是处于转弯的状态，所以列车通过辙叉时会产生更加复杂的应力状态。然而，辙叉服役条件可以借鉴钢轨的情况进行分析。

车轮通过辙叉由翼轨咽喉滚向心轨时（即逆行），车轮便逐渐离开翼轨工作边向心轨工作面接近。由于车轮为一锥体，使其与翼轨接触的滚动圆周逐渐减小，车轮便逐渐下降；而车轮滚至心轨上，又由于心轨有向辙叉跟端的上升纵坡，车轮升高逐渐恢复原运行面，这就是列车车轮通过辙叉时，载荷从翼轨向心轨转移的过程。顺行时，过程正相反。因此，车轮通过辙叉时，出现了垂直不平顺的运行条件，从而造成其服役条件比钢轨复杂得多。

就新车轮新辙叉而言，静态载荷下，逆行车轮与心轨开始接触时的位置，一般是在心轨宽 20mm 处。完全离开翼轨只与心轨接触的位置是在心轨宽 50mm 处。顺行时，车轮是在心轨宽 50mm 处开始与翼轨接触，到宽 20mm 处以后完全离开心轨只与翼轨接触，心轨宽 20mm 和 50mm 处是两个变截面点，在此范围内，轮载由心轨和翼轨共同承担。

对车轮与辙叉工作面的滚动接触，主要在弹性范围内。前期有可能产生一定的塑性变形，但由于在随后的滚动循环中，塑变积累，残余应力积累，即材料得到了强化，轮与轨的接触成为一种新的弹性状态。

辙叉承受运动列车车轮的强大动力作用，其中包括横向动力、纵向动力和垂向动力。所谓横向动力即指垂直于轨道水平方向的动力。横向动力中，影响作用最大的就是蛇行运动和蠕滑现象。由于车轮的运行踏面为锥形，导致了轮对车线路上的横向窜行运动即蛇形运动。蛇行运动的存在，会使车轮通过辙叉时产生如下两种情况：轮缘内侧紧靠翼轨工作边和外侧紧靠心轨工作边等极端情形。这样，一方面造成了轮载在心轨和翼轨上分配比例的变化，使辙叉心轨和翼轨都有可能在异常高的接触应力下工作；另一方面造成车轮轮缘对心轨和翼轨的冲击作用。

蠕滑是指轮轨在小范围内的相对滑动。蠕滑一般可分为三种类型：横向蠕滑、纵向蠕滑和旋转蠕滑。轮对横向振动和蛇行运动都会产生横向蠕滑现象，纵向蠕滑和旋转蠕滑则是其他复杂运动状态的结果。由于蠕滑的存在使轮轨接触不再是纯滚动状态，也导致了沿轮轨踏面的切向力的产生。

纵向动力的影响是指列车在轨道上运行时，既有等速运行时的稳定运动状态，也有列车突然启动、加速和突然减速、制动的非稳定运动状态。前者作用于车辆和轨道上的纵向力是非冲击性质，而后者具有冲击性质，对轨道等结构影响很大。由于辙叉均铺设在车站的两侧，进出站列车频繁的减速、制动及启动、加

速过程，使列车运行时对轨道具有冲击性的纵向力，轮与轨之间不仅存在小范围内的纵向蠕滑，而且还可能出现轮在轨道上的宏观滑动或打滑，这种情况尤其发生在列车突然制动或加速的情况，其结果是轮与辙叉之间产生了很大的沿表面的滑动摩擦力，即引入了切向力的作用。

垂向动力是指在垂直于轨道方向上，由于线路不平顺必然引起列车在垂向上的正弦波形运行，以及机车牵引力、惯性力和重力作用，使车轮上产生垂直谐振力，并传递给轨道。这种垂直振动所产生的附加动载荷，一般可达静轮载的20%，这也造成了附加接触应力。

由于辙叉存在有害空间结构，车轮在行经此段无轨区域时，也就存在跨越过程，这必然伴随有冲击辙叉工作面的现象。反复的冲击过程，使辙叉工作面产生周期性的弹性变形和塑性变形，就可能产生微裂纹，这些微裂纹按照表面疲劳现象那样扩展，造成冲击疲劳磨损。一般情况，这种冲击疲劳磨损可以由纯法向冲击力引起，也可能包含着滚动或滑动的影响。

与前述的钢轨类似，辙叉在服役过程中承受列车车轮垂直的、纵向的和横向的载荷，这些载荷导致辙叉的弯曲应力，辙叉踏面上承受竖向、横向、纵向接触应力，还有由温度引起的正应力以及在机械加工中矫直引起的残余应力。然而，由于列车通过辙叉时要实现转弯，因此辙叉承受的各种应力都要大于钢轨承受的应力。

（1）辙叉的垂向力。车轮在辙叉上运行时，其轮轨接触形式分三种：车轮载荷全部由翼轨承担；车轮载荷全部由心轨承担；车轮载荷由心轨和翼轨共同承担。第三种情况是在心轨宽 20~50mm 范围内，对表面剥落失效而言，主要发生部位亦在此范围。

车轮垂直静载荷在翼轨和心轨上的分配，按新轮和新辙叉的接触情况，研究辙叉在心轨宽 20~50mm 纵向范围内的轮载静态转移规律，以轴重 21t 为例计算，结果如表 5-1-3 所示。

表 5-1-3 在轴重 21t 列车作用下辙叉不同截面静载荷分配表 (kN)

心轨宽 20mm		心轨宽 30mm		心轨宽 40mm		心轨宽 50mm	
P_n	P_w	P_n	P_w	P_n	P_w	P_n	P_w
100	0	44	56	72	28	100	0

辙叉在服役过程中承受的垂直应力，可以根据其承受静载荷与动载荷的关系得出，动载荷与静载荷存在如下关系：

$$P_{动} = KP_{静} \tag{5-1-20}$$

式中 K——载荷放大系数。

对车辆而言，

$$K = 1 + \frac{0.4v}{100} \tag{5-1-21}$$

式中　v——列车通过辙叉时的速度。

由式 5-1-20 和式 5-1-21 可以计算出列车不同速度对辙叉造成的垂向力的大小，结果如表 5-1-4 所示，其中列车轴重为 21t。可见列车运行速度越高，这种辙叉的静载垂向力和动载垂向力差别越大。

表 5-1-4　轴重 21t 列车在不同运行速度下辙叉所承受的垂向力

列车运行速度/km・h^{-1}	40	50	60	80	100	120	160
静载垂向力/kN	103	103	103	103	103	103	103
动载垂向力/kN	119	124	128	136	145	153	172

（2）辙叉的横向力。列车在辙叉上运行时，车轮会受到离心力的作用，因此，列车通过辙叉时会产生较大的横向作用力和加速度。Kasy 给出轮轨间的横向力与轴重之间的经验公式：

$$F_L = 0.85(1 + F_0/3) \tag{5-1-22}$$

式中　F_L——辙叉承受的横向力；

F_0——列车轴重，t。

横向力也可按照向心力公式计算：

$$F_L = mr\omega^2 = mv^2/r \tag{5-1-23}$$

式中　m——列车质量，取轴重为 21t；

v——列车通过辙叉时的速度；

r——辙叉曲线半径，取 1350m。

由式 5-1-23 可以计算出辙叉所承受的横向力与列车运行速度的关系，结果如表 5-1-5 所示，可见轮轨间的横向力同样随着列车运行速度的增加而增加。

表 5-1-5　轴重 21t 列车在不同运行速度下辙叉所承受的横向力

列车运行速度/km・h^{-1}	30	50	80	100	120	160	200
横向力/kN	14	39	100	156	224	398	622

在曲率半径为 1350m 的环形道上的试验测试表明，辙叉的横向力最大达 72.3kN。可见，实际测试结果与由式 5-1-23 计算结果中列车速度为 68km/h 相当。并且由式 5-1-23 和表 5-1-5 数值可知，辙叉承受的横向力随着列车通过辙叉时速度增加而急剧增加。

（3）辙叉的冲击应力。对于固定型辙叉，其心轨尖端和翼轨之间有一个结构缝隙，心轨和翼轨在长期使用过程中出现磨损和变形，再加上辙叉在车轮载荷作用下引起的弹性下陷，使车轮踏面不能连续滚过辙叉轨面，车轮出现跨越现象，在跨越过程中辙叉受到冲击力。

其间冲击力所产生的冲量可借用钢轨接头处的冲击力计算公式：

$$S = mv\frac{d + 2d_1}{R} \tag{5-1-24}$$

式中 m——车轮质量；

v——列车通过辙叉时的速度；

d——轨缝间隙，对于60kg/m固定型辙叉，取45mm；

d_1——心轨磨耗长度，取10mm；

R——车轮半径。

因此，设 $S=Ft$，t 大约为车轮经过（$d+2d_1$）的时间，则

$$F \approx \frac{mv}{t}\frac{d + 2d_1}{R} \tag{5-1-25}$$

取 $m=400$kg，$R=457.5$mm。表5-1-6给出了列车不同运行速度下的心轨与翼轨接缝处受到的冲击力，可以看出，心轨尖端所受的冲击力随列车运行速度的增加而急剧增加。

表5-1-6　轴重21t列车在不同运行速度下辙叉心轨尖端所受的冲击力

列车运行速度/$km \cdot h^{-1}$	60	80	100	120	160	200	300
冲击力 F/kN	790	1400	2194	3156	5612	8775	19743

通过计算机模拟的方法对铁道车辆通过辙叉时的轮轨动力作用进行了模拟也发现，辙叉叉心处的不平顺空间，是直接影响轮轨冲击力的部位，它可以引起很大的轮轨冲击力，并引起列车和辙叉基础结构振动。

（4）辙叉的摩擦力。一般认为车轮在辙叉上的运动是一种滚动作用，实际中，辙叉和车轮均不是刚体，二者在轴重作用下均会变形，使轮轨接触处是椭圆接触而不是刚体间的点接触，因此不存在理想的瞬时转动中心。同时车轮在运行时会受到冲击和各种振动，车轮在辙叉上滚动时还伴随着微量的纵向和横向滑动，这样车轮在辙叉上滚动时既非静止也非滑动，而是处于“粘着”状态。车轮在辙叉上“粘着”运动时受到最大摩擦力，其大小由轮轨间垂直载荷和粘着系数决定。而粘着系数又受轮轨表面状况、载荷接触时间及车轮运行速度的影响。随着列车运行速度的增加，轮轨接触时间减少，粘着系数相应减小。粘着系数与列车速度存在如下关系：

$$f_{max} = \frac{13.6}{v + 85} \tag{5-1-26}$$

式中 v——列车通过辙叉时的速度。

图5-1-3为试验测定的 f_{max}-v 关系，可以看出，f_{max} 随着列车运行速度的增加明显降低。严格来讲，辙叉与车轮间的接触，是一种滚动和滑动接触，因此，辙

叉的磨损受到车轮的滚动摩擦力和滑动摩擦力的双重影响。在滚动接触条件下，滚动摩擦阻力系数为

$$f_2 = \frac{k}{R} \quad (5\text{-}1\text{-}27)$$

式中　k——滚动摩擦系数；

　　R——车轮半径。

因此，在轴重不变条件下，增加轮径会使摩擦阻力减小。在滑动摩擦条件下，

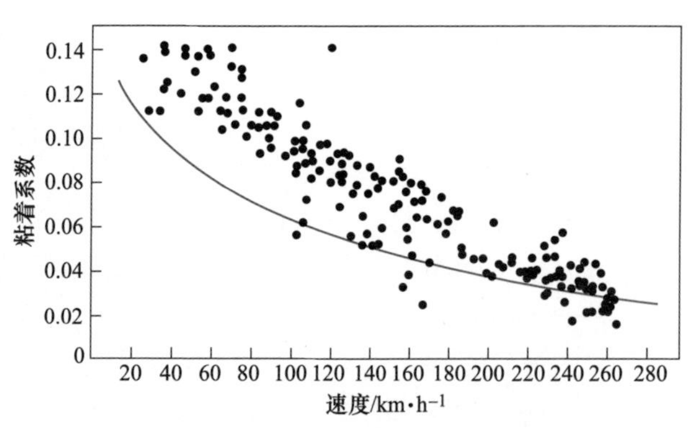

图 5-1-3　在湿润条件下列车运行速度与轮轨粘着系数关系

摩擦系数受到轴重和列车速度的双重影响，1861 年 Bochet 提出了经验公式：

$$f = \frac{c}{1 - 0.23v} \tag{5-1-28}$$

对非常干燥轨道，$c = 0.45$；对潮湿轨道，$c = 0.25$。滑动摩擦的摩擦系数随正压力的增大而减小，但情况较复杂，因为还有滑动速度的影响。苏联学者通过大量试验给出摩擦系数与正压力和速度关系的经验公式：

$$f = \frac{17}{\sqrt{N}(v + 40)} \tag{5-1-29}$$

式中　N——正压力；

　　v——列车通过辙叉时的速度。

可见在车轮轴重相同条件下，提高列车运行速度可显著减小车轮的摩擦力。车轮的摩擦阻力也受到车轮和辙叉强度的影响，车轮和辙叉的强度越高，摩擦系数越小，摩擦阻力也越小。当制动力增大到接近于粘着极限时，轮轨间的粘着状态开始破坏，车轮在滚动的同时出现少量的纵向滑动。

（5）辙叉的接触应力。就车轮和辙叉的接触方式，为便于计算，辙叉心轨工作顶面可以近似地看作轴线与轨道方向（即车轮滚动方向）平行的圆锥面，而锥形车轮的轴线垂直于轨道。这样在计算接触应力截面的小范围区域内，就可以将心轨和车轮的接触模拟为两轴线互相垂直的正交圆柱接触，并按 Hertz 理论求解接触应力。这种接触形式在加载前是点接触，加载后是椭圆面接触。

由于翼轨工作面设计有坡度为 1∶20 的横坡，它与车轮踏面锥度相适应，相当于圆柱与平面的接触，加载前是线接触，加载后是矩形狭面接触。

车轮与心轨圆柱表面接触参数的接触面尺寸可由下式计算：

$$a = 1.145 n_a \sqrt[3]{p \frac{Rr}{R + r}\left(\frac{1 - \mu_1^2}{E_1} + \frac{1 - \mu_2^2}{E_2}\right)} \tag{5-1-30}$$

$$b = 1.145n_b\sqrt[3]{p\frac{Rr}{R+r}\left(\frac{1-\mu_1^2}{E_1}+\frac{1-\mu_2^2}{E_2}\right)} \quad (5\text{-}1\text{-}31)$$

最大压应力σ_{max}位于接触面中心，可由下式计算：

$$\sigma_{max} = 0.365n_p\sqrt[3]{p\left(\frac{Rr}{R+r}\right)^2\Big/\left(\frac{1-\mu_1^2}{E_1}+\frac{1-\mu_2^2}{E_2}\right)^2} \quad (5\text{-}1\text{-}32)$$

轮轨中心垂直位移可由下式计算：

$$\delta = 0.655n_\delta\sqrt[3]{p^2\frac{R+r}{Rr}\left(\frac{1-\nu_1^2}{E_1}+\frac{1-\nu_2^2}{E_2}\right)^2} \quad (5\text{-}1\text{-}33)$$

式中 E_1，E_2——弹性模量，车轮钢和高锰钢$E_1=E_2=2.1\times10^6\text{kg/cm}^2$；

ν_1，ν_2——泊松比，车轮钢和高锰钢$\nu_1=\nu_2=0.3$；

R，r——接触曲率半径，假设车轮$R=42\text{cm}$，心轨r值与心轨宽度d有关；

a——接触面椭圆的长半轴；

b——接触面椭圆的短半轴；

p——接触面上垂直压力，对心轨$p=p_n$，对翼轨$p=p_w$；

n_a，n_b，n_p，n_δ——系数，其值与A/B有关，A、B分别为椭圆方程系数，$A=\frac{1}{2R}$，$B=\frac{1}{2r}$。

由以上公式计算，可以得出辙叉心轨不同截面宽度（D）位置与车轮接触参数结果，如表5-1-7所示。

表5-1-7 辙叉心轨与车轮接触参数

D/mm	r/cm	R/cm	A/B	n_a	n_b	n_p	n_δ	p_n/kN	a/mm	b/mm	σ_{max}/MPa	δ/mm
30	6	42	0.14	2.07	0.57	0.84	0.83	44	6.46	1.80	1827	0.0760
40	8	42	0.19	1.85	0.62	0.87	0.87	72	7.30	2.46	1889	0.1021
50	10	42	0.23	1.69	0.66	0.90	0.90	100	7.89	3.09	1930	0.1202
70	30	42	0.71	1.12	0.90	1.0	0.99	100	6.84	5.47	1269	0.1050

对于滚动接触疲劳问题，从20世纪40年代开始就广泛采用最大剪切应力作为计算接触疲劳强度的基本准则，在目前比较成熟的钢轨接触疲劳问题研究成果中，仍把表面下的最大剪切应力作为引起钢轨工作面剥落的主要原因。

辙叉与钢轨的承载状态不仅具有几何相似的特点，而且在实际服役条件下所发生的表面疲劳损坏也具有共同的特征，尤其在理想的状态下，二者只有量值的差异。

前面已经计算了Hertz接触压应力和接触面的大小，可计算最大剪切应力τ_{max}的大小及其位置：$\tau_{max}=C_\tau(b/\Delta)$，$b$为接触面椭圆短半轴，$\Delta$为结构参数。

而 $\sigma_{max}=-C_{\sigma}(b/\Delta)$，负号表示压应力，则 $\tau_{max}=\frac{C_{\tau}}{C_{\sigma}}\sigma_{max}$，其位置 $Z_s=C_{zs}b$，Z_s 为 τ_{max} 距接触面的距离。上述式中 C_{τ}、C_{σ}、C_{zs} 均是与 B/A 值相关的应力系数，计算结果如表5-1-8所示。

表5-1-8　辙叉心轨各断面最大剪切应力及位置

心轨宽 D/mm	B/A	C_{σ}	C_{τ}	C_{zs}	τ_{max}/MPa	Z_s/mm
30	7.0	0.92	0.30	0.73	595	1.3
40	5.0	0.90	0.29	0.71	609	1.8
50	4.2	0.88	0.28	0.69	614	2.1
70	1.4	0.71	0.23	0.53	413	2.9

车轮与翼轨的接触，可近似按圆柱与平面接触方式来求解 Hertz 接触应力。取 $l=1.2$cm 作为车轮与翼轨各段的有效接触长度，单位长度上的载荷 $p_{mean}=\frac{p}{l}$。

根据弹性力学公式，当 $E_1=E_2=E$、$\mu_1=\mu_2=0.3$ 时，接触半宽 $b=1.522\sqrt{\frac{pR}{E}}$，最大接触压应力为 $\sigma_{max}=0.418\sqrt{\frac{pE}{R}}$；最大剪切应力为 $\tau_{max}=0.301\sigma_{max}$（$Z_s=0.786b$ 处）。

假设轴重20t，车轮半径 $R=42$cm，计算结果如表5-1-9所示。

表5-1-9　翼轨与车轮接触参数（心轨宽20~40mm范围）

心轨宽 D/mm	p/kN	p_{mean}/kN	σ_{max}/MPa	b/mm	τ_{max}/MPa	Z_s/mm
20	100	83	853	6.2	257	4.9
30	56	46	636	4.6	191	3.6
40	28	23	450	3.3	135	2.3

$$a=n_a\sqrt[3]{\frac{3p(1-\nu^2)}{2E(A+B)}} \tag{5-1-34}$$

$$b=n_b\sqrt[3]{\frac{3p(1-\nu^2)}{2E(A+B)}} \tag{5-1-35}$$

$$A=\frac{1}{4}\left[\left(\frac{1}{R_1}+\frac{1}{R_1'}\right)+\left(\frac{1}{R_2}+\frac{1}{R_2'}\right)+\sqrt{\left(\frac{1}{R_1}-\frac{1}{R_1'}\right)+\left(\frac{1}{R_2}-\frac{1}{R_2'}\right)+2\left(\frac{1}{R_1}-\frac{1}{R_1'}\right)\left(\frac{1}{R_2}-\frac{1}{R_2'}\right)\cos2\omega}\right] \tag{5-1-36}$$

$$B = \frac{1}{4}\left[\left(\frac{1}{R_1} + \frac{1}{R'_1}\right) + \left(\frac{1}{R_2} + \frac{1}{R'_2}\right) - \sqrt{\left(\frac{1}{R_1} - \frac{1}{R'_1}\right) + \left(\frac{1}{R_2} - \frac{1}{R'_2}\right) + 2\left(\frac{1}{R_1} - \frac{1}{R'_1}\right)\left(\frac{1}{R_2} - \frac{1}{R'_2}\right)\cos 2\omega}\right] \tag{5-1-37}$$

式中　R_1，R'_1——车轮踏面的两主曲率半径；

R_2，R'_2——辙叉面两主曲率半径；

ω——$\frac{\pi}{2}$；

E——弹性模量，取210GPa；

ν——泊松比，取0.3；

n_a，n_b——按A/B值查相关系数表来确定。

辙叉承受的最大压应力：

$$\sigma_{\max} = \frac{1.5p}{\pi ab} \tag{5-1-38}$$

式中　p——辙叉承受的动载荷。

辙叉承受的最大剪切应力：

$$\tau_{\max} = 0.32\sigma_{\max} \tag{5-1-39}$$

辙叉内部最大剪切应力位置为

$$h = \left[0.47 - 0.35\left(1 - \frac{b}{a}\right)\right]a \tag{5-1-40}$$

在列车轴重21t、车轮外径915mm条件下，根据动载荷计算的辙叉所受的接触应力，计算结果如表5-1-10所示。随着轴重和列车运行速度的增加，辙叉受到的接触应力逐渐增加，最大剪切应力位置基本在辙叉踏面下2~3mm深度内。

表5-1-10　轴重21t列车在不同运行速度下辙叉承受的接触应力及其位置

列车运行速度/km·h^{-1}	最大剪切应力/MPa	最大压应力/MPa	最大剪切应力位置/mm
80	451	1386	2.49
100	459	1411	2.53
120	467	1436	2.58
160	476	1487	2.67
200	491	1534	2.75
300	525	1640	2.94

2　铁路轨道用钢选择

2.1　钢轨钢选择

近几十年来，随着交通流量的增加，钢轨的使用寿命除了受磨损影响外，越来越取决于滚动接触疲劳过程，它可能导致钢轨表面损伤，如轨头发裂、压溃，已经完全损害钢轨的正常使用。因此，自引入大容量轨道交通以来，人们一直致力于寻找延长钢轨使用寿命的途径。德国联邦铁路公司在过去的几年中对钢轨和车轮部位在运营中出现的缺陷进行了研究，目的是通过对损伤形成机制进行分析以寻求得当的措施，延缓甚至避免损伤过程。除了优化钢轨维护过程以外，还包括钢轨钢选择的问题。为此，在过去明显易出现轨头发裂的路段，对具有较高强度的珠光体和贝氏体钢轨钢进行了测试，旨在找到适合这种应用情况的钢轨钢，降低车道的维修费用。此外，从轮轨系统的角度来看，注意力尤其集中在使用高强度钢轨是否会增加车轮磨损的问题上。

不同线路上的钢轨损伤形态不同。在直线轨道上，钢轨的纵向磨损过程是产生钢轨槽沟的原因，而滚动接触疲劳可能导致形成压溃。在半径非常小（小于700m）的曲线轨道中主要会产生外轨磨损和内轨滑波。曲线半径在700~5000m时，曲线半径越大，钢轨磨损越小，而外轨轨道棱角的滚动接触疲劳裂纹，即所谓的轨头发裂的损伤形态所占比例会越大。为此，不同线路上的钢轨钢选择应有差别，目前，钢轨钢有珠光体钢和贝氏体钢。

对于珠光体钢轨，从钢角度考虑限制滚动接触疲劳过程，需要钢具备较高的强度，确切地说是需要具备较高的屈服极限和抗拉强度。屈服极限较高的钢只有在承受较高应力时才会出现塑性变形，因此这种钢较少出现棘轮效应。可以通过下列措施提高珠光体钢轨钢的屈服极限：（1）通过热处理方法减小珠光体中渗碳体片的间距，包括R350HT和R350LHT钢的轨头淬火钢轨，通过热处理工艺调控开发出了硬度（HBW）达370和更高硬度的钢轨钢。（2）通过添加合金元素和固溶体硬化方法减小珠光体中渗碳体片的间距，主要包括非加热处理的R320Cr钢的铬合金钢轨。（3）将碳含量提高到0.8%以上，即过共析钢轨，用于固溶体硬化和析出硬化，这种钢轨主要用于重载交通领域。

对于贝氏体钢轨，由于具有不同类型的微观结构，它比具有相同硬度和强度的珠光体钢耐磨性低，原因是珠光体中的渗碳体片明显比贝氏体铁素体中的碳化物具有更好的抗磨损能力。此外，贝氏体钢的强度显著超出珠光体钢的强度，但

贝氏体钢轨焊接成本较高。近些年，中国和日本在直线轨道上对贝氏体钢轨进行了试验，目的在于减少压溃；同时，中国、德国、法国和瑞士在曲线轨道上对贝氏体钢轨进行了试验，目的在于减少轨头发裂，但是至今在世界范围内的钢轨领域，贝氏体钢轨还未得到广泛应用。

德国联邦铁路公司测试新钢轨的重点也主要在于减少曲线轨道中的滚动接触疲劳损伤，特别是减少轨头发裂，同时，不造成轨侧和轮侧的磨损显著增加。从维修费用角度考虑，理想的钢轨在曲线轨道中应该能够在磨损和低程度的滚动接触疲劳之间保持平衡，以使由磨损造成的钢轨损伤大到足以消除表面由于滚动接触疲劳带来的损伤，进而几乎不需要对钢轨进行打磨。由磨损造成的钢轨损伤会导致与原始轮廓发生偏离，这通常会引起接触应力的增加。随着屈服极限的提高，珠光体钢耐磨性也会提高，但是同时，珠光体钢的塑性变形能力和抗断裂的能力会不可避免地降低。考虑到足够的强度是构成高抗滚动接触疲劳性能的基础，同时又可实现磨损和最低程度滚动接触疲劳之间的平衡，贝氏体钢轨可满足上述要求。然而，选择多高的硬度和强度才能够使钢轨较高的自然磨损得到控制，一直是学者们研究的方向和追求的目标。

对珠光体钢轨和贝氏体钢轨进行比较分析，目标是检查明显易出现轨头发裂的曲线轨道中的各种钢轨延缓或避免轨道棱角开裂的效果。同时，对钢轨和车轮磨损的影响进行评估。1999 年以来，在德国的 7 条曲线轨道上对不同类型的钢轨钢进行测试，钢轨类型和相关参数如表 5-2-1 所示。轨道曲率半径在 520～1570m，轨道日负荷量在 25000～55000t（混合交通），这些钢轨在过去显示出明显的轨头发裂。各长 15m 的试验钢轨被焊接成一条钢轨带，并被作为弧形外轨安装在弯曲半径恒定的部位。内轨同样被更换为新轨，使用的是标准钢材料 R260。轨道建成后要对新轨进行打磨，但在之后的试验过程中就不再对钢轨进行打磨，用以保证所有的试验钢轨具有统一的边缘条件。

表 5-2-1　德国试验用钢轨品种及其强度

钢轨类型	微观结构	屈服极限/MPa	抗拉强度/MPa	特点
R220 ls	珠光体	497	850	低 S、硫化物球化
R260	珠光体	468	938	参考
R320Cr	珠光体	563	1054	
R320Cr ls	珠光体	609	1151	低 S、硫化物球化
R350HT	珠光体	756	1213	低 S
1000B	贝氏体	915	997	低 C、高 Mn
1100B	贝氏体	947	1162	低 C、高 Mn
1400B	贝氏体	1197	1466	中 C、高 Cr

最初每半年巡道一次，三年以后每年巡道一次，通过这样可以对钢轨磨损和轨头发裂的程度进行评估。使用微型截面测量系统在确定好的每根测试钢轨的两

个测量点对其横截面进行测量，得出轨道棱角的磨损情况。此外，磁粉测试后，在紫外光下记录轨头发裂的长度，最后通过涡流检测出轨头发裂的深度。经过 9 年的试验期后，各类钢轨之间部分在磨损和轨头发裂的深度方面出现了显著的差别，结果如图 5-2-1 所示。

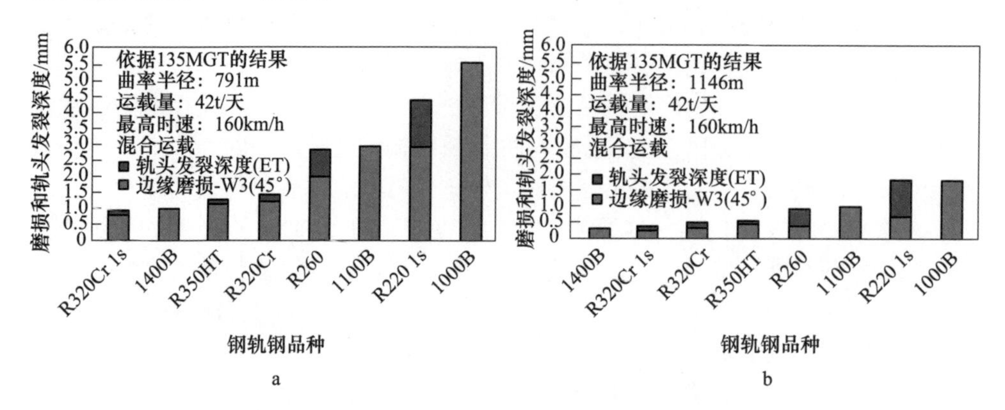

图 5-2-1　德国运量 135 百万吨时轨道上珠光体和贝氏体钢轨磨损和轨头发裂深度

a—曲线 $R=791$m；b—曲线 $R=1146$m

高强度的珠光体钢轨比标准 R260 钢轨耐磨性好，且轨头发裂的深度更浅。高强度珠光体钢中形成的裂缝尺寸和裂纹数量与 R220 ls 和 R260 钢轨相比较小。R320Cr ls 钢轨表现出最好的试验结果，尽管这种钢轨轨头发裂的情况不能完全得到抑制，但是它在所有试验阶段都显示出了最小的磨损量，这种钢轨轨头发裂的深度与 R350HT 钢轨相当。与此相对，R220 ls 钢轨显示出最差的结果，因为其轨头发裂非常严重，这种钢轨的特点是形成的裂缝带较粗糙，裂纹间距较大，个别裂纹增长迅速，显然这种低强度钢轨不适合用于承受较高应力的路面。

1000B 和 1100B 贝氏体钢轨耐磨性较差，然而，1400B 贝氏体钢轨表现非常出色，没有发现其轨头发裂。显然，曲线轨道理想钢轨的目标在这里得到了实现，因为磨损和低程度滚动接触疲劳过程达到了平衡，即使使用 9 年以后也不必对钢轨进行打磨。

从上面的试验结果可以看出，经过试验的所有贝氏体钢轨在试验路段上均没有出现轨头发裂。这主要是因为这些钢轨的轨头发裂裂纹增长通过自然磨损得到了避免，但是较软的 1000B 和 1100B 低碳高锰贝氏体钢轨的磨损太大，不能用来替代曲线轨道中的高强度珠光体钢轨，高铬中碳贝氏体钢 1400B 在所有路段的磨损和滚动接触疲劳均显示出了非常好的效果，原因是强度和韧性得到了合理配合。与较软的 1000B 和 1100B 贝氏体钢轨相比，为了保证具有足够高的耐磨性，合金元素 Cr 可能比 Mn 更有优势。但是考虑到经济性，这种钢轨较高的成本和较高的焊接费用可能会限制其未来大规模使用。

当前，我国铁路钢轨选择的基本原则如下：对于高速铁路，高速铁路列车速度高，轴重轻，且线路曲线半径大，钢轨磨耗轻微。考虑到轮轨硬度匹配和轮轨磨合，高速铁路的钢轨硬度不宜太高。日本新干线采用强度等级为800MPa、轨面硬度（HB）不小于235的热轧钢轨，欧洲高速铁路包括客货混运的德国均采用强度等级为880MPa、轨面硬度（HB）为260～300的UIC900A热轧钢轨。借鉴国外经验，结合我国铁路实际，我国高速铁路200km/h以上客运线路选用U71MnG钢轨，200～250km/h客货混运线路选用U75VG钢轨。曲线半径不大于1200m的线路，包括动车组运行入库和出库正线、联络线等均选用相应的热处理钢轨。采用U71MnG钢轨的线路选用U71MnC或U75V热处理钢轨，采用U75VG钢轨的线路选用U75V热处理钢轨。

对于200km/h以下既有铁路，我国200km/h以下既有铁路除部分提速区段外，主要运行160km/h以下的客车和120km/h以下、轴重23t的货车。近年来，部分线路开通和谐型机车牵引的5000t以上的长大编组列车。因既有铁路曲线半径较小，在直线和大半径曲线上选用U75V钢轨，曲线半径不大于1000m的曲线选用U75V热处理钢轨，在磨耗严重（磨耗速率大于0.05mm/Mt）区段选用PG4、U77MnCr等热处理钢轨。在年通过总重小于5000万吨的线路上，直线和大半径的曲线选用U71Mn热轧钢轨，曲线半径不大于800m的曲线选用U71MnC或U75V热处理钢轨。

对于重载铁路，大秦铁路年运量达到5亿吨，开行25t轴重的10000t或20000t列车，为世界上最繁忙的重载铁路。在京包、侯西等以货运为主的重载铁路上，开行5000t或10000t列车，年通过总重超过1亿吨，钢轨的侧磨和疲劳损伤严重。重载铁路直线和大半径的曲线应选用U75V钢轨或PG4、U77MnCr等热轧钢轨，钢轨的夹杂物（A、B、C、D四类）控制在1.5级以内；曲线半径不大于1200m的曲线选用PG4、U77MnCr等热处理钢轨。

对于高原铁路，青藏铁路常年低温缺氧，要求钢轨具有高的低温韧性。研究表明，U71Mn钢轨碳含量较低时，低温韧性较好。青藏铁路应选用碳含量为下限的U71Mn热轧钢轨，曲线半径不大于800m的曲线选用U71MnC热处理钢轨。

对于城市轨道交通，城市轨道线路弯道多，虽然列车轴重较轻，但钢轨的侧磨和波磨较为严重。城市轨道线路直线和大半径的曲线选用U75V钢轨，曲线半径小于800m的曲线选用U75V热处理钢轨。

2.2 辙叉钢选择

20世纪90年代，世界上著名的铁路辙叉制造商——奥地利VAE公司从性价比方面考虑，根据大量的统计分析和研究工作，给出了选择铁路辙叉时应该遵循的原则，并绘制了图标，如图5-2-2所示，该图至今仍具有很好的使用参考价值。

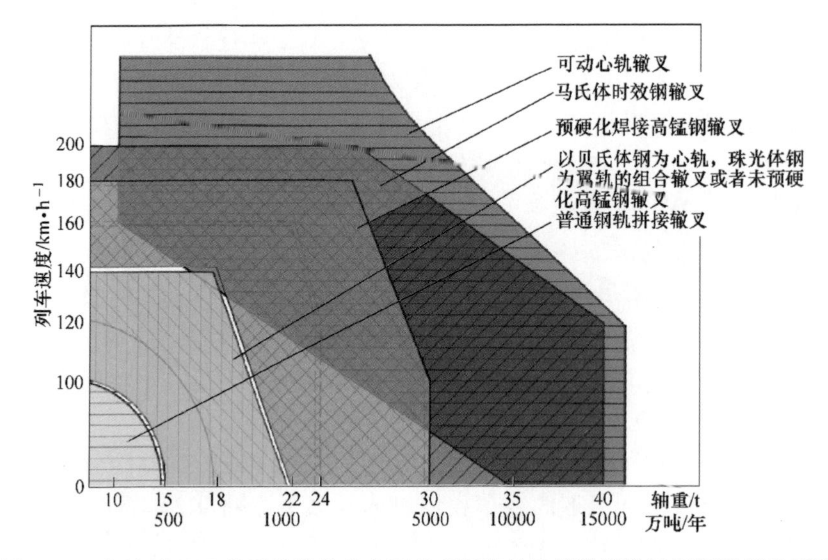

图 5-2-2　奥地利 VAE 公司从性价比方面考虑制定的选择铁路辙叉用钢遵循的原则

从铁路辙叉用钢方面来看，主要有高锰钢、贝氏体钢、珠光体钢和马氏体钢。铁路辙叉的选择主要是根据列车运行速度，然后考虑年通过运载量和列车轴重。通常列车运行速度小于 100km/h 的线路选用普通整铸高锰钢辙叉，列车运行速度为 100~160km/h 的线路选用贝氏体钢拼装辙叉、高锰钢拼装辙叉和焊接高锰钢辙叉，列车运行速度大于 160km/h 的线路选用珠光体钢可动心轨辙叉。目前我国的客运列车最高运行速度可达 350km/h 以上，下一步目标是 400km/h，甚至 500km/h 以上；重载列车的轴重是 27t，下一步的目标是 30t、35t，甚至 40t。美国、加拿大、澳大利亚已普遍采用 35t 的轴重，最高轴重甚至可达 39t。因此，高速、重载、跨区间无缝线路是铁路发展的趋势，对铁路辙叉的使用寿命和结构形式提出新的更高要求。铁路辙叉使用寿命低的问题已经成为铁路运输事业发展的瓶颈和障碍。因此，研发新型辙叉用钢并提高辙叉制造技术，制造出性能更优异的铁路辙叉迫在眉睫。

道岔是线路结构的重要组成部分，又是线路的突出薄弱环节，道岔承受来自两个方向列车的作用，其钢轨件（如辙叉）的力学性能应该比区间钢轨更好。如应具有良好的焊接性以实现道岔无缝化，具有比区间钢轨更高的强度以延长道岔使用寿命，具有更好的韧性以提高道岔的可靠性等。为了达到这些要求，法国、德国、日本等国在选择道岔钢轨材质时遵守如下原则：（1）可焊性好，其中包括道岔内钢轨的焊接和道岔与区间钢轨的焊接，因此，采用的钢轨件应尽量与区间钢轨相同；（2）强度和韧性等于或高于区间钢轨，这就需要采取冶金措施（采用合金钢轨）或工艺措施（全长淬火）。根据这两方面要求，法国铁路道岔钢轨和区间钢轨采用同一钢种，即 UIC900A，尖轨为整根轨，强度等级 900MPa；德国铁路道岔强调道岔钢轨强度要高于区间钢轨，因此，采用淬火钢

轨，强度等级 1100MPa，尖轨为整根轨；日本铁路道岔则根据用户要求，采用强度等级 800~1100MPa 的钢轨。

目前我国道岔钢轨的选用原则：对于高速铁路道岔用钢轨，300~350km/h 的高速铁路选用 U71MnG 热轧钢轨或 U71MnC 在线热处理钢轨。200~250km/h 的客货混运铁路选用 U75VG 在线热处理钢轨，包括 60kg/m、60D40 等钢轨。对于既有和重载铁路道岔用钢轨，道岔尖轨和辙叉部件承受很大的冲击力，要求钢轨具有高耐磨和耐冲击性能，道岔尖轨选用无碳化物贝氏体钢，要求其强度不小于 1240MPa、伸长率不小于 15%、硬度（HB）不小于 360；或全部道岔用轨（包括基本轨、尖轨、辙叉翼轨及辙叉心轨）选用强度不小于 1180MPa、伸长率不小于 12%、轨头顶面硬度（HB）不小于 360、硬化层深不小于 30mm 的在线热处理钢轨。辙叉部件选用高锰钢或者贝氏体钢。

辙叉在服役过程中除了受到巨大的冲击力和摩擦力外，列车车轮与辙叉接触时所引起的振动同样对辙叉的服役寿命有重要影响。现有研究表明振动会加速构件的疲劳损坏和失效，缩短构件服役寿命。阻尼性能是材料的重要物理性能指标，它是指振动系统受到阻滞使能量随时间而耗散的能力。阻尼有助于工件受到瞬时冲击后，很快恢复到稳定状态。因此，对于受振动载荷作用的工件，阻尼效应有助于减小工件的共振振幅，避免动应力达到极限而造成结构破坏。为此，通过对比研究辙叉用高锰钢和贝氏体钢的阻尼性能，为实际辙叉钢的选择提供数据支撑。

利用 TA-DMA850 型动态机械分析仪，如图 5-2-3 所示，对辙叉用高锰钢和贝氏体钢的阻尼性能进行对比分析，试样尺寸为 30mm×5mm×1. 25mm。试验采用三点弯曲加载支撑方式，加载频率为 14~16Hz 连续变化，每隔 0. 1Hz 采集一次数据值，振幅选取 0. 8μm。

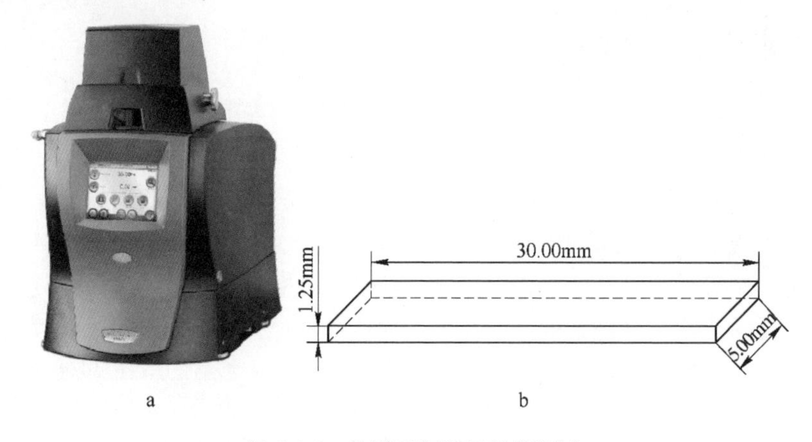

图 5-2-3　轨道用钢阻尼性能测试

a—动态热机械分析仪；b—试样尺寸示意图

根据测试结果计算钢的损耗因子，以表征阻尼性能的大小，结果如图 5-2-4

所示。损耗因子越高表示阻尼性能越好。随着振动频率的增大，轨道用钢的损耗因子呈现缓慢降低的趋势，即随着振动频率增大，轨道用钢的阻尼性能有所降低。从图 5-2-4 可以看出，贝氏体钢的损耗因子主要分布于 $1.2\times10^{-2}\sim1.3\times10^{-2}$，而高锰钢的损耗因子为 $1.9\times10^{-2}\sim2.2\times10^{-2}$。高锰钢的阻尼性能比贝氏体钢提高了 60%～80%。同时，高锰钢的微观组织状态影响其阻尼性能，预硬化高锰钢的损耗因子明显大于经过水韧处理的高锰钢。

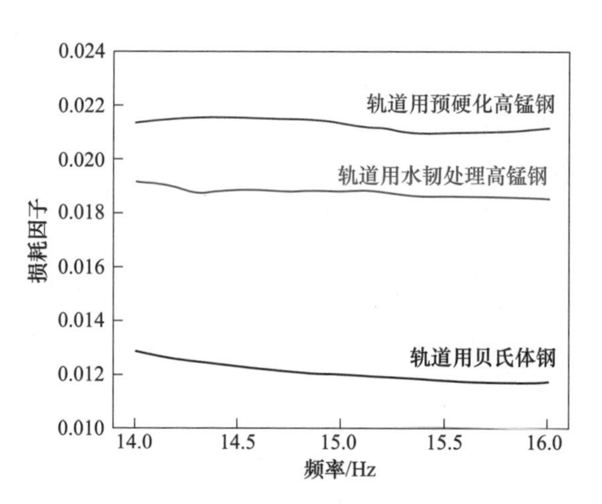

图 5-2-4　室温下轨道用高锰钢和贝氏体钢在不同振动频率下的损耗因子

金属的阻尼机制：(1) 位错型，在外力作用下，位错运动到达外表面上的积累过程转变为弹性应变，在外界振动条件下所产生的低应力导致溶质原子之间的位错线产生弓形的交替往复运动，从而会导致能量的损耗，减振原理如图 5-2-5 所示。(2) 孪晶型，金属内部形成的大量弹性孪晶，在外力作用下进行弛豫运动从而导致的能量耗散。

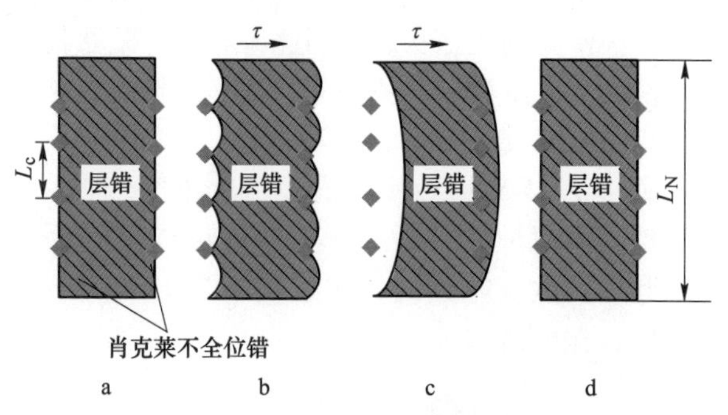

图 5-2-5　肖克莱不全位错在弹性范围内脱钉产生内耗机理示意图

a—无应力状态；b—外加弹性应力较小，位错线弓出；c—外加弹性应力增加到临界值，位错线脱钉；d—外加弹性应力卸载状态，位错线恢复

相比于高锰钢中的奥氏体晶格，贝氏体钢铁素体晶格的畸变更大，使肖克莱不全位错运动困难，从而降低其内耗程度，这可能是造成贝氏体钢损耗因子低于高锰钢的主要原因。而高锰钢经预硬化处理可引入大量的层错、位错、孪晶等晶格缺陷（可参见第 1 篇第 4 章），这在一定程度上有利于提高高锰钢的阻尼性能。因此，预硬化高锰钢的损耗因子高于水韧处理高锰钢的损耗因子。由此可见，从高锰钢和贝氏体钢阻尼性能相比，高锰钢辙叉更优的阻尼性能将有助于其获得更长的服役寿命。从阻尼性能角度讲，在相同钢冶金和处理质量条件下，高锰钢辙叉的服役性能应该高于贝氏体钢辙叉的服役性能。

第 6 篇

材料计算科学在轨道用钢研究中的应用

引　言

计算材料学作为一门新兴交叉学科，能够模拟探究材料成分组成、组织结构与材料性能之间的内在联系，是材料科学领域中的“计算机试验”。因此，近年来，计算材料科学越来越受到人们的重视，许多学者已经利用模拟计算方法发现了许多材料科学中未知的、无法观察和测试的科学现象和规律，使计算材料科学研究方法应用越来越广泛。这里介绍几个利用计算材料科学研究的铁路轨道用钢的基础科学问题，以及工艺技术问题的范例。

1　高锰钢辙叉与高碳钢钢轨闪光焊接有限元模拟

高锰钢辙叉与高碳钢钢轨焊接通常采用闪光焊接工艺方法，闪光焊接的工艺参数直接影响了焊接接头的质量，其中，焊接过程中保压时间与焊接材料长度是决定焊接质量的重要参数，它们不仅影响了高锰钢辙叉与钢轨的焊接接头强度，也对焊接接头组织产生了重要影响。

如果钢轨一侧温升超过其 A_{c1} 温度时，会在焊后快冷过程中产生马氏体，严重影响接头质量。因此，通过调整保压时间与焊接材料的长度来控制钢轨一侧温升成为一种最有效的工艺措施。以闪光焊接过程中保压时间与焊接材料的长度为变量，利用 DEFORM 有限元模拟软件模拟了高锰钢辙叉与焊接材料闪光焊接过程中的温度场变化，分析钢轨一侧的温升，从而得到一种合理的焊接技术方案。试验用高锰钢、焊接材料以及高碳钢轨的化学成分，见表 6-1-1。

表 6-1-1　试验用钢化学成分　　（质量分数,%）

钢种	C	Cr	Mn	Ni	Mo	Si	P	S
高锰钢	1.2	—	13.1	—	—	0.51	0.03	0.03
焊接材料	0.1	17.4	4.7	10.0	1.9	0.14	0.016	0.001
高碳钢	0.71	—	0.86	—	—	0.24	0.15	0.05

1.1　模型构建

模拟过程中需导入以上试验钢的流变曲线和热导率。高碳钢直接采用软件材料库对应的数据，高锰钢与焊接材料的流变曲线和热导率通过试验测得后导入，高锰钢与焊接材料的数据曲线，如图 6-1-1 所示。

轨型截面为对称图形，在模拟过程中为计算方便，对模型设置边界条件为增加轨型对称面为（100）对称面。在初始状态下设置焊接材料与钢轨钢已经焊合，高锰钢辙叉处于分离状态。设置高锰钢辙叉、焊接材料和钢轨钢的初始长度分别为 200mm、250mm 和 300mm。焊接过程工序分为闪光、顶锻、保压、冷却 4 个阶段：

（1）闪光：使高锰钢辙叉和焊接材料的焊接端面在 1300℃保持 8s。

（2）顶锻：顶锻速度为 10mm/s，0.2s 顶锻完成，顶锻后焊接材料长度缩短到 13mm。

（3）保压阶段设置两个时间，顶锻后使高锰钢辙叉和焊接材料一侧焊缝在 1300℃保持 3s 和 10s。

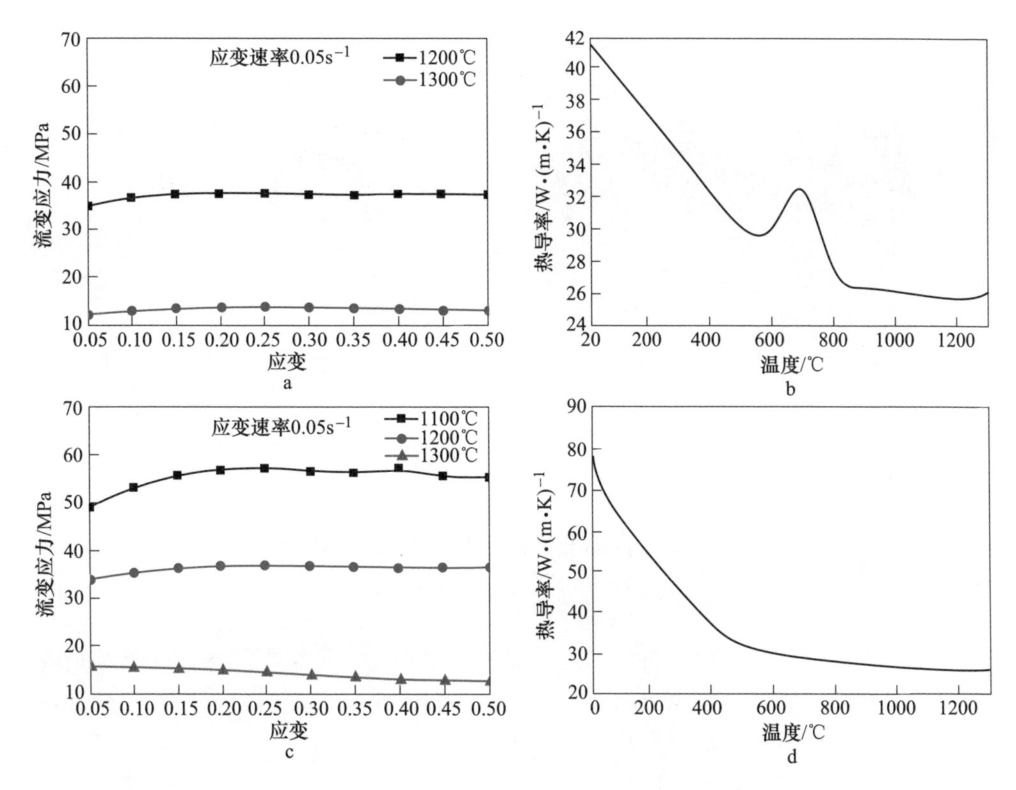

图 6-1-1　高锰钢和焊接材料的力学和物理参数

a—高锰钢流变曲线；b—高锰钢热导率；c—焊接材料流变曲线；d—焊接材料热导率

（4）冷却：焊接后高锰钢辙叉、焊接材料和钢轨钢在自然状态下冷却 300s。

温度数值的采集位置为：焊接材料与高碳钢轨的轨头心部与外部。钢轨的温度采集位置是以焊接材料与高碳钢轨的焊缝为起点，沿轴向取点，每隔 10mm 取点一次，心部与外部各取 11 个点。焊接材料的温度采集位置以焊接材料与高锰钢的焊缝为起点，向钢轨钢一侧沿轴向取点，在闪光阶段每隔 5mm 取一个点，顶锻以后每隔 2mm 取一个点，心部与外部各取 6 个点，如图 6-1-2 所示。

不同保压时间方案模拟完成后，选定保压时间为 3s 和 10s，改变焊接材料的长度进行焊接过程模拟。焊接材料的长度设置两种方案：一是初始长度为 20mm 顶锻后缩短至 10mm，二是初始长度为 30mm 顶锻缩短至 15mm。在焊接过程的 4 个阶段里除焊接材料的长度有变化，其他参数均一致。模拟完成后，碳钢钢轨的温度采集方法与之前相同，焊接材料的温度采集位置相同，取点数根据长度的不同而定，压缩至 10mm 时，心部与外部各取 4 个点，压缩至 15mm 时，心部与外部各取 6 个点。

对模拟所得数据进行处理，得到在整个焊接过程中焊接材料与钢轨钢心部与外部的温度场变化曲线。为验证模拟结果的准确性，需将模拟结果与实际温度进

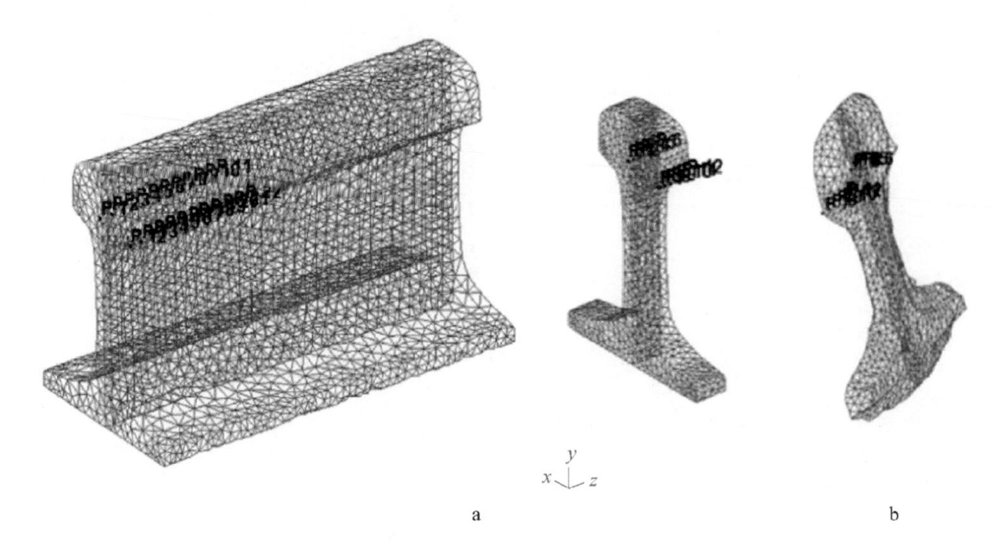

图 6-1-2　闪光焊接时钢轨长度方向取点示意图

a—闪光阶段；b—顶锻阶段

行对比，故对高锰钢与焊接材料的闪光焊接过程进行实际温度测量，待高锰钢与焊接材料焊接完成后，每隔 10mm 取点一次，共取 5 个点。然后对所得数据进行处理，观察其是否与模拟结果相符。

1.2　焊接接头温度场

在闪光阶段，焊接材料与钢轨接触端面保持在 1300℃，整个闪光过程历经时间 80s，此过程可以使焊接材料达到适合焊接的温度。图 6-1-3 为闪光焊接完成后焊接接头温度场模拟结果，可见高锰钢-焊接材料-钢轨整体、焊接材料以及钢轨部分的温度分布情况，随着距焊接材料与钢轨接触端面距离的增大，温度不断降低。

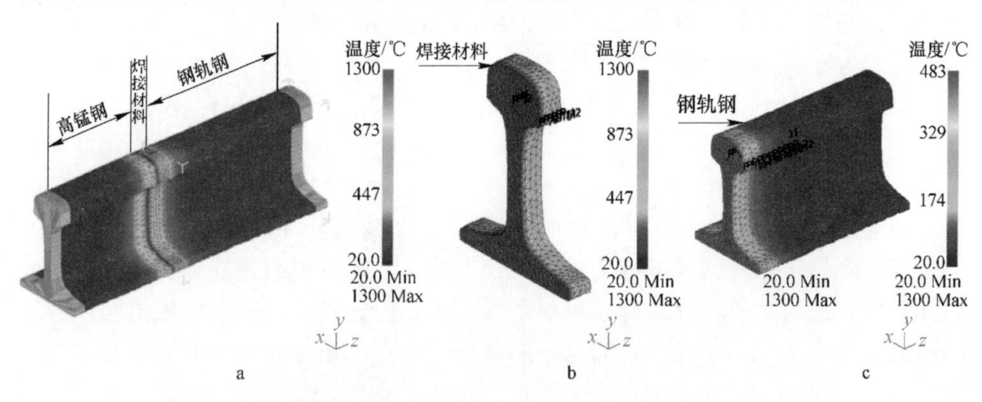

图 6-1-3　闪光焊接过程中闪光 80s 完成焊接后碳钢钢轨温度场模拟结果

a—焊接接头；b—焊接材料；c—钢轨

高锰钢与焊接材料端面闪光 80s 过程中焊接材料和碳钢钢轨心部各位置温度变化曲线，如图 6-1-4 所示。在闪光的 80s 时间里，焊接材料与高锰钢接触端面温度始终保持在 1300℃，随着距离焊接材料与高锰钢接触端面长度的增大，焊接材料沿轴向位置的温度逐渐降低，距离接触端面较近的点（≤10mm）在闪光 10s 内快速升温，之后升温速度变缓，而距离较远的点（>10mm）升温速度较缓。闪光过程中，由于焊接材料的隔热效应，碳钢钢轨一侧的温升变化明显滞后于焊接材料，并且随着距钢轨与焊接材料焊缝长度的增加，钢轨的温度不断降低，升温速度减慢。80s 闪光完成后，在焊接材料与碳钢钢轨焊缝处的心部最高温度达到 483℃。

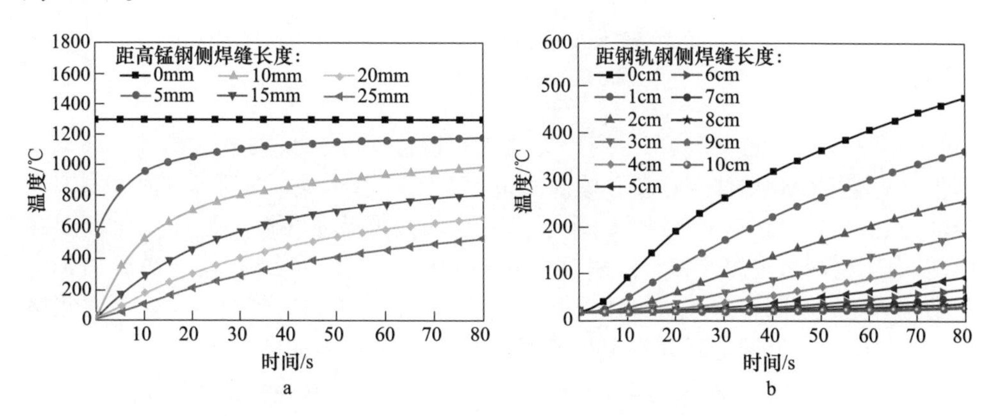

图 6-1-4 高锰钢辙叉与焊接材料闪光 80s 过程中焊接材料和碳钢钢轨各位置温度变化

a—焊接材料心部；b—钢轨心部

焊接材料经闪光焊接过程中的闪平和顶锻后缩短至 13mm，在这期间高锰钢与焊接材料被挤出，整个过程只有 0. 2s，所以焊接接头的温度相对于闪光完成后变化不大，如图 6-1-5 所示。高锰钢与焊接材料端面焊合的过程中钢轨各位置温度变化曲线，如图 6-1-6 所示。由于在此阶段焊接材料长度从 25mm 缩短至

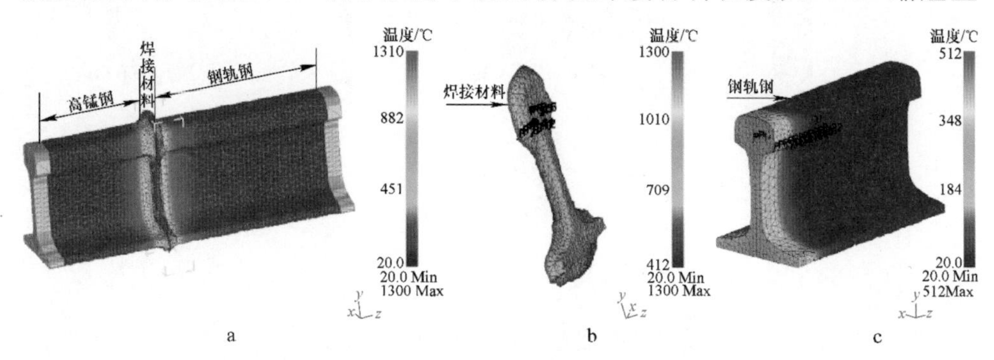

图 6-1-5 闪光焊接时顶锻后焊接接头温度场模拟结果

a—焊接接头；b—焊接材料；c—钢轨

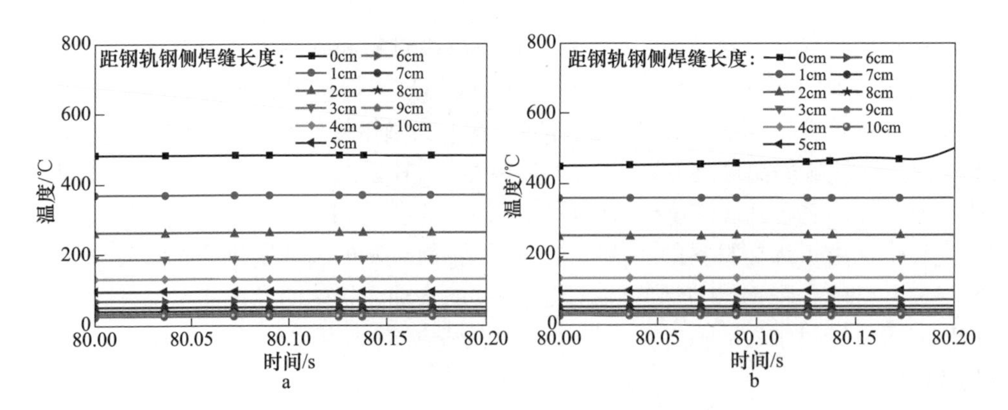

图 6-1-6　高锰钢辙叉与焊接材料焊接后钢轨各位置温度变化

a—钢轨心部；b—钢轨外部

13mm，其一直处于运动状态，所以无法进行温度采集，只采集了钢轨心部与外部各点的温度变化曲线，由于顶锻时间很短，钢轨心部与外部的各点温度与闪光阶段完成后的温度基本相同。钢轨心部各点的温度几乎不变，温度变化幅度在1℃以内。在钢轨与焊接材料焊缝处的外部取点的温度由 455℃ 上升到了 511℃，造成此情况的原因是焊接材料在顶锻变形过程中，在钢轨与焊接材料焊缝左侧略远处的温度较高的部分被挤压到距离焊缝较近的位置，如图6-1-7 所示，从而导致焊缝处的温升比心部高，而心部不存在这样的问题，故其温度变化很小。

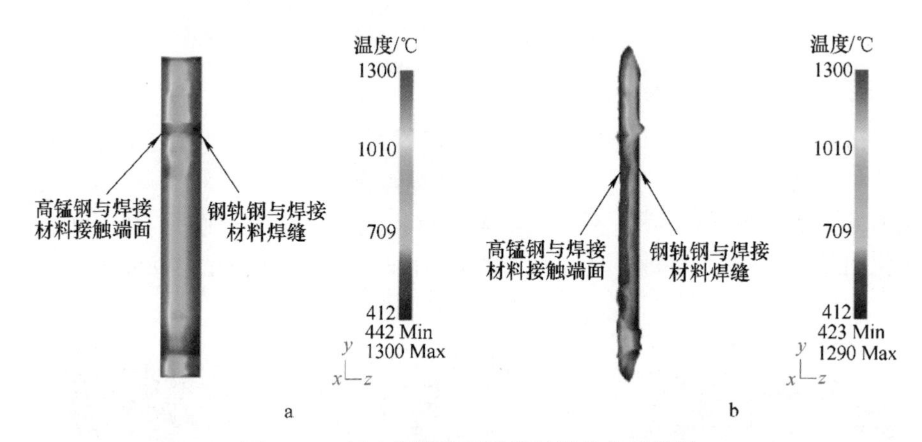

图 6-1-7　闪光焊接前后焊接材料状态示意图

a—焊接前；b—焊接后

1.3　保压时间对焊接接头温度场影响

保压时间是本次模拟的主要变量，由于在冷却初期焊接材料仍作为热源向钢轨一侧继续提供热量，故保压完成后的焊接材料温度直接影响了钢轨在冷却过程中所能达到的最高温度。图 6-1-8 即为保压结束后整体的温度分布情况，可以看

出保压 10s 后焊接材料温度明显高于保压 3s 后焊接材料温度。

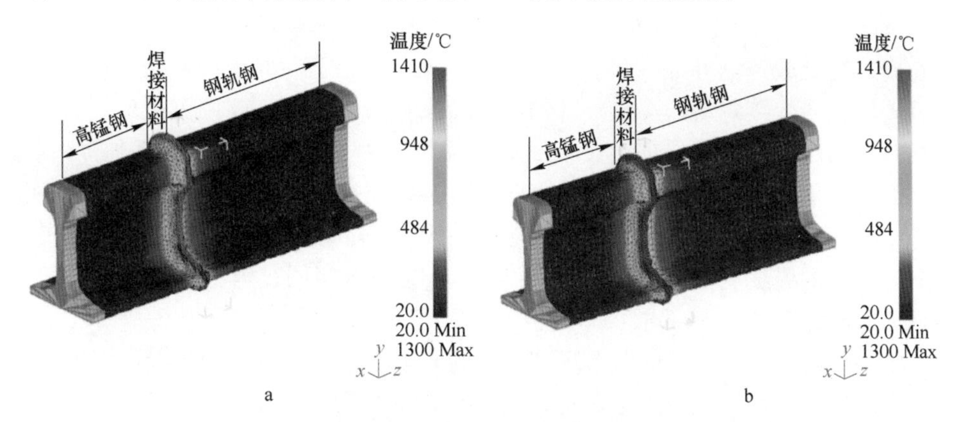

图 6-1-8　闪光焊接顶锻保压后焊接接头温度场模拟结果

a—保压时间 3s；b—保压时间 10s

焊接材料和钢轨在保压 3s 和 10s 两种模拟条件下的温度变化情况，如图 6-1-9 所示。对于焊接材料而言，在保压 3s 的情况下，高锰钢与焊接材料的焊缝保持在

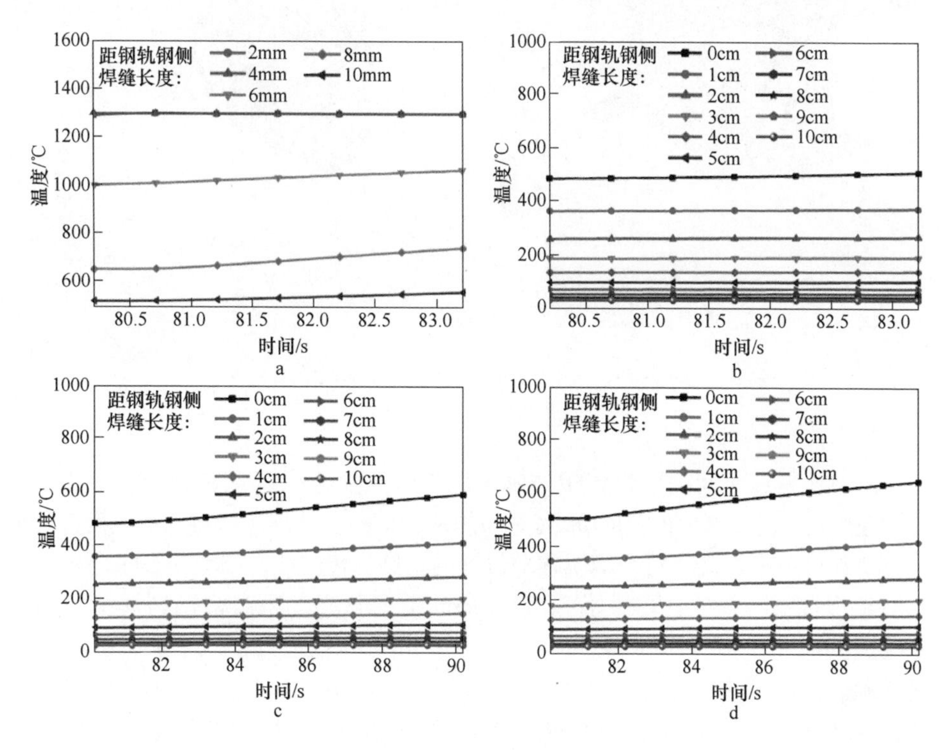

图 6-1-9　高锰钢辙叉与焊接材料闪光焊接保压 3s 与 10s 后焊接材料和钢轨温度变化

a—保压 3s 焊接材料心部；b—保压 3s 钢轨心部；c—保压 10s 钢轨心部；d—保压 10s 钢轨外部

1300℃，在顶锻后钢轨温度基础上均有小幅升温，升温幅度在 6～60℃范围。与闪光情况类似，在距高锰钢与焊接材料焊缝处相同位置心部的温度高于外部，然而在离焊缝处较远的外部（位置 10mm）的温度却高于心部，这是因为在顶锻完成后，钢轨与焊接材料的焊缝外部的温升较高且高于心部，此位置距离钢轨与焊接材料焊缝较近，故其外部温度高于心部温度。对于钢轨而言，在保压 3s 情况下，钢轨心部有小幅升温，各点温度随着距钢轨与焊接材料焊缝长度的增加逐渐降低，在钢轨与焊接材料焊缝处心部温度由 483℃升高到 507℃。在保压 10s 的情况下，钢轨的温度变化趋势也与保压 3s 的情况基本相同，焊缝处心部的温度由 483℃上升到 595℃，外部取点温度由 511℃上升到 651℃。

冷却阶段是本模拟中的重要环节，在此阶段中钢轨所能达到的最高温度决定了在焊接过程中钢轨钢是否会发生相变。图 6-1-10 为在冷却过程中钢轨所达到的最高温度的模拟结果。

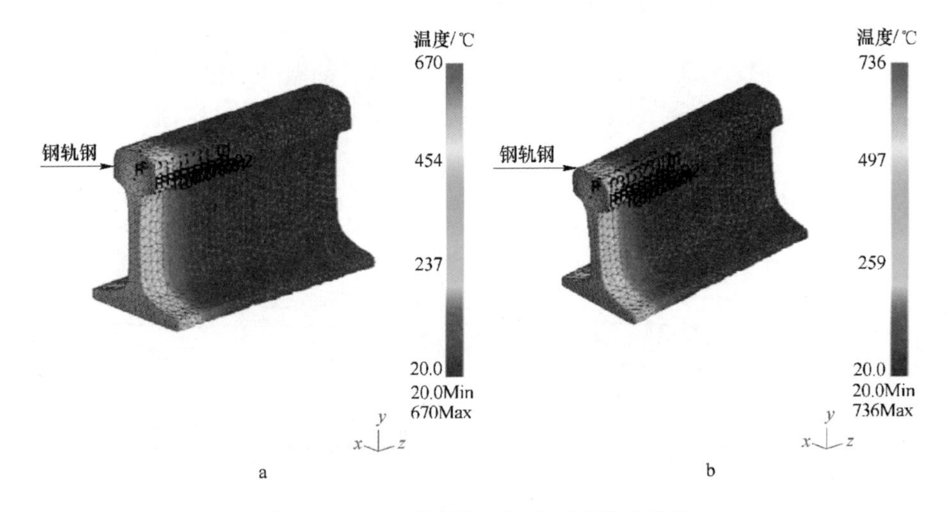

图 6-1-10　闪光焊接后钢轨温度模拟结果

a—保压 3s；b—保压 10s

冷却阶段持续时间设置为 300s，由于保压分为 3s 与 10s 两种情况，故冷却阶段分为在保压 3s 后冷却和保压 10s 后冷却的两种情况，从焊接材料和钢轨两部分分析，在冷却过程中焊接材料与钢轨各个位置的温度变化曲线，如图 6-1-11 所示。

对于焊接材料部分，在保压 3s 后冷却的情况下心部距高锰钢与焊接材料焊缝处较近的前 4 个点（0～6mm）温度一直下降，而较远两个点（8～10mm）有小幅升温后继续下降。最终心部温度基本都保持在 318℃左右。对于钢轨部分，在保压 3s 后冷却的情况下，空冷过程中钢轨一侧距焊缝位置处的温度变化均表现出先升高后降低的趋势，这是因为，焊后温度较高的高锰钢和焊接材料仍作为热源向钢轨一侧传输热量，在这个过程中，在钢轨与焊接材料焊缝处的心部由

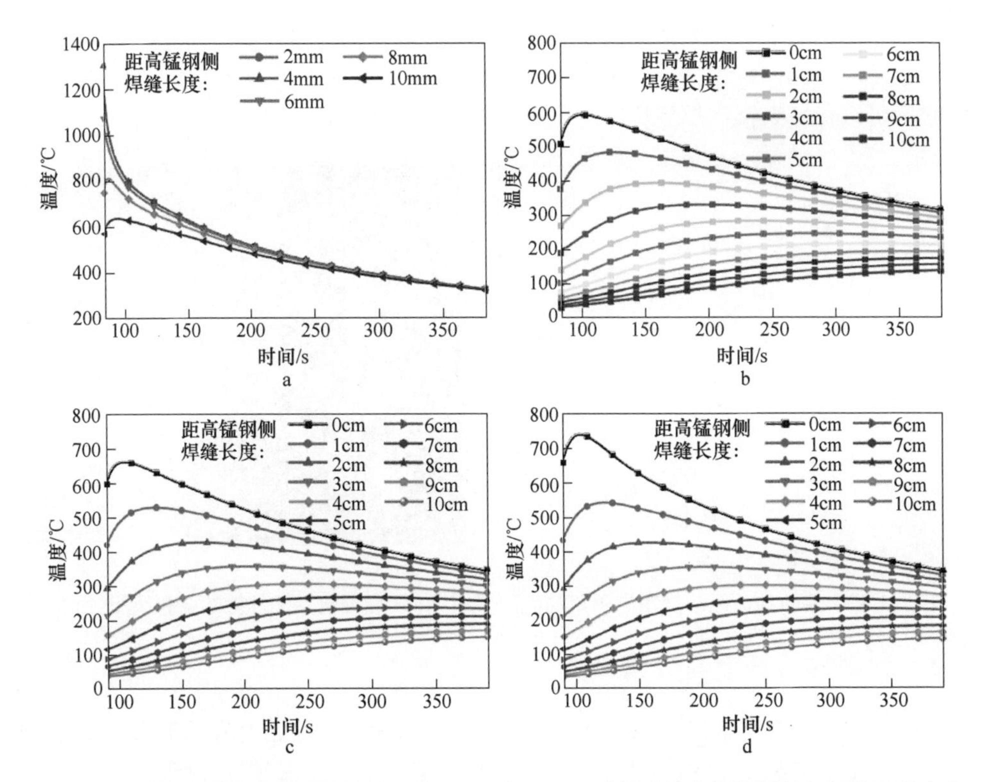

图 6-1-11　高锰钢辙叉与焊接材料焊后保压 3s 与 10s 后冷却过程中焊接材料与钢轨温度变化

a—保压 3s 后冷却焊接材料心部；b—保压 3s 后冷却钢轨心部；

c—保压 10s 后冷却钢轨心部；d—保压 10s 后冷却钢轨外部

507℃最高上升到 592℃，然后缓慢下降到 312℃。

在保压 10s 后冷却的情况下，钢轨温度变化趋势与保压 3s 后冷却的变化趋势基本一致。钢轨与焊接材料焊缝处的心部温度由 595℃最高上升到 657℃后缓慢下降到 338℃，外部的温度由 651℃最高上升到 732℃后缓慢下降到 336℃。由此可见，在焊后保压阶段，保压 3s 时钢轨一侧的最高温度没有超过钢轨钢 A_{c1} 温度点，而保压 10s 时，钢轨一侧的最高温度超过了钢轨钢 A_{c1} 温度点。

在实际闪光焊接试验中，选取焊接材料长度由 25mm 压缩至 13mm，保压时间 3s。闪光焊接完成后，立刻利用红外测温仪对碳钢钢轨的轨顶面中心沿轴向方向的温度进行测定。冷却之后对钢轨一侧的微观组织进行观察。

钢轨顶面中心沿轴向距焊缝不同距离的温度分布结果，如图 6-1-12 所示，当高锰钢和焊接材料焊接完成后，钢轨与焊接材料的焊缝温度大约在 660℃，即钢轨侧温升低于钢轨钢的 A_{c1} 温度线，可以避免焊接后快速冷却过程中钢轨焊缝产生脆性马氏体组织。由此可见，保压 3s 方案模拟结果中钢轨一侧温升最高为 668℃，与实测结果的相符程度较高，可以准确地反映实际情况下的温度变化规律。图 6-1-12 同时给出了钢轨与焊接材料焊缝处的微观组织，左侧钢轨钢的组织依然是珠光体组织，未发现马氏体组织。综合实测温度和微观组织结果均可以证实，在保压3s的方案下可以保证高锰钢焊后快冷时钢轨一侧不会发生马氏体相变。

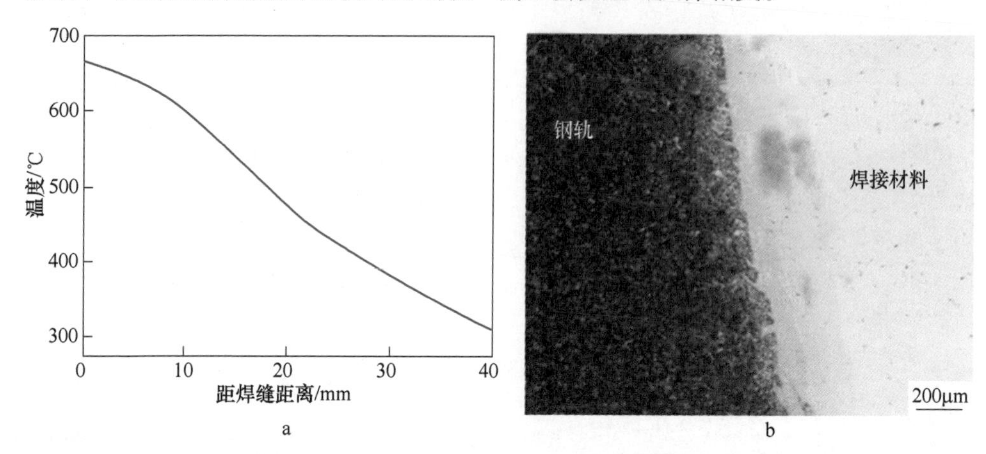

图6-1-12　钢轨顶面距焊缝不同距离的温度分布（a）和钢轨一侧焊缝的金相组织（b）

1.4　焊接材料长度对焊接接头温度场影响

改变焊接材料长度后，模拟过程的前3个阶段温度场变化情况基本一致，这里仅分析冷却阶段钢轨一侧的温度变化，如图6-1-13所示。焊接过程中，当焊接材料长度由20mm闪平和顶锻后缩短至10mm时，可以看出，无论是保压3s还是保压10s，钢轨与焊接材料的焊缝处的温度都超过了高碳钢轨钢A_{c1}温度。而当焊接材料长度由30mm闪平和顶锻后缩短至15mm时，保压时间为3s时的焊缝处温度没有超过钢轨钢A_{c1}温度，最高只有648℃；而当保压10s时，焊缝处外部取点的温度达到了722℃，刚好接近A_{c1}温度点。综合不同保压时间方案模拟所得结果，可以得出：当焊接材料长度大于30mm并且保压时间为3s时，钢轨一侧温度始终不会超过其A_{c1}点，即焊接后钢轨中不会产生马氏体组织。

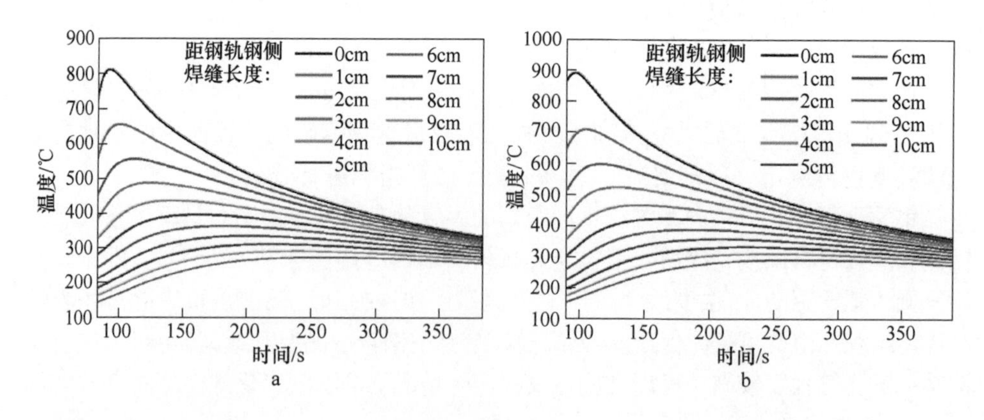

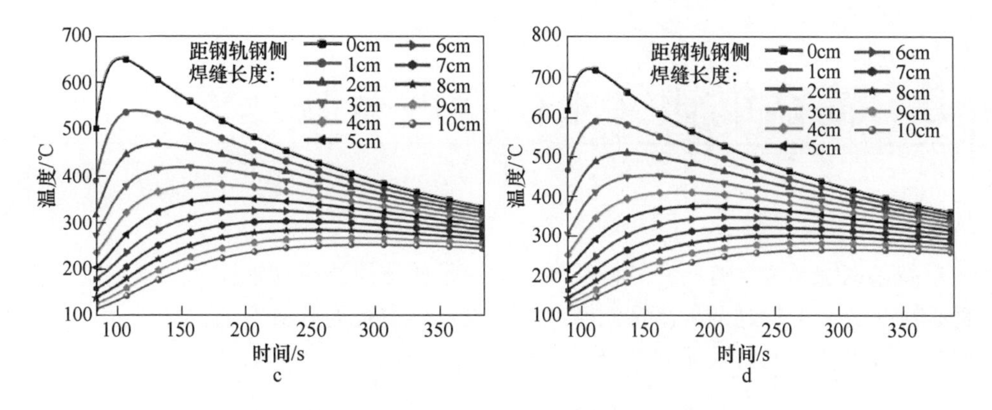

图 6-1-13 焊接材料长度由 20mm 缩短至 10mm 保压 3s（a）和 10s（b）以及焊接材料长度由 30mm 缩短至 15mm 保压 3s（c）和 10s（d）钢轨侧温度变化

2　高锰钢辙叉服役特性有限元模拟

高锰钢辙叉主要有两种结构类型：其一是整体铸造高锰钢辙叉，其二是高锰钢心轨拼装辙叉。这两种高锰钢辙叉在服役过程中行为有所差别，这里分别对它们进行服役特性的有限元模拟分析。

2.1　拼装高锰钢辙叉服役特性

2.1.1　模型构建

列车行驶过程中车轮与辙叉之间存在着复杂的轮轨接触关系，车身的载荷通过车轮传递到辙叉上，产生复杂的应力变化，复杂且严苛的受力环境易导致辙叉损伤。为给高锰钢辙叉失效分析提供依据、优化辙叉结构并且降低应力水平，建立了磨耗性踏面车轮与75kg/m固定型拼装高锰钢辙叉的有限元模型，利用ABAQUS软件对此过程进行数值模拟，并分析列车以不同速度、轴重通过高锰钢辙叉时的受力情况。

我国铁路早期主要采用的车轮踏面外形为TB型，如图6-2-1所示，但因其母线磨耗较快、寿命较低，后在TB型车轮踏面的基础上进行了改良，得到了LM型车轮踏面，此类车轮踏面母线为曲线：由两段$R=100$mm和$R=500$mm的圆心在车轮外侧的正圆弧，一段$R=220$mm的圆心在车轮内侧的反圆弧，以及一段斜度为1∶8的直线组成。此类曲线型踏面与钢轨顶部形状基本吻合，结构更为合理，不仅减轻了车轮的磨耗，同时降低了轮轨之间的接触应力。列车行驶过程将更加稳定可靠，使轮轨寿命得到了有效提高，同时也减少了列车车轮维修量，提高了列车工作效率。LM型踏面车轮已经在我国得到广泛使用，因此，车轮模型采用LM型踏面车轮进行建模。

我国的重载线路中75kg/m辙叉使用较广泛，所以这里选取的辙叉类型为75kg/m高锰钢拼装辙叉。辙叉几何形状较复杂，在不同长度上其截面形状不尽相同，导致轮轨接触时，应力场情况较复杂。为使结果更为精确，需要根据标准尺寸建立辙叉与车轮的真实模型，在CATIA软件中建立完整的LM型踏面车轮和75kg/m型固定辙叉模型，之后将其导入有限元分析软件ABAQUS中，并根据车轮在行驶过程中的位置情况对轮轨进行装配。根据辙叉真实几何形状，辙叉模型长度为3460mm，最宽的部位宽度为265mm。整个模型较大，辙叉断面形状较复杂，且车轮在经过辙叉与其接触时，只与一边翼轨及心轨作用，所以为节约计算

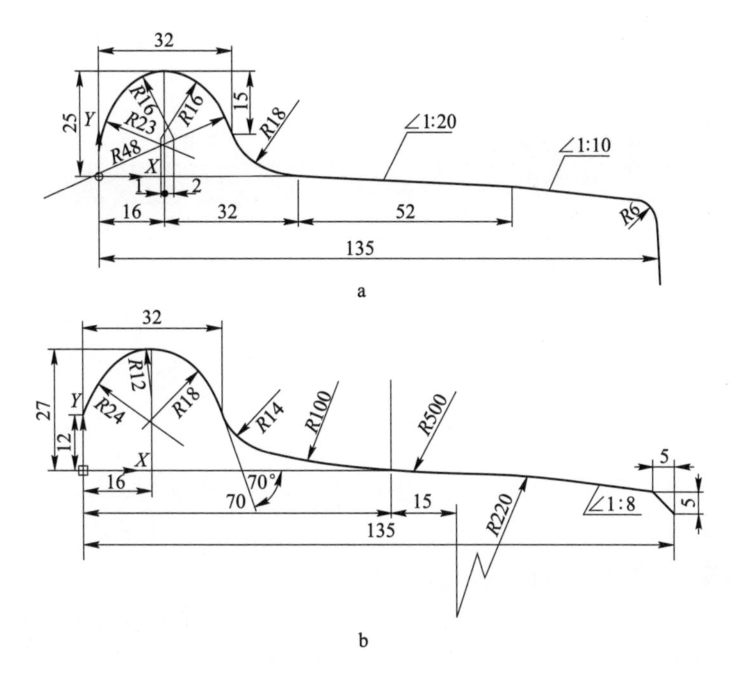

图 6-2-1　车轮踏面

a—TB 型；b—LM 型

时间，计算过程均对车轮与辙叉模型进行了简化。由于车轮中心大部分实体基本不受轮轨接触影响，因此，将不需参与计算的部分实体去掉，只保留了足够厚度的轮缘实体。对于辙叉模型，由于车轮经过辙叉过程中，车轮只与一边翼轨以及心轨进行作用，并且趾端与跟端也无需参与计算，所以辙叉模型只保留一边翼轨与完整心轨，并去掉了外部珠光体翼轨、趾端与跟端。之后实际轮轨配合状态，如图 6-2-2 所示。

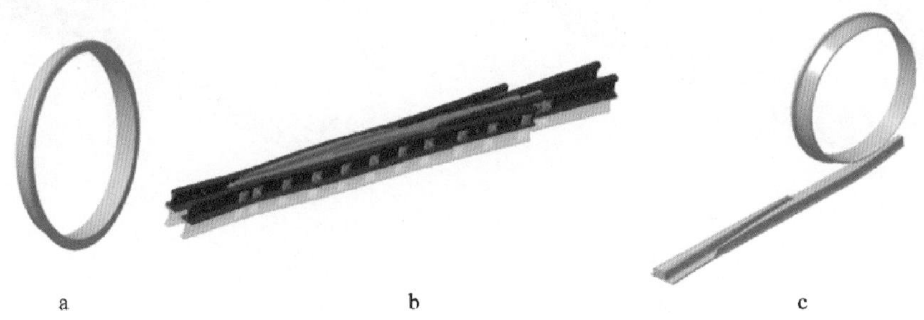

图 6-2-2　车轮-辙叉有限元模型示意图

a—LM 型踏面车轮；b—75kg/m 固定型拼装辙叉；c—车轮与辙叉实际配合示意图

将模型导入软件后，需要对车轮与辙叉赋予钢的属性。为确保模拟所得应力应变场结果准确，车轮与辙叉被定义为弹塑性体。辙叉钢为 ZGMn13 高锰钢，组织为单一奥氏体，车轮钢为碳含量0.6%左右的CL60车轮钢，两种钢的参数见表6-2-1。属性定义完成后将对应属性赋予辙叉与车轮。

表 6-2-1　高锰钢和 CL60 车轮钢基本参数

钢种	屈服强度/MPa	杨氏模量/GPa	泊松比	应变强化模量 E_p/GPa
高锰钢	400	210	0.30	10.3
车轮钢	615	214	0.29	17.3

本次设置两个分析步，在默认的初始分析步之后建立步骤1和步骤2，分析步的时间对应车轮以不同速度滚过辙叉所需的时间。ABAQUS软件中变量输出包括场变量输出和历史变量输出，其中场变量是指以较低频率将整个模型或者模型的大部分区域的结果写入输出数据库的数据变量；历史变量指以较高的频率将模型的小部分区域的结果写入输出数据库的数据变量。这里主要考虑车轮经过辙叉时对辙叉冲击所产生的应力与应变，所以场变量输出选择了等效应力、应力及应力分量、等效塑性应变、塑性应变、真实应变、接触应力和支反力。

在此模型中，接触情况只有轮轨之间的相互作用，且由于主要分析辙叉受力情况，后续车轮网格划分较粗，辙叉网格较细，故将车轮表面定义为主面，辙叉表面定义为从面。先前设置分析步为两步，初始步与第一步中车轮与辙叉翼轨接触，第二步车轮开始转动后，车轮会与心轨接触，如图6-2-3所示。轮轨之间的法向接触定义为“硬接触”，由于ABAQUS中不限制两个接触面之间的接触压力，选用“硬接触”可以避免在法向行为的计算时，接触面之间发生穿透现象。轮轨之间切向考虑摩擦系数，选取罚函数，摩擦系数赋值为0.3。

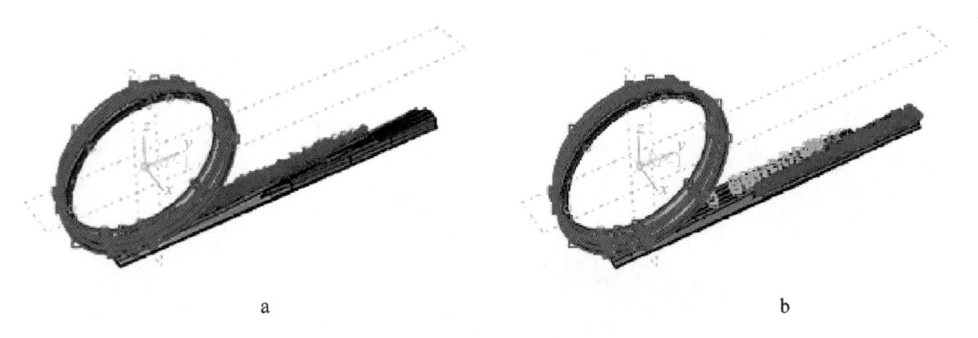

a　　　　　　　　　　b

图 6-2-3　车轮-辙叉接触示意图

a—车轮与翼轨接触；b—车轮与心轨接触

因为车轮后续采用实体单元，实体单元无转动自由度，为设置车轮滚动，需在车轮中心建立一个参考点 *RP*-1，然后将车轮参考点与车轮内表面节点区域以Rigid Body方式进行耦合以定义车轮滚动，如图6-2-4所示。在设置车轮的边界条件时由于车轮的滚动方向与辙叉存在一定角度，所以在车轮中心建立一个坐标

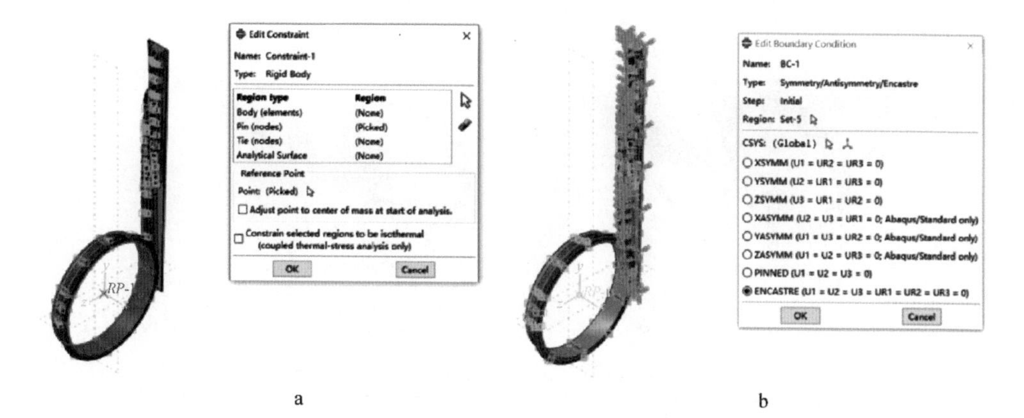

a　　　　b

图 6-2-4　车轮滚动耦合关系设置（a）和辙叉底部边界条件（b）

系，如图 6-2-5 所示，车轮根据此坐标系的方向进行运动。在步骤 1 中释放车轮的自由度 *U*3，使车轮对辙叉产生压力。在步骤 2 中按照相应的运动关系设置好每个条件下车轮的角速度与车轮前进的速度。根据 LM 型踏面车轮再以 100km/h、150km/h、200km/h 和 300km/h 的速度经过辙叉，其对应的角速度分别为 66rad/s、99rad/s、132rad/s 和 198rad/s。这里主要分析高锰钢辙叉的应力应变场，所以在高锰钢辙叉上选取了 5 个典型位置，如图 6-2-6 所示。

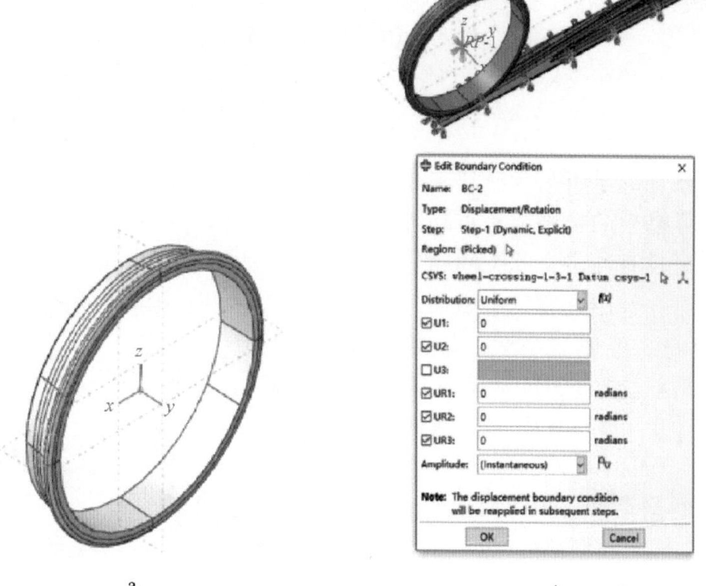

a　　　　b

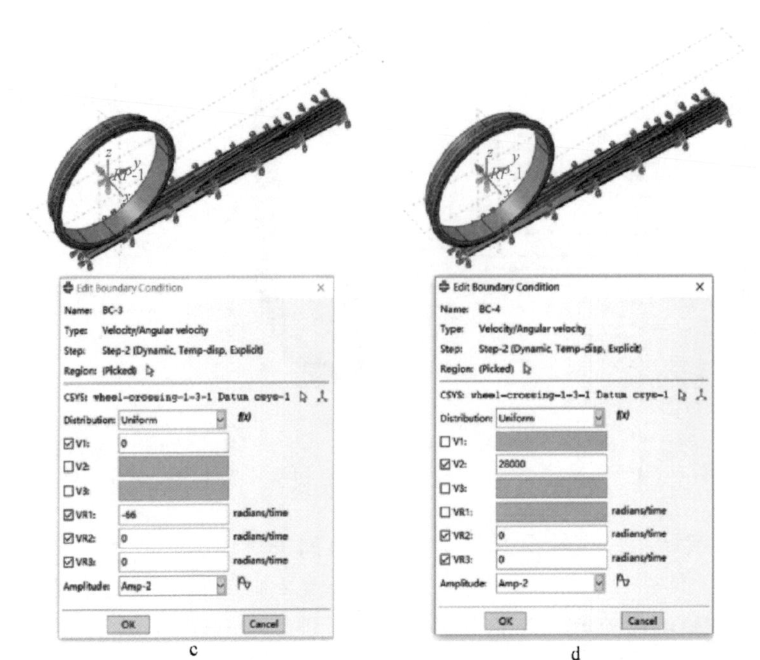

图 6-2-5　车轮边界条件设置

a—车轮参考坐标系；b—释放 z 自由度；c—角速度的设置；d—平移速度的设置

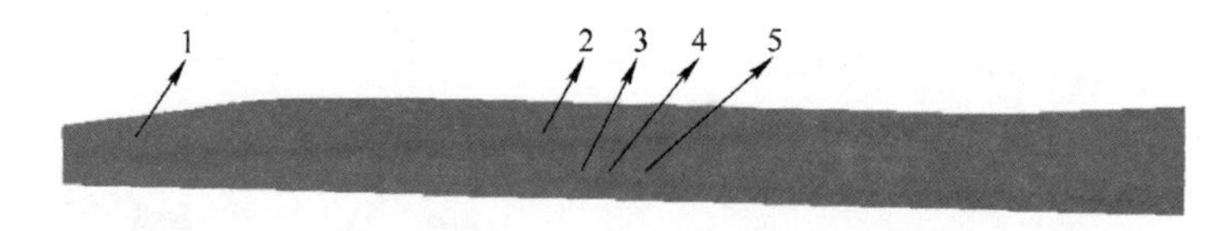

图 6-2-6　辙叉应力应变计算取值位置示意图

1—车轮启动处；2—逆向翼轨与心轨过渡处；3—心轨尖端 20mm 处；
4—心轨尖端 40mm 处；5—心轨尖端 60mm 处

有限元软件的求解与分析建立在离散的单元上，因此，网格的划分与单元的选择对于计算结果的精确性有重要影响。此模拟分析的是辙叉冲击问题，车轮经过辙叉时间短且有冲击，此类问题一般选择显示动力学进行分析较为准确。在选取单元类型时，选用具有集中质量公式的线型单元，模拟应力波的效果优于二次单元所采用的一致质量公式。辙叉与车轮网格类型都选择 C3D4 单元（四结点线性四面体单元）。其中车轮网格尺寸略大，为 10mm，辙叉网格尺寸为 5mm。划分网格后整个模型有 601993 个单元，其中辙叉模型包括 537143 个单元。整个模型网格划分如图 6-2-7 所示。

图 6-2-7　模型网格划分

此模拟中的载荷只考虑列车的轴重，在 load 模块中将轴重施加在先前建立好的参考点 *RP*-1 上。坐标系选择在车轮中心建立的参考坐标系。轴重数值对应选取 10t、21t、30t。由于为单个车轮，故设置数值为实际轴重的一半，具体设置如图 6-2-8 所示。

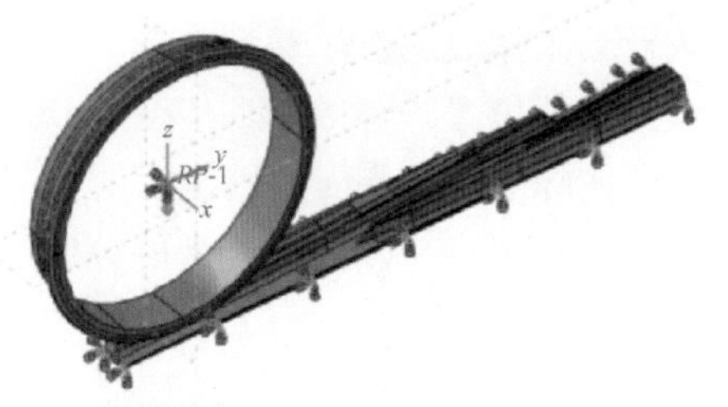

图 6-2-8　轴重载荷设置

2.1.2　应力应变场

列车逆向过叉是指列车沿着辙叉心轨断面宽度增加的方向运行，顺向过叉则反之。经过对列车逆向过叉进行模拟分析，获得了列车以不同速度、不同轴重经过辙叉时的应力应变场等数据。首先分析速度 150km/h、轴重 21t 的情况，如图 6-2-9 所示，列车启动后，对辙叉产生冲击，翼轨处应力从启动处向翼轨心轨过渡处逐渐增大，车轮过渡到心轨时撞击心轨产生的应力最大，车轮通过辙叉过程中最大应力产生于距心轨实际尖端 40mm 处，为 840MPa，应力深度达到大约 40mm。

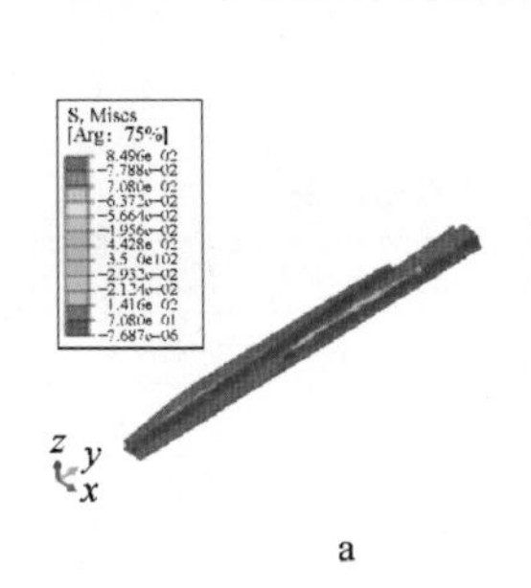

a

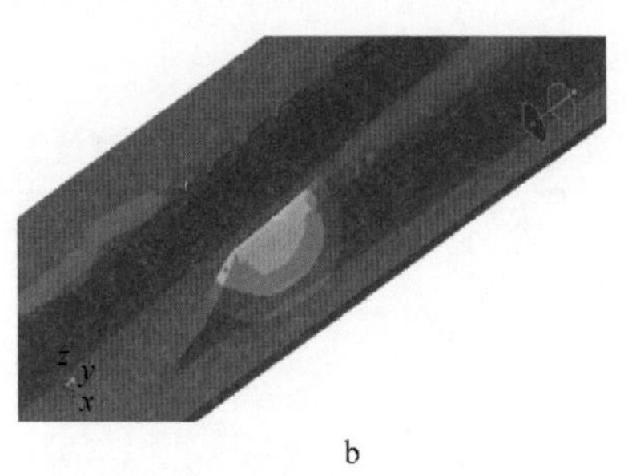

b

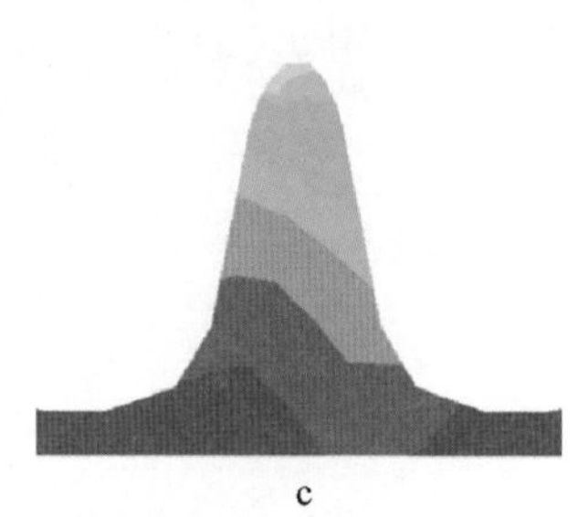

c

图 6-2-9　车轮经过辙叉时产生应力场云图

a—辙叉整体应力场；b—辙叉心轨应力场；c—辙叉心轨应力分布

在轴重为 21t 的条件下，列车以不同速度通过辙叉时的应力与应变的变化情况如表 6-2-2 所示，在被选取的辙叉上的 5 个典型位置中，3 和 4 两个位置的 von Mises 等效应力较其他位置高，最大等效应力出现在位置 4，即距离心轨实际尖端 40mm 处，对应速度 100km/h、150km/h、200km/h 和 300km/h，距心轨实际尖端 40mm 的等效应力分别为 830MPa、840MPa、863MPa 和 844MPa。这是由于辙叉区心轨与翼轨不连续，车轮从翼轨过渡到心轨时，车轮对辙叉心轨产生了较强的冲击。冲击所造成的瞬时接触应力极大，远远超过了高锰钢的屈服极限，会导致辙叉工作表层产生塑性变形。同时，位置 3 和 4 的等效塑性应变也比其他位置大，其他位置的等效塑性应变在 0.2%~0.5%，最大等效塑性应变出现在位置距心轨实际尖端 40mm 处，最大值为 1.18，这是由于在此位置，车轮与辙叉的直接接触面积很小，而该位置处的等效应力却很大，所以造成辙叉表面产生较大的塑性变形。

表 6-2-2　在不同运行速度车轮作用下高锰钢辙叉 5 个典型位置的应力与应变

车轮速度 /km · h^{-1}	应力与应变	位置 1	位置 2	位置 3	位置 4	位置 5
100	von Mises 应力/MPa	202	389	407	830	233
	等效塑性应变	0.0022	0.0033	0.004	1.15	0.0014
150	von Mises 应力/MPa	376	397	413	840	342
	等效塑性应变	0.0033	0.0028	0.0026	1.17	0.12
200	von Mises 应力/MPa	380	401	450	863	427
	等效塑性应变	0.0035	0.0036	0.02	1.18	0.18
300	von Mises 应力/MPa	405	539	570	844	540
	等效塑性应变	0.004	0.04	0.045	1.18	0.04

表 6-2-3 是在速度为 150km/h 的条件下，不同轴重列车通过辙叉时的应力与应变的变化情况，与列车以相同轴重不同速度通过辙叉时相同，辙叉的等效应力仍是 3、4 位置最高。对应轴重 10t、21t、30t，距心轨尖端 40mm 的等效应力分别为 836MPa、840MPa 和 859MPa。

表 6-2-3　不同轴重列车作用下高锰钢辙叉 5 个典型位置的应力与应变

轴重/t	应力与应变	位置 1	位置 2	位置 3	位置 4	位置 5
10	von Mises 应力/MPa	195	209	224	836	214
	等效塑性应变	0.0015	0.0018	0.0023	0.63	0.0020
21	von Mises 应力/MPa	376	397	413	840	342
	等效塑性应变	0.0033	0.0028	0.0026	1.17	0.1200
30	von Mises 应力/MPa	416	450	462	859	484
	等效塑性应变	0.0070	0.0087	0.0120	1.40	0.0077

2.1.3　列车速度和轴重对应力场影响

为研究列车运行速度对高锰钢辙叉应力的影响规律，在列车轴重为 21t 的情况下，对列车分别以速度 100km/h、150km/h、200km/h 和 300km/h 经过辙叉时进行了分析。图 6-2-10 给出了列车的速度与高锰钢辙叉承受的最大等效应力的关系曲

线，在轴重及其他参数条件保持不变的情况下，随着车轮速度增大，高锰钢辙叉的等效应力在 100~200km/h 的范围内相应增大，在 200~300km/h 的范围内会减小。

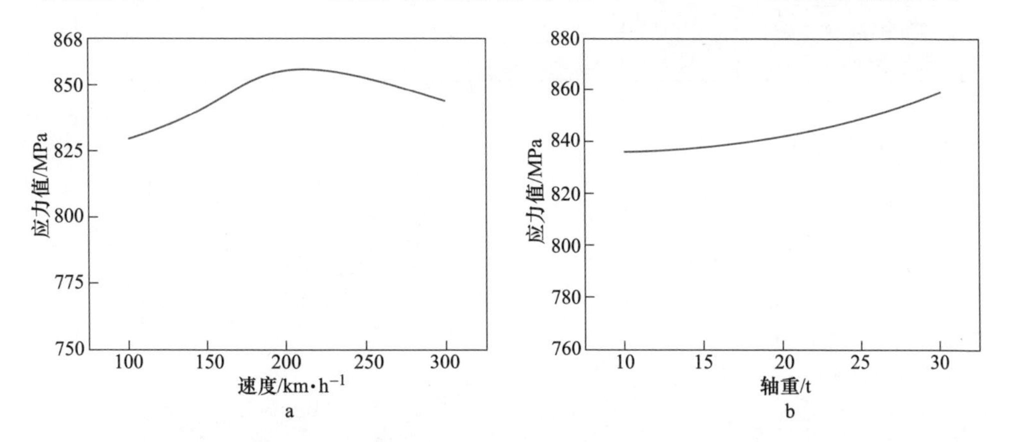

图 6-2-10 高锰钢辙叉上最大等效应力与列车运行速度（a）和轴重（b）关系

为研究列车轴重对高锰钢辙叉的应力场的影响，在保持列车速度 150km/h 及其他参数条件不变的情况下，对列车分别以轴重 10t、21t 和 30t 经过辙叉进行了分析，可知拼装高锰钢辙叉上的最大等效应力随着轴重的增加而增加。

2.2 整铸高锰钢辙叉服役特性

2.2.1 模型构建

以铁道线路上常用的 60kg/m 钢轨 12 号整体铸造高锰钢辙叉为研究对象，进行有限元模拟。车轮选用直径 840mm 的标准货车车轮，采用磨耗型踏面。图 6-2-11 为车轮、辙叉和轨枕相互作用计算模型的示意图。考虑车轮-辙叉接触区的局部塑性变形，车轮和辙叉材料都采用双线性随动强化弹塑性材料模型，屈服条件为 Mises 屈服准则，轨枕采用线弹性材料，相关参数如表 6-2-1 和表 6-2-4 所示。

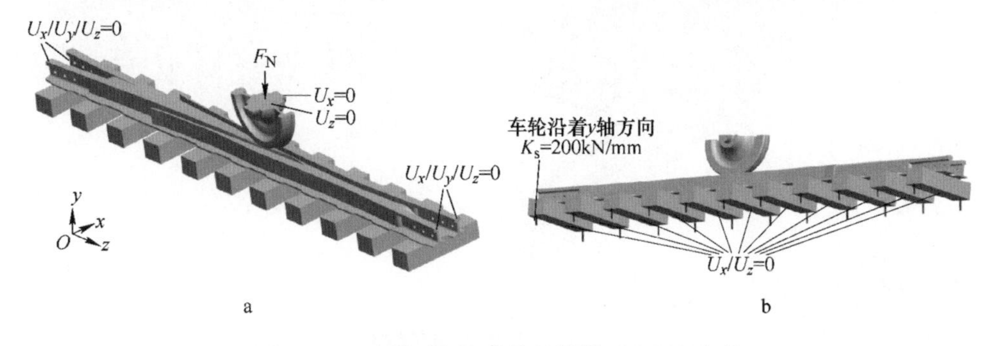

图 6-2-11 车轮-辙叉-轨枕计算模型和服役条件

a—高锰钢辙叉和车轮；b—轨枕

表 6-2-4　轨枕材料力学参数

橡木		高性能混凝土	
泊松比 ν	弹性模量 E_e/GPa	泊松比 ν	弹性模量 E_e/GPa
0.30	10.3	0.17	30.7

2.2.2　应力应变场

采用整体模型和局部细化模型，在整体模型中充分考虑车轮-辙叉-轨枕的真实服役条件，在局部细化模型中车轮-辙叉接触区，重点分析车轮-辙叉接触横截面的应力和应变，其中局部模型的位移边界条件与前面相同。图 6-2-12 为车轮和辙叉接触区域的局部模型和服役条件，其中辙叉和翼轨截取厚度为 25mm（从轨顶向下部分），辙叉局部模型底面的垂向位移边界条件由整体模型计算所得。车轮与辙叉在心轨顶宽 50mm 处接触，此时车轮仅与辙叉的心轨接触。图 6-2-13 为局部模型和心轨接触区域的有限元网格，在接触区域网格进一步进行了细化。图 6-2-14 给出

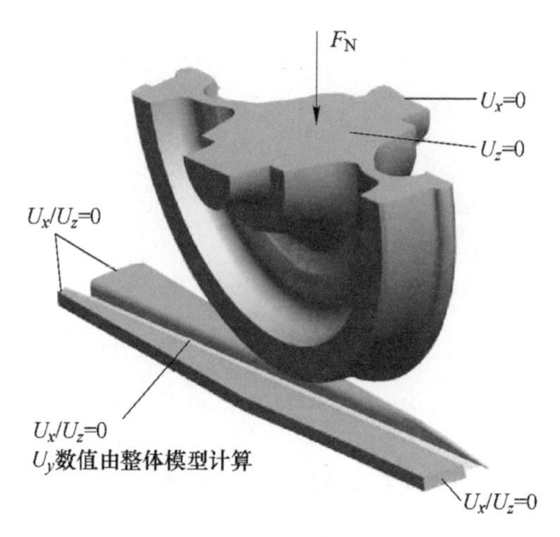

图 6-2-12　车轮与高锰钢辙叉局部计算模型和服役条件

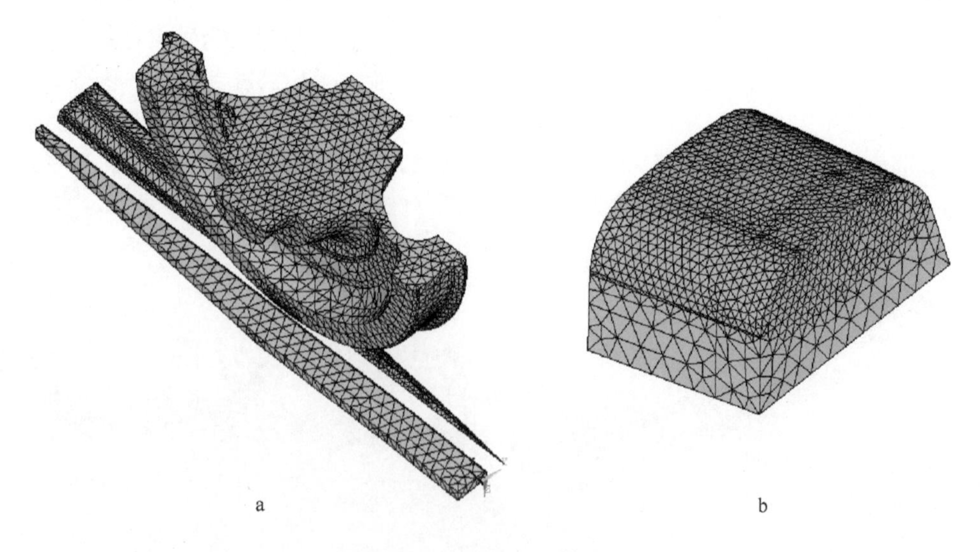

图 6-2-13　局部有限元模型

a—辙叉和车轮局部模型；b—轮叉接触处心轨的有限元网格

了轴重 $P=21$t 且列车速度 $v=0$km/h 时心轨顶宽 50mm 处横截面的 von Mises 应力和塑性应变的分布云图。辙叉的最大 von Mises 应力为 1091MPa，出现在车轮作用位置。如此高的等效应力远大于高锰钢的屈服强度，辙叉会发生塑性变形。车轮载荷作用下心轨横截面的应力场呈不规则的内切环形分布，轮载对辙叉内等效应力的影响随着与接触点距离的增加而急剧降低。

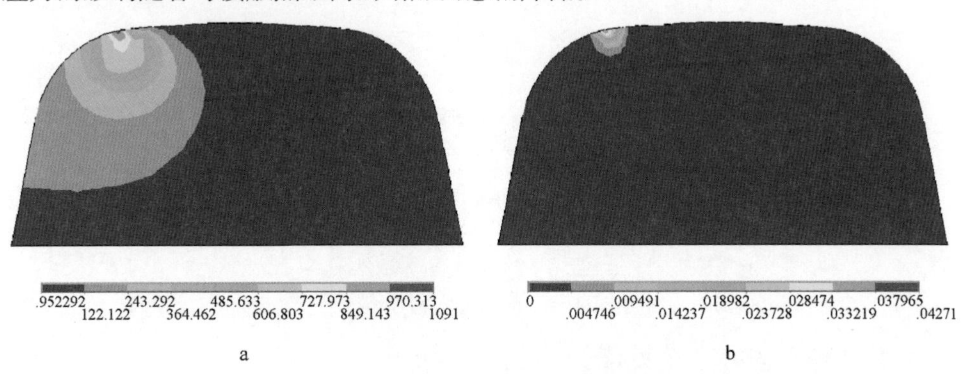

图 6-2-14 21t 轴重载荷作用时高锰钢辙叉心轨的接触应力和应变云图

a—von Mises 应力；b—等效塑性应变

轴重 $P=21$t 且列车速度 $v=0$km/h 情况下轮载作用后，心轨顶宽 50mm 处横截面的残余应力和残余应变分布云图，如图 6-2-15 所示。车轮接触载荷作用后心轨的 von Mises 残余应力分布比较复杂，与轮载作用时 von Mises 应力分布相比，von Mises 残余应力分布云图不规则，其影响范围在车轮作用位置有明显向心轨突出现象。最大 von Mises 残余应力不在心轨的接触表面，而在距离表面向下深 1.5~2.0mm 的位置。

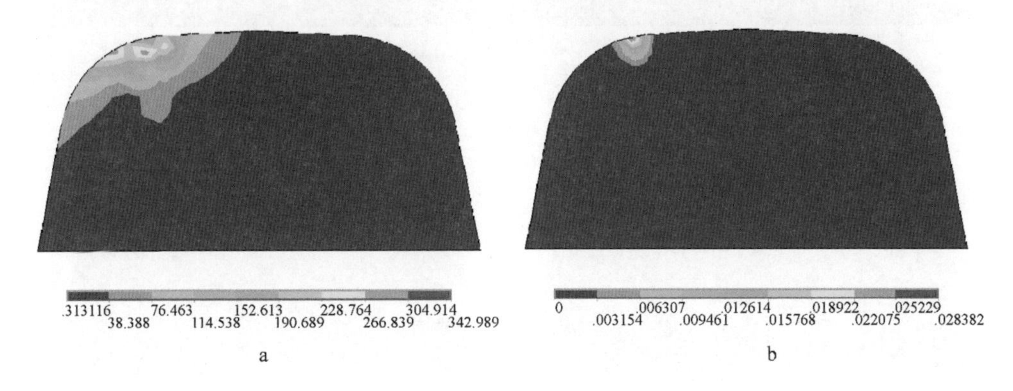

图 6-2-15 21t 轴重载荷作用后高锰钢辙叉心轨的残余应力和残余应变云图

a—von Mises 残余应力；b—等效残余塑性应变

为了将模拟计算结果与实际的高锰钢辙叉失效建立起联系，对失效高锰钢辙叉的显微组织进行了分析。图 6-2-16 是失效高锰钢辙叉心轨横截面的平行于磨损表面的多条裂纹显微结构，在高锰钢辙叉心轨内部最大接触应力位置和最大残余应力位置观察到密集裂纹。在长期循环轮载作用下，在心轨次表层的薄弱环节处，心轨疲劳剥落，如图 6-2-17 所示。最大接触应力和最大残余应力的组合效应在心轨疲劳裂纹萌生过程中起着重要作用，疲劳裂纹萌生于最大接触应力位置和最大残余应力位置之间。

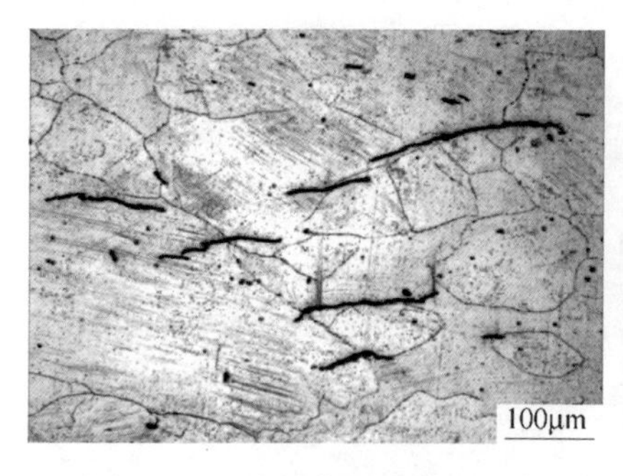

图 6-2-16　失效高锰钢辙叉心轨亚表层裂纹分布

图 6-2-17　典型失效高锰钢辙叉心轨的疲劳剥落

图 6-2-18 为列车速度分别取 0km/h、45km/h、100km/h 和 160km/h 时心轨

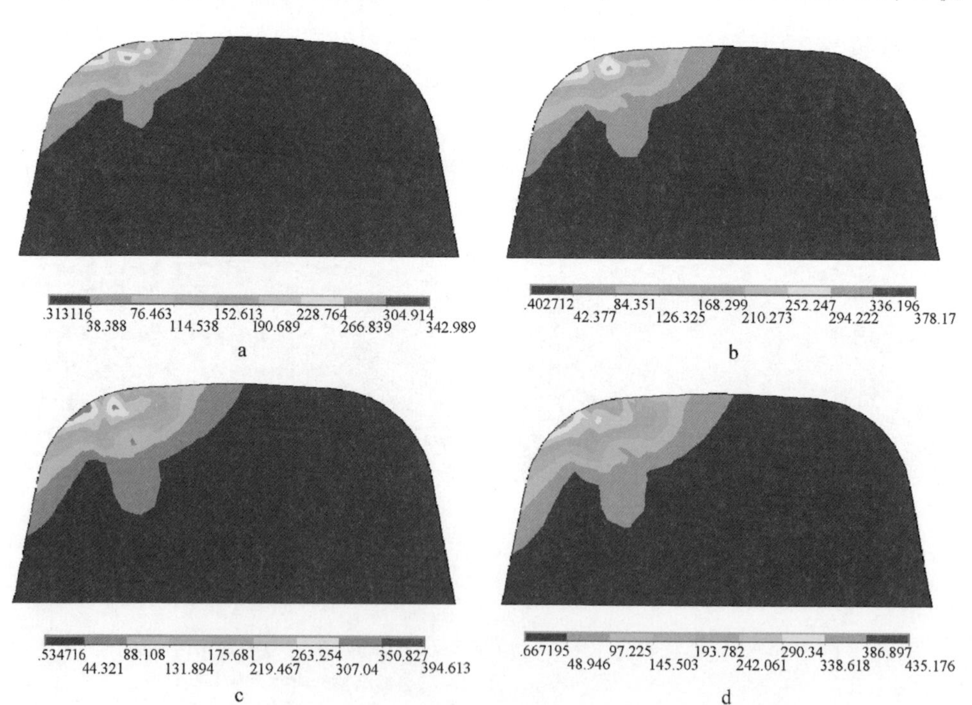

图 6-2-18　列车速度对高锰钢辙叉心轨内 von Mises 残余应力分布的影响

a—v=0km/h；b—v=45km/h；c—v=100km/h；d—v=160km/h

顶宽 50mm 处横截面的残余应力分布云图，其轴重 $P=21\text{t}$。由图 6-2-18 可知，车轮以不同速度滚过辙叉后，心轨内的残余应力分布规律相似，在车轮作用位置有明显向心轨突出现象。随着列车速度的增加，残余应力的分布范围和数值也逐渐增大。

轮载作用后，心轨内最大残余应力和最大残余应变随列车速度的变化曲线，如图 6-2-19 所示。心轨内最大残余应力对速度非常敏感，随列车速度的增加显著增大；最大残余应变随列车速度的增加单调增大，且近似呈线性关系。

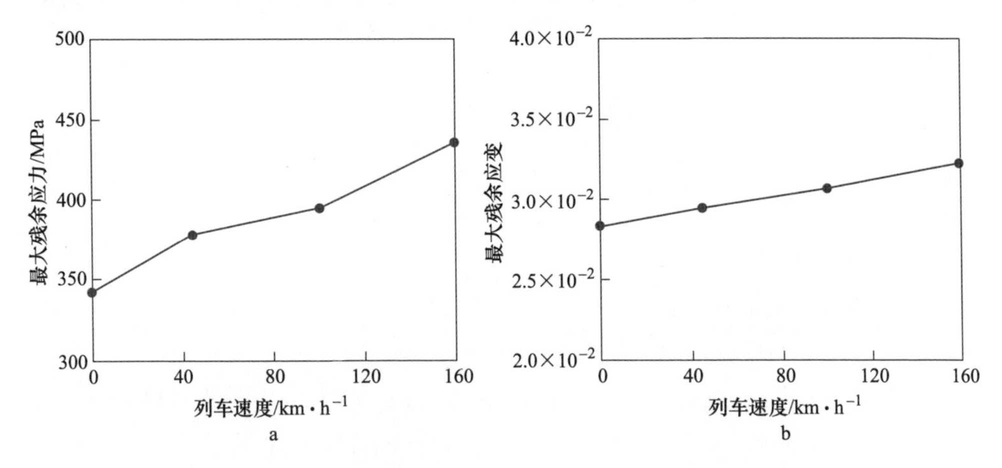

图 6-2-19　高锰钢辙叉心轨内最大 von Mises 残余应力（a）和最大等效残余塑性应变（b）随列车速度的变化

2.2.3　列车速度和轴重对应力应变场影响

车轮与辙叉之间的相互作用处理为接触对，即心轨表面与车轮踏面。车轮与辙叉之间的摩擦系数取值为 0.32，实际中辙叉与轨枕由扣件系统相连接，有限元计算中将辙叉下表面与轨枕上表面的位移耦合。辙叉在趾端与导曲线钢轨相连接，在跟端与基本轨相连接，分析时将辙叉趾、跟两端面在空间三个方向的位移约束。将车轮中面的纵向位移约束，将车轴内截面的横向位移约束，将轨枕底面上的横向和纵向位移约束，道床对轨枕的支承刚度用垂向弹簧进行模拟。对新车轮和新辙叉而言，静态载荷下，逆行车轮与高锰钢辙叉心轨开始接触时的位置一般在心轨顶宽 20mm 处，完全离开翼轨只与心轨接触的位置一般在心轨顶宽 50mm 处。顺行时，车轮在心轨顶宽 50mm 处开始与翼轨相接触，到心轨顶宽 20mm 处以后完全离开心轨只与翼轨接触。

对于高锰钢辙叉，心轨顶宽 20~50mm 部分是车轮载荷转移的过渡段，辙叉发生损伤的部位主要集中在该范围。因此在结构分析时，选取心轨顶宽 50mm（A 位置）、40mm（B 位置）、30mm（C 位置）和 20mm（D 位置）处作为车轮与辙叉的接触位置进行计算，如图 6-2-20 所示。静态轮载（$v=0\text{km/h}$）时，选取 3 种典型轴重 $P=21t$、25t 和 30t，不同车轮与辙叉作用位置时心轨和翼轨的最大 von Mises 应力数值如表 6-2-5 所示。

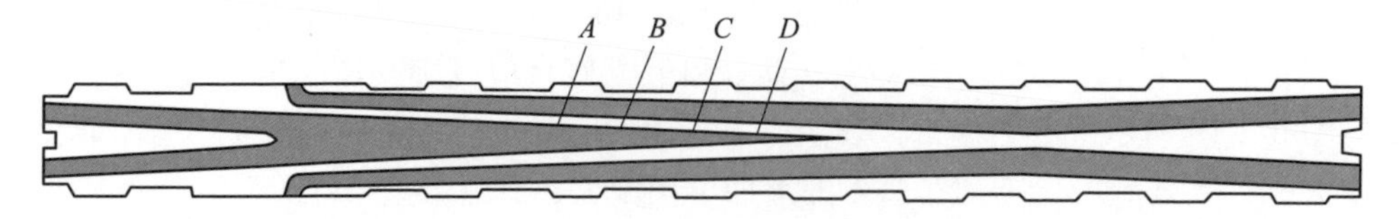

图 6-2-20　车轮与辙叉作用模拟取值位置

表 6-2-5　高锰钢辙叉内最大 von Mises 应力　（MPa）

轴重/t	位置 *A*			位置 *B*			位置 *C*			位置 *D*		
	心轨	翼轨	比值	心轨	翼轨	比值	心轨	翼轨	比值	心轨	翼轨	比值
21	709	0	—	647	170	3.82	388	278	1.40	0	599	0
25	818	0	—	717	203	3.54	475	327	1.45	0	679	0
30	947	0	—	783	239	3.28	495	390	1.27	0	767	0

由表 6-2-5 可见，静载时在心轨顶宽 50mm 处辙叉仅心轨受力，翼轨不受力；在心轨顶宽 40mm 和 30mm 处，心轨和翼轨都受到车轮载荷作用，且各自的最大 von Mises 应力数值近似成比例；在心轨顶宽 20mm 处仅翼轨受力，心轨不受力。列车顺行时，随着车轮由心轨逐渐向翼轨运动，心轨的最大 von Mises 应力单调减小，而翼轨的最大 von Mises 应力单调增大。

图 6-2-21 是轴重 $P=21t$ 且速度 $v=100km/h$ 时车轮-辙叉接触位置在心轨顶宽 50mm 处时的辙叉等效应力、等效塑性应变和垂向位移的云图。车轮与辙叉只在心轨区接触，辙叉的最大 von Mises 等效应力为 936MPa，如此高的应力远大于高锰钢材料的屈服强度 400MPa，因此，辙叉发生了塑性变形，最大 von Mises 等效应力出现在车轮作用附近。图 6-2-21b 显示辙叉已经发生塑性变形，但屈服范围很小，最大等效塑性应变为 0.093。随着塑性变形的积累，在叉心范围内会出

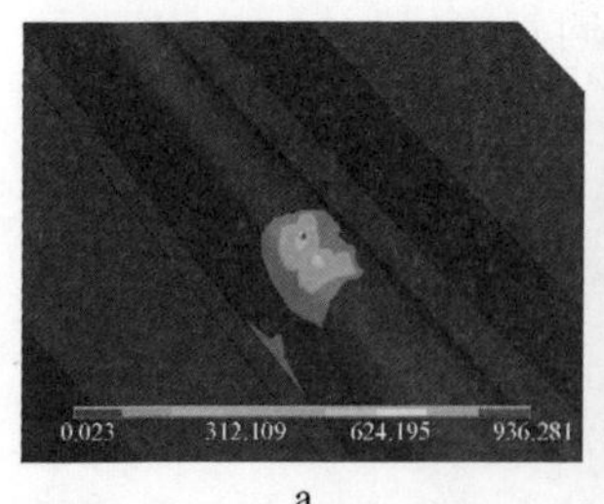

a

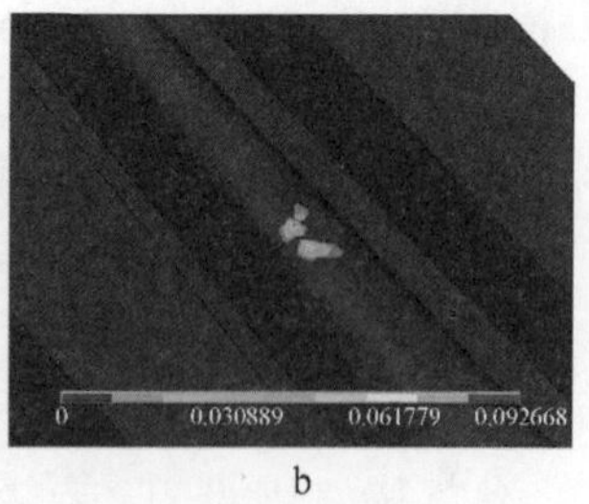

b

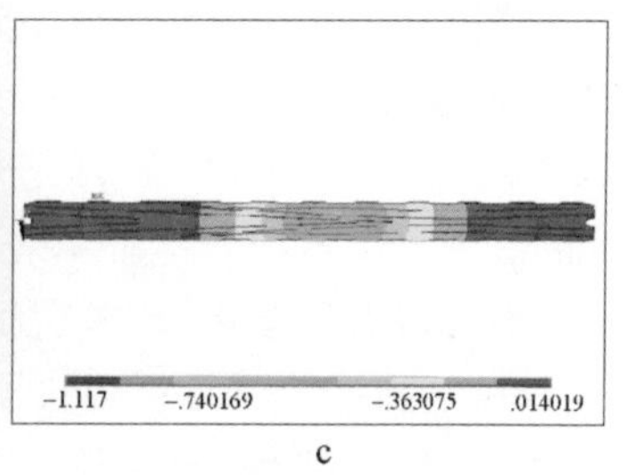

c

图 6-2-21　高锰钢辙叉心轨顶宽 50mm 处的等效应力、等效应变和位移云图

a—von Mises 应力；b—等效塑性应变；c—垂向位移

现压塌变形，如图6-2-22所示。辙叉的最大垂向位移为1.12mm，位于车轮作用区段，垂向位移从该处到辙叉趾、跟两端逐渐减小。

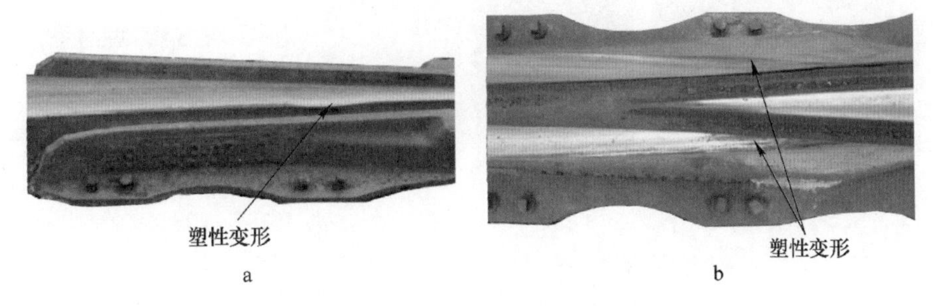

图6-2-22　实际铁道线路中服役整体铸造高锰钢辙叉的塑性变形

a—心轨；b—翼轨

图6-2-23给出了在轴重 $P=21\text{t}$ 且速度 $v=100\text{km/h}$ 情况下，车轮-辙叉接触位置在心轨顶宽40mm处时的辙叉内等效应力、等效塑性应变和垂向位移的分布云图。心轨顶宽40mm处接触时，车轮与心轨以及翼轨同时接触。此时心轨的最大von Mises等效应力为775MPa，大于高锰钢材料的屈服强度，最大等效塑性应变为0.078。翼轨的最大von Mises等效应力为234MPa，低于高锰钢材料的屈服强度，翼轨没有发生塑性变形。辙叉的最大垂向位移为1.02mm。

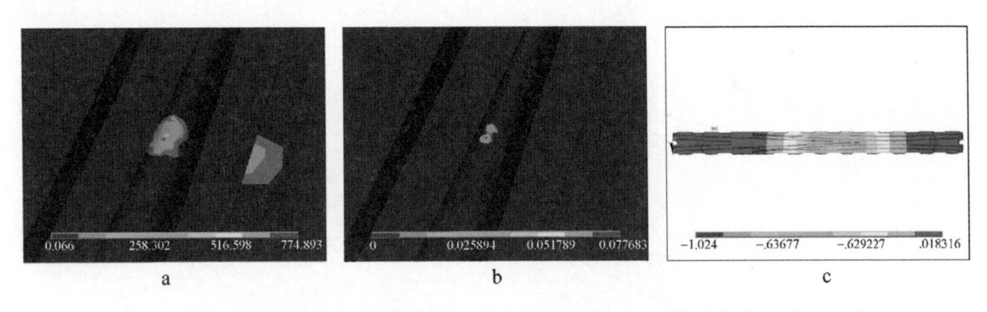

图6-2-23　高锰钢辙叉心轨顶宽40mm处内等效应力、等效应变和位移云图

a—von Mises应力；b—等效塑性应变；c—垂向位移

图6-2-24为轴重 $P=21\text{t}$ 且速度 $v=100\text{km/h}$ 时车轮-辙叉接触位置在心轨顶宽20mm处时的辙叉内等效应力、等效塑性应变和垂向位移的分布云图。心轨顶宽20mm处接触时，车轮仅与翼轨接触。翼轨的最大von Mises等效应力为759MPa，远大于高锰钢的屈服强度，翼轨发生塑性变形，最大等效塑性应变为0.047。辙叉的最大垂向位移为1.46mm，相比车轮和辙叉在心轨顶宽50mm和40mm处的垂向位移数值要大，这是由于此位置的轮载完全作用在一侧翼轨上，辙叉受载更加不对称，从而引起车轮作用区段位移较大。

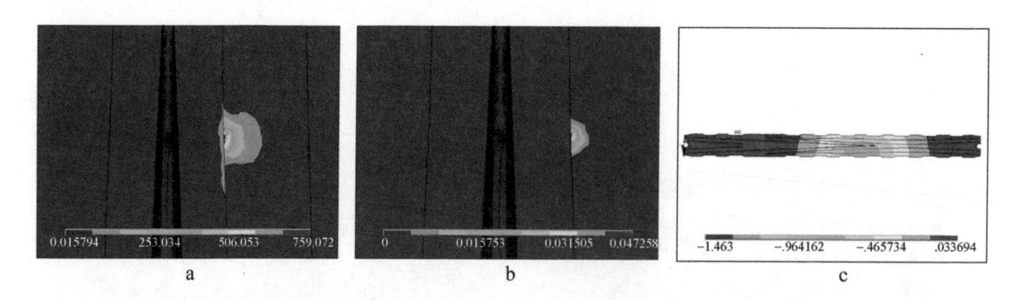

图 6-2-24　高锰钢辙叉心轨顶宽 20mm 处内等效应力、位移和等效应变云图

a—von Mises 应力；b—等效塑性应变；c—垂向位移

对于整体铸造高锰钢辙叉，列车侧向和直向通过道岔时的最大许可速度分别为 45km/h 和 100km/h。为了更大范围研究列车过岔速度的影响，列车速度取 0~380km/h，图 6-2-25 为车轮与辙叉在不同位置接触时，辙叉最大 von Mises 等效应

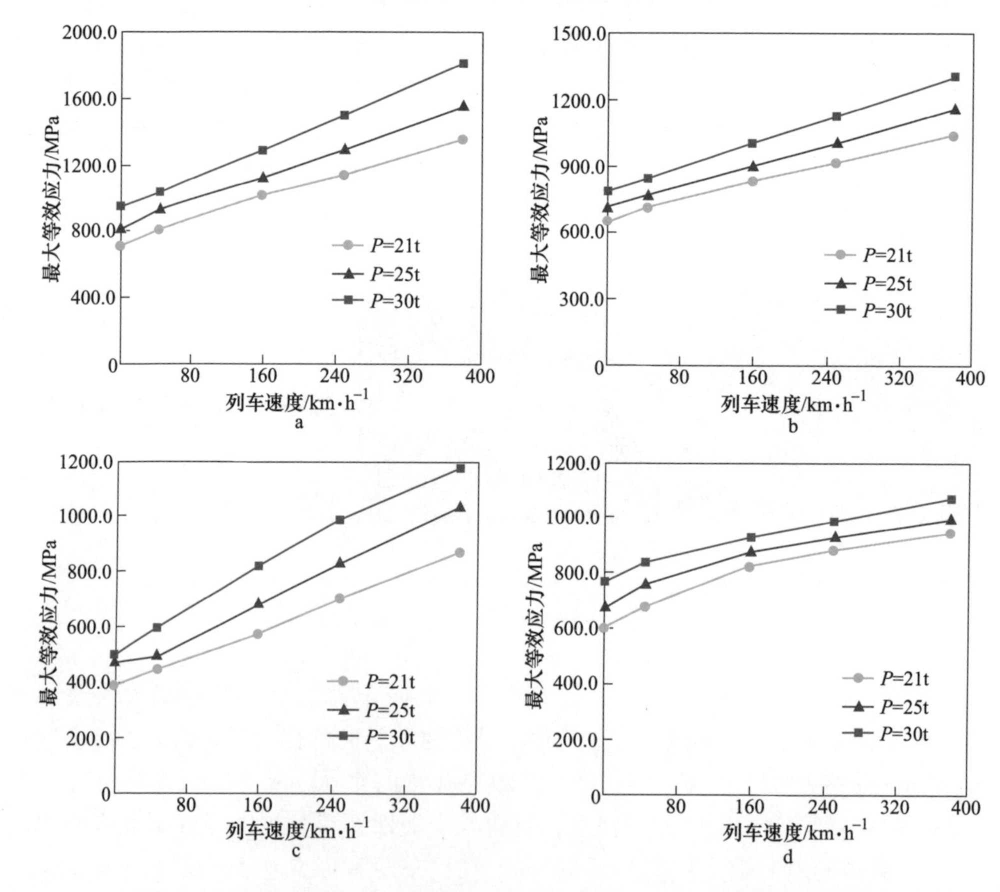

图 6-2-25　列车速度对高锰钢辙叉不同位置最大 von Mises 等效应力的影响

a—心轨宽 50mm 处；b—心轨宽 40mm 处；c—心轨宽 30mm 处；d—心轨宽 20mm 处

力随列车速度的变化曲线，随着列车速度的增加，辙叉内最大 von Mises 等效应力显著增大。以轴重 $P=30$t 为例，列车速度为 160km/h、250km/h 和 380km/h 时的最大 von Mises 等效应力，与静态轮载（$v=0$km/h）相比，在心轨顶宽 50mm 处车轮与辙叉接触时分别增大 35.2%、57.9% 和 91.2%，在心轨顶宽 40mm 处轮-辙接触时分别增大 27.9%、44.2%和 66.5%，在心轨顶宽 30mm 处轮-辙接触时分别增大 64.4%、98.7%和 136.2%，在心轨顶宽 20mm 处轮-辙接触时分别增大 20.0%、27.4%和 38.4%。可见辙叉内的最大 von Mises 等效应力对速度非常敏感，这也是固定型辙叉要求列车通过辙叉（道岔）时速度不能过高的原因。

车轮与辙叉在不同位置接触时，辙叉最大垂向位移随列车速度的变化规律如图 6-2-26 所示。辙叉的最大垂向位移随列车速度的增加单调增大，且近似呈线性关系。速度对辙叉最大垂向位移的影响显著，最大垂向位移位于车轮作用区段，垂向位移从轮-辙作用处到辙叉趾、跟两端逐渐减小。

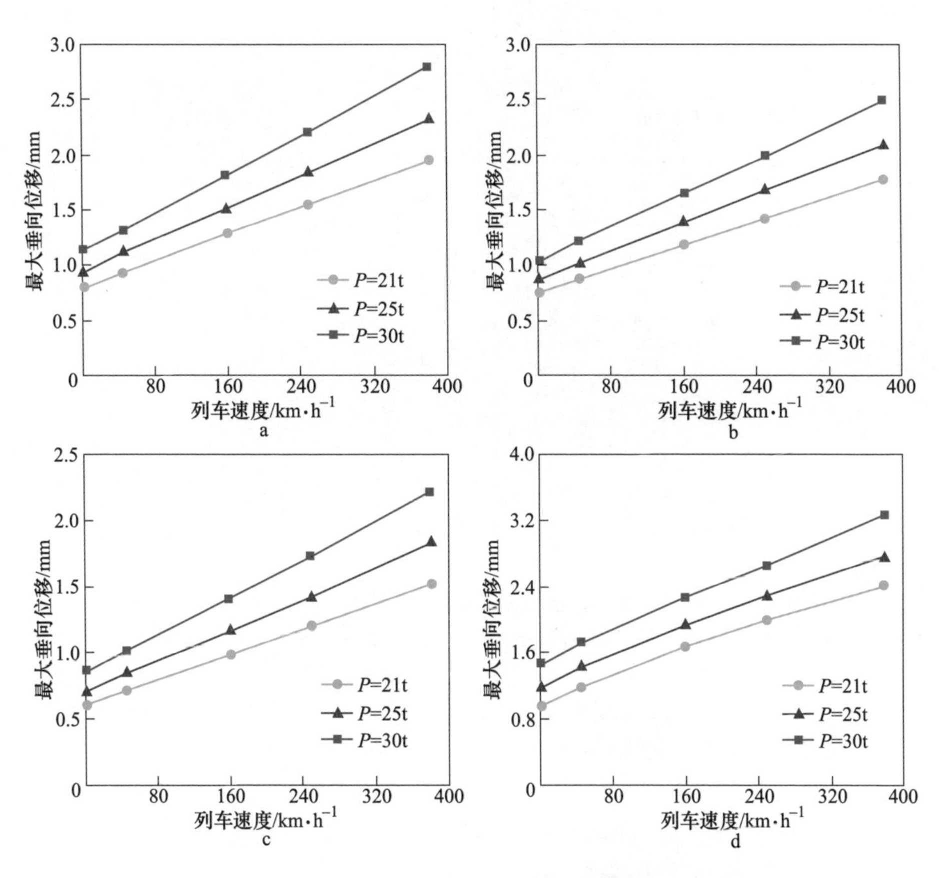

图 6-2-26 列车速度对高锰钢辙叉不同位置最大垂向位移的影响

a—心轨宽 50mm 处；b—心轨宽 40mm 处；c—心轨宽 30mm 处；d—心轨宽 20mm 处

车轮与辙叉在不同位置接触时，辙叉最大等效塑性应变随列车速度的变化规律如图 6-2-27 所示，可知辙叉内的最大等效塑性应变对速度非常敏感。与图 6-2-25 对比可以发现，速度对辙叉最大等效塑性应变的影响与对最大 von Mises 等效应力的影响规律十分相似。考虑到塑性应变与应力的联系，即塑性应力与应变的关系（全量理论）和塑性应力与应变增量的关系（增量理论），这容易理解。

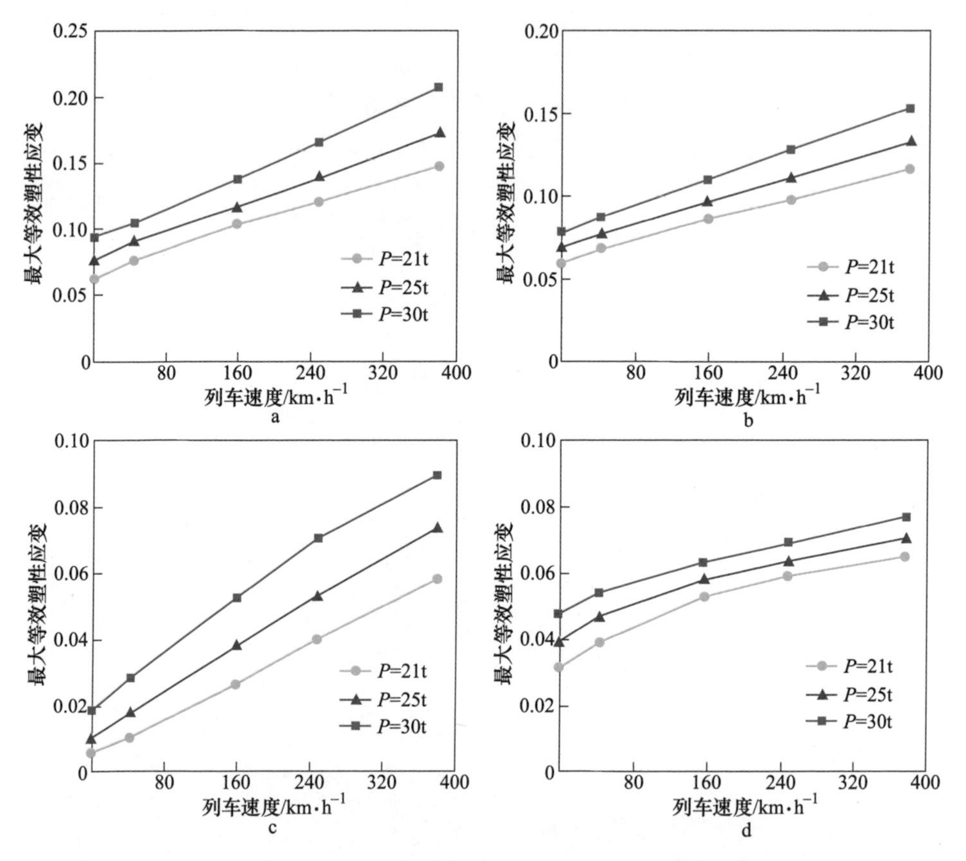

图 6-2-27　列车速度对高锰钢辙叉不同位置最大等效塑性应变的影响

a—心轨宽 50mm 处；b—心轨宽 40mm 处；c—心轨宽 30mm 处；d—心轨宽 20mm 处

车轮与辙叉在不同位置接触时，轴重对辙叉内等效应力、垂向位移和等效塑性应变的影响规律如图 6-2-28 所示。取三种轴重：21t、25t 和 30t。列车速度取 v=160km/h，δ 表示车轮与辙叉接触位置的心轨顶宽。由图 6-2-28 可知，不论车轮与辙叉作用位置如何，辙叉的最大 von Mises 等效应力、最大垂向位移和最大等效塑性应变都随轴重的增加而明显增大，且与轴重近似呈线性关系。

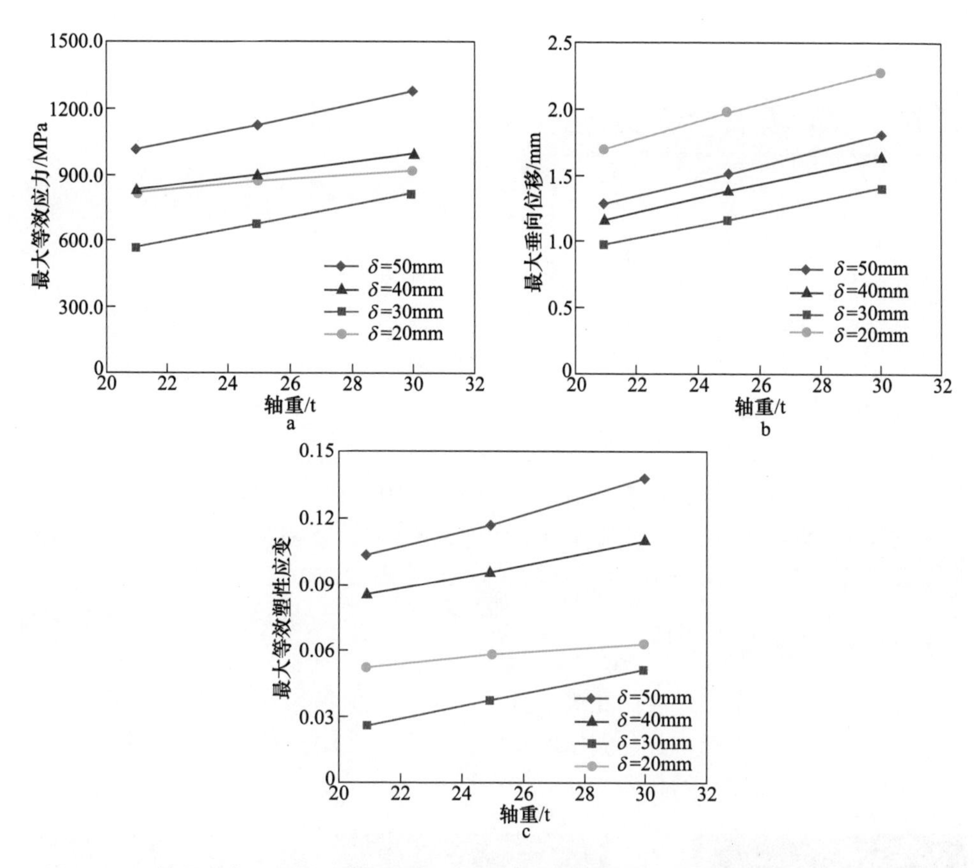

图 6-2-28 轴重对高锰钢辙叉等效应力、垂向位移和等效塑性应变的影响（v=160km/h）
a—最大 von Mises 等效应力；b—最大垂向位移；c—最大等效塑性应变

3　高锰钢辙叉疲劳损伤有限元模拟

实际铸造高锰钢辙叉中往往存在大量的微观气孔或者缩松等孔洞缺陷，它们对高锰钢辙叉的疲劳性能产生重要的影响，显著降低高锰钢辙叉的疲劳寿命。以实际铸造高锰钢辙叉为研究对象，利用三维可视化软件 VGstudio Max 对同步辐射 X 射线 CT 试验所得的切片图像进行重构处理，得到了实际孔洞的三维形貌特征，然后提取出实际孔洞，对孔洞进行修饰，去除杂点等使孔洞表面更加平滑，最后将修饰完成后的孔洞导入到有限元软件 ANSYS 中，通过进行模拟计算，就得到了包含孔洞聚集体的几何模型，从而，计算分析实际高锰钢辙叉在服役过程中循环载荷作用下微观孔洞周围的应力应变场，研究高锰钢辙叉的疲劳失效机制。

3.1　多孔洞应力应变场

孔洞聚集体模型中包含的孔洞数量是 38 个，孔洞的分布及数量，如图 6-3-1 所示，为描述方便，图中红色圈出的是实际孔洞，孔洞编号设置为孔洞 1，蓝色圈出的是实际孔洞邻近的孔洞，孔洞编号设置为孔洞 2。

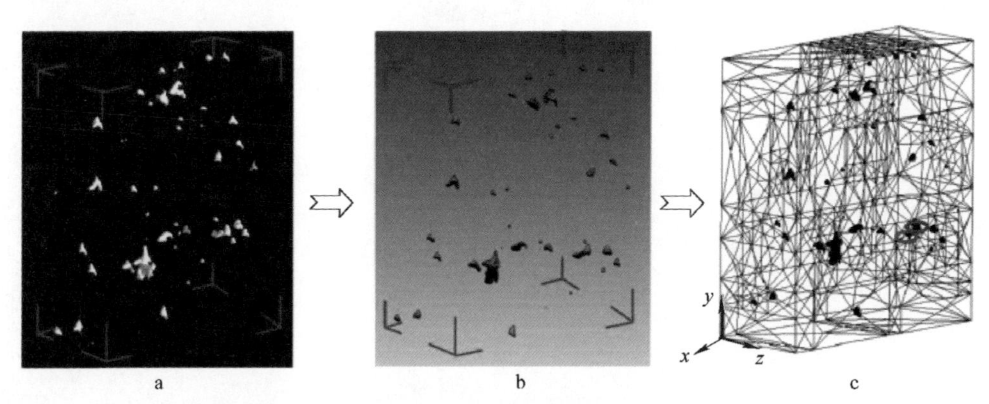

图 6-3-1　高锰钢辙叉中孔洞聚集体的分布及形貌特征图

a—孔洞聚集体重构形貌；b—修饰后的孔洞形貌特征；c—孔洞聚集体的网格化

将孔洞聚集体移动到几何模型中，保证孔洞 1 位于几何模型的中心位置。然后运用布尔运算减去 38 个孔洞的体积，就得到了包含 38 孔洞的多孔洞几何模型，为方便描述，记为多孔洞模型。包含 38 孔洞的多孔洞模型，如图 6-3-2 所示。

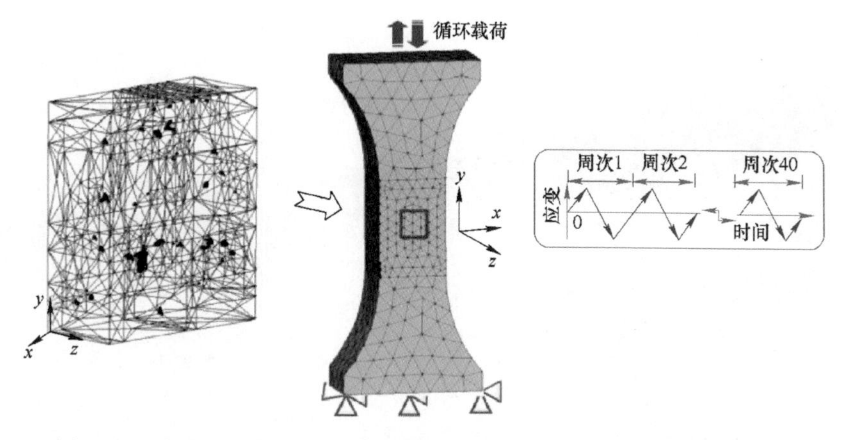

图 6-3-2 含孔洞聚集体的有限元模型（多孔洞模型）及加载情况示意图

在循环加载的第一周，应变载荷加载至 $P1$、$P2$、$P3$ 和 $P4$ 处时，孔洞聚集体模型以及单孔洞模型的局域等效应力和应变分布云图，如图 6-3-3 所示。随着

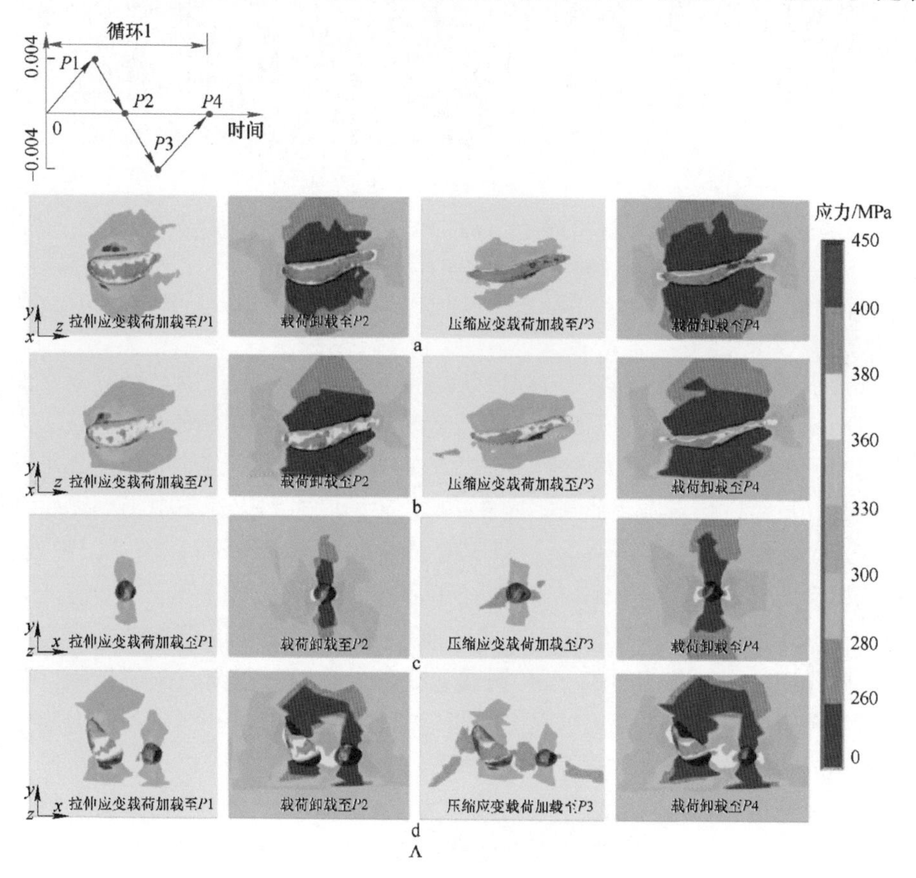

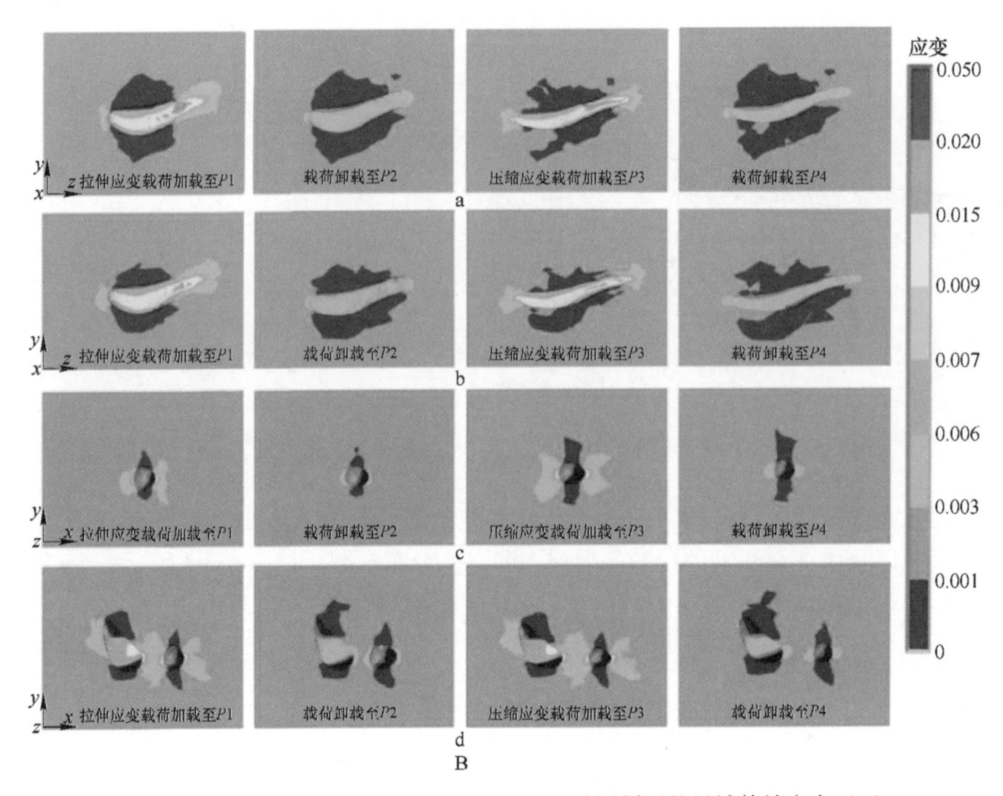

图 6-3-3　第一周次加载不同阶段（P1～P4）孔洞周围的局域等效应力（A）和等效应变（B）分布云图

a—单孔洞模型，*yz* 截面；b—多孔洞模型，*yz* 截面；c—单孔洞模型，*xy* 截面；d—多孔洞模型，*xy* 截面

应变载荷水平达到了 *P*1 处，应力和应变集中分布在孔洞的周围，接着当应变载荷卸载至零应变 *P*2 处时，应力和应变仍然集中分布在孔洞的附近，并且应力和应变集中程度比在 *P*1 处更大。当应变载荷加载至 *P*3 处时，应力和应变集中现象更加明显。最后，当再次卸载到零应变 *P*4 处时，应力和应变集中仍然发生在孔洞的附近。在循环加载的第一周，即应变载荷加载至 *P*1、*P*2、*P*3 和 *P*4 处时，多孔洞模型的局域等效应力和应变都低于单孔洞模型的局域等效应力和应变，这是由于在循环加载下，多孔洞模型中的其他孔洞对研究对象孔洞起到了应力和应变屏蔽的作用。由于其他的 37 个孔洞或者是邻近孔洞对研究孔洞的作用，使得研究对象孔洞的应力和应变集中程度减弱，即其他孔洞影响孔洞 1 的应力集中程度起到了屏蔽的作用。

为了定量地理解孔洞聚集体对局域应力应变的影响，图 6-3-4 给出了单个孔洞模型和多孔洞模型的 *y* 方向，也就是沿着施加载荷的方向的典型循环周次的局域最大应力应变滞后回线，其中，单个孔洞和多孔洞模型的滞后回线代表的是孔

洞 1 的相同位置处。单孔洞模型和多孔洞模型的滞后回线呈相同的变化规律，即在循环的第一周局域循环应变幅达到了最大值，单孔洞模型和多孔洞模型的局域循环应变幅分别达到了约 0. 052 和 0. 01，对应的应力幅都为 464MPa。随着循环周次的增加，局域循环应变幅值起初减小，但是渐渐地接近于一个稳定值，分别约为 0. 02 和 0. 005。同时，局域循环应力幅值随着循环周次的增加而快速增加，在第 40 周分别达到了约 1750MPa 和 900MPa，而增加的幅度随循环周次的增加逐渐减小。实际孔洞处的应力与应变比多孔洞的高 2~5 倍。值得注意的是，局域应力应变滞后回线的面积，代表着应变能密度，单孔洞模型在孔洞 1 处的应力应变滞后回线面积比多孔洞模型的高出 4~5 倍。这说明多孔洞局域应力、应变及应变能密度的集中比单一孔洞的小，其原因是多孔洞模型中其他孔洞对研究对象孔洞起到了应力与应变的配分作用。

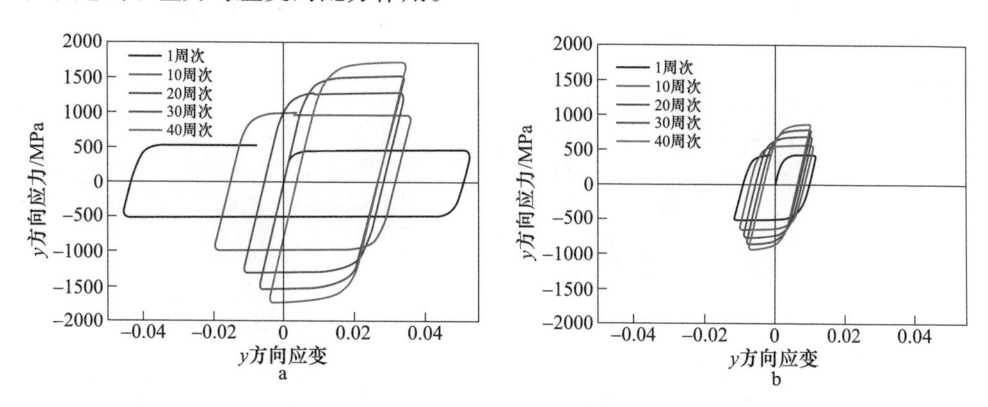

图 6-3-4 沿加载方向（y 方向）的局域最大应力应变滞后回线

a—单孔洞模型；b—多孔洞模型

通过图 6-3-3 的应力应变分布云图可以看出，相邻孔洞与孔洞之间的应力应变分布有相互的作用，为了进一步研究孔洞与孔洞的交互作用，需要建立双孔洞模型，也就是包含孔洞 1 和孔洞 2。通过改变两个孔洞的尺寸和位置，分别建立四种情况含两孔洞的几何模型，然后定义单元属性，设置 Chaboche 的循环材料参数以及划分网格建立有限元模型，并对其进行计算，来研究在循环加载下尺寸和位置对孔洞交互作用的影响。

为进一步研究疲劳加载下孔洞之间的相互作用，建立了包含两个孔洞的有限元模型，即在多孔洞模型基础上去掉其他的 36 个孔洞，孔洞 1 和孔洞 2 的相对位置和各自的尺寸大小不变。在多孔洞模型中，孔洞 2 位于孔洞 1 的正后方（$-x$ 方向），两孔洞的中心相距 100μm，具体位置关系，如图 6-3-5 所示。为研究对象孔洞相对位置和距离对循环应力应变行为的影响，在双孔洞模型 1 的基础上分别改变孔洞 1 和孔洞 2 的相对位置和距离，由此，得到了其他三种情况的两孔洞模型，分别记为双孔洞模型 2、双孔洞模型 3、双孔洞模型 4。双孔洞模型 2 是在双孔洞模型 1 的基础上改变孔洞 2 的大小，使孔洞 2 的长度等于孔洞 1 的长度，即为 70μm，而两个孔洞的相对位置不变，相对距离仍为 100μm。双孔洞模型 3 是在双孔洞模型 1 的基础上将孔洞 2 沿+y 方向平移 40μm，沿+x 方向平移 30μm，即两孔洞中心连线与 x 方向的夹角为 37°，而孔洞 2 的大小没有改变，长度为 100μm。双孔洞模型 4 是在双孔洞模型 2 的基础上相对位置改变，孔洞 2 的大小没有改变，长度为 70μm。包含两孔洞的有限元模型及加载情况，如图 6-3-6 所示。

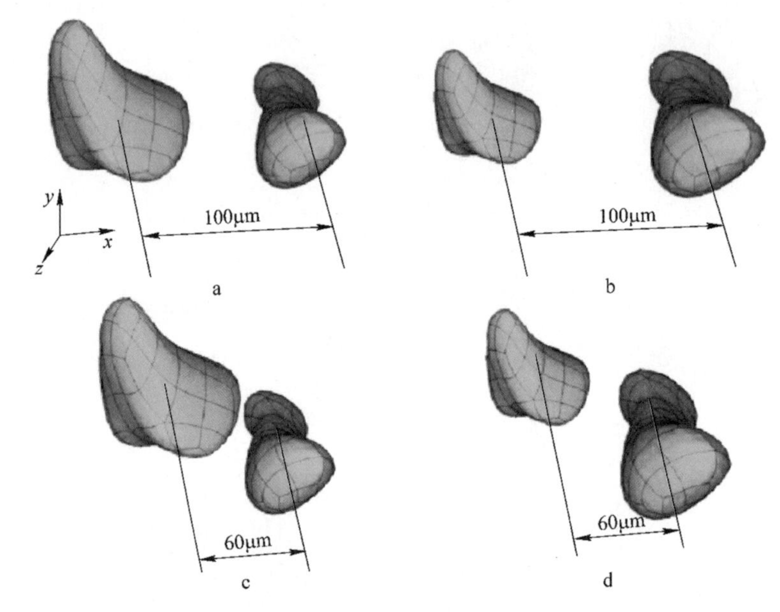

图 6-3-5　两孔洞的相对位置关系图

a—双孔洞模型 1；b—双孔洞模型 2；c—双孔洞模型 3；d—双孔洞模型 4

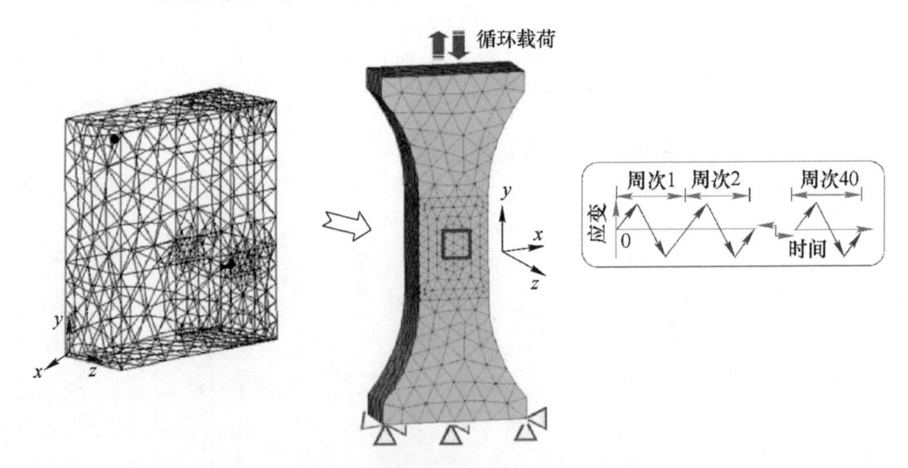

图 6-3-6　含两孔洞的有限元模型及加载情况示意图

图 6-3-7 给出了在循环加载的第一周，应变载荷加载至 $P1$、$P2$、$P3$ 和 $P4$ 处时，两孔洞模型在 xy 平面的局域等效应力和应变分布云图。在循环加载的不同阶段，应力和应变都集中分布在孔洞的附近，而且当远场的应变降低到零，应力和应变仍然集中分布在孔洞的周围；随着加载的进行，应力和应变集中程度随之增加。

在第一周循环加载的不同阶段，孔洞尺寸变大、相对位置不变，孔洞之间的相互作用会增强，即相邻孔洞的应力和应变叠加作用加强，邻近孔洞 2 对研究孔洞 1 的应力和应变放大作用增强。说明邻近孔洞对研究对象孔洞起到了应力和应变放大的作用，邻近孔洞尺寸越大，则应力和应变放大作用越明显。然而，孔洞大小不变、相对位置减小，孔洞之间的应力和应变叠加作用加强，即邻近孔洞对研究对象孔洞的应力和应变放大作用增强，说明邻近孔洞距离研究孔洞越近，应力和应变放大作用越明显。

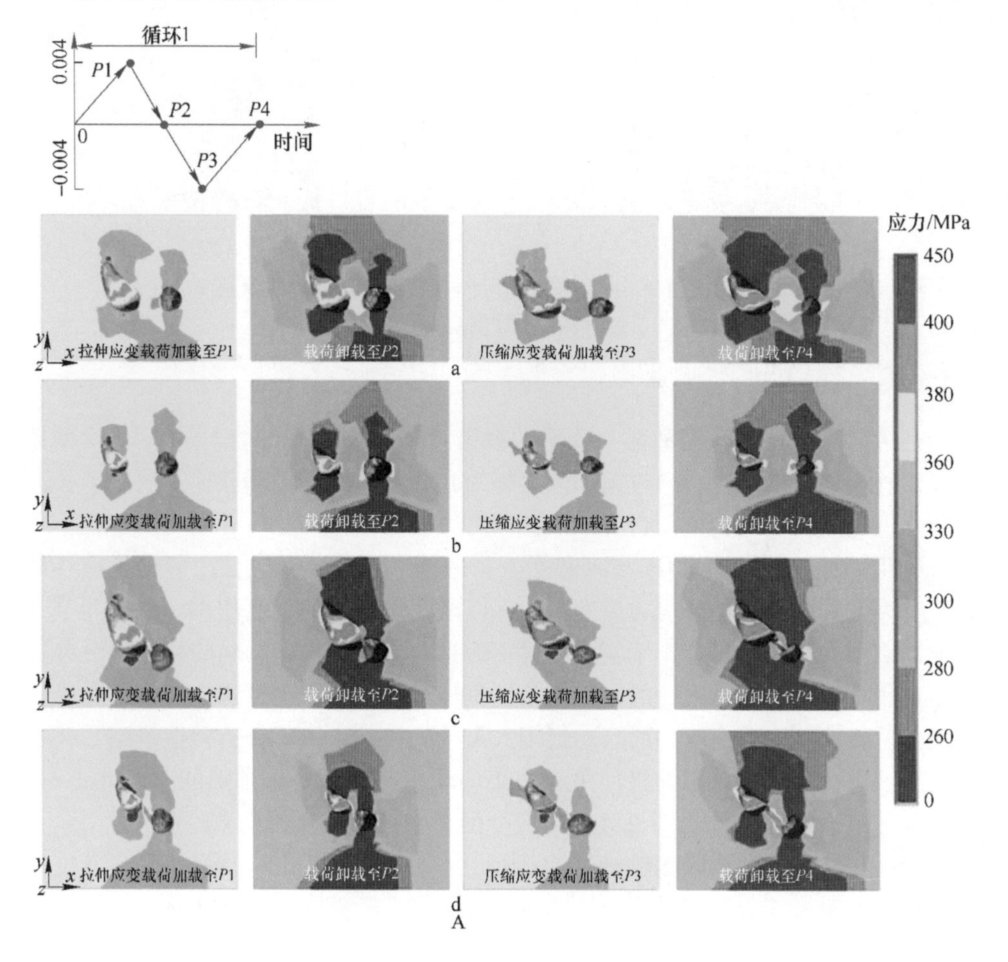

A

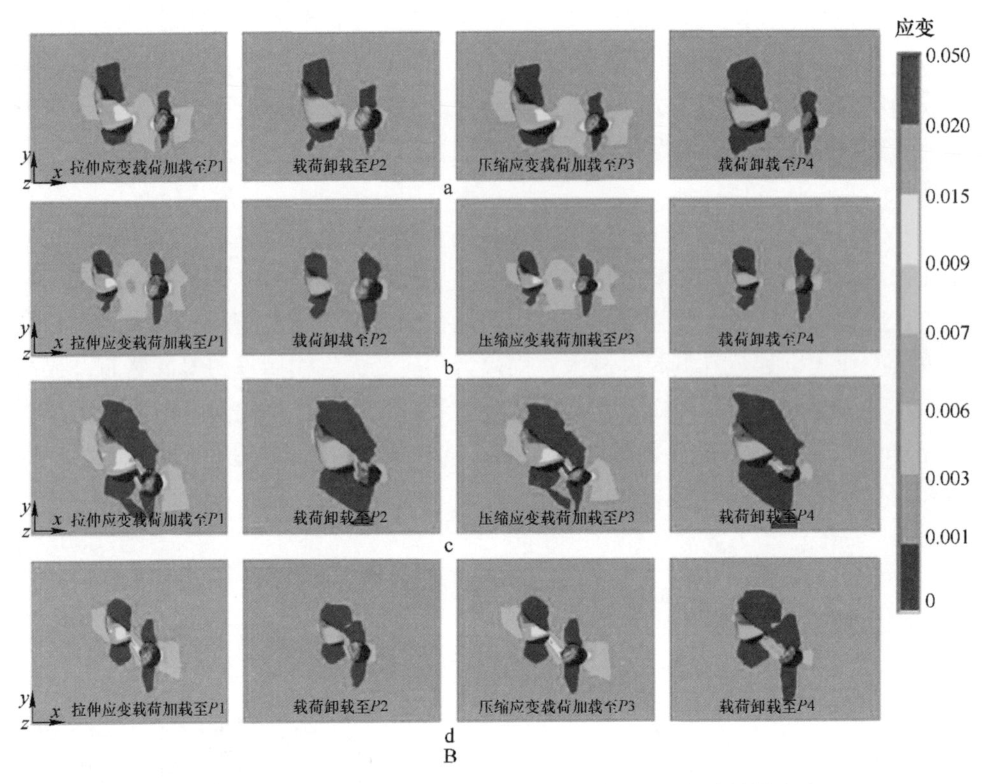

图 6-3-7　第一周次加载不同阶段（$P1 \sim P4$）孔洞周围的局域等效应力（A）和应变（B）分布云图

a—双孔洞模型 1；b—双孔洞模型 2；c—双孔洞模型 3；d—双孔洞模型 4

通过建立包含多孔洞和两个孔洞的疲劳试样模型，并结合 Chaboche 模型循环变形材料参数的设置，通过施加应变幅为 0.004 的应变循环载荷，研究了孔洞聚集体的局域循环应力应变行为以及孔洞之间的交互作用。

利用计算机断层扫描 CT 技术和基于画像的有限元模拟方法，研究了循环载荷下，多孔洞的局域循环应力应变行为，以及孔洞之间的相互作用。将这些基于孔洞的有限元模拟结果应用于实际高锰钢辙叉，分析含铸造缺陷的高锰钢辙叉在服役过程中缺陷对疲劳寿命的影响。高锰钢辙叉在实际服役过程中，常承受来自车轮的反复滚压、撞击等，而且高锰钢大尺寸的铸件，内部含有铸造缺陷，在车轮的交变载荷下，于缺陷处将产生应力集中现象。运用基于画像的有限元方法，来研究铸造缺陷（孔洞）对辙叉应力应变的影响具有重要的意义。

通过建立包含孔洞的车轮-辙叉有限元模型，研究了孔洞形貌、孔洞方位和孔洞深度对辙叉应力应变的影响。由于车轮-辙叉模型较大，网格数量较多，因此，只研究了辙叉在第一周循环加载至峰值（$P1$）处的应力应变行为。

3.2 三维孔洞应力应变场

利用同步辐射 X 射线计算机断层扫描成像试验，可以从实际高锰钢辙叉服役表面局部获得扫描投影切片图像，然后利用三维可视化软件 VGstudio Max 对所得的切片图像进行重构处理，就可以得到实际辙叉孔洞的三维形貌特征，选择合适的灰度值输出，然后将其导入到有限元分析软件 ANSYS 中，孔洞的三维形貌特征，如图 6-3-8 所示，孔洞的长度 $L=200\mu m$。

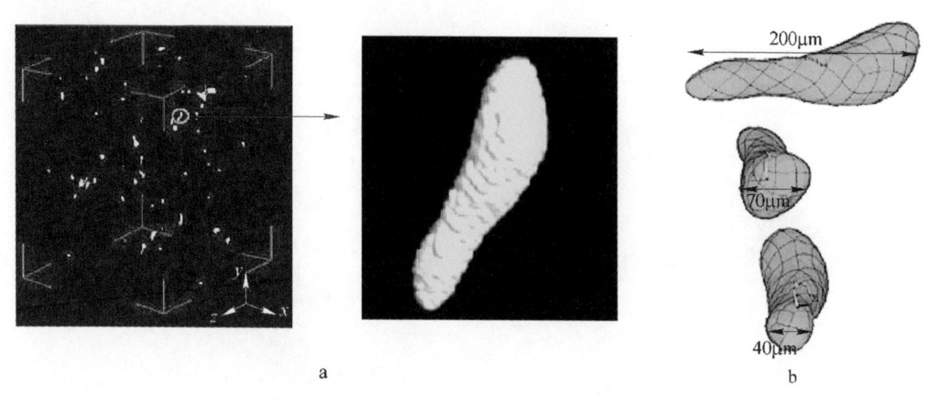

图 6-3-8 实际高锰钢辙叉孔洞的三维形貌

a—孔洞的三维形貌；b—孔洞的形态和尺寸

选择用三维绘图软件 PRO/E 构建几何模型，辙叉模型以心轨顶宽为 50mm 处为中心，向两端截取 600mm 的一段来建立，不考虑辙叉底部的缓冲作用。车轮模型选用直径 840mm 的标准火车车轮，磨耗型踏面。由于车轮的对称性，选择半个车轮建模，辙叉和车轮在心轨顶宽 50mm 处相接触。设车轮轴重为 30t，则对应的静载荷为 150kN，由于车轮的滚压、撞击，车轮的动载荷可以达到静载荷的 2～4 倍，取载荷 F_N 为 450kN 的集中力载荷，方向竖直向下。辙叉和车轮的接触几何模型，如图 6-3-9 所示。

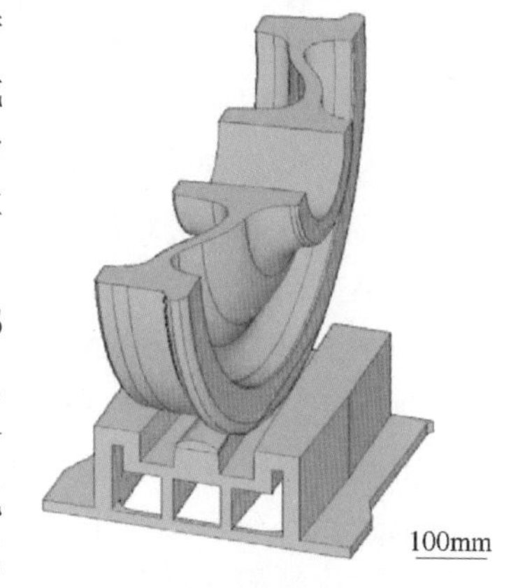

图 6-3-9 高锰钢辙叉和车轮接触几何模型

把建成的辙叉-车轮几何模型导入到 ANSYS 中，将孔洞放置于辙叉心轨距表面 1.5mm 处。然后经过布尔运算减去孔洞体积，就可以得到含孔洞的辙叉-车轮几何模型，图 6-3-10 给出了包含孔洞的辙叉心轨的局域截面图，辙叉和车轮属于接触问题，主要分析的是接触区域的应力应变情况，所以接触区域的网格应该细化，而其他区域部分的网格可以过渡增大，故辙叉接触区域采用分层模型。辙叉分层模型，第一层的深度为 0.4mm，第二层的深度为 0.6mm，第三层的深度为 1mm，第四层的深度为 2mm，第五层的深度为 4mm，第六层的深度为 7mm。孔洞放置在辙叉的第三层，距离辙叉心轨表层 1.5mm 处。为了建立高锰钢辙叉有限元分析模型需要进行三个步骤，设置单元类型、定义材料属性以及对模型划分网格，最后对有限元模型进行加载求解计算。模拟中选用的非线性材料为双线性等向强化材料，辙叉和车轮的材料属性如表 6-2-1 所示。

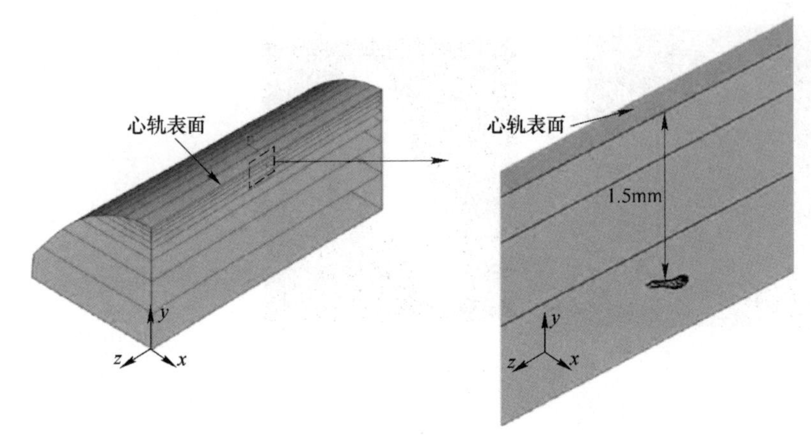

图 6-3-10　含孔洞高锰钢辙叉心轨的局域截面图

自由网格划分适用于空间自由曲面和复杂实体的网格划分，辙叉和车轮模型由复杂的曲面构成，所以选用自动化程度较高的网格划分技术自由划分。同时，利用 ANSYS 中的智能划分来自动控制网格的大小和疏密分布，也可以人工设置网格的大小和控制疏密分布。

为了准确计算孔洞对辙叉应力应变的影响，需要细化孔洞处的网格，由于形状不规则，则选用自由网格划分，并采用智能划分相结合的手段，平均网格尺寸约为 0.5mm。为了保证计算结果的准确性和节省计算时间，辙叉模型采用分层模型，对接触区域进行局域细化。辙叉和车轮都采用自由网格划分，并且人工设置网格的大小，在接触区域辙叉的网格平均大小为 1mm，接触区域车轮的网格平均大小为 3mm，非接触区域的网格平均尺寸为 10mm，辙叉-车轮有限元模型共有约 156000 个单元。辙叉有限元模型和孔洞局域网格分布情况如图 6-3-11 所示。对车轮中面的中间节点施加 450kN 的集中力载荷，方向竖直向下，有限元模型的加载情况，如图 6-3-12 所示。

含实际孔洞和含理想球形孔洞高锰钢辙叉心轨局域等效应力分布云图，如图 6-3-13 所示，最大等效应力发生在辙叉的亚表层，并且较大的等效应力大约在距心轨表层 1.5~2.5mm 处，较大的等效应力在 900~1156MPa。对于含实际孔洞辙

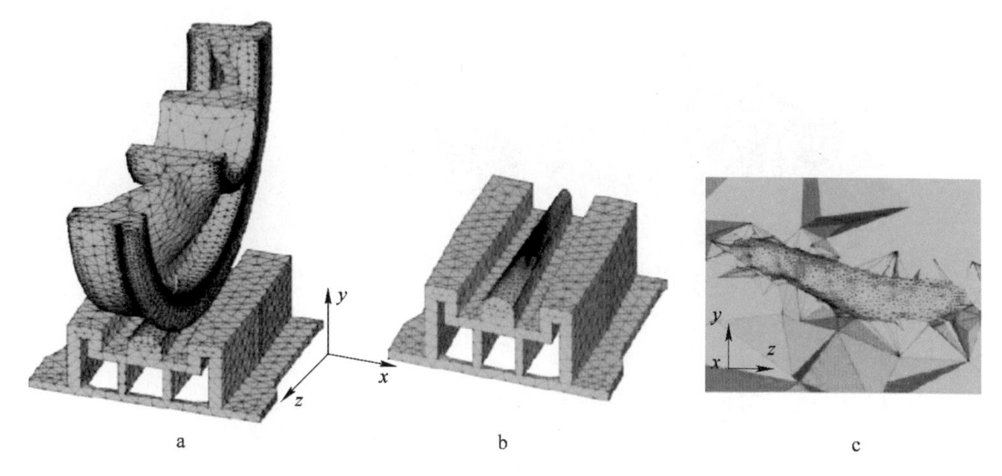

图 6-3-11 高锰钢辙叉有限元模型
a—辙叉-车轮接触；b—辙叉；c—孔洞局域网格

叉和含理想球形孔洞辙叉模型，应力都集中分布在孔洞的周围，并且含实际孔洞比含球形孔洞的应力集中程度要大。含实际孔洞辙叉心轨处的最大应力达到了1708~2084MPa，而含理想球形孔洞的最大应力为1250~1509MPa。说明孔洞形貌影响辙叉应力的分布。在相同的加载条件下，实际孔洞周围的应力分布比理想球形孔洞周围的应力分布要大。进一步的观察可以发现：含理想球形孔洞要比含实际孔洞的最大应力分布范围大，在应力1250~1509MPa的范围内，理想球形孔洞明显比实际孔洞的分布范围大，并且较大的应力呈“带状”围绕孔洞分布，形成带状环，该带状环的法向量方向与接触力载荷的方向是重合的。

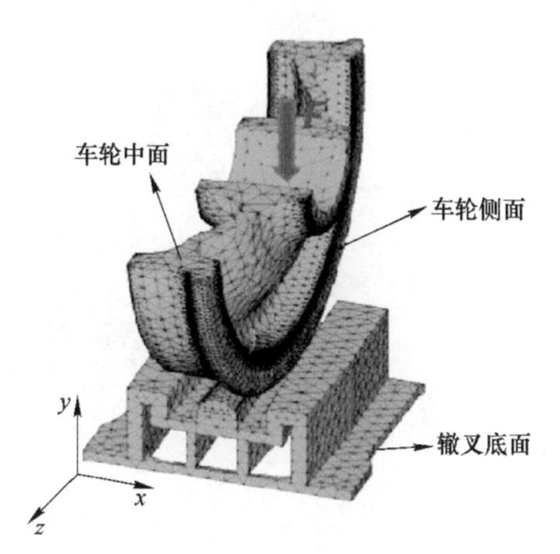

图 6-3-12 辙叉-车轮有限元模型的加载情况

含实际孔洞和含理想球形孔洞辙叉心轨局域等效塑性应变分布云图，如图6-3-14所示，与等效应力分布基本相同，即等效应力较大处，等效塑性应变也较大。两种孔洞模型中，较大的等效塑性应变都发生在心轨的亚表层区域，距表面2~3mm处，较大的等效塑性应变为0.05~0.06。含实际孔洞比含理想球形孔洞的应变集中程度大，实际孔洞最大应变达到了0.28~0.41，理想球形孔洞的最大应变为0.15~0.22。理想球形孔洞的应变分布范围比实际孔洞的要大，应变在0.15~0.22的范围内可以明显观察到这种分布规律。同时可以观察到，较大的应

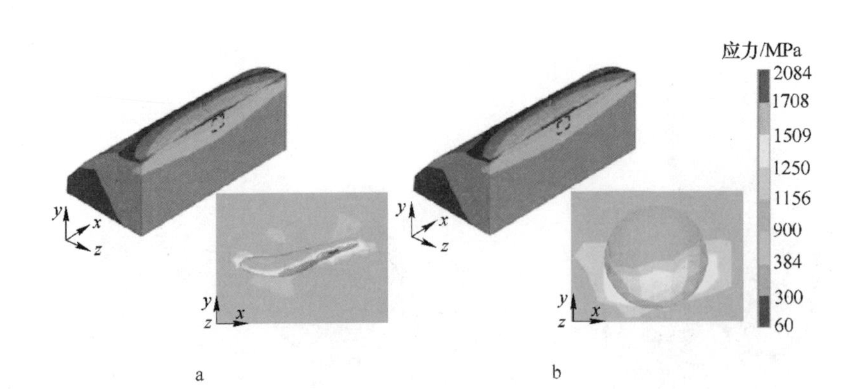

图 6-3-13　高锰钢辙叉心轨局域等效应力分布云图
a—实际孔洞；b—理想球形孔洞

变呈“带状”围绕孔洞分布，形成带状环，该带状环的法向量方向与接触力载荷的方向是重合的。

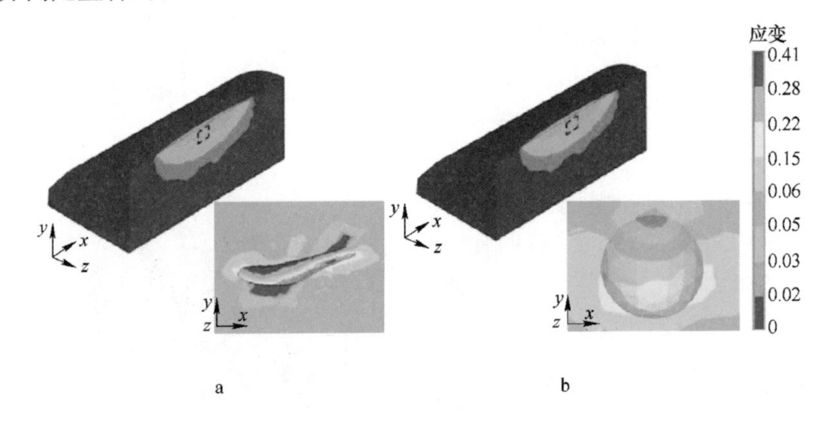

图 6-3-14　高锰钢辙叉心轨局域等效塑性应变分布云图
a—实际孔洞；b—理想球形孔洞

不含孔洞，孔洞水平、倾斜和竖直放置下，辙叉心轨局域等效应力分布云图，如图 6-3-15 所示。含孔洞辙叉和不含孔洞辙叉的等效应力分布总体相同，只在孔洞的局域区域分布有明显的差别。不含孔洞和含孔洞三种放置状态下的最大应力都发生在辙叉的亚表层，而且不含孔洞辙叉的等效应力的最大值是 1156MPa，而含孔洞辙叉的等效应力的最大值要比不含孔洞辙叉的大。说明孔洞处易产生应力集中和破坏失效。此外，孔洞水平、倾斜、竖直放置时辙叉的最大等效应力分别是 2084MPa、1708MPa 和 1509MPa，说明孔洞的倾斜角影响辙叉的应力集中程度，孔洞水平放置时的应力集中程度最大。同时可以发现较大的应力呈“带状”围绕孔洞分布，形成带状环，该带状环的法向量与接触力载荷的方向是重合的。

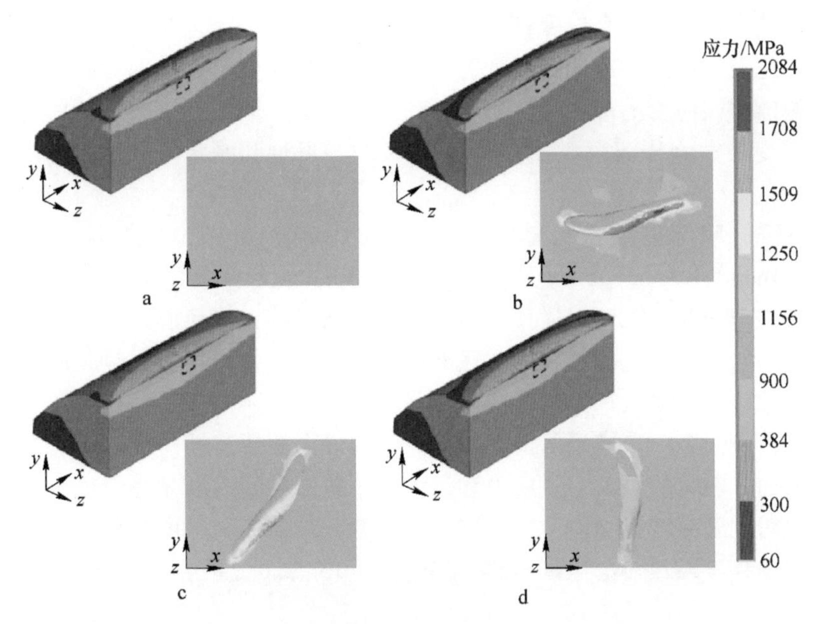

图 6-3-15 高锰钢辙叉心轨局域等效应力分布云图

a—不含孔洞；b—孔洞水平放置；c—孔洞倾斜放置；d—孔洞竖直放置

图 6-3-16 给出了对应的辙叉心轨等效塑性应变分布云图，等效塑性应变分布与等效应力分布基本相同，即等效应力较大处，等效塑性应变也较大。含孔洞辙

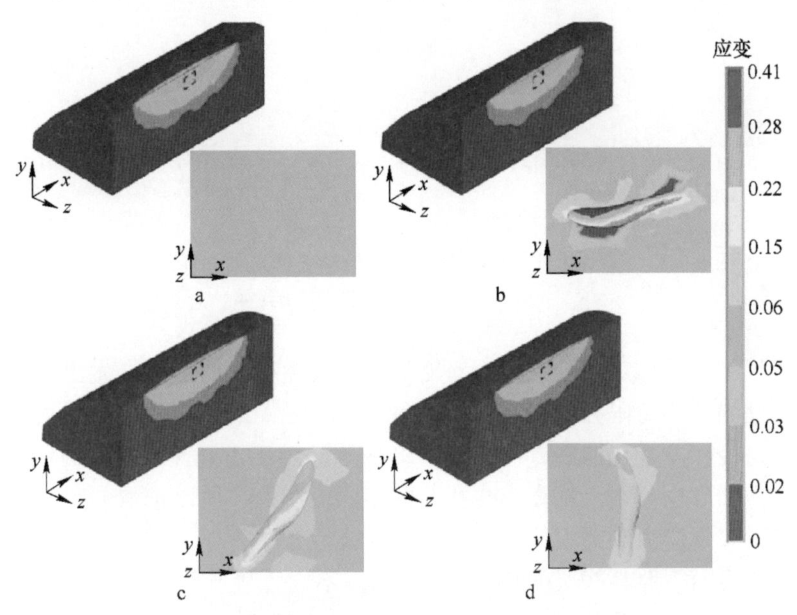

图 6-3-16 高锰钢辙叉心轨局域等效塑性应变分布云图

a—不含孔洞；b—孔洞水平放置；c—孔洞倾斜放置；d—孔洞竖直放置

叉和不含孔洞辙叉的最大应变都发生在辙叉的亚表层，而且含孔洞辙叉的应变集中分布在孔洞的周围，说明孔洞处容易引起构件的应变集中进而导致构件的破坏失效。等效塑性应变的最大值并不相同，孔洞水平、倾斜和竖直放置时，高锰钢辙叉的应变最大值分别为 0. 41、0. 28 和 0. 22，可见孔洞水平放置时的应变集中程度最大。

为探究孔洞深度对辙叉单向应力应变的影响，分别建立孔洞距心轨表面 1. 5mm、3mm、4. 5mm、6mm、7. 5mm 和 13. 5mm 的六个有限元辙叉-车轮模型。为了直观地观察孔洞深度对辙叉单向应力应变的影响，将孔洞位于不同深度处的有限元模型的辙叉最大等效应力和辙叉最大等效塑性应变连接成线，就得到了辙叉最大等效应力和最大等效塑性应变随孔洞深度的变化曲线，如图 6-3-17 所示，图中的一个点代表一个模型的最大等效应力和最大等效塑性应变。随着模型孔洞深度的增加，辙叉的最大等效应力和最大等效塑性应变逐渐减小，最后逐渐达到平衡。说明孔洞深度影响辙叉的局域应力应变分布，孔洞深度增加，孔洞处的应力应变集中程度将变小。当孔洞深度超过了 13. 5mm，孔洞的影响基本可以忽略了。

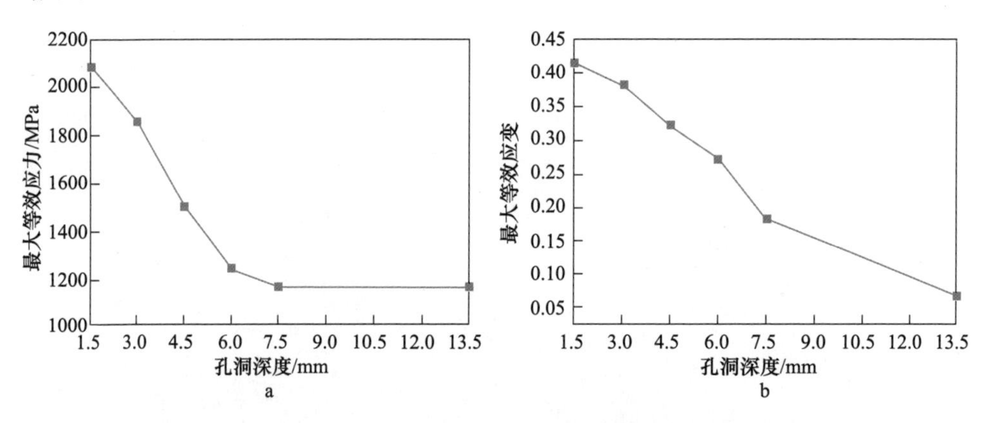

图 6-3-17　高锰钢辙叉最大等效应力与应变随孔洞深度的变化曲线

a—最大等效应力；b—最大等效应变

为了更加直观地观察孔洞深度对辙叉单向应力应变的影响，做出了孔洞位于不同深度处的六个有限元模型。在相同路径下，辙叉最大等效应力和最大等效塑性应变随路径深度变化曲线，如图 6-3-18 所示。由于不同深度孔洞的六个有限元模型的应力和应变基本上都集中在孔洞的相同位置处，所以选取的路径约为穿过孔洞的最大等效应力和最大等效塑性应变的线段，平行于 y 轴，线段的起始点是辙叉心轨的表面，路径线段的长度为 30mm。不同深度孔洞的六个模型的等效应力随路径深度的变化趋势是相同的。以孔洞位于 7. 5mm 的模型为例，描述辙叉的最大等效应力和等效应变随路径深度的变化情况，辙叉心轨的等效应力和等效

应变随着距离心轨表层距离的增加而增加，在路径深度约 1.5mm 时达到最大，然后等效应力和等效应变随路径深度的增加逐渐下降，而在路径深度达到孔洞所处的位置（即路径深度达到了 7.5mm）时，等效应力和等效应变随深度增加先急剧下降再急剧增加，然后又急剧下降最后又急剧增加，随后随着路径深度的增加，等效应力和等效应变逐渐呈降低的趋势。

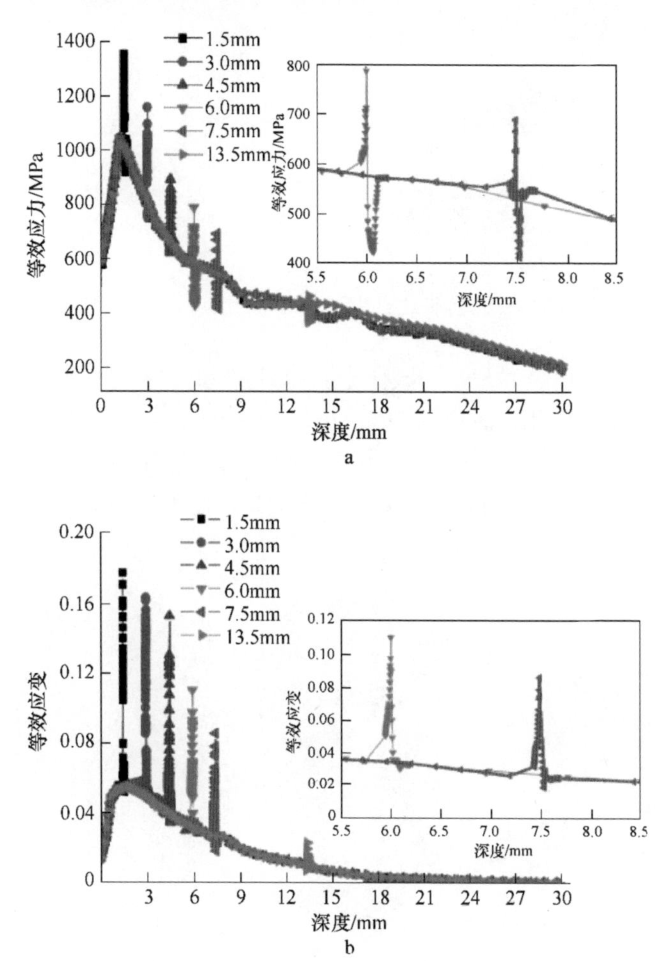

图 6-3-18 不同深度孔洞模型的高锰钢辙叉等效应力（a）和等效应变（b）随路径深度的变化

3.3 三维裂纹应力应变场

利用同步辐射 X 射线 CT 技术获得高锰钢辙叉中原始状态疲劳裂纹的扫描切片图像，利用 VGStudio 三维可视化软件从图像中抽取出三维裂纹及其附近铸造孔洞的表面形状特征，并选择合适的灰度值输出，导入 ANSYS 有限元软件中做成实体模型，如图 6-3-19 所示，可以看出，裂纹的实体模型虽然经过了一定的简化和润滑，但是裂纹本身原有的基本特征都保留了下来。需要注意的是，模型中没有考虑裂纹闭合，在抽取裂纹形貌之前将表面闭合的空洞都填满补齐。

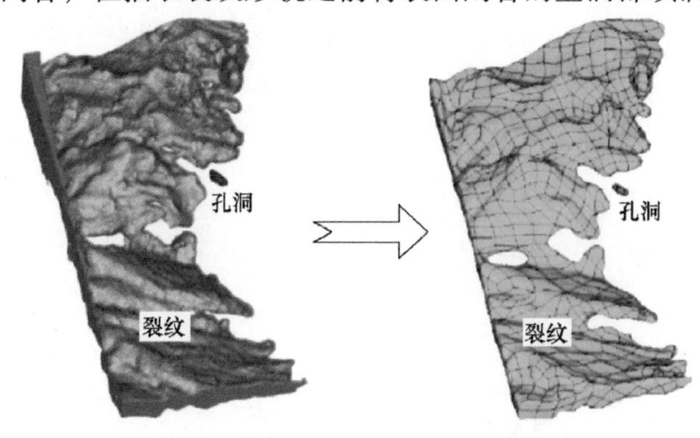

图 6-3-19　真实裂纹、孔洞的三维表面形状实体模型

在 CT 试验中对原始“I-状”试样进行拉伸加载，摄像头能拍摄到的试样高度为 0.62mm，试样本身的横截面为 0.4mm×0.4mm。为了模拟试验中拉伸加载的过程，建立了一个 0.4mm×0.4mm×0.62mm 的长方体作为基体模型，然后从基体模型中扣除裂纹和孔洞实体，获得含真实裂纹和铸造孔洞形貌的拉伸试样的几何模型，如图 6-3-20 所示。

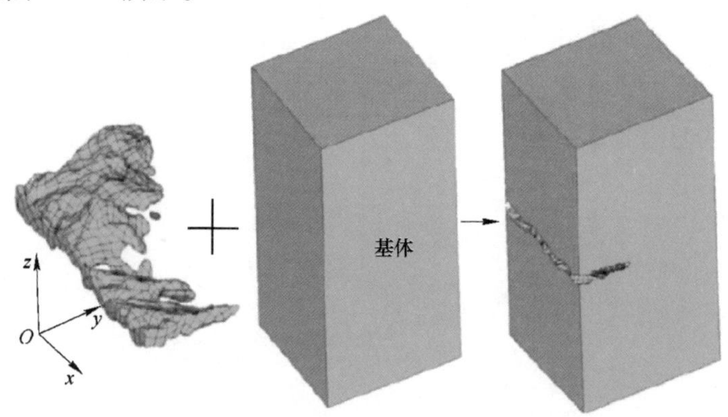

图 6-3-20　含裂纹和孔洞真实形貌基体的几何模型

铸造高锰钢经过 1100℃ 保温 30min 后水淬，获得单相的奥氏体组织，弹性模量是 206GPa，泊松比是 0.3，屈服强度是 380MPa，切线模量是 2120MPa。在高锰钢中真实裂纹形貌十分复杂，表面会有高低起伏并且裂纹前缘非常曲折。为了能够准确描述裂纹的三维形貌，将整个含裂纹的长方体分成四个部分，对包含裂纹部分进行网格细化，剩余三个部分可以划分得粗略一些，总的网格数有 34 万个，如图 6-3-21 所示。

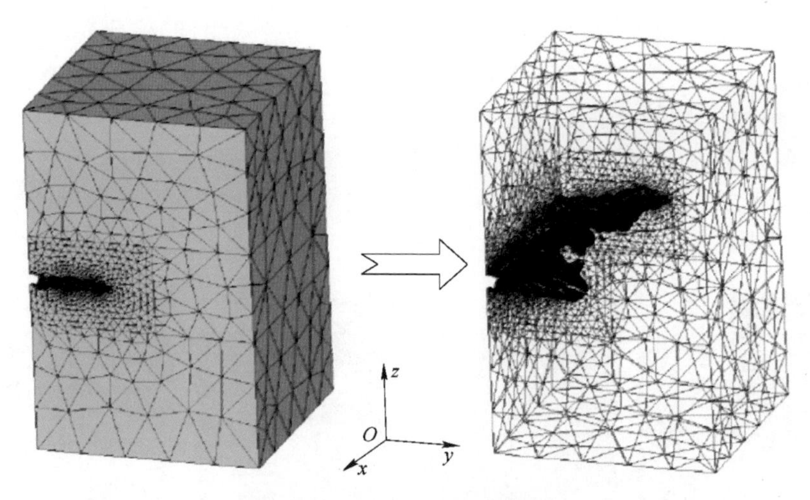

图 6-3-21 网格化的有限元模型

为了模拟计算 CT 试验中对含疲劳裂纹“I-状”试样拉伸加载 5μm 的过程，充分考虑材料实际受力情况后，载荷施加如下：试样的下表面固定，$U_x/U_y/U_z=0$；试样的上表面施加 5μm 拉伸位移，即 $U_z=5\mu m$。载荷施加后提交求解，计算结果以等效塑性应变分布云图来显示裂纹尖端应变集中，如图 6-3-22 所示。

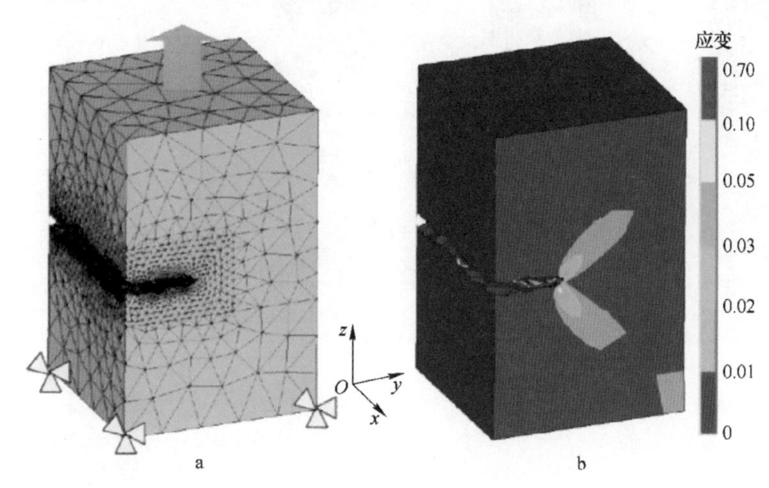

图 6-3-22 有限元模型的加载状况（a）和等效塑性应变分布云图（b）

对计算结果观察分析，不同截面处的裂纹等效塑性应变分布不同。为了能够详细地研究裂纹尖端局部应变场的变化，并与 CT 图像数据结果互相验证，选取了一些典型形貌的二维裂纹进行观察，并且与所对应的切片图片进行比较分析。

两个截面不同裂纹的等效塑性应变分布云图与其所对应的切片图片，如图

6-3-23 所示，画像基于有限元模型能够很好地重现裂纹的形貌特征。图 6-3-23a 为典型的纯 Ⅰ 型裂纹，位于试样的近表面，裂纹扩展方向与载荷方向垂直。裂纹尖端产生一定范围的塑性区，等效塑性应变分布云图比较对称，近尖端处应变最大。图 6-3-23b 中的裂纹，裂纹嘴位置水平，裂纹尖端部分稍向下倾斜，有一定的偏折角度，属于 Ⅰ-Ⅱ 型裂纹。该处裂纹尖端的等效应变分布云图不太对称，稍偏向上裂纹面。

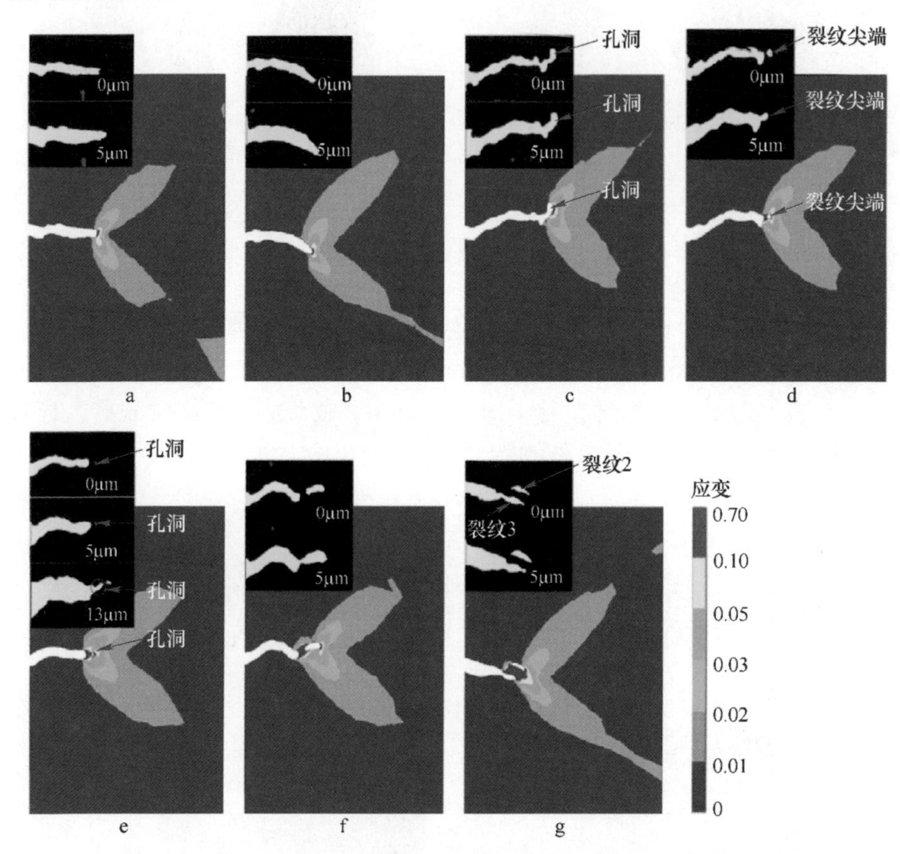

图 6-3-23　二维截面裂纹的等效塑性应变分布云图与对应的切片图

a—$Ox = 387\mu m$；b—$Ox = 273\mu m$；c—$Ox = 87\mu m$；d—$Ox = 105\mu m$；e—$Ox = 176\mu m$；f—$Ox = 162\mu m$；g—$Ox = 296\mu m$

在 87μm 和 105μm 位置的孔洞对裂纹尖端应变分布的影响，一种是孔洞与裂纹前缘连接而成为裂纹尖端，另一种是孔洞位于裂纹顶端前方。裂纹前缘与垂直于裂纹面的长形孔洞连接，使得裂纹尖端的偏折角度约为 90°，几乎与裂纹面垂直，呈纯 Ⅱ 型裂纹特征。从等效塑性应变分布云图上可以看出，应变集中并没有发生在想象中的裂纹尖端，而是在其侧面。随着拉伸载荷的增加，裂纹不会沿着与拉应力平行的方向扩展。从对应的切片图上也可以看出，拉伸加载 5μm 位移

后，裂纹逐渐张开，裂纹尖端几乎没有变化。特殊形态的孔洞会造成二维裂纹分叉，从力学角度来看，分叉的裂纹尖端并没有应变集中，说明了主裂纹会倾向于沿着与拉应力垂直的方向扩展。

对于主裂纹前缘与球形孔洞连接形成一处小的凹陷，或存在一个未断裂的韧带区域，反映到二维截面上表现为裂纹不连续，而此主裂纹与前方裂纹在观察面下方或上方的其他截面上相连，两个裂纹尖端之间的韧带区域产生较大应变集中。在加载5μm之后，韧带区域优先断开，与前方的裂纹尖端连接，正如对应的切片图上观察到的那样，结果表明，球形孔洞造成裂纹前缘形貌凹凸不齐，但在载荷作用下凹处倾向于优先扩展。

对于距坐标原点176μm位置处原始状态的裂纹尖端前方有一个红色小点，这个红色小点是裂纹前缘附近的一个微小孔洞。从等效塑性应变分布云图可知，孔洞周围与裂纹尖端的应变场相互叠加，使裂纹尖端的应变场增强，可以推测此处裂纹尖端容易发生扩展。然而，从切片图上可以明显观察到，在加载了5μm之后，裂纹尖端与孔洞并没有连接。这是由于孔洞尺寸很小（长约10μm），距离裂纹前缘较远。但是，在第二次加载位移13μm之后，裂纹前缘与孔洞连接并继续扩展了一段距离（红色圈线内）。这一结果表明，位于裂纹前缘附近的孔洞会引导裂纹朝着孔洞方向扩展。

距坐标原点296μm位置处的裂纹，裂纹路径曲折，并且中间有一处未断裂的韧带部分使裂纹断开分成两段，虽然韧带区域与裂纹尖端均出现应变集中，但韧带部位高应变区（红色）比裂纹尖端要大。可以推测，增加载荷之后，韧带位置先断开，从裂纹二维切片图像上可以观察到，第一次加载5μm后，后一段扩展与前一段连接成一个完整的裂纹，裂纹尖端张开，与模拟结果相符合。裂纹形貌的特点分上下两段裂纹，通过对裂纹三维形貌的分析可知，整片裂纹分成裂纹1、裂纹2和裂纹3，裂纹2和裂纹3位于不同水平面，并且部分相互重叠。截面处上段裂纹与裂纹2相连，下段裂纹与裂纹3相连，该两段裂纹之间应变场相互影响，使得它们之间的区域应变集中增强，而两裂纹尖端应变处集中程度减弱，说明两段裂纹交互作用会产生应变屏蔽效应，从而减弱裂纹尖端应变场。

二维裂纹中所看到的裂纹分叉有可能对应于三维尺度中一个裂纹的上下不同部分，主裂纹与分叉裂纹之间的相互作用导致它们所包围的区域中的滑移带相比其他区域来说更加密集，这与主裂纹和分叉裂纹之间的交互作用引起的增强了的应变集中相一致。

在详细观察了不同截面处二维裂纹应变分布后，选取裂纹和孔洞的表面上所有的节点，进而可以显示整个裂纹和孔洞表面的三维等效塑性应变分布云图，如图6-3-24所示，裂纹形貌十分复杂，沿宽度方向分成三个部分，图中标示1、2和3，这三个部分位于不同的水平面，并且部分相互重叠。裂纹1属于Ⅰ-Ⅱ型裂纹，裂纹 2、裂纹 3 是 Ⅰ-Ⅱ-Ⅲ 型混合形式裂纹。整个裂纹前缘曲曲折折，由于材料本身的微观组织结构不均匀等产生很多裂纹凹陷（图中 A、B、C、D 标示）和凸出（图中 a、b、c、d 标示）。为了验证模拟结果的可信性，图 6-3-25 列出了 CT 试验所得裂纹三维形貌随着载荷增加的变化图，并且标示出了不同加载状态下的裂纹前缘的轮廓线。

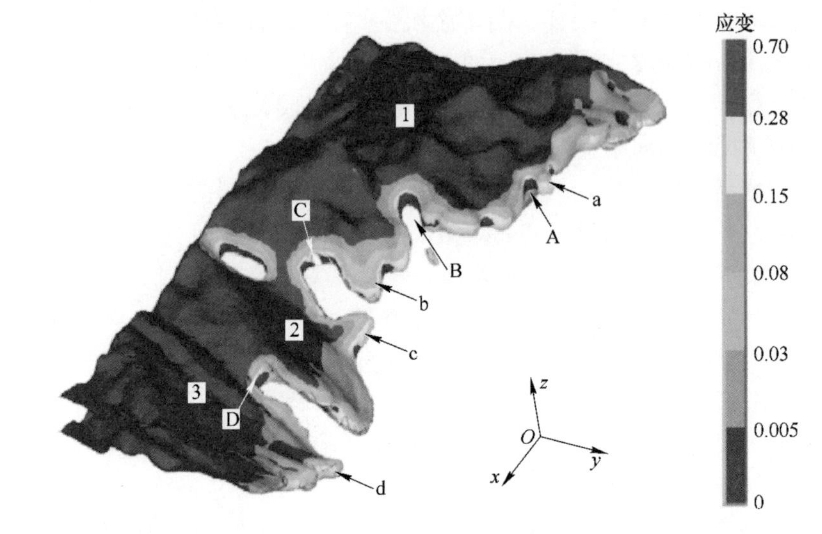

图 6-3-24　三维裂纹表面的等效应变分布云图

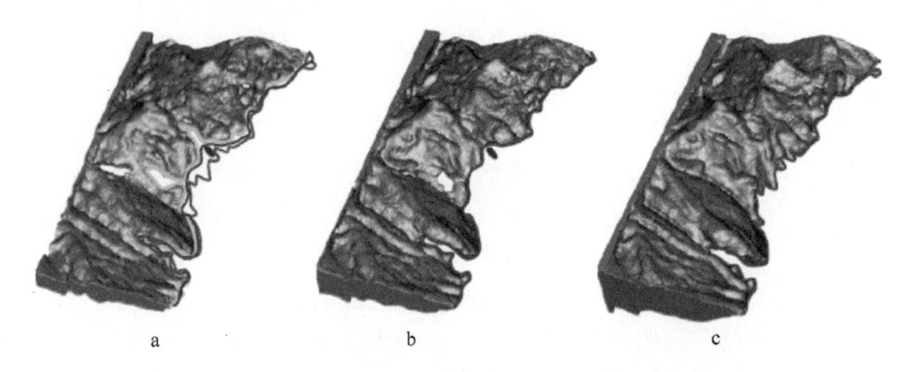

图 6-3-25　不同拉伸加载条件下裂纹的三维重构图像

a—0μm；b—5μm；c—13μm

应变分布云图中的红色代表最高应变区，蓝色代表最小应变区，由此可知凹处比凸出位置的应变集中程度要大，容易优先扩展。对比模拟的应变分布图和三维裂纹演化图可以知道，A、B、C 处裂纹在载荷作用下发生扩展。A 是由于裂纹前缘与前方球形孔洞（即凸出 a）形成的小型凹陷，B 是因为裂纹扩展受阻导致的。随着载荷的增加，A、B 两处凹陷比突出的位置率先扩展，前缘线逐渐与凸出的地方持平。C是裂纹1和裂纹2连接的地方，未加载时，该处基体未能完全断开。随着载荷的增加并达到13μm后，裂纹1和裂纹2逐渐连接成一片并共同扩展一定距离。以上结果表明，裂纹的三维形貌分析与画像基于有限元数值模拟结果能够互相印证。裂纹2、裂纹3相互重叠产生凹陷D，此处应变集中程度也很高，是由于重叠裂纹交互作用导致两部分裂纹之间的区域应变场增强。两次拉伸加载以后，两片裂纹都没有发生实质性的扩展，一方面是由于裂纹类型属于Ⅰ-Ⅱ-Ⅲ型，本身就不易扩展；另一方面，从应变状态角度分析，可能是由于重叠裂纹的应变场交互作用，使得裂纹尖端扩展驱动力减小。

4　高锰钢中位错与孪晶交互作用分子动力学模拟

高锰钢是一个主要包含碳、锰元素的多组元系统，本书选择铁路轨道用 Fe-Mn-C 三元系统高锰奥氏体钢作为研究对象，进行分子动力学模拟。为表征这个三元系统中原子间的交互作用，需要明确至少 6 个化学键间的势函数，即 Fe-Fe、Fe-Mn、Mn-Mn、Fe-C、Mn-C 和 C-C。然而，几乎没有研究在一种方法的框架内提出这些键合间的势函数。鉴于这种情况，需要设计奥氏体 Fe-Mn-C 系统中的各个势函数，这些势函数的选择必须满足两个标准：（1）计算不能过于复杂，这样才能在较大的模拟单元（包含 10^5 ~ 10^6 个原子）中实现计算；（2）能够很好地表征现有奥氏体 Fe-Mn-C 体系试验现象。

4.1　模型构建

Fe-Mn-C 体系中最为主要的势函数是用于描述 Fe-Fe 键合的，其中 EAM 势函数能够很好地描述奥氏体的性能。大多数用于金属铁的势函数描述的是体心立方结构，而面心立方结构一般是作为次要相看待，并不是所有的 Fe-Fe 势函数都能很好地描述奥氏体的特性，因此，不再使用 EAM 势函数。

对已知的势函数进行了测试，用于描述 Fe-Fe 和 Fe-C 键合的势函数更加适用于本书相关研究，其中第 i 个原子的能量是通过计算成对和多粒子组元之和得到的，即

$$E_{\alpha,i} = -A_{\alpha}\sqrt{\sum_{j\neq i}\rho_{\beta\alpha}(r_{ij})} + \frac{1}{2}\sum_{j\neq i}\varphi_{\beta\alpha}(r_{ij})$$

$$\rho_{\beta\alpha}(r_{ij}) = t_1(r - r_{c,\rho})^2 + t_2(r - r_{c,\rho})^3 \qquad r \leqslant r_{c,\rho} \tag{6-4-1}$$

$$\varphi_{\beta\alpha}(r_{ij}) = (r - r_{c,\varphi})^2(k_1 + k_2 r + k_3 r^2) \qquad r \leqslant r_{c,\varphi}$$

由于碳在奥氏体铁中溶解的能量、八面体和四面体间隙中碳原子的能量差异、铁原子在 fcc 纯铁中的迁移能、空位结合能等与已知势函数的描述不相适应，因此要对 Fe-C 键合进行调整。对于其他 5 种键合类型，使用莫尔斯原子对势函数可以满足对已有特征的描述。原子对势函数经常用于描述金属-杂质原子系统中原子间的交互作用，莫尔斯势函数决定了距离为 r 的原子对之间的相互作用能：

$$\varphi(r) = D\beta e^{-\alpha r}(\beta e^{-\alpha r} - 2) \tag{6-4-2}$$

式中　α，β，D——势能参数。

利用文献中已知的势函数确定了用于 Fe-C 键合的莫尔斯势函数的参数，对该势函数进行微调以更好地与试验数据相吻合，并利用第一性原理计算 fcc 纯铁中碳的溶解能 E_{sol}、碳在晶格八面体和四面体间隙中的能量差异 ΔE_{OT}、fcc 纯铁中碳原子的迁移能 E_m 以及与空位的结合能 E_{bv}，如表 6-4-1 所示。另外，势函数确定时还考虑了铁和碳的原子半径。

表 6-4-1　面心立方铁中碳原子杂质的能量特征

参数	本模型	第一性原理计算结果	文献中数据	
E_{sol}/eV · 原子$^{-1}$	0.38	0.25~0.48	1.01	0.78
ΔE_{OT}/eV	1.36	1.48	1.03	1.12
E_m/eV	1.20	1.40~1.53	0.33	0.86
E_{bv}/eV	0.41	0.37~0.41	0.50	0.54

为描述奥氏体晶格中碳原子之间的交互作用，将已发表的相关报道中的势函数引入到莫尔斯势函数中。对于 Mn-Mn 之间的键合，重点关注了锰的原子半径、升华能以及金属锰的体积模量。计算得到 Fe-Mn 之间的平衡距离为铁原子和锰原子的半径之和，弹性模量为铁和锰的平均模量。式 6-3-2 中的势能参数 D，是利用第一性原理计算方法，通过锰原子在 fcc 纯铁中的混合能获得的，当锰含量为 13%时，锰在铁中的混合能为-0.0182eV/原子，负号表示混合反应从能量角度是有利的，数值小表示原子形成有序结构的趋势很小。

对于 Mn-C 键合，相关报道中的势函数、锰和碳的原子半径以及 fcc 纯铁中锰和碳的结合能，在进行势能参数的选择时，应确保能够准确得到 fcc-Fe 晶格中锰和碳原子的结合能-0.35eV。表 6-4-2 给出了莫尔斯势函数的各个参数，包括晶格参数、升华能和体积模量。图 6-4-1 所示为各个势函数的曲线图。

表 6-4-2　奥氏体 Fe-Mn-C 系统中各个键合的莫尔斯势函数参数

参数	Fe-Fe	Fe-C	C-C	Mn-Mn	Mn-Fe	Mn-C
α/m^{-1}	1.28×10^{10}	1.82×10^{10}	1.97×10^{10}	1.32×10^{10}	1.30×10^{10}	1.87×10^{10}
β	35.9	41.0	50.0	39.7	38.0	43.0
D/эВ	0.43	0.41	0.65	0.37	0.41	0.77

计算所采用的高锰钢的化学成分（质量分数）设置为 Mn 13%和 C 1.2%，换算为原子数分数分别是 13.03%和 5.64%。在模型建立过程中，利用锰置换铁原子，将锰原子随机引入到 fcc 纯铁的晶格中。由于铁原子和锰原子的尺寸非常

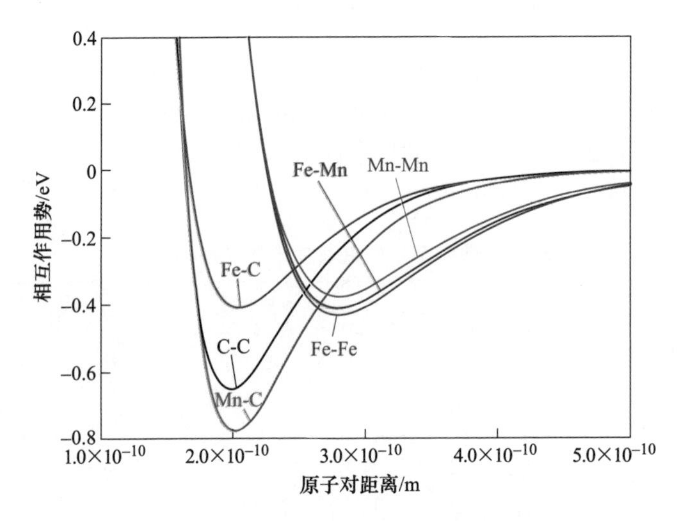

图 6-4-1　奥氏体 Fe-Mn-C 系统中各个化学键的莫尔斯势函数

接近，锰原子在铁晶格中产生的畸变较小，但是，锰原子与碳原子之间的键合要强得多。

研究表明，在 fcc、hcp 和 bcc 金属晶格中，轻元素（如碳、氮、氧等）的杂质原子占据八面体间隙。因此，模型中碳原子被引入到最接近锰原子的八面体间隙中，如图 6-4-2 所示。碳原子的数量对应于碳原子的浓度，对于碳原子附近锰原子以及相邻八面体间隙的选择都是随机的。

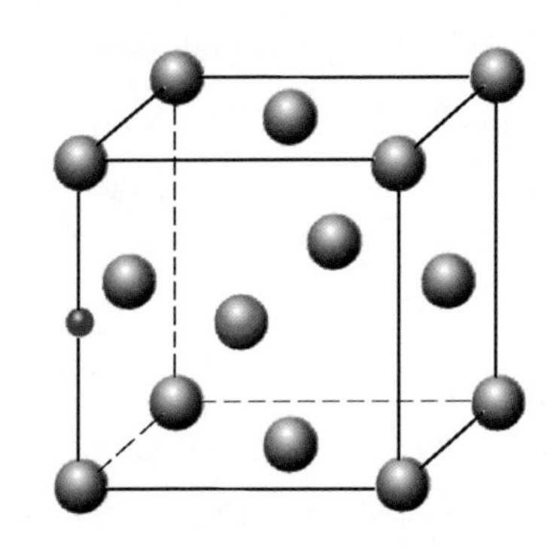

图 6-4-2　Mn（蓝色）原子和 C（红色）原子在 fcc-Fe（灰色）晶格中的位置（显示原子的位置时没有考虑结构弛豫）

4.2　位错形成能

本计算单元是一个矩形平行六面体，如图 6-4-3 所示，该单元中包含了 30000~65000 个原子，各坐标轴方向为：$x[\bar{1}10]$，$y[\bar{1}\bar{1}2]$，$z[111]$。在这种情况下，xy 平面对应于位错的滑移面（111）。从计算单元的左侧施加剪切作用，蓝色区域作为一个整体，沿图中所示方向移动。对于刃型位错，左端上部沿密排方向 $[\bar{1}01]$ 移动，下部沿相反方向 $[10\bar{1}]$ 移动；对于螺型位错，上下部分则分别沿 x 轴 $[\bar{1}10]$ 和 $[1\bar{1}0]$ 方向移动。在计算模拟过程中，蓝色区域内的原子只能沿指示方向以可变速度 v_τ（剪切速率）移动。因此，刚性边界条件位于模拟单元的左

侧。沿 x 轴和位错核心设置周期性边界条件，即模拟单元结构沿 x 轴无限重复。对图 6-4-3 中的绿色区域，设置了一种特殊类型的边界条件，即条件刚性：在模拟过程中，图中绿色区域的所有原子只能沿 xy 平面移动，而不能沿 z 轴移动。这种边界条件一方面可以保持模拟单元的矩形形状，另一方面也可以使位错自由移出模拟单元。

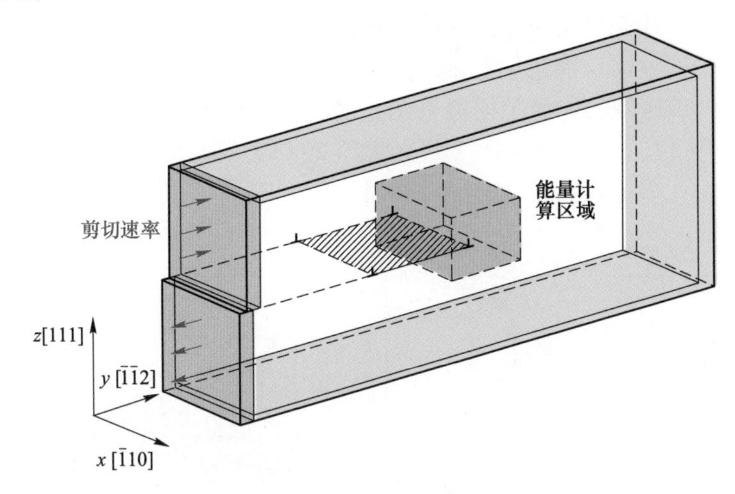

图 6-4-3　刃型位错和螺型位错能量的计算方法示意图

模拟单元左端的上部和下部以恒定剪切速率发生相对移动，在某个时间点，模拟单元左侧的剪切激发刃型位错或螺型位错，位错的类型取决于剪切方向。位错以一对不全肖克莱位错的形式出现，并在（111）面上被层错隔开。对于刃型位错，分解反应的形式为 $\frac{1}{2}[\bar{1}01] \rightarrow \frac{1}{6}[\bar{2}11] + \frac{1}{6}[\bar{1}\bar{1}2]$，对于螺型位错为 $\frac{1}{2}[\bar{1}10] \rightarrow \frac{1}{6}[\bar{1}2\bar{1}] + \frac{1}{6}[\bar{2}11]$。

在位错通过计算区域过程中，如图 6-4-3 红色区域所示，得到了该区域中原子势能随时间变化的曲线图。计算区域宽度的确定，一方面考虑它要比不全位错之间的距离宽，这样两个不全位错可以同时存在于计算区域中；另一方面，计算区域的宽度也不能太大，以防止下一对位错的部分进入计算区域。模拟单元的温度设定在 0K 左右（起始温度为 0K，但在位错的产生和移动过程中，由于能量变化，计算单元的温度升高至约 10K）。

理论上，单位长度 l 的位错能量 W 由下式确定：

$$\frac{W}{l} = \frac{\mu b^2}{4\pi K}\ln\frac{R}{r_0} \tag{6-4-3}$$

式中　μ——剪切模量；

b——柏氏矢量的大小；

R——计算区域的半径；

r_0——条件半径；

K——取决于位错的类型，对于螺型位错 $K=1$；对于刃型位错 $K=1-\nu$；

ν——泊松比。

首先研究了计算单元的宽度和剪切速率 v_τ 对单位位错（即两个不全位错和它们之间层错的整体）能量的影响。图 6-4-4 给出了 fcc 纯铁中单位位错通过计算区域时，计算区域的能量随模拟单元宽度和剪切速率的变化曲线，可以看出，模拟单元的宽度从 8 个原子间距开始（大约 20×10^{-10}m）就已经不再影响计算区域的能量变化，当模拟单元宽度低于 8 个原子间距时，位错的移动速率与宽度有关。

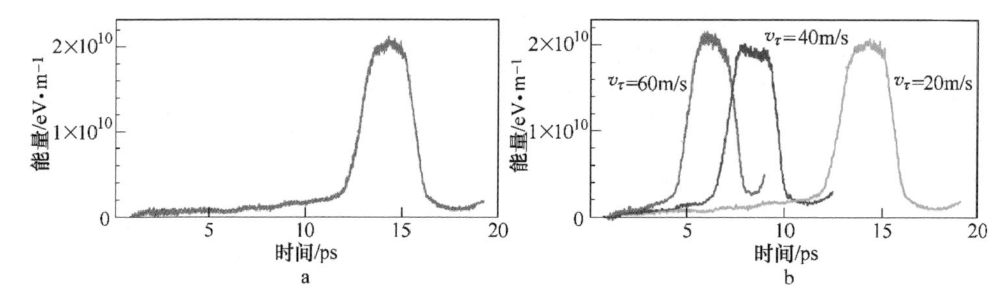

图 6-4-4　fcc 纯铁中刃型位错穿过计算区域时的能量变化

a—模拟单元宽度（8、10、16、20 个原子间距分别对应 20.2×10^{-10}m、25.3×10^{-10}m、40.4×10^{-10}m、50.5×10^{-10}m）的影响；b—剪切速率的影响（20m/s、40m/s 和 60m/s）

而对于剪切速率 v_τ，当它小于 40m/s 时，其变化不影响计算区域能量峰值的高度。但当剪切速率大于 50m/s 时，由于附加应力和相邻位错之间较小的距离，计算区域的能量会略有增加。当位错通过计算区域时，位错本身的速率也会增加，这一点从图中 60m/s 时较窄的峰值可以得出。本书研究中模拟单元的宽度为 10 个或 12 个原子间距（20.2×10^{-10}m 或 25.3×10^{-10}m）。

以几个不同高锰钢样品为例，fcc 纯铁和高锰钢中单位刃型位错穿过计算区域时的能量变化计算结果，如图 6-4-5 所示。钢中杂质原子的分布不同会导致计算结果的波动，但总体情况相似，并且钢中位错的能量略高于纯铁。从峰的宽度可以得出，在相同变形条件下，高锰钢中位错的移动速率比纯铁中的位错移动速率低得多，这主要是钢中的碳原子阻碍位错运动导致的。

fcc 纯铁中螺型位错穿过计算区域时的能量变化，如图 6-4-6 所示，螺型位错的能量明显低于刃型位错，并且滑移速率也更低。此外，有时钢中的螺型位错会滞留在计算区域内，甚至改变滑移面。

为计算孪生位错的能量，假设在刃型位错的穿过或螺型位错分裂过程中形成

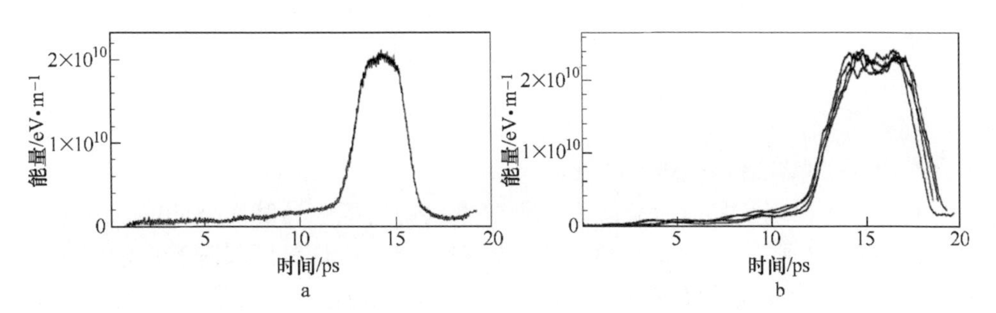

图 6-4-5 刃型位错以剪切速率 20m/s 穿过计算区域时能量变化

a—fcc 纯铁；b—高锰钢

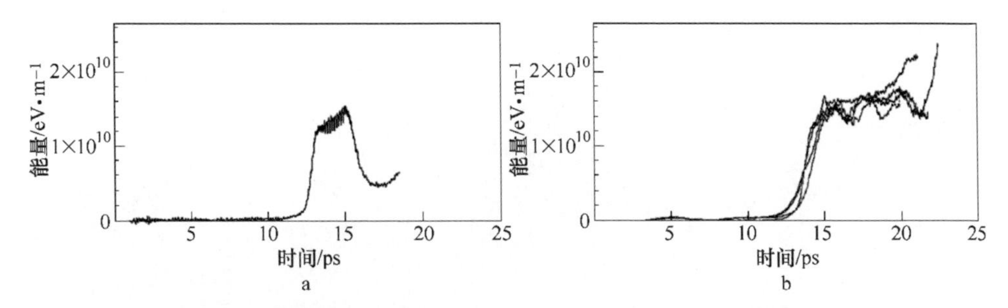

图 6-4-6 螺型位错以剪切速率 20m/s 穿过计算区域时能量变化

a—fcc 纯铁；b—高锰钢

的孪生位错的能量是相同的。图 6-4-7 所示为螺型位错在孪晶界面处分解产生的孪生位错能量测试方法。通过计算导出了螺型位错在分解过程中计算区域沿 x 轴方向单位宽度的势能变化曲线，同时，还给出了孪晶上参考点的位移变化图。在位错分解过程中，计算区域的能量 ΔE 略有下降。

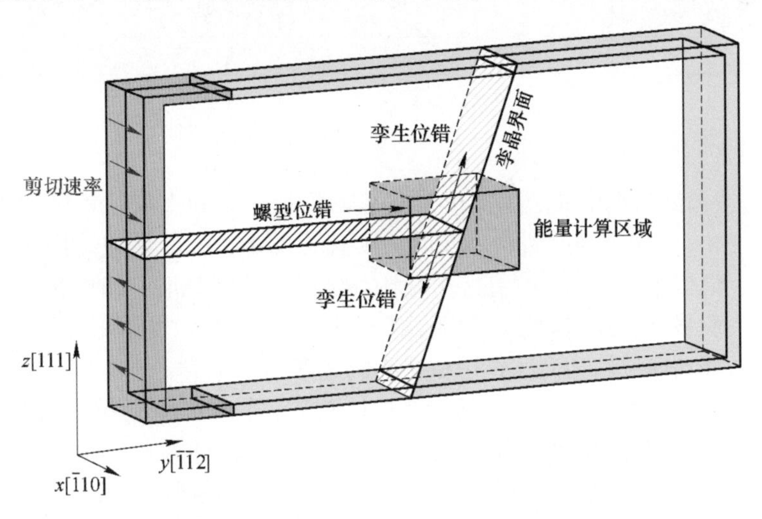

图 6-4-7 计算孪生位错能量的方法示意图

孪生位错的能量由下式确定：

$$E_{\mathrm{T}} = \frac{1}{2}(E_{\mathrm{S}} - \Delta E) \tag{6-4-4}$$

式中　E_{S}——单位螺型位错的能量。

螺型位错出现及其随后分解为两个孪生位错过程中计算区域的能量变化曲线，如图 6-4-8 所示。与 fcc 纯铁晶体中螺型位错通过计算区域时的能量变化相比，图 6-4-8a 中曲线的峰宽明显较小，这说明孪生位错比螺型位错离开计算区域的速度更快，也就是说，孪生位错可动性更强。fcc 纯铁的 ΔE 约为 0.32eV，高锰钢的 ΔE 平均值约为 0.36eV。表 6-4-3 给出了刃型位错、螺型位错和孪生位错的能量。

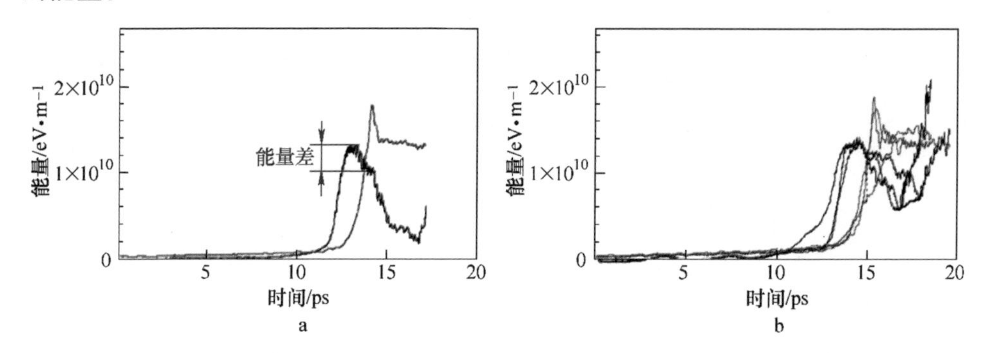

图 6-4-8　剪切速率为 20m/s 时螺型位错分解为两条孪生位错时计算区域的能量变化

a—fcc 纯铁；b—高锰钢

表 6-4-3　fcc 纯铁和高锰钢中刃型位错、螺型位错以及孪生位错的能量（eV）

钢种	刃型位错	螺型位错	孪生位错
fcc 纯铁	2.0	1.3	0.5
高锰钢	2.3	1.5	0.6

4.3　位错运动行为

fcc 纯铁和高锰钢中处于模拟单元左侧的刃型位错和螺型位错移动速率随剪切速率的变化，如图 6-4-9 所示。随着剪切速率的增大，位错的平均移动速率也不断提高，但位错移动速率存在一个极限值，这取决于金属中的声速。刃型位错的移动速率明显高于螺型位错，对于两种不同的钢类型，相同变形条件下 fcc 纯铁中位错的移动速率约为高锰钢中位错移动速率的 1.5 倍。

当施加的剪切速率过高时，晶体结构被破坏。图 6-4-10 显示了当 fcc 纯铁模拟单元以 500m/s 的速率进行剪切变形（刃型位错的激活方式）时的晶格破坏情况，高锰钢在较低剪切速率（约 250m/s）下就会产生额外的缺陷和晶体结构的破坏，在主剪切面以外的平面中可以看到形成了大量塑性剪切。显然，这些“早

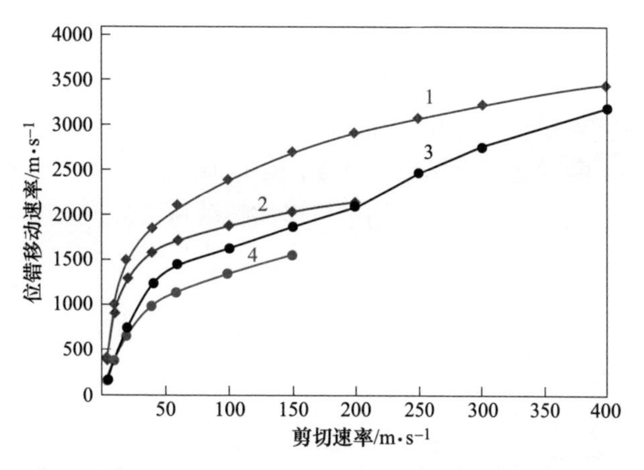

图 6-4-9 温度为 50K 时，fcc 纯铁和高锰钢中的位错移动速率随剪切速率变化

1—fcc 纯铁中刃型位错；2—fcc 纯铁中螺型位错；3—高锰钢中刃型位错；4—高锰钢中螺型位错

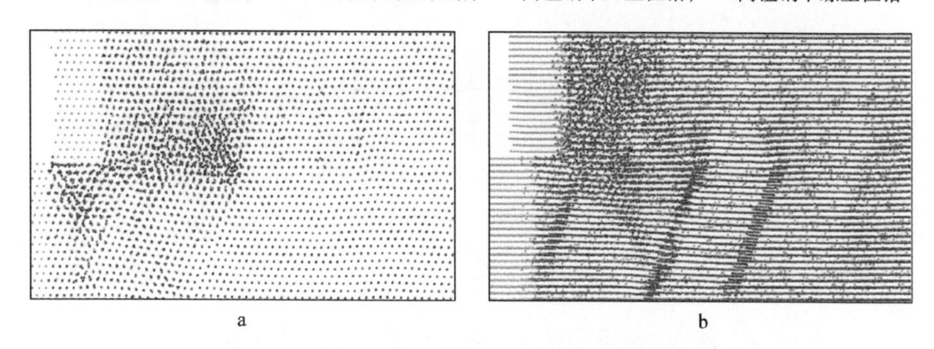

图 6-4-10 高速率刃型剪切模式下晶体结构破坏情况

a—fcc 纯铁（500m/s）；b—高锰钢（250m/s）

期”断裂效应引起了钢中位错速率对剪切速率依赖关系曲线的轻微弯曲。对于激发螺型位错的剪切变形，晶格破坏开始于更低的剪切速率。在 fcc 纯铁中，这个速率约为 200m/s。在高锰钢中，很难保持螺型位错沿单一滑移面移动足够大的距离（至少 100×10^{-10}m）。

众所周知，随着温度的升高，位错速率减小，这主要受声子散射和剪切模量随温度变化的影响，位错移动速率与温度成反比。分子动力学模型中模拟单元的温度是根据麦克斯韦-玻耳兹曼分布通过初始原子速度来设定的。在建模过程中，由于原子碰撞，原子速度的初始分布很快接近经典的麦克斯韦-玻耳兹曼分布，在设定温度时，必须考虑晶格的热膨胀。本模型中，对于 fcc 纯铁的线膨胀系数选用 $18\times10^{-6}K^{-1}$，高锰钢选用 $16\times10^{-6}K^{-1}$。

fcc 纯铁和高锰钢中刃型位错移动速率随温度的变化曲线，如图 6-4-11 所示，在 fcc 纯铁中，位错移动速率随温度的升高单调下降，但高锰钢中的情况却明显不同。在较低温度下，杂质原子的引入显著减缓了位错的移动速率。当温度低于

500K 时，随着温度升高，高锰钢中位错移动速率反而增加，这很可能是碳原子扩散加剧导致的。在 500～1100K 温度范围内，高锰钢中的位错移动速率略低于 fcc 纯铁中位错的移动速率。但是，随着温度的进一步升高，高锰钢中位错的移动速率比纯铁的下降更快。这是由于杂质原子的存在，晶格内部产生了额外的声子噪声和晶格畸变，从而造成高锰钢中位错的移动速率较低。

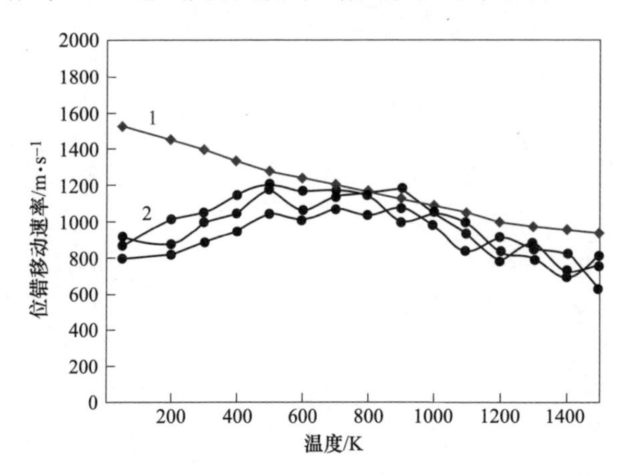

图 6-4-11　剪切速率为 20m/s 时刃型位错移动速率与温度的关系

1—fcc 纯铁；2—高锰钢

4.4　位错与孪晶交互作用

fcc 纯金属中，不同类型的位错与孪晶界的交互作用机制不同，刃型位错穿过共格孪晶界时需要非常明显的应力积累，交互作用过程中，会在共格孪晶界上形成孪生位错，随着孪生位错的运动，孪晶界发生“愈合”现象。螺型位错与共格孪晶界交互作用时不会穿过界面，而是被界面吸收，其滑移面从（111）变为（$\bar{1}\bar{1}1$）。与刃型位错相比，这种交互作用机制所需要的应力更小。滑移面改变以后，两个不全位错沿共格孪晶界背离运动。针对高锰钢中位错与共格孪晶界的交互作用，将从激活能、总临界应力、局部临界应力三个方面进行表征。

利用模型计算区域内的动能跃迁，计算了位错克服孪晶界所需要的激活能，使用图 6-4-12 中的参考点 1′和 1″监测位错运动，在计算过程中，构建了参考点位移随时间变化曲线和计算区域沿 x 轴的单位宽度的动能变化曲线。

在 0K 起始温度下，fcc 纯铁中刃型位错和螺型位错与孪晶界交互作用时参考点的位移及计算区域的动能变化曲线，如图 6-4-13 所示，图中数字 1 为位错运动时计算区域达到的动能峰值，之后位错停止运动，则计算区域的动能降低；数字 2 表示位错穿过孪晶界而使系统动能达到峰值（此峰值为 δ）；3 表示位错到达孪晶界并停靠在它旁边；4 表示位错通过孪晶界。需要注意的是，计算区域动能变化曲线中的第二个峰值以及位错通过后能量释放 δ 不是由原子的热振动引起的，

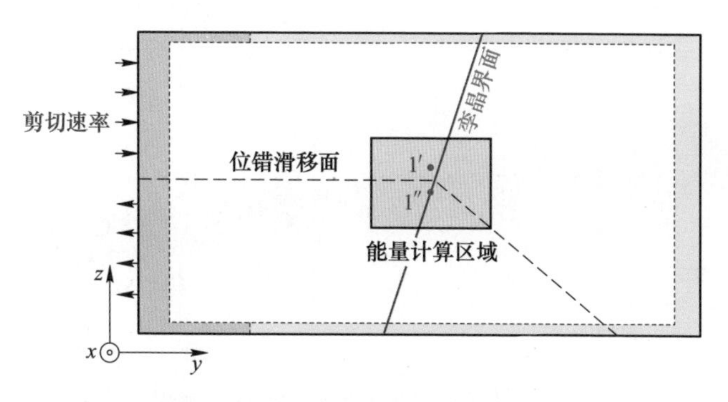

图 6-4-12　计算动能跃迁方法示意图

而是由位错滑移引起的原子集体运动导致的。位错脱离孪晶界后动能的释放并不是以热能增加的形式发出，而是通过位错发射的速度反映出来，动能峰值与该速度成正比。对于螺型位错，曲线中峰 1 和峰 2 重合，这说明孪晶对位错的吸收几乎没有时间延迟。此外，螺型位错的峰值通常比刃型位错的峰值大得多。

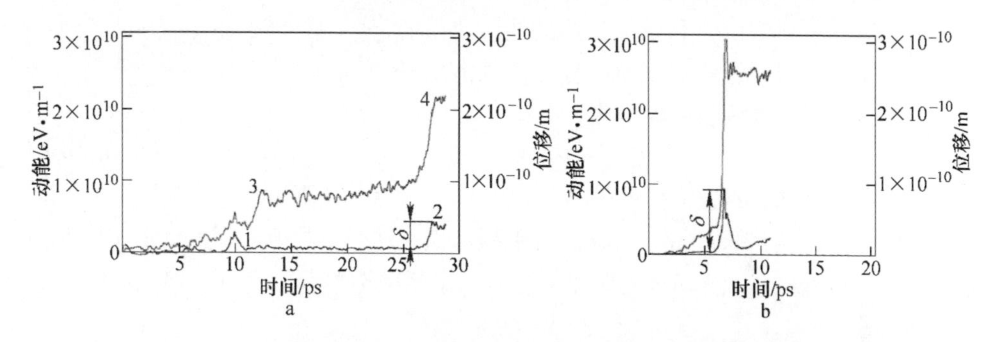

图 6-4-13　fcc 纯铁中，位错与孪晶界发生交互作用时参考点位移（红色曲线）和计算区域动能变化（蓝色曲线）

a—刃型位错，剪切速率 20m/s；b—螺型位错，剪切速率 40m/s

如上所述，当螺型位错与孪晶界交互作用时，系统的势能会随不全位错间的层错能减小。因此，利用势能变化图可以得到位错与孪晶界的结合能。图 6-4-14 给出了与图 6-4-12 相同情况下计算区域的势能变化和参考点的位移变化曲线。结果证明，位错与孪晶界之间具有结合能是合理的。在图 6-4-14 中，可以清楚地看到，位错出现后计算区域的势能（1 位置）降低了结合能（e_b，2 位置）。当模拟单元积累有足够的应力时，刃型位错的运动会在孪晶界之外进一步激发（3 位置）。对于螺型位错，作用与分解同时发生。根据势能变化曲线，其结合能约为 0.5×10^{10} eV/m。有趣的是，高锰钢中位错与孪晶界的结合能要低得多，只有 0.3×10^{10} eV/m，该结合能也只能通过刃型位错的情况来确定，因为在螺型位错的分解过程中，该反应进行得很快，并且势能曲线为双峰。

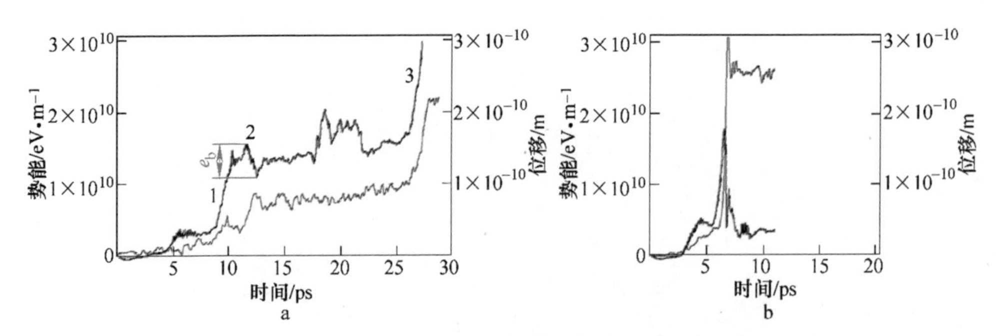

图 6-4-14　fcc 纯铁中，位错与孪晶界发生交互作用过程中计算区域的势能（黑线）和参考点位移（红线）变化

a—刃型位错，剪切速率 20m/s；b—螺型位错，剪切速率 40m/s

刃型位错的能量平衡式可以表达为

$$E_E + a_E = \delta + E_E + E_T \tag{6-4-5}$$

式中　a_E——刃型位错克服孪晶界所需的激活能；

E_E，E_T——刃型位错和孪生位错的能量；

δ——刃型位错克服孪晶界后的动能跃迁值。

由式 6-4-5，激活能可表示为

$$a_E = \delta + E_T \tag{6-4-6}$$

在相对较低的剪切速率下（不超过 50m/s），fcc 纯铁的计算结果如下：δ= 0.3×10^{10}eV/m，E_T= 0.5×10^{10}eV/m。对于高锰钢，这两个数值分别为 0.4×10^{10}eV/m 和 0.6×10^{10}eV/m。因此，fcc 纯铁和高锰钢的激活能分别为 0.8×10^{10}eV/m 和 1.0×10^{10}eV/m。

螺型位错的能量平衡式可以表示为

$$E_S + e_b + a_S = \delta + 2E_T \tag{6-4-7}$$

式中　a_S——螺型位错的激活能；

E_S——螺型位错的能量；

e_b——位错与孪晶的结合能。

因此，螺型位错的激活能可表示为

$$a_S = \delta + 2E_T - E_S - e_b \tag{6-4-8}$$

在较低剪切速率下，fcc 纯铁中各参数为：δ=0.9×10^{10}eV/m，E_S = 1.3×10^{10}eV/m，e_b = 0.5×10^{10}eV/m。对于高锰钢：δ=0.7×10^{10}eV/m，E_S = 1.5×10^{10}eV/m，e_b = 0.3×10^{10}eV/m。由此可得，fcc 纯铁和高锰钢中螺型位错与孪晶交互作用的激活能都很低，a_S = 0.1×10^{10}eV/m，这个数值比刃型位错的激活能低一个数量级。

随着剪切速率 v_τ的增加，激活能 a_E 和 a_S 随之增加，但剪切速率超过 100m/s 时，计算误差增大。激活能随剪切速率的增大而增大，随温度的升高而减小。这

种关系将通过下面两个补充特征参数进行证实：总门槛应力和局部门槛应力。

在该部分的计算模型中，剪切力被施加在左端的上下两部分，如图 6-4-15 所示。应力计算为力 F 与图中面积 S 的比值。可以看出，以这种方式得出的门槛应力取决于模拟单元的尺寸大小，因此，只能是一个定性结果。在计算总门槛应力时，没有设定恒定的剪切速率，而是以一定的速率逐渐增加应力。一般情况下，应力增长速率为 2~50MPa/ps。对于刃型位错，多数研究以 30MPa/ps 的速率进行。为计算总门槛应力，建立了模型，图 6-4-16a 中给出了两对参考点的位置，这些参考点可以给出钢中塑性剪切的特征：参考点 1 可以显示出模型左端到孪晶界位错的出现；参考点 2 显示位错克服孪晶界或发生位错分解。图 6-4-16b 给出了模型左端以一个线性增加的应力施加刃型剪切时参考点的位移变化曲线。门槛应力仅用于测试刃型位错的情况。对于螺型位错，其被孪晶界吸收不需要额外的应力，一旦到达孪晶界，它很容易改变滑移面的方向。

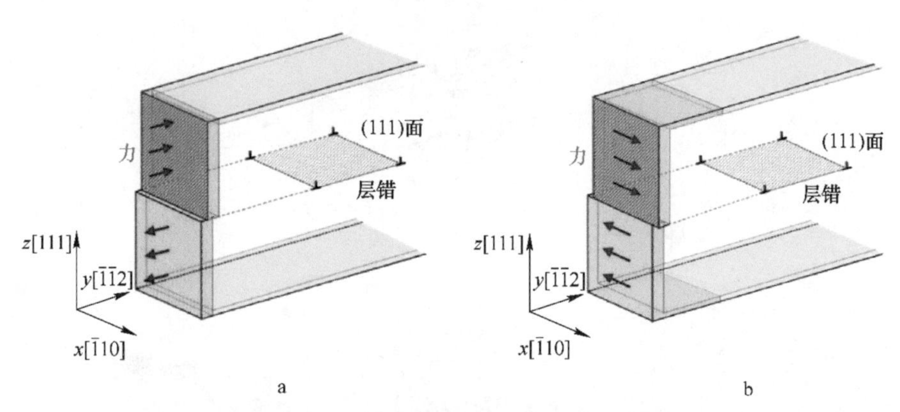

图 6-4-15 计算总门槛应力的方法示意图

a—刃型位错；b—螺型位错

fcc 纯铁中总门槛应力随温度的变化关系，如图 6-4-17 所示，图中 1 表示在模拟单元的端部形成刃型位错，2 表示刃型位错克服孪晶界。曲线 2 反映出的应力似乎过大，这是因为模型中采用了非标准的应力计算方法。另外，在应力加载方案中，门槛应力 2 是一个复合值，即由门槛应力 1 和位错克服孪晶界所需的应力之和组成。用蓝色表示得到的 fcc 纯铁的依赖关系，黑线表示不同的高锰钢样品，门槛应力 1 和 2 与温度之间存在非常明显且几乎线性的关系。另外，fcc 纯铁和高锰钢的门槛应力几乎相同，说明在本书所建立的计算模型中，杂质原子对门槛应力几乎没有影响，这两个结果都可以利用门槛应力与弹性特性的关系来解释。位错的形成以及位错穿过孪晶界都发生在一个临界剪切下，其大小取决于晶体的变形抗力，即弹性模量。众所周知，在较宽的温度范围内，弹性模量几乎随温度呈线性下降，这与图 6-4-16 中所显示的关系一致。尽管纯铁与高锰钢的强度

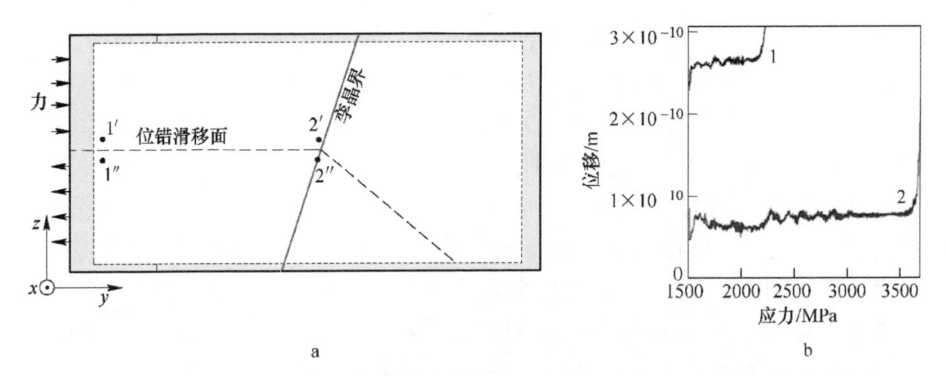

图 6-4-16　计算总门槛应力的模型示意图（a）和 fcc 纯铁中剪切应力以 30MPa/ps 缓慢增大时参考点的位移变化（刃型位错）（b）

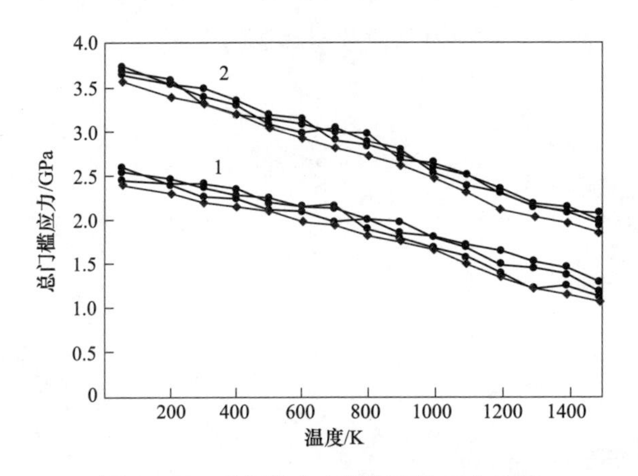

图 6-4-17　总门槛应力随温度的变化关系

（蓝线—fcc 纯铁；黑线—三个不同高锰钢样品）

1—在模拟单元左端形成一个刃型位错；2—刃型位错穿过孪晶界（包括在模拟单元端部位错的形成）

存在显著差异，但 fcc 纯铁和高锰钢的门槛应力相差不大，原因在于它们的弹性模量通常是非常接近的。

局部门槛应力是另一个表征位错穿过孪晶界难易程度的特征参数，与总门槛应力一样，局部门槛应力也是一个相对值，并且其大小取决于计算区域的大小。

图 6-4-18 给出了计算区域的势能随时间变化关系曲线，根据该曲线可以确定计算区域的势能峰值 E_{max}。很明显该势能峰值不是激活能，这个数值包括：（1）位错能量 E_d；（2）活化能 a_E；（3）晶格的弹性畸变能。在模拟单元中，势能和局部应力的分布不均匀并且梯度较大。但是，局部应力比激活能和总门槛应力更能说明问题，也更容易定义。图 6-4-18a 的曲线显示，当刃型位错通过包含孪晶界的计算区域时，计算区域的势能要低于不包含孪晶界的势能，这一点可通过位错和孪晶界之间正的结合能来解释。计算区域的选择应确保在位错穿过孪晶

界时包含所有产生局部应力的区域，局部门槛应力可通过一个简单的公式计算：

$$\tau = \frac{E_{\max} - E_{\mathrm{d}}}{S} \tag{6-4-9}$$

式中　$E_{\max}$，E_{d}——沿模拟单元 x 轴方向单位宽度的能量；

S——yz 平面上计算区域的面积，一般情况下，S 等于 $1072\times10^{20}\mathrm{m}^2$ 或$1088\times10^{20}\mathrm{m}^2$。

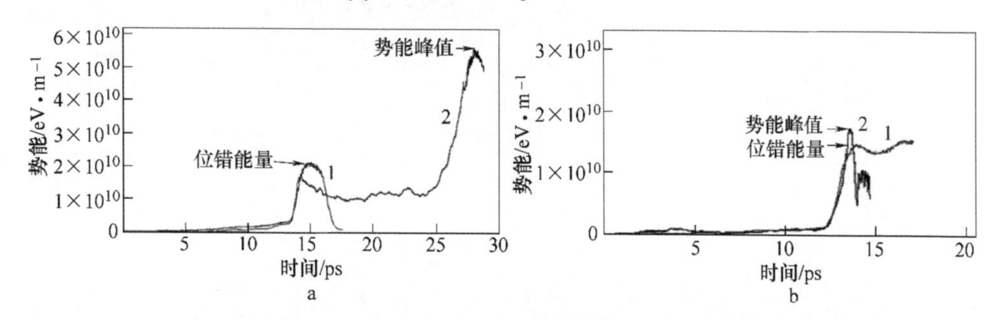

图 6-4-18　高锰钢中刃型位错（a）和螺型位错（b）通过计算区域时势能随时间变化（初始温度为 0K、剪切速率为 20m/s）

1—计算区域不包含孪晶界；2—计算区域包含孪晶界

位错穿过孪晶界或被孪晶界吸收时所需的局部门槛应力随剪切速率 v_τ 的变化关系，如图 6-4-19 所示，刃型位错的局部门槛应力比螺型位错高出一个数量级，与激活能的计算结果规律相一致。与此同时，fcc 纯铁和高锰钢之间的区别较小，当剪切速率 v_τ 在 200m/s 以下时，门槛应力几乎随剪切速率的增加呈线性增加。

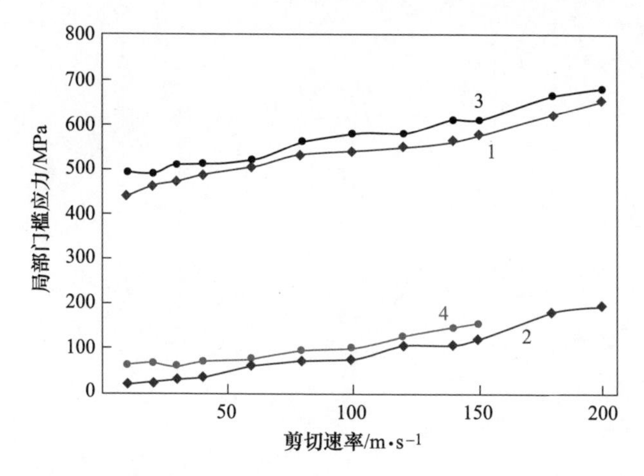

图 6-4-19　温度为 50K 时，fcc 纯铁和高锰钢的局部门槛应力随剪切速率的变化

1—fcc 纯铁中刃型位错；2—fcc 纯铁中螺型位错；3—高锰钢中刃型位错；4—高锰钢中螺型位错

从以上分子动力学模拟分析可以看出，高锰钢中的位错能量高于 fcc 纯铁，

并且不同类型的位错能量按照刃型位错、螺型位错、孪生位错的顺序递减。随温度升高，fcc 纯铁中位错的运动速率降低，而高锰钢中的位错速率表现出先升高后降低的变化规律。同时，随着温度的升高，位错克服孪晶所需的门槛应力几乎呈线性下降，由于总门槛应力和局部门槛应力与弹性模量相关，fcc 纯铁和高锰钢的门槛应力非常接近。随着剪切速率的增加，位错克服孪晶界所需的局部门槛应力随之增加。

5 高锰钢中微量元素分布第一性原理模拟

由于本书研究的铁路轨道用奥氏体高锰钢，主要针对的是 C+N 高锰钢和 N+Cr 高锰钢，其中氮在轨道用高锰钢中发挥重要作用，它不仅大幅度提高了高锰钢的强度、韧性、塑性、抗疲劳、耐磨损和耐低温等力学性能，还大幅度提高了高锰钢的耐腐蚀等化学性能，然而，其作用机制还不是很清楚。另外，高锰钢中的最常见杂质元素磷和硫，对高锰钢奥氏体晶界结合强度和力学行为的影响很大，而且直接影响到高锰钢的焊接、锻造和热处理等热加工性能。因此，十分有必要利用材料计算科学技术深入研究这些微量元素在高锰钢中的行为和作用机制。

利用第一性原理计算探究微量元素在高锰钢奥氏体晶界的行为，从原子微观角度开展微量元素对晶界影响机制的研究，将揭开晶界行为和材料性能的内在联系，本书相关研究主要从以下几方面开展：（1）研究氮在奥氏体不同晶界的偏聚行为和对晶界结合的影响规律；（2）研究氮处于奥氏体$\Sigma5(210)$晶界及晶界附近时对高锰钢性能的影响；（3）研究磷和硫在奥氏体$\Sigma5(210)$晶界的偏聚行为和对晶界结合的影响。通过探究不同微量元素在奥氏体晶界的行为规律，为高锰钢的晶界工程研究提供理论支撑。

5.1 理论和方法

基于密度泛函的第一性原理计算作为计算材料学中的基础和核心技术，已广泛应用于材料、化学、物理等领域。第一性原理计算不依赖任何经验参数，仅使用“非经验性处理”来求解薛定谔方程，从而获得晶格常数、电子结构、能带图、电子密度和弹性常数等材料基本物性，相比半经验方法更具有优势。

第一性原理计算能够通过求解薛定谔方程实现预测材料性质和状态的目的，可以应用于材料试验的补充、理论分析和性能的预测。一般而言，试验过程周期长，成本高，并且由于材料自身特性，制备工艺和测试手段等限制，试验还经常出现材料难制备、微观特性难测量等困难。第一性原理计算为这些困难的解决提供了很好的方向。第一性原理计算能够从原子微观层次构建和解析材料，实现机理的探究和性能的预测，既经济又有效，这也是第一性原理计算越来越受到大家重视的原因。

用于第一性原理的现代密度泛函理论起源于 Tomas-Fermi 模型，其利用电子密度来获得体系总能量，虽为一个不精确模型，但为密度泛函理论的发展奠定了基础。Hohenberg-Kohn 定理的提出成为密度泛函发展的关键。Hohenberg-Kohn 定理指出：（1）解薛定谔方程得到的基态能量是电荷密度的唯一函数；（2）使整体泛函最小化的电荷密度对应薛定谔方程完全解的真实电荷密度。该定理阐述了电子数密度函数对于多粒子系统的理论基础，但并未提出密度泛函的具体实现方法，缺少动能泛函、电子数密度函数和交换关联泛函的表达式。随后，Kohn-Sham 方程的提出，补充得到了动能泛函表达式和电子数密度函数表达式。交换关联泛函的表达式则由局域密度近似和广义梯度近似方法提出。随着密度泛函理论的不断完善，第一性原理模拟计算及其应用日趋成熟。

目前，用于第一性原理计算的软件主要包括 CASTEP、VASP、WIN2K、ABINIT、PWSCF、SIESTA、Gaussian 等。这些软件主要用于结构优化、能带性质、态密度、界面、光学性质和力学性能等研究。

本书采用基于密度泛函理论的第一性原理 CASTEP 软件包对构建体系进行计算。势函数采用平面波超软赝势方法计算，电子交互关联能采用广义梯度近似（GGA）的 PBE 基组。结构优化采用 BFGS 最小化法进行，设置的具体参数为自洽循环的能量收敛值低于 1.0×10^{-5}eV，原子之间相互作用力的收敛值低于 0.03×10^{10}eV/m，原子位移的收敛值低于 1.0×10^{-13}m，最大应力值低于 0.05GPa。优化后模型用于溶解能、偏聚能和晶界强化能的计算，具体计算方法如下：

溶解能计算公式如式 6-5-1 所示：

$$E_{\mathrm{N}}^{\mathrm{sol}} = E_{\mathrm{GB}}^{\mathrm{Fe+X}} - E_{\mathrm{GB}}^{\mathrm{Fe}} - E^{\mathrm{X}} \tag{6-5-1}$$

式中　$E_{\mathrm{GB}}^{\mathrm{Fe+X}}$——含 X 晶界超胞的总能量；

$E_{\mathrm{GB}}^{\mathrm{Fe}}$——不含 X 的晶界超胞的总能量；

E^{X}——真空（1nm×1nm×1nm 立方晶格）中 X 原子的能量。

偏聚能是衡量杂质原子偏聚行为的有力工具，其能够反映杂质原子是否向晶界偏聚及偏聚的难易程度。偏聚能计算公式如式 6-5-2 所示：

$$E_{\mathrm{seg}}^{\mathrm{X}} = (E_{\mathrm{GB}}^{\mathrm{Fe+X}} - E_{\mathrm{GB}}^{\mathrm{Fe}}) - (E_{\mathrm{bulk}}^{\mathrm{Fe+X}} - E_{\mathrm{bulk}}^{\mathrm{Fe}}) \tag{6-5-2}$$

式中　$E_{\mathrm{GB/bulk}}^{\mathrm{Fe+X}}$——含 X 原子的晶界/块体体系的总能量；

$E_{\mathrm{GB/bulk}}^{\mathrm{Fe}}$——不含 X 原子的晶界/块体体系的总能量。

基于 Rice-Wang 模型计算的晶界强化能来判断合金元素对晶界断裂强度的影

响。晶界强化能公式如式 6-5-3 所示：

$$E_{str} = (E_{GB}^{Fe+X} - E_{GB}^{Fe}) - (E_{FS}^{Fe+X} - E_{FS}^{Fe}) \tag{6-5-3}$$

式中 E_{FS}^{Fe+X}，E_{FS}^{Fe}——体系自由表面的总能量。自由表面模型中 X 原子位置的选择与晶界结构模型相同。

拉伸模型采用原子不弛豫的刚性晶粒拉伸模型，该模型既能满足晶界断裂要求，又可以获得可靠的数据。沿着 c 轴，将晶界模型中晶粒进行刚性分离，其分离能计算公式如式 6-5-4 所示：

$$E_{sep}^{x} = (E_{system}^{x} - E_{system}^{0})/S \tag{6-5-4}$$

式中 E_{system}^{0}——初始未变形体系能量；

E_{system}^{x}——体系沿拉伸方向分离距离为 x 时体系的能量；

S——拉伸界面面积。

将晶界分离能与拉伸距离进行拟合，拟合公式如下：

$$f(x) = E_{frac} - E_{frac}\left(1 + \frac{x}{\lambda}\right)e^{-x/\lambda}$$

$$E_{frac} = \frac{E_{\infty} - E_{0}}{S} \tag{6-5-5}$$

式中 λ——特征距离；

E_{frac}——断裂能。

应力-应变曲线通过对上式求导所得：

$$f'(x) = \frac{E_{frac}x}{\lambda^{2}}e^{-x/\lambda} \tag{6-5-6}$$

理论最大拉伸应力通过下式获得：

$$\sigma_{max} = f'(\lambda) = \frac{E_{frac}}{\lambda e} \tag{6-5-7}$$

搭建奥氏体晶界模型，以∑5(210) 晶界为例构建奥氏体晶胞结构，并对其进行结构优化，经理论计算可知其晶格常数为 3.449×10^{-10}m，与文献计算 3.44×10^{-10}m 相符。采用重合点阵模型搭建∑5(210) 晶界，将 (210) 面以 [001] 晶向为旋转轴，旋转角度为 53.13°，然后将两部分叠加构成晶界模型，如图 6-5-1 所示。奥氏体其他晶界构建采用同样方法，旋转角度见表 6-5-1。

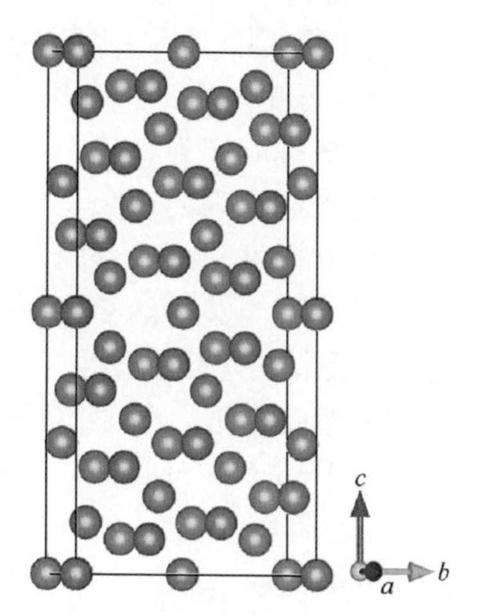

图 6-5-1 奥氏体∑5(210) 晶界模型示意图

表 6-5-1　不同奥氏体晶界构建所需角度列表

晶界类型	Σ3(112)[110]	Σ5(210)[001]	Σ5(310)[001]	Σ9(114)[110]	Σ9(221)[110]	Σ11(113)[110]
旋转角度/(°)	109.47	53.13	36.87	141.06	38.94	129.52

5.2　氮在不同类型奥氏体晶界偏聚行为

5.2.1　模型构建

为探究氮处于不同晶界不同位置的偏聚行为和对晶界的影响，构建了奥氏体的Σ3(112)、Σ5(210)、Σ5(310)、Σ9(114)、Σ9(221)和Σ11(113)六个常见晶界，并把氮处于晶界不同间隙位置标出，如图6-5-2所示。由于氮原子半径较大，需要较大的间隙位置来容纳氮原子，故当氮处于某些位置时会发生原子的迁移和计算的不收敛，其中Σ9(114)晶界中5位置就是计算不收敛位置。

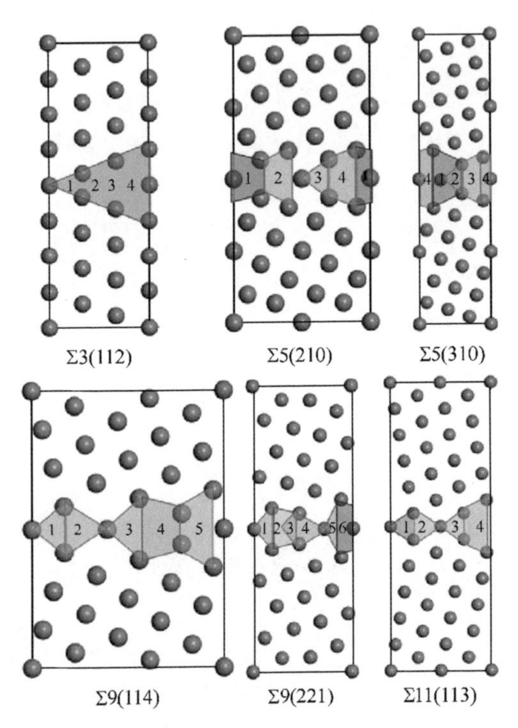

图6-5-2　氮处于奥氏体不同晶界可能位置的示意图
（蓝色—四面体；绿色—五面体；橙色—六面体；红色—八面体）

利用溶解能能够判断氮处于不同间隙位置时的稳定性，图6-5-3为氮处于晶界不同间隙位置的溶解能。由图6-5-3可知，氮处于晶界不同间隙位置的溶解能皆为负值，但是部分溶解能出现相等的现象，根据优化后模型分析可知，部分间隙位置空间较小，不能够容纳氮原子，因此氮原子在结构优化中发生了迁移，进入到了邻近的更大的间隙位置。在Σ3(112)晶界，四个间隙位的溶解能十分相近，处于-8.69~-8.56eV。其中1号位和2号位的稳定性要强于3号位、4号位。在Σ5(210)晶界，处于1号位八面间隙位置的溶解能最小，表明氮处于该间隙位置最稳定。3号位和4号位的溶解能出现相等的现象，对比两者的优化模型可知，3号位间隙位置较小，无法容纳氮原子，经结构优化，氮由3号位迁移至4号位。在Σ5(310)晶界，处于1号位八面体间隙位置的溶解能也为最小值，

其值为-8.92eV；2号位由于间隙位置小同样发生了迁移，由2号位迁至3号位。在Σ9(114)晶界，最佳的稳定析出位为3号位，其溶解能为-9.11eV。1号位不稳定，优化结构后，氮迁移至2号位。在Σ9(221)晶界，2号位为最稳定析出位，其溶解能为-9.24eV。1号位不稳定发生迁移至2号位。在Σ11(113)晶界，2号位、3号位、4号位的溶解能相近，皆为-9.08eV，其中3号位不稳定，优化结构后，其迁移至4号位。在不同晶界中，Σ5(210)晶界的1号位为最稳定析出位置。同时，对比Σ5(210)和Σ5(310)晶界的溶解能可知，当氮处于八面体间隙时，其溶解能一般较小，析出位更稳定。

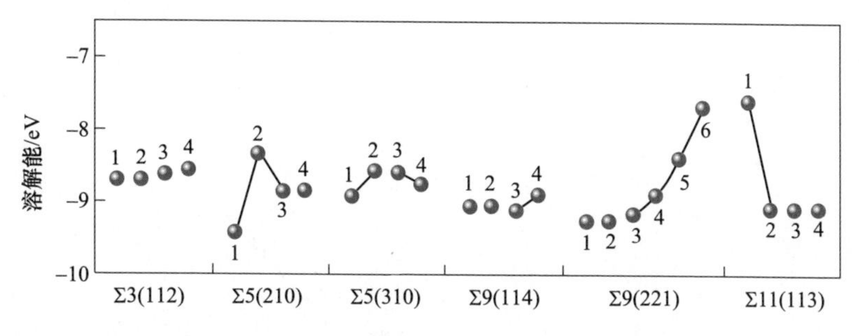

图 6-5-3　氮处于奥氏体晶界不同间隙位置的溶解能

5.2.2　偏聚行为

偏聚能的大小能够预判合金元素在晶界位置的偏聚情况。图6-5-4为氮处于不同晶界最稳定间隙位置的偏聚能。由图6-5-4可知，当氮处于Σ5(210)晶界时获得最小偏聚能，表明该晶界捕获氮的能力最强。当氮处于Σ3(112)晶界时，其偏聚能为正值（0.05eV），表明氮很难在该晶界发生偏聚。氮在其他四个晶界的偏聚顺序为Σ9(221)>Σ9(114)>Σ11(113)>Σ5(310)。根据氮所处间隙位置的特征及不同晶界捕获氮的能力可知，氮在晶界偏聚行为主要受间隙位置大小和周围成键情况的影响。

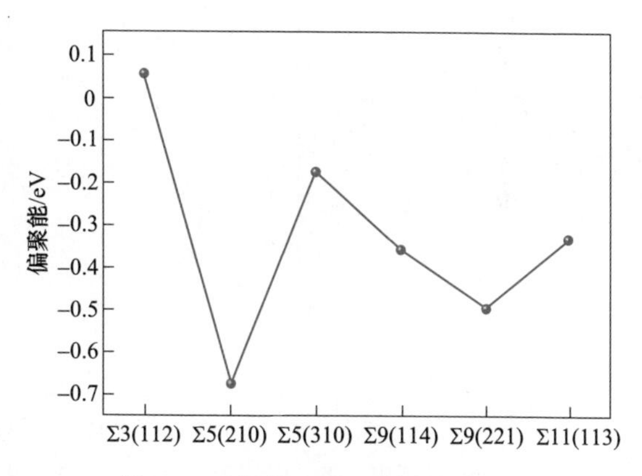

图 6-5-4　氮处于奥氏体晶界最稳定间隙位置的偏聚能

为了分析氮偏聚前后对晶界结合的影响，采用理论拉伸试验对其进行测试。图6-5-5为氮偏聚前后拉伸距离对分裂能的影响。由于氮不易被Σ3(112)捕获，故不再研究氮对其晶界结合的影响。由图6-5-5可知，曲线皆呈现先急剧上升，

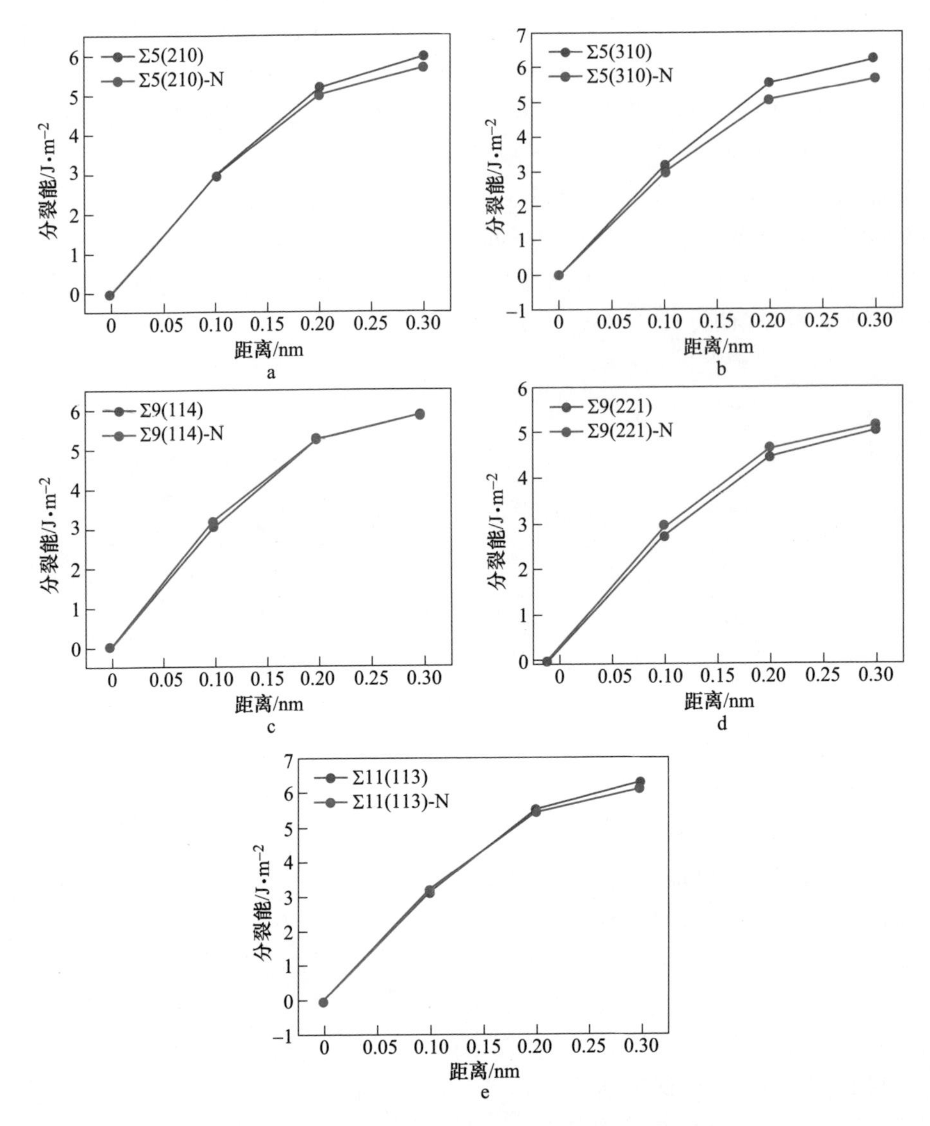

图 6-5-5　氮在奥氏体晶界偏聚前后拉伸过程中的分裂能

a—Σ5(210)；b—Σ5(310)；c—Σ9(114)；d—Σ9(221)；e—Σ11(113)

后趋于平缓变化的过程。其中氮偏聚于Σ9(114) 和Σ9(221) 后，对其晶界结合产生增强效果；其他晶界氮偏聚后则是削弱了晶界的结合。Σ9 晶界属于 $\Sigma 3^n(1\leqslant n\leqslant 3)$ 类型晶界，在奥氏体不锈钢中占比较高。因此，拉伸结果在一定程度上能够佐证氮对高氮奥氏体钢的性能具有提高的效果。

图 6-5-6 为Σ9(221) 纯晶界和氮处于 2 号间隙位置体系的电荷密度图随拉伸距离的变化。随着拉伸距离的增大，晶界附近的电荷密度皆减小。其中，纯晶

界附近的低电荷密度区的增加明显快于含氮晶界，当拉伸距离为 2×10^{-10}m 时，纯晶界中小于 $0.025\times10^{-30}e/m^3$ 的电荷密度区明显大于含氮晶界，表明含氮晶界的相互作用要强于纯晶界，有利于晶界的结合。

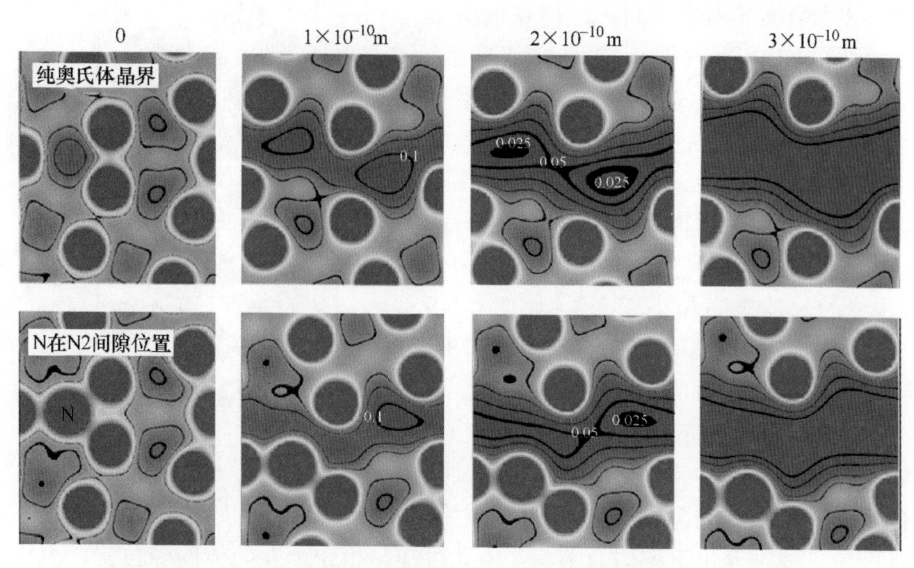

图 6-5-6　Σ9(221) 纯奥氏体晶界、氮处于 2 号位体系的电荷密度图随拉伸距离 0、1×10^{-10}m、2×10^{-10}m 和 3×10^{-10}m 的变化

由以上计算结果可知，氮位于不同奥氏体晶界不同位置时，其对晶界的影响也不同。在不同的晶界中，氮更倾向偏聚于Σ5(210)、Σ9(114) 和Σ9(221) 晶界，其中当氮位于Σ9 晶界时，其对晶界结合具有增强的效果。

5.3　氮在奥氏体Σ5(210) 晶界偏聚行为

由前文偏聚能结果可知，氮更易偏聚于Σ5(210) 晶界，因此，对Σ5(210) 晶界进行深入探讨具有重要意义。

5.3.1　模型构建

采用重合点阵模型搭建 fcc-Fe 晶胞Σ5(210) 晶界，该晶界包含 21 层和 40 个 Fe 原子，如图 6-5-7 所示。氮原子半径尺寸较大，故需要较大的晶格间隙位置容纳。选取了溶解能较低的五面体间隙位置 N1、N2 和八面体间隙位置 N3 进行研究。同时，为了研究氮处于晶界附近位置对晶界结合强度的影响，在晶界附近选取了与晶界由近及远的不同原子层的八面体占位间隙位置，N4（第二原子层）、N5（第三原子层）、N6（第四原子层）、N7（第五原子层）和 N8（第六原子层）。

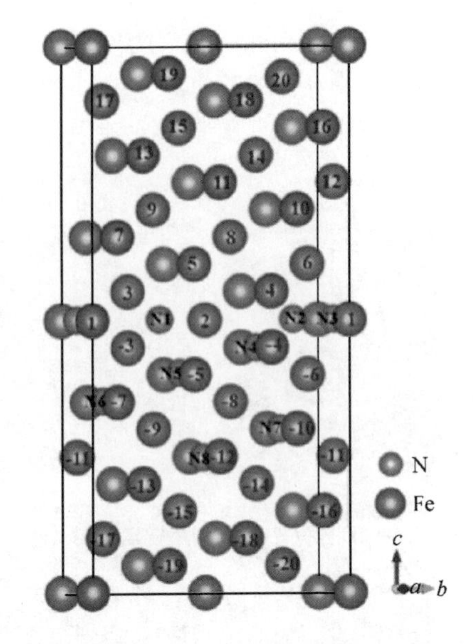

图 6-5-7　在含有∑5(210) 奥氏体晶界中氮原子处于不同间隙位置示意图

化学稳定性计算是衡量所得合金能否稳定存在的关键手段，是材料研究的基础。溶解能可以很好地反映材料的化学稳定性。图 6-5-8 为氮在晶界中不同占位体系的溶解能，由图可知，氮占据不同间隙位置后，其溶解能皆为负值，表明所述含氮体系均能稳定存在。其中，占位于晶界 N3 位置的体系溶解能最低，为−8.98eV，表明氮位于晶界八面体间隙位置时最稳定。一般而言，氮占据空间位置大的间隙位时更稳定，可 N3 位置的间隙空间却小于 N2，如图 6-5-9 所示，N3 与周围原子间的距离（1.78×10^{-10}m、1.88×10^{-10}m 和 1.96×10^{-10}m）要小于 N2 与周围原子间的距离（1.91×10^{-10}m、1.92×10^{-10}m 和 2.12×10^{-10}m），表明含氮体系的稳定性不仅与间隙位置空间大小相关，还受配位、成键等化学作用的影响。由此可知，相较于五面体间隙位置，氮更容易位于八面体间隙位置。当氮占位于晶界附近的间隙位置时，随着与晶界距离的增大，溶解能呈先增大后减小的趋势。N4、N5 和 N6 间隙位置紧邻晶界，受晶界影响较大，合金原子和晶界相互作用，体系稳定性削弱，溶解能增大。N7 和 N8 间隙位置远离晶界，受晶界影响程度减小，溶解能减小并趋于平衡。

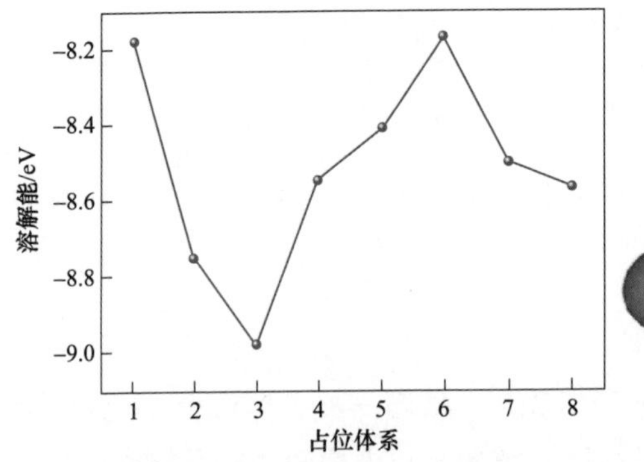

图 6-5-8　氮在奥氏体不同间隙位置的溶解能

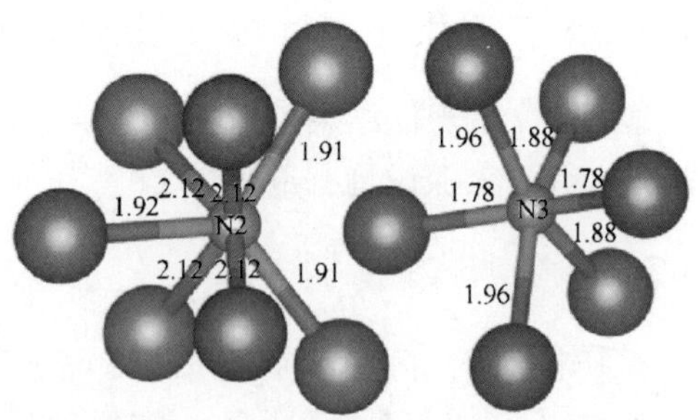

图 6-5-9　奥氏体晶界 N2 和 N3 位置周围的原子组成示意图

5.3.2　偏聚行为

杂质元素的偏聚行为与材料的性能密切相关，因此，对氮在奥氏体晶界的偏

聚行为进行研究，可以从微观机理上更好地解释材料性能的好坏。偏聚能是衡量杂质原子偏聚行为的有力工具，其能够反映杂质原子是否向晶界偏聚及偏聚的难易程度。

由表6-5-2可知，当氮处于晶界和晶界附近时，其偏聚能皆为负值，表明氮处于这些间隙位置时，皆引起晶界能量的降低，晶界更稳定。其中N3体系的偏聚能为-1.30eV，能量最低；其次为N2体系，表明这两个晶界间隙位置更易捕获氮原子。当氮原子处于晶界附近间隙位置时，其偏聚能变化趋势与溶解能相一致，也呈先增大后减小的趋势，不同间隙位置对氮的捕获顺序为N8>N4>N7>N5>N6。

表6-5-2　氮处于奥氏体晶界不同间隙位置的偏聚能

位置	偏聚能 E_{seg}^{N} /eV	位置	偏聚能 E_{seg}^{N} /eV
N1	-0.51	N5	-0.73
N2	-1.08	N6	-0.49
N3	-1.30	N7	-0.82
N4	-0.87	N8	-0.89

晶界强化能反映了合金元素对晶界强韧性的影响。由表6-5-3可知，当氮处于N1~N5间隙位置时，其体系的晶界强化能皆为正值，表明氮处于这些间隙位置时将削弱晶界的结合强度。当氮位于N3间隙位置时，晶界体系的晶界强化能最大，为1.37eV，表明氮处于N3位置对晶界强度的削弱效果最强。当氮处于N6~N8时，其体系的晶界强化能为负值，预示着氮位于这些间隙位置时将增强晶界的结合强度。N6~N8体系的晶界强化能皆位于-0.3eV附近，且氮占位于N7位置时的强化效果最好。

表6-5-3　氮处于奥氏体不同间隙位置对晶界强化能的影响

位置	强化能 E_{str}^{N} /eV	位置	强化能 E_{str}^{N} /eV
N1	1.33	N5	1.11
N2	0.95	N6	-0.31
N3	1.37	N7	-0.35
N4	1.14	N8	-0.27

选取稳定性强和易于偏聚的N3和N8体系作为晶界能削弱和增强的代表进行后续分析。图6-5-10为纯晶界和氮处于N3、N8位置的键长变化图。在晶界位置，Fe(3)—Fe(-3)和Fe(4)—Fe(-4)的键长最短，键能最大，且为垂直晶界方向的键力，因此，两者的键长在一定程度上能够反映出晶界结合的强度。当氮处于N3间隙位置时，邻近的Fe(3)、Fe(-3)与氮原子间的距离为1.88×10^{-10}m，接近二者之间的共价半径之和（1.92×10^{-10}m），表明铁与氮原子形成了强化学

键。但 Fe(3)—Fe(-3) 和 Fe(4)—Fe(-4) 的键长分别由 2.09×10^{-10}m 和 2.10×10^{-10}m 变为了 2.23×10^{-10}m 和 2.18×10^{-10}m，键长变长，键能减弱，其晶界结合强度变弱，这主要是由氮与晶界间隙空间尺寸不匹配、体积膨胀、晶格畸变造成的。当氮处于 N8 位置时，Fe(4)—Fe(-4) 的键长几乎不变，Fe(3)—Fe(-3) 的键长变短，键能增强，晶界结合增强，这与晶界强化能计算结果相符。

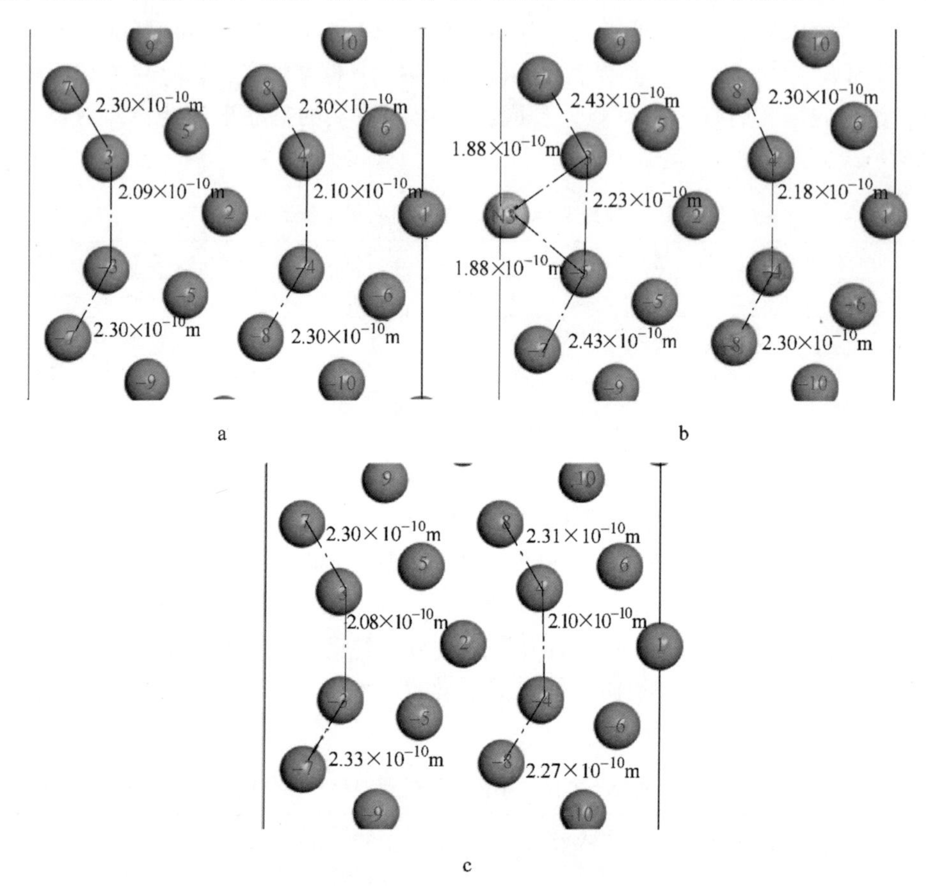

图 6-5-10　奥氏体中键长变化图

a—纯奥氏体晶界；b—氮处于 N3 位置；c—氮处于 N8 位置

电荷分布能够直观地展示晶界附近原子的成键情况，为体系的晶界变化提供分析依据。由图 6-5-11a 可知，Fe(3)—Fe(-3) 之间电荷密度较大，存在高于 $0.6\times10^{30}e/\text{m}^3$ 的密度区，化学键较强，且为垂直于晶界的作用力，是晶界结合强度主要影响作用力，与前面的键长分析一致。当氮占位于 N3 间隙位置时，如图 6-5-11b 所示，氮与 Fe(3)、Fe(-3) 之间的电荷密度增加，形成了强化学键。由于 Fe(3)、Fe(-3) 与氮之间的成键具有一定的方向性，使得原来离域的电子云分布具有定域趋势，造成 Fe(3)—Fe(-3) 之间的电荷密度低于 $0.6\times10^{30}e/\text{m}^3$，削

弱了 Fe(3)—Fe(-3)的成键。同时，Fe(2)—Fe(8)和 Fe(2)—Fe(-8)之间的电荷密度分布也出现降低。因此，当氮位于 N3 间隙位置时，电子分布呈一定的方向性，离域电子作用减弱，晶界的结合强度削弱。当氮占位于 N8 位置时，如图 6-5-11c 所示，Fe(3)—Fe(-3)之间的高密度电荷区扩大，高于 $0.6\times10^{30}e/m^3$ 的区域增大，表明 Fe(3)—Fe(-3)的成键性增强。另外，Fe(2)—Fe(8)和 Fe(2)—Fe(-8)之间的电荷密度分布也出现增加，故氮位于 N8 间隙位置时，有利于晶界结合的增强，与晶界强化能计算结论相一致。

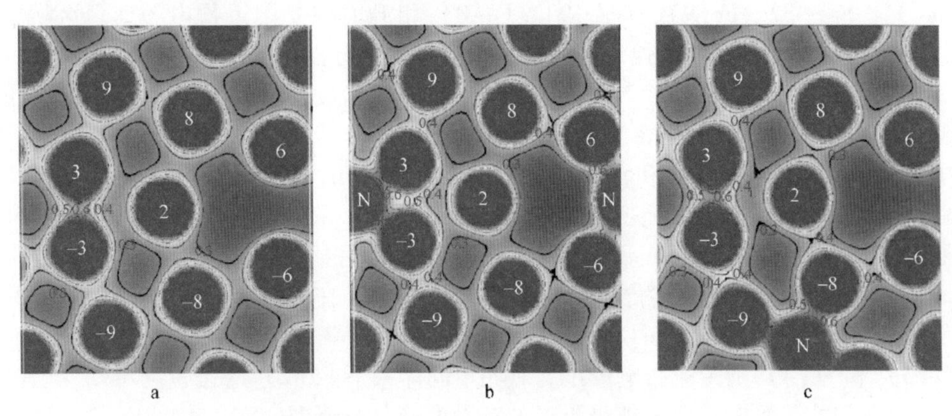

图 6-5-11 奥氏体中电荷密度图

a—纯奥氏体晶界；b—氮处于 N3 位置；c—氮处于 N8 位置

差分电荷密度能够很好地描述原子间的电荷分布和转移情况。图 6-5-12 为纯晶界、氮处于位置 N3 和氮处于位置 N8 体系在（001）面的差分电荷密度图（红色为失电子区域，蓝色为得电子区域）。由图 6-5-12 可知，与纯晶界相比，氮进

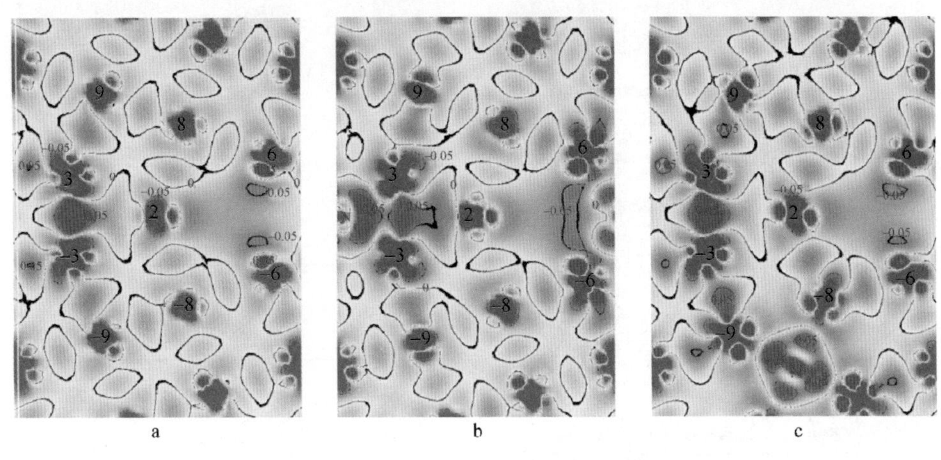

图 6-5-12 奥氏体中差分电荷密度图

a—纯奥氏体晶界；b—氮处于 N3 位置；c—氮处于 N8 位置

入间隙位置后，其周围的电荷聚集具有明显的方向性，氮表现为得电子，铁表现为失电子，表明N—Fe形成强化学键，且其中离子键成分较多。当氮位于N3间隙位置时，Fe(3)、Fe(−3)、Fe(6)、Fe(−6)、Fe(9)和Fe(−9)周围的蓝色区域发生改变，而其他区域则变化较小，并且Fe(8)—Fe(2)—Fe(−8)之间蓝色区域减小，表明N3主要改变其附近的电子分布，使其呈现一定的局域性，同时削弱了Fe(3)—Fe(−3)及Fe(8)—Fe(2)-Fe(−8)之间的结合。当氮位于N8位置时，垂直于晶界的蓝色区域较纯晶界和N3体系发生了明显的扩大，并且Fe(3)、Fe(−3)、Fe(9)、Fe(−9)、Fe(8)和Fe(−8)附近得电子蓝色区域皆增大，表明电子离域性增强，进一步证明了晶界结合强度的提高。

图6-5-13为纯晶界、N3体系和N8体系的态密度图。由体系的总态密度可知，体系在费米能级的态密度数不为零，表现为金属性，总态密度主要由Fe-d电子贡献。对比纯奥氏体和含N体系的总态密度可知，含N体系在−17eV出现小峰，对应于N-2s。由局域态密度和分波态密度可知，在N3体系中（如图6-5-13b所示），Fe(1)-d和Fe(3)-d在−7.6eV附近出现明显的杂化峰，表明Fe(1)、Fe(3)与氮形成较强的共价键，与前文结果一致。在N8体系中（如图6-5-13c所示），由于Fe(−3)、Fe(−4)与氮邻近，故在−7.5eV附近出现杂化峰，而Fe(3)和Fe(4)则受氮影响较小。对比不同体系下Fe(2)的态密度可知，当氮位于N3间隙位置时，费米能级附近的态密度峰分布范围变窄，表明Fe(2)的电子局域性增强；当氮处于N8间隙位置时，Fe(2)的电子离域性增强，费米能级附近的态密度峰分布范围变宽，此结果与前文分析一致。

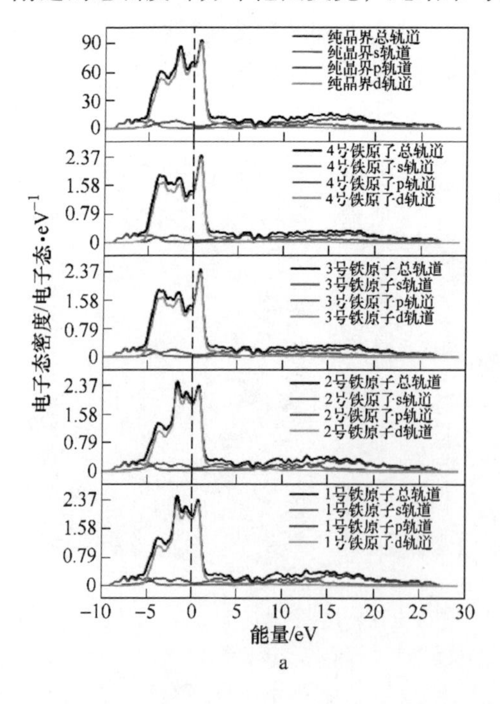

a

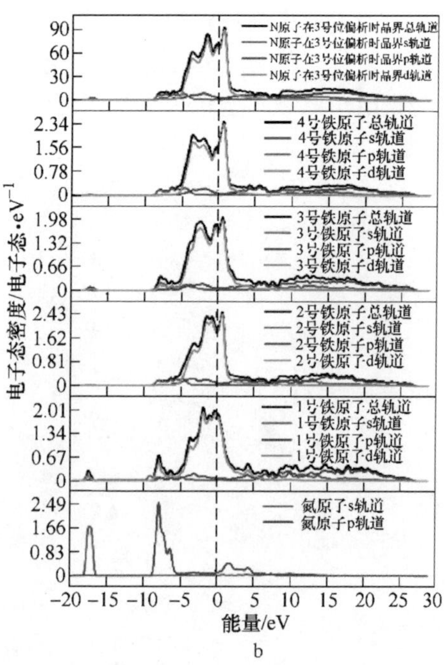

b

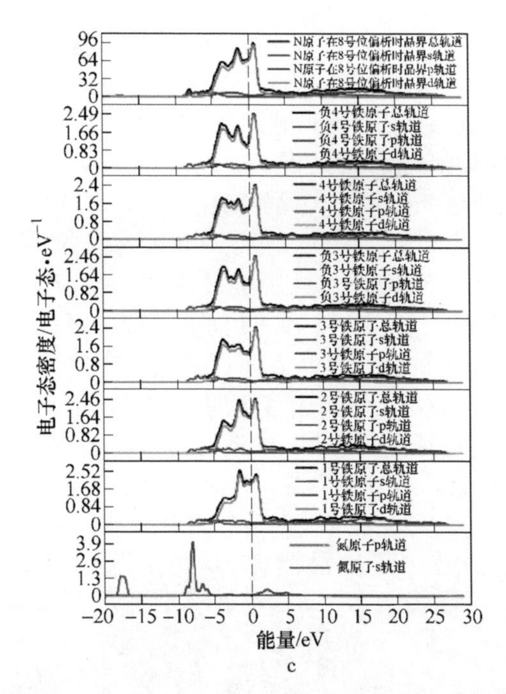

图 6-5-13 Fe(1)、Fe(2)、Fe(3)、Fe(4)、氮的局域态密度和总态密度，氮的总态密度和分波态密度以及体系的总态密度和分波态密度

a—纯奥氏体晶界；b—氮处于 N3 位置；c—氮处于 N8 位置

5.3.3 理论拉伸性能

图 6-5-14a 为拉伸距离对分离能的影响曲线图，随着拉伸距离的增大，分裂能呈先增大后趋于平稳的趋势，最终接近于某一个常数。与纯晶界相比，当氮进入间

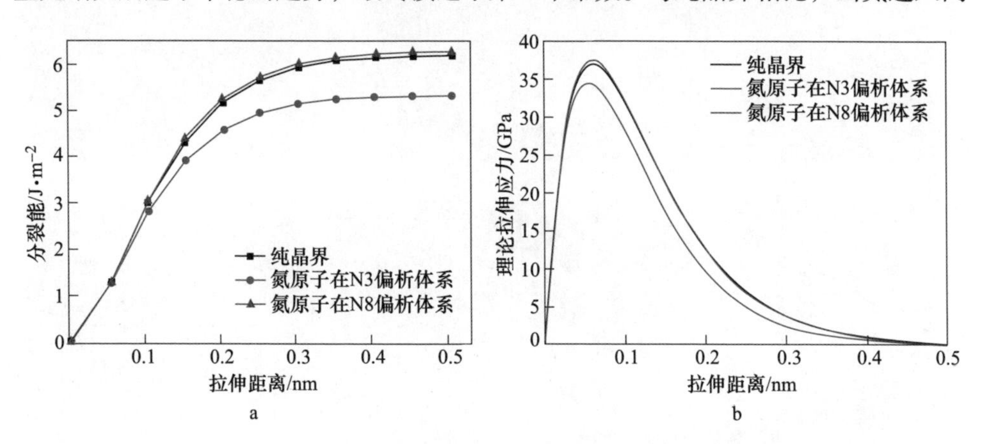

图 6-5-14 奥氏体晶界拉伸距离对分离能和应力的影响

a—分裂能；b—应力

隙位置 N3 时，其分裂能由 6.22J/m^{2}降至 5.32J/m^2；当氮进入 N8 后，其分裂能比纯晶界高约 0.06J/m^2，表明氮占位于 N3 间隙位置时确实削弱了晶界结合能，而氮处于 N8 间隙位置时，其晶界强化能得到提高，这个结果与晶界强化能计算结果相一致。图 6-5-14b 为拉伸距离对应力的影响，随着拉伸距离的增大，应力迅速达到一个峰值后快速下降到 0GPa。对于纯晶界而言，其最大拉伸应力为 37.15GPa。当氮位于 N3 位置时，其最大应力减小，变为 34.58GPa。当氮占据 N8 间隙位置时，最大应力略微增大，为 37.68GPa，该结果与晶界强化能一致。

图 6-5-15 为纯晶界、氮处于 N3 和 N8 间隙位置体系的电荷密度图随拉伸距离的变化。随着拉伸距离的增大，晶界附近的电荷密度减小。当拉伸距离达到 2×10^{-10}m 时，N3 晶界附近的低电荷密度区明显高于纯晶界和 N8 体系，表明 N3 更易发生拉伸断裂。对比纯晶界和 N3 体系，当拉伸距离达到 2×10^{-10}m 时，N8 体系在 $0.05\times10^{30}e/m^3$ 分界线处仍有交汇，而在纯晶界和 N3 体系已分离，表明 N8 体系的电荷密度一定程度上高于纯晶界，有利于晶界强度的提高。

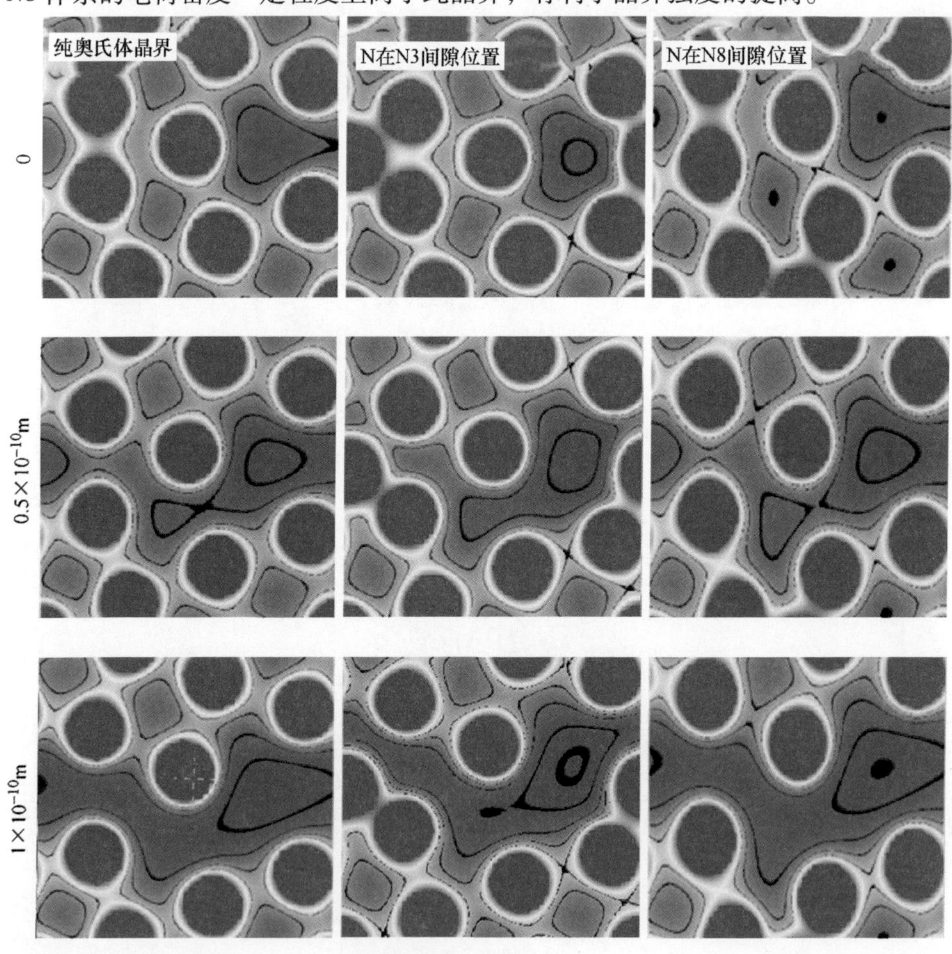

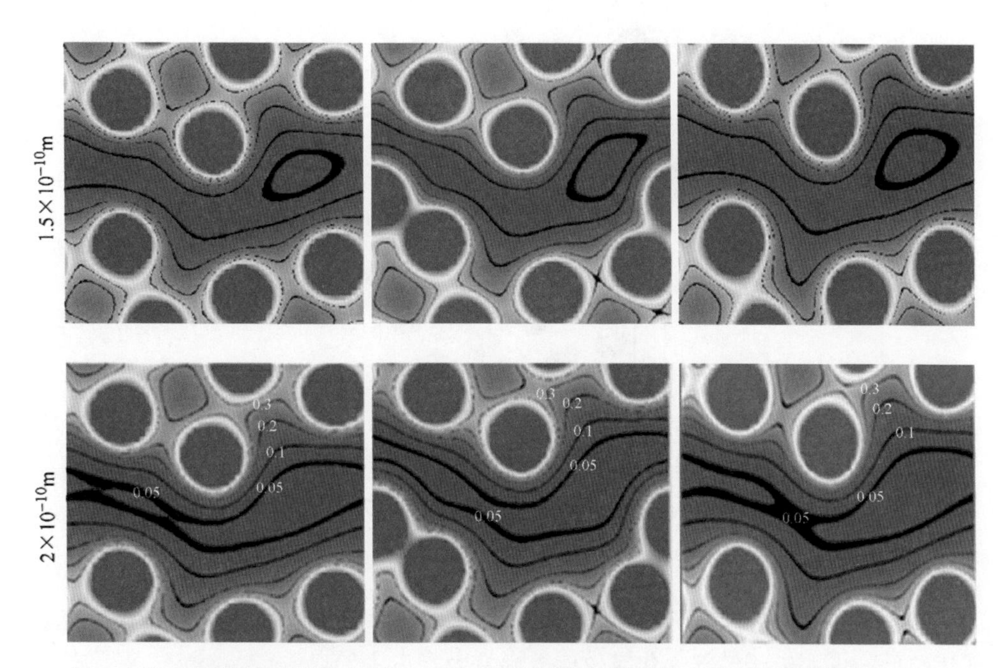

图 6-5-15 纯奥氏体晶界、氮处于 N3 和 N8 间隙位置体系的电荷密度图随拉伸距离 0、0.5×10^{-10}、1×10^{-10}m、1.5×10^{-10}和 2×10^{-10}m 的变化

基于密度泛函理论研究了氮处于∑5(210) 晶界及其附近的稳定性、氮的偏聚行为和对其材料力学性能的影响，可知，氮在∑5(210) 晶界及其附近皆可稳定存在，其中氮处在晶界八面体间隙位置时，其稳定性最强。并且，氮在∑5(210) 晶界偏聚能力较强，在晶界附近的偏聚能力呈先减小后增大的趋势。同时，氮位于∑5(210) 晶界间隙位置时，其表现出削弱晶界结合能的作用；但当氮位于晶界附近的 4~6 原子层时，其表现出增强晶界结合强度的作用。从键长、电子结构、态密度等方面研究了当氮处于晶界及附近间隙位置时对晶界结合强度的影响规律。对模型进行抗拉伸计算可知，相较于纯奥氏体晶界，氮占位于 N3 间隙位置时，更易发生断裂；氮位于 N8 间隙位置时，断裂强度高于纯晶界，与晶界强化能计算结果相一致。

5.4 磷和硫在∑5(210) 奥氏体晶界偏聚行为

5.4.1 模型构建

建立模型方法同上，在∑5(210) 晶界 N2 间隙位置加入磷、硫原子，如图 6-5-16 所示。

如表 6-5-4 所示，当磷、硫位于∑5(210) 晶界 N2 间隙位置时，其溶解能皆为负值，表明这两种原子皆可在间隙位置稳定存在。其中磷的溶解能比硫低，

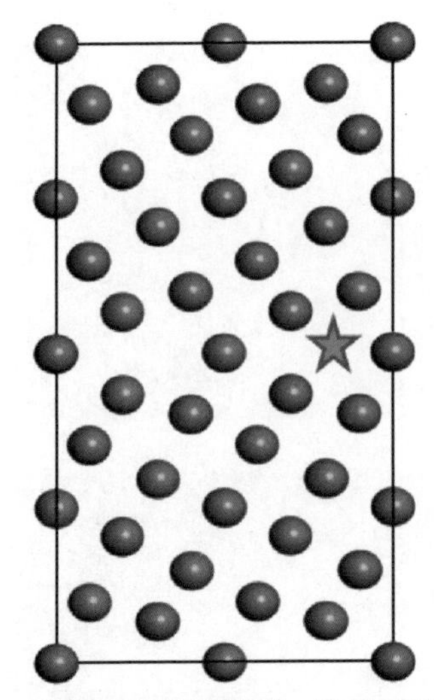

图 6-5-16　∑5(210) 奥氏体晶界模型，溶质元素占据 N2 间隙位置

为−7.31eV，故磷在 N2 间隙位置析出更稳定。磷的原子半径比硫大，但其溶解能比硫低，说明电子转移、化学效应等影响因素占主导。

表 6-5-4　磷和硫处于奥氏体晶界不同间隙位置的溶解能

元素	溶解能 E_{sol} /eV
P	−7.31
S	−5.12

5.4.2　偏聚行为

磷、硫位于∑5(210) 晶界的偏聚能为负值，如表 6-5-5 所示，说明磷、硫原子都易在奥氏体晶界位置 2 处偏聚，其中，磷原子在晶界处的偏聚能为−3.942eV，小于硫原子在晶界处的偏聚能−3.392eV，故磷更容易在晶界处偏聚。

表 6-5-5　磷和硫在奥氏体晶界中最稳定位置时的偏聚能

元素	偏聚能 E_{seg}^{S} /eV
P	−3.942
S	−3.392

基于 Rice-Wang 理论，晶界强化能 E_{str} 可用于分析 X 原子对界面结合强度的影响，经式 6-5-3 计算出强化能，如表 6-5-6 所示。

表 6-5-6　磷和硫处于奥氏体晶界时的强化能

元素	强化能 E_{str}/eV
P	1.07
S	2.06

两者的晶界强化能皆为正值，表明磷、硫原子在晶界都降低了晶界的内聚能力，削弱了晶界强度。其中，硫的强化能为2.06eV，高于磷的强化能，说明硫比磷对晶界的削弱程度更大。

由图6-5-17可知，磷、硫掺杂进入晶界的间隙位置，处于晶界的铁原子位置发生变化，原子间距增大，尤其是磷、硫原子附近，其中Fe(4)—Fe(-4)分别增加了0.30×10^{-10}m和0.29×10^{-10}m，Fe(6)—Fe(-6)分别增加了0.71×10^{-10}m和0.61×10^{-10}m，Fe(3)—Fe(-3)的距离分别增大了0.10×10^{-10}m和0.11×10^{-10}m。磷、硫的掺杂导致晶界附近的原子间距增大，相互作用力减小，晶界削弱。

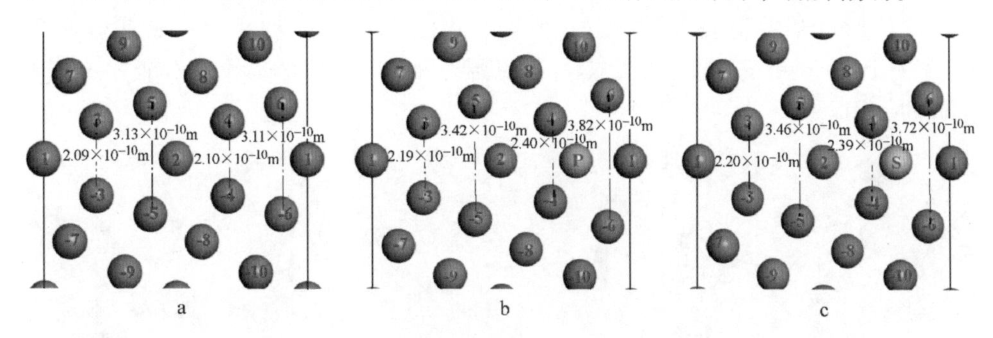

图6-5-17　奥氏体中原子间距变化

a—未掺杂；b—掺杂磷；c—掺杂硫

为了进一步探究磷、硫原子对晶界的影响，采用电荷密度图去解释铁原子间结合力的大小。由图6-5-18可知，Fe(3)—Fe(-3)之间电荷密度大，说明键强要大于晶界处的其他Fe—Fe键，对晶界的结合有着至关重要的作用。当磷、硫原子处于晶界间隙位置后，磷、硫与周围的铁原子形成较强的S—Fe键和P—Fe键，其中S—Fe键要强于P—Fe键，主要原因是硫原子的电负性大于磷原子。无论是掺磷还是掺硫体系，Fe(3)—Fe(-3)间的电荷密度均低于$0.6\times10^{30}e/m^3$，说

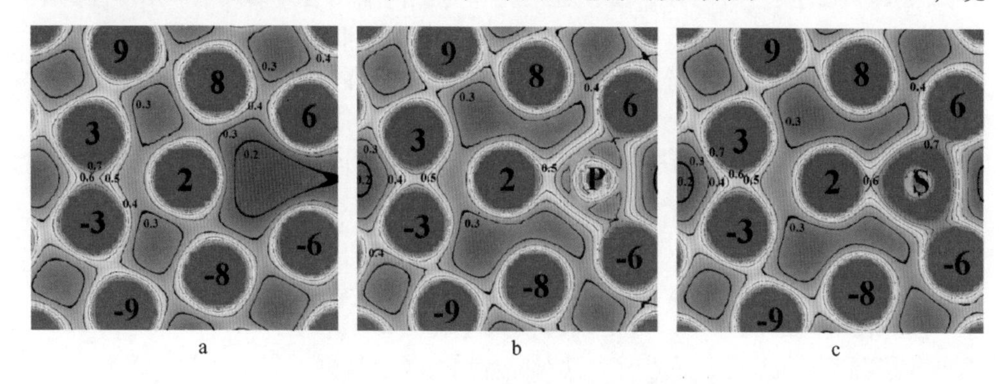

图6-5-18　奥氏体中电荷密度分布图

a—未掺杂；b—掺杂磷；c—掺杂硫

明其键的强度降低，其原因是磷、硫原子会吸附其周围电子，增加了铁周围电子分布的局域性，从而使得 Fe(3)—Fe(-3)间的电子密度降低，削弱了晶界的结合，造成晶界脆化。

图6-5-19为奥氏体体系的差分电荷密度分布图。纯fcc-Fe晶界中，电荷分布无明显方向性，属于典型的金属键分布特点。当磷、硫原子掺杂后，磷、硫原子使其周围的电荷聚集具有明显的方向性，表现为磷、硫原子得电子，邻近的铁原子失电子，具有一定的离子键特性。磷、硫的引入影响了周围原子的电荷分布，电子离域化程度降低，金属性减弱；磷、硫原子与其邻近的 Fe(2)、Fe(6)、Fe(-6) 形成强电荷密度重叠区；同时，电子云向杂质原子方向偏聚，使得 Fe(3)—Fe(-3)键的键能削弱，晶界面更容易断裂，所以磷、硫掺入都对晶界有削弱的作用。

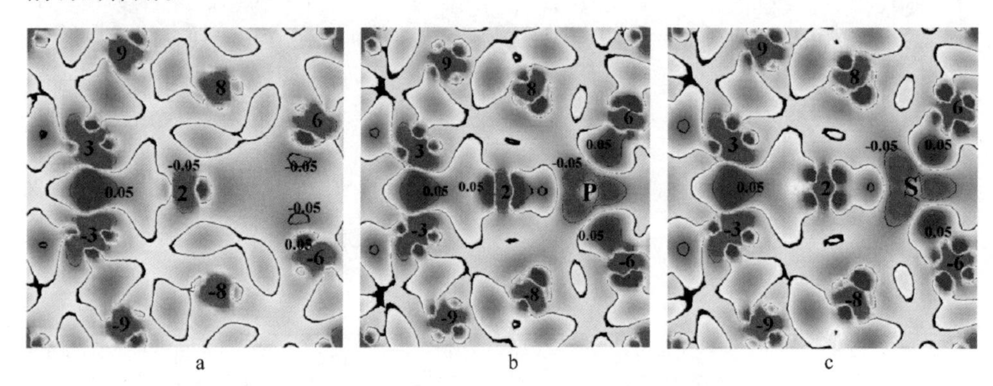

图6-5-19 奥氏体中差分电荷密度分布图

a—未掺杂；b—掺杂磷；c—掺杂硫

根据密度泛函理论研究对比了同周期元素磷、硫在奥氏体的∑5(210) 晶界的偏聚及界面的特性，可知，磷、硫元素都易于偏聚在∑5(210) 晶界，且偏聚位置的过剩体积越大，磷、硫元素的偏聚倾向越大，根据Rice-Wang理论计算结果，对比电荷密度图、差分电荷密度图可知，磷、硫原子都会对晶界产生削弱影响，降低界面的结合能力，且掺入硫对奥氏体晶界的削弱能力更加明显。这是因为硫原子最外层电子数比磷多，电负性较强，对周围铁原子的电子吸引能力更强，晶界处电子局域化程度增大，削弱了晶界的结合。

采用第一性原理计算分析氮、磷、硫在奥氏体不同晶界的偏聚行为和对晶界结合的影响规律可以看出，氮位于奥氏体不同晶界不同位置时，其对晶界的影响也不同。在不同的晶界中，氮更倾向偏聚于∑5(210)、∑9(114) 和∑9(221) 晶界，其中当氮位于∑9晶界时，其对晶界结合具有增强的效果。氮在∑5(210) 晶界及其附近皆可稳定存在，其中氮处在晶界八面体间隙位置时，其稳定性最强。氮在∑5(210) 晶界偏聚能力较强，在晶界附近的偏聚能力呈先减小后增大的趋势。氮位于$\sum 5(210)$晶界位置会削弱晶界结合能，但当氮位于$\sum 5(210)$晶界附近的4~6原子层时，会增强晶界结合强度。从键长、电子结构、态密度等方面确认了当氮处于晶界不同间隙位置时对晶界结合强度的影响规律。对模型进行抗拉伸计算可知，相较于纯晶界，氮占位于N3间隙位置时，更易发生断裂；氮位于N8间隙位置时，断裂强度高于纯晶界，与晶界强化能计算结果相一致。对于第三周期元素，磷、硫元素都易于偏聚在$\sum 5(210)$晶界，且偏聚位置的过剩体积越大，磷、硫元素的偏聚倾向越大，Rice-Wang理论计算结果显示磷、硫原子都会对晶界产生削弱影响，降低界面的结合能力，且掺入硫对晶界的削弱能力更加明显。

6　贝氏体钢氢脆特性第一性原理模拟

目前利用第一性原理研究体心立方结构的 α-Fe 的氢脆文献报道较多，提出了一些不同的氢脆机理，包括弱键作用、氢致局部塑性增强、氢的高迁移率等。此外，本书已通过试验证明在轨道用贝氏体钢中用铝代替部分硅后可以降低钢的氢脆敏感性。因此，这里利用第一性原理研究了间隙氢原子在纯铁和含铝或含硅的钢中的行为，讨论了氢在每个晶胞的最佳位置、氢原子在不同间隙位置的结合能以及氢在相邻位置间的扩散势垒，并对电荷密度和态密度进行了简单分析。这些结果使我们更加了解轨道用无碳化物贝氏体钢的氢脆问题，尤其是用铝代替部分硅可以降低氢脆敏感性的微观机理。

6.1　模型构建

由于贝氏体钢主要以体心立方结构（bcc）的贝氏体铁素体为主，所以以 bcc 结构的 α-Fe 为基准，设定了两种主要模型，分别是 1×1×1（含 2 个原子）的单胞模型和 2×2×2（含 16 个原子）的超胞模型。考虑到铁路轨道用贝氏体钢中铝和硅的总含量（质量分数）为 2%左右，再结合计算量的考虑，这里只研究一个铝或者硅原子置换一个铁原子的情况，计算了铝和硅原子在所有置换位置的晶胞总能量，其中总能量最低所对应的结构是最稳定的，经计算证明铝和硅原子置换中心位置的铁原子时，体系最稳定，结构如图 6-6-1 所示。两种模型所对应的 k 点网格分别为 12×12×12 和 6×6×6，体系截断能为 400eV。

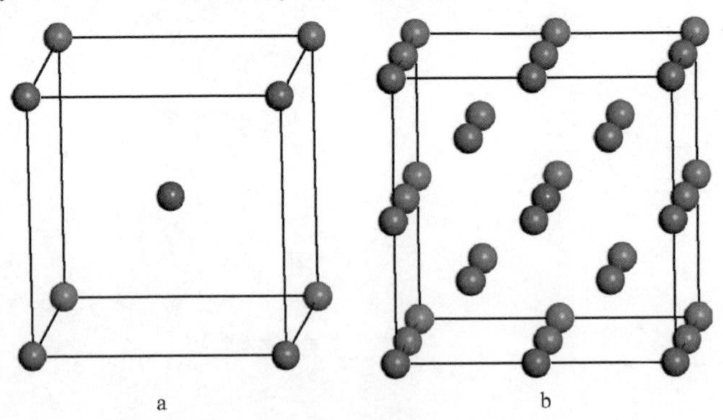

图 6-6-1　bcc 晶胞模型示意图

（蓝色—Fe 原子；紫色—X（Si 或 Al）置换原子）

a—FeX 单胞；b—$Fe_{15}X$ 超胞

氢因其原子半径非常小，所以一般存在于晶胞中的间隙位置，在体心立方结构晶胞中共有 12 个四面体间隙（T-site）和 6 个八面体间隙（O-site）。四面体间隙的中心在面心垂直于棱的线段的中点位置，八面体间隙的中心在面心和棱中心位置，如图 6-6-2 所示。不同晶体结构中的间隙个数、种类及间隙半径见表 6-6-1。由表 6-6-1 可知，体心立方结构中的四面体间隙的半径大于八面体间隙半径，所以理论上氢原子应该更倾向于四面体间隙位置，但也有人认为氢原子在高温时处于八面体间隙位置。因此，这里对氢的最佳位置进行了计算分析，分别计算了氢原子在单胞和超胞中的两种间隙位置的总能量 E_{total} 和晶格畸变 a/c 情况，结果如表 6-6-2 和表 6-6-3 所示。

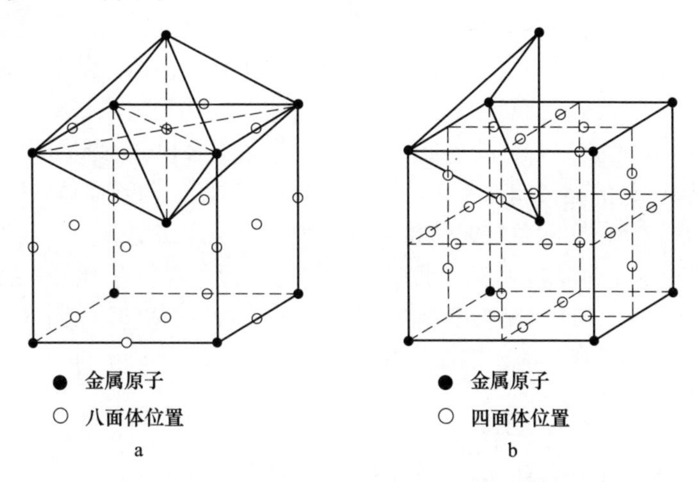

图 6-6-2　贝氏体钢中体心立方结构的间隙

a—八面体间隙；b—四面体间隙

表 6-6-1　贝氏体钢中不同晶体结构单晶胞中的间隙

晶体结构	八面体间隙		四面体间隙	
	间隙数	r_B/r_A	间隙数	r_B/r_A
bcc	6	0.155	12	0.291
fcc	4	0.414	8	0.225
hcp	6	0.414	12	0.225

表 6-6-2　贝氏体钢中单胞的总能量（E_{total}）、氢在四面体和八面体间隙的能量差（$\Delta E=E_O-E_T$）及晶格畸变（a/c）

体系	Fe_2H		FeSiH		FeAlH	
	T	O	T	O	T	O
E_{total}/eV	-1746.321	-1746.378	-988.081	-987.884	-938.034	-937.767
ΔE/eV	-0.057		0.197		0.267	
a/c	1.00	1.49	1.05	1.37	1.05	1.41

表 6-6-3　贝氏体钢中超胞的总能量（E_{total}）、氢在四面体和八面体间隙的能量差（$\Delta E=E_O-E_T$）及晶格畸变（a/c）

体系	$Fe_{16}H$		$Fe_{15}SiH$		$Fe_{15}AlH$	
	T	O	T	O	T	O
E_{total}/eV	-13860.979	-13860.859	-13104.230	-13103.649	-13052.927	-13052.410
ΔE/eV	0.120		0.581		0.517	
a/c	1.00	1.04	1.00	1.05	0.99	1.06

虽然氢在铁中的溶解度一般很小，但它在某些位置会局部聚集导致密度较高。对于 Fe_2H 即高浓度氢来说，氢原子在八面体间隙位置时的总能量最低。一般来说，能量越低意味着越稳定。然而，当氢原子在八面体间隙时引起了很大的晶格畸变（$a/c=1.49$），而氢原子在四面体间隙却没有发生晶格畸变，而且总能量仅仅比八面体间隙位置高了 0.057eV。对于超晶胞来说，氢原子在八面体间隙和四面体间隙引起的晶格畸变都很小，如表 6-6-3 所示。与八面体间隙位置相比，氢溶入超晶胞四面体间隙位置时能量更低，故氢原子应该更倾向于四面体间隙位置，同时，$Fe_{15}SiH$ 超晶胞中氢原子在四面体间隙时的总能量比在八面体间隙时低了 0.581eV，$Fe_{15}AlH$ 超晶胞中氢在四面体间隙比八面体间隙低了 0.517eV，因此，贝氏体钢中氢更容易溶于四面体间隙位置。

6.2　氢对电子结构的影响

晶体的结合能表征晶体的结合强度，是比较晶体结合力的一个非常重要的参数。晶体结合能定义为

$$E_b = \frac{1}{n+2}[n \times E(Fe) + E(X) + E(H) - E(Fe_nXH)] \tag{6-6-1}$$

式中　$E(Fe)$——孤立 Fe 原子的能量；

$E(X)$——孤立 X（Si 或 Al）原子的能量；

$E(H)$——孤立 H 原子的能量；

$E(Fe_nXH)$——Fe_nXH 晶胞的总能量。

所有的晶胞都经过了晶胞优化，结合能越大，所对应体系的稳定程度就越高，结合能的计算结果，如表 6-6-4 和表 6-6-5 所示，可以看出，含氢晶胞的结合能低于不含氢的，说明氢原子的进入降低了晶体的结合能。而且随着氢浓度的增加其降低的程度增大，这与 TROLANO 提出的弱键理论相一致，即当氢原子进入金属晶格之后，晶格点阵上的原子键力会减弱，表现出金属机械性能的损减。对于铁晶胞来说，由于铁是过渡族元素，其 3d 电子层有空轨道，氢原子的 1s 电子即进入铁的 3d 电子层，从而使该层电子密度升高，引起过渡族元素 s-d 带的重合密度增大，于是质点间的斥力增大，即相当于降低了原有晶体点阵的原子键

力。计算结果表明，氢降低了铁晶胞平均到每个原子的结合能，与氢致原子键合力理论相一致。

表 6-6-4 贝氏体钢中单晶胞的结合能

体系	Fe_2	Fe_2H		FeSi	FeSiH		FeAl	FeAlH	
		T	O		T	O		T	O
E_b/eV	5.44	4.693	4.712	6.06	4.604	4.538	4.95	4.312	4.223
Δ/%①		13.75	13.40		24.01	25.09		12.83	14.63

①$\Delta=\{[E(Fe_nXH)-E(Fe_nX)]/E(Fe_nX)\}\times 100\%$。

表 6-6-5 贝氏体钢中超晶胞的结合能

体系	Fe_{16}	$Fe_{16}H$		$Fe_{15}Si$	$Fe_{15}SiH$		$Fe_{15}Al$	$Fe_{15}AlH$	
		T	O		T	O		T	O
E_b/eV	5.44	5.314	5.307	5.52	5.386	5.352	5.38	5.262	5.230
Δ/%		2.38	2.51		2.52	3.14		2.28	2.87

对于含硅或含铝的晶胞，当一个铁原子被一个硅原子置换后，结合能增大。然而，当加入一个氢原子后，结合能降低的程度也是最大的，这与宏观现象即强度越高氢脆敏感性越高相一致。当一个铁原子被一个铝原子替代后，结合能略微降低，引入一个氢原子后，结合能降低的程度较小，这很好地说明了铝取代硅可以降低钢的氢脆敏感性。试验已经证实了这个观点，而本计算结果提供了一个更好的理论支持。

与钢中其他的间隙原子相比，氢具有最小的原子半径，所以在钢中的扩散能力最强。由于组织状态的不同，氢的扩散能力也不同，如在 α-Fe 中的扩散系数远大于 γ-Fe 中的扩散系数。钢中的合金元素也会使氢的扩散能力有所下降。由于氢的扩散迁移，使氢在钢中某一区域偏聚，从而产生一定的破坏作用。

进一步计算了氢原子在超晶胞模型中的扩散行为，根据前面的计算结果，即氢原子更倾向于四面体间隙位置，为此只考虑氢原子在两个四面体间隙间的扩散时，有两个可能的扩散路径：路径 a 是在相邻最近的四面体间隙之间扩散（T—T）；路径 b 是在两个四面体间隙间经过八面体间隙路径扩散（T—O—T），如图 6-6-3 所示。根据建立的扩散路径，通过 CASTEP 模块中的 LST/QST 搜索过渡态的方法，可以计算出氢的扩散势垒。

首先计算氢原子在纯铁中沿两条扩散路径的扩散势垒，并与文献中的试验值和计算值进行了对比，如表 6-6-6 所示。在路径 a 即 T—T 路径中，氢原子在纯铁单胞中的扩散势垒为 0.159eV，比试验值略微大一点，但氢原子在纯铁超胞中的扩散势垒为 0.111eV，与文献中的计算值和测试结果接近。然而，路径 b 即 T—

O—T路径中，无论是单胞还是超胞，氢原子的扩散势垒都比试验值要高，这就说明氢原子更倾向于在距离最近的两个四面体间隙位置间扩散。因此，对于含硅或含铝原子体系，氢原子的扩散按路径a计算，计算结果如表6-6-7所示，从表中可以清楚地看出，无论是单胞还是超胞，氢原子在含铝晶胞中的扩散势垒都比在含硅晶胞中的高，特别是对于超胞来说，氢原子在$Fe_{15}AlH$中的扩散势垒为0.117eV，是$Fe_{15}SiH$中0.056eV的两倍还多。这说明如果成分设计中用铝取代硅，氢的扩散就会变得困难，那么氢脆就不易发生，进一步解释了铝代替部分硅可以降低贝氏体钢的氢脆敏感性的原因。

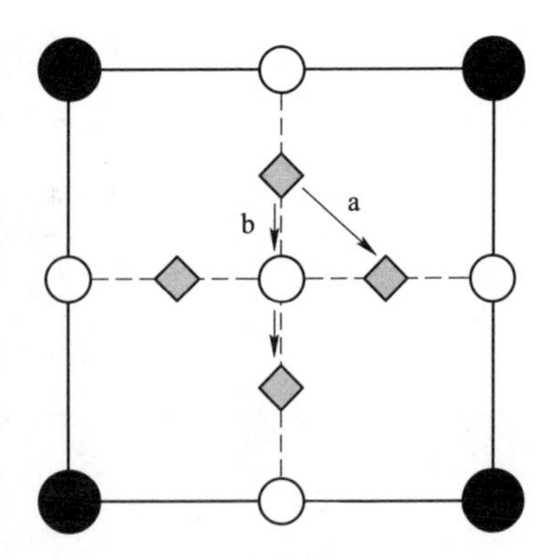

图6-6-3　贝氏体钢中八面体和四面体间隙在体心立方晶格（001）晶面上的投影
（空心圆为八面体间隙；菱形为四面体间隙；实心圆为铁原子）

表6-6-6　贝氏体钢中氢在bcc纯铁中的扩散势垒

体系	Fe_2H	$Fe_{16}H$
路径a：T—T	0.159eV	0.111eV
路径b：T—O—T	0.448eV	0.179eV
文献中的试验值	0.035~0.142eV	
文献中的计算值	0.088eV，0.106eV	

表6-6-7　贝氏体钢中氢在含硅或铝晶胞中的扩散势垒

体系	FeSiH	FeAlH	$Fe_{15}SiH$	$Fe_{15}AlH$
T—T	0.404eV	0.514eV	0.056eV	0.117eV

电子结构信息是决定材料特征的一个非常重要的因素，一般包括电荷密度、能带结构和态密度。计算了超胞的电荷密度分布和态密度，电荷密度可以很好地描述体系中的价电荷分布。图6-6-4给出了$Fe_{16}H$、$Fe_{15}SiH$和$Fe_{15}AlH$超胞在（200）晶面上的电荷密度分布，从图中可以看出，价电荷主要集中在铁原子周围，硅原子周围的电荷密度较小，铝原子周围的电荷密度更小。这是由于铁原子的价电子数较多，铝原子的价电子数较少。从图6-6-4中还可以看出，硅原子和铝原子对氢原子有一定的排斥作用，含硅晶胞和含铝晶胞在电荷密度上的分布较为相似，无明显差别。

一个体系的态密度（DOS）描述的是在每一个能级可以被占据的态的数目，在一个特定能级，一个高的态密度表示有许多可以被占据的态，态密度为零意味着该能级没有可以被占据的态，从态密度图中可以看出带隙、价带、导带的位

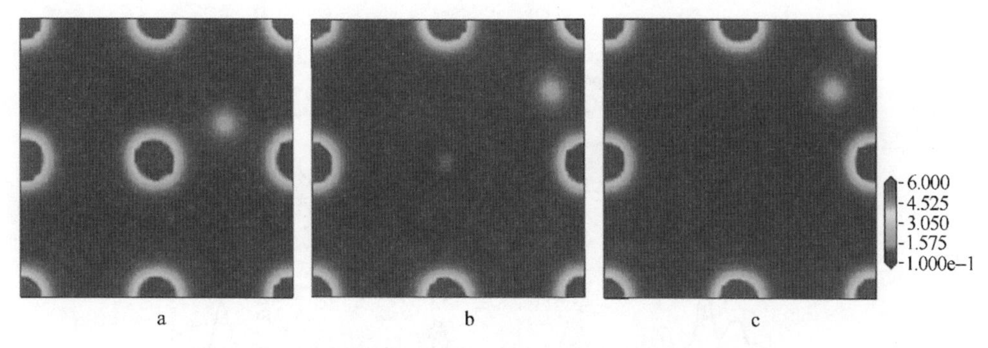

图 6-6-4 贝氏体钢中超胞在（200）晶面上的电荷密度分布

a—$Fe_{16}H$；b—$Fe_{15}SiH$；c—$Fe_{15}AlH$

置。图 6-6-5 给出了 Fe-Si 体系、Fe-Si-H 体系、Fe-Al 体系和 Fe-Al-H 体系的分波态密度和总态密度，对于 Fe-Si 体系，其费米能级处的态密度不为零，体现出金属性。价带部分有三个尖峰，-10eV 处的峰主要是由硅原子的 s 轨道电子贡献的，-9～-8eV 能级处有一个态密度为零的能隙，-8～0eV 的两个峰主要是由铁原子的 d 轨道电子贡献的。加入氢以后，费米能级处的态密度仍不为零，依然体现金属性。价带部分在-9～-8eV 处出现一个新的峰，这主要是由于氢原子的 s 轨道和硅原子的 p 轨道发生了杂化。Fe-Si 体系中-9～-8eV 处的带隙在加入氢以后向右发生了偏移，且带隙减小。Fe-Al 体系的态密度在费米能级处也不为零，体现出金属性，价带部分没有能隙，但加入氢以后，在-8eV 处产生能隙，这是由于氢原子的加入影响了铝原子和铁原子之间的相互作用。此外，与 Fe-Si-H 体系不同的是，氢原子在-9eV 处的态密度峰值最高，而在 Fe-Si-H 体系中氢原子在-8. 5eV 处的峰值最高。在-10～-8eV 之间也产生一个新峰，同样是由于氢原子的加入影响了铝原子和铁原子的相互作用，使得铝原子和铁原子在-10～-8eV 都产生一个新的峰。

利用基于密度泛函理论的第一性原理研究了铁路轨道用贝氏体钢的氢脆敏感性，给出了氢原子的最佳位置、晶胞结合能、氢的扩散以及超胞的电子结构。结果表明，对于高浓度氢（Fe_2H），氢原子在八面体间隙能量最低，但引起了很大的晶格畸变；对于低浓度氢来说，氢原子更倾向于四面体间隙位置。而在含硅或含铝的晶胞，无论是高浓度氢还是低浓度氢，氢原子均更加倾向于四面体间隙。含硅晶胞的结合能较高，且加入氢原子后其结合能降低的程度也较大，这与强度越高氢脆越严重的规律一致，而用铝代替硅可以减缓结合能降低的趋势。此外，氢原子在含铝晶胞的扩散势垒较高，不易发生扩散。这些均表明用铝代替硅可以降低贝氏体轨道钢的氢脆敏感性。

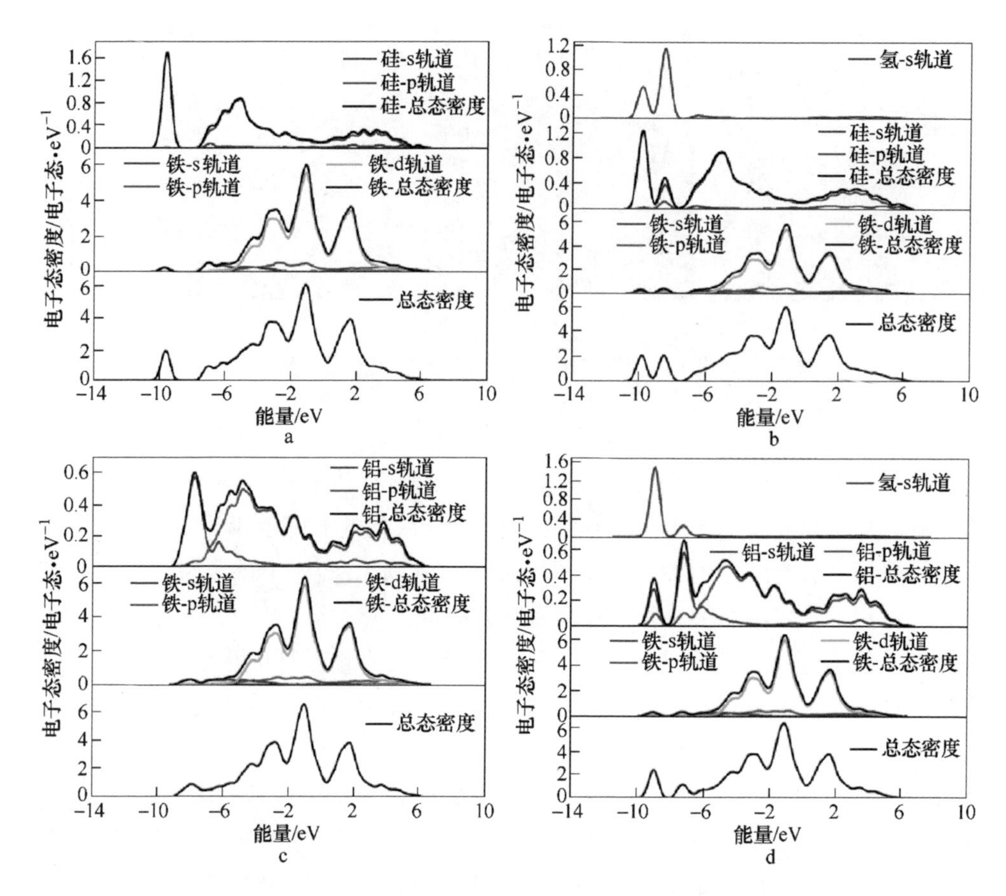

图 6-6-5　贝氏体钢中不同体系的分波态密度和总态密度

a—Fe-Si 体系；b—Fe-Si-H 体系；c—Fe-Al 体系；d—Fe-Al-H 体系

6.3　氢对几何结构的影响

不同原子比的 Fe-Al-H 和 Fe-Si-H 结构的几何优化结果，如表 6-6-8 和表 6-6-9 所示，可以看出，经优化后 $Fe_{31}AlH$ 的能量值为负值，且与 $Fe_{31}SiH$ 的能量值差别很小。由热力学第二定律可知，在等温等压条件下，任何自发过程都是向自由能减小的方向进行，也就是说，与实际贝氏体钢中铁和铝成分比相近的 $Fe_{31}AlH$ 结构可以自然存在，用 Al 取代 Si 作为贝氏体钢合金元素在热力学角度上来说是可行的。

表 6-6-8　贝氏体钢中不同原子比的 Fe-Al-H 结构的几何优化密度泛函计算结果

结构参数	$Fe_{31}AlH$	$Fe_{15}AlH$	Fe_7AlH	Fe_3AlH
a/m	3.52×10^{-10}	3.53×10^{-10}	3.49×10^{-10}	3.49×10^{-10}
b/m	3.52×10^{-10}	3.52×10^{-10}	3.49×10^{-10}	3.49×10^{-10}

续表 6-6-8

结构参数	$Fe_{31}AlH$	$Fe_{15}AlH$	Fe_7AlH	Fe_3AlH
c/m	3.52×10^{-10}	3.55×10^{-10}	3.55×10^{-10}	3.79×10^{-10}
α/(°)	90.03	90.00	90.00	90.00
β/(°)	89.96	90.00	90.00	90.00
γ/(°)	89.95	90.00	89.99	90.00
ΔH/eV	−3.454	−3.913	−5.218	−3.964
ΔH/atom/eV	−0.104	−0.230	−0.579	−0.792

注：a、b、c 分别代表钢中晶胞的 x、y、z 三个方向的晶格尺寸；α、β、γ 分别代表钢中晶胞的 x、y、z 三个方向两两晶格之间的夹角；ΔH 代表能量，也就是结构的形成焓。

表 6-6-9　贝氏体钢中不同原子比的 Fe-Si-H 结构的几何优化密度泛函计算结果

结构参数	$Fe_{31}SiH$	$Fe_{15}SiH$	Fe_7SiH	Fe_3SiH
a/m	3.51×10^{-10}	3.52×10^{-10}	3.47×10^{-10}	3.46×10^{-10}
b/m	3.51×10^{-10}	3.53×10^{-10}	3.46×10^{-10}	3.46×10^{-10}
c/m	3.523×10^{-10}	3.50×10^{-10}	3.51×10^{-10}	3.68×10^{-10}
α/(°)	89.99	90.00	89.99	90.00
β/(°)	89.99	90.00	89.99	90.00
γ/(°)	89.99	90.00	89.99	90.00
ΔH/eV	−4.293	−4.334	−5.696	−4.134
ΔH/atom/eV	−0.130	−0.254	−0.632	−0.826

由表 6-6-8 可以看出，随着 Al 含量的提高，单胞 Fe_xAlH 结构的形成焓逐渐降低。Fe_3AlH 结构的形成焓最低，这种结构中铁和铝的原子比可能更接近于化合物。当 Al 含量接近于实际钢中铝元素的含量（质量分数 1.5%）时，对应 $Fe_{31}AlH$ 结构，它的形成焓反而变大，而且 $Fe_{31}AlH$ 结构的形成焓远大于 Fe_3AlH，这可能是因为 $Fe_{31}Al$ 结构更接近于固溶体。也就说当 Al 含量逐渐变大时，存在一个铁铝化合物和铁铝固溶体的分界点。Fe_7AlH 和 Fe_3AlH 结构更接近于化合物，$Fe_{31}AlH$ 和 $Fe_{15}AlH$ 结构更接近于固溶体。由表 6-6-9 可知，Fe-Si-H 结构中也有同样的规律。

面心立方结构的铁单胞的晶格常数为 3.506×10^{-10}m，由表 6-6-8 可知，当 Al 原子作为置换原子进入铁单胞以及 H 作为间隙原子进入铁单胞后，$Fe_{31}AlH$ 和 $Fe_{15}AlH$ 结构的晶格常数变大，Fe_7AlH 和 Fe_3AlH 结构的晶格常数减小。由表 6-6-9 可知，在不同的 Fe-Si-H 结构中同样有这样的现象出现。

为了解释在含有两种不同置换原子的结构模型中，H 原子作为间隙原子进入的难易程度，对 $Fe_{31}Al$ 和 $Fe_{31}Si$ 结构进行了优化。由表 6-6-10 可知，随着 H 原子的进入，两种结构模型的晶格常数都变大。同时，可以计算出

$$\Delta H'(\text{含 Si 铁单胞}) = \Delta H/\text{atom}(Fe_{31}SiH) - \Delta H/\text{atom}(Fe_{31}Si) = -9.250672973\times10^{-2}\text{eV}$$

$$\Delta H'(\text{含 Al 铁单胞}) = \Delta H/\text{atom}(Fe_{31}AlH) - \Delta H/\text{atom}(Fe_{31}Al) = -8.925150562\times10^{-2}\text{eV}$$

表 6-6-10　$Fe_{31}Al$ 和 $Fe_{31}Si$ 结构的几何优化密度泛函计算结果

结构参数	$Fe_{31}SiH$	$Fe_{31}Si$	$Fe_{31}AlH$	$Fe_{31}Al$
a/m	3.51×10^{-10}	3.50×10^{-10}	3.52×10^{-10}	3.51×10^{-10}
b/m	3.51×10^{-10}	3.50×10^{-10}	3.52×10^{-10}	3.51×10^{-10}
c/m	3.52×10^{-10}	3.50×10^{-10}	3.52×10^{-10}	3.51×10^{-10}
α/(°)	89.99	90.00	90.04	89.99
β/(°)	89.99	89.99	89.96	90.00
γ/(°)	89.99	89.99	89.95	89.99
ΔH/eV	-4.293	-1.203	-3.454	-0.493
ΔH/atom/eV	-0.130	-0.037	-0.104	-0.015

由以上结果可知，$\Delta H'$(含 Al 铁单胞) 大于 $\Delta H'$(含 Si 铁单胞)，也就是说 H 进入含 Si 铁单胞结构模型后更加稳定。所以，含 Al 铁单胞结构模型中相对不容易允许氢原子的进入。

另外，对氢原子在含 Al 铁单胞和含 Si 铁单胞中的不同占位率的单胞结构进行了几何优化，进一步来说明 H 原子进入两种铁单胞的难易程度，进而解释哪一种置换原子的氢脆敏感性较低。选用的铁和置换原子的原子个数比为 3∶1，即 Fe_3Al 和 Fe_3Si 结构。H 原子的占位率选为 20%、40%、60%、80%和 100%。

Fe_3Al 和 Fe_3Si 结构的几何优化结果，如表 6-6-11 所示，可以看出，Al 原子进入单胞后所引起的晶格畸变大于 Si 原子进入单胞后所引起的晶格畸变，从微观角度解释了 Al 原子所引起的固溶强化作用会更强。

表 6-6-11　Fe_3Al 和 Fe_3Si 结构的几何优化密度泛函计算结果

结构参数	Fe_3Si	Fe_3Al
a/m	3.67×10^{-10}	4.00×10^{-10}
b/m	3.67×10^{-10}	4.00×10^{-10}
c/m	3.67×10^{-10}	4.00×10^{-10}
α/(°)	90.00	90.00
β/(°)	90.00	90.00
γ/(°)	90.00	90.00
ΔH/eV	-3.186	-5.661
ΔH/atom/eV	-0.796	-1.416

不同 H 原子占位率的 Fe_3Si 结构的几何优化结果，如表 6-6-12 所示。表中 $\Delta H'$ 表示 ΔH/atom(Fe_3SiH_x) 与 ΔH/atom(Fe_3Si) 的差值。可以看出，当 H 原子在八面体间隙位置的占位率小于 100%时，随着 H 原子占位率增大，形成能也增大。这说明 H 原子含量越低，在铁单胞中越稳定，这与宏观氢脆现象的研究中氢含量很低是一致的。同时，由表 6-6-12 结果可知，当 H 原子占位率小于 100%时，进入铁单胞八面体间隙后，在置换原子和铁单胞中心连线方向上引起的晶格畸变比其他两个方向的大。当占位率达到 100%，在铁单胞三个方向上引起的晶格畸变又近似相等。

表 6-6-12 贝氏体钢中不同 H 原子占位率的 Fe_3Si 结构的几何优化密度泛函计算结果

结构参数	$Fe_3SiH_{0.2}$	$Fe_3SiH_{0.4}$	$Fe_3SiH_{0.6}$	$Fe_3SiH_{0.8}$	Fe_3SiH
a/m	4.42×10^{-10}	4.49×10^{-10}	4.42×10^{-10}	4.42×10^{-10}	3.52×10^{-10}
b/m	3.62×10^{-10}	3.62×10^{-10}	3.62×10^{-10}	3.61×10^{-10}	3.51×10^{-10}
c/m	3.62×10^{-10}	3.61×10^{-10}	3.62×10^{-10}	3.62×10^{-10}	3.51×10^{-10}
α/(°)	90.00	90.00	90.00	90.00	90.00
β/(°)	90.00	90.00	90.00	90.00	90.00
γ/(°)	90.00	90.00	90.00	90.00	90.00
ΔH/eV	-8.532	-5.832	-3.571	-1.074	-1.203
ΔH/atom/eV	-2.032	-1.325	-0.776	-0.223	-0.826
$\Delta H'$/eV	-1.236	-0.529	0.020	0.572	-0.030

不同 H 原子占位率的 Fe_3Al 结构的几何优化结果，如表 6-6-13 所示，当 H 原子在八面体间隙位置的占位率小于 100%时，随着 H 原子占位率增大，形成能也增大，这与 Fe_3Si 结构的优化结果一致，说明 H 原子在 Fe_3Al 结构中引起的晶格畸变要比进入 Fe_3Si 结构后引起的晶格畸变大。

表 6-6-13 贝氏体钢中不同 H 原子占位率的 Fe_3Al 结构的几何优化密度泛函计算结果

结构参数	$Fe_3AlH_{0.2}$	$Fe_3AlH_{0.4}$	$Fe_3AlH_{0.6}$	$Fe_3AlH_{0.8}$	Fe_3AlH
a/m	4.50×10^{-10}	4.45×10^{-10}	4.54×10^{-10}	4.52×10^{-10}	3.52×10^{-10}
b/m	3.62×10^{-10}	3.63×10^{-10}	3.61×10^{-10}	3.62×10^{-10}	3.51×10^{-10}
c/m	3.62×10^{-10}	3.63×10^{-10}	3.62×10^{-10}	3.62×10^{-10}	3.51×10^{-10}
α/(°)	90.00	90.00	90.00	90.00	90.00
β/(°)	90.00	90.00	90.00	90.00	90.00
γ/(°)	90.00	90.00	90.00	90.00	90.00

续表 6-6-13

结构参数	$Fe_3AlH_{0.2}$	$Fe_3AlH_{0.4}$	$Fe_3AlH_{0.6}$	$Fe_3AlH_{0.8}$	Fe_3AlH
ΔH/eV	-8. 639	-6. 262	-3. 596	-1. 068	-1. 203
ΔH/atom/eV	-2. 057	-1. 423	-0. 781	-0. 222	-0. 826
$\Delta H'$/eV	-0. 641	-0. 007	0. 634	1. 193	0. 589

把两种结构优化后的 $\Delta H'$进行对比，如图 6-6-6 所示。可以看出，当 H 的占位率不同时，Fe_3SiH_x的 $\Delta H'$总是小于 Fe_3AlH_x的 $\Delta H'$，也就是说，H 进入含有置换原子 Si 的铁单胞后，整个体系的稳定性大于 H 进入含有置换原子 Al 的铁单胞，这进一步说明，含 Al 单胞相对不容易允许 H 原子的进入，表明含 Al 贝氏体钢比含 Si 贝氏体钢具有更低的氢脆敏感性。

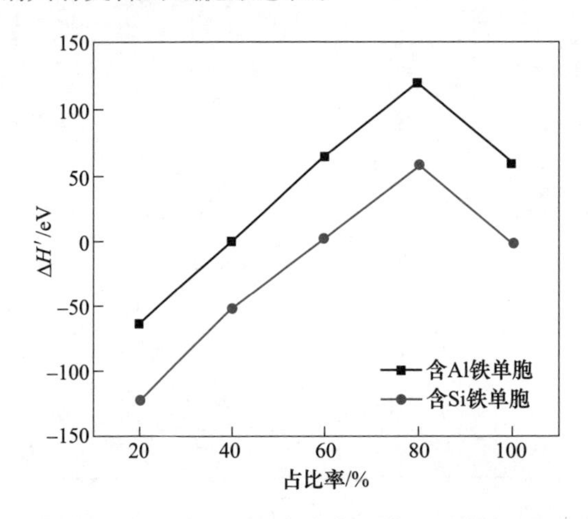

图 6-6-6　贝氏体钢中不同 H 原子占位率下铁原子单胞 $\Delta H'$的变化规律

从以上关于氢对含铝贝氏体钢和含硅贝氏体钢电子结构和几何结构影响的第一性原理模拟结果可以得出同样的结论：铝可以明显降低贝氏体钢氢脆敏感性。因此，用铝作为贝氏体钢合金化元素是很好的选择。

参 考 文 献

[1] SUN Dongyun, ZHAO Hanqing, YOU Leilei, et al. Effects of first-step controlling on ultra-fine bainitic steel produced by two-step austempering process[J]. Materials Science and Engineering A, 2022, 845: 143212.

[2] LI Junkui, ZHANG Fucheng. A simultaneously improved strength and ductility on medium Mn TRIP steel designed by pre-twinning strategy based on SFE controlling[J]. Materials Letters, 2022, 316: 132078.

[3] ZHANG Ruijie, ZHENG Chunlei, LV Bo, et al. Effect of non-uniform microstructure on rolling contact fatigue performance of bainitic rail steel[J]. International Journal of Fatigue, 2022, 159: 106795.

[4] CHEN Chen, ZHANG Fucheng, XU Hao, et al. Molecular dynamics simulations of dislocation-coherent twin boundary interaction in face-centered cubic metals[J]. Journal of Materials Science, 2022, 57: 1833-1849.

[5] LI Dongdong, QIAN Lihe, WEI Chaozhang, et al. The tensile properties and microstructure evolution of cold-rolled Fe-Mn-C TWIP steels with different carbon contents[J]. Materials Science and Engineering A, 2022, 839: 142862.

[6] MA Hua, CHEN Chen, LI Junkui, et al. Effect of pre-deformation degree on tensile properties of high carbon high manganese steel at different strain rates[J]. Materials Science and Engineering A, 2022, 829: 142146.

[7] LONG Xiaoyan, SUN Dongyun, WANG Kai, et al. Effect of carbon distribution range in mixed bainite martensite retained austenite microstructure on mechanical properties[J]. Journal of Materials Research and Technology, 2022, 17: 898-912.

[8] LV Bo, XIA Shule, ZHANG Fucheng, et al. Comparison of novel low-carbon martensitic steel to maraging steel in low-cycle fatigue behavior[J]. Coatings, 2022, 12: 818.

[9] LV Bo, CHEN Chen, ZHANG Fucheng, et al. Potentials for describing interatomic interactions in Fe-Mn-C-N system[J]. Metals, 2022, 12: 982.

[10] YAN Liu, ZHAO Dingguo, LI Yue, et al. Effects of nano tic on the microhardness and friction properties of laser powder bed fusing printed M2 high speed steel[J]. Coatings, 2022, 12 (6): 825.

[11] MENG Qian, GUO Xiaopei, LI Tao, et al. First principles and experimental study on the atomic formation of MnS-Al_2SiO_5 inclusions in steel[J]. ISIJ International, 2022, 62 (6): 1126-1135.

[12] ZHU Yulin, LI Tao, TANG Guozhang, et al. Water model study on the flotation behaviors of inclusion clusters in molten steel[J]. ISIJ International, 2022, 62 (7): 1408-1417.

[13] YANG Guang, XIA Shule, ZHANG Fucheng, et al. Effect of tempering temperature on monotonic and low-cycle fatigue properties of a new low-carbon martensitic steel[J]. Materials

Science and Engineering A, 2021, 826: 141939.

[14] ZHANG Ruijie, ZHENG Chunlei, CHEN Chen, et al. Study on fatigue wear competition mechanism and microstructure evolution on the surface of a bainitic steel rail[J]. Wear, 2021, 482-483: 203978.

[15] WANG Tongliang, QIAN Lihe, LI Kaifang, et al. Strain-hardening behavior and mechanisms of a lamellar-structured low-alloy trip steel[J]. Materials Science and Engineering A, 2021, 819: 141498.

[16] LIU Huanyou, LIU Shuai, WEI Chaozhang, et al. Effect of grain size on dynamic strain aging behavior of C-bearing high Mn twinning-induced plasticity steel [J]. Journal of Materials Research and Technology, 2021, 15: 6387-6394.

[17] CUI Xiaojie, XUE Yuekai, ZHAO Dingguo, et al. Physical modeling of bubble behaviors in molten steel under high pressure [J]. High Temperature Materials and Processes, 2021, 40 (1): 471-484.

[18] LONG Xiaoyan, ZHAO Gengcen, ZHANG Fucheng, et al. Evolution of tensile properties with transformation temperature in medium-carbon carbide-free bainitic steel[J]. Materials Science and Engineering A, 2020, 775: 138964.

[19] ZHAO Jiali, ZHANG Fucheng, CHEN Chen, et al. Cyclic deformation behavior of steels with a nanolamellar microstructure and tensile strength of 1500MPa [J]. Materials Science and Engineering A, 2020, 798: 140134.

[20] QIAN Lihe, LI Kaifang, HUANG Fan, et al. Enhancing both strength and ductility of low-alloy transformation-induced plasticity steel via hierarchical lamellar structure[J]. Scripta Materialia, 2020, 183: 96-101.

[21] WANG Lin, SUN Yonghai, ZHANG Fucheng, et al. Effect of δ-ferrite on the low-cycle fatigue behavior of the 0Cr17Ni10Mn5Mo2 steel[J]. Materialia, 2020, 12: 100711.

[22] LONG Xiaoyan, BRANCO Ricardo, ZHANG Fucheng, et al. Influence of Mn addition on cyclic deformation behaviour of bainitic rail steels[J]. International Journal of Fatigue, 2020, 132: 105362.

[23] LI Dongdong, QIAN Lihe, WEI Chaozhang, et al. The role of Mn on twinning behavior and tensile properties of coarse- and fine-grained Fe-Mn-C twinning-induced plasticity steels [J]. Materials Science and Engineering A, 2020, 789: 139586.

[24] LONG Xiaoyan, ZHANG Ruijie, ZHANG Fucheng, et al. Comparative study on microstructures and properties of Mn-containing and Mn-free bainitic steels[J]. Materials Science and Technology, 2020, 36: 460-467.

[25] ZHANG Ming, YANG Xiaowu, KANG Jie, et al. Micro plastic deformation behavior of carbide-free bainitic steel during tensile deformation process [J]. Materials, 2020, 13 (21): 4703.

[26] NI Guolong, ZHAO Dingguo, WANG Shuhuan, et al. Investigation of V-N micro-alloying using

nitrogen bottom blowing[J]. Transactions of the Indian Institute of Metals, 2020, 73 (9): 2693-2701.

[27] LONG Xiaoyan, ZHANG Ruijie, ZHANG Fucheng, et al. Study on quasi-in-situ tensile deformation behavior in medium-carbon carbide-free bainitic steel[J]. Materials Science and Engineering A, 2019, 760: 158-164.

[28] ZHAO Jiali, ZHANG Fucheng, YANG Zhinan, et al. Effects of austempering time within transformation stasis on microstructure and mechanical properties of a new ultrahigh silicon carbide-free nanobainite steel[J]. Materials Science and Engineering A, 2019, 742: 179-189.

[29] CHEN Chen, ZHANG Fucheng, LV Bo, et al. Asynchronous effect of N+Cr alloying on the monotonic and cyclic deformation behaviors of the Hadfield steel[J]. Materials Science and Engineering A, 2019, 761: 138015.

[30] XIA Shule, ZHANG Fucheng, YANG Zhinan. Cyclic deformation behaviors of 18Mn3Si2CrNiMo multiphase (martensite / bainite / retained austensite) steel [J]. Materials Science and Engineering A, 2019, 744: 64-73.

[31] ZHANG Fucheng, CHEN Chen, LV Bo, et al. Effect of pre-deformation mode on the microstructures and mechanical properties of Hadfield steel [J]. Materials Science and Engineering A, 2019, 743: 251-258.

[32] QIAN Lihe, CUI Xiaoan, LI Dongdong, et al. Cyclic deformation fields interactions between pores in cast high manganese steel[J]. International Journal of Plasticity, 2019, 112: 18-35.

[33] LONG Xiaoyan, ZHANG Fucheng, YANG Zhinan, et al. Study on bainitic transformation by dilatometer and in-situ LSCM[J]. Materials, 2019, 12 (9): 1534.

[34] ZHAO Leijie, QIAN Lihe, ZHOU Qian, et al. The combining effects of ausforming and below-M_s or above-M_s austempering on the transformation kinetics, microstructure and mechanical properties of low-carbon bainitic steel[J]. Materials and Design, 2019, 183: 108123.

[35] ZHAO Dingguo, WANG Yufei, GAO Ming, et al. Experimental study on inclusion absorbed by the absorption bar in liquid steel[J]. Ironmaking & Steelmaking, 2019, 46 (3): 235-245.

[36] LONG Xiaoyan, ZHANG Fucheng, YANG Zhinan, et al. Study on microstructures and properties of carbide-free and carbide-bearing bainitic steels [J]. Materials Science and Engineering A, 2018, 715: 10-16.

[37] XIA Shule, ZHANG Fucheng, YANG Zhinan. Microstructure and mechanical properties of 18Mn3Si2CrMo steel subjected to austempering at different temperatures below M_s[J]. Materials Science and Engineering A, 2018, 724: 103-111.

[38] CHEN Chen, LV Bo, MA Hua, et al. Wear behavior and the corresponding work hardening characteristics of Hadfield steel[J]. Tribology International, 2018, 121: 389-399.

[39] BRANCO Ricardo, BERTO Filippo, ZHANG Fucheng, et al. Comparative study of uniaxial cyclic behaviour of carbide-bearing and carbide-free bainitic steels [J]. Metals, 2018, 8 (6): 422.

[40] CHEN Chen, LV Bo, FENG Xiaoyong, et al. Strain hardening and nanocrystallization behaviors in Hadfield steel subjected to surface severe plastic deformation [J]. Materials Science and Engineering A, 2018, 729: 178-184.

[41] LONG Xiaoyan, ZHANG Fucheng, ZHANG Chunyun. Effect of Mn content on low-cycle fatigue behaviors of low-carbon bainitic steel[J]. Materials Science and Engineering A, 2017, 697: 111-118.

[42] KANG Jie, ZHANG Fucheng, YANG Xiaowu, et al. Effect of tempering on the microstructure and mechanical properties of a medium carbon bainitic steel [J]. Materials Science and Engineering A, 2017, 686: 150-159.

[43] CHEN Chen, LV Bo, WANG Fei, et al. Low-cycle fatigue behavior of pre-hardening Hadfield steel[J]. Materials Science and Engineering A, 2017, 695: 144-153.

[44] CHEN Chen, ZHANG Fucheng, WANG Fei, et al. Effect of N+Cr alloying on the microstructures and tensile properties of Hadfield steel[J]. Materials Science and Engineering A, 2017, 679: 95-103.

[45] XIA Shule, ZHANG Fucheng, ZHANG Chunyu, et al. Mechanical properties and microstructures of a novel low carbon high-silicon martensitic steel [J]. ISIJ International, 2017, 53 (7): 558-563.

[46] WANG Mingming, ZHANG Fucheng, YANG Zhiyan. Effects of alloying elements and cooling rates on the high-strength pearlite steels [J]. Materials Science and Technology, 2017, 33 (14): 1673-1680.

[47] WANG Mingming, ZHANG Fucheng, YANG Zhiyan. Effects of high-temperature deformation and cooling process on the microstructure and mechanical properties of an ultrahigh-strength pearlite steel[J]. Materials and Design, 2017, 114: 102-110.

[48] LONG Xiaoyan, ZHANG Fucheng, KANG Jie, et al. Study on carbide-bearing and carbide-free bainitic steels and their wear resistance [J]. Materials Science and Technology, 2017, 33 (5): 615-622.

[49] LIU Shuai, QIAN Lihe, MENG Jiangyang, et al. Simultaneously increasing both strength and ductility of Fe-Mn-C twinning-induced plasticity steel via Cr/Mo alloying[J]. Scripta Materialia, 2017, 127: 10-14.

[50] ZHENG Chunlei, LV Bo, ZHANG Fucheng, et al. A novel microstructure of carbide-free bainitic medium carbon steel observed during rolling contact fatigue [J]. Scripta Materialia, 2016, 114: 13-16.

[51] LI Yanguo, ZHANG Fucheng, CHEN Cheng, et al. Effects of deformation on the microstructures and mechanical properties of carbide-free bainitic steel for railway crossing and its hydrogen embrittlement characteristics[J]. Materials Science and Engineering A, 2016, 651: 945-950.

[52] KANG Jie, ZHANG Fucheng, LONG Xiaoyan, et al. Low cycle fatigue behavior in a medium-carbon carbide-free bainitic steel [J]. Materials Science and Engineering A, 2016, 666:

88-93.

[53] CHEN Chen, FENG Xiaoyong, LV Bo, et al. A study on aging carbide precipitation behavior of Hadfield steel by dynamic elastic modulus[J]. Materials Science and Engineering A, 2016, 677: 446-452.

[54] QIAN Lihe, CUI Xiaona, LIU Shuai, et al. Image-based numerical simulation of the local cyclic deformation behavior around cast pore in steel[J]. Materials Science and Engineering A, 2016, 678: 347-354.

[55] LV Bo, ZHANG Zhimao, YANG Zhinan, et al. A higher corrosion resistance for a bainitic steel with Al instead of Si[J]. Materials Letters, 2016, 173: 95-97.

[56] ZHANG Fucheng, LONG Xiaoyan, KANG Jie, et al. Cyclic deformation behaviour of high-strength bainite steel[J]. Materials and Design, 2016, 94: 1-8.

[57] LIU Shuo, ZHANG Fucheng, YANG Zhinan, et al. Effects of Al and Mn on the formation and properties of nanostructured pearlite in high-carbon steels[J]. Materials and Design, 2016, 93: 73-80.

[58] ZHAO Leijie, QIAN Lihe, LIU Shuai, et al. Producing superfine low-carbon bainitic structure through a new combined thermo-mechanical process[J]. Journal of Alloys and Compounds, 2016, 685: 300-303.

[59] Wang Mingming, LV Bo, YANG Zhinan, et al. Wear resistance of bainite steels that contain aluminum[J]. Materials Science and Technology, 2016, 32: 282-290.

[60] YANG Zhinan, LI Yingnan, LI Yanguo, et al. Constitutive modelling for flow behaviour of medium carbon bainitic steel and its processing maps[J]. Journal of Materials Engineering and Performance, 2016, 25: 5030-5039.

[61] XIAO Junhua, SHI Chuanfu, XU Yaoling, et al. Interface stress of orthotropic materials with a nano defect under anti-plane shear loading[J]. Journal of Mechanics of Materials and Structures, 2016, 11 (5): 491-504.

[62] CHEN Chen, LV Bo, ZHANG Fucheng, et al. Numerical simulation of Hadfield steel crossing under explosion treatment [C] . The Third International Conference on Railway Technology, 2016.

[63] ZHANG Fucheng, FENG Xiaoyong, KANG Jie, et al. Dislocation-twin boundary interactions induced nanocrystalline via SPD processing in bulk metals[J]. Scientific Reports, 2015, 5: 8981.

[64] YANG Zhinan, ZHANG Fucheng, ZHENG Chunlei, et al. Study on hot deformation behaviour and processing maps of low carbon bainitic steel[J]. Materials and Design, 2015, 66: 258-266.

[65] ZHAO Leijie, QIAN Lihe, MENG Jiangying, et al. Below-M_s austempering to obtain refined bainitic structure and enhanced mechanical properties in low-C high-Si/Al steels[J]. Scripta Materialia, 2016, 112: 96-100.

[66] LIU Shuai, QIAN Lihe, MENG Jiangying, et al. On the more persistently enhanced strain hardening in carbon-in-creased Fe-Mn-C twinning-induced plasticity steel[J]. Materials Science and Engineering A, 2015, 639: 425-430.

[67] MENG Jiangying, FENG Ying, ZHOU Qian, et al. Effects of austempering temperature on strength ductility and toughness of low-C high-Al and Si carbide-free bainitic steel[J]. Journal of Materials Engineering and Performance, 2015, 24: 3068-3076.

[68] ZHOU Qian, QIAN Lihe, ZHAO Leijie, et al. Loading-rate dependence of fracture absorption energy of low-carbon carbide-free bainitic steel[J]. Journal of Alloys and Compounds, 2015, 650: 944-948.

[69] ZHOU Qian, QIAN Lihe, MENG Jiangying, et al. Low-cycle fatigue behavior and microstructural evolution in a low-carbon carbide-free bainitic steel[J]. Materials and Design, 2015, 85: 487-496.

[70] CHEN Chen, ZHANG Fucheng, YANG Zhinan, et al. Superhardenability behavior of vanadium in 40CrNiMoV steel[J]. Materials and Design, 2015, 83: 422-430.

[71] ZHOU Qian, QIAN Lihe, MENG Jiangying, et al. Loading rate sensitivity of fracture absorption energy of bainitic-austenitic TRIP steel[J]. Materials Science Forum, 2015, 833: 3-6.

[72] MA Penghui, QIAN Lihe, MENG Jiangying, et al. Fatigue crack growth behavior of high manganese austenitic TWIP steels[J]. Materials Science Forum, 2015, 833: 7-10.

[73] MENG Jiangying, CHEN Minan, LIU Shuai, et al. 3D investigation of fatigue crack morphology and crack growth of iron-based materials via synchrotron X-ray CT[J]. Materials Science Forum, 2015, 833: 154-157.

[74] MA Penghui, QIAN Lihe, MENG Jiangying, et al. Fatigue crack growth behavior of a coarse- and a fine-grained high manganese austenitic twin-induced plasticity steel[J]. Materials Science and Engineering A, 2014, 605: 160-166.

[75] KANG Jie, ZHANG Fucheng, LONG Xiaoyan, et al. Cyclic deformation and fatigue behavior of Hadfield manganese steel[J]. Materials Science and Engineering A, 2014, 591: 59-68.

[76] LONG Xiaoyan, ZHANG Fucheng, KANG Jie, et al. Low temperature bainite in low carbon steel[J]. Materials Science and Engineering A, 2014, 594: 344-351.

[77] ZHENG Chunlei, ZHANG Fucheng, DAN Rui. Effects of retained austenite and hydrogen on the rolling contact fatigue behaviours of carbide-free bainitic steel[J]. Materials Science and Engineering A, 2014, 594: 364-371.

[78] ZHANG Miao, WANG Yuhui, ZHENG Chunlei, et al. Austenite deformation behavior and the effect of ausforming process on martensite starting temperature and ausformed martensite microstructure in medium-carbon Si-Al-rich alloy steel[J]. Materials Science and Engineering A, 2014, 596: 9-14.

[79] FENG Xiaoyong, ZHANG Fucheng, KANG Jie, et al. Sliding wear and low cycle fatigue properties of new carbide free bainitic rail steel[J]. Materials Science and Technology, 2014,

30: 1410-1418.

[80] KANG Jie, ZHANG Fucheng, YANG Zhinan, et al. Cyclic deformation behavior of a new N+C alloying austenitic manganese steel [J]. Advanced Materials Research, 2014, 891-892: 1621-1626.

[81] XIAO Junhua, ZHANG Fucheng, QIAN Lihe, et al. Residual stress in the nose rail of a high manganese steel crossing due to wheel contact loading[J]. Fatigue & Fracture of Engineering Materials & Structures, 2014, 37: 219-226.

[82] KANG Jie, ZHANG Fucheng, YANG Zhinan, et al. Synergistic enhancing effect of N+C alloying on cyclic deformation behaviors in austenitic steel [J]. Materials Science and Engineering A, 2014, 610: 427-435.

[83] LONG Xiaoyan, KANG Jie, LV Bo, et al. Carbide-free bainite in medium carbon steel [J]. Materials and Design, 2014, 64: 237-245.

[84] ZHANG Miao, WANG Yuhui, ZHENG Chunlei, et al. Effect of ausforming on isothermal bainite transformation behavior and microstructural refinement in medium-carbon Si-Al-rich alloy steel[J]. Materials and Design, 2014, 62: 168-174.

[85] QIAN Lihe, GUO Pengcheng, ZHANG Fucheng, et al. Abnormal room temperature serrated flow and strain rate dependence of critical strain of a Fe-Mn-C twin-induced plasticity steel [J]. Materials Science and Engineering A, 2013, 561: 266-269.

[86] WANG Yanhui, ZHANG Fucheng, WANG Tiansheng. A novel bainitic steel comparable to maraging steel in mechanical properties[J]. Scripta Materialia, 2013, 69: 763-766.

[87] FENG Xiaoyong, ZHANG Fucheng, ZHENG Chunlei, et al. Micromechanics behavior of fatigue cracks in Hadfield steel railway crossing [J]. Science China Technological Sciences, 2013, 56: 1-4.

[88] QIAN Lihe, GUO Pengcheng, MENG Jiangying, et al. Unusual grain size and strain rate effects on the serrated flow in FeMnC twin-induced plasticity[J]. Journal of Materials Science, 2013, 48: 1669-1674.

[89] XIAO Junhua, XU Yaoling, ZHANG Fucheng. Interaction between periodic cracks and periodic rigid-line inclusions in piezoelectric materials[J]. Acta Mechanica, 2013, 224: 777-787.

[90] SUN Dengyue, LI Jing, ZHANG Fucheng, et al. Research on numerical algorithm of constitutive equation under high speed deformation in Hadfield steel [J]. Advanced Materials Research, 2012, 562-564: 688-692.

[91] ZHANG Miao, WANG Tiansheng, WANG yuhui, et al. Preparation of nanostructured bainite in medium-carbon alloy steel[J]. Materials Science and Engineering A, 2013, 508: 123-126.

[92] WANG Yanhui, CHEN Cheng, ZHENG Chunlei, et al. In-situ TEM study of hydrogen induced cracking in carbide free bainitic steel[J]. Materials Transactions, 2013, 54: 729-731.

[93] ZHANG Peng, ZHANG Fucheng, YAN Zhigang, et al. N-rich nanocrystalline bainite in surface layer of medium carbon steel[J]. Surface Engineering, 2013, 29: 331-335.

[94] KE Wenmin, ZHANG Ming, ZHANG Fucheng, et al. Micro-characterization of macro-sliding wear for steel[J]. Materials Characterization, 2013, 82: 120-129.

[95] ZHOU Qian, QIAN Lihe, TAN Jun, et al. Inconsistent effects of mechanical stability of retained austenite on ductility and toughness of transformation-induced plasticity steels[J]. Materials Science and Engineering A, 2013, 578: 370-376.

[96] GUO Pengcheng, QIAN Lihe, MENG Jiangying, et al. Low-cycle fatigue behaviour of a high manganese austenitic twin-induced plasticity steel[J]. Materials Science and Engineering A, 2013, 584: 133-142.

[97] FENG Xiaoyong, ZHANG Fucheng, YANG Zhinan, et al. Wear behavior of nanocrystallized Hadfield steel[J]. Wear, 2013, 305: 299-304.

[98] GUO Shiliang, SUN Dengyue, ZHANG Fucheng, et al. Damage of a Hadfield steel crossing due to wheel rolling impact passages[J]. Wear, 2013, 305: 267-273.

[99] LI Yanguo, CHEN Cheng, ZHANG Fucheng. Al and Si influences on hydrogen embrittlement of carbide-free bainitic steel[J]. Advances in Materials Science and Engineering, 2013: 382060.

[100] LIU Fengchao, YANG Zhinan, ZHENG Chunlei, et al. Simultaneously improving the strength and ductility of coarse-grained Hadfield steel with increasing strain rate[J]. Scripta Materialia, 2012, 66: 431-434.

[101] QIAN Lihe, ZHOU Qian, ZHANG Fucheng, et al. Microstructure and mechanical properties of a low carbon carbide-free bainitic steel co-alloyed with Al and Si[J]. Materials and Design, 2012, 39: 264-268.

[102] ZHENG Chunlei, LV Bo, ZHANG Fucheng, et al. Effect of secondry cracks on hydrogen embrittlement of bainitic steels[J]. Materials Science & Engineering A, 2012, 574: 99-103.

[103] ZHANG Chuanyou, WANG Qingfeng, REN Juanxia, et al. Effect of microstructure on the strength of 25CrMo48V martensitic steel tempered at different temperature and time[J]. Materials and Design, 2012, 36: 220-226.

[104] LV Bo, ZHANG Fucheng, ZHANG Ming, et al. Micro-mechanism of rolling contact fatigue in Hadfield steel crossing[J]. International Journal of Fatigue, 2012, 44: 273-278.

[105] KANG Jie, ZHANG Fucheng. Deformation, fracture, and wear behaviours of C+N enhancing alloying austenitic steels[J]. Materials Science and Engineering A, 2012, 558: 623-631.

[106] ZHANG Ming, LV Bo, FENG Xiaoyong, et al. Explosion deformation and hardening behavior of high manganese steel crossing[J]. ISIJ International, 2012, 52: 2093-2095.

[107] ZHANG Fucheng, YANG Zhinan, QIAN Lihe, et al. High speed pounding: A novel technique for preparation of thick surface layer with a gradient hardness distribution on Hadfield steel[J]. Scripta Materialia, 2011, 64: 560-563.

[108] XIAO Junhua, ZHANG Fucheng, QIAN Lihe. Finite element analysis on contact of wheel and high manganese steel[J]. Advanced Materials Research, 2011, 189-193: 2161-2164.

[109] YANG Shuai, ZHENG Chunlei, ZHANG Peng, et al. Laboratory study of the rolling contact

fatigue of high manganese steel crossings[J]. Advanced Science Letters, 2011, 4 (3): 1113-1116.

[110] LIU Fengchao, LV Bo, ZHANG Fucheng, et al. Enhanced work hardening in Hadfield steel during explosive treatment[J]. Materials Letters, 2011, 65: 2333-2336.

[111] ZHENG Chunlei, LV Bo, CHEN Cheng, et al. Hydrogen embrittlement of a manganese-aluminum high-strength bainitic steel for railway crossings[J]. ISIJ International, 2011, 51 (10): 1749-1753.

[112] XIAO Junhua, ZHANG Fucheng, QIAN Lihe. Numerical simulation of stress and deformation in a railway crossing[J]. Engineering Failure Analysis, 2011, 18: 2296-2304.

[113] QIAN Lihe, FENG Xiaoyong, ZHENG Chunlei, et al. Deformed microstructure and hardness of Hadfield high manganese steel[J]. Materials Transactions, 2011, 52: 1623-1628.

[114] ZHANG Yangzeng, LI Yanguo, HAN Bo, et al. Microstructural characteristics of Hadfield steel solidified under high pressure[J]. High Pressure Research, 2011, 31 (4): 634-639.

[115] CHEN Cheng, ZHENG Chunlei, ZHANG Fucheng, et al. Hydrogen embrittlement of bainitic steel ingot for railway crossing[J/OL]. 中国科技论文在线 [2011-09-13]. http://www.paper.edu.cn/index.php/default/releasepaper/content/201109-192.

[116] ZHANG Fucheng, LV Bo, WANG Tiansheng, et al. Explosion hardening of Hadfield steel crossing[J]. Materials Science and Technology, 2010, 26 (2): 223-229.

[117] ZHANG Fucheng, LV Bo, ZHENG Chunlei, et al. Microstructures in worn surface of bainite steel crossing[J]. Wear, 2010, 268: 1243-1249.

[118] WANG Tiansheng, LI Zhen, ZHANG Bing, et al. High tensile ductility and high strength in ultrafine-grained low-carbon steel[J]. Materials Science and Engineering A, 2010, 527: 2798-2801.

[119] LV Bo, ZHANG Fucheng, LI Ming, et al. Effects of phosphorus and sulfur on the thermoplasticity of high manganese austenitic steel[J]. Materials Science and Engineering A, 2010, 527: 5648-5653.

[120] ZHANG Fucheng, HAN Bo, LV Bo, et al. Colored metallography study of bainite steel used for high speed railway crossing[J]. Materials Science Forum, 2010, 654-656: 142-145.

[121] LI Yanguo, ZHANG Fucheng. Numerical simulation of flash butt welding of high manganese steel crossing with carbon steel rail[J]. Advanced Materials Research, 2010, 123-125: 571-574.

[122] ZHANG Fucheng, LV Bo, WANG Tiansheng, et al. Microstructure in worn surface of Hadfield steel crossing[J]. International Journal of Modern Physics B, 2009, 23 (6/7): 1185-1190.

[123] ZHANG Fucheng, ZHENG Chunlei, LV Bo, et al. Effects of hydrogen on the properties of bainite steel crossing[J]. Engineering Failure Analysis, 2009, 16: 1461-1467.

[124] ZHANG Fucheng, LV Bo, WANG Tiansheng, et al. Microstructure and properties of purity

high Mn steel crossing explosion hardened [J]. ISIJ International, 2008, 48 (12): 1766-1770.

[125] ZHANG Fucheng, FU Ruidong, QIU Liang, et al. Microstructure and property of nitrogen alloyed high manganese austenitic steel under high strain rate tension[J]. Materials Science and Engineering A, 2008, 492: 255-260.

[126] WANG Tiansheng, ZHANG Fucheng, ZHANG Ming, et al. A novel process to obtain ultrafine-grained low carbon steel with bimodal grain size distribution for potentially improving ductility [J]. Materials Science and Engineering A, 2008, 485 (1/2): 456-460.

[127] WANG Tiansheng, YANG Jing, ZHANG Fucheng. Sliding friction surface microstructure and wear resistance of 9SiCr steel with low-temperature austempering treatment[J]. Surface and Coatings Technology, 2008, 202 (16): 4036-4040.

[128] ZHANG Fucheng, LV Bo, WANG Tiansheng, et al. Failure mechanism of Hadfield steel crossing [C]//Advanced Tribology. Proceedings of CIST2008 & ITS-IFToMM2008. Berlin: Springer, 2008: 309.

[129] ZHANG Fucheng, LV Bo, HU Baitao, et al. Flash butt welding of high manganese steel crossing and carbon steel rail[J]. Materials Science and Engineering A, 2007, 454-455: 288-292.

[130] ZHANG Fucheng, ZHANG Ming, LV Bo, et al. Effect of high-energy-density pulse current on solidification microstructure of FeCrNi alloy [J]. Materials Science, 2007, 13 (2): 120-122.

[131] WANG Tiansheng, LV Bo, ZHANG Fucheng. Nanocrystallization and α martensite formation in the surface layer of medium-manganese austenitic wear-resistant steel caused by shot peening [J]. Materials Science and Engineering A, 2007, 458 (1/2): 249-252.

[132] WANG Tiansheng, GAO Yuwei, ZHANG Fucheng. Microstructure of 1Cr18Ni9Ti stainless steel by cryogenic compression deformation and annealing [J]. Materials Science and Engineering A, 2005, 407 (1/2): 84-88.

[133] YU Baodong, SONG Wendi, ZHANG Fucheng, et al. Numerical simulation of temperature field on flash butt welding for high manganese steel[J]. Acta Metullurgical Sinica, 2005, 18 (4): 547-551.

[134] ZHANG Fucheng, ZHANG Ming, LI Jianhui. A study of local nanocrystalline structure of 0Cr16Ni22Mo2Ti steel in bond area of flash welding [J]. Materials Transactions, 2002, 43 (8): 2022.

[135] ZHANG Fucheng. Formation of nanocrystalline during flash welding of 0Cr16Ni22Mo2Ti steel [J]. Chinese Science Bulletin, 2001, 46 (1): 210.

[136] ZHU Ruifu, ZHANG Fucheng. C-Mn segregation and its effect on phase transformation in Fe-Mn-C alloys[J]. Progress in Natural Science, 1999, 9 (7): 539.

[137] ZHANG Fucheng, LEI Tingquan. Study of friction-induced martensite transformation for

manganese steels[J]. Wear, 1997, 212: 195.

[138] JING Tianfu, ZHANG Fucheng. Work-hardening behavior of medium manganese steels[J]. Materials Letters, 1997, 31: 27.

[139] ZHU Ruifu, LV Yupeng, LI Shitong, et al. Modifying effect of rare earth and titanium on austenitic manganese steel[J]. Journal Rare Earth, 1997, 15 (4): 46-50.

[140] ZHANG Fucheng, ZHENG Yangzeng. Mossbauer studies on strain-induced martensite in Fe-6Mn-1C alloy[J]. Journal of Materials Science Letters, 1996, 15 (20): 1784-1785.

[141] ZHU Ruifu, LV Yupeng, ZHANG Fucheng. Valence electron structure of high manganese steel and its intrinsic property[J]. Chinese Science Bulletin, 1996, 41 (15): 1313-1316.

[142] ZHANG Fucheng, ZHENG Yangzeng. Mossbauer studies on aging of deformed Fe-6Mn-2Cr-1C alloy[J]. Scripta Metallurgica et Materialia, 1995, 32 (9): 1477.

[143] ZHANG Fucheng, ZHENG Yangzeng. Mossbauer spectroscopy study of microstructure changes in surface for austenitic manganese steels[J]. Chinese Journal of Mechanical Engineering, 1992, 5 (4): 284.

[144] ZHANG Fucheng, ZHENG Yangzeng. Effect of heterogeneous distribution of C and alloying elements on γ/α transformation in a Fe-Mn-Cr-C alloy[J]. Acta Metallugica Sinica, 1991, 4A (6): 467.

[145] ZHANG Fucheng, JING Tianfu, ZHENG Yangzeng. Wear resistance and work hardening of 6Mn-2Cr metastable austenitic steel[J]. C-MRS. Proceedings, 1991, 5: 629.

[146] 张福成. 辙叉钢及其热加工技术[M]. 北京：机械工业出版社，2011.

[147] 张福成，杨志南. 贝氏体钢中残余奥氏体[M]. 秦皇岛：燕山大学出版社，2020.

[148] 杨志南，张福成. 钢中贝氏体：理论与实践[M]. 秦皇岛：燕山大学出版社，2020.

[149] 张福成，康杰. 钢中界面科学研究进展（I）[J]. 钢铁，2022，57（8）：11-29.

[150] 张福成，康杰. 钢中界面科学研究进展（Ⅱ）[J]. 钢铁，2022，57（9）：26-41.

[151] 苏新磊，赵定国，陈洋，等. 凝固过程微熔池温度场数值模拟及分析[J]. 铸造，2022，71（3）：1-6.

[152] 林军科，张福成，徐明，等. 难热变形钢铁材料的热塑性研究进展[J]. 燕山大学学报，2021，45（2）：95-107.

[153] 林芷青，张福成，马华，等. 锻焊和形变热处理对铸造高锰钢辙叉耐磨性的影响[J]. 金属热处理，2021，46（8）：92-98.

[154] 韩青阳，张瑞杰，郑春雷，等. 贝氏体钢轨钢成分偏析带对摩擦磨损性能的影响[J]. 河北工业大学学报，50（2021）：13-22.

[155] 孙永海，王琳，陈晨，等. 高锰钢辙叉与碳钢钢轨闪光焊接工艺的有限元模拟研究[J]. 燕山大学学报，2020，44（3）：254-266.

[156] 马华，陈晨，王琳，等. Mo 合金化处理对高锰钢磨损行为的影响[J]. 机械工程学报，2020，56（14）：81-90.

[157] 刘恒亮，郑鑫，张福成，等. 爆炸硬化处理对高锰钢冲击磨料磨损行为的影响[J]. 燕

山大学学报，2020，44（5）：450-464.

[158] 赵定国，陈洋，支保宁，等．选区激光熔化过程金属微熔池流动行为研究[J]．特种铸造及有色合金，2020，40（11）：1240-1244.

[159] 郑春雷，张福成，吕博，等．无碳化物贝氏体钢的滚动接触疲劳磨损行为[J]．机械工程学报，2018（4）：176-185.

[160] 杨志南，赵晓洁，张福成，等．加速贝氏体相变研究方法综述[J]．燕山大学学报，2018，42（6）：471-478.

[161] 龙晓燕，张福成，康杰，等．Mn 对无碳化物贝氏体钢组织和性能的影响[J]．金属热处理，2017，42（11）：29-35.

[162] 张福成，杨志南，郑春雷，等．Si/Al 低温贝氏体钢的研发与应用[N/OL]．世界金属导报，2016-01-12（B4）.

[163] 吕博，何亚荣，郑春雷，等．纳米高锰钢在海水腐蚀介质中的耐蚀性能研究[J]．燕山大学学报，2016，40（1）：9-15.

[164] 肖俊华，白利强，徐耀玲，等．含椭圆夹杂正交各向异性体的界面应力研究[J]．力学季刊，2016，37（2）：302-310.

[165] 马鹏辉，钱立和，张汉林，等．服役加工硬化后高锰钢辙叉心轨应力/应变场分析[J]．铁道学报，2015，37（2）：85-90.

[166] 史晓波，张福成，张明，等．正火处理对贝氏体钢辙叉铝热焊接头性能和组织的影响[J]．焊接学报，2015，36（6）：9-13.

[167] 郭鹏程，钱立和，孟江英，等．高锰奥氏体 TWIP 钢的单向拉伸与拉压循环变形行为[J]．金属学报，2014，50（4）：415-422.

[168] 曹栋，康杰，龙晓燕，等．贝氏体钢辙叉热处理工艺研究[J]．机械工程学报，2014，50（4）：47-52.

[169] 肖俊华，徐耀玲，王美芬，等．周期裂纹和刚性线尖端场干涉效应研究[J]．固体力学学报，2014，35（1）：95-100.

[170] 张福成，杨志南，康杰．铁路辙叉用贝氏体钢研究进展[J]．燕山大学学报，2013，37（1）：1-7.

[171] 肖俊华，张福成，钱立和．高锰钢辙叉振动特性的数值研究[J]．应用力学学报，2013，30（5）：772-776.

[172] 张福成，冯晓勇，孙登月，等．固定型辙叉滚动接触疲劳宏观机理[J]．铁道工程学报（增刊），2012：6-11.

[173] 但锐，郑春雷，张福成，等．氢对贝氏体辙叉钢摩擦磨损行为的影响[J]．机械工程学报，2012，48（20）：36-41.

[174] 杨志南，张明，张福成，等．高密度脉冲电流对服役后期高锰钢辙叉组织结构的影响[J]．材料研究学报，2011，25（4）：342-346.

[175] 杨志南，张福成，张明，等．高锰钢辙叉机械冲击预硬化工艺研究[J]．机械工程学报，2011，47（16）：20-24.

[176] 张福成．高锰钢辙叉材料研究进展[J]．燕山大学学报，2010，34（3）：189-193.
[177] 郑春雷，吕博，张福成，等．辙叉用含钨铝贝氏体钢的热处理及其应用[J]．材料热处理学报，2009，30（2）：63-66.
[178] 张福成，厚汝军，吕博，等．磷对高锰钢热塑性的影响[J]．机械工程学报，2009，45（4）：248-252.
[179] 王鑫，张福成，吕博，等．贝氏体钢辙叉与U71Mn钢轨的焊接[J]．焊接学报，2009，30（12）：61-64.
[180] 韩波，张福成，吕博，等．贝氏体钢彩色金相的研究[J]．金属热处理，2009，34（10）：42-45.
[181] 张福成，王天生，郑炀曾，等．介稳奥氏体锰钢耐冲击磨粒磨损性能及磨面组织[J]．机械工程学报，1996，32（5）：47-51.
[182] 张福成，朱瑞富，郑炀曾，等．介稳奥氏体锰钢耐磨性的研究[J]．钢铁，1996，31（1）：58-62.
[183] 朱瑞富，张福成，吕宇鹏，等．高锰钢的价电子结构及其本质特性[J]．科学通报，1996（14）：1336-1338.
[184] 朱瑞富，张福成，郑炀曾，等．Fe-Mn-Cr合金相变热力学计算[J]．金属热处理学报，1996（1）：39-43.
[185] 朱瑞富，张福成，陈传忠，等．Fe-Mn-C合金的价电子结构分析[J]．金属学报，1996，32（6）：561-564.
[186] 张福成，吕博，郑春雷，等．高锰钢和贝氏体钢辙叉失效机理及其磨面组织[J]．机械工程学报，2008，44（12）：232-237.
[187] 张福成，吕博，刘辉，等．爆炸硬化ZGMn13Cu2NV钢辙叉的组织和性能[J]．机械工程学报，2008（6）：131-136.
[188] 厚汝军，吕博，张福成，等．W对中锰奥氏体钢耐磨性的影响[J]．物理测试，2008（4）：6-9.
[189] 郑春雷，张福成，吕博，等．辙叉用贝氏体钢的氢脆特性及去氢退火工艺[J]．材料热处理学报，2008（2）：71-75.
[190] 张明，任向飞，李建辉，等．脉冲电流对铁基合金凝固组织的影响[J]．钢铁研究学报，2006（2）：50-54.
[191] 张明，任向飞，吕博，等．高能量密度脉冲电流对ZGMn13Mo2钢凝固组织的影响[J]．中国有色金属学报，2005：15-19.
[192] 褚作明，陈蕴博，张福成．先进超细化处理技术在钢铁材料中的应用[J]．金属热处理，2004，29（1）：16-23.
[193] 陈蕴博，张福成，张继明，等．钢铁材料组织超细化处理工艺研究进展[J]．中国机械工程，2003，1：74-81.
[194] 张福成，张继明．不锈钢与高锰钢闪光焊接熔合区组织[J]．金属学报，2001，37（7）：713-716.

[195] 张继明，张福成，胡白桃．ZGMn13 钢辙叉与 U71Mn 钢钢轨闪光焊接接头组织[J]．金属热处理，2001，26（9）：36-38.

[196] 张福成，胡白桃，王天生，等．0Cr16Ni22Mo2Ti 钢在闪光焊接过程中纳米晶的形成[J]．科学通报，2000，45（14）：1557-1560.

[197] 张福成，胡白桃，徐安友，等．高锰钢辙叉和碳钢钢轨的焊接[J]．机械工程学报，2000，36（11）：80-83.

[198] 张福成，王天生，徐安友，等．借助梯度涂层进行 ZGMn13 钢和 U71Mn 钢的焊接性研究[J]．机械工程学报，1999，35（4）：67-69.

[199] 朱瑞富，张福成，李士同，等．Fe-Mn-C 合金中的 C-Mn 偏聚及其对相变的影响[J]．自然科学进展，1999，6：80-85.

[200] 胡白桃，张乐欣，张福成，等．高锰钢和 U71Mn 钢加介质焊接接头的组织[J]．热加工工艺，1999（4）：29-31.

[201] 张福成．ZGMn13 钢等离子弧焊的试验研究[J]．热加工工艺，1998，6：2.

[202] 张福成，徐敬敏，周立兴，等．埋弧自动焊高耐磨焊剂的研制[J]．热加工工艺，1998，5：40-42.

[203] 张福成，高振山，李子凌．耐磨介稳奥氏体锰钢的成分设计[J]．燕山大学学报，1998，1：88-89.

[204] 张福成．介稳奥氏体锰钢磨粒磨损组织变化[J]．材料导报，1997，4：71.

[205] 朱瑞富，朝志强，李士同，等．稀土和钛对奥氏体中锰钢的变质作用[J]．中国稀土学报，1997，3：43-47.

[206] 张明，张福成，郑炀曾，等．低温时效对 6Mn2Cr 钢耐磨性的影响[J]．材料科学与工艺，1995，4：48-51.

[207] 张福成，郑炀曾，雷廷权．介稳奥氏体锰钢应变诱发马氏体相变的热图研究[J]．金属热处理学报，1994，3：61-64.

[208] 张福成，郑炀曾，韩军，等．奥氏体锰钢拉伸变形的热图研究[J]．物理测试，1993，4：150-152.

[209] 张福成，郑炀曾．锰铬奥氏体钢中合金元素及碳的短程有序分布[J]．科学通报，1991，5：382-385.

[210] 张福成，郑炀曾．合金元素及碳在 Fe-Mn-Cr-C 合金中的不均匀分布对$\gamma \rightarrow \alpha$转变的影响[J]．金属学报，1991，3：82-85.

[211] ZHANG Fucheng，LV Bo，LIU Shuo，et al. Nano-pearlite rail and process for manufacturing same：US14665427[P]. 2018-10-30.

[212] 张福成，徐安友．高锰钢辙叉与碳钢钢轨加介质闪光焊接方法：00121442. X[P]. 2003-08-06.

[213] 张福成．铁路辙叉专用含氮奥氏体锰铬钢：03128763. 8[P]. 2006-01-11.

[214] 张福成，王天生，郑炀曾，等．超细贝氏体耐磨钢及其制造工艺：200510079346. 6[P]. 2007-12-26.

[215] 张福成，郑炀曾，吕博．铁路辙叉专用含钨铝贝氏体锻钢：200610048109.8[P].2008-06-04.

[216] 张福成，吕博，厚汝军，等．锻造（轧制）耐磨奥氏体高锰钢及其制造工艺：200710062152.4[P].2009-02-25.

[217] 张福成，何畅，吕博，等．一种贝氏体钢辙叉与碳钢钢轨焊接方法：200810054746.5[P].2010-03-24.

[218] 张福成，张明，王天生，等．一种纯净高锰钢辙叉的制造方法：200810055383.7[P].2010-12-15.

[219] 张福成，吕博，张明，等．高锰钢辙叉机械冲击硬化加工方法：200910227860.8[P].2011-06-15.

[220] 张福成，王天生，吕博，等．高铝纳米贝氏体钢高速铁路辙叉及其制造方法：200910227861.2[P].2011-08-24.

[221] 张福成，吕博，张明，等．高氮奥氏体钢高速铁路辙叉及其制造方法：200910227858.0[P].2011-08-31.

[222] 张福成，张明，刘峰超，等．一种制备块体纳米晶铁基合金的方法：201010583533.9[P].2012-09-05.

[223] 张福成，郑炀曾，吕博，等．铁路辙叉专用含钨贝氏体锻钢：200610012673.4[P].2008-08-27.

[224] 张福成，张明，王天生，等．含锰钨铝亚稳奥氏体耐磨铸钢：200810054918.9[P].2011-02-09.

[225] 张福成，吕博，张明，等．含纳米原子团高锰钢辙叉及其制造方法：200910227859.5[P].2012-10-24.

[226] 张福成，张明，王天生，等．高锰钢辙叉与碳钢钢轨闪光焊接的连接材料及制造方法：200810054919.3[P].2012-07-25.

[227] 张福成，吕博，王艳辉，等．一种提高铁路辙叉寿命的在线热处理方法：201210341698.4[P].2014-10-15.

[228] 张福成，张明，吕博，等．一种贝氏体钢辙叉及其轧制后三段冷却制造方法：201210194847.9[P].2014-09-10.

[229] 张福成，吕博，张明，等．全贝氏体钢辙叉及其制造方法：201210422455.3[P].2014-07-23.

[230] 张福成，吕博，王天生，等．含铝低温贝氏体钢的制备方法：201210504420.4[P].2014-09-10.

[231] 张福成，冯晓勇，杨志南，等．一种冲击摩擦疲劳试验机：201410150405.3[P].2015-11-18.

[232] 张福成，刘硕，康杰，等．纳米珠光体钢轨的制备方法：201410285670.2[P].2016-04-06.

[233] 张福成，夏书乐，吕博．铁路辙叉用低碳马氏体钢及其制备方法：201610093359.7

[P]. 2017-08-25.
[234] 张福成，吕博，王明明，等. 一种超级珠光体钢轨钢及其制备方法：201510628532.4 [P]. 2017-04-12.
[235] 张福成，赵佳莉，吕博. 铁路辙叉用高碳超高硅贝氏体钢及其制备方法：201610092359.5[P]. 2017-08-11.
[236] 张福成，陈晨，吕博. 含氮高锰钢高速重载铁路辙叉的爆炸硬化处理方法：201610077861.9[P]. 2017-09-22.
[237] 张福成，王琳，陈晨，等. 一种对铸造高锰钢辙叉进行局部形变热处理方法：201810109618.X[P]. 2019-07-30.
[238] 张福成. 用于焊接高锰钢辙叉与钢轨的不锈钢钢轨材料及制备方法：201810609654.2 [P]. 2021-12-01.
[239] 张福成，陈晨，孙东云. 超淬透性钢及其制备方法：201910400935.1[P]. 2020-08-21.
[240] 张福成，李俊魁，杨志南. 一种基于层错能调控的超高强塑韧性贝氏体钢制备方法：202011042716.X[P]. 2021-07-30.
[241] 陈晨，马华，张福成，等. 一种高锰钢钢液净化方法、产品及应用：202010973140.2 [P]. 2021-04-27.
[242] 孙登月，吕瑞皓，陈晨，等. 一种锻铸一体的辙叉生产方法：110761129B[P]. 2020-09-29.
[243] 孙登月，张旭，陈晨，等. 一种提高高锰钢辙叉局部综合力学性能的方法：110592334B [P]. 2021-04-06.
[244] 杨志南，姜峰，张福成，等. 一种用于可以更换工作头的新型风镐钎：201821661174.2 [P]. 2019-05-31.
[245] 龙晓燕，张福成，杨志南，等. 一种钒微合金化的中碳无碳化物贝氏体钢及其制备方法：202110671265.4[P]. 2022-05-17.
[246] 杨志南，张福成，闫学峰，等. 一种钢的高效预硬化方法及钢制工件：202111145490.0 [P]. 2021-12-31.
[247] 杨志南，张福成，楚春贺. 纳米贝氏体钢的组织调控方法及其获得的纳米贝氏体钢：201910310343.0[P]. 2020-01-21.
[248] 杨志南，张福成，李宏光，等. 一种调控贝氏体钢中偏析与基体性能差方法及钢工件：2022102815282.X[P]. 2022-07-01.
[249] 刘丰，常杰，张福成，等. 一种高锰钢辙叉感应加热和冲击硬化的装置及方法：202210475856.9[P]. 2022-04-29.
[250] 龙晓燕，尹东鑫，杨志南，等. 一种钢获得高延伸率高韧性的热处理工艺：2021100229608[P]. 2021-07-23.
[251] 张福成，陈晨，金淼，等. 一种拼装辙叉及其制备方法：202210112416.7[P]. 2022-09-23.
[252] 张福成，陈晨，金淼，等. 一种洁净高锰奥氏体钢辙叉及其制备方法：202210112443.4

[P]. 2022-09-23.

[253] 杨志南，刘长星，常明明，等．一种用于测量钢轨焊接毛刺的机械测量工具：201920443778.8[P]. 2019-10-29.

[254] 杨志南，张福成，楚春贺．一种加速纳米贝氏体相变的方法：201810218061.3 [P]. 2019-06-25.

[255] 王天生，张淼，张福成．一种纳米结构无碳化物贝氏体中碳合金钢及制备方法：201110255203.1[P]. 2012-10-24.

[256] 赵定国，王书桓，艾立群，等．一种悬流水口及减少钢水与夹杂侵蚀耐材的方法：201710222242.9[P]. 2022-08-12.

[257] 赵定国，艾立群，王书桓，等．保护浇注用冶金水口及保护浇注的方法：201810049299.8[P]. 2020-01-31.

[258] 赵定国，艾立群，王书桓，等．一种压力循环脱气设备及其精炼钢水的方法：201710185078.9[P]. 2019-04-30.

[259] 刘吉猛，陈晨，赵定国，等．一种钢水快速凝固抑制氮逸出的高氮高锰钢生产方法：202111386836.6[P]. 2022-08-09.

[260] 李涛，崔贺楠，朱玉麟，等．一种钢包旋流发生装置：202010088070.2 [P]. 2022-04-07.

[261] 李涛，严建川，商志强，等．一种浸入式水口旋流发生器、中间包及应用：202010088081.0[P]. 2021-11-23.

[262] 张明．脉冲电流处理铁基合金的凝固组织特性研究[D]. 秦皇岛：燕山大学，2005.

[263] 吕博．长寿命高锰钢辙叉的研究[D]. 秦皇岛：燕山大学，2009.

[264] 冯晓勇．高速重击条件下高锰钢表面纳米晶的制备及组织性能研究[D]. 秦皇岛：燕山大学，2015.

[265] 康杰．铁路辙叉用合金钢的组织和性能研究[D]. 秦皇岛：燕山大学，2016.

[266] 李艳国．铁路轨道用含铝无碳化物贝氏体钢的组织和性能研究[D]. 秦皇岛：燕山大学，2017.

[267] 龙晓燕．中碳无碳化物贝氏体钢组织和性能研究[D]. 秦皇岛：燕山大学，2018.

[268] 陈晨．高碳高锰奥氏体钢组织与力学性能研究[D]. 秦皇岛：燕山大学，2018.

[269] 王明明．高强度钢轨钢成分设计及组织、性能研究[D]. 秦皇岛：燕山大学，2018.

[270] 夏书乐．低碳高硅马氏体高强钢组织与力学性能研究[D]. 秦皇岛：燕山大学，2019.

[271] 赵晓洁．第二相析出对无碳化物贝氏体钢相变、组织及性能的影响[D]. 秦皇岛：燕山大学，2020.

[272] 李俊魁．基于层错能调控的超高性能钢制备及组织和性能研究[D]. 秦皇岛：燕山大学，2022.

[273] 马华．合金化及变形强化对高碳高锰奥氏体钢组织及力学性能的影响[D]. 秦皇岛：燕山大学，2022.

[274] 王琳．超级奥氏体不锈钢热变形行为及组织演变研究 [D]. 秦皇岛：燕山大学，2022.

[275] 张瑞杰. 铁路轨道用钢的磨损疲劳机理研究 [D]. 秦皇岛：燕山大学，2022.
[276] 胡白桃. ZGMn13 钢辙叉与 U71Mn 钢钢轨的闪光焊接及其接头组织[D]. 秦皇岛：燕山大学，2000.
[277] 任向飞. 高密度脉冲电流对高锰钢凝固组织及耐磨性能的影响[D]. 秦皇岛：燕山大学，2005.
[278] 厚汝军. 中锰钢抗磨性和高锰钢可锻性的研究 [D]. 秦皇岛：燕山大学，2007.
[279] Huang Mingzhe, Cao Weigang, Xu Ying, et al. First-principles study of the effect of N on the $\Sigma 5(210)[001]$ grain boundary of γ-Fe [J]. Materials Today Communications, 2022, 33：1044496.
[280] 郑春雷. 辙叉用贝氏体钢的氢脆特性及失效机理研究[D]. 秦皇岛：燕山大学，2008.
[281] 王鑫. 贝氏体钢辙叉与 U71Mn 钢钢轨的焊接[D]. 秦皇岛：燕山大学，2009.
[282] 杨帅. 高锰钢时效的研究[D]. 秦皇岛：燕山大学，2010.
[283] 康杰. 碳氮增强合金化奥氏体钢及其力学行为的研究[D]. 秦皇岛：燕山大学，2012.
[284] 陈城. 铁路辙叉用贝氏体钢氢脆特性的研究[D]. 秦皇岛：燕山大学，2012.
[285] 曹栋. 贝氏体钢辙叉热处理工艺及低周疲劳性能的研究[D]. 秦皇岛：燕山大学，2012.
[286] 但锐. 氢与残余奥氏体对贝氏体钢磨损和滚动接触疲劳行为的影响[D]. 秦皇岛：燕山大学，2012.
[287] 龙晓燕. 中低碳钢中的低温贝氏体组织与性能研究[D]. 秦皇岛：燕山大学，2013.
[288] 史晓波. 贝氏体钢辙叉与 U75V 钢轨焊接工艺及焊接接头组织性能研究[D]. 秦皇岛：燕山大学，2013.
[289] 陈咪囡. 辙叉用高锰钢疲劳裂纹扩展行为的研究[D]. 秦皇岛：燕山大学，2014.
[290] 周骞. 低碳含量无碳化物贝氏体钢的强韧化及低周疲劳行为研究[D]. 秦皇岛：燕山大学，2015.
[291] 刘硕. 高碳纳米珠光体钢轨钢组织与性能的研究[D]. 秦皇岛：燕山大学，2015.
[292] 张植茂. 铝对无碳化物贝氏体钢在氯化钠溶液中腐蚀行为的影响[D]. 秦皇岛：燕山大学，2015.
[293] 何亚荣. 纳米高锰钢腐蚀行为的研究[D]. 秦皇岛：燕山大学，2015.
[294] 崔晓娜. 铸造孔洞对辙叉用高锰钢局域循环应力应变行为的影响[D]. 秦皇岛：燕山大学，2016.
[295] 汪飞. C、Mn 元素对奥氏体锰钢组织及力学性能的影响[D]. 秦皇岛：燕山大学，2018.
[296] 杨晓五. 40SiMnCrAlMoNi 无碳化物贝氏体钢组织、性能及变形行为研究[D]. 秦皇岛：燕山大学，2018.
[297] 张春丽. 变形对高锰钢腐蚀性能的影响[D]. 秦皇岛：燕山大学，2020.
[298] 林芷青. 奥氏体基耐磨钢力学性能及磨损机制研究[D]. 秦皇岛：燕山大学，2021.
[299] 孙永海. 高锰钢辙叉焊接工艺优化及服役行为有限元模拟研究[D]. 秦皇岛：燕山大

学，2021.

[300] 尹东鑫 . V微合金化多相高强韧塑贝氏体钢微结构调控机制研究[D]. 秦皇岛：燕山大学，2022.

[301] 韩青阳 . 偏析对贝氏体钢耐磨性能的影响 [D]. 秦皇岛：燕山大学，2022.

[302] 肖俊华 . 接触轮载作用下高锰钢辙叉服役表征与力学性能数值研究 [博士后研究工作报告]. 秦皇岛：燕山大学，2012.

[303] 刘佳朋，杜涵秋，李英奇，等 . 典型生产工艺对无碳化物贝氏体钢轨组织与性能的影响[J]. 中国铁道科学，2022，43 (1)：29-37.

[304] 金纪勇，王冬，陈昕，等 . 重载铁路 60kg · m^{-1} 贝氏体钢轨试验及应用[J]. 中国铁道科学，2021，42 (4)：34-39.

[305] 杨玉，陈昕，金纪勇，等 . 变形温度对贝氏体钢组织性能的影响[J]. 材料科学与工艺，2015，23 (4)：93-98.

[306] 金纪勇，刘宏，王冬，等 . 回火工艺对贝氏体钢轨组织性能影响研究[J]. 鞍钢技术，2021，2：19-22.

[307] 王冬，金纪勇，刘祥，等 . 贝氏体钢轨矫直前后回火的组织性能分析[J]. 鞍钢技术，2020，4：26-29.

[308] 杨维宇，何建中，梁正伟，等 . 回火工艺对热轧 U20Mn2SiCrNiMo 贝氏体钢轨组织性能的影响[J]. 特殊钢，2021，42 (6)：68-71.

[309] 杨维宇，张凤明，何建中，等 . 高强韧 U20Mn2SiCrNiMo 贝氏体钢轨热处理工艺的优化[J]. 特殊钢，2020，41 (6)：28-31.

[310] 张凤明，梁正伟，何建中，等 . 贝氏体钢轨高温回火试验研究[J]. 包钢科技，2021，47 (5)：68-71.

[311] 王楠，胡志华，王正云，等 . 新型重载辙叉贝氏体钢的组织与性能[J]. 金属热处理，2020，45 (4)：90-93.

[312] 林云蕾，周清跃 . 辙叉用贝氏体钢的研究进展[J]. 铁道建筑，2018，58 (10)：1-4，9.

[313] 梁旭，周清跃，张银花，等 . 我国在线热处理钢轨性能对比研究[J]. 铁路技术创新，2016，2：36-39.

[314] 张银花，周清跃，鲍磊，等 . 国内外高速铁路钢轨性能对比研究[J]. 中国铁道科学，2015，36 (4)：20-26.

[315] 张银花，周清跃，陈朝阳，等 . 重载铁路钢轨现状及发展方向探讨[C]//铁路重载运输技术交流会论文集. 2014：381-386.

[316] 张银花，李闯，周清跃，等 . 我国重载铁路用过共析钢轨的试验研究[J]. 中国铁道科学，2013，34 (6)：1-7.

[317] 周清跃，张银花，陈朝阳，等 . 我国铁路钢轨钢的研究及选用[J]. 中国铁路，2011，11：47-51.

[318] 方鸿生，陈颜堂，郑燕康，等 . 铁道辙叉专用超强高韧可焊接空冷鸿康贝氏体钢：

98124899. 3[P]. 2000-06-14.

[319] 栾道成，魏成富. 高速准高速铁路道叉高性能耐磨钢：98112095. 4[P]. 1999-02-24.

[320] 方鸿生，郑燕康，白秉哲，等. 中低碳锰系空冷贝氏体钢：03150092. 7[P]. 2004-02-25.

[321] 张绵胜，刘金海，刘经伟，等. 贝氏体钢电渣熔铸复合辙叉心轨：02157927. X[P]. 2003-05-14.

[322] 周清跃，张银花，陈昕，等. 含有稳定残余奥氏体的全贝氏体钢辙叉及其制造工艺：200410068857. 3[P]. 2006-01-18.

[323] 陈晓男，栾道成，苏素娟，等. 贝氏体钢辙叉心轨组织性能研究[J]. 热加工工艺，2008，37（2）：25-27.

[324] 陈晓男，栾道成，刘志鹏，等. 回火工艺对贝氏体辙叉心轨钢组织性能影响研究[J]. 特钢技术，2009，15（3）：18-21.

[325] 王勇围，侯传基，白秉哲，等. 贝氏体钢焊接辙叉的现状与再创新[J]. 金属热处理，2008，33（4）：9-13.

[326] 周清跃，张银花，陈朝阳，等. 国内外钢轨钢研究及进展[J]. 中国铁道科学，2002，23（6）：120-126.

[327] 张军，王春艳，孙传喜，等. 轮对与道岔接触问题的有限元分析[J]. 铁道学报，2009，31（3）：26-30.

[328] 任尊松，翟婉明. 铁道车辆通过辙叉时的垂向动力模拟计算[J]. 西南交通大学学报，1997，32（5）：506.

[329] 刘忠侠. 高速列车车轮钢的基础研究[D]. 西安：西安交通大学，2001.

[330] 么德录. 高锰钢辙叉磨损失效的特点和机理研究[C]. 中国机械工程学会第二届青年学术年会，1991.

[331] 侯德杰. 锰钢辙叉伤损情况的调查分析和改进建议[J]. 铁道建筑，1993，5：8-10.

[332] 郭凤德. 铸造高锰钢辙叉产生裂纹的原因分析[J]. 金属加工热加工，2008，3：67-68.

[333] PICHARD C，BECHET S. Mn-Mo frogs minimize maintenance[J]. Railway Track and Structures，1986，82（1）：36-38.

[334] LARSON Hugo，AVERY Howard，CHAPIN H J. Castings：4342593[P]. 1982-08-03.

[335] KUCHARCZYK Jerzy，FUNK Karl，KOS Bernd. Grain-refined austenitic manganese steel casting having microaddings of vanadium and titanium and method of manufacturing：6572713[P]. 2003-06-03.

[336] DAVID Davis，MITON Scholl，HUSEYIN Sehitoglu. Development of bainitic frogs for HAL service[J]. Railway Track and Structures，1997，12：14-16.

[337] STEELE Roger K. Alloying considerations for heat treatment of rail to a lower bainite microstructure[C]. 39th MWSP CONF. PROC，1998，35：997-1006.

[338] YOKOYAMA Hiroyasu，YAMAMOTO Sadahiro，KOBAYASHI Kazutaka. Rail having excellent resistance to rolling fatigue damage and rail having excellent toughness and wear resistance and

method of manufacturing the same: 5759299[P]. 1998-06-02.

[339] YUKIO Satoh, MITSUMASA Tasumi, KENJI Kasiwaya, et al. Development of anti-darkspot bainitic steel rail[J]. QR of RTRI, 1999, 2: 86-91.

[340] ZBORIL Josef, HECZKO Eduard. Steel for railway crossing points: 2355868 [P]. 2001-05-25.

[341] COENRAAD Esveld. Modern railway track [M]. 2nd ed. Netherlands: MRT-Productions, 2001.

[342] OHYAMA Tadao. Tribological study on adhession phenomena between wheel and rail at high speeds[J]. Wear, 1991, 144: 263-275.

[343] HE Yang, SU Yunjuan, YU Haobo, et al. First-principles study of hydrogen trapping and diffusion at grain boundaries in γ-Fe [J]. International Journal of Hydrogen Energy, 2021, 46 (10): 7589-7600.

[344] HAYASHI Yoshikazu, SHU W M. Iron (ruthenium and osmium)-hydrogen systems[C]. Solid State Phenomena, Trans Tech Publications Ltd, 2000, 73: 65-114.

[345] JIANG D E, CARTER Emily. Diffusion of interstitial hydrogen into and through bcc Fe from first principles[J]. Physical Review B, 2004, 70 (6): 064102.

[346] SORESCU Dan C. First principles calculations of the adsorption and diffusion of hydrogen on Fe (1 0 0) surface and in the bulk[J]. Catalysis Today, 2005, 105 (1): 44-65.